BROCKHAUS
abc

Biologie

Band 1/A–Me

VEB F. A. Brockhaus Verlag
Leipzig

Herausgeber:
Friedrich W. Stöcker, Nauen
Gerhard Dietrich, Berlin/Leipzig (verst.)

Fachlexikon ABC Biologie

Verlag Harri Deutsch
Thun • Frankfurt am Main
ISBN 3-8171-1228-9

(Nur oben genannte ISBN gilt für das Gesamtwerk. Alle weiter im Buch angegebenen ISBN-Nummern sind nicht mehr gültig.)

7. Auflage (unveränderter Nachdruck der 6. überarbeiteten und erweiterten Auflage)
© VEB F. A. Brockhaus Verlag Leipzig, DDR, 1986
Lizenz-Nr. 455/150/57/90 · LSV 1307
Redaktionelle Bearbeitung: Lektorat Enzyklopädie
Verantwortliche Redakteure: Roselore Exner (verst.),
Dr. Eberhard Leibnitz
Bildredaktion: Helga Röser, Edeltraut Keller
Einband: Rolf Kunze
Typografie: Bernhard Dietze, Peter Mauksch
Printed in the German Democratic Republic
Gesamtherstellung: INTERDRUCK
Graphischer Großbetrieb Leipzig,
Betrieb der ausgezeichneten Qualitätsarbeit, III/18/97
Redaktionsschluß: 30. 6. 1983
Bestell-Nr. 588 872 8 (Normalausgabe)
Bd. 1/2 03400 (Normalausgabe)
Bestell-Nr. 588 876 0 (Halbleder)
Bd. 1/2 12000 (Halbleder)

Vorwort

Die großen Fortschritte, die in den letzten Jahren auf allen Gebieten der Biologie erzielt wurden, machten bei der 6. Auflage des ABC Biologie eine völlige Neubearbeitung notwendig. Dabei wurde im Gegensatz zu den früheren Auflagen größeres Gewicht auf Begriffe aus der Allgemeinen Biologie gelegt, während solche aus den Bereichen der Angewandten Biologie, wie Pflanzenzüchtung, Tierzüchtung oder Bodenkunde, die inzwischen Gegenstand anderer, spezieller Nachschlagewerke geworden sind, mehr in den Hintergrund treten mußten. Umfassender als bisher sind Biophysik, Pflanzen- und Tierphysiologie, Zellbiologie, Immunologie und Virologie, aber auch Humangenetik und Ökologie dargestellt worden. Der Anteil der Bildtafeln konnte beträchtlich erhöht werden. Durch die Aufnahme zahlreicher neuer Abbildungen in den Text konnten die Aussagefähigkeit vieler Artikel und der Informationsgehalt des Buches insgesamt wirksam verbessert werden.

An der Ausarbeitung der Artikel für das Lexikon waren wiederum Wissenschaftler aus Akademie- und Hochschuleinrichtungen beteiligt. Ihnen allen möchte der Verlag für ihre Mitarbeit danken. Haben sie sich doch trotz oftmals zahlreicher anderer Verpflichtungen in Lehre und Forschung in uneigennütziger Weise dem Verlag zur Verfügung gestellt und mitgeholfen, das Werk in der vorliegenden Form entstehen zu lassen. In besonderer Weise ist der Verlag Herrn Prof. Dr. Erhard Geißler und Herrn Prof. Dr. Ulrich Sedlag zu Dank verpflichtet. Herr Prof. Dr. Geißler übernahm die Begutachtung des Gesamtmanuskriptes und die Überarbeitung großer Teile des Gebietes Genetik, Herr Prof. Dr. Sedlag beriet uns bei der Zusammenstellung der Bildtafeln und stellte in großzügiger Weise aus seinem Archiv Bildmaterial für das Lexikon zur Verfügung.

Herausgeber und Verlag hoffen, daß es mit der vorliegenden 6. Auflage gelungen ist, dem Leser einen Einblick in das Gefüge der modernen Biologie zu vermitteln und das Interesse an ihr zu wecken und zu fördern. Sie sind sich jedoch bewußt, daß trotz mancher Erweiterung im Detail sowie der Streichung oder Kürzung veralteter Informationen auch diesmal vieles nur in den Grundzügen behandelt werden konnte und mancher Wunsch offenbleiben wird. Für alle Hinweise, Ergänzungen und sonstige Anregung werden Herausgeber und Verlag deshalb jederzeit dankbar sein.

VEB F. A. BROCKHAUS VERLAG

Verzeichnis der Mitarbeiter

Herausgeber

Dietrich, Gerhard (verst.)
Prof. Dr. sc. paed., Berlin/Leipzig
Stöcker, Friedrich W.
Nauen

Gutachter

Geißler, Erhard
Prof. Dr. sc. nat., Berlin

Bearbeiter

Adler, Angela
Dipl.-Biol., Neukirchen/Erzgeb.
Ambrosius, Herwart
Prof. Dr. sc. nat., Leipzig
Bach, Adelheid
Dr. rer. nat., Jena
Bach, Herbert
Prof. Dr. rer. nat. habil., Jena
Biewald, Gustav-Adolf
Dr. sc. nat., Halle/S.
Brauer, Kurt
Dr. sc. nat., Leipzig
Donath, Edwin
Dr. sc. nat., Berlin
Dunger, Wolfram
Dozent Dr. sc. nat., Görlitz
Ermisch, Armin
Prof. Dr. sc. nat., Leipzig
Förster, Gisela
Tharandt
Freye, Hans-Albrecht
Prof. Dr. sc. nat., Halle/S.
Friese, Gerrit
Dr. rer. nat., Eberswalde
Fritzsche, Rolf
Prof. Dr. sc. agr., Aschersleben
Geißler, Erhard
Prof. Dr. sc. nat., Berlin
Groß, Dieter
Dr. rer. nat. habil., Halle/S.
Johne, Siegfried
Prof. Dr. sc. nat., Halle/S.
Kämpfe, Lothar
Prof. Dr. rer. nat. habil., Greifswald
Kittel, Rolf
Prof. Dr. sc. nat., Halle/S.
Kleinhempel, Helmut
Prof. Dr. sc. agr., Aschersleben
Krumbiegel, Günter
Dr. rer. nat., Halle/S.
Lange, Erich
Dipl.-Biol., Bützow
Lau, Dieter
Dr. rer. nat., Berlin
Luppa, Hans
Prof. Dr. sc. nat., Leipzig

Marquardt, V.
  Dr. rer. nat., Halle/S.
Michaelis, Arnd
  Dr. agr., Gatersleben
Müller, Christa
  Dr. rer. nat., Leipzig
Müller, Gerd
  Dozent Dr. sc. nat., Leipzig
Müller, Hildegard
  Dozentin Dr. sc. nat., Leipzig
Müller-Motzfeld, Gerd
  Dr. rer. nat., Greifswald
Neumann, Dieter
  Dr. sc. nat., Halle/S.
Nitschmann, Joachim
  Prof. Dr. rer. nat. habil., Potsdam
Peil, Jürgen
  Dr. rer. nat. habil., Halle/S.
Petermann, Johannes
  Dr. rer. nat., Halle/S.
Petzold, Hans-Günther (verst.)
  Dr. rer. nat., Berlin
Schulze, Eberhard
  Dr. rer. nat., Bad Elster
Schuster, Gottfried
  Prof. Dr. sc. nat., Leipzig
Sedlag, Ulrich
  Prof. Dr. rer. nat. habil., Eberswalde
Stenz, Eckart
  Dr. sc. nat., Leipzig
Stephan, Burkhard
  Dr. sc. nat., Berlin
Sterba, Günther
  Prof. Dr. sc. nat. Dr. h. c., Leipzig
Stöcker, Friedrich W.
  Nauen
Tembrock, Günter
  Prof. Dr. sc. nat., Berlin
Wählte, Helga
  Dr. rer. nat., Berlin
Weinert, Erich
  Dozent Dr. sc. nat., Halle/S.
Zirnstein, Gottfried
  Dr. rer. nat., Leipzig

Verlagsredaktion

Eulitz, Christa-Maria
Exner, Roselore (verst.)
Dr. Leibnitz, Eberhard
Rammner, Annelies
Thier, Hans-Joachim

Graphiker und Zeichner

Barnekow, Karl-Heinz, Leipzig
Beyrich, Helmut, Eilenburg
Borleis, Jens, Leipzig
Herschel, Kurt, Holzhausen/Sa. (verst.)
Lissmann, Michael, Markkleeberg
Ohnesorge, Gerd, Magdeburg
Pippig, Gerhard, Großdeuben (verst.)
Riehl, Annemirl, Wiederitzsch
Saß, Karl, Leipzig
Schön, Gerhard, Leipzig (verst.)
Weis, Matthias, Leipzig

Hinweise für die Benutzung

Reihenfolge der Stichwörter. Die Stichwörter sind nach dem Alphabet geordnet. Die Umlaute ä, ö, ü gelten in der alphabetischen Reihenfolge wie die einfachen Buchstaben a, o, u; die Doppelbuchstaben ai, au, äu, ei, eu, ae, oe, ue (auch die wie Umlaute gesprochenen) werden wie getrennte Buchstaben behandelt, ebenso ست, st, sp. ß gilt wie ss. Es folgen also z. B. aufeinander *Aechmea, Aerenchym, Ähre, Arabane.* Einem Stichwort vorgesetzte griechische Buchstaben bleiben im Alphabet unberücksichtigt. Besteht das Stichwort aus Adjektiv und Substantiv, wird die Flexionsendung des Adjektivs im Alphabet mit berücksichtigt. Ist das Stichwort aus mehreren Wörtern zusammengesetzt, wird für die alphabetische Reihenfolge jedes Wort berücksichtigt.
  Der eingedeutschten Schreibweise von Fachwörtern ist der Vorzug gegeben. Daher sind Wörter, die man unter C vermißt, je nach Aussprache unter K oder Z zu finden, z. B. Kalziumkarbonat, Kolchizin, Zyste, Zytogenetik und nicht Calciumcarbonat, Colchicin, Cyste bzw. Cytogenetik.
Schriftarten. Die Stichwörter sind in **halbfetter Grotesk** gedruckt, Synonyme zum Stichwort (also Wörter, die die gleiche Bedeutung haben) und Begriffe, die hervorgehoben werden sollen, in *halbfetter kursiver* Grundschrift. Zur sachlichen Gliederung der Artikel, zum Teil auch zur Hervorhebung bestimmter Begriffe wird S p e r r d r u c k verwendet. Gattungs- und Artnamen der botanischen und zoologischen Nomenklatur, auch die Familien-, Ordnungsnamen usw. – sofern nicht in eingedeutschter Form geschrieben – sind *kursiv* gedruckt. Kursive Schrift wird auch zur Hervorhebung bestimmter Begriffe im Text benutzt.
Abkürzungen. Das Stichwort wird im Artikeltext stets mit den Anfangsbuchstaben abgekürzt. Sonstige Abkürzungen sind – soweit nicht im Artikeltext erläutert – aus dem Abkürzungsverzeichnis zu ersehen.
Verweise. Wird ein Begriff unter einem anderen Stichwort abgehandelt, so ist auf dieses mit einem Verweispfeil (→) verwiesen. Handelt es sich bei den beiden Begriffen um Synonyme, so fehlt der Verweispfeil, und es ist der Zusatz svw. (soviel wie) verwendet. Bei weniger wichtigen Begriffen, insbesondere dann, wenn es sich um Zusammensetzungen mit dem Hauptstichwort handelt, ist, um Raum zu sparen, auf das Verweisstichwort verzichtet worden. Verweise werden ferner gesetzt, wenn bei Erwähnung oder Behandlung eines bestimmten Begriffes im Artikeltext weitere Ausführungen dazu unter einem anderen Stichwort gebracht werden.
  Eine Geschlechtsangabe des Stichwortes erfolgt nur dann, wenn das Geschlecht nicht ohne weiteres aus dem Wort selbst oder aus dem folgenden Text ersichtlich ist oder wenn es zwei Geschlechtsformen gibt.
  Desgleichen werden abweichende Plural- bzw. Singularbildungen angegeben.

Abkürzungen

Abk.	Abkürzung
Abschn.	Abschnitt
Aufl.	Auflage
Bd	Band
Bde	Bände
d. s.	das sind
dtsch	deutsch
engl.	englisch
f	Femininum (weiblich)
F.	Fließpunkt (Schmelzpunkt)
franz.	französisch
griech.	griechisch
Hb., Handb.	Handbuch
Hrsg.	Herausgeber
Jb.	Jahrbuch
Jh.	Jahrhundert
Jt.	Jahrtausend
Kurzb.	Kurzbezeichnung
Kurzf.	Kurzform
Kurzw.	Kurzwort
Kurzz.	Kurzzeichen
lat.	lateinisch
Lit.	Literatur
m	Maskulinum (männlich)
Mill., Mio	Million
Mrd.	Milliarde
n	Neutrum (sächlich)
nat. Gr.	natürliche Größe
o. a.	oder andere(s)
o. dgl.	oder dergleichen
Pl.	Plural (Mehrzahl)
®	registrated name (registrierter Handelsname)*
russ.	russisch
s.	siehe
S.	Seite
Sing.	Singular (Einzahl)
s. o.	siehe oben
sowjet.	sowjetisch
span.	spanisch
s. u.	siehe unten
svw.	soviel wie
Tab.	Tabelle
Taschenb.	Taschenbuch
Tl(e)	Teil(e)
u. ä.	und ähnliche(s)
Übers.	Übersicht
u. desgl.	und desgleichen
u. dgl.	und dergleichen
vgl.	vergleiche
vergr.	vergrößert
verkl.	verkleinert
verst.	verstorben
v. u. Z.	vor unserer Zeitrechnung
z. T.	zum Teil
z. Z.	zur Zeit

* Das Fehlen dieses Hinweises begründet nicht die Annahme, ein Name sei nicht als Handelsname registriert.

Häufig gebrauchte Richtungs- und Lagebezeichnungen der vergleichenden Anatomie

anterior vorn
bilateral zweiseitig
dexter rechts
distal gliedmaßenwärts, von der Körpermitte entfernt, auf das Ende der freien Gliedmaßen zu
dorsal rückenwärts, auf der Rückenseite gelegen
dorsiventral, dorsoventral vom Rücken aus bauchwärts; nur eine Symmetrieebene besitzend (sie teilt den Körper in zwei spiegelbildlich gleiche Hälften mit verschiedener Rücken- und Bauchseite)
externus außen
frontal von vorn, an der Stirnseite befindlich
inferior unten
internus innen
kaudal zum Schwanz gehörend, nach dem Schwanz zu, schwanzwärts gelegen
kranial kopfwärts, zum Kopf gehörend
lateral seitlich, an der Seite gelegen, Seiten ...
marginal randwärts, am Rande gelegen
median in der Mitte des Körpers gelegen, die Körpermitte betreffend
parietal seitlich, wandständig; zum Scheitelbein, os parietale, gehörend
posterior hinten
profundus tief
proximal rumpfwärts, näher dem Körpermittelpunkt gelegen
sagittal die Richtung der Vorwärtsbewegung (Richtung des abgesandten Pfeiles, Sagitta) angebend, die Richtung von ventral nach dorsal
sinister links
superficialis oberflächlich, der Haut näher
superior oben
transversal quer verlaufend, senkrecht zur Längsachse des Körpers
ventral bauchwärts, auf der Bauchseite gelegen

A

Aalartige, *Anguilliformes,* artenreiche Ordnung der Knochenfische. Körper schlangenförmig, Maul tief gespalten. Die Rücken-, Schwanz- und Afterflosse bilden einen einheitlichen Flossensaum, Bauchflossen fehlen. Die Haut ist nackt oder enthält tiefliegende winzige Schuppen. Mit Ausnahme des Aales leben alle A. im Meer. Bekannte Familien: Aale, Meeraale, Muränen.

Aale, *Echte Aale, Anguillidae,* Familie der Aalartigen. Die Vertreter der A. leben zeitweise im Süßwasser. In Europa ist der *Flußaal* (Europäischer A.) verbreitet. Die Weibchen können bis 1 m lang werden, die Männchen bleiben kleiner. Haut mit winzigen Schuppen. Vom Flußaal sind 2 Ökotypen bekannt, der vorwiegend fischfressende *Breitkopfaal* und der von Insekten und Würmern lebende *Spitzkopfaal.* Nach 9- bis 12jährigem Aufenthalt im Süßwasser wandern die Flußaale meerwärts, ihre Augen werden dabei größer, ihr Bauch nimmt Silberfarbe an, der Darm bildet sich zurück. Diese sogenannten *Blankaale* ziehen nach Erreichen des Meeres über den Atlantik bis in das Sargassomeer, laichen dort in größeren Tiefen und verenden. Die aus den Eiern schlüpfenden Jungfische wachsen zu glasartigen weidenblattförmigen Larven (*Leptocephalus*) heran, die im Laufe von 3 Jahren mit dem Golfstrom an die europäischen Küsten gelangen. Hier wandeln sie sich in durchscheinende *Glasaale* um, die die Flüsse aufwärts wandern und dabei zu Jungaalen werden. Der Flußaal hat große fischereiwirtschaftliche Bedeutung. In vielen Gebieten wird er als Glasaal ausgesetzt, neuerdings auch in Warmwasseranlagen gehältert. Der Fang erfolgt mit Reusen, Aalkörben, Netzen und Grundangeln.

Aalmolche, *Amphiumidae,* ausschließlich im Wasser lebende, nachtaktive, bis 1 m lange → Schwanzlurche küstennaher Sümpfe und Tümpel des südöstlichen Nordamerika mit aalartigem Körper, winzigen Gliedmaßen und nur 3 oder 2 Zehen. Die A. besitzen außer Lungen noch jederseits 1 Kiemenloch. Sie fressen Wasserinsekten, Würmer, kleine Fische und Krebse. Zur Paarung umschlingen sich die Partner, und das Männchen überträgt die Spermatophore direkt in die Kloake des Weibchens. Das Weibchen rollt sich zur Brutpflege um die in 2 Schnüren abgelegten Eier. Die Larven schlüpfen mit Kiemen und Gliedmaßen (unvollständige Verwandlung). Größere Art ist der *Dreizehenaalmolch* (*Amphiuma tridactyla*).

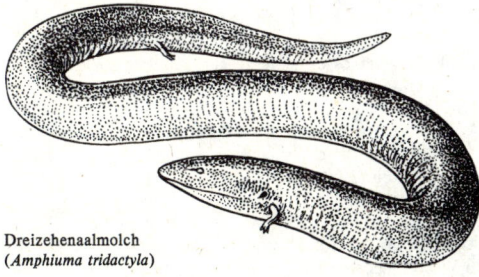

Dreizehenaalmolch
(*Amphiuma tridactyla*)

Aalmutter, *Zoarces viviparus,* bis 45 cm langer, lebendgebärender, eßbarer Grundfisch des nördlichen Ostatlantik und seiner Nebenmeere.

Aalraupe, svw. Quappe.

Aalstrich, dunkler, schmaler, aalähnlicher Streifen längs des Rückens von Wild- und Haustieren, besonders von Pferden und Ziegen. Bei Wildformen ist der A. häufiger und ausgeprägter.

AAM, Abk. für → angeborener Auslösemechanismus.

Aasfliegen, → Zweiflügler.

Aaskäfer, *Silphidae,* eine Familie der → Käfer mit etwa 25 heimischen Arten. Man findet sie vorwiegend an kleinen Tierleichen, wovon sich Vollkerfe und Larven ernähren. Einige A. leben von pflanzlicher Kost und werden gelegentlich schädlich, z. B. die Rübenaaskäfer (*Blitophaga*). Abb. → Käfer.

ABA, Abk. für Abszisinsäure.

Abbau, svw. Dekomposition.

Abbescher Zeichenapparat, → mikroskopisches Zeichnen.

Abbildungsfehler, Fehler von Linsen, die zu unscharfen Abbildungen führen. Man unterscheidet 1) *Sphärische Fehler:* Periphere Lichtstrahlen vereinigen sich an einer anderen Stelle als solche, die durch die Mitte der Linse hindurchgehen. Ein Punkt wird aus diesem Grunde als verwaschener Fleck abgebildet. Dieser Fehler kann durch Verwendung einer Sammellinse und einer Zerstreuungslinse beseitigt werden, aber immer nur für eine Wellenlänge. 2) *Chromatische Fehler:* Dieser Linsenfehler beruht auf der Erscheinung, daß der violette Teil des Spektrums stärker gebrochen wird als der rote. Das führt zu Unschärfen in der Abbildung durch Farbräume. In Apochromaten ist durch Linsen aus unterschiedlichen Glassorten der Fehler beseitigt. 3) *Bildfeldwölbung:* Die durch eine Linse scharf abgebildeten Strukturen liegen auf einer Kugelfläche. Das führt dazu, daß bei dünnen Objekten die Strukturen am Rande des Gesichtsfeldes unterfokussiert sind, wenn auf die Mitte scharf gestellt wird. Bei Planobjektiven ist dieser Fehler durch mehrere Korrekturglieder beseitigt, sie besitzen ein fast ideales ebenes Gesichtsfeld. 4) *Astigmatismus:* Durch Inhomogenitäten und Fertigungstoleranzen der Polschuhe hervorgerufener A. in den Linsen des Elektronenmikroskopes, der zu Unschärfen in der Abbildung führt. Durch Anlegen von Korrekturfeldern (Stigmator) kann dieser Fehler beseitigt werden.

Abbreviation, phylogenetische Abkürzung der Ontogenese durch Auslassen morphologischer Formstadien. Die A. kann sowohl frühe und mittlere Entwicklungsstadien (→ biogenetisches Grundgesetz) als auch Endstadien der Entwicklung betreffen (→ Neotenie). Ein Beispiel für das Auslassen von Endstadien ist der mexikanische Axolotl, *Ambystoma mexicanum,* der sich bereits als kiementragende, wasserlebende Larve fortpflanzt und sich normalerweise nicht in die bei Lurchen übliche Landform umwandelt. → biometabolische Modi.

Abdomen, svw. Pleon.

Abdruck, *1)* in Gesteinen erhaltene äußere Formen fossiler Tiere und Pflanzen oder ihrer Teile. Ein A. entsteht, wenn die organische Substanz zerstört wird und nur die Oberfläche der → Fossilien als Negativ im umschließenden Gestein erscheint. Tafel 30.

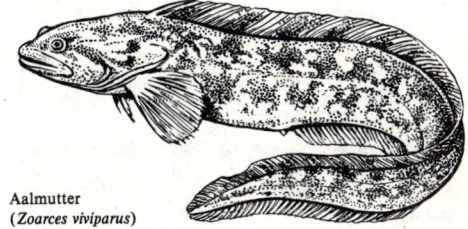

Aalmutter
(*Zoarces viviparus*)

Abduktoren

2) Verfahren zur Darstellung von Oberflächen. Mit Hilfe von Plastikfilmen können von Oberflächen A. gewonnen werden, die nach Hochvakuumbedampfung mit Metallen, z. B. Pt/C, und Auflösen der Kunststoffmatrize im Elektronenmikroskop ein kontrastreiches Negativbild des Objektes geben.

Abduktoren, *Abspreizer,* Muskeln, die Gliedmaßen vom Körper wegführen, z. B. die Arme seitlich heben.

Abendpfauenauge, → Pfauenauge.

Abendsegler, *Nyctalus noctula,* eine kräftig gebaute Fledermaus aus der Familie der Glattnasen, die schon zeitig am Abend ihre Beutesuchflüge beginnt.
Lit.: W. Meise: Der A. (Leipzig 1951).

Abendtyp, → Tageszeitenkonstitution.

Aberration, → Chromatidenaberrationen, → Chromosomenaberrationen.

Abgottschlange, *Königsschlange, Boa constrictor,* von Mexiko bis ins südliche Südamerika verbreitete, bis 5,50 m lange → Riesenschlange, die Urwälder und Flußufer bewohnt, gut klettert und Vögel sowie kleine Säugetiere verschlingt. Mit ihrer auffallenden Zeichnung aus rotbraunen, gelb gerandeten Rautenflecken mit hellem Zentrum gehört sie zu den am schönsten gefärbten Schlangen. Das Weibchen bringt wie bei allen Boas lebende Junge zur Welt.

Abhärtung, → Dürreresistenz.

Abietinsäure, eine zu den Diterpenen gehörende wichtigste Harzsäure, Hauptbestandteil des → Kolophoniums, aus dem sie durch Destillation gewonnen wird. Derivate der A. finden sich in der Grundsubstanz des Bernsteins.

Abietit, *Pinit,* 5-O-Monomethylether des D-Inosits, kommt unter anderem in den Nadeln der Weißtanne, *Abies pectinata,* vor.

Abimpfung, *Subkultur,* die Kultur eines Mikroorganismus, die durch Überimpfen von Zellen aus einer bereits vorhandenen Kultur in ein frisches Nährmedium hergestellt wird. Durch ständig in bestimmten Abständen hergestellte A. können Mikroorganismenkulturen unbegrenzte Zeit lebend erhalten werden.

Abiogenesis, → Biogenese.

abiotische Faktoren, → Umweltfaktoren.

Abiozön, → Umweltfaktoren.

Abnutzungsquote, die Summe der Verluste an körpereigenen Stoffen sowie Baustoffen durch allgemeine Abnutzung oder Absterben ganzer Zellen und durch Abscheidung von Substanzen durch Zellen. Ein Teil dieser Stoffe wird dem Aufbau wieder zugeführt (*endogener Ersatz*), der darüber hinausgehende Ersatz muß den Nährstoffen entnommen werden (*exogener Ersatz*).

AB0-System, → Blutgruppen.

Abschlußgewebe, alle Begrenzungsschichten, die pflanzliche Gewebe nach außen oder im Pflanzeninnern untereinander abgrenzen. Je nach ihrem Ursprung unterscheidet man primäre A., die aus primärem Meristem hervorgegangen sind, und sekundäre A., die von sekundärem Meristem abstammen.

1) Das wichtigste **primäre A.** der Pflanzen ist die *Epidermis* (*Hautgewebe*). Sie umgibt Sproß und Wurzel als schützende Hülle, die jedoch zugleich den Stoffaustausch mit der Außenwelt zu vermitteln hat. Die Epidermis ist im typischen Fall einschichtig. Ihre Zellen, die in der Regel keine Chloroplasten, sondern Leukoplasten haben, zeigen in Flächenansicht oft wellige bis zackige Umrisse. Sie sind auf diese Weise lückenlos ineinander verzahnt. Die Außenwände der Epidermiszellen sind fast stets verdickt und außerdem von einem Kutinhäutchen, der *Kutikula,* überzogen, die für Wasser und Gase besonders dann undurchlässig ist, wenn noch Wachs ein- oder aufgelagert ist. Typische Ausbildungen der Epidermis stellen die → Spaltöffnungen dar, die dem regulierbaren Gasaustausch zwischen dem Pflanzenkörper und der Umgebung dienen. Anhangsgebilde der Epidermis sind die → Emergenzen.

Ein primäres A. ist auch das *Kutisgewebe,* das durch nachträgliche Verkorkung primärer Dauerzellen, etwa der Epidermis, oder – häufiger – lückenlos verbundener subepidermaler Parenchymschichten entsteht (→ Wurzel). Die *Endodermis* grenzt immer Gewebebezirke gegeneinander ab. Sie findet sich z. B. regelmäßig in der Wurzel, wo sie den Zentralzylinder von der Rinde trennt.

2) Wenn die Epidermis einem starken Dickenwachstum der Pflanzenorgane, wie es z. B. bei Holzgewächsen vorkommt, nicht durch entsprechendes Dilatationswachstum (tangentiales Erweiterungswachstum) gerecht werden kann, wird sie zerstört und oft durch **sekundäre A.** ersetzt. Gewöhnlich entsteht aus der subepidermalen Zellschicht ein *Folgemeristem,* das *Korkkambium* oder *Phellogen.* Dieses gibt nach außen dicht aneinanderliegende, rasch verkorkende, oft dickwandige Zellen ohne Interzellularen ab, den *Kork.* Nach innen entstehen, oft in geringerer Anzahl, chlorophyllhaltige Rindenzellen, das *Phelloderm.* Kork, Phellogen und Phelloderm werden zusammen als *Periderm* (*Korkgewebe*) bezeichnet. Den Gasaustausch durch die lückenlose, interzellularenfreie Korkschicht ermöglichen *Lentizellen* oder *Korkwarzen.* Diese stellen eng umgrenzte Gewebebezirke dar, in denen sich anstelle von Korkzellen interzellularenreiches Füllgewebe gebildet hat, das aus großen Parenchymzellen besteht. Die Interzellularen der Lentizellen ermöglichen eine Verbindung zwischen dem Interzellularsystem der Pflanze und der Außenluft. Die Lentizellen sind vielfach als strich- oder pustelförmige Erhebungen mit bloßem Auge auf den Zweigen vieler Holzpflanzen zu erkennen.

Bei stark in die Dicke wachsenden Pflanzen, z. B. bei den meisten Bäumen, stellt das erste Korkkambium seine Tätigkeit bald ein. An seine Stelle tritt ein in tiefer liegenden Gewebeschichten entstehendes zweites Korkkambium. Auch dieses ist nur beschränkte Zeit tätig und wird durch ein drittes ersetzt usw. Die Gesamtheit dieser Korkschichten wird als *Borke* bezeichnet. Da der Prozeß der Borkenbildung bald von der primären Rinde auf den Bast übergreift, sind die neuen Korklagen in der Regel durch Schichten von *Bastzellen* getrennt. Daraus resultiert ein geschichteter Bau, der in der Regel bereits makroskopisch sichtbar ist, da die einzelnen Korklagen, die ja von der Wasser- und Nährstoffzufuhr abgeschlossen sind, rasch absterben und sich bald schichtenweise ablösen.

Abschreckstoffe, svw. Repellents.

Absinthin, zur Gruppe der Sesquiterpene gehörender Bitterstoff aus Wermut, *Artemisia absinthium,* der zur Aromatisierung alkoholischer Getränke verwendet wird.

Absinthol, svw. Thujon.

Absonderungsgewebe, svw. Ausscheidungsgewebe.

Absorption, 1) Aufnahme von Gasen und Dämpfen oder in Wasser gelösten Substanzen durch Flüssigkeiten oder feste Körper. 2) Aufnahme elektromagnetischer Strahlung durch Materie. Atome und Moleküle haben stets mehrere mögliche Anregungszustände. Lichtquanten können nur dann aufgenommen werden, wenn die Energie der Lichtquanten genau der Differenz zweier Zustände entspricht.

Durch Quanten werden dabei *Elektronen-, Schwingungs-* und *Rotationszustände* angeregt. Im Falle von Molekülen spaltet sich jeder Elektronenzustand in Schwingungszustände, und diese wiederum spalten sich im Rotationszustände auf. Das bedingt den Übergang vom Linienspektrum über das Bandenspektrum zum kontinuierlichen Spektrum, wenn die A. von Atomen, Molekülen und Makromolekülen betrachtet wird. Von besonderer Bedeutung in der Biologie sind *Singulett-* und *Triplett*zustände. Sie unterscheiden sich durch antiparallele bzw. parallele Spinorientierung. Ein Übergang aus dem Singulett- in den Triplettzustand und umgekehrt verbietet sich aus Gründen der Quantenmechanik. Da der Grundzustand eines Moleküls in der Regel ein Singulettzustand ist, hat ein Molekül im angeregten Triplettzustand eine sehr große Lebensdauer. Es kann als Speicher von Lichtenergie fungieren, was für die Photosynthese von großer Bedeutung ist.
Der Singulett-Singulett-Übergang, z. B. $S_1 \rightarrow S_0$, wird als *Fluoreszenz* bezeichnet, der verbotene Triplett-Singulett-Übergang, z. B. $T_1 \rightarrow S_0$, als *Phosphoreszenz*.

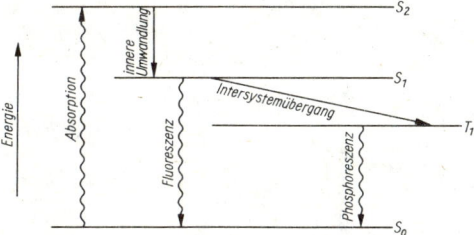

Termschema zur Darstellung von Absorption, Fluoreszenz und Phosphoreszenz sowie von Intersystemübergängen. *S* Singulett, *T* Triplett

Absorptionsgewebe, pflanzliches Gewebe, das für die Aufnahme von Wasser und darin gelöste Substanzen spezialisiert ist. Das trifft in erster Linie für die *Rhizodermis* der jungen Wurzeln zu, die im Gegensatz zur Epidermis der Sprosse und Blätter nicht kutinisiert ist und auch keine oder nur eine sehr schwach ausgebildete Kutikula besitzt. Darüber hinaus ist die wasseraufnehmende Oberfläche durch Wurzelhaare (→ Wurzel) vergrößert.

Sind Pflanzen durch bestimmte Standortverhältnisse nicht in der Lage, aus dem Boden Wasser aufzunehmen, so sind oftmals an ihren oberirdischen Teilen wasserabsorbierende Gewebe vorhanden. So besitzen z. B. viele epiphytisch lebende Orchideen und andere Pflanzenarten an ihren Luftwurzeln ein mehrschichtiges Gewebe aus toten, große Poren enthaltenden Zellen, die Wasser aus der Luft aufsaugen, das *Velamen radicum*. Andere tropische Epiphyten haben auf ihrer Blattoberseite Schuppenhaare, *Absorptionshaare*, die bei Niederschlägen und hoher Luftfeuchtigkeit ebenfalls zur Wasseraufnahme fähig sind. An den Blättern und Sproßachsen vieler submerser Wasserpflanzen finden sich häufig epidermale Absorptionsorgane (*Hydropoten*), die der Aufnahme von Mineralsalzen aus dem Wasser dienen. Ein A. ist auch die → Ligula der Moosfarne und Bärlapppartigen.

Absorptionshaare, → Absorptionsgewebe, → Pflanzenhaare, → Wurzel.

Absorptionsspektralphotometrie, Meßmethode zur Bestimmung der wellenlängenabhängigen Extinktion einer Meßprobe. Man bestimmt die Extinktion der zu untersuchenden Lösung im Vergleich mit dem reinen Lösungsmittel. Mit einem Prisma oder einem Gitter wird monochromatisches Licht, d. h. Licht einer bestimmten Wellenlänge, ausgewählt. Dieser Lichtstrahl wird geteilt, und mit einer Photozelle wird die Intensität der durchgehenden Strahlung bei Probe und Vergleichslösung registriert. Moderne Spektralphotometer sind mit mehreren Lichtquellen ausgerüstet und überstreichen den Wellenlängenbereich von 175 bis 2000 nm.

Die Messungen erfolgen vollautomatisch. Es können auch Differenzspektren ausgegeben werden. Elektronische Zusatzeinrichtungen gestatten die Ausgabe der Ableitungen der Spektren ($dE/d\lambda$), so daß feine Änderungen der Form der Absorptionsmaxima bemerkt werden können.

Abspreizer, svw. Abduktoren.

Abstammungslehre, svw. Deszendenztheorie.

Absterbephase, → Wachstumskurve.

Abstrich, die Entnahme einer Probe von Wundabsonderungen, Schleimhautbelägen o. dgl. mit der Impföse oder einem sterilen Tupfer zur mikroskopischen Untersuchung oder zum Anlegen von Mikroorganismen-Kulturen. Der A. dient zum Nachweis und zur Identifizierung von Krankheitserregern.

Abstumpfung, in der Reizphysiologie die Erscheinung, daß die Empfindlichkeit gegenüber einem Reiz um so geringer wird, je stärker und länger das Objekt dem Reiz bereits ausgesetzt ist. Eine im Dunkeln gehaltene Pflanze reagiert z. B. empfindlicher auf Lichtreize (→ Phototropismus) als eine bereits im Licht stehende.

Abszisinsäure, Abk. *ABA*, ein zu den Phytohormonen gehörendes Sesquiterpen, das in seiner biologisch aktiven (+)-Form ubiquitär in höheren Pflanzen vorkommt. Der Gehalt an A. ist vom Pflanzenorgan und seinem Entwicklungszustand abhängig (im Durchschnitt etwa 100 μg je kg Frischmasse). A. ist an der Regulation wichtiger pflanzlicher Entwicklungsprozesse beteiligt. Sie wirkt im Gegensatz zu anderen Phytohormonen vorwiegend wachstumshemmend und steuert als Antagonist zu den Auxinen, Gibberellinen und Zytokininen mit diesen gemeinsam wichtige pflanzliche Wachstums- und Entwicklungsprozesse, wie die Samen- und Knospenruhe, die stomatäre Transpiration, die Blütenbildung, die Keimung und das Altern. A. hat ein breites Wirkungsspektrum, der Wirkungsmechanismus ist noch ungeklärt.

Die vor allem in den Chloroplasten der Blätter ablaufende Biosynthese geht von Mevalonsäure aus, die über die Zwischenstufen Isopentenyl-, Geranyl- und Farnesylpyrophosphat zum Aufbau des Abszisinsäuremoleküls dient. Die Inaktivierung der A. erfolgt durch oxidativen Abbau zu Phaseinsäure und Dihydrophaseinsäure. Neben freier A. finden sich im Pflanzengewebe auch deren Glukoseester und das O-Glukosid. Diese Konjugate der A. werden als Transport- und Speicherformen diskutiert.

Abszission, das Abwerfen von Blättern, Früchten und anderen Pflanzenteilen, z. B. von Laub- und Blütenknospen, Zweigen, Stacheln, Dornen oder Blütenständen. Man spricht daher auch von *Blattfall, Fruchtfall, Laubfall, Knospenfall, Blütenfall*. Mit der A. kann für die Pflanze eine Selbstreinigung verbunden sein, z. B. durch Entfernung alter, verletzter oder erkrankter Teile. Auch eine exkretorische Funktion ist möglich, indem Organe abgestoßen werden, in denen Stoffwechselabfallprodukte angehäuft sind. Eine wichtige Rolle spielt die A. bei der Verbreitung von Früchten und ungeschlechtlichen Vermehrungskörpern. Dem Abwurf der Pflanzenteile gehen charakteristische morphologische und anatomische Veränderungen in den Trennzonen voraus. Häufig entsteht ein ausgeprägtes *Trenngewebe*. Dieses ist an der Basis des Blatt- oder Fruchtstieles

gelegen und besteht aus besonders kleinen Parenchymzellen mit dichtem Protoplasma. Hierin verläuft der Trennungsprozeß, indem sich in einer 2 bis 3 Zellagen breiten Trennungsschicht, von Pflanzenart zu Pflanzenart verschieden, die Mittellamellen, die Mittellamellen und Primärwände oder aber ganze Zellen auflösen. Für diesen korrelativ gesteuerten aktiven Vorgang sind Luftsauerstoff sowie Atmungssubstrat erforderlich. Atmungsgifte hemmen die A. Notwendig sind ferner Ribonukleinsäure und Proteinsynthese, speziell die Synthese von Zellulase und Pektinase. Pektinase, die Protopektin wasserlöslich macht, wird aktiv vom Protoplasma in die Zellwand sekretiert.
An der korrelativen Steuerung der A. sind Auxin, Seneszenzfaktoren und Ethylen einschließlich Abszisinsäure beteiligt. *Auxin,* das in intakten, noch nicht gealterten Blättern und Früchten gebildet wird und durch den Blattstiel abwandert, verhindert A. Dementsprechend unterdrückt man in der gärtnerischen Praxis oft vorzeitigen Fruchtfall, indem man die Pflanzen mit Auxinlösungen besprüht. *Seneszenzfaktoren,* die aus alternden Blättern und Blüten abwandern, stimulieren die A. Bei vielen Früchten und manchen Blättern, z. B. der Lupine, besteht eine zeitliche Korrelation zwischen der Abszisinsäureproduktion und der A. Nach der *Seneszenzhypothese der A.* wird die Abszisionsbereitschaft des Trenngewebes durch das Verhältnis von Auxin zu Seneszenzfaktoren geregelt. Faktoren, die die Blatt- und Fruchtseneszenz verzögern, z. B. Zytokinine, verzögern dementsprechend auch die A. *Ethylen* ist der unmittelbare Regulator, der die A. induziert, wenn sich das Trenngewebe in Abszisionsbereitschaft befindet, unter anderem durch Bildung von Ribonukleinsäure, Zellulase und/oder Pektinase. Differentielle Genaktivierung wird als Primäreffekt dieser Ethylenwirkungen angesehen. Darüber hinaus hemmt Ethylen Auxinsynthese und -transport, so daß es die A. auf zweifache Weise stimuliert. Ethylen freisetzende Präparate, z. B. Flordimex, werden dementsprechend zur Beschleunigung bzw. Synchronisierung der Fruchtreife verwendet, was für die Mechanisierung der Erntevorgänge von Bedeutung sein kann.
Abundanz, *Dichte, stationäre Dichte,* die Anzahl der Individuen einer Art (*Individuendichte, Populationsdichte*) bezogen auf eine bestimmte Flächen- oder Volumeneinheit, bzw. die Zahl der dort siedelnden (*Siedlungsdichte*) oder wohnenden (*Wohndichte*) Individuen. Weiteres zu A. → Aktivitätsdichte, → Artendichte, → Vegetationsaufnahme.
Abundanz-Dominanz-Wert, → Vegetationsaufnahme.
Abundanzregel, → ökologische Regeln, Prinzipien und Gesetze.
Abwasserfischteiche, → biologische Abwasserreinigung.
Abwasserlandbehandlung; Verregnung oder Verrieselung mechanisch vorgeklärten Abwassers auf Kulturböden unter Beachtung von Gesichtspunkten der Bodenpflege und der Hygiene. → biologische Abwasserreinigung.
Abwasserreinigung, → biologische Abwasserreinigung.
Abwasserteiche, → biologische Abwasserreinigung.
Abwehrreaktion, → Resistenz.
Abyssal, Bezeichnung für die tiefer als 1 000 m gelegene Bodenregion der Tiefsee. Das A. ist lichtlos und ohne Pflanzenleben und wird von Schwämmen, Hohltieren, Würmern, Krebsen und Stachelhäutern bewohnt, → Meer. Die Tiefenzone der tiefen Binnenseen heißt → Profundal.
Abyssopelagial, Bezeichnung für das → Pelagial des Meeres in der Tiefe von 3 000 bis 6 000 m.
Acajubaum, → Sumachgewächse.
Acantharia, → Akantharier.

Acanthella, → Kratzer.
Acanthobdella, → Egel.
Acanthocephala, → Kratzer.
Acanthoceras [griech. akantha 'Dorn', keras 'Horn'], leitende Ammonitengattung der Oberkreide (Cenoman). Das Gehäuse ist planspiral eingerollt, verhältnismäßig weit genabelt und zeigt einen rundlichen quadratischen Windungsquerschnitt. Im Bereich der inneren Windungen sind Gabelrippen, im Bereich der äußeren Windungen Einfachrippen zu beobachten. In der Mitte des Außenteils befindet sich eine Knotenlinie, die beiderseits von Knotenlinien begleitet wird. Die Knoten sind eine Abbauform der Berippung.
Acanthochitonida, → Käferschnecken.
Acanthocladia, eine Gattung der → Moostierchen, deren Kolonien die Form stacheliger Zweige haben. Ihre einzelnen Ästchen sind kurz und kräftig. A. ist wesentlich am Aufbau von Bryozoenriffen der Zechsteinzeit beteiligt. Verbreitung: Oberkarbon bis Perm.

Stock einer Riffbryozoe (*Acanthocladia anceps* v. Schloth.) aus dem unteren Zechstein von Thüringen; Vergr. 2:1

Acanthodes, → Akanthoden.
Acanthodi, → Aphetohyoidea.
Acanthor, → Kratzer.
Acari, → Milben.
Aceraceae, → Ahorngewächse.
Acetobacter, → Essigsäurebakterien.
Achäne, → Frucht.
achlamydeisch, → Blüte.
Achondroplasie, svw. Chondrodystrophie.
Achroglobin, → Blut.
Achromasie, → Farbsinnstörung.
Achromyzin, ein Antibiotikum mit breitem Wirkungsspektrum vom Typ der → Tetrazykline.
Achselknospen, → Sproßachse.
Achselsprosse, → Sproßachse.
Achsenskelett, rückwärts, dorsal des Darmes liegender Längsträger des Innenskeletts der Chordatiere. Bei den Schädellosen und Manteltieren zeitlebens und bei den Wirbeltieren während der Embryonalentwicklung ist als Grundlage des Innenskeletts eine *Chorda dorsalis* (*Rückensaite*) ausgebildet. Sie ist elastisch-fest, stabförmig und besteht aus einer Reihe hintereinanderliegender, blasenförmiger Zellen, die bindegewebig umhüllt sind. Die Chorda hat nicht nur mechanische Funktion, sondern wirkt auch als Induktor für die regelmäßige Gliederung der Achsenorgane (Wirbel, Rückenmuskeln). Bei den Wirbeltieren entsteht aus zunächst gegliederten Bindegewebsblöcken, den *Sklerotomen* (früher fälschlich *Urwirbel* genannt), ein die Chorda allseitig umschließendes axiales Bindegewebsrohr, das bald verknorpelt und die bei Knorpelfischen zeitlebens erhalten bleibende knorpelige *Wirbelsäule* aufbaut. Bei der Mehrheit der Wirbeltiere verknöchern die segmental angeordneten Wirbel, es entsteht ein knöchernes gegliedertes A., bei dem die Chorda verdrängt oder eingeschnürt ist. Reste der Chorda können zwischen (bei den Säugetieren in den Zwischenwirbelscheiben) oder in den Wirbelkörpern (z. B. bei den Kriechtieren) erhalten bleiben.

Bei höheren Wirbeltieren gliedert sich das A. in Hals-, Brust-, Lenden-, Kreuz- und Schwanzabschnitt. Die ersten beiden Halswirbel, *Atlas* und *Axis*, sind als Träger des Kopfes abweichend gebaut, die *Kreuzbeinwirbel* (*Sakralwirbel*) sind meist mit dem Becken verbunden und können zum Kreuzbein verschmelzen. Die Zahl der eine Wirbelsäule aufbauenden Wirbel schwankt von 9 beim Frosch bis über 200 bei den Schlangen; der Mensch hat 7 Hals-, 12 Brust- und 5 Lendenwirbel, die letzten 9 Wirbel sind untereinander zu *Kreuz*- und *Steißbein* verwachsen.

Jeder *Wirbel* (*Vertebra, Spondylus*) besteht als knorpeliges oder knöchernes Element der Wirbelsäule aus einem zylindrischen zentralen Wirbelkörper und den von diesem ausgehenden Wirbelbögen und -fortsätzen. Nach Beschaffenheit der Endflächen eines Wirbelkörpers unterscheidet man *amphizöle* Wirbel, an denen beide Enden des Wirbelkörpers ausgehöhlt sind, wie bei Fischen und manchen Kriechtieren; prozöle Wirbel, die vorn konkav und hinten konvex sind, wie bei Fröschen und der Mehrzahl der Kriechtiere; opisthozöle Wirbel, die vorn konvex und hinten konkav sind, wie bei den Schwanzlurchen und einzelnen Dinosauriern; azöle Wirbel, bei denen die Endflächen abgeplattet sind (planer Wirbelkörper), wie bei den Säugetieren. Die Verbindungen der Wirbelkörper untereinander sind (abgesehen von der Atlas-Axis-Verbindung) nicht gelenkig, die Wirbelkörper sind vielmehr durch knorpelige Zwischenscheiben miteinander verbunden. Der obere Wirbelbogen, der *Neuralbogen*, umschließt das Wirbelloch mit dem Rückenmark und trägt dorsal einen Dornfortsatz. Die Gesamtheit der Neuralbögen bildet den *Wirbelkanal*, auch *Neural*- oder *Spinalkanal* genannt. Die Lücken zwischen zwei einander folgenden Neuralbögen dienen den Spinalnerven zum Durchtritt. Der von den Dornfortsätzen der Wirbelkörper gebildete Grat führte zur Bezeichnung *Rückgrat* für die Wirbelsäule. Bei den vierfüßigen Wirbeltieren, den Tetrapoden, sind die Neuralbögen benachbarter Wirbel miteinander durch Gelenkfortsätze, die *Zygapophysen*, verbunden; oft ist an jeder Seite eines Neuralbogens ein Querfortsatz, die *Diapophyse*. Im Bereich der Brustwirbelsäule entspringt den Wirbelkörpern jeweils ein ventraler Querfortsatz, die *Parapophyse*, meist nur in Form einer Gelenkfläche für den Gelenkkopf der Rippe. Der untere am Wirbelkörper ansetzende Bogen, der *Hämalbogen*, ist meist nur in der Schwanzregion vorhanden, bei Fischen auch in der Rumpfregion, und umschließt große Blutgefäße. Dem Hämalbogen kann in der Mitte ebenfalls ein unterer Dornfortsatz aufsitzen. Die Schwanzwirbel der Urodelen, Vögel und höheren Affen sind reduziert: Bei Fröschen ist hier ein stabförmiger Knochen, das *Urostyl*, entwickelt, bei Vögeln sind die hinteren Schwanzwirbel zum Steißknochen, dem *Pygostyl*, dem die Steuerfedern ansitzen, vereint.

Achsenstab, *Axostyl*, bei manchen Zooflagellaten eine den Körper längs durchziehende Stützorganelle, die vom Basalkörper entspringt.

Achsenzylinder, → Nervenfasern.

Achtfüßer, *Oktopoden*, *Octopoda*, *Octobrachia*, Ordnung der Kopffüßer (Unterklasse Zweikiemer) mit acht meist gleichlangen Kopfarmen, die durch eine mehr oder weniger breite Haut miteinander verbunden sind. Der Körper ist ziemlich kurz, beinahe sackförmig, und trägt seitlich vielfach Flossen. Die A. sind gewöhnlich viel kleiner als die → Zehnfüßer, die Rumpflänge beträgt bis zu 3 m. Eine innere Schale ist nur selten vorhanden. Die A. sind vorwiegend Bodenbewohner der flacheren Meeresteile, sie kommen aber auch in der Tiefsee vor. Ein als *Hektokotylus* umgestalteter Arm der Männchen ist Hilfsorgan bei der Begattung. Zu den A. gehören die Gattungen *Octopus* und *Argonauta*.

Acinus, → Drusen.

Acipenseriformes, → Störartige.

Ackerbohne, → Schmetterlingsblütler.

Ackergauchheil, → Primelgewächse.

Ackerschnecken, *Deroceras agreste* und *Deroceras reticulatum*, 5 bis 6 cm lange, graugelbliche, vielfach dunkel gefleckte, zu den Egelschnecken gehörende Nacktschnecken. Sie leben vorwiegend auf Kulturflächen, ernähren sich in der Hauptsache von grünen Pflanzen und sind daher bedeutende Schädlinge in Gärten und Treibhäusern.

Ackersenf, → Kreuzblütler.

Acochlidiacea, → Hinterkiemer.

Acoela, → Strudelwürmer.

Acoelomata, → Mesoblast.

Acomys, → Stachelmäuse.

Acrania, → Schädellose.

Acrasiales, → Schleimpilze.

Acron, Kopflappen verschiedener Gliederfüßer.

Acrothoracica, → Rankenfüßer.

Acteonidae, → Hinterkiemer.

ACTH, → Kortikotropin.

Actiniaria, → Aktinien.

Actinocamax [griech. aktis 'Strahl', kamax 'Stange', 'Pfahl'], leitende Belemnitengattung der Oberkreide. Das bis zu 10 cm lange Rostrum ist meist zylindrisch, seltener keulen- oder kegelförmig und weist eine kurze, aber tiefe Ventralfurche auf.

Actinoceras [griech. aktis 'Strahl', keras 'Horn'], eine ordovizische Nautilidengattung mit einem langgestreckten geraden Gehäuse. Der Sipho ist perlschnurartig und enthält ein hochdifferenziertes Gefäßsystem. Er liegt in der Mitte des Gehäuses.

Actinomyces, → Aktinomyzeten.

Actinopoda, → Wurzelfüßer.

Actinopterygia, Strahlenflosser, → Knochenfische.

Actinotrocha, die Larve der → Hufeisenwürmer.

Actinula, tentakeltragendes, bewimpertes und frei schwimmendes Larvenstadium einiger Hohltiere, denen die Polypengeneration fehlt. Die A. entsteht aus der → Planula und bildet sich zur Meduse um.

Aculeata, → Hautflügler.

Aculifera, → Stachel-Weichtiere.

Adamsapfel, → Kehlkopf.

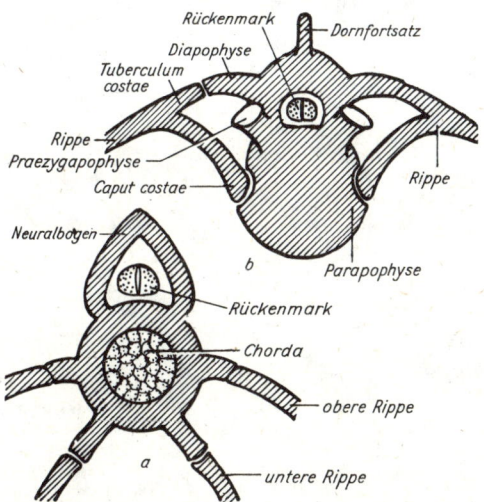

Schema eines Wirbels mit Rippen: *a* Fischwirbel, *b* Tetrapodenwirbel

Adap(ta)tion

Adap(ta)tion, 1) in der allgemeinen Biologie → Anpassung.

2) in der Physiologie Klasse von Änderungen in der Leistung von Zellen, Geweben, Organen oder/und Individuen, wenn bestimmte Ereignisse in ihrer Umgebung auftreten. Beispielsweise erfolgt eine Abnahme der Erregung (Impulsfrequenz) in Sinneszellen bei andauerndem gleichbleibenden Reizangebot, obgleich keine physische Ermüdung besteht. So adaptieren Geruchsrezeptoren schnell, viele Stoffe werden nach relativ kurzer, gleichbleibender Dauereinwirkung nicht mehr gerochen. Der A. unterliegen verschiedene, nicht hinreichend charakterisierte Mechanismen. A. von Sinnes- und Nervenzellen kann auf blockierte oder verminderte Rezeptoren bzw. Verminderung der Prozesse zurückgeführt werden, die Erregung auslösen. Dies wird an der Abnahme des Rezeptorpotentiales von Sinneszellen kenntlich. Die Reizschwelle und Empfindlichkeit eines Sinnesorganes sind andererseits abhängig vom Adaptationszustand. Das bedeutet, daß gleichstarke kurze Reize im Sinnesorgan unterschiedliche Erregungsänderungen auslösen können, je nachdem, ob dieses stark oder wenig adaptiert war.

adaptive Landschaft, → Fitneßdiagramm.

adaptive Radiation, meist relativ rasches Aufspalten einer Organismengruppe in verschiedene Lebensformtypen, die unterschiedlichen Umweltbedingungen angepaßt sind oder verschiedene Ressourcen einer Umwelt nutzen. A. R. erfolgen: 1) wenn ein neues evolutionäres Niveau erreicht wird, z. B. die rasche Entfaltung der Angiospermen während der Kreidezeit, 2) wenn die frühere Formenfülle wiederhergestellt wird, nachdem die Artenzahl eines Taxons stark zurückging, z. B. die a. R. der Ammonoideen nach ihrem Rückgang an der Perm-Trias-Grenze und später nach ihrem abermaligen fast völligen Aussterben am Ende der Trias, 3) wenn ein von Konkurrenten freier Lebensraum erreicht wird, z. B. die a. R. der Darwinfinken, *Geospizinae*, auf den vulkanisch entstandenen Galapagos-Inseln und die der Kleidervögel, *Drepaniidae*, auf den ebenfalls vulkanischen Hawaii-Inseln.

A. R. sind die häufigste Ursache für Virenzperioden; sie erfolgen oft in der typogenetischen Phase der → Typostrophe.

Adaptorhypothese, inzwischen zur Theorie erhärtete Vorstellung zur Interpretation der Realisation der in der DNS chemisch verschlüsselten genetischen → Information unter Einschaltung von verschiedenen RNS-Typen. Die Informationsrealisation findet ihren Ausdruck im Aufbau spezifischer Polypeptide, denen meist Enzymcharakter zukommt. Nach der Hypothese wird die Position einer bestimmten Aminosäure in einer Polypeptidkette nicht durch direkte Wechselwirkung zwischen ihr und der DNS- bzw. RNS-Matrize (→ Messenger-RNS, m-RNS) oder durch die Aminosäure selbst festgelegt, sondern mit Hilfe spezifischer *RNSA-Adaptormoleküle* (→ Transfer-RNS, t-RNS), die jeweils mit einer Aminosäure beladen sind und durch die Basensequenz des Anti-Kodons eine Affinität zur Sequenz der Messenger-RNS (Kodon) aufweisen. Die Reaktion zwischen dem Kodon der m-RNS und dem Anti-Kodon der t-RNS determiniert die richtige Einordnung und Sequenz der Aminosäuren einer Polypeptidkette (→ Sequenzhypothese). Die Anheftung der Aminosäuren an die für sie spezifischen Adaptormoleküle erfolgt durch eine Serie spezifischer Enzyme.

Adduktoren, *Anzieher,* Muskeln, die Gliedmaßen an den Körper heranziehen, z. B. die Arme an den Körper anlegen.

Adelphogamie, → Bestäubung.

Adenin, Abk. *A* oder *Ade,* 6-Aminopurin, ein als Baustein der Nukleinsäuren in der Natur ubiquitär verbreitetes Purinderivat. In freier Form wurde A. in verschiedenen pflanzlichen Organismen, besonders in Hefen, gefunden. A. entsteht beim Abbau der Nukleinsäuren oder wird über Adenosinmonophosphat de novo synthetisiert.

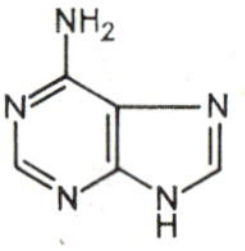

Adenosin, Abk. *Ado,* 9β-D-Ribofuranosyladenin, ein Nukleosid, das bei β-glykosidischer Verknüpfung aus D-Ribose und Adenin entsteht. Im Stoffwechsel haben besonders die → Adenosinphosphate Bedeutung.

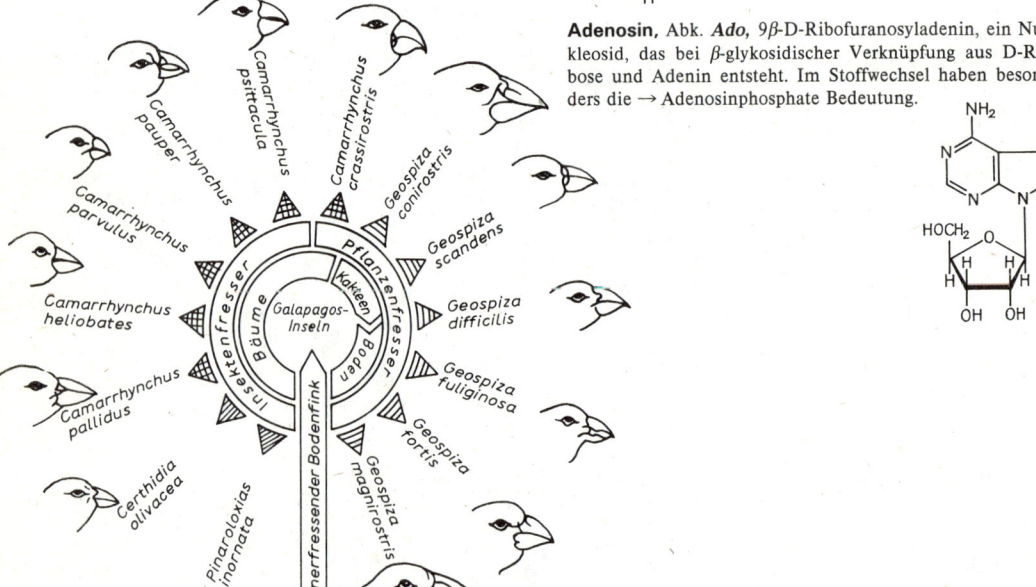

Adaptive Radiation der Darwinfinken auf den Galapagos-Inseln

Adenosin-5'-diphosphat, Abk. *ADP,* ein Nukleotid mit energiereicher Bindung, das bei Substrat-, Atmungsketten- und Photokettenphosphorylierung als Phosphatakzeptor in ATP übergeführt wird.

Adenosin-5'-monophosphat, Abk. *AMP, Adenylsäure,* ein Nukleotid, das bei der Purinbiosynthese oder der Pyrophosphatspaltung des ATP entsteht. A. kommt in Hefe und Muskeln vor.

Adenosinphosphate, Phosphorsäureester des Adenosins, die im Stoffwechsel als Bausteine der Nukleinsäuren sowie als Energieüberträger oder -speicher von großer Bedeutung sind. A. sind regulatorisch bei der Glykolyse und im Trikarbonsäurezyklus wirksam.

Adenosinphosphorsäuren

Adenosin-5'-triphosphat, Abk. *ATP,* ein Nukleotid, das als universeller Energieakkumulator in jeder Zelle anzusehen ist. Die Biosynthese des A. erfolgt durch Phosphorylierung von ADP, z. B. durch Substrat-, Atmungsketten- oder Photophosphorylierung. Die infolge der Abspaltung oder Übertragung von ADP, AMP, alkoholischen Hydroxygruppen, des Pyrophosphatrestes bzw. des Adenosylrestes und weiterer Gruppen frei werdende Energie kann zur Synthese von Makromolekülen verwertet werden, oder sie wird in zahlreichen Stoffwechselwegen, wie der β-Oxidation der Fettsäuren, dem Glukoseabbau, der Harnstoffsynthese, der Nukleotidsynthese, der Phospholipidsynthese und der Transformationen der Zucker, benötigt. Als Aktionssubstanz des Muskels ermöglicht A. auch gegen einen Widerstand dessen Kontraktion. Durch ATP-Spaltung kann z. B. für spezielle Leuchtinsekten Lichtenergie zur Chemilumineszenz, für elektrische Fische Strom sowie Energie für den aktiven Substrattransport entgegen dem Potentialgefälle zur Verfügung gestellt werden.

Adenosintriphosphatasen, Abk. *ATPasen,* Enzyme, die die hydrolytische Abspaltung von Phosphorsäure aus Adenosintriphosphat katalysieren.

Adenoviren, → Virusfamilien.

Adenoviridae, → Virusfamilien.

Adenylat-Zyklase, ein Enzym, das in der Zellmembran lokalisiert ist und aus Adenosintriphosphat unter Abspaltung von Pyrophosphat und Übertragung des verbleibenden Phosphatrestes auf die 3'-Hydroxygruppe die Bildung von zyklischem Adenosin-3',5'-monophosphat (zyklo-AMP) katalysiert. Diese Reaktion hat große Bedeutung bei der Wirkung von → Hormonen.

Adenylsäure, svw. Adenosin-5'-monophosphat.

Aderhaut, → Lichtsinnesorgane.

Adermin, ein → Vitamin des Vitamin-B_6-Komplexes.

Adern, 1) Blattnerven oder -rippen, → Blatt. 2) Blutgefäße, → Blutkreislauf.

ADH, Abk. für antidiuretisches Hormon, → Vasopressin.

ADI, Abk. für *a*cceptable *d*aily *i*ntake, duldbare tägliche Dosis eines Pflanzenschutzmittels, die bei täglicher Verabreichung keine schädliche Wirkung auf alle Lebensfunktionen des Organismus ausübt.

Adiuretin, svw. Vasopressin.

ADI-Werte (Abk. von engl. *a*cceptable *d*aily *i*ntake), Rückstand von Schadstoffen je Körpermasse und Tag in Milligramm, der während der gesamten Lebensdauer ohne schädliche Wirkungen toleriert werden kann.

Adler, → Habichtartige.

Admiral, *Vanessa atalanta* L., ein zu den → Wanderfaltern gehörender Tagfalter (Familie Fleckenfalter) mit schwarzen, rotgebänderten Flügeln. Der Schmetterling saugt im Spätsommer gern an überreifem Fallobst. Der A. steht unter Naturschutz!

Adnate, → Lebensform.

Adoleszenz, → Ontogenese, → Entwicklung.

Adonisröschen, → Hahnenfußgewächse.

ADP, Abk. für Adenosin-5'-diphosphat.

Adrenalin, *Epinephrin,* 3,4-Dihydroxyphenylethanolmethylamin, ein Hormon des Nebennierenmarks und gleichzeitig eine adrenerge Neurotransmittersubstanz des Nervengewebes. Chemisch gehört A. zur Klasse der biogenen Amine. Biologisch wirksam ist die L-Form. A. wird neben seiner biogenetischen Vorstufe → Noradrenalin im Nebennierenmark und als Neurotransmitter im sympathischen

Nervengewebe gebildet, dann in den chromaffinen Granula bzw. den postganglionären Neuronen gespeichert und durch neurale Reize an das Blut abgegeben. Die Biosynthese verläuft über Tyrosin, 3,4-Dihydroxyphenylalanin (Dopa), 3,4-Dihydroxyphenylethylamin (Dopamin) und Noradrenalin, das zu A. N-methyliert wird. Die Bindung von A. erfolgt am Erfolgsorgan entweder durch einen α- oder einen β-Rezeptor. Der inaktivierende Abbau von A. geschieht durch Oxidation und Methylierung. Dabei wird A. zu 3-Methoxyadrenalin methyliert und zu 3-Methoxy-4-hydroxymandelsäurealdehyd oxidativ desaminiert. Oxidation führt dann zu 3-Methoxy-4-hydroxymandelsäure, die im Harn ausgeschieden wird.

Bei Bindung an einen β-Rezeptor beruht die biologische Wirkung von A. auf einer Aktivierung des Adenylat-Zyklase-Systems (→ Hormone). A. bewirkt eine Steigerung der Herzfrequenz und der Kontraktilität, eine erhöhte Muskeltätigkeit durch Dilatation der Blutgefäße sowie eine Konzentrationserhöhung von Glukose, Laktat und freien Fettsäuren im Blut.

Adrenalorgan, → Nebenniere.

adrenerg, Bezeichnung für Neuronen, Nervenfasern, Nervenendigungen bzw. Synapsen, die als → Transmitter Noradrenalin oder Adrenalin enthalten und bei Erregung freisetzen.

adrenokortikotropes Hormon, svw. Kortikotropin.

Adrenokortikotropin, svw. Kortikotropin.

adult, erwachsen.

adulte Altersstufe, beim Menschen die Zeit vom 20. bis 40. Lebensjahr. → Altersdiagnose.

adulte Periode, → Ontogenese, → Entwicklung.

Adventivbildungen, zusammenfassende Bezeichnung für Adventivknospen (→ Knospe), → Adventivsprosse und Adventivwurzeln (→ Wurzel).

Adventivembryonie, das Entstehen von Embryonen auf asexuellem Wege aus somatischen Zellen der Samenanlage, z. B. des Nuzellus oder der Integumente. A. ist z. B. von *Citrus*-Samen bekannt, in denen neben einem normal entstandenen Embryo mehrere Adventivembryonen vorkommen können. → Polyembryonie.

Adventivknospen, → Knospe.

Adventivpflanze, eine in einem bestimmten Gebiet nicht einheimische Pflanze, die in dieses erst durch direkte oder indirekte Einwirkung des Menschen gelangte. Nach dem

Adventivsprosse

Grad ihrer Einbürgerung, der Art und Zeit ihrer Einschleppung werden verschiedene Gruppen unterschieden. 1) *Ephemerophyten, Ankömmlinge* oder *Passanten*, nur vereinzelt vorübergehend in einem Gebiet vorkommende Pflanzen, die z. B. mit dem Vogelfutter oder mit Importgütern längs der Verkehrswege eingeschleppt werden. 2) *Ansiedler* oder *Kolonisten* sind Pflanzen, die vom Menschen unbeabsichtigt mit den Kulturpflanzen als Unkräuter eingeführt worden sind und sich auf Ruderal- oder Segetalstandorten angesiedelt haben. Sie sind hier zum festen Bestandteil der Flora geworden, z. B. Klatschmohn, Schuttkresse. 3) *Neophyten* oder *Neubürger* sind Pflanzen, die in geschichtlicher Zeit eingewandert oder eingeschleppt worden sind und die sich inmitten der einheimischen Pflanzenwelt ansiedeln und einbürgern, z. B. Wasserpest (*Elodea canadensis*), Frühlingskreuzkraut (*Senecio vernalis*), Zarte Binse (*Juncus tenuis*), Kalmus (*Acorus calamus*), Kleinblütiges Springkraut (*Impatiens parviflora*). Neophyten können die einheimische Pflanzenwelt auch verdrängen. Von Interesse sind das Jahr des ersten Auftretens und die nachfolgende Ausbreitung der Neophyten. 4) *Archäophyten* oder *Altbürger* sind Pflanzen, die bereits in prähistorischer oder frühester historischer Zeit eingebürgert worden sind. Mit dem Ackerbau und den größeren Siedlungen sind seit dem Neolithikum mit den Kulturpflanzen A. als Ackerunkräuter (→ Segetalpflanzen) und Schutt- sowie Wegrandpflanzen (→ Ruderalpflanzen) eingeschleppt worden, z. B. die Ackerkornblume (*Centaurea cyanus*), Spitzwegerich (*Plantago lanceolata*), Kornrade (*Agrostemma githago*), Große Klette (*Arctium lappa*). Dagegen werden einheimische Pflanzen, die zum Teil ihre natürlichen Standorte verlassen haben und auf vom Menschen geschaffene Öd- oder Kulturländer übergegangen sind, als *Apophyten* bezeichnet.

Adventivsprosse, an ungewöhnlichen Stellen, vor allem an Wurzeln, meist erst nach Verwundung oder Zerteilung des Pflanzenkörpers entstandene Sproßbildungen. So treten an den Stümpfen gefällter Bäume und Sträucher häufig *Stockausschläge* auf. Baumschulen und Gärtnereien vermehren zahlreiche Pflanzen durch A., die an abgeschnittenen Stengel- oder Wurzelstücken bzw. Blättern auftreten und als *Stecklinge* bezeichnet werden.

Adventivwurzeln, → Wurzel.
Aechmea, → Bromeliengewächse.
Aepyornithidae, → Madagaskarstrauße.
Aerenchym, → Parenchym.
Aerobier, *Aerobionten*, Organismen, die auf die Gegenwart von Sauerstoff zur Energiegewinnung angewiesen sind. Oft auf Mikroorganismen bezogen, die obligat aerob sind, wenn sie sich nur bei Vorhandensein von freiem Sauerstoff entwickeln können (z. B. viele Pilze, Strahlenpilze). Fakultativ aerobe Arten können auch bei Abwesenheit von Sauerstoff existieren (z. B. Milchsäurebakterien). Unter den nahezu ausschließlich aeroben Tieren können viele auch anaerob leben (z. B. die Bandwürmer als Darmparasiten. Auch die wegen ihres geringeren Sauerstoffbedarfs als → mikroaerophil bezeichneten Mikroorganismen sind A. Gegensatz: → Anaerobier.
Aerophyten, svw. Epiphyten.
Aerosole, Luft- bzw. Gasgemische mit feinstverteilten schwebenden, flüssigen (Nebel) oder festen (Rauch) Teilchen. Manche Pflanzenschutz- und Schädlingsbekämpfungsmittel sind als A. anwendbar.
Aerotaxis, die durch unterschiedliche Sauerstoffkonzentration ausgelöste gerichtete Ortsbewegung frei beweglicher Organismen, ein Sonderfall der → Chemotaxis. *Positive* A. tritt bei sauerstoffliebenden, aeroben Bakterien auf, *negative* A. bei anaeroben.
Aerotropismus, eine besondere Form des → Chemotropismus, bei der durch ein Gefälle der Sauerstoffkonzentration eine Krümmungsbewegung pflanzlicher Organe induziert wird. Wurzeln wird durch A. die Auffindung gut durchlüfteter Bodenregionen ermöglicht.

Aestuar, die Mündungszone eines Flusses mit starkem Gezeiteneinfluß, z. B. Themse- und Elbeastuar. Charakterfische sind oft Kaulbarsch (*Acerina cernua*) und Flunder, *Platichthys* (*Pleuronectes*) *flesus*.

Affekt, Zustand starker Erregung, häufig gebraucht für kurze und heftige Emotionen. Bei Säugern nachweisbar, vermutlich auch anderen Wirbeltierklassen graduell zukommend. Physiologisch sind A. an Bewegungsabläufen, z. B. Flucht bei Angst oder Angriff bei Wut, und Änderungen im Vegetativum (z. B. Herzschlagrate, Blutdruck) u. a. kenntlich. Da A. den Emotionen zugehören, besteht eine enge Beziehung zu Antrieben (Motivationen).

Affen, *Anthropoidea*, eine Unterordnung der Primaten. Die A. haben meißelförmige, in geschlossener Reihe stehende Schneidezähne und zeichnen sich besonders durch die hohe Ausbildungsstufe ihres Großhirns aus. Die Jungen werden nach der Geburt von der Mutter längere Zeit mit umhergetragen. Die A. werden in die Teilordnungen → Neuweltaffen und → Altweltaffen unterteilt.
Zu den A. gehört auf Grund seines Körperbaues und bestimmter Verhaltensweisen biologisch auch der Mensch.
Über die geologische Verbreitung → Primaten.

Affenbrotbaum, → Wollbaumgewächse.
Affenfurche, svw. Vierfingerfurche.
Affenlücke, svw. Diastema.
afferente Bahnen, → Rückenmark.
afferente Drosselung, Verminderung der Antwortbereitschaft auf Schlüsselreize (→ Kennreiz), wenn diese zu häufig angeboten werden. Die hohe Reizfrequenz erhöht die Reizschwelle (→ Adaptation).

Afferenz, summarische Bezeichnung für Erregungen, die von einer Sinneszelle, Nervenzelle oder einem Nerven zu einer Informationsverarbeitungsinstanz geleitet werden, insbesondere auch als Sammelbezeichnung für alle Erregungen von Sinnesorganen zum Zentralnervensystem (→ Efferenz, → Reafferenz).

affiner Status, innerer Zustand eines Tieres gegenüber einem bestimmten Reiz oder Reizmuster in der Umgebung, der zu einer Annäherung, also Distanzverminderung gegenüber dem Reiz führt (Status der Distanzverminderung) → diffuser Status, → ambivalenter Status.

affines Signal, Signal im Dienst der Distanzverminderung zwischen Sender und Empfänger. A. S. haben Eigenschaften, die eine Identifikation des Senders sowie seine Ortung erleichtern. Außerdem enthalten diese Signale Parameter, die beim Empfänger Annäherungsbereitschaft aktivieren.

Affinität, 1) in der Immunologie die Bindungsstärke des → Antikörpers zum Epitop des → Antigens. Entsprechend der Genauigkeit der Paßform zeigen die Antikörper eine unterschiedlich hohe A. Die Bindung beruht nicht auf kovalenten chemischen Bindungen, sondern auf unspezifischen Bindungskräften.

2) in der Genetik bei der selektiven Befruchtung die genetisch bedingte Befruchtungshäufigkeit zweier genetisch verschiedener Gametensorten als Ausdruck unterschiedlichen Anziehungsvermögens zwischen den männlichen und weiblichen Gameten.

3) in der Tierökologie die Erscheinung, daß bestimmte Arten infolge ähnlicher Umweltansprüche bestimmte Habitate bevorzugen (*ökologische* A., → Artenkombination) oder auf bestimmte Partner angewiesen sind (*soziologische* A.).

Aflatoxine, von bestimmten Stämmen und Varietäten der Pilze *Aspergillus flavus* und *Aspergillus parasiticus* gebildete

→ Mykotoxine. A. zählen zu den stärksten, oral wirkenden, natürlich vorkommenden Karzinogenen. Sie rufen Krebs an der Leber hervor. A. sind Difuran-Kumarin-Derivate. Die Aflatoxinbildung ist vom Nährsubstrat abhängig; sie werden bevorzugt in pflanzlichen Lebens- und Futtermitteln gefunden, z. B. Erd- und Paranüssen.
AFR, → Freier Raum.
Afrikanische Dreiklaue, → Weichschildkröten.
Afrikanische Schlangenechsen, *Feyliniidae,* nur 4 Arten umfassende, den → Glattechsen verwandte Familie unterirdisch lebender fußloser Kriechtiere aus dem tropischen Afrika.
AFS, → Freier Raum.
After, → Verdauungssystem.
Afterbucht, → Verdauungssystem.
Afterraupen, → Blattwespen.
Afterskorpione, *Pseudoscorpiones,* eine Ordnung der zu den Gliederfüßern gehörenden Spinnentiere. Die nur wenige Millimeter langen Tiere haben eine gewisse äußere Ähnlichkeit mit den Skorpionen. Der flache Körper setzt sich aus einem einheitlichen Prosoma und einem gegliederten Opisthosoma zusammen. Gliedmaßen sind die kleinen Chelizeren, auf denen Spinndrüsen münden, die großen, mit Scheren ausgerüsteten Pedipalpen, an deren Spitze eine Giftdrüse mündet, sowie vier Paar Laufbeine.

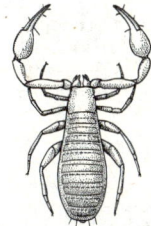

Neobisium muscorum Leach.

Biologie. Die Tiere leben im Laub, im Boden, unter Baumrinde, in Nestern von Vögeln, Säugetieren und Insekten, auch in Wohnungen, Herbarien, Bibliotheken. Sie fangen kleinere Insekten. Wie bei den Skorpionen findet keine richtige Begattung statt. Das Männchen setzt vielmehr auf den Boden eine gestielte Spermatophore, die vom Weibchen mit der Genitalöffnung aufgeschnappt wird. Bei manchen Arten führen die Männchen eine Art Tanz vor den Weibchen auf. Die Eier werden in einen Sekretbeutel abgelegt, der an der weiblichen Geschlechtsöffnung hängt und mit Nährflüssigkeit gefüllt ist. Der Beutel wird früher oder später in ein Brutnest abgesetzt. Vor der Häutung oder Überwinterung bauen die Tiere ebenfalls Nester, die innen mit Spinnfäden aus den Chelizeren ausgekleidet und außen mit kleinen Fremdkörpern bedeckt sind.
Man kennt etwa 1500 Arten, die vorwiegend in den Tropen und Subtropen verbreitet sind. Die bekannteste Art bei uns ist der Bücherskorpion, *Chelifer cancroides.*
Aga, svw. Riesenkröte.
Agamen, *Agamidae,* gattungs- und formenreiche Familie der → Echsen, deren Vertreter mit stets wohlausgebildeten Gliedmaßen, mäßig langem Schwanz, breitem Kopf und von meist mittlerer Größe um 20 bis 30 cm das typische Bild einer Eidechse bieten. Der Körper ist bei den A. häufig stachlig beschuppt, mitunter sind auch Schuppenkämme oder Stachelschwänze ausgebildet. Fast alle A. sind tagaktiv. Die baumlebende Arten sind seitlich abgeflacht, ausgesprochene Wüstenformen dagegen haben einen meist plattgedrückten Körper. Die A. sind eine rein altweltliche, in Afrika (außer Madagaskar), Südosteuropa, Asien, Ozeanien, Australien verbreitete Familie, deren Vertreter oft große äußere Ähnlichkeiten mit den neuweltlichen → Leguanen aufweisen. Die Konvergenzerscheinungen sind durch gleiche Lebensweise in ähnlichen Biotopen bedingt. In beiden Familien gibt es Formen mit Nacktkämmen, Kehlsäcken, Stachel- oder Greifschwänzen; es finden sich sowohl große, baumbewohnende Urwaldtiere als auch kleine, abgeplattete, bestachelte Wüstenbewohner. Viele A. zeigen – ganz ähnlich wie die Leguane – bei der Paarungseinleitung und der Verteidigung ein arttypisches Imponierverhalten, das sich in Kopfnicken, Aufblähen der Kehlsäcke, Schwanzbewegungen und Farbwechsel äußert. Der wesentlichste anatomische Unterschied zu den Leguanen ist das akrodonte Gebiß. Die A. sind mit wenigen Ausnahmen eierlegend. Die Familie umfaßt über 300 Arten in etwa 35 Gattungen, dazu gehören unter anderem → Siedleragame, → Hardun, → Dornschwänze, → Krötenköpfe, → Schönechsen, → Wasseragamen, → Segelechse, → Bartagame, → Flugdrachen, → Moloch, → Kragenechse.
Agameten, svw. Sporen.
Agamogonie, Fortpflanzung ohne Befruchtung.
Agamospezies, Art, deren Angehörige sich ausschließlich parthenogenetisch oder ungeschlechtlich fortpflanzen. A. gibt es z. B. bei den Blaualgen, die sich alle ungeschlechtlich vermehren, und in der Rädertierordnung *Bdelloidea,* in der es nur parthenogenetische Weibchen gibt. → Art.
Agar-Agar, *Agar,* ein gelierfähiges Polysaccharid, das hauptsächlich in Ostasien aus verschiedenen Meeresrotalgen, z. B. der Gattungen *Gelidium* oder *Gracilaria,* gewonnen wird. A. besteht vorwiegend aus Polygalaktanen, darunter Agarose, und kommt in getrockneter Form fadenartig oder als Pulver in den Handel. Benutzt wird A. vor allem zur Herstellung von → Nährböden in der Mikrobiologie, indem er Nährlösungen in Mengen von 1,5 bis 3 % zugesetzt wird. Die A.-Nährböden können bei 100 °C verflüssigt werden und erstarren erst bei etwa 45 °C. Die Vorteile der Verwendung des A. gegenüber Gelatine bestehen vor allem darin, daß A. bei 37 °C noch fest ist, keine Stickstoffverbindungen enthält und nur von sehr wenigen Mikroorganismen abgebaut und damit verflüssigt wird.
Als Agar werden auch A.-Nährböden bezeichnet.
Agaricales, → Ständerpilze.
Agavengewächse, *Agavaceae,* eine Familie der Einkeimblättrigen Pflanzen in den Tropen und Subtropen mit etwa 560 Arten. Die mehrjährigen, oft verholzenden Pflanzen haben Rhizome und können auch baumförmig wachsen, wobei ein anomales sekundäres Dickenwachstum auftritt. Ihre fleischigen oder ledrigen Blätter sind meist schopfartig gestellt. Die Bestäubung erfolgt durch Insekten, seltener durch Vögel. Aus dem ober- oder unterständigen Fruchtknoten entwickeln sich Beeren- oder Kapselfrüchte.
Artenreichste Gattung ist die rosettige Blätter aufweisende *Agave,* deren Arten im südlichen Nordamerika, in Mittelamerika und im nördlichen Südamerika heimisch sind. Wirtschaftlich wichtig ist die **Sisalagave,** *Agave sisalana,* die die außerordentlich zähe Sisalfaser liefert. Aus den Pflanzenresten extrahiert man außerdem Steroidsaponine, die pharmazeutisch weiterverwertet werden. Die aus Mexiko stammende Pflanze wird heute in den Tropen vielfach angebaut. Auch einige andere Agaven haben Fasern, so die **Amerikanische Agave,** *Agave americana,* die im Mittelmeergebiet häufig verwildert ist und aus deren Blütenschaft ein Saft abgezapft wird, der in vergorener Form ein alkoholisches Getränk, den Pulque, liefert. Viele Agavenarten werden als Zierpflanzen gezogen, sie haben ansehnliche Blütenstände mit trichterförmigen Blüten.
Im südlichen Nordamerika und Mittelamerika sind die Arten der Gattung **Palmlilie,** *Yucca,* heimisch, von denen ebenfalls einige in wärmeren Gebieten als Zierpflanzen kultiviert werden.

Agavengewächse: *a* Agave mit Blütenstand, *b* Schwertpflanze, *c* Drachenbaum

Bäume von oft mächtigen Ausmaßen sind die Vertreter der überwiegend in den Tropen der Alten Welt heimischen Gattung *Dracaena*. Am bekanntesten ist der auf den Kanarischen Inseln vorkommende **Drachenbaum**, *Dracaena draco*. Die Arten des **Bogenhanfes**, *Sansevieria*, die zumeist im tropischen Afrika heimisch sind, werden z.T. als Faserpflanzen genutzt, z. B. *Sansevieria cylindrica* aus Westafrika. *Sansevieria trifasciata* wird unter dem Namen **Schwertpflanze** in verschiedenen Sorten, z.T. mit gelben Blatträndern, als Zierpflanze gezogen.

Der in Neuseeland beheimatete **Neuseelandflachs**, *Phormium tenax*, ist auch eine wichtige Faserpflanze; ihre starken Bastfasern werden zu groben Geweben und Bindematerial verwendet, genau wie die des ursprünglich aus Mittelamerika stammenden **Mauritiushanfes**, *Furcraea foetida*.

Agglutination, auf die Reaktion von → Antikörpern mit partikulären → Antigenen folgende Verklumpung der Antigenteilchen. Die A. dient z. B. dem Nachweis von → Blutgruppen.

Agglutinine, im Blutserum enthaltene → Antikörper, die mit Antigenpartikeln reagieren und diese verklumpen.

Agglutinogene, → Blutgruppen.

Aggregation, 1) Anhäufung von Tieren auf zufälliger Basis, ohne daß ein kollektivbildender Reiz sie zusammengeführt hat, z. B. Insekten am Spülsaum. → Organismenkollektiv.

2) ein in verhaltensökologischer Sicht unterschiedlich angewendeter Begriff. Heute spricht man im allgemeinen von einem *Aggregationsverhalten*, wenn artgleiche Individuen sich an bestimmten Stellen ansammeln und dabei vom Körper abgesonderte Substanzen, *Aggregationspheromone*, wirksam werden.

Aggregationsverband, → Thallus.

Aggressionsverhalten, Verhalten, das auf Verdrängung anderer Individuen gerichtet ist, die dabei zur Flucht veranlaßt oder beschädigt oder auch vernichtet werden, wenn die Distanzvergrößerung auf andere Weise nicht erreichbar ist. Dem A. liegt demnach ein → diffuser Status zugrunde, wobei bestimmte Gründe gegeben sind, die eine Ortsbindung erzwingen. Die Motivstationen für dieses Verhalten sind unterschiedlich. Im Sinne dieser Definition gehört der Angriff eines Raubtieres (Predators) auf ein Beutetier nicht zum A. Die Verdrängung anderer Individuen ist überwiegend auf Artgenossen gerichtet, selten über die Artgrenzen hinaus. Die Verhaltensweisen selbst sind arttypisch. In der Verhaltensbiologie sollte der Begriff »Aggression« vermieden werden. Das A. ist ein bestimmtes angepaßtes Verhalten, das über die Evolution zustandegekommen ist, bei vielen Arten aber gänzlich fehlt. Die einfachste Form – bei zahlreichen Insekten ausschließlich vorhanden – ist das *Verdrängen*. Eine höhere Differenzierung liegt vor, wenn »Kampfmittel« (Krallen, Gebiß u. a.) eingesetzt werden, die primär im Dienst des Nahrungserwerbs entwickelt worden sind. Die höchste Ausbildung finden wir bei bestimmten eubiosozialen Insekten, wie Termiten und Ameisen, die eigene »Kasten dazu ausgebildet haben, dort auch »Soldaten« genannt. Das A. wird im allgemeinen als Spezialfall des → agonistischen Verhaltens aufgefaßt.

Aggressivität, Pathogenität, die sich durch meßbare Merkmale (z. B. Anzahl der durch → Pathogene auf der befallenen Pflanze verursachten Läsionen oder Pusteln, Sporenmasse, Entwicklungsgeschwindigkeit) zu erkennen gibt.

AG-Komplex, nach heute kaum mehr gebräuchlicher Auffassung die Gesamtheit der für die männliche (A) und weibliche (G) Sexualorganbildung und die Ausprägung der sexuellen Unterschiede zwischen den Geschlechtern verantwortlich gemachten Faktoren (→ Geschlechtsbestimmung), die nicht selbst geschlechtsbestimmend wirken. In einer diploiden Zelle treten A und G je zweimal als AAGG, in einer haploiden nur je einmal auf. Danach besitzt jede Zelle die Entwicklungsmöglichkeit nach beiden Richtungen (bisexuelle Potenz), und die Geschlechtsrealisatoren entscheiden darüber, welches Geschlecht realisiert wird. Der AG-K., heute als M- (männlich) und F- (weiblich) Faktoren bezeichnet, wird nicht durch die Geschlechtschromosomen, sondern durch die → Autosomen (oder das Zytoplasma) übertragen.

Aglossa, Überfamilie der Vorderkiemer (Schnecken), in der bei den parasitisch lebenden Arten eine für Schnecken ungewöhnliche Rückbildung des Kiefers und der Radula erfolgt.

Aglykon, *Genin,* zuckerfreier Anteil eines Glykosids.

AGM, Abk. für → angeborener gestaltbildender Mechanismus.

Agmatoploidie, Erhöhung der Chromosomenzahl durch Bruchvorgänge an Chromosomen mit diffusem Zentromer. Da alle Chromosomensegmente bewegungsaktiv sind, werden die Fragmente in diesem Spezialfall nicht während der Kernteilung eliminiert. Die A. ist eine Form der → Pseudopolyploidie.

Agnostus [griech. *agnostos* 'unkenntlich'], eine Gattung kleiner Trilobiten von 5 bis 10 mm Länge. Die einfach gebauten Kopf- und Schwanzschilder sind annähernd gleich groß. Augen und Gesichtsnaht fehlen. Der Rumpf besteht aus zwei Segmenten.

Verbreitung: Oberkambrium.

agonistisches Verhalten, konkurrierendes Verhalten bei der Sicherung bestimmter Umweltansprüche. Es ist gewöhnlich ein innerartliches Verhalten und geht nur dann über die Artgrenzen hinaus, wenn naheverwandte Arten in gleicher Weise auf bestimmte Ressourcen Ansprüche stellen. Ein Spezialfall ist in diesem Kontext das → Aggressionsverhalten. Zum a. V. gehören ferner das Fluchtverhalten, das Drohverhalten, das → Imponierverhalten, das Subdominanzverhalten, das Dominanzverhalten, um nur die wichtigsten Bestandteile der auf diesem Wege vollzogenen Distanzregulation zwischen Individuen mit sich überlappenden Umweltansprüchen anzudeuten. Es verbindet sich häufig mit → Territorialverhalten und gehört in den Funktionskreis des Konkurrenzverhaltens (→ Kompetition). Tafel 26.

Agrarökosystem, svw. Agrozönose.

Agrobacterium, eine Gattung beweglicher, gramnegativer und aerober Bakterien, die im Boden leben oder als Pflanzenparasiten vorkommen. *A. tumefaciens* ist der Erreger des Wurzelkropfes, der überwiegend unterirdische Pflanzenteile durch Wunden infiziert und die Bildung krebsartiger Wucherungen hervorruft. Diese behindern den Stofftransport in den Pflanzen; gefährdet sind vor allem Obstgehölze und Zuckerrüben.

Agrobiozönose, svw. Agrozönose.

Agrozönose, *Agrobiozönose, Agrarökosystem,* Lebensgemeinschaft von Kulturpflanzen, Ackerunkrautgesellschaften und Tiergemeinschaften eines Ackerstandorts. Der Pflanzenbestand dieser *Kulturbiozönose* wird aus Ertragsgründen vom Menschen zweckgerichtet durch Bodenbearbeitung, Pflege und Schutz vor Krankheiten und Schädlingen und durch die regelmäßige vollständige oder teilweise Entnahme der Kulturpflanze beeinflußt. Die Artenzusammensetzung der A. wird in regelmäßigen Zeitabschnitten verändert, wobei die natürliche Abfolge der → Sukzessionen unterbrochen und damit die Selbstregulation eingeschränkt wird. Zu den A. gehören die Hack- und Halmfruchtäcker, Gemüse-, Futter-, Obst- und Weinflächen sowie das Grünland, die sich durch eine verschieden ausgeprägte Einflußnahme auszeichnen. Die Beachtung der ökologischen Gesetzmäßigkeiten der A. ist bedeutsam für die landwirtschaftliche Ertragssteigerung.

Lit.: W. Tischler: Agrarökologie (Jena 1965).

Agutis, *Dasyproctidae,* eine Familie der Nagetiere. Die A. sind flinke Säugetiere von hasen- oder meerschweinchenartigem Habitus. Sie leben als Bodenbewohner in den Urwäldern Mittel- und Südamerikas.

Ähnlichkeit, Übereinstimmung von korrespondierenden Teilsystemen, Merkmalen oder Merkmalskomplexen auf Grund stammesgeschichtlicher Verwandtschaft (*homologe Ä.,* → Homologie), oder auf Grund gleichartiger funktioneller Anforderungen (*analoge Ä.,* → Analogie). Für die Aufklärung phylogenetischer Zusammenhänge ist nur die homologe Ä. geeignet.

Das natürliche System der Organismen ist ein System der abgestuften Ä., die unter Vertretern einer Art durch den Besitz zahlreicher vergleichbarer Merkmale am stärksten ist und sich mit Abnahme des Verwandtschaftsgrades zwischen höheren systematischen Kategorien vermindert.

Ähnlichkeitsanalyse, Verfahren der Übertragung physikalischer und biologischer Parameter von kleinen Modellen auf reale geometrisch ähnliche Körper. Das klassische Beispiel der Ä. ist die Gleichheit der Strömungsverhältnisse von Modell und realem Objekt bei gleichen → Reynolds-Zahlen. Diese Methode erlaubt es, große Objekte originalgetreu verkleinert nachzubilden und im Labormaßstab zu untersuchen. In der biologischen Forschung gibt es ganz analoge Fragestellungen. Für pharmakologische Tests verwendet man z. B. Labortiere, die sich in Größe und Masse erheblich vom Menschen unterscheiden. Die Ä. untersucht nun, wie man physiologische Parameter, z. B. Herzfrequenz, Atemvolumen und Wärmeerzeugung, vergleichen kann.

Lit.: Thompson: Über Wachstum und Form (Basel 1973).

Ähnlichkeitsquotient nach Sorĕnsen, → QS-Wert.

Ahorngewächse, *Aceraceae,* eine Familie der Zweikeimblättrigen Pflanzen mit etwa 150 Arten, die überwiegend in den außertropischen gebirgigen Gebieten der nördlichen

Ahorngewächse: *a* Spitzahorn, *b* Bergahorn, *c* Feldahorn, *d* Eschenahorn

Erdhalbkugel vorkommen. Es sind Holzpflanzen, meist Bäume, selten Sträucher, mit gegenständigen, gelappten, selten auch gefiederten Blättern ohne Nebenblätter und regelmäßigen, 4- bis 5zähligen, meist grünlich-gelben Blüten, die von Insekten oder durch den Wind bestäubt werden. Die in Dolden, Trauben, Ähren oder Rispen angeordneten Blüten sind in der Regel zwittrig, jedoch entsteht durch Reduktion des Fruchtknotens oder Verkümmerung der Staubgefäße vielfach Scheinzwittrigkeit, die im Zusammenhang mit dem Übergang von der Insekten- zur Windbestäubung bis zur Ausbildung von eingeschlechtigen Blüten führen kann. Der zweifächerige Fruchtknoten entwickelt sich zu einer Spaltfrucht. Zu den A. gehören 2 Gattungen, die sich vor allem durch den Bau der geflügelten Früchte unterscheiden. Die Vertreter der größeren Gattung **Ahorn**, *Acer*, haben einseitig geflügelte Teilfrüchte. Nur wenige Ahornarten haben ihr natürliches Vorkommen in den Laubwäldern Mitteleuropas oder werden hier als Zierbäume angepflanzt. So der frühblühende **Spitzahorn**, *Acer platanoides*, mit doldig-traubigen, aufrechten Blütenständen und der **Bergahorn**, *Acer pseudoplatanus*, mit rispigen, hängenden Blütenständen. Beide werden 20 bis 35 m hoch, ihr Holz wird vielfältig genutzt. Der meist strauchförmige **Feldahorn**, *Acer campestre*, hat kleine, dreilappige Blätter. Er wird nur 3 bis 15 m hoch und ist als Heckenpflanze gut geeignet. In Parkanlagen und Gärten werden der nordamerikanische **Eschenahorn**, *Acer negundo*, mit gefiederten, oft weißbunten Blättern und eingeschlechtigen, zweihäusig verteilten Blüten sowie der ebenfalls in Nordamerika heimische **Silber-** oder **Zuckerahorn**, *Acer saccharinum*, mit hellgrünen, unterseits silberweißen Blättern häufig angepflanzt. Aus dem Saft des Zuckerahorns kann Zucker gewonnen werden.

Zur zweiten Gattung der Familie, *Dipteronia*, gehört nur eine in China heimische Art mit allseitig geflügelten Spaltfrüchten.

Ähre, → Blüte, Abschn. Blütenstände.

Ährenfische, *Atherinidae*, zu den Ährenfischartigen gehörende kleinere, schlanke Schwarmfische mit 2 kurzen Rückenflossen, die an den Küsten wärmerer Meere, teilweise auch im Süßwasser vorkommen. In den Küstengewässern Westeuropas ist *Atherina presbyter* verbreitet. Vertreter der nahe verwandten Familie **Regenbogenfische** werden häufig im Süßwasseraquarium gepflegt; bekannte Gattung: *Melanotaenia*.

Ai, *Bradypus tridactylus*, **Dreifinger-Faultier**, ein → Faultier, das anstelle der sonst bei Säugern vorhandenen sieben Halswirbel neun hat und seinen Kopf um 180° nach hinten drehen kann.

aitionom, → Samenkeimung.

aitionome Ruhe, → Samenruhe, → Ruheperioden.

Aizoaceae, → Mittagsblumengewächse.

Akantharier [griech. akantha 'Dorn'], *Acantharia*, Ordnung der Wurzelfüßer, Meeresprotozoen, die häufig zu den Radiolarien gestellt werden und ein Skelett aus Strontiumsulfat besitzen. Es besteht aus 10 Diametral- oder 20 Radialstacheln, die im Zentrum miteinander verbunden und regelmäßig angeordnet sind (Abb.). Durch einen hydrostatischen Apparat, d. i. eine zwischen den Stacheln aufgespannte Gallerte, die durch Myoneme in ihrer Form verändert werden kann, können die A. ihre Wichte aktiv ändern und sich dadurch in verschiedenen Tiefen schwebend halten. Die A. sind im Mittelmeer im Sommer ein häufiges Oberflächenplankton.

Akanthoden [griech. akantha 'Dorn'], *Acanthodes*, Ordnung kiefertragender Fische *(Gnathostomata)*, die ältesten Wirbeltiere. Wegen ihrer äußerlich haiähnlichen Gestalt werden die A. auch als »Stachelhaie« bezeichnet, sind aber keine echten Haie. Charakteristisch für sie sind die rhombischen Placoidschuppen und kräftige Flossenstacheln, an denen mit Ausnahme der Schwanzflosse die Flossenhäute segelartig aufgespannt werden.

Verbreitung: Silur bis Unterperm mit Blütezeit im Unterdevon.

Akanthosomen, → Endozytose.

Akarizide, Pflanzenschutzmittel zur Bekämpfung von Milben, z. B. Dichlorvos, Dicofol, Naled, Endosulfan, Phosphorsäureester sowie innertherapeutisch wirkende Mittel. → Insektizide.

Akariziresistenz, Widerstandsfähigkeit bestimmter Herkünfte, Rassen und Stämme von Milbenarten gegen → Akarizide.

Akazie, → Mimosengewächse.

Akelei, → Hahnenfußgewächse.

Akinese, *Bewegungslosigkeit*, eine reflektorisch ausgeöste Hemmung der Beweglichkeit, auffällig bei Gliederfüßern und Wirbeltieren, z. B. das Sichtotstellen. Akinetische Zustände sind Schutzmechanismen gegenüber Gefahren, z. B. Sichdrücken bei Vögeln gegenüber Feinden, Starre von Insekten bei Erschütterungen; sie bieten Tarnung auch in Verbindung mit Schutzfärbungen (→ Schutzanpassungen).

Akineten, → Blaualgen, → Sporen.

Akklimatisation, die allmähliche Einstellung der Organismen auf veränderte klimatische, vor allem Temperaturbedingungen als eine spezielle Form der → Adaptation. Die A. eigenwarmer Tiere besteht in Änderungen der Temperaturregelung, z. B. durch dichteres Haarkleid, Fettpolster oder verstärkte Wärmeproduktion. Wechselwarme Tiere verlagern die tödliche Grenztemperatur, ihren thermischen Aktivitätsbereich oder die Eiablage.

Akkommodation, 1) in der Sehphysiologie die scharfe Abbildung eines Objektes auf der Retina (→ Lichtsinnesorgane) durch die Linse, unabhängig von dessen Entfernung vom Auge. Der A. unterliegen bei den meisten Reptilien, den Vögeln und Säugern Formveränderungen der Linse, bei Wirbellosen, Fischen und Amphibien wird der Abstand der Linse von der Retina verändert. Formveränderungen der Linsenwölbung ergeben sich aus der Wechselwirkung von Eigenelastizität des Linsenkörpers mit Muskelzug, der vom Ziliarmuskel ausgeht und durch Zonulafasern auf die Linse übertragen wird. Kontraktion des Ziliarmuskels entspannt die Zonulafasern und bedingt damit stärkste Linsenwölbung. Die damit erreichte höchste Brechkraft der Linse be-

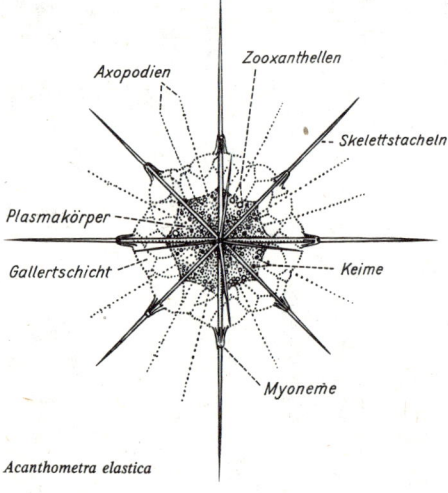

Acanthometra elastica

wirkt die scharfe Abbildung der dem Auge nächstgelegenen Objekte. Erschlafft der Ziliarmuskel, flachen die nunmehr ziehenden Zonulafasern die Linsenkörper, werden die vom Auge in größerer Entfernung befindlichen Objekte durch den dioptrischen Apparat scharf abgebildet. A. durch veränderten Abstand zwischen unelastischen Linsen und Retina wird durch Zug von Muskeln an der Linse (Fische, Lurche) oder Muskeldruck auf den Glaskörper (Kopffüßer) erreicht.

2) in der Nervenphysiologie wird unter A. die Erhöhung der Erregungsschwelle bei langsam ansteigender elektrischer Reizung verstanden. Bei sehr geringer Anstiegssteilheit der elektrischen Reizspannung entsteht in Nervenfasern keine Erregung: »Einschleichen des Reizes«. Bei geringer Anstiegssteilheit entsteht bei relativ hohen Reizspannungen Erregung. Zeitlich steil ansteigende Reizspannungen sind auch bei sehr geringen Intensitäten überschwellig. Die Erregungsschwelle verlagert sich mithin in Abhängigkeit von der Anstiegssteilheit der Reizspannung, sie akkommodiert. Die A. von Nervenfasern ist unterschiedlich. Sie ist sehr stark bei motorischen Nervenfasern von Wirbeltieren, gering bei sensiblen (→ Reiz, → Adaptation).

Akkommodationsbreite, die Differenz zwischen den Werten für die Brechkraft der Augenlinse bei Ferneinstellung und Nächsteinstellung. A. wird in *Dioptrien* angegeben und ist als Maß für die Akkommodationsfähigkeit zu verstehen. Die A. ist beim Menschen altersabhängig, beträgt etwa 14 Dioptrien bei Kindern, sinkt mit dem Alter (→ Alterssichtigkeit). Die Werte für die A. variieren, z. B. Kaninchen 0, Pferd, Hund, Katze 2 bis 4, Huhn und Taube 8 bis 12 Dioptrien.

Akkumulation, → Mineralstoffwechsel 1).
A-Komplex, → Geschlechtsbestimmung.
Akonitase, zu den → Lyasen gehörendes Enzym, das im Trikarbonsäurezyklus die reversible Umwandlung von Zitronensäure in Isozitronensäure über die Zwischenstufe Akonitsäure katalysiert. A. besteht aus einer Peptidkette mit einer essentiellen SH-Gruppe, ihre Molekülmasse beträgt 89 000.
cis-Akonitsäure, *cis-1,2,3-Propentrikarbonsäure,* Zwischenprodukt im Zitronensäurezyklus. Der Name rührt vom Vorkommen der cis-A. im Eisenhut, *Aconitum napellus,* her. cis-A. wurde auch im Zuckerrohr, im Schachtelhalm und in der Runkelrübe nachgewiesen.

```
HC—COOH
 ‖
 C—COOH
 |
H₂C—COOH
```

Akranier, svw. Schädellose.
Akratopege, → Quelle.
akrodont, → Zähne.
Akrosom, Kopfkappe des Spermiums der Metazoen, das dem Zellkern vorn kappenartig aufsitzt und die Fusion des Spermiums mit der Eizelle ermöglicht. Das lipoglykoproteinhaltige A. entsteht während der Spermiohistogenese aus Golgi-Vakuolen, die zu einer großen Vakuole verschmelzen. Nach Kondensation des Inhalts legt sich die Vakuole dem Zellkern vorn als Kappe auf (Abb.).

Nach einer Enzymausstattung mit hydrolytischen Enzymen (unter anderem Hyaluronidase, Neuraminidase, Glykosidasen, Akrosin) ist das A. ein → Lysosom.

Der Kontakt des Spermiums mit der primären oder sekundären Eihülle löst eine Akrosomreaktion aus, wobei sich das A. öffnet und die lytischen Enzyme freigesetzt werden. Sie lösen die die Eizelle umgebenden Eihüllen (Corona radiata und Zona pellucida) lokal auf und bahnen da-

durch den Spermien den Weg zur Plasmamembran der Eizelle. Ausstülpungen der inneren Akrosommembran nehmen Kontakt mit der Plasmamembran der Eizelle auf. Äquatoriale Bereiche der Plasmamembran des Spermiums können nun mit der Plasmamembran der Eizelle verschmelzen.

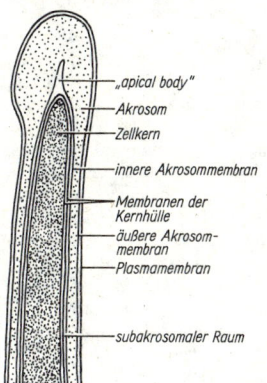

Sagittalschnitt durch den vorderen Bereich des Schafbockspermiums (schematische Darstellung)

Akrotonie, die Förderung der Entwicklung von Seitensprossen an der Spitze von Haupt- und Seitenachsen und die Hemmung der tiefer liegenden Seitenachsen. A. ist typisch für die Laubbäume.
akrozentrisch, → Chromosomen.
Akrozephalus, *Turmschädel,* ein zylindrischer Schädel, beim Menschen wohl meist durch vorzeitige Verknöcherung der Pfeilnaht hervorgerufene Hemmung des Schädelwachstums in sagittaler Richtung, die durch ein gesteigertes Höhen- und Breitenwachstum kompensiert wird.
Aktin, Strukturprotein, das zusammen mit Myosin die Kontraktilität des Muskelgewebes bewirkt. Auch in allen eukaryotischen Nichtmuskelzellen ist A. vorhanden und hat wesentlichen Anteil am Zustandekommen von Bewegungsvorgängen, z. B. bei der Plasmaströmung, bei Zellorganellenverlagerungen, bei der amöboiden Beweglichkeit von Zellen und bei der Chromosomenverteilung sowie auch bei der Formstabilisierung von Zellen bzw. Zellausstülpungen (→ Mikrovilli). Das monomere globuläre G-Aktin (Molekülmasse 43 500) polymerisiert unter Bindung von ATP zum fädigen F-Aktin. Die Umwandlung von G-Aktin in F-Aktin ist reversibel. A. liegt in den Nichtmuskelzellen im Gleichgewicht als G-Aktin und als F-Aktin vor. Der jeweilige G-Aktinanteil ist als Bestandteil des Grundplasmas elektronenmikroskopisch nicht erkennbar. F-Aktin ist

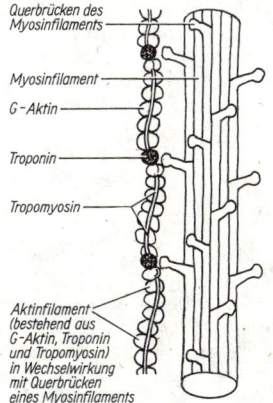

Myofilamente (Schema)

Hauptbestandteil der dünnen Myofilamente (Aktinfilamente, Durchmesser 5 bis 7 nm) der Muskelzellen. *Aktinfilamente* bestehen aus zwei sich spiralig umwindenden F-Aktinfäden sowie aus Tropomyosin und Troponin (s. Abb. S. 13). Aktinfilamente bzw. aktinähnliche Filamente werden in Nichtmuskelzellen auch als kontraktile Mikrofilamente bezeichnet. A. kann ohne → Myosin keine Kontraktionen bewirken. Aktinfilamente stehen mit Myosin-Oligomeren in Wechselbeziehungen. Vermutlich unter Beteiligung von α-Aktinin können Aktinfilamente Kontakt mit der Plasmamembran, mit Membranen von Sekretgranula und Phagosomen aufnehmen, und sie können sich auch mit Mikrotubuli verbinden. Besonders im peripheren Grundplasma und an der Innenseite der Plasmamembran ist ein Netzwerk kontraktiler Mikrofilamente vorhanden. In Neuriten beträgt der Aktinanteil am Zellprotein 10 bis 15%. Zusammen mit Mikrotubuli und intermediären Filamenten haben Aktinfilamente auch formstabilisierende Funktion; sie sind an der Bildung eines Zytoskeletts beteiligt.

Mittels immunhistochemischer Methoden sind Aktinfilamente nachweisbar. Außerdem können sie durch eine spezifische Reaktion mit HMM (engl. *h*eavy *m*eromyosin, dem schweren Anteil des Myosinmoleküls) erkannt werden. Nach → Negativkontrastierung sind die Bindungsstellen der Myosinfragmente an die Aktinfilamente sichtbar. Durch das Antibiotikum Cytochalasin B wird die geregelte Aggregation des G-Aktins zum F-Aktin unterbunden.

Aktinien, *Seerosen*, *Actiniaria*, zu den *Hexacorallia* gehörende Ordnung der Korallentiere. Die A. sind relativ groß (bis 1,5 m Durchmesser) und leben fast immer einzeln (keine Stockbildung). Man kann sie vom Litoral bis in die größten Meerestiefen antreffen. Die Tiere sitzen auf dem Boden, oft aber auch auf anderen Tieren; manche leben mit Krebsen oder Fischen in Symbiose. Alle Arten sind Fleischfresser, die entweder mit den Tentakeln größere Beutetiere fangen oder mit Hilfe von Wimperströmungen Plankton in den Mund strudeln. Man kennt über 1000 Arten. Die bekanntesten Gattungen sind *Actinia*, *Metridium*, *Sagartia* und *Anemonia*.

Aktinomorphie, → Symmetrie.

Aktinomyzeten, *Strahlenpilze*, meist in Form verzweigter Fäden wachsende, grampositive und überwiegend aerobe Bakterien. Die Fäden zerfallen leicht in stäbchenförmige Zellen. Manche A. bilden an Lufthyphen oder in Sporangien Konidien bzw. Sporen. Viele A., vor allem aus der Gruppe der → Streptomyzeten, kommen im Boden vor, andere sind pathogen für Mensch und Tier, z. B. *Actinomyces bovis*, der Erreger der Aktinomykose beim Rind, oder verschiedene → Mykobakterien. Die → Bifidusbakterien sind nützliche Darmbewohner, die Vertreter der Gattung → *Frankia* leben symbiotisch in Pflanzen und bilden Wurzelknöllchen. Zahlreiche A. erzeugen Antibiotika.

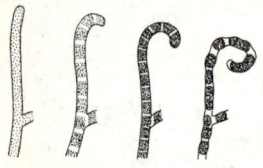

Sporenbildung bei Aktinomyzeten

Aktinophagen, → Phagen.
Aktinopoden, → Wurzelfüßer.
Aktionskatalog, svw. Ethogramm.
Aktionsphasen des Herzens, die Unterteilung der Herzkontraktion und -erschlaffung nach ihrer Entstehung. Bei Säugetieren erfolgt die Kontraktion an der rechten und linken Herzhälfte gleichzeitig.

Deshalb werden, wegen der besseren Verständlichkeit, die A. d. H. nur für die linke Seite beschrieben; sie treffen entsprechend für die rechte zu.

Der Kontraktionszustand des Herzens heißt *Systole*, der Erschlaffungszustand *Diastole*. Die Tätigkeit der Herzklappen legt den Zeitpunkt der einzelnen A. d. H. fest. In der Diastole füllt sich die Kammer bei geöffneter Vorhof-Kammerklappe mit Blut. Die nachfolgende Vorhofkontraktion führt ihr noch etwas Blut zu. Die Kammersystole setzt mit dem Schluß der Vorhof-Kammerklappe ein. In der ersten Aktionsphase der Systole der *Anspannungszeit*, vermag die Kammer wegen der geschlossenen Klappen nur Spannung zu entwickeln; sie kann sich aber nicht verkürzen *(isometrische Kontraktion).* Erst wenn der Kammerinnendruck den Aortendruck übersteigt, wird die Aortenklappe gewaltsam geöffnet, die Kammerfasern verkürzen sich und stoßen Blut in die Aorta aus. Das ist die zweite Aktionsphase der Systole, die *Austreibungszeit*. Während der Austreibung senkt sich die als »Ventilebene« bezeichnete Grenze zwischen Vorhof und Kammer. Diese Bewegung wirkt wie das Herausziehen des Stempels aus einer Spritze oder einer Fahrradpumpe, so daß Blut aus dem Venensystem angesaugt wird und den Vorhof füllt.

Die Erschlaffung der Kammermuskelfasern leitet die dritte Aktionsphase, die *Erschlaffungs-* oder *Entspannungszeit*, und damit auch die Diastole ein: Die Kammerfasern erschlaffen ohne Längenänderung, lediglich durch Abnahme ihrer Spannung *(isometrische Erschlaffung)* und wegen des dabei sinkenden Kammerinnendrucks schließt der Aortendruck die Aortenklappe. Mit der Öffnung der Vorhof-Kammerklappe beginnt die vierte Aktionsphase, die *Füllungsphase* der Kammer in der Diastole. Die Füllung erfolgt zunächst rasch durch das Überstülpen der Kammer über das Blutvolumen des Vorhofs und dann langsam mit dem allmählichen Anstrom des Venenblutes. Der Ablauf der A. d. H. spiegelt sich in Registrierungen des Drucks im Vorhof, in der Kammer sowie der Aorta oder der Aorta carotis und in Aufzeichnungen des Herzschalls wider. Beispielsweise gibt der Anstieg der Karotisdruckkurve den Beginn der Austreibungszeit und ihre Inzisur deren Ende wieder. Jede Herzseite erzeugt zwei *Herztöne*. Der erste Herzton tritt während der Anspannungsphase auf, wenn bei geschlossenen Klappen das Blut gegen die Kammerwand anbrandet und sie erbeben läßt. Jener dumpf klingende Herzton ist ein Muskelton. Der zweite, kürzere und heller klingende Herzton entsteht am Ende der Systole durch das Zuschlagen und kurze Schwingen der Aortenklappe.

Aktionspotential, elektrische Spannungsschwankung bei Aktivitätsänderungen von Zellen, Geweben und Organen. Vermutlich besteht bei allen physiologisch aktiven Zellen, nachgewiesen insbesondere bei Nerven- und Sinneszellen, Muskeln, Drüsenzellen, eine Asymmetrie in der Ionenverteilung zwischen Zellinnerem und Außenmedium und damit eine Differenz der elektrischen Potentiale zwischen der inneren und der äußeren Seite von Zellmembranen. Die in Ruhe bestehende Spannung (→ Ruhepotential) ändert sich bei Aktivität, so daß A. entstehen. A. sind in der Polarität dem Ruhepotential entgegengesetzt (Depolarisation). Im engeren Sinne wird ein Nervenimpuls als A. bezeichnet und hier zwischen kurzdauernden Spitzenpotentialen und darauf folgenden Nachpotentialen unterschieden. Die Amplitude eines A. von Nervenfasern beträgt etwa 60 bis 130 mV, wobei die Zellmembran (von etwa −75 mV, gemessen an der Innenseite) umgepolt wird (bis etwa +55 mV innenseitig). Die Spannungsschwankung ist kurzzeitig und von zahlreichen Faktoren abhängig. A. bei starken Nervenfasern von Warmblütlern können weniger als 1 ms, solche bei Wirbellosen mehr als 10 ms dauern. Amplitude und Zeitverlauf eines A. sind unabhängig von der Stärke des

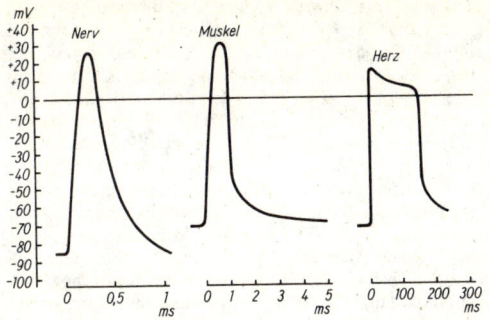

Verlauf des Aktionspotentials bei verschiedenen Zelltypen von Warmblütern

Reizes (→ Alles- oder Nichts-Gesetz), aber die → Latenzzeit sinkt mit der Reizstärke. Die dem A. unterliegenden Vorgänge erklärt die Ionentheorie der → Erregung. A., die nicht von Einzelfasern, sondern von Faserbündeln oder vielen Nervenzellen, z. B. mit Elektroden großer Kontaktfläche, abgeleitet werden (→ Elektroenzephalographie), sind *Summenpotentiale*. In diesem Falle steigt die Amplitude mit der Reizstärke, da sich der Anteil erregter Fasern erhöht.

Aktionsraum, svw. Heimbereich.

Aktionsstromrate, → Barorezeptoren.

aktive Immunisierung, → Immunität.

aktive Resistenz, die Resistenz, die aus der Reaktion eines Wirtes auf den Angriff eines Parasiten resultiert. Ein aktiver Resistenzmechanismus liegt z. B. der → Hypersensibilität zugrunde.

aktiver Transport, die Fähigkeit der Biomembranen, bestimmte Ionen und Moleküle unter Energieaufwand (ATP-Verbrauch) gegen ein Gefälle der Konzentration bzw. des elektrochemischen Potentials durch die Membran hindurch zu »pumpen«. Aktiv werden z. B. Aminosäuren, Zucker und Nukleotide aufgenommen. Durch a. T. können bestimmte, für Lebensprozesse wesentliche Stoffe in Zellen bzw. Zellkompartimenten oder in Extrazellularräumen angereichert werden.

Das kann z. B. dadurch erfolgen, daß ein Ion oder Molekül sofort nach Membrandurchtritt abgefangen und chemisch gebunden wird. Auch Anreicherung von Ionen und Molekülen in ungebundener, freier Form ist möglich. Beispielsweise können im Extrazellularraum tierischer und menschlicher Gewebe hohe Na^+-Konzentrationen durch die Na^+/K^+-Pumpe aufrechterhalten werden. Die größere Untereinheit eines Carrier-Membranproteins wird phosphoryliert. Ist Ca^{++} vorhanden, wird an der Membranaußenseite dieses Protein K^+ gebunden und nach innen transportiert. Dabei erfolgt Dephosphorylierung der größeren Untereinheit des Proteins und Transport von Na^+ nach außen. Das Verhältnis von herausbeförderten Na^+-Ionen zu hineinbeförderten K^+-Ionen beträgt 3:2. Die Na^+/K^+-Pumpe ermöglicht die Aufrechterhaltung unterschiedlicher Konzentrationen von Na^+- und K^+-Ionen im Extrazellularraum und in der Zelle und damit des Membranpotentials.

aktives Sulfat, → Schwefel, Abschn. Assimilation.

aktives Zentrum, → Enzyme.

aktivierte Essigsäure, → Koenzym A.

Aktivierungsniveau, svw. Vigilanz.

Aktivität, 1) im allgemeinen Sinne Über- oder Unterschreitung einer Meßgröße. So wird in bezug auf den Stoffwechsel von Enzymaktivität, in der Physiologie von neuronaler A. gesprochen.

2) in der → Ethologie Sammelbegriff für Bewegungsäußerungen. Bewegungsäußerungen können mit bestimmten Methoden (Aktographie) erfaßt werden. Die A. kleiner Nager wird im Labor oft in Laufrädern registriert, um A. von Tieren im Freiland zu bestimmen, kann ein Kleinstsender am Objekt angebracht werden. Vielfach interessiert bei Aktivitätsbestimmungen die Periodik im Tagesablauf (→ Biorhythmen, → Aktivitätsperiodik).

Aktivitätsdichte, *Aktivitäts-Individuen-Dichte, Aktivitäts-Arten-Dichte,* die Anzahl der Individuen bzw. Arten, die je Zeiteinheit eine definierte Grenzlinie überschreiten, z. B. das »in eine Falle geraten«. In dieses Dichtemaß geht neben der stationären Siedlungsdichte auch die Eigenaktivität der Individuen mit in die Messung ein, daher ist es von beschränkter Anwendbarkeit. Ein häufiges Maß bei entomofaunistischen Arbeiten ist die Individuenzahl je Falle und 14 Tage Standzeit.

Aktivitätsperiodik, Verlauf einer Aktivität in der Zeit *(Zeitmuster),* in der Ethologie, insbesondere das tageszeitliche Muster der Aktivität einer Tierart. → Biorhythmen.

Aktivitätsrhythmus, Zeitmuster der → Aktivität mit typischen Periodenlängen. Sehr verbreitet ist der *zirkadiane* A., der gewöhnlich als Zeitmuster der lokomotorischen Aktivität gemessen wird und eine Periodendauer von ungefähr 24 Stunden aufweist (→ Tagesrhythmus). Bei *ultradianen* Rhythmen sind die Perioden deutlich kürzer; so können wir bei verschiedenen Tierarten »Aktivitätsschübe« *(bursts)* im Abstand von 3 bis 4 Stunden, vielfach mit Stoffwechselvorgängen verbunden. Diese Rhythmen sind umweltangepaßt und durch eine typische Phasenlage gekennzeichnet; Hell-aktive (tagaktive) Tiere werden auch als *diurnale* Arten bezeichnet, dunkelaktive (nachtaktive) heißen *nokturnal* und dämmerungsaktive Arten *krepuskular.* Hier ist der Hell-Dunkel-Wechsel der führende → Zeitgeber, und die Aktivität zeigt bei den drei Typen jeweils eine andere Phasenbeziehung zu diesem Zeitgeber.

Aktivitätswechsel, Wechsel zwischen Perioden hoher Stoffwechselaktivität und damit vielfach verbundenem starkem Wachstum und rascher Entwicklung mit Perioden geringer Aktivität (→ Ruheperioden). Der A. ist bei Pflanzen in Gebieten mit periodischem Klimawechsel besonders stark ausgeprägt.

Aktomyosin, ein Proteinkomplex, der aus drei Myosinmolekülen und einem F-Aktinmolekül besteht und durch Kalzium- oder Magnesiumionen aktivierbare ATPase-Wirkung zeigt. Muskelverkürzung ist mit Spaltung, Entspannung des Muskels mit dem Aufbau von ATP verbunden.

Aktomyosinkomplex, → Myosinfilamente.

Aktualismus, grundlegende Arbeitsmethode und ein Forschungsprinzip der Geowissenschaften, nach dem die Kräfte und Vorgänge der geologischen Gegenwart der Schlüssel zum Verständnis erdgeschichtlicher Vorgänge und Bildungen der Vergangenheit sind. Der A. wurde begründet von Charles Lyell (1797 bis 1875) und durch Karl Adolf von Hoff (1771 bis 1837) geringfügig angewandt und erweitert. Mit dem A. wurde die Kataklysmentheorie Cuviers völlig verdrängt. In neuester Zeit erfährt der A. jedoch insofern eine Erweiterung, als auch solche Vorgänge aktualistisch zu begreifen sind, die einst anders abgelaufen sind als gegenwärtig.

Akzeleration, 1) *Entwicklungsbeschleunigung, Wachstumsbeschleunigung,* der durchschnittlich schnellere Ablauf der körperlichen Entwicklung des Menschen während der Kindheit und Jugend im Vergleich zu den vorangegangenen Generationen *(säkulare A.)* oder die Entwicklungsbeschleunigung eines Individuums gegenüber Gleichaltrigen *(individuelle A.).* Die säkulare A. hat Ende des 19. Jh. in vielen Ländern eingesetzt und hat durchschnittlich zu einer

akzentuiertes Gleichgewicht

Vorverlegung der Geschlechtsreife um etwa 3 Jahre sowie zu einer Körperhöhenzunahme von 7 bis 8 cm bei Erwachsenen geführt. Der Zahndurchbruch und der Zahnwechsel erfolgen ebenfalls früher, wie auch das Auftreten altersspezifischer Krankheiten vorverlegt ist, und einige phasenspezifische psychische Entwicklungsprozesse ebenfalls von der A. betroffen sind.

Eine eindeutige Erklärung für die A. gibt es noch nicht. Offenbar handelt es sich um einen Komplex wirksamer Faktoren, wobei die Verbesserung des Lebensstandards (Eiweißverbrauch, Hygiene, Abschaffung der Kinderarbeit u. a.) eine wesentliche Rolle zu spielen scheint. Es gibt Anzeichen dafür, daß der Prozeß der A. gegenwärtig in den hochindustrialisierten Ländern langsamer verläuft bzw. zum Stillstand kommt (Tab.).

Körperhöhe (in cm) 14jähriger Jenaer Schulkinder

Jahr	Knaben	Mädchen
1880	143,6	147,4
1921	149,5	150,2
1932/33	153,5	155,1
1944	153,9	155,3
1954	156,2	156,8
1964/65	158,7	157,9
1975	163,3	162,1
1980	163,7	160,7

2) → biometabolische Modi.

akzentuiertes Gleichgewicht, engl. punctuated equilibrium, von Eldredge und Gould (1972) begründete Hypothese, nach der die meisten evolutionären Wandlungen an Artbildungsvorgänge geknüpft sind. Diese Hypothese stützt sich auf die Beobachtung, daß fossile Arten in aufeinanderfolgenden Ablagerungen oft über lange Zeit hinweg unverändert bleiben, neue Arten hingegen meist unvermittelt und voll ausgebildet auftreten, sich also offenbar sehr schnell entwickelt haben.

Die Auffassung, daß sich Arten gewöhnlich in einem stabilen Gleichgewicht befinden, das nur bei neuen Artbildungsvorgängen in isolierten peripheren Populationen gestört wird, harmoniert mit der Hypothese von E. Mayr über die → genetische Revolution während der Artbildung im Rahmen der → synthetischen Theorie der Evolution. Sie widerspricht aber verbreiteten neodarwinistischen Vorstellungen, weil sie allmählichen Anpassungsvorgängen innerhalb der Art keinen nennenswerten Einfluß auf den Verlauf der Evolution zugesteht.

In extremer Fassung besagt die Hypothese vom a. G., daß Selektion von Individuen relativ bedeutungslos ist, daß vielmehr nur die Auslese zwischen Arten wesentlich sei, die plötzlich, eventuell unter Beteiligung von Chromosomenmutationen und Mutationen in Regulationsgenen in wenigen Generationen in sehr kleinen isolierten Populationen entstehen.

Ob eine Entscheidung über die Richtigkeit dieser oder der konventionellen neodarwinistischen Theorie des → phyletischen Gradualismus auf der Grundlage der fossilen Überlieferung gefällt werden kann, ist fraglich, zumal die Anhänger beider Auffassungen manchmal das gleiche Material, z. B. die fossilen Menschenreste, jeweils in ihrem Sinne werten. Vermutlich kann aber weder die eine noch die andere Hypothese Ausschließlichkeit beanspruchen, indem die Evolution sowohl allmählich als auch sprunghaft erfolgt(e).

akzeptorregenerierende Phase, → Photosynthese, Abschn. Calvin-Zyklus.

akzessorische Chromosomen, svw. B-Chromosomen.

akzessorische Pigmente, assimilatorische Farbstoffe, einschließlich des Chlorophylls b, die die absorbierte Lichtenergie nur an das eigentlich photochemisch wirkende Chlorophyll a weiterleiten. Bei den Rotalgen treten als a. P. neben Karotinoiden besonders *Phycoerythrine* auf, die den Gallenfarbstoffen nahe stehen und wie diese vier Pyrrolringe in offener Kette besitzen, die an Eiweiß gebunden sind. Sie ermöglichen die intensivere Nutzung der in tieferen Wasserschichten vorherrschenden blaugrünen Strahlung.

Ala, Abk. für Alanin.

Aland, *Idus idus*, *Orfe*, zu den Karpfenfischen gehörender, bis 60 cm langer Oberflächenfisch der europäischen Binnengewässer. Eine gelbrote Form wird als *Goldorfe* häufig in Parkteichen eingesetzt.

Alandblecke, → Ukelei.

Alanin, Abk. *Ala*, *Aminopropionsäure*, 1) *L-α-Alanin*, $CH_3—CH(NH_2)—COOH$, eine proteinogene, glukoplastisch wirkende Aminosäure, die Bestandteil fast aller Proteine und Hauptkomponente des Seidenfibroins ist. 2) *β-Alanin*, $NH_2—CH_2—CH_2—COOH$, eine nichtproteinogene Aminosäure, die z. B. im Gehirn in freier Form, im Koenzym A und in Dipeptiden, wie Anserin und Karnosin, gebunden vorkommt. β-A. entsteht im Verlauf des reduktiven Pyrimidinabbaus sowie durch Dekarboxylierung von Asparaginsäure.

Albatrosse, → Röhrennasen.

Albinismus, bei Tieren und Menschen, den *Albinos*, *Weißlingen* oder *Kakerlaken*, das angeborene Fehlen des Pigmentes in Haut, Haar und Augen. Beim *partiellen A.* fehlt das Pigment nur an einzelnen Stellen *(Weißscheckung)* des Körpers. A. beim Menschen ist nicht an bestimmte Rassen gebunden, kommt aber verschieden häufig vor, z. B. in Europa im Verhältnis 1:30 000. Der *vollständige A.* ist genetisch fast ausnahmslos ein autosomal rezessives Merkmal, während der *partielle A.* vorwiegend autosomal dominant vererbt wird. Das für den A. verantwortliche Unterbleiben der Melaninbildung beruht bei einer Form des A. auf Mangel am Enzym Tyrosinase, welches normalerweise für die Umwandlung von Tyrosin in einen Vorläufer des Melanins verantwortlich ist.

Albumine, gut kristallisierbare und in Wasser lösliche niedermolekulare Proteine, die vorwiegend aus Glutamin- und Asparaginsäure (20 bis 25%), aus Leuzin und Isoleuzin (maximal 16%), aber nur wenig Glyzin (1%) aufgebaut sind. Tierische A. sind Ei-, Serum- und Milchalbumine. Zu den pflanzlichen A. gehören Leukosin (in Getreidesamen), Legumelin (in Leguminosesamen) sowie das giftige Rizin (in Rizinussamen).

Alcaligenes, eine Gattung beweglicher, stäbchenförmiger bis runder, aerober, gramnegativer Bakterien. *A. faecalis* gehört zu den ständigen Darmbewohnern des Menschen und der Wirbeltiere.

Alces alces, → Elch.

Älchen, zur Ordnung *Rhabditida* gehörende kleine Fadenwürmer, von denen viele an oder in Pflanzen schmarotzen und dadurch z. T. erhebliche wirtschaftliche Schäden verursachen. Sie beeinträchtigen ihren Wirt durch die Fraßwirkung, durch die Übertragung von Viren oder auch dadurch, daß sie Eingänge für Bakterien und Pilze schaffen. Die bekanntesten Arten sind das Rübenälchen (→ Rübennematode), das Kartoffelälchen (→ Kartoffelnematode), das Stengel- oder Stockälchen (→ Stengelnematode), das Wurzelgallenälchen (→ Wurzelgallennematode), das Weizenälchen (→ Radekrankheit) und wandernde → Wurzelnematoden.

Lit.: H. Decker: Phytonematologie (Berlin 1969).

Alcyonaria, → Lederkorallen.
Aldanophyton antiquissimum, fossiler Tang, dessen Triebe mit bis zu 8,5 cm langen Blättchen besetzt sind. A. a. wurde 1953 im Mittelkambrium Sibiriens als älteste bekannte Landpflanze gefunden; einige Forscher bezweifeln jedoch ihre pflanzliche Natur.
Aldolase, → Lyasen.
Aldosen, Monosaccharide, für die ihre terminale Aldehydgruppe —CHO charakteristisch ist. Die A. werden nach der Anzahl ihrer Kettenkohlenstoffatome durch Voranstellen des entsprechenden griechischen Zahlenwertes als Triosen, Tetrosen usw. bezeichnet. Besonders wichtig sind → Pentosen und → Hexosen.
Aldosteron, $11\beta,21$-Dihydroxy-3,20-dioxopregn-4-en-18-al, ein hochwirksames Nebennierenrindenhormon aus der Gruppe der Mineralokortikoide; F. 112 und 166 °C. A. enthält am C-Atom 18 eine Aldehydgruppe, die halbazetylartig mit der 11β-Hydroxygruppe verbunden ist. A. ist das wichtigste Mineralokortikoid und übertrifft in seiner Wirkung Kortisol um das 1000fache.

Aldosteron
(Aldehydform)

A. bewirkt in den Nierentubuli eine erhöhte Rückresorption von Natriumionen und steigert die Ausscheidung von Kaliumionen. Daneben weist A. auch geringe glukokortikoide Wirkung auf und beeinflußt vor allem die Glykogenablagerung in der Leber.
Die Bildung von A. in der Nebennierenrinde wird durch das Renin-Angiotensin-System reguliert. Dabei wirkt das Oktapeptid Angiotensin II als A.-induzierendes Hormon. Die tägliche Bildungsrate beträgt etwa 0,3 mg.
Aleuriosporen, Aleurien, mitunter ganz allgemein für seitlich des Pilzmyzels gebildete Konidien oder sonstige Ektosporen gebrauchter Ausdruck (»Mehlsporen«). Im engeren Sinne werden unter A. Myzelsporen verstanden, die zwar aus den Hyphen entstehen, sich aber nicht loslösen, sondern im Verband bleiben und die Hyphen zum Absterben bringen.
Aleurodoidea, → Gleichflügler.
Aleuronkörner, → Reservestoffe.
alezithale Eier, → Ei.
Algarrobobaum, → Mimosengewächse.
Algen, *Phycophyta,* eine Abteilung des Pflanzenreiches mit etwa 33 000 Arten, in der verschieden gefärbte, autotrophe, ein- oder mehrzellige, als Plankton oder Benthos im Meer oder Süßwasser vorkommende oder feuchte Standorte bewohnende niedere Pflanzen zusammengefaßt sind, deren Vegetationskörper ein Thallus ist und deren Sexualorgane in der Regel einzellig und nie von einer Hülle aus sterilen Zellen umgeben sind. Ihre Zellen enthalten stets echte Zellkerne, sie gehören also zu den Eukaryoten, im Gegensatz zu den Blaualgen und anderen *Schizophyta,* die nur Kernäquivalente u. ä. haben und zu den Prokaryoten gerechnet werden. Ihre Geißeln haben ebenfalls den für alle Eukaryoten typischen Bau, in ihren Chromatophoren existieren meist Zentren der Reservestoffbildung, die Pyrenoide.
Die einzelnen Gruppen der äußerst vielgestaltigen A. haben sich, wahrscheinlich von flagellatenartigen Formen ausgehend, schon zeitig getrennt entwickelt. Dabei können mehr oder weniger in jeder Gruppe die ähnlichen Tendenzen beobachtet werden:

Die Thallusentwicklung geht aus von Einzellern, über fädige, erst unverzweigte, dann verzweigte Formen kommt es schließlich zur Ausbildung von räumlichen Thalli, z. T. schon mit Gewebedifferenzierung.
Beim Kernphasenwechsel führt die Entwicklung von nur haploiden Pflanzen über die Ausbildung von haploiden und diploiden Pflanzen im Wechsel schließlich durch Reduktion der haploiden Phase zum Vorhandensein von nur diploiden Pflanzen. Bei der geschlechtlichen Vermehrung geht die Entwicklung von der als primitiv anzusehenden Isogamie über die Anisogamie bis zur höchsten Stufe, der Oogamie.
Neben der sexuellen Fortpflanzung kommt auch ungeschlechtliche durch begeißelte Zoosporen oder – in einigen Gruppen – unbewegliche Sporen vor.
Verschiedene A., vor allem größere Arten, werden als Gemüse oder andere Nahrungsmittel, Viehfutter, Dünger, in der Medizin und Kosmetik, für technische Zwecke und andere Dinge genutzt und haben z. T. große wirtschaftliche Bedeutung.
Die systematische Gliederung der A. ist schwierig und wird unterschiedlich gehandhabt. Man teilt sie überwiegend nach ihren Farb- und anderen Inhaltsstoffen in eine Anzahl von Klassen ein und innerhalb dieser Klassen je nach ihrer Organisationshöhe in niedere systematische Kategorien.
Nach Strasburger (1978) werden 10 Klassen unterschieden:
1. Klasse: *Euglenophyceae* (→ Geißelalgen)
2. Klasse: *Cryptophyceae* (→ Geißelalgen)
3. Klasse: *Pyrrhophyceae* (→ Geißelalgen)
4. Klasse: *Haptophyceae* (→ Geißelalgen)
5. Klasse: *Chrysophyceae* (→ Goldalgen)
6. Klasse: *Bacillariophyceae* (→ Kieselalgen)
7. Klasse: *Xanthophyceae* (→ Gelbgrünalgen)
8. Klasse: *Chlorophyceae* (→ Grünalgen)
9. Klasse: *Phaeophyceae* (→ Braunalgen)
10. Klasse: *Rhodophyceae* (→ Rotalgen).

Algenpilze, → Niedere Pilze.
Alginsäure, Algensäure, ein Polyuronid, das kettenförmig, 1,4-β-glykosidisch aus D-Mannuronsäure und 1,4-α-glykosidisch aus L-Guluronsäure aufgebaut ist. Die Molekülmasse liegt zwischen 12 000 und 120 000. A. ist eine charakteristische Schleimsubstanz der Braunalgen und besitzt Stützfunktion. A. findet unter anderem Verwendung in der Lebensmittelindustrie (Suppen, Puddingpulver, Speiseeis), der Zahnmedizin (Abdruckmasse), der Medizin (resorbierbares Nähmaterial in der Chirurgie), der Pharmazie (Emulsionen, Dispersionen, Salbengrundlagen, auch als Appetitszügler), der kosmetischen Industrie, bei der Textilherstellung (zu Kunstfasern oder als Appreturmittel) und bei der Produktion von Papiererzeugnissen und Druckfarben.
Algizide, Pflanzenschutzmittel zur Vernichtung von Algen.
Algonkium [nach den Algonkin, einem kanadischen Indianerstamm], veralteter, nicht mehr üblicher Ausdruck für das jüngere Präkambrium und seine Gesteinsfolgen. Als im wesentlichen gleichbedeutend mit A. darf man den Begriff → Proterozoikum ansehen. → Erdzeitalter, Tab.
Algophytikum, svw. Eophytikum.
alimentäres Wachstum, → Oogenese.
Alizarin, *1,2-Dihydroxyanthrachinon,* ein roter Farbstoff, der als Glykosid in der Krapp-Pflanze *Rubia tinctorum* vor-

Alkalipflanzen
kommt und bereits im Altertum daraus gewonnen wurde. A. ist seit 1871 synthetisch herstellbar, es hat als Farbstoff keine Bedeutung mehr.

Alkalipflanzen, svw. Kalkpflanzen.

Alkalireserve, die im Blut enthaltene Alkalimenge, die für die Konstanterhaltung des pH-Wertes erforderlich ist. Ein genaueres Maß der → Blutpufferung als die A. ist das → Standardkarbonat des Plasmas.

Alkaloide, eine wichtige Gruppe sekundärer Naturstoffe, die bevorzugt in Pflanzen, aber auch in Tieren (z. B. Kröten- und Salamandergifte) und Mikroorganismen vorkommen. A. enthalten Stickstoff in meist ringförmiger (heterozyklischer) Bindung und weisen vielfach starke physiologische Wirkungen auf. Der Name A. wurde aufgrund der basischen (alkaliähnlichen) Eigenschaften dieser Verbindungen geprägt. Die überwiegende Mehrzahl der A. findet sich salzartig an Säuren gebunden in peripheren Pflanzenteilen (Wurzeln, Blättern, Früchten, Rinden) abgelagert. Ihre Biogenese erfolgt meist aus Aminosäuren. Häufig kommt in einer Pflanze eine ganze Gruppe strukturverwandter A. vor. Einige Pflanzenfamilien sind besonders alkaloidreich, z. B. Mohngewächse, Nachtschattengewächse, Hahnenfußgewächse, Hundsgiftgewächse und Schmetterlingsblütler. Nahe verwandte Pflanzen enthalten oft auch ähnliche A., was in manchen Fällen zur Klärung der systematischen Einordnung einer Pflanze beitragen kann (→ Chemotaxonomie).

Die Isolierung der A. erfolgt durch Freisetzen der A. aus ihren Salzen (durch Alkalisieren) und Extraktion der zerkleinerten Pflanzenteile mit organischen Lösungsmitteln. Meist müssen zahlreiche Trennungsoperationen (z. B. chromatographische Verfahren, Umkristallisieren) zur Reindarstellung angewandt werden. Flüchtige A. werden häufig durch Wasserdampfdestillation abgetrennt.

Die Einteilung der A. kann nach dem chemischen Grundgerüst in verschiedene Strukturtypen erfolgen. Einige wichtige Gruppen sind: 1) *Pyridin-* und *Piperidin-Gruppe,* z. B. Nikotin, Koniin, Lobelin; 2) *Chinolin-Gruppe,* z. B. Chinin, Chinidin, Zinchonin; 3) *Isochinolin-Gruppe,* z. B. Morphin, Kodein, Papaverin, Narkotin; 4) *Tropan-Gruppe,* z. B. Atropin, Hyoszyamin, Kokain, Skopolamin; 5) *Purin-Gruppe,* z. B. Koffein, Theobromin, Theophyllin; 6) *Indol-Gruppe,* z. B. Mutterkornalkaloide, Reserpin, Physostigmin; 7) *Strychnin-Gruppe,* z. B. Strychnin, Bruzin; 8) *Steroid-Gruppe,* z. B. Solanin, Tomatin, Veratrumalkaloide.

A. können z. B. auch nach der Herkunft eingeteilt werden (→ Tabakalkaloide, Solanumalkaloide) oder nach dem Biosyntheseweg, z. B. A., die sich von der Anthranilsäure ableiten.

Man kennt bereits über 5000 verschiedene A. Die meisten von ihnen sind optisch aktiv. Viele A. haben als Heilmittel, Gifte und Rauschgifte große Bedeutung. Ihre Herstellung erfolgt vielfach synthetisch.

Alkalose, die Verschiebung des Blut-pH-Wertes in alkalischer Richtung. Nach ihrer Entstehung unterscheidet man die respiratorische A. von der metabolischen A. Die relativ häufige *respiratorische A.* entsteht durch Hyperventilation, die entweder willkürlich veranlaßt, psychogen verursacht oder durch Höhenaufenthalt ausgelöst sein kann. Die Mehratmung senkt den Kohlendioxidgehalt des Blutes und erhöht den Blut-pH-Wert. Respiratorische A. werden metabolisch, d. h. durch Ausscheidung von Hydrogenkarbonat im Urin, kompensiert. *Metabolische A.* sind sehr selten. Die bekannteste Ursache ist häufiges Schwangerschaftserbrechen. Der Magensäureverlust führt zum Anstieg der Standardbikarbonatmenge und des Blut-pH-Wertes. Metabolische A. werden respiratorisch, d. h. durch verminderte Atmung ausgeglichen.

Alkansäuren, → Fettsäuren.

Alken, *Alcidae,* Familie der Regenpfeifervögel mit 20 Arten. Obwohl sie den → Pinguinen in Gestalt und Färbung recht ähnlich sind und wie diese Flügeltaucher sind, sind sie mit ihnen nicht näher verwandt. Nur der ausgerottete *Riesenalk* war flugunfähig. Sie sind Vertreter der Nordhalbkugel und brüten kolonieweise auf Vogelfelsen. Ihre Eier haben kreiselförmige Gestalt, so daß sie nicht von den Felssimsen rollen können. Zu den A. gehört auch die → Teiste.

Alkoholdehydrogenase, zu den Oxidoreduktasen gehörendes Enzym, das die Dehydrierung von primären und sekundären Alkoholen zum entsprechenden Aldehyd katalysiert. Als Koenzym ist $NADP^+$ enthalten. A. zeigt besondere Affinität zu Ethanol und bewirkt dessen Oxidation zu Azetaldehyd im Blut. Von praktischer Bedeutung ist die A. der Hefe (→ alkoholische Gärung). Auch bewirkt sie die reversible Umwandlung von Retinal zu Retinol. A. aus Hefe ist ein zinkhaltiges Enzym, das aus 4 Untereinheiten aufgebaut ist und eine Molekülmasse von 145 000 aufweist.

Alkohole, Derivate von Kohlenwasserstoffen, die als charakteristische funktionelle Gruppe die Hydroxylgruppe —OH enthalten. Entsprechend der Stellung der —OH-Gruppe unterscheidet man primäre (R—CH_2OH), sekundäre A. (R_1R_2—CHOH) und tertiäre A. ($R_1R_2R_3$—COH). Mehrwertige A. enthalten an einem Molekül mehrere Hydroxylgruppen, im Falle des Glyzerins z. B. drei. A. sind, als Ester gebunden, wichtige Bestandteile von ätherischen Ölen, Fetten und Wachsen.

alkoholische Gärung, die Umsetzung von Zuckern zu Ethylalkohol durch Mikroorganismen, insbesondere Hefen, nach folgender Bruttogleichung:

$$C_6H_{12}O_6 \rightarrow 2\ C_2H_5OH + 2\ CO_2.$$
Hexose   Ethylalkohol

Der Vorgang verläuft unter Sauerstoffabschluß. In Gegenwart von Sauerstoff veratmet die Hefe den Zucker, d. h., Sauerstoff verhindert die Gärung; diese schon von Pasteur festgestellte Erscheinung wird als *Pasteur-Effekt* bezeichnet. Die a. G. der Hefen verläuft über mehrere Zwischenstufen, und zwar auf dem Wege der → Glykolyse. Durch Dekarboxylierung von Pyruvat entsteht Azetaldehyd, der schließlich zum Ethylalkohol reduziert wird. Die a. G. tritt auch bei einigen anaeroben Bakterien auf, verläuft aber auf einem anderen Stoffwechselweg.

Der Mensch nutzt bereits seit mehreren Jahrtausenden die a. G. zur Herstellung alkoholhaltiger Getränke. Bier wurde z. B. schon von den Babyloniern gebraut. Heute werden viele Kulturrassen verschiedener Hefen, vor allem von *Saccharomyces cerevisiae,* verwendet (→ Bierhefe, → Weinhefe). Vergoren werden Malz bzw. Fruchtsäfte, zur Herstellung des Gärungsalkohols vor allem Melasse, Kartoffeln, Holzhydrolysate oder Sulfitablaugen der Zellstoffindustrie. Eine a. G. mit Bakterien wird zur Bereitung der → Pulque genutzt.

Allantoamnion, → Allantois.

Allantochorion, → Allantois, → Serosa.

Allantoidica, → Embryonalhüllen.

Allantois, *Harnsack,* ein den Sauropsiden und Säugetieren eigener, den Fischen und Amphibien jedoch fehlender embryonaler Darmanhang, der als ventrale Ausstülpung des Enddarms und viszeralen Mitteldarms im kaudalen Teil des Embryonaldarms zunächst als kleine Grube entsteht, sich aber rasch zu einer gestielten, bei Reptilien und Vögeln mächtigen, bei Säugetieren und Mensch dagegen in der Regel kleinen Blase ausdehnt. Die Entwicklung der A. beginnt bei den Sauropsiden etwa gleichzeitig mit der Amnion- und Serosa- (Chorion-)Bildung (→ Embryonalhüllen). Beständig an Umfang zunehmend, wächst sie hier um den Embryo herum und schiebt sich in das zwischen den beiden Embryonalhüllen befindliche, zur Chorionhöhle gewordene *Exozölom* ein, das sie allmählich verdrängt. Mit dem Embryonaldarm bleibt sie durch den doppelschichtigen *Allantoisstiel* oder *Urachus* dauernd verbunden. Sie stellt anfangs ausschließlich ein embryonales, mit trüber Harnflüssigkeit gefülltes Harnreservoir (Harnsack) dar. Nach Berührung der äußeren viszeralen Allantoiswandung mit der inneren parietalen Chorionwandung verschmelzen beide Hüllen zum *Allantochorion*. Gleichzeitig setzt eine immer stärkere Entwicklung eines zweiten extraembryonalen Blutgefäßsystems, des *Umbilikalkreislaufes* oder *Allantoiskreislaufes*, ein, der den infolge Dotterverbrauch und Dottersackrückganges immer schwächer werdenden Dottersackkreislauf ablöst. Damit wird die A. zum embryonalen Respirationsorgan, wozu sie ihre Lage dicht unter dem Schalenhäutchen und der Kalkschale in unmittelbarer Nähe von der Luftkammer befähigt. Außerdem greifen die dottersacknahen Bezirke der A. in das Weißei hinein und fungieren als Eiweißresorptionsorgane. Die dem Embryo zugekehrte Allantoiswand verwächst mit dem Amnion zum *Allantoamnion* und auch mit der Dottersackwand.

Bei Säugetieren und Mensch stellt die A. fast stets eine langgestielte, birnenförmige Blase dar; nur bei Schweinen, Pferden, den Raubtieren u. a. erreicht sie die Ausmaße der Sauropsidenallantois und breitet sich im Exozöl aus. Sie entsteht erst weit nach der Embryonalhüllenbildung und wächst im Haftstiel bis zum Chorion vor. Durch Anlagerung des zurückgebliebenen Dottersackes wird der Haftstiel inzwischen zum Nabelstrang, aus dessen Morulamesodermmaterial das *Allantoisgefäßsystem* entsteht, das sich unter dem Chorion kapillar ausbreitet, in die fetalen Plazentazotten eindringt (*Plazentarkreislauf*) und so die Verbindung zwischen extra- und intraembryonalem Gefäßsystem herstellt. Bei Säugetieren bleibt der proximale Abschnitt des im Keimlingskörper befindlichen Teiles des Urachus erhalten und geht mit in die Bildung der definitiven Harnblase ein, während der distalen Abschnitte später verkümmern. Beim Menschen jedoch verödet der gesamte Urachus; erhalten bleibt nur seine bindegewebige Wandung, die sich zu einem Bindegewebsstrang, der *Chorda urachii*, umbildet, die, vom Blasenscheitel ausgehend, an der vorderen Bauchwand bis zum Nabel verläuft und die Blase aufhängt, die hier ausschließlich aus ventralen Resten der Kloake hervorgeht.

Allele, gleiche (AA) oder unterschiedliche (Aa) Zustandsformen (Konfigurationen) eines Gens, die in homologen Chromosomen den gleichen Platz in der Koppelungsgruppe einnehmen. Durch Mutation wird ein Allel in ein anderes übergeführt. Je nachdem, ob A. auf Mutationen an nichthomologen oder homologen Mutationsorten (sites) eines Gens zurückgehen, werden sie als nichtidentisch (Heteroallele) oder identisch (Homoallele) bezeichnet (→ Pseudoallele, → Isoallele).

Multiple A. sind mehr oder weniger große Serien verschiedener A., die durch Mutation eines Gens entstehen, das gleiche phänotypische Merkmal betreffen und in jeweils charakteristischer Weise abwandeln. Je nach Größe der jeweiligen Serie multipler A. können bis zu 20 und mehr unterscheidbare Phänotypen des betreffenden Merkmals auftreten.

Allelochemicals, chemische Signal- oder Botenstoffe bei Tieren, insbesondere bei Insekten. Im Gegensatz zu den → Pheromonen dienen die A. der Biokommunikation zwischen Individuen unterschiedlicher Art. Sie werden als *Allomone* bezeichnet, wenn dem Individuum, das den Wirkstoff produziert und abgibt, einen ökologischen Vorteil verschaffen, z. B. die Ausscheidung von Wehrsekret. *Kairomone* sind für den Empfänger von Nutzen.

allelomimetisches Verhalten, *Verhaltensansteckung, Mach-Mit-Verhalten, sympathetisches Verhalten, Gleichhandlung,* die Ausführung gleichartiger Verhaltensweisen innerhalb einer Gruppe, nachdem ein Individuum damit begonnen hat. Das kann sich auf die Nahrungsaufnahme, die Körperpflege, das Einnehmen der Ruhestellung, die Flucht oder andere Verhaltensweisen beziehen. Man nimmt an, daß durch Übernahme der motorischen Komponente auch der gleiche innere Zustand erzeugt wird, also beispielsweise die Bereitschaft zur Nahrungsaufnahme. Es ist ein wahrscheinlich weit verbreiteter elementarer Vorgang des biosozialen Verhaltens, der auch als *Gruppeneffekt* bezeichnet wird.

Pelikan: allelomimetisches Verhalten, weiterentwickelt zu kooperativem Beuteverhalten

Allelopathie, die gegenseitige Beeinflussung von Pflanzen durch Ausscheidung mehr oder weniger spezifischer Stoffwechselprodukte, die meist hemmend, teils aber auch fördernd wirken. In der ursprünglichen, 1937 von Molisch geprägten Form umfaßte der Sammelbegriff A. die Gesamtheit der möglichen Wechselbeziehungen zwischen pflanzlichen Organismen, wobei sowohl höhere Pflanzen als auch Mikroorganismen einbezogen sind. Nach einer neueren, engeren Fassung des Begriffs A. werden heute davon ausgeklammert: 1) die Wechselbeziehungen zwischen Mikroorganismen (→ Antibiotika), 2) die Beeinflussung von Mikroorganismen durch höhere Pflanzen, z. B. durch → Phytonzide oder durch → Wurzelausscheidungen, sowie 3) die Einflüsse von Mikroorganismen auf höhere Pflanzen, z. B. durch → Welketoxine von Krankheitserregern, durch → Gibberelline oder in → Symbiosen.

Eine gegenseitige Beeinflussung höherer Pflanzen kann dadurch zustandekommen, daß aus den oberirdischen Teilen und aus den Wurzeln Stoffe in gelöster Form oder als Gase ausgeschieden werden, die eine hemmende oder fördernde Wirkung auf Wachstum oder Entwicklung ausüben. Die chemisch sehr verschiedenartigen und in vielen Fällen noch ungeklärten Hemmstoffe werden oft als → Koline zusammengefaßt. Eine Untergruppe von diesen, die keimungshemmenden Substanzen, nennt man → Blastokoline.

Ein bekanntes gasförmiges Ausscheidungsprodukt vieler Früchte, insbesondere von Äpfeln, dessen physiologische Aktivität im Zusammenhang mit Untersuchungen zur A. bereits vor längerer Zeit vielfältig untersucht worden ist, ist → Ethylen, das jetzt zu den → Phytohormonen gestellt wird. Es bewirkt unter anderem eine Reifebeschleunigung von Früchten, z. B. bei späten Apfelsorten, die gemeinsam mit frühreifen gelagert werden, ein Austreiben von ruhenden Pflanzenorganen, verschiedenartige Wachstumshemmungen und -störungen sowie vorzeitigen Blattfall. Für die Wirkungen von Tabakrauch und Leuchtgas auf Pflanzen dürfte Ethylen gleichfalls mit verantwortlich sein. Als flüchtige Verbindungen aus höheren Pflanzen rufen ätherische Öle sowie Senföle, Lauchöle und die aus bestimmten Glykosiden freiwerdende giftige Blausäure allelopathische Effekte hervor. Außerdem werden von den Blättern zahlreiche organische und anorganische Verbindungen in wäßriger Lösung ausgeschieden bzw. durch den Regen ausgewaschen. Von diesen können unter anderem Kumarine, Gerbstoffe u. a. Phenolderivate sowie Alkaloide an allelopathischen Effekten beteiligt sein. Eine starke wachstumshemmende Wirkung auf andere Pflanzen zeigen z. B. Blattausscheidungen des Wermuts. Die Wurzelausscheidungen von Pflanzen sind insbesondere für die in unmittelbarer Wurzelnähe, in der → Rhizosphäre, lebenden Mikroorganismen von Bedeutung, können aber auch allelopathisch auf benachbarte oder nachfolgend angebaute höhere Pflanzen einwirken. So sind ausgeschiedene oder aus abgestorbenen Pflanzenteilen entstandene Gifte eine mögliche Ursache von → Bodenmüdigkeit. Bei Fruchtwechsel erfolgt ein solcher Leistungsabfall nicht. Praktisch bedeutungsvolle Aspekte der A. berühren außer den Fruchtfolgeproblemen auch die Fragen der gegenseitigen Beeinflussung von Kulturpflanzen und Unkräutern sowie das Zustandekommen der Pflanzengesellschaften überhaupt.

Lit.: Grümmer: Die gegenseitige Beeinflussung höherer Pflanzen – Allelopathie (Jena 1955).

Allensche Regel, → Klimaregeln.

Allergene, → Allergie.

Allergie, erworbene Überempfindlichkeit gegenüber körperfremden Stoffen, den *Allergenen*. Die A. bildet sich nach ein- oder mehrmaligem Kontakt mit dem Allergen heraus. Sie beruht auf der Sensibilisierung des Organismus, die im Prinzip den Vorgängen bei einer Immunisierung entspricht. A. sind unerwünschte Immunreaktionen, die den Körper schädigen. Die allergischen Krankheiten werden als *Allergosen* bezeichnet. Zu ihnen gehören beispielsweise Heuschnupfen, Bronchialasthma und Nesselfieber.

Die zur A. führenden Allergene sind → Antigene, die bevorzugt schädigende Immunreaktionen auslösen. Als Folge der zustande gekommenen Sensibilisierung entstehen besondere Typen von Antikörpern, die → Reagine. Sie lagern sich an bestimmte Blutzellen, Granulozyten oder im Gewebe befindliche Mastzellen an. Gelangt erneut Allergen in den Körper, so wird es von den zellfixierten Antikörpern gebunden. Die als Folge dieser Reaktion auftretende Schädigung der Zellen führt zur Freisetzung von Substanzen, z. B. Histamin, die in höherer Konzentration eine Schädigung des Organismus bewirken.

Man unterscheidet verschiedene Formen von A.: → Anaphylaxie, → Arthus-Reaktion, → Kontaktüberempfindlichkeit, → verzögerte Überempfindlichkeit, → Serumkrankheit.

Allergosen, → Allergie.

Allerödzeit [nach dem dänischen Dorf Alleröd, nordwestl. von Kopenhagen], *Alleröd-Interstadial,* spätglaziale Wärmeschwankung innerhalb der Weichselkaltzeit (zwischen 10000 bis 9000 v. u. Z.), Zeitabschnitt zwischen der älteren und der jüngeren Parktundrenzeit, in dem sich lichte Wälder aus Baumbirken und Kiefern entwickelten (→ Pollenanalyse). In Torflagern und Lößprofilen durch geringmächtige Bimstufflagen gekennzeichnet, die von Vulkanausbrüchen des Laacher Seegebietes (Eifel) bis 500 km weit vom Wind verfrachtet wurden.

Alles-oder-Nichts-Gesetz, svw. Alles-oder-Nichts-Reaktion.

Alles-oder-Nichts-Reaktion, *Alles-oder-Nichts-Gesetz,* das Verhalten gewisser erregbarer Systeme, bei denen ein Reiz entweder keine oder, von einer bestimmten Reizstärke an, die maximale Antwort des Systems bewirkt. Eine weitere Steigerung der Reizstärke über diesen Punkt hinaus hat keine Erhöhung der Antwortamplitude zur Folge. Das Auftreten einer → Erregung, also eines → Aktionspotentials, das die Bewegung der Blättchen der Mimose auslöst, folgt beispielsweise der A.

Allianz, 1) svw. Verband. 2) → Beziehungen der Organismen untereinander.

Alligatoren, *Alligatoridae,* in Amerika und mit einer Art auch in Ostasien beheimatete Familie der Krokodile. Die Unterkieferzähne beißen innen an den Oberkieferzähnen vorbei, der 4. Unterkieferzahn paßt in eine Grube des Oberkiefers und ist bei geschlossenem Maul im Gegensatz zu den → Echten Krokodilen nicht sichtbar. Rücken- und (in geringerem Umfang) Bauchschilder weisen Hautverknöcherungen auf. Zu den A. gehören unter anderem → Mississippialligatoren, → Chinaalligatoren und → Brillenkaiman.

Alligatorschildkröten, *Chelydridae,* süßwasserbewohnende nord- bis mittelamerikanische Schildkröten mit kleinem kreuzförmigem Bauchpanzer, Zwischenschildern auf der Brücke, die ihn mit dem stark höckerigen Rückenpanzer verbindet, langem Schwanz und großem Kopf mit kräftigen Kiefern. Die A. leben räuberisch; erwachsene Exemplare können selbst dem Menschen gefährlich werden. Die Weibchen legen ihre Eier in selbstgegrabene Gruben an Land ab. Die Familie umfaßt nur die beiden Arten → Geierschildkröte und → Schnappschildkröte.

Alliin, (–)-S-Allyl-L-zysteinsulfoxid, kommt in den Zwiebeln des Knoblauchs, *Allium sativum,* vor. Durch das Enzym Alliin-Lyase wird A. in das bakteriostatisch wirkende und größtenteils den Knoblauchgeruch bedingende *Allizin* umgewandelt.

$$2\,CH_2=CH-CH_2-\underset{\underset{O}{\mid}}{S}-CH_2-\underset{\underset{NH_2}{\mid}}{CH}-COOH \xrightarrow[\text{(Alliin-Lyase)}]{H_2O}$$

Alliin

$$CH_2=CH-CH_2-\underset{\underset{O}{\mid}}{S}-S-CH_2-CH=CH_2 + CH_3-CO-COOH + 2\,NH_3$$

Allizin

Allizin, → Alliin.

Allochorie, → Samenverbreitung.

allochthon, nicht »bodenständig«, vom Ort des Entstehens aktiv oder passiv (durch Wind, Wasserströmung oder den Menschen) an den Ort des Vorkommens gelangt. Zum Beispiel werden oft im Gebirge heimische Tierarten mit Flüssen ins Tiefland verfrachtet, können sich dort aber nicht dauerhaft halten. Gegensatz: autochthon.

Allogamie, → Bestäubung.

Allogibberinsäure, → Gibberelline.

allogrooming, → Putzverhalten.

Allometrie, durch konstant unterschiedliche Wachstumsgeschwindigkeiten verursachte regelhafte Proportionsänderung eines Organs im Verhältnis zur Körpergröße oder zu anderen Organen. Eilt ein Organ im Wachstum voraus, spricht man von *positiver A.,* bleibt es im Wachstum zurück, von *negativer A.* Bleibt das ontogenetisch positiv allometrische Wachstum eines Organs bei einer phylogenetischen Steigerung der Körpergröße unverändert, dann kann das Organ im Verlauf der Stammesgeschichte ungewöhnlich groß werden. Möglicherweise entstanden durch diesen Mechanismus zusammen mit vorteilhafter Zunahme der Körpergröße gelegentlich unvorteilhaft große Organe oder Strukturen.

Allomone, → Allelochemicals.

Allopatrie, Bezeichnung für das Vorkommen nahe verwandter Sippen oder Populationen in getrennten Gebieten. A. ist ein wichtiges Kriterium für das Erkennen des taxonomischen Status nahe verwandter Formen (→ Vikarianz). Gegensatz: → Sympatrie.
Allopolyploidie, → Polyploidie.
allopreening, → Komfortverhalten, → Putzverhalten.
Allorhizie, → Wurzelbildung.
allosomale Vererbung, svw. geschlechtgekoppelte Vererbung.
Allosomen, svw. Geschlechtschromosomen.
allosterische Effektoren, niedermolekulare Verbindungen, die von einem Enzym nicht im aktiven Zentrum, sondern an anderen Stellen (allosterisches Zentrum) des Enzyms gebunden werden und dessen katalytische Aktivität durch Änderung der Raumstruktur negativ (allosterischer Inhibitor) oder positiv (allosterischer Aktivator) beeinflussen.
allosterischer Effekt, → Hemmstoffe.
Allosyndese, im Gegensatz zur → Autosyndese die meiotische Paarung von Chromosomen, die durch verschiedene elterliche Gameten in die Kreuzung eingeführt worden. Bei diploiden Formen ist die Chromosomenpaarung (→ Meiose) stets eine A., bei Polyploiden treten beide Paarungstypen in gleicher (Autopolyploide) oder unterschiedlicher Häufigkeit auf.
Allotransplantat, → Transplantation.
Alloxazin, → Flavine.
Allozyklie, → Heteropyknose.
Alluvium, svw. Holozän.
Aloë, → Liliengewächse.
Alouatta, → Brüllaffen.
Alpaka, *Lama guanicoë* f. *pacos*, eine sehr langhaarige, kleinere, verschiedenfarbige Haustierform des Guanakos.
Alpendohle, → Rabenvögel.
Alpenglöckchen, → Primelgewächse.
Alpenkrähe, → Rabenvögel.
Alpensalamander, *Salamandra atra*, bis 15 cm langer, kohlschwarzer, rundschwänziger → Salamander europäischer Hochgebirgswälder in Höhen von 700 bis 3 000 m. Von allen Salamanderarten am stärksten an das Landleben angepaßt, sucht der A. auch zur Fortpflanzung das Wasser nicht mehr auf. Die Paarung erfolgt im Sommer auf dem Land; das Weibchen gebiert – meist erst nach 2 Jahren – 2 völlig entwickelte, lungenatmende Jungtiere.
Alpenveilchen, → Primelgewächse.
alpine Pflanzen, strauchige und krautige Blütenpflanzen und Lagerpflanzen, die in der Hochgebirgsstufe oberhalb der Waldgrenze bis zur Schneestufe siedeln, wie Zwerg- und Spaliersträucher, Gräser, Seggen, Stauden, Moose, Flechten und Algen der Rasen-, Geröll- und Felsfluren. Die Gefäßpflanzen dieser Höhenlage weisen ein stark ausgebildetes Wurzelsystem, oft gedrungenen Zwerg- oder Kriechwuchs, gelegentlich Halbkugelpolsterwuchs auf. Als Anpassung an das Höhenklima und an die hohe Lichteinstrahlung kann auch die Bildung derber Abschlußgewebe und die häufige, z. T. dichte Behaarung besonders der Blätter gelten. A. P. erscheinen physiologisch den tieferen Temperaturen und der Verkürzung der Vegetationszeit auf 1 bis 3 Monate zumeist als Kältepflanzen (→ Temperaturfaktor) angepaßt und umfassen vorwiegend mehrjährige Arten, denen wegen ihres langsamen Wuchses eine relativ geringe Stoffproduktion genügt.
alpine Stufe, → Höhenstufung.
Alraune, → Nachtschattengewächse.
Altai-Maral, → Rothirsch.
Altalgonkium, veraltete Bezeichnung, entspricht dem heutigen Unter- und Mittelproterozoikum.

Altbürger, → Adventivpflanze.
Ältere Parktundrenzeit, svw. Dryaszeit.
Altern, → Lebensdauer.
Alternanzregel, → Blatt.
Altersforschung, svw. Gerontologie.
Altersdiagnose, 1) beim Menschen Schätzung des individuellen biologischen Alters. Die biologische A. erfolgt durch den Vergleich des individuellen Entwicklungsstandes mit bestimmte Altersgruppen charakterisierenden Merkmalen. Dazu gehören unter anderem Durchbruch und Abkauungsgrad der Zähne (Zahnalter), Auftreten der sekundären Geschlechtsmerkmale (sexuelle Reifung), Knochenbildung, Verknöcherung der Epiphysenfugen der Knochen, Verknöcherung der Schädeldachnähte, altersabhängiger Knochenabbau (→ Ossifikationsalter) usw.

Eine biologische A. kann aus medizinischen Gründen notwendig werden, wenn der Verdacht besteht, daß zwischen dem kalendarischen und dem biologischen Alter eine zu große Differenz besteht. Eine besondere Rolle spielt die A. in der Gerichtsmedizin bei der Identifizierung von Leichen oder Leichenteilen. In der → Palädemographie werden Altersveränderungen und Alterszusammensetzung früherer Bevölkerungen anhand von Skelettfunden untersucht. Dabei werden folgende *Altersstufen* unterschieden:
a) *infans I*, von der Geburt bis zum vollendeten Durchbruch des ersten bleibenden Molaren oder Schneidezahnes (bis zum 6. Lebensjahr);
b) *infans II*, vom Durchbruch des ersten bleibenden Zahnes bis zum vollendeten Durchbruch aller definitiven Zähne außer der Weisheitszähne (bis etwa 14. Lebensjahr);
c) *juvenis*, bis zur Verknöcherung der zwischen dem Keilbein und der Basalteil des Hinterhauptbeines gelegenen Sphenobasilarfuge (bis etwa 20. Lebensjahr);
d) *adultus*, von der Verknöcherung der Sphenobasilarfuge bis zum Beginn der Verknöcherung größerer Abschnitte der Schädeldachnähte, von Verschleißerscheinungen am Kauorgan und des altersabhängigen Knochenumbaues im postkranialen Skelett (bis etwa 40. Lebensjahr);
e) *maturus*, fortgeschrittene Verknöcherung der Schädeldachnähte, deutlicher Zahnabschliff und fortgeschrittene Atrophie des Alveolarrandes der Kiefer, deutliche Strukturveränderung im Bereich der Symphyse der Schambeine, Ausweitung der Markhöhlen in Humerus und Femur (bis etwa 60. Lebensjahr);
f) *senilis*, hochgradige, ausgedehnte Verknöcherung der Schädeldachnähte und stark ausgeprägte Veränderungen am Kauorgan und postkranialen Skelett.

Bei Berücksichtigung weiterer Einzelheiten der Bezahnung und der Skelettverknöcherung ist für die voradulten Altersstufen eine genauere A. möglich. Von der Altersstufe infans II an sind auch die bei den Geschlechtern unterschiedlich eintretenden Altersveränderungen zu beachten. So tritt die zum Wachstumsabschluß führende Verknöcherung der Knorpelfugen der Knochen bei Mädchen früher auf als bei Knaben. In den höheren Altersstufen laufen die die Alterungsvorgänge bedingenden physiologischen Veränderungen individuell verschieden schnell ab, so daß mehr oder weniger größere Differenzen zwischen dem biologischen und dem kalendarischen Alter auftreten können.
2) Schätzung der Lagerungsdauer von Fossilien mit Hilfe von stratigraphischen, chemischen oder physikalischen Methoden. → Datierungsmethoden.
Altersform, → heteroblastische Entwicklung.
Altersphase, → Lebensdauer.
Altersresistenz, → Resistenz.
Altersschwäche, → Lebensdauer.
Alterssichtigkeit, *Presbyopie*, die mit zunehmendem Al-

ter auftretende Abnahme der Fähigkeit des Auges zur → Akkommodation. Der Nahpunkt des Sehens, jene Minimalentfernung in Zentimetern, bis zu welcher ein Objekt bei maximaler Naheinstellung des Auges gerade noch scharf gesehen werden kann, entfernt sich vom Auge. Die A. kann durch Sammellinsen (Nahbrille) behoben werden.

Altersstufen, → Altersdiagnose.
Altmenschen, → Homo, → Anthropogenese.
Altschnecken, → Monotocardia.
Alttertiär, svw. Paläogen.
Alt-Tintenfische, → Vierkiemer.
Altwasser, nicht mehr durchströmte (»tote«) Teile eines alten Flußbettes im Bereich langsam fließender Flüsse. In dem stagnierenden Wasser ist eine reiche lenitische (→ stagnikol) Fauna entwickelt, die der Fauna der Weiher ähnlich ist. Die im Fluß anzutreffenden Planktonorganismen stammen häufig aus A.
Altweltaffen (Tafeln 40 und 41), *Schmalnasen, Catarrhina,* eine Teilordnung der → Affen. Die A. haben eine schmale Nasenscheidewand und nach vorn gerichtete Nasenöffnungen. Der Schwanz ist nicht als Greiforgan ausgebildet und zuweilen verkümmert. Die A. sind in Afrika und Asien verbreitet, eine Art kommt auch auf Gibraltar vor. Zu den A. gehören → Makaken, → Paviane, → Mangaben, → Meerkatzen, → Schlankaffen, → Langarmaffen und → Menschenaffen.
Aluminium, Al, ein Erdmetall, das im Stoffwechsel der höheren Pflanzen keine spezifische Funktion ausübt. Geringe pflanzenaufnehmbare Aluminiummengen begünstigen im allgemeinen das Wachstum infolge unspezifischer Beeinflussung der Plasmaquellung. Der Aluminiumgehalt in höheren Pflanzen liegt bei etwa 200 mg/kg Trockensubstanz, im Teestrauch dagegen bei 5000 mg/kg. Für Farne und Schachtelhalme ist A. lebensnotwendig.
Alveolarluft, in den Lungenbläschen (Alveolen) vorhandene Luft. Zwischen ihr und dem Blut erfolgt, getrieben vom jeweiligen Partialdruck der Austausch von Sauerstoff und Kohlendioxid durch Diffusion.
Alveole, → Zähne, → Lunge.
Amaltheus [griech. amalteia 'Nymphe'], eine leitende Ammonitengattung des Lias σ_1. Das Gehäuse ist planspiral eingerollt, eng genabelt und scheibenförmig. Es besitzt einen Zopfkiel an der Außenseite und einfache s-förmige nach vorn geschwungene Rippen. Ammonitische Lobenlinie.

Zopfkiel   Lobenlinie

Schale von *Amaltheus margaritatus* Montf., das »geperlte Füllhorn«, mit stark gezähnelter Lobenlinie und zopfförmigem Kiel; Vergr. 0,6:1

Amandibulata, *Kieferlose,* eine Gruppe der Gliederfüßer (*Arthropoda*) mit den beiden Unterstämmen *Trilobitomorpha* und *Chelicerata*. Die Angehörigen der A. haben im Gegensatz zu den Mandibulata im Bereich des Kopfes keine Gliedmaßen in Kiefern umgewandelt.
Amanitin, ein Vertreter der → Amatoxine, ein Polypeptid, das die Giftigkeit des Grünen Knollenblätterpilzes, *Amanita phalloides,* mit bedingt. Man unterscheidet α-, β- und γ-A.

Die A. wirken auch peroral sehr giftig und werden durch Kochen und Trocknen nicht zerstört. Bei Vergiftungen durch A. kommen intravenöse Traubenzuckerinjektionen zur Anwendung.
Amaryllidaceae, → Amaryllisgewächse.
Amaryllideentyp, → Spaltöffnungen.
Amaryllisgewächse, *Narzissengewächse, Amaryllidaceae,* eine Familie der Einkeimblättrigen Pflanzen mit etwa 850 Arten, die über die gesamte Erde verbreitet sind. Es handelt sich um krautige Pflanzen mit blattlosen Blütenschäften und Zwiebeln oder Knollen, mit denen sie die ungünstige Jahreszeit überdauern. Sie sind den Liliengewächsen sehr ähnlich und von diesen morphologisch hauptsächlich durch den unterständigen Fruchtknoten zu unterscheiden sowie chemisch durch das Fehlen von Saponinen bzw. das Vorkommen eigener Alkaloide. Viele Arten der A. werden wegen der schönen Blüten als Zierpflanzen gezogen. Die bekanntesten Gartenpflanzen sind das von Mitteleuropa bis zum Kaukasus heimische **Schneeglöckchen,** *Galanthus nivalis,* einer der ersten Frühjahrsblüher, verschiedene Arten bzw. Sorten der überwiegend im westlichen Mittelmeergebiet vorkommenden **Narzissen,** die durch eine Nebenkrone ausgezeichnet sind, besonders die weißblühende **Dichternarzisse,** *Narcissus poeticus,* und die gelbblühende **Trompetennarzisse,** *Narcissus pseudonarcissus.* Auch der heimische unter Naturschutz stehende **Märzenbecher,** *Leucojum vernum,* wird z. T. als Gartenpflanze kultiviert. Als Zimmerpflanzen haben vor allem die Hybriden verschiedener südamerikanischer Arten der Gattung **Ritterstern** oder **Amaryllis,** *Hippeastrum* div. spec., und die aus Südafrika stammende **Klivie,** *Clivia miniata,* Bedeutung erlangt. Häufig ist auch das ebenfalls aus Südafrika kommende **Elefantenohr,** *Haemanthus albiflos,* eine Pflanze mit breiten, fleischigen Blättern und Blüten, die dichte Büschel langer weißer Staubfäden tragen.
Amatoxine, bizyklische Oktapeptide, die neben den Phallatoxinen die wichtigsten Giftstoffe des Grünen Knollenblätterpilzes sind.
Amazonen, → Papageien.
ambivalenter Status, innerer Zustand mit zwei entgegengesetzten Richtungsvektoren, bezogen auf einen bestimmten Reiz. Das Tier befindet sich im → affinen Status und im → diffugen Status, also gleichzeitig in der Bereitschaft zur Distanzverringerung und -vergrößerung; daraus folgert eine Distanzerhaltung.
ambivalentes Verhalten, Verhalten, dem gleichzeitig zwei verschiedenartige Bereitschaften zugrundeliegen, beispielsweise Angriffsbereitschaft und Fluchtbereitschaft. Aus einer solchen ambivalenten Konstellation haben sich bei zahlreichen Tierarten typische Signalbewegungen entwickelt, die unter dem Begriff »Drohen« zusammengefaßt werden. Es handelt sich um ein agonistisches Nahfeldverhalten: der Konkurrent oder Rivale befindet sich im Bereich der Sinneswahrnehmung, das Verhalten ist auf ihn orientiert.
Amblypterus [griech. amblys ›stumpf‹, pteron ›Flosse‹, ›Flügel‹], ausgestorbene Gattung der Schmelzschupper mit abgerundeten Brustflossen und glatten, fast quadratischen Schuppen.
Verbreitung: Perm bis Trias, besonders im Rotliegenden.
Amblypygi, → Geißelspinnen.
Amboseptor, Antikörper gegen rote Blutkörperchen vom Schaf. Nach seiner Bindung an diese führt er durch die Aktivierung von Serumbestandteilen, dem Komplement, zur Auflösung (Lyse) der Zellen.
Amboß, → Schädel, → Gehörorgan.
Ambrettolid, ungesättigtes Lakton von moschusartigem

Amaryllisgewächse: *a* Märzenbecher, *b* Ritterstern, *c* Klivie, *d* Elefantenohr

Geruch, das im Moschuskörneröl vorkommt. Es findet als Duftstoff Verwendung.

$$\begin{array}{c}HC-(CH_2)_7-CH_2\\ \parallel \qquad\qquad\qquad\quad O\\ HC-(CH_2)_5-CO\end{array}$$

Ambulakralfüßchen, *Hydropodien,* muskulöse Schläuche, die bei Stachelhäutern *(Echinodermata)* in fünf Doppelreihen vom Mundfeld radiär ausstrahlen und durch die Poren besonderer Kalkplatten (Ambulacra) über die Körperoberfläche hervortreten. Sie stehen mit den fünf Radiärkanälen des Wassergefäßsystems durch Seitenäste in Verbindung und dienen ursprünglich der Fortbewegung. Die A. können durch Einpumpen von Wasser in die Länge gedehnt und durch Muskelkontraktion verkürzt werden. An ihrem Ende tragen sie in der Regel eine Saugscheibe zum Festheften und an ihrer Basis an der Innenseite der Körperwand eine Ampulle, die als Wasserspeicher dient. Bei Haar- und Schlangensternen sind die A. zu schlauchförmigen Tastern umgebildet. Seeigel besitzen im Bereich des Mundfeldes neben normalen A. solche, die blattförmig oder gefiedert sind und als Kiemen arbeiten.

Ambulakralsystem, svw. Wassergefäßsystem.

Ameisen, *Formicidae,* eine zu den Stechwespen gehörende Familie der Hautflügler mit etwa 60 staatenbildenden Arten in Mitteleuropa. Kennzeichen der Vollkerfe sind unter anderem die gekniteten Fühler und eine Schuppe oder ein bis zwei Knoten am Hinterleibsstiel. Ein Volk besteht aus mehreren Kasten mit Arbeitsteilung: geflügelte Geschlechtstiere (Männchen und Weibchen oder »Königin«), die für die Fortpflanzung sorgen; flügellose, geschlechtlich unentwickelte »Arbeiterinnen« für Nestbau, Nahrungsbeschaffung und Brutpflege; manchmal kommen noch »Soldaten« mit großem Kopf, starken Mundwerkzeugen und wehrhaften Giftdrüsen hinzu. Die Königin verliert nach dem Hochzeitsflug ihre Flügel, die Männchen sterben ab. A. leben von Pflanzensäften, Honigtau, Insekten u. a. Ihre Nester befinden sich in oder über der Erde, in lebenden Baumstämmen, morschen Stubben, Höhlungen oder unter Steinen; besonders auffällig sind die großen Haufennester der als Vertilger von Schadinsekten nützlichen Waldameisen. Manche Staaten haben nur eine Königin, manche mehrere; mit dem Tod ihrer Königin(nen) löst sich das Volk auf.

Lit.: O. Scheerpelz: Ameisen (Leipzig u. Wittenberg 1951).

Ameisenbären, *Myrmecophagidae,* eine Familie der → Zahnarmen. Die A. sind zahnlose, mit den Bären nicht verwandte Säugetiere mit stark verlängertem Kopf und weit vorstreckbarer, wurmförmiger, klebriger Zunge. Die A. fressen Ameisen und Termiten, deren Baue sie mit den kräftigen Krallen der Vorderbeine auseinanderreißen. A. kommen in Mittel- und Südamerika in drei artenarmen Gattungen vor. Die Gattung *Myrmecophaga* hat als einzige Art den *Großen A.* oder *Yurumi, Myrmecophaga tridactyla,* der einen mächtigen Mähnenschweif aufweist. Hauptvertreter der Gattung *Tamandua* ist der baumbewohnende, mit einem Greifschwanz versehene *Tamandua* oder *Caguare, Tamandua tetradactyla.* Noch stärker an das Baumleben angepaßt ist der etwa eichhörnchengroße Zwergameisenbär, *Cyclopes didactylus.* Tafel 3.

Ameisenbeutler, *Myrmecobius fasciatus,* ein eichhörnchengroßes, spitzschnäuziges Beuteltier Australiens, das mit seiner klebrigen, weit vorstreckbaren Zunge bevorzugt Termi-

Ameisengast, 1) → Fischchen. 2) → Myrmekophilie.
Ameisenigel, *Schnabeligel, Echidnidae,* ein zu den Kloakentieren gehörendes Säugetier. Die A. haben ein dichtes Stachelkleid und eine zu einem röhrenförmigen Schnabel umgebildete Schnauze; Zähne fehlen. Die aus Termiten, Ameisen und anderen Insekten bestehende Nahrung haftet an dem klebrigen Schleim der weit vorstreckbaren wurmförmigen Zunge fest und wird mit den hornigen Stacheln an Gaumen und Zunge zerrieben. Vom Weibchen werden bis zu drei weichschalige Eier in den sich zur Fortpflanzungszeit bildenden Brutbeutel geschoben, in dem sich die Jungen nach dem Ausschlüpfen durch Auflecken eines milchartigen Sekretes, das von einem Drüsenfeld abgeschieden wird, ernähren. Die A. leben nächtlich und können gut graben. Sie kommen in den Wäldern und Steppen Australiens, Tasmaniens und Irians vor.
Ameisenjungfern, → Landhafte.
Ameisenlöwe, → Landhafte.
Ameisenpflanzen, → Rötegewächse.
Ameisensäure, *Methansäure,* H—COOH, einfachste Fettsäure, die in den Giftdrüsen von Ameisen und Bienen sowie in Raupenhaaren und Brennesseln enthalten ist. A. ist eine stechend riechende, farblose Flüssigkeit, die desinfizierend und auf die Haut blasenziehend wirkt.
Ameisenvögel, *Formicariidae,* in Süd- und Mittelamerika lebende Sperlingsvögel, von denen es mehr als 200 Arten gibt. Sie fressen vor allem Wanderameisen, aber auch Heuschrecken und andere Kleintiere.
Ameiven, *Ameiva,* in Südamerika und auf den Antillen verbreitete → Schienenechsen von normaler Eidechsengestalt, mit oft leuchtenden Farben und auffallender Flecken- oder Streifenzeichnung.
Amerikanische Schlangenechsen, *Anelytropsidae,* nur eine einzige, 20 cm lange, fußlose, blinde, wurmförmige Art enthaltend, den → Glattechsen verwandte Echsenfamilie aus Mexiko. Über die Lebensweise ist wenig bekannt.
Amerikanische Wassermolche, *Notophthalmus* (östliches Nordamerika) und *Taricha* (westliches Nordamerika), nahe Verwandte der altweltlichen → Echten Wassermolche. Die Männchen haben zur Paarungszeit dunkle Brunstschwielen die auch an den Innenseiten der Hinterbeine, bilden aber keinen Kamm aus. Im Gegensatz zu den Echten W. umklammert das Männchen das Weibchen beim Liebesspiel mit den Beinen.
Amidierung, → Stickstoff.
amiktisch, → See.
Amine, organische Verbindungen, die sich vom Ammoniak durch Austausch eines oder mehrerer Wasserstoffatome durch Kohlenwasserstoffreste (R) ableiten lassen. Nach der Anzahl der ersetzten H-Atome unterscheidet man primäre, sekundäre und tertiäre A. Die A. treten im Pflanzen- und Tierreich auf, wo sie aus Aminosäuren entstehen (→ biogene Amine).

R—NH$_2$ R'—NH—R''   R'—N(R'')—R'''
primäres   sekundäres   tertiäres Amin

aminerg, Sammelbezeichnung für Neuronen, Nervenfasern, Nervenendigungen bzw. Synapsen, die als → Transmitter Katechol- bzw. Indolamine, d. h. z. B. Noradrenalin, Adrenalin, Dopamin oder 5-Hydroxytryptamin (Serotonin) enthalten und bei Erregung freisetzen.
Aminierung, → Stickstoff.
p-Aminobenzoesäure, Abk. *PAB,* eine aromatische Karbonsäure, die als Bestandteil des Vitamins Folsäure von Bedeutung ist. p-A. stellt für viele Bakterien einen essentiellen Wuchsstoff dar und wirkt als Antagonist der Sulfonamidtherapie (→ Antivitamine). Hierbei beruht die bakteriostatische Wirkung der Sulfonamide auf einer Verdrängung der p-A. durch Sulfanilsäure, wodurch die Bakterien in kurzer Zeit zugrunde gehen.
Aminoessigsäure, svw. Glyzin.
Aminoethanol, svw. Kolamin.
α-Aminoglutarsäure, → Glutaminsäure.
Aminokarbonsäuren, → Aminosäuren.
Aminopeptidasen, → Proteasen.
Aminopropionsäure, svw. Alanin.
Aminosäure-Akzeptor-RNS, svw. Transfer-RNS.
Aminosäuredekarboxylasen, zu den Ligasen gehörende Enzyme, die in einer von Pyridoxalphosphat abhängigen Reaktion die Abspaltung von Kohlendioxid aus der Karboxygruppe von Aminosäuren katalysieren. Die Aminosäuren gehen dabei in biogene Amine über. Die einzelnen A. sind meist spezifisch auf eine bestimmte Aminosäure und zusätzlich auf deren L-Form eingestellt.
Aminosäurekode, *genetischer Kode,* Bezeichnung für jene Gesetzmäßigkeiten, nach denen die in der DNS verschlüsselte und in → Messenger-RNS transkribierte genetische → Information in bestimmte Aminosäuresequenzen der aufzubauenden Polypeptide übersetzt wird (*Entschlüsselung des genetischen Kodes*). Die Elemente des A. sind die Nukleobasen Thymin (T), Adenin (A), Zytosin (C) und Guanin (G) in der DNS und, neben A, G und C Urazil (U) an Stelle von Thymin in der RNS. Die durch die Messenger-RNS von der DNS in Form komplementärer Nukleotidsequenzen übernommene Information wird in Tripletts, d. h. Gruppen von 3 benachbarten Nukleotiden, abgelesen. Jedes Triplett ist ein »Kodon«, dem eine Aminosäure entspricht. Die Tripletts überlappen sich nicht, d. h., ein bestimmtes Nukleotid in der Nukleinsäurekette gehört nur einem Kodon an (*nichtüberlappender Kode*). Außerdem ist der Kode »kommafrei«. Damit trotzdem die Kodonen richtig erkannt werden, erfolgt die Translation stets von einem Startkodon (meist AUG) aus in einem dadurch festgelegten *Leseraster* bis zu ein oder zwei Stop-Kodonen. Für die Determinierung einer bestimmten Aminosäure können mehrere verschiedene Tripletts, »synonyme Kodonen«, in Frage kommen (*»Degeneration«* des A.). Zahlreiche experimentelle Befunde machen es wahrscheinlich, daß dem genomischen A. Universalität zukommt, daß er in gleicher Form für alle lebenden Organismen zu gelten scheint. Dagegen gibt es

erstes Nukleotid	zweites Nukleotid im Kodon				drittes Nukleotid
	Uracil	Cytosin	Adenin	Guanin	
U	UUU Phenylalanin	UCU Serin	UAU Tyrosin	UGU Zystein	U
	UUC Phenylalanin	UCC Serin	UAC Tyrosin	UGC Zystein	C
	UUA Leuzin	UCA Serin	UAA Stop	UGA Stop→Trp	A
	UUG Leuzin	UCG Serin	UAG Stop	UGG Tryptophan	G
C	CUU Leuzin	CCU Prolin	CAU Histidin	CGU Arginin	U
	CUC Leuzin	CCC Prolin	CAC Histidin	CGC Arginin	C
	CUA Leu→Thr	CCA Prolin	CAA Glutamin	CGA Arginin	A
	CUG Leuzin	CCG Prolin	CAG Glutamin	CGG Arginin	G
A	AUU Isoleuzin	ACU Threonin	AAU Asparagin	AGU Serin	U
	AUC Isoleuzin	ACC Threonin	AAC Asparagin	AGC Serin	C
	AUA Ile→Met	ACA Threonin	AAA Lysin	AGA Arginin	A
	AUG Methionin	ACG Threonin	AAG Lysin	AGG Arginin	G
G	GUU Valin	GCU Alanin	GAU Asparaginsäure	GGU Glyzin	U
	GUC Valin	GCC Alanin	GAC Asparaginsäure	GGC Glyzin	C
	GUA Valin	GCA Alanin	GAA Glutaminsäure	GGA Glyzin	A
	GUG Valin	GCG Alanin	GAG Glutaminsäure	GGG Glyzin	G

Aminosäurekode. In der Abbildung sind die bei den Mitochondrien gefundenen Kodeabweichungen durch Umrahmung hervorgehoben

beim A. des Chondrioms mindestens drei charakteristische Unterschiede (Abb.).

Aminosäure-Methode, → Datierungsmethoden.

Aminosäuren, *Aminokarbonsäuren,* organische Säuren, die in der Regel eine oder mehrere Aminogruppen —NH_2 enthalten und als Bausteine der Proteine und Peptide sowie in freier Form wesentliche Bestandteile aller Zellen sind. Je nach der Stellung der Aminogruppe zur endständigen Karboxygruppe werden α-, β-, γ- ...A. unterschieden. Die natürlich vorkommenden A. sind meist α-A. der allgemeinen Formel R—CH(NH_2)—COOH, die mit Ausnahme des Glyzins optisch aktiv sind und meist L-Konfiguration haben. A. mit einer Aminogruppe und einer Karboxygruppe sind amphoter, ihre Lösungen sind Ampholyte. Bei innerer Salzbildung und in stark polaren Lösungsmitteln wird ein Zwitterion vom Typ N^+H_3—CHR—COO^- gebildet, das in dieser Form jedoch nur am isoelektrischen Punkt vorliegt und unter Aufhebung der Hydrophilie der Amino- und Karboxygruppe zur geringsten Wasserlöslichkeit führt. Im sauren Bereich liegen A. als Kation H_3N^+—CHR—COOH, im basischen Bereich als Anion H_2N—CHR—COO^- vor. A. sind feste, relativ hochschmelzende, kristalline Verbindungen, die im allgemeinen in Wasser gut, in organischen Lösungsmitteln schwer löslich sind.

Die natürlich vorkommenden A. lassen sich nach verschiedenen Kriterien unterteilen, z. B. 1) nach der Lage des isoelektrischen Punktes in neutrale, saure und basische A.; 2) nach der Struktur der Seitenkette in aliphatische, heterozyklische, aromatische A.; 3) nach der Anzahl der Amino- bzw. Karbonsäurefunktionen; 4) nach der Polarität in polare und unpolare A. und einer weiteren Differenzierung nach hydrophobem und hydrophilem Verhalten (Tab.); 5) nach den Abbauprodukten im Stoffwechsel in *glukoplastische A.,* die zu C_4-Dikarbonsäuren oder Brenztraubensäure, und *ketoplastische A.,* die zu Ketonkörpern, speziell zu Azetessigsäure, abgebaut werden und 6) nach der Beteiligung am Proteinaufbau in *proteinogene A.,* die ständig beteiligt sind (Tab.) sowie in weitere etwa 200 *nichtproteinogene,* die selten vorkommen.

Pflanzen sind in der Lage, alle A. aus einfachen Bausteinen zu synthetisieren. Hingegen kann der tierische Organismus von den in Proteinhydrolysaten regelmäßig vorkommenden A. nur Glyzin, Alanin, Serin, Zystein, Prolin, Asparaginsäure, Asparagin, Glutaminsäure, Glutamin und Tyrosin selbst aufbauen. Im Gegensatz zu diesen *entbehrlichen* oder *nichtessentiellen* A. müssen einige andere regelmäßig mit der Nahrung zugeführt werden. Diese sind *unentbehrliche* oder *essentielle* A. Für den menschlichen Organismus sind dies in der Reihenfolge abnehmenden Bedarfs Leuzin, Phenylalanin, Methionin, Lysin, Valin, Isoleuzin, Threonin und Tryptophan sowie die beim Erwachsenen nicht erforderlichen A. Arginin und Histidin. Fehlt eine dieser essentiellen A. längere Zeit in der Nahrung, so treten schwere gesundheitliche Schädigungen auf.

A. werden bei der hydrolytischen Spaltung von Proteinen sowie durch chemische und mikrobielle Synthese gewonnen.

Aminosäureoxidasen, zu den Oxidasen gehörende Enzyme, die die oxidative Desaminierung von Aminosäuren in Gegenwart von Sauerstoff zu Iminosäuren katalysieren. Letztere wird dann zu α-Ketosäure und Ammoniak hydrolysiert. Der Wasserstoff wird auf molekularen Sauerstoff übertragen unter Bildung von Wasserstoffperoxid. Die A. gehören zu den Flavoproteinen und sind spezifisch auf D- oder L-Aminosäuren eingestellt. Sie sind in tierischen Geweben, besonders der Niere, angereichert. Wegen ihrer niedrigen Wechselzahl kommt der A. wahrscheinlich nur geringe Bedeutung im Stoffwechsel der Aminosäuren zu.

Aminotransferasen, → Transferasen.

Aminozucker, Kohlenhydrate, bei denen eine Hydroxylgruppe durch die Aminogruppe ersetzt ist. Biochemisch wichtige A. sind D-Galaktosamin, D-Glukosamin, Neuraminsäure und D-Mannosamin. A. besitzen Bedeutung als Antibiotika, als Bestandteil des Ozitins bzw. als Bakterienwandsubstanzen.

Amitose, *Kernfragmentation,* Kernteilungsvorgang, bei dem im Gegensatz zur Mitose der Zellkern nur durchgeschnürt wird. Chromosomenformwechsel ist dabei *nicht* zu beobachten, so daß die Tochterkerne genetisch ungleich sind. Bei der Kernein- und -durchschnürung sind ringförmig angeordnete → Mikrotubuli beteiligt. Dieser Mikrotuburing bildet sich vom Diplosom aus (→ Zentrosom). Eine Zellteilung unterbleibt meist, so daß die Zellen zwei- oder mehrkernig werden. A. führt im wesentlichen zur Vergrößerung der Zellkernoberfläche und damit zum gesteigerten Stoffaustausch zwischen Kern und Zytoplasma. A. erfolgt z. B. bei den hochdifferenzierten Leber-, Herzmuskel- und Skelettmuskelzellen.

Ammen, → Heterogonie.

Ammern, → Finkenvögel.

Ammoniak, NH_3, farbloses, stechend riechendes Gas, das sich in kaltem Wasser unter Bildung von Ammoniumionen (NH_4^+) löst und eine schwach basisch reagierende Lösung bildet. A. spielt im Stickstoffhaushalt der Natur eine große Rolle. Es entsteht z. B. bei der Nitratreduktion, der biologischen Stickstoffixierung, der Desaminierung von Aminosäuren sowie bei Stoffwechselprozessen wie dem oxidativen Purin und dem reduktiven Pyrimidinabbau. Eine Anreicherung von Ammoniumionen und eine damit verbundene Vergiftung der Zellen wird durch die sofort einsetzende Ammoniakassimilation verhindert. In ihrem Verlauf werden z. B. L-Alanin und L-Glutamin gebildet.

Ammonifikation, die Bildung von Ammoniak duch Mikroorganismen. Zur A. sind vor allem viele Bodenmikroorganismen befähigt, indem sie beim Abbau organischer Substanz (→ Mineralisation) Ammoniak freisetzen, z. B. bei der Desaminierung von Aminosäuren: s. S. 26

Einteilung der proteinogenen Aminosäuren nach ihrer Polarität

Aminosäuren mit unpolarer (hydrophober) und neutraler Seitenkette		Aminosäuren mit polarer (hydrophiler) Seitenkette		
		neutral	basisch	sauer
Glyzin	Isoleuzin	Serin	Lysin	Asparaginsäure
Alanin	Prolin	Threonin	Arginin	Glutaminsäure
Valin	Methionin	Zystein	Histidin	Tyrosin
Leuzin	Phenylalanin	Asparagin		
		Glutamin		
		Tryptophan		

Ammoniten

CH₃—CH(NH₂)—COOH + ½ O₂
Alanin

→ CH₃—CO—COOH + NH₃
Brenztraubensäure   Ammoniak

Bestimmte Bakterien erzeugen bei der Atmung Ammoniak aus Nitraten (→ Nitratatmung). Das durch A. gebildete Ammoniak kann an die Atmosphäre abgegeben oder durch andere Bakterien wieder zu Nitrat oxidiert werden. Damit ist die A. bedeutsam für den Stickstoffhaushalt im Boden und den gesamten Stickstoffkreislauf in der Natur.

Ammoniten [Benennung auf Grund der Ähnlichkeit der Gehäuse mit den Widderhörnern des Gottes Jupiter Ammon], *Ammonoidea,* **Ammonshörner,** Unterklasse der Kopffüßer mit überwiegend planspiral eingerollten außenschaligen Gehäusen und randlich gelegenem differenzierten Sipho. Die Embryonalkammer ist eiförmig bis kugelig und verkalkt. Die letzte Gehäusekammer (Wohnkammer) ist verhältnismäßig lang und durch einen ein- oder zweiteiligen Deckel, den Aptychus oder Anaptychus, verschließbar. In der Verfaltung der Lobenlinie lassen sich drei entwicklungsgeschichtliche Grundtypen beobachten, die nach dem Grad der Kompliziertheit gegliedert werden in: *Goniatiden-Form*: wellenförmig gebogen oder zickzackförmig geknickt, keine Zerschlitzung der Loben und Sättel. Ordovizium bis Trias. *Ceratiten-Form*: ganzrandige Sättel, Loben nach hinten gezähnelt. Mittelperm bis Trias. *Ammoniten-Form*: in hohem Maße zerschlitzte und verästelte Loben und Sättel. Lias bis Oberkreide. Die Gehäuseoberfläche trägt durchweg eine Anwachsstreifung und meist eine Berippung in Form von einfachen Rippen, Gabelrippen, Spaltrippen und Abbaurippen. Die ordovizischen bis permischen A. sind meist glatt oder tragen einfache Rippen. In der Trias fand eine er-

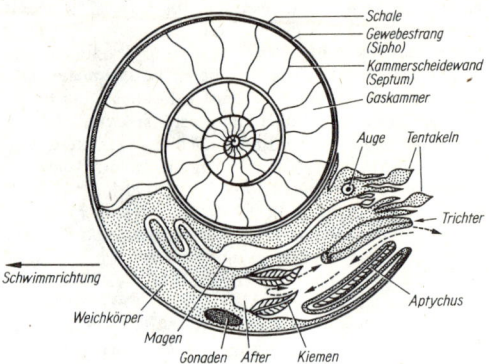

1 Schematische Rekonstruktion eines Ammoniten der Gattung *Aspidoceras* (nach Trauth)

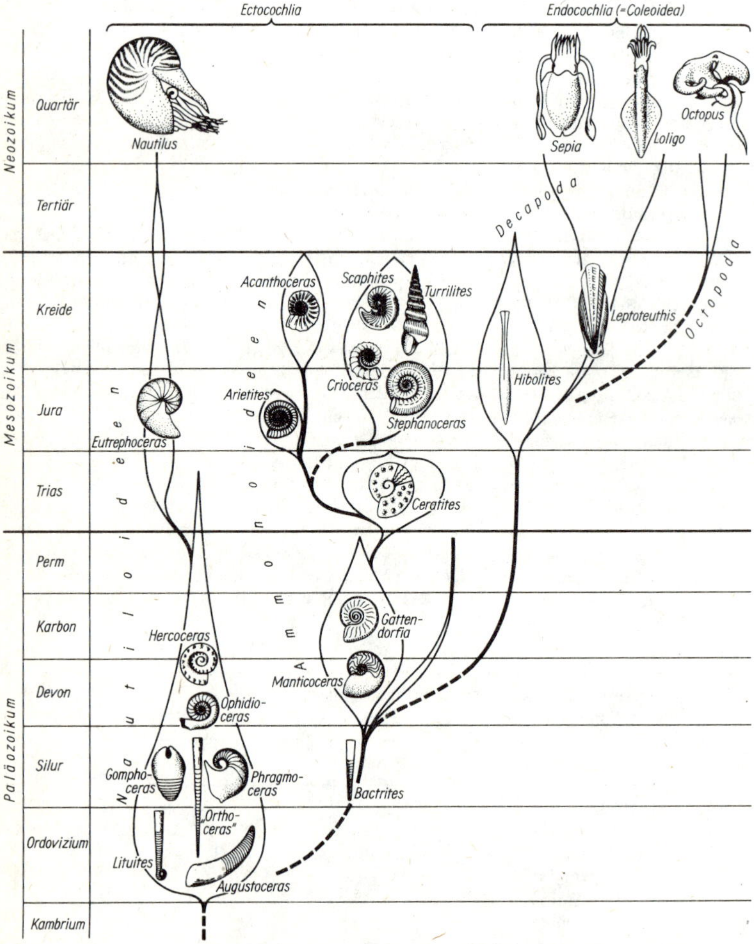

2 Stammesgeschichtliche Entwicklung der Kopffüßer

ste Entwicklungsphase von glatten Formen bis zu Spaltrippen statt. Eine zweite Entwicklungsphase führte vom Jura bis zur Kreide erneut von glatten Formen bis zu Spaltrippen mit einer anschließenden Reduktion der Berippung, die in glatten Formen der oberen Kreide ihren Abschluß fand. Die Gehäuseaußenseite ist rund bis abgeflacht und trägt vielfach Furchen, Knotenreihen oder einen glatten bis zopfartigen Kiel.

Verbreitung: unteres Ordovizium mit Entwicklungsmaxima im jüngeren Paläozoikum, in Trias und Jura bis Kreide. Die A. stellen vom Devon bis zur Oberkreide wichtige Leitfossilien dar.

Ammonshörner, svw. Ammoniten.
Ammophila, → Grabwespen.
amniogenes Chorion, → Embryonalhüllen, → Serosa.
Amnion, *Schafhaut, Fruchtwassersack,* innere Fruchthülle, dünnwandiger am Nabel mit dem Embryo zusammenhängender, mit Fruchtwasser (*Liquor amnii*) gefüllter Sack, in dem der Embryo frei beweglich und erschütterungssicher aufgehängt sowie vor Austrocknung geschützt ist. Das *Fruchtwasser* der Frau ist schwach alkalisch und enthält etwa 1 % gelöste Bestandteile (Eiweiß, Harnstoff, Traubenzucker).
Amnionnabel, → Embryonalhüllen.
Amnionnaht, → Embryonalhüllen.
Amnionstiel, → Dottersack.
Amniozentese (Tafel 27), *Fruchtwasserpunktion,* Punktion der Gebärmutter zwecks Gewinnung von Fruchtwasser und kindlichen Zellen; die A. dient mit Hilfe von biochemischen und Chromosomenuntersuchungen dem Nachweis von Krankheiten und der Geschlechtsbestimmung beim noch ungeborenen Kind. → pränatale Diagnose.
AMO 1618, → Gibberellinantagonisten.
Amöben, *Wechseltierchen, Gymnamöben, Nacktamöben, Amoebina,* Ordnung der schalenlosen Wurzelfüßer, die nur von einer sehr dünnen elastischen Membran (Plasmalemma) begrenzt werden und daher wechselnde Gestalt annehmen: im Ruhestand kugelig, in Bewegung linsenförmig abgeflacht bis bandförmig, breit- oder feingelappt, sternoder baumförmig oder ganz unregelmäßig zerschlissen. Besonders die ziemlich großen *Proteus-Amöben,* z. B. die Gattung *Amoeba,* zeigen eine verzweigte, vielfältige Gestalt (Abb.), während die kleinen *Limax-Amöben* mehr abgerundet sind. Die *Erdamöben* besitzen dagegen eine feste, lederartige Pellikula. Viele A. zeigen eine deutliche Trennung von Ekto- und Endoplasma. Bewegung und Nahrungsaufnahme erfolgen durch Pseudopodien. Die A. kommen im Bodenschlamm des Süßwassers und des Meeres, in Kot, feuchter Erde, Moosrasen, ferner im Darm von Wirbeltieren und Wirbellosen, z. T. auch in anderen Körperhohlräumen vor.

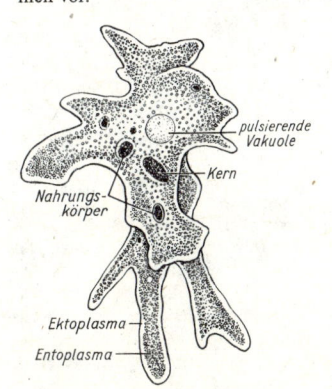

Amoeba proteus
— Nahrungskörper
— pulsierende Vakuole
— Kern
— Ektoplasma
— Entoplasma

amöboide Bewegungen, → Kriechbewegungen.
Amöbozygoten, → Schleimpilze.
Amöbozyten, → Hämozyten.
Amoeba, Gattung großer im Schlamm stehender Gewässer und des Meeres lebender Amöben, am bekanntesten ist *A. proteus.*
amorph, gestaltlos, Bezeichnung für durch Mutation entstehende Allele, die offenbar keinen Einfluß auf die vom Normalallel kontrollierten Merkmale ausüben; → antimorph, → hypermorph, → neomorph.
AMP, Abk. für Adenosin-5′-monophosphat.
Ampfer, → Knöterichgewächse.
Amphetamin, *Benzedrin*®, ein den Kreislauf und die Atmung anregendes Weckamin, das wegen seiner euphorisierenden Wirkung zu den Rauschgiften zählt.

$$\text{C}_6\text{H}_5-\text{CH}_2-\underset{\underset{\text{NH}_2}{|}}{\text{CH}}-\text{CH}_3$$

Amphiastral-Typ, → Spindelapparat.
Amphibien, svw. Lurche.
amphibische Pflanzen, als »Wasserform« im Wasser und mit einem Teil ihrer Sprosse als »Landform« über dem Wasser lebende Pflanzen, z. B. der Wasserknöterich (*Polygonum amphibium*). A. P. nehmen eine Mittelstellung zwischen Schwimmpflanzen und Sumpfpflanzen ein.
Amphiblastula, Larve der → Schwämme.
Amphibolismus, → Assimilation.
Amphidiploidie, Erscheinung, daß ein Artbastard in seinen somatischen Zellen die diploiden Chromosomenbestände beider Elternformen besitzt, d. h. allotetraploid ist (→ Polyploidie). Amphidiploide Formen bilden in der Meiose ausschließlich Bivalente und haben einen vollkommen normalen Meioseverlauf.
Amphidiscophorida, → Glasschwämme.
Amphigonie, → Fortpflanzung.
Amphimixis, → Befruchtung.
Amphineura, → Stachel-Weichtiere.
Amphioxus, → Lanzettfischchen.
amphiphotoperiodische Pflanzen, → Blütenbildung.
Amphiploidie, Begriff zur Kennzeichnung aller Polyploidietypen, die nach Kreuzung zwischen zwei oder mehr diploiden Arten entstehen, → Polyploidie.
Amphipoda, → Flohkrebse.
Amphisbaenia, → Doppelschleichen.
amphistomatisch, → Blatt.
Amphitokie, → Parthenogenese.
amphitrich, → Bakteriengeißeln.
amphizöle Wirbel, → Achsenskelett.
Amsel, → Drosseln.
Amygdalin, ein Glykosid, das in bitteren Mandeln und anderen Steinobstkernen vorkommt und deren Geschmack und Giftigkeit verursacht. Durch das Enzym Emulsin wird A. in Benzaldehyd, Blausäure und Glukose gespalten.

$$\text{C}_6\text{H}_5-\underset{\underset{\text{CN}}{|}}{\text{CH}}-\text{O}-\text{Gentiobiose}$$

Amylasen, *Diastasen,* zu den Glykosidasen zählende Enzyme, die Oligosaccharide und vor allem Polysaccharide, z. B. Stärke, Glykogen und Dextrine, hydrolytisch spalten. Man unterscheidet α-, β- und γ-Amylase. Die *α-Amylase* ist eine Endoamylase und baut Stärke über Dextrine zu Maltose ab. Sie findet sich im Speichel und Pankreas und stellt ein wichtiges Verdauungsenzym dar. Die *β-Amylase* wirkt als Exoamylase; sie greift vom Ende der Polysaccharidkette her an und spaltet jeweils Maltoseeinheiten ab. Sie findet sich nur in Pflanzensamen und stellt ein pflanzliches

Amylopektin

Enzym dar. Die in Leber und Darm vorkommende γ-*Amylase* spaltet von Stärke Glukoseeinheiten ab und kann 1 → 4- und 1 → 6-Bindungen hydrolysieren, so daß ein vollständiger Abbau von Stärke und Glykogen ermöglicht ist.

Die biologische Bedeutung der A. liegt beim Tier im Abbau von Kohlenhydraten der Nahrung und bei der Pflanze im Abbau der Speicherkohlenhydrate.

Amylopektin, gemeinsam mit Amylose Bestandteil der → Stärke. A. ist ein verzweigt gebautes, wasserunlösliches Polysaccharid und enthält einen α-1,4-glykosidisch aus D-Glukose aufgebauten Hauptstrang, der nach 8 bis 9 Glukoseeinheiten α-1,6-glykosidisch angeheftete Seitenketten trägt, die aus 15 bis 25 D-Glukosebausteinen bestehen. A. gibt mit Jod violett bis rotviolett gefärbte Einschlußverbindungen. In Wasser quillt A. auf, beim Erwärmen bildet sich ein Kleister.

β-Amylase baut A. bis zu den Grenzdextrinen ab, während der Abbau durch α-Amylase zu etwa 70 % Maltose, 10 % Isomaltose und 20 % Glukose führt. Hydrolyse mit verdünnten Säuren ergibt D-Glukose.

Amyloplasten, → Plastiden.

Amylose, gemeinsam mit Amylopektin Bestandteil der → Stärke. A. ist ein unverzweigtes wasserlösliches Polysaccharid, das α-1,4-glykosidisch aus 100 bis 300 D-Glukopyranosidresten aufgebaut ist. Das der A. zugrunde liegende Disaccharid ist die Maltose. Durch Wasserstoffbrücken ist die Polysaccharidkette der A. schraubenförmig angeordnet, wobei 6 Monosaccharideinheiten je Schraubenwindung enthalten sind. Durch diese Anordnung unterscheidet sich A. von der Zellulose. A. bildet mit Jod blaugefärbte Einschlußverbindungen. Beim Abbau durch α-Amylase entstehen etwa 90 % Maltose und 10 % D-Glukose. Schonender Abbau führt zu den Dextrinen.

Amyrin, pentazyklischer Alkohol aus der Gruppe der Triterpene, der in Balsamen und Milchsäften enthalten ist, z. B. im Milchsaft des Löwenzahns, *Taraxacum officinale*.

Anabaena, → Hormogonales, → Oscillatoriales.

Anabantoidei, → Kletterfischverwandte.

Anabasin, ein in der mittelasiatischen Pflanze *Anabis aphylla* vorkommendes Alkaloid. A. tritt auch als Nebenalkaloid in *Nicotiana*-Arten auf.

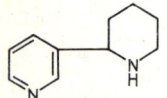

Anabiose, → Ruheperioden.

Anaboli, → biometabolische Modi.

Anabolie, nach A. N. Sewertzoff (1931) die Abänderungen während der späten ontogenetischen Entwicklung, im Gegensatz zu solchen Abweichungen, die bereits in frühen (Archallaxis) oder in mittleren Stadien (Deviation) wirksam werden. Die A. stellt den phylogenetisch bedeutsamsten und am häufigsten verwirklichten Entwicklungsmodus dar. So gleichen Schollen (*Pleuronectes*) unmittelbar nach dem Schlüpfen anderen Jungfischen; die typischen Eigenarten der Plattfische (Augen auf einer Körperseite liegend und die Rückenflosse bis zum Kopf verlängert) bilden sich erst später heraus. → biometabolische Modi.

Anabolismus, → Assimilation, → Baustoffwechsel, → Stoffwechsel.

Anacardiaceae, → Sumachgewächse.

Anacystis, → Chroococcales.

Anadonta, → Teichmuschel.

Anaerobier, bei Abwesenheit von Sauerstoff lebensfähige Mikroorganismen, vor allem Bakterien. Die *obligaten A.* entwickeln sich nur, wenn kein Sauerstoff vorhanden ist. Sie sind zur → Gärung oder zur anaeroben Atmung, z. B. → Nitratatmung oder → Desulfurikation, befähigt. Die *fakultativen A.* können auch in Gegenwart von Sauerstoff leben. Sie behalten dabei entweder den anaeroben Stoffwechsel bei, oder ihr Stoffwechsel schaltet sich auf die Atmung um. Obligat anaerob ist z. B. das Tetanusbakterium, fakultativ anaerob das Kolibakterium.

Für die Haltung und Vermehrung der A. im Labor gibt es zahlreiche Methoden: 1) **Mechanischer Sauerstoffentzug.** Durch Einimpfen in den unteren Teil einer hohen Nährbodenschicht erhalten die A. anaerobe Verhältnisse und können sich dort vermehren. Außerdem werden A. durch Abpumpen der Luft aus dem Kulturgefäß, z. B. im Mikroanaerostaten, kultiviert. 2) **Chemischer Sauerstoffentzug,** z. B. durch Pyrogallol oder durch katalytische Oxidation von Wasserstoff. 3) **Biologischer Sauerstoffentzug** (Fortner-Verfahren). Ein aerobes, Sauerstoff verbrauchendes Bakterium, meist *Serratia marcescens,* wird neben die A. auf einen Nährboden aufgeimpft. In dem luftdicht verschlossenen Kulturgefäß entwickelt sich zunächst das aerobe Bakterium und verbraucht dabei den Sauerstoff. Danach kann sich der A. vermehren. 4) Viele A. können auf oder in einem Nährmedium mit geringem Redoxpotential wachsen. Zusätze z. B. von Natriumthioglykolat, Zystein oder auch von Hirn- oder Leberstückchen (Tarozzi-Bouillon) senken das Redoxpotential. Gegensatz: → Aerobier.

Anaethalion, → Leptolepis.

Anagenese, von B. Rensch (1947) geprägter Ausdruck für → Höherentwicklung.

Anakonda, *Eunectès murinus*, in den feuchten tropischen Urwaldgebieten des Amazonas- und Orinokobeckens in Südamerika beheimatete → Riesenschlange mit runden schwarzen Flecken auf gelbbraunem Grund; mit bis 11 m Länge das größte heute noch auf der Erde lebende Schuppenkriechtier. Doch werden derzeit kaum noch 7 m große Exemplare angetroffen. Die A. ist eine Wasserschlange, die sich fast ausschließlich in den Flüssen und Sümpfen aufhält und sich auf Sandbänken und Ästen sonnt. Sie frißt Säugetiere und Vögel, die zum Trinken ans Wasser kommen, sowie Fische. Das Weibchen bringt bis 50, bei der Geburt etwa 70 cm große Junge zur Welt. Tafel 5.

Analgetika, → Schmerzsinn.

analoge Organe, → Analogie.

Analogie, *Anpassungsähnlichkeit;* von R. Owen (1848) geprägter Begriff; er bezeichnet die strukturelle Ähnlichkeit von Organen auf Grund gleicher Funktion oder gleicher Lebensweise, die sich unabhängig von stammesgeschichtlicher Verwandtschaft herausbildet. Von A. kann nur dann gesprochen werden, wenn → Homologie sicher auszuschließen ist. Analoge Organe sind z. B. die Flügel der Insekten und die Flügel der Wirbeltiere.

anamnestische Reaktion, eine starke Immunreaktion als Folge eines wiederholten Antigenkontakts. Die beim ersten Antigenkontakt ausgelöste primäre Immunantwort ist meist relativ schwach. Sie führt aber zu einer spezifischen Umstimmung im Organismus, der danach bei jeder weiteren Berührung mit dem entsprechenden Antigen verstärkt reagiert.

Ananasgewächse, svw. Bromeliengewächse.

Anaphase, → Mitose, → Meiose.

Anaphylaxie, eine Form allergischer Reaktionen, die durch anaphylaktische Antikörper hervorgerufen wird. Der Begriff A. ist als Gegensatz zur Prophylaxe gebildet worden und weist damit auf die ungünstige Wirkung der anaphylaktischen Antikörper im Gegensatz zu den schützenden Antikörpern, auf denen die Immunität beruht, hin. Die schwerste Form der A. ist der anaphylaktische Schock, der zum Tode führen kann.

Anaplasie, *Organumbildung,* Abweichung von der normalen Form der Organe. Sie kann auch zur Veränderung in deren Funktion führen.

Anaptychus [griech. anaptychon ›entfaltet‹, ›ausgebreitet‹], einteilige, radial oder konzentrisch berippte hornige Deckel bei paläozoischen Ammoniten, → Aptychien.

Anaspidacea, eine Ordnung der Krebse (Unterklasse *Malacostraca*). Ihr Körper hat die Gestalt einer Garnele, es fehlt ihm aber stets ein Carapax. Es sind bisher nur fünf Arten bekannt, die alle im Süßwasser leben (Australien, Tasmanien). Die Nahrung besteht in der Hauptsache aus Detritus und kleinsten Lebewesen.

Anaspidea, → Hinterkiemer.

Anastomose, *1)* die Verbindung zwischen Blut-Lymphgefäßen, Nerven oder Muskelfasern. *2)* bei Pilzen die Verbindung zwischen zwei nebeneinanderliegenden Fäden (Hyphen) der gleichen Pilzart. Die A. kommt durch unmittelbare Verwachsung der Hyphen oder über die Ausbildung von Seitensprossen zustande. Durch die A. werden die Protoplasten beider Pilzzellen miteinander vereinigt, so daß auch Zellkerne in die jeweils andere Zelle übertreten können.

Anastral-Typ, → Spindelapparat.

Anatomie (Tafeln 8 und 9), die Lehre von der Zergliederung der Lebewesen sowie von der Lage und vom Bau ihrer Organe und Gewebe. Die A. ist ein Teilgebiet der Morphologie (Formlehre). – Neben der A. des menschlichen Körpers wird eine *Zootomie* (Tierzergliederung) und eine *Phytotomie* (Pflanzenzergliederung) unterschieden. Die A. gliedert sich in 1) *makroskopische A.,* die sich mit dem mit bloßem Auge sichtbaren Aufbau des Organismus befaßt; 2) *mikroskopische A.,* die die Untersuchung des Feinbaus der Gewebe zum Inhalt hat (Gewebelehre oder Histologie); 3) *beschreibende* oder *deskriptive A.* mit Knochen- (Osteologie), Bänder- (Syndesmologie), Muskel- (Myologie), Nerven- (Neurologie), Gefäß- (Angiologie) und Eingeweidelehre (Splanchnologie); 4) *topographische A.,* die sich mit den Lageverhältnissen der einzelnen Körperteile und Organe zueinander befaßt; 5) *vergleichende A.,* deren Inhalt in dem Vergleich der einzelnen Organe und Organsysteme der verschiedenen Organismenarten besteht. Im Gegensatz zur A. des gesunden Körpers befaßt sich 6) die *pathologische A.* mit den krankhaften Veränderungen der Körperorgane.

Lit.: R. Bertolini (Herausg.): Systematische A. des Menschen (2. Aufl. Berlin 1982); K. Esau: Pflanzenanatomie (Jena 1969); G. Geyer: Histologie und mikroskopische A. (16. Aufl. Leipzig 1982); T. Koch: Lehrb. der Veterinär-Anatomie, 3 Bde (3. Aufl. Jena 1976); G.-H. Schumacher: Topographische A. des Menschen (3. Aufl. Leipzig 1981); D. Starck: Vergleichende A. der Wirbeltiere, 3 Bde, (Berlin, Heidelberg, New York 1978–1982).

anatrop, → Blüte.

Ancylus, → Napfschnecke.

Androgamet, → Fortpflanzung.

Androgamone, → Gamone.

Androgene, männliche Keimdrüsenhormone mit Steroidstruktur. Sie leiten sich chemisch aus dem Stammkohlenwasserstoff Androstan ab und sind aus 19 C-Atomen aufgebaut. Von den über 30 natürlich vorkommenden A. sind vor allem → Testosteron, → Androstendion und → Androstenolon von physiologischer Bedeutung. Die A. werden in den Zwischenzellen des Hodengewebes sowie in der Nebennierenrinde produziert. Ihre Biosynthese erfolgt aus Cholesterin über Pregnenolon und Progesteron oder alternativ über Pregnenolon und dessen 17α-Hydroxyderivat. Im Blut werden die A. an Trägerproteine gebunden und transportiert. Ausscheidungsprodukte sind die im Harn auftretenden Steroide → Androsteron und 3α-Hydroxy-5β-androstan-17-on.

A. sind maskulinisierende Hormone und als solche für die Ausbildung und Entwicklung der sekundären männlichen Geschlechtsmerkmale und für die Prägung des »psychischen« männlichen Geschlechts verantwortlich. Außerdem sind sie an der Reifung der Spermien und der Tätigkeit der akzessorischen Drüsen des Genitaltrakts beteiligt und haben auch anabole Wirkung (Stimulation der Proteinsynthese). Die Androgenaktivität wird auf Androsteron bezogen, wobei eine Internationale Einheit (IE) 0,1 mg Androsteron entspricht.

androgene Drüse, eine bei den Männchen vieler Krebse auftretende innersekretorische Drüse, deren Hormon die Ausbildung und Funktion der primären und sekundären männlichen Geschlechtsmerkmale veranlaßt.

Androgenese, männliche → Parthenogenese. Nach der Befruchtung der Eizelle wird ihr Kern eliminiert, und das im Normalfall haploide Individuum, das als androgenetisch bezeichnet wird, entwickelt sich nur mit dem väterlichen Chromosomensatz. *Gegensatz:* → Gynogenese.

Androgynie, svw. Hermaphroditismus.

Andromerogon, → Merogonie.

Androstan, zu den Steroiden gehörender Stammkohlenwasserstoff, von dem sich die → Androgene ableiten. Man unterscheidet je nach Konfiguration am C-Atom 5 zwischen 5α-A. (früher Testan) und 5β-A. (früher Ätiocholan).

Androstendion, Androst-4-en-3,17-dion, ein zu den → Androgenen gehörendes Steroidhormon; F. 174 °C. A. findet sich im Hoden und in der Nebennierenrinde, liegt aber im Vergleich zu Testosteron in weitaus geringerer Menge vor. Es wird biosynthetisch aus Pregnenolon über Progesteron gebildet und stellt die unmittelbare Vorstufe für Testosteron dar. A. hat nur schwach androgene Wirkung.

Androstenolon, *Dehydroepiandrosteron,* Abk. *DHEA,* 3β-Hydroxy-androst-5-en-17-on, ein zu den → Androgenen gehörendes Steroidhormon, das wie Testosteron wirkt, jedoch von geringerer Wirksamkeit ist; F. 142 °C. A. wird biosynthetisch aus Pregnenolon über 17α-Hydroxypregnenolon gebildet und stellt eine Vorstufe für Testosteron dar. Es kommt in geringer Menge im Hoden und in der Nebennierenrinde vor.

Androsteron, 3α-Hydroxy-5β-androstan-17-on, ein zu den Androgenen gehörendes 17-Ketosteroid; F. 183 °C. A. ist ein wichtiges Abbauprodukt des androgenen Hormons

Testosteron und wird im Harn ausgeschieden. Es ist 7mal schwächer androgen wirksam als Testosteron, dient aber als internationale Bezugsgröße für die androgene Aktivität (eine IE entspricht 0,1 mg A.). A. wurde 1931 erstmals von Butenandt in reiner Form isoliert.

Andrözeum, → Blüte.
Anemochorie, → Samenverbreitung.
Anemogamie, → Bestäubung.
Anemonenfische, kleine Korallenbarsche der Gattungen *Amphiprion* und *Premnas*, die in enger Revierbindung an Seeanemonen oder Aktinien leben und in deren Tentakelkrone Schutz finden.
Anemonia, → Aktinien.
Anemophilie, → Bestäubung.
Anemotaxis, → Windfaktor.
Anethol, p-Methoxypropenylbenzen, wesentlicher Bestandteil und Aromastoff des Anis-, Sternanis- und Fenchelöls.

$$H_3CO-\!\!\!\!\bigcirc\!\!\!\!-CH=CH-CH_3$$

Aneuploidie, eine Form der → Heteroploidie, die dadurch gekennzeichnet ist, daß Einzelzellen, Gewebe oder ganze Individuen Chromosomenzahlen aufweisen, die von der Normalzahl um einzelne Chromosomen abweichen. Dabei ist es gleichgültig, ob Zahlenverminderungen oder Zahlenerhöhungen eingetreten sind. Zur Kennzeichnung des ersten Falles kann das Präfix »hypo-« (z. B. Hypodiploidie, Hypotriploidie), für den zweiten Fall das Präfix »hyper-« (z. B. Hyperdiploidie) verwendet werden. Bei diploidem Chromosomenbestand ($2n$) der Ausgangsform werden unter anderem folgende Aneuploidietypen (Anorthoploidietypen) unterschieden: a) Monosomie ($2n - 1$); b) Trisomie ($2n + 1$); c) Tetrasomie ($2n + 2$) und d) doppelte Trisomie ($2n + 1 + 1$). A. kann in diploiden und polyploiden Formen auftreten. Da die Chromosomenbestände diploider Individuen ausbalancierte Systeme darstellen, führt A. meist zu mehr oder weniger ausgeprägten Störungen der genetischen Balance und auf Grund der modifizierten meiotischen Paarungsverhältnisse der Chromosomen auch zu Meiose- und Fertilitätsstörungen. Die Balancestörungen sind weniger einschneidend, wenn die A. in polyploiden Formen eintritt. A. ist meist die Folge von Non-Disjunction.
Aneurin, svw. Vitamin B_1, → Vitamine.
Aneusomatie, die Erscheinung, daß innerhalb eines Individuums Zellen mit unterschiedlichen Chromosomenzahlen auftreten. → somatische Inkonstanz.
Anfälligkeit, *Krankheitsanfälligkeit*, das Gegenteil von → Resistenz. Sie kann horizontal (rassenunabhängig) oder vertikal (rassenspezifisch) sein.
Angara-Flora, → Paläophytikum.
angeborene Erfahrung, → Dauergedächtnis.
angeborener Auslösemechanismus, Abk. *AAM*, genetisch fixiertes Reaktionssystem, das erfahrungslos auf Signale, z. B. → Kennreize, anspricht, für die es in der Stammesgeschichte selektiert wurde. A. A. sind oft artspezifisch. → erworbener Auslösemechanismus.
angeborener gestaltbildender Mechanismus, *AGM*, hypothetisch angenommener Mechanismus der Informationsverarbeitung, der jeweils eine reizspezifische Zusammenfassung von Informationsdaten zu »Gestalten« ermöglicht und damit auch ihrer Erkennung (*Identifikation*) dient. Er wird als eine dem AAM vergleichbare Elementarfunktion angesehen, ist aber im Gegensatz zu jenem nicht an motorische Muster gekoppelt und auch durch seine Arbeitsweise unterschieden.
angeborene Zuwachsrate, → Populationswachstum.

Angelikasäure, eine ungesättigte Karbonsäure, die in veresterter Form in einer Reihe von Doldenblütlerfrüchten vorkommt. Die stereoisomere cis-Form ist die *Tiglinsäure*.

$$\begin{array}{c} H_3C-CH \\ \parallel \\ H_3C-C-COOH \end{array}$$

Angiokarp, *Kleistokarp, Kleistothezium*, der Fruchtkörper der Askomyzeten (Schlauchpilze), der keine besondere Öffnung besitzt und bis zum Zerbröckeln der Peridie geschlossen bleibt.
Angiospermae, → Decksamer.
Angiospermenzeit, svw. Känophytikum.
Anglerfische, *Antennariidae*, **Fühlerfische,** zu den Seeteufelartigen gehörende Grundfische mit plumpem Körper, sehr großem Maul und fühlerartiger beweglicher Futterattrappe am Kopf. Eine nahe verwandte Familie sind die *Lophiidae*. Von diesen wird im Bereich der europäischen Festlandsockel der bis 2 m lange *Seeteufel, Lophius piscatorius*, gefangen und als *Forellenstör* angeboten.
Anguillidae, → Aale.
Anguilliformes, → Aalartige.
Anhalin, svw. Hordenin.
Anholozyklie, unvollständige Generationenfolge bei Blattläusen, in der keine Sexuales auftreten und die Fortpflanzung ausschließlich parthenogenetisch erfolgt. Gegensatz zur A. ist die *Holozyklie*, die die Sexualgeneration einschließt.
Ani, Gattung *Crotophaga*, in Süd- und Mittelamerika heimische → Kuckucksvögel, die gesellig brüten.
animal protein factor, in tierischen Proteinen als Begleitstoff gefundenes Vitamin B_{12}, → Vitamine.
Anion, durch Aufnahme von Elektronen negativ geladenes Atom oder Molekül, → Ionen.
Anis, → Doldengewächse.
Anisogamie, → Fortpflanzung, → Befruchtung.
Anisogamontie, → Fortpflanzung.
anisognath, → Gebiß.
Anisomyarier, *Mesobranchier*, Ordnung der Muscheln, bei denen der vordere der zwei bei den meisten Muscheln vorhandenen Schließmuskeln der Schale reduziert oder nur noch rudimentär vorhanden ist. Bekannte Vertreter dieser Gruppe sind die Austern und die Miesmuscheln.
Anisophyllie, → Blatt.
Anisoptera, → Libellen.
anisotrop, nicht nach allen Richtungen hin gleichförmig; Gegensatz: → isotrop.
Ankömmlinge, → Adventivpflanze.
Anlaufphase, → Wachstumskurve.
Annelida, → Ringelwürmer.
Annidation, → Ludwig-Effekt.
annuelle Pflanzen, *monozyklisch-hapaxanthe Pflanzen, einjährige Pflanzen*, Pflanzen, deren Lebenszyklus von der Keimung bis zur Fruchtreife und zum Absterben sich innerhalb eines Jahres, im engeren Sinne innerhalb einer Vegetationsperiode vollzieht. Man unterscheidet zwischen *sommerannuellen Pflanzen*, die im Frühjahr keimen und im Sommer des gleichen Jahres blühen, fruchten und absterben (z. B. Sommergerste; das botanische Zeichen für diese Pflanzen ist ⊙) und *winterannuellen Pflanzen*, die im Herbst keimen und im nächsten Jahr blühen, fruchten und absterben (z. B. Wintergerste; das botanische Zeichen für diese Pflanzen ist ①).
annulierte Lamellen, *annulierte Membranen*, Porenkomplexe aufweisende Zisternen (membranbegrenzte flache Hohlräume), die im Zellkern und Zytoplasma mancher rasch wachsenden tierischen Zellen vorkommen (z. B. → Krebszellen, Eizellen). Die Porenkomplexe weisen die gleiche Struktur auf wie die der Kernhülle (→ Zellkern).

Die a. L. entwickeln sich vermutlich von ihr aus. Die Funktion der a. L. ist noch nicht bekannt.

Anoa, → Büffel.

Anolis, *Anolis,* artenreichste Gattung der → Leguane, die vom Süden der USA über ganz Mittelamerika und die Westindischen Inseln (Antillen) bis Paraguay verbreitet ist. A. sind meist kleine, 10 bis 20 cm lange, grüngefärbte Baum- oder bräunliche Rinden- und Bodenbewohner mit spitzem Kopf, Haftlamellen an den verbreiterten Zehen, die wie bei den → Geckos funktionieren, aufspreizbarem Kehlsack, der artcharakteristisch gefärbt und gezeichnet ist, und ausgeprägtem Farbwechselvermögen. Sie sind hauptsächlich Insektenfresser. Die (meist 2) Eier werden im Boden vergraben. Vor allem auf den Antillen sind die A. sowohl in Wäldern als auch in der Kulturlandschaft sehr zahlreich, sie sind dort die häufigsten Echsen, und die Zersplitterung auf viele Inseln schuf die Voraussetzung für eine große Formenfülle (allein auf Kuba gibt es mehr als 20 Arten). Die größte Art ist der bis 45 cm lange kubanische *Ritteranolis, Anolis equestris;* im äußersten Süden der USA häufig ist der *Rotkehlanolis, Anolis carolinensis.*

Anomura, → Zehnfüßer.

Anopla, → Schnurwürmer.

Anoplura, → Tierläuse.

Anormogenese, → Regulation.

Anostraca, → Kiemenfußkrebse.

Anpassung, *Adap(ta)tion,* aus der Wechselwirkung zwischen Organismus und Umwelt resultierende spezifische Merkmalsausprägung. Die selektive Wirkung der → Umweltfaktoren führt zu einer Auswahl der unter den jeweiligen Bedingungen erfolgreichsten Kombinationen des Erbgutes. Dabei ist jede Spezialisierung gleichzeitig ein Verlust an Plastizität, so daß evolutionär stabile Strategien möglich sind. Besondere Bedeutung hat die A. bei der Umstellung von Organismen auf veränderte Umweltbedingungen (→ Resistenz, → Virulenz).

Im Sinne der Schwarzschen Regel sind Arten eines Verwandtschaftskreises immer besser an die spezifischen Bedingungen adaptiert als die Rassen einer Art, da die Rassenbildung eine niedrigere evolutive Phase als die Artbildung ist. (→ Präadaptation, → Klimaregeln, → Evolution).

Anpassungsähnlichkeit, svw. Analogie.

Anregungszustand, → Photosynthese, Abschn. Lichtreaktion.

Ansauger, svw. Lepadogaster.

Anschovis, svw. Sardellen.

Anseriformes, → Gänsevögel.

Ansiedler, → Adventivpflanze.

Anspannungszeit, → Aktionsphasen des Herzens.

Anstiegszeit, → Muskelkontraktion.

Antagonismus, gegenseitige Hemmung, entgegengesetzte Wirkung, A. tritt bei zahlreichen Stoffwechsel-, Wachstums- und Entwicklungsprozessen in Erscheinung, z. B. als *Ionenantagonismus* im Mineralstoffwechsel der Pflanzen, als Wechselwirkung von Wuchs- und Hemmstoffen oder als entgegengesetzte Wirkung von Muskeln (Beuger und Strecker) oder Nervensträngen. Bei Pflanzenschutzmitteln können verschiedene Wirkstoffkomponenten antagonistisch wirken, so daß die gemeinsame Wirkung der Komponenten signifikant unter derjenigen der Einzelkomponenten liegt. Ökologisch versteht man unter A. die Störung oder Hemmung des Wachstums eines Organismenart durch eine andere durch Herbeiführung ungünstiger Lebensbedingungen, z. B. durch Erschöpfung der Nahrungsbestände, oder durch Produktion antibiotischer Substanzen. Die gegeneinander wirkenden Komponenten oder Organismen werden als *Antagonisten* bezeichnet.

Antarktis, *1)* geographische Bezeichnung für das Südpolargebiet, die den Südpol umgebende Landmasse und die benachbarten Meeresteile.

2) pflanzengeographische Bezeichnung für ein → Florenreich. Geographischer und pflanzengeographischer Begriff decken sich nicht. Zur A. als Florenreich gehören außer der geographischen A. auch der südlichste Teil Südamerikas und die südpazifischen und südatlantischen Inseln. In den südlichsten Teilen Südamerikas wachsen in der A. noch teils sommer-, teils wintergrüne, immerfeuchte, moos- und farnreiche Südbuchen-Wälder (*Notofagus*), die waldfreien, antarktischen Inseln beherbergen Polsterpflanzen (*Azorella*). In Randgebieten des eisbedeckten antarktischen Kontinents gedeihen zahlreiche Moose, Flechten und Landalgen, aber nur wenige Blütenpflanzen als Reste einer früher reicheren, zirkumpolaren Gefäßpflanzenflora und südliches Gegenstück zur → Holarktis.

antarktokarbonisches Florenreich, → Paläophytikum.

Antennariidae, → Anglerfische.

Antennata, → Tracheaten.

Antennen, svw. Fühler.

Antennendrüse, das an der Basis der zweiten Antennen gelegene paarige Exkretionsorgan vieler Krebse.

Antennula, *erste Antenne,* der obere bzw. vordere Fühler der Krebse. Die A. ist grundsätzlich einästig und nicht auf das Spaltbein zurückzuführen. Als *zweite Antenne* wird der hintere bzw. untere Fühler der Krebse bezeichnet, der meist als typisches Spaltbein ausgebildet ist.

Anthere, → Blüte.

Antheridium, → Fortpflanzung, Moospflanzen.

Anthesine, → Blütenbildung.

Anthomedusen, → Hydroida.

Anthomyiidae, → Blumenfliegen.

Anthophyta, → Samenpflanzen.

Anthozoen, svw. Korallentiere.

Anthozyane, *Anthozyanine,* eine Gruppe weit verbreiteter blauer, violetter und roter Pflanzenfarbstoffe, die ausschließlich als Glykoside an verschiedene Zucker gebunden vorkommen. Saure oder enzymatische Hydrolyse unter dem Einfluß von Glykosidasen führt zu Abspaltung der Zucker,

Flavyliumkation

wobei die Aglyka, die *Anthozyanidine,* entstehen. Grundkörper der A. ist das Flavyliumkation. Die Anthozyanidine unterscheiden sich in Zahl und Stellung der Hydroxylgruppen. Nach Art, Zahl und Stellung der Kohlenhydratreste sind mehr als 20 verschiedene Anthozyantypen bekannt; insgesamt wurden weit über 100 natürliche A. isoliert und strukturell aufgeklärt. A. zeigen amphoteres Verhalten. Die Farbe der A. hängt von der Wasserstoffionenkonzentration des Zellsaftes ab: Im sauren Bereich sind die A. rot, im alkalischen Bereich dagegen blau, im Übergangsbereich liegen violette Zwischentöne vor. Dieses Farbspiel wird bedingt durch eine Änderung der chemischen Struktur, den reversiblen Übergang eines Oxoniumsalzform in eine chinoide Form. Auch das Komplexbildungsvermögen der A. mit Metallen, z. B. Eisen, Magnesium und Aluminium, ist für die Blütenfärbung von großer Bedeutung. So ist die blaue Farbe z. B. der Kornblume nicht auf basisches Milieu im Zellsaft, sondern auf Komplexbildung zurückzuführen. Die A. sind in ihrer Struktur den Flavonen nahe verwandt. Die Anthozyanidine gehen durch Reduktion in die Katechine und durch Oxidation in die Flavonole über. Solche gegenseitigen Umwandlungen finden auch in der Pflanze statt. Die Biosynthese erfolgt aus Zimtsäurederivaten und

Anthozyanine

Azetat. Wichtige Anthozyanidine sind z. B. Zyanidin, Delphinidin und Pelargonidin. Native A. besitzen sehr hohe Molekülmassen (das Protozyanin der Kornblume z. B. etwa 20 000). Die A. sind meist an Polyuronide gebunden.

Um die Aufklärung der Konstitution der A. haben sich R. Willstätter, R. Robinson und P. Karrer verdient gemacht.

Anthozyanine, svw. Anthozyane.

Anthracosia, Gattung der Muscheln mit dünner, meist kleiner, länglich ovaler Schale. Die Oberfläche trägt feine, konzentrische Zuwachsstreifen. Eine dreieckige Schloßplatte trägt einen Haupt- und einen Seitenzahn.

Anthropobiologie, → Anthropologie.

Anthropochorie, → Samenverbreitung.

Anthropogenese, Menschwerdung, Abstammung und biologische Entwicklungsgeschichte des Menschen von den Anfängen der Hominiden bis zum *Homo sapiens sapiens.* Die A. ist ein historischer Prozeß, der weitestgehend durch eine indirekte Beweisführung nachvollzogen werden muß, weil die zu erforschenden Vorgänge weit zurück in der Vergangenheit liegen und deswegen weder direkt beobachtbar noch unmittelbar der experimentellen Behandlung zugänglich sind. Einzige direkte Zeugnisse der Entwicklung zum Menschen sind die Fossilfunde. Die aus ihnen gewonnenen Erkenntnisse werden durch vergleichbare Untersuchungen an rezenten Formen, besonders an Primaten, ergänzt. Das spezifische Problem der A. besteht darin, daß sie das Werden der komplizierten dialektischen Wechselwirkungen zwischen den körperlichen und den psychischen Komponenten des Menschen sowie das soziale Verhalten des Menschen in den Grundlagen mit zu erforschen hat (*Anthroposoziogenese*).

Für die Abstammung des Menschen aus dem Tierreich spricht eine Fülle von Fakten aus der Morphologie, Anatomie, Physiologie, Genetik, Serologie, Immunologie, Verhaltensforschung, Paläontologie u. a. Gebieten. In den frühen Phasen der Entwicklung des Menschen waren allein die gleichen Evolutionsfaktoren maßgebend wie im Pflanzen- und Tierreich. Von den durch richtungslose Mutationen und Rekombinationen hervorgerufenen Erbänderungen wurden die den Lebensumständen entgegenstehenden durch Selektion an der Weiterverbreitung gehindert oder zumindest gehemmt, während sich positive Varianten schneller ausbreiten konnten. Die Evolutionsgeschwindigkeit hing dabei von der Anzahl der auftretenden Mutationen und Rekombinationen, deren Auslesewert und der Größe der jeweiligen Fortpflanzungsgemeinschaft (Population) ab. In jüngeren Stadien der Menschheitsentwicklung wurde die natürliche Auslese durch soziale Faktoren eingeschränkt, indem die gegebenen Umweltverhältnisse der Ernährungs- und Lebensraumes durch den Menschen selbst verändert wurden und gesellschaftliche Wesenszüge des Menschen die biologische Evolution beeinflußt haben.

Die Abstammung des Menschen aus dem Tierreich ist heute unbestritten. Sie vollzog sich wie jeder historische Prozeß in den Kategorien Raum und Zeit. Hinsichtlich der geographischen Großgliederung der Erde können seit Ausgang des Tertiärs im wesentlichen die gegenwärtigen Ver-

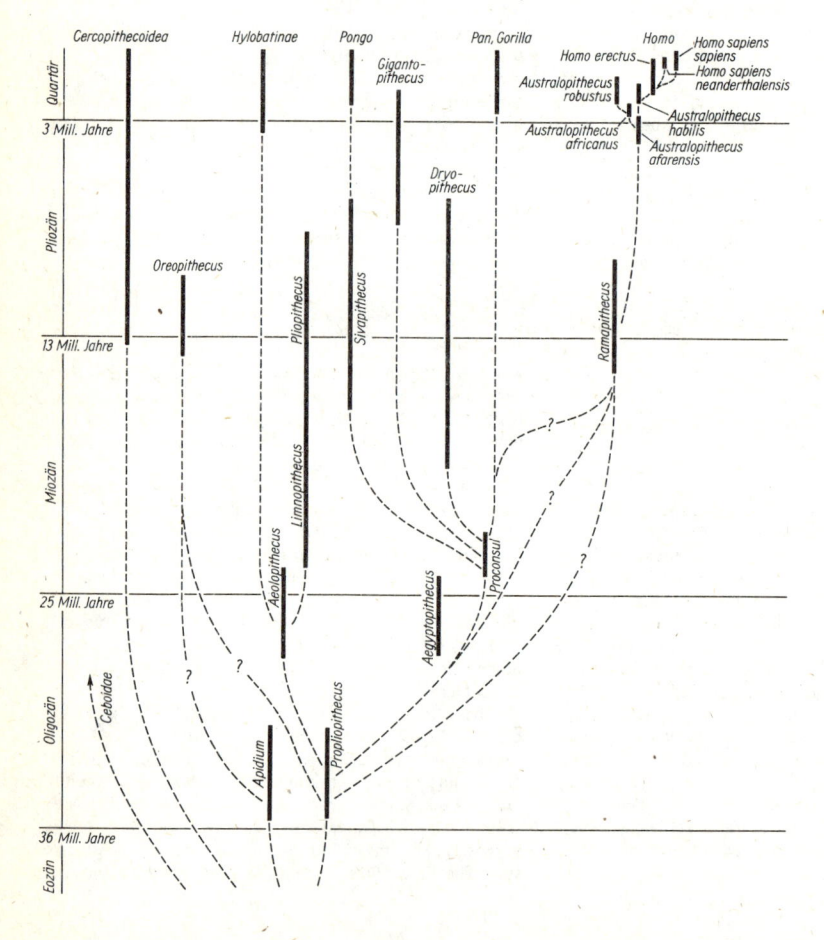

1 Entfaltungsschema der Hominoiden (in Anlehnung an Knußmann)

hältnisse zugrunde gelegt werden. Der früheren Vorstellung eines linearen Evolutionsganges steht heute die Erkenntnis gegenüber, daß auf unterschiedlichen Stadien der Entwicklung Radiationen stattgefunden haben müssen, die zu teilweise wieder ausgestorbenen Stammbaumzweigen geführt haben. Da der Mensch im zoologischen System zweifellos zur Unterordnung der Simier (Subordo – Simiae) gehört, können die Wurzeln seiner Stammeslinie nicht weiter zurückreichen als an die Basis dieser Gruppe. Weitgehende Übereinstimmung herrscht darüber, daß innerhalb der Primaten die Schmalnasenaffen (*Catarrhina*) den Ausgangspunkt der Menschheitsentwicklung darstellen. Wahrscheinlich bestand schon im Oligozän eine Trennung in eine hominoide und eine cercopithecoide Entwicklungsrichtung. Ein gemeinsamer Ahnenstamm aller Katarrhinen (Protokatarrhinen) läßt sich paläontologisch nicht eindeutig nachweisen. Sollte es keine Protokatarrhinen-Gruppe gegeben haben, müßten die drei rezenten Superfamilien der Simier (*Ceboidea, Cercopithecoidea, Hominoidea*) aus einer einzigen Radiation hervorgegangen sein. An der Basis der Katarrhinenentwicklung stehen verschiedene fossil belegte Formen, die zu einer komplexen Stadiengruppe, den *Parapithecoidea*, zusammengefaßt werden, welche als ausgestorbene Superfamilie der *Catarrhina* in das System eingeordnet werden kann. Die **Parapithezinen-Radiation** fand im unteren bis mittleren Oligozän statt. Innerhalb dieser Gruppe nimmt *Propliopithecus,* der aus der Oase Fayum in Ägypten durch Unterkieferfragmente belegt ist, eine besondere Stellung ein. Er gilt als ein generalisierter hominoider Vorfahre (Protohominoide), von dem nicht nur die Hylobatiden- und die Pongidenlinie, sondern eventuell auch die Hominidenlinie abgeleitet werden können. Der Zahnbogen ist V-förmig, der Eckzahn überragt die übrigen Zähne, die 2. Prämolaren sind zweihöckrig, und die Molaren zeigen das nur für die Superfamilie der *Hominoidea* typische → *Dryopithecus*-Muster.

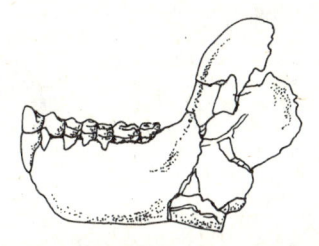

2 Unterkieferhälfte und Zahnreihe von *Propliopithecus haeckeli* (nach Kälin)

Aus dem Miozän und frühen Pliozän stammen Formen, die die Entwicklungsrichtung zu den Hylobatinen (Gibbons) erkennen lassen und als **Pliopithezinen** zusammengefaßt werden (*Pliopithecus, Epipliopithecus, Limnopithecus*). Von ihnen weist erstmalig *Limnopithecus* eine Armverlängerung und Olecranon-Verkürzung auf, was auf eine Anpassung an das Hangeln hindeutet, doch scheinen die Pliopithezinen im Pliozän ausgestorben zu sein. Als Brücke zwischen dieser Fundgruppe und den Protohominoiden wird der aus dem oberen Oligozän des Fayum/Ägypten stammende Unterkiefer von *Aelopithecus* angesehen. Ebenfalls aus dem oberen Oligozän von El Fayum stammen ein relativ gut erhaltener Schädel, Unterkieferbruchstücke und Reste des postkranialen Skeletts von *Aegyptopithecus,* der seinerseits eine Brücke zwischen den Protohominoiden und einer pongiden Stadiengruppe, den Dryopithezinen, darstellen könnte. *Aegyptopithecus* weist wie die Pliopithezinen große Augenhöhlen auf, besitzt aber im Gegensatz zu ihnen eine lange Schnauze mit kräftigem Eckzahn und einer Basalplatte am Unterkiefer, Merkmale, die bei den heutigen Großaffen zu beobachten sind.

Die **Dryopithezinen-Radiation** und mit ihr die frühe Pongidenevolution erstreckt sich in Ostafrika durch das ganze Miozän und seit 16 Millionen Jahren auch in Europa und Südasien bis in das ältere Pliozän. Zum *Dryopithecus*-Kreis werden zahlreiche Fossilien zusammengefaßt. Ihre systematische Gliederung wird von verschiedenen Autoren sehr unterschiedlich gehandhabt. Als Genera werden *Proconsul, Dryopithecus, Sivapithecus, Gigantopithecus* und *Ramapithecus* weitestgehend anerkannt. Die aus dem frühen Miozän Ostafrikas stammenden Proconsulfunde (*Proconsul africanus, Proconsul nyanzae, Proconsul major*) weisen ein Kombinat primitiver und echt pongider Merkmale auf.

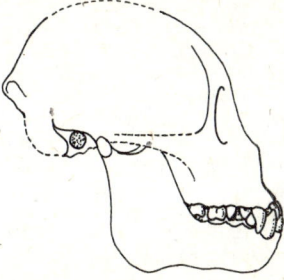

3 Schädelrekonstruktion von *Proconsul africanus* (nach Campell)

Starke Überaugenwülste fehlen noch, und das Gebiß weist einige Merkmale niedriger Katarrhinen auf, ist aber insgesamt weitgehend pongid (*Dryopithecus*-Muster, parallel verlaufende Reihen der Molaren), doch ist eine Basalplatte an der Unterkiefersymphyse nicht vorhanden. Die postkranialen Skelettreste zeigen einen grazilen Körperbau, wobei drei Größenvarianten auftraten, die der Größe von Zwergschimpanse, Schimpanse und Gorilla entsprachen. Eine ausgeprägte Anpassung an das Hangeln war noch nicht vorhanden, doch gibt es Hinweise auf den Beginn einer brachiatorischen Spezialisation. Spätere Dryopithezinen sind bereits in ponginenhafter Richtung spezialisiert. Der an der Basis des Dryopithezinen-Kreises stehende *Proconsul* könnte ein phylogenetisches Stadium darstellen, von dem aus nicht nur die Ponginenlinie, sondern auch die Hominidenentwicklung ausgegangen sein könnte. Die Formen der Gattung *Ramapithecus*, die nur durch Kieferfragmente fossil belegt ist (*Ramapithecus wickeri* aus Fort Ternan, Ostafrika,

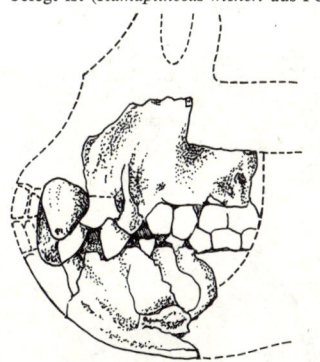

4 Rekonstruktion der Kieferregion von *Ramapithecus wickeri* (nach Walker und Andrews)

14 Millionen Jahre K/Ar-Datierung; *Ramapithecus punjabicus* aus den indisch-pakistanischen Siwalik-Hills, 8,5 bis 13 Millionen Jahre; außerdem umstrittene Funde aus der Türkei und Ungarn), werden von manchen Autoren als basale Hominiden angesehen und aus den Dryopithezinen

ausgegliedert. Die Annahme eines parabolischen Zahnbogens und das eventuelle Vorhandensein einer Wangengrube sind jedoch nicht unwidersprochen geblieben, da unterschiedliche Rekonstruktionen möglich sind. Nach dem gegenwärtigen Erkenntnisstand kann jedoch diskutiert werden, daß *Ramapithecus* als ein Dryopithezine aufzufassen ist, von dem die menschliche Stammeslinie ausgegangen sein könnte, ebenso wie dessen Abzweigung weiter zurückliegen könnte und *Ramapithecus* bereits ein Hominidenstadium erreicht hatte oder der Hominidenlinie nahestand.

Die diskutierbaren Theorien der Abzweigung der menschlichen Stammeslinie gehen alle von einem Pongidenstadium aus (→ Pongidentheorie), wobei die Annahme, daß der Mensch ein Hanglerstadium durchlaufen hat (→ Brachiatorentheorie), am wenigsten wahrscheinlich ist. Ebenso gibt es noch keine akzeptablen Anhaltspunkte dafür, daß eine Abzweigung der Hominidenlinie bereits im Eozän aus dem Tarsius-Formenkreis (*Tarsiustheorie*) erfolgt sein könnte.

Die ersten sicheren Hominiden sind durch die **Australopithezinen (Prähomininen, Vormenschen)** vertreten. Von ihnen liegen Fossilien von über 200 Individuen vor, wobei alle Skeletteile mehr oder weniger gut belegt sind. Kieferbruchstücke und Zähne kommen am häufigsten vor. Die Fundstücke stammen aus der Südafrikanischen Republik und aus Ostafrika. Ob das Unterkieferfragment von *Meganthropus palaeojavanicus* (Südostasien) einer robusten Australopithezinenform zugeordnet werden kann, ist umstritten.

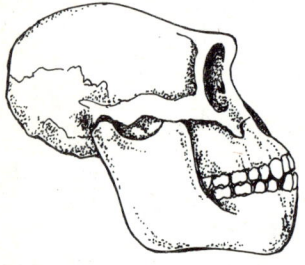

5 Rekonstruktion von *Australopithecus afarensis* (nach Matternes)

Datierungen weisen die Existenz von Australopithezinen vor 1 bis 4 Millionen Jahren nach. Morphologisch werden 4 Gruppen unterschieden, deren Auftreten auch eine gewisse zeitliche Abfolge erkennen läßt: *Australopithecus afarensis*; *Australopithecus africanus* (Australopithecus-Gruppe); *Australopithecus robustus* bzw. *Australopithecus boisei* (Paranthropus-Gruppe); *Australopithecus habilis* bzw. *Homo habilis*. Die morphologischen Unterschiede betreffen vor allem den Schädel. Das Gebiß und das postkraniale Skelett sind dem des *Homo sapiens* sehr ähnlich. Lediglich *Australopithecus robustus* und *Australopithecus boisei* weisen deutlichere Unterschiede in Gebiß- und Skelettmerkmalen sowohl gegenüber den anderen Australopithezinengruppen als auch gegenüber *Homo sapiens* auf. Diese großen und robusten Formen lassen vor allem auf Grund der Oberflächenvergrößerung der Molaren und Prämolaren auf Spezialanpassungen an ökologische Gegebenheiten (vorwiegend Pflanzenfresser) schließen. Bei allen Australopithezinen war der aufrechte Gang (Bipedie) bereits voll entwickelt.

Der Hirnschädel der Australopithezinen ist beträchtlich kleiner als der des heutigen Menschen, aber sagittal wesentlich stärker gewölbt als bei den Pongiden. Die Schädelkapazität der kleineren, grazileren Formen liegt zwischen 400 und 500 cm^3, die der größeren robusten Formen zwischen 500 und 600 cm^3, während sie bei *Australopithecus habilis* annähernd 600 bis 800 cm^3 beträgt. Damit übertrifft die Habilis-Gruppe alle Ponginenarten im Durchschnitt. Der Gesichtsschädel der Australopithezinen ist im Verhältnis zum Hirnschädel groß und springt weit nach vorn vor (Prognathie). Die Nasenregion ist relativ pongid, während der Stellung der Jochbeine in hominider Richtung weist. Sie sind frontal abgeflacht, laden seitlich weit aus und biegen scharf nach hinten um, und es ist eine flache Wangengrube vorhanden. Der Unterkiefer ist besonders bei der robusten Gruppe sehr kräftig und weist einen großen Unterkieferast auf, dagegen bei der Habilis-Gruppe relativ grazil mit niedrigem Unterkieferast und größerem Unterkieferwinkel. Der Zahnbogen ist wie beim Jetztmenschen paraboloid, und die Zahnreihen sind geschlossen. Auf Grund der in vieler Hinsicht hominideren skelettmorphologischen Merkmalskomplexe von *Australopithecus habilis* wird er von manchen Autoren als *Homo habilis* zu den Hominiden gestellt, was aber vorerst nicht voll gerechtfertigt ist. Eine Werkzeugherstellung ist für die Australopithezinen nicht eindeutig nachweisbar. Eine Werkzeugbenutzung und gemeinsames Jagen können angenommen werden.

Aus dem unteren und mittleren Pleistozän stammen Fossilfunde (älteste Datierung 1,9 Millionen Jahre, jüngste 200 000 bis 300 000 Jahre), die als **Archanthropinen (Urmenschen,** auch **Pithecanthropus-Gruppe)** bezeichnet und in der Art *Homo erectus* zusammengefaßt werden. Sie sind die ersten Vertreter der Unterfamilie der echten Menschen (*Homininae*). Die ältesten stammen aus Ostafrika (Olduvai Bed I und II) und aus Südostasien (Modjokerto und Sangiran – Djetisschichten) und belegen eine zeitliche Überschneidung mit den Australopithezinen. Aus Europa sind nur Funde aus dem oberen Mittelpleistozän bekannt. Es liegen Schädelfragmente von zahlreichen Individuen vor, aber nur wenige Reste des postkranialen Skeletts. Letztere sind mit denen des *Homo sapiens* weitgehend identisch. Progressive Merkmale gegenüber den Australopithezinen sind unter anderem die höhere Hirnschädelkapazität (750 bis 1200 cm^3), die Aufhebung der Dominanz des Gesichtsschädels über den Hirnschädel, die zentrale Lage des Hinterhauptsloches, die stärkere Schädelbasisknickung, hervorgehobene Nasenbeine und breite Nasenöffnung mit scharf begrenztem Unterrand. Dagegen ist die sagittale Wölbung des Schädels gegenüber *Homo sapiens sapiens*, aber auch gegenüber *Australopithecus habilis* geringer. Weitere Unterschiede gegenüber *Homo sapiens sapiens* bestehen in dem kräftigen Überaugenwulst, der Lage der größten Hirnschädelbreite unmittelbar über der Gehöröffnung (Zeltform der Hinterhauptansicht), einem medianen Sagittalwulst des Schädels, der abgewinkelten Hinterhauptsschuppe, dem Hinterhauptswulst, der sehr massigen Kieferpartie, dem Fehlen eines Kinnvorsprunges u. a. Hinsichtlich des gesamten Merkmalsspektrums besteht eine große Variationsbreite. Die weite zeitliche und räumliche Ausdehnung des Erectus-Kreises bringt es offenbar mit sich, daß unterschiedliche zeitliche Entwicklungsniveaus und regionale

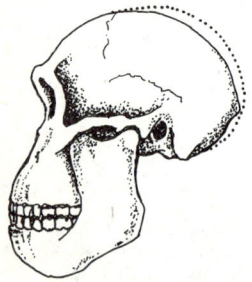

6 Schädelrekonstruktion von *Australopithecus africanus*. Zum Vergleich punktierter Hirnschädelumriß eines *Australopithecus habilis*

Differenzierungstrends zu erkennen sind. Dementsprechend werden mehr oder weniger berechtigt *Homo erectus modjokertensis, H. erectus erectus, H. erectus soloensis, H. erectus pekinensis, H. erectus lantianensis, H. erectus leakeyi, H. erectus mauritanicus, H. erectus heidelbergensis, H. erectus bilzingslebenensis* als Unterarten (Subspezies) definiert. Außerdem befinden sich vor allem unter den jünger datierten Funden einige, die als eigenständige Weiterentwicklung der *Homo erectus*-Linien aufgefaßt werden können und solche, die als Übergangsformen von *Homo erectus* zu *Homo sapiens* angesehen werden.

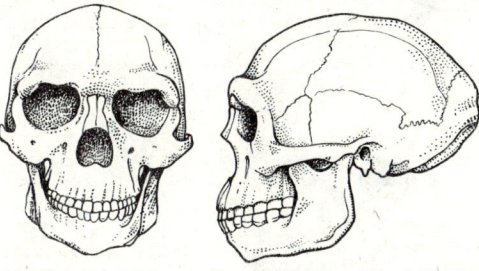

7 Schädelrekonstruktion von *Homo erectus pekinensis* (nach Weidenreich)

Auf den europäischen, afrikanischen und chinesischen Fundplätzen wurden in eindeutigem Zusammenhang mit *Homo erectus* einfache Steingeräte (chopper und chopping tools), aber auch Faustkeile, Klingen und Schaber (Acheuléen, Levalosien, mikrolithisches Clactonien) gefunden, die bereits mit feineren Retuschen (Nacharbeitungen) in eine höhere archäologische Kulturstufe gehören. Die Jagd auf große Säugetiere ist nachgewiesen, deren Knochen wurden zu vielfältigen Geräten verarbeitet. Auf die Benutzung des Feuers kann geschlossen werden. Über den Beginn einer sprachlichen Verständigung bestehen sehr unterschiedliche Auffassungen (*Ramapithecus* bis *Homo sapiens*). Die nach Schädelausgüssen zu beurteilenden typisch menschlichen Proportionen des Gehirns und die sich archäologisch dokumentierende menschliche Sozialstruktur bei *Homo erectus* machen eine sprachliche Verständigung bei den Archanthropinen mehr als wahrscheinlich.

Gegen Ende der Subspezies-Radiation von *Homo erectus* treten in Europa, Nordafrika und Vorderasien Formen auf, die dem **Jetztmenschen (Neanthropinen)** im Schädelbau zwar noch nicht völlig entsprechen, aber doch schon sehr nahe kommen. Die Stirn ist verhältnismäßig steil, das Hinterhaupt gut ausgerundet und seine Basis verläuft fast waagerecht. Die Hinterhauptsansicht ist mit steilen Seitenkonturen hausförmig (Schädelkapazität 1200 bis 1450 cm^3). Die frühen Vertreter dieser als *Homo sapiens präsapiens* bezeichneten Gruppe weisen noch einen relativ starken Überaugenwulst auf, doch sind die Augenhöhlen rechteckig, eine flache Wangengrube ist vorhanden, und die Prognathie der Kiefer ist nur schwach ausgeprägt. Funde, die von den meisten Autoren zu diesem Formenkreis zugehörig betrachtet werden und die sich morphologisch auch von *Homo erectus* abgrenzen lassen, stammen von Steinheim bei Stuttgart, Swanscombe in der Nähe von London (Datierungen 200000 bis 300000 Jahre) und – die vielleicht etwas jüngeren Funde – von Arago, Montmaurin und Nizza in Südfrankreich. Die Entwicklung von *Homo sapiens* dürfte sich ausgehend von einem bestimmten Evolutionsniveau aus *Homo erectus*-Populationen vollzogen haben, während örtlich die Entwicklung des *Homo erectus* in isolierten Seitenzweigen weiterhin fortbestanden hat. Eine völlige genetische Isolierung der verschiedenen Entwicklungslinien braucht aber nicht angenommen werden.

Von den frühen Sapiensformen aus hat sich die Entwicklung wahrscheinlich in zwei Linien aufgespalten. Die eine führte zum *Homo sapiens sapiens* und die andere über den Präneandertaler zu den klassischen Neandertalern, dem *Homo sapiens neanderthalensis* **(Paläanthropinen, Altmenschen)**. Zu dem morphologisch und zeitlich von den späteren Neandertalern abgrenzbaren *Homo sapiens präneanderthalensis* (Datierungen 100000 bis 70000 Jahre) gehören die Funde von Weimar/Ehringsdorf, Gánovce (ČSSR), Saccopastore (Italien) und Krapina (Jugoslawien).

Die *Neandertaler* im engeren Sinne – namengebend ist der Fund aus dem Neandertal bei Düsseldorf – stammen aus der ersten Hälfte der Würmeiszeit (Oberpleistozän, vor 70000 bis 35000 Jahren). Von ihnen sind Schädel und Reste von fast allen Skeletteilen überliefert. Sie waren besonders in West-, Mittel- und Südeuropa verbreitet, während die »östlichen Neandertaler« (Südosteuropa, Vorderer Orient) die charakteristischen Merkmale in abgeschwächter

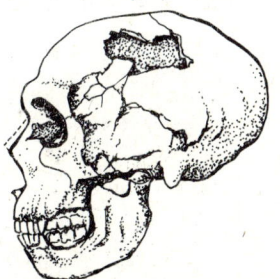

9 Schädel eines *Homo sapiens neanderthalensis* von La Chapelle aux Saints (nach Boule)

Form aufweisen. Für den Schädel der klassischen Neandertaler ist unter anderem seine absolute Größe (Schädelkapazität 1350 bis 1750 cm^3, Durchschnitt etwa 1550 cm^3) kennzeichnend. Der Schädel ist lang, relativ niedrig, das Hinterhaupt ist abgerundet mit gewölbten Seitenwänden (Hinterhauptsansicht queroval), die Stirn ist fliehend, der Überaugenwulst stark entwickelt. Der Gesichtsschädel dominiert gegenüber dem Hirnschädel, die Augenhöhlen sind hoch und rund, bei relativ geringer Prognathie sind keine

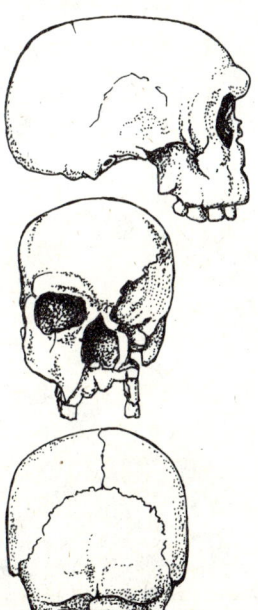

8 Schädel des *Homo sapiens präsapiens* von Steinheim

Anthropogenese

Wangengruben vorhanden, ein leichter Kinnansatz kann nur selten beobachtet werden. Das Merkmalskombinat ähnelt in vieler Beziehung dem des *Homo erectus*, doch sind die Schädelknochen weniger dick. Der Neandertaler hatte bereits eine hohe Kulturstufe erreicht. Neben hochdifferenzierter Geräteherstellung sind auch Bestattungen und Tieropfer nachgewiesen.

Offenbar verlief die Entwicklung zum klassischen Neandertaler nicht völlig isoliert von der zu *Homo sapiens sapiens* verlaufenden Entwicklungslinie. Vor allem weisen Funde aus Israel, dem Irak und Jugoslawien in körperlicher und kultureller Hinsicht Merkmalskombinationen auf, die auf Übergangsformen oder zumindest auf ein Nebeneinander beider evolutiver Richtungen hindeuten.

Nach der gegenwärtigen Fundsituation tritt von etwa der Mitte der Würmvereisung an (vor etwa 35 bis 40000 Jahren) der *Homo sapiens sapiens* in seiner für den heutigen Menschen charakteristischen Gestalt in Erscheinung, während der Neandertaler nicht mehr nachweisbar ist. Der würmeiszeitliche *Homo sapiens sapiens* weist eine große Formenvielfalt auf, die sich in einer fast stufenlosen Variationsreihe von einem robusten hochwüchsigen, breit- und relativ niedriggesichtigen **Crô-Magnon-Typus** bis zu einem weniger robusten, mittelgroßen, schmal- und hochgesichtigen **Combe-Capelle-Typus** erstreckt. In kultureller Hinsicht ist gegenüber den frühen Perioden eine deutlich höher entwickelte Produktion von vielfältigen Stein-, Knochen- und

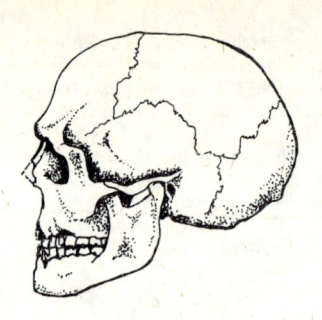

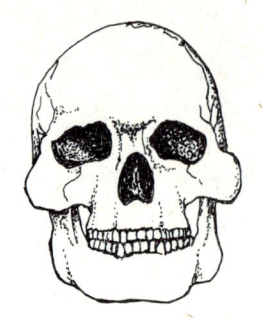

10 Schädel eines würmeiszeitlichen *Homo sapiens sapiens* vom Crô-Magnon-Typus (nach Grahmann)

System der Primaten.
Die nichtkatarrhinen Formen sind nur bis zum Niveau der Superfamilie aufgeführt. + ausgestorbene Gruppen

Ordo	Subordo	Infraordo	Superfamilia	Familia	Subfamilia	rezente Genera
Primates (Herrentiere)	Prosimiae (Halbaffen)	Tupaiiformes	Tupaioidea			
		Lemuriformes	Lemuroidea			
			Lorisoidea			
		Tarsiiformes	Omomyoidea +			
			Tarsioidea			
	Simiae (Affen)	Platyrrhina (Breitnasenaffen)	Ceboidea			
		Catarrhina	Parapithecoidea +			
			Cercopithecoidea	Cercopithecidae	Cercopithecinae	z. B. Cercopithecus Macaca Papio
				Colobidae	Colobinae	z. B. Presbytis Nasalis Colobus
			Hominoidea	Hylobatidae	Pliopithecinae +	
					Hylobatinae	Hylobates Symphalangus
				Pongidae	Dryopithecinae +	
					Ponginae	Pongo Pan Gorilla
				Oreopithecidae +		
				Hominidae	(?) Ramapithecinae	
					Australopithecinae +	
					Homininae	Homo

Horngeräten kennzeichnend, wie Kunstwerke, Schmuck und Bestattungsriten auf differenzierte kultisch-religiöse Vorstellungen dieser jungpaläolithischen Menschen schließen lassen. Entsprechende Funde liegen nicht nur aus Europa, sondern auch aus Asien, Afrika und Australien vor. Nach archäologischen Befunden erfolgte die Erstbesiedlung Amerikas vor etwa 20 000 Jahren durch den *Homo sapiens sapiens*.

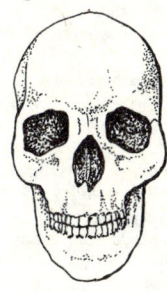

11 Schädel eines würmeiszeitlichen *Homo sapiens sapiens* vom Combe-Capelle-Typus

Allgemein muß davon ausgegangen werden, daß die Hominiden auf jedem Zeithorizont eine beträchtliche Variabilität aufwiesen und daß hiervon durch Fossilfunde nur wenige Stichproben überliefert wurden, von denen es fraglich ist, inwieweit sie für die jeweiligen Populationen wirklich kennzeichnend sind. Hierzu kommt, daß sich der Artbegriff auf eine fortpflanzungsmäßig isolierte Population bezieht, Fossilfunde aber keine direkte Aussage über genetisch wirksame Fortpflanzungsschranken zulassen und deswegen taxonomische Gruppierungen nur aus morphologischen Unterschieden und zeitlichen und geographischen Gegebenheiten sowie aus dem Vorkommen intermediärer Populationen abgeleitet werden können. Hieraus erklärt sich, daß es unterschiedliche Möglichkeiten der Beschreibung des Verlaufs der Entwicklung zum heutigen Menschen gibt und daß es weiterer Fakten bedarf, um ein eindeutiges Bild von der Hominiden-Evolution zu gewinnen.

Anthropogenetik, svw. Humangenetik.

Anthropogenie, die Lehre von der Abstammung und Entwicklung des Menschen. → Anthropogenese, → Paläanthropologie.

Anthropogeographie, Zweig der Biogeographie, der sich mit der geographischen Verbreitung des Menschen bzw. der Menschenrassen befaßt. Die A. untersucht die wechselseitigen Beziehungen zwischen dem Menschen und seinem Wohngebiet und umfaßt unter anderem die ökonomische, politische, Siedlungs-, Verkehrs- und Kulturgeographie sowie die regionale Anthropologie.

Anthropoidea, → Affen.

Anthropologie, die Wissenschaft vom Menschen, deren Aufgabe es ist, alle ausgestorbenen und gegenwärtigen Formen des Menschen zu unterscheiden, zu charakterisieren, ihre zeitliche und geographische Verbreitung und ihre voraussichtliche künftige Entwicklung zu untersuchen. Die A. hat die genetischen Beziehungen des Menschen zu nahestehenden Tierformen zu klären, den Prozeß der Menschwerdung zu rekonstruieren und schließlich die Erbstruktur des Menschen und den Einfluß der verschiedenen Umweltbedingungen zu erforschen, um Einblick in die Ursachen zu gewinnen, die zu den verschiedenen Form- und Funktionsausprägungen des Menschen in Raum und Zeit geführt haben. Dabei bedient sich die A. in erster Linie naturwissenschaftlicher Methoden und ist im Grunde eine Biologie des Menschen (*Anthropobiologie*). Die besondere psychische und soziale Struktur des Menschen erfordert jedoch, daß zur Klärung vieler Probleme auch gesellschaftswissenschaftliche Fragen einbezogen werden.

Die A. dient vielen Wissenschaftszweigen (z. B. Psychologie, Sozialhygiene, Völkerkunde, Vorgeschichte, Geographie, Zoologie) als Hilfswissenschaft und hat praktische Bedeutung vor allem für die Medizin (unter anderem Humangenetik, Konstitution der Lebensalter und Geschlechter), Pädagogik (Zusammenhang zwischen körperlicher und psychischer Entwicklung), Rechtswissenschaft (Identifizierung unbekannter toter und lebender Menschen, Vaterschaftsfeststellung, → gerichtliche Anthropologie) und für die Industrie.

Die speziellen Arbeitsgebiete der A. gliedern sich in 1) *Anthropomorphologie* und → Anthropometrie, welche die Grundlagen für die vergleichende Gestaltlehre der Hominiden darstellen; 2) *Anthropogenie* und → Paläanthropologie, die die Abstammungsgeschichte und die Biologie des fossilen und subfossilen Menschen zum Inhalt haben; 3) → Rassenkunde des Menschen und *regionale A.*, die sich mit der Systematik, Geschichte, Morphologie und Physiologie der Menschenrassen und anderer regionaler Gruppierungen befassen; 4) → Humangenetik, die Erbstruktur, Erbverhalten sowie Variations- und Auslesefaktoren untersucht und sich mit populationsgenetischen Fragestellungen beim Menschen beschäftigt; 5) *Anthropophysiologie*, die die Variabilität physiologischer Prozesse und Funktionen bei den verschiedenartigen Menschengruppen analysiert; 6) *Anthropopsychologie*, welche sich mit den unterschiedlichen psychischen Verhaltensweisen der verschiedenartigen Menschengruppen befaßt; 7) → Sozialanthropologie und → *Bevölkerungskunde*, die die Wechselbeziehungen zwischen anthropologischen und sozialen Faktoren untersuchen; 8) *Industrieanthropologie*, welche die Aufgabe hat, Daten für die optimale Anpassung der Industriegüter und Produktionsmittel an den Menschen zur Verfügung zu stellen, d. h., der Industrie für die Serienfertigung von Bekleidung, Schuhwerk, Möbeln, insbesondere Schulmöbeln, Fahrzeugen, Maschinen, Werkzeugen und anderen Gebrauchsgegenständen des täglichen Bedarfs Aufschluß über die Körpermaße des Menschen und deren Verteilung unter der Bevölkerung, getrennt nach Geschlecht und Altersstufen, zu geben.

Methoden der A. Da viele morphologische Einzelheiten den direkten Messungen nur schwer zugänglich sind, kommt neben der Anthropometrie als grundlegender Untersuchungsmethode der *deskriptiven Morphologie* oder *Somatoskopie* große Bedeutung zu. Es existieren für die verschiedenen Ausprägungsgrade bestimmter Merkmale, wie Gesichtsumriß, Nasenform oder Horizontalumriß des Kopfes Schemata, die es gestatten, die unterschiedliche Merkmalsausprägung weitgehend zu objektivieren.

Bei der Beobachtung physiologischer Merkmale werden neben den in der Physiologie üblichen Methoden (Spirometer, Dynamometer, Blut-Test u. a.) beispielsweise spezielle Tafeln zur Bestimmung der Pigmentationsverhältnisse von Haut, Haar und Auge verwendet (Hautfarbentafel, Haarfarbentafel, Augenfarbentafel). Besondere Verfahren wurden zur Bestimmung von Blut- und Serumfaktoren an Mumien und prähistorischen Skeletten entwickelt. In der Paläanthropologie ist es erforderlich, Alters-, Geschlechts- und Körperhöhenbestimmungen an Skeletten und auch an einzelnen Skelettteilen vorzunehmen (→ Altersdiagnose, → Geschlechtsdiagnose). Hier und in der gerichtlichen A. sind auch Rekonstruktionsverfahren üblich, die insbesondere eine Ergänzung oder Wiederherstellung des Schädels und seiner Weichteilbedeckung ermöglichen. Wichtige Arbeitsmethoden der A. sind weiterhin die Fotografie und Röntgentechnik sowie verschiedene Abformungs- und Abdruckverfahren (Gips-, Wachs- und Kunststoffabgüsse, Finger-, Hand- und Fußabdrücke).

anthropologisch-morphologisches Ähnlichkeitsgutachten

Zur Klärung humangenetischer Fragen bedient sich die A. außer den in der allgemeinen Genetik üblichen Methoden häufig der Familien- und Zwillingsuntersuchungen und der Blutmerkmalsforschung.

Fast alle mit den Methoden der A. gewonnenen Ergebnisse müssen statistisch ausgewertet werden, um über die Art der Variabilität, Populationsstruktur und Stellung des Individuums zur Gruppe oder zweier oder mehrerer Gruppen zueinander Aufschluß zu erhalten. Schließlich stellt die geographische Kartierung der Ergebnisse regionaler Untersuchungen (Merkmalsverbreitungskarten) ein weiteres wesentliches Hilfsmittel dar, um genetische, räumliche und zeitliche Zusammenhänge und Beziehungen zu erkennen.

Lit.: A. Bach u. H. Bach: Der Mensch. Vererbung und Formenvielfalt (Leipzig, Jena, Berlin 1965); W. Bernhard u. A. Kandler: Bevölkerungsbiologie (Stuttgart, New York 1974); B. Campbell: Entwicklung zum Menschen (Stuttgart, New York 1978); W. Gieseler: Die Fossilgeschichte des Menschen (Stuttgart, New York 1974); G. Heberer: Die Evolution der Organismen, 3 Bde (3. Aufl. Stuttgart, New York 1967–1974); G. Heberer, W. Henke u. H. Rothe: Der Ursprung des Menschen (4. Aufl. Stuttgart, New York 1975); D. Johanson u. M. Edey, Lucy: Die Anfänge der Menschheit (München u. Zürich 1982); L. v. Károlyi: Anthropometrie (Stuttgart, New York 1971); G. Kurth: Evolution und Hominisation (2. Aufl. Stuttgart, New York 1968); G. Kurth u. I. Eibl-Eibesfeldt: Hominisation und Verhalten (Stuttgart, New York 1975); R. Martin u. K. Saller: Lehrb. der A., 4 Bde (3. Aufl. Stuttgart, New York 1957–1966); K. Saller: Leitfaden der A. (2. Aufl. Stuttgart, New York 1964).

anthropologisch-morphologisches Ähnlichkeitsgutachten, → gerichtliche Anthropologie.

Anthropometer, in der Anthropologie gebräuchliches Instrument für Messungen am menschlichen Körper. Das A. besteht aus einem in vier Teile zerlegbaren, 2,1 m langen Metallstab mit Millimetereinteilung, auf dem eine Hülse mit verschiebbarem Querstab gleitet. Am oberen Ende des Hohlstabes kann in eine feste Hülse ein zweiter Querstab eingeschoben werden, so daß sich der obere Teil des A. als Stangenzirkel verwenden läßt. Anstelle gerader Querstäbe können auch gebogene Tasterarme zur Messung von Tiefenmaßen, z. B. am Brustkorb, benutzt werden. Abb.

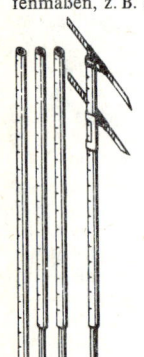

Anthropometer, auseinander genommen

Anthropometrie, die Messung des menschlichen Körpers; grundlegende, mit den Mitteln der → Biometrie arbeitende Untersuchungsmethode der Anthropologie, die die Maße und Maßverhältnisse des menschlichen Körpers und seiner Teile ermittelt und auf der weitere anthropologische Untersuchungsverfahren aufbauen. Im einzelnen bezeichnet man die Messung des Kopfes als *Zephalometrie,* die des Körpers als *Somatometrie,* des Schädels als *Kraniometrie* und die der Skeletteile als *Osteometrie.* Gemessen werden Längen-, Breiten-, Tiefen-, Umfangs- und Winkelmaße, außerdem erfolgen Masse- und Volumenbestimmungen. Hierfür sind z. T. besondere Meßinstrumente gebräuchlich, z. B. das → Anthropometer, der schieblehrenartige Gleitzirkel, der Tasterzirkel mit gebogenen Meßarmen, das Ansteckgoniometer. Um die Messungen exakt vergleichen zu können, ist die Meßtechnik genau vorgeschrieben. Hierbei spielen besondere *Meßpunkte* eine Rolle, von denen die Messungen auszugehen haben. Die Lage dieser Punkte am Körper ist so gewählt, daß sie möglichst viele Aussagen über den natürlichen Aufbau der betreffenden Region zulassen. Sie liegen deshalb oft an Knochengrenzen, die relativ leicht auffindbar und in ihrer Lage konstant sind. Bei zahlreichen Maßen ist die Orientierung des Kopfes in die → Ohr-Augen-Ebene erforderlich, auf die auch die wichtigsten Normen des Kopfes oder Schädels bezogen werden. Dabei werden die genaue Vorderansicht als *Norma frontalis,* die Hinterhauptsansicht als *Norma occipitalis,* die Seitenansicht als *Norma lateralis,* die Scheitelansicht als *Norma verticalis* und die An-

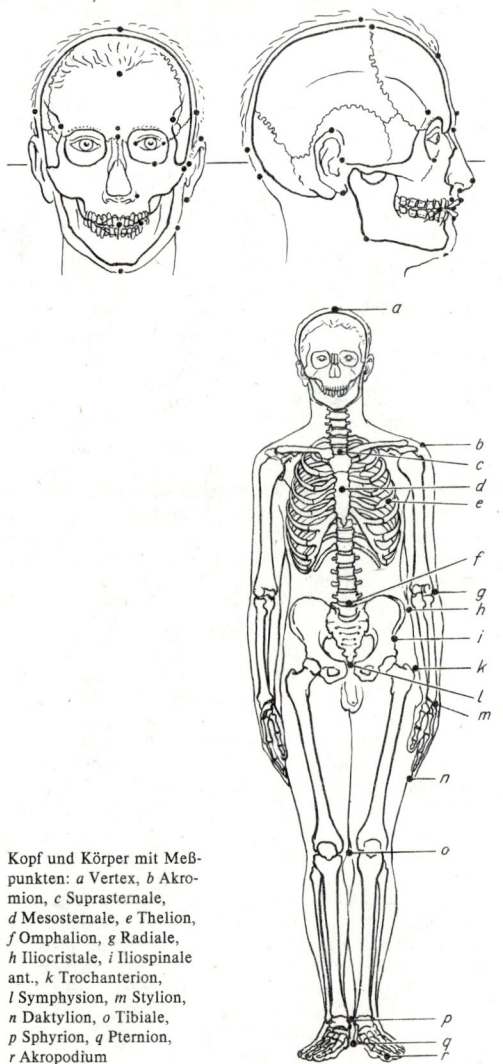

Kopf und Körper mit Meßpunkten: *a* Vertex, *b* Akromion, *c* Suprasternale, *d* Mesosternale, *e* Thelion, *f* Omphalion, *g* Radiale, *h* Iliocristale, *i* Iliospinale ant., *k* Trochanterion, *l* Symphysion, *m* Stylion, *n* Daktylion, *o* Tibiale, *p* Sphyrion, *q* Pternion, *r* Akropodium

sicht der Schädelbasis als *Norma basilaris* bezeichnet. Um eine Beurteilung der Maßverhältnisse unabhängig von den individuell sehr variablen Größen der Meßstrecken zu ermöglichen, benutzt man vielfach Indizes, die Verhältniszahlen darstellen (z. B. Längen-Breiten-Index). Abb. S. 38.

Anthropomorphologie, Morphologie des Menschen, → Anthropologie.

Anthroponosen, nur von Mensch zu Mensch übertragbare Infektionskrankheiten, die auch nur den Menschen befallen.

Anthropophysiologie, → Anthropologie.

Anthropopsychologie, → Anthropologie.

Anthropos, svw. Mensch.

Anthroposoziogenese, → Anthropogenese.

Anthropozönose, direkt auf den Menschen bezogene Lebensgemeinschaft, die durch Menschen, Haustiere, deren Parasiten, aber auch Zimmerpflanzen und synanthrope Organismen (Fliegen, Haus- und Wanderratte, Hausmaus, Vorrats- und Holzschädlinge, Schaben, Spinnen u. a.) gebildet wird. A. im weiteren Sinne sind die ländlichen Siedlungen des Menschen als besonderer Typ der → Kulturbiozönose. Dagegen sind Städte komplexe Gebilde, in denen A. (Wohnhäuser) mit → Ruderalzönosen, → Agrozönosen (Gärten) und Forsten zu einer funktionellen Einheit verquickt sind (→ urbane Ökologie).

Anthropozoonosen, von Mensch zu Mensch, Tier zu Tier, Tier zu Mensch und umgekehrt übertragbare Infektionskrankheiten. Wichtige tierische Herde für Infektionskrankheiten des Menschen sind Nager (Mäuse, Ratten), Hunde, Katzen, Rinder, Schafe, Schweine, Vögel (Hühner, Tauben, Wildvögel).

Anthuridea, → Asseln.

Antiauxine, kompetitive Hemmstoffe der Auxinwirkung, die mit dem Auxin am Rezeptormolekül konkurrieren, ohne selbst Auxinaktivität zu haben. Im Überschuß vorhandenes A. hemmt durch Blockade der Rezeptoren die Auxinwirkung, im Überschuß vorhandenes Auxin hebt den Antiauxineffekt auf. Als A. wirkt unter bestimmten Bedingungen z. B. trans-Zimtsäure, die auch als Auxinvorstufe auftreten kann. *Natürlich vorkommende A.* dürften im Auxinstoffwechsel und bei der Wirkungsentfaltung der Wuchsstoffe eine Rolle spielen. Als *synthetische A.* sind Phenylessigsäure und Phenylbuttersäure anzuführen. Allein angewandt, sind die zuletzt angeführten Substanzen schwache Auxine, in Gegenwart eines starken Auxins jedoch A., denn sie vermögen das starke Auxin von seinen Rezeptormolekülen zu verdrängen.

Antiberiberifaktor, svw. Vitamin B_1, → Vitamine.

Antibiose, → Beziehungen der Organismen untereinander.

Antibiotika, von lebenden Zellen gebildete und aus diesen oder ihren Stoffwechselprodukten isolierte, einheitliche, chemisch definierte, reproduzierbare Substanzen oder deren entweder durch chemische Veränderung oder auf biosynthetischem Weg erhaltene Derivate mit hemmender, d. h. statischer, degenerativer, lytischer oder abtötender Wirkung gegen pflanzliche oder tierische Mikroorganismen, z. B. Viren, Rickettsien, Bakterien, Aktinomyzeten, Pilze, Algen oder Protozoen (nach Vonderbank und Erdmann). A. besitzen keinen Enzymcharakter und wirken in geringen Konzentrationen. Ein weiteres charakteristisches Merkmal der A. besteht darin, daß sie auf die erzeugende Mikroorganismenart selbst nicht einwirken.

Vorkommen. Die Fähigkeit zur Produktion von A. ist sehr ungleich über das System der Mikroorganismen verteilt. Eine dominierende Stellung nehmen dabei die Aktinomyzeten (besonders *Streptomyces*) ein. Medizinisch von Bedeutung sind die Polypeptid-Antibiotika einiger *Bacillus*-Arten (→ Gramizidin, → Bazitrazin). Von den Askomyzeten sind besonders die Gattungen *Penicillium* und *Aspergillus* wichtig. Eine weitere pharmazeutisch wichtige Gattung ist *Cephalosporium*. → Phytonzide.

Klassifizierung. A. sind Sekundärmetabolite, die nach verschiedenen Prinzipien eingeteilt werden können. So läßt sich die biologische Herkunft, d. h. die taxonomische Stellung des produzierenden Organismus, als Kriterium heranziehen. Weitere Einteilungsprinzipien sind das antimikrobielle Spektrum und die molekularbiologischen Wirkungsmechanismen. Man kann z. B. untergliedern in Substanzen, die gegen grampositive oder gegen gramnegative Bakterien oder aber gegen beide Erregertypen (Breitspektrum-A.) wirksam sind. Nimmt man die Wirkungsmechanismen als Grundlage, so lassen sich drei wichtige Klassen erkennen: 1) A., die in die Nukleinsäure- oder Proteinbiosynthese eingreifen, 2) A., die die Zellwandbiosynthese beeinflussen, 3) A., die die Funktion der Zytoplasmamembran beeinträchtigen. Häufig werden die Biosynthesewege und, damit eng verknüpft, die chemischen Strukturen als Basis für eine Klassifizierung der Antibiotika zugrunde gelegt.

Gemäß ihrer chemischen Struktur sind die A. eine außerordentlich heterogene Gruppe von Naturstoffen. Wichtige Bauelemente sind z. B. Aminosäuren, Azetat, Malonat, Zucker, Zuckerderivate, zyklische Triterpene; → Polyen-Antibiotika. Die technische Gewinnung von A. erfolgt durch chemische Synthese und bevorzugt durch mikrobielle Verfahren (→ Fermentation).

Die moderne Antibiotikaforschung begann mit der Entdeckung des Penizillins durch Fleming (1928). Man schätzt, daß bis heute etwa 3500 A. beschrieben wurden, von denen aber nur etwa 80 kommerziell für therapeutische Zwecke gewonnen werden. Die Weltjahresproduktion an A. für die Medizin beträgt etwa 20000 t. Weitere 30000 t werden in der Tierernährung (schnellere Zunahme an Körpermasse, verbesserter Gesundheitszustand) und im Pflanzenschutz eingesetzt. Gemäß ihrer medizinischen und ökonomischen Bedeutung stehen die A. an der Spitze aller Arzneistoffe natürlicher Herkunft. Die unsachgemäße Anwendung von A. gegen pathogene Mikroorganismen kann zur Bildung resistenter Stämme führen, deshalb dürfen A. nur unter ärztlicher Aufsicht eingesetzt werden.

Lit.: Onken: Antibiotika (Berlin 1979).

Antichalone, → Zellzyklus.

antidiuretisches Hormon, svw. Vasopressin.

Antidot, *Gegengift,* Gegenmittel bei Vergiftungen.

Antienzyme, körpereigene oder körperfremde Polypeptide oder Proteine, die die katalytische Wirkung der Enzyme verhindern. Man unterscheidet A., die als Enzyminhibitoren, z. B. toxische tierische oder pflanzliche Proteaseninhibitoren, wirken und die im Organismus nach Eindringen artfremder Enzymproteine gebildeten Antikörper. Letztere lassen sich durch Enzyminjektion auch künstlich erzeugen.

Antifeedants, *Antifraßstoffe,* chemische Verbindungen wie Fentinacetat, die die Futterablehnung bei bestimmten Insektenarten (z. B. Kartoffelkäfer) bewirken. → Repellents.

Antifraßstoffe, svw. Antifeedants.

Antigene, ursprünglich *Antisomatogene,* Bezeichnung für in der Regel körperfremde Substanzen, Mikroorganismen oder andere Zellen, die im Körper des Menschen oder anderer Wirbeltiere eine Immunreaktion auslösen. Der Kontakt des Antigens mit dem Körper führt zur Bildung von Antikörpern und aktivierten Lymphzellen, die das Antigen zu binden vermögen. Sie bewirken letztlich die Abscheidung oder Zerstörung der eingedrungenen A.

Antigibberelline

Zu den biologisch bedeutsamen A. gehören alle Krankheitserreger, d. h. Mikroorganismen und Parasiten sowie ihre Produkte, z. B. bakterielle Toxine. Insbesondere die Wirkung der Toxine wird von den gebildeten Antikörpern neutralisiert.

Chemisch gehören die natürlichen A. zu allen wichtigen Klassen von Naturstoffen, z. B. zu den Eiweißen, Kohlenhydraten und Nukleoproteiden. Besonders wirksame A. haben stets eine hohe Molekülmasse. Andererseits sind niedermolekulare Naturstoffe keine A. Zu den klinisch wichtigen A. gehören auch die Blutgruppensubstanzen.

Antigibberelline, Wachstumsregulatoren, die durch kompetitive Hemmung, d. h. Verdrängung vom Wirkungsort, die Wirkung von Gibberellinen herabsetzen. Natürliche A. sind in verschiedenen Hülsenfrüchten nachgewiesen, jedoch chemisch noch nicht näher untersucht. Synthetische A. sind die Morphaktine. Dagegen sollten die ebenfalls oft A. genannten quarternären Ammoniumsalze, z. B. Chlorcholinchlorid, besser als *Gibberellinantagonisten* bezeichnet werden, denn ihre Wirkung beruht auf einer Hemmung der Gibberellinbiosynthese.

antihämorrhagisches Vitamin, svw. Vitamin K, → Vitamine.

antikline Zellwände, senkrecht zur Oberfläche des Vegetationspunktes angeordnete Zellwände, → Sproßachse.

Antikoagulantien, gerinnungshemmende Mittel, die dem System der blutgerinnungsfördernden Stoffe in der Wirkung entgegengesetzt sind. Zu diesen als *Antithrombine* bezeichneten Substanzen gehören z. B. Fibrin und Heparin.

Antikodon, eine spezifische Nukleotidgruppe der Transfer-RNS (t-RNS), die einer Nukleotidsequenz der Messenger-RNS (m-RNS), dem Kodon, komplementär ist, mit deren Hilfe die t-RNS mit dem entsprechenden m-RNS-Abschnitt reagiert und die Aminosäure an richtiger Stelle in das abzubauende Polypeptid einordnet (→ Adaptorhypothese, → Sequenzhypothese, → Aminosäurekode). Besteht das für eine spezifische Aminosäure verantwortliche Kodon der m-RNS z. B. aus den Basen Urazil, Adenin, Guanin (UAG), dann ist die komplementäre Sequenz des A. Adenin, Urazil, Cytosin (AUC).

Antikörper, Abwehrstoffe, die im Körper nach dem Kontakt mit → Antigenen gebildet werden. Sie werden von Lymphzellen und Plasmazellen produziert und besitzen spezifische Bindungseigenschaften für dasjenige Antigen, das ihre Bildung ausgelöst hat. Je nach den Reaktionen, die die A. in vitro beim Zusammentreffen mit dem Antigen auslösen, unterscheidet man → Präzipitine, → Agglutinine, → Lysine, → Antitoxine. Die biologische Bedeutung der A. liegt in der Neutralisierung schädlich wirkender Antigene, z. B. von Krankheitserregern oder ihren Produkten, wie Toxinen.

Die A. gehören vorwiegend zu den → Gammaglobulinen. Sie werden wegen ihrer Funktion im Immunsystem auch → Immunglobuline genannt. Der Mensch bildet fünf verschiedene Klassen von A., die sich in ihren Funktionen wesentlich voneinander unterscheiden. Während die Mehrzahl der A. eine Schutzfunktion besitzt, können A. der Immunglobulinklasse E (IgE) allergische Reaktionen auslösen, → Anaphylaxie.

Die Bindung der A. an das Antigen in der Antigen-Antikörper-Reaktion beruht auf der genauen Paßform bestimmter Bereiche der A., der → Paratope, zu Oberflächenstrukturen des Antigens, den → Epitopen. Die Bindungsstärke oder → Affinität der A. ist unterschiedlich.

Antillenfrösche, *Eleutherodactylus*, artenreiche Gattung kleiner, meist unscheinbar gefärbter mittel- und südamerikanischer → Südfrösche mit rückgebildeten Schwimmhäuten und Haftscheiben. Die A. leben meist auf feuchtem Waldboden. In ihrer Fortpflanzung sind sie wasserunabhängig geworden und legen an Land jeweils wenige Eier, in denen sich der Keimling direkt zum Frosch entwickelt. Der *Gewächshausfrosch, Eleutherodactylus ricordii*, wurde von Kuba auf andere Antillen, nach Florida und Südamerika verschleppt und hat sich als Kulturfolger dort eingebürgert. Die Larven haben einen Eizahn, mit dem sie nach der Umwandlung die Eihülle aufreißen.

Antilocapridae, → Gabelhorntiere.

Antilopen, Sammelbegriff für eine Vielzahl verschiedengestaltiger, meist leichtfüßiger und flinker Paarhufer aus der Familie der Hornträger. Die A. sind auf Afrika und Asien beschränkt. Zu ihnen gehören unter anderem → Ducker, → Klippspringer, → Kudus, → Nyala, → Elenantilope, → Nilgauantilope, → Buntbock, → Gnus, → Pferdeböcke, → Spießböcke, → Wasserbock, → Gazellen, → Hirschziegenantilope und → Saiga.

Antilymphozytenserum, im Tier durch Immunisierung mit den Lymphzellen einer fremden Art, z. B. des Menschen, produziertes Antiserum. Das A. hat auf Grund der darin enthaltenen Antikörper die Eigenschaft, Lymphozyten zu zerstören. Es wird deshalb zur Unterdrückung unerwünschter Immunreaktionen, z. B. nach erfolgter Organtransplantation gegen die Abstoßung des Transplantats, eingesetzt. Das A. gilt als ein wirksames Immunsuppressivum.

Antimetabolite, → Zytostatika.

antimorph, Bezeichnung für durch Mutationen entstandene Allele, deren Wirkungsrichtung der des Ausgangsalleles entgegengesetzt verläuft; → amorph, → hypermorph, → neomorph.

Antimutagene, Agenzien, die die spontane oder induzierte Mutationsrate herabsetzen und Gegenspieler der Mutagene sind.

Antimykotikum, ein speziell gegen Pilze wirksamer Hemmstoff. Zu den A. gehören z. B. die Antibiotika Griseofulvin und Fungizidin.

antineuritisches Vitamin, svw. Vitamin B_1, → Vitamine.

antinukleäre Faktoren, Antikörper mit Bindungseigenschaften für Zellkernbestandteile. Sie treten bei bestimmten Erkrankungen, z. B. Autoimmunkrankheiten, im Blut des Patienten auf. Auch im Blut Gesunder sind sie oft, allerdings in geringerer Menge, nachzuweisen. Ihre Menge nimmt im Alter zu, ob sie Ursache oder aber Folge der Altersveränderungen sind, ist umstritten.

Antipatharia, → Dörnchenkorallen.

Anti-Perniziosa-Faktor, zum Vitamin B_{12} gehörendes → Vitamin.

antiphytopathogenes Potential, Summe aller vom Boden ausgehenden Förderungen und Hemmungen gegenüber Schaderregern, die zu deren Ausschaltung oder Verminderung führen können.

Lit.: Seidel, Wetzel, Schumann: Grundlagen der Phytopathologie und des Pflanzenschutzes (Berlin 1981).

Antipoden, → Blüte.

Antiport, → Transport.

antirachitisches Vitamin, svw. Vitamin D, → Vitamine.

Antisaprobität, → Saprobiensysteme.

Antiserum, Blutserum eines Tieres oder des Menschen, in dem Antikörper einer bestimmten Spezifität enthalten sind. Es wird in Tieren durch Immunisierung mit dem entsprechenden Antigen erzeugt und dient für diagnostische Zwecke oder zur Therapie.

antiskorbutisches Vitamin, svw. Vitamin C, → Vitamine.

Antisomatogene, → Antigene.

Antithrombine, → Antikoagulantien.

Antitoxine, Antikörper, die vom Organismus gegen ein Toxin gebildet werden. Die A. neutralisieren die Schadwirkung des Toxins und haben deshalb Schutzfunktion. Durch Immunisierung von Tieren gewonnene A. werden zur Therapie verwendet, z. B. A. gegen Schlangengifte.

Antitranspirantien, Präparate, mit denen die Transpiration der Pflanzen herabgesetzt werden kann, so daß diese Zeiten eines angespannten Wasserhaushaltes, wie sie nach dem Umpflanzen oder nach Trockenperioden gegeben sein können, besser überstehen. Man unterscheidet A., die Spaltöffnungsschluß herbeiführen, z. B. Quecksilberphenylazetat oder auch → Abszisinsäure, und A., die die Wasserabgabe einschränken, indem sie auf den Pflanzen Überzüge bilden, z. B. Paraffine oder Silikone. Wenn die Überzüge weder für Wasserdampf noch für CO_2 durchlässig sind, wie das z. B. bei den Paraffinen der Fall ist, wird auch diese ebenso wie durch die zum Spaltenschluß führenden A. die Photosynthese und somit die Biomasseproduktion stark behindert. Bei einigen für CO_2 besser durchlässigen Silikonen ist das nicht in gleichem Umfang der Fall.

Antivitamine, Vitaminantagonisten, chemisch modifizierte Vitaminanaloga, die selbst ohne biologische Wirkung sind, aber als spezifische Hemmstoffe ein als Koenzym fungierendes Vitamin ausschalten, indem sie es von seinem Apoenzym verdrängen und das betreffende Enzym somit biologisch unwirksam machen. Dadurch kommt es bei wuchsstoffabhängigen Mikroorganismen zu einer Wachstumshemmung und bei Säugetieren zu Vitaminmangelerscheinungen. Andererseits kann auch das A. durch hohe Vitamindosen wieder verdrängt werden (kompetitive Hemmung). Von therapeutischer Bedeutung sind Verbindungen wie die Sulfonamide, die gegen bestimmte Bakterien, nicht aber gegen den Menschen wirken.

Antwortbereitschaft, die Bereitschaft bei einem bestimmten Reiz mit einer vorgegebenen Wahrscheinlichkeit ein spezielles Verhalten als Antwort einzusetzen. Die Antwortstärke wird außerdem durch den Auslösewert der Reizsituation mitbestimmt.

Anukleobionten, → Zellkern.

Anulus, *Ringkragen,* 1) Rest des zerrissenen → Indusiums am Stiel der Hutpilze; 2) bei Farnen Zellreihe mit stark verdickten Radial- und Innenwänden, die über dem Rücken und Scheitel des Sporangiums bis zur Mitte der Bauchseite verläuft und als Kohäsionsmechanismus zum Öffnen des Sporangiums und zum Ausschleudern der Sporen wirksam wird; 3) schmale, kranzförmige Zone unterhalb des Deckelrandes des Moossporogons (der Mooskapsel), deren Zellen aufquellenden Schleim enthalten und so das Absprengen des Deckels bei der Reife vermitteln.

Anura, → Froschlurche.

Anus, → Verdauungssystem.

Anzieher, svw. Adduktoren.

Aorta, → Blutkreislauf.

Aortenklappe, → Herzklappen.

Aparität, bei Hornmilben die selten und wohl als Abnormität auftretende Erscheinung, daß das Weibchen kurz vor der Eiablage stirbt und die in der Mutter schlüpfende Larve einen Ausweg durch die Region der mütterlichen Mundwerkzeuge fressen muß; beobachtet bei *Notaspis coleoptratus* u. a. Im Einzelfall wird ein Vorteil bei der Überwindung ungünstiger Lebensbedingungen vermutet.

Apertur, *A*, ein Maß für die Bildhelligkeit und das Auflösungsvermögen eines mikroskopischen Objektives. Nach Abbe läßt sich die A. ausdrücken durch die Formel $A = n \cdot \sin \alpha$. Darin bedeuten n = Brechzahl, $\sin \alpha$ = sin des halben Öffnungswinkels. Bei Objektiven ohne Immersion werden A. bis etwa 0,85 erreicht, bei Wasserimmersionen 1,25 und bei Ölimmersionen bis zu 1,4. Die Auflösung (*d*) hängt durch folgende Beziehung mit der A. zusammen: $d = \lambda/A$; λ = Wellenlänge des Lichtes.

Apfel, → Rosengewächse.

Apfelblütenstecher, → Rüsselkäfer.

Äpfelsäure, *Monohydroxybernsteinsäure,* HOOC—CHOH—CH_2—COOH, in vielen Pflanzensäften, z. B. in unreifen Äpfeln, Berberitzenbeeren, Quitten, Stachel- und Johannisbeeren, Kirschen, in der L-Form vorkommende Dikarbonsäure. Ä. wurde 1785 von Scheele aus Apfelsaft dargestellt und 1832 von Liebig in ihrer Konstitution aufgeklärt. Ä. ist Zwischenprodukt im → Zitronensäurezyklus.

Apfelschalenwickler, *Adoxophyes orana* F.R., ein Schmetterling aus der Familie der Wickler, der seine Eier meist an Blättern ablegt. Die Larven schädigen vor allem durch Muldenfraß an den Früchten. In die Fraßstellen eindringende Fäulniserreger vernichten viele Früchte.

Apfelsine, → Rautengewächse.

Apfelwickler, *Cydia pomonella* L., ein Schmetterling von etwa 15 mm Spannweite aus der Familie der Wickler, der seine Eier einzeln an junge Früchte, auch Blätter oder Zweige ablegt. Die Räupchen bohren sich in die Frucht ein (Obstmaden). Außer Apfel werden auch Birne, Pflaume, Quitte und Walnuß befallen.

Aphaniptera, → Flöhe.

Aphetohyoidea, ursprünglichste Klasse der Fische, deren Blütezeit im Devon lag. Die meist bizarr und fremdartig gestalteten A. hatten bereits paarige Flossen oder diesen vergleichbare Fortsätze. Das knöcherne Skelett war bei manchen Gruppen durch einen Hautpanzer ergänzt, die Maulränder wurden durch Kiefer gestützt. Aus der Unterklasse der *Acanthodi* entwickelten sich vermutlich die Knorpel- und Knochenfische.

Aphidoidea, → Gleichflügler.

Aphizide, Pflanzenschutzmittel zur Bekämpfung von Blattläusen.

Aphroditidae, → Seemäuse.

Apiaceae, → Doldengewächse.

Apidae, → Bienen.

Apikaldominanz, *korrelative Knospenhemmung,* hormonale korrelative Hemmung, bei der der Gipfeltrieb einer Pflanze oder auch eines Astes die Seitentriebe, die Blattachseltriebe, hemmt. Die A. kann unterschiedlich stark ausgeprägt sein. Oft wird das Seitentriebwachstum völlig unterdrückt. Die Seitenknospen bleiben dann kleiner als 1 mm. Sie werden als *schlafende Knospen* oder *schlafende Augen* bezeichnet. Wenn beim Beschneiden einer Hecke die Gipfeltriebe weggeschnitten werden, treiben die Blattachselknospen aus. Die Hecke wird dicht. Auch die faden- bzw. tauförmigen Luftwurzeln bestimmter Kletterpflanzen können durch Entfernung der Wurzelspitze zur Verzweigung angeregt werden, die normalerweise erst nach Erreichen des Bodens eintritt. In anderen Fällen verzögert der Gipfeltrieb nur das Wachstum der Seitentriebe, oder er verhindert das aufrechte Wachstum, z. B. bei vielen Bäumen. Wird der Spitzentrieb entfernt, erstarkt der folgende Seitentrieb und richtet sich auf. Immer ist Auxin an der Ausbildung der A. beteiligt. Dieses wird vom Spitzentrieb gebildet und hemmt Seitenknospen und Triebe. Dementsprechend kann Auxinzufuhr die Wirkung des Gipfeltriebes ersetzen. Zytokinine können korrelativ gehemmte Knospen unter Stimulierung der DNS-Synthese zum Austreiben bringen. Den Zytokininen ähnlich ist in der Wirkung sind die Morphaktine. Möglicherweise wird die A. durch ein Auxin-Zytokinin-Gleichgewicht reguliert. Vor allem bei Pflanzen mit schwach ausgeprägter A. sind auch Konkurrenzerscheinungen an deren Ausbildung beteiligt. So reicht bei entsprechenden Ar-

apikales Wachstum

ten bei schlechter Stickstoffversorgung diese nur für den Gipfeltrieb, der dadurch die anderen Triebe hemmt.
apikales Wachstum, → Spitzenwachstum.
apikale Wachstumszone, → Streckungswachstum.
Apikalmeristem, → Bildungsgewebe.
Aplacentalia, Säuger ohne Plazenta wie Kloaken- und Beuteltiere.
Aplacophora, → Wurmmollusken.
Aplousiobranchiata, → Seescheiden.
Apneustier, → Stigmen.
apneustisches Zentrum, → Atemzentrum.
Apneutis, → Atemzentrum.
Apnoe, svw. Atemstillstand, → Atemschutzreflexe.
Apocrita, → Hautflügler.
Apocynaceae, → Hundsgiftgewächse.
Apoda, → Blindwühlen.
Apoenzym, → Enzyme.
Apoferment, → Enzyme.
Apogamie, *Apogametie,* eine Form der → Apomixis, bei der sich der Sporophyt bzw. Embryo nicht aus einer Eizelle, sondern bei Farnen ungeschlechtlich aus einer Prothalliumzelle bzw. bei einigen Samenpflanzen, z. B. Löwenzahn und Habichtskrautarten, aus den Synergiden oder Antipoden entwickelt. Diese normalerweise haploiden Zellen des Embryosacks sind in solchen Ausnahmefällen diploid infolge → Aposporie oder → Apomeiosis.
apokarpes Gynäzeum, → Blüte.
Apokrensäure, → Humus.
Apomeiosis, die Entstehung des Gametophyten ohne Reduktionsteilung (Meiosis). Bei höheren Pflanzen kann A. zur Bildung diploider Eizellen führen.
Apomixis, bei Pflanzen die Entstehung von Embryonen in den Samenanlagen ohne vorhergehende Befruchtung. Verschiedene Formen der A. sind die → Parthenogenese, die → Apogamie und die → Adventivembryonie.
Apomorphie, Abgeleitetheit eines Merkmals. Zum Beispiel sind die Vogelfeder gegenüber der Reptilienschuppe und die Zahnlosigkeit der Vögel gegenüber den bezahnten Kiefern der Reptilien abgeleitete Zustände. Das Feststellen gemeinsamer abgeleiteter Merkmale ist die Grundlage zum Erkennen monophyletischer Gruppen (→ Monophylie); denn, wenn sie nicht durch Konvergenz oder Parallelentwicklung entstanden, dann sind A. verschiedener Arten von einem gemeinsamen Vorfahren ererbt. In diesem Fall handelt es sich um eine *Synapomorphie.* Ein abgeleitetes Merkmal, das nur in einem Taxon vorkommt, ist eine *Autapomorphie.*

Ob ein Merkmal als synapomorph oder als autapomorph zu bezeichnen ist, hängt vom jeweiligen Vergleich ab. Vergleicht man die Vögel mit den übrigen Vertebraten, denen Federn fehlen, dann ist die Feder eine Autapomorphie der Klasse der Vögel. Andererseits ist sie eine Synapomorphie sämtlicher Vogelarten, die alle Federn tragen.
Apophyt, → Adventivpflanze.
Apoplast, → Casparyscher Streifen, → Stofftransport.
Apoplastenweg, → Wasserhaushalt, Abschn. Wasserleitung.
Aporogamie, → Befruchtung.
Aposporie, 1) der Fortfall der (Meio-)Sporenbildung (→ Sporen) bei einigen Farnen, z. B. bei *Athyrium filix-femina,* bei denen sich aus diploiden Zellen des → Sporophyten diploide Prothallien entwickeln. 2) bei Samenpflanzen die Entwicklung einer vegetativen Zelle der Samenanlage ohne Reduktionsteilung zu einem Embryosack mit einer diploiden Eizelle.
Apothekerskink, *Sandfisch, Scincus scincus,* hellbraune, dunkler quergebänderte, 20 cm lange → Glattechse der heißen nordafrikanischen Wüstengebiete mit 4 kurzen Glied-

Apothekerskink (*Scincus scincus*)

maßen. Der A. ist lebendgebärend und wird wegen seiner Fähigkeit, mit Schlängelbewegungen durch lockeren Sand zu »schwimmen«, auch als *Sandfisch* bezeichnet. Das Fleisch wurde im Mittelalter zur Herstellung von Stärkungsmitteln verwendet.
Apothezium, der flache, becher- oder scheibenförmige Fruchtkörper der Schlauchpilze, bei dem das aus sterilen Zellfäden (Paraphysen) und Sporenschläuchen (Asci) gebildete Sporenlager (Hymenium) freiliegt.
apparente Photosynthese, svw. Nettophotosynthese.
apparent free space, svw. Freier Raum.
Appendiculariae, *Copelata,* Klasse der Manteltiere mit 60 nur wenige Millimeter großen, pelagischen Arten. Bei ihnen bleibt zeitlebens der larvale, rechtwinklig von der Bauchseite abstehende Schwanz mit der Chorda erhalten; dieser ist mit einer Ganglienreihe versehen. Ein Kloakenraum ist nicht ausgebildet, der Darm und die beiden Kiemenspalten münden direkt nach außen. Die meist sehr großen Geschlechtsdrüsen der zwittrigen A. liegen kaudal; es gibt nur geschlechtliche Vermehrung ohne Metamorphose. Alle A. sitzen in einem im Verhältnis zum Tier sehr großen Gehäuse (Mantel ohne Tunizin), durch das mit Hilfe des Schwanzes ein Wasserstrom erzeugt wird, aus dem mit einem speziellen Fangapparat Plankton ausfiltriert wird. Das Gehäuse kann bei Gefahr oder Verstopfung der Fangeinrichtung verlassen und dann neu gebildet werden.

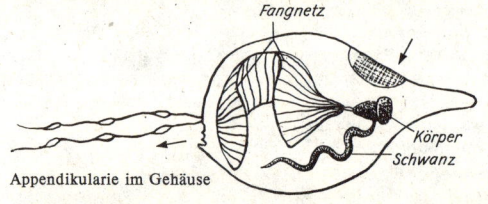

Appendikularie im Gehäuse

Appetenzverhalten, motiviertes Verhalten, das auf ein bestimmtes Verhaltensobjekt bezogen ist und endet, wenn Kennreize über dieses Objekt eintreffen, die das beendende Verhalten auslösen. Das A. umfaßt Suche und Entscheidung. Die Suche im eigentlichen Sinne wird auch als *orientierendes A.* bezeichnet (Appetenzverhalten I); dieses endet, sobald orientierende Reize vorliegen, das gesuchte Verhaltensobjekt, beispielsweise Nahrung, im Bereich der Sinneswahrnehmung gegeben ist. Das Verhaltensobjekt ist damit identifiziert und lokalisiert. Jetzt setzt das *Entscheidungsverhalten* (Appetenzverhalten II) ein: Annahme oder Nichtannahme oder auch bei Auswahl Entscheidung für eine bestimmte Objektklasse oder ein bestimmtes Objekt, etwa bei Pflanzenfressern. Entsprechendes würde beim Aufsuchen von Fortpflanzungspartnern gelten. Nach der Entscheidung werden unter Annäherung die auslösenden Reize wirksam, das beendende Verhalten (→ Endhandlung) läuft ab. Daran schließt sich in bezug auf die Motivation eine Refraktärphase bis zum Einsetzen einer neuen Bereitschaft an.
Applikation, Anwendung oder Ausbringung von → Pflanzenschutzmitteln zur Bekämpfung von Schaderregern und zur Senkung oder Verhinderung von Ertrags- bzw. Qualitätsverlusten bei Kulturpflanzen. → Applikationsverfahren.
Applikationsverfahren, Verfahren zur Ausbringung bzw. Anwendung von → Pflanzenschutzmitteln. Hierzu gehören

u. a. → Spritzen, Sprühen, Stäuben, → Nebeln. Bestimmte Pflanzenschutzmittel werden auch als Granulate ausgebracht.

Appositionsauge, → Lichtsinnesorgane.

Appositionswachstum, Dickenwachstum pflanzlicher Zellwände durch Substanzanlagerung, im Gegensatz zum Flächenwachstum durch → Intussuszeption. Durch A. wird vornehmlich die Sekundärwand nach Abschluß des Flächen- und Streckungswachstums der Zellen gebildet.

Appressorium, → Rhizoide 2).

Aprikose, → Rosengewächse.

Apterogasterina, → Hornmilben.

Apterygiformes, → Kiwis.

Apterygogenea, → Urinsekten.

Apterygoten, svw. Urinsekten.

Aptychien [griech. aptychon 'zweiteilige, zusammenlegbare Tafel'], zweiteilige Deckel der Mündung der Ammonitenschale, hornig-kalkig oder kalkig. Der A. schützte den in der Wohnkammer zurückgezogenen Weichkörper des Tieres. A. sind gesteinsbildend: *Aptychenkalke.* Nur die Ammoniten im engeren Sinne vom Perm bis zur Oberkreide besaßen einen A. Die paläozoischen Ammoniten hatten einen einteiligen Deckel. → Anaptychus.

AQ, → assimilatorischer Quotient.

Äqualteilung, → Fortpflanzung.

Aquarienfische, meist kleinere, oft farbenprächtige Fische, die sich zur Pflege und Züchtung in der Gefangenschaft eignen. Durch intensive Beobachtungen an A. wurden zahlreiche neue Erkenntnisse über die Verhaltensweisen von Fischen gewonnen.

Äquationsteilung, → Mitose.

Äquatorialplatte, → Mitose, → Meiose.

Äquidistanzregel, → Blatt.

äquifaziale Blätter, → Blatt.

Äquität, → Diversität.

Arabane, zu den Hemizellulosen zählende, hochmolekulare, verzweigte Polysaccharide, die durch 1,5- und 1,3-glykosidische Verknüpfung aus L-Arabinose aufgebaut werden. A. treten als Bestandteile von Hemizellulosen in der Natur auf.

Arabinose, in der Natur vorkommende Pentose. L-Arabinose (β-Form) ist Bestandteil von Hemizellulosen, Glykosiden und Saponinen. D-Arabinose (β-Form) ist als Bestandteil von Glykosidbausteinen einiger Bakterien isoliert worden.

D-Arabinose

Arachidonsäure, $C_{19}H_{31}COOH$, eine ungesättigte höhere Fettsäure mit 4 Doppelbindungen, die in der Leber, in tierischen Fetten, Drüsen sowie pflanzlichen Ölen vorkommt. A. ist für manche Säugetiere essentieller Nahrungsbestandteil und wird deshalb zu den Vitaminen der F-Gruppe gerechnet.

Arachinsäure, $CH_3-(CH_2)_{18}-COOH$, eine Fettsäure, die verestert mit Glyzerin in Pflanzenölen vorkommt, z. B. Erdnuß-, Kakao-, Oliven-, Sonnenblumen- und Rapsöl.

Arachnida, → Spinnentiere.

Araliaceae, → Efeugewächse.

Araneae, → Spinnen.

Araneidae, → Kreuzspinnen.

Arapaima, *Arapaima gigas,* bis 3 m langer Knochenzüngler. Der A. ist ein wichtiger Speisefisch des Amazonas und Orinoko.

Aras, → Papageien.

Araukariengewächse, *Araucariaceae,* eine Familie der Nadelhölzer mit etwa 40 Arten, die überwiegend auf der südlichen Erdhalbkugel verbreitet sind. Es sind immergrüne, eine gesetzmäßige Verzweigung aufweisende Bäume mit spiralig angeordneten, oft sehr kräftigen Nadeln und weiblichen Blüten, deren einsamige Deck-Samenschuppen-Komplexe in holzigen Zapfen vereint sind. Die männlichen Blüten stehen ebenfalls in Zapfen und tragen zahlreiche spiralig gestellte Laubblätter. Die Samen sind meist relativ groß, stark verdickt oder einseitig geflügelt. Das Sekundärholz der A. weist den araukarioiden Typ der Hoftüpfelverteilung in den Tracheiden auf – die Hoftüpfel sind bienenwabenartig angeordnet –, der außerdem nur noch bei fossilen Nacktsamern bekannt ist.

Araukariengewächse: Zweig mit Zapfen einer *Agathis*-Art

Verschiedene Arten der Gattung *Araucaria* liefern wertvolle Nutzhölzer, vor allem die **Chilenische Araukarie**, *Araucaria araucana*, und die **Brasilianische Araukarie**, *Araucaria angustifolia*. Bekannt ist vor allem die von der Insel Norfolk stammende **Zimmertanne**, *Araucaria excelsa*, die früher auch bei uns als Zierpflanze weit verbreitet war. Auch Vertreter der Gattung *Agathis* sind wertvolle Nutzholzlieferanten, so die aus dem nördlichen Neuseeland stammende **Kaurifichte**, *Agathis australis*, deren Bäume eine Höhe von 60 m und ein Alter von 2000 Jahren erreichen sollen. Außerdem wird von verschiedenen *Agathis*-Arten Kopal, ein bernsteinartiges, hartes Harz, gewonnen.

Arbeitskern, → Mitose, → Zellkern.

Arbeitsteilung, → Staatenbildung.

Arboretum, im Interesse wissenschaftlicher Studien geschaffene Anpflanzung von Holzgewächsen vor allem ausländischer Herkunft.

Arborizide, Pflanzenschutzmittel zur Bekämpfung von unerwünschten Holzgewächsen.

Arboviren, → Virusfamilien.

Arbuse, → Kürbisgewächse.

Arbutin, ein aus Hydrochinon und D-Glukose bestehendes Glykosid, das weit verbreitet in Blättern von Erikagewächsen, Wintergrüngewächsen, Rosengewächsen u. a. vorkommt. Durch das Ferment Emulsin erfolgt Spaltung in die Bestandteile. Die herbstliche Schwarzfärbung mancher Obstbaumblätter wird durch Oxidationsprodukte des so freigesetzten Hydrochinons bedingt.

Arbutinspaltung

Arbutinspaltung, die chemische Spaltung des Arbutins durch Enzyme von Mikroorganismen. Die A. ermöglicht die Unterscheidung verschiedener Hefearten. Zur Prüfung der A. werden die betreffenden Mikrobenstämme auf Hefewasseragar mit 0,5% Arbutin und geringen Mengen Eisen-(III)-chlorid geimpft. Wird Arbutin gespalten, so entsteht nach dem Bebrüten in der Umgebung der Kolonien durch die Bildung von Eisengerbstoffverbindungen eine kräftig braungefärbte Zone.

Archaebakterien, eine Gruppe von → Prokaryoten mit sehr ursprünglichen Merkmalen. Die A. unterscheiden sich in grundsätzlichen Eigenschaften sowohl von den anderen Prokaryoten als auch von den Eukaryoten. Das als Zellwandbaustein der Prokaryoten typische Murein fehlt den A., und die bei ihnen vorkommenden Lipide sind nicht, wie bei allen anderen Lebewesen, Fettsäureester des Glyzerols. Auch in der Zusammensetzung bestimmter Proteine, in den molekularen Abläufen der Transkription und Translation sowie in Stoffwechselmechanismen unterscheiden sich die A. von anderen Organismen. Zu den A. gehören außer den → Methanbakterien auch Formen, die in heißen Quellen bis zu 85 °C leben und sich dort durch Desulfurikation autotroph ernähren. Weitere A. sind die salzliebenden Halobakterien, die in Salzseen selbst noch in gesättigter Salzlösung vorkommen. Ein Vertreter davon verfügt über einen in der Natur einmaligen Mechanismus der Nutzung von Lichtenergie für den Zellstoffwechsel mit Hilfe des roten Farbstoffes Rhodopsin. Es wird angenommen, daß sich die A. von den übrigen Prokaryoten bereits zu einem überaus frühen Zeitpunkt der Entwicklung der Lebewesen abgetrennt haben.

Archaeocyatha, fossile Kalkschwämme. Sie sind tütenförmiger Gestalt und 2 bis 8 cm groß. Ihr kalkiges Skelett besteht aus einem inneren und einem äußeren porösen Wall. Der Zwischenraum zwischen beiden Wällen wird durch radial verlaufende, ebenfalls poröse und unregelmäßige Scheidewände gegliedert. A. sind vor allem im Unter- und Mittelkambrium Nordamerikas, Australiens und Asiens verbreitet. Zusammen mit Kalkalgen bildeten sie im Kambrium mächtige Riffe.

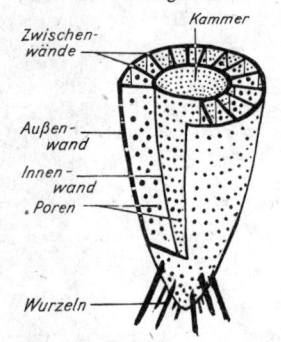

Schematische Darstellung des Gehäuses von *Archaeocyathus*; nat. Gr.

Archaeogastropoda, → Diotocardia.
Archaeognathen, svw. Felsenspringer.
Archaeopteridales, → Farne.
Archaeopteryx, → Vögel.
Archaeornithes, → Vögel.
Archallaxis, → biometabolische Modi.
Archanthropinen, *Archanthropinae,* → Anthropogenese, → Homo.
Archäophyt, → Adventivpflanze.
Archäozoikum, Urzeit des Lebens, alte, heute nicht mehr gebräuchliche Bezeichnung für das Zeitalter der ältesten Lebewesen.
Archäozyten, → Gemmula.

Archegonialen, → Farnpflanzen.
Archegoniaten, → Moospflanzen.
Archegonium, → Fortpflanzung.
Archenteron, → Gastrulation.
Archespor, → Blüte, → Moospflanzen.
Archiacanthocephala, → Kratzer.
Archiannelida, eine artenarme Ordnung der zu den Ringelwürmern gehörigen Vielborster, die eine Sammelgruppe teils ursprünglicher, teils stark zurückgebildeter Formen ist. Bei den A. sind die Stummelfüße nur schwach entwickelt oder fehlen völlig, auch haben sie nur wenige oder keine Borsten. Die A. sind Meeresbewohner, die im Sand oder auf Algen leben und sich von Detritus und einzelligen Algen ernähren.
Archicoelomata, Tiere mit ursprünglichem Zölom, das aus drei hintereinander liegenden Abschnitten, dem Prozöl, dem Mesozöl und dem Metazöl besteht. Diese Dreigliederung, Trimerie oder Archimetamerie, wird als Ausgangsform jeder weitergehenden Zölomgliederung angesehen. Zu den A. gehören sowohl Vertreter der Protostomier *(Tentaculata)* wie der Deuterostomier (Stachelhäuter, Eichelwürmer, *Pogonophora*).
Archimetameren, → Mesoblast.
Archipallium, → Gehirn.
Archoophora, → Strudelwürmer.
Arctiidae, → Bärenspinner.
Arctogäa, Faunenreich, das die → Holarktis und die → Paläotropis umschließt. → tiergeographische Regionengliederung.
Area, → Gastrulation.
Areal, gegenwärtig oder zu einem bestimmten Zeitpunkt in der Vergangenheit besiedeltes Wohngebiet einer Sippe, insbesondere das einer Art. Die dort, wo sie nicht durch Ausbreitungsschranken bestimmt sind, meist fluktuierenden Grenzen und die Größe der A. sind teils durch die Lebensansprüche (existenzökologisch), teils durch die Ausbreitungsmöglichkeiten oder historisch bedingt. Stabilität der Sippe (→ Euryökie), gute aktive oder passive Ausbreitungsfähigkeit in Zusammenwirken mit hoher Nachkommenzahl begünstigen die Entstehung großer A. ebenso wie Geschlossenheit und Gleichförmigkeit von Landgebieten oder Gewässern. Die A. *eurychorer* Tiere oder Pflanzen erstrecken sich über große Teile der Erde (→ Kosmopolit), im Gegensatz dazu sind manche *stenochore* Sippen auf wenige Quadratkilometer, auf eine einzige Höhle oder Quelle beschränkt. In der Tiergeographie wird bei strenger Definition nur das Fortpflanzungsgebiet, nicht aber der Wanderraum, zum A. gerechnet. Zum Beispiel zählt das afrikanische Überwinterungsgebiet europäischer Zugvögel nicht zu ihrem A. Fragwürdig ist die Konsequenz vor allem bei bestimmten Wanderfischen: Beim Europäischen Flußaal würde sich das A. auf die Sargassosee reduzieren, für die er noch nicht einmal belegt ist, und der Lachs hätte ein völlig zersplittertes A.

A. können *geschlossen* oder *kontinuierlich* sein, d. h. unter Ausklammerung ungeeigneter Biotope eine zusammenhängende Fläche einnehmen, oder sie sind *disjunkt* bzw. *diskontinuierlich*, d. h., sie bestehen aus mehreren oft weit auseinander liegenden Teilgebieten, deren Populationen keinen Kontakt miteinander haben; z. B. Vorkommen des Buschwindröschens in Mitteleuropa, Ostasien, Nordamerika. → disjunkte Verbreitung.

Die Arealkunde ist die Grundlage für alle weitere biogeographische Forschung. So deutet die gehäufte Überschneidung von A. oder Arealteilen in bestimmten Gebieten darauf hin, daß hier → Ausbreitungszentren zu suchen sind. Die Kenntnis der Beziehungen zwischen den A. verwandter Formen zueinander, d. h. das Vorliegen von → Sympatrie oder → Allopatrie, ist oft von entscheidender Bedeutung für ihre taxonomische Einstufung als → Arten oder → Unterarten.

Das Ergebnis der Arealerkundung wird in Arealkarten (→ Verbreitungskarten) niedergelegt.

Areal-Effekt, *area effect,* scheinbare Abhängigkeit der Häufigkeit verschiedener Schalenmorphen von Hain- und Gartenschnecke allein vom Ort ihres Vorkommens, unabhängig von dessen ökologischen Eigentümlichkeiten. Bestimmte Schalentypen von *Cepaea nemoralis* und *Cepaea hortensis* kommen über größere Gebiete hinweg in ähnlicher Häufigkeit vor, obwohl innerhalb dieser Bereiche der Charakter der Vegetation stark wechselt. Andererseits ändern sich die Häufigkeiten dieser Schalenmorphen zwischen benachbarten Orten oft abrupt, ohne eine erkennbare parallele Änderung der Umwelt.

Arealkarte, svw. Verbreitungskarte.

Arealkunde, *Chorologie,* Teilgebiet der Biogeographie, Lehre von der räumlichen Verteilung der Pflanzen- und Tiersippen und deren Ursachen. Auf der Grundlage der Erfassung und des Vergleichs von Sippenarealen werden komplexe Zusammenhänge von Arealformen und Umweltbedingungen in Gegenwart und Vergangenheit aufgeklärt. → Areal.

Lit.: G. de Lattin: Grundriß der Zoogeographie (Jena 1967); H. Meusel: Vergleichende A., 2 Bde. (Berlin 1943); Meusel, Jäger u. Weinert: Vergleichende Chorologie der zentraleuropäischen Flora (Jena ab 1965); P. Müller: Arealsysteme und Biographie (Stuttgart 1981); Walter u. Straka: Arealkunde (2. Aufl., Stuttgart 1970).

Arecaceae, → Palmen.

Arg, Abk. für L-Arginin.

Argentinische Schlangenhalsschildkröte, *Hydromedusa tectifera,* bis 25 cm lange, hauptsächlich niedere Wassertiere erbeutende, dunkelheitsaktive → Schlangenhalsschildkröte Südamerikas.

Arginase, zur Gruppe der Hydrolasen gehörendes Enzym, das im Tierreich weit verbreitet ist und im Harnstoffzyklus die Spaltung der Aminosäure L-Arginin in Ornithin und Harnstoff bewirkt. A. spielt somit eine wichtige Rolle bei der Ammoniakentgiftung im Organismus. Sie ist vor allem in der Leber harnstoffausscheidender Tiere angereichert. Es ist ein aus vier Untereinheiten aufgebautes Protein der Molekülmasse 118 000, das vier Mangan(II)-ionen je Molekül enthält. A. ist ein Enzym hoher Substratspezifität und hoher Aktivität.

L-Arginin, Abk. *Arg*

$$H_2N-\underset{\underset{NH}{\parallel}}{C}-NH-(CH_2)_3-CH(NH_2)-COOH,$$

basischste, proteinogene, halbessentielle und glukoplastisch wirkende Aminosäure, die besonders reichlich in Protaminen, z. B. zu 87% im Salmin, aber auch in Histonen enthalten ist. L-A. ist ein wichtiges Glied des Harnstoffzyklus, in dessen Verlauf es aus Karbylphosphat, L-Ornithin und der α-Aminogruppe der L-Asparaginsäure synthetisiert wird. L-A. dient als Ausgangsverbindung aller Guanidinderivate.

Argonauta argo, → Papierboot.

Argulus, → Karpfenläuse.

Argusfische, *Scatophagidae,* Familie der Perciformes. Hochrückige, seitlich stark zusammengedrückte Allesfresser, die in großen Schwärmen die Küstenregionen, vor allem die Ästuarien des tropischen Indopazifik besiedeln. Jungtiere lassen sich im Süßwasser-, ältere Tiere im Seewasseraquarium lange Zeit hältern.

argyrophile Fasern, svw. Retikulinfasern.

arid, Klimatyp der Trockengebiete (Steppen, Wüsten), die jährliche Verdunstung übertrifft die Niederschlagsmenge. Die ariden Böden können durch die Anhäufung von Verwitterungsprodukten sehr nährstoffreich sein, begrenzender Faktor für die Fruchtbarkeit ist dabei Wassermangel.

Arietites [lat. aries 'Widder'], eine leitende Ammonitengattung des Lias $α_3$. Es handelt sich um planspiral eingerollte, weit genabelte Formen bis 1 m Durchmesser mit einem mit zwei Furchen begrenzten Kiel auf der Außenseite. Über die Gehäuseoberfläche verlaufen einfache Rippen, die an den Furchen enden.

Arillus, → Samen.

Arktis, *arktische Subregion,* schon von Autoren des vorigen Jahrhunderts und in jüngster Zeit erneut ausgeschiedene tiergeographische Unterregion der → Holarktis, die von → Paläarktis und → Nearktis abgetrennt wird; sie wird im allgemeinen durch den Polarkreis begrenzt, schließt aber ganz Grönland ein. Ihre Anerkennung trägt im Vergleich mit südlicheren Gebieten viel größerem zonalen Einheitlichkeit der Fauna und den besonderen ökologischen Bedingungen Rechnung. Es gibt jedoch nur wenige arktische Arten, deren Areal nicht irgendwo in Paläarktis und/oder Nearktis hineinreicht, insbesondere gehen viele in Ostsibirien (ebenso wie der Dauerfrostboden!) und Alaska weiter nach Süden (→ arktisch-alpine Verbreitung). Andererseits überschreiten manche südlichen Tiere in geringem Umfang den Polarkreis, der keine natürliche Grenze bildet. Eine solche gibt es wohl gar nicht: Das Vordringen in die unwirtlichen Gebiete ist im großen und ganzen eher durch graduelle Unterschiede in der ökologischen Potenz (→ ökologische Valenz) als durch Ausbreitungsschranken der Gegenwart oder Vergangenheit bestimmt. Einschränkend ist festzustellen, daß die Davisstraße wenigstens die Ausbreitung vieler Insekten besonders stark behindert hat: Grönländische Insekten von geringer Ausbreitungsfähigkeit zeigen stärkere Beziehungen zur Palä- als zur Nearktis.

Die A. ist durch große Artenarmut gekennzeichnet. Außer im Meer fehlen poikilotherme Wirbeltiere fast völlig; wirbellose Tiere, bei denen durch die Kürze der Vegetationszeit die Entwicklung stark verlängert (Schmetterlinge bis 10 Jahre!), sind zwar noch artenreicher als die Wirbeltiere, doch nur vorübergehend aktiv. In der Tundra gibt es Massenvermehrungen von Stechmücken. In Ellesmereland leben unter 82° N noch 115 Arten pterygoter Insekten, auf der kälteren Devoninsel beim 76° N trotz isolierter Lage (500 km Gletscher, Hochland oder Ozean) 158 Insektenarten.

Eisbär, Polarfuchs, Schneehase, Rentiere und Lemminge sind zirkumpolar verbreitet, der Moschusochse in der Gegenwart (ursprünglich) auf amerikanische A. und Grönland beschränkt. Die dominierenden Vögel sind überwiegend durch oft in Kolonien brütende, sich aus dem Meer ernährende Arten vertreten. Nur wenige überwintern in der A., wie die Schneehühner, die dann ebenso wie die Lemminge und Schneehasen zeitweise unter dem Schnee leben.

arktisch-alpine Verbreitung, die → disjunkte Verbreitung von Tieren in den Alpen und/oder anderen eurasiatischen (besonders mitteleuropäischen) Gebirgen und der Arktis oder Subarktis. Tiere mit a. V. hatten in der Eiszeit ein geschlossenes Areal; mit dem Rückzug des Eises wurden ihre Ansprüche jedoch nur noch im hohen Norden und in höheren Gebirgen erfüllt, bzw. sie waren nur noch hier gegenüber anderen Arten konkurrenzfähig. Zoologische Beispiele: Alpenschneehuhn, Ringdrossel, Schneehase, zahlreiche Insekten, namentlich Schnaken und Hummeln. Auf den Britischen Inseln ist die Arealgrenze von Tieren mit a. V. teilweise weit nach Süden verschoben. Bei enger Definition sind nur solche Tiere als arktisch-alpin zu bezeichnen, die in der Tundra und in Gebirgen jenseits der Baumgrenze leben. → boreo-alpine Verbreitung.

arktokarbonisches Florenreich, → Paläophytikum.

arktotertiäre Flora, eine von Fossilfunden bekannte, artenreiche, frostempfindliche und wärmebedürftige Flora der Nordpolarländer (Grönland, Spitzbergen, Grinnell-Land) des Frühtertiärs, die dann vom oberen Oligozän an auch Mitteleuropa besiedelte und den Grundstock zur Entstehung holarktischer Floren bildete.

Arm, → Extremitäten.

Armadillidiidae, → Rollasseln.

Armflosser, svw. Seeteufelartige.

Armfüßer, *Brachiopoden, Brachiopoda,* eine etwa 280 Arten umfassende Klasse der Kranzfühler von äußerer Muschelähnlichkeit. Die rezenten A. sind letzte Vertreter einer in früheren Erdperioden mehr als 7000 Arten umfassenden Tiergruppe, von der viele Arten wichtige Leitfossilien darstellen. Einige heute lebende A. sind seit dem Silur unverändert.

Morphologie. Der Körper ist dorso-ventral abgeplattet und von zwei auf der Bauch- und Rückenseite liegenden, chitinigen, mit Kalksalzen durchsetzten Schalenklappen umschlossen, die unterschiedlich sind (ventrale Schale bauchiger) und durch Muskeln sowohl geöffnet als auch geschlossen werden. Vielfach ist ein Schalenschloß und innen an der Rückenschale ein besonderes, sehr vielgestaltiges Stützgerüst (Armgerüst) für den Tentakelapparat ausgebildet. Die trimere Gliederung ist deutlich ausgeprägt: Das Prosoma umfaßt eine kleine Oberlippe, das Mesosoma die Mundöffnung mit dem Tentakelapparat und das Metasoma den restlichen Körper mit den Eingeweiden, den Mantellappen und dem meist vorhandenen, am Hinterende sitzenden Stiel, mit dem sich die A. am Untergrund befestigen. Der einfache Darm endet seitlich, kaudal oder blind. Das Blutgefäßsystem mit kontraktilem Dorsalgefäß ist geschlossen. Am Nervensystem haben sich ein Schlundring sowie ein Zerebral- und ein Unterschlundganglion ausgebildet.

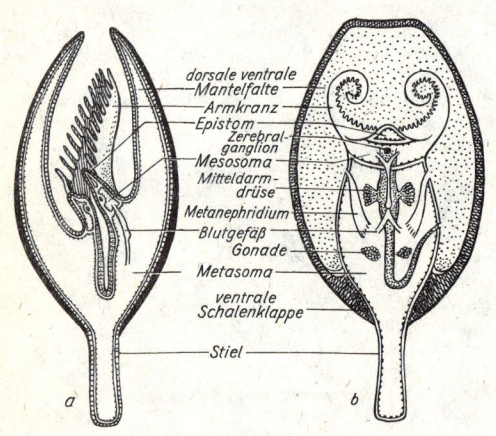

Bauplan eines Armfüßers (*Ecardines*): *a* Seitenansicht, *b* Rückenansicht

Biologie. Fast alle A. sind getrenntgeschlechtlich. Die Entwicklung ist eine Metamorphose; sie verläuft zuerst vielfach in besonderen Brutkammern, dann über eine Schwimmlarve mit bewimperter Scheitelplatte, mit Augenflecken und Statozysten. Die Larve setzt sich nach wenigen Tagen am Untergrund fest. Als Nahrung werden Mikroorganismen und Detritus mit Hilfe der Tentakelwimpern herangestrudelt und durch einen Schleimfilter in den Mund befördert.

Die 0,1 bis 8 cm großen A. leben ausnahmslos im Meer und sind mit einem Stiel oder direkt mit den Schalen am Untergrund befestigt. Sie besiedeln vorwiegend die Küstenzonen bis zu einigen hundert Metern Tiefe.

System. Zu den A. gehören die beiden Unterklassen → *Inarticulata (Ecardines)* ohne Schalenschloß und → *Articulata (Testicardines)* mit Schalenschloß.

Geologische Verbreitung und Bedeutung: Algonkium (?), Kambrium bis Gegenwart. Den relativ wenigen rezenten Formen steht eine Fülle fossiler Arten gegenüber. Sie sind daher von großer paläontologischer und biostratigraphischer Bedeutung. Die Blütezeit ihrer Entwicklung liegt im Paläozoikum, im Kambrium bilden sie bereits ein Drittel der Gesamtfauna. Vom Mesozoikum ab geht die Entwicklung der A. zugunsten der Muscheln und Schnecken zurück. Es gibt jedoch unter ihnen Gattungen (z. B. → Lingula), die unverändert vom Ordovizium bis in die Gegenwart reichen.

Sammeln und Konservieren: → Kranzfühler.

Armgerüst, Stützgerüst für den Tentakelapparat bei den Armfüßern (Ordnung *Testicardines*) an der Innenseite der Rückenschalen. Es entspringt in der Schloßgegend und kann viele Formen haben, die zwischen einem einfachen Hakenpaar und komplizierten Doppelspiralen variieren.

Armilla, die am Stiel einiger Hutpilze der Ordnung *Agaricales,* z. B. beim Fliegenpilz, von der Hutansatzstelle aus herabhängende hautartige Manschette. Sie besteht aus den Resten der inneren Hülle (Velum partiale), die im Jugendstadium Hut und Stiel umschließt und somit auch das Sporenlager bedeckt.

Armleuchteralgen, → Grünalgen.

Armmolche, *Sirenidae,* bis 1 m lange nordamerikanische → Schwanzlurche mit schlangenartigem Körper ohne Hintergliedmaßen. Die A. stellen eine »Dauerlarvenform« (→ Neotenie) dar und behalten während des ganzen Lebens die äußeren Kiemen, Erwachsene besitzen außerdem Lungen. Eine Umwandlung läßt sich – im Gegensatz zum → Axolotl – auch experimentell nicht erreichen. A. besitzen Hornschneiden an Stelle der Zähne. In der Trockenzeit wühlen sie sich in den Schlamm ein, wobei sich die Kiemen rückbilden. Die stammesgeschichtlichen Beziehungen der A. sind umstritten.

Armwirbler, *Phylactolaemata, Lophopoda,* eine Ordnung ausschließlich im Süßwasser lebender → Moostierchen mit hufeisenförmiger Lophophore und durch eine Membran verbundenen Tentakeln. Die Kolonien setzen sich aus homomorphen, unvollständig getrennten Individuen zusammen, deren Membranen nicht verkalkt sind, so daß das Zooarium gallertig oder lederartig wirkt. Die A. sind vivipar; als »Winterknospen« werden ungeschlechtlich Statoblasten gebildet.

Arni, → Büffel.

Arnika, → Korbblütler.

Arnizin, Bitterstoff aus den Blüten von Arnika, *Arnica montana.*

Aromorphose, von A. N. Sewertzoff (1931) geprägter Ausdruck für → Höherentwicklung.

Arousal, svw. Vigilanz.

Arrauschildkröte, → Schienenschildkröten.

Arrhenotokie, → Parthenogenese.

Arsen, As, chemischer Grundstoff, der in Spuren in Pflanzen vorkommt. A. gehört zu den nicht lebensnotwendigen Spurenelementen der Pflanze und kann in relativ geringen Konzentrationen toxisch wirken.

Art, *Species,* wichtigste taxonomische Kategorie des Systems der Pflanzen und Tiere. Ursprünglich war die A. morphologisch und typologisch auf übereinstimmenden und sie von anderen A. unterscheidenden Merkmalen begründet. Die Unhaltbarkeit einer solchen Abgrenzung zeigte sich unter anderem einerseits an großen Unterschieden im Aussehen von geographisch weit entfernten Populationen und → *Unterarten*, andererseits im Nebeneinander von *Zwillingsarten*, die manchmal nur biochemisch oder durch Karyotypanalyse unterscheidbar sind.

Heute wird die A. biologisch als Abstammungs- und potentielle Fortpflanzungsgemeinschaft definiert, die von anderen A. reproduktiv dadurch isoliert ist, daß es entweder gar nicht zur Paarung kommt oder, wenn überhaupt lebens- so doch nicht fortpflanzungsfähig sind. A. sind somit objektive Realitäten und nehmen als solche gegenüber den übergeordneten Kategorien (Gattung, Familie, Ordnung) eine Sonderstellung im System ein, da diese nicht in gleicher Weise objektivierbar sind.

Obwohl diese Kennzeichnung wenigstens bei höheren Tieren und Pflanzen im Normalfall ausreicht, sind immer wieder neue Definitionen der A. vorgeschlagen worden. Das hat seine Ursache unter anderem darin, daß es zwischen tierischen und pflanzlichen A. gewisse Unterschiede gibt (z. B. leichtere Hybridisierung und Polyploidie bei Pflanzen), daß Vorhandensein und Wirksamkeit etwaiger Fortpflanzungsschranken in vielen Fällen nicht überprüft werden können, und auch darin, daß theoretisch durchaus zu erwartende Grenzfälle zwischen Unterarten und A. vorkommen.

In gut durchforschten Tiergruppen, namentlich bei Vögeln und Säugetieren, überwiegen *polytypische* oder *polymorphe A.*, die sich in zwei oder mehr Unterarten gliedern lassen, gegenüber *monotypischen* oder *monomorphen A.*, in denen keine die weitere Unterteilung rechtfertigende Unterschiede auftreten.

Das entscheidende Kriterium dafür, ob es sich bei nahe verwandten Formen um A. oder Unterarten handelt, ist meist die Verbreitung. Dabei ist → *Sympatrie* für A., → *Allopatrie* für Unterarten charakteristisch. Es gibt jedoch Ausnahmen: Die Existenz von einander sehr nahestehenden, sich aber wie Unterarten geographisch ausschließenden A. war Anlaß dafür, daß Rensch die auch als *Rassenkreis* bezeichnete A. durch den *Artenkreis* ergänzte, während der ältere Terminus → *Formenkreis* beide Fälle einschließt. Heute spricht man in einem solchen Fall von *Superspecies*, deren einzelne Glieder, die reproduktiv mehr oder weniger isoliert sind, als *Semispecies* bezeichnet werden. Der Superspeciesbegriff wird auch einigen Fällen gerecht, in denen bei ringförmiger Verbreitung zwischen den Endgliedern einer Kette von Unterarten keine Fortpflanzung mehr möglich ist, während entlang der Kette eine genetische Isolierung fehlt. Bekannt ist das Beispiel der Silbermöwengruppe, deren Glieder sich in ihren eiszeitlichen → *Refugien* unterschiedlich stark differenziert hatten, so daß sie sich nach erneuter Ausbreitung teils wie A. (z. B. D in der Abb.), teils wie Unterarten verhielten. Von diesen kreuzte sich aber die Silbermöwe nach ihrer allzu weit zurückliegenden Überquerung des Atlantiks im Ostseeraum und an der nordwesteuropäischen Atlantikküste (A + M) höchstens ausnahmsweise mit der Heringsmöwe.

Eine ähnliche *reproduktive Isolierung* bleibt im Normalfall, d. h. bei fehlender Sympatrie der Endglieder, natürlich meist unbemerkt. In neuerer Zeit hat man mit einem gewissen Erfolg versucht, Insektenpopulationen aus weit entfernten Gebieten anstelle von künstlich sterilisierten Tieren zur genetischen Schädlingsbekämpfung einzusetzen.

Bei der Beschreibung einer A. ist ein Typus zu bestimmen, der unabhängig von Änderungen in der Abgrenzung der A. oder Korrekturen in ihrer Beschreibung Träger des Namens bleibt. Dieser besteht seit Linné aus zwei Gliedern, dem Gattungs- und dem eigentlichen Artnamen, denen bei vollständiger Angabe noch Autor und Jahr angefügt werden, z. B. *Pieris brassicae* Linnaeus, 1758. Eine unbestimmte A. der Gattung wird spec., sp., *Plur*. spp, abgekürzt.

Lit.: Jahn, Löther u. Senglaub: Geschichte der Biologie (Jena 1982); Löther, R.: Die Beherrschung der Mannigfaltigkeit (Jena 1972); Mayr, E.: Artbegriff und Evolution (Hamburg u. Berlin 1967), Grundlagen der zoologischen Systematik (Hamburg u. Berlin 1975).

Art-Areal-Kurve, → Minimalareal.

Artbastarde, → Kreuzung.

Artbildung, *Speziation*, Entwicklung genetischer Unter-

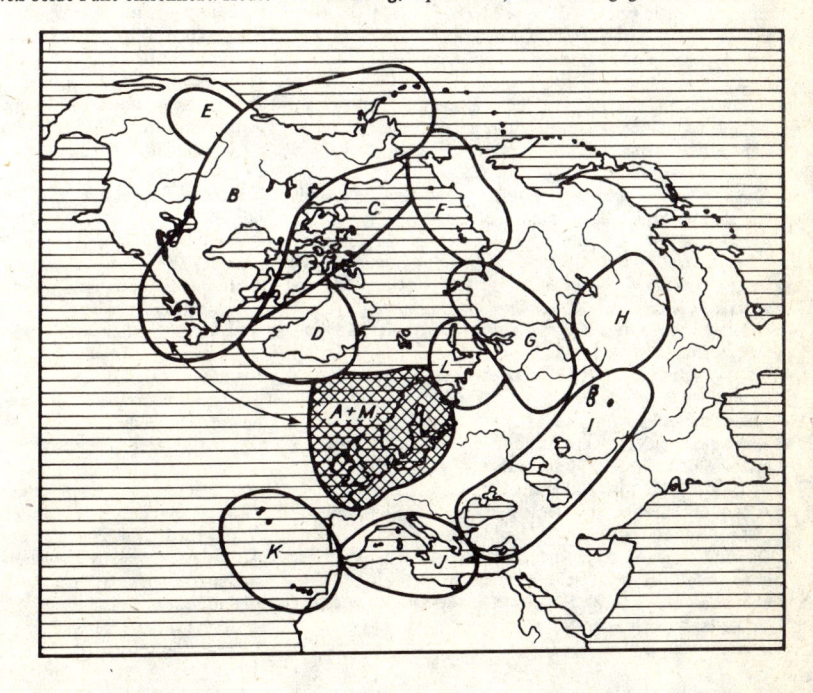

Verbreitung der verschiedenen Formen der Silbermöwengruppe (nach Mayr)

Artemia

schiede und reproduktiver → Isolation zwischen verschiedenen Populationen einer Stammart. Der häufigste Typ der A. ist die *geographische* oder *allopatrische* A. Dabei erzeugen verschiedenartige Selektion und genetische Drift erbliche Unterschiede zwischen räumlich getrennten Populationen, die auch das Fortpflanzungssystem erfassen (→ genetische Revolution). Dadurch wird der Genfluß zwischen den Populationen eingeschränkt oder unterbunden. Treffen zwei durch so entstandene postzygote Isolationsmechanismen getrennte Populationen wieder aufeinander, dann entwickeln sich oft auch präzygote Isolationsmechanismen.

Die Bedeutung der geographischen Isolation für die A. erkennt man z. B. an der Tatsache, daß die Eidechsenart *Lacerta bocagei* auf der gesamten Pyrenäenhalbinsel nur 3 Unterarten gebildet hat, die auf den Inselgruppen der Pityusen und Balearen lebenden verwandten Arten *Lacerta pityusensis* und *Lacerta lilfordi* jedoch in 37 bzw. 13 Unterarten aufgesplittert sind.

Eine neue Art ist entstanden, wenn die betreffende Population von ihrer Stammform vollständig reproduktiv isoliert ist. Die hierfür erforderlichen Zeiträume sind sehr verschieden. Die Insel Fernando Póo wurde vor 12 bis 15 000 Jahren vom afrikanischen Festland getrennt. Daher existieren 30 % der hier lebenden Vögel und Säuger als besondere Rassen, die sich während dieses Zeitraums aber noch nicht zu besonderen Arten entwickelten. Andererseits sind die Männchen der F_2-Generation von Kreuzungen zwischen Taufliegen der Art *Drosophila pseudoobscura* aus Kolumbien und den USA unfruchtbar, wenn ihre Mütter aus Kolumbien und ihre Väter aus den USA stammen, obwohl die kolumbianische Population erst um 1960 aus den USA eingeschleppt wurde.

Ob eine *sympatrische* A. durch allmähliches Anreichern genetischer Unterschiede und die Entwicklung reproduktiver Isolation zwischen Individuen, die im gleichen Territorium leben, möglich ist, bleibt umstritten. Zumindest ist dieser Vorgang sehr selten.

Im Pflanzenreich ist A. durch *Polyploidisierung* häufig. Rund 50 % aller Pflanzenarten gelten als Polyploide. Fast alle sind Allopolyploide, die entweder unmittelbar aus Artkreuzungen hervorgingen oder direkt oder indirekt von Arten abstammen, die sich einmal auf diese Weise gebildet hatten.

Sowohl bei Tieren als auch bei Pflanzen können sich in kleinen Populationen durch Chromosomenmutationen entstandene neue chromosomale Strukturen durch Drift rasch ausbreiten und so homozygot werden, obwohl die heterozygoten Träger dieser Strukturen relativ lebensuntüchtig sind. Aus den lebenstüchtigen homozygoten Individuen entsteht so eine neue Art, die durch die herabgesetzte Vitalität der Heterozygoten von der Stammart reproduktiv isoliert ist. Dieser Vorgang wurde an australischen Heuschrecken entdeckt und *stasipatrische* A. genannt.

Selbst wenn Arten ein großes geschlossenes Areal besiedeln, wandeln sie sich allmählich, so daß man sie nach einer gewissen Zeit als neue Arten ansehen muß. Dieser Prozeß heißt *phyletische* A.

Artemia, → Kiemenfußkrebse.
Artendichte, durchschnittliche Anzahl von Arten bezogen auf eine Flächen- oder Raumeinheit.
Artenidentität, svw. Jaccardsche Zahl.
Artenkombination, wiederkehrendes und oft gemeinsames Auftreten von Arten an einem bestimmten Standort. Die für den jeweiligen Standort charakteristische A. ist bedingt durch das spezifische Zusammenwirken der → Umweltfaktoren. Ein meßbarer Ausdruck dieses Einflusses der Umweltfaktoren auf das gemeinsame Auftreten von Arten ist die → Affinität.

Artenschutz, Maßnahmen zur Erhaltung der vom → Aussterben bedrohten Tier- und Pflanzenarten (→ Naturschutz). Gelegentlich wird der auf Tiere bezügliche A. auch als *Tierschutz* bezeichnet, obwohl unter diesem Begriff traditionell der Schutz von Tieren vor Mißhandlung und unsachgemäßer Haltung verstanden wird, und er deswegen in seiner Bedeutung als genauso festgelegt angesehen werden sollte, wie der stets eindeutig benutzte Begriff → Pflanzenschutz.

Artenschutzabkommen, *Washingtoner Abkommen*, 1973 von 57 Staaten unterzeichnetes, 1975 in Kraft getretenes Abkommen zum Schutz bedrohter freilebender Tier- und Pflanzenarten, dem bis Ende 1980 insgesamt 61 Staaten beigetreten waren, darunter (1976) die DDR und die BRD. Das A. bezieht sich auf den internationalen Handel, der für besonders gefährdete Arten praktisch völlig untersagt, für andere stark eingeschränkt und von Genehmigungen der Herkunftsländer abhängig ist. Die entsprechenden Listen, die sich auch auf Produkte beziehen, die von den aufgeführten Arten stammen (Felle, Elfenbein, Nashornhörner u. a.), werden in gewissen Abständen überarbeitet und meist erweitert. Die Unterzeichnerstaaten haben jedoch das Recht, einzelne Positionen nicht in ihre nationale Gesetzgebung zu übernehmen, durch die das A. wirksam wird. Das A. hat eine sehr große Bedeutung erlangt und z. B. bewirkt, daß manche traditionellen Zootiere allenfalls noch aus Zuchten beschaffbar sind. Andererseits hat es in vielen Fällen die Preise derart in die Höhe getrieben, daß Wildern, Schmuggel und das Fälschen der vorgeschriebenen Dokumente mehr Profit als in der Vergangenheit abwerfen und dem Rauschgifthandel vergleichbare internationale Organisationen entstanden sind. Ein besonderes Problem ist die Qualifizierung der Kontrollorgane in der Bestimmung der Arten, die besonders bei den Produkten (z. B. Krokodilhäute) hohe Anforderungen stellt. Das A. wird gelegentlich auch als CITES = *C*onvention on *i*nternational *t*rade in *e*ndangered *s*pecies angeführt.

Art-Epitheton, → Nomenklatur.
Arterie, *Schlagader*, Blutgefäß, das das Blut vom Herzen wegführt, → Blutkreislauf.
Artgenosseneffekt, → Stimmungsübertragung.
Arthropleona, → Springschwänze.
Arthropoda, → Gliederfüßer.
Arthropodenmoder, → Humus.
Arthrosporen, *Gliedersporen*, *Gliedsporen*, Pilzsporen, die durch Umbildung gekammerter Hyphen in dickwandige Zellen entstehen. Sie können in kettenartigen Verbänden zusammenbleiben oder auch zu Einzelzellen auseinanderbrechen. Die A. entsprechen begrifflich den → Oidien und sind unter anderem bei vielen Echten Mehltaupilzen (*Erysiphaceae*) zu finden.
Arthus-Reaktion, eine Form der → Allergie. Als Folge von Antigen-Antikörper-Komplexbildung kommt es zu starken entzündlichen Reaktionen.
Articulare, → Schädel.
Articulata, *1) Testicardines*, Unterklasse der Armfüßer, bei deren Vertretern die Schalen verkalkt und durch ein Schloß miteinander verbunden sind. An der Rückenklappe ist immer ein Armgerüst – von einfachen Haken bis zu komplizierten Spiralen – vorhanden. Die A. leben in verschiedenen Meeren mit einem nicht kontraktilen Stiel (ohne Zölomausstülpung) oder direkt mit den Schalen dem Grund aufsitzend. *2)* → Gliedertiere.
Articulatae, → Schachtelhalmartige.
Articulatio, → Gelenk.
Artiodactyla, → Paarhufer.
Artischocke, → Korbblütler.
Artmächtigkeit, analytisches Merkmal zur Kennzeich-

nung eines Pflanzenbestandes. Die A. bezieht sich auf die einzelnen Arten und stellt eine Kombination von Abundanz (Individuenzahl) und Dominanz (Deckungsgrad) dar (→ Vegetationsaufnahme). Nach dem Vorschlag von Braun-Blanquet wird die A. üblicherweise auf einer Probefläche nach einer 7teiligen Skale geschätzt; darin bedeuten 5 mehr als 75% der Aufnahmefläche deckend, Individuenzahl beliebig; 4 50 bis 75% der Aufnahmefläche deckend, Individuenzahl beliebig; 3 25 bis 50% der Aufnahmefläche deckend, Individuenzahl beliebig; 2 5 bis 25% der Aufnahmefläche deckend und Individuenzahl beliebig oder sehr zahlreiche Individuen bei geringem Deckungsgrad; 1 mäßig zahlreich und weniger als 5% der Aufnahmefläche deckend oder gering an Zahl, aber mit größerem Deckungswert; + (sprich »Kreuz«, nicht »plus«) spärlich, in wenigen Exemplaren und mir sehr geringem Deckungsgrad; r (rar) sehr selten, nur 1 bis 2 Exemplare und sehr wenig Fläche bedeckend.

Dieses kombinierte Schätzungsverfahren wird bei Vegetationsaufnahmen am häufigsten angewendet und von den meisten Pflanzensoziologen gebraucht.

Arvicola, → Wasserratten.
Arzneipflanzen, Heilpflanzen, Wild- oder Kulturpflanzen, die bestimmte Inhaltsstoffe, z. B. Alkaloide, Glykoside, ätherische Öle, Bitterstoffe oder Schleimstoffe, enthalten und die deshalb zur Herstellung von Arzneien, als Tee oder zu anderen medizinischen Zwecken verwendet werden.
Asaphus [griech. asaphes 'undeutlich'], eine Trilobitengattung mit halbkreisförmigem Kopf- und Schwanzschild, deren Größe etwa gleich ist. Der Kopfschild trägt eine vor den Augen verbreiterte Glabella. Die Gesichtsnaht verläuft vom Hinterrand über die halbkreisförmigen Fazettenaugen zum Stirnrand. Der Rumpf besteht aus acht Segmenten mit an den Enden gerundeten Pleuren. Das Schwanzschild ist durch eine schwach segmentierte Achse deutlich gegliedert.

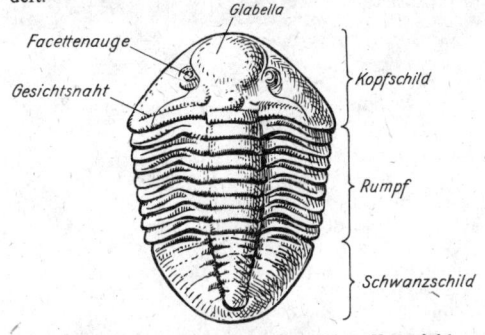

Asaphus expansus Wahlenb. aus dem Ordovizium; Vergr. 0,6:1

Verbreitung: Ordovizium. Zu A. gehören wichtige Leitfossilien des unteren und mittleren Ordoviziums. Nicht selten in Geschieben vorkommend.
Asbestfaserung, durch vorwiegend altersabhängige degenerative Veränderungen bedingte Demaskierung der kollagenen Fibrillen der Knorpelgrundsubstanz mit parallelfaseriger Streifung und einem asbestartigen Aussehen der Fibrillen.
Ascaridida, → Fadenwürmer.
Ascaris, → Spulwürmer.
Asche, → Pflanzenasche.
Äsche, *Thymallus thymallus,* zu den Lachsartigen gehörender, wohlschmeckender Fisch schnellfließender, wasserreicher Bäche und Flüsse. Die bis 40 cm lang werdende Ä. laicht von März bis April. Leitfisch der tiefergelegenen Bereiche der Wasserläufe (Äschenregion).

Aschelminthes, → Rundwürmer.
Äschenregion, → Fließgewässer.
Aschiza, → Zweiflügler.
Aschlauch, → Liliengewächse.
Aschoff-Tawara-Knoten, → Herzerregung.
Ascidiaceae, → Seescheiden.
Asclepiadaceae, → Schwalbenwurzgewächse.
Ascolichenes, → Flechten.
Ascomycetes, → Schlauchpilze.
Ascothoracida, eine Unterklasse der Krebse mit 25 Arten, die als Entoparasiten in Stachelhäutern und Korallen leben. Ihr Körper ist stark umgebildet.
Asellidae, → Asseln.
Asellota, → Asseln.
Asilidae, → Zweiflügler.
Askogon, → Schlauchpilze.
Askorbigen, Konjugat von 3-Hydroxymethylindol mit Askorbinsäure. Es entsteht beim Abbau des Senfölglykosids Glukobrassizin in Brassicaceen und verwandten Familien.
Askorbinsäure, svw. Vitamin C, → Vitamine.
Askosporen, die in dem Sporenschlauch (→ Askus) der → Schlauchpilze gebildeten Sporen.
Äskulapnatter, *Elaphe longissima,* schlanke, glänzend braune, klettergewandte südeuropäische → Natter, nördlich bis zum Taunus und (vielleicht früher ausgesetzt) bei Schlangenbad/BRD vorkommend. Sie bewohnt lichte Laubwälder und frißt als Jungtier bevorzugt Eidechsen, später hauptsächlich Mäuse. Die 5 bis 8 Eier werden meist in Baumhöhlen abgelegt.
Äskuletin, → Äskulin.
Äskulin, 6-β-D-Glukopyranosyl-äskuletin, ein bitter schmeckendes Glykosid aus Rinde und Blättern der Roßkastanie, *Aesculus hippocastanum.* Ä. kommt auch in einer Reihe anderer Pflanzen vor, z. B. in Weißdornrinde. Es wird bei der Hydrolyse in Glukose und in das sich von Kumarin ableitende Aglykon *Äskuletin* (6,7-Dihydroxykumarin) gespalten.

Askus, *Sporenschlauch* sackförmiger, bzw. schlauchartiger Sporenbehälter der Schlauchpilze, in dem die Askosporen, meist 4 oder 8, gebildet werden.
Asn, Abk. für L-Asparagin.
Asp, Abk. für L-Asparaginsäure.
L-Asparagin, Abk. *Asp-NH$_2$* oder *Asn,* H$_2$N—CO —CH$_2$—CH(NH$_2$)—COOH, das Halbamid der L-Asparaginsäure, eine proteinogene Aminosäure, die in freier Form und als Proteinbaustein vor allem Bestandteil pflanzlicher Reserveeiweißstoffe ist. Die Synthese von L-A. erfolgt aus L-Asparaginsäure und Ammoniak. Der Name ist vom Vorkommen im Spargel, *Asparagus officinale,* abgeleitet.
Asparaginase, ein zu den Hydrolasen gehörendes Enzym, das im Tier- und Pflanzenreich weit verbreitet ist und L-Asparagin hydrolytisch in L-Asparaginsäure und Ammoniak spaltet.
L-Asparaginsäure, Abk. *Asp,* HOOC—CH$_2$—CH(NH$_2$) —COOH, eine proteinogene, für Säugetiere nicht essentielle, glukoplastisch wirkende Aminosäure. Mit der α-Aminogruppe ist L-A. an Transaminisierungsreaktionen des Harnstoffzyklus sowie an der Purinbiosynthese beteiligt und stellt außerdem das N-Atom des Purinringsystems sowie die 6-Aminogruppe von Adenin.
Aspartase, → Lyase.
Aspektfolge, durch die Jahresrhythmik bedingte Verände-

Aspergillomarasmin B

rung der Zusammensetzung der Pflanzen- und Tierwelt einer Lebensgemeinschaft. Der jeweilige Aspekt wird vor allem durch das Auftreten saisongebundener Arten bzw. spezieller → Semaphoronten charakterisiert. In Mitteleuropa unterscheidet man im wesentlichen zwischen Frühlings-, Sommer-, Herbst- und Winteraspekt.

Aspergillomarasmin B, → Lykomarasmin.
Aspidobothriae, → Saugwürmer.
Aspidosoma, → Euzonosoma.
Asp-NH$_2$, Abk. für L-Asparagin.
Asseln, *Isopoda,* eine Ordnung der Krebse (Unterklasse *Malacostraca*) mit einem meist abgeplatteten Körper. Ein Carapax fehlt. Die Eier entwickeln sich in einer Bauchtasche (Marsupium) des Weibchens. Die rund 4000 bekannten Arten leben vor allem als Bodenbewohner im Meer. Ausschließlich Parasiten an anderen Krebsen sind die → *Epicaridea,* deren Körper oft völlig deformiert ist.

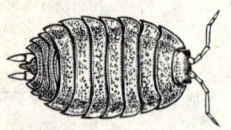

1 Kellerassel (Porcellio scaber) ♀

Die *Landasseln, Oniscoidea,* sind die einzigen echten Landtiere unter den Krebsen. Sie haben sich durch → Trachealorgane der Luftatmung angepaßt. Bekannte Landasseln sind besonders die *Kellerassel, Porcellio,* die *Mauerassel, Oniscus,* und die *Rollassel, Armadillidium.* Sie leben tagsüber versteckt, meist an feuchten Orten. Ihre Nahrung sind weiche bzw. wasserreiche modernde oder lebende Pflanzenteile.

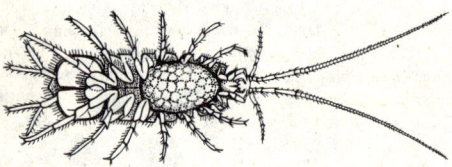

2 Wasserassel *(Asellus aquaticus)* ♀, Bauchseite, mit Brutbeutel

A. kommen im Garten oder Gewächshaus als Gelegenheitsschädlinge vor; die Pflanzen zeigen dann unregelmäßigen Lochfraß.

System (es sind nur die wichtigsten Familien angeführt):
1. Unterordnung: *Gnathiidea*
2. Unterordnung: *Anthuridea*
3. Unterordnung: *Flabellifera*
   Familie: *Limnoriidae* (Bohrasseln)
   Familie: *Sphaeromatidae*
4. Unterordnung: *Valvifera* (Klappenasseln)
   Familie: *Idoteidae*
5. Unterordnung: *Asellota*
   Familie: *Asellidae* (mit der Wasserassel)
6. Unterordnung: *Phreatoicoidea*
7. Unterordnung: *Oniscoidea* (Landasseln)
   Familie: *Ligiidae* (Ligia)
   Familie *Trichoniscidae*
   Familie: *Oniscidae* (mit der Mauerassel)
   Familie: *Porcellionidae* (mit der Kellerassel)
   Familie: *Armadillidiidae* (Rollasseln)
8. Unterordnung: *Epicaridea*

Lit.: H. E. Gruner: Krebstiere oder *Crustacea.* V. Isopoda, 1. u. 2. Lief. In Dahl: Die Tierwelt Deutschlands, Tl. 51 u. 53 (Jena 1965/1966).

Asselspinnen, *Pantopoda, Pycnogonida,* eine Klasse der Gliederfüßer. Es sind ausschließlich im Meer lebende Tiere mit kleinem, 0,8 bis 6 cm langem Rumpf und oft extrem langen Laufbeinen (bis 50 cm Spannweite). Der stabförmige Rumpf läßt einen großen Vorderteil (Prosoma) und einen sehr kurzen, stummelförmigen Hinterteil (Opisthosoma) unterscheiden. An der Spitze des Körpers liegt ein kräftiger Rüssel mit dem Mund. Dahinter folgen drei Gliedmaßenpaare, die Chelizeren mit Scheren, die Pedipalpen und die Eierträger. Alle drei Paare können beim Weibchen fehlen, während beim Männchen mindestens die Eierträger stets vorhanden sind. Darauf folgen vier (selten fünf oder sechs) Paar sehr lange Laufbeine, in die sogar die inneren Organe Blindsäcke entsenden.

Es sind rund 500 Arten bekannt, die alle Meere und alle Tiefen bewohnen. Sie leben räuberisch oder parasitisch an Hydrozoen, *Octocorallia,* Schwämmen u. a. Mit dem Rüssel werden kleinere Organismen einfach aufgesaugt, während in größere Tiere der Rüssel eingesenkt wird. Der Pharynx dient als Saugpumpe.

Bei der Eiablage übernimmt das Männchen die Eier und klebt sie als Ballen an den Eierträgern fest. Es schlüpfen meist kleine Larven, die nur die drei vorderen Gliedmaßenpaare besitzen und dann vom Weibchen abgestreift werden.

Die bekanntesten Gattungen sind *Nymphon* und *Pycnogonum.*

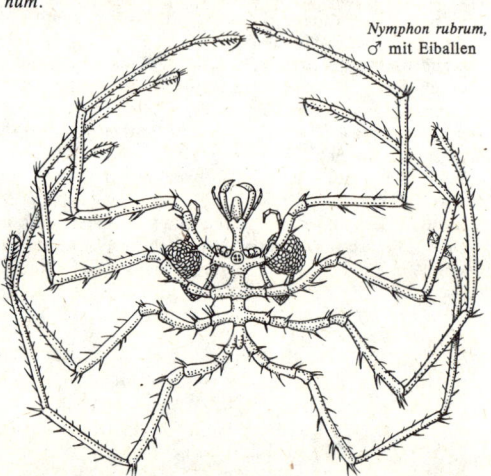

Nymphon rubrum, ♂ mit Eiballen

Sammeln und Konservieren. Die A. findet man in Schleppnetzfängen oder auf Tangen, Hydroidpolypen, Schwämmen u. a. sitzend. Sie werden in 96%igem Alkohol fixiert und in 70%igem Alkohol mit 5% Glyzerinzusatz aufbewahrt.

Assimilate, → Assimilation.
Assimilation, die Aufnahme von Nahrungsstoffen durch Organismen und deren Umbau in körpereigene organische Verbindungen. Bei der **autotrophen A.** der grünen Pflanzen werden mit Hilfe der Lichtenergie organische Substanzen aus anorganischen Nährstoffen, besonders aus CO_2, NO_3^-, NH_4^+, SO_4^{2-} und PO_4^{3-} hergestellt. Die Gesamtheit der zum Aufbau energiereicher körpereigener Substanzen führenden Umsetzungen wird als *Anabolismus* bezeichnet.

In der Pflanzenphysiologie wird unter A. gelegentlich nur die A. des Kohlenstoffs (*Kohlenstoffassimilation, Kohlendioxidassimilation*) verstanden, die entweder als → Photosynthese oder als → Chemosynthese abläuft.

Bei der *Stickstoffassimilation,* die kein Licht erfordert, sondern unter Ausnutzung von bei der Kohlenstoffassimilation gewonnener Energie in allen Pflanzenteilen, aber ebenfalls hauptsächlich in den Blättern erfolgt, werden aus Nitraten und Ammoniumsalzen zahlreiche Aminosäuren gebildet, aus denen, z. T. unter Verwendung von Kohlenhydratbausteinen, Schwefel und Phosphor, komplizierte Eiweißverbindungen aufgebaut werden.

Über die bei pflanzlichen Organismen ebenfalls weit verbreitete *Sulfatassimilation* → Schwefel.

Bei der *heterotrophen A.* der Tiere, bei der körpereigene Stoffe aus körperfremden organischen Ausgangsstoffen, z. B. Kohlenhydraten, Fetten und Proteinen, hergestellt werden, kommen die Vorgänge des *Amphibolismus* hinzu, in denen Stoffwechselprodukte so abgewandelt werden, daß sie Anschluß an übliche synthetische oder abbauende Reaktionsfolgen gewinnen. So können z. B. Purine und Pyrimidine über ein Netz von Stoffwechselreaktionen dergestalt verändert werden, daß sie einerseits zur Synthese neuer Nukleinsäuren zur Verfügung stehen, andererseits aber in Abbaureaktionen eingespeist werden können.

Die durch A. gebildeten Produkte heißen *Assimilate.* Der einer A. entgegengesetzte Vorgang heißt → Dissimilation.

Assimilationsgewebe, → Parenchym.
Assimilationsstärke, → Reservestoffe.
assimilatorischer Quotient, Abk. *AQ,* das Verhältnis von bei der Photosynthese aufgenommenem O_2 zu abgegebenem $CO_2 \cdot AQ = \frac{O_2}{CO_2}$. Bei der Biosynthese von Kohlenhydraten nimmt er den Wert 1 an.
Assimilatstrom, → Stofftransport.
Assoziation, 1) in der Vegetationskunde die grundlegende Einheit der Pflanzengesellschaften. Sie wird nur floristisch durch eine charakteristische Artgruppenkombination gekennzeichnet bzw. durch eine diagnostisch wichtige Artengruppe mit Arten von hohem Bauwert und Assoziationsdifferentialarten erkannt; floristische Untereinheiten werden durch Differentialarten unterschieden. Die A. weist meist einheitliche Standortbedingungen und eine einheitliche Gestalt (Physiognomie) auf. Der Begriff wurde von Humboldt (1807) für bestimmte Pflanzengruppierungen geprägt, später wurde er lange Zeit gleichbedeutend mit dem Begriff → Formation angewendet. → Charakterartenlehre.

2) in der Tierökologie Ansammlungen von Tieren unterschiedlicher Artzugehörigkeit an eng begrenzten Stellen, die den betreffenden Tieren günstige Bedingungen bieten.

3) in der Verhaltensforschung → Lernformen.

Assoziationsfelder des Großhirns, Bereiche der parietalen (seitlichen) Großhirnrinde, die zwischen der Sehrinde, der Hörrinde und der somatisch-sensorischen Rinde liegen und Informationen aus diesen Rindengebieten integrieren. In diesem Sinne werden die A. d. G. als sekundäres Assoziationszentrum gegenüber den primären Zentren (z. B. Sehrinde) aufgefaßt und besser als *sekundäre Assoziationsrinde* bezeichnet. Die sekundäre Assoziationsrinde ist bei Menschenaffen im Vergleich zu gegenwärtigen Menschen sehr klein. Teile der sekundären Assoziationsrinde fallen mit dem Wernicke-»Sprachzentrum« zusammen, so daß gesicherte Hinweise nicht nur zur integrativen Verarbeitung von Wahrnehmungen, die Sehen, Hören und Berühren betreffen, einschließlich der entsprechenden Gedächtnisinhalte, bestehen, sondern auch zur Bildung von Abstraktionen auch diesen Bereich.
assoziatives Lernen, → Lernformen.
Astacidae, → Flußkrebse.
Astacura, → Zehnfüßer.
Astalgen, → Grünalgen.
Astaxanthin, *3,3'-Dihydroxy-β, β-karotin-4,4'-dion,* ein zur Gruppe der Xanthophylle gehörendes → Karotinoid. A. ist ein typisch tierisches Karotinoid; es liegt z. B. in Hummerschalen als grünes Chromoprotein vor und wird beim Kochen als roter Farbstoff in Freiheit gesetzt. A. findet sich auch in manchen Fischen, in den Federn einiger Vögel, in der Retina des Huhnes und in *Haematococcus*-Arten, die den »blutigen Schnee« verursachen können.
Asteraceae, → Korbblütler.
Asteriotoxine, → Stachelhäutergifte.
Astern, → Korbblütler.
Asteroidea, → Seesterne.
Asteroxylaceae, → Urfarne.
Asteroxylon, → Urfarne.
Ästhetasken, *Riechschläuche,* zarte Schläuche auf der Antennula der Krebse, die dem chemischen Sinn dienen.
Ästheten, Sinnesorgane der Käferschnecken, die als Fortsätze vom Epithel her die Schale durchdringen und an der Oberfläche eine Chitinkappe tragen. Bei manchen Arten können sie als »Schalenaugen« mit lichtbrechenden Einrichtungen und Pigmentbechern versehen sein. Einige Arten besitzen über 10000 solcher Organe. Man vermutet lichtempfindliche und hydrostatische Funktionen.
Astigmatismus, → Abbildungsfehler.
Astilbe, → Steinbrechgewächse.
Ästivation, → Überwinterung.
Astrild, → Webervögel.
Astrozyten, → Neuron.
Asymmetrie, → Symmetrie, → Blüte.
Asynapsis, Erscheinung, daß die Chromosomenpaarung in der ersten meiotischen Teilung ausfällt oder eingeschränkt ist und eine variable Anzahl ungepaarter Chromosomen (Univalente) in der Metaphase auftritt. Der A., die sowohl genetisch wie modifikativ bedingt sein kann oder durch unzureichende strukturelle Übereinstimmung der Chromosomen zustande kommt, können einzelne Chromosomen oder der gesamte Chromosomenbestand unterliegen. Durch zufallsmäßige Verteilung der ungepaarten Chromosomen in der Meiose I kommt es zur Entstehung hypo- und hyperploider Gameten. Im Extremfall kann A. mit fast vollständiger Sterilität verbunden sein. → Desynapsis.
Aszidien, svw. Seescheiden.
Atavismus, bei einzelnen Individuen innerhalb einer Art auftretende Abweichungen, die der Merkmalsausprägung bei stammesgeschichtlichen Ahnen entsprechen. 1) *Kombinationsatavismus* wird gelegentlich durch das Zusammentreffen sehr seltener rezessiver Allele in einem Individuum verursacht. Sind verschiedene Erbfaktoren, die die ursprüngliche Merkmalsausprägung bedingten, jetzt auf verschiedene Rassen verteilt, so kann das alte Merkmal bei Rassenkreuzungen wieder erscheinen (*Hybridatavismus*). 2) *Paratypischer A.* wird durch ungewöhnliche Umwelteinflüsse ausgelöst. 3) *Mutativer A.* Durch Mutationen entstehen gelegentlich Strukturen, die den Zuständen bei weit zurückliegenden Ahnen ähneln, die aber nicht unbedingt darauf beruhen, daß der ursprüngliche genetische Zustand wiederhergestellt ist.
Ateles, → Klammeraffen.
Atelura, → Fischchen.
Atemantriebe, unspezifische Reize mit deutlicher Wirkung auf die Atmung. Die wichtigsten A. sind Temperatur- und Schmerzreize sowie die Einflüsse von → Barorezeptoren und Hormonen. Plötzliche Hautkühlung löst eine tiefe Inspiration aus; langandauernde Temperaturreize verursachen eine Hyperventilation (Fieber, mäßige Unterkühlung) bzw. eine Hypoventilation (starke Unterkühlung). Schmerzreize verstärken die Atmung; Bluthochdruck drosselt über Barorezeptoren die Atemtätigkeit. A. verursachen die Hormone Adrenalin sowie Steroid- und Schilddrüsenhormone. Niedrige Adrenalindosen steigern die Atmung, hohe hemmen sie über einen Anstieg des Blutdrucks mit nachfolgender Erregung der Barorezeptoren. Von den Steroidhormo-

Atemarbeit

nen verstärkt das Progesteron die Ruheatmung sowohl in der Zeit zwischen der Ovulation und der Menstruation als auch während der Schwangerschaft. Schilddrüsenhormone besitzen eine direkte atmungsfördernde Wirkung.

Atemarbeit, → Atemschleife.

Atemfrequenz, die Anzahl der Atemzüge in einer Minute. Die A. ist starken individuellen Schwankungen unterworfen und ist je nach Tierart sehr verschieden.

Pferd	10 bis 16
Hund	11 bis 38
Meerschweinchen	70 bis 100
Maus	84 bis 230
Huhn	12 bis 30
Schildkröte	2 bis 5

Auch vom Alter hängt die A. ab. Der erwachsene Mensch atmet im Ruhezustand 10 bis 18mal in der Minute, während die A. bei Neugeborenen 30 bis 80 beträgt. Im Laufe des ersten Lebensjahres fällt sie auf Werte zwischen 20 und 40 ab.

Außerdem ist die A. von vielen physiologischen Faktoren abhängig. Die → Atmungsregulation erfolgt unter anderem durch Veränderung der A.

Atemgifte, Pflanzenschutzmittel mit Giftwirkung auf den Atmungsapparat tierischer Schädlinge.

Atemgrößen, → Lungenvolumen.

Atemhöhle, 1) svw. Kiemenkammer. 2) → Blatt.

Atemmechanik, die Gesamtheit der mechanischen Vorgänge, durch die der Luftwechsel in den Atmungsorganen bewirkt wird.

1) Die A. bei Mensch und Säugetier. Voraussetzung für den Luftwechsel ist das Bestehen von Druckdifferenzen zwischen dem Lungenraum und der Umgebung des Organismus. Bei der *Einatmung (Inspiration)* entsteht beim Menschen in der ersten Hälfte ein Unterdruck von 0,4 kPa, der in der zweiten wieder verschwindet. Bei der *Ausatmung (Exspiration)* erfolgt umgekehrt zunächst eine Druckerhöhung von 0,4 kPa, die am Ende des Atemzugs ebenfalls ausgeglichen ist (Abb. 1). Bei sehr tiefen Inspirationen kann der Druck auf 10 bis 20 kPa abfallen und bei maximalen Exspirationen, wie einem Hustenstoß, auf 13 bis 33 kPa ansteigen. Da die Lunge keine Eigenmuskulatur besitzt, können diese Druckveränderungen nur durch Erweiterung oder Verkleinerung des Brustraumes entstehen. Die Brustraumerweiterung kommt durch die Kontraktion des Zwerchfells und der äußeren Zwischenrippenmuskeln zustande. Das Zwerchfell ist im erschlafften Zustand kuppelförmig in den Brustraum vorgewölbt. Durch die Kontraktion der radiär angeordneten Muskelfasern wird es abgeflacht, wodurch sich der Brustraum in Richtung Bauchhöhle erweitert (Abb. 2). Gleichzeitig werden die Baucheingeweide nach unten verlagert und die Bauchwand vorgewölbt. Die Muskelfasern der äußeren Zwischenrippenmuskeln verlaufen in schräger Richtung von hinten oben nach vorn unten. Durch ihre Verkürzung werden die Rippen angehoben; der Brustraum erweitert sich nach vorn.

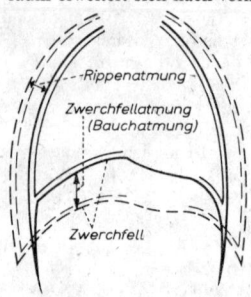

1 Treibende Kräfte während eines Atemzuges

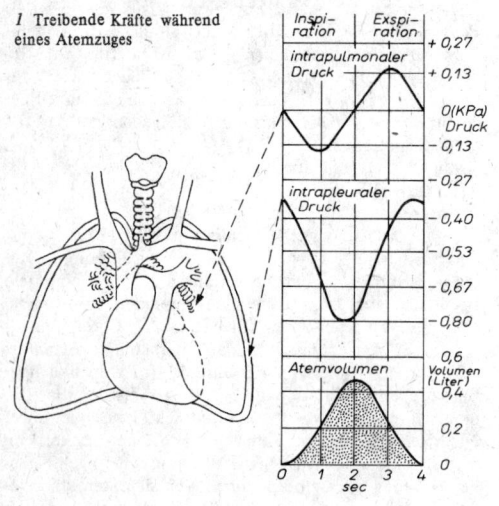

2 Bewegung des Brustraumes bei einem tiefen Atemzug

Die Exspiration erfolgt gewöhnlich passiv; erst bei stark gesteigerter Atmung aktiv. Der Brustraum verkleinert sich, wenn die Muskelfasern des Zwerchfells und der äußeren Zwischenrippenmuskeln erschlaffen. Die elastischen Kräfte des gespannten Atemapparates (Brustwand, Lunge, Zwerchfell, Bauchdecke) bewirken eine Rückkehr in die Atemruhelage. Eine aktive Ausatmung geschieht durch Kontraktion der inneren Zwischenrippenmuskeln und der Bauchdeckenmuskulatur. Die inneren Zwischenrippenmuskeln verlaufen von vorn oben nach unten hinten. Ihre Anspannung hat ein Abwärtsziehen der Rippen und damit auch eine Verkleinerung des Brustraumes zur Folge. Das Zwerchfell wölbt sich mit steigender Anspannung der Bauchdeckenmuskulatur weiter in den Brustraum vor.

Gewöhnlich sind an der Inspiration Zwerchfell und Zwischenrippenmuskeln nahezu gleichmäßig beteiligt. Ist der funktionelle Anteil des Zwerchfells größer, dann liegt *Bauchatmung* oder *Zwerchfellatmung* vor. Der andere Atemtyp, die *Brustatmung, thorakale Atmung* oder *Rippenatmung,* kommt durch das Überwiegen der Tätigkeit der äußeren Zwischenrippenmuskeln zustande.

Die Lunge ist nicht mit der Brustwandung verwachsen. Die Außenseite der Lunge gleitet bei der Atmung frei an der Innenseite der Brustwand entlang. Zwischen beiden befindet sich eine sehr dünne Flüssigkeitsschicht, deren Adhäsionskräfte verhindern, daß die entgegengerichteten Zugkräfte von Lunge und Brustraum die Lunge zusammenfallen lassen. Der so entstandene Unterdruck im Pleuraspalt beträgt beim Menschen je nach Einatmungstiefe 0,3 bis 1,6 kPa. Wird diese Druckdifferenz beseitigt, beispielsweise durch Verletzung des Brustkorbes oder Aufreißen der Lungenwand, und fällt die Lunge zusammen (*Pneumothorax*). Eine Atmung ist nicht mehr möglich.

2) Die A. der Vögel. Im Ruhezustand, beim Laufen und Stehen der Tiere erfolgt der Luftaustausch durch aktives Heben (Exspiration) und Senken (Inspiration) des Brustkorbes. Die geknickten zweigliedrigen Rippen erfahren dadurch bei der Exspiration eine Streckung, die ein Zusammenpressen der Lunge bewirkt. In der Inspirationsphase wird die Rippenstreckung rückgängig gemacht. Der Brustkorb erweitert sich in seitlicher Richtung. Die Lunge dehnt sich aus. Während des Fluges ist das Brustbein als Ansatzpunkt der Flugmuskulatur in seiner Position festgelegt. Die Exspiration erfolgt in diesem Fall durch das Zusammendrücken der mit der Lunge verbundenen Luftsäcke. Die in ihnen befindliche Luft strömt durch die Lungen hindurch nach außen. Während der Inspiration wird die Luft durch den Flugwind in Lunge und Luftsäcke gepreßt.

3) Die A. der Reptilien und Amphibien. Bei Reptilien und lungenatmenden Amphibien ist das Schlucken in den Dienst der Atmung gestellt. In der ersten Gruppe, mit Ausnahme der Schildkröten, wirken noch Rippenbewegungen mit. Die Schildkröten besitzen Lungenmuskeln, die zusammen mit bestimmten Bauchmuskelzügen an der A. beteiligt sind.

Bei den landlebenden Amphibien werden zwei Phasen unterschieden. In der ersten Phase, der *Kehlatmung*, ist die Luftröhre verschlossen. Bei geöffneten Nasenlöchern erfolgt durch rhythmische Bewegungen des Mundbodens ein Austausch zwischen der Mundhöhlenluft und der Außenluft. In der zweiten Phase fällt die gespannte Lunge unter Öffnung der Luftröhre bei verschlossenen Nasenlöchern zusammen. Die in der Lunge befindliche Luft vermischt sich mit der in der Mundhöhle vorhandenen. Diese Atmungsphase wird durch das *Luftschlucken* abgeschlossen, durch das die Mischluft der Mundhöhle in die Lunge gedrückt wird.

Atemminutenvolumen, svw. Ventilationsgröße.

Atemschleife, die Druck-Volumenbeziehung des Atemapparates während eines Atemzuges. Zur Ermittlung eines *Druck-Volumendiagramms* beim Säugetier oder beim Menschen wird in einzelnen Stadien der Ein- und Ausatmung ein kurzer Atemstillstand herbeigeführt und das jeweilige Lungenvolumen samt zugehörigem Lungeninnendruck gemessen. Die so gewonnene *Relaxationsdruckkurve* ist ein Maß für die Elastizität des Atemapparates (s. Abb.). Seine Dehnbarkeit ergibt sich aus dem Verhältnis von Volumenänderung zur Druckeinheit und wird *Compliance* genannt.

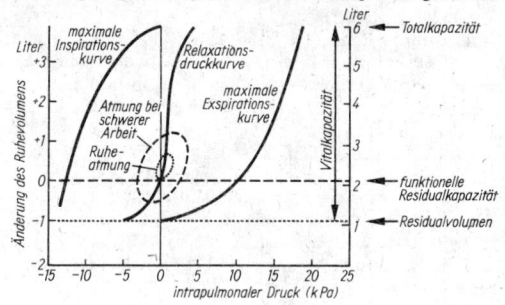

Druck-Volumendiagramm des Atemapparates

Die Compliance eines Erwachsenen beträgt unter diesen statischen oder Atemruhebedingungen 1,3 ml/Pa, d. h. bei einem Druckunterschied in der Lunge von 1 cm Wassersäule nimmt sie ein Volumen von 130 ml auf bzw. gibt es ab. Das ist allerdings die Dehnbarkeit des gesamten Atemapparates; folglich der Lunge samt Brustkorb. Zur Ermittlung der reinen Lungendehnbarkeit wird der Versuch wiederholt, allerdings mit Druckmessung im Pleuraspalt. Die Dehnbarkeit der Lunge ist mit 2,5 ml/Pa etwa doppelt so groß wie die des Gesamtapparates. Die Compliance ändert sich mit dem Lebensalter und ist von Tierart zu Tierart verschieden. Ihre Kenntnis ist Voraussetzung für eine exakte künstliche Beatmung. In die Lungencompliance geht die Oberflächenspannung der Alveolen ein; sie wirkt den dehnenden Kräften entgegen. Die gesunde Lunge ist aber mit einem Film aus Lipoproteiden ausgekleidet, der die Oberflächenspannung auf etwa ein Zehntel senkt.

Bei fortlaufender Registrierung der Druck- und Volumenänderungen während eines Atemzuges erhält man die A. Aus der linearen Beziehung zwischen Druck und Volumen, der statischen Compliance, wird dann eine exponentielle Beziehung, die dynamische Compliance. Um die Lungenluft zu bewegen, muß mehr Druck aufgewendet werden, und die A. wird um so bauchiger, je rascher und tiefer geatmet wird. Zur Bewegung des Atemapparates während einer Einatmung müssen der Druck der elastischen Kräfte von Lunge und Brustkorb, Strömungswiderstände und die Gewebeviskosität überwunden werden. In einem gesunden, ruhig atmenden Körper sind die bei der Einatmung aufgewendeten elastischen Kräfte größer als die bei der Ausatmung auftretenden Reibungswiderstände im Atemapparat; die Ausatmung erfolgt passiv. Werden bei angestrengter Atmung die Widerstände größer als die elastischen Kräfte, oder nimmt wegen Krankheit oder Alter die Elastizität des Atemapparates ab, muß die Ausatmung aktiv erfolgen. Da Arbeit auch das Produkt aus Druck und Volumen ist, kann aus einer A. die *Atemarbeit* berechnet werden. Beim Menschen beträgt sie in Ruhe 0,5 mkg/Minute; bei schwerster Körperarbeit kann sie um das 400fache, auf 200 mkg/Minute gesteigert werden.

Atemschutzreflexe, Reflexe, die die Atmung vor schädigenden Einflüssen bewahren. Rezeptorfelder der A. befinden sich im Nasen-Rachenraum, in den oberen Lungenwegen und im Lungenkreislauf. Zu den nasalen A. zählen der Nies-, Schnüffel- und ein Apnoereflex. *Niesen* wird durch chemische oder mechanische Reizung der Nasenschleimhaut ausgelöst, über den Nervus trigeminus dem Hirnzentrum zugeleitet, dessen Erregung summiert werden kann. Niesen beginnt mit einer tiefen Einatmung, der eine explosive Ausatmung folgt. Schwache chemische Reize können eine schnelle, oberflächliche Atmung, das *Schnüffeln*, verursachen. Stechend riechende Gase führen über den Nervus trigeminus und Nervus opticus einen *Atemstillstand (Apnoe)* herbei. Mechanische Reize im gesamten Gebiet zwischen Rachen und Bronchien erregen das Hustenzentrum in der oberen Brücke (Pons) und rufen nach tiefer Inspiration die rasche und kräftige Exspiration hervor. Beim Hustenstoß werden im Atmungstrakt Drücke von 40 kPa und Geschwindigkeiten bis zu 300 m/s entwickelt. Staub und andere Reizstoffe in der Einatmungsluft lösen von Rezeptorfeldern der oberen Lungenwege eine Apnoe aus. Eine starke Dehnung des Lungenkreislaufs ist meist von einer flachen, schnellen Atmung mit erhöhter Atemmittellage und einer unterschiedlich langen Apnoe begleitet.

Atemstillstand, → Atemschutzreflexe.

Atemvolumen, → Lungenvolumen.

Atemzentrum, im Hirnstamm der Säugetiere und des Menschen gelegene automatisch tätige Nervenzellgruppe, die den Grundrhythmus der Atmung auslösen. Da alle zusammen für eine koordinierte Atmung benötigt werden, faßt man sie unter dem Sammelbegriff A. zusammen.

Durch Ausschaltungs-, Reiz- und Ableitungsversuche an Säugetieren ließen sich vier verschiedene Teilzentren lokalisieren, deren genaue Lage je nach gewählter Methode oder Tierart etwas schwankt. Im untersten Abschnitt des verlängerten Marks (Medulla oblongata) liegen dicht nebeneinander das Inspirations- und das Exspirationszentrum: das *Inspirationszentrum* mehr in der Mitte und der Tiefe, das *Exspirationszentrum* hingegen darüber und seitlich gelegen. In einem höher gelegenen Abschnitt des Hirnstamms, der Brücke (Pons), befindet sich das *pneumotaktische Zentrum* und in der Mitte zwischen jenen drei Zentren das *apneustische Zentrum* (s. Abb. S. 54). Bei einigen Tieren existiert im obersten Bereich des Rückenmarks ein fünftes Zentrum, das *Schnappatmungszentrum*, das aber nur selten tätig ist, beispielsweise bei unreifen Frühgeburten oder kurz vor dem Tode. Darüber hinaus liegen im Rückenmark noch ein Inspirations- und ein Exspirationszentrum, die aber normalerweise vom A. blockiert sind.

Atentaculata

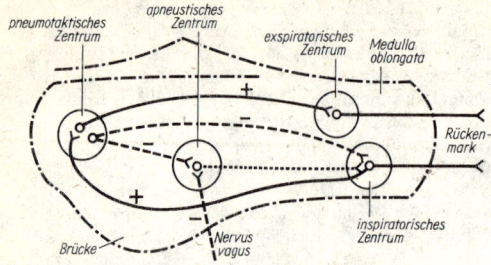

Funktionelle Verschaltung der Atemzentren

Die Entstehung des Automatierhythmus hat vier aufeinander abgestimmte Ursachen. 1) In einer Automatiezelle sinkt und steigt spontan das Ruhepotential, so daß sie sich selbst erregt und wieder hemmt. 2) Im Zellverband fördern Zellen gegenseitig ihre rhythmische Entladung nach dem Prinzip der positiven Rückkopplung. 3) Automatiezellen hemmen ihre eigene Tätigkeit durch Erregung hemmender Zwischenneurone. Das ist die sogenannte rückläufige Hemmung. 4) Durch wechselseitige Innervierung beeinflussen sich Inspirations- und Exspirationszentrum gegenseitig. Ist das eine erregt, wird das andere gehemmt.

Normalerweise entsteht die Erregung im Inspirationszentrum. Auf der einen Seite aktiviert es die Atemnerven (Nervus phrenicus, Interkostalnerven), die die Einatmung herbeiführen; auf der anderen Seite erregt es das pneumotaktische Zentrum, das seinerseits das Exspirationszentrum aktiviert. Das Exspirationszentrum wiederum löst in der Peripherie die Ausatmung aus und hemmt im verlängerten Mark die Tätigkeit des Inspirationszentrums. Der Takt der Umschaltung der Erregung vom Inspirations- zum Exspirationszentrum wird also vom pneumotaktischen Zentrum gegeben. Unter Normalbedingungen wird das apneustische Zentrum vom Nervus vagus und vom pneumotaktischen Zentrum so stark gehemmt, daß es wirkungslos bleibt. Fällt die Hemmung fort, entstehen lange, tiefe Inspirationskrämpfe, die von kurzen, tiefen Exspirationen unterbrochen werden. Dieser Atmungstyp erhielt die Bezeichnung *Apneusis*.

Der Automatierhythmus des A. kann von physikalischen Reizen im Atemapparat (→ physikalische Atmungsregulation) oder über peripher und zentral wirkende chemische Reize (→ chemische Atmungsregulation) entscheidend verändert werden.

Atentaculata, → Rippenquallen.
Äthalium, → Schleimpilze.
Äthan-1,2-diol, frühere Schreibweise für Ethan-1,2,diol.
Äthanol, frühere Schreibweise für Ethanol.
Athekaten, → Hydroida.
ätherische Öle, pflanzliche Exkrete, die in besonderen Zellen oder Gewebehohlräumen abgeschieden werden. Es handelt sich hierbei um flüchtige, oft wohlriechende, lipoidlösliche Flüssigkeiten, die komplizierte Gemische von Alkoholen, Aldehyden, Ketonen, Karbonsäuren, Estern, meist aus der Stoffklasse der Terpene, darstellen. Im Gegensatz zu den fetten Ölen aus Pflanzen (z. B. Erdnußöl, Olivenöl, Kokosnußöl) hinterlassen ä. Ö., wie Anisöl, Kampferöl, Zitronenöl, Lavendelöl, Nelkenöl, Pfefferminzöl, Rosenöl, auf Papier keinen bleibenden Fettfleck! Ä. Ö. bewirken den Duft der Blüten, können aber auch in den verschiedensten anderen Pflanzenteilen vorkommen. Manche Pflanzenfamilien sind zur Abscheidung ä. Ö. besonders befähigt, z. B. Rautengewächse, Lippenblütler oder Doldengewächse, wobei die chemische Zusammensetzung und damit verbunden der Geruch sehr variabel und für die Arten spezifisch ist.

Die Gewinnung erfolgt durch Auspressen, Wasserdampfdestillation der zerkleinerten Pflanzenteile oder deren Extraktion mit organischen Lösungsmitteln oder durch Enfleurage, d. h. durch Ausbreiten der Blüten auf mit gereinigtem Fett bestrichenen Glasplatten und nachfolgende Extraktion mit Alkohol. Zuweilen erfolgt die Extraktion auch in heißem Öl oder geschmolzenem Fett, in das das Pflanzenmaterial eingetaucht wird. Es sind etwa 3 000 ä. Ö. bekannt, von denen etwa 150 eine praktische Bedeutung besitzen. Wichtig sind unter anderem Eukalyptusöl, Fichtennadelöl, Lavendelöl, Nelkenöl und Rosenöl. Sie werden in der Riechstoff- und Lebensmittelindustrie und in der Pharmazie verwendet.

Lit.: Merkel: Riechstoffe (Berlin 1972).

Äthiopis, äthiopische Region, tiergeographische Region, die Afrika südlich der Sahara, das südliche Arabien und – nicht allgemein anerkannt – als besondere eigenständige Subregion Madagaskar umfaßt (s. Karte S. 899). Die Grenzziehung im Norden ist unsicher, zumal die Sahara, die Ausbreitungsschranke und Klimascheide zugleich ist, eine eigene Wüstenfauna besitzt und charakteristische äthiopische Tiere noch in historischer Zeit auch in Nordafrika lebten.

Die Ä. behielt im Vergleich zu den anderen Regionen eine ungewöhnlich arten- und individuenreiche Großsäugerfauna, doch fehlen Bären, Hirsche und Schafe völlig, Ziegen (und der Mähnenspringer) sind nur peripher vertreten. Auffallend ist auch das Fehlen der Wühlmäuse (*Microtinae*). Die Ä. hat sehr alte Glieder ihrer Fauna bewahrt, unter den Säugern Goldmulle (*Chrysochloridae*), Otterspitzmäuse (*Potamogalidae*), Halbaffen (*Lemuroidea*) und Schliefer (*Procaviidae*), unter den Fischen Lungenfisch (*Protopterus*) und Flösselhechte (*Polypteridae*), doch überwiegen aus der Orientalis und der Paläarktis eingewanderte jüngere Sippen bei weitem.

Im Miozän wanderten wahrscheinlich zunächst Waldtiere aus der Orientalis ein, die Hauptmasse der Immigranten erschien jedoch erst, nachdem (noch im Miozän) die Versteppung einsetzte. Das Rote Meer entstand erst im Pliozän. Mit der Orientalis hat die Ä. auch heute noch zahlreiche Arten gemeinsam, z. B. Leopard, Löwe, Streifenhyäne, Gepard, Honigdachs, Schlangenhalsvogel, mehrere Störche. Die paläarktische Fauna fand z. T. noch im Pleistozän gute Einwanderungsmöglichkeiten (die Sahara war großenteils noch nicht wüstenhaft), so daß die Ä. zum → Refugium für zahlreiche jetzt in der Paläarktis ausgestorbene Sippen wurde.

Der Waldarmut entspricht ein Überwiegen von Steppen- und Savannentieren, unter denen die Huftiere dominieren. Bei den Raubtieren herrschen die Schleichkatzen vor. Bedeutend ist der Artenreichtum der Affen. Bei den → Endemismus ist bei den Säugern ausgeprägt, endemische Familien des Festlandes sind: *Chrysochloridae, Potamogalidae, Anomaluridae, Pedetidae* und 4 weitere Nagerfamilien, die *Orycteropidae, Hippopotamidae* und *Giraffidae*, fast endemisch auch *Macroscelididae* und *Procaviidae*. Bei den Vögeln liegt die Artenzahl mit etwa 1 700 niedriger als in der Neotropis, die Zahl der Familien (etwa 67) jedoch etwa gleichgroß. Weit verbreitete Familien herrschen vor, endemisch oder fast endemisch sind *Struthionidae, Scopiidae, Balaenicipitidae, Sagittariidae, Musophagidae* und *Coliidae*. Im Gegensatz zur Neotropis überwiegen wie in anderen Regionen die Singvögel. Die Ä. ist reich an Eidechsen und Giftschlangen. Urodelen fehlen, die Frösche sind artenreich. Sehr charakteristisch ist die Fischfauna mit mehreren endemischen Familien und engen Beziehungen zur Neotropis.

Bei den Insekten ist der Endemismus auf dem Niveau der Gattungen bedeutend, es gibt jedoch kaum endemische höhere Taxa. Viele afrikanische Gattungen sind auch in Paläarktis und Orientalis, z. T. noch in der Australis verbreitet, dagegen ist die Zahl der nur in Ä. und Neotropis verbreiteten Gattungen gering.

Die artenarme madagassische Subregion, die auch Maskarenen und Seychellen umfaßt, nimmt nicht nur durch besonders enge Beziehungen zur Orientalis, sondern auch durch ihre hohe Endemitenrate eine Sonderstellung ein. Von manchen Autoren wird eine ehemalige Landverbindung (Lemuria) mit Indien angenommen, wahrscheinlich ist Madagaskar aber eher mit Afrika verbunden oder diesem wenigstens näher gewesen. Reich entfaltet haben sich die Halbaffen (3 endemische Familien) und die endemischen Borstenigel *(Tenrecidae)*, relativ gut vertreten sind die Schleichkatzen. Bemerkenswerte flugunfähige Vögel sind ausgestorben bzw. ausgerottet. Auf Madagaskar lebten bis vor 500 bis 700 Jahren die Riesenstrauße *(Aepyornithidae)*, auf den Maskarenen die erst in der Neuzeit ausgerotteten berühmten Dronten *(Dinornithidae)*.

Bei den Reptilien ist das Vorkommen der sonst fast ausschließlich neotropischen Leguane und von Riesenschlangen bemerkenswert. Auf Aldabra überlebt die Riesenschildkröte der Indischen Ozeans *(Testudo gigantea)*. Auf Madagaskar haben sich die Chamäleons reich entfaltet. Die Froschlurche sind in der Subregion artenreich. Auffällig ist das Fehlen von primären, d. h. ganz darauf beschränkten Fischen des Süßwassers.

Athletiker, → Konstitutionstypen.
Äthylalkohol, → Ethanol.
Äthylen, frühere Schreibweise für → Ethylen.
Ätiologie, Wissenschaft von den Krankheitsursachen.
Atlantikum, *Eichenmischwaldzeit, Wärmezeit,* Zeitabschnitt mit atlantischem (ozeanischem) Klima im Postglazial; etwa von 5500 bis 2700 v. u. Z.; Vorherrschen von Eichenmischwäldern und Haselunterholz; → Pollenanalyse.
Atlantische Provinz, → Holarktis.
Atlantischer Seewolf, svw. Katfisch.
Atlantosaurus, → Brontosaurus.
Atlas, → Achsenskelett.
Atmobios, die Gesamtheit des oberirdischen Lebens, alle die atmosphärische Luft als Substrat bewohnende Organismen. Der Begriff umfaßt die Bewohner der Bodenoberfläche (Epigaion) und der Vegetation (Hypergaion). Gegensatz: Edaphon (→ Bodenorganismen).
Atmung, *Respiration,* Teil des Stoffwechsels, in dem reduzierte organische Verbindungen unter Gewinn von Adenosin-5′-triphosphat zu energiearmen Endprodukten, vielfach zu Kohlendioxid oxidiert werden. Dabei wird der Substratwasserstoff schrittweise über → Atmungsketten auf terminale Elektronenakzeptoren, in der Regel auf Sauerstoff, übertragen. Daher ist mit der A. zumeist ein Gasaustausch der pflanzlichen und tierischen Organismen verbunden, durch den der Luftsauerstoff zu den Orten der biologischen Oxidationen gelangt und das durch die Stoffwechselvorgänge entstandene Kohlendioxid nach außen abgegeben wird. Nach neuerer Definition wird die A. oft auf diejenigen Dissimilationsvorgänge beschränkt, bei denen das organische Material unter hohem Energiegewinn vollständig zu energiearmen anorganischen Endprodukten (CO_2 und H_2O) abgebaut wird. Demgegenüber werden Dissimilationsvorgänge, bei denen das organische Material nur unvollständig abgebaut wird, so daß energiereichere Endprodukte auftreten und der Energiegewinn dementsprechend geringer ist, als → Gärungen bezeichnet.

Der *Atmungsgaswechsel,* d. h. der Austausch von Sauerstoff und Kohlendioxid mit der Umgebung, wird oft als *äußere A.* bezeichnet.

Bei Pflanzen verläuft die äußere A. in Form von Diffusionsprozessen, wobei der größte Teil des Gasaustausches durch die Spaltöffnungen erfolgt, die das Interzellularsystem des Blattes mit der Außenluft verbinden. Die Kutikula setzt speziell dem Durchtritt von CO_2 Widerstand entgegen.

Terrestrische Organismen sind durch den hohen Sauerstoffgehalt der Luft (etwa 21%) gut versorgt, marine Organismen sind auf geringere, in Wasser gelöste O_2-Mengen angewiesen (etwa 5 ml O_2 je l Meerwasser).

Ausgangspunkt für die in den Zellen stattfindenden biochemischen Prozesse, die oft als *innere A.* bezeichnet werden, sind im wesentlichen die Kohlenhydrate. Zur Veratmung von einem mol Glukose werden 6 mol Sauerstoff (O_2) verbraucht und 6 mol Kohlendioxid (CO_2) abgegeben; die dabei freigesetzte Energiemenge beträgt 2826 kJ, wie folgende summarische Gleichung zeigt: 1 mol $C_6H_{12}O_6 + 6$ mol $O_2 \rightarrow 6$ mol $CO_2 + 6$ mol $H_2O + 2826$ kJ. Der *Atmungsquotient,* das ist das Verhältnis von abgegebenem CO_2 zu aufgenommenem O_2, beträgt in diesem Falle 1. Zur Veratmung von Fetten und Eiweißstoffen ist wesentlich mehr Sauerstoff erforderlich; demzufolge wird der Atmungsquotient kleiner als 1. Eiweißveratmung kommt bei höheren Pflanzen nur in schweren Hungerzuständen vor.

Die Energiegewinnung beim Atmungsprozeß erfolgt stufenweise im Verlauf zahlreicher Reaktionsschritte, die unter Beteiligung von mehr als 50 Enzymen und verschiedenen Zwischenprodukten ablaufen. Wichtige Reaktionsfolgen beim Kohlenhydratabbau sind die → Glykolyse, der Abbau der entstandenen Brenztraubensäure zu aktivierter Essigsäure und deren Überführung in den → Zitronensäurezyklus und die Atmungskette. Ein Teil der freiwerdenden Energie wird in chemischer Form, zumeist in Form von Adenosin-5′-triphosphat gespeichert und kann durch Synthesen in Baustoffwechsel in neue Verbindungen eingehen. Ein Anteil wird jedoch als Wärmeenergie abgegeben. Hierdurch wird unter anderem die Körpertemperatur der Warmblüter aufrechterhalten. Bei Pflanzen kann eine durch A. bedingte Temperaturerhöhung z. B. beim keimenden Samen nachgewiesen werden. In manchen Blüten und Blütenständen kann die Temperatur infolge intensiver A. 10 bis 17 °C über die Außentemperatur ansteigen. Noch stärkere Temperaturerhöhungen sind in dichtgelagerten Pflanzenmassen, z. B. Heuhaufen, durch die Atmungstätigkeit bestimmter Bakterien und Pilze möglich. Atmungsuntersuchungen an grünen Pflanzen müssen bei Dunkelheit ausgeführt werden, weil im Licht die gegensinnig verlaufende Photosynthese stattfindet.

Die Intensität der A. wechselt bei den einzelnen Pflanzen und in den verschiedenen Geweben in Abhängigkeit vom jeweiligen Energiebedarf außerordentlich stark. Bei beginnender Keimung, während des Wachstums, bei Verwundung, Reizung u. a. steigt die *Atmungsintensität* meist sprunghaft an, wogegen ruhende Pflanzenteile, z. B. lufttrockene Samen, kaum nachweisbar atmen. Ausgewachsene Dauergewebe, z. B. in Laubblättern, zeigen eine gleichbleibend geringe A., die zur Aufrechterhaltung der Lebensfunktionen gerade ausreicht *(Erhaltungsatmung)*. Insgesamt scheidet eine grüne Pflanze durch A. in 24 Stunden etwa das 5- bis 10fache ihres Volumens an Kohlendioxidgas aus; das ist ungefähr $\frac{1}{5}$ bis $\frac{1}{3}$ derjenigen CO_2-Menge, die am Tage durch Photosynthese gebunden wird. Von den Umweltbedingungen beeinflußt insbesondere die Temperatur sehr stark die Atmungsintensität. Der Temperaturkoeffizient (Q_{10}) der A. beträgt in normalen Temperaturbereichen im allgemeinen 2,0 bis 2,5. Durch stetige Temperaturerhöhung läßt sich die A. fast bis zur Schädlichkeitsgrenze steigern. Der Einfluß der Sauerstoffkonzentration auf die A. ist bei Pflanzen viel geringer als bei Tieren. Bei Überschuß an Atmungsmaterial kann sich die A. über den Energiebedarf

Atmungsferment

hinaus steigern *(Luxusatmung)*. Völlig anders als die normale A. verläuft die während der → Photosynthese stattfindende → Lichtatmung, die mit der gewöhnlichen A. nur den Sauerstoffverbrauch und die Kohlendioxidbildung gemein hat.

Besondere Formen der A. sind → Nitratatmung und Sulfatatmung (→ Schwefel).

In der Tierphysiologie unterscheidet man je nach dem Bau der Atmungsorgane verschiedene Typen der A. Bei der *Hautatmung* erfolgt der Gasaustausch über die Oberfläche des Organismus. Einige niedere Wirbellose vollziehen ihren Gaswechsel nur durch die Haut, z. B. Süßwasserpolypen, Regenwürmer. Bei höheren Wirbellosen und bei den Wirbeltieren ist die Hautatmung in unterschiedlichem Maße am Gesamtaustausch beteiligt; ihr Anteil beträgt beim Menschen etwa 1,5%. Die → Kiemenatmung kommt bei vielen niederen Wirbellosen und bei Fischen vor. Der Gasaustausch erfolgt hierbei durch das sehr dünne Epithel der stark durchbluteten Kiemen. Die Oberfläche der Kiemen ist sehr groß. Sie beträgt bei einem 20 g schweren Flußkrebs etwa 60 cm², bei einer 10 g schweren Karausche etwa 17 cm². Die Insekten vollziehen den Gasaustausch durch die *Tracheenatmung*.

Der am höchsten entwickelte Atmungstyp ist die *Lungenatmung*. Der gesamte Atmungsvorgang läßt sich in drei Einzelvorgänge gliedern: 1) *Äußere A.* Mit Hilfe der → Atemmechanik, indem die Atemmuskeln gegen mechanische Widerstände Arbeit leisten, erfolgt der Luftwechsel zwischen Lungenraum und äußerer Umgebung. Sauerstoff und Kohlendioxid diffundieren in entgegengesetzter Richtung durch die Wandung der Lungenalveolen. Der Wirkungsgrad der äußeren A. hängt von der Größe des Atemzugvolumens, der Lungendurchblutung, der Zusammensetzung und Verteilung der Atemgase in den Alveolen und vom Diffusionswiderstand zwischen der Alveolar- und Kapillarwand ab. 2) Der Gastransport zwischen der Lunge und den Geweben wird durch das Blut gewährleistet. Er ist um so besser, je größer die strömende Blutmenge, je stärker die Blutverteilung auf die aktiven Organe und je höher das Bindungsvermögen des Blutes für Kohlendioxid und Sauerstoff ist. 3) Die *innere A.* umfaßt den Gasaustausch zwischen Blut und Geweben und die Oxidationsprozesse in den Zellen. Ihre Intensität hängt von der Gewebsdurchblutung, den lokalen Diffusionsbedingungen und dem Sauerstoffbedarf der Zellen ab. Zum Schluß wird unter Sauerstoffverbrauch und Kohlendioxidproduktion Energie freigesetzt oder gespeichert. Das anfallende Kohlendioxid wird von Puffersystemen des Blutes abgefangen, zur Lunge rücktransportiert und mittels der äußeren A. an die Umwelt abgegeben.

Atmungsferment, → Zytochrome.

Atmungskette, Folge von enzymatischen Redoxreaktionen, nach denen die lebende Zelle unter aeroben Bedingungen den Hauptteil der benötigten Energie gewinnt. Hierbei ist die entscheidende energieliefernde Reaktion die Wasserbildung bei der biologischen Oxidation (»Verbrennung«) der Nährstoffe. Die Energie wird in der A. mit Hilfe eines komplizierten Systems von Oxidoreduktasen schrittweise gebildet und z. T. in Form von chemischer Energie als Adenosintriphosphorsäure (ATP) gespeichert, die an drei Stellen der A. aus Adenosindiphosphorsäure und anorganischem Phosphat entsteht (→ oxidative Phosphorylierung). In Mitochondrien lokalisierte Multienzymkomplexe bewirken in mehreren miteinander gekoppelten Reaktionen den stufenweisen Abbau des hohen Oxidationspotentials zwischen Wasserstoff (entsteht beim Abbau der Nährstoffe) und Sauerstoff (»gesteuerte Knallgasreaktion«).

Die indirekte Oxidation des Wasserstoffs zu Wasser verläuft etwa folgendermaßen: Der Wasserstoff wird vom Koenzym NAD übernommen, auf Flavoproteine und von da auf Ubichinon übertragen. Von dem so gebildeten Ubihydrochinon lösen sich H^+-Ionen, wobei vom sich anschließenden Zytochrom c unter Valenzwechsel des Eisens ($Fe^{2+} e^\ominus \rightarrow Fe^{3+}$) die freiwerdenden Elektronen übernommen und am Ende der Enzymkette von der Zytochromoxidase (dem *Warburgschen Atmungsferment*) auf den elementaren Sauerstoff übertragen werden. Mit der Vereinigung des ionisierten Wasser- und Sauerstoffs wird die Endstufe dieser biologischen Oxidation erreicht.

Die A., deren Feinmechanismus z. T. noch hypothetisch ist, befindet sich in den Zellen in enger struktureller Nachbarschaft zum Zitronensäurezyklus und zum Fettabbau. Die A. ist ein Beispiel dafür, daß sich im Organismus kein echtes chemisches Gleichgewicht ausbildet. Sie kann ihre Funktion nur erfüllen, wenn sie laufend Wasserstoff von den Substraten aufnimmt und damit den Sauerstoff, der vom Hämoglobin angeliefert wird, reduziert. Dabei stellt sich ein stationärer Zustand ein, der ein Fließgleichgewicht ist und vom Sauerstoffangebot und von Substratkonzentrationen abhängt.

Atmungskettenphosphorylierung, svw. oxidative Phosphorylierung.

Atmungsorgane, *Respirationsorgane,* mehr oder weniger lokalisierte, nach außen oder innen gerichtete dünnhäutige Faltungen der Körperoberfläche oder Aussackungen des Vorder- oder Enddarmes, die einen Gasaustausch zwischen dem Außenmedium (Wasser oder Luft) und der Körperflüssigkeit (Hämolymphe, Blut) gestatten. Ausstülpungen der Körperwand oder der Schleimhaut des Vorderdarmes, die mit dem Blutgefäßsystem in direkter Verbindung stehen, werden als → Kiemen bezeichnet, ihre Einsenkungen, die sich zwischen die übrigen Organe schieben, sowie die der Atmung dienenden Ausstülpungen des Darmsystems als → Lungen.

Bei den Wirbellosen findet der Gasstoffwechsel im einfachsten Falle durch die Körperoberfläche statt (*Hautatmung*). So fehlen vielen niederen Tieren, z. B. Schwämmen, Hohltieren, Platt- und Rundwürmern, besondere A. Ausschließliche Hautatmung findet sich ebenfalls bei Tieren mit geringem Körpervolumen, z. B. bei kleineren Krebsen und vielen Milben. Bei im Wasser lebenden Ringelwürmern treten bereits verschiedene gestaltete dünnwandige Körpervorstülpungen als Kiemen auf. Die Atmung der Weichtiere erfolgt entweder durch die Haut oder ebenfalls mit Hilfe von Kiemen. Bei den auf dem Lande lebenden Lungenschnecken werden die fehlenden Kiemen durch das reich mit Blutgefäßen versorgte Dach der Mantelhöhle (»Lunge«) ersetzt. Unter den Stachelhäutern haben die Seewalzen besondere A. in Gestalt der → Wasserlungen. Die Krebstiere weisen in der Regel Kiemen auf. Besondere A. in Form der → Tracheen haben die auf dem Lande lebenden Stummelfüßer und Gliederfüßer. Bei vielen auf dem Lande lebenden Spinnentieren finden sich im Hinterleib neben Röhrentracheen paarige → Tracheenlungen. Zahlreiche sekundär im Wasser lebende Gliederfüßer (Wasserspinnen, Wasserkäfer und Wasserwanzen sowie viele Insektenlarven) weisen besondere Einrichtungen auf, mit deren Hilfe sie einen gewissen Luftvorrat an der Wasseroberfläche aufnehmen und unter Wasser festhalten, so speichern z. B. Kolbenwasserkäfer und Gelbrandkäfer die Luft unter den Vorderflügeln, bei den Wasserwanzen und Wasserspinnen haftet die Luftschicht am behaarten Körper. Die am Körper haftende Luftschicht dient nicht nur als Luftvorrat, sondern auch als »physikalische Kieme«, indem Sauerstoff aus dem umgebenden Wasser in die Luftblase hineindiffundiert. Auf diese Weise kann der Sauerstoffbedarf vollständig aus dem Wasser gedeckt werden. Insektenlarven, z. B. Fliegenlarven, atmen mit Hilfe neu entstandener echter Kiemen *(Blutkiemen)* oder durch → Tracheenkiemen.

Bei Wirbeltieren sind die A. vorwiegend Differenzierungen des Vorderdarms (→ Kiemendarm), die einen Gasaustausch zwischen umgebendem Medium (Wasser oder Luft) und Innenmedium (Blut) gestatten. Lamellöse Hautfalten der Wandungen der Kiemenspalten werden als *Kiemen,* entodermale Knospungen des Vorderdarms, die sich unter Verzweigungen in das Körperinnere ausweiten, als → *Lungen* bezeichnet. Außerdem spielt bei niederen Vertebraten mit dünner feuchter Körperbedeckung, z. B. Lurchen, die Haut für Gasaustauschvorgänge eine wichtige Rolle, die auch bei Säugern in geringem Umfang erhalten bleibt.

Die Labyrinthfische, z. B. der Indische Kletterfisch, können durch ein zusätzliches Organ *(Labyrinth),* das aus knöchernen, von respiratorischer Schleimhaut überzogenen Lamellen besteht, atmosphärische Luft direkt ausnützen. Eine Darmatmung ist bei den »Luftschluckern« unter den Fischen möglich, die ein respiratorisch tätiges Darmepithel aufweisen, z. B. beim Schlammpeitzger.

Atmungsquotient, svw. respiratorischer Quotient.
Atmungsregulation, Prozesse der Reizaufnahme, Erregungsverarbeitung und Steuervorgänge zur Anpassung der äußeren Atmung an innere Reize und an bestimmte Umweltbedingungen.

Bei der Lungenatmung erfolgt die A. durch Veränderung sowohl der Atemfrequenz als auch des Atemzugvolumens, wobei stets das Verhältnis der beiden Faktoren optimal abgestimmt wird. Nach der Reizauslösung der Regelvorgänge unterscheidet man eine → chemische Atmungsregulation von einer → physikalischen Atmungsregulation. Trotz dieser klärenden Aufteilung ist zu beachten, daß der komplizierte Mechanismus der A. niemals nur von einem Reizfaktor, sondern stets von der Reizsumme aktiviert wird. Einen Überblick über die Anzahl der Reizfaktoren und ihre fördernde oder hemmende Wirkung vermittelt die Abb.

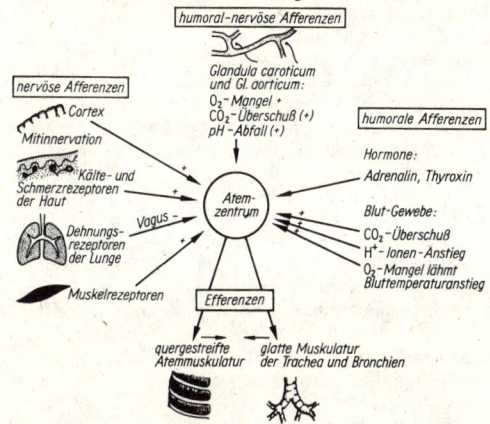

Mechanismen der Atmungsregulation

Atoll, → Korallenriffe.
atopische Allergie, Allergieform, die auf dem Vorhandensein besonderer Antikörper, der Reagine, beruht. → Allergie.
ATP, Abk. für Adenosin-5'-triphosphat.
ATPasen, Abk. von Adenosintriphosphatasen.
Atrioventrikularklappen, → Herzklappen.
Atrium, Vorkammer, Vorhof, speziell des → Herzens.
atrop, → Blüte.
Atropin, *DL-Hyoszyamin,* ein sehr giftiges Alkaloid mit Tropangrundgerüst, das aus verschiedenen Nachtschattengewächsen, z. B. aus der Tollkirsche, *Atropa belladonna,* dem Stechapfel, *Datura stramonium,* und dem Bilsenkraut, *Hyoscyamus niger,* gewonnen wird. A. ist der optisch inaktive Ester aus dem Alkohol *Tropin* und DL-Tropansäure. Es entsteht bei der Aufarbeitung aus dem in der Pflanze ursprünglich vorliegenden *L-Hyoszyamin* durch Razemisierung. A. wird in der Medizin in Form des wasserlöslichen Sulfats angewendet. Es wirkt hemmend auf die Speichel-, Schweiß- und Magensaftabsonderung, löst Krämpfe der glatten Muskulatur, z. B. der Bronchialmuskeln bei Asthma, und erweitert die Pupillen.

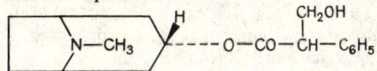

Atroszin, svw. Skopolamin.
Attractants, *Lockstoffe,* chemische Verbindungen, die zur Anlockung tierischer Schaderreger, vor allem Insekten, geeignet sind. Sie werden angewandt, um die Anwesenheit der Schaderreger nachzuweisen bzw. diese durch lokale Konzentration leichter bekämpfen zu können. Hierzu gehören Sexuallockstoffe, Senföle, Terpene, Kantharidin u. a. Gegensatz: → Repellents.
Attrappe, verhaltensauslösende Reizkombination; in der experimentellen Verhaltensforschung kommt den *Attrappenversuchen* eine hohe Bedeutung zu. Sie erlauben es, bestimmte Prinzipien der Verhaltensauslösung quantitativ und qualitativ zu untersuchen. Auf diesem Wege können die Reizbedingungen ermittelt werden, die ein arttypisches Verhalten auslösen, es lassen sich aber auch Fragen der Antwortstärke experimentell prüfen. In vielen Fällen wirken Reizkombinationen summativ, dabei manchmal additiv, vielfach aber entstehen die »Summen« durch kom-

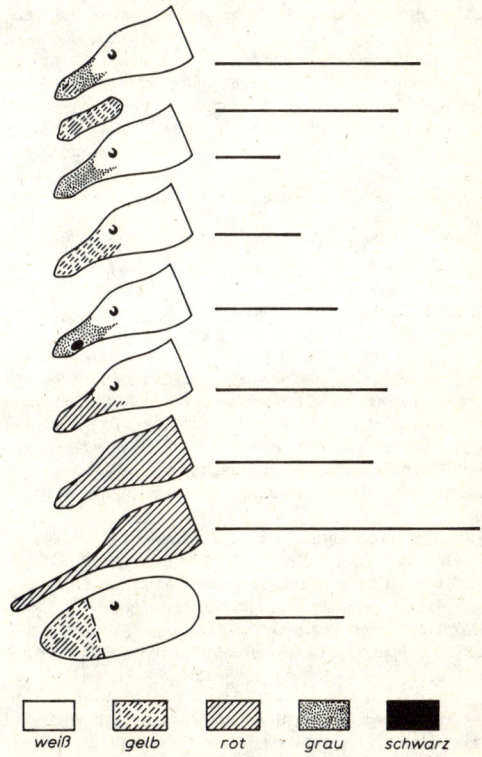

Attrappenversuche zur Auslösung der Bettelbewegung von Silbermöwenjungen (nach Tinbergen)

plexere »Verrechnungsmechanismen« für die kombiniert angebotenen Reize. Erfahrungsloses Ansprechen auf bestimmte A. wird als Hinweis auf die Wirkung → angeborener Auslösemechanismen angesehen.

A-Tubus, → Zilien.

Aubergine, → Nachtschattengewächse.

Auchenorrhynchi, → Gleichflügler.

Auenwald, Waldformation im Überschwemmungsbereich der größeren Flüsse, die aus einem Mosaik von feuchtigkeits- und nährstoffliebenden Waldgesellschaften, Sumpf- und Wiesengesellschaften besteht. Die flußnahe *Weichholzaue* setzt sich besonders aus Weiden und Pappeln zusammen, die grundwasser- und flußfernere *Hartholzaue* dagegen besonders aus Stieleichen, Ulmen und Eschen.

Auerhuhn, *Tetrao urogallus,* größtes Rauhfußhuhn, das von Nordspanien, Mittel- und Nordeuropa bis Mittelsibirien und die Mongolei verbreitet ist. Es bewohnt vorzugsweise stille Nadelwälder. Bei der Balz fächert das Männchen den Schwanz zu einem Rad und streckt den Hals senkrecht nach oben, sträubt den Bart und senkt die Flügel. Es balzt zuerst auf starken, horizontalen Ästen, später auf dem Boden. Die Henne ist kleiner als der Hahn.

Auerochse, *Ur, Bos primigenius,* ein bis 1,8 m Höhe erreichendes Rind, das in früheren Zeiten die Wälder Europas, Nordafrikas und Vorderasiens bis nach China bewohnte, seit 1627 aber ausgestorben ist. Von ihm stammen zahlreiche Hausrindrassen ab. An das Erscheinungsbild des A. erinnern Rückzüchtungen, die in Tiergärten durch planmäßige Kreuzung urtümlicher Hausrindrassen erzielt wurden.

Lit.: H. v. Lengerken: Der Ur und seine Beziehungen zum Menschen (Leipzig 1953).

Auffrieren, → Auswinterung, → Frostschäden.

aufgeschobene Reaktion, Versuchsanordnung der Verhaltensforschung, bei der zwischen Reizangebot und möglichem reizbezogenem Verhalten ein bestimmter Zeitraum eingeschoben wird. Dieses Verfahren wird besonders bei Lernversuchen verwendet. Die Ergebnisse hängen stark von der Art der Lernanforderungen ab, die an die jeweilige Tierart gestellt werden und sind daher nur bedingt vergleichbar. Meist liegen die Aufschubzeiten im Sekunden- und Minutenbereich, nach denen noch richtige Reaktionen auftreten.

Lit.: R. Sinz: Lernen und Gedächtnis (Berlin 1980).

Aufgußtierchen, svw. Infusorien.

Aufheber, svw. Levator.

Aufhellen, → mikroskopisches Präparat.

Auflaufen, → Samenkeimung.

Auflichtmikroskopie, Methode zur Abbildung von Oberflächen undurchsichtiger Objekte. Das Licht wird in einem *Vertikalilluminator* durch Prisma oder Planglas um 90° abgelenkt und gelangt von oben auf das Objekt. Für anspruchsvollere Untersuchungen bei stärkeren Vergrößerungen hat sich wegen der großen Tiefenschärfe das → Rasterelektronenmikroskop für die Abbildung von Oberflächen durchgesetzt.

Auflösungsvermögen, der kleinste Abstand (d) zweier Objektpunkte, die noch getrennt wahrnehmbar sind. Das A. des Auges ist festgelegt durch dessen Fähigkeit zur Nahakkomodation. Bei einer Sehweite von 25 cm beträgt der Sehwinkel etwa eine Bogenminute, was einer Auflösung von 0,07 mm entspricht. Das A. eines Mikroskops kann berechnet werden nach $d = \frac{\lambda}{n \cdot \sin\alpha} = \frac{\lambda}{A}$. In der Formel bedeuten λ = Wellenlänge des Lichtes, n = Brechzahl des Mediums zwischen Deckglas und Objektiv, sind α = Sinus des halben Öffnungswinkels, A = numerische Apertur.

Daraus wird deutlich, daß das A. von der Wellenlänge des verwendeten Lichtes und der numerischen Apertur abhängt. Für grünes Licht errechnet sich ein Wert von 0,2 µm. Ultraviolettes Licht gibt eine etwas bessere Auflösung, den eigentlichen Durchbruch erzielte aber erst die Elektronenmikroskopie. Hier ist nicht die Wellenlänge der Elektronen der begrenzende Faktor, sondern Abbildungsfehler der Elektronenlinsen und die Dicke des Objektes. An physikalischen Idealobjekten erreicht man ≈ 0,3 nm, mit Ultradünnschnitten, wie sie in der Biologie und Medizin verwendet werden, ≈ 1,0 nm.

Aufnahmefläche eines Pflanzenbestandes, → Vegetationsaufnahme.

Aufwuchs, Organismengesellschaften, die auf der Oberfläche von lebendem (Pflanzen) und totem Substrat (Steine, Holz) wachsen.

Aufwuchsplattenmethode, ein von N. Cholodny entwickeltes Verfahren zur direkten Untersuchung der Mikroorganismen in Böden. Objektträger werden in den Boden eingebracht und nach etwa 5 bis 15 Tagen wieder entnommen. Die aufgewachsenen Mikroorganismen können dann nach Anfärbung mikroskopisch untersucht werden. Die A. kann in entsprechender Weise auch zur Untersuchung der Mikroorganismen in Gewässern benutzt werden.

Aufziehen, → Frostschäden.

Augen, → Lichtsinnesorgane.

Augenbecher, → Lichtsinnesorgane.

Augenblase, → Lichtsinnesorgane.

Augenbrauenwulst, *Überaugenwulst, Torus supraorbitalis,* ein längs der oberen Ränder der Augenhöhlen quer über das Stirnbein verlaufender Knochenwulst, der bei vielen Affen, aber auch bei fossilen Menschenformen zu finden ist.

Augendrüsen, → Lichtsinnesorgane.

Augenfalter, → Schmetterlinge (System).

Augenfarbe, → Lichtsinnesorgane.

Augenfleck, → Lichtsinnesorgane.

Augenhaut, → Lichtsinnesorgane.

Augenkammer, → Lichtsinnesorgane.

Augenkeil, → Lichtsinnesorgane.

Augenlinse, → Lichtsinnesorgane.

Augenmuskelnerv, → Hirnnerven.

Augenspiegel, *Ophthalmoskop,* von v. Helmholtz 1851 erfundenes Gerät zur Untersuchung des Augeninneren, besonders des Augenhintergrundes. Im Prinzip wird Licht durch die Pupille in das untersuchte Auge geworfen. Der vom Augenhintergrund reflektierte Anteil läßt die Eintrittsstelle des Sehnerven, Blutgefäßverlauf, den gelben Fleck und verschiedene mögliche Veränderungen, z. B. Blutungen, sowie auch Anomalien der Brechkraft des dioptrischen Apparates im Verhältnis zur Länge des Augenbulbus, erkennen. Der einfache A. besteht aus einem kleinen Hohlspiegel mit zentraler Bohrung.

Augenspinner, → Schmetterlinge.

Augenstiele, stielartige, bewegliche Auswüchse am Kopf vieler Krebse, an deren Spitze die Komplexaugen sitzen.

Augentrost, → Braunwurzgewächse.

Aulacoceras [griech. aulax 'Furche', keras 'Horn'], ein in der alpinen Trias verbreiteter Vorläufer der Belemniten. Er besteht aus einem zylindrischen belemnitenähnlichen Rostrum, das von 40 Längsfurchen bedeckt ist, und einem Phragmokon. Das Phragmokon ist doppelt so groß wie das Rostrum und ähnelt jenem von *Orthoceras.* Es wird meist von dem Rostrum getrennt gefunden.

Aureomyzin®, → Chlortetrazyklin.

Auricularia, die Larve der Seewalzen.

Auriculariales, → Ständerpilze.

Aurikel, → Primelgewächse.

Ausatmung, → Atemmechanik.

Ausbreitung, der Prozeß der aktiven oder passiven Ausdehnung des Siedlungsgebietes von Populationen, Arten oder Lebensgemeinschaften. Die natürliche Ausbreitungstendenz der Organismen führt zur sinnvollen Ausnutzung des gesamten potentiell besiedelbaren Gebietes durch die jeweilige Art. Natürliche Ausbreitungshemmnisse verhindern oft die restlose Nutzung des potentiellen Siedlungsgebietes, so daß die passive Verdriftung oder die Verschleppung durch den Menschen zur Erschließung völlig neuer Siedlungsgebiete führen kann. Dies ist unter Umständen von enormer ökonomischer Bedeutung (z. B. Kartoffelkäfer, Abb.). Die A. ist oft an entsprechende Stadien oder Morphen, die dafür besonders geeignet sind (z. B. geflügelte Formen, bzw. leicht verdriftbare Dauerstadien), gebunden.

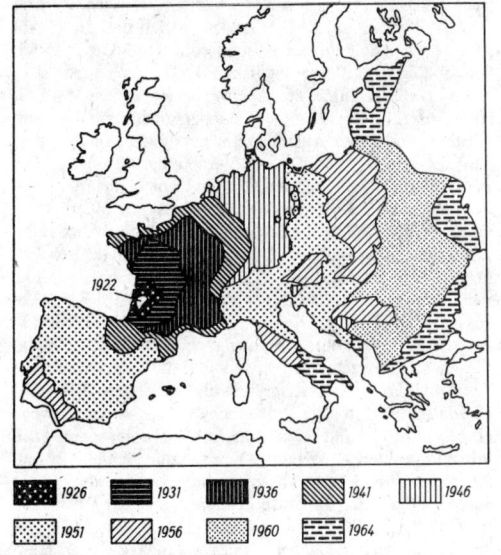

Ausbreitung des Kartoffelkäfers (*Leptinotarsa decemlineata*) in Europa von 1922 bis 1964

Ausbreitungsgrenzen, die Ausbreitung von Organismen begrenzende Umweltfaktoren. Entsprechend der Toleranz (→ ökologische Valenz) des Organismus wirkt jeweils der Faktor begrenzend, der im Pessimum vorliegt (→ Minimumgesetz). Zum Beispiel wird die Verbreitung des die Atlantikküsten bewohnenden Käfers *Cillenus lateralis* in Nordafrika und Westeuropa vom Salzgehalt begrenzt, in Westafrika und Nordeuropa vom Faktor Temperatur. Besonders auffällige, für viele Organismen unüberwindliche Grenzen werden von extremen physiographischen Gegebenheiten (Gebirge, Flußläufe, Meere u. a.) gebildet. Ursache sind hier die mit diesen geomorphologischen Bildungen gekoppelten extremen Veränderungen der Intensität der entsprechenden Umweltfaktoren.

In klimatisch günstigen Zeiten können die Organismen ihre A. oft erheblich verschieben. So konnten aus interglazialen Warmzeiten in England Arten nachgewiesen werden, die heute nur noch im Mittelmeergebiet anzutreffen sind. Während der Kaltzeiten traten im gleichen Gebiet Arten auf, die heute nur aus Skandinavien, Sibirien bzw. dem Himalaya bekannt sind.

Ausbreitungsresistenz, → Resistenz.

Ausbreitungszentrum, *Expansionszentrum*, durch Überschneidung zahlreicher Areale gekennzeichnetes und daher besonders formenreiches Gebiet, von dem aus sich Pflanzen- und/oder Tiersippen ausgebreitet haben. Ein A. kann Ursprungsgebiet (*Entwicklungszentrum*) sein, meist sind A. der jüngeren Vergangenheit jedoch *Erhaltungszentren* (→ Refugien) einer Rückzugsphase, aus denen heraus es unter wieder günstigeren Bedingungen zur erneuten Expansion kam. Ein derartiger Regressions-Expansionswechsel war nicht nur Ergebnis der eiszeitlichen Klimaveränderungen in der Holarktis, sondern auch Folge eines Wechsels von trockenen und feuchten Perioden (Zurückweichen und Vordringen des Waldes) in subtropischen und tropischen Gebieten, z. B. in der Neotropis.

Lit.: G. de Lattin: Grundriß der Zoogeographie (Jena 1967).

ausdauernde Pflanzen, → Mehrjährigkeit.
Ausdrucksbewegungen, → Mimik.
Ausdrucksverhalten, Verhalten, das bei Adressaten bestimmte Verhaltensänderungen hervorruft und dem → Signalverhalten zugerechnet werden kann (2 Abb. s. S. 60).
Aus-Elemente, engl. "off elements", in der Neurophysiologie Sinnes- oder Nervenzellen, die bei Reizung keine oder wenige, jedoch dann zahlreiche Impulse bilden, wenn der Reiz abbricht.
Ausfaulen, → Auswinterung.
Ausgeizen, → Geiztriebe.
Ausgleichsverfahren, → Biometrie.
Ausläufer, svw. Stolonen.
Ausläuferknollen, → Sproßachse.
Auslese, svw. Selektion.
Auslöser, Signale der Biokommunikation, die über einen → angeborenen Auslösemechanismus beim Empfänger der Signale ein arttypisches Verhalten hervorrufen. Typisch sind solche A. im Balzverhalten; durch ihre Wirkung wird das Wechselspiel der Verhaltensweisen der Partner funktionell aufeinander abgestimmt. Im allgemeineren Sinne sind A. Impulse, die eine bestimmte Reaktion veranlassen. Gleichbedeutend ist dann die Bezeichnung *Trigger*.
Ausrottung, die manchmal beabsichtigte, meist aber un-

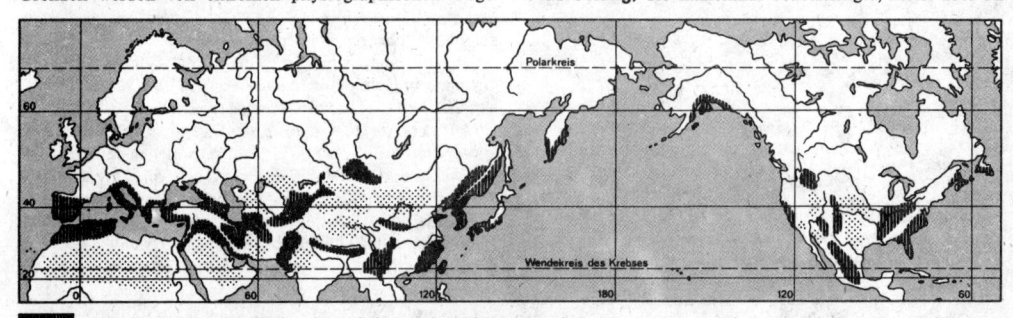

Ausbreitungszentren von Waldbewohnern (arboreale Ausbreitungszentren)
Ausbreitungszentren von Wüsten- und Steppenbewohnern (eremiale Ausbreitungszentren)

Ausbreitungszentren in der Holarktis

Ausscheidungsgewebe

1 Ausdrucksverhalten. Ausdrucksstudien am Wolf: *a* Drohung, *b* Drohung mit Unsicherheit, *c* Drohung sehr schwach, *d* Drohung schwach – Unsicherheit sehr stark, *e* Ängstlichkeit – Schmerzschrei-Situation, *f* Feind vis-à-vis – Abwehr, Unsicherheit, Unterlegenheit (nach Schenkel 1947)

2 Ausdrucksverhalten. Typische Verhaltensformen bei Singvögeln: *a* Kopfhochdrehen und *b* Unterwerfungshaltung (Kohlmeise), *c* Vorwärtsdrohen gegen Rivalen (Gimpel), *d* Balzhaltung zum Weibchen (Kanarienvogel), *e* laterale Balz breitseits zum Weibchen (Buchfink), *f* Balzhaltung breitseits zum Weibchen (Gimpel), *g* Aufforderungsgeste des Buchfinkenweibchens, *h* Haltung des Buchfinkenmännchens vor der Begattung (nach Hinde 1961)

beabsichtigte, wenigstens weitgehend auf direkte menschliche Einwirkung zurückzuführende Eliminierung einer Tier- oder Pflanzenart in einem bestimmten geographischen Gebiet oder in ihrem gesamten Areal. → Aussterben.

Ausscheidungsgewebe, *Absonderungsgewebe,* **1)** im engeren Sinne alle spezifischen einzelligen oder vielzelligen, inneren und äußeren Ausscheidungssysteme der Pflanzen, deren Stoffwechsel auf eine einseitige, umfangreiche Produktion bestimmter Stoffwechselprodukte (Sekrete und Exkrete) ausgerichtet ist, die im Gegensatz zu den Reservestoffen endgültig aus dem Stoffwechsel ausgeschieden werden.

Zu den A. im engeren Sinne gehören: a) D r ü s e n z e l l e n u n d D r ü s e n g e w e b e, die einzeln oder zu Gruppen vereint vorwiegend in der Epidermis und im Parenchym auftreten. Sie sind stets lebend, enthalten reichlich Plasma, große Zellkerne, zahlreiche Mitochondrien und Golgi-Apparate und scheiden ihre Absonderungsprodukte, die vielfach ökologische Bedeutung haben, aktiv nach außen oder in Interzellularräume ab. *Epidermale A., äußere A.,* z. B. Hautdrüsen, kommen an der Pflanzenoberfläche vor und werden nach ihren Ausscheidungsprodukten eingeteilt in Schleim-, Harz-, Salz-, Öl- und Verdauungsdrüsen. Sie sind meist aufgebaut wie Schuppen- oder Köpfchenhaare, wobei die Endzelle die Drüsenzelle ist, die ihr Sekret oft zunächst in den Raum zwischen Zellwand und Kutikula ausscheidet. Die Kutikula wird dabei abgehoben und zerplatzt schließlich vielfach, so daß die Stoffe frei werden. Auch die *Nektarien,* die zur Anlockung der Insekten zuckerhaltige Sekrete ausscheiden *(Sekretgewebe),* gehören hierher. Sie sind unterschiedlich gebaut und kommen vor allem innerhalb der Blüten als florale Nektarien, seltener auch an Blattstielen, Nebenblättern oder Blattspreiten als extraflorale Nektarien vor. *Innere A.* sind stets in Parenchym oder andere Gewebe eingeschlossen, und auch hier unterscheidet man nach ihren Produkten Öl-, Harz-, Gummi- und Schleimdrüsen, die meist ihre Sekrete an Interzellularkanäle oder Gänge abgeben, die durch das Auseinanderweichen der Drüsenzellen entstehen. Man nennt solche Kanäle, die meist die ganze Pflanze durchziehen, *schizogene Sekretbehälter.* Hierher gehören z. B. die *Harzgänge* vieler Nadelhölzer. Eine besondere Form der Drüsenzellen sind die *Hydathoden* (→ Guttation), die es den Pflanzen ermöglichen, z. B. bei sehr hoher Luftfeuchtigkeit, an ihre Umgebung tropfbar flüssiges Wasser abzugeben, das zudem vielfach noch Mineralstoffe enthält. Bei vielen Mono- und Dikotylen befinden sich an den Blattspitzen oder den Zähnchen der Blatträndern bzw. einfach vor den Enden der großen Blattadern unter besonderen *Wasserspalten* Gruppen kleinerer, chlorophyllfreier, meist plasmareicher und großkerniger Parenchymzellen, die der Abscheidung des tropfbar flüssigen Wassers dienen. Sie werden als *Epitheme* und einschließlich der zugehörigen Wasserspalte als *Epithemhydathoden* bezeichnet. Flüssiges Wasser kann aber auch von *epidermalen Hydathoden* ausgeschieden werden, und zwar entweder von Gruppen umgebildeter Epidermiszellen oder von mehrzelligen Haaren, die *Trichomhydathoden* genannt werden.

b) E x k r e t z e l l e n u n d E x k r e t i o n s g e w e b e kommen als zerstreute Einsprengsel in den verschiedensten primären und sekundären pflanzlichen Geweben vor. Ihre Abscheidungsprodukte, z. B. Harze, Schleime, Gummi, Gerbstoffe, Alkaloide und bisweilen auch ätherische Öle, die vielfach Endprodukte des pflanzlichen Stoffwechsels darstellen, werden vom endoplasmatischen Retikulum oder von Golgi-Apparaten gebildet und verbleiben in der Regel im Inneren der sie produzierenden Zellen. Sie werden in den Vakuolen gespeichert, bis sie den ganzen Zellinhalt erfüllen. Einzelne Exkretzellen sind z. B. die ungegliederten *Milchröhren,* die bei vielen Wolfsmilchgewächsen, Maulbeergewächsen u. a. zu finden sind. Es handelt sich dabei um bis mehrere Meter lange verzweigte Röhren mit einer Zellulosemembran und wandständigem, vielkernigem Plasma. Sie sind mit einer milchigen, an der Luft gerinnenden Flüssigkeit angefüllt. Einen Zellkomplex stellen dagegen die gegliederten Milchröhren dar, die durch Auflösung der Querwände aneinandergrenzender Zellen entstehen und die Pflanzen meist wie ein Netz durchziehen. Sie kommen unter anderem bei den Wolfsmilchgewächsen, Mohngewächsen und einem Teil der Korbblütler vor. Auch sie enthalten einen Milchsaft, in dem genau wie in dem der ungegliederten Röhren Zucker, Gerbstoffe, Glykoside, z. T. auch Alkaloide, gelöst sind. Teilweise enthält er ätherische Öle, Gummiharz, Kautschuk, Guttapercha, Stärke u. a. *Lysigene Sekretbehälter* entstehen dann, wenn von einer Sekretzellengruppe die Zellwände aufgelöst werden und der Inhalt, meist ätherisches Öl, zusammenfließt. Derartige Behälter finden sich z. B. sehr zahlreich in der Schale vieler Zitrusfrüchte.

2) Im weiteren Sinne können alle Gewebearten, durch die sich ein Stoffabgabe, z. B. auch an die Atmosphäre, vollzieht, als A. der Pflanze aufgefaßt werden. In dieser Sicht dürfen die mit vielen Interzellularen durchsetzten Schwammparenchyme sowie die grünen, primären Rindenparenchyme, die mit zahlreichen Spaltöffnungen bzw. Lentizellen mit der Außenluft in Verbindung stehen, zu den A. gestellt werden.

Ausscheidungsorgane, svw. Exkretionsorgane.
Außenblatt, → Ektoderm.
Außenlade, → Mundwerkzeuge.
Außenskelett, eine mehr oder weniger harte Körperbedeckung vielzelliger Tiere, die vom Ektoderm gebildet wird. Dieses A. ist bei den Gliederfüßern als chitinige Kutikula und bei den Weichtieren und Armfüßern als einfache oder zweiklappige kalkige Schale ausgebildet. Dem A. der genannten Wirbellosen steht das kalkige *Innenskelett* der Stachelhäuter gegenüber, das aber von Zellen umgeben ist, die unter der Epidermis liegen, also mesodermaler Herkunft sind.

Außensporen, svw. Konidien.
Äußere Zellmembran, svw. Plasmamembran.
Aussterben, (Tafeln 36 und 37) Erlöschen einer Tier- oder Pflanzensippe. Derzeit lebt nur noch ein Bruchteil der in der Evolution entstandenen Arten. Für die Tierwelt wurde er auf <1% geschätzt. Viele Arten dürften anpassungsfähigeren Konkurrenten erlegen oder den durch neue Raubfeinde, Parasiten oder Krankheiten erhöhten Verlusten nicht gewachsen gewesen sein. Zweifellos haben ferner Einflüsse der unbelebten Umwelt, namentlich Klimaveränderungen, eine große Rolle gespielt, auch ist das oft vermutete A. von Arten oder höheren Taxa durch Katastrophen nicht auszuschließen. Gelegentlich haben wenig spezialisierte Arten oder Gattungen ihre an ganz bestimmte Bedingungen angepaßten Verwandten überlebt, so daß sie zu »lebenden Fossilien« wurden. Viele Tiere und Pflanzen sind aber nicht im aktuellen Sinn ausgestorben, sondern durch Weiterentwicklung aus der Fossilgeschichte verschwunden. In einzelnen Tiergruppen (z. B. bei den Ammoniten) traten vor dem A. als degenerativ angesehene aberrante Formen auf, die zur unbewiesenen und unerklärten Auffassung geführt haben, daß Tiergruppen ebenso wie Individuen reifen, altern und sterben.

A. durch menschliche Einflüsse: Wahrscheinlich haben schon Steinzeitjäger am Ende der Eiszeit einzelne ihrer großen Beutetiere ausgerottet. In der Gegenwart hat das A. von Tieren und Pflanzen ein katastrophales Ausmaß angenommen, wie es in der Vergangenheit auch bei krisenhaften Umweltbedingungen kaum erreicht wurde. Für die Tierwelt zitierte Zahlen (z. B. fast 500 in den letzten 2 000 Jahren ausgestorbene Arten) beziehen sich meist stillschweigend allein auf die Wirbeltiere! Für die viel höheren Ausfälle bei den Wirbellosen liegen nur fragmentarische Angaben vor. Die gleiche Lückenhaftigkeit weisen das Red Data Book (→ Rotes Buch) der → IUCN und regionale Rote Listen auf. Die Zahl der bedrohten Pflanzenarten wurde auf etwa 25 000 geschätzt. Statistische Angaben über den Artenschwund in größeren Gebieten täuschen über den Umfang der Verarmung in Teilgebieten hinweg. Nur ausnahmsweise ist eine Art allein durch eine Ursache ausgestorben oder vom A. bedroht; beispielsweise ist übermäßige Nutzung oft erst dann gefährlich geworden, nachdem die Einengung des Areals oder der Verlust von Habitaten schon zu einer Schwächung der Populationen geführt hatte, oder profitorientierte und Sportjagd ergänzten sich in verheerenden Folgen. Für die Wirbeltiere können folgende am A. beteiligte Faktoren benannt werden, von denen die unter 7 und 8 angeführten bisher wohl nur eine zusätzliche Gefährdung darstellen, ohne schon für das A. einer Art hauptverantwortlich zu sein.

1. Biotopveränderungen
   1.1. direkte: Entwaldung, Entwässerung, Kultivierung u. a.
   1.2. indirekte: durch verwilderte Kaninchen, Schafe, Ziegen u. a. Tiere
2. Übernutzung der Bestände
   2.1. Fleisch- und Fettgewinnung
   2.2. Eiersammeln
   2.3. Gewinnung von Fellen, Häuten und Federn
   2.4. Fang für den Tierhandel
   2.5. Gewinnung von (angeblichen) Heilmitteln
3. Luxusjagd, Trophäen- und Andenkenerwerb
4. Einbürgerung karnivorer Tiere (im weitesten Sinn)
   4.1. Einbürgerung freilebender Raubtiere zur biologischen Bekämpfung (Füchse, Marder, Mungo)
   4.2. Verwildern von Katzen, Hunden u. Schweinen
   4.3. Einschleppung von Ratten
5. Bekämpfung als (vermeintlicher) Schädling
6. Einschleppung von Krankheiten
7. Anwendung von Pflanzenschutzmitteln
8. Verursachung übermäßiger Verluste durch den Straßenverkehr
9. Verunreinigung von Gewässern
10. Einbürgerung überlegener Konkurrenten

Geographie des A.: Besonders stark vom A. bedroht sind Inselbewohner. Die Populationen sind vor allem bei größeren Vögeln und Säugetieren klein; damit gibt es nur einen geringen nutzbaren Überschuß, und die Chancen für das Überstehen von ungünstigen Extrembedingungen sind verringert; die genetische Anpassungsfähigkeit ist durch Abstammung von wenigen Gründerindividuen eingeschränkt. Viele Inseltiere verloren im Lauf der Zeit Flugfähigkeit und/oder Schutzinstinkte gegenüber Raubfeinden. Ein auffallend hoher Prozentsatz von Inseltieren findet sich unter den ausgestorbenen Vögeln, während Säugetiere eher in Kontinentalgebieten ausgestorben sind. Das erklärt sich hauptsächlich daraus, daß die gegenüber anthropogenen Veränderungen besonders anfälligen Ökosysteme landferner Inseln außer einigen Fledermäusen meist keine Säugetiere besaßen. Ferner spielten Säugetiere auf dem Festland eine größere Rolle als Beutetiere oder (vermeintliche) Schädlinge. Bei den Pflanzen gelten heute vor allem subtropische und – infolge Vernichtung der Urwälder – tropische Arten als vom A. bedroht.

Lit.: J. Blab, E. Nowak, W. Trautmann u. H. Sukopp: Rote Liste der gefährdeten Tiere und Pflanzen in der Bundesrepublik Deutschland (Greven 1977); W. Hempel u. H. Schiemenz: Unsere geschützten Pflanzen und Tiere (2. Aufl. Leipzig, Jena, Berlin 1978); G. Kirk: Säugetierschutz (Stuttgart 1968); D. Luther: Die ausgestorbenen Vögel der Welt (Wittenberg 1970); U. Sedlag: Vom A. der Tiere (Leipzig, Jena, Berlin 1983); V. Ziswiler: Bedrohte und ausgerottete Tiere (Berlin, Heidelberg, New York 1965).

Ausstrich, eine mikrobiologische Technik. Dabei werden Mikroorganismen entweder mit einer Impföse oder einem Deckglas in einem Flüssigkeitstropfen auf einem Objektträger in einer sehr dünnen Schicht für die mikroskopische Untersuchung ausgebreitet, oder sie werden mit einem Drigalskispatel oder einer Impföse auf einem Nährboden, z. B. Nähragar, für das Anlegen von Mikroorganismenkulturen verteilt. Der *fraktionierte* A. wird mit der Impföse ausgeführt, wobei zunächst nur ein kleiner Teil des Nährbodens beimpft wird. Nach dem Ausglühen (Sterilisieren) der Impföse wird vom beimpften Teil erneut etwas ausgestrichen, dann wieder mit steriler Öse vom zweiten A. usw. Schließlich wird eine so starke Vereinzelung der Zellen erreicht, daß nach Bebrütung des Nährbodens im Bereich des letzten A. neue Kolonien entstehen, die aus Einzelzellen hervorgegangen sind, die also → Reinkulturen sind.

Austauschadsorption, Adsorption von Ionen an ein Adsorbens bei gleichzeitiger Verdrängung eines weniger gut adsorbierbaren Ions vom Adsorbens. Aus Bodenkolloiden werden durch CA$^{\cdot\cdot}$-Düngung z. B. K$^\cdot$ und andere Kationen freigesetzt. A. spielt ferner im → Freien Raum der Wurzel im ersten Stadium der Ionenaufnahme (→ Mineralstoffwechsel) eine große Rolle.

Austauschwert, die relative Häufigkeit der Durchbrechung der Koppelung zweier Gene durch Crossing-over, die sich aus dem Prozentsatz an Gameten mit Genneukombination bezogen auf die Gametengesamtzahl ergibt (→ Rekombinationswert). Der A. zwischen zwei bestimmten Genen einer Koppelungsgruppe ist unter gleichen Versuchsbedingungen konstant und kann zur Festlegung der Lage von Genen in Chromosomenkarten dienen, wobei der A. den relativen Abstand der Gene voneinander angibt.

Austern, *Ostreiden,* Familie dickschaliger Muscheln in warmen und gemäßigten Meeren. Sie kommen meist auf Austernbänken in der Nähe der Küste vor und sind mit der linken Schalenklappe am Untergrund festgewachsen. Mehrere Austernarten sind als Nahrungsmittel wichtig; sie werden größtenteils in Austernkulturen gewonnen, da die natürlichen Vorkommen durch Raubbau erloschen sind. In Nordamerika und Ostasien sind die A. vielfach Volksnahrung. In Europa kommen die meisten A. aus Frankreich, Holland und England. An der Ostseeküste sind die A. nicht verbreitet, da sie Wasser mit einem Salzgehalt nicht unter 19‰ benötigen.

Geologische Verbreitung: Die A. sind bekannt seit der Trias, besonders häufig seit dem Jura. Die Mehrzahl der rezenten A. gehören zur Gattung *Ostrea,* deren Vertreter eine beachtliche Größe erreichen können und seit der Kreidezeit vorkommen.

Austernfischer, → Regenpfeifervögel.
Australide, → Rassenkunde des Menschen.
Australis, *1)* pflanzengeographische Bezeichnung für ein → Florenreich. Die A. umfaßt Australien und Tasmanien sowie Neuseeland. Die frühe Abtrennung vom Festland und die damit isolierte Stellung der A. äußert sich darin, daß von über 12 000 Gefäßpflanzenarten 80 bis 90% endemisch sind. Bezeichnend sind die *Myrtaceae* (*Eucalyptus, Melaleuca*), *Proteaceae* (*Grevillea, Hakea, Banksia*), phyllodienbildende Akazien, *Liliaceae*-Grasbäume (*Xanthorrhoea*) und *Casuarinaceae.* Die A. enthält Regenwälder, Trockenwälder, Hartlaubwälder und -gebüsche, Dornbüsche, Savannen, Gräsländer und Halbwüsten.

2) unterschiedlich umgrenzte tiergeographische Region, die bei engster Grenzziehung Australien und Neuguinea, im weitesten Sinne aber auch Neuseeland und die ganze polynesische und mikronesische Inselwelt sowie Hawaii einschließt. Entsprechend wird die A. bald als Teil der → Notogäa aufgefaßt, bald mit dieser gleichgesetzt. Die Untergliederung erfolgt bei weiter Fassung in eine kontinental-australische Subregion (Australien, Tasmanien, Neuguinea und die dem Festlandsockel aufsitzenden Inseln), eine neuseeländische Subregion und eine mikro- und polynesische Subregion, der eventuell die Hawaii-Inseln zugerechnet werden. Hier wird die engste Umgrenzung zugrunde gelegt.

Die A. enthält zahlreiche altertümliche Sippen und hat eine hohe → Endemitenrate. Sie wurde als ursprünglicher Bestandteil des Gondwanakontinentes teilweise von der Antarktis her, teils von Asien aus besiedelt. Transantarktische Ausbreitung läßt sich für viele wirbellose Tiere der A. (und Neuseelands) nachweisen, die nächste Verwandte in der → Neotropis haben. Der Ursprung der Beuteltiere wird meist in Asien vermutet, möglicherweise konnten aber auch sie noch die Ausbreitungsmöglichkeiten des Gondwanalandes nutzen. Vögel und Plazentatiere stammen dagegen zweifellos aus Asien.

Die A. ist vor allem durch die Kloakentiere (Monotremata) und den hohen Anteil der Beuteltiere sowie deren adaptive Mannigfaltigkeit gekennzeichnet. Oft wird übersehen, daß es daneben eine ganze Anzahl Plazentatiere gibt: den früh eingeschleppten Dingo, Fledermäuse und muride Nager. Auf dem australischen Kontinent beträgt der Anteil der Plazentatiere etwa 40% der Arten, in Neuguinea sind sie in der Mehrheit. Die artenreichsten Familien der Beuteltiere sind die Raubbeutler (*Dasyuridae,* endemisch), Kletterbeutler (*Phalangeridae,* auch im Zwischengebiet) und Springbeutler (*Macropodidae,* auch im Zwischengebiet).

Trotz besserer Ausbreitungsmöglichkeiten der Vögel, die sich unter anderem darin zeigen, daß etwa 20 europäische Arten wenigstens zeitweilig in der A. vorkommen, weicht auch die Ornis stark von der der Orientalis ab. Erstaunlich groß sind selbst die Unterschiede zwischen der kontinentalen Vogelwelt und der Neuguineas. So wurden für erstere (ohne Seevögel) 531 brütende Arten angeführt, für Neuguinea 566, von denen lediglich 191 in beiden Teilgebieten vorkommen. Endemisch oder fast endemisch sind unter anderem die Kasuarvögel (*Casuaridae*), Leierschwänze (*Menuridae*), Paradiesvögel (*Paradiseidae*) und Laubenvögel (*Ptilonorhynchidae*). Reich entfaltet sind z. B. die Papageien. Hühnervögel fehlen der Region mit Ausnahme der Großfußhühner (*Megapodidae*).

Bei den Reptilien gibt es zahlreiche Eidechsenarten, besonders Geckos, Skinke, Agamen und Warane. Artenreich sind auch die Giftnattern (*Elapidae*), die einzigen Giftschlangen der A. Die zweitstärkste Schlangengruppe ist die der im Boden lebenden Wurmschlangen (*Typhlopidae*). Ferner gibt es Nattern und einige Riesenschlangen. Die Schildkröten sind relativ schwach vertreten, die Krokodile mit 3 Arten.

Die Amphibien haben sich selbst auf dem Kontinent mit seinen riesigen Trockengebieten reich entfaltet, doch fehlen Urodelen. Vor allem handelt es sich um Pfeif- oder Südfrösche (*Leptodactylidae,* → Neotropis) und Laubfrösche (*Hylidae*). In Neuguinea gibt es auch viele Engmaulfrösche (*Microhylidae*). Echte Süßwasserfische sind nur schwach vertreten. Weit verbreitete und artenreiche Fischgruppen, wie *Cyprinidae* und *Siluroidea,* fehlen. Ein bemerkenswertes Relikt ist der Lungenfisch *Neoceratodus forsteri.* Tasmanien zeigt bereits eine starke insuläre Verarmung (→ Inseltheorie), doch hat sicher auch das Klima zum Fehlen mancher auf dem Kontinent vorhandener Tiergruppen beigetragen (z. B. Schildkröten, Krokodile, Warane, Geckos, Nattern, Riesen- und Wurmschlangen).

Australische Schlangenhalsschildkröte, *Chelodina longicollis,* fischfressende, etwa 25 cm lange → Schlangenhalsschildkröte stehender und langsam fließender Gewässer Australiens, deren Kopf mit dem sehr langen Hals beim Beutefang vorgeschnellt wird.

Australische Sumpffrösche, *Limnodynastes,* in Australien und Tasmanien verbreitete Gattung überwiegend wasserlebender → Südfrösche. Der *Tasmanische Sumpffrosch, Limnodynastes tasmaniensis,* baut ein Schaumnest am Ufer. Auch andere Arten der Gattung treiben Brutpflege.

Australopithezinen, *Australopithecinae,* **Prähomininen,** ausgestorbene Unterfamilie der Hominiden. → Anthropogenese.

Austreibungszeit, → Aktionsphasen des Herzens.

Austrocknungstoleranz, → Dürreresistenz.

Auswinterung, Bezeichnung für das Auftreten von Schäden an überwinternden Feldkulturen, die hauptsächlich auf folgende Ursachen zurückgehen: *Erfrieren* durch Tiefsttemperaturen bei fehlender Schneedecke; *Vertrocknen* nach Wasserabgabe (Transpiration) der Pflanzen infolge Wind- oder Sonneneinfluß ohne Möglichkeit der Wasserzufuhr durch die Wurzeln im gefrorenen Boden; *Ersticken* und *Ausfaulen* durch Sauerstoffmangel und Kohlendioxidüberschuß unter verharschtem Schnee oder Schmelzwasserpfützen; *Auffrieren* bei häufigem Wechsel zwischen Auftauen und Gefrieren des Bodens, der zum Zerreißen der Wurzeln führt bzw. ungenügend bewurzelte Pflanzen aus dem Boden heraushebt. Die A. beruht also häufig auf Frühjahrsschäden. Außerdem wird ihre Wirkung oft durch Pilzkrankheiten (Kleekrebs, Schneeschimmel, Typhulafäule) oder tierische Schädlinge (Brachfliege, Drahtwürmer, Feldmäuse, Gartenhaarmücke, Rapserdfloh) verstärkt.

Aus-Zentrum-Feld, engl. "off-center field", in der → Perzeption ein Grundtyp des → rezeptiven Feldes, das im zentralen Bereich die → Aus-Elemente, in der Umgebung → Ein-Elemente besitzt. → Ein-Zentrum-Feld.

Autapomorphie, → Apomorphie.

Autoallopolyploidie, → Polyploidie.

Autoantikörper, Antikörper, die mit körpereigenem Material reagieren. Sie sind. z. T. für die Entstehung von Autoimmunerkrankungen verantwortlich, z. T. dienen sie der Vernichtung von nicht mehr funktionsfähigen Zellen oder Stoffen.

Autobasidie, svw. Holobasidie.

Autochorie, → Samenverbreitung.

autochthon, »bodenständig«, d. h. am Ort des Vorkommens entstanden (→ autochthone Mikroflora). Bei tierischen Organismen gilt hierfür allein der Brutnachweis. G e g e n s a t z : allochthon.

autochthone Mikroflora, Teil der Mikroflora eines Bodens, der sich unter naturnahen Bedingungen aktiv entwickelt; im Gegensatz zu Arten der Mikroorganismen, die erst nach anthropogenen Eingriffen (Düngung, Pestizideinwirkung u. a.) am Standort zur Entwicklung kommen. Von der a. M. ist die *potentielle M.* zu unterscheiden, d. h. die Gesamtheit der (aktiven oder inaktiven) an einem Standort vorhandenen Keime. → Bodenorganismen.

Autochthonie, Bodenständigkeit.

Autoduplikation, svw. Autoreduplikation.

Autogamie, *Selbstbefruchtung,* 1) die Erscheinung bei einzelligen Lebewesen, daß sich Gameten einer Mutterzelle miteinander paaren. Es kann auch zur Verschmelzung von zwei Zellkernen kommen, die vorher im Verlauf besonderer Fortpflanzungsprozesse aus einem Zellkern entstanden sind (Konjugation), 2) bei Blütenpflanzen → Bestäubung.

Autoimmunkrankheiten, Erkrankungen, die durch Immunreaktionen gegen körpereigene Zellen oder Stoffe hervorgerufen werden. Bei einem Teil dieser Erkrankungen spielen → Autoantikörper die Hauptrolle. Hierzu gehören A. mit Autoantikörpern gegen rote Blutzellen oder gegen Thrombozyten. In anderen Fällen sind aktivierte Lymphozyten mit Aggressivität gegen Zellen bestimmter Organe hauptverantwortlich für die bei der Erkrankung auftretenden Schäden. Neben den echten A., bei denen die Rolle der Autoimmunprozesse für den Verlauf der Erkrankung klar ist, gibt es zahlreiche Krankheiten, bei denen nicht sicher ist, ob die Autoimmunprozesse Ursache oder Folge der Erkrankung sind. Hierzu gehören z. B. die rheumatischen Erkrankungen.

Autoklav, *Dampfdrucksterilisator,* ein luftdicht verschließbarer und beheizbarer Metallbehälter unterschiedlicher Größe, in dem Verbandstoffe, Instrumente, bakteriologische Nährböden, Lebensmittelkonserven u. a. durch Einwirkung von gespanntem Dampf bei Temperaturen von 120 bis 135 °C sterilisiert werden. Die Verwendung des A. geht auf L. Pasteur zurück.

Autökologie, → Ökologie.

Autolyse, *Selbstauflösung,* Selbstverdauung und somit Selbstzerstörung absterbender Zellen. Sie wird dadurch hervorgerufen, daß mit dem Zelltod die Membranen der Lysosomen, in denen die Fermente des intrazellulären Proteinabbaus lokalisiert sind, undicht werden, so daß die entsprechenden Proteasen ins Zellplasma austreten.

Automatiezentrum, → Herzerregung.

Automixis, *Selbstbefruchtung,* die Vereinigung von Keimzellen gleicher Herkunft.

Automutagene, als Produkte normaler oder abnormer Stoffwechselvorgänge entstehende Substanzen, die in der Lage sind, im gleichen Organismus Mutationen auszulösen. → Mutagene.

Autonastie, → Nastie.

autonom, durch innere Ursachen bedingt, endogen. A. Vorgänge, z. B. bestimmte Bewegungen bei Pflanzen, werden nicht durch äußere Reize induziert.

autonome Ruhe, → Ruheperioden.

autonomes Nervensystem, svw. vegetatives Nervensystem.

Autophagosom, → Lysosom.

Autopodium, → Extremitäten.

Autopolyploidie, → Polyploidie.

Autoradiographie (Tafel 18), Methode zum Nachweis von radioaktiven Isotopen in makroskopischen und mikroskopischen Präparaten. Als Detektor werden spezielle Photoemulsionen oder Abziehfilme verwendet. Im Lichtmikroskop werden die Objektträger mit den Präparaten mit einem abziehbaren Film – *stripping film* – überzogen oder in geschmolzene Emulsion eingetaucht. Für die elektronenmikroskopische A. werden die Ultradünnschnitte mit einer Einkornschicht einer sehr feinkörnigen Silberhalogenidemulsion bedeckt. Nach einer entsprechenden Expositionszeit, die einige Tage bis mehrere Monate betragen kann, werden die entstandenen Silberkeime photographisch entwickelt. Auf diese Weise erhält man zusätzlich zum morphologischen Bild ein Abbild der Verteilung der radioaktiven Isotope im Gewebe. Die Methode hat große Bedeutung in der modernen Physiologie und Biochemie für die Lokalisation von Verbindungen und Biosyntheseorten und die Untersuchung von Transportvorgängen.

Autoreduplikation, *Autoduplikation, Autoreproduktion, identische Reduplikation, Replikation, Selbstverdopp-*

Autoregulation

lung, eine charakteristische Fähigkeit des genetischen Materials, der DNS sowie der RNS der RNS-haltigen Viren. Muller erkannte bereits 1922, daß nur solche Strukturen als genetisches Material fungieren können, die zur A. befähigt sind. DNS und Virus-RNS vermögen dies auf Grund der auf Basenkomplementarität beruhenden (im Fall der Virus-RNS gelegentlich nur zeitweiligen) Doppelsträngigkeit sowie der Existenz spezifischer Enzyme, der DNS-Polymerasen und RNS-abhängigen RNS-Polymerasen (→ DNS-Replikation). Dagegen ist Nicht-Virus-RNS (mRNS, tRNS, rRNS) nicht zur A. befähigt, sondern wird durch Transkription an DNS- (oder Virus-RNS-) Matrizen synthetisiert, so daß sie kein genetisches Material darstellt.

Autoregulation, → Nierentätigkeit, → Strömungsgesetze im Blutkreislauf.

Autorzitat, → Nomenklatur.

Autosomen, die normalen Chromosomen eines Chromosomensatzes der Eukaryoten, die bei Diplonten paarweise als homologe Chromosomen ausgebildet sind und die sich in Struktur und Funktion von den Heterochromosomen (→ Geschlechtschromosomen) und den → B-Chromosomen unterscheiden.

Autosynapsis, meiotischer Paarungsmodus von → Isochromosomen mit identischen Chromosomenarmen, so daß beide Arme unter Umklappen miteinander paaren und zwischen ihnen Crossing-over erfolgen kann.

Autosyndese, im Gegensatz zur → Allosyndese die meiotische Paarung von Chromosomen, die aus dem gleichen Gameten stammen, unabhängig davon, ob die betreffenden Chromosomen strukturell vollständig übereinstimmen oder partiell inhomolog sind. A. ist somit an das Vorliegen von → Aneuploidie oder → Polyploidie (Auto- oder Autoallopolyploidie) geknüpft, da sonst zwangsläufig Allosyndese erfolgt.

Autotomie, *Selbstverstümmelung,* Erscheinung, daß Tiere Körperteile oder -anhänge abstoßen können. Als Schutzverhalten (→ Schutzreflexe) bei manchen Protozoen, vielfach bei Gliederfüßern (z. B. A. von Extremitäten bei Krabben) bis zu Wirbeltieren (Schwanz von Eidechsen) zu finden. A. geschieht an vorgebildeten Stellen, die abgestoßenen Strukturen können mehr oder weniger regeneriert werden.

Autotrophie, eine Ernährungsweise, bei der einfache anorganische Verbindungen, z. B. Kohlendioxid, Ammoniak, Nitrat oder Sulfat, zur Synthese der körpereigenen organischen Verbindungen verwendet werden. Ursprünglich wurde der Begriff A. nur zur Kennzeichnung der *Kohlenstoffautotrophie* verwendet, die sich in der Fähigkeit ausdrückt, organische Säuren, Kohlenhydrate und andere Verbindungen aus Kohlendioxid und Wasser zu synthetisieren, wobei die hierfür erforderliche Energie entweder aus dem Sonnenlicht (→ Photosynthese) oder aus chemischen Umsetzungen (→ Chemosynthese) gewonnen wird. Die *Stickstoffautotrophie* der N-autotrophen Organismen beruht auf deren Befähigung zur Assimilation von Nitraten bzw. Ammoniumverbindungen oder zur Luftstickstoffbindung (→ Stickstoff). Die *Schwefelautotrophie* ist an die Fähigkeit pflanzlicher und mikrobieller Organismen gebunden, Sulfat reduktiv assimilieren zu können (→ Schwefel).

Autotropismus, die Tendenz von Sprossen, eine einmal erfolgte Reizkrümmung wieder auszugleichen und in die Normallage zurückzukehren. Wenn z. B. ein Pflanzenorgan bei einer geotropischen Reaktion eine Überkrümmung erfahren hat, dann bewirkt der A. zusammen mit der erneuten geotropischen Reizung die oft pendelartige Einregulierung in die lotrechte Endstellung. → Tropismus.

Auxanographie, eine Methode zur Untersuchung der wachstumsfördernden oder -hemmenden Wirkung bestimmter chemischer Verbindungen auf Mikroorganismen. Zur A. wird ein Agarnährboden (→ Agar-Agar), der die zu prüfende Substanz nicht enthält, in einer Petrischale mit dem Testorganismus beimpft und an bestimmten Stellen mit den zu prüfenden Substanzen versehen (→ Diffusionsplattentest). In deren Nähe entstehen im Falle einer fördernden Wirkung Wachstumszonen, bei hemmenden Substanzen, z. B. Antibiotika, dagegen Hemmhöfe.

Die A. wird z. B. für die Identifikation von Hefen angewandt. Dabei wird das für jede Hefeart charakteristische Spektrum verwertbarer oder nicht verwertbarer Kohlenhydrate, das *Auxanogramm,* bestimmt.

auxiliäres Wachstum, → Oogenese.

Auxinantagonisten, Stoffe, die bei Pflanzen die Wirkung von Auxinen hemmen und deren Wirkung zumindest teilweise von Auxinen aufgehoben werden kann. Die Bezeichnung A. wird unabhängig von der Wirkungsweise gebraucht. Kompetitiv wirkende A., die also mit Auxin um denselben Wirkungsort konkurrieren, nennt man → Antiauxine. Als A. sind sehr viele chemisch verschiedenartige Verbindungen bekannt. Auch bestimmte synthetische Auxine können als A. wirken, z. B. 2,3,5-Triiodbenzoesäure.

Auxine, eine Gruppe von natürlichen und synthetischen Wachstumsregulatoren mit multipler Wirkung auf Wachstums- und Differenzierungsprozesse der höheren Pflanze. Die natürlich vorkommenden pflanzlichen A. gehören zu den Phytohormonen. Wichtigster Vertreter ist das in höheren Pflanzen ubiquitär, allerdings in sehr geringer Menge (1 bis 100 µg je kg Frischmasse Pflanzenmaterial) enthaltene ***Indol-3-ylessigsäure*** (***β-Indolylessigsäure,*** Abk. ***IES,*** engl. ***IAA***), die auch in niederen Pflanzen einschließlich Bakterien gefunden wurde. Ein weiteres nativ vorkommendes A. ist die ***Phenylessigsäure,*** die jedoch geringere Auxinwirkung hat als IES. IES findet sich im Pflanzengewebe in freier Form und über die Karboxygruppe esterartig an myo-Inosit, Glukose oder Galaktose oder peptidartig an Aminosäuren, wie Asparaginsäure oder Tryptophan, gebunden.

1 Indol-3-ylessigsäure

Diese IES-Derivate werden als *Auxinkonjugate* bezeichnet und als Glykosyl-, myo-Inosityl- bzw. Peptidylkonjugate unterschieden. Sie spielen bei der Regulation des Auxinstoffwechsels eine wichtige Rolle. In höheren Pflanzen finden sich weitere strukturverwandte Verbindungen der IES, wie 4-Chlorindolylessigsäure, Indolyl-ethanol, -azetamid, -azetonitril, -azetaldehyd, die z. T. als Biosynthesevorstufen dienen.

Die Bildung von IES erfolgt aus der Aminosäure Tryptophan durch Seitenkettenabbau entweder über Indolylbrenztraubensäure und Indolylazetamid oder über Tryptamin. Hauptbiosyntheseort sind junge, sich entwickelnde und wachsende Pflanzenteile, wie Koleoptil- und Sproßspitzen, junge Blätter und das aktive Kambium. Der Transport von A. erfolgt überwiegend vom Sproß zur Wurzelspitze. Die Inaktivierung der A. geschieht durch enzymatisch katalysierten oxidativen Abbau oder durch Konjugatbildung.

Von den synthetischen Verbindungen mit Auxinaktivität sind vor allem Indolylbuttersäure und Indolylpropionsäure, Phenyl- und Naphthylessigsäuren sowie Phenoxy- und Naphthoxyessigsäuren von praktischer Bedeutung.

A. haben eine multiple Wirkung auf die Gesamtentwicklung der höheren Pflanze, und zwar im komplexen Zusammenspiel mit anderen Phytohormonen. A. wirken besonders auf die Zellstreckung, vor allem von Koleoptilen und

2 Biosynthesewege der IES. Die durch gestrichelte Pfeile gekennzeichneten Wege existieren wahrscheinlich nur bei Mikroorganismen

Sproßachsen, sie regen die Kambiumtätigkeit an, beeinflussen Zellteilung, Apikaldominanz, Abszission, Phototropismus und Geotropismus und andere Wachstums- und Entwicklungsprozesse. In hohen Dosen wirken A. wachstumshemmend, was zur Entwicklung selektiv wirkender Herbizide, z. B. 2,4-Dichlorphenoxyessigsäure (2,4-D) und 2,4,5-Trichlorphenoxyessigsäure (2,4,5-T), geführt hat. Der Wirkungsmechanismus und der Angriffsort bzw. das Rezeptorprotein der einzelnen A. sind noch weitgehend unbekannt.

Nachweis und Bestimmung der A. erfolgen meist durch spezifische Biotestsysteme, z. B. den Haferkoleoptilen-Krümmungstest, oder physikalisch-chemische Methoden, z. B. die Gaschromatographie.

IES und vor allem einige synthetische A., wie 2,4-D, haben als Wachstumsregulatoren in der Landwirtschaft sowie im Obst- und Gartenbau breite Anwendung gefunden, z. B. bei der Stecklingsbewurzelung oder als selektiv wirkende Herbizide im Getreideanbau sowie bei Baumwoll-, Sojabohnen-, Zuckerrüben- und anderen Kulturen.

Auxinkonjugate, → Auxine.
Auxinvorstufen, *Auxin-Precursors,* Stoffe, die in der Pflanze in → Auxine umgewandelt werden können. Im engeren Sinne sind die normalerweise als Vorstufen oder Zwischenprodukte bei der Biogenese von Indolyl-3-essigsäure auftretenden Verbindungen, insbesondere Tryptophan, sowie bis zu einem gewissen Grade Indolyl-3-brenztraubensäure, Indolyl-3-azetaldehyd und Tryptamin.
Auxotrophie, → Heterotrophie.
Aversion, negative Einstellung gegenüber einem Umgebungsreiz oder einer Reizkonstellation. Dies ist ein Spezialfall des → diffugen Status. *Aversives Verhalten* steht als Gegenbegriff zum → Appetenzverhalten. Es führt zur Meidung einer Umgebungsbedingung oder eines Objektes. A. tritt im Zyklus des motivierten Verhaltens auf, wenn ein Appetenzverhalten zum Funktionsziel geführt hat. Im Fall der Nahrungsaufnahme wäre dies im Status der Sättigung die A. gegenüber Nahrungsobjekten. In diesem Sinne kann A. nur gegenüber solchen Objekten oder Bedingungen auftreten, denen gegenüber zu anderen Zeiten auch eine Appetenz bestehen kann, die sich als Appetenzverhalten manifestiert.
Aves, → Vögel.
Avidin, ein Glykoprotein des Hühnereiweißes. Die Komplexbildung zwischen A. und dem Vitamin Biotin führt bei übermäßigem Genuß roher Eier zu Biotinmangelerscheinungen. Durch Erhitzen wird A. denaturiert und inaktiviert.
Avidität, die Bindungsstärke des Antikörpers zum Antigen. Sie kommt meist durch Mehrfachbindung des Antikörpers an das multivalente Antigen, z. B. Bakterium, zustande. Dies ist der wesentliche Gegensatz zur → Affinität.
Avidulariidae, → Vogelspinnen.
Avikularien, → Moostierchen.
Avitaminosen, → Vitamine.
Avocado-Birne, → Lorbeergewächse.
avoidance, → Hitzeresistenz.
avoidance conditioning, → Vermeidungskonditionierung.
Axenie, *Ungastlichkeit,* die mangelnde Eignung eines Lebewesens als Wirt eines Parasiten, z. B. eines bakteriellen oder pilzlichen Krankheitserregers zu dienen. Die A. kann bedingt sein durch anatomisch-morphologische bzw. physiologische Eigenschaften des Wirtes. Die A. wird häufig der → passiven Resistenz zugeordnet.
Axerophthol, svw. Vitamin A, → Vitamine.
Axialorgan, bei den → Stachelhäutern ein aus dem linken Protozöl (Axozöl) hervorgehendes unpaares Organ, welches aus einer *Axialdrüse* (Verbindung zwischen aboralem und oralem Blutlakunenring) sowie aus dem langen *Axialzölom* besteht, das aus dem linken Protozölschlauch hervorgeht und vom oralen → Somatozöl zum aboralen Körperpol zieht. Hier erweitert sich das Axialzölom zu einer Ampulle und mündet meist mit zahlreichen feinen Kanälen nach außen; die Wände dieser Kanäle verschmelzen in der Regel miteinander, so daß eine siebartige Platte, die → Madreporenplatte, entsteht. Das rechte Protozöl wird zu einer kleinen Dorsalblase.
Axilla, → Blatt.
Axis, → Achsenskelett.
Axishirsch, *Axis axis,* ein hell rotbrauner, kräftig weiß getüpfelter Hirsch aus Vorderindien und Sri Lanka.
Axolemm, → Neuron.
Axolotl [aztekisch 'Wasserspiel'], *Ambystoma* (*Siredon*) *mexicanum,* bekanntester Vertreter der → Querzahnmolche. Der A. ist ein klassisches Beispiel für → Neotenie. Die bis 25 cm langen, meist in der weißen Albinoform mit roten Kiemenbüscheln auftretenden und oft zu Versuchszwecken in Aquarien gehaltenen Tiere sind die nicht umgewandelten, aber »erwachsenen« Kaulquappen, die in diesem Larvenzustand auch fortpflanzungsfähig werden. Durch Verfütterung von Schilddrüsenextrakt, in dem das jodhaltige Hormon Thyroxin enthalten ist, aber auch durch allmähliches Senken des Wasserstandes kann die Larve zur Umwandlung (Metamorphose) in die kiemenlose, lungenat-

Axon

mende Landform veranlaßt werden. Freilebend kommt der A. nur in einer neotenischen, normal dunkelgraubraun gefärbten Restpopulation im mexikanischen Xochimilco-See vor, die umgewandelte Landform ist aus der Freiheit nicht bekannt.

Axon, → Neuron.
Axonema, → Zilien.
Axoplasma, → Neuron.
axoplasmatisches Retikulum, → Neuron.
Axopodien, bei Heliozoen und Akanthariern vorkommende feine, strahlenförmige, unverzweigte Plasmafortsätze, die durch einen starren Achsenfaden versteift sind.
Axostyl, svw. Achsenstab.
Axozöl, → Leibeshöhle, → Mesoblast.
Azalee, → Heidekrautgewächse.
Azetessigsäure, *β-Ketobuttersäure,* $CH_3-CO-CH_2-COOH$, einfachste β-Ketosäure, die bei der β-Oxidation der Fettsäuren als Zwischenprodukt auftritt. Hierbei wird im gesunden Organismus A. zu 2 Molekülen Essigsäure abgebaut. Bei Störungen des Kohlenhydratstoffwechsels, besonders bei Zuckerkrankheit, Diabetes mellitus, erscheint A. zusammen mit anderen Ketonkörpern im Harn.
Azetonkörper, svw. Ketonkörper.
Azetylcholin, ein → Transmitter der → neuromuskulären Synapse der Wirbeltiere bzw. von Wirbellosen. A. beeinflußt ferner die Synapsen in den Ganglien des → vegetativen Nervensystems und die Synapsen in weiteren zentralisierten Anteilen des Nervensystems von Wirbeltieren und Wirbellosen sowie die Synapsen zwischen Vagusnervenfasern und Herzmuskelfasern bei Wirbeltieren bzw. in den Herzen von Wirbellosen.

Spurenweise kommt A. auch in Pflanzen, z. B. in den Brennhaaren der Brennessel, vor. Azetylcholinähnliche Verbindungen, z. B. Murexin in den Drüsen bestimmter Schneckenarten, sind wahrscheinlich Giftstoffe.

A. als Transmitter löst in Abhängigkeit vom postsynaptischen Element Exzitation (z. B. neuromuskuläre Synapse) oder Inhibition (z. B. Herzmuskelfasern, D-Zellen im ZNS von Hinterkiemern, *Aplysia*) aus. Am besten untersucht ist A. als Transmitter in der neuromuskulären Synapse. Azetylcholinmoleküle sind in präsynaptischen Vesikeln in einer Menge von etwa 5000 bis 10000 je Vesikel enthalten. Die Vesikelmembran kontraktiert die präsynaptische Membran, wobei sich der Vesikelinhalt, das Transmitterquantum, in den synaptischen Spalt entleert. Dies geschieht, wenn Impulse die präsynaptische Membran depolarisieren, wobei ein Impuls etwa 100 bis 200 Vesikel zur Entleerung bringt. Die Transmittermoleküle durchqueren den synaptischen Spalt und erreichen postsynaptische → Rezeptoren. Dies sind, nach Untersuchungen des Azetylcholinrezeptors an elektrischen Organen, Glykoproteinmoleküle mit einer Molekülmasse von etwa 250000 bis 300000. Sie setzen sich aus 5 bis 6 Untereinheiten zusammen, von denen sich etwa

$$H_3C-\overset{O}{\underset{\|}{C}}-O-CH_2-CH_2-N_\oplus(CH_3)_3 \quad \text{Azetylcholin}$$

$10^4/\mu m^2$ in neuromuskulären postsynaptischen Membranen befinden. Der Kontakt von A. mit dem Rezeptor führt zur Öffnung von Ionenkanälen (→ Erregung), wodurch ein exzitatorisches → postsynaptisches Potential entsteht. Der Kontakt von A. und Rezeptor dauert nur etwa 0,5 bis 1 ms, weil A. durch Azetylcholinesterase enzymatisch zu Cholin und Azetat hydrolysiert wird. A. kann durch ein anderes Enzym, Cholinazetylase, im ganzen Neuron gebildet werden. Azetylcholinrezeptoren der postsynaptischen Membran besitzen zwei aktive Zentren. Eines davon, das *esterati-*

sche Zentrum, kann so angeordnet sein, daß es entweder durch Nikotin oder aber durch Muskarin besetzt werden kann. Nikotin wirkt auf Rezeptoren in den neuromuskulären Synapsen sowie parasympathischen und sympathischen Ganglien, Muskarin reagiert mit Rezeptoren der postganglionären parasympathischen Systeme. Nikotinartige Rezeptortypen werden in Ganglien durch Tetraethylammonium, in neuromuskulären Synapsen durch → Kurare blockiert und durch das Schlangengift Alpha-Bungarotoxin irreversibel besetzt. Muskarinartige Rezeptortypen der postganglionären parasympathischen Systeme werden durch Atropin und Skopolamin blockiert, damit tritt Hemmung des Parasympathikus durch diese *Parasympatholytika* ein. Andere Substanzen hemmen die Aktivität der Azetylcholinesterase und unterbinden damit letztlich die Erregungsübertragung. Reversibel geschieht dies durch Physostigmin, irreversibel durch organische Phosphorsäureester, die als Insektizide Bedeutung haben. Andere gehören zu den gefährlichsten chemischen Kampfstoffen.

Azetyl-Koenzym A, → Koenzym A.
Äzidiosporen, paarkernige, rostfarbene Sporen der → Rostpilze, die in einem becherförmigen → Äzidium gebildet werden und bei den meisten wirtschaftlich bedeutsamen Rostpilzen die Infektion auf eine neue Wirtsart übertragen, beim Schwarzrost des Getreides, *Puccinia graminis,* z. B. von der Berberitze auf Getreide- und bestimmte Grasarten.
Äzidium, das becherförmige Sporenlager der Rostpilze, in dem die rostfarbenen Äzidiosporen gebildet werden. Das Ä. entwickelt sich nach Zutritt eines andersgeschlechtigen Kerns aus einer Äzidiumanlage, die einen rundlichen, plektenchymatischen, durch Myzelzusammenballung entstandenen Hyphenkomplex darstellt. Die Außenschicht des Ä. wird → Pseudoperidie genannt. Die Äzidien von *Puccinia graminis,* einem der häufigsten Getreiderostpilze, befinden sich als kleine rostbraune Punkte an der Blattunterseite der Berberitze, die als Zwischenwirt dient.
Azidophyten, svw. Kieselpflanzen.
Azidose, Verschiebung des Blut-*p*H-Wertes in die saure Richtung. Dabei bleibt der *p*H-Wert aber immer noch alkalisch. Vor einer echten »Säuerung« des Blutes (*p*H unter 7,0) sterben die Säugetiere und der Mensch. Nach der Art ihrer Entstehung wird eine respiratorische von einer metabolischen A. unterschieden.

1) *Respiratorische A.* treten bei Lähmung des Atemzentrums oder der -muskeln, bei Erhöhung des Atemwiderstandes oder bei Verteilungsstörungen in den Lungenalveolen auf. Sie sind beim Menschen Folgeerscheinungen bei spinaler Kinderlähmung, Asthma bronchiale, Lungenemphysem und einer Pneumonie. Wegen der verminderten Atemleistung steigt die Kohlendioxidspannung und sinkt der *p*H-Wert des Blutes. Respiratorische A. werden metabolisch behoben, indem in der Niere mehr Wasserstoffionen ausgeschieden und Hydrogenkarbonationen gebildet werden.

2) *Metabolische A.* können bei starker körperlicher Arbeit (Milchsäureanstieg), bei der Zuckerkrankheit (Zunahme an Azetessigsäure und β-Hydroxybuttersäure), bei Niereninsuffizienz (verminderte H^+-Ausscheidung) oder einer Diarrhoe (Verlust von Hydrogenkarbonat mit dem Darmsaft) beobachtet werden. Wegen der Abnahme der Standardbikarbonatmenge sinkt der *p*H-Wert des Blutes. Metabolische A. werden respiratorisch kompensiert, weil dann die → chemische Atmungsregulation einsetzt und über die Steigerung des Atemminutenvolumens die Standardbikarbonatmenge und der *p*H-Wert normalisiert werden.
Azoikum, *Erdurzeit,* Zeitraum der erdgeschichtlichen Entwicklung ohne ein Auftreten von Lebewesen. Zeitraum

vor 3,5/3,75 (?) bis 4 Mrd. Jahren der Erdentwicklung. → Erdzeitalter, Tab.
azöle Wirbel, → Achsenskelett.
azön, → Biotopbindung.
azonale Vegetation, → zonale Vegetation.
Azotobacter, eine Gattung im Boden und Wasser lebender, aerober, gramnegativer Bakterien, die meist durch zahlreiche Geißeln beweglich sind und Luftstickstoff binden können. Die bis 5 µm großen, ovalen bis runden Zellen liegen häufig in Paaren und können Kapseln und dickwandige Zysten ausbilden. Die *Azotobacter*-Arten sind von großer Wichtigkeit für die Landwirtschaft, da sie in den Böden Stickstoffverbindungen anreichern, die von den Pflanzen verwertet werden können. Die häufigste Art ist *A. chroococcum*.
Azulene, zur Gruppe der Sesquiterpene zählende, ungesättigte, bizyklische Kohlenwasserstoffe, die blau bis violett gefärbt sind und in einigen ätherischen Ölen vorkommen. So enthalten Kamille und Schafgarbe Terpenvorstufen, aus denen bei Wasserdampfeinwirkung *Chamazulen* entsteht, dem die entzündungshemmende Wirkung dieser Drogen zugeschrieben wird.

Chamazulen
Azyltransferasen, → Transferasen.

B

Babesien, *Piroplasmen,* winzige Protozoen, die parasitisch in weißen und roten Blutkörperchen von Wirbeltieren leben und sich durch Zwei- oder Vielteilung vermehren. Sie werden durch Zecken übertragen und verursachen bei Rindern in warmen Ländern wirtschaftlich wichtige Krankheiten, z. B. Texasfieber, afrikanisches Küstenfieber. Die systematische Zugehörigkeit der B. ist ungeklärt; sie werden meist zu den Sporozoen gezählt.
Bach, → Fließgewässer.
Bachflohkrebs, *Gammarus pulex,* ein Flohkrebs (Unterordnung Gammaridae) in fließenden Gewässern Mitteleuropas, der sich zwischen dem Pflanzenwuchs aufhält.
Bachläufer, → Wanzen.
Bachstelze, → Stelzen.
Bacillariophyceae, → Kieselalgen.
Bacillus, → Bazillus.
Backhefe, für die Herstellung von Backwaren verwendete Kulturhefe. Es handelt sich um ausgelesene Rassen von *Saccharomyces cerevisiae,* die sich durch gute Kohlendioxidentwicklung, Hitzebeständigkeit und Haltbarkeit auszeichnen. In einem Teig bildet die B. durch alkoholische Gärung aus Zucker neben Ethanol Kohlendioxid, das die erwünschte Lockerung des Teiges bewirkt. B. wird industriell durch Vermehrung der Hefezellen in melassehaltigen Nährlösungen hergestellt und gelangt nach Formung in Pressen als *Preßhefe* oder nach Verringerung des Wassergehaltes als länger haltbare → *Trockenhefe* zum Verbraucher.
Bacteria, → Bakterien.
Baculites [lat. baculus 'Stock'], aberrante Ammonitengat-

tung der Oberkreide (oberes Turon bis Maastricht). Es handelt sich um überwiegend gerade, langgestreckte Formen mit einem planspiral aufgewundenen Anfangsteil. Die Gehäuseoberfläche ist glatt oder einfach berippt. Knoten können auftreten. B. ist bezüglich der Gehäusegestalt und Berippung eine typische Abbauform.
Badeschwamm, *Spongia officinalis,* zur Ordnung *Dictyoceratida* gehörender Schwamm mit einem Durchmesser bis zu 50 cm. Die B. sind im Mittelmeer und bei den Westindischen Inseln verbreitet. Das Spongingerüst wird nach Entfernung des Weichkörpers und Trocknung besonders in der Industrie (Schleifen, Lackieren, Polieren) genutzt.
Baermann-Trichter, Ausleseapparat für Nematoden, → Bodenorganismen.
Baersches Gesetz, durch K. E. v. Baer 1828 erkannte Tatsache, daß sich während der Embryonalentwicklung zuerst die vielen Organismen gemeinsamen, also für größere systematische Einheiten typischen Eigenarten herausbilden und dann zunehmend besondere Merkmale erscheinen, die immer niedere Taxa charakterisieren.
Baetidae, → Eintagsfliegen.
Bahnung, die zeitlich begrenzte Verstärkung neuronaler Erregungen durch andere neuronale Erregungen. Die *zeitliche* B. tritt ein, wenn ein Impuls, der die Präsynapse (→ Synapse) erreicht, nicht ausreicht, um Geschehnisse einzuleiten, die die Postsynapse depolarisieren, der nachfolgende zweite, zeitlich spätere Impuls dies jedoch bewirkt. Zeitlicher B. liegt die gequantelte Freisetzung von → Transmittern zugrunde. Die *räumliche* B. tritt ein, sobald mehrere Präsynapsen an räumlich getrennten Bereichen eines Neurons postsynaptische Anteile besetzen und Erregung in der Effektorzelle nur ausgelöst wird, wenn die Präsynapsen gleichzeitig Transmitter freisetzen. Der B. liegt somit zeitliche oder räumliche Summation exzitatorischer postsynaptischer Potentiale zugrunde (→ synaptische Potentiale). B. sind von Bedeutung für die Erregungsausbreitung in verschalteten Neuronen (→ Schaltung) und wurden im Zusammenhang mit Reflextheorien diskutiert.
Bakterien, *Bacteria,* früher auch *Schizophyta* oder irreführend *Schizomycetes* bzw. **Schizomyzeten, Spaltpilze,** zu den Prokaryoten gehörende Mikroorganismen. Die B. sind etwa 0,5 bis 10 µm große Einzeller, die z. T. in kettenfaden- oder andersförmigen Zellverbänden leben. Die Zellkörper sind kugelig, stäbchenförmig, kommaförmig oder schraubig gedreht, selten auch verzweigt. Die Vermehrung der B. erfolgt durch Zweiteilung, bei wenigen Vertretern durch Knospung. Verschiedene B. können sich fortbewegen, und zwar durch Geißeln (→ Bakteriengeißeln) oder mit Hilfe kontraktiler Längsstränge unter der äußeren Zellhülle, einige auch durch Kriech- oder Gleitbewegung auf einer Unterlage; viele B. sind unbeweglich. Einige B., die → Sporenbildner, bilden im Zellinneren charakteristische, z. T. hochresistente Dauerzellen, die → Sporen; bei wenigen anderen Arten kommen → Zysten vor. Als Prokaryoten haben die B. keinen von einer Membran umgebenen Zellkern, die Kernsubstanz liegt als Nukleoid (Genophor) direkt im Zytoplasma. Außerdem kommen weder Mitochondrien noch Plastiden vor, die Funktionen dieser Organellen werden in der Bakterienzelle von der Zytoplasmamembran und ihren Anhangsgebilden (Mesosomen und Chromatophoren) erfüllt. Im Zytoplasma finden sich kleine Ribosomen (70S-Ribosomen). Die Zellwand ist meist starr und verleiht den einzelnen Bakterienarten eine konstante Zellform; sie enthält fast ausnahmslos Murein. Bei manchen B. ist die Zellwand von einer Kapsel aus Polysacchariden oder Polypeptiden oder von Schleimmassen bedeckt (Abb. S. 68).

Die meisten B. leben heterotroph, d. h. als Saprophyten auf totem organischen Material oder als Parasiten in ande-

Bakterienfilter

ren Lebewesen. In dieser Gruppe finden sich auch Erreger von Krankheiten bei Mensch, Tier und Pflanze. Verschiedene B. bilden hochgiftige Toxine (→ Bakteriengifte). Die autotrophen B. sind zur Chemosynthese oder zur Photosynthese befähigt. Ein Teil der B. sind → Anaerobier.

B. kommen auf der Erde nahezu überall vor, vor allem im Boden und in Gewässern, aber auch in der Luft und in Lebensräumen mit extrem ungünstigen Bedingungen. Da sie in der Natur mit überaus großen Anzahlen auftreten und die meisten natürlich vorkommenden organischen Verbindungen abbauen können, spielen die B. im Kreislauf der Stoffe eine wesentliche Rolle. Viele B. sind für den Menschen unmittelbar nützlich geworden (→ technische Mikrobiologie).

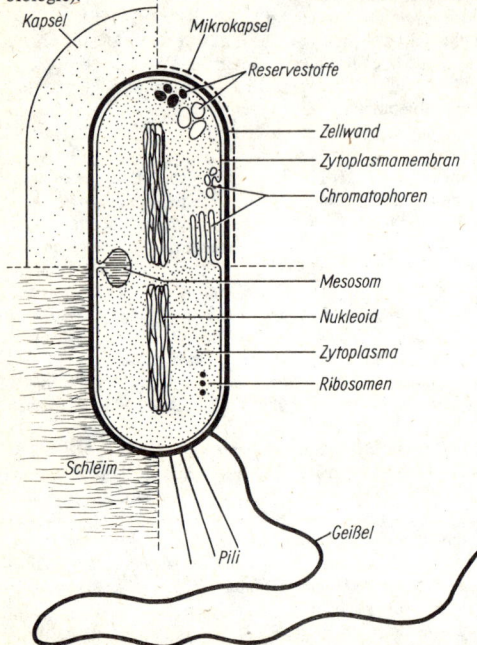

Bakterienzelle (die einzelnen Zellbestandteile verschiedener Bakteriengruppen sind in *einer* Zelle zusammengefaßt dargestellt)

Da eine Einteilung der B. in einem natürlichen System gegenwärtig nicht möglich ist, werden sie nach morphologischen und physiologischen Eigenschaften in Gruppen aufgeteilt. Derzeit werden in der Abteilung *Bacteria* 19 Gruppen unterschieden: 1) photoautotrophe B., d. s. → Purpurbakterien und → Chlorobakterien; 2) B. mit Kriechbewegungen, z. B. → *Beggiatoa* und → Schleimbakterien; 3) → Scheidenbakterien; 4) gestielte und sich durch Knospung vermehrende B., z. B. → *Hyphomicrobium*, → *Caulobacter, Gallionella;* 5) → Spirochäten; 6) schraubenförmige und gebogene B., z. B. → Spirillen, → *Bdellovibrio;* 7) gramnegative aerobe Stäbchen und Kokken, z. B. → *Pseudomonas,* → *Xanthomonas,* → *Azotobacter,* → Knöllchenbakterien, → *Agrobacterium,* → *Alcaligenes,* → Essigsäurebakterien, → Brucellen, → *Bordetella;* 8) gramnegative fakultativ anaerobe Stäbchen, z. B. → Enterobakterien, → Vibrionen, → *Haemophilus;* 9) gramnegative anaerobe B.; 10) gramnegative Kokken und Kokkobazillen, z. B. → *Neisseria;* 11) gramnegative anaerobe Kokken; 12) gramnegative chemoautotrophe B., z. B. → *Nitrobacter,* → *Nitrosomonas,* sulfurizierende B.; 13) → Methanbakterien; 14) grampositive Kokken, z. B. → Mikrokokken, → Staphylokokken, → Streptokokken, → Froschlaichbakterium, → Sarzinen; 15) → Sporenbildner; 16) grampositive Stäbchen, z. B. → Laktobazillen; 17) → Aktinomyzeten und Verwandte, z. B. → Corynebakterien, → Propionsäurebakterien; 18) → Rickettsien; 19) → Mykoplasmen.

Lit.: → Bakteriologie.

Bakterienfilter, → Sterilfiltration.

Bakteriengeißeln, der aktiven Bewegung vieler Bakterien dienende Organellen, die aus dem Protein Flagellin bestehen und sich strukturell und funktionell von den Geißeln der Eukaryoten wesentlich unterscheiden. B. sind 20 μm lang und haben meist einen Durchmesser von 12 bis 25 nm. die Flagellinmoleküle bilden einen Hohlzylinder. Sie sind in 3 bis 11 Subfibrillen schraubig angeordnet (Abb.) und besitzen keine Adenosin-5'-triphosphatase-Aktivität. Flagellin polymerisiert wie das Tubulin der Eukaryoten zu Strängen. B. sind nicht von der Plasmamembran umhüllt.

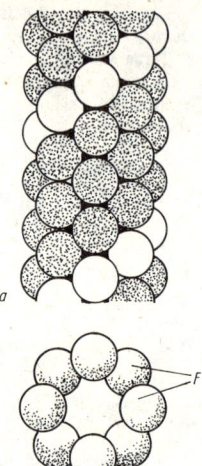

1 Modell der Feinstruktur einer Bakteriengeißel: *a* längs, *b* quer. *F* Flagellinmoleküle (in Wirklichkeit nicht kugelförmig, sondern ellipsoidisch)

Die Geißelbasis hat die Form eines starren Hakens und ist in Plasmamembran und Zellwand drehbar eingelassen (Abb.). Als Hauptenergiequelle für die Geißelbewegung dienen Ionengradienten; Potentialänderungen werden in Bewegungsenergie umgesetzt: Ionen gelangen durch die M-Scheibe der Geißelbasis und reagieren mit Oberflächenladungen der S-Scheibe.

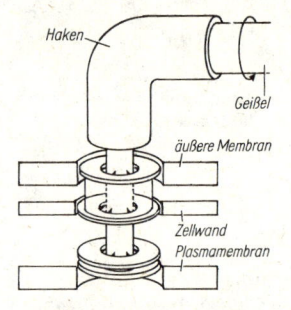

2 Basis einer Bakteriengeißel und Verankerung der Geißel (schematische Darstellung)

B. werden meist gegen den Uhrzeigersinn bewegt, dabei rotiert das Bakterium gleichzeitig im Uhrzeigersinn. Es entstehen Schub- bzw. Zugkräfte vergleichbar einer Propellerwirkung. Durch Drehsinnänderungen entstehen Vorwärts- bzw. Rückwärtsbewegungen des Bakteriums. Anzahl und Anordnung der Geißeln sind meist für die verschiedenen Bakterienarten spezifisch. Die Zellen können eine einzelne Geißel **(monotrich)** oder mehrere Geißeln **(polytrich)** tragen; ein Sonderfall davon ist das Auftreten von Geißelbüscheln (Iophotrich). Nach der Anordnung unterscheidet man die Begeißelung an einem Zellende (polar) von der Begeißelung an beiden Zellenden (amphitrich) oder rings um die Zelle (peritrich).

Bakteriengifte, *Bakterientoxine,* von Bakterien gebildete Giftstoffe. Man unterscheidet *Endotoxine (Enterotoxine),* die in den Bakterienzellen enthalten sind und erst nach deren Absterben frei werden, und *Exotoxine (Ektotoxine),* die von lebenden Bakterien als Stoffwechselprodukte ausgeschieden werden. Endotoxine sind von verschiedenen gramnegativen Darmbakterien bekannt, z. B. von Salmonellen und Ruhrbakterien. Die Exotoxine sind außerordentlich giftige Stoffe mit sehr spezifischer Wirkungsweise. Zum Beispiel wirken die Neurotoxine des Botulinusbakteriums und des Tetanusbakteriums auf das Nervensystem, bei Lebensmittelvergiftungen durch Staphylokokken bewirken die mit den Nahrungsmitteln aufgenommenen Enterotoxine schwere Darmerkrankungen.

Bakteriensporen, von manchen Bakterien, den Sporenbildnern, im Zellinneren gebildete Dauerzellen. Die B. bestehen aus wasserarmem Zytoplasma mit dem darin enthaltenen Nukleoid, der Zellwand, einer dicken Sporenrinde und einer oder mehreren Sporenhüllen. Manche Sporen sind von einer weiteren Hüllschicht, dem Exosporium, umgeben. Die Sporen der Bakterien sind die widerstandsfähigsten Zellen. Sie überleben z. T. mehrstündiges Kochen, z. T. sogar 130°C für mehrere Minuten. In trockener Erde blieben B. nachweislich mehr als 300 Jahre lebensfähig.

Die Sporenbildung in der Bakterienzelle beginnt unter dem Einfluß zelleigener und äußerer Faktoren. Zunächst machen die Bakterien eine innere Zellteilung durch, die kleinere der beiden Tochterzellen wird von der größeren umwachsen und bildet sich zu einer Spore um. Unter günstigen Bedingungen keimt die Spore unter Aufbrechen der Sporenhüllen wieder aus.

Sporen werden vor allem von den *Bacillus-* und *Clostridium-*Arten gebildet.

Bakterientoxine, svw. Bakteriengifte.
Bakterienviren, → Phagen.
Bakteriochlorophyll, *Bakteriochlorin,* dem Chlorophyll a ähnliches Hauptpigment der Schwefelpurpurbakterien *(Thiorhodaceae),* schwefelfreien Purpurbakterien *(Athiorhodaceae)* und grünen Schwefelbakterien *(Chlorobacteriaceae),* das die Assimilation von Kohlendioxid ermöglicht und an Eiweißstoffe gebunden ist. B. enthält eine Doppelbindung weniger als das Chlorophyll a (Tetrahydroporphyrin, → Porphyrine) und anstelle der Vinylgruppe eine Azetylgruppe. Daneben existieren noch weitere B.

Bakterioid, *Bakteroid,* eine bakterielle Involutionsform, d. h. ein von seiner normalen Zellform abweichendes Bakterium. B. entstehen unter dem Einfluß bestimmter äußerer Bedingungen. Am bekanntesten sind die unregelmäßig angeschwollenen oder lappig verzweigten B. in den Wurzelknöllchen der Hülsenfrüchtler. Es sind die Stickstoff bindenden Stadien der sonst stäbchenförmigen Knöllchenbakterien.

Entstehung von Bakterioiden aus der Stäbchenform von Knöllchenbakterien

Bakteriologie, ein Teilgebiet der Mikrobiologie, das sich mit der Erforschung der Bakterien beschäftigt. Die B. untersucht die Struktur und die Lebenserscheinungen der Bakterien, ihre Stellung und Wirkung in der Natur, ihre für den Menschen nützlichen oder schädlichen Leistungen. Entsprechende Teilgebiete der B. sind daher wichtig für Human- und Veterinärmedizin, Phytopathologie, Umweltschutz, Hydrobiologie, Landwirtschaft, technische Mikrobiologie u. a.

Die B. bildete sich als selbständige Wissenschaft in der zweiten Hälfte des 19. Jh. heraus. Antonie van Leeuwenhoek (1632–1723) entdeckte zwar schon 1675 die Bakterien, ihre Bedeutung wurde jedoch erst viel später erkannt. Als Begründer der B. gelten Louis Pasteur (1822–1895) und Robert Koch (1843–1910). Pasteur wies z. B. nach, daß die Milchsäuregärung durch Bakterien hervorgerufen wird und daß Bakterien nicht durch Urzeugung, d. h. aus toter Substanz, entstehen. Koch entdeckte verschiedene Bakterien als Erreger von Krankheiten, z. B. den Milzbrandbazillus, das Tuberkelbakterium und das Cholerabakterium. Für die späteren Fortschritte der B. war unter anderem die Entwicklung der Mikroskopie von großer Bedeutung. Wichtige Erkenntnisse konnten mit der Anwendung des Elektronenmikroskops in der B. (etwa seit 1940) gewonnen werden.

Lit.: Seeliger: Taschenb. der medizinischen B. (Leipzig 1978); Thimann: Das Leben der Bakterien (Jena 1964).

Bakteriolyse, die Auflösung von Bakterienzellen, z. B. durch das Enzym Lysozym oder durch → Bakteriolysine. Die Immunbakteriolyse beruht auf spezifischen Antikörpern, die nach der Bindung an Bakterien über die Aktivierung des im Blutserum enthaltenen → Komplementsystems die Zerstörung der Bakterienzelle bewirken.

Bakteriolysine, von tierischen Organismen nach Kontakt mit Bakterien gebildete spezifische Antikörper, die im Blut enthalten sind und bei erneuter Infektion mit Bakterien der gleichen Art deren Auflösung bewirken.

Bakteriophagen, → Phagen.

bakteriostatisch, die Vermehrung von Bakterien hemmend, ohne daß diese dabei abgetötet werden. B. wirken z. B. viele Antibiotika und Konservierungsmittel. Vgl. → bakterizid.

Bakteriozine, von Bakterien gebildete Proteine, die auf bestimmte andere Bakterien abtötend wirken. Im Gegensatz zu den Antibiotika ist die Wirkung der B. wesentlich spezifischer, und zwar auf verwandte Bakterien beschränkt. B. werden nur von bakteriozinogenen Bakterien erzeugt, d. h. von Bakterien, die zusätzliche Erbfaktoren, die Bakteriozinfaktoren, aufweisen. Diese zu den Plasmiden gehörenden Faktoren sind auf andere Bakterien übertragbar, die damit ebenfalls die Fähigkeit zur Bildung von B. erwerben. B. sind z. B. die von manchen Stämmen des Kolibakteriums gebildeten *Kolizine (Colicine).* Die Bakteriozinfaktoren dieser Kolibakterien werden *kolizinogene Faktoren* genannt.

bakterizid, bakterienabtötend. B. wirken z. B. Sterilisationsmittel, viele Antibiotika, ultraviolette Strahlung. Vgl. → bakteriostatisch.

Bakterizide, Pflanzenschutzmittel zur Bekämpfung von Bakterien, im weiteren Sinne bakterientötende Substanzen. Hierzu gehören viele Antibiotika und die meisten Desinfektionsmittel.

Bakterizidin, Antikörper mit Bindungseigenschaft für Bakterien, der zugleich deren Entwicklung hemmt oder diese schädigt.

Bakteroid, svw. Bakterioid.

Balance-Modell der Populationsstruktur, Annahme über den Einfluß der Selektion auf die Struktur des Genpools natürlicher Populationen. Nach dem Balance-Modell sollen die meisten Genorte in den Individuen natürlicher Populationen von zwei verschiedenen Allelen besetzt sein, weil mit der Zahl heterozygoter Genorte die Fitness steigt. Dennoch vorhandene homozygote Loci erklären sich durch ihr Herausspalten gemäß dem zweiten Mendelgesetz. → klassisches Modell der Populationsstruktur.

Balanomorpha

Balanomorpha, → Seepocken.

Balbiani-Ringe, Orte besonders hoher Gen- und Transkriptionsaktivität an → Riesenchromosomen, die durch weitgehende Auflockerung der Chromomeren einzelner Querscheiben entstehen. An den aufgelockerten DNS-Strukturen ist RNS-Synthese nachzuweisen (Informationsherausgabe).

Baldriangewächse, *Valerianaceae,* eine Familie der Zweikeimblättrigen Pflanzen mit etwa 400 Arten, deren Hauptverbreitungsgebiet sich auf die gemäßigten Zonen der nördlichen Erdhalbkugel und die südamerikanischen Anden erstreckt. Es sind überwiegend Kräuter mit gegenständigen, oft fiederspaltigen Blättern ohne Nebenblätter. Die zwittrigen, schwach asymmetrischen Blüten stehen in traubigen Blütenständen und werden von Insekten bestäubt. Meist sind 5 Kron- und in fortschreitender Reduktion nur 4 bis 1 Staubblätter vorhanden. In dem oberständigen, dreiblättrigen Fruchtknoten entwickelt sich nur ein Nüßchen. Die sich nach der Blütezeit oft vergrößernden Kelchblätter dienen häufig der Samenverbreitung. Die wichtigste einheimische Art ist der in Europa und Asien an feuchten Standorten vorkommende *Echte Baldrian, Valeriana officinalis,* eine bis 2 m hoch werdende Staude mit unpaarig gefiederten Blättern und rötlichen bis weißen Blüten. Ihre unterirdischen Teile werden medizinisch genutzt; in ihnen sind die aufdringlich riechenden ätherischen Öle enthalten, die eine beruhigende Wirkung haben.

Echter Baldrian (*Valeriana officinalis*), blühender Zweig und Blatt

Die Blätter des *Rapünzchens (Rapunzel, Feldsalat), Valerianella locusta,* werden zu Salaten verwendet. Die mediterrane *Rote Spornblume, Centranthus ruber,* wird vereinzelt in unseren Gärten als Zierstaude angepflanzt.

Baldwin-Effekt, von J. M. Baldwin (1896) vermuteter Mechanismus des Begünstigens genetischer Anpassung durch Modifikation. Dadurch, daß Organismen neuen Umweltanforderungen anfänglich durch Modifikationen begegnen und die hierfür geeignetsten Genotypen ausgelesen werden, soll Zeit gewonnen werden, um die Anpassung durch genetische Faktoren zu ermöglichen. Dieser Mechanismus ist vermutlich nur von untergeordneter Bedeutung für die Evolution.

Balgfrüchte, → Frucht.
Balirind, → Banteng.
Balkenzüngler, → Radula.

Ballaststoffe, 1) von der Pflanze in überschüssigen Mengen aufgenommene Stoffe, die ernährungsphysiologisch ohne Bedeutung sind und deshalb oft wieder aus dem Stoffwechsel entfernt werden, indem sie entweder als R e k r e t e nach außen abgegeben oder aber in Form unlöslicher Verbindungen, Ca^{2+} z. B. in Form von Kalziumoxalatkristallen, im Pflanzenkörper abgelagert werden. Silizium wird oft in die Zellwände eingelagert. Andere B. werden in den Vakuolen deponiert. 2) Bestandteile der Nahrung, die im Magen-Darm-Kanal nicht abgebaut werden können (z. B. Zellulose).

Ballistosporen, Pilzsporen, die durch plötzliche Ausscheidung eines Flüssigkeitstropfens abgeschleudert werden.

Balsabaum, → Wollbaumgewächse.

Balsam, pflanzliches Exkret von dickflüssiger Konsistenz, das aus einer Mischung von Harz und ätherischem Öl besteht. Die Gewinnung erfolgt durch Sammeln der meist nach Verletzung aus den balsamführenden Interzellulargängen abgeschiedenen Massen oder durch Auskochen der Pflanzenteile. Wichtige B. sind Terpentin, Kanada-, Peru- und Tolubalsam.

Balsaminaceae, → Springkrautgewächse.

Balz, arttypisches Verhaltensmuster, das der Paarung vorangeht. Sie kommt besonders bei Gliederfüßern, einigen Weichtieren und den Wirbeltieren vor. Häufig tritt in diesem Zusammenhang → ambivalentes Verhalten auf, auch Elemente aus der Verhaltensentwicklung (»infantile Elemente«) sind nicht selten. Entsprechend der herausragenden biologischen Funktion des Fortpflanzungsverhaltens (Sexualverhalten) finden wir in diesem Kontext ein sehr vielseitiges und differenziertes gattungs- und meist auch arttypisches Verhalten, mit dem sich die vergleichende Verhaltensforschung besonders eingehend befaßt. Das Verhalten wird weitgehend durch biokommunikative Signale gesteuert und geregelt.

Lit.: P. G. Hesse u. G. Tembrock: Sexuologie I (Leipzig 1974).

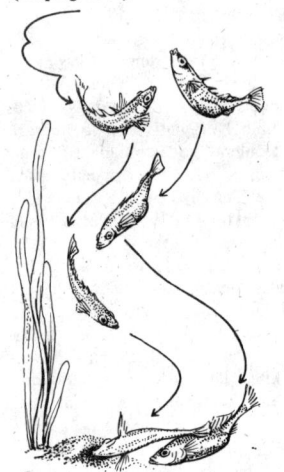

Balzverhalten des Dreistacheligen Stichlings (nach Tinbergen 1952)

Bambus, → Süßgräser.
Bambusbär, *Prankenbär, Riesenpanda, Ailuropoda melanoleuca,* ein ausgesprochen rundköpfiger, schwarz und gelb-

lichweiß gezeichneter Bär von etwas abseitiger systematischer Stellung. Der B. lebt in den Gebirgswäldern zwischen Osttibet und Szechuan und frißt vorwiegend Bambusschößlinge. Der B. wird selten in Gefangenschaft gehalten, konnte aber erfreulicherweise in letzter Zeit wiederholt gezüchtet werden. Er ist das Symbol des internationalen Naturschutzes. Tafel 38.
Bambusotter, → Lanzenschlangen.
Bananenfresser, → Kuckucksvögel.
Bananengewächse, *Musaceae,* eine Familie der Einkeimblättrigen Pflanzen mit etwa 220 Arten, die in den tropischen Gebieten Afrikas und Asiens beheimatet sind. Es sind ansehnliche krautige Pflanzen mit knollig verdicktem Rhizom und Scheinstämmen, die aus den langen Blattscheiden gebildet werden. Die fiedernervigen Blätter haben eine große, oft durch den Wind zerschlitzte Blattfläche und sind gestielt. Die unregelmäßigen Blüten enthalten 5 fruchtbare Staubblätter und sind zu vielen in einem großen, überhängenden Blütenstand vereinigt. Die Bestäubung erfolgt durch Vögel oder Fledermäuse. Als Früchte sind Beeren ausgebildet. Samen fehlen bei den Kulturformen meist; die Pflanzen werden nur noch vegetativ vermehrt. Von der Gattung **Banane,** *Musa,* sind etwa 60 Arten bekannt, deren exakte Abgrenzung z. T. schwierig ist. Die Kulturbananen basieren meist auf den Arten *Musa acuminata* und *Musa balbisiana;* man kennt an die 200 verschiedenen Bananensorten, von denen man nach der Verwendung der Früchte Obst- und Mehlbananen unterscheidet. *Musa textilis,* die **Hanfbanane,** liefert den Manilahanf, Fasern, die aus den Blattscheiden gewonnen werden. Zu den B. gehören auch *Strelitzia,* die **Papageienblume,** mit ihren farbenprächtigen Blüten und *Ravenala,* der **Baum der Reisenden** oder **Quellbaum,** in dessen Blattscheiden sehr viel Wasser gespeichert werden kann.
Bananenschlangen, *Leptodeira,* im nördlichen Südamerika verbreitete, auf Sträuchern und Bäumen lebende, nachtaktive opisthoglyphe → Nattern (Trugnattern) mit dunklen Ringen und Flecken auf dem meist rötlichbraunen Rücken. B. gelangen bisweilen mit Bananenladungen nach Europa. Sie sind nur schwach giftig und legen Eier.
Bandfische, seitlich stark abgeflachte, langgestreckte Fische unterschiedlicher systematischer Zugehörigkeit. 1) *Cepolidae,* zu den Barschartigen gehörende bandartige Fische. 2) Bandfisch, *Lumpenus lampretiformis,* Schleimfisch nördlicher Meere. 3) Bandfisch, *Regalecus glesne,* bis 10 m, einer der längsten Fische, auf den viele Schauergeschichten früherer Seefahrer zurückgehen.

Bandfüßer, → Doppelfüße.
Bandspritzung, Spritzen mit einem Herbizid, wobei die Spritzflüssigkeit entlang der Kulturpflanzenreihe verteilt wird.
Bandwürmer, *Zestoden, Cestodes,* eine Klasse der Plattwürmer mit in erwachsenem Zustand stets parasitisch im Darm, selten auch in der Leibeshöhle von Wirbeltieren lebenden Arten, deren Entwicklung immer über zwei bis drei Larvenstadien vor sich geht. Von den über 3400 Arten kommen fast 500 in Mitteleuropa vor. (Tafel 43)

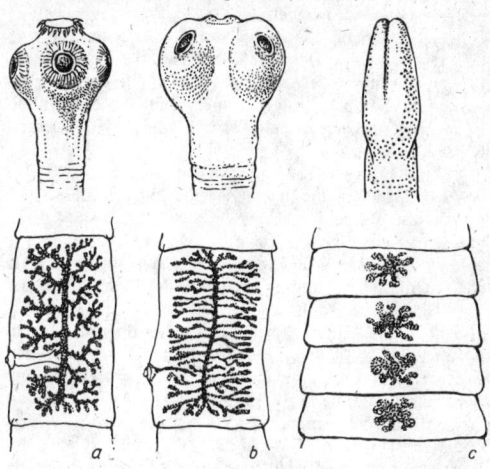

1 Köpfe und reife Glieder von Bandwürmern: *a* Schweinefinnenbandwurm, *b* Rinderfinnenbandwurm, *c* Breiter Fischbandwurm (Grubenkopf)

Morphologie. Die B. bestehen mit Ausnahme der ungegliederten Cestodaria aus einem stecknadelgroßen Kopf *(Skolex)* und einer aus drei bis zu mehreren tausend Einzelgliedern *(Proglottiden)* zusammengesetzten Gliederkette, der wenige Millimeter bis über 10 m langen *Strobila.* Der Kopf trägt zwei oder vier Haftorgane in Form von sehr unterschiedlich ausgebildeten Saugnäpfen oder Haftgruben, zu denen noch vielfach Hakenkränze oder ausstülpbare, bestachelte Haftrüssel treten. Die Glieder einer Strobila werden von einer kurzen Halspartie durch Sprossung gebildet und sind untereinander gleichartig gebaut. Jedes Glied enthält einen oder zwei zwittrige Geschlechtsapparate, die aus zahlreichen Hodenbläschen und stets einem Eierstock be-

Bananengewächse: *a* Banane, Ende einer Blütenstandachse während der Blüte; *b* Strelitzie, Blüte

Banteng

stehen, dem zur Eibildung noch zwei Dotterstöcke und eine Schalendrüse angelagert sind. In den vorderen Gliedern wird zuerst der männliche Geschlechtsapparat reif, in den mittleren Gliedern der weibliche, während die hinteren Glieder nur noch einen mit Eiern gefüllten stark verzweigten Uterus enthalten. Die letzten Glieder werden meist abgestoßen und neue von der Halspartie nachgebildet. In jedem Glied liegen ferner zahlreiche Wimperkölbchen von Protonephridien, die in jederseits zwei die ganze Gliederkette durchziehende Sammelkanäle münden. Die ungegliederten *Cestodaria* haben in der Regel nur einen Geschlechtsapparat, manchmal liegen aber auch 20 bis 45 hintereinander. Ein Darmkanal fehlt den B. vollständig.

Die Nahrungsstoffe werden in gelöster Form mit der gesamten Körperfläche aufgenommen, zum größten Teil in Form von Glykogen gespeichert und anaerob zu CO_2 und Fettsäure abgebaut.

Entwicklung. Alle B. entwickeln sich über zwei bis drei Larvenstadien, die in den verschiedensten Tieren (Wirbellose und Wirbeltiere) leben. In den einzeln oder meist mit den letzten Gliedern abgestoßenen Eiern bildet sich je eine *Hakenlarve*, ein kugeliges Gebilde, das mit sechs Häkchen (Onkosphäre und Korazidium der *Eucestoda*) oder zehn Häkchen (Lykophora oder Dekakantha der *Cestodaria*) versehen ist. Die in der Regel noch im Ei liegende Hakenlarve muß zur Weiterentwicklung von einem geeigneten Zwischenwirt aufgenommen werden. Ist dieser ein Wirbeltier, dann dringt die Larve in dessen Blutbahn ein, wandert zu bestimmten Organen, z. B. Leber, Muskulatur, Gehirn, und wächst hier zur *Finne* heran. Die Finne ist eine mit Flüssigkeit gefüllte Blase, die bei den meisten B. aus der Ordnung *Cyclophyllidae*, z. B. bei der Gattung *Taenia*, als *Zystizerkus* erbsen- bis bohnengroß ist, eine eingestülpte Kopfanlage enthält und in den Eingeweiden der Wirbeltiere lebt

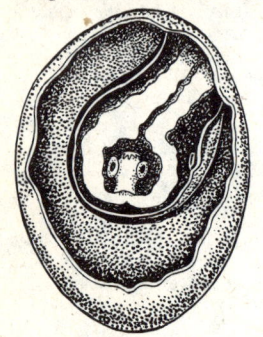

2 Finne des Schweinefinnenbandwurms (Taenia solium) mit eingestülptem Skolex

oder beim → Quesenbandwurm als *Zönurus* ei- bis faustgroß wird und mehrere Kopfanlagen aufweist, die beim *Echinokokkus* des Hundebandwurmes noch in Tochterblasen eingeschlossen sind. Wird die Finne von einem Raubtier oder Allesfresser aufgenommen, stülpt sich der Kopf aus, heftet sich an die Darmwand und beginnt die Gliederkette auszubilden. Ist der Zwischenwirt ein wirbelloses Tier (besonders Insekten, Krebse, Schnecken oder Ringelwürmer), dann entwickelt sich die Hakenlarve in diesem bei einem Teil der Arten aus der Ordnung *Cyclophyllidea* zum *Zystizerkoid*, einem der Finne ähnlichen Larvenstadium ohne flüssigkeitserfüllten Hohlraum mit einem eingestülpten Bandwurmkopf, das in einem geeigneten Wirt zum Bandwurm auswächst. Bei anderen Arten (z. B. beim Fischbandwurm und Riemenwurm) wird die Hakenlarve in diesem in Ruderfußkrebsen oder Flohkrebsen lebenden *Prozerkoid*, einer länglichen Larve mit vielen Bohrdrüsen am Vorderende und sechs Haken am Hinterende, die sich in einem zweiten, meist zu den Fischen gehörenden Zwischenwirt zum infektiösen *Plerozerkoid* weiterentwickelt. Dieses ähnelt dem erwachsenen Bandwurm bis auf das Fehlen der Segmentierung und der Geschlechtsorgane schon sehr und benötigt, wenn es mit dem Zwischenwirt von einem Raubtier aufgenommen worden ist, nur noch kurze Zeit bis zur Geschlechtsreife.

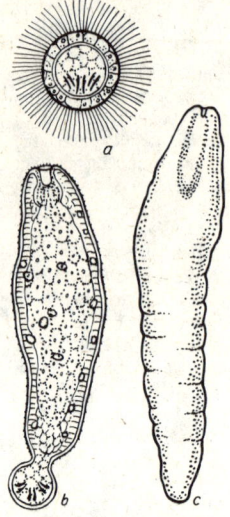

3 Entwicklungsstadien des Grubenkopfes: a Korazidium, b Prozerkoid, c Plerozerkoid

Wirtschaftliche Bedeutung. Zu den B. gehören eine Reihe wichtiger Krankheitserreger des Menschen sowie der Haus- und Nutztiere, z. B. mehrere Arten der Gattung *Taenia*, der Quesenbandwurm, der dreigliedrige Hundebandwurm und der Fischbandwurm. Neben der Schädigung der Wirtstiere durch giftige Abscheidungen und Verstopfung des Darmes liegt die wirtschaftliche Bedeutung der B. auch im Besatz von Fleischprodukten und Fischen mit den Finnen, wodurch diese Nahrungsmittel unbrauchbar werden.

System: Innerhalb der B. werden meist zwei Unterklassen mit zusammen elf Ordnungen unterschieden, von denen nachfolgend nur die bekanntesten und wichtigsten genannt sind.

1. Unterklasse: *Cestodaria*
2. Unterklasse: *Eucestoda*

Ordnung: *Cyclophyllidea* (mit der Gattung → Taenia und dem → Hundebandwurm)

Ordnung: *Pseudophyllidea* (mit dem → Fischbandwurm und dem → Riemenwurm)

Ordnung: *Caryophyllidea* (→ Nelkenwürmer).

Lit.: B. Löliger-Müller: Die parasitischen Würmer, Tl. II Plattwürmer (Wittenberg 1957).

Bankivahuhn, → Haushuhn.

Banteng, Rotrind, *Bos javanicus,* ein Wildrind der Urwälder Hinterindiens und der Großen Sundainseln. Die Kühe sind rotbraun, die Bullen nehmen als Erwachsene meist eine dunkelbraune Färbung an. Beide Geschlechter sind weiß gestiefelt und besitzen einen weißen Spiegel. Auf Bali kommt eine domestizierte Form vor, das *Balirind, Bos javanicus* f. *domesticus.* Auch an der Entstehung der Zebus scheint der B. beteiligt zu sein.

Lit.: W. C. P. Meijer: Das Balirind (Wittenberg 1962)

Bandzüngler, → Radula.

Baobab, → Wollbaumgewächse.

B/A-Quotient, Verhältniszahl von Homozygotenbürde B zur Zufallsbürde A (→ genetische Bürde). Bei zufallsmäßiger Paarung prägen sich in einer Population relativ wenig nachteilige Erbfaktoren phänotypisch aus. Durch extreme Inzucht läßt sich vollständige Homozygotie erreichen, bei der sich auch alle rezessiven nachteiligen Erbfaktoren manifestieren. Würden nachteilige rezessive Erbfaktoren in der Population vorwiegend durch ein → Mutations-Selektions-Gleichgewicht erhalten, dann sollten die B/A-Werte etwa zwischen 50 und 25 liegen; wären hierfür vor allem balanzierte Polymorphismen mit Heterozygotenvorteil verantwortlich, so müßte man etwa den Wert 2 erwarten.

Barasingha, *Cervus duvauceli,* eine große, gelb- bis dunkelbraune indische Hirschart.

Barben, *Barbinae,* Karpfenfische mit 3 Reihen von Schlundzähnen. Die B. kommen in den Binnengewässern der gemäßigten und warmen Klimazonen vor (außer Amerika). Kleinere Barbenarten sind in großer Zahl im tropischen Asien und Afrika beheimatet. In Aquarien werden vor allem südasiatische Arten gepflegt. Die einheimische bis 90 cm lange *Barbe, Barbus barbus,* ist ein regional wichtiger Nutzfisch und beliebter Sportfisch. In manchen Gegenden ist der Rogen vor allem zur Laichzeit giftig.

Barbenregion, → Fließgewässer.

Barberfalle, → Bodenorganismen.

Bären, *Ursidae,* eine Familie der Landraubtiere. Die B. sind sehr starke, große, etwas plumpe Säugetiere mit kurzem bzw. sehr kurzem Schwanz und wenig ausgeprägten Reißzähnen. Als Sohlengänger setzen sie beim Laufen die ganze Fußsohle auf. Die B. sind Allesfresser, die z. T. Insekten und Früchte als Nahrung bevorzugen. Sie kommen nur in Eurasien und Amerika vor. Zu den B. gehören → Braunbär, → Baribal, → Kragenbär, → Eisbär, → Lippenbär, → Malaienbär, → Brillenbär und → Bambusbär. Tafel 38.

Bärenkrebse, → Zehnfüßer.

Bärenmarder, svw. Binturong.

Bärenspinner, *Arctiidae,* eine den Eulenfaltern verwandte Familie der Schmetterlinge mit rund 5000 Arten, davon 50 in Mitteleuropa. Die oft lebhaft bunten, dickleibigen Falter haben eine Spannweite bis 9 cm. Die lang und dicht behaarten Raupen, die sich in einem Gespinst verpuppen, gaben der Familie den Namen. Die häufigste und bekannteste Art ist der *Braune Bär (Arctia caja* L.). → Weißer Bärenspinner.

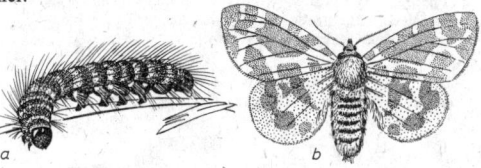

Brauner Bär (*Arctia caja* L.): *a* Raupe, *b* Falter

Bärentraube, → Heidekrautgewächse.

Baribal, *Schwarzbär, Euarctos americanus,* ein braun bis schwarz gefärbter Bär Nordamerikas. Er ist etwas kleiner als der Braunbär, dem er in der Lebensweise gleicht. Der *Zimtbär* ist eine rötlichbraune Farbvariante des B.

Bärlappartige, *Lycopodiatae, (Lycopsida),* eine Klasse der Farnpflanzen, deren Vertreter gabelig verzweigte Wurzeln und Sprosse aufweisen. Die Sprosse haben spiralig gestellte, kleine Schuppenblätter (Mikrophylle), die meist ein zartes Blatthäutchen (Ligula) aufweisen. Typisch ist für die B. weiterhin, daß die Sporangien stets einzeln auf der Oberseite von bestimmten Blättern (Sporophyllen) sitzen und diese außerdem zu ährenförmigen, an den Sprossen endständigen Sporophyllständen vereint sind. Die Entwicklung führte außerdem von isosporen zu heterosporen Formen.

Wahrscheinlich haben sich die B. aus Urfarnen, z. B. asteroxylonartigen Formen, entwickelt; unter anderem weisen ihre Mikrophylle darauf hin. Ihre größte Entwicklung hatten die B. im Karbon, wo baumförmige Arten häufig waren, die vor allem in den Steinkohlenwäldern vorherrschten. Die heute lebenden B. sind krautige Pflanzen und stehen unter Naturschutz.

1. Ordnung: *Lycopodiales,* **Bärlappgewächse.** Es sind krautige, immergrüne, isospore Pflanzen ohne sekundäres Dickenwachstum; auch eine Ligula fehlt. Sie sind weltweit verbreitet und besiedeln außer Wüsten- und Steppengebieten alle Regionen der Erde; ihre größte Entfaltung haben sie in den Tropen.

Ihr knollenförmiges Prothallium lebt oft jahrelang unterirdisch in Gemeinschaft mit Mykorrhizapilzen, bevor Antheridien und Archegonien ausgebildet werden und nach der Befruchtung der Eizelle dann die Entwicklung der eigentlichen Pflanze beginnt.

Umfangreichste Gattung ist *Lycopodium,* deren rund 400 Arten weltweit verbreitet sind. *Lycopodium clavatum,* der Keulenbärlapp, ist der häufigste heimische Bärlapp und ist vor allem in lichten Kiefernwäldern zu finden.

Fossile Vertreter der *Lycopodiales* sind aus dem Unter- und Mitteldevon bekannt und zeigen z. T. eine große Ähnlichkeit mit den fossilen Urfarnen, z. B. die *Drepanophycus-* oder *Protolepidodendron-*Arten. Dagegen ähnelt der Habitus der aus dem Oberdevon stammenden *Lycopodites-*Arten schon sehr unseren heutigen Bärlappen, die ihre Gestalt also seit mehr als 300 Millionen Jahren weitgehend beibehalten haben.

1–4 Bärlappartige: Fossile Formen (Rekonstruktionen): *1* Drepanophycus spinaeformis aus dem Unterdevon, *2* Protolepidodendron scharyanum aus dem Mitteldevon, *3* Siegelbaum aus dem Oberdevon, *4* Nathorstiana arborea aus der unteren Kreide

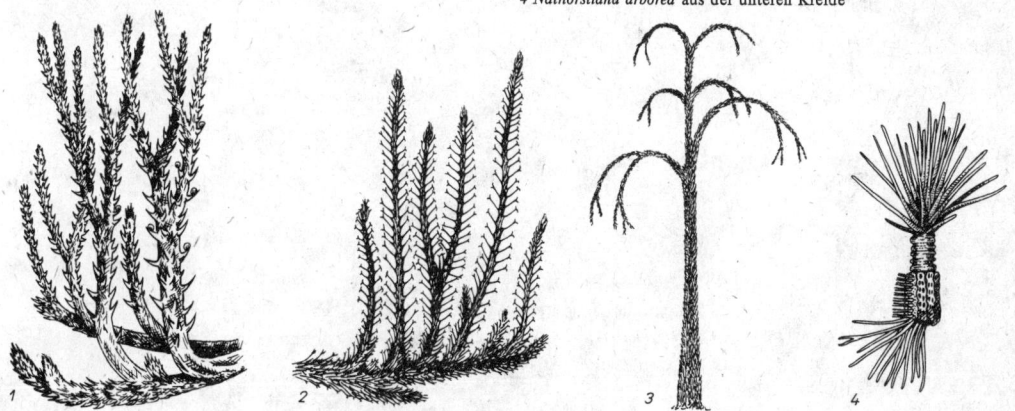

Bärlappartige

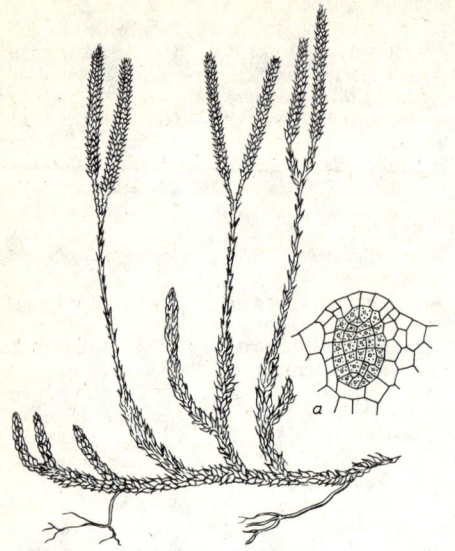

5 Bärlappartige: Keulenbärlapp, Pflanze mit Sporophyllständen. *a* Antheridium, noch geschlossen, Längsschnitt

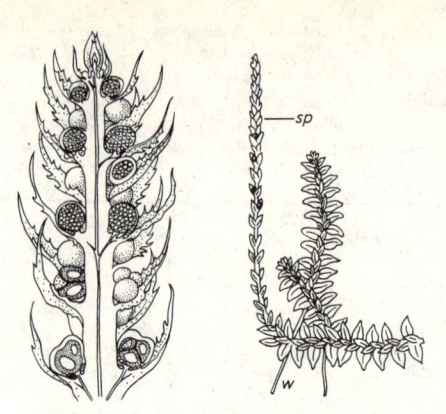

6–7 Bärlappartige: Moosfarn: Längsschnitt durch einen Sporophyllstand mit Mega- und Mikrosporangien (links). *Selaginella helvetica*; *sp* Sporophyllstand, *w* Wurzelträger (rechts)

2. Ordnung: *Selaginellales,* **Moosfarne.** Es sind krautige, überwiegend in den Tropen vorkommende Pflanzen, deren Sporophyt Ähnlichkeiten mit dem der *Lycopodiales* aufweist, die Blätter haben aber ein Blatthäutchen. Sie sind entweder schraubig oder kreuzgegenständig angeordnet, häufig sind verschiedene Ober- und Unterblätter entwickelt. Die jeweils nur ein Mega- oder Mikrosporangium tragenden Sporophylle sind zu endständigen Sporophyllständen angeordnet, es ist also Heterosporie entwickelt. Die kurzlebigen, stark reduzierten, verschiedengeschlechtlichen Gametophyten entwickeln sich schon in der Mega- bzw. Mikrospore.

Einzige rezente Gattung der Moosfarne ist die mit etwa 700 Arten kosmopolitisch verbreitete *Selaginella*, die besonders artenreich im tropischen Regenwald vertreten ist. Die beiden einheimischen, selten vorkommenden *Selaginella*-Arten sind Gebirgspflanzen. Die Moosfarne sind fossil seit dem Karbon bekannt *(Selaginellites).* Diese Formen lassen sich unschwer mit den rezenten vergleichen. Dies zeigt, daß Moosfarne ebenso wie die Bärlappe eine sehr alte Gruppe sind, die sich seit dem Paläozoikum kaum verändert hat.

3. Ordnung: *Lepidodendrales,* **»Bärlappbäume«.** Es ist eine rein fossile und zugleich die wichtigste Gruppe der ausgestorbenen B. Hierher gehören die **Siegelbäume,** *Sigillariaceae,* deren Stämme mit Längsreihen mehr oder weniger sechseckiger Blattpolster bedeckt waren, und die **Schuppenbäume,** *Lepidodendraceae,* mit rhombischen Blattpolstern. Neben den Calamiten, Samenfarnen und Cordaiten gehören sie zu den wichtigsten Pflanzen des Karbons und sind mit diesen die bedeutendsten Steinkohlebildner. Es handelt sich durchweg um 30 bis 40 m hohe und bis über 5 m dicke Bäume, die mit zahlreichen, dichotom verzweig-

8 Bärlappartige: Brachsenkräuter: A Isoetes lacustris: a ganze Pflanze, b basaler Blattabschnitt mit Ligula (li) und Fovea (fo), c desgl., Längsschnitt (li Ligula, mi Mikrosporen, t Trabeculae). B Isoëtes setacea: d–m Mikroprothallienentwicklung und Spermatozoidbildung (p Prothalliumzelle, s spermatogene Zellen, w Wandzellen). C Isoëtes malinverniana: n Spermatozoid

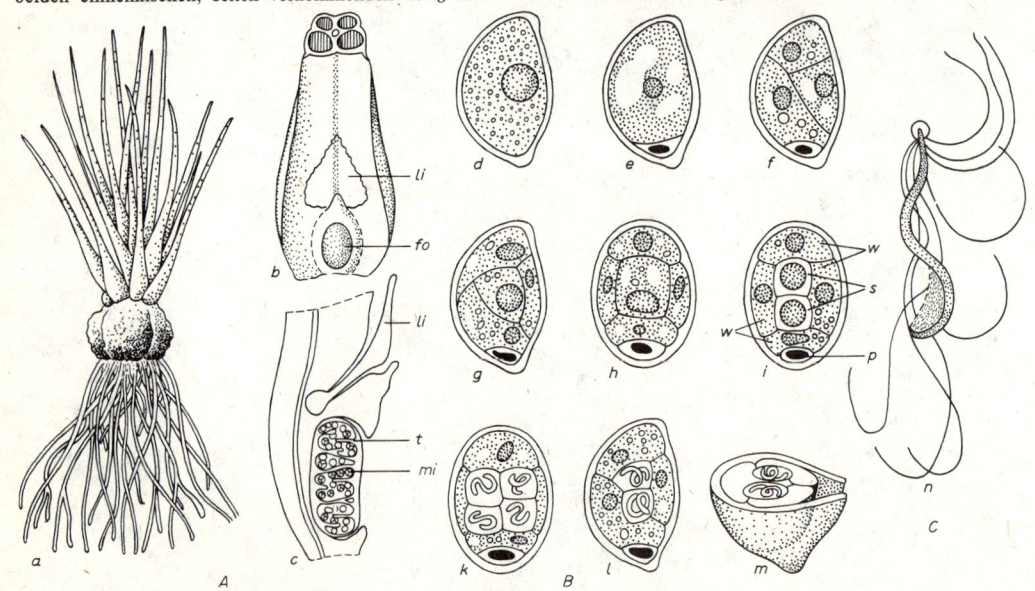

ten Wurzelträgern im Boden verankert waren. Die höchste Entwicklungsstufe hatte die als **Samenbärlappe,** *Lepidospermae,* zusammengefaßte Gruppe, deren Megasporangien bis zur Ausbildung des Embryos an der Mutterpflanze verblieben. Die Reduktion des Gametophyten war hier am weitesten fortgeschritten.

4. Ordnung: *Isoëtales,* **Brachsenkräuter.** Es sind ausdauernde, in Sumpf oder Wasser lebende Kräuter mit anomalem sekundärem Dickenwachstum, das zu einer knolligen, gestauchten Sproßachse führt, an der die länglichen Blätter, die eine Ligula haben, rosettig angeordnet sind. Die *Isoëtales* sind heterospor, die stark reduzierten Gametophyten werden in den Sporen ausgebildet.

Die beiden rezenten Gattungen sind *Isoëtes,* deren Achse 2 bis 3 Längsfurchen hat, aus der die Wurzeln entspringen, und *Stylites,* deren Achse nur 1 Wurzelfurche aufweist. Die 2 Arten der Gattung *Stylites* sind erst 1954 bzw. 1956 in Peru entdeckt worden.

Wichtiger fossiler Vertreter der Brachsenkräuter ist *Nathorstiana arborea* aus der unteren Kreide.

Barorezeptoren, die nervalen Blutdruckfühler in den herznahen Arterien. Arterielle B. sind im Carotissinus der Säugetiere, der vom Nervus glossopharyngeus und im Aortenbogen, welcher vom Nervus vagus versorgt wird, nachgewiesen worden. Jede Pulswelle dehnt die Wände der herznahen Arterien und erregt dabei die B. Zwischen der Blutdruckgröße im Rezeptorfeld und der stationären *Aktionsstromrate* der sensiblen Nervenfasern besteht folgende Beziehung: die Erregung setzt bei Drücken unterhalb des normalen Blutdrucks ein, sie steigt meist linear mit der Blutdruckgröße an und erreicht bei unphysiologisch hohen Werten ihre Maximalfrequenz.

Arterielle B. werden bei jedem Herzschlag erregt. Ihre Aktionsstromrate nimmt bis zur systolischen Druckspitze zu und während des diastolischen Druckabfalls wieder ab. Sie informieren auf diese Weise das Kreislaufzentrum über den Beginn, die Anstiegsgeschwindigkeit, die Größe, den Abfall sowie das Ende eines jeden Druckpulses.

Die Erregung der B. übt über das Kreislaufzentrum eine Hemmung am Herzen und am Kreislauf aus. Durch eine Aktivierung des Nervus vagus wird die Herzfrequenz gesenkt, und über eine Hemmung der vasokonstriktorischen Fasern des Nervus sympathikus wird der Blutdruck gesenkt (s. Abb.). Diese hemmende Kreislaufwirkung war der Anlaß, die B. als »*Blutdruckzügler*« zu bezeichnen. Damit wird nur ihre Extremwirkung umschrieben. Normalerweise sorgen ihre von Herzschlag zu Herzschlag präzis mitgeteilten Informationen über den arteriellen Druckpuls für einen dosierten Einsatz der nervösen Steuermechanismen, und so kommt es zur gleitenden Anpassung der Herzfrequenz und des Blutdrucks an die jeweilige Kreislaufsituation.

Barrakuda, → Pfeilhechte.

Barriereriff, → Korallenriffe.

Barr-Körper, → Kerngeschlechtsbestimmung, → Sexchromatin.

Barschartige, *Perciformes,* artenreichste Gruppe der Knochenfische. Die B. haben Kammschuppen, die vorderen Teile ihrer Flossen werden meist von Stachelstrahlen gestützt. Sie kommen sowohl im Meer als auch im Süßwasser vor. Wichtige Familien: → Barsche, → Borstenzähner, → Buntbarsche, → Lippfische, → Korallenbarsche, → Sonnenbarsche, → Zackenbarsche.

Barsche, *Percidae,* Raubfische mit länglichem, seitlich kaum oder leicht abgeflachten Körper und großem, mit spitzen Zähnen bewehrtem Maul. Die B. kommen vor allem in Binnengewässern der nördlichen Hemisphäre vor. Zu den B. gehören z. B. Flußbarsch, Zander, Schrätzer und Kaulbarsch. Fischereiwirtschaftliche Bedeutung haben vor allem Zander und Barsch, beide sind außerdem beliebte Objekte des Angelsports.

Barschlachsartige, *Percopsiformes,* kleinere, den Barschartigen nahestehende Knochenfische Nordamerikas. Wie die Lachsfischartigen haben manche B. eine Fettflosse, jedoch besteht zwischen beiden Gruppen keinerlei Verwandtschaft.

Bartaffe, svw. Wanderu.

Bartagame, *Amphibolurus barbatus,* australische Agame mit einer breiten, beschuppten, dem Nacken wie eine Halskrause anliegenden Hautfalte, die in Erregung aufgespreizt wird und dann – bei einer Kopf-Rumpf-Länge von nur 20 cm – bis 18 cm Durchmesser hat. Kopf und Maul erscheinen dadurch stark vergrößert und wirken abschreckend auf den Gegner. Zusätzlich können sich die B. auf den Hinterbeinen aufrichten und auch zweibeinig rennen.

Barteln, *Bartfäden,* im Bereich des Maules gelegene fadenförmige Hautorgane vieler Fische zur Aufnahme von Geschmacks- und Tastreizen.

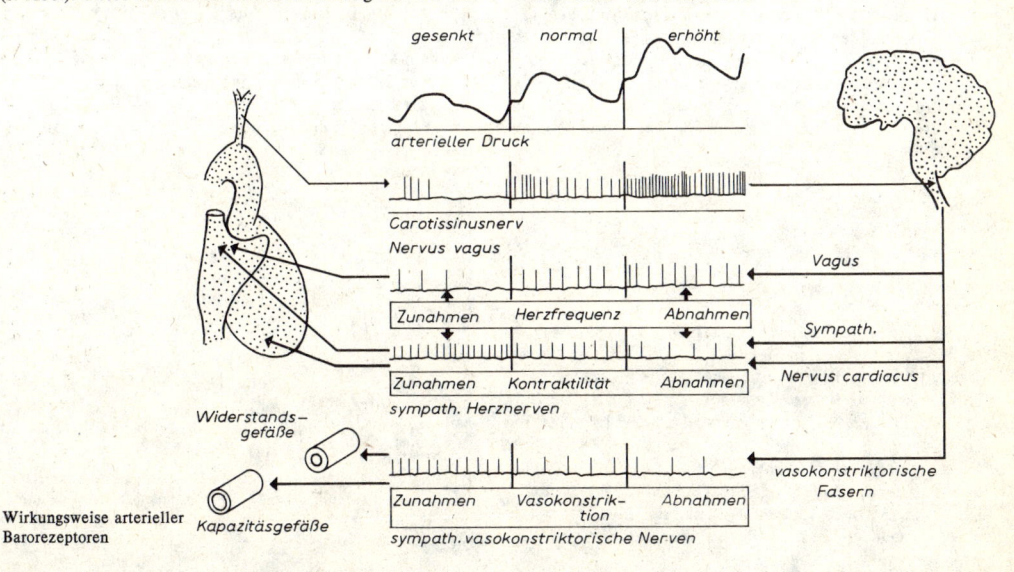

Wirkungsweise arterieller Barorezeptoren

Bartenwale

Bartenwale, *Mysticeti,* eine Unterordnung der Wale. Die B. sind zahnlose Säugetiere, von deren Gaumen zu beiden Seiten mehrere hundert quergestellte Hornlamellen, die Barten, herabhängen, mit deren Hilfe sie die aus Kleintieren bestehende Nahrung aus dem durchströmenden Wasser herausseihen. Man unterscheidet drei Familien. Die Vertreter der Familie *Furchenwale, Balaenopteridae,* haben zahlreiche Kehl-Bauchfurchen. Zu den Furchenwalen gehören → Blauwal, → Finnwal und → Buckelwal. Bei den Vertretern der Familie *Glattwale, Balaenidae,* fehlen die genannten Kehl-Bauchfurchen. Ein Glattwal ist der → Grönlandwal. Die *Grauwale, Eschrichtiidae,* waren fast ausgerottet, vermehren sich aber wieder.

Bartgrundel, *Schmerle,* Nemachilus barbatulus, zu den Schmerlen gehörender Grundfisch Eurasiens mit 6 Barteln. Die bis 15 cm lange B. kommt in sauerstoffreichen Bächen und Flüssen sowie im Uferbereich von Seen, gelegentlich auch im Brackwasser der Ostsee vor.

Bärtierchen, *Tardigrada,* ein Tierstamm der Protostomier, dessen Angehörige nur 0,2 bis 1,2 mm groß sind. Ihr Körper ist kurz und walzenförmig, auf der Bauchseite abgeflacht.

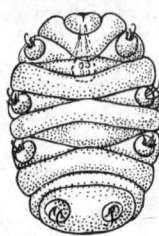

1 Tönnchen von *Hypsibius*

Eine Gliederung ist äußerlich nicht zu erkennen, es werden aber embryonal fünf Segmente angelegt; ein Kopf ist nicht abgesetzt. Aus der Mundöffnung können zwei spitze Stilette hervorgestreckt werden. Der Fortbewegung dienen vier Paar kurze, ungegliederte, einziehbare Stummelbeine, die meist mit Krallen, seltener mit Haftscheiben bewehrt sind. Manche Arten sind auf dem Rücken mit verdickten Platten bedeckt. Das Gehirn innerviert ein Paar kleine Pigmentbecherozellen mit nur einer einzigen Sehzelle. Viele Organe zeigen Zellkonstanz. Alle Arten sind getrenntgeschlechtlich. Die Genitalgänge münden entweder kurz vor dem After nach außen oder in den Enddarm, der dann also eine Kloake darstellt. Bei der Entwicklung entstehen fünf Paar Zölomhöhlen, die vom Urdarm abgefaltet werden. Diese Zölombildung gibt es nur noch bei den Armfüßern und als Regel bei den Deuterostomiern. Das Epithel der vier vorderen Höhlen löst sich später auf und wird vor allem zu Muskulatur. Die fünfte Zölomhöhle verschmilzt zur unpaaren Gonade.

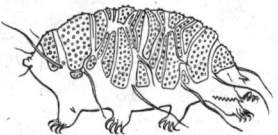

2 Echiniscus scrofa Richters

Die B. kommen in allen Kontinenten vor. Es sind 400 Arten bekannt, die teils im Meer, vor allem aber im Süßwasser leben, wo sie in Teichen und Seen auftreten, ganz besonders jedoch in kleinsten Wasseransammlungen, also z. B. in Moos- und Flechtenpolstern an Mauern, auf Dächern und an Bäumen. Bei Austrocknung ziehen diese Arten ihren Körper unter Wasserausscheidung stark zusammen und bilden ein gegen Kälte und Trockenheit unempfindliches Dauerstadium oder Tönnchen. In diesem völlig unbeweglichen Zustand können die Tiere mehrere Jahre verharren.

Nach einer Befeuchtung sind sie nach etwa einer Stunde wieder bewegungsfähig. Die B. klettern an Moosen und Algen oder zwischen Sandkörnchen umher. Mit ihren Mundstiletten stechen sie Pflanzenzellen an und saugen deren Inhalt aus.

System: Es werden drei Ordnungen unterschieden:
1. Ordnung: *Heterotardigrada*
2. Ordnung: *Mesotardigrada*
3. Ordnung: *Eutardigrada*

Sammeln und Konservieren: Das je nach Vorkommen eingetragene Material wird in 1 bis 2 cm^3 großen Mengen ausgewaschen, die herausgesuchten Tiere werden in einem Blockschälchen dem Dämpfen einer 40%igen Formaldehydlösung ausgesetzt. In 5 bis 6 Stunden sind sie gut gestreckt. Eine 1%ige neutrale Formaldehydlösung dient als Fixierungs- und Aufbewahrungsflüssigkeit.

Lit.: H. Greven: Die B., Tardigrada (Wittenberg 1980).

Bartmeise, → Timalien.
Bartvögel, → Spechtvögel.
Bartwürmer, *Pogonophora,* ein Stamm der Deuterostomier, dessen Angehörige nur im Meer vorkommen (meist in großen Tiefen) und in selbst abgeschiedenen, im Boden steckenden Röhren leben. Der Körper ist fadenförmig dünn, zwischen 0,5 cm und 36 cm lang und höchstens 2,5 mm dick. Wie bei den Kranzfühlern und den Hemichordaten ist der Körper aus drei Abschnitten zusammengesetzt, von denen bei den B. allerdings der vorderste Abschnitt (Protosoma) die Tentakeln trägt. Diese treten in wechselnder Zahl (1 bis über 220) auf, liegen alle parallel zueinander und können sich auch nicht kelchförmig erweitern. Sie umschließen einen röhrenförmigen Raum, durch den ein Wasserstrom geflimmert wird. Kleine Fortsätze der Tentakeln nehmen offenbar auch die eingestrudelten Nahrungsteilchen auf, da ein Darm den B. völlig fehlt. Auf dem ungewöhnlich langen hinteren Körperabschnitt (Metasoma) stehen zahlreiche Papillen, mit deren Hilfe das Tier in seiner Röhre auf- und absteigen kann. Jeder Körperabschnitt enthält eine Zölomhöhle; dabei ist die vorderste (Protozöl) unpaar, die beiden anderen (Mesozöl und Metazöl) sind paarig. Das Nervensystem besteht aus einem epithelialen dorsalen Strang. Sinnesorgane fehlen, es treten lediglich über den ganzen Körper verstreute Sinneszellen auf. Der Blutkreislauf ist geschlossen. Die B. sind getrenntgeschlechtlich, unterscheiden sich aber äußerlich nicht. Spezifische Schwimmlarven sind nicht bekannt. Die Abstammung der B. ist noch völlig ungeklärt, die engsten Beziehungen zeigen sie zu den Hemichordaten.

Es sind bisher etwa 115 Arten beschrieben, noch vor einem Jahrzehnt waren es nur drei Arten. Die bekanntesten Gattungen sind *Siboglinum, Lamellisabella* und *Spirobrachia.*

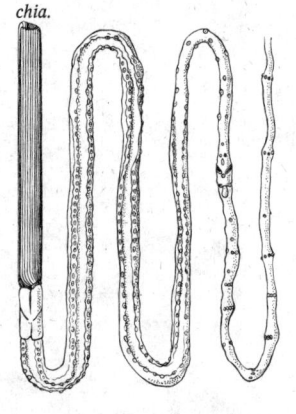

Bartwurm (*Spirobrachia*), aus der Röhre entfernt, hinteres Körperende weggelassen

basales Labyrinth, → Plasmamembran.
Basalganglien, → Gehirn.
Basalis, → Uterus.
Basalkörper, *1) Basalkorn, Blepharoplast, Kinetosom,* Organelle, die eine Geißel oder Zilie hervorbringt. *2)* → Zentriol, → Zilien.
Basallamina, *Basalmembran,* im wesentlichen aus Protein und Mukopolysacchariden bestehende extrazelluläre dünne Schicht, die von Epithelzellen an deren Basis gebildet wird. Die B. (Durchmesser 50 bis 70 nm) verbindet Epithel und Bindegewebe. Sie stellt ein sehr feines Geflecht dar, das wahrscheinlich als Ultrafilter für Makromoleküle dient.
Basalmembran, svw. Basallamina.
Basalzelle, → Samen.
Basenaustausch, → Sorption.
Basidie, → Basidiosporen.
Basidiolichenes, → Flechten.
Basidiomycetes, → Ständerpilze.
Basidiosporen, *Ständersporen,* von den Ständerpilzen durch Abschnürung von einer als *Basidie* oder *Sporenständer* bezeichneten Zelle gebildete Sporen. Gewöhnlich entstehen an einer Basidie nach Kernverschmelzung mit anschließender Reduktionsteilung 4 B., von denen jede geschlechtlich verschieden determiniert ist. Es kommen aber auch Abweichungen von dieser Vierpoligkeit vor, z. B. bei *Hydnum*-Arten, bei denen die Geschlechtsdifferenzierung nur auf einem Faktorenpaar beruht, so daß sie 2 Arten von B. ausbilden. Den B. homolog sind die → Sporidien.
Basilienkraut, → Lippenblütler.
Basilisken, *Basiliscus,* große, urwaldbewohnende mittelamerikanische → Leguane mit hohen Rücken- und Schwanzkämmen und oft bizarren knorpeligen Kopffortsätzen. Sie klettern und schwimmen ausgezeichnet und sind meist Pflanzenfresser. Es werden 5 Arten unterschieden, alle vergraben ihre Gelege in feuchtem Boden. Der in Kolumbien, Panama und Costa Rica vorkommende *Helmbasilisk, Basiliscus basiliscus,* wird 80 cm lang. Das Männchen des 60 bis 70 cm langen *Stirnlappenbasilisken, Basiliscus plumifrons,* besitzt neben dem 6 cm hohen zackigen Rückenkamm und der großen »Haube« auf dem Hinterkopf noch einen kleineren Stirnauswuchs (Abb.).

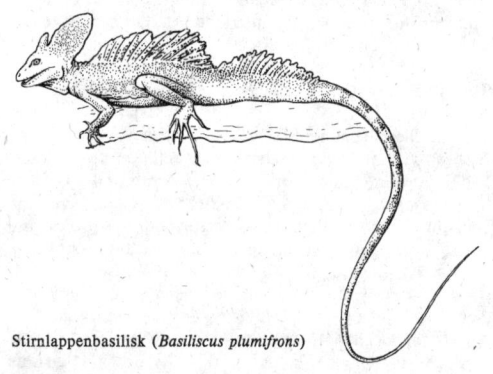

Stirnlappenbasilisk (*Basiliscus plumifrons*)

Basiphyten, svw. Kalkpflanzen.
Basis, svw. Typus.
Basisgruppe, Bezeichnung für eine Gruppe fossiler, einander ähnlicher oder verwandter Arten oder höherer taxonomischer Einheiten, die zwar verschiedenen Stammbaumzweigen angehören, aber durch ihre gemeinsame basale Stellung nahe der Gabelungsstelle Übereinstimmung meist in den Primitivmerkmalen aufweisen; z. B. die → Urhufer.
Basiskaryotyp, ein für eine Individuengruppe spezifischer → Karyotyp, dessen Chromosomenzahl der → Grundzahl entspricht.
Basiszahl, svw. Grundzahl.
Basitonie, die Förderung der Entwicklung von Seitensprossen am Grunde der Haupt- und Seitenachsen und die Hemmung der höher liegenden Seitenachsen. B. ist typisch für Sträucher und Stauden.
Basommatophora, Ordnung der → Lungenschnecken mit zwei nicht einstülpbaren Tentakeln, an deren Basis die Augen liegen. Die Tiere leben vorwiegend im Süßwasser. Zu den B. gehören unter anderem die Lymnaeiden und die Planorbiden.
Bast, *1)* die vom Kambium nach außen abgegebenen sekundären Dauergewebe. Als Gewebselemente sind neben Streifen von Markstrahlparenchym vor allem Siebröhren mit Geleitzellen und Bastparenchym vertreten. Hinzu kommen noch *Bastfasern.* Das sind unverholzte Sklerenchymfasern, die als Festigungselemente dienen. Bastfasern fehlen unter anderem bei Rotbuche, Birke, Erle, Fichte und Tanne. Leit- und Speichergewebe des Bastes, die zusammen als *Weichbast* bezeichnet werden, wechseln mit *Hartbast* schichtenweise ab. Dabei werden in einer Vegetationsperiode mehrere Schichten gebildet. Die Struktur entspricht also nicht den Jahresringen im Holz. Bastfaserstreifen werden im Kunsthandwerk als Bindebast verwendet.
2) behaarte Haut am wachsenden Geweih der Hirsche.
Bastard, *Hybride,* durch Kreuzung genetisch unterschiedlicher Elternformen oder durch Mutationen in ursprünglich homozygoten Zygoten entstandenes heterozygotes Individuum. Die Heterozygotie eines B. kann sich auf ein oder mehrere Allelenpaare oder auf chromosomale Strukturunterschiede zwischen den homologen Chromosomen (→ Strukturhybriden) beziehen.
Bastardierung, *Hybridisierung,* die natürlich erfolgende (*natürliche* oder *spontane B.*) oder künstlich herbeigeführte Vereinigung (*künstliche* oder *artifizielle B.*) von genetisch unterschiedenen Gameten bei der Befruchtung, in deren Verlauf heterozygote Zygoten und Individuen entstehen. In Abhängigkeit davon, ob sich die zur B. benutzten Elternformen in einem, zwei oder mehr Allelenpaaren unter den zugehörigen Merkmalen unterscheiden, wird das Bastardierungsergebnis, der Bastard, als mono-, di- oder polyhybrid bezeichnet. Die heterozygoten Allelenpaare des Bastards spalten in der nächsten Generation den Mendelgesetzen entsprechend auf (→ Mendelspaltung). Bei einer *introgressiven B.* erfolgt der Einbau genetischen Materials einer Art in eine andere schrittweise durch Artbastardierung und nachfolgende Rückkreuzungen. → Kreuzung.
Bastardinferiorität, → Isolation.
Bastardkomplexe, Artengruppen, die dadurch ausgezeichnet sind, daß die morphologischen Unterschiede, durch die die diploiden Ausgangstypen gekennzeichnet waren, im Verlauf von Bastardierungen weitgehend ausgelöscht wurden. B. haben bei der Entwicklung der höheren Pflanzen eine wichtige Rolle gespielt und sind häufig durch ausgeprägte taxonome Komplexität ausgezeichnet.
Bastardmakrele, svw. Stöcker.
Bastardmerogone, → Merogonie.
Bastardsterilität, die Sterilität eines Organismus als Folge seiner Bastardnatur. Der B. können genische und/oder chromosomale Ursachen zugrunde liegen.
Bastardwüchsigkeit, svw. Heterosis.
Batate, → Windengewächse.
Batchkultur, svw. diskontinuierliche Kultur.
bathyale Zone, → Meer.
bathybionte Arten, → Profundal.
Bathynellacea, eine Ordnung der Krebse (Unterklasse *Malacostraca*). Sie werden nur etwa 2 mm lang und leben im

Bathypelagial

Lückensystem des Grundwassers. Ihr wurmförmig langgestreckter Körper ist diesem Lebensraum angepaßt. Als Nahrung dienen Detritus, Bakterien und Pilze. Die B. sind aus Europa und verschiedenen anderen Teilen der Erde bekannt. Die bekannteste Gattung ist *Bathynella*.

Bathypelagial, Begriff aus der Meereskunde für unteres, lichtloses → Pelagial.

bathyphile Arten, → Profundal.

Batoidea, → Rochenähnliche.

Bauchatmung, → Atemmechanik.

Bauchdeckenreflex, → Schutzreflexe.

Bauchdrüsenottern, *Maticora*, lebhaft gelb, rot und schwarz gezeichnete südostasiatische → Giftnattern mit sehr großen Giftdrüsen, die vom Oberkiefer bis zum Ende des ersten Rumpfdrittels reichen; das Herz ist weit nach hinten verlagert. Über die Giftwirkung ist wenig bekannt.

Bauchfell, → Leibeshöhle.

Bauchfüßer, svw. Schnecken.

Bauchganglienkette, svw. Bauchmark.

Bauchhärlinge, *Gastrotricha*, eine Klasse der Rundwürmer mit etwa 200 Arten, von denen fast 100 in Mitteleuropa vorkommen.

Morphologie. Die 0,06 bis 1,5 mm langen B. haben einen zylindrischen bis flaschenförmigen, bauchseits abgeflachten Körper. Das vom Rumpf vielfach durch eine schmale Halspartie getrennte Vorderende ist wie die ganze Bauchseite stark bewimpert und mit langen Tastborsten versehen. Das Hinterende ist meist in zwei zapfenartige Zehen ausgezogen und trägt oft ein oder zwei Paar Haftröhrchen, die Ausführgänge enthalten je eine Klebdrüse. Manchmal sind die Haftröhrchen in größerer Anzahl, zu Gruppen oder Reihen angeordnet, über den ganzen Körper verstreut. Die schwach entwickelte Leibeshöhle der B. ist ein typisches Pseudozöl. Die B. sind in der Regel Zwitter mit einem oder zwei Hoden und Ovarien; nur die *Chaetonotoidea* werden zu Weibchen, die sich parthenogenetisch fortpflanzen.

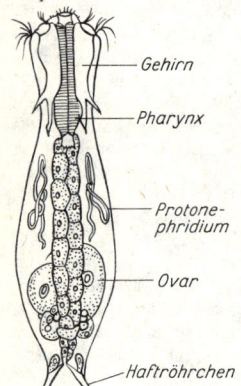

Bauchhärling
(*Chaetonotoidea*)

— Gehirn
— Pharynx
— Protonephridium
— Ovar
— Haftröhrchen

Biologie. Die B. leben auf dem Grunde besonders der Vegetationszone von Süßgewässern, seltener der Meeresküsten, aber auch in feuchtem Moos oder faulenden Stoffen. Ihre Nahrung besteht aus Mikroorganismen und Detritus. Die Fortbewegung erfolgt gleitend, manchmal auch schwimmend mit Hilfe der Bewimperung. Die Entwicklung der B. ist noch weitgehend unbekannt, während der Jugendentwicklung erfolgt keine Verwandlung.

System.
1. Ordnung: *Macrodasyoidea* (Zwitter; nur im Meer vorkommend)
2. Ordnung: *Chaetonotoidea* (meist nur Weibchen; im Meer und Süßwasser vorkommend).

Bauchmark, *Bauchganglienkette*, Teil des Strickleiternervensystems, → Nervensystem.

Bauchmarktiere, svw. Protostomier.

Bauchpilze, → Ständerpilze.

Bauchspeicheldrüse, *Pankreas*, im Aufbau zu den Speicheldrüsen zählende gemischte Drüse, in der ein exokriner und ein endokriner Anteil vereinigt sind. Das exokrine Pankreas ist eine rein seröse Drüse mit azinösen Endstücken. Charakteristisch für das exokrine Pankreas sind die *zentroazinären Zellen*, die in die Drüsenendstücke eingestülpte Zellen von Schaltstücken darstellen.

Die Drüsenzellen des exokrinen Pankreas produzieren azidophile Zymogengranula, die Enzyme für den Eiweiß-, Kohlenhydrat- und Fettabbau enthalten. Basal besitzen die Zellen einen stark ausgebildeten, basophil reagierenden Ergastoplasmabezirk. Das Drüsensekret (*Bauchspeichel*) gelangt über ein Ausführungsgangsystem in den großen *Bauchspeicheldrüsengang* (*Ductus pancreaticus*), der in den Zwölffingerdarm einmündet.

Den endokrinen Anteil des Pankreas bildet das *Inselorgan*, das in Form von Zellhaufen, den *Langerhansschen Inseln*, im exokrinen Pankreasgewebe verteilt ist. In der Wirbeltierreihe kommt der endokrine Anteil des Pankreas nur bei Neunaugen vom exokrinen Pankreas getrennt vor. Die bei Übersichtsfärbungen hell hervortretenden Inseln bestehen aus netzartig verbundenen epitheloiden Zellen, die von zahlreichen Kapillaren durchsetzt sind. Mit speziellen Färbungen und feinstrukturell lassen sich folgende 4 Zellarten unterscheiden: Glukagon produzierende A-Zellen, Insulin bildende B-Zellen, in geringer Zahl C- und D-Zellen. Während in den D-Zellen immunhistochemisch Somatostatin, ein im Hypothalamus als Release-inhibiting-factor wirkendes Polypeptidhormon nachgewiesen wurde, enthalten die C-Zellen nur eher erscheinende Vesikel. Glukagon stimuliert den Glykogenabbau und wirkt antagonistisch zum Insulin. Somatostatin scheint die Aktivität der Langerhansschen Inseln zu regulieren.

Baum (Tafel 48), ein ausdauerndes, meist über 3 m hohes Holzgewächs, dessen Verzweigung in Spitzennähe besonders gefördert ist (→ Akrotonie). Nach der Verzweigungsform (→ Sproßachse) ist zwischen monopodialen (z. B. Nadelhölzer, Esche, Eiche, Rotbuche) und sympodialen B. (z. B. Linde, Ulme, Edelkastanie) zu unterscheiden.

Baumbrüter, in Baumstämmen und auf Bäumen brütende Vogelarten. → Höhlenbrüter.

Baumenten, → Gänsevögel.

Baumfrösche, *Chiromantis*, im tropischen Afrika verbreitete → Ruderfrösche mit waagerechter Pupille, die familientypische Schaumnester über Wasser bauen. Beim *Grauen B.*, *Chiromantis xerampelina*, schlagen Männchen und Weibchen gemeinsam eine vom Weibchen mit dem Laich abgegebene schleimige Flüssigkeit mit den Beinen zu Schaum, und das Weibchen befeuchtet von Zeit zu Zeit mit Wasser, das es aus dem Tümpel aufnimmt, das Nest. Nach 3 bis 4 Tagen fallen die Kaulquappen ins Wasser.

Baumgrenze, jenseits des geschlossenen Waldes (→ Waldgrenze) gelegene Grenzlinie, bis zu der noch einzelne, aufrecht stehende Bäume wachsen, und jenseits der nur noch niedrige, strauchige, oftmals verkrüppelte Bestände zu finden sind.

Baumhasel, → Haselgewächse.

Baumkänguruhs, → Känguruhs.

Baumkröten, *Nectophryne*, in Afrika und Südasien verbreitete kleine baumbewohnende → Kröten, die vorwiegend von Ameisen und Termiten leben.

Baumläufer, *Certhiidae*, weitverbreitete Familie der → Singvögel, bestehend aus 7 Gattungen mit 16 Arten, deren systematische Stellung z. T. jedoch noch umstritten ist.

In Anpassung an das Klettern an Baumstämmen haben sie scharfe, gebogene, schmale Krallen und lange Hinterzehen. Die Arten der Gattung *Certhia* haben einen langen, gebogenen Schnabel, mit dem sie Insekten aus den Rindenspalten holen.

Baummarder, svw. Edelmarder.
Baumnester, → Tierbauten.
Baumpieper, → Stelzen.
Baumratten, *Capromyidae,* eine Familie der → Nagetiere. Die B. ähneln etwas der Biberratte, klettern aber bevorzugt im Geäst umher und ruhen in Baum- und Erdhöhlen. Ihr Bestand auf den Antillen und in Venezuela ist stark gefährdet.
Baumsalamander, *Aneides,* völlig ans Landleben angepaßte nordamerikanische → Lungenlose Molche mit Saugscheiben an den Zehen, die ein Klettern auf Bäumen oder in Felsspalten ermöglichen.
Baumschnüffler, *Ahaetulla nasuta,* extrem schlanke, leuchtend grüne, völlig ans Baumleben angepaßte → Trugnatter Südostasiens mit langem Schwanz und spitzer, aufgeworfener Schnauze. Der B. frißt hauptsächlich Baumeidechsen und Baumfrösche. Er bringt lebende Junge zur Welt.
Baumsegler, → Seglerartige.
Baumstachler, **Baumstachelschweine,** *Erethizontidae,* eine Familie der → Nagetiere. Die B. sind baumbewohnende Säugetiere, deren Körper mit mehrere Zentimeter langen, sich leicht lösenden Stacheln besetzt ist. Die B. kommen in Amerika vor. Zu ihnen gehören der *Urson, Erethizon dorsatum,* der in Nordamerika verbreitet ist, und die mittel- und südamerikanischen, mit einem Greifschwanz ausgestatteten *Greifstachler, Coëndou.*
Baumsteiger, *Dendrocolaptidae,* Familie süd- und mittelamerikanischer → Sperlingsvögel.
Baumsteigerfrösche, *Dendrobates,* leuchtend bunte → Farbfrösche, die in etwa 20 Arten Mittel- und Südamerika bewohnen. Sie tragen eine Reihe kleiner Zähne im Oberkiefer. Vom *Färberfrosch, Dendrobates tinctoria,* stammt die überwiegende Menge der Pfeilgiftes der Indianer. Er ist 4 cm lang und schwarz mit leuchtend orangeroten Streifen. Zu den kleinsten Arten gehört der 2 cm lange, rote *Erdbeerfrosch, D. pumilio.* Die Männchen der B. tragen die 10 bis 20 Eier und später die Kaulquappen auf dem Rücken, ehe sie sie kurz vor der Verwandlung zum fertigen Frosch ins Wasser absetzen.
Baumwolle, → Malvengewächse.
Baumwürgergewächse, → Spindelbaumgewächse.
Bauplan, *Typus,* das wesentliche Merkmalsgefüge eines Lebewesens. Wie die vergleichende Anatomie beweist, sind die Organismen einer höheren systematischen Einheit, z. B. Insekten, Vögel, Säugetiere, nicht grundsätzlich verschieden gebaut, sie stellen vielmehr Variationen eines gemeinsamen B. dar. Die verschiedene Merkmalsprägung im Rahmen eines B. ist das Ergebnis adaptiver Veränderungen. Da es jedoch Organismen ohne jede Anpassung nicht gibt, ist der B. nicht real existent, sondern nur als abstraktes Schema denkbar. Die Entdeckung, daß die Vielgestaltigkeit der Organismen bestimmten B. zugeordnet werden kann, wurde von der idealistischen Morphologie als Ausdruck übernatürlicher Ideen angesehen und damit einer kausalen Deutung entzogen. Indessen liefern gerade gemeinsame B. und homologe Organe einen Hauptbeweis für die Abstammungslehre und sind nur auf ihrer Grundlage materialistisch erklärbar. Die Frage, auf welche Weise neue B. entstehen, ist auch heute noch Gegenstand unterschiedlicher Ansichten.
Baustoffwechsel, Begriff aus einer frühen Phase der Stoffwechselphysiologie, der die Gesamtheit der Stoffwechselvorgänge darstellt, in deren Verlauf alle am Aufbau eines Organismus beteiligten komplizierten organischen Verbindungen und biologischen Strukturen aus einfacheren, bei Pflanzen überwiegend aus anorganischen Nahrungsstoffen synthetisiert werden. Zum B. werden neben der als Photosynthese oder Chemosynthese ablaufenden Assimilation von Kohlenstoff z. T. auch der Mineralstoffwechsel und Wasserhaushalt sowie die Biosynthese der Eiweiße, Fette und zahlreicher weiterer Baustoffe der Zelle gerechnet. Der B. ist in der modernen Bezeichnung *Anabolismus* (→ Assimilation, → Stoffwechsel) inbegriffen, allerdings nicht vollinhaltlich, da ein Metabolit sowohl das Substrat abbauender, energieliefernder als auch aufbauender, energieverbrauchender Stoffwechselvorgänge sein kann. Der B. ist zudem nicht vom Energiestoffwechsel (→ Betriebsstoffwechsel) zu trennen, da der Aufbau organischer Verbindungen und biologischer Strukturen stets Energie erfordert.
Bazillus, *Bacillus,* zu den Sporenbildnern gehörende Gattung aerober, stäbchenförmiger, meist beweglicher, grampositiver Bakterien. Auf Grund der von ihnen unter bestimmten Umweltbedingungen gebildeten Dauerzelle, der → Spore, sind fast alle Bazillen sehr widerstandsfähig gegen hohe Temperaturen und Austrocknung. Die meisten Arten kommen im Boden vor, z. B. der → Heubazillus und der → Wurzelbazillus. Ein wichtiger Krankheitserreger ist der → Milzbrandbazillus. *Bacillus thuringiensis* ist pathogen für Insekten und wird zur biologischen Schädlingsbekämpfung eingesetzt. Andere Bazillusarten liefern Antibiotika.
Bazitrazin, Sammelbegriff für eine Gruppe von Antibiotika, die von verschiedenen Bakterienarten der Gattung *Bacillus* gebildet werden. Chemisch gehört B. zu den Polypeptiden. Es werden die Komponenten A bis F unterschieden. B. wird in der Human- und in der Veterinärmedizin eingesetzt und wirkt vor allem gegen grampositive Mikroorganismen. Als Futtermittel hat B. gesundheits- und wachstumsfördernde Wirkung.
BCG, Abk. für Bacille Calmette-Guérin, → Mykobakterien.
B-Chromosomen, *überzählige (akzessorische) Chromosomen,* bei manchen Eukaryoten außer den Autosomen und Geschlechtschromosomen vorkommende heterochromatische Chromosomen. Die B-Chromosomen können in unterschiedlicher Anzahl im Genom *zusätzlich* enthalten sein. Sie sind im allgemeinen kleiner als die Autosomen, telozentrisch, und eine genetische Auswirkung ist meist nicht nachzuweisen.
Bdelloidea, → Rädertiere.
Bdellovibrio, eine Gattung beweglicher, gramnegativer Bakterien, die in anderen Bakterien parasitieren. Die kleinen, leicht gebogenen *Bdellovibrio*-Zellen durchdringen die Zellwand ihrer Wirtsbakterien und wachsen in ihnen zu einer aufgewundenen, langen Zelle heran. Diese teilt sich in mehrere Tochterzellen, die Wirtszelle wird zerstört.
Becherhaare, → Tastsinn.
Becherlinge, → Schlauchpilze.
Becherzellen, → Drüsen.
Beckengürtel, *Becken,* zur Befestigung der hinteren Gliedmaßen am Achsenskelett dienendes Stützgerüst der Wirbeltiere. Der B. ist bei Fischen noch unvollständig und nur als einfacher Knochenstab zum Ansatz für die Bauchflossenmuskulatur ausgebildet. Die dabei primär bestehende Verbindung dieser Knochenstäbe mit der Kloake ist auch bei den Vierfüßern beibehalten. Bei ihnen ist der B. – im Gegensatz zum Schultergürtel – mit dem Achsenskelett im Kreuzabschnitt verbunden. Durch Verschmelzung der *Kreuzbeinwirbel (Sakralwirbel)* entsteht bei Vögeln und Säugetieren das *Kreuzbein* als größtes Knochenstück des Achsenskelettes. Die Anzahl der den B. tragenden Kreuzbeinwirbel, die mit dem Darmbein vereinigt sind, beträgt bei

Beckensymphyse

Lurchen 1, bei Kriechtieren 2, bei Vögeln bis 23, bei Säugetieren 2 bis 6 Wirbel. Jede Gürtelhälfte setzt sich aus 3 Knochenelementen zusammen: Dorsal liegt das *Darmbein*, ventral vorn das *Schambein* und hinten das *Sitzbein*. Rechte und linke Gürtelhälfte legen sich ventral in der *Beckensymphyse* aneinander, die bei Vögeln (außer bei Strauß und Nandu) und den extremitätenlosen Vierfüßern, z. B. bei Schlangen, Walen und Seekühen, fehlt. Bei Säugetieren ist sie allgemein auf die *Schambein-* oder *Schoßfuge* beschränkt. Die 3 am Aufbau einer Gürtelhälfte beteiligten Knochen verschmelzen bei Säugetieren zu einem massigen großen Knochen, dem *Hüftbein*, und bilden für den Kopf des Oberschenkels eine tiefe Gelenkgrube, die *Hüftgelenkpfanne* (*Acetabulum*). Aus praktischen Gründen wird in der menschlichen Anatomie auch das *Steißbein* zum B. gerechnet.

Beckensymphyse, → Beckengürtel.
Bedecktsamer, svw. Decksamer.
bedingte Aktion, svw. operantes Lernen.
bedingte Aversion, svw. Vermeidungskonditionierung.
bedingte Reaktion, → bedingter Reflex.
bedingter Reflex, Assoziation eines neutralen Reizes mit einem unbedingten Reflex. Der *unbedingte* oder *unkonditionierte Reiz* (*UCS*) ist ein Reiz oder eine Reizkonstellation, die regelmäßig eine angeborene Reaktion auslöst. Diese Reaktion wird auch als *unbedingte* oder *unkonditionierte Reaktion* (*UCR*) bezeichnet. Der *bedingte* oder *konditionierte Reiz* (*CS*) ist ein neutraler, zeitlich dem unbedingten Reiz in bestimmter Weise zugeordneter Reiz. Die *bedingte* oder *konditionierte Reaktion* (*CR*) ist die nach einem Lernvorgang allein durch den bedingten Reiz ausgelöste Reaktion. Bei diesem Konditionieren werden drei Phasen unterschieden: (A) UCS löst UCR aus, CS dagegen nicht; (B) zwischen UCS und UCR entsteht eine Assoziation; (C) CS ruft die Reaktion allein hervor.

bedingter Reflex II, svw. operantes Lernen.
bedingter Reiz, → bedingter Reflex.
beendendes Verhalten, svw. Endhandlung.
Beere, → Frucht.
Befallsgrad, Häufigkeit bzw. Stärke des Befalls einer Pflanze oder eines Pflanzenbestandes durch einen Schaderreger. Er kann nach der Formel von Townsend und Heuberger berechnet werden: $P = \frac{(n \cdot v) \cdot 100}{(x-1) \cdot N}$. Darin bedeuten P Befallsgrad, n Anzahl der untersuchten Objekte in jeder Befallskategorie, v Zahlenwert der Befallskategorien, N Gesamtzahl der untersuchten Objekte, x Anzahl der Befallskategorien.

befruchtete Eizelle, svw. Zygote.
Befruchtung, die Verschmelzung einer weiblichen und einer männlichen Geschlechtszelle zur Zygote. Dabei verschmilzt zuerst das Plasma der beiden Zellen (*Plasmogamie*), anschließend vereinigen sich die beiden Kerne (*Karyogamie*, *Amphimixis*). Die B. ist stets verbunden mit der Zusammenführung männlichen und weiblichen Erbmaterials.

1) Bei den **Blütenpflanzen** geht der B. die → Bestäubung, d. h. die Übertragung des Pollens auf die Narbe der Blüte, voraus. Man unterscheidet zwischen → Fremdbefruchtern und → Selbstbefruchtern. Nicht jede Bestäubung führt zur B. Luftfeuchtigkeit, Temperatur- und Lichtverhältnisse, Alter des Pollens, Reifegrad der Narbe u. a. spielen hierbei eine wesentliche Rolle. Zwischen Bestäubung und B. können wenige Minuten bis Tage (bei den meisten Kulturpflanzen), mitunter aber auch mehrere Wochen, Monate und Jahre liegen (bei vielen Laubhölzern und manchen Zierpflanzen). Sobald der Pollen auf die empfängnisbereite Narbe gelangt, keimt er und bildet den *Pollenschlauch* aus. Der Pollenschlauch wächst durch Griffel und Fruchtknoten bis zum Embryosack, in dem sich der Eiapparat mit der Eizelle befindet. *Pollenkeimung* und *Pollenschlauchwachstum* werden durch von den Narben und Samenanlagen abgeschiedene, chemotropisch wirksame Substanzen stimuliert. Der Pollenschlauch kann entweder auf kürzestem Wege durch die Mikropyle zum Embryosack gelangen (*Porogamie*) oder diesen erst auf einem Umweg erreichen (*Aporogamie*), etwa durch die Plazenta oder Chalaza (*Chalazogamie*). Im Pollenschlauch sind zwei Spermazellen und ein vegetativer Kern ausgebildet. Ist der Pollenschlauch bis zum Eiapparat vorgedrungen, entläßt er die beiden Spermazellen in eine Zelle neben der Eizelle, während der vegetative Kern zugrunde geht. Eine der Spermazellen dringt nun in die Eizelle ein, und es kommt zur Vermischung der Protoplasten (*Plasmogamie*) und schließlich auch zur Kernverschmelzung (*Karyogamie*). Die zweite Spermazelle dringt bis zu dem in der Mitte des Embryosacks befindlichen sekundären Embryosackkern vor, und ihr Zellkern verschmilzt mit diesem. Das Endprodukt dieser *doppelten* B. ist also einmal eine befruchtete Eizelle (Zygote), die sich zum Embryo entwickelt (→ Embryonalentwicklung), zum anderen ein triploider *Endospermkern*, der zum Nährgewebe im Samen heranwächst.

2) Bei den **Tieren** leitet die B. die Furchung der Eizelle und die Entwicklung des Keimes ein. Die Formen der B. sind im Tierreich äußerst mannigfaltig. Bei den **Protozoen** kann das ganze Individuum als Keimzelle funktionieren (*Hologamie*). Die Geschlechtszellen unterscheiden sich dabei nicht oder nur wenig von gewöhnlichen Körperzellen. Die miteinander kopulierenden Individuen können morphologisch gleichartig (*Isogamie*) oder ungleichartig sein (*Anisogamie*). Oft ist eine Differenzierung in eiähnliche Gyno- (Makro-) und spermienähnliche Andro-(Mikro-)Gameten (*Oogamie*) vorhanden, oder es kommt zu einer Kopulation von Gameten, die vom gleichen Individuum stammen (*Pädogamie*). Einen besonderen Befruchtungstyp bildet die bei den Ziliaten vorkommende → Konjugation. Dabei legen sich zwei Tiere entweder eng aneinander oder verbinden sich nach Teilungsvorgängen entstandene (Wander-) Kerne aus, die jeweils mit dem im Ausgangstier verbliebenen (stationären) Kern verschmelzen. Bei den **Metazoen** haben wir es ausschließlich mit einer echten Eibefruchtung zu tun. Sie beginnt mit dem aktiven Aufsuchen des Eies durch das Spermium, das bei Säugern eine Bewegungsgeschwindigkeit von 2 bis 3 mm/s erreicht. Als Bewegungsorganell funktioniert der Schwanzfaden. Es folgt sodann die *Besamung*, d. h. der Eintritt des Spermiums in das Ei, das sich in verschiedensten Entwicklungszuständen befinden kann, z. B. bei *Saccocirrus* (*Annelida*) und *Ascaris* als Oozyte in der Wachstumsphase, bei Insekten in der Metaphase der 1. Reifeteilung, bei Säugern und Stachelhäutern in der 2. Reifeteilung, bei anderen Tieren nach Abschluß der Meiose. Daraus folgt, daß die Besamung unter Umständen weit vor der B. stattfinden kann. Als Eintrittsstelle für die Spermien kann entweder jeder beliebige Punkt der Eioberfläche dienen, oder es ist eine solche als *Mikropyle* vorbereitet, die meist sehr schwer zu erkennen ist, durch Zusatz von Tusche, Toluidinblau u. a. Mitteln jedoch nachweisbar wird. Die Ankunft des Samenfadens auf der Eioberfläche löst meist die Bildung eines *Empfängnishügels* mit ausgestreckten feinen Plasmafortsätzen aus. Hier dringt der Spermakopf mitsamt dem Mittelstück ein, während der Schwanzfaden in der Regel steckenbleibt. Gelegentlich oder obligatorisch mitaufgenommene Schwanzfäden (z. B. beim Menschen) gehen später zugrunde und werden von der Eizelle resorbiert. 1 bis 2 Minuten nach dem Kontakt mit dem ersten Spermium heben

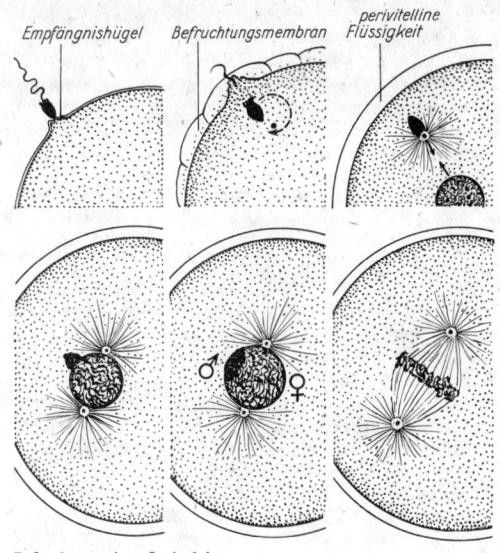

Befruchtung eines Seeigeleies

sich bei vielen Eiern (*Ascaris, Nereis,* Seeigel, Säugetiere) mehrere Bläschen von der Oberfläche ab, die sich rasch zu einer festen Haut, der *Befruchtungsmembran,* vereinigen, wodurch das Eindringen weiterer Spermatozoen (→ Polyspermie) verhindert wird. Mit der Bildung der Befruchtungsmembran, die sich übrigens auch an unbefruchteten Eiern durch künstliche Mittel, z. B. durch zytolytische Substanzen (Ethylazetat, Ameisen-, Essig-, Butter-, Valeriansäure, Saponin) und viele andere Stoffe, ferner durch Temperatursteigerung u. a. hervorrufen läßt, ist zugleich eine Abnahme der Oberflächenspannung des Eies verbunden, womit eine gewisse Eikontraktion eingeleitet wird. Nach elektronenmikroskopisch ermittelten Befunden, unter anderem am Ei des Igelwurms *Urechis caupo,* stößt das Spermium mit seinem Akrosom auf die Ei- oder Dottermembran, die durch Lysine des Akrosoms gelöst wird. Dadurch bekommen die Plasmaanteile von Spermium und Ei Verbindung. Der Spermienkopf wird mit dem Halsteil ins Ei gezogen. Zur gleichen Zeit platzen unter der Plasmamembran des Eies liegende Kortikalbläschen und ergießen ihren Inhalt in den (perivitellinen) Raum zwischen innerer Plasma- und äußerer Dottermembran, heben letztere ab und verfestigen sie zur Befruchtungsmembran. Spermakopf und -mittelstück wandern nun nach einer Drehung um 180° in das Eiinnere; ihr Weg ist z. B. bei Amphibien lange Zeit im Eiplasma verfolgbar (Spermeinschlag). Nach Ablösung des Mittelstückes quillt der Kopf zum männlichen Vorkern auf, dem der Eikern aktiv entgegenwandert. Beide stoßen aufeinander; der männliche Kern liegt dem weiblichen kappenförmig auf. Inzwischen hat sich das aus dem Mittelstück hervorgegangene *Zentriol* geteilt; die Teilstücke wandern zu den Kernpolen und lösen die Bildung der mitotischen Plasmastrahlung aus. Jetzt erst findet in der Regel die Karyogamie statt, worauf sehr bald die Prophase der ersten Furchungsteilung eingeleitet wird. Die kopulierenden Kerne können jedoch bei manchen Tieren bis in die ersten Furchungsteilungen hinein morphologisch getrennt bleiben (Gonomerie). Das Schicksal des Akrosoms ist im wesentlichen noch unbekannt. Die männlichen Mitochondrien der Seeigel- und Säugereier werden aufgelöst und resorbiert. Das Eizellenzentriol wird inaktiv und geht unter.

Die Erforschung der **Physiologie** der B. deckte eine Reihe komplizierter Funktionsmechanismen auf, die z. Z. noch nicht in allen Einzelheiten geklärt sind. Nur die wichtigsten können hier angedeutet werden. So sind die Wechselbeziehungen zwischen Spermium und umgebendem Medium bekannt. Männliche Geschlechtszellen sind in der Regel in den Hoden unbeweglich oder nur sehr wenig aktiv. Sie erhalten ihre Bewegungs- und damit Besamungsfähigkeit erst in dem ihnen adäquaten Medium, z. B. bei wasserlebenden Formen im Wasser. Spermien von Säugern und Mensch bewegen sich aus den Hodenkanälchen aktiv in die Nebenhoden, wo sie offenbar durch Stoffe aus dem Sekret des Nebenhodenepithels gelähmt werden, wodurch ihr Stoffwechsel herabgesetzt wird. Erst durch die Sekrete der Anhangsdrüsen des Geschlechtsapparates, wahrscheinlich besonders der Prostata, erhalten sie ihre volle Aktivität zurück. Die Lebhaftigkeit ihrer Bewegungen wird durch leichte Alkalität des Mediums, z. B. des Uteruszervikalsekretes und des Tubensekretes bei Säugern, erhöht, durch den sauren Vaginalschleim dagegen gehemmt (positive und negative Chemotaxis). Säugerspermien zeigen weiter eine negative Rheotaxis, indem sie sich entgegen einem im Uterus und in der Tube erzeugten Flimmerstrom einstellen.

Befruchtungsstoffe, svw. Gamone.

Begasung, Behandlung von Räumlichkeiten, Vorräten, Pflanzen und Böden unter Verwendung von Begasungsmitteln.

Begattung, *Kopulation, Copula,* die geschlechtliche Vereinigung zweier Individuen verschiedenen (weiblichen und männlichen) Geschlechts, beim Menschen als *Coitus* (Beischlaf) bezeichnet. Die B. dient der Übertragung der männlichen Geschlechtszellen (Samenzellen) in die weiblichen Geschlechtswege und ist nicht identisch mit der Besamung und Befruchtung. Der Übertragung der Samenzellen dienen in der Regel besondere → Paarungsorgane.

Begattungsorgane, svw. Paarungsorgane.

Begattungstasche, → Vagina.

Beggiatoa, eine Gattung gramnegativer, Zellfäden bildender Bakterien. Die Zellen sind kettenförmig innerhalb von Fäden angeordnet, die eine gleitende Bewegung ausführen können. Ihrer autotrophen Ernährungsweise nach sind sie → Schwefelbakterien, die → Chemosynthese durchführen. In den Zellen ist Schwefel enthalten. B. bildet weiße Überzüge auf Pflanzen und Steinen in Gewässern.

Begleiterscheinung, in der phytopathologischen Symptomatologie alle Erscheinungen an kranken oder beschädig-

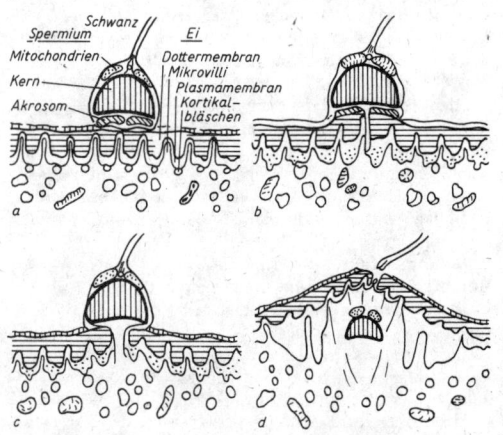

Das Eindringen des Spermiums in das Ei des Igelwurmes *Urechis caupo* (nach elektronenmikroskopischen Aufnahmen). *a* Zustand beim Auftreffen des Spermiums, *b* 1 Minute, *c* 2 Minuten, *d* 5 Minuten nach Besamung

Begoniaceae

ten Pflanzen, die nicht in direkter Beziehung zum Krankheitsprozeß stehen, aber für die Diagnose von Bedeutung sind, z. B. Schaderregerkolonien (unter anderem Blattläuse), Ausscheidungen der Schaderreger u. a.
Begoniaceae, → Schiefblattgewächse.
Begonien, → Schiefblattgewächse.
Behaglichkeitsbereich, → Vorzugstemperatur.
Behaltensdauer, → Gedächtnis.
Behaviorismus, Auffassung des Verhaltens als Funktion von Reizeinwirkungen sowie auf diesem Wege erworbener Erfahrungen. Es gibt im einzelnen verschiedene Richtungen, die teilweise zu extremen Milieutheorien geführt, gleichwohl aber wertvolle experimentelle Verfahren entwickelt haben. Die Verallgemeinerungen behavioristischer Theorien weisen typisch reduktionistische Elemente auf, sie vernachlässigen das Entwicklungskonzept und damit den Aspekt der Evolution des Verhaltens und die diesem Vorgang zugrundeliegenden Mechanismen, die genetische Determinaten voraussetzt.
Lit.: W. Friedrich, K.-P. Noack, S. Bönisch, L. Bisky: Zur Kritik des B. (Berlin 1978).
behinderte Diffusion, → Permeation.
Beifuß, → Korbblütler.
Beilbauchfische, *Gasteropelecidae,* seitlich stark abgeplattete Fische Südamerikas mit kielartig stark vorgewölbter Brust- und Bauchregion. B. können durch Brustflossenschlag einige Meter weit über das Wasser schwirren.
Bein, → Extremitäten.
Beinerv, → Hirnnerven.
Beintaster, *Proturen, Protura* (früher *Myrientomata*), Ordnung der Insekten, zu den primär flügellosen, entognathen → Urinsekten gehörig. Sehr kleine (0,5 bis 2,5 mm), zarte, weißliche bis gelbliche, langgestreckte, blinde Tiere, die 12 Abdominalsegmente, aber weder Fühler noch Schwanzanhänge besitzen (Abb.). Die B. wurden erst 1907 durch Silvestri entdeckt.

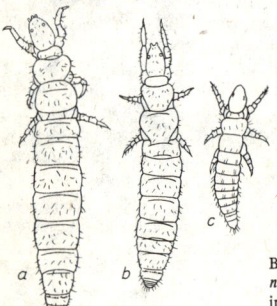

Beintaster (*Acerentulus danicus*): *a* Imago, *b* Präimago, *c* Prälarve

Körperbau. Der Kopf ist mit einem paarigen Sinnesorgan (Pseudoculus), das wohl der Feuchtigkeitswahrnehmung dient, und mit stilettartigen, vorstreckbaren, stechend- oder kratzend-saugenden Mundwerkzeugen ausgerüstet. Das erste, mit vielen Sinnesborsten besetzte Beinpaar wird beim Laufen fühlerartig nach vorn gestreckt. Die ersten drei Abdominalsegmente tragen ventral je ein Paar meist zweigliedrige Beinrudimente. Die Eosentomiden besitzen ein einfaches Tracheensystem, den anderen B. fehlt es. Als Exkretionsorgane sind 6 kranzförmig am Darm ansitzende, jedoch reduzierte Malpighische Gefäße vorhanden.
Entwicklung. Die aus dem Ei schlüpfende Prälarve besitzt 9 Abdominalsegmente; über zwei Larvenstadien mit 9 und 10 und zwei Vorreifestadien (Präimagines) mit 12 Abdominalsegmenten wird das Reifestadium erreicht (Abb.). Die Entwicklungsdauer beträgt etwa 4 bis 7 Monate, die Generationsdauer meist 1 Jahr. Parthenogenese ist gelegentlich nachgewiesen.
Die B. ernähren sich, soweit bekannt, durch Saugen an Pilzhyphen, z. T. bevorzugt an Mykorrhiza-Pilzen. Sie leben meist in Bodenschichten von 2 bis 5 cm Tiefe. Alle Stadien scheinen nur bei voller Feuchtigkeitssättigung der Bodenluft lebensfähig zu sein. Besonders in humusreichen Böden können bis 10 000 Individuen je m^2 Bodenoberfläche leben. Ihre produktionsbiologische Bedeutung ist gering; über Schadwirkungen ist nichts bekannt. B. sind gute Bioindikatoren.
Verbreitung. Gegenwärtig sind etwa 300 Arten bekannt, die sich auf 3 Unterordnungen (*Eosentomoidea, Sinentomoidea, Acerentomoidea*), 8 Familien und 35 Gattungen verteilen und die gesamte Erde bis in die Polargebiete besiedeln. In Mitteleuropa treten häufig Arten der Gattung *Eosentomon, Acerentomon* und *Proturentomon* auf.
Lit.: H. Janetschek: Protura, in W. Kükenthal und Th. Krumbach: Handb. der Zoologie – Eine Naturgeschichte der Stämme des Tierreiches (Berlin 1970); J. Nosek: The European Protura (Genève 1973).
Beinwell, → Borretschgewächse.
Beischilddrüse, svw. Nebenschilddrüse.
Beizen, Behandeln von Saat- und Pflanzgut mit → Beizmitteln, um anhaftende oder darin enthaltene Krankheitserreger abzutöten. Je nach dem erregerspezifisch notwendigen Verfahren unterscheidet man unter anderem Naßbeizen, Benetzungsbeizen, Feuchtbeizen, Tauchbeizen, Trockenbeizen.
Beizmittel, chemische → Pflanzenschutzmittel, die zur Beizung von Saat- oder Pflanzgut von Kulturpflanzen bestimmt sind, um dieses vor Schäden durch Schaderreger zu schützen.
Bekämpfungsrichtwert, Bekämpfungswürdigkeit eines Schaderregers in einem bestimmten Gebiet zu einem definierten Zeitpunkt oder in einem bestimmten Entwicklungsstadium des Erregers bzw. des Kulturpflanzenbestandes.
Bekämpfungsschwelle, die Schaderregerdichte auf einem Kulturpflanzenschlag, bei der Schadwirkungen (quantitative bzw. qualitative Ertragsverluste, Senkung der Arbeitsproduktivität, Erhöhung der technologischen Kosten) auftreten, die volkswirtschaftlich nicht vertretbar sind, falls keine Gegenmaßnahmen ergriffen werden.
Bekassine, → Schnepfen.
Bekräftigung, Verstärkung eines Reizes. Bei der *primären* B. wirkt ein angeborenes Auslösemechanismus durch eine positive Endhandlung bekräftigend. Das bekannteste Beispiel ist die »Belohnung« oder B. durch Nahrungs- oder Wasserangebot bei entsprechend motivierten Lebewesen. Bei der *sekundären* B. ist ein zunächst neutraler Reiz durch Kombination mit einem primären Verstärker in seiner Valenz so verändert, daß er selbst als Verstärker wirken kann. Auch Reize, die mit der Beendigung aversiver Stimuli verbunden sind, können zu sekundären Verstärkern werden. Grundlage dieser Vorgänge ist ein assoziatives Lernen (→ Lernformen).
Beladungseffekt, svw. Primer-Effekt.
Belebtschlammbecken, svw. Belebungsbecken.
Belebtschlammverfahren, ein Verfahren der → biologischen Abwasserreinigung in Belebungsbecken.
Belebungsbecken, *Belebtschlammbecken,* Reaktor des Belebtschlammverfahrens, → biologische Abwasserreinigung.
Belegknochen, → Ossifikation.
Belemniten [griech. belemnon 'Blitz', 'Geschoß'], *Belemnitida,* ausgestorbene Gruppe der Kopffüßer (im Volksmund: *Donnerkeil, Fingerstein, Katzenstein, Figurenstein, Teufelsfinger*). Die B. haben eine in das Innere der Weichteile verla-

gerte Schale (Endocochlia), die aus drei Abschnitten besteht. Der kegelförmige, gekammerte, von einem Sipho durchzogene Phragmokon trägt die Embryonalblase. Der Phragmokon ist mit dem spitzen Ende in das aus radialstrahligem Kalzit und organischer Substanz bestehende zigarren- bis kegelförmige oder zylindrische Rostrum (Scheide) eingesenkt. Die Oberfläche des Rostrums trägt Gefäßeindrücke, Furchen, die als Flossenansätze gedeutet werden, und einen Alveolarschlitz. Am breiten Ende trägt der Phragmokon ein dünnes chitiniges Blatt, das Proostrakum, das selten erhalten ist.

Verbreitung: Unterkarbon bis Eozän. Für die Gliederung geologischer Schichten sind die B. besonders im Jura und in der Kreide von Bedeutung.

Bellerophon [griech. Sagengestalt], eine Gattung der heute ausgestorbenen primitivsten Schnecken (Archaeogastropoden). Das meist kugelige Gehäuse ist planspiral eingerollt und zeigt auf der Oberfläche kräftige Anwachsstreifen. Im Schalenaußenrand ist ein Schlitz vorhanden, von dem sich ein schmales Schlitzband mit kräftiger Querskulptur über das ganze Gehäuse erstreckt.

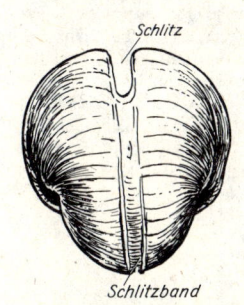

Schale von *Bellerophon* mit deutlichem Schlitzband aus dem Unterkarbon; nat. Gr.

Verbreitung: Ordovizium bis Untertrias, besonders häufig im Kohlenkalk des Unterkarbons und dem Bellerophon-Kalk des alpinen Oberperms.

Belohnungssystem → Selbstreizung.
Beluga, → Gründelwale.
Bennettitatae, eine Klasse der Fiederblättrigen Nacktsamer, zu der nur ausgestorbene Pflanzen gehören, deren gestielte Samenanlagen einzeln an der Blütenachse sitzen. Dabei traten bei den Vertretern der Ordnung *Bennettitales* zum ersten Mal im Pflanzenreich auch echte, von einer Blütenhülle umgebene Zwitterblüten auf, die wahrscheinlich von Insekten bestäubt wurden. Der Habitus der B. gleicht z. T. dem der Palmfarne, der Aufbau ihres Holzes ist aber ursprünglicher, die Befruchtung erfolgte wie bei den Palmfarnen noch durch Spermatozoide.

Die bekanntesten Gattungen der B. sind *Williamsonia*, *Wielondiella*, *Williamsionella* und *Cycadeoidea*.

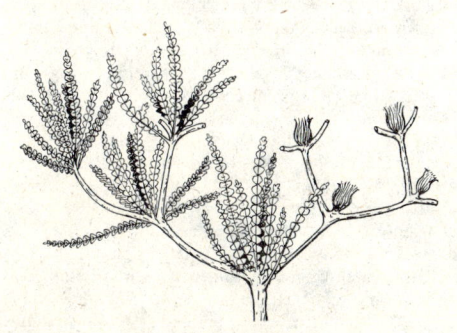

Bennettitatae: *Wielandiella angustifolia*, Habitus

Bennettkänguruh, → Känguruhs.
Benthal, die Bodenregion der Gewässer mit den an das Bodenleben gebundenen Organismen (→ Benthos). Das B. ist vertikal in die Uferzone (→ Litoral) und die Tiefenzone (→ Profundal) gegliedert.
Benthos, eine Lebensgemeinschaft (→ Biozönose), die alle tierischen (*Zoobenthos*) und pflanzlichen (*Phytobenthos*) Bewohner des Ufers und des Grundes von Gewässern umfaßt. Freibewegliche Tiere zählen zum *vagilen B.*, festsitzende Tiere und Pflanzen zum *sessilen B.*, z. B. die Braun- und Rotalgen des Meeres.
Benzaldehyd, C_6H_5—CHO, im Amygdalin der bitteren Mandeln enthaltener und nach diesen riechender aromatischer Aldehyd, der auch in einigen ätherischen Ölen vorkommt.
Benzedrin®, → Amphetamin.
Benzenkarbonsäure, svw. Benzoesäure.
Benzochinone, vom Benzo-1,4-chinon abgeleitete Verbindungen, die in Mikroorganismen, Pflanzen und Tieren weit verbreitet sind. Es sind heute weit mehr als 100 natürlich

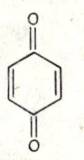

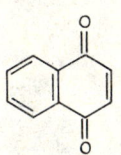

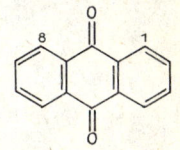

Benzo-1,4-chinon   Naphtho-1,4-chinon   Anthrachinon

vorkommende B. bekannt. Zahlreiche B. sind biologisch aktiv, einige sind z. B. im Wehrsekret bestimmter Gliederfüßer enthalten. Ein bekanntes pflanzliches Benzochinon ist das → Primin. Die Benzochinonstruktur ist auch Bestandteil zahlreicher natürlicher Naphthochinone und Anthrachinone. B. mit isoprenoider Seitenkette besitzen z. T. Vitamincharakter, andere B. spielen eine Rolle beim Elektronentransport in der Atmungskette.
Benzoesäure, *Benzenkarbonsäure*, C_6H_5COOH, eine aromatische Karbonsäure, die frei und als Ester in vielen Harzen und Balsamen vorkommt. B. kann z. B. durch Sublimation aus Benzoeharz erhalten werden.
Benzopyrrol, svw. Indol.
6-Benzylaminopurin, ein in der Phytohormonforschung häufig eingesetztes synthetisches Zytokinin, bei dem der Furfurylrest des Kinetins bzw. die isoprenoide Seitenkette des natürlichen Zytokinins Zeatin durch einen Benzylrest ersetzt ist.
Beo, → Stare.
Berberaffe, svw. Magot.
Berberidaceae, → Berberitzengewächse.
Berberin, ein Alkaloid vom Isochinolintyp. B. ist gelbgefärbt und wird in den Wurzeln der Berberitze, *Berberis vulgaris*, sowie in einigen anderen Pflanzen gefunden.
Berberitzengewächse, *Sauerdorngewächse*, *Berberidaceae*, eine Familie der Zweikeimblättrigen Pflanzen mit etwa 650 Arten, die überwiegend in den gemäßigten Gebieten der nördlichen Erdhalbkugel verbreitet sind.
Es handelt sich um krautige oder holzige, z. T. immergrüne Pflanzen mit einfachen oder zusammengesetzten Blättern. Ihre zwittrigen Blüten stehen einzeln oder zu traubigen Blütenständen vereinigt. Sie haben eine doppelte Blütenhülle, zahlreiche Staubgefäße und werden von Insekten bestäubt. Der oberständige Fruchtknoten entwickelt sich zu einer Beere, seltener zu einer kapselartigen Schließfrucht.

Die einzige einheimische Art der Familie ist **Berberitze** oder **Sauerdorn**, *Berberis vulgaris*, ein bis zu 3 m hoch werdender, dorniger Strauch, dessen gelbe, in hängenden Trau-

Berberkröte

ben angeordnete Blüten mit Honigblättern und reizbaren Staubgefäßen versehen sind. Die Berberitze ist als Zwischenwirt des Getreideschwarzrostes vielfach ausgerottet worden. Aus ihrer Wurzel wird das Isochinolinalkaloid Berberin gewonnen. Als meist niedrig gehaltener immergrüner Zierstrauch wird die nordamerikanische **Mahonie**, *Mahonia aquifolium*, auch oft angepflanzt.

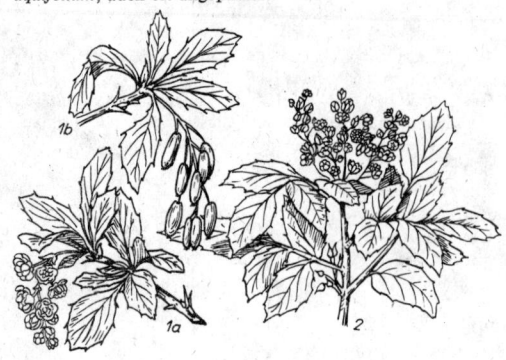

Berberitzengewächse: *1a* und *1b* Berberitze, *2* Mahonie

Berberkröte, *Bufo mauritanicus*, häufige → Eigentliche Kröte Nordafrikas. Die bis 12 cm lange B. ist rötlichbraun marmoriert und bewohnt Steppen, Flußtäler, Oasen und Ortschaften.
Bergamotte, → Rautengewächse.
Bergamottöl, ein ätherisches Öl, gewonnen aus *Citrus aurantium bergamia*. B. enthält zahlreiche Terpene (Terpineol, Nerol, Limonen) und das Kumarinderivat Bergapten. Es ist häufig Zusatz bei kosmetischen Mitteln.
Bergapten, Abkömmling des Kumarins, der im Bergamottöl vorkommt. B. gehört zu den pflanzlichen Fischgiften.

Bergbaufolgelandschaft, → Landeskultur.
Bergeidechse, *Waldeidechse*, *Lacerta vivipara*, 12 bis 16 cm lange, kurzköpfige → Halsbandeidechse mit rötlichbraunem, schwarz gepunktetem Rücken und gelb bis orange gefärbtem Bauch. Die B. bewohnt Wälder und feuchte Wiesen im Mittel- und Hochgebirge (bis 3000 m) Europas und Asiens (bis Sachalin); sie dringt als einzige eurasiatische Echse über den Polarkreis vor. Die Paarung erfolgt von Mai bis Juni, die 5 bis 10 Jungen sprengen kurz vor der Geburt die Eihülle. Die B. ist die einzige lebendgebärende (vivi-ovipare) Echte Eidechse. Die B. frißt Nacktschnecken, Würmer und Insekten. Sie lebt oft mit der Blindschleiche im gleichen Biotop.
Bergenie, → Steinbrechgewächse.
Bergfink, → Finkenvögel.
Berglanzenotter, → Lanzenschlangen.
Bergmannsche Regel, → Klimaregeln.
Bergmolch, *Triturus alpestris*, 8 bis 11 cm langer, Hügelland und Gebirge Europas bis zu 3000 m Höhe bewohnender → Echter Wassermolch mit orangerotem, ungeflecktem Bauch. Das Männchen trägt zur Fortpflanzungszeit (April bis Mai) einen niedrigen, leistenartigen Kamm, der ohne Einschnitt in den Schwanzsaum übergeht. Der B. lebt von März bis September im Wasser und überwintert dort auch in seltenen Fällen. Neotänie kommt vor.
Bergsandglöckchen, → Glockenblumengewächse.

Bergwaldstufe, → Höhenstufung.
Berkefeld-Filter, → Sterilfiltration.
Berlese-Apparat, Auslesegerät für → Bodenorganismen, besonders Kleinarthropoden.
Berlesefauna, die mit dem Berlese-Apparat oder dem Tullgren-Trichter erhaltene Bodenfauna, vorwiegend die Mikroarthropoden des Bodens; → Bodenorganismen.
Bernstein, *Sukzinit*, ein gelbes bis braunes erstarrtes Harz von Nadelhölzern der Tertiärzeit. Chemisch ist B. ein kompliziertes Stoffgemisch aus Harzsäuren und Alkoholen sowie deren Oxidationsprodukten, dessen charakteristischer Bestandteil die Bernsteinsäure ist. B. findet sich vor allem an der Nord- und Ostseeküste. Im B. sind häufig Insekten und Pflanzenteile eingeschlossen.
Bernsteinsäure, *Ethandikarbonsäure*, HOOC—CH_2—CH_2—COOH, eine organische Dikarbonsäure (→ Karbonsäuren), die in Bernstein und anderen Harzen als Ester, in pflanzlichen und tierischen Säften in freier Form vorkommt. B. tritt als Zwischenstufe im → Zitronensäurezyklus auf.
Bernsteinschnecken, *Succineidae*, bernsteinfarbene Landlungenschnecken, die vorwiegend an Sumpf und Uferpflanzen leben und längeres Untertauchen überstehen, aber nicht amphibisch leben. In den Tentakeln der B. parasitieren mitunter Sporozysten des Saugwurmes *Urogonimus macrostomus*.
Berthelinia limax, vor einigen Jahren entdeckte Schneckenart der Ordnung *Saccoglossa* mit einer zweiklappigen Schale mit Schließmuskel ähnlich den Muscheln.

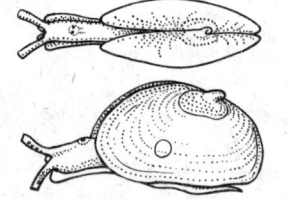

Berthelinia limax

Berührungsreize, *Kontaktreize, Tastreize, haptische Reize, thigmische Reize*, besonders von Ranken, aber auch von anderen Pflanzenorganen wahrgenommene und verschiedenartige Reaktionen (→ Haptonastie, → Haptotropismus) auslösende Reize, die durch eine fortgesetzte Berührung mit einem festen Körper entstehen. Zur haptischen Reizung müssen an unmittelbar benachbarten Stellen des Organs rasch wechselnde Druck- bzw. Zugdifferenzen erzeugt werden. Berühren mit Flüssigkeiten (z. B. Regen) oder einem mit Gelatine überzogenen Glasstab führen demgegenüber bei berührungsempfindlichen Pflanzenteilen ebenso wie → Erschütterungsreize nicht zu einer Reaktion.
 Am stärksten empfindlich gegenüber B. ist bei Ranken der Spitzenteil. Man vermutet, daß die Aufnahme der B. durch Fühltüpfel, Fühlpapillen oder andere erregbare Elemente erfolgt. Als erstes Ergebnis einer haptischen Reizung ist ein → Aktionspotential meßbar. Die Reizleitung erfolgt verhältnismäßig rasch quer durch die Ranke. Die Längsleitung verläuft demgegenüber langsamer und ist auf die nähere Umgebung des gereizten Rankenteils beschränkt.
Besamung, → Befruchtung.
Beschälseuche, → Trypanosomen.
beschalte Amöben, svw. Testazeen.
Beschwichtigungsverhalten, Verhalten, das bei einem Verhaltenspartner aggressive Tendenzen hemmt oder neutralisiert. Dabei werden andere mit der Angriffstendenz unvereinbare Verhaltensbereitschaften aktiviert. Die Abgrenzung zu Verhaltensweisen, welche den Status der Subdomi-

Beschwichtigungsverhalten: *a* Wegsehen – Silbermöwe, *b* Halsdarbieten – Rotfuchs (nach Tinbergen und Tembrock)

nanz anzeigen und damit »beschwichtigend« wirken, ist unscharf.

Bestandesabfall, Gesamtheit der abgestorbenen organischen Substanz, die ein Pflanzenbestand als Teil der Primärproduktion erzeugt; meist gemessen als B. je Jahr und m² Bodenoberfläche. Hierzu zählen abgeworfene Laub-, Nadel-, Kraut- und Holzteile, abgestorbene Wurzeln, Ausscheidungen wie Honigtau oder Harz und Ernterückstände. Die oberste, noch völlig unveränderte Schicht des B. wird als → Streuschicht bezeichnet. Menge und Qualität des B. sind wichtige Kriterien für die Dynamik und Entwicklung des Ökosystems. Der B. bildet die Nahrungsgrundlage der saprotrophen Organismen und unterliegt dem komplizierten Prozeß der → Dekomposition; er ist mitentscheidend für die am Standort mögliche Bildung von → Humus.

Bestandsüberwachung, Verfahren zur Einleitung zielgerichteter Bekämpfungsmaßnahmen gegen Schaderreger an Kulturpflanzen auf dem Einzelschlag. Sie dient der exakten Einschätzung der Befallssituation der einzelnen Kulturpflanzenbestände und daraus abgeleitet einer schlagbezogenen Bekämpfungsentscheidung (→ Schaderregerüberwachung).

Bestäubung, bei den Pflanzen die Übertragung des Pollens auf die Narbe der Bedecktsamer oder auf die Samenanlage der Nacktsamer. B. innerhalb derselben zwittrigen Blüte ist *Selbstbestäubung (Autogamie).* Die B. von Pflanzen innerhalb eines Klons wird als *Geschwisterbestäubung (Adelphogamie)* bezeichnet. *Chasmogamie* nennt man die B. einer Blüte im offenen Zustand. *Kleistogamie* die B. bei geschlossener Blüte. Eine B. zwischen Blüten derselben Pflanze heißt *Nachbarbestäubung (Geitonogamie)* und zwischen Blüten verschiedener Pflanzen *Fremdbestäubung (Kreuzbestäubung, Allogamie, Xenogamie).*

Selbstbestäubung ermöglicht Fruchtansatz und Fortpflanzung auch bei Einzelindividuen. Sie ist daher bei Pionierpflanzen und Unkräutern, ferner in Inselfloren und in Gebieten, wo bestäubende Tiere selten sind, verbreitet. Voraussetzung für Selbstbestäubung ist, daß die Blüten nicht selbststeril sind. Selbstbestäuber haben meist unscheinbare, duft- und nektarlose Blüten und bilden nur geringe Pollenmengen aus. Da Selbstbestäubung die Neukombination von Erbanlagen sehr reduziert, begünstigt sie die Inzucht und mit dieser oft verbundene Degenerationserscheinungen.

Demgegenüber fördert die Fremdbestäubung die Neukombination von Erbanlagen. Sie wird oft durch Eingeschlechtigkeit der Blüten erzwungen. Bei zweigeschlechtigen Blüten von Fremdbestäubern keimen die Pollenkörner häufig nicht auf der Narbe derselben Blüte, oder die Pollenschläuche wachsen zu langsam oder verkümmern (→ Selbststerilität). Bei Pflanzen, die nicht selbststeril sind, wird die Fremdbestäubung bisweilen durch Heterostylie, Dichogamie und Herkogamie gefördert. *Heterostyle* Blüten haben z. B. Primeln und Forsythien. Ein Teil der entsprechenden Pflanzen bildet Blüten aus, deren Fruchtblätter lange Griffel und deren Staubblätter kurze Filamente besitzen. Bei einem etwa gleich großen Teil der Pflanzen ist es

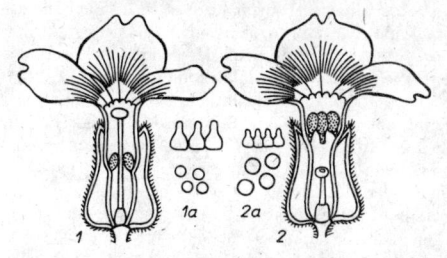

Heterostylie bei der Chinesischen Primel (*Primula sinensis*). *1* langgrifflige Form, *1a* große Narbenpapillen und kleine Pollenkörner. *2* kurzgrifflige Form, *2a* kleine Narbenpapillen und große Pollenkörner

umgekehrt. Nur bei Kreuzbestäubung zwischen beiden Blütenformen kommt es zu optimalem Fruchtansatz, da die immer gleich tief in die Kronröhre vordringenden Insekten den Blütenstaub hochsitzender Staubblätter normalerweise auf hochsitzende Narben übertragen und umgekehrt. Überdies entsprechen nur in diesem Fall die Größe der Narbenpapillen und die der Pollenkörner einander. Bei *dichogamen* Blüten werden die Staubblätter und Narben zu verschiedenen Zeiten bestäubungsreif, so daß sie sich nicht selbst befruchten können. Man kann vormännige (proterandrische, → Proterandrie) und vorweibige (proterogyne, Proterogynie) Blüten unterscheiden. Proterandrische finden sich z. B. bei Korbblütlern, Glockengewächsen und Doldenblütlern, proterogyne bei Aronstabgewächsen und Wegerichgewächsen. Bei herkogamen Blüten sind die Staubblätter und Narben so ungünstig zueinander angeordnet, daß kaum eine Selbstbestäubung vorkommen kann. Herkogame Blüten findet man z. B. bei Schwertlilien, wo die Griffeläste die Staubblätter überdecken. Die B. geschieht bei zwitterblütigen Selbstbestäubern selbsttätig. Bei Fremdbestäubung erfolgt die Übertragung des Pollens vor allem durch den Wind oder durch Tiere, selten durch Wasser. Bei *Windstäubung, Windblütigkeit (Anemophilie, Anemogamie)* ist Voraussetzung, daß eine große Pollenmenge erzeugt wird, die Narben möglichst groß sind und frei liegen, denn Windstäubung erfolgt ungezielt. Der Pollen windblütiger Pflanzen ist meist mehlig und zerfällt leicht in die einzelnen Pollenkörner. Die Windbestäubung wird gegenüber der Insektenbestäubung als primär angesehen, da die Pollen der Nacktsamer fast ausschließlich durch den Wind verbreitet werden. Jedoch kommt es auch vor, daß einzelne Gattungen und Arten sonst tierblütiger Familien zur Windbestäubung zurückkehren. Zu derartigen, als sekundär windblütige Pflanzen bezeichneten Formen zählen beispielsweise die Wiesenraute *Thalictrum,* der kleine Wiesenknopf, *Sanguisorba minor,* die einheimische Esche, *Fraxinus excelsior,* der Beifuß, *Artemisia.* Viele Windblütler kommen in größeren

Bestimmungsschlüssel

Beständen vor, wodurch sich offensichtlich die Bestäubungsrate erhöht. Das ist bei unseren wichtigsten waldbildenden Bäumen (Eiche, Buche, Hainbuche, Birke, Nadelhölzer) und den Gräsern der Fall. Die *Tierbestäubung, Tierblütigkeit* (*Zoophilie, Zoogamie*) wird vorwiegend durch *Insekten* (*Insektenblütigkeit, Entomophilie, Entomogamie*) oder in tropisch-subtropischen Gebieten auch durch Vögel (*Vogelblütigkeit, Ornithogamie*) ausgeführt. Die B. durch Fledermäuse (*Chiropterogamie*) und kleine Beuteltiere ist weniger bedeutend. Als bestäubende Insekten kommen vor allem Hautflügler (47%), Zweiflügler (26%) und Schmetterlinge (10%) in Betracht. Käfer treten meist nur zufällig als Bestäuber auf. Tierbestäubung setzt voraus, daß die bestäubenden Tiere zu einem regelmäßigen Besuch und zu einem genügend langen Aufenthalt in den Blüten angehalten werden, daß die Blüten der mechanischen Beanspruchung gewachsen sind, daß Pollen und Narbe regelmäßig von den Tieren berührt werden und daß der Pollen am Körper des Blütenbesuchers gut haften bleibt. Blüten tierblütiger Pflanzen verfügen daher über Lockmittel, z. B. Pollen und Nektar, ferner über Reizmittel, z. B. Form, Farbe und Duft. In seltenen Fällen »lockt« die Pflanze das Tier auch in eine Falle oder täuscht einen Geschlechtspartner des Tieres vor, so daß in der Blüte Begattungsreaktionen stattfinden, z. B. bei heimischen Ragwurzarten. Zwischen den bestäubenden Insekten und den Blüten bestehen oft enge Beziehungen, so daß man von einer Symbiose sprechen kann, da manche Partner vollständig aufeinander angewiesen sind (z. B. *Yucca* und Yuccamotte).

Die Anpassungen zwischen Blüten und Insekten äußern sich in bestimmten mechanischen Einrichtungen. Durch Hebel-, Klebe-, Klemm- und Schleudervorrichtungen wird die Übertragung des Pollens, der bei den insektenblütigen Pflanzen möglichst klebrig sein muß, gesichert. Manche Pflanzen besitzen »Kesselfallenblumen«, in die die Insekten gelockt werden, die sie jedoch erst wieder verlassen können, wenn die Narben bestäubt sind und der Pollen auf die Insekten gelangt ist. Dann vertrocknen die den Ausgang versperrenden Reusenhaare, und die Insekten können wieder ins Freie. Beispiele hierfür bieten verschiedene Aronstabgewächse, z. B. unser einheimischer Aronstab und die Osterluzei. Anpassungen der Blüten an die B. durch Vögel, die vor allem von Kolibris, Honigsaugern, *Nectariniidae*, und Honigfressern, *Meliphagidae*, ausgeführt wird, sind reine und grelle Farben (Papageienfarben); der Nektar ist dünnflüssig und wird reichlich abgeschieden; der klebrige Pollen haftet meist an Schnabel oder Schnabelansatz der Tiere. Die ornithogamen Blüten sind fast stets duftlos. *Wasserblütigkeit* (*Wasserbestäubung, Hydrogamie*) kommt selten vor, und zwar nur bei einigen untergetaucht lebenden Wasserpflanzen. Das Seegras, *Zostera*, und das Hornblatt, *Ceratophyllum*, z. B. entlassen ihren Pollen in das Wasser, mit dem er an die Narbe gelangt. Bei der Sumpfschraube, *Vallisneria*, und der Wasserpest, *Elodea*, liegen die weiblichen Blüten auf der Wasseroberfläche auf. Die männlichen Blüten lösen sich unter Wasser ab und schwimmen zur Wasseroberfläche, wo sie die weiblichen Blüten erreichen.

Bestimmungsschlüssel, eine tabellarische Übersicht verschiedener, möglichst leicht erkennbarer und gut zu unterscheidender Merkmale zur Bestimmung von Pflanzen- und Tiersippen. B. sind auch gebräuchlich in der Mineralogie, Kristallographie, Bodenkunde u. a.

In der Biologie sind B. vor allem in Floren- und Faunenwerken sowie in Sippenmonographien zu finden. Am häufigsten angewandt werden *dichotome Schlüssel*, bei denen stets zwischen zwei Fragen nach Merkmalsgegensätzen zu entscheiden ist. Dabei kann im Schlüssel zugleich durch die Verwendung entsprechender Merkmale die systematische Verwandtschaft zum Ausdruck kommen, d. h., nahe verwandte Sippen stehen benachbart. Mit nachfolgenden Beispielen werden die Arten der Gattung *Melilotus*, Steinklee, bestimmt.

A) Nebenblätter der mittleren Stengelblätter
   deutlich gezähnt   *M. dentata* (W.et K.) Pers.
B) Nebenblätter der mittleren Stengelblätter
   ganzrandig oder undeutlich gezähnt
   1) Nebenblätter am Grunde gezähnt, Blüte 2 bis 3 mm   *M. indica* (L.) All.
   2) Nebenblätter ganzrandig, Blüte 5 bis 8 mm
     a) Fruchtknoten behaart   *M. altissima* Thuill.
     b) Fruchtknoten kahl
       aa) Krone gelb   *M. officinalis* (L.) Palla
       bb) Krone weiß   *M. alba* Med.

Dieser Schlüssel benötigt allerdings viel Platz und wird bei der Gliederung größerer Sippen unübersichtlich, da dann zwei gegensätzliche Fragen durch mehrere Seiten getrennt sein können. Deshalb wird häufiger ein *Zahlenschlüssel* angewandt, bei dem der Gegensatz entweder in der folgenden Zahl oder bei der in Klammern hinter der Ausgangszahl angegebenen Nummer zu suchen ist.

1. (8) Krone gelb
2. (7) Blättchen mit weniger als 16 Seitennervenpaaren
3. (6) Blüte 5 bis 8 mm lang
4. Fruchtknoten kahl   *M. officinalis*
5. Fruchtknoten behaart   *M. altissima*
6. (3) Blüte 2 bis 3 mm lang   *M. indica*
7. (2) Blättchen mit mehr als 18 Seitennervenpaaren   *M. dentata*
8. (1) Krone weiß   *M. alba*

Eine dritte Form findet man häufig in allgemein verständlichen Bestimmungsbüchern. Hier stehen die gegensätzlichen Fragen immer nebeneinander, die Hinweise auf das nächste Fragenpaar am Ende der Zeile, die verwandten Arten sind hier allerdings nicht mehr immer benachbart.

1. Krone weiß   *M. alba*
   Krone gelb   2
2. Blättchen mit mehr als 18 Seitennervenpaaren   *M. dentata*
   Blättchen mit weniger als 16 Seitennervenpaaren   3
3. Blüte 2 bis 3 mm lang   *M. indica*
   Blüte 5 bis 8 mm lang   4
4. Fruchtknoten behaart   *M. altissima*
   Fruchtknoten kahl   *M. officinalis*

Bestockung, die Bildung zahlreicher, viele Adventivwurzeln produzierender Seitensprosse an bodennahen oder unterirdischen, zumeist gestauchten Sproßteilen krautiger Pflanzen, vor allem bei Gräsern, insbesondere den Getreidearten.

Betalaine, Gruppe stickstoffhaltiger Pflanzenfarbstoffe, die besonders in Vertretern der *Centrospermae* vorkommen.

Betelnuß, → Palmen.

Betelpfeffer, → Pfeffergewächse.

Betriebsstoffwechsel, *Energiestoffwechsel, Ergobolismus*, die Gesamtheit der Stoffwechselprozesse, in deren Verlauf die zur Aufrechterhaltung der Lebensfunktionen benötigte Energie bereitgestellt wird. Dazu zählen die Bereitstellung von Wärmeenergie zur Aufrechterhaltung der Körpertemperatur, von mechanischer Energie für Arbeitsleistungen sowie Energie für die Ausbildung elektrischer Potentiale, für Transportvorgänge an der Zelle und für Syntheseleistungen. Bei heterotrophen Organismen erfolgt die Energiebereitstellung vorwiegend im Verlauf der → Atmung oder → Gärung, bei autotrophen, zur Photosynthese befähigten Organismen vor allem durch Umwandlung von Lichtenergie in chemische Energie. Wichtigstes Bindeglied zwischen den Energie bereitstellenden und den Energie verbrauchenden Reaktionen ist das Adenosin-5'-triphosphat.

Betulaceae, → Birkengewächse.
Betulin, ein zweiwertiger Alkohol aus der Gruppe der pentazyklischen Triterpene. B. ist Bestandteil der Birken- und Haselnußrinde sowie der Hagebutte.
Beuger, svw. Flexoren.
Beutelbär, svw. Koala.
Beuteldachse, *Nasenbeutler, Peramelidae,* eine Familie der Beuteltiere. Die B. sind meist größere Säugetiere mit gutem Grabvermögen. Die meist nächtlich lebenden Allesfresser bewohnen Australien, Irian und einige benachbarte Inseln.
Beutelflughörnchen, → Flugbeutler.
Beutelfrösche, *Gastrotheca,* südamerikanische → Laubfrösche mit Haftscheiben, deren Weibchen einen aus 2 seitlichen, über dem Rücken zusammengeschlagenen Hautfalten bestehenden Beutel haben, in den die besamten Eier aufgenommen werden. Der *Kleine B., Gastrotheca marsupiata,* aus Ekuador legt bis 200 Eier. Das Weibchen hebt bei der Paarung den Hinterleib an, so daß die Eier über den Rücken in den Brutbeutel rollen.
Beutelmarder, *Dasyurinae,* ein mittelgroßer Raubbeutler. Der B. ernährt sich von Kriechtieren, Vögeln, Eiern und kleineren Säugern. Der kräftigste B. ist der nur auf Tasmanien heimische *Beutelteufel, Sarcophilus harrisi,* von 70 cm Gesamtlänge, der Geflügel und Säuger bis zur Größe eines Jungschafes reißt.
Beutelmäuse, → Raubbeutler.
Beutelmeisen, *Remizidae,* eine in Afrika und der Holarktis vorkommende Familie der → Singvögel mit 11 Arten. Die auch bei uns heimische *Beutelmeise, Remiz pendulinus,* baut ein kunstvolles Hängenest, und die in Afrika beheimatete *Schließbeutelmeise, Anthoscopus caroli,* baut ein festes beutelförmiges Nest, dessen Eingang sie beim Verlassen durch Zusammendrücken verschließt.
Beutelmulle, *Notoryctidae,* eine Familie der Beuteltiere. Die B. sind kleine Säugetiere, deren kurze Gliedmaßen zu kräftigen Grabwerkzeugen umgebildet sind. Ihr helles Fell hat einen gold- oder silberschillernden Glanz. Der Nasenrücken ist mit einem Hornschild bedeckt. Die B. leben in Australien unterirdisch nach Art der Maulwürfe.
Beutelratten, *Didelphidae,* eine Familie der Beuteltiere. Die B. sind mäuse- oder rattenartige Säugetiere mit einer Gesamtlänge von wenigen Zentimetern bis zu 1 m. Sie sind vorwiegend nächtlich lebende Baumbewohner, die ihren Greifschwanz geschickt zum Klettern benutzen. Eine Art, der *Schwimmbeutler, Chironectes minimus,* ist an das Wasserleben angepaßt. Die B. kommen von Nord- bis Südamerika vor. Zu ihnen gehört auch das bis Nordamerika verbreitete *Opossum, Didelphis virginiana.*
Beutelspitzhörnchen, → Raubbeutler.
Beutelstrahler, *Cystoidea,* eine ausgestorbene Klasse der Stachelhäuter mit einem kugeligen oder birnen- bis beutelförmigen, meist gestielten Kelch, der aus zahlreichen regelmäßig bis unregelmäßig angeordneten Platten besteht. Die Platten zeigen größtenteils Perforationen, die für die Bestimmung von Bedeutung sind. Im Scheitel des Kelches liegen Mund- und Afteröffnung sowie ein Genitalporus. Der Kelch trägt zwei bis fünf Ambulakralfelder, die mit Fangfingern besetzt sind.

Verbreitung: Ordovizium bis Oberdevon. Das Auftreten der B. im Kambrium ist fraglich. Der Höhepunkt der stammesgeschichtlichen Entwicklung der B. lag im Ordovizium.

Beutelteufel, → Beutelmarder.
Beuteltiere (Tafel 38), *Marsupialia,* eine Ordnung der Säugetiere. Die B. bringen ihre Jungen in einem wenig entwickelten Zustand zur Welt und ziehen sie in einem Brutbeutel groß. Die Jungen finden bei der Geburt von selbst den Weg in den Beutel und saugen sich an den dort befindlichen Zitzen fest. Im Mundraum des Jungen schwillt die Zitze an, so daß sich für längere Zeit eine unlösbare Verbindung zwischen Mutter und Jungtier ergibt. Bei manchen Vertretern ist der Beutel nur als Hautfalte ausgebildet oder fehlt ganz. Die B. sind vorwiegend in Australien beheimatet. Dort vertreten sie die Säugetiere fast allein und haben in auffälliger Parallele zu den übrigen Säugetieren eine Vielzahl unterschiedlicher Typen ausgebildet, die die verschiedenartigen Lebensräume bewohnen. Auch auf Timor und Sulawesi sowie in Nord- und Südamerika kommen B. vor. Zu den B. gehören z. B. die Familien der → Beutelratten, → Raubbeutler, → Ameisenbeutler, → Beutelmulle, → Beuteldachse, → Flugbeutler, → Kletterbeutler, → Plumpbeutler und → Kängurus.
Beutelwolf, *Thylacinus cynocephalus,* ein hundeartiger Raubbeutler mit 1,5 m Gesamtlänge. Er galt in Australien als gefürchteter Räuber und wurde ausgerottet.

Beutelwolf

Bevölkerungsaufbau, → Bevölkerungskunde.
Bevölkerungsbewegung, *Bevölkerungsdynamik,* die durch Geburten und Sterbefälle, Zu- und Abwanderungen verursachte Schwankung der Bevölkerungsgröße und -struktur. Man unterscheidet die *natürliche B.* (Geburten und Sterbefälle) und die durch Wanderungen bedingte *räumliche B.*

Bei der natürlichen B. lassen sich generell verschiedene Phasen der historischen Bevölkerungsentwicklung unterscheiden. In der e r s t e n Phase erfolgt die Anpassung der Bevölkerungszahl an den Nahrungsspielraum des Wohngebietes in erster Linie durch die Sterblichkeit. Die Säuglings- und Kindersterblichkeit ist sehr groß, die mittlere Lebenserwartung liegt sehr niedrig, und die Bevölkerungszunahme ist – trotz hoher Geburtenzahlen – nur gering. Die z w e i t e Phase ist durch eine starke Bevölkerungszunahme charakterisiert, die vor allem auf dem Rückgang der Sterblichkeit – insbesondere der Kinder – infolge der Fortschritte der Medizin und der Hygiene beruht. Die Geburtenzahlen bleiben etwa gleich oder erhöhen sich sogar, da der Anteil der Menschen im fortpflanzungsfähigen Alter zunimmt. Es kommt so zu einer *Bevölkerungsschere,* die durch das Auseinanderscheren der Geburten- und Sterbehäufigkeiten und den damit verbundenen Geburtenüberschuß gekennzeichnet ist. In der d r i t t e n Phase gleicht sich durch bewußte Familienplanung die Geburtenzahl den Sterbeziffern an, so daß sich die Bevölkerungsschere wieder schließt, die Bevölkerung nur noch langsam wächst oder sogar ein Bevölkerungsrückgang eintritt. Diese Phaseneinteilung der B. ist natürlich sehr grob und wird in den einzelnen Ländern durch zahlreiche Faktoren mehr oder weniger stark modifiziert, wie selbstverständlich auch nicht alle Bevölkerungen der Gegenwart die gleiche Phase der B. erreicht haben.
Bevölkerungsdichte, die auf den Quadratkilometer bezo-

Bevölkerungsdynamik

gene Anzahl der in einem bestimmten Gebiet lebenden Menschen. → Bevölkerungskunde.

Bevölkerungsdynamik, svw. Bevölkerungsbewegung.

Bevölkerungskunde, *Demographie,* ein Wissenszweig, der die Bevölkerung eines Dorfes, einer Stadt, eines Bezirkes, Staates oder Volkes oder eines Wirtschaftsraumes als Einheit betrachtet und deren Kopfzahl, Dichte, Altersaufbau, Geburten- und Sterbehäufigkeit, Geschlechterverhältnis, Zu- und Abwanderung u. a. Gegebenheiten untersucht, die die Zusammensetzung und Entwicklung einer Bevölkerung beeinflussen.

Grundlage der B. ist die *Bevölkerungsstatistik,* durch die der Bevölkerungsstand und die Bevölkerungsbewegungen erfaßt werden. Sie fußt in erster Linie auf Volkszählungen, bei denen in der Regel ausführliche demographische Daten erfaßt werden, und auf der laufenden Registrierung der Geburten, Sterbefälle, Eheschließungen, Ehescheidungen sowie der Zu- und Abwanderungen.

Allerdings liegen von nur etwa 25% der Weltbevölkerung regelmäßige und statistische Angaben vor; von etwa 40% sind lediglich Angaben, z.T. nur Schätzungen, der Bevölkerungszahl bekannt.

1975 lebten 4000 Millionen Menschen auf der Erde. Gegenwärtig nimmt die Weltbevölkerung jährlich um etwa 80 Millionen Menschen zu; seit dem Jahre 1900 hat sie sich mehr als verdoppelt, in den letzten 300 Jahren fast versechsfacht. Vor dem Beginn der jüngeren Steinzeit (Neolithikum, 8. bis 6. Jt. v. u. Z.) dürfte die Bevölkerung der Erde in Abhängigkeit von der für die Nahrungserwerb durch Jagen und Sammeln zur Verfügung stehenden Fläche fruchtbaren Landes etwa 10 Millionen Menschen betragen haben. Als die Menschheit begann, ihre Nahrung teilweise selbst zu erzeugen, dauerte die Verdopplung der Weltbevölkerung noch 2500 bis 1000 Jahre.

Die Bevölkerungszunahme in unserem Jh. beruht in erster Linie auf den Fortschritten der Medizin, die zu einer beträchtlichen Senkung der Säuglings- und Kindersterblichkeit und zu einer weitgehenden Eindämmung der Infektionskrankheiten geführt haben. Außerdem hat der Mensch ständig neue Siedlungsgebiete erschlossen und den natürlichen Nahrungsspielraum alter Wohngebiete intensiver ausgenutzt, so daß eine beträchtliche Zunahme der *Bevölkerungsdichte* (Kopfzahl je km²) möglich wurde. Beansprucht bei den australischen Wildbeutern eine Person noch 110 km², so leben in Gebieten mit primitivem Ackerbau und einfacher Viehzucht etwa 10 Personen je km², bei intensivem Ackerbau wesentlich mehr (z. B. Korea 127 je km²); die größte Bevölkerungsdichte wird in hochentwickelten Industriestaaten erreicht, z. B. in der DDR 154 und in Belgien 320 Personen je km². Über- und Unterbevölkerung eines Landes sind demnach relative Begriffe, die nur im Zusammenhang mit der wirtschaftlichen Lage des betreffenden Lebensraumes betrachtet werden können.

Für den biologischen Zustand einer Bevölkerung ist weiterhin der *Bevölkerungsaufbau,* d. h. die Anteile der Bevölkerung an den verschiedenen Altersstufen und die Geschlechterverteilung, von großer Bedeutung. Der Bevölkerungsaufbau kann graphisch als *Bevölkerungspyramide* dargestellt werden, die auch gewisse bevölkerungsdynamische Aussagen zuläßt. Relativ viele Kinder und Jugendliche ergeben eine breite Pyramidenbasis; sie läßt auf eine wachsende Bevölkerung schließen. Eine stationäre Bevölkerung spiegelt sich in einer schmaleren Basis wider, während der Altersaufbau einer schrumpfenden Bevölkerung durch eine umgekehrte Glocken- oder Urnenform gekennzeichnet ist. Auch läßt sich die Höhe der mittleren *Lebenserwartung* einer Bevölkerung aus der Form der Pyramide ableiten. Asymmetrien der Bevölkerungspyramide ergeben sich bei

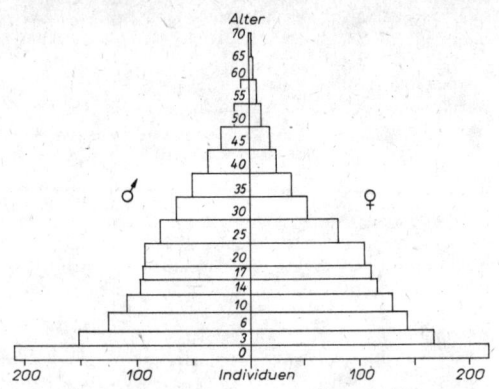

Auf der Basis von Skelettfunden rekonstruierte Bevölkerungspyramide der mittelalterlichen Bevölkerung von Espenfeld, Kr. Arnstadt (nach H. u. A. Bach)

ungleicher Geschlechtsverteilung in den einzelnen Altersgruppen.

Weitere wesentliche Faktoren der B. bilden die Geburten- und Sterbeverhältnisse. Die → Geburtenrate drückt die Geburtenzahl auf 1000 Personen im Jahr aus, während bei der allgemeinen → Fruchtbarkeitsziffer die Geburtenzahl im Jahr auf die Zahl der im gebärfähigen Alter stehenden Frauen bezogen wird. Bei beiden Werten ist in jüngerer Zeit in den hochindustrialisierten Ländern eine deutliche Abnahme festzustellen. Ein Bevölkerungsrückgang ist jedoch damit nicht verbunden, da gleichzeitig die mittlere Lebenserwartung, die für jede Altersklasse die Anzahl der im Durchschnitt noch zu durchlebenden Jahre angibt, beträchtlich gestiegen ist. Sie liegt für die Neugeborenen beider Geschlechter in vielen Ländern schon über 70 Jahre; dabei weisen die Frauen gewöhnlich eine etwas höhere durchschnittliche Lebensdauer auf als die Männer. Der Rückgang der Säuglingssterblichkeit, die auf 1000 Geborene des jeweiligen Zeitraumes bezogen wird, und der Kindersterblichkeit hat hieran einen beträchtlichen Anteil. Noch im ausgehenden Mittelalter starben in Deutschland 50% der Menschen, ehe sie das Erwachsenenalter erreichten. Auch war zu dieser Zeit die mittlere Lebenserwartung der Frauen beträchtlich niedriger als die der Männer. Bevölkerungsdynamische Vorgänge stellen wesentliche Faktoren der Politik dar, ihre Kenntnis ist eine wichtige Voraussetzung der Volkswirtschaftsplanung.

Bevölkerungsplanung, Geburtenkontrolle in Abhängigkeit von der wirtschaftlichen Entwicklung. Zur Verwirklichung der B. sind darüber hinaus einige sozialökonomische Faktoren von Bedeutung. Zu diesen gehören Bildungsniveau, der soziale Status der Frau, der Grad der → Urbanisierung, der Lebensstandard und die Erhöhung der Arbeitsproduktivität. → Familienplanung.

Bevölkerungspyramide, → Bevölkerungskunde.

Bevölkerungsschere, → Bevölkerungskunde.

Bevölkerungsstatistik, → Bevölkerungskunde.

Bewegung, 1) die Daseinsweise der Materie. Die philosophische Kategorie schließt die Gesamtheit aller möglichen Bewegungen, Veränderungen und Prozesse im Universum ein. Dabei lassen sich Bewegungsformen unterscheiden, die ihrerseits bestimmten Gesetzmäßigkeiten folgen, in ihrer Gesamtheit aber den gleichen Grundgesetzen unterliegen. Bewegungsformen sind die Ortsveränderung (*mechanische B.*), die *physikalische B.* (B. der Elementarteilchen, der elektrischen Felder u. a.), die *chemische B.* (z. B. bei der Entstehung oder Umwandlung chemischer Verbindungen), schließlich die *biologische B.,* der wiederum eine Vielzahl

qualitativ unterschiedlicher Bewegungsformen zuzuordnen ist (Stoffwechsel, Entwicklung, Vererbung, Prozesse der Widerspiegelung wahrgenommener Umweltfaktoren u. a.). Zur philosophischen Kategorie B. gehören auch die sozialen Bewegungsformen, für die Prozesse des Denkens und Erkennens eine grundlegende Rolle spielen. Biologische B. ist das in Raum und Zeit komplex ablaufende Zusammenwirken physikalisch und chemisch determinierter Teilprozesse. Andererseits kann → Leben nicht einfach auf physikalische und/oder chemische Gesetze zurückgeführt werden.
2) die Lageveränderungen eines Körpers oder seiner Teile.

Freie Ortsbewegungen (lokomotorische B.) finden wir nur bei niederen Pflanzen, z. B. bei vielen einzelligen Algen und Pilzen. In zahlreichen Pflanzengruppen sind ferner die Fortpflanzungszellen zu lokomotorischen B. befähigt. Diese erfolgen vornehmlich in Form von Geißel- oder Zilienbewegungen, ferner als amöboide B. Bei im Boden wurzelnden Pflanzen gibt es vor allem B. von Organen, z. B. → Blattbewegungen, → Blütenbewegungen, → Chloroplastenbewegungen, → Einstellbewegungen, → Entfaltungsbewegungen, → Krümmungsbewegungen, → Nickbewegungen, → Orientierungsbewegungen, → Pendelbewegungen, → Plastidenbewegungen, → Rankenbewegungen, Torsionsbewegungen, → Umlaufbewegungen, scharnierartiges Umklappen. Reversible Krümmungsbewegungen erfolgen oft durch ungleiche Änderungen des Turgordrucks (→ Turgorbewegungen) an gegenüberliegenden Seiten eines zylinderförmigen Organs, meist eines Gelenks (→ Variationsbewegungen). Sehr häufig sind die pflanzlichen Krümmungsbewegungen durch ungleiches Wachstum gegenüberliegender Seiten eines pflanzlichen Organs, z. B. eines Seitensprosses, bedingte Wachstumsbewegungen (→ Nutationsbewegungen). Bei den angeführten B. kann man zwischen *autonomen (endogenen) B.*, die keiner äußeren Auslösung bedürfen, und *induzierten B.* unterscheiden. Letztere werden durch ein äußeres Signal, d. h. einen → Reiz, ausgelöst, z. B. durch Licht, Temperaturwechsel, bestimmte Chemikalien u. a. Durch Reize gerichtete Ortsbewegungen (→ Reizbewegungen) frei beweglicher Organismen bezeichnet man als → Taxien, entsprechend gerichtete B. festgewachsener Organe als → Tropismen. B. festgewachsener Organe, bei denen die Richtung der B. keine Beziehung zu derjenigen des auslösenden Reizes hat, werden Nastien genannt. B. pflanzlicher Organe, die durch physikalische Prozesse wie Quellung, Entquellung oder Austrocknung (→ hygroskopische Bewegungen) hervorgerufen werden und an denen dementsprechend keine aktiven, d. h. unter Verbrauch durch Zellmechanismen bereitgestellter Energie, beteiligt sind, stellen die → Explosionsmechanismen, die → Schleuderbewegungen und → Spritzbewegungen sowie die → Kohäsionsmechanismen dar. Sie dienen vornehmlich der Verbreitung von Sporen, Pollen und Samen.

Bei Tieren ist die Art der B. Ausdruck der engen Beziehung zwischen Bauplan, Verhalten und Lebensraum (→ Lebensform). Hemisessile und sessile Formen sind im Gegensatz zum Meer auf dem Lande kaum zu finden, mit Ausnahme einiger Parasiten, wie erwachsener Schildläuse oder Nematoden. Die wichtigsten Bewegungstypen der Landtiere sind: 1) Grabende Formen *(Fossores)*, die als *Bohrgräber* mit schlankem Körper und zugespitztem, oft verfestigtem Vorderende ausgestattet sind (Regenwürmer, Schnellkäferlarven), als *Schaufelgräber* besonders leistungsfähige Vordergliedmaßen entwickelt haben (Maulwurfsgrille, Singzikadenlarven, Dungkäfer, Erdwanzen) oder als *Scharrgräber* zwar nicht ständig im Boden leben, aber mit scharfen Krallen in den Boden eindringen (Fuchs, viele Nager, Uferschwalbe, Kreuzkröte, Grabwespen). Die *Mundgräber* benutzen ihre Mundwerkzeuge (Ameisen, Tapezierspinnen, Eisvogel). 2) Kriechende Formen *(Reptantia)* mit den Typen der *Gleitkriecher*, die sich auf breiter Kriechsohle wie die Schnecken vorwärts bewegen oder als *Stemmschlängler* (Nematoden, Schlangen) Widerlager brauchen. Die *Spannkriecher* befestigen das Vorderende und ziehen den Hinterkörper nach (viele Insektenlarven, besonders Spannerraupen). 3) Laufende Formen *(Currentia)* mit paarigen Extremitäten; der Körper ist von der Unterlage abgehoben. Ein festes Innen- oder Außenskelett ist Voraussetzung für diese Bewegungen. Der wichtigste Typ wird durch die *Schreiter* vertreten (Spinnen, Insekten, Vögel und Säugetiere). Übergänge zu den *Kriechern* sind die *Laufschlängler* (Eidechsen) und *Spannläufer* (viele Käferlarven). 4) Kletternde Formen *(Nitentia)* können sich als *Haftkletterer* ihrer Hafteinrichtungen an den Extremitäten bedienen (Geckonen, Fliegen), als *Stemmkletterer* mit scharfen Krallen an der Unterlage verankert sein und den Schwanz zum Abstützen benutzen (Spechte) oder als *Klammerkletterer* Greif- und Hangelfüße entwickelt haben (Läuse, Faultiere). 5) Springende Formen *(Andantia)* lösen sich bei der Fortbewegung zeitweise von der Unterlage ab. Dazu können lange Extremitäten mit günstiger Hebelwirkung (Heuschrecken, Erdflohkäfer, Springmäuse, Kängurus), Sprunggabeln oder Dornen (Springschwänze, Schnellkäfer) oder bei den *Flugspringern* Spannhäute zum Gleiten nach dem Absprung benutzt werden (Flugfrösche, Flattermakis). 6) Fliegende Formen *(Volantia)* haben Flügel zum aktiven Flug entwickelt. Starke Muskulatur, Versteifung des vorderen Flügelrandes und günstiger Anstellwinkel ermöglichen hohe Leistungen. Schlechte Flieger, *Flatterer*, haben kurze, breite Flügel (Tagfalter, Fledermäuse), *Schwirrer* jedoch schmalere Flügel mit hoher Schlagfrequenz (Schwebfliegen, Kolibris).

Im Wasser ist das Schwimmen die vorherrschende aktive B. Es ist als *Schwimmschlängeln* bei Nematoden, einigen Ringelwürmern und Seeschlangen entwickelt. Das *Extremitätenschwimmen* ist bei schwimmfähigen Säugetieren, aber auch bei vielen Krebstieren, Fröschen und Kröten sowie den Wasservögeln verbreitet. Beim *Wrickschwimmen* wird der Vortrieb durch die Seitenrumpfmuskulatur auf die Schwanzregion verlagert, wobei die Wirbelsäule als Widerlager und Längsversteifung dient (z. B. Haie und viele Knochenfische). Das *Rückstoßschwimmen* beruht auf Wasserausstoß aus sich kontrahierenden Körperhohlräumen (z. B. Quallen, Kopffüßer).

Das Schweben ist eine passive Form der B. im Wasser und wird durch Verringerung der Dichte (spezifisches Gewicht) und Oberflächenvergrößerungen unterstützt. → Plankton.

Bewegungsapparat, Gesamtheit der an der Fortbewegung eines Tieres beteiligten Organe. Beim Wirbeltier unterscheidet man einen *passiven B.* (Skelett) und einen *aktiven B.* (Muskulatur).

Bewegungslosigkeit, svw. Akinese.

Bewegungssehen, *Bewegungswahrnehmung*, die Registrierung von Bildpunktverlagerungen auf der Retina, wobei die Bildpunkte von Objekten ausgehen, die sich in einem als ruhend betrachteten Koordinatensystem verschieben. Bei verschiedenen Mollusken, Krustazeen, Insekten und Wirbeltieren ist ein B. sicher nachgewiesen. Die Registrierung der Verschiebung von Bildpunkten muß nicht identisch sein mit der gleichzeitigen und korrekten Wahrnehmung des sich bewegenden Gegenstandes. Beispielsweise erfassen Insekten Bewegungsänderung und -geschwindigkeit eines Objektes, nicht seine Gestalt. Bei Wirbeltieren wird das B. mit dem → Reafferenzprinzip erklärt. Beim ruhenden Auge wirken die Bildpunktverschiebungen eines

Bewegungssinn

sich bewegenden Objektes als Exafferenz, die Bildpunktverlagerungen auf der Retina werden dann in übergeordneten Zentren als Objektbewegung registriert. Die Wahrnehmung eines sich bewegenden Objektes bei gleichzeitig aktiv bewegtem Auge erfolgt, weil die Efferenzkopie, eventuell noch zusätzlich Exafferenzen, in übergeordneten Zentren registriert werden. Umgekehrt registriert man Objekte als ruhend, wenn die Reafferenz des aktiv bewegten Auges dem Betrag nach die Efferenzkopie auslöscht. Das Reafferenzprinzip erklärt auch vorgetäuschtes B. Wird das Auge passiv, z. B. durch leichten Fingerdruck auf den Bulbus, bewegt, nimmt man Umweltbewegung in entgegengesetzter Richtung wahr, eine Afferenz der Augenmuskeln bedingt dies. Werden die Augenmuskeln gelähmt und dennoch aktive Augenbewegungen gewollt, registriert man Bewegungen der Umwelt infolge der bewußt gemachten Efferenzkopie.

Bewegungssinn, svw. Kinästhetik.

Bewegungsstereotypie, periodische, einförmige Bewegungsabläufe, auch als Ersatzbewegungen gedeutet. Sie treten als Folge starker Bewegungseinschränkungen auf oder bei Abwesenheit von für die Normalbewegung unerläßlichen Umgebungsfaktoren, beispielsweise Erde bei Arten, die sich regelmäßig eingraben. Die Stereotypien weisen daher gewöhnlich auch eine strenge Ortsbindung auf. Manche von ihnen werden umgangssprachlich als »Weben« bezeichnet. Sie sind bei höheren Wirbeltieren beobachtet worden. Wichtige Stereotypieformen sind: Kopfbewegungen, Rumpfbewegungen (z. B. Schaukeln), Extremitätenbewegungen am Ort, Drehbewegungen am Ort, Stereotypielauf auf fest eingehaltener Wegstrecke, oft eine Achterschleife.

Bewegungswahrnehmung, svw. Bewegungssehen.

Beyrichia [nach dem Paläontologen H. E. Beyrich, 1815–1896], ein fossiler Muschelkrebs mit halbkreisförmiger zweiklappiger Schale. Durch zwei Querfurchen werden die Schalen in drei mitunter in Verbindung stehende Erhebungen geteilt. Verbreitung: Silur bis Devon.

Beziehungen der Organismen untereinander repräsentieren Biosysteme mit partnerschaftlichen Beziehungen. Im Zentrum dieser Betrachtung steht das Tier. Man unterscheidet Beziehungen innerhalb einer Art (homotypische oder intraspezifische Beziehungen), die sich meist in einem Verband abspielen und zu Vergesellschaftungen führen (→ Soziologie der Tiere), und Beziehungen zwischen Vertretern verschiedener Artzugehörigkeit (zwischenartliche, heterotypische oder interspezifische Beziehungen).

Die heterotypischen Beziehungen werden nach dem Nutzeffekt für die Partner gegliedert in: 1) *Nutznießung (Probiose* oder *Karpose):* der Vorteil liegt auf seiten eines Partners, der andere wird nicht erkennbar benachteiligt; 2) *Symbiose:* beide Partner haben im Beziehungsgefüge einen Vorteil; 3) *Widersachertum (Antibiose):* ein Partner ist eindeutig der geschädigte, während der andere einen erheblichen Nutzen erfährt, der sich im allgemeinen auf seinen Nahrungsgewinn bezieht. Es ergeben sich für die heterotypischen Beziehungen unterschiedlich starke ökologische Abhängigkeiten. Die 3 Hauptgruppen der Relationen lassen sich weiter aufgliedern. Innerhalb der Probiose bezeichnet man das Aufsuchen anderer Tiere und die Nutzung ihrer unmittelbaren Nähe als *Beisiedlung* oder *Parökie,* z. B. Nisten der Eiderente in Seeschwalbenkolonien, um die Gelege möglichst vor Raubmöven schützen zu lassen. *Aufsiedlung* oder *Epökie* liegt vor, wenn ein Tier sich auf einem anderen Organismus ansiedelt und diesen als Substrat benutzt; Beispiele bieten die seßhaften Bewohner des Süß- und Meerwassers, etwa Seepocken auf der Oberfläche von Walen und Muscheln. *Einmietung* oder *Entökie* üben Tiere, die sich in Nist- und Wohnstätten anderer Tiere ansiedeln, z. B. das Nisten der Brandente in bewohnten Fuchs- oder Kaninchenbauen oder die Einmieter (Inquilinen) in Vogel- oder Nagernestern sowie in Insektenbauen. Sie schädigen die Wohnungsgeber nicht, profitieren selbst jedoch von den günstigen Bedingungen oder von Nahrungsabfällen (Einmieter bei staatenbildenden Insekten). Noch enger gestaltet sich das räumliche Beieinander, wenn der Einmieter in Körperhohlräumen seines Quartiergebers lebt, wie etwa Ameisen in Hohlorganen tropischer Pflanzen oder die zahlreichen Würmer und Krebse in den Hohlräumen von Schwämmen; in der Steckmuschel ist regelmäßig eine Krabbe, der Muschelwächter, zu finden. Gleitende Übergänge bis zu einer Schädigung des Quartiergebers sind möglich. Benutzt ein Tier seinen Partner als Transportmittel zu seiner Ortsveränderung und heftet sich dazu aktiv oder passiv an, bezeichnet man diese Form der Probiose als *Phoresie.* Sie liegt bei vielen Parasiten (Larven des Ölkäfers an Bienen, Mallophagen an Fliegen), Dung- und Fäulnisbewohnern (Nematoden an Insekten, Milben an Käfern) und beim Schiffshalterfisch vor, der sich größerer, schneller Fische (Hai, Thunfisch) als Transportmittel bedient. Ein passiver Transport ist das zufällige Verschleppen durch Tiere, da hier die besonderen Einrichtungen und Verhaltensweisen, die den Kontakt zum Transportwirt erleichtern, fehlen.

In anderen Fällen bezieht sich das Verhältnis zum Partner auf Vorteile im Nahrungserwerb, etwa wenn Schakale anderen Raubtieren folgen, um von deren Beuteresten zu profitieren. Es handelt sich dabei um *Kommensalismus* oder *Mitesserschaft.*

Die Symbiose im weiteren Sinne umfaßt alle Übergänge von lockeren bis zu lebensnotwendig engen Beziehungen. Eine lockere Bindung mit gegenseitigem Vorteil besteht bei der *Allianz;* so leben z. B. verschiedene Tierarten zu größerem Schutz beieinander (Antilopen und Strauße), oder die Madenhacker lesen reichlich Nahrung von Großsäugern ab und befreien diese damit gleichzeitig von Parasiten und Lästlingen. Beim *Mutualismus* ist die zwischenartliche Beziehung enger, oft für einen Teil lebensnotwendig, z. B. bei der Blütenbestäubung durch Tiere der verschiedensten systematischen Gruppen, die beim Besuch der Blüten zwecks Nahrungsaufnahme mit deren Fortpflanzungsorganen in Berührung kommen und den Blütenstaub von Blüte zu Blüte übertragen. Ein weiteres Beispiel ist die Verbreitung von Samen, die mit nährstoffreichem Fruchtfleisch umgeben sind (z. B. Holunder, Eberesche, Mistel), von Tieren, besonders von Vögeln, gefressen und unverdaut wieder ausgeschieden werden. Mutualistische Beziehungen erstrecken sich im Sonderfall der *Trophobiose* auf Nahrungsbeziehungen, wie zwischen Ameisen und Blattläusen; die Blattläuse liefern Honigtau an die Ameisen, diese fördern die Populationsentwicklung der Blattläuse. Ähnliche Beziehungen können als *Symphilie* zwischen Ameisen oder Termiten und ihren Gästen (Symphilen) bestehen.

Die engste Beziehung zu beiderseitigem Vorteil ist die Symbiose im engeren Sinne.

Die *Antibiose* ist durch Schädigung des einen Partners gekennzeichnet. Es kommt stets zu einer negativen Wirkung der Widersacher auf die Partner und ihre Populationen, die als → Opponenz bezeichnet wird. Hierher gehört der → Parasitismus. Wird das Tier von Mikroben besiedelt und in seinen Lebensprozessen ungünstig beeinflußt, so spricht man von *Pathogenie.* Unmittelbare Bedeutung für den Menschen haben solche Beziehungen, wenn er oder seine Nutztiere und Kulturpflanzen der geschädigte Partner sind. Die Kenntnis der ökologischen Faktoren, die den Befall mit Parasiten und Pathogenen beeinflussen, z. B. das Vorhandensein geeigneter Überträger, die Pathogenität und Virulenz der Erreger und die Empfänglichkeit des befallenen Partners (Disposition) ist von großer Bedeutung.

Die auffallendste Form der Antibiose liegt im *Räubertum* oder der *Episitie* vor. Die Eignung der verschiedenen Tierarten als Beuteobjekt hängt von ihrer Größe und Wehrhaftigkeit und von der Menge ihres Auftretens ab. Viele Insektenlarven, Kleinkrebse, Kleinvögel und Kleinsäuger stellen ein hohes Kontingent an Beutetieren. Ihr Massenauftreten lockt zahlreiche Räuber an; die Räuber reagieren oft auf ein Massenangebot ihrer Beutetiere durch erhöhte Vermehrung (z. B. Erhöhung der Bruten bei Eulen in »Mäusejahren«).

Überhaupt wird die Opponenz wesentlich durch die Dichte der beiden Partnerkollektive beeinflußt, und sie ist abhängig von dem Grad der Abhängigkeit der Beziehungspartner untereinander.

Insgesamt hat die Kenntnis der B. d. O. u. eine erhebliche praktische Bedeutung für die Verminderung von Schäden in Land- und Forstwirtschaft, die biologische Schädlingsbekämpfung, zur Gesunderhaltung von Mensch und Nutztieren und zur Aufrechterhaltung des Gleichgewichtes in Biozönosen.

Beziehungsgefüge, → Biozönose.

Bezoarziege, *Capra aegagrus*, eine große, hell braungraue Wildziege, die vom Mittelmeergebiet bis nach Nordindien verbreitet ist, die Stammform der Hausziege. Tafel 37.

Biber, *Castoridae*, eine Familie der → Nagetiere. Die B. sind große, plumpe Nagetiere mit plattem, beschupptem Schwanz und Schwimmhäuten an den Hinterfüßen. Sie vermögen gut zu schwimmen und zu tauchen. Im Wasser legen sie Dämme aus abgenagten Ästen und am Ufer Erdbaue an. Die zwei Arten bewohnen Eurasien und Nordamerika. Der einheimische B. steht unter Naturschutz.

Lit.: W. W. Djoshkin u. W. G. Safonow: Die B. der Alten und Neuen Welt (Wittenberg 1972); G. Hinze: Unser B. (2. Aufl. Wittenberg 1960).

Biberratte, *Sumpfbiber, Myocastor coypus*, ein biberartig aussehendes →Nagetier mit rundem, beschupptem Schwanz. Die B. wird als Vertreter einer eigenen Familie, *Myocastoridae*, angesehen. Sie ist an Gewässern in Südamerika heimisch, in Nordamerika eingebürgert. Als wertvolles Pelztier wird sie in Farmen gezüchtet. Der Pelz, oft aber auch das Tier, wird als *Nutria* bezeichnet.

Lit.: J. Klapperstück: Der Sumpfbiber (2. Aufl. Wittenberg 1964).

Biegungsfestigkeit, die mechanische Festigkeit gegen Biegungen. B. ist bei Pflanzen vor allem in Stengeln ausgeprägt, in denen die Festigungselemente, zu Strängen oder Bändern angeordnete Sklerenchymfasern, peripher, d. h. möglichst nahe der Oberfläche der Organe, gelagert sind. Typische Beispiele für mechanisch zweckmäßige und »rationell« gebaute biegungsfeste Pflanzenstengel sind die Halme der Gräser.

Bienen (Tafel 10), *Apidae*, eine zu den Stechwespen gehörende Familie der Hautflügler, zu der auch die Hummeln zählen, mit etwa 600 Arten in Mitteleuropa. Nur ein kleiner Teil der B. lebt sozial und betreibt Brutpflege, wie → Honigbiene und → Hummeln. Auch die einzeln lebenden (solitären) Arten bauen einfachere Nester und tragen für ihre Brut Nahrungsvorräte ein.

Bienenfresser, → Rackenvögel.

Bienengift, sauer reagierendes Wehrsekret der Honigbiene, *Apis mellifica*. Das B. wird von einer Drüse im Hinterleib von Königinnen und Arbeiterinnen produziert, in der Giftblase gesammelt (Höchstmenge 0,3 mg) und über den Stachel abgesondert. B. verursacht am Menschen allergische Beschwerden, doch bestehen beträchtliche individuelle Unterschiede in der Empfindlichkeit. B. stellt ein komplexes Gemisch biogener Amine, biologisch aktiver Peptide und Enzyme dar und wird unter anderem zur Behandlung von rheumatischen Erkrankungen angewandt.

Bienenläuse, → Zweiflügler.

Bienenmotte, svw. Wachsmotte.

Bienentanz, → Orientierung.

Bienenwachs, Ausscheidungsprodukt der Honigbiene. Dient dieser zum Aufbau der Honigwaben. Das gelbe, braune oder rote Rohwachs kann durch Schmelzen und Bleichen gereinigt werden. Es stellt ein komplexes Gemisch dar, Hauptbestandteil ist Myrizylpalmitat. B. ist sehr beständig und wird z. B. in der Kosmetikindustrie verwandt. Die Wachsmotte *Galleria* ernährt sich ausschließlich von B.

bienne Pflanzen, *zweijährige Pflanzen*, Bezeichnung für → hapaxanthe Pflanzen, die für ihre Entwicklung vom Keimen bis zum Blühen und Fruchten zwei Sommer und den dazwischen liegenden Winter benötigen und dann absterben. In der ersten Vegetationsperiode wird in der Regel Nahrung gespeichert, die in der zweiten zur Bildung von Blüten und Samen verbraucht wird. Beispiele für b. P. sind Rübe, Möhre, Rettich und Kohl.

Bierhefen, in Brauereien zur Herstellung von Bier verwendete Kulturhefen. Es handelt sich um ausgelesene und gezüchtete Heferassen, die sich durch gute Alkohol- und Aromabildung sowie hohe Gärgeschwindigkeit auszeichnen. Wichtig ist auch ein gutes Flockungsvermögen, d. i. die Eigenschaft der Hefezellen, sich zusammenzuballen und am Boden des Gärbottichs abzusetzen.

Man unterscheidet nach dem Grad der Vergärung *niedervergärende B.* von den *hochvergärenden B.* Mit niedergärenden Hefen gebraute Biere enthalten weniger Alkohol.

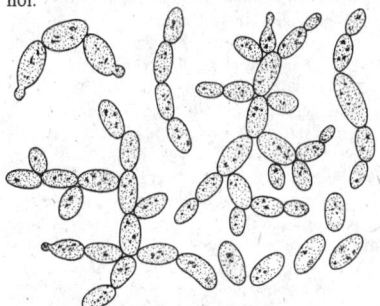

Untergärige Bierhefe (*Saccharomyces carlsbergensis*)

B. sind meist *untergärige* Hefen (*Unterhefen*), d. h., sie setzen sich am Ende der Gärung am Bottichboden ab. Sie sind Rassen von *Saccharomyces carlsbergensis*, während die *obergärigen B.* (*Oberhefen*) der Art *Saccharomyces cerevisiae* angehören. Die Oberhefen, die sich schlecht absetzen und überwiegend im oberen Teil des Gärbottichs zu finden sind, werden unter anderem zur Herstellung von Weißbier, Ale und Porter verwendet. Untergärige, niedervergärende Heferassen mit gutem Flockungsvermögen werden auch als *Bruchhefen* bezeichnet.

Bies, svw. Thymus.

Biesfliegen, → Zweiflügler.

bifaziale Blätter, → Blatt.

Bifidusbakterien, zu den Aktinomyzeten, Gattung *Bifidobacterium*, gehörende Milchsäurebakterien. Die stäbchenförmigen oder verzweigten, grampositiven, unbeweglichen, anaeroben Bakterien sind normale Darmbewohner. Sie sind

Bilateralität

der wesentliche, regulierende Bestandteil der Darmflora des Säuglings.

Bilateralität, *Bilateralsymmetrie,* zweiseitige Symmetrie, die nur eine Symmetrieebene (Medianebene) zuläßt. Die bilateralen Tiere haben zwei spiegelbildlich gleiche Körperseiten.

Bilateria, Subdivision der Gewebetiere, die alle bilateralsymmetrischen Tiere enthält. Abweichend von der Bilateralität sind z. B. die erwachsenen Stachelhäuter gebaut. Bei den B. ist in der Regel ein Vorderende mit dem Mund und den Hauptsinnesorganen sowie ein Hinterende mit dem After zu unterscheiden. Die Körperseite, auf der sich der Mund befindet, wird als Bauch- oder Ventralseite bezeichnet, die Gegenseite als Rücken- oder Dorsalseite. Neben dem Ektoderm und dem Entoderm tritt als drittes Keimblatt das Mesoderm auf, das ausgesprochen organbildende Eigenschaften besitzt. Die B. werden vielfach in die beiden Serien oder Stammgruppen der → Protostomier und → Deuterostomier eingeteilt.

Bilche (Tafel 7), *Schläfer, Gliridae,* baumbewohnende kleine → Nagetiere mit langem, buschigem Schwanz. Die B. bauen Kugelnester und halten einen langen Winterschlaf. Einheimische Vertreter sind → Haselmaus und → Siebenschläfer.

Bildfeldwölbung, → Abbildungsfehler.

Bildungsgewebe, *Embryonalgewebe, Teilungsgewebe, Meristeme,* pflanzliche Zellverbände, die im Gegensatz zu den → Dauergeweben noch teilungsfähig sind. Die *primären B.* der höheren Pflanzen, die auch als *Urmeristeme* oder *Promeristeme* bezeichnet werden, leiten sich vom Gewebe des Embryos ab. Sobald dessen Teilungswachstum auf die Enden der Sproß- und Wurzelanlage beschränkt wird, kommt es zu der für das Wachstum der höheren Pflanzen charakteristischen Differenzierung in nach wie vor teilungsbereites, apikales B. und speziellen Funktionen dienende → Dauergewebe, die ihre Teilungsfähigkeit dauernd oder vorübergehend verloren haben. Die *Apikalmeristeme* bestehen aus kleinen embryonalen Zellen, deren Zellwände dünn sind, wenig Zellulose enthalten und ohne Zwischenräume aneinanderliegen. Da die apikalen B. der Sprosse, die *Sproßscheitel,* mehr oder weniger kegelförmig sind, werden sie oft auch als *Vegetationskegel* (→ Sproßachse) bezeichnet. Auch die Bezeichnung *Vegetationspunkt* ist gebräuchlich. Bei den höheren Thallophyten und verschiedenen Farnpflanzen besteht der Sproßscheitel aus dreischneidigen → Scheitelzellen, die sich ständig teilen und Zellen abgliedern. Auch die Blattanlagen und die Seitenknospen beginnen bei diesen Pflanzen ihre Entwicklung mit Scheitelzellen. Bei anderen Farnpflanzen und bei vielen Nacktsamern besitzt der Vegetationskegel *Initialzellen,* die sich periklin (parallel zur Oberfläche) und antiklin (senkrecht zur Oberfläche) teilen können. Bei den höchstentwickelten Pflanzen, den Bedecktsamern, sind die Initialzellen in mehreren Reihen übereinander angeordnet. Von diesen vermögen sich nur die Zellen der innersten Gruppe antiklin und periklin zu teilen. Sie bilden die Grundmasse des Apikalmeristems, den *Korpus.* Die äußeren Initialen teilen sich nur antiklin; sie stellen die Oberflächenvergrößerung her und bilden das den Korpusgewebe mantelartig einhüllende *Tunika.* Die äußerste Tunikaschicht wird als *Protoderm* oder *Dermatogen* bezeichnet, da sie das primäre Abschlußgewebe der Pflanzen, die Epidermis liefert. Durch örtlich begrenzte, periklinale Zellteilungen in der zweiten Tunikaschicht entstehen bei den höheren Pflanzen seitliche Auswölbungen, die *Blattanlagen* oder *Blattprimordien,* die zu den apikalen Bildungsgeweben der Blätter und Seitensprosse heranwachsen. Die zwischen der Anlage zweier aufeinanderfolgender Blattanlagen verstreichende Zeitspanne wird als *Plastochron*

bezeichnet. In diesem verändert der Vegetationskegel seine Gestalt in charakteristischer Weise.

Der *Wurzelscheitel* ist in den meisten Fällen von einer besonderen Hülle, der *Wurzelhaube* oder *Kalyptra,* umschlossen, die die wenig widerstandsfähigen embryonalen Zellen beim Eindringen in die Erde schützt (→ Wurzel). Bei vielen Farnpflanzen besteht auch der Wurzelvegetationspunkt aus einer Scheitelzelle, während bei den Samenpflanzen zwei oder mehrere Gruppen von Initialzellen vorhanden sind. Hinter dem Sproß- und dem Wurzelvegetationspunkt differenzieren sich die Urmeristemzellen zu bestimmten Dauergeweben. Behalten dabei einzelne Zellschichten oder Zellgruppen ihre embryonale Gestalt und ihre Teilungsfähigkeit bei, so spricht man von *Restmeristemen.* Sie sind für das interkalare Wachstum der Pflanzen von Bedeutung.

Von *sekundären B., Folgemeristemen* oder *sekundären Meristemen* spricht man dann, wenn bestimmte Gruppen von Dauergewebszellen aufs neue die Fähigkeit erhalten, sich zu teilen. Einzelzellen oder kleine Zellgruppen, die in einer Umgebung sich nicht teilender Zellen sekundär hohe Teilungsaktivität zeigen, schließlich jedoch vollständig zu differenzierten Dauerzellen werden, nennt man *Meristemoide.* Beispiele hierfür sind die Bildungszellen für Spaltöffnungsapparate und Haare. Oft bilden sich um derartige Meristemoide bestimmte Sperrzonen aus, die in ihrer Umgebung weitere Zellteilungen unterbinden. Die aus den Meristemoiden hervorgegangenen Bildungen, z. B. Haare oder Spaltöffnungen, sind deshalb fast stets in regelmäßigen Mustern auf der Pflanzenoberfläche anzutreffen.

Bildungszentrum, → Differenzierungszentrum.

Bilharzie, → Pärchenegel.

Bilirubin, → Gallenfarbstoffe.

Biliverdin, → Gallenfarbstoffe.

Billbergia, → Bromeliengewächse.

Bilsenkraut, → Nachtschattengewächse.

Bilzingsleben, im Kreis Artern am Nordrand des Thüringer Beckens gelegener Fundort von Menschenresten *(Homo erectus bilzingslebenensis)* aus dem Mittelpleistozän. In B. handelt es sich um einen komplexen Fundverband, der verschiedene archäologische und naturwissenschaftliche Untersuchungen zur Rekonstruktion eines umfassenden Lebensbildes des altsteinzeitlichen Menschen ermöglicht. Dadurch ist B. einer der wichtigsten altpaläolithischen Fundplätze in Europa. → Anthropogenese.

Bindegewebe, Gruppe verschiedener Gewebe, die die tierischen Organe umhüllen und verbinden, besonders Stützfunktionen ausüben und auch verschiedene Stoffwechselfunktionen erfüllen. Das B. zeichnet sich durch einen hohen Gehalt an Interzellularsubstanz aus; am zellulären Aufbau sind neben relativ seßhaften Zellen oft auch frei im Gewebe liegende, teilweise zur Wanderung befähigte freie Zellen beteiligt, die Abwehrfunktionen ausüben. Das B. zeigt in seiner Ausbildung eine große Mannigfaltigkeit.

1) *Embryonales B., Mesenchym,* ist das embryonal am frühesten auftretende und im embryonalen Körper als eine Art Füllgewebe vorkommende B. Es besteht aus einem Synzytium von sternförmigen, zu einem räumlichen Gitterwerk angeordneten Zellen *(synzytialer Zellverband),* deren Zwi-

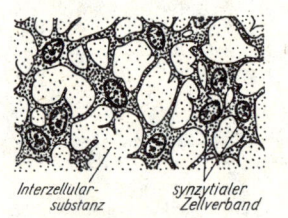

Interzellularsubstanz   *synzytialer Zellverband*   *1* Embryonales Bindegewebe

schenräume von flüssiger Interzellularsubstanz erfüllt sind. Aus dem embryonalen B. gehen alle übrigen Stützgewebe bis auf die Rückenseite (Chorda dorsalis) hervor; auch die embryonale Bildung der Blutzellen findet hier statt.

2) *Gallertiges B.* besteht aus einem in eine gallertige Interzellularsubstanz eingelagerten Gitterwerk von sternförmigen Zellen und kommt beim Säugetier nur in der embryonalen Nabelschnur vor.

3) *Retikuläres B., netzförmiges B.,* bildet ein von flüssiger Interzellularsubstanz durchsetztes Gitter von Retikulumzellen, ähnelt dadurch dem embryonalen B., wird aber durch Retikulinfasern verfestigt. Die Retikulumzellen sind wie die von ihnen gebildeten freien Zellen zur Phagozytose und zur Speicherung befähigt. Ihre Hauptaufgabe ist die Faserbildung. Das retikuläre B. baut das Knochenmark, die Milz, die Lymphknoten und Lymphfollikel auf und bildet bei erwachsenen Tieren die Blutzellen aus.

4) *Fettgewebe* ist ein zur Fettspeicherung befähigtes B. mit zahlreichen *Fettzellen (Lipozyten),* das sich vom retikulären B. ableitet. Man unterscheidet weißes von braunem Fettgewebe. Im Inneren der Zellen des weißen Fettgewebes fließen kleine Fetttröpfchen zu großen Fettkugeln zusammen, die das Zytoplasma und den Kern an den Rand der Zelle drängen. Das Fettgewebe enthält das dem Fettstoffwechsel dienende Speicherfett oder das druckelastische Polster bildende Baufett; unter den Wirbellosen besitzen die Insekten z. T. mächtig entwickelte *Fettkörper.*

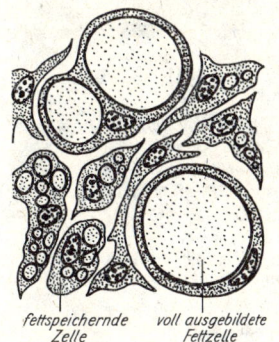

fettspeichernde Zelle — voll ausgebildete Fettzelle — 2 Fettgewebe

5) *Lockeres B., interstitielles B.,* füllt die Lücken zwischen den Organen und verbindet sie beweglich miteinander, außerdem liegt es eingestreut zwischen dem Parenchym von Organen. Neben den eigentlichen Bindegewebszellen *(Fibrozyten),* die in netzartiger Verflechtung oder isoliert auftreten, enthält das lockere B. auch freie Zellen. Die wäßrige Phase des lockeren B. dient als Transportmedium zwischen den Kapillaren und den Parenchymzellen. Die Interzellularsubstanz besteht aus Gewebsflüssigkeit mit eingelagerten Kollagen-, Retikulin- und elastischen Fasern. Das lockere B. erfüllt mechanische Aufgaben, daneben vermag es z. B. Flüssigkeit zu speichern und Abwehrfunktionen auszuüben.

6) *Straffes B.* zeichnet sich durch den Reichtum an geformter Interzellularsubstanz aus, die Anzahl der Zellen tritt ihr gegenüber zurück. Von elastischen Fasern begleitete → Kollagenfasern sind zu dichten Geflechten verwoben, die Anordnung der Fasern entspricht der jeweiligen Zugrichtung. Das straffe B. baut die Lederhaut der Wirbeltiere auf und verleiht ihr eine große Festigkeit.

7) *Sehnen* stellen bei den Wirbeltieren die Verbindung zwischen der Skelettmuskulatur und dem Skelett her und bestehen aus einem B., dessen hohe Zugfestigkeit durch dichte, parallel zur Längsrichtung angeordnete Bündel von Kollagenfasern bewirkt wird. Die als Sehnenzellen bezeichneten Fibrozyten sind zwischen den Fasern hintereinander aufgereiht. Wegen ihrer flachen Ausläufer werden sie auch *Flügelzellen* genannt. Der gewellte Verlauf der entspannten Sehnenfasern wird durch elastische Fasern hervorgerufen.

Bindegewebsknochen, → Knochenbildung.
Bindenwaran, *Varanus salvator,* in weiten Gebieten Vorder- und Hinterindiens sowie auf den Sundainseln beheimateter, über 2 m langer Waran mit vor allem in der Jugend dunkel gebändertem Körper und Schwanz. Der B. bewohnt die unterschiedlichsten Biotope; er klettert und schwimmt gut und scheut auch das Meerwasser nicht. Das Weibchen legt 15 bis 30 etwa 7 × 4 cm große Eier.

binokulares Sehen, → räumliches Sehen.
Binomialkoeffizient, → Biostatistik.
Binomialverteilung, → Biostatistik.
Binsengewächse, *Juncaceae,* eine Familie der Einkeimblättrigen Pflanzen mit etwa 300 Arten, die überwiegend in der gemäßigten Zone der Nord- und Südhemisphäre verbreitet sind. Es handelt sich um krautige, grasartige Pflanzen, jedoch ohne Halmknoten und ohne scharfkantige Stengel. Die unscheinbaren Blüten haben 6 oder 3 Staubblätter und 1 Griffel mit 3 Narben.

Es findet Windbestäubung statt, die Frucht ist eine Kapsel. Die größte Gattung der Familie ist *Binse, Juncus,* deren Vertreter überwiegend an feuchten Standorten wachsen und

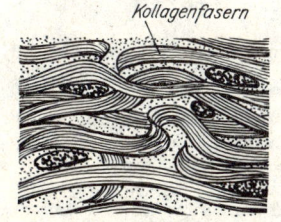

3 Straffes Bindegewebe

Binsengewächse: *a* Gliederbinse, *b* Schmalblättrige Hainsimse

Binsenhühner
die stengelartige, kahle Blattspreiten haben. Aus den faserhaltigen Stengeln größerer Arten werden geflochtene Gegenstände, wie Matten u. a., hergestellt. Auf trockenen bis wenig feuchten Stellen wachsen die Vertreter der Gattung *Hainsimse, Luzula,* die meist flache Blätter mit behaarten Blatträndern haben.
Binsenhühner, → Kranichvögel.
Binturong, *Bärenmarder, Arctictis binturong,* eine große, etwas plumpe → Schleichkatze mit schwärzlichem, zottigem Fell und Wickelschwanz. Der B. lebt als Baumbewohner in Südostasien. Wegen seines etwas abweichenden Aussehens wurde er früher zu den Kleinbären gestellt.
Bioakustik, Wissenschaft von Schallvorgängen bei Organismen, ihrer Entstehung, Erzeugung und Wirkung. *Schallereignisse* entstehen als Begleiterscheinung verschiedener biologischer Vorgänge, so der Bewegungsmechanik, der Atmung, Druck- und Spannungsänderungen im Körper und bei Abgabe von Substanzen und Gasen aus dem Körper. Eine *Schallerzeugung* liegt vor, wenn sich aus solchen Epiphänomenen funktionelle Signale entwickeln bzw. entwickelt haben und dazu spezielle Lautorgane herausgebildet werden. So leiten sich von *Bewegungsgeräuschen* Friktions- oder Stridulationsorgane ab, die durch Reiben besonders differenzierter Teile Geräusche produzieren. Dazu sind Hartteile wie Schuppen (Reptilien), Zähne, Knochen (manche Fische) oder Partien einer verfestigten Kutikula (Arthropoden) besonders geeignet. Auch *Kontaktgeräusche* mit dem Substrat der Bewegung können auf diesem Wege zu Signalen werden, sei es als Beintrommeln oder als Aufschlagen mit Teilen des Rumpfes (manche Spinnen, Käfer: »Totenuhr«, Staubläuse, Schaben, Steinfliegen), oder als »Trommeln« mit dem Schnabel bei Spechten. Auch der Körper kann als Resonanzkörper verwendet werden, wie beim Brusttrommeln des Gorillas. Aus *Atemgeräuschen* haben sich echte Stimmlaute entwickelt, bei Reptilien und Säugetieren mittels Kehlkopf, bei Vögeln meist mit Hilfe der Syrinx gebildet. Bei Zikaden und manchen Fischen entsteht der Schall durch schwingende Membranen, und es gibt noch verschiedene Sondertypen der Schallerzeugung, jedoch im wesentlichen auf die bereits genannten Tiergruppen beschränkt, wenn man bei den Wirbeltieren die Amphibien in diese Betrachtung mit einbezieht. Zur Wirkung der Schallereignisse, die Organismen erzeugen, gilt, daß sie einmal über entsprechende Rezeptoren empfangen und verarbeitet werden, die als Hörorgane zusammengefaßt sind, zum anderen aber auch unmittelbar auf Funktionen des Körpers einwirken können. Die Hörorgane wurden ursprünglich vor allem entwickelt im Dienst des Nahrungserwerbs und des Schutzes; ihre Existenz machte es möglich, daß nun auch Schallsignale zur Biokommunikation eingesetzt werden konnten, wobei weitere Sonderanpassungen der Rezeptoren diese Signalübertragung verbessert haben. Die moderne Tontechnik gestattet es, diese Vorgänge unter Einschluß der Schallereignisse selbst exakt zu analysieren. Sie können in Zusammenhang gebracht werden mit den vielfältigen Verhaltenswirkungen auf die inner- und zwischenartlichen Beziehungen dieser Tierarten, die Laute erzeugen und hören können. Sehr häufig werden akustische und visuelle Signale bei der Biokommunikation miteinander kombiniert. In der Evolution sind teilweise komplexe *Lautmuster* entstanden, die (theoretisch) einen hohen Informationsgehalt aufweisen können. Die Signaleigenschaften liegen zunächst in den Schallereignissen selbst; diese Parameter werden durch den phonetischen Aspekt der Betrachtung erfaßt. Weitere liegen in den Intensitätsverläufen, den Elementfolgen und weiteren Regelhaftigkeiten, die auch *Zeitmuster* einschließen. Außerdem ist zu berücksichtigen, daß nicht selten Schallereignisse teilweise oder ganz außerhalb jenes Frequenzbereiches liegen, den wir wahrnehmen können, jenseits der oberen Hörgrenze im *Ultraschallbereich.* Die Besonderheiten der Methodik haben dazu geführt, daß sich mit Entwicklung der modernen Tontechnik die B. in den letzten 25 bis 30 Jahren zu einer eigenen Disziplin innerhalb der Verhaltensbiologie entwickelt hat.

Lit.: G. Tembrock: Tierstimmenforschung (Wittenberg 1982).

Biochemie, gegen Ende des 19. Jh. aus den Grenzgebieten von Chemie sowie Biologie, Medizin und Landwirtschaft entstandener, heute weitgehend selbständiger Wissenschaftszweig, der Bestandteil der Biowissenschaften ist und sich in stürmischer Entwicklung befindet. Die B. erforscht mit chemischen und chemisch-physikalischen Methoden alle Bereiche lebender Systeme, die Lebenserscheinungen von Mensch, Tier und Pflanze.

Die *deskriptive B.* befaßt sich vor allem mit der chemischen Struktur natürlich vorkommender, meist organischer Verbindungen und ist mit dem Begriff *Naturstoffchemie* weitgehend identisch. Die *dynamische* oder *funktionelle B.* versucht, die biologischen Funktionen als chemische Prozesse allgemein zu beschreiben. Die *angewandte B.* unterteilt man je nach Anwendungsgebiet in Agrobiochemie, Pathobiochemie, industrielle oder technische B. und andere Teilgebiete. Daneben unterscheidet man je nach Fragestellung, Untersuchungsobjekt oder Betrachtungsweise theoretische B., Zellbiochemie, Molekularbiologie, B. der Mikroorganismen, der Pflanzen, der Tiere und des Menschen *(physiologische Chemie* oder *chemische Physiologie),* Immunologie und andere Disziplinen.

biochemischer Katabolismus, → Dekomposition.
Biochorion, → Lebensstätte.
Bioelemente, die am Aufbau der Körpersubstanz von Lebewesen beteiligten chemischen Elemente. Die Elemente Kohlenstoff (C), Sauerstoff (O), Wasserstoff (H), Stickstoff (N), Schwefel (S) und Phosphor (P) bilden zusammen über 90 % der lebenden Materie. Insgesamt kennt man etwa 40 B.
Bioenergetik, ein Teilgebiet der Biophysik, das ein biologisches System als physikalisch-chemisches System betrachtet und thermodynamisch beschreibt.

Leben ist an hohe räumliche und zeitliche Ordnung gebunden. Für die Beschreibung der Lebensprozesse kann deshalb nur die → irreversible Thermodynamik benutzt werden. Im Rahmen der Thermodynamik können Aussagen getroffen werden, die von der konkreten molekularen Struktur des jeweiligen Systems unabhängig sind. Die Richtung biologischer Prozesse, die spontane Bildung von geordneten Strukturen und die Aufrechterhaltung des Ordnungsgrades unter Energiedissipation kann erklärt werden. Die Verknüpfung mit molekularen Parametern wird mit Hilfe der statistischen Mechanik erreicht. Wichtig ist die thermodynamisch-statistische Beschreibung der Evolution, insbesondere der molekularen Evolution. Die Modellierung von Stoffwechselzyklen liefert Aussagen über mögliche stationäre Zustände des Systems und über deren Komplexität, sie erlaubt somit, Einblicke in das Reglungsverhalten biologischer Prozesse zu gewinnen. Diese Untersuchungen haben große praktische Bedeutung für die optimale Steuerung mikrobiologischer Verfahren.

Die B. untersucht auch die Prozesse der Energiekonvertierung in biologischen Systemen. Abschätzungen über den Wirkungsgrad können getroffen werden.

Biogas, *Faulgas,* durch bakterielle Zersetzung (Methangärung) zellulosereicher organischer Substanzen besonders im Abwasserschlamm und in landwirtschaftlichen Abfällen, wie Strohdung u. a., gebildetes Gas. Der etwa 20 Tage dauernde Faulprozeß (richtiger: Gärprozeß) erfolgt in heizbaren Faulräumen durch das Einwirken von Methanbakterien. B. enthält etwa 60 % Methan, 40 % Kohlendioxid sowie Spuren von Schwefelwasserstoff und Wasserstoff. Es wird in Niederdruck-Gasbehältern gespeichert und besonders in der Nähe von Kläranlagen und landwirtschaftlichen Großbetrieben als Heiz- und Treibgas sowie zur Elektrizitätserzeugung verwendet und kann auch mit Stadtgas vermischt werden. Diesem gegenüber hat das B. die doppelte Heizkraft, aber eine geringere Zündgeschwindigkeit. Der bei der Biogasgewinnung als Abfallprodukt anfallende Schlamm ist ein wertvolles Düngemittel.

biogene Amine, enzymatisch durch Dekarboxylierung von Aminosäuren gebildete basisch reagierende primäre Amine von oft starken physiologischen (z. B. halluzinogenen) Wirkungen. B. A. spielen z. B. als Vorstufe (oder Baustein) von Alkaloiden und Hormonen sowie als Bausteine von Koenzymen, Phosphatiden und Vitaminen eine Rolle.

biogene Entkalkung, durch Photosynthese hervorgerufene Ausfällung von Kalziumkarbonat in Gewässern. Bei submersen Pflanzen lagert sich das Kalziumkarbonat als Kruste auf den Blättern ab; durch die Tätigkeit des Phytoplanktons bilden sich feinste Kalkkristalle, die teilweise als Seekreide sedimentieren, teilweise im Hypolimnion (→ See) wieder aufgelöst werden.

biogene Gesteine, svw. organogene Gesteine.

Biogenese, *Urzeugung, Abiogenesis,* die (elternlose) Entstehung von Lebewesen aus anorganischen oder organischen Stoffen. Das Problem der B. ist heute Gegenstand wissenschaftlicher Theorien und beinhaltet die möglichen Wege der Entstehung des Lebens und damit einfachster Lebewesen aus unbelebten organisch-chemischen Verbindungen.

Geschichtliches. Bis zum Beginn des vorigen Jh. war die Ansicht weit verbreitet, daß hochorganisierte Lebewesen (z. B. parasitische Insekten und Würmer) und besonders Mikroorganismen aus Schlamm, Darminhalt, Unrat u. a. spontan entstehen können. Zwar hatten schon F. Redi (1648) und J. Swammerdam (1669) für Insekten, Fische und Lurche die Entwicklung aus Eiern nachgewiesen, und L. Spallazani (1765) hatte den experimentellen Beweis erbracht, daß durch Hitzesterilisierung auch die Entwicklung von Mikroorganismen in einer Flüssigkeit verhindert wird, aber die Erkenntnis, daß es eine solche Generatio spontanea nicht gibt, setzte sich nur sehr zögernd durch.

Nach modernen Vorstellungen waren auf der Urerde vor etwa 4 Mrd. Jahren stoffliche und energetische Voraussetzungen für den Ablauf vielfältiger chemischer Prozesse vorhanden, die von Oparin als *abiogene* oder *präbiotische organisch-chemische Evolution* bezeichnet wurden. Im Gas der Uratmosphäre kam es unter der Wirkung des UV-Lichtes unter Beteiligung von H_2O, NH_3 und H_2S zur Bildung von polymeren Kohlenwasserstoffderivaten. Für die Synthese von Biomolekülen ist der Zyanwasserstoff von Bedeutung, unter dessen Mitwirkung aus Aldehyden, Ammoniak und Wasser Aminosäuren entstanden. Durch Simulationsexperimente wurden von Miller unter dem Einfluß elektrischer Entladung 14 von den 20 proteinogenen Aminosäuren und von Oró u. a. aus NH_4CN durch Polymerisation in wäßriger Lösung unter Erwärmung die wichtigen Nukleinsäurebasen Adenin und Guanin erhalten. Weiterhin ließen sich verschiedene Zucker herstellen, womit der Weg für die Bildung von Nukleosiden (Nukleinsäurebestandteile) frei wurde, deren Bindungen jedoch im Experiment noch nicht denen der biotischen entsprechen.

Aus den auf der Urerde abiogen entstandenen Aminosäuren und Nukleotiden (→ Nukleinsäuren) müssen sich dann deren Polymeren gebildet haben, für deren Verhalten energiereiche Polyphosphate zur Verfügung standen. Für die Entwicklung eines echten entwicklungsfähigen Lebens mit der unumgänglichen Koppelung von Nukleinsäure- und Proteinsynthese ist die Abgrenzung zum Individuum Voraussetzung. Die Individualisierung in Form zellulärer Organisation war der nächste wichtige Schritt zum Leben. Insofern ist der Entstehung präzellulärer Strukturen (z. B. Koazervate Oparins oder Mikrosphären von Fox) besondere Aufmerksamkeit geschenkt worden. Höchstwahrscheinlich ist auch die präbiotische Bildung von Membranen unter Beteiligung von Fetten.

Der unmittelbare Weg von abiogen auf der Urerde entstandenen hochmolekularen Verbindungen zu den ersten Organismen ist jedoch noch weitgehend ungeklärt, da experimentell schwer zugänglich. Im wesentlichen gibt es zwei Gruppen von Hypothesen über Protobionten: Die metabolische oder *Eiweißhypothese* (Stoffwechselfließsystem) und die genetische oder *Nukleinsäurehypothese* (Entstehung von Protobionten durch zufälliges Zusammenwürfeln von Funktionsproteinen und dazu passenden Nukleinsäuren, die damit reproduktions- und mutationsfähig wurden).

Lit.: U. Körner: Probleme der B. (Jena 1974); Reinbothe u. Krauß: Entstehung und molekulare Evolution des Lebens (Jena 1982).

biogenetisches Grundgesetz, von E. Haeckel 1866 formuliertes, auch als *biogenetische Grundregel* bezeichnetes Gesetz, wonach bei Stadien der Ontogenese bestimmte Organisationsmerkmale der stammesgeschichtlichen Ahnen auftreten. Bei der analytischen Deutung von Entwicklungsabläufen lassen sich »Umwege« in der ontogenetischen Entwicklung, wie das Auftreten von Kiemenspalten oder -taschen bei den Embryonen von Kriechtieren, Vögeln und Säugetieren, mit Hilfe des b. G. erklären. Für die Rekonstruktion phylogenetischer Zusammenhänge hat es nur beschränkten Wert. → Zänogenese, → Palingenese.

Biogeographie, Wissenschaft von der Verbreitung und Ausbreitung der Lebewesen auf der Erde. Traditionell und infolge von objektiven Schwierigkeiten wird die B. meist in die getrennt abgehandelten Teilgebiete → Tiergeographie und → Pflanzengeographie gegliedert, die in ihren Gebietsabgrenzungen weitgehend, teilweise auch im Gebrauch gleicher Begriffe abweichen.

Lit.: Bănărescu u. Boşcaiu: Biogeographie (Jena 1978); P. Müller: Arealsysteme und B. (Stuttgart 1981).

biogeographische Regeln, → ökologische Regeln, Prinzipien und Gesetze.

Biogeozönose, → Ökosystem.

Biohelminthen, → Geohelminthen.

Bioindikatoren, Lebewesen, die das langfristige Zusammenwirken zahlreicher Umweltfaktoren anzeigen, die aber auch auf die plötzliche Änderung einer wichtigen Faktorenkombination reagieren. → Indikatorpflanzen.

Biokatalysatoren, organische Katalysatoren von hoher Substrat- und Wirkungsspezifität, die im tierischen und pflanzlichen Organismus die lebensnotwendigen chemischen Reaktionen auslösen und steuern. Zu den B. im engeren Sinne gehören die → Enzyme, → Vitamine, → Hormone.

bioklimatische Leitformen, → Biotopwechsel.

Bioklimatologie, Teilgebiet der Klimatologie, untersucht die Wirkung des Klimas auf Pflanzen, Tiere und Mensch, z. B. den Zusammenhang zwischen Witterungsverlauf und Krankheitsgeschehen, aber auch die Anpassungsfähigkeit des Organismus an Klimafaktoren (→ Akklimatisation) und die jahreszeitliche Auftreten bestimmter Lebenserscheinungen in der Pflanzen- und Tierwelt *(Phänologie).*

Biokommunikation, Nachrichtenübertragung im organismischen Bereich. Dabei werden die »Nachrichten« mittels bestimmter *Signale* übertragen, wobei die Bedeutung beim Sender vorgegeben und beim Empfänger entsprechend entschlüsselt wird. Ein bekanntes Beispiel ist das »Futterlokken« des Hahnes, die Lautfolge bedeutet Anzeige von Nahrung und weist zugleich auf den Ort: Die Hennen reagieren entsprechend mit gerichtetem Anlaufen und Picken am Boden. Die B. gewährleistet die Steuerung und Regelung der Interaktionen zwischen Artgenossen, die in sehr vielen Fällen über ein »gemeinsames Grundalphabet« verfügen und daher auf solche Signale auch ohne Lernvorgänge funktionsgerecht ansprechen. Dennoch sind vielfach auch Lernprozesse beteiligt. Wir unterscheiden drei Ebenen der B.: a) Übertragung des beendenden Verhaltens (→ Appetenzverhalten); Beispiel: Der Aufflug des »Senders« ist das Signal für den »Empfänger«, ebenfalls aufzufliegen; b) Übertragung der Verhaltensbereitschaft: Das Signal zeigt den inneren Zustand an, beispielsweise Fluchtbereitschaft, der Empfänger kann nun das Verhalten seinen speziellen Umweltbeziehungen anpassen; c) Übertragung der äußeren Ursache, also der eigentlichen Bedeutung: Ein Warnlaut zeigt einen Luftfeind an.

Die Übertragungsmodalitäten werden auch als »Kanäle« bezeichnet. Es sind dies: der chemische, der mechanische, der elektrische und der visuelle Kanal. Dabei kann der mechanische Kanal noch in folgende Qualitäten unterteilt werden: 1) taktil-mechanisch, 2) vibratorisch-mechanisch und 3) akustisch. Im visuellen Kanal setzen verschiedene Tierarten selbst- oder mittels bakterieller Symbiosen erzeugte Lichtsignale ein, deren Kodierung über die Raumordnung der Emissionsorte am Körper sowie mittels der Zeitmuster der Emissionen, vielleicht auch über Intensitätsänderungen erfolgen kann. Chemische Signale können ortsfest (»Duftmarken«) oder über Transportmedien eingesetzt werden.

Lit.: G. Tembrock: Biokommunikation I, II (Berlin 1971), Tierstimmenforschung (Wittenberg 1982).

Biokybernetik, Wissenschaftsgebiet, das sich mit der Analyse biologischer Steuer- und Regelsysteme befaßt. Der Bereich der B. ist nicht deutlich abgrenzbar. Man kann dazu die Informationstheorie und Kommunikationstheorie, Fragen der Orientierung, Probleme der primären Nachrichtenverarbeitung in den Sinnesorganen und die Systemtheorie zählen.

Lit.: Drischel: Einführung in die B. (Berlin 1973).

Biolithe, svw. organogene Gesteine.

Biologie, die Wissenschaft vom → Leben als der Existenzweise der Organismen und damit im eigentlichen Sinne von den Lebewesen. Gegenstand der B. sind die Komplexität und Vielfalt der Lebensformen und -erscheinungen, die sie ermöglichenden und beherrschenden Gesetzmäßigkeiten, ihre Ausbreitung und Wandlung in Zeit und Raum, ihre Beziehungen untereinander, ihre Abhängigkeit von der unbelebten Umwelt sowie ihre Rückwirkungen auf diese. Zahlreiche biologische Disziplinen erforschen in kaum noch zu überblickender Reichhaltigkeit der Fragestellungen jeweils unterschiedliche Teilaspekte, aber erst in ihrer Gesamtheit ermöglichen die in meist mühevoller Kleinarbeit gewonnenen Ergebnisse ein schrittweise tieferes Verständnis für das Phänomen → Leben. Der Forschungsgegenstand als solcher ist es, der die Forschungsrichtungen zu einer inneren Einheit verbindet; durch wechselseitige Durchdringung der Forschungsebenen entsteht erst jenes Bild vom Ganzen, nach dem menschliches Erkennen strebt. In diesem Sinne ist die Frage, ob es eine B. als eigenständige Wissenschaft überhaupt gäbe, falsch gestellt. Und obwohl derzeit das Fehlen einer »Theoretischen Biologie« das Selbstverständnis der Biologen erschwert, zudem auf die Frage »Was ist Leben« noch keine allgemein angenommene Antwort gegeben werden kann, wächst mit jedem Erkenntnisfortschritt die Einsicht, daß Leben überhaupt nur als ein unteilbares Ganzes verstanden und bewahrt werden kann.

Bei aller durch den Gegenstand bedingten Eigenständigkeit biologischer Forschung ist diese vielfältig mit anderen Disziplinen verbunden, hängt von deren Entwicklungsstand ab (z. B. Physik, Chemie), trägt aber auch zu Fortschritten auf anderen Gebieten bei (Medizin, Landwirtschaft u. a.). Elementare Einsichten in Lebensfunktionen und -strukturen sind erst durch die Verfügbarkeit modernster technischer Hilfsmittel möglich geworden. Sowohl die Herausbildung immer neuer Arbeitsrichtungen und die damit verbundene Spezialisierung als auch die zunehmend von außen an den Biologen herangetragenen Fragen kennzeichnen den Platz, den die B. im Gesamtsystem der Wissenschaften heute einnimmt.

Die Einteilung der biologischen Fachgebiete kann nach verschiedenen Gesichtspunkten erfolgen. Gegenstand der → *Mikrobiologie* sind Bau und Lebensweise der Mikroorganismen, während sich die → *Botanik* mit den Pflanzen, die → *Zoologie* mit den Tieren und die → *Anthropologie* mit den biologischen Grundlagen der menschlichen Existenz befassen. Diese Teilgebiete sind historisch gewachsen und entsprechen nur bedingt einer strikten Systematisierung der Organismengruppen.

Die Unterscheidung einer *deskriptiven* von einer *experimentellen* B. ist insofern nicht mehr berechtigt, als Beschreibung und Versuch zwar weiterhin zum methodischen Repertoire der biologischen Forschung gehören, die Grenzen aber fließend geworden sind und generell die kausalanalytische Durchdringung des jeweiligen Gegenstandes angestrebt wird.

Die gebräuchliche Einteilung in Allgemeine und Spezielle B. erfolgt sowohl bezüglich des Gesamtgebietes als auch im Hinblick auf eine Untergliederung von Mikrobiologie, Botanik und Zoologie. Eine klare Trennung ist auch hier weder im ganzen noch im Hinblick auf einzelne Disziplinen möglich. Dabei entspricht die vielfältige Vernetzung und Überlagerung der Arbeitsbereiche zunehmend der Komplexität der Lebenserscheinungen selbst.

Zur **Allgemeinen B.** gehören u. a.: die → *Taxonomie*, die Organismen nach Verwandtschaftsbeziehungen in hierarchischen Systemen ordnet; die → *Morphologie*, die Körpergestalt, Aufbau des Organismus, Lage und Lagebeziehungen seiner Organe beschreibt und erforscht; die → *Anatomie*, die von Organsystemen ausgehend den inneren Aufbau des Organismus untersucht; dabei dringen die → *Histologie* in den Feinbau der Gewebe, die → *Zytologie* bis zu Strukturen und Funktionen im zellulären Bereich vor. Funktionelle Abläufe im weitesten Sinne sind Gegenstand der → *Physiologie*, der wiederum verschiedene spezielle Arbeitsrichtungen angehören (z. B. Physiologie des Stoffwechsels, der Bewegungen, der Entwicklung, Neurophysiologie).

Tiefgreifenden Bedeutungswandel hat die früher vor allem als Hilfswissenschaft der Medizin betrachtete → *Biophysik* erfahren; sie ermöglicht die Klärung physikalischer Vorgänge im Organismus. Die → *Biochemie* hat elementare Einsichten in den Chemismus der Lebensvorgänge gewonnen und wichtige Beiträge zum Verständnis von Aufbau und Funktion der Organismen geleistet. Im Bereich der → *Molekularbiologie,* die in die molekularen Strukturen der Lebewesen eingedrungen ist und Grundphänomene des Lebens dem Verständnis näherbringt, begegnen sich diese und andere Disziplinen. Dazu gehört auch und gerade die → *Genetik* als Wissenschaft von der Vererbung, deren Bedeutung für Pflanzen- und Tierzüchtung und speziell für humangenetische Belange nicht hoch genug eingeschätzt werden kann. Die Reichhaltigkeit der interdisziplinären Beziehungen wird besonders deutlich am Beispiel der → *Entwicklungsphysiologie,* die von Seiten der Genetik wie der Zytologie, von der Molekularbiologie wie der Biochemie wesentlich beeinflußt worden ist.

Die stammesgeschichtliche Entwicklung der Organismen ist Gegenstand der → *Phylogenetik,* in deren Rahmen die Fragen von Artbildung und Evolution und speziell die Abstammungslehre (→ Deszendenztheorie), aber auch die Entstehung des Lebens behandelt werden; in diesem Bereich treffen sich daher auch Forschungsanliegen der Evolutionsbiologie, der Biochemie und der Molekularbiologie. Die → *Paläontologie* befaßt sich mit den vorzeitlichen Lebewesen und liefert damit zugleich wesentliche Beiträge zur Stammesgeschichte; obwohl eigenständig, vermittelt sie zwischen Biologie und Geologie und erfüllt im Rahmen der letzteren bedeutende praktische Aufgaben (→ Biostratigraphie).

Die Ausbreitung der Lebewesen im Raum zu erforschen, ist die Aufgabe der → *Biogeographie* (→ Pflanzengeographie, → Tiergeographie); nach Schwerpunkten der Untersuchungsrichtungen sind verschiedene Teildisziplinen entstanden (z. B. Arealkunde, Vegetationskunde). In jüngerer Zeit hat die → *Ökologie* beträchtlich an Bedeutung gewonnen; als Wissenschaft von den Umweltbeziehungen der Organismen befaßt sie sich mit einer Vielzahl von Fragestellungen, die für die Aufrechterhaltung und Wiederherstellung natürlicher Gleichgewichtszustände hohe praktische Bedeutung haben. Verschiedene ökologische Arbeitsrichtungen spiegeln Differenzierungsgrad dieser Disziplin und Komplexität ihres Gegenstandes wider (z. B. Autökologie, Synökologie, Populationsbiologie, Ökophysiologie, Ingenieurökologie).

Die *Spezielle B.* kann im wesentlichen als B. bestimmter Organismengruppen bezeichnet werden (etwa Algologie, Mykologie, Entomologie, Herpetologie, Ornithologie u. a.). Schwierigkeiten der Abgrenzung bereitet die **angewandte B.** Einerseits kann die Mehrzahl der biologischen Fachgebiete ohnehin nicht von ihren Anwendungsgebieten getrennt gesehen und verstanden werden, andererseits lassen sich z. B. Fischereiwesen, Land- und Forstwirtschaft, Veterinär- und Humanmedizin in einem weitesten Sinne als zur angewandten B. gehörig betrachten. Im engeren Sinne gilt das unter anderem für Pflanzen- und Tierzüchtung, für Phytopathologie, Pharmakologie, für bestimmte Bereiche der Lebensmittelindustrie, in besonderem Maße für das weite Feld der Biotechnologie.

Geschichtliches. Biologisches Denken in vorwissenschaftlicher, noch spekulativer Form ist bereits von den ältesten Kulturvölkern überliefert. In der Heilkunst und in religiösen Riten (z. B. Leichenbalsamierung) kommen ursprüngliche anatomische Kenntnisse zum Ausdruck. Die alten griechischen Denker (Demokrit, 460–371 v. u. Z.; Hippokrates, 460 bis 377 v. u. Z.) verbanden zoologische und botanische, aber auch anatomische und physiologische Studien mit naturphilosophischen Überlegungen auf naivmaterialistischer Grundlage. Schon im 4. Jahrhundert v. u. Z. hatte sich die hippokratische Schule eine weitgehende Kenntnis des tierischen und menschlichen Bewegungssystems, der Herzfunktionen und des Auges erarbeitet. Die Lehre von den vier Körpersäften (gelbe und schwarze Galle, Blut, Schleim) wurde für die Entwicklung der Medizin bedeutungsvoll. Im Koischen Tiersystem lag der erste Versuch einer Ordnung der Formenvielfalt.

Den Höhepunkt der griechischen B. bildeten die Lehren des Aristoteles (384–322 v. u. Z.). Dieser faßte das biologische Wissen seiner Zeit zusammen und bereicherte es durch eigene Arbeiten über Entstehung, Geschichte und Bau der Tiere. Aristoteles beschrieb und klassifizierte ungefähr 500 Tierarten und teilte sie in die Gruppen der blutbesitzenden und blutlosen und weiter in Gattungen und Arten ein. Die Naturentwicklung faßte er teleologisch; ein aktives Formprinzip (→ Entelechie), welches das Ziel der Entwicklung bereits in sich trägt, formt die Materie als passives Prinzip. Dieser Gedanke findet sich in modifizierter Form in allen späteren idealistischen Lebenslehren (→ Vitalismus) wieder. Die Werke und Lehren des Aristoteles beeinflußten biologisches Denken bis in das 17. Jahrhundert. Lucretius Carus (98–55 v. u. Z.) überträgt in seinem Lehrgedicht »De rerum natura« den Materialismus seines Lehrers Epikur auf die belebte Natur. Plinius Secundus (23–79) faßt das Wissen über die Natur in einer 37bändigen »Naturgeschichte« zusammen. Mit Galen (180 bis etwa 200) findet die Entwicklung der B. und Medizin des Altertums ihren Abschluß. Galen war als medizinischer Systematiker und Anatom bedeutend; die Ergebnisse seiner Tiersektionen und die Festlegungen über die Dosierung von Arzneimitteln waren für die medizinische Wissenschaft über ein Jahrtausend bestimmend.

In der Frühperiode des Feudalismus gab es keine biologische Forschung. Religiöse Fragen standen im Mittelpunkt des Denkens. Nennenswertes biologisches Denken tritt erst nach der Übersetzung der aristotelischen Schriften aus dem Arabischen ins Lateinische wieder auf. Die jüdischen und arabischen Ärzte und Philosophen hatten das aristotelische Lehrgebäude übernommen und seine Schriften kommentiert (Avicenna, 980–1037; Averroes, 1126–1198). Durch die Kirche wurden die aristotelischen Lehren als endgültig sanktioniert; die scholastische Philosophie beschränkte sich auf die Wiedergabe und Interpretation des Aristoteles (Albertus Magnus, 1207–1280).

Mit dem Aufkommen des Frühkapitalismus, den damit verbundenen Entdeckungsreisen und der verstärkten Hinwendung zum Empirischen wurden auch Teile der späteren B. entwickelt. Die Fortschritte während der Renaissance lagen vor allem auf den Gebieten der deskriptiven Zoologie und Botanik und der Anatomie des Menschen und der höheren Tiere. Es wurde deutlich, daß die antiken Autoren noch nicht alle Tier- und Pflanzenarten kannten. Eine Reihe von Gelehrten im 16. Jh. beschrieb die damals bekannt werdende Tier- und Pflanzenwelt und fügte auch die den antiken Autoren unbekannten Arten hinzu. Für die Zoologie war bahnbrechend das Werk »Historia animalium« (1551–1558) von Konrad Gesner (1516–1565). Weitere Autoren beschrieben besonders Meerestiere: G. Rondelet (1507–1566), Pierre Belon (1518–1564). Um 1600 erschienen die umfangreichen zoologischen Werke von Ulisse Aldrovandi (1522–1605). Die beschreibende Botanik nahm ihren Aufstieg mit den »Vätern der Botanik«: Hieronymus Bock (etwa 1489–1554), Otto Brunfels (1489–1534), Leonhart Fuchs (1501–1566). Weitere »Kräuterbücher«, oft umfangreiche Folianten, welche die Pflanzen und auch deren Verwendung beschrieben, stammten von: P. A. Matthiolus (1501–1577), Andreas Caesalpinus (1519–1603), J. Th. Tabernaemontanus (etwa 1520–1590), Adam Lonicerus (1528–1586), Caspar Bauhin (1560–1624). Zu dieser Zeit wurde auch erkannt, daß die nach Galen gelehrte Anatomie des Menschen zahlreiche Unrichtigkeiten aufwies, da Galen seinerzeit zur Sektion vor allem Tiere (Schweine, auch Affen) benutzt hatte und von diesen auf den Menschen schloß. Gestützt auf eigene Sektionen begründete vor allem Andreas Vesalius (1515–1564) eine neue Anatomie des Menschen in dem vorzüglich illustrierten Buch »De humani corporis fabrica...« (1543). Vesal hatte z. B. erkannt, daß der Mensch kein 7teiliges, sondern ein 3teiliges Brustbein besitzt; daß die Leber des Menschen anders als die der Schweine gebaut ist usw. Entscheidend aber waren die Loslösung von dem als ausreichend betrachteten antiken Vorbild und die Zuwendung zur eigenen Forschung. Die meisten noch unbekannten makroskopischen Strukturen des menschlichen Körpers wurden im 16. Jh. beschrieben: weibliche Geschlechtsorgane, soweit noch unbekannt; Venenklappen u. a. Manche Anatomen verglichen auch schon den Skelettbau verschiedener Wirbeltierklassen: P. Belon, B. Eustachius, V. Coiter (1534– etwa 1600). Vor allem aber wurde auch die Embryonalentwicklung etlicher Tiere, besonders des Huhnes im Ei, erforscht. Pionierarbeit hierzu leistete Hieronymus Fabricius ab Aquapendente (1537–1619), auch Coiter. Das 17. Jh. brachte die »Wissenschaftliche Revolution«, die Entstehung der modernen Naturwissenschaft, die sowohl durch neue Methodik wie durch neue Aussagen als auch neue Organisationsformen der wissenschaftlichen Kommunikation als auch Forschung gekennzeichnet war. Das Experiment sowie die Beachtung des Quantitativen wurden wichtig. Bedeutende Repräsentanten dieser »Wissenschaftlichen Revolution« waren Francis Bacon (1561–1626) und namentlich Galileo Galilei (1564–1642). Bacon plädierte für die induktive Methode, wonach aus dem Zusammentragen vieler einzelner Tatsachen sich schließlich allgemeine Schlüsse ergeben würden. Galilei wirkte besonders durch seine neue Fragestellung, seine Überzeugung von der Gesetzmäßigkeit in der Natur und die Anwendung des Experimentes zur Prüfung der Annahmen.

In der B. war die Entdeckung des Blutkreislaufs (1628) durch William Harvey (1578–1657) eine erste bedeutende Leistung im Sinne der »Wissenschaftlichen Revolution«. Nachdem Harvey die Idee des Blutkreislaufs gefaßt hatte, bewiesen er und einige seiner Anhänger deren Richtigkeit durch außerordentlich sinnvolle Experimente: Abbinden von Blutgefäßen (Ligaturen), um die in ihnen normalerweise gegebene Strömungsrichtung festzustellen; Ermittlung der durch das Herz in der Zeiteinheit ausgestoßenen Blutmenge, die viel größer war als bisher angenommen und ständigen Verbrauch des Blutes im Körper ausschloß. Nachdem durch Gasparo Aselli (etwa 1581–1626) die Lymphgefäße entdeckt waren und Jean Pecquet (1622–1674) feststellte, daß die Lymphe die verdaute Nahrung von dem Darmkanal unter Umgehung der Leber direkt in die Blutbahn transportiert, galt die alte Physiologie Galens, in der die Leber eine zentrale Stellung einnahm, als überwunden. Diese Erfolge zogen eine reiche physiologische Forschung nach sich: Francis Glisson (1597–1677), Robert Boyle (1627–1691), Richard Lower (1631–1691), John Mayow (1643–1679). Unter dem Eindruck der Erfolge in der Physik, namentlich der Mechanik, suchten viele Forscher des 17. Jh. auch die Lebensvorgänge mechanisch zu erklären, d. h. den Körper als eine komplizierte Maschine zu betrachten: *Iatrophysik*. Andere Forscher wandten sich vor allem den allerdings noch nicht richtig gesehenen chemischen Vorgängen im Körper zu: *Iatrochemie*, z. B. van Helmont, 1577–1644. Die iatrophysikalische, mechanistische Betrachtung der Lebewesen fand einen bedeutenden Vertreter in René Descartes (1596–1650). Die unsterbliche Seele des Menschen sollte nach ihm aber über die Zirbeldrüse in die Körpermaschine eingreifen können. G. A. Borelli (1608–1679) versuchte vor allem die Muskelbewegungen auf die Mechanik zurückzuführen. Messen (Thermometer, Waage) fand auch in die Medizin Eingang: S. Sanctorius, 1561–1636. Die um 1600 erfolgte Erfindung des Mikroskops führte zur Untersuchung und Abbildung der Feinstruktur von Organen und auch zur Entdeckung der mit dem bloßen Auge unsichtbaren Kleinlebewesen durch eine Reihe von Forschern, die als die »Mikroskopiker« bezeichnet werden: Antony van Leeuwenhoek (1632 bis 1723) (Blutkörperchen, Kapillaren, Spermien, Bakterien des Zahnschmelzes), Marcello Malpighi (1628–1694) (Kapillaren, Feinbau der Drüsen und der Niere, Feinbau von Insekten), Nehemiah Grew (1641–1711) (Feinbau der Pflanzen, 1682), Robert Hooke (1635–1703) (»Micrographia«, 1664). Die Hoffnung, durch die Erforschung des Feinbaues der Lebewesen zu einem besseren Verständnis der Lebensvorgänge zu gelangen, erfüllte sich aber kaum. Der vielseitige Physiologe Regnier de Graaf (1641–1673) glaubte z. B., in den Graafschen Follikeln der Ovarien der Säuger das Ei dieser Tierklasse entdeckt zu haben.

Organisatorisch brachten das 16. und 17. Jh. die Einrichtung botanischer (Padua 1545) und bescheidener zoologischer Gärten, die Entstehung von Sammlungen von Naturobjekten (Naturalienkabinette), die Gründung wissenschaftlicher Akademien (Rom 1609, London 1663 Royal Society, Leopoldina 1652/1677, Paris 1666) und die ersten wissenschaftlichen Zeitschriften (Philosophical Transactions u. a.).

Bedeutende Entdeckungen gab es in der Botanik durch Rudolf Jacob Camerarius (1665–1721), der die Sexualität der Blütenpflanzen durch Experimente nachwies (Veröff. 1695) sowie durch Stephen Hales (1677–1761), der den Wassertransport und -haushalt der Pflanzen untersuchte (1727 »Vegetable Staticks«) und damit einer der ersten Pflanzenphysiologen war.

Die Embryonalentwicklung wurde von vielen Forschern bis zum Ende des 18. Jh. durch die *Präformationstheorie* erklärt. Danach war der Embryo in Miniaturform im Spermatozoon (Animalkulisten, z. B. Leeuwenhoek) oder im Ei (Ovulisten, A. v. Haller, Ch. Bonnet, L. Spallanzani) vorgebildet, und in der Keimesentwicklung vergrößerte und entfaltete (»evolutio«) er sich. Diese Präformationstheorie harmonierte mit der mechanistischen B. und machte die Keimesentwicklung mechanisch verständlich. Wie alle Dinge der Welt waren auch die Lebewesen von allem Anfang an vorgebildet. Z. B. Ch. Bonnet dachte sich alle Generationen der Lebewesen bis ans Ende aller Zeiten in den Eiern eingeschachtelt.

Gegen die mechanistische B. erhoben sich im 18. Jh. zunehmende Einwände, und am Ende des 18. Jh. rechneten die meisten Forscher damit, daß viele Lebensvorgänge durch nur den Lebewesen eigene Faktoren (»Lebenskraft«, »Lebenskräfte«) bestimmt werden, also entstand eine neue vitalistisch eingestellte B. Schon am Ende des 17. Jh. stellte Georg Ernst Stahl (1660–1734) der Maschinentheorie eine vitalistische Betrachtungsweise gegenüber: die Seele, das eigentliche Lebensprinzip, leite und dirigiere den Körper. In der Mitte des 18. Jh., begründete Albrecht von Haller (1708–1777), der führende Physiologe seiner Zeit (»Elementa physiologiae ...« ab 1757), daß Muskelkontraktion (Irritabilität) und Nervenerregung (Sensibilität) mechanistisch erklärbar sind. Eine Reihe von Entdeckungen im 18. Jh. stellte die mechanistische Präformationstheorie vor zunehmende Schwierigkeiten und verlangte zumindest Hilfshypothesen: 1744 veröffentlichte Abraham Trembley (1700–1784) seine aufsehenerregenden Entdeckungen über die Regeneration des Süßwasser-Polypen; ab 1761 publizierte Joseph Gottlieb Kölreuter (1733–1806) die Ergebnisse seiner Kreuzungsexperimente bei Blütenpflanzen (Tabak u. a.), die den sicheren Nachweis brachten, daß beide Eltern an den Nachkommen beteiligt sind; Kaspar Friedrich Wolff (1733–1794) stellte fest, daß sich die angenommenen präformierten Keime nicht beobachten lassen und der Keimling aus unstrukturiertem Material hervorgeht. So wurde die auch bei Aristoteles und Harvey vorhandene Epigenesis-Vorstellung erneut begründet. Um die Keimesentwicklung nach der Epigenesis-Vorstellung zu erklären, wurde eine besondere Lebenskraft postuliert (»vis essentialis« bei K. F. Wolff, »Bildungstrieb« bei F. Blumenbach).

Ein wegweisender Experimentalbiologe war Lazzaro Spallanzani (1729-1799), der zwar Präformist blieb, aber als einer der Pioniere des Experimentes in der B. wichtige Entdeckungen vollbrachte: Künstliche Befruchtung bei Säugetieren, Regeneration, Gewinnung von Orientierung der Fledermäuse u. a. Felice Fontana (1720-1805) untersuchte in einer Fülle von Experimenten die Wirkung von Schlangengift. Die Fortschritte der Chemie (Chemie der Gase) brachten die Entdeckung des Gasstoffwechsels der Pflanzen (Kohlensäure-Assimilation, Sauerstoff-Ausscheidung): J. Priestley, J. Ingenhousz.

Die Erfassung der Tier- und Pflanzenwelt der Erde erfolgte durch die großen Fortschritte der Taxonomie (Systematik), Organismen-Beschreibung und der Nomenklatur im 18. Jh. Wirtschaftliche Anforderungen förderten diese Erfassung der Organismenwelt. Nachdem schon A. Qu. Rivinus (1652-1723), John Ray (1627-1705), Joseph Pitton de Tournefort (1656-1708) u. a. die Systematik der Tiere und Pflanzen vorangebracht hatten, wurde Karl von Linné (1707-1778) der große Systematiker. In seinem Werk »Systema naturae« (zuerst 1735) gab er ein lange Zeit gültiges System der Tiere und das allerdings »künstliche« Sexualsystem der Pflanzen. Die von Linné durchgesetzte binäre Nomenklatur (zuerst konsequent 1753) wurde Grundlage der Erfassung und Identifizierung der Arten.

Einen großen Aufschwung erlangte am Ende des 18. Jh. die vergleichende Anatomie: Petrus Camper 1722-1789, Félix Vicq d'Azyr 1748-1794. Auch Johann Wolfgang von Goethe (1749-1832), der den Begriff »Morphologie« einführte, betrieb vergleichende Anatomie (Zwischenkieferknochen). Durch vergleichende morphologische Forschung wurden die Ähnlichkeiten der Lebewesen festgestellt und eine Ordnung in der Natur gesucht. Namentlich Ch. Bonnet (1720-1793) stellte die Naturkörper in eine einlineare »Stufenleiter« von den einfachsten zu den kompliziertesten. Georges Cuvier (1769-1832), Karl Ernst von Baer (1792-1876) unterschieden im Tierreich aber 4 getrennte »Baupläne«, »Typen«. Die wenigsten Forscher leiteten aber aus anatomischen Ähnlichkeiten die Vorstellung einer realen Umbildung der Arten ab, wie es Jean Baptiste de Lamarck (1744-1829) tat.

Eine Entwicklung wurde zuerst vor allem für Himmelskörper (I. Kant) und die Erdkruste angenommen, für Organismen aber im 18. Jh. nur spekulativ erörtert (Telliamed, Georges Louis L. de Buffon 1707-1788).

Durch Cuvier u. a. wurde ab etwa 1800 zunehmend erkannt, daß in der Erdgeschichte viele Tiersippen und auch Pflanzen ausgestorben sind. Es wurde deutlich, daß in der Erdgeschichte zu verschiedenen Zeiten neue Organismengruppen in Existenz traten, wobei eine zunehmende Höherentwicklung (Progression) stattfand. Da gleitende Übergänge zwischen den verschiedenen Gruppen fehlen sollten, wurde auch aus der Progression der Organismen nicht auf Evolution geschlossen. Der oft abrupte Wechsel der Organismenwelt von einer erdgeschichtlichen Periode zur nächsten wurde nicht auf Lücken der Fossilüberlieferung zurückgeführt, sondern von Cuvier u. a. mit Katastrophen erklärt, die öfter die Organismenwelt der Erde fast oder völlig vernichtet haben sollten. Die Paläontologie entwickelten weiter William Smith (1769-1839), Alcide d'Orbigny (1802-1857), Richard Owen (1804-1892), Louis Agassiz (1807-1873) (fossile Fische) u. a.

Die Urzeugung, die bis ins 17. Jh. auch für komplizierte Organismen angenommen wurde, widerlegte experimentell im 17. Jh. Francesco Redi (1626-1698) für Fliegen, und sie wurde zudem unwahrscheinlich, als der komplizierte Bau auch der einfachen Lebewesen (Jan Swammerdam, 1637 bis 1680) bekannt wurde. Die Urzeugung stand auch mit der Präformationstheorie in Widerspruch. Mit der erneuten Annahme von »Lebenskräften« am Ende des 18. Jh. setzte sich die Urzeugungs-Vorstellung erneut durch. Für viele galt »Urzeugung« als experimentell für viele niedere Organismengruppen bewiesen. Und mit Urzeugung wurde das Auftreten von neuen Sippen in der Erdgeschichte erklärt. Erst nach 1830 wurden die Urzeugungs-Auffassungen zunehmend wieder zurückgedrängt. Erst Louis Pasteur (1822 bis 1895) widerlegte sie auch für Mikroben.

Variabilität der Arten sollte nach der Auffassung vieler Forscher vor 1859 zwar zu neuen intraspezifischen Taxa führen können, nicht aber zu neuen Arten. Variationen sollten nicht die Art-Grenze überschreiten.

Zwischen 1800 und 1830 schlug die »romantische Naturphilosophie« (F. W. v. Schelling, 1775-1854, Lorenz Oken, 1779-1851) manche Forscher und Philosophen zumindest zeitweilig in ihren Bann.

Schon im 18. Jh. suchten verschiedene Forscher nach Elementarbestandteilen der Lebewesen, denn schließlich hatte die Theorie von Elementarteilchen (damals Atome und Moleküle) bedeutende Erfolge in Chemie und auch Physik gebracht. Für Lebewesen wurden Fasern, Kügelchen, ja »Infusorien« (L. Oken) als Elementarbestandteile erörtert. Nach der Verbesserung der Mikroskope (Amici u. a.) wurde die Zelle 1838 von Matthias J. Schleiden (1804-1881) für Pflanzen und von Theodor Schwann (1810-1882) 1839 auch für die Tiere als einziger Elementarbestandteil erkannt. Auch die Fasern in den Pflanzen wie die Muskelfasern in Tieren konnten beispielsweise als Zellen nachgewiesen werden. Der Zellkern war schon vor dieser Begründung der Zellenlehre durch Robert Brown (1773-1858) entdeckt worden (1833). Erst in der Mitte des 19. Jh. wurde deutlich, daß alle Zellen nur aus bereits vorhandenen Zellen entstehen (R. Remak, Rudolf Virchow, 1821-1902; »omnis cellula e cellula«) und wurden auch das Ei und das Spermatozoon der Tiere als einzelne Zellen erkannt: Albert Kölliker (1817-1905) u. a. Bei etlichen Forschern entstand die Vorstellung vom Organismus als einem »Zellenstaat« (R. Virchow). Krankheiten sollen nach Virchows »Zellularpathologie« (1858) stets auf veränderte Zellen zurückgehen, ihre Ursachen also lokalisiert sein.

Die Histologie auf der Basis der Zellenlehre bauten A. Kölliker und Franz v. Leydig (1821-1908) aus. Das Protoplasma erforschten Hugo v. Mohl (1805-1872), Max Schultze (1825-1874) u. a.

Große Fortschritte gab es im 19. Jh. in der Erforschung der kleineren Lebewesen, sowohl bei Pflanzen (Algen) wie bei Tieren. Christian Gottfried Ehrenberg (1795-1876) erforschte die »Infusorien«, vor allem erst C. T. v. Siebold stellte (1846) ihre »Einzelligkeit« fest. Anton de Bary (1831-1888) brachte grundlegende Erkenntnisse über die parasitischen Pilze und deren Lebenszyklen: Erreger der Kartoffelfäule, Generationswechsel des Getreiderostes (1864). Pasteur erkannte die Rolle der Mikroben bei Gärung und Fäulnis und begründete damit die Mikrobiologie. Robert Koch (1843-1910) bewies zuerst am Milzbrand (1876), daß ansteckende Krankheiten durch spezifische Bakterien hervorgerufen werden. Ilja Iljitsch Metschnikow (1845-1916) fand die Phagozytose (1883). Auch Maßnahmen gegen Infektionskrankheiten wurden gefunden: Pasteur – aktive Immunisierung (1880), Emil von Behring (1854-1917) – Serumtherapie.

Biologie

Zu bedeutenden Erkenntnissen gelangte man im 19. Jh. auch in der Embryologie. H. Chr. Pander (1794–1865), K. E. v. Baer, M. Heinrich Rathke (1793–1860) u. a. untersuchten die Keimesentwicklung von Tieren aus verschiedenen Klassen. J. H. Steenstrup (1813–1897) fand den Generationswechsel der Ohrenqualle (1842) und gab damit den Schlüssel für die Auffindung auch anderer komplizierter Fortpflanzungszyklen. Wilhelm Hofmeister (1824–1877) entdeckte die Gemeinsamkeiten in der Fortpflanzung der Gefäßpflanzen, fand deren Generationswechsel (Gametophyt, Sporophyt). Theodor Ludwig Wilhelm Bischoff (1807–1882) klärte wichtige Vorgänge der Eibildung und Befruchtung bei Säugetieren.

Die Physiologie entwickelte sich im 19. Jh. auf verschiedenen Wegen. Einzelne bedeutende Entdeckungen waren: der Tropismus der Pflanzen u. a. durch Thomas Andrew Knight (1759–1838), die Osmose durch Henri Dutrochet (1776–1847), die Rolle der Rückenmarksnerven durch Charles Bell (1774–1842). Das Experiment wurde zunächst nicht als der wichtigste Weg angesehen, um neue Erkenntnisse über die Lebensfunktionen zu bekommen. Durch Vergleich der unterschiedlichen Ausbildung desselben Organs bei Tieren mit unterschiedlicher Lebensweise, also vergleichend anatomisch, wollten Johann Friedrich Meckel (1781–1833) u. a. auch neue physiologische Erkenntnisse gewinnen. K. A. Rudolphi (1771–1832), Johannes Müller (1801–1858) u. a. erhofften physiologische Erkenntnisse von der Erforschung des Organfeinbaues. So untersuchte J. Müller den Feinbau der Drüsen und stellte fest, daß die Drüsenkanäle durch eine Membran vom Blutstrom getrennt sind, wobei er auf die Art der Bildung der Drüsensekrete aufmerksam machte. J. Müller gab in seinem Handbuch der Physiologie des Menschen einen Überblick über das vorhandene physiologische Wissen und war für Jahrzehnte einer der einflußreichsten Biologen. Auch er besaß noch eine vitalistische Grundeinstellung. Ein vielseitiger Physiologe war auch Jan Evangelista Purkyne (1787–1863). François Magendie (1783–1855) entwickelte die experimentelle Physiologie erneut. Sein berühmter Schüler Claude Bernard (1813–1878) klärte auf experimentellem Weg beispielgebend grundlegende Lebensvorgänge: Herkunft des beim Gesunden gleichbleibenden Zuckergehaltes im Blut und dabei Rolle des Glykogens (1843), Bedeutung der Pankreassäfte, Gründe für die Giftwirkung von Kohlenmonoxid und Curare. Er erkannte das »milieu intérieur« (ab 1857), den die Gewebe umspülenden Saft, dessen konstante Eigenschaften die Konstanz der Lebensvorgänge bedingen und sah auch die Gesamtfunktionen im Organismus. Ernst Brücke (1819–1892), Emil du Bois-Reymond (1818–1896), Hermann Helmholtz (1821–1894) und Carl Ludwig (1816–1896) bildeten die physikalische Schule der Physiologie in Deutschland. Sie lehnten die »Lebenskraft« ab und wollten alle Lebensprozesse auf physikalische Vorgänge zurückführen. Sie untersuchten vor allem Einzelprozesse: z. B. Ludwig die Nieren- und Drüsentätigkeit, du Bois-Reymond die elektrischen Vorgänge, welche die Muskel- und Nerventätigkeit begleiten. Der vielseitige Eduard Pflüger (1829–1910) fand die Gewebe als Ort der Atmung. Die Anhänger des mechanistischen Materialismus Ludwig Büchner (1824–1899) und Jacob Moleschott (1822–1893) traten ebenfalls für eine rein mechanistische Physiologie ein. Andere Forscher widmeten sich vor allem chemischen Vorgängen in den Organismen, z. B. Justus von Liebig der Pflanzenernährung. Felix Hoppe-Seyler (1825–1895) war einer der Pioniere der Biochemie. Am Ende des 19. Jh. wurde in der Physiologie das Konzept von der humoralen Kommunikation (Hormone) durch Ch. E. Brown-Sequard (1817–1894) zum Sieg geführt.

Durch Arbeiten von Pasteur, Paul Ehrlich (1854–1915), Karl Landsteiner (1868–1943) wurde die Immunologie entwickelt.

Eine Umwälzung im biologischen Denken bedeutete die Begründung der Evolutionstheorie durch Charles Darwin (1809–1882). Lamarck hatte die Höherentwicklung in der Evolution durch eine innere Entwicklungskraft erklärt. Die Außenfaktoren sollten modifizierend eingreifen, indem von ihnen bewirkte Abänderungen erblich wurden. Bei Tieren sollte auch das Bedürfnis nach neuen Verrichtungen umbildend wirken. Darwin versuchte die Evolution durch Vorgänge zu erklären, die rezent noch am Werke sind und somit erforschbar werden können. Er folgte dabei dem aktualistischen Prinzip von Charles Lyell (1797–1875) für die Erforschung der Erdgeschichte, wonach alle Veränderungen der Erdkruste im Laufe langer Zeiträume aus auch rezent wirksamen Faktoren erklärbar sind. Darwin erkannte in der Tierzüchtung jene Vorgänge, die auch für die Evolution in der Natur anzunehmen sind: Entstehung von erblichen Abänderungen, Auslese geeigneter Variationen. In der Natur treten natürliche Faktoren an die Stelle der bewußten Auslese des Züchters: »natürliche« Zuchtwahl. Zu ähnlichen Auffassungen gelangte Alfred Russel Wallace (1823–1916), allerdings ohne Beachtung der Tierzüchtung. Darwins Hauptwerk »Die Entstehung der Arten ...« (1859) bestimmte das gesamte weitere biologische Denken grundlegend. Viele Biologen schlossen sich der Darwinschen Evolutionstheorie an. Thomas H. Huxley (1825–1895), Ernst Haeckel (1834–1919), August Weismann (1834–1914), K. A. Timirjasew (1843–1920), A. O. Kowalewski (1840 bis 1901). Karl Marx und Friedrich Engels erkannten die große Bedeutung des Darwinismus auch für das materialistische und dialektische Weltbild, die Überwindung der Teleologie. Huxley, Haeckel u. a. bezogen auch den Menschen in die natürliche Evolution ein. In Deutschland überwog lange Zeit das Bestreben der Evolutionsforscher, die realen Abstammungsverhältnisse der Sippen zu klären (Stammbäume, Haeckel) und die Herausbildung der Organe, Strukturen (Karl Gegenbaur, 1826–1903) und Merkmale (A. Weismann) zu ergründen. Die Faktoren der Evolution wurden unter anderem besonders von August Weismann weiter erforscht. Er suchte wie Nägeli u. a. eine Vererbungssubstanz nachzuweisen, auf die alle mit Vererbung im weitesten Sinne zusammenhängenden Vorgänge zurückgeführt werden konnten. Er schied ein »Keimplasma« von der Körpersubstanz, dem »Soma«. Veränderungen des »Soma« sollten nicht auf das »Keimplasma« übertragen werden. Durch diesen Wegfall der »Vererbung erworbener Eigenschaften« wurden die für die Evolution in Frage kommenden Variationen stark eingeschränkt. Nägeli glaubte weiterhin, daß die Höherentwicklung durch eine innere Entwicklungskraft erklärt werden müsse (z. B. 1884). Botaniker wie Richard von Wettstein (1863–1931) und Zoologen wie Paul Kammerer (1880–1926) hielten weiterhin auch die »Vererbung erworbener Eigenschaften« für gegeben, zumindest als ein Faktor der Evolution.

Einer der führenden biologischen Forschungszweige wurde in den letzten Jahrzehnten des 19. Jh. die Zytologie. Vor allem der Zellkern stand jetzt im Zentrum der Aufmerksamkeit: Befruchtung (Oscar Hertwig, 1849–1922), Beschreibung der Chromosomen (Walther Flemming, 1843–1905), Verhalten der Chromosomen bei der Befruchtung (Edouard van Beneden, 1846–1910), Eigenschaften der Chromosomen (besonders Theodor Boveri, 1862–1915).

Nach 1880 erfolgte der Aufstieg der experimentellen B., wodurch eine neue Periode in der Entwicklung der B. eingeleitet wurde. Das Experiment wurde jetzt auch angewandt, um über die aktuell wirkenden Faktoren der Embryonalentwicklung wie auch eventuelle Umbildungen der adulten Organismen Aufschluß zu bekommen. Es entstand die Entwicklungsmechanik, -physiologie, kausale Morphologie. Manche Vertreter dieser neuen experimentellen B. (Hans Driesch, 1867-1941) äußerten sogar Zweifel am Wert der Erforschung der Geschichte, der Evolution der Lebewesen, da hier niemals vollgültige Ergebnisse gewonnen würden und auch die Beherrschung der Natur durch den Menschen dadurch nicht verbessert würde. Das führte wiederum zu Angriffen der teilweise sich dogmatisch verhaltenden älteren Evolutionsbiologen (so von Haeckel) gegen die Entwicklungsphysiologie. Zu den Pionieren der Entwicklungsphysiologie gehörten in der Zoologie E. Pflüger (eventuelle Einwirkung der Schwerkraft auf die Entwicklung des Frosch-Eies), Wilhelm Roux (1850-1924), H. Driesch, Curt Herbst (1866-1946), in der Botanik Julius Sachs (1832-1897), Hermann Vöchting (1847-1917), Fritz Noll (1858-1908), Georg Klebs (1857-1918). Die Ergebnisse waren teilweise unterschiedlich, und es gab deshalb auch teilweise gegensätzliche Interpretationen. Roux erhielt aus Teilkeimen vom Frosch Teilembryonen, Driesch aus Teilkeimen von Seeigeln Ganzembryonen. Driesch nahm an, daß nur ein besonderer, nur den Lebewesen zukommender Faktor, die »Entelechie«, das Ergänzen der Teilembryonen erklären könne (Neo-Vitalismus). Edmund B. Wilson (1856-1939) fand, daß die scharfe Trennung von Regulations- und Mosaikeiern nicht besteht. Hans Spemann (1869-1941) ermittelte, daß bestimmte Keimbezirke (»Organisatoren«) die Ausbildung anderer Keimteile bestimmen.

Ab etwa 1890 erfolgte die Herausbildung der Vererbungsforschung, die auf den Ergebnissen der Bastardierungsexperimente beruhte und 1906 von William Bateson (1861-1926) als »Genetik« bezeichnet wurde. In den 90er Jahren des 19. Jh. hatten Bateson, Korschinsky und vor allem Hugo de Vries (1848-1935) ermittelt, daß nur bestimmte, oft sprunghafte Abänderungen der Lebewesen erblich sind und nur diese Variationen für die Evolution Bedeutung besitzen können: Mutationstheorie von de Vries (1901). Wilhelm Johannsen (1857-1927) fand die Wirkungslosigkeit der Selektion in »reinen Linien«, d. h. reinerbigen Populationen (1903). Im Jahre 1900 wurden die bereits 1865 von Gregor Mendel (1822-1884) veröffentlichten Vererbungsgesetze durch Carl Correns (1864-1933), de Vries und Erich von Tschermak (1871-1962) wiedergefunden. Durch diese Mendelschen Gesetze wurden tiefere Einblicke in das Wesen der Vererbung möglich. Der Organismus erschien als ein »Mosaik« einzelner Merkmale, die unabhängig voneinander vererbt wurden und bis zu gewissem Grade frei kombiniert werden konnten. Aus der Koinzidenz in der Weitergabe der Merkmale an die Nachkommen und dem Verhalten der Chromosomen wurde von W. S. Sutton und Th. Boveri die Chromosomentheorie der Vererbung abgeleitet (1902), wonach die Chromosomen, wie schon im 19. Jh. vermutet, als die wesentlichen Träger der Vererbungssubstanz zu betrachten sind und auf ihnen – wie besonders die Schule von Thomas Hunt Morgan (1866-1945) zeigte – die einzelnen Erbanlagen (»Gene«) aufgereiht sind. Besonders ab den 20er Jahren wurde durch neue Fragestellungen über die »formale« oder »klassische« Genetik hinausgeschritten. Es wurde versucht, auch Aufschlüsse über die Art und Weise zu erhalten, in der die Gene wirken: Richard Goldschmidt (1878-1958); dann die Genphysiologie: A. Kühn, besonders aber in den USA G. W. Beadle und E. L. Tatum. Es wurde auch versucht, die Evolutionstheorie mit den Ergebnissen der Genetik (Mutationen und deren Verbreitung in natürlichen Populationen) in Übereinstimmung zu bringen, was am Ende der 30er Jahre des 20. Jh. zur synthetischen Theorie der Evolution führte: Th. Dobzhansky, J. Huxley, B. Rensch u. a.

Die verschiedenen Gebiete der Physiologie wurden in allen diesen Zeiten auch weiterentwickelt, so die Nervenphysiologie durch die Neuronenlehre von Ramon Y Cajal (1852-1934), die Lehre von den bedingten Reflexen u. a. durch I. P. Pawlow (1849-1936), die Untersuchung autonomer Nerventätigkeit durch E. v. Holst (1908-1962). Die Regulationsvorgänge im Organismus erforschten unter anderem W. B. Cannon (1871-1945) und W. D. Bancroft (1867-1953).

In der Pflanzenphysiologie brachten nach J. Sachs Wilhelm Pfeffer (1846-1920; Osmose, Chemotaxis u. a.) und Gottlieb Haberlandt (1854-1945; Reizrezeptoren, Wundhormone) bedeutende Fortschritte.

Die Verhaltensforschung wurde vorangebracht durch Oskar Heinroth (1871-1945), Karl von Frisch (1886-1982), Konrad Lorenz (geb. 1903) u. a.

Eine gewaltige Entwicklung erfuhr die Biochemie, besonders seit 1900: Vitamine, Enzyme, Entdeckung der Atmungskette (Otto Warburg, 1883-1970, u. a.), Erkenntnis der Gleichartigkeit der alkoholischen Gärung und »Glykolyse« im Muskel (Otto Meyerhof, 1884-1951), Stoffwechselzyklen (Hans A. Krebs, 1900-1981). Dazu kam die Darstellung vieler Naturstoffe: Richard Willstätter (1872-1942), Richard Kuhn (1900-1967) u. a. Ein Markstein in der Entwicklung der B. war die Aufklärung der chemischen Zusammensetzung der Vererbungssubstanz, der Desoxyribonukleinsäure (DNS) (Oswald Avery 1877-1955, F. H. C. Crick, J. D. Watson u. a.), da die Vorgänge der Vererbung wie auch der Evolution nunmehr auf eine chemisch definierte Substanz zurückgeführt werden konnten.

Lit.: D. Biesold u. H. Matthies (Hrsg.): Neurobiologie (Jena 1977); G. Czihak, H. Langer u. H. Ziegler (Hrsg.): Biologie. Ein Lehrb. für Studenten der B. (3. Aufl. Berlin, Heidelberg, New York 1981); K. Esau: Pflanzenanatomie (Jena 1969); H.-A. Freye: Zoologie (7. Aufl. Jena 1983); D. Frohne u. U. Jensen: Systematik des Pflanzenreiches (2. Aufl. Jena 1979); E. Günther: Grundriß der Genetik (Jena 1983); F. Jacob, E. Jäger u. E. Ohmann: Kompendium der Botanik (Jena 1981); I. Jahn, R. Löther u. K. Senglaub: Geschichte der B. (Jena 1982); L. Kämpfe (Hrsg.): Evolution und Stammesgeschichte der Organismen (Jena 1980); L. Kämpfe, R. Kittel u. J. Klapperstück: Leitfaden der Anatomie der Wirbeltiere (4. Aufl. Jena 1980); A. Kaestner: Lehrb. der Speziellen Zoologie, hrsg. von H. E. Gruner: Bd I: Wirbellose, Tl 1 (4. Aufl. Jena 1980), Tl 3 (4. Aufl. Jena 1981); H. Klug: Bau und Funktion der Zellen (Berlin 1980); W. Kükenthal u. M. Renner: Leitfaden für das Zoologische Praktikum (18. Aufl. Jena u. Stuttgart 1980/81); E. Libbert: Lehrb. der Pflanzenphysiologie (3. Aufl. Jena 1979), Allgemeine B. (Jena 1978); E. P. Odum: Grundlagen der Ökologie, 2 Bde (Stuttgart, New York 1980); G. Osche: Ökologie (8. Aufl. Freiburg, Basel, Wien 1979); H. Penzlin: Lehrb. der Tierphysiologie (3. Aufl. Jena 1980); A. Remane, V. Storch u. U. Welsch: Kurzes Lehrb. der Zoologie (3. Aufl. Stuttgart 1978), Systematische Zoologie (Stuttgart 1976); W. W. Sauer: Entwicklungsbiologie (Berlin, Heidelberg, New York 1980); W. Schwemmler: Mechanismen der Zellevolution (Berlin, New York 1979); P. v. Sengbusch: Molekular- und Zellbiologie (Berlin, New York 1979); D. Starck: Vergleichende Anatomie der Wirbeltiere. 3 Bde (Berlin, Heidelberg, New York 1978-1982); E. Strasburger: Lehrb. der Botanik (32. Aufl. Jena 1983); G. Tembrock: Grundriß der Ver-

biologische Abwasserreinigung

haltenswissenschaften (3. Aufl. Jena 1980); E. Thenius: Faunen- und Verbreitungsgeschichte der Säugetiere (2. Aufl. Jena 1980); W. Tischler: Einführung in die Ökologie (2. Aufl. Stuttgart, New York 1979), Grundriß der Humanparasitologie (3. Aufl. Jena 1982); J. Ude u. M. Koch: Die Zelle. Atlas der Ultrastruktur (Jena 1982); G. Vogel u. H. Angermann: Taschenb. der B. 2 Bde (2. Aufl. Jena 1979); H. Wurmbach: Lehrb. der Zoologie. Bd 1 (3. Aufl. Stuttgart 1980), Bd 2 (3. Aufl. Stuttgart 1984); Kleine Enzyklopädie Leben (2. Aufl. Leipzig 1981); Wissensspeicher B. (Berlin 1982).

biologische Abwasserreinigung (Tafel 29), biologischer Abbau organischer gelöster und fein suspendierter Stoffe bei der Reinigung des Abwassers durch Mikroorganismen. Je nach der Abwasserart, dem Gelände und den räumlichen Möglichkeiten wendet man natürliche, halbtechnische und technische Verfahren an.

1) Natürliche Verfahren. Hierzu gehören Verrieselung und Verregnung. Sowohl bei der Verrieselung als auch bei der Verregnung wird das Abwasser durch die Mikroorganismen des Bodens abgebaut und landwirtschaftlich genutzt (→ Abwasserlandbehandlung). Bei der *Verrieselung* wird das mechanisch gereinigte Abwasser über die abgeernteten Felder geleitet. Die von den Mikroorganismen freigesetzten Nährstoffe werden im Boden gespeichert. Bei der *Verregnung* leitet man das Abwasser über die bebauten Felder, so daß die Pflanzen die mineralisierten Nährstoffe unmittelbar aufnehmen können. Mit beiden Verfahren wird sowohl ein guter Abbaueffekt als auch eine wirksame Verbesserung des Bodens erzielt. Da die zum Abbau notwendigen Mikroorganismen nur in den oberen Bodenschichten in ausreichender Menge vorhanden sind, sind für beide Verfahren große Flächen erforderlich.

2) Halbtechnische Verfahren. Hierbei werden die Abwässer in künstlich angelegten Oberflächengewässern abgebaut. Der *Abwasserteich* ähnelt einem hocheutrophen See. Im Abwasserteich werden die organischen Stoffe von Mikroorganismen abgebaut und die mineralisierten Nährstoffe von den Pflanzen der durchlichteten Zone aufgenommen. Der dazu notwendige Sauerstoff wird durch biogene Belüftung, Sauerstoffaufnahme aus der Atmosphäre sowie durch Einblasen von Luft (Oxidationsmittel) eingetragen. In den *Abwasserfischteichen* treten als Endkonsumenten die Fische auf. Daher muß das mechanisch vorgeklärte Wasser vor der Einleitung mit der 5- bis 10fachen Frischwassermenge verdünnt werden, zusätzlich muß künstlich belüftet werden. Der Flächenbedarf bei dieser Art der Abwasserreinigung ist ebenfalls sehr groß. 1 ha Teichfläche benötigt man für die Abwässer von 2000 Einwohnern, der Fischertrag auf dieser Fläche kann bis zu 500 kg erreichen.

3) Technische Verfahren: Hierbei handelt es sich um Intensivverfahren, bei denen auf kleinem Raum durch eine enorme Zusammenballung von Mikroorganismen ein großer Abbaueffekt erreicht wird. Beim *Tropfkörper* wird das mechanisch vorgeklärte Abwasser kontinuierlich über eine Packung von Brockenmaterial (z. B. Schlacke, Lava, neuerdings auch Kunststoff) versprüht. Auf der Oberfläche der Brocken bildet sich eine Schicht von Bakterien und bakterienfressenden Ziliaten, die auch als *»biologischer Rasen«* bezeichnet wird. Diese Organismenschicht bewirkt den Abbau der Abwasserinhaltsstoffe. Tropfkörper sind zylindrische bzw. rechteckige Bauten von 1,8 bis maximal 8 m Höhe, die oben und unten offen sind. Daher kann Luft wie in einem Kamin nach oben steigen und den biologischen Rasen mit Sauerstoff versorgen. Die Beschickung mit Abwasser erfolgt von oben. Die Abbauleistung der Tropfkörper liegt bei 80 bis 95%. Das *Belebtschlammverfahren* (*Schlammbelebungsverfahren*) zeichnet sich ebenfalls durch eine hohe Reinigungsleistung aus. Hier erfolgt der Abbau in Becken (*Belebungsbecken, Belebtschlammbecken*), denen von unten her durch Druckluft oder durch Oberflächenbelüftung ständig Sauerstoff zugeführt wird. Die Rolle des biologischen Rasens wird hier von Bakterienflocken übernommen. Der Reinigungseffekt beruht auf dem Ausflocken kolloidal gelöster Abwasserinhaltsstoffe mit den Bakterien, durch Adsorption der Schmutzstoffe an die Flocken und durch aeroben Abbau. Die hohe Reinigungsleistung wird durch den infolge der ständigen Verwirbelung der Flocken entstehenden engen Kontakt zwischen Belebtschlamm und Abwasserinhaltsstoffen erzielt.

Weitere Einrichtungen zur Abwasseraufbereitung sind → Dortmundbrunnen und → Emscherbrunnen.

Lit.: Schwoerbel, J.: Einführung in die Limnologie (Jena 1980); Uhlmann, D.: Hydrobiologie, 2. Aufl. (Jena 1981).

biologische Bekämpfung, der Einsatz oder die Förderung lebender Organismen mit dem Ziel der Vernichtung schädlicher Arten.

Die Definition des oft zur Kennzeichnung normaler Aktivitäten räuberischer oder parasitischer Gegenspieler mißbrauchten Begriffes bleibt unter anderem wegen unbefriedigend, weil a) Mikroorganismen z. T. durch Toxine wirken, die das Überleben der Erzeuger unnötig machen, so daß eine ähnliche Situation vorliegt wie bei Insektiziden pflanzlicher Herkunft, b) Viren keine Organismen sind, c) Chemosterilantien für einen Teil der Population tödlich sein können, während normale Insektizide überlebende Individuen mitunter sterilisieren.

Die Entscheidung für eine b. B. ist unterschiedlich motiviert. Heute steht oft die Verminderung der toxischen Umweltbelastung einschließlich von Rückständen im Erntegut sowie die Verhütung von Nebenwirkungen auf andere Arten im Vordergrund. In vielen Fällen erweist sich die b. B. aber auch als nachhaltiger als eine chemische, sie kann erheblich billiger oder allein praktikabel sein, so etwa wegen Resistenz des zu bekämpfenden Schädlings gegenüber den verfügbaren Pestiziden. Gewisse → biotechnische Bekämpfungs- und Überwachungsverfahren entsprechen der Zielstellung der b. B.

I) Methoden der gegen Milben und Insekten gerichteten b. B. Hierzu gehören: 1) Förderung vorhandener Gegenspieler: Vogelschutzmaßnahmen (Nisthilfen, gegebenenfalls Winterfütterung, Sitzkrücken für Bussarde u. a.); Ameisenschutz und -hege; Verschonung blühender Wildpflanzen (»Unkräuter«) oder Ansäen von Nektarpflanzen zur Ernährung blütenbesuchender Parasitoiden oder Raubinsekten.

2) Die Einbürgerung faunenfremder Gegenspieler, die »klassische« Methode der b. B., die zur Bereinigung zahlreicher Schädlingsprobleme führte. Günstige Voraussetzungen bestehen vor allem bei eingeschleppten Schädlingen, langfristiger Verfügbarkeit der Wirte oder Beutetiere (z. B. Schildläuse) und günstigen klimatischen Bedingungen.

3) Die Massenfreilassung tierischer Gegenspieler (*Überschwemmungsmethode*), bei der vorübergehend stark überhöhte Populationsdichten erreicht werden, die sich nicht erhalten, so daß eine nachhaltige Wirkung ausbleibt. Herausragendes Beispiel ist die Massenzucht und Ausbringung von Erzwespen der Gattung *Trichogramma*, die insbesondere in der UdSSR in leistungsfähigen, weitgehend automatisierten Fabriken produziert und als polyphage Eiparasiten gegen eine Reihe schädlicher Schmetterlinge ausgebracht werden. Eine größere Rolle spielt heute auch der Einsatz von Raubmilben, namentlich *Phytoseiulus persimilis*, von Erzwespen, Gegenspielern in Gewächshäusern, wobei es sich z. T. um eingebürgerte Arten handelt. Der

Überschwemmungsmethode kann auch die erst in geringem Umfang praktizierte Anwendung insektenpathogener Nematoden zugerechnet werden.

4) Ausbringung von Pathogenen (Viren, Bakterien, Pilze). Technologisch entspricht die *mikrobiologische B.* weitgehend der Anwendung von Pestiziden, sie ist jedoch mehr oder weniger streng spezifisch; biologisch ähnelt sie der Überschwemmungsmethode, da in der Regel (Ausnahmen bei Bodeninsekten!) keine über mehrere Generationen anhaltende Wirkung erreicht wird. Einen großen Umfang hat die Anwendung von Präparaten auf der Basis von *Bacillus thuringiensis,* die nur oder fast nur auf Raupen wirken (ein breitenwirksames Toxin geht bei der Herstellung der meisten Präparate – durchaus erwünscht – verloren). Neuerdings existiert aber auch ein nur auf Stechmückenlarven wirkender Stamm. Pilzpräparate sind weniger gut lagerfähig, und Pilzsporen keimen nur bei bestimmten Witterungsbedingungen. Die Nutzung von Viruskrankheiten wird dadurch gehemmt, daß das Ausgangsmaterial in ziemlich kostspieliger Weise aus lebenden Tieren oder Gewebekulturen gewonnen werden muß. Es existieren jedoch bereits einige Handelspräparate. Für Wirbeltiere sind die gegen Insekten eingesetzten Bakterien, Pilze und Viren harmlos. Bemühungen um die Anwendung pathogener Protozoen, namentlich Mikrosporidien, sind kaum über das Versuchsstadium hinausgekommen.

5) *Selbstvernichtungsverfahren.* Die Ausrottung der, von Wunden ausgehend, in den Geweben von Weidevieh parasitierenden Schraubenwurmfliege (*Cochliomyia hominivorax*) zunächst auf Curaçao, dann in großen Teilen der USA, lieferte den Beweis, daß in völlig spezifischer Weise eine mit anderen Mitteln nicht zu erreichende Totalausrottung möglich ist, wenn man mehrere Generationen lang so zahlreiche sterilisierte ♂♂ aussetzt, daß sie die fertilen der Wildpopulation weit übertreffen. Die sterile-♂♂-Methode ist jedoch relativ kostspielig, und ihre Anwendung muß auf isolierte Gebiete beschränkt bleiben, in denen auf lange Sicht mit keiner Neueinwanderung zu rechnen ist. Sie kann allerdings z. B. auch in Frage kommen, um durch Aufrechterhaltung einer ständig mit sterilen ♂♂ beschickten Barrierezone das Vordringen eines Schädlings in ein wesentlich größeres Gebiet zu verhindern. Die Sterilisierung erfolgt durch Bestrahlung oder chemische Behandlung. Die Ausbringung von Chemosterilantien im Freiland wird wegen der Wirkungsbreite der in Frage kommenden Verbindungen abgelehnt. Eine weitere genetische Möglichkeit ist die Einbringung bestimmter Mutanten in eine Population, die eine Erbkrankheit weitergeben, die sich allmählich durchsetzt, hohe Verluste, aber nicht vollständiges Aussterben verursacht. Schließlich gibt es Versuche, ♂♂ geographisch ferner Rassen, namentlich von Stechmücken, auszusetzen, die mit heimischen ♀♀ nicht mehr fortpflanzungsfähig sind (obwohl über Nachbarrassen noch ein Genfluß möglich ist).

II) B. B. anderer Tiere. Die b. B. von Nematoden (mit Pilzen) oder Schnecken (z. B. mit Leucht- oder Laufkäfern) hat bisher nur einen geringen Umfang. Zeitweise wurden Mäuse und Ratten in verschiedenen Ländern, zuletzt noch in der UdSSR, mit Salmonellen bekämpft, die sich gut bewährten, deren Anwendung aber z. B. in Deutschland 1936 wegen hygienischer Bedenken verboten wurde. In den 50er Jahren hatte in Australien die Einbürgerung der Myxomatose, einer Virose, gegen das Wildkaninchen durchschlagenden Erfolg. Zunehmende Resistenz und Immunisierung der Kaninchen mit geschwächten Stämmen ließen die Plage aber bald wieder akut werden. Die in Privatinitiative auf einem Grundstück in Frankreich durchgeführte Kaninchenbekämpfung hatte einen große Teile Europas erfassenden, hier größtenteils unerwünschten Seuchenzug unter Wild- und Hauskaninchen zur Folge. Insbesondere im vorigen Jahrhundert wurden an vielen Stellen ohne wissenschaftliche Grundlage Einbürgerungen von Raubtieren vorgenommen (Mungos, Füchse, Hauskatzen), die z. T. katastrophale Auswirkungen auf die heimische Fauna hatten.

III) Biologische Unkrautbekämpfung. Hierfür liefert die Rekultivierung großer von Opuntien überwucherter Landstriche in Australien (hauptsächlich mit Hilfe eines Kleinschmetterlings) und Südafrika (hauptsächlich durch Cochenille-Schildläuse) eindrucksvolle Beispiele, die für viele andere stehen. Vorwiegend handelt es sich dabei um einen Import tierischer Gegenspieler, der gegen eingeschleppte oder fahrlässig eingebürgerte Pflanzen gerichtet ist. Die Voraussetzungen für einen Erfolg sind ähnlich wie bei der Einbürgerung von Raubinsekten und Parasiten, doch werden wegen der Gefahr des Überganges auf Kulturpflanzen oder heimische Wildpflanzen eher noch gründlichere Voruntersuchungen für notwendig gehalten. Pilzliche Krankheitserreger wurden bisher in wesentlich geringerem Umfange eingesetzt.

Die b. B. hat in regional sehr unterschiedlichem Ausmaß Boden gegenüber der chemischen Bekämpfung gewonnen. Es ist jedoch nicht zu erwarten, daß sie je deren Umfang erreichen wird. Das hängt z. T. damit zusammen, daß sie wesentlich höhere Anforderungen an differenziertes Vorgehen und ökologische Einsicht stellt als die routinemäßige Anwendung von Pestiziden.

Lit.: J. M. Franz u. A. Krieg: Biologische Schädlingsbekämpfung (3. Aufl. Berlin u. Hamburg 1982); U. Sedlag: Biologische Schädlingsbekämpfung (2. Aufl. Berlin 1980).

biologischer Rasen, → biologische Abwasserreinigung.

biologische Schädlingsbekämpfung, → biologische Bekämpfung.

biologische Selbstreinigung, oxidativer Abbau fäulnisfähiger organischer Stoffe in mit Abwasser belasteten Gewässern durch den Bewuchs (biologischer Rasen) des Gewässergrundes sowie die freisuspendierte Biomasse (→ Seston) der fließenden Welle. Das durch den Abwasserzufluß gestörte biologische Gleichgewicht wird stufenweise durch Mineralisation der organischen Stoffe wiederhergestellt. → Saprobiensysteme, → biologische Abwasserreinigung.

biologisches Relativitätsgesetz, von Lundegårdh formulierte Gesetzmäßigkeit der gegenseitigen Abhängigkeit der das Pflanzenwachstum beeinflussenden Umweltfaktoren und der relativen Höhe ihres Wirkungsgrades. Der Kernsatz lautet: »Die relative Wirkung eines Faktors ist unbedeutend im Optimumgebiet, wird dagegen im Minimum- und besonders im Hemmungsgebiet sehr groß.« Das biologische R., das als ökologische Verallgemeinerung aus dem Relativitätsgesetz der Assimilationsfaktoren hervorgegangen ist, stimmt in seiner prinzipiellen Aussage mit dem Wirkungsgesetz der Wachstumsfaktoren von Mitscherlich überein.

Lit.: H. Lundegårdh: Klima und Boden in ihrer Wirkung auf das Pflanzenleben (5. Aufl. Jena 1957).

biologische Uhr, svw. physiologische Uhr.

biologische Unkrautbekämpfung, → biologische Bekämpfung.

biologische Variabilität, zufällige phänotypische Unterschiedlichkeit von Individuen der gleichen Art. Sie ist die wichtigste Ursache der Zufälligkeit im biologischen Bereich, die den Einsatz mathematisch-statistischer Mittel zur Analyse und Beschreibung von Lebenserscheinungen notwendig macht (→ Biostatistik, → Variabilität).

Biologische Waffen, lebende oder tote Organismen oder

Minimalorganismen (Viren) oder von diesen gewonnene infektiöse Materialien oder ihre toxischen Produkte, die für eine militärische Verwendung zur Erzeugung von Krankheit oder Tod bei Mensch, Tier oder Pflanze vorgesehen sind, sowie die für deren Verbreitung notwendigen Geräte. Für einen militärischen Einsatz kämen in erster Linie folgende B. W. in Betracht:

Bakterien: *Pasteurella pestis* (Pest), *Bacillus anthracis* (Milzbrand), *Francisella tularensis* (Tularämie), *Brucella abortus* (Brucellose), *Salmonella typhi* (Typhus) u. a.

Viren: Die Erreger von Pocken, Gelbfieber, Enzephalitis und anderen Krankheiten.

Toxine: Botulinustoxin von *Clostridium botulinum* (Tod durch Atemlähmung), *Staphylococcus*-Enterotoxine, Rizin aus den Früchten von *Ricinus communis*, Abrin aus den Samen von *Abrus precatorius* (Paternostererbse), Cicutoxin aus den Wurzeln von *Cicuta virosa* (Wasserschierling), Phallatoxine aus *Amanita phalloides* (Grüner Knollenblätterpilz).

Die tödliche Dosis von Botulismustoxin für Menschen beträgt 1 µg oder noch (viel) weniger. Tödlich wirkt auch die Inhalation von weniger als 1 µg Sporen von *Bacillus anthracis*.

Pasteurella pestis wurde urkundlich erstmals 1346 bei der Eroberung des Schwarzmeerhafens Feodosija (damals Kaffa) eingesetzt, als nach erfolgloser dreijähriger Belagerung pestverseuchte Tierkadaver über die Stadtmauern katapultiert wurden. Pockenviren wurden 1763 von den Engländern in ihren damaligen nordamerikanischen Kolonien beim Kampf gegen Indianer verwendet. Japan setzte, obwohl Signatarstaat des Genfer Protokolls von 1925 (s. u.), im Chinesisch-Japanischen Krieg 1931–1945 sowie im II. Weltkrieg B. W. gegen wenigstens 11 chinesische Städte (mindestens *Pasteurella pestis*) sowie gegen Ziele in der Sowjetunion ein. Außerdem ist Ende der siebziger Jahre bekannt, daß die Japaner an mindestens 3000 Kriegsgefangenen aus China, der UdSSR, den USA und anderer Staaten Experimente mit den Erregern von Pest, Typhus, Dysenterie, Gasgangrän, Tularämie, Pocken, Milzbrand u. a. Krankheiten durchgeführt hatten. Die Ergebnisse dieser Experimente, in deren Verlauf sämtliche Betroffenen entweder an den Folgen der Infektion starben oder sonst getötet wurden und an denen mehr als 3500 japanische Offiziere, Soldaten und Wissenschaftler beteiligt waren, wurden von der US-Armee übernommen und im Biologischen Forschungsinstitut in Fort Detrick, Maryland, ausgewertet.

Die Anwendung sowohl biologischer als auch chemischer Waffen ist durch das am 17. Juni 1925 unterzeichnete *Genfer Protokoll* (»Protocol for the Prohibition of the Use in War of Asphyxiating, Poisonous or Other Gases, and of Bacteriological Methods of Warfare«) verboten. Das Protokoll wurde von über 40 Staaten unterzeichnet. Es ist allerdings nicht voll befriedigend, da zahlreiche Signatarstaaten sich das Recht vorbehalten haben, die verbotenen Waffen gegen Nicht-Signatarstaaten und/oder im Verteidigungsfall einzusetzen.

Das Genfer Protokoll wurde ergänzt durch die am 10. April 1972 in London, Moskau und Washington unterzeichnete *B.-W.-Konvention* (Konvention über das Verbot der Entwicklung, Herstellung und Lagerung von bakteriologischen [biologischen] und toxischen Waffen und deren Vernichtung). Bis zum 31. 10. 1981 wurde die B.-W.-Konvention von 94 Staaten ratifiziert. Sie verpflichten sich damit, »1) mikrobiologische oder andere biologische Stoffe oder Toxine gleich welchen Ursprungs oder welcher Herstellungsart, die nach Art und Menge nicht für prophylaktische, schützende oder andere friedliche Verwendungswecke bestimmt sein können, 2) Waffen, Ausrüstungen oder Trägermittel, die für den Einsatz solcher Stoffe oder Toxine zu feindseligen Zwecken oder in bewaffneten Auseinandersetzungen bestimmt sind, zu keiner Zeit und unter keinen Umständen zu entwickeln, herzustellen, zu lagern oder anderweitig zu erwerben oder zu behalten«. Die Teilnehmer der B.-W.-Konventions-Review-Konferenz (Genf März 1980) schlossen sich der Einschätzung der Regierungen der drei Depositarstaaten der Konvention – Union der Sozialistischen Sowjetrepubliken, Vereinigtes Königreich von Großbritannien und Nordirland, Vereinigte Staaten von Amerika – an, daß die Formulierung »biologische Stoffe oder Toxine gleich welchen Ursprungs oder welcher Herstellungsart« auch die mittels Methoden der Gentechnik hergestellten B. W. einschließt. Das bezieht sich beispielsweise auf totalsynthetisch hergestellte Toxine oder infektiöse Nukleinsäuren. Gleichzeitig bekräftigen die Teilnehmer der Review-Konferenz, daß die B. W.-Konvention beispielhaft ist für eine dringend erforderliche entsprechende Konvention über chemische Waffen.

Lit.: J. Goldblat: Agreements for Arms Control (Taylor and Francis Ltd., London 1982); The Problem of Chemical and Biological Warfare, Vol. I–IV, Stockholm/International Peace Research Institute (SIPRI) (Stockholm 1971–1975).

biologische Wasseranalyse, Verfahren zur Ermittlung des Verschmutzungsgrades der Gewässer. Besonderheiten in der Zusammensetzung der Lebensgemeinschaft und das Vorkommen bestimmter → Indikatororganismen, deren Ansprüche an den Lebensort bekannt sind, erlauben Aussagen über die Höhe der Belastung eines Gewässers. → Saprobiensysteme.

biologische Wertigkeit, der unterschiedliche Nährwert der Eiweißkörper. Er hängt vom Gehalt an essentiellen Aminosäuren ab, die vom Körper nicht selbst gebildet werden können. Da in den Eiweißen die Aminosäuren in einer ganz spezifischen Reihenfolge angeordnet sind, wird die Proteinsynthese unterbrochen, wenn eine Aminosäure fehlt oder verbraucht ist. Die b. W. eines Eiweißes hängt damit vor allem von der Menge der am geringsten vorkommenden essentiellen Aminosäure ab. Die tierischen Eiweiße haben eine höhere b. W. als die pflanzlichen, weil sie in ihrem Aufbau den Proteinen des menschlichen oder eines tierischen Organismus ähnlicher sind als diese.

Biologismus, im weitesten Sinne Bezeichnung für alle Versuche, an biologischen Systemen gewonnene Erkenntnisse über deren Strukturen und Funktionen mehr oder weniger pauschal auf den Menschen und darüber hinaus auf die menschliche Gesellschaft zu übertragen. Biologistische Gedankengänge erreichten vor allem in der zweiten Hälfte des 19. Jh. größeren Einfluß, z. B. im Rahmen des Sozialdarwinismus, der die Gültigkeit des Kampfes ums Dasein auch für die menschliche Population behauptete. Krasse Formen des B. gehören auch zu den Wurzeln der nationalsozialistischen Ideologie und lieferten das pseudowissenschaftliche Rüstzeug für Rassismus, Euthanasie und systematische Vernichtung als »minderwertig« erachteten Lebens. Projekte der »Menschenzüchtung«, Praktiken der Diskriminierung von ethnischen oder rassischen Gruppen sowie Vorstellungen von einer die Schranken der Humanität überschreitenden genetischen Manipulation sowie zahlreiche Postulate der Soziobiologie sind aktuelle Erscheinungsformen des B. Der Mensch ist als lebender Organismus Objekt der biologischen Forschung, aber er ist nicht minder ein gesellschaftliches Wesen; nur wenn beide Aspekte berücksichtigt werden, kann man seiner Eigenart gerecht werden. In diesem Sinne gilt es, wenn die Biologie mit ihren Fragestellungen und Methoden Aussagen über den Menschen macht, die die gegebenen Grundlagen seiner biologischen Existenz betreffen.

Biolumineszenz, ein chemischer Prozeß, der bei Pflanzen und Tieren Eigenleuchterscheinungen hervorruft. Das Prinzip der Leuchtvorgänge beruht auf einer Oxidation bestimmter Leuchtstoffe, der → Luziferine, in Anwesenheit des Enzyms Luziferase, das diese Reaktion katalysiert. Die Luziferine können verschiedenen chemischen Systemen angehören (z. B. bei den Bakterien ein Aldehydkomplex von reduziertem Riboflavin-5-phosphat). Leuchtkäfer besitzen ein 2-(4-Karbothiazol)-6-hydroxybenzothiazol. Die Luziferine sind meistens Stoffwechselendprodukte.

Im Tierreich kann B. durch 3 verschiedene Vorgänge hervorgerufen werden:

1) *Intrazelluläre Lumineszenz* wird durch im Körper befindliche *Leuchtzellen* bewirkt. Das Licht wird durch die Haut abgestrahlt. Oft verstärken reflektierende Schichten den Leuchteffekt, z. B. Uratkristalle bei Leuchtkäfern oder bei Fischen Guaninplättchen, die das Funkeln und Irisieren hervorrufen.

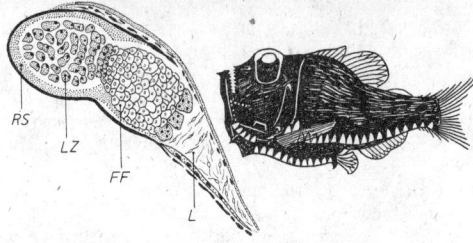

Oben: Laternenfisch (*Diaphus metopoclampus*) der Tiefsee; Leuchtorgane als weiße Flecke dargestellt. *Unten*: Beilfisch (*Argyropelecus affinis*) und Schnitt durch ein ventrales Leuchtorgan. *LZ* lichterzeugende Zellen, *RS* Reflexionsschicht, *L* Linse, *FF* Farbfilter (aus Marshall 1957)

2) *Extrazelluläre Lumineszenz* wird durch eine Reaktion von Luziferin mit der Luziferase außerhalb des tierischen Körpers verursacht. Beide Komponenten werden in Drüsenzellen, die einzeln in der Oberhaut oder dicht unter dieser in kleinen Säckchen angeordnet sind, gebildet. Bei Absonderung kommt es zu *Leuchtwolken*. Viele Krebse und auch einige Kopffüßer der Tiefsee besitzen diese Form der B.

3) *Symbiose mit Leuchtbakterien.* Diese Lumineszenzerscheinungen treten nur bei marinen Tieren auf, z. B. bei Hohltieren, Würmern, Weichtieren, Stachelhäutern, Fischen. Die Tiere haben an verschiedenen Stellen des Körpers kleine Säckchen, die die Leuchtbakterien beherbergen.

Die Lichtabgabe, die nur in den seltensten Fällen kontinuierlich ist, erfolgt meist spontan als Reaktion auf einen Reiz, wie etwa bei den *Meeresleuchten* beteiligten Organismen (Flagellaten, Medusen, → Fahnenquallen), wobei die Leuchtdauer von Art zu Art variiert. Hohlorgane mit Leuchtbakterien geben ein kontinuierliches Licht, das z. T. durch spezielle Einrichtungen abgeschirmt oder in der Intensität verändert werden kann. Die einzelnen Leuchtorgane sind miteinander über das Nervensystem verbunden.

Die B. der bisher untersuchten Tiere liegt im sichtbaren Bereich des Spektrums. Die Farbe des Lichtes schwankt zwischen blau und grün. Vereinzelt wurden andersfarbige Lichter beobachtet, die auf eine Veränderung der ursprünglichen Farbe durch Linsensysteme und Reflexionsschichten zurückzuführen sind. Die Leuchterscheinung der B. besteht zu 80 bis 90% aus kalten Lichtstrahlen, während die restliche Energie als Wärme ausgestrahlt wird.

Im Pflanzenreich tritt B. bei Bakterien und einigen Pflanzen auf. Die leuchtenden Bakterien (*Leuchtbakterien*) kommen entweder frei im Meerwasser vor, z. B. *Bacterium phosphorescens* und das in der Ostsee häufig auftretende *Vibrio balticum*, parasitieren auf Tieren oder leben mit Tieren in Symbiose. Das Leuchten von frischem Fleisch oder Fisch ist auf Bakterien zurückzuführen. Auf modernem Holz verursachen einige Bakterienarten zusammen mit Pilzmyzelien das Leuchten des Holzes.

Die Bedeutung der B. ist nicht in allen Fällen bekannt. Viele Tiere zeigen geschlechtlich unterschiedliche Leuchteffekte, die ein Zusammenfinden der Geschlechtspartner ermöglichen, z. B. der einheimische Leuchtkäfer (»Glühwürmchen«, *Lampyris noctiluca*). Oft dienen die Leuchtorgane, die sehr speziell ausgebildet sein können, als Köder beim Nahrungserwerb. Einige Krebse und Kopffüßer finden hinter ausgestoßenen Leuchtwolken Schutz vor Feinden.

Lit.: Gruner: Leuchtende Tiere (Wittenberg 1954).

Biom, → Lebensstätte, → Organismenkollektiv.

Biomasse, engl. standing crop, Gesamtmasse des zu einem konkreten Zeitpunkt in einer Lebensstätte vorhandenen organischen Materials, bezogen auf eine Flächen- oder Volumeneinheit, meist als Frisch- oder Trockenmasse [kg/m²] angegeben. Die Masse toten organischen Materials wird als → Bestandesabfall bezeichnet.

Biomathematik, Anwendung mathematischer Methoden und Verfahren in den verschiedenen biologischen Disziplinen. Diese Anwendungen und damit die spezifischen Anforderungen an die Mathematik von Seiten der Biologie sind durch die Charakteristika lebender Objekte bedingt, nämlich durch die → biologische Variabilität und durch die strukturelle und funktionelle Komplexität biologischer Systeme und Erscheinungen.

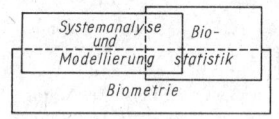

1 Teilgebiete der Biomathematik

B. kann in drei, nicht streng gegeneinander abgrenzbare Teilgebiete gegliedert werden, Abb. 1. Die Statistik ist diejenige mathematische Disziplin, die als → Biostatistik historisch zuerst wichtige methodisch-mathematische Hilfsmittel in die Biologie einbrachte. Auf dem Wahrscheinlichkeitskonzept basierend, ist sie zur Behandlung der Zufallskomponente in biologischen Erscheinungen geeignet. Der »Zufall« wird insofern beschreib- und handhabbar gemacht, als die der zufälligen Regellosigkeit zugrundeliegenden statistischen Gesetzmäßigkeiten analysiert werden. Aufgabe des Gebietes, das als → Biometrie benannt werden kann, ist es, meßbare, biologisch relevante Größen zu konzipieren und Meßergebnisse möglicherweise so aufzubereiten, daß sie biostatistisch ausgewertet werden bzw. als Grundlage für eine mathematische Modellierung dienen können. Historisch erfolgte die Entwicklung von Biostatistik und Biometrie gleichzeitig, weshalb beide Worte in der Vergangenheit zumeist gleichsinnig und zudem synonym zu B. verwendet wurden. Das jüngste Gebiet der B. ist die → biomathematische Modellierung und Systemanalyse, die in der Regel eng mit der biophysikalischen bzw. biochemischen oder mit der erst in der Mitte dieses Jahrhunderts

biomathematische Modellierung

entstandenen biokybernetischen Modellierung lebender Systeme und ihrer Umweltbeziehungen verknüpft ist.

Wichtigste Quelle für wissenschaftliche, d. h. reproduzierbare und intersubjektiv gültige Erkenntnisse ist auch in der Biologie das Experiment. Bei dessen Planung und insbesondere bei der Auswertung experimenteller Ergebnisse kann Mathematik wesentliche Hilfe leisten. So ist es eine wichtige Aufgabe der mathematischen Bearbeitung von Meßwerten, den zufälligen und den deterministischen Anteil möglichst weitgehend voneinander zu trennen. Alle Erscheinungen und Vorgänge im Bereich der belebten Natur weisen diese beiden Komponenten auf. Die *deterministische Komponente* wird bei der Wiederholung von Beobachtungen oder Experimenten unter den gleichen, für den Versuch wesentlichen Bedingungen als im Prinzip reproduzierbar angesehen. Ihr überlagert ist eine *zufällige Komponente*, die das Erkennen der Regelmäßigkeit zumeist stark erschwert. Im biologischen Bereich ist der das Ausmaß des zufälligen Anteils am stärksten bestimmende Faktor die als → biologische Variabilität benannte, in der Natur anzutreffende zufallsbedingte Vielgestaltigkeit der Ausprägung von Eigenschaften und Reaktionen ansonsten gleichartiger biologischer Objekte.

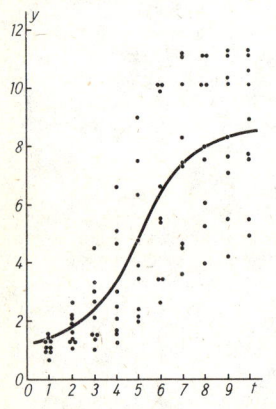

2 Meßwerte eines Pflanzenwachstumsprozesses und Erfassung des mittleren Wachstumsverlaufs. Auf der Abszisse sind die Tage (t), auf der Ordinate die festgestellten Werte der Wachstumsgröße y angegeben

Als Beispiel sind in Abb. 2 die an 10 aufeinanderfolgenden Versuchstagen gemessenen Primärblattlängen von 9 Weizenkeimlingen, welche mit einem wachstumshemmenden Stoff bestimmter Konzentration behandelt waren, als Punkte gezeichnet. Die Unterschiedlichkeit der zu einem Zeitpunkt an den 9 gleichartig behandelten Keimlingen festgestellten Werte der Wachstumsgröße y ist zufälliger Natur und ist der deterministischen Veränderung von y, dem eigentlichen Wachstumsvorgang, überlagert. Diese wird durch die nach mathematischen Gesichtspunkten erhaltene Kurve (→ Biostatistik) in Abb. 2 repräsentiert. Die Annahme, daß der Wachstumsprozeß durch unterschiedliche Konzentrationen unterschiedlich stark beeinflußt wird, ist dann anhand der Kurven zu überprüfen, die sich für verschieden behandelte Gruppen von Keimlingen ergeben haben. Solche Vergleiche müssen die Stärke der zufälligen Anteile berücksichtigen und sind typische biostatistische Aufgabenstellungen.

Ein besonders bedeutsamer Vorteil der Anwendung von Mathematik in der Biologie ist die Objektivierung von Aussagen. Das in Abb. 2 dargestellte Beispiel der Aufbereitung und Auswertung von Meßergebnissen veranschaulicht dies: Der zufällige Anteil läßt breiten Raum für verschiedene Möglichkeiten der subjektiven Festlegung der deterministischen Komponente. Ohne Zugrundelegung eines mathematischen Kriteriums könnten so, den jeweiligen subjektiven Vorstellungen entsprechend, unterschiedliche, eventuell sogar zu kontroversen Interpretationen Anlaß gebende Ergebnisse erzielt werden. Andererseits besteht die Gefahr, daß durch Anwendung ungeeigneter mathematischer Verfahren, z. B. durch Verwendung eines unpassenden analytischen Ausdrucks als mathematisches Modell bei Regressionsrechnungen oder bei ungerechtfertigter Annahme des Verteilungstyps einer Zufallsgröße, Artefakte entstehen.

Die Hauptschwierigkeiten bei der Übertragung mathematischer Überlegungen, Begriffe und Verfahren in den biologischen Bereich entstehen aus den unterschiedlichen Abstraktionsniveaus, auf denen Mathematik und Biologie jeweils arbeiten: Die biologische Beschreibung trägt dem Umstand Rechnung, daß die Objekte der belebten Natur in ihrer Spezifität charakterisiert sind durch die Gesamtheit einer Vielzahl von Eigenschaften und Wechselbeziehungen. Die Formulierung einer biologischen Problemstellung, welche mathematisch zu bearbeiten ist, erfordert daher in der Regel, daß ein bestimmter Gesichtspunkt aus der ganzheitlichen funktionellen und strukturellen Komplexität herausgelöst wird, also von der Mehrheit der anderen Eigenschaften und Zusammenhänge abgesehen wird. Bei diesem Abstraktionsprozeß, der von der Biometrie, von der biostatistischen, der biophysikalischen bzw. biochemischen oder von der biokybernetischen Modellierung geleistet wird, ist in jedem Stadium kritisch zu prüfen, ob und in welcher Weise die ursprüngliche biologische Fragestellung modifiziert wurde. Die Beachtung dieses Gesichtspunktes ist andererseits wiederum bei der Interpretation errechneter Ergebnisse von ausschlaggebender Bedeutung.

biomathematische Modellierung, Teilgebiet der → Biomathematik, zu dem die nichtstatistischen mathematischen Methoden und Verfahren gezählt werden, die vorwiegend im Rahmen der biophysikalischen, biochemischen und biokybernetischen Modellierung zur Analyse, Beschreibung und Simulierung biologischer Systeme und Prozesse angewendet werden.

Biologische und medizinische Fachgebiete, in denen nichtstatistische mathematische Hilfsmittel zunehmend zum Einsatz kommen, sind: Biochemie, Tier- und Pflanzenphysiologie, Morphometrie und Stereologie, Chronologie, Entwicklungsbiologie, Land- und Forstwirtschaft, Verhaltensbiologie, Enzymologie, Pharmakologie, Immunologie, Endokrinologie, Radiologie, Molekularbiologie.

Die wichtigsten mathematischen Mittel sind: Mengentheoretische Begriffe, Relationen, Graphen, Funktionen, Boolesche Algebra, formale Sprachen, Differential- und Integralrechnung, automatentheoretische und topologische Ansätze, Gleichungssysteme, Integralgleichungen und insbesondere gewöhnliche und partielle Differentialgleichungen. Die Lösung eines mit diesen Mitteln formulierten Problems erfordert fast immer die Hilfe der numerischen Mathematik und den Einsatz der elektronischen Rechentechnik.

B. M. werden vorwiegend in folgenden Problemkreisen durchgeführt: Wachstum von Organismen und Populationen, Wechselwirkungen von Populationen untereinander und mit ihrer Umwelt, biochemische Reaktionskinetik, Compartmentkinetik, Pharmakokinetik, Enzymkinetik, Stofftransportvorgänge z. B. durch biologische Membranen, Diffusions-Reaktions-Vorgänge, morphogenetische und biophysikalisch-chemische Strukturbildungsprozesse, Dynamik und Stabilität offener Systeme, Stoffwechselprozesse, Informationsübertragung und -verarbeitung in biologischen Systemen und Netzwerken, Kommunikationen, biologische Oszillatoren und Schwingungen, biologische Regelung und Regelungssysteme.

Charakteristische Größen solcher Vorgänge bzw. Systeme werden in ihrem Zustand, ihrer Veränderung bzw. ihrem

Zusammenhang mit anderen Größen durch eine mathematische Beziehung bzw. einen mathematischen Ausdruck, *mathematisches Modell* genannt, erfaßt.

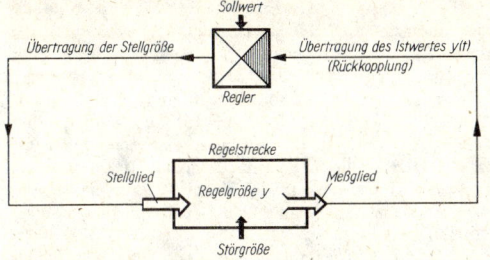

1 Schematische Darstellung des in sich geschlossenen Wirkungsablaufs der Regelung und der an der Regelung beteiligten Funktionsgruppen

Von besonderer Bedeutung in der Biologie sind *Regelungsprozesse*. In Abb. 1 ist das Schema eines Regelkreises gezeichnet. Infolge der *Rückkopplung*, d. h. der Information des Reglers über den augenblicklichen Wert der Regelgröße, kann die Ausgleichung von Störeinwirkungen veranlaßt und die Regelgröße auf den Sollwert eingeregelt werden. Die Eigenschaft organismischer Systeme, physiologische Größen in bestimmten, für die Funktion des Systems notwendigen Grenzen zu halten – *Homöostase* genannt –, beruht auf Regelung. Die Sollwerte selbst haben sich innerhalb eines übergeordneten Regelkreises im Laufe der Evolution herausgebildet. Von der zellulären oder gar der molekularen Ebene, z. B. bei der Proteinbiosynthese, bis zur ökologischen bzw. sogar sozialen Integrationsstufe biologischer Systeme sind Rückkopplungen und damit Regelungsprinzipien wirksam. Bei der biokybernetischen Analyse und Modellierung kommen alle mathematisch-methodischen Mittel zum Einsatz, die von der theoretischen Kybernetik zur Beschreibung der Funktion und Dynamik von Regelkreisen und -prozessen entwickelt wurden.

Hierbei, wie bei den meisten der aufgezählten Problemkreise, spielen Differentialgleichungen eine große Rolle. Sie werden aus dem Sachzusammenhang folgend aufgrund biophysikalischer, -chemischer oder -kybernetischer Modellvorstellungen abgeleitet. Sie oder ihre Lösungsfunktionen – soweit sie in Form eines analytischen Ausdrucks angebbar sind – enthalten als mathematische Modellparameter, deren Werte für einen konkreten Fall jeweils noch ermittelt werden müssen. Diese numerische Aufgabe ist auf der Grundlage von Meßwerten zu lösen und wird *spezielles inverses Problem* oder *Parameteridentifikation* genannt. Unter der Voraussetzung, daß das mathematische Modell den gemessenen Zusammenhang im Prinzip richtig widerspiegelt, kann man Abweichungen zwischen Modell- und Meßwerten als zufallsbedingt, gegebenenfalls z. B. als Ausdruck der → biologischen Variabilität, ansehen. Die Bestimmung der Werte der Modellparameter erfolgt dann sehr oft nach der Gaußschen *Methode der kleinsten Quadrate*. Hierbei erhalten die Parameter solche Werte, daß die Summe der Quadrate der Abweichungen zwischen den Modell- und den Meßwerten minimal wird.

Als Beispiel diene die Differentialgleichung $\dot{y} = ay^m - by^n$ ($a, b, m, n \geq 0, n > m$), die als mathematisches Modell zur Beschreibung von *Wachstumsvorgängen* aufgrund biophysikalischer Überlegungen aufgestellt wird. Die 1. Ableitung der Wachstumsgröße y nach der Zeit, die Wachstumsgeschwindigkeit also, ist mit $\dot{y}$ symbolisiert. Viele Wachstumsvorgänge von Organismen zeigen einen s-förmigen Zeitverlauf der Wachstumsgröße y, vgl. Abb. 2 und Abb. 2 im Abschnitt → Biomathematik. Zunächst nimmt

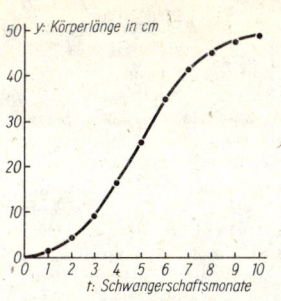

2 Meßwertmittelwerte der Körperlänge menschlicher Feten

mit zunehmendem y auch $\dot{y}$ zu, ausgedrückt durch den Term ay^m. Die Dämpfung by^n gewinnt aber zunehmend an Einfluß, bis die Wachstumsgeschwindigkeit gleich 0 geworden ist. Die Berechnung der Parameterwerte der Differentialgleichung aus den in Abb. 2 gezeichneten Meßwerten nach der Methode der kleinsten Quadrate ergab für diesen Wachstumsvorgang $\dot{y} = 1{,}78\,y^{0{,}39} - 0{,}00018\,y^{2{,}93}$, deren Integralkurve – für den Anfangswert $y(t=0) = 0{,}039$ – ebenfalls dargestellt ist. Sie unterscheidet sich innerhalb der Zeichengenauigkeit nicht von der an die Meßwerte bestangepaßten Bertalanffyschen Wachstumsfunktion $\dot{y} = c_1[1 - \exp(c_2 - c_3 t)]^{c_4}$, die Integral der Differentialgleichung $\dot{y} = ay^m - by$ ($0 < m < 1$) ist.

Biomechanik, Teilgebiet der Biophysik, das Mobilität und Kontraktilität in biologischen Systemen untersucht. Zentrales Problem der B. ist die Untersuchung chemomechanischer Energieumwandlungen. Auf der Ebene des gesamten Organismus wird auch die B. der Fortbewegung auf dem Land, in der Luft und im Wasser behandelt. Wichtige Teilgebiete der B. sind die → Biostatik, die in enger Beziehung zur Bionik steht, und die → Hämorheologie. Zur Untersuchung der Hämorheologie sowie der Flüssigkeitsströmung in Pflanzen werden vorwiegend hydrodynamische Methoden benutzt.

Lit.: Glaser: Grundriß der B. (Berlin 1983); Hochmuth: B. sportlicher Bewegungen (Berlin 1981).

Biomembran, → Membran.

biometabolische Modi, Formen der Abänderung der Individualentwicklung im Verlauf der Stammesgeschichte. Evolutionäre Wandlungen kommen durch verschiedenartige Abänderungen der Individualentwicklung zustande. Bestimmte Entwicklungsstadien fallen weg (→ *Abbreviation*) oder werden zu denen der Vorfahren hinzugefügt (→ *Prolongation*). Die Entwicklung von Organen kann beschleunigt oder verlangsamt sein. Solche *Akzelerationen* und *Retardationen* bezeichnet man auch als *Heterochronien*.

Nach dem Stadium, bei dem diese Abwandlungen erfolgen, sprechen wir von Archallaxis, Deviation und Anabolie. Die Abänderung der Entwicklung eines Organs oder eines ganzen Organismus von Beginn an heißt *Archallaxis*. Beispielsweise unterscheiden sich die nahe miteinander verwandten Ringelwürmer *Tubifex rivulorum* und *Pachydrilus lineatus* schon durch die Struktur ihrer Eier und den Verlauf der Furchung. Abänderungen auf mittleren Stadien heißen *Deviationen*. So sind die charakteristischen Unterschiede in den Größenverhältnissen von Liebespfeilsack und Glandulae mucosae bei ganz frühen Entwicklungsstadien der Bänderschnecken *Cepaea nemoralis* und *Cepaea hortensis* noch nicht zu erkennen. Dieser Artunterschied zeigt sich erst auf einem mittleren Stadium der Entwicklung des Organkomplexes. Das Hinzufügen eines weiteren Entwicklungsstadiums zu denen der Vorfahren heißt *Anabolie*. Zum Beispiel folgt bei den Bartenwalen im Gegensatz zu den Verhältnissen bei ihren bezahnten Ahnen auf ein embryonales bezahntes Stadium noch ein zahnloses.

Treten Änderungen, die ursprünglich auf Jugendstadien beschränkt waren, bei den stammesgeschichtlichen Nachfahren fortschreitend bei immer älteren Entwicklungsstadien auf, spricht man von *Proterogenese*.

Lit.: Rensch: Neuere Probleme der Abstammungslehre (2. Aufl. Stuttgart 1954).

Biometrie, Teilgebiet der → Biomathematik mit der Aufgabe, Eigenschaften, Reaktions- und Verhaltensweisen organismischer Systeme, biologische Zusammenhänge und Gesetzmäßigkeiten mit Maß und Zahl zu belegen. Dieser Abstraktionsprozeß erfolgt z. T. im Zusammenhang mit der biostatistischen, der biophysikalischen oder der biokybernetischen Modellierung von Lebenserscheinungen und ist wesentliche Bedingung für eine mathematische Beschreibung biologischer Sachverhalte.

Merkmal, Messen. Um Zusammenhänge oder Gesetzmäßigkeiten erkennen zu können, muß die mögliche Vielfalt der zu untersuchenden Erscheinungen im Sinne einer Klassifizierung geordnet werden. Eigenschaften von Objekten oder Erscheinungen, die einer solchen Klassifizierung dienen können, werden allgemein mit dem Begriff *Merkmal* erfaßt. Merkmale sind z. B. Haarfarbe, chemische Bindungsart, Geschlecht (1), Intelligenz, Zustand nach einer Operation, Ernährungszustand (2), Höhe über dem Meeresspiegel, Richtung in einer Ebene, elektrische Spannung (3), Körpergröße, -masse, Atemfrequenz (4).

Ein Merkmal kann an verschiedenen Objekten, den Merkmalsträgern, unterschiedlich ausgeprägt sein. Man sagt, es kann unterschiedliche Merkmalswerte annehmen. Diese Merkmalswerte, die nicht etwa nur Zahlenwerte zu sein brauchen, stellen die Klassen dar, in die die Merkmalsträger eingeordnet werden.

Unter *Messen* wird allgemein die Feststellung der Merkmalsausprägung an einem konkreten Objekt verstanden. Damit wird eine Zuordnung von Objekten zu Klassen gemäß bestimmter Vorschriften geleistet. Diese Verallgemeinerung des traditionellen Verständnisses von Messen als Anlegen einer »Meßlatte« und Ablesen einer Skala hat insofern für die Biologie Bedeutung, als hier häufig qualitative Merkmale auftreten.

Die Unterscheidung von qualitativen und quantitativen Merkmalen beruht auf der Art der Merkmalsausprägungen. Bei *qualitativen Merkmalen* sind die Merkmalswerte Qualitäten, die Klassen werden durch Namen oder Symbole bezeichnet. Ein Beispiel hierfür ist das Merkmal »Geschlecht« mit seinen zwei Werten bzw. Klassen »männlich« und »weiblich«, die auch mit den Zeichen ♂ und ♀ symbolisiert werden. *Quantitative Merkmale* sind solche, deren verschiedene Ausprägungen durch Zahlenangaben belegbare unterschiedliche Quantitäten ausdrücken.

Während qualitative Merkmale endlich viele, zumeist nur wenige Werte annehmen können und in diesem Sinne diskrete Größen darstellen, sind quantitative Merkmale, man nennt sie auch *Variable,* diskret oder kontinuierlich veränderlich. Letztere können theoretisch jeden beliebigen Zahlenwert aus ihrem Variationsintervall annehmen. *Meß-werte* eines kontinuierlichen Merkmals sind immer »gekörnt«, d. h., sie repräsentieren ein Zahlenintervall, dessen Größe durch die Meßgenauigkeit bestimmt ist.

Skalierungsstufen. Eine *Nominalskale* liegt vor, wenn die unterschiedlichen Merkmalsausprägungen lediglich durch verschiedene Benennungen gekennzeichnet werden, die Zuordnung der Merkmalsträger zu Klassen also dem Namen folgt. Qualitative Merkmale wie Haarfarbe mit den Ausprägungen »blond«, »braun«, »dunkel«, »grau« u. ä., chemische Bindungsart (heteropolar, homöopolar, metallisch, koordinativ) oder Geschlecht sind Beispiele. Man sagt, es handelt sich um ein nominalskalierbares Merkmal, bzw. man erhebt Daten auf der nominalen Stufe.

Können die Ausprägungen eines qualitativen Merkmals sinnvoll in eine Rangordnung gebracht werden, liegt ein ordinalskalierbares Merkmal, eine *Ordinalskale*, vor, vgl. Beispielgruppe (2). Die Werte solcher Merkmale sind zumeist unscharfe Angaben wie »selten«, »manchmal«, »oft« oder »gut«, »schlecht« u. ä.

Für quantitative Merkmale läßt sich die Ungleichheit zweier Ausprägungen quantifizieren, der Abstand zweier Werte kann angegeben werden. Die Beispielgruppe (3) zählt intervallskalierbare Merkmale auf. Der Nullpunkt einer *Intervallskale* ist als Bezugspunkt willkürlich oder durch Konvention festgelegt und nicht problembezogen begründet. Daher ist es nicht sinnvoll, Verhältnis- oder Prozentzahlen zu bilden. Dies ist erst für die Werte eines verhältnisskalierbaren Merkmals möglich, Beispielgruppe (4). Der Nullpunkt einer *Verhältnisskale* ist objektiv gegeben.

Die Kreuze in der Tab. geben an, welche Arten quantitativer Angaben auf den einzelnen Skalierungsstufen gemacht werden können. Zur statistischen Auswertung von Daten, die auf der Nominal- oder Ordinalstufe erhoben wurden, sind nur die verteilungsfreien Verfahren (→ Biostatistik) geeignet, wogegen für intervall- oder verhältnisskalierbare Merkmale das gesamte Spektrum statistischer Möglichkeiten in Frage kommt.

Meßdatenaufbereitung. Viele biologische Fragestellungen betreffen dynamische Eigenschaften biologischer Systeme. Ausprägungen eines Merkmals zu verschiedenen Zeitpunkten werden festgestellt. Geschieht dies an ein und demselben Individuum, hat man eine *longitudinale Meßwertserie.* Wurden mehrere Merkmalsträger untersucht, liegen *Querschnittsdaten* vor. In letzteren ist die deterministische Komponente von zufälligen Anteilen (→ Biomathematik) überlagert, die auch von der → biologischen Variabilität herrühren.

Bei Aufgaben der → biomathematischen Modellierung wird die deterministische Komponente vom mathematischen Modell repräsentiert, und der zu berechnende konkrete Ausdruck gleicht die zufälligen Fehler aus. Ist kein mathematisches Modell bekannt, wird ein geeignet erscheinender mathematischer Ansatz gewählt und dessen Parameterwerte z. B. nach der Methode der kleinsten Quadrate berechnet. Ohne Modellansatz kann der die deterministi-

Skalierungsstufen und Art der möglichen Zahlenangaben

	Qualitative Merkmale		Quantitative Merkmale	
	(Klassen-)Häufigkeitszahlen	Rangzahlen	Mittelwerte Differenzen	Verhältnis-(Prozent-)zahlen
Verhältnis-	×	×	×	×
Intervall-	×	×	×	
Ordinal-	×	×		
Nominalskale	×			

sche Komponente darstellende mittlere Meßwertverlauf durch empirische Regressionsrechnung oder mittels eines anderen numerischen *Ausgleichs-* und *Glättungsverfahrens* herausgearbeitet werden. In der Abb. ist ein Beispiel gezeigt. Die berechnete Kurve glättet die erheblichen interindividuellen Schwankungen und weist einen leichten Anstieg des Anteils der untersuchten Gewebeart bis ins 5. Lebensjahrzehnt und einen anschließenden Abfall aus.

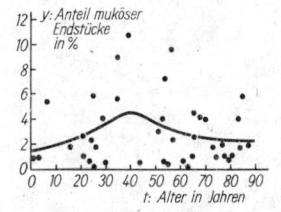

Querschnittsdaten zur Altersveränderung der Gewebszusammensetzung menschlicher Unterkieferdrüsen

Biomolekül, allgemeine Bezeichnung für chemische Verbindungen in einem biologischen System, insbesondere für Makromoleküle wie Nukleinsäuren, Proteine und Polysaccharide.

Bionik, Wissenschaftszweig, der sich mit der vergleichenden Betrachtung biologischer und technischer Systeme befaßt. Die B. untersucht die Möglichkeiten der Anwendung biologischer Funktionsprinzipien in der Technik. Ziel der B. ist die Erhöhung der Qualität und Erweiterung der Möglichkeiten technischer Systeme. Biomechanische Probleme, Prinzipien der Nachrichtenübertragung und -verarbeitung sowie Energieumwandlungsprinzipien autotropher Organismen stehen im Mittelpunkt des Interesses.
Lit.: Heynert: Grundlagen der B. (Berlin 1976).

Bionomie, Lehre vom gesetzmäßigen Ablauf des Lebens oder der Lebensweise einer Art. Bewegung, Ernährung, Atmung, Fortpflanzung, Keimesentwicklung und die charakteristischen Lebensansprüche einer Art werden untersucht und beschrieben. B. ist die »Biologie im engeren Sinne«.

Biophage, → Ernährungsweisen.

Biophysik (Tafel 28), interdisziplinäres Wissenschaftsgebiet der Biologie und Physik, das die Untersuchung der physikalischen Prinzipien des Lebens auf allen Organisationsebenen beinhaltet.
Die B. vereinigt auf physikalischer Grundlage Erkenntnisse und Methoden der Biologie, der Physik, der physikalischen Chemie, der Chemie und der Biochemie. Entsprechend der hierarchischen Struktur biologischer Systeme läßt sich die B. aufteilen in → Molekularbiophysik, zelluläre B., Organbiophysik und B. großer Systeme.
Inhaltlich hat sich die B. bereits heute in deutlich unterschiedene Teilgebiete, wie → Membranbiophysik, → Photobiophysik, → Biomechanik, → Neurobiophysik, → Umweltbiophysik, → Bioenergetik, → Strahlenbiophysik, differenziert. Sie entwickelt sich in enger Wechselwirkung mit den Nachbargebieten ständig weiter und nimmt eine immer zentralere Rolle bei der Erforschung der Grundlagen der lebenden Materie ein. So vielseitig wie der Inhalt der B. ist auch ihre Bedeutung für Medizin, Landwirtschaft, Ökologie, Biotechnologie u. a.
Lit.: Glaser: Einführung in die B. (Jena 1976); Hoppe, Lohmann, Markl, Ziegler (Hrsg.): Biophysik (Berlin, Heidelberg, New York 1982).

Biopolymere, hochpolymere Verbindungen, die aus kleineren Bausteinen aufgebaut und für die Lebenstätigkeit von Organismen unentbehrlich sind. Beispiele für B.: Eiweiße, Nukleinsäuren, Polysaccharide.

Biopterin, → Pterine.

Bioregion, → Lebensstätte.

Biorhythmen, periodische Wiederkehr von Erscheinungen in biologischen Systemen. B. werden nach der Wiederholungsdauer, dem Erscheinungsbild oder ihrer Entstehung eingeteilt. Nach der Wiederholungsdauer oder Periodizität sind z. B. *diurnale Rhythmen,* die sich in etwa 24 Stunden, d. h. zirka in einem Tag, also zirkadian wiederholen, und *annuale B.,* solche, die jährlich wiederkehren, zu unterscheiden. Die → Aktivitätsperiodik, z. B. der Schlaf-Wachrhythmus, verläuft bei vielen Arten zirkadian. Vogelzug oder Winterschlaf sowie manche Fortpflanzungszyklen gehören zu den annualen B. Dagegen verläuft der Ovarialzyklus bei Laborratten in etwa 4tägigem, bei Frauen in etwa 28tägigem Rhythmus. Dem Erscheinungsbild nach können biochemisch, elektrophysiologisch oder zytologisch erfaßbare B. sowie auch Verhaltensrhythmen, Ökosystemrhythmen u. a. unterschieden werden. *Biochemisch* erfaßbar ist z. B. der zirkadiane Rhythmus des Enzyms N-Azetyltransferase in der Epiphyse, *elektrophysiologisch* registrierbar sind sehr kurzwellige Erregungsmuster einzelner Nervenfasern oder die Potentialänderungen des → Elektroenzephalogramms. *Zytologisch* werden z. B. Rhythmen der Zellteilung erkannt. Nach ihrer Entstehung unterteilt man B. in solche, die durch Umweltfaktoren gesteuert werden *(Exorhythmen),* und solche, die in Lebewesen, unabhängig von Umweltfaktoren, auftreten *(Endorhythmen).* Morgendlicher Vogelgesang zum Beispiel gehört zu den Exorhythmen, elektrophysiologische B. der Nervenfaser sind Endorhythmen. Viele B. entstehen durch endogene Auslöser, die jedoch durch exogene Zeitgeber gesteuert werden. Die Aktivität des Enzyms N-Azetyltransferase in der Epiphyse wird durch Neuronen des Nucleus suprachiasmaticus im Hypothalamus endogen gesteuert, die Neuronen haben aber im Tageslicht einen exogenen justierenden Zeitgeber. Die den B. unterliegenden Primärereignisse sind vielfach noch unbekannt. Hingegen ist sicher, daß B. die Voraussetzung für den zeitlichen Ablauf aller Lebenserscheinungen darstellen, d. h. die raum-zeitliche Ordnung von Lebensprozessen ermöglichen. Diesem Aspekt widmet sich die → Chronobiologie, ihre Untersuchungen reichen bis zur Problematik der B. in bezug auf Schichtarbeit.

Bios II, svw. Vitamin H, → Vitamine.

biosoziale Stufen, → Biosozialverhalten.

biosoziales Zusammenleben, → Biosozialverhalten.

Biosozialpartneranspruch, → Biosozialverhalten.

Biosozialverhalten, in der Tiersoziologie Interaktionen zwischen Individuen auf der Grundlage einer wechselseitigen Anziehung, die nicht an einen bestimmten Funktionskreis gebunden ist. Es gibt mehrere Formen *biosozialen Zusammenlebens:* a) Tiere einer Art können sich zu bestimmten Zeiten an einem bestimmten Ort zusammenfinden und ihr Verhalten koordinieren. Wird dies durch eine besondere Motivation bedingt, werden diese Zusammenschlüsse entsprechend als Schlafgemeinschaft, Brutgemeinschaft, Überwinterungsgemeinschaft u. a. bezeichnet; es liegt eine *präbiosoziale Stufe* vor. b) Tiere einer Art können sich zeitweise an bestimmten Orten zusammenfinden, wobei die Ansammlung selbst auf Artgenossen über abgesonderte Substanzen (Aggregationspheromone) anziehend wird: Aggregation. c) Tiere einer Art können sich ortsunabhängig zeitweise zu größeren anonymen Verbänden (Schwarm, Herde) zusammenschließen und ein koordiniertes Verhalten zeigen; diese Stufe wird *semibiosozial* genannt. d) Individuen einer Art werden auf Grund von Pflegeansprüchen zusammengeführt und sind daher altersverschieden, es besteht eine Brutpflege; diese Stufe heißt *subbiosozial*. e) Individuen einer Art bleiben als Erwachsene und Jungtiere über längere Zeit zusammen; damit wird eine weiterentwickelte Form des Subbiosozialverhaltens er-

Biosphäre

reicht. f) Individuen einer Art bilden mit mehr als einem Paar eine Brutpflegegemeinschaft; das ist wieder ein semibiosoziales Verhalten. g) Individuen einer Art bilden eine Brutpflegegemeinschaft, in der besondere »Kasten« die Brutpflege ausführen, wobei insgesamt eine »Arbeitsteilung« auftritt; die »Insektenstaaten« sind dafür ein typisches Beispiel; es handelt sich um ein *eubiosoziales* Verhalten. h) Individuen einer Art werden auf Grund sexueller Partneransprüche zusammengeführt, es kommt zu Balz und Paarung; hier liegt ein subbiosoziales Verhalten vor. i) Individuen einer Art vollziehen eine Paarbildung, die über die Fortpflanzungsperiode hinweg andauert und bis zu lebenslänglich bestehen kann; das ist eine weiterentwickelte Form subbiosozialen Verhaltens. j) Individuen einer Art vollziehen eine Paarbindung und schließen auch Nachkommen in diesen Verband von Typus einer »Sippe« ein; hier spricht man von *primitiv-biosozialem* Verhalten. k) Individuen einer Art bilden Sippen und komplexere nicht-anonyme Verbände mit Rollenverteilung, z. B. eine »Rangordnung«; damit wird wieder eine eubiosoziale Lebensform erreicht.

Diese Zusammenstellung zeigt, daß es verschiedene Evolutionswege bei der Herausbildung *biosozialer Einheiten* gab, die im einzelnen unterschiedlich klassifiziert werden. Grundlage für das eigentliche B. ist ein *Biosozialpartneranspruch,* der sich in einer nicht-zufälligen raumzeitlichen Verteilung der Individuen ausdrückt und damit eine besondere Form der Distanzregulation darstellt als Voraussetzung für Koordination, Kooperation und Biokommunikation. Eubiosoziale Verhaltensweisen kommen nur bei Gliederfüßern und Wirbeltieren vor.

Lit.: G. Tembrock: Spezielle Verhaltensbiologie. I, II (Jena 1982).

Biosphäre, Gesamtheit der Organismen der Erde, oft aber gleichbedeutend mit *Ökosphäre,* als Gesamtheit der von Organismen besiedelten Teile der Erde gebraucht. Die Ökosphäre umfaßt die oberste Schicht der Erdkruste (Lithosphäre), einschließlich des Wassers (Hydrosphäre) und die unterste Schicht der Lufthülle (Atmosphäre).

Biostatik, Teilgebiet der Biomechanik, das sich mit dem Zusammenwirken innerer und äußerer Kräfte und Momente bei verschiedenen Stellungen und Bewegungen tierischer sowie pflanzlicher Organismen befaßt. Stützeinrichtungen von Organismen sind vielfältigen Belastungen ausgesetzt. Sie werden auf Druck, Zug, Biegung und Torsion beansprucht. Grundprinzip der »Konstruktion« der Stützeinrichtung ist maximaler Widerstand gegen auftretende Beanspruchungen bei einem Minimum von Masse. Dabei unterscheidet sich der prinzipielle statische Aufbau nicht von dem technischer Systeme. Eine Aufgabe der → Bionik ist es deshalb, in der lebenden Welt realisierte optimale Bauprinzipien auf technische Aufgabenstellungen zu übertragen.

Ein interessanter Bereich der B. ist die Untersuchung von Systemen hoher Schlankheitsgrade. Der *Schlankheitsgrad* λ wird definiert als Verhältnis von Höhe zu Breite: $\lambda = h/d$. Der Roggenhalm erreicht z. B. einen Wert von 500, Bambus von 133, Bäume einen Bereich von 10 bis 50. Fernsehtürme erreichen Werte zwischen 15 und 20. Dabei wird vermutet, daß man extrem dünne, hohe Türme nach dem Prinzip des Getreidehalms bauen müßte, um optimale Stabilität bei geringstem Materialaufwand zu gewährleisten. Vergrößert man aber proportional die Dimension eines Bauwerkes, so wächst das Volumen und damit die Masse mit der dritten Potenz der Abmessungen. Der Widerstand gegen Beanspruchungen ist in erster Näherung aber der Querschnittsfläche und damit nur der zweiten Potenz der Abmessungen proportional. Daraus ergibt sich eine zunehmende Instabilität bei proportionaler Vergrößerung. Gleiche Stabilität wird nur bei einer überproportionalen Vergrößerung des Durchmessers mit $d \sim h^{3/2}$ gewährleistet. Dieses Gesetz ist in Biologie und Technik sehr gut verwirklicht.

Ein wichtiges Prinzip zur Reduzierung der Biegebeanspruchung im Skelettsystem ist die *Zuggurtung* (Abb.). Knochen widerstehen sehr hohen Druck- und Zugbelastungen, sind aber biegeempfindlich. Gegenbiegung durch Muskeln und Sehnenverbindungen reduziert die Biegebelastung auf Kosten einer erhöhten Druckbelastung erheblich. Das *Widerstandsmoment* gegen Biegung ist dem *Flächenträgheitsmoment* proportional. Dieses kann bezogen auf eine biegeneutrale Achse über ein Integral $I = r^2 dF$, wobei r der Achsenabstand ist, berechnet werden. Durch kreisringförmige Querschnitte kann also das Flächenträgheitsmoment vergrößert werden. Dieses Rohrprinzip ist bei vielen biegebeanspruchten Stützsystemen anzutreffen. Gleichzeitig vergrößert in solcher Querschnitt auch das Widerstandsmoment gegen Torsion, das in bezug auf eine Achse im Stengelzentrum berechnet wird.

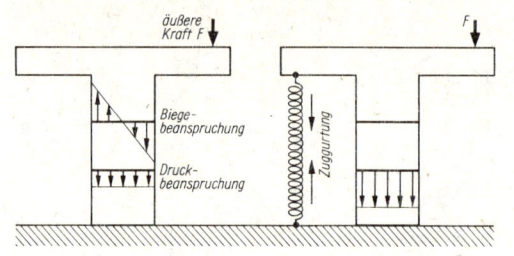

Entlastung der Biegebeanspruchung auf Kosten einer erhöhten Druckbeanspruchung durch Zuggurtung

Bei Biegebeanspruchung eines Körpers durch eine am Ende angreifende Kraft ist die Biegebelastung vom Abstand zum Kraftangriffspunkt abhängig. Optimale Masseeinsparung wird erreicht, wenn der Körper in jedem Abstand gleiche Biegefestigkeit hat. Durch Änderung der Querschnittsfläche wird somit ein Körper gleicher Festigkeit realisiert. Die Elle des Menschen ist in dieser Hinsicht vollkommen optimiert.

Biostatistik, Teilgebiet der → Biomathematik, das die Zufallskomponente in den Ergebnissen biologischer Versuche beschreibt und analysiert.

Zufälliger Versuch, Einflußfaktoren, Merkmal. Unter *Versuch* wird ein vom Menschen geplantes und durchgeführtes Experiment oder ein ohne planenden und ändernden Eingriff durch den Menschen natürlich ablaufender Vorgang verstanden. In der Biologie sind das stets zufällige Versuche in dem Sinne, daß Wiederholungen eines Versuches nicht immer gleiche Ergebnisse erbringen. Die Ursache dafür ist, daß in der Realität bei Wiederholung eines Experiments nicht alle Faktoren, die einen Einfluß auf den Ausgang des Versuchs ausüben, gleich sind bzw. konstant gehalten werden können. Die Untersuchung z. B. der Wirkung eines Düngemittels auf das Wachstum einer Pflanzenart wird nicht nur an einer Pflanze durchgeführt; der Versuch wird vielmehr an anderen Pflanzen wiederholt. Die → biologische Variabilität bedingt nicht voraussagbare Unterschiede im Wachstum der einzelnen Pflanzen. Hinzu kommen weitere eventuelle Einflußfaktoren, wie Bodenzusammensetzung, -struktur, -feuchtigkeitsgehalt, unterschiedliche mikroklimatische Bedingungen, Schadstoff- oder -tiereinwirkungen und eine Reihe von Faktoren, die der Komplexität biologischer Prozesse und Systeme (→ Biomathematik) wegen oftmals gar nicht bekannt sind. Von diesen unbeeinflußbaren Faktoren wird angenommen, daß die Wirkung des einzelnen gering ist und daß sie nicht alle nur Veränderungen in einer Richtung, im angeführten Beispiel etwa Wachstumshemmung, verursachen. Sie werden zur Gruppe der *zufälligen Faktoren* zusammengefaßt.

Die im Experiment zu untersuchenden Faktoren hingegen werden als die wesentlichen Einflußfaktoren angesehen. Sie sind bei Versuchswiederholung konstant zu halten. Im Düngemittelversuch kann sich diese Forderung, je nach genauer Fragestellung, auf die chemische Zusammensetzung, auf Applikationsart, -zeitpunkt und ähnliches beziehen. Untersucht man z. B. eine vermutete Konzentrationsabhängigkeit der Wirkung eines Düngemittels, wären unterschiedliche Konzentrationswerte festzulegen. Jede Festlegung bedeutet einen anderen Versuch. Jeder dieser Versuche ist unter Konstanthaltung der Konzentration jeweils an mehreren Pflanzen zu wiederholen. Insbesondere im Feldversuchswesen sind *Versuchspläne, Versuchsanlagen*, ausgearbeitet worden, mit denen mehrere Einflußfaktoren und deren eventuelle Wechselwirkungen gleichzeitig untersucht werden, wobei für diese in der Regel noch unterschiedliche Werte, man spricht von *Stufen*, festgelegt werden.

Bei der zeitlich hintereinander ausgeführten Wiederholung eines Versuchs, bei denen die zu untersuchenden Faktoren konstant gehalten wurden, kann es vorkommen, daß das Ergebnis des einen Versuchs das der Wiederholung beeinflußt. Beispielsweise kann die Kenntnis eines Patienten über den Behandlungseffekt an einem anderen Patienten den Ausgang der eigenen, gleichen Therapie wesentlich mitbestimmen. Für die statistische Auswertung werden aber oftmals in diesem Sinne voneinander unabhängige Wiederholungen bzw. Versuche gefordert, da das Ausmaß dieser Beeinflussung in der Regel nicht angegeben werden kann.

Häufig ist die Frage zu beantworten, ob ein Faktor überhaupt eine wesentliche Wirkung ausübt. Zu diesem Zweck ist er zweistufig zu untersuchen. Außer dem eigentlichen Versuch ist noch ein Kontrollversuch einzurichten – und ebenfalls in Wiederholungen durchzuführen –, wobei der zu untersuchende Faktor ausgeschaltet ist.

Unter Ergebnis der Durchführung eines Versuchs versteht man, daß bestimmte Merkmale des Versuchsobjekts jeweils einen von mehreren möglichen Merkmalswerten angenommen haben. Diese Ausprägung von Merkmalswerten wird durch die im Versuch wirksamen Faktoren ursächlich bedingt. Die statistische Methode der → Faktoranalyse wird angewendet, wenn zu ermitteln ist, welche aus einer Reihe von Faktoren am stärksten Einfluß auf die Merkmalsausprägungen haben. Statistische Verfahren, die mehrere Merkmale des Versuchsobjekts gleichzeitig berücksichtigen, werden *multivariable* oder *multivariate Verfahren* genannt. Werden statistische Aussagen anhand nur eines Merkmals getroffen, sind *univariate Verfahren* anzuwenden. Der Komplexität biologischer Systeme und Vorgänge wegen können erstere den Gegebenheiten in der Biologie im allgemeinen besser gerecht werden.

Zufallsvariable, Verteilung. Da die Ausprägung eines Merkmals bei der Durchführung eines Versuchs durch zufällige Faktoren beeinflußt wird, ist es in der Statistik üblich, für »Merkmal« auch die Benennung → *Zufallsgröße* zu gebrauchen, insbesondere dann, wenn es ein quantitatives Merkmal (→ Biometrie) ist. Sie werden gewöhnlich mit großen Buchstaben bezeichnet, z. B. mit X; der Merkmalswert, der Ergebnis der j-ten Durchführung des Versuchs ist, wird mit demselben kleinen Buchstaben symbolisiert: x_j. Man sagt, daß x_j eine Realisation der Zufallsgröße X ist. Kann eine Zufallsgröße nur bestimmte Zahlenwerte, z. B. ganze Zahlen, annehmen, ist sie eine *diskrete* Zufallsvariable; können ihre Realisationen beliebige Zahlenwerte aus einem Intervall sein, ist sie eine *kontinuierliche* Zufallsvariable.

Im Beispiel des Düngemittelversuchs sei das untersuchte Merkmal etwa der »Ertrag«. Wird damit die Masse gemeint, ist X eine kontinuierliche Zufallsgröße. Ihre Realisationen x_j – die Meßwerte – können bis zu einer biologisch möglichen oberen Grenze alle positiven Zahlenwerte sein. Wird »Ertrag« als »Anzahl der Früchte« definiert, können als Realisationen nur die natürlichen Zahlen auftreten, X ist dann eine diskrete Zufallsgröße.

Der *Grad der Sicherheit*, daß sich bei Durchführung eines zufälligen Versuchs eine bestimmte von mehreren möglichen Realisationen der Zufallsgröße einstellt, wird durch einen zwischen 0 und 1 liegenden Zahlenwert, die *Wahrscheinlichkeit P* dieses Ergebnisses, ausgedrückt. Ein Ergebnis, das unmöglich eintreten kann, hat den Wahrscheinlichkeitswert 0, ein sicheres Ergebnis, das also in jedem Fall eintreten muß, den Wert 1. Der Wahrscheinlichkeitswert ist gewissermaßen eine Eigenschaft des jeweiligen Merkmalswertes. Er kann entweder theoretisch bestimmt oder aus der Erfahrung gewonnen werden. Letzteres heißt, daß man in ein und demselben Versuch sehr oft wiederholt und die *Häufigkeit m* feststellt, mit der der jeweilige Merkmalswert in einer Serie von n Versuchsdurchführungen aufgetreten ist. Die *relative Häufigkeit m/n* kommt wertemäßig der Wahrscheinlichkeit für das Eintreffen des Ergebnisses um so näher, je länger die Versuchsserie ist, desto größer also die Zahl m ermittelt wurde. Es ist auch üblich, P in % anzugeben.

Sind für ein Merkmal die Wahrscheinlichkeiten für alle Merkmalswerte bekannt, ist es damit in statistischer Hinsicht vollständig charakterisiert. Auf den Begriff der Zufallsvariablen übertragen, bedeutet das, daß für jedes beliebige Intervall von Zahlenwerten die Wahrscheinlichkeit dafür bekannt ist, daß die Realisation der Zufallsvariablen in diesem Intervall liegt.

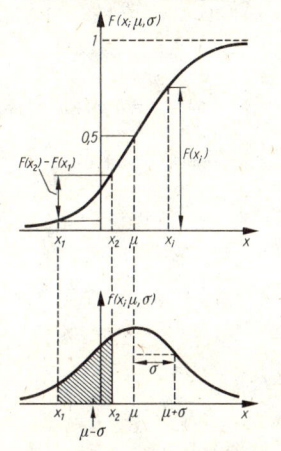

1 Verteilungsfunktion und -dichte der Normalverteilung

In Abb. 1 ist oben als Beispiel die Kurve der *Verteilungsfunktion* der → Normalverteilung gezeichnet. Der Funktionswert $F(x_i)$ ist die Wahrscheinlichkeit dafür, daß die Zufallsvariable X einen Wert aus dem Intervall $(-\infty, x_i)$ annimmt, d. h. daß die Realisation x_j kleiner als x_i ist. Die Wahrscheinlichkeit dafür, daß sich als Versuchsergebnis ein Zahlenwert aus dem Intervall zwischen x_1 und x_2 ergibt, ist $F(x_2) - F(x_1)$.

Die Verteilungsfunktion der Normalverteilung ist eine stetige Funktion, ihr Kurvenbild weist keine Sprünge auf. Kontinuierliche Zufallsvariable, deren Wahrscheinlichkeitsverteilung durch eine solche stetige Verteilungsfunktion beschrieben werden, heißen *stetige* Zufallsvariable. Für solche ist eine weitere Möglichkeit der Darstellung der Verteilung üblich, nämlich die Angabe der *Wahrscheinlichkeitsdichte* oder kurz *Verteilungsdichte*. Für eine normalverteilte Zufallsgröße ist in Abb. 1 unten die Kurve der Verteilungsdichte gezeichnet, die *Gaußsche Glockenkurve* heißt. Mathematisch ist sie die erste Ableitung der Verteilungsfunktion. Die Wahrscheinlichkeit dafür, daß die normalverteilte Zufallsvariable X einen Zahlenwert aus dem Intervall zwischen x_1 und x_2 annimmt, ist gleich der Fläche, die von diesem Teil der Abszissenachse und von dem darüberliegenden Teil der Glockenkurve eingeschlossen wird.

Die Verteilungsdichte der Normalverteilung hat den Funktionsausdruck

$$f(x; \mu, \sigma) = \frac{1}{\sigma \sqrt{2\pi}} \exp[-(x-\mu)^2/2\sigma^2]$$

worin μ und σ Verteilungsparameter sind und *Erwartungswert*, oder *Mittelwert*, und *Standardabweichung*, bzw. das Quadrat der Standardabweichung σ^2, *Varianz* oder *Streuung* heißen. Man sagt, daß die Zufallsgröße X normalverteilt ist mit Erwartungswert μ und Varianz σ^2 und symbolisiert das mit $N(\mu, \sigma)$. In Tab. 1 sind die Wahrscheinlichkeiten P dafür angegeben, daß eine $N(\mu, \sigma)$-verteilte Zufallsvariable einen Wert x aus dem symmetrisch zu μ gelegenen Intervall $\mu - k\sigma \leq x \leq \mu + k\sigma$ annimmt. Zum Beispiel ist die Wahrscheinlichkeit, daß x die Grenzen $\mu \pm 3\sigma$ überschreitet, kleiner als $3/1000$. Innerhalb der in Abb. 1 und 2 gezeichneten Bereiche $\mu + \sigma$ sind bereits etwa 68% der Realisationen einer $N(\mu, \sigma)$-verteilten Zufallsgröße zu finden.

k	P	k	P
1	0,6827	1,96	0,95
2	0,9545	2,58	0,99
3	0,9973	3,29	0,999
4	0,999937		

Tab. 1: Wahrscheinlichkeiten P für Werte aus einem $k\sigma$-Bereich um den Mittelwert einer normalverteilten Zufallsvariablen.

Mittelwert und Streuung sind Lage- und Formparameter der Normalverteilung, Abb. 2. Die Fläche zwischen Merkmalsachse und der Kurve hat jeweils den Wert 1.

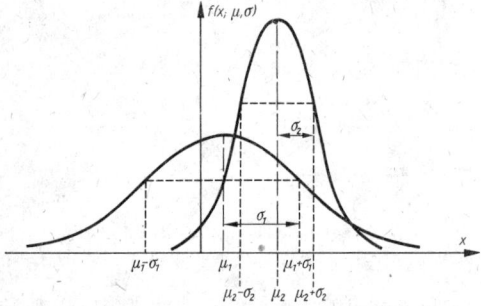

2 Normalverteilungsdichten für unterschiedliche Werte der Parameter Mittelwert und Streuung

Ist im Beispiel des Düngemittelversuchs das Merkmal »Ertrag« eine normalverteilte Zufallsgröße, so müßte sich, wenn der Faktor »Düngung« einen Einfluß auf den Ertrag hat, gegenüber dem Kontrollversuch die Verteilung der im eigentlichen Düngungsversuch betrachteten Zufallsvariable zumindest in ihrer Lokalisation verschoben haben.

Durch eine Skalentransformation kann jede Verteilung $N(\mu, \sigma)$ in die *standardisierte Normalverteilung* $N(0; 1)$ mit Erwartungswert 0 und Streuung 1 übergeführt werden. Die Verteilungsdichte mit diesen Parameterwerten wird mit dem Buchstaben φ symbolisiert: $f(x; 0; 1) = \varphi(x)$. Die Verteilungsfunktion $F(x; 0; 1) = \Phi(x)$ ist in Tafelwerken tabelliert. Der Wert $F(x_i; \mu, \sigma)$ ist gleich dem Wert $\Phi(c_i)$, wobei $c_i = (x_i - \mu)/\sigma$ ist. Das Bild der Verteilungsfunktion einer diskreten Zufallsgröße ist eine Treppenkurve. Nimmt die Zufallsgröße nur wenige Werte an, kann die Wahrscheinlichkeitsverteilung durch ein Balkendiagramm dargestellt werden. Für eine *Binomialverteilung* als Beispiel ist in Abb. 3 oben die Verteilungsfunktion, darunter das Balkendiagramm der Wahrscheinlichkeiten gezeichnet.

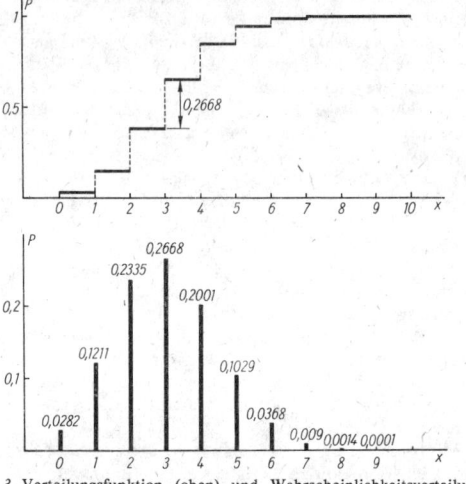

3 Verteilungsfunktion (oben) und Wahrscheinlichkeitsverteilung (unten) einer binomialverteilten Zufallsgröße

Die Binomialverteilung kommt auch in der B. häufig vor. Sie wird bei der Untersuchung von Merkmalen, die nur zwei Werte annehmen können, gebraucht. Ein Beispiel ist das Merkmal »Geschlecht« mit den alternativen Merkmalsausprägungen »männlich« und »weiblich«. Die Wahrscheinlichkeit für das Auftreten des einen Merkmalswertes sei p, dann ist die für den anderen $(1 - p)$. Die Häufigkeit X, mit der bei n-maliger unabhängiger Durchführung eines Versuchs mit alternativen Ausgängen sich der eine der beiden Merkmalswerte einstellt, ist eine diskrete, binomialverteilte Zufallsgröße. Die natürlichen Zahlen $0, 1, ..., n$ sind ihre möglichen Realisationen. Deren Wahrscheinlichkeiten $P(x_i)$ können nach der Formel

$$P(x_i) = \binom{n}{x_i} p^{x_i}(1-p)^{n-x_i}$$

berechnet werden. Sie sind in der Statistik aufgrund kombinatorischer Überlegungen hergeleitet. Die Größe $\binom{n}{x_i}$ (sprich »n über x_i«) heißt *Binomialkoeffizient*. Die Versuchsserienlänge n und die Grundwahrscheinlichkeit p sind die Parameter der Binomialverteilung, ihr Erwartungswert ist $\mu = np$, die Varianz $\sigma^2 = npq$. Für Abb. 3 wurden $p = 0,3$ und $n = 10$ gewählt; die Wahrscheinlichkeit, daß sich in allen 10 Versuchsdurchführungen der gleiche Merkmalswert einstellt, ist kleiner als 0,00001. Die Sprunghöhen der Verteilungs-Treppenkurve an den Stellen x_i entsprechen den jeweiligen Wahrscheinlichkeiten $P(x_i)$. Ansonsten hat die Verteilungsfunktion die gleiche Bedeutung wie im Falle einer stetigen Zufallsvariablen; ihr Ordinatenwert an einer Stelle x_j gibt die Wahrscheinlichkeit für eine Realisation

$x_i \leq x_j$ der Zufallsgröße X an. Für die diskrete Zufallsgröße ist dies die Summe der Einzelwahrscheinlichkeiten $\sum_{x_i \leq x_j} P(x_i)$. Die Treppenkurve wird wie die der stetigen Verteilungsfunktion *Summenkurve* genannt.

Grundgesamtheit, Stichprobe. Ein zufälliger Versuch ist, zumindest gedanklich, unendlich oft wiederholbar. Diese Gesamtheit theoretisch möglicher Versuchsdurchführungen, deren jede in einer beobachtbaren oder meßbaren Merkmalsausprägung resultiert, wird *Grundgesamtheit* genannt. Dieser Begriff wird auch für die Menge aller Versuchsobjekte gebraucht, die die zu untersuchenden Merkmale aufweisen. In statistischer Hinsicht ist eine Grundgesamtheit durch die Wahrscheinlichkeitsverteilung der betrachteten Zufallsvariablen vollständig charakterisiert. Hat man z. B. eine normalverteilte Zufallsgröße, spricht man auch von normalverteilter Grundgesamtheit.

In der Realität kann aber immer nur eine – oftmals recht eng – begrenzte Anzahl von Versuchswiederholungen ausgeführt werden: Aus der Grundgesamtheit wird eine *Stichprobe* ausgewählt. Die Anzahl der Stichprobenelemente heißt Umfang der Stichprobe, die Breite des Variationsintervalls der Merkmalswerte wird *Spannweite* genannt.

In der Regel soll aus dem Stichprobenergebnis auf die Grundgesamtheit geschlossen werden. Damit werden über den aktuellen Beobachtungsbereich hinaus gültige, allgemeine Regel- oder Gesetzmäßigkeiten postuliert. Wurde z. B. im Düngemittelversuch an den Pflanzen der behandelten Gruppe gegenüber denen der *Kontrollgruppe* ein statistisch signifikanter Mehrertrag ermittelt, erwartet man höhere Erträge auch künftighin.

Der Natur der Sache nach sind aber alle Aussagen, die aus statistischen Vergleichen empirischer Daten untereinander bzw. aus ihrem Bezug auf eine Grundgesamtheit und damit auf ein zugrundegelegtes theoretisches Modell entstehen, Wahrscheinlichkeitsaussagen, d. h., sie sind mit einer *Irrtumswahrscheinlichkeit* behaftet.

Der Schluß von der Stichprobe auf die Grundgesamtheit, der das Ziel experimenteller wissenschaftlicher Arbeit ist, liefert nur dann zutreffende Wahrscheinlichkeitsaussagen, wenn die Stichprobe *repräsentativ* für die Grundgesamtheit ist, d. h. wenn sie gewissermaßen ein unverzerrtes, verkleinertes Abbild der Grundgesamtheit darstellt. Wendet man bei der Stichprobenerhebung eine Auswahlstrategie an, bei der Objekte mit bestimmten Merkmalswerten bevorzugt oder bei Versuchsdurchführung die Ausprägung bestimmter Merkmalswerte gefördert werden, spiegeln die Stichprobenergebnisse die Verteilungsverhältnisse in der Grundgesamtheit nicht richtig wider. Derartige systematische Fehler, über deren Größe zumeist keine Angaben gemacht werden können, werden durch *zufällige Auswahl* der Stichprobenelemente vermieden. Die Zusammensetzung von Kontroll- und Behandlungsgruppen für einen Stoffwechselversuch an Ratten z. B. sollte nicht durch anscheinend wahllose Zugriffe in den Käfig des Tierbestandes, sondern echt zufällig, etwa mittels Zufallszahlen, erfolgen.

Auch wenn ein und derselben Grundgesamtheit mehrere *Zufallsstichproben* entnommen werden, sind diese, des Wal-

tens von zufälligen Faktoren wegen, bezüglich der relativen Häufigkeiten der Merkmalswerte oder daraus abgeleiteter Kenngrößen, wie z. B. Stichprobenmittelwert oder -streuung, mehr oder weniger unterschiedlich. Für die Entscheidung, ob ein festgestellter Unterschied nur zufällig oder ob er wesentlich ist, muß für ihn ein Grenzwert vereinbart werden. Ist im konkreten Fall der Unterschied größer als dieser Grenzwert, sieht man es als unwahrscheinlich an, daß er lediglich durch zufällige Faktoren erzeugt wurde. Gleichbedeutend damit ist die Vereinbarung einer *Grenzwahrscheinlichkeit* α bzw. einer *Sicherheitswahrscheinlichkeit* $(1 - \alpha)$. In der Biologie wird in der Regel $\alpha = 5\%$ vorgegeben, wenn nicht aufgrund von Vorversuchs- oder anderweitigen Erkenntnissen ein anderer Wert sachgerechter erscheint.

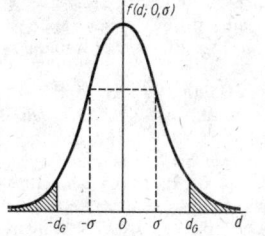

4 95%-Konfidenzbereich symmetrisch zum Erwartungswert einer $N(0,\sigma)$-verteilten Zufallsgröße

Für eine $N(0, \sigma)$-verteilte Zufallsgröße – unter bestimmten Bedingungen kann die Differenz D zweier Stichprobenmittelwerte eine solche sein – veranschaulicht Abb. 4 diese Zusammenhänge bei symmetrisch zum Erwartungswert 0 gewähltem *Sicherheitsbereich*, auch *Konfidenzintervall* genannt. Die schraffierten Flächen nehmen 5% der Gesamtfläche zwischen Glockenkurve und Abszissenachse ein. Die Grenzwerte sind $d_G = \pm 1{,}96\,\sigma$, vgl. Tab. 1. Wurde eine Mittelwertdifferenz d festgestellt, die außerhalb der Grenzen des Sicherheitsbereiches liegt, wird es als unwahrscheinlich angesehen, daß sie lediglich zufällig entstand. Der früher oft verwendeten 3 σ-Regel entspricht laut Tab. 1 eine Grenzwahrscheinlichkeit $\alpha = 0{,}27\%$. Andere zuweilen gewählte Grenzwahrscheinlichkeiten sind 10%, 1% oder 0,1%. Der Wahl einer dieser Vorgaben liegen im konkreten Fall keine mathematischen, sondern gegebenenfalls praktisch-fachliche Erwägungen zugrunde.

Häufigkeitsverteilung. Die Notierung von Stichprobenergebnissen erfolgt in einer *Urliste* in der Reihenfolge, in der die Daten gewonnen werden. Um einen Überblick über die Häufigkeitsverteilung der Merkmalswerte in der Stichprobe zu bekommen und um die rechnerische Auswertung zu erleichtern, werden die Daten ihrer Größe nach geordnet. Hierbei werden gleiche Merkmalswerte nur einmal geschrieben und die Häufigkeit ihres Auftretens vermerkt. Eine *Strichliste* als Urliste empfiehlt sich insbesondere bei der Notierung von Zählergebnissen. Die tabellarische Angabe der Merkmalswerte und ihrer Häufigkeiten ist eine *Häufigkeitstabelle*. Tab. 2 zeigt ein Beispiel. In einer Stichprobe von 53 männlichen Neugeborenen waren die Werte der stetigen Zufallsgröße »Körperlänge bei der Geburt«, auf 1 cm genau gemessen, in einer Urliste notiert und geordnet worden.

x_i	41	42	44	45	47	48	49	50
H_i	1	1	2	2	1	1	7	5
h_i	0,019	0,019	0,038	0,038	0,019	0,019	0,132	0,094

x_i	51	52	53	54	55	56	58	61
H_i	4	13	6	4	1	3	1	1
h_i	0,075	0,245	0,113	0,075	0,019	0,057	0,019	0,019

Tab. 2: Meßwerte x_i der Geburtskörperlänge von 53 Knaben sowie absolute und relative Häufigkeiten.

Biostatistik

x_i	42	45	48	51	54	57	60
H_i	2	4	9	22	11	4	1
h_i	0,038	0,075	0,170	0,415	0,208	0,075	0,019
kh_i	0,038	0,113	0,283	0,698	0,906	0,981	1,000

Tab. 3: Häufigkeitstabelle der Stichprobendaten von Tab. 2 bei Teilung der Spannweite in 7 gleichgroße Klassen. In Zeile 4 sind die kumulierten relativen Häufigkeiten $kh_i = \sum_{j \leq i} h_j$ eingetragen.

Zählergebnisse sind von vornherein insofern in Klassen gleicher Breite eingeteilt, als die Werte der diskreten Zufallsgröße »Anzahl« die natürlichen Zahlen sind. Aber auch die Realisationen einer stetigen Zufallsvariablen sind primär klassifiziert, da sie infolge der endlichen Meßgenauigkeit stets gekörnte Größen sind. Im Beispiel der Tab. 2 ist die durch das Meßverfahren bedingte Breite der Körnungsklassen konstant und gleich 1.

Die Verteilung der relativen Häufigkeiten der Merkmalswerte in einer Zufallsstichprobe ähnelt der *Wahrscheinlichkeitsverteilung* der Grundgesamtheit, aus der sie entnommen wurde, um so mehr, je größer der Stichprobenumfang ist. Für einen Vergleich der empirischen mit der angenommenen theoretischen Verteilung macht sich in der Regel eine sekundäre Klassifizierung erforderlich. Das Variationsintervall wird in eine gewisse Anzahl gleich breiter Klassen eingeteilt, und deren Besetzungszahlen werden ermittelt.

In Tab. 3 sind die Klassenmittenwerte x_i, die Klassenhäufigkeiten H_i und die relativen Häufigkeiten h_i für die Daten von Tab. 2 mitgeteilt, wobei die Spannweite dieser Stichprobe in Klassen der Breite 3 eingeteilt und der Körperlängenwert 42 cm als Mittenwert der 1. Klasse gewählt wurde. Abb. 5 zeigt das *Histogramm* dieser Häufigkeitsverteilung. Die Säulenhöhen sind proportional den empirischen Häufigkeiten.

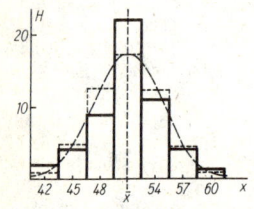

5 Histogramm der Häufigkeitsverteilung der Körperlänge (cm) von 53 männlichen Neugeborenen und das einer entsprechenden Normalverteilung (gestrichelt)

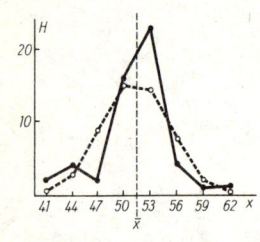

6 Häufigkeitspolygon der Daten »Körperlänge (cm) bei der Geburt« von 53 männlichen Neugeborenen bei Klassifizierung mit Klassenbreite 3 und kleinstem Merkmalswert als Mittenwert der 1. Klasse, sowie Polygon einer entsprechenden Normalverteilung (gestrichelt)

Eine weitere Möglichkeit der graphischen Darstellung einer Häufigkeitsverteilung der Realisationen einer stetigen Zufallsgröße ist das *Häufigkeitspolygon*, Abb. 6, während für diskrete Zufallszahlen ein Balkendiagramm, ähnlich wie in Abb. 3, S. 112, bevorzugt wird. Weniger aufschlußreich ist die Summenkurve, vgl. Abb. 3, S. 112, die das Bild der *empirischen Verteilungsfunktion* ist. Ihre Werte sind die kumulierten relativen Häufigkeiten, vgl. Tab. 3. Diese – möglichst aus der nicht sekundär klassifizierten Verteilung gewonnen – werden im Kolmogorov-Test zur Prüfung der Hypothese verwendet, daß die empirische Verteilungsfunktion im statistischen Sinne gleich der angenommenen theoretischen stetigen Verteilungsfunktion ist. Die Prüfung der Verteilung der Daten von Tab. 2 gegen eine Normalverteilung, deren Parameterwerte durch Stichprobenmittelwert und -streuung geschätzt werden, ergab, daß sich die Nullhypothese der Gleichheit beider Verteilungen auf einem Konfidenzniveau von 5% nicht ablehnen läßt.

Die statistische Prüfung einer Hypothese auf Verteilungsgleichheit erfolgt häufig auch mit dem χ^2-*Anpassungstest*. Bei ihm werden die Differenzen der beobachteten und der – unter Zugrundelegung der theoretischen Verteilung – zu erwartenden Häufigkeiten gebraucht. In Abb. 5 und 6 sind jeweils beide als Säulen bzw. Polygoneckpunkte gezeichnet. Die Durchführung des Tests auf dem 5%-Niveau erbrachte im Fall von Abb. 5 keine Ablehnung, bei Abb. 6 Ablehnung der Hypothese, daß die Stichprobe einer normalverteilten Grundgesamtheit entstammt.

Stichprobenkenngrößen. In der biostatistischen Praxis wird in der Mehrzahl der Auswertungen von Stichprobenergebnissen, die → Normalverteilung der Grundgesamtheit voraussetzen, diese Voraussetzung ungeprüft als erfüllt angesehen. Oftmals ist der Stichprobenumfang zu gering, um eine Häufigkeitsverteilung zu erstellen. Zur Charakterisierung eines Stichprobenergebnisses werden hauptsächlich Lokalisations- und Dispersionsmaße herangezogen. Sie beschreiben Lage und Ausdehnung der Stichprobenwerte x_i auf der x-Achse.

Die gebräuchlichsten Lokalisationsangaben sind das *arithmetische Mittel*, zumeist nur *Mittelwert* oder *Mittel* genannt, der *Median*, auch *Zentralwert* genannt, und der *Modalwert*, der auch *Mode* oder *Dichtemittel* heißt. Der Stichprobenmittelwert $\bar{x}$ wird nach $\bar{x} = \dfrac{\sum_{i=1}^{n} x_i}{n}$ berechnet, wobei n die Anzahl der Einzelwerte x_i ist. Der Median $\bar{x}_M$ ist bei ungeradem Stichprobenumfang n der mittelste Wert der ihrer Größe nach geordneten Meßwerte, bei geradem n das arithmetische Mittel aus den beiden mittleren Werten. Der Modalwert $\bar{x}_D$ ist der häufigste in der Meßwertreihe vorkommende Wert. Für das Beispiel von Tab. 2 ist $\bar{x} = 51,0$, $\bar{x}_M = 52$, $\bar{x}_D = 52$. Aus einer Häufigkeitstabelle wird das arithmetische Mittel nach der Formel $\bar{x} = \sum_{j=1}^{k} h_j x_j$ berechnet, worin die h_j die relativen Häufigkeiten der k verschiedenen Merkmalswerte in der Stichprobe sind. Für die Daten von Tab. 3 ergibt sich $\bar{x} = 50,9$ (sowie $\bar{x}_M = 51$, $\bar{x}_D = 51$).

Die gebräuchlichsten Streuungsmaße sind die *empirische Streuung*, auch *Stichprobenstreuung* genannt, $s^2 = SQ/(n-1)$, die *Spannweite*, die die Differenz aus größtem und kleinstem Meßwert in der Stichprobe ist; SQ ist die übliche Abkürzung für »Summe der Quadrate«, die nach $SQ = \sum_{i=1}^{n} (x_i - \bar{x})^2$, wenn der Mittelwert noch nicht bekannt ist nach $SQ = \sum x_i^2 - (\sum x_i)^2/n$, oder aus einer Häufigkeitstabelle nach $SQ = \sum_{j=1}^{k} H_j (x_j - \bar{x})^2$ berechnet wird. Die empirische Standardabweichung ist $s = \sqrt{s^2}$. Für die Daten von Tab. 2 bzw. Tab. 3 ergibt sich: SQ = 721,9 bzw. 710,8, s^2 = 13,9 bzw. 13,7, s = 3,73 bzw. 3,70, Spannweite (61−41) = 20 bzw. (60−42) = 18.

Die aus einer Stichprobe berechneten Maßzahlen repräsentieren die für die jeweilige Problemstellung wesentliche Information der Versuchsergebnisse in komprimierter Form. Zugleich verbindet man mit diesen Angaben in der Regel auch den Schluß auf die Grundgesamtheit: Stichprobenmittel und -streuung sind *Schätzwerte* der Verteilungsparameter Erwartungswert und Varianz einer Verteilung. Im konkreten Falle ist für eine sachbezogene Interpretation der spezielle Typ der Verteilung zu berücksichtigen. Bei vielen medizinischen, psychologischen oder soziologischen Untersuchungen interessiert oftmals der Modalwert, da sich ärztliche, hygienische u. ä. Maßnahmen auf das einstellen müssen, was am häufigsten vorkommt. Bei einer symmetrischen eingipfligen Verteilung, wie das die Normalverteilung ist, haben Median, Mode und arithmetisches Mittel in der Grundgesamtheit den gleichen Wert, vgl. Abb. 2. Für eine linkssteile Verteilung, z. B. die → Lognormalverteilung, ist die Lage der 3 Mittelwerte in Abb. 7 gezeigt.

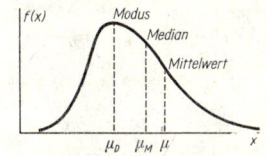

7 Lokalisierung der drei wichtigsten Lageparameter bei einer linkssteilen unimodalen Verteilung

Entnimmt man ein und derselben Grundgesamtheit wiederholt Zufallsstichproben des gleichen Umfangs, werden diese auch hinsichtlich der Werte der Stichprobenkenngrößen unterschiedlich sein. In diesem Sinne ist z. B. der Mittelwert eine Zufallsgröße, ihre Realisationen sind die jeweiligen, aus den Stichproben berechneten arithmetischen Mittelwerte. Mit zunehmendem Stichprobenumfang nimmt seine Variabilität ab. Die Variabilität wird wiederum durch die Streuung beschrieben. Die *Streuung des Mittelwertes* einer Stichprobe vom Umfang n ist $s_{\bar{x}}^2 = s^2/n$, worin s^2 die Streuung der Einzelwerte x_i ist, aus denen sich $\bar{x}$ ergibt. Der Mittelwert der in Tab. 2 verzeichneten Stichprobendaten hat die Streuung $s_{\bar{x}}^2 = 13,9:53 = 0,26$, seine Standardabweichung $s_{\bar{x}}$, auch *Standardfehler* oder *mittlerer Fehler des Mittelwertes* genannt, ist $s_{\bar{x}} = 0,51$. Ein Stichprobenergebnis wird zumeist in die Angabe $\bar{x} \pm s_{\bar{x}}$ zusammengefaßt; die Körperlängendaten von Tab. 2 werden also durch 51 ± 0,51 charakterisiert. Der Stichprobenumfang n ist anzugeben, um weitere Auswertungen und Vergleiche mit Ergebnissen anderer Untersucher zu ermöglichen. Für $n > 200$ hat das Intervall $\bar{x} \pm s_{\bar{x}}$ die Bedeutung eines *Konfidenzbereichs* mit der Sicherheitswahrscheinlichkeit von 68,3 %, vgl. Tab. 1, d. h., in 68,3 % aller Stichprobenentnahmen des Umfangs n enthält dieser Bereich den unbekannten Mittelwert μ der Grundgesamtheit, in 21,7 % der Fälle enthält er ihn nicht.

Prüfen von Hypothesen. Eine Vermutung über nicht oder nicht vollständig bekannte Wahrscheinlichkeitsverteilungen von Zufallsvariablen wird *statistische Hypothese* genannt. Die Richtigkeit einer jeden im naturwissenschaftlichen Bereich formulierten Hypothese kann prinzipiell nicht bewiesen, sondern lediglich widerlegt werden. Eine so verstandene Überprüfung einer statistischen Hypothese erfolgt mit Hilfe eines *statistischen Tests: Auf der Grundlage von Stichprobenergebnissen wird eine Entscheidung herbeigeführt, ob eine Hypothese abzulehnen oder nicht abzulehnen ist.* Hierbei liegt es in der Natur der Sache, daß Fehlentscheidungen möglich sind. Die Bedeutung statistischer Tests liegt unter anderem darin, daß die Wahrscheinlichkeit einer Fehlentscheidung objektiv an- oder vorgegeben werden kann.

Anhand der Stichprobe von Tab. 2 könnte die Hypothese zu überprüfen sein, ob diese Stichprobe aus der gleichen normalverteilten Grundgesamtheit stammt wie eine Stichprobe weiblicher Neugeborener vom Umfang n = 62, deren Ergebnisse in der Angabe 50,2 ± 0,61 zusammengefaßt sind. Eine andere Hypothese könnte lauten, daß die Daten von Tab. 2 Ergebnis einer Stichprobenerhebung aus einer $N(\mu, \sigma)$-verteilten Grundgesamtheit sind, wobei die Parameterwerte μ = 50 und σ = 3,5 aus einer Vielzahl früherer Untersuchungen bekannt sind. − Im Beispiel des Düngemittelversuchs mag die Hypothese formuliert werden, daß durch die Düngung keine Ertragssteigerung erzielt wird, daß also die Erwartungswerte der Verteilungen der »gedüngten« und der »ungedüngten« Grundgesamtheiten gleich sind. Soll anhand von 2 Stichproben auf eine vermutete Ungleichheit der beiden repräsentierten Grundgesamtheiten geschlossen werden, wird das Gegenteil, also Gleichheit, als Hypothese formuliert. Sie wird *Nullhypothese* genannt und häufig mit H_0 symbolisiert. Das Ziel besteht darin, sie zu verwerfen. Das geschieht dann, wenn es zu unwahrscheinlich ist, Stichprobenergebnisse mit der Gültigkeit von H_0 zu vereinbaren, was bedeutet, daß ein *statistisch signifikanter Unterschied* festgestellt wurde. Der Grad der Unwahrscheinlichkeit wird durch Vorgabe einer Grenzwahrscheinlichkeit α festgelegt, welche in diesem Zusammenhang Signifikanzniveau des statistischen Tests, *Signifikanz-* oder auch *Irrtumswahrscheinlichkeit* heißt. Sie gibt den Prozentsatz der Fehlentscheidungen an, daß aufgrund »unwahrscheinlicher« Stichprobenergebnisse eine Nullhypothese abgelehnt wird, obwohl sie richtig ist. Diese Fehlentscheidung wird *Fehler 1. Art* genannt.

Wenn das Testergebnis lautet, daß die Nullhypothese nicht verworfen wird − man sagt, H_0 wird akzeptiert − bedeutet das nicht, daß ihre Richtigkeit damit bewiesen wäre, sondern nur, daß sie nicht im Widerspruch zu den vorliegenden Stichprobenergebnissen steht und daher vorläufig noch nicht abzulehnen ist. Die Fehlentscheidung, eine Nullhypothese beizubehalten, obwohl sie falsch ist, wird *Fehler 2. Art* genannt: Ein bestehender statistisch signifikanter Unterschied wurde nicht entdeckt. Die Wahrscheinlichkeit dafür wird um so größer, je kleiner die Wahrscheinlichkeit α, einen Fehler 1. Art zu begehen, gewählt wurde. In der Praxis ist bei der Festlegung von α zu erwägen, welche Art Fehlentscheidung bei der jeweiligen Fragestellung gefährlichere Auswirkungen haben könnte.

Das Pendant zur Nullhypothese heißt *Alternativhypothese*. Im Düngemittelversuch wäre »Ertragssteigerung« die Alternativhypothese zu H_0: »gleiche Erträge«. Beim Vergleich der Geburtskörperlängen von Knaben und Mädchen wäre $\mu_K \neq \mu_M$ die Alternativhypothese zur $\mu_K = \mu_M$ formulierenden H_0. Im 2. Beispiel nennt man den statistischen Test *zweiseitig*, da sowohl $\mu_K < \mu_M$ als auch $\mu_K > \mu_M$ von der Alternativhypothese erfaßt werden; im 1. Beispiel ist der Test *einseitig* durchzuführen. Eine Nullhypothese abzulehnen bedeutet, die Alternativhypothese zu akzeptieren.

Bei der Durchführung eines statistischen Tests wird aus den Meßergebnissen der Wert einer *Prüfgröße* berechnet. Die Verteilung der Prüfgröße ist bekannt, die zum Signifikanzniveau α gehörenden Ablehnungsschwellen sind in statistischen Tafeln tabelliert. Überschreitet die berechnete Prüfzahl die Ablehnungsschwelle, wird H_0 verworfen, andernfalls akzeptiert. Die Frage etwa, ob die Daten von Tab. 2 einer $N(50; 3,5)$-verteilten Grundgesamtheit entstammen, wird durch Prüfung der Nullhypothese »$\mu_K = \mu$« beantwortet, wobei für μ_K sein Stichprobenschätzwert $\bar{x}$ = 51,0 verwendet wird. Die Prüfgröße $D = \sqrt{n}\,|\bar{x} - \mu|/\sigma$ ist standardnormal verteilt, die 5%-Ablehnungsschwellen sind $d_{5\%} = \pm 1{,}96$, vgl. Tab. 1. Im vorliegenden Fall ist der aufgrund der Stichprobe zu berechnende Wert $\hat{d}$ von $D\hat{d} = \sqrt{53} \mid 51 - 50 \mid /3{,}5 = 2{,}21 > \mid d_{5\%} \mid = 1{,}96$. H_0 wird abgelehnt, der Unterschied zwischen μ_k und μ ist statistisch signifikant. Für den Vergleich zweier Mittelwerte $\bar{x}_1, \bar{x}_2$ wird die Prüfzahl t des *Zweistichproben-t-Tests* für unabhängige Zufallsstichproben aus normalverteilten Grundgesamtheiten mit gleichen Varianzen nach der Formel

$$t = \frac{\mid \bar{x}_1 - \bar{x}_2 \mid}{\sqrt{\left(\dfrac{n_1 + n_2}{n_1 n_2}\right)\left(\dfrac{SQ_1 + SQ_2}{n_1 + n_2 - 2}\right)}}$$

berechnet. SQ_1, SQ_2 sind die Summen der Quadrate für Stichprobe 1 bzw. 2 und n_1, n_2 deren Umfänge. Für das Beispiel des Geburtskörperlängenvergleichs ist $t = 0{,}985$ und bei zweiseitiger Fragestellung ($\mu_K \neq \mu_M$) die aus einer Tafel der t-Verteilung für eine Irrtumswahrscheinlichkeit $\alpha = 0{,}05$ abzulesende Ablehnungsschwelle $t_\alpha = 1{,}98$. Da $t < t_\alpha$ ist, wird H_0 nicht abgelehnt, anhand der Stichproben kann also kein auf dem 5%-Niveau statistisch gesicherter Unterschied festgestellt werden. Der zuvor ausgeführte Test auf Gleichheit der Varianzen, für den der Prüfgrößenwert $\hat{F} = s_M^2 / s_K^2 = 1{,}66$ berechnet wird, ergab, daß die Nullhypothese »Varianzgleichheit« auf dem 5%-Niveau nicht im Widerspruch zu den Stichprobendaten steht. Die Ablehnungsschwelle $F_{0{,}05} = 1{,}72$ der F-Verteilung für diesen Fall wurde nicht überschritten.

Außer den statistischen Tests, bei denen Annahmen über die Art der Verteilung der Grundgesamtheit gemacht werden müssen, aus denen die Stichproben erhoben wurden – beim erwähnten t-Test z. B. die Normalverteilungsannahme – gibt es Tests, für die keine derartigen Annahmen erforderlich sind. Sie heißen *verteilungsfreie* oder *nichtparametrische Tests* und haben ihrer breiteren Anwendbarkeit wegen große praktische Bedeutung für die B. Hierzu gehören unter anderem der Kolmogorov-Test, der χ^2-Anpassungstest und die Rangkorrelation.

Korrelation und Regression. Gerade im biologischen Bereich sind sehr häufig Zusammenhänge zwischen 2 oder mehr Zufallsgrößen oder zwischen zufälligen und nichtzufälligen Variablen zu untersuchen. Dies sind Zusammenhänge funktional-stochastischer Art. Veränderungen der einen Größe bedingen funktionale Veränderungen der anderen Größe. Diese funktionale Beziehung ist aber durch zufällige Faktoren »gestört«, d. h. ihr sind zufällige Anteile überlagert (→ Biomathematik).

Derartige Zusammenhänge werden mittels Korrelations- und Regressionsanalysen untersucht. Die *Korrelationsanalyse* beantwortet bei einer wechselseitig gleichberechtigten Beziehung zwischen 2 Zufallsgrößen Z_1 und Z_2 – ein Beispiel ist der Zusammenhang zwischen Körpergröße und -gewicht bei Männern – anhand der paarweisen Realisationen (z_{1i}, z_{2i}) die Frage, *wie stark die Kovariation* ausgeprägt ist. Als Maß dafür wird der *Produkt-Moment-Korrelationskoeffizient* r aus den Stichprobendaten berechnet. Er ist eine Schätzung des Korrelationskoeffizienten ϱ in der Grundgesamtheit. Die Werte können nur zwischen -1 und $+1$ variieren. Wenn zwischen den beiden Zufallsgrößen kein Zusammenhang in dem Sinne besteht, daß Veränderungen der einen nicht mit Veränderungen der anderen einhergehen, sind sie *unkorreliert*, was zahlenmäßig $\varrho = 0$ heißt. In der Stichprobe drückt sich das darin aus, daß im Variationsintervall der einen sich die Werte der anderen Größe zufällig um ihren Mittelwert gruppieren und $r \approx 0$ sein wird. Bei *negativer Korrelation*, $r < 0$, nehmen die Werte der einen mit zunehmenden Werten der anderen im Mittel ab, bei *positi-*

ver Korrelation, $r > 0$, ändern sich beide Größen in der Tendenz gleichsinnig. Für $\mid r \mid = 1$ ist der korrelative in einen funktionalen Zusammenhang ausgeartet, die lineare Beziehung zwischen den beiden Größen wird durch keine Zufallsschwankungen getrübt.

Größere Bedeutung in der biostatistischen Praxis hat der *Rang-Korrelationskoeffizient* als Maß des korrelativen Zusammenhangs zwischen 2 Reihen von Meßwerten. Er kann auch für ordinalskalierbare Merkmale (→ Biometrie) berechnet werden, und die statistische Prüfung auf Bestehen einer Korrelation ist nicht an die Voraussetzung einer Normalverteilung bzw. nicht an die Annahme einer linearen funktionalen Beziehung zwischen den beiden Größen gebunden.

Bei der *Regressionsanalyse* steht die Aufgabe im Vordergrund, aufgrund der Werte der einen Größe die der anderen zu schätzen. Man sagt, daß die Regression der Erwartungswert der Zufallsgröße Y unter der Bedingung, daß die Zufallsgröße X die Realisation x_i angenommen hat, ist. Im mathematischen Sinne ist die Variable x die unabhängige, der bedingte Erwartungswert $\hat{y}$ der Zufallsgröße Y die abhängige Variable der funktionalen Beziehung: $\hat{y} = f(x)$.

Aus der Problemstellung ergibt sich, welche der beiden in Beziehung zueinander stehenden Größen als unabhängige Variable zu wählen ist. Oftmals ist nur die Zielgröße Y eine Zufallsgröße, die Werte der unabhängigen Veränderlichen können im Versuch festgelegt werden. Diesen Fall nennt man *modifiziertes Regressionsproblem*. Ein Beispiel sind die im Düngungsversuch vorgebbaren Konzentrationsstufen des Einflußfaktors »Düngemittel«. In diesem Fall ist, wie allgemein bei Dosis-Wirkungs-Beziehungen, sogar ein kausaler Zusammenhang vorhanden. Er kann aber auch lediglich formal-mathematischer Art sein, wie das beispielsweise bei Wachstumsvorgängen zwischen der zufallsbeeinflußten Wachstumsgröße und der Zeit der Fall ist (s. S. 106, Abb. 2).

Ist die gemeinsame Verteilung von X und Y in der Grundgesamtheit bekannt, kann der bedingte Erwartungswert $\hat{y} = f(x)$ ausgerechnet werden. Für eine zweidimensionale Normalverteilung – das Bild ihrer Wahrscheinlichkeitsdichte ist eine glockenförmige Erhebung über der x-y-Ebene – ergibt sich eine Gerade. Die Schätzung $\hat{y}$ aus den n Stichprobenpaaren (x_i, y_i) lautet $\hat{y} = \bar{y} + b_{yx}(x - \bar{x})$, worin $\bar{x}$, $\bar{y}$ die arithmetischen Mittelwerte der x_i, y_i und b_{yx} der *Regressionskoeffizient* der Regression von y auf x sind. Letzterer wird nach der Formel

$$b_{yx} = \frac{\sum_{i=1}^{n}(x_i - \bar{x})(y_i - \bar{y})}{\sum_{i=1}^{n}(x_i - \bar{x})^2}$$

berechnet. Für das Zahlenbeispiel (0; 1), (1; 2,5), (2,5; 1,5), (3; 2), vgl. Abb. 8, ist ein Stück der berechneten *Regressionsgeraden* $\hat{y} = 1{,}75 + 0{,}154(x - 1{,}625)$ in der Abbildung eingezeichnet.

Eine Schätzung $\hat{y} = f(x)$ der Regression kann aus den Stichprobendaten aber auch errechnet werden, ohne die Annahme eines bestimmten Verteilungstyps machen zu müssen. Im biologischen Bereich ist in der überwiegenden Mehrzahl der Fälle der Typ der gemeinsamen Verteilung

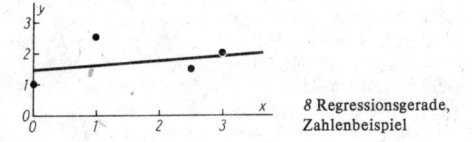

8 Regressionsgerade, Zahlenbeispiel

von X und Y ohnehin nicht bekannt. Diese Schätzung der Regression wird *empirische Regression* genannt, sie kann allerdings nicht in einen analytischen Ausdruck für die funktionale Beziehung $f(x)$ zusammengefaßt werden. Die einfachste Art der empirischen Regression besteht in der Berechnung der Folge von Mittelwerten $\bar{y}_i$, wenn für x_i jeweils mehrere Meßwerte y_{ij} vorhanden sind. Modernere Versionen gestatten auch die Berechnungen von Regressionswerten an beliebigen Stellen zwischen den x_i, so daß eine glatte empirische Regressionskurve erhalten wird. Übertragen auf das modifizierte Regressionsproblem, zeigt Abb. 2 im Abschnitt → Biomathematik ein Beispiel einer empirischen *Regressionskurve*.

Soll die Beschreibung der funktionalen Beziehung $\hat{y} = f(x)$ mittels eines analytischen Ausdrucks geschehen, müssen aus dem Sachzusammenhang erwachsende Hinweise auf den Funktionstyp vorliegen. Wenn dies nicht der Fall ist, wird beim modifizierten Regressionsproblem zumeist nach äußerlichen oder mathematisch-formalen Gesichtspunkten ein als geeignet erscheinender Funktionsausdruck gewählt, und dessen Parameter werden an die Stichprobendaten angepaßt (→ Biometrie). Ein solcher Ausdruck hat nur in dem Intervall, in der Regel das Variationsintervall der unabhängigen Variablen in der Stichprobe, Gültigkeit, in dem die Anpassung vorgenommen wurde. Mangels Argumenten wird hierzu häufig die lineare Funktion $y = a + bx$ herangezogen. Abb. 9 zeigt Ergebnisse morphometrischer Messungen, x ist keine Zufallsgröße. Da es sich von der Sache her um einen »Sättigungsvorgang« handelte, was im Verlauf der Meßpunkte bereits durch die sichtbare Krümmung zum Ausdruck kommt, wurde der Funktionsansatz $y = a(1 - \exp(-bx))$ zur Erfassung des funktionalen Zusammenhangs gewählt. Die Parameterwerte der an die Meßwerte bestangepaßten Funktion dieses Typs, deren Kurve in Abb. 9 gezeichnet ist, waren zu $a = 0,82$ und $b = 0,27$ berechnet worden.

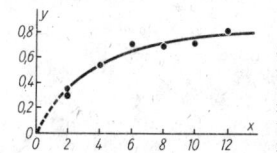

9. Nichtlineare Regression: Ergebnisse morphometrischer Messungen und Beschreibung der funktionalen Beziehung mittels eines an die Meßwerte bestangepaßten nichtlinearen Funktionsausdrucks

Biostratigraphie, Teilgebiet der historischen Geologie. Mit Hilfe von Leitfossilien ordnet die B. die Gesteine nach ihrer zeitlichen Bildungsfolge und stellt eine relative, biochronologische Skala zur Datierung aller erdgeschichtlichen Vorgänge auf. Grundlage der Gliederung ist die Entwicklung der Lebewelt, der Fossilinhalt.

Biostratinomie, von J. Weigelt (1933) begründete Arbeitsmethode, die spezifische Zustände und Faktoren, die an gegebener Stelle während der Ablagerung organischer Reste wirksam werden, ermittelt. Sie untersucht die mechanischen Lagebeziehungen der organischen Reste (Fossilien) zueinander und zum Sediment. Die B. ist ein Teilgebiet der → Paläontologie, speziell der Fossilisationslehre.

Biostrepsis, → Verbänderung.

biotechnische Bekämpfungs- und Überwachungsverfahren, Maßnahmen, die, von der Biologie des bekämpfenden Schädlings ausgehend, auf eine sparsamere, effektivere oder spezifischere Anwendung von Pestiziden abzielen oder deren Einsatz überflüssig machen. In ihrer Zielstellung entsprechen die b. B. Ü. damit weitgehend der → biologischen Bekämpfung. In den letzten Jahren hat vor allem der Einsatz von *Lockstoffen* (*Attraktantien*) ein kaum vorherzusehendes Ausmaß erreicht. Als Lockstoffe kommen z. B. Nahrungsbestandteile und andere Fraßauslöser (*Phagostimulantien*) in Frage, besondere Bedeutung haben jedoch Sexuallockstoffe (*Sexualpheromone*) erlangt, die in der Regel allein die ♂♂ anlocken. Lockstoffe können angewendet werden, um die Stärke des Schädlingsauftretens festzustellen, Bekämpfungsmaßnahmen optimal zu terminieren, die Anwendung von Pestiziden auf kleine, nur von der Zielart aufgesuchte Teilflächen (z. B. Fraßköder, Fangbäume) zu beschränken.

Damit ist es möglich, die Nebenwirkungen unspezifischer Pestizide zu verringern. Mitunter gestattet auch die durch in großer Dichte angebrachte Lockfallen vorgenommene Dezimierung der ♂♂ einen Verzicht auf andere Bekämpfungsmaßnahmen. Die »*Konfusionsmethode*«, bei der ein Geländestück so mit Sexuallockstoff angereichert wird, daß die bei der Partnersuche geruchsorientierten ♂♂ die ♀♀ nicht mehr orten können, hat sich im Versuchsmaßstab bewährt, aber noch kaum Eingang in die Praxis gefunden. Heute werden bereits zahlreiche Lockstoffe angeboten, besonders solche für Schmetterlinge und Borkenkäfer. Zu den b. B. Ü. gehört ferner die Anwendung von *Abschreckstoffen* (*Repellentien*) und von synthetischen Hormonen, die schon in winzigen Aufwandmengen wirken. Hier hat man vor allem auf die Juvenilhormone der Insekten große Hoffnungen gesetzt, die bisher aber noch nicht erfüllt haben.

Lit.: → biologische Bekämpfung.

Biotechnologie, Verfahrenskunde von der Anwendung von Organismen, insbesondere Mikroorganismen, und ihren Leistungen für die Entwicklung und Durchführung technischer Prozesse in der Produktion und anderen Wirtschaftsbereichen. Große Erfolge erzielte die B. bereits bei der Herstellung von Futterhefen, Antibiotika, Steroidhormonen, Aminosäuren, Enzymen und anderen Produkten sowie bei der Abwasserreinigung. Wichtige Aufgaben liegen in der Produktion von Eiweiß für Futter- und Ernährungszwecke aus gut zugänglichen Rohstoffen.

Biotin, svw. Vitamin H, → Vitamine.

biotische Faktoren, → Umweltfaktoren.

biotisches Potential, Ausdruck für das spezifische Verhältnis von Fortpflanzungs- und Überlebenspotential einer Art, als Maß für deren »Vermehrungskraft«. Im übertragenen Sinn auch Bezeichnung für die Regenerationsfähigkeit von Ökosystemen.

Biotop, *Ökotop, Habitat,* nach Dahl (1908) die → Lebensstätte der → Biozönose, die Gesamtheit der abiotischen Elemente (physiographische Faktoren) eines empirisch abgrenzbaren → Ökosystems (z. B. Hochmoor, Binnensee).

Biotopbindung, *Standorttreue,* Ausdruck für die Stärke der Bindung einer Art an eine bestimmte → Lebensstätte oder als *Gemeinschaftstreue* an deren → Biozönose. Die B. einer Art bezeichnet die spezielle Toleranz einer Art gegenüber konkreten Kombinationen von Umweltfaktoren. *Stenotope* Arten sind streng an eine bestimmte Lebensstätte oder eine eng umgrenzte Gruppe von ähnlichen Lebensstätten gebunden. *Eurytope* Arten dagegen sind → Ubiquisten, die in vielen verschiedenen Biotopen für sie geeignete Bedingungen finden. Die Strenge der B. einer Art nimmt in der Regel zu den Grenzen des Verbreitungsgebietes der Art zu, d. h. die B. hat meist nur regionale Gültigkeit. So zeigen wärmeliebende südliche Arten oft an der Nordgrenze ihres Verbreitungsgebietes eine strenge Bindung an Kalkböden oder südexponierte Trockenhänge, während sie im zentralen Teil ihres → Areals diese Standorte unter Umständen bereits meiden bzw. ein wesentlich breiteres Spektrum von Biotopen zu besiedeln in der Lage sind. In extremen Fällen liegt → Biotopwechsel vor. Für die B. sind nicht nur physiographische Faktoren von großer Bedeutung, sondern z. B. auch das Auftreten von Konkurrenten. So sind konkurrenzschwache Arten oft gezwungen, in Extrembiotope auszuweichen, die vom Konkurrenten nicht besiedelt werden (→ Nische).

Dem regionalen Grad der B. entsprechend werden unterschieden: 1) euzöne Arten; dazu gehören zönobionte (treue) Arten, die nur in einem bestimmten Biotop auftreten (z. B. *tyrphobionte,* nur in Mooren anzutreffende Organismen) und *zönophile* (feste) Arten, die einen bestimmten Biotop deutlich bevorzugen (→ Präferenz), aber auch in ähnlichen anderen Lebensstätten anzutreffen sind. So bevorzugen halophile Organismen Salzstellen, sind aber in ihrem Vorkommen nicht auf diese beschränkt. 2) tychozöne (holde) Arten zeigen eine relativ strenge Bindung an eine konkrete Faktorenkombination, die in verschiedenen, aber ähnlichen Biotopen realisiert ist. 3) azöne (vage) Arten, Ubiquisten, sind ohne erkennbare Bindung an einen bestimmten Biotop gebunden. 4) xenozöne (fremde) Arten, finden optimale Bedingungen in einem anderen Biotop, treten aber gelegentlich oder regelmäßig, aber in geringer Anzahl, in dem betrachteten Biotop auf, für den sie als fremd gelten.

Biotopwechsel, Wechsel der Lebensstätte. Der Begriff B. bezeichnet die Tatsache, daß ein Organismus die für ihn lebenswichtigen Existenzbedingungen je nach Klimaregion in unterschiedlichen Biotopen realisiert findet. So sind einige Arten in Küstennähe typische Feldbewohner, während sie im mehr kontinentalen Klima nur in Wäldern die ihnen zusagenden Existenzbedingungen finden. Streng an konkrete mikroklimatische Bedingungen gebundene Arten sind die *bioklimatischen Leitformen.*

biotradiertes Verhalten, svw. Tradition.

Biotransformation, Umwandlung von Stoffen mit Hilfe von Organismen. Eine wichtige Rolle spielt die B. z. B. bei der Ausscheidung von körperfremden Stoffen (Xenobiotika), die, bedingt durch ihre chemische Struktur, nicht in die normalen Stoffwechselwege eingeschleust werden können und daher den Organismus wieder verlassen müssen. Bei wasserunlöslichen, lipophilen Verbindungen erfolgt häufig eine B. zu wasserlöslichen und damit ausscheidungsfähigeren Metaboliten. Das erste nachgewiesene Biotransformationsprodukt war die Hippursäure, die schon 1842 nach Einnahme von Benzoesäure im Harn identifiziert werden konnte. Bei der enzymatischen mikrobiologischen Transformation sind die zugesetzten Ausgangssubstanzen für das Wachstum der Mikroben nicht lebensnotwendig. Die Zellen werden lediglich als katalytisches System genutzt. Die Abgrenzung des Begriffs »Transformation« ist nicht eindeutig: z. B. stellt auch die Oxidation von Ethanol zu Essigsäure eine Transformation (unter Substratnutzung) dar. Bei den meisten Transformationen von zellfremdem Material ist deren Bedeutung für die Zellen unklar. Es kann sich dabei um Abbau- oder Detoxikationsreaktionen handeln. Die B. mit Hilfe von Mikroorganismen wird in steigendem Maße z. B. zur Gewinnung von Arzneimitteln angewandt.

Biotyp, 1) von dem Genetiker Johannsen geprägter Begriff für alle erblich gleichen Individuen einer Population, die durch Selbstbefruchtung oder Parthenogenese erzeugt wurden. Im weiteren Sinne versteht man unter B. die Gesamtheit der Phänotypen, die zu einem bestimmten Genotypus gehören. 2) svw. physiologische Rasse.

Biozön, svw. Biozönose.

Biozönologie, *Biozönotik,* ein Wissensgebiet, das sich mit der Abgrenzung und Klassifikation von Lebensgemeinschaften beschäftigt. Als Teilgebiet der Synökologie (→ Ökologie) wird die B. oft mit dieser gleichgesetzt. Grundlage der B. ist die Existenz der → Biozönose, einer empirisch schwer umgrenzbaren Einheit.

biozönologische Charakteristika, *ökologische Charakteristika,* die Zusammensetzung und Struktur von Lebensgemeinschaften beschreibende Meßgrößen. Es werden absolute, relative und strukturelle Charakteristika unterschieden. 1) Charakteristika der absoluten Menge beziehen sich auf Flächen oder Raumeinheiten, z. B. Abundanz, Biomasse, Bioenergie. 2) Charakteristika der relativen Menge drücken den relativen Mengenanteil (in %) einer Art, Gruppe oder einer anderen Einheit an der Gesamtindividuenzahl, der Gesamtbiomasse u. a. aus, z. B. Dominanz, Gewichtsdominanz, Energiedominanz. 3) Strukturelle Charakteristika geben Auskunft über Zusammensetzung und Struktur von Lebensgemeinschaften, sie werden vor allem zum Vergleich der Leistungen verschiedener Lebensgemeinschaften genutzt, z. B. Konstanz, Dispersion, Evenness, Diversität, Information.

Eine Reihe von vergleichenden Charakteristika, z. B. die → Jaccardsche Zahl, die Dominantenidentität, der → QS-Wert, die → Divergenz, drücken, unterschiedlich dimensioniert, die Relation zwischen dem Anteil der in zwei verglichenen Lebensgemeinschaften gemeinsam vorkommenden Arten (bzw. deren Individuenanteil) und dem Anteil, der nur jeweils in einer der beiden Gemeinschaften auftretenden Arten aus und lassen sich alle demnach auf das Verhältnis Durchschnittsmenge : Vereinigungsmenge reduzieren.

Biozönose, *Biozön, Lebensgemeinschaft,* von Möbius geprägter Begriff »für eine solche Gemeinschaft von lebenden Wesen, für eine den durchschnittlichen äußeren Lebensverhältnissen entsprechende Auswahl und Zahl von Arten und Individuen, welche sich gegenseitig bedingen und durch Fortpflanzung in einem abgemessenen Gebiet dauernd erhalten«. Wichtige Merkmale dieser Lebensgemeinschaft sind die immer wiederkehrende konkrete Kombination von Arten in einer aufeinander abgestimmten relativen Häufigkeit (→ Dominanz) und der zwischen den Gliedern dieser B. herrschende typische Verknüpfungsgrad ihrer Beziehungen.

Balogh unterscheidet folgende Biozönosetypen: 1) *B. im engeren Sinn* (flächig), das sind Lebensgemeinschaften, die eine große räumliche Ausdehnung haben (z. B. die verschiedenen *Waldbiozönosen*). 2) *Saumbiozönosen* (linienartig), die sich an der Grenze von verschiedenen echten B. ausbilden. 3) *Zonationsbiozönosen* (bandförmig), bilden sich in Faktorengradienten z. B. an Ufern. 4) *Choriozönosen* (punktförmig), Kleinbiozönosen, die in die oben genannten Biozönosetypen eingebettet sind, aber sich diesen trotz ihrer geringen Ausdehnung durch charakteristische Artenkombinationen unterscheiden.

Neben diesen weitgehend »natürlichen« B. existieren noch die → Kulturbiozönosen, die stärker vom Menschen beeinflußt werden. Diese Biozönosetypen können zu Komplexen zusammentreten. Als *Mosaikkomplexe* werden mosaikartig miteinander verzahnte B. bezeichnet (z. B. Busch-Savanne). *Zonationskomplexe* werden durch die oft auf engstem Raum aufeinander folgenden Zonationszönosen gebildet (z. B. Meeresufer).

Die B. ist aus statischen Strukturelementen aufgebaut; eines der wichtigsten Grundelemente ist der → Semaphoront bzw. die aus Semaphoronten aufgebaute Population. Solche Elemente können zu komplexen Einheiten, *Merozönosen* zusammentreten, die für bestimmte Strukturteile der B. charakteristisch sind (z. B. Blüten, Stengel, Früchte mit entsprechender Mikroflora und -fauna). Diese Merozönosen treten flächig zu *Stratozönosen* zusammen, das sind die Teil-Lebensgemeinschaften der sich in vertikaler Gliederung ablösenden Schichten (Strata, Horizonte) einer B. (z. B. Krautschicht, Kronenschicht, Bodenhorizonte). Zwischen den Strukturelementen einer B. bestehen sehr kom-

System der wichtigsten Lebensstätten mit besonders unterschiedlichen Lebensgemeinschaften

Temperatur- und Feuchtigkeitsverhältnisse in entscheidenden Lebensperioden		Lebensräume ohne geschlossene Vegetationsdecke	Gras- und Krautfluren	Wälder (und hohe Strauchformationen)
Varianten		1. LITORÄA		2. HYLÄA
Faktoren im Überfluß: Nässe	warm	Kahle Ufer- und Strandzonen der Tropen und Subtropen (im Wasserbereich)	Tropische und subtropische Überschwemmungsgebiete, Salz- und Sumpfwiesen	Tropische, subtropische, montane Regenwälder (Mangrovewälder)
				3. SILVÄA
	kühl	Kahle Ufer- und Strandzonen der gemäßigten Klimagebiete (im Wasserbereich)	Röhrichte, Wiesenmoore, Sumpf- und Salzwiesen der gemäßigten Gebiete. Subarktische und subalpine Hochstaudenwiesen	Mesophile Sommerlaubwälder, Bruch- und Sumpfwälder
		4. TUNDRA		5. TAIGA
Faktoren im Überfluß: Kälte	trocken bis feucht	Kältewüsten (subnivale Polsterpflanzenzone, Felshänge)	Nordische und alpine Grasheiden, arktische und maritime Zwergstrauchheiden	Nordische Koniferenwälder, subalpine Nadelwälder
	naß	Gletscher- und Schneerandzonen (Schneeböden, Schneetälchen)	Tundramoore, baumlose Hochmoore	Waldhochmoore
		6. WÜSTE	7. STEPPE	8. SKLERÄA
Faktoren im Überfluß: Trockenheit	heiß	Stein-, Lehm-, Löß-, Sandwüsten und Halbwüsten (Lomas)	Baum-, Kraut- und Grassteppen	Trockene Dorn- und Savannenwälder
	warm	Flugsanddünen, harte Steilwände, Felsenheiden	Steppenheiden, Sandgrasheiden	Hartlaubgehölze, Kiefernheidewälder, Steppenlaubwälder, Trockenstrauchheiden

plizierte dynamische Beziehungen, die in ihrer Gesamtheit als *Beziehungsgefüge* bezeichnet werden. Einzelne Teilaspekte dieser komplizierten Sachverhalte lassen sich darstellen, z. B. die »Verknüpfung des Nahrungsnetzes« als → biozönotischer Konnex.

In enger Wechselwirkung mit dem → Biotop bildet die B. mit diesem zusammen eine weitgehend selbstregulative Einheit, die *Biogeozönose*. Mit ihrer → Umwelt befindet sich die B. in einem dynamischen Fließgleichgewicht, d. h., sie ist über einen relativ großen Zeitraum in der Lage, sich mehr oder weniger zu reproduzieren. Veränderungen erfährt die B. durch → Sukzession und → Evolution.

Nach Tischler (1955) lassen sich die Lebensgemeinschaften der Landtiere auf der Grundlage ihrer Lebensstätten wie in der obigen Tab. gliedern.

Die größte biozönotische Einheit ist das *Biom*, die charakteristische Lebensgemeinschaft einer Bioregion, z. B. sommergrüner Laubwald Europas, der dem Biomtyp Silväa zugehört.

Biozönotik, svw. Biozönologie.
biozönotische Grundregeln, → ökologische Regeln, Prinzipien und Gesetze.
biozönotischer Konnex, Beziehungsgefüge einer Lebensgemeinschaft, wird meist auf der Grundlage der → Nahrungsbeziehungen dargestellt (s. Abb. S. 120).
Biozytin, → Vitamine (Abschn. Vitamin H).
Bipedie, *Zweifüßigkeit,* funktionell-anatomische Bezeichnung für die Fortbewegung von Wirbeltieren, die dazu nur oder fast ausschließlich die Hintergliedmaßen verwenden können. Bipeden sind z. B. Laufvögel, wie Strauß,

Nandu u. a., Känguruh und Mensch, aber auch manche Dinosaurier, wie *Tyrannosaurus, Iguanodon* u. a. Der Mensch hat die B. auf einer relativ frühen stammesgeschichtlichen Entwicklungsstufe erreicht.

Birkengewächse, *Betulaceae,* eine Familie der Zweikeimblättrigen Pflanzen mit etwa 70 Arten, die überwiegend in der nördlichen gemäßigten Zone vorkommen. Es sind sommergrüne Holzpflanzen mit wechselständigen, ungeteilten Blättern ohne Nebenblätter und eingeschlechtigen einhäusigen Blüten, die zu köpfchen- oder kätzchenförmigen Blütenständen vereint sind. Die männlichen Blüten stehen zu mehreren in der Achsel der Tragblätter. Die Übertragung des Pollens erfolgt durch den Wind, der zweifächerige Fruchtknoten entwickelt sich zu einer einsamigen, geflügelten Nuß. Zu den B. gehören zwei Gattungen: Birke, *Betula*, und Erle, *Alnus*. Die **Birken** sind durch mehr oder weniger auffällige, weiße oder gelbliche Rinde gekennzeichnet. Bekannteste Art ist die **Hänge-** oder **Weißbirke,** *Betula pendula*, deren anfangs reinweiße Rinde bald schwarz und borkig wird. Sie wird bis 25 m hoch und ist in Europa und Kleinasien als Zier- und Forstbaum verbreitet und liefert wie die bis 15 m hoch werdende, von Mitteleuropa bis Sibirien vorkommende **Moorbirke,** *Betula pubescens*, den medizinisch verwendeten Birkenteer. Die **Erlen** sind feuchtigkeitsliebende Bäume oder Sträucher, deren geflügelte Nüßchen in holzigen, zapfenartigen Fruchtständen ausgebildet werden. In Europa und Vorderasien sind die **Schwarzerle,** *Alnus glutinosa*, in nassen Bruchwäldern und Ufergehölzen der Niederungen und die **Grauerle,** *Alnus incana*, an feuchten Standorten in den Gebirgen verbreitet.

Birkengewächse

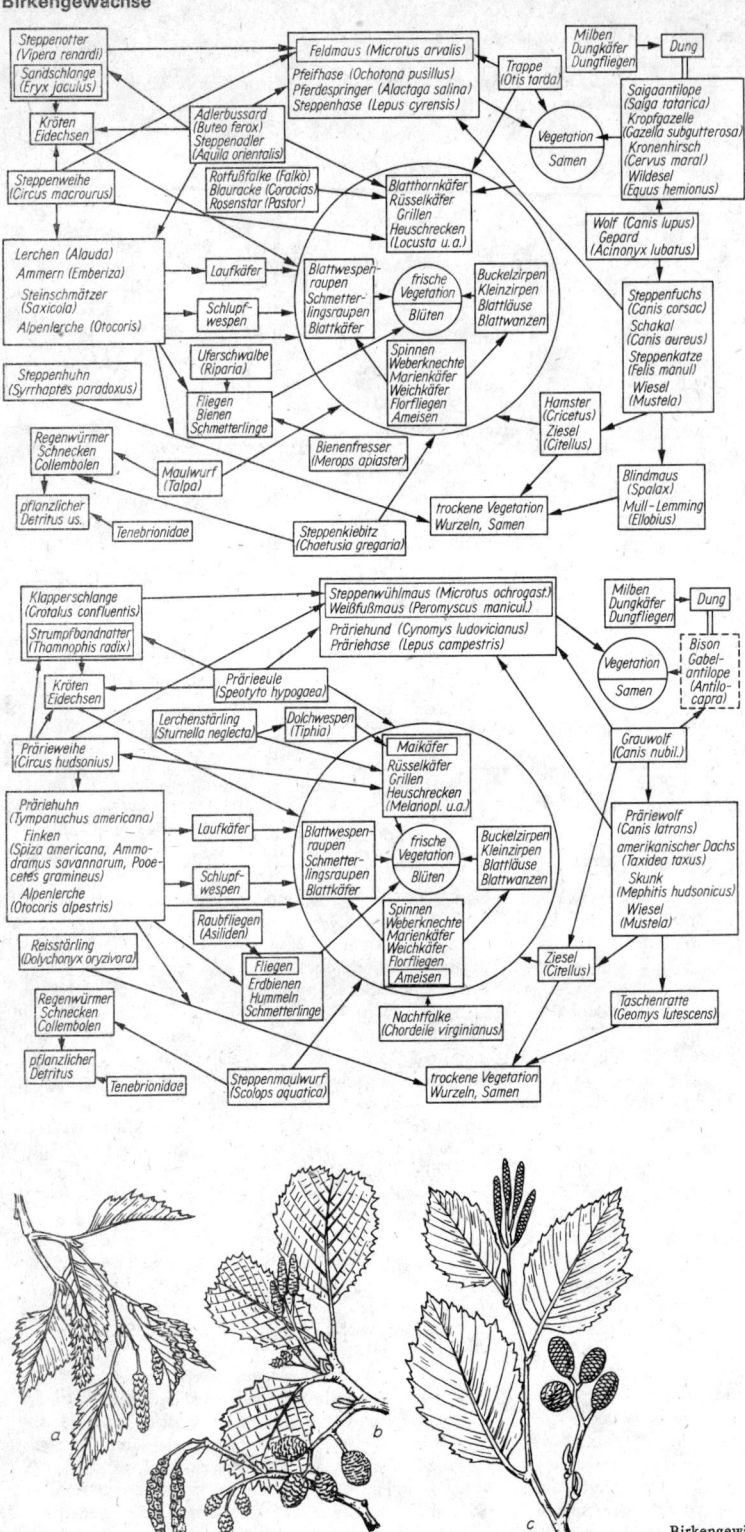

Vergleich des biozönotischen Konnexes der asiatischen und der nordamerikanischen Steppe als Beispiel für die Stellenäquivalenz in Isozönosen (nach Tischler 1955)

Birkengewächse: *a* Hängebirke, *b* Schwarzerle, *c* Grauerle

Beide leben meist in Symbiose mit dem Strahlenpilz *Actinomyces alni*, der Luftstickstoff binden kann und die Bildung von Wurzelknöllchen verursacht.

Birkenmaus, → Hüpfmäuse.

Birkenpilz, → Ständerpilze.

Birkhuhn, *Lyrurus tetrix*, ein etwa haushuhngroßes Rauhfußhuhn, das von den Britischen Inseln bis Korea verbreitet ist. Der Hahn hat ein glänzend schwarzes Gefieder mit weißer Flügelbinde und lyraförmigem Schwanz. Bei der Balz leuchten die weißen Unterschwanzdecken weithin. Die Henne sieht braun aus. Die Hähne balzen auf bestimmten Plätzen in der Morgendämmerung. Das B. bewohnt Moore und Heiden im Tiefland und bis zur oberen Waldgrenze im Gebirge.

Birne, → Rosengewächse.

Birnmoose, → Laubmoose.

Bisamratte, *Ondatra zibethica*, eine sehr große → Wühlmaus mit seitlich zusammengedrücktem Schwanz und Schwimmborstensäumen an den Hinterfüßen. Die B. legt ihre Bauten an Gewässern an und wird durch Unterwühlen von Deichen schädlich. Als Pelztier wurde sie 1906 von Nordamerika nach Europa und später auch Asien eingeführt und hat sich hier stellenweise eingebürgert.

Lit.: M. Hoffmann: Die B. (Leipzig 1952).

Bisamrüßler, → svw. Desman.

Bischofsmütze, → Kakteengewächse.

bisexuelle Potenz, → Geschlechtsbestimmung.

Bison, *Bison bison*, ein dem Wisent ähnliches Wildrind, das aber vorn noch stärker überbaut und behaart ist. Ursprünglich bewohnte der B. in riesigen Herden die nordamerikanischen Prärien, wurde jedoch im vorigen Jahrhundert in so starkem Maße gejagt, daß sein Bestand schließlich nur durch strenge Schutzmaßnahmen gesichert werden konnte. Vom B. gibt es in Kanada noch in einem sehr geringen Bestand eine an das Waldleben angepaßte Form. Tafel 37.

Lit.: H. Heck: Der B. (Wittenberg 1968).

Bitterling, *Rhodeus sericeus amarus*, in Mitteleuropa verbreiteter kleiner Karpfenfisch, der in klaren Gewässern mit Teichmuscheln vorkommt. Das Männchen ist zur Laichzeit prächtig gefärbt. Das Weibchen legt etwa 40, relativ große Eier mit Hilfe einer langen Legeröhre in die Kiemenraum von Teichmuscheln ab. Die Jungfische verlassen die Muschel erst in voll entwickeltem Zustand. Der B. ist ein beliebter Aquarienfisch für das Kaltwasseraquarium.

Bitterstoffe, bitter schmeckende Pflanzeninhaltsstoffe, die unter anderem in Enzianarten, Hanfgewächsen und Korbblütlern vorkommen. Bekannte B. sind Absinthin, Arnizin, Gentiopikrin, Pikrokrozin, Pikrotoxin und Lupulon. B. werden bei der Herstellung von Genußmitteln und medizinisch zur Appetitanregung sowie Steigerung der Magensaftsekretion verwendet.

Bivalent, zwei in der ersten meiotischen Teilung gepaarte homologe oder partiell homologe Chromosomen. Bei diploiden Organismen treten normalerweise in der Meiose I so viele B. auf, wie der haploide Chromosomenbestand Chromosomen enthält. Zum Zusammenhalt der an den B. beteiligten Paarungspartner bis zur Anaphase I der Meiose ist im allgemeinen Crossing-over und Chiasmabildung erforderlich. Anderenfalls erfolgt vorzeitige Paarungslösung, *Desynapsis*, und das ursprüngliche B. zerfällt in zwei Einzelchromosomen (Univalente). B. werden als heteromorph bezeichnet, wenn die Paarungspartner strukturell nicht vollständig übereinstimmten, d. h. einander nur partiell homolog waren. Derartige Strukturunterschiede sind die Folge von → Chromosomenmutationen.

Bivalvia, → Muscheln.

Bixin, der Monomethylester einer zu den → Karotinoiden zählenden Dikarbonsäure (→ Karbonsäuren) mit 24 Kohlenstoffatomen und neun konjugierten Doppelbindungen, der als roter Farbstoff in den Samen des tropischen Baumes *Bixa orellana* enthalten ist und zur Lebensmittelfärbung verwendet wird.

bizyklisch-hapaxanthe Pflanzen, → Mehrjährigkeit.

Blaniulidae, → Doppelfüßer.

Bläschendrüsen, *Vesiculae seminales*, bei männlichen Säugern und Menschen an der Spermabildung beteiligte, in den Samenleiter mündende Drüsen.

Bläschenfollikel, → Oogenese.

Bläschenkörper, *multivesikulärer Körper, multivesicular body*, ein besonderer Lysosomentyp, bei dem durch Abschnürung der Lysosomenmembran nach innen Zytoplasma ins Innere gelangt. B. sind daher sekundäre Lysosomen. Die Zytoplasmabläschen bleiben innerhalb der Lysosomenmatrix einige Zeit erhalten (Abb.). B. haben einen Durchmesser von etwa 0,15 bis 0,5 µm. Form und Enzymgehalt der B. (Menge des Leitenzyms saure Phosphatase) sind unterschiedlich. Primäre Lysosomen können mit dem B. verschmelzen.

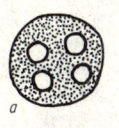

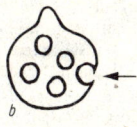

Bläschenkörper. Die Matrix enthält bei *a* mehr saure Phosphatase als bei *b*. Pfeil: Zytoplasmaaufnahme und beginnende Abschnürung eines Vesikels nach innen

Blasenauge, → Lichtsinnesorgane.

Blasenfüße, svw. Fransenflügler.

Blasenkirsche, → Nachtschattengewächse.

Blasentang, → Braunalgen.

Blasenwurm, → Hundebandwurm.

Bläßhühner, → Rallen.

Blastoderm, → Furchung.

Blastodiskus, → Furchung.

Blastogenese, → Ontogenese, → Furchung.

Blastoidea, → Knospenstrahler.

Blastokoline, Keimungshemmstoffe. → Hemmstoffe.

Blastomere, → Furchung.

Blastoporus, → Gastrulation.

Blastospore, svw. Sproßkonidie.

Blastozoid, ein am Polypenstock sprossender, abgewandelter Polyp, dem Mund und Tentakel fehlen. Die oft sehr zahlreichen B. dienen lediglich der Knospung von Medusen, die sich dann geschlechtlich fortpflanzen.

Blastozöl, *Furchungshöhle, Keimhöhle*, bei mehrzelligen Tieren die im Verlauf der Eifurchung im Blastulastadium auftretende Höhlung. Das B. wird vom Blastoderm der Blastula, einer meist einschichtigen Zellage, umschlossen. Es enthält eine Flüssigkeit, die z.T. aus der interzellulären Kittsubstanz der Furchungszellen zusammengeflossen ist. Mehr oder weniger große Teile des B. bilden bei niederen Tieren (z. B. Plattwürmern und Rundwürmern) zeitlebens und bei im Wasser lebenden wirbellosen Tieren (z. B. Ringelwürmer und Stachelhäuter) im Larvenstadium die primäre Leibeshöhle (Protozöl, Pseudozöl).

Blastozyste, → Furchung.

Blastula, → Furchung.

Blastzelle, Zelle mit umfangreichem, RNS-haltigem Zytoplasma. Sie geht aus kleinen Lymphozyten nach Kontakt mit dem spezifischen Antigen oder durch Einfluß von Mitogenen hervor. In der klinischen Diagnostik wird die Transformation von Lymphozyten in B. als Maß für die Immunreaktivität des Patienten angesehen.

Blatt, Seitenorgan der → Sproßachse höherer Pflanzen, das nach einer verhältnismäßig kurzen Periode des Wachstums als Ganzes in Dauergewebe übergeht. Das B. ist in erster Linie ein Organ der Photosynthese und Transpiration.

Blatt

1) **Blattentwicklung.** Sie nimmt ihren Ausgang von den am Vegetationspunkt (→ Sproßachse) zunächst in Form kleiner meristematischer Höcker ausgegliederten *Blattanlagen* (*Blattprimordien*). Diese beginnen sich bald zu strecken und werden zunächst durch eine Einschnürung nahe der Basis in das Oberblatt und das Unterblatt gesondert. Aus dem *Oberblatt* entsteht durch besonders starkes Breitenwachstum die *Blattspreite*. Letztere ist in der Regel abgeflacht, flächig entwickelt und in eine Ober- und Unterseite gegliedert. Aus dem *Unterblatt* entwickelt sich der *Blattgrund*, mit dem das B. am Sproß angeheftet ist. Vom Blattgrund werden oft seitlich in Ein- oder Zweizahl Nebenblätter (*Stipeln*) ausgebildet. Das sind bei vielen Pflanzenarten braune, häutige Gebilde, die zunächst die Sproßknospe schützen, aber meist bald abfallen (z. B. Buche und Linde). In einigen Fällen, z. B. bei den Knöterichgewächsen, entsteht aus den Nebenblättern ein Schutzorgan, die *Ochrea*, die zunächst die gesamte Sproßknospe überdeckt und dann als trockene Manschette am Sproß zurückbleibt. Bei anderen Arten (z. B. bei Kirsche und Erbse) sind die Nebenblätter dem eigentlichen B. ähnlich, jedoch kleiner. Schließlich gibt es Pflanzen, z. B. die Platterbse, bei denen sie die Photosynthese und Transpiration übernehmen, während die eigentlichen B. zu → Ranken geworden sind. Schließlich kann sich der Blattgrund zu einer *Blattscheide* oder *Vagina* entwickeln, die den Stengel mancher Pflanzen, z. B. der Gräser, röhrig umschließt, die interkalaren Vegetationspunkte schützt und gleichzeitig dem Halm Festigkeit verleiht. Das Spitzenwachstum hält bei B. im Gegensatz zum Sproß meist nur kurz an; eine Ausnahme bilden z. B. die B. von Farnen und Palmfarnen. Die reguläre Blattentwicklung schließt damit ab, daß sich zwischen Blattgrund und Blattspreite als Bildung des Oberblattes der *Blattstiel* entwickelt, der einerseits die Blattspreite mit Wasser und Mineralstoffen versorgt und die Assimilate ableitet und andererseits die Sproßachse in den Raum hinaus und somit dem Licht entgegenstreckt. Die Ansatzstelle des Blattstiels heißt *Insertion*. B., bei denen kein Blattstiel ausgebildet wird, werden als *sitzend* bezeichnet. Auch stengelumfassende, herablaufende, durchwachsene und verwachsene B. haben keinen Blattstiel. Der vom Stengel bzw. von einem Stengelteil und einem aufsitzenden B. gebildete Winkel wird als *Blattachsel* (*Axilla*) bezeichnet.

2) **Die Form der B.** ist sehr variabel. Sie können ungeteilt oder geteilt sein. *Ungeteilte B.* können eiförmig, elliptisch, lanzettlich, lineal, nieren-, herz-, pfeil-, spießförmig sein. Der Blattrand kann dabei ganzrandig, gekerbt, gezähnt, gesägt oder gelappt sein. Tief gelappte Formen leiten zu den *geteilten* oder *zusammengesetzten B.* über. Diese können gefingert oder gefiedert sein, wobei man unpaarig gefiederte mit einem Endblättchen von paarig gefiederten mit zwei Endblättchen unterscheidet. Bei doppelt gefiederten B. sind die Fiederblättchen nochmals gefiedert. Die Blattspreiten sind meist von heller gefärbten, oft besonders blattunterseits aus der Oberfläche reliefartig hervorstehenden *Blattrippen*, -*nerven* oder -*adern* durchzogen. Diese stellen von Sklerenchymscheiden umgebene Leitbündel dar, die der Stoffleitung dienen und dem B. Festigkeit verleihen. Die Gesamtheit der Leitbündel, die aus der Sproßachse in ein B. eintreten, bezeichnet man als *Blattspur*. Die B. der Farne und zweikeimblättrigen Pflanzen sind in der Regel *netznervig* gebaut, d. h., sie haben eine netzartige Aderung. In der Mitte der Blattspreite verläuft eine kräftig entwickelte Mittelrippe, der mehrere, untereinander verbundene Seitenrippen entspringen. Die B. der einkeimblättrigen Pflanzen sind oft *parallelnervig*, d. h., die einzelnen Adern verlaufen im B. nebeneinander. Ein- oder zweiadrig sind die nadelförmigen B. vieler Nadelhölzer.

3) **Aufbau des B.** Die Oberseite der B. wird von einer Epidermis begrenzt, der eine Kutikula, eine Schutzschicht gegen Wasserverdunstung, aufgelagert ist. Dann folgt ein chloroplastenreiches *Palisadenparenchym*, bestehend aus ein bis mehreren Lagen gestreckter, chloroplastenreicher, senkrecht zur Oberfläche angeordneter Zellen. Es ist das eigentliche Assimilationsgewebe. Daran schließt sich das *Schwammparenchym* an, das aus unregelmäßigen Zellen besteht, zwischen denen sich große Interzellularen befinden. Palisaden- und Schwammparenchym bilden zusammen das *Mesophyll*. Die Blattunterseite wird wieder von einer Epidermis begrenzt, in die meist sehr zahlreiche Spaltöffnungen eingestreut sind. Letztere stehen durch einen direkt unter ihnen befindlichen, besonders großen Interzellularraum, der *Atemhöhle* oder *substomatärer Hohlraum* genannt wird, mit den Interzellularen des Mesophylls in Verbindung. Durch die Spaltöffnungen werden die Wasserdampfabgabe sowie Aufnahme und Abgabe von Kohlendioxid und Sauerstoff geregelt. Sind Spaltöffnungen nur auf der Blattunterseite vorhanden, nennt man die B. *hypostomatisch*; das trifft für die Mehrzahl der Pflanzen zu. Haben obere und untere Epidermis Spaltöffnungen, spricht man von *amphistomatischen B.* Sind nur auf der Blattoberseite Spaltöffnungen anzutreffen, wie das z. B. oft bei auf der Wasseroberfläche schwimmenden B. der Fall ist, bezeichnet man letztere als *epistomatisch*. Abweichungen von dem angeführten Aufbau der B. sind oft die Folge von Anpassungen an besondere Standortverhältnisse. So können z. B. Pflanzen trockener Standorte eine mehrschichtige Epidermis haben. Pflanzen intensiv besonnter Standorte besitzen oft auf der Oberseite und der Unterseite der B. Palisadengewebe. Untergetauchte B. von Wasserpflanzen haben demgegenüber meist kein Palisadenparenchym ausgebildet, sondern nur Schwammparenchym mit stark entwickelten Interzellularen (→ Parenchym), die als Luftspeicher fungieren. Auch den Nadelblättern fehlt oft das Palisadenparenchym. Bei solchen B. gleichen sich die beiden Blattseiten in ihrer äußeren Erscheinung wie in ihrer inneren Struktur. Man bezeichnet sie daher als *äquifazial*, während man bei B., deren Mesophyll in dorsal liegendes Palisadenparenchym und ventral liegendes Schwammparenchym gegliedert ist, von *bifazialen B.* spricht. Wenn sich die gesamte Fläche der Blattspreite nur aus der Unterseite der Blattanlagen entwickelt, die um die unterdrückte Oberseite herumwächst, entstehen *unifaziale B.* Diese zeigen in der Regel eine drehrunde Gestalt (unifaziale Rundblätter, z. B. bei Schnittlauch, Zwiebel).

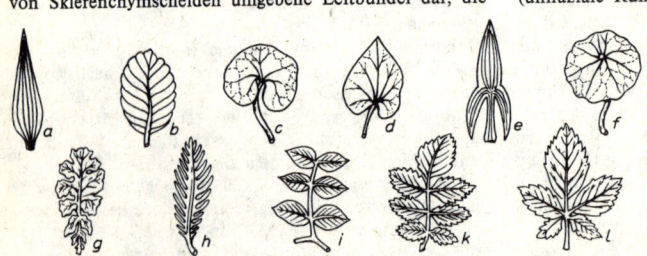

1 Blattformen: *a* lanzettlich, *b* elliptisch, *c* nierenförmig, *d* herzförmig, *e* pfeilförmig, *f* schildförmig, *g* fiederspaltig, *h* fiederteilig, *i* paarig gefiedert, *k* unpaarig gefiedert, *l* handförmig

Sie können aber auch sekundär abgeflacht sein (unifaziale Flachblätter, z. B. bei Schwertlilie und Porree).

4) Blattfolge. Am gleichen Sproß werden im Verlauf seiner Entwicklung nacheinander unterschiedlich gestaltete B. ausgebildet, deren Aufeinanderfolge Blattfolge genannt wird. Hierzu gehören die Keimblätter, Niederblätter, Laubblätter oder Folgeblätter, Hochblätter sowie die Kelch-, Kron-, Staub- und Fruchtblätter (→ Blüte). Voll entwickelt sind in der Regel nur die Laub- oder Folgeblätter, deren äußerer und innerer Bau vorstehend bereits beschrieben worden ist. Alle übrigen Formen der Blattfolge sind Hemmungsbildungen, die z.T. zu beachtlichen Formveränderungen geführt haben. Der Hauptsproß trägt zuunterst die *Keimblätter* (*Kotyledonen*), und zwar eines bei den *Monocotyledoneae*, zwei bei den meisten *Dicotyledoneae* und zwei oder mehr bei den meisten *Gymnospermae*. Die Keimblätter sind in der Regel einfacher gestaltet als die Laubblätter. Ihre Lebensdauer ist meist nur kurz. Bei einer Anzahl von Pflanzenarten bleiben sie bei der Keimung des Samens dauernd von der Samenschale umschlossen und somit unter der Erde verborgen (*hypogäische Keimung*, → Samenkeimung). In diesen Fällen sind die Keimblätter entweder zu fleischigen Reservestoffbehältern umgebildet, oder sie geben Enzyme ab, die die Nährstoffe des Nährgewebes des Samens in lösliche Verbindungen überführen, z. B. Stärke in Zucker, die sie dann aufnehmen. Bei anderen Pflanzenarten schiebt das sich streckende Hypokotyl die Keimblätter über die Erdoberfläche hinaus (*epigäische Keimung*, → Samenkeimung). Sie ergrünen, nehmen die Gestalt einfacher, oft eiförmiger Laubblätter an und vermögen zu assimilieren. Ihre Lebensdauer ist jedoch in der Regel kurz. Auf die Keimblätter folgen in der Regel die *Niederblätter*. Diese sind wie die Hochblätter als reduzierte Laubblätter aufzufassen. Sie sind oft schuppenförmig, fast immer ist nur der Blattgrund voll entwickelt; der Blattstiel fehlt. Nicht selten sind Übergänge zwischen Nieder- und Laubblättern vorhanden, z. B. an den Jahrestrieben der ausdauernden Kräuter. An unterirdischen Sproßteilen, wie Rhizomen, Ausläufern und Knollen, sind Niederblätter als kleinere oder größere farblose Schuppen die einzigen B., und schließlich sind auch die Knospenschuppen (*Tegmente*) aller Holzgewächse Niederblätter, die nicht grün, sondern braun gefärbt sind und als Schutzorgane eine derbe Struktur aufweisen. Die auf die Laubblätter folgenden *Hochblätter* sind als gehemmte, meist aus dem Unterblatt gebildete und oft funktionell veränderte Blattgebilde in der Blütenregion anzutreffen; sie sind als *Trag*- oder *Deckblätter* für die Blüte oder Blütenstände entwickelt und können durch Übergangsformen mit den Laubblättern verbunden sein oder ohne scharfe Trennung in die Blütenhüllblätter übergehen. Auffällig gefärbte Hochblätter haben z. B. die Aronstabgewächse oder der tropische Weihnachtsstern, ein Wolfsmilchgewächs. Ein Hochblatt ist auch das mit dem Blütenstand verwachsene Tragblatt der Linden.

Treten an der Unterseite dorsiventraler Sprosse anders gestaltete, zumeist kleinere B. als an der Oberseite, oft sogar des gleichen Knotens, auf, so spricht man von *Anisophyllie*. Sie tritt z. B. bei den gescheitelten B. der Tanne und der Eibe auf. Weist die Pflanze in der basalen Region anders geformte B. als in der Spitzenregion auf, z. B. beim Wasserhahnenfuß, dessen im Wasser befindliche B. fein zerschlitzt sind, während die höher inserierten Schwimmblätter flächig gestaltet sind, oder beim Lebensbaum, der nadel- und schuppenförmige B. besitzt, so spricht man von *Heterophyllie* (*Verschiedenblättrigkeit*).

5) Die Blattstellung (*Phyllotaxis*), d. h. die für die einzelnen Pflanzenarten charakteristische Anordnung der B. an der Sproßachse, prägt wesentlich den Habitus (das Erscheinungsbild) der Pflanze. Man kann zwei grundsätzliche Blattstellungen unterscheiden: entweder entspringen an jedem Knoten zwei bis mehrere B., dann ist ihre Stellung *gegenständig* oder *wirtelig*, oder es entspringt jedem Knoten nur ein B., dann wird die Stellung der B. *wechselständig*, *spiralig* oder *schraubig* genannt. Beim Zustandekommen dieser Blattstellungen spielen die Platzverhältnisse im Vegetationskegel, dem Entstehungsort der Blattanlagen, eine große Rolle. Sind die Blattanlagen sehr klein, so können an einem Knoten viele B. ausgebildet werden. Es entsteht ein vielzähliger *Wirtel* oder *Blattquirl*, z. B. bei Schachtelhalm, Hornblatt und Tannenwedel. Die Winkelabstände zwischen den B. sind in der Regel untereinander gleich, so daß die B. gleichmäßig um den Sproß verteilt sind (*Äquidistanzregel*). Die B. des folgenden Knotens rücken meistens genau in die Zwischenräume zwischen die B. des vorangegangenen Wirtels (*Alternanzregel*). Entsprechend diesen Regeln stehen sich bei zweizähligen Wirteln die B. genau gegenüber, und das folgende Blattpaar steht senkrecht zur Richtung des vorangegangenen. Man nennt diese Stellung, die z. B. bei allen Lippenblütlern auftritt, *kreuzgegenständig* oder *dekussiert*. Sind die Blattanlagen sehr groß und sitzen sie der Sproßachse mit breitem Grund auf, so kann jeweils nur ein B. an einem Knoten ausgebildet werden. Es ergibt sich eine *disperse* oder *zerstreute* Blattstellung. Die B. können dabei an der Sproßachse so verteilt sein, daß das nächstfolgende B. genau an der gegenüberliegenden Seite entsteht, man spricht dann von einer *zweizeiligen* oder *distischen* Blattstellung. Sie tritt bei vielen einkeimblättrigen Pflanzen auf, z. B. bei allen Gräsern. Wenn sich die an einer Achse aufeinanderfolgenden B. jedoch nicht genau gegenüberliegen und die Winkelabstände zwischen zwei aufeinanderfolgenden Blattanlagen kleiner als 180° sind, ergibt sich die *schraubige Blattstellung*. Die (gedachte) Linie, die die aufeinanderfolgenden B. auf dem kürzesten Wege verbindet, stellt eine Spirale dar. Sie wird als *Grundspirale* bezeichnet. Den Winkel zwischen den Mittellinien aufeinanderfolgender B., der entsprechend der Äquidistanzregel konstant ist, nennt man *Divergenzwinkel*. Die *Divergenz* wird meist als Zahlenbruch dargestellt, bei dem der Zähler die Zahl der erforderlichen Stengelumläufe angibt, die nötig sind, bis man auf das genau darüberliegende B. kommt. Der Nenner des Bruches drückt die Anzahl der B. aus, die man dabei berührt. Alle genau übereinanderliegenden B. denkt man sich theoretisch durch Geradzeilen oder *Orthostichen* verbunden. Ist die Sproßachse sehr gestaucht, wie bei den Rosettenpflanzen, und außerdem eine schraubige Blattstellung vorhanden, so sind vor allem die Schrägzeilen oder *Parastichen* zu erkennen, die sich aus dem seitlichen Aneinanderstoßen der B. ergeben. Im allgemeinen sind die B. einer Pflanze so

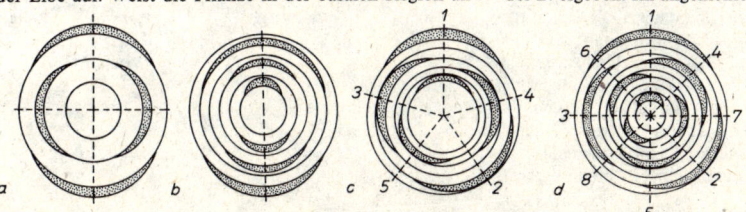

2 Blattstellungstypen: *a* kreuzgegenständige Blattstellung, *b* distiche Blattstellung, *c* 2/5-Stellung, *d* 3/8-Stellung

angeordnet, daß eine gegenseitige Bedeckung und somit Beschattung minimiert und dementsprechend der Lichtgenuß optimiert ist.

6) **Blattmetamorphosen.** Umgewandelte B. dienen oft der Nährstoffspeicherung, dem Insektenfang, der Abwehr oder dem Klettern. *Speicherblätter* sind meist fleischig verdickt. Reservestoffe speichern die B. der bei vielen einkeimblättrigen Pflanzenarten auftretenden *Zwiebeln*, die dicht gedrängt, entweder einander überdeckend oder eine geschlossene Röhre bildend, einer kurzen, breitkegelförmigen Sproßachse ansitzen. Die Zwiebelblätter sind entweder Niederblätter oder die unteren, verdickten Teile von Laubblättern. Der Wasserspeicherung dienen die *fleischig verdickten* B. von Blattsukkulenten, die an trockene Standorte angepaßt sind. Ihr als Wassergewebe ausgebildetes Mesophyll enthält oft Schleim. Die Epidermis ist meist mit einer Wachsschicht überzogen. Bekannte Blattsukkulenten der heimischen Flora sind der Mauerpfeffer, *Sedum*, und die Hauswurzarten, *Sempervivum*, die beide zu den Dickblattgewächsen gehören. Außerdem sind auch viele Salzpflanzen blattsukkulent, z. B. der Queller, *Salicornia europaea*, ein Gänsefußgewächs. Zu Schläuchen und Kannen umgewandelte B. kommen in erster Linie bei insektenfressenden Pflanzen vor und dienen als Tierfallen. Am bekanntesten sind die *Kannenblätter* der tropischen Kannenpflanzen (*Nepenthes*-Arten). Dabei ist die Blattspreite zur eigentlichen Kanne umgebildet, der Blattstiel ist rankenartig, während der Blattgrund spreitenartig verbreitet ist und der Assimilation dient (→ fleischfressende Pflanzen). *Blattdornen* entstehen durch Umwandlung von Blatteilen, häufig der Mittelrippe, von Laub- oder Nebenblättern in verholzte oder durch Festigungsgewebe starre Gebilde. Sie sind charakteristisch für viele Pflanzen trockener Standorte, z. B. für Kakteen, oder wirken im Sinne einer Schutzfunktion, z. B. gegen Tierfraß, wie bei den Disteln. Bei der Berberitze bilden sich die Mittelrippen der B. zu Dornen um, indem sie durch Anreicherung sklerenchymatischer Elemente hart werden. Die Ausbildung der parenchymatischen Gewebes der Blattspreite unterbleibt. Bei der Robinie sind die Nebenblätter verdornt. Bei vielen Kletterpflanzen bilden sich die Hauptnerven in ihrer Gesamtheit oder nur Teile der Blattspreite zu reizempfindlichen *Blattranken* um, die in der Lage sind, Bäume, Mauern oder andere Stützen zu umschlingen und die Pflanze in günstige Lichtverhältnisse zu bringen. Bei den Kürbisgewächsen sind manche B. bis auf die Mittelrippe zurückgebildet; bei den Schmetterlingsblütlern sind meist nur die vorderen Spitzenblättchen des Fiederblattes zu Ranken umgewandelt. Bei der Rankenplatterbse, *Lathyrus aphaca*, wird das ganze B. zu einer Ranke, und die Nebenblätter üben die Assimilationsfunktion aus. *Phyllodien*, die bei einigen meist an trockene Standorte angepaßten Pflanzen vorkommen, sind spreitenähnliche, abgeflachte und zu Assimilationsorganen umgewandelte Blattstiele. Häufig ist dabei die Blattspreite reduziert. Derartige *Blattstielblätter* treten vor allem bei einigen im australischen Florenbezirk beheimateten Akazienarten auf. Die B. können auch zu Blütenorganen umgestaltet sein (*Kelchblätter*, *Kronblätter*, *Staubblätter*, *Fruchtblätter*), → Blüte.

7) **Lebensdauer der B.** Viele B., z. B. diejenigen der meisten Bäume und Sträucher, überdauern nur eine Vegetationsperiode. Gewächse mit derartigen B. nennt man *sommergrün*. Bei den *immergrünen* Gewächsen bleiben demgegenüber die Laubblätter mehrere Jahre erhalten. Bevor bei den sommergrünen Pflanzen die B. zu fallen beginnen, bildet sich nach dem Abbau und Abwandern vieler Inhaltsstoffe des B. zwischen Blattstiel und Sproßachse eine verkorkende Trennungsschicht, die nach dem Abfall des B. als *Blattnarbe* zu sehen ist.

Blattanlagen, → Bildungsgewebe, → Blatt, → Sproßachse.

Blattariae, → Schaben.

Blattbeine, *Phyllopodien, Turgorextremitäten,* Bezeichnung für die Gliedmaßen mancher Krebse (Kiemenfußkrebse, Blattfußkrebse, *Leptostraca*). Sie stellen weichhäutige Taschen ohne deutliche Gliederung dar und verdanken ihre Steifheit vor allem dem Blutdruck. Durch ein kompliziertes Zusammenwirken der hintereinanderliegenden Paare dienen die B. gleichzeitig dem Nahrungsfang, der Atmung und oft auch noch der Fortbewegung.

Blattbewegungen, bei Pflanzen verschiedenartige Bewegungen von Laubblättern, die sich sowohl hinsichtlich der Ursachen (*autonome* und *induzierte* B.) als auch nach ihren Mechanismen unterscheiden (→ Nutationsbewegungen, → Variationsbewegungen). Autonome Nutationsbewegungen sind z. B. die Entfaltungsbewegungen von Knospen. Unter den autonomen Variationsbewegungen gibt es besonders auffallende B., z. B. bei Rotklee, Sauerklee und einigen anderen Kleearten. Autonome und äußere Faktoren sind für die nyktinastischen Bewegungen (→ Nyktinastien) ausschlaggebend. Unter den induzierten B. finden sich sowohl → Nastien als auch → Tropismen. Durch → Phototropismus ausgelöste Bewegungen des Blattstieles verschaffen den Blättern oft optimalen Lichtgenuß.

Blättchen, → Zilien.

Blättchentest, → Diffusionsplattentest.

blatteigene Leitbündel, → Sproßachse.

Blätterpilze, → Ständerpilze.

Blattfall, → Abszission.

Blattfarbstoffe, → Chlorophyll.

Blattfinger, *Phyllodactylus,* vom tropischen Amerika über Afrika und Asien bis Australien verbreitete artenreiche Gattung kleiner → Geckos, bei denen die Endglieder der verbreiterten Zehen 2 große Haftscheiben tragen. Der 6 bis 7 cm lange *Europäische B., Phyllodactylus europaeus,* bewohnt Korsika, Sardinien und andere Mittelmeerinseln.

Blattflöhe, → Gleichflügler.

Blattfußkrebse, *Blattfüßer, Phyllopoda,* eine Unterklasse der Krebse mit rund 600 Arten von meist nur wenigen Millimetern Länge. Der Körper setzt sich aus zahlreichen oder nur wenigen (*Cladocera*) Segmenten zusammen. Er trägt immer einen Carapax, der bei den *Conchostraca* und *Cladocera* zwei Schalenklappen bildet und den Körper völlig einhüllt (*Conchostraca*) oder nur den Kopf frei läßt (*Cladocera*); bei den *Notostraca* sind von dem napfartigen Carapax die hintersten Segmente nicht bedeckt (Abb.). Gliedmaßen stehen nur am vorderen Rumpfabschnitt. Sie sind fast immer Blattbeine, die der Atmung und dem Nahrungserwerb dienen; selten helfen sie auch bei der Fortbewegung, die im allgemeinen von den großen Antennen besorgt wird. Das Telson trägt eine Furka. Die Fortpflanzung ist oft parthenogenetisch, bei den *Cladocera* tritt Heterogonie auf. Die Eier werden meist in den Schalenraum abgelegt. Aus ihnen schlüpft ein Nauplius; nur die meisten *Cladocera* entwickeln sich direkt.

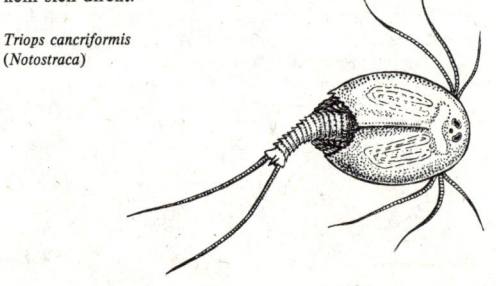

Triops cancriformis
(*Notostraca*)

Fast alle Arten leben im Süßwasser, nur ganz wenige im Meer. Sie kriechen auf dem Boden und auf Wasserpflanzen, können aber fast alle auch schwimmen. Die *Cladocera* (Wasserflöhe) bewegen sich durch Schläge der großen Antennen sprungartig fort (daher der Name). Die Nahrung besteht aus Bodenpartikeln und Geschwebe, die von den Blattbeinen aus dem Wasser ausfiltriert werden. Wirtschaftliche Bedeutung als Fischnahrung besitzen vor allem die Wasserflöhe.
System.
1. Ordnung: *Notostraca* (z. B. *Triops, Lepidurus*)
2. Ordnung: *Onychura*
   1. Unterordnung: *Conchostraca* (z. B. *Lynceus, Limnadia* u. a.)
   2. Unterordnung: *Cladocera* (Wasserflöhe, z. B. *Sida, Daphnia, Bosmina, Polyphemus* u. a.)

Geologische Verbreitung: Devon bis Gegenwart. Manche Vertreter charakterisieren durch ihre Häufigkeit bestimmte Schichtkomplexe (z. B. Estherienschichten).
Lit.: D. Flössner: Krebstiere, *Crustacea*. Kiemen- und Blattfüßer; Branchiopoda/Fischläuse, Branchiura. In Dahl: Die Tierwelt Deutschlands, Tl. 60 (Jena 1972).
Blattgrün, → Chlorophyll.
Blatthäutchen, svw. Ligula.
Blatthonig, → Honigtau.
Blatthornkäfer, *Scarabaeidae*, eine Familie der → Käfer mit blattförmig gefächerter Fühlerspitze, zu der die bekanntesten heimischen Käfer wie **Maikäfer, Junikäfer, Rosenkäfer** und **Nashornkäfer** gehören. Als B. wird auch die Überfamilie *Scarabaeoidea* bezeichnet, die unter anderem noch die Familien **Mistkäfer** und **Schröter** umfaßt. Ihre Larven haben die typische Gestalt der Engerlinge (Abb. 1).

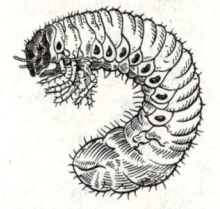

1 Engerling

2 Feldmaikäfer (*Melolontha melolontha* L.)

Die Maikäfer (*Melolontha*, Abb. 2) sind mit drei Arten in Mitteleuropa vertreten; sie traten früher häufig als Schädlinge an Forst- und Obstbäumen auf, sind heute aber im Bestand sehr zurückgegangen. Zu den Schrötern gehört der bekannte **Hirschkäfer** (*Lucanus cervus* L.), mit 85 mm (Männchen) unser größter heimischer Käfer.
Blatthühnchen, → Regenpfeifervögel.
Blattkäfer, *Chrysomelidae*, eine Familie der → Käfer mit über 500 kleinen bis mittelgroßen, oft bunten oder metallisch schillernden Arten in Mitteleuropa, meist unter 10 mm. Ihr Rücken ist oft stark gewölbt und der Kopf mehr oder weniger unter dem Halsschild verborgen. Die Vollkerfe und ihre Larven sind Pflanzenfresser. Die bekannteste Art ist der nach dem 2. Weltkrieg aus Nordamerika eingeschleppte, gelbschwarz gezeichnete *Kartoffelkäfer* (*Leptinotarsa decemlineata* Say, Abb.). Weitere Schädlinge finden sich besonders unter den Erdflöhen (*Halticinae*) und Schildkäfern (*Cassidinae*).
Blattkiemen, *Kiemenlamellen*, typische Kiemenform vieler Muscheln, die daher auch vielfach Lamellibranchier genannt werden. Die B. gehen aus den Fadenkiemen hervor, indem die Kiemenfilamente durch Querverbindungen zu Kiemenlamellen verwachsen. Man unterscheidet Pseudo- und Eulamellibranchier, d. s. Gruppen von Muscheln, bei denen entweder nur ein Teil oder alle Kiemenfilamente miteinander verbunden sind. → Kiemen.
Blattkiemer, *Eulamellibranchier, Eulamellibranchiata*, mit etwa 17 500 Arten die artenreichste Ordnung der Muscheln. Die B. haben zwei Paar Kiemenblätter (→ Blattkiemen), die aus je zwei durchbrochenen, verwachsenen Lamellen bestehen. Diese Doppelkiemenblätter sind als Endglied einer Entwicklungsreihe aufzufassen, die von Kammkiemen ausgeht und sich allmählich zu komplizierten Atmungs- und Filterorganen modifiziert. Zu den B. gehören alle heimischen Süßwassermuscheln.
Blattkissen, → Gelenke 2).
Blattläuse, → Gleichflügler.
Blattlauslöwen, → Landhafte.
Blattnasen, *Phyllostomatidae*, eine Familie der Fledermäuse (Kleinfledermäuse). Die B. haben blatt- oder spießartige Nasenaufsätze, sie bewohnen das tropische Amerika und fressen Insekten und Früchte. Einige blütenbesuchende B. spielen als Bestäuber eine Rolle.
Blattnester, → Tierbauten.
Blattoptera, → Schaben.
Blattopteria, → Geradflügler.
Blattpolster, → Gelenke 2).
Blattprimordien, → Bildungsgewebe.
Blattrollvirusgruppe, → Virusgruppen.
Blattschrecken, → Gespenstheuschrecken.
Blattspur, → Sproßachse.
Blattsteigerfrösche, *Phyllobates*, Gattung der → Farbfrösche Mittel- und Südamerikas. Die B. haben keine Zähne. Die Männchen einiger Arten, z. B. des *Zweifarbenblattsteigers*, *Phyllobates bicolor*, tragen ebenso wie die → Baumsteigerfrösche ihre Kaulquappen auf dem Rücken.
Blattstielkletterer, Pflanzen, bei denen die Blattstiele als rankenartige Kletterorgane dienen und zu haptotropistischen Krümmungsbewegungen befähigt sind, z. B. Kapuzinerkresse.
Blattsukkulente, → Trockenpflanzen.
Blattvögel, *Chloropseidae*, indomalaiische Familie der → Singvögel mit 12 Arten. Es sind Baumvögel, die vor allem Früchte fressen.
Blattwespen, *Tenthredinidae*, eine Familie der Hautflügler mit etwa 600 Arten in Mitteleuropa. Wie alle Pflanzenwespen haben die Vollkerfe keine »Wespentaille«, jedoch ein gut entwickeltes Flügelgeäder. Die Weibchen besitzen einen säbel- oder sägeförmigen Legeapparat, mit dem sie die Eier unter die Oberhaut der Pflanzen schieben, von de-

Kartoffelkäfer (*Leptinotarsa decemlineata* Say) mit Larve

Blaualgen

nen sich die oft gesellig lebenden raupenähnlichen Afterraupen (→ Hautflügler, Abschn. Larven) ernähren. Einige B. werden gelegentlich an Obstbäumen und -sträuchern, Kohlgewächsen oder Zierpflanzen schädlich, z. B. die Apfel- und Pflaumenblattwespe *(Hoplocampa)*, die Stachelbeerblattwespe *(Pterodinea)* oder die Rübsenblattwespe *(Athalia rosae* L.). Tafeln 1, 2, 45.

Von den B. als eigene Familien abgetrennt sind die Knopfhornblattwespen und die Buschhornblattwespen.

Blaualgen, *Blaubakterien, Zyanobakterien, Cyanophyceae*, eine Abteilung der Prokaryoten mit etwa 2000 Arten. Es sind autotrophe Mikroorganismen, die Kohlendioxid unter Verwendung von Lichtenergie und Wasser assimilieren und dabei Sauerstoff freisetzen. Die B. sind einzellig oder bilden Zellgruppen oder Zellfäden *(Filamente)*. Sie vermehren sich durch Zweiteilung, z.T. auch durch Teilung in mehrere Zellen oder durch wiederholte Abgliederung endständiger Zellen. Die fadenbildenden Formen vermehren sich durch Freisetzung kurzer, beweglicher Zellfäden *(Hormogonien)*. Bei diesen B. kommen auch Dauerzellen *(Akineten)* vor, die unter günstigen Bedingungen unter Bildung eines Hormogoniums wieder auskeimen. Außerdem können in den Zellfäden *Heterozysten* auftreten, d. s. dickwandige Zellen, die nicht mehr teilungsfähig sind und die als Sitz der Fixierung von Luftstickstoff gelten. Viele B. sind beweglich, sie führen in Kontakt mit Oberflächen eine Gleitbewegung aus.

Die B. haben wie die Bakterien keinen von einer Membran umgebenen Zellkern, die Kernsubstanz liegt inmitten des Zytoplasmas. Die für die Lichtabsorption wichtigen Farbstoffe Chlorophyll a und die Phykobiline (blaue Phykozyane und rote Phykoerythrine) befinden sich auf bläschenartigen oder häufiger stapelförmig angeordneten Membransystemen. Die Zellen der B. sind von einer starren, mehrschichtigen Zellwand umgeben, deren innerste Schicht aus Murein besteht. Häufig sind außen auf die Zellwand Schleim- oder Gallerthüllen aufgelagert.

Lebensraum der B. sind überwiegend das Süßwasser und feuchter Boden, aber auch Meereswasser, Baumrinde und Gesteinsoberflächen. Durch Massenentwicklung in Gewässern kommt es zur »Wasserblüte«. Die Fähigkeit verschiedener B. zur Luftstickstoffbindung spielt für die Bodenfruchtbarkeit, vor allem in Reisfeldern, eine sehr bedeutende Rolle. Einige B. leben in Symbiose mit Pilzen (→ Flechten).

Die beiden wichtigsten Gruppen innerhalb der B. sind die überwiegend einzelligen → Chroococcales und die Zellfäden bildenden → Hormogonales.

Blaubeere, → Heidekrautgewächse.

Blaublindheit, → Farbsinnstörungen.

Blaue Koralle, *Helioporida*, zu den → Octocorallia gehörende Ordnung der Korallen mit einem röhrenförmigen Außenskelett aus Kalk.

Blauelster, → Rabenvögel.

Blaufelchen, → Koregonen.

Blaufuchs, → Füchse.

Blaukehlchen, → Drosseln.

Blaukissen, → Kreuzblütler.

Blaulichteffekte, *Blaulichtwirkungen*, Lichteinflüsse auf die Entwicklung von Pflanzen, die nur durch Blaulicht (< 500 nm), nicht aber durch Mitwirkung von Dunkelrot (→ Phytochrom) erzielt werden. So wird beispielsweise das flächige Wachstum des Prothalliums des Wurmfarns *(Dryopteris filix-mas)* durch ein Blaulicht absorbierendes Pigment, vielleicht ein Flavoproteid, veranlaßt, während die Länge des sich bei Fehlen von Blaulicht anstelle des Prothalliums entwickelnden Chloronemas durch das Hellrot-Dunkelrot-System reguliert wird. Auch die Entwicklung vieler Pilze wird durch Blau nachhaltig beeinflußt. Überwiegend oder ausschließlich wirksam ist Blaulicht ferner bei der Induktion lichtabhängiger Wachstumsbewegungen (→ Phototropismus).

Ein noch nicht näher untersuchtes Pigmentsystem mit Absorptionsmaxima im Blau und Dunkelrot stellt das → Hochenergiesystem dar.

Bläulinge, → Schmetterlinge (System).

Blaumerle, → Drosseln.

Blauregen, → Schmetterlingsblütler.

Blaurücken, → Lachs.

Blausäure, *Zyanwasserstoff(säure)*, HCN, eine farblose Flüssigkeit von charakteristischem Bittermandelgeruch, die als Bestandteil des Amygdalins und weiterer zyanogener Glykoside in der Natur weit verbreitet ist. B. ist ein sehr starkes und schnell wirkendes Gift.

Blauschaf, *Nahur, Pseudois nayaur*, ein im Aussehen zwischen Ziegen und Schafen stehendes Tier, das das Hochland von Tibet und die zentralasiatischen Gebirge bewohnt. Das B. unterscheidet sich von den Ziegen durch den fehlenden Bart und die nicht vorhandenen Unterschwanzdrüsen.

Blaustern, → Liliengewächse.

Blauwal, *Balaenoptera musculus*, ein bis über 30 m langer und 130 t und mehr erreichender Furchenwal (→ Bartenwale) mit blaugrauer Oberseite. Dieses größte aller Säugetiere ist in allen Ozeanen verbreitet. Ein einzelnes Tier liefert neben Fleisch und anderen Produkten etwa 90 hl Öl und 250 kg Barten. Die B. leben ausschließlich von Plankton.

Blauzungenskinke, *Tiliqua*, ausschließlich im australischen Raum beheimatete, 20 bis 50 cm lange → Glattechsen mit kobaltblauer Zunge, breitem Kopf und abgeflachtem, plumpem Körper mit kräftigen Gliedmaßen. Die B. sind lebendgebärend (ovovivipar). Sie tragen glatte Schuppen mit Ausnahme der völlig abweichend gestalteten Tannenzapfenechse, *Tiliqua rugosa*, deren Schwanz dick und abgestumpft ist und mit dem Kopf verwechselt werden kann. Ihre Schuppen sind rauh und stark gekielt. Das Weibchen bringt jeweils 2 Junge zur Welt, die mit etwa 10 cm bereits ein Drittel der endgültigen Größe haben.

Blei, *Abramis brama*, *Brachsen*, bis 75 cm langer, zu den Karpfenfischen gehörender, hochrückiger Nutz- und Sportfisch Mittel-, Ost- und Nordeuropas. Der B. kommt vorwiegend in tieferen Seen vor; zur Laichzeit haben die Milchner einen starken Laichausschlag. Eine verwandte Art Südosteuropas, aber auch der Nord- und Ostseezuflüsse, ist die *Zope, Abramis ballerus*.

bleibendes Gebiß, → Dentition.

Bleichsucht, svw. Chlorose.

Bleiregion, → Fließgewässer.

Blennioidei, → Schleimfischverwandte.

Blepharoplast, svw. Basalkörper. Im deutschen Schrifttum früher für → Kinetoplast der Trypanosomen gebraucht.

Blesse, Abzeichen mancher Tiere, auf dem Nasenrücken verlaufender, mehr oder weniger breiter und regelmäßiger, z.T. bis auf die Oberlippe durchgehender weißer Streifen.

Blinddarm, *Caecum, Coecum*, blindgeschlossener Abschnitt des Dickdarms der Wirbeltiere im Bereich der Einmündung des Dünndarms. Bei Reptilien und Säugern mit Ausnahme der Gürteltiere, Faultiere, Zahnwale und mancher Raubtiere ist 1 B., bei Vögeln sind 2 B. vorhanden. Bei Pflanzenfressern ist er besonders lang, beim Rind z. B. 50 bis 60 cm, bei Fleischfressern auffallend kurz. Bei Nagern ist der B. der größte Darmabschnitt; hier findet der bakterielle Aufschluß der Zellulose und z. T. auch Vitaminbildung statt. Beim Menschenaffen und Menschen läuft der B. in einen dünnen *Wurmfortsatz (Appendix vermiformis)* aus.

Blindsäcke, → Verdauungssystem.

Blindschlangen, *Typhlopidae,* in den Tropen und Subtropen aller Erdteile beheimatete Familie kleiner, urtümlicher, wurmähnlicher Schlangen mit kapselartig verwachsenen Schädelknochen, rückgebildeten, unter den Kopfschuppen verborgenen Augen, gleichförmiger, glatter, glänzender Beschuppung rund um den Körper und sehr kurzem Schwanz, der oft einen Endstachel trägt. Der Oberkiefer ist quergestellt und bezahnt, der Unterkiefer meist zahnlos. Die Beckenknochen sind völlig verschwunden oder nur als kleine Knochenspange erhalten. Die B. sind an eine unterirdisch grabende Lebensweise angepaßt. Ihre systematische Stellung ist noch ungeklärt, eine enge Verwandtschaft mit Echsen aus der Familie der Schleichen ist noch unwahrscheinlich. Die meisten der über 200 Arten fressen Ameisen und Termiten; einige sind lebendgebärend, andere legen Eier. Als einzige von Südwestasien aus Europa erreichende Art lebt in Jugoslawien und Griechenland die 20 cm lange, eierlegende *Wurmschlange, Typhlops vermicularis,* auf trockenem, buschigem Geröllboden unter Steinen. Im tropischen Westafrika ist als größte Art der 75 cm lange *Typhlops dinga* beheimatet. *Typhlops braminus* ist die häufigste B. Südostasiens.

Blindschläuche, → Verdauungssystem.

Blindschleiche, *Anguis fragilis,* bis 45 cm lange, fußlose Echse, der einzige einheimische Vertreter der → Schleichen. Der Kopf ist eidechsenartig, der Rücken bräunlich, bronzefarben, kupferrot oder (vor allem bei Jungtieren) bleigrau glänzend, oft mit dunklen Längsstrichen, mitunter (östliche Vertreter) blau gepunktet. Die B. hat eine runde Pupille und ist nicht blind, ihr Name stammt aus dem Althochdeutschen: »Plintslicho« = »blendender Schleicher«. Sie bewohnt Flachland und Gebirge bis 2500 m in Süd-, Mittel- und Nordeuropa (bis Nordskandinavien), Südwestasien sowie die Nordwestecke Afrikas, ist dämmerungsaktiv und liebt feuchte, schattige Gebiete. Sie frißt Würmer und Nacktschnecken und hält in der Erde vergraben Winterruhe. Die Paarung erfolgt April bis Mai, die 5 bis 20 Jungen verlassen während oder kurz nach der Geburt die häutiggallertigen Eihüllen. Das Höchstalter in Gefangenschaft betrug 54 Jahre (!).

Blindskinke, *Typhlosaurus,* wurmförmige südafrikanische → Glattechsen ohne Gliedmaßenreste und äußere Ohren. Die Augen sind rückgebildet.

Blindwanzen, → Wanzen.

Blindwühlen, *Schleichenlurche, Gymnophiona, Apoda,* in allen tropischen Gebieten der Erde (außer Australien) verbreitete, sehr urtümliche und zugleich stark abgewandelte Ordnung der → Lurche, die von deren normalem Bauplan gänzlich abweicht. Ihre Abstammungsverhältnisse sind noch ungeklärt. Die Arten der B. werden 10 bis 150 cm lang, sind wurmförmig und besitzen weder Gliedmaßen noch Reste von Gliedmaßengürteln. Die Haut ist durch umlaufende Furchen quergeringelt; eingelagert sind häufig (nicht bei Schwimmwühlen) Kalkschuppen, die als letzte Reste des Panzers der ausgestorbenen Panzerlurche gedeutet werden. Zwischen der Nase und den verkümmerten Augen befindet sich ein vorstreckbarer Fühler. Der Kiefer trägt spitze Zähne. Es ist nur eine Lunge ausgebildet. Die meisten B. leben unterirdisch, vor allem in Waldboden wühlend, einige sind ans Wasserleben angepaßt. Sie fressen Würmer, Schnecken und andere Kleintiere. Das Männchen hat ein unpaares Kopulationsorgan (innere Befruchtung). Die B. sind je nach Art ovipar, ovovivipar oder vivipar, die Weibchen einiger Vertreter treiben Brutpflege. Die Larven weisen zumindest während der Embryonalzeit noch Kiemen auf. Die etwa 150 Arten der B. vertreten 3 Familien: → Fischwühlen, → Schwimmwühlen, → Wurmwühlen.

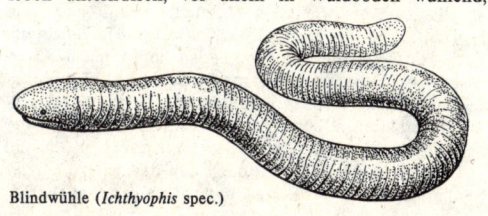

Blitophaga, → Aaskäfer.

BLM, Abk. von engl. *b*ilayer *l*ipid *m*embrane, planare künstlich hergestellte Lipiddoppelschicht, das Modell einer biologischen Membran. An BLM werden physikochemische Untersuchungen, z. B. Leitfähigkeits-, Kapazitäts- und Transportmessungen durchgeführt. Die BLM-Technik wurde 1960 von Müller und Rudin eingeführt und hat in der Entwicklung der Membranbiophysik eine entscheidende Rolle gespielt. Jetzt werden häufiger → Liposomen verwendet.

Blocker, Substanzen, die molekulare → Rezeptoren besetzen, aber keine weitere Reaktion auslösen. B. sind mithin Antagonisten jener Substanzen, die Rezeptoren besetzen und Reaktionen auslösen, nämlich der *Agonisten.* B. der cholinergen Erregungsübertragung sind z. B. → Ganglienblocker sowie an den motorischen Endplatten → Kurare. Bei der adrenergen Erregungsübertragung unterscheidet man entsprechend der Rezeptortypen *Alpha-* und *Beta-Blocker.* Um Mechanismen der Erregungsübertragung oder anderer Rezeptor-vermittelter-Reaktionen zu erkennen, Rezeptoren zu klassifizieren und Pharmazeutika herzustellen, sind die Suche nach bzw. Untersuchungen mit B. von erheblicher Bedeutung, z. B. zur Charakterisierung von → Transmittern.

Blombergkröte, *Bufo blombergi,* erst 1951 entdeckte kastanienbraune Riesenkröte feuchter Wälder Kolumbiens (→ Eigentliche Kröten). Sie wird 25 cm lang und frißt neben Schnecken und Würmern auch kleine Nagetiere und Jungvögel.

Blühen, die der Blütenbildung folgende Blühphase der Pflanzen. Zum Blühvorgang gehören vor allem die Entfaltung der Blütenknospen (→ Entfaltungsbewegungen), Öffnen und Schließen der Blüten (→ Blütenbewegungen), → Bestäubung, Pollenkeimung und → Befruchtung.

Blühhemmstoffe, → Blütenbildung.

Blühhormon, → Blütenbildung.

Blühinduktion, die Einleitung der → Blütenbildung bei höheren Pflanzen.

Blühinhibitoren, → Blütenbildung.

Blühreife, → Blütenbildung.

Blumenfliegen, *Anthomyiidae,* eine Familie der Zweiflügler mit über 1000 Arten. Die Fliegen fressen Blütenpollen oder Nektar, ihre Larven leben von Zerfallstoffen oder Pflanzenteilen. Schädlich sind z.B. die Larven der Kohlfliegen (*Phorbia floralis* Fall., *Ph. brassicae* Bouché) durch Wurzelfraß, der Rübenfliege (*Pegomyia hyoscyami* Panz.) durch Minierfraß in den Blättern oder der Brachfliege (*Phorbia coarctata* Fall.) durch Zerstören der Herzblätter.

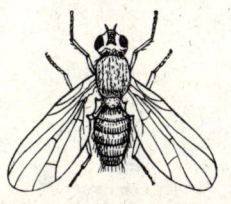

Rübenfliege (*Pegomyia hyoscyami* Panz.)

Blumenkohlmosaikvirusgruppe, → Virusgruppen.

Blumenpilze, → Ständerpilze.

Blumentiere, → Korallentiere.

Blindwühle (*Ichthyophis* spec.)

Blumenuhr, die erstmalig von Linné vorgenommene Zusammenstellung von Pflanzen mit einem charakteristischen, artlich unterschiedlichen Tagesrhythmus der Blütenöffnungs- und -schließbewegungen, woraus in gewissen Grenzen die Uhrzeit abgelesen werden kann, → Blütenbewegungen.

Blut, Sanguis, im morphologischen Sinne ein mesenchymatisches Gewebe, dessen Zellen (→ Hämozyten) sich in einer flüssigen Interzellularsubstanz (→ Blutplasma) bewegen. Im physiologischen Sinne ist B. eine heterogene Flüssigkeit aus Blutzellen und -plasma.

scheiden werden die Blutfarbstoffe durch farblose *Achroglobine* vertreten. Manteltiere haben das grüne, im Blutplasma gelöste *Vanadiumchromogen*.

Die Zahl und das Verhältnis aller Blutzellentypen ergeben das für jede Tierart charakteristische → Blutbild.

Das Verhältnis des Volumens roter Blutkörperchen zum Blutplasmavolumen wird mit dem *Hämatokrit* durch Zentrifugation von ungerinnbar gemachtem, frischen B. in einem kapillaren Glasröhrchen bestimmt. Der Hämatokritwert der Frau beträgt 42%, der des Mannes 46%.

Übersicht über die Bestandteile des B.:

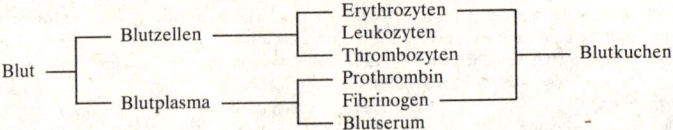

```
                    ┌─ Erythrozyten
         ┌─ Blutzellen ──┼─ Leukozyten
         │          └─ Thrombozyten    ─── Blutkuchen
Blut ────┤
         │          ┌─ Prothrombin
         └─ Blutplasma ──┼─ Fibrinogen
                    └─ Blutserum
```

Die Hauptaufgabe des B. besteht in einer Vermittlung des Stoffaustausches zwischen der Umwelt und der Zelle und der damit verbundenen Konstanthaltung des inneren Milieus. Sämtliche Wirbeltiere und ein großer Teil der Wirbellosen sind auf diese Vermittlerfunktion des B. zur Aufrechterhaltung ihrer Lebensfähigkeit angewiesen. Das B. in all seinen Funktionen ist nicht durch körperfremde Flüssigkeit zu ersetzen.

Bei Tieren mit offenem Blutgefäßsystem (Weichtiere, Gliederfüßer) ist das B. identisch mit dem Körpersaft und wird als → Hämolymphe bezeichnet. Bei Tieren mit geschlossenem Blutgefäßsystem (Ringelwürmer, Chordatiere) ist eine Trennung in B. und → Lymphe erfolgt. Beide Flüssigkeiten fließen in getrennten Blut- bzw. Lymphgefäßen. Die Lymphe erhält ständigen Zufluß in den Kapillarbezirken durch Filtration durch die Kapillarwände. Über besondere Lymphgefäße (Milchbrustgang bei Säugetieren) kann die Lymphe direkt mit dem venösen Teil des Blutkreislaufes in Verbindung treten. Die Lymphe der Wirbeltiere enthält nur farblose *Lymphozyten*, das B. dagegen in dem ebenfalls farblosen Blutplasma neben verschiedenen farblosen *Leukozyten* und *Thrombozyten* besondere, den roten, eisenhaltigen Blutfarbstoff → Hämoglobin enthaltende Zellen. Auf Grund ihrer roten Färbung werden sie rote Blutkörperchen oder *Erythrozyten* genannt. Allgemein bezeichnet man alle farbstofftragenden Blutzellen als *Chromozyten*. Sie dienen dem Sauerstofftransport. Bei den Wirbellosen sind die Blutzellen in der Regel farblos (Leukozyten); das Hämoglobin ist dann meist im Blutplasma gelöst. Nur bei einigen wirbellosen Tieren (z. B. bei Schnurwürmern und Seeigeln) ist das Hämoglobin wie bei den Wirbeltieren an die Blutzellen gebunden. Das oxidierte Hämoglobin ist hellrot, das reduzierte dunkelrot gefärbt. Einen eisenfreien, kupferhaltigen Farbstoff, das *Hämozyanin*, besitzen z. B. die Teich- und Flußmuschel, höhere Krebse, wie Hummer und Flußkrebs, einige Schnecken, wie Weinbergschnecke, Kopffüßer, Skorpione und einige Spinnen. Das Hämozyanin ist immer im Blutplasma gelöst. Im oxidierten Zustand ist es blau, im reduzierten farblos. In den Blutzellen mancher Seeigel ist das

gelbrötliche, eisenhaltige *Echinochrom* enthalten. Bei einigen Borstenwürmern (Sabellidae) findet sich in der Körperflüssigkeit das grüne, eisenhaltige *Chlorocruorin* und bei Sternwürmern (Gephyreen) das an Blutzellen gebundene rötliche *Hämerythrin*. Bei einigen Schnecken und den See-

Die Aufgaben des B.: 1) Transport des an Blutfarbstoffe gebundenen Sauerstoffs von den Atmungsorganen zu den Geweben und Abtransport des Kohlendioxids von den Geweben zu den Atmungsorganen. 2) Transport von Nährstoffen und Reservestoffen sowie Abtransport von Abfallprodukten des Stoffwechsels, die durch die Ausscheidungsorgane aus dem B. entfernt werden. 3) Die chemische Steuerung des ganzen Organismus durch den Transport von Hormonen und anderen Wirkstoffen. 4) Aufrechterhaltung eines für die Stoffwechseltätigkeit der Zellen notwendigen konstanten chemo-physikalischen Gleichgewichtes. Hierbei spielen die anorganischen Stoffe (Ionen) als Faktoren des inneren Milieus, das alle Zellen umgibt, eine besondere Rolle. So ist die normale Funktion der Zellen nur dann gewährleistet, wenn die Gesamtkonzentration sämtlicher Salze im B. innerhalb bestimmter Grenzen konstant gehalten wird. Diese Aufgabe wird im wesentlichen durch die Ausscheidungsorgane erfüllt. Die Gesamtsalzkonzentration des B. beträgt beim Menschen rund 300 mmol/l. Eine weitere wichtige Voraussetzung für die Zellfunktion ist die Aufrechterhaltung einer bestimmten Reaktion der Körpersäfte und damit des B., da im Stoffwechsel beständig saure Verbindungen, wie Kohlensäure und Karbonsäuren, oder auch Basen bei der Verbrennung der Nahrung entstehen. Das Säure-Basen-Gleichgewicht des B. wird neben der Tätigkeit der Ausscheidungsorgane (z. B. Nieren) und der Atmungsorgane (Kohlensäureausscheidung) besonders durch die Pufferwirkung des im B. enthaltenen Hydrogenkarbonates, das die in das B. übertretenden Säuren neutralisiert, aufrechterhalten (→ Blutpufferung). Der pH-Wert des B. beträgt beim Menschen normalerweise 7,3 bis 7,4. Bei Insekten werden bestimmten umgewandelten Zellen der Hypodermis (Önozyten) unter anderem Aufgaben bei der Aufrechterhaltung des chemophysikalischen Gleichgewichtes im B. zugeschrieben. 5) Bildung von Schutzstoffen (Antikörper, Antitoxine) zur Abwehr von Giften und Fremdkörpern (Antigene), die ausgefällt oder zusammengeballt und durch farblose Blutzellen (Leukozyten, Phagozyten) aufgenommen und verdaut werden. Beim Menschen findet z. B. zur Überwindung einer fieberhaften Infektion eine gezielte Bildung einzelner Leukozytentypen statt (Abb.). Die Antikörper sind spezielle Glykoproteine, mit deren Bildung eine spezifische Abwehrreaktion (Immunisierung) gegen ein spezielles Gift oder gegen Fremdkörper (Fremdeiweiß, Endo- und Exotoxine von Bakterien und Viren u. a.) erreicht wird. Neben verschiedenen anderen Antikörpern finden sich im B. besondere Agglutinine, die fremde Erythrozyten verklumpen können und zur Unterscheidung der verschiedenen → Blutgruppen beim Menschen dienen. 6) Bildung von Gerinnungsstoffen, mit deren Hilfe bei der → Blutstillung und → Blutgerinnung Wunden und Defekte

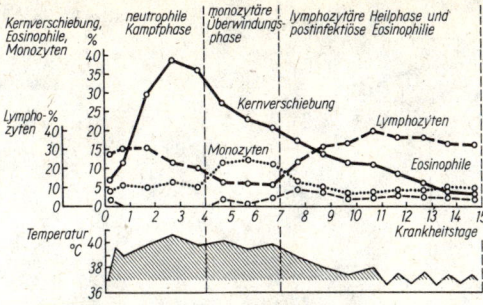

Leukozytenverteilung während einer fiebrigen Infektion

Auf die rhythmische Tätigkeit des Herzens sind die pulsatorischen Schwankungen des arteriellen B. zurückzuführen. Während der Austreibungsphase werden die höchsten Werte erreicht. Man spricht dann vom *systolischen B.* Der *diastolische B.* bezeichnet das Druckniveau in den Gefäßen während der Erschlaffung des Herzmuskels. Aus beiden Werten läßt sich der mittlere *arterielle B.* errechnen, der in der Aorta das arithmetische Mittel zwischen beiden Werten darstellt, in den peripheren Arterien jedoch unterhalb des Mittelwertes liegt.

Vergleichende Untersuchungen an einer großen Anzahl gesunder Menschen führten zu der Feststellung, daß der B. von der Größe des hydrostatischen Drucks (Abb.) und von einer Reihe biologischer Faktoren beeinflußt wird. Dazu gehören das Lebensalter, psychische Einflüsse wie Angst und Aufregung, starke, streßartige Umweltreize und körperliche Arbeit.

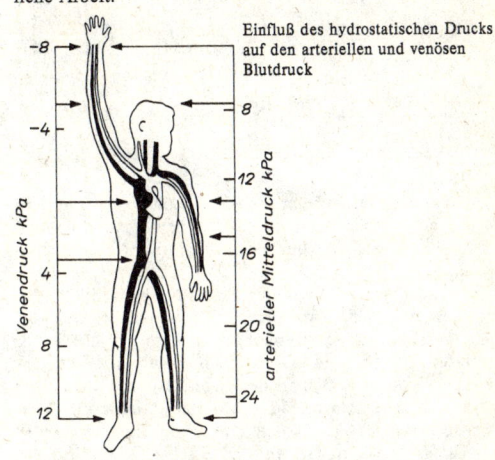

der Gefäßwände geschlossen werden. 7) Transportmittel im Dienste der → Temperaturregulation. Die bei Stoffwechselprozessen entstehende Wärme gelangt mit dem B. zur Körperoberfläche und wird über die Haut abgestrahlt. 8) Bei wirbellosen Tieren können weitere spezielle Aufgaben vom B. übernommen werden. So werden z. B. bei den Weichtieren die Körperbewegungen durch das Zusammenspiel von Muskeltätigkeit und Blutdruckveränderungen ermöglicht. Bei Gliederfüßern unterstützen Blutdruckveränderungen die Vorgänge der Häutung, des Schlüpfens und der Flügelentfaltung nach dem Schlüpfen aus der Puppenhülle. Manche Insekten (z.B. Weichkäfer) geben bei Berührung an den verschiedensten Körperstellen (Beingelenke, Flügelbasis, Mundumgebung) Hämolymphtropfen ab, die Reizstoffe (z. B. Kantharidin) enthalten. Dieses *Reflexbluten* ist eine Abwehr- und Schutzreaktion.

Alle genannten Funktionen, die z. T. voneinander unabhängig sind, bestimmen das innere Milieu. Die Empfindlichkeit der Zellen gegen Veränderung der einzelnen Faktoren macht es notwendig, daß die chemische Zusammensetzung und die physikalischen Eigenschaften des B. konstant bleiben. Dies wird durch eine ständige Reinigung des B. in den Atmungsorganen, den Nieren, der Leber und in anderen Organen gewährleistet.

Blutadern, → Blutkreislauf.

Blutbild, *Blutstatus, Hämogramm,* Zusammenstellung der Resultate verschiedener Blutuntersuchungen, die Aufschluß über Zahl und Verhältnis aller Blutzellentypen gibt. Es ist für jede Tierart charakteristisch. Beim *Gesamtblutbild* werden der Hämoglobingehalt sowie die Anzahl der roten und weißen Blutkörperchen je mm^3 Blut ermittelt. Das *Differentialblutbild* gibt die prozentualen Anteile der Leukozytenarten an der Gesamtleukozytenzahl an.

Das B. ist bei vielen Krankheiten verändert und hat daher eine erhebliche diagnostische Bedeutung.

Blutbildung, → Hämatopoese.

Blutdruck, in den Blutgefäßen herrschender Wanddruck, der dem Bluttransport dient. Der B. ist in den Arterien am höchsten und nimmt in den anschließenden Kreislaufabschnitten ab. Die niedrigsten Druckwerte werden in den herznahen Venen gemessen. Blutdruckbestimmungen werden daher immer am gleichen Gefäß vorgenommen; beim Menschen an der Oberarmarterie.

Einfluß des hydrostatischen Drucks auf den arteriellen und venösen Blutdruck

Mit wachsender Arbeitsleistung steigt der B. an und kann bei schwerer körperlicher Tätigkeit beispielsweise 23 bis 24 kPa (systolischer B.) gegenüber etwa 16 kPa im Ruhezustand erreichen. Leistungssportler, die ein regelmäßiges Training absolvieren, haben meistens niedrigere Ruhewerte. Die Blutdrucksteigerung durch körperliche Arbeit ist bei ihnen weniger stark ausgeprägt als bei Untrainierten.

Von diesen physiologisch bedingten, kurzfristigen Schwankungen müssen länger dauernde, pathologische Veränderungen unterschieden werden. Bei der *Hochdruckkrankheit (Bluthochdruck, Hypertonie, Hypertension)* treten Steigerungen bis über 27 kPa für den systolischen und bis über 16 kPa für den diastolischen B. auf. Derartige pathologische Veränderungen können drei Ursachen haben: 1) Eine Abnahme der Elastizität der arteriellen Gefäße, beispielsweise bei Arteriosklerose, 2) eine dauernde nervale Gefäßverengung im Arteriensystem und 3) ein ständig überhöhtes Herzminutenvolumen durch Störung der → Kreislaufregulation. *Blutdruckerniedrigung (Hypotonie, Hypotension)* tritt als Begleiterscheinung bei Vergiftungen, Erschöpfungszuständen, Unterernährung, Versagen der Ne-

Normales Gesamtblutbild des Menschen (Durchschnittswerte):

	Hämoglobin in 100 g Gesamtblut	Blutkörperchen je mm^3		Blutplättchen je mm^3
		rote	weiße	
Mann	16 g	5,0 Mill.	6000–8000	300 000
Frau	14 g	4,5 Mill.	6000–8000	300 000

Blutdruckregulation

Regulation des Blutdrucks

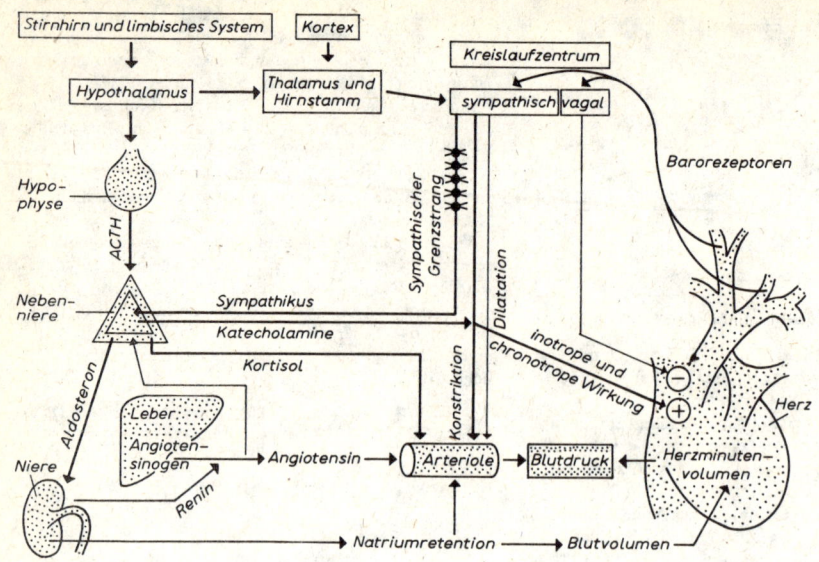

bennierenrinde und beim Kreislaufkollaps auf. Der Aufrechterhaltung eines normalen B. und seiner Anpassung an veränderte Kreislaufbedingungen dient die → Blutdruckregulation.

Ein Vergleich der Werte für den mittleren arteriellen B. bei verschiedenen Wirbeltierarten läßt keine Korrelation mit der Körpergröße erkennen. Allgemein gilt die Regel, daß bei Fischen, Amphibien und Reptilien niedrigere Werte gemessen werden als bei Vögeln und Säugern.

Blutdruckregulation, das abgestimmte, komplexe Zusammenspiel der Herzrezeptoren und → Barorezeptoren, der Kreislaufzentren im Gehirn und Rückenmark sowie der nervalen und hormonalen Steuermechanismen zur Anpassung des → Blutdrucks an die jeweilige Kreislaufsituation. Die B. ist neben der → Herzsteuerung der wichtigste Bestandteil einer → Kreislaufregulation. Über die Vielzahl der beteiligten Faktoren und ihre genaue Einordnung in einen wirkungsvollen Regelkreis informiert obige Abb.

Blutdruckzügler, → Barorezeptoren.

Blüte (Tafeln 10, 34 und 35), ein Sproß mit begrenztem Wachstum, der an zumeist gestauchten Internodien der geschlechtlichen Fortpflanzung dienende, entsprechend umgestaltete Blätter trägt. Meist sind die B. vom vegetativen Teil des Sprosses deutlich abgesetzt. Bereits bei den Farnpflanzen werden die zu Sporophyllständen vereinigten Sporophylle von Bärlapp, Schachtelhalm u. a. als »Blüten« bezeichnet, da diese Sporophyllstände genau wie die echten B. aus einer Achse mit begrenztem Wachstum bestehen, d. h., bei ihrer Bildung wird der Vegetationspunkt aufgebraucht.

Im Zuge der Weiterentwicklung zu B. der Samenpflanzen wurden die zunächst in Vielzahl auftretenden Blütenorgane (Mikrosporophylle bzw. Makrosporophylle) vermindert und vielfach zahlenmäßig festgelegt (*Oligomerisation*). Das Ergebnis sind B., bei denen die Blütenorgane schraubig angeordnet sind (z. B. B. der Pfingstrose). Im Verlauf der weiteren Entwicklung tritt anstelle der schraubigen Anordnung die wirtelige. Gleichzeitig wird die Blütenachse stark gestaucht. Sie wird zum *Blütenboden* (*Rezeptakulum*). Besonders bei Zwitterblüten kommt es zur Ausbildung einer Blütenhülle. In dieser herrschen bei den zweikeimblättrigen Pflanzen 5, 4 und 2 Glieder je Wirtel vor, bei den einkeimblättrigen Pflanzen 3. Eine voll ausgebildete zwittrige B., wie sie für viele Bedecktsamer (Angiospermen) üblich ist, setzt sich aus folgenden Teilen zusammen: 1) Blütenhülle, 2) Staubblätter als männliche Blütenorgane und 3) Fruchtblätter als weibliche Organe. Oft sind zwei Kreise (Wirtel) von Hüllblättern, zwei Kreise von Staubblättern und ein Kreis von Fruchtblättern vorhanden. Entsprechende B. nennt man *pentazyklisch*. Bei Nacktsamern fehlt die Blütenhülle. Bei einigen Bedecktsamern ist sie zurückgebildet. B., die sowohl männliche als auch Fruchtblätter enthalten, werden als *zwittrig*, *hermaphrodit* oder *monoklin* bezeichnet, während in den *eingeschlechtigen* oder *diklinen* B. nur Staub- oder Fruchtblätter vorhanden sind. Tragen die Pflanzen auf einem Individuum männliche und weibliche B., so nennt man sie *einhäusig*, *monözisch* oder *gemischtgeschlechtig* (*synözisch*). Sind dagegen männliche und weibliche B. auf verschiedene Individuen verteilt, bezeichnet man sie als *getrenntgeschlechtig* oder *heterözisch* bzw. als *zweihäusig* oder *diözisch*. Kommen zwittrige und eingeschlechtige B. auf einer Pflanze vor, heißt diese *polygam*. Die B. der rezenten Nacktsamer sind immer eingeschlechtig. Ihre Staub- oder Fruchtblätter sitzen meist hintereinander an einer wenig

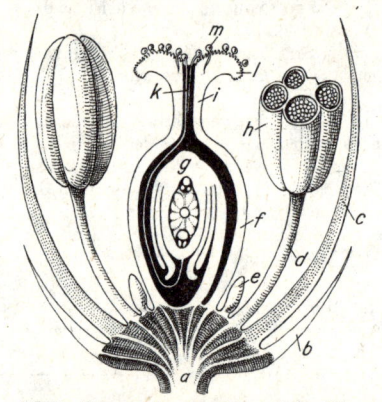

1 Blüte. Schema einer bestäubten Zwitterblüte der Bedecktsamer (größtenteils Längsschnitt). *a* Blütenboden, *b* Kelchblatt, *c* Blütenblatt, *d* Staubfaden, *e* Nektarium, *f* Fruchtknotenwand, *g* Samenanlage, *h* Staubbeutel, *i* Griffel, *k* Pollenschläuche, *l* Narbenlappen, *m* Pollenkorn

gestauchten Achse zu einer Zapfenblüte vereinigt. Ableitung der Angiospermenblüte → Decksamer.

1) Blütenhülle. Sie schützt die fertilen (männlichen und weiblichen) Blütenteile. Oft dient sie auch zur Anlockung der zur Bestäubung nötigen Insekten. Windbestäubte B. können deshalb eine auffällige Blütenhülle entbehren. Ihre Entwicklung hat die Blütenhülle wahrscheinlich auf zweierlei Weise erfahren, entweder über umgewandelte Hochblätter oder über umgewandelte Staubblätter. Beide Wege lassen sich noch heute bei einigen primitiven Angiospermen verfolgen (vor allem bei den Hahnenfußgewächsen). Bei der Angiospermenblüte kann man zwei Ausbildungsformen der Blütenhülle unterscheiden: a) das *Perigon*, bei dem die einzelnen Blütenhüllblätter (*Tepalen*) alle gleichgestaltet sind, und zwar teils lebhaft gefärbt, teils unscheinbar. Entsprechende B. werden auch als *homochlamydeisch* bezeichnet; b) das *Perianth*, dessen Blütenblätter ungleich ausgebildet sind, und zwar als äußerer, meist grüner *Kelch* (*Kalyx*) und als oft auffällig gefärbte *Krone* (*Korolle*). Die Kelchblätter nennt man auch *Sepalen*, die Kronblätter *Petalen*. B. mit Perianth werden auch als *heterochlamydeisch* bezeichnet, solche mit stark reduzierter Blütenhülle als *achlamydeisch*. Die Perigon-, Kelch- und Kronblätter können frei oder untereinander mehr oder weniger verwachsen sein.

2) Staubblätter. Ihre Zahl ist in den einzelnen B. sehr unterschiedlich. Als ursprünglich wird eine große Zahl von Staubblättern angesehen, die schraubig oder wirtelig an der Blütenachse angeordnet sind. Bei höher entwickelten B. ist die Anzahl der Staubblätter reduziert, teilweise bis auf ein einziges, ja sogar bis auf ein halbes (z. B. bei *Canna*). Alle in einer B. vorhandenen Staubblätter werden als männliches Blütenorgan oder *Andrözeum* bezeichnet. Ein Staubblatt (*Stamen*) besteht meist aus einem Staubfaden (*Filament*) und dem Staubbeutel (*Anthere*), der sich wiederum in zwei *Theken*, die je zwei Pollensäcke enthalten, und das *Konnektiv*, ein steriles, mit dem Staubfaden verbundenes Mittelstück, gliedert. Jeder Pollensack besitzt im Innern ein pollenbildendes Gewebe, das *Archespor*. Dieses wird von einer vierschichtigen Wandung umgeben. Die vier Schichten sind: die Epidermis (*Exothezium*), die Faserschicht (*Endothezium*), deren Zellwände faserartige Verdickungsleisten enthalten, die an den Innenwänden miteinander vereinigt sind und sich nach außen hin verdünnen und durch einen Kohäsionsmechanismus die Öffnung der Pollensäcke veranlassen, eine vergängliche Zwischenschicht und das → Tapetum, dessen Zellen das Archespor umgeben und zur Ernährung der in Entwicklung begriffenen Pollenkörner dienen. Aus den vom Archespor gebildeten *Pollenmutterzellen* entstehen durch Reduktionsteilung in zwei Teilungsschritten die vier Pollenkörner. Sie sind von unterschiedlicher, für die einzelnen Pflanzenarten typischer Gestalt. Der Inhalt der Pollenkörner ist fast stets von zwei Membranen umgeben, der zarteren *Intine*, die zum Pollenschlauch auswächst, und der dickeren, widerstandsfähigen, oft mit Stacheln oder Leisten versehenen *Exine*, die für den Austritt des Pollenschlauches bestimmte, dünnere Stellen, die *Keimporen*, aufweist.

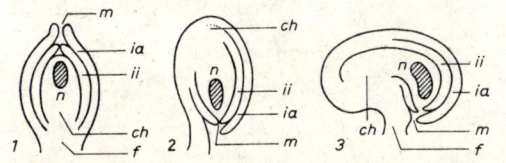

2 Art der Samenanlage: *1* atrop, *2* anatrop, *3* kampylotrop. *f* Funiculus, *ch* Chalaza, *ia* äußeres Integument, *ii* inneres Integument, *m* Mikropyle, *n* Nuzellus

Die Pollenkörner sind bei windblütigen Pflanzen in der Regel »mehlig« und trennen sich leicht voneinander. Bei tierblütigen Pflanzen kleben sie meist durch ölartige Stoffe, den *Pollenkitt*, fest aneinander, so daß immer mehrere zusammen verbreitet werden können. Bei den Orchideen und den Schwalbenwurzgewächsen wird in der Regel die ganze Pollenmasse einer Antherenhälfte als *Pollinium* übertragen. Als *Staminodien* bezeichnet man rückgebildete oder in ihrer Funktion umgewandelte Staubblätter, die keine Pollen mehr zu bilden vermögen. Sie können zu Nektarien werden oder auch kronblattartig gestaltet sein.

3) Fruchtblätter und Samenanlagen: Sie bilden zusammen die weiblichen Blütenteile, das *Gynözeum*. Die Fruchtblätter (*Karpelle*) sind bei den Bedecktsamern zu einem oder mehreren Fruchtknoten verwachsen, der zusammen mit dem Griffel und der Narbe als *Stempel* oder *Pistillum* bezeichnet wird. Die *Narbe* dient zur Aufnahme des Pollens, der *Griffel* zur Weiterleitung des Pollenschlauches. Eine größere Zahl von Fruchtblättern in einer B. gilt als ursprünglich. Bildet jedes einzelne Fruchtblatt einen *Fruchtknoten*, liegt ein apokarpes Gynözeum vor. Sind alle Fruchtblätter einer Blüte miteinander zu einem gemeinsamen Fruchtknoten verwachsen, ergibt sich ein *zönokarpes* oder *synkarpes Gynözeum*.

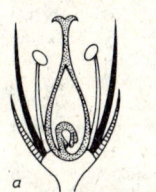

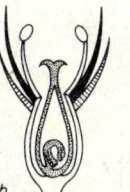

3 Stellung des Fruchtknotens: *a* oberständig, *b* mittelständig, *c* unterständig

Die Stellung des Fruchtknotens an der Blütenachse ist für viele Pflanzenarten charakteristisch: steht er an einer kegelförmigen Achse als letztes der gebildeten Blütenteile über den anderen, ist seine Stellung *oberständig* (z. B. bei Hahnenfußgewächsen und Schmetterlingsblütlern), steht er frei in einer becherförmigen Vertiefung des Blütenbodens, ist er *mittelständig*, umwächst der Blütenboden den Fruchtknoten (z. B. bei Rosen) und die Blütenhülle steht über ihm, ist der Fruchtknoten *unterständig*. Die dazugehörigen Blütenformen sind *hypogyn, perigyn* bzw. *epigyn*. Der Fruchtknoten birgt in seinem Inneren die Samenanlagen. Diese sind auf wulstigen, oft leistenförmig hervortretenden Verdickungen, den *Plazenten* (Einz. Plazenta), inseriert. Befinden sich letztere im Bereich der Ränder des Fruchtblattes, spricht man von *marginaler Plazentation*, befinden sich sie auf der Fläche der Fruchtblätter, von *laminaler Plazentation*. Plazenta und Samenanlagen verbindet ein kurzer Stiel, der *Funikulus*, in dem Leitbündel verlaufen. Der verdickte, obere Teil der Samenanlagen, der den Embryosack birgt, wird als *Nuzellus* (*Nucellus*) bezeichnet. Er ist gewöhnlich von zwei *Integumenten* umhüllt. Bei den Sympetalen ist jedoch in der Regel nur ein Integument vorhanden. Die Integumente entspringen dem Grund der Samenanlage, der *Chalaza*. Am gegenüberliegenden Pol lassen sie eine kleine Öffnung, die *Mikropyle*, frei, die den Zugang zum Nuzellus ermöglicht. Liegt der Nuzellus in der geraden Fortsetzung des Funikulus, so daß die Mikropyle diesem gegenüberliegt, bezeichnet man die Samenanlage als *atrop* (*gerade, geradläufig, orthotrop*). Samenanlagen, bei denen Funikulus und Chalaza so gekrümmt sind, daß die Mikropyle in unmittelbare Nachbarschaft des Funikulus reicht und nunmehr der Plazenta zugekehrt ist, nennt man *anatrop* (*umgewendet, gegenläufig*). Wird auch der Nuzellus in diese

Blüte

Krümmung einbezogen, ergeben sich *kampylotrope* (*amphitrope, krummläufige, gekrümmte*) Samenanlagen. Im Nuzellus bildet sich eine *Embryosackmutterzelle*. Durch Reduktionsteilung entstehen aus ihr vier Zellen, von denen meist drei zugrunde gehen, während sich die vierte zum *Embryosack* entwickelt. Dieser vergrößert sich, und sein Kern teilt sich dreimal hintereinander. Je drei der entstandenen acht Kerne umgeben sich an den beiden Enden der Embryosackzelle mit Plasma und schließlich mit einer festen Membran. Die so gebildeten drei unteren Zellen nennt man die *Antipoden* oder Gegenfüßlerzellen, die drei oberen den *Eiapparat*. Die mittlere Zelle des Eiapparats wird zur Eizelle, die beiden anliegenden Zellen bezeichnet man als *Synergiden* oder Gehilfinnen. Die beiden übrigen Kerne verschmelzen in der Mitte der Embryosackzelle zu dem *sekundären Embryosackkern*. Damit ist die Ausbildung des weiblichen Gametophyten der Angiospermen abgeschlossen.

4) Symmetrieverhältnisse: Am häufigsten sind die radiären und dorsiventralen B. Wesentlich seltener treten dissymmetrische und asymmetrische B. auf. Letztere sind meist sekundär asymmetrisch geworden. Radiäre B. gelten als ursprünglich, dorsiventrale als abgeleitet. Sie sind als Anpassung an die sie bestäubenden, dorsiventral gebauten Insekten anzusehen. Es kommt vor, daß als atavistische Erscheinungen an Pflanzen mit dorsiventralen B. radiär gebaute auftreten. Man nennt diese Bildungen *Pelorien*. Stellungs- und Symmetrieverhältnisse einer B. lassen sich am besten in einem *Blütendiagramm* (*Blütengrundriß*) darstellen, während der Bau der B. auch kurz in einer *Blütenformel* ausgedrückt werden kann. Man setzt dabei für die einzelnen Blütenteile Buchstaben ein, dann die jeweilige Zahl der Glieder und gibt die Stellung des Fruchtknotens durch einen Strich über oder unter der Zahl der Fruchtblätter an bzw. läßt ihn weg, wenn der Fruchtknoten mittelständig ist. Radiäre B. werden mit einem Stern ★ bezeichnet, dorsiventrale mit einem Pfeil ↓. Für den Mauerpfeffer z. B. ergibt sich folgende Formel: ★ K 5, C 5, A 5 + 5, G 5, das bedeutet: 5 Kelchblätter, 5 Kronblätter, 10 Staubblätter (je 5 in zwei Kreisen angeordnet), 5 Fruchtblätter, Fruchtknoten mittelständig, B. ist radiär.

5) Blütenstände (Infloreszenzen) stellen Sproßteile dar, die eine größere Anzahl von B. vereinigen und gegen die Laubblattregion des Sprosses scharf abgegrenzt sind. Sie tragen außer den B. keine oder rückgebildete Blätter in Form mehr oder weniger auffälliger Hochblätter. Nimmt die Zahl der B. in einem Blütenstand zu, wird meist ihre Größe reduziert. Oft wird in diesem Fall dann der ganze Blütenstand von einer perianthähnlichen Hülle von Hochblättern umgeben, oder die außenstehenden B. oder Blütenteile werden als Schauapparat besonders auffällig ausgebildet. Oft nehmen sie hierdurch das Aussehen einer Einzelblüte an. Sie werden dann als *Pseudanthien* bezeichnet. Zu diesen gehören z. B. die Blütenkörbchen der Korbblütler, die als *Cyathien* bezeichneten Blütenstände der Wolfsmilchgewächse und die von einem meist großen und auffällig gefärbten Hochblatt umgebenen Blütenkolben der Aronstabgewächse.

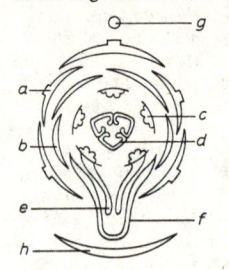

4 Blütendiagramm vom Veilchen. *a* Kelchblätter, *b* Kronblätter, *c* Staubblätter, *d* Fruchtblätter, *e* Nektarien, *f* Sporn, *g* Blütenstiel, *h* Deckblätter

Nach dem Grad der Verzweigung unterscheidet man zwischen einfachen *Infloreszenzen*, bei denen alle Seitentriebe der Hauptachse unverzweigt sind und in einer einzigen B. enden, und *komplexen Infloreszenzen*, bei denen an die Stelle von Einzelblüten eine größere oder geringere Zahl wiederholt verzweigter Seitenachsen höherer Verzweigungsordnung, die *Teilblütenstände* oder *Partialinfloreszenzen*, treten. Komplexe Blütenstände, die selbst wieder aus komplexen Infloreszenzen niederen Grades zusammengesetzt sind, werden als *Synfloreszenzen* bezeichnet. Nach dem Verhalten des Scheitels der Infloreszenzhauptachse sowie, bei komplexen Infloreszenzen, der Scheitel an den Partialachsen, ist zwischen *geschlossenen Infloreszenzen* (zymösen Blütenständen), bei denen die Hauptachsen mit *Terminalblüten* (End-, Scheitel- und Gipfelblüten) abschließen, die stets vor den ihnen benachbarten *Lateralblüten* (Seitenblüten) aufblühen, und *offenen Infloreszenzen* (razemösen Blütenständen), bei denen die Hauptachsen nicht mit einer Terminalblüte abschließen, zu unterscheiden.

Bei den geschlossenen Infloreszenzen ist die *geschlossene Rispe* (A in Abb.), wie sie von der sog. Weintraube bekannt ist, von besonderer Bedeutung, denn sie verkörpert wahrscheinlich den stammesgeschichtlich ältesten Infloreszenz-

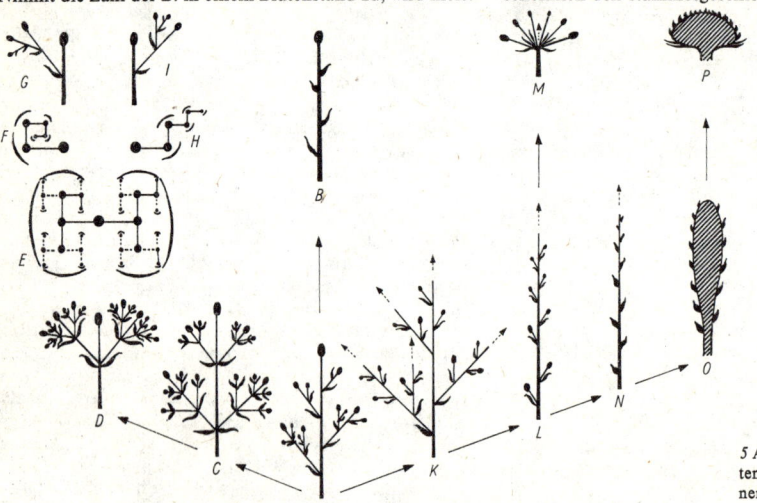

5 Ableitung der wichtigsten Blütenstandstypen von der geschlossenen Rispe

typ. Dieser ist in mannigfaltiger Weise abgewandelt worden. Wenn alle B. durch basitone Förderung der basalen Seitenäste in eine Schirmebene einrücken, entsteht die *Schirmrispe* (z. B. beim Schwarzen Holunder oder beim Schneeball), wenn die Terminalblüte der Hauptachse des Blütenstandes von tieferstehenden Seitenachsen durch verstärkte Basitonie übergipfelt wird, die *Spirre* (z. B. bei Mädesüß, *Filipendula ulmaria*). Durch Verarmung kann es im Extremfall, und zwar bei Reduktion sämtlicher Verzweigungen, zu Einzelblüten kommen (B in Abb.), z. B. bei Mohn oder Tulpe. Oft treiben infolge streng akrotoner Förderung lediglich die Seitenachsen der obersten Knoten aus. Wenn gleichzeitig alle Internodien der Abstammungsachse gestaucht bleiben, entstehen *Pleiochasien* (mehrgabelige Trugdolden, z.B. bei Fetthenne, Hauswurz und vielen Wolfsmilcharten). Bei dekussierter Blattstellung treiben vielfach nur die beiden Seitenknospen des Knotens unterhalb der Endblüte aus. Es entsteht ein *Dichasium* (zweigabelige Trugdolde, z. B. bei Hornkraut, D in Seitenansicht, E im Grundriß). Treibt jeweils nur eine der beiden Seitenknospen aus, entsteht das *Monochasium*. Je nachdem, ob die Seitensprosse nur nach einer Seite oder nach zwei Seiten auszweigen und in einer Ebene liegen bzw. gedreht sind, lassen sich vier Typen des Monochasiums unterscheiden, und zwar die *Sichel* (z. B. bei der Krötenbinse *Juncus bufonius*, G in Abb.), *Fächel* (z. B. bei Schwertlilie *Iris*, I in Abb.), *Schraubel* (z. B. bei Taglilie *Hemerocallis*, F in Abb.) oder *Wickel* (z.B. Beinwell *Symphytum*, H in Abb.). Komplexe geschlossene Infloreszenzen mit dichasialen oder monochasialen Teilblütenständen werden als geschlossene *Thyrsen* (Einz. Thyrsus) bezeichnet (z.B. beim Quendel, *Calamintha*, C in Abb.).

Ausgangsform aller offenen Infloreszenzen ist die *offene Rispe* (z. B. Rispe der Gräser, K in Abb.). Werden die Seitenachsen der offenen Rispe zu gestielten Einzelblüten vereinfacht, entsteht die *Traube* (z. B. bei der Lupine, L in Abb.). Fallen auch die Blütenstiele fort, ergibt sich die *Ähre* (z. B. der Wegerich, *Plantago*, N in Abb.). Eine Achse mit ungestielten B., die biegsam ist, lose herabhängt und vom Wind bewegt werden kann, stellt das *Kätzchen* dar (z. B. männlicher Blütenstand der Hasel und Eiche). Blütenstände mit verdickter Hauptachse und ungestielten B. sind die *Kolben* (z. B. weibliche Blütenstände bei Mais, O in Abb.). Beim *Blütenkorb* oder *Köpfchen* (z. B. Sonnenblume und andere Korbblütler, P in Abb.) sind die Einzelblüten ungestielt auf der zum Blütenstandsboden verbreiterten Achse angeordnet. Bei der *Dolde* entspringen die langgestielten Einzelblüten infolge extremer Stauchung der Internodien scheinbar auf etwa gleicher Höhe (z. B. bei verschiedenen Primelarten, M in Abb.).

Blutegel, → medizinischer Blutegel, → Egel.
Blütenanlegung, → Blütenbildung.
Blütenausbildung, → Blütenbildung.
Blütenbewegungen, verschiedenartige Bewegungen von Blüten und einzelnen Blütenteilen. Es kann sich hierbei handeln um: 1) *Entfaltungsbewegungen*, Entfaltung der Blütenknospen durch einseitige Wachstumsvorgänge. 2) *Öffnungs- und Schließbewegungen*. Die Perigon- bzw. Kronblätter vieler Blüten reagieren thermonastisch (→ Thermonastien) oder photonastisch (→ Photonastie), d. h. sie führen bei Veränderungen der Temperatur- bzw. der Lichtintensität Öffnungs- oder Schließbewegungen aus. Bringt man z. B. Tulpen- oder Krokusblüten in ein warmes Zimmer, dann erfolgt meist im Verlauf von wenigen Minuten Öffnung, bei Abkühlung dagegen Schließung der Blüten. Das beruht darauf, daß bei Temperaturerhöhung die Oberseite der Perigonblätter, bei Temperaturerniedrigung dagegen die Blattunterseite stärker wächst. Dadurch vergrößern sich die Blütenblätter, bei der Tulpe z. B. bei einer einzigen thermonastischen Bewegung um etwa 7 % und während der gesamten Blütezeit bis zu 100 %, denn die Blüten sind mehrfach reaktionsfähig. Die Temperaturempfindlichkeit ist z. T. sehr groß; Krokusblüten können bereits auf Temperaturschwankungen von 0,2 °C, Tulpen von 1 °C reagieren. Photonastische Öffnungs- und Schließbewegungen vollziehen unter anderem die Blüten von Seerosen, Kakteen, Sauerklee sowie die Blütenköpfchen vieler Korbblütler, bei denen sich die zungenförmigen Randblüten wie einzelne Blütenblätter verhalten. Viele Tagblüher öffnen und schließen ihre Blüten meist zu bestimmten Tageszeiten, die von Art zu Art sehr verschieden sein können. So blühen Kürbispflanzen im allgemeinen etwa von 5 bis 15 Uhr, eine Distelart, *Sonchus arvensis*, von 6 bis 12 Uhr, die Sumpfdotterblume von 8 bis 12 Uhr, ein Sauerklee, *Oxalis stricta*, von 10 bis 16 Uhr, Gamander-Ehrenpreis von 10 bis 21 Uhr. Diese Unterschiede im täglichen Rhythmus der Öffnungs- und Schließbewegungen hat Linné benutzt, um eine → Blumenuhr zusammenzustellen. Nachtblüher, wie Nachtlichtnelke, *Melandrium album*, Stechapfel, *Datura stramonium*, u. a., entfalten ihre Blüten abends und halten sie tagsüber geschlossen. Die photonastischen B. gehören ebenso wie die thermonastischen B. zu den → Nutationsbewegungen. Die Induktion dieser periodischen Öffnungs- und Schließbewegungen erfolgt unter natürlichen Bedingungen in erster Linie durch die im Laufe des Tag-Nacht-Wechsels auftretenden Licht- und Temperaturschwankungen. Außerdem dürften auch endogene Faktoren eine gewisse Rolle spielen. 3) *Rhythmische B.*, die überwiegend oder ausschließlich autonom bedingt sind, z. B. das im zwölfstündigen Wechsel erfolgende Öffnen und Schließen der Blütenköpfchen der Ringelblume, *Calendula officinalis*. Die Bewegung, die in ähnlicher Weise wie die thermo- und photonastischen B. auf eine unterschiedliche Wachstumsförderung der Ober- und Unterseite der randständigen Strahlenblüten zurückgeht, läuft auch unabhängig vom natürlichen Tag-Nacht-Wechsel weiter, z. B. bei ständiger Verdunkelung. Periodische Bewegungen, die etwa entsprechend der Tag- und Nachtperiode verlaufen, nennt man im allgemeinen → Nyktinastien. 4) *Staubblattbewegungen* sind von mehreren Pflanzenarten bekannt. Bei der Berberitze sind die Staubblätter normalerweise nach außen gespreizt und liegen an den Blütenblättern. Sobald der Staubfaden am Grunde auf seiner Innenseite berührt wird, z. B. durch ein Insekt, klappt das Staubblatt infolge einer Turgorsenkung plötzlich nach oben und liegt nun dem Fruchtknoten an. Die Staubblätter sind wiederholt reizbar. Bei Kakteenblüten kennt man gleichartige Staubblattbewegungen der Zimmerlinde, *Sparmannia africana*, und Sonnenröschenarten, *Helianthemum* sp., klappen die Staubblätter bei Reizung nach außen. Bei Flockenblumen, *Centaurea* sp., verkürzen sich bei Berührung die Staubfäden ruckartig infolge Turgorsenkung und ziehen dadurch die geschlossene Antherenröhre nach unten, so daß der im Inneren stehende Griffel den Pollen oben aus der Röhre herauspreßt. Diese Staubblattbewegungen, die eine bestimmte Form von Seismonastie darstellen, stehen im Dienste der Bestäubung. 5) *Narbenbewegungen*. Verschiedene Pflanzenarten besitzen berührungsempfindliche Narben, wie *Mimulus* sp., *Incarvillea* sp., *Catalpa* sp. u. a. Die meist zweilappigen Narben, die normalerweise weit auseinandergespreizt sind, klappen nach Berührung rasch zusammen, um den eventuell durch ein Insekt abgestreiften Pollen zwischen sich einzuschließen. Diese seismonastische Bewegung ist durch plötzliche Turgorsenkung in bestimmten Zellverbänden bedingt und stellt demzufolge wie die Staubblattbewegung eine Variationsbewegung dar.

Blütenbildung

Blütenbildung, bei höheren Pflanzen der Übergang von der vegetativen Phase zur geschlechtlichen Fortpflanzung. Sie umfaßt die *Blühinduktion,* die Blütenanlegung, d. i. die Umbildung eines Sproßvegetationskegels in ein Blütenprimordium, das anstelle der Laubblattanlagen Frucht-, Staub- und Perianthblattanlagen besitzt, sowie die *Blütenausbildung* (*Blütendifferenzierung*). Anschließend folgen die Blühphase, das Blühen sowie die Frucht- und Samenentwicklung.

Die B. beginnt damit, daß im Vegetationskegel der Histongehalt der Zellkerne abnimmt. Bald darauf steigt der RNS-Gehalt an, und auch die Basenzusammensetzung der RNS ändert sich. Die Zahl der Ribosomen nimmt zu, und der Proteingehalt steigt an. Es schließen sich ein sprunghafter Anstieg der DNS-Synthese und der Mitosehäufigkeit an. Auch eine Aktivierung des Golgiapparates läßt sich nachweisen. Nach diesen Befunden liegt der B. eine Aktivierung verschiedener, während der vegetativen Phase der Entwicklung ruhender Gene zugrunde.

Bei vielen Pflanzen setzen die angeführten Veränderungen ein, wenn sie im Laufe ihrer Entwicklung das entsprechende Stadium, die *Blühreife,* erreicht haben. Man spricht in diesen Fällen von *autonomer B.* Für eine Reihe weiterer Pflanzen müssen außerdem ganz spezielle Umweltbedingungen gegeben sein, und zwar entweder als eine Periode tiefer Temperatur (→ Vernalisation) oder in Form einer bestimmten Tageslänge (→ Photoperiodismus). Die jeweiligen zur B. führenden Temperatur- bzw. Lichtverhältnisse bezeichnet man als induktive Bedingungen, den Vorgang der Anregung als *Thermo-* bzw. *Photoinduktion* der B. Besonders eingehend untersucht ist die photoperiodische Kontrolle der B. Die photoperiodisch empfindlichen Pflanzen unterscheiden sich stark hinsichtlich ihrer induktiven Photoperiode; sie sind an eine bestimmte Länge der täglichen Licht- und Dunkelphase angepaßt. Man kennt → Langtagpflanzen, → Kurztagpflanzen, → Langkurztagpflanzen und → Kurzlangtagpflanzen. Umstritten ist die Gruppe der → Mitteltagpflanzen. Bei *amphiphotoperiodischen Pflanzen* kann die B. unter zwei verschiedenen Photoperioden induziert werden. Pflanzen, deren B. von der Tageslänge unabhängig ist, heißen *tagneutral.* Die Blühinduktion erfolgt vielfach sehr rasch. Bei bestimmten Kurztagpflanzen z. B. genügt ein einziger Kurztag, d. h. eine lange Dunkelphase, bei einigen Langtagpflanzen eine Dauerlichtperiode von 2 bis 3 Tagen. Danach können wieder nichtinduktive Bedingungen eintreten. Die *Photoperzeption* (»Lichtwahrnehmung«) erfolgt in den Laubblättern durch reversible photochemische Umwandlung bestimmter Pigmentsysteme, besonders des Phytochromsystems (→ Phytochrom), das auch zahlreiche andere lichtbedingte Wachstums-, Entwicklungs- und Bewegungsvorgänge der Pflanzen steuert. Die nach der Photoperzeption ablaufenden Prozesse, die im einzelnen noch unbekannt sind, führen letztlich zur Bildung eines blühauslösenden Faktors (photoperiodischer Blühstimulus), der von den Blättern zur Sproßspitze transportiert wird und dort die Bildung von Blütenprimordien veranlaßt. Man bezeichnet diesen Faktor, der wie ein Hormon in sehr geringen Mengen an andere Stellen transportiert wird und dort seine Wirkung entfaltet, auch als *Blühhormon, Florigen, Florigensäure* oder *Vernalin.* Durch Pfropfung ist das Blühhormon auf andere Pflanzen übertragbar. Pfropft man beispielsweise das Blatt einer Kurztagpflanze, z. B. von *Nicotiana tabacum,* auf eine Langtagpflanze, z. B. *Nicotiana silvestris,* so kommt letztere auch im Kurztag zum Blühen. Das entgegengesetzte Experiment gelingt ebenfalls. Langtagpflanzen bilden auch im Kurztag Blüten, wenn sie auf blühende Kurztagpflanzen aufgepfropft werden. Ferner blühen Langtagpflanzen und Kurztagpflanzen auch bei der nicht induktiven Photoperiode, wenn sie mit einer blühenden tagneutralen Pflanze durch Pfropfung verbunden werden. Die tagneutralen parasitischen *Cuscuta*-Arten (Seidearten) blühen zusammen mit ihrem Wirt. Ist dieser eine Langtagpflanze, so blühen sie im Langtag, ist dieser eine Kurztagpflanze, so beginnt die Blüte im Kurztag. Hieraus folgt, daß Langtag-, Kurztag- und tagneutrale Pflanzen auf gleiche Blühhormone ansprechen können. Nach der *Zweiphasentheorie der photoperiodischen Blühinduktion* (Abb.) umfaßt das Blühhormon jeweils zwei Komponenten, und zwar die → Gibberelline und die stickstoffhaltigen, chemisch noch unbekannten *Anthesine.* Um die erste Phase der Blühinduktion, das Schossen des Sprosses und damit auch die Bildung der Blütenstandsachse, auszulösen, sind Gibberelline erforderlich (Abb.). Zur Auslösung der zweiten Phase, der Bildung von Blütenanlagen, werden die Anthesine benötigt (Abb.). Bei einer großen Gruppe von Langtagpflanzen erfolgt ausreichende Gibberellinbildung in der Regel nur im Langtag. Diese bilden daher im Kurztag nur Rosettensprosse, die jedoch unter Kurztagbedingungen durch Zuführung von Gibberellinen zur Streckung und anschließend zur B. gebracht werden können. Das ist möglich, da bei diesen Langtagpflanzen die Anthesine unabhängig von der Tageslänge oder im Zusammenhang mit dem raschen Schossen gebildet werden. Demgegenüber bilden die Kurztagpflanzen, die wie die Chrysanthemen auch im sommerlichen Langtag bereits eine gestreckte Sproßachse besitzen, auch im Langtag Gibberelline. Anthesine können diese Kurztagpflanzen jedoch nur im Kurztag bilden, und die B. setzt dementsprechend erst im Kurztag ein. In tagneutralen Pflanzen werden sowohl Gibberelline als auch Anthesine in für die B. ausreichenden Mengen unabhängig von der Tageslänge gebildet.

Bei einigen Kurztagpflanzen, z. B. bei *Pharbitis,* kann die B. im Langtag durch → Zytokinine induziert werden, bei anderen, z. B. bei *Chenopodium rubrum,* löst der Hemmstoff → Abszisinsäure B. aus. Bei *Ananas* stimulieren die Phytohormone → Auxin und → Ethylen die B. Somit kann jedes Phytohormon bei irgendwelchen Pflanzen blühinduzierend sein. Es liegt daher nahe, daß der oft als Blühhormon bezeichnete Blühstimulus einen Hormonkomplex umfaßt, dem neben den im Zusammenhang mit der Zweiphasentheorie angeführten Substanzgruppen alle genannten Phytohormone angehören können.

Eine zusätzliche Kontrolle der B. ist durch *Blühinhibitoren* möglich. Experimentell können sie beispielsweise nachgewiesen werden, indem der Sproß einer spätblühenden Erbsensorte mit demjenigen einer frühblühenden vereinigt

Kurztagpflanze Langtag / Kurztag
Langtagpflanze Langtag / Kurztag

||||||| *Gibberelline vorhanden*
≡≡≡ *Anthesine vorhanden*
▦▦▦ *Gibberelline und Anthesine vorhanden*

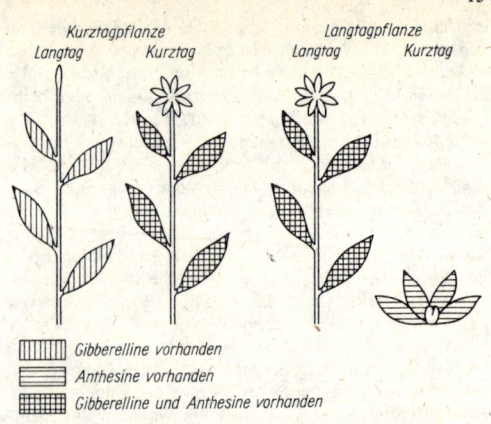

Zweiphasentheorie der photoperiodischen Blühinduktion (nach Chailakhyan)

wird. In diesem Falle wird die B. im frühblühenden Pfropfreis verzögert. Die Natur dieser blühhemmenden Faktoren (*Blühhemmstoffe*) ist noch unbekannt.

Blütendifferenzierung, → Blütenbildung.

Blütenfall, → Abszission.

Blütenfarbstoffe, zur Gruppe der → Anthozyane, → Flavone und → Karotinoide gehörende Farbstoffe, die die Färbung der Blütenorgane bewirken. Gelbe Blütenfarben werden durch im Zellsaft gelöste Flavone oder durch karotinhaltige Chromoplasten der Blütenblattzellen bedingt. Rote und blaue Farben entstehen durch im Zellsaft gelöste Anthozyane. Auch Kombinationen der verschiedenen Farbstofftypen sind möglich; sie bedingen die Mannigfaltigkeit der Farbtönungen.

blütenlose Pflanzen, → Kryptogamen.

Blütenpflanzen, svw. Samenpflanzen.

Blütenwickler, *Phaloniidae,* eine Familie der Schmetterlinge aus der Verwandtschaftsgruppe der → Wickler, z. B. der → Traubenwickler.

Bluterkrankheit, *Hämophilie,* erblich bedingte Störung der Gerinnungsfähigkeit des Blutes, die auf einer verminderten Aktivität des antihämophilen Globulins A (Faktor VIII = Hämophilie A) oder B (Faktor IX = Hämophilie B) im Plasma beruht, wodurch die Thrombin- und schließlich die Fibrinbildung gestört sind. Die B. ist das klassische Beispiel für einen X-chromosomalen rezessiven Erbgang beim Menschen. Da im männlichen Geschlecht normalerweise nur ein X-Chromosom vorhanden ist und demzufolge die auf ihm lokalisierten Gene im hemizygoten Zustand vorliegen, tritt beim Mann in jedem Fall die B. auf, wenn er das Blutergen aufweist. Demgegenüber wird bei der Frau die Wirkung eines solchen Gens von dem auf dem zweiten X-Chromosom liegenden normalen Allel kompensiert, d. h., sie ist zwar heterozygote Trägerin (Konduktorin) der Anlage für die B., selbst aber nicht von der Krankheit betroffen. Konduktorinnen geben das defekte Gen im Durchschnitt an die Hälfte ihrer Töchter weiter, die so ihrerseits wieder Konduktorinnen werden, ohne daß B. auftritt. Ebenso erhält die Hälfte der Söhne das Gen, die jedoch an B. erkranken. Da das X-Chromosom des Mannes nur auf die Töchter übergeht, hat ein an B. erkrankter Mann (Bluter) phänotypisch gesunde Kinder; allerdings sind alle Töchter Konduktorinnen, während die Söhne und deren Nachkommen das Gen nicht aufweisen. Im weiblichen Geschlecht kommt die B. sehr selten vor, da dann Homozygotie für das defekte Gen vorliegen muß, die einen Vater mit B. und eine Konduktorin als Mutter voraussetzt.

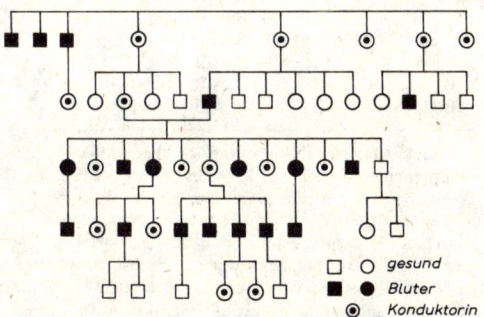

Stammbaum einer Familie mit Bluterkrankheit (nach Gilchrist)

Die Söhne von Bluterinnen weisen alle die B. auf, und die Töchter sind alle Konduktorinnen. Konduktorinnen besitzen nicht selten eine erhöhte Blutungsneigung und bei der Hämophilie A eine deutliche Verminderung der Faktor-VIII- bzw. bei der Hämophilie B der Faktor-IX-Aktivität. Daher kann zumeist festgestellt werden, welche Frauen aus einer Bluterfamilie erblich belastet sind und welche Frauen kranke oder belastete Kinder nicht zu befürchten brauchen. Bei der Hämophilie A ist mit einem Bluter auf 5000 und bei der Hämophilie B auf 25 000 Knabengeburten zu rechnen. Abb.

Blutfaktoren, svw. Blutgruppen.

Blutgase, die vom Blut transportierten Atemgase Sauerstoff und Kohlendioxid. Bei den Wirbeltieren ist während der Transportphase ein geringer Teil des Sauerstoffs im Plasma gelöst, der überwiegende Teil am Hämoglobin gebunden (→ Sauerstoffbindung des Blutes). Vom Kohlendioxid ist eine größere Menge im Plasma gelöst, die Hauptmenge jedoch im Plasma und in den Erythrozyten gebunden. In der Lunge und in den Geweben finden Blutgasaustauschvorgänge statt, wobei in der Lunge der Sauerstoff das Kohlendioxid des Blutes freisetzt (*Haldane-Effekt*) und im Gewebe umgekehrt das Kohlendioxid den Sauerstoff austreibt (→ Bohr-Effekt).

Blutgefäßsystem, → Blutkreislauf.

Blutgerinnung, eine Kette enzymatischer Reaktionen, die dem Wundverschluß dient. Die B. ist der wichtigste Prozeß bei einer → Blutstillung. Sie kommt nur bei Gliedertieren und Wirbeltieren vor.

Die B. läuft in mehreren Phasen und im intakten Gefäß etwas anders als an einer offenen Wunde ab. Inaktive eiweißspaltende Enzyme, die den Sammelbegriff *Prothrombinkomplex* tragen, werden in der Leber gebildet und gespeichert. Das Vitamin K befähigt sie zur Bindung von Kalziumionen. Im Wundbereich sorgen die Kalziumionen des Blutes für eine Anheftung an die verletzten Zellen, und dadurch werden aus den inaktiven aktive Enzyme. Das geschieht in der Vorphase der B.

In der ersten Phase der B. wird Prothrombin in *Thrombin* überführt. An diesem nur Sekunden dauernden Prozeß sind mehrere Faktoren beteiligt (Abb.). Die zweite Phase der B. beinhaltet die Umwandlung von Fibrinogen in Fibrin sowie die Vernetzung der Fibrinfäden. In der Nachgerinnungsphase verursachen kontraktile Proteine der Blutplättchen eine Zusammenziehung der Fibrinfäden, so daß die Wundränder aneinandergelegt werden und der Heilungsprozeß

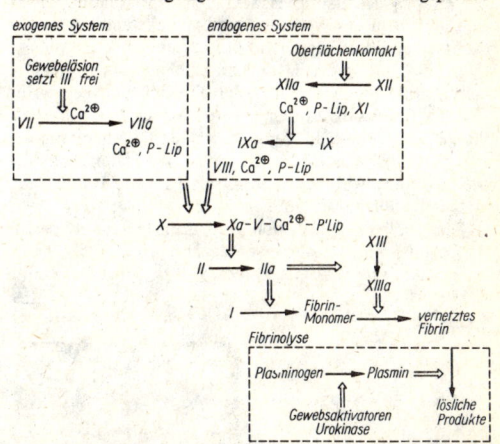

Schema der Blutgerinnung und der Fibrinolyse. In dem Schema bedeuten: I Fibrinogen, II Prothrombin, IIa Thrombin, III Gewebsthromboplastin, IV Calcium-Ionen, V und VI Proaccelerin, Acceleratorglobulin, VII Proconvertin, VIII Antihämophiles Globulin (AHG), IX Christmas-Faktor, Plasma-Thromboplastin-Component (PTC), X Stuart-Prower-Faktor; Autoprothrombin III, XI Plasma-Thromboplastin-Antecedent (PTA), XII Hagemann-Faktor, XIII Fibrinstabilisierender Faktor

Blutgruppen

beschleunigt wird. Gleichzeitig schrumpfen alle geformten Blutbestandteile zum Blutkuchen; dabei wird Blutserum abgepreßt.

Alle eben genannten Gerinnungsprozesse laufen nicht mit einem Schlag ab, sondern beginnen mit kleinen Substratmengen und nehmen dann lawinenartig zu. Die B. erfolgt nur im Wundbereich. In der Nachbarschaft ist die Konzentration der gerinnungsaktiven Stoffe wegen der Verdünnung durch das strömende Blut zu niedrig; außerdem stoppt dort ein Antithrombin die B. Das in der Leber gebildete und klinisch verwendete Heparin wirkt übrigens dadurch gerinnungshemmend, daß es jene Antithrombinwirkung steigert. Neben Heparin verhindern eine B. das im Speichel des Blutegels enthaltene Hirudin, zahlreiche tierische Gifte oder Kalziumionen ausfällende Oxalate und Zitrate.

Normalerweise kann in unverletzten Gefäßen keine B. auftreten, weil sich gerinnungsfördernde und -hemmende Faktoren die Waage halten. In Ausnahmefällen kann jedoch ein Gerinnsel, ein → Thrombus, gebildet werden.

Innerhalb einiger Stunden oder Tage werden die Gerinnsel durch die *Fibrinolyse* beseitigt. Das Fibrin wird dabei in einzelne Fibrinopeptide zerlegt.

Blutgruppen, *Blutfaktoren*, bei Tier und Mensch vorkommende Merkmale der roten Blutkörperchen. Diese Blutgruppensubstanzen bestehen aus einem Polypeptid und einem Polysaccharidanteil. Das Vorhandensein der B. auf den roten Blutkörperchen einer Person kann mittels spezifischer Antikörper oder mit Hilfe von → Lektinen nachgewiesen werden. Da die Antikörper bei dieser Nachweisreaktion die Blutkörperchen verklumpen, bezeichnet man sie auch als *Hämagglutinine*. Die in diesem System als Antigene wirkenden B. werden andererseits *Agglutinogene* genannt.

Die Blutgruppenforschung beim Menschen hat zu wichtigen theoretischen Erkenntnissen und zu wesentlichen praktischen Folgerungen für Medizin sowie Anthropologie und Humangenetik geführt. In der Klinik spielen die B. insbesondere bei der Bluttransfusion und bei der Beziehung zwischen Mutter und Fötus eine entscheidende Rolle. Die Übertragung hinsichtlich der B. ungeeigneten Blutes kann zu schwerwiegenden Zwischenfällen führen. Eine Unverträglichkeit in bestimmten Blutgruppensystemen zwischen Mutter und Fötus kann den Fötus erheblich schädigen.

Die Bedeutung der B. für Anthropologie und Humangenetik beruht vor allem darauf, daß sie erblich festgelegt sind und im Gegensatz zu den meisten Merkmalen einfachen Erbgängen folgen. Die B. eignen sich deshalb hervorragend für erbbiologische Untersuchungen, wie Vaterschaftsfeststellung und Zwillingsdiagnose, sowie für die Klärung rassengeschichtlicher Zusammenhänge.

Die für die Bluttransfusion bedeutsamsten B. sind bereits 1900 von Karl Landsteiner entdeckt worden. Sie gehören zum *AB0-System*. Hier kommen vier B. vor: 0, A, B und AB. Die Buchstaben A und B bedeuten das Vorhandensein bestimmter Blutgruppensubstanzen auf den roten Blutzellen, also Substanz A und Substanz B. Bei Personen mit der Blutgruppe 0 kommen diese Substanzen nicht vor, während bei Blutgruppe AB sowohl die Substanz A als auch die Substanz B vorhanden sind. Das besondere des AB0-Systems ist aber die Tatsache, daß alle Personen, die entsprechend ihrer Blutgruppe die Blutgruppensubstanzen nicht besitzen, dafür Antikörper gegen diese Substanzen aufweisen (Abb.). Das hängt mit der großen Verbreitung der Blutgruppensubstanzen oder ganz ähnlicher Strukturen bei Mikroorganismen, Pflanzen und Tieren zusammen. Daher bekommt jeder Mensch bereits in den ersten Lebensjahren Kontakt mit diesen Substanzen. Hat er sie selbst nicht, so wirken sie als Antigen und lösen die Bildung entsprechender spezifischer Antikörper aus. Diese wiederum verbieten die Übertragung in den B. nicht übereinstimmenden Blutes, da sie sich an die roten Blutzellen anlagern, diese verklumpen und zerstören würden.

Der Erbgang der B. des AB0-Systems beruht auf dem Vorhandensein von wenigstens 4 Allelen (A_1, A_2, B und 0). Hierbei sind A_1, A_2 und B dominant über 0, während sich A_1, A_2 und B zueinander kombiniert verhalten. Andererseits ist A_1 dominant über A_2. Da jeder Elternteil von seinen zwei Genen jeweils eins an das Kind weitergibt, sind bei gegebener Elternkombination nur bestimmte Kombinationen bei den Kindern möglich, wie die folgende Tabelle zeigt:

Elternkombination (Phänotypus)	Bei den Kindern mögliche Blutgruppen (Phänotypen)
0×0	0
$0 \times A_1$	0, A_1, A_2
$0 \times A_2$	0, A_2
$0 \times B$	0, B
$0 \times A_1B$	A_1, B
$0 \times A_2B$	A_2, B
$A_1 \times A_1$	0, A_1, A_2
$A_1 \times A_2$	0, A_1, A_2
$A_1 \times B$	0, A_1, A_2, B, A_1B, A_2B
$A_1 \times A_1B$	A_1, B, A_1B, A_2B
$A_1 \times A_2B$	A_1, A_2, B, A_1B, A_2B
$A_2 \times A_2$	0, A_2
$A_2 \times B$	0, A_2, B, A_2B
$A_2 \times A_1B$	A_1, B, A_2B
$A_2 \times A_2B$	A_2, B, A_2B
$B \times B$	0, B
$B \times A_1B$	A_1, B, A_1B
$B \times A_2B$	A_2, B, A_2B
$A_1B \times A_1B$	A_1, B, A_1B
$A_1B \times A_2B$	A_1, B, A_1B, A_2B
$A_2B \times A_2B$	A_2, B, A_2B

Unabhängig vom AB0-System ist das *MN-System* des menschlichen Blutes. Hier kommen normalerweise nur die Blutgruppensubstanzen, nicht aber die Antikörper vor. Es gibt zwei Allele (M und N). M bedingt homozygot die Eigenschaft M, entsprechend ist es bei N. Beim heterozygoten Genotyp MN sind beide Blutgruppensubstanzen vorhanden. Das M-Gen überwiegt gegenüber N mäßig in Europa und Asien, sehr stark dagegen in Amerika. In Afrika findet man beide in gleicher Häufigkeit, während in Australien N überwiegt.

Von großer klinischer Bedeutung ist das *Rhesus-(Rh-)-System*, dessen genetische Grundlage noch nicht sicher geklärt ist. Es bestehen offenbar mehrere Gene mit Allelen. Am wichtigsten ist das hierzu gehörende D-Antigen. Eine D-negative Schwangere, deren Fötus D-positiv ist, kann

Gruppe	Antigene an roten Blutzellen	Antikörper im Serum
0	0	Anti-A Anti-B
A	A	Anti-B
B	B	Anti-A
AB	A und B	–

Agglutination im AB0-Blutgruppensystem (in Anlehnung an Stern 1955)

durch die in ihren Körper gelangenden kindlichen Zellen sensibilisiert werden. Sie bildet daraufhin Anti-D-Antikörper. Da die kindlichen Zellen erst in der letzten Schwangerschaftsphase übertragen werden, erfolgt die Antikörperbildung meist erst um den oder nach dem Geburtstermin. Daher kommt es nicht mehr zur Schädigung des Kindes. Bei einer weiteren Schwangerschaft der sensibilisierten Mutter treten die Antikörper aber durch die Plazenta in den Fötus über und können die roten Blutzellen zerstören (→ Erythroblastose). Schwere Schäden sind die Folge. Seit einigen Jahren wird deshalb in der DDR eine Rh-Prophylaxe durchgeführt. Der Mutter werden um den Geburtstermin Anti-D-Antikörper passiv zugeführt. Sie binden und zerstören die eingedrungenen kindlichen Zellen, so daß keine Sensibilisierung und Antikörperbildung bei der Mutter erfolgt. Die passiv übertragenen Antikörper werden bald wieder abgebaut.

Neben den genannten gibt es noch eine große Zahl weiterer Blutgruppensysteme, die allerdings keine so große medizinische Bedeutung haben. Sie können aber alle bei erbbiologischen Untersuchungen mit herangezogen werden, wobei jede Person ihr individuelles Blutgruppenmuster besitzt und die Aussagen ein hohes Maß an Exaktheit gewinnen.

Blut-Hirn-Schranke, das durch die Gesamtoberfläche der Blutkapillaren im Gehirn dargestellte Diffusionshindernis. Die Schrankenwirkung wird durch Enzyme in den Endothelzellen der Blutkapillaren ergänzt (*Enzymschranke*). Die B.-H.-S. ist für verschiedene Stoffe in unterschiedlichem Grade durchlässig. Die Atemgase Kohlendioxid und Sauerstoff können die Kapillarwandungen leicht passieren, während die Diffusion von Eiweißen und fettunlöslichen Stoffen nur schwer möglich ist.

Die B.-H.-S. erfüllt in erster Linie eine Schutzfunktion. Fremdstoffe und besondere Bakterientoxine können nur sehr langsam und in geringem Ausmaß in das Gehirngewebe eindringen.

Bluthochdruck, → Blutdruck.
Blutkiemen, → Atmungsorgane.
Blutkörperchen, svw. Hämozyten.
Blutkreislauf, *Blutzirkulation,* der Blutumlauf im Blutgefäßsystem. Die Triebkraft des Blutumlaufes geht entweder von der allgemeinen Körperbewegung oder der rhythmischen Saug- und Druckwirkung kontraktiler Abschnitte des Blutgefäßsystems aus, oder es sind besonders lokalisierte muskelreiche Hohlorgane in Form der *Herzen* als Pumporgane in das Blutgefäßsystem eingeschaltet. Durch Ventilklappen in den Herzen und Gefäßen (*Adern*) wird das Blut stets in eine Richtung getrieben. Nur bei den Manteltieren wechselt die Strömungsrichtung regelmäßig, da sich die Kontraktionswellen des Herzens periodisch umkehren. Das *Blutgefäßsystem* kann bei den einzelnen Tieren in unterschiedlicher Vollkommenheit ausgebildet sein. Ein offenes Blutgefäßsystem liegt vor, wenn nur einzelne Abschnitte des Systems in Gestalt von Herzen mit zu- und ableitenden Gefäßen vorhanden sind und in offener Verbindung mit den Hohlräumen (*Lakunen*) der Leibeshöhle stehen (Weichtiere, Gliederfüßer, Manteltiere). Besteht das Blutgefäßsystem aus einem völlig geschlossenen Röhrensystem, liegt ein geschlossenes Blutgefäßsystem vor (Ringelwürmer, Lanzettfischchen, Wirbeltiere). Im geschlossenen Blutgefäßsystem führen die von großen rücken- und bauchständigen Längsgefäßstämmen oder vom Herzen ausgehenden Blutgefäße das Blut bis an die Organe heran. In diesen verzweigen sich die Gefäße in feinste Haargefäße (→ Kapillaren), die durch zahlreiche Querverbindungen ein Kapillarnetz bilden. Der Stoffaustausch zwischen Blut und Körpergewebe findet ausschließlich im Kapillarbereich

statt. Aus dem Kapillarnetz sammeln sich die Gefäße schließlich wieder zu größeren abführenden Gefäßstämmen. Die vom Herzen fortführenden Gefäße heißen *Schlagadern (Arterien),* die zu ihm hinführenden *Blutadern (Venen),* unabhängig davon, ob sie sauerstoffreiches oder -armes Blut führen. Die Regulation der Gefäßdurchmesser (hoher – niedriger Blutdruck) unterliegt einem Steuerungszentrum (→ Vasomotorenzentrum) im Hirnstamm. Das Blutgefäßsystem steht bei den Wirbeltieren mit einem gut ausgebildeten Lymphgefäßsystem in direkter Verbindung.

Das geschlossene Blutgefäßsystem der **Ringelwürmer** besteht aus rücken- und bauchständigen längsverlaufenden Gefäßstämmen, die durch segmental angeordnete Ringgefäße miteinander verbunden sind. Das Blut strömt im Rückengefäß von hinten nach vorn, in den Bauchgefäßen von vorn nach hinten. Die vorderen Ringgefäße können zu besonderen pulsierenden *Ringherzen* umgebildet sein.

Das offene Blutgefäßsystem der **Gliederfüßer** ist im Zusammenhang mit der Ausbildung des Mixozöls entstanden. Es besteht aus einem rückenständigen, in der Regel schlauchförmigen Herzen (Rückengefäß), das bei niederen Gruppen fast alle Körpersegmente durchzieht. In jedem Segment besitzt das Herz ein Paar Ostien und bindegewebige oder muskulöse Haltebänder (Flügelmuskeln), die in der Wand der horizontal gelegenen und mit Spalten versehenen *Perikardialmembran* (dorsales Diaphragma) liegen. Die Perikardialmembran begrenzt einen das Herz umgebenden Perikardialsinus, in dem sich die Hämolymphe, bevor sie in das Herz eintritt, aus dem Körper sammelt. Im allgemeinen besitzt das Herz ein vorderes und ein hinteres abführendes Gefäß (*Aorta cephalica* und *Aorta abdominalis*). Bei Gliederfüßern mit lokalisierten Atmungsorganen, z. B. Kiemen bei Krebsen, Tracheenlungen bei Spinnen, sendet das Herz, meist unter den Ostien, paarige Seitenarterien aus, ehe die Hämolymphe in die Lakunen entlassen wird. Skorpione besitzen zu- und ableitende Lungenvenen, die die Tracheenlungen direkt mit Hämolymphe versorgen. Bei den **Insekten** mit einem stark verzweigten Tracheensystem fehlen, außer bei einigen Arten (z. B. Schaben), Seitenarterien. Die Hämolymphe der Insekten strömt aus dem Perikardialsinus durch die Ostien in das hinten geschlossene Herz und wird von hier durch die Kopfarterie zunächst in die Kopfregion geleitet. Für den gerichteten Blutumlauf im Körper sorgt neben dem dorsalen *Diaphragma* ein unter dem Darm gelegenes ventrales Diaphragma, das einen um das Bauchmark gelegenen Perineuralsinus von einem Perivisceralsinus des Darmbereiches abgrenzt. Daneben treten besondere akzessorische pulsierende Organe auf, die ein Stagnieren des Blutumlaufs besonders in den Körperhängen verhindern. Sie finden sich in den Beinen als längs verlaufende muskulöse Diaphragmen, als pulsierende Ampullen an der Fühlerbasis (Kopfampullen) oder als Dorsalampullen am Grunde der Flügel.

Das offene Blutgefäßsystem der **Weichtiere** besteht aus einem vorn (z. B. Schnecken) oder auch hinten (Muscheln, Kopffüßer) offenen Dorsalgefäß (Herz), das in einem echten Leibeshöhlenrest, der Perikardialhöhle, liegt. Seitlich am Herzen sitzen je nach der Zahl der Kiemen ein oder zwei Paar Vorkammern, die die Kiemenvenen aufnehmen. Die Kopffüßer besitzen außerdem venöse *Kiemenherzen,* pulsierende Anschwellungen der Venen, die das Blut in die Kiemen treiben.

Das Blutgefäßsystem der **Stachelhäuter** setzt sich aus epithellosen Kanälen (*Lakunen* bzw. Sinus) zusammen. Es besteht aus einem den Darm umgebenden oralen Lakunenring mit fünf ausstrahlenden Ästen sowie einem aboralen Ringkanal, der mit seinen Abzweigungen die Genitalorgane versorgt. Beide Ringsysteme sind über ein Kapillarnetz in-

Blutkreislauf

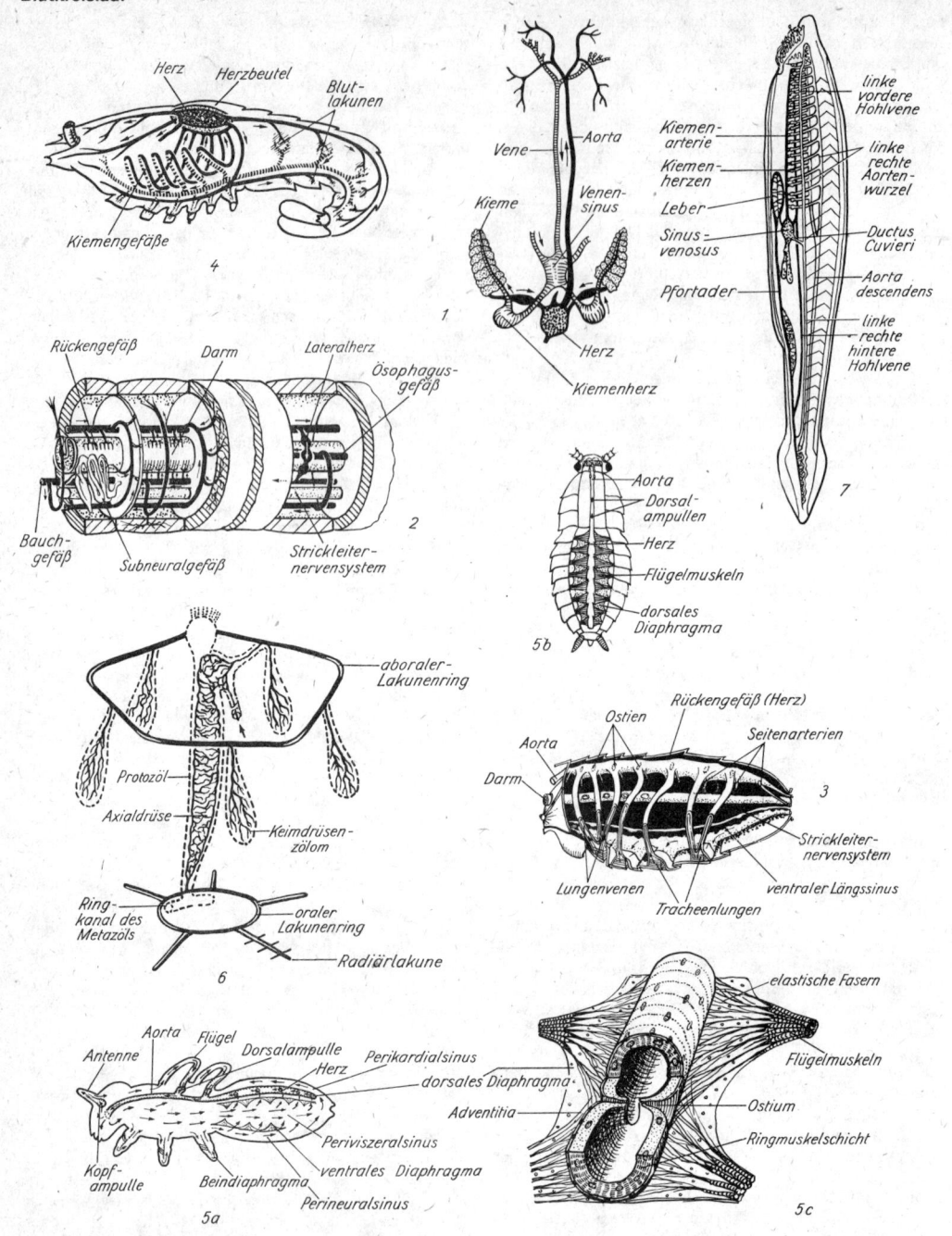

Blutgefäßsysteme von Wirbellosen. *1* Offenes Gefäßsystem eines Kopffüßers (*Cephalopoda*). *2* Geschlossenes Gefäßsystem eines Regenwurmes, rechts im Bereich des Ösophagus mit pulsierendem Ring- oder Lateralherzen, das Rücken- und Bauchgefäß miteinander verbindet, links im Bereich des Darmes. *3* Offenes Gefäßsystem eines Skorpions mit Lungenvenen und Tracheenlungen; das Rückengefäß ist als kontraktiler Herzschlauch ausgebildet. *4* Offenes Gefäßsystem des Flußkrebses (*Astacus*), sauerstoffhaltiges Blut führende Gefäße schwarz dargestellt. *5* Offenes Gefäßsystem der Insekten: *5a* Schema des Kreislaufes mit vollständig entwickelten pulsierenden Organen, der Verlauf des Blutstroms ist durch Pfeile dargestellt. *5b* Grundschema des Rückengefäßes (Herz) und des dorsalen Diaphragmas, *5c* Feinbau des Rückengefäßes, Ventralansicht. *6* Schema des Blutlakunensystems der Stachelhäuter (*Echinodermata*), dem ein blutbewegendes, die Herzfunktion ausübendes Organ fehlt; gestrichelt sind Protozöl, Keimdrüsen und oraler Ringkanal des Metazöls dargestellt. *7* Geschlossenes Gefäßsystem des Lanzettfischchens (*Branchiostoma lanceolatum*) mit ventral gelegenen kontraktilen Abschnitten, die das Blut nach vorn treiben

nerhalb der Axialdrüse verbunden. Ein Herz fehlt allen Stachelhäutern.

Das geschlossene Blutgefäßsystem der *Lanzettfischchen* stellt das Grundschema des Wirbeltierkreislaufes dar: Kontraktile Gefäßabschnitte (ein Herz fehlt) treiben das Blut an. Eine bauchständige Kiemenarterie *(Aorta ventralis)* führt das Blut in den Kiemendarm. Von ihr zweigen paarige Kiemengefäße, die mit kontraktilen Anschwellungen (*Bulbilli, Kiemenherzen*) beginnen, ab und leiten das Blut an den Kiemenspalten vorüber. Über dem Kiemendarm sammeln sich die Kiemengefäße in einer rechten und linken Aortenwurzel, die sich hinter dem Kiemendarm zu einer unpaaren, über dem Darm verlaufenden *Aorta descendens (Aorta dorsalis)* vereinigen. Die abzweigenden Gefäße der Aorta descendens versorgen Darm und Körper mit frischem, sauerstoffreichem Blut. Über eine ableitende Darmvene (*Vena subintestinalis, Vena portae* oder *Pfortader*) wird der Kapillarbereich des Leberblindsackes versorgt, von wo das Blut wieder in die bauchständige Kiemenarterie eintritt. Das Blut aus dem Körper wird durch ein vorderes und hinteres Venenpaar (vordere und hintere Kardinalvenen) gesammelt. Vor ihrem Eintritt in den hinteren Bereich der Kiemenarterie, der zu einem *Sinus venosus* erweitert ist, vereinigen sie sich rechts und links zu den *Ductus Cuvieri*.

Bei den *Fischen* (Abb.) zieht aus dem ventral gelegenen, meist rein venösen Herzen kopfwärts ein Arterienstamm (*Truncus arteriosus*), von dem maximal – wie übrigens bei allen Wirbeltierembryonen – 6 Paare den Kiemendarm bogenförmig umfassende Kiemenarterien abgehen, von denen die ersten beiden reduziert werden, so daß bei erwachsenen Knochenfischen nur die letzten 4 Paare bestehen bleiben. Nach Passage des Kiemenkapillarnetzes sammelt sich das sauerstoffreiche Blut in den dorsal gelegenen paarigen Aortenwurzeln. Diese geben nach vorn die Kopfarterien (*Karotiden*) ab und vereinigen sich schwanzwärts zu der dorsal verlaufenden Körperschlagader (*Aorta*), die mit ihren Ästen die meisten Organe mit Frischblut versorgt. Das verbrauchte Blut sammelt sich in 2 ventralen Venen, die in den *Sinus venosus* einmünden. Das nährstoffreiche Blut vom Darm passiert zunächst die Leber (*Pfortaderkreislauf*) und gelangt von hier durch Lebervenen, unabhängig von den seitlichen Venen, zum Sinus venosus. Ein weiterer von der Schwanzflosse kommender Venenstamm zieht zur Niere, erfährt dort eine kapillare Aufzweigung (*Nierenpfortaderkreislauf*), sammelt sich jederseits in den hinteren Kardinalvenen, welche sich kaudal von der Kiemenregion mit den aus dem Kopf stammenden vorderen Kardinalvenen zu den Ductus Cuvieri vereinigen, die in den Sinus venosus einmünden.

Während bei kiemenatmenden *Lurchen* die Anordnung des B. im wesentlichen wie bei den Fischen ausgebildet ist, tritt bei den lungenatmenden Vierfüßern eine erhebliche Änderung ein, denn neben dem *Körperkreislauf* entfaltet sich ein *Lungenkreislauf*. Die Kiemengefäße werden zurückgebildet. Im Herzen mischen sich venöses und arterielles Blut. Bei der Verwandlung der Kaulquappe zum Frosch bilden sich aus dem 3. Kiemenbogenpaar die Kopfarterien, aus dem 4. die Aortenbögen und aus dem 6. die *Lungenarterien* (*Arteriae pulmonales*). Die Lungenvenen, die das arterielle Blut von der Lunge in die linke Herzvorkammer leiten, werden neu gebildet. Die Kardinalvenen verschwinden, dafür bildet sich aus den Bein- und Nierenvenen eine *hintere Hohlvene* (*Vena cava inferior*), die nach Aufnahme der Lebervene in die rechte Herzvorkammer mündet.

Der B. der *Kriechtiere* weist ähnliche Verhältnisse auf wie bei den Lurchen, mit dem Unterschied, daß die Trennung des Herzens weiter fortschreitet (→ Herz).

Bei den *Warmblütern* ist eine vollkommene Trennung von Lungen- und Körperkreislauf eingetreten. Es bildet sich bei den Vögeln nur der rechte Aortenbogen aus, von dem alle den Körper versorgenden Arterien abgehen. Der Leberpfortaderkreislauf ist gut entwickelt, während das Pfortadersystem der Nieren nur noch von untergeordneter Bedeutung ist.

Im Gegensatz zu den Vögeln entwickelt sich bei den *Säugetieren* (Abb.) nur der linke Aortenbogen. Aus ihm gehen die Arterien für Kopf, Hals und Vordergliedmaßen hervor. Seine Fortsetzung, die längs der Wirbelsäule verlaufende Körperschlagader, entläßt die Darm-, Nieren- und Beckenarterien mit ihren Ästen für das Bein und die Geschlechtsorgane. Eine direkte Verlängerung der Körperschlagader ist die Schwanzarterie. Aus der hinteren Körperregion sammelt sich das verbrauchte Blut in der unteren Hohlvene, aus dem Kopf- und Halsgebiet in den *Jugularvenen*, die sich zur oberen Hohlvene vereinigen. Beide Hohlvenen ergießen sich in die rechte Herzvorkammer. Während ein Nierenpfortaderkreislauf fehlt, besitzt der Pfortaderkreislauf der Leber eine große Bedeutung. Alle Venen, die von den unpaaren Bauchorganen (Magen, Darm, Milz, Bauchspeicheldrüse) ihren Ursprung nehmen, vereinigen sich zur Pfortader (Vena portae), die das nährstoffreiche, aber

Blutgefäßsysteme von Wirbeltieren (Bauchseite): *1* Fisch, *2* Frosch, *3* Säuger. *Weiß*: Gefäße mit arteriellem Blut, *schwarz*: Gefäße mit venösem Blut, *punktiert*: Gefäße mit gemischtem Blut

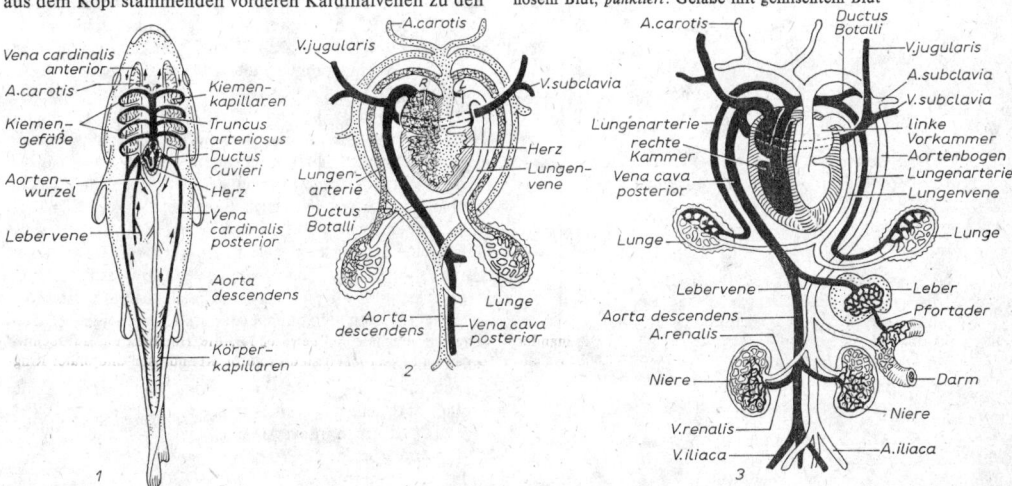

Blutkreislauf

sauerstoffarme Blut zur Leber führt. Von hier gelangt es über die Lebervene in die untere Hohlvene.

Das Kreislaufsystem des tierischen und menschlichen Organismus hat vier physiologische Hauptaufgaben zu erfüllen. 1) Transportfunktion. Den Organen müssen zur Aufrechterhaltung ihrer Leistungsfähigkeit fortlaufend Nahrungssubstrate sowie Sauerstoff zugeführt, und ihre Stoffwechselendprodukte müssen abgeführt werden. 2) Humorale Koordination. Hochwirksame Stoffe wie die Hormone werden rasch von ihrem Bildungs- zum Wirkort geschafft. 3) Temperaturregulation. Die durch den Stoffwechsel in den Geweben entstehende Wärme muß über das Blut nach außen geführt werden. Die Wärmeabgabe wird von temperaturregulierenden Gehirnzentren über eine Veränderung der Hautdurchblutung gesteuert. 4) Blutverteilung. Die Organe haben je nach ihrer Grundfunktion und je nach ihrem Aktivitätszustand einen unterschiedlichen Blutbedarf. Hormonale, nervale und lokale Mechanismen sorgen für eine bedarfsgerechte Verteilung des Gesamtvolumens auf die verschiedenen Kreislaufgebiete.

Die einzelnen Abschnitte haben innerhalb des B. unterschiedliche Aufgaben. Das Herz dient als Druckpumpe. Die Arterien stellen das Verteilernetz dar. In den Kapillaren findet der Stoffaustausch zwischen Blut und Gewebe statt. Die Venen bilden das Rückflußsystem.

Die großen **Arterien** besitzen in ihrer Wand viele elastische Bauelemente, die ihnen ihre → Windkesselfunktion ermöglichen. Da sie zwar sensibel, aber nicht efferent innerviert sind, kann nicht ihre Weite verstellt werden, und deshalb nehmen sie nicht an der → Kreislaufregulation teil. Arteriolen besitzen in der Wand eine starke Muskularisschicht und sind efferent dicht an Fasern des Nervus sympathikus, der Vasokonstriktoren, versorgt. Im Arteriolengebiet vollzieht sich die eigentliche Kreislaufregulation. Das **Kapillarsystem** stellt das Arbeitsende des B. dar. Als treibende Kraft der Filtration vom Blut in die Gewebe wirkt der hydrostatische Druck des Blutes; als wirksame Kraft der Rückresorption von den Geweben ins Blut der kolloidosmotische Druck des Blutes. Beim Menschen werden täglich etwa 8 000 l Blut durch die Kapillaren transportiert. Davon passieren 20 l Flüssigkeit die Kapillarwände. Der Hin- und Rückstrom ist beträchtlich, denn während einer Kapillarpassage wandert ein Wassermolekül etwa zehnmal durch die Kapillarwand. **Venen** sind wegen des starken Kollagenreichtums und der starken Bindegewebsschicht ihrer Wand außerordentlich dehnbar, so daß sie als Volumenspeicher des Kreislaufs dienen. Sie können große Blutmengen aufnehmen, ohne daß ihre Wandspannung wesentlich wächst. Da ihre Weite auch von Fasern des Nervus sympathikus verstellt werden kann, nehmen sie an der allgemeinen Kreislaufregulation teil.

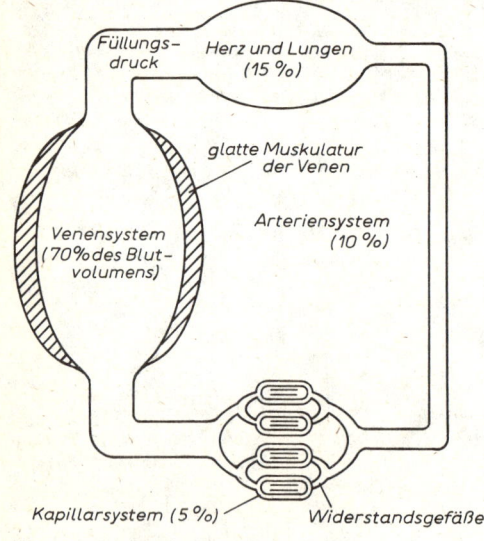

Physiologisch teilt man den B. in ein Hoch- und ein Niederdrucksystem ein. Das **Niederdrucksystem** umfaßt die Kapillaren, die Venen, die rechte Herzhälfte, den Lungenkreislauf und den linken Vorhof. Der Blutdruck weist dort niedrige Werte auf und schwankt wenig. Im **Hochdrucksystem** ist der Blutdruck wesentlich höher und schwankt im Rhythmus der Herztätigkeit. Zum Hochdrucksystem gehören die linke Herzkammer, die Arterien und Arteriolen. In der linken Herzhälfte überschneiden sich Hoch- und Niederdrucksystem. Während der Systole ist sie der Anfang des Hochdrucksystems, in der Diastole das Ende des Niederdrucksystems. Im Hochdrucksystem ist der Strömungswiderstand etwa zehnmal größer als im Niederdrucksystem, weshalb der arterielle Kreislaufabschnitt auch als Widerstandssystem bezeichnet wird. Auf der anderen Seite weist das Niederdrucksystem wegen seiner großen Dehnbarkeit ein etwa 200fach größeres Fassungsvermögen auf. Das Niederdrucksystem wird deshalb auch als Kapazitätssystem bezeichnet. Wegen der oben genannten Gefäßeigenschaften wird verständlich, daß die Gesamtblutmenge ungleich auf beide Systeme verteilt ist. Auf den arteriellen Kreislaufabschnitt entfallen beim ruhenden Menschen etwa 15 % der Gesamtblutmenge, auf den venösen dagegen rund 85 % (Abb.). Das Hochdrucksystem ist der Druckspeicher, das Niederdrucksystem der Volumenspeicher des B.

Im B. ändern sich gesetzmäßig der Blutdruck und

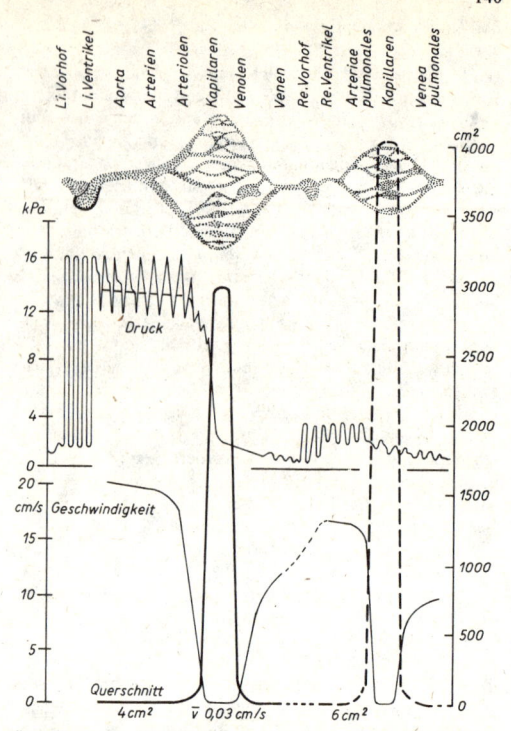

Änderungen des Blutdrucks, der Bluttransportgeschwindigkeit und der Gefäßbettweite im Herz-Kreislaufsystem

Blutmengenverteilung im Kreislauf

die Strömungsgeschwindigkeit (Abb.). In den Arterien schwankt der Blutdruck ständig zwischen dem systolischen und diastolischen Wert, aber seine Höhe ändert sich nur mäßig. In den Arteriolen verschwinden die Pulsationen und sinkt der Druck stark ab. Im Kapillarsystem herrscht ein relativ niedriger Blutdruck, und im Venensystem fällt er weiter ab. Am rechten Vorhofeingang erreicht er sogar Unterdruckwerte. Die Transportgeschwindigkeit des Blutes ist im Arteriensystem hoch. Ihren Spitzenwert erreicht sie während der Systole und ihren Minimalwert in der Diastole. Die Geschwindigkeit nimmt zur Peripherie hin drastisch ab. Sie ist im Kapillarsystem sehr niedrig und steigt im Venensystem wieder an. Ursache ist die Erweiterung des Gesamtgefäßbettes durch ständige Aufzweigungen, beginnend im Arteriensystem bis hin zu den kleinen Kapillaren, und seine Verengung durch laufende Wiedervereinigung im Venensystem. Die geringe Transportgeschwindigkeit in den Kapillaren schafft eine relativ lange Kontaktzeit von 1 Sekunde zwischen Blut und Gewebe. Sie wird zum Stoffaustausch genutzt.

Blutlaus, → Gleichflügler.
Blutmenge, das Blutvolumen eines Organismus. Zu unterscheiden ist die *strömende B.* von der gesamten B.
Die *Gesamtblutmenge* beträgt bei Reptilien, Vögeln und Säugern 6 bis 10 %, beim Menschen 8 % der Körpermasse. Die *strömende B.* wird über den Verdünnungsgrad eines ins Blut gespritzten Farbstoffes bestimmt. Sie ist stets kleiner als die gesamte B. Folglich ist nur ein Teil des Blutes am Umlauf beteiligt, ein anderer strömt langsam im Niederdrucksystem und bildet den → Blutspeicher.
Säugetieren kann bis zu ein Viertel der B. entzogen werden, ohne daß der Blutdruck wegen der nervösen → Kreislaufregulation absinkt. Einen Aderlaß von einem Drittel der B. verträgt ein Mensch; der Verlust der Hälfte ist jedoch lebensgefährlich. Nach starken *Blutverlusten* stellt sich die normale B. in zwei Tagen wieder her. Anfangs strömt eiweißarme Flüssigkeit aus dem Extrazellulärraum ein, später normalisiert sich der Eiweißgehalt, und über die Verstärkung der → Hämatopoese werden nach zwei bis drei Wochen auch die verlorenen Blutzellen ersetzt.
Blutparasiten, *Blutschmarotzer,* im Blutgefäßsystem lebende einzellige oder Wurmparasiten, die meist durch blutsaugende Gliederfüßer übertragen werden. B. leben entweder frei in der Blutflüssigkeit oder in den Blutzellen. Beispiel für erstere sind die Wanderlarven von parasitären Fadenwürmern, für letztere die zu den Sporozoen gehörenden Malariaerreger.
Blutplasma, Blutflüssigkeit ohne Blutkörperchen. Das B. ist eine wäßrige Lösung von Stoffen verschiedenster Art; beim Menschen sind es z. B. 90 % Wasser, 7 % Eiweiße und der Rest Salze, Traubenzucker, Lipoide, Sterine, organische Säuren, wie Harnstoff, Harnsäure, Cholin u. a. sowie anorganische Stoffe, wie Chlorid, Hydrogenkarbonat, Sulfat, Phosphat, Natrium, Kalium, Kalzium, Magnesium, Eisen u. a. Neben diesen Stoffen sind im B. noch eine Reihe von Vitaminen und körpereigenen Wirkstoffen vorhanden. Die Eiweiße haben große immunbiologische Bedeutung. Hierzu gehören das für die Blutgerinnung wichtige Fibrinogen, eine große Anzahl von Antikörpern, darunter die Agglutinine, die auf die Blutgruppen wirken und besonders bei der Blutübertragung berücksichtigt werden müssen, und viele andere spezifische Eiweiße. Auf Grund des großen Adsorptionsvermögens bilden die Plasmaeiweiße das Transportmittel für nichtwasserlösliche Stoffe, wie Metalle, z. B. Eisen oder Kupfer. Auch für den Wasseraustausch zwischen dem Blut und den Geweben haben die Plasmaeiweiße eine große Bedeutung, da sie nur zum geringen Teil die Zellwände passieren können. Der im Blutkreislauf verbleibende größte Teil der Eiweiße übt einen osmotischen Druck aus, d. h., er kann den Zellen Wasser entziehen.
Blutplättchen, → Hämozyten.
Blutpufferung, chemischer Regulationsmechanismus zur Aufrechterhaltung eines normalen *p*H-Wertes im Blutplasma. Das menschliche Blut wie auch das vieler Tiere hat normalerweise einen *p*H-Wert von 7,4. Stärkere Abweichungen von diesem Wert, ob als → Azidose oder → Alkalose, sind lebensgefährdend.
Für die Ansäuerung des Blutes sind vor allem zwei Verbindungen von Bedeutung, die bei der Atmung gebildete Kohlensäure und die bei der Muskeltätigkeit entstehende Milchsäure. Etwa 80 % der anfallenden Säuren werden durch die Eiweißkomponente des Hämoglobins gebunden, die amphoter, d. h. sowohl sauer als auch alkalisch reagieren kann. Das mit Sauerstoff beladene Hämoglobin (Hb O_2) ist eine stärkere Säure als das sauerstofffreie Hämoglobin (Hb) und kann daher auch mehr Alkali binden. Durch die Abgabe des Sauerstoffs in den Kapillaren entsteht die schwächere Säure Hb, wobei ein Teil des gebundenen Alkalis frei wird. Die aus den Zellen in die Kapillaren einströmende Kohlensäure wird mit Hilfe der Reaktionsabläufe zwischen den Erythrozyten und dem Plasma (→ Blutgase) als Natriumhydrogenkarbonat im Plasma gebunden und zur Lunge transportiert. Hier erfolgt unter Einwirkung des Enzyms Karboanhydrase die Freisetzung des Kohlendioxids; und die Säurebelastung ist abgepuffert.
Bei Auftreten organischer Säuren (Milchsäure, Brenztraubensäure) wird von diesen ein Teil des → Standardbikarbonats gebunden, das für die Pufferung der Kohlensäure nun nicht mehr zur Verfügung steht. Die Kohlendioxidspannung des Blutes steigt und setzt die → chemische Atmungsregulation in Gang, die für eine verstärkte Abatmung des angesammelten Kohlendioxids sorgt. Dieser Effekt wird besonders nach körperlichen Anstrengungen beobachtet.
Blutregen, → Wasserblüte.
Blutsauger, → Schönechsen.
Blutschmarotzer, svw. Blutparasiten.
Blutserum, → Serum.
Blutspeicher, Gebiete des Blutgefäßsystems, in denen das Blut langsam strömt und einen Vorrat bildet, der bei Bedarf sehr schnell an den Kreislauf abgegeben wird. B. der Säugetiere sind die Gefäßgebiete der Haut, der Leber und beim Hund und Mensch die Milz.
Die Entleerung der B. erfolgt durch nervöse Einflüsse zu Beginn und während gesteigerter Muskeltätigkeit und auch bei einer Erhöhung der Adrenalinkonzentration im strömenden Blut. Das strömende Blutvolumen wird dann rasch vergrößert, wodurch mehr Sauerstoff, Kohlendioxid und Stoffwechselprodukte transportiert werden. Da das Speicherblut relativ viel Kohlendioxid enthält, wird die → chemische Atmungsregulation verstärkt.
Blutstatus, svw. Blutbild.
Blutstillung, komplexe Vorgänge, die zwischen dem Entstehen und dem Verschluß einer Wunde ablaufen. An Wunden des Menschen beobachtet man eine Blutungszeit von 1 bis 3 Minuten und eine Gerinnungszeit von 3 bis 5 Minuten. Die B. umfaßt somit die Prozesse des vorläufigen Wundverschlusses und des endgültigen durch die → Blutgerinnung.
Eine B. erfolgt nur in mittleren und kleinen Arterien, in Arteriolen und Venolen; in größeren Arterien wird der entstehende Blutpfropf immer wieder von dem unter hohem Druck stehenden Blutstrom weggespült. In Kapillaren sind Sickerblutungen in starren Geweben (Knochen) und an großen Wundflächen parenchymatöser Organe (Leber) möglich; sonst bluten Kapillaren nicht, da sie zusammenfallen und miteinander verkleben.

Blutströmung

Die Verletzung arterieller Gefäße übt auf ihre glatte Muskulatur einen mechanischen Reiz aus, der zur Gefäßkonstriktion führt. Ihr Verschluß wird durch den Blutverlust begünstigt, da der sinkende Blutdruck die Gefäße weniger dehnt. Gleichzeitig sorgt das Verletzungspotential der verwundeten Gefäße für einen Kontakt der Blutplättchen mit den kollagenen Gewebsfasern. Daraufhin zerfallen die Plättchen, setzen 1) die gefäßverengenden Stoffe Serotonin, Adrenalin und Noradrenalin, 2) ATP und ADP, 3) gerinnungsaktive Stoffe sowie 4) Phospholipide frei, an denen die Gerinnungsprozesse ablaufen. Beim Gefäßverschluß erfolgt sekundenschnell die Bildung eines weißen, reversiblen Pfropfes, indem die Depolarisation der verletzten Zellen eine ATP-Abgabe bewirkt, das enzymatisch in ADP umgewandelt wird und die Blutplättchen verklumpt. Die Entstehung des endgültigen, roten, irreversiblen Pfropfes beginnt mit der Ausschüttung von Thromboelastin im Gewebssaft der Wunde. Einerseits macht es über die anschließende Thrombinbildung die Plättchenverklumpung irreversibel, und andererseits führt es über die Fibrinbildung die eigentliche Blutgerinnung herbei.

Blutströmung, → Strömungsgesetze im Blutkreislauf.

Blutung, *1) bei Tieren* und *Menschen* der Austritt von Blut aus der Blutbahn.

2) Bei Pflanzen der Austritt von Phloem- oder Xylemsaft aus Wunden. *Phloemblutung (Siebröhrenblutung)* kommt vor allem bei Monokotylen, z. B. Palmen oder Agaven, vor. Hier bluten die Stümpfe der abgeschnittenen Blütenstandsachsen. Der *Blutungssaft* kann bis zu 18 % Saccharose enthalten. Eine Palme vermag an einem Tag bis zu 19 l Blutungssaft abzugeben. Die Phloemblutung wird im Sinne der → Druckströmungstheorie als *Lösungsströmung* erklärt, die von den Blättern aufwärts zu den Infloreszenzen führt und aus dem Stumpf bzw. der Wunde austritt. *Xylemblutung (Gefäßblutung)* tritt als Wurzelstumpfblutung nach Abschneiden der Sproßachse auf, z. B. bei Tomatenpflanzen, oder als *Stammblutung* bei Bäumen, z. B. Birke oder Zuckerahorn. Der Blutungssaft enthält in diesem Fall vor allem anorganische Substanzen und Stickstofftransportformen. Der Zuckergehalt ist im allgemeinen wesentlich niedriger als bei Phloemblutung. Im Frühjahr, wenn die Reservestoffe mobilisiert werden, kann der Blutungssaft aus Baumstämmen jedoch auch größere Mengen an Zucker, Aminosäuren und Proteinen enthalten. Die *Wurzelstumpfblutung,* die ein morgendliches und mittägliches Maximum besitzt, nachts dagegen kaum nachweisbar ist, wird durch den *Wurzeldruck* hervorgerufen. Dieser läßt sich messen, indem ein Manometer auf den Stumpf aufgesetzt wird. Er beträgt normalerweise weniger als 1 bar (1 at), kann aber z. B. bei Birken auf über 2 bar ansteigen. Diese von den Wurzeln ausgehende Druckwirkung kommt dadurch zustande, daß von Endodermiszellen oder von Parenchymzellen des Zentralzylinders – wahrscheinlich ähnlich wie bei Drüsen – Wasser aktiv in die Gefäße eingepreßt wird. Der Wurzeldruck ist z. T. auch für die → Guttation verantwortlich. Die durch B. ausgeschiedene Flüssigkeitsmenge ist bei den einzelnen Pflanzenarten sehr verschieden groß. Bei krautigen Pflanzen sind es in 24 Stunden normalerweise einige ml, bei Weinreben 1 und bei Birken 5 l. Sowohl Menge als auch chemische Zusammensetzung des Blutungssaftes unterliegen starken jahresperiodischen Schwankungen. Blutungssäfte, die im Frühjahr beträchtliche Mengen organischer Verbindungen (s. o.) enthalten, werden vom Menschen gelegentlich genutzt, z. B. zur Gewinnung von Ahornzucker. Darüber hinaus kommen im Blutungssaft vieler Pflanzen solche sekundären Pflanzenstoffe vor, die vornehmlich in der Wurzel gebildet und in die oberirdischen Organe abtransportiert werden, z. B. bestimmte Alkaloide.

Blutverlust, → Blutmenge.
Blutvolumen, → Blutmenge.
Blutwurz, → Rosengewächse.
Blutzellen, svw. Hämozyten.
Blutzirkulation, svw. Blutkreislauf.
Blutzucker, → D-Glukose.
Boaschlangen, → Riesenschlangen.
Bobak, → Murmeltiere.
Böcke, *Caprini,* zusammenfassende Bezeichnung für → Ziegen, → Tahr, → Blauschaf, → Mähnenschaf und → Schafe.

Bockkäfer, *Cerambycidae,* eine Familie der → Käfer, deren zahlreiche meist große schlanke Arten an den oft mehr als körperlangen Fühlern zu erkennen sind. Ihre Larven leben im Holz kranker oder abgestorbener Bäume, selten in der Erde. In gesundem oder verbautem Holz als Schädling auftretende B. sind der *Hausbock (Hylotrupes bajulus* L.), der *Zimmerbock (Acanthocinus aedilis* L.), der *Mulmbock (Ergates faber* L.) u. a.

Bodenatmung, Gasaustausch zwischen Bodenluft und freier Atmosphäre, vor allem Abgabe des von Pflanzenwurzeln und Bodenorganismen produzierten Kohlendioxids und Aufnahme von Sauerstoff. Die mit dem Bodenrespirometer feststellbare Intensität der B. dient als allgemeiner Maßstab für die biologische Aktivität des Bodens.

Bodenbakterien, → Bodenorganismen.

Bodenbegiftung, Anwendung chemischer Giftstoffe, z. B. Insektizide, Bakterizide, Fungizide. auf oder im Boden zur Vernichtung von Kulturpflanzenschädlingen. Wegen der zu geringen Spezifität der Giftstoffe werden bei der B. auch nützliche Organismen vernichtet und die Lebensgemeinschaft des Bodens tiefgreifend gestört.

Bodenbiologie, *Pedobiologie,* Teilgebiet der Bodenökologie, das die Struktur und Lebenstätigkeit der Organismengemeinschaften und Populationen im Bodenökosystem untersucht.

Hauptarbeitsrichtungen der B. sind die Erforschung der taxonomischen Vielfalt, der morphologischen und physiologischen Anpassung, der quantitativen und qualitativen Zusammensetzung und Verbreitung der Organismengemeinschaften sowie ihres Einflusses auf die Bildung, Dynamik und Fruchtbarkeit der Böden. Die *Bodenzoologie (Pedozoologie)* hat sich aus der Speziellen Zoologie, die → *Bodenmikrobiologie* aus der Bodenkunde entwickelt. Die *funktionelle B.* untersucht die Rolle der Bodenorganismen im Gesamt-Ökosystem, insbesondere bei der → Dekomposition, Produktion, Mineralstoffdynamik und Strukturbildung der Böden. Die *diagnostische B.* prüft den Indikationswert bodenbiologischer Parameter für komplexe Reaktionen auf aktuelle und historische anthropogene Einwirkungen auf Böden (Ackerbau, Melioration, Pestizid- und Immissionswirkungen) sowie für bodengenetische und bodensystematische Zwecke. Die *technische (angewandte) B.* befaßt sich mit der Nutzung bodenbiologischer Prozesse für die land- und forstwirtschaftliche Produktion (z. B. pflugloser Ackerbau, mit der Schädlingsdisposition und biologischen Bekämpfung bodenbürtiger Schädlinge, besonders bei der Erprobung neuer Kulturmethoden (z. B. Einzelkornsaat), mit der Belastbarkeit, Selbstreinigung und Sanitärwirkung der Bodengemeinschaften, mit der Steuerung von Anti- und Symbiosen, besonders in der Rhizosphäre, z. B. zur Erhöhung der Stickstoff-Fixierung, mit der Beeinflußbarkeit der Humusdynamik und mit der Neu- und Wiederbesiedlung von quasisterilen Bodensubstraten, z. B. Begiftungsflächen, Bergwerkshalden.

Geschichte. Pioniere der Bodenmikrobiologie im 19. Jh. waren Pasteur und Winogradsky, der Bodenzoologie Ch. Darwin und Hensen. Als eigenes Wissensgebiet wurde die B. um 1950 durch Arbeiten von Gilarov, Kühnelt, Franz und Delamare-Deboutteville sowie durch das Erscheinen internationaler Fachzeitschriften (Pedobiologia seit 1961) begründet.

Lit.: W. Dunger: Tiere im Boden (3. Aufl. Wittenberg 1983); H. Franz: Die Bodenfauna der Erde in biozönotischer Betrachtung (Wiesbaden 1975); W. Kühnelt: Bodenbiologie (Wien 1950); G. Müller: Bodenbiologie (Jena 1965); A. Palissa: Bodenzoologie (Berlin 1964).

Bodenentseuchung, *Bodendesinfektion,* Verfahren zur Abtötung von im Boden lebenden Schaderregern an Kulturpflanzen durch biologische, physikalische bzw. chemische Methoden.

Bodenfauna, → Bodenorganismen.

Bödenkorallen, → Tabulata.

Bodenläuse, *Zoraptera,* eine Ordnung der Insekten, die erst 1913 von Silvestri beschrieben wurde. Bis 1970 wurden 22 Arten aus allen zoogeographischen Regionen mit Ausnahme der Paläarktis bekannt, die alle einer Familie und einer Gattung angehören. Die Vollkerfe sind kaum 3 mm groß und ähneln mit ihren überkörperlangen Flügeln den Termiten, in deren Habitaten auch die kleinen Kolonien der B. unter Baumrinden oder in Erdlöchern gefunden wurden. Sie treten meist in zwei unterschiedlichen Formen (keine Kasten) auf: 1) dunkel pigmentiert mit Flügeln und Augen; 2) blaß (kaum pigmentiert), ohne Flügel und Augen). Auch bei den Larven sind z. T. zwei unterschiedliche Formen nachgewiesen. Ihre Entwicklung ist eine vollkommene Verwandlung (Paurometabolie). Entwicklung und Lebensweise sind noch weitgehend unbekannt. Eine systematische Verwandtschaft zu den Staubläusen scheint gesichert.

Bodenlebewesen, svw. Bodenorganismen.

Bodenmikrobiologie, ein Zweig der Mikrobiologie und der Bodenbiologie, der sich mit den im Boden lebenden Mikroorganismen befaßt. Der Boden ist neben den Gewässern der bedeutendste Lebensraum für die Mikroorganismen. 1 g guter Ackerboden kann bis zu 10 Mrd. Bakterien, mehrere hunderttausend Pilzzellen, 100 000 Algen und 10 000 Urtierchen enthalten. Viele Leistungen der Bodenmikroorganismen sind wesentlich für die Bodenqualität, z. B. Anreicherung von Nährstoffen durch Mineralisation und Fixierung von Luftstickstoff, Verbesserung der Krümelstruktur durch Bildung kolloidaler Stoffe. Durch die Aufklärung und Untersuchung der Bedeutung der Bodenmikroorganismen ist die B. ein für die Pflanzenproduktion sehr wichtiges Wissenschaftsgebiet.

Lit.: Beck: Mikrobiologie des Bodens (München, Basel, Wien 1968); Káš: Mikroorganismen im Boden (Wittenberg 1966).

Bodenmikrofauna, → Bodenorganismen.

Bodenmikroflora, → Bodenorganismen.

Bodenmüdigkeit, Rückgang der Ertragsbildung auf einem bestimmten Boden durch wiederholten Anbau der gleichen Kulturpflanze. Die Ursachen liegen, soweit bekannt, in der Anhäufung pflanzlicher oder tierischer Krankheitserreger mit Dauerstadien (z. B. Kartoffelnematoden bei der Kartoffelmüdigkeit) oder wachstumshemmender Wurzelausscheidungen, auch in der einseitigen Nährstoffverarmung bestimmter Bodenschichten oder im Überhandnehmen bestimmter Unkräuter.

Bodennah-Knospende, svw. Chamaephyten.

Bodenorganismen, *Bodenlebewesen,* *Edaphobionten,* ständig oder zeitweise in den Hohlräumen des Bodeninneren oder im Spaltensystem der Bodenoberfläche lebende pflanzliche oder tierische Organismen. Die Gesamtheit der B. bezeichnet man als *Edaphon.* Die B. besiedeln vor allem die Humusauflage und den Oberboden (A-Horizont), weit weniger den nährstoffärmeren Unterboden (B-Horizont). In den Untergrund (C-Horizont) dringen sie gewöhnlich nur in nennenswerter Menge vor, wenn sich dort organische Ansammlungen befinden (z. B. durch Tiefpflügen. »Friedhofsfauna«). Die B. haben für die Bodenfruchtbarkeit entscheidende Bedeutung, und zwar die pflanzlichen *Bodenmikroorganismen* (*Bodenmikroflora*) vorrangig für die Abbauprozesse der organischen Substanz von Pflanzennährstoffen und deren Resynthese zu Huminstoffen, die *Bodentiere* (*Bodenfauna*) mehr für die Regulation und Stimulierung dieser Prozesse und die Bildung und Erhaltung der Bodenstruktur.

Der Masseanteil der B. (Abb.) an organischer Substanz in der oberen, humosen Bodenschicht beträgt 1 % bis höchstens 10 %, derjenige der lebenden Wurzeln etwa 10 % bis 15 %. Auf die Mikroflora entfallen etwa $\frac{3}{4}$, auf die Bodenfauna $\frac{1}{4}$ der Masse der B. Häufigkeit und Masseanteil der wichtigsten Gruppen der B.:

Gruppe	Individuenzahl je 1 m² Bodenoberfläche	Masse in g
Bakterien	$10^{14} \ldots 10^{16}$	100 … 700
Strahlenpilze	$10^{13} \ldots 10^{15}$	100 … 500
Pilze	$10^{11} \ldots 10^{14}$	100 … 1000
Algen	$10^{8} \ldots 10^{11}$	20 … 150
Protozoen	$10^{8} \ldots 10^{10}$	5 … 150
Nematoden	$10^{6} \ldots 10^{8}$	5 … 50
Enchytraeiden	$10^{4} \ldots 10^{5}$	5 … 50
Regenwürmer	$10^{1} \ldots 10^{2}$	30 … 200
Milben	$10^{4} \ldots 10^{5}$	0,6 … 4
Urinsekten	$10^{4} \ldots 10^{5}$	0,5 … 4
übrige Tiere	$10^{2} \ldots 10^{4}$	5 … 100

Bodenmikroflora. Am zahl- und formenreichsten sind die *Bakterien.* Man kann mit einer durchschnittlichen Masse von 500 kg/ha rechnen. Sie sind vorwiegend heterotroph und gewinnen Energie sowie Kohlenstoff aus organischen Stoffen. Einige freilebende (z. B. *Azotobacter*) oder wurzelsymbiontische (z. B. *Rhizobium*) Gruppen haben die Fähigkeit, Luftstickstoff zu binden und erlangen dadurch hohe wirtschaftliche Bedeutung. Von den autotrophen *Bodenbakterien* kommt den nitrifizierenden Bakterien die höchste Bedeutung zu. Alle diese Typen sind mit unterschiedlichen physiologischen Leistungen und weitgehend differenten ökologischen Ansprüchen in das Abbaugeschehen einbezogen. Nitrifizierende und stickstoffbindende Bakterien werden durch hohes Sauerstoffangebot meist gefördert, reduzierende Bakterien dagegen gehemmt. In biologisch tätigen sowie in bewirtschafteten Böden haben Bakterien für die Bildung mineralischer Pflanzennährstoffe und für den Aufbau und die Dynamik von Huminstoffen sowie die Stabilisierung von Bodenkrümeln die höchste Bedeutung.

Strahlenpilze (*Aktinomyzeten*) haben in humusreichen Böden, die ausreichend drainiert und nicht zu sauer (pH 6 bis 8) sind, einen vergleichbar hohen bodenbiologischen Stellenwert. Man findet 10^{5} bis 10^{7} Individuen je g Boden mit einer Masse von 100 bis 700 kg/ha. Strahlenpilze leben vorzugsweise aerob, z. T. aber auch wie viele Bakterien symbiontisch im Darm von Bodentieren.

Pilze (Fungi) besiedeln in erhöhter Dominanz saure, humose oder stark gedüngte Böden mit ausreichender Durchlüftung. Sie sind vorwiegend aerob, nur selten partiell anaerob. Bei Anzahlen von 10^{3} bis 10^{7} je g können die Pilze 500 bis 10 000 kg/ha Masse erreichen. Sie treten in morphologisch wie physiologisch sehr unterschiedlichen Formen auf, von denen Hefen, Schimmelpilze und hutbildende

Bodenorganismen

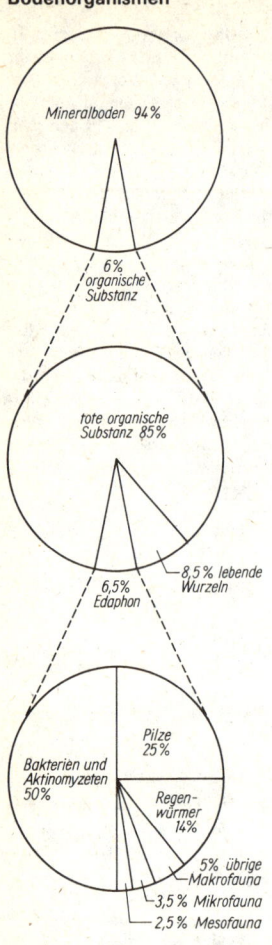

1 Masseanteil der Bodenorganismen im Oberboden eines Laubwaldes

- Mineralboden 94 %
- 6 % organische Substanz
- tote organische Substanz 85 %
- 6,5 % Edaphon
- 8,5 % lebende Wurzeln
- Bakterien und Aktinomyzeten 50 %
- Pilze 25 %
- Regenwürmer 14 %
- 5 % übrige Makrofauna
- 3,5 % Mikrofauna
- 2,5 % Mesofauna

Pilze als wesentlichste genannt seien. Höchste Leistungen werden von Schimmelpilzen und Hutpilzen erbracht, die vor allem als Mykorrhiza-Pilze bodenbiologische Bedeutung gewinnen.

Die *Algen* sind die einzigen B. mit photosynthetischen Farbstoffen, vor allem Chlorophyll. Sie leben daher in Abhängigkeit vom Lichteinfall vorwiegend in der obersten Bodenschicht. Einige Arten können jedoch auch in tieferen Bodenhorizonten durch Ausnützung langwelliger Strahlung oder durch Energiegewinnung aus der Zersetzung organischer Stoffe (heterotroph) existieren. Algen benötigen zu ihrer Entwicklung hohe Feuchtigkeit, können jedoch lange Trockenzeiten überdauern. Blaualgen und Grünalgen überwiegen im Boden, in humusreichen Böden treten auch Diatomeen nicht selten auf. Man findet sowohl einzellige als auch fadenbildende Algen. Bei optimaler Entwicklung können mehr als 1000 kg/ha entwickelt sein, woraus eine höhere bodenbiologische Bedeutung, als bislang vermutet, resultiert. Einige Algen scheinen direkt oder durch Förderung geeigneter Bakterien zur Bindung von Luftstickstoff beizutragen.

Humusform und Mikroflora stehen in enger Wechselwirkung. Im Mullhumus überwiegen Bakterien und Strahlenpilze, in Moder und Rohhumus die Pilze. Bodenmikroorganismen sind grundsätzlich weltweit verbreitet. Die konkrete standörtliche Ausbildung der Mikroflora ist aber an das Klima, den Bodentyp und die Spezifik der Abbauprozesse gebunden. Die Summe der als Keime vorhandenen, aber unter den herrschenden Bedingungen nicht konkurrenzfähigen und deshalb nicht aktiven Mikroorganismen nennt man *potentielle Mikroflora*. Hohe Temperaturen begünstigen die Aktivität (Atmung) und oft auch die Massenentwicklung der Mikroorganismen. Die feuchtigkeitsabhängigen Bakterien und Strahlenpilze zeigen ein Maximum dennoch meist im Frühjahr und Herbst, während Pilze häufiger im Sommer dominieren. Saure Bedingungen (pH 3 bis 5) fördern die Pilzentwicklung, hemmen dagegen besonders die Stickstoffbindung und Nitrifizierung. Die maximale Entwicklung der Bodenmikroorganismen konzentriert sich dicht unter der Bodenoberfläche, wo noch hohe Temperaturen mit schon relativ konstanter Feuchtigkeit, guter Durchlüftung und hohem Gehalt an organischen Stoffen zusammentreffen und Austrocknung und Einstrahlung bereits abgeschwächt sind. In tieferen Bodenschichten nehmen Anaerobier relativ zu. Bodenbearbeitung, Pflanzendecke, organische und anorganische Düngung sowie Wirkstoffgaben und Pestizidanwendung beeinflussen die Bodenmikroflora selektiv und tiefgreifend, oft aber nur kurzfristig.

Biotische Wechselwirkungen innerhalb der Bodenmikroorganismen haben ebenfalls hohe Bedeutung. Antagonistische Beziehungen treten sehr zahlreich und in sehr verschiedener Form auf, so z. B. durch Nahrungskonkurrenz, durch Produktion antibiotischer Stoffe (z. B. Penizillin, Aureomyzin), durch Parasitismus (z. B. bestimmter Bakterien in Pilzen) oder durch heterotrophe Ernährung unter Abtöten anderer Mikroorganismen (z. B. »fressen« Myxobakterien und Schleimpilze selektiv bestimmte Bakterien). Positive (synergistische) Beziehungen bestehen bei wechselseitiger Ausnützung von Stoffwechselprodukten (z. B. zwischen stickstoffbindenden und zellulosezersetzenden Bakterien), durch gleichsinnige Unterstützung der Aktivität (z. B. bei zellulose- und pektinzersetzenden Bakterien), durch Produktion von Wirkstoffen (z. B. Wachstumsfaktoren wie Vitamin B_{12}) und schließlich in Form echter Symbiose, wie sie zwischen Pilz und Alge in den Flechten verwirklicht sein kann.

Die Beziehungen zwischen Bodenmikroflora und Bodenfauna sind primär trophischer Natur. Bodentiere verbreiten aber gleichzeitig die ihnen als Nahrung dienenden Mikroorganismen, da sie Sporen und andere Dauerstadien oft unverdaut und keimfähig unter günstigen Wachstumsbedingungen in ihrem Kot ausimpfen. Von Bodentieren, z. B. Protozoen, beweidete Mikrobenpopulationen wurden infolge des »Verjüngungseffektes« für produktiver befunden als unbeweidete (→ Protozoentheorie). Auch von Bodentieren produzierte Wirkstoffe beeinflussen die Bodenmikroflora fördernd oder hemmend. Für die Beziehungen zwischen Mikroflora und Wurzeln sind die Erscheinungen der Rhizosphäre, z. B. der Mykorrhiza oder der Knöllchenbakterien, charakteristisch.

Die Bodenfauna wird nach der Bindung des Lebensablaufes an den Boden gegliedert in *permanente* (echte) *Bodentiere*, die alle Lebensstadien im Boden durchlaufen; *temporäre Bodentiere*, die nur während eines Lebensabschnittes im Boden leben, z. B. Insektenlarven; *periodische Bodentiere*, die den Boden mehrfach verlassen und wieder aufsuchen, z. B. Säugetiere; *partielle Bodentiere*, d. h. temporäre Bodentiere, die den Boden auch in der »Luftphase« ihres Lebens periodisch aufsuchen, z. B. Mistkäfer; *alternierende Bodentiere*, bei denen eine oder mehrere bodenlebende Generationen mit oberirdischen abwechseln, z. B. Reblaus; *transitorische Bodentiere*, die nur als inaktive Stadien im Boden auftreten (Eier, Puppen).

Nach der Größe der Tiere hat sich folgende Gliederung der Bodenfauna international durchgesetzt: *Mikrofauna* bis

0,2 mm Länge (Protozoen); *Mesofauna* (Meiofauna) 0,2 bis 4 mm Länge (Rotatorien, Nematoden, Tardigraden, Milben, Urinsekten); *Makrofauna* 4 bis 80 mm Länge (Enchytraeiden, Regenwürmer, Schnecken, Tausendfüßer, Asseln, Käfer(larven), Dipterenlarven); *Megafauna* über 80 mm Länge (Wirbeltiere). Im einzelnen überschneiden sich die Längenbereiche jedoch beträchtlich.

Nach der ökologischen Bindung an die Schichten des Bodenprofils (Strata) lassen sich Lebensformtypen der Bodentiere trennen. Die *euedaphischen Bodentiere* besiedeln vorrangig Poren und Gänge im Bodeninneren. Hier werden wassergefüllte Kapillaren und Wasserfilme um Bodenkrümel von aquatischen Bodentieren bewohnt, die entweder festsitzen (*sessile Bodentiere*), schwimmen (*natante Bodentiere*) oder kriechen (*serpente Bodentiere*), z. B. Protozoen, Nematoden, Rotatorien. In den luftgefüllten Bodenporen leben grabunfähige Kleinhöhlenbewohner, vorrangig Mikroarthropoden wie Milben und Springschwänze, die gewöhnlich klein, pigmentfrei und blind sind und nur kurze Extremitäten (Wurmtyp) und schwache Behaarung aufweisen. Die *hemiedaphischen Bodentiere* besiedeln die obere Bodenschicht und die Streu und sind atmosphärischen Schwankungen bereits stärker ausgesetzt. Sie bilden physiologisch und morphologisch einen Übergang zu den *epedaphischen Bodentieren*, die zum Nahrungserwerb vorrangig die Bodenoberfläche aufsuchen und sich meist tagsüber in Hohlräumen der Bodenauflage schützen. Hierzu gehören vorwiegend große, gut pigmentierte und bewegungsaktive Arten der Makrofauna. Grabfähige (*fodiente*) große *Bodentiere* schaffen ausgedehnte Boden-Luft-Grenzen auch im Bodeninneren und werden deshalb nicht als euedaphisch betrachtet (Regenwürmer, Kleinnager). Als *atmobiontische Bodentiere* leben schließlich austrocknungsgefährdete Arten, z. B. Springschwänze, die sich in der Kraut- und Strauchschicht ernähren, zur Sicherung des Wasserhaushaltes jedoch regelmäßig (täglich) den Boden aufsuchen müssen.

Physiologisch ist einerseits die Sicherung gegen Austrocknung für Bodentiere bedeutsam, wozu hochkomplizierte Sinnesorgane (z. B. Postantennalorgan) oder physiologische Anpassungen entstanden sind, andererseits die Fähigkeit zur erhöhten Osmoregulation bei Überschwemmungen. Weiter sind besonders bei euedaphischen Bodentieren Anpassungen an extremen Kohlendioxidgehalt (bis über 3 %) und verminderte Sauerstoffspannung der Bodenluft ausgeprägt, z. B. durch fakultative Anoxybiose. Gegenüber der Bodenfeuchte liegt selbst bei zarthäutigen Kleinarthropoden der kritische physiologische Punkt bei oder unter dem permanenten Welkepunkt der Pflanzen. Die Mehrzahl der Arten reagiert *kühlpräferent* oder *kühlstenotherm*. *Xerothermophile* Bodentiere sind nicht bekannt. Die wichtigste Nahrungsquelle bilden die tote organische Substanz (Humus) und andere B. Hieraus ergibt sich die hohe Bedeutung der Bodenfauna für den Prozeß der → Dekomposition. *Phytophag*, insbesondere durch Fraß an lebenden Wurzeln und Keimblättern, treten nur wenige Bodentiergruppen (Nematoden, einige Insektenlarven) regelmäßig und schädlich auf; eine größere Anzahl von Arten sind als fakultative Schädlinge (bei Nahrungs- und Wassermangel) von phytopathogenem Interesse. Die selektive Bekämpfung bodenbürtiger Schädlinge ist am besten durch Anbaumaßnahmen (Fruchtwechsel) möglich. Bedeutend ist auch die physikalische Leistung der Bodenfauna zur Bildung der Krümelstruktur durch Mischen, Lockern, Lüften und Drainen des Bodens. In gemäßigten Klimaten sind hieran vorrangig Regenwürmer, unter warm-trockenen Bedingungen verschiedene Gliedertiere (in Tropen besonders Termiten) beteiligt. Die Produktion von Bodenkrümeln (Losungsballen) kann in europäischen Böden 100 t/ha/Jahr (d. h. einen Bodenauftrag von 5 mm Stärke), in tropischen Böden 240 t/ha/Jahr erreichen. Die reichste Bodenfauna weisen frische, humusreiche Mullböden auf, die ärmste trockene, humusarme Sandböden. In tropischen Böden (Regenwald) ist die Biomasse der Bodenfauna geringer als in tiefgründigen Humusböden der gemäßigten Zone.

Untersuchungsmethoden: Die Gesamtaktivität der Bodenmikroorganismen kann man indirekt durch die Atmung (Kohlendioxid-Produktion) einer Probe oder direkt durch Auszählen der Keime unter dem Mikroskop bestimmen bzw. durch Ausimpfen verdünnter Extrakte auf Plattenkulturen ermitteln. Auch wenn beim Auszählen unter dem Mikroskop lebende und tote Mikroorganismen durch Anfärben unterschieden werden, erhält man meist eine 10- bis 100mal höhere Keimdichte als nach der Plattenmethode. Physiologische Gruppen der Mikroorganismen können in Kulturverfahren mit differenzierenden Gaben von Nähr- und Wirkstoffen getrennt werden. – Bodentiere können nur selten ohne Hilfsmittel aus dem Boden isoliert werden. Regenwürmer kann man z. B. durch Aufgießen von 0,5%iger Formalinlösung (5 l auf $^1/_4$ m²) aus dem Boden treiben. Kleinarthropoden lassen sich aus Mineralböden infolge ihrer geringeren Wichte durch Ausschütteln der Bodenprobe mit konzentrierter Kochsalzlösung vom Boden trennen (*Schwemm-* oder *Flotationsverfahren*). Nematoden und Enchytraeiden verlassen aktiv eine feuchte Bodenprobe nach Erwärmen und sammeln sich in einem darunter angeordneten Wassertrichter (*Baermann-Trichter,* Abb.).

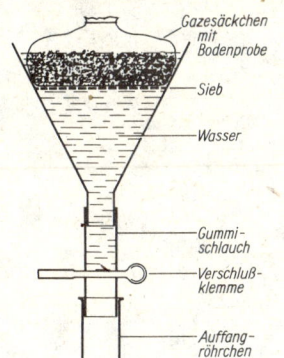

2 Baermann-Trichter zur Auslese von Nematoden aus dem Boden

Kleinarthropoden (Milben, Kollembolen) können durch Erwärmen, Austrocknen und Belichten einer Bodenprobe nach unten ausgetrieben und in einem Alkoholröhrchen gesammelt werden (*Berlese-* oder *Tullgren-Apparat,* auch als Photo- oder Thermoeklektor modifiziert; Abb.). Für Tiere der Bodenoberfläche ist der Fallenfang (*Barberfalle*) wichtig (Abb.). Die Artbestimmung fast aller B. ist sehr aufwendig

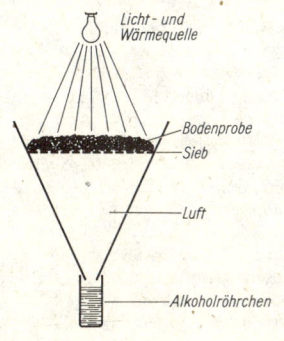

3 Berlese-Trichter zur Auslese kleiner Bodenarthropoden

Bodenschädlinge

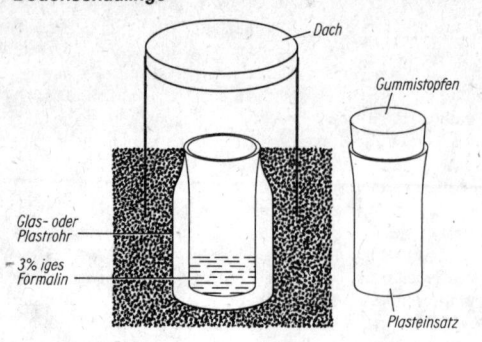

4 Bodenfalle; Einsatzfalle nach Dunger für epedaphische Bodentiere

Labels: Dach, Gummistopfen, Glas- oder Plastrohr, 3%iges Formalin, Plasteinsatz

und häufig außerordentlich diffizil, d. h. meist dem Spezialisten vorbehalten.

Lit. → Bodenbiologie.

Bodenschädlinge, Bodentiere, die in Kulturböden die land- oder forstwirtschaftliche Nutzung behindern. Es werden unterschieden: 1) transitorische Bodentiere, die oberirdische Pflanzenteile schädigen, jedoch in Ruhestadien im Boden bekämpft werden können; 2) echte Bodentiere, die sich obligatorisch von lebendem Gewebe unterirdischer Pflanzenteile ernähren, z. B. bestimmte Nematodenarten, Drahtwürmer, Engerlinge, Erdraupen, Nacktschnecken; 3) gewöhnlich humusfressende Bodentiere, die unter gestörten Verhältnissen auch lebende Pflanzenteile in schädlichem Maße fressen können (Semiparasiten), z. B. viele Nematoden, Kollembolen, Diplopoden, Dipterenlarven u. a.; 4) Bodentiere, die als Überträger von Parasiten der Haustiere sowie als Überträger von Pflanzenkrankheiten (z. B. Viruskrankheiten) schädlich werden.

Bodenzeiger, svw. Indikatorpflanzen.
Bodenzoologie, → Bodenbiologie.
Bogen, → Fingerbeerenmuster.
Bogengänge, → Gehörorgan.
Bogengangreizung, → Labyrinthreflexe.
Bogenhanf, → Agavengewächse.
Bohne, → Schmetterlingsblütler.
Bohnenblattlaus, → Gleichflügler.
Bohnenkraut, → Lippenblütler.
Bohrasseln, *Limnoriidae,* an den Küsten der nördlichen Meere vorkommende Krebse (Unterordnung der Asseln), die im untergetauchten Holz Gänge bohren und dadurch Holzbauten zerstören.
Bohr-Effekt, die nach dem dänischen Physiologen Christian Bohr benannte Sauerstoffaustreibung aus dem Oxyhämoglobin durch Kohlendioxid. Grundlage des B.-E. sind die Reaktionsabläufe zwischen den Erythrozyten und dem Plasma beim Transport der → Blutgase im Gewebsbereich. Das dort entstandene Kohlendioxid vermindert die → Sauerstoffbindung des Blutes, und der frei gewordene Sauerstoff steht der Gewebsatmung zur Verfügung.
Bohrfliegen, *Fruchtfliegen, Trypetidae,* eine Familie der Zweiflügler mit etwa 2000 kaum über 5 mm großen Arten, deren Flügel auffällig gebändert oder getüpfelt sind. Ihre Larven leben in Früchten (z. B. Kirschfruchtfliege, *Rhagoletis cerasi* L.), in Pflanzenstengeln (z. B. Spargelfliege, *Platyparea poeciloptera* Schr.), Blättern (z. B. Selleriefliege, *Philophylla heraclei* L.) oder Blüten.
Bohrgräber, → Bewegung.
Bohrmuscheln, *Bohrschnecken, Bohrwürmer,* Bezeichnung für verschiedene Muschelgattungen, die sich in feste Substanzen einbohren. Dies erfolgt entweder unter Säureausscheidung in Gesteine (z. B. → *Lithodomus* in Kalkstein)

oder mechanisch durch Hin- und Herbewegen der raspelartig ausgebildeten Vorderkanten der Schalen, unter anderem *Zirfaea* und *Teredo* (→ Schiffsbohrwurm) und →Pholadiden. An Hafenbauten und Schiffen entsteht dadurch bedeutender Schaden.
Bohrschnecken, svw. Bohrmuscheln.
Bohrwürmer, svw. Bohrmuscheln.
Bojanussche Organe, die von Bojanus (1776–1827) entdeckten dorsal gelegenen paarigen Nieren der Muscheln. Sie bestehen meist aus zwei übereinanderliegenden Schenkeln, von denen der untere, mit dem Perikard verbundene, exkretorisch tätig ist, der andere hingegen als Ausführungsgang dient. Die B. O. münden in die Mantelhöhle.
Böllingzeit [nach dem Böllingsee in Nordjütland], *Böllingschwankung,* späteiszeitlicher Abschnitt der Vegetationsentwicklung. In der B., die eine erste kurze schwache Wärmeschwankung des Postglazials darstellt, kam es zur Ausbildung einer lichten Parktundra mit Birken-Kiefernbeständen. Sie reicht etwa von 10750 bis 10350 v. u. Z. → Pollenanalyse.
Bombacaceae, → Wollbaumgewächse.
Bombesin, ein Polypeptid, das aus Froschhäuten isoliert wurde, den Wärmehaushalt reguliert und blutdrucksenkende Eigenschaften aufweist. B. beeinflußt die Kontraktion der glatten Muskulatur.

Peptide mit vergleichbaren Eigenschaften sind Alytensin, Litorin und Ranatensin.
Bombinae, → Hummeln.
Bombyces, → Spinner.
Bombykol, E-10,Z-12-Hexadekadien-1-ol, ein zu den Pheromonen gehörender Sexuallockstoff des Seidenspinnerweibchens *Bombyx mori.* Dieser wird von den Weibchen ausgeschieden, um den Partner anzulocken und auf die Kopulation vorzubereiten. B. ist das erste in seiner Struktur aufgeklärte Pheromon (Butenandt und Mitarbeiter, 1959), wobei aus 500000 Abdominaldrüsen 6 mg B. isoliert wurden.

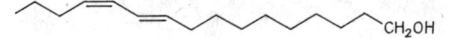

CH_2OH

Bombyliidae, → Zweiflügler.
Bonebed [engl. bone bed 'Knochenlager', 'Knochenbett'], Knochenbrekzie, eine geringmächtige Gesteinsbank in vielen geologischen Systemen (z. B. Trias, Lias), bestehend vorwiegend aus Knochentrümmern, Zähnen, Schuppen und Koprolithen von Fischen und Reptilien. B. sind in bewegtem Flachwasser entstanden.
Bonität, forstlicher Ausdruck für die Einschätzung der Wuchsleistung von Bäumen. In der Pflanzensoziologie wird die B. zur Kennzeichnung der Vitalität der Bäume verwendet. Bei Kenntnis von Höhe und Alter der Bäume werden die Bonitätswerte (*Höhenbonität*), die als *Ertragsklassen* bezeichnet werden, Ertragstafeln entnommen. Es werden meist 5 Ertragsklassen mit I als bester und V als geringster B. unterschieden.
Bonito, *Euthynnus pelamys,* zu den Makrelenverwandten gehörender, dem Thunfisch ähnlicher, prächtig gefärbter Fisch des Atlantik, der bis 1 m lang wird und sehr wohlschmeckend ist. Dem B. fehlt die Schwimmblase. Er folgt oft Schiffen und macht Jagd auf fliegende Fische.
Bonobo, svw. Zwergschimpanse.
Boomslang, *Dispholidus typus,* grüne oder braune, bis 1,80 m lange → Trugnatter der afrikanischen Buschsteppen, deren Biß trotz der weit hinten im Oberkiefer liegenden Giftzähne auch für den Menschen tödlich sein kann. Die B. plündert gern Vogelnester, frißt aber auch Frösche und Chamäleons.
Bor, B, ein Nichtmetall; für die Pflanze ein lebensnotwen-

diger Mikronährstoff, der als Boratanion durch die Wurzeln aufgenommen wird. Die eigentliche Boraufnahme wird durch ein Überangebot von Kalzium gehemmt. Auch innerhalb der Pflanze besteht zwischen B. und Kalzium ein interessantes, noch nicht in allen Einzelheiten geklärtes Wechselspiel. Sowohl B. als auch Kalzium sind für das Wachstum der Meristeme und eine normale Ausbildung der Wurzeln nötig. Der Borgehalt der Pflanzen liegt im allgemeinen zwischen 5 und 60 mg/kg Trockenmasse. Die physiologische Wirksamkeit von B. unterscheidet sich grundlegend von derjenigen der übrigen Mikronährstoffe, ähnelt jedoch in gewisser Weise der von Phosphor. B. ist ein unentbehrliches Bauelement pflanzlicher Strukturen. Erst der Einbau von B. in die Zellwand ermöglicht deren Feinstruktur. In auffallender Weise hängen auch die Reaktionen des Kohlenhydratstoffwechsels mit der Borversorgung zusammen. Durch B. werden der Zuckertransport begünstigt und die Assimilation gefördert. Mit der Bildung differenzierter Strukturen und der Kohlenhydratverteilung stehen sicherlich auch die weiteren bekannten Borwirkungen in Verbindung, z. B. Pollenkeimung, Pollenschlauchwachstum, Blühen und Fruchtansatz sowie Beeinflussung des Wasserhaushaltes.

Bormangel kann zu verschiedenen Schäden führen. Sie äußern sich in einer Verfärbung der Blätter über graugrün nach gelb und in sich anschließendem Blattabfall. Der Wachstumskegel stirbt ab, und die Wurzelspitzen nekrotisieren. Trockenheit begünstigt Bormangelschäden. Die bekannteste Bormangelerkrankung ist die *Herz- und Trockenfäule* der Beta-Rüben, bei der die Herzblätter unter Braunfärbung absterben und der Rübenkörper in Fäulnis übergeht.

Boraginaceae, → Borretschgewächse.
Bordetella, eine Gattung sehr kleiner, bis 1 μm langer, z. T. vielgestaltiger Bakterien, die parasitisch leben und bei Mensch und Säugetieren Erkrankungen der Atemwege hervorrufen. Die Bakterien sind unbeweglich oder durch mehrere Geißeln beweglich, aerob und gramnegativ. *B. pertussis,* der Erreger des Keuchhustens, wurde erstmalig von dem Belgier J. Bordet isoliert.
Boreal [lat. borealis 'nördlich'], nacheiszeitlicher Vegetations- und Klimaabschnitt etwa von 6800 bis 5500 v. u. Z. Das B. ist durch rasche Ausbreitung der Hasel und das erste Auftreten des Eichenmischwaldes mit Eiche, Ulme, Linde und der Erle bei noch vorherrschender Kiefer und Birke gekennzeichnet. Es herrscht kontinentales, zunehmend wärmeres Klima. → Pollenanalyse.
boreale Florenzone, → Holarktis.
boreo-alpine Verbreitung, die → disjunkte Verbreitung von Pflanzen und Tieren in den Nadelwäldern des Nordens und viel weiter südlich gelegenen Gebirgswäldern. Im Gegensatz zu ähnlich verbreiteten arktisch-alpinen Tieren und Pflanzen ist die Disjunktion wesentlich später eingetreten, da die Wälder erst postglazial das vom Eis freigegebene Gebiet besiedeln konnten. Bei den boreo-alpinen Sippen handelt es sich im wesentlichen um Faunen- und Florenelemente, die aus ihrem sibirischen oder mongolischen → Refugium nach Westen vorgedrungen sind. Arten mit b.-a. V. finden sich häufig auch an kühlen Stellen (z. B. in Hochmooren) des Flachlandes. In der Tiergeographie wurden in der Vergangenheit auch arktisch-alpine Tiere als boreo-alpin bezeichnet. Im übrigen wird der Begriff vornehmlich für die westliche Paläarktis angewendet, wo dieser Verbreitungstyp besonders häufig vorkommt.
Borke, → Abschlußgewebe.
Borkenkäfer, *Scolytidae,* eine Familie mit etwa 4600 sehr kleinen, kaum über 5 mm großen, walzenförmigen Käferarten, deren Flügeldecken hinten oft steil abfallen und z. T. mit kleinen Zähnchen besetzt sind. Die Käfer und Larven leben unter der Borke im Bast oder Splintholz (Rindenbrüter) oder im Holz (Holzbrüter) besonders von kranken, umgebrochenen oder gefällten Bäumen, einige auch in Sträuchern oder Kräutern. Die von den begatteten Weibchen zwecks Eiablage und anschließend von den ausschlüpfenden Larven genagten Gänge zeigen arttypische Fraßbilder. Manche Holzbrüter legen zur Ernährung der Larven Pilzkulturen an. Zu den B. gehören zahlreiche Forstschädlinge, die zur Massenvermehrung neigen, z. B. der Buchdrucker oder Fichtenborkenkäfer (*Ips typographus* L.).
Borneo-Kampfer, → Borneol.
Borneol, ein kampferartig riechender, kristalliner Alkohol aus der Gruppe der Monoterpene. B. tritt sowohl in der rechtsdrehenden Form (*Borneo-Kampfer*) als auch in der linksdrehenden Form (*Ngai-Kampfer*) als Bestandteil zahlreicher ätherischer Öle und Harze auf.

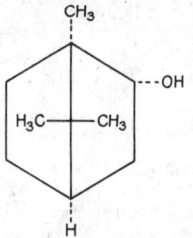

L(−)-Borneol

Borrelia, eine Gattung parasitischer, zu den Spirochäten gehörender Bakterien. Sie werden bis zu 20 μm lang, sind schraubenförmig und haben eine elastische Zellhülle. Die *Borrelia*-Arten sind obligate Anaerobier und haben einen Gärungsstoffwechsel. Sie rufen beim Menschen und bei verschiedenen Tierarten Krankheiten hervor; Überträger sind Insekten und Zecken. *B. recurrentis* ist der Erreger des Rückfallfiebers beim Menschen und wird durch Läuse übertragen.
Borretschgewächse, *Rauhblattgewächse, Boraginaceae,* eine Familie der Zweikeimblättrigen Pflanzen mit etwa 2000 Arten, die vor allem in der gemäßigten Zone der Nordhalbkugel verbreitet sind. Einen großen Artenreichtum an B. weisen das Mittelmeergebiet, Mittel- und Vorderasien und das pazifische Nordamerika auf. Es sind krautige Pflanzen, selten Sträucher, zumeist stark borstig behaart, mit wechselständigen, ungeteilten Blättern und regelmäßigen, meist 5zähligen Blüten, die zu Wickeln angeordnet sind. Die Blüten haben am Eingang der Kronröhre oft Schlundschuppen oder ähnliche Bildungen der Kronblätter und werden von Insekten bestäubt. Der oberständige Fruchtknoten ist 4teilig und entwickelt sich zu einer Steinfrucht, die in 4 meist bestachelte Teilfrüchte zerfällt. Bei den B. kommen Pyrrolizidin-Alkaloide vor.

Als Gewürz- und Bienenfutterpflanze wird der ursprünglich nur mediterran vorkommende *Borretsch,* wegen des gurkenähnlichen Geschmacks der Blätter auch *Gurkenkraut* genannt, *Borago officinalis,* in Europa und Amerika kultiviert. Bekannte, meist blau blühende Zierpflanzen enthalten die Gattungen *Vergißmeinnicht, Myosotis,* und *Gedenkemein, Omphalodes.* Eine Arzneipflanze war früher auch das *Lungenkraut, Pulmonaria,* dessen Blüten anfangs rötlich und dann blau bis violett gefärbt sind, eine Erscheinung, die auf die Veränderung der Zellsaftreaktionen von sauer zu basisch zurückzuführen ist. *Komfrey* oder *Futterbeinwell, Symphytum asperum,* wurde ursprünglich vom Iran bis Mittelasien als Futterpflanze kultiviert, in Westeuropa wird heute ein Bastard, *Symphytum x uplandicum,* für diesen Zweck verwendet.

Borretschgewächse: *a* Vergißmeinnicht, *b* Lungenkraut, *c* Borretsch, *d* Gemeiner Beinwell

Borsten, 1) *Setae,* starre, mit dicken Schäften versehene Haare einiger Säugetiere (Schweine u. a.). **2)** *Chaetae,* haarähnliche Bildungen unterschiedlicher Gestalt in der Haut der Borstenwürmer (→ Ringelwürmer). **3)** die bei einigen höheren Pflanzen auftretenden Borstenhaare.
Borstenhaare, → Pflanzenhaare.
Borstenigel, *Tenrecidae,* eine Familie der Insektenfresser, die auf Madagaskar beschränkt ist. Das Haarkleid dieser Säugetiere ist zu Borsten und Stacheln umgebildet. Die B. haben eine unvollkommene Körpertemperaturregulierung. Zu ihnen gehört z. B. der 40 cm lange *Tanrek* oder *Tenrek, Centetes (Tenrec) ecaudatus.*
Borstenkiefer, svw. Pfeilwürmer.
Borstenköpfe, → Papageien.
Borstenschwänze, 1) *Thysanuren, Thysanura,* heute nicht mehr gebrauchte zusammenfassende Bezeichnung für ektognathe, primär flügellose Insekten (→ Urinsekten); umfassen → Felsenspringer und → Fischchen. **2)** → Grasmücken.
Borstenwürmer, svw. Vielborster.
Borstenzähner, *Chaetodontidae,* zu den Barschartigen gehörende Fische mit hohem seitlich stark zusammengedrücktem Körper, gelegentlich zugespitzter Schnauze und häufig prächtiger Färbung. Die B. sind in den Korallenriffen tropischer Meere häufig, viele Arten zählen zu den beliebtesten Objekten der Seewasseraquaristik.
Bostrychoceras [griech. bostrychos 'Haarlocke', keras 'Horn'], eine Gattung der Ammoniten mit einem schneckenförmig gewundenen Gehäuse und einer frei aufgerollten Wohnkammer, die einen U-förmigen Haken bildet. Die Gehäuseoberfläche ist mit einfachen, aber kräftigen Rippen bedeckt. Es handelt sich um eine typische Abbauerscheinung der Gehäusegestalt und der Berippung.
Verbreitung: Oberkreide. Einzelne Arten sind wichtige Leitformen der höheren Oberkreide.
Botanik, *Phytologie, Pflanzenkunde,* ein Teilgebiet der Biologie, das sich mit der Erforschung der Organisation und der Lebensfunktionen der Pflanzen beschäftigt. Dabei tritt die dynamische Betrachtungsweise und damit die kausalanalytische Forschung immer mehr in den Vordergrund. Während die *allgemeine B.* das Gemeinsame des Baues und der Lebensfunktionen in den Mittelpunkt der Betrachtungen stellt, behandelt die *spezielle B.* die Abweichungen vom Allgemeinen, d. h. die speziellen Formen des Pflanzenreiches, ihre Herausbildung und ihre Verbreitung. Ein wichtiges Teilgebiet der allgemeinen B. ist die *Morphologie,* die Lehre vom Bau des Pflanzenkörpers. Diese wird oft in Organographie und Anatomie untergliedert. Die *Organographie* untersucht dabei die äußeren Organe der Pflanze, die *Anatomie,* vor allem mit Hilfe des Mikroskops, den inneren Aufbau. Mit den Geweben der Pflanze befaßt sich die *Histologie,* mit Aufbau und Funktion der Zellen die *Zytologie.* Letztere überschneidet sich im molekularen Bereich mit Teilgebieten der Molekularbiologie. Weitere Überschneidungen gibt es bezüglich der Genetik oder Vererbungslehre. Ein weiteres Teilgebiet der allgemeinen B. stellt die → Physiologie dar, die sich mit den allgemeinen Funktionsabläufen im Bereich des Stoffwechsels, des Formwechsels und der Bewegung befaßt und ebenfalls Fragen der Molekularbiologie einbezieht. Mit der stofflichen Zusammensetzung der Pflanzen und mit Stoffwandlungsprozessen befaßt sich die *botanische Biochemie.*
Die spezielle B. wird einmal durch die → Taxonomie vertreten, die sich mit der Beschreibung und Ordnung der Pflanzenwelt beschäftigt und ihr Ziel in der Aufstellung eines natürlichen Systems der Pflanzen sieht. In diesem Zusammenhang kommt der Aufklärung der Stammesgeschichte der Pflanzen, der → Phylogenie, besonders mit Hilfe der Evolutionsforschung, die den Gesetzmäßigkeiten und Ursachen der Sippenbildung nachgeht, und der → Paläobotanik, die sich mit den Pflanzen früherer erdgeschichtlicher Epochen befaßt, große Bedeutung zu. Die *Geobotanik (Pflanzengeographie)* untersucht mit Hilfe der *Arealkunde (Verbreitungslehre), Pflanzensoziologie* einschließlich *Vegetationskunde, Standortslehre* sowie *Floren-* und *Vegetationsgeschichte* die Gesetzmäßigkeiten und Ursachen des Zusammenlebens der Pflanzen auf der Erde. Gegenstand der *Pflanzenökologie* sind die Beziehungen zwischen Pflanze und Umwelt. Dabei befaßt sich die *Autökologie* mit der Einpassung der einzelnen Individuen in ihre Umwelt und die *Synökologie* mit den Wechselbeziehungen zwischen Lebensgemeinschaften, z. B. Pflanzengesellschaften, Klima, Boden und anderen Umweltfaktoren. Auf einzelne Organismengruppen spezialisieren sich z. B. die → Mikrobiologie und die → Mykologie.
Teildisziplinen der B., die sich mit praxisgebundenen Fragen beschäftigen, werden unter dem Begriff **angewandte B.** zusammengefaßt. Dazu gehören einige Zweige der Landwirtschaft und Medizin, wie die Pflanzenzüchtung, die Phytopathologie, die Pharmakognosie.

botanische Zeichen, Symbole oder Zeichen für bestimmte, häufig wiederkehrende Ausdrücke, besonders im Bereich der gärtnerischen Botanik. Die nachfolgende Übersicht enthält die wichtigsten allgemein üblichen b. Z.

♂	männlich
♀	weiblich
⚥	zwittrig
×	Kreuzung (Hybride, Bastard; hinter Gattungsnamen bedeutet dieses Zeichen Arthybride, davor Gattungshybride) oder Bezeichnung für »gekreuzt mit«.
+	Pfropfhybride, Chimäre
⊙	einjährig
⊙⊙	zweijährig
♃	Staude (mehrjährige krautige Pflanze)
ħ	Halbstrauch (nur die unteren Teile der Pflanze sind verholzt)
♄	Strauch
♄	Baum
∞	Freilandpflanze
∞	Freilandpflanze mit Winterschutz
(K)	Kalthauspflanze
(W)	Warmhauspflanze
⌂	Topfpflanze
○	Sonnenpflanze
◐	Halbschattenpflanze
●	Schattenpflanze
≋	Wasserpflanze
≈	Ufer- und Sumpfpflanze
≋	Moorpflanze
△	Steingartenpflanze
≀	Kletterpflanze
≀	Ampel- oder Hängepflanze
⇝	Kriechpflanze
◔	Frühjahrsblüher
◕	Sommerblüher
◑	Herbstblüher
◐	Winterblüher

Boten-RNS, svw. Messenger-RNS.

bothryoides Gewebe, bei Egeln ein mit dem Blutgefäßsystem in Verbindung stehendes Gewebe aus Bothryoidzellen. Es ist verwandt mit dem Chloragogengewebe anderer Ringelwürmer und dient der Ausscheidung von Stoffwechselprodukten. → Chloragogenzelle.

Botulinusbakterium, *Clostridium botulinum,* ein zu den Sporenbildnern gehörendes, anaerobes, bewegliches, bis 9 µm langes Bakterium, das eine Lebensmittelvergiftung, den Botulismus, verursachen kann. In den befallenen Nahrungsmitteln, wie Fisch-, Fleisch- und Gemüsekonserven, Wurst u. ä., bildet das B. ein Bakteriengift, das nach Verzehr der infizierten Lebensmittel auf das Nervensystem wirkt.

Bovidae, → Hornträger.

Bovinae, → Rinder.

Bovist, → Ständerpilze.

Brachfliege, → Blumenfliegen.

Brachialganglion, → Nervensystem.

Brachialindex, *Ober-Unterarm-Index,* Unterarmlänge in Prozenten der Oberarmlänge nach der Formel $\frac{\text{Unterarmlänge} \cdot 100}{\text{Oberarmlänge}}$. Von den *Hominoidea* hat im Durchschnitt der Gibbon den höchsten und der Mensch den niedrigsten B. Individuell gibt es Überschneidungen zwischen Gorilla und Mensch, d. h., Gorillas können vereinzelt relativ kürzere Unterarme haben als der Mensch.

Brachiatorentheorie, die Annahme, daß während der Phylogenese des Menschen ein typisches Brachiatorenstadium durchlaufen wurde, d. h., eine ausgeprägte Anpassung an das schwingkletternde Baumleben erfolgte, die im Verlaufe der weiteren Entwicklung wieder aufgegeben wurde. Nach den bisher vorliegenden Fossilfunden hat es offenbar unter den Vorfahren des Menschen keine extremen Brachiatoren gegeben. → Anthropogenese.

Brachiolaria, → Seesterne.

Brachiopoden, svw. Armfüßer.

Brachiosaurus [griech. brachion 'Arm', sauros 'Eidechse'], Gattung der Sauropoden mit vier säulenförmigen Extremitäten, von denen die Vorderbeine länger als die Hinterbeine waren. Die etwa 25 bis 30 m langen, bis 13 m Höhe erreichenden Tiere hatten ein Lebendgewicht von etwa 80 bis 100 t. Sie gingen vierfüßig, waren Pflanzenfresser und lebten vermutlich in Sümpfen und Seen, da die Tiere ihre eigene Masse auf dem Lande wohl kaum fortbewegen konnten.

Verbreitung: oberer Jura Nordamerikas, oberer Jura und Unterkreide Ostafrikas (Tendaguru).

Brachpieper, → Stelzen.

Brachschwalben, → Regenpfeifervögel.

Brachsen, → Blei.

Brachsenkräuter, → Bärlappartige.

Brachsenregion, → Fließgewässer.

Brachvögel, → Schnepfen.

Brachycera, → Zweiflügler.

Brachydaktylie, *Kurzfingrigkeit,* die Verkürzung aller oder einzelner Knochen der Fingerstrahlen und/oder der Mittelhandknochen beim Menschen. Die B. war das erste Merkmal, bei dem Farabee (1905) am Menschen der Nachweis eines autosomal dominanten Erbganges gelang.

Brachyskelie, beim Menschen das Auftreten von im Verhältnis zur Stammlänge kurzen Extremitäten. Bei der Frau kommt B. häufiger vor als beim Mann. Gegensatz: → Makroskelie.

Brachyura, → Krabben.

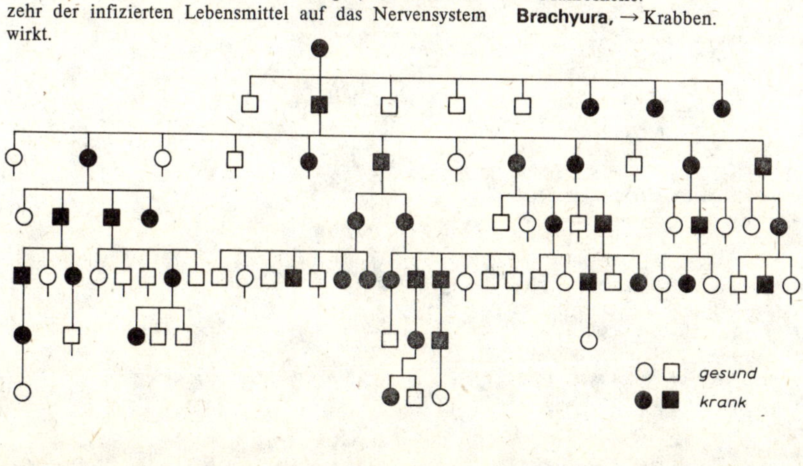

Stammbaum einer Familie mit Brachydaktylie (nach Farabee u. McKusick)

Brachyzephalie

Brachyzephalie, Kurzköpfigkeit, bei der der Schädel einen hohen → Längen-Breiten-Index hat.

Brachyzephalisation, *Kopfverrundung,* die allmähliche Verrundung der Kopfform, d. h. die Zunahme des → Längen-Breiten-Indexes des Kopfes. Die B. trat vor allem seit dem frühen Mittelalter bei vielen Völkern in Erscheinung. Seit der Mitte des 19. Jh. wird jedoch wieder eine Entrundung (*Debrachyzephalisation*) beobachtet. Über die Ursache der B. ist noch nichts Genaues bekannt.

Brackwasser [niederld. brak 'salzig'], Mischung von Fluß- (Süß-) und Meer-(Salz-)wasser in Küstengewässern oder durch Aussüßung von Binnenlandmeeren sowie durch Salzanreicherung in Binnenseen entstandenes schwach salziges, ungenießbares Wasser. *Brackwassergebiete* stellen keinen einheitlichen Lebensraum dar, sondern lassen sich entsprechend den ökologischen Befunden in verschiedene *Brackwasserzonen* gliedern. Die Abgrenzung der einzelnen Zonen gegeneinander war 1958 Gegenstand eines Symposiums des Internationalen Vereins für Limnologie in Venedig. Folgende Zonierung wurde im *Venedig-System* festgelegt:

Zone	Salinität in ‰
Hyperhalin	40
Euhalin	40…30
Mixohalin (40 ‰)	30…0,5
Mixoeuhalin 30 ‰, jedoch als angrenzendes Meer	
Mixopolyhalin	30…18
Mixomesohalin	18…5
α-mesohalin	18…10
β-mesohalin	10…5
Mixooligohalin	5…0,5
α-oligohalin	5…3
β-oligohalin	3…0,5
Limnisch (Süßwasser)	<0,5

Die Salzgewässer des Binnenlandes werden wegen der vom Meerwasser abweichenden Ionenzusammensetzung ihres Wassers nicht in diese Zonierung einbezogen. B. mit oft wechselndem Salzgehalt wird *poikilohalin,* solches mit konstantem Salzgehalt *homoiohalin* genannt.

Die Tier- und Pflanzenwelt des B. besteht aus Meeres-, Süßwasser- und echten Brackwasserarten. In einigen β-mesohalinen Bereichen der Ostsee finden sich euryhaline Meeresformen, wie die Miesmuschel *Mytilus edulis,* der Ringelwurm *Nereis diversicolor,* der Kleinkrebs *Evadne nordmanni,* die Strandkrabbe *Carcinus maenas,* der Hering, der Dorsch, die Flunder u. a., zusammen mit euryhalinen Süßwasserformen, wie das Laichkraut *Potamogeton pectinatus,* die Schlammschnecke *Limnaea ovata,* der Kleinkrebs *Chydorus sphaericus,* der Borstenwurm *Nais elinguis,* der Hecht, der Barsch, die Plötze u. a., vergesellschaftet. Zur gleichen Lebensgemeinschaft kommen als echte Brackwasserformen der Strudelwurm *Procerodes ulvae,* das Rädertier *Keratella eichwaldi,* der Flohkrebs *Corophium lacustre,* der Ringelwurm *Streblospio shrubsoli,* die Schnecke *Hydrobia jenkinsii* und das Moostierchen *Membranipora crustulenta* u. a. Im Greifswalder Bodden (Salzgehalt bei 7 ‰) ist nach dem Hering, der hier laicht, der Hecht der zweithäufigste Wirtschaftsfisch.

Im allgemeinen ist die Organismenwelt des B. artenarm, aber reich an Individuen. So finden sich im euhalinen Mittelmeer (35 ‰) mehr als 6000, im Schwarzen Meer (18,6 ‰) nur noch 1033 Tierarten. Im Kaspischen Meer kommen bei einem Salzgehalt von 12,9 ‰ und bereits veränderter Ionenzusammensetzung des Wassers noch 476 Tierarten und im Aralsee (16,6 ‰) nur noch 98 Tierarten vor. Der Baikalsee hat (zum Vergleich als reiner Süßwassersee) 1800 Arten.

Neben der Reduktion der Artenzahlen ist für das B. eine Größenreduktion vieler Organismen mit abnehmendem Salzgehalt typisch. Die Miesmuschel erreicht bei 35 ‰ eine Maximallänge von 70 mm, bei einem Salzgehalt von 5 ‰ dagegen wird sie höchstens 20 mm lang. Ursache der Größenreduktion bei Mollusken ist hauptsächlich Kalkmangel. Während der Kalziumgehalt des ozeanischen Wassers etwa 430 mg/l Ca beträgt, nimmt er im B. bis auf Bruchteile dieses Wertes ab.

Lit.: F. Gessner: Meer und Strand (Berlin 1957); A. Remane u. C. Schlieper: Die Binnengewässer, Bd 22, Die Biologie des B. (Stuttgart 1958).

Brackwasserregion, → Fließgewässer.

Brackwespen, → Hautflügler.

Braconidae, → Hautflügler.

Bradykinin, ein zu den Peptidhormonen gehörendes Gewebshormon, Arg-Pro-Pro-Gly-Phe-Ser-Pro-Phe-Arg. B. entsteht wie das struktur- und wirkungsverwandte Dekapeptid *Kallidin* (*Lysylbradykinin*) durch enzymatische Spaltung aus Kininogen (α_2-Globuline) und wirkt blutdrucksenkend durch Gefäßerweiterung. Außerdem wird durch B. die Kontraktion der glatten Muskulatur angeregt, und die Gefäßpermeabilität wird erhöht.

Bradypodidae, → Faultiere.

Bradytelie, → Evolutionsgeschwindigkeit.

Braktee, Deckblatt einer Seitenblüte im Blütenstand.

Branchialbögen, → Kiemenskelett.

Branchialraum, svw. Kiemenkammer.

Branchialskelett, svw. Kiemenskelett.

Branchiata, [griech. branchia 'Kiemen'] *Diantennata,* ein Unterstamm der *Mandibulata* vom Stamm der Gliederfüßer. Die B. sind kiemenatmende Wassertiere mit zwei Paar Antennen. Zu ihnen gehören als einzige Klasse die Krebse (*Crustacea*).

Branchien, svw. Kiemen.

Branchiogaster, svw. Kiemendarm.

branchiogene Organe, die während der Embryogenese aus der dritten und den folgenden Kiementaschen sich entwickelnden Organe der Wirbeltiere, z. B. Nebenschilddrüse und Thymus.

Branchiopneustier, → Stigmen.

Branchiosaurus *Kiemensaurier,* Gattung der Labyrinthodonten von kleiner, salamanderähnlicher Gestalt mit kurzem Schwanz, breitem Schädel und zahlreichen glatten, hohlen, kegelförmigen Zähnen im weiten Maul. Die Unterseite des Körpers war durch knöcherne Schuppen gepanzert. Ein besonderes Merkmal sind die bei mehreren Arten ausgebildeten Kiemen. Nach neueren Auffassungen könnte es sich bei B. um Jugendformen rhachitomer Labyrinthodontier handeln.

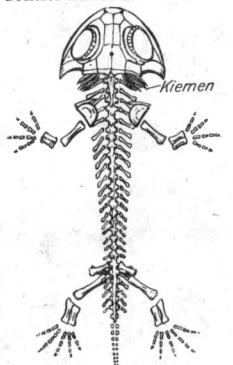

Branchiosaurus aus dem Rotliegenden; Vergr. 0,75:1

Verbreitung: Süßwasser des europäischen Oberkarbons und Perms, besonders im sächsischen, thüringischen und böhmischen Rotliegenden.

Branchiostoma, → Lanzettfischchen.

Branchiotremata, → Hemichordaten.

Branchiura, → Karpfenläuse.

Brandmaus, *Apodemus agrarius,* ein der Hausmaus ähnelndes Nagetier mit schwarzem Rückenstrich bei braunroter Oberseitenfärbung. Die B. ist ein von Sibirien bis zum Rhein verbreiteter Getreideschädling, der im Winter Ställe und Scheunen aufsucht.

Brandpilze, → Ständerpilze.

Brassicaceae, → Kreuzblütler.

Brassikasterin, *Brassikasterol,* ein Phytosterin, das aus Rübsenöl isoliert wurde. Neuerdings wurde B. neben Kampesterin in großen Mengen in Austern gefunden.

Brätling, → Ständerpilze.

Braulidae, → Zweiflügler.

Braunalgen, *Phaeophyceae,* eine außerordentlich mannigfaltige Klasse der Algen mit etwa 2 000 Arten, die überwiegend Meeresbewohner der gemäßigten und kälteren Gebiete sind. Es sind z. T. fädige, kleinere Formen, z. T. haben sie viele Meter groß werdende Thalli, die in Rhizoide, Cauloide und Phylloide gegliedert sind; in den meisten Fällen sind sie mit dem Untergrund fest verhaftet. Die großen Formen werden *Tange* genannt.

Die Zellen der B. sind einkernig, ihr Farbstoffbestand umfaßt Chlorophyll a, β-Karotin und braunes Fukoxanthin, das die übrigen Farbstoffe überdeckt. Als Assimilationsprodukte treten Laminarin, Öl und Mannit auf, Stärke ist niemals vorhanden. In der Zellwand kommt außer Zellulose unter anderem das Polysaccharid Algin vor, das große wirtschaftliche Bedeutung hat. Die ungeschlechtliche Vermehrung erfolgt durch begeißelte Zoosporen, die genau wie die beweglichen Gameten immer zwei ungleich lange Geißeln haben, oder auch durch unbewegliche Sporen, die in Sporangien gebildet werden. Die Sporangien können entweder ungegliedert (unilokulär) oder durch Quer- und Längswände gekammert (plurilokulär) sein. Bei der geschlechtlichen Fortpflanzung entstehen die Gameten stets in plurilokulären Gametangien. Als Fortpflanzungsformen kommen sowohl Iso-, Aniso- als auch Oogamie vor.

Die meisten B. haben einen Generationswechsel, dabei sind bei den primitiveren Formen Gametophyt und Sporophyt gleich gestaltet. Mit zunehmender Entwicklung der B. ist eine fortschreitende Reduktion des Gametophyten zu beobachten, bis schließlich nur noch der Sporophyt gebildet wird. Das Wachstum der Thalli erfolgt z. T. interkalar, z. T. durch Scheitelzellen. Es werden auch echte Gewebe ausgebildet, die z. T. schon eine Differenzierung in assimilierendes Rindengewebe, Zentralgewebe, leitende Elemente u. a. zeigt.

Die B. sind eine sehr alte Pflanzengruppe, fossile Formen sind schon aus dem Silur und Devon bekannt. Man nimmt an, daß sich die B. aus Vorläufern der Goldalgen entwickelt haben; dafür spricht nicht nur der gleiche Farbstoffbestand, sondern unter anderem auch die Begeißelung.

Man gliedert die B. heute meist in 6 Ordnungen: 1. Ordnung *Ectocarpales:* Hierher gehören zum größten Teil fädige Formen, deren Gametophyt und Sporophyt gleich sind. Die primitiven Vertreter wachsen noch interkalar und vermehren sich durch Isogamie, z. B. die Arten der Gattungen *Ectocarpus* und *Pylaiella*.

2. Ordnung *Sphacelariales:* Hierher gehören nur wenige Vertreter, die sich von den *Ectocarpales* durch das Vorhandensein einer Scheitelzelle und damit verbundenem Spitzenwachstum unterscheiden.

3. Ordnung *Cutleriales:* Die Vertreter dieser Ordnung vermehren sich durch Anisogamie, z. B. *Cutleria multifida,* die in wärmeren europäischen Meeren zu finden ist.

4. Ordnung *Dictyotales:* Hier herrscht als Vermehrungsform die Oogamie vor, die Thalli der Vertreter dieser Gruppe wachsen mittels Scheitelzelle. In der Nordsee ver-

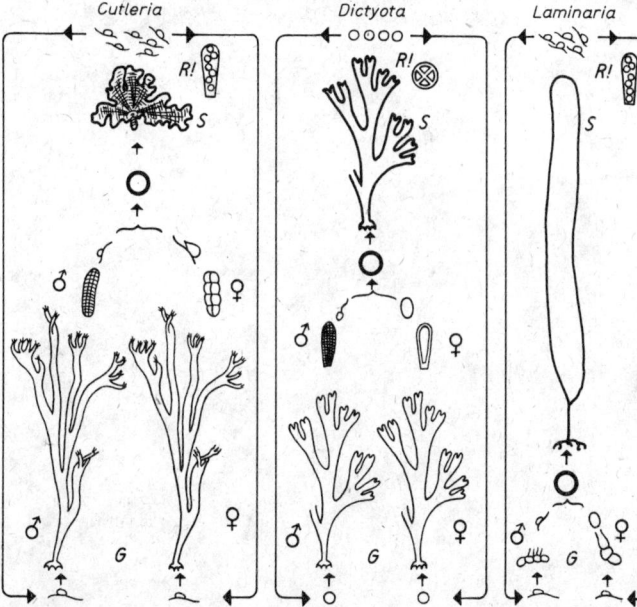

1 Generations- und Kernphasenwechsel einiger Braunalgen. *G* Gametophyt, *S* Sporophyt, *o* Zygote, *R!* Reduktionsteilung. Haploide Phase mit dünnen, diploide mit dicken Linien gezeichnet. (nach Harder)

Braunbär

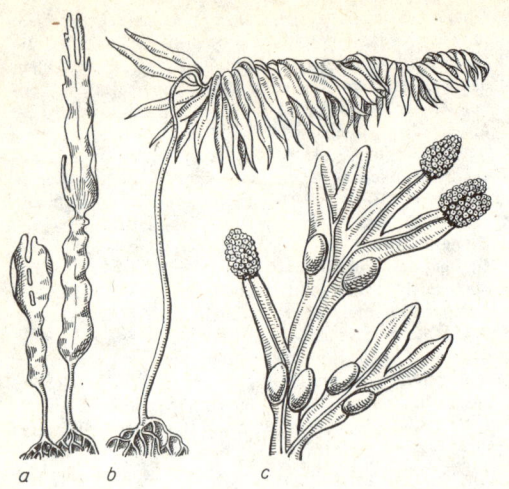

Tange: *a* Zuckertang, *b* Riesentang, *c* Blasentang

vorkommen, werden bis 5 m lang und bilden immer nur ein Phylloid. Zu ihnen gehört der **Zuckertang**, *Laminaria saccharina,* der neben anderen *Laminaria*-Arten und Arten anderer Gattungen als Nahrungs-, Futter- und Düngemittel dient. Aus der Asche einiger *Laminariales* wird Jod gewonnen, außerdem liefern sie Alginsäure, Soda, Mannit u. a.

6. Ordnung *Fucales:* Den Vertretern dieser Ordnung fehlt ein äußerlich sichtbarer Generationswechsel, der Gametophyt ist auf die in den Sporophyten eingesenkten Geschlechtszellen – Eier und Spermatozoide – reduziert. Ihre gegliederten Thalli enthalten oft gasgefüllte Schwimmblasen, so der vor allem in nördlichen Meeren vorkommende **Blasentang**, *Fucus vesiculosus,* aus dessen Asche ebenfalls Jod gewonnen werden kann.

Braunbär, *Ursus arctos,* in zahlreichen Unterarten über die gemäßigten und kälteren Gebiete der nördlichen Halbkugel verbreiteter Bär von gelbbrauner bis schwarzbrauner Färbung. Im Winter hält er in einer Höhle Winterruhe, während der das Weibchen die meerschweinchengroßen Jungen zur Welt bringt. Eine nordamerikanische Unterart des B. ist der *Grizzly* oder *Graubär, Ursus arctos horribilis.*

Braunellen, → Singvögel.
Brauner Bär, → Bärenspinner.
Brauner Jura, svw. Dogger.
Braunes Langohr, → Glattnasen.
Braunfisch, → Schweinswale.
Braunhuminsäure, → Humus.
Braunkehlchen, → Drosseln.
Braunwassersee, → Seetypen.
Braunwurzgewächse, *Rachenblütler, Scrophulariaceae,* eine kosmopolitisch verbreitete Familie der Zweikeimblättrigen Pflanzen mit nahezu 3 000 Arten. Es sind meist Kräuter, selten Sträucher, mit oft ungeteilten, wechsel- oder ge-

breitet ist der *Gabeltang, Dictyota dichotoma,* mit etwa handgroßen, regelmäßig gabelteiligen Vegetationskörpern.

5. Ordnung *Laminariales:* Hierher gehören die größten Algen überhaupt. Sie weisen in der Regel eine Gliederung in wurzel-, sproß- und blattartige Thallusabschnitte auf und bilden z. T. echte Gewebe aus. Die sexuelle Fortpflanzung geschieht durch Oogamie, weibliche und männliche Gametophyten sind unterschiedlich gestaltet. Zu den größten Algen gehört unter anderem der *Riesentang, Macrocystis pyrifera,* dessen Thallus bis 100 m lang werden kann. Die verschiedenen *Laminaria*-Arten, die auch in der Nordsee

Braunwurzgewächse: *a* Löwenmaul, *b* Gemeines Leinkraut, *c* Echter Augentrost, *d* Gamander-Ehrenpreis, *e* Schuppenwurz

genständigen Blättern und unregelmäßigen, 4- bis 5zähligen, häufig zweilippigen Blüten, die von Insekten bestäubt werden. Der oberständige Fruchtknoten entwickelt sich zu einer vielsamigen Kapsel. Die B. sind durch eine besondere Vielfalt der Eigenarten ausgezeichnet, z. B. in der Entwicklung ihres Blütenbaus, bei dem man die verschiedensten Stufen von der strahligen bis zur bilateralen Symmetrie beobachten kann, oder in bezug auf ihre Lebensweise, die von autotropher Ernährung über Halbparasitismus bis zum Parasitismus reicht. Zu den B. gehören einige wichtige Arzneipflanzen, so z. B. aus der Gattung *Fingerhut, Digitalis,* der heimische *Rote Fingerhut, Digitalis purpurea,* und der südosteuropäische *Behaarte Fingerhut, Digitalis lanata,* die herzwirksame Glykoside enthalten. Der in wärmeliebenden Laubwäldern, an Waldrändern und auf Schlägen vorkommende *Großblütige Fingerhut, Digitalis grandiflora,* steht unter Naturschutz.

Auch einige Arten der in Westasien, Nordafrika und Europa verbreiteten Gattung *Königskerze, Verbascum,* deren Blüten im Gegensatz zu allen anderen wichtigen Vertretern der B. 5 Staubblätter aufweisen, sind offizinell.
Häufige Sommerblumen in unseren Gärten sind das im Mittelmeergebiet beheimatete *Löwenmaul, Antirrhinum majus,* die aus Südafrika stammende, fast in allen Farben blühende *Nemesie, Nemesia strumosa,* und die meist braungefleckte Blüten aufweisende *Gauklerblume, Mimulus luteus,* aus Chile. Als Topfpflanzen werden Hybriden mehrerer Arten der südamerikanischen *Pantoffelblume, Calceolaria,* gezogen. Weitere große Gattungen der B., die auch Zierpflanzen enthalten, sind das *Leinkraut, Linaria,* aus Europa und Asien, der *Ehrenpreis, Veronica,* aus den gemäßigten und kalten Gebieten der Erde und der nordamerikanische *Fünffaden,* Penstemon.

Bekannte Halbschmarotzer sind der *Wachtelweizen, Melampyrum,* der *Augentrost, Euphrasia,* und das *Läusekraut, Pedicularis,* mit mehreren heimischen Arten. Als Vollschmarotzer ist die chlorophyllose, auf Wurzeln von Gehölzen wachsende *Schuppenwurz, Lathraea squamaria,* zu nennen.

Brechreflex, das reflektorische Erbrechen des Mageninhalts. Der B. wird beim Menschen von vielen Reizen ausgelöst: ekelerregender Anblick, Drehbewegungen, Gestank, Berührung des Rachenraumes, Überdehnung des Magens, verdorbene Speisereste im Darm, Herzschmerzen, Erregung von Chemorezeptoren im Gehirn, unter anderem während der Schwangerschaft (Abb.). Das Reflexzentrum in der Medulla oblongata setzt in koordinierter Weise folgende Nerven ein: die zum Rachen und Gaumen ziehenden Fasern der Chorda tympani und des Nervus glossopharyngeus, die Vagusfasern des Magens, den Nervus phrenicus und Rückenmarksnerven der Brust- und Bauchmuskulatur. Erste Anzeichen des B. sind eine gesteigerte Speichelsekretion, Verlangsamung der Atmung, Abnahme des Magentonus und Würgen durch unkoordinierte Atembewegungen. Das *Erbrechen* des Mageninhalts wird eingeleitet von einer tiefen Einatmung, Abschluß des Nasenrachenraumes und Erschlaffung der Kardia des Magens. Der bei der Einatmung entstehende Unterdruck im Brustraum weitet die Speiseröhre, und mittels kräftiger Kontraktionen des Zwerchfells und der Bauchmuskulatur wird der Mageninhalt ausgeworfen.

Breitmäuler, *Breitrachen, Eurylaimidae,* in Afrika, Asien und der indomalaiischen Region verbreitete → Sperlingsvögel. B. sind bunte Waldbewohner. Sie fressen Insekten und Früchte und bauen Hängenester.

Breitmaulnashorn, → Nashörner.

Breitnasen, svw. Neuweltaffen.

Breitrachen, svw. Breitmäuler.

Breitwegerich, → Wegerichgewächse.

Bremsen, → Zweiflügler.

Brennesselgewächse, *Urticaceae,* eine Familie der Zweikeimblättrigen Pflanzen mit etwa 600 Arten, die hauptsächlich in den Tropen vorkommen. Es sind Kräuter, seltener Holzpflanzen, mit einfachen Blättern und meist eingeschlechtigen Blüten, die ein- oder zweihäusig sind und eine unscheinbare Blütenhülle haben. Sie werden durch den Wind bestäubt, die Frucht ist eine Schließ- oder Steinfrucht.

Als Ruderalpflanzen sind die *Große Brennessel, Urtica dioica,* und die *Kleine Brennessel, Urtica urens,* weit verbreitet. Beide haben Brennhaare, genau wie die Arten der in den Tropen weit verbreiteten Gattungen *Laportea* und *Urera.* Vor allem Verletzungen durch Berührung von *Laportea*-Pflanzen schmerzen wochenlang. Viele B. haben jedoch keine Brennhaare, wie die von alters her besonders in Südasien kultivierte *Ramie, Boehmeria nivea,* eine der wichtigsten Faserpflanzen. Einige Arten der Gattung *Pilea* werden als Blattpflanzen gärtnerisch genutzt.

Brennhaare, 1) → Abschlußgewebe, → Pflanzenhaare.
2) Drüsenhaare der Schmetterlingsraupen mit nesselnden Flüssigkeiten, die bei Eindringen in die Haut Entzündungen hervorrufen.

Brennwert der Nahrungsstoffe, der Energiegehalt der Kohlenhydrate, Fette und Eiweiße. Den *physikochemischen* B. d. N. ermittelt man über eine vollständige Oxidation im Verbrennungskalorimeter. Es werden freigesetzt von 1 g Kohlenhydrat 17,5 kJ, von 1 g Fett 38,5 kJ, von 1 g Eiweiß 24 kJ. Der *physiologische* B. d. N. ist für 1 g Kohlenhydrat und 1 g Fett identisch mit dem physikochemischen, d. h. beide Nahrungsstoffe werden im Organismus restlos oxidiert. Bei Eiweißnahrung wird ein Teil der Energie ungenutzt als Harnstoff, Harnsäure und Kreatinin ausgeschieden. Deshalb beträgt der physiologische B. von 1 g Eiweiß nur 18 kJ.

Brenztraubensäure, $CH_3-CO-COOH$, einfachste und wichtigste α-Ketosäure, die im Stoffwechsel der Organismen eine zentrale Stellung einnimmt. B. tritt bei alkoholischer Gärung und bei der Glykolyse als Zwischenprodukt auf.

Bries, svw. Thymus.

Brillenbär, *Tremarctos ornatus,* ein schwarzer Bär mit weißer, mehr oder weniger ringförmiger Gesichtszeichnung. Er bewohnt die Anden in 1500 bis 2000 m Höhe.

Brillenkaiman, *Caiman crocodilus,* etwa 2 m langer Vertreter der → Alligatoren Mittel- und Südamerikas. Seine Schnauze ist langgestreckt, Knochenleisten um die Augen

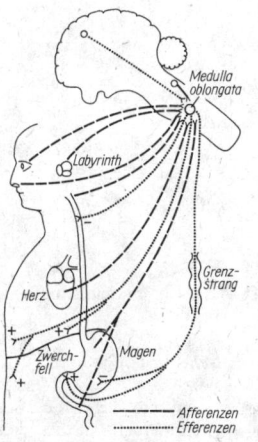

Brechreflex

Brillenschlangen

Brillenbär

ergeben eine charakteristische Brillenfigur (Tafel 5). Die früher häufigen Tiere sind durch Jagd auf »Krokodilleder« nicht ganz so stark gefährdet wie andere Krokodilarten, da die Bauchhaut (hauptsächliches Rohmaterial für Leder) starke Hautverknöcherungen aufweist.

Brillenschlangen, → Kobras.

Brillenvögel, *Zosteropidae,* Familie der → Singvögel mit über 80 Arten. Sie sind von Afrika bis Mikronesien und Polynesien sowie Neuseeland verbreitet. Sie fressen Insekten und Beeren.

Broca-Gewicht, das Soll-Körpergewicht eines erwachsenen Menschen. Das Soll-Körpergewicht in Kilogramm ist gleich der Körperhöhe in Zentimetern minus 100.

Brokkoli, → Kreuzblütler.

Brombeere, → Rosengewächse.

Bromeliengewächse, *Ananasgewächse, Bromeliaceae,* eine Familie der Einkeimblättrigen Pflanzen mit etwa 1700 Arten, die nur in tropischen und subtropischen Amerika heimisch sind. Es handelt sich überwiegend um epiphytisch lebende Rosettenpflanzen, deren Wurzeln häufig nur der Befestigung dienen. Die Nahrung nehmen sie mit dem Basalteil aus dem Regenwasser auf, das sich im Inneren der dicht zusammenstehenden Blätter ansammelt. Die Blüten sind meist regelmäßig 3teilig, zwittrig und in ährentrauben- oder rispenförmigen Blütenständen angeordnet. Sie werden von Insekten oder Vögeln bestäubt. Da ihre Hochblätter und die dem Blütenstand nahe stehenden Laubblätter meist eine auffällige Farbe haben, sind viele Arten beliebte Zierpflanzen, so besonders aus den Gattungen *Vriesea, Billbergia* und *Aechmea.*

Wichtigste Nutzpflanze der Familie ist die aus Brasilien stammende, in den Tropen vielfach kultivierte, auf dem Boden wachsende **Ananas,** *Ananas comosus,* deren fleischige Fruchtstände als aromatisches Obst roh genossen werden. Aus Ananas gewinnt man auch Bromelin, ein proteolytisches Enzym, das für verdauungsfördernde Arzneimittel Verwendung findet.

Als Polster- und Füllmaterial wird das in den wärmeren Teilen Amerikas überall häufige **Lousianamoos** oder **Vegetabilische Roßhaar,** *Tillandsia usneoides,* benutzt. Die Pflanze ist äußerlich der Bartflechte ähnlich, hat keine Wurzeln und nimmt Wasser und Nährstoffe nur mit Hilfe saugfähiger Schuppenhaare auf, die die Pflanze vollständig überziehen.

Bromovirusgruppe, → Virusgruppen.
Bronchialbaum, → Lunge.
Bronchien, → Lunge.
Bronchioli, → Lunge.
Brontosaurus [griech. bronte 'Donner', sauros 'Eidechse'], *Atlantosaurus,* Gattung der Sauropoden von etwa 22 m Länge und 10 m Höhe mit auffallend kleinem Kopf und winzigem Gehirn. Der B. bewegte sich vierfüßig. Die Vordergliedmaßen waren wenig kürzer als die Hintergliedmaßen. Die Masse des auf dem Festland lebenden Pflanzenfressers betrug ungefähr 30 t.

Verbreitung: Oberjura und Unterkreide aus der Morrison Formation von Nordamerika.

Brotfruchtbaum, → Maulbeergewächse.
Brucella, → Brucellen.
Brucellen, kleine, bis 1,5 μm lange, stäbchenförmige bis runde Bakterien, die parasitisch leben und Krankheitserreger bei Mensch und Säugetieren sind. Die B. sind unbeweglich, aerob und gramnegativ. *Brucella melitensis* ruft beim Menschen das Maltafieber hervor, *Brucella abortus* führt zum Verwerfen z. B. bei Rindern. Die B. wurden nach ihrem Entdecker, dem Arzt D. Bruce, benannt.

Bruch, svw. Moor.
Bruchdreifachbildungen, → Regeneration.
Bruchfrüchte, → Frucht.
Bruch-Fusions-Brücken-Zyklus, ein an die Entstehung von dizentrischen Chromosomen oder Chromatiden gebundener Mechanismus, in dessen Verlauf in Meiose und Mitose wiederholt Chromosomenbrüche eintreten und Tochterzellen entstehen, die in ihrer genetischen Ausstattung auf Grund von Duplikationen und Deletionen variieren. Ein derartiger Zyklus (Abb.) setzt voraus, daß das dizentrische Chromosom oder die dezentrische Chromatide in der Anaphase zwischen den Zellpolen aufgespannt wird, durchreißt und die Bruchenden Reunionen erfahren. → Chromosomenmutationen.

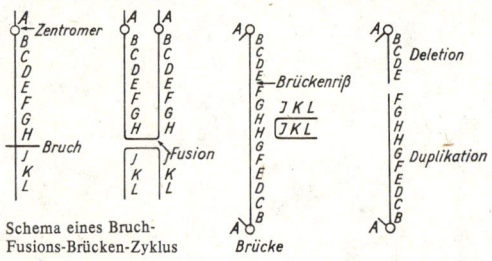

Schema eines Bruch-Fusions-Brücken-Zyklus

Bruchhefen, → Bierhefen.
Bruch-Reunions-Hypothese, → Chromosomenmutationen.
Brücke, → Gehirn.
Brückenechsen, Schnabelechsen, *Rhynchocephalia,* nach den Schildkröten die erdgeschichtlich älteste der heute noch existierenden Kriechtierordnungen, die bereits aus dem Jura bekannt ist. Der Körper erinnert an den eines grö-

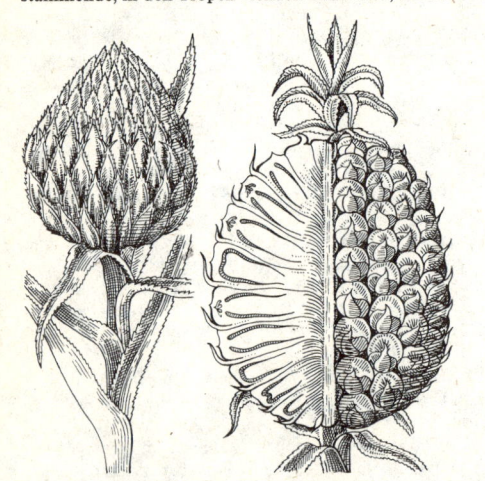

Bromeliengewächse: Ananas, Blüten- und Fruchtstand

ßeren Leguans. Die Schläfengrube ist durch 2 Knochenspangen doppelt überbrückt (Primitivmerkmal; Name!), die Zähne sind miteinander zu Kauleisten verwachsen. Auf dem Scheitel tragen die B. ein Parietalauge, mit dem noch Lichteindrücke wahrgenommen werden können. Als einzige Kriechtiere haben sie kein Begattungsorgan. Der Kloakenspalt ist quergerichtet. Heute existiert nur noch eine, seit 200 Mio Jahren nahezu unverändert gebliebene Art (die zugleich eine eigene Familie *Sphenodontidae* verkörpert), die *Brückenechse* oder *Tuatara, Sphenodon punctatus,* ein bis 75 cm langes Kriechtier mit gezahntem Nacken- und Rückenkamm, der auf dem Schwanz in kleine Höcker übergeht. Die B. bewohnt in 3 Unterarten nur noch einige kleine Inseln der Cook-Straße südlich und östlich der Nordinsel Neuseelands, auf Neuseeland selbst ist sie bereits seit über 100 Jahren ausgerottet. Sie lebt in selbstgegrabenen Erdhöhlen oder in Sturmvogel-Nisthöhlen, ist nachtaktiv (senkrechte Pupille) und frißt große Insekten, Würmer und Schnecken, daneben Vögel und deren Eier. Von allen Reptilien ist die B. am wenigsten wärmebedürftig (Vorzugstemperatur 12°C). Die Reifungsdauer der 5 bis 15 pergamentschaligen Eier währt 12 bis 15 Monate. Trotz vieler ursprünglicher anatomischer Merkmale ist die B. kein direkter Vorfahr der rezenten → Schuppenkriechtiere. B. gehören in zoologischen Gärten und Museen zu den größten Seltenheiten, die Restpopulationen stehen in ihrer Heimat unter strengem Schutz.

Brüllaffen, *Alouatta,* mit großen Kehlblasen und röhrenförmigem Zungenbein versehene → Neuweltaffen (Familie der Kapuzinerartigen), deren lautes, oft im Chor angestimmtes Geschrei der Territoriumsmarkierung dient und weithin durch die Wälder Mittel- und Südamerikas hallt.

Brustatmung, → Atemmechanik.
Brunnenkrebs, svw. Höhlenkrebs.
Brunnenkresse, → Kreuzblütler.
Brunnenlebermoos, → Lebermoose.
Brunnenmoos, → Laubmoose.
Brustbein, → Brustkorb, → Schultergürtel.
Brustfell, → Lunge.
Brustkorb, *Thorax,* der von Rippen, Brustwirbeln, Brustbein, Knorpel und Bändern gebildete Skelettkorb der Wirbeltiere, der Herz und Lungen einschließt und im Dienste der Atemfunktion steht. Die *Rippen* sind stabartige, bogenförmige, knorpelige oder knöcherne Skelettelemente, die an den Brustwirbeln (→ Achsenskelett) befestigt sind. Bei Kriechtieren, Vögeln und Säugetieren unterscheidet man die direkt mit dem Brustbein verbundenen *echten* Rippen, die mit den vorhergehenden Rippen knorpelig verbunden und infolgedessen mit dem Brustbein nur indirekt zusammenhängenden *falschen* Rippen sowie die keine Verbindung mit dem Brustbein eingehenden *freien* Rippen, die frei in der Rumpfmuskulatur enden. Das *Brustbein (Sternum)* ist ein bei höheren Wirbeltieren in der vorderen Mitte des B. ventral gelegener Knochen, der über die ansetzenden Rippen die Verbindung des Schultergürtels mit dem Achsenskelett vermittelt. Bei guten Fliegern, z. B. bei Vögeln, stützt es ausgedehnte Teile der vorderen Rumpfwand und besitzt einen Kamm (*Carina, Crista sterni*) als vergrößerte Ansatzfläche für die Flugmuskulatur. Bei Fischen, fußlosen Lurchen, Schlangen und Schildkröten fehlt ein Brustbein. Der vom B. umschlossene Raum weist eine vordere und hintere Öffnung, die *Thoraxapertur,* auf; die hintere Öffnung ist meist größer als die halsnähere Apertur. Der Querschnitt des B. ist abhängig von Geschlecht, Lebensalter, Körperbautyp und Funktionstyp. Er ist faßförmig bei Grabern und Schwimmern, z. B. bei Maulwurf und Biber, herzförmig bei guten Läufern, z. B. bei Pferd und Hund.

Brustwarzen, → Milchdrüsen.
Brut, svw. Brüten.
Brutbauten, → Tierbauten.
Brutbeutel, → Marsupium.
Brutblatt, → Dickblattgewächse.
Brutdichte, *Siedlungsdichte der Brutvögel,* Zahl der Brutpaare bzw. Nestreviere (→ Heimreviere) einzelner oder aller in einem Gebiet vorkommenden Arten, bezogen auf eine Flächeneinheit. Die B. ist abhängig von der Umweltkapazität (Struktur, Nahrungsangebot, klimatische Faktoren).

In Mitteleuropa stehen stärker strukturierte Laub- und Mischwälder mit 800 bis 1600 Brutpaaren/km² an der Spitze, auch Friedhöfe und Parks liegen in diesem Bereich. Einförmigere Forste sind mit 200 bis 800 Paaren/km², Erlenbruchwälder oft nur mit 120 bis 300 Paaren/km² besiedelt. Landwirtschaftliche Nutzflächen sind noch weniger besiedelt: Getreidefelder mit 40 bis 60, Raps- und Feldfutterflächen mit 50 bis 120 und Grasland mit etwa 70 bis 130 Paaren/km². Hecken und Feldgehölze bzw. das Anbringen von Nisthilfen steigern die B. oft erheblich. In Neubaugebieten liegt die B. bei 300, in Innenstädten zwischen 400 und 700 und in Kleingartenanlagen zwischen 600 und 1100 Paaren/km².

Die B. kann in Verbindung mit der Artenzusammensetzung wichtige Aussagen zur ökologischen Stabilität von Lebensräumen und zur Regulation von Schädlingspopulationen (→ biologische Bekämpfung) liefern.

Beispiele für B. einzelner Arten bzw. Gruppen: Feldlerche auf Grasland: 30 bis 90 Paare, Greifvögel im Südwesten der DDR: 3 bis 4 Paare/km² (hier Waldfläche), Kranich im Norden der DDR: 0,5 bis 5 Paare/100 km².

Brüten, *Brut, Brutgeschäft,* Brutpflegehandlung der Vögel durch fortgesetztes Erwärmen der Eier durch den mütterlichen, selten durch den väterlichen Elternteil oder durch beide Eltern, bis zum Schlüpfen der Jungtiere. Je nach der Art liegen die Bruttemperaturen zwischen + 35 und 41°C, die Brutdauer zwischen 11 Tagen und 8 Wochen.

In der Geflügelhaltung wird zwischen Naturbrut und Kunstbrut unterschieden. Erstere erfolgt unter ähnlichen Bedingungen wie bei den wildlebenden Vögeln in Brutnestern. Die Kunstbrut bedient sich geeigneter Brutapparate unterschiedlicher Konstruktion, in denen die physiologischen Bedingungen der Naturbrut nachgebildet werden.

G e s c h i c h t l i c h e s . Bereits die Ägypter haben um 3000 v. u. Z. in großen Brutkammern ansehnliche Mengen Kücken erbrütet, in Europa wurde die Kunstbrut im Jahre 1745 aufgenommen.

Brutfürsorge, im Gegensatz zur → Brutpflege die vorsorglichen Handlungen der Eltern, die mit dem Absetzen der Eier oder Jungen beendet sind. Bei B. fehlt die unmittelbare pflegerische Beziehung zum Nachwuchs, ihre Wirkung erstreckt sich jedoch auf einen längeren Zeitraum.

Maßnahmen der B. dienen dem Schutz der Brut, wenn die Eier in Verstecken abgesetzt werden (z. B. bei der Weinbergschnecke, vielen Arthropoden, Seeschildkröten),

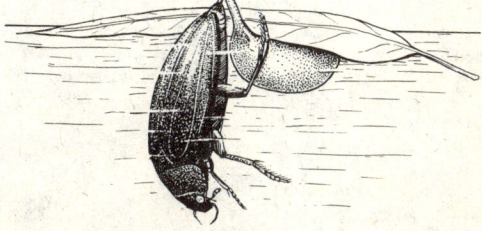

1 ♀ des Kolbenwasserkäfers (*Hydrous piceus*) beim Bau eines Eierschiffchens unter einem schwimmenden Blatt (nach v. Lengerken)

Brutgeschäft

mit schützenden Hüllen versehen sind (z. B. Eikokons der Schaben, Gespinstkokons der Spinnen, Sekretumhüllungen bei Feldheuschrecken oder Amphibien) oder in der Körperhülle des toten Muttertieres verbleiben (z. B. bei zystenbildenden Nematoden und Schildläusen). Schließlich können die Eier auch in den Körper anderer Tiere eingebracht werden (Eier des Bitterlings in die Mantelhöhle der Teichmuschel).

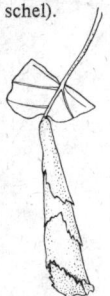

2 Blatttrichter des Birkenblattrollers (Deporaus betulae) (nach v. Lengerken)

Zur Sicherung der Ernährung werden die Eier an die Nahrung abgelegt (z. B. Kohlweißling, Fliegen, Aaskäfer) oder die Nahrung vorbereitet oder herbeigeschafft (z. B. bei blattrollenden Käfern, gallbildenden Insekten; Lähmung der Nahrung durch Anstich bei Schlupfwespen und Anlage von Vorratsnahrung bei Dungkäfern, Weg- und Grabwespen).

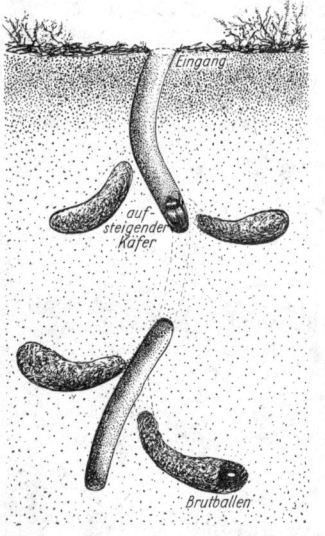

3 Brutbau des Mistkäfers (Geotrupes silvaticus) in der Erde (nach v. Lengerken)

Die letztgenannten Maßnahmen dienen gleichzeitig dem Schutz der Brut. Zur Sicherung der Ernährung ist auch die Weitergabe lebenswichtiger Mikroorganismen als Verdauungssymbionten, etwa durch Beschmieren der abgelegten Eier bei einigen Wanzen, wichtig.

Die B. und Brutpflege beruhen auf angeborenen Fähigkeiten der betreffenden Tiere.

Lit.: v. Lengerken: Die B. und Brutpflegeinstinkte der Käfer (Leipzig 1954).

Brutgeschäft, svw. Brüten.
Brutkapsel, svw. Gemmula.
Brutkleid, → Färbung 2).
Brutknöllchen, → Fortpflanzung.
Brutknospen, → Fortpflanzung.
Brutkörbchen, → Fortpflanzung.
Brutlamellen, → Marsupium.

Brutparasitismus, bei einigen Insekten (z. B. Schmarotzerhummeln, Federfliegen) und Vögeln (Kuckucke) verbreitete Erscheinung, das Ausbrüten der Eier und die Versorgung der Nachkommen einer in der Lebensweise ähnlichen Tierart zu überlassen. Häufig wird die Brut des Wirtes von den geschlüpften Jungtieren des Parasiten behindert oder vernichtet. Das Kuckucksjunge hat dazu ein spezielles angeborenes Verhalten entwickelt.

Lit.: Makatsch: Der B. in der Vogelwelt (Radebeul 1955).

Brutpflege (Tafel 3), die Gesamtheit elterlicher Handlungen zum Schutz und zur Förderung der Entwicklung der Nachkommenschaft, die im Gegensatz zur → Brutfürsorge erst mit dem Erscheinen der Eier oder Auftreten der Jungtiere beginnen. Ein oder beide Elternteile erhalten damit unmittelbare, aktive Beziehung zu ihren Nachkommen. Die B. tritt in vielfältigen Formen auf und ist besonders in den höher entwickelten Tiergruppen weit verbreitet.

B. dient zum Schutz der Nachkommen durch Bewachen der Brut (z. B. bei Stichling, vielen Vögeln und Säugetieren) oder durch Tragen der Nachkommen am Elternkörper (bei einigen Stachelhäutern, Krebsen, Spinnen, Asselspinnen, Geburtshelferkröten, Rhesusaffen). Zum Transport der Eier und der Jungen können diese in Körperhöhlen aufgenommen werden, z. B. befinden sich die Eier bei der Auster im Schalenraum, beim Seepferdchen in einer Bauchbruttasche des männlichen Tieres, bei der Wabenkröte in Vertiefungen zwischen wabenartigen Hautwucherungen, beim chilenischen Nasenfrosch in einem Kehlsack und die Jungfischchen bei den Maulbrütern in der Mundhöhle.

Zur Schaffung günstiger Entwicklungsbedingungen dienen Maßnahmen der Wärmezuführung und -regulierung, wie das Umtragen von Puppen bei Ameisen im Nest, die direkte und indirekte Bebrütung mit Regelung der Temperatur bei Vögeln, das Wärmen der Jungtiere bei Vögeln und Säugetieren, Maßnahmen zur Sauerstoffversorgung bei einigen Krebsen und Stichlingen und die Bereitstellung von Futter für die Nachkommen, z. B. das Füttern der Larven bei staatenbildenden Insekten, das Herbeischaffen und Verabreichen der Nahrung bei Vögeln und einigen Raubtieren, wie beim Fuchs, und die Darbietung körpereigener Nahrung, wie die Kropfmilch der Elterntiere bei Tauben und die Milch der Säugetiere. Zur Pflege der Jungtiere gehört weiter ihre Sauberhaltung. Fuchs und Igel fressen anfangs den Kot der Jungtiere; Vögel tragen die Kotballen der Jungen aus dem Nest.

Auch durch Führen der Jungen, unter anderem bei Ente, Huftieren, und durch Einweisen in den Nahrungserwerb, z. B. bei Hühnern, Raubtieren, wie Fuchs und Hermelin, durch die Elterntiere wird die Lebenstüchtigkeit der Nachkommen bei Vögeln und Säugetieren gefördert.

Die Beteiligung der Elterntiere an der B. ist unterschiedlich. Die Hauptlast trägt im allgemeinen das Muttertier. Bisweilen können mehrere Individuen einer Art zu *Brutpflegegemeinschaften* zusammentreten (z. B. Pinguine).

Lit.: v. Lengerken: Die Brutfürsorge und die Brutpflegeinstinkte der Käfer (Leipzig 1954); Makatsch: Der Vogel und seine Jungen (Leipzig 1951); G. Tembrock: Spezielle Verhaltensbiologie (Jena 1982).

Brutschrank, ein beheizbarer Laborschrank mit wählbarer Innentemperatur, die automatisch konstant gehalten wird. Der B. hat meist Metalldoppelwände, zwischen denen sich ein Wassermantel oder Isoliermaterial befinden. Der B. wird vorwiegend zum Kultivieren (Bebrüten) von Mikroorganismenkulturen verwendet.

Brutverbände, → Soziologie der Tiere.
Brutvorsorge, Verhalten, das die Entwicklung der Nach-

kommen ab Eiablage oder Geburt sichert oder fördert, ohne Kontakt zu diesen Stadien. Ein Beispiel sind die Blatt-Trichter bestimmter Rüsselkäfer, vom Weibchen vor der Eiablage hergestellt; mit der Eiablage endet dieses Verhalten. B. ist im Tierreich weit verbreitet, im einfachsten Fall durch Eiablage an speziellen Orten zu bestimmten Zeiten, wodurch die Überlebenschance der schlüpfenden Jungtiere (Larven u. a.) erhöht wird. Dabei werden nicht selten Plätze aufgesucht, an denen sich die Tiere sonst nicht aufhalten.

Brutzwiebeln, → Fortpflanzung.

Bruzin, ein sehr giftiges Alkaloid, das zusammen mit Strychnin zu 2 bis 3 % im Samen der Brechnuß, *Strychnos nux-vomica,* vorkommt.

Bryidae, → Laubmoose.

Bryokinin, → Zytokinine.

Bryophyta, → Moospflanzen.

Bryozoa, → Moostierchen.

Bubalus, → Büffel.

B-Tubus, → Zilien.

Buccalganglion, → Nervensystem.

Buchdrucker, → Borkenkäfer.

Buchengewächse, *Fagaceae,* eine Familie der Zweikeimblättrigen Pflanzen mit etwa 600 Arten, die überwiegend in der gemäßigten und subtropischen Zone der nördlichen Erdhalbkugel vorkommen. Es sind ausschließlich Bäume mit wechselständigen, einfachen, meist gezähnten oder tief gekerbten Blättern und zeitig abfallenden Nebenblättern. Die Blüten sind eingeschlechtig, nur selten zwittrig. Die männlichen Blüten stehen in kätzchen- oder köpfchenförmigen Blütenständen, die weiblichen einzeln; sie haben meist einen 3- bis 6fächerigen Fruchtknoten, in dem sich je Fach eine Nuß mit stärke- und ölreichen Keimblättern entwickelt. Die Früchte sind einzeln oder zu mehreren von einem ledrigen oder verholzten, napf- oder kapselförmigen Fruchtbecher (Kupula) umgeben, der schuppig oder stachlig sein kann.

Die im Mittelmeergebiet heimische **Edelkastanie,** *Castanea sativa,* hat einen stachligen Fruchtbecher, der 1 bis 3 eßbare Nüsse (**Maronen**) umschließt. In Mitteleuropa wird sie vielfach als Zierbaum in Anlagen angepflanzt. Die **Buche** oder **Rotbuche,** *Fagus silvatica,* ist in der nördlichen gemäßigten Zone ein wichtiges waldbildendes Element. Ihr hartes Holz wird vielseitig verwendet, aus den dreikantigen Früchten, den Bucheckern, kann Speiseöl gewonnen werden. Anthozyanhaltige Epidermiszellen der Blätter verursachen die Rotfärbung des Laubes der **Blutbuche,** einer Mutante von *Fagus silvatica.* Die Gattung **Südbuche,** *Nothofagus,* hat ihr Hauptverbreitungsgebiet in den gemäßigten Zonen der Südhalbkugel. Sie tritt ebenfalls waldbildend auf.

Die umfangreichste Gattung der B. ist die **Eiche,** *Quercus,* mit etwa 300 Arten. Die in Europa, Nordafrika und Westasien beheimatete **Sommer-** oder **Stieleiche,** *Quercus robur,* mit gestielten Früchten und fast sitzenden Blättern wird in Mitteleuropa forstlich kultiviert. Das Holz ist dicht, schwer, hart, sehr gerbstoffreich und daher sehr dauerhaft. Es ist ein wichtiges Nutzholz, das vielfach verwendet wird. Die Rinde dient als Lohe, die Früchte, die Eicheln, als Schweinemastfutter.

Auch die **Winter-** oder **Traubeneiche,** *Quercus petraea,* mit sitzenden Früchten und gestielten Blättern, die in Europa und Westasien heimisch ist, wird forstlich kultiviert. Die in unserem Gebiet seltenere **Flaumeiche,** *Quercus pubescens,* hat unterseits filzige Blätter und Triebe. Von der im Mittelmeerraum angebauten **Korkeiche,** *Quercus suber,* wird aus der Borke Kork gewonnen. Zierbaum wegen ihrer Blattform und roten Herbstfärbung ist die aus Nordamerika stammende **Roteiche,** *Quercus rubra.*

Bücherlaus, → Staubläuse.

Bücherskorpion, → Afterskorpione.

Buchfinken, → Finkenvögel.

Buchlungen, svw. Tracheenlungen.

Buchsbaumgewächse, *Buxaceae,* eine Familie der Zweikeimblättrigen Pflanzen mit etwa 60 Arten, die in den wär-

Buchengewächse: *a* Edelkastanie, *b* Rotbuche, *c* Stieleiche, *d* Traubeneiche

Buchsbaum: blühender Zweig

meren Gebieten der Erde beheimatet sind. Es handelt sich um immergrüne Stauden, Sträucher oder Bäume mit meist ledrigen Blättern und eingeschlechtigen Blüten mit 4, 6 oder vielen Staubblättern bzw. einem 3fächerigen Fruchtknoten und 3 Griffeln. Die Bestäubung erfolgt durch Insekten, die Frucht ist eine Kapsel- oder Steinfrucht.

Der bekannteste und wichtigste Vertreter dieser Familie ist der mediterrane **Buchsbaum**, *Buxus sempervirens*, ein gegen Luftverschmutzung relativ unempfindliches Holzgewächs, das in Park- und Gartenanlagen als Strauch, als Beeteinfassung oder zu den verschiedensten Formen und Figuren verschnitten zu finden ist.

Buchweizen, → Knöterichgewächse.
Buckelfliegen, → Zweiflügler.
Buckelochse, svw. Zebu.
Buckelwal, *Megaptera novaeangliae*, großer Furchenwal (→ Bartenwale) von etwas gedrungenem Körperbau. Er kommt in allen größeren Meeren, bevorzugt in Küstennähe vor.
Bufadienolide, Wirkstoffe der Krötenhautsekrete, die am Kohlenstoffatom 17 des steroiden Aglykons (→ Steroide) einen sechsgliedrigen, zweifach ungesättigten Laktonring tragen. → Krötengifte.
Büffel, *Bubalus*, Rinder mit tonnenförmigem Leib und meist weit ausladenden, breiten Hörnern. Der entwicklungsgeschichtlich am niedrigsten stehende B. ist der kleine auf Sulawesi beheimatete *Anoa* oder *Gemsbüffel, Bubalus depressicornis*; bei ihm weisen die kurzen, dicken Hörner ziemlich gerade nach hinten. Vom leichten *Arni, Bubalus arnee arnee*, der noch stellenweise in Vorder- und Hinterindien sowie auf den Großen Sundainseln vorkommt, leitet sich als Haustierform der *Zahme Wasserbüffel, Bubalus arnee f. bubalis*, in Vorderindien *Kerabau* genannt, ab, der besonders zum Bestellen der Reisfelder für den Menschen unentbehrlich ist. In Afrika kommt der *Kaffernbüffel* vor.
Büffelweber, → Webervögel.
Bufogenine, → Krötengifte.
Bufotoxine, → Krötengifte.
Bugularve, die Larvenform der Moostierchengattung *Bugula*, die einen darmlosen Larventyp mit verlängerter Hauptachse bildet.
Bukettzweige, → Fruchtholz.
Bulbillen, → Fortpflanzung.
Bulbilli, → Blutkreislauf.
Bülbüls, *Pycnonotidae*, Familie der → Singvögel mit über 110 Arten. Sie werden auch *Haarvögel* genannt, weil sie vor allem im Nacken verlängerte Haarfedern haben. B. ernähren sich vor allem von Beeren und anderen Früchten. Sie sind von Afrika bis zu den Molukken verbreitet.
Bulldoggfledermäuse, *Molossidae*, eine Familie der Fledermäuse (Kleinfledermäuse), der das stark runzelige Gesicht ihren Namen gab. Auf Grund der verhältnismäßig schmalen Flügel sind die B. sehr gewandt. Sie bewohnen die Tropen. Zu den B. gehört die in Mexiko vorkommende *Guano-Fledermaus, Tadarida brasiliensis*, deren in Höhlen angesammelte Kotmassen einen wertvollen Dünger abgeben.
Bülte, kleine, von Pflanzen gebildete, kuppige Erhöhung in Mooren oder Brüchen.
Bündelkambium, → Leitgewebe, → Sproßachse.
Bündelscheide, → Sproßachse.
bunodont, → Zähne.
Buntbarsche, *Cichlidae*, artenreiche Familie der Barschartigen, die in Süd- und Mittelamerika, Afrika und Südasien verbreitet ist. Kleine bis mittelgroße, oft farbenprächtige Fische, von denen einige zu den wichtigsten Nutzfischen tropischer Binnengewässer gehören. Zahlreiche B. sind beliebte Aquarienfische.

Buntblättrigkeit, svw. Panaschierung.
Buntbock, *Damaliscus dorcas*, eine mittelgroße südafrikanische Antilope mit großer weißer Blesse im Gesicht.
bunte Reihe, eine Gruppe bestimmter → Nährböden, die zur Unterscheidung verschiedener Bakterienarten aufgrund physiologischer Eigenschaften dient. Die Nährböden der b. R. sind unterschiedlich zusammengesetzt und enthalten Farbindikatoren, die je nach den Stoffwechselleistungen (z. B. Säurebildung) der aufgeimpften Bakterien bestimmte Färbungen annehmen. Die b. R. wird insbesondere in der medizinischen Mikrobiologie zur Unterscheidung von Darmbakterien verwendet.
Buntkäfer, → Käfer.
Buntsandstein, die unterste Abteilung der → Trias im Germanischen Becken. → Erdzeitalter, Tab. (S. 243)
Buntwaran, *Varanus varius*, lebhaft schwarzbraun und gelb gezeichneter, bis 2 m langer, häufiger australischer → Waran, der neben Kleinsäugern vor allem Vogeleier frißt.
Burdonen, echte Pfropfbastarde, bei denen im Gegensatz zu den → Chimären Zellverschmelzungen zwischen den Pfropfpartnern und damit Änderungen im Chromosomenbestand erfolgt sind. Die Existenz solcher B. ist umstritten. Bestimmte Chimären aus Schwarzem Nachtschatten und Tomate sollen teilweise den Charakter von B. tragen.
Burkitt-Lymphom, → Tumorviren.
Bursa copulatrix, → Vagina.
Bursa Fabricii, primäres lymphoides Organ am Enddarm bei Vögeln. In der B. F. entwickeln sich lymphatische Stammzellen zu den bursaabhängigen Lymphozyten, die bei einer Immunreaktion die Antikörper produzieren. Ob bei Säugetieren ein der B. F. analoges Organ vorhanden ist, konnte bisher nicht geklärt werden.
Bürstensaum, → Mikrovilli.
bursts, → Aktivitätsrhythmus.
Burunduk, svw. Streifenhörnchen.
Bürzel, Stert, Körperabschnitt an der Schwanzbasis der Vögel, der oft durch besondere Färbung oder Federn ausgezeichnet ist. Auf der Bürzeloberseite liegt die *Bürzeldrüse, Glandula uropygialis*, die einzige Hautdrüse der Vögel, deren öliges, z. T. unangenehm riechendes Sekret das Gefieder vor Benetzung durch Wasser schützt. Besonders gut entwickelt ist die Bürzeldrüse bei Schwimmvögeln. Das Bürzeldrüsensekret besteht überwiegend aus Wachsen, d. h. aus Estern langkettiger Fettsäuren mit Alkoholen.
Buschbabys, → Galagos.
Büschelkiemer, *Syngnathoidei*, Seenadelverwandte, kleine eigenartig geformte, mit Knochenschilden gepanzerte Fische. Die als Fangsaugrohr dienende Schnauze ist stark nach vorn verlängert, Maul selbst klein; Kiemen büschelförmig. Die B. schwimmen meist durch Schraubenbewegungen der Rückenflosse, der Schwanz kann zu einem Klammerorgan umgebildet sein, z. B. Seepferdchen.
Buschhornblattwespen, → Hautflügler.
Buschmeister, *Lachesis mutus*, in bergigen Regenwaldgebieten Mittel- und Südamerikas beheimatete, bis 3,75 m lange größte → Grubenotter und zweitgrößte Giftschlange der Erde nach der Königskobra. Der B. ist graubraun mit dunklen, hellgelb gesäumten Rautenflecken. Seine Giftzähne können 35 mm lang sein, doch ist die Giftwirkung etwas geringer als die der meisten → Klapperschlangen und → Lanzenschlangen. Im Gegensatz zu den meisten anderen Grubenottern legt der B. Eier.
Buschschwein, Flußschwein, Pinselohrschwein, *Potamochoerus porcus*, ein mit Rückenmähne und langen Ohrpinseln versehenes rötlichbraunes bis bräunlichschwarzes Schwein. Es bewohnt in Rotten Wald- und Buschgebiete Afrikas.
Bussarde, → Habichtartige.

Butansäure, svw. Buttersäure.
Butte, Plattfische verschiedener Gattungen. An den nördlichen Küsten Europas haben vor allem Heilbutt, Steinbutt, Plattbutt, Zwergbutt (Scholle) und Goldbutt fischereiwirtschaftliche Bedeutung.
Butterfisch, *Pholis gunellus,* zu den Schleimfischverwandten gehörender, bis 30 cm langer, bandförmiger, wohlschmeckender Grundfisch des West- und Ostatlantik.
Butterkrebs, ein frisch gehäuteter und daher weichhäutiger Krebs. Die Bezeichnung wird vor allem bei Flußkrebsen angewandt.
Butterpilz, → Ständerpilze.
Buttersäure, *Butansäure,* $CH_3-CH_2-CH_2-COOH$, eine als Glyzerinester in der Butter vorkommende Fettsäure, die den üblen Geruch beim Ranzigwerden mit bedingt. B. findet sich spurenweise im Schweiß, sie entsteht auch beim Faulen von Eiweißstoffen sowie bei der Buttersäuregärung von Kohlenhydraten (→ Gärung). Die noch unangenehmer riechende isomere *Isobuttersäure* $(CH_3)_2CH-COOH$ ist ebenfalls im Schweiß sowie in Pflanzen, z. B. den Früchten des Johannisbrotbaumes, *Ceratonia siliqua,* enthalten.
Buttersäurebakterien, streng anaerobe Bakterien überwiegend aus der Gattung → *Clostridium,* die aus Kohlenhydraten Buttersäure bilden (Buttersäuregärung → Gärung). B. kommen z. B. im Boden und im Pansen der Wiederkäuer vor. In der technischen Mikrobiologie werden B. bei der Flachs- und Hanfröste sowie für die Erzeugung von Buttersäure eingesetzt. B. können als Schädlinge bei der Herstellung von Silage auftreten.
Buxaceae, → Buchsbaumgewächse.
Byssus *m,* **Muschelseide,** fädiges, zähflüssiges Sekret einer im ventralen Teil des Fußes vieler Muscheln liegenden Drüse (Byssusdrüse), das im Wasser schnell zu feinen, seidenartigen und zugfesten Fäden (Byssusfäden) erhärtet. Die Fäden dienen zum Festhalten an der Unterlage.

C

Caatinga, mimosen- und kakteenreiche Dorngebüsche trockener Gesteins- oder Felsböden in Brasilien.
Cactaceae, → Kakteengewächse.
Caecum, svw. Blinddarm.
Caenogenese, svw. Zänogenese.
Caesalpiniaceae, → Johannisbrotbaumgewächse.
Caguare, → Ameisenbären.
Calamites, → Schachtelhalmartige.
Calanus, Ruderfußkrebse.
Calappidae, → Schamkrabben.
Calcarea, → Kalkschwämme.
Calceola, *Pantoffelkoralle,* ausgestorbene, vierstrahlige Koralle. Das Tier lebte einzeln im Schlamm. Der pantoffelartige Kelch war durch einen flachen Kalkdeckel verschlossen.
  Vorkommen: unteres bis mittleres Devon (Calceolaschichten).
Calices, → Pilzkörper.
Caligus, → Ruderfußkrebse.
Calliphoridae, → Zweiflügler.
Callistephin, → Pelargonidin.
Callithricidae, → Krallenäffchen.
Callithrix, → Pinseläffchen.
Callitrichaceae, → Wassersterngewächse.
Calvaria, → Schädel.
Calvin-Zyklus, → Photosynthese.
Calymma, → Radiolarien.
Calyx, → Kelchwürmer.
CAM, → diurnaler Säurerhythmus.
Camelidae, → Kamele.
Campanulaceae, → Glockenblumengewächse.
CAM-Pflanzen, → diurnaler Säurerhythmus.
Campodealarve, Larvenform primitiver Insekten mit langem Abdomen, nach dem höchstens 5 mm langen Urinsekt *Campodea* (mit zwei Schwanzanhängen) benannt. → Doppelschwänze.
Campodeidae, → Doppelschwänze.
Canidae, → Hunde.
Canini, → Gebiß.
Cannabaceae, → Hanfgewächse.
Capensis, *Kapländische Region,* pflanzengeographische Bezeichnung für ein → Florenreich. Die C. ist das kleinste Florenreich an der Südspitze Afrikas mit etwa 6000 Arten, darunter sehr viele Endemiten. Kennzeichnend sind *Proteaceae, Liliales,* die Gattungen *Erica* (mit über 450 Arten), *Pelargonium.* Das warmgemäßigte, sommertrockene Winterregengebiet beherbergt, abgesehen von trockenen Randgebieten mit sukkulenten Mesembryanthemen, Stapelien und Euphorbien, vor allem immergrüne, kleinblättrige Hartlaubgebüsche und Zwergstrauchheiden mit zahlreichen Geophyten und Einjährigen.
Capillitium, → Schleimpilze.
Capparidaceae, → Kaperngewächse.
Capra, → Ziegen.
Caprellidae, → Gespenstkrebse.
Capreolus capreolus, → Reh.
Caprifoliaceae, → Geißblattgewächse.
Caprimulgiformes, → Nachtschwalben.
Caprini, → Böcke.
Capromyidae, → Baumratten.
Captaculae, svw. Fangfäden.
Carabidae, → Laufkäfer.
Carapax, 1) eine schildförmige, chitinisierte Hautduplikatur vieler Krebse, die vom Hinterkopf ausgeht und den Körper mehr oder weniger weit bedeckt. Der C. kann auch zweiklappig sein. 2) Rückenschild der Schildkröten.
Carapaxdrüse, svw. Y-Organ.
Cardia, 1) svw. Herz, 2) Magenmund, → Verdauungssystem.

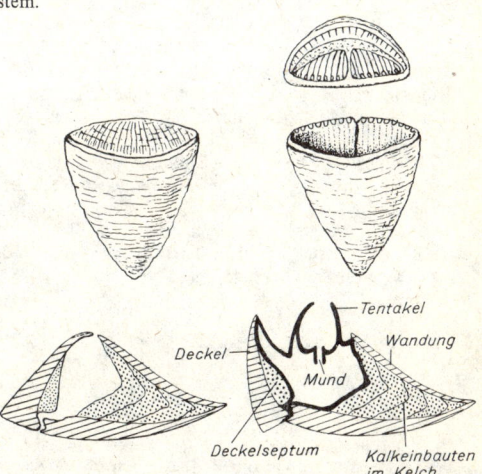

Calceola sandalina, die Pantoffelkoralle, das Leitfossil des Mitteldevons

Cardium

Cardium, → Herzmuschel.
Cardo, 1) Basal- oder Angelglied am Unterkiefer der Insekten. **2)** svw. Schloß.
Caricaceae, → Melonenbaumgewächse.
Carina, → Brustkorb.
Carlavirusgruppe, → Virusgruppen.
Carnivora, → Raubtiere.
Carrier [engl. to carry ‚tragen'], *Träger, 1)* organische Moleküle, die als Transportvehikel Substanzen durch Membranen befördern. Jeder C. ist substratspezifisch, d. h., er transportiert nur wenige, chemisch einander ähnliche Substanzen. Dabei verhält sich der C. zur transportierten Substanz wie ein Enzym zu seinem Substrat. Für die Substratspezifität des Carrier-Transportes sind Membranproteine verantwortlich. Diese katalysieren entweder die Bindung des Substrates an einen niedermolekularen C., oder sie stellen als Transportprotein selbst den C. dar. Während Hypothesen über niedermolekulare C. bisher nicht bestätigt wurden, konnten mehrfach Transportproteine isoliert werden. Dabei handelt es sich in der Regel um hochmolekulare Lipoproteide mit einer relativen Molekülmasse von 200 000 bis 700 000, die sich quer durch die Membran erstrecken. Da sie den Energiebedarf des Transports durch ATP-Spaltung zu decken vermögen, werden sie auch als *Transport-ATPasen* bezeichnet. Bei der ATP-Spaltung wird die Transport-ATPase intermediär phosphoryliert. Dabei und bei der anschließenden Dephosphorylierung und bei der parallel hierzu verlaufenden Bindung und Wiederfreisetzung des Substrats scheinen die Transport-ATPasen reversible Konformationsänderungen zu erleiden, die zur Verlagerung des substrattragenden Molekülteils durch die Membran führen (Abb. 2). In manchen Fällen wird bei organischen Substraten nicht das Transportprotein, sondern unter Beteiligung weiterer Membranproteine das Substrat phosphoryliert.

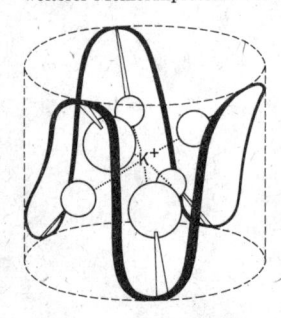

1 Valinomyzin-K^+-Komplex als Carrier

Durch C. vermittelter *aktiver Stofftransport* spielt bei der Aufnahme von Mineralstoffen durch die Pflanzenwurzel (→ Mineralstoffwechsel), für die Aufrechterhaltung einer spezifischen Na^+- und K^+-Konzentration bei Organismen bzw. Zellen, die sich in Medien mit abweichenden Ionenkonzentrationen (→ Ionenpumpen) befinden, z. B. einzellige Meeresorganismen oder Erythrozyten im Blutplasma, ferner für die Herstellung eines bioelektrischen Membranpotentials der Nerven (→ Erregung) und anderer Vorgänge eine Rolle.

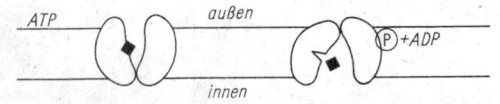

2 Modell der Funktionsweise von Carrierproteinen: Das Transportprotein liegt in zwei durch Phosphorylierung veränderlichen Konformationszuständen vor, von denen der linke hohe, der rechte keine Affinität zum Substrat hat. P = Phosphor, ADP = Adenosin-5'-diphosphat, ATP = Adenosin-5'-triphosphat

Nebem dem stoffwechselabhängigen (aktiven) Carriertransport gibt es auch einen stoffwechselunabhängigen Carriertransport, der auch ohne Zufuhr zusätzlicher Energie (z. B. durch ATP) vor sich gehen kann. Er wird als *katalysierte Permeation* oder *erleichterte Permeation,* auch als *katalysierte* oder *erleichterte Diffusion* bezeichnet und dient vornehmlich dazu, Substanzen, z. B. Zucker oder auch Proteine, durch eine für diese wenig permeable Membran zu schleusen. Der stoffwechselunabhängige Carriertransport ist nur mit dem Konzentrationsgefälle und nie gegen ein solches möglich. Wie der aktive Carriertransport ist er substratspezifisch, und es gibt kompetitive Hemmungen zwischen verwandten Substraten. Die der katalysierten Permeation dienenden, oft als *Permeasen* bezeichneten C. sind häufig Proteine mit einer verhältnismäßig niedrigen relativen Molekülmasse zwischen 10 000 und 45 000. In manchen Fällen dürften Permeasen auch dem aktiven Transport dienen. Umgekehrt können bei mangelnder Energiezufuhr aber auch in verschiedenen Fällen dem aktiven Stofftransport dienende C. als C. der katalysierenden Permeation fungieren.

2) in der Humangenetik Überträger einer abnormen Erbinformation, ohne daß diese bei ihm zur Merkmalsausprägung führt. Zumeist handelt es sich um einen C. um den Träger eines rezessiven Allels im heterozygoten Zustand oder um Träger von balancierten Chromosomenaberrationen.

Cartilago, svw. Knorpel.
Caryophyllaceae, → Nelkengewächse.
Caryophyllidea, → Nelkenwürmer.
β-Casomorphine, 1979 entdeckte Peptide mit opiatartiger Wirkung. Ihre Isolierung erfolgte aus Rinder-Kasein-Pepton.
Casparyscher Streifen, in die radial verlaufenden Wände jugendlicher Endodermiszellen eingelagerter, aus korkähnlichen Stoffen bestehender, wasserundurchlässiger Streifen. Offensichtlich bildet der C. S. eine Barriere, die das in den Interfibrillarräumen der Wurzelrinde, den *Apoplasten,* wandernde Wasser und alle darin gelösten Stoffe zwingt, in die Protoplasten der Endodermiszellen überzutreten. Letztere werden damit zu einer wichtigen Kontrolleinrichtung.
Cassia, → Johannisbrotbaumgewächse.
Castoridae, → Biber.
Casuariiformes, → Kasuarvögel.
Catarrhina, → Altweltaffen.
Catenulida, → Strudelwürmer.
Cathaysia-Flora, → Paläophytikum.
Caudata, → Schwanzlurche.
Caudofoveata, → Schildfüßer.
Caularien, → Moostierchen.
Caulimovirusgruppe, → Virusgruppen.
Caulobacter, eine Gattung von gestielten Wasser- und Bodenbakterien. Der mit einer Haftplatte versehene Stiel wird von der Zellwand und von Membranen gebildet. Zuweilen formen viele, an den Enden der Stiele zusammenhängende Zellen Rosetten. Bei der Zellteilung entsteht eine gestielte und eine durch eine Geißel frei bewegliche Zelle, die später wieder einen Stiel ausbildet.
Cauloid, → Thallus.
Cavioidae, → Meerschweinchen.
Cayenne-Pfeffer, → Nachtschattengewächse.
Caytoniopsida, nur fossil aus der Obertrias und dem Jura bekannte Gruppe der fiederblättrigen Nacktsamer. Der Name der bekanntesten Gattung *Caytonia* ist vom ersten Fundort, der Cayton-Bay in England, abgeleitet. Es sind vor allem die Fruktifikationen bekannt. Eine vollständige Rekonstruktion ist bisher noch nicht gelungen. Die Fruktifikationen der C. stellen umgewandelte, eingerollte Fiederblät-

Caytoniopsida: *a* Makrosporophyll von *Gristhorpia nathorsti*, *b* Längsschnitt durch die Frucht von *Caytonia thomasi*, *c* Caytonienblatt (*Sagenopteris rhoifolia*)

ter dar, bei denen die Makrosporangien von Fiederchen eingehüllt sind, so daß eine Art Fruchtknoten entstand (Abb.). Die C. sind trotz der mehr oder weniger ausgeprägten Angiospermie nicht als direkte Vorstufe zu den Angiospermen zu betrachten, sondern stellen nur einen »Modellfall« der Entwicklung dar.

CCC, Abk. für Chlorcholinchlorid, → Gibberellinantagonisten.

Cebidae, → Kapuzinerartige.

Cebus, → Kapuziner.

Cecidomyiidae, → Gallmücken.

Cecropine, Gruppe von Eiweißkörpern, die eine antibakterielle Wirkung besitzen. Diese neuen Peptide wurden unter anderem in der Motte *Hyalophora cecropia* entdeckt. Sie sind mit keinem bisher bekannten Antibiotikum vergleichbar.

Celationszeit, → Virusvektoren.

Centrales, → Kieselalgen.

Cephalaspidea, → Hinterkiemer.

Cephalaspis [griech. kephale ‚Kopf', aspis ‚Schild'], fossile Gattung der Kieferlosen. Kopf und Vorderrumpf wurden durch einen vorn gerundeten Knochenschild, der an den Ecken zu Stacheln ausgezogen war, geschützt. Dieser Knochenschild war mit sternförmigen Knötchen und Höckern besetzt. C. hatte paarige »Brustflossen«. Der mit Schuppen bedeckte Hinterrumpf besaß eine Dorsalflosse und einen asymmetrischen (heterozerken) Schwanz.

Verbreitung: Untersilur bis Unterdevon.

Cephalisation, *Cephalogenese*, Ausbildung eines Kopfes. Zur C. kommt es durch die Konzentration von Sinnesorganen und Ganglienmassen am vorderen Körperpol beweglicher Tiere; hier liegen auch die Anfangsabschnitte der Nahrungs- und oft auch der Atemwege. Eine C. kommt unabhängig voneinander in verschiedenen Tierstämmen (*Mollusca*, *Articulata*, *Vertebrata*) bei verschiedener Ausgangslage und auf differentem Wege zustande.

Cephalobaenida, → Zungenwürmer.

Cephalocarida, eine erst 1955 entdeckte Unterklasse der Krebse mit bisher nur vier bekannten Arten. Der etwa 3 mm lange Körper ist wurmförmig langgestreckt und setzt sich aus Kopf, neunzehn Körpersegmenten und dem Telson zusammen (Abb.). Nur die Brustsegmente tragen Gliedmaßen (Spaltbeine). Die Tiere leben im Schlamm des Meeresbodens. Sie sind die ursprünglichsten Krebse.

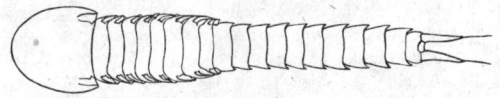

Cephalocarida: *Hutchinsoniella macracantha*, Rückenseite

Cephalogenese, svw. Cephalisation.

Cephalophinae, → Ducker.

Cephalopoda, → Kopffüßer.

Cephalosporine, eine wichtige Gruppe von β-Lactam-Antibiotika, mit → Penizillin eng verwandt. Prototyp für die Gewinnung von Cephalosporin C ist *Cephalosporium acremonium*. Grundgerüst der Cephalosporin – C-Reihe ist die 7-Aminocephalosporansäure, deren Aminostickstoff durch D-α-Aminoadipinsäure azyliert ist. C. sind gegen gramnegative und -positive Erreger wirksam; sie werden z. B. zur Behandlung von schweren bakteriellen Infekten und von Harnwegsinfektionen eingesetzt.

Cephalosporin C: $R = HOOC-CH-(CH_2)_3-CO-$
$\qquad\qquad\qquad\qquad\quad |$
$\qquad\qquad\qquad\qquad NH_2$

7-Aminocephalosporansäure: $R = H$

Cephidae, → Halmwespen.

Cerambycidae, → Bockkäfer.

Ceratiomyxales, → Schleimpilze.

Ceratiten [griech. keras ‚Horn'], *Ceratitida*, Mehrzahl der Trias-Ammoniten; Hauptvertreter die Gattung *Ceratites* mit planspiral eingerolltem weitnabeligem Gehäuse und der typischen ceratitischen Lobenlinie mit basal gezackten Loben. Die Oberfläche des Gehäuses ist berippt. Es läßt sich eine deutliche zeitliche Entwicklung von kleinen gegabelten Spaltrippern bis zur 36 cm großen Abbaurippern bzw. glatten Formen erkennen.

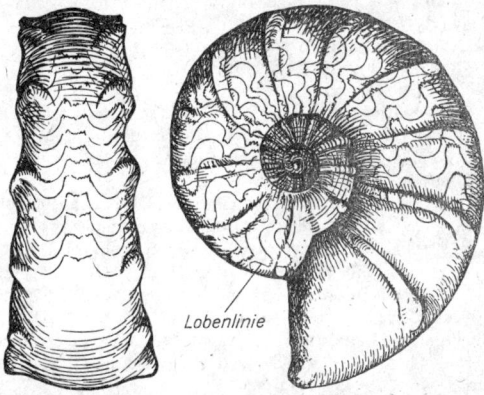

Steinkern von *Ceratites nodosus* Brug. mit ceratitischer Lobenlinie; Vergr. 0,25:1

Verbreitung: mittlere alpine Trias und Oberer Muschelkalk des Germanischen Beckens.

Ceratodus, ausgestorbene Gattung der Lungenfische (Dipnoer) mit runden Schuppen und paarigen Flossen, die eine lange, gegliederte, knorpelige Achse enthalten. Die Schwanzflosse umgab die bis in das hintere Körperende reichende Wirbelsäule von unten und oben. Sie besaßen große, mit erhabenen Kämmen versehene Zahnplatten auf Gaumen und Unterkiefer.

Verbreitung: Untertrias bis Oberkreide. Eine verwandte, 1870 entdeckte Form ist der heute noch in Australien lebende *Epiceratodus*.

Ceratophylloidea, → Flöhe.

Ceratopogonidae, → Zweiflügler.

Ceratopyge [griech. pyge ‚Hinterteil'], eine Trilobitengat-

Cercocebus

tung, deren Kopf- und Schwanzschild nahezu gleich groß sind. Die Glabella ist glatt. Die Gesichtsnähte gehen vom Hinterrand aus. Der Schwanzschild wird durch eine Längsachse deutlich gegliedert (5 bis 6 Achsialringe) und besitzt 2 lange seitliche Dornen.

Verbreitung: unteres Ordovizium (Tremadocium).

Cercocebus, → Mangaben.
Cercopithecus, → Meerkatzen.
Cercopithezinentheorie, eine anthropogenetische Theorie, die davon ausgeht, daß die zum Menschen führende Entwicklungslinie vom Cercopithecoidenstadium ab getrennt von der Entwicklung der übrigen Primaten verlaufen sei. Die zahlreichen Übereinstimmungen zwischen dem Menschen und den Menschenaffen sprechen aber gegen die C. und lassen die → Pongidentheorie nach dem heutigen Stand des Wissens viel wahrscheinlicher erscheinen. → Anthropogenese, → Dryopithecusmuster.
Cerebellum, → Gehirn.
Cerebralganglion, → Gehirn.
Cerebrum, svw. Gehirn.
Cereus, → Kakteengewächse.
Ceriantharia, → Zylinderrosen.
Cervidae, → Hirsche.
Cestodaria, → Bandwürmer.
Cestodes, → Bandwürmer.
Cetacea, → Wale.
Ceylon-Wühle, → Fischwühlen.
C-Faktoren, das Crossing-over unterdrückende oder in seiner Häufigkeit reduzierende Gene bzw. heterozygote chromosomale Strukturveränderungen (meist → Inversionen).
Chaetognatha, → Pfeilwürmer.
Chaetonotoidea, → Bauchhärlinge.
Chaetophorales, → Grünalgen.
Chagaskrankheit, → Trypanosomen.
Chalaza, → Blüte, Abschn. Samenanlage.
Chalazogamie, → Befruchtung.
Chalcididae, → Hautflügler.
Chalinasterin, *Chalinasterol*, 24-Methylencholesterin, ein charakteristisches Zoosterin in Pollen, das aber auch in Muscheln, Austern und der Honigbiene gefunden wurde.
Chalone, → Zellzyklus.
Chamaephyten, *Oberflächenpflanzen, Bodennah-Knospende*, eine Lebensformengruppe, die wurzelnde, mehrjährige Pflanzen umfaßt, deren Erneuerungsknospen dicht über der Erdoberfläche, selten höher als 30 cm liegen. Zu den C. gehören Zwerg-, Spalier-, Halbsträucher, Polsterstauden, kriechende und aufrechte Stauden, bodennahe Dauerklimmer, Zwergsukkulente und Hartgräser, aber auch Strauchflechten, Decken- und Blütenmoose *(Thallo-Chamaephyten)*. → Lebensform.
Chamäleons, *Chamaeleonidae*, Familie der → Echsen. Die C. sind hochspezialisierte, meist baumbewohnende Kriechtiere, die auf Grund vieler abweichender Merkmale ihres Bauplans früher als selbständige Unterordnung neben den Echsen und Schlangen geführt wurden. Nach neuerer Ansicht werden die C. aber von den → Agamen abgeleitet. Der Körper ist seitlich abgeplattet; der hohe schmale Schädel trägt oft einen knöchernen Helm und mitunter auch Hörner, Schnauzenfortsätze oder Kämme. Vorder- und Hintergliedmaßen sind als Anpassung an das Baumleben zu Greifzangen umgebildet: Vorn sind je 2 äußere und 3 innere, hinten je 3 äußere und 2 innere Zehen miteinander verwachsen. Der Schwanz ist als muskulöses Klammerorgan einrollbar. Die halbkugeligen Augen haben beschuppte Lider, sie sind unabhängig voneinander beweglich. Eine weitere Anpassung der plumpen, langsamen Tiere an den Beutefang ist die bis körperlang vorschnellbare Zunge, deren kolbenförmige Spitze nach dem Prinzip eines Saugstempels (nicht, wie früher angenommen, durch ein klebriges Sekret) die Insektennahrung fängt. Die C. zeigen unter allen Reptilien das ausgeprägteste Farbwechselvermögen; es wird sowohl durch die Farbe des Untergrundes als auch durch die Temperatur, die Belichtung und den Erregungszustand des Tieres gesteuert. Die Durchschnittslänge der C. beträgt 20 bis 30 cm, einige Riesenarten erreichen mit Schwanz über 60 cm, die kleinsten Formen werden nur 4 cm lang. Die C. legen meist Eier, dazu steigen die Weibchen aus dem Gebüsch herab und vergraben die 20 bis 30 Eier im Boden. Einige südafrikanische sowie gebirgsbewohnende Arten sind lebendgebärend. Die C. kommen in etwa 85 Arten in Afrika und Madagaskar vor, eine Art bewohnt die Küstenländer des Mittelmeeres und erreicht Südspanien einerseits und Sri Lanka andererseits.

Gewöhnliches Chamäleon (*Chamaeleo chamaeleon*)

Diese Form mit dem größten Areal, das *Gewöhnliche Chamäleon*, *Chamaeleo chamaeleon*, wurde auch auf den Kanarischen Inseln eingeführt, bewohnt Nordafrika, Kreta, Zypern, Vorderasien und in mehreren Unterarten Arabien sowie den Indischen Subkontinent. Eine der häufigsten afrikanischen Arten ist das *Lappenchamäleon*, *Chamaeleo dilepis*, mit beweglichen, beschuppten Hautlappen an beiden Kopfseiten. Beide Arten sind ebenso wie das mittelafrikanische *Basiliskenchamäleon*, *Chamaeleo africanus*, eierlegend. Zu den lebendgebärenden Arten gehören das ostafrikanische *Dreihornchamäleon*, *Chamaeleo jacksoni*, dessen Männchen 3 kopflange, nach vorn gerichtete weiche »Hörner« auf der Schnauze tragen, das (mit Schwanz) 60 cm lange *Riesenchamäleon*, *Chamaeleo oustaleti*, aus Madagaskar, das neben Insekten auch junge Mäuse »schießt«, sowie die *Kurzschwanzchamäleons*, *Brockesia*, die Mittelafrika und Madagaskar bewohnen, Stummelschwänze haben und mehr auf dem Boden als im Gezweig leben.
Chamazulen, → Azulene.
Chamberlandfilter, → Sterilfiltration.
Champignon, → Ständerpilze.
Characoidei, → Salmlerähnliche.
Charadriiformes, → Regenpfeifervögel.
Charakterart, eine Pflanzen- oder Tierart mit hoher → Biotopbindung, daher als → Kennart für bestimmte Vegetationseinheiten, Biozönosen oder Biotope geeignet. → Charakterartenlehre.
Charakterartenlehre, pflanzensoziologische Arbeitsrichtung, die in diesem Jahrhundert im Gegensatz zur Soziationslehre der artenarmen nordeuropäischen Länder (→ Soziation) in den artenreichen alpinen Gebieten entstand. Obwohl in einigen Ländern, besonders Westeuropa, anerkannt, stieß sie in der DDR, in England, Nordamerika u. a. vielfach auf Ablehnung.

Das Prinzip der C. beruht auf floristisch-statistischem Vergleich und der soziologischen Progression. Die *Vegetationseinheiten* und deren kennzeichnende Artengruppen werden mit Hilfe des tabellarischen Vergleichs gewonnen. Die Kennzeichnung der Einheiten erfolgt floristisch, vor allem durch die Charakterarten, z. T. auch durch die Differentialarten. Für die Ermittlung der **Charakterarten** ist nach Braun-Blanquet das Kriterium der *Treue (Gesellschaftstreue)* maßgebend.

Pflanzenarten haben den Treuegrad 5 »treu«, wenn sie ausschließlich oder nahezu ausschließlich in einer bestimmten Vegetationseinheit vorkommen; 4 »fest«, wenn sie eine deutliche Bindung an eine bestimmte pflanzensoziologische Einheit zeigen, aber auch in anderen Einheiten auftreten; 3 »hold«, wenn sie in mehreren Vegetationseinheiten vorkommen, aber in einer bestimmten Einheit ihr Optimum haben; 2 »vag«, wenn sie keinen ausgesprochenen Anschluß an eine pflanzensoziologische Einheit aufweisen; 1 »fremd«, wenn sie nur seltene oder zufällige Einsprengsel darstellen.

Die Arten mit Treuegrad 3 bis 5 sind *Charakterarten*, die mit Treuegrad 1 und 2 werden als diagnostisch nicht wichtige Arten zur Gruppe der *Begleiter* zusammengefaßt.

Die grundlegende Vegetationseinheit der C. ist die → Assoziation. Sie ist nach Braun-Blanquet die kleinste Einheit, die noch eigene Charakterarten zeigt. Außerdem wird sie durch zahlreiche → Differentialarten gekennzeichnet. Assoziationen können weiter untergliedert werden in → *Subassoziationen*, → *Varianten* u. a. Diese weisen lediglich Differentialarten auf. Floristisch nahestehende Assoziationen werden zu *Verbänden*, diese zu *Ordnungen* und diese wiederum zu *Klassen* zusammengefaßt. Diese höheren Einheiten des pflanzensoziologischen Systems von Braun-Blanquet werden durch *Verbands-, Ordnungs-* und *Klassencharakterarten* gekennzeichnet. Sie werden nach dem Kriterium der *soziologischen Progression (Organisationshöhe)* im pflanzensoziologischen System eingeordnet. Die Organisationshöhe wird beurteilt nach Art des Zusammenschlusses und Zusammenhaltes der Individuen, Grad der gegenseitigen Wechselbeziehungen zwischen den Gesellschaftsgliedern, Stärke der soziologischen Differenzierung, Ausmaß der Stabilität und Dauer der Gesellschaft u. a.

An den Anfang des Systems werden Gesellschaften mit niedrigster, an das Ende solche mit höchster Organisationshöhe gestellt. Der Rang der Vegetationseinheiten wird in der Endung wiedergegeben: ... etea für Klassen, ... etalia für Ordnungen und ... ion für Verbände.

Über die Klassen stellt Braun-Blanquet noch den → *Gesellschaftskreis*, der praktisch gleichbedeutend ist mit dem pflanzengeographischen Begriff der Florenregion (→ Florenreich). In Europa werden 4 Gesellschaftskreise unterschieden: der eurosibirisch-nordamerikanische, der alpinhochnordische, der mediterrane und der iranokaspische.

Da sich mit dem Fortschreiten der Forschung zeigte, daß der Treuebegriff und damit die strenge Fassung der Charakterarten problematisch ist, verwendet man jetzt vielfach den Begriff der *Kennart*, der jedoch praktisch gleichbedeutend ist mit der Bezeichnung Charakterart.

Da durch die Arbeiten von Braun-Blanquet mit den Methoden seiner auf der C. begründeten Vegetationsgliederung auch die Methoden der *Vegetationsanalyse* entwickelt wurden, fand diese Arbeitsrichtung vor allem wegen der analytischen Methoden das Interesse zahlreicher europäischer Pflanzensoziologen. Die Kennzeichnung der Vegetationseinheiten durch Charakterarten unter Vernachlässigung des Gesamtartenbestandes hat die berechtigte Kritik herausgefordert und zu der von Schubert entwickelten Lehre der Kennzeichnung nach der → *charakteristischen Artgruppenkombination* unter Berücksichtigung der Ökologie aller Pflanzenarten geführt.

Die höheren Vegetationseinheiten (nach Schubert)

Sommergrüne Laubwaldgesellschaften

Alnetea glutinosae, Erlen-Wälder
Alnetalia glutinosae
Carpino-Fagetea, mesophile Laubmischwälder
Fraxinetalia, Edellaubholz-Mischwälder
Carpino-Fagetalia, eutrophe Buchen- und Hainbuchen-Wälder
Luzulo-Fagetalia, mesotrophe Buchen- und Hainbuchen-Wälder
Quercetea robori-petraeae, bodensaure Laubmischwälder
Quercetalia robori-petraeae, bodensaure Eichen-Mischwälder
Myrtillo-Fagetalia, azidophile Buchen-Mischwälder
Quercetea pubescenti-pet. raeae, Eichen-Trockenwälder
Quercetalia pubescentis

Immergrüne Nadelwaldgesellschaften

Uliginosi-Betulo-Pinetea, Birken-, Kiefern- und Fichten-Moorwälder
Uliginosi-Pinetalia, subkontinentale Kiefern-Moorwälder
Sphagno-Betuletalia, subkontinental-atlantische Birken-Moorwälder
Eriophoro-Betuletalia, Wollgras-Laubgehölze
Vaccinio-Piceetea, eurosibirische Fichten- und Kiefernwälder
Vaccinio-Piceetalia, eurosibirisch-kontinentale Fichtenwälder
Vaccinio Pinetalia, moosreiche Kiefernwälder
Erico-Pinetea, eurosibirische Kiefern-Trockenwälder
Erico-Pinetalia
Pulsatillo-Pinetea, subkontinentale Kiefern-Trockenwälder
Pulsatillo-Pinetalia

Sommergrüne Laubgebüsche

Carici-Salicetea cinereae, Seggen-Grauweiden-Gebüsche
Eriophoro-Salicion cinereae, Wollgras-Grauweiden-Gebüsche
Calamagrostio-Salicetalia cinereae, Sumpfreitgras-Grauweiden-Gebüsche
Salicetea purpureae, Weiden-Ufergebüsche und -gehölze
Salicetalia purpureae
Crataego-Prunetea, Weißdorn-Schlehen-Gebüsche
Prunetalia, Schlehen-Hecken und -Gebüsche
Cotinetalia coggygriae, ostmediterran/submontane Dornstrauch-Gebüsche
Urtico-Sambucetea, Brennessel-Holunder-Gebüsche
Rubo-Sambucetalia, Holunderschlag-Gebüsche
Betulo-Franguletea, bodensaure Laubgesträuche
Rubo-Franguletalia, Brombeer-Pulverholz-Gesträuche
Betulo-Adenostyletea, arktisch + temperat/alpine Hochstaudenfluren und Gebüsche
Adenostyletalia

Immergrüne Gebüschgesellschaften

Loiseleurio-Vaccinietea, arktisch + temperat/alpine zwergstrauchreiche Gebüsche
Empetretalia hermophroditi, alpine Krähenbeergebüsche
Vaccinio-Juniperetea, Beerstrauch-Wacholder-Gebüsche
Vaccinio-Juniperetalia

Immergrüne Zwergstrauchheiden

Calluno-Ulicetea, Heidekraut-Stechginster-Heiden
Vaccinio-Genistetalia, subatlantisch-zentraleuropäische Beerkraut-Ginster-Heiden
Erico-Sphagnetalia, Heidemoore

Waldnahe Staudenfluren

Galio-Uricetea, mesophile Staudenfluren
Galio-Alliarietalia, Gebüschschleier- und Saumgesellschaften
Petasito-Chaerophylletalia, Pestwurz-Hochstaudenfluren

charakteristische Artengruppenkombination

Epilobietea angustifolii, bodensaure Schlagfluren, Säume
Epilobietalia angustifolii
Trifolio-Geranietea sanguinei, thermophile Staudenfluren
Origanetalia

Alpine Rasengesellschaften

Salicetea herbaceae, Schneeboden-Gesellschaften
Salicetalia herbaceae, Silikat-Schneeboden-Gesellschaften
Arabitetalia caeruleae, Kalk-Schneeboden-Gesellschaften
Caricetea curvulae, alpine Silikatgesteinsrasen
Caricetalia curvulae
Elyno-Seslerietea, alpine Kalkgesteinsrasen
Seslerietalia variae, alpine Kalkgesteinsrasen
Oxytropido-Elynetalia, alpine Nacktgesteinsrasen

Salzwasser- und Salzbodengesellschaften

Zosteretea marinae, Seegras-Rasen
Zosteretalia marinae
Ruppietea maritimae, Meersalde-Gesellschaften
Ruppietalia maritimae
Thero-Salicornietea strictae, salzliebende Queller-Gesellschaften
Thero-Salicornietalia
Spartinetea, Salzschlick-Bestände
Spartinetalia
Saginetea maritimae, Strandmastkraut-Gesellschaften
Saginetalia maritimae
Juncetea maritimi, Salzwiesen
Juncetalia maritimi

Pioniervegetation auf Fels- und Gesteinsschutt

Asplenietea rupestris, Mauer-Felsspalten-Gesellschaften
Potentilletalia caulescentis, Kalkfelsfugen- und Mörtelfugen-Gesellschaften
Androsacetalia, Silikatfelsfugen-Gesellschaften
Cymbalario-Parietarietea diffusae, wärmeliebende nitrophile Mauerfugen-Gesellschaften
Parietarietalia muralis
Thlaspietea rotundifolii, Geröll- und Steinschutt-Gesellschaften
Thlaspietalia rotundifolii, Kalkschutt-Gesellschaften
Drabetalia hoppeanae, alpin-nivale Felsenblümchen-Gesellschaften
Androsacetalia alpinae, Silikatschutt-Gesellschaften
Epilobietalia fleischeri, alluviale Geröllfluren

Süßwasser-, Ufer-, Quell- und Verlandungsgesellschaften

Lemnetea, Wasserschweber-Gesellschaften
Lemnetalia, Wasserlinsen-Gesellschaften
Hydrocharitetalia, ortsfeste Froschbiß-Gesellschaften
Potamogetonetea, Laichkraut-Gesellschaften
Potamogetonetalia
Utricularietea intermedio-minoris, Wasserschlauch-Moortümpel-Gesellschaften
Utricularietalia intermedio-minoris
Littorelletea, Strandling-Gesellschaften
Littorelletalia
Montio-Cardaminetea, Quellfluren
Montio-Cardaminetalia
Phragmitetea, Röhrichte und Großseggen-Sümpfe
Phragmitetalia

Pflanzengesellschaften der Sümpfe und Moore

Isoeto-Nanojuncetea, Zwergbinsen-Gesellschaften
Cyperetalia fusci
Scheuchzerio-Caricetea fuscae, Kleinseggen-Sümpfe
Scheuchzerietalis palustris, Moorschlenken- und Schwingrasengesellschaften
Caricetalia fuscae, Braunseggensümpfe
Tofieldietalia, basenreiche Flachmoorsümpfe und Rieselfluren
Oxycco-Sphagnetea, Hochmoor-Gesellschaften
Sphagnetalia, Hochmoor-Bülten-Gesellschaften

Vegetation der Grasfluren und Wiesen

Ammophiletea, Stranddünen-Gesellschaften
Elymetalia arenarii
Corynephoretea, silbergrasreiche Pionierfluren
Corynephoretalia
Sedo-Scleranthetea, mauerpfefferreiche Pionierfluren
Sedo-Scleranthetalia, mauerpfefferreiche Fels-Pionierfluren
Festuco-Sedetalia, Pionierfluren auf mineralkräftigen Sand- und Grusböden
Festuco-Brometea, basiphile Xerothermrasen
Brometalia erecti, submediterrane Trocken- und Halbtrockenrasen
Festucetalia valesiacae, kontinentale Trocken- und Halbtrockenrasen
Violetalia calaminariae, Schwermetall-Fluren
Molinio-Arrhenatheretea, Wirtschaftswiesen
Arrhenateretalia, Frischwiesen und Frischweiden
Molinietalia, Feuchtwiesen
Nardetalia, Borstgras-Weiden

Segetal- und Ruderalgesellschaften

Cakileiea maritimae, Meersenf-Spülsaum-Gesellschaften
Cakiletalia maritimae
Bidentetea tripartitae, Zweizahn-Gesellschaften
Bidentetalia tripartitae
Chenopodietea, Melden-Ruderal-, Intensivhackfrucht- und Garten-Unkrautgesellschaften
Polygono-Chenopodietalia, Intensivhackfrucht- und Garten-Unkrautgesellschaften
Sisymbrietalia, ruderale Rauken- und Meldenfluren
Onopordietalia, wärmeliebende Eselsdistel-Gesellschaften
Secalietea, Segetal-Unkrautgesellschaften
Aperetalia, Windhalm-Ackerunkrautgesellschaften
Secalietalia, basiphile Ackerhahnenfuß-Gesellschaften
Artemisieta, Beifuß-Schuttgesellschaften
Artemisietalia, Hochstauden-Unkrautgesellschaften
Agropyretea repentis, Quecken-Pionierfluren
Agropyretalia repentis
Plantaginetea, Tritt- und Pionierrasen nährstoffreicher Standorte
Agrostietalia stoloniferae, Straußgras-Flutrasen und feuchte Brachen und Weiden
Plantaginetalia, Wegerich-Trittrasen.
Lit.: → Soziologie der Pflanzen.

charakteristische Artengruppenkombination, Kombination der steten Arten, die, als ökologisch-soziologische Artengruppen gegliedert, auf Vorschlag von Schubert zur Charakterisierung der Vegetationseinheiten (Assoziationen, Verbände, Ordnungen) angewendet wird. Die Ermittlung und Charakterisierung der Vegetationseinheiten erfolgt durch Vergleich und Berücksichtigung des Gesamtartenbestandes und nicht nur durch wenige treue Charakterarten. → charakteristische Artenkombination, → Charakterartenlehre.

charakteristische Artenkombination, Kombination der steten Arten (die nach Schubert als Gesamtheit der Arten aufzufassen ist), die in allen Untereinheiten einer Vegetationseinheit, z. B. einer Assoziation, mehr oder weniger gleichmäßig vorkommen. Zu ihnen gehören die diagnostisch wichtigen Arten, die in ihrer Kombination die Gesellschaft leicht erkennen lassen. Tritt eine Art in den einzelnen Untereinheiten einer Assoziation mit einem

Stetigkeitsunterschied von mehr als 30% auf, so gehört sie zu den Differentialarten und ist nicht zur c. A. zu zählen. Die c. A. kann auch zur Charakterisierung von Vegetationseinheiten höheren Ranges angewendet werden. → charakteristische Artengruppenkombination.

Lit.: Schubert: Die zwergstrauchreichen azidiphilen Pflanzengesellschaften Mitteldeutschlands. Pflanzensoziologie Bd 11 (Jena 1960).

Charales, → Grünalgen.
Chasmogamie, → Bestäubung.
Chaulmoograöl, Öl aus dem birmesischen Baum *Taractogenes kurzii*, das in Indien seit dem 6. Jh. gegen Lepra Anwendung findet. Wirksamer Bestandteil ist hierbei die *Chaulmoograsäure*, die im C. in Form von Glyzeriden vorliegt und auch synthetisch hergestellt wird.

⌬—(CH$_2$)$_{12}$—COOH

Cheilostomata, eine Untergruppe der → Kreiswirbler (Gymnolaemata), bei denen die Öffnung des verkalkten oder hornigen Zystids seitlich mündet und meist durch einen Deckel verschlossen werden kann. Zu den C. gehören alle Kolonien mit auf Grund einer Arbeitsteilung modifizierten Individuen, wie Avikularien und Vibrakularien (→ Moostierchen).
Chelaplex, → Ethylendiamintetraessigsäure.
Chelatbildner, → Chelate.
Chelate, *Chelatverbindungen, innere Komplexe,* allgemein zyklische Verbindungen komplexer Art, bei denen Metalle oder Wasserstoff an der Ringbildung beteiligt sind. Besondere physiologische Bedeutung besitzen die Metallchelate, in denen ein Metallion, meist ein Erdalkali- oder Schwermetallion, an mindestens 2 Stellen kovalent, koordinativ bzw. polar an eine organische Struktur, den *Chelatbildner* oder *Chelator,* gebunden ist. Als natürliche Chelatbildner kommen vor allem stickstoff- bzw. schwefelhaltige organische Verbindungen und Dikarbonsäuren (→ Karbonsäuren) in Frage, z. B. bestimmte Aminosäuren, Peptide und Humusstoffe. C. spielen für viele Vorgänge im Boden, wie Transport und Verfügbarkeit von Pflanzennährstoffen (→ Mineralstoffwechsel), eine große Rolle. Hinsichtlich der Nährstoffaufnahme ist besonders wichtig, daß C. vielfach über weite *p*H-Bereiche wasserlöslich sind, wogegen einzelne nicht chelatartig gebundene Metallionen, z. B. Eisen, bei *p*H-Verschiebungen leicht ausfallen. Das wird bei der Düngung mit Schwermetallen ausgenutzt. In pflanzenphysiologischen Experimenten wird z. B. Eisen vielfach als C. der Ethylendiamintetraessigsäure angewendet. Für den Stoffwechsel der Pflanzen ist die Chelatbildung von außerordentlicher Bedeutung, denn zahlreiche wichtige Verbindungen, wie metallhaltige Enzyme, Chlorophyll, Zytochrome und Vitamin B$_{12}$, besitzen Chelatcharakter.
Cheleutoptera, → Gespensheuschrecken.
Chelicerata, → Fühlerlose.
Cheliizeren, → Mundwerkzeuge.
chemische Atmungsregulation, von chemischen Reizen ausgelöste Veränderung des Atemminutenvolumens. Reizwirksam sind Konzentrationsänderungen von Kohlendioxid in der Hirnflüssigkeit (Zerebrospinalflüssigkeit) und im Blut, von Sauerstoff im Blut und von Wasserstoffionen im Gehirn, im Blut und im Muskelgewebe. Am reizwirksamsten erweist sich das Kohlendioxid. Bereits seine normale Konzentration im Blut erregt → Chemorezeptoren im arteriellen Kreislauf und in den untersten Abschnitten des Hirnstamms. Eine Senkung der Kohlendioxidspannung drosselt die Atmung, eine Erhöhung steigert sie bis auf das

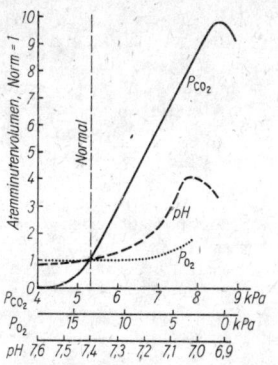

Wirkung chemischer Reize im Blut auf das Atemminutenvolumen

Zehnfache des Ruhewertes (Abb.). Zu hohe Kohlendioxidkonzentrationen üben eine lähmende Wirkung aus. Am empfindlichsten und wirksamsten reagieren die zentralen Rezeptoren; gewöhnlich verursachen sie 70 bis 90% der auftretenden Atemsteigerung. Weniger empfindlich und wirksam sind die arteriellen Chemorezeptoren; sie liefern mit 10 bis 30% den Rest der Wirkung. Veränderungen des Gehalts an Sauerstoff im Blut haben einen geringeren Einfluß auf die Atmung. Obwohl die arteriellen → Chemorezeptoren bereits von der normalen Sauerstoffspannung errregt werden und jede Veränderung nach oben oder unten exakt weitermelden, ist ihre Reflexwirkung sehr gering: selbst bei lebensbedrohlichem Sauerstoffmangel steigt das Atemminutenvolumen höchstens auf das Doppelte. Sauerstoffmangel im Gebiet des → Atemzentrums wirkt lähmend auf dessen Tätigkeit. Bereits geringe Abweichungen von der normalen Konzentration der Wasserstoffionen im arteriellen Blut bewirken eine Veränderung der Atmung. Ansäuerung des Blutes hat eine Steigerung bis zum Vierfachen der Ruheatmung zur Folge, Abnahme des normalen Säuregrades vermindert die Atmung. Ein Überschuß von Wasserstoffionen erregt sowohl zentrale Rezeptoren im Hirnstamm als auch periphere Chemorezeptoren im arteriellen Kreislauf und in Skelettmuskeln, wo saure Stoffwechselprodukte bei den Muskelkontraktionen anfallen. Da sich jedoch die Wasserstoffionenkonzentration und die Kohlendioxidspannung im Blut gegenseitig beeinflussen, läßt sich oft schwer feststellen, ob die c. A. über den einen oder den anderen Reizmechanismus ausgelöst wurde.
chemische Physiologie, → Biochemie.
chemoautotroph, autotrophe Ernährungsweise auf der Grundlage von → Chemosynthese.
Chemodinese, eine durch chemische Agentien ausgelöste → Dinese. C. wird bei manchen Pflanzen, z. B. *Elodea* (Wasserpest), durch verschiedene Aminosäuren, z. B. Histidin oder Methylhistidin, ausgelöst, bei *Avena*-Koleoptilen durch Auxin.
Chemogenetik, Spezialgebiet der Genetik, das den Einfluß chemischer Stoffe auf das Erbgut, insbesondere im Hinblick auf die Auslösung von → Mutationen zum Gegenstand hat.
Chemokline, chemische Sprungschicht (→ See) in einem stehenden Gewässer mit starken Konzentrationsunterschieden im Vertikalprofil.
Chemomorphosen, durch den Einfluß chemischer Faktoren bewirkte Änderungen im Entwicklungsablauf bei Pflanzen.
Chemonastie, eine durch chemische Reize induzierte Nastie, die vor allem bei fleischfressenden Pflanzen (Insektivoren), z. B. beim Sonnentau, *Drosera,* auftritt. Auf den Blättern dieser einheimischen Pflanze stehen Tentakel, deren Drüsenköpfchen reizempfindlich für Eiweißstoffe, deren

Chemorezeption

Abbauprodukte, Ammoniumsalze, Phosphate u. a. sind. Außerdem sind sie berührungsempfindlich. Der von den Drüsenköpfchen aufgenommene Reiz wird mit einer Geschwindigkeit von etwa 8 mm/min zur Basis des Tentakelstiels geleitet und ruft dort eine Wachstumsbewegung hervor, durch die sich die Tentakel zur Blattmitte krümmen und schließlich das Beutetier zur Verdauung einschließen. Chemonastische Reaktionen können auch an → Spaltöffnungsbewegungen beteiligt sein.

Chemorezeption, Erzeugung einer primären elektrischen Antwort als Folge der Erkennung von Signalmolekülen durch Sinneszellen. Der Antransport des *Signalmoleküls* erfolgt durch → Diffusion und → Konvektion. Die eigentliche Wandlung des Signals geschieht durch ein *Rezeptorprotein*. Zunächst wird das Signalmolekül nichtkovalent an das aktive Zentrum des Rezeptorproteins gebunden. Dadurch gerät das Rezeptorprotein in einen allosterisch veränderten Zustand. Dieser Zustand wird nun seinerseits von einem System erkannt, das die Öffnung der Ionenkanäle verursacht.

Riechzellen von Insekten sind in der Lage, durch Adsorption eines einzigen Duftmoleküls einen Nervimpuls auszulösen. Das kann durch die Öffnung eines einzigen Na^+-Kanals bewerkstelligt werden. Auch an der Muskelendplatte genügen für die Öffnung eines Ionenkanals ein bis zwei Moleküle Azetylcholin. Die Veränderung des Rezeptorpotentials der Riechzelle entspricht einer Energie von etwa 10^{-17} J. Die Energie der Bindung des Signalmoleküls beträgt dagegen etwa 10^{-20} J. Es liegt somit auch in den Riechzellen ein Verstärkungsfaktor von etwa 10^3 vor.

Chemorezeptoren, Sinnesendigungen, die von chemischen Reizen erregt werden, vorwiegend solche, die im Dienst der → chemischen Atmungsregulation stehen. C. befinden sich im arteriellen Kreislauf, im Gehirn nahe dem → Atemzentrum und in Skelettmuskeln. Am besten untersucht sind die *arteriellen C.* Sie kommen in kleinen, knäuelförmigen Körperchen an der Aufgabelung der beiden Halsschlagadern, dem Karotissinus, und des Aortenbogens vor (Abb.). Beide Rezeptorfelder unterscheiden sich kaum in ihrer Funktionsweise. Ableitender Nerv aus dem Karotissinus ist ein dünner Ast des Nervus glossopharyngeus, der Sinusnerv, aus dem Aortenbogen der Nervus vagus. Arterielle C. reagieren bevorzugt auf einen chemischen Reiz; ihre Erregung kann jedoch von den anderen Reizen zusätzlich gesteigert werden. Da die Reizschwelle der *Sauerstoffrezeptoren* bei einem → Partialdruck von etwa 20 kPa liegt, sind sie als Fühler des Sauerstoffmangels bei der normalen Sauerstoffspannung des Blutes von 13 kPa laufend erregt. Sie melden nur die Menge des gelösten, nicht des gebundenen Blutsauerstoffs und reagieren außerdem auf einen Anstieg der Wasserstoffionenkonzentration. Ein Sauerstoffmangel verstärkt die Erregung tätiger Rezeptoren und aktiviert bislang untätige. Die Schwelle der *Kohlendioxidrezeptoren* fand man bei etwa 3 kPa; folglich sind auch sie bei der normalen Kohlendioxidspannung von über 5 kPa aktiv. Zwischen der Kohlendioxidspannung und der Erregungsgröße existiert eine lineare Beziehung (Abb.). Sie reagieren nur auf den Kohlendioxidgehalt, nicht auf die Wasserstoffionenkonzentration. Bei gleichzeitigem Sauerstoffmangel verstärken sie ihre Aktivität. Arterielle C. üben eine deutliche Wirkung auf den Kreislauf aus. Ihre Erregung aktiviert das sympathische Nervensystem, das über eine allgemeine Verengung der Arteriolen den Blutdruck anhebt. Unter schlechten Kreislaufbedingungen, wenn der Blutdruck unter die Schwelle der → Barorezeptoren abgefallen ist, kann die Tätigkeit der arteriellen C. lebenserhaltend sein.

Zentrale C. liegen in geringer Tiefe auf der Unterseite des verlängerten Marks, der Medulla oblongata. Sie werden erregt von der Wasserstoffionenkonzentration und der Kohlendioxidspannung der sie umspülenden Flüssigkeit (Zerebrospinalflüssigkeit). Das Kohlendioxid dringt in die Zellen ein, verbindet sich dort mit Wasser zur Kohlensäure, und deren Wasserstoffionen üben die Reizwirkung aus.

Chemosynthese, im Gegensatz zur Photosynthese von der Sonnenenergie unabhängige Assimilation von Kohlendioxid, CO_2, mit Hilfe der aus anorganischen Oxidationsprozessen gewonnenen »chemischen Energie«. Diese besondere Form der → Autotrophie findet sich vor allem bei bestimmten farblosen Bakterien. Bei der C. kann man wie bei der Photosynthese die Phasen der *Energieumwandlung* (photochemische Phase) und die Phase der *Substanzumwandlung* unterscheiden. Dabei verläuft die Substanzumwandlung, d. h. die Bildung organischer Assimilate durch Reduktion des CO_2, im wesentlichen auf denselben Wegen wie in der → Photosynthese. Die hierfür erforderlichen Produkte aus der Phase der Energieumwandlung, nämlich Reduktionswasserstoff, der wie bei den Photobakterien in Form von $NADH + H^+$, d. h. reduziertem Nikotinsäureamidadenindinukleotid, bereitgestellt wird, und der Energieüberträger bzw. die Energie in Form von ATP, werden jedoch nicht durch photochemische Prozesse, sondern durch Oxidation aufgenommener anorganischer Stoffe gewonnen. Die hierbei den entsprechenden Verbindungen entzogenen Elektronen werden zum Teil zur Produktion von $NADH + H^+$ verwendet. Zum Teil werden sie über eine Elektronentransportkette unter ATP-Produktion zum Sauerstoff transportiert, wie das ähnlich in der Atmungskette geschieht. Wenn Substrate, wie z. B. NO_2^-, oxidiert werden, die keinen Reduktionswasserstoff an NAD abgeben, so werden die entsprechenden Elektronen auf Protonen überführt, die aus der Dissoziation von H_2O stammen.

Das einfachste Beispiel für die C. liefern an die Nutzung von Wasserstoff adaptierte Grünalgen der Gattung *Scenedesmus*, die im Licht mit Hilfe von Chlorophyll Elektronen von H_2 über Ferredoxin auf NAD übertragen (→ Photosynthese). Im Dauerdunkel wird ein Teil der Elektronen jedoch zum Sauerstoff weitertransportiert. Die Grünalge ist im Licht unter Nutzung der Knallgasreaktion $2 H_2 + O_2 \to 2 H_2O$ zur C. übergegangen. Unter den farblo-

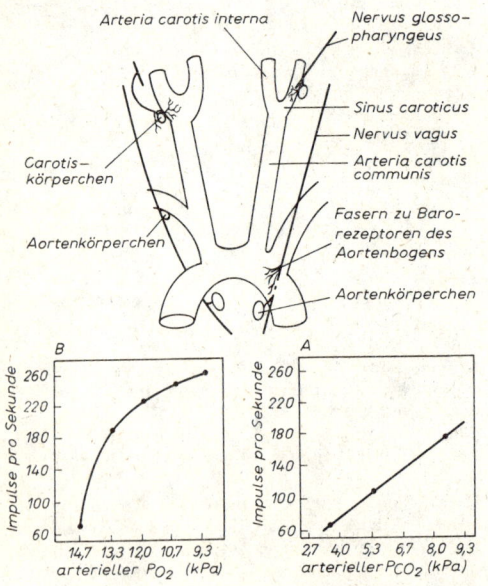

Lage und Kennlinien der arteriellen Chemorezeptoren

sen Bakterien nutzen die *Hydrogenomonas*-Arten die Knallgasreaktion zur C.

Bekannte chemosynthetisch tätige Mikroorganismen sind die **Schwefelbakterien**. Von diesen kommt die *Beggiatoa*-Gruppe in Schwefelquellen und Sümpfen vor. Die entsprechenden Bakterien können Schwefelwasserstoff H_2S, der aus bakteriellen Zersetzungs- und Fäulnisprozessen organischer Substanzen stammt, unter Energiegewinn oxidieren: $2 H_2S + O_2 \rightarrow S_2 + H_2O$. Der dabei entstehende elementare Schwefel kann unter Umständen weiter bis zur Sulfatform (SO_4^{2-}) oxidiert werden. Andere Schwefelbakterien, z. B. *Thiobacillus denitrificans*, benutzen zur Oxidation von Schwefelverbindungen nicht freien Sauerstoff, sondern Nitrate (z. B. KNO_3) als Oxidationsmittel. Eine solche Reaktion, bei der elementarer Stickstoff als Gas entweicht, nennt man Denitrifikation.

Bedeutungsvoll sind die frei, d.h. nicht in Symbiose lebenden **nitrifizierenden Bakterien**, die ebenfalls chemoautotroph sind. Sie kommen in allen fruchtbaren Böden reichlich vor (→ Stickstoff). Die *Nitritbildner, Nitrosomonas* sp., oxidieren das bei Fäulnisprozessen im Boden entstehende Ammoniak NH_3 bzw. die in wäßriger Lösung vorliegenden NH_4^+-Ionen zu Nitrit:

$2 NH_4^+ + 3 O_2 \rightarrow 2 NO_2^- + 2 H_2O + 4 H^+$.

Eine weitere Bakterienart, der *Nitratbildner Nitrobacter* sp., führt die Oxidation weiter bis zur Nitratstufe: $2 NO_2^- + O_2 \rightarrow 2 NO_3^-$. Die bei diesen Reaktionen frei werdende Energie wird allerdings nur zu einem sehr geringen Prozentsatz chemosynthetisch genutzt.

Leptothrix sp. und andere **Eisenbakterien**, die in Wassergräben und an sumpfigen Stellen vorkommen, vermögen Eisen(II)- zu Eisen(III)-verbindungen zu oxidieren, die allmählich als rostrotes Eisen(III)-hydrat in Form von Raseneisenstein oder See-Erzablagerungen ausfallen. Wegen der sehr geringen Energieausbeute dieser Umsetzungen werden oft beträchtliche Eisenmengen umgewandelt.

Chemotaxis, die Beeinflussung der Richtung der freien Ortsbewegung von Organismen, Zellen oder Zellorganellen durch chemische Reize (→ Taxis). C. tritt vor allem bei heterotrophen Organismen auf und erleichtert diesen das Auffinden der Nahrungsquellen. Geschlechtszellen, wie Gameten und Spermatozoiden, werden durch C. zum Sexualpartner hingeleitet. Auch von Chloroplasten ist C. bekannt (→ Chloroplastenbewegungen). Als Reizstoffe können sehr verschiedene Stoffe wirksam sein. Fäulnisbakterien z. B. reagieren positiv chemotaktisch sowohl auf zahlreiche organische Verbindungen, wie Asparagin, Dextrin, Glukose, Harnstoff, Kreatin, Mannit, Pepton u. a., als auch auf verschiedene anorganische Salze. Autotrophe Flagellaten werden durch Kohlensäure, Phosphate und Nitrate angezogen, Schwärmsporen von Schleimpilzen orientieren sich nach dem pH-Wert. Niedrige H^+-Konzentrationen wirken positiv, höhere dagegen negativ chemotaktisch. Bei Geschlechtszellen sind häufig ganz bestimmte »Lockstoffe« (→ Gamone) für das Zusammentreffen der Partner wichtig. Die Spermatozoiden von verschiedenen Farnen, Schachtelhalmen und *Selaginella* reagieren auf Zitronensäure; bei Laubmoosen wirkt Saccharose und bei dem Lebermoos *Marchantia* ein bestimmter Eiweißstoff. Vermutlich werden diese Chemotaktika jeweils von den weiblichen Fortpflanzungsorganen ausgeschieden.

Die Reizschwelle, d. h. die geringste chemotaktisch wirksame Stoffkonzentration, liegt häufig sehr niedrig. Farnspermatozoiden z. B. vermögen noch 0,001 % Äpfelsäure wahrzunehmen. Dabei kommt es stets auf Konzentrationsunterschiede an. Richtungsbestimmend wirkt ein Konzentrationsgefälle allerdings nur, wenn es eine gewisse Steilheit besitzt. In einer Äpfelsäurelösung von 0,001 % werden bereits eine Konzentration von 0,03 %, in einer 0,01prozentigen dagegen erst von 0,3 % als neuer Reiz wahrgenommen; d. h., die Unterschiedswelle entspricht dem Faktor 30. Eine homogene Lösung verursacht allmählich Abstumpfung der chemotaktischen Empfindlichkeit.

Ein Sonderfall der C. ist die → Aerotaxis.

Chemotaxonomie, Wissenschaftsgebiet, das an Hand des Vorkommens und der Verbreitung chemischer Inhaltsstoffe Aussagen über die taxonomische Einordnung und die verwandtschaftlichen Beziehungen besonders der Pflanzen trifft. Auch die Biosynthese der betrachteten Naturstoffe in der betreffenden Pflanze kann chemotaxonomische Argumente liefern. Die C. kann als wertvolles Hilfsmittel der systematischen Botanik angesehen werden. Die Befunde der C. haben z. T. die auf Grund morphologischer Betrachtung erhaltenen Aussagen bestätigt, teilweise hat die C. zu Korrekturen bei solchen Taxa geführt, deren systematische Stellung unsicher erschien. Trotzdem haben sich die an die C. geknüpften Erwartungen nur teilweise erfüllt.

Chemotherapie, das Abtöten von Infektionserregern (auch von Tumorzellen) im tierischen und menschlichen Organismus mittels synthetischer Reinstoffe (z. B. Sulfonamide), im weiteren Sinne auch mittels Antibiotika ohne Schädigung der Wirtszellen; in der Phytopathologie speziell die Anwendung chemischer Präparate zur Heilung erkrankter Pflanzen; → systemische Mittel.

Chemotropismus, die Einstellung der Wachstumsrichtung eines Pflanzenteils auf das Konzentrationsgefälle einer im Wasser gelösten oder gasförmigen Substanz. Krümmung gegen ein bestehendes Konzentrationsgefälle wird als *positiver C.*, Wachstum in Richtung dieses Gefälles als *negativer C.* bezeichnet. Bei einigen Pflanzen findet man im Bereich geringerer Konzentrationen positiven C., bei höheren dagegen negativen C. vor. Hierdurch wird es Pflanzenteilen ermöglicht, in Bereiche optimaler Konzentration hineinzuwachsen. C. ist für die Ernährung vieler heterotropher Pflanzen (→ Heterotrophie) außerordentlich wichtig. So reagieren z. B. Pilzhyphen vielfach positiv chemotropisch in einem Konzentrationsgefälle von Glukose, Saccharose, Pepton, Asparagin u. a., dagegen negativ chemotropisch gegen anorganische und organische Säuren (→ Karbonsäuren). Auch die geschlechtliche Vereinigung von Pilzhyphen, z. B. der verschiedengeschlechtigen (+)- und (−)-Hyphen der *Mucoraceae* (Schimmelpilze) sowie von Gametangien wird durch C. ermöglicht. Pollenschläuche reagieren positiv auf Substanzen aus dem Narbengewebe, dem inneren, drüsenartigen Griffelgewebe sowie der Samenanlage und werden auf diese Weise bis zu den Samenanlagen geleitet. Dabei sind vor allem Kalziumionen, daneben Borationen, verschiedene Zucker, Proteine und andere Substanzen wirksam. Seide-(*Cuscuta*-)Keimlinge finden durch positiven C. ihre Wirtspflanzen. Auch *Drosera*-Tentakel neigen sich z. T. durch C., teils durch Chemonastie bedingt, den gefangenen Insekten zu. Wurzeln reagieren positiv auf CO_2 und O_2.

Besondere Formen des C. sind → Aerotropismus und → Hydrotropismus.

Chenodesoxycholsäure, → Gallensäuren.

Chenopodiaceae, → Gänsefußgewächse.

Chiasma, eine als Ergebnis eines Austauschvorganges (Crossing-over) zwischen Nicht-Schwester-Chromatiden gepaarter Chromosomen in der Prophase der → Meiose entstehende Kreuzfigur (Abb.). Bei normalem Meioseablauf wird je Bivalent mindestens ein C. gebildet. Die C. sind offenbar für den Zusammenhalt der Paarungspartner bis zu ihrer Trennung in der Anaphase I unabdinglich notwendig. Fehlende Chiasmabildung oder vorzeitige Chiasmalösung zieht den Zerfall des in Frage stehenden Paarungsverbandes nach sich und führt zu Meiosestörungen (→ Chiasmaterminalisation). Treten in einem Bivalent, dessen 4 Chromatiden mit A, A', B, B' symbolisiert werden, zwei C. auf, so werden diese als reziprok bezeichnet, wenn an ihnen die Chromatiden A und B oder A' und B' zweimal beteiligt sind, als komplementär, wenn sie zwischen den Chromatiden A und B sowie A' und B' eintreten, und schließlich als diagonal, wenn sie z. B. die Stränge A und B sowie A und B' bzw. A und B sowie A' und B' betreffen.

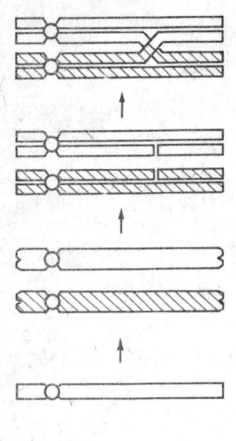

Entstehung eines Chiasmas nach Crossing-over

Chiasmafrequenz, die Durchschnittshäufigkeit je Paarungsverband, je Zelle oder je Karyotyp angelegter Chiasmen unter gegebenen inneren und äußeren Bedingungen.

Chiasmalokalisation, Erscheinung, daß im Gegensatz zu einer zufallsmäßigen Verteilung der im Paarungsverband angelegten Chiasmen die Chiasmabildung bevorzugt in bestimmten Chromosomenverbänden erfolgt oder auf derartige Segmente beschränkt ist.

Chiasmaterminalisation, die im Diplotän (→ Meiose) beginnende und auf die Enden der Paarungsverbände (Bivalente, Multivalente) erfolgende Bewegung der Chiasmen, die bis zur Metaphase I andauern kann (Abb.). Als Folge der vollzogenen C. ergibt sich eine Reduktion der Totalzahl je Paarungsverband vorliegender Chiasmen, und diese konzentrieren sich in der Nähe oder am Ende des Paarungsverbandes. Im Extremfall bleiben die gepaarten Chromosomen bei vollständiger Terminalisation nur noch an den Enden miteinander verbunden, und die Chiasmazahl entspricht der Anzahl verbundener Chromosomenenden (Endbindungen). Innerhalb eines Chromosomensatzes kann die C. stark ungleichmäßig erfolgen. Das Verhältnis zwischen der Zahl der durch Terminalisation endständig lokalisierten Chiasmen und der Chiasmatotalzahl in dem Stadium, in dem die Zelle fixiert wurde, wird als *Terminalisations-Koeffizient* bezeichnet. Liegt sein Wert z. B. bei 1, so gibt dies an, daß alle Chiasmen terminal liegen.

Chiastoneurie, *Streptoneurie*, Bezeichnung für den merkwürdigen gekreuzten Verlauf der Viszeralkonnektive der Vorderkiemer unter den Schnecken. Diese Überkreuzung kam dadurch zustande, daß der ganze, ursprünglich hinten gelegene Mantelkomplex mit After, Kiemen und Genitalöffnungen um 180° nach vorn verschoben worden ist, wodurch die ursprünglich rechtsseitigen Organe und Nervenzentren die linksseitige Lage erhalten haben.

Chicorée, → Korbblütler.

Chilaria, umgebildetes Extremitätenpaar der → Schwertschwänze.

Chillie, → Nachtschattengewächse.

Chilognatha, → Doppelfüßer.

Chilopoden, → Hundertfüßer.

Chimäre [griech. chimaira, 'Fabelwesen' aus Löwe, Ziege, Drache], ein aus idiotypisch (→ Idiotyp) verschiedenen Zellen oder Geweben bestehender Organismus.

1) Nach der Art der Entstehung unterscheidet man a) *Pfropfchimären, Pfropfbastarde*, d. s. durch → Pfropfung entstandene Pflanzen, die Gewebe beider Pfropfpartner enthalten. Sie entstehen, wenn aus dem Kallus der Pfropfstelle Adventivsprosse hervorwachsen, die Gewebe beider Partner in sich vereinigen. Die oft beobachtete gegenseitige Annäherung der Formen der beiden Pfropfpartner ist jedoch ebenso wenig erblich wie bei anderen Pfropfungen. Züchterisch haben sie daher keine Bedeutung. Ihre Eigenschaften lassen sich nur auf vegetativem Wege erhalten. Nur in sehr seltenen Fällen wurden bei Pfropfungen wirkliche Zellenverschmelzungen, d. h. die Bildung von Pfropfbastarden im eigentlichen Sinne, beobachtet (→ Burdonen).

b) *Mutationschimären*. Sie treten als Folge von Gen- oder Genommutationen auf. Durch die Mutation ist meistens zunächst nur eine Zelle im Vegetationskegel der Pflanzen betroffen. Die daraus hervorgehenden Tochterzellen weisen jedoch dann die gleiche Mutation auf. Man spricht von *Knospenmutationen, Sproßmutationen* oder *Sports*. Sie sind züchterisch von großem Interesse. Bedeutung kommt ihnen vor allem bei vegetativ vermehrbaren Kulturarten, z. B. Obst und Kartoffeln, zu. Eine Anzahl von Apfel- und Kartoffelsorten gehen auf solche Knospenmutationen zurück. Bei generativer Vermehrung übertragen sie ihre neuen Eigenschaften nur dann auf die Nachkommen, wenn die Abänderung wenigstens zwei Außenschichten umfaßt, da die Keimzellen bei den Pflanzen aus der subepidermalen Schicht hervorgehen.

Durch Spindelgifte, z. B. Kolchizin, ausgelöste Genommutationen können zur Bildung von *Ploidiechimären* führen, die verschiedene Ploidiestufen in den Somazellen besitzen.

2) Nach der Gewebeanordnung und -vermischung unterscheidet man a) *Sektorialchimären*, bei denen etwa die Hälfte oder ein mehr oder weniger breiter Keil (Sektor) durch Gewebe des Reises bzw. der Unterlage gebildet wird, b) *Periklinal-* oder *Mantelchimären*, bei denen die Epidermis und eventuell einige äußere Schichten dem einen Partner, das innere Gewebe dagegen dem anderen Partner angehören, und c) *Meriklinalchimären*, bei denen der abgeänderte Streifen nur einen Teil des Mantels umfaßt und den Kern nicht völlig umgibt.

Relativ häufig ist die Chimärenbildung bei Pfropfungen zwischen Nachtschattengewächsen, Solanaceae, z. B. Tomate und Schwarzer Nachtschatten. Weitere bekannte Beispiele für C. sind *Laburnocytisus adamii*, aufgebaut aus *Cytisus la-*

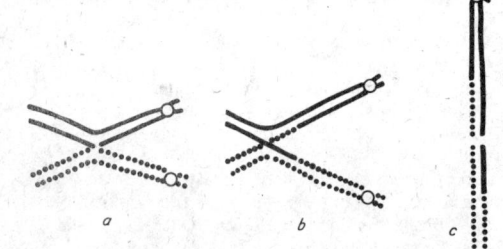

Chiasmaterminalisation in der Meiose I: *a* Diplotän, *b* Diakinese, *c* Metaphase I

burnum und *Cytisus purpureus*, sowie die Formen von *Crataegomespilus*, in denen Mispel, *Mespilus*, und Weißdorn, *Crataegus*, miteinander vereinigt sind.

Chinaalkaloide, → Chinin.

Chinaalligator, *Alligator sinensis*, einziger asiatischer Vertreter der → Alligatoren. Er bewohnt den Unterlauf des Jangtsekiang. Der C. wird nur 1,50 m lang. In der kalten Jahreszeit gräbt er sich am Ufer ein. Über die Lebensweise dieser auch in zoologischen Gärten seltenen Art ist noch wenig bekannt.

Chinakohl, → Kreuzblütler.

Chinarindenbaum, → Rötegewächse.

Chinasäure, eine optisch aktive hydroaromatische Karbonsäure, die sich in der linksdrehenden Form unter anderem in Chinarinde, Kaffeebohnen, Heidelbeer- und Preiselbeerblättern, sowie in Zuckerrüben findet und auch sonst frei oder als Bestandteil der Chlorogensäure im Pflanzenreich weit verbreitet auftritt.

Chinchillas, *Chinchillidae*, eine Familie der → Nagetiere. Die C. sind größere, gedrungene und stumpfschnauzige Tiere und kommen in Südamerika vor. *Langschwanz*- und *Kurzschwanzchinchilla, Chinchilla laniger* und *Ch. chinchilla*, werden wegen ihres weichen, silbergrauen Felles als Pelztiere gehalten; sie waren in den Anden beheimatet und sind dort jetzt nahezu ausgerottet. Das größere *Viscacha, Viscacia viscacia*, lebt kolonienbildend in den Pampasgebieten.

Chinesische Dreikielschildkröte, *Chinemys reevesi*, eine der häufigsten → Sumpfschildkröten Südostasiens, mit gelber Schnörkelzeichnung an den Kopfseiten und dreikieligem Panzer.

Chinesischer Nestfrosch, *Rana adenopleura*, brutpflegender ostasiatischer Vertreter der → Echten Frösche. Das Männchen hebt mit der Schnauze eine Grube am Gewässerrand aus, in die das Weibchen bei der Paarung ablaicht.

Chinidin, → Chinin.

Chinin, das Hauptalkaloid einer etwa 30 Vertreter umfassenden, vom Chinolin ableitbaren Gruppe von Alkaloiden, die in der Chinarinde, der Ast- und Stammrinde verschiedener Arten der in Peru heimischen Gattung *Cinchona*, enthalten sind. Diese *Chinaalkaloide* liegen in der Pflanze als Salze der Chinasäure und anderer spezifischer Säuren vor. *Zinchonin* unterscheidet sich vom C. durch die fehlende Methoxygruppe. *Zinchonidin* und *Chinidin* sind Stereoisomere des C. und Zinchonins. C. ist ein Zellgift, das die Gewebsatmung verringert. In der Medizin hat das bitter schmeckende C. als fiebersenkendes Mittel und Chemotherapeutikum gegen Malaria Bedeutung.

Chinolin, eine flüssige organische Base, von der sich das Chinin und die weiteren Chinaalkaloide ableiten.

Chipmunks, → Streifenhörnchen.

Chironomidae, → Zweiflügler.

Chiroptera, → Fledermäuse.

Chiropterogamie, → Bestäubung.

Chirotherium [griech. cheir 'Hand', therion 'Tier'], **Handtier,** ausgestorbene große Gattung der Kriechtiere (Pseudosuchier), von der bisher keine Skelettreste, sondern nur vier- und fünfzehige, handförmige Fährten mit einer abgespreizten Zehe gefunden wurden.

Verbreitung: Germanische Trias, besonders aus dem Buntsandstein (Chirotherium-Sandstein).

Chitin, ein lineares, stickstoffhaltiges Polysaccharid, das durch β-1,4-glykosidische Verknüpfung von N-Azetyl-D-glukosaminresten entsteht und im niederen Tierreich als Gerüstsubstanz dient. C. stellt den Hauptbestandteil des Exoskeletts der Wirbellosen dar (Panzer der Krebse) und ist als Zellwandsubstanz bei Algen, Pilzen und höheren Pflanzen anzutreffen.

Chitinasen, zu den Glykosidasen zählende Enzyme, die sich im Schneckenmagen, einigen Schimmelpilzen und Bakterien finden und Chitin unter Bildung von N-Azetylglukosamin spalten und dadurch aufzulösen vermögen.

Chitobiose, ein stickstoffhaltiges Disaccharid, das aus zwei β-1,4-glykosidisch verknüpften N-Azetylglukosamin-Molekülen besteht. C. tritt als Baueinheit im → Chitin auf und läßt sich aus dessen Hydrolysaten isolieren.

Chitosamin, svw. D-Glukosamin.

Chlamydobakterien, svw. Scheidenbakterien.

Chlamydosporen, aus einer Hyphe ungeschlechtlich durch Verdickung der Zellwände und anschließenden Zerfall in Einzelzellen entstehende Pilzsporen. Die C. erhalten die Pilzart unter schlechten Ernährungsbedingungen und keimen unter günstigen Bedingungen wieder mit einem Keimschlauch aus. Die einzelligen C. sind funktionell mit den → Gemmen identisch, die jedoch mehrzellige Überdauerungsorgane darstellen. Ein bekanntes Beispiel für C. stellen die Brandsporen der → Brandpilze dar. Es bilden aber auch zahlreiche weitere Pilzarten C. aus.

Chlor, Cl, ein Halogen; für die Pflanze ein notwendiger Mikronährstoff, der in relativ hohen Mengen in der Pflanzensubstanz vorkommt. So enthält z. B. Getreide bis zu 20 mg/kg Trockenmasse. Außer durch Wurzeln kann C. auch über die Blätter aufgenommen werden. Die Chloridkonzentration des Nährmediums beeinflußt wesentlich die Aufnahme, die vielfach bei weitem den physiologischen Bedarf übersteigt. Die Funktionen im Stoffwechsel sind noch nicht vollständig aufgeklärt. Durch weitgehend unspezifische kolloidchemische Wirkungen werden unter anderem verschiedene Enzymreaktionen, Sauerstoffaufnahme, Wassergehalt und Wachstumsprozesse beeinflußt. Die einzelnen Pflanzen unterscheiden sich stark hinsichtlich Chlorbedarf und -verträglichkeit. *Chlorliebend* (*chlorophil*) sind z. B. Beta-Rüben, Rettich, Spinat und Sellerie. *Chlorempfindlich* (*chlorophob*) sind z. B. Kartoffeln, Tomaten, Bohnen, Gurken, Wein, Beerensträucher und Obstbäume.

Chloragogenzelle, [griech. chloros 'grüngelb', agein 'führen'], im Dienste der Ausscheidung stehende braune, gelbe oder grünliche Speicherzelle aus dem Darm von Borstenwürmern. C. bilden z. B. beim Regenwurm ein den Darm und die daran befindlichen Blutgefäße überkleidendes Gewebe.

Chloramphenikol, ein von *Streptomyces venezuelae* gebilde-

Chlorcholinchlorid

tes Breitspektrum-Antibiotikum, das gegen gramnegative und -positive Bakterien, Rickettsien und große Viren wirksam ist. Bemerkenswert ist das Vorhandensein einer Nitro- und der Dichlormethylgruppierung im Molekül. C. wird synthetisch hergestellt und z. B. gegen Flecktyphus, Lungenentzündung und Keuchhusten erfolgreich angewendet. Bei einigen industriellen Fermentationen, z. B. Melassevergärung durch Hefe, wird mittels C. unerwünschtes Bakterienwachstum unterdrückt.

$$O_2N-\text{C}_6H_4-CH(OH)-CH(NH-CO-CHCl_2)-CH_2OH$$

Chlorcholinchlorid, → Gibberellinantagonisten.
Chlorhämin, → Hämoglobin.
Chlorobakterien, *Grüne Bakterien, Chlorobiaceae,* eine Gruppe meist unbeweglicher, anaerober, zur Photosynthese befähigter Bakterien, die durch die enthaltenen Bakteriochlorophylle und Karotinoide grün bis braun gefärbt sind. Die in sauerstoffarmen, schwefelhaltigen Gewässern vorkommenden C. assimilieren CO_2 unter Ausnutzung von Lichtenergie, wobei die dafür notwendige Reduktionskraft im Gegensatz zu den Blaualgen und grünen Pflanzen nicht aus Wasser, sondern aus Schwefelwasserstoff oder z. T. auch aus molekularem Wasserstoff stammt. Die für die Photosynthese erforderlichen Farbstoffe sind in den → Chromatophoren enthalten.
Chlorobiaceae, → Chlorobakterien.
Chlorococcales, → Grünalgen.
Chlorocruorin, → Blut.
Chlorogensäure, in höheren Pflanzen verbreitetes, besonders in Kaffeebohnen enthaltenes Depsid aus Kaffee- und Chinasäure. C. bewirkt z. B. das Nachdunkeln geschnittener Kartoffeln durch Bildung eines Eisenkomplexes.

Kaffeesäure — Chinasäure
Chlorogensäure

Chlorophyceae, → Grünalgen.
Chlorophyll, *Blattgrün,* ein grüner, chemisch zu den Lipochromen gehörender Farbstoff des Pflanzenreichs, der zusammen mit den gelben Farbstoffen Xanthophyll und Karotin auftritt. C. ist stets an Protein gebunden und findet sich in den Thylakoidmembranen der im Protoplasma anwesenden Chloroplasten. Die C. sind Mg(II)-Komplexe von Dihydro- bzw. Tetrahydroporphinderivaten. C. besitzen im Gegensatz zu den Porphyrinen keine sauren Seitenketten. Eine Karboxylgruppe der Seitenkette ist mit Methanol verestert, die andere mit dem Diterpenalkohol Phytol. Die Anwesenheit dieses C_{20}-Alkohols bedingt z. B. die wachsartige Beschaffenheit der C. Charakteristisch ist auch die Anwesenheit des alizyklischen Ringes E mit einer Karbonylgruppe am C-Atom 9. Durch vorsichtige Säurehydrolyse läßt sich das Magnesiumion entfernen (Phäophytine). Das verbreitetste C. ist C. a. Es ist in allen Pflanzen enthalten, die Sauerstoff durch die Photosynthese erzeugen. In höheren Pflanzen und Grünalgen wird C.a von C.b begleitet. Im C.b ist eine Methylgruppe des C.a durch einen Formylrest ersetzt. Außerdem kennt man noch die C. c_1, c_2, d sowie das → Bakteriochlorophyll. Die C. besitzen charakteristische Absorptionsspektren, die zum Nachweis und zur Charakterisierung benutzt werden. C.a ist für die Primärprozesse der → Photosynthese erforderlich. 99 % der C. haben Hilfsfunktionen: Sie fangen Licht auf und leiten elektronische Anregungsenergie auf die entsprechenden Reaktionszentren.

Die Biosynthese der C. verläuft ähnlich der der → Porphyrine. Trockene Laubblätter enthalten etwa 0,6 bis 1,2 % C. Im Herbst tritt ein rascher Abbau des C. ein, wodurch die bunten Blattfärbungen mitbedingt werden; auch die Verfärbung der Blütenblätter und Früchte kommt durch Chlorophyllabbau zustande. C. regt das Gewebewachstum an und wirkt desodorierend, deshalb wird es z. B. bei Hautverbrennungen und in geruchsbeseitigenden Mitteln verwendet.

Chlorophytum, → Liliengewächse.
Chloropidae, → Halmfliegen.
Chloroplasten, → Plastiden.
Chloroplastenbewegungen, in der Pflanzenphysiologie Sammelbezeichnung für die verschiedenartigen Lage-, Orts- und Gestaltveränderungen von Chloroplasten.

Unter C. im engeren Sinne versteht man meist die freien Ortsbewegungen, die im wesentlichen durch Licht induziert und gesteuert werden. Viele Chloroplasten wenden schwachem Licht eine möglichst große photosynthetisierende Fläche zu, was zu einer optimalen Ausnutzung geringer Lichtintensitäten beiträgt. Meist erfolgt das, indem die Chloroplasten zu den senkrecht zur Lichtrichtung verlaufenden Zellwänden wandern. Im Starklicht bieten Chloroplasten dem Licht, offensichtlich zur Verhütung photooxidativer Schäden, eine möglichst geringe photosynthetisch aktive Fläche, indem sie sich z. B. an den parallel zur Lichtrichtung gelegenen Zellwänden ansammeln, z. T. auch, indem sie sich zur Kugelform kontrahieren. Die angeführten Bewegungen erfolgen vor allem in isodiametrischen und fädigen Zellen, kaum in Palisadenzellen. Drehbewegungen, wie sie sich z. B. bei den plattenförmigen Chromatophoren der Alge *Mougeotia* finden, sind selten. Meist halten die Bewegungen nur so lange an, wie das induzierende Licht einwirkt. Nur die Schwachlichtreaktion von *Mougeotia* dauert nach der Induktion noch 30 Minuten an. Die *Lichtperzeption* für die C. erfolgt in erster Linie im peripheren Protoplasma der Zelle. In der Regel ist Blaulicht aktiv und langwelliges Licht inaktiv, und die Aktionsspektren für die Schwach- und Starklichtreaktionen lassen erkennen, daß besonders ein Flavin oder Flavonproteid als Photorezeptor in Frage kommt. Darüber hinaus wird bei einigen Objekten Chlorophyll als zweiter Photorezeptor diskutiert. Bei *Mougeotia* spielt das Hellrot-Dunkelrot-System (→ Phytochrom) eine Rolle. Wie nach Lichtperzeption im äußeren Protoplasma der Zelle die gerichtete Bewegung der Chloroplasten erfolgt, ist noch unklar. Man nimmt an, daß die passiv durch die Protoplasmaströmung transportierten Chloroplasten in bestimmten Teilen des gereizten Ektoplasmas nach Lichtperzeption festgehalten werden.

	R^1	R^2
Chlorophyll a	CH=CH$_2$	CH$_3$
Chlorophyll b	CH=CH$_2$	CHO

Auch chemische Einflüsse können zu C. führen. Positive → Chemotaxis bewirken Kohlendioxid, Glukose, Fruktose, Äpfelsäure und Asparagin sowie mehrere Salze der Schwefelsäure. Als Sonderfall von Chemotaxis ist positive Hydrotaxis, d. i. negative Osmotaxis, bekannt. Auch die in Dunkellage zu beobachtende Ansammlung der Chloroplasten an den Seitenwänden von Nachbarzellen bzw. Interzellularen ist möglicherweise chemotaktisch bedingt. Weiterhin kennt man positive Traumatotaxis von Chloroplasten in der Nachbarschaft verwundeter Zellen sowie Thermotaxis bei einseitiger Abkühlung der Zellen.

Außer diesen aktiven, gerichteten C. sind auch passive Lage- und Ortsveränderungen der Chloroplasten durch Plasmaströmungen möglich.

Chlorose, *Bleichsucht, Gelbsucht,* Vergilbung oder Nichtergrünung von normalerweise grünen Pflanzenteilen infolge mangelhafter oder fehlender Chlorophyllbildung bzw. vorzeitigen Chlorophyllabbaues. Demgegenüber fällt die normale Gelbfärbung der Blätter im Herbst nicht unter diesen Begriff. Es werden unterschieden: 1) erbmäßig festgelegte C. infolge von Defekten an Chloroplasten oder Hemmung der Chlorophyllsynthese; 2) physiologisch bedingte C. infolge von Störungen im Mineralstoffwechsel, z. B. Mangel an Kalzium (*Kalkchlorose*), Eisen (*Eisenchlorose*), Magnesium, Mangan und Kupfer oder Kaliumüberdüngung; 3) durch Umwelteinflüsse, z. B. durch Lichtmangel, Dürre-, Kälte- und Rauchschäden entstandene C. 4) parasitär durch Viruskrankheiten verursachte C. Durch Pathogene ausgelöste C. beginnen meist fleckenförmig. Man unterscheidet zwischen *Ringchlorosen* (→ Panaschierung), *Banden-* und *Adernchlorosen.* Beim Übergang zur totalen Verfärbung ergibt sich Bleichfleckigkeit, bei der nur noch Hauptnerven grün gefärbt bleiben, und schließlich Gelbsucht, bei der das gesamte Blatt gleichmäßig vergilbt ist.

Chlortetrazyklin, *Aureomyzin®,* von *Streptomyces aureofaciens* produziertes Antibiotikum aus der Gruppe der Tetrazykline, das gegen viele grampositive und -negative Bakterien, infektiöse Viren, Rickettsien und einige Spirochäten wirksam ist. C. zeigt unter anderem bei Bauchfell- und Lungenentzündung, Keuchhusten, Scharlach, Syphilis und Fleckfieber günstige Wirkung. Als Futtermittelzusatz bei Haustieren fördert es die Mast und senkt die Jungtiersterblichkeit. C. dient ferner zur chemischen Konservierung von Nahrungsstoffen.

Choanen, → Schädel.

Choanoflagellaten [griech. choane 'Trichter'], kleine pigmentlose Flagellaten aus der Ordnung der Protomonadinen mit einem Plasmakragen, der trichterförmig die Geißelbasis umgibt. Die C. gleichen darin, aber auch in anderen Merkmalen, weitestgehend den Kragengeißelzellen der Schwämme. Sie leben frei schwimmend oder durch Stielbildungen festgeheftet im Süßwasser und Meer.

Choanozyten, → Verdauungssystem.

Choleglobin, → Gallenfarbstoffe.

Cholekalziferol, svw. Vitamin D_3, → Vitamine.

Cholerabakterium, → Vibrionen.

Cholestanol, 5α-Cholestan-3β-ol, ein Zoosterin, das Hauptsterin einiger Schwämme ist. In geringen Mengen kommt es in tierischen Zellen neben Cholesterin vor.

Cholesterin, *Cholesterol,* Cholest-5-en-3β-ol, das wichtigste Zoosterin, das teils frei, teils verestert, oft mit anderen Lipiden, z. B. Phosphatiden, vergesellschaftet vorkommt. Besonders reich an C. sind das Hirn mit etwa 10% der Trockenmasse, Nebennieren, Eidotter und Wollfett. Gallensteine bestehen fast ausschließlich aus C. Blut enthält 2 mg/ml. In Pflanzen (z. B. Kartoffelkraut), Pflanzenpollen und Bakterien wurde C. in geringen Mengen nachgewiesen. C. ist Bestandteil der Zellmembran und schützt durch die Bildung schwerlöslicher Additionsverbindungen mit Saponinen die roten Blutkörperchen vor Hämolyse.

Die Biosynthese des C. erfolgt ausgehend von Lanosterin über Zymosterin. Andererseits ist C. selbst die Ausgangsverbindung für die Biosynthese vieler anderer Steroidklassen, z. B. von Steroidhormonen, Steroidsapogeninen oder Steroidalkaloiden.

Für Insekten ist C. Ausgangsverbindung zur Biosynthese des Häutungshormons Ekdyson.

Bei Arteriosklerose lagern sich schwerlösliche Cholesterinverbindungen an den Innenwänden der Arterien ab.

Cholesterol, svw. Cholesterin.

Cholezystokinin, svw. Pankreozymin, → Darmhormone.

Cholezystokinin-Pankreozymin, → Darmhormone.

cholinerg, Neuronen, Nervenfasern, Nervenendigungen bzw. Synapsen, die als → Transmitter Azetylcholin enthalten und freisetzen.

Cholinesterase, zur Gruppe der Esterasen gehörendes Enzym, das Azetylcholin zu Cholin und Essigsäure hydrolysiert, ein Vorgang, der für die nervliche Reizübertragung von großer Bedeutung ist. C. findet sich vorwiegend im Serum und hat eine Molekülmasse von 348 000 (Mensch).

Cholsäure, → Gallensäuren.

Chondrichthyes, → Knorpelfische.

Chondrioid, svw. Mesosom.

Chondriom, → Mitochondrien, → Plasmavererbung.

Chondriosomen, svw. Mitochondrien.

Chondrodystrophie, *Achondroplasie, Parrot-Syndrom,* autosomal dominant vererbbare Krankheit, die auf einer Störung des Knorpelwachstums beruht. Die C. ist durch einen disproportionierten Zwergwuchs charakterisiert. Die Intelligenz ist nicht beeinträchtigt.

Chondroitinsulfate, wasserlösliche Mukopolysaccharide mit einer Molekülmasse von etwa 250 000, die den Hauptbestandteil des Knorpelgewebes (40% der Trockenmasse) stellen sowie im Schutz-, Stütz- und Bindegewebe, im allgemeinen an Proteine gebunden, anzutreffen sind. C. sind aus D-Glukuronsäure und N-Azetyl-D-galaktosamin (Chondroitinsulfat A und C) bzw. L-Iduronsäure und N-Azetyl-D-galaktosamin (Chondroitinsulfat B) aufgebaut und tragen in Position 4 und 6 des Aminozuckers einen Sulfatrest.

Chondroklasten, → Knochenbildung.

Chondros, svw. Knorpel.

Chondrosamin, svw. D-Galaktosamin.

Chondrostei, → Knorpelganoiden.

Chorda dorsalis, → Achsenskelett.

Chordatiere, *Chordaten, Chordata,* Stamm der *Deuterostomia,* zu dem mit den Wirbeltieren die am höchsten entwickelten Tiere überhaupt gehören. Kennzeichnend ist der Besitz eines entodermalen, sich vom Urdarmdach abfaltenden Achsenstabes (*Chorda dorsalis*), ein dorsal im Körper gelegenes Neuralrohr ektodermaler Herkunft mit Zentralkanal sowie (wenigstens in der Anlage) ein von Kiemenspalten durchbrochener Vorderdarm. Das Zölom faltet sich vom seitlichen Urdarmdach ab und wuchert dann bis zur Bauchseite; im ventralen Körperabschnitt bildet das Zölom schließlich einen einzigen durchgehenden Hohlraum, während im dorsalen Abschnitt sich das 3. Keimblatt in einzelne Segmente gliedern kann. Das Vorderende des Nervenrohres ist bei den Wirbeltieren als Gehirn ausgebildet und in eine knorpelige oder knöcherne Kapsel, den Schädel, eingeschlossen. Das Blutgefäßsystem ist stets ein geschlossener Kreislauf und zeigt grundsätzliche Ähnlichkeiten in der Anordnung. Gliedmaßen treten nur bei den Wirbeltieren auf. Die Manteltiere sind in vieler Hinsicht reduziert und spezialisiert; sie stellen sicherlich nicht die Urform der C. dar.

Der Stamm mit etwa 70 000 heute lebenden Arten wird in 3 Unterstämme unterteilt, in die ausschließlich im Meer lebenden *Manteltiere* und *Schädellosen* und die *Wirbeltiere*, die auch das Süßwasser, das Land und den Luftraum erobert haben.

Chorda urachii, → Allantois.

Chordotonalorgan, ein für Insekten typisches Sinnesorgan mit saitenartig ausgespannten Sinneszellen, die einen Sinnesstift enthalten (→ Skolopidium). C. dienen unter anderem der Wahrnehmung des inneren Druckes, der Feststellung von Lageveränderungen einzelner Körperteile, der Einstimmung (Stimulation) z. B. des Muskeltonus sowie der Wahrnehmung von Erschütterungen und Schallwellen. Nach der Lage der C. im Körper werden unterschieden: in den Beinen *pedale C.,* in den Fühlern *antennale C.,* in den Mundgliedmaßen *orale C.,* im Rumpf *trunkale C.* Das → Johnstonsche Organ ist ein nur im 2. Fühlerglied vieler Insektengruppen auftretendes abgewandeltes C., während in den anderen Fühlergliedern typische C. vorkommen. In engen Beziehungen zu der C. stehen die Sinneskuppeln der Insekten (→ Tastsinnesorgane).

Chorfrösche, *Pseudacris,* kleine nordamerikanische → Laubfrösche mit Haftscheiben und pfeifenden, oft zu Chören vereinigten Stimmen. Sie leben auf niedrigem Gebüsch an Gewässern.

Chorioidea, → Lichtsinnesorgane.

Chorion, → Ei, → Embryonalhüllen, → Plazenta, → Serosa.

Choriongonadotropin, *Plazentagonadotropin,* Abk. *HCG,* ein zu den Gonadotropinen gehörendes Proteohormon, das während der Frühschwangerschaft in der Plazenta gebildet und im Urin ausgeschieden wird. C. ist ein Glykoprotein mit etwa 30% Kohlenhydratanteil (Molekülmasse etwa 30 000). Der Peptidteil besteht aus einer α- und einer β-Kette. Die aus 92 Aminosäureestern aufgebaute α-Untereinheit ist mit der des Follitropins, Lutropins und Thyreotropins identisch. Die hormonspezifische β-Kette besteht aus 139 Aminosäuren. In seiner biologischen Wirkung entspricht C. dem Lutropin. Es fördert die Bildung von Östrogen und Progesteron und damit sekundär das Uteruswachstum. Das im Schwangerenharn vorkommende C. wird zur Schwangerschaftsfrühdiagnose genutzt, die bereits 22 bis 24 Tage nach Konzeption möglich ist.

Chorionmesoblast, → Embryonalhüllen.

Chorionplatte, → Plazenta.

Choriozönose, → Biozönose, → Stratum.

Chorismus, bei Pflanzen eine Abstoßung von Organen, vor allem der Blütenteile. C. ist von verschiedenen Pflanzen bekannt, z. B. von Königskerze (*Verbascum*), *Stachytarpheta, Stemodia, Erodium,* und kann durch mechanische, chemische oder elektrische Reize bei der Verwundung (→ Traumatochorismus) verursacht werden.

Chorologie, svw. Arealkunde.

chorologische Artengruppe, eine Gruppe von Arten, die in ihrer Verbreitung, d. h. in ihrem Areal, sehr ähnlich sind. Pflanzengesellschaften können durch die Kombination der sie zusammensetzenden c. A. gekennzeichnet werden.

chromaffines Gewebe, Verband von polygonalen Zellen mit verschieden großen, chromatinarmen Kernen und dazwischenliegendem Blutsinus im Mark der Nebenniere. Durch Behandlung mit Kaliumbichromat wurden die Zellen bräunlich gefärbt (*chromaffine Reaktion*). Die Färbung beruht auf einer Reduktion des Kaliumbichromats durch die Hormone Adrenalin und Noradrenalin, die in den Granula der chromaffinen Zellen enthalten sind. Nach starker Inkretausschüttung ist die chromaffine Reaktion schwächer.

Chromatiden, *Tochterchromosomen,* die beiden Untereinheiten der Chromosomen bei Eukaryoten. Die C. eines Chromosoms sind einander völlig gleich, da sie durch identische Verdoppelung (Replikation) während der Interphase entstehen. C. werden in der Mitose und Meiose II getrennt und auf entgegengesetzte Zellpole verteilt.

Chromatidenaberrationen, Chromosomenmutationen, die nach der identischen Reduplikation des Chromosoms im Interphasekern eintreten. In diesem Fall sind die Chromatiden im Gegensatz zu den Strukturumbauten, die vor der Chromosomenreduplikation erfolgen, die den Bruch- und Reunionsvorgängen zugrunde liegenden Einheiten.

Chromatideninterferenz, Erscheinung, daß die Chromatiden in der Meiose gepaarter Chromosomen bei mehrfachem Crossing-over nicht zufallsgemäß in die Segmentaustauschvorgänge einbezogen werden. Die C. ist positiv, wenn an einem zweiten Crossing-over andere Chromatiden als am ersten mit größerer Wahrscheinlichkeit beteiligt werden als zufallsgemäß erwartet, negativ, wenn ein Crossing-over die Chance erhöht, daß ein zweites Crossing-over Chromatiden betrifft, die bereits am ersten beteiligt waren.

Chromatin, das im Interphase-Zellkern (Arbeitskern) enthaltene Nukleoproteinmaterial, das aus den weitgehend entschraubten Chromosomen besteht und aus dem sich im Teilungskern durch Schraubung und Faltung die Chromosomen formieren. C. färbt sich mit basischen Farbstoffen an (Name), besonders intensiv färben sich die auch in der Interphase dichtgepackten Anteile von → Heterochromatin, viel schwächer das aufgelockerte → Euchromatin. Nur am weitgehend entschraubten genetischen Material ist die Transkription möglich, dagegen nicht am Heterochromatin. Eu- und Heterochromatin stellen lediglich verschiedene Funktionszustände des C. dar. Die fädigen Strukturen des C. werden als *Nukleofilamente* oder *Nukleohiststränge* bezeichnet und bestehen aus einer DNS-Doppelhelix, Histonen und Nichthistonproteinen. Im isolierten C. sind nach Anwendung bestimmter Präparationsmethoden außer glatten Strängen (Durchmesser 20 bis 30 nm) und den in sehr geringer Menge vorhandenen, nur 3 nm dicken Filamenten auch »Perlenketten«-Strukturen erkennbar. Die »Perlen« (→ Nukleosomen) bestehen aus verschiedenen Histonen, und die DNS-Doppelhelix windet sich 1 bis 2,5 mal um den Histonkomplex. Die nur 3 nm dicken Filamente des isolierten C. entsprechen den transkriptionsaktiven, histonfreien Bestandteilen des C. Die 20 bis 30 nm dicken Chromatinstränge bestehen wahrscheinlich aus dichtgelagerten Supernukleosomen.

chromatische Adaption, die Erscheinung, daß gewisse Pflanzen an die jeweilige Lichtfarbe in ihrem Lebensraum durch Verschiebung des Mengenverhältnisses der für die Photosynthese wichtigen Farbstoffe oder durch den Besitz zusätzlicher Farbstoffe angepaßt sind. So besitzen z. B. die Rotalgen, die sich häufig im tiefen Wasser entwickeln, in dem blaugrüne Lichtfarbe vorherrscht, Phykoerythrine und

Phykozyanine. Diese Farbstoffe absorbieren Energie im grünen und gelben Teil des Spektrums und übertragen sie verhältnismäßig verlustlos auf Chlorophyll. Sie ermöglichen hierdurch den Rotalgen eine günstige Ausnutzung des Tiefenlichtes.

Chromatium, eine Gattung der Purpurbakterien. Die *Chromatium*-Arten sind bewegliche, anaerobe, gramnegative Bakterien von rötlicher Farbe. Sie ernähren sich autotroph unter Ausnutzung der Lichtenergie und unter Verwendung von Schwefelwasserstoff. In den Zellen werden Schwefeltröpfchen abgelagert.

Chromatophoren, 1) → Farbwechsel. 2) bei Blaualgen und manchen Bakterien im Zytoplasma liegende Membranstrukturen, die Träger von Farbstoffen (z. B. Chlorophylle, Karotinoide) sind und Lichtenergie für die photosynthetische CO_2-Assimilation absorbieren. Die C. können einfache, von der Zytoplasmamembran ausgehende bläschenförmige Gebilde sein, z. B. bei den grünen Bakterien. Kompliziertere, stapelförmige Membransysteme finden sich vor allem bei den Blaualgen.

Chromatoplasma, → Plastiden.

Chromidialapparat, → Chromosomen.

Chromobacterium, eine Gattung stäbchenförmiger, bis 6 µm langer, gramnegativer Bakterien mit polar oder seitlich angeordneten Geißeln. Sie bilden einen violetten Farbstoff, das Violazein. Es sind Boden- und Wasserorganismen, die auch Infektionen bei Mensch und Tier hervorrufen können.

Chromomeren, lichtmikroskopisch sichtbare Verdickungen bei den Chromosomen der Eukaryoten in der Prophase der Meiose und bei Riesen- und Lampenbürstenchromosomen. C. sind Orte besonders dichter Packung des genetischen Materials, daher sehr reich an DNS.

Chromonema, lichtmikroskopisch sichtbare Fadenstruktur in Riesen- und Lampenbürstenchromosomen. Sie stellen Chromatiden bzw. Nukleohistonstränge dar, die z. T. mit Transkriptionsprodukten beladen sind.

Chromoplasten, → Plastiden.

Chromoproteine, zusammengesetzte Proteine, die als prosthetische Gruppe einen Farbstoff enthalten. Zu den C. gehören Hämoproteine, Eisenporphyrinenzyme, Flavoproteine, Chlorophyll-Eiweiß-Verbindungen und porphyrinfreie eisen- oder kupferhaltige C. des Blutes.

chromosomale Geschlechtsbestimmung, svw. Kerngeschlechtsbestimmung.

chromosomale Homöologie, eine nur teilweise Identität ehemals homologer Chromosomen, die meist durch den Eintritt von Chromosomenmutationen zustande kommt, im Gegensatz zur vollständigen genischen und strukturellen Übereinstimmung zwischen Chromosomen (Homologie).

Chromosomen (Tafel 27), aus Nukleoproteinen bestehende Hauptträger der genetischen Information von Pro- und Eukaryoten, die besonders während der Kernteilung sichtbar werden. C. von Pro- und Eukaryoten enthalten genetische Information oder Gene in jeweils spezifischer linearer Anordnung und besitzen die Fähigkeit der identischen Verdoppelung (Replikation). Der chromosomal gebundene Informationsbestand ist bei Prokaryoten in einem einzigen C. enthalten. Bei Eukaryoten sind dagegen entsprechend dem erhöhten Informationsbedarf eine artspezifische Anzahl von C. und auch besondere Mechanismen für die exakte Weitergabe der Informationen an die Tochterzellen und von Generation zu Generation (Mitose, Meiose) ausgebildet.

I) Die C. (Genophoren) der Prokaryoten. Die Kernäquivalente (Nukleoide) der Bakterien und Blaualgen enthalten bei den gut untersuchten Bakterienarten eine ringförmige, geknäuelte, relativ kurze DNS-Doppelhelix. Sie wird meist als C. bezeichnet, obwohl Histone und andere Chromosomenproteine und die typische Chromosomenstruktur der Eukaryoten-Chromosomen fehlen. Die DNS wird besonders durch basische Amine und Mg^{++} neutralisiert wie bei der DNS von Mitochondrien und Plastiden. Eine weitere Besonderheit der Prokaryoten-Chromosomen ist ihre kontinuierliche Replikation. Sie setzt bei Bakterien unter geeigneten Wachstumsbedingungen ein, beginnend an **einem** Startpunkt. Dagegen gibt es bei jedem Eukaryoten-Chromosom bzw. Nukleohistonstrang bis weit über 100 Replikationsstartpunkte. Von den etwa 2 000 Strukturgenen von *Escherichia coli* konnten bis 1976 etwa 300 kartiert werden. Ein ringförmiges DNS-Molekül von *Escherichia coli* enthält Informationen für etwa 3 000 verschiedene Proteine. Das Nukleoid der Blaualgen erscheint als diffuses Zentroplasma (*Chromidialapparat*). Die C. der Pro- und Eukaryoten unterscheiden sich unter anderem durch die DNS-Menge, durch die Länge der DNS-Moleküle und durch die Anordnung spezifischer Nukleotidsequenzen. Die Eukaryoten-DNS hat einen großen Anteil repetitiver Nukleotidsequenzen (100- bis millionenfache Wiederkehr bestimmter Sequenzen), jedoch werden diese Sequenzen nicht translatiert, diese repetitiven Sequenzen sind Bestandteil des konstitutiven → Heterochromatins. Möglicherweise sind sie bei der Strukturbildung der C. beteiligt. Die DNS-Menge beträgt bei Bakterien im Mittel 0,007 Pikogramm (pg), bei Säugetieren 3 bis 6 pg je haploidem Genom.

Die zu den Eukaryoten gehörenden Dinoflagellaten nehmen hinsichtlich ihrer Kernorganisation eine Art Mittelstellung zwischen Pro- und Eukaryoten ein. Die Kernhülle löst sich während der Zellteilung nicht auf, die DNS ist in den C. zu einer fibrillären Struktur kondensiert, und die C. bleiben auch in der Interphase als getrennte Strukturen sichtbar.

II) Die C. der Eukaryoten sind wesentliche Bestandteile des Zellkerns und in der Interphase durch die Kernhülle vom Zytoplasma getrennt. Replikation und Transkription erfolgen an aufgelockertem Chromosomenmaterial im Arbeitskern (Interphasekern). Chemische Hauptbestandteile der C. sind: 35% DNS, 40% Histone (argenin- oder lysinreiche basische Proteine), 10% Nichthistonproteine (saure Proteine, Phospho- und Lipoproteide), ferner RNS (Transkriptionsprodukt). C. sind durch spezifische DNS-Nachweisverfahren, z. B. mit dem Feulgen-Reagens und anderen basischen Farbstoffen lichtmikroskopisch im Teilungskern erkennbar. Eine mit Histonen verbundene DNS-Doppelhelix (*Nukleofilament* oder *Nukleohistonstrang*) durchzieht jede Chromatide in ihrer gesamten Länge und bildet ihre Grundstruktur. Die DNS wird durch die basischen Histone neutralisiert. Histone dienen unter anderem der Stabilisierung der Doppelhelix und hemmen unspezifisch die Transkription und Replikation. Histone werden bei der Genaktivierung azetyliert, ihre Bindung an die DNS ist dadurch vermutlich nicht mehr möglich. Die Nichthiston-Chromosomen-Proteine heben die blockierende Wirkung der Histone möglicherweise auf.

Beim Menschen sind die Metaphasen-Chromosomen im Mittel 10 µm lang, aber jedes enthält durchschnittlich 73 mm Nukleohistonstrang. Die Nukleohistonstränge müssen daher in den Metaphase-Chromosomen sehr dicht gepackt sein durch mehrfache Faltung und Schraubung. Die gelungene Isolation von Nukleohistonsträngen mit Längen im Millimeter- und Zentimeterbereich unterstreicht die Gültigkeit der *Einstranghypothese* ebenso wie die Tatsache, daß sich C. semikonservativ vermehren (*identische Verdoppelung*).

Die Schraubungs- und Faltungsprozesse sind reversibel und bilden die Grundlage für den Formwechsel der Euka-

Chromosomenaberrationen

ryoten-Chromosomen. Im Arbeitskern (Interphasekern) liegen die C. weitgehend entschraubt vor, d. h. in ihrer Funktionsform, in der die Informationsabgabe (Transkription) und die Replikation erfolgen. Die einzelnen C. des Arbeitskernes bilden in ihrer Gesamtheit das → Chromatin. Während der Kernteilung liegen die C. durch maximale Schraubung und Faltung in ihrer Transportform vor und sind strukturell analysierbar: Seit einigen Jahren können in Metaphase-Chromosomen charakteristische *Querbandenmuster* durch spezielle Färbetechniken sichtbar gemacht werden. Diese Bandenfärbung ermöglicht z. B., die einander ähnlichen C. des Menschen 4 und 5, 8 bis 11 und 13 bis 15 sicher zu unterscheiden. Es werden nach bestimmten Vorbehandlungen (z. B. Trypsinbehandlung) und anschließender Färbung mit Adenin- und Thymin (AT)- bzw. Guanin- und Cytosin (GC)-spezifischen Farbstoffen klare Bandenmuster erkennbar, die über die Verteilung GC- und AT-reicher Abschnitte informieren. Gegenwärtig können mit Hilfe zellbiologischer Methoden auch bereits einzelne Gene des Menschen auf einzelnen Chromosomenabschnitten lokalisiert werden (z. B. Genorte für β- und δ-Ketten des Hämoglobins).

Das → Zentromer dient als Ansatzstelle für die Spindelmikrotubuli, und möglicherweise ist es auch beim Aufbau der Spindelmikrotubuli beteiligt. Je nach Lage des Zentromers sind die beiden Chromosomenarme etwa gleich lang (*metazentrische C.*) oder ungleich lang (*submetazentrische C.*) bzw. von extrem ungleicher Länge (*akrozentrische* oder *telozentrische C.*). Manche C. haben außer der primären eine sekundäre Einschnürung. Da an dieser Stelle das Kernkörperchen (Nukleolus) am Ende der Kernteilung neu gebildet wird, heißt dieser Chromosomenbereich auch *Nukleolus-Organisator* und der anschließende kurze Chromosomenabschnitt *Satellit*. Diese C. werden → Satellitenchromosomen genannt. Dem Zentromer direkt anliegende Chromosomenabschnitte und die Satelliten bestehen aus → Heterochromatin, diese Chromosomenbereiche lockern sich während der Interphase nicht auf und sind daher transkriptionsinaktiv. Das → Euchromatin dagegen stellt das im Arbeitskern aufgelockerte Chromosomenmaterial dar, an dem die Transkription erfolgt.

Nach der identischen Replikation bestehen die C. aus 2 Untereinheiten, den → Chromatiden. Sie werden während der Mitose und Meiose II auf entgegengesetzte Zellpole als Tochterchromosomen verteilt. Die Körperzellen besitzen einen diploiden *Chromosomensatz* (2n), Keimzellen enthalten nach beendeter Meiose einen haploiden Chromosomensatz (n). Die C. eines Satzes sind unterschiedlich im Informationsgehalt und in der Struktur, diploide Zellen enthalten aber je 2 gleiche C. (*homologe C., Autosomen*); eine Ausnahme bilden die Geschlechtschromosomen. Der hinsichtlich Chromosomenzahl und -morphologie charakteristische Chromosomenbestand eines Organismus wird als *Karyotyp* bezeichnet.

Bestimmte schwere Erbkrankheiten des Menschen sind durch Änderungen im Chromosomenbestand bedingt und können durch vorgeburtliche Analysen des Karyotyps erkannt werden. Zum Beispiel kann ein einziges C. fehlen (*Monosomie*), oder ein einziges C. kann dreimal vorkommen (*Trisomie*). Ursache dieser *Aneuploidie*: → Nondisjunktion während der Meiose oder Mitose: 2 homologe C. wurden während der Meiose nicht getrennt, bzw. während der Mitose wurden die Chromatiden einzelner C. nicht getrennt.

Besondere Chromosomenstrukturen stellen die → Riesenchromosomen und → Lampenbürstenchromosomen dar.

Chromosomenaberrationen, *1)* im engeren Sinne chromosomale Strukturumbauten, die vor der identischen Reduplikation der Chromosomen im Interphasekern eintreten; dabei sind die am Bruch- und Reunionsgeschehen beteiligten Längsstrukturen funktionell einsträngig; im weiteren Sinne → Chromosomenmutationen.

2) Abweichungen von der normalen Chromosomenzahl (*numerische C.*), die durch eine Störung der Meiose bedingt sind und meist pathologische Veränderungen zur Folge haben (→ Genommutation).

Die erst in jüngster Zeit erzielten Fortschritte in der Erforschung der C. beim Menschen sind durch wesentliche Verbesserungen der zytologischen Untersuchungstechnik möglich geworden. Durch geeignete Verfahren kann ein Auseinanderweichen der normalerweise in der Metaphaseplatte dicht gedrängten Chromosomen bewirkt werden. Außerdem wurden zahlreiche Methoden zur selektiven Anfärbung bestimmter Chromosomenregionen (*Banding-Techniken*) entwickelt. Dadurch wurde die Identifizierung und Untersuchung der Morphologie der Einzelchromosomen beträchtlich erleichtert. Beim Menschen wurde bisher eine Ploidiemutation mit einem dreifachen Chromosomensatz (Triploidie = 69 Chromosomen) bei einem körperlich und geistig sehr zurückgebliebenen Knaben beobachtet, der außerdem verschiedene Mißbildungen aufwies. Wesentlich häufiger kommt es beim Menschen vor, daß von den homologen Chromosomen einzelne verlorengehen (Monosomie) oder daß überzählige Chromosomen (z. B. Trisomie) auftreten.

1 Karyogramm eines Patienten mit Klinefelter-Syndrom auf Grund eines überzähligen X-Chromosoms

So beruht das *Ullrich-Turner-Syndrom* darauf, daß nur ein X-Chromosom vorhanden ist, wodurch die Gesamtzahl nur 45 beträgt. Es entstehen dadurch bei normal ausgebildeten inneren und äußeren Geschlechtsorganen funktionslose Gonaden, Flügelhautbildung am Hals, Trichterbrust, oftmals Kleinwüchsigkeit u. a. Defekte. Beim Mann können überzählige X-Chromosomen vorkommen, die das Auftreten des *Klinefelter-Syndroms* bewirken (Abb. 1). XXY-Männer können Veränderungen im Hodengewebe, Aspermie,

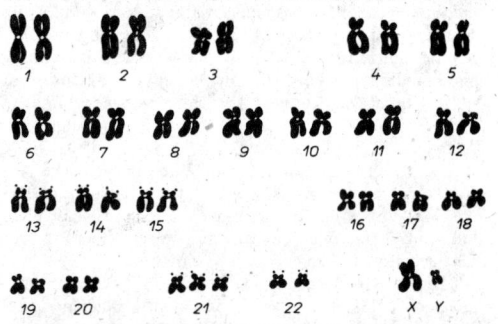

2 Karyogramm eines Patienten mit Morbus Langdon-Down auf Grund eines überzähligen Chromosoms 21

Gynäkomastie, eunuchoiden Habitus und intellektuelle Minderbegabung aufweisen. Das Syndrom kommt relativ häufig vor, während XXX-Frauen selten beobachtet wurden. Die häufigste Schwachsinnsform, *Morbus Langdon-Down* (*Down-Syndrom, Mongoloidismus*), beruht auf der Trisomie eines Autosoms (Chromosom 21; Abb. 2). In manchen Fällen weicht die Chromosomenzahl bei einem Individuum in den verschiedenen Organen voneinander ab. Man spricht dann von Mosaikbildungen.

C. kommen in allen menschlichen Populationen bei Neugeborenen mit einer Häufigkeit von etwa 0,5% vor, und rund die Hälfte aller Spontanaborte in der Frühschwangerschaft bis etwa zur 12. bis 14. Woche zeigen eine fetale *Chromosomenanomalie*. Als Ursachen für C. spielen neben Chemikalien und ionisierenden Strahlen das mütterliche und väterliche Alter eine besondere Rolle. Mütter jenseits des 38. Lebensjahres haben gegenüber dem Bevölkerungsdurchschnitt ein bis 15fach erhöhtes Risiko, ein Kind mit einer C. zu bekommen, weshalb in solchen Fällen eine → pränatale Diagnose in Form einer zytogenetischen Analyse der fetalen Zellen im Fruchtwasser unbedingt zu empfehlen ist.

Chromosomenanalyse, Untersuchung der Chromosomen im Hinblick auf → Chromosomenaberrationen und der Bestimmung des chromosomalen Geschlechts auf die Konstellation der Geschlechtschromosomen. Die C. hat für die Diagnostik und die → Erbprognose bei zahlreichen Krankheiten eine große Bedeutung. → humangenetische Beratung.

Chromosomenanomalie, → Chromosomenaberrationen.

Chromosomendiminution, Aufspaltung von Chromosomen bzw. Sammelchromosomen in mehrere Teile. Manche dieser Fragmente werden in der Folge eliminiert. Bei *Ascaris* erfolgt C. schon im Zweizellstadium. Die Sammelchromosomen der animalen Blastomere zerfallen in Fragmente. Sie werden in der Anaphase auf die Pole verteilt. Die Endstücke der Sammelchromosomen werden jedoch eliminiert, sie bleiben im Äquator der Spindel liegen.

Chromosomenformwechsel, vom Zellzyklus abhängige reversible Umwandlung von Eukaryoten-Chromosomen aus ihrer aufgelockerten Funktionsform (im Arbeitskern während der Interphase) in die Transportform (Chromosomen des Teilungskernes) durch komplexe Schraubungs- und Faltungsprozesse der Chromosomenachse (Nukleohistonstrang).

Chromosomeninterferenz, Erscheinung, daß ein → Crossing-over die Wahrscheinlichkeit des Auftretens eines weiteren in seiner Nachbarschaft beeinflußt.

Chromosomenkarte, graphische Darstellung, in der die Lage der Gene innerhalb eines Chromosoms festgehalten ist. Man unterscheidet: 1) *genetische* oder *theoretische C.*, in diese sind die Gene in linearer Anordnung in den ihren Austauschwerten entsprechenden Abständen eingetragen; 2) *C. auf Grund der Mutationshäufigkeit,* hier ist die Mutationshäufigkeit der Genkartierung zugrunde gelegt; 3) *zytologische* oder *reale C.,* sie geben die reale Lage der Gene im Chromosom auf Grund von zytologischen Befunden sehr genau wieder.

Chromosomenkonjugation, → Meiose.

Chromosomenmosaike, Individuen oder Gewebe, die in bestimmten Bereichen (Sektoren) von der Normalzahl abweichende Chromosomenzahlen oder durch Chromosomenmutationen strukturell veränderte Chromosomen aufweisen. → Chimären.

Chromosomenmutationen, spontan eintretende oder durch Einwirkung eines → Mutagenen experimentell induzierte Strukturveränderungen der Chromosomen als Folge von Segmentunterlagerungen innerhalb der Einzelchromo-

somen (intrachromosomale C.), zwischen verschiedenen Chromosomen (interchromosomale C.) oder von Segmentausfällen. Je nachdem, ob C. vor oder nach der identischen Reduplikation der Chromosomen eintreten und in Abhängigkeit davon, welche Längsstrukturen der Chromosomen die Einheiten des Umbauvorganges darstellen, wird zwischen Strukturveränderungen auf chromosomaler (vor der Reduplikation eintretend), chromatidaler und subchromatidaler Basis (nach der Reduplikation eintretend) unterschieden. Nach der entstehenden Umbauform werden die verschiedenen C. als → Insertion, → Inversionen, → Dislokation, → Translokation, → Deletion und → Duplikation bezeichnet.

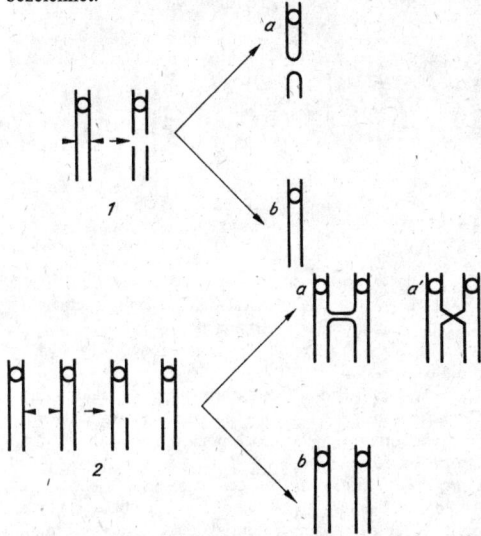

Entstehung von Chromosomenmutationen auf chromatidaler Basis nach der Bruch-Reunions-Hypothese: *1* Entstehung einer Deletion (*a*) oder Restitution zur Vorbruchstruktur (*b*), *2* Entstehung zweier Typen von Chromatidentranslokationen (*a* asymmetrische, *a'* symmetrische) oder Restitution zur Vorbruchstruktur (*b*)

Voraussetzungen zur Entstehung von C. sind nach den Vorstellungen der *Bruch-Reunions-Hypothese* der Eintritt von Brüchen an den chromosomalen Längsstrukturen, die Verhinderung der Wiederverheilung der Bruchflächen in ursprünglicher Ordnung (Restitution) und die Stabilisierung bzw. Neukombination (Reunion) der nach Eintritt mehrerer Brüche entstehenden Bruchflächen.

Chromosomenpaarung, → Meiose.

Chromosomensatz, Karyotyp, die Gesamtheit der Chromosomen eines Zellkernes der Eukaryoten. Ursprünglich wurde unter einem C. nur der haploide (einfache) C. verstanden und dementsprechend auch unter einem → Genom der haploide C. In der Regel wird heute – bedingt durch eine Begriffserweiterung – für C. die oben angegebene Definition verwendet. Die Chromosomenanzahl je C. ist in allen Zellen einer Organismenart konstant, z. B. beim Menschen 46 (44 Autosomen und 2 Geschlechtschromosomen, Abb.). Struktur und Informationsgehalt der Chromosomen eines haploiden C. sind unterschiedlich. Die schematische Darstellung der Chromosomen des haploiden C. wird als *Idiogramm* bezeichnet.

Diploide Zellkerne enthalten jedes Chromosom zweimal (homologe Chromosomen). Die Geschlechtschromosomen bilden eine Ausnahme. Weibliche Organismen der meisten Pflanzen- und Tierarten besitzen 2 X-Chromosomen, männliche 1 X- und 1 Y-Chromosom, bei Vögeln, Schmet-

Chromosomentheorie der Vererbung

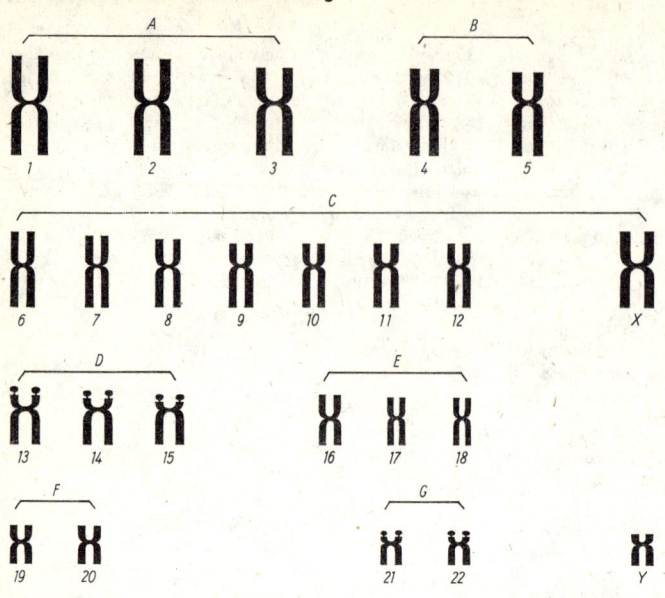

Idiogramm eines menschlichen haploiden Chromosomensatzes, bestehend aus 22 Autosomen und jeweils einem Geschlechtschromosom (X oder Y). Sekundäreinschnürungen an den Chromosomen der Gruppe *D* und *G*

...terlingen u. a. ist das ♂ Geschlecht homogametisch (♂ XX) das weibliche heterogametisch (♀ XY).

Ist im Zellkern mehr als ein C. vorhanden, liegt → Polyploidie vor.

Chromosomentheorie der Vererbung, → Genetik.
Chromosomopathie, → Chromosomenaberrationen.
Chromozentren, → Heterochromatin.
Chromozyten, → Blut.
Chronaxie, *Kennzeit,* die Zeit, die ein Gleichstromreiz mit der doppelten Intensität der → Rheobase einwirken muß, bevor ein Aktionspotential hervorgerufen wird. Bei markhaltigen Nerven und beim Skelettmuskel der Wirbeltiere liegen die Werte für C. zwischen 0,3 und 0,8 ms. Dagegen beträgt die C. für glatte Muskeln von Weinbergschnecken fast 1 s. Chronaxiebestimmungen werden in der klinischen Diagnostik genutzt, um Hinweise auf Degenerationsvorgänge an Nerven und Muskeln zu erhalten.
Chronobiologie, Lehre von der zeitlichen Organisation der Lebensvorgänge. → Biorhythmen.
Chronoelemente, → Florenelement.
Chronogramm, Aufzeichnung des tierischen Verhaltens nach seinem zeitlichen Auftreten. Es liegen dabei folgende Fragestellungen zum Auftreten von Verhaltensereignissen zugrunde: Wann? Wie lange? und in welchem Rhythmus? Ein C. 1. Ordnung liefert die Liste der Ereigniszeiten, die absolute und relative Häufigkeit von Aktivitätsereignissen je Zeiteinheit und damit die Grundlage für Periodogramme sowie die Liste der Ereignisdauer. Das C. 2. Ordnung (*Komplexchronogramm*) ist eine zusammenfassende Darstellung der Aktivitätsdynamik und erfaßt die Abhängigkeiten zwischen Ereigniszeiten und Ereignisdauern.
Chroococcales, eine Ordnung der → Blaualgen. Die C. sind Einzeller, z. B. *Anacystis* und *Synechococcus,* oder sie leben in wenigzelligen Kolonien, die durch Gallerthüllen zusammengehalten werden. Schleimige Beläge auf feuchten Felsen und Mauern bilden die Vertreter der Gattungen *Aphanothece, Chroococcus* und *Gloeocapsa*. Kleine tafelförmige Kolonien, die frei im Wasser schweben, sind für *Merismopedia* charakteristisch.
Chrysalide, → Puppe.
Chrysalis, → Puppe.
Chrysanthemen, → Korbblütler.
Chrysididae, → Hautflügler.
Chrysochloridae, → Goldmulle.
Chrysomelidae, → Blattkäfer.
Chrysophyceae, → Goldalgen.
Chylophagie, *Halmophagie, Saftresorption,* über Flüssigkeitsausscheidungen erfolgende Belieferung des Wurzelgewebes mit Mineralstoffen durch Mykorrhizapilze. Das von den Pilzhyphen abgegebene nährsalzhaltige Wasser wird von den Wirtszellen teilweise durch besondere Röhrentüpfel aufgenommen. C. kommt häufig bei ektotropher Baummykorrhiza sowie bei der ektotrophen Mykorrhiza von Bärlappgewächsen vor.
Chylus, die in den Lymphgefäßen des Darmes und Magens fließende Lymphe (*Darmlymphe*). Im nüchternen Zustand unterscheidet sie sich nicht wesentlich von der normalen Lymphe (*Hungerlymphe*). Während der Verdauung enthält sie große Mengen emulgierten Fettes.
Chylusdarm, → Verdauungssystem.
Chymosin, svw. Rennin.
Chymotrypsin, zu den Proteinasen (→ Proteasen) gehörendes Enzym, das als C-N-Hydrolase bei Wirbeltieren ein wichtiges Verdauungsenzym darstellt. C. entsteht aus dem von der Bauchspeicheldrüse gebildeten und sezernierten Proenzym *Chymotrypsinogen,* das im Dünndarm durch Einwirkung von Trypsin in das proteolytisch wirksame C. überführt wird. C. spaltet mit der Nahrung aufgenommene Proteine und Polypeptide zu Oligopeptiden, und zwar bevorzugt Phenylalanyl-, Tyrosyl-, Tryptophenyl- und Leuzylbindungen. Das pH-Optimum liegt bei pH 7 bis 8.

C. weist enge strukturelle Verwandtschaft zu → Trypsin auf. Man unterscheidet **Chymotrypsin A** (245 Aminosäuren, Molekülmasse 25670), **Chymotrypsin B** (248 Aminosäuren, Molekülmasse 25760) und das aus der Schweinebauchspeicheldrüse isolierte **Chymotrypsin C** (281 Aminosäuren, Molekülmasse 31800).
Chymus, der durch Kauen zerkleinerte, durch den Speichel vorverdaute, mit den Magensäften vermischte saure Nahrungsbrei im Magen.
Chytridiomycetes, → Niedere Pilze.
Cicadina, → Gleichflügler.
Ciconiformes, → Schreitvögel.
Ciconiidae, → Störche.

Cidaris, → Turbanigel.
Ciliata, → Ziliaten.
Ciliophora, → Ziliaten.
Cimbicidae, → Hautflügler.
Cingulum, → der hintere Wimperngürtel im Räderorgan der Rädertiere.
Cirripedia, → Rankenfüßer.
Cis-Konfiguration, Anordnung, in der sich die Allele zweier gekoppelter Gene (→ Koppelung) oder die → Heteroallele eines Cistrons befinden, wenn in heterozygoten (→ Heterozygotie) oder heterogenoten (→ Heterogenote) Zellen die beiden Normalallele in der einen, die beiden mutierten Allele in der anderen homologen Koppelungsstruktur (Chromosom oder Genophor) lokalisiert sind und die Zelle etwa die folgende genotypische Konstitution hat: ++/ab (→ Trans-Konfiguration; → Cis-Trans-Test).
Cistensänger, → Grasmücken.
Cis-Trans-Test, ein genetischer Test zur Entscheidung darüber, ob zwei Genmutationen (m^1 und m^2) im gleichen Funktionsgen (Cistron) eingetreten sind und zur Feststellung der Grenzen dieses genetisch aktiven Bereiches. Dazu werden die Heterozygoten (oder Heterogenoten), in denen die betreffenden Mutationen im gleichen Chromosom lokalisiert sind (Cis-Konfiguration: $++/m^1m^2$), und jene, bei denen sie in verschiedenen Chromosomen liegen, hergestellt (Trans-Konfiguration: $+m^2/m^1+$). Zwei rezessive Mutationen werden dem gleichen Cistron zugeordnet, wenn die heterozygote Trans-Konfiguration den Mutantenphänotyp, die Cis-Konfiguration den Normalphänotyp (Wildtyp) zeigt. Ist eine oder sind beide Mutationen dominant, dann gelten sie als dem gleichen Cistron zugehörig, wenn sich Cis- und Trans-Konfiguration phänotypisch unterscheiden. Sind demgegenüber Cis- und Trans-Konfiguration phänotypisch identisch, dann wird dies als Hinweis dafür gewertet, daß die Mutationen in verschiedenen Cistronen erfolgen. Die Tatsache, daß zwischen Mutationen eines Cistrons eine Intra-Cistron-Komplementierung (→ Komplementierung) erfolgen kann und die Mutationen dann in Trans-Konfiguration zur Manifestierung des Normalphänotyps führen können, zwingt dazu, den C.-T.-T. kritisch anzuwenden. Aber selbst bei Intra-Cistron-Komplementierung tritt der Normalphänotyp bei Cis-Konfiguration der Mutationen ausgeprägter in Erscheinung als bei Trans-Lage. Da Cis- und Trans-Konfiguration im Komplementierungsfall nicht äquivalent sind, erscheint es auch unter diesen Umständen gerechtfertigt, die Mutationen dem gleichen Cistron zuzuordnen.
Cistron, mehr historisch bedeutsamer Begriff für die kleinste auf der Grundlage des → Cis-Trans-Testes definierte funktionelle Einheit (Translations-Einheit) des genetischen Materials, der heute mit dem Begriff des → Gens gleich, aber zunehmend seltener verwendet wird. Zwei Mutationen gehören zum gleichen C., wenn sie in Trans-Lage den Mutantenphänotyp zur Ausbildung bringen. Das C. entspricht einer definierten Anzahl von Nukleotid-Paaren der DNS und enthält in der Regel die genetische Information zur Determinierung einer Polypeptidkette. Innerhalb eines C. kann Rekombination (→ Recon) und Mutation (→ Muton) an sehr vielen Stellen erfolgen. Die Anzahl zu einem prokaryotischen C. gehöriger DNS-Nukleotide liegt bei etwa zwei- bis dreitausend.
CITES, Abk. für Convention on international trade in endangered species, → Artenschutzabkommen.
Citrus, → Rautengewächse.
Cladocera, → Wasserflöhe.
Cladocopa, → Muschelkrebse.
Cladophorales, → Grünalgen.
Cladoxylales, → Farne.

Clariidae, → Kiemensackwelse.
Clarkien, → Nachtkerzengewächse.
Clavicipitales, → Schlauchpilze.
Clearance, das Plasmavolumen, das in einer Minute von einem Stoff gereinigt wird. Sie ist ein gedachtes Plasmavolumen, das von einem Exkretstoff vollständig befreit; meist findet nur eine teilweise Plasmareinigung statt. Die C. ist der wichtigste Nierenfunktionstest, da sie die Aussage gestattet, ob ein Exkretstoff nur filtriert oder noch zusätzlich rückresorbiert oder sezerniert wurde bzw. inwieweit seine Ausscheidungsrate pathologisch verändert ist.
Vergleichsstoff ist Inulin, ein pflanzliches Polysaccharid der Gattung *Inula*. Inulin wird nur filtriert und hat beim Menschen eine C. von 120 ml/Minute. Stoffe, die eine niedrigere C. aufweisen, werden nach Filtration rückresorbiert, Substanzen mit einer höheren C. werden außerdem sezerniert. p-Aminohippursäure wird bei einer Nierenpassage fast vollständig entfernt; sie gestattet deshalb die Messung des wahren Plasmadurchflusses und nach Berücksichtigung des Hämatokritwertes die Berechnung der Nierendurchblutung in einer Minute.
Bei Vergiftung der oxidativen Phosphorylierungsprozesse ist die C. der vorher resorbierten und sezernierten Stoffe identisch mit der des Inulins. Das beweist, daß die Ultrafiltration ein passiv-physikalischer Vorgang ist, Resorption und Sekretion dagegen sind aktiv-biochemische Prozesse.
Cleithrum, → Schultergürtel.
Climacograptus, eine vom unteren Ordovizium bis zum unteren Silur verbreitete Graptolithengattung. Das Rhabdosom ist langgestreckt, gerade bis blattförmig mit zwei Thekenreihen. Die Theken besitzen eine pfeifenkopfförmige oder einfache Gestalt.

Rhabdosom von *Climacograptus*; Vergr. 1:2

Cline, *Kline,* Merkmalsgefälle innerhalb des Areals einer Art. Entlang einer C. ändert sich die Häufigkeit eines Merkmals oder seine Ausprägung mehr oder weniger regelmäßig. C. verlaufen senkrecht zu Linien, an denen die Merkmale gleich häufig oder gleichartig ausgeprägt sind. Diese Linien heißen *Isophäne* (Abb.).

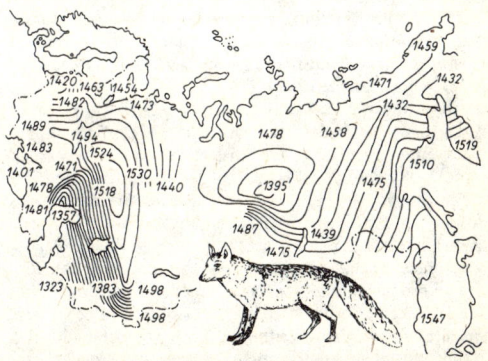

Clinale Variabilität der Schädellänge des Fuchses (*Vulpes vulpes*): Dargestellt sind die Isophäne. Die Zahlen geben die Schädellänge in Millimeter an

Clitellata, → Gürtelwürmer.
Clitellum, eine ringförmige Hautverdickung am vorderen Körperende der Gürtelwürmer. Sie steht im Dienste der Fortpflanzung.

Closterovirusgruppe, → Virusgruppen.
Clostridium, zu den Sporenbildnern gehörende Gattung anaerober, stäbchenförmiger, meist beweglicher, grampositiver Bakterien. Sie kommen im Boden, in Gewässern und im Darm von Mensch und Tier vor. Einige Arten haben Bedeutung wegen ihrer Fähigkeit zur Stickstoffbindung, mehrere sind → Buttersäurebakterien. Wichtige Krankheitserreger sind das → Tetanusbakterium, das → Botulinusbakterium und der Erreger des Gasbrandes, *C. perfringens*.
Clupeiformes, → Heringsartige.
Clymenia [griech. Klymene 'Tochter' des Meeresgottes Okeanos], Gattung der Ammoniten mit einem glatten, scheibenförmig und planspiral eingerollten Gehäuse. Die Lobenlinie zeigt eine einfache Wellung. Der Sipho liegt auf der Innenseite der Windung. Die Leitfossilien des höheren Oberdevons (Famenium) sind vor allem Clymenien-Gattungen.

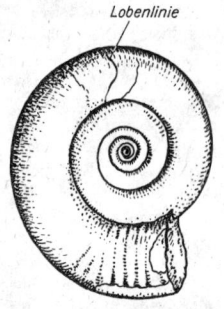

Steinkern von *Clymenia* mit Lobenlinie aus dem höheren Oberdevon; Vergr. 0,5:1

Clypeaster, Gattung der irregulären Seeigel, deren Vertreter sehr groß werden können. Das fünfseitige, scheibenförmige Gehäuse mit gewölbter Oberfläche ist im Inneren, besonders am Rande, mit einer sekundären Kalkschicht überzogen, von der Fortsätze die Unter- und Oberseite der Schale miteinander verbinden.
Verbreitung: Tertiär bis Gegenwart, als Leitfossilien bedeutsam im jüngeren Tertiär.
C-Meiose, durch polyploidisierend (→ Polyploidie) wirkende Agentien (speziell Kolchizin) in ihrem Ablauf charakteristisch veränderte Meiose. Der zur Chromosomenverteilung führende Spindelmechanismus wird gehemmt. Außerdem werden häufig die Chiasmabildung (→ Chiasma) und die Spiralisation der Chromosomen beeinflußt. Die C-M. führt im Normalfall zu einer Verhinderung der für die Meiose typischen Reduktion der somatischen Chromosomenzahl und zur Entstehung von Gameten mit mehr als einem Chromosomensatz.
C^{14}-Methode, svw. Radiokarbonmethode.
C-Mitose, durch partielle oder vollständige Spindelhemmung und damit durch den Ausfall der zur Chromosomenverteilung auf die Zellpole und Tochterzellen führenden Bewegungsvorgänge charakterisierte modifizierte Mitoseform, die in typischer Weise durch Kolchizin und eine Reihe anderer Agentien ausgelöst werden kann. Parallel zum chromosomalen Bewegungsausfall tritt eine gesteigerte Chromosomenkontraktion ein, die Zentromerbereiche teilen sich verspätet, die Chromatiden stoßen sich gegenseitig ab, bleiben aber am Zentromer zunächst verbunden. Dadurch entstehen kreuzförmige C-Paare (Abb. → Mitose). Nach dem Auseinanderfallen der Chromatiden resultiert als Endergebnis der typischen C-M. eine neue Zelle mit verdoppelter Chromosomenzahl, d. h., es tritt Polyploidie ein. → Restitutionskern.
Cnidaria, → Nesseltiere.
Cnidosporidia, → Knidosporidien.
CO$_2$-Auffangsystem, → C$_4$-Pflanzen.
Coccidia, → Sporozoen, → Telosporidien.
Coccoidea, → Gleichflügler.
Coccosteus [griech. kokkos 'Kern', osteon 'Knochen'], eine typische Gattung der zu den Panzerfischen gehörenden Arthrodiren, deren Kopfpanzer aus einzelnen, durch Suturen miteinander verbundenen Platten bestand. Paarige Flossen an Brust, Bauch und After, auch Rücken- und Schwanzflossen waren vorhanden. Freistehende, zahnähnliche Knochenplatten, am Vorderende des Schädels angefügt, funktionierten als Zähne.

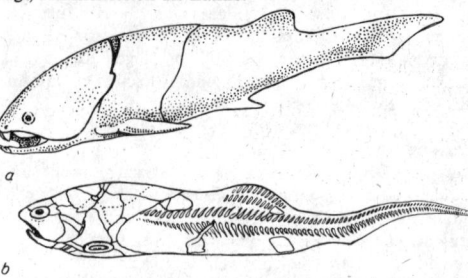

Coccosteus: *a* Rekonstruktion (nach Colbert), *b* Skelettbau

Verbreitung: Mittel- und Oberdevon Europas, Nordamerikas, Neuseelands. Besonders häufig im Old Red Schottlands und Irlands.
Cochlea, → Gehörorgan.
Code, → Kode.
Codierung, → Kodierung.
Coecotrophie, → Koprophagen.
Coecum, svw. Blinddarm.
Coelenterata, → Hohltiere.
Coelomata, → Mesoblast.
Coëndu, → Baumstachler.
Coenobien, sehr lockere Verbände aus Einzellern, die dadurch entstehen, daß diese nach der Zellteilung durch gemeinsam ausgeschiedene Gallerte, verquollene Zellwände, schleimige Hüllen oder Zellulosegehäuse verbunden bleiben, ohne eine direkte funktionelle Einheit zu bilden. Je nachdem, ob sich die einzelnen Zellen der C. nur in einer Richtung teilen oder ob sich die Organismen auch in zwei oder drei Richtungen teilen können, entstehen faden-, platten- oder auch klumpenförmige Zellverbände. Bei fadenförmigen C. können durch einseitige Bruchstellen in der Gallertscheide und das Nebeneinanderschieben zweier Fäden unechte Verzweigungen vorkommen. Die vegetative Vermehrung der C. erfolgt durch stückweise Zerteilung der Zellverbände. C. können jedoch auch jederzeit in lebensfähige Einzelindividuen zerfallen. C. treten bereits bei Bakterien und Blaualgen auf und kommen unter anderem auch bei Kieselalgen vor.
Coenoelemente, → Florenelement.
Coenopteridales, → Farne.
Coleoptera, → Käfer.
Coli, → Kolibakterium.
Colicine, → Bakteriozine.
Coliiformes, → Mausvögel.
Collembolen, svw. Springschwänze.
Collophor, → Springschwänze.
Collum, 1) Hals. 2) Halssegment (erstes Segment) der Doppelfüßer, das besonders bei Juliden (*Opisthospermophora*) sehr groß ist und als »Rammbock« beim Wühlen im Boden benutzt wird.
Colobidae, → Schlankaffen.
Colobognatha, → Doppelfüßer.
Colobus, → Guerezas.
Colon, → Verdauungssystem.

Columbiformes, → Taubenvögel.
Columella, *1)* zentral gelegener, steriler, säulenförmiger Fortsatz a) in den Sporenbehältern (Sporangien) bestimmter Pilze, z. B. verschiedener Arten der Gattung *Mucor;* b) in der Kapsel des Sporogons der Laubmoose. Hier ist die C. von dem sporenbildenden Gewebe (Archespor) umgeben und dient der Versorgung der sich entwickelnden Sporen mit Nährstoffen und Wasser. *2)* säulenförmiges Kalkgebilde im Stützgerüst der Korallentiere. *3)* Spindel, Achsenstab im Inneren einer gewundenen Schneckenschale, der von den Innenwänden der eng um eine ideale Gehäuseachse gelegten Umgänge gebildet wird. *4)* schalleitendes Knöchelchen im Mittelohr; → Gehörorgan, → Schädel.
Combe-Capelle-Typus, → Anthropogenese.
common name, Bezeichnung für die international festgelegten Gebrauchsnamen für → Wirkstoffe oder Wirkstoffgruppen chemischer → Pflanzenschutzmittel.
Comovirusgruppe, → Virusgruppen.
Compartment, aus rein funktionalem Gesichtspunkt ausgewähltes Element eines Ökosystems. Die Festlegung von C. ist an die angestrebte Untersuchungsebene gebunden, für diese sind die C. funktionell nicht weiter aufteilbare Einheiten, d. h. alle zu einem C. vereinigten Ökoelemente haben im betrachteten Systemzusammenhang die gleiche Funktion. So können für eine Stabilitätsbetrachtung an einem Süßgewässer Produzenten, Konsumenten und Reduzenten als C. festgelegt werden, während bei einer anderen Fragestellung Arten, Populationen, Individuen, ja selbst Teile von Organismen (z. B. Blätter, Stengel, Wurzeln) als C. fungieren können.

Die Reduzierung der komplizierten natürlichen Zusammenhänge zwischen den einzelnen Strukturelementen eines Ökosystems auf deren funktionalen Aspekt hat große Bedeutung für die Entwicklung mathematisch formulierbarer Ökosystemmodelle.
Compliance, → Atemschleife.
Compositae, → Korbblütler.
Computertomographie, → NMR-Spektroskopie.
Concha, *Konchylie,* Bezeichnung für die Schalen oder besser Gehäuse der Weichtiere. Da die Malakozoologie (Lehre von den Weichtieren) sich früher hauptsächlich mit den Gehäusen der Weichtiere befaßte, weil meist nur diese Teile des Tierkörpers bekannt waren, nannte man diese Disziplin Konchyliologie.
Conchifera, → Konchiferen.
Conchostraca, → Blattfußkrebse.
Condylarthra, → Urhufer.
Congridae, → Meeraale.
Coniferae, → Nadelhölzer.
Coniferophytina, → Nacktsamer.
Conjugales, → Grünalgen.
connecting link [engl. 'verbindendes Glied'], modernerer Ausdruck für Ch. Darwins *missing link* [engl. 'fehlendes Glied'], Übergangsform zwischen zwei mehr oder weniger weit voneinander im System stehenden Formengruppen; z. B. *Xenusion* (Würmer/Gliederfüßer), *Ichthyostega* (Fische/Amphibien), *Gephyrostegus* (Amphibien/Reptilien), *Archaeopteryx* (Reptilien/Vögel).
Connochaetes, → Gnus.
Conodontochordata, → Konodonten.
consummatory action, → Endhandlung.
Conularien [lat. conus 'Kegel'], *Conulata,* fossile Tiergruppe, die zu den Nesseltieren (*Cnidaria*), speziell zu den Skyphozoen gehört. Sie hatten ein pyramidenförmiges bis spitzkonisches, oft feingestreiftes, chitinig-phosphatisches Gehäuse mit meist vierstrahlig symmetrischem Querschnitt von zahlreichen Tentakeln umgeben. Die C. waren während des Jugendstadiums festgewachsen.

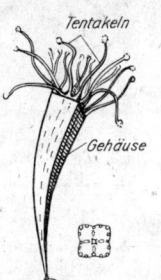

Rekonstruktion der Gattung *Conularia* (nach Kiderlen); Vergr. 0,3:1

Vorkommen: Oberkambrium bis Obertrias. Eine weltweit verbreitete Gattung ist *Conularia* (Oberkambrium bis Perm).
Convolvulaceae, → Windengewächse.
Copaifera, → Johannisbrotbaumgewächse.
Copelata, → Appendiculariae.
Copeognatha, → Staubläuse.
Copepoda, → Ruderfußkrebse.
Copesche Regel, → ökologische Regeln, Prinzipien und Gesetze.
Copula, svw. Begattung.
Cor, svw. Herz.
Coraciiformes, → Rackenvögel.
Corallium rubrum, → Edelkoralle.
Cordaiten [benannt nach dem Prager Botaniker A. J. Corda (1808–1849)], nur fossil bekannte Pflanzengruppe der gabel- und nadelblättrigen Nacktsamer, die die unmittelbaren Vorfahren der Nadelhölzer darstellen. Unsichere Formen sind bereits aus dem Oberdevon bekannt; ihre Hauptentfaltung liegt vom Oberkarbon bis ins Rotliegende. Sie sind dann erloschen bzw. wurden von den Nadelhölzern abgelöst. Die C. gehören neben den Lepidodendren, Calamiten und Samenfarnen zu den wichtigsten Pflanzen der Steinkohlenwälder. Es waren hohe, in der Krone reichverzweigte Bäume mit 30 m hohen Stämmen, deren Holz weitgehend dem der gegenwärtigen Nadelhölzer glich. Die Blätter, die häufige Fossilien des Karbons sind, waren breit, bandförmig, lineal bis lanzettlich und parallelnervig; es sind solche bis 1 m Länge bekannt. Je nach Form der Aderung werden verschiedene Formgattungen unterschieden, wie *Dorycordaites, Eucordaites, Poacordaites, Cordaites* im engeren Sinne u. a. (Abb.). Die Blüten standen in ährenartigen Kätzchen (Formgattung *Cordaianthus*). Die herz- oder eiförmigen Samen hingegen z. T. an langen Stielen; isolierte Samen werden zur Formgattung *Cardiocarpus* gerechnet. Die C. gehören zur Unterklasse Cordaitidae.

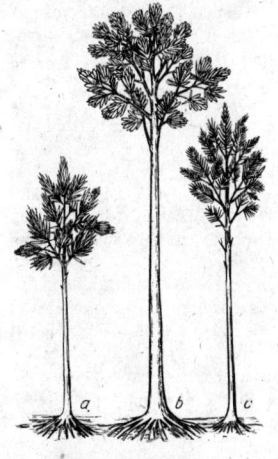

Cordaiten aus dem Karbon (Rekonstruktionen): *a Dorycordaites, b Eucordaites, c Poacordaites*

Corona radiata, → Oogenese.
Coronata, → Skyphozoen.
Corpora allata, hinter den → Corpora cardiaca liegende und mit diesen mehr oder weniger verwachsene Hormondrüsen der Insekten, die von aus dem Gehirn stammenden neurosekrethaltigen Axonen versorgt werden. Zur Zeit des Larvallebens produzieren die C. a. das Juvenilhormon Neotenin, nach der Imaginalhäutung sind sie vielfältig am Stoffwechselgeschehen beteiligt.
Corpora cardiaca, zum → Retrozerebralkomplex der Insekten gehörendes, mit dem Gehirn durch Nerven verbundenes, paarig angelegtes endokrines Organ der Insekten, das zur Speicherung von Neurosekreten wie auch zur Produktion und Abgabe eigener Sekrete befähigt ist.
Corpora cavernosa, → Penis.
Corpora pedunculata, → Pilzkörper.
Corpus luteum, → Plazenta.
Corpus-luteum-Hormon, svw. Progesteron.
Corpus pineale, svw. Epiphyse.
Corpus rubrum, → Plazenta.
Corrodentia, → Staubläuse.
Cortex, die Rinde der Groß- und Kleinhirnhemisphären. → Großhirnrinde.
Cortisches Organ, → Gehörorgan.
Corydalidae, → Großflügler.
Corylaceae, → Haselgewächse.
Corynebakterien, stäbchen- bis keulenförmige, grampositive, meist aerobe Bakterien, die im Mikroskop oft eine gewinkelte Anordnung paariger Zellen zeigen. Die C. sind teils harmlos, teils tier- oder pflanzenpathogen. Das anaerobe *Corynebacterium diphtheriae* ist der Erreger der Diphtherie. Mit Hilfe verschiedener Stämme von *Corynebacterium glutamicum* werden in der technischen Mikrobiologie mehrere Aminosäuren hergestellt.
Costatoria, → Myophoria.
Cotylosauria, → Kotylosaurier.
Coxalbläschen, *Ventralsäckchen,* paarige, blasenförmige Anhänge an den Hinterleibssterniten primitiver Insekten, die durch Blutdruck vorstülpbar, durch Muskeln rückziehbar sind; z. B. bei Doppelschwänzen, Felsenspringern und Fischchen.
C_3-Pflanzen, Pflanzen, die bei der → Photosynthese CO_2 allein in Ribulosediphosphat einbauen, wobei zunächst Moleküle mit **drei** Kohlenstoffatomen entstehen. Neben diesem Weg der Inkorporation von CO_2 besitzen die → C_4-Pflanzen sowie die CAM-Pflanzen (→ diurnaler Säurerhythmus) zusätzliche Wege der CO_2-Inkorporation. Die überwiegende Anzahl der zur Photosynthese befähigten grünen Pflanzen sind C_3-Pflanzen.
C_4-Pflanzen, Pflanzen, bei denen Dikarbonsäuren mit **vier** Kohlenstoffatomen die ersten Produkte der photosynthetischen CO_2-Fixierung sind. Dieser C_4-Typ oder *C_4-Weg der Photosynthese* findet sich bei vielen Gräsern trockener, sonniger Standorte, unter anderem bei Zuckerrohr, Mais und verschiedenen Hirsearten, ferner bei einer Anzahl von zweikeimblättrigen Pflanzen, z. B. einigen Fuchsschwanz- und Gänsefußgewächsen. Bei diesen gibt es Gattungen wie *Atriplex*, in denen neben Arten, die die Photosynthese nach dem C_4-Typ vollziehen, auch Arten vorhanden sind, die CO_2 allein auf dem C_3-Weg inkorporieren (Abb. 4, 5 → Photosynthese, Abschn. Calvin-Zyklus).

Beim C_4-Typ der Photosynthese wird CO_2 mittels des Enzyms Phosphoenolpyruvat-Karboxylase (① in Abb. 4), das noch bei außerordentlich niedrigen CO_2-Konzentrationen aktiv ist, in Phosphoenolpyruvat (PEP), d. i. Phosphoenolbrenztraubensäure, inkorporiert. Dabei entsteht Oxalazetat. Dieses wird bei bestimmten Pflanzenarten durch die Oxalazetat-Aspartat-Transaminase ② in Aspartat (= Salz der Asparaginsäure) umgewandelt. Andere Arten verarbeiten das Oxalazetat unter Mitwirkung der $NADP^+$-abhängigen Malatdehydrogenase ③ zu Malat (Salz der Äpfelsäure). Bei wieder anderen Pflanzenarten entsteht offensichtlich Malat in einem Schritt bei der CO_2-Einlagerung (nicht in Abb. 4 dargestellt). Diese Vorgänge laufen offensichtlich in den Chloroplasten der Mesophyllzellen der Blätter entsprechender C_4-Pflanzen ab, in denen unter anderem die Enzyme ① bis ③ bevorzugt lokalisiert sind. Von den Mesophyllzellen gelangen die gebildeten C_4-Säuren in die *Leitbündelscheide,* wobei die zahlreich vorhandenen Plasmodesmen als bevorzugter Transportweg dienen dürften. In den großen, die Leitbündel kranzförmig umgebenden Zellen der Leitbündelscheide, die ein Charakteristikum der C_4-Pflanzen darstellt, befinden sich wesentlich größere Chloroplasten als in den Mesophyllzellen. Bei den Malat bildenden Arten besitzen sie überdies keine Grana. In den Zellen der Leitbündelscheide werden die organischen Säuren in der Regel wieder dekarboxyliert. Das freigesetzte CO_2 wird dann in den großen Chloroplasten in Ribulosediphosphat inkorporiert und im Calvin-Zyklus (→ Photosynthese) in der üblichen Weise verarbeitet. Das durch Freisetzung des CO_2 entstandene Pyruvat (Salz der Brenztraubensäure) wird ebenso wie das Alanin wieder in die Mesophyllzellen transportiert, um dort zu Phosphoenolpyruvat regeneriert zu werden und somit den Kreisprozeß zu schließen. Eine Übersicht über diese Umsetzungen in den Mesophyll- und Bündelscheidenzellen des Blattes einer C_4-Pflanze gibt Abb. 5. Sie läßt auch erkennen, daß die C_4-Pflanzen in den Mesophyllzellen ihrer Blätter gewissermaßen ein *CO_2-Auffangsystem* besitzen. Durch den Transport der in diesem gebildeten Dikarbonsäuren in die Zellen der Bündelscheide und die anschließende CO_2-Freisetzung kommt es zu einer CO_2-Konzentrierung. Hierdurch wird die CO_2-Konzentration in den Bündelscheiden so stark erhöht, daß die Ribulosediphosphat-Karboxylase, die im Calvin-Zyklus den Einbau von CO_2 in Ribulosediphosphat bewirkt, optimal arbeiten kann. Das ist in all den Fällen wichtig, in denen die CO_2-Konzentration den Minimumfaktor der Photosynthese darstellt, wie das etwa bei Lichtsättigung der Photosynthese oder bei Schließung der Spaltöffnungen unter Wassermangel der Fall ist. Es ist daher verständlich, daß C_4-Pflanzen vor allem an trockenen, sonnigen Standorten vertreten sind, wo sie den C_3-Pflanzen überlegen sind. Diese Überlegenheit kann sehr gut in Versuchen demonstriert werden, bei denen C_4-Pflanzen neben C_3-Pflanzen in einem belichteten, aber von der CO_2-Zufuhr abgeschlossenen Raum angezogen werden. Unter diesen Bedingungen hungern die C_4-Pflanzen die auf höhere CO_2-Konzentration angewiesenen C_3-Pflanzen regelrecht aus. Hinzu kommt, daß in den Leitbündelscheiden der Pflanzen, bei denen CO_2 aus Malat unter gleichzeitiger Bildung von $NADPH + H^+$ freigesetzt wird, sehr wenig O_2 gebildet wird, da hier das Photosystem 2 (→ Photosynthese) nicht arbeitet. Bei diesen geringen O_2-Konzentrationen wird die → Lichtatmung unterdrückt, durch die bei Licht normalerweise ein Teil der gebildeten Assimilate wieder abgegeben wird. C_4-Pflanzen sind daher sowohl in der Verwertung der gebildeten Assimilate als auch des Transpirationswassers wesentlich ökonomischer als C_3-Pflanzen. Das kommt darin zum Ausdruck, daß C_4-Pflanzen je g gebildeter Trockenmasse nur 300 g Wasser verbrauchen, C_3-Pflanzen dagegen 610 g.
CR, → bedingter Reflex.
Craniota, → Wirbeltiere.
Cranium, svw. Schädel.
Crassulaceae, → Dickblattgewächse.
Crassulaceae Acid Metabolism, → diurnaler Säurerhythmus.

Crassulaceen-Säurestoffwechsel, → diurnaler Säurerhythmus.
Creodontia, → Urraubtiere.
Cricetidae, → Wühler.
Crinoidea, → Haarsterne.
Crioceratites [griech. krios 'Widder', keras 'Horn'], Leitammonit der Unterkreide (Barrême). Das Gehäuse ist uhrfederförmig eingerollt, mit meist ovalem oder subquadratischem Querschnitt. Die Rippen sind einfach und vielfach bestachelt. Es handelt sich um eine Abbauform der Berippung und der Gehäusegestalt.

Steinkern des Abbauammoniten *Crioceratites*; Vergr. 0,3:1

Crista, kamm- oder leistenartige Erhebung besonders an Knochen, z. B. *Crista sagittalis (Scheitelkamm)*, ein Knochenkamm entlang der Pfeilnaht des Hirnschädels von vielen Säugetieren, einigen Prähominen sowie bei Menschenaffen; *Crista sterni,* → Brustkorb.
Crista-Typ, → Mitochondrien.
Crocodylia, → Krokodile.
Cro-Magnon-Typus, → Anthropogenese.
Crossing-over, *Faktorenaustausch, Segmentaustausch,* Rekombinationsmechanismus (→ Rekombination), in dessen Verlauf meist wechselseitig (gelegentlich nur einseitig) Chromosomensegmente ausgetauscht werden. Der wechselseitige Austausch führt zur Entstehung von 2 reziproken Rekombinationsprodukten in gleicher Häufigkeit, die gleichzeitig gebildet werden. C.-o. führt zur Rekombination gekoppelter Gene (→ Koppelung) und tritt in seiner typischen Form regelmäßig zwischen den Chromatiden (Nicht-Schwester-Chromatiden) der homologen, in der Prophase der ersten meiotischen Teilung (→ Meiose) gepaart vorliegenden Chromosomen ein. Der Ort der eingetretenen C.-o. wird am Auftreten eines Chiasmas erkennbar und genetisch aus der Rekombination gekoppelter Gene erschlossen. Dem meiotischen C.-o. höherer Organismen analoge Vorgänge treten auch bei Viren und Bakterien auf, deren Chromosomen meist einfache DNS-Moleküle darstellen, die weder eine echte Mitose noch eine Meiose durchlaufen.

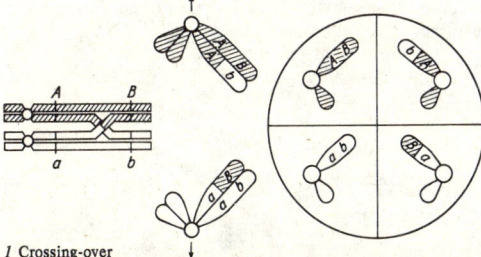

1 Crossing-over

Nach den klassischen Vorstellungen ist jedes C.-o. das Ergebnis von Bruch- und Reunionsvorgängen an den Chromatiden (Abb. 1), wobei die Brüche an identischen Orten eintreten und ein reziproker Chromatidensegmentaustausch stattfindet. Andere Modellvorstellungen bringen den Crossing-over-Vorgang mit der identischen Reduplikation der Chromosomen zeitlich in Zusammenhang und sehen seine Ursache nicht in Bruch-Reunionsvorgängen, sondern in einem Matrizenwechsel während der Reduplikation der Chromosomen (Copy-choice-Modell, Abb. 2). Untersuchungen an Bakterien und Viren zeigen, daß beide Prozesse mitunter bei ein und denselben Rekombinationsereignissen beteiligt sein können.

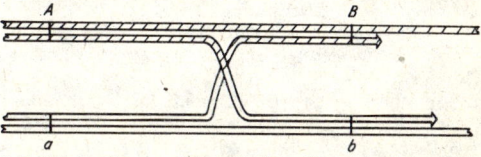

2 Modellvorstellung zur Rekombination während der chromosomalen Reduplikation

Treten zwischen den gepaarten Chromosomen mehrere C.-o. auf, wird von *Mehrfachaustausch* gesprochen. Zwei C.-o. (Doppel-Crossing-over, Doppelaustausch) in einem aus 2 Chromosomen bestehenden Paarungsverband (Bivalent) in der Meiose können in verschiedenen gegenseitigen Beziehungen stehen (2-Strang-, 3-Strang-, 4-Strang-Crossing-over oder -Austausch) und dementsprechend zu unterschiedlichen genetischen Konsequenzen führen (Abb. 3). C.-o. kann sowohl zwischen Genen als auch zwischen Untereinheiten eines Funktionsgens (Cistrons) erfolgen.

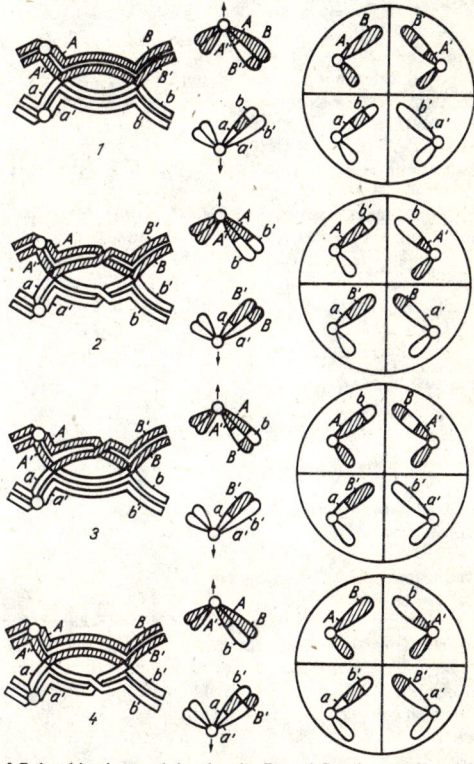

3 Rekombinationsprodukte der vier Doppel-Crossing-over-Typen in einem chromosomalen Paarungsverband

Sonderfälle sind Crossing-over-Vorgänge in somatischen Zellen höherer Organismen (somatisches C.-o.) und ungleiches C.-o., wobei die beiden ausgetauschten Segmente unterschiedlich groß sind.
Crossing-over-Prozentsatz, *Crossing-over-Wert,* der prozentuale Anteil von Gameten, in denen zwischen 2 Allelenpaaren an Hand von Austauschvorgängen Crossing-over

während der vorangegangenen Meiose genetisch nachgewiesen werden kann.

Crossing-over-Suppressor, ein Gen oder eine heterozygote Strukturveränderung der Chromosomen, die den Austausch durch Crossing-over (meist regional) unterdrücken oder herabsetzen.

Crossopterygii, → Quastenflosser.
Cross-Resistenz, svw. Kreuzresistenz.
Cruciferae, → Kreuzblütler.
Crustacea, → Krebse.
Cryptomonadinen, gewöhnlich starre Flagellaten mit ein bis zwei Chromatophoren, die auch fehlen können, und zwei Geißeln. Auf der Ventralseite verläuft eine Furche, die sich mehr oder weniger tief zu einem röhrenförmigen Schlund einsenkt und dem Tier Asymmetrie verleiht.
Cryptophyceae, → Geißelalgen.
Crypturi, → Steißhühner.
CS, → bedingter Reflex.
Ctenophora, → Rippenquallen.
Ctenostomata, 1) eine Untergruppe der → Kreiswirbler (Gymnolaemata) mit unverkalkten Zystidwänden. Eine Membran mit kammerartig angeordneten Borsten (Collare) verschließt die Zystidmündung. Zu den C. gehört das einzige Süßwassermoostierchen der Gattung *Gymnolaemata*.
2) Unterordnung der → Ziliaten.
¹⁴C-Test, → Datierungsmethoden.
C₄-Typ, → C₄-Pflanzen.
Cubomedusae, → Würfelquallen.
Cucomovirusgruppe, → Virusgruppen.
Cuculiformes, → Kuckucksvögel.
Cucurbitaceae, → Kürbisgewächse.
Culicidae, → Stechmücken.
Cumacea, eine Ordnung der Krebse (Unterklasse *Malacostraca*), deren Vorderkörper meist aufgetrieben erscheint und von einem Carapax bedeckt ist. Der Hinterleib ist lang und dünn. Die Eier entwickeln sich in einer Bauchtasche (Marsupium) des Weibchens. Die etwa 450 Arten leben vorwiegend im Meeresboden, steigen aber auch, besonders nachts und während der Fortpflanzungszeit, in höhere Wasserschichten auf.

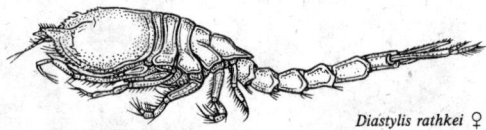

Diastylis rathkei ♀

Cunnus, → Vulva.
Cupressaceae, → Zypressengewächse.
Curculionidae, → Rüsselkäfer.
Curling Faktor, svw. Griseofulvin.
Cuscutaceae, → Seidengewächse.
Cuviersches Prinzip, die von Georges Cuvier (1769–1832) erkannte Tatsache, daß die Eigenarten der verschiedenen Teile des tierischen Körpers voneinander abhängen. Dieses Prinzip der Korrelation gestattete Cuvier begründete Vermutungen über nichterhaltene Teile fossiler Organismen. Die Leistungsfähigkeit dieser Methode demonstrierte er an einem unvollständig freigelegten fossilen Skelett eines Beuteltiers. Das Gebiß erlaubte Cuvier die Voraussage, daß im Becken Beutelknochen vorhanden sein müßten, was sich bei der weiteren Präparation bestätigte.
C₄-Weg der Photosynthese, → C₄-Pflanzen.
Cyamidae, → Walläuse.
Cyanophagen, → Phagen.
Cyanophyceae, → Blaualgen.
Cyathium, → Blüte.
Cyathocrinites [griech. kyathos 'Schöpfgefäß', krinos 'Lilie'], Gattung der gestielten Seelilien, deren rundlicher bis becherförmiger Kelch eine dizyklische Basis besitzt. Die langen Arme sind isotom stark verzweigt, der Stielquerschnitt ist rund.

Verbreitung: Silur bis Karbon.

Cycadatae, → Palmfarne.
Cycadophytina, → Nacktsamer.
Cyclomyaria, Ordnung der Salpen mit ringförmigen, geschlossenen Muskelbändern, zahlreichen Kiemenspalten und einer Schwanzlarve, deren Schwanz in der Metamorphose reduziert wird. Die C. haben einen interessanten Generationswechsel. Aus den Larven entstehen Ammen, die zuerst voll entwickelt sind, deren Eingeweide dann aber zurückgebildet werden. Die Amme bildet an einem ventralen Fortsatz, dem Stolo prolifer, Knospen aus, die zu einem langen Rückenfortsatz über eine Körperseite wandern und sich dort in drei Reihen als Lateral- und Medianknospen festsetzen. Die Lateralknospen dienen nur als Ernährungs- und Atmungsindividuen, die Medianknospen oder Phorozooide bilden an ihrem Stiel wieder Knospen aus, die zu sogenannten Geschlechtsknospen auswachsen. Diese können Eier und Spermien produzieren. Aus den befruchteten Eiern entstehen wieder Larven.
Cyclophyllidea, → Bandwürmer.
Cyclops, → Ruderfußkrebse.
Cyclorrhapha, → Zweiflügler.
Cyclostomata, *Stenostomata*, eine Untergruppe der → Kreiswirbler (Gymnolaemata) mit runder Zystidöffnung, die durch eine Membran verschlossen wird. Die Ausstülpung des Polypids erfolgt durch eine als Membransack bezeichnete hydraulische Einrichtung. Bei den C. wird das Elterntier bzw. dessen Darm zum Brutbehälter.
Cynipidae, → Gallwespen.
Cyperaceae, → Riedgräser.
Cyphonautes, → Moostierchen.
Cypraea, → Kaurischnecken.
Cypriniformes, → Karpfenartige.
Cyprinodontoidei, → Zahnkarpfenverwandte.
Cyprislarve, die Larvenform der Muschelkrebse (entstanden aus einem atypischen Nauplius) und der Rankenfüßer (hervorgegangen aus dem Metanauplius).
Cyrtoceratites [griech. kyrtos 'gebogen', 'krumm', keras 'Horn'], eine Gattung der Nautiliden, deren Gehäuse hornförmig gebogen ist und einen elliptischen bis runden Querschnitt aufweist. Der Sipho liegt am Rande und ist perlschnurartig gebaut.

Verbreitung: Silur bis Devon.

Cyrtograptus, leitende Gattung der zu den Graptolithen gehörenden Monograptiden des Silurs. Das eingerollte Rhabdosom bildete einen Hauptast, von dem mehrere Nebenäste abzweigen. Die Theken des Hauptastes und der Nebenäste haben verschiedene Gestalt.

Vorkommen: Mittleres Silur.

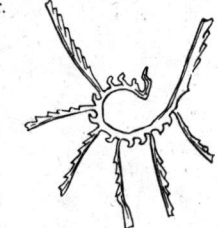

Rhabdosom der Gattung *Cyrtograptus*; nat. Gr.

Cys, Abk. für L-Zystein.
Cystacantha, → Kratzer.
Cysticercosis, svw. Finnenkrankheit.
Cystoidea, → Beutelstrahler.
Cytokinine, → Zytokinine.
Cyzicus, → Estheria.

D

2,4-D, Abk. für → 2,4-Dichlorphenoxyessigsäure.
Dachs, *Meles meles,* ein zu den Mardern gehörendes großes, plumpes Raubtier mit grauem Fell und schwarzweißer Gesichtszeichnung, kurzen Beinen und kurzem Schwanz. Der D. hält sich tagsüber in einem unterirdischen Bau auf. Seine Heimat ist Europa und Asien. Ein wesentlicher Anteil seiner Nahrung sind Regenwürmer.
Dachschädler, → Stegozephalen.
Dachschildkröten, *Kachuga,* südasiatische → Sumpfschildkröten mit hohem, höckrigem Längskiel auf dem seitlich steil abfallenden Rückenpanzer. Die D. kommen in 6 Arten von Pakistan und ganz Vorderindien bis Hinterindien vor. Sie fressen neben kleinen Wassertieren bevorzugt Pflanzenteile.
Dahlie, → Korbblütler.
Daktyloskopie, *Dermatoglyphik,* die Lehre vom Hautrelief der Finger, der inneren Handfläche, der Zehen und der Fußsohle. Die D. ist in der Anthropologie vor allem bei Vererbungsstudien, bei der Zwillingsdiagnose und der Vaterschaftsfeststellung sowie in der Kriminalistik zur Identifizierung eines Menschen von großer Bedeutung. Charakteristische Konfigurationen des Hautreliefs treten bei zahlreichen genetisch bedingten Erkrankungen gehäuft auf, so daß die D. auch in der klinischen Frühdiagnostik eine zunehmende Rolle spielt. Das Hautrelief ist bei jedem Menschen anders, bleibt aber während des ganzen Lebens gleich und kann nicht willkürlich verändert werden. → Fingerbeerenmuster.
Dalmatinische Insektenblume, → Korbblütler.
Damhirsch, *Dama dama,* ein mittelgroßer Hirsch mit schaufelförmigem Geweih. Das Fell ist im Sommer rotbraun mit weißer Fleckung im Winter graubraun; es kommen aber auch schwarze und weiße Individuen vor. Der D. wurde aus dem Mittelmeergebiet nach anderen Ländern Europas eingeführt.
Dämmerungstiere, → Lichtfaktor.
Dampfdrucksterilisator, svw. Autoklav.
Dampfschiffente, → Gänsevögel.
Dampftopf, *Dampfsterilisator,* ein beheizbares zylindrisches Deckelgefäß aus Metall zur Abtötung von Mikroorganismen (→ Sterilisation) mit heißem Wasserdampf. Der D. enthält einen Rost, auf dem das Sterilisiergut dem Dampf ausgesetzt wird, der von kochendem Wasser unter dem Rost gebildet wird. Man verwendet D. vor allem für empfindliche Nährböden und Materialien, die eine Sterilisation bei Temperaturen über 100 °C im Autoklaven nicht vertragen. Da widerstandsfähige Bakteriensporen bei 100 °C nicht abgetötet werden, wird die Hitzebehandlung im D. an drei aufeinanderfolgenden Tagen wiederholt. In den Zwischenzeiten haben die Sporen Gelegenheit auszukeimen und können daraufhin durch das nachfolgende Erhitzen abgetötet werden. Der D. wurde durch R. Koch in die Mikrobiologie eingeführt.
Daonella, zu den Anisomyariern gehörende Gattung der Muscheln mit gleichklappiger, flach zusammengedrückter, radial gerippter Schale. Geologische Verbreitung: Alpine Trias.
Daphnia, → Wasserflöhe.
Darm, → Verdauungssystem.
Darmalge, → Grünalgen.
Darmäste, → Verdauungssystem.
Darmatmung, → Verdauungssystem.
Darmbakterien, → Darmflora.
Darmbein, → Beckengürtel.
Darmbewegungen, → Darmmotorik.
Darmblatt, → Entoderm.
Darmepithel, → Verdauungssystem.
Darmflora, die Gesamtheit der im Darm lebenden Mikroorganismen. Ein erwachsener Mensch beherbergt im Darm und seinen Anhangsorganen etwa 100 Billionen (10^{14}) Mikroorganismen. Der Kot besteht zu wesentlichen Teilen aus den Organismen der D. Der Darm Neugeborener ist steril, er enthält noch keine Mikroorganismen; eine Infektion tritt erst mit der Nahrungsaufnahme ein.

Zur normalen D. von Mensch und Tier gehören überwiegend Bakterien, die *Darmbakterien.* Darunter sind die → Bifidusbakterien und das → Kolibakterium die häufigsten. Die normale D. ist nützlich für die Verdauung durch den Aufschluß der Nahrungsstoffe, z. B. Eiweiß- und Zellulosespaltung, und durch die Bildung verschiedener Wirkstoffe, z. B. Vitamine. Außerdem verhindern von der D. gebildete Säuren, z. B. Milch- und Essigsäure, die Entwicklung bestimmter Krankheitserreger. Die Darmmikroorganismen können z. T. vom Wirt mit verdaut werden.

Als krankheitserregende Darmbakterien, die schwere Verdauungsstörungen verursachen können, kommen vor allem → Salmonellen, → Ruhrbakterien und Cholerabakterien (→ Vibrionen) in Betracht.

Neben Bakterien finden sich im Darm auch Hefen und Urtierchen. Insofern ist der Begriff Darmflora sprachlich unzutreffend.
Darmhöhle, → Verdauungssystem.
Darmhormone, Wirkstoffe, die im Magendarmkanal bei Säugetieren gebildet werden und nur dort wirken (Abb.).

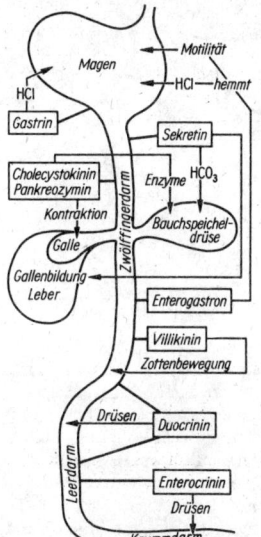

Bildungsort und Funktion der Darmhormone

Magenzellen in der Pylorusregion geben das *Gastrin* ab, welches die Salzsäureproduktion in der Kardiaregion steigert. Die Säurebildung und die Magenbewegung hemmen das *Enterogastron,* das in der Wand des Duodenums freigesetzt wird. Aus der Darmschleimhaut stammen noch andere D. Das (*Cholezystokinin-Pankreozymin*), dessen Ausschüttung vom Wandkontakt mit Säure, Protein- oder Fetthydrolysat bewirkt wird. Es verursacht die Entleerung der Gallenblase und die Fermentabgabe aus dem exokrinen Pankreas. Das *Sekretin,* das die Hydrogenkarbonatproduktion im

Darmlymphe

exokrinen Pankreas und die Gallebildung in der Leber anregt sowie die Ausschüttung großer Mengen fermentarmen Pankreassaftes fördert. Das *Duokrinin*, das in den Brunnerschen Drüsen die Sekretion von Enterokinase, Amylase, Lipase und eines Pepsins herbeiführt. Das *Enterokrinin* regt die Sekretion von Schleim und Verdauungsenzymen im Ileum an; *Villikinin* steigert die Darmzottenbewegung.

Die Sekretion der einzelnen D. wird von ganz bestimmten Reizen ausgelöst. Die Dehnung der Magenwand bei der Nahrungsaufnahme leitet die Gastrinausschüttung ein; das Gastrin seinerseits bewirkt, daß Salzsäure produziert wird, und die Säure wiederum ruft die Bildung von Sekretin und Duokrinin hervor. Der Fettgehalt des Darminhaltes beeinflußt die Freisetzung von Enterogastron, während die Abbauprodukte der Eiweißverdauung die Angabe von Enterokrinin beschleunigen.

Darmlymphe, → Chylus.

Darmmotorik, die Bewegungsformen der Darmwandmuskulatur (Abb.) Die D. fördert den Verdauungsprozeß. Die rhythmische Segmentation des Darmes, die aus einem Wechsel stehender Einschnürungen besteht, mischt den Darminhalt mit den Verdauungssäften, bringt ihn in Kontakt mit den Zotten und unterstützt die lokale Blut- und Lymphbewegung. Dieser Bewegungstyp entsteht durch Dehnung der Darmwandmuskulatur und wird nicht vom vegetativen Nervensystem beeinflußt. Pendelnde *Darmbewegungen* sind ringförmige Einschnürungen des Darmes, die auf kurzer Strecke hin und her wandern und nicht dem Nahrungstransport dienen, sondern dem Kontakt des Nahrungsbreies mit den Zotten und den Verdauungssäften sowie der lokalen Zirkulation.

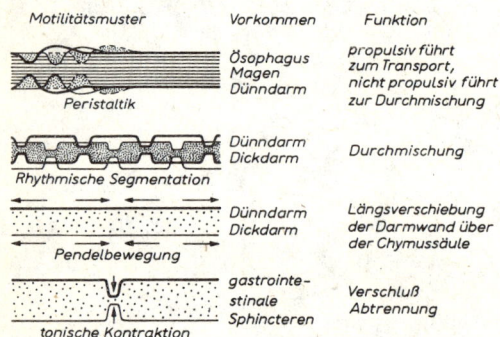

Motilitätsmuster	Vorkommen	Funktion
Peristaltik	Ösophagus Magen Dünndarm	propulsiv führt zum Transport, nicht propulsiv führt zur Durchmischung
Rhythmische Segmentation	Dünndarm Dickdarm	Durchmischung
Pendelbewegung	Dünndarm Dickdarm	Längsverschiebung der Darmwand über der Chymussäule
tonische Kontraktion	gastrointestinale Sphincteren	Verschluß Abtrennung

Bewegungsformen im Magen-Darmkanal und deren Funktion

Darmperistaltik, ein Axonreflex, der nur mit Hilfe des Meißnerschen Plexus möglich ist. Sie kann zum einen mit langsamen Wellen über eine kurze Strecke und zum anderen als schnelle Wellen über die gesamte Darmlänge erfolgen. Sie dient dem Transport des Darminhaltes. Die D. wird vom vegetativen Nervensystem gesteuert. Über Veränderungen des Membranruhepotentials (Abb.) steigert der Parasympathikus und hemmt der Sympathikus die D. Außerdem wirken auf sie mechanische, thermische und chemische Reize ein → Verdauungssystem.

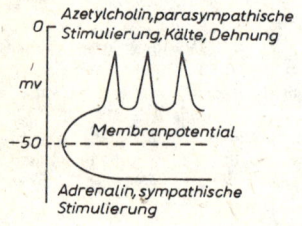

Membranpotentialverschiebungen des glatten Darmmuskels

Darmsaft, die vom Dünndarm sezernierte, schleimhaltige, eiweißreiche, alkalische Flüssigkeit, die einen hohen Gehalt an Enzymen aufweist. Die wichtigsten enzymatischen Bestandteile des D. sind Erepsin, Lipase, Amylase, Maltase und im Säuglingsdarm Laktase.

Die Sekretion des D. wird vor allem durch lokale mechanische und chemische Reize ausgelöst. Einen geringen Einfluß auf den Sekretionsvorgang haben das vegetative Nervensystem, einen entscheidenden dagegen die → Darmhormone.

Darmschleimhaut, → Verdauungssystem.

Darmzotten, kleine zäpfchen- oder blattförmige Vorstülpungen der Schleimhaut des Dünndarms bei Wirbeltieren und beim Menschen.

Die D. stehen außerordentlich dicht. Beim Menschen kommen etwa 2000 bis 4000 auf einen Quadratzentimeter. Durch die D. ist die resorbierende Oberfläche des Dünndarms wesentlich vergrößert. Eine erhebliche Erweiterung der Resorptionskapazität ist außerdem noch durch die Mikrovilli gegeben, die den Saumzellen (→ Deckepithel) aufsitzen und an deren Membranen Verdauungsenzyme lokalisiert sind. Die D. können sich 3- bis 6mal in der Minute kontrahieren. Durch diese Kontraktionen wird erreicht, daß die Darmschleimhaut mit wechselnden Teilen des Darminhaltes in Berührung kommt und daß die in die Zotten aufgenommene Flüssigkeit mit den in ihr enthaltenen resorbierten Stoffen rhythmisch weiterbefördert wird. Diese Rühr- und Pumpfunktion der D. erhöht ebenfalls die Resorptionsmöglichkeit.

Darwinfinken, → Galapagosfinken.

Darwinismus, die von Charles Darwin (1809–1882) begründete → Deszendenztheorie und die Erklärung der Evolution durch die → Selektionstheorie. Da der Evolutionsgedanke schon vor Darwin mehrfach geäußert wurde, wird unter D. häufig nur die Selektionstheorie verstanden.

Darwinsches Höckerchen, eine knötchenartige Verdikkung am inneren hinteren Helixrand des menschlichen Ohres, das oft nur an einem der beiden Ohren auftritt oder völlig fehlt.

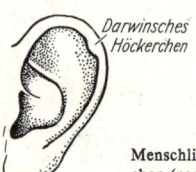

Menschliches Ohr mit Darwinschem Höckerchen (nach Schwalbe)

Darwinstrauß, → Nandus.
Dasypodidae, → Gürteltiere.
Dasyproctidae, → Agutis.
Dasyuridae, → Raubbeutler.
Dasyurinae, → Beutelmarder.

Datierungsmethoden, in der Paläanthropologie und Paläontologie Methoden zur Datierung von Fundstücken (Fossilien). Es werden zwei methodische Ansätze zur Datierung unterschieden: die relative Datierung, die Aussagen über das zeitliche Zueinander bzw. die zeitliche Abfolge von Fossilien zuläßt und die absolute Datierung durch chronometrische und chronographische Methoden.

Relative D.: 1) *Stratigraphische D.:* In der Erdkruste sind bei ungestörter Sedimentation tieferliegende Schichten stets älter als höherliegende. Aus der Mächtigkeit einer Schicht kann jedoch nicht auf die Dauer des betreffenden Zeitabschnittes geschlossen werden, auch können Faltungen, Verwerfungen oder Abtragungen zu Störungen der Schichtenfolge geführt haben. Außerdem muß untersucht werden, ob sich ein Fossil in ungestörter Lage befindet, d. h. während der Entstehung der Fundschicht in diese eingelagert wurde oder zu einem späteren Zeitpunkt hineingelangte. Mit Hilfe von *Leitfossilien*, d. h. massenhaft und zeitlich begrenzt auftretenden Organismenresten, deren zeitliche Stellung bereits bekannt ist, können räumlich getrennte Fundlokalitäten häufig parallelisiert und die Fundstücke einem bestimmten Zeithorizont zugeordnet werden.

Eine stratigraphische D. ist auch die Unterscheidung archäologischer Kulturstufen. In zeitlicher Abfolge lassen sich z. B. Techniken der Herstellung von Steingeräten, der Gestaltung der Keramik- und Schmuckgegenstände, der Verwendung und Anwendung von Metallen u. a. beobachten.

2) *Fluor-Test:* physikalisch-chemische D., die darauf beruht, daß der Knochen die im Grundwasser in geringer Menge vorhandenen Fluor-Ionen bindet, indem Hydroxylapatit (anorganischer Hauptbestandteil der Knochen und Zähne) durch Absorption von Fluor in Fluorapatit umgewandelt wird. Außerdem werden Kalziumionen durch Uranionen ersetzt, so daß eine Uranbestimmung und darüber hinaus eine Stickstoffbestimmung zur Überprüfung der verbliebenen Menge organischer Substanz (*FUN-Test*) zweckmäßig ist. Das gemessene Verhältnis von Fluor zu Uran und Stickstoff ermöglicht eine zeitliche Einordnung, ist jedoch stark von den lokalen geohydrologischen Bedingungen abhängig, so daß mit diesem Text nur die zeitliche Abfolge innerhalb eines lokalen Fundkomplexes ermittelt werden kann.

Absolute D.: 1) *Radio-Karbon-Test,* ^{14}C-*Test*: Durch kosmische Höhenstrahlung entsteht in der Atmosphäre aus dem Luftstickstoff ^{14}N ein instabiles radioaktives Kohlenstoff-Isotop ^{14}C. Dieses wird neben den stabilen Kohlenstoff-Isotopen ^{12}C und ^{13}C nach Oxidation beim Assimilationsprozeß von den Pflanzen aufgenommen und gelangt durch pflanzliche Nahrung in tierische Organismen. Da nach dem Tode kein ^{14}C mehr aufgenommen wird und das radioaktive Isotop einem stetigen Zerfall unterliegt, ändert sich das während des Lebens konstante Verhältnis der drei C-Isotope. Auf der Grundlage der Halbwertszeit von ^{14}C (= 5570 Jahre) kann aus dem veränderten Verhältnis der C-Isotope das Alter des Fossils (Knochen, Holz) bestimmt werden. Wegen der relativen Kurzlebigkeit von ^{14}C kommt diese D. nur für den Zeitraum der letzten 50 000 bis maximal 75 000 Jahre in Frage. Neuere massenspektrographische Verfahren der ^{14}C-Bestimmung können die Datierungsmöglichkeiten eventuell bis auf 100 000 Jahre erweitern.

2) *Kalium-Argon-Test:* Ähnlich wie bei der Radio-Karbon-Methode beruht die Zeitmessung nach K/Ar auf dem radioaktiven Zerfall von ^{40}K zu ^{40}Ca und ^{40}Ar. Da dieser Zerfall mit einer Halbwertszeit von $1,3 \cdot 10^9$ Jahren sehr langsam vor sich geht, können Ablagerungen datiert werden, die älter als 500 000 Jahre sind. Allerdings ist die K/Ar-Methode an vulkanisches Gestein gebunden.

3) *Thorium-Uran-Test* und *Protactinium-Thorium-Test:* Thorium 230 und Protactinium 231 sind Zwischenprodukte der Zerfallsreihen des Urans, das in Sedimente eingelagert ist. Das Vorhandensein von Thorium 230 ist von der ursprünglichen Konzentration von ^{234}U und dessen Zerfallszeit abhängig. Bei einer Halbwertszeit von 75 000 Jahren für den radioaktiven Zerfall von ^{230}Th bewegt sich der optimale Datierungsbereich bei der Thorium-Uran-Methode zwischen 200 000 und 300 000 Jahren. Bei der Protactinium-Thorium-Methode wird das Verhältnis von Protactinium 231 (Halbwertszeit 32 500 Jahre) zu Thorium 230 für die Datierung verwendet, das ebenfalls von der ursprünglichen Konzentration der U-Isotope im Sediment abhängig ist. Der Anwendungsbereich geht bis etwa 140 000 Jahre.

4) *Razemat-Methode, Aminosäure-Methode:* Sie beruht darauf, daß Aminosäuren in zwei Konfigurationen vorliegen, in einer polarisiertes Licht nach rechts drehenden D-Form und einer polarisiertes Licht nach links drehenden L-Form. Nach dem Tode wird die im lebenden Organismus vorwiegend vorhandene L-Form nach und nach in die D-Form übergeführt (*Razemierung*). Die Aminosäure-Datierung ist direkt auf Knochenmaterial anwendbar und benötigt nur geringe Knochenmengen. Aus dem Verhältnis von L- zu D-Form kann das Alter eines Fossils bestimmt werden. Bei einer Halbwertszeit des Übergangs von z. B. L-Isoleucin in D-Alloisoleucin von etwa 110 000 Jahren kann durch diese D. der von der Radio-Karbon- und der Kalium-Argon-Methode nicht erfaßbare Zwischenraum von 100 000 bis 500 000 Jahren überbrückt werden. Die Halbwertszeit ist jedoch temperaturabhängig, so daß Unterschiede in der Temperatureinwirkung während der Lagerungsdauer der Fossilien die Razemierung und dementsprechend das Bestimmungsergebnis beeinflussen können.

5) *Kernspaltungsspurenmethode,* »*fission-track-Methode*«: Sie beruht auf dem sehr langsamen, aber stetigen Zerfall des radioaktiven Uran-Isotops 238 zu Blei. ^{238}U zerfällt noch langsamer als ^{40}K, es hat eine Halbwertszeit von vielen Milliarden Jahren. Während sich der Zerfall von Kalium zu Argon »still« vollzieht, werden beim Zerfall von den Atomkernen des Urans zu Blei winzige Energiemengen frei. Die Kernfragmente des U-Isotops 238 fliegen einige µ durch das Kristallgefüge der Mineralien und hinterlassen Spuren (*fission-tracks*), die lichtmikroskopisch sichtbar gemacht werden können. Aus dem Verhältnis der Fissionsspuren und dem Urangehalt einer Probe kann deren Alter bestimmt werden. Die Möglichkeit der Bestimmung ist jedoch vom Urangehalt der Probe abhängig. Ist zuviel Uran enthalten, sind die Spuren so zahlreich, daß man sie nicht mehr zählen kann. Sind weniger als 50 Teile Uran auf 1 Mill. Teile Mineral vorhanden, ist die Probe unbrauchbar. Mit der Kernspaltungsspurenmethode kann eine Datierung im Bereich von etwa 100 000 bis $5 \cdot 10^9$ Jahren vorgenommen werden.

Bei diesen und noch anderen *chronometrischen D.* können unterschiedliche Faktoren die Genauigkeit der Altersbestimmung beträchtlich beeinflussen. In der Praxis sollten alle für den konkreten Fall möglichen D. eingesetzt werden. Annäherung oder Übereinstimmung der Daten aus methodisch unterschiedlichem Vorgehen erhöht die Sicherheit einer Altersbestimmung.

6) *Warwen-Methode:* Sie gehört zu den chronographischen Methoden, mit deren Hilfe absolute Zeiteinheiten an den geologischen Schichten abgelesen werden. Die Schmelzwasser-Sedimentation der Nacheiszeit erfolgte in Eisrandnähe nach Jahreszeiten unterschiedlich. Im Sommer kam es zu groben, mächtigen, helleren Ablagerungen, während im Winter dünnere, dunklere Schichten bildeten. An den Bändertonen Nord-Eurasiens und Nord-Amerikas läßt sich eine Gliederung für die letzten 16 000 Jahre darstellen (**Warwen-Kalender** der Nacheiszeit, s. S. 186).

7) *Dendrochronologie*, Bestimmung der Jahresringe an Bäumen (*Jahresringanalyse*). Eine kalifornische Kiefer (*Pinus arista*) erreicht ein Baumalter von mehr als 4000 Jahren. Ihr Holz ist besonders widerstandsfähig, so daß unter Einbeziehung fossiler Baumreste eine Jahresringfolge von über 7000 Jahren ausgearbeitet werden konnte. Dendrochronologische Messungen wurden bisher an Hölzern aus allen Erdteilen durchgeführt. Das Baumringalter ist für den erfaßbaren Zeitraum als Korrektur der ^{14}C-Datierung von Bedeutung. Die ^{14}C-Jahre weichen in bestimmten Perioden

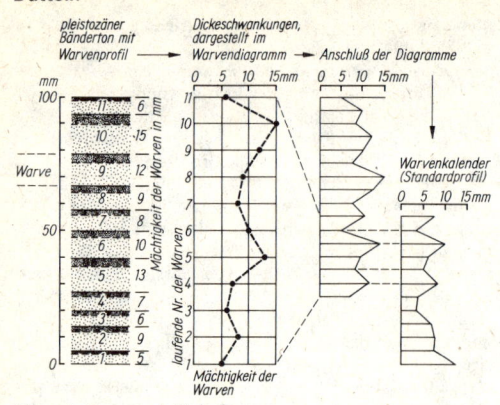

Warvenkalender nach G. de Geer

von den Kalenderjahren ab, da die Rezentaktivität des ^{14}C in der Vergangenheit nicht immer der heutigen entsprach.

8) → Pollenanalyse.

Datteln, die Früchte der Dattelpalme, → Palmen.

Daubentoniidae, → Fingertiere.

Dauerbrüter, → Kaltbrüter.

Dauereier, → Ei.

Dauerformen, besonders widerstandsfähige Formen von Organismen, die ungünstige Lebensbedingungen, wie Nahrungsmangel, Hitze, Kälte, Trockenheit u. a., überdauern können. D. stellen einen Ruhezustand dar, der meist durch eine starke Entwässerung des Zellplasmas und eine damit verbundene Drosselung des Stoffwechsels eingeleitet wird. Außerdem bietet eine dicke Außenhaut vielen D. besonderen Schutz. Zu den D. gehören zahlreiche Pflanzensamen, Eier höherer und niederer Tiere, Zysten von Süßwasserorganismen und Parasiten sowie die Sporen der Pilze und Bakterien. D. sind vielfach auch Verbreitungsstadien.

Dauergedächtnis, genetischer Informationsspeicher, der über die Generationenfolge hinweg wirksam ist; sein Inhalt wird auch als »angeborene Erfahrung« zusammengefaßt. Neu geborene Säugetiere »wissen« auf Grund dieses Gedächtnisses, daß sie eine Milchquelle zu suchen haben und welche Umgebungsmerkmale sie dabei nutzen müssen. Viele Einzelheiten sind in diesem Zusammenhang noch unbekannt. Die Inhalte dieses Speichers werden nur über Evolutionsmechanismen aufgebaut und verändert.

Dauergesellschaft, Bezeichnung für eine Pflanzengesellschaft, die sich langzeitlich kaum merklich verändert und mit den am Wuchsort herrschenden Umweltbedingungen in einem Gleichgewicht befindet. → Sukzession.

Dauergewebe, fertig ausdifferenzierte und mehr oder weniger stark spezialisierte pflanzliche Gewebe, die im Gegensatz zum → Bildungsgewebe die Befähigung zur Zellteilung verloren haben. Die Zellen der D. sind größer als die embryonalen Zellen der Bildungsgewebe und besitzen oft große Vakuolen. Bisweilen sterben sie auch frühzeitig ab, z. B. Tracheen oder Sklerenchymzellen.

D., die aus den primären Urmeristemen (→ Bildungsgewebe) hervorgehen, nennt man primär, solche aus sekundären Meristemen sekundär. Histologisch unterscheiden sich gleiche Gewebe verschiedenen Ursprungs jedoch meist nicht. D. sind → Parenchym, → Abschlußgewebe, → Absorptionsgewebe, → Leitgewebe, → Festigungsgewebe und → Ausscheidungsgewebe.

Dauerknospe, svw. Gemmula.

Dauermodifikation, eine meist durch extreme Umwelteinflüsse bewirkte Veränderung im Erscheinungsbild eines Lebewesens, die auch nach Aufhören dieser Bedingungen noch längere Zeit bei den vegetativen oder sexuellen Nachkommen erhalten bleibt, allmählich schwächer wird und schließlich vollständig verschwindet. Wie Rückkreuzungen gezeigt haben, erfolgt die Weitergabe von D. rein zytoplasmatisch; die Ursachen ihrer Entstehung sind ebenso wie der Mechanismus der zeitlich beschränkten Weitergabe an die Nachkommen noch weitgehend unbekannt.

Dauermyzel, svw. Sklerotium.

Daueroptimalgebiete, die Teile des Verbreitungsgebietes einer Art, in denen die für die Fortpflanzung und Entwicklung optimalen Bedingungen dauerhaft gegeben sind. D. sind z. B. bei Schädlingen die Ausgangszentren von Massenvermehrungen (→ Massenwechsel).

Dauerpräparat, → mikroskopische Präparate.

Dauersporen, dickwandige Sporen, die ungünstige Umweltbedingungen überstehen können (→ Wintersporen) und nach einer mehr oder weniger langen Ruheperiode unter günstigen klimatischen Bedingungen auskeimen. Beispiele für D. sind → Chlamydosporen, → Teleutosporen und → Zygosporen.

Daunen, → Feder.

Davidshirsch, Milu, *Elaphurus davidianus,* ein großer Hirsch mit weit spreizbaren Klauen, langem Schädel und merkwürdigem, scheinbar verkehrt aufsitzendem Geweih. Ursprünglich ein Bewohner sumpfiger Niederungen Nordchinas, war der D. 1865, als ihn der französische Missionar Pater David entdeckte, in freier Natur bereits ausgestorben und nur noch in einem Rudel im Kaiserpalast zu Peking vorhanden. Heute wird er in mehreren Zoologischen Gärten gehalten. Tafel 39.

Debrachyzephalisation, → Brachyzephalisation.

Decabrachia, → Zehnfüßer.

Deckblatt, → Blatt, → Knospe, → Sproßachse.

Deckelschlüpfer, → Zweiflügler.

Deckepithel, Schutzepithel, die Grundform des Epithelgewebes, das als flächiger, in sich geschlossener Zellverband die Körperoberfläche bedeckt und die Körperhohlräume auskleidet. Zu unterscheiden sind nach der Zahl der Zellenlagen *einschichtige Epithelien,* die auch mehrreihig sein können (d. h., die Zellen entspringen alle an der Basis, sind aber verschieden lang), und die fast ausschließlich bei Wirbeltieren vorkommenden *mehrschichtigen Epithelien.* Nach der Form der Zellen unterscheidet man das *Plattenepithel* mit abgeflachten Zellen, das *isoprismatische (kubische) Epithel* mit annähernd würfelförmigen Zellen und das *hochprismatische Epithel (Zylinderepithel)* mit hohen Zellen. Das D. ruht mit einer feinen Grenzhaut, der Basalmembran, auf dem stets darunterliegenden Bindegewebe, die freie Ober-

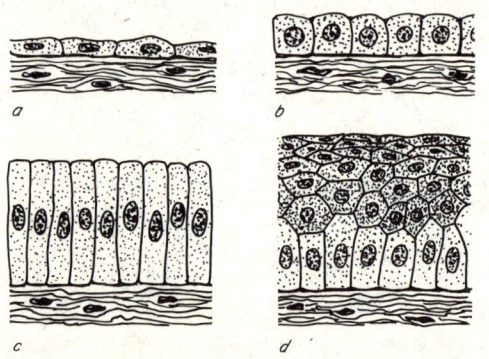

1 Grundformen des Epithelgewebes: *a* Plattenepithel, *b* isoprismatisches (kubisches) Epithel, *c* Zylinderepithel, *d* mehrschichtiges Epithel

fläche der Zellen kann mannigfaltige Bildungen tragen. Mit Geißeln oder Flimmern besetzte Epithelien sind bei Wirbellosen weit verbreitet, bei den Wirbeltieren finden sich *Flimmerepithelien*, z. B. in den Atmungswegen und in den Eileitern. Als *Bürsten-, Kutikular-* oder *Stäbchensäume* bezeichnete Oberflächenbildungen lösen sich elektronenmikroskopisch in eine Vielzahl feinster, dicht aneinandergelagerter Plasmafortsätze auf, die z. B. im Darmepithel als *Mikrovilli* die resorbierende Oberfläche vergrößern. Bei vielen Wirbellosen scheidet das D. der Körperoberfläche eine als

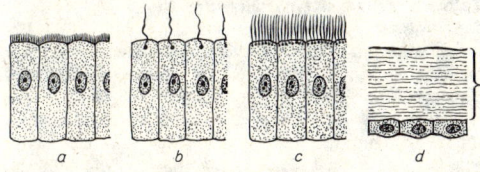

2 Epithelien mit besonderen Oberflächenbildungen: *a* Epithel mit Stäbchensaum, *b* Geißelepithel, *c* Flimmerepithel, *d* Epithel mit Kutikula

→ *Kutikula* bezeichnete feste Schicht ab, die oft als Außenskelett dient. Sie besteht aus organischem Material, bei den Gliederfüßern ist es Chitin, das durch Kalkeinlagerungen verstärkt sein kann. Das D. der Körperoberfläche, die *Epidermis*, besteht bei allen Wirbellosen aus einschichtigem isoprismatischem oder Zylinderepithel, nur die Wirbeltiere besitzen eine mehrschichtige Epidermis. Der Darmkanal wird bei den meisten Tieren von einem einschichtigen Zylinderepithel ausgekleidet. Die vom Mesoderm gebildete Wandung der Zölomhöhlen besteht aus einem einschichtigen Plattenepithel.

Deckglas, dünnes Glasplättchen von 0,15 bis 0,18 mm Dicke zum Abdecken von mikroskopischen Präparaten. Bei numerischen → Aperturen über 0,3 erhält man die scharfe Abbildung nur, wenn eine bestimmte Deckglasdicke nicht überschritten wird. Mikroskopobjektive sind meist für eine Deckglasdicke, z. B. 0,17 mm, korrigiert.

Deckglaskultur, → Zellzüchtung.

Deckknochen, → Knochenbildung.

Decksamer, *Bedecktsamer, Angiospermae, Magnoliophytina,* eine Unterabteilung der Samenpflanzen, deren Samenanlagen immer in einem von Fruchtblättern gebildeten Gehäuse, dem Fruchtknoten, eingeschlossen sind. Der Pollen gelangt nur auf die Narbe, einer charakteristischen Bildung der D., und wächst mit dem Pollenschlauch in die Samenanlage hinein, wo es zur Befruchtung kommt. Typisch für die D. ist eine meist von Tieren bestäubte, fast immer mit einer Blütenhülle ausgestattete Zwitterblüte (→ Blüte). Eine große Rolle bei der entwicklungsgeschichtlichen Ausbildung dieser bedecktsamigen Zwitterblüte haben wahrscheinlich die sie bestäubenden Insekten gespielt. Diese wurden von dem Pollen angelockt, der ihnen als Nahrung diente. Da sie aber gleichzeitig die bei den primitiven Samenpflanzen offen daliegenden, nährstoffreichen Samenanlagen schädigten, kam es wahrscheinlich im Laufe der Zeit dazu, daß die Samenanlagen durch Einschluß in die Fruchtblätter geschützt wurden.

Die Staubblätter der D., die fast immer aus dem Staubfaden und dem Staubbeutel, letzterer wiederum aus zwei Theken mit je zwei Pollensäcken, leiten sich wahrscheinlich aus vereinfachten Mikrosporophyllen fiederblättriger Nacktsamer ab, die Fruchtblätter von den Makrosporophyllen. Jeder Fruchtknoten kann eine oder mehrere Samenanlagen enthalten, aus denen dann ein- bis vielsamige Früchte entstehen. Die Samenanlagen bestehen in den meisten Fällen aus zwei Integumenten, dem Nuzellus und dem Embryosack. In letzterem erfolgt die Ausbildung des noch stärker als bei den Nacktsamern zurückgebildeten weiblichen Gametophyten. Er besteht aus einer Eizelle, den beiden an die Eizelle angrenzenden Synergiden (Gehilfinnen), den drei Antipoden (Gegenfüßerzellen) und der dazwischenliegenden Embryosackzelle mit dem aus zwei Kernen hervorgegangenen sekundären Embryosackkern. Archegonien werden nirgends mehr gebildet. Die Ausbildung des männlichen Gametophyten erfolgt im Pollenkorn durch Teilung des Kerns, wodurch eine vegetative und eine generative Zelle entsteht; letztere teilt sich nochmals in die zwei Spermazellen. Auch Spermatozoide kommen nirgends mehr vor. Das sekundäre Endosperm (triploid), das dem Embryo im Samen als Nährgewebe dient, entsteht bei den D. erst nach der Befruchtung (»doppelte Befruchtung«). Die Integumente bilden sich zur Samenschale (Testa) um, aus der ganzen Samenanlage entsteht der Samen, der bei den D. stets in eine Hülle eingeschlossen ist, die sich aus dem Fruchtknoten unter Beteiligung anderer Blüten- oder sogar Blatteile bildet, das Ganze ist die Frucht. Die Früchte der einzelnen D. sind im Hinblick auf ihre Verbreitungseinrichtungen und Verbreitungsmöglichkeiten vielfältig gestaltet.

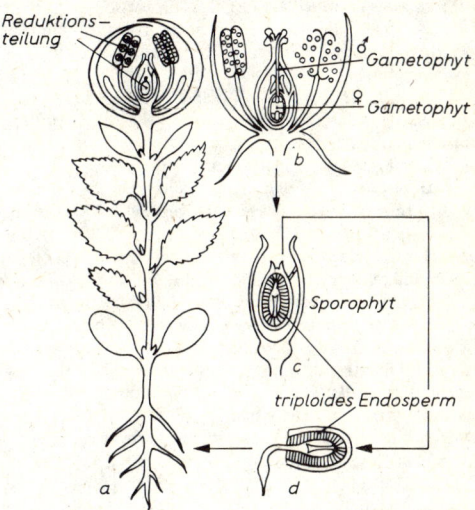

Entwicklungsschema eines Decksamers: *a* Pflanze mit Blütenknospe, *b* offene Blüte vor der Befruchtung, *c* aus der Frucht sich lösender Samen, *d* keimender Samen

Die wasserleitenden Gewebe der D. bestehen in den meisten Fällen aus Tracheen. Die neben den Tracheen noch vorhandenen Tracheiden erfuhren einen Funktionswandel; aus ihnen entstanden Fasertracheiden und Holzfasern. Im Siebteil der Leitgewebe treten hier erstmalig im Pflanzenreich Geleitzellen auf, die physiologisch und ontogenetisch mit den Siebröhren eng verbunden sind. Eine weitere Besonderheit der D. ist die Vielgestaltigkeit ihrer Laubblätter. Die Ursprungsform scheint das ungeteilte, fiedernervige Blatt zu sein, aus dem sich durch Veränderung der Blattnervatur die verschiedenen anderen Blattformen entwickelt haben (→ Blatt). Bei den D. kommen zwei Verzweigungstypen vor, die monopodiale und die sympodiale Verzweigung (→ Sproß). 90% der Kraut- und Straucharten sind sympodial verzweigt. Bei den D. dominieren sowohl nach der Arten- als auch nach der Individuenzahl die Kräuter. Die Baumform muß als primär angesehen werden. Aus den anfangs immergrünen Bäumen entwickelten sich laubabwerfende Bäume und Sträucher, schließlich die ausdauernden und später die einjährigen Kräuter. Man nimmt an, daß

Deckungsgrad

sich diese Entwicklung vor allem infolge schwächer werdender Tätigkeit des Kambiums vollzogen hat. Da bei den Kräutern die einzelnen Generationen schneller aufeinander folgen als bei den Bäumen, sind sie anpassungsfähiger und konnten Gebiete besiedeln, die Bäumen unzugänglich sind. Es gibt aber auch baumförmige Pflanzenarten, die sich wiederum sekundär aus Kräutern entwickelt haben müssen, und zwar durch die Bildung eines aktiveren Kambiums oder durch primäres Dickenwachstum wie bei den baumförmigen einkeimblättrigen D., z. B. den Palmen.

Die Entstehung der D. begann wahrscheinlich schon im Mesozoikum, vor über 130 Millionen Jahren. Fossilien aus dieser Zeit sind spärlich. Als Ausgangsgruppe kommen wahrscheinlich fossile Samenfarne in Betracht, aus denen sich *Palmfarne, Bennettitae, Gnetatae* und *Angiospermae* als parallele Gruppen abgeschieden haben. Dabei werden die D. als eine natürliche Abstammungsgemeinschaft (monophyletische Gruppe) angesehen. Die D. sind mit etwa 230000 Arten die umfangreichste Pflanzengruppe, deren Anzahl durch Neubeschreibungen ständig steigt. Die taxonomische Gliederung der D. in 2 Klassen beruht auf der Tatsache, daß bei der Keimung der Samen entweder am Embryo zwei Keimblätter (→ **Zweikeimblättrige Pflanzen,** Dicotyledoneae, Magnoliatae) oder nur ein Keimblatt (→ **Einkeimblättrige Pflanzen,** Monocotyledoneae, Liliatae) ausgebildet wird.

Beide Klassen haben sich wahrscheinlich schon sehr frühzeitig voneinander getrennt, fossile Decksamerfunde aus der unteren Kreide gestatten bereits, eindeutig Vertreter beider Klassen zu identifizieren.

Deckungsgrad, → Vegetationsaufnahme.

Dedifferenzierung, *Remeristemisierung,* das Wiederembryonalwerden einer differenzierten Zelle. D. ist mit der Reaktivierung der unterdrückten Potenzen (→ Totipotenz) und somit der blockierten Gene für die Bildung bestimmter Proteine (Proteinmuster), ferner mit Plasmawachstum und Zellteilung verbunden. Beispiele für die D. bei Pflanzen stellen die Bildung von Wundkallus aus Parenchymzellen oder die Entstehung von sekundären Meristemen, z. B. Kork-, Interfaszikular- und Wurzelkambien dar. D. ist besonders leicht bei Parenchym-, Epidermis-, Geleit- und Drüsenzellen und kaum bei morphologisch stark veränderten Zellen, z. B. Kollenchymzellen, unreifen Gefäß- und Sklerenchymzellen möglich. Unmöglich ist D. nach extremer Differenzierung, z. B. von Siebröhren.

Eine pathologische D. ist bei Pflanzen und Tieren die Bildung von Krebszellen.

Deetiolierung, → Vergeilen.

Defäkation, die Ausscheidung des Kotes. Grundlage der D. ist ein Reflex. Bei Eintritt des Kotes in das Rektum werden dessen Wände gedehnt und sensible Fasern des Nervus pudendus und Nervus pelvicus erregt. Das Zentrum des Defäkationsreflexes liegt z. T. im Lumbal- und vorwiegend im Sakralmark. Es erregt motorische Fasern speziell des Nervus pelvicus, wodurch im Colon eine starke Peristaltikwelle, eine Kontraktion des Rektums und eine Erschlaffung der inneren Analsphinkteren hervorgerufen werden, so daß der Dickdarm, vom Colon transversus ab, geleert wird. Eine willkürlich gesteuerte Erschlaffung des äußeren Analsphinkters ermöglicht der Nervus pudendus. Die D. wird unterstützt von den gleichzeitig erfolgenden Kontraktionen des Zwerchfells und der Bauchmuskulatur.

defekte Phagen, → temperente Phagen.

defekte Viren, Viren, denen die genetische Information zur Bildung funktionsfähiger Kapsid- bzw. Hüllproteine fehlt. So ist beispielsweise das Rous-Sarkom-Virus unfähig zur Synthese eines Hüllproteins. Um seinen Replikations-

zyklus zu vollenden und neue Virusteilchen zu bilden, bedarf es eines *Helfervirus,* das ihm die fehlende Information zur Verfügung stellt. Letzteres entstammt in der Regel einer Gruppe von Viren, die sehr häufig mit dem Rous-Sarkom-Virus vergesellschaftet vorkommen und daher als *Rous-assoziierte Viren (RAV)* bezeichnet werden. Fehlt das RAV, kommt es zur Transformation der Wirtszellen, d. h. zur Umwandlung normaler Zellen in zur Tumorbildung befähigte Zellen (→ Tumorviren). Oft werden auch die → defizienten Viren zu den d. V. gestellt.

Defensivverhalten, → Schutzansprüche.

defiziente Viren, Viren, denen, bedingt durch eine Defektmutation, die Information zur Bildung bestimmter funktionsfähiger Enzyme, z. B. zur Bildung der RNS-abhängigen RNS-Replikase (→ Viren) fehlt. Es kann daher erst dann zur Vollendung des Replikationszyklus d. V. kommen, wenn eine Superinfektion der Zelle mit einem zweiten Virus erfolgt, das in seinem Genom die Information zur Bildung des fehlenden Proteins trägt. Das superinfizierende Virus dient in diesem Fall als *Helfervirus.* Die d. V. sind oft von ihrem Helfervirus so abhängig, daß sie nur vergesellschaftet mit ihm vorkommen. Sie werden in diesen Fällen als *Satellitenviren* bezeichnet. Als ein Beispiel für ein Satellitenvirus ist das *Tabak-Nekrose-Satelliten-Virus (STNV)* anzuführen, das die RNS-Replikase des *Tabak-Nekrose-Virus (TNV)* zur Vollendung seines Replikationszyklus benötigt und nutzt. Hierdurch wird die Replikation des TNV verlangsamt. Das STNV parasitiert somit nicht nur in der Wirtszelle, sondern auch beim TNV. Es stellt also einen *Virus-Parasiten* dar. Ein ähnliches Verhältnis besteht zwischen den adenoassoziierten Satellitenviren und bestimmten Adenoviren.

In verschiedenen Fällen können auch, besonders in Zellkulturen, Zellen eines zweiten Organismus das den d. V. fehlende Enzym zur Verfügung stellen. Sie dienen dann als *Helferzellen.* D. V. werden mitunter auch zu den → defekten Viren gestellt.

Defizienz, → Deletion.

Defloration, → Vagina.

Defoliant, Mittel, das zur Blattbeseitigung vor der Ernte bestimmt ist, mit dem Ziel der Reifebeschleunigung zur Erleichterung der Mechanisierung der Erntearbeiten.

Degeneration, *Entartung,* in der Biologie eine anomale Ausbildung oder Rückbildung von Zellen, Geweben und Organen eines Individuums oder ganzer Lebewesen. Im Nervensystem des Menschen unterscheidet man a) die *Wallersche D.* (im engeren Sinne), nämlich den Abbau eines vom Perikaryon abgetrennten Nervenzellfortsatzes, b) die *retrograde D.,* nämlich Abbauerscheinungen im verbleibenden Teilstück der Nervenfaser in Richtung auf den Zellkörper. Die retrograde D. kann reversibel sein. c) Die *transneuronale D.* von Folgeneuronen, durch die zuvor beschriebenen Veränderungen unter Umständen ausgelöst. d) Die *physiologische D.* ist hingegen der natürliche Ausfall von Neuronen mit zunehmendem Alter, der bei Menschen oft etwa im Bereiche der 40. Lebensjahres zunächst an nachlassender Hautsensibilität durch Ausfall sensibler Neurone in den Spinalganglien merkbar wird. Die Anzahl aller physiologisch degenerierenden Neurone wird bisher nur geschätzt. Ihre Bedeutung für Alterungserscheinungen wird eher übertrieben. Hingegen sind Formen der *pathologischen D.* (hirnatrophische Prozesse) sehr schwerwiegend.

Degu, → Trugratten.

Dehnungsreflex, bei plötzlicher Dehnung eines Skelettmuskels ausgelöster Reflex, bei dem als Antwort auf den Reiz eine Kontraktion desselben Muskels auftritt. Einige D. haben klinische Bedeutung, z. B. der Patellarsehnenreflex.

Dehydratasen, → Lyasen.
Dehydratisierung, Abspaltung von Wasser aus chemischen Verbindungen, z. B. aus Alkoholen. In der lebenden Zelle wird die D. durch die Dehydratasen (→ Lipasen) katalysiert.
Dehydrierung, Entzug von Wasserstoff, genauer von zwei Elektronen und zwei Protonen, aus einer chemischen Verbindung (→ Oxidation). In der lebenden Zelle wird der Wasserstoff durch eine gekoppelte Folge enzymatisch katalysierter Redoxreaktionen (→ Atmungskette) auf molekularen Sauerstoff übertragen.
7-Dehydrocholesterin, *7-Dehydrocholesterol, Provitamin D_3,* ein Zoosterin, das in der menschlichen und tierischen Haut vorkommt. Es geht bei UV-Bestrahlung in Vitamin D_3 über und führt so zur Heilung der Rachitis. Eine erhöhte Heilwirkung wird durch Metabolite mit Hydroxygruppen in 1α-, 24- oder 25-Position erreicht.

7-Dehydrocholesterol, svw. 7-Dehydrocholesterin.
Dehydroepiandrosteron, svw. Androstenolon.
Dehydrogenasen, zu den Oxidoreduktasen gehörende Enzyme, die aus einem Substrat (Wasserstoffdonator) Wasserstoff aufnehmen und auf ein zweites Substrat (Wasserstoffakzeptor) übertragen. Die anaeroben D. haben als Koenzyme entweder NAD^+ oder $NADP^+$ und katalysieren Redoxreaktionen in äußerst wichtigen Stoffwechselwegen, wie Glykolyse, Trikarbonsäurezyklus, Atmungskette, Pentosephosphatzyklus und verschiedenartige Biosyntheseprozesse oder sie enthalten als prosthetische Gruppe Flavinnukleotide, z. B. FMN oder FAD. Zu der letztgenannten Gruppe gehören z. B. die NADH-Dehydrogenase und die Succinatdehydrogenase. Außerdem gibt es einige D., die zu den mitochondrialen Zytochromen gehören, z. B. Zytochrom b und c, die für den Elektronentransport in der Atmungskette von Bedeutung sind.
Von den aeroben D. sind die Xanthinoxidase und die Aldehyddehydrogenase wichtig; sie enthalten FMN oder FAD als Koenzym.
3-Dehydroretinol, svw. Vitamin A_2, → Vitamine.
Deinotherium [griech. deinos 'furchtbar'; therion 'Tier'], ausgestorbene Gattung der Rüsseltiere von Elefantengröße mit langem Rüssel und abwärts nach unten gerichteten, leicht nach hinten gekrümmten Stoßzähnen im Unterkiefer. Im Oberkiefer waren im Gegensatz zu allen anderen Rüsseltieren keine Stoßzähne entwickelt.
Verbreitung: in Eurasien vom Miozän bis Pliozän, in Afrika bis Pleistozän.
Dekakantha, → Bandwürmer.
Dekapoden, svw. Zehnfüßer.
Dekarboxylasen, → Lyasen.
Dekarboxylierung, Abspaltung von Kohlendioxid aus der Karboxylgruppe einer Karbonsäure. Die D. von Ketosäuren und Aminosäuren spielt im Stoffwechsel eine wichtige Rolle. → Aminosäuredekarboxylasen, → oxidative Dekarboxylierung.
Dekomposition, *Abbau, Zersetzung,* Zustandsänderung abgestorbener organischer Substanz, die unter Energiefreisetzung in Richtung auf die Mineralstufe abläuft. In terrestrischen Ökosystemen bildet die D. die Alternative zur Abweidung, d. h. zur Nutzung der Primärproduktion der Pflanze durch Pflanzenfresser; z. B. verlassen in einer Weide etwa 60%, in einem Laubmischwald gemäßigter Klimate sogar 95% der von der grünen Pflanze gebundenen Energie das Ökosystem auf dem Wege der *Dekompositionskette (Detrituskette).*
Wichtige Prozesse der D. sind die physikalische Zerkleinerung *(Diminution)* der Pflanzen- und Tierreste, die mit einer Vergrößerung der reaktiven Oberflächen und meist mit einem Einbringen in die Wirkungssphäre mikrobiogener Enzyme (Boden) verbunden ist, der *biochemische Katabolismus,* d. h. energiefreisetzende enzymatische Reaktionen, und die Auswaschung löslicher organischer Substanzen aus dem Ökosystem. Die D. kann durch die *Immobilisation* unterbrochen werden, z. B. durch Resynthese organischer Stoffe zu Huminstoffen (→ Humus). Sie wird durch die völlige Mineralisation abgeschlossen.
Die an der D. beteiligten Organismen werden als *Saprotrophe (Saprobionten, Saprophage, Detritovore, Humivore, Humiphage),* aus der Sicht des Ökosystems auch als → *Destruenten* bezeichnet; hierzu gehören Mikroorganismen, Protozoen und Vertreter fast aller Tiergruppen einschließlich einiger Wirbeltiere. Bei Ressourcen, die eine langsame D. zeigen, ist deutlich zwischen *Erst-* oder *Primärzersetzern* und solchen Saprotrophen zu unterscheiden, die erst in einem späteren Stadium der D. angreifen können *(Zweit-, Folge-* oder *Sekundärzersetzer).* Hieraus ergibt sich z. B. bei der D. von Holz- oder Blattstreu eine Sukzession der D. Auf der molekularen Ebene ist besonders die stufenweise Depolymerisation der Strukturpolysaccharide für Richtung und Geschwindigkeit der D. entscheidend. Weiter haben der Eiweißgehalt der Ressource und die abiotischen Umweltbedingungen hohe Bedeutung für den Ablauf der D. Stickstoffreiche Substanzen unterliegen bei gehemmtem Sauerstoffzutritt der → Fäulnis, bei Luftzufuhr, Wärme und Trockenheit der → Verwesung. Nässe, Kälte und Säurebildung verhindern eine vollständige D. und leiten die → Vertorfung ein.
Der Gesamtablauf der D. ist ein wichtiges Charakteristikum jedes Ökosystems und beeinflußt die Nutzungsmöglichkeit durch den Menschen. Die *Dekompositionsrate* beträgt in tropischen Regenwäldern mindestens das Hundertfache derjenigen in Tundraböden. Hieraus erklären sich der Reichtum der Böden kühler Klimate an organischer Substanz (Humus) und die Humusarmut tropischer Böden.
Dekompositionskette, → Dekomposition, → Detritus.
Dekrementleitung, → Erregungsleitung.
dekussierte Blattstellung, → Blatt.
Delamination, → Gastrulation.
Deletion, Chromosomenmutation, in deren Verlauf ein interkalar (in der Mitte) oder terminal (endständig) lokalisiertes Chromosomen- oder Chromatidenstück verlorengeht. Den Verlust endständiger Chromosomenstücke bezeichnet man auch als *Defizienz.* Die genetische Wirkung einer D. ist weitgehend von der Zahl und der Funktion der mit dem chromosomalen Bruchstück (azentrisches Fragment) verlo-

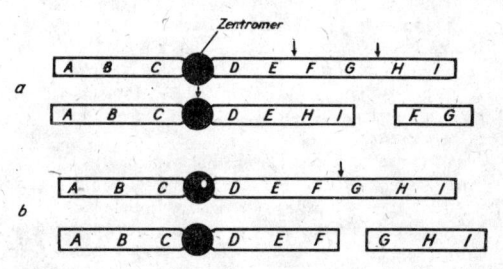

Entstehung einer interkalaren (*a*) und einer terminalen (*b*) Deletion

rengehenden Gene bestimmt. Größere homozygote D. wirken fast immer, heterozygote dagegen relativ häufig letal.

Delphine, *Delphinidae,* eine artenreiche Familie der Zahnwale. Die D. sind kleine bis mittelgroße Wale mit schnabelartig abgesetzter Schnauze. Sie bewohnen alle Meere, z. B. der *Große Tümmler, Tursiops truncatus,* und (mit Ausnahme der Polarmeere) der *Gewöhnliche Delphin, Delphinus delphis;* manche Arten gehen auch in die Flüsse. D. leben räuberisch, der *Schwertwal* oder *Mörderwal, Orcinus orca,* greift sogar die großen Bartenwale an. Wegen ihrer außergewöhnlichen Schwimmleistungen, der Leistungsfähigkeit ihres Zentralnervensystems und ihrer Sinnesorgane sowie im Hinblick auf ihr Unterwasserortungssystem sind verschiedene Delphinarten in jüngster Zeit Gegenstand umfangreicher Forschungen geworden.

Lit.: H.-G. Petzold: Rätsel um D. (7. Aufl. Wittenberg 1981)

Delphinidin, ein zu den → Anthozyanen gehörender, weit verbreiteter roter und blauer Blütenfarbstoff. Sein Name ist vom Feldrittersporn, *Delphinium consolida,* abgeleitet, in dem das D. glykosidisch als *Delphinin,* an je zwei Molekülen Glukose und p-Hydroxybenzoesäure gebunden, vorliegt (wird aus *Delphinium staphisagria* isoliert). Zahlreiche andere Glykoside des D. sind bekannt, z. T. von methylierten D., die sich z. B. in der blauen Petunie und in den Schalen violetter Kartoffelknollen finden.

Delphys, svw. Uterus.

Demarkationspotential, → Ruhepotential.

Demissin, in der Wildkartoffel, *Solanum demissum,* enthaltenes Alkaloid, das auf Kartoffelkäfer fraßabschreckend wirkt und somit den Befall dieser Pflanzen verhindert. D. ist ein Glykosid (Glykoalkaloid), das bei saurer Hydrolyse in *Demissidin,* ein zu den Steroiden zählendes Aglykon, und den aus D-Galaktose, D-Xylose und 2 Molekülen D-Glukose bestehenden Tetrasaccharid *β-Lykotetrose* gespalten wird.

Demographie, svw. Bevölkerungskunde.

Demökologie, svw. Populationsökologie.

Demospongiae, eine Klasse der Schwämme, deren Arten stets nach dem Leucontyp gebaut sind. Das Skelett besteht aus Kieselsäurekleriten. Die bekanntesten Vertreter gehören zu den Ordnungen *Dictyoceratidae* → (Hornschwämme) mit dem → Badeschwamm und *Haplosclerida* mit den → Süßwasserschwämmen.

Denaturierung, durch Einwirkung von Säuren, Basen, chemischen Agenzien wie organische Lösungsmittel, konzentrierte Harnstofflösung oder Dodecylsulfat, Hitze oder Bestrahlung bewirkte, meist irreversible Strukturveränderungen von Proteinen oder anderen Biopolymeren. Diese verlieren dadurch ihre biologischen Eigenschaften, z. B. Enzym- oder Hormonwirkung, und zeigen meist veränderte physikalische Eigenschaften, z. B. Gerinnung des Eiweißkörpers infolge herabgesetzter Löslichkeit. Die D. beruht auf einem Übergang von einem hochgeordneten in einen ungeordneten Zustand.

Dendriten, → Neuron.

Dendrochronologie, → Datierungsmethoden.

Dendrogäa, → Neogäa.

Dendroidea [griech. dendron 'Baum', eidos 'Gestalt'], eine Graptolithenordnung mit baum-, korb- oder netzartig verzweigten Rhabdosomen. Das Skelett besteht aus einem chitinartigen Material. Es wird von mehreren Lagen aufgebaut. Das Rhabdosom bildet mehrere Zweige, die durch Querverbindungen, die Dissepimente, verbunden waren. Basalplatten oder Haftfäden (Nema) dienen der Anheftung der Rhabdosome. Die Rhabdosome tragen zwei oder drei verschiedene Zelltypen, die Theken.

Verbreitung: Mittelkambrium bis Unterkarbon. Stratigraphische Bedeutung besonders im Unteren Ordovizium (Tremadoc).

Dendrolagus, → Känguruhs.

Dendrologie, *Gehölzkunde,* ein Fachgebiet der angewandten Botanik, das sich vorwiegend mit den Fragen der Züchtung und des Anbaus der Nutz- und Ziergehölze befaßt.

Denervierung, → neuronaler Stofftransport.

Denitrifikation, → Nitratatmung, → Stickstoff.

Dens, 1) Zahn. 2) Zahnartiger Fortsatz, z. B. an den Wirbeln. 3) Teil der Sprunggabel der Springschwänze.

Dentes, → Zähne.

Dentin, → Zähne.

Dentition, *Zahnen,* Durchbruch der Zähne. Bei der Mehrzahl der Säuger treten zeitlich verschieden zwei Zahngenerationen auf, die erste ist das *Milchgebiß (Dentes decidui)* und die zweite das *bleibende Gebiß (Dentes permanentes).* Bei Haien findet ein dauernder Zahnwechsel statt. Bei Säugern werden die Milchzähne infolge Größenzunahme von den definitiven Zähnen normalerweise in vertikaler Richtung verdrängt. Bei Elefanten, Seekühen und Känguruhs findet ein horizontaler Zahnwechsel mit Wanderung der Zähne nach vorn statt. Die Zähne des Menschen gehen aus Zahnleisten hervor, die sich schon in der ersten Hälfte des 2. Embryonalmonats in beiden Kiefern zu bilden beginnen. Zuerst entwickeln sich die Zahnkronen, von denen aus die Zahnbildung wurzelwärts weiter voranschreitet. Nach der Geburt brechen die Zähne normalerweise in gesetzmäßiger Reihenfolge durch das Zahnfleisch hindurch. Im 6. bis 9. Lebensmonat erscheinen die mittleren Schneidezähne des Milchgebisses, im 8. bis 11. die seitlichen, im 12. bis 16. die Prämolaren, im 16. bis 20. die Eckzähne und im 20. bis 24. Monat die Molaren (Mahlzähne). Auch die Entwicklung der bleibenden Zähne beginnt z. T. schon im Embryonalstadium. Während des Wachstums werden die Milchzähne zunehmend schlechter ernährt, was zu Rückbildungsvorgängen von der Wurzel zur Krone führt. Schließlich bleibt nur noch eine dünne Schmelzkappe übrig, die von dem nachdrängenden definitiven Zahn abgehoben wird. Der Zahnwechsel erfolgt wiederum in gesetzmäßiger Reihenfolge.

Das Milchgebiß der Knaben erscheint meistens etwas früher als das der Mädchen, während bei letzteren der Zahnwechsel etwas eher erfolgt.

Der Umstand, daß die einzelnen Zähne in verschiedenen Lebensaltern durchbrechen, wird in der Anthropologie und der Gerichtsmedizin für die Altersbestimmung mit ausgenutzt.

Depigmentation, die Verringerung der Anzahl der Pigmentkörnchen in Haut, Haar und Augen während der phylogenetischen Entwicklung des Menschen. Man nimmt an,

daß die Vorfahren des Menschen einen mittleren Pigmentationsgrad aufwiesen. In selektiver Anpassung an Lebensräume mit intensiver ultravioletter Strahlung ist es dann in tropischen und subtropischen Gebieten zu einer Pigmentvermehrung und in Regionen mit schwacher UV-Strahlung zu einer D. gekommen. → Hautfarbe, → Komplexion.
Deplasmolyse, → Osmose, → Plasmolyse.
deplazierte Bewegung, *deplaziertes Verhalten, Übersprungbewegung,* Auftreten einer Verhaltensweise, die nicht situationsgerecht, in einem anderen Kontext aber funktionell ist. Bekannte Beispiele sind das deplazierte Pikken beim Hahn während eines Kampfes oder das kurzzeitige Einnehmen der Schlafstellung in einem agonistischen Verhaltensablauf. Meist liegen Konflikte zwischen verschiedenen Verhaltensbereitschaften (z. B. Angriff – Flucht) vor, es kann aber auch andere Ursachen geben, so daß bis heute keine einheitliche Hypothese zur Erklärung der d. B. entwickelt werden konnte.

Übersprungverhalten bei Vögeln: *a* Flußregenpfeifer beim Futtersuchen im Übersprung ohne Nahrungsaufnahme, dabei Alarmruf gebend. *b* Säbelschnäbler beim Übersprungschlafen, jedoch mit geöffnetem Auge zum Fixieren des Gegners (nach Simmons 1955)

Depolarisation, → Erregung.
Depside, organische Verbindungen, die aus Phenolkarbonsäuren (→ Karbonsäuren) aufgebaut sind, wobei die Karboxylgruppe des einen Säuremoleküls mit der Hydroxylgruppe eines anderen verestert ist. Der Name D. wurde in Analogie zu den ähnlich gebauten Peptiden geprägt. Von den D. leitet sich eine Reihe von Gerbstoffen ab; ein einfaches Didepsid ist die Chlorogensäure, die in beträchtlicher Menge in Kaffeebohnen enthalten ist.
Depsipeptide, heterodete Peptide, die neben Peptid- auch Esterbindungen enthalten. Als Stoffwechselprodukte von Mikroorganismen anfallend, haben D. gewöhnlich sehr hohe antibiotische Wirkung.
Derivat, Abkömmling; in der Entwicklungsphysiologie Bezeichnung für Organbildungen, die entwicklungsgeschichtlich auf voraufgegangene zurückzuführen sind. In diesem Sinne ist das Nervensystem ein D. des Ektoderms, die Leber ein D. des Entoderms.
Dermallager, → Schwämme.
Dermalporen, → Schwämme.
Dermaptera, → Ohrwürmer.
Dermatogen, → Bildungsgewebe, → Histogene, → Sproßachse.
Dermatoglyphik, svw. Daktyloskopie.
Dermatokranium, → Schädel.

Dermographismus, → Kreislaufregulation.
Dermoptera, → Riesengleitflieger.
Desaminierung, Abspaltung der Aminogruppe $-NH_2$ aus chemischen Verbindungen, insbesondere aus Aminosäuren, wobei man die → oxidative Desaminierung und die → Transaminierung unterscheidet.
Desinfektion, *Entseuchung,* das Abtöten der krankheitserregenden Mikroorganismen und Viren an Geräten, Kleidung, Körperoberflächen, in Räumen u. ä. Damit wird die Übertragung der Erreger verhindert und die Infektionsgefahr beseitigt. Von besonderer Bedeutung ist die D. als Mittel zur Bekämpfung von Epidemien. Die D. erfolgt 1) durch chemische Desinfektionsmittel, wie Phenolverbindungen, z. B. in Form der handelsüblichen Desinfektionsmittel Meleusol oder Wofasept®, Sublimatlösung, Chlorkalk, Formaldehyd, Ethylalkohol, Iod, Oxidationsmittel, z. B. Wasserstoffperoxid oder Kaliumpermanganatlösung, u. a., 2) durch physikalische Methoden, wie Anwendung von trockener oder feuchter Hitze, ultravioletter Strahlung (Sonnenlicht, Quarzlampe) u. a., und 3) durch die Kombination chemischer Mittel und physikalischer Methoden. Vgl. → Sterilisation.
Desman, *Bisamrüßler, Desmana moschata,* ein einer großen Ratte ähnelnder Vertreter der Maulwürfe, dessen Füße mit Schwimmhäuten versehen sind. Der D. lebt in verschiedenen Flußgebieten der Sowjetunion, er sucht sich schwimmend seine aus Wasserinsekten, Egeln, Schnecken und Laich bestehende Nahrung. Seine Erdbaue legt der D. am Ufer an, wobei der Eingang unter dem Wasserspiegel liegt.

Lit.: I. I. Barabasch-Nikiforow: Die D. (Wittenberg 1975).

Desmodontidae, → Vampire.
Desmomyaria, Ordnung der Salpen mit halbringförmigen, an der Bauchseite oder auch am Rücken nicht geschlossenen Muskelbändern, einem einzigen Paar großer Kiemenspalten und einem die Schlagrichtung wechselnden Herzen. Die Entwicklung erfolgt ohne Schwanzlarve. D. haben einen komplizierten Generationswechsel. Aus dem Ei entsteht die Amme. Diese bildet auf der Bauchseite einen Fortsatz (Stolo prolifer), an dem viele Knospen entstehen, die zu Salpen in zusammenhängender Kette (Kettensalpen) wachsen. Die Kette kann sich lösen, und weitere Bildungen

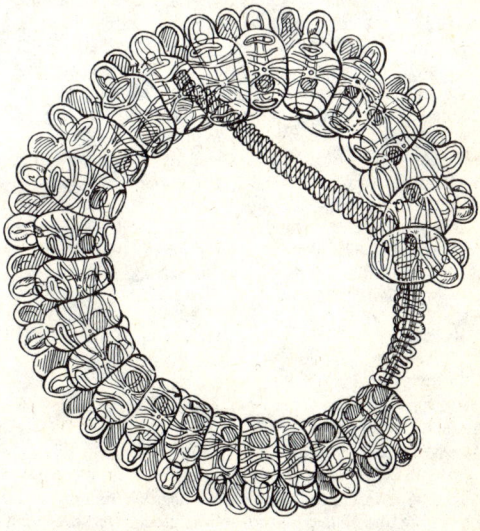

Kettenbildende Generation von *Salpa democratica* Forsk.

Desmose

können mehrfach folgen. Die Kettensalpen sind bereits die Geschlechtstiere, in denen jeweils nur ein Ei und Spermatozoen entstehen. Das befruchtete Ei entwickelt sich im Geschlechtstier zur neuen Amme.

Desmose, → Spermatogenese.
Desmosen, → Epithelgewebe.
Desmosom, → Plasmamembran.
Desorsche Larve, → Schnurwürmer.
Desoxycholsäure, → Gallensäuren.
11-Desoxykortikosteron, svw. Kortexon.
Desoxyribonukleasen, Phosphodiesterasen, die die Phosphorsäurediesterbindungen von Desoxyribonukleinsäuren unter Bildung von Oligonukleotiden hydrolytisch spalten. Die im Sekret der Bauchspeicheldrüse gefundene D. fungiert als Verdauungsenzym zum Abbau von Desoxyribonukleinsäuren, die mit der Nahrung aufgenommen werden. Sie hat ein pH-Optimum von pH 7 bis 8 und eine Molekülmasse von 31000. Primär- und Sekundärstruktur sind noch unbekannt. Daneben existieren noch intrazelluläre D. Bei den D. unterscheidet man zwischen *Endodesoxyribonukleasen*, die vom Ende der Polynukleotidkette her sukzessive Nukleotid für Nukleotid abspalten, und *Exodesoxyribonukleasen*, die das Polynukleotid in der Kettenmitte angreifen. Daneben gibt es Substratspezifität für einsträngige und für Doppelstrang-Desoxyribonukleinsäuren.

Desoxyribonukleinsäure, Abk. *DNS, DNA,* ein hochmolekulares Polynukleotid (→ Nukleinsäuren), das das genetische Material der Pro- und Eukaryoten sowie der DNS-Viren darstellt und deshalb in den Chromosomen gefunden wird, sowie in Organellen, die extrakleäre Erbträger enthalten (→ Plasmavererbung). Die D. ist aus zahlreichen Nukleotiden aufgebaut, die durch Phosphorsäure in Diesterbindung über die 3'- und 5'-Hydroxylgruppen der Kohlenhydratkomponente → 2-Desoxy-D-ribose miteinander verknüpft sind.

Als Basenanteile treten die Purinderivate Adenin und Guanin sowie die Pyrimidinderivate Zytosin und Thymin auf. Je zwei Polynukleotidstränge werden durch komplementäre Basenpaarung, d. h. Wasserstoffbrückenbildung zwischen Adenin und Thymin sowie Guanin und Zytosin, zu einem verdrillten Doppelstrang zusammengehalten, in dem die Reihenfolge der Basen des einen Desoxyribonukleinsäurestranges die Basensequenz des zweiten Stranges bestimmt. Diese 1953 von Watson und Crick aufgeklärte Struktur der D. ermöglicht deren → Autoreduplikation und qualifiziert sie damit als genetisches Material. Sorgfältig isolierte D. kann eine Molekülmasse von mehr als 100 Millionen besitzen. Virus-DNS-Moleküle bestehen mindestens aus wenigen tausend Nukleotiden. Die auf 23 Chromosomenpaare der menschlichen Zelle verteilte DNS besteht aus etwa 5 Milliarden Nukleotidpaaren, in denen etwa 50000 genetische Informationen (→ Gen) verschlüsselt sind.

2-Desoxy-D-ribose, zu den Pentosen zählender Desoxyzucker, der als Kohlenhydratkomponente Bestandteil der Desoxyribonukleinsäure ist, zytostatisch wirkt und die Glykolyse verhindert.

β-2-Desoxy-D-ribose

Desoxyzucker, Monosaccharide, bei denen Hydroxylgruppen durch Wasserstoff ersetzt sind. D. treten oft als Zuckerkomponente in Glykosiden auf. Zu den D. gehören z. B. L-Rhamnose und D-Digitoxose, aber auch der DNS-Baustein 2-Desoxy-D-ribose.

Desquamation, → Plazenta.
Desquamationsphase, → Uterus.
Destruenten, *Reduzenten,* saprotrophe Organismen, die sich an der Zersetzung toter organischer Substanz beteiligen; → Dekomposition.
Desulfovibrio, eine Gattung kommaförmiger, polar begeißelter, gramnegativer, obligat anaerober Bakterien, die zur Desulfurikation befähigt sind. D. kommt in Gewässern und Böden vor, die reich an organischem Material sind und in denen Sauerstoffmangel herrscht.
Desulfurikation, → Schwefel.
Desynapsis, während der Meiose zu beobachtende Erscheinung, daß die Paarungspartner nicht bis zur Anaphase I erhalten bleiben, sondern bereits früher auf Grund fehlender Chiasmabildung oder vorzeitiger Chiasmalösung (→ Chiasma) auseinanderfallen. Ähnlich wie die → Asynapsis führt die D. meist zu Meiosestörungen in Form von Fehlverteilungen der desynaptischen Chromosomen, die sich wie → Univalente verhalten.

Deszendenztheorie, *Abstammungslehre,* die insbesondere von Charles Darwin (1809–1882) begründete Theorie, daß die Mannigfaltigkeit des Lebens auf der Erde das Ergebnis eines langen komplizierten und auch heute noch andauernden Prozesses ist, der als → Evolution der Organismen bezeichnet wird. Im Verlauf dieses Vorgangs hat sich die heutige Formenvielfalt aus wenigen primitiven und niedrig organisierten Ahnformen entwickelt. Die D. ist eine gesicherte, heute von keinem ernsthaften Forscher bestrittene Tatsache. Beweise für die D. lieferten in überzeugender Weise die → Taxonomie, die → Paläontologie (fossile → Formenreihe), die vergleichende → Anatomie (Feststellen von → Homologien), die → Embryologie (→ biogenetisches Grundgesetz) und die → Biogeographie.

Die Triebkräfte der Evolution wurden auf der Grundlage von Darwins → Selektionstheorie durch die → synthetische Theorie der Evolution erkannt.

Deszensus, Abstieg; bei Säugetieren die Verlagerung der Keimdrüsen während der Ontogenese vom Ort der Entstehung in ihre definitive Lage. Aus der Nierengegend verlagern sich die Hoden in den Hodensack, die Eierstöcke in den Beckenraum. Bei einer größeren Zahl von Säugetieren (meist primitive, altertümliche) bleibt der Hoden im Bauchraum (Insektenfresser, Edentata, Klippschliefer, Elefant, auch Wale). Bei vielen Nagern, Insektenfressern, den Robben, Tapiren und Nashörnern verlagern sich die Hoden dicht unter die Haut, und bei Beuteltieren, einzelnen Nagern, Fledermäusen, Wiederkäuern, Pferden, der Mehrzahl der Raubtiere und den meisten Primaten werden die Hoden in einen Hautsack (Scrotum) eingelagert. Insektenfresser, Fledermäuse und Nager können sie außerhalb der Fortpflanzungsperiode wieder in den Bauchraum zurückziehen.

Detektormechanismus, Mechanismus, der auf bestimmte Invarianzen über einen Rezeptor anspricht. So kennt man für die Augen der Ameisen folgende D.: Dunkeldetektor, Helldetektor, Vertikaldetektor, Gliederdetektor. Bei Katzen wurden Vokal- und Konsonantdetektoren sowie Transientdetektoren bei der Schallwahrnehmung nachgewiesen.

Determination, die Festlegung des Differenzierungsweges und somit einer bestimmten biologischen Entwicklungsrichtung oder Funktion einer bzw. mehrerer noch undifferenzierter Zellen. D. und Differenzierung (→ Zelldifferenzierung) verhalten sich zueinander wie Befehlsempfang und -ausführung. Bei der D. wird aus der großen Zahl der durch den Genbestand einer Zelle bestimmten Potenzen durch *differentielle Genexpression,* d. h. durch Freigabe der Information einiger Gene bei gleichzeitiger Sperrung der Information anderer Gene, eine Auswahl getroffen. Die D., die sich als progressive Beschränkung der Totipotenz der Eizelle darstellt, kann genetisch programmiert sein. Das ist z. B. bei den Mosaikkeimen mancher Tiere oder bei der befruchteten Eizelle in der Samenanlage der Pflanzen der Fall, bei der im zweizelligen Stadium eine Zelle zum Sproß und die andere zur Primärwurzel und zum Embryostiel (Suspensor) wird. Auch die nächsten Teilungen sind hier programmiert. Die D. kann aber auch durch Nachbarzellen, durch Hormone bzw. Phytohormone und schließlich durch verschiedene Außenfaktoren ausgelöst und beeinflußt werden. Bei der *homoiogenetischen Induktion* überträgt z. B. ein differenziertes Dauergewebe seinen eigenen Differenzierungsweg. So entstehen im Wundkallus der Pflanzen z. B. Leitbündel in direktem Kontakt mit alten, verletzten Leitbündeln. Ähnliches gilt für Pfropfungen. Im Entwicklungsgang unverletzter Pflanzen regt das faszikulare Kambium die Bildung des interfaszikularen Kambiums an. Demgegenüber wird z. B. die *Polarität*, d. h. die physiologische Ungleichwertigkeit entgegengesetzter Pole, häufig durch Außenfaktoren induziert, bei den Sporen von vielen Moosen und Farnpflanzen und bei den Eizellen gewisser Algen beispielsweise durch Licht. Eine einmal erfolgte D. kann endgültig und *stabil* oder auch *labil*, d. h. noch umstimmbar sein. Die erfolgte D. ist in der Regel nicht morphologisch erkennbar. Sie muß vielmehr im Experiment erschlossen werden. In eine fremde Umgebung transplantierte (verpflanzte) Keimstücke werden sich, wenn sie noch nicht determiniert waren, ortsgemäß entwickeln, d. h., sie fügen sich in ihrer weiteren Entwicklung vollkommen in die neue Umgebung ein. Waren sie jedoch bereits determiniert, so entwickeln sie sich herkunftsgemäß. Transplantiert man z. B. auf dem Stadium der frühen Gastrula beim Molch ein Stückchen der Region, aus der die Neuralplatte hervorgehen wird, in die spätere Bauchregion und umgekehrt, so entwickeln sich die Transplantate in jedem Falle »ortsgemäß« weiter, ein präsumptives Medullarplattenstück wird zur Bauchepidermis, die präsumptive Bauchepidermis zu Nervengewebe. In weiteren Transplantationsexperimenten konnte gezeigt werden, daß das präsumptive Medullarplattengewebe auf dem Stadium der frühen Gastrula auch noch zu mesodermalen Geweben (Chorda, Urwirbel, Seitenplatte, Vornierenwulst) oder zu entodermalem Darmepithel umgestimmt werden kann. Führt man entsprechende Transplantationen jedoch zu einem späteren Zeitpunkt – etwa auf dem Stadium der beginnenden Neurula – durch, so ist diese Anpassungsfähigkeit nicht mehr zu beobachten. So entwickelt sich beispielsweise das aus der Medullarplatte im Bereich der präsumptiven Augenblase entnommene Stück in der Bauchregion »herkunftsgemäß« zu einem Auge weiter. Zwischen den Stadien der frühen Gastrula und der beginnenden Neurula muß somit die D. erfolgt sein (→ Organisator).

Der Zeitpunkt der D. ist für die verschiedenen Teile desselben Keimes nicht einheitlich. Er muß von Fall zu Fall experimentell erschlossen werden.

Determinationszone, → Sproßachse.
Detritovore, → Dekomposition.
Detritus, *Tripton*, abgestorbene organische Substanz, im terrestrischen Ökosystem svw. Humus. Im Wasser kommen zu den organischen auch noch mineralische Sinkstoffe wie Ton, Sand u. a. hinzu. Am Grund sich anhäufender D. bildet das Sediment. D. dient den *Detritusfressern*, d. s. meist Bodentiere, wie Muscheln und Würmer, als Nahrung. *Allochthoner D.* ist dem Gewässer aus der Umgebung zugeführt, *autochthoner D.* wird im Gewässer selbst gebildet. Der Abbau von D. (→ Dekomposition) verläuft über die saprotrophen (detritovoren) Organismen des Ökosystem, d. h. über die *Detrituskette* (*Dekompositionskette*).
Deuteranopie, → Farbsinnstörungen.
Deuterentoderm, → Gastrulation.
Deuteromycetes, → Unvollständige Pilze.
Deuterostomier, *Deuterostomia, Notoneuralia, Neumundtiere, Zweitmünder, Rückenmarktiere*, Serie oder Stammgruppe der → *Bilateria*. Bei ihnen bleibt der Urmund der Gastrula als After erhalten, während der Mund am anderen Ende des Urdarmes neu entsteht. Der zentrale Strang des Nervensystems liegt auf der Rückenseite. Zu den D. gehören die Tierstämme → Hemichordaten (*Hemichordata*), → Stachelhäuter (*Echinodermata*), → Bartwürmer (*Pogonophora*), → Pfeilwürmer (*Chaetognatha*) und → Chordatiere (*Chordata*).
Deuterozöl, → Leibeshöhle.
Deutometamerie, die Ausbildung der ersten Segmente (Deutometameren) bei den Larvenformen der Gliedertiere (*Articulata*), wodurch die ursprünglich einheitliche Leibeshöhle, das Somatozöl, gleichzeitig in eine bei den einzelnen Gruppen wechselnde Zahl von Metameren zerlegt wird; an diesen Prozeß schließt sich die Tritometamerie (→ Mesoblast) an. Ausschließlich Deutometameren werden z. B. bei den Weichtieren angelegt; sie spielen außerdem eine wichtige Rolle als Larvalsegmente bei den Gliedertieren.
Deutoplasma, → Ei, → Dotter.
Deutozephalon, → Mesoblast.
Devernalisation, die Verminderung oder Aufhebung des durch → Vernalisation erzielten Effektes. D. kann z. B. eintreten durch mehrtägige Wärmebehandlung (etwa 20 bis 40 °C) in unmittelbarem Anschluß an die Vernalisation. Devernalisierte Pflanzen können nochmals vernalisiert werden. Man spricht dann von *Revernalisation*.
Deviation, → biometabolische Modi.
Devon [nach der englischen Grafschaft Devonshire], System des Paläozoikums, dessen Dauer 55 Mill. Jahre beträgt. Die Fauna umfaßt sämtliche Stämme der Wirbellosen. Daneben treten mit Kiefern ausgestattete (gnathostome) Fische und die ältesten labyrinthodonten Amphibien, die noch Fischmerkmale besitzen, auf. Die Fische lebten überwiegend in brackigen sowie lagunären bis kontinentalen Flachwasserbereichen des Old Red Kontinentes. Erste Süßwassermuscheln und Landschnecken erschienen. Die übrige Fauna war an die rein marinen Bereiche gebunden. Die relative zeitliche Gliederung vollzieht sich für die brackischen sowie lagunär-kontinentalen Gebiete nach der Entwicklung der Fische. Es sind besonders die Panzerfische, Lungenfische und primitive Haie von Bedeutung. Die relative zeitliche Gliederung der marinen Folgen beruht vor allem auf der Entwicklung der Korallen, Brachiopoden, Goniatiden und Clymenien, Ostrakoden und Conodonten. Auch Trilobiten, Tentakuliten und Krinoiden sind von Bedeutung. Dagegen starben die Graptolithen am Ende des Unterdevons (Emsium) aus. Das D. gliedert sich in das *Unterdevon* (leitend vor allem Brachiopoden), *Mitteldevon* (leitend vor allem Korallen, Brachiopoden und Goniatiden) und *Oberdevon* (leitend vor allem Goniatiden, Clymenien, Ostrakoden und Conodonten).

Die im Obersilur auftretenden Nacktpflanzen (urtümliche Gefäßpflanzen) entwickeln sich im Unterdevon zu echten Landpflanzen. Sie entfalten sich rasch und sind auch für die floristische Gliederung charakteristisch. Im Mitteldevon erscheinen die Protoartikulaten, im Oberdevon erste zu den Bärlappgewächsen und zu den Farnpflanzen zählende Vertreter. Floristisch-stratigraphisch gliedert man danach drei Floren aus: *Psilophyton-, Hyenia-* und *Archaeopteris-*Flora. → Erdzeitalter.
Dextrane, hochmolekulare Polysaccharide mit einer Mole-

Dextrine

külmasse bis zu einigen Millionen. Die Darstellung der D. erfolgt durch Kultivierung von Milchsäurebakterien, *Leuconostoc mesenteroides* und *Leuconostoc dextranicum,* auf saccharosehaltigen Nährmedien. D. mit einer Molekülmasse von 75000, die durch gelenkte Synthese oder partielle Hydrolyse höhermolekularer D. dargestellt werden, dienen als Blutersatzmittel. Durch Quervernetzung der Polysaccharidketten erhaltene Gele finden als Molekularsiebe Verwendung.

Dextrine, wasserlösliche Abbauprodukte der Stärke, aus der sie durch Einwirkung von Hitze, Säure oder enzymatisch unter dem Einfluß von Amylasen entstehen. D. finden als Klebstoff und Appreturen Anwendung.

Dextrose, svw. D-Glukose.
Dezidua, → Plazenta.
DHEA, → Androstenolon.
Diabetes insipidus, → Diurese.
Diabetes mellitus, → Zuckerhaushalt.
Diagnose, *Diagnostik,* 1) Erkennen und Benennen einer Krankheit oder Beschädigung aufgrund von typischen Symptomen bzw. eines Symptomkomplexes oder der Determination der Krankheits- bzw. Schadensursache. 2) → Nomenklatur.
Diagramm, projizierte Querschnittsdarstellung, schematischer Grundriß; in der Botanik Grundriß, der die Stellungsverhältnisse und Symmetrieverhältnisse der Blätter am Sproß oder der Blütenteile veranschaulicht; → Blüte, Abschnitt Symmetrieverhältnisse.
Diakinese, → Meiose.
Diamantschildkröte, *Malaclemys terrapin,* durch reliefartige Erhöhungen der Rückenschilder gekennzeichnete → Sumpfschildkröte, die in vielen Unterarten hauptsächlich in salzhaltigen Küstengewässern großer Teile Nordamerikas lebt und deren Fleisch als Delikatesse geschätzt ist.
Diaminophosphatide, → Sphingomyeline.
Diantennata, → Branchiata.
Diapause, bei wirbellosen Tieren, im engeren Sinne bei Insekten, eine Phase ausgeprägter Entwicklungsruhe (→ Dormanz) mit herabgesetztem Stoffwechsel, die meist einem endogenen Rhythmus unterliegt. Als auslösende Faktoren können Belichtung (Abnahme der Tageslänge), Temperatur, auch Feuchtigkeit und verschlechterte Ernährungsbedingungen wirken. Man unterscheidet bei Insekten danach Embryonal-, Larven-, Puppen- und Imaginaldiapause. Sie steht oft in Beziehung zur → Überwinterung der betreffenden Art.
Diaphragma, → Blutkreislauf, → Zwerchfell.
Diaphyse, Endabschnitt eines Röhrenknochens.
Diapophyse, → Achsenskelett.
Diaptomus, → Ruderfußkrebse.
diarch, → Wurzel.
Diarthrosis, svw. Gelenk.
Diastasen, svw. Amylasen.
Diastema, *Affenlücke,* bei vielen Säugern Zwischenraum in der Zahnreihe, der durch Wegfall von einem oder mehreren Zähnen (Nager) oder durch Verlängerung der Kiefer (Pferd, Wiederkäuer) entsteht. In das D. greift bei manchen Arten (z. B. Affen) der Eckzahn des gegenüberliegenden Kiefers ein. Ein D. fehlt fossilen und rezenten Menschen, ist aber bei allen Menschenaffen vorhanden.
Diastole, → Aktionsphasen des Herzens.
Diatomeae, → Kieselalgen.
Diauxie, zweiphasiges Wachstum einer Mikroorganismenkultur in einer Nährlösung mit zwei unterschiedlichen Nährstoffen. Die Organismen verwerten zunächst den einen Nährstoff. Dieser verhindert die Bildung der Enzyme, die für die Verwertung des zweiten Nährstoffes erforderlich

sind. Erst wenn der erste Nährstoff verbraucht ist, können die Mikroorganismen diese Enzyme bilden und somit den zweiten Nährstoff nutzen. Die Wachstumskurve weist im Falle der D. zwei logarithmische Phasen auf, die durch einen Sattel getrennt sind (Abb.).

Diauxischer Wachstumsverlauf einer Mikroorganismenkultur. Bei ↓ beginnt die Kultur den zweiten Nährstoff zu verwerten

Diazetyl, *Butan-2,3-dion,* $CH_3-CO-CO-CH_3$, eine gelbe, in hoher Konzentration stechend, in Verdünnung nach Butter riechende Flüssigkeit. D. ist der charakteristische Bestandteil des Butteraromas und wurde auch in Röstkaffee, in ätherischen Ölen, im Tabakrauch, im menschlichen Harn und in den Stoffwechselprodukten frischer Blätter nachgewiesen.
Dibranchiata, → Zweikiemer.
Dichasium, → Sproßachse, → Blüte.
2,4-Dichlorphenoxyessigsäure, Abk. *2,4-D,* ein synthetisches Auxin von großer praktischer Bedeutung. 2,4-D wird vor allem als Herbizid zur selektiven chemischen Unkrautbekämpfung in Getreide sowie als Wuchsstoffpräparat bei der Erzeugung kernloser Früchte angewendet (z. B. Zitronen, Orangen), → Parthenokarpie.

dichogam, → Bestäubung.
dichotomer Schlüssel, → Bestimmungsschlüssel.
Dichotomie, → Sproßachse, → Thallus.
Dichte, svw. Abundanz.
Dickblattgewächse, *Crassulaceae,* eine Familie der Zweikeimblättrigen Pflanzen mit etwa 1400 Arten, die meist an trockenen Standorten gedeihen. Sie haben ihr Hauptvorkommen in den Trockengebieten von Südafrika, Mexiko und dem Mittelmeerraum, einige sind Kosmopoliten. Es handelt sich in der Regel um krautige, sukkulente Pflanzen, selten um niedrige Sträucher, mit meist dickfleischigen Blättern und Stengeln ohne Nebenblätter. Die in Trugdolden oder Wickeln stehenden Blüten können 4zählig sein, sehr oft ist die Fünfzahl vorherrschend. Die Anzahl der Staubblätter entspricht entweder der Zahl der Blütenblätter, oder es sind doppelt so viele vorhanden. Die Bestäubung erfolgt durch Insekten. Der oberständige Fruchtknoten entwickelt sich zur Balgkapsel mit zahlreichen kleinen Samen. Chemisch ist die Familie durch das häufige Vorkommen von Piperidin-Alkaloiden, vor allem Sedamin, gekennzeichnet.

Die sehr umfangreiche südafrikanische Gattung **Dickblatt,** *Crassula,* enthält viele Zierpflanzen, so z. B. die sehr oft im Zimmer gezogene *Crassula portulacacea,* ein Halbstrauch mit eiförmigen, gegenständigen Blättern, oder *Crassula lycopodioides,* mit schuppenartigen, dunkelgrünen, kleinen Blättern. Zu der besonders auf Madagaskar und in Südafrika verbreiteten Gattung *Kalanchoë* gehört die als Versuchspflanze für die Photoperiodik bekannt gewordene *Kalanchoë blossfeldiana* mit leuchtend roten, in Trugdolden stehenden Blüten. Die tropische Gattung **Brutblatt,** *Bryo-*

Dickblattgewächse: *a* Fetthenne, *b* Mauerpfeffer, *c* Hauswurz

phyllum, enthält Arten, deren Blätter am Rande sich bewurzelnde, der vegetativen Vermehrung dienende Brutknospen bilden. Beliebte Zierpflanzen enthält auch die mittel- und südamerikanische Gattung *Echeveria* mit farbig bereiften Blattrosetten und meist mehrblütigen, stattlichen Blütenständen. Einheimisch sind verschiedene Arten der **Fetthenne** oder des **Mauerpfeffers**, *Sedum*, so die an Mauern, Felsen und in trockenen Wäldern vorkommende, grünlichgelb bis purpurrot blühende **Große Fetthenne**, *Sedum telephium*, und der gelbblühende, ebenfalls an Mauern und Felsen wachsende, scharfschmeckende **Mauerpfeffer**, *Sedum acre*. Die meisten Arten der stets rosettenbildenden **Hauswurz**, *Sempervivum*, die vielfach in Steingärten als Zierpflanzen gezogen werden, sind in den hohen Gebirgen Mittel- und Südeuropas beheimatet.

Dickdarm, → Verdauungssystem.
Dickenwachstum, eine Form pflanzlichen → Wachstums, bei der der Querdurchmesser eines Organs vergrößert wird. Über *primäres* und *sekundäres* D. → Sproßachse, → Wurzel.
Dickkopf, svw. Döbel.
Dickköpfe, svw. Groppen.
Dickkopffalter, → Schmetterlinge (System).
Dickwanst, *Caspialosa*, zu den Heringsartigen gehörender wichtiger Wirtschaftsfisch des Kaspischen und Schwarzen Meeres.
Dicondylia, Hauptgruppe der ektognathen → Insekten (Fischchen, Pterygoten), deren Mandibeln zwei Gelenkhöcker haben (Dicondylie), im Gegensatz zu den Felsenspringern mit monocondylen (einhöckrigen) Mandibeln.
Dicotyledonose, → Zweikeimblättrige Pflanzen.
Dicranales, → Laubmoose.
Dictyonema [griech. diktyon 'Netz', nema 'Faden'], eine Gattung der *Dendroidea* mit über 200 Arten. Ihr Rhabdosom hat eine korb- bis trichterförmige Gestalt und ist festgewachsen. Es besteht aus zahlreichen nahezu parallelen Ästen, die durch dünne Querstege verbunden sind.
Verbreitung: Oberkambrium bis Unterkarbon, weltweit; stratigraphisch besonders wichtig im Ordovizium (Tremadoc), *Dictyonema*-Schiefer.
Dictyoptera, → Fangschrecken.
Dictyosomen, → Golgi-Apparat.
Dicyemida, → Morulatiere.
Didelphia, eine Unterklasse der Säugetiere, zu der als einzige Ordnung die → Beuteltiere gehören. Die D. haben eine paarige Vagina und bilden außer bei den Nasenbeutlern keine Plazenta aus. Die Jungen werden in einem sehr unvollkommen entwickelten Stadium geboren und setzen ihre Entwicklung in einem Beutel fort. Den D. steht die Unterklasse → *Monodelphia* gegenüber, zu denen alle übrigen Säugetiere gehören.
Didelphidae, → Beutelratten.
Didymis, svw. Hoden.
Dienzephalon, → Gehirn.
Differentialabstand, jener Abstand, in dem das dem Zentromer des Chromosoms nächstgelegene Chiasma gebildet werden kann und dessen Größe vom Zentromer bestimmt wird (*Zentromerinterferenz*).
Differentialaffinität, Erscheinung der meiotischen Chromosomenpaarung, daß bei gleichzeitigem Vorliegen homologer und teilweise homologer Chromosomen bevorzugt oder ausschließlich die ersteren miteinander paaren. Der Grad der D. wird im allgemeinen durch die Größe der homologen und nichthomologen Bereiche in den nur teilweise homologen Chromosomen bestimmt. Außerdem spielen absolute Chromosomengrößen, Chiasmafrequenz und Chiasmaverteilung der jeweiligen Objekte eine Rolle.
Differentialart, *Trennart*, zur Unterscheidung verschiedener Varianten einer Biozönose im gleichen Gebiet dienende Tier- oder Pflanzenart. Als D. eignen sich im Gegensatz zur Charakterart nur Arten mit geringer Biotopbindung. In der → Charakterartenlehre wird die D. genutzt, um eine oder mehrere floristisch nahestehende Vegetationseinheiten (meist Subassoziationen, Varianten, Ausbildungsformen) durch ihr Vorkommen oder Fehlen voneinander zu trennen. Die D. kann in mehreren Gesellschaften (Assoziationen) vorkommen, ist daran aber jeweils auf bestimmte Untereinheiten beschränkt und kennzeichnet diese.
differentielle Genaktivität, → Zelldifferenzierung.
differentielle Genexpression, → Determination.
Differenzierung, → Zelldifferenzierung.
Differenzierungsblock, → Krebszelle.
Differenzierungszentrum, der Ort, von dem aus die Differenzierungsvorgänge ihren Ausgang nehmen. Die Differenzierungen innerhalb der unpaaren, ventral gelegenen Keimanlage des Insektenkeimes setzen in dem präsumptiven Prothoraxgebiet ein. Hier sondert sich zuerst die Mittelplatte von der beiden Seitenplatten ab, beginnt die Primitivrinne sich einzusenken und später zu schließen, zeichnen sich die ersten Segmentgrenzen ab und entstehen die ersten Beinknospen. Das D. bildet also den Höhepunkt eines nach vorn und hinten sowie nach beiden Seiten hin abfallenden Differenzierungsgefälles.

Schnürt man bei Eiern der Libelle *Platycnemis* den hinteren Eipol mit Hilfe einer feinen Haarschlinge ab, bevor die Furchungskerne diesen Eibezirk erreicht haben (superfizielle Furchung!), so unterbleibt die Bildung einer Keimanlage. Am hinteren Eipol muß also ein Faktorenbereich liegen, der für die Bildung der Keimanlage notwendig ist. Man bezeichnet ihn als *Bildungszentrum*. Nur locker zugezogene Schnürungen, die zwar den Kernen, nicht aber chemischen Substanzen den Durchtritt verwehren, haben gezeigt,

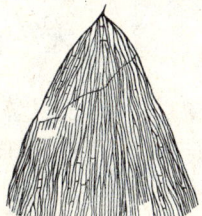

Rhabdosom von *Dictyonema*; Vergr. 0,4:1

Differenzierungszone
daß das Bildungszentrum erst dann seine Wirkung ausüben kann, wenn Furchungskerne in dieses eingewandert sind und es gewissermaßen aktiviert haben. Dann breitet sich vom hinteren Eipol her sehr rasch über das ganze Ei ein Wirkstoff aus, der das D. aktiviert, was zur Entstehung der Keimanlage führt.

Differenzierungszone, → Sproßachse.

Differenzmuster, die Gesamtheit der erfaßbaren Unterschiede im genetischen → Wirkungsmuster und → Manifestationsmuster, die sich beim Vergleich der Wirkung eines Wildtypallels mit einem daraus mutativ entstandenen neuen Allel ergeben.

diffuger Status, innerer Zustand eines Tieres gegenüber einem bestimmten Reiz oder Reizmuster in der Umgebung, der zu einem Entfernen von diesem Reiz, also zu einer Distanzvergrößerung führt (→ affiner Status, → ambivalenter Status).

diffuges Signal, Signal im Dienst der Distanzvergrößerung zwischen Sender und Empfänger. D. S. haben Eigenschaften, die ein Erschrecken und Zurückweichen fördern, beispielsweise plötzlicher Einsatz mit maximaler Amplitude, breites Spektrum der Frequenzen beziehungsweise der eingesetzten Signalparameter und andere Faktoren, die eine Adaptation oder Habituation weitestgehend einschränken.

Diffusion, durch thermische Bewegung verursachte Orts- und Lageveränderung von Teilchen. Ein Molekül in Lösung erleidet je Sekunde etwa 10^{13} bis 10^{15} Stöße, die zu einer statistischen Bewegung führen. Im Mittel ist das Quadrat der Ortsveränderung der Teilchen proportional der Zeit. Makroskopisch wird die D. mit Hilfe der *Fickschen Gesetze* beschrieben. Der Diffusionskoeffizient gibt dabei an, wieviel Teilchen je Zeiteinheit durch eine Einheitsfläche hindurchtreten, wenn der vorgegebene Konzentrationsgradient am Ort der Fläche 1 Mol/m³ beträgt. Aus der Bestimmung der Diffusionskoeffizienten lassen sich Aussagen über die relative Molekülmasse treffen. Betrachtet man die D. eines Teilchens in einer Phase identischer Teilchen, so bezeichnet man diesen Vorgang als **Selbstdiffusion**. Erfolgt die D. nur in einer Fläche, z. B. in der Membran, so liegt *Lateraldiffusion* vor. Die statistische Änderung des Drehmomentes in der Zeit bezeichnet man als *Rotationsdiffusion*. Lateral- und Rotationsdiffusionsuntersuchungen geben Informationen über die *Membranfluidität* und die molekularen Wechselwirkungen in Membranen.

D. ist ein außerordentlich wichtiger Transportvorgang in biologischen Systemen. Innerhalb der Zellorganellen und im Zytoplasma erfolgt der Transport durch D. Eine hohe Effektivität und schnelle Reaktion auf Milieuänderungen ist nur bei genügend kleinen Systemen gegeben, da die charakteristische Diffusionszeit quadratisch mit dem Diffusionsweg anwächst.

Lit.: Diehl, Ihlefeld, Schweger: Physik für Biologen (Berlin, Heidelberg, New York 1981).

Diffusionsfaktor, *Diffusionskapazität*, → Gasaustausch.

Diffusionsplattentest, eine Methode zur Bestimmung der hemmenden oder fördernden Wirkung von chemischen Verbindungen auf das Wachstum von Mikroorganismen. Einer Nähragarschicht (→ Agar-Agar), die mit den Testorganismen beimpft worden ist, werden an bestimmten Stellen die zu untersuchenden Substanzen zugefügt. Von hier aus diffundieren sie in den Nährboden und beeinflussen das Wachstum der Testorganismenkultur, wodurch konzentrische unbewachsene oder stärker bewachsene Zonen entstehen. Ihr Durchmesser steht in einem bestimmten Zusammenhang zur Konzentration und Wirksamkeit der Testsubstanzen. Der D. kann in verschiedener Weise ausgeführt werden. Im *Lochplattentest* werden in die Agarschicht runde Löcher gestanzt, in die Lösungen der zu untersuchenden Verbindungen eingefüllt werden. Beim *Blättchentest* werden kleine runde Filterpapierblättchen, die die Testsubstanz enthalten, auf den Nährboden aufgelegt. Für den *Zylinderplattentest* werden Glas- oder Metallringe auf die Agarschicht aufgesetzt und mit Testlösungen gefüllt. Der D. wird unter anderem angewendet mit Standardstämmen von Mikroorganismen zu quantitativen Bestimmungen, z. B. des Antibiotikumgehaltes einer Lösung, oder mit unbekannten Mikroorganismenstämmen zur Bestimmung ihrer Empfindlichkeit, z. B. gegenüber verschiedenen Antibiotika.

Diffusionspotential, elektrische Potentialdifferenz, die durch unterschiedliche Beweglichkeiten der ungleich verteilten Ionen in der Phasengrenze bedingt ist. Man kann sich die Entstehung eines D. wie folgt veranschaulichen: Grenzen zwei Lösungen unterschiedlicher Salzkonzentration, aber gleicher Zusammensetzung, getrennt durch eine Membran, aneinander, so wird in dem Bestreben, den Konzentrationsausgleich zu erreichen, die beweglichere Ionenart der langsameren vorauseilen. Dadurch wird in der Übergangsschicht ein elektrisches Feld aufgebaut, das die Diffusionsgeschwindigkeit der schnellen Ionensorten bremst und die der langsameren beschleunigt. Es stellt sich ein stationärer Zustand ein, bei dem beide Ionenarten mit gleicher Geschwindigkeit diffundieren. Die dem elektrischen Feld entsprechende Potentialdifferenz kann als D. gemessen werden. Das D. ist ein Ungleichgewichtspotential. Kontinuierlich wird chemische Energie umgewandelt. Im Grenzfall einer impermeablen Ionenart kann die Potentialdifferenz mit Hilfe der Nernstschen Gleichung berechnet werden. Im allgemeinen Falle muß man zur Berechnung des D. an biologischen Membranen vereinfachte Annahmen über die Struktur der Diffusionsschicht treffen. Man unterscheidet zwischen den Grenzfällen eines konstanten elektrischen Feldes (*Constant-Field-Theorie*) oder eines konstanten Konzentrationsgradienten, wobei die Constant-Field-Theorie die experimentell bestimmten Potentialdifferenzen und Ionenflüsse gut erklärt.

Digenea, → Saugwürmer.

Digestion, svw. Verdauung.

Digitalisglykoside, zur Untergruppe der Kardenolide gehörende → herzwirksame Glykoside, die in den Blättern von *Digitalis*-Arten, besonders im Roten Fingerhut, *Digitalis purpurea*, und im Wollhaarigen Fingerhut, *Digitalis lanata*, vorkommen und deren Giftigkeit bedingen. Die drei wichtigsten D. sind *Digitoxin*, *Digoxin* und *Gitoxin*; sie entstehen als Sekundärglykoside bei der Aufarbeitung der Digitalisblätter aus den ursprünglich in der Pflanze vorliegenden (genuinen) Primärglykosiden, den *Lanatosiden*, durch Abspaltung von Glukose oder esterartig gebundener Essigsäure.

Die im Digitoxin, Digoxin und Gitoxin auftretenden ste-

Digitoxose
|
Digitoxose
|
Digitoxose

Digitoxin

roiden Aglyka heißen *Digitoxigenin, Digoxigenin* und *Gitoxigenin;* die beiden letzteren besitzen im Unterschied zu Digitoxigenin eine Hydroxylgruppe mehr, und zwar am Kohlenstoffatom 12 bzw. 16. Die Zuckerkomponente wird bei allen drei Verbindungen von je drei Molekülen Digitoxose gebildet.

D. sind in der Medizin als herzstärkende Mittel von großer Bedeutung, wobei sich anstelle der bisher verordneten Blattpulver oder -extrakte die Anwendung der Reinglykoside immer mehr durchsetzt.

Digitaloide, → herzwirksame Glykoside.
Digitogenin, → Digitonin.
Digitonin, ein zu den Saponinen gehörendes Glykosid in den Blättern und Samen von *Digitalis*-Arten. D. setzt sich zusammen aus dem Aglykon *Digitogenin,* das zu den Steroiden zählt, und einem Pentasaccharid als Zuckerkomponente. Die Verbindung wirkt hämolytisch. Diese Wirkung ist auf eine Affinität zum Blutcholesterin zurückzuführen, mit dem D. eine schwerlösliche Molekülverbindung eingeht.

Xylose
Glukose—Galaktose—O
Galaktose
Glukose

Digitoxigenin, → Digitalisglykoside.
Digitoxin, → Digitalisglykoside.
Digoxigenin, → Digitalisglykoside.
Digoxin, → Digitalisglykoside.
dihybrid, → monohybrid.
22-Dihydroergokalziferol, svw. Vitamin D_4, → Vitamine.
Dihydroxyazeton, zu den Triosen zählende einfachste Ketose, die, an Phosphorsäure gebunden, als Zwischenprodukt der alkoholischen Gärung und der Glykolyse auftritt.
Dihydroxybernsteinsäure, → Weinsäure.
1α, 25-Dihydroxycholekalziferol, wirksame Form des Vitamins D_3, → Vitamine.
Dikaryophase, → Pilze.
diklin, → Blüte.
Dikotyle, svw. Zweikeimblättrige Pflanzen.
Dilatation, *1)* → Kambium, → Sproßachse. *2)* → Gefäßtonus, → Kreislaufregulation.
Dill, → Doldengewächse.
Diluvium [lat. diluvium 'Sintflut'], veraltete Bezeichnung für die untere Abteilung des Quartärs. Heute svw. Pleistozän.
Dimethylbenzol, svw. Xylol.
dimikrisch, → See.
Diminution, → Dekomposition.
Dinese, die Anregung oder Beschleunigung der Plasmaströmung in Pflanzenzellen infolge Reizung. Nach Art der Reize unterscheidet man → Traumatodinese, → Photodinese, → Chemodinese u. a.
Dingo, *Canis familiaris* f. *dingo,* von Haushunden abstammender wildlebender Hund Australiens. Der einem Schäferhund ähnliche, jedoch kleinere, rotbraun gefärbte D. ist mit den Ureinwohnern nach Australien gelangt, wo bodenständige Raubtiere fehlten. Als Schädling der Schafzucht wurde er fast ausgerottet. Auf Neuguinea ist der D. durch den noch kleineren *Urwalddingo* oder *Hallstromhund, Canis lupus* f. *hallstromi,* vertreten.

Dinkel, → Süßgräser.
Dinoflagellatae, → Geißelalgen.
Dinosaurier [griech. deinos 'furchtbar', sauros 'Eidechse'], *Dinosauria, Riesensaurier,* von den Thekodontiern abstammende heterogene Gruppe der Saurier, die sich aus den Ordnungen der Saurischier und Ornithischier zusammensetzt. Die beiden Ordnungen unterscheiden sich durch den Bau ihres Beckens, das bei den *Saurischiern* (Sauropoda, Theropoda) reptilartig, bei den *Ornithischiern* (Stegosauria, Ornithopoda, Ceratopsia) vogelähnlich gestaltet war. Die D. waren Bewohner des Festlandes mit nackter oder gepanzerter Haut, langem Schwanz, im allgemeinen kurzen Vorder- und längeren Hinterbeinen und kleinem Gehirn. Sie bewegten sich zweifüßig (biped) oder vierfüßig (quadruped). Unter ihnen fanden sich die größten Landwirbeltiere aller Zeiten. Die Saurischier waren teils Raubtiere (→ Theropoden), teils Pflanzenfresser (→ Sauropoden), die Ornithischier Pflanzenfresser. Abb s. S. 198.
Verbreitung: Trias bis Kreide.
Dioptrien, → Akkomodationsbreite.
dioptrischer Apparat, → Lichtsinnesorgane.
Diotocardia, *Archaeogastropoda,* Ordnung der Vorderkiemer (Schnecken) mit 6000 Arten. Die Schalenlänge liegt zwischen 0,1 und 25 cm. Die D. haben meist zwei Herzvorhöfe, zwei Nieren und zwei Kiemen mit zweiseitiger Fiederung. Die innere Schalenschicht ist vielfach mit Perlmutterstruktur versehen.
Dioxygenasen, → Oxygenasen.
diözisch, → Blüte.
Dipenten, svw. Limonen.
Diphosphopyridinnukleotid, svw. Nikotinsäureamidadenin-dinukleotid.
Diplanie, die Aufeinanderfolge von zwei morphologisch verschiedenen Zoosporengenerationen. D. kommt bei niederen Pilzen, beispielsweise bei der Gattung *Saprolegnia,* vor.
Diplodocus [griech. diploos 'doppelt', dokos 'Balken'], Gattung der *Sauropoda,* deren Vertreter bis zu fast 30 m lang und 5 m hoch wurden. Der pflanzenfressende D. bewegte sich vierfüßig. Sein nur etwa 60 cm großer Schädel saß an einem langen, schlanken Hals. D. besaß einen langen peitschenartig zulaufenden Schwanz (70 Wirbel). Charakteristisch war die Ausbildung der Rückenwirbel mit ihren gegabelten dornigen Fortsätzen. Größtes Landtier aller Zeiten.
Verbreitung: Oberer Jura von Nordamerika.
Diplograptus [griech. diploos 'doppelt', graptos 'geschrieben'], eine Gattung der Graptolithen mit einem geraden bis sigmoidalen Rhabdosom, das von zwei Thekenreihen besetzt ist. Die Theken von einfacher oder pfeifenkopfartiger Gestalt stehen dicht gedrängt.
Verbreitung: Mittleres Ordovizium bis Unteres Silur (Valentium).
Diplohaplonten, Individuen, deren vegetatives Leben sich im Gegensatz zu den Verhältnissen bei Haplonten und Diplonten in der → Haplophase und → Diplophase abspielt und deren Meiose intermediär erfolgt. Die haploide, Gameten bildende Generation wird als Gametophyt, die diploide, Sporen bildende als Sporophyt bezeichnet. Es besteht somit ein ausgeprägter Generationswechsel zwischen einer sich geschlechtlich und einer sich ungeschlechtlich fortpflanzenden Generation.
Diploidie, das Vorhandensein von zwei Chromosomensätzen mit objektspezifischer Chromosomenzahl in der Zelle, die deshalb als *diploid* bezeichnet wird. D. ist das Ergebnis der Verschmelzung von zwei haploiden Gameten bei der Befruchtung.
Diplokokken, → Kokken.

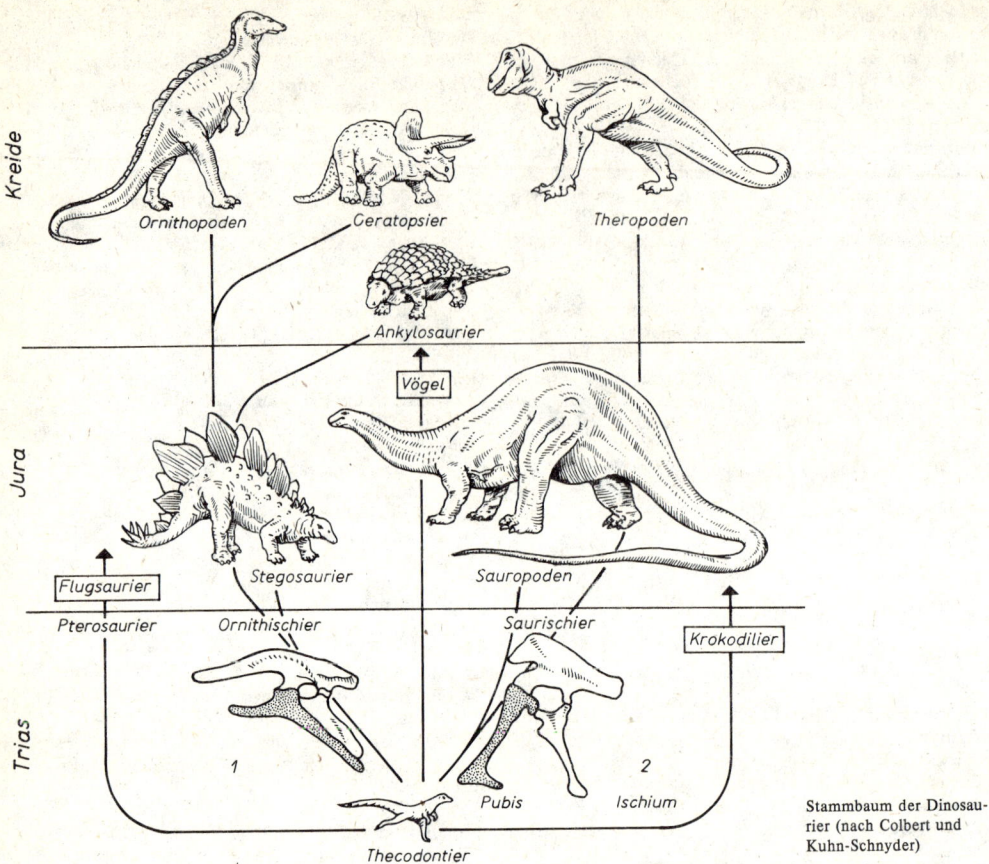

Stammbaum der Dinosaurier (nach Colbert und Kuhn-Schnyder)

Diplonten, Individuen, die aus der Vereinigung zweier Gameten mit je einem Chromosomensatz entstehen und bei denen nur die Gameten haploid sind, während der aus der befruchteten Eizelle hervorgehende Organismus und alle durch vegetative Vermehrung oder Parthenogenese aus ihm entstehenden Abkömmlinge diploid sind, also sämtlich den doppelten Chromosomenbestand tragen. → Generationswechsel.

Diplophase, die zwischen vollzogener Befruchtung (Zygotenbildung) und dem Mejoseeintritt liegende Entwicklungsphase des Organismus, in der die Zellen die doppelte gametische Chromosomenzahl aufweisen. Gegensatz: → Haplophase.

Diplopoden, → Doppelfüßer.

Diplosegment, *Doppelsegment,* bei den Doppelfüßern aus der Vereinigung zweier Segmente entstandener Körperring. Ein D. besteht aus einem meist glatten *Prozonit* (Vordersegment) und einem oft gerieften *Metazonit* (Hintersegment) und trägt zwei Beinpaare.

Diplosom, → Zentrosom.

Diplotän, → Meiose.

Dipluren, svw. Doppelschwänze.

Dipnoi, → Lungenfische.

Dipodidae, → Springmäuse.

Diprionidae, → Hautflügler.

Diptam, → Rautengewächse.

Diptera, → Zweiflügler.

Disaccharide, aus zwei glykosidisch miteinander verknüpften Monosacchariden gebildete Kohlenhydrate der Summenformel $C_{12}H_{22}O_{11}$. Wichtige D. sind Saccharose, Zellobiose, Maltose und Laktose.

Disci intercalares, → Muskelzelle.

Discomycetidae, → Schlauchpilze.

disjunkte Verbreitung, *diskontinuierliche Verbreitung,* Vorkommen von Pflanzen- oder Tiersippen in zwei oder

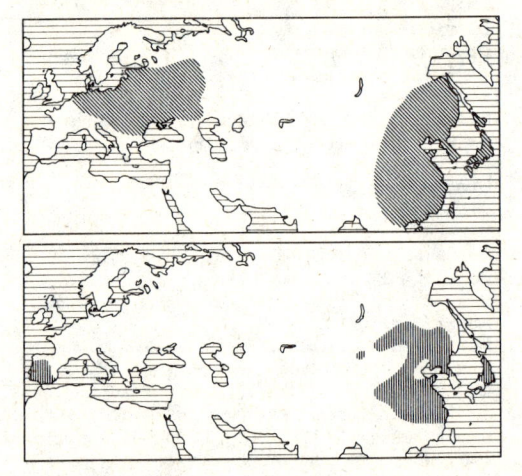

Zwei bekannte Fälle von disjunkter Verbreitung: *oben* Schlammpeitzger (*Misgurnus fossilis*), *unten* Blauelster (*Cyanopica cyanus*)

mehr getrennten Teilarealen, zwischen denen keine Populationsverbindung besteht. Sind die Teilareale von sehr unterschiedlicher Größe, wird das kleinere auch als *Exklave* bezeichnet.

Der Begriff d. V. sollte nicht auf Restareale nach anthropogenen Umweltveränderungen und im allgemeinen auch nicht auf über die Arealgrenzen vorgeschobene Vorposten und Inseln mit noch denkbarem Populationskontakt angewendet werden, also in Zweifelsfällen großräumiger Arealtrennung vorbehalten bleiben. Solche *Disjunktionen* sind oft wichtige Indikatoren für ehemalige Landverbindungen; so ist die d. V. vieler Tier- und Pflanzenarten einerseits in Nordamerika, andererseits in Eurasien nur auf diese Weise zu erklären. Andere Fälle von d. V. spiegeln klimatische Veränderungen wider. In der Paläarktis gilt das vor allem für die → arktisch-alpine Verbreitung und die → boreo-alpine Verbreitung (Abb. s. S. 198).

Diskoblastula, → Furchung.

diskontinuierliche Kultur, *Batchkultur,* ein Verfahren zur Vermehrung von Mikroorganismen, bei dem sich im gesamten Prozeß die Schritte Beimpfen einer Nährlösung – Mikroorganismenvermehrung – Ernte, d. h. Entleeren des Kulturgefäßes – Vorbereiten des neuen Ansatzes fortlaufend wiederholen. Durch den diskontinuierlichen Arbeitsablauf ist die d. K. für die Produktion in der technischen Mikrobiologie im Vergleich zur → kontinuierlichen Kultur oft weniger günstig. Dennoch werden in begründeten Fällen Fermentationen in d. K. durchgeführt, z. B. bei der Gewinnung von Antibiotika oder Backhefe.

diskontinuierliche Verbreitung, svw. disjunkte Verbreitung.

Diskordanz, in der Genetik das Nichtübereinstimmen in bezug auf ein Merkmal, z. B. eine Krankheit bei Zwillingen.

Diskordanzanalyse, Untersuchungsmethode der Humangenetik und Zwillingsforschung, die auf Grund von Ungleichheiten oder Nichtübereinstimmung (*Diskordanz*) bestimmter genetisch determinierter Merkmale die Eiigkeit eines Zwillingspaares (→ Eiigkeitsdiagnose) zu bestimmen sucht.

Diskriminationslernen, *Unterscheidungslernen,* Erlernen von Unterschieden zwischen Reizmustern in einem bestimmten Sinnesbereich. Beim *absoluten* D. werden die Reizbedingungen als solche unterschieden, beispielsweise ein Kreuz gegen einen Kreis; beim *relativen* D. werden nur bestimmte Invarianten differenziert, im Beispiel etwa »gegliedert« gegenüber »geschlossen«, so daß alle Figuren, die sich in diesen Eigenschaften unterscheiden, entsprechend zugeordnet werden.

Diskus, → Ei.

Diskusfisch, *Symphysodon discus,* Buntbarsch aus dem Amazonas mit hohem scheibenförmigem Körper, der Tellergröße erreichen kann. Er gehört vor allem wegen seiner Farbenpracht und interessanten Brutpflege zu den beliebtesten Aquarienfischen, Pflege nicht einfach.

Dislokation, durch Verlagerung von Chromosomensegmenten entstehende → Chromosomenmutation.

Disomie, das Vorhandensein von zwei kompletten, homologen Chromosomensätzen in einer Zelle. → Monosomie, → Nullosomie, → Trisomie, → Tetrasomie.

Dispersion, Verteilung der Individuen einer Art im Raum oder auf einer Fläche, meist in Form der *Dispersionszahl* gemessen. Diese gibt die Relation zwischen der aktuellen und der idealen (gleichmäßigen) Verteilung an. So müßte eine Art bei einer durchschnittlichen Dichte von 1000 Individuen/ha im Falle idealer D. (Dispersionszahl: 1) mit je 1 Individuum/10 m² verteilt sein. Werden aber nur in 80% dieser 10-m²-Flächen Individuen angetroffen, beträgt die Dispersionszahl 0,8. Grundlage der Berechnung ist immer das Konstanz-Minimal-Areal.

Dispersionskräfte, svw. Van-der-Waals-Kräfte.

Disposition, in der Phytopathologie der innerhalb der konstitutionellen Empfänglichkeitsbreite (*Krankheitsbereitschaft*) einer Organismenart gegenüber einem → Pathogen vorliegende, durch exogene und endogene Einflüsse bedingte, reversible Empfänglichkeitsgrad des Individuums. Die D. drückt die potentielle Fähigkeit eines Organismus zu erkranken aus.

Lit.: Fröhlich (Hrsg.): Wörterbücher der Biologie: Phytopathologie und Pflanzenschutz (Jena 1979).

disruptive Auslese, → Selektion.

Dissepiment, 1) bei → Korallentieren dünne Kalkplättchen, die die radialen Sklerosepten des Kalkskelettes untereinander quer verbinden. 2) Bei → Armfüßern und → Pfeilwürmern zwei Querwände, die die sekundäre Leibeshöhle in zwei aufeinanderfolgende Kammern teilen. 3) Bei segmental gegliederten Tieren (Ringelwürmer) Querwände der sekundären Leibeshöhle, die diese in ebenso viele hintereinanderliegende Zölomkammern unterteilen, wie Körpersegmente vorhanden sind.

Dissimilation, *Katabolismus,* Bezeichnung für die Gesamtheit der energieliefernden Abbauprozesse des Stoffwechsels. Die für die D. nötigen organischen Stoffe werden ebenso wie die zur Vermehrung lebender Substanz, d. h. des → Wachstums, erforderlichen Verbindungen durch → Assimilation gewonnen. In der Pflanzenphysiologie wurden D. und Atmung begrifflich oft gleichgesetzt.

dissipative Struktur, spontan auftretende räumliche oder zeitliche Inhomogenität in thermodynamischen Systemen → Weitab-vom-Gleichgewicht. Voraussetzung für das Auftreten ist eine ausreichende Energie- bzw. Stoffzufuhr. Prinzipiell stellt jedes biologische System im thermodynamischen Sinne eine d. S. dar.

Dissogonie, eine Form der Mehrfachzeugung bei zwittrigen Rippenquallen und einigen verwandten Hohltieren sowie getrenntgeschlechtlichen *Nereis*-Arten. Die D. besteht darin, daß die Tiere sowohl als Larven als auch im erwachsenen Zustand geschlechtsreif werden und befruchtete Eier ablegen. Manchmal kommt es sogar in mehreren aufeinanderfolgenden Entwicklungsstadien zur Geschlechtsreife.

Distanzfeld, Ereignisfeld motivierten Verhaltens, das durch das Fehlen von Informationen über das Zielobjekt des Verhaltens (z. B. Nahrungsobjekte) gekennzeichnet ist. Dieses Ereignisfeld wird durch das → Nahfeld abgelöst, sobald Informationen über das Zielobjekt gegeben sind. Im D. vollzieht sich das → Appetenzverhalten. Es handelt sich prinzipiell um ein Suchverhalten nach bestimmten vorgegebenen Informationen, die das Zielobjekt und seine Lage im Raum und in der Zeit betreffen.

Lit.: G. Tembrock: Grundriß der Verhaltenswissenschaften (Jena 1980).

Distanzorientierung, → Zielfinden.

Distanztypen, Tierarten, deren Individuen einen bestimmten Mindestabstand untereinander einhalten, der je nach Funktionsbezug wechseln kann, wobei Körperkontakt jedoch nur kurzzeitig auf Grund funktioneller Erfordernisse wie bei der Kopulation auftritt.

Distelfalter, *Vanessa cardui* L., ein Tagfalter aus der Familie der Fleckenfalter mit hellbraunen, schwarzgefleckten Flügeln. Der D. ist ein typischer → Wanderfalter, der aus dem Mittelmeergebiet zu uns kommt. Der D. steht unter Naturschutz!

Disteln, → Korbblütler.

Disymmetrie, → Symmetrie, → Blüte.

Diterpene, aus 4 Isopreneinheiten (→ Terpene) mit 20 Kohlenstoffatomen aufgebaute Terpene, die in pflanzli-

Ditrysia

chen Harzen und Balsamen weit verbreitet sind. Zu ihnen gehören unter anderem die Harzsäuren und das Phytol.

Ditrysia, → Schmetterlinge (System).

Diurese, gesteigerte Harnproduktion. Je nach Ursache werden unterschieden: die *Wasserdiurese* nach gesteigerter Flüssigkeitsaufnahme, die *Druckdiurese* bei Erhöhung des Blutdrucks, die *osmotische D.* nach vermehrter Salzzufuhr sowie *medikamentöse* oder *pathologische D.* Die bekannteste pathologische D. ist der *Diabetes insipidus*, die »*Wasserharnruhr*«, bei der beim Menschen bis zu 30 l am Tag abgeschieden werden. Ursache ist ein Mangel an antidiuretischem Hormon, so daß die fakultative Wasserrückresorption in der Niere vermindert wird.

Diurna, → Tagfalter.

diurnale Rhythmen, → Biorhythmen.

diurnaler Säurerhythmus, der Tag-und-Nacht-Wechsel des Gehaltes an organischen Säuren in chlorophyllhaltigen Teilen sukkulenter Pflanzen, besonders bei solchen, die Chloroplasten und große Vakuolen in der gleichen Zelle besitzen, wie das unter anderem bei Kakteengewächsen (*Cactaceae*) und Dickblattgewächsen (*Crassulaceae*) der Fall ist. Nach den *Crassulaceae* werden die im Zusammenhang mit dem d. S. stehenden Stoffwechselwege auch als »*Crassulaceae Acid Metabolism*« (*CAM*), *Crassulaceen-Säurestoffwechsel*, *CAM-Weg* und Pflanzen mit diesen Stoffwechselwegen als *CAM-Pflanzen* bezeichnet. Sie bauen im Dunkeln CO_2 in Phosphoenolbrenztraubensäure (PEP) ein. Hierbei entsteht Oxalessigsäure, die sehr oft zu Äpfelsäure reduziert wird (vgl. Abb.). Diese wird vorwiegend in der Vakuole gespeichert und führt zu einer beträchtlichen Ansäuerung. Bei Belichtung wird die Äpfelsäure durch das Enzym Malatdehydrogenase wieder in Oxalessigsäure überführt, die anschließend dekarboxyliert wird. Der pH-Wert steigt wieder an. Das freigesetzte CO_2 dient als Substrat der Photosynthese. Die für Pflanzen mit d. S. charakteristischen Dunkel- (ausgefüllte Pfeile) und Lichtreaktionen (umrandete Pfeile) und deren Verteilung auf verschiedene Zellkompartimente sind aus der Abbildung ersichtlich. Die chemischen Vorgänge entsprechen weitgehend denjenigen der C_4-Pflanzen. CO_2-Vorfixierung und die endgültige CO_2-Fixierung bei der Photosynthese sind jedoch bei den C_4-Pflanzen räumlich, bei den Pflanzen mit d. S. dagegen zeitlich getrennt.

Der d. S. bedeutet eine Anpassung an extrem trockene Standorte. Der ökologische Vorteil besteht darin, daß die CO_2-Aufnahme nachts durch die bei entsprechenden Pflanzen oft im Dunkeln geöffneten Stomata erfolgen kann, wobei infolge der höheren relativen Luftfeuchtigkeit die Wasserabgabe durch Transpiration sehr gering ist. Gleichzeitig wird auch das durch Atmungsprozesse freigesetzte CO_2 sofort wieder gebunden. Am Tag werden bei Trockenbelastungen die Spaltöffnungen sehr bald geschlossen, und die Photosynthese erfolgt unter Verwertung des aus dem Äpfelsäurespeicher freigesetzten CO_2. Trotz Photosynthese ist daher die Transpiration außerordentlich gering. Die Pflanzen mit d. S. zeichnen sich infolgedessen durch außerordentlich günstige Wasserökonomie aus. Für ein Gramm gebildeter Trockenmasse werden durchschnittlich nur etwa 240 g Wasser verbraucht, während C_3-Pflanzen hierfür durchschnittlich 610 g benötigen. Die Pflanzen mit d. S. sind deshalb vor allem auf trockenen Standorten mit kühlen Nächten konkurrenzfähig, bei denen gelegentliche Niederschläge die Auffüllung der Wasserspeicher ermöglichen.

Divergenz, *1)* Maß für die Unterschiede im Arteninventar verglichener Bestände, als *Dominantendivergenz* ist sie der → Dominantenidentität reziprok. Unter Berücksichtigung der Zeitbasis (*Divergenzrate*) dient sie als Maß für die Beurteilung von Bestandsveränderungen (→ Sukzessionen). *2)* → Blatt. *3)* → Schaltung.

Divergenzwinkel, → Blatt, Abschnitt Blattstellung.

Diversität, *Mannigfaltigkeitsindex*, nach Shannon-Wiener ein Informationsmaß, das nach folgender Formel $H_S = -\sum_{i=1}^{S} p_i \cdot \log p_i$ berechnet wird, und den mittleren Grad der Ungewißheit angibt, irgendeine bestimmte Art i von S Arten bei einer zufälligen Probenentnahme anzutreffen. p_i ist der Individuenanteil (gemessen von 0–1) der Art i an der Gesamtindividuenzahl (→ Dominanz). Niedrigste D. wird erreicht, wenn alle Individuen eines Bestandes nur einer Art angehören ($S = 1$; $H_S = 0$), höchste D. wird erreicht, wenn die Individuen auf alle Arten gleich verteilt sind ($H_{Smax} = \log S$). Da den berechneten H_S-Werten nicht anzusehen ist, ob sie aus artenreichen oder artenarmen Beständen ermittelt wurden, ist zum Vergleich unterschiedlicher Bestände besser die *Evenness* zu benutzen. $E = \dfrac{H_S}{H_{max}}$. Ein-

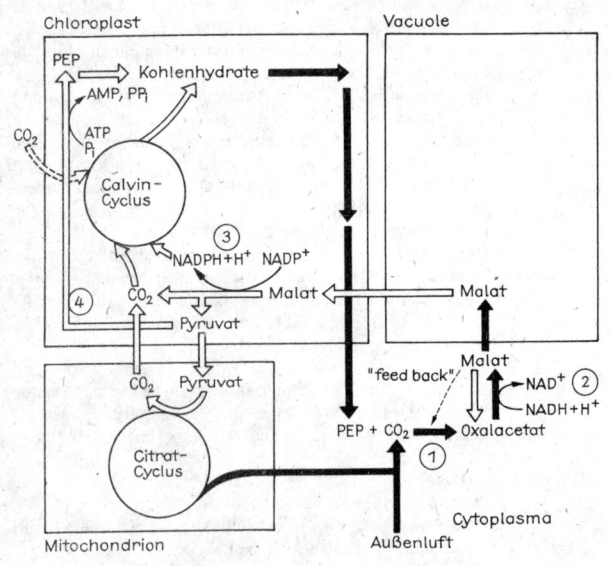

Reaktionen im diurnalen Säurerhythmus. *1* PEP-Karboxylase, *2* NAD^+-abhängige Malatdehydrogenase, *3* Malatenzym, *4* Pyruvat-Phosphat-Dikinase

fachste Berechnungsmöglichkeiten bietet die Äquität $\left(\varepsilon = \frac{S'}{S}\right)$, diese gibt die Relation der bei n Individuen theoretisch möglichen Artenzahl S' zur aktuellen Artenzahl S an und ist aus entsprechenden Tafeln (*Lloyd-Ghelardi-Index*) zu entnehmen.

Im allgemeinen erreichen stabile natürliche Ökosysteme höchste Diversitätswerte.

dizentrisch, Bezeichnung für Chromosomen oder Chromatiden, die nach Eintritt einer Chromosomenmutation zwei → Zentromere aufweisen, während normalerweise nur ein Zentromer vorhanden ist, die Chromosomen also monozentrisch sind.

DNA, Abk. für → Desoxyribonukleinsäure.

DNS, Abk. für → Desoxyribonukleinsäure.

c-DNS, eine DNS, die an einer Messenger-RNS durch RNS-abhängige DNS-Polymerase (Revertase) synthetisiert wird und der m-RNS komplementär ist.

DNS-Reduplikation, svw. DNS-Replikation.

DNS-Replikation, *DNS-Reduplikation, DNS-Synthese*, originalgetreue Verdopplung des hauptsächlichsten genetischen Materials als Voraussetzung für die kontinuierliche Weitergabe der in der DNS verschlüsselten genetischen Informationen von Generation zu Generation. DNS sowie RNS der RNS-haltigen Viren sind vor allem deshalb als genetisches Material qualifiziert, weil sie zur identischen Reduplikation (→ Autoreduplikation) befähigt sind. Diese wird durch die (wenigstens während des Replikationszyklus vorliegende, zumindest partielle) Doppelsträngigkeit von DNS und Virus-RNS ermöglicht, welche auf der Ausbildung jeweils spezifischer Paarungen zwischen komplementären Nukleotiden bzw. ihren Basen beruht, die 1953 von Watson und Crick entdeckt wurde. Die Basenfolge eines DNS-Stranges (z.B. ACTTGAGTAT) legt zwangsläufig die komplementäre Sequenz des anderen Stranges (in unserem Falle also TGAACTCATA) fest. Deshalb kann jeder einzelne Strang eines doppelsträngigen DNS-Moleküls als Matrize für den Aufbau eines komplementären Tochterstranges dienen, so daß aus einem Eltern-Doppelstrang zwei identische Tochter-Doppelstränge hervorgehen (Abb. 1). Dies wird als *semikonservative Replikation* bezeichnet. Besonders gut aufgeklärt ist die D.-R. bei Bakterien und Viren. Sie kann nach zwei grundsätzlich unterschiedlichen Mechanismen erfolgen. Beim *Y-Mechanismus* werden vom Startpunkt der D.-R. an in einer (unidirektional) oder zwei Richtungen (bidirektional), ausgehend von kurzkettigen Starter-(primer-)RNS-Sequenzen, die von einer speziellen RNS-Polymerase (»primase«) synthetisiert wurden, durch die DNS-Polymerase III, die eigentliche »Duplikase«, Tochterstrangabschnitte aus jeweils einigen tausend Nukleotiden polymerisiert, die nach ihrem Entdecker als »Okazaki-Fragmente« bezeichnet werden. Nach Abbau der Starter-RNS-Sequenzen durch eine DNS-RNS-Hybrid-abhängige Ribonuklease (Ribonuklease H) werden die entstandenen Lücken durch DNS-Polymerase I (Kornberg-Enzym, Reparatur-Polymerase) geschlossen und die einzelnen Tochter-Strang-Segmente durch Polynukleotid-Ligase kovalent miteinander verbunden (Abb. 2). Der zweite mögliche

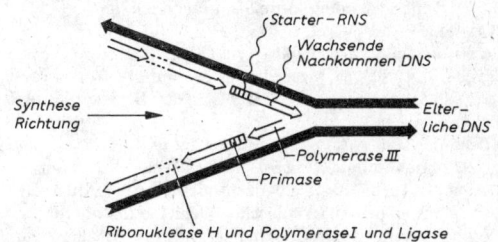

2 DNS-Replikation nach dem »Y-Mechanismus«

Mechanismus der D.-R. setzt ringförmige DNS-Moleküle voraus. Bei diesem *»rollender-Ring«-Mechanismus* (engl. »rolling circle« mechanism) wird zunächst einer der beiden ringförmigen Einzelstränge durch einen Einzelstrangbruch »geöffnet« (Abb. 3). Eines der beiden entstandenen Enden

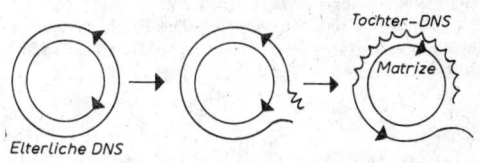

3 DNS-Replikation nach dem Mechanismus des »rollenden Kreises«

dient als Starter und wird durch DNS-Polymerase III verlängert, wobei der noch geschlossene zweite Strang des ringförmigen Eltern-DNS-Moleküls praktisch als endlose Matrize dient. An den immer länger werdenden Tochterstrang wird anschließend – wieder durch Polymerase III – der komplementäre zweite Strang anpolymerisiert. In *Escherichia coli*-Bakterien kann die D.-R. sowohl nach dem Y-Mechanismus (Verdopplung des Bakterien-Chromosoms) als auch nach dem Mechanismus des rollenden Ringes (Verdopplung von Plasmid-DNS während der bakteriellen Konjugation) erfolgen.

Dem Prinzip des Y-Mechanismus folgt die sog. »unplanmäßige« (engl. unscheduled) D.-R., die der *Exzisionsreparatur* von DNS-Schäden dient. An den Prozessen der D.-R. sind neben Polymerasen, Polynukleotid-Ligase und Ribonuklease H zahlreiche weitere Enzyme und Proteine beteiligt, so daß gelegentlich von einem *»Repli(ko)somen-Komplex«* gesprochen wird. Bausteine für die D.-R. sind die energiereichen Desoxyribonukleosid-Triphosphate, die auch die benötigte Energie bereitstellen.

Jedes zur autonomen D.-R. befähigte DNS-Molekül wird als *Replikon* bezeichnet. Replikonen sind Bakterien-Chromosomen, Virus-DNS-Moleküle, Plasmide sowie die DNS-Moleküle der → Mitochondrien und → Plastiden.

Hinsichtlich der Prozesse der D.-R. der Eukaryoten liegen weniger Detailkenntnisse vor. Sie ist semikonservativ und erfolgt sicher nach ähnlichen Grundprinzipien unter Beteiligung ähnlicher Enzyme und Faktoren. Allerdings stellen die Chromosomen der Eukaryoten – abgesehen von ihrem komplexerem Aufbau – tandemförmig zusammengesetzte Aggregate von Replikonen dar, die erlauben, daß ein Chromosom mehr oder weniger gleichzeitig an zahlreichen Stellen repliziert wird.

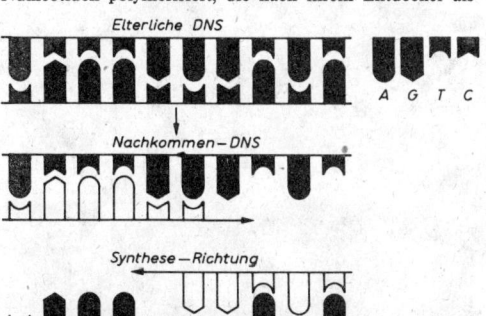

1 Schematische Darstellung der semikonservativen DNS-Replikation

DNS-Sequenzanalyse, → Sequenzanalyse.
DNS-Synthese, svw. DNS-Replikation.
Döbel, *Dickkopf, Leuciscus cephalus,* bis 40 cm langer, oft räuberischer Karpfenfisch mitteleuropäischer Binnengewässer. Guter Sportfisch.
Docoglossa, → Radula.
Dogger [engl.], *Brauner Jura,* die mittlere Serie des Jura. Schichtenbezeichnung in England für Mittejura.
Dohle, → Rabenvögel.
Doktorfische, *Acanthuridae,* zu den Barschartigen gehörende, hochrückige Meeresfische der warmen Zonen, die seitlich am Schwanzstiel je einen scharfen Dorn zur Verteidigung tragen.
Dolde, → Blüte, Abschnitt Blütenstände.
Doldengewächse, *Apiaceae, Umbelliferae,* eine Familie der Zweikeimblättrigen Pflanzen mit etwa 3000 Arten, die vor allem in den außertropischen Gebieten der nördlichen Erdhälfte verbreitet sind. Es handelt sich fast stets um krautige Pflanzen mit wechselständigen, oft mehrfach geteilten Blättern, die am Grunde meist gut ausgebildete Blattscheiden aufweisen. Die 5zähligen, weißen oder gelben Blüten sind in zusammengesetzten oder einfachen Dolden angeordnet. Im ersten Fall werden die Deckblätter des Gesamtblütenstandes als »Hülle«, die der einzelnen Döldchen als »Hüllchen« bezeichnet. Der unterständige Fruchtknoten trägt ein nektarabsonderndes Griffelpolster (Stylopodium), so daß Insekten die Bestäuber sind. Die Frucht ist eine in zwei einsamige, an einem Fruchtträger (Karpophor) hängende Teilfrüchtchen zerfallende Doppelachäne (Abb. 1).

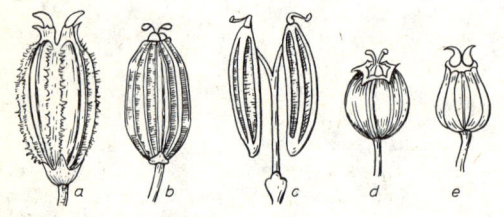

1 Früchte von Doldengewächsen: *a* Kreuzkümmel, *b* Dill, *c* Kümmel, *d* Koriander, *e* Petersilie

Alle Teile der Pflanzen enthalten in Sekretgängen ätherische Öle und Gummiharze, weshalb es in dieser Familie eine große Zahl von Gewürz- und Heilpflanzen gibt. Einige Arten haben auch fleischige Wurzeln, die als Gemüse genutzt werden, so die **Möhre,** *Daucus carota,* deren Wildform häufig an sonnigen, trockenen Plätzen bei uns anzutreffen ist, während die Kulturform, die **Gartenmöhre** oder **Mohrrübe,** wegen ihres hohen Vitamingehaltes als Gemüse- und Futterpflanze in allen gemäßigten und subtropischen Gebieten angebaut wird, in Europa wahrscheinlich erst seit dem 13. und 14. Jh. Der **Sellerie,** *Apium graveolens,* ist eine fast kosmopolitisch an salzigen Orten verbreitete Pflanze, die in verschiedenen Varietäten als Schnittsellerie, Knollensellerie bzw. Bleich- oder Stielsellerie als Gewürz- und Gemüsepflanze genutzt wird. Als Wurzelgemüse verwendet wird auch der **Pastinak** (oder die Pastinake), *Pastinaca sativa,* der ebenfalls einheimisch und in gut gedüngten Kulturwiesen verbreitet ist. Zugleich Gemüse und Gewürzpflanze ist die im Mittelmeerraum beheimatete **Petersilie,** *Petroselinum crispum,* deren Wurzeln und Blätter genutzt werden. Die giftige *Hundspetersilie, Aethusa cynapium,* die als Unkraut an stickstoffreichen Orten vorkommt, ist durch die einseitig ausgebildeten, zurückgeschlagenen Hüllchenblätter von der echten Petersilie zu unterscheiden. Weitere Gewürzpflanzen sind der aus Südosteuropa stammende **Gartenkerbel,** *Anthriscus cerefolium,* der in Westasien beheimatete ausdauernde **Liebstöckel,** *Levisticum officinale,* und der im östlichen Mittelmeergebiet wild vorkommende einjährige **Dill,** *Anethum graveolens,* von dem auch die Früchte als Einlegegewürz verwendet werden. Frucht-, Gewürz- und Arzneipflanzen sind auch der **Fenchel,** *Foeniculum vulgare,* dessen fleischige Blattscheiden einer Kulturform, besonders im Mittelmeergebiet, auch als Gemüse gegessen werden, der **Anis,** *Pimpinella anisum,* der **Koriander,** *Coriandrum sativum,* und der bei uns auch als Wildpflanze auf Wiesen vorkommende **Kümmel,** *Carum carvi,* sowie der **Kreuzkümmel,** *Cuminum cyminum,* der im Mittelmeergebiet beheimatet ist. Die Wurzeln der an Ufern und sumpfigen Stellen wachsenden, bis 2,5 m hoch werdenden **Engelwurz,** *Angelica archangelica,* werden ebenfalls zu arzneilichen Zwecken und zur Bereitung von Kräuterlikör gebraucht.

Einige D. sind gefährliche Giftpflanzen, besonders der an Schuttstellen und Zäunen vorkommende, durch seine kahlen, rotgefleckten Stengel und einen unangenehmen Geruch gekennzeichnete **Gefleckte Schierling,** *Conium maculatum,* der das Alkaloid Coniin enthält, und der an Ufern und in Sümpfen auftretende, einen gekammerten Wurzelstock aufweisende **Wasserschierling,** *Cicuta virosa.*

Das einzige, heimische unter Naturschutz stehende D. ist die **Stranddistel,** *Eryngium maritimum,* mit blaugrünen, dornigen Blättern und Hüllblättern sowie einfacher Blütendolde.
Dolichotis, → Meerschweinchen.
Dolichozephalie, Langköpfigkeit, bei der der Kopf einen niedrigen → Längen-Breiten-Index hat.

2 Doldengewächse: *a* Hundspetersilie, *b* Gefleckter Schierling, *c* Wasserschierling, *d* Wurzel von *c,* *e* Bleichsellerie, *f* Einzelblüte von *e*

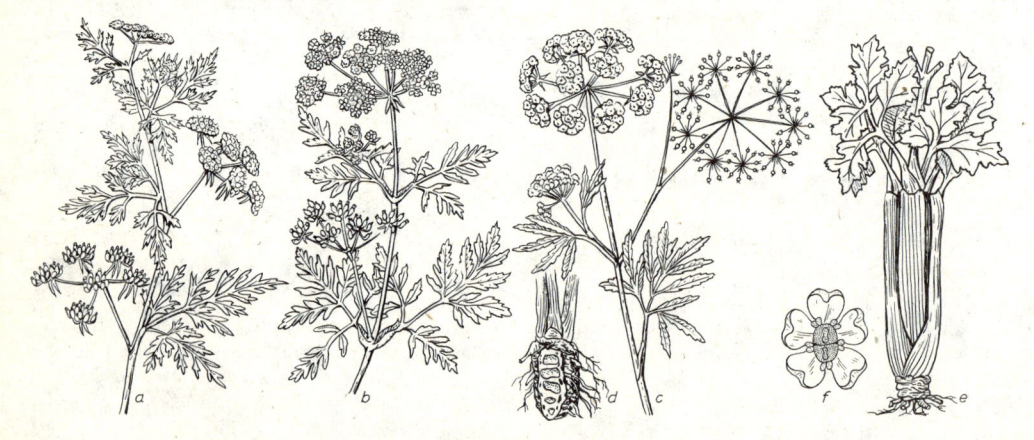

Doliolaria, die Larve der Haarsterne.
Doliolum, Gattung der Salpen (Ordnung *Cyclomyaria*), an der die komplizierte Metagenese dieser Tiergruppe aufgedeckt wurde.
Dollosche Regel, Regel von der Nichtumkehrbarkeit der Stammesgeschichte. Wegen der Kompliziertheit der genetischen Struktur der Organismen wird im Verlauf der Evolution, auch wenn frühere Lebensumstände wiederkehren, nie wieder der gleiche morphologische Zustand erreicht.

Im Jura gingen einige Schildkröten ins Meer. Dabei bildete sich ihr schwerer Knochenpanzer zurück. Als zu Beginn des Tertiärs ihre Nachfahren wieder das Land besiedelten, entwickelte sich ein neuer Knochenpanzer, der jedoch nicht mit dem ursprünglichen Panzer identisch war, sondern über ihm in der Lederhaut lag und aus zahlreichen Knochen bestand. Als diese Tiere am Ende des Tertiärs abermals das Meer besiedelten, bildete sich auch dieser Panzer zurück. Bei den heutigen Lederschildkröten finden sich noch Spuren beider Panzer.

Ob die D. R. ausnahmslos gilt, hängt davon ab, was man unter einem identischen Zustand versteht. Das aus lauter gleichartigen Zähnen bestehende Gebiß der Zahnwale wird von einigen Forschern als eine Wiederholung des ebenfalls homodonten Gebisses der Reptilien und somit als Ausnahme gewertet. Andere Forscher sehen in diesem Gebiß eine Bestätigung der D. R.; denn die Strukturen von Wal und Reptilienzähnen sind verschieden.

Domestikation, *Haustierwerdung,* die Überführung von Wildtieren in den Hausstand. Die ältesten Haustiere (Schaf, Ziege, Rind, Hund) stammen aus jungsteinzeitlichen Kulturen des Vorderen Orients; nur im Ostseeraum wurde der Hund bereits im Mesolithikum domestiziert. Der Beginn der D. liegt etwa 10 000 Jahre zurück. Voraussetzungen dafür waren die Seßhaftigkeit der Menschen und ein gewisses Niveau der kulturellen Entwicklung. Bemühungen um Aufzucht und Haltung eingefangener Jungtiere gingen der D. voraus. Dabei erwiesen sich gesellig lebende Tiere offenbar als besonders geeignet; denn die älteren Haustiere stammen von Herden- oder Meutentieren ab. Für die meisten Haustiere müssen mehrere, voneinander unabhängige *Domestikationszentren* angenommen werden.

Die D. bedeutet eine nachhaltige Veränderung der Lebensumstände. Individuen werden natürlichen Populationen entnommen und veränderten Bedingungen ausgesetzt, wobei durch die Isolation gegenüber der Wildpopulation (veränderte Selektion und veränderte sexuelle Partnerwahl) genetische Wandlungen einsetzen. Die Formenmannigfaltigkeit nimmt im Hausstand zu, gleichzeitig treten bevorzugte parallele Wandlungsrichtungen auf, deren Ergebnisse als *Domestikationsmerkmale* bezeichnet werden. Dazu gehören z. B. Schädelverkürzung, Verringerung der Hirnmasse bei Haussäugern. Trotz starker morphologischer, physiologischer und verhaltensmäßiger Veränderungen und erheblich erweiterter Variabilität bilden Haustierrassen untereinander und mit der Wildpopulation eine potentielle Fortpflanzungsgemeinschaft, bleiben somit Glieder einer Art im zoologischen Sinne. Die D. führt zur Ausweitung des Artrahmens, sie trägt den Charakter eines »Experiments«, das über Wandlungsfähigkeiten und Vorgänge der innerartlichen Differenzierung Auskünfte gibt. Diese Fragestellung ist Gegenstand der zoologischen *Domestikationsforschung.*

Lit.: Herre u. Röhrs: Haustiere – zoologisch gesehen (Jena 1973).

Dominantenidentität, *Dominanzidentität, Renkonen-Index,* biozönologisches Charakteristikum für die prozentuale Übereinstimmung der vorherrschenden Arten zweier verglichener Bestände. Zur Ermittlung der D. werden jeweils die niedrigsten Dominanzwerte aller in beiden Beständen vorkommenden Arten addiert.

Dominanz, 1) biosozialer Status, der dem dominierenden Individuum in einer bestimmten Umweltbeziehung ein »Vorrecht« gegenüber anderen sichert. Die anderen Individuen sind dann in diesem Zusammenhang subdominant.

2) biozönologisches Charakteristikum. Es drückt den prozentualen Individuenanteil einer Art an der Gesamtindividuenzahl des Bestandes oder der Probe (→ Vegetationsaufnahme) aus. Als *Gruppendominanz* wird der Individuenanteil einer taxonomischen bzw. funktionellen Gruppe an der Gesamtindividuenzahl bezeichnet; als *Gewichtsdominanz* der Anteil am Gesamtgewicht (besser: prozentualer Biomasseanteil).

3) in der Genetik bei der Merkmalsausprägung die vorherrschende Wirkung eines als dominant bezeichneten Allels, die in der mehr oder weniger vollständigen Maskierung oder Verhinderung der phänotypischen Ausprägung (Rezessivität) eines anderen Allels des gleichen Gens zum Ausdruck kommt. Vollständige D. oder Rezessivität eines Allels sind Grenzfälle, zwischen denen es von starker D. über schwache D. intermediäres Verhalten (Semidominanz), schwache und starke Rezessivität als Übergänge geben kann. Häufig wird der *Dominanzgrad,* d. h. die phänotypische Manifestierungsstärke eines Allels, durch die Umweltverhältnisse und durch das genotypische Milieu, in dem das betreffende Allel zur Wirkung kommt, verändert. Gene, die in der Lage sind, den Dominanzgrad eines anderen, nichtallelen Gens zu beeinflussen, werden als *Dominanzmodifikatoren* bezeichnet.

Dominanztheorien, Theorien, die die Ursachen von Dominanz und Rezessivität, insbesondere die häufige Rezessivität von Mutanten erklären. Eine besondere Rolle spielt noch heute die D. R. A. Fishers von 1928. Hiernach prägten sich nachteilige Allele in ihren heterozygoten Trägern ursprünglich intermediär aus. Ihre nachteiligen Wirkungen wurden allmählich durch Modifikationsgene unterdrückt, so daß sich heute die Heterozygoten meist nicht mehr von den bevorteilten Homozygoten unterscheiden. Nach einer modernen D. ist die große Häufigkeit rezessiver Mutanten eine Folge der komplizierten Struktur der Enzymnetzwerke der Organismen. Die enge Verflechtung aller Enzymwirkungen bewirkt, daß große Änderungen der Aktivität eines Enzyms durch eine Mutation nur zu geringen Verschiebungen des Genprodukts führen. Aus diesem Grund ist die Reduktion der Enzymaktivität in vielen heterozygoten Mutanten am Phänotyp gewöhnlich nicht zu bemerken.

Dominanzwechsel, *Dominanzumkehr,* während der ontogenetischen Entwicklung eines Bastards im heterozygoten Allelenpaar erfolgender Wechsel der Dominanz von einem Allel auf das andere ($A_1a_2 \to a_1A_2$), wobei die beiden Allele zeitlich nacheinander in verschiedenen Entwicklungsphasen des Organismus zur phänotypischen Ausprägung kommen.

Dommeln, → Reiher.
Dompfaff, → Finkenvögel.
Donnan-Gleichgewicht, → Donnan-Prinzip.
Donnan-Phase, → Donnan-Prinzip.
Donnan-Potential, elektrische Potentialdifferenz zwischen zwei Phasen im Gleichgewicht, wobei eine Phase Polyionen enthält, die nicht in die andere Phase übertreten. Die Existenz von nettogeladenen Polyionen in einer Phase bedingt einen Überschuß der permeablen Ionen entgegengesetzten Vorzeichens, der *Gegenionen,* in dieser Phase. Die Ionen gleichen Vorzeichens, die *Koionen,* sind vermindert. Diese Ionenaktivitätsunterschiede werden durch eine elektrische Potentialdifferenz zwischen den beiden Phasen kompensiert, so daß das elektrochemische Potential für alle

Donnan-Prinzip

permeablen Ionenarten in beiden Phasen gleich groß ist. Das D.-P. ist ein Gleichgewichtspotential und kann nicht zur Gewinnung elektrischer Arbeit ohne Zerstörung des Systems genutzt werden. Gleichzeitig ist eine osmotische Druckdifferenz vorhanden, die zur Aufnahme von Wasser führt. Kann die Membran mechanisch diesen Druck nicht kompensieren, so führt die Wasseraufnahme zur Schwellung und zu nachfolgender Zerstörung des Systems. → Donnan-Prinzip.

Donnan-Prinzip, von Donnan (1911) ermittelte Gesetzmäßigkeiten über Ionenverteilungen, die sich einstellen, wenn eine bestimmte Ionenart durch eine für sie impermeable Membran oder durch Einbau in eine nicht diffusible Phase, z. B. in Membranen, Plasma- oder Bodenkolloiden, an ihrer freien Bewegung gehindert wird. Sind Anionen an der freien Diffusion gehindert, z. B. Karboxylgruppen in Protopektin, in Plasma- oder Membrankolloiden, so ziehen diese freibeweglichen Kationen aus der Umgebung an, bis der Potentialgradient einerseits und der entstehende Konzentrationsgradient andererseits sich einander die Waage halten. Das erzielte Gleichgewicht wird als *Donnan-Gleichgewicht* bezeichnet. Es ist dadurch gekennzeichnet, daß die *Donnan-Phase*, die die indiffusiblen Festionen enthält, gegenüber der Außenphase eine höhere Gesamtkonzentration aufweist und daß ein Potentialgradient, das → *Donnan-Potential*, verbleibt, dessen Richtung durch die Ladung des nicht diffusiblen Ions gegeben ist. Donnan-Potentiale beeinflussen unter anderem die Sorption von Ionen an Bodenkolloide, die Ionenaufnahme und den Quellungszustand des Protoplasmas. Allgemein gilt für Donnan-Gleichgewichte: 1) Die Tendenz eines Ions, in den Bereich mit dem festgelegten Gegenion zu wandern, nimmt mit seiner Wertigkeit zu (*Wertigkeitseffekt*). 2) Dieser Effekt ist um so stärker ausgeprägt, je höher die Konzentration festgelegter Ionen im Vergleich zur Konzentration freibeweglicher Ionen ist (*Konzentrationseffekt*).

Donnan-Verteilung, → Mineralstoffwechsel 1).

Donnerbesen, svw. Hexenbesen.

Donnerbusch, svw. Hexenbesen.

Donnerkeil, → Belemniten.

Donorzelle, → Konjugation.

Doppelfüßer, *Diplopoden, Diplopoda,* eine phylogenetisch sehr alte, erstmals im Obersilur nachgewiesene Unterklasse der Tausendfüßer. Mit Ausnahme des ersten Segmentes (Halssegment oder Collum) sind je zwei Segmente zu einem Doppel- oder Diplosegment verschmolzen, das (außer den drei vordersten Doppelsegmenten) zwei Beinpaare trägt (Abb. 1). Die Tracheen münden mit segmentalen Stigmen an den Körperseiten. Die Antennen sind sieben- bis acht-, teilweise neungliedrig. Die Geschlechtsöffnung liegt im Brustabschnitt (Progoneata). Die ausschließlich landbewohnenden D. sind in etwa 7 000 Arten weltweit verbreitet. Sie leben in der oberen Bodenschicht, unter Laub, Steinen und Rinde. Die D. sind lichtscheu und feuchtigkeitsliebend. Die meisten D. sind langzylindrisch, einige abgeflacht. Die mitteleuropäischen Arten erreichen knapp 5 cm, tropische Arten bis knapp 30 cm Länge. Die Zahl der Beinpaare schwankt zwischen 13 und etwa 250. Ihr starker, kalkhaltiger, mit einem Lipoidfilm abgeschlossener Panzer bietet Schutz und Stabilität beim Wühlen im Boden sowie Schutz vor Austrocknung und z. T. vor Feinden. Der Abwehr dienen außerdem meist seitlich zwischen Prozonit und Metazonit der Diplosegmente gelegene Wehrdrüsen, deren Sekret Blausäure enthält. (Abb. 1).

Entwicklung. Nach innerer Befruchtung werden die Eier im Boden, unter Rinde u. ä. abgelegt, oft in Schützhüllen aus Bodenteilen und Sekret (bei *Nematophora* aus Gespinst) bzw. in besonderen Eikammern. Nach zwei bis vier Wochen schlüpfen die Larven mit drei, bei *Colobognatha* mit vier Beinpaaren. Bei den *Glomeridae* dauert die Entwicklung drei Jahre, bei den *Julidae* ein bis drei Jahre. Ihr Lebensalter wird auf sieben Jahre geschätzt. Die Nematophora leben sechs bis sieben Monate, Polydesdae etwa 2 Jahre. Die Häutungen werden auch nach der Geschlechtsreife fortgesetzt.

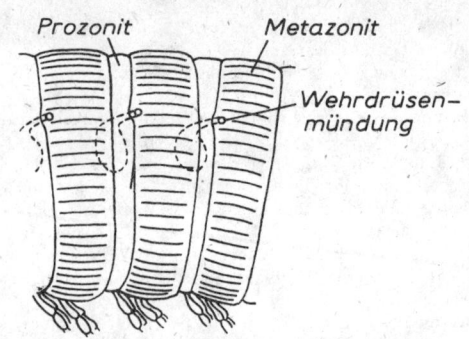

Bedeutung. Besonders *Glomeridae* und *Julidae* sind als Humusbildner sehr nützlich. Ihre Nahrung besteht vorwiegend aus zersetzter Pflanzensubstanz, weichen Pflanzenteilen und Pilzen. Einige Arten können an Kulturpflanzen schädlich werden (z. B. *Blaniulus*).

System.

1. Überordnung: *Pselaphognatha,* Ordnung *Schizicephala,* Pinselfüßer, kleine, meist 2 bis 3 mm lange, weichhäutige D. ohne Kalkpanzer mit Borstenbüscheln auf den Tergiten und Pleuriten. Sie haben 11 bis 13 Segmente und 13 bis 17 Beinpaare. Bislang sind etwa 90 Arten bekannt. *Polyxenus lagurus* lebt vorwiegend unter der Rinde (Abb. 2).

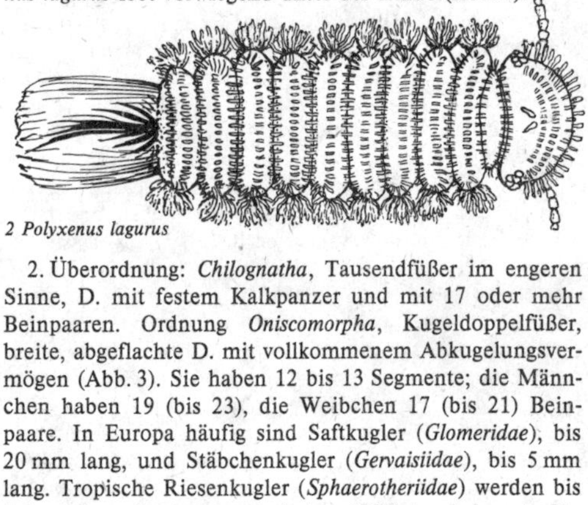

1 Diplosegmente von Cylindroiulus punctatus, Seitenansicht

2 Polyxenus lagurus

2. Überordnung: *Chilognatha,* Tausendfüßer im engeren Sinne, D. mit festem Kalkpanzer und mit 17 oder mehr Beinpaaren. Ordnung *Oniscomorpha,* Kugeldoppelfüßer, breite, abgeflachte D. mit vollkommenem Abkugelungsvermögen (Abb. 3). Sie haben 12 bis 13 Segmente; die Männchen haben 19 (bis 23), die Weibchen 17 (bis 21) Beinpaare. In Europa häufig sind Saftkugler (*Glomeridae*), bis 20 mm lang, und Stäbchenkugler (*Gervaisiidae*), bis 5 mm lang. Tropische Riesenkugler (*Sphaerotheriidae*) werden bis 4,5 mm lang. Im ganzen sind etwa 450 Arten bekannt. *Glomeris*-Arten leben unter Streu und in der obersten Bodenschicht von Waldböden. Ordnung *Nematophora* mit rund 700 Arten, langzylindrische D. mit meist schwachen Seitenkielen und einem Paar Spinngriffeln am Körperende. Sie haben 26 und mehr Segmente. Hier wie bei allen folgenden

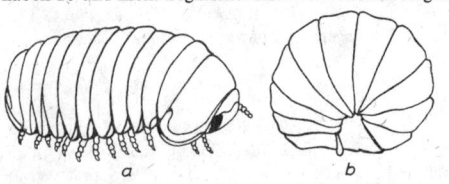

3 Kugeldoppelfüßer: a laufend, b eingerollt

Ordnungen sind die Beinpaare des siebenten Segmentes beim Männchen zu Gonopoden umgebildet, d. s. komplizierte Gebilde, die der Samenübertragung dienen und die wichtigsten systematischen Merkmale der D. sind. In Mitteleuropa kommen Samenfüßer vor, z. B. *Chordeumidae*. Sie sind 4 bis 25 mm lang, haben 28 bis 30 Segmente und leben wie die folgende Ordnung an der Bodenoberfläche, zwischen Streu und unter Steinen, unter die sie sich keilartig schieben (»Keiltyp«). Ordnung *Proterospermophora*, Bandfüßer (*Polydesmidea*), langgestreckte D. mit oft breiten Seitenkielen und 20 (19 bis 22) Segmenten. Es sind über 2700 durchweg blinde Arten bekannt. Mitteleuropäische *Polydesmus*-Arten werden 7 bis 28 mm lang. Ordnung *Opisthospermophora*, langzylindrische D. mit rundem Querschnitt und mindestens 30 Segmenten. Die in Mitteleuropa vorkommenden *Schnurfüßer* (*Julidae*, *Blaniulidae*) werden 5 bis

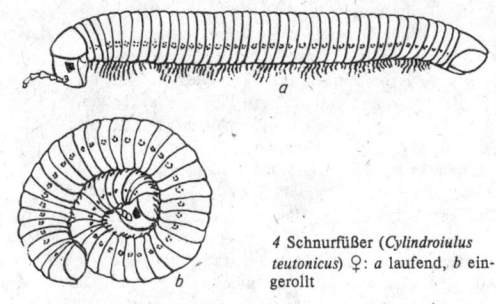

4 Schnurfüßer (*Cylindroiulus teutonicus*) ♀: *a* laufend, *b* eingerollt

47 mm lang (Abb. 4). Sie wühlen sich z. T. durch den Boden, wobei sie Stirn und Collum als Rammbock verwenden (»Bulldogtyp«). In harten Böden fressen sie einen Gang mit den Mundwerkzeugen. Die Ruhe- und Schutzstellung wird durch spiraliges Einrollen erreicht. Zu den tropischen *Spirobolidae* und *Spirostreptidae* gehören auch bis 28 cm lange D. Im ganzen sind etwa 2800 Arten bekannt. Ordnung *Colobognatha*, Saugfüßer, D. mit rüsselartig verlängertem Kopf und abgeflachtem, seitlich scharf gekantetem Körper. Die einzige mitteleuropäische Art, *Polyzonium germanicum*, wird 10 bis 15 cm lang und hat bis zu 55 Segmente; die Tiere sind blind. Tropische Arten erreichen 40 mm Länge und haben 130 Segmente. Es sind etwa 250 Arten bekannt.

Lit.: G. Seifert: Die Tausendfüßler (Wittenberg 1961).

Doppelschleichen, *Amphisbaenia*, *Amphisbaenidae*, in den Tropen und Subtropen Amerikas, Afrikas und Vorderasiens beheimatete Unterordnung der Kriechtiere, die mitunter lediglich als Familie der → Echsen betrachtet wird, aber Merkmale der Echsen und → Schlangen vereinigt. Ihre Stammesgeschichte und Systematik sind umstritten. Die D. sind 20 bis 60 cm lange, äußerlich regenwurmähnliche Kriechtiere ohne Gliedmaßen. Nur bei den mexikanischen *Handwühlen*, *Bipes*, sind noch kleine Vordergliedmaßen erhalten. Die D. haben einen zu einem Graborgan umgestalteten festen Schädel und regelmäßige, aus kleinen Tafelschuppen gebildete Querringe um den Körper. Die Augen sind unter der Haut verborgen, äußere Ohröffnungen fehlen. Die Fortbewegung erfolgt sowohl durch Körperschlängeln als auch durch wurmartige Wellenbewegungen. Die lichtscheuen Tiere, deren Schwanz und Kopf stumpf abgerundet sind, leben unterirdisch und fressen Ameisen und Termiten. Sie legen meist Eier, wenige Arten sind lebendgebärend (viviovipar). Ihre Lebensweise ist noch wenig erforscht. Die *Maurische Netzwühle*, *Blanus cinereus*, erreicht als einziger Vertreter der etwa 40 Arten umfassenden Unterordnung (in 2 Familien) in Spanien europäischen Boden.

Doppelschwänze, *Dipluren*, *Diplura*, Ordnung der Insekten, zu den primär flügellosen entognathen → Urinsekten gehörig. Die D. sind durch lange Gliederantennen und Schwanzanhänge (Cerci) und schabende oder stechende, in einer Falte verborgene Mundwerkzeuge ausgezeichnet. Zu den D. gehören langgestreckte, 2 bis maximal 58 mm (*Heterojapyx*) lange, durchweg blinde Tiere mit glatter, zarter Haut, die sehr selten beschuppt ist. An den ersten 7 der insgesamt 12 Abdominalsegmente sind Reste der Extremitäten in Form von Styli und Coxalbläschen erhalten; hier sind auch die Hüften und Bauchschienen zu Coxosterniten verwachsen. Die Samenübertragung erfolgt indirekt durch vom Männchen abgesetzte gestielte Spermatröpfchen, die das Weibchen aufnimmt. Die Jungtiere schlüpfen mit der vollen Segmentzahl. Als Exkretionssystem sind Labialnieren und Malpighische Gefäße vorhanden.

Doppelschwänze: *a Campodea staphylinus*, *b Japyx solifugus* beim Fang eines Springschwanzes

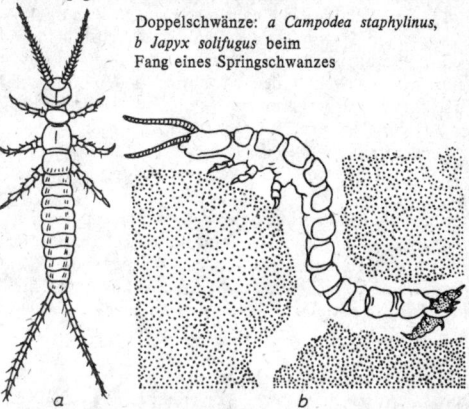

Die D. besiedeln die hohlraumreiche Oberfläche ständig ausreichend feuchter Böden und bewohnen die Subtropen und Tropen zahlreicher als europäische Böden. Die etwa 500 Arten werden in 3 Familien gegliedert. Arten der Familie *Campodeidae* besitzen lange, leicht abbrechende, fadenförmige Schwanzanhänge (Cerci), die wie ein hinteres Fühlerpaar gebraucht werden. *Campodea*-Arten sind die häufigsten D. mitteleuropäischer Böden (Abb.). Die Familie *Japygidae* ist durch eingliedrige, zangenförmige Cerci ausgezeichnet, die zum Festhalten der Beute (zarte Insekten, kleine Würmer) dienen (Abb.); diese Arten bewohnen selten warme Orte Mitteleuropas, vorwiegend aber Böden der Subtropen und Tropen, wie auch die Familie *Projapygidae*, die zangenförmige, aber vielgliedrige Cerci aufweist. Die Ernährung ist auch bei den Campodeiden z. T. räuberisch, hier jedoch wohl häufiger saprophag (tote Pflanzenteile, Bodenpilze u. a.). Die bodenbiologische Bedeutung wie auch die Siedlungsdichte (einige hundert je m² Bodenoberfläche) ist gering.

Lit.: J. Paclt: Biologie der primär flügellosen Insekten (Jena 1956); A. Palissa: Diplura in: P. Brohmer, P. Ehrmann, G. Ulmer: Die Tierwelt Mitteleuropas (Leipzig 1964).

Doppelsegment, svw. Diplosegment.

Dorade, svw. Goldmakrele.

Dormanz, *1)* Ruhezustand (→ Ruheperioden) von Knospen (Knospenruhe) und Samen (→ Samenruhe) zwischen zwei Aktivitätsperioden. Oft wird durch die D. eine ungünstige Periode, z. B. eine Trocken- oder Kältezeit, überbrückt. Der Beginn der D. ist meist zeitlich mit dem Auftreten von → Seneszenz in der ganzen Pflanze (bei einjährigen Pflanzen) oder in Pflanzenteilen, z. B. Blättern oder allen oberirdischen Teilen (bei mehrjährigen Pflanzen), zeitlich koordiniert.

2) Die durch Änderung eines oder mehrerer Umweltfaktoren ausgelöste Verlangsamung des Stoffwechsels und Einstellung der Individualentwicklung bei Tieren. Die D. tritt in verschiedenen Formen auf. Die **Quieszenz** als Ruhephase wird unmittelbar durch den ungünstiger werdenden Faktor ausgelöst und ist damit eine konsekutive Form der D. (z. B. Schwarze Bohnenlaus). Die zweite Hauptform der D., die *Diapause*, ist an ein bestimmtes Entwicklungsstadium gebunden, kann obligatorisch oder fakultativ eintreten und gliedert sich in a) die *Oligopause*, die unmittelbar vom bestimmenden Faktor (Temperatur, Licht) mit leichter Verzögerung ausgelöst oder beendet werden kann (z. B. Dörrobstmotte); b) die *Parapause* als prospektive Dormanzform, die vorausschauend in noch günstiger Situation ausgelöst und vom gleichen Umweltfaktor, jedoch jeweils mit unterschiedlicher Intensität, eingeleitet und beendet wird (z. B. Feldgrille); c) die ebenfalls prospektiv ausgelöste *Eudiapause*, wobei meist die Photoperiode auslösend und die Temperatur beendend wirken. Die sensible Phase liegt meist in einem weit früheren Stadium als der Eintritt der Eudiaphase (z. B. Kohlweißling). Durch »Überliegen« kann ein Teil der Tiere erst im folgenden Jahr wieder aktiv werden und eine Reserve bilden.

Besonders die Diapauseformen sind bei Insekten verbreitet.

Dörnchenkorallen, *Antipatharia*, zu den *Hexacorallia* gehörende Ordnung der Korallentiere mit koloniebildenden Formen. Das schwarze, hornartige, nicht verkalkte Skelett ist mit einem Dörnchenbesatz ausgestattet und unter Hitzeeinwirkung verformbar (»schwarze Korallen«), es wird in vielen Tropenländern in der Schmuckindustrie verwendet.

Dornen, → Sproßachse, → Blatt.

Dornschwänze, *Uromastyx*, in Nordafrika sowie Südwest- und Südasien beheimatete pflanzenfressende → Agamen mit plumpem, walzigem Körper und kurzem, breitem, mit Stachelschuppen besetztem Schwanz, der als Verteidigungswaffe dient. Als Anpassung an die vegetative Ernährung tragen die hinteren Zähne breite Mahlflächen, während die Schneidezähne des Unterkiefers verwachsen sind. Die D. verbergen sich gern in Felsspalten, blähen darin bei Bedrohung ihren Körper auf und sind dann, fest »verankert«, vor Raubfeinden geschützt.

Dornteufel, svw. Moloch.

dorsal, auf dem Rücken befindlich.

Dorsalsack, → Parietalorgane.

Dorsch, → Kabeljau.

Dorschartige, *Gadiformes*, artenreiche Ordnung der Fische. Die meist gut schwimmenden Raubfische kommen vor allem in den nördlichen Meeren vor. Viele Arten sind wichtige Nutzfische, z. B. Kabeljau und Schellfisch.

dorsiventral, *monosymmetrisch, zygomorph*, Bezeichnung für Lebewesen mit nur einer Symmetrieebene. Bei Pflanzen sind viele Laubblätter d. gebaut. D. Blüten besitzen z. B. die einheimischen Hülsenfrüchter und die Lippenblütler, wie Taubnessel, Salbei u. a.

Dorsiventralität, → Symmetrie.

Dortmundbrunnen, Einrichtung zur Abwasseraufbereitung. Im D., dessen Becken einen trichterförmigen Querschnitt hat, wird das Abwasser durch einen zentralen Schacht bis etwa zwei Drittel der Gesamttiefe des Brunnens eingeleitet und aufsteigend geklärt. Der sich im unteren Trichterende ansammelnde Schlamm muß regelmäßig entfernt werden.

Dosenschildkröten, *Terrapene*, bis 16 cm lange, in 6 Arten von Nordamerika bis Mexiko verbreitete → Sumpfschildkröten mit hochgewölbtem Panzer, die weitgehend an das Landleben angepaßt sind, aber noch Reste von Schwimmhäuten besitzen. Der Bauchpanzer weist vorn und hinten je ein bindegewebiges Gelenk auf. Die D. haben sich auch in ihrer Nahrung den Landschildkröten angeglichen und fressen neben Würmern und Schnecken Obst, Beeren, Pilze und andere Pflanzenstoffe. Die Weibchen graben zur Eiablage eine bis 12 cm tiefe Grube.

Dosis, 1) in der Phytopathologie die therapeutisch anzuwendende oder toxisch wirkende Menge eines chemischen → Pflanzenschutzmittels bzw. eines → Wirkstoffes nach Volumen oder Masse, die bei einer Pflanze oder einem Pflanzenbestand angewandt wird, um Krankheiten oder Schädlinge wirksam zu bekämpfen.

2) die je Masse des bestrahlten Stoffes absorbierte Strahlenenergie. Die gesetzliche Einheit der D. ist das Gray (Gy), 1 Gy = 1 J/kg. Da die Strahlenwirkung von der Zeit abhängt, definiert man die *Dosisleistung* als Dosis je Zeit (Gy/s). Die veraltete Einheit Rad (rd) entspricht 10^{-2} Gy. Da die gleiche D. unterschiedlicher Strahlenarten verschiedene biologische Wirksamkeit hat, definiert man die relative biologische Wirksamkeit RBW als das Verhältnis der D. einer Standardstrahlung zu der einer beliebigen Strahlung, die den gleichen Effekt hervorruft. Die D. der Standardstrahlung (200 kV Röntgen) wird häufig als Äquivalentdosis in Sievert (Sv) angegeben. Die veraltete Einheit 1 rem ist dann gleich 0,01 Sv.

Dosiseffekt, die von Allelen eines Gens ausgeübte unterschiedliche Wirkung auf die phänotypische Merkmalsprägung, die abhängig ist von ihrer Häufigkeit im Genotyp. Zur Untersuchung eines D. müssen Genotypen aufgebaut werden, in denen das betreffende Allel in unterschiedlicher Häufigkeit vorliegt. Dies ist unter anderem möglich unter Verwendung von Deletionen, Duplikationen, Fällen von Aneuploidie und Polyploidie.

Dotter, *Vitellus, Lecithus*, Gesamtheit der in das Eizytoplasma eingelagerten Reservesubstanzen, wie Aminosäuren, Proteine, Glykogen, Phospholipide (Lezithin) und Vitamine. Die *Dottersubstanzen* werden in der Eizelle synthetisiert oder ihr von außen zugeführt. Die Speicherung erfolgt in Form von *Dotterschollen*.

Die Bildung der Nährstoffe für das Ei kann unterschiedlich erfolgen. Man unterscheidet: 1) Solitäre Dotterbildung durch eigene Stoffwechselleistung der Eizelle im Eierstock vom Eistiel her bei zahlreichen niederen Tieren, z. B. Stachelhäutern. 2) *Nutrimentäre Dotterbildung* durch Hilfszellen (zerfallende Eizellen, mesodermale Gewebezellen), die das Ei als Follikel umgeben, → Eierstock. 3) *Tertiäre Nährstofflieferung* liegt bei Nährstoffsekretion um die Eizelle im Eileiter vor. (Eiklar des Vogeleies umgibt die dotterreiche Eizelle = Gelbei).

Die Menge des Dottervorrates zeigt Beziehungen zur Zahl der abgelegten Eier bzw. zu Brutpflegemechanismen. Je ausgedehnter die Brutpflege, um so weniger und dotterreichere Eier werden abgelegt. Ausnahme sind die dotterarmen Eier der Säugetiere, deren Embryonen im Mutterleib mit Nährstoffen versorgt werden. → Ei.

Dottergang, → Dottersack, → Dotterstock.

Dotterhaut, → Ei.

Dottersack, *Saccus vitellinus, Lecithoma*, der Ernährung des Embryos dienendes, mit Dottermasse gefülltes, kugel- oder birnenförmiges embryonales Organ. Dottersackbildungen sind typisch für die aus extrem telolezithalen Eiern hervorgehenden Embryonen der Fische, Reptilien, Vögel und der Kloakentiere sowie der Keime der Säugetiere und des Menschen, deren Eier zwar nahezu dotterfrei sind, die sich jedoch von Formen mit dotterreichen Eiern herleiten. Unter den Wirbellosen sind Dottersackbildungen nur bei Kopffüßern (Tinten»fischen«) bekannt.

Der D. entsteht bei Fischen (Abb. 1) und Sauropsiden

Dottersack

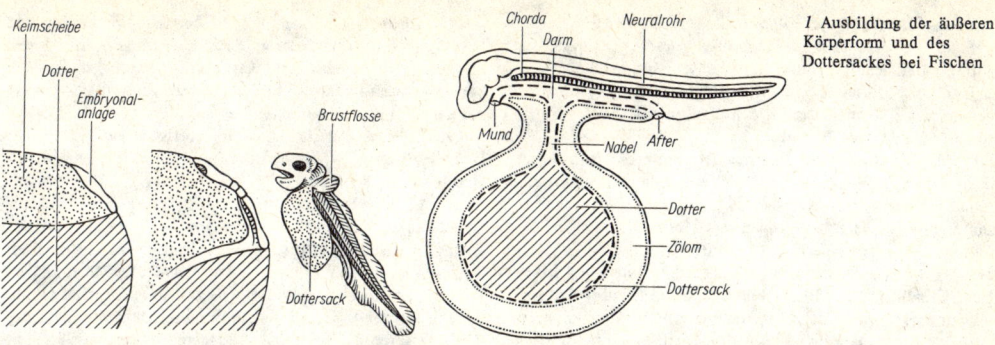

1 Ausbildung der äußeren Körperform und des Dottersackes bei Fischen

aus den außerembryonalen Bezirken der Diskogastrula, indem sich zunächst das Ektoderm, später das Entoderm und schließlich auch das parietale und viszerale Blatt des Mesoderms allseitig über die Dotterkugel auszubreiten beginnen und diese allmählich vollständig umwachsen. So bildet der D. eine vierschichtige Blase, die die für die Bildungsvorgänge der Embryonalanlagen hinderlichen Deutoplasmamassen gleichsam isoliert. Ektoderm und parietales Blatt verbinden sich fest miteinander zum *Hautdottersack*, Entoderm und viszerales Blatt entsprechend zum *Darmdottersack*. Durch Wachstum und allmähliche Abfaltung des Embryos verengt sich die Verbindung zwischen ihm und dem D. auf einen dünnen, kurzen (bei Knochenfischen, Reptilien, Vögeln) oder langen Stil (bei Selachiern), den *Nabel*, dessen Lumen als *Dottergang*, dessen innere, unmittelbar in den embryonalen Darm und die ihn umhüllende Splanchnopleura übergehende Doppelwand als *Darmnabel* und dessen äußere, mit der Bauchwand des Embryos (Ektoderm und Somatopleura) zusammenhängende Doppelwand als *Hautnabel* bezeichnet werden. Die Übernahme des Dotters durch den Embryo vollzieht sich weniger direkt über den Dottergang als vielmehr auf dem Wege über ein außerembryonales, vom viszeralen Mesoderm entwickeltes Blutgefäßsystem, das mit dem intraembryonalen System über je 2 *Venae* und *Arteriae omphalomesentericae* kommuniziert und besonders bei Vögeln außerordentlich dicht ist. So verringert sich das Lumen des D. allmählich, seine Wände werden langsam abgebaut; schließlich wird er völlig resorbiert, womit zugleich auch die Ausbildung der äußeren Gestalt des Keimes im wesentlichen abgeschlossen ist. Das Schlüp-

2 a bis e Dottersackbildung beim Menschen: *1* Synzytiotrophoblast mit Lakunen, *2* Zytotrophoblast, *3* Amnionhöhle, *4* Ektoderm, *5* Endoderm, *6* Heusersche Membran, *7* eröffnete Schleimhautdrüse, *8* extraembryonales Mesoderm, *9* eröffnetes mütterliches Gefäß, *10* extraembryonales Zölom, *11* Epithel des Endometriums, *12* Fibrinkoagulum

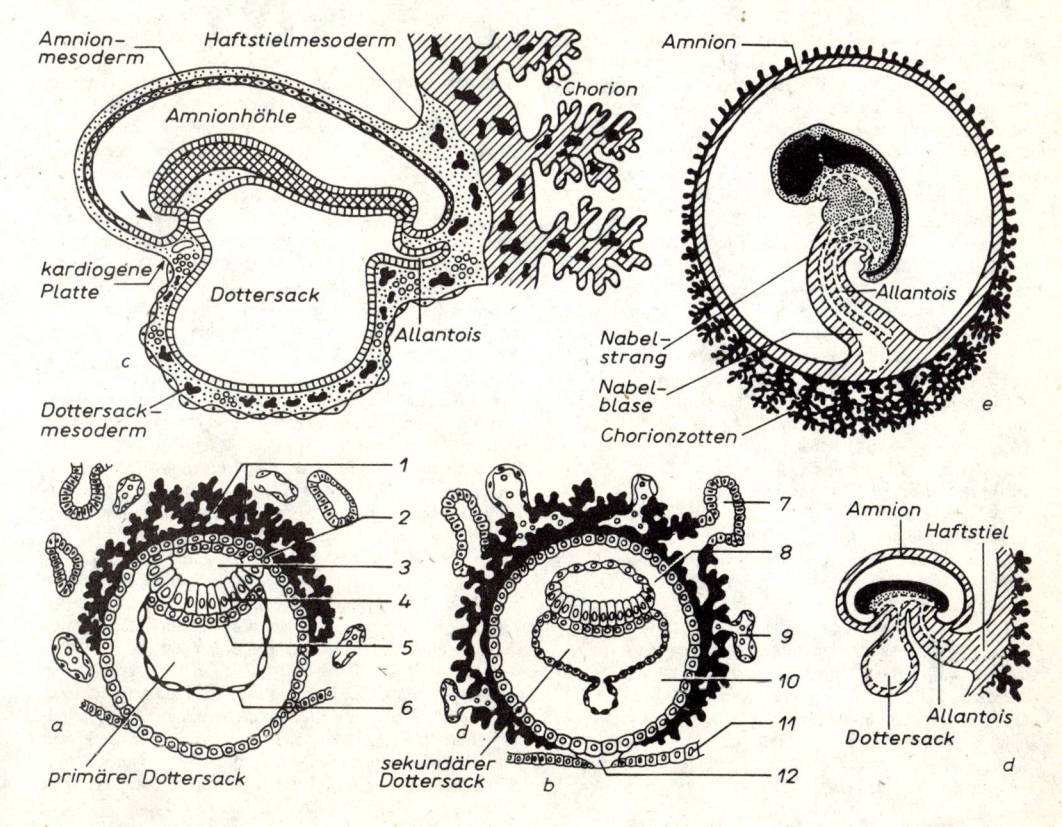

Dottersackplazenta

fen der Keime aus den Eihüllen kann auch noch vor dem völligen Abbau des D. erfolgen. Solche Larvenzustände liegen vor bei den Rundmäulern und einigen Fischen, z. B. Selachiern, Strören, Dipnoern und manchen Teleostiern (Lachs u. a.). Neben der Ernährungsfunktion, die bei Fischen die alleinige Funktion der Dottersackgefäße ist, gewährleisten diese bei den Sauropsiden zugleich die Atmung des Embryos, bis diese später durch die Allantois übernommen wird, die sich mit der Serosa (→ Embryonalhüllen) zusammen der Schalenhaut eng anlegt und den Sauerstoff osmotisch in ihre Gefäße übernimmt. Unter den Säugern besitzen nur die Kloakentiere noch Dotter und einen funktionsfähigen D. Mit den Beuteltieren setzt der Dotterschwund ein, bis schließlich bei den plazentalen Säugern der Dotter vollständig fehlt. Auf frühen Entwicklungsstadien der Säugetiere stellt der D. nichts anderes dar als die vom Entoderm ausgekleidete Blastozyste (→ Gastrulation). Nur beim Menschen geht die Bildung der Dottersackhöhle durch Auseinanderweichen und wahrscheinlich auch durch gleichzeitigen Verfall einer Gruppe von Trophoblast-Mesodermzellen unterhalb des Keimschildes vor sich. (Abb. 2a–e, S. 207). Diese bilden die Heusersche Membran um den dadurch entstandenen *primären D.* Vom unteren Blatt des Keimschildes wachsen später Entodermzellen aus und bilden das entodermale Epithel des *sekundären D.*, bei dessen Entstehung der primäre verdrängt wird. Durch Flüssigkeitsaufnahme vergrößert sich der (sekundäre) D. bis zum Ende des 2. Monats auf einen Durchmesser von 5 bis 10 mm. In der 3. Woche treten im Dottersackmesoderm Blutgefäße auf, die den – allerdings geringen – Inhalt des D. dem Embryo zuführen. Bald wird sein Lumen von der Amnionhöhle von allen Seiten zusammengedrängt, bis er schließlich zur bedeutungslosen *Nabelblase* verkümmert und mit der Allantoisblase gemeinsam im Gebiet des *Amnionstieles*, nunmehr *Haftstiel* genannt, zur Nabelschnur vereinigt wird. Als rudimentäres Embryonalorgan belegt die Nabelblase noch heute die Herkunft der Säugetiere von Vorfahren mit dotterreichen Eiern.

Dottersackplazenta, → Plazenta.
Dotterstock, *Vitellarium,* meist paarig angelegte Drüsen der weiblichen Fortpflanzungsorgane der Plattwürmer. Der D. hat sich aus einem Teil des Eierstockes entwickelt und sich räumlich von diesem unter Bildung eines eigenen Ausführungsganges (Dottergang) getrennt. Der D. bildet dotterreiche Zellen (Dotterzellen), die durch den ableitenden Dottergang über den Eileiter zum Anfangsteil des Uterus gelangen. Hier umhüllen mehrere Dotterzellen (bis zu 60) je eine befruchtete nährstoffarme Eizelle und schließen sich mit ihr zusammen in eine Schale ein, die zumeist selbst abscheiden (»zusammengesetzte Eier«). Der D. liefert dem Embryo die notwendigen Nährstoffe für seine Entwicklung.
Dotterzellen, → Dotterstock.
Douglasie, → Kiefergewächse.
Down-Syndrom, → Chromosomenaberrationen.
DPN, Abkürzung für Diphosphopyridinnukleotid, → Nikotinsäureamid-adenin-dinukleotid.
Drachenbaum, → Agavengewächse.
Drachenfische, *Trachinidae,* Grundfische des Ostatlantik und Mittelmeeres. Körper langgestreckt, Kopf bullig, Maulspalte groß. Rückenflossenstacheln mit Giftdrüsen. Bekannt ist vor allem das Petermännchen, *Trachinus draco.*
Drachenkopfartige, *Scorpaeniformes,* Ordnung der Knochenfische. Die D. haben große, am Seiten durch Knochenplatten gepanzerte Köpfe. Auch auf dem Körper können Hautknochen ausgebildet sein. Zu den D. gehören z. B. Drachenköpfe, Knurrhähne, Groppen, Pelzgroppen, Seehasen und die sehr giftigen Steinfische.

Drachenköpfe, *Scorpaenidae,* zu den Drachenkopfartigen bzw. Skorpionfischartigen gehörende plumpe Meeresfische mit großem, oft bizarrem Kopf und stacheligen Flossen. Manche Arten haben Giftdrüsen. Die D. halten sich entweder auf dem Meeresboden auf, z. B. Meersau, oder sie leben im freien Wasser, z. B. Rotbarsch, Rotfeuerfisch.
Drahtwürmer, → Schnellkäfer.
Dreher, svw. Rotator.
Drehmoos, → Laubmoose.
Dreieckskrabben, svw. Seespinnen.
Dreikantmuschel, Muschel der Gattung *Dreissena,* Süßwassermuschel von ähnlicher Form wie die Miesmuschel aus der pontischen Region, heute beinahe überall in Europa verbreitet. Ihre Schalen sind dreieckig oder dreikantig. In unseren Breiten ist die *Wandermuschel, Dreissena polymorpha,* weit verbreitet. Die Tiere sitzen durch Byssus festgeklebt an festen Gegenständen, z. B. an Pfählen und Steinen. Die Muscheln sind wirtschaftlich sehr schädlich, da ihre frei schwimmenden Larven in Filter und Rohrleitungen von Wasserwerken und Industrieanlagen eindringen, sich dort festsetzen und diese verstopfen. Es werden somit sehr kostspielige Reinigungsarbeiten notwendig.
Dreilapperkrebse, svw. Trilobiten.
Dreissena, → Dreikantmuschel.
Dreistrang-Austausch, reziproker Segmentaustausch in der Meiose zwischen gepaarten Chromosomen nach Eintritt von zwei Crossing-over-Vorgängen, wobei das zweite Crossing-over zwischen einer der schon am ersten beteiligten Chromatiden und einer dritten, nicht beteiligt gewesenen erfolgt (Abb.). → Vierstrang-Austausch, → Zweistrang-Austausch.

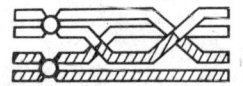

Dreistrang-Austausch

Dreizackgewächse, *Juncaginaceae,* eine weltweit verbreitete Familie der Einkeimblättrigen Pflanzen mit etwa 18 Arten, die meist an sumpfigen Standorten vorkommen. Es sind ausdauernde, z. T. einjährige Kräuter mit schmallinealischen, grundständigen Blättern und meist kleinen, zwittrigen Blüten, die in traubigen oder ährigen Blütenständen stehen. Einheimisch sind nur zwei Arten der Gattung *Dreizack, Triglochin.* Der **Sumpfdreizack,** *Triglochin palustre,* ist überwiegend auf Sumpfwiesen, Quellmooren, auch in Brackwassernähe verbreitet. Seine 3teiligen Früchte haben die Gestalt eines umgekehrten räumlichen Dreizacks. Nur auf Salzwiesen und küstennahen Standorten wächst der **Stranddreizack,** *Triglochin maritimum,* der 6teilige Früchte hat.
Dressur, unter menschlicher Kontrolle vollzogene Lernprozesse. Beim Unterscheidungslernen können drei Verfahren eingesetzt werden: a) *Positivdressur,* bei welcher die Richtigwahlen belohnt (bekräftigt) werden; b) *Negativdressuren,* bei der die Falschwahlen bestraft werden, und c) *Differenzdressuren,* bei denen beide Verfahren kombiniert sind. Bei der *Dressage* in der Zirkusdressur wird eine Gesamteinpassung des Verhaltens in die zu erlernende Aufgabe angestrebt, wenn möglich auch unter Nutzung des Einsichtlernens (→ Lernformen). Bei einigen Tieren, wie Elefanten, wird in diesem Zusammenhang das »putting through« als Erzwingen von Passivbewegungen eingesetzt.
Drift, → genetische Drift.
Drifthypothese, svw. Kontinentalverschiebungshypothese.
Drigalskispatel, ein nach dem Bakteriologen W. v. Drigalski benannter Glasstab, der am unteren Ende zu einem Dreieck gebogen ist. Der D. wird in der Mikrobiologie zum gleichmäßigen Ausstreichen von Bakteriensuspensionen

oder von keimhaltigem Material auf Nährböden verwendet.
Drill, → Paviane.
Drillingsnerv, → Hirnnerven.
Drogen, *1)* durch Trocknen haltbar gemachte pflanzliche oder tierische Stoffe, die zu medizinischen Zwecken (Arzneidrogen), als Gewürzmittel (Gewürzdrogen) oder für technische Belange (technische D.) Verwendung finden.

2) heute auch Bezeichnung für Arzneimittel aus synthetischen Grundstoffen sowie unexakte Bezeichnung für Suchtmittel.
Drohen, → ambivalentes Verhalten, → Imponierverhalten.
Drohne, → Honigbiene.
Drohnenbrütigkeit, → Parthenogenese.
Drohtrachten, → Schutzanpassungen.
Drohverhalten, → Imponierverhalten.
Dromedar, *Camelus dromedarius,* ein → Kamel mit einem Höcker. Das D. wird in Nordafrika, Arabien und Westasien als Haustier gehalten. Es ist ähnlich genügsam wie das → Trampeltier, mit dem es sich kreuzen läßt. Die meist unfruchtbaren, mit einem einzigen größeren Höcker versehenen Bastarde werden als *Tulus* bezeichnet.
Drongos, *Dicruridae,* Familie der → Singvögel mit etwa 20 Arten. Sie kommen in Afrika, auf Madagaskar und vor allem im indomalaiischen Gebiet vor. Sie vermögen Insekten aus der Luft zu fangen.
Drontevögel, → Taubenvögel.
Droseraceae, → Sonnentaugewächse.
Drosophilidae, → Zweiflügler.
Drosseln, *Turdidae,* Familie der → Singvögel mit etwa 300 Arten, eine Vogelgruppe, die nur auf einigen entlegenen Inseln fehlt. Einige Arten brüten in lockeren Kolonien. Bei den meisten grenzen die Paare zur Brutzeit Reviere ab. Sie bauen ein napfförmiges Nest. Das Jugendkleid ist gefleckt. Bei vielen Arten sind Männchen und Weibchen gleich gefärbt. D. halten sich viel am Erdboden auf. Sie fressen Insekten (die großen Arten auch Würmer und Schnecken) und Beeren. Erd-, Wander-, Sing-, Rot-, Wacholderdrossel und *Amsel* sind Vertreter der Gattung *Turdus.* Weitere Gattungen sind *Monticola* mit *Steinrötel* und *Blaumerle; Oenanthe, Steinschmätzer; Saxicola* mit *Schwarz-* und *Braunkehlchen; Phoenicurus, Rotschwänze; Erithacus, Rotkehlchen; Luscinia* mit *Nachtigall, Sprosser, Blau-* und *Rubinkehlchen* u. a.
drought avoidance, → Dürreresistenz.
drought tolerance, → Dürreresistenz.
Druckempfindung, → Tastsinn.
Drückerfische, *Balistidae,* zu den Kugelfischartigen gehörende, hochrückige Fische mit großem Kopf und kleinem Maul. Der 1. Stachel der Rückenflosse kann durch den 2. arretiert werden. Viele D. sind prächtig gefärbt und deshalb oft Schauobjekte in den Seewasseranlagen zoologischer Gärten.
Druckströmungstheorie, Druckstromtheorie, Massenströmungstheorie, von Münch 1926 entwickelte Erklärungsmöglichkeit für den Stofftransport im Siebröhrensystem der Pflanzen. Das Prinzip der D. läßt sich an folgendem Modell erklären (Abb.): Zelle A enthält eine 10%ige Zuckerlösung, in Zelle B und den Vorratsgefäßen ist Wasser. Beide Zellen sind durch semipermeable Membranen abgeschlossen und durch ein Glasrohr R miteinander verbunden. A saugt infolge des hohen osmotischen Wertes (→ Osmose) Wasser an. Dadurch wird die Zuckerlösung verdünnt und nach B gedrückt. Dort wird durch den entstehenden hydraulischen Druck Wasser durch die Membran ausgepreßt. In der Pflanze entsprechen A Siebröhrenabschnitte im Assimilationsgewebe (z. B. Blätter), in die die Assimilate, eventuell durch die Geleitzellen, aktiv inkorporiert werden, B dem Empfängergewebe (z. B. Wurzeln), das

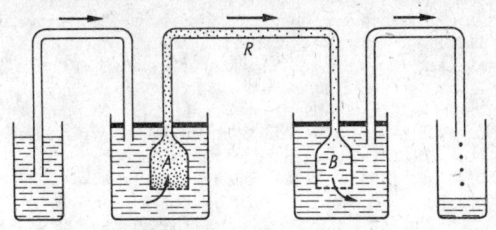

Modellversuch zur Druckströmungstheorie von Münch

die Assimilate verbraucht bzw. speichert, und R dem Siebröhrensystem.

Nach dieser Theorie ist die Richtung des Phloemtransports durch ein osmotisches Gefälle zwischen dem Ort der Assimilatenbildung bzw. des aktiven Einstroms in die Siebröhren (*source*) und dem Ort des Assimilatenverbrauchs bzw. der -abgabe aus den Siebröhren (*sink*) festgelegt. Die Assimilate können sowohl in der Wurzel als auch in sich entfaltenden Blättern bzw. in der wachsenden Frucht verbraucht werden, so daß der Siebröhrenstrom diesen unterschiedlichen *source-sink-Verhältnissen* entsprechend wurzelwärts oder spitzenwärts gerichtet sein kann.
Druck-Volumendiagramm, → Atemschleife.
drumstick, → Sexchromatin.
Drüsen, Glandulae, *1)* bei Mensch und Tier spezialisierte Epithelzellen (Abb.), die der Bildung und Abgabe von Sekreten dienen. Sie treten als *einzellige D.* auf, die z. B.

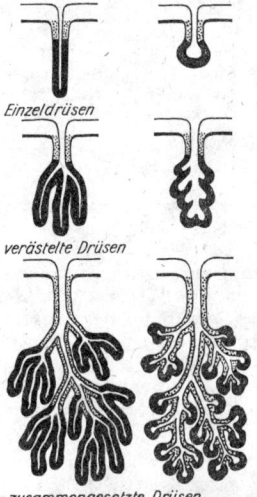

1 Drüsenformen: *a* tubulöse Drüsen, *b* alveoläre Drüsen

als Becherzellen Schleim produzieren und in der Haut von Fischen, Lurchen sowie im Darm höherer Tiere vorkommen, oder als *mehrzellige D.* (D. im engeren Sinne), die als Organe spezifische Aufgaben zu erfüllen haben. Nach dem Sekretionsziel werden exokrine D. und endokrine D. unterschieden. In den *exokrinen D.* gruppieren sich die Drüsenzellen um eine Lichtung. Von diesem Endstück (*Acinus*) wird das Sekret über ein Gangsystem auf innere (*Speicheldrüsen*) oder äußere (*Schweißdrüsen*) Oberflächen abgegeben. Nach der Art des Sekretes können unterschieden werden: *proteinsynthetisierende D.* (Ohrspeichel-, Bauchspeichel-, Tränendrüsen), sie stellen ein dünnflüssiges, seröses Sekret her. Sein Bildungsweg soll kurz am Beispiel einer Pankreaszelle der Ratte geschildert werden. Die Rohstoffe, unter anderem Aminosäuren und Monosaccharide, werden über Blutkapillaren an die Drüsenzellbasis herangebracht.

Drüsenepithel

Dann passieren die Stoffe Kapillarwand und Plasmalemm. Die Proteinsynthese geht nach Aufnahme von Ribonukleinsäure aus dem Zellkern im endoplasmatischen Retikulum vor sich. Dort bilden sich auch die Oligosaccharidketten. Mittels Transportvesikeln gelangt das Zwischenprodukt zum Golgi-Apparat, wo die Synthese vollendet wird. Das Prosekret (Zymogengranula) sammelt sich im apikalen Zellabschnitt, bevor es ausgeschüttet wird. In *mukösen Drüsenzellen* bilden sich schleimige Sekrete, die kohlenhydratreich sind und aus sauren Glykoproteinen bestehen. Zusammen mit *serösen Drüsenzellen* findet man in der Unterkieferspeicheldrüse. Sekrettropfen aus Lipiden findet man in Talgdrüsen. Elektrolyte werden in den Belegzellen des Magens gespeichert. In endokrinen D., z. B. der Nebenniere, werden Peptidhormone und biogene Amine gelagert. Ein anderes Einteilungsprinzip orientiert sich nach der Sekretabgabe (*Extrusion*) (Abb. 2). In serösen, mukösen und

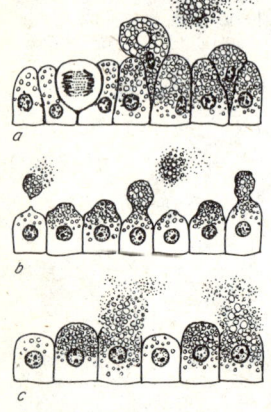

2 Extrusionsmechanismen von Drüsenzellen: a holokrine (z. B. Talgdrüsen), b apokrine (z. B. Milchdrüsen), c merokrine (z. B. Becherzellen) Extrusion

vielen endokrinen D. besteht ein *merokriner* Extrusionsmechanismus, bei dem die Sekretgranula durch die Zelloberfläche abgegeben werden. In den *apokrinen* D. kommt es zur Abschnürung des sekretbeladenen apikalen Zellbereichs, z. B. bei der Milchdrüse. Bei der *holokrinen* Extrusion wird die ganze Drüsenzelle bei der Freisetzung des Sekretes eingeschmolzen, z. B. bei Talgdrüsen. Über eine Einteilung nach der Drüsenform gibt die Abb. 1 auf S. 209 Auskunft. Die *endokrinen* oder *inkretorischen* D. synthetisieren Hormone (Inkrete), die von den Zellen direkt über Blutbahnen die Wirkungsorte erreichen. Gemeinsame Merkmale sind die sehr reiche Gefäßversorgung und das Fehlen von Ausführungsgängen. Die Lage der endokrinen D. geht aus Abb. 3 hervor. Außerdem haben noch viele andere Organe oder Organteile eine inkretorische Funktion, z. B. neurosekretorische Zentren des Gehirns.

2) bei den **Pflanzen** im weiteren Sinne alle → Ausscheidungsgewebe.

Drüsenepithel, Sonderform des Epithelgewebes aus spezialisierten Epithelzellen, den zur Sekretion befähigten Drüsenzellen. Das D. bildet bei den Drüsen die innere Auskleidung des Drüsenendstückes.

Drüsengewebe, → Ausscheidungsgewebe.

Drüsenhaare, → Pflanzenhaare.

Drüsenhormone, svw. glanduläre Hormone.

Drusenkopf, *Conolophus subcristatus,* großer → Leguan aus dem Inneren der Galapagosinseln. Der über 1 m Gesamtlänge erreichende, mit einem kräftigen Nackenkamm ausgerüstete D. ernährt sich hauptsächlich von Landpflanzen, er frißt auch Kakteen mitsamt den Stacheln. Die früher sehr häufigen Tiere sind vom Aussterben bedroht und stehen wie die gesamte Fauna des Galapagos-Archipels heute unter strengem Naturschutz.

Drüsenzellen, → Ausscheidungsgewebe.

Dryaszeit [nach *Dryas octopetala,* Silberwurz], **Ältere Parktundrenzeit,** späteiszeitlicher Abschnitt der Vegetationsentwicklung. Das Pollenbild der D. zeigt eine hocheiszeitliche Steppentundra an. Es treten sehr viele Nichtbaumpollen neben Baumpollen von Weide, Birke und Kiefer auf. → Pollenanalyse.

Dryopithecusmuster, die bei den Dryopithezinen zu beobachtende fünfhöckrige Kronenstruktur der unteren Backen- oder Mahlzähne (Molaren). Die zwischen den Höckern liegenden Furchen bilden ein fünffaches Y-Muster. Das D. tritt bereits bei dem oligozänen hominoiden *Propliopithecus* auf und ist noch bei den rezenten Menschenaffen und dem Menschen zu finden. Es stellt ein wesentliches Argument gegen die → Cercopithezinentheorie der Abstammung des Menschen dar, da die Zahnstruktur genetisch sehr komplex bedingt ist und nicht angenommen werden kann, daß die gleiche Struktur mehrfach, unabhängig voneinander, entstanden ist.

Dryopithezinen, *Dryopithecinae,* im Miozän und Pliozän der alten Welt weit verbreitete Primatengruppe, aus der sich die heutigen Menschenaffen und wahrscheinlich auch der Mensch entwickelt haben. → Anthropogenese.

Dschiggetai, → Halbesel.

Ducker, *Cephalophinae,* bis rehgroße, kurzhörnige Antilopen Afrikas.

Ductus Cuvieri, → Blutkreislauf.

Duftstoffe, Riechstoffe, flüchtige Substanzen, die von Organismen in oft unwägbar geringen Mengen an die Luft oder ins Wasser abgegeben werden und von Individuen der gleichen oder anderer Arten mit Hilfe des Geruchssinns wahrgenommen werden. Chemisch sind die D. schwer zu charakterisieren. Von Tieren abgegebene D. dienen der Verteidigung und Abschreckung (z. B. Stinktier), der Revierabgrenzung, der Raumorientierung und als Sexuallockstoffe. Auch von manchen Pflanzen abgegebene D. locken Tiere an, eine Erscheinung, die oft in den Dienst der Fortpflanzung gestellt wird.

Lit.: Merkel: Riechstoffe (Berlin 1972).

Dugong, *Dugong dugong,* eine → Seekuh mit schwach gegabelter Schwanzflosse. Der D. bewohnt die Küstengewässer des Indischen Ozeans.

Dunen, → Feder.

Dünenpflanzen, höhere und niedere Pflanzen, die die nährstoffarmen, aus locker liegenden Sandkörnern aufge-

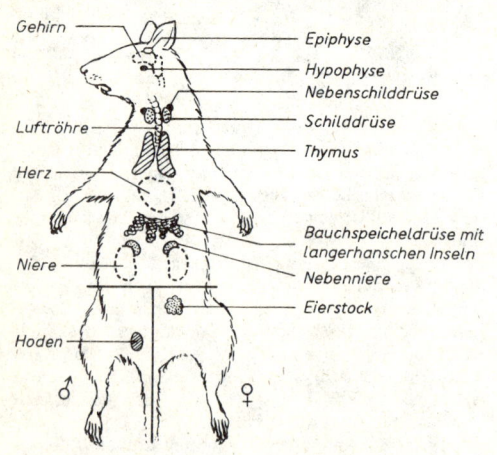

3 Lage der endokrinen Drüsen bei einem Nagetier (Ratte)

bauten Dünen an den Meeresküsten und im Binnenland besiedeln. Bekannte D. sind der Strandhafer, *Ammophila arenaria*, und die Strandquecke, *Agropyron junceum*. Ein wesentliches Kennzeichen der Standorte von D. ist die Beweglichkeit des Sandes und damit die Gefahr des Auswehens unterirdischer oder des Übersandens oberirdischer Pflanzenteile. Beidem entgegen wirken die weit im Sand ziehenden, häufig sich verzweigenden und lebhaft wachsenden Wurzeln vieler Dünengewächse.

Die Pflanzendecke der Düne hemmt oder verhindert je nach Dichte die Sandverwehungen, deshalb bedarf es eines besonderen Schutzes der Dünenvegetation als Mittel zur Küstenbefestigung.

Der oberflächlich leicht austrocknende Dünensand enthält in den tiefer gelegenen Schichten im Wurzelraum ausreichend pflanzenverfügbares Wasser. (→ Taunutzung). Austrocknende Winde belasten an den Dünenstandorten den Wasserhaushalt der dort siedelnden Pflanzen erheblich, so daß die Pflanzen durch verdunstungshemmende Einrichtungen, z. B. Einrollen der Blattfläche, derbe Epidermis, Ausbildung von Wachsbelägen, den extremen Bedingungen besser angepaßt sind. Gewächse mit zarten, grünen Blättern fehlen weitgehend. Durch den starren, borstigen Habitus vieler D., durch reichlich ausgebildetes Festigungsgewebe in Sproßachsen und Blättern bedingt, sind sie auch der mechanischen Beanspruchung des Windes besser angepaßt. → Windfaktor.

Düngung, Zufuhr verschiedener Materialien zum Boden, um das Wachstum und den Ertrag der Kulturpflanzen zu verbessern. Eine Steigerung der Bodenfruchtbarkeit durch D. ist auf folgende Weise möglich: 1) durch zusätzliche Versorgung mit Pflanzennährstoffen, 2) durch Erhöhung der Verfügbarkeit der bodeneigenen Nährstoffe für die Pflanze, 3) durch Verbesserung der Strukturverhältnisse des Bodens.

Ausreichende und sinnvolle D. ist eine der wichtigsten Maßnahmen in der Landwirtschaft und im Gartenbau. Dafür stehen dem Praktiker zahlreiche Mineraldünger und verschiedene organische Dünger zur Verfügung. Bei ihrer Anwendung sind zur Erzielung eines optimalen Erfolges Düngereigenschaften und Pflanzenansprüche in spezifischer Weise zu berücksichtigen.

Dunkelfeldmikroskopie, Methode zur Beobachtung kleiner, kontrastarmer und regelmäßig-periodischer Strukturen. In das Objektiv gelangt nur vom Objekt gebeugtes Licht. Die Objekte erscheinen deshalb hell auf dunklem Grund. Mit einfachen Mitteln kann man das erreichen durch Ausblenden der zentralen Strahlen mittels einer *Zentral-* oder *Sternblende*. Wesentlich lichtstärkere Bilder erzielt man durch *Kardioidkondensoren*, bei denen das Licht durch Spiegelflächen seitlich auf das Objekt konzentriert wird.

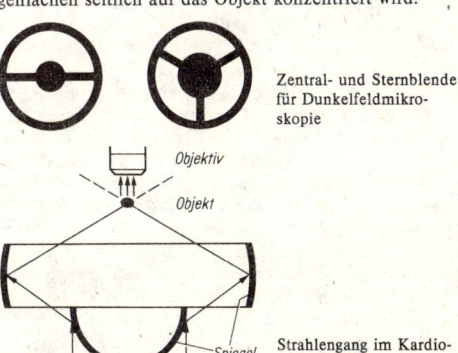

Zentral- und Sternblende für Dunkelfeldmikroskopie

Strahlengang im Kardioidkondensor, schematisch

Dunkelkeimer, → Samenkeimung, → Samenruhe.
Dunkelperiode, → Photoperiodismus.
Dunkelreaktion, → Photosynthese.
Dunkelrotbestrahlung. → Phytochrom, → Lichtfaktor.
Dünndarm, → Verdauungssystem.
Duodenum, → Verdauungssystem.
Duokrinin, → Darmhormone.
duplex, → nulliplex.
Duplikation, Ergebnis einer Chromosomenmutation, wobei ein Chromosomensegment mit allen darin enthaltenen Genen im haploiden Chromosomensatz zweimal auftritt. Je nachdem, ob die duplizierten Segmente in einem oder in verschiedenen Chromosomen vorliegen, kann zwischen intra- und interchromosomalen D. unterschieden werden (Abb.). D. können in der Diplophase homo- oder heterozygot vorliegen; ob sich eine bestimmte D. für den Trägerorganismus günstig oder ungünstig auswirkt, hängt von ihrer Größe, den qualitativen Eigenschaften der durch sie überzählig im Genotyp vorhandenen Gene und der Auswirkung der durch sie bedingten quantitativen Verschiebungen im Gesamtgenbestand ab.

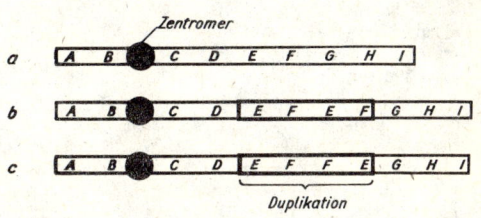

Duplikation: *a* Normalchromosom, *b* nichtinvertierte und *c* invertierte intrachromosomale Duplikation

Duplizitätstheorie des Sehens, eine von v. Kries 1896 aufgestellte Annahme, nach der die stäbchenförmigen Rezeptoren der Netzhaut dem Dämmerungssehen, die Zapfen dem Tagessehen dienen. Erregungen in Stäbchen und Zapfen können in der Netzhaut aber auf nachgeschaltete Nervenzellen konvergieren, was für Zwielichtsehen wichtig ist. Funktionell werden heute, aufbauend auf der D. d. S., zwei Systeme, das *skotopische System* für das Dämmerungssehen und das *photopische System* für das Tagessehen, unterschieden.

Durchblutung, die Blutdurchströmung der einzelnen Organe des tierischen und menschlichen Organismus. Die D. unterliegt einem komplizierten Regulationsmechanismus und ist an den jeweiligen Blutbedarf des betreffenden Organs angepaßt.

Die Ruhewerte der D. verändern sich bei den einzelnen Organen unter wechselnden physiologischen Bedingungen verschieden stark. Während Gehirn, Herz und Niere eine ziemlich konstante D. aufweisen, sind die Schwankungen bei Darm, Haut und Muskulatur beträchtlich. Bei intensiver Arbeitsleistung kann die D. der Muskulatur des Menschen 20 bis 30 l/Minute erreichen, was einem Anteil von 40 bis 60 Prozent des Herzminutenvolumens entspricht (Abb. s. S. 212).

An der Regulation der D. sind im wesentlichen drei Faktorengruppen beteiligt. 1) Eine lokale chemische Gruppe. Kohlendioxid und bestimmte Stoffwechselprodukte bewirken eine lokale Erweiterung der Kapillaren und damit eine verstärkte D. 2) Eine druckpassive Steigerung der D. mit ansteigendem Blutdruck. 3) Die nervös gesteuerte Verstellung der Arteriolenweite verändert die D. Sie wird verstärkt bei sinkendem → Gefäßtonus.

Durchblutungsgröße, → Strömungsgesetze im Blutkreislauf.

Durchbrenner

Regulation der Organdurchblutung

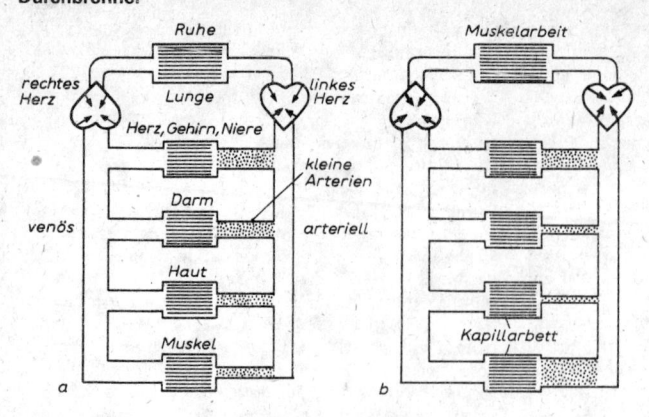

Durchbrenner, Bezeichnung für Genotypen, die trotz des Vorhandenseins eines Letalfaktors in wirksamer Dosis die normalerweise tödlich endende Entwicklungskrise, deren zeitlicher Eintritt für den jeweiligen Letalfaktor spezifisch ist, überstehen und sich weiter entwickeln.
Durchlaßstreifen, → Leitgewebe, → Sproßachse.
Durchlaßzellen, → Leitgewebe.
Durchläufer, → Fossilien.
Durchlüftungsgewebe, → Parenchym.
Durhamröhrchen, ein nach dem englischen Arzt A. E. Durham benanntes Glasröhrchen zum Nachweis der Gasbildung durch Mikroorganismen. Das am oberen Ende zugeschmolzene D. wird so in Nährlösung gebracht, daß es bei aufrechter Lage völlig gefüllt ist. Tritt durch Mikroorganismen, die in die Nährlösung eingeimpft werden, Bildung von Gas ein, sammelt sich dieses im D.
Durianbaum, → Wollbaumgewächse.
Dürre, *Trockenperiode,* Zeit mit Niederschlagsmangel bei meist gleichzeitig hohen Temperaturen.
Dürreresistenz, *Dürrehärte, Trockenresistenz,* bei Pflanzen die Fähigkeit zum Ertragen und Überdauern von Dürreperioden. Die D. ist z. T. artspezifisch und vererbbar, jedoch bis zu einem gewissen Grad auch durch Umweltbedingungen beeinflußbar.

Sehr gut sind jene Pflanzen gegen Dürreschäden geschützt, die austrocknen können, ohne Schaden zu erleiden. Diese Art der D. wird als *echte D.* oder *Austrocknungstoleranz (drought tolerance)* bezeichnet. Sie findet sich in der Regel bei wechselfeuchten (→ poikilohydrisch) Pflanzen, deren Wasserpotential mit dem der Umgebung weitgehend übereinstimmt. Austrocknungsfähig sind viele Bakterien, Algen und Flechten, manche Pilzmyzelien und verschiedene Moose. Bei den Kormophyten können die meisten Sporen, Pollen und Samen mehr oder weniger lange Zeit austrocknen, ohne ihre Keimfähigkeit zu verlieren. Bei manchen Farnpflanzen, z. B. beim Milzfarn *Ceterach officinarum,* und einigen Samenpflanzen, z. B. bei der in Südwestafrika heimischen Art *Myrothamnus flabellifolia* sowie bei einigen in Südafrika heimischen Gras- und Riedgrasarten, sind jedoch auch die vegetativen Organe, z. B. die Blätter und Sproßachsen, austrocknungsresistent. Andere Pflanzen sind nicht völlig austrocknungsresistent, vermögen jedoch weitgehenden Wasserverlust zu tolerieren. So kann der Olivenbaum *Olea europaea* Wasserverluste bis zu 70 % ertragen. Der Feigenbaum *Ficus carica* toleriert einen Wasserverlust von 25 %. Physiologische Resistenzmerkmale sind unter anderem erhöhtes Wasserbindungsvermögen des Protoplasmas (Plasmahydratation) und erhöhter osmotischer Wert.

Pflanzenarten mit **unechter D.** *(drought avoidance)* schränken den Wasserverlust ein, um Dürreschäden zu entgehen. Sie verringern die Transpiration z. B. durch Falten und Einrollen der Blätter, Verschluß der oft zahlreichen und kleinen Spaltöffnungen, starke Entwicklung der Kutikula- und Wachsschichten, Verkleinerung der transpirierenden Oberflächen und andere Besonderheiten xeromorphen Baus (→ Xeromorphie, → Trockenpflanzen). Eine weitere diesbezügliche Maßnahme ist der Abwurf der Blätter in Dürrezeiten, wie das bei xeromorphen Gehölzen bei Sommerdürre und bei unseren heimischen Bäumen und Sträuchern als Anpassung an Frosttrocknis erfolgt. Oft werden auch Wasserspeicher angelegt (Sukkulenz, → Trockenpflanzen). Andere Pflanzenarten mit unechter D. kompensieren die erhöhte Wasserabgabe durch verstärkte Wasseraufnahme, indem sie ein starkes Wurzelsystem ausbilden. So dringen z. B. die Wurzeln des Feld-Mannstreu *Eryngium campestre* bis in eine Tiefe von 6 m vor, während der Sproß höchstens 1 m hoch wird.

Die D. der Pflanzen kann durch ständige optimale Wasserversorgung abgeschwächt, durch *Abhärtung* aber auch gesteigert werden. Abhärtung kann erfolgen, indem die Pflanzen an mäßige oder kurzdauernde Trockenheit durch reversibles Welken oder durch Anquellen von Saatgut und anschließendes Trocknen »gewöhnt« werden. Ferner kann oft Kurztag D. auslösen. Dabei prägen sich die angeführten physiologischen und morphologischen Resistenzmerkmale mehr oder weniger stark aus. Nach einer neueren Theorie stellt diese *Trockenhärtung* einen Wiederherstellungs-(Restitutions)prozeß nach vorangegangenem Welkeschaden dar, der unter RNS- und Proteinsynthese abläuft und dementsprechend als differentielle Genaktivierung betrachtet werden kann, die unter anderem zu quantitativ veränderten Proteinen mit anderem isoelektrischem Punkt und erhöhter Hydratation führt.

Da D. zum großen Teil durch Erbanlagen bestimmt wird, sucht man Sorten und Stämme von Kulturpflanzen zu züchten, die Dürreperioden ohne Minderung der Ertragsleistung überstehen. Dabei kann die Prüfung der Pflanzen auf D. auf *direktem* Weg durch Anbau in Trockengebieten oder in besonderen Klimahäusern erfolgen, *indirekt* auch durch Bestimmung der Saugkraft, der relativen Transpiration und die Beurteilung der Wurzelausbildung.

Dürreschäden, Pflanzenschäden, die durch mangelnde Wasserversorgung des pflanzlichen Gewebes hervorgerufen werden. Sie äußern sich zunächst im Erschlaffen und Welken krautiger Pflanzenteile. Sind diese *Welkeschäden* noch nicht zu weit fortgeschritten, sind sie bei nachfolgender guter Wasserversorgung reversibel. Nach starkem Wasserverlust sterben die Zellen jedoch ab, und die Pflanze verdorrt. Die bei schnellem Übergang zu großer Trockenheit auftretenden D. ähneln den → Frostschäden, die ja auch durch Wasserverlust entstehen. Bei langsamer Dehydratisierung, wie sie in der Natur bei beginnender Dürre auftritt, ist zuerst das Wachstum betroffen, da Streckungswachstum nur bei voll turgeszenten Zellen erfolgt. Dann kommt es zum Abbau von Proteinen und Nukleinsäuren, zur Verminderung der Photosynthese sowie zu Stoffwechselstörungen, die unter anderem zur Anhäufung toxischer Stoffe wie Ammoniak führen. Schließlich kann der Zelltod eintreten. Viele Pflanzen sind durch unterschiedlich stark ausgeprägte → Dürreresistenz mehr oder weniger gut gegen D. geschützt.

Durrha, → Süßgräser.

Durst, komplexe physiologische Funktionsabläufe, die einen Wasserverlust im Körper registrieren, ein Wassersuchverhalten auslösen und über das Trinken den Wasserverlust ausgleichen.

Ursachen des D. sind die Eintrocknung der Schleimhäute im Mund und Rachen, die Abnahme der Blutmenge und die Hyperosmolarität von Körperflüssigkeiten (Abb.). Die Eintrocknung der Schleimhäute melden sensible Nervenfasern der Mundregion, die Blutvolumenabnahme Dehnungsrezeptoren des *Nervus vagus* in den Herzvorhöfen, und die Hyperosmolarität erregt einerseits arterielle Kreislaufrezeptoren, andererseits führt sie zum Zellwasserverlust der Osmorezeptoren im Hypothalamus. Das *Durstzentrum* liegt im ventralen Teil des vorderen Hypothalamus. Seine elektrische oder osmotische Reizung löst Trinkzwang, seine Zerstörung Verdursten wegen Fortfalls des Wassersuchverhaltens aus.

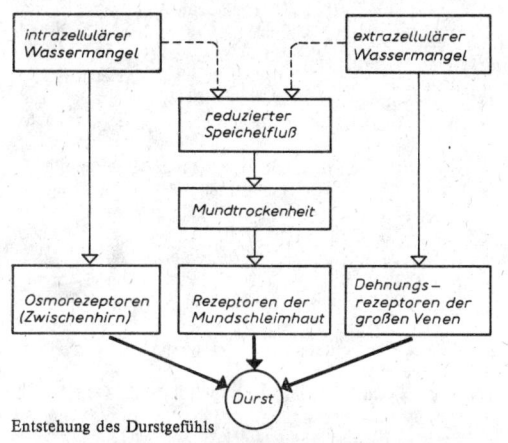

Entstehung des Durstgefühls

Wasserverluste bis 8 % der Körpermasse sind überstehbar, höhere gefährlich und Defizite von 15 bis 20 % tödlich. Beim Menschen äußert sich ein Wasserverlust von 3 % in einer Abnahme der Speichelsekretion und Harnbildung. Bei einer Abnahme um 5 % wird die Atmung beschleunigt, die Herzfrequenz erhöht sowie der Blutdruck gesenkt, da der Wasserverlust des Blutes dreimal höher ist als im Gesamtkörper; außerdem steigt die Rektaltemperatur an. Ein Wasserdefizit von 10 % führt zum rapiden Abbau der körperlichen und geistigen Fähigkeiten und zur Einstellung der Speichelsekretion. Der Tod durch Verdursten ist vorrangig wegen der starken Blutvolumenabnahme durch ein Kreislaufversagen bedingt.

Die *Durststillung* erfolgt über das *Trinken*. Die Wasseraufnahme löscht bei einigen Tieren reflektorisch den D., z. B. bei Hund und Katze über eine Erregung von Pharynxnerven, bei anderen, wie Ratte, Meerschweinchen und auch beim Menschen, über die Erregung von Dehnungsrezeptoren des Magens. Die reflektorische Durststillung erfolgt rasch, ist aber von kurzer Dauer. Die Beseitigung der D. geschieht durch Wassertransport über Magen, Darmkanal und Blutkreislauf bis in die Osmorezeptoren des Hypothalamus, wo der Ausgleich des Zellwasserverlustes stattfindet.

Dy, am Grund extrem nährstoffarmer stehender Gewässer gebildete Sedimentform, vorwiegend aus Humusflocken. Der D. ist stark sauer und fast organismenfrei, auch nach Austrocknung rekultivierungsfeindlich. → Gyttja, → Sapropel.

Dynein, → Mikrotubuli, → Zilien.

dystrophe Seen, → Seetypen.

E

Ebenenstufe, → Höhenstufung.
Eberesche, → Rosengewächse.
EBV, Abk. für Epstein-Barr-Virus, → Turmorviren.
Ecardines, → Inarticulata.
Ecaudata, → Froschlurche.
Echidnidae, → Ameisenigel.
Echinocactus, → Kakteengewächse.
Echinocardium, → Herzigel.
Echinochrom, → Blut.
Echinodermata, → Stachelhäuter.
Echinoidea, → Seeigel.
Echinokokkus, → Hundebandwurm.
Echinopluteus, die Larve der Seeigel.
Echinosphaerites [griech. echinos 'Igel', sphaira 'Kugel'], Gattung der Beutelstrahler mit einem kugeligen Kelch, der aus über 300 unregelmäßig fünf- bis sechsseitigen Einzelplatten besteht. Der Kelch ist ungestielt oder hat einen kurzen Hohlstiel. Die Afteröffnung ist von einer getäfelten Pyramide bedeckt. Eine Mund- und eine Genitalöffnung treten auf.

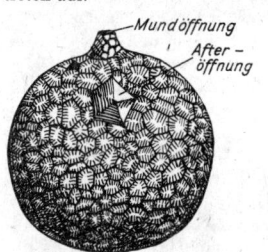

Echinosphaerites aurantium
HIS.; Vergr. 0,75:1

Verbreitung: im Ordovizium Europas und Nordamerikas.

Echiurida, → Igelwürmer.
Echiuroinea, → Igelwürmer.
Echsen, *Lacertilia, Sauria,* ursprünglichste der 3 Unterordnungen der → Schuppenkriechtiere. Die E. werden auch vereinfachend als Eidechsen im weiteren Sinne bezeichnet. Sie haben meist 4 gut ausgebildete Gliedmaßen, die bei Vertretern einiger Familien (Schleichen, Skinke, Flossenfüßer) rückgebildet sein können. Doch sind auch bei gliedmaßenlosen E. fast immer noch Reste der Extremitätengürtel nachweisbar. Im Allgemeinen sind deutliche Ohröffnungen mit sichtbarem Trommelfell vorhanden; die Augen haben meist getrennte, bewegliche Lider, bei einigen Formen ist das Unterlid mit dem Oberlid verwachsen und

Echte Eidechsen

durchsichtig. Die Unterkieferäste sind im Gegensatz zu den Schlangen durch eine Knochennaht fest verbunden. Die untere knöcherne Schläfenbrücke fehlt, die obere ist meist erhalten. Die E. sind eine mit Ausnahme der Polargebiete weltweit verbreitete Kriechtiergruppe, deren Formenreichtum zu den Tropen hin zunimmt.

Es gibt zahlreiche Spezialanpassungen an das Boden-, Baum- und Wasserleben, z. B. Haftzehen, Greiffüße, Roll- und Ruderschwänze; Schutzvorrichtungen, z. B. Stachelschwänze, Schlagschwänze, besondere Drohverhaltensweisen; Farbwechsel; bei einigen Familien Fähigkeit zum Abwerfen des Schwanzes an vorgebildeten Stellen (Autotomie) und zur anschließenden Regeneration; besondere Körperanhänge, z. B. Kämme und Kehlwamme. Die E. sind meist Räuber, kleinere Arten hauptsächlich Insektenfresser, die größten Vertreter einiger Familien, z. B. der Leguane, fressen Pflanzen und Früchte. Die größte heute lebende E. ist der → Komodowaran.

Die Unterordnung der E. (etwa 3 000 Arten) umfaßt 19 Familien, die sich nach ihrer Stammesgeschichte und ihren Verwandtschaftsbeziehungen auf 5 Zwischenordnungen verteilen: *Gekkoartige* (Familien → Geckos, → Flossenfüße, → Schlangenschleichen), *Leguanartige* (Familien → Leguane, → Agamen, → Chamäleons), *Skinkartige* (Familien → Glattechsen, → Afrikanische Schlangenechsen, → Amerikanische Schlangenechsen, → Gürtelechsen, → Nachtechsen, → Schienenechsen, Echte → Eidechsen, drei einheimische Vertreter), *Schleichenartige* (Familien → Schleichen, ein einheimischer Vertreter, → Ringelechsen, → Höckerechsen) und *Waranartige* (Familien → Krustenechsen, → Warane, → Taubwarane).

Echte Eidechsen, svw. Eidechsen.

Echte Frösche, *Ranidae,* mit Ausnahme der Polar- und Wüstengebiete, Südaustraliens und Neuseelands weltweit verbreitete, formen- und artenreiche Familie der Froschlurche, deren Vertreter meist stromlinienförmig gebaut sind, einen zugespitzten Kopf mit großem Trommelfell haben und über lange, kräftige Hinterbeine verfügen, die sie zu weiten Sprüngen befähigen, und deren Zehen oft durch Schwimmhäute verbunden sind. Der Brustschultergürtel ist starr, Rippen sind nicht vorhanden. Die meisten E. F. sind Wasser- oder Feuchtlandbewohner. Die Paarung erfolgt meist im Wasser (Ausnahmen z. B. → Farbfrösche), bei vielen Arten sind Brutpflege-Verhaltensweisen des Männchens oder Weibchens ausgebildet. Die Kaulquappen haben Hornkiefer, ihre Atemöffnung liegt links. Die Männchen haben häufig Schallblasen und eine laute, quakende Stimme. Hauptnahrung sind Insekten, große Arten fressen auch junge Wasservögel und Fische. Die E. F. spielen eine große Rolle als Versuchstiere in der Medizin, Physiologie und experimentellen Morphologie. In vielen Ländern dienen ihre Schenkel als Nahrungsmittel. Die Formenvielfalt der E. F. wird (hauptsächlich nach dem Bau der Wirbel) in 10 Unterfamilien gegliedert, 5 davon leben ausschließlich in Afrika (Ausbreitungszentrum der E. F.). Zu den E. F. gehören unter anderem → Reisfrosch, → Tigerfrosch, → Seychellenfrösche, → Farbfrösche, → Haarfrosch, Eigentliche → Frösche, → Ferkelfrösche, → Goldfröschchen, → Chinesischer Nestfrosch, → Ochsenfrosch.

Echte Krokodile, *Crocodylidae,* mit 13 Arten die größte Familie der Krokodile. Die E. K. sind in den Tropengebieten der ganzen Erde verbreitet. Die Unterkieferzähne beißen in gleicher Ebene wie die Oberkieferzähne; der 4. Unterkieferzahn greift in eine nach außen offene Grube des Oberkiefers und ist im Gegensatz zu den → Alligatoren bei geschlossenem Maul sichtbar. Hautverknöcherungen befinden sich meist am Rücken und Nacken. Die unverknöcherte Bauchhaut liefert das begehrte »Krokodilleder«. Es gibt kurz- und breitschnauzige und auch langschnauzige, gavialähnliche Arten. Für einige Vertreter (zuerst beim Nilkrokodil) konnte »Maulbrutpflege« festgestellt werden: die Mutter transportiert die geschlüpften Jungen in ihrem Kehlsack zum Wasser. Zu den E. K. gehören unter anderem → Nilkrokodil, → Leistenkrokodil, → Stumpfkrokodil, → Sundagavial.

Echte Motten, → Motten 2).

Echte Netzflügler, svw. Landhafte.

Echte Pfeiffrösche, *Leptodactylus,* zentrale, artenreiche, vom südlichen Nordamerika bis weit nach Südamerika verbreitete Gattung der → Südfrösche, deren Vertreter ökologisch unseren Wasserfröschen entsprechen, aber Schaumnester im oder am Wasser bauen. Die schlüpfenden Kaulquappen schlängeln sich ins freie Wasser, nur beim *Marmor-Pfeiffrosch, Leptodactylus marmoratus,* verläuft die volle Entwicklung vom Wasser unabhängig in einem Erdhöhlen-Schaumnest. Die größte Art, der *Südamerikanische Ochsenfrosch, Leptodactylus pentadactylus,* wird über 20 cm lang. Er ist grün- bis rotbraun mit dunkler Marmorierung, die Männchen haben zur Paarungszeit orangerote Gliedmaßen. Die Daumenschwielen der sehr muskulösen Arme sind zu spitzen Dornen umgestaltet. Der Südamerikanische Ochsenfrosch wurde vielerorts als Nahrungsmittel genutzt.

echte Ruhe, → Ruheperioden.

Echte Wassermolche, *Triturus,* in der gemäßigten Zone Eurasiens weit verbreitete Gattung der → Salamander im weiteren Sinn, mit seitlich zusammengedrücktem Schwanz, meist körniger Haut und rotem oder geflecktem Bauch. Die E. W. sind zumindest zur Fortpflanzungszeit wasserlebend, oft auch länger. Die Männchen tragen meist ein farbenprächtiges Hochzeitskleid und bei den meisten Arten einen Rückenkamm, der sich auf die Schwanz fortsetzt. Außerhalb der Paarungszeit ist eine unauffällige Landtracht charakteristisch. Die Ablage und Aufnahme der Spermatophore erfolgt nach Liebesspielen, bei denen das Männchen dem Weibchen mit dem Schwanz bestimmte Duftstoffe zuwedelt (doch im Gegensatz zu den Amerikanischen W. kaum Körperkontakt stattfindet), im Wasser. Anschließend werden die befruchteten Eier einzeln an Wasserpflanzen abgesetzt. Die Kaulquappen verlassen erst nach dem Übergang zur Lungenatmung das Wasser. Bei ihnen erscheinen im Gegensatz zu den Froschkaulquappen zuerst die Vorderbeine. Zu den E. W. gehören z. B. → Kammolch, → Teichmolch, → Bergmolch, → Fadenmolch und → Marmormolch.

Ostasiatische Vertreter der E. W. sind die Feuerbauch- und Schwertschwanzmolche (*Cynops*), neuweltliche die → Amerikanischen Wassermolche.

Echte Weber, → Webervögel.

Ecker, die Frucht der Buche, → Buchengewächse.

Eckzähne, → Gebiß.

Ectognatha, *Ectotropha,* Insekten mit freiliegenden Mundwerkzeugen (→ Urinsekten).

Ectotropha, → Ectognatha.

ED, Abk. für → effektive Dosis.

Edaphobionten, svw. Bodenorganismen.

Edaphon, → Bodenorganismen.

Edaphophyten, Pflanzen der mikroskopischen Bodenflora, → Lebensform.

Edelfäule, → Schlauchpilze.

Edelkastanie, → Buchengewächse.

Edelkoralle, *Corallium rubrum,* zu den Hornkorallen (*Gorgonaria*) gehörende Koralle, die im Mittelmeer lebt und bis zu 40 cm hohe, wenig verzweigte Stöcke bildet. Die Achse der Stöcke besteht aus einzelnen Skleriten, die durch Kalk zu einem scheinbar einheitlichen Hohlzylinder verschmolzen sind. Diese Kalkröhren sind rot oder weiß gefärbt; aus ihnen wird Schmuck gefertigt.

Edelkrebs, → Flußkrebse.

Edelmarder, *Baummarder, Martes martes,* ein zu den Mardern gehörendes Raubtier mit gelblichbraunem Fell, das in Eurasien verbreitet ist. Der E. bewohnt Verstecke in Baumhöhlen. Er ernährt sich vorwiegend von Eichhörnchen, raubt Vogelnester aus und fällt sogar größere Säugetiere an, frißt aber auch Insekten und Obst.

Edelsittiche, → Papageien.

Edelweiß, → Korbblütler.

Edentata → Zahnarme.

Ediacara-Fauna, Bezeichnung für die in den Ediacara-Hügeln (Südaustralien) gefundenen ersten präkambrischen Vielzeller. Ähnliche Faunen wurden später auch bekannt aus Namibia (*Nama-Formation*), Sibirien (*Vend-Formation*) und Kanada. Die E. umfaßt über 1600 Exemplare mit 30 Arten, die sich verteilen auf Zoelenteraten (Hohltiere, besonders Medusoiden und Pennatulazeen (67%), Anneliden (Glieder- und Ringelwürmer) (25%), Arthropoden (Gliederfüßer) (5%) und möglicherweise eine Echinoderme. Die E. enthält nur weichkörperige Organismen. Neben Körperfossilien kommen auch Spurenfossilien vor. Die Sedimente sprechen für ein Biotop mit starker Strömung in seichtem Wasser (bis etwa 25 m Tiefe). Diese Vielzeller-Faunen gelten als die Vorläufer der verschiedenen Tierstämme der paläozoischen Faunen.

EDTA, → Ethylendiamintetraessigsäure.

EEG, Abk. für *E*lektro*e*nzephalo*g*ramm, → Elektroenzephalographie.

Efeugewächse, *Araliaceae,* eine Familie der Zweikeimblättrigen Pflanzen mit etwa 700 Arten, die überwiegend in asiatischen und amerikanischen tropischen Waldgebieten vorkommen. Es sind meist Bäume oder Sträucher, seltener Lianen, mit wechselständigen, gelappten oder gefiederten Blättern und regelmäßigen, 5zähligen, in dolden-, köpfchen- oder ährenförmigen Blütenständen angeordneten Blüten, die von Insekten bestäubt werden. Der in der Regel unterständige Fruchtknoten entwickelt sich zu einer Beere oder Steinfrucht. Als Inhaltsstoffe kommen Triterpen-Saponine vor. Einzige einheimische Art ist der mit seinen Wurzeln kletternde, als Zierpflanze vor allem auf Friedhöfen viel verwendete *Efeu, Hedera helix,* mit unterschiedlich gestalteten, den ledrigen, oberseits meist glänzenden Schatten- und Lichtblättern, mit grünen Blüten und schwarzen Beeren. Zur Herstellung von chinesischem Reispapier wird die ostasiatische Art *Tetrapanax papyrifer* verwendet, während die Wurzel des vor allem in Korea beheimateten *Ginseng, Panax ginseng,* als Universalmittel zur allgemeinen Leistungssteigerung und Kräftigung des Körpers dienen soll.

effektive Dosis, Abk. *ED,* Wirkungsbereich bestimmter Wirkstoffe, meist bei → Pflanzenschutzmitteln gebraucht, in dem definierte Wirkstoffmengen die gewünschten Effekte auslösen. ED 50 bedeutet, daß bei 50% der Versuchsobjekte eine Reaktion erzielt wurde.

effektive Populationsstärke, die Individuenzahl eines idealisierten mathematischen Modells, dem eine bestimmte reale Population entspricht. Verschiedene Veränderungen in Populationen, vor allem Driftwirkungen, hängen stark von der *Populationsgröße* ab. Jedoch verlaufen diese Vorgänge nicht in allen Populationen mit identischen Individuenzahlen in gleicher Weise. In natürlichen Populationen beteiligen sich ein wechselnder Anteil von Jungtieren nicht an der Fortpflanzung. Weiterhin beeinflussen das nicht immer gleiche Zahlenverhältnis der Geschlechter und die oft unterschiedlichen Nachkommenzahlen der einzelnen Individuen die genetischen Prozesse in der Population. Außerdem ist es nicht gleichgültig, ob sich eine bestimmte Individuenzahl über mehrere gleichstarke oder über ungleichstarke Generationen verteilt. In der idealisierten Population, mit der man reale Populationen vergleicht, gibt es nur erwachsene Organismen. Das Verhältnis der Geschlechter ist 1:1. Alle Individuen haben die gleiche Aussicht, Nachkommen zur nächsten Generation beizusteuern, und die Individuenzahl bleibt über alle Generationen hinweg konstant.

Die verschiedenen Abweichungen realer Populationen vom Modell lassen sich rechnerisch korrigieren und so die e. P. ermitteln. Bei ungleichem Zahlenverhältnis der Geschlechter ist $Ne = \frac{4Nm \cdot Nf}{Nm + Nf}$. Hier bedeuten Ne die effektive Populationsstärke, Nm die Anzahl der Männchen und Nf die Anzahl der Weibchen.

Haben die Individuen eine unterschiedliche Aussicht, Nachkommen hervorzubringen, dann ist $Ne = \frac{4N - 2}{\sigma_k^2 + 2}$.

Hier bedeuten N die Anzahl der Eltern und σ_k^2 die Varianz der Nachkommen je Elter (k = Anzahl der Nachkommen je Elter).

Bei unterschiedlichen Populationsstärken in aufeinander folgenden Generationen ist $Ne = \frac{t}{\sum \frac{1}{Ni}}$.

Hier bedeuten t die Anzahl der Generationen und die Ni-Werte die Populationsstärken der verschiedenen Generationen.

effektive Produktionsgröße, → Produktionsbiologie.

effektiver Filtrationsdruck, → Nierentätigkeit.

Effektor, → Reflex.

Effektorpol, → Neuron.

efferente Bahnen, → Rückenmark.

efferentes (motorisches) Leitungssystem, → Rückenmark.

Efferenz, summarische Bezeichnung für alle Erregungen, die von einer Nervenfaser oder einem Nerven fortgeleitet werden, insbesondere auch Sammelbezeichnung für Erregungen, die von dem Zentralnervensystem (ZNS) zu Effektoren (→ Reflex) geleitet werden (→ Afferenz, → Reafferenz).

Efflux, → Wurzelausscheidungen.

Egel, *Hirudinea,* eine Unterklasse meist im Wasser als Räuber oder Blutsauger lebender Ringelwürmer, denen mit einer Ausnahme die Borsten völlig fehlen. Die E. umfassen annähernd 300 Arten, von denen über 30 in Mitteleuropa vorkommen.

Morphologie. Die E. sind 1 cm bis über 20 cm lange, länglich-ovale bis schlank zungenförmige und in der Regel abgeplattete Tiere. Ihr Körper besteht immer aus 33 Segmenten (Ausnahme *Acanthobdella*), die wiederum äußerlich durch Querfurchen in 2 bis 14 Ringe unterteilt sind. Die Färbung ist teils unscheinbar braun, grün oder grau, teils sehr lebhaft mit charakteristischen Zeichnungen. Am Vorder- und Hinterende tragen die E. je einen Saugnapf. Im vorderen Saugnapf liegt die Mundöffnung, die bei den Kieferegeln mit 3 gezähnten Kiefern versehen ist; bei den Schlundegeln führt sie in einen unbewaffneten Schlund, bei den Rüsselegeln zu einem ausstülpbaren Saugrüssel umgebildet. Der Mitteldarm hat oft paarige seitliche Ausstülpungen, in denen die Nahrung für längere Zeit gespeichert werden kann. Den erwachsenen E. fehlt die für die anderen Ringelwürmer typische innere Segmentierung, meist ist von Mesenchym und starken Muskelfasern erfüllt, zwischen denen sich als Zölomreste aufzufassende Spalträume erstrecken, die z. T. das Blutgefäßsystem ersetzen. Die Exkretionsorgane, und zwar

Metanephriden, sind jedoch immer segmental angeordnet. Das Nervensystem besteht aus einem den Vorderdarm ringförmig umgebenden Gehirn und einer anschließenden Bauchganglienkette. Als Lichtsinnesorgane sind mehrere Paare von Pigmentflecken oder Becheraugen am Vorderende und oft auch am Hinterende vorhanden. Alle E. sind Zwitter; ihre Geschlechtsorgane liegen stets in den Segmenten 9 bis 11, und zwar die 8 bis 90 Hoden vor dem immer einzigen Paar Eierstöcke. Diese Segmente bilden während der Fortpflanzungszeit eine gürtelförmige drüsige Verdickung, das Clitellum, von dem die zur Aufnahme der Eier bestimmten Kokons abgeschieden werden.

Biologie. Die meisten E. leben im Wasser, und zwar mit Ausnahme der an Meeresfischen schmarotzenden Arten im Süßwasser; nur einige Gruppen sind zum Leben in feuchten Landbiotopen übergegangen. Die E. ernähren sich räuberisch von kleinen Tieren oder saugen Blut von Wirbeltieren, deren Haut sie mit Hilfe der bezahnten Kiefer anritzen. Die E. bewegen sich mit Hilfe ihrer Saugnäpfe spannerartig fort; viele Wasserbewohner können aber auch schlängelnd schwimmen.

Entwicklung. Alle E. entwickeln sich direkt, also ohne Verwandlung. Die Jungtiere bleiben so lange in den mit einer eiweißhaltigen Nährflüssigkeit gefüllten, am Substrat angehefteten oder in der Erde vergrabenen Kokons, bis sie zum selbständigen Leben fähig sind. Viele Arten betreiben Brutpflege, indem sie den Kokon und später die Jungen an ihrer Bauchseite angeheftet umhertragen.

Wirtschaftliche Bedeutung. Die blutsaugenden E. sind z. T. große Schädlinge, z. B. die an Fischen schmarotzenden Arten in Zuchtteichen oder die in asiatischen Dschungelwäldern heimischen Landblutegel, die für Mensch und Tier eine gefürchtete Plage sind. Einige Blutsauger werden in der Medizin zum Schröpfen benutzt, in Europa vor allem die → medizinische Blutegel.

System. Nach dem Vorhandensein oder Fehlen von Borsten und dem Bau des Vorderdarmes werden die folgenden vier Ordnungen unterschieden:
1. Ordnung: *Acanthobdellae* (Borstenegel, mit bisher nur einer Art)
2. Ordnung: *Rhynchobdellae* (Rüsselegel, mit dem → Fischegel)
3. Ordnung: *Cnathobdellae* (Kieferegel, mit dem → medizinischen Blutegel)
4. Ordnung: *Pharyngobdellae* (Schlundegel)

Egelschnecken, **Schnegel**, heimische, bis zu 15 cm lange Nacktschnecken der Familie *Limacidae*. E. leben vor allem in der Kulturlandschaft, in Gärten, Gewächshäusern und Kellern, wo sie erheblichen Schaden an Pflanzen und Vorräten anrichten können. Zu den E. gehören die Kellerschnecken und die Ackerschnecken.

Egerling, → Ständerpilze.

Eheformen, im Tierreich Formen des Zusammenlebens und der Beziehungen der Geschlechter zueinander, die nach Zeitdauer und Innigkeit zu kennzeichnen sind. E. können Ausgangspunkt für die Bildung von Sozietäten (→ Soziologie der Tiere, → Staatenbildung) sein.

Ehelosigkeit (Unehe) liegt dann vor, wenn die Geschlechtspartner nur kurzfristig zur Übertragung der Samenzellen zusammentreffen und sich dann schnell wieder trennen. Vielfach ist die Ehelosigkeit mit Gewaltpaarung verbunden (z. B. bei vielen Würmern), kann aber in anderen Fällen auch mit kompliziertem Paarungsverhalten (z. B. bei Skorpionen) verknüpft sein. Ehelosigkeit besteht bei den meisten Wirbellosen, vielen Fischen, allen Lurchen und der Mehrzahl der Kriechtiere, auch noch bei Vögeln und Säugetieren. Bei weitgehender Regellosigkeit und Zufälligkeit in der Wahl des Partners liegt **Promiskuität** vor.

Ausnahmen im Sinne eines längeren Beisammenbleibens der Partner kommen bei Termiten, Mistkäfern, einigen Krebsen und Diplopoden vor. Der enge körperliche Kontakt jedoch, in dem einige Trematoden (z. B. *Schistosoma haematobium*) und Nematoden zeitlebens bleiben, kann nicht als »Ehe« bezeichnet werden.

Ehen im Tierreich sind durch triebbedingtes Zusammenbleiben der Partner über die kurze Zeit der Begattungsabfolge hinaus gekennzeichnet. Bei Vögeln unterscheidet man je nach der Länge des Zusammenbleibens Brut- oder Ortsehen (für die Dauer einer Brut), Jahresehen (für eine gesamte Brutperiode) und Dauerehen (für mehrere Jahre bis auf Lebenszeit).

Unter den Säugetieren ist Dauerehe für Orang-Utan und Gorilla wahrscheinlich. Beide leben in Familienverbänden. Delphine, Nashörner und Schweine haben Jahres- oder Dauerehen. Viele Herdentiere bleiben nur während der Brunstperiode zusammen, wie etwa die Rothirsche. Völlige Promiskuität herrscht bei Insektenfressern, Fledermäusen und Nagern.

Sonderformen des Zusammenlebens der Geschlechter sind die **Vielweiberei** (*Polygamie*; z. B. die Haremsbildung bei Huftieren und den Herden der Paviane) und **Vielmännerei** (*Polyandrie*; z. B. bei der Goldschnepfe u. a. Vogelarten, wo die Weibchen Träger sekundärer Geschlechtsmerkmale sein können und untereinander kämpfen).

Geschlechtstrieb, Brutpflegeinstinkte und soziale Triebe sind die wichtigsten Faktoren für die festeren Formen der Ehe. Sie schaffen daher wesentliche Voraussetzungen für Sozietäten, vor allem bei den Wirbeltieren und den staatenbildenden Insekten.

Ehrenpreis, → Braunwurzgewächse.

Ehringsdorf, in unmittelbarer Nähe von Weimar gelegener Fundort von Menschenresten aus dem Riß-Würm-Interglazial. Es liegen Schädel- und Skeletteile von mehreren Individuen vor, die als Präneandertaler angesehen werden, → Anthropogenese.

Ei, *Ovum, Eizelle*, die weibliche Fortpflanzungs- oder Keimzelle vielzelliger Organismen mit mindestens einem vollen Chromosomensatz, aus der sich nach der Befruchtung durch die männliche Keimzelle oder bei Jungfernzeugung (→ Parthenogenese) auch ohne Befruchtung ein neues Individuum entwickelt.

In der Regel erfolgt die Eibildung (→ Oogenese) im Eierstock. Während seiner Bildung nimmt das Ei Reservestoffe (→ Dotter) auf, so daß es eine beträchtliche Größe erreichen kann.

Die meist kugelige Grundgestalt des Eies kann gelegentlich leicht abgeplattet oder gestreckt sein. Insekten haben häufig länglich-ovale Eier (Abb. 1). Stärkere Gestaltveränderungen hängen mit Hüllbildungen zusammen. Die Eier der Schwämme und Hohltiere sind amöboid beweglich. Die Eigrößen variieren je nach Dottergehalt außerordentlich, von wenigen µm (Trematoden 12 bis 17 µm, Mensch 120 bis 200 µm) bis zu einigen cm (Haushuhn 3,0 cm, Strauß 10,5 cm, Riesenhai 22 cm). Zwischen Eigröße und Körpergröße bestehen keinerlei Relationen; die Eigröße ist in der Hauptsache abhängig von Reservestoffmengen. Zuweilen tritt ein deutlicher Größendualismus auf. So sind die Dauer-, Latenz- oder Wintereier der Daphnien und Rotatorien mit ihrer längeren Entwicklungsdauer größer als die Sommer- oder Subitaneier. Die Reblaus legt größere Eier, aus denen Weibchen hervorgehen, und kleinere, die stets zu Männchen werden (progame Geschlechtsbestimmung). Die Zahl der jährlich abgelegten Eier schwankt je nach Lebensweise der Tiere zwischen einem Ei (Pinguin) und mehreren Millionen (*Ascaris* 64, *Taenia solium* 42, Termiten 10, Kabeljau 4 bis 5 Millionen, Auster 1 Million).

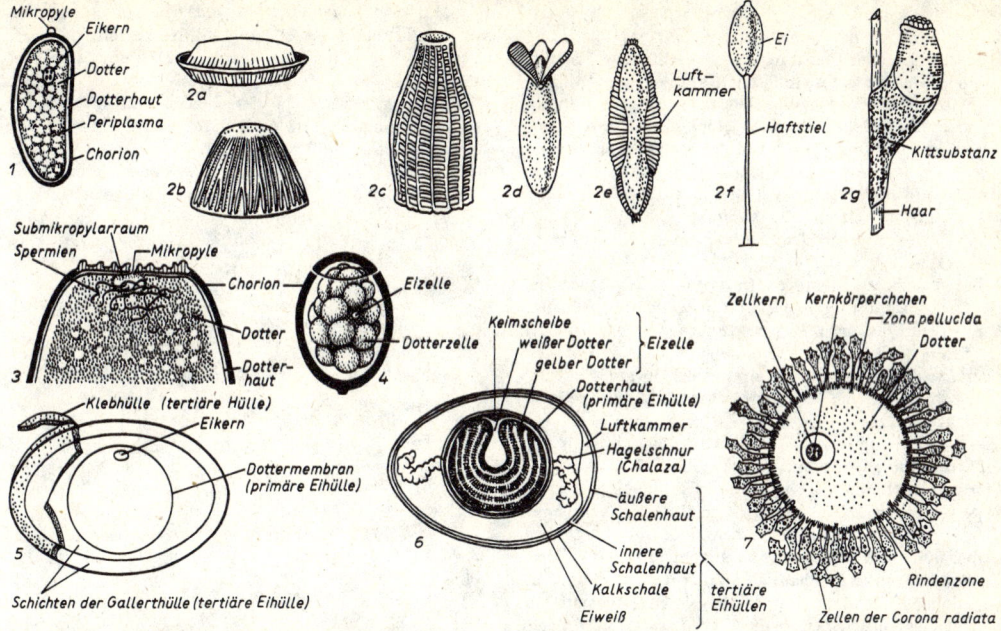

Eizellen: *1* Insektenei im Längsschnitt. *2* Insekteneier mit besonderen Strukturbildungen der Eihülle (Chorion): *2a* Wickler (*Tortrix* spec.), *2b* Forleule (*Panolis flammae*), *2c* Kohlweißling (*Pieris brassicae*), *2d* Dungfliege (*Scatopaga* spec.), *2e* Fiebermücke (*Anopheles maculipennis*). *2f* Florfliege (*Chrysopa* spec.), *2g* Kopflaus (*Pediculus capitis*). *3* Längsschnitt durch den oberen Pol und die Mikropyle eines Schmetterlingseies (*Pieris brassicae*). *4* Zusammengesetztes Ei eines Bandwurms (*Dibothriocephalus latus*). *5* Molchei mit seinen Hüllen. *6* Längsschnitt durch ein Hühnerei. *7* Reife Eizelle des Menschen mit Corona radiata

Die Zellstruktur des Eies ist durchweg recht einfach. Unter einer von ihm selbst abgeschiedenen *Eihaut* oder *Dotterhaut* (*Oolemma, Membrana vitellina*) nimmt das *Ooplasma* den Zellraum ein. In ihm liegt ein verhältnismäßig großer Kern (früher als Keimbläschen bezeichnet) mit einem oder mehreren Kernkörperchen (früher Keimfleck genannt). Eine Reihe von eigenartigen Veränderungen am und im Kern während des Eiwachstums und der Reservestoffbildung sowie eine damit verbundene höhere respiratorische Aktivität zeugen von intensiven Stoffwechselbeziehungen zwischen Plasma und Kern. Die im Plasma gespeicherten, in unterschiedlicher Menge vorhandenen Stoffe, wie Eiweiße, Lipoproteide, Fette, lipoidartige Substanzen und Glykogen) werden insgesamt als *Dotter* oder *Deutoplasma* bezeichnet. Sie liegen in Dotterschollen (-körnchen, -kugeln, -plättchen) vor und werden z. B. bei Insekten in drei aufeinanderfolgenden Perioden gebildet (Fettdotter, Eiweißdotter, Glykogen). Als Dotterorganellen wirken wahrscheinlich bei der Fettdotterbildung der Golgi-Apparat und bei der Eiweißdotterbildung die Mitochondrien mit. Völlig dotterlose (*alezithale*) Eier scheint es nicht zu geben. In dotterarmen (*oligolezithalen*) Eiern erweist sich das Deutoplasma gleichmäßig verteilt. Derartige *isolezithale* Eier liegen vor bei Seeigeln, manchen Würmern, Lanzettfischchen, Säugetieren und Mensch, vereinzelt auch bei Insekten (Schlupfwespen, Springschwänze). Anhäufungen von Dottermassen (*mesolezithale* bis *polylezithale* Eier) führen infolge ihrer hohen Wichte zu einer Ansammlung des Dotters an einem Pol der Zelle, der als *vegetativer Pol* bezeichnet wird und mit seinem Gegenpol (*animaler Pol*) einen der Anzeiger der Eipolarität und der Eiachse darstellt. Solche *telolezithalen* Eier finden sich in sehr vielen Tiergruppen von den Schwämmen bis zu den Wirbeltieren (besonders bei den Lurchen). Bei extrem telolezithalen Eiern, wie sie die Kopffüßer, Spinnen, einige Krebse, die Fische, Reptilien und Vögel besitzen, ist das Ooplasma im wesentlichen auf eine kleine Keimscheibe (*Diskus*) am animalen Pol beschränkt. Eine fast ausschließlich bei Arthropoden auftretende zentrale Lagerung des Deutoplasmas, das von einer dünnen, als Keimhaut bezeichneten Lage von Ooplasma auf seiner Oberfläche überzogen ist, wird *zentrolezithaler Eityp* genannt. Menge und Verteilung des Dotters beeinflussen die ersten Teilungsschritte der Zygote (→ Furchung). Eiregionen und Eipolarität können außer durch die telolezithale Dotterverteilung auch durch Ooplasmapigmente, Polplasmen, unterschiedlichen Arginingehalt, durch Ansammlung von Granula und durch die Eiform erkennbar werden.

Die Eier werden im allgemeinen von *Eihüllen* umgeben, die nur den Schwämmen und einigen Hohltieren fehlen. Als **primäre** Eihülle wird die bereits erwähnte Dotterhaut bezeichnet, sofern sie von der Eizelle selbst gebildet wird. Sie ist meist sehr dünn und strukturlos, nur selten stark und mehrschichtig (z. B. bei *Ascaris*) und wird dann bei Stachelhäutern, Mollusken u. a. als *Zona radiata* von feinen Poren durchsetzt; bei Säugetieren und Mensch (Abb. 7) als *Zona pellucida* bezeichnet, besitzt sie in der Regel einen Eintrittskanal (*Mikropyle*) für das Spermatozoon (Abb. 3). Se**kundäre** Eihüllen (*Chorion* der Insekten, Abb. 2a bis g) werden innerhalb des Ovars von umgebenden Follikelzellen abgeschieden, sind meist sehr derb und mehrschichtig, von Poren durchsetzt und mit Anhängen, Skulpturen, Mikropylen, Deckel-, Durchlüftungs- und Anheftungsapparaten (*Eistigmen*) mit Kittsubstanzen ausgestattet. Das Insektenchorion und die *Zona radiata* mit ihren Follikelzellen bestehen aus Chorionin, einem chitinähnlichen, schwefelhaltigen Stoff. Die Drüsen der weiblichen Geschlechtsausführgänge (Eiweiß-, Schalen- und Nidamentaldrüsen) liefern die **tertiären** Eihüllen, z. B. die hornartigen Eikapseln von Kopffüßern und Haifischen, die pergamentartigen Hüllen bei

Eiapparat

Reptilien, die Gallerte (Laich) der Eigelege von Mollusken, Wasserinsekten und Amphibien (Abb. 5), das Eiklar, die Hagelschnüre oder Chalazen, das zweischichtige Schalenhäutchen und die poröse Kalkschale der Vogeleier (Abb. 6). Werden mehrere bis viele Eizellen mit oder ohne Nährzellen oder Dotterzellen in eine gemeinsame Hülle eingeschlossen, spricht man von zusammengesetzten oder *ektolezithalen* Eiern (Abb. 4), *Eikapseln* und *Eikokons*. Diese Hüllen werden entweder von Hautdrüsen (Regenwurm, Blutegel) oder von Drüsen des Ovidukts gebildet (Küchenschabe, viele Wasserkäfer, Strudelwürmer, Saugwürmer, Schnecken).

Bei manchen Tiergruppen (Strudelwürmer, Rädertiere, Blattfußkrebse u. a.) können als Anpassung an ungünstige Umweltbedingungen, z. B. periodisches Austrocknen oder Gefrieren der Gewässer, hartschalige *Wintereier, Dauereier* oder *Latenzeier* und dünnschalige, meist in größerer Zahl angelegte dotterarme *Sommereier* oder *Subitaneier* gebildet werden.

Eiapparat, → Blüte, Abschnitt Samenanlage.
Eibefruchtung, → Fortpflanzung.
Eibengewächse, *Taxaceae,* einzige Familie einer eigenen Unterklasse der Gabel- und Nadelblättrigen Nacktsamer, die sich von der Unterklasse *Pinidae,* Nadelhölzer, unter anderem durch den abweichenden Blütenbau unterscheiden. Zu den E. gehören zweihäusige Sträucher oder Bäume, die vor allem auf der nördlichen Halbkugel verbreitet sind. Die einzige einheimische Art ist die *Eibe, Taxus baccata,* deren flache, spitze, nur an Langtrieben stehende Nadeln eine dunklere Oberseite haben. Die Blüten stehen einzeln in den Achseln der Nadeln. Während die männlichen Blüten eine größere Zahl schildförmiger Staubblätter tragen, haben die weiblichen Blüten nur eine endständige Samenanlage. Der Samen wird von einem roten, als *Arillus* bezeichneten Samenmantel umgeben, der als einziger Teil der Pflanze nicht die giftigen Stoffe enthält, die als Taxine bezeichnet werden und Pseudoalkaloide sind.

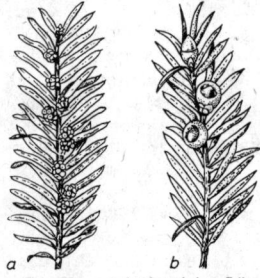

Eibe: *a* Zweig mit ♂ Blüten, *b* Zweig mit Samen, die in den Samenmantel eingehüllt sind

Die Eibe steht in vielen Ländern unter Naturschutz. Zu den E. gehört auch die in Nordamerika und Ostasien verbreitete Gattung *Torreya,* die den deutschen Namen *Nußeibe* trägt, da von einigen Arten die Samen wie Nüsse gegessen werden.

Eibett, → Plazenta.
Eibildung, svw. Oogenese.
Eibisch, → Malvengewächse.
Eiche, → Buchengewächse.
Eichel, *1)* Frucht der Eiche. *2)* → Eichelwürmer. *3)* → Penis.
Eichelhäher, → Rabenvögel.
Eichelwürmer, *Enteropneusta,* eine Klasse der Hemichordaten, deren Angehörige auf dem Meeresboden leben und Röhren graben. Der Körper ist wurmförmig langgestreckt, meist zwischen 10 bis 15 cm, im Extrem 2,5 m lang. Der Körper setzt sich zusammen aus einer kurzen Eichel (Protosoma), einem kurzen Kragen (Mesosoma) und einem langen Rumpf (Metasoma). Der Kragen umfaßt die Eichel wie eine Manschette und trägt am ventralen Vorderende den Mund; auf seiner Rückseite liegt ein Nervenrohr, das dem Rückenmark der Chordatiere entspricht. Sinnesorgane fehlen.

Als Atmungsorgan dient der Kiemendarm im vorderen Teil des Rumpfes. Der Vorderdarm ist hier von 40 bis 200 Paar (maximal 700 Paar) Kiemenspalten durchbrochen, die in ein Kiemensäckchen führen, das sich mit einem Kiemenporus nach außen öffnet.

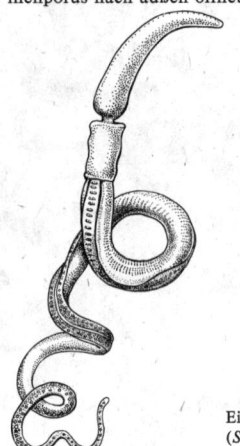

Eichelwurm (*Saccoglossus*)

Die Geschlechter sind getrennt, die Gonaden liegen seitlich des Darmes im Rumpf und bestehen aus zahlreichen Säckchen, die direkt nach außen münden. Die Befruchtung erfolgt im Wasser. Die Furchung ist total. Es entsteht eine Invaginationsgastrula, deren Urmund sich völlig schließt; an seiner Stelle bricht der After durch. Die meisten Arten besitzen eine pelagische Tornarialarve mit Scheitelplatten, einfachem Darm und drei Zölomabschnitten (Protozöl, Mesozöl und Metazöl), die sich vom Urdarm abfalten. Die Tornaria zeigt enge Beziehungen zu den Larvenformen der Seewalzen und Stachelhäuter. Die rund 60 Arten leben meist im Flachwasser der Gezeitenzone. Ihre selbstgegrabenen Gänge werden mit Schleim und verklebten Sandkörnchen ausgekleidet. Die Nahrung besteht aus Bodenpartikeln, die von Wimpern gegen den Mund getrieben und dabei mit Schleim verklebt werden. Die drei Familien der E. sind *Harrimanidae, Spengelidae* und *Ptychoderidae*.

Sammeln und Konservieren: Man sammelt E. durch Ausheben des Sandes nahe ihrer Fäzeshäufchen mittels Spaten. Die Bodenproben werden vorsichtig durch ein Sieb geschwemmt. Die gefundenen E. werden einen Tag lang zur Entleerung ihrer sandigen Darmfüllung in Seewasser gehalten und dann mit Magnesiumsulfat langsam betäubt. Die Fixierung erfolgt mit Bouinscher Lösung, die Konservierung in dreimal gewechseltem 75prozentigem Alkohol.

Eichenmischwaldzeit, svw. Atlantikum.
Eichhörnchen, *Sciurus vulgaris,* ein Nagetier aus der Familie der → Hörnchen mit lang und buschig behaartem Schwanz und meist rotbrauner, aber auch grauer bis schwarzer Fellfärbung. Das Fell der grauweißen Unterart des Nordens ist als *Feh* bekannt. Das E. ist ein geschickter Baumbewohner, der sich im Geäst ein kugelförmiges Nest anlegt. Es fördert die Verbreitung und Aussaat der Bäume, da es Früchte und Samen als Nahrungsvorrat in die Erde versteckt. Das E. ist von Europa bis nach Asien verbreitet. Verwandte Arten kommen auch in anderen Erdteilen vor.

Lit.: W. Gewalt: Das E. (Wittenberg 1956).

Eidechsen, *Echte E., Lacertidae,* umfangreiche, mit fast 200 Arten in Europa, Afrika und Asien verbreitete Familie der → Echsen; altweltliches Gegenstück zu den → Schienenechsen. Die E. sind im allgemeinen klein und flink; sie haben einen langen Schwanz und meist bewegliche Augenlider. Der Kopf ist mit symmetrischen Schildern bedeckt, die Rückenschuppen sind meist kleiner als die Bauchschuppen. Die Zunge ist flach und zweizipflig. Im Gegensatz zu den Geckos, Agamen, Leguanen u. a. gibt es bei den E. keine Sonderbildungen wie Haftzehen, Kämme und Kehlsäcke und auch keine Rückbildung der Gliedmaßen. Die E. sind mit wenigen Ausnahmen sonnen- und trockenheitsliebende Bodenbewohner. Sie fressen hauptsächlich Insekten, daneben auch Würmer und Schnecken, und legen mit Ausnahme der → Bergeidechse und einiger → Wüstenrenner Eier. Die E. bilden die einzige auch in Europa zahlreich vertretene Familie der Echsen. Zu ihnen gehören unter anderem → Halsbandeidechsen mit 3 einheimischen Arten, → Sandläufer, → Fransenfinger, → Schnelläufereidechsen, → Wüstenrenner. Einige kaukasische Vertreter der Halsbandeidechsen (→ Felseidechsen) pflanzen sich parthenogenetisch fort.

Eidechsennatter, *Malpolon monspessulanus,* bis 2 m lange, kleingefleckte, sehr schnelle und temperamentvolle → Natter aus trockenen Gebieten Südeuropas, Nordafrikas und Westasiens, die bevorzugt Eidechsen, aber auch kleine Nagetiere erbeutet, die vor dem Verschlingen durch Gift gelähmt werden. Die E. gehört zu den opisthoglyphen Trugnattern.

Eierfisch, → Goldfisch.
Eierfrucht, → Nachtschattengewächse.
Eierschalenkunde, svw. Oologie.
Eierschlangen, *Dasypeltinae,* über das tropische Afrika und Südasien verbreitete, bräunlichgraue, schwarzgefleckte, hoch spezialisierte → Nattern mit rückgebildeten Zähnen, die sich nur von Vogeleiern ernähren. Diese werden unter stärkster Ausweitung des Maules und der Speiseröhre im Ganzen geschluckt und dann erst von in die Speiseröhre hineinragenden Fortsätzen der Halswirbel aufgebrochen; der flüssige Inhalt gelangt in den Magen, die zusammengedrückten Schalen werden ausgewürgt. Bekannteste Art ist die bis 0,75 m lange *Afrikanische Eierschlange, Dasypeltis scabra.*

Eierstock, *Ovarium, Germarium,* bei weiblichen Tieren eine mehr oder weniger örtlich begrenzte Keimdrüse, in der die Bildung der Eier erfolgt. Tafel 23.

Die Schwämme haben noch keinen E., sondern nur im Dermallager verteilte, zu Eiern heranreifende Keimzellen. Im einfachsten Falle, bei den Hohltieren, stellt der E. eine Anhäufung von weiblichen Keimzellen im äußeren oder inneren Körperblatt dar. Bei Vorhandensein einer Leibeshöhle wandern die Urkeimzellen entweder in das Parenchym der primären Leibeshöhle (z. B. bei Plattwürmern) oder in das Epithel (Peritonealepithel) der sekundären Leibeshöhle ein (z. B. bei Ringelwürmern). Bei den bilateralsymmetrischen Tieren sind die Eierstöcke paarig, bei strahlig gebauten dagegen radiär angelegt (z. B. bei Medusen und Seesternen).

Plattwürmer besitzen paarige oder unpaare Eierstöcke, die mit einem kompliziert gebauten ausführenden Geschlechtsapparat in Verbindung stehen. Bei den meisten Arten hat sich vom E. ein Bezirk mit entwicklungsunfähigen Eizellen, die zur Dotter- und Schalenbildung fähig sind, als → Dotterstock abgesondert. Diese Formen produzieren zusammengesetzte Eier.

Die Eierstöcke der Weichtiere sind paarig oder sekundär unpaarig angelegt. Es sind hohle Gebilde (z. B. bei Schnecken und Kopffüßern), die mit einem Rest (Gonozöl) der sekundären Leibeshöhle in Verbindung stehen. Bei den zweigeschlechtlichen Schnecken sind E. und Hoden sekundär zur → Zwitterdrüse vereinigt.

Die Insekten besitzen paarige Eierstöcke. Jeder E. besteht aus einer größeren Zahl von *Eiröhren* oder *Eischläuchen (Ovariolen),* die mit einem Endfaden *(Terminalfilum)* an der Innenfläche der Körperwand angeheftet sind. Nach der Art der Eizellenernährung können drei Eiröhrentypen unterschieden werden: 1) panoistische Eiröhren, in denen die Eizellen nur vom Follikelepithel umgeben sind, 2) polytrophe Eiröhren mit zwischen die Eizellen eingeschalteten Nährzellen, die zu mehreren in besonderen Nährkammern liegen, und 3) telotrophe Eiröhren mit im Keimfach liegenden Nährzellen, die durch besondere Nährstrangbildungen mit der Eizelle im Dotterstock in Verbindung stehen. Die Eiröhren beginnen mit einem End- oder Keimfach (Germarium), in dem Eizellen gebildet werden. An sie schließt sich der Dotterstock an, in dem die Eizellen heranwachsen und mit der Eischale umgeben werden. Die Dotterstöcke jeder

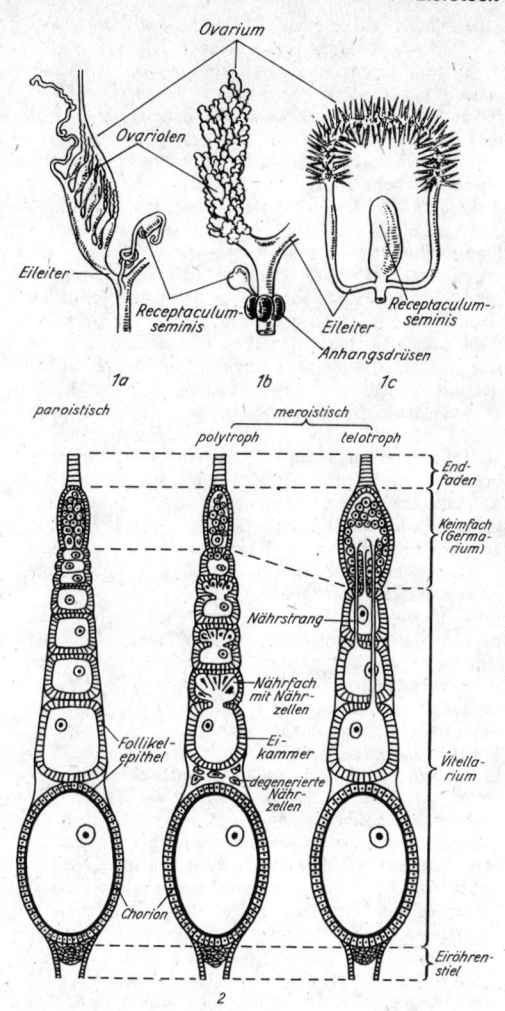

Ovarien der Insekten. 1 Verschiedene Ovarientypen: *1a* kammförmiges Ovarium der Feldheuschrecke (*Dissosteira carolina* L.), *1b* traubenförmiges Ovarium einer Schildlaus (*Dactylopius* spec.), *1c* hufeisenförmiges Ovarium der Uferfliege (*Perla maxima* Scop.). *2* Die drei Eiröhrentypen der Insekten

Eigentliche Frösche

Seite münden mit je einem Eiröhrenstiel in einen linken bzw. rechten gemeinsamen Ausführgang, den → Eileiter.

Bei den Lanzettfischchen sind wie bei den Rundmäulern die Eierstöcke segmental angeordnet. Durch Platzen der Körperwand gelangen die Eier in den Peribranchialraum.

Bei den Wirbeltieren ist der E. paarig angelegt. Bei Vögeln und beim Schnabeltier ist jedoch der rechte E. zurückgebildet. Auch die Haifische haben meist nur einen funktionsfähigen E.

Eigentliche Frösche, → Frösche.

Eigentliche Kröten, *Bufo,* mit etwa 250 Vertretern artenreichste, in allen Erdteilen außer Australien verbreitete Gattung der → Kröten, mit gedrungenem Körper, waagerechten Pupillen (obwohl meist nächtlich aktiv), großen Ohrdrüsenwülsten und stark warziger Haut. Die Finger sind frei, die Zehen haben mehr oder weniger entwickelte Schwimmhäute. Die Männchen besitzen meist eine innere Schallblase. Die E. K. halten sich nur zur Fortpflanzung im Wasser auf, der Laich wird in Doppelschnüren abgelegt. Sie überwintern auf dem Land, oft eingegraben, doch auch in Kellerräumen. Neben sehr kleinen Formen gibt es Riesenarten mit über 25 cm Länge. Zu den E. K. gehören unter anderem → Erdkröte, → Wechselkröte, → Kreuzkröte, → Schwarznarbenkröte, → Pantherkröte, → Blombergkröte, → Riesenkröte, → Berberkröte.

Eigenumwelt, Umwelt eines verhaltensfähigen Organismus, die durch den eigenen Körper und seine Eigenschaften gegeben ist. Das Gefiederputzen bei Vögeln ist ein typisches Beispiel für ein auf diese E. bezogenes Verhalten.

Eignung, svw. Fitness.

Eihäute, svw. Embryonalhüllen.

Eiigkeitsdiagnose, die Feststellung, ob es sich bei Mehrlingen um eineiige (monozygotische) oder zweieiige (dizygotische) Mehrlinge handelt. Bei Menschen führt die Untersuchung der Eihäute und der Plazenta nicht in jedem Fall zu einem eindeutigen Ergebnis, da auch eineiige Mehrlinge getrennte Eihäute und Plazenten aufweisen können, wie bei zweieiigen Mehrlingen auch nur eine Plazenta vorhanden sein kann. Da eineiige Mehrlinge den gleichen Genbestand besitzen, müssen sie auch in solchen Merkmalen übereinstimmen, die streng vererbt werden. Zur E. werden in erster Linie zelluläre und Serum-Merkmale des Blutes herangezogen, deren Erbgang bekannt ist, z. B. AB0-Blutgruppen, Rh-Faktoren, HLA-Faktoren, Enzym-Merkmale; dabei lassen die meisten Genkombinationen der Eltern eine sichere Aussage zu. In unklaren Fällen ist ein anthropologischer Ähnlichkeitsvergleich bzw. eine *polysymptomatische Ähnlichkeitsanalyse* erforderlich. → gerichtliche Anthropologie.

Eikosanoide, → Prostagladine.

Eileiter, *Ovidukt, Tuba uterina,* Ableitungsgang für reife Eier aus den Eierstöcken. Bei Knochenfischen bilden die E. direkte mit den Eierstöcken verbundene Ausführgänge. Bei Tetrapoden gelangen die Eier zunächst in die Leibeshöhle und von hier durch eine trichterförmig erweiterte Öffnung des E. (*Ostium tubae*), die sich bei Säugern dem Eierstock besonders eng anlegen kann, in den E. Der E., embryonal aus dem *Müllerschen Gang* hervorgegangen, ist bei den einzelnen Wirbeltierklassen sehr unterschiedlich weit differenziert. Häufig kommen spezielle Drüsen vor (Eiweiß-, Schalen-, Kalk- und Gallertdrüsen), die die sekundären und tertiären Eihüllen (→ Ei) absondern.

Eimeria, → Telosporidien.

Einatmung, → Atemmechanik.

Einbeere, → Liliengewächse.

Einbettung, Methode zum Einschließen biologischer Objekte in Paraffin oder Kunstharze. Voraussetzung ist eine → Fixierung der Zellen und deren schrittweise Entwässerung durch Alkohol oder Azeton. Diese Lösungsmittel werden dann für lichtmikroskopische Untersuchungen durch Paraffin ersetzt. Die für elektronenmikroskopische Untersuchungen notwendige sehr kleine Schnittdicke läßt sich nur mit in Kunstharz eingebettetem Material erreichen. Dazu werden die für die Entwässerung verwendeten Lösungsmittel schrittweise durch monomere Epoxidharze oder Polyester ersetzt, die nach Polymerisation harte Blöckchen ergeben, die mit Ultramikrotomen (→ Mikrotom) geschnitten werden können.

Einbürgerung, die erfolgreiche absichtliche Ansiedlung gebietsfremder Tier- und Pflanzenarten (→ Adventivpflanzen), im weiteren Sinn auch die oft nicht eindeutig abgrenzbare Ansiedlung versehentlich aus menschlicher Obhut entkommener Tiere wie Waschbär und Mink. Ein völlig unbeabsichtigter, auf menschliche Aktivitäten zurückgehender Import wird dagegen als *Einschleppung* bezeichnet. Bei den Tieren waren vor allem Jagdwild, Fische und zur → biologischen Bekämpfung Raubtiere (z. B. Fuchs und Mungo), Raubinsekten und Parasiten Objekte der E. Beispiele aus der heimischen Fauna sind Damwild, Mufflon, Gemse (Elbsandsteingebirge), Kaninchen, Fasan, Karpfen, Graskarpfen, Amerikanischer Flußkrebs; auf E. und nachfolgende Ausbreitung ist zum Beispiel auch das Vorkommen von Bisamratte und Marderhund in Mitteleuropa zurückzuführen.

Zahllose weitere Einbürgerungsversuche sind fehlgeschlagen, insbesondere erwies sich die E. von Vögeln als schwierig. Große Aktivitäten und »Akklimatisationsvereine« gab es vor allem im vorigen Jahrhundert. In ehemaligen kolonialen Siedlungsgebieten kam es großenteils zur Europäisierung der Faunen. Extrembeispiel ist Neuseeland, wo Säugetiere (fast) völlig fehlten und allein 15 Huftierarten eingebürgert wurden. Die Agrarlandschaft beherbergt heute überwiegend fremde Vogelarten, von denen etwa 35 eingebürgert wurden. In vielen Ländern wurde selbst der Sperling importiert. Die E. neuer Arten hat oft zu schweren Schäden in Land- und Forstwirtschaft sowie zur Biotopzerstörung geführt. Oft war ihr Erfolg mit einem Rückgang heimischer Arten verbunden. Durch Konkurrenz können auch Pflanzenfresser zum → Aussterben beitragen. Eine viel stärkere Gefährdung bringt häufig die E. von Raubtieren mit sich. Gelegentlich wurden auch Krankheiten eingeschleppt.

Lit.: G. Niethammer: Die E. von Säugetieren und Vögeln in Europa (Hamburg u. Berlin 1963).

Eindringungsresistenz, → Resistenz.

Ein-Elemente, engl. »on elements«, in der Neurophysiologie Sinnes- oder Nervenzellen, die bei Reizung Impulse bilden, → Aus-Elemente.

Einfrieren, → Immobilität.

Eingangsverhalten, Verhaltensprozesse eines Organismus im Eingangsvektor. Es handelt sich dabei um Vorgänge der Informationsaufnahme und -vorverarbeitung. Anatomisch und physiologisch ist dieses E. an die Exterorezeptoren (→ Rezeptor) und die ihnen nachgeschalteten Nervenzentren gebunden und schließt afferente und efferente Bahnen ein. Das E. deckt sich etwa mit dem funktionellen Begriff der »Analysatoren« und kennzeichnet den aktiven Vorgang der Informationsaufnahme und Merkmalsextraktion, der Zeichen- und Mustererkennung sowie vergleichbare Leistungen der äußeren Sinnesorgane und ihnen zugeordneten Zentren.

eingeschlechtig, → Blüte.

Eingeweide, *Viscera,* im engeren Sinne die die Bauchhöhle ausfüllenden Organe, im weiteren Sinne sämtliche in den Körperhöhlen liegenden Organe.

Eingeweidefische, *Carapidae,* früher als Fierasferidae bekannte, bleistiftförmige, langgestreckte Knochenfische wärmerer Meere. Die E. sind Schwanzbohrer, d. h. fädeln sich mit dem Schwanz voran in Löcher und Spalten ein. Einige Arten haben sich auf Spalträume in Seegurken, Seescheiden oder Muscheln spezialisiert.

Eingeweidenerv, *Nervus vagus,* Branchialnerv, der die Eingeweide sowie den 4., 5. und 6. Viszeralbogen versorgt, → Hirnnerven.

Eingewöhnung, → Zähmung.

einhäusig, → Blüte.

Einhufer, *Equidae,* eine Familie der → Unpaarhufer. Die E. sind hochbeinige Säugetiere, die nur mit der Spitze der Mittelzehe auftreten. Diese Zehe ist mit einem breiten Huf bekleidet. Die E. bewohnen als schnelle und ausdauernde Läufer vorwiegend Wüsten- und Steppengebiete. E. sind Pflanzenfresser wie die Wiederkäuer, haben aber im Gegensatz zu diesen nur einen einhöhligen und verhältnismäßig kleinen Magen. Zu den E. gehören → Wildpferd, → Halbesel, → Wildesel und → Zebras. Das *Hauspferd, Equus przewalskii* f. *caballus,* ist die domestizierte Form des Wildpferdes, der *Hausesel, Equus asinus* f. *asinus,* ist die domestizierte Form des Wildesels.

Geologische Verbreitung: Eozän bis zur Gegenwart. Die E. sind paläontologisch wichtig, weil sie eine der vollständigsten Stammesreihen erkennen lassen. Aus dem etwa hundegroßen → Urpferd des Eozäns bildeten sich über Zwischenformen die großen, hochbeinigen E. der Gegenwart heraus. Fossile Reste fanden sich z. B. in der mitteleozänen Braunkohle des Geiseltales bei Halle.

Lit.: L. Haßenberg: Verhalten bei E. (Wittenberg 1971); I. Krumbiegel: Einhufer (Wittenberg 1958).

einjährige Pflanzen, svw. annuelle Pflanzen, → Lebensdauer.

Einkeimblättrige Pflanzen (Tafel 14), *Monokotyle, Monocotyledoneae, Liliatae,* eine Klasse der Decksamer, deren Keimlinge stets nur 1 endständig angelegtes Keimblatt (Kotyledon) ausbilden, dessen Scheide den seitenständigen Vegetationspunkt umschließt. Die geschlossenen Leitbündel sind im Stengelquerschnitt unregelmäßig zerstreut angeordnet, sie durchziehen die meist wenig verzweigten Sprosse und Blätter als parallele Stränge. Da die Leitbündel kein Kambium haben, findet auch kein sekundäres Dickenwachstum wie bei den Zweikeimblättrigen Pflanzen statt. Die meist ungestielten Blätter sind bis auf wenige streifennervig und in der Regel einfach, linealisch, lanzettlich oder eiförmig. Bei den Blütengliedern herrscht die Dreizahl absolut vor. Die Hauptwurzel ist meist kurzlebig, sproßbürtige Adventivwurzeln bilden dann das Wurzelsystem (sekundäre Homorhizie). Chemisch sind die E. P. durch das Fehlen von Ellagsäure und Ellagitaninen sowie das seltene Vorkommen von Gerbstoffen, ätherischen Ölen und Alkaloiden gekennzeichnet. Saponine treten fast immer als Steroidsaponine auf und Kalziumoxalat meist als Raphiden. Die E. P. haben sich wahrscheinlich aus Vorläufern der in der Unterklasse *Magnoliidae* zusammengefaßten Vertreter Zweikeimblättriger Pflanzen entwickelt, da in dieser Gruppe Merkmale zu finden sind, die für E. P. zutreffen, z. B. dreizählige Blüten, zerstreute Anordnung der Leitbündel, sekundäre Homorhizie. Andererseits gibt es auch bei E. P. Merkmale, die typisch für die Zweikeimblättrigen Pflanzen sind, wie netznervige Blätter, Anordnung der Leitbündel in einem Kreis u. a.

Die etwa 54 000 Arten der E. P. werden meist 3 (z. T. auch 4) Unterklassen zugeordnet: *Alismatidae, Liliidae* und *Arecidae.* Die *Alismatidae* zeigen die meisten Primitivmerkmale, z. B. freie Fruchtblätter in großer Zahl. Die *Liliidae* stellen einen Verwandtschaftskreis dar, der weder auffällig ursprüngliche noch auffällig abgeleitete Merkmale aufweist. Häufig sind besondere Anpassungen an Insektenbestäubung (z. B. Orchideen) oder an Windbestäubung (z. B. Gräser). Die *Arecidae* sind wahrscheinlich eine sehr alte Gruppe, z. T. mit netznervigen Blättern und fast immer unscheinbaren Blüten, die an kolbenförmigen Achsen stehen und oft von einem auffällig gefärbten Hochblatt umgeben sind.

Einkorn, → Süßgräser.

Einmietung, → Beziehungen der Organismen untereinander.

Einnischung, → Ludwig-Effekt, → Nische.

Einplatter, → Monoplacophora.

Einschleppung, → Einbürgerung.

Einschlußkörper, → Tabakmosaikvirus.

Einsichtlernen, → Lernformen.

Einsiedlerkrebse, *Paguridae,* zu den Zehnfüßern gehörende Krebse mit etwa 550 Arten. Ihr weichhäutiger und asymmetrischer Hinterleib steckt in leeren Schneckenschalen, die sie stets mit sich tragen und in die sie sich bei Gefahr zurückziehen. Auf den Schneckengehäusen können sich noch Aktinien, Schwämme oder Moostierchen ansiedeln. Die Aktinien mit ihren Nesselkapseln dienen meist dem Schutz der E. und werden manchmal sogar beim Umzug in eine neue Schneckenschale von dem Krebs mitgenommen. Alle E. leben im Meer. Gattungen *Eupagurus, Diogenes* u. a.

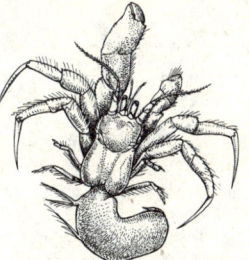

Einsiedlerkrebs (*Diogenes pugilator*), aus der Schneckenschale entfernt

Einstellbewegungen, induzierte Bewegungen von Pflanzenorganen, die zu einer bestimmten Einstellung in der Reizrichtung führen, z. B. positiver oder negativer Geotropismus bzw. Phototropismus. Dabei ergibt sich die Endstellung häufig erst durch eine pendelförmige E., die eine anfängliche Überkrümmung rückgängig macht (→ Autotropismus).

Einstranghypothese, → Chromosomen.

Eintagsfliegen, *Ephemeriden, Ephemeroptera,* eine Ordnung der Insekten mit 90 Arten in Mitteleuropa (Weltfauna: rund 2000). Fossile E. sind bereits aus dem Oberkarbon nachgewiesen.

Vollkerfe. Die Körperlänge beträgt ohne Schwanzanhänge 0,3 bis 4 cm. Die E. haben kurze Fühler und verkümmerte Mundgliedmaßen. Der Brustabschnitt trägt zwei Paar netzartig geäderter Flügel, die vorderen sind länger und breiter als die hinteren. Am Hinterleibsende sind drei borstenförmige Anhänge vorhanden: zwei Schwanzfäden (Cerci) und ein mittelständiger Endfaden (Terminalfilum), die oft länger als der Körper sind. Die Vollinsekten leben nur wenige Stunden und schwärmen an schwülen Sommerabenden oft zu Tausenden, besonders in Wassernähe (Paarungsflug). Während ihres kurzen Lebens benötigen sie keine Nahrung. Ihre Entwicklung ist eine sehr ursprüngliche Form der unvollkommenen Verwandlung (Prometabolie).

Eier. Ein Weibchen legt einige Hundert bis 8000 Eier; diese läßt es entweder im Fluge ins Wasser fallen oder legt sie an Moos oder Steinen im Wasser ab. Die 0,15 bis

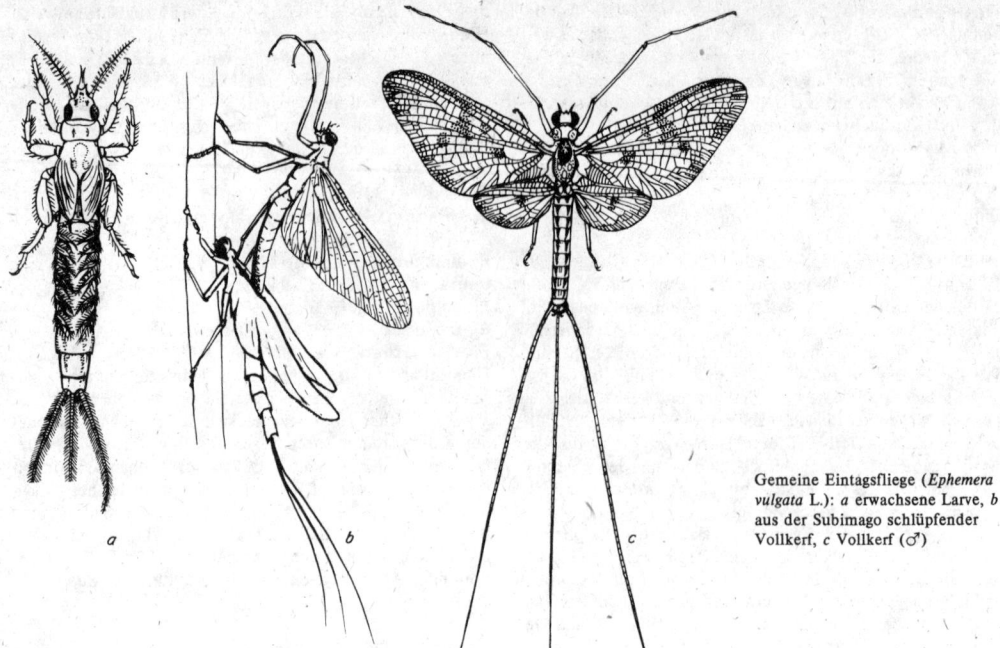

Einwanderungselemente

Gemeine Eintagsfliege (*Ephemera vulgata* L.): *a* erwachsene Larve, *b* aus der Subimago schlüpfender Vollkerf, *c* Vollkerf (♂)

0,41 mm großen Eier sind rundlich oder oval und mit verschiedenartigen Haftmechanismen zur Verhinderung des Fortschwemmens ausgestattet.

Larven. Aus den Eiern schlüpfen zunächst die Vorlarven, aus denen sich nach etwa 4 Tagen die eigentlichen Larven entwickeln. Diese machen zahlreiche Häutungen durch (maximal 27) und werden im Verlaufe ihres Daseins den Vollkerfen immer ähnlicher. Im Gegensatz zu den Larven der Steinfliegen besitzen sie, wie auch die Vollkerfe, drei Schwanzanhänge; die Füße sind nur mit einer Kralle versehen. Die Larven ernähren sich von pflanzlicher und tierischer Kost und atmen durch Tracheenkiemenblättchen am Hinterleib. Dem Vollkerf (Imago) geht ein noch nicht geschlechtsreifes, aber bereits flugfähiges Stadium (Subimago) voraus. Die gesamte Entwicklung dauert ein bis drei Jahre.

Wirtschaftliche Bedeutung. Abgestorbene E. dienen als Angelköder, als Trockenfutter für Aquarienfische und Stubenvögel und – wo sie sich in größeren Mengen finden – auch als Dünger oder Schweinefutter. Die Larven sind ein wichtiger Bestandteil der natürlichen Ernährung unserer Süßwasserfische und gleichzeitig Indikatoren, die durch ihr Vorkommen oder Fehlen den Verschmutzungsgrad von Gewässern anzeigen.

System. Nach den Abweichungen des Flügelgeäders werden gegenwärtig 19 Familien unterschieden. Zu ihnen gehören:
Familie Wasserblüten (Palingeniidae)
Familie E. im engeren Sinne (Ephemeridae)
Familie Massenhafte (Polymitarcidae)
Familie Glashafte (Baetidae)

Lit.: H. Gleiss: Die E. (Wittenberg 1954).

Einwanderungselemente, → Florenelement.

Einzeller, svw. Protisten.

Einzelkultur, in der Mikrobiologie und Gewebezüchtung eine → Kultur, die aus einer einzigen Zelle hervorgegangen ist. E. werden z. B. zur Gewinnung einer → Reinkultur eines Mikroorganismus angelegt. Dies erfolgt meist über die stufenweise Verdünnung einer Mikroorganismensuspension, bis davon durch mikroskopische Verfahren oder Kulturverfahren Einzelzellen abgetrennt werden können.

Einzel-X-Chromosomen-Inaktivierung, svw. Lyonisierung.

Ein-Zentrum-Feld, engl. »on-center-field«, in der Neurophysiologie Bezeichnung für einen Komplex von Sinnes- oder Nervenzellen, in dessen Zentrum sich → »Ein-Elemente«, in dessen Umgebung sich → »Aus-Elemente« befinden. Aus dem Tatbestand von »on« und »off«-Zentrum-Feldern, speziellen Besonderheiten und der Anordnung solcher Felder, z. B. in der Retina, und nachgeschalteten Informationsverarbeitungsebenen des visuellen Systems kann die Wahrnehmung eines Bildes, die kontrastreiche Abbildung eines Tatbestandes, einschließlich der Details (z. B. »Ecken«) erklärt werden.

Eisbär, *Thalarctos maritimus*, ein weißer Bär der Arktis. Er führt weite Wanderungen aus und vermag gut zu schwimmen. Seine Nahrung besteht aus Robben, Vögeln, Fischen und Aas, daneben sucht er sich Beeren und Moos. Das Weibchen bringt die Jungen im Winter in einer Schneehöhle zur Welt, die es sich schafft, indem es sich einschneien läßt.

Lit.: S. M. Uspenski: Der E. (Wittenberg 1979).

Eisen, Fe, ein lebensnotwendiges Bioelement, das Bestandteil aller lebenden Zellen ist. Im grünen Teil der Pflanzen beträgt der Eisengehalt etwa 100 bis 200 mg/kg Trockensubstanz, im menschlichen Organismus sind etwa 4 bis 5 g E. enthalten, von denen 75 % Bestandteil des Hämoglobins sind. E. ist Bestandteil vieler Proteine, z. B. der Zytochrome, Hämoglobine, Peroxidase, Katalase und des Ferredoxins. Die Speicherung des E. erfolgt in Milz und Leber mittels Ferritin und Hämosiderin, die bis zu 23 % bzw. 35 % E. enthalten können. Der Transport des E. im Blut erfolgt über Ferredoxin. Die physiologischen Wirkungen des E. sind vielfältig. Es ist besonders an Elektronenübertragungsprozessen beteiligt, wirkt als Bestandteil von Koenzymen und reguliert biosynthetische Prozesse in Mikroorganismen. E. hemmt z. B. die Zitronensäurebildung durch *Aspergillus niger*.

Eisenmangel verhindert in Pflanzen im starken Maße die Ausbildung von Chlorophyll. Dieser Eisenmangel äußert sich als *Eisenchlorose*, bei der, an den jüngsten Blättern beginnend, die Flächen zwischen den Adern heller grün und gelblichweiß werden. Besonders Obstbäume und Wein leiden darunter.

Eisenbakterien, in eisenhaltigen Wässern und Böden vorkommende Bakterien, deren Zellen häufig von einer dicken Schicht aus Eisenverbindungen umgeben sind. Manche E. ernähren sich mittels Chemosynthese autotroph. Sie oxidieren Eisen(II)-Verbindungen zu Eisen(III)-Verbindungen. Die dabei gewonnene Energie dient zum Aufbau von Kohlenhydraten aus Kohlendioxid. Ein Vertreter solcher E. ist der z. B. in Abflüssen von Bergwerken vorkommende *Thiobacillus ferrooxydans*, der mit bloßem Auge sichtbare Ablagerungen von Eisen(III)-hydroxid bildet. Für die ebenfalls den E. zugeordneten Bakterien der Gattungen *Gallionella* und *Leptothrix* (→ Scheidenbakterien) ist die chemoautotrophe Lebensweise nicht sicher nachgewiesen.

Eisenchlorose, eine durch Mangel an Eisen verursachte Chlorose, → Eisen.

Eisenhut, → Hahnenfußgewächse.

Eisessig, → Essigsäure.

Eisfuchs, → Füchse.

Eiskraut, → Mittagsblumengewächse.

Eisvögel, → Rackenvögel.

Eiszeit, *Glazialzeit*, jeder Abschnitt der Erdgeschichte mit anhaltender Vergletscherung sonst eisfreier außerpolarer Gebiete durch Klimaveränderungen. E. waren die Vereisungen der Südkontinente im Paläozoikum (→ Erdzeitalter, Tab.) vor Beginn des Kambriums, im Ordovizium und an der Wende Karbon/Perm und die der Nordkontinente im Pleistozän. Jede E. kann sich durch mehrfachen langzeitigen Klimawechsel in mehrere *Kaltzeiten* (*Glaziale*) und *Zwischenwarmzeiten* (*Interglaziale*) aufteilen. Die pleistozäne E. ist zoogeographisch bedeutungsvoll durch die als Folge der Abkühlung ausgelösten Tierwanderungen in klimatisch günstigere Gebiete (→ Glazialrefugien) und die vielfach damit verbundene Aufsplitterung in Rassen. Nach dem Abschmelzen der Gletscher kehrten die verdrängten Arten z. T. in ihre ehemaligen Verbreitungsgebiete zurück, bewahrten aber bis heute die durch die anhaltende Trennung bewirkten Differenzen. Die ehemalige europäische Fauna und Flora wurde stark dezimiert, da außer den von Norden drückenden Gletschern von Süden her durch die Alpenvereisung nicht nur der Lebensraum beengt, sondern auch der weitere Fluchtweg verlegt wurde. Die heute artenreichere Fauna und Flora Nordamerikas ist durch das Fehlen einer solchen Fluchtsperre zu erklären.

Eiszeitalter, svw. Pleistozän.

Eitypen, → Ei.

Eiweißdrüsen, an der Bildung der Eihüllen beteiligte Drüsen der weiblichen Geschlechtsausführgänge, z. B. bei Schnecken, Knorpelfischen, Sauropsiden.

Eiweiße, svw. Proteine.

Eiweißhefen, svw. Futterhefen.

Eiweißminimum, die notwendige tägliche Eiweißmindestmenge, die dem Organismus mit der Nahrung zugeführt werden muß.

Der tierische Organismus ist nicht in der Lage, Eiweiße aus Kohlenhydraten oder Fetten zu synthetisieren, sondern braucht dazu zumindest Aminosäuren. Das E. hängt vom Entwicklungs- und Leistungszustand ab. Bei wachsenden Organismen oder während der Schwangerschaft und der Laktation liegt das E. höher.

Da bei Bedarf Eiweiß in Fette und Kohlenhydrate umgebaut wird, benötigt der hungernde Organismus ein größeres E. Reichliche Zufuhr von Kohlenhydraten und Fetten wirkt eiweißsparend. Das E. ist weiterhin entscheidend abhängig von der → biologischen Wertigkeit der Eiweiße.

Für den Menschen gelten drei Arten des E.: 1) Das *absolute E.* zur Deckung des Eiweißverlustes über abgestorbene Zellen, Haare, Enzyme, Hormone. Es beträgt 15 g tierisches Eiweiß je Tag. 2) Das *physiologische E.* zur Deckung des Stickstoffgleichgewichts, d. h. es muß soviel Stickstoff in der Nahrung zugeführt werden wie täglich ausgeschieden wird, d. s. 25 g tierisches Eiweiß. 3) Das *hygienische E.*, jene Menge, die bei gemischter Kost notwendig ist, um Wohlbefinden hervorzurufen. Es liegt bei 40 g tierischem Eiweiß je Tag.

Eiweißstoffe, svw. Proteine.

Eizahlregel, → Klimaregeln.

Eizelle, → Fortpflanzung.

Ekdysis, *1)* svw. Häutung. *2)* svw. Mauser.

Ekdyson, ein zu den Insektenhormonen gehörendes Steroid. E. wird unter Wirkung des prothorakotropen Hormons in der Prothoraxdrüse der Insekten gebildet und durch Hydroxylierung am C-Atom 20 in das eigentlich wirksame Häutungshormon → Ekdysteron übergeführt. Die Biosynthese von E. erfolgt aus Cholesterin oder Phytosterinen, die vom Insekt als essentielle Nahrungsbestandteile aufgenommen werden. E. und strukturverwandte Steroide finden sich als Phytoekdysone auch in verschiedenen höheren Pflanzen.

E. wurde 1954 von Butenandt und Karlson als erstes kristallines Insektenhormon aus Puppen des Seidenspinners *Bombyx mori* isoliert und später auch in anderen Insekten nachgewiesen.

Ekdysteron, *20-Hydroxyekdyson*, ein zu den Insektenhormonen gehörendes Steroid, das im Jugendstadium die Häutung der Raupe zur Puppe und später die Imaginalhäutung der Puppe zum Schmetterling bewirkt. Gemeinsam mit den Juvenilhormonen ist E. für die Larvenhäutung (Häutung von Raupe zu Raupe) verantwortlich. E. entsteht in den peripheren Fettkörpergeweben durch Hydroxylierung von Ekdyson am C-Atom 20.

E. ist mit *Krustekdyson*, dem Häutungshormon der Krebse, identisch. E. findet sich auch in höheren Pflanzen, seine Bedeutung ist hier jedoch unbekannt.

EKG, Abk. für *E*lektro*k*ardio*g*ramm, → Elektrokardiographie.

Ekgonin, → Kokain.

Ektoderm [griech. ectos 'außen', derma 'Haut'], *Epiblast, Ektoblast, Exoderm,* das äußere der beiden Keimblätter, die den zweischichtigen Keim (Gastrula) der mehrzelligen Tiere aufbauen. Aus dem E. entstehen hauptsächlich die Oberhaut (Epidermis), das Nervensystem und die Sinnesorgane.

ektolezithale Eier, → Ei.

ektomorph, → Konstitutionstypus.

Ektoparasiten, Schmarotzer, die dem Wirtsorganismus außen aufsitzen und sich ständig an ihm aufhalten (*stationäre E.*, z. B. Läuse) oder ihn nur zur Nahrungsaufnahme aufsuchen (*temporäre E.*, z. B. Stechmücken, Bettwanzen).

Ektoplasma

Ökologisch bildet der Wirt nur einen Teil der Umwelt der E. → Parasiten, → Ernährungsweisen.

Ektoplasma, die äußere, meist homogene Zytoplasmaschicht bei Einzellern.

Ektosporen, svw. Konidien.

Ektotoxine, → Bakteriengifte.

Elaeagnaceae, → Ölweidengewächse.

Elaidinsäure, → Ölsäure.

Elainsäure, svw. Ölsäure.

Elaioplasten, → Plastiden.

Elasis, *Entfernungsorientierung,* Orientierungsverhalten, das auf eine Raumstrecke bezogen ist. Dieses Verhalten ist gewöhnlich mit der Richtungsorientierung (→ Taxis) kombiniert. So muß ein sprungfähiger Baumbewohner vor dem Absprung auf einen anderen Zweig oder Ast Richtung und Entfernung bestimmen, um danach den Startwinkel und die erforderlichen mechanischen Kräfte einzustellen.

Elasmobranchier, *Elasmobranchii,* **Plattenkiemer,** Unterklasse der Knorpelfische mit knorpeligem, gelegentlich verkalktem Innenskelett. Die ältesten E. sind besonders aus dem Mitteldevon und Karbon Nordamerikas bekannt. Die Haut ist mit Placoidschuppen besetzt, die über den Kiefern Zahnreihen bilden. Die Schnauze ist nach vorn verlängert, das Maul deshalb unterständig. Die Kiemenspalten (7 bis 4) münden getrennt nach außen, kein Kiemendeckel. Der obere Lappen der Schwanzflosse ist verlängert, die Bauchflossen bilden bei den Männchen Begattungsorgane. Innere Befruchtung, verschiedene Arten sind lebendgebärend.

Elastase, ein zu den Proteasen gehörendes Enzym, das in der Bauchspeicheldrüse der Wirbeltiere aus der enzymatisch unwirksamen Vorstufe Proelastase gebildet wird und im Zwölffingerdarm durch Trypsin in das aktive Enzym umgewandelt wird. E. bewirkt den proteolytischen Abbau des Elastins, wobei es als Endopeptidase angreift. In seiner Struktur ähnelt E. den Verdauungsenzymen Trypsin und Chymotrypsin.

Elastin, ein Strukturprotein, das den Hauptbestandteil der elastischen Fasern von Sehnen, Arterienwänden und Bändern darstellt. E. verleiht diesen Geweben hohe Elastizität. Dafür ist vor allem der hohe Gehalt an Valin und Leuzin sowie der der vernetzend wirkenden Aminosäuren Desmosin und Isodesmosin verantwortlich.

elastische Fasern, zur geformten Interzellularsubstanz des tierischen Stützgewebes gehörende Fasern, die eine hohe Zugelastizität besitzen. Sie treten bei den Wirbeltieren in paralleler Anordnung in den elastischen Bändern oder als Netzwerke in der Lunge, im elastischen Knorpel und in den Blutgefäßen auf. Ausgebildete e.F. bestehen hauptsächlich aus dem Elastin und aus Glykoprotein-Mikrofibrillen, die vor allem an der Faseroberfläche liegen. Beim Entstehungsprozeß von e.F. kommt es zunächst zur Formierung eines Bündels von Glykoprotein-Mikrofibrillen, den Oxitalanfasern. Partielle Einlagerung von Elastin führt zur Elauninfaser, die dann schließlich nach weiterer Aufnahme von Elastin zur e.F. reift.

Elateren, in der Kapsel von → Lebermoosen vom Archespor gebildete, langgestreckte, faserförmige Zellen mit schraubenbandförmigen Wandverdickungsleisten, die sich durch Kohäsionsmechanismen bewegen und nach Öffnen der Sporenkapsel die Sporen ausstreuen.

Elateridae, → Schnellkäfer.

Elch, *Alces alces,* der größte, bis 2 m Widerristhöhe erreichende Hirsch mit weit ausladendem Schaufelgeweih, überhängender Oberlippe, schwarzbraun gefärbtem Körper und hellen Beinen. Der E. ist ein Bewohner sumpfiger Wälder und Moore in Nord- und Osteuropa, Asien und Kanada. Hin und wieder wandern Einzelstücke von Osten her nach Mitteleuropa ein.

Lit.: A. A. Nasimowitsch: Der E. (2. Aufl. Wittenberg 1974).

Elefanten, *Elephantidae,* die einzige rezente Familie der → Rüsseltiere. Die E. sind große pflanzenfressende Säugetiere, deren Nase zu einem langen, sehr beweglichen Rüssel ausgezogen ist, der zum Riechen, Greifen, Trinken, Trompeten und Schlagen verwendet wird. Die oberen Schneidezähne sind zu einem Paar langer Stoßzähne umgebildet, die als Waffe und als Brechstange benutzt werden. Wasser wird im Rüssel hochgesogen und dann in das Maul gespritzt. Die E. sind 3 bis 4 m hoch und haben eine Körpermasse von 4 bis 6 t. Sie sind die größten der heute lebenden Landtiere. Auf Grund ihrer hohen Intelligenz kann man sie als geschickte Arbeitstiere abrichten. Die E. sind durch die Art *Loxodonta africana* in Afrika südlich der Sahara und durch den *Asiatischen E., Elephas maximus,* in Indien und Südostasien vertreten. Sie leben in kleinen Herden. Die Tragzeit beträgt 20 bis 24 Monate.

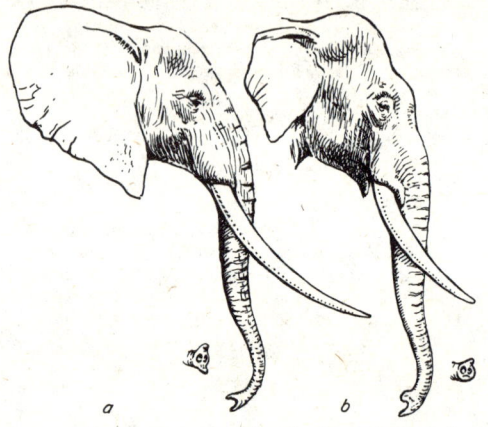

a Afrikanischer, *b* Asiatischer Elefant (Kopf und Rüsselspitze)

Elefantenläuse, → Tierläuse.

Elefantenschildkröten, *Testudo* (*Chelonoidis*) *elephantopus,* in mehreren, z. T. schon sehr selten gewordenen Unterarten auf den einzelnen Inseln der Galapagosgruppe im Stillen Ozean beheimatete, bis 1,20 m lange und über 100 kg schwere → Landschildkröten mit schwarzem Rückenpanzer, der im Gegensatz zur → Riesenschildkröte kein Nackenschild aufweist. Noch im 17. und 18. Jh. kamen die E. in riesigen Mengen auf den Galapagosinseln vor. Sie dienten den Besatzungen anlegender Schiffe als Proviant oder wurden infolge des Absammelns der Eier zur Ölgewinnung sowie durch eingeführte und dann verwilderte Haus-

Elefantenschildkröte (*Testudo elephantopus*)

tiere, die die Eier und jungen E. erbeuteten, ausgerottet. Hauptlebensraum der E. sind die heißen, trockenen Lavaböden der Tiefländer der Inseln. Von dort unternehmen sie regelmäßige Wanderungen in das feuchtere Hochland, wo sie in Tümpeln baden und trinken. Heute stehen die E. (wie der gesamte Galapagos-Archipel) unter strengem internationalen Naturschutz, ihre Restbestände (einige Unterarten sind bereits ausgestorben) werden planmäßig vermehrt.

Elektion, → Mineralstoffwechsel, Teil Pflanze.

elektrische Doppelschicht, Schicht an Phasengrenzen, in der die Bedingung der Elektroneutralität aufgehoben ist. Durch Dissoziation und Adsorption bildet sich an Phasengrenzen eine Übergangszone, die durch Trennung der positiven und negativen Ladungen gekennzeichnet ist. Verbunden damit ist die Ausbildung einer elektrischen Potentialdifferenz, des Oberflächenpotentials. Man unterscheidet in ihrer Komplexität drei Modelle der e. D.: Helmholtz-Modell, diffuse Doppelschicht nach Gouy-Chapman und Stern-Modell der Doppelschicht (Abb.).

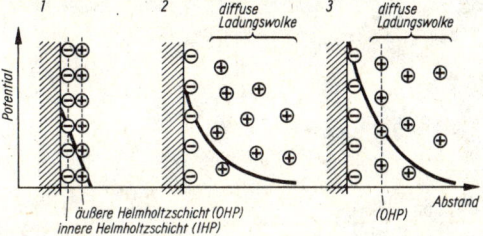

Modelle der Doppelschicht: *1* Helmholtz-Modell, *2* diffuse Doppelschicht nach Gouy-Chapman, *3* Stern-Modell der Doppelschicht. Schematisch ist der Charakter des Potentialabfalls dargestellt

elektrische Fische, Fische mit elektrischen Organen, die aus vielen hintereinander geschalteten Platten bestehen und im allgemeinen umgewandelte quergestreifte Muskulatur darstellen. Die elektrischen Entladungen dienen der Verteidigung, der Revierabgrenzung und dem Nahrungsfang, nach neueren Untersuchungen möglicherweise auch der Verständigung. E. F. sind z. B. Nilhecht, Zitteraal, Zitterrochen und Zitterwels.

elektrische Potentialdifferenzen, Unterschiede des elektrischen Potentials zwischen verschiedenen Orten, die im Prinzip zur Leistung von elektrischer Arbeit genutzt werden können. Das Auftreten von e. P. ist an Phasengrenzen eine gesetzmäßige Erscheinung. An allen biologischen Phasengrenzen sind deshalb e. P. festzustellen. Man muß elektrochemisch zwischen e. P. in einer Phase (*Volta-Potentialdifferenzen*) und zwischen verschiedenen Phasen (*Galvani-Potentialdifferenzen*) unterscheiden. Die Messung einer e. P. führt zur Bestimmung der Arbeit, die aufgewendet werden muß, um eine positive Probeladung zu verschieben. Wird dieser Prozeß zwischen verschiedenen Phasen geführt, so treten zusätzlich chemische Wechselwirkungen auf, und es kann nur die Summe aus elektrischer und chemischer Arbeit gemessen werden, somit ist eine Galvani-Potentialdifferenz zwischen zwei Phasen prinzipiell nicht meßbar. Volta-Potentialdifferenzen können dagegen gemessen werden. Biophysikalisch von besonderer Bedeutung sind das → Membranpotential als e. P. zwischen Zellinnerem und Umgebungsmilieu und das → Oberflächenpotential als e. P. zwischen Volumen und einem Punkt sehr nah an der zu untersuchenden Oberfläche.

Lit.: Adam, Läuger, Stark: Physikalische Chemie und Biophysik (Berlin, Heidelberg, New York 1977).

elektrochemisches Potential, thermodynamische Größe, die bei geladenen Teilchen, bezogen auf eine Referenzphase, die Fähigkeit eines Mols dieser Teilchen charakterisiert, Arbeit zu leisten. Das e. P. ist eine wichtige Größe zur Berechnung von Gleichgewichtszuständen elektrochemischer Systeme. Insbesondere sind die e. P. der jeweiligen Teilchenarten im Gleichgewicht an allen Orten des untersuchten Systems gleich. Unterschiede in den e. P. induzieren Flüsse, die zum Ausgleich der Differenzen führen. Dieser Vorgang, bestehend aus Diffusion geladener Teilchen im elektrischen Feld, wird als *Elektrodiffusion* bezeichnet und kann mit Hilfe der Nernst-Planckschen Elektrodiffusionsgleichung berechnet werden.

Elektrochromie, Effekt der Absorptionsänderungen eines Pigmentes auf Grund elektrostatischer Wechselwirkungen. In Thylakoidmembranen konnten lichtinduzierte Veränderungen der Absorption im Chlorophyll- und Karotinoidsystem nachgewiesen werden. Die Energieleitung und der nachfolgende vektorielle Ladungstransport an der Thylakoidmembran verändern nach Bestrahlung das Membranpotential. Das ist gleichbedeutend mit einer Änderung des elektrischen Feldes in der Membran. Diese Änderung verschiebt nun geringfügig die Absorptionsbanden der membrangebundenen Pigmente. Man kann somit den *elektrochromen Effekt* als internes molekulares Voltmeter zur Bestimmung des Membranpotentials nutzen.

Elektroenzephalographie (Tafel 25), Registrierung von Summenpotentialen des Großhirns, durch meist mehrere, auf die Schädeldecke gesetzte Elektrodenpaare. Die Spannungen werden durch Mehrkanalschreiber registriert. In der Grundaktivität des menschlichen *Elektroenzephalogramms* (*EEG*) werden folgende Ablaufschnelligkeiten (oft ungenau als Frequenz bezeichnet) unterschieden: 0,5 bis 3,5 Schwankungen je s (*Delta-Rhythmus*), 4 bis 8 Schwankungen je s (*Theta-Rhythmus*), 8 bis 13 Schwankungen je s (*Alpha-Rhythmus*), 14 bis 30 Schwankungen je s (*Beta-Rhythmus*). Die schnellen Rhythmen sind für das Wach-EEG typisch, Delta-Wellen charakterisieren das Schlaf-EEG. Von klinischem Interesse sind die Muster, die Hinweise auf Zustände (z. B. Krampfpotential bei Epilepsien) oder Schädigungen (Tumoren) erlauben. Bei sensorischer Reizung und EEG-Ableitung können über bestimmten Großhirnrindenfeldern charakteristische Änderungen, sogenannte *evozierte Potentiale*, registriert werden. Sie gestatten bedingt Aussagen über Verarbeitungsmechanismen im Gehirn und werden in der tierexperimentellen Grundlagenforschung vielfach ausgelöst.

Elektrokardiographie, eine Methode zur Aufzeichnung der Aktionspotentiale des Herzens. Zur Ableitung verwendet man Elektroden (Metallbleche), die an bestimmten Stellen des Körpers angelegt werden und den Strom über ein Meßinstrument (Galvanometer, Oszillograph) leiten. Von dort wird er, z. B. bei bestimmten tierexperimentellen Untersuchungen, optisch auf einen bewegten photographischen Film oder mechanisch auf Papier übertragen. Im klinischen Einsatz sind elektronische Verstärker und direkt schreibende elektromagnetisch abgelenkte Systeme. Aus dem Zeitverlauf der registrierten Potentialdifferenzen, dem *Elektrokardiogramm* (*EKG*), können Rückschlüsse auf die Herztätigkeit gezogen werden. Die E. gilt als grundlegendes medizinisches Diagnoseverfahren. Das EKG der Wirbeltiere ist relativ ähnlich. Man unterscheidet negative (P, R, T) und positive Ausschläge (A, S) in Form von Zacken. Die P-Zacke widerspiegelt Erregungsausbreitung in den Vorhöfen, der ARS-Teil diejenige in der Kammer. Die T-Zacke zeigt die Repolarisation der Muskulatur im Ventrikel. Bei Fischen und Amphibien entsteht eine V-Zacke durch Erregungsausbreitung im Sinus.

Elektrokommunikation, Biokommunikation mittels elektrischer Signale. Dieses Signalverhalten wurde erst in den letzten Jahren bei verschiedenen schwachelektrischen Fi-

Elektromyographie

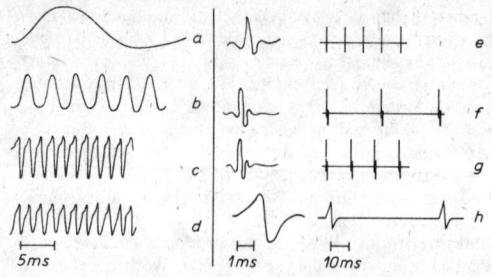

Wellen- und pulsförmige Entladungsmuster elektrischer Organe folgender Arten von Fischen: a *Sternopygus macrurus*, b *Eigenmannia virescens*, c *Stenarchorhamphus macrostomus*, d *Apteronotus albifrons*, e *Rhamphichthys rostratus*, f *Gymnorhamphichthys hypostomus*, g *Hypopygus lepturus*, h *Hypopomus artedi*

schen nachgewiesen. Die Signale sind entweder wellen- oder pulsförmig und unterscheiden sich eindeutig zwischen den einzelnen Arten (Abb.).

Elektromyographie, Methode zur Aufzeichnung von Muskelaktionspotentialen. Aus den Aufzeichnungen, den *Elektromyogrammen* (*EMG*), lassen sich Schlußfolgerungen über eventuelle pathologische Funktionsstörungen im Muskelsystem und denjenigen Anteilen des Nervensystems ziehen, die die betreffende Muskelgruppe innervieren. Deshalb hat die E. für die medizinische Diagnostik große Bedeutung.

Elektronastie, *Galvanonastie,* durch Stromdurchgang ausgelöste Bewegung festgewachsener Pflanzenteile. Alle seismonastisch (→ Seismonastie) oder haptonastisch (→ Haptonastie) empfindlichen Objekte können auch durch Stromdurchgang gereizt werden. In der Forschung macht man hiervon oft Gebrauch, da elektrischer Strom besser als ein Erschütterungs- oder Berührungsreiz dosierbar ist.

Elektronenmikroskop (Tafel 18), Gerät zur Vergrößerung sehr kleiner Objekte mit Hilfe von Elektronenstrahlen. Der prinzipielle Aufbau gleicht dem eines Lichtmikroskopes. Als Elektronenquelle dient ein V-förmiger Wolframdraht, der auf ≈ 2000 °C erhitzt wird. Die dabei austretenden Elektronen werden auf dem Weg zur Anode durch ein Hochspannungsgefälle von 50 bis 100 KV beschleunigt und gelangen durch 2 Kondensorlinsen in die Präparatebene. Im Präparat wird durch Streuung der Elektronen an dessen Atomkernen der für die Abbildung notwendige Kontrast erzeugt. Der Bildkontrast steigt proportional zur Ordnungszahl. Da biologische Objekte aus Elementen niedriger Ordnungszahl bestehen, ist es notwendig, während der → Fixierung und → Kontrastierung der Präparate Elemente hoher Ordnungszahl in die Objekte einzuführen. Die Abbildung des Präparates erfolgt durch 3 bis 4 weitere Linsen auf einem Fluoreszenzschirm. Auf dem Schirm kann das Bild durch Veränderung des Objektivlinsenstromes scharfgestellt werden. An die Stabilität der Linsenströme werden hohe Anforderungen gestellt. Beim Hochklappen des Schirmes wird eine darunter liegende photographische Platte exponiert. Die Steuerung der Belichtungszeit übernimmt eine Automatik. Die Röhre des E. wird durch Rotations- und Diffusionspumpen auf ein Hochvakuum von 0,0013 Pa evakuiert. Objekt- und Fotoschleusen unterschiedlicher Bauart sorgen dafür, daß die Röhre beim Objekt- und Plattenwechsel nicht belüftet werden muß. Mikroskope, bei denen das Objekt mit Elektronen durchstrahlt wird, nennt man *Durchstrahlungs-* oder *Transmissionselektronenmikroskope*. Dunkelfeld-, Auflicht-, Reflexions- und Emissions-Abbildungen sind im E. ebenfalls möglich, ihre biologischen Anwendungsmöglichkeiten sind aber sehr beschränkt. Wird der Elektronenstrahl zwischen Anode und Katode mit wesentlich höheren Spannungen (bis 1000 KV) beschleunigt, spricht man von *Höchstspannungselektronenmikroskopen*. Der technische Aufwand für die Herstellung und Stabilisierung solch hoher Spannungen ist erheblich. Der Vorteil dieser Mikroskope ist die Möglichkeit der Durchstrahlung wesentlich dickerer Proben (bis 3 µm), was hauptsächlich für physikalische Festkörperuntersuchungen notwendig ist. In der Biologie ist die Anwendung auf Spezialfälle beschränkt.

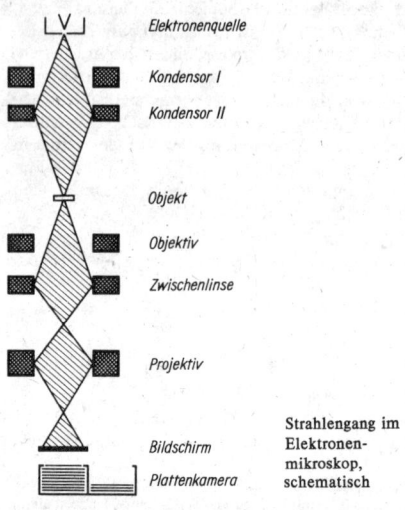

Strahlengang im Elektronenmikroskop, schematisch

Elektronenspin-Resonanz-Spektroskopie, svw. ESR-Spektroskopie.

Elektroortung, → Orientierung.

Elektrophorese, Bewegung von elektrisch geladenen Teilchen im elektrischen Feld. Der Quotient aus elektrophoretischer Geschwindigkeit und angelegter Feldstärke wird als *elektrophoretische Beweglichkeit* bezeichnet. Nach Smoluchowski ist die elektrophoretische Beweglichkeit umgekehrt proportional der Wurzel aus der Ionenstärke. Man kann aus der elektrophoretischen Beweglichkeit die Ladungsdichte der untersuchten Partikeln bestimmen. Die elektrophoretische Beweglichkeit wird stark durch die Anordnung der Ladungen auf der Partikeloberfläche beeinflußt. Man unterscheidet die freie und die trägergebundene E. Bei der *freien E.* befinden sich die Partikeln direkt in der Elektrolytlösung. Können sie mikroskopisch beobachtet werden, so wird die Methode auch als *Mikroelektrophorese* bezeichnet. Diese wird zur Charakterisierung der Makromoleküle der Zelloberfläche eingesetzt. Bei der *trägergebundenen E.* wandern die geladenen Teilchen auf Papier-, Zellulosepulver-, Stärkegel-, Agargel- und anderen Trägerschichten. Wichtige Methoden bei biochemischen Untersuchungen sind die Gel- und die Papierelektrophorese. Sie werden sowohl zur analytischen als auch zur präparativen Trennung von Makromolekülen benutzt.

Elektroretinographie, Methode zur Aufzeichnung von elektrischen Potentialschwankungen der Netzhaut bzw. des Augenbulbus. Das *Elektroretinogramm* (*ERG*) ist die vom Auge abgeleitete bioelektrische Gesamtaktivität der erregten Retina, die bei allen Wirbeltieren im Prinzip auf drei Komponenten zurückgeht. Als Rezeptorpotential wird die kompliziert zusammengesetzte *a-Welle* betrachtet, die Erregung der Bipolaren tritt in der *b-Welle* zusammen mit der Gleichspannungskomponente, die vermutlich Ausdruck der Aktivität der Horizontalzellen ist, in Erscheinung. Die *c-Welle* entsteht im Pigmentepithel, die *d-Welle* bei Abbruch der Lichtreizung. Die Rezeptorpotentiale von Stäbchen und Zapfen unterscheiden sich in ihrem Verlauf. Die E. ist in der Humanmedizin eine wichtige diagnostische Methode zur Ermittlung von Netzhauterkrankungen.

Elektrorezeption, Erzeugung einer primären elektrischen Antwort in elektrischen Sinneszellen auf äußere Potentialänderungen im Mikrovoltbereich. E. ist stets bei Fischen mit elektrischen Organen anzutreffen, aber auch bei einer großen Anzahl von Arten ohne elektrische Organe, z. B. bei Haien, Rochen, Stören, Lungenfischen, Welsen, auch bei Molchlarven. Haie können sich damit durch Induktion im Erdmagnetfeld orientieren. Fische mit elektrischen Organen haben ein System der räumlichen Elektroortung entwickelt, das nur in Wasser mit geringer Leitfähigkeit über größere Entfernungen wirksam ist.

Es existieren zwei Arten von Elektrorezeptoren. *Tuberöse Rezeptoren* reagieren mit einer Empfindlichkeit bis zu 1 µV auf hochfrequenten Wechselstrom. Sie dienen auch zur Elektrokommunikation. *Ampulläre Rezeptoren* reagieren dagegen optimal auf Gleichstrom und niederfrequenten Wechselstrom mit einer um ein bis zwei Zehnerpotenzen geringeren Empfindlichkeit. Elektrorezeptoren reagieren auf eigene Organentladungen, Fremdentladungen, Gleichstrompotentiale aquatischer Tiere, Muskelpotentiale und geophysikalische Phänomene, z. B. Gewitter und geomagnetische Veränderungen.

Die Erregung selbst erfolgt durch eine starke Erhöhung des Ca^{++}-Einstroms. Die ungewöhnliche Empfindlichkeit und der molekulare Mechanismus der Erregungsauslösung sind noch vollkommen ungeklärt.

Elektrotonus, Membranpotentialänderungen elektrisch reizbarer Systeme wie Nerven oder Muskeln unter Einwirkung unterschwelliger Reiz-(Polarisations-)ströme. Der E. wird durch physikalische und physiologische Erscheinungen charakterisiert. Als *physikalischer E.* werden die passivelektrischen Veränderungen bei polarisierter Reizung zusammengefaßt. Die abgreifbare Potentialdifferenz fällt bei elektrotonischer Ausbreitung mit der Entfernung vom Ursprungsort etwa potentiell ab. Im Bereich jener Polarisationsstromstärke, in der physikalische E. beobachtbar ist, verhält sich die Membran des erregbaren Systems in Näherung einem Ohmschen Widerstand. Änderungen des Membranpotentiales sind dann durch das Produkt Stromstärke mal Membranwiderstand gegeben. Der *physiologische E.* bezieht sich auf die durch den physikalischen E. ausgelöste → Erregung, wenn der Polarisationsstrom die Nähe der Schwelle erreicht. Wird eine Gleichspannung über zwei Elektroden an einen Nerven angelegt, dann nimmt unter der Katode die Erregbarkeit zu (*Katelektrotonus*), unter der Anode ab (*Anelektrotonus*). Katelektrotonus führt zu einer Depolarisation, Anelektrotonus bedingt Hyperpolarisation.

Elektrotropismus, *Galvanotropismus,* die Krümmung von Pflanzenorganen im elektrostatischen Feld oder bei quergerichtetem Gleichstromdurchgang durch die Pflanze. Dabei krümmen sich Sproßteile zur Anode, Wurzeln zur Katode. Möglicherweise sind manche elektrotrope Krümmungen Reaktionen auf elektrisch erzeugte Hydrolyseprodukte, also eigentlich eine Form des → Chemotropismus.

Elementarmembran, → Membran.
Elementarpartikeln, → Mitochondrien.
Elenantilope, *Taurotragus oryx,* eine große, bis 1,90 m hohe, gelbbraune Antilope mit Kehlwamme und ziemlich geraden, mit einem spiraligen Kiel versehenen Hörnern. Diese den Rindern sehr nahe stehende Antilopenart bewohnt die Savannen Ost- und Südafrikas.
Elfe, → Kolibris.
Elicitor, Substanz, die von (meist pathogenen) Organismen während der Infektion an den Wirt abgegeben wird, der daraufhin Abwehrstoffe (z. B. Phytoalexine) bildet oder in anderer Weise biochemische Stoffwechselwege verändert. Der E. besitzt damit eine Signalfunktion.

Elimination, von W. F. Reinig 1938 eingeführter Begriff für das durch Zufallswirkung bedingte Verlorengehen eines Allels in Populationen; im Gegensatz zur Ausmerzung eines Allels durch das Wirken der Selektion. Die E. spielt eine um so größere Rolle, je kleiner die Individuenzahl einer Population ist.

Eliminationshypothese, von W. Reinig 1938 begründete, aber inzwischen widerlegte Hypothese über das Entstehen von Rassenunterschieden bei Tieren der nördlichen Hemisphäre. Nach der E. sollen beim Ausbreiten der Arten nach dem Ende der Eiszeit von ihren Rückzugsgebieten her schrittweise immer mehr Erbanlagen verlorengegangen sein, wodurch infraspezifische Unterschiede zwischen alten und jüngeren Populationen in Farbe, Form und Körpergröße entstanden.

Reinig wertete allgemein die Elimination von Erbfaktoren beim Vergrößern eines Artareals als gesonderten Evolutionsfaktor. Derartige Vorgänge sind aber, wenn sie tatsächlich vorkommen, nur eine besondere Form der → genetischen Drift. Die Rassenunterschiede nach der Eiszeit entstanden auf andere Weise.

Eliminationskoeffizient, die Häufigkeit ausdrückender Wert, mit der bestimmte Genotypen vorzeitig sterben oder an der Fortpflanzung verhindert werden und damit genetisch eliminiert werden, wenn sie Träger spezifischer, sich ungünstig auswirkender Gene sind. Besitzt z. B. ein bestimmtes Gen einen durchschnittlichen E. von 5%, so bedeutet das, daß unter 20 Individuen, in deren Genotyp dieses Gen auftritt, eines zugrunde geht, ehe es das Gen an Nachkommen weitergeben konnte.

Eliminationsrate, → Mutations-Selektions-Gleichgewicht.
Elle, → Extremitäten.
Ellipura, hypothetische entwicklungsgeschichtliche Gruppe der Insekten, die Ordnung Beintaster und Springschwänze umfassend.
Eloxanthin, → Xanthophyll.
Elritze, *Phoxinus phoxinus,* zu den Karpfenfischen gehörender, bis 15 cm langer Weißfisch mit goldglänzendem Längsstrich an den Körperseiten. Männchen zur Laichzeit mit rotem Bauch. Die E. wird oft als Angelköder verwendet.
Elster, → Rabenvögel.
Elternzeugung, svw. Fortpflanzung.
Email → Zähne.
Embioptera, → Tarsenspinner.
Embryo, *Keim, Keimling,* 1) Botanik: der Keimling der Moose, Farne und Samenpflanzen, der nach der Befruchtung der Eizelle entweder sofort oder nach einer gewissen Ruhezeit gebildet wird. Bei Moosen und Farnpflanzen entsteht der E. innerhalb der Archegonien. Bei den Samenpflanzen bildet er sich in den Samenanlagen und ist Teil des Samens. Er besteht aus Keimachse, Keimwurzel und Keimblättern und entwickelt sich nach der Keimung der Samen zur → Keimpflanze. — → Befruchtung.

2) Zoologie: der sich aus der Eizelle entwickelnde Organismus, solange er sich noch in den Eihüllen, in der Eischale oder im mütterlichen Körper befindet.
Embryoblast, → Furchung, → Gastrulation.
Embryogenese, → Entwicklung, → Ontogenese.
Embryokultur, → Zellzüchtung.
Embryonalhüllen, svw. Embryonalhüllen.
Embryologie (Tafel 23), die Lehre von der Embryonalentwicklung. → Entwicklung, → Ontogenese.
Embryonalentwicklung, die Entwicklung eines Lebewe-

embryonales Wachstum

sens von der befruchteten Eizelle bis zum Verlassen der Eihüllen oder bis zur Geburt. → Ontogenese.
embryonales Wachstum, svw. Plasmawachstum.
Embryonalgewebe, svw. Bildungsgewebe.
Embryonalhüllen, *Fruchthüllen, Keimhüllen, Eihäute, Embryolemma,* vom Embryo aus Embryonalzellen selbst gebildete, hüllenartige Körperanhänge (→ Embryonalorgane), die am Embryoaufbau nicht beteiligt sind, mit seinen Zellschichten jedoch im Zusammenhang stehen und nach seiner vollendeten Entwicklung abgeworfen werden und entweder als geschrumpfte Reste in der Eischale zurückbleiben oder bei Säugetieren nach der Geburt gesondert abgestoßen werden. Sie treten bei niederen Wirbellosen nur vereinzelt auf und sind typisch für Insekten, Skorpione, Sauropsiden und Säugetiere.

Insekten und Skorpione bilden zwei E. aus, ein inneres → Amnion und eine äußere Serosa, die ihren Ausgang von der großzelligen Hüllanlage, einem Teil des Blastoderms (→ Gastrulation) nehmen und auf zweierlei Weise entstehen können:

1) bei Langkeimen (z. B. Lepidopteren, viele Dipteren, Koleopteren) durch Faltenbildung (Amnionfalten) des abgeplatteten Blastodermepithels am Keimstreifen und Überwachsen desselben, wobei die vordere und hintere Faltung am schnellsten verläuft;

2) bei Kurz- und Halblangkeimen (z. B. Hemipteren, Phthirapteren, manchen Orthopteren) durch Einstülpung oder Invagination, indem die Keimanlage in den Dotter einsinkt.

Stets gehen das Amnion in das Ektoderm des Keimstreifens und die Serosa in das Blastoderm über, das damit selbst zur Serosa wird, die den Dotter überzieht. Zwischen Amnion und Keim befindet sich die mit der Amnionflüssigkeit gefüllte *Amnionhöhle.* Beide Hüllen sind den gleichnamigen E. der Wirbeltiere als einzelschichtige Gebilde nicht homolog. Im einzelnen variieren die Verhältnisse in den Insektenordnungen.

Unter den Wirbeltieren werden die E. ausbildenden Sauropsiden und Säuger, die zugleich auch eine Allantois (→ Embryonalorgane) bilden, als Amniota (bzw. Allantoidica) zusammengefaßt und den Anamnia (bzw. Anallantoidica) gegenübergestellt.

Bei den Sauropsiden ist der Hüllenbildungsprozeß ein reiner Faltungsprozeß, der sich nach Abschluß der Gastrulation, Chorda- und Mesodermbildung und im Verlaufe der Neurulation aus dem Hautdottersack (→ Embryonalorgane) heraus vollzieht und ebenfalls zu zwei Hüllen, dem → Amnion (*Faltamnion*) und der → Serosa führt, die aus zwei Schichten, dem parietalen Mesoderm oder der *Somatopleura* und dem Ektoderm, bestehen und zwischen sich Reste der außerembryonalen Leibeshöhle oder des *Exozöloms* befinden. Die Auffaltung beginnt fast gleichzeitig am kranialen und kaudalen Ende des Embryos als *Proamnionfalte* oder *Kopfscheide* und als *Schwanzscheide;* beide heben sich als Ektodermfalten hoch und nehmen vorübergehend das Entoderm mit, das jedoch später durch die nachwachsende Somatopleura verdrängt und abgelöst wird; kurz darauf folgen die Seitenscheiden; sämtliche Falten wachsen aufeinander zu und verschmelzen miteinander in der längere Zeit noch erkennbaren *Amnionnaht* oder dem *Amnionnabel.* Der Faltungsprozeß wird als Folge des Einsinkens des Embryos in den Dottersack aufgefaßt, weil ein Abheben des Keimes infolge der Eischalen nicht möglich ist.

Die Embryonalhüllenbildung bei Säugetieren und beim Menschen vollzieht sich auf zwei Wegen. Bei der Bildung des Faltamnions stimmen die Vorgänge bei Kaninchen, Karnivoren, Ungulaten und Halbaffen mit denen der Sauropsiden weitgehend überein. Sie setzt nach der Bildung des Mesoderms, der Differenzierung desselben in Somite und mesodermale Seitenplatten (Somatopleura und Splanchnopleura) und mit Beginn der Neurulation ein. Ektoderm und Somatopleura erheben sich wiederum allseitig in Keimschildnähe und schließen sich über demselben zusammen. Das Serosaektoderm (auch als Chorionektoderm bezeichnet) geht in die Blastodermwand über. Indem sich nun die Somatopleura allseitig unter der Blastozystenwand weiter ausbreitet, bis sie unter dem Darmdottersack zusammenwächst, wird die Blastozystenwand zur Serosa oder zum Chorion. Insektivoren, Rodentier, Primaten und der Mensch dagegen entwickeln aus der Embryozyste heraus ein *Spaltamnion* (→ Gastrulation). Bei der Mehrzahl der Säuger (Mensch ausgenommen) wölbt sich sodann die Somatopleura allseitig auf, schiebt sich als Falte zwischen Amnion und Blastozystenwand ein; der innere Teil der mesodermalen Falte legt sich dem Amnionektoderm auf, der äußere der Blastozystenwand von innen an, die damit wiederum zur Serosa wird. Auch hier vollzieht sich die allseitige Ausbreitung der Somatopleura bis zur Verwachsung unter dem Darmdottersack.

Die Bildung des menschlichen Chorions ist weit komplizierter. Es geht aus zwei verschiedenen Keimbestandteilen hervor: aus dem inneren, als *Zytotrophoblast* bezeichneten Anteil des Trophoblasten und dem äußeren, randständigen, dem Zytotrophoblasten innen anliegenden, als *Chorionmesoblast* bezeichneten Rest des Morulamesoderms, der durch die Exozölbildung von dem inneren, dem Amnion- und dem Dottersack aufliegenden Amnion- und Dottersackmesoblasten getrennt wurde, während die zentrale Morulamesodermmasse als *Magma reticulare* sich auflöste und ihre Spalträume in das Exozölom aufgingen. Über die genaueren Vorgänge der Chorionbildung → Plazenta.

Bei den Kloakentieren und Beuteltieren ist die Serosa wie bei den Sauropsiden eine glatte Haut. Bei allen Plazentatieren dagegen kommt es auf ihrer Oberfläche zur Zottenbildung. In diesen Fällen werden die Serosa *Zottenhaut* oder *Chorion* und die Plazentatiere auch Choriaten genannt. Jedoch wird zwischen Serosa und Chorion oft kein

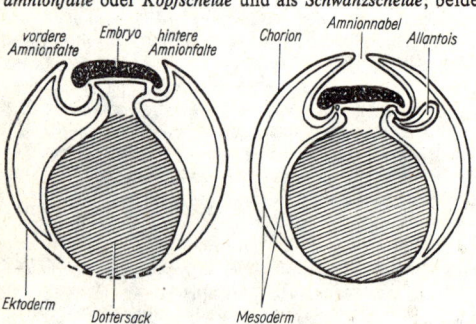

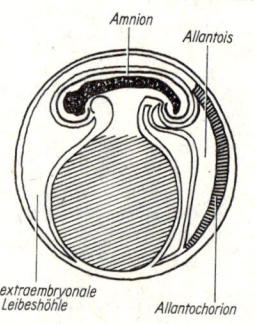

Schematische Darstellung der Entwicklung der Embryonalhüllen bei Sauropsiden

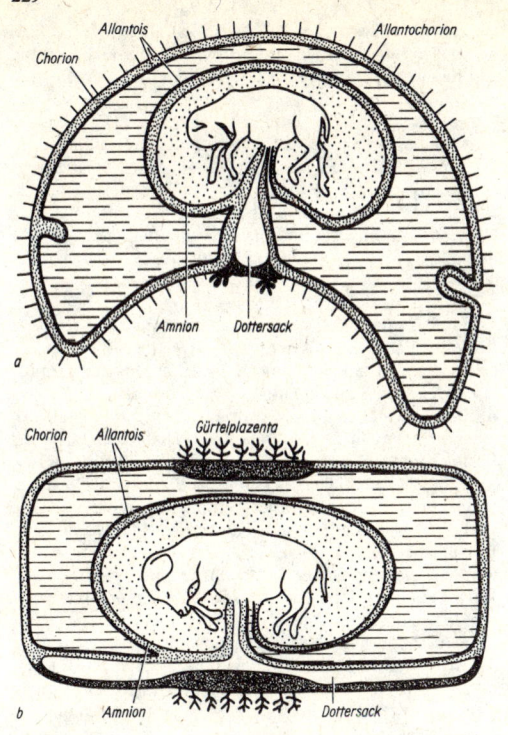

Schema der reifen Fruchtblase eines Pferdes (a) und eines Raubtieres (b) im Längsschnitt

Unterschied gemacht. Auch bei Säugern und beim Menschen können enge Verbindungen zwischen Amnion und Allantois festgestellt werden. So kommt es bei Rindern zur Bildung eines umfangreichen Amniochorions (*amniogenes Chorion*) bei Pferden und Raubtieren dagegen zu einem mächtigen Allantochorion (→ Embryonalorgane). Infolge der Allantois- und Dottersackreduktion legt sich das Amnionepithel der sich ständig vergrößernden Amnionhöhle des menschlichen Keimes fest an die Chorionplatte an. Die Amnionflüssigkeit ist hier schwach alkalisch und enthält 1 % gelöste Bestandteile (Eiweiß, Harnstoff, Traubenzukker).

Embryonalknoten, → Gastrulation.
Embryonalorgane, *Keimorgane,* vergängliche Organbildungen, die nur im embryonalen Leben mancher Tiere eine funktionelle Bedeutung haben und entweder vor dem Schlüpfen aus den Eihüllen oder vor der Geburt bereits wieder abgebaut oder nach dem Entwicklungsabschluß als solche zurückgelassen werden. Die bekanntesten E. sind der → Dottersack und die → Allantois sowie die → Embryonalhüllen.
Embryonaltypen, Formen fossiler Organismen, die, mit ihren lebenden Verwandten verglichen, im Erwachsenenstadium embryonale oder jugendliche Merkmale haben.
Embryopathie, pathologisch verlaufende Embryonalentwicklung. Der Begriff E. wird zumeist dann verwendet, wenn Umwelteinflüsse als Störfaktoren vorliegen.
Embryosack, → Blüte, Abschnitt, Fruchtblätter und Samenanlagen.
Embryotrophe, → Gastrulation.
Embryozyste, → Gastrulation.
Emergenzen, mehrzellige Auswüchse aus pflanzlichen Epidermen, an deren Bildung im Gegensatz zu den Pflanzenhaaren auch subepidermale Gewebeschichten beteiligt sind. Typische E. sind z. B. die Stacheln der Rosen oder die Tentakeln auf den Blättern des Sonnentaus.
EMG, Abk. für *E*lektro*m*yo*g*ramm, → Elektromyographie.
Emittend, svw. Expedient.
Emmer, → Süßgräser.
emotionaler Status, vegetativ-somatisches Erregungsmuster im Dienst des inneren Fließgleichgewichtes mit der Funktion der Bewertung oder Gewichtung bestimmter Zustandsformen des Organismus. Die ursprünglichsten Einstellungsformen sind »positiv« (→ affiner Status) und »negativ« (→ diffuser Status), die im Verlauf der Evolution eine Abstufung erfahren haben und mit bestimmten Umgebungsereignissen bzw. Verhaltensbereitschaften verknüpft sind. Im einzelnen gibt es hierzu unterschiedliche Auffassungen; das hängt auch damit zusammen, daß die physiologischen Grundlagen erst teilweise bekannt sind.
Empfängerzelle, → Rezeptorzelle, → Konjugation.
Empfängnishügel, → Befruchtung.
Empfindung, 1) ein früher gelegentlich verwendeter Begriff für die Reizaufnahme bei Pflanzen. Pflanzliche E. sind nur als physiologische Prozesse zu verstehen, nicht im Sinne einer subjektiven, psychischen E.
2) in der Physiologie Reaktionen in Sinnessystemen, die durch bestimmte Reize ausgelöst werden und zu diesen in einem Abbildungsverhältnis stehen. Die Physiologie befaßt sich nicht mit E. als bewußten Erfahrungen. In der Psychophysik werden Beziehungen zwischen wahrgenommenen E. und Reizparametern festgestellt (→ Webersches Gesetz). Weiterhin erarbeitete man *Empfindungsskalen,* indem die Beziehung zwischen der selbstbeurteilten Intensität der E. und der Reizintensität als physikalischer Größe ermittelt wird. Grundlage ist eine von S. S. Stevens aufgestellte Potenzfunktion: $\Psi = K(\Phi - \Phi_\Theta)^n$. Dabei ist Ψ (psi) die Intensität der Empfindung, Φ (phi) die Reizintensität, Θ (theta) die Größe des Schwellenreizes, der Exponent n eine für natürliche Reizarten charakteristische Größe, z. B. 0,33 bei Lichtreizen. → Perzeption.
empirische Erbprognose, → Erbprognose.
Empodium, unpaare Verlängerung des Krallengliedes (Praetarsus) am Insektenbein; bei Springschwänzen der ganze Krallenabschnitt, meist mit einem der Kralle gegenübergestellten Anhang (Empodialanhang).
Emscherbrunnen, Einrichtung zur Abwasseraufbereitung, ähnlich dem → Dortmundbrunnen. Im E. verbleibt der Schlamm in einem tiefer gelegenen Faulraum für 2 bis 3 Monate zum Ausfaulen.
Emulsin, ein in süßen Mandeln vorkommendes Glykosidasengemisch, dessen Hauptbestandteil die β-D-Glukosidase ist. E. spaltet das Glukosid Amygdalin und andere natürliche und synthetische β-Glukoside.
Emulsion, → kolloide Lösungen.
Emus, → Kasuarvögel.
Enation, flügelartige oder leistenförmige Wucherungen auf der Oberfläche von Pflanzenorganen (Stengel, Blatt, Frucht, u. a.), meist physiologisch oder durch Virusbefall bedingt.
Enchyträen, *Enchytraeidae,* kleine, selten über 3 cm lange Wenigborster, die vor allem in feuchter Erde leben. Bei Massenauftreten können sie Kulturpflanzen, auch in Blumentöpfen, durch Besaugen der Haarwurzeln schädigen. Einige Arten dienen als Futter für Aquarienfische.
Encrinus [griech. enkrinon 'geschlossene Lilie'], eine langgestielte Gattung der Seelilien mit niedrigem, schüsselförmigen Kelch. Die dizyklische Kelchbasis setzt sich aus 5 Basalplättchen und 5 Interbasalplättchen zusammen, von denen letztere unter dem obersten Stielglied verborgen

Endbindungen

sind. Die einzeiligen, später zweizeiligen Arme sind mit langen Anhängen versehen. Der Stiel ist rund und setzt sich aus vielen einzelnen Gliedern (→ Trochiten) zusammen.

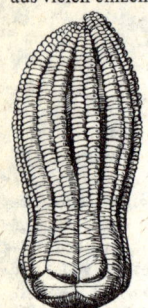

Encrinus liliiformis aus dem Oberen Muschelkalk; Vergr. 0,8:1

Verbreitung: Trias, eine Leitform ist *E. liliiformis* aus dem Oberen Muschelkalk. Stielglieder dieser Art bildeten im Oberen Muschelkalk mächtige Gesteinsbänke, den Trochitenkalk.

Endbindungen, endständig lokalisierte Chiasmata in den Paarungsverbänden der ersten meiotischen Teilung (→ Meiose), die den Zusammenhalt der beteiligten Chromosomen bis zu Beginn der Anaphase I gewährleisten.

Enddarm, → Verdauungssystem.

Endemie, regelmäßiges Auftreten einer Infektionskrankheit in einem begrenzten Gebiet ohne wesentliche Häufung der Krankheitsfälle.

Endemismus, Beschränkung des Areals einer Sippe auf ein bestimmtes Gebiet. In der Tiergeographie werden – anders als in der Pflanzengeographie – auch solche Sippen als *endemisch* oder *Endemiten* bezeichnet, die ein weites, z. B. eine ganze Region umfassendes Areal besitzen. Handelt es sich beim E. um Sippen, die sich noch nicht weiter ausbreiten konnten, spricht man von *progressivem E.* oder *Neoendemismus,* bei Arten, die ehemals weiter verbreitet waren, von *konservativem E.* oder *Reliktendemismus.* Gelegentlich wird auch die → Endemitenrate als E. bezeichnet.

Endemitenrate, der Anteil endemischer Sippen an der Fauna oder Flora bzw. einem Taxon (Familie, Ordnung u. a.) des betreffenden Gebietes. Die E. ist ein wichtiger Indikator für Dauer und Vollkommenheit der Isolierung in der Vergangenheit und für das Alter von Fauna und Flora. → Endemismus.

Endhandlung, *consummatory action (reaction), beendendes Verhalten,* letzte aktive Phase eines motivierten Verhaltens, im Kontakt mit dem Verhaltensobjekt (Zielobjekt des Verhaltens) vollzogen. Beim stoffwechselbedingten Verhalten wäre die Aufnahme der Nahrung oder von Flüssigkeit das beendende Verhalten, beim Sexualverhalten stellt die Kopulation diese Phase dar. Im Normalfall ist sie der Abschluß der Umsetzung einer Verhaltensbereitschaft und wirkt mit der Ausführung hemmend auf diese. Nach einer mehr oder weniger langen Refraktärperiode kann ein neuer Zyklus mit dem → Appetenzverhalten beginnen.

Endite, → Spaltbein.

Endivie, → Korbblütler.

Endknöpfchen, knöpfchenartige Auftreibungen der präsynaptischen Nervenendigungen, d. h. der Terminalen von Axonen bzw. Axonkollateralen. Die Bezeichnung E. im engeren Sinne bezieht sich auf die Held-Auerbachschen E., d. h. die Terminalen auf den → Motoneuronen, die einen Durchmesser bis etwa 1 μm erreichen können. → Synapse.

Endo-Agar, ein von dem japanischen Bakteriologen S. Endo entwickelter Selektivnährboden, der zum Nachweis von Kolibakterien z. B. im Trinkwasser dient. Er enthält unter anderem Laktose und fuchsinschweflige Säure. Der durch die Bakterien aus Laktose gebildete Aldehyd setzt das Fuchsin frei, wodurch sich die Bakterienkolonien tiefrot anfärben.

Endobiose, Form des Zusammenlebens von Organismen, wobei der eine Organismus innerhalb des anderen existiert (z. B. Zellulose zersetzende Ziliaten im Pansen der Rinder). → Endoparasiten, → Symbiose.

Endoceras [griech. *endon* 'innerhalb', *keras* 'Horn'], eine Nautilidengattung mit einem langgestreckten, geraden Gehäuse bis zu 2 m Länge. Der Gehäusequerschnitt ist rund bis elliptisch. Der dicke Sipho ist randlich gelegen.
Verbreitung: Ordovizium bei Silur.

Endochromosomen, → Riesenchromosomen.

Endodermis, → Abschlußgewebe, → Wurzel.

endogen, von innen kommend, innerlich, im Körperinneren; gelegentlich mit → autonom gleichgesetzt.

endogene elektrische Ströme, Ionenströme, die bei einer wachsenden Zelle durch ein stationäres elektrisches Feld verursacht werden. E. e. S. wurden bei allen bisher untersuchten pflanzlichen und tierischen Zellen bei lokalen Wachstumsprozessen, die der räumlichen Differenzierung vorausgehen, gefunden. Bei Braunalgenzygoten wächst das Rhizoid stets an der Stelle aus, an der ein stabiler Strom in die Zelle einfließt (Abb.). Die Stromstärke beträgt etwa 100 pA je Zelle. Der e. e. S. hat seine Ursache in einer aktiven Transportleistung der Zelle, die lateral inhomogen ist. Eine besonders wichtige Komponente scheinen Ca^{++}-Flüsse zu sein. Auch der Befruchtungsvorgang scheint unmittelbar nach Eindringen eines Spermiums von einem sich ausbreitenden starken e. e. S. begleitet zu sein, der ebenfalls hauptsächlich durch Ca^{++}-Flüsse erfolgt. Unterdrückung der e. e. S. führt zu Wachstumshemmung; Wachstum ohne begleitende e. e. S. wurde bisher noch nicht beobachtet. Die Steuerfunktion der e. e. S. könnte möglicherweise in einer lateralen Elektrophoresewirkung auf Membranproteine bestehen. Auch der Effekt lokaler Ionenkonzentrationsänderungen wird diskutiert.

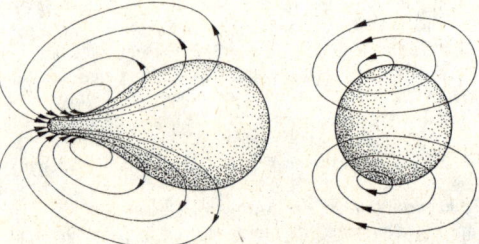

Braunalgenzygoten vor und nach der Bildung einer Rhizoidanlage. Die Pfeile geben den endogenen elektrischen Strom an

endogener Ersatz, → Abnutzungsquote.

endogene Rhythmik, → Periodizität.

endogene Tagesrhythmik, svw. physiologische Uhr.

Endogenote, jener Teil des Bakterienchromosoms, der dem im Verlauf einer Transduktion oder Konjugation (→ F-Plasmid) in die Zelle gelangenden genetischen Fragment, der *Exogenote,* homolog ist. → Merozygote.

Endokard, → Herzklappen.

Endokarp, → Frucht.

Endokranium, → Schädel.

Endokutikula, → Kutikula.

Endolymphe, → Gehörorgan.

Endometrium, → Plazenta, → Uterus.

Endomitose, ein- oder mehrmalige Verdoppelung der Chromosomenzahl (Replikation) bei Eukaryoten innerhalb der sich nicht auflösenden Kernhülle. E. führt daher zur somatischen Polyploidisierung (*Endopolyploidie*). Die Ausbildung eines Spindelapparates unterbleibt bei der E.

Endomixis, bei *Paramecium caudatum* vorkommende Art automiktischer Befruchtung, bei der zwei Mikronuklei derselben Zelle nach vorausgegangener Meiose untereinander kopulieren.

endomorph, → Konstitutionstypus.

Endon, → Gehirn, → Nervensystem.

endonome Ruhe, → Ruheperioden.

Endoparasiten, Schmarotzer, die im Inneren ihres Wirtes leben. Sie dringen entweder aktiv ein (einige Saugwürmer und Rundwürmer), werden mit Nahrung aufgenommen (Bandwürmer) oder durch andere Organismen übertragen (Malariaerreger). Für E. stellt der Wirt allein die Umwelt dar. Man unterscheidet Organparasiten, Gewebeparasiten und → Blutparasiten. → Parasiten, → Ernährungsweisen.

Endopeptidasen, → Proteasen.

Endoplasma, das innere, kern- und nahrungsvakuolenhaltige Zytoplasma bei Einzellern.

endoplasmatisches Retikulum, Abk. *ER*, in fast allen Eukaryotenzellen ausgebildetes System membranbegrenzter flacher Hohlräume (Zisternen) und Kanälchen (Tubuli), die oft untereinander netzartig verbunden sind und weite Teile des Zytoplasmas durchziehen. Die Ausbildung des e. R. ist abhängig vom Differenzierungsgrad, vom Zelltyp und vom physiologischen Zustand der Zellen. Die Membranen des e. R. trennen das Zytoplasma von den nichtplasmatischen Binnenräumen des Systems des e. R. (Tafeln 20, 21).

Hinsichtlich Struktur und Funktion sind zu unterscheiden: Das *granuläre (rauhe) e. R.*, dessen Membranen außen mit → Ribosomen bzw. Polysomen besetzt sind, ist Bildungsort der Proteine; das *agranuläre (glatte) e. R.* weist keinen Ribosomenbesatz auf und hat ganz unterschiedliche Funktionen. Beide Ausbildungsformen des e. R. sind miteinander verbunden (Abb.) und können sich ineinander umwandeln.

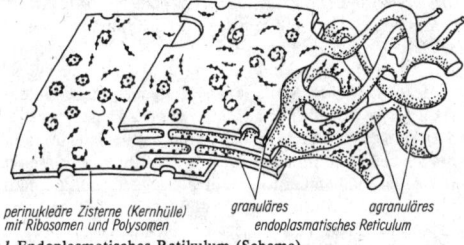

1 Endoplasmatisches Retikulum (Schema)
perinukleäre Zisterne (Kernhülle) mit Ribosomen und Polysomen — granuläres endoplasmatisches Retikulum — agranuläres

Die Kernhülle (→ Zellkern) stellt eine perinukleäre Zisterne des e. R. dar. Ihre äußere Membran ist stellenweise mit den übrigen Membranen des e. R. verbunden und weist häufig Ribosomenbesatz auf. Die Membranen des e. R. und der Kernhülle sind die einzigen Membranen, die Ribosomen bzw. Polysomen, die Organellen der Proteinbiosynthese, anlagern können. Die Ribosomen liegen mit ihrer größeren Untereinheit der dem Zytoplasma zugewandten Seite der Membran des e. R. an. An membrangebundenen Polysomen gebildete Proteine werden in der Regel von der Zelle als Sekretprodukt abgegeben. Die Polypeptide werden schon während ihres Kettenwachstums durch Kanäle in der Membran des e. R. in die Zisternen des e. R. geschleust (→ Ribosomen). Dort können sich die Proteine bei hoher Syntheseaktivität anhäufen, die Zisternen erweitern sich und lassen gelegentlich elektronendichte Proteingranula erkennen (z. B. in Zellen des exokrinen Pankreas). Auch die Membranproteine werden im granulären e. R. gebildet, und zwar die Proteine der Plasmamembran und der intrazellulären Membranen, jedoch nicht der inneren Membranen der → Mitochondrien und → Plastiden. Im Binnenraum des granulären e. R. erfolgt der *Transport der Proteine*. Sie gelangen gewöhnlich über kleine Vesikel, seltener direkt über schmale röhrenförmige Anteile des agranulären e. R. zum Golgi-Apparat (Abb.).

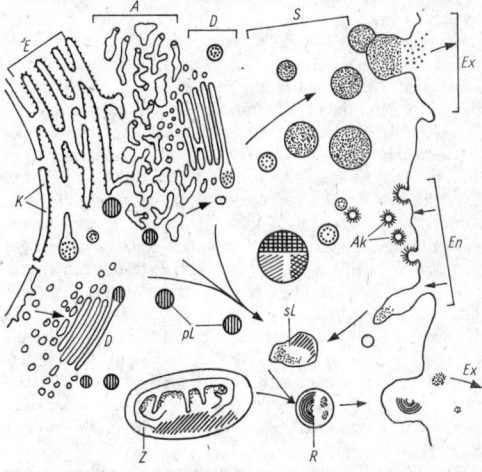

2 Zytomembranen im intrazellulären Transport (nach Sitte). *A* agranuläres endoplasmatisches Retikulum, *Ak* Akanthosomen, *D* Dictyosom des Golgi-Apparates, *E* Ergastoplasma (granuläres endoplasmatisches Retikulum), *En* Endozytose, *Ex* Exozytose, *K* Kernhülle, *pL* primäre Lysosomen, *sL* sekundäre Lysosomen, *R* Residualkörper, *S* Sekretgranula, *Z* Zytolysosom

Mit der Produktion von Glykoproteinen entstehen auch die Enzyme für die *Saccharidsynthese* im granulären e. R. Diese Enzyme werden auf den gleichen Wegen zum Golgi-Apparat transportiert, der unter anderem Ort der Oligo- und Polysaccharidsynthese und der Umwandlung von Proteinen in Glykoproteine ist.

Proteine für den Aufbau von → Lysosomen und → Peroxysomen werden ebenfalls im granulären e. R. gebildet. Von Zisternen des e. R. oder Golgi-Zisternen werden die Lysosomen abgeschnürt. In Zellen mit einer hohen Proteinsyntheseaktivität (z. B. Plasmazellen, → Neuron, Proteindrüsenzellen) ist das granuläre e. R. besonders stark entwickelt und bereits lichtmikroskopisch als basophiler Zytoplasmabereich erkennbar. Bei Neuronen ist es schollig angeordnet (Nissl-Substanz, Nissl-Schollen). In den Proteindrüsenzellen (z. B. exokrines Pankreas) sind die Zisternen des granulären e. R. dichtgepackt und größtenteils parallel angeordnet. Solche Bereiche wurden aufgrund ihrer hohen Syntheseleistung als *Ergastoplasma* bezeichnet. Aus Versuchen mit ^{3}H-Leuzin ist bekannt, daß die im granulären e. R. gebildeten Antikörpermoleküle in das granuläre e. R. gelangen und von dort nach etwa 90 Minuten aus der Zelle freigesetzt werden.

Das agranuläre e. R. ist meist in Form von schlauchförmigen, oft miteinander vernetzten Elementen (Tubuli) ausgebildet. Oft ist es direkt mit dem Golgi-Apparat verbunden. Das agranuläre e. R. entwickelt sich aus dem granulären. Während der Embryonalentwicklung bildet sich in den Zellen erst granuläres e. R., später auch agranuläres. Im agranulären e. R. erfolgen besonders *Lipid-* und *Steroidsynthesen*. In Zellen, die Steroide produzieren, ist daher das agranuläre e. R. besonders stark entwickelt, z. B. in den Zwischenzellen des Hodens. Die Leberzellen weisen entsprechend ihren Funktionen sowohl gut ausgebildetes granuläres als auch agranuläres e. R. auf. Im agranulären An-

Endopodit

teil werden unter anderem Lipide für die Lipoproteine des Blutplasmas gebildet, Glykogen wird abgebaut und aus dem Glukose-6-Phosphat der Phosphatrest abgespalten. Außerdem hat das agranuläre e. R. in der Leberzelle *Entgiftungsfunktionen*: Bestimmte Medikamente und z. T. auch körpereigene Hormone werden chemisch so verändert, daß sie abgebaut bzw. ausgeschieden werden können. Bei stärkerer Belastung mit Pharmaka nimmt das agranuläre e. R. mengenmäßig zu, das granuläre dagegen ab.

Die Zentralvakuole der Pflanzenzelle bildet sich durch lokale Aufblähung des agranulären e. R. und Abschnürung von Vakuolen, die zur Zentralvakuole verschmelzen.

Das agranuläre e. R. der quergestreiften Muskelfaser, das als *sarkoplasmatisches Retikulum (SR)* bezeichnet wird, umgibt in regelmäßiger Anordnung die Myofibrillen. Es hat Kontakt mit der Plasmamembran (*Sarkolemm*), die sich röhrenförmig einstülpt (T-System). In das sarkoplasmatische Retikulum wird Ca^{++} durch eine Kalziumpumpe gepumpt und darin gespeichert. Auf eine Erregung hin erfolgt Freisetzung von Ca^{++} ins Innere der Muskelfaser, so daß sich die Konzentration von Ca^{++}, die in Ruhe $10^{-8}\ mol \cdot l^{-1}$ beträgt, kurzfristig auf $10^{-5}\ mol \cdot l^{-1}$ erhöht. Diese Konzentrationserhöhung stellt das Signal für den Beginn einer Muskelkontraktion dar, indem sie auf das Troponin-Tropomyosin-System wirkt und damit eine Querbrückenbildung zwischen →Aktin und Myosin erfolgen kann.

Die bei der Zellhomogenisation unter anderem anfallende *Mikrosomenfraktion* besteht vorwiegend aus Bruchstücken von Membranen des e. R., die sich zu kleinen Vesikeln geschlossen haben. Außerdem enthält sie andere Membranfragmente.

Endopodit, → Spaltbein.
Endopolyploidie, → Endomitose.
Endorhythmen, → Biorhythmen.
Endorphine, Peptide, die die Schmerzrezeptoren des Zentralnervensystems in ähnlicher Weise wie das Analgetikum Morphin blockieren. Wegen ihrer morphinähnlichen Wirkung werden sie auch als opiatähnliche Peptide (endogene Opiate) bezeichnet. E. kommen im Gehirn, im Darm von Säugetieren und in anderen Teilen vor. Sie werden rasch abgebaut, erzeugen aber eine echte Sucht. Zu den E. gehören die *Enkephaline*, die Pentapeptide darstellen. Es wird angenommen, daß E. eine nur über eine Zellmembran hinweg reichende Wirkung besitzen. Solche Stoffe, die nicht über den Säftestrom auf größere Entfernungen wirken wie →Hormone, werden als *Kybernine* bezeichnet.
Endosmose, → Osmose.
Endosomen, → Endozytose.
Endosperm, → Befruchtung, → Samen.
Endospermkern, → Befruchtung, → Samen.
Endospor, *Endosporium*, die innere, meist zarte Schicht der Sporenzellwand, → Exospor.
Endosporen, → Sporen.
Endostyl, *Hypobranchialrinne*, eine am Boden des Kiemendarms von Manteltieren, Lanzettfischchen und Querdern, den Larven der Neunaugen, gelegene drüsige *Flimmerrinne*, die Schleim sezerniert und eingeschwemmte und eingeschleimte Nahrungspartikel in Richtung des verdauenden Darmes transportiert (→Kiemendarm). Das E. wird bei Neunaugen während der Metamorphose abgeschnürt und bildet bei diesen sowie bei allen höheren Wirbeltieren die Schilddrüse.
Endothel, die von einem einschichtigen Plattenepithel gebildete innere Auskleidung der Blut- und Lymphgefäße. Alle Kapillaren sind mit einem E. ausgekleidet, das in der Regel einer sehr feinen elastischen Basalmembran aufsitzt, welche die Bedeutung eines selektiv permeablen Ultrafilters hat. Elektronenmikroskopisch lassen sich gefensterte und nichtgefensterte E. bzw. Kapillaren unterscheiden.

Gefensterte Kapillaren besitzen ein stark abgeflachtes E. mit rundlichen Poren, die jedoch von einer Membran überzogen werden. Bei diesem Typ, der in der Niere, Dünndarmschleimhaut und in endokrinen Drüsen vorkommt, wird der Durchtritt wasserlöslicher Stoffe erleichtert.

Nichtgefensterte sind weit verbreitet, besonders in der Muskulatur und in der Lunge. Sie haben eine ununterbrochene Endothelauskleidung. Dünne E. mit interzellulären Lücken besitzen die Lebersinusoide. Endothelzellen enthalten wenige Mitochondrien, gering entwickeltes granuläres endoplasmatisches Retikulum, einige Zytofilamente und Mikrotubuli. Reichlich ausgebildet sind dagegen Mikropinozytosevesikel. Fusionierte Vesikel können *transendotheliale Kanäle* bilden, die den Durchtritt kleinerer Makromoleküle ermöglichen. Histaminwirkung führt zur Erweiterung und damit zu einer erhöhten Durchlässigkeit der E.

Endothezium, → Blüte.
Endotoxine, → Bakteriengifte.
Endozytose, Aufnahme von makromolekularen Stoffen und größeren Partikeln, Bakterien u. a. in die Zelle. Feste größerer Partikeln (z. B. Zelltrümmer, Bakterien, Viren) können nur von bestimmten Zellen (z. B. Monozyten) aufgenommen werden. Bei diesem durch E. Metschnikoff aufgeklärten *Phagozytose*vorgang werden die Partikeln von Zytoplasmafortsätzen des chemotaktisch angelockten oder immunologisch stimulierten Phagozyten (→ Makrophagen) umschlossen und dann im Inneren der Zelle in einer Vakuole (*Phagosom*) abgelagert. Die Vakuolenmembran stammt von der Plasmamembran. Durch Verschmelzung mit einem primären → Lysosom gelangen abbauende Enzyme (saure Hydrolasen) in die nun als *Phagolysom* (sekundäres Lysosom) zu bezeichnende Vakuole. Unverdauliche Reste werden auf dem umgekehrten Weg durch → Exozytose ausgeschieden. Bei der prinzipiell ähnlich ablaufenden *Pinozytose* wird Flüssigkeit mit darin gelösten Substanzen aufgenommen, und die entstehenden Pinozytosevesikel sind kleiner als Phagosomen.

Zur *Mikropinozytose* sind im Gegensatz zur Phagozytose fast alle Zellen fähig. Sie ist wegen der geringen Größe der Vesikel (etwa 0,04 µm) nur elektronenoptisch nachweisbar und beginnt vermutlich mit der Bindung gelöster Makromoleküle an Membranrezeptoren. Am Bindungsort senkt sich die Plasmamembran ein, ein Flüssigkeit enthaltendes Bläschen (Vesikel) wird abgeschnürt und ins Zytoplasma transportiert. Diese Vesikel geben ihren Inhalt entweder in Zisternen des endoplasmatischen Retikulums nach Verschmelzung mit dessen Membranen ab, oder die Vesikel werden in Bläschenkörper (→ multivesikuläre Körper) aufgenommen. Sie können den Inhalt wahrscheinlich auch nach Auflösung der Vesikelmembran ins Zytoplasma abgeben. Bei Endothelzellen und einigen anderen Zellen sollen die Mikrovesikel nur durch das Zytoplasma transportiert und die darin enthaltene Flüssigkeit soll auf der gegenüberliegenden Seite durch Exozytose wieder freigesetzt werden (*Zytopempsis, Transzytose*). Phagosomen, Pinozytose- und Mikropinozytosevesikel unterscheiden sich im wesentlichen nur durch ihre Größe, sie werden auch als *Endosomen* (Durchmesser 0,04 bis 5 µm) zusammengefaßt. *Akanthosomen* (coated vesicles) unterscheiden sich von den Endosomen durch ihre auffällige Oberflächenstruktur. Sie spielen jedoch bei Endozytoseprozessen und auch beim intrazellulären Transport eine ganz wesentliche Rolle. Diese kleinen Vesikel (Durchmesser 0,06 bis 0,1 µm) weisen an ihrer Oberfläche einen wabenartig strukturierten Proteinmantel (coat) auf, der besonders aus dem Strukturprotein Clathrin

(Molekülmasse 180000) besteht. Die Clathrinstrukturen sollen beim Endozytoseprozeß die Invagination der Plasmamembran erzwingen, indem sie sich an der Innenseite der Plasmamembran festsetzen und dann seitlich auseinanderrücken. Anschließend löst sich das so gebildete Akanthosom ab und wandert ins Zellinnere, z. B. zu einem primären Lysosom. Auch an Golgi- und ER-Membranen bilden sich häufig Akanthosomen.

Der Transport aller Endosomen und der Akanthosomen erfolgt durch die Aktivität *kontraktiler Mikrofilamente*. Meist sind auch → Mikrotubuli dabei beteiligt. Durch Kolchizin (löst Mikrotubuli auf) und durch Cytochalasin B (blockiert kontraktile Mikrofilamente) kann daher der Transport unterbunden werden. Durch E. aufgenommene Stoffe können auch in der Zelle gespeichert werden, z. B. Dottermaterial.

Endplattenpotential, exzitatorisches postsynaptisches Potential in Muskeln, durch Azetylcholin-Rezeptorkontakt ausgelöst. Haben ausreichend Azetylcholinmoleküle Kontakt mit dem Rezeptor, kann das E. ein → Aktionspotential auslösen, das über die Muskelfaser fortgeleitet wird und eine Kontraktion der Muskelfasern bewirkt. Durch Substanzen, die den Azetylcholinrezeptor hemmen, z. B. Kurare, wird die Depolarisation der Membran verhindert, der Muskel entspannt (Muskelrelaxation).

Endwirt, bei Vorliegen eines → Wirtswechsels derjenige Wirt, in dem der Schmarotzer seine Geschlechtsreife erreicht.

Energiefalle, → Photosynthese.

Energiefluß, die an den Stoffstrom gekoppelte Umwandlung, Speicherung und Verteilung von Energie in einem Ökosystem. Wichtigste Energiequelle für alle Ökosysteme auf der Erde ist die Sonne. Ein geringer (0,5 bis 1,5%) Betrag der auf die Erdoberfläche auftreffenden Sonnenenergie wird von den grünen Pflanzen (*autotrophe Produzenten*) aus dem Strahlungsstrom ausgekoppelt und in Form von chemischer Bindungsenergie in das Ökosystem überführt. Zum Fließen kann diese Energiemenge nur innerhalb eines Entropie- oder Temperaturgradienten gebracht werden. Dies gelingt im Ökosystem mit Hilfe des Entropiegradienten innerhalb der → Nahrungskette. Mit jeder Energieumwandlung ist aber die Produktion von Abwärme verbunden, die dem System verlorengeht. So wird im Ökosystem die hochwertige (mit geringer spezifischer Entropie versehene) Ausgangsenergie mit höherer spezifischer Entropie beladen und dadurch degradiert. Die Organismen sind aber in der Lage, an Stellen steilen Gefälles des Entropiegradienten Teile der Energie aus dem Strom auszukoppeln, als hochwertige freie Energie zu speichern und damit die »Entropie-Pumpe« zu betreiben.

Nach Mende (1979) muß ein System einen bestimmten Teil dieser im Inneren des Systems gewonnenen freien Energie dazu benutzen, um die folgenden Regime energetisch zu unterstützen: 1) Energieanstrom (Energie zur Steuerung des Anstroms, Ressourcenerschließung u. a.). 2) Innere Organisation (Energie zur Erhaltung innerer Prozesse, Wachstum, Lebensfunktionen). 3) Energieabstrom (Energie zum Abpumpen von Abprodukten und zur Reproduktion der Umwelt, Stützung des Umstroms). 4) Energieexport (Energie, die zur Erhaltung übergeordneter Systeme exportiert wird; meist hochwertige Energie).

Hinsichtlich der Verteilung auf die einzelnen Regime existiert eine optimale Flußrate der Energie. Mit jedem Transport in die nächsthöhere Trophieebene wird die Energie aufgewertet, aber die transportierte Energiemenge wird immer geringer. Die Effektivität der Energieüberführung von einem niederen zum höheren Niveau der Nahrungskette nimmt ebenfalls zu, so daß immer weitere höhere, also effektivere Trophieebenen möglich werden (hieraus erklärt sich auch die große Mannigfaltigkeit der Konsumentenarten).

Disproportionen in der Energieverteilung auf die einzelnen Regime führen häufig zu einer Überforderung der Leistung des Umstroms und damit z. B. zu einem Stau von Abprodukten im Abstrom. Dieser Stau kann nur beseitigt werden, indem regelnd eingegriffen wird, also immer weitere Teile des Umstroms dem System eingegliedert werden. Diese Expansion des Systems forciert die Möglichkeit zur Selbstinduktion, also die Rückwirkung der Störung auf das System selbst, dem nur noch durch Evolution zu begegnen ist.

Energieleitung, Weitergabe der Energie eines angeregten Moleküls in einem System mit Festkörperstruktur. Der Prozeß der E. ist ein wesentlicher Bestandteil der Photosynthese. In einer sehr schnellen Reaktion von etwa 10^{-15} s wird ein Lichtquant absorbiert. Diese Energie wird durch das Molekülgitter der Antennenpigmente zum nachfolgenden Reaktionszentrum weitergeleitet. Dabei sind prinzipiell zwei Mechanismen der E. zu unterscheiden. Im einfachsten Fall kann ein Elektron im Leitungsband durch elektrische Leitung die E. bewirken. Dieser Mechanismus ist durch das Vorhandensein einer Photoleitfähigkeit ausgezeichnet. Allerdings ist der Mechanismus der direkten elektrischen Leitung sehr unwahrscheinlich, da die hohe Quantenausbeute der Photosynthese nur durch eine praktisch widerstandslose Leitung des Elektrons erklärbar ist. Deshalb wird allgemein angenommen, daß die E. durch *Exzitonentransfer* realisiert wird. Dabei wandert der Anregungszustand in Form eines spingekoppelten Elektron-Defektelektron-Paares durch das Molekülkristallgitter. Diese Form der E. verläuft ohne Masse- und Ladungstransport. Man kann sich diesen Vorgang in Analogie zur Leitung von Schwingungsenergie in einem System gekoppelter Oszillatoren vorstellen.

Im photochemischen Reaktionszentrum erfolgt die Dissoziation des Exzitons. Dabei wird die Exzitonenenergie in chemische Energie umgewandelt. Diese Energieumwandlung bedeutet die Abgabe eines Elektrons von einem *Primärdonatormolekül* und die entsprechende Aufnahme von einem *Primärakzeptor*. Danach erfolgt dann an den Thylakoidmembranen der Prozeß der Photophosphorylierung.

Energiesammler, → Photosynthese.

Energiestoffwechsel, svw. Betriebsstoffwechsel.

Energieumsatz, die Umwandlung der in den Nährstoffen enthaltenen, physiologisch verwertbaren chemischen Energie in Wärme, Arbeit und für den Aufbau körpereigener Materialien.

Auch für Lebewesen gilt dabei der Satz von der Erhaltung der Energie, daß die Änderung der inneren Energie eines Systems gleich ist der Summe der diesem System in Form von Wärme oder als Arbeit zugeführten Energie.

Der geringste für die Erhaltung des Lebens notwendige E. einer Zelle wird als *Erhaltungsumsatz* bezeichnet; er ermöglicht es der Zelle aber nicht, bei Energiezufuhr sofort Leistungen zu vollbringen. Dafür ist ein höherer Umsatz, der → Grundumsatz notwendig. Wenn eine Zelle dieses Energieniveau erreicht hat, ist sie bei Energiezufuhr sofort in der Lage, Leistungen zu vollbringen. Der E. der tätigen Zelle wird als *Tätigkeits-* oder *Leistungsumsatz* bezeichnet. Der Ruheumsatz einer Zelle liegt also normalerweise über dem Erhaltungsumsatz.

Die direkte Messung des E. ist außerordentlich schwierig, weil der Energiebestand eines Organismus im Verhältnis z. B. zum Tagesumsatz außerordentlich hoch ist und sich Änderungen dieses Energiebestandes praktisch nicht bestimmen lassen. Jede vom Organismus geforderte Leistung steigert den E., besonders bei körperlicher Arbeit. Schwerste körperliche Arbeit kann den Leistungsumsatz des Menschen auf das 10- bis 15fache des Grundumsatzes steigern. Geistige Arbeit erhöht den Wert lediglich um 5 bis 10%.

Energieumwandlung, → Chemosynthese, → Photosynthese.

Engelsüß, → Farne.

Engelwurz, → Doldengewächse.

Engerlinge, → Blatthornkäfer.

Engmaulfrösche, *Microhylidae,* hochspezialisierte, über Nord- und Südamerika, Afrika, Madagaskar und Südostasien bis Australien verbreitete, artenreiche, in mehrere Unterfamilien und zahlreiche Gattungen gegliederte Familie der Froschlurche mit auffallend kleiner, oft zugespitzter Schnauze, starrem, häufig rückgebildeten Brustschultergürtel und meist unauffällig düsterer Färbung. In der Familie gibt es alle Übergänge vom normalen froschartigen Körperbau bis zu fast kugeligen Tieren mit ganz kurzen Gliedmaßen. Einige E. sind ans Baumleben, viele an das Graben im Boden angepaßt. Die Jungtiere mancher Arten entwickeln sich ohne Wasserlarvenstadium. Bei den (hornkieferlosen) Kaulquappen der wasserlaichenden Formen mündet das Atemrohr in der Bauchmitte. Bekannte Vertreter der E. sind → Karolina-Engmaulfrosch, → Regenfrosch und Indianischer Ochsenfrosch.

Engramm, nach Semon (1904) eine materielle Spur, die ein Reiz im Gehirn hinterlassen soll, d. h. eine Gedächtnisspur. Unter dem Begriff lassen sich sowohl elektrophysiologische Erscheinungen bei Lernvorgängen als auch biochemisch und morphologisch erfaßbare Veränderungen verstehen. E. konnten bisher nicht anatomisch lokalisiert werden. Es ist wahrscheinlicher, daß verschaltete Neuronen beliebiger Anteile des Nervensystems Informationen speichern können, als daß dies ausschließlich in bestimmten Hirnbereichen geschieht. Bei Anneliden und Arthropoden können auch Segmente des Bauchmarkes Informationen speichern. Bei Wirbeltieren gelten Speicherkapazität und Hirnmasse unter Berücksichtigung der Körpermasse (→ Progressionsindex) als korreliert (→ Gedächtniskapazität).

Enkephaline, → Endorphine.

Enniatine, → Welketoxine.

Enolase, zu den Lyasen gehörendes Enzym, das bei der Glykolyse reversibel die Wasserabspaltung aus 2-Phosphoglyzerinsäure katalysiert, wobei die energiereiche Phosphoenolbrenztraubensäure entsteht. E. ist ein magnesiumhaltiges Metalloenzym, dessen Molekülmasse je nach Herkunft zwischen 80000 und 100000 liegt.

Enoplida, → Fadenwürmer.

Entamoeba, Gattung parasitischer Amöben, die im Dickdarm des Menschen und mancher Säugetiere schmarotzen. Während beim Menschen *E. coli* völlig harmlos ist und sich nur von Bakterien ernährt, kann *E. histolytica,* die sich vorzugsweise von gelösten Stoffen ernährt, ins Darmgewebe eindringen und Geschwürbildung verursachen. Abszesse sind auch in der Leber und in anderen Organen möglich.

entartete Zelle, svw. Krebszelle.

Entartung, svw. Degeneration.

Entelechie, Begriff des Aristoteles, bezeichnet die sich im Stoff verwirklichende Form; zielstrebige, die Entwicklung der Lebewesen bestimmende Kraft. → Vitalismus.

Entenmuschel, *Lepas,* Gattung der Rankenfüßer (Ordnung *Thoracica*), deren Vorderkörper stielartig verlängert ist. Die Tiere sitzen an Tangen, Treibholz und Schiffen.

Entenvögel, → Gänsevögel.

Enterobakterien, kleine, aerobe oder fakultativ anaerobe, peritrich begeißelte oder unbewegliche, gramnegative Bakterien mit Atmungs- oder Gärungsstoffwechsel. Viele E. sind Darmbewohner, der bekannteste Vertreter ist das → Kolibakterium. Wichtige Krankheitserreger bei Mensch und Tier sind die → Salmonellen, die → Ruhrbakterien und das → Pestbakterium, bei Pflanzen die Gattung → *Erwinia.* Nichtpathogene E. gehören z. B. zu den Gattungen → *Serratia* und → *Proteus.*

Enteroderm, svw. Entoderm.

Enterogastron, → Darmhormone.

Enterokrinin, → Darmhormone.

Enteropeptidase, → Trypsin.

Enteropneusta, → Eichelwürmer.

Enterotoxine, → Bakteriengifte.

Enterovirus, → Virusfamilien.

Enterozöl, → Leibeshöhle, → Plazenta.

Entfaltungsbewegung, die Entfaltung von Blatt- und Blütenknospen durch einseitig verstärktes Wachstum. In der Knospe entfalten sich nach oben gekrümmte Blätter durch plötzlich einsetzendes Wachstum der Blattoberseite und nach unten gekrümmte durch entsprechendes Wachstum der Blattunterseite. Auslösender Faktor ist oft das Licht. Die E. unterbleiben, wenn die Pflanzen im Dunkeln gehalten werden. Eine typische E. ist die → Hyponastie.

Entfernungsorientierung, svw. Elasis.

Entkeimung, das Abtöten oder Entfernen krankheitserregender Mikroorganismen und Viren (→ Desinfektion) oder aller Keime (→ Sterilisation).

Entoderm, *Enteroderm, Entoblast, Hypoblast,* das innere (*Innenblatt, Darmblatt*) der beiden Keimblätter, die den zweischichtigen Keim (Gastrula) der mehrzelligen Tiere aufbauen. Das E. bildet den Urdarm (Archenteron), aus dem sich im Verlauf der Embryonalentwicklung das Epithel des Mitteldarmes und in vielen Fällen auch Mesoderm und Chorda entwickeln.

Entodiniomorpha, → Ziliaten.

Entognatha, *Entotropha,* Insekten mit in eine Tasche versenkten Mundwerkzeugen, zu den → Urinsekten gehörig.

Entökie, → Beziehungen der Organismen untereinander.

Entomogamie, → Bestäubung.

Entomologie, *Insektenkunde,* die Lehre von den Insekten, ein Teilgebiet der Zoologie, das aber seit langer Zeit selbständiger Forschungszweig ist. Die E. umfaßt zwei große Arbeitsbereiche, die *allgemeine* E. und die *angewandte* E. Zur *allgemeinen* E. gehören die Erforschung der Entwicklung und Lebensweise des Körperbaus und der Organfunktionen, die stammesgeschichtliche Entwicklung und die systematische Einteilung sowie Verhaltensweisen, Umweltbeziehungen und Verbreitung der Insekten. Die *angewandte* E. befaßt sich mit den für die Land-, Forst- und Vorratswirtschaft sowie die Medizin bzw. Tiermedizin direkt oder indirekt bedeutungsvollen Insekten, mit deren Schaden und Nutzen. Zu den Hauptaufgaben der E. gehören die rechtzeitige Erkennung des Auftretens von Schädlingen, insbesondere deren Massenvermehrungen (Überwachungs-, Prognose- und Warndienste), die Erarbeitung gezielter Methoden zu ihrer Bekämpfung (chemische, biologische und integrierte Schädlingsbekämpfung) sowie die Erforschung der Nützlingsfauna (Schädlingsfeinde, Parasiten) und Insektenkrankheiten (Insektenpathologie). Die angewandte E. ist gleichzeitig eine Teildisziplin der Phytopathologie.

Entomophage, → Ernährungsweisen.

Entomophilie, → Bestäubung.

Entoprocta, → Kelchwürmer.

Entotropha, → Entognatha.

Entropie, Grad der Unordnung eines Systems oder Summe aller Verwandlungen, die stattfinden, um das System in seinen derzeitigen Zustand zu bringen. Der Gegensatz zur E.

ist die → Information, der Grad der nicht zufallsbedingten Ordnung eines Systems. E. kann vom System nicht abgegeben werden, in geschlossenen Systemen strebt sie dem Maximum zu. In offenen Systemen ist die Entropieänderung immer größer als 0, strebt aber im Laufe der Zeit einem Minimum zu.

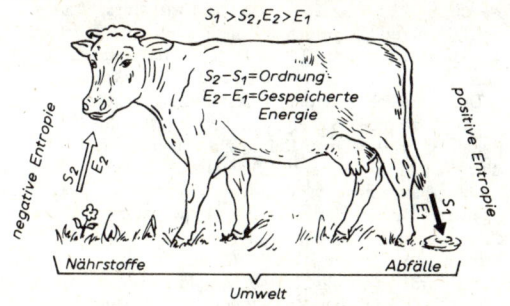

Der Organismus als Entropiepumpe; bildliche Darstellung des Schrödinger-Brillouin-Satzes

Die Anwendung des Begriffes E. auf den Einzelorganismus wird durch den *Schrödinger-Brillou-Satz* möglich (Abb.): Der Organismus nährt sich von negativer E., die E. der Ausscheidungen ist größer als die E. der Nährstoffe. Die Organismen arbeiten als Entropiepumpe. Schwierigkeiten bereitet dagegen die Anwendung auf komplexe Ökosysteme, da hier mit steigender E. auf der Ebene der das System aufbauenden Elemente (→ Diversität) gleichzeitig ein hoher Verknüpfungsgrad (also eine hohe Information) verbunden sein kann. Ein Kartoffelfeld hat zweifelsohne einen höheren Ordnungsgrad als ein naturnaher Wald, der sich infolge natürlicher → Sukzession aus diesem Acker bei Wegfall der Bearbeitungsmaßnahmen entwickeln würde. Nimmt man die Stabilität und den Verknüpfungsgrad der Elemente als Ausdruck des Informationsgehaltes des Systems, so ist dies dagegen im Endstadium der Sukzession größer, aber eben auch die E. in der Verteilung der Ökosystemelemente.

Entscheidungsverhalten, → Appetenzverhalten.
Entseuchung, svw. Desinfektion.
Entspannungszeit, *1)* → Aktionsphasen des Herzens, *2)* → Muskelkontraktion.
Entstehung des Lebens, → Biogenese.
Entwachsen, → Scheinresistenz.
Entwicklung, gerichtete Veränderung; Bewegung in aufsteigender Linie, Übergang vom Niederen zum Höheren, vom Einfacheren zum Komplizierteren.

Die endgültige Gestalt jedes Organismus ist das Ergebnis einer zweifachen E.: 1) der Individualentwicklung oder Ontogenese, die den Formwechsel eines Individuums von der befruchteten Eizelle bis zum Alterstod umfaßt, und 2) der Stammesentwicklung oder Phylogenese (Evolution).

Die Grundlage für die arttypische E. und Gestaltung des Organismus liegt in den Erbanlagen. Dadurch sind Entwicklungsphysiologie und Genetik, vor allem Molekulargenetik, eng miteinander verknüpft. Das gemeinsame Grundproblem betrifft die genetische Information. Die Realisierung der genetischen Information, d. s. die charakteristischen Stoffwechselleistungen sowie Wachstum und Organbildung, kann durch Umweltfaktoren modifiziert werden. Bei den Pflanzen insbesondere beeinflussen Licht- (Photomorphosen) und Temperaturwirkungen, aber auch die Wasser- und Nährsalzversorgung sowie die Schwerkraft (Geomorphosen) wesentlich die Gestaltbildung (*Formbildung*).

Die Indvidualentwicklung der höheren **Pflanzen** beginnt nach der Befruchtung mit der Embryogenese und Samenentwicklung. Mit der Samenkeimung setzt für den Keimling das aktive selbständige Leben ein. Grunderscheinungen der gesamten weiteren E. sind Wachstum der Einzelzellen, Differenzierung und Organbildung. Die Fortpflanzung vervollständigt den Entwicklungszyklus, der durch Alterung und Tod des Pflanzenindividuums abgeschlossen wird.

Die E. einer Pflanze verläuft nicht kontinuierlich, sondern in einzelnen, meist gesetzmäßig aufeinanderfolgenden Abschnitten. Nach vegetativen Stadien folgt die Blütenbildung und damit die generative oder reproduktive Phase. Häufig unterscheiden sich Primär- oder Jugendstadium von den Altersformen (→ heteroblastische Entwicklung). An aktive Wachstums- und Entwicklungsperioden schließen sich oft Ruhestadien an. Die Vorgänge und Einzelprozesse der Pflanzenentwicklung sind außerordentlich mannigfaltig. Wesentliche Phase der ontogenetischen E. der Pflanzen ist die Organbildung. Sie erfolgt bei Pflanzen entweder autonom oder unter dem Einfluß und der Kontrolle von Korrelationen und der Umwelt. → Blatt, → Blütenbildung, → Frucht, → Knollenbildung, → Sproß, → Wurzelbildung.

Beim **Tier** läßt sich die individuelle E. in 4 Perioden gliedern:
1) Die Periode der *Embryogenese, Keimes-* oder *Embryonalentwicklung*; sie umfaßt alle Entwicklungsschritte bis zum selbständig lebensfähigen Jungtier, das die Eihüllen verläßt oder geboren wird, und schließt im einzelnen ein: a) die Furchung oder *Blastogenese,* b) die *Keimblätterbildung* mit den beiden Phasen der Gastrulation und der Mesenchym-Mesodermbildung (→ Mesoblast), c) die Sonderung der Organanlagen, die Organbildung oder *Organogenese,* auch *Morphogenese* genannt, d) die histologische Differenzierung der Organe oder *Histogenese,* ferner e) alle Wachstumsprozesse des Embryos oder Fetus und f) das Schlüpfen oder die Geburtsprozesse.
2) Die Periode der *postembryonalen E.* oder *Jugendentwicklung.* Sie besteht bei der direkten E. im Wachstum und in der fortschreitenden Ausbildung der Organe (besonders des Genitalapparates und der sekundären Geschlechtsmerkmale), wobei das Jungtier in den wesentlichen Merkmalen bereits dem erwachsenen Tier gleicht, und durchläuft bei der indirekten E. die komplizierten Vorgänge der Metamorphose über ein oder mehrere Larvenstadien.
3) Die *adulte Periode,* d. h. die Zeit der größten Kraftentfaltung, der Geschlechtsreife oder *Adoleszenz* und der Erzeugung neuer Individuen durch die Fortpflanzung, die unmerklich in die letzte Periode übergeht, in
4) die Periode des Alterns oder der *Seneszenz.*

Entwicklungsbeschleunigung, svw. Akzeleration.
Entwicklungsgeschichte, svw. Ontogenie.
Entwicklungsphysiologie (Tafel 23), *Entwicklungsmechanik, kausale Morphologie, experimentelle Biologie,* ein Teilgebiet der Physiologie, das die Entfaltung des genetisch festgelegten Anlagenbestandes im Zusammenwirken mit der Umwelt bis zur ausgebildeten Form des Organismus beinhaltet und kausal zu erklären versucht. Nach Roux ist Entwicklungsmechanik die Lehre von den Ursachen der organischen Gestaltungen.

Die E. der **Pflanzen** wird in derselben Richtung und mit den gleichen Mitteln erforscht wie die der Tiere. In beiden Fällen geht es darum, die Ursachen des Entwicklungsgeschehens zu ergründen und zu Gesetzen der Formbildung zu gelangen. Die E. der Pflanzen wird deshalb häufig auch als *Physiologie der Formbildung* oder *Physiologie des Formwechsels* bezeichnet. Besondere Bedeutung haben in letzter Zeit die in der Molekularbiologie bzw. Molekulargenetik angewandten Methoden und gewonnenen Erkenntnisse für die E. erlangt. Sie ermöglichen es, die Ursachen für die sich im Verlauf der Entwicklung herausbildenden physiologischen und morphologischen Unterschiede zu erkennen. Es konnte nachgewiesen werden, daß sich im Verlauf der Entwicklung des Embryos aus der befruchteten Eizelle bei gleichbleibender DNS-Struktur sukzessiv die Zusammensetzung der RNS und der Proteine ändert. Diese biochemische Differenzierung, die auch als *differentielle Genaktivierung* bezeichnet wird, ist die Ursache der physiologischen und morphologischen Differenzierung. An Riesenchromosomen von Dipteren ebenso wie von bestimmten Schmetterlingsblütlern läßt sich die differentielle Genaktivierung auch mikroskopisch beobachten. Während der Metamorphose der Larven bzw. während der Blütenbildung treten Orte intensiver RNS-Produktion, die als schleifenartige, ringwulstartig um die Chromosomenachse gelegene Aufblähungen kenntlich sind und als → Puffs bezeichnet werden, nacheinander an verschiedenen Stellen eines Chromosoms, also an verschiedenen Genen, auf. Die diesen Veränderungen zugrundeliegenden molekularen Schaltmechanismen sind allerdings noch weitgehend unbekannt. Es können dem Jacob-Monod-Modell ähnliche Regulationen, aber auch Histone und Nichthiston-Chromosomenproteine und vielleicht Translationskontrollen beteiligt sein.

Die durch differentielle Genaktivierung entstandene, im Dienst der Morphogenese stehende RNS läßt sich sehr überzeugend bei der einzelligen Grünalge *Acetabularia* nachweisen, deren besondere Gestalt Zellkernübertragungen und Pfropfexperimente begünstigt.

Die wissenschaftliche Methodik der E. ist das Experiment. Unter den vielfältigen Untersuchungstechniken nimmt die von Spemann erstmals an Amphibienkeimen vorgenommene → Transplantation einen hervorragenden Platz ein. Heute ist diese Technik bereits soweit verfeinert, daß man einzelne Zellkerne aus einer Zelle in eine andere transplantieren kann.

Aus der Transplantationsmethode hervorgegangen ist die → Explantation. Hier wird das betreffende Stück nicht mehr auf einen anderen Keim übertragen, sondern in einer geeigneten Nährlösung weitergezüchtet. Mit dieser Methode kann man die Wirkung bestimmter Substanzen oder Extrakte auf die weitere Entwicklung des Keimstücks untersuchen, oder man kann prüfen, zu welchen Entwicklungsleistungen das Explantat unabhängig vom Einfluß seiner natürlichen Nachbarschaft im Keim befähigt ist. Speziell beim Studium des Induktionsvorganges beim Amphibienkeim ist die Sandwichmethode (Holtfreter) sehr gebräuchlich. Es werden zwei Ektodermstückchen aus der frühen Gastrula isoliert; nach Art eines Sandwichs wird das auf seine Induktorwirkung (→ Induktion) zu prüfende Gewebe bzw. mit dem zu prüfenden Extrakt getränktes Agarblöckchen dazwischengelegt. Die Ränder der Ektodermstücke verwachsen miteinander und schließen das mittlere Stück vollkommen ein.

Heute kommen innerhalb der E. in immer stärkerem Maße die Mikromethoden der Biochemie, Stoffwechselphysiologie und Histochemie zur Anwendung (biochemische Embryologie).

Die Objekte des Entwicklungsphysiologen sind so vielfältig, wie die Pflanzen- und Tierformen selbst. Dennoch gibt es einige Standardobjekte, die eine Reihe von Vorteilen bieten. So lassen sich z. B. die Seeigeleier von biologischen Meeresstationen aus leicht in beliebiger Zahl beschaffen. Man kann sie künstlich befruchten und ihre weitere Entwicklung mühelos selbst bei starker Vergrößerung verfolgen. Ebenso beliebt ist das Amphibienei; es läßt sich ebenfalls leicht beschaffen, ist außerdem verhältnismäßig groß und widerstandsfähig, so daß sich Transplantationen u. a. an ihm durchführen lassen. Hinzu kommt, daß es von Wirbeltieren stammt und somit die experimentelle Bearbeitung spezieller Entwicklungsprobleme des Wirbeltierkeims, die gerade auch für den Menschen von großer praktischer Bedeutung sein können, gestattet.

Voraussetzung und Grundlage für entwicklungsphysiologische Analysen ist die genaue Kenntnis der normalen Entwicklung (*Normogenese*). Der Entwicklungsphysiologe möchte oft möglichst schon am ungefurchten Ei wissen, was aus den einzelnen Teilen in der weiteren Entwicklung normalerweise wird (*prospektive Bedeutung der Keimteile*).

Durch die bekannten Farbmarkierungsversuche des deutschen Anatomen Walter Vogt gelang es erstmalig, das Schicksal der einzelnen Keimbezirke beim Molch (*Triton*) über die hier außerordentlich kompliziert verlaufenden Gestaltungsbewegungen während der Gastrulation hinweg bis zu den ausdifferenzierten Organen hin genau zu verfolgen. Es wurden mit Hilfe ungiftiger Farbstoffe (Neutralrot, Nilblausulfat) bestimmte Stellen der Keimoberfläche markiert. Dazu wurden zunächst kleine Agarblöckchen mit diesem Farbstoff getränkt und diese Blöcke anschließend mit der Keimoberfläche in engen Kontakt gebracht. Der Farbstoff diffundierte aus dem Agar in die Zellen der Kontaktstelle und machte diese für Wochen kenntlich. Das Resultat zahlloser Markierungsversuche ist ein »Anlageplan«, der zeigt, wo auf dem Stadium der frühen Gastrula, d. h. vor Beginn der Gestaltungsbewegungen, die Bereiche liegen, aus denen später das Neuralrohr, die Chorda, Ursegmente u. a. hervorgehen. Da die Invagination noch nicht erfolgt ist, liegen die Bereiche aller drei Keimblätter noch oberflächlich. Eine elegante moderne Methode der Markierung am Wirbeltierkeim ist die Injektion von Silikontropfen, z. B. in den frühen Säugetierkeim, zur Feststellung des jeweiligen Zellschicksals im Hinblick auf die Ausbildung von Tropho- oder Embryoblast. Der in eine Blastomere injizierte Tropfen wird bei jeder Teilung auf die Tochterzellen aufgeteilt.

Geschichtliches. Als Begründer der E. gelten der Hallenser Anatom Wilhelm Roux (1850–1924), ein Schüler Haeckels, und der Leipziger Zoologe und spätere Naturphilosoph Hans Driesch (1867–1941). Richtungsweisende Arbeiten auf dem Gebiet der E. stammen von dem Freiburger Zoologen Hans Spemann (1869–1941), der dafür 1935 den Nobelpreis erhielt. Heute ist die E. bereits zu einer umfangreichen Disziplin angewachsen, die auch sehr wertvolle Einblicke in die Normo- und Pathogenese des Menschen geliefert hat.

Entwicklungsreihe, → Sukzession.
Entwicklungstypus, → Konstitutionstypus.
Entwicklungszentrum, → Ausbreitungszentrum.
Entwicklungszyklus, die gesetzmäßige Folge von Entwicklungsstadien im Lebensablauf eines Individuums, z. B. die Gesamtheit der Entwicklungsvorgänge eines Parasiten vom Ei zum geschlechtsreifen Tier. Der E. kann bei ihm direkt (z. B. → Geohelminthen) oder über einen oder mehrere Zwischenwirte verlaufen. Fehlt im letztgenannten Fall der Zwischenwirt, so geht der Parasit zugrunde.
Enzephalon, → Gehirn.
Enziangewächse, *Gentianaceae,* eine Familie der Zweikeimblättrigen Pflanzen mit etwa 1100 Arten, die in den verschiedensten Verbreitungsgebieten der Erde vorkommen. Es sind krautige Pflanzen mit gegenständigen, einfachen Blättern ohne Nebenblätter und regelmäßigen, 4- bis 5zähligen, zwittrigen Blüten, die von Insekten bestäubt werden. Der oberständige Fruchtknoten entwickelt sich zu einer aufspringenden Kapsel. Viele Arten der E. enthalten bittere Glykoside, wie Gentiopikrin und Amarogentin, und sind z. T. offizinell.

Am umfangreichsten ist die Gattung **Enzian**, *Gentiana*, von der zahlreiche Arten als Gebirgspflanzen der nördlichen gemäßigten und kalten Gebiete vorkommen. Es sind meist prächtig blau, aber auch violett, purpur, weiß oder gelb blühende Pflanzen. Alle bei uns heimischen Arten stehen unter Naturschutz. Aus den Wurzeln des in den Alpen und im Alpenvorland wachsenden **Gelben Enzians**, *Gentiana lutea*, wird der Enzianschnaps hergestellt. Als Zierpflanze am leichtesten zu halten ist die aus dem Orient stammende, blau blühende *Gentiana septemfida*, die in jedem Gartenboden wächst. Das rosa blühende, einheimische **Tausendgüldenkraut**, *Centaurium erythraea*, gilt als Arzneipflanze, ebenso die das bittere Chirettakraut liefernde *Swertia chirata*, ein E. des Himalaja.

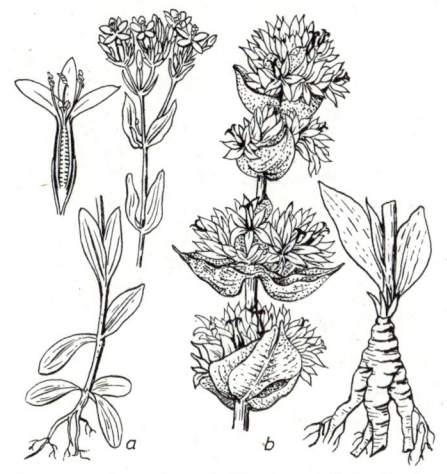

Enziangewächse: *a* Tausendgüldenkraut, *b* Gelber Enzian

Enzyme, *Fermente*, in den lebenden Zellen aller Organismen gebildete Proteine oder Proteide, die als hochmolekulare Biokatalysatoren die Gesamtheit der chemischen Umsetzungen im Organismus steuern und damit alle im Stoffwechsel ablaufenden biochemischen Reaktionen katalysieren. Durch eine Wechselwirkung mit dem umzusetzenden Stoff, dem *Substrat*, werden die Aktivierungsenergie herabgesetzt und die Einstellung des Gleichgewichtes und damit die Umsetzungsgeschwindigkeit der betreffenden Reaktion beschleunigt. Dieses Prinzip ermöglicht neue und andere Reaktionswege und -mechanismen für die chemische Umsetzung eines Stoffes.

Im ersten Reaktionsschritt geht das E. mit dem Substrat kurzzeitig unter Bildung des *Enzym-Substrat-Komplexes* eine Bindung ein. Nach Anzahl der je E. gebundenen Substratmoleküle unterscheidet man *Einsubstratenzyme* und *Mehrsubstratenzyme*. In einem komplizierten Mechanismus wird das komplex gebundene Substrat so aktiviert und in seiner Reaktionsfähigkeit erhöht, daß es chemisch verändert und zum *Enzym-Produkt-Komplex* umgewandelt wird. Nach dessen Spaltung zu Produkt und E. liegt letzteres wieder in unveränderter Form vor und kann erneut als Biokatalysator fungieren.

Für die biokatalytische Aktivität eines E. ist neben der Konformation des Gesamtmoleküls vor allem das *aktive Zentrum* verantwortlich, an dem die Bindung des Substrates erfolgt. Es liegt entweder an der Enzymoberfläche oder in einer Ausbuchtung im Proteinteil und weist eine bestimmte Aminosäuresequenz auf, wobei vor allem der Imidazolrest des Histidins, die SH-Gruppe des Zysteins und die OH-Gruppe des Serins als reaktive Gruppen wichtig sind. Für die Aufnahme des Substrates und dessen katalytische Umsetzung ist die flexible Raumstruktur des aktiven Zentrums verantwortlich. Das Substrat bewirkt bei Bindung an das E. dessen Konformationsänderung, wodurch die chemische Umsetzung des Substrates ermöglicht wird. Manche E. enthalten im aktiven Zentrum zusätzlich eine nichtproteinogene Wirkgruppe (s. u.), die aktiv an der Bindung und vor allem an der katalytischen Umsetzung des Substrates beteiligt ist.

Die Umsetzungsgeschwindigkeit einer Enzymreaktion hängt im wesentlichen von der Menge oder Aktivität des E., der Substratkonzentration, der Temperatur (Optimum meist 40 °C), dem pH-Wert und der Anwesenheit von Effektoren ab. Letztere sind Aktivatoren, z. B. bestimmte Metallionen, oder Inhibitoren, wie kompetitive, nichtkompetitive oder allosterische Hemmstoffe. Jede Enzymreaktion kann reversibel oder irreversibel gehemmt werden. Die enzymatischen Reaktionen des Stoffwechsels unterliegen alle einer strengen, geordneten Kontrolle, die nach bestimmten Regulationsmechanismen erfolgt, wie durch räumliche Trennung der an den betreffenden Reaktionsketten beteiligten E. (*Kompartimentierung*), durch *Interkonversion* (erhöhte Enzymsynthese), durch *Enzyminduktion*, z. B. durch Hormone, und *Enzymrepression* (verminderte Enzymsynthese) sowie durch verschiedene reversible Hemmungsmechanismen, wie die *kompetitive Hemmung* oder die *allosterische Hemmung*.

Die Aktivität der E. wird in Enzymeinheiten angegeben. Eine *internationale Einheit*, Symbol *U* (unit), ist als diejenige Menge E. definiert, die unter standardisierten Bedingungen 1 Mikromol Substrat je Minute umsetzt. Neuerdings gilt als Einheit das **Katal**, Symbol kat, wobei 1 kat einem Substratumsatz von 1 Mol je Sekunde entspricht. Als Umrechnung gilt 1 U = 16,67 n kat. Die *spezifische Aktivität* eines E. wird in kat/kg Protein angegeben.

Die von der lebenden Zelle synthetisierten E. sind meistens für den geregelten Ablauf des Intermediärstoffwechsels der sie bildenden Zelle verantwortlich; sie werden daher als **Zellenzyme** (*intrazelluläre E.*) bezeichnet. Sie sind in bestimmten Zellbestandteilen lokalisiert, z. B. im Zellkern, in Mitochondrien und Ribosomen, und werden danach als **Zytosolenzyme** (*lösliche E.*) und **partikelgebundene E.** unterschieden. Jedes Organ oder Gewebe hat ein charakteristisches Enzymmuster.

Neben den Zellenzymen gibt es **Sekretenzyme**, die von bestimmten Sekretionsorganen gebildet und an das Blut (z. B. Gerinnungsenzyme) oder an den Verdauungstrakt abgegeben werden und erst dort an einem bestimmten Wirkort ihre Wirkung entfalten.

Es sind annähernd 2000 E. aus Tieren, Pflanzen und Mikroorganismen in ihrer Wirkung und teilweise in ihrer Primär- und Tertiärstruktur bekannt. Sie sind in ihrer chemischen Struktur oft art- und teilweise organspezifisch. Ihre Molekülmassen liegen zwischen 13000 und mehreren Millionen. Die Proteidenzyme enthalten neben der als *Apoenzym* (*Apoferment*) bezeichneten **Proteinkomponente** noch eine niedermolekulare nichteiweißartige Gruppe, die **Wirkgruppe**. Beide Bestandteile zusammen ergeben das biologisch aktive **Holoenzym**.

Die Wirkgruppe nennt man *prosthetische Gruppe*, wenn sie fest an das Enzymprotein gebunden ist, während der Enzymreaktion dort verbleibt und nach Reaktion des Holoenzyms mit zwei verschiedenen Substraten am Reaktionsende wieder im Ausgangszustand vorliegt. Sie wird als *Kosubstrat* (*Koenzym, Koferment*) bezeichnet, wenn sie nach Reaktion des E. mit dem ersten Substrat chemisch verändert ist und in einer zweiten Reaktion, in der diese veränderte Wirkgruppe als Substrat fungiert, durch ein anderes E. wieder in

Enzymologie

den Ausgangszustand zurückversetzt wird. Vielfach werden die Begriffe Kosubstrat und prosthetische Gruppe noch synonym verwendet.

Koenzyme sind relativ niedermolekulare organische Verbindungen, die fast alle Phosphorsäure enthalten und vielfach in enger Beziehung zu den → Vitaminen stehen. Für die Übertragung von Wasserstoff oder Elektronen sind folgende Koenzyme wichtig: Nikotinsäureamid-adenin-dinukleotid, Nikotinsäureamid-adenin-dinukleotidphosphat, Flavinmononukleotid, Flavin-adenin-dinukleotid, Ubichinone, Hämine und Liponsäure. Bei der Übertragung von funktionellen Gruppen, wie Methyl-, Amino- oder Azetylgruppen, fungieren als Koenzyme: Adenosintriphosphat, Pyridoxalphosphat, Guanidinphosphat, Zytidindiphosphat, Uridindiphosphat, Tetrahydrofolsäure, Biotin, Thiaminpyrophosphat und Koenzym A.

Alle E. wirken ausgeprägt spezifisch, d. h., sie sind auf eine ganz spezielle biochemische Reaktion (*Wirkungsspezifität*) und auf einen ganz bestimmten Stoff oder eine Stoffgruppe (*Substratspezifität*) eingestellt. *Gruppenspezifität* liegt vor, wenn verschiedene Substrate eine bestimmte charakteristische Gruppierung gemeinsam haben, z. B. sind Glykosidasen auf glykosidische Bindungen eingestellt. Mit Ausnahme der Epimerasen setzen E. bei optisch aktiven Substraten, z. B. D- oder L-Aminosäuren, selektiv nur einen Antipoden um (*optische Spezifität*).

Mit Ausnahme einiger älterer, heute noch gebräuchlicher Trivialnamen, z. B. Trypsin, Chymotrypsin, Emulsin, werden E. unter Verwendung der Endsilbe *-ase* gekennzeichnet. Die Vorsilbe deutet an, welche Reaktion von dem betreffenden E. katalysiert bzw. welches Substrat umgesetzt wird, z. B. Proteasen für proteinspaltende E., Amylase für stärkespaltende E.

Die Einteilung der E. erfolgt neuerdings nach ihrer Wirkungsspezifität, und zwar nach einem festgelegten international verwendeten System (*EC-Nomenklatur*). Die E. werden nach den durch sie katalysierten Reaktionen in 6 Hauptklassen und entsprechende Unter- und Subunterklassen unterteilt und entsprechend mit Schlüsselnummern (*EC-Nr.*) versehen. Dabei geben die erste Ziffer die Hauptklasse, die zweite und dritte die Unter- bzw. Subunterklasse und die vierte die Seriennummer des betreffenden E. an. Außerdem wird jedes E. mit einem systematischen Namen bezeichnet. Folgende Hauptklassen werden unterschieden: 1) Oxidoreduktasen, 2) Transferasen, 3) Hydrolasen, 4) Lyasen, 5) Isomerasen und 6) Ligasen. Neben dieser strengen Klassifizierung gibt es allgemeinere Einteilungsprinzipien nach verschiedenen Gesichtspunkten, z. B. nach den physikalischen Eigenschaften in saure, neutrale und alkalische E., nach den prosthetischen Gruppen in Metallo-, Flavinenzyme.

E. lassen sich aus bestimmten Mikroorganismen im industriellen Maßstab gewinnen und werden in verschiedenen Industriezweigen, vor allem der Lebensmittel- und pharmazeutischen Industrie, eingesetzt. Von besonderer Bedeutung ist die industrielle Mikrobiologie, wo die durch hohen Enzymgehalt bedingte große Stoffwechselaktivität bestimmter Mikroorganismen und deren spezifische Synthese-, Umwandlungs- und Abbauleistungen genutzt werden, um Partialsynthesen oder bestimmte Syntheseschritte durchzuführen. E. spielen auch in der Medizin bei der klinischen Diagnostik zahlreicher Erkrankungen und als Therapeutika eine wichtige Rolle.

Enzymologie, Lehre von den Enzymen.

Enzympolymorphismus, Koexistenz elektrophoretisch unterscheidbarer Enzyme, die vom gleichen Genort kodiert werden, in einer Population. 1966 entdeckten Lewontin und Hubby, daß durch Gelelektrophorese trennbare Varianten von Enzymen nach den Mendelgesetzen vererbt werden. Sie verhalten sich also wie verschiedene Allele eines Gens. Während man mit anderen genetischen Methoden nur solche Gene auffindet, von denen es mindestens 2 Allele gibt, erfaßt man elektrophoretisch auch monomorphe Gene (→ Polymorphismus). Daher läßt sich am E. der relative Anteil polymorpher Genorte in einer Population ermitteln, ebenso der relative Anteil heterozygoter Gene je Individuum.

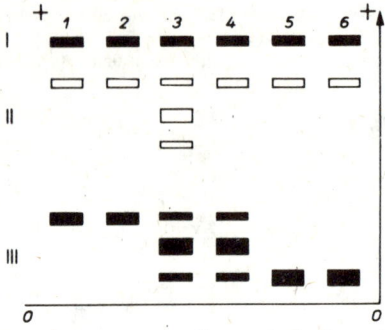

Elektropherogramme der Glutamat-Oxalat-Transaminase, die von den Genen I, II und III kodiert wird. Das Enzym II ist im 3., das Enzym III im 3. und 4. Tier heterozygot. Die mittleren Banden der heterozygoten Enzyme sind Mischproteine aus den Genprodukten beider Allele dieser Genorte

In natürlichen Populationen Wirbelloser sind rund 30 bis 50% aller Enzyme polymorph. Der E. von Wirbeltieren ist gewöhnlich geringer. Die Elektrophorese erfaßt im günstigsten Fall 85 bis 90% der Unterschiede zwischen den Enzymen. Das tatsächliche Ausmaß des E. ist also größer, als man es durch dieses Verfahren ermittelt.

Die funktionelle Bedeutung des E. ist umstritten (→ nicht-Darwinsche Evolution).

Enzym-Produkt-Komplex, → Enzyme.

Enzymschranke, → Blut-Hirn-Schranke.

Enzym-Substrat-Komplex, → Enzyme.

Eohippus, → Urpferd.

Eophytikum [griech. eos 'Morgenröte', phyton 'Gewächs'], *Algophytikum, Fadenalgen- und Tangzeit, Florenfrühzeit,* ältester Zeitabschnitt der Florengeschichte. Die E. reicht von den ersten Spuren pflanzlichen Lebens bis etwa ins Untere Silur (→ Erdzeitalter). Aus dieser Zeit sind sehr wenige pflanzliche Fossilien (nur Reste von Algen) überliefert. Die ältesten Reste organischer Art, die in Südwestafrika gefunden wurden, und die wohl pflanzlicher Natur sind, ähneln in ihrer Struktur heute lebenden Zyanophyceen (blaugrüne Algen). Ihnen wird ein Alter von 3,35 Mrd. Jahren zugesprochen. Andere Funde (fragliche Blaualgen und Grünalgen) aus amerikanischen, archaischen Schichten sollen 1,3 bis 1,4 Mrd. Jahre alt sein. *Corycium enigmaticum* aus spätarchaischen Schichten Finnlands ist etwa 1,7 bis 1,8 Mrd. Jahre alt. Am Ende des E. erfolgte wahrscheinlich auch die erste pflanzliche Besiedelung des Landes. → Erdzeitalter.

Eosuchier [griech. eos 'Morgenröte', souchos 'Krokodil'], *Eosuchia,* ausgestorbene primitive Ordnung der Lepidosaurier, kleine eidechsenartige Reptilien. Diese Kriechtiere besaßen am Schädel eine doppelte Schläfenöffnung.

Verbreitung: oberes Perm bis Eozän, bislang nur in Südafrika gefunden.

Eozän [griech. eos 'Morgenröte'], zweitälteste Stufe des Paläogens.

Eozoikum, Urzeit des Lebens, alte Bezeichnung für das

Zeitalter des beginnenden (Tier-)Lebens in der Frühzeit der Erde. → Archäozoikum.

epedaphisch, *epigäisch,* auf der Bodenoberfläche lebend; Bezeichnung für Bodentiere, die sich tagsüber in großen Hohlräumen des Oberbodens, unter Steinen u. ä. schützen (Kryptozoen) und nachts an der Bodenoberfläche der Nahrungssuche nachgehen.

Ephedrin, ein Alkaloid aus tropischen *Ephedra*-Arten, das auch synthetisch hergestellt wird. Im chemischen Aufbau und in der physiologischen Wirkung ist E. dem Adrenalin nahe verwandt. Es bewirkt Blutdrucksteigerung und Anregung des sympathischen Nervensystems und steht den Weckaminen nahe. In der Medizin wird E. als wertvolles Heilmittel bei Asthma, Schnupfen, Kreislaufschwäche u. ä. angewendet.

Ephemere, kurzlebige Pflanzen.
Ephemeriden, → Eintagsfliegen.
Ephemerophyt, → Adventivpflanze.
Ephemeroptera, → Eintagsfliegen.
Ephippium, Schutzhülle für die den Winter überstehenden Dauereier vieler Wasserflöhe. Das E. besteht aus einem präformierten Teil der gehäuteten zweiklappigen Schale (Carapax), der stark verdickt wird und das Aussehen eines Sattels hat. In dieses Schalenstück legt das Weibchen die Eier ab.
Ephyra, Larve der Medusen zahlreicher Skyphozoen, die während der ungeschlechtlichen Fortpflanzung in der Polypengeneration durch Querteilung (→ Strobilation) entsteht. Nach Loslösung von der Strobila schwimmt die E. mit Hilfe der acht langen Randlappen. Später sprossen zwischen den Randlappen der Scheibe aus neue Loben (Velarlappen) hervor, die mit den Randlappen verschmelzen und somit einen geschlossenen Medusenschirm bilden.
Epibiose, Form des Zusammenlebens von Organismen, wobei ein Partner auf der Oberfläche des anderen existiert. Gegensatz: → Endobiose.
Epiblast, svw. Ektoderm.
Epibolie, → Gastrulation.
Epibranchialrinne, → Kiemendarm.
Epicaridea, eine Unterordnung der → Asseln. Die E. leben fast alle im Meer und parasitieren ausschließlich auf anderen Krebsen. Die Weibchen sind oft völlig deformiert, die Männchen behalten immer Asselgestalt. Die E. sind entweder proterandrische Zwitter oder getrenntgeschlechtlich mit phänotypischer Geschlechtsbestimmung.
Epidemie, *1) Seuche,* das örtlich und zeitlich gehäufte Auftreten einer ansteckenden Krankheit. E. verlaufen meist phasenhaft und sind bei Abhängigkeit von einem Überträger (Vektor) von dessen Häufigkeit bestimmt. Bei Kontaktübertragung ist langsamer Anstieg, bei Übertragung durch Trinkwasser oder Nahrung oft explosives Auftreten charakteristisch. Bei Erkrankungen von Tieren spricht man von *Epizootien.*
2) Massenerkrankung von Pflanzen, die in kurzer Zeit viele Individuen erfaßt. Über die Untergliederung von E. in der Phytopathologie → Esodemie und → Exodemie.
Epidemiologie, *1)* Seuchenlehre, Wissenschaft von der Ursache, der Verbreitung und dem Verlauf ansteckender Krankheiten. Ziel der E. ist die wirksame Abwehr und Bekämpfung der Infektionskrankheiten.
2) Teilgebiet der Phytopathologie, die Lehre von der Entstehung und Ausbreitung von Massenerkrankungen bei Pflanzen. Untersuchungsgegenstand der E. sind Krankheitsverläufe in Pflanzenpopulationen.

Epidermis, → Abschlußgewebe, → Deckepithel, → Haut.
epigäisch, svw, epedaphisch, zuweilen auch für Arten des Atmobios gebraucht.
epigäische Keimung, → Samenkeimung.
Epigenese, die während der Embryonalentwicklung eines Individuums ablaufende Neubildung und fortschreitende Differenzierung von Strukturen, als deren Ergebnis aus der befruchteten Eizelle ein neuer Organismus entsteht. Nach der von C. F. Wolff (1734–1794) begründeten Epigenesetheorie ist dabei jede Wirkung etwas grundsätzlich Neues gegenüber ihrer Ursache.
Epigenotyp, die Gesamtheit jener entwicklungsphysiologischen Kausalbeziehungen, die bewirken, daß sich die befruchtete Eizelle unter planmäßiger Realisierung der in den Chromosomen enthaltenen genetischen → Information zum fertigen Organismus entwickelt.
Epiglottis, → Kehlkopf.
epigyn, → Blüte.
Epikanthus, *Winkelfalte,* eine angeborene, sichelförmige Hautfalte beim Menschen, die den inneren, seltener den äußeren Augenwinkel vertikal verlaufend mehr oder weniger überdeckt. Der E. kommt bei Kindern relativ häufig vor, verschwindet aber in der Regel im höheren Kindesalter.

Menschliches Auge mit Epikanthus

Epikotyl, → Samen.
Epikutikula, → Kutikula.
Epilimnion, → See.
Epilithen, svw. Felspflanzen.
Epilitoral, → Litoral.
epimeletisches Verhalten, Hilfe-Verhalten, Hilfeleistungen für Artgenossen.
Epimerasen, → Isomerasen.
Epimorpha, → Hundertfüßer.
Epimorphose, → Regeneration.
Epinastie, eine Nutationsbewegung bei Pflanzen, verursacht durch stärkeres Wachstum der Oberseite eines Pflanzenteiles im Vergleich zu dessen Unterseite, wobei es zu einer Krümmung des betreffenden Pflanzenteiles nach unten kommt (Abb.). E. kann z. B. zu → Entfaltungsbewegungen von Blättern beitragen.

1 Epinastie der Sproßspitze beim Wilden Wein, *2* Epinastie der Knospe beim Klatschmohn

Epinephrin

Epinephrin, svw. Adrenalin.
Epineurium, → Nerven.
Epineuston, → Neuston.
Epipelagial, → Pelagial.
Epiphragma, Winterdeckel, vom Mantelrand ausgeschiedener, poröser Kalkdeckel bei vielen einheimischen Lungenschnecken, mit dem die Gehäuseöffnung in der kalten Jahreszeit verschlossen wird. Dieses E. schützt die Tiere gegen Kälte und setzt die Wasserverdunstung stark herab, gestattet aber noch einen geringen Luftaustausch.
Epiphylle, Pflanzen, die sich auf Blättern ansiedeln. Meist sind es Pilze, Algen und Flechten, die auf Blattoberflächen leben, aber oft nicht in einem Wirt-Parasit-Verhältnis, also nicht im Stoffaustausch mit ihnen stehen.
Epiphyse, *Corpus pineale,* aus dem Zwischenhirndach sich entwickelndes Organ, das bei Neunaugen und Anuren die Merkmale eines einfachen Auges aufweist. Bei Säugern auch *Zirbeldrüse* (fehlt Faultieren) genannt. Sie synthetisiert Melatonin und lagert mit dem Alter zunehmend als *Hirnsand (Acervulus)* bezeichnete Kalkinkremente ab.
Epiphyten, *Aerophyten, Epöken, Luftpflanzen, Überpflanzen,* auf Bäumen wachsende Pflanzen, denen die Stämme und Äste nur als Unterlage dienen und die eine bessere Belichtung ermöglichen. In bestimmten Fällen können E. auch aufragende Felsen als Unterlage benutzen (*Petrophyten*). Die zu den höheren Pflanzen gehörenden E. werden als *Kormo- (Gefäß-) Epiphyten* bezeichnet, die zu den niederen Pflanzen (Thallophyten) gehörenden E. heißen *Thallo-Epiphyten.* Für das Wachstum der E. ist eine ständig hohe Luftfeuchtigkeit Voraussetzung. Sie wachsen deshalb besonders in den feuchten Regenwäldern der Tropen und Subtropen. In den gemäßigten Breiten siedeln meist nur Moose, Flechten und Algen als E., da diese eine zeitweilige Austrocknung vertragen können. Entsprechend ihrer Lebensweise sind mannigfaltige Anpassungserscheinungen bei den E. zu beobachten. Die Samen der E. keimen direkt auf dem von ihnen besiedelten Substrat, wohin sie durch Tiere oder Luftströmungen gelangen. In einigen Fällen ist auch eine vegetative Vermehrung vorhanden. Wegen der schwierigen Wasserversorgung weisen viele E. xeromorphe Züge auf. So haben zahlreiche epiphytische Orchideen Sproßknollen als Wasserspeicher. Sehr vielfältig sind auch die Einrichtungen zum Auffangen des Wassers und der darin gelösten Nährsalze.

Bei den epiphytischen Orchideen und einigen Aronstabgewächsen befindet sich an der Oberfläche von Luftwurzeln ein Gewebe (*Velamen*), dessen mit großen Poren versehene Zellen abgestorben sind und das Niederschlagswasser wie ein Schwamm aufsaugen können. Andere Formen bilden zahlreiche, sich stark verzweigende, aufwärts wachsende *Luftwurzeln* aus, die wie ein dichtes Netz Feuchtigkeit und Humusteile aufnehmen. Bei einigen Bromeliengewächsen, z. B. den *Tillandsia*-Arten, wird das Wasser durch tote Schuppenhaare (*Saugschuppen*), die die Blätter überziehen, aufgenommen. Die besondere Stellung und Ausbildung der Blätter kann auch zum Auffangen des Wassers und der Humusteile beitragen. Die epiphytischen Bromeliengewächse sind zumeist *Zisternenpflanzen*; durch die dicht nach unten abschließenden Blattbasen und die rosettig gestellten Blätter wird das Wasser im Innern der Rosetten aufgespeichert (Abb.).

Ähnlich ist dieses Prinzip bei den tropischen Nestfarnen, z. B. *Asplenium nidus,* ausgebildet. Manche Farne, besonders die tropischen Geweihfarne, *Platycerium,* bilden neben den Assimilationsblättern besondere *Mantel-* oder *Nischenblätter* aus, die den Ast umschließen, aber oben eine Öffnung frei lassen, in die das Wasser und die Nährstoffe eindringen können.

Eine Symbiose mit Ameisen gehen die *Myrmecodia*-Arten aus der Familie der Labkrautgewächse und *Dischidia rafflesiana* aus der Familie der → Schwalbenwurzgewächse ein. Im ersten Fall bestehen große Hypokotylknollen, die im Innern gekammert sind und Ameisen als Wohnung dienen. Bei *Dischidia* sind urnenförmige Blätter ausgebildet, in die die Wurzeln der Pflanzen wachsen und in denen ebenfalls Ameisen wohnen und Erde und Humusteile eingetragen haben.

Die Wurzeln der E. sind meist als dem Baum dicht anliegende Haftwurzeln entwickelt. In manchen Fällen, wie bei den Bromeliengewächsen, sind sie lediglich Haftorgane und nicht mehr zur Wasser- und Nahrungsaufnahme fähig. Bei manchen Arten sind sie sogar völlig rückgebildet.

Einige E. bilden nach unten wachsende tauartige Luftwurzeln aus, die schließlich in die Erde eindringen und dann als Nähr- und Stützwurzeln fungieren (*Halb-* oder *Hemiepiphyten*). Die in den Tropen vorkommenden *Ficus*-Arten, z. B. der Gummibaum, *Ficus elastica,* und viele Aronstabgewächse gehören hierher.
Epipodite, → Spaltbein.
Episiten, → Ernährungsweisen.
Episitie, → Beziehungen der Organismen untereinander.
Episomen, → Plasmid.
Epistasis, Unterdrückung der einem bestimmten Gen zugehörigen Merkmalsausbildung durch ein anderes, gleichzeitig im Genotyp vorliegendes und als epistatisch bezeichnetes Gen; das an der Manifestierung der Merkmale verhinderte Gen heißt hypostatisch. Bei der Mendelspaltung drückt sich das Epistasisphänomen in charakteristisch modifizierten Spaltungsverhältnissen aus.
epistomatisch, → Blatt.
Epithalamus, → Gehirn.
Epithelgewebe, *Epithel,* flächenhaft ausgebreitetes, äußere und innere Oberflächen des tierischen Körpers bekleidendes Gewebe, dessen Zellen fast ohne Interzellularsubstanz mosaikartig aneinandergefügt sind. Im Epithelverband sind zwischen benachbarten Zellmembranen spezielle Kontaktzonen ausgebildet. Bei Wirbeltieren werden drei Typen unterschieden: 1) Zonulae occludentes, 2) *Zonulae adhaerens,* 3) Desmosen. Bei den *Zonulae occludentes* (*tight junctions, Verschlußzone*) verschmelzen die Außenflächen der beiden Zellmembranen leistenartig. Mehrere solcher Leisten verbinden sich dabei zu einem zweidimensionalen

Epiphytische Pflanzen: *1* Geweihfarn (*Platycerium*); *2* Bilbergia (*Bromeliaceae*), die Blätter schließen sich an der Basis zisternenförmig zusammen; *3* Orchidee (*Aërides*) mit Luftwurzeln

Netz. Derartige Verschlußzonen (Magenoberfläche, Übergangsepithel) verringern die Permeabilität. Die *Zonula adhaerens (Haftzone)* hat zwischen den beiden Zellmembranen eine verbindende *Haftplatte.* Die *Desmosen (Maculae adhaerentes)* sind gleichartig ausgebildete Zellverbindungen. Haftzonen und Desmosen dienen dem Zusammenhalt des Zellverbandes. Ihre zwischenzellige Kittsubstanz ist auch für Makromoleküle passierbar. Das E. kann von allen drei Keimblättern ausgebildet werden; es stellt den ontogenetisch ältesten Gewebetyp dar, von dem sich alle anderen Gewebe ableiten. Die Leistungen des E. sind verschiedenartig, z. B. mechanischer Schutz, Einschränkung der Verdunstung, Abgabe und Aufnahme von Stoffen, Reizaufnahme. Sind Einrichtungen für den Abschluß des Interzellularraumes und für den Zusammenhalt der Zellen vorhanden, so kann der Epithelverband eine Barrierenfunktion ausüben. Nach ihrer Funktion lassen sich unterscheiden: 1) → Deckepithel, 2) → Drüsenepithel, 3) → Sinnesepithel. Das E. ist einschichtig oder (bei vielen Wirbeltieren) mehrschichtig. *Mehrreihiges E.* oder *Übergangsepithel* kleidet die ableitenden Harnwege aus. Es setzt sich aus Deck-, Intermediär- und Basalzellen zusammen. Je nach der Form der Zellen unterscheidet man *Plattenepithel* mit flachen Zellen, *isoprismatisches* oder *kubisches Epithel* mit mittelhohen Zellen und *hochprismatisches Epithel (Zylinderepithel).* An ihrer äußeren Begrenzung können die Epithelzellen je eine Geißel oder zahlreiche Wimpern tragen (*Flimmerepithel*), oder sie scheiden an ihrer freien Oberfläche eine Kutikula und an ihrer Basis eine Basalmembran ab. *Wimpern* oder *Kinozilien,* die im apikalen Zytoplasma von Flimmerepithelzellen verankert sind, setzen sich aus Mikrotubulusgruppen mit folgendem Grundbauplan zusammen: 9 periphere Doppeltubuli gruppieren sich um ein zentrales Mikrotubuluspaar, mit dem sie durch Speichen verbunden sind. Bei der Kinozilienbewegung verschieben sich die Tubuli im Kinozilium bei gleichbleibender Länge gegeneinander. Dieser Vorgang verbraucht Adenosin-5'-triphosphat (ATP).
Epithelkörperchen, svw. Nebenschilddrüse.
Epithelmuskelzellen, Elemente der einfachsten Muskulatur im Tierreich, wie sie bei Hohltieren auftritt. So bilden z. B. bei Hydroidpolypen eine Anzahl von Epithelzellen an ihrer Basis Plasmausläufer aus, in denen sich die Muskelfasern (Myofibrillen) differenzieren. Bei Polypen bildet das Ektoderm die Längs-, das Entoderm die Ringmuskeln. Bei höher differenzierten Hohltieren verlagern sich die E. in die Tiefe (*epithelogene Muskelzellen*) und bilden bei Medusen z. B. den Ringmuskel am Schirmrand. → Muskelzelle.
Epithem, → Ausscheidungsgewebe.
Epithemhydathoden, → Ausscheidungsgewebe.
Epithezium, dünne, meist lebhaft gefärbte Schicht, die die Fruchtkörper (→ Apothezium) der Scheibenpilze bedeckt. Sie wird von den sterilen Hyphenenden, den → Paraphysen, gebildet.
Epitokie, Ausbildung stark abweichender Merkmale während der geschlechtsaktiven Phase verschiedener Tiergruppen. Die E. wird entweder durch ungünstige Umweltverhältnisse ausgelöst, z. B. bei Springschwänzen mit mehreren durch inaktive Perioden getrennten sexualaktiven Lebensabschnitten (→ Ökomorphose), oder sie tritt regelmäßig auf, z. B. bei dem Meeresringelwurm *Nereis*.
Epitonie, *Epitrophie,* die verstärkte Förderung des Wachstums der Oberseite dorsiventraler Pflanzenorgane, z. B. bei den Ästen vieler Laubgehölze.
Epitop, Oberflächenstruktur des Antigens, gegen die die Spezifität des Antikörpers gerichtet ist. → Paratop.
Epitrophie, svw. Epitonie.
Epizoen, Bezeichnung für tierische Parasiten, die auf dem Wirtskörper leben. → Ektoparasiten.

Epizootie, → Epidemie.
Epöken, svw. Epiphyten.
Epökie, → Beziehungen der Organismen untereinander.
EPSP, Abk. für *e*xzitatorisches *p*ostsynaptisches *P*otential, → synaptisches Potential.
Epstein-Barr-Virus, → Tumorviren.
Equidae, → Einhufer.
Equilenin, 3-Hydroxy-östra-1,3,5(10),6,8-pentaen-17-on, ein zu den Östrogenen gehörendes Steroid; F. 259 °C. Es kommt zusammen mit Equilin im Harn trächtiger Stuten vor und wurde 1939 als erstes natürliches Steroid totalsynthetisch dargestellt.
Equilin, 3-Hydroxy-östra-1,3,5(10),7-tetraen-17-on, ein zu den Östrogenen gehörendes Steroidhormon; F. 240 °C. Es kommt im Harn trächtiger Stuten vor und weist $1/10$ der biologischen Aktivität von Östron auf.
Equisetatae, → Schachtelhalmartige.
ER, Abk. für → endoplasmatisches Retikulum.
Erbanalyse, die Ermittlung von Anzahl und Wirkungsweise der an der Vererbung eines bestimmten Merkmals beteiligten Gene mit Hilfe von Kreuzungsexperimenten.
Erbanlagen, *Erbfaktoren, Gene,* die Einzelelemente des Erbgutes als Steuerungselemente spezifischer Stoffwechsel- und Differenzierungsmuster und als Determinanten charakteristischer Merkmale des Organismus.
Erbbiologie, svw. Genetik.
Erb-Erwerb-Homologie, → Traditionshomologie.
Erbfaktoren, svw. Erbanlagen.
Erbgang, die Vererbungsweise eines bestimmten Merkmals, die mit Hilfe der Erbanalyse im Kreuzungsexperiment ermittelt wird.
Erbgut, svw. Idiotyp.
Erbhygiene, svw. Eugenik.
Erbkrankheiten, Krankheiten oder Fehlbildungen, die ursächlich auf jeweils spezifisch veränderten Erbinformationen beruhen. Sie können die Folge sein von Umbauten der DNS-Struktur innerhalb eines einzelnen Gens (*monogen bedingte E.*) oder innerhalb mehrerer Gene (*polygen bedingte E.*), aber auch von gröberen strukturellen Veränderungen an einzelnen Chromosomen (→ Chromosomenmutationen) oder zahlenmäßigen Abweichungen der Chromosomen (→ Genommutationen).

Gegenwärtig sind beim Menschen etwa 3000 E. bekannt; allerdings ist zumeist nur der Erbmodus aufgeklärt und der zugrunde liegende Basisdefekt der Erbstruktur noch unerforscht. Bei zahlreichen E. ist aber auch jetzt schon die Kenntnis der genetischen Grundlage die entscheidende Voraussetzung für die exakte Diagnostik, gezielte Therapie und wirkungsvolle Prophylaxe. Etwa 5 % aller Neugeborenen weisen eine E. auf. Um ein mehrfaches höher ist der Anteil genetisch geschädigter Früchte, die pränatal absterben.

Eine wichtige Aufgabe der → Humangenetik besteht in der Aufklärung der die E. bewirkenden Faktoren sowie in der Erarbeitung geeigneter Maßnahmen zur Bekämpfung von E. Hierbei hat die Verminderung des Auftretens von Neumutationen durch eine konsequente Mutationsprophylaxe und die Verhinderung der Weitergabe defekter genetischer Anlagen von Generation zu Generation durch eine effektive → humangenetische Beratung der Betroffenen besondere Bedeutung, zumal auch für die Zukunft davon ausgegangen werden kann, daß das Problem der E. auf dem Wege der künstlichen Normalisierung der Erbstrukturen (genetic engineering) nur zu einem geringen Teil zu lösen ist.
Erbkunde, svw. Genetik.
erblich, an bestimmte → Erbanlagen gebunden.
Erblichkeitsgrad, svw. Heritabilität.

Erbpathologie, → Humangenetik.

Erbprognose, Abklärung der Manifestationswahrscheinlichkeit von genetisch bedingten Krankheiten und Fehlbildungen in der Generationenfolge im Rahmen der → humangenetischen Beratung. Bei *monogen* determinierten genetischen Störungen dienen Familienanamnesen (Stammbaumanalysen), der Nachweis von Mikrosymptomen bei unvollständiger Expressivität dominanter Gene und von Heterozygoten (→ Heterozygotentest) bei rezessivem Erbmodus der E. Bei *chromosomal bedingten* Störungen ist insbesondere der zytogenetische Nachweis von balancierten Chromosomentranslokationen bei den prospektiven Eltern von Bedeutung. Bei *polygen* verursachten Krankheiten oder Fehlbildungen erfolgt eine *empirische* E. Ausgehend von einer möglichst großen Anzahl verschiedenen Familien angehörender Probanden mit der entsprechenden Erkrankung wird festgestellt, mit welcher Häufigkeit Angehörige der entsprechenden Verwandtschaftsgrade ebenfalls betroffen sind. Die sich ergebenden *Risikoziffern* werden der Beratung zugrunde gelegt. Eine zunehmende Anzahl genetisch bedingter Störungen kann bei Risikoschwangerschaften mit den Methoden der → pränatalen Diagnose bei dem Kind vorgeburtlich direkt nachgewiesen werden, wodurch die E. eine fast 100%ige Sicherheit erhält.

Erbrechen, → Brechreflex.
Erbse, → Schmetterlingsblütler.
Erbsenwickler, *Cydia nigricana* F., ein Schmetterling aus der Familie der Wickler, dessen Raupen die Erbsensamen in den Hülsen zerfressen. Die Ertragsverluste sind oft sehr hoch.
Erdaltertum, svw. Paläozoikum.
Erdaltzeit, svw. Paläozoikum.
Erdartischocke, → Korbblütler.
Erdbauten, → Tierbauten.
Erdbeerbaum, → Heidekrautgewächse.
Erdbeere, → Rosengewächse.
Erdbeerfrosch, → Baumsteigerfrösche.
Erdbeermilbe, *Tarsonemus fragariae,* eine Weichhautmilbe, unter deren Einfluß die Erdbeerpflanzen mit kleinen gekräuselten Herzblättern kümmern und schließlich eingehen.
Erdbirne, → Korbblütler.
erdeloser Pflanzenbau, → Wasserkultur.
Erdferkel, *Orycteropus afer,* der einzige Vertreter der Röhrenzähner. Das E. ist ein schweinegroßes Säugetier mit sehr langer Schnauze, langen Ohren und langem Schwanz. Sein

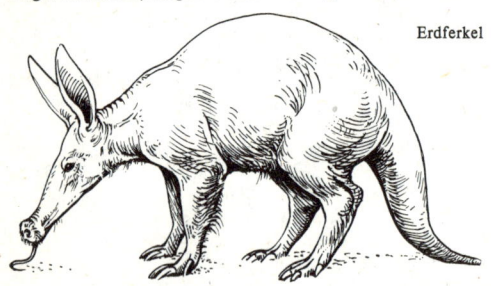

Erdferkel

Gebiß besteht oben jederseits aus fünf, unten jederseits aus vier walzenförmigen Zähnen, die in eigentümlicher Weise aus einer großen Zahl dicht nebeneinander stehender Röhren zusammengesetzt sind. Das in Steppen und Savannen Afrikas beheimatete E. schläft tagsüber in selbstgegrabenen Höhlen. Seine Nahrung bilden Ameisen und Termiten, deren Baue es mit den kräftigen Vorderklauen auseinanderscharrt.
Erdflöhe, → Blattkäfer.

Erdfrühzeit, mehrdeutiger Begriff; z. T. Synonym für Proterozoikum sowie Sammelbegriff für die Zeit vom Azoikum bis zum Beginn des Kambriums.
Erdhöhlen, → Tierbauten.
Erdkröte, *Bufo bufo,* häufigste europäische → Eigentliche Kröte, die in mehreren Unterarten auch in Asien und Nordafrika verbreitet ist. Das Weibchen wird bis 12 cm lang, das Männchen bleibt kleiner. Die Oberseite ist schmutzigbraun, mit großen, dicht stehenden Warzen. Eine Schallblase fehlt. Zur Paarungszeit trägt das Männchen schwarze Hornschwielen an der Innenseite der Finger. Die E. bewohnt feuchte Orte in der Ebene und im Gebirge bis über die Baumgrenze. Zur Überwinterung sucht sie auch Kellerräume auf. Die Paarung erfolgt März bis April in stehenden, meist jedes Jahr wieder aufgesuchten Gewässern (»Laichwanderungen«), die beiden Eischnüre mit 6000 und mehr Eiern sind bis 5 m lang. Nach 2 bis 3 Wochen schlüpfen die Kaulquappen, die im Hochsommer umgewandelt das Wasser verlassen und dann oft in großer Zahl als kleine Jungkröten herumhüpfen. Die E. ist – wie alle einheimischen Kröten – durch Vertilgen von Schnecken und Schadinsekten sehr nützlich.
Erdläufer, → Hundertfüßer.
Erdmandel, → Riedgräser.
Erdmaus, *Microtus agrestis,* ein zu den Wühlmäusen gehörendes schädliches Nagetier, das häufig an verunkrauteten Waldrändern vorkommt. Die E. benagt die Rinde junger Laub- und Nadelgehölze und zerbeißt deren Knospen und Endtriebe.
Erdmittelalter, svw. Mesozoikum, → Erdzeitalter.
Erdnester, → Tierbauten.
Erdneuzeit, → Erdzeitalter.
Erdnuß, → Schmetterlingsblütler.
Erdpflanzen, svw. Geophyten.
Erdraupen, Bezeichnung für die nackten Raupen einiger Eulenfalter, die tagsüber im Boden leben und durch Abfressen der Wurzeln oder nachts über der Erde durch Blattfraß an land- und forstwirtschaftlichen Kulturen schädlich werden, z. B. → Weizeneule, → Wintersaateule, → Kiefernsaateule. E. sind schwer zu bekämpfen.

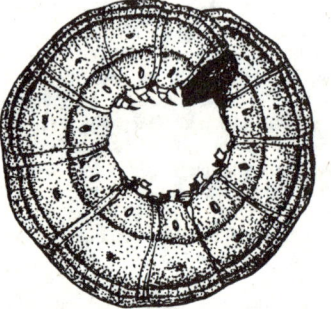

Erdraupe

Erdschlangen, svw. Regenbogenschlangen.
Erdschürfepflanzen, svw. Hemikryptophyten.
Erdsittiche, → Papageien.
Erdsterne, → Ständerpilze.
Erdurzeit, svw. Azoikum, → Erdzeitalter.
Erdwendigkeit, svw. Geotropismus.
Erdwolf, → Hyänen.
Erdzeitalter, Zeitabschnitte der erdgeschichtlichen Entwicklung. Der Ablauf der Erdgeschichte wird in mehrere Hauptabschnitte (Gruppen, Ären) gegliedert, diese wiederum in *Systeme* (*Perioden*), Abteilungen (Epochen), Stufen. Die Bezeichnung Formation ist veraltet.
  Die Einteilung der Hauptabschnitte der Erdgeschichte erfolgt üblicherweise nach der Entwicklung der Tierwelt in

Gruppe (Ära) der Entwicklung der Tierwelt	Beginn vor Mill. Jahren	System (Periode)	Abteilung (Epoche)	Gruppe (Ära) der Entwicklung der Pflanzenwelt
Känozoikum oder Erdneuzeit	1,8...2	Quartär	Holozän Pleistozän	Känophytikum
	65	Tertiär	Neogen (Jungtertiär) Paläogen (Alttertiär)	
Mesozoikum oder Erdmittelalter	140	Kreide	Oberkreide Unterkreide	Mesophytikum
	195	Jura	Malm (Weißer Jura) Dogger (Brauner Jura) Lias (Schwarzer Jura)	
	225	Trias	Keuper Muschelkalk Buntsandstein	Paläophytikum
Paläozoikum oder Erdaltertum	285	Perm	Zechstein Rotliegendes	
	350	Karbon	Oberkarbon Unterkarbon	
	405	Devon	Oberdevon Mitteldevon Unterdevon	—?——?— Eophytikum
	430	Silur		
	500	Ordovizium	Oberordovizium Mittelordovizium Unterordovizium	
	570	Kambrium	Oberkambrium Mittelkambrium Unterkambrium	
Archaeozoikum (Kryptozoikum) oder Erdfrühzeit	etwa 1000	Präkambrium	Riphäikum	
	etwa 2000		Proterozoikum	
	etwa 2800		Archaikum	
	etwa 4000		Katarchaikum	
Azoikum oder Erdurzeit	> 4500			

Archäo-, (*Präkambrium, Kryptozoikum*), *Paläo-, Meso-* und *Känozoikum.* Die entsprechenden Hauptabschnitte der Entwicklung der Pflanzenwelt, das *Eo-, Paläo-, Meso-* und *Känophytikum,* decken sich zeitlich nicht mit der Einteilung nach der Fauna, sondern beginnen durchweg etwas früher.
Erethizontidae, → Baumstachler.
Erfrieren, → Auswinterung, → Frostschäden.
ERG, Abk. für *E*lektro*r*etino*g*ramm, → Elektroretinographie.
Ergasilus, → Ruderfußkrebse.
Ergastoplasma, → endoplasmatisches Retikulum.
Ergobolismus, svw. Betriebsstoffwechsel.
Ergochrome, Gruppe von Naturfarbstoffen, die aus verschiedenen Pilz- und Flechtenarten isoliert wurden.
Ergokalziferol, svw. Vitamin D_2, → Vitamine.
Ergokornin, → Mutterkornalkaloide.
Ergokryptin, → Mutterkornalkaloide.
Ergolinalkaloide, svw. Mutterkornalkaloide.
Ergosterin, *Ergosterol, Provitamin D_2,* das wichtigste Mykosterin, das am besten aus Hefe zugänglich ist. Es geht bei UV-Bestrahlung in das antirachitisch wirkende Vitamin D_2 über und dient als dessen Ausgangsmaterial.

Ergotalkaloide

Ergotalkaloide, svw. Mutterkornalkaloide.
Ergotamin, → Mutterkornalkaloide.
ergotrope Reaktion, → vegetatives Nervensystem.
Erhaltungsumsatz, → Energieumsatz.
Erhaltungszentrum, → Ausbreitungszentrum, → Refugium.
Ericaceae, → Heidekrautgewächse.
Erinaceidae, → Igel.
Erkältungsschäden, svw. Kälteschäden.
Erkundungsverhalten, *Explorationsverhalten, exploratives Verhalten,* Verhalten im Dienst des Informationswechsels mit der Umwelt mit dem Funktionsziel der (partiellen) Orientiertheit über einen bestimmten raumzeitlichen Ausschnitt aus der Umgebung. Das E. ist »fremdmotiviert«, wenn es ausschließlich auf ein bestimmtes Funktionsobjekt (z. B. Nahrung) orientiert ist, jedoch »eigenmotiviert« (autonom), wenn es davon unabhängig vollzogen wird. Es schließt Identifikationsleistungen (Erkennen von Objekten und Ereignissen) wie Orientierung in Raum und Zeit ein.

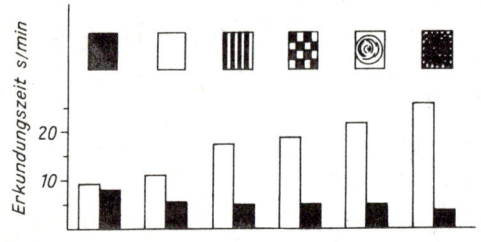

Erkundungszeit bei Rhesusaffen auf verschiedene Signale bei unterschiedlichen Entwicklungsbedingungen. Weiße Blöcke = in Freiheit aufgewachsen, schwarze Blöcke = in Gefangenschaft aufgewachsen und vom 9.–12. Monat sozial isoliert. Obere Reihe: Die angebotenen Muster, Ordinate: Dauer des Erkundungsverhaltens in Sekunden je Minute

Erle, → Birkengewächse.
erleichterte Diffusion, → Carrier.
erleichterte Permeation, → Carrier.
Erlenbruch, → Seenalterung.
Ermüdung, *1)* bei Mensch und Tier herabgesetzte Leistungsfähigkeit durch andauernde Belastung im physiologischen Grenzbereich. Organsysteme ermüden unterschiedlich schnell, Nervensysteme z. B. langsamer als Muskulatur. Die Ursachen für E. sind z. T. organspezifisch und ergeben sich unter anderem aus spezifischen Stoffwechselvorgängen. E. ist reversibel und verliert sich in sogenannten Restitutionsperioden. Abzugrenzen von der E. ist die Erschöpfung (→ Streß).
2) in der Reizphysiologie der Pflanzen ein Absinken der Erregbarkeit infolge dauernder oder in kurzen Abständen häufig wiederholter Reizung.
Ernährung, die Aufnahme von Nahrungsstoffen zum Aufbau des Körpers, zur Aufrechterhaltung seiner Lebensfunktionen und zum Hervorbringen bestimmter Leistungen.
Tier und Mensch sind zu ihrer E. auf organische Verbindungen angewiesen. Sie können nicht wie die Pflanze anorganische Stoffe in organische umwandeln. Die mit der Nahrung aufgenommenen *Nährstoffe* erfahren im tierischen und menschlichen Körper eine Umwandlung zu körpereigener Substanz, ehe sie zu Leistungen verwertet werden. Außer den Hauptnährstoffen Eiweiß, Fett und Kohlenhydrate benötigen Tier und Mensch zu ihrer E. eine Reihe von Mineralstoffen sowie Vitamine und Spurenelemente. Beim Tier hängt von der Art der Nahrung der Bau der Verdauungsorgane ab.
Ernährungsphysiologie, Teilgebiet der Physiologie, das sich mit der Aufnahme, Umwandlung und Ausnutzung der Nährstoffe bei Pflanzen und Tieren befaßt; im weiteren Sinne die Lehre von der Ernährung der Organismen.
Ernährungsweisen (Tafel 44), die verschiedenen Formen der Nahrungsgewinnung und -aufnahme bei Pflanzen und Tieren. Über E. bei Pflanzen → Assimilation, → Autrophie, → Heterotrophie, → Symbiose. Bei Tieren kann eine vereinfachte Einteilung vorgenommen werden nach der Art der Nahrung und der Art der Nahrungsgewinnung in Abhängigkeit vom Bauplan und Lebensformtyp (→ Lebensform).

1) Art der Nahrung: Lebende organische Substanzen aufnehmende Tiere werden als Biophage, die Pflanzenfresser unter ihnen als Phytophage, die Tierfresser als Zoophage bezeichnet. Abgestorbene organische Substanz aufnehmende Tiere sind die Nekrophagen. Omnivore Tiere können sowohl tote als auch lebende, pflanzliche wie auch tierische Nahrung aufnehmen. Phytophage Tiere lassen sich weiter aufgliedern in Phytoepisiten (z. B. weidende Huftiere) oder Phytoparasiten (z. B. Blatt- und Schildläuse als Ektoparasiten oder die Larve des Apfelwicklers, die Wurzelgallennematoden und Blattälchen als Endoparasiten). Nach der Eigenart der Nahrung ist eine Trennung in Herbivore (Krautfresser), Fruktivore (Fruchtfresser), Myzetophage (Pilzfresser), Xylophage (Holzfresser) u. a. möglich.

Zoophage Tiere kann man ebenfalls in Episiten (Räuber) und Parasiten gliedern (→ Beziehungen der Organismen untereinander).

Nach der Art der Nahrung trennt man weiter Karnivore (Fleischfresser), Insektivore oder Entomophage (Insektenfresser), Hämophage (Blutsauger) u. a.

Nekrophage Tiere zeigen zahlreiche Übergänge zu den Biophagen, z. B. beginnen Borkenkäfer ihre Entwicklung vielfach in noch lebenden Bäumen und beenden sie in den abgestorbenen Stämmen. Die Mehrzahl der nekrophagen Tiere ernährt sich von bereits in Zersetzung begriffenen Organismen (Saprophage), andere fressen Kot (→ Koprophage).

2) Art der Nahrungsaufnahme (Tafel 44): Vorwiegend an das Wasserleben gebunden ist die Nahrungsbeschaffung der Strudler, die einen Wasserstrom mit suspendierter Kleinnahrung an oder in den Körper strudeln, wobei meist Wimpern den Strom erzeugen, z. B. Pantoffeltierchen, Rädertierchen, viele Meeresborstenwürmer, Muscheln und Lanzettfischchen. Schleimabsonderungen binden die Nahrung; vielfach ist der Nahrungswasserstrom zugleich auch der Atemwasserstrom. Filtrierer, die ebenfalls ihre Nahrung aus dem Wasser entnehmen, besitzen Filter-, Reusen- und Seiheinrichtungen zum Zurückhalten der Nahrung von bestimmter Partikelgröße, z. B. die Appendikularien mit ihren Tunizinhüllen, die Blaufelchen mit ihren Kiemenfiltern, die Enten, Gänse und Flamingos mit ihren Seihschnäbeln und die Bartenwale mit ihren Barten. Taster leben vorwiegend im Meer und suchen die Umgebung mit Tentakeln und Siphonen ab, z. B. sessile Nesseltiere. Substratfresser leben im Wasser, Boden oder in sich zersetzenden Stoffen und nehmen die Nahrung mit dem Substrat auf, z. B. Regenwürmer, Meeresborstenwürmer, Seegurken, Pfeffermuscheln, Krabben und unter den Fischen die Meeräschen. Weidegänger besitzen gut entwickelte Mundwerkzeuge, mit denen sie die Nahrung abreißen, abbeißen oder abraspeln und dann meist noch mechanisch zerkleinern. Zu ihnen gehören Landschnecken, zahlreiche pflanzenfressende Insekten, algenabweidende Seeigel, Fische und unter den Säugetieren viele Nager und die Huftiere. Sammler nehmen kleinere pflanzliche oder tierische Nahrung aus ihrer Umgebung auf, ohne diese zu jagen. Die Mundwerkzeuge sind oft spezialisiert (Kegelschnäbel, Sondenschnäbel); vielfach sind Kropfbildungen und Sammelmägen entwickelt. Die Nahrung wird entweder gar nicht oder nur grob zerkleinert, z. B. bei Hühnervögeln, Schnepfen, Meisen. Jäger spüren ihre Beute auf, verfolgen oder belauern sie. Ihre Sinnesorgane sind gut entwickelt, ihre Bewegungen schnell, und sie verfügen meist über wirksame Greiforgane oder Gebisse, z. B. Raubtiere, Fledermäuse, Greifvögel, Schlangen, Wolfsspinnen, Libellen, Raubwanzen, Laufkäfer, Vielfüßer und einige Nematoden. Die Lauerjäger suchen ihre Beute nicht, sondern erwarten sie von einem festen Standort aus, wie die Gottesanbeterin. Fallensteller benutzen körpereigene oder fremde Hilfsmittel zum Fang der Beute (z. B. Netze der Webespinnen, Schleimnetze bei Wurmschnecken, Fangnetze bei Köcherfliegenlarven, Trichter bei Ameisenlöwen, Schleuderzungen bei Fröschen und Chamäleons). Lecker nehmen Flüssigkeiten auf oder lecken mit ihrer Zunge kleine Beutetiere auf, z. B. Bienen, Schmetterlinge, Kolibris, Honigsauger und Papageien, Spechte, Flughunde, Ameisenbären und Gürteltiere. Stechsäuger und Sauger stechen tierische oder pflanzliche Gewebe an und entnehmen Flüssigkeiten, wie Blut, Lymphe, Pflanzensäfte oder verflüssigte Gewebe. Hierher gehören viele Schmarotzer, wie Saugwürmer, Rundwürmer, Blutegel, zahlreiche Insekten (Blattläuse, Zikaden, Wanzen, Zweiflügler, Flöhe), Zecken und Neunaugen. Die Mundwerkzeuge sind vielfach kanülenartig, und der Vorderdarm ist oft mit Saugpumpen versehen.

Der Art der Nahrungsaufnahme entsprechend haben sich die vielfältigsten Formen von Mundwerkzeugen entwickelt.

Lit: W. Tischler: Grundzüge der terrestrischen Tierökologie (Braunschweig 1949).

Errante, *Pl.*, passiv oder aktiv in verschiedenen Medien frei bewegliche, lebende Pflanzen. Zu den E. gehören z. B. Schwimmpflanzen, Wasserschweber, Eis- und Schneebewohner, Bodenbewohner (→ Edaphophyten) und parasitische, frei bewegliche Pflanzen. → Lebensform.

Errantia, → Vielborster.

Erregbarkeit, *Reizbarkeit, Irritabilität*, die Fähigkeit der Lebewesen, selbst der einfachsten, auf äußere Einwirkungen zu reagieren. Die diese Reaktionen veranlassenden Milieu- und Zustandsänderungen, z. B. Licht, Schwerkraft, Wärme, chemische Mittel, Elektrizität oder mechanische Faktoren, bezeichnet man als *Reize*. Die E. ist eine fundamentale Voraussetzung für die Existenz eines jeden Lebewesens, denn durch sie ist der Organismus befähigt, die ständig erfolgenden Umweltveränderungen zu erfassen und gerichtet darauf zu reagieren.

In der Nerven-, Muskel- und Sinnesphysiologie der Tiere spielt die Größe der E. als Maß für den funktionellen Zustand einer Zelle, einer Nerven- oder Muskelfaser eine große Rolle. Sie wird durch den reziproken Intensitätswert des Schwellenreizes (→ Reizschwelle) ausgedrückt.

Phylogenetisch ist die E. mindestens so alt wie die Eukaryotenzellen, jedoch nicht notwendig Voraussetzung für jedwedes System, das der Definition »lebend« genügt. Wenn in der Phylogenese entstanden, dann ist die E. eine wichtige, genetisch fixierte Eigenschaft zur Verarbeitung und Bildung von Informationen.

Erregung, 1) elementarer Vorgang, bei dem sich physikalische und chemische Parameter von Zellmembranen und deren Umgebungen, Flüssigkeiten auf der Innenseite und auf der Außenseite von Membranen, ändern.

2) Zustandsverhalten von tierischen Organismen, gekennzeichnet durch eine starke Aktivität, dem E. im Sinne von 1) zugrunde liegt, das allerdings an sehr zahlreichen Elementen des organismischen Systems (Nervenzellen, Drüsenzellen, Muskeln) stattfindet und deshalb, sowie durch Wechselwirkungen zwischen den Elementen, in sehr komplexer Form verläuft. Ausdruck solcher E. sind z. B. Emotionen (→ Affekt). E. als elementarer Vorgang wird entweder induziert (*induzierte* oder *reizbedingte E.*) oder entsteht ohne erkennbare äußere Einwirkungen (*spontane E.*) und ist an bioelektrischen Potentialschwankungen kenntlich. Die Potentialschwankungen können auf den Ort ihrer Entstehung und die nähere Umgebung beschränkt bleiben (*lokale E.*) oder sich ausbreiten (*fortgeleitete E.*). Die Erregungsintensität kann graduiert sein, d. h. von der Reizstärke abhängen. Hat sie eine bestimmte Größe, den Schwellenwert, erreicht, entstehen fortgeleitete → Aktionspotentiale nach dem → Alles-oder-Nichts-Gesetz.

Die Entstehung von E. als elementarer Vorgang ist insbesondere an den Riesenaxonen von Kopffüßern (*Loligo*) untersucht, danach an zahlreichen anderen Nervenfasern und Ganglienzellen, Muskeln u. a. verschiedener Arten im wesentlichen bestätigt worden. Sie geht als *Ionentheorie der E.* von einer selektiv permeablen Zellmembran aus und erklärt elektrische *Potentialdifferenzen* an Zellmembranen durch die Verteilung von Ladungsträgern (Ionen).

Die Flüssigkeit auf der Innenseite von Nervenzellmembranen enthält relativ hohe Konzentrationen an Kalium- und geringe Konzentrationen an Natrium- sowie Chloridionen, in der Flüssigkeit außerhalb der Nervenzellmembran ist es umgekehrt. Die ruhende Membran ist stark permeabel für Kalium, wenig für Natrium. Die Permeabilitätsunterschiede ergeben sich aus der Durchlässigkeit bestimmter Kanäle für Kalium- bzw. Natriumionen unter gegebenen Bedingungen. Kaliumionen werden infolge des Konzentrationsgradienten und der bestehenden Permeabilitätsmöglichkeit zur Membranaußenseite »gezogen«. Damit entsteht ein negatives elektrisches Potential an der Innenseite der Zellmembran, weil Anionen (insbesondere Cl^- und negativ geladene Proteine) nicht folgen können. Diese Ladungsdifferenz wird keinen so starken Ausstrom von Kalium ermöglichen, wie aus den Konzentrationsdifferenzen für Kalium und den Membranseiten folgen könnte.

Die Beziehungen zwischen dem Membranpotential und den Kaliumkonzentrationen formuliert die *Nernst-Gleichung*, bei Berücksichtigung der relativen Permeabilitäten der wichtigsten beteiligten Ionen wird das Membranruhepotential durch die *Goldmansche Gleichung* beschrieben. Abweichungen von der Potentialdifferenz zwischen Innenseite und Außenseite der Membran, die das Ruhepotential darstellt, können eintreten und sich in stärkerer Negativität der Innenseite ausdrücken (*Hyperpolarisation*) oder die negative Ladung der Innenseite vermindern und sogar zum Aufbau positiver Ladungen führen (*Depolarisation*).

Wird das Ruhepotential experimentell (z. B. elektrische Reizung) oder durch natürliche Vorgänge (z. B. Tätigkeit von Synapsen) vermindert, so erhöht sich die Permeabilität der Membran für Na^+ mit zunehmender Depolarisation exponentiell. Bleibt die Depolarisation geringfügig, wird der einsetzende K^+-Ausstrom die ursprüngliche Polarisierung (→ Ruhepotential) wieder herstellen (*lokales Potential*). Andernfalls bauen die einströmenden positiven Ladungen das Membranpotential explosionsartig ab. → Aktionspotential.

Die Natriumpermeabilität erreicht dabei etwa das 500fache des Ruhewertes, und ein Gleichgewichtspotential auf den Konzentrationsverhältnissen, das Na^+, lädt die Membraninnenseite positiv. Die Natriumpermeabilität erfolgt durch Öffnung von Na^+-Kanälen (hemmbar durch Tetrodotoxin), von denen je Membranflächeneinheit (μm^2) etwa 50 (Vagus-Nerv von Kaninchen, Krustaceen-Axone) bis 400 (Kopffüßer-Axon) vorhanden sind. Da aber mit der erhöhten Na^+-Permeabilität auch mehr K^+-Kanäle (hemmbar

Erregungsfrequenz

durch Tetraethylammonium), allerdings verzögert, geöffnet werden, tritt K^+ verstärkt aus. Die Umpolarisierung (overshoot) wird beseitigt, wenn mit der K^+-Aktivierung sich die Na^+-Kanäle wieder schließen (Na^+-Inaktivierung). Es wird erneut das Ruhepotential erreicht.

Depolarisation und Repolarisation sind keine aktiven Transportprozesse. Aktive Transportmechanismen sind die Natrium-Kalium-Pumpen (→ Ionenpumpen), vermutlich repräsentiert durch ein Enzym, blockbar mit Strophantin (Ouabain). Die Energiequelle für den aktiven Transportvorgang wird durch ATP-Hydrolyse gewonnen, deshalb wird das Enzym als Na^+-/K^+-ATPase bezeichnet. Aktiv transportiert werden geringe Ionenmengen nach Ablauf des Aktionspotentiales. Der Konzentrationsgradient wird auch im Ruhestand fortlaufend durch Pumpen aufrechterhalten, da z. B. Na^+-Ionen im Austausch gegen K^+-Ionen in die Zelle eintreten und den Gradienten abbauen. Die Natrium-Kalium-Pumpe transportiert deshalb Na^+ aus der und K^+ in die Zelle (→ Ionenpumpen). Die Nervenzellmembran und ihre innere sowie äußere Flüssigkeitsumgebung gleicht somit einer Batterie, die durch den Stoffwechsel mit aufgeladen wird. Die Mechanismen des Ionentransportes wurden durch Einführung der »Voltage-clamp«-Methode genauer meßbar.

3) in der Reizphysiologie der **Pflanzen** die plasmatischen Veränderungen, die durch die Reizaufnahme ausgelöst werden und schließlich zu Bewegungsreaktionen führen können. Die E. beginnt mit dem Auftreten eines elektrischen Potentials, des → Aktionspotentials, das das Ruhepotential, das gegenüber der Zellaußenfläche −50 bis −200 mV beträgt, vorübergehend vollständig aufheben oder sogar umkehren kann. Das Aktionspotential entsteht, indem Cl^--Ionen aus der Zelle austreten und oft gleichzeitig auch Ca^{++}-Ionen in die Zelle eintreten, wobei als Ursache hierfür eine reizbedingte Erhöhung der Permeabilität der Zellmembran für diese Ionen in Betracht kommt. Diese kann von einer Permeation entlang dem Gefälle des elektrochemischen Potentiales gefolgt sein. Der Verlagerung von Cl^-- und Ca^{++}-Ionen folgt mit einer gewissen Verzögerung ein langsamerer Austritt von K^+-Ionen aus der Zelle. Dabei wird das Aktionspotential gelöscht und das ursprüngliche Ruhepotential innerhalb von etwa 20 Sekunden (beim Tier demgegenüber in Sekundenbruchteilen!) wiederhergestellt. Die Ionenverteilung ist nun zunächst anders als vor der E. Die ursprüngliche Ionenverteilung wird im anschließenden Restitutionsprozeß durch aktiven (Carrier-)Transport wiederhergestellt, indem Cl^-- und K^+-Ionen nach innen und Ca^{++}-Ionen nach außen transportiert werden.

Erregungsfrequenz, ältere Bezeichnung für → Frequenzmodulation der Erregung.

Erregungskreis, → Schaltung.

Erregungsleitung, das Übergreifen der Erregung vom Ursprungsort auf benachbarte Bereiche. In den für die E. spezialisierten Strukturen der Tiere, den Nerven, kann sich eine Erregung vom Ort ihrer Entstehung aus nach beiden Seiten fortpflanzen. Die E. in nur einer Richtung ist auf die Einschaltung von Synapsen zwischen den Leitungsbahnen des Nervensystems zurückzuführen, denn die chemischen Synapsen übertragen die Erregung in der Regel in einer Richtung. Es werden einige Ausnahmen diskutiert.

Die E. kann mit oder ohne Dekrement erfolgen. Die *Dekrementleitung*, bei welcher die Amplitude der für die Erregung charakteristischen Potentialschwankung während der Weiterleitung allmählich abnimmt, ist charakteristisch für unterschwellige Erregungen. Auch an den Dendriten der Neuronen konnte diese Form der E. nachgewiesen werden. Normalerweise erfolgt im Nerv stets eine dekrementlose Weiterleitung der Erregung.

Bei den markarmen Nervenfasern und auch bei Muskelfasern liegt eine *kontinuierliche E.* vor. Eine in einem Punkt entstehende E. wirkt durch ihr Aktionspotential auf den zunächst unerregten unmittelbaren Nachbarbereich in der Weise ein, daß dort eine neue Erregung hervorgerufen wird. Die besondere Struktur der markhaltigen Nervenfaser bedingt einen anderen Typ der E. Ein in einem Ranvierschen Schnürring (→ Neuron) entstandenes Aktionspotential bewirkt wegen der Isolierung der Internodalstrecke durch die myelinhaltige Markscheide in diesem Bereich keine Erregung, wohl aber im relativ weit entfernten nächsten Schnürring. Die E. ist in diesem Falle diskontinuierlich (*saltatorische E.*) und erfolgt mit großer Geschwindigkeit. Das Maß für die E. ist die *Leitungsgeschwindigkeit*, die je nach der erregungsleitenden Struktur verschieden ist:

Tierart	Fasertyp	Lg in m/s
Katze	mot NF (mh)	60…120
Katze	aff NF von Druckrezeptoren (mh)	30…45
Katze	vasomot NF, langsame Schmerzfasern (ma)	0,5…2,5
Frosch	mot NF (mh)	8…40
Frosch	aff NF von Druckrezeptoren (mh)	8…15
Frosch	vasomot NF, langsame Schmerzfasern (ma)	0,3…0,8
Strandkrabbe (*Carcinus*)	Beinnerv (ma)	0,35
Kopffüßer (*Sepia*)	Mantelnerv (ma)	0,2…0,4
Teichmuschel (*Anodonta*)	Pedalnerv (ma)	0,05
Weinbergschnecke (*Helix*)	Intestinalnerv (ma)	0,05…0,4
Regenwurm	Bauchmark (ma)	0,6
Süßwasserpolyp	Fangfäden	0,1…0,25

Abkürzungen: aff = afferent, Lg = Leitungsgeschwindigkeit, ma = markarm, mh = markhaltig, mot = motorisch, NF = Nervenfaser, vasomot = vasomotorisch.

Die theoretischen Erklärungen der E. gehen auf die *Strömchentheorie* von Hermann (1872) zurück. In moderner Form sagt sie aus, daß ein in einem beliebigen Punkt einer Nervenfaser entstehendes Aktionspotential durch katelektronische Stromschleifen zu einer schnellen Depolarisation der benachbarten Faserbereiche führt, wodurch an diesen Orten eine weitere Erregung ausgelöst wird. Der Aktionsstrom, der am Ursprungsort bei der Erregung entsteht, wirkt also auf die Nachbarbereiche gleichzeitig als elektrischer Reiz.

Erregungsmuster, → Frequenzmodulation der Erregung.

Erregungsphysiologie, → Nervenphysiologie.

Ersatzgesellschaft, Bezeichnung für eine Pflanzengesellschaft, die nach menschlicher Einwirkung an die Stelle einer natürlichen Pflanzengesellschaft getreten ist. Beispielsweise sind die durch Rodung von Erlenbrüchen oder Auenwäldern entstandenen *Grünlandgesellschaften* E., ebenso wie die Kiefern- und Fichten-Bestände, die an Stelle verschiedener Laubwälder aufgeforstet wurden und auch als *Forstgesellschaften* bezeichnet werden. Die Ermittlung der E. kann mit historischen Methoden, z. B. durch den Vergleich mit älteren Karten, unterstützt durch die Pollenanalyse, erfolgen oder wird durch räumlichen Vergleich beim Studium der *Kontaktgesellschaften*, d. h. der Pflanzengesellschaften, die unmittelbar an natürliche und sekundäre Bestände angrenzen, ermöglicht.

Ersatzknochen, → Knochenbildung.

Ersatzverhalten, → fehlgerichtete Bewegungen.

Erscheinungsbild, → Phänotyp.

Erschlaffungszeit, *1)* → Aktionsphasen des Herzens, *2)* → Muskelkontraktion.

Erschütterungsreize, *Stoßreize, Schüttelreize, seismische Reize,* die Reaktionen mancher Pflanzen auf Erschütterungen, wie sie z. B. durch Wind oder Regen, ferner durch Stöße oder sonstige Berührung hervorgerufen werden können. Die Reaktionen erfolgen zumeist in Form auffallend rascher Bewegungserscheinungen. Gegenüber E. empfindliche Pflanzen sind auch immer gegenüber → Berührungsreizen empfindlich, aber berührungsempfindliche Pflanzen müssen nicht erschütterungsempfindlich sein. E. führen oft, z. B. bei *Mimosa pudica*, zu schnellen Turgorbewegungen. Dabei ist die → Perzeption des E. zunächst an einem → Aktionspotential von mehr als 100 mV meßbar.

Erschütterungssinn, → Tastsinn.

Erstarkungswachstum, → Sproßachse.

Ersticken, → Auswinterung.

Erstmünder, svw. Protostomier.

Erstzersetzer, → Dekomposition.

Ertragsbildung, in allgemein-physiologischer Betrachtungsweise die Substanzbildung der Pflanze. In praktischer Hinsicht sind Qualität und Quantität ganz bestimmter Endprodukte die hauptsächlichsten Maßstäbe der E. bei Nutzpflanzen. Der Ertrag resultiert aus dem Wachstum und der Entwicklung der Pflanze. Dabei erfolgt die Trockensubstanzbildung nicht gleichmäßig während der gesamten pflanzlichen Wachstums- und Entwicklungsperiode. Besonders ausgeprägt ist das bei einjährigen Pflanzen. Bei diesen zeigt die Trockensubstanzbildung im allgemeinen einen S-förmigen Verlauf. In der Anfangsphase (Keimung, Wurzel- und Sproßbildung) erfolgt nur eine geringe langsame Substanzzunahme. Dabei nimmt die Wurzelmasse in der Regel zunächst rascher zu als die Sproßmasse. Das Stadium der stärksten Trockensubstanzproduktion beginnt mit zunehmendem Aufbau des assimilatorischen Apparates und endet nach Eintritt in die generative Phase, deren Abschluß durch Synthese und Ablagerung von Reservestoffen gekennzeichnet ist.

Insgesamt ist an der E. eine Vielzahl von physiologischen Prozessen beteiligt, insbesondere im Rahmen des Mineralstoffwechsels, der Photosynthese und Atmung, des Kohlenhydrat- und Eiweißstoffwechsels sowie der Synthese zahlreicher sekundärer Pflanzenstoffe. Alle diese Prozesse stehen untereinander in engem Zusammenhang und können durch Umweltfaktoren innerhalb der erblich festgelegten Möglichkeiten und Grenzen beeinflußt werden. Die Leistungsfähigkeit einer Pflanze ist also genetisch, durch »innere Wachstumsfaktoren«, bedingt; die volle Realisierung der maximalen Produktionsleistung hängt jedoch weitgehend von den »äußeren Wachstumsfaktoren« Klima und Ernährung ab.

Ertragsgesetze, → Minimumgesetz, → Wirkungsgesetz der Wachstumsfaktoren.

Ertragsklasse, → Bonität.

Erwärmungszentrum, ein im hinteren Hypothalamus der Säugetiere gelegenes Gebiet, das durch Steuerung der → Wärmebildung an der Regulation der Körpertemperatur mitwirkt.

Erwartungswert, → Biostatistik.

Erwerbhomologie, → Traditionshomologie.

Erwinia, eine zu den Enterobakterien zählende Gattung stäbchenförmiger, beweglicher, fakultativ anaerober Bakterien, die pathogen für Pflanzen sind. *E. carotovora* kann als Erreger der Naßfäule bei der Lagerung von Möhren, Kartoffeln u. ä. in Mieten große Schäden hervorrufen. *E. amylovora* ist der Erreger des Feuerbrandes bei Obstbäumen.

erworbener Auslösemechanismus, Abk. *EAM,* durch Erfahrung erlerntes Reaktionssystem des Verhaltens.

Erysiphales, → Schlauchpilze.

D-Erythrit, → D-Erythrose.

Erythroblastose, durch mütterliche Antikörper hervorgerufene Zerstörung der kindlichen roten Blutzellen bei Unverträglichkeit im Rh-System zwischen Mutter und Fetus. → Blutgruppen.

Erythromyzine, eine von *Streptomyces erythreus* gebildete Gruppe von Antibiotika. E. sind Makrolid-Glykoside, als Zuckerbestandteile finden sich häufig Aminozucker und verzweigte Zucker. E. wirken vor allem gegen grampositive Mikroorganismen und werden z. B. bei Scharlach, Lues und Gonorrhoe eingesetzt.

Erythropoese, → Hämatopoese.

D-Erythrose, zu den Monosacchariden zählende Aldotreose, deren 4-Phosphat im Intermediärstoffwechsel der Kohlenhydrate von Bedeutung ist. Reduktion von D-Erythrose führt zum optisch inaktiven Zuckeralkohol *D-Erythrit*.

Erythroxylaceae, → Kokastrauchgewächse.

Erythrozyten, → Hämozyten, → Blut.

Erzschleiche, → Walzenechsen.

Erzwespen, → Hautflügler.

escape, → Scheinresistenz.

Esche, → Ölbaumgewächse.

Escherichia coli, → Kolibakterium, → Phagen.

Eschlauch, → Liliengewächse.

Escorpion, → Krustenechsen.

Esel, → Einhufer, → Wildesel.

Eserin, svw. Physostigmin.

Esodemie, Typ einer → Epidemie, bei dem sich die epidemiologischen Vorgänge auf genetisch einheitliches und dadurch mit dem gleichen Resistenzgrad ausgestattetes Wirtsgewebe eines Wirtsindividuums beschränken.

Lit.: G. Fröhlich (Hrsg.): Wörterbücher der Biologie. Phytopathologie und Pflanzenschutz (Jena 1979).

Esparsette, → Schmetterlingsblütler.

Espe, → Weidengewächse.

ESR-Spektroskopie, *Elektronenspin-Resonanz-Spektroskopie,* modernes spektroskopisches Untersuchungsverfahren für paramagnetische Substanzen. Das Wesen der ESR-S. besteht in der Wechselwirkung des magnetischen Momentes eines ungepaarten Elektrons mit einem äußeren Magnetfeld. Der Spin des Elektrons kann nur zwei Zustände einnehmen, die den magnetischen Quantenzahlen $+1/2$ und $-1/2$ entsprechen. Ohne äußeres Magnetfeld ist die Energie dieser Zustände gleich, der Zustand ist entartet. Im äußeren Magnetfeld jedoch spaltet sich dieses entartete Energieniveau in zwei Energieniveaus auf, die sich in der Orientierung des magnetischen Momentes des Elektrons zur Richtung des äußeren Feldes unterscheiden. Die Einstrahlung von Radiowellen im Gigahertzbereich kann jetzt Übergänge durch Energieabsorption induzieren. Dabei wird wieder genau die Wellenlänge absorbiert, deren Energie der Differenz der möglichen Übergänge entspricht.

Normalerweise ist das höhere Energieniveau nach Boltzmann geringer besetzt, so daß Resonanzabsorption auftritt. Durch *Spin-Gitter-Wechselwirkung* fallen die Elektronen wieder auf das untere Niveau, so daß eine kontinuierliche ESR-S. möglich ist. Ist die eingestrahlte Leistung zu hoch, tritt allerdings *Sättigung* auf. Die Energieabführung an das Gitter ist nicht mehr ausreichend.

Da in der Biologie Moleküle und Radikale untersucht

werden sollen, müssen alle möglichen elektrischen und magnetischen Wechselwirkungen des ungepaarten Elektrons berücksichtigt werden. Auf Grund dieser Wechselwirkungen erfolgen im Gegensatz zum freien Elektron zusätzliche Aufspaltungen der Energieniveaus. Besonders wichtig sind die Wechselwirkung der Bahn- und Spindrehimpulses mit dem äußeren Feld (*Elektronen-Zeeman-Wechselwirkung*), die Wechselwirkung des Elektronen- und Kernspins (*Hyperfein-Wechselwirkung*), die Wechselwirkung mehrerer Spins ungepaarter Elektronen (*Spin-Spin-Wechselwirkung*) sowie die *Spin-Bahn-Wechselwirkung*. Auf Grund dieser vielen möglichen Wechselwirkungen ergeben sich recht komplizierte Spektren, insbesondere bei der Untersuchung biologisch wichtiger Moleküle.

Anwendung. Mittels der ESR-S. können Übergangsmetallkomplexe untersucht werden, so z. B. die Elektronenstruktur von Cu^{++}, Fe^{+++} u. a. in entsprechenden Metallproteinen. Die Orientierung der Liganden kann ermittelt werden, Elektronentransfermechanismen werden erforscht. Eine weitere wichtige Anwendung ist die Untersuchung strahleninduzierter Radikale. Es werden Radikaltypen sowie deren zeitliche und räumliche Verteilung ermittelt. Diese Untersuchungen sind für den Strahlenschutz und die Strahlenbehandlung von großer Wichtigkeit.

Aufbau eines ESR-Spektrometers. Da es sehr schwierig ist, im Mikrowellenbereich durchstimmbare Frequenzen zu erzeugen und weiterzuleiten, benutzt man eine feste Mikrowellenfrequenz und verändert die magnetische Feldstärke linear. Die Mikrowellenstrahlung gelangt in den Resonator, in dem sich die Probe befindet. Durch einen Elektromagneten wird ein starkes magnetisches Feld erzeugt. Tritt Elektronenspin-Resonanz auf, so verändert sich die Intensität der auf den Detektor auftreffenden Mikrowellenstrahlung. Da die Leistungsänderungen häufig sehr klein sind, benutzt man zusätzlich ein sehr hochfrequentes Magnetfeld. Als Signal ergibt sich dann eine Amplitudenmodulation der registrierten Mikrowelle, die elektronisch besser verstärkt werden kann.

Lit.: Hoppe, Lohmann, Markl, Ziegler (Hrsg.): Biophysik (Berlin, Heidelberg, New York, Tokyo 1982).

ESS, Abk. für → evolutionär stabile Strategie.

Essen-Möller-Verfahren, eine Berechnungsweise, die in der Vaterschaftsbegutachtung (→ gerichtlich Anthropologie) eine zusammenfassende Wahrscheinlichkeitsaussage auf der Basis des Vergleichs zahlreicher Einzelmerkmale ermöglicht. Sie geht davon aus, daß bei Vätern von Kindern, die ein bestimmtes Merkmal besitzen, dieses Merkmal häufiger auftritt als in der Durchschnittsbevölkerung. Bedeutet X die Häufigkeit des Merkmals bei tatsächlichen Vätern und Y die Häufigkeit des Merkmals bei Männern aus der Durchschnittsbevölkerung, dann ist die Wahrscheinlichkeit für die Vaterschaft eines Mannes auf Grund der Merkmale $1, 2, 3, \ldots n$

$$W = \frac{1}{1 + \frac{Y_1 Y_2 Y_3 \ldots Y_n}{X_1 X_2 X_3 \ldots X_n}}$$

Die Wahrscheinlichkeit (W) kann zwischen 0 und 100 % liegen.

essentielle Stoffe, lebensnotwendige Stoffe, die der Organismus nicht selbst aufzubauen vermag und die ihm deshalb mit der Nahrung zugeführt werden müssen. Dazu gehören bei Mensch und Säugetieren essentielle → Aminosäuren, bestimmte ungesättigte → Fettsäuren, → Vitamine sowie bestimmte anorganische Spurenelemente wie Eisen, Kupfer, Molybdän, Kobalt, Zink, Mangan, Chrom, Iod, Zinn, Selen, Fluor und andere.

Essigbakterien, svw. Essigsäurebakterien.

Essigbaum, → Sumachgewächse.

Essigsäure, *Ethansäure*, CH_3-COOH, eine farblose, stechend riechende Flüssigkeit, die bei $-16°C$ zu eisartigen Kristallen erstarrt (*Eisessig*). E. tritt häufig als beständiges Endprodukt bei Gärungs-, Fäulnis- und Oxidationsprozessen auf; sie kann z. B. durch Essigsäuregärung (→ Gärung) alkoholischer Flüssigkeiten oder durch trockene Destillation von Holz gewonnen werden (*Holzessig*). Die Übertragung des Essigsäurerestes CH_3-CO- durch die *aktivierte* E., das Azetyl-Koenzym A (→ Koenzym A), spielt im Stoffwechsel der Organismen eine wichtige Rolle.

Essigsäurebakterien, *Essigbakterien*, zu den Gattungen *Acetobacter* und *Gluconobacter* gehörende Bakterien, die Alkohol in Gegenwart von Sauerstoff zu Säure oxidieren, insbesondere Ethylalkohol zu Essigsäure (→ Essigsäuregärung). Die gramnegativen, aeroben Zellen sind unbeweglich oder mittels peritrich oder polar angeordneter Geißeln beweglich. Sie sind stäbchenförmig, in alten Kulturen auch vielgestaltig. E. kommen einzeln, in Paaren oder Ketten vor und wachsen oft auf Flüssigkeiten in Form einer Kahmhaut. In der Natur sind die E. weit verbreitet, sie finden sich vor allem auf Früchten, Gemüse und in Getränken, z. B. Bier. *Acetobacter*-Arten werden technisch zur Herstellung von Essig verwendet.

Essigsäuregärung, für die Essigsäurebakterien typischer, oxidativer Stoffwechselprozeß, bei dem aus Ethylalkohol unter Anwesenheit von Luftsauerstoff Essigsäure gebildet wird:

$$C_2H_5OH + O_2 \rightarrow CH_3-COOH + H_2O$$

Dieser Vorgang verläuft über Azetaldehyd CH_3-CHO als Zwischenprodukt. Da die Essigsäurebildung nur mit Sauerstoff erfolgen kann, handelt es sich nicht um eine echte Gärung, sondern um eine unvollständige Oxidation. Der Begriff E. ist jedoch allgemein üblich. Eine bekannte Auswirkung der E. ist z. B. das Sauerwerden des Bieres.

Praktische Bedeutung hat die Essigsäurebildung für die Herstellung von sogenanntem Gärungsessig, der je nach dem verwendeten Rohstoff als Wein-, Sprit- oder Zideressig (aus Obstwein) bezeichnet wird. Zu seiner Erzeugung sind verschiedene Methoden in Gebrauch. Im *Schnellessigverfahren* läßt die noch alkoholische Flüssigkeit in 2 bis 6 m hohen »Essigbildnern« über Buchenholzspäne rieseln, die als Träger der Essigsäurebakterien dienen. Die Holzspäne lagern in den mit seitlichen Öffnungen versehenen Essigbildnern auf einem Lattenrost, durch den die notwendige Luft einströmt. Darunter befindet sich der Sammelraum, aus dem der fertige Essig abgezogen wird. Neuere Verfahren der Essigherstellung werden in geschlossenen Behältern (→ Fermenter) durchgeführt. Die Essigsäurebakterien befinden sich direkt in der ständig gerührten alkoholhaltigen Flüssigkeit; die Sauerstoffversorgung erfolgt durch Einblasen von Luft.

Die Bereitung von Weinessig war bereits den Babyloniern und Ägyptern bekannt, die ihn als Getränk und Heilmittel verwendeten.

Ester, → Veresterung.

Esterasen, zu den Hydrolasen gehörende Enzyme, die in der Natur weit verbreitet sind und Ester zu Säure und Alkohol spalten. Zu ihnen zählen die *Karbonsäureesterasen*, z. B. → Lipasen und → Cholinesterase, *Thiolesterasen*, z. B. die Azetyl-KoA-Esterase, → Phosphodiesterasen, → Phosphatasen und → Sulfatasen.

esteratisches Zentrum, → Azetylcholin.

Estheria, *Cyzicus, Isaura*, eine Gattung der Blattfußkrebse mit zweiklappiger dünner Schale. Diese ist rundlich in der Form, zeigt eine konzentrische Streifung und wird 2 bis 4 mm groß. Die E. ist weltweit verbreitet und tritt seit dem

Devon bis zur Gegenwart auf, besonders häufig im Mesozoikum, z. B. im unteren Keuper (Estherienschichten).

Estragon, → Korbblütler.

Etagierung, svw. Höhenstufung.

Eté-Wald, → Regenwald.

Ethandikarbonsäure, svw. Bernsteinsäure.

Ethanol, früher Äthanol, *Ethylalkohol,* früher Äthylalkohol, Endprodukt der alkoholischen Gärung zucker- und stärkehaltiger Naturstoffe. E. kommt weit verbreitet in geringen Mengen in der Natur sowie mit 0,02 bis 0,03 ‰ im Blut vor. Der Abbau im menschlichen Organismus erfolgt in der Leber mittels Alkoholdehydrogenase und nachfolgender Oxidation zu Azetat.

Ethanolamin, svw. Kolamin.

Ethansäure, svw. Essigsäure.

Ethogramm, *Aktionskatalog,* Liste der Verhaltensereignisse, deren absoluter und relativer Häufigkeit, Übergangs- und Folgehäufigkeiten sowie anderer Regelhaftigkeiten ihrer Verknüpfung. Die einzelnen Verhaltensereignisse wurden dabei beschreibend erfaßt unter Ausschluß psychologisierender oder interpretierender Begriffe, wobei sich die Ordnung nach → Funktionskreisen des Verhaltens anbietet, andere Klassifikationen, etwa nach der Art der beteiligten motorischen Elemente, sind möglich. Das E. erfaßt das äußere Verhalten, alle in die Umwelt hineinwirkenden Verhaltensvorgänge, also den »Verhaltens-Output«. E. werden in der Regel für eine Tierart aufgestellt, wobei gewöhnlich von den geschlechtsreifen Individuen ausgegangen wird und geschlechtsspezifische Verhaltensereignisse als solche vermerkt werden. Zusätzlich können aber auch entwicklungsspezifische Verhaltensereignisse unter Angabe des Entwicklungsalters einbezogen werden.

Ethökologie, *Öko-Ethologie,* Disziplin der Verhaltensbiologie (und Ökologie), die sich mit den verhaltensbiologischen Vorgängen bei der Steuerung und Regelung der Beziehungsgefüge zwischen den Organismen sowie im Lebensraum befaßt. Im Mittelpunkt stehen dabei das Evolutionskonzept und Bemühungen um die Einsicht in die Evolutionsmechanismen. Ein modernes Konzept der E. wird durch die *Optimalitätsmodelle* geliefert, die davon ausgehen, daß im Zusammenhang mit der Nahrungssuche, der Reviergröße, der Gruppengröße, der Paarung und anderen Interaktionsformen mit der Umwelt optimale Wahlen getroffen werden, so daß die betreffenden Individuen eine hohe Fortpflanzungschance haben, also die Wahrscheinlichkeit erhöhen, wieder fortpflanzungsfähige Nachkommen hervorzubringen, was auch als »inklusive Fitneß« bezeichnet wird. Eine besondere Bedeutung haben dabei → evolutionärstabile Strategien, beispielsweise im Zusammenhang mit der relativen Häufigkeit von Männchen und Weibchen in einer Population. Vergleichende Betrachtungen zwischen verschiedenen Tierarten können hierzu wichtige Zusammenhänge ermitteln.

Lit.: J. R. Krebs u. N. B. Davies: Öko-Ethologie (Berlin u. Hamburg 1981).

Ethologie (Tafel 26), *Verhaltensforschung,* Lehre vom Verhalten. Die E. geht von dem Verhalten der Organismen aus, das als Ergebnis der Evolution die Beziehungen zwischen den Organismen und ihrer Umwelt steuert und regelt, wobei über die Sinnesorgane ein Informationsaustausch gewährleistet wird. Grundlage der ethologischen Forschung

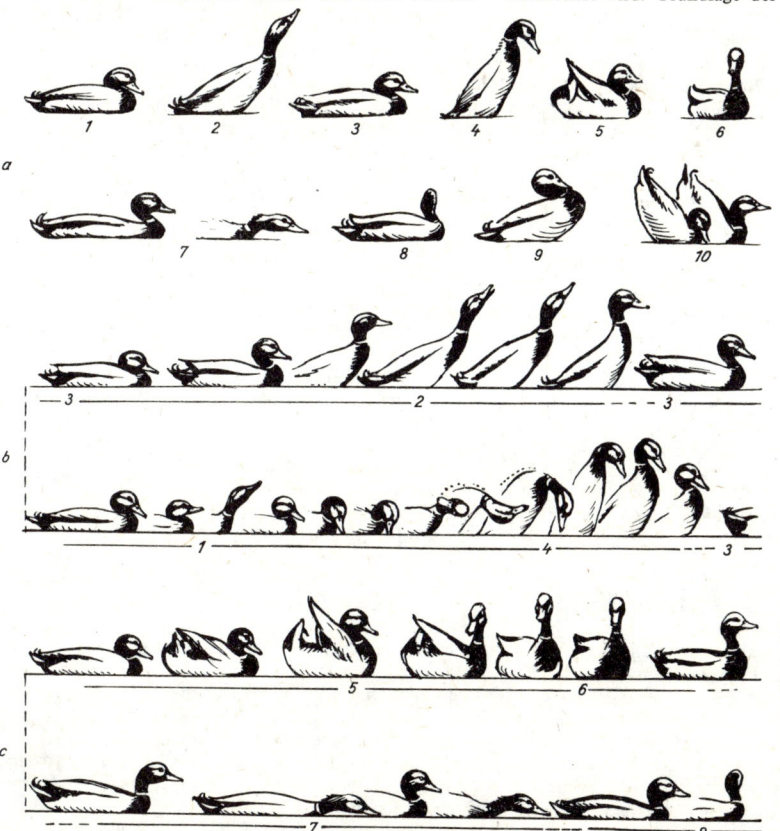

Verhaltensanalysen nach einem Filmprotokoll: *a* Einzelbewegungen eines balzenden Stockerpels, *b* und *c* obligate Bewegungsfolgen: *b* Schwanzwedeln – Kopfschüttelstrecken – Schwanzwedeln – Kopfschütteln – Grunzpfiff – Schwanzwedeln, *c* Kurzhochwerden – Kopfhindrehen zum Weibchen – Nickschwimmen – Zuwenden des Hinterkopfes (nach Lorenz 1960)

ist die Erfassung des äußeren Verhaltens, die Aufstellung eines →Ethogramms. Das Verhalten wird ähnlich wie der Körper als Umweltanpassung aufgefaßt, deren Voraussetzungen ebenfalls genetisch determiniert sind. Die E. führt in diesem Sinne die ältere »Instinktlehre« fort und betrachtet die →Instinktbewegungen als »Erbkoordinationen«. Daraus leitet sich die →vergleichende Verhaltensforschung ab, die heute das zentrale Anliegen der eigentlichen E. darstellt. Dabei wird der Instinktbegriff heute nicht mehr verwendet, und die E. stellt sich die Aufgabe, das Verhalten mit naturwissenschaftlichen Methoden zu erfassen, wobei jedoch konsequent von einem Verhaltensbegriff ausgegangen wird, der sich auf alle Bewegungen, Lautäußerungen, Haltungen, Farbänderungen oder Absonderung von Duftstoffen bezieht und auf diese Phänomene beschränkt bleibt.
Lit.: K. Lorenz: Vergleichende Verhaltensforschung (Wien, New York 1978).

Ethometrie, quantitative Erfassung von Verhaltensvorgängen mit Hilfe von Meßverfahren. Dabei können Häufigkeitsverteilungen bestimmter Verhaltensereignisse, beispielsweise Warnlaute, als Bezugswert zur Erfassung der Antwortstärke auf einen dieses Verhalten auslösenden Reiz verwendet werden. Komplexe Verfahren werden bei Struktur- und Sequenzanalysen eingesetzt. Ursprünglich im engeren Sinne definiert, wird heute der Begriff verallgemeinert für alle metrischen Verfahren der Verhaltensforschung verwendet.
Lit.: B. A. Hazlett: Quantitative Methods in the Study of Animal Behavior (New York 1976).

Ethoparasiten, Organismen, die aus dem Verhalten von Wirtsarten einseitig Nutzen ziehen und dabei die Wirtsart schädigen. So haben verschiedene Insektenarten das als *Trophallaxis* bezeichnete Verhalten der Mund-zu-Mund-Fütterung als ökologische Nische genutzt. Dieses Verhalten ist kennzeichnend für biosoziale Insekten und dient der Nahrungsweitergabe und dem Nahrungsaustausch. Bei Ameisen gibt es verschiedene Käferarten, die jene Kennreize anbieten, die zur Auslösung der Nahrungsabgabe führen. Bei anderen Arten bieten die Larven die Kennreize an, die das Pflegeverhalten ihrer Wirte auslösen, und ernähren sich selbst von Ameisenbrut.
Auch der Brutparasitismus ist ein Spezialfall des Ethoparasitismus.

Ethrel, *2-Chlorethylphosphonsäure,* ein bei pH-Werten über 4 das Phytohormon Ethylen freisetzendes Präparat das als Wachstumsregulator Verwendung findet.

Ethylen, früher Äthylen, $H_2C=CH_2$, einfachster, zu den Alkanen gehörender ungesättigter Kohlenwasserstoff, der in der Synthesechemie ein wichtiges Ausgangsprodukt für vielseitige Verfahren darstellt. In der Pflanzenphysiologie hat E. wegen seines ubiquitären Vorkommens in höheren Pflanzen und wegen seiner pflanzenwachstumsregulierenden Aktivität große Bedeutung. E. ist ein für die normale Entwicklung einer Pflanze notwendiges Phytohormon, nimmt unter diesen aber wegen seines gasförmigen Zustandes eine Sonderstellung ein. In der höheren Pflanze steuert E. die Syntheseleistung vielfältiger Stoffwechselwege, es hemmt und fördert bestimmte Enzymaktivitäten, stimuliert die Proteinsynthese und beeinflußt die Membranpermeabilität. E. greift in engem Zusammenspiel mit den anderen Phytohormonen in den Gesamtstoffwechsel der Pflanze und in deren Morphogenese von der Samenkeimung bis hin zur Fruchtreife und Alterung ein. Besonders werden das Längenwachstum, die Abszission von Blättern, Blüten und Früchten sowie Alterungs- und Reifungsvorgänge beeinflußt. Die physiologische Wirkung des E. ist vom Pflanzengewebe und dessen physiologischem Zustand abhängig. Der Hormonrezeptor und der Wirkungsmechanismus sind noch unbekannt.
Die Biosynthese des endogen in der Pflanze vorkommenden E. geht von der Aminosäure Methionin aus, deren C-Atome 3 und 4 die beiden C-Atome des E. ergeben. Wichtige Zwischenstufen sind S-Adenosylmethionin und dessen Zyklisierungsprodukt 1-Aminozyklopropan-1-karbonsäure (ACC). Letztere stellt die Transportform des E. dar, da dieses als Gas in der Pflanze keinem gerichteten Transport unterliegt und auch an die Umgebung abgegeben wird. Die endogene Konzentration von E. in der Pflanze wird durch Synthese und Abbau von ACC reguliert. Die durchschnittliche Ethylenproduktion liegt bei 0,5 bis 5 $nl\,g^{-1}h^{-1}$, bei reifenden Früchten wesentlich höher. Sie ist aber stark von Art und Entwicklungszustand des Pflanzengewebes und Außenfaktoren, wie Licht und Temperatur, abhängig. E. wird in der Landwirtschaft und im Gartenbau als pflanzlicher Wachstums- und Entwicklungsregulator vielseitig angewendet. Wichtig sind vor allem *Ethylenbildner,* z. B. Chlorethylphosphonsäure (Ethephon, Ethrel, CEPA) $ClCH_2CH_2PO_3H_2$. Derartige Wirkstoffe werden auf die Pflanzen ausgebracht. Im wäßrigen Milieu der Pflanzenzelle entsteht E. durch spontane Hydrolyse. Ethylenbildner werden zur Reifebeschleunigung von Tabak, Zuckerrohr und Früchten (Bananen, Tomaten, Äpfel), zur Induktion einer synchronen Blütenbildung, z. B. bei Ananas und Zierpflanzen, zur Förderung der Abszission, z. B. bei Kirschen, zur Stimulierung des Latexflusses von *Hevea brasiliensis* und zur Hemmung des Längenwachstums im Getreideanbau eingesetzt.

Ethylenchlorhydrin, eine durch Anlagerung von unterchloriger Säure an Ethylen entstehende Verbindung der Formel $HO-CH_2-CH_2-Cl$. E. ist wesentlicher Bestandteil des keimungsfördernden Präparates Rindite.

Ethylendiamintetraessigsäure, Abk. *EDTA* oder *AeDTE,* $(HOOC-H_2C)_2N-CH_2-CH_2-N(CH_2-COOH)_2$, in der Pflanzenphysiologie und auf anderen Gebieten häufig verwendeter Chelatbildner.

Ethylenglykol, früher Äthylenglykol, *1,2-Glykol, Ethan-1,2-diol,* frühere Schreibweise Äthan-1,2-diol, der einfachste zweiwertige Alkohol, der mit Wasser und Alkohol mischbar ist. E. findet bei der Darstellung von Polyesterfasern, als Lösungsmittel und als Gefrierschutzmittel Verwendung.

Etiolement, svw. Vergeilen.

Etioplasten, →Plastiden.

Eubakterien, echte Bakterien, eine in früheren systematischen Gliederungen aufgestellte Ordnung der Bakterien. Zu den E. wurden im wesentlichen die einzelligen Bakterien mit starrer Zellwand gezählt.

Eubryales, →Laubmoose.

Eucarida, eine Überordnung der *Malacostraca* (Unterklasse der Krebse), deren fast 8 400 Arten den Ordnungen Leuchtkrebse und Zehnfüßer angehören.

Eucestoda, →Bandwürmer.

Euchromatin, im Interphase-Zellkern (Arbeitskern) weitgehend entschraubt vorliegendes und daher durch basische Farbstoffe relativ schwach anfärbbares Chromosomenmaterial. Nur an diesem aufgelockerten →Chromatin ist die Transkription möglich, nicht am dichtgepackten →Heterochromatin.

euedaphisch, im Bodeninneren lebend, →Bodenorganismen.

Eugenik, *Erbhygiene,* die Anwendung genetischer Erkenntnisse mit dem Ziel, die in einer Bevölkerung vorhandenen positiven Erbanlagen zu vermehren (*positive* oder *progressive* E.) und/oder die Ausbreitung von unerwünschten Genen einzuschränken (*negative* oder *präventive* E.). Die E.

wird häufig zur biologischen Begründung der Rassendiskriminierung mißbraucht. Eugenische Gesichtspunkte sind deshalb nur bei strikter Einhaltung humanistischer Grundsätze vertretbar. Praktikable und verantwortbare eugenische Maßnahmen sind die Mutationsprophylaxe und die → humangenetische Beratung genetisch belasteter Personen. Letztere muß aber das Ziel haben, bei absoluter Wahrung der Freiwilligkeit den betroffenen Personen trotz genetischer Belastung die Erfüllung des Wunsches nach einem Kind ohne Erbkrankheit zu ermöglichen, selbst wenn dieses Anlageträger für den entsprechenden genetischen Defekt ist, d. h., daß entgegen eugenischen Bestrebungen im Einzelfall auch eine Verschlechterung des Genpools der Population in Kauf genommen werden muß. Derartige Widersprüche und die Gefahr des Mißbrauchs haben dazu geführt, daß in der modernen Humangenetik die E. durch die »Sozialgenetik« abgelöst wurde, den den objektiven Einfluß von gesellschaftlichen Strukturen und deren Wandlungen auf die genetische Zusammensetzung der Bevölkerung und umgekehrt eventuelle Wirkungen genetischer Faktoren auf gesellschaftliche Strukturen untersucht.

Eugenol, eine farblose, ölige, intensiv nach Nelken riechende Flüssigkeit, die sich reichlich in Nelkenöl (80 bis 95%) und in einigen anderen ätherischen Ölen findet. E. ist Ausgangsmaterial für die Herstellung von Vanillin, es wird in der Zahnmedizin und in der Parfümindustrie verwendet.

Euglena, → Geißelalgen.
Euglenophyceae, → Geißelalgen.
Eugregarinen, → Telosporidien.
euhalin, → Brackwasser.
Eukalyptol, *Zineol,* zu den Monoterpenen gehörender Hauptbestandteil des ätherischen, aus *Eucalyptus*-Arten gewonnenen Öls. E. ist in geringen Mengen auch in anderen ätherischen Ölen enthalten. Es riecht kampferartig und besitzt stark antiseptische Wirkung.

Eukaryon, → Zellkern.
Eukaryoten, Organismen, deren Zellen im Gegensatz zu den Prokaryoten in Zellkern und Zytoplasma differenziert sind. E. besitzen echte Chromosomen, die während der Kernteilung (Meiose, Mitose) in objekttypischer Zahl und Form mikroskopisch nachweisbar werden; ihre Gene sind meistens gespalten und in Exonen und Intronen untergliedert, wodurch die Prozesse der Genexpression komplizierter werden als bei den Prokaryoten.
Eulamellibranchier, → Blattkiemer.
Eulen, *Strigiformes,* 1) weltweit verbreitete Ordnung in der Mehrzahl nachts und in der Dämmerung aktiver Vögel, die sich von anderen Wirbeltieren, vor allem von Nagern und Vögeln, ernähren. Es sind über 140 Arten. Sie haben einen großen Kopf, nach vorn gerichtete große Augen, einen gebogenen und z. T. im Gefieder verborgenen Schnabel. Die vierte Zehe ist nach hinten wendbar. Das weiche Gefieder ermöglicht einen geräuschlosen Flug. Unverdaute Nahrungsreste werden als Gewölle wieder ausgespien. Die meisten Arten bauen kein Nest, sondern nutzen die Nester anderer Vögel. Als Vertreter seien genannt *Schleiereule,* Gattung *Tyto, Uhu, Bubo,* Wald- und Bartkauz, *Strix,* Sumpf- und *Waldohreule, Asio, Zwergohreule, Otus, Steinkauz, Athene,* und *Rauhfußkauz, Aegolius.*
2) → Eulenfalter.
Eulenfalter, *Eulen, Noctuidae,* eine hochentwickelte Familie der Schmetterlinge mit über 20 000 Arten, davon etwa 500 in Mitteleuropa. Die Falter sind mit weniger Ausnahmen Nachtflieger und deshalb überwiegend dunkel gezeichnet. Ihre Vorderflügel tragen vielfach charakteristische Zeichnungselemente, wie Zapfen-, Ring- und Nierenmakel sowie Wellenlinien, die Hinterflügel sind überwiegend einfarbig grau oder bräunlich. Die Spannweite beträgt bei heimischen Arten bis 10 cm, bei tropischen bis 23 cm. Der Leib ist bei den meisten Arten dick. Die E. besitzen Tympanalorgane, die jedoch im Gegensatz zu den Spannern im Brustabschnitt liegen. Die Raupen sind in der Regel nackt; einige werden an landwirtschaftlichen oder forstlichen Kulturen schädlich, → Erdraupen, → Gammaeule, → Forleule, → Ordensband.

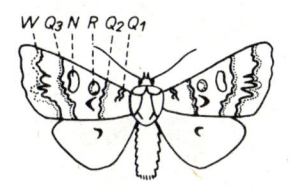

Habitus (Schema) mit familientypischen Zeichnungselementen. Q_{1-3} basale, innere und äußere Querlinie, *R* Ringmakel, darunter Zapfenmakel, *N* Nierenmakel, *W* Wellenlinie

Eulitoral, → Litoral.
Eumetabola, → Insekten (Stammbaum).
Eumetazoa, → Gewebetiere.
Eunuchoidismus, unvollkommene Geschlechtsentwicklung beim Mann, die gekennzeichnet ist durch unvollkommen ausgebildete äußere Geschlechtsteile und unterentwickelte oder fehlende sekundäre Geschlechtsmerkmale, bei gesteigerten Körperwuchs, insbesondere der distalen Extremitätenabschnitte, öfters durch Gynäkomastie und typisch weibliche Verteilung der Fettpolster. Der E. beruht auf angeborener oder erworbener Unterfunktion der Keimdrüsen oder sekundär auf Erkrankungen des Zwischenhirnhypophysensystems.
Euphausiacea, → Leuchtkrebse.
Euphorbiaceae, → Wolfsmilchgewächse.
Euploidie, das Vorliegen ausschließlich kompletter Chromosomensätze in den Zellen von Organismen, wobei jedes Chromosom jeweils einmal vorhanden ist. Die Anzahl der dabei im Einzelfall vorhandenen Chromosomensätze spielt keine Rolle, d. h. euploid können sowohl haploide, diploide als auch polyploide Zellen sein, → Aneuploidie, → Heteroploidie.
euramerische Flora, → Paläophytikum.
Europäischer Laubfrosch, (Tafel 5), *Hyla arborea,* 4 bis 5 cm große, einzige Art der → Laubfrösche mit grasgrüner bis graubrauner, glatter Oberseite (das Farbwechselvermögen ist untergrund- und stimmungsabhängig), waagerechter Pupille und deutlichem Trommelfell. Die Männchen haben eine innere Schallblase, Finger- und Zehenspitzen sind zu Haftscheiben verbreitert. Laubfrösche fressen vor allem Insekten, die im Sprung erbeutet oder mit der Zunge aufgeleckt werden. Der E. L. bewohnt Mittel- und Südeuropa, in einigen Unterarten auch Asien und Nordafrika und bevorzugt vegetationsreiche Uferzonen, feuchte Waldränder und Hecken, nur zur Fortpflanzung geht er ins Wasser. Der Laich besteht aus mehreren walnußgroßen Klumpen, die bis 1.000 Eier enthalten.

Europäische Sumpfschildkröte

Nach 14 Tagen schlüpfen die Kaulquappen, die sich von Juli bis August umwandeln und an Land gehen.

Europäische Sumpfschildkröte, *Emys orbicularis,* von Nordafrika über Europa bis Vorderasien verbreitete → Sumpfschildkröte, die im nördlichen Teil ihres Areals sehr selten geworden und in Mitteleuropa westlich der Elbe möglicherweise schon ausgestorben ist. Sie ist die einzige einheimische Schildkröte und steht in der DDR unter strengem Schutz. Der bis 35 cm lange Panzer ist schwarz mit gelblichen Punkten und Strichen. Die E. S. bewohnt größere stehende und langsam fließende Gewässer und Sumpflandschaften, sonnt sich am Ufer, flieht bei Gefahr ins Wasser und taucht schnell unter. Sie überwintert im Schlamm der Gewässer. Die Paarung erfolgt meist im April; das Weibchen legt bis 15 Eier in selbstgegrabene Erdlöcher, scharrt diese anschließend wieder zu und glättet die Stelle mit dem Bauchpanzer. Die nach 8 bis 10 Wochen schlüpfenden Jungtiere sind kreisrund mit etwa 2,5 cm Durchmesser. In kalten Jahren überwintern die Eier.

Europide, → Rassenkunde des Menschen.

eury ..., Vorsilbe, die ein breites Toleranzspektrum bezeichnet. Gegensatz: → steno ...

eurybath, → Profundal.

eurychor, → Areal.

euryhalin, → Salzpflanzen.

Eurylaimidae, → Breitmäuler.

euryök, → ökologische Valenz.

Euryökie, *Eurypotenz,* die Erscheinung, daß ein Organismus eine sehr breite Toleranz gegenüber der Mehrzahl der Umweltfaktoren aufweist.

euryphag, → Nahrungsbeziehungen.

euryphot, → Lichtfaktor.

eurypotent, → ökologische Valenz.

Eurypterus [griech. eurys 'breit', pteron 'Flosse'], eine Gattung der *Eurypterida* (Breitflosser) mit einem langgestreckten schmalen Körper bis 2 m Länge. Es sind die größten bekannten Arthropoden. Der trapezförmige Zephalothorax hat abgerundete Kanten und weist zwei nierenförmige Augen, vier Paar Kaufüße und ein Paar mächtige, klobige Schwimmfüße auf. Bezeichnend ist außerdem ein langer, spitzer Endstachel.

Verbreitung: Ordovizium bis unteres Perm.

eurytherm, → Temperaturfaktor.

eurytop, → Biotopbindung.

Eusaprobität, → Saprobiensysteme.

Eusporangiatae, → Farne.

Eustachische Röhre, *Tuba auditiva, Tuba Eustachii,* »Ohrtrompete«, ursprüngliche Verbindung der Kiementasche der Wirbeltiere zum Vorderdarm, die als Kanal vom Mittelohr zur Mundhöhle erhalten bleibt. → Gehörorgan.

Eustele, → Sproßachse.

Eutardigrada, → Bärtierchen.

Euter, → Milchdrüsen.

Euthyneura, Unterklasse der Schnecken, in der nach neueren Gesichtspunkten die Unterklassen Hinterkiemer und Lungenschnecken zusammengefaßt werden. Bei den E. ist die durch die Drehung des Eingeweidesackes bedingte streptoneure Überkreuzung der Pleuroviszeralkonnektive durch Rückdrehung wieder aufgehoben. Die etwa 50 000 Arten werden in 8 Ordnungen aufgeteilt. Da das System der E. noch nicht endgültig erscheint, soll hier die übliche Einteilung in die Hinterkiemer und Lungenschnecken beibehalten werden.

eutroph, nährstoffreich. Der Begriff wird einmal verwendet zur Charakterisierung der Produktivität von Lebensräumen (eutrophe Seen – nährstoffreiche, hochproduktive Seen, → Seetypen), zum anderen für Pflanzen, die hohe Ansprüche an den Nährstoffgehalt des Bodens stellen. Gegensatz: oligotroph.

Eutrophierung, die in den letzten Jahren zunehmend in vielen Seen Europas und Nordamerikas auftretende Anreicherung der Gewässer mit Pflanzennährstoffen. Sie führt zu einer besorgniserregenden Verringerung der Nutzungsmöglichkeiten des Wassers. Symptome der E. sind unter anderem: a) Erhöhung der Biomasseproduktion des Phytoplanktons, b) Verfärbung und Trübung durch Phytoplankton (→ Wasserblüten), c) Sauerstoffschwund und Anreicherung von Schwefelwasserstoff, Kohlendioxid, Eisen und Mangan im Tiefenwasser, d) starke Methanbildung im Sediment, dadurch Rückführung von Nährstoffen ins Wasser, e) Massenentwicklung von Bewuchsalgen und krautigen Pflanzen im Uferbereich.

Lit.: D. Uhlmann: Hydrobiologie (2. Aufl. Jena 1981).

Euzonosoma [griech. eu 'wohl, echt', soma 'Körper'], *Aspidosoma,* eine Gattung ausgestorbener Seesterne, deren Arme mit großen, durch Stacheln oder Knoten verzierten Randplatten besetzt waren.

Verbreitung: Devon, mit Leitform im Unterdevon des Rheinischen Schiefergebirges (Bundenbacher Schiefer).

Euzyt, → Zelle.

Evaporation, → Verdunstung.

Eveness, → Diversität.

Evoenzyme, → Heterotrophie.

Evolution, 1) Entwicklung, Entfaltung von etwas qualitativ schon vorhandenem; allmähliche quantitative Veränderung. – 2) Entwicklung der Organismen im Verlauf der Erdgeschichte. → Deszendenztheorie. Die Ursachen der E. sind durch die → synthetische Theorie der Evolution erkannt.

evolutionär stabile Strategie, Abk. *ESS,* Strategie rivalisierender Individuen oder Arten, die, wenn sie von der Mehrzahl befolgt wird, von keiner alternativen Strategie übertroffen werden kann. Das häufige Geschlechtsverhältnis von 1:1 entspricht einer ESS. In einer Population, die jeweils zur Hälfte aus Männchen und Weibchen besteht, könnte sich ein neuentstandenes Allel, das alle seine Träger zu Angehörigen eines bestimmten Geschlechts machte, nicht ausbreiten; denn in dem Maße, wie seine Häufigkeit steigt, wird es zunehmend selektiv benachteiligt, weil das seltenere Geschlecht die bessere Aussicht hat, einen Kopulationspartner zu finden.

Für die Gesamtheit der Population optimale Strategien sind oft nicht evolutionär stabil. Viele tierische Populationen könnten sich weitaus rascher vermehren, wenn sie nur eine kleine Minderheit von Männchen enthielten.

Dieser Zustand ist aber deshalb unbeständig, weil in einer solchen Population jedes neue Allel, das seine Träger zu Männchen machen würde, einen enormen Selektionsvorteil hätte.

Das theoretische Konzept der ESS ermöglicht es vor allem, Verhaltenseigentümlichkeiten bei innerartlichen Konflikten zu verstehen. Auch solche Verhaltensweisen, die für sämtliche Individuen nützlich wären, würden sie von allen befolgt, sind oft nicht evolutionär stabil, weil Verstöße gegen den »Schuldigen« erhebliche kurzfristige Vorteile bringen würden. Individuen einer Population, in der Konflikte nur durch Drohen ausgetragen und nicht durch Tätlichkeiten entschieden würden, wären gegenüber Tieren aus Populationen, in denen tatsächlich gekämpft würde, bevorteilt. Dennoch kann sich eine Gemeinschaft, in der gedroht wird, nicht herausbilden, weil hier aggressive Individuen bevorteilt wären. Evolutionär stabil wäre eine Population, deren Angehörige sowohl kämpfen als auch drohen.

Auch zwischen rivalisierenden Arten, z. B. zwischen Wirt und Parasit, bilden sich ESS heraus.

Evolutionsfaktoren, → synthetische Theorie der Evolution.

Evolutionsgeschwindigkeit, Tempo evolutionärer Wandlungen. E. beziehen sich auf unterschiedliche Vorgänge, z. B. das Entstehen neuer Arten, Gattungen oder höherer systematischer Einheiten innerhalb von Entwicklungslinien, auf die Häufigkeit der Bildung von Arten oder höherer Taxa aus einer Stammart oder einem Stammtaxon und auf die Änderung von Form und Größe einzelner Strukturen oder des gesamten Körpers.

Ein relatives Maß für E. ist das *Darwin*. Ein Darwin bedeutet eine Größenänderung um $\frac{1}{1000}$ des ursprünglichen Wertes innerhalb von 1000 Jahren. Sehr langsame Evolutionsvorgänge verlaufen in der Größenordnung von wenigen *Milli-Darwin*. Domestizierte Tiere und Pflanzen haben sich mit der Geschwindigkeit von *Kilo-Darwin* gewandelt.

Ein umfassendes Maß für die E. wäre die Gesamtheit der genetischen Veränderungen innerhalb von Entwicklungslinien in einer bestimmten Zeit. Aufschlüsse hierüber lassen sich aus elektrophoretischen Untersuchungen der Proteine verschiedener Arten gewinnen (→ Polymorphismus). Kennt man den Zeitpunkt der Trennung zweier Arten von ihrem letzten gemeinsamen Vorfahren, dann läßt sich aus den elektrophoretisch erschlossenen genetischen Unterschieden eine allgemeine *genetische* E. ermitteln.

Viele größere systematische Einheiten haben unterschiedliche *gruppenspezifische* E. Beispielsweise wandeln sich die Säugetiere rascher als die Mollusken (Tab.).

Unterschiedliche Umwandlungsgeschwindigkeiten von Gattungen innerhalb von Entwicklungslinien
(nach Simpson 1951)

Gruppe oder Linie	Zahl der Gattungen	Gattungsdurchschnitt je Linie je 1 Mill. Jahre
Hyracotherium Equus	8	0,18
Chalicotheridae (Säuger)	5	0,17
triassische und frühere Ammoniten	8	0,05

Die meisten Gattungen innerhalb einer solchen Gruppe entwickeln sich annähernd gleich schnell, relativ viele langsamer als der Modalwert des Taxons und nur wenige wesentlich rascher. Die E. innerhalb einer solchen Verteilung heißen *horotelisch*. Ungewöhnlich langsame Entwicklungen, die außerhalb dieser Verteilung liegen, heißen *bradytelisch*. Die Muschelgattung mit der langsamsten horotelen Entwicklung existierte 275 000 Jahre. Die rezenten bradytelen Gattungen *Nucula, Leda, Lima* und *Ostrea* entstanden schon vor 400 000 Jahren.

Die *tachytele* Entwicklung der Schneckengattung *Valenciennesia* aus ihrer Stammform *Linnaea* vollzog sich während des frühen Pliozäns so schnell, daß sich während ihrer Herausbildung eine bestimmte Pferdeart überhaupt nicht veränderte, obwohl die Unterschiede zwischen beiden Schneckengattungen so erheblich sind, daß sie zu zwei verschiedenen Familien gehören.

Die Ursachen für Horotelie, Bradytelie und Tachytelie sind unbekannt. Wesentlichen Einfluß auf die E. scheint die Populationsgröße zu haben. Große Populationen entwickeln sich relativ langsam.

evolutionsstrategische Regeln, → ökologische Regeln, Prinzipien und Gesetze.

Evolutionstheorie, → synthetische Theorie der Evolution.

evozierte Potentiale, durch periphere Reizung von afferenten Nerven oder von Rezeptoren, z. B. durch Lichtblitze, hervorgerufene Potentialänderung im ZNS. → Elektroenzephalographie.

Exine, äußere, derbe, kutinisierte Schicht der Sporen der Archegoniaten und der Pollen der Samenpflanzen, → Blüte.

Exite, → Spaltbein.

Exklave, kleineres, vom Hauptareal isoliertes Verbreitungsgebiet einer Sippe.

Exkremente, *Fäzes,* die vom Körper als *Kot* wieder ausgeschiedenen unverdaulichen Teile der aufgenommenen Nahrung. Die E. sind vermischt mit Sekreten des Magen-Darmkanals, mit den im Darm lebenden Bakterien sowie mit abgestoßenen Zellen der Darmschleimhaut und werden – im Dickdarm durch Wasserentzug eingedickt – bei der reflektorischen → Defäkation ausgeschieden.

Exkrete, für den Körper nicht weiter verwertbare Stoffwechselendprodukte, die durch Exkretionsorgane ausgeschieden werden. Weiter gehören zu den E. körperfremde Stoffe, die vom Organismus zwar aufgenommen, aber nicht verwertet werden können.

Exkretion, 1) bei Tieren die Ausscheidung von Exkreten, d. s. Kohlendioxid, das aus den Kiemen oder den Lungen abgegeben wird, sowie Wasser, ferner für den Körper nicht mehr verwertbare Stickstoffverbindungen des Eiweißabbaus, niedere organische Säuren, Salze und Gifte, die als → Harn durch → Exkretionsorgane abgeschieden werden. Die E. dient der Erhaltung eines konstanten inneren Milieus. Sie ist der wichtigste Bestandteil der Osmo-, Volumen- und pH-Regulation.

Bei den Wirbeltieren unterscheidet man *Schwellenstoffe*, die im Harn nur dann ausgeschieden werden, wenn ihre Konzentration im Blut eine bestimmte Schwelle überschritten hat (z. B. Traubenzucker), und *Nichtschwellensubstanzen*, die unabhängig von ihrer Konzentration im Blut ausgeschieden werden.

Die Wasserausscheidung der Niere wird bei den Wirbeltieren durch das Hormon Adiuretin reguliert. Die Steuerung der Salzausscheidung erfolgt durch das Hormon der Nebennierenrinde Aldosteron.

2) bei Pflanzen → Stoffausscheidung.

Exkretionsgewebe, → Ausscheidungsgewebe, → Drüsen.

Exkretionsorgane, *Ausscheidungsorgane, Harnorgane,* Organe, die der → Exkretion dienen. Mit Ausnahme der marinen und parasitisch lebenden Einzeller, der Schwämme, Zölenteraten, Strudelwürmer, Stachelhäuter und Manteltiere besitzen alle übrigen Metazoen spezielle E. Einzeller des Süßwassers scheiden Exkrete über pulsierende Vakuolen ab. Die E. der übrigen Wirbellosen bestehen entweder aus einfachen oder verzweigten Kanälen. Die Kanäle beginnen im Körper entweder blind geschlossen wie die Protonephridien der Plattwürmer, Schnurwürmer, Rädertiere sowie die Solenozyten mancher Ringelwürmer, oder als offene Wimpertrichter im Zölom, wie die Metanephridien der Ringelwürmer, Weichtiere und Krebse. Bei den Weichtieren beginnen sie im Herzbeutel, bei den Krebsen als Schalen- und Antennendrüsen in Resten des Zölomraumes.

Spezielle E. sind die *Malpighischen Gefäße*, dünne schlauchartige Darmausstülpungen der Insekten, Tausendfüßer und Spinnentiere. Ihre Funktion ist bei der Stabheuschrecke *Carausius morosus* näher untersucht worden (Abb.). Der höhere Druck im Kreislauf preßt am blinden Ende der Malpighischen Gefäße eine klare Flüssigkeit ab, die annä-

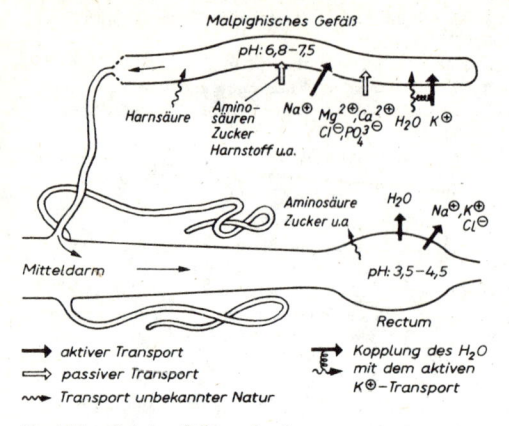

Harnbildung bei einer Stabheuschrecke

hernd isosmotisch mit der Hämolymphe ist, sowie gelöste Harnsäure in Form saurer Natrium- und Kaliumurate enthält. Bei der Exkretion findet aus der Hämolymphe in das Malpighische Gefäß ein gekoppelter Strom aus Wasser, Kalium und Natrium statt. Die Alkaliionen sollen durch Salzbildung die Harnsäure löslich machen und auf diese Weise ihren Transport durch die Schlauchwandung ermöglichen. Im unteren Schlauchabschnitt, im Darm und Rektum werden dann die Alkalisalze als Hydrogenkarbonat, Zucker, Aminosäuren und Wasser rückresorbiert. Als Folge der Rückresorption der Alkalisalze wird der anfangs neutrale oder schwach alkalische Harn sauer. Dadurch fällt die Harnsäure kristallinisch aus.

Die zentralen E. der Wirbeltiere und des Menschen sind die paarigen, dorsal gelegenen *Nieren* (*Niere*, lat. *Ren*). Diese sind bei niederen Vertebraten von langgestreckter, gelappter Form; bei Säugern vielfach bohnenförmig. Kleine Arterien bilden in der Niere (Abb.) Schlingen (Glomerulus), in denen die harnpflichtigen Stoffe aus dem Blut in

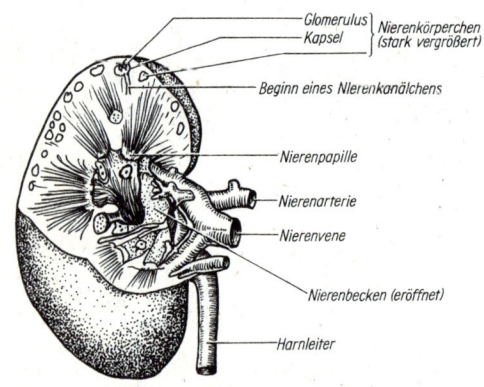

Schnitt durch die menschliche Niere

eine Kapsel abgesondert werden. Glomerulus und Kapsel stellen das *Nierenkörperchen* dar. Von ihm geht ein Kanälchensystem (Nierenkörperchen und Harnkanälchen bilden das *Nephron*) aus, das sich in das Nierenbecken öffnet, von wo der *Harnleiter* (*Ureter*) den Weitertransport des Harns in die Harnblase oder Kloake übernimmt. Die Nieren sind vor allem für die Ausscheidung von Abbauprodukten der Eiweiße verantwortlich und regeln außerdem Wasser- und Salzhaushalt des Körpers.

Onto- und phylogenetisch treten drei Nierengenerationen auf. Die *Vorniere* (*Pronephros*) ist allgemein nur ein transitorisches Organ. Die *Urniere* (*Mesonephros, Wolffscher Körper*) stellt bereits die Verbindung zu den Geschlechtswegen her. Bei Amnioten ist die oben beschriebene *Nachniere* (*Metanephros*) ausgebildet.

Im weiteren Sinne gehören zu den E. auch die CO_2-abscheidenden Kiemen und Lungen sowie Schweiß-, Talg-, Schleim- und Salzdrüsen.

Die Harnbildung erfolgt trotz des teilweise recht unterschiedlichen Baues der E. relativ einheitlich mittels der Filtration oder der Diffusions- und Transportvorgänge. Die Filtration der Extrazellulärflüssigkeit, sei es Zölomflüssigkeit, Hämolymphe oder Blut, kann unter Mitwirkung von Wimpern, Wimperflammen, Geißeln oder meist aufgrund lokaler hydrostatischer Druckdifferenz geschehen; sie bildet einen Primärharn, der annähernd isosmotisch mit der Extrazellulärflüssigkeit ist. Diffusions- und Transportvorgänge, von denen letztere unter Energieverbrauch erfolgen, können sowohl eine Resorption von Wasser und gelösten Stoffen aus dem Lumen der Nierenkanäle als auch eine Sekretion gelöster Stoffe aus den Kanälchenzellen in den Primärharn bewirken. Über die diesen Leistungen dienenden Strukturen und die Mechanismen der Harnbildung → Nierentätigkeit.

Exkretspeicher, svw. Speicherniere.

Exkretzellen, → Ausscheidungsgewebe.

Exobasidiales, → Ständerpilze.

Exodemie, Typ einer → Epidemie, bei dem sich die epidemiologischen Prozesse auf Wirtsgewebe verschiedener Wirtsindividuen erstrecken und damit auf Gewebe mit unterschiedlichem Resistenzgrad erstrecken.

Lit.: G. Fröhlich (Hrsg.): Wörterbücher der Biologie. Phytopathologie und Pflanzenschutz (Jena 1979).

Exoderm, svw. Ektoderm.

Exodermis, → Wurzel.

Exogastrulation, → Organisator.

exogen, von außen kommend, äußerlich, außen. Als exogene Faktoren gelten z. B. Umweltbedingungen.

exogener Ersatz, → Abnutzungsquote.

exogene Ruhe, → Ruheperioden.

Exogenote, → Endogenote.

Exogyra [griech. *exo* 'außen', *gyros* 'gerundet'], eine alte Sammelgattung der Austern, heute die Gattungen *Aetostreon* und *Ceratostreon* umfassend, die in jeder Schale einen Wirbel besitzen, der spiral nach der Seite gedreht und etwas eingekrümmt erscheint. Sie ist nur in der Jugend mit der linken gewölbten Schale festgewachsen, später wird sie frei.

Verbreitung: Dogger bis Oberkreide, mit einer Anzahl wichtiger kretazischer Leitfossilien.

Exokarp, → Frucht.

Exokranium, → Schädel.

Exokutikula, → Kutikula.

Exon, der Abschnitt eines Eukaryotengens, der die genetische Information für die Synthese einer Teilsequenz des entsprechenden Genproduktes (Polypeptid) enthält. Viele Eukaryotengene sind aus *Exonen* und *Intronen* zusammengesetzt, wobei letztere für die Kodierung der Aminosäuresequenz eines Genproduktes keine Bedeutung besitzen. Im Verlauf der → Transkription wird die gesamte genetische Information zunächst in Prä-m-RNS übertragen, und erst in einem weiteren Prozeß – dem »Processing« – wird die für die → Translation benötigte reife m-RNS buchstäblich zugeschnitten, d. h. die E. werden in korrekter Form zusammengesetzt (gesplißt), und die den Intronen entsprechenden Abschnitte der Prä-m-RNS werden herausgeschnitten.

Exopeptidasen, → Proteasen.

Exopodit, → Spaltbein.
Exoporia, → Schmetterlinge (System).
Exorhythmen, → Biorhythmen.
Exosmose, → Osmose.
Exospor, *Exosporium,* die äußere Schicht der Sporenzellwand, → Endospor.
Exothezium, → Blüte.
Exotoxine, → Bakteriengifte.
Exozölom, → Allantois, → Embryonalhüllen, → Gastrulation.
Exozytose, Entleerung von Golgi-Vesikeln oder von unverdaulichen Restkörpern (Residualkörper) an der Zelloberfläche durch Verschmelzung der Vesikelmembranen mit der Plasmamembran. Die Vesikelmembranen bzw. die Membranen der Residualkörper werden nach Entleerung des Inhalts in die Plasmamembran eingebaut.
Expansionszentrum, svw. Ausbreitungszentrum.
Expedient, *Emittend,* »Sender« in der organismischen Kommunikation. Der Organismus ist damit im nachrichtentechnischen Sinne Quelle einer Information, Wandler und Enkoder, wobei die »Nachricht« über das Signalverhalten und entsprechende »Kanäle« verschlüsselt werden kann (→ Biokommunikation).
Experimentalrate, → Mutationsrate.
experimentelle Biologie, svw. Entwicklungsphysiologie.
Explantation, die Herauslösung eines Gewebestückes aus dem Organismus zur Züchtung in einer geeigneten Nährlösung. → Transplantation, → Entwicklungsphysiologie.
Explantatkultur, → Zellzüchtung.
Explorationsverhalten, svw. Erkundungsverhalten.
Explosionsmechanismen, *Explosionsbewegungen,* bei Pflanzen zur Verbreitung von Samen, Pollen oder Sporen dienende Mechanismen, bei denen ein stabiles Widerstandsgewebe an einer vorgebildeten Stelle schließlich einem unter hohem Turgordruck stehenden Schwellgewebe nachgibt, wobei letzteres mit dem Samen u. a. z. T. meterweit herausspritzt (→ Spritzbewegungen). In anderen Fällen befindet sich das Schwellgewebe außen und das Widerstandsgewebe innen. Wenn dieses nachgibt, werden Samen u. a. fortgeschleudert (→ Schleuderbewegungen).
explosive Formbildung, → Virenzperiode.
exponentielle Phase, → Wachstumskurve.
Expressivität, die am Grade der Merkmalsausbildung gemessene Manifestierungsstärke eines Gens als Maßstab seiner Wirkungsstärke. Die E. wird durch → Modifikationsgene und durch Umweltbedingungen beeinflußt.
Exspiration, → Atemmechanik.
Exspirationszentrum, → Atemzentrum.
Extensoren, *Strecker,* Muskeln, die eine Streckbewegung im Gelenk ausführen (extendieren).
Exterorezeptor, → Rezeptor.
Extinktion, die Abschwächung der Helligkeit des Lichtes bzw. der Strahlung durch Absorption, Streuung und Beugung beim Durchgang durch Materie. E. ist der negative dekadische Logarithmus der *Transmission.* Die Transmission gibt das Verhältnis der Intensität des eingestrahlten Lichtes zur Intensität des durchgelassenen Lichtes an. Sie ist nach dem Lambert-Beerschen Gesetz der Dicke der Lösungsschicht und der Konzentration des gelösten Stoffes direkt proportional. Der Proportionalitätsfaktor wird als *molarer Extinktionskoeffizient* bezeichnet. Er ist eine charakteristische Größe für jede Molekülart in einem bestimmten Lösungsmittel.
Die Messung der E. erfolgt mit Hilfe von Spektralphotometern. Sie ist eine wichtige quantitative Analysenmethode, die bereits zur Routinemethode in Medizin, Ernährungswissenschaft und Biotechnologie geworden ist.

extrachromosomale Vererbung, svw. Plasmavererbung.
extranukleäre Vererbung, svw. Plasmavererbung.
extrapyramidale Bahnen, → Rückenmark.
extravaskulärer Wassertransport, → Wasserhaushalt.
extrazelluläre Verdauung, häufigste Form der Verdauung, bei der Enzyme von den Zellen nach außen (in das Darmlumen) abgegeben werden und dort der Abbau der Nahrung erfolgt.
extrazonale Vegetation, → zonale Vegetation.
extreme Resistenz, in der Phytopathologie, speziell bei Kartoffelvirosen, gebrauchter Begriff für die pathotypenunspezifische Resistenz gegen Viren. Liegt e. R. vor, sind unter Freilandbedingungen keinerlei Infektionen nachweisbar.
Extremitäten, *Gliedmaßen,* beweglich gegliederte Anhänge des Körpers der Tiere und des Menschen, die als Beine, Flügel oder Flossen der Fortbewegung, als Greifarme oder Kiefer der Erfassung oder Zerkleinerung der Nahrung dienen, als Fühler zu Tastorganen werden und auch in den Dienst der Atmung oder der Fortpflanzung treten können.
Unter den Wirbellosen treten E. in vielfältigen Ausbildungsformen bei den verschiedenen Klassen der Gliederfüßer auf, besonders bei Spinnentieren, Krebstieren und Insekten.
Bei den Wirbeltieren unterscheidet man *vordere E.,* und zwar Brustflossen der Fische, Vorderbeine der Lurche, Kriechtiere und Säugetiere, Flügel der Vögel, Arme der Primaten, und *hintere E.,* und zwar Bauchflossen der Fische, Hinterbeine der Lurche, Kriechtiere und Säugetiere, Läufe der Vögel, Beine der Primaten.

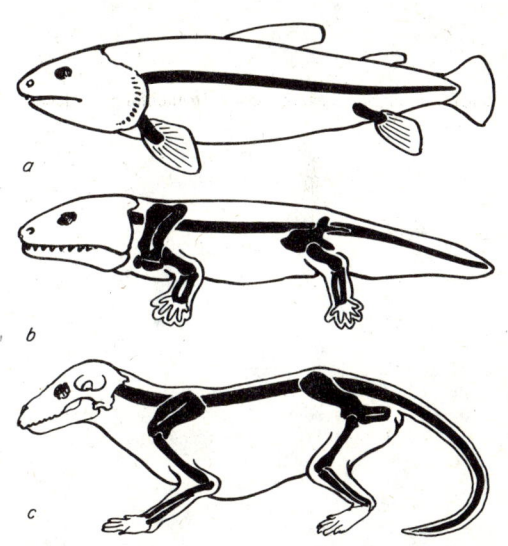

1 Entwicklung des Gliedmaßenskeletts in der Wirbeltierreihe: *a* keine Verbindung des Gliedmaßenskeletts mit dem Achsenskelett (Fische), *b* direkte feste Verbindung des Beckengürtels mit der Achse (fossiles Amphibium), *c* Überkreuzung der Elemente des Zeugopodiums in der Vorderextremität (Säuger)

Das *Gliedmaßenskelett* kann als Skelett der Körperanhänge dem → Achsenskelett gegenübergestellt werden. Es ist Bestandteil des Endoskelettes und der freien E. Die *Extremitätengürtel* (*Zonoskelette*) sind aus mehreren gürtelförmig angeordneten Knochenelementen zusammengesetzte Verbindungsbrücken zwischen freien E. und Achsenskelett.

Sie sind an der Regionenbildung der Wirbelsäule beteiligt. Man unterscheidet → Schultergürtel und → Beckengürtel. Das *Skelett der freien E.* wird bei Fischen aus meist strahlenförmig angeordneten Stützelementen der Brust- und Bauchflossen gebildet. Bei den Vierfüßern gliedert es sich in drei Hauptabschnitte: *Stylopodium* mit Oberarm bzw. Oberschenkel, *Zeugopodium* mit *Elle* und *Speiche* bzw. *Schienbein* und *Wadenbein* sowie *Autopodium* mit Hand bzw. Fuß. Das *Autopodium* gliedert sich wiederum in Hand- bzw. Fußwurzelknochen, Mittelhand- bzw. Mittelfußknochen und *Finger* bzw. *Zehen*, die ihrerseits aus mehreren Gliedern bestehen.

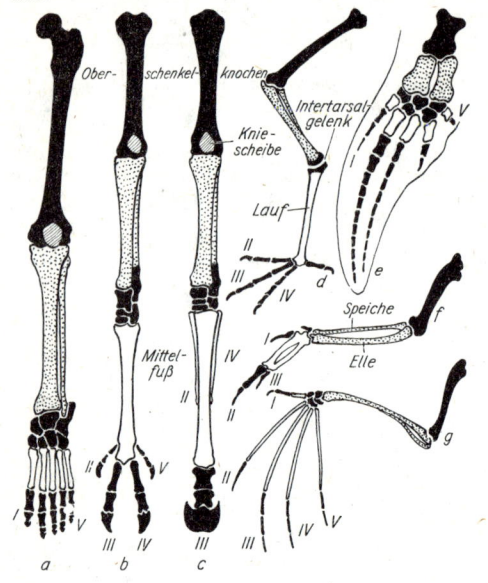

2 Extremitätenformen bei verschiedenen Wirbeltieren. Linke Hinterextremitäten: *a* Mensch, *b* Hirsch, *c* Pferd, *d* Vogel; linke Vorderextremitäten: *e* Wal, *f* Vogel, *g* Fledermaus

Je nach der Funktion (Laufen, Schwimmen, Graben, Fliegen) ist der für Vorder- und Hinterextremitäten gleiche Grundbauplan abgewandelt. Besonders die E. der Vögel haben weitgehende funktionelle Anpassungen erfahren: Flügel mit Reduzierung der Handwurzelknochen, der Mittelhandknochen und der Finger; Lauf mit Verschmelzung von Mittelfußknochen und einigen Fußwurzelknochen zum Laufbein. Bei den Säugetieren lassen sich nach den → Gangarten unterscheiden: *Sohlengänger* (Mensch, Dachs, Bär), *Zehengänger* (Marder, Katze, Hund) und *Zehenspitzengänger* (Pferd, Rind, Schaf, Tapir, Schwein, Rhinozeros u. a.). Dabei treten die verschiedenartigsten Reduzierungen, besonders im Autopodium, auf.
extrinsic factor, svw. Vitamin B_{12}, → Vitamine.
Extrusion, → Drüsen.
Exumbrella, Schirmoberseite der → Medusen.
Exuvialdrüsen, svw. Häutungsdrüsen.
Exzitation, → Erregung, → synaptisches Potential.
exzitatorisches postsynaptisches Potential, → synaptisches Potential.
Exzitonentransfer, *Resonanztransfer*, Mechanismus der masse- und ladungslosen Energieleitung in Molekülkristallsystemen.
EZ, Abk. für eineiige Zwillinge, → Zwillingsforschung.

F

$F_1, F_2, F_3 \ldots F_n$, Symbole zur Kennzeichnung aufeinanderfolgender, aus einer Kreuzung hervorgehender Nachkommen-(Filial-)Generationen. F_1 ist die erste Filialgeneration nach der Kreuzung, F_2 die zweite Filialgeneration, entstanden durch Selbstung oder Geschwisterkreuzung der F_1-Individuen, usw.
Facettenaugen, → Lichtsinnesorgane.
Fächel, → Blüte.
Fächerfische, Fische unterschiedlicher systematischer Zugehörigkeit. *1) Istiophoridae, Marlins*, bis 4 m lange Makrelenverwandte mit langer, spitzer Schnauze, wertvolle Nutz- und Sportfische. *2) Cynolebias*-Arten, fingerlange Fische, die zu den eierlegenden Zahnkarpfen Südamerikas gehören. *3) Dallia*-Arten, kleine, mit den Hundsfischen verwandte Süßwasserfische, die vorwiegend auf der Tschuktschen-Halbinsel und in Alaska vorkommen, im Winter oft einfrieren und als Hundefutter dienen.
Fächerflügler, *Strepsiptera*, eine Ordnung der Insekten, von der erst etwa 400 Arten beschrieben sind; man schätzt die Gesamtzahl auf 1000 bis 1500 Vollkerfe mit ausgeprägtem Geschlechtsdimorphismus: Männchen 1 bis 7 mm lang mit stark reduzierten Vorderflügeln und vergrößerten, fächerartig faltbaren Hinterflügeln; Weibchen 1,5 bis 3 mm lang, stets flügellos. Die F. entwickeln sich parasitisch im Hinterleib von Stechwespen, Zikaden oder Wanzen. Alle Männchen und die Weibchen einiger Arten leben frei, während die Weibchen anderer Arten zeitlebens im Körper ihres Wirtes verbleiben. Die Weibchen der acht heimischen Arten der Familie *Stylopidae* stecken in der Puppen- und letzten Larvenhaut, nur der zu einem Kopfbrustteil verschmolzene Vorderkörper mit dem Brutspalt, durch den die Begattung und die Geburt der Larven erfolgt, ragt zwischen zwei Hinterleibssegmenten des Wirtsinsekts heraus. Ihre Larven leben im 1. Stadium frei, z. B. auf Blüten; das 2. Stadium gelangt direkt oder indirekt an einen neuen Wirt und bohrt sich ein. Die Entwicklung der F. ist eine vollkommene Verwandlung (Holometabolie).
Lit.: R. Kinzelbach: Fächerflügler (Strepsiptera), Die Tierwelt Deutschlands, Tl 65 (Jena 1978).
Fächerlungen, svw. Tracheenlungen.
Fächerschwänze, → Fliegenschnäpper.
Fächertracheen, svw. Tracheenlungen.
Fächerzüngler, → Radula.
FAD, Abkürzung für Flavin-adenin-dinukleotid.
Fadenalgen- und Tangzeit, svw. Eophytikum.
Fadenfische, *Osphronemidae*, Familie der Kletterfischverwandten. Süßwasserfische mit wuchtigem Kopf und Körper sowie fadenartig ausgezogenen Bauchflossen. Der *Gurami, Osphronemus goramy*, ist ein bis 60 cm langer wichtiger Nutzfisch Südostasiens.
Fadenkiemen, → Kiemen.
Fadenkiemer, *Filibranchiata, Pteriomorpha*, Ordnung der Muscheln mit etwa 2200 Arten und einer Schalenlänge von 0,2 bis 80 cm. Bei ihnen sind die Kiemfäden zu langen, nicht miteinander verbundenen Fäden (Filamenten) verlängert, die weit in die Mantelhöhle herabhängen und mit den Spitzen wieder haarnadelförmig zurückgebogen sind. Zu den F. gehören auch Miesmuscheln, Seeperlmuscheln, Kammuscheln und Austern.
Fadenmolch, *Leistenmolch, Triturus helveticus*, bis 9 cm langer → Echter Wassermolch der Bäche und Waldtümpel

des westeuropäischen Hügellandes, in der DDR als seltenster einheimischer Molch bis zum Harz und Thüringen vorkommend. Der F. hat einen kantigen Rücken, die Bauchseite ist weißlich mit gelber Mittelpartie. Das Männchen weist zur Fortpflanzungszeit eine niedrige Rückenleiste und einen 6 bis 8 mm langen fadenartigen Schwanzfortsatz auf. Die Laichzeit dauert von April bis Mai.

Fadenwürmer, *Nematoden, Nematoda,* eine Klasse der Rundwürmer mit etwa 10000 frei im Wasser und in der Erde oder parasitisch an und in Pflanzen und Tieren lebenden Arten, von denen rund 1 500 in Mitteleuropa vorkommen.

Morphologie. Die F. sind wenige Millimeter bis über 1 m lang und haben einen spindel- bis fadenförmigen, im Querschnitt runden Körper. Sie sind durchscheinend oder weiß bis gelblich, einige Tierparasiten sind durch aufgenommenes Blut auch rötlich gefärbt. Am Vorderende liegt die oft von Sinnesborsten, Tastpapillen oder kleinen Lippen umgebene Mundöffnung. Das Hinterende ist abgerundet oder zugespitzt und weist bei den Männchen verschiedener Ordnungen eine aus seitlichen Hautverbreiterungen oder -lappen bestehende Genitalbursa als Hilfsorgan zur Begattung auf. Die Körperdecke wird von einem Hautmuskelschlauch gebildet, der aus der mit einer starken Kutikula bedeckten Epidermis und einer darunterliegenden Schicht von Längsmuskelzellen besteht. Der in einen als Saugpumpe wirkenden Schlund, einen gestreckten Mitteldarm und einen kurzen Enddarm gegliederte Verdauungskanal mündet kurz vor dem Hinterende – bei den Männchen zusammen mit dem Samenleiter in einer Kloake, bei den Weibchen gesondert – in einem After aus. Zwischen Darm und Hautmuskelschlauch erstreckt sich ein ausgedehntes, flüssigkeitserfülltes, nicht von Epithel ausgekleidetes Pseudozöl. Das Exkretionssystem besteht entweder aus einem Paar seitlich in der Epidermis liegender Längskanäle oder einer unpaarigen Exkretionsdrüse; beide Systeme münden bauchseits in der Nähe des Vorderendes. Die Geschlechtsorgane der stets getrenntgeschlechtlichen F. liegen in dem Pseudozöl und sind immer schlauchartig ausgebildet; die Männchen haben einen Hodenschlauch, die Weibchen meist zwei Ovarialschläuche. Die meisten F. legen Eier, nur ein Teil der parasitischen Arten ist lebendgebärend. An einigen Geweben und Organen, z. B. an Schlund, Nervensystem u. a., ist Zellkonstanz nachgewiesen worden.

Biologie. Die F. sind sehr anpassungsfähig; sie kommen deshalb in weltweiter Verbreitung in allen Wasser- und Landbiotopen, z. B. auch in Thermen, vor und leben auch parasitisch an oder meist in vielen Tieren und Pflanzen. Die Nahrung der F. besteht aus lebenden und toten organischen Stoffen, zahlreiche Arten sind Räuber. Die Parasiten ernähren sich von Pflanzensaft oder von Körperflüssigkeit und Gewebeteilen ihrer Wirtstiere.

Entwicklung. Die F. entwickeln sich ohne Verwandlung, jedoch werden drei bis vier durch Häutungen voneinander getrennte Jugendstadien durchlaufen, die den erwachsenen Tieren bis auf die geringere Größe und das Fehlen der Geschlechtsorgane ähnlich sind. Das dritte Jugendstadium kann, in der vorherigen Larvenhaut verbleibend, bei den freilebenden F. ein widerstandsfähiges Dauerstadium (Zyste) bilden; bei einer Anzahl pflanzen- und tierparasitischer Arten ist es das Infektionsstadium. Die Infektion von Tieren geschieht auf verschiedenen Wegen: 1) Die freilebenden Larven, manchmal auch schon die embryonierten Eier, werden mit der Nahrung aufgenommen. 2) Die Larven dringen durch die Haut aktiv ein. 3) Die Larven entwickeln sich in zwei oder drei Zwischenwirten, von denen sie, wenn es sich um blutsaugende Insekten handelt, beim Saugen auf den Wirt übertragen werden. Bei wenigen Arten kommt ein Wechsel zwischen einer ungeschlechtlichen, sich parthenogenetisch fortpflanzenden, parasitischen Generation und einer freilebenden Geschlechtsgeneration vor.

Wirtschaftliche Bedeutung. Die parasitischen F. treten als Krankheitserreger bei Nutzpflanzen, beim Menschen und bei Haustieren auf, z. B. die Älchen an Kartoffeln und Rüben oder die tierparasitischen Spulwürmer, Hakenwürmer, Madenwürmer und Trichinen. Die Wirtsorganismen werden durch Giftwirkung, Nährstoffentzug und mechanische Einflüsse geschädigt.

System. Innerhalb der F. lassen sich phylogenetische Linien schwer verfolgen. Die Versuche einer Gruppierung der Familien und Arten in Ordnungen sind daher sehr verschieden. Es werden etwa zwölf Ordnungen unterschieden, von denen hier nur folgende erwähnt werden:
Ordnung: *Rhabditida* (mit den →Älchen und dem →Hakenwurm)
Ordnung: *Ascaridida* (mit den →Spulwürmern und dem →Madenwurm)
Ordnung: *Spirurida* (mit dem →Medinawurm)
Ordnung: *Enoplida* (mit der →Trichine).

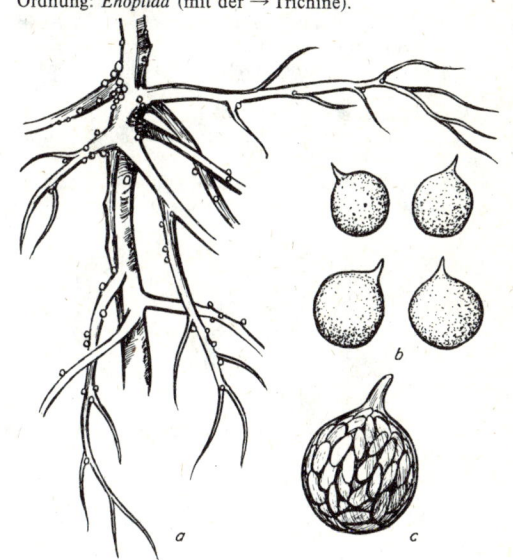

Kartoffelnematode: *a* mit Zysten besetzte Wurzeln, *b* Zysten stark vergrößert, *c* Zyste mit Eiern

Sammeln und Konservieren. F. findet man in allen Lebensräumen: in der Erde, in Moospolstern, im Meer und Süßwasser; besonders zahlreich parasitieren sie in Pflanzen und Tieren. Um F. aus dem Boden zu erhalten, wäscht man sie mit verschiedenen, immer engmaschiger werdenden Sieben aus. Kleine Pflanzen oder Bodenproben werden auf Milchfilterwatte in engmaschige Siebe gebracht und in einen mit Wasser gefüllten Trichter gehängt. Nach einiger Zeit finden sich die F. im Wasser und können aussortiert werden. Die ausgesuchten Tiere werden vorsichtig auf einem hohlen Objektträger in Wasser erhitzt, bis sie aufhören, sich zu winden. Das abpippetierte Wasser wird dann durch folgendes Fixierungsgemisch ersetzt: 1 Teil konzentrierte Formaldehydlösung, 1 Teil Eisessig, 8 Teile Wasser. In diesem Gemisch halten sich die F. unbegrenzt lange. Im Darmtrakt parasitierende F. werden mit 1%iger Kochsalzlösung ausgewaschen, mit heißem 70%igem Alkohol übergossen und in frischem 70%igem Alkohol, dem 1 Teil Glyzerin zugesetzt wird, aufbewahrt.

Fagaceae

Lit.: B. Müller: Die parasitischen Würmer, Tl 1 (Wittenberg 1953).

Fagaceae, → Buchengewächse.

Fahnenquallen, *Semaeostomae,* Ordnung der Skyphozoen. Die vier Zipfel des Mundrohres der Meduse sind in lange, faltenreiche »Fahnen« ausgezogen. Zu den F. gehören auch die Erzeuger von Meeresleuchten (*Pelagia noctiluca*) und die → Ohrenqualle.

Fährte, die Folge von Fußabdrücken oder Trittbildern, die die Anwesenheit auch selten gesehener, nachtaktiver Tiere verrät und oft zudem erkennen läßt, ob es sich um ein gehendes oder flüchtendes Tier handelte. Härte des Untergrundes oder Schneehöhe beeinflussen das Fährtenbild. So drücken sich die Afterklauen des Rehs nur bei tiefem Einsinken ab (Abb. s. u.). Die unterschiedlichen Ausdrücke der Jägersprache für F. verschiedener Arten sind biologisch bedeutungslos.

Faktoranalyse, multivariable statistische Analyse, die die zufallsbeeinflußte Ausprägung einer größeren Anzahl von an einem Untersuchungsobjekt beobachteten Merkmalen auf die Wirkung einer möglichst geringen Anzahl von Faktoren zurückzuführen versucht. Anwendung findet die F. insbesondere in der psychologischen Forschung und bei der Auswertung von Untersuchungen zusammengehöriger morphologischer und physiologischer Merkmale organismischer Systeme.

Faktorenaustausch, die Rekombination gekoppelter Faktoren oder Gene in der Meiose oder Mitose durch → Crossing-over.

Faktorengradient, Intensitätsgefälle von Umweltfaktoren; so nimmt an Flußufern die Feuchte des Bodens zur Uferlinie hin zu, die Temperatur unter Umständen ab, außerdem können sich die Korngröße des Substrates, das Porenvolumen und andere Substratfaktoren kontinuierlich ändern. Künstlich werden F. in »Klimaorgeln« (→ Klimakammer) erzeugt, um die → Präferenz von Organismen zu studieren.

fakultative Sexualität, → Fortpflanzung.

fakultatives Lernen, Lernen, das sich auf Umgebungseigenschaften und -vorgänge bezieht. Es bestehen genetisch vorgegebene Bereitschaften zum f. L., doch ohne Bindung an eine bestimmte Verhaltensweise, wohl aber an bestimmte Motivationen. Das Sprechenlernen bei Papageien wäre ein Beispiel dafür. Bei der Umgebungserkundung kann die als »Neugier« bezeichnete Bereitschaft dem f. L. zugeordnet werden.

Falbkatze, → Wildkatze.

Falken, *Falconidae,* Familie der Greifvögel mit nahezu 60 Arten. Sie bauen kein Nest, sondern nutzen Nester anderer Vogelarten. Zu den F. gehören die kleinsten Greifvögel, die *Zwergfalken* (mehrere Arten), mit nur 150 bis 190 mm Länge (einschließlich Schwanz). F. jagen Insekten, Nager oder Vögel. Einige – wie der *Turmfalke* – vermögen zu rütteln, andere erjagen ihre Beute im Fluge wie der vom Aussterben bedrohte *Wanderfalke.* Tafel 37.

Fallensteller, → Ernährungsweisen.

Falsche Baumkröten, *Lebendgebärende Kröten, Nectophrynoides,* nur 2 bis 3 cm große afrikanische → Kröten mit einer unter Froschlurchen einzigartigen Fortpflanzung: Die Paarung erfolgt an Land durch Aufeinanderpressen der Kloaken, es findet innere Befruchtung statt, und die Jungtiere werden voll entwickelt geboren. Der vor der Geburt

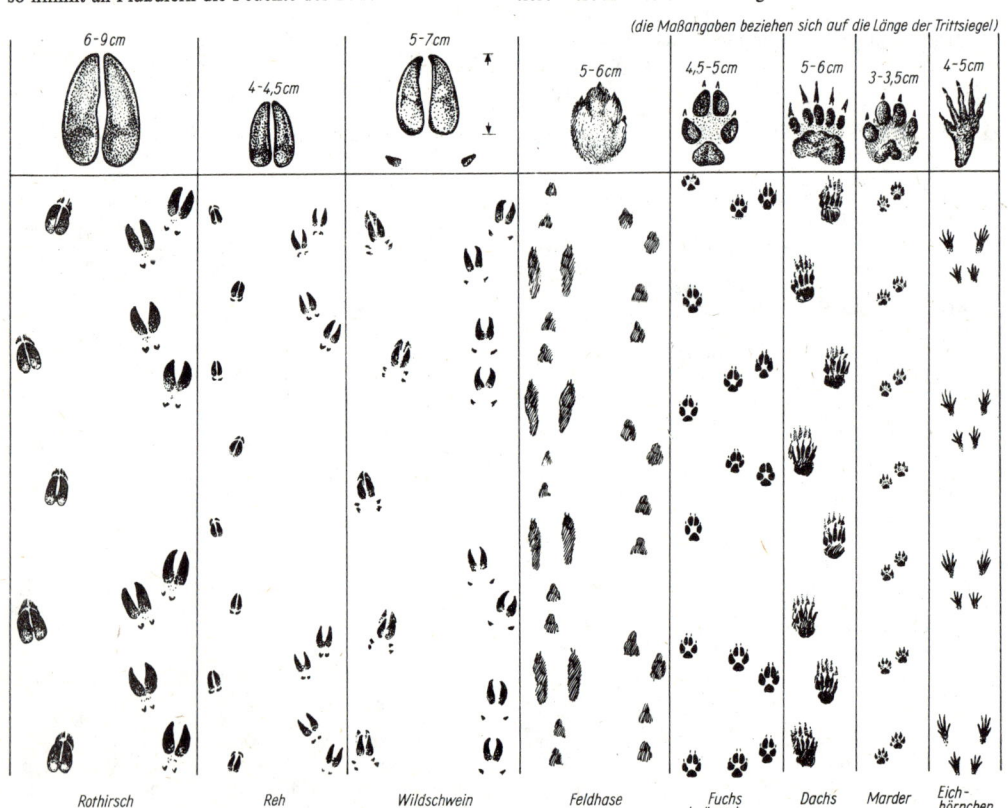

(die Maßangaben beziehen sich auf die Länge der Trittsiegel)

Rothirsch		Reh		Wildschwein		Feldhase		Fuchs		Dachs	Marder	Eichhörnchen
ziehend	flüchtend	ziehend	flüchtend	ziehend	flüchtend	hoppelnd	flüchtend	schnürend	flüchtend			

noch erkennbare Larvenschwanz dient wahrscheinlich als embryonales Atmungsorgan; Kiemen fehlen den Larven.

Falsche Korallenschlangen, → Königsnattern.

Faltamnion, → Embryonalhüllen.

Faltenwespen, → Wespen.

Falter, svw. Schmetterlinge.

Familie, *Familia,* 1) systematische Kategorie oberhalb der Art, → Nomenklatur, → Taxonomie.

2) G e n e t i k : eine Individuengruppe, deren Einzelglieder auf Grund gemeinsamer Abstammung genetisch verwandt sind.

Familienanthropologie, Zweig der Anthropologie, der sich mit biologischen und sozialen Problemen in der Familie, wie Geburtenrate, Geschlechterverhältnis, Inzucht, Erbzusammensetzung und sozialen Verhältnissen, welche in Wechselwirkung mit biologischen Faktoren stehen, befaßt.

Familienplanung, Regulierung der Fortpflanzung, Vermehrung und des Bevölkerungswachstums im Rahmen der Bevölkerungspolitik. Dabei spielen familienpolitische, demographische und medizinische Gesichtspunkte eine Rolle. Der Bestand der Familie wird durch gesetzliche Bestimmungen geschützt, die die Gleichberechtigung der Frau im gesellschaftlichen Leben, in der Arbeit und in der Familie sowie die Persönlichkeitsentwicklung jedes einzelnen Familienmitgliedes fördern. Die F. hilft einerseits Kinderlosigkeit zu überwinden und andererseits extremen Kinderreichtum im Interesse der Frau und der gesamten Familie zu begrenzen, wobei in jedem Fall die Entscheidung über die gewünschte Kinderzahl den Ehepartnern zukommt. Unter medizinischen Gesichtspunkten sollen gesundheitsbedrohende Einflüsse durch Schwangerschaft, Geburt, Betreuung der Kinder, manipulierte Aborte u. a. vermieden werden.

Familienverbände, → Soziologie der Tiere, → Staatenbildung.

Fangbeine, als Greiforgane dienende und entsprechend umgebildete Gliedmaßen bei Insekten.

Fangblasen, → fleischfressende Pflanzen.

Fangfäden, *Captaculae,* bei den Grabfüßern vom Kopf ausgehende Büschel von kontraktilen Fäden, die dem Erwerb der Nahrung dienen. Sie sind mit Muskeln, Nerven sowie Klebdrüsen versehen, an denen die Nahrungspartikeln hängenbleiben und durch die F. an den Mund gebracht werden.

Fangmethoden, in der Tierökologie übliche Verfahren zur qualitativen und quantitativen Erfassung von Tieren an ihrer Lebensstätte. Die einzelnen F. sind spezifisch auf das Verhalten der jeweiligen Organismen abgestimmt. So lassen sich verschiedene Insekten nachts mit ultraviolettem Licht anlocken, andere werden mit Köderstoffen, wie gärendes Bier, Obst, Zuckerlösung u. a. oder artspezifischen Sexuallockstoffen an den Fangplätzen gelockt, wo sie einfach aufgesammelt werden oder sich in speziellen Fallenapparaten selbst fangen. Wichtige Fanggeräte für die Tierwelt der Kraut- und Strauchschicht sind Kescher, Streifsack, Klopfschirm; Organismen der Bodenstreu werden mit Barberfallen, Fanggräben, Insektensieben oder durch direktes Aufsammeln mit Pinzette oder Exhaustor erbeutet. Die Tiere des Bodens können durch Entnahme von Bodenproben, aus denen die Organismen mit Hilfe von Wärme, Trockenheit und Licht ausgetrieben werden, bzw. durch das direkte Austreiben mit Hilfe von Wasser, Formalinlösung u. a. erfaßt werden. Leimtafeln, Gelbschalen und Fensterfallen dienen dem Erfassen fliegender Insekten. Vögel werden mit unterschiedlichen Netzen gefangen (Netzbügelfallen, Schlagnetze, Japannetze). Viele stationäre Fangeinrichtungen sind nach dem Reusen-Prinzip gebaut, das vor allem im Fischfang praktisch genutzt wird. Für Kleinsäuger werden verschiedene Typen von Lebendfallen und Schlagfallen eingesetzt. Die in Lebendfallen erbeuteten Tiere können dann markiert und wieder freigelassen werden, um aus ihrem Wiederfang entsprechende Rückschlüsse auf Lebensgewohnheiten, Verbreitung, Siedlungsdichte, Ortstreue, Reviergröße und Wanderwege ziehen zu können. Das Anbringen von Farbmarkierungen, Kunststoffmarken, Kleinstsendern, die Markierung mit radioaktiven Stoffen und die Beringung, die vor allem bei Vögeln angewandt wird, sind allgemein übliche Verfahren.

Zum Lebend-Fangen und Markieren von Großwild hat sich die Anwendung von speziellen Injektionsgeschossen, die eine entsprechende Dosis spezieller Pharmaka enthalten und eine kurzzeitige Betäubung der Tiere bewirken, sehr bewährt.

Die Quantifizierung erfolgt, indem die Fangzahlen direkt auf Flächen oder Volumina bezogen werden (stationäre Dichte) oder indem die Anzahl der Organismen ermittelt wird, die in einer bestimmten Zeit eine Grenzlinie durch Eigenaktivität überschritten haben (→ Aktivitätsdichte). Wichtige Voraussetzung für die Auswahl der geeigneten F. und deren richtige Dimensionierung ist die Ermittlung des → Minimalareals.

Fangschrecken, *Dictyoptera, Mantodea,* eine Ordnung der Insekten mit etwa 1700 Arten, die fast ausschließlich in den Tropen und Subtropen verbreitet sind. Nur eine Art, die *Gottesanbeterin Mantis religiosa* L., kommt auch an einigen warmen Orten im südlichen Mitteleuropa vor (Österreich, Süden der BRD). Fossile Arten sind aus Bernsteineinschlüssen bekannt.

V o l l k e r f e . Schlanke, meist grün oder braun gefärbte Tiere von 1 bis 16 cm Größe. Sie besitzen zwei Paar Flügel, die in der Ruhe zusammengefaltet dem Körper dicht anliegen. Charakteristisch sind die zu Fangarmen umgebildeten Vorderbeine. Diese werden »wie zum Gebet erhoben«, wenn die Tiere auf Beute lauern. Hat sich ein Insekt in Reichweite der Fangarme niedergelassen, so schnellen diese vor und ergreifen die Beute, wobei die sägeartig bedornten Schienen und Schenkel wie ein Klappmesser wirken. Die Entwicklung der F. ist eine Form der unvollkommenen Verwandlung (Pauromethabolie).

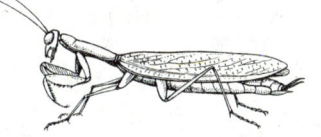

Gottesanbeterin
(*Mantis religiosa* L.)

E i e r . Ein Weibchen legt bis zu 1000 Eier. Sie werden portionsweise (maximal bis 400 Stück) in einer schwammigen, aus einer Kapsel (Oothek) geformten und an der Luft erhärtenden Sekretmasse vereinigt und an Pflanzen, Steinen u. a. befestigt.

L a r v e n . In Gestalt und Lebensweise den Vollkerfen ähnlich und nach fünf bis neun Häutungen erwachsen.

S y s t e m . Bisher wurden alle Arten einer Familie (*Mantidae*) zugeordnet, die jedoch in jüngster Zeit in mehrere Familien aufgespalten wurde.

Lit.: M. Beier u. F. Heikertinger: Fangheuschrecken (Leipzig 1952).

Fangschreckenkrebse, *Heuschreckenkrebse, Stomatopoda,* eine Ordnung der Krebse (Unterklasse *Malacostraca*). Sie haben einen langgestreckten Körper mit einem kräftigen Hinterleib, während der Carapax nur klein ist. Das zweite Beinpaar des Thorax stellt ein großes Raubbein dar, dessen Endglieder wie ein Taschenmesser zusammengeschlagen werden können. Die etwa 180 Arten leben alle auf

Farbanpassung

dem Meeresboden, meist an den Küsten. Manche graben im Sand Röhren, andere verbergen sich in Felsspalten. Die Entwicklung erfolgt über Schwimmlarven. Von der Küstenbevölkerung werden die F. gegessen. Die bekannteste Gattung ist *Squilla*.

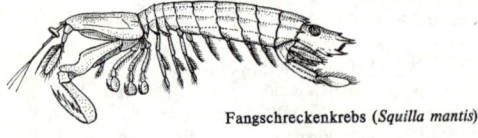

Fangschreckenkrebs (*Squilla mantis*)

Farbanpassung, → Schutzanpassungen, → Färbung.
Farbempfindung, → Farbensehen.
Farbenblindheit, → Farbsinnstörungen.
Farbensehen, Unterscheidungsfähigkeit elektromagnetischer Strahlung verschiedener Wellenlängen. Bei Evertebraten ist das F. verbreitet, insbesondere bei Krebsen sowie vielen Insekten nachgewiesen. Farbenblind sind nach der Retinastruktur Zyklostomen, Elasmobranchier und Dipnoer. Unter den Amphibien gibt es farbenblinde (Geburtshelferkröten), manche sehen zwei Farben, Rot und Blau (Frösche, verschiedene Molche) bzw. Blau und Violett (Erdkröte), andere alle Farben (Salamander). Reptilien scheinen farbtüchtig, manche besonders leistungsfähig in einigen Spektralbereichen. Tagvögel sowie Säuger, sofern sie Tagtiere sind, sehen Farben; am besten die Affen und der Mensch. Ratten, Hamster, Goldhamster, Kaninchen und Halbaffen sehen keine Farben. Andere Arten unterscheiden bestimmte Farben, die Hauskatze solche im langwelligen Bereich. Bienen sehen zahlreiche Farben in einem Bereich von 300 bis 650 nm, Menschen ungefähr 180 Farbtöne im Bereich von 380 bis 760 nm Wellenlänge. F. setzt beim Menschen, wenn die Leuchtdichte die Schwelle des photopischen Systems (*Farbschwelle*) überschreitet, mit zunächst drei Farbtönen ein: Rot (zwischen 760 und 570 nm), Grün (570 bis 480 nm) und Blauviolett (480 bis 380 nm). Grundlage dieser Erscheinung scheint die Erregung dreier verschiedener Zapfentypen zu sein, die jeweils ein photosensibles Pigment für Rot, Grün oder Blau enthalten. Die Empfindlichkeitsmaxima dieser drei Rezeptortypen, nachgewiesen durch Rezeptorpotentiale einzelner Zapfen bei Karpfen, Affen, Menschen u. a., entsprechen den Absorptionsmaxima der drei Sehfarbstoffe. Dies entspricht dem *trichromatischen Funktionsprinzip des F.*, das bereits von Young (1807) und Helmholtz (1867) gefordert wurde. Es besagt, daß die *Farbempfindung* durch den Anteil der Erregung jedes Rezeptortyps bestimmt wird. Die Farbempfindung ergibt sich entweder durch Erregung eines Rezeptors für Rot, Grün bzw. Blauviolett oder durch Mischung solcher Grundkomponenten. Bei gleicher Erregung aller drei Rezeptortypen entsteht der Eindruck farblos (weiß). Die den Zapfen in der Retina nachgeschalteten sekundären und tertiären Neuronen müssen sich nicht wie die Zapfen verhalten, sondern können dem *Funktionsprinzip der Gegenfarben* (nach Hering, 1874) entsprechen. Spektrales Licht kürzerer Wellenlänge (Blau oder Grün) hyperpolarisiert die Neuronen, solches längerer Wellenlänge (entsprechende Gelb zu Blau bzw. Rot zu Grün) depolarisiert sie. Neben diesen beiden chromatisch polaren Systemen gibt es ein »unbuntes« Gegensatzpaar, das Schwarz-Weiß-System, welches nur bestimmte Helligkeiten signalisiert. Das trichromatische (Rezeptor-) und das Gegenfarben- (Folgeneuronen-)Funktionsprinzip vereinigt die *Zonentheorie des F.* Auch bei Insekten sind spektral-sensible Rezeptortypen in den Ommatidien, bei Dipteren zwei (Grün- und Blau-Rezeptoren), bei Bienen drei (Gelb-, Blau-, Ultraviolett-Rezeptoren) nachgewiesen.

Färberfrosch, → Baumsteigerfrösche.
Färberröte, → Rötegewächse.
Färberwaid, → Kreuzblütler.
Farbfrösche, *Pfeilgiftfrösche, Dendrobatinae,* kleine, hochspezialisierte, bodenlebende → Echte Frösche aus dem tropischen Mittel- und Südamerika. Sie tragen auf der Oberseite der Fingerspitzen ein drüsiges Polster. Viele Arten sind leuchtend bunt gefärbt. Die meisten F. produzieren ein starkes Hautgift (Steroidalkaloide, z. B. Batrachotoxin), das von südamerikanischen Indianern als Pfeilgift gebraucht wurde und stellenweise noch verwendet wird. Die getöteten Frösche werden über ein Feuer gehalten und schwitzen dabei das Gift aus. In Gefäßen wird es einem Fermentationsprozeß unterworfen. Es trocknet an eingetauchten Pfeilspitzen schnell an und lähmt die mit diesen getroffene Beute. Die Männchen der meisten Arten treiben eine bemerkenswerte Brutpflege, indem sie zunächst das an Land abgesetzte Gelege bewachen und die auf ihren Rükken kriechenden Kaulquappen zum nächsten Gewässer tragen. Zu den F. gehören unter anderem → Baumsteigerfrösche und → Blattsteigerfrösche.
Farbschwelle, → Farbensehen.
Farbsinnstörungen, Abweichungen vom normalen → Farbensehen durch Ausfall oder Abschwächung jeder der drei Komponenten Rot, Grün und Blau (Violett), und zwar angeborenerweise oder durch Schädigungen der Netzhaut, des Sehnerven oder des zentralen visuellen Systems. Sehr selten ist die totale *Farbenblindheit* (*Monochromasie* oder *Achromasie*). Rotblindheit wird als *Protanopie,* Grünblindheit als *Deuteranopie,* Blaublindheit als *Tritanopie* bezeichnet. Abschwächungen des Farbensehens heißen Farbanomalien, die häufigste zeigt sich im Verwechseln von Rot und Grün. Sie betrifft 8% der Männer und 0,4% der Frauen.
Farbtrachten, Vielfalt der äußeren farblichen Gestaltung der Tiere, die auffällig als Droh-, Schreck- und Warntrachten oder unauffällig als Verbergetrachten entwickelt sind. → Schutzanpassungen.
Färbung, 1) die für die Organismen typische Farbgebung des Körpers oder einzelner Körperteile. Bei Tieren wird die F. entweder durch das Einlagern entsprechender Pigmente in die Haut oder deren Derivate (z. B. Federn, Haare, Schuppen), durch die Struktur der Körperoberfläche oder durch das Durchscheinen der F. innerer Organe oder des Darminhaltes hervorgerufen. Dabei werden ganz verschiedene physikalische Prinzipien genutzt und kombiniert, z. B. Lichtbrechung an in Zellen eingelagerten Kristallen, F. trüber Körper, Brechungseffekte an dünnen Schichten, Totalreflektion an luftgefüllten Zellen, Schuppen und Haaren.

Die ökologische Bedeutung der F. für den Organismus liegt einmal in der Möglichkeit, sich an die entsprechende Umwelt farblich anzupassen und damit vor negativen Wirkungen (Strahlung, Temperatur, Feinde u. a.) zu schützen, bzw. durch besonders auffallende F. Geschlechtspartner anzulocken (Brutkleid, Hochzeitskleid, Prachtkleid) oder durch extreme Farbgebung bestimmter Körperteile Feinde abzuschrecken (*Warnfärbung, Schreckfärbung*) oder zu täuschen.

Boden-, Höhlentiere und Entoparasiten sind oft farblos, während tagaktive Insekten in sonnenexponierten Lebensstätten oft extrem metallisch-spiegelnde Oberflächen besitzen. Neben der Strahlung haben auch die Umgebungstemperatur, die Feuchtigkeit und die Nahrung Einfluß auf die Ausprägung der F. (→ Klimaregeln). Tiere mit wenig Eigenfärbung nehmen oft die Farbe der Nahrungstiere an (z. B. Fische, Mollusken), einige pflanzenfressende Insekten übernehmen Farbstoffe (z. B. Karotinoide) von ihren Futterpflanzen.

Einige Tierarten sind in der Lage, ihre F. periodisch zu ändern (Sommer- und Winterkleid der Vögel und Säuger) oder sich mit speziell gefärbten Morphen an periodische Bedingungsänderungen anzupassen (*Saisondimorphismus,* z. B. bei Schmetterlingen). Einige Arten besitzen die Fähigkeit, ihre F. kurzfristig zu ändern (→ Farbwechsel).
2) Methoden zur Darstellung von Zellstrukturen und zum Nachweis zellulärer Substanzen im Lichtmikroskop. Biologische Strukturen sind fast stets sehr kontrastarm. Ein Mittel zu ihrer Darstellung im Lichtmikroskop ist die Erhöhung des Kontrastes durch F. Dabei werden die Löslichkeit von Farbstoffen in zelleigenen Substanzen, die salzartige, elektrostatische und kolloidale Bindung und die spezifische Reaktion mit bestimmten zellulären Verbindungen ausgenutzt.

Färbungsregel, → Klimaregeln.

Farbwechsel, die Änderungen von Körperfärbungen bei vielen Tieren. Der *morphologische* F. ist die allmähliche Änderung des Farbkleides durch Bildung bzw. Abbau von bestimmten Pigmenten, die sich auch in pigmenthaltigen Zellen, den Chromatophoren, befinden können. Beim *physiologischen* F. aggregieren Pigmente innerhalb der Chromatophoren und dann wenig farbgebend, oder sie dispergieren über die ganze Zelle. Der physiologische F. wird entweder neuronal oder hormonal bzw. kombiniert gesteuert. Bei Cephalopoden stehen die Chromatophoren in Verbindung mit glatten Muskelfasern, die neuronal versorgt sind. Zahlreiche Knochenfische besitzen sympathisch und parasympathisch innervierte Chromatophoren. Das Chamäleon wechselt die Farbe durch sympathische Kontrolle der Chromatophoren. Der F. von Krebsen wird durch Hormone, mindestens 2 Peptidhormone, ausgelöst, die aus dem Augenstielbereich extrahiert werden konnten. *Hormoneller* F. bei Wirbeltieren wird maßgeblich durch das melanophorenstimulierende Hormon (MSH) des Zwischen- und eventuell des Vorderlappens der Hypophyse bestimmt. Das Peptidhormon MSH löst Dispersion der Pigmente in braun und schwarz gefärbten Chromatophoren (Melanophoren) sowie den gelben (Xanthophoren) und roten (Erythrophoren), jedoch Aggregation in weißen Leukophoren aus. Aufhellung von Körperfarben kann durch das von der Epiphyse erzeugte Indolaminderivat Melatonin, besonders bei Fischen und Fröschen, erreicht werden. In die Regulation des F. sind weitere innere Faktoren eingeschaltet, z. B. solche, die die Freisetzung der Hormone aus der Hypophyse und Epiphyse und aus dem Nebennierenmark regeln. Exogen wird F. besonders durch Lichtintensitäten ausgelöst.

Farne (Tafeln 32 und 33), *Filicatae (Filicopsida),* eine Klasse der Farnpflanzen. Die auffälligen Sporophyten der F. haben im Gegensatz zu den Vertretern anderer Klassen der Farnpflanzen monopodial verzweigte Stämme mit meist großen, reichlich gegliederten und mit reichlich Nervatur ausgestatteten Blättern (Megaphylle), die man als **Wedel** bezeichnet. Sie sind im Jugendstadium an den Spitzen eingerollt. Die Sporangien befinden sich meist in großer Anzahl entweder an der Blattunterseite, oder sie sind von bestimmten Blattabschnitten umhüllt. Oft sind viele in charakteristischen flächigen Ansammlungen, die man als **Sori** bezeichnet, vereinigt. Diese sind häufig von dünnen Häuten, den **Indusien,** bedeckt. Die Sporophylle können den assimilierenden Trophophyllen gleichwertig sein, oder sie sind verschieden, meist stärker vereinfacht. Ein deutlich abgesetzter Sporophyllstand ist nicht vorhanden. Die unmittelbaren Verwandten der heute noch lebenden etwa 10000 Farnarten waren schon im Unterkarbon vorhanden. Über primitive Urformen, die *Primofilices,* die schon im Devon auftraten, sind sie mit den Nacktfarnen verbunden. Die Vertreter dieser Gruppe von isosporen, nur fossil bekannten Farnen haben noch endständige Sporangien und z. T. Blätter, deren Fiederabschnitte noch nicht in einer Ebene liegen (Raumwedel). Die Flachwedelbildung differenzierte sich erst nach und nach heraus.

Zu den *Primofilices* rechnet man 3 Ordnungen:

1. Ordnung: *Protopteridiales.* Zu den einfachsten Formen gehört *Protopteridium,* das in mehreren Arten aus dem Unter- und Mitteldevon bekannt ist. Sie stehen habituell den Rhynien nahe, hatten aber schon kurze, gabelige und abgeflachte Seitenzweige. Zu den *Protopteridiales* werden vielfach auch wesentlich höher entwickelte Formen gerechnet, z. B. das mitteldevonische *Aneurophyton germanicum.* Diese Art war schon einige Meter hoch; die großen Wedel waren aber auch hier räumlich verzweigte Sproßsysteme, die erst an den Verzweigungen letzter Ordnung etwas blattartig verbreitert waren.

2. Ordnung: *Cladoxylales.* Diese vom Mitteldevon bis Unterkarbon bekannte Gruppe, deren wichtigste Gattung *Cladoxylon* ist, stellt wohl einen selbständigen Entwicklungszweig dar. Auch *Cladoxylon* besaß Raumwedel.

3. Ordnung: *Coenopteridales.* Von dieser Ordnung sind mehrere Gattungen vom Oberdevon bis zum Rotliegenden bekannt, z. B. *Clepsydropsis, Stauropteris, Etapteris, Rhacophyton.*

Den Höhepunkt ihrer Entwicklung hatten sie im Karbon. Auch sie haben unterschiedlich aufgebaute Raumwedel.

Die rezenten F. lassen sich in 3 Unterklassen gliedern, nämlich in die primitive Gruppe der isosporen *Eusporangiatae,* deren Sporangien eine dicke, mehrschichtige Wand aufweisen und keine Indusien haben, die höher entwickelten, ebenfalls isosporen *Leptosporangiatae* mit einschichtiger Sporangienwand und meist vorhandenem Indusium und die stark spezialisierten heterosporen *Hydropterides* **(Wasserfarne)**, deren Sporangienwand auch einschichtig ist und deren Sori von runden Behältern (Sporokarpien) umschlossen werden. Die Prothallien sind bei den *Eusporangiatae* z. T. unterschiedlich und farblos und weisen eine endotrophe Mykorrhiza auf.

Bei den *Leptosporangiatae* sind die Prothallien stets oberirdisch und grün, und bei den Wasserfarnen entwickeln sie sich in den Mikro- und Megasporen.

Die wichtigsten Vertreter der einzelnen Unterklassen sind folgende:

1. Unterklasse *Eusporangiatae.*

1. Ordnung: *Ophioglossales* mit etwa 80 kosmopolitischen Arten. Es sind kleine Farne mit einem kurzen unverzweigten Erdstamm oder einem kriechenden Rhizom, das meist nur ein Blatt trägt, das in einen sterilen und einen fertilen Abschnitt geteilt ist. Die Prothallien leben unterirdisch und in Symbiose mit Pilzen. Heimisch sind z. B. die auf Flachmoorwiesen vorkommende **Natternzunge,** *Ophioglossum vulgatum,* und die auf Triften wachsende **Mondraute,** *Botrychium lunaria.*

2. Ordnung: *Marattiales* mit etwa 200 tropischen Arten. Sie waren in früheren Erdepochen, besonders im Karbon und Rotliegenden, wesentlich häufiger. Die heute noch vorkommenden Formen gleichen lebenden Fossilien. Am bekanntesten ist der **Bootsfarn,** *Angiopteris evecta,* aus dem tropischen Ostasien.

3. Ordnung: *Archaeopteridales.* Heterospore, fossile Farne, die sowohl Merkmale von Farnen als auch von Nacktsamern aufweisen. Sie werden gemeinsam mit den *Protopteridiales* als »Progymnospermae« bezeichnet und gelten als Ausgangsgruppe für die sich entwickelnden Nacktsamer.

2. Unterklasse *Leptosporangiatae.*

1. Ordnung: *Osmundales* mit etwa 20 weitverbreiteten Arten. Ihre Vertreter weisen noch gewisse Beziehungen zu den *Eusporangiatae* auf, denn sie haben ebenfalls eine mehrschich-

Farne 262

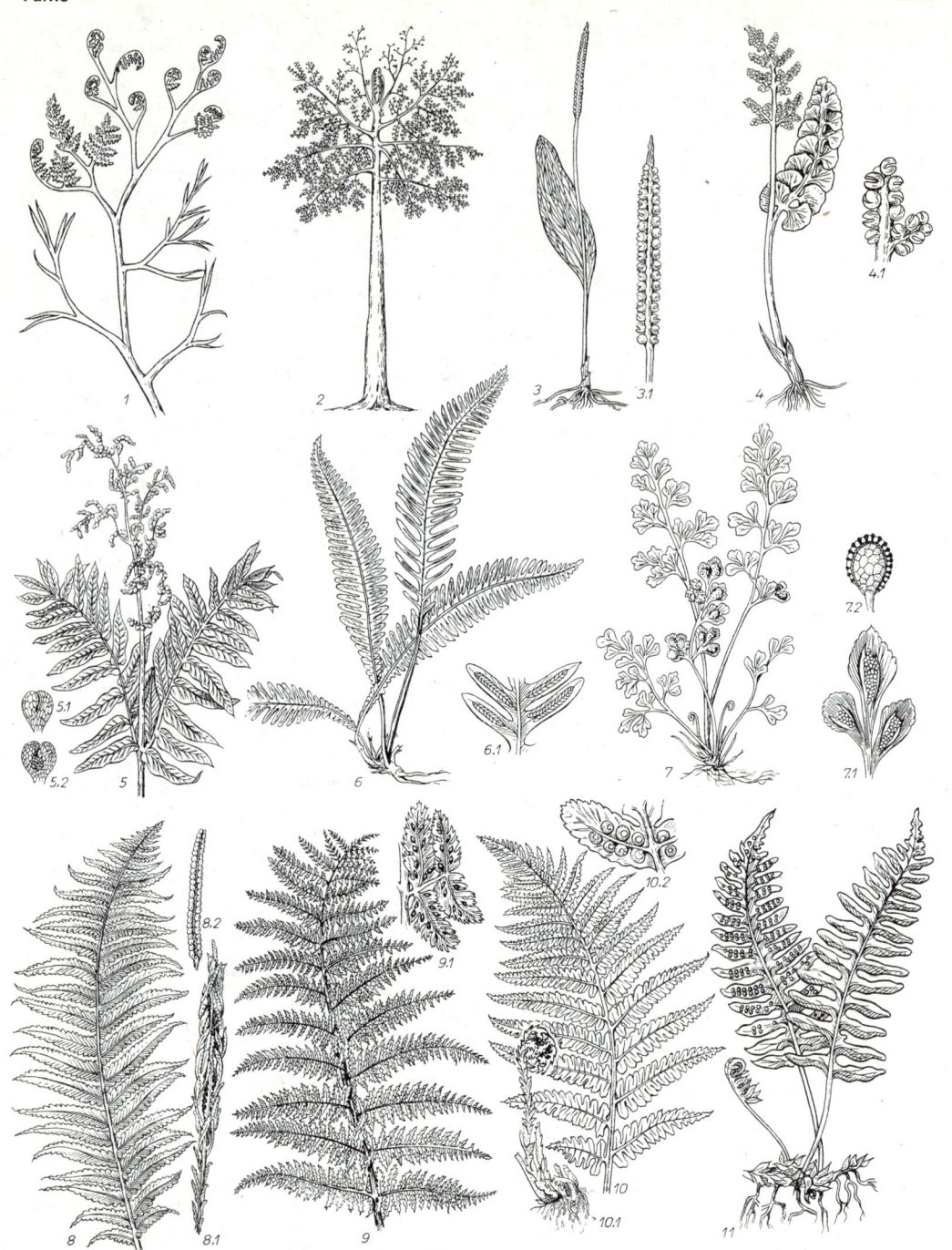

tige Sporangienwand und kein Indusium. Heimisch ist der unter Naturschutz stehende **Königsfarn**, *Osmunda regalis*, der besonders auf Moorböden vorkommt.

2. Ordnung: *Filicales*, **Farne** im engeren Sinne, mit etwa 9000 Arten. Zu dieser Gruppe gehören auch die meisten der bei uns vorkommenden F. Die wichtigsten sind: der auf kalkarmen Böden, in Wäldern und auf Heiden wachsende,

1 Farne: *1* Protopteridium hostimense; *2* Aneurophyton germanicum (beide aus dem Mitteldevon, Rekonstruktionen); *3* Natternzunge (Habitus), *3.1* sporentragender Teil der Pflanze; *4* Mondraute (ganze Pflanze), *4.1* Teil der Sporangienähre; *5* Königsfarn (Habitus), *5.1* und *5.2* Sporangien; *6* Rippenfarn, *6.1* Blattfiederchen mit Sori; *7* Mauerraute, *7.1* Blattunterseite mit Sori, *7.2* Sporangium; *8* Straußfarn, *8.1* Trophophyll, *8.2* Sporophyll; *9* Frauenfarn, *9.1* Fiederchen mit Sporen; *10* Wurmfarn, *10.1* unterer Teil der Pflanze, *10.2* Fiederchen mit Sori; *11* Tüpfelfarn (Engelsüß)

kosmopolitisch verbreitete **Adlerfarn**, *Pteridium aquilinum*, mit randständigen Sori; der besonders im Bergland vorkommende **Rippenfarn**, *Blechnum spicant*, mit aufrecht stehenden, schmalen Sporophyllen und dem Boden aufliegenden, breiteren Trophophyllen; die kalkliebende, allgemein unter Naturschutz stehende **Hirschzunge**, *Phyllitis scolopendrium*, mit zungenförmigen, ganzrandigen Blättern und linealischen Sori; die in Mörtelfugen von Mauern und an Kalkfelsen gedeihende **Mauerraute**, *Asplenium ruta-muraria*, mit rautenförmigen Blattfiedern; der vielerorts unter Naturschutz stehende, am Rande von Gebirgsbächen auf sickernassen, sandigkiesigen Schwemmböden nur noch selten vorkommende **Straußfarn** *Matteuccia struthiopteris*; der feuchte Wälder besiedelnde, frischgrüne **Frauenfarn**, *Athyrium filix-femina*, mit doppelt gefiederten, großen Wedeln; der häufig in Wäldern wachsende, offizinelle (Rhizom) **Wurmfarn**, *Dryopteris filix-mas*, mit einfach gefiederten Blättern, deren Spindel von braunen Schuppen besetzt ist, und der meist an Felsen auftretende **Tüpfelfarn** oder **Engelsüß**, *Polypodium vulgare*, mit großen rundlichen Sori auf fiederteiligen Blättern. Häufige ausländische Zierfarne sind Kulturformen der in den Tropen verbreiteten Gattungen *Nephrolepis* und *Pteris*. Als Bindegrün für Sträuße werden in größerem Maße Sorten der im tropischen Amerika beheimateten Art *Adiantum tenerum* gezogen, die durch ihre schwarzen, hornartigen Wedelstiele auffällt.

In den Tropen kommen die F. im wesentlichen als schattenliebende Bodenpflanzen des tropischen Regenwaldes oder als Epiphyten vor. Die epiphytisch wachsenden Arten zeigen in dieser Hinsicht bestimmte Anpassungen, so z. B. der **Nestfarn**, *Asplenium nidus*, und die **Geweihfarne**, *Platycerium*, Einrichtungen zum Auffangen von Humusstoffen. Einige der tropischen Arten sind auch baumförmig entwickelt (bis 18 m hoch), es fehlt ihnen aber sekundäres Dickenwachstum.

Die **Hautfarne** *Hymenophyllaceae*, sind sehr zarte kleine Kräuter mit einschichtiger Blattspreite ohne Spaltöffnungen.

3. Unterklasse *Hydropterides*.

1. Ordnung: *Marsileales*, **Kleefarne**, mit etwa 80 auf Sumpfboden lebenden Arten. Zu ihnen zählen die grasähnlichen, bischofsstabförmig eingerollte Blätter aufweisenden, an schlammigen Ufern vorkommenden Vertreter der Gattung *Pilularia* mit dem heimischen **Pillenfarn**, *Pilularia globulifera*, und die vierblättrigen Kleeblättern ähnlichen Vertreter der Gattung **Kleefarn**, *Marsilea*.

2. Ordnung: *Salviniales*, **Schwimmfarne**, mit etwa 20 frei schwimmenden Arten. Sie enthalten den auch als Schwimmpflanze auf wärmeren einheimischen Gewässern auftretenden **Schwimmfarn**, *Salvinia natans*, und den aus Amerika eingeschleppten, kaum pfenniggroßen, moosähnlichen **Algenfarn**, *Azolla filiculoides*.

Farnesol, ein Sesquiterpenalkohol, der Bestandteil ätherischer Öle, insbesondere von Maiglöckchen und Lindenblüten, ist und deren typischen Geruchsstoff bildet. F. kommt ebenfalls als Pheromon der Hummeln vor. Es findet in der Parfüm- und Seifenindustrie Anwendung.

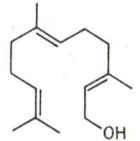

trans-trans-Farnesol

Farnpflanzen, *Pteridophyta*, eine Abteilung des Pflanzenreiches mit etwa 12 000 Arten, die in allen Klimabereichen

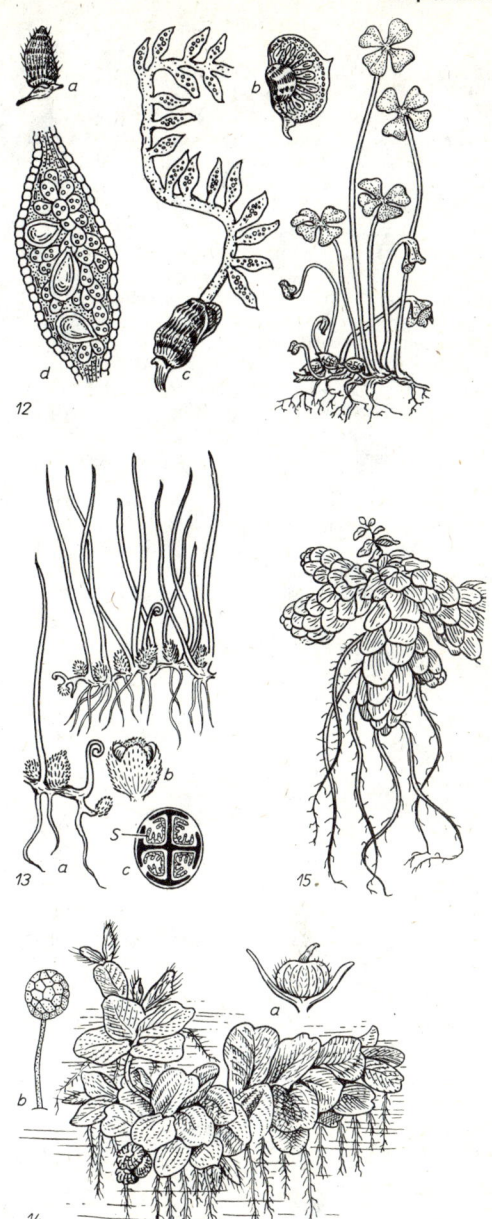

II Farne: *12* Kleefarn: Pflanze mit Sporokarpien. *a* geschlossenes Sporokarp, *b* sich öffnendes Sporokarp, *c* gestreckter Gallertring mit Sori, aus dem Sporokarp heraustretend, *d* Sorus mit Makro- und Mikrosporangien; *13* Pillenfarn: *a* Pflanze mit Sporokarpien, *b* sich öffnendes Sporokarp, *c* Sporokarp im Querschnitt mit Sporangien, *S* Sporangium; *14* Schwimmfarn (*Salvinia natans*): *a* Sporangienbehälter, *b* Mikrosporangium; *15* Algenfarn

der Erde vorkommen, ihre Hauptverbreitung und größte Artenzahl aber in den Tropen haben. Die F. sind ähnlich wie die Moose durch einen auffälligen Wechsel von zwei verschieden gestalteten Generationen (→ Generationswechsel) ausgezeichnet, jedoch sind beide Generationen, der Gametophyt und der Sporophyt, organisch selbständig. Der aus einer Spore entstehende haploide Gametophyt, hier **Prothallium** genannt, ist meist ein thallöses, lebermoosähnliches Gebilde, das die Antheridien und Archegonien trägt. Die Archegonien weisen den gleichen Bau wie die der Moospflanzen auf; Moose und F. werden deshalb auch als **Archegoniaten** zusammengefaßt. Bei entsprechender Feuchtigkeit können die Spermatozoiden zu den Eizellen schwimmen und diese befruchten. Aus der nun diploiden Zygote entwickelt sich dann die ungeschlechtliche Generation, der Sporophyt. Dieser sieht völlig anders aus und ist die eigentliche Farnpflanze. Er besitzt schon die Merkmale von Kormuspflanzen: Wurzel, Sproß und Blätter. Die Wurzeln entspringen seitlich am Sproß und haben eine Wurzelhaube. Sproß und Blätter entsprechen in ihren meisten Merkmalen den Samenpflanzen, so daß man die F. zu den Kormophyten rechnet. Die aus Sieb- und Gefäßsträngen bestehenden Leitbündel, die verholzte Tracheiden haben können, durchziehen die ganze Pflanze. Das befähigte die F. zu einer reicheren Ausgestaltung des Vegetationskörpers und damit auch zur Entwicklung baumförmiger Typen (Baumfarne u. a.). Da die Epidermis von einer schützenden Kutikula überdeckt ist, geht der Stoffaustausch überwiegend über die gut ausgebildeten Spaltöffnungen vor sich. Darin kommt die Anpassung der F. an das Landleben besonders zum Ausdruck. Die Sporen werden in Sporangien gebildet, die sich überwiegend an den Blättern (Sporophylle) befinden, die sich z. T. von den Assimilationsblättern (Trophophylle) stärker unterscheiden und zu besonderen Sporophyllständen vereint sind. Man spricht hier z. T. schon von primitiven Blüten. Die Sporen entstehen in den Sporangien aus den Sporenmutterzellen nach Reduktionsteilung. Sie haben meist zwei Membranen, außen das widerstandsfähige **Exospor** und innen eine dünne Zelluloseschicht, das **Endospor**. Nach der Keimung der Sporen entwickelt sich der Gametophyt. Bei einigen F. können sich verschiedengeschlechtliche Prothallien ausbilden, die auch aus zwei verschiedenen Sporentypen entstehen. Die meist großen weiblichen Prothallien entwickeln sich aus den reservestoffreichen Megasporen, die kleinen männlichen Prothallien aus den Mikrosporen. Nach der Ausbildung verschiedenartiger Sporen unterscheidet man auch Mega- und Mikrosporangien. Die gleichartige Sporen erzeugenden Formen werden als **isospor**, die verschiedenartige Sporen bildenden als **heterospor** bezeichnet. Dabei ist in verschiedenen Fällen eine starke Reduzierung des Gametophyten zu verzeichnen, die so weit führt, daß Prothallien, Archegonien, ja sogar nach Befruchtung der Eizelle auch der Embryo innerhalb der Megaspore entsteht, die so lange mit dem Sporophyten verbunden bleibt und dann als Ganzes abfällt. Man kann in solchen Fällen schon von Samenbildung sprechen. Heterosporie und Samenbildung entwickelten sich in den einzelnen Klassen der F. wahrscheinlich mehrmals parallel.

Die F. sind eine phylogenetisch alte Gruppe, deren Anschluß an primitivere Pflanzen aber noch unsicher ist. Man nimmt an, daß sie sich parallel zu den Moospflanzen aus noch unbekannten Algen entwickelt haben, wobei aufgrund der gemeinsamen Merkmale, wie Chlorophyll a und b, gleiche Karotinoide u. a., nur Grünalgen in Betracht kommen.

Systematisch untergliedert man heute die F. meist in die vier Klassen → Urfarne, → Bärenlappartige, → Schachtelhalmartige und → Farne.

Fasanenvögel, *Phasianidae,* weltweit verbreitete Familie der → Hühnervögel, zu der die *Rauhfußhühner* (→ Auerhuhn, → Birkhuhn, Schneehuhn und Haselhuhn) und die *Fasanen* sowie *Wachteln, Coturnix, Königshuhn, Tetraogallus, Rothuhn, Alectoris, Frankoline, Francolinus,* → *Rebhuhn, Perdix, Bankivahuhn, Gallus, Pfau, Perlhühner* und → Truthühner gehören. Sie sind Bodenbrüter. Bei den meisten Arten brütet nur die Henne, die auch die Jungen führt. Diese sind Nestflüchter. Die Hähne haben meist ein recht buntes Gefieder, von dem bestimmte Partien wie Kragen, Oberschwanzdecken (Rad), Augenflecken bei der Balz besonders zur Schau gestellt werden.

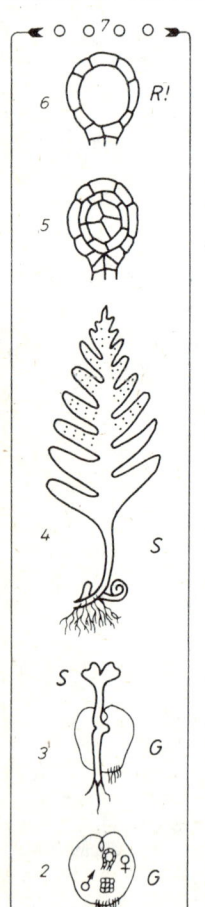

Entwicklungsschema eines Farnes: G Gametophyt, S Sporophyt. Haploide Phase = dünne Linien, diploide Phase = dicke Linien, R Reduktionsteilung. *1* Spore, *2* Prothallium mit ♀ und ♂ Gametangien, *3* Prothallium mit jungen Sporophyten, *4* Sporophyt (stark verkl.) mit Sporangiensori, *5* unreifes Einzelsporangium (stark vergrößert) aus einem Sorus, *6* reifes Sporangium mit Sporentetraden, *7* Sporen

Jagdfasan (*Phasianus colchicus*)

Faserknochen, → Knochen.
Faserpflanzen, technisch verwertbare Fasern liefernde Nutzpflanzen, z. B. Baumwolle (Samenhaare), Flachs, Hanf, Jute, Ramie (Stengelfasern), Sisalagave (Blattfasern), Manilahanf (Fasern der Blattscheiden).
Fasten, → Nahrungsmangel.

Fasziation, svw. Verbänderung.
faszikuläres Kambium, → Leitgewebe, → Sproßachse.
Fasziolose, svw. Leberegelkrankheit.
Faulgas, svw. Biogas.
Fäulnis, Sonderform der → Dekomposition, wobei sich stickstoffreiche Substanzen unter gehemmtem Sauerstoff- und Lichtzutritt zersetzen. Anaerobe Bakterien und Pilze rufen Gärungen hervor. Wichtige Endprodukte der F. sind Ammoniak und Schwefelwasserstoff. Durch Tierbesiedlung wird der biochemische Ablauf der F. nicht wesentlich verändert. Charakteristisch sind bakterienfressende Nematoden, bei größeren Substanzmengen auch Dipterenlarven bzw. Aasfresser.
Fäulnisbewohner, svw. Saprophyten.
Fäulnispflanzen, svw. Saprophyten.
Faulschlamm, svw. Sapropel.
Faultiere, *Bradypodidae*, eine Familie der → Zahnarmen. Die F. haben einen rundlichen Kopf und zottiges Fell. Mit Hilfe der Sichelkrallen ihrer vier Gliedmaßen hangeln sie äußerst langsam im Geäst umher. Die F. ernähren sich von Blättern und Früchten. Ihre Heimat ist das tropische Südamerika. Zu den F. gehört unter anderem auch der → Ai.

Zweifinger-Faultier (Unau)

Faulvögel, → Spechtvögel.
Fauna, die Gesamtheit der in einem bestimmten Lebensraum vorkommenden Tierarten. Auch systematische Zusammenstellungen (*Faunenlisten*) der in einem Gebiet nachgewiesenen Tierarten werden als F. bezeichnet (z. B. F. der Adria).
Faunenelement, 1) Komponenten einer (Lokal-)Fauna, die eine gewisse Übereinstimmung in ihren rezenten → Arealen aufweisen: nördliche, südliche, westliche, östliche F. 2) Arten mit z. T. sehr unterschiedlich umgrenzten Arealen, die dem gleichen → Ausbreitungszentrum zuzuordnen sind. Beispiele: holomediterrane, kaspische, sinopazifische F.
Faunistik, *Faunenkunde,* eine Arbeitsrichtung der Zoologie, die sich mit der Erfassung und systematischen Zuordnung der einzelnen Tierarten in einem bestimmten Gebiet befaßt. Die aufgestellten *Faunenlisten* repräsentieren das Arteninventar des Untersuchungsraumes.
Fäzes, svw. Exkremente.
Fazies, *1)* Geologie: Bezeichnung für die Gesamtheit aller primären Merkmale einer Ablagerung, z. B. der petrographischen (*Petrofazies*), der lithologischen (*Lithofazies*) und des Fossilinhaltes (*Biofazies*). Die verschiedenartige Ausbildung gleichaltriger Ablagerungen wird von den physisch-geographischen und geologischen Verhältnissen des Abtragungs- und Ablagerungsgebietes bestimmt. Danach sind zu unterscheiden: *terrestrische* oder *kontinentale F.* (*Landfazies*), *limnische F.* (*Süßwasserfazies,* mit Fluß-, Seen-, Lagunenfazies), *marine F.* (*Meeresfazies,* getrennt nach Strand-, Riff-, Flachsee-, Tiefseefazies). Bildungen gleicher F. heißen isopisch, solche verschiedener F. heteropisch.
2) Vegetationskunde: kleinste unterscheidbare Vegetationseinheit, gekennzeichnet durch das vorherrschende Auftreten einer oder mehrerer bestimmter Arten.
F-Duktion, → F-Plasmid.
Federlinge, → Tierläuse.
Federn, charakteristische Hautgebilde der Vögel, die sich von der Reptilienschuppe ableiten lassen. Nach taschenförmiger Einsenkung einer warzenförmigen Hautvorwölbung entsteht der von Oberhaut ausgekleidete *Federbalg*. An die Basis dieser Federanlage treten Gefäße und Nerven heran; sie formen zusammen mit dem umgebenden Unterhautbindegewebe eine *Papille*, die für die Ernährung der heranwachsenden F. sorgt. Im Inneren des Federbalges entwickelt sich die F. Nach ihrer Ausbildung wird die absterbende Unterhautpapille zur blasigen *Federseele.* Die Entfaltung der F. erfolgt nach Durchbruch der äußeren Hornschicht, der *Federscheide.* Zuerst erscheinen die *Flaumfedern, Daunen* oder *Dunen,* die das Nestkleid der Jungvögel darstellen, bei Laufvögeln aber auch zeitlebens erhalten bleiben können. Auch die fertigen *Kontur-* oder *Deckfedern* entwickeln sich aus derselben Papille. Der im Federbalg verbleibende Abschnitt des *Federkiels,* der die Papille enthält, wird als *Spule* bezeichnet, der freie Teil als *Schaft.* Er trägt die *Fahne,* die sich ihrerseits aus Ästen zusammensetzt; diese zweigen sich in Nebenäste (Strahlen) und Häkchen auf, so daß eine geschlossene Fahnenfläche entsteht. Die F. sind in ganz bestimmten *Federfluren* angeordnet, die zwischen sich die *Federraine* frei lassen und am gerupften Vogelkörper deutlich sichtbar werden.

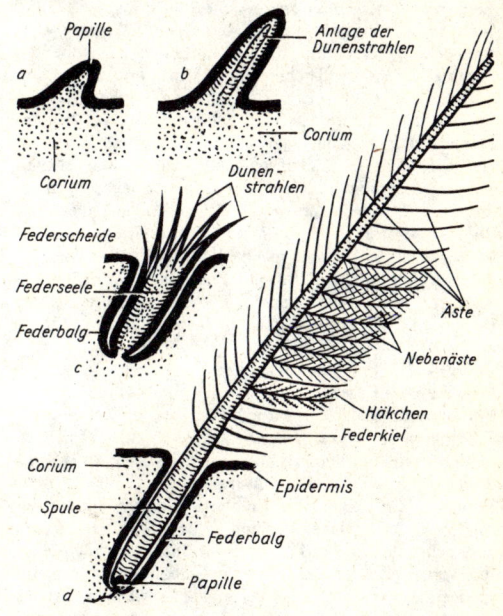

1 Feder: *a* bis *c* Entwicklung, *d* Bau

Ihrer Funktion entsprechend werden Schwung-, Deck- und Steuerfedern unterschieden. Das Federkleid wird mindestens einmal im Jahr gewechselt, → Mauser. Die Summe der F. eines Vogels wird *Gefieder* genannt. Es schützt den warmblütigen Vogelkörper vor Abkühlung, seine Flügel- und Schwanzfedern dienen zur Fortbewegung, gleichzeitig tarnen oder schmücken die F. durch Zeichnung und Farbe ihren Träger.

Federzüngler

Die Färbung des Gefieders, die vom Geschlechts- oder Brutleben beeinflußt ist, beruht einerseits auf der Einlagerung von Pigmenten (z. B. rot, gelb, schwarz), andererseits auf Interferenzerscheinungen, die durch die Struktur der F. hervorgerufen werden (Schillerfarben).

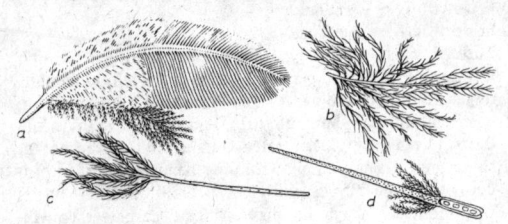

2 Federtypen: a Konturfeder mit doppelter Fahne, b Dunenfeder, c Fadenfeder, d Borstenfeder

Federzüngler, → Radula.
Feh, → Eichhörnchen.
Fehlbildungen, svw. Mißbildungen.
fehlgerichtete Bewegungen, Verhaltensweisen, die auf ein für die ihnen zugrundeliegende Verhaltensbereitschaft inadäquates Objekt gerichtet sind (*Objektübertragung*), man spricht auch von »Ersatzverhalten« oder *umorientiertem Verhalten*. Das gilt beispielsweise für einen Rothirsch im Gehege während der Brunft, der herumliegendes Geäst mit seinem Geweih »forkelt«, da ihm adäquate Partner (Rivalen) nicht zur Verfügung stehen.
Fehlsinnmutationen, → Genmutationen.
Feigenbaum, → Maulbeergewächse.
Feigenkaktus, → Kakteengewächse.
Feindfaktor, ein wesentlicher biotischer Faktor (→ Umweltfaktoren), der durch die Gesamtheit der Opponenten unmittelbar auf die Dichte einer Tierart im Lebensraum einwirkt. Der F. entspricht der Antibiose (→ Beziehungen der Organismen untereinander) und wird durch Räuber, Parasiten und pathogene Organismen repräsentiert. Die biologische Schädlingsbekämpfung baut sich im wesentlichen auf der Förderung des F. auf, um Massenvermehrungen abzufangen. Der Grad der gegenseitigen Abhängigkeit und die Populationsdichten von Wirts- (Beute-)arten und ihren Widersachern bestimmen maßgeblich die Wirkung des F.
Feinsprühen, Behandlung von Pflanzen mit → Pflanzenschutzmitteln durch Versprühen von Tropfen mit einer Größe von 0,025 bis 0,125 mm zur Bekämpfung von Schaderregern.
Feldgrille, → Springheuschrecken.
Feldhase, → Hasen.
Feldheuschrecken, → Springheuschrecken.
Feldmaus, *Microtus arvalis,* die häufigste und schädlichste → Wühlmaus mit jährlich etwa 4 bis 7 Würfen zu je 4 bis 8 Jungen. Zyklische Massenvermehrungen bei zeitigem Frühjahr nach langem Herbst und trockenem Winter, besonders auch in trocken-warmen Sommern, führen zu ausgesprochenen Plagen. Zur Nahrungssuche verläßt die F. ihre verzweigten, bis 50 cm tiefen Erdbaue. Nach der Getreideernte werden vor allem Kleefelder, zur Überwinterung auch Mieten, Scheunen u. a. befallen, so daß oft umfassende Bekämpfungsmaßnahmen notwendig werden.
Lit.: G. H. W. Stein: Die F. (Wittenberg 1958).
Feldresistenz, *relative Resistenz,* unter natürlichen Infektionsbedingungen (im Freiland) feststellbare → Resistenz, die weitgehend rassenunabhängig, also stabil, ist. Sie ist nicht genauer definiert und entspricht der → horizontalen Resistenz. Ihre Ursachen können sehr verschieden sein.
Feldsalat, → Baldriangewächse.
Feldsperling, *Passer montanus,* ein Höhlenbrüter, der seine Jungen mit Insekten füttert. Er frißt Sämereien, unter anderem auch Getreide. Sperlinge sind → Webervögel.
Felidae, → Katzen.
Felseidechse, *Lacerta (Archaeolacerta) saxicola,* bis 25 cm lange, felsbewohnende, grünliche oder bräunliche, oft getüpfelte oder gestreifte schlanke → Halsbandeidechse des Kaukasusgebietes. Neuere Forschungen haben ergeben, daß diese »Sammelart« eine Reihe selbständiger Arten enthält, von denen einige (z. B. die armenischen Formen *Lacerta armeniaca, Lacerta unisexualis* u. a.) sich ohne Männchen durch Jungfernzeugung (parthenogenetisch) fortpflanzen. Vgl. auch → Schieneneidechsen.
Felsenpython, *Python sebae,* in Afrika südlich der Sahara hauptsächlich die Savanne bewohnende, bis 7,50 m lange (und damit drittgrößte) → Riesenschlange, die neben größeren Nagetieren und Bodenvögeln auch Schweine und kleine Antilopen verschlingen kann. Auch Überfälle auf Menschen sind bekannt geworden. Das Gelege umfaßt 30 bis 40 Eier.
Felsenspringer, *Archaeognathen, Archaeognatha, Microcoryphia,* entwicklungsgeschichtlich interessante, am Anfang der Ectognathen stehende Ordnung der primär flügellosen Insekten (→ Urinsekten); früher mit den Fischchen zur paraphyletischen Gruppe der → Borstenschwänze vereinigt. Die etwa 10 bis maximal 23 mm langen, schlanken F. sind äußerlich durch den Besitz langer, vielgliedriger Geißelantennen, großer, zusammenstoßender Komplexaugen und 3 langer, gegliederter Schwanzanhänge (paarige Cerci und Terminalfilament) gekennzeichnet (Abb.). Die kauenden, freiliegenden Mundwerkzeuge weisen monokondyle Mandibeln mit nur einem Gelenkhöcker auf. Die Hüften der kräftigen Mittel- und Hinterbeine besitzen oft einen beweglichen Stylus. Von den insgesamt 11 Hinterleibssegmenten tragen die 2. bis 9. ventral 1 Paar Styli und z. T. 1 oder 2 Paar ausstülpbare, der Feuchtigkeitsaufnahme dienende Coxalbläschen. Das Tracheensystem mündet mit 2 thorakalen und 7 abdominalen Stigmen. Als exkretorische Organe sind Labialnieren und 12 bis 20 Malpighische Gefäße vorhanden.

Außer etwa 220 rezenten Arten sind frühe Fossilfunde, z. B. *Triassomachilis* aus der Trias, hierzu zu rechnen; nahestehend sind wohl die aus der Perm- und Oberkreide-Periode bekannten *Monura* (z. B. *Dasyleptus*). Die einzige mitteleuropäische Familie *Machilidae* ist meist infolge der Schuppenpigmentierung grau oder braun gefärbt.

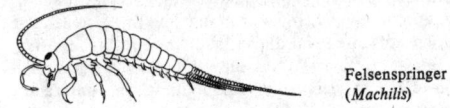

Felsenspringer (*Machilis*)

Entwicklung. Die Befruchtung erfolgt durch indirekte Spermatophorenübertragung, womit teilweise komplizierte Liebesspiele verbunden sind. Die Embryonalzeit kann bis 11 Monate, die gesamte Entwicklung 6 bis 27 Monate in Anspruch nehmen. Die Lebensdauer wird auf 1,5 bis 3 Jahre geschätzt.

F. sind abend- und nachtaktive Bewohner vorwiegend warmer, wechselfeuchter Standorte, wo sie auf Rinde oder Felsen Algen und Flechten abweiden. Bei Störungen können sie durch Abschnellen von der Unterlage blitzschnell 10 bis 20 cm weit springen.
Lit.: W. Dunger: Tiere im Boden (3. Aufl., Wittenberg 1983); A. Palissa: Apterygota, in: P. Brohmer, P. Ehrmann, G. Ulmer: Die Tierwelt Mitteleuropas (Leipzig 1964).
Felsentaube, → Haustaube.
Felshafter, svw. Felspflanzen.

Felsheide, → Steppenheide.
Felspflanzen, *Epilithen, Felshafter,* Pflanzen, vorwiegend Moose, Flechten und Algen der Felsflächen. Zeitweilig feuchte Felsen tragen Algen, vor allem Blaualgen. Diese F. vermögen Trocken- und Kälteperioden schadlos zu überdauern. Sie können als Pionierpflanzen die Voraussetzung für eine Besiedlung durch höhere Pflanzen schaffen, wenn durch eine Feinerdeansammlung bzw. Felsspaltenbildung ausreichende Bedingungen für ein Wurzelwachstum gegeben werden.
Fenchel, → Doldengewächse.
Fenchon, ein zur Gruppe der Monoterpene gehörendes zyklisches Keton, das mit Kampfer isomer ist und in der D-Form im ätherischen Öl von Fenchel, in der L-Form im Thujaöl vorkommt.

Fenestella [lat. fenestella 'Fensterchen'], eine Gattung der Moostierchen, deren Kolonien trichter-, netz- oder buschartige Stöcke bilden.
 Verbreitung: weltweit vom Ordovizium bis Perm. Ein Leitfossil ist *Fenestella retiformis,* die am Aufbau von Bryozoenriffen des germanischen Zechsteins beteiligt ist.
Fennek, → Füchse.
F-Episom, → F-Plasmid.
Ferkelfrösche, *Schaufelnasenfrösche, Hemisus,* 5 bis 8 cm lange afrikanische Vertreter der → Echten Frösche, die trockene Gebiete besiedeln und mit ihrer rüsselartigen Schnauze lange Gänge in den Boden graben. Die Eier werden in Erdlöchern am Gewässerrand abgelegt, nach dem Schlupf der Kaulquappen bohrt das gelegebewachende Weibchen einen Tunnel vom Nest zum Wasser.
Fermentation, in der technischen Mikrobiologie angewendeter Prozeß der Umwandlung oder Herstellung bestimmter Produkte mit Hilfe von Mikroorganismen. F. dienen 1) der Gewinnung verschiedener chemischer Verbindungen, z. B. der Erzeugung von Penizillin mit *Penicillium*-Arten oder von Zitronensäure mit *Aspergillus niger,* 2) der Herstellung von Futtermitteln aus billigen Rohstoffen; die für die Futterhefeproduktion angewendete F. wird auch als *Verhefung* bezeichnet, 3) sind F. auch Aufbereitungsprozesse für pflanzliche Produkte, z. B. die → Flachsröste. Bei der F. von Kaffee, Kakao, Tee oder Tabak werden teils unerwünschte Substanzen abgebaut, teils durch das Einwirken pflanzeneigener und der von Mikroorganismen gebildeten Fermente Geruchs-, Geschmacks- und Farbstoffe gebildet.
Fermentationsschicht, svw. Vermoderungsschicht.
Fermente, svw. Enzyme.
Fermenter, *Fermentator,* in der technischen Mikrobiologie zur Massenzüchtung von Mikroorganismen dienender tankartiger Behälter, in dem Fermentationen durchgeführt werden. Der *Rührfermenter* ist mit Zu- und Ablauf, einem Rührwerk, Systemen zur Regelung von Temperatur und pH-Wert sowie für aerobe Verfahren mit einem leistungsfähigen Belüftungssystem ausgerüstet. Im *Gärtassenfermenter* sind zahlreiche flache Schalen (Gärtassen) enthalten, in denen sich das Nährmedium befindet und auf dessen Oberfläche sich die Mikroorganismen entwickeln. F. für anaerobe Verfahren werden auch als *Gärtanks* bezeichnet.
Fernorientierung, → Zielfinden.
Ferritin, wichtigstes Eisenspeicherprotein der Säugetiere und des Menschen, das mit dem verwandten Hämosiderin 25% des Körpereisens enthält. Es ist vor allem im Knochenmark, in Leber und Milz deponiert.
Ferse, *Hacken,* muskulöser Teil des Fußes der Sohlengänger, der nach hinten vorspringt und als Skelettelement das *Fersenbein* enthält.
Fertilität, svw. Fruchtbarkeit.
Ferulasäure, eine aromatische Karbonsäure, die im Pflanzenreich verbreitet vorkommt und z. B. durch Wasserextraktion aus Roggen-, Weizen- und Gerstenstroh isoliert werden kann. F. wirkt als Keimhemmstoff.

Fessel, Teil des Huftierfußes. Die F. ist die Gegend um das oberste Zehengelenk, das Fußgelenk, das beim Pferd auch *Köte* genannt wird, und das erste Zehenglied, das Fesselbein.
Festigungsgewebe, *Stützgewebe,* Gewebe, die dem Pflanzenkörper Festigkeit und Elastizität verleihen. Während bei kleinen, krautigen Pflanzen der Turgor und die Spannung der Zellwände ausreichen, um ihre Gestalt zu erhalten, würden größere Pflanzen bei jedem Wasserverlust zusammenfallen, wenn ihnen nicht besondere Gewebe mit verdickten Zellwänden Festigkeit und Elastizität verleihen würden. Man unterscheidet zwei Arten von F., das Kollenchym und das Sklerenchym. 1) *Kollenchym* ist lebendes Gewebe, dessen langgestreckte Zellen entweder an den Ekken (Eckenkollenchym) oder an den Seitenwänden (Plattenkollenchym) verdickt sind. Diese Wandverdickungen bestehen nur zu einem geringen Teil aus Zellulose und enthalten stets einen größeren Anteil an stark gequollenem Protopektin. Sie verleihen den Zellen eine beachtliche Zerreißfestigkeit. Die unverdickten Wandflächen ermöglichen jedoch zugleich einen ungehinderten Stoffaustausch. Koll-

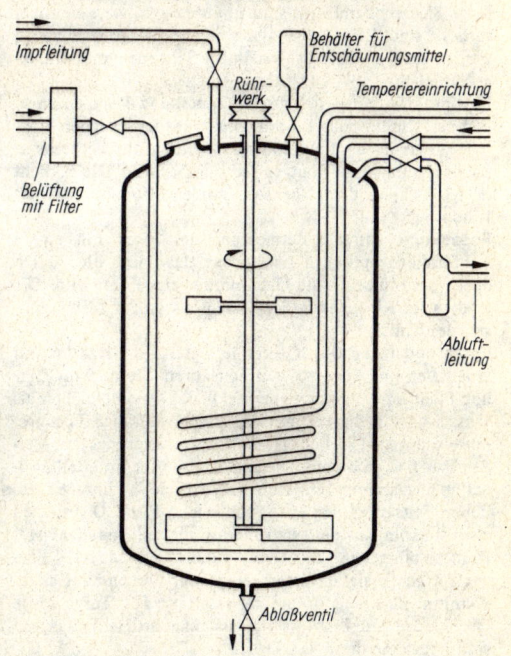

Aufbau eines Rührfermenters (schematisch)

enchym, das stark dehnungs- und wachstumsfähig ist, kommt vor allem in jungen, sich noch streckenden Pflanzenteilen vor. 2) *Sklerenchym* ist totes Gewebe, das vor allem ausgewachsenen Pflanzenteilen Festigkeit verleiht. Wenn es vornehmlich auf Druck beansprucht wird, besteht es aus dickwandigen, isodiametrischen *Steinzellen*, deren Wände stark verholzt (lignifiziert) sind. Die Verdickung der Wände geschieht schichtenweise; zahlreiche verzweigte oder unverzweigte Tüpfelkanäle werden ausgespart; sie ermöglichen der jungen, noch lebenden Steinzelle den Stoffaustausch. Durch die zunehmende Verdickung und Verholzung der Zellwände wird das Zellumen immer kleiner und der Stoffaustausch immer schwieriger, so daß der Protoplast schließlich abstirbt. Steinzellen kommen z. B. in Form einzelner Nester im Fruchtfleisch der Birne, ferner im Perikarp der Nußfrüchte sowie im Steinkern der Steinfrüchte vor.

Überall, wo die Pflanzen mit großer Zug-, Biegungs- und Säulenfestigkeit ausgestattet sein müssen, besteht das Sklerenchym aus *Sklerenchymfasern*. Dies sind meist spindelförmige, langgestreckte Faserzellen, deren Zellwände entweder elastisch, unverholzt oder starr und stark verholzt sind. Auch hier ist das Zellumen ganz klein, im Querschnitt erscheint es meist nur noch punktförmig. Aus der schrägen Anordnung der einfachen Tüpfel kann auf eine Schraubenstruktur der einzelnen Schichten der Zellwand geschlossen werden, die die Festigkeit bei Zugbeanspruchung erhöht. Sklerenchymfasern finden sich in den meisten Sproß- und Wurzelteilen der Landpflanzen und sind dort meist, häufiger aber gruppenweise angeordnet, je nach Belastung der Pflanze. Periphere Anordnung der Sklerenchymfasern, deren Festigkeit an die des Stahls heranreicht, findet sich vor allem im Sproß. Sie verleiht ihm Biegungsfestigkeit. Zentrale Anordnung, wie sie in Wurzeln vorkommt, bedingt demgegenüber Zugfestigkeit.

Sklerenchymfasern sind bei geringem Durchmesser für Pflanzenzellen ungewöhnlich lang, und zwar 1 bis 2 mm. Beim Lein können sie bis zu 6,5 cm, bei der Brennessel bis zu 7,5 cm, bei der Ramie etwa 30 cm lang werden. Derartig lange Sklerenchymfasern sind spinnfähig, solange sie nicht verholzt sind. Lein, Hanf, Agave und andere Faserpflanzen werden zur Gewinnung spinnfähiger Sklerenchymfasern angebaut.

Fetographie, röntgenologische Darstellung des noch ungeborenen Kindes nach Einbringung eines fettlöslichen Kontrastmittels in das Fruchtwasser, wodurch die Körperoberfläche des Feten im Röntgenbild sichtbar wird. Die F. dient in Risikofällen dem Nachweis großer Mißbildungen des Kindes.

Fetoskopie, direkte Betrachtung des Feten mit einem stabförmigen optischen Instrument, das durch die Bauchdecke der Mutter in die Gebärmutter eingeführt wird. Die F. dient in Risikofällen dem Nachweis großer Mißbildungen des Kindes.

Fette und fette Öle, Glyzeride, Ester des Glyzerins mit gesättigten und ungesättigten Fettsäuren, sind im Tier- und Pflanzenreich weit verbreitet. F. u. f. Ö. sind leichter als Wasser und in diesem unlöslich, in organischen Lösungsmitteln dagegen löslich. Nach dem Veresterungsgrad werden F. u. f. Ö. in Mono-, Di- und Triglyzeride unterteilt, wobei im allgemeinen gemischte Triglyzeride mit unterschiedlichen Fettsäuren vorliegen. Natürliche F. u. f. Ö. besitzen als Esterkomponente stets Fettsäuren mit geradzahliger Kohlenstoffanzahl, da diese mittels des Azetyl-Koenzyms A aus Essigsäureestern aufgebaut werden. Vor allem Palmitin- und Stearinsäure als gesättigte Fettsäuren sowie Öl-, Linol- und Linolensäure als ungesättigte Fettsäuren sind Bausteine der F. u. f. Ö.

Nach ihrer Herkunft werden die F. u. f. Ö. in pflanzliche und tierische unterteilt. In pflanzlichen F. u. f. Ö. sind die Hydroxylgruppen an den C-Atomen 1 und 3 meist mit gesättigten Fettsäuren verestert, die am C-Atom 2 mit ungesättigten Fettsäuren verestert. Als Begleitsubstanzen werden vor allem Phytosterine neben anderen Verbindungen, z. B. Triterpene, Alkohole oder Fettsäuren, gefunden. Bei tierischen Fetten sind die Substitutionsverhältnisse umgekehrt, als Begleitsubstanz ist bevorzugt Cholesterin anzutreffen.

Die Konsistenz der F. u. f. Ö. wird wesentlich durch den Gehalt an gesättigten Fettsäuren bestimmt. Ein hoher Anteil gesättigter Fettsäuren bedingt eine größere Festigkeit. Pflanzliche Öle mit einem hohen Anteil ungesättigter Fettsäuren lassen sich hydrieren und werden dabei fest. Dieser als *Fetthärtung* bezeichnete Prozeß findet bei der Margarineproduktion Anwendung.

Liegen Fette bei Raumtemperatur flüssig vor, spricht man von **fetten Ölen,** die ihrerseits in nichttrocknende, halbtrocknende und trocknende Öle unterteilt werden. Diese Unterteilung beschreibt die Fähigkeit, an der Luft unter Ausbildung von Sauerstoff-, Peroxi- und Kohlenstoffbrücken zu vernetzen bzw. zu polymerisieren. Ein nichttrocknendes Öl ist Olivenöl, trocknende Öle sind Lein- und Mohnöl. Fette Öle bei Seetieren werden als Trane bzw. Fischöle bezeichnet.

Zur Fettgewinnung werden die tierischen fetthaltigen Zellgewebe ausgeschmolzen oder mit organischen Lösungsmitteln, z. B. Benzin, extrahiert. Aus ölhaltigen Pflanzensamen erfolgt die Darstellung meist durch Auspressen der gemahlenen Samen. Die Speicherung der F. u. f. Ö. in der Pflanze erfolgt vor allem in den Samen, z. B. in Raps, Lein, Erdnuß, Mohn, Walnuß, Kakaobohne oder Rizinus in Form von Tröpfchen, Emulsionen oder Schollen. Im Organismus höherer Tiere erfolgt die Deponie vor allem unter der Haut, an den Eingeweiden und im Knochenmark.

Aus den an sich im reinen Zustand farb-, geruch- und geschmacklosen Neutralfetten werden durch Bakterien ungesättigte Fettsäuren freigesetzt, die sehr leicht oxidierbar sind. Dieser als *Ranzigwerden* bekannte Prozeß kann durch Antioxidantien verzögert werden.

Eine hydrolytische Spaltung der F. u. f. Ö. kann durch Alkalien (Verseifung) oder durch fettspaltende Enzyme erreicht werden. Dabei werden neben Glyzerin vor allem Fettsäuren bzw. deren als *Seifen* bezeichneten Alkalisalze erhalten. Die besondere Bedeutung der F. u. f. Ö. besteht in ihrem großen Energiegehalt. Bei der Verbrennung werden 38,9 kJ/g freigesetzt, bei der Verbrennung von 1 g Eiweiß dagegen nur 17,1 kJ.

Sowohl pflanzliche als auch tierische F. u. f. Ö. sind lebensnotwendige Verbindungen und werden zur Ernährung dringend benötigt. Sie finden weiterhin in der Seifenherstellung und der Fettsäuregewinnung, als Schmierstoffe sowie als Anstrichstoffe eine breite Anwendung.

Fettgewebe, → Bindegewebe.

Fetthenne, → Dickblattgewächse.

Fettkörper, → Bindegewebe.

Fettsäuren, Bezeichnung für vorwiegend höhere, aliphatische, unsubstituierte Karbonsäuren der allgemeinen Formel $C_nH_{2n+1}COOH$. Die F. gehören zur Gruppe der Alkansäuren oder Paraffinkarbonsäuren, deren einfachste Vertreter Ameisen-, Essig-, Propion- und Buttersäure synthetisch oder durch Fermentation gewonnen werden. Die F. mit 12 bis 18 Kohlenstoffatomen sind, mit Glyzerin verestert, wichtige Hauptbestandteile der natürlichen Fette und fetten Öle, z. B. Palmitinsäure, Stearinsäure sowie die ungesättigten Vertreter der Ölsäure, Linolsäure, Linolensäure u. a. Natürliche F. besitzen stets eine gerade Anzahl von Kohlenstoffatomen, da sie in den Organismen mit Hilfe von Azetyl-Koenzym A aus Essigsäureresten aufgebaut werden.

Ungesättigte F. finden sich besonders reichlich in pflanzlichen Ölen. Für manche Säugetiere, die sie selbst nicht synthetisieren können, sind sie essentielle Stoffe (→ Vitamine). Die F. werden durch alkalische, saure oder fermentative Fettspaltung (→ Fette und fette Öle) gewonnen.

Fettschwalm, → Nachtschwalben.
Fettspaltung, die Zerlegung von Fetten und fetten Ölen in Fettsäuren und Glyzerin durch chemische oder enzymatische Hydrolyse (→ Lipasen).
Fettsteiß, svw. Steatopygie.
Fettzellen, → Bindegewebe.
Feueralgen, → Geißelalgen.
Feuerbohne, → Schmetterlingsblütler.
Feuerdorn, → Rosengewächse.
Feuerflunder, → Rochenähnliche.
Feuerkorallen, *Millepora,* Gattung der *Hydroida* (Nesseltiere). Die Tiere bilden Polypenstöcke, die mit einer Kalkkruste verstärkt sind und Steinkorallen täuschend ähnlich sehen. Ihre Nesselkapseln sind sehr wirksam, sie »brennen wie Feuer«. Die F. leben in tropischen Meeren.
Feuersalamander, *Salamandra salamandra,* im feuchten Hügel- und Bergland großer Teile Mittel- und Südeuropas verbreiteter, bis 20 cm langer → Salamander mit drehrundem Schwanz und glatter, glänzender Haut. Die Oberseite ist schwarz, bei der östlichen Form, *Salamandra salamandra salamandra,* mit unregelmäßigen leuchtend gelben Flecken, bei der westlichen Form, *Salamandra salamandra terrestris,* mit 2 unterbrochenen gelben bis orangeroten Längsbinden. Im Grenzgebiet der Unterarten, z. B. Thüringer Wald, leben Mischpopulationen. Das Liebesspiel mit Körperkontakt und gegenseitigem Umschlingen und Kloakenreiben erfolgt auf dem Land; das Weibchen nimmt die vom Männchen abgesetzte Spermatophore mit der Kloake auf, in der sie aufbewahrt wird. Die bis 70 kiementragenden Kaulquappen werden erst im nächsten Frühjahr lebend im flachen Wasser geboren, sie besitzen bereits alle 4 Gliedmaßen. Der F. scheidet ein ätzendes, für kleinere Tiere stark giftiges Hautsekret aus, das vor allem das neurotoxisch wirkende Salamandergift Samandarin enthält. Die Hauptnahrung des F. sind Nacktschnecken und Würmer.
Feuerschwamm, → Ständerpilze.
Feuerwalzen, *Pyrosomida,* in wärmeren Meeren als freischwimmende Tierstöcke lebende Manteltiere, deren Form einem ausgehöhlten Tannenzapfen gleicht. Die Individuen liegen nebeneinander in einer gallertigen Mantelmasse senkrecht zur Stockoberfläche, so daß die Mundöffnungen nach außen liegen und die Kloakenöffnungen alle in einen gemeinsamen Kloakenraum münden. F. pflanzen sich geschlechtlich und durch Knospung fort. Die älteren Tiere einer Kolonie vermehren sich zunächst durch Knospung, dann erst reifen die Spermien und noch später das Ei (Proterandrie). Nach Abgabe des Eies werden nur noch Spermien und Knospen gebildet. Die bis 4 m langen Kolonien können mittels Bakterien in einem Leuchtorgan ein intensives Licht ausstrahlen. Die Bakterien werden von den Follikelzellen der Eier aufgenommen und in den Embryo transportiert. Die Leuchtkraft kann so hoch sein, daß nachts sogar die Segel von Schiffen erhellt werden.
Über das Sammeln und Konservieren → Manteltiere.
Feuerwanzen, → Wanzen.
F-Faktor, → F-Plasmid, → Konjugation.
Fibrin, unlöslicher, faseriger Eiweißstoff, der bei der → Blutgerinnung unter dem Einfluß von Thrombin aus der Vorstufe *Fibrinogen* entsteht und mit Blutkörperchen verklebt den Wundverschluß bewirkt.
Fibrinogen, → Fibrin.
Fibrinolyse, → Blutgerinnung.
Fibroblasten, ortsständige, verzweigte Bindegewebszellen von spindeliger Gestalt mit einem länglichen Kern, die Grundsubstanz und Faserproteine (→ Bindegewebe) synthetisieren können.
Fibrozyten, → Bindegewebe.
Fichte, → Kieferngewächse.
Ficus, → Maulbeergewächse.
Fieber, die infektbedingte Erhöhung der Körpertemperatur. Lipopolysaccharide der Bakterienmembran regen weiße Blutkörperchen zur Produktion eines Stoffes (Leukozyten-Pyrogen) an, der Fieber erzeugt, wenn er in den Hypothalamus auf dem Blutwege gelangt oder experimentell dort hinein injiziert wird. Er verändert die Erregbarkeit des Temperaturregulationszentrums und erhöht damit den Sollwert der Körpertemperatur. Injektionen des Pyrogens in andere Hirnbezirke sind wirkungslos.

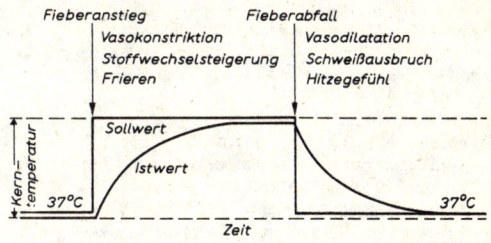

Ursache und physiologische Begleiterscheinungen des Fiebers

F. läuft in zwei Phasen ab (Abb.). Die Sollwerterhöhung läßt die normale Körpertemperatur als zu niedrig erscheinen. Dadurch setzt die erste Fieberphase ein, der *Fieberanstieg* oder die *Aufheizphase.* Der kranke Mensch klagt über ein subjektives Kältegefühl, reagiert mit einer Gänsehaut, was dem Fellsträuben frierender Säugetiere entspricht, mit einer Verengung der Hautgefäße, so daß die Haut blaß erscheint, und weist einen erhöhten Muskeltonus mit gelegentlichem Kältezittern, den *Schüttelfrost,* auf. Insgesamt ist in dieser Phase die Abgabe der Körperwärme gedrosselt, ihre Bildung verstärkt. Gewöhnlich wird über den neuen Sollwert aufgeheizt. Darum folgt die zweite Fieberphase, der *Fieberabfall* oder die *Abkühlphase.* Ein fiebernder Patient gibt ein subjektives Wärmegefühl an, verstärkt die Wärmeabgabe über eine Gefäßerweiterung, so daß die Haut gerötet wird, oder führt zusätzlich Wärme über eine Schweißabsonderung ab. In beiden Fieberphasen bleibt die → Temperaturregulation intakt. Temperaturreize der Umgebung werden ganz normal beantwortet, z. B. eine Kälteeinwirkung mit einer verstärkten Wärmebildung.
Fiederkiemer, svw. Kammkiemer.
Filamente, 1) → Blüte, 2) → Blaualgen.
filamentös, fadenförmig.
Filander, → Känguruhs.
Filialgenerationen, die aus einer Kreuzung hervorgehenden Nachkommengenerationen F_1, F_2 usw.
Filibranchiata, → Fadenkiemer.
Filicales, → Farne.

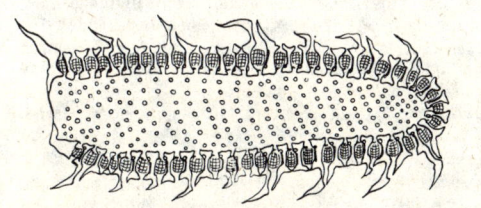

Feuerwalzenstock (Längsschnitt quergestellt)

Filicatae, → Farne.
Filicopsida, → Farne.
Filopodien, → Pseudopodien.
Filter, Glasscheiben, die nur für einen begrenzten Teil des Lichtspektrums durchlässig sind. In der Mikroskopie und Mikrophotographie werden Filter zu verschiedenen Zwecken verwendet. *Wärmeschutzfilter* absorbieren im wesentlichen den infraroten Anteil des Spektrums und schützen das Objekt vor übermäßiger Erwärmung. *Sperrfilter* werden in der → Fluoreszenzmikroskopie eingesetzt, um UV-Strahlung zu absorbieren. *Erregerfilter* werden in der Fluoreszenzmikroskopie benutzt, um die Fluoreszenz im Präparat anzuregen. Sie sind für langwelliges UV oder kurzwelliges Blau durchlässig. *Neutralfilter* (Graugläser) schwächen die Intensität des Lichtes, ohne die spektrale Zusammensetzung wesentlich zu verändern. *Farbfilter* dienen zur Veränderung des Kontrastes bei gefärbten Präparaten und zur Anpassung der spektralen Zusammensetzung des Lichtes an den Korrektionszustand des Objektives oder die Empfindlichkeit des Filmmaterials. *Interferenzfilter* sind Spezialfilter, die Licht eines sehr begrenzten Wellenlängenbereiches erzeugen. Sie werden für spezielle Aufgaben in der → Interferenzmikroskopie verwendet.
Filtrierer, → Ernährungsweisen.
Filzgewebe, svw. Flechtgewebe.
Filzlaus, → Tierläuse.
Fimbrien, svw. Pili.
Fimmenit [benannt nach dem oldenburgischen Moorbeamten Fimmen], fossiler Blütenstaub, massenhafte Pollenanreicherung in tertiären Braunkohlen, insbesondere in Schwelkohlen; z. B. eozänes Geiseltal bei Halle/S., und in Torflagen.
Finger, → Extremitäten.
Fingerabdrücke, → Fingerbeerenmuster.
Fingerbeerenmuster, *Papillarleistenmuster*, die an den Finger- und Zehengliedern, aber auch an den Hand- und Fußflächen auftretenden, durch jeweils eine Furche getrennte wallartige *Hautleisten* (*Papillarlinien* oder *-leisten*), die aus Papillen der Lederhaut gebildet werden und in denen sich Tastkörperchen befinden. Die Hautleisten bilden charakteristische Muster, deren Einzelheiten bei jedem Menschen – selbst bei eineiigen Zwillingen – anders ausgeprägt sind. Da sich die F. während des ganzen Lebens nicht verändern, stellen *Fingerabdrücke* besonders in der Kriminalistik ein wichtiges Hilfsmittel zur Identifizierung einer bestimmten Person dar.

Für die Humangenetik sind die allgemeinen Merkmale der F. von Bedeutung, da diese gewissen Erbregeln unterliegen (vermutlich drei unabhängige Gene) und bei einzelnen Bevölkerungen und bestimmten genetisch bedingten Erkrankungen verschiedene Häufigkeiten aufweisen. Es werden drei Grundmuster unterschieden: 1) *Bogen*, die Papillarlinien verlaufen kontinuierlich, meist in der Mitte ansteigend, von einer Seite des Fingers zur anderen; 2) *Schleife*, mehrere Leisten bilden etwa auf der Mitte der Fingerbeere annähernd gleichlaufende Schlingen und kehren nach dem gleichen Fingerrand zurück, von dem sie ausgehen; 3) *Wirbel*, mehrere Leisten bilden etwa auf der Mitte der Fingerbeere eine kreisförmige oder elliptische Spirale, Doppelspirale oder konzentrische Ringe.

In Europa kommen verhältnismäßig wenig Wirbel, dagegen häufig Schleifen und in geringerem Ausmaß Bogen vor. Die Wirbelhäufigkeit nimmt von Norden nach Süden und von Westen nach Osten zu, während umgekehrt die Schleifen und Bogen von Norden nach Süden und von Westen nach Osten abnehmen. Auch in anderen Erdteilen lassen sich gewisse Gesetzmäßigkeiten in der Verteilung der F. verfolgen. Bemerkenswerterweise besitzen die Amerikaner weißer wie schwarzer Hautfarbe im wesentlichen die Musterverhältnisse ihrer Ursprungsbevölkerungen. Abb.

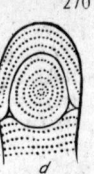

Die häufigsten Fingerbeerenmuster (nach Wilder): *a* Bogen, *b* Schleife, *c* und *d* Wirbel

fingerförmige Drüsen, Anhangsdrüsen an den weiblichen Geschlechtsorganen der Lungenschnecke. Das erzeugte Sekret erleichtert und fördert die Ausstülpung des Liebespfeiles.
Fingerhut, → Braunwurzgewächse.
Fingerkraut, → Rosengewächse.
Fingertiere, *Daubentoniidae*, eine Familie der Halbaffen mit nur einem katzengroßen Vertreter auf Madagaskar. Dieser besitzt große, nackte Ohren und einen körperlangen, buschigen Schwanz. Der auffällig dünne Mittelfinger wird dazu benutzt, die aus Pflanzenmark und Insekten bestehende Nahrung aus Spalten hervorzukratzen.
Finkenvögel, *Fringillidae*, Familie der → Sperlingsvögel mit über 130 Arten. Sie sind weltweit verbreitet. F. sind Körnerfresser, von denen viele ihre Jungen mit Insekten, andere mit einem Brei aus Pflanzenstoffen füttern. Sie brüten paarweise. Außerhalb der Brutzeit leben sie oft in großen Scharen (Zeisig, Bergfink). Zur Familie gehören die Stieglitzverwandten *Kernbeißer, Dompfaff* (*Gimpel*), *Grünling, Stieglitz, Zeisige, Hänfling, Girlitze, Karmingimpel, Kreuzschnäbel*, die *Buchfinken* (*Buch-* und *Bergfink*), die *Ammern*, die → Galapagosfinken und die *Kardinäle*.
Finne, 1) Bezeichnung für in Wirbeltieren lebende Larven vieler → Bandwürmer. 2) Rückenflosse der Haie und Wale.
Finnenkrankheit, *Cysticercosis, Zystizerkose*, bei Mensch und Säugetieren (Schwein, Rind) auftretende Erkrankung nach Aufnahme von Bandwurmeiern. Die sich in Muskeln, Faszien, Zwerchfell, Gehirn und in Augen entwickelnden Larven (→ Finne) verursachen je nach Sitz und Größe unterschiedliche Symptome und kennzeichnen ihren Träger funktionell als Zwischenwirt. Für den Menschen ist die F. oft gefährlicher als die Taeniasis, der Befall mit erwachsenen → Bandwürmern.
Finnwal, *Balaenoptera physalus*, ein sehr großer, bis 25 m Länge erreichender Furchenwal (→ Bartenwale) mit verhältnismäßig kleinem Kopf. Der F. ist besonders in den kälteren Zonen aller Ozeane verbreitet.
Finte, *Alosa fallax*, bis 50 cm langer Heringsfisch der nordeuropäischen Küsten. Die F. ist Planktonfresser und wandert zum Laichen in die Flüsse. Das Fleisch ist minderwertig.
Fischbandwurm (Tafel 43), *Grubenkopf*, *Diphyllobothrium latum*, ein im Darm von Raubtieren und des Menschen schmarotzender, bis über 10 m langer Bandwurm aus der Ordnung *Pseudophyllidea*. Der F. hat einen lanzettförmig abgeflachten Kopf, der zwei schlitzförmige Haftgruben trägt, und weist eine aus bis zu 4000 Gliedern bestehende Gliederkette auf. Der Mensch infiziert sich mit dem F., wenn er rohen oder halbgaren Fisch verzehrt, der die Larve (Plerozerkoid) enthält (Abb. → Bandwürmer).
Fischchen, *Zygentoma*, ursprünglich erscheinende, früher als Gruppe der Borstenschwänze aufgefaßte Ordnung der Insekten, die noch primär flügellos ist (→ Urinsekten). Die kauenden Mundwerkzeuge sind frei sichtbar (ektognath), die Mandibeln haben 2 Gelenkhöcker (dicondyl); die F. erscheinen daher den pterygoten Insekten nächstverwandt.

Die etwa 5 bis 25 mm langen Tiere haben eine zarte, oft beschuppte, helle oder silbrige, seltener dunkel pigmentierte Haut. Die Komplexaugen sind stark rückgebildet oder fehlen. Der Kopf trägt lange Geißelantennen. Von den 11 Hinterleibssegmenten besitzen meist das 2. bis 9. ventral ein Paar Coxite mit Styli und teilweise auch Coxalbläschen. Die 3 langen Hinterleibsanhänge (paarige Cerci und das Terminalfilament) sind meist gleichlang (Abb.). Das Tracheensystem besitzt Längs- und Querstämme und 2 thorakale und 8 abdominale Stigmen. Der Darmtrakt weist einen Kropf und einen Kaumagen auf; an der Grenze zwischen Mittel- und Enddarm münden 4 bis 8 Malpighische Gefäße.

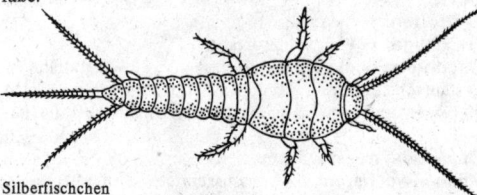

Silberfischchen

Die Entwicklung verläuft epimetabol; z. T. häuten sich die F. auch nach Eintritt der Geschlechtsreife noch mehrmals. Die indirekte Samenübertragung ist mit einem rituellen Liebesspiel verbunden. Die etwa 280 Arten (42 Gattungen) sind weltweit verbreitet, vorzugsweise in den Tropen und Subtropen. Zur Familie *Nicoletiidae* zählen Arten ohne Augen und z. T. ohne Schuppen; in Mitteleuropa nur ein Ameisenkommensale, der *Ameisengast, Atelura formicaria.* Die Arten der Familie *Lepismatidae* besitzen Augen; sie leben in Mitteleuropa rein synanthrop in Häusern, so das *Silberfischchen* oder der *Zuckergast, Lepisma saccharina*, mit einer Vorzugstemperatur von 25 °C, oder das aus den USA eingeschleppte, besonders in Bäckereien schädliche *Ofenfischchen, Thermobia domestica*, mit einer Vorzugstemperatur von 38 °C. Alle F. fressen vorwiegend pflanzliche Abfälle, daneben auch Tierreste. Die an Mehlerzeugnissen sowie Papier und Textilien schädlichen Ofen- und Silberfischchen sind mit den üblichen Insektiziden relativ gut bekämpfbar.

Lit.: A. Kästner: Lehrb. der Speziellen Zoologie, Bd I, T. 13 (Jena 1973); A. Palissa, Apterygota, in P. Brohmer, P. Ehrmann, G. Ulmer: Die Tierwelt Mitteleuropas (Leipzig 1964).

Fische (Tafel 4), *Pisces,* Sammelbezeichnung für wasserlebende Wirbeltiere aus den systematischen Gruppen Knorpelfische und Knochenfische. Der in Kopf-, Kiemen-, Rumpf- und Schwanzregion gegliederte Körper wird von einem knorpeligen oder knöchernen Innenskelett gestützt. Im freien Wasser schwimmende Arten sind mehr oder weniger torpedoförmig gestaltet, Grundfische dagegen häufig plump, aalartig oder scheibenförmig. Die Fortbewegung wird durch seitliche Schläge des Schwanzes gewährleistet und durch die paarigen Brust- und Bauchflossen steuernd beeinflußt. Das Schädelskelett besteht aus Hirn- und Kieferschädel, das gelegentlich fehlende Hautskelett meist aus Schuppen. Die Maulzähne werden ständig verbraucht und neu gebildet. Das Gehirn und das übrige Nervensystem sind relativ gut entwickelt; das Gleichgewichtsorgan dient bei einigen Arten auch der Tonwahrnehmung. Als zusätzliches Sinnesorgan ist das Seitenlinienorgan ausgebildet, es ermöglicht vor allem die Wahrnehmung von Strömungen. Manche F. können Laute erzeugen. Die als Laich bezeichneten Eier schweben im Wasser, sinken auf den Bodengrund oder werden an Substrate angeheftet. Einige Arten sind lebendgebärend, verschiedene F. haben typische Larvenstadien.

Geologische Verbreitung. Oberes Silur bis zur Gegenwart. Die ältesten F. sind heute ausgestorbenen, fast ausschließlich auf das Devon beschränkten Aphetohyoidea. Die Knorpelfische und die Knochenfische erscheinen im Devon, sie entwickelten sich unabhängig voneinander.

Sammeln und Konservieren. F. (und auch Rundmäuler) werden geangelt oder mit Netzen, Reusen oder Schleppnetzen gefangen. Zum Konservieren befestigt man die Tiere auf einem Brett, spannt und fixiert die Flossen mit Nadeln oder feinen Nägeln und legt dann das Brett (Fisch nach unten) in eine Schale mit 2- bis 4%iger Formaldehydlösung oder 70%igem Alkohol. Bei größeren Tieren empfiehlt es sich, etwas von dieser Lösung in die Leibeshöhle zu injizieren. Nach einigen Tagen kann das Tier abmontiert und in einem Zylinderglas mit 4%iger Formaldehydlösung aufbewahrt werden (Glas gut verschließen!). Auch in gesättigten Kochsalzlösungen lassen sich F. konservieren. Kleine tote Aquarienfische kann man ohne Montage direkt in Konservierungslösungen bringen.

Lit.: G. Bauch: Die einheimischen Süßwasserfische (6. Aufl. Berlin u. Radebeul 1970); L. S. Berg: System der rezenten und fossilen Fischartigen (dtsch Berlin 1958); W. Ladiges u. W. Vogt: Die Süßwasserfische Europas (Hamburg und Berlin 1965); G. W. Nikolski: Spezielle Fischkunde (dtsch Berlin 1957); J. K. Suworow: Allg. Fischkunde (dtsch Berlin 1959).

Fischegel, *Piscicola geometra,* ein 2 bis 5 cm langer Egel aus der Ordnung der Rüsselegel. In Fischteichen kann es zu einer Massenentfaltung der F. kommen, der Schaden kann beträchtlich sein.

Fischer, → Rackenvögel.

Fischläuse, auf der Haut von Fischen parasitierende Krebse (Ruderfußkrebse, Karpfeläuse).

Fischnatter, *Natrix piscator,* häufigste süd- und südostasiatische wasserliebende → Natter, die vor allem in überschwemmten Reisfeldern lebt und bevorzugt Fische frißt. Sie ist eierlegend.

Fischotter, *Lutra lutra,* ein zu den Mardern gehörendes, an das Wasserleben angepaßtes Raubtier mit Schwimmhäuten an Vorder- und Hinterfüßen. Der F. ist in Europa, Asien und Nordafrika beheimatet.

Fischsaurier, → Ichthyosaurier.

Fischvogel, → Ichthyornis.

Fischwühlen, *Ichthyophiidae*, Familie der → Blindwühlen mit etwa 40 Arten in Asien und Südamerika. Die Erwachsenen leben in feuchtem Boden in Gewässernähe und legen Eier, die zunächst noch kiementragenden Larven suchen das Wasser auf, wo sich die Umwandlung (→ Metamorphose) vollzieht. Weibchen der *Ceylon-Wühle, Ichthyophis glutinosus,* ringeln sich schützend um ihr Gelege.

fission-track-Methode, → Datierungsmethoden.

Fissipedia, → Landraubtiere.

Fitness, *Eignung, Tauglichkeit, Selektionswert,* relativer Beitrag eines Genotyps zur folgenden Generation. Die F. eines Genotyps entspricht dem Zahlenverhältnis seiner Nachkommenschaft zu der des optimalen Genotyps, der gewöhnlich die F. $W = 1$ erhält. Bringt ein Individuum des optimalen Genotyps A im Durchschnitt 100 Nachkommen hervor und ein Individuum des Genotyps a nur 90, dann ist die F. von A. definitionsgemäß $W_A = 1$, die F. von a $W_a = 90/100 = 0,9$.

Außerdem gilt die Beziehung $W = 1 - s$. Daher ist $s = 1 - W$. Der Ausdruck s, der *Selektionsnachteil* oder *Selektionskoeffizient* ist in diesem Fall für den Genotyp $A = 1 - 1 = 0$ und für den Genotyp a $1 - 0,9 = 0,1$.

Die F. eines Genotyps setzt sich aus vielen Komponenten, z. B. der Schlüpfrate der Eier, der Überlebensrate der

Fitnessdiagramm

Jugendstadien, dem Paarungserfolg und der Zahl der Nachkommen zusammen. Neben W benutzt man noch als weiteres Fitnessmaß, den → Malthusparameter m.

Aus dem Anteil der Genotypen mit unterschiedlicher F. läßt sich eine Populationsfitness berechnen.

Fitnessdiagramm, *adaptive Landschaft,* graphische Darstellung aller Werte der Gesamtfitness, die eine Population annehmen kann, welche an zwei Genorten, die Einfluß auf die → Fitness haben, polymorph (→ Polymorphismus) ist. Die Beschränkung auf zwei Genorte erfolgt, weil sich die Folgen der Variabilität an drei oder mehr Loci nicht mehr in einer Ebene darstellen lassen. Trägt man alle möglichen Häufigkeiten der Erbfaktoren des einen Genorts auf der Abszisse, die des anderen auf der Ordinate auf und kennt man die Fitnesswerte aller Genotypen, dann läßt sich für jeden Punkt der Fläche die Gesamtfitness der Population angeben. Verbindet man Punkte gleicher Fitness, erhält man ein geordnetes System von *Isofitnesslinien.* Wie auf einer Landkarte erscheinen Gipfel höher und Täler tiefer. → Populationsfitness.

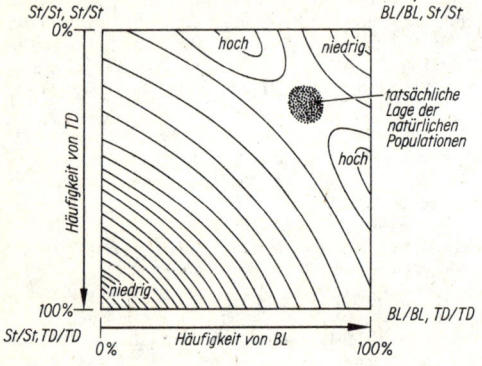

Theoretisches Fitnessdiagramm für eine Population von Heuschrecken mit zwei polymorphen Chromosomen. Die tatsächliche Lage der Population befindet sich in diesem Fall in einem Fitnesstal. BL, St, TD sind Strukturtypen von Chromosomen

Dieses Verfahren dient zum Erkennen und Darstellen populationsgenetischer Zusammenhänge. Reale Populationen besitzen gewöhnlich einen Fitnessgipfel oder streben dem nächstgelegenen Gipfel zu. Befindet sich eine Population auf einem niederen Gipfel, der von einem höheren durch ein Tal getrennt ist, dann kann sie diesen nicht erreichen, weil die Auslese jede Population in ansteigende Richtung drängt. Eine Population kann also nicht von jedem Zustand aus zur optimalen Zusammensetzung ihres Genpools gelangen.

Fitnessverteilung, Anteile der Individuen mit unterschiedlicher Fitness in einer Population.

Fixierdauer, → Gedächtnis.

Fixierung, 1) vollständiges Verdrängen aller alternativen Allele eines Genorts durch ein letztes erfolgreiches Allel. Solange zwei oder mehrere Allele eines Gens oder auch verschiedene Strukturtypen eines Chromosoms nebeneinander in einer Population vorhanden sind, kann sich ihre relative Häufigkeit durch Selektion und genetische Drift rasch ändern. Gibt es nur noch ein einziges Allel, ist die Population an dem betreffenden Genort monomorph, dann sind diese Kräfte so lange wirkungslos, bis durch Mutation wieder neue Allele entstehen.

2) Methoden, die den jeweiligen Strukturzustand der Zellen erhalten und stabilisieren und eine Veränderung durch die Präparation verhindern.

Die Wirkung der Fixierungsmittel beruht auf einer Denaturierung und Vernetzung der Proteine. Zellmembranen werden durchlässig, so daß die verwendeten Lösungsmittel und Farbstoffe rasch eindringen können. Man unterscheidet zwischen chemischer und physikalischer F. Für die chemische F. verwendet man je nach Untersuchungszweck in der Lichtmikroskopie Alkohol, Eisessig und deren Mischungen, Pikrinsäure, Chromsäure u. a. In der Elektronenmikroskopie wird meist eine zweistufige F. angewendet. In der 1. Stufe werden Glutaraldehyd, Formaldehyd oder Acrolein in verschiedenen Puffern und in der 2. Stufe Osmiumtetroxid verwendet. Für eine besonders kontrastreiche Darstellung von Membranen eignet sich Kaliumpermanganat.

Flabellifera, → Asseln.

Flachauge, → Lichtsinnesorgane.

Flachbrustvögel, *Ratitae,* Begriff für die flugunfähigen → Laufvögel (Strauß, Emu, Kasuar, Nandu, Moas, Kiwi und Madagaskarstrauße), die keinen Brustbeinkamm haben.

Flächendichte, svw. Frequenz 1).

Flächenwachstum, → Intussuszeption.

Flachlandtapir, → Tapire.

Flachmoor, → Moor.

Flachs, → Leingewächse.

Flachsee, → Meer.

Flachsfliege, → Fransenflügler.

Flachsröste, ein mikrobiologisches Aufbereitungsverfahren zur Fasergewinnung aus Lein (Flachs). Durch die F. werden die aus Pektin bestehenden Mittellamellen aufgelöst, so daß die Faserbündel aus dem Gewebeverband der Leinstengel frei werden. Am Pektinabbau sind vor allem Bakterien, wie *Bacillus macerans* oder *Clostridium*-Arten, z. T. auch Pilze beteiligt.

Es gibt verschiedene V e r f a h r e n der F. Bei der natürlichen **Wasserröste** werden die Leinstengel mit Steinen beschwert in Gewässer eingelagert, während sie bei der **Land-** oder **Tauröste** auf dem Erdboden liegend dem Tau ausgesetzt werden. Das *Bottichverfahren* wird bei erhöhten Temperaturen und unter Zusatz von Bakterienreinkulturen in belüfteten Bottichen durchgeführt.

Flachwurzler, → Wurzel.

Flagellaten, *Mastigophoren, Geißelinfusorien, Geißeltierchen,* Einzeller, die sich durch den Besitz einer oder mehrerer Geißeln auszeichnen und diese zur Fortbewegung und zum Herbeistrudeln der Nahrung verwenden. Ihre äußere Gestalt und innere Organisation sind in den einzelnen Ordnungen verschieden.

Durch den Besitz von chlorophyllhaltigen Chromatophoren sind viele F. physiologisch gesehen dem Pflanzenreich zugehörig. Neben rein grünem gibt es gelbes und braunes Pigment. Vielfach wird aber die Assimilation durch die Aufnahme geformter Nahrung ergänzt. Daraus entsteht durch Verlust des Assimilationspigments die rein tierische Ernährung der farblosen F. Man faßt auch die chlorophyllhaltigen Arten als *Phytoflagellaten* (→ Geißelalgen), die farblosen als *Zooflagellaten* zusammen. Höher stehende Formen besitzen zur Aufnahme geformter Nahrung lokalisierte Mundöffnungen.

Verbreitet sind geißellose abgekugelte Ruhestadien (*Palmellen*), in denen der Stoffwechsel ungestört weitergeht. Sie vermitteln den Übergang zu bestimmten Algen, die ihren Ursprung in Flagellatenordnungen haben. Eine Reihe von F. hat die Fähigkeit, Pseudopodien zu bilden, zum Teil unter Verlust der Geißel, so daß sie ein Amöbenstadium darstellen. Die Beziehungen der F. zu den Algen einerseits und zu den Wurzelfüßern andererseits sind somit vielfältig.

Die F. vermehren sich durch Längsteilung. Geschlechtliche Vermehrung wurde bei verschiedenen Gruppen beschrieben, allgemein verbreitet ist sie nur bei den Phytomonadinen. In einigen Ordnungen kommt Koloniebildung vor.

Die F. sind Plankter des Meeres und des Süßwassers, einige wenige sind festsitzend (z. T. Stielbildungen), eine Anzahl sind Parasiten (→ Trypanosomen).

Das System umfaßt die Ordnungen: Chrysomonadinen, → Cryptomonadinen, Dinoflagellaten, Euglenoidinen, Chloromonadinen, → Phytomonadinen, Protomonadinen, → Polymastiginen und → Opalinen.

Flagellen, → Zilien.
Flagellospermium, → Spermatogenese.
Flamingos, *Phoenicopteriformes,* Ordnung der Vögel mit 4 rezenten Arten. F. gibt es in Südamerika, Afrika, Europa (Südspanien, Camargue) und Asien. Der mit Lamellen besetzte Schnabel dient als Seihapparat zum Herausfiltern der Nahrung, die aus Algen, kleinen Krebsen und Mollusken besteht. Bei der Nahrungsaufnahme weist der Oberschnabel nach unten. F. brüten in großen Kolonien. Als Nest bauen sie einen Schlammhügel. Die Jungen sind Nestflüchter, die sich in »Kindergärten« vereinen. F. schwimmen gut.

Flamingo
(*Phoenicopterus ruber*)

Flaschenhalseffekt, → genetische Drift.
Flaschenkürbis, → Kürbisgewächse.
Flatterer, → Bewegung.
Flattermakis, svw. Riesengleitflieger.
Flavane, → Flavonoide.
Flavin-adenin-dinukleotid, Abk. *FAD, Riboflavinadenosindiphosphat,* ein Flavinnukleotid, das als prosthetische Gruppe vieler Flavoproteine für die Übertragung von Wasserstoff von Bedeutung ist. Bei diesem Prozeß wirkt das System FAD/FADH$_2$ als reversibles Redoxpaar, wobei der Wasserstoff an die Stickstoffatome 1 und 10 des Isoalloxazingerüsts des Riboflavins (→ Vitamine) angelagert wird. Das gelb gefärbte Flavochinon geht dabei in farbloses Flavohydrochinon über. Die Biosynthese von F. erfolgt aus Flavinmononukleotid und Adenosin-5'-triphosphat (ATP).
Flavine [lat. flavus 'gelb'], eine Gruppe von natürlichen stickstoffhaltigen Pigmenten, die sich chemisch von *Alloxazin* ableiten, dem ein Pteridinring (→ Pterine) mit ankondensiertem Benzolring zugrunde liegt. Die Verbindungen sind gelb gefärbt, zeigen im ultravioletten Licht eine intensiv gelbgrüne Fluoreszenz und werden wegen ihrer Wasserlöslichkeit im Gegensatz zu den Lipochromen (→ Karotinoide) auch als *Lyochrome* bezeichnet. Ein wichtiges Flavin ist das zu den Vitaminen zählende *Riboflavin* (→ Vitamine), das als *Flavinmononukleotid* (FMN) und vor allem als *Flavin-adenin-dinukleotid* (FAD) die prosthetische Gruppe in den Flavoproteinen oder gelben Fermenten darstellt. Das Flavin wirkt hierbei als Redoxsystem (→ Redoxpotential) und geht durch Wasserstoffanlagerung reversibel in die farblose Leukoform über nach dem Schema:

Flavinmononukleotid (FMN) ist der 5'-Phosphorsäureester des Riboflavins. Es handelt sich hierbei aber nicht um ein echtes Nukleotid, da nicht D-Ribose, sondern der entsprechende Zuckeralkohol D-Ribit am Aufbau beteiligt ist.

Flavin-adenin-dinukleotid (FAD) ist in der Mehrzahl der Flavoproteine als Koferment enthalten. Im Gegensatz zu FMN handelt es sich hier um ein echtes Nukleotid, in dem Adenosinmonophosphat und Riboflavin-5'-phosphat durch Pyrophosphatbindung miteinander verknüpft sind.
Flavinenzyme, svw. Flavoproteine.
Flavinmononukleotid, Abk. *FMN, Riboflavin-5'-phosphat,* ein Flavinnukleotid, das als prosthetische Gruppe verschiedener Flavoproteine für die Übertragung von Wasserstoff von Bedeutung ist. Dabei wirkt das System FMN/FMNH$_2$ als reversibles Redoxpaar. F. ist Bestandteil der Zytochromoxidase, der Zytochrom-c-Reduktase, der L-Aminooxidase und anderer Enzyme. Chemisch ist F. aus Riboflavin (→ Vitamine) aufgebaut, dessen endständige

Flavinnukleotide

Hydroxygruppe des Ribitylrestes mit Phosphorsäure verestert ist. Biosynthetisch entsteht F. aus Riboflavin und Adenosin-5'-triphosphat (ATP).

Flavinnukleotide, prosthetische Gruppen der Flavoproteine, wie → Flavinmononukleotid und → Flavin-adenin-dinukleotid.

Flavone, eine Gruppe von weitverbreiteten, meist als → Glykoside vorliegenden gelben Blütenfarbstoffen, die zu den → Flavonoiden zählen. Der Grundkörper dieser Verbindungsklasse, das eigentliche *Flavon*, ist farblos. In Stellung 3 hydroxylierte F. werden häufig als *Flavonole* bezeichnet. Bekannte F. sind z. B. Luteolin und Querzetin.

Flavon

Die F. stehen in enger struktureller und biogenetischer Beziehung zu den → Anthozyanen.

Flavonoide, eine umfangreiche Gruppe weitverbreiteter pflanzlicher phenolischer Naturstoffe, die aber nicht von Bakterien und Pilzen gebildet werden. Sie sind für die Färbung von Blüten, Blättern, Früchten und anderen Pflanzenteilen verantwortlich. Charakteristisches Grundgerüst der F. ist das Ringsystem des Phenylchromans. Nach der Stellung des Phenylrestes unterscheidet man zwischen *Flavanen* (2-Phenyl), *Isoflavanen* (3-Phenyl) und *Neoflavanen* (4-Phenyl). Je nach Oxidationsgrad des Pyranringes unterteilt man in Anthozyane, Flavone, Isoflavone und Flavanone. F. liegen meist als O-Glykoside vor; sie sind wasserlöslich.

Flavan

Flavonole, → Flavone.

Flavoproteine, *Flavinenzyme, gelbe Fermente*, Gruppe von über 70 verschiedenen Oxidoreduktasen, die bei Mikroorganismen, Tieren und Pflanzen vorkommen. Sie enthalten als prosthetische Gruppe → Flavinmononukleotid oder → Flavin-adenin-dinukleotid, wobei diese Flavinnukleotide nebenvalenzmäßig und in einigen Fällen durch Hauptvalenzen mit dem Enzymprotein verbunden sind. Verschiedene F. enthalten auch Metalle, z. B. Eisen, Magnesium oder Kupfer, und werden als **Metalloflavinenzyme** bezeichnet.

Die biologische Bedeutung der F. liegt in ihrer Fähigkeit zur reversiblen Wasserstoffaufnahme, wobei der Wasserstoff von NADH bzw. NADPH, z. B. in der Atmungskette, oder direkt von dem zu dehydrierenden Substrat übernommen werden kann. In allen Fällen wirkt das Isoalloxazinsystem des Riboflavinteils (→ Vitamine) als reversibles Redoxsystem. Die gelbe Farbe des Riboflavins hat dieser Enzymgruppe den Namen gegeben.

Die F. werden aufgrund ihrer Hauptwirkung unterteilt in Oxidasen (z. B. Aminosäureoxidasen), Reduktasen (sie reagieren vor allem mit Zytochromen) und Dehydrogenasen (z. B. Sukzinatdehydrogenase).

Flavoxanthin, → Xanthophyll.

Flechten (Tafel 33), *Lichenes,* eine Abteilung des Pflanzenreiches, zu der etwa 20 000 Arten gehören. Es sind in Symbiose lebende Pilze und Algen, die zu einer morphologisch und physiologisch selbständigen Einheit geworden sind.

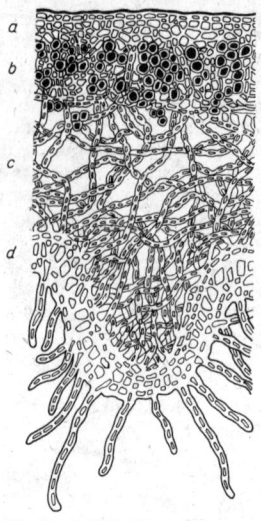

1 Thallusquerschnitt einer Flechte mit heteromerem Bau. *a* obere Rindenschicht, *b* Algenschicht, *c* Mark, *d* untere Rindenschicht mit Rhizoiden

Die F. sind Verbindungen von assimilierenden Blau- oder Grünalgen mit Schlauch-, seltener Ständerpilzen, wobei meist der Pilz vorherrschend ist. Die Algen sind entweder gleichmäßig im Thallus verteilt (**homöomerer Bau**), oder sie sind nur auf eine bestimmte Schicht (früher als *Gonidienschicht* bezeichnet) zwischen oberer Rinde und Mark des Flechtenkörpers beschränkt (**heteromerer Bau**). Die typische Flechtengestalt entsteht nur beim Zusammenleben beider Partner, wenn auch in künstlichen, isolierten Kulturen von Flechtenpilzen gelegentlich flechtenähnliche Körper auftreten können. Die getrennte Anzucht der Flechtenalgen gelingt ebenfalls, und prinzipiell ist sogar eine künstliche Flechtensynthese möglich. Manche F. bestehen aus zwei Algenarten und einem Pilz, zuweilen sind an der Symbiose auch zwei verschiedene Pilze beteiligt. Die F. können z. T. lange Trockenperioden vertragen. Bei Benetzung nehmen spezielle **Quellhyphen** rasch Wasser auf. Die Nährstoffaufnahme erfolgt überwiegend durch den Pilzpartner, der seinerseits die durch Photosynthese von den Algen gebildeten Kohlenhydrate und andere organische Substanzen ausnutzt. Meist umgibt der Pilz die Alge mit seinen Hyphen, oder er senkt Haustorien in die Algenkörper. Morphologisch unterscheidet man mehrere Gruppen von F., so die **Krustenflechten** mit krustenförmigem Thallus, die **Laubflechten** mit blattartigem Thallus und die **Strauchflechten**, deren Habitus an höhere Pflanzen erinnert. Wenig differenzierte Körper, deren äußere Form weitgehend durch die Algen bestimmt wird, bilden die **Gallert-** und **Fadenflechten**. Die physiologische Einheit der F. beruht auf der Ausbildung typischer Stoffwechselprodukte, den Flechtenfarbstoffen und Flechtensäuren, die ein Partner allein nicht erzeugen kann. Die F. als Ganzes können sich nur ungeschlechtlich vermehren, und zwar durch Thallusbruchstücke oder durch Brutknöspchen, die *Soredien*, dicht von Pilzhyphen umsponnene Algenzellen, die durch den Wind verbreitet werden. Innerhalb der Flechten vermehren sich die Algen ebenfalls nur vegetativ, meist durch

Teilung, während der Flechtenpilz Fruchtkörper mit geschlechtlich entstandenen Sporen erzeugt. Die Sporen keimen zu einem neuen Pilzfaden aus, müssen aber mit den entsprechenden Algen zusammentreffen, um erneut eine Symbiose einzugehen.

Die F. leben z. T. an Orten, die anderen Pflanzen unzugänglich sind, an Baumrinden, Felsen, teils auch auf der Erde. F. sind oft maßgeblich an der Zersetzung von Gesteinsoberflächen und damit an den Anfängen der Bodenbildung beteiligt. Hauptverbreitungsgebiete der Laub- und Strauchflechten sind überwiegend die kälteren Zonen der Erde (arktische Tundra, Hochgebirge), die Krustenflechten kommen auch in den Tropen vor. Ausgesprochene Flechten»wüsten« sind die Städte, da F. hier wegen der fehlenden Luftfeuchtigkeit und der Einwirkung schädlicher Rauchgase und anderer umweltverschmutzender Faktoren nicht gedeihen können. Die taxonomische Gliederung der F. ist noch nicht völlig geklärt. Ihre Einteilung in zwei Klassen und mehrere Ordnungen beruht hauptsächlich auf der Art der Fruktifikationsorgane des Flechtenpilzes.

1. Klasse *Ascolichenes* (Schlauchpilz und Alge). Hierher gehört die größte Zahl der F., so z. B. die verschiedenen *Roccella*-Arten, die vor allem an der Küste des Mittelmeeres vorkommen und die Farbstoffe Lackmus und Orseille liefern, die **Lungenflechte**, *Lobaria pulmonaria*, die früher als Heilmittel gegen Lungenkrankheiten verwendet wurde, die **Landkartenflechte**, *Rhizocarpon geographicum*, die in Gebirgen auf Felsen große gelbgrüne Krusten erzeugt, und die verschiedenen *Cladonia*-Arten, z. B. *Cladonia rangiferina*, die **Rentierflechte**, die überwiegend in der arktischen und subarktischen Tundra bestandsbildend auftritt und das wichtigste Futter für Rentiere ist. Menschliches Nahrungsmittel ist die in orientalischen Wüstengebieten beheimatete **Mannaflechte**, *Lecanora esculenta*. Offizinell ist die als **Isländisches Moos** bezeichnete *Cetraria islandica*, eine Strauchflechte der nördlichen Gebiete. Die Gattung *Usnea*, **Bartflechte**, ist mit etwa 500 Arten über die ganze Erde verbreitet, ihre Vertreter erzeugen die antibiotisch wirkende Usninsäure.

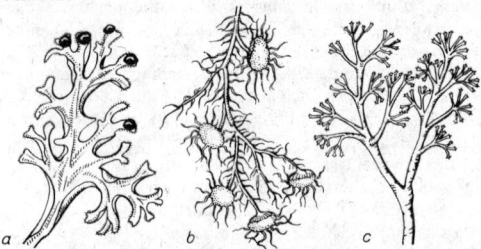

2 Flechten: *a* Isländisches Moos, *b* Bartflechte, *c* Rentierflechte

2. Klasse *Basidiolichenes* (Ständerpilz und Alge). Hierzu gehören nur wenige Gattungen und Arten, die meist in den Tropen vorkommen.

Lit.: R. Doll: Die F. (Wittenberg 1982).

Flechtenfarbstoffe, aus manchen Flechten darstellbare Farbstoffe, die sich oft von Derivaten des Orzins ableiten, z. B. Lackmus und Orzein.

Flechtensäuren, in vielen Flechten meist in Form von Depsiden vorkommende phenolische Karbonsäuren. F. haben die Eigenschaft, durch Komplexbildung Metalle, z. B. Spurenelemente, zu binden, und ermöglichen so den Flechten ein Gedeihen auf unfruchtbarem Felsen.

Flechtgewebe, Filzgewebe, Plektenchym, hauptsächlich bei der Ausbildung von Fruchtkörpern der höheren Pilze, ferner bei einigen Schlauchalgen durch Verflechtung von oft vielfach verzweigten Zellfäden (Hyphen) entstehende unechte Gewebeverbände (→ Scheingewebe), die echten Geweben oft täuschend ähnlich sind.

Flechtlinge, svw. Staubläuse.

Fleckenfalter, *Nymphalidae,* eine Familie der → Tagfalter, zu der einige der bekanntesten Schmetterlingsarten gehören, z. B. Tagpfauenauge (→ Pfauenauge), → Admiral, → Distelfalter, Kleiner und Großer → Fuchs. Alle Arten stehen unter Naturschutz.

Flederhunde, → Fledermäuse.

Fledermäuse, *Chiroptera,* eine Ordnung der Säugetiere. Die F. sind flugfähig, ihre Arme mit den stark verlängerten Fingern dienen als Träger einer elastischen Flughaut, die sich an den Körperseiten bis zu den Hinterbeinen ausspannt und bei manchen Arten den Schwanz einschließt. Die F. schlafen tagsüber in kopfabwärts hängender Stellung auf Bäumen oder in Höhlen; in der Dämmerung und nachts fliegen sie umher, wobei sich die Kleinfledermäuse (s. u.) im Gegensatz zu den Großfledermäusen vorwiegend durch Ausstoßen von Ultraschalltönen zwischen 30 und 70 kHz orientieren, deren Echo ihnen selbst feinste Hindernisse anzeigt. Die in kälteren Gebieten beheimateten Arten halten, oft in größeren Gesellschaften, an frostsicheren Örtlichkeiten Winterschlaf. Das meist einzige Junge wird von der Mutter im Fluge mit umhergetragen.

Die F. unterteilt man in Großfledermäuse und Kleinfledermäuse. Die *Großfledermäuse, Megachiroptera,* auch *Flughunde* oder *Flederhunde* genannt, haben einen hundeartigen Kopf, große Augen mit guter Dämmerungssehleistung, eine nichtverkürzte Nase ohne Aufsätze und eine mit Hornscheln besetzte Zunge. Sie ernähren sich von Blütenstoffen und Früchten, manche werden zu Blütenbestäubern. Die Großfledermäuse kommen in den Tropen und Subtropen von Australien, Ozeanien, Afrika und Asien vor. Die *Kleinfledermäuse, Microchiroptera,* auch als F. im engeren Sinne bezeichnet, haben kleine Augen, eine verkürzte Nase mit z. T. eigenartigen Aufsätzen, die als Richtstrahler für die durch die Nase ausgestoßenen Ultraschalltöne dienen, und große Ohren. Sie sind größtenteils Insektenfresser, seltener Fruchtfresser und Blutsauger (Vampire). Zu den Kleinfledermäusen gehören unter anderem die Familien → Hufeisennasen, → Blattnasen, → Vampire, → Bulldoggfledermäuse und → Glattnasen, die auf der ganzen Erde verbreitet sind.

Lit.: M. Eisentraut: Aus dem Leben der F. und Flughunde (Jena 1957); G. Natuschke: Heimische F. (Wittenberg 1960); W. Schober: Mit Echolot und Ultraschall. – Die phantastische Welt der Fledertiere (Leipzig 1983).

Fledermausfische, Fische unterschiedlicher systematischer Zugehörigkeit. *1) Platax*-Arten, sehr hochrückige, seitlich stark abgeflachte Spatenfische warmer Meere. *2) Ogcocephalidae,* zu den Seeteufelartigen gehörende eigenartige Grundfische warmer Meere. Körper stark abgeflacht und verbreitert.

Flehmen, Verhalten bei zahlreichen Säugetierarten, bei dem die Oberlippe aufgestülpt wird und die Nasenöffnungen verschlossen werden. Die Zunge wird dabei gegen das Gaumendach gedrückt. Dabei nehmen die Jacobsonschen Organe als chemische Kontaktrezeptoren Substanzen auf. Die Atmung setzt während des F. aus. (Abb. S. 276)

fleischfressende Pflanzen, *tierfangende Pflanzen, Karnivoren,* zu autotropher Ernährung befähigte Pflanzen mit speziellen Einrichtungen zum Fangen und Festhalten kleiner Tiere, die verdaut und als zusätzliche Nahrungsquelle genutzt werden. Die Beuteltiere sind überwiegend Insekten, deshalb nennt man die f. P. meist auch *Insektivoren.* Der Tierfang geht auf vielerlei Weise vor sich. Bei einigen boden- und wasserbewohnenden Pilzen werden *Klebhyphen*

Flehmender Böhmzebrahengst (nach Tembrock)

oder auch *Hyphenschlingen* ausgebildet, mit denen kleine Tiere gefangen werden (Abb.). Unter den zweikeimblättrigen Samenpflanzen treten in verschiedenen Familien vereinzelt f. P. auf. Zum Einfangen der Tiere dienen Leimspindelfallen, Klappenfallen und Kannenfallen.
Leimspindelfallen haben die einheimischen Sonnentauarten, *Drosera*, und das Fettkraut, *Pinguicula*. Bei den *Drosera*-Arten sind die Blattspreiten der in Rosetten stehenden Blätter mit Tentakeln besetzt, die an ihrem köpfchenartigen Ende einen Schleimtropfen haben, an dem kleine Tiere festkleben (*Klebfallen*, 4 in Abb.). Durch den Berührungsreiz krümmen sich alle Tentakeln des Blattes auf das Tier zu, so daß die gefangenen Tiere um so fester kleben und bald zugrunde gehen. Ihre Körpersubstanzen mit Ausnahme von Chitin werden von verdauenden Drüsensekreten (Exoenzyme, vor allem Proteasen) chemisch aufgeschlossen und von Absorptionshaaren aufgenommen. Beim Fettkraut befinden sich die haarartigen Drüsen auf der Oberseite der an den Rändern etwas eingerollten Blätter.
Einer *Klappenfalle* bedient sich die in nordamerikanischen Mooren vorkommende Venusfliegenfalle, *Dionaea muscipula*, ein Sonnentaugewächs. Die Blätter dieser Pflanze, die ebenfalls in Rosetten stehen, tragen eine rundliche Blattspreite, deren beide Hälften nach oben schnell zusammenklappen können, wenn ein kleines Tier die Fühlborsten auf der Blattoberseite (auf jedem Blatt sechs) berührt (3 in Abb.). Da sich an den Blatträndern ein Kranz von Zähnen befindet, die beim Zusammenklappen ineinandergreifen, kann das Tier nicht entweichen. Es wird dann durch die auf der Blattoberseite vorhandenen Drüsen verdaut. Auch die einheimische Wasserfalle, *Aldrovanda vesiculosa*, eine seltene, untergetaucht lebende Wasserpflanze, besitzt Klappenfallen.

Ähnlich ist das Prinzip bei den in Nordamerika in Mooren und Sümpfen vorkommenden *Sarracenia*-Arten, bei denen das gesamte Blatt in Schläuche umgewandelt ist. Hier ist auch die einheimische aufweisende Gattung Wasserschlauch, *Utricularia*, anzuschließen. Es sind untergetaucht lebende, frei schwimmende Wasserpflanzen oder wurzellose Moorbewohner. Ihre Blattzipfel sind oft in kleine Blasen (*Fangblasen*) umgebildet, die eine sich nach innen öffnende Klappe besitzen. Stoßen kleine Wassertiere an die in der Umgebung der Klappe stehenden Borstenhaare an, so öffnet sich die Klappe, und die Tiere werden mit dem Wasserstrom nach innen gesogen. Die Klappe schließt sich daraufhin, und das gefangene Tier wird durch nun ausgeschiedene Sekrete verdaut.

Der Typ der *Kannenfalle* ist besonders gut bei den in den Tropen der Alten Welt vorkommenden Kannenpflanzen, *Nepenthes*, ausgebildet. Hier ist die Spitze der Blattspreite in ein kannenförmiges Gebilde umgewandelt, in dessen innerem, unterem Teil Wasser ausgeschieden wird, das die Verdauungsenzyme enthält (2 in Abb.).

Die Insekten werden durch Nektarien angelockt, die sich am oberen Rand der Kanne befinden. Der innere, obere Teil der Kanne ist mit Wachs überzogen, so daß die Tiere leicht ins Innere abrutschen können (*Gleitfallen*). Über der Kanne befindet sich ein Deckel, der eine zu starke Verdünnung des Verdauungssekretes durch Regenwasser verhindert.

Inwieweit die tierische Nahrung für eine normale Entwicklung der Pflanze notwendig ist, und in welchem Maße diese besondere Ernährungsweise zum Wachstum der Karnivoren beiträgt, ist schwer festzustellen und konnte erst durch Kulturversuche unter sterilen Bedingungen exakt geprüft werden. Dabei zeigte sich, daß bestimmte bodenbewohnende f. P., z. B. Sonnentau, auch ohne organische Stoffe zu vollständiger Entwicklung befähigt sind. Dagegen erfolgte beim Wasserschlauch Blütenbildung nur nach Zufuhr tierischer Substanzen. Unter natürlichen Bedingungen wirkt tierische Zusatznahrung auch bei terrestrischen Karnivoren zweifellos fördernd auf Wachstum, Blüten- und Samenbildung, zumal ihre typischen Standorte, z. B. Hochmoore, arm an Stickstoff u. a. Nährstoffen sind.

Es sind etwa 500 Arten f. P. bekannt.

Fleischfresser, → Ernährungsweisen.
Flemming-Körper, → Phragmoplast.
Flexoren, *Beuger*, Muskeln, die eine Beugungsbewegung im Gelenk veranlassen (flektieren).
Flieder, → Ölbaumgewächse.
Fliegen, 1) aktive Fortbewegung von Lebewesen in der Luft. Etwa $2/3$ aller Tierarten sind flugfähig. Das F. stellt einen umfassenden physiologisch-biophysikalischen Fragenkomplex dar. Die Biophysik des F. beschäftigt sich mit den Problemen des Antriebes von Schlagflügeln, der Steuerung und der Energetik. Das F. ist die energieaufwendigste Form der Fortbewegung. Im Gegensatz zum → Schwimmen müssen zusätzlich erhebliche Kräfte für den Auftrieb aufgebracht werden. Die Analyse der Aerodynamik des F. ist z. Z. noch nicht weit fortgeschritten. Deshalb beschränkt man sich in erster Linie auf eine Bestandsaufnahme der Kinematik des F. Die Masse der größten flugfähigen Tiere ist etwa 10^8 mal größer als die der kleinsten. Die Schlagfre-

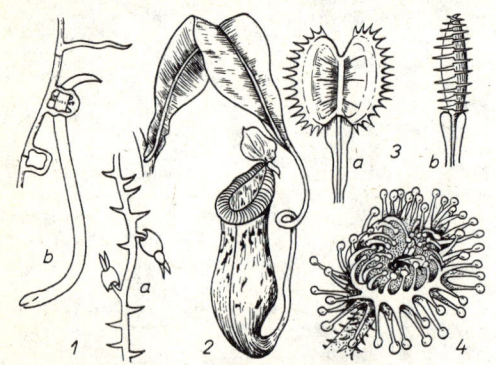

Fleischfressende Pflanzen: *1* fleischfressende Pilze: *a* mit Klebhyphen (*Zoophagus*), *b* mit Fangschlingen (*Arthrobotrys*); *2* Kannenfallgrube (*Nepenthes*); *3* Klappfallenblätter (Venusfliegenfalle): *a* fangbereit, *b* nach dem Fang; *4* Klebfallenblatt (Sonnentau mit gefangenem Insekt)

quenzen verhalten sich umgekehrt. Hier ist die Relation etwa 10^3. Die Flügelfläche nimmt etwa mit der $2/3$ Potenz der Körpermasse zu. Die für den Hubschrauberflug von größeren Arten notwendigen Leistungen der Flugmuskulatur liegen weit über den Leistungen, die ein trainierter Sportler kurzzeitig erreichen kann. Ein wichtiges Problem der Aerodynamik des F. ist das Vermeiden von Wirbelbildungen. Diese verringern die Stabilität des Fluges. Deshalb sind vielfältige Anpassungen an den Flugorganen zur Verhinderung der Wirbelbildung ausgebildet, z. B. Schuppen oder Federn.

2) → Zweiflügler.

fliegende Fische, Oberflächenfische, die sich aus dem Wasser schnellen und mit langen, abgespreizten Brustflossen größere Strecken durch die Luft segeln können, wobei sie durch drehwippende Bewegungen der Schwanzflossen unterstützt werden und Aufwinde nutzen; z. B. Flugfische (Tafel 4). Andere f. F. schnellen sich 2 bis 3 m weit aus dem Wasser und bewegen dabei schwirrend ihre Brustflossen, z. B. Beilbauchfische.

Lit.: E. Mohr: Fliegende Fische (Wittenberg 1954).

Fliegenpilz, → Ständerpilze.

Fliegenschnäpper, *Muscicapidae,* artenreiche und weltweit verbreitete Familie der → Sperlingsvögel, die näher mit den Grasmücken und Drosseln verwandt sind. Sie jagen fliegende Insekten von einer Warte aus oder suchen das Laub nach Beute ab. Sie sind Höhlen- und Halbhöhlenbrüter. Die Arten der gemäßigten Zone sind Zugvögel. Zur Familie gehören die *Dickkopfschnäpper, Fächerschwänze,* Monarchen mit dem *Paradiesschnäpper* und die eigentlichen F. Zu dieser Gruppe gehören auch die in Europa vorkommenden Arten *Trauer-, Halsband-* und *Grauschnäpper* (Gattungen *Ficedula* und *Muscicapa*).

Fließgewässer, in natürlichen oder künstlichen Rinnen zu Tal fließendes Niederschlagswasser. Ursprung eines F. ist entweder ein Gletscher, eine Quelle, See oder Sumpf.

Der erste Abschnitt des F. ist der *Bach.* Starkes Gefälle und häufig wechselnde Wasserführung verändern oft sein Bett und bewegen die an der Bachsohle liegenden Steine. Das Wasser ist sehr klar und infolge der hohen Turbulenz mit Sauerstoff übersättigt, die Wassertemperatur konstant niedrig. Höhere Pflanzen fehlen. An und unter den Steinen findet sich eine torrentikole Lebensgemeinschaft. Charakteristisch ist die *Forelle, Salmo trutta fario,* nach der die Region auch *Forellenregion* genannt wird. Wo Gefälle und Strömungsgeschwindigkeit kleiner werden, geht die Forellenregion in die nach der *Äsche, Thymallus vulgaris,* benannte *Äschenregion* über. Der Lauf ist gewunden, das Bett tiefer. An den Krümmungen treten tiefe Kolke mit weichen Bodenablagerungen auf. Das den Boden des Bettes bedeckende grobe Geröll ist von Wasser bedeckt und tritt nur bei Niedrigwasser zutage. Die Wassertemperatur ist weniger konstant, der Sauerstoffgehalt hoch. Noch immer herrschen torrentikole Formen vor, nur in den Kolken haben sich bereits lenitische Formen angesiedelt. Forellen- und Äschenregion werden häufig zur *Salmonidenregion* (→ Rhithral) zusammengefaßt.

Beim Austritt in die Ebene wird der Bach zum *Fluß.* Hochwässer sind seltener, die Gestaltung der Ufer und des Bettes sind konstanter. Der Boden ist mit Kies oder Sand bedeckt, weiche Sedimente werden häufiger. Der Sauerstoffgehalt des Wassers ist noch immer hoch, die jährlichen Temperaturschwankungen sind größer. Strömungsliebende Kaltwasserorganismen kommen nicht mehr vor; sie haben eurythermen Stillwasserformen (z. B. Muscheln) Platz gemacht. Höhere Pflanzen sind weit verbreitet. Nach dem Charakterfisch, der *Barbe, Barbus fluviatilis,* wird der Region die Barbenregion genannt.

In der Ebene wird der Fluß zum *Strom.* Die Wasserführung hat zugenommen, die Strömungsgeschwindigkeit dagegen sich verringert. Das trübe Wasser lagert reichlich Sinkstoffe ab und ist im Bereich der Flußsohle sauerstoffarm. Das Temperaturregime des Wassers ist wenig stabil und von der Temperatur der Umwelt abhängig. Durch Verkürzungen des Laufs im Bereich enger Flußwindungen kommt es zur Bildung von Altwässern. In der Nähe des Ufers kann sich eine reiche Flora entwickeln, die in der Strommitte fehlt. Die reichlich entwickelte Fauna besteht im Bereich der Pflanzenbestände, der Buhnen und Geröllbänke aus phytophilen (pflanzenbewohnenden) und lithophilen (steinbewohnenden) Organismen. Besonders individuenreich können Schlickablagerungen in Buchten und im Bereich der Sohle sein (bis zu 12000 Individuen/m²). Echtes *Fluß-* oder *Potamoplankton* ist nicht bekannt, die Plankter des Flußwassers stammen aus den Altwässern oder aus Flußseen. Charakterfisch des Stromes ist der *Blei* oder die *Brachse, Abramis brama.* Danach heißt die Region auch *Blei-* oder *Brachsenregion.* Die sich an die Bleiregion anschließende *Brackwasserregion* ist die Kontaktzone zwischen Süß- und Meerwasser. Das Wasser fließt träge, führt viele Sinkstoffe und ist im Sommer oft sehr warm. Der Sauerstoffgehalt ist im Bereich der Sohle oft sehr gering. Der Salzgehalt ist großen Schwankungen unterworfen. Große Mengen von empfindlichen Meeres- und Süßwasserorganismen sterben hier ab und bilden Sedimente. Der Boden ist deshalb meist stark verschlammt und mit großen Mengen Bodenorganismen besetzt. Pflanzen bilden in den Uferregionen dichte Bestände. Neben Kaulbarsch, Stint und Aal ist in der Brackwasserregion die *Flunder (Kaulbarsch-Flunder-Region)* häufig.

Dienen F. als Vorfluter, so ist häufig das biologische Gleichgewicht gestört. Durch den Zufluß industrieller und häuslicher Abwässer wird das Wasser so stark mit organischen und anorganischen Stoffen belastet, daß das biologische Selbstreinigungsvermögen nicht ausreicht, um diese Stoffe abzubauen. In den am stärksten verschmutzten Flüssen kann daher streckenweise jede Fauna fehlen.

Lit.: A. Behning: Das Leben der Wolga. Zugleich eine Einführung in die Flußbiologie. Die Binnengewässer, Bd 5 (Stuttgart 1928); J. Schwoerbel: Einführung in die Limnologie (Jena 1980); A. Thienemann: Die Binnengewässer Mitteleuropas. In: Die Binnengewässer Bd 1 (Stuttgart 1925).

Fließgleichgewicht, stationärer Zustand eines offenen Systems, der durch minimale Entropiezunahme und zeitlich konstant wirkende Kräfte ausgezeichnet ist. Aufgrund abgestimmter Fließ- und Reaktionsgeschwindigkeit bleiben alle makroskopischen Prozesse konstant. In Ökosystemen wirken abschnittsweise zeitlich nicht konstante Kräfte, so daß das F. den Idealzustand eines Ökosystems repräsentiert (→ ökologisches Gleichgewicht).

Flimmerepithel, → Deckepithel, → Epithelgewebe.

Flimmern, → Zilien.

Flimmerrinne, → Endostyl.

Flimmertrichter, → Nephridien.

Flocke, kleines weißes Abzeichen an der Stirn mancher Tiere, besonders der Pferde.

Flöhe, *Siphonaptera, Aphaniptera,* eine Ordnung der Insekten mit über 70 Arten in Mitteleuropa (Weltfauna etwa 1500 Arten). Die F. sind fossil erst aus dem baltischen Bernstein nachgewiesen.

Vollkerfe. Die F., deren Körperlänge bis 7 mm beträgt, haben stechend-saugende Mundwerkzeuge. Der seitlich abgeflachte, stark gepanzerte Körper trägt kräftige, nach hinten gerichtete Borstenkämme; Flügel fehlen. Das letzte Tarsenglied der Beine trägt jeweils ein Paar starke, haken-

Flohkrebse

förmig gebogene und mit einem Zahn versehene Krallen; die Mittelbeine, besonders aber die Hinterbeine sind zu Sprungbeinen umgestaltet. Alle F. sind Blutsauger und leben als Ektoparasiten auf Vögeln und Säugetieren. Ihre Entwicklung ist eine vollkommene Verwandlung (Holometabolie).

Eier. Erst nachdem das Weibchen Blut aufgenommen hat, reifen entwicklungsfähige Eier heran. Sie sind etwa 0,5 mm lang und zunächst außen mit einer Klebschicht bedeckt, so daß die abgelegten Eier am Wirt oder in seiner Nähe (Nest, Bau, Wohnung) haften bleiben. Die Ablage von jeweils 8 bis 10 Eiern erfolgt in mehreren Etappen, wobei zwischendurch die Aufnahme von Blut erforderlich ist. Das Weibchen des Menschenflohs (*Pulex irritans* L.) legt bis zu 500 Eier.

Larven. Die weißlichen, wurmförmigen, augen- und fußlosen Larven besitzen im Gegensatz zu den Vollkerfen beißend-kauende Mundwerkzeuge und leben in den Wohnungen, Bauten und Nestern ihrer Wirte von allerlei pflanzlichen und tierischen Abfallstoffen. Es gibt drei Larvenstadien.

Puppen. Zur Verpuppung stellt die Larve aus ihrem Speicheldrüsensekret einen Kokon her, in dem sie einige Tage in U-förmiger Haltung ruht, ehe sie sich in eine Freie Puppe (Pupa libera) verwandelt. Schon nach durchschnittlich vier Tagen schlüpft der Vollkerf, der aber noch eine Zeitlang im Kokon verbleibt.

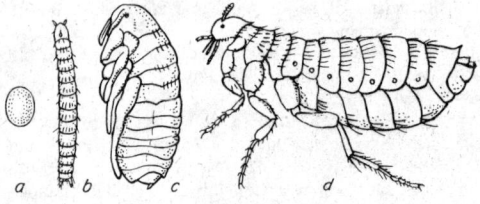

Menschenfloh (*Pulex irritans* L.): *a* Ei, *b* Larve, *c* Puppe, *d* Vollkerf (♂)

Wirtschaftliche Bedeutung. Die F. sind nicht nur als Blutsauger für Mensch und Haustier lästig, sondern haben auch medizinische Bedeutung. Die Rattenflöhe (*Xenopsylla*) sind die wichtigsten Überträger der Pest; der Sandfloh (*Tunga penetrans* L.), der sich in die Haut von Haustieren und Menschen einbohrt, gehört zu den unangenehmsten Plagen der Tropen; auch einige Bandwürmer werden von F. übertragen.

System. Man unterscheidet zwei Unterordnungen:
1. Unterordnung: *Pulicoidea* (mit zwei Familien)
2. Unterfamilie: *Ceratophylloidea* (mit fünfzehn Familien)

Lit.: O. Jancke: F. oder Aphaniptera, Die Tierwelt Deutschlands, Tl 35 (Jena 1938); P. Peus: Flöhe (Leipzig 1953); J. Wagner: F., Aphaniptera, Die Tierwelt Mitteleuropas, Bd VI, Lieferung 2 (Leipzig 1936).

Flohkrebse, *Amphipoda*, eine Ordnung der Krebse (Unterklasse *Malacostraca*) mit meist seitlich zusammengedrücktem Körper, dem der Carapax fehlt. Die beiden vorderen Laufbeine sind in der Regel mit Greifklauen (Subchela) versehen. Am Hinterleib tragen die drei vorderen Segmente vielgliedrige, beborstete Pleopoden als Schwimmbeine, die hinteren drei Segmente wenigliedrige Uropoden, die als Springbeine oder Nachschieber beim Laufen dienen. Die Eier entwickeln sich in einem Marsupium auf der Bauchseite des Weibchens. Die etwa 3600 bekannten Arten leben größtenteils im Meer. Die *Gammaridea* sind z. T. Bodenbewohner, die *Hyperiidea* leben pelagisch in der Hochsee, die *Cyamidae* sind Parasiten auf Walen.

System (wichtigste Familien sind angeführt):

1. Unterordnung: *Gammaridea*
   Familie: *Gammaridae* (z. B. Bachflohkrebs, Höhlenkrebs)
   Familie: *Talitridae* (Strandhüpfer)
   Familie: *Corophiidae* (z. B. *Corophium*)
2. Unterordnung: *Ingolfiellidea*
3. Unterordnung: *Laemodipodea*
   Familie: *Caprellidae* (Gespenstkrebse)
   Familie: *Cyamidae* (Walläuse)
4. Unterordnung: *Hyperiidea*.

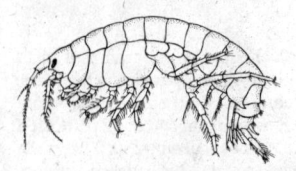

Flohkrebs (*Gammarus locusta*) ♀

Flohsame, → Wegerichgewächse.

Flora, Gesamtheit der in einem Gebiet vorkommenden Pflanzensippen (Arten u. a.). Dagegen versteht man unter der → Vegetation die Gesamtheit der ein Gebiet bedeckenden Pflanzen oder Pflanzengesellschaften. Auch die systematischen Zusammenstellungen der in einem Gebiet vorkommenden Pflanzenarten, oft mit Bestimmungsschlüsseln versehen (Bestimmungsbücher), werden als F. bezeichnet.

Florenaltertum, Zeitabschnitt der Florengeschichte. → Paläophytikum.

Florenelement, Bestandteil der Flora eines Gebietes (Art, Artengruppe u. a.). Geographische F. oder *Geoelemente* sind Arten von gleicher Verbreitung, ähnlichem Areal, eines Arealtyps, die für ein bestimmtes Florengebiet kennzeichnend sind. *Genetische F.* oder *Genoelemente* haben ein gemeinsames Ursprungsgebiet, dabei aber verschiedene Areale. *Historische F.* oder *Chronoelemente* sind Arten gleicher Entstehungszeit. *Einwanderungselemente* oder *Migroelemente* umfassen Arten, die aus derselben Richtung in ein Gebiet einwanderten. *Coenoelemente* sind Arten, die an bestimmte Pflanzengesellschaften gebunden sind und somit den → Charakterarten höherer Ordnung entsprechen. *Ökoelemente* sind Arten, die gleiche ökologische Ansprüche haben. Die verschiedenen Florengebiete (Florenreiche, -regionen, -provinzen u. a.) werden durch geographische F. charakterisiert.

Florenfrühzeit, ältester Zeitabschnitt der Florengeschichte. → Eophytikum.

Florengebiet, allgemeine Bezeichnung für ein durch Florenelemente charakterisiertes Gebiet. → Florenreich.

Florengefälle, eine allmähliche Abnahme der Anzahl von Pflanzensippen in benachbarten Gebieten.

Florengeschichte, Kennzeichnung der großen pflanzlichen Entwicklungsabschnitte in zeitlicher und geographischer Hinsicht. Man unterscheidet folgende Hauptzeitabschnitte: *Algenzeit* (→ Eophytikum), *Pteridophytenzeit* (→ Paläophytikum), *Gymnospermenzeit* (→ Mesophytikum), *Angiospermenzeit* (→ Känophytikum). Diese Zeitabschnitte beziehen sich nicht auf das Erstauftreten bestimmter Pflanzengruppen, sondern auf die Zeit ihrer hauptsächlichen Entfaltung und Ausbreitung. → Erdzeitalter.

Florenmittelalter, Zeitabschnitt der Florengeschichte. → Mesophytikum.

Florenneuzeit, Zeitabschnitt der Florengeschichte. → Känophytikum.

Florenprovinz, → Florenreich, → Holarktis.

Florenregion, → Florenreich, → Holarktis.

Florenreich, umfassendste pflanzengeographische Einheit der Biosphäre, die durch → Florenelemente charakterisiert

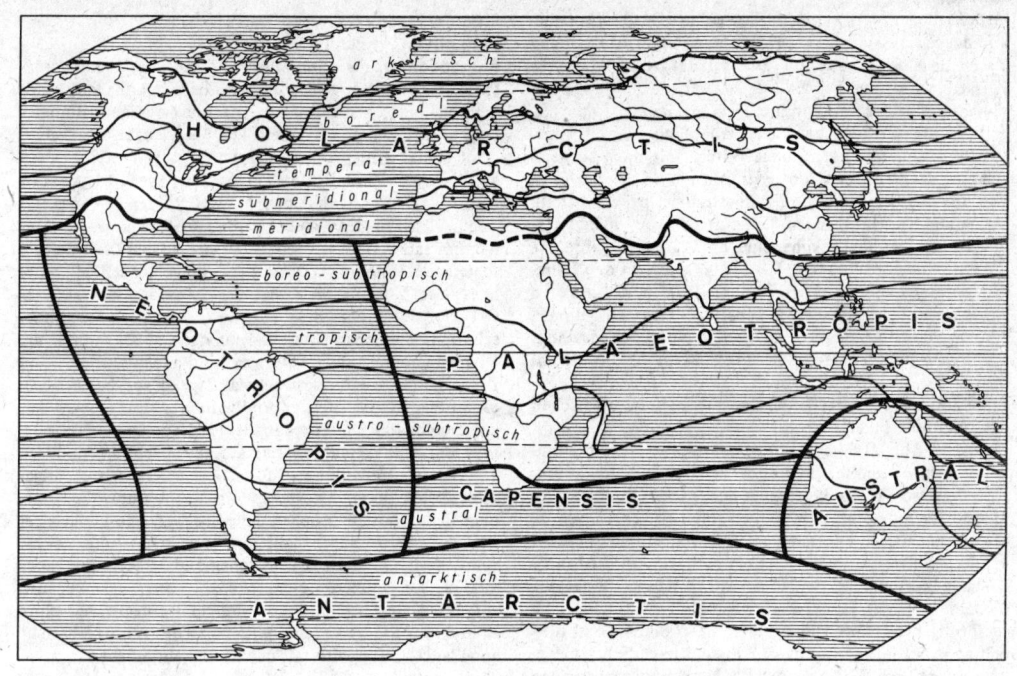

Florenreiche und Florenzonen der Erde (nach Mattick sowie Meusel, Jäger, Weinert); die Namen der Florenreiche sind in Großbuchstaben, die Namen der Florenzonen sind in Kleinbuchstaben angegeben

wird. Die Kennzeichnung erfolgt vor allem durch höhere systematische Einheiten, meist Gattungen und Familien, sowie durch Vorkommen endemischer Sippen. Ihre Abgrenzung von benachbarten F. wird an Zonen mit stärkerem → Florengefälle vorgenommen.

F. haben eine unterschiedliche Geschichte, Entwicklung u. a. und unterscheiden sich grundlegend in ihrem Florenbestand. F. werden in *Florenregionen*, diese in *Florenprovinzen* und letztere in *Florenbezirke* untergliedert.

Man unterscheidet im allgemeinen 6 F. → Holarktis, → Paläotropis, → Neotropis, → Australis, → Capensis und → Antarktis (s. Abb.). Ein ozeanisches F. der Weltmeere kann nur durch wenige Gefäßpflanzen, z. B. Zosteraceae und Algen, charakterisiert werden.

Lit.: Diels u. Mattick: Pflanzengeographie, Sammlung Göschen Bd 389/389a, 5. Aufl. (Berlin 1958); Rikli: Vegetationsgebiete der Erde, Handwörterbuch der Naturwissenschaften Bd 4, 2. Aufl. (Jena 1934). Weitere Lit. → Pflanzengeographie.

Florenunterschied, Verschiedenheit der Pflanzensippenzusammensetzung zweier oder mehrerer Gebiete.

Florenzonen, → Holarktis.

Florfliegen, → Landhafte.

Florigen, → Blütenbildung.

Florigensäure, → Blütenbildung.

Floristik, floristische Geobotanik, Wissenszweig der Botanik, der sich mit dem Studium der Flora eines bestimmten Gebietes beschäftigt; dabei werden die Elemente der Flora (→ Florenelement) zusammengestellt, die einzelnen Pflanzensippen in ihrer systematischen Wertigkeit, hinsichtlich ihrer Wuchsbedingungen, Standortansprüche und Verbreitung untersucht sowie die Beziehungen zu anderen Pflanzensippen analysiert. → Pflanzengeographie.

Flossen, Gliedmaßen der Fische und anderer im Wasser lebender Wirbeltiere sowie die Schwimmorgane der Weichtiere. Bei den Fischen unterscheidet man: 1) Unpaare F.: Eine, zwei oder drei *Rückenflossen* sowie eine hinter dem After ansetzende *Analflosse* dienen als Stabilisierungsorgane. Lachse haben hinter der Rückenflosse noch eine *Fettflosse.* Zur Fortbewegung und als Steuerorgan dient in erster Linie die in drei Typen auftretende *Schwanzflosse.* Bei der

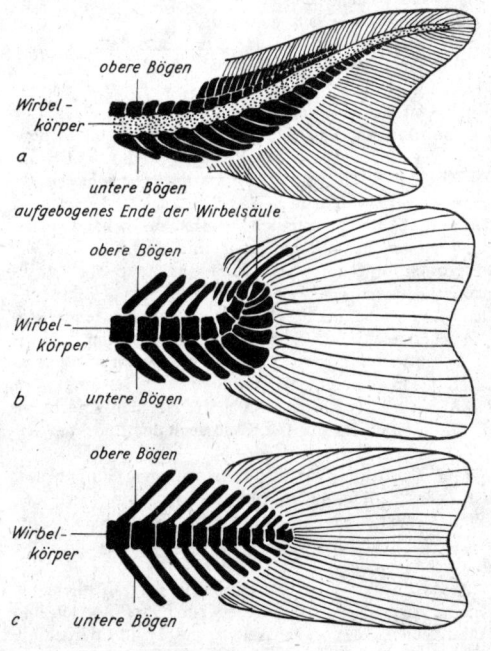

Schwanzflossentypen: *a* heterozerker Typ (Stör), *b* homozerker Typ (Lachs), *c* diphyzerker Typ (Dorsch)

ursprünglichen, *heterozerken* Flossenform, z. B. der Haie und der Störe, setzt sich die Wirbelsäule unter Abknickung bis in die Flossenspitze fort. Die symmetrische, *diphyzerke* Flossenform kommt bei den Lungenfischen vor; die Wirbelsäule endet in der Flossenmitte. Den *homozerken* Typus zeigen die meisten Knochenfische. Äußerlich ist er symmetrisch, im Innern jedoch ist die Wirbelsäule nach aufwärts gebogen. Zur Festigkeit der F. tragen bei der diphyzerken und homozerken Form die Flossenstrahlen, bei der heterozerken die Hornstrahlen bei. Unter den Säugern haben z. B. die Wale und die Seekühe eine horizontal ausgebreitete Schwanzflosse. 2) Paarige F.: Sie entsprechen den Extremitäten der Landwirbeltiere. Während die meist größeren *Brustflossen* eine annähernd konstante Lage einnehmen, können die *Bauchflossen* eine Lageveränderung erfahren und bis an die Schulterregion vorgerückt sein. Die Bauchflossen der Knochenfische sind häufig reduziert. Bei einigen Knorpelfischen tragen die Bauchflossen der Männchen das Begattungsorgan.

Flossenfüßer, 1) *Pygopodidae,* im australischen Raum und auf Neuguinea verbreitete, nur etwa 15 Arten (in 8 Gattungen) umfassende Familie der → Echsen, die durch anatomische Merkmale und das Fehlen freier Augenlider sowie die auf nächtliche Lebensweise hindeutenden senkrechten Schlitzpupillen mit den → Geckos nahe verwandt ist, aber einen langgestreckten, schlangenartigen Körper ohne Vorderbeine hat. Die Hintergliedmaßen sind zu kleinen flossenförmigen Anhängen rückgebildet. Der Schwanz ist doppelt so lang wie der Rumpf. Die F. sind nächtliche Bodentiere mit seitlich-schlängelnder Fortbewegung, einige Arten graben in der Erde. Sie legen 2 walzenförmige Eier. Die Hauptnahrung bilden Insekten sowie andere Echsen. Über die Biologie der F. ist noch wenig bekannt. Einer der größten Vertreter ist der bis 70 cm lange *Gewöhnliche Flossenfuß, Pygopus lepidopodus,* Australiens; der *Spitzkopf-Flossenfuß, Lialis burtoni,* hat das größte, ganz Australien sowie Queensland und Neuguinea umfassende Areal.
2) → Flügelschnecken.

Flossensaurier, → Sauropterygier.

Flotationsverfahren, Ausschwemmungsmethode für → Bodenorganismen.

Fluchtreflex, → Schmerzsinn.

Fluchtverhalten, → Schutzansprüche.

Flugbeutler, mit Flughäuten ausgestattete eichhörnchenartige Beuteltiere verschiedener Gattungen, die zu Gleitflügen bis 50 m befähigt sind, z. B. das *Beutelflughörnchen, Petaurus sciureus,* und der *Riesengleitbeutler, Schoinobates volans,* die beide in Australien vorkommen. Es handelt sich um ausgesprochene Dämmerungs- und Nachttiere.

Flugdrachen, *Draco volans,* völlig ans Baumleben angepaßte südostasiatische → Agame. Breite, bunt gefärbte seitliche Hautsäume, die durch aus dem Rumpf ragende Rippen abgespreizt werden können, ermöglichen dem F. einen bis 100 m weiten passiven Gleitflug von einem höheren zu einem niedrigeren Ast oder zum Boden. Die Gattung *Draco* (16 Arten) hat als einzige Gruppe der rezenten Kriechtiere damit bis zu einem gewissen Grad auch den Luftraum »erobert«.

Flügel, 1) Botanik: a) die beiden seitlichen Blütenblätter der Schmetterlingsblütler, b) der Verbreitung durch den Wind dienende, häutige Anhänge von Früchten, z. B. bei Ahorn, Ulme und Esche, oder Samen, z. B. bei Tulpe, Lilie und Schwertlilie.
2) Zoologie: der Fortbewegung in der Luft dienende Organe verschiedener Tiergruppen. Die F. der Insekten sind Ausstülpungen des Außenskeletts, die F. der Wirbeltiere (Vögel, Fledermäuse) umgebildete Vorderextremitäten (→ Extremitäten).

Flügelbeine, → Schädel.

Flügelfisch, → Pterichthys.

Flügelkiemer, *Pterobranchia,* eine Klasse der Hemichordaten, deren Angehörige fast immer Stöcke oder Kolonien bilden. Die einzelnen Individuen sind nur wenige Millimeter lang und bestehen aus einem kurzen drüsigen Kopfschild (Protosoma), einem kurzen Kragen (Mesosoma) und einem sackförmigen Rumpf (Metasoma). Der Kragen trägt bis zu neun Paar Arme, auf denen je zwei Reihen bewimperter Tentakel sitzen. Der Rumpf verlängert sich in einen dünnen Fortsatz, den Stolo. Jedes Tier sitzt in einer selbst abgeschiedenen Röhre. Der Darm ist als Folge der seßhaften Lebensweise V-förmig gebogen, der After mündet auf der vorderen Rückseite des Rumpfes. Der Kiemendarmabschnitt besitzt höchstens ein Paar nach außen mündende Kiemenporen. Die Geschlechter sind meist getrennt; bei *Cephalodiscus* kommen manchmal Zwitter vor, bei *Rhabdopleura* haben die meisten Individuen eines Stockes gar keine Gonaden. Die Furchung ist total, die Gastrulation erfolgt durch Invagination. Das auf geschlechtlichem Wege entstandene Individuum (Muttertier) vermehrt sich ungeschlechtlich durch Knospung; die Tochterindividuen siedeln sich unmittelbar neben der Mutter an und bleiben bei *Rhabdopleura* zeitlebens mit ihr durch den Stolo verbunden. Die knapp zwanzig Arten leben alle im Meer und kommen meist in größeren Tiefen vor. Sie bauen ihre Gehäuse auf festen Gegenständen. *Atubaria* lebt einzeln und ohne Röhren auf Stöcken von Hohltieren. Die Nahrung besteht aus Plankton und wird mit den Tentakeln erbeutet.

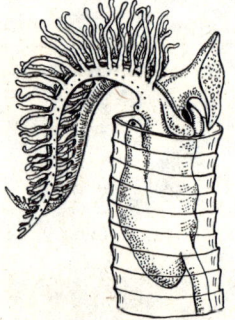

Rhabdopleura normani

Die bekanntesten Gattungen sind *Atubaria, Cephalodiscus* und *Rhabdopleura.*

Sammeln und Konservieren. Die aus größeren Tiefen gefangenen F. betäubt man durch Zugabe von 5%iger Chloralhydratlösung ins Meerwasser. Sobald sie auf Berühren nicht mehr reagieren, wird 10 Minuten mit konzentrierter Formaldehydlösung fixiert. Die Aufbewahrung erfolgt in 70%igem Alkohol.

Flügelmal, → Stigma 2).

Flügelmilben, → Pterogasterina.

Flügelmuskeln, → Kaumuskeln.

Flügelreduktion, Rückbildung oder völliger Verlust der Flugorgane bei bestimmten Tieren (→ Lebensform) als Ausdruck entsprechender Lebensweise. F. treten bei Höhlenbewohnern, bei Bewohnern stark windbeeinflußter Lebensstätten, wie Gebirgen, Inseln, Wüsten, Flugsandgebieten und Küsten, sowie bei zahlreichen Parasiten auf. Beispiele sind das völlige Fehlen fliegender Insekten unter den ausgesprochenen Höhlenbewohnern, die ausgerotteten flügellosen Riesentauben auf den Maskarenen, die Häufung kurzflügeliger oder flügelloser Vogelarten auf Neuseeland und der kurzflügelige Kormoran *Nannopterus harrisi* auf den Galapagosinseln. Steppengebiete weisen eine große Zahl von Lauf- und Rennvögeln auf. Viele Heuschrecken und Käfer des Hochgebirges (in den höheren Teilen der Kärntner Alpen 54% der Heuschrecken) haben verkürzte Flügel. Strandbewohnende Fliegen machen nur Sprungflüge, die meisten Bembidien und Kurzflügler haben ihr Flugvermögen in der Anwurfzone der Küsten verloren. In den Flugsandgebieten an den finnischen Küsten zeigen 14,3% der stenotopen Insekten Flügelrückbildungen. Diese Reduktionen bieten Schutz gegen Windverwehungen und stellen damit ein selektionsbegünstigtes Merkmal dar.

Flugunfähiger Kormoran (*Nannopterus harrisi*) der Galápagos-Inseln (nach Beebe)

Unter den Ektoparasiten sind ganze Gruppen flügellos, da aufgrund der Lebensweise die Flügel überflüssig geworden sind, z. B. Flöhe, Läuse, Federlinge, Haarlinge und Bettwanzen. Die Lausfliegen werfen ihre Flügel ab.

Flügelschnecken, *Flossenfüßer,* *Thecosomata* und *Gymnosomata*, Ordnungen der Hinterkiemer. Diese zwei Ordnungen werden oft auch unter der Bezeichnung *Pteropoden* zusammengefaßt. Die F. sind pelagische Hochseeschnecken, die in bis zu 2000 m Tiefe vorkommen können. Die nur wenige Zentimeter großen, wasserreichen, fast durchsichtigen Tiere schweben senkrecht im Wasser, während ihre Parapodien wie Schmetterlingsflügel schlagen. Riesige Schwärme einzelner Arten, als *Walaat* oder *Walaas* bezeichnet, sind wichtig für die Ernährung von Fischen und Walen.

Geologische Verbreitung und Bedeutung: Obere Kreide bis Gegenwart, frühere Funde aus dem Paläozoikum und dem älteren Mesozoikum sind fraglich. Gehäuse abgestorbener Tiere sind oft in riesigen Mengen am Meeresboden angehäuft, wo sie in Tiefen zwischen 1000 und 27000 m den Pteropodenschlamm bilden.

Flugfische, *Exocoetidae, fliegende Fische,* für das Segeln am höchsten spezialisierte Fische wärmerer Meere. Körper lang und schmal, Brustflossen sehr groß. Beim Start arbeitet die untere größere Hälfte der Schwanzflosse wie eine Schiffsschraube und drückt den Fisch mit zunehmender Geschwindigkeit aus dem Wasser. Dieser spreizt gleichzeitig seine Brustflossen flügelartig ab. Der Segelflug kann mit Zwischenstarts über 100 m betragen. Bei günstigen Aufwinden werden manchmal Höhen von mehreren Metern erreicht. Tafel 4.

Flugfrosch, *Rhacophorus reinwardti,* urwaldbewohnender, 6 bis 8 cm großer südostasiatischer → Ruderfrosch mit riesi-

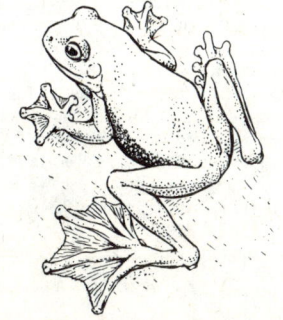

Flugfrosch (*Rhacophorus reinwardti*)

gen Schwimmhäuten, die ihm als Fallschirm einen schräg abwärts gerichteten, bis 15 m weiten Segel»flug« ermöglichen. Bei der Paarung schlagen beide Partner mit den Hinterbeinen aus einer vom Weibchen abgesetzten Schleimmasse Schaum, der als Nest zwischen Blätter geklebt wird und 60 bis 100 Eier enthält.

Flughaare, → Pflanzenhaare.

Flughaut, der Fortbewegung in der Luft dienende Hautfalte bei Flugbeutlern, Flughörnchen, Fledermäusen und Flugdrachen. Die Ausbildung der F. ist sehr vielfältig, sie ermöglicht flatternde, segelnde oder gleitende Fortbewegungsweisen.

Flughörnchen, *Pteromys* u. a., Nagetiere aus der Familie der → Hörnchen, bei denen sich an den Körperseiten beim Sprung eine Flughaut zwischen den Beinen ausspannt, die sie zu geschickten Gleitsprüngen befähigt.

Flughühner, → Taubenvögel.

Flughunde, → Fledermäuse.

Flugmuskulatur, der Bewegung der Flügel dienende Muskulatur. Bei den Wirbeltieren ist sie mit dem Innenskelett (Endoskelett) aus Knochenelementen und bei den Insekten mit dem Außenskelett (Exoskelett) aus Chitin verbunden.

Bei den Vögeln hat diese Muskulatur die Aufgabe, die Flügel zu entfalten, zusammenzulegen, in Ruhelage oder in ausgebreiteter Lage zu halten. Der große Brustmuskel bewegt den Oberarm von vorn oben nach unten und hinten. Hierbei dreht sich der Oberarm um seine Längsachse vorwärts. Dabei wird durch Übertragung über den Unterarm die Hand mit den Handschwingen nach unten geschlagen. Der kleine Brustmuskel hebt den Oberarm wieder nach oben und vorn. Biceps und großer Deltamuskel biegen das Ellenbogengelenk, der Triceps streckt es. Ferner gibt es noch Beuge-, Streck- und Drehmuskeln für die Finger.

Bei den Insekten bilden Hauteinstülpungen Flächen für Ursprung und Ansatz von Muskeln. Mittleres und hinteres Segment des Brustabschnittes (Thorax) tragen bei den geflügelten Insekten je ein Flügelpaar. Die indirekten Flugmuskeln haben keine direkte Verbindung mit den Flügeln. Sie heben und senken den dorsalen (Rücken-)Teil des Thorax. Bei Kontraktion der dorsalen Längsmuskeln wird der Rücken gehoben, und die Flügel schlagen dabei nach unten. Bei Kontraktion der Dorsoventralmuskulatur wird der Rücken gesenkt, und die Flügel schlagen nach oben. Die direkten Flugmuskeln setzen an der Basis der Flügel an und bewirken bei Kontraktion ein Abwärtsschwingen der Flügel.

Flugsaurier, → Pterosaurier.

Flugspringer, → Bewegung.

Fluidität, Parameter von Membranen, der das viskose Verhalten der Membran beschreibt. Die F. ist der Kehrwert der Viskosität. Je größer die F., desto schneller erfolgt die Diffusion der Moleküle in der Membran. Die F. hängt vom Aufbau der Membran und besonders vom Phasenzustand der Lipide ab. Der Phasenzustand der Lipide ändert sich mit der Temperatur oder durch chemische Einwirkungen u. U. sprunghaft. Es wird angenommen, daß die F. bei physiologischen Membranprozessen, z. B. der → Fusion, reguliert werden kann.

Die Charakterisierung der F. erfolgt durch die Messung der Lateraldiffusion der Membranbestandteile. Für Lipide ermittelt man Lateraldiffusionskonstanten der Größenordnung 10^{-8} cm²/s. Die Beweglichkeit der Proteine ist um 1 bis 4 Größenordnungen geringer.

Fluktuation, svw. Massenwechsel.

Fluktuationsgesetze, svw. Volterrasche Regeln.

Flunder, *Pleuronectes flesus,* wirtschaftlich wichtiger Plattfisch der europäischen Küstenregionen. Die F. ähnelt der

Scholle, ist aber kleiner, hat eine rauhere Oberfläche und gewöhnlich eine dunklere Färbung. Die Jungfische besiedeln auch die Flußmündungen. (Tafel 4).

Fluoreszenz, Lichtabstrahlung beim Übergang aus einem höheren Elektronenanregungszustand in einen niedrigeren, wobei die Spinanordnung unverändert bleibt. Durch F. erfolgen Singulett-Singulett- sowie Triplett-Triplett-Übergänge.

Fluoreszenzlöschung, *Quenching*, Erniedrigung der Quantenausbeute der Fluoreszenz durch Konkurrenzprozesse. Meistens werden für die F. verschiedene bimolekulare Reaktionen genutzt. Die F. ist eine wichtige Methode der → Fluoreszenzspektroskopie.

Fluoreszenzmikroskopie, mikroskopisches Verfahren, das die Fluoreszenz von Stoffen für deren Abbildung ausnutzt. Beim Bestrahlen bestimmter Verbindungen mit UV- oder kurzwelligem sichtbarem Licht wird ein Teil der absorbierten Energie in Form langwelliger Strahlung wieder abgegeben. Diese Erscheinung bezeichnet man als *Fluoreszenz*. Als Lichtquellen in der F. benutzt man lichtstarke Quecksilberhöchstdruckbrenner. Das Anregungslicht wird durch entsprechende Erregerfilter zwischen Lampe und Präparat erzeugt, ein Sperrfilter zwischen Auge und Präparat sorgt dafür, daß nur das Fluoreszenzlicht und nicht das Erregerlicht in das Auge gelangt. F. wird als Durchlicht- oder Auflichtmikroskopie betrieben. Moderne Geräte haben meist die Möglichkeit, F. gleichzeitig mit anderen mikroskopischen Verfahren (→ Dunkelfeldmikroskopie, → Phasenkontrastmikroskopie) zu betreiben. Eine Reihe von zellulären Strukturen zeigt Fluoreszenzerscheinungen beim Bestrahlen mit UV-Licht (*primäre Fluoreszenz* oder *Eigenfluoreszenz*). Viele Gewebe lassen sich im lebenden oder fixierten Zustand spezifisch durch Fluoreszenzfarbstoffe anfärben (*Fluorochromierung*). Da schon sehr kleine Konzentrationen an Fluoreszenzfarbstoffen ausreichen, ist die Methode sehr empfindlich und besonders zur Färbung lebender Zellen geeignet. Eine weitere verbreitete Anwendungsmöglichkeit ist der Nachweis von fluorochromierten Antikörpern in immunozytochemischen Untersuchungen.

Fluoreszenzspektroskopie, spektroskopische Methode zur Untersuchung der Fluoreszenz von angeregten Molekülen. Bei der F. verwendet man häufig → Label, die, in die zu untersuchende Probe eingebracht, anhand ihres Spektrums die molekularen und physikalischen Eigenschaften der Probe widerspiegeln. Da nur der fluoreszierende Label durch die Lichtemission vermessen wird, können mit Hilfe der F. genaue lokalisierte Bereiche der Probe untersucht werden, falls es gelingt, den Label an ganz bestimmten Stellen zu binden. Diese Vorteile des F. werden häufig bei der Untersuchung von Zellen, Zellorganellen, Membranen, Liposomen o. dgl. genutzt. Man kann z. B. mit F. die Membranpotentialdifferenz messen. Voraussetzung dafür ist, daß sich der Label entsprechend der Potentialdifferenz passiv zwischen Zellinnerem und Außenlösung verteilt. Gibt man jetzt in die Außenlösung einen zweiten Stoff, der die Fluoreszenz des Labels dort unterdrückt (*Fluoreszenzlöschung*), läßt sich durch Bestimmung der Fluoreszenzintensität vor und nach der Fluoreszenzlöschung direkt das Verhältnis der Innenkonzentration zur Gesamtkonzentration ermitteln. Daraus kann nach Nernst leicht das Membranpotential berechnet werden. Ähnlich existieren Label für die Bestimmung des Oberflächenpotentials. Mit Hilfe der F. kann man auch Lateraldiffusions- und Rotationsdiffusionskonstanten der Membran bestimmen. Man benutzt dazu lipidähnliche Label, die sich in ihrem Diffusionsverhalten nicht von den Lipiden unterscheiden. Zur Bestimmung der Lateraldiffusion benutzt man die *Exzimerenfluoreszenz*. Unter einem Exzimer versteht man einen Komplex, bestehend aus einem angeregten Molekül und einem Molekül im Grundzustand. Dabei unterscheidet sich die Lage des Fluoreszenzmaximums des Dimers des Labels vom Maximum des Monomers. Die Exzimerenbildung hängt nun direkt von der Wahrscheinlichkeit des Aufeinandertreffens zweier Monomere ab und ist damit ein Maß für die Lateraldiffusion. Die Rotationsdiffusion mißt man durch Änderung der Polarisation der Fluoreszenzstrahlung.

Fluorochromierung, → Fluoreszenzmikroskopie.

Fluor-Test, → Datierungsmethoden.

Flurgestaltung, → Landeskultur.

Fluß, 1) → Fließgewässer. 2) *Flux*, Größe der irreversiblen Thermodynamik. Man versteht darunter die Menge eines Stoffes (Energie, Ladung, Entropie o. dgl.), die je Zeiteinheit eine Flächeneinheit senkrecht durchsetzt. Der F. ist mit Ausnahme eines F. bei einer chemischen Reaktion eine vektorielle Größe. Die Divergenz, div *J*, eines F. *J* kann größer (Quelle), kleiner (Senke) oder gleich Null sein. Ist die Divergenz eines F. überall gleich 0, so bezeichnet man das System als *konservativ*. Biologische Systeme sind oft *nicht konservativ*, z. B. verringern sich der Glukose- und Sauerstoffluß durch Verbrauch bei Diffusionsvorgängen in Geweben.

Lit.: R. Glaser: Einführung in die Biophysik (Jena 1976).

Flußbarbe, Barbe, → Barben.

Flußbarsch, *Perca fluviatilis*, Hauptvertreter der Barsche, in den Binnengewässern Eurasiens weit verbreiteter Raubfisch. Die grüngoldene Grundfärbung wird durch dunkle Querbinden unterbrochen, Flossen außen ziegelrot. Das weiße, ziemlich feste, schmackhafte Fleisch ist sehr grätenreich. Beliebtes Objekt des Angelsports.

Lit.: H. H. Wundsch: Barsch und Zander (Wittenberg 1963).

Flußdelphine, *Platanistidae*, eine Familie der Zahnwale. Die F. sind 1,5 bis 2,7 m lange Säugetiere, die in drei verschiedenen Arten in den großen Flüssen Südamerikas und Indiens sowie in den angrenzenden Küstengewässern in kleinen Gesellschaften leben und sich von Kleingetier ernähren.

Flüssigkeitskultur, → Kultur.

Flüssig-Mosaik-Modell, → Membran.

Flußkrebse, *Astacidae*, zu den Zehnfüßern gehörende Krebsfamilie mit rund 100 Arten, die fast alle im Süßwasser der nördlichen Halbkugel leben. Die bekannteste Form ist der *Edelkrebs*, *Astacus astacus*, der in Mitteleuropa weit verbreitet war, durch die Krebspest aber fast völlig vernichtet wurde. Als Ersatz wurde aus Amerika der gegen die Krebspest immune amerikanische Flußkrebs *Cambarus affinis* eingeführt, der jetzt weite Gebiete Europas besiedelt. Die als Speisekrebse sehr geschätzten F. sind Verwandte der Hummern.

Lit.: H. Müller: Die F. (Wittenberg 1954).

Flußmuscheln, große, bis etwa 9 cm lange einheimische Muscheln der Gattung *Unio*. F. sind häufig in großer Zahl in Bächen, Flüssen und Teichen anzutreffen. Die Larven der F. (→ Glochidium) parasitieren in der Haut und den Kiemen von Süßwasserfischen.

Flußperlmuschel, *Margaritifera margaritifera*, den Flußmuscheln in der Form sehr ähnliche Muschel mit dicken Schalen und fast stets stark korrodiertem Wirbel. F. werden bis zu 80 Jahre alt. Sie leben in klaren, sehr kalkarmen, fließenden Gewässern der Paläarktis und erzeugen echte Perlen von bräunlicher Farbe. Infolge der industriellen Wasserverunreinigung ist der Bestand der F. in den Gewässern sehr reduziert worden.

Flußpferde, *Hippopotamidae*, eine Familie der → Paarhu-

fer. Die F. sind plumpe Säugetiere mit nackter Haut, breitem Kopf und riesigem Maul. Die ständig nachwachsenden Eckzähne sind zu großen Hauern ausgebildet. Eine große, bis 1 t schwer werdende Art, das *Flußpferd (Nilpferd), Hippopotamus amphibius,* bewohnt in größeren Gesellschaften Flüsse, Seen und Sümpfe Ostafrikas. Die Tiere kommen nur nachts zum Äsen an Land. Sie markieren ihr Territorium durch Verspritzen von Kot. Das Junge wird unter Wasser geboren und gesäugt. Eine zweite, viele kleinere und nicht so sehr an das Wasser gebundene Art, das *Zwergflußpferd, Choeropsis liberiensis,* kommt in Westafrika vor.
Lit.: E. M. Lang: Das Zwergflußpferd (Wittenberg 1975); weiteres → Säugetiere.
Flußplankton, → Potamoplankton.
Flußschwein, svw. Buschschwein.
Flußuferläufer, → Schnepfen.
Flux, svw. Fluß 2).
FMN, Abk. für Flavinmononukleotid.
Föderation, svw. Verband.
Foetalisation, das Auftreten von embryonalen oder jugendlichen Merkmalsausprägungen der Ahnform als Endzustand bei phylogenetisch jüngeren Formen.
Föhre, → Kieferngewächse.
Folgeform, → heteroblastische Entwicklung.
Folgemeristem, 1) → Bildungsgewebe, 2) → Abschlußgewebe.
Folgezersetzer, → Dekomposition.
Folientextur, → Streckungswachstum.
Follikel, → Oogenese.
Follikelreifung, → Oogenese.
Follikelsprung, → Oogenese.
Follikel-stimulierendes Hormon, svw. Follitropin.
Follikelzellen, im Eierstock vorhandene Zellen, die die heranwachsenden Eizellen epithelial umschließen und für ihre Ernährung von Bedeutung sind. Bei den Insekten bilden die F. außerdem die Eischale (Chorion). Bei den Säugetieren bilden F. in ihrer Gesamtheit den mehrschichtigen *Graafschen Follikel,* der sich nach dem Ausstoßen des reifen Eies zu einer Drüse, dem *Gelbkörper,* mit innersekretorischer Funktion umbildet.
Fölling-Syndrom, svw. Phenylketonurie.
Follitropin, *Follikel-stimulierendes Hormon,* Abk. *FSH,* ein zu den Gonadotropinen gehörendes Proteohormon der Hypophyse. F. ist ein Glykoprotein mit etwa 20 % Kohlenhydratanteil. Der aus etwa 220 Aminosäureresten aufgebaute Peptidteil besteht aus einer α- und einer β-Untereinheit (Molekülmasse 32 000). Die α-Untereinheit ist mit der α-Peptidkette der Hormone Lutropin, Choriongonadotropin und Thyreotropin identisch. Die β-Peptidkette ist hormonspezifisch.
F. wird in den basophilen Zellen des Hypophysenvorderlappens gebildet, die Sekretion wird durch Gonadoliberin (→ Liberine) gesteuert. F. ist bei Mann und Frau für die Entwicklung und Funktion der Gonaden verantwortlich. Es regt im Hoden die Spermatogenese an und wirkt vor allem im Menstruationszyklus der Frau, wo es für die Reifung des Follikels zuständig ist. F. bewirkt im Zusammenspiel mit Lutropin sowie Östradiol und Progesteron die hormonale Regulation des Genitalzyklus. Bei der Frau wird die Ausschüttung von F. durch Östradiol, beim Mann durch Testosteron gehemmt.
Folsäure, ein → Vitamin des Vitamin-B$_2$-Komplexes.
Fontanellen, Fonticuli, Knochenlücken im Schädel neugeborener Säuger. Die F. sind – mehr oder minder groß, drei- oder viereckig – zwischen den noch unvollständig verwachsenen Knochen des Schädeldaches nur membranös verschlossen.
Foraminiferen, *Thalamophoren, Foraminifera,* Ordnung der Wurzelfüßer, relativ große Protozoen des Meeres mit perforierter (*Perforata*) oder glatter Schale (*Imperforata*). Die mittlere Größe beträgt etwa 0,5 mm, Riesenformen haben bis zu 19 cm Durchmesser; die fossilen Nummuliten erreichen 11 cm bei 1 cm Dicke. Die Schalen besitzen eine oder mehrere Kammern (sind mono- oder polythalam.). Bei letzteren ist die Anordnung regelmäßig und nach Typen verschieden (Abb. 1). Die primitivsten Schalen sind organischer Natur. Durch Einbau von kleinen Fremdkörpern, z. B. Sandkörnern, entstehen die agglutinierten Formen, durch Einlagerung von Kalziumkarbonat die Kalkschalen. Der Bau der Kammern erfolgt durch die Retikulopodien (Abb. 2, S. 284).
Während manche F. sich nur ungeschlechtlich fortpflanzen, wurde bei zahlreichen Arten Generationswechsel nachgewiesen, eine sich geschlechtlich fortpflanzende Generation (Gamont) wechselt alternierend mit einer sich ungeschlechtlich fortpflanzenden Generation (Agamont) ab. Die beiden Generationen können von gleicher Gestalt (isomorph) oder ungleich (heteromorph) sein. Werden schwimmende begeißelte Gameten erzeugt, haben die Gamonten eine große, die Agamonten eine kleine Anfangskammer, sie sind makro- bzw. mikrosphärisch.
Die F. leben vorwiegend am Meeresgrund. Vor allem warme Meere besitzen eine reiche Artenfülle. Im Schelfmeer sind es oft große Arten mit Zooxanthellen. Unterhalb 4000 m kommen nur Sandschaler vor, da Kalziumkarbonat hier gelöst wird. Nur die → Globigerinen sind Plankter der

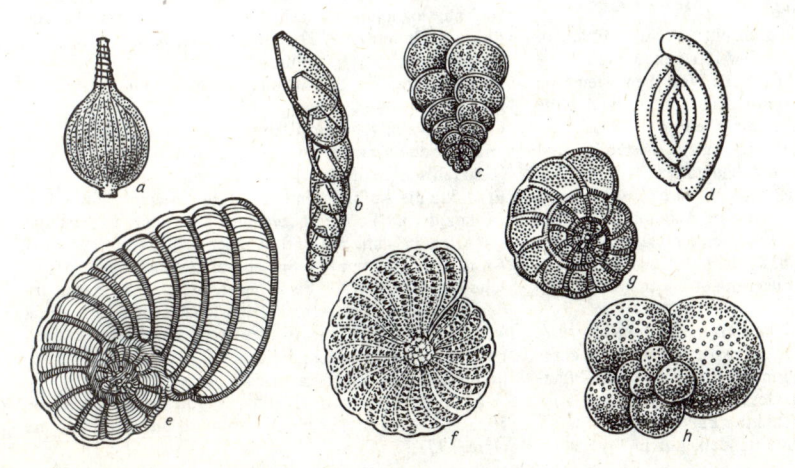

1 Foraminiferenschalen: *a Lagena,* b *Nodosaria,* c *Textularia,* d *Miliola,* e *Peneroplis,* f *Polystomella,* g *Rotalia,* h *Globigerina*

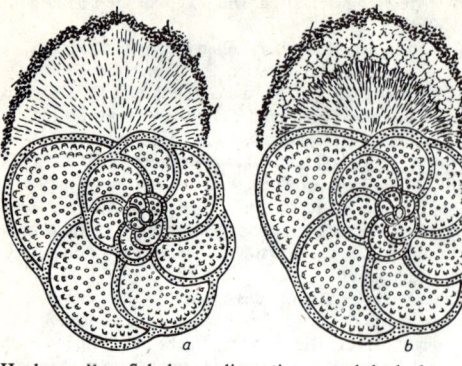

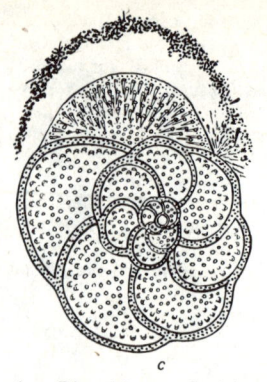

2 Bildung einer neuen Kammer bei *Discorbis bertheloti*: *a* fächerförmige Anordnung der Retikulopodien, *b* Zurückziehen der Retikulopodien, *c* Abscheidung der neuen Kammerwand

Hochsee. Ihre Schalen sedimentieren und bedecken als Globigerinenschlick große Teile des Meeresbodens (etwa ¼ der gesamten Erdoberfläche).
Geologische Verbreitung und Bedeutung. Kambrium bis Gegenwart. Vom Kambrium bis Unterkarbon lebten spärliche Formen mit ausschließlich agglutiniertem (sandschaligem) Gehäuse. Oberkarbon und Perm zeigen einen ersten Entwicklungshöhepunkt der F.; die nunmehr auftretenden Kalkschaler wurden z. T. gesteinsbildend (→ Fusulinen). Die riesige Formenfülle des Meso- und Känozoikums bildete sich mit Beginn des Jura heraus. Eine außergewöhnliche Mannigfaltigkeit ist vor allem im Tertiär zu beobachten, einzelne Familien bauen hier wiederum ganze Schichtpakete auf (→ Nummuliten, → Globigerinen). F. können sehr gute Leitfossilien sein. Ihre Erforschung, mit der sich die Mikropaläontologie befaßt, hat große Bedeutung vor allem für die zeitliche Einstufung von Bohrproben.

Forellen, zu den Lachsfischartigen gehörende, getüpfelte Raubfische klarer Fließgewässer. Die F. sind ausgezeichnete Speisefische. Neben der ursprünglich in Europa beheimateten Forelle, mit ihren 3 Hauptformen Bachforelle, *Salmo trutta fario,* Meer- oder Lachsforelle, *Salmo trutta trutta,* und Seeforelle, *Salmo trutta lacustris,* wird vor allem die aus Nordamerika eingeführte Regenbogenforelle, *Salmo gaidneri,* teichwirtschaftlich erbrütet und gemästet.

Forellenbarsch, *Micropterus salmoides,* zu den Sonnenbarschen gehörender, bis 60 cm langer Raubfisch. Der aus Nordamerika stammende F. wurde in Europa eingebürgert; fischereiwirtschaftlich hat er nur regionale Bedeutung.
Forellenregion, → Fließgewässer.
Forellenstör, → Anglerfische.
Forleule, *Panolis flammea* D. u. S., ein rotbrauner Eulenfalter mit heller Wellenlinie und weißlichen Makeln. Die Spannweite beträgt 35 bis 38 mm. Die Weibchen legen etwa 200 Eier reihenweise an Kiefernnadeln, von denen sich die grün-weiß-gestreiften Raupen ernähren. Bei Massenvermehrung kommt es besonders in jüngeren Beständen und an frischen Trieben zu starken Schädigungen.
Formaldehyd, *Methanal,* HCHO, ein farbloses, stechend riechendes Gas, das sich in Wasser, Alkohol und Äther leicht löst und dessen Dämpfe die Schleimhäute reizen. F. ist giftig und greift Metalle an; es dient als Konservierungs-, Fixierungs- und Desinfektionsmittel, ist jedoch mit Vorsicht zu gebrauchen.
Formart, *Formspezies,* behelfsmäßige Zusammenfassung morphologisch gleicher Teile von fossilen Pflanzen zu einer pseudosystematischen, künstlichen Einheit. Fossile Pflanzen werden meist nicht als Gesamtstücke gefunden, sondern in der überwiegenden Zahl der Fälle, besonders wenn es sich um größere Exemplare handelt, nur in Bruchstük-

ken. Diese können oft nicht mit Sicherheit einer bestimmten taxonomischen Einheit zugeordnet werden. Man behilft sich dann aus praktischen Gründen durch die Aufstellung von F., die ähnlich aussehende Reste eines bestimmten Organs, jedoch unter Umständen von ganz verschiedenen systematischen Gruppen umfassen können. So werden z. B. Blatt-, Blüten-, Frucht-, Samen-, Pollen-, Sporen-, Holzformarten unterschieden. Morphologisch ähnliche F. können zu *Formgattungen,* diese wieder zu *Formfamilien* zusammengefaßt werden. Großreste werden jedoch nur bis zur Ebene der Formgattung zusammengefaßt.
Während F. und Formgattungen nicht einer bestimmten Familie zuzuweisen sind, stellen *Organarten* und *Organgattungen* bereits natürliche Einheiten dar, die einer Familie zugeordnet werden können. Demzufolge können Formgattungen bei Erweiterung der Kenntnisse manchmal zu Organgattungen aufgewertet werden.
Formation, 1) früher Bezeichnung für einen geologisch-paläontologischen Entwicklungs- oder Zeitabschnitt, 2) vegetationskundliche Bezeichnung für eine Vegetationseinheit (*Vegetationsformation*), die durch das Vorherrschen bestimmter Lebensformen der Pflanzen (→ Lebensform) gestaltet ist und unabhängig von der floristischen Zusammensetzung ausgeschieden wird. Die F. kommt unter ähnlichen Standortbedingungen in verschiedenen Gebieten, auch in Gebieten unterschiedlichen Floreninhalts vor. Der Formationsbegriff wird vor allem für Vegetationseinheiten, wie tropischer Regenwald, Savanne, Steppe, Zwergstrauchheide u. a. verwendet. *Pflanzenformationen* bilden die hauptsächlichen natürlichen Vegetationstypen der Erde.
Formationskunde, eine Richtung der Vegetationskunde (→ Soziologie der Pflanzen), die die Vegetation mit Hilfe von physiognomisch, nach der Gestalt gefaßten Vegetationseinheiten, den → Formationen, darstellt.
Formazane, → Tetrazoliumsalze.
Formbildung, → Entwicklung, → Entwicklungsphysiologie.
Formenkreis, von Otto Kleinschmidt (1900) geprägter Begriff, der den verschieden interpretierten Artbegriff als zoogeographisch-taxonomische Grundeinheit ersetzen sollte. Er lenkte die Aufmerksamkeit auf die geographische → Vikarianz der als Formen bezeichneten Unterarten, die nicht als Arten in statu nascendi, sondern als Endformen alter Arten aufgefaßt wurden. Später wurden auch superspezifische Einheiten (→ Art) als F. bezeichnet. Der schwer in andere Sprachen übertragbare Begriff hat sich ebensowenig wie die vorgeschlagene Nomenklatur durchgesetzt, doch hat die Formenkreislehre befruchtend auf die Klärung taxonomischer und tiergeographischer Fragen gewirkt.
Lit.: O. Kleinschmidt: Die Formenkreislehre (Halle 1926); F. A. Schilder: Einführung in die Biotaxonomie (Jena 1952).

Formenkreislehre, von dem Ornithologen O. Kleinschmidt (1870–1954) begründetes klassifikatorisches System. In der F. tritt an die Stelle der Art der Formenkreis, der sich aus mehr oder weniger verschiedenen Formen zusammensetzt. Kriterien für die Zugehörigkeit zweier oder mehrerer Formen zu einem F. sind der gegenseitige geographische Ausschluß dieser Formen, ihre Übereinstimmung in meist anatomisch erschlossenen »Wesensmerkmalen« und das Vorhandensein von Übergangsbildungen.

Daß Kleinschmidt in seinen Formenkreisen auch sehr unterschiedliche Formen vereinigt, rechtfertigt er mit dem Hinweis, daß Ähnlichkeit kein Maßstab für Zusammengehörigkeit ist; denn grundlegend verschiedene Formen, wie die sympatrisch lebenden Sumpf- und Weidenmeisen, können einander sehr ähnlich sein. Andererseits unterscheiden sich zusammengehörende Tiere wie Männchen und Weibchen eines Paares manchmal ganz erheblich.

Evolutionäre Wandlungen erfolgen nach Kleinschmidt vor allem innerhalb der Formenkreise. Ob auch Formenkreise voneinander abstammen, läßt er offen.

Dem Formenkreis entspricht in der modernen Systematik am ehesten der Begriff der Superspezies.

Formenreihe, abgewandelte Folge von Strukturen oder ganzer Individuen rezenter oder fossiler Organismen. Verschiedene aus der Paläontologie bekannte Entwicklungstendenzen erschloß man aus aufgefundenen F., die nicht unbedingt Ahnenreihen sein müssen, sondern manchmal ganz oder teilweise aus Organismen bestehen, die nur mehr oder weniger verwandt mit Formen einer sich wandelnden Artenkette sind, die selbst nicht aufgefunden wurde. Eine F., die eine bestimmte stammesgeschichtliche Tendenz erkennen läßt, deren Angehörige aber keine Ahnenreihe bilden, nennt man auch *Stufenreihe*.

Formgattung, *Formgenus,* behelfsmäßige pseudosystematische künstliche Einheit bei fossilen Pflanzenresten. → Formart.

Formicidae, → Ameisen.

Formspezies, svw. Formart.

Förna, *L-Schicht,* oberer Teil des Humusprofils, aus nur schwach verändertem Pflanzenabfall bestehend; → Humus.

Forstgesellschaft, → Ersatzgesellschaft.

Forsythie, → Ölbaumgewächse.

Fortpflanzung, *Elternzeugung, Tokogonie, Reproduktion,* die Erzeugung neuer Individuen (Nachkommen) durch schon vorhandene Individuen (Elter oder Eltern) bei Pflanze, Tier und Mensch. Die F. muß nicht unbedingt mit *Vermehrung,* d. h. Erhöhung der Individuenzahl, verbunden sein, ist es aber meist. Als eine Grundeigenschaft der lebenden Materie garantiert die F. die Kontinuität des Lebens über den Tod der einzelnen Individuen hinaus. Sie steht in engstem Zusammenhang mit den Vorgängen des Stoffwechsels, überträgt die Grundbedingungen (Anlagen) für eine bestimmte Entwicklung vom erzeugenden auf das erzeugte Individuum (Vererbung) und sichert damit die Erhaltung der Art durch die Generationenfolge. Voraussetzung für die F. ist, daß sich aus den Organismen entweder morphologisch und physiologisch gleichwertige Teile bilden, die durch Wachstum wieder die Größe der Elternorganismen erreichen, oder aber daß ungleich große Teile entstehen, von denen sich die kleineren durch besondere Regenerationsfähigkeit auszeichnen. Häufig stellen die der Vermehrung dienenden Keime auch einzelne, sich ablösende Zellen dar, die als *Keimzellen* bezeichnet werden. F. durch Keimzellen bezeichnet man als *Zytogonie.* Wenn sich vom elterlichen Organismus abgelöste Teile unmittelbar zu einem neuen Organismus entwickelt, spricht man von *ungeschlechtlicher F.,* wenn sich Keimzellen vor der Entwicklung eines neuen Organismus zunächst paarweise miteinander vereinigen müssen, von *geschlechtlicher F.* Oft kann sich das gleiche Individuum sowohl ungeschlechtlich als auch geschlechtlich fortpflanzen. Dabei bestimmen bisweilen Umweltbedingungen, ob ungeschlechtliche oder geschlechtliche F. überwiegt. In anderen Fällen wechselt in Individuenfolgen geschlechtliche und ungeschlechtliche F. ab. → Generationswechsel.

1) Bei der *ungeschlechtlichen, asexuellen, vegetativen F.* oder *Monogonie* nimmt der neue Organismus seinen Ausgang aus Teilstücken eines alten Organismus. An der Entstehung des Tochterindividuums ist daher nur ein elterlicher Organismus beteiligt; infolgedessen entspricht dieses in seinen erblichen Anlagen völlig dem Mutterorganismus (→ Klon). Im Pflanzenreich ist die ungeschlechtliche F. verbreitet anzutreffen.

Die einfachste Form, die *Zweiteilung* von Einzellern, findet sich u. a. bei → Prokaryoten (Bakterien und Blaualgen) und einzelligen Algen. Dabei geht das Mutterindividuum völlig in beiden Tochterindividuen auf. Diese Art der F. führt meist zu einer Massenentwicklung, wenn die Teilungen sehr rasch hintereinander erfolgen. So können bei verschiedenen Bakterienarten unter günstigen Temperatur- und Ernährungsbedingungen innerhalb von 24 Stunden aus einem Individuum 2^{48} Nachkommen entstehen.

Bei der *Vielfachteilung, Zerfallsteilung* oder *Schizogonie* verschiedener Algen und Pilze zerfällt die Zelle in Einzelindividuen oder auch Sporen, nachdem sich zuvor der Zellkern entsprechend oft geteilt hat. Bei der *Zellsprossung,* die z. B. bei Hefepilzen verbreitet vorkommt, schnürt sich von der Mutterzelle die Tochterzelle in Form eines Auswuchses ab, der zu einem neuen Individuum heranwächst.

Vielzellige Algen und Pilze vermehren sich oft ungeschlechtlich, indem einzelne Zellen abgetrennt werden, die wieder zu einem neuen Individuum heranwachsen. Derartige Zellen werden als → Sporen bezeichnet.

Im Wege der mehrzelligen (polyzytogenen) ungeschlechtlichen Vermehrung können sich Pflanzen im einfachsten Fall durch Zerfall in kleinere Abschnitte (Fragmentation) fortpflanzen. Das ist z. B. bei den Blaualgen *Plectonema* oder *Oscillatoria* sowie bei höher organisierten Meeresalgen, wie *Caulerpa* oder *Fucus,* und bei den Flechten der Fall. Aber auch viele Samenpflanzen können sich durch Abtrennung von Pflanzenteilen infolge Verwesens einzelner Teile des Pflanzenkörpers fortpflanzen, z. B. bei Wasserpest oder das Maiglöckchen. Bei vielen Moosen erfolgt die ungeschlechtliche F. durch mehr- oder vielzellige *Brutkörbchen,* die in Brutbechern gebildet werden und nach ihrer Ausstreuung wieder zu einer vollkommenen Moospflanze heranwachsen.

Manche Farnpflanzen, vor allem einige tropische Farne, bilden auf den Wedeln vegetativ *Brutknospen,* die sich bewurzeln und zu neuen Pflanzen heranwachsen.

Bei vielen bedecktsamigen Pflanzen ist die vegetative Vermehrung in verschiedener Weise möglich. Es können oberirdisch oder unterirdisch *Ausläufer* (*Seitensprosse, Stolonen*) gebildet werden, an denen in bestimmten Abständen Knospen entstehen, die sich zu neuen Individuen entwickeln (z. B. Erdbeere, oberirdische Ausläufer; Quecke, Zaunwinde, unterirdische Ausläufer). Auch → *Knollen* und → *Zwiebeln* dienen der vegetativen Vermehrung. Bekannte Beispiele sind die Kartoffel und ihre an unterirdischen Sprossen gebildeten Sproßknollen oder Schneeglöckchen und Tulpen, die sich vegetativ durch Bildung von Tochterzwiebeln vermehren können. Bei manchen Pflanzen entstehen in den Blattachseln *Bulbillen,* auch *Brutzwiebeln* oder *Brutknöllchen* genannt, die nach Ablösung von der Mutterpflanze zu neuen Pflanzen heranwachsen. Eine besonders

Fortpflanzung

auffallende Form der vegetativen Vermehrung bei höheren Pflanzen ist die → Viviparie.

Die vegetative Vermehrungsweise vieler Pflanzen macht der Mensch sich in Gartenbau und Züchtung zunutze, wenn er z. B. Blatt- oder Stengelstücke gewisser Pflanzenarten als Stecklinge benutzt und diese in die Erde steckt, damit sie sich bewurzeln können, oder wenn er Zweige oder Knospen von wertvollen Pflanzensorten, die er vermehren möchte, auf minder wertvolle Sorten aufpfropft, wie es in der Obst- und Rebenzüchtung üblich ist. Ein besonderer Vorteil der vegetativen Vermehrung liegt darin, daß man auf diese Weise auch Pflanzenarten zur F. bringen kann, die sich geschlechtlich überhaupt nicht vermehren lassen, z. B. pollensterile Pflanzen, Pflanzen, deren Chromosomenmechanismus gestört ist, Pflanzen mit degenerierten Eizellen, oder die bei geschlechtlicher F. eine starke Aufspaltung zeigen, z. B. Kartoffeln und viele Obstarten.

Im Tierreich ist ungeschlechtliche F. sowohl bei Einzellern (Protozoen) als auch bei Mehrzellern (Metazoen) anzutreffen. Im einfachsten Fall, der *Zytogonie* oder *monozytogenen* F. werden Einzelzellen vom Mutterorganismus abgeschnürt. Diese Art der F. stellt bei Protozoen die Regel dar. Man bezeichnet sie auch als *Agamogonie*. Bei der gewöhnlichen Zweiteilung, *Äqualteilung* oder *Monotomie* geht das Muttertier in zwei Tochtertieren auf, wobei die Teilungsebene festliegen kann (Längsteilung bei Flagellaten, Querteilung bei Ziliaten). Die einfache und multiple *Knospung* oder *Inäqualteilung*, z. B. bei *Acanthocystis*, führt zu ungleichen Teilprodukten, wobei das Muttertier erhalten bleibt. Mehrfach- oder Vielfachbildung (multiple Teilung oder *Zerfallsteilung*) ist charakteristisch für die Sporozoen, manche Amöben und Flagellaten. Sie wird in 2 Formen beobachtet: 1) die *Schizogonie* erzeugt Merozoiten vor einem nachfolgenden Befruchtungsvorgang, und ohne vorherige Zystenbildung, 2) die *Sporogonie* oder *Sporogenese* dagegen Sporozoiten nach einer vorausgegangenen Befruchtung und innerhalb einer Zyste. Vielkernige Protozoen pflanzen sich meist durch Zweiteilung fort, wobei die Kerne auf die Tochterzellen verteilt werden. Bei Metazoen wird monozytogene F. selten beobachtet. Sie liegt z. B. vor bei der Entwicklung junger Dizyemiden aus den in der Axialzelle eines Muttertieres gebildeten Axoplasten.

Metazoen vermehren sich ungeschlechtlich auf dem Weg über die vegetative, polyzytogene F., früher auch *somatogene Monogonie* genannt, bei der das Tochtertier aus mehr oder weniger großen Zellkomplexen des adulten Muttertieres oder als solchen von Larven oder Embryonalstadien hervorgeht. Sie tritt in verschiedenen Formen auf: Teilungen des ganzen Organismus in Form von Längs- oder Querteilung werden häufig bei Hydroiden, einer Familie der Hydrozoen, bei den Anthozoen und Turbellarien beobachtet, wobei die Organneubildung entweder nach der Teilung oder bereits vor derselben erfolgt, z. B. die Tentakel bei *Gonactinia*, Larventeilungen sind von der Planula bei *Polypodium* und *Craspedacusta* unter den Hydroiden bekannt. Teilungsfähige Embryonalstadien führen zur Erscheinung der *Polyembryonie*. Hierher sind auch die regelmäßigen Vierlingsbildungen beim Gürteltier, *Tatusia novemcincta*, sowie die gelegentlichen eineiigen Zwillings- und Mehrlingsbildungen bei Säugern und Menschen zu stellen. *Knospungen* und *Sprossungen* stellen Abschnürungen von Zellkomplexen an bestimmten Stellen des Muttertieres ohne Auflösung seiner Individualität dar. Im einfachsten, als *Lazeration* bezeichneten Fall werden formlose Zellkomplexe abgestoßen, aus denen sich neue Organismen entwickeln. In der Regel jedoch sproßt der junge Organismus bereits im geformten Zustand hervor. Die abgeschnürten Stücke können sich ablösen und zu selbständigen Organismen werden (z. B. die

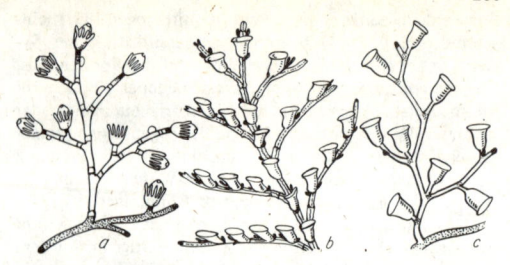

1 Stockbildungen bei Hydrozoenpolypen: *a* Monopodium mit Endpolypen, *b* monopodiales Wachstum mit terminalem Vegetationspunkt und seitlicher Polypenbildung, *c* sympodiales Wachstum

Solitärpolypen der Hydrozoen) oder unter fortgesetzter Knospung am Elterntier verbleiben und damit zu Stockbildungen führen (z. B. Hydrozoen, Abb. 1). Nimmt die Stockbildung ihren Ausgang von besonderen Ausläufern oder Stolonen, dann wird diese Art der Knospung als *Stolonisation* oder *Fragmentation* bezeichnet (z. B. Hydroidpolypen, Aszidien). Knospungszustände an Larvenstadien treten bei Zestoden auf; so bildet der Blasenwurm *Echinococcus granulosus* mehrere äußere und innere Tochterblasen am Zystizerkus, deren jede an ihrer Innenwand mehr als eine Skolex hervorsprossen läßt (Abb. 2). *Frusteln* sind Teilstücke von planulaartiger Gestalt, die an Stolonenvorsprüngen oder Seitenzweigen hervortreten und zu neuen Polypen umgebil-

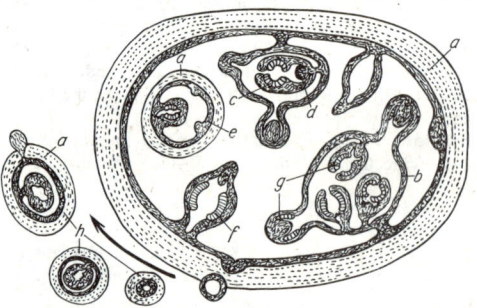

2 Echinococcus granulosus (Längsschnitt durch einen Zystizerkus): *a* Kutikula, *b* Brutkapsel, *c* Saugnapf, *d* Hakenkranz des entstehenden Skolex, *e* losgelöste innere Tochterblase, *f* Skolex, der direkt an der Mutterblase knospet, *g* Skolizes an einer Brutkapsel, links ausgestülpt, rechts eingestülpt

det werden. *Brutknospenbildung* stellt als innere Knospung einen Sonderfall von Knospung dar. Sie führt zu meist überwinternden, aber auch zu sommerlichen, mit besonderen Hüllbildungen und Luftkammern ausgestatteten Formen. So entstehen die Gemmulae der Süßwasserschwämme (z. B. *Ephydatia*) aus den Archäozyten des Altschwammes und tragen zwei Kutikularmembranen mit dazwischenliegender Amphidiskenschicht; die kleinen rundlichen, mit ektodermaler Doppelhülle ausgestatteten, entweder sessilen oder schwimmfähigen Statoblasten der Bryozoen entwickeln sich in der Leibeshöhle aus mesodermalem Zellmaterial am Funikulus.

2) *Geschlechtliche, sexuelle, generative, digene* F. oder *Amphigonie* liegt vor, wenn zwei Zellen verschiedenen Geschlechts, die *Gameten*, zu einer Zelle, der *Zygote*, verschmelzen müssen, bevor ein neues Individuum entsteht. Übernimmt das ganze Individuum die Funktion eines Gameten und verschmilzt mit einem anderen Gameten, wie das bei bestimmten Einzellern, z. B. bei *Chlamydomonas*, der Fall ist, so spricht man von *Hologamie*. In der Regel liegt jedoch *Merogamie* oder *Gametogamie* vor, d. h., es verschmelzen zwei verschiedene, von den Individuen gebildete

Gameten miteinander. Die Zellen, in denen die Gameten in Ein- oder Mehrzahl gebildet werden, nennt man *Gametangien*.

Die Verschmelzung der Gameten wird als →Befruchtung bezeichnet. Da bei der Befruchtung auch die Zellkerne miteinander verschmelzen, führt diese zur Verdoppelung der Chromosomenzahl. Letztere muß deshalb an einer Stelle des Entwicklungszyklus, spätestens bei der Entwicklung neuer Gameten, durch eine Meiose wieder auf die Hälfte reduziert werden. Ein geschlechtlicher Fortpflanzungszyklus umfaßt also aufeinanderfolgend eine Diplophase mit einem doppelten und eine Haplophase mit einem einfachen Chromosomensatz. Er ist somit mit einem →Kernphasenwechsel verbunden. Durch die im Verlauf der geschlechtlichen F. bei Befruchtung und Meiose ständig erfolgende Neukombination der Erbanlagen wird fortwährend ein großes Angebot genetisch verschiedener Individuen bereitgestellt, was für die stammesgeschichtliche Evolution bedeutungsvoll ist.

Im Pflanzenreich fällt die für die geschlechtliche F. erforderliche Gametenbildung im Gegensatz zum Tierreich nur selten mit der Meiose zusammen. Eine derartige gametische Meiose und durch sie zustande gekommene *Meiogameten* finden sich z. B. bei den Kieselalgen und bei einigen Grünalgen (*Acetabularia, Codium* u. a.) sowie bei einigen Braunalgen, z. B. bei *Fucus*. Weit häufiger und für die Pflanzen geradezu typisch ist die Einschaltung einer haploiden Generation zwischen Meiose und Gametogenese. Die in diesem Falle durch Mitose gebildeten Gameten werden als *Mitogameten* bezeichnet.

Die einfachste Form der geschlechtlichen F. stellt die *Isogamie* dar, die bei vielen Algen und niederen Pilzen verwirklicht ist (Abb.). In diesem Fall sind die Gameten gleich groß und gleich gestaltet, jedoch physiologisch geschlechtsverschieden differenziert (Abb. 3). Man spricht daher auch nicht von männlichen und weiblichen, sondern von *Plus(+)*- und *Minus(−)-Gameten*. Oft gleichen diese nackten, begeißelten, lebhaften, beweglichen Isogameten den bei der gleichen Art vorkommenden Zoosporen. Offensichtlich haben sie sich auch aus ihnen entwickelt. So verhalten sich Zoosporen von *Olpidium* unter gewissen Umständen, vor allem, wenn sie aus überreifen Zoosporangien stammen, wie Isogameten und kopulieren. Ebenso verhalten sich z. B. bei *Chlamydomonas eugametos* die begeißelten Schwärmer je nach Umweltbedingungen als Schwärmer oder als Isogamet. Man spricht in solchen Fällen von *fakultativer Sexualität*.

Sind die Gameten ungleich groß, so nennt man sie *Anisogameten*, die entsprechende Fortpflanzungsform *Anisogamie*. Dabei wird stets die größere Geschlechtszelle (*Makrogamet, Gynogamet*), die fast immer Reservestoffe enthält, als weiblich angesehen, die kleinere (*Mikrogamet, Androgamet*) als männlich. Beide sind frei beweglich. Anisogamie ist ebenfalls bei Algen und Pilzen verbreitet (Abb. 4).

Von *Oogamie, Eibefruchtung*, spricht man, wenn der weibliche Makrogamet seine Beweglichkeit einbüßt und zur Eizelle (Oosphäre) umgewandelt wird. Der noch bewegliche männliche Mikrogamet wird dann als *Spermatozoid* bezeichnet. Er sucht die Eizelle auf, um sie zu befruchten. Eizellen und Spermatozoide werden stets in verschieden gebauten Sexualorganen gebildet.

Bei den Algen und Pilzen mit Oogamie nennt man die weiblichen Geschlechtsorgane *Oogonien*. Sie sind meist einzellig und enthalten eine oder mehrere Eizellen. Bei den Moosen und Farnpflanzen wird stets nur eine Eizelle in einem mehrzelligen, meist flaschenförmigen Behälter, dem *Archegonium*, gebildet. Die entsprechenden männlichen Geschlechtsorgane werden als *Antheridien* bezeichnet. Sie enthalten immer viele Spermatozoide. Allerdings sind die Antheridien der Algen und Pilze einzellig, die der Moose und Farne stets vielzellig.

Bei den Nackt- und Bedecktsamern sind die Sexualorgane nur noch auf die Blüten beschränkt. Die Eizelle wird in den Samenanlagen gebildet, die nach der Befruchtung durch die in den Pollenkörnern entstandenen männlichen Geschlechtszellen zum Samen werden.

Zwei besondere Formen der geschlechtlichen Vermehrung, die nur bei Pilzen vorkommen, sind die *Somatogamie*, bei der sich zwei beliebige vegetative Körperzellen vereinigen, und die *Gametangiogamie*, bei der zwei Gametangien miteinander verschmelzen.

Im Tierreich tritt die geschlechtliche F. bei den einzelnen Stämmen in vielfältigen Formen auf. Bei Protozoen kann man zwei Hauptformen der geschlechtlichen F. unterscheiden: 1) Die *Gametogamie* stellt die Amphigonie im eigentlichen Sinne dar. Sie tritt in zwei Formen auf, als *Hologamie* und als *Merogamie* oder *Gamogamie*. Im ersteren Falle verschmelzen zwei vollständige Individuen miteinander, die also als Gameten fungieren und sich meist nicht von den sich ungeschlechtlich fortpflanzenden Formen unterscheiden (z. B. bei Wurzelfüßern, Flagellaten, Sporozoen). Hologamie wird in der Regel von lebhafter agamer Vermehrung gefolgt. Unter Merogamie versteht man die Kopulation von Gameten (Merogameten), die entweder durch Zweiteilung oder durch multiple Teilung aus einer als *Gamont* bezeichneten Protozoenzelle hervorgehen und sich deutlich von den agamen Formen unterscheiden. Sind die kopulierenden Gameten morphologisch identisch, aber physiologisch nachweisbar geschlechtlich differenziert, liegt

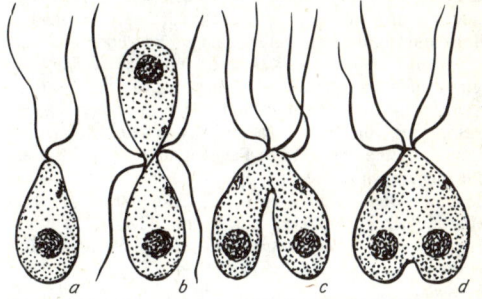

3 Isogamie bei Chlamydomonas steinii: a Isogamet, b bis d Verschmelzung der Isogameten

Isogamie vor, z. B. bei *Chlamydomonas steinii* (Abb. 3). Unterscheiden sich die Gameten auch morphologisch als Makro- oder Gyno- und Mikro- oder Androgameten, geht die Gamogonie in *Anisogamie* (Heterogamie) über, z. B. bei *Chlamydomonas braunii* (Abb. 4). Ein Sonderfall der Anisogamie ist die Oogamie, bei der der Makrogamet unbegeißelt und unbeweglich ist und bereits eine Eizelle repräsentiert, wie

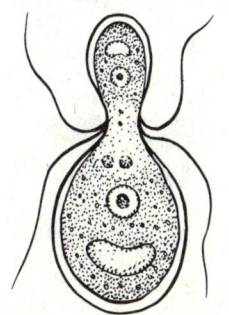

4 Anisogamie bei Chlamydomonas braunii

Fortpflanzungsgesellschaften

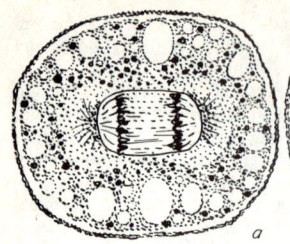

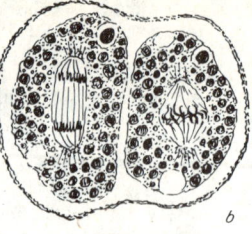

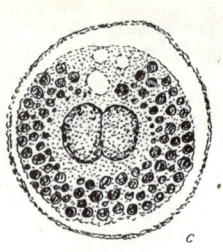

5 Pädogamie bei *Actinophrys sol*: *a* beginnende Mitose mit 44 Chromosomen (diploider Chromosomensatz); *b* zweite Reifeteilung, Haploidisierung der Chromosomenzahl (22); *c* Kopulation der Haploidkerne nach Verschmelzung beider Schwestertiere

bei *Chlamydomonas coccifera*, *Eimeria stiedae*, *Plasmodium malariae*. In der weitaus überwiegenden Mehrzahl der Fälle stellen Iso-, Aniso- und Oogamie amphimiktische Gamogonien dar, d. h. die kopulierenden Gameten stammen von zwei verschiedenen Gamonten ab. Die Protozoologie kennt jedoch auch einige Vertreter, bei denen eine Amphimixis bisher nicht beobachtet werden konnte, bei denen also eine obligatorische Selbstbefruchtung oder → Automixis vorzuliegen scheint. Die in solchen Fällen vom gleichen Individuum stammenden und mit identischem Erbmaterial ausgestatteten Gameten oder Gametenkerne vereinigen sich innerhalb einer gemeinsamen Schleimhülle oder einer derben Zyste. Als *Pädogamie* wird die Vereinigung zweier haploider Tochtertiere desselben Muttertieres bezeichnet (Abb. 5), und von *Autogamie* spricht man, wenn die Zellverschmelzung entfällt, da die Plasmateilung bei der Reduktionsteilung unterbleibt und die haploiden Tochterkerne sich sofort wieder vereinigen.

2) Unter *Gamontogamie* werden alle Fälle von Amphigonie zusammengefaßt, bei denen Gamonten zur Vereinigung kommen. Sie repräsentieren meist recht komplizierte Verhältnisse und sind von der zuweilen äußerlich ähnlichen Hologamie schwer zu unterscheiden. Bei Foraminiferen, Gregarinen und einigen Kokzidien treten zwei oder mehrere Gamonten zusammen, umgeben sich mit einer gemeinsamen Gamontenzyste und bilden dann erst die Gameten aus, die innerhalb der Zyste zur Kopulation schreiten. Einen besonderen Fall von Gamontogamie stellt die *Konjugation* der → Ziliaten dar, bei der die Gamonten ihre Individualität nicht aufgeben, sondern Derivate ihrer Mikronuklei wechselseitig austauschen. Dabei stellt das Standardbeispiel *Paramecium caudatum* einen Fall von Isogamontie dar, während bei den peritrichen Ziliaten (*Vorticella*, *Opercularia*, *Lagenophrys*, *Trichodina*) und die Suktorien (*Ephelota*) in Makro- und Mikrogamonten auftreten (*Anisogamontie*), wobei ein Zygotenkern nach dem Kernaustausch nur im Makrogamonten gebildet wird, während der Mikrogamont vom Makrogamonten resorbiert wird.

Die Amphigonie der Metazoen ist ausnahmslos eine Gametogamie in Form der *Gamogonie*. In Keimdrüsen oder Gonaden, in selteneren Fällen diffus im Mesenchym des ganzen Körpers, werden geschlechtlich differenzierte Gameten (Ei- und Samenzellen) entweder in zwei verschiedenen Individuen (Gonochorismus) oder weniger häufig in einem Individuum (*Hermaphroditismus*) gebildet, die auf die mannigfaltigste Weise zueinander gelangen, miteinander kopulieren und in der befruchteten Eizelle oder Zygote normalerweise den Ausgang der → Ontogenese eines neuen Organismus darstellen. Eine Sonderform der Gamogonie ist die eingeschlechtliche F. oder → Parthenogenese.

Auch bei Tieren gibt es den Wechsel zwischen zweigeschlechtlicher und anderen Formen der Fortpflanzung (→ Generationswechsel).

Fortpflanzungsgesellschaften, → Soziologie der Tiere.
Fortpflanzungsorgane, 1) bei Pflanzen die Organe, die entweder der ungeschlechtlichen oder geschlechtlichen → Fortpflanzung dienen und sich durch ihren spezifischen Bau meist von den vegetativen Organen deutlich unterscheiden.

2) **Geschlechtsorgane, Genitalorgane, Sexualorgane**, bei mehrzelligen Tieren die unmittelbar der Fortpflanzung dienenden Organe. Zu den inneren F. zählen die Keimdrüsen (→ Eierstock, → Hoden), die ableitenden Geschlechtswege (→ Eileiter, → Samenleiter), bei manchen Tieren der → Dotterstock, der → Uterus, die → Vagina und bei trächtigen Säugern die Plazenta. Zu den äußeren F. zählen die → Paarungsorgane mit ihren Anhangsdrüsen.

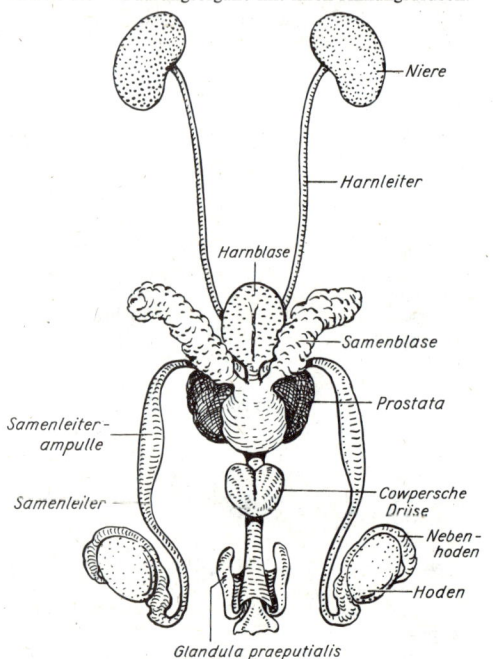

Männliche Geschlechtsorgane des Hamsters

Bei den Schwämmen und Hohltieren fehlen F. fast völlig. Die drei im Dermallager entstehenden Geschlechtszellen gelangen bei den Schwämmen über die Wasserkanäle nach außen, während sie bei den Hohltieren durch Platzen der Keimdrüsen direkt oder über das Gastrovaskularsystem in das Wasser abgegeben werden. Bei den stockbildenden Hohltieren (Hydropolypen, Staatsquallen) können in verschieden starkem Maße einzelne Individuen (Medusen) zu besonderen Geschlechtszellenträgern (Gonozoide, Gonophoren) umgebildet sein (Abb. S. 289).

Fortpflanzungsrhythmik, → Lichtfaktor.
fossil [lat. fodere 'ausgraben'], allgemeine Altersbezeichnung; als ›Versteinerung‹ aus vergangenen geologischen Zeiten erhalten. Den fossilen Organismen steht die heutige, rezente Lebewelt gegenüber.
Fossilien [lat. fodere 'ausgraben'], überlieferte Reste und

Fossilien

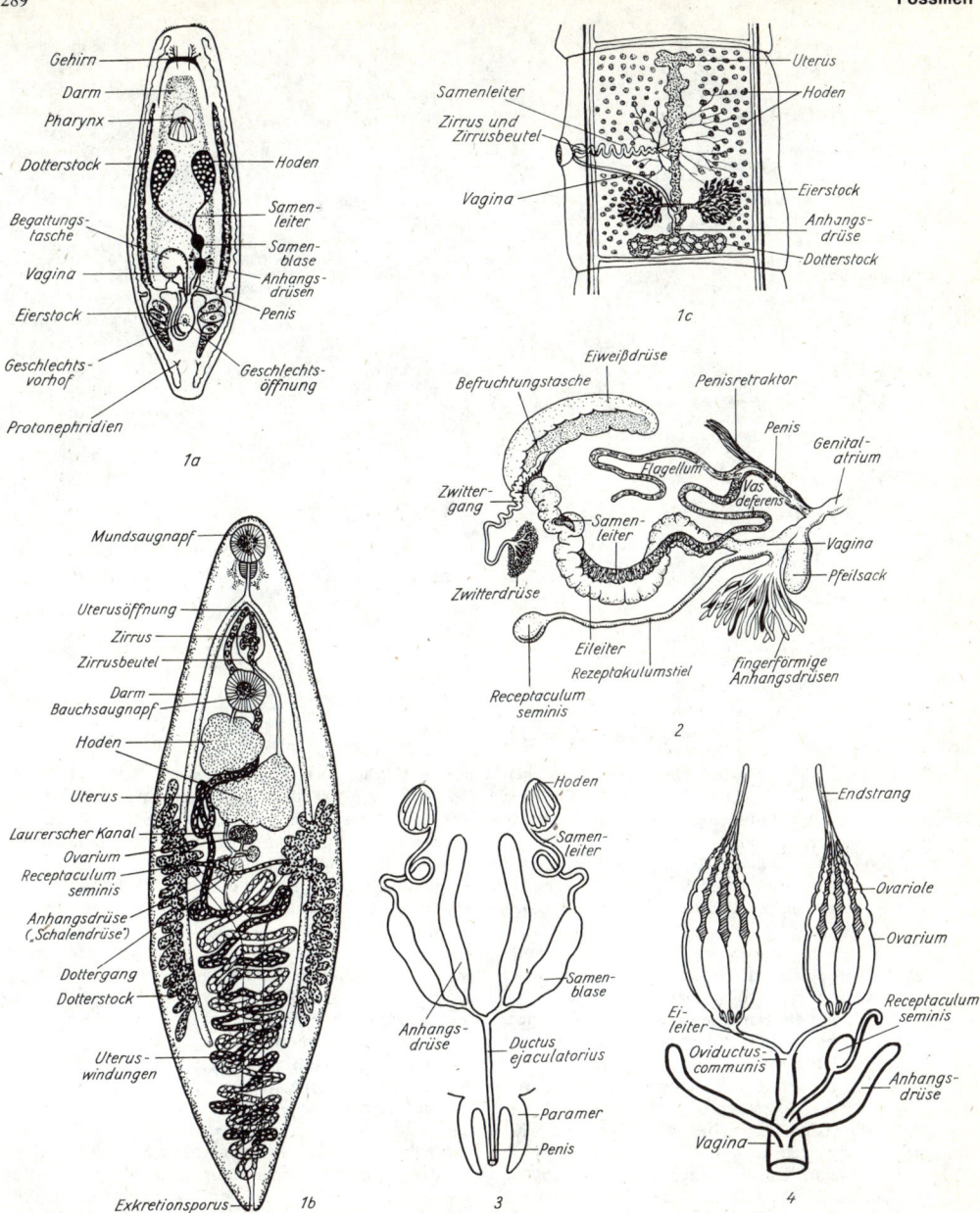

Fortpflanzungsorgane wirbelloser Tiere. *1* Geschlechtsorgane der Plattwürmer (*Plathelminthes*): *1a* Strudelwurm (*Proxenetes* spec.), *1b* Kleiner Leberegel (*Dicrocoelium dendriticum*), *1c* geschlechtsreife Proglottide des Rinderbandwurms (*Taenia saginata*). *2* Zwittriger Geschlechtsapparat der Weinbergschnecke (*Helix pomatia*). *3* Grundschema des inneren männlichen Geschlechtsapparates der Insekten. *4* Grundschema des inneren weiblichen Geschlechtsapparates der Insekten.

Spuren vorzeitlicher Lebewesen der Pflanzen- und Tierwelt, durch die die Entwicklung des Lebens auf der Erde belegt werden kann. Von besonderer Bedeutung hierfür sind die *Leitfossilien*, d. s. Organismen, die sich durch eine weite horizontale, aber nur eine geringe vertikale Verbreitung auszeichnen und dadurch bestimmte zeitliche Einheiten der geologischen Schichtenfolgen charakterisieren. Daneben gibt es ausgesprochene *Faziesfossilien* (→ Fazies), die nicht an bestimmte Zeiten, sondern an bestimmte Räume mit gleichartigen physisch-geographischen und geologischen Bedingungen gebunden sind. Neuere Erkenntnisse der Forschung haben jedoch gezeigt, daß es keine starre Trennung zwischen Leitfossilien und Faziesfossilien gibt; ein Großteil der Leitfossilien sind auch Faziesfossilien, und gewisse faziesgebundene F. können gute Leitformen für den entsprechenden Faziesbereich darstellen. *Durchläufer* sind F. oder Fossilgruppen (z. B. Familien, Gattungen), die sich unverändert oder wenig verändert über einen längeren geologischen Zeitraum, z. T. bis zur Gegenwart, erhalten haben. Als *Schein-* oder *Pseudofossilien* bezeichnet man anorgani-

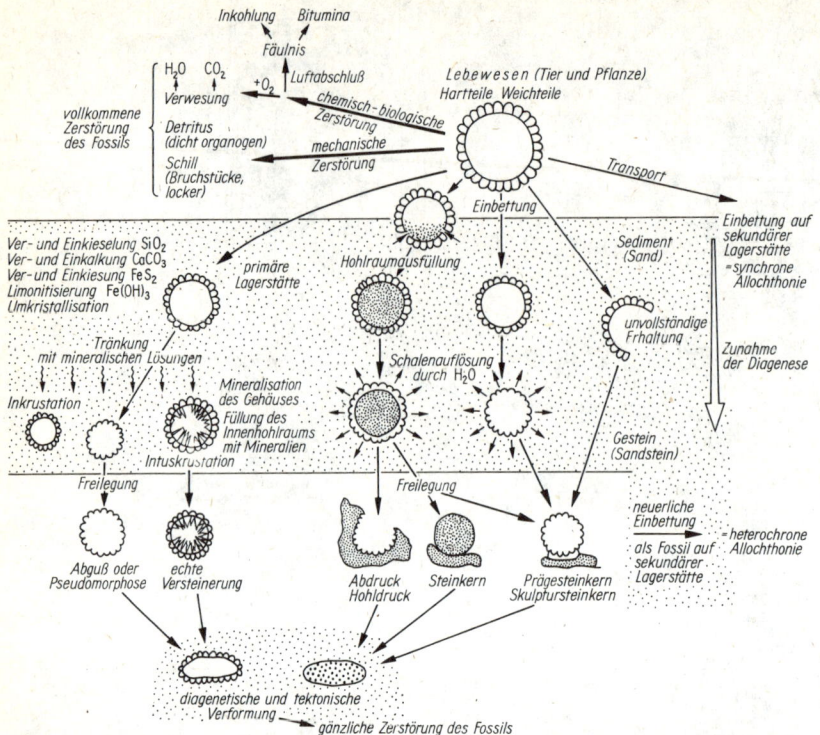

Fossilisation

Fossilisationsschema; Entstehung einer »Versteinerung«

sche Bildungen, die äußerlich tierischen oder pflanzlichen F. gleichen, jedoch durch physikalische oder chemische Vorgänge bei der Gesteinsbildung, -verfestigung und/oder -verwitterung entstanden sind.
Fossilisation, *Fossilwerdung,* Vorgang der Bildung von Fossilien in vergangenen erdgeschichtlichen Zeiträumen, durch den die Organismen vollständig oder teilweise erhalten bleiben, mithin alle Vorgänge, die vom Tod eines Organismus an auf diesen einwirken, um ihn zu einem Bestandteil der Erdkruste werden zu lassen. Die organische Substanz wird dabei meist völlig abgebaut; überlieferungsfähig sind vor allem die Hartteile, wie Schalen, Knochen, Schuppen u. a. Bei der Einbettung in das Sediment und später erleiden letztere häufig physikalisch-chemische Veränderungen, die als *Fossilisationsdiagenese* bezeichnet werden. → Abb. Fossilisationsschema.
F-Plasmid, ein bakterielles, zirkuläres → Plasmid, das bei bestimmten Mikroorganismen als Geschlechtsfaktor wirkt (F-Episom; F-Faktor). Zellen mit dem F-P. (F^+) verhalten sich bei *Escherichia coli* im Verlauf der Konjugation wie »Männchen«, Zellen ohne F-P. (F^-) wie »Weibchen«. Während der Konjugation treten zwei Zellen in Kontakt, und aus der F^+-Zelle gelangen F-P. in die F^--Zelle, die dadurch zu F^+ wird. Die F-P. der F^+-Zelle werden bei der Zellteilung auf beide Tochterzellen weitergegeben und können in der Zelle in zwei alternativen Zuständen vorliegen: entweder als freie, unabhängig replizierende Plasmide oder im Bakterienchromosom eingebaut. Zellen mit einem in das Bakterienchromosom integrierten F-Faktor werden als *Hfr* bezeichnet und sind unter anderem dadurch charakterisiert, daß sie bei der Konjugation in hoher Frequenz Genomfragmente in F^--Zellen übertragen und zur Entstehung von → Merozygoten führen, aus denen durch Rekombination zwischen dem kompletten Chromosom und dem Chromosomenfragment neue Genotypen entstehen können. Bei diesem Vorgang, der als *F-Duktion* oder auch *Sex-Duktion* bezeichnet wird, handelt es sich um einen parasexuellen Rekombinationsvorgang, im Gegensatz zu den in der Meiose höherer Organismen bei der Gametenbildung eintretenden Rekombinationsprozessen.
Fragment, in der Genetik ein Bruchstück des genetischen Materials oder → Genoms. Bei Organismen mit echten Chromosomen werden – je nachdem, ob das Bruchstück ein Zentromer enthält oder nicht – zentrische und azentrische F. unterschieden. Azentrische F. gehen in der Regel aufgrund ihrer Bewegungsfähigkeit während der Kernteilungsprozesse sehr schnell verloren.
Fragmentation, → Fortpflanzung.
fraktionierter Ausstrich, → Ausstrich.
Frankfurter Horizontale, svw. Ohr-Augen-Ebene.
Frankia, eine zu den Aktinomyzeten gehörende Gattung symbiotisch in Pflanzen lebender Bakterien, die fädige Gestalt haben, aber auch stäbchenförmige Stadien aufweisen. Sie dringen in Wurzelzellen verschiedener Pflanzen, z. B. Erle, Sanddorn, Ölweide, ein und bewirken die Bildung von Wurzelknöllchen (Rhizothamnien), in denen sie sich vermehren. Diese Wurzelknöllchen sind umgebildete Seitenwurzeln, die sich vielfach verzweigen, so daß Gebilde bis zu Tennisballgröße entstehen. In den Wurzelknöllchen erfolgt eine Bindung von Luftstickstoff. Die *Frankia*-Arten werden nach ihren Wirtspflanzen unterschieden, *F. alni* z. B. ist der Symbiont der Erle.
Frankoline, → Fasanenvögel.
Fransenfinger, *Acanthodactylus,* in Nordwestafrika und Südwesteuropa beheimatete, 15 bis 20 cm lange, bodenlebende → Eidechsen mit einem Fransensaum zugespitzter Schuppen an den Zehen, der die Zehenoberfläche vergrößert und das Einsinken in lockerem Sand verhindert.
Fransenflügler, *Blasenfüße, Thripse, Thysanoptera,* eine Ordnung der Insekten mit 220 Arten in Mitteleuropa (Welt-

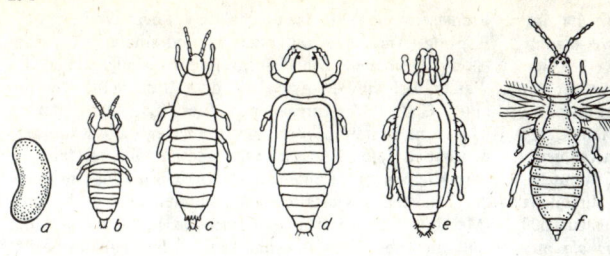

Verwandlung eines Blasenfußes (*Taeniothrips* spec.): *a* Ei, *b* Eilarve, *c* zweites Larvenstadium, *d* drittes Larvenstadium (Pronymphe), *e* viertes Larvenstadium (Nymphe), *f* Vollkerf

fauna: über 4000). Fossile Arten sind seit dem Perm nachgewiesen.

Vollkerfe. Die Länge des Körpers, der abgeflacht ist, beträgt 0,5 bis 2 mm. Der Kopf ist mit stechend-saugenden Mundwerkzeugen versehen. In der Regel sind zwei Paar schmale Flügel vorhanden, meist mit langen Fransen versehen, zuweilen auch verkürzt oder vollständig zurückgebildet. Die Beine sind kurz mit zweigliedrigem Fuß (Tarsus), das letzte Glied trägt zwischen den nur schwach entwickelten Klauen eine ausstülpbare Haftblase (Arolium), womit sich die Tiere auch auf glatten Unterlagen festhalten können. Die F. leben auf Pflanzen und ernähren sich überwiegend von deren Säften, ein Teil ist räuberisch und lebt z. B. von Milben und Blattläusen. Manche Arten schwärmen an schwülen Frühsommertagen in ungeheuren Mengen, im Volksmund »Gewitterfliegen« genannt. Ihre Entwicklung ist gewissermaßen eine Zwischenform von unvollkommener und vollkommener Verwandlung (Remetabolie).

Eier. Nicht alle Arten legen Eier, einige sind lebendgebärend. Die 20 bis 200 Eier werden entweder an Pflanzenteile gekittet (*Tubulifera*) oder mit Hilfe eines Legebohrers in das Pflanzengewebe injiziert (*Terebrantia*). Die Eiruhe beträgt in unseren Breiten 7 bis 10 Tage.

Larven. Die Larven den Vollkerfen ähnlich, haben jedoch kürzere Fühler. Flügelanlagen treten erst im dritten Larvenstadium auf. Das dritte und, soweit vorhanden, auch das vierte Stadium sind puppenähnlich, sie nehmen keine Nahrung mehr auf, können sich aber (im Gegensatz zu den Puppen der Insekten mit vollkommener Verwandlung) fortbewegen.

Wirtschaftliche Bedeutung. Die von Pflanzensäften lebenden Arten werden zuweilen an Zier- und Kulturpflanzen, besonders an Getreidearten, Hülsenfrüchten, Tabak, Baumwolle u. a. schädlich. Einige Arten sind bekannte Gewächshausschädlinge, z. B. die »Schwarze Fliege«. Viele dieser Arten treten jährlich in mehreren Generationen auf.

System.
1. Unterordnung: *Terebrantia*
Weibchen mit Legebohrer, Hinterleibsende beim Männchen abgerundet, Flügelfläche behaart, z. B. Tabakthrips (*Thrips tabaci* Lind.), Flachsfliege (*Thrips lini* Ladureau), Schwarze Fliege (*Heliothrips haemorrhoidalis* Bouché).
2. Unterordnung: *Tubulifera*
Weibchen ohne Legebohrer, Hinterleibsende in beiden Geschlechtern tubusartig ausgezogen, Flügelfläche unbehaart, z. B. Weizenthrips (*Haplothrips tritici* Kurdj.)

Lit.: H. von Oettingen: Blasenfüße (Leipzig 1952); G. Schliephake: Thysanoptera, F., Die Tierwelt Deutschlands, Tl 66 (Jena 1979).

Fransenschildkröte, svw. Matamata.
Fraser-Darling-Effekt, Reduktion der Gefährdung einer Art und ihrer Individuen während der Brutzeit durch Synchronisation der Brutpaare, so daß die Gesamtbrutzeit auf ein Minimum verringert wird. Die Synchronisation erfolgt durch auffälliges Balzverhalten, besonders mittels optischer und akustischer Signale.

Fraßgifte, Pflanzenschutzmittel, die über die Verdauungsorgane tierischer Schaderreger wirken und zu deren Bekämpfung eingesetzt werden.
Frauenmantel, → Rosengewächse.
Frauenschuh, → Orchideen.
F-Realisator, → Geschlechtsbestimmung.
Freesie, → Schwertliliengewächse.
free space, svw. Freier Raum.
freezing behaviour, → Immobilität.
Fregattvögel, → Ruderfüßer.
Freier Raum, Scheinbar Freier Raum, SFR, *apparent free space, AFS, free space,* Teil des Gewebevolumens, in dem gelöste Substanzen, z. B. Ionen, frei, unbehindert von als Schranken oder Schleusen wirkenden Membranen, diffundieren können. F. R. sind vor allem bei pflanzlichen Geweben zu berücksichtigen, da bei diesen auch das beträchtliche Volumen der Zellwände zum F. R. gehören kann. Dem F. R. kommt bei der Ionenaufnahme durch die Wurzel beträchtliche Bedeutung zu (→ Mineralstoffwechsel). Die experimentellen Methoden zur Bestimmung der Größe des F. R. sind indirekte, so daß auch die Begriffe »Scheinbar Freier Raum« (SFR) bzw. apparent free space (AFS) eingeführt worden sind. Das scheinbare Volumen des F. R. (AFS) entspricht nach der Gleichung AFS = a_r/c_0 der Menge in den F. R. aufgenommener Substanz (a_r) je Volumeneinheit (c_0) der umgebenden Lösung, wenn sich die umgebende Lösung und der F. R. miteinander im Gleichgewicht befinden. Adsorption und Ionenaustauschreaktionen lassen den F. R. als zu hoch, Hemmung der Diffusion und unvollständige Gleichgewichtseinstellung als zu niedrig erscheinen. Die Größe des F. R. beträgt bei Weizenwurzeln etwa 25 % und bei Gewebescheiben von Roten Rüben etwa 20 bis 30 % des Gesamtvolumens der Gewebe.
freies Zustandsverhalten, svw. Spontanverhalten.
Fremdbefruchter, Pflanzen, bei denen eine Bestäubung der Narbe mit eigenem Pollen nicht zur Befruchtung führt. Fremdbefruchtung wird sehr häufig durch → Inkompatibilität oder → Selbststerilität erzwungen. In selbstfertilen Zwitterblüten wird sie oft durch Dichogamie oder Herkogamie begünstigt. Ausgesprochene (*obligate*) F. sind Roggen, Rotklee, Rettich, die meisten Apfel- und Birnensorten, alle Nadelhölzer und Gräser, ferner Beta-Rüben, Hanf, Möhren, Gurken und Rhabarber. Bei verschiedenen Pflanzen, z. B. bei Mais, Luzerne, Raps und Sonnenblume, tritt gewöhnlich Fremdbefruchtung, gelegentlich aber auch Selbstbefruchtung auf. Man bezeichnet diese Pflanzen als *fakultative F.*
Frequenz, *1) Flächendichte;* ökologischer und pflanzensoziologischer Begriff, der die Verteilungsdichte des Vorkommens einer Art innerhalb eines bestimmten Biotops oder Pflanzenbestandes in Prozenten ausdrückt (→ Präsenz). Die F. einer Art ist die Anzahl der Kleinflächen, in denen die betreffende Art vorkommt. *2)* → Biometrie.
Frequenzmodulation der Erregung, nach der → Membrantheorie der Erregung entstehen in einer bestimmten Nervenfaser → Aktionspotentiale, deren Amplitude dem → Alles-oder-Nichts-Gesetz entsprechend gleich ist, aber

deren zeitliche Aufeinanderfolge, die Frequenz der Impulse, differieren kann. F. führt so zu einem *Erregungsmuster*. Die Anzahl der Impulse, die je Sekunde von einer Nervenfaser gebildet und fortgeleitet werden, ist von der Art der Nervenfaser, der Spezies, der die Art zugehört und dem → Input abhängig. Die ersten beiden Faktoren leiten sich vom jeweiligen → Refraktärstadium ab. Nervenfasern besitzen eine Spontanfrequenz, sie bilden, ohne daß Input besteht, je Sekunde meist sehr wenige Impulse. Die Frequenz steigt mit dem Input. Als *Maximalfrequenz* sind bis zu 1000 Impulse/s gemessen worden. Die F. wird als *Signalfolge* aufgefaßt, weil eine Beziehung zwischen der Anzahl der gebildeten Impulse und der Anzahl der durch Nerventerminalen gequantelt freigesetzten Transmittermoleküle besteht.

Frequenzverschiebung, Häufigkeitsänderung von Erbfaktoren durch → Selektion, → Mutationsdruck oder → genetische Drift. Selektion läßt die Häufigkeit eines vorteilhaften dominanten Erbfaktor anfänglich rasch ansteigen. Danach dauert es sehr lange, bis der bevorteilte Faktor das benachteiligte rezessive Allel vollständig verdrängt hat.

Ein bevorteilter rezessiver Erbfaktor steigert seine Häufigkeit anfänglich nur sehr langsam, breitet sich, wenn er eine mittlere Häufigkeit erreicht hat, am raschesten aus, und erreicht mit einer langsameren Geschwindigkeit die Häufigkeit von 100%.

Freßzellen, svw. Phagozyten.
Frettchen, → Iltis.
Friedfisch, ein sich vorwiegend von Pflanzen, Plankton oder Kleintieren ernährender Fisch.
Frischpräparat, → mikroskopische Präparate.
Fritfliege, → Halmfliegen.
Frösche, *Eigentliche F., Rana,* Kurzbezeichnung für die etwa 200 Arten der zentralen, umfangreichsten Gattung der → Echten F. Sie haben eine waagerechte Pupille, die Zunge ist zweilappig und vorn angewachsen, sie wird zum Insektenfang herausgeschlagen. Der Laich wird in großen Klumpen abgelegt, Brutpflege ist nur selten entwickelt. Bei den europäischen Vertretern unterscheidet man »*Grünfrösche*« (→ Wasserfrösche, → Seefrosch), die am Grund von Gewässern überwintern, und mehr landgebundene »*Braunfrösche*« (→ Grasfrosch, → Moorfrosch und → Springfrosch). Bei uns kommen 5 Arten und 1 Bastardform vor. Zu den außereuropäischen Formen gehören → Ochsenfrosch, → Waldfrosch, → Goliathfrosch, → Chinesischer Nestfrosch, → Tigerfrosch, → Reisfrosch.
Froschlaichalge, → Rotalgen.
Froschlaichbakterium, *Leuconostoc mesenteroides,* ein zu den Streptokokken gehörendes Bakterium, das als Schädling in der Zuckerindustrie auftreten kann. Das F. bildet große Mengen Dextranschleim in Zuckerlösungen, so daß diese für die Zuckergewinnung unbrauchbar werden.
Froschlurche, *Anura, Ecaudata,* gedrungen gebaute, in erwachsenem Zustand stets schwanzlose Lurche mit 4 wohlentwickelten Gliedmaßen mit 4 Fingern und 5 oft durch Schwimmhäute verbundenen Zehen. Die Hintergliedmaßen sind meist länger und zum Springen geeignet. Der Körper ist nackt, glatt oder warzig. Die Kiefer sind bezahnt oder unbezahnt, die Zunge ist meist vorn angewachsen und kann zum Insektenfang herausgeschleudert werden, aber auch ganz fehlen. Ein Trommelfell ist fast immer vorhanden. Das Skelett ist durch geringe Wirbelzahl und bei den meisten Familien durch Fehlen von Rippen gekennzeichnet. Die Männchen haben meist Schallblasen, die als Resonanzboden die vielfältigen bei den F. auftretenden Lautäußerungen (oft als »Chöre« zur Fortpflanzungszeit zur Anlockung der Weibchen, doch auch mit anderen Signalfunktionen) verstärken. Sie besitzen an den Gliedmaßen oft Brunstschwielen, die das Festhalten auf dem Weibchen zur Paarung (Amplexus) unterstützen, und sind meist kleiner als die Weibchen. Die Paarung findet im allgemeinen im Wasser, bei einigen Arten auf dem Land statt. Die von einer Gallerthülle umgebenen Eier (Laich) werden in Klumpen, Schnüren oder einzeln abgelegt. Die Kaulquappen haben einen Ruderschwanz und erst äußere, dann innere Kiemen sowie einen mit Hornkiefern zum Abraspeln der Nahrung ausgestatteten Mund. Bei der Verwandlung (Metamorphose) zur lungenatmenden Landform verkürzt sich auch der Darm als Anpassung an Fleischnahrung. Im Gegensatz zu den → Schwanzlurchen erscheinen zuerst die Hinterbeine. Der umgewandelte F. verläßt mit 4 Beinen und einem zunächst erhaltenen Schwanzstummel das Wasser. Bei einigen Arten, z. B. den → Urfröschen, erfolgt die Verwandlung bereits im Ei, und die Jungen schlüpfen fertig ausgebildet. Die Lebendgebärenden Kröten (→ Falsche Baumkröten) bringen voll entwickelte Jungtiere zur Welt. Sehr häufig ist in den verschiedenen Familien eine oft hochentwickelte, komplizierte Brutpflege ausgebildet, an der beide Geschlechter teilhaben können. Die Kaulquappen ernähren sich meist von Pflanzenteilen, erwachsene F. leben räuberisch von Insekten, Würmern, Schnecken und auch kleinen Wirbeltieren.

Die etwa 2600 Arten der F. sind in der Mehrzahl Dämmerungs- oder Nachttiere und bewohnen mit Ausnahme der Wüsten- und Polargebiete die ganze Erde. Nach dem Bau der Wirbel, des Schultergürtels und anderer anatomischen Merkmalen unterscheidet man mehrere Unterordnungen mit 17 Familien. Bei den 7 erstgenannten, ursprünglicheren Familien sind noch freie Rippen vorhanden oder angedeutet, bei den 10 übrigen (»Höhere F.« im Gegensatz zu »Niederen F.«) fehlt jede Spur von Rippen. Die Familien sind: → Urfrösche, → Schwanzfrösche, → Zungenlose Frösche, → Scheibenzüngler, → Nasenkröten, → Krötenfrösche, → Schlammtaucher, → Echte Frösche, → Ruderfrösche, → Engmaulfrösche, → Wendehalsfrösche, → Harlekinfrösche, Echte Kröten, → Stummelfußfrösche, → Laubfrösche, → Südfrösche, → Glasfrösche.

Viele F. sind durch Umweltveränderungen, Verschwinden oder Verschmutzung ihrer Laichgewässer bedroht.
Froschmaul, → Nachtschwalben.
Frostblasen, → Frostschäden.
Frosthärte, svw. Frostresistenz.
Frosthärtung, → Frostresistenz.
Frostkeimer, → Samenruhe.
Frostplatten, → Frostschäden.
Frostresistenz, *Frosthärte, Frostwiderstandsfähigkeit,* bei Pflanzen die Fähigkeit, Temperaturen unter dem Gefrierpunkt ohne irreversible Frostschäden zu überstehen. Die F. kann erstaunlich hoch sein. So werden von manchen Waldbäumen und alpinen Zwergsträuchern Wintertemperaturen von −60 bis −70°C ohne Schäden überstanden, und die in Nordsibirien beheimatete krautige Pflanze *Cochlearia fenestrata* erträgt Temperaturen von −46°C. Sporenbildende Bakterien, bestimmte Algenarten, die meisten Flechten und verschiedene Holzpflanzen können nach entsprechender Frosthärtung (s. u.) sogar auf die Temperatur flüssigen Stickstoffs (−195,8°C) abgekühlt werden, ohne Schaden zu nehmen. Wesentlich scheint für derartige Extremanpassungen ein geringer Wassergehalt zu Beginn des Gefrierens zu sein. Wasserarme Zellen, z. B. von ruhenden Samen oder Sporen, besitzen eine hohe F. Zellen mit einer hohen Konzentration von löslichen Proteinen, besonders von Glykoproteiden im Plasma, ferner solche mit hohen Zuckerkonzentrationen, ganz allgemein Zellen mit starkem Wasserbindungsvermögen bzw. hohen potentiellen osmotischen Drücken, sind ebenfalls recht frostresistent. Eine

plasmatische F., d. h. vor allem eine Resistenz gegen Austrocknungsschäden (→ Frostschäden), kann auch durch spezielle Schutzstoffe erreicht werden. Zu diesen zählen gewisse Aminosäuren, eventuell auch Proteine, ferner Zucker und Zuckerderivate, die somit offensichtlich in verschiedener Hinsicht wirksam werden können. Schutzstoffe schirmen offensichtlich vor allem die Membransysteme der Zelle ab und verhindern einen irreversiblen Zusammenbruch ihrer Struktur bei der mit dem Gefrieren einhergehenden Entwässerung.

Die F. ist von Art zu Art, oft auch von Sorte zu Sorte (Obstgewächse, Getreide) verschieden groß und schwankt zudem in Abhängigkeit von Klimabereichen und Anbaugebieten. Selbst bei der gleichen Pflanze ist sie nicht immer konstant. Sie ist vielmehr wesentlich vom Entwicklungszustand abhängig und wird überdies durch Außenfaktoren, z. B. Düngung, beeinflußt. Durch geeignete Maßnahmen ist eine gewisse Frostresistenz-Steigerung (*Frosthärtung*) möglich, z. B. durch allmähliche Gewöhnung an tiefere Temperaturen oder Behandlung mit bestimmten Wachstumshemmstoffen, z. B. mit Abszisinsäure. Ferner wirken Zytokinine Kälteschäden entgegen. In der Natur beginnt im Herbst in vielen Pflanzen, z. B. in Nadelgewächsen, Kohl- und Getreidearten, ein Abhärtungsvorgang, der im Frühjahr wieder rückgängig gemacht wird; im Sommer ist die F. am geringsten. So ertragen beispielsweise Fichtennadeln im Winter Temperaturen von −38 °C, im Sommer dagegen nur um −7 °C. Bei experimentellen Arbeiten benutzt man als Vergleichsgröße die »*physiologische Frosthärte*«, d. i. diejenige Temperatur unter 0 °C, bei der nach eineinhalbstündiger Einwirkung 50 % der Versuchspflanzen absterben.

Frostrisse, → Frostschäden.

Frostschäden, Sammelbegriff für unmittelbar oder mittelbar durch Frosteinwirkung eintretende Schäden an Pflanzen, insbesondere Kulturpflanzen. F. treten in verschiedenen Formen auf. Bei langanhaltenden niedrigen Temperaturen kommt es häufig zum *Erfrieren*, d. h. zum Absterben der ganzen Pflanze oder einzelner Teile. Erfrorene Pflanzen sind hart, glasig und splittern leicht. Nach dem Auftauen welken sie oder werden weich und faulen. Häufig vertrocknen sie auch unter Dunkelfärbung. Diese Schäden sind eine Folge der Eisbildung in Zellen oder Geweben. In wasserreichen Zellen bildet sich intrazellulär Eis, dessen wachsende Kristalle die Zellstrukturen mechanisch zerstören. In vielen Fällen, z. B. im wasserärmeren Gewebe oder bei langsamer Abkühlung, entsteht das Eis aber nur in den Zellwänden oder Interzellularen. Da der Dampfdruck über Eis geringer ist als über einer unterkühlten Lösung, wirkt das auskristallisierte Eis als »Kühlfalle«, die dem angrenzenden Protoplasten so lange Wasser entzieht, bis zwischen den ständig wachsenden und schließlich auch den Protoplasten verletzenden Eiskristallen und der Vakuolenflüssigkeit sowie dem Protoplasma ein Saugspannungsgleichgewicht eingestellt hat. *Interzellulare Eisbildung* wirkt somit ähnlich wie Austrocknung. Osmotisch wirksame Substanzen, z. B. Salze und organische Säuren, werden immer mehr konzentriert. Gleichzeitig kommt es zur Inaktivierung membrangebundener Enzyme, besonders der Enzyme der ATP-Synthase. Auch andere Enzyme werden denaturiert. Schließlich tritt der Zelltod ein. *Gefrieren* der Pflanzen, das bei verhältnismäßig rascher Abkühlung nur mit extrazellulärer Eisbildung verbunden ist, führt jedoch nicht immer zum Absterben. Vor allem, wenn die kritische Phase, in der durch Wassermangel, Ausfallen gelöster Stoffe, Plasmolyse u. a. Schäden auftreten können, sehr rasch durchlaufen wird, und zwar rascher, als dies meist in der Natur erfolgt, oder wenn das Auftauen langsam erfolgt, können die Zellen überleben. Wenn bei Frost Wasser aus dem Pflanzeninneren hervortritt, kommt es an der Oberfläche der Pflanzen zur *Kammeisbildung*. Laub kann *Frostblasen*, Kräuselränder oder Schlitze erhalten. An Stämmen von Obstbäumen entstehen nach schroffem Temperaturwechsel oft *Frostrisse* oder *Frostplatten* (d. h. tote Gewebeteile inmitten lebenden Gewebes). Schließlich können Fröste Pflanzen auch indirekt mechanisch schädigen. So dehnt sich die oberste Bodenschicht bei häufigerem Wechsel zwischen hohen und niedrigen Temperaturen oft etwas aus und sich dabei um maximal 5 cm. Hierdurch werden die feinen Wurzeln zerrissen, und es kommt zum *Auffrieren*, das besonders vom Wintergetreide bekannt ist. Wenn bei einsetzendem Tauwetter den Boden einsinkt, bleiben die Pflanzen mit den losgelösten Wurzeln auf der Erdoberfläche liegen und vertrocknen. Diese Erscheinung wird als *Aufziehen* des Wintergetreides bezeichnet.

Die Empfindlichkeit der einzelnen Pflanzenarten gegenüber tiefen Temperaturen ist unterschiedlich groß und überdies von Ort, Sorte und Entwicklungszustand abhängig. Große F. entstehen bei Spätfrösten zur Blütezeit. Besonders frostempfindlich sind Aprikose, Pfirsich, Walnuß, Quitte, Bohne, Gurke, Tomate, Primel, Mais u. a. Andere Pflanzenarten sind sehr widerstandsfähig. → Frostresistenz.

Frostspanner, von Oktober bis Dezember auftretende Schmetterlinge aus der Familie der Spanner. Zu den F. gehören der *Kleine F.* (*Operophthera brumata* L.) und der *Große F.* (*Erannis defoliaria* Cl.), die als Schädlinge im Obstbau auftreten. Das Weibchen, das nur Flügelstummel besitzt, legt die Eier in Rindenritzen, Knospenspalten u. a. an Kern- und Steinobst. Die Raupen schlüpfen zeitig im Frühjahr, sie fressen stark an Knospen und Blättern. Tafel 45.

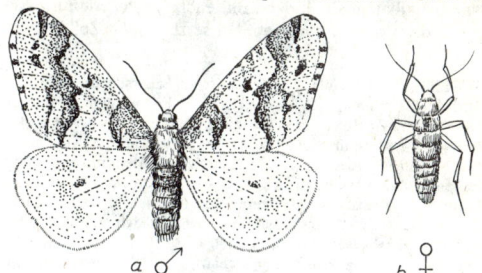

Großer Frostspanner (*Erannis defoliaria* Cl.): *a* Männchen, *b* Weibchen

Frosttrocknis, Vertrocknungsschäden, die durch frostbedingten Wassermangel bei Pflanzen verursacht werden. Auch Pflanzen mit hoher Frostresistenz können bei langanhaltendem Frost absterben, denn ihr Protoplasma ist zwar gegen tiefe Temperaturen, aber nicht gegen übermäßigen Wasserverlust widerstandsfähig. Ein Wasserdefizit kann bei Frost dadurch entstehen, daß die Wasseraufnahme aus dem Boden erschwert und die Mehrzahl der Wasserleitungsbahnen durch Eis blockiert ist, während gleichzeitig durch Sublimation des Eises, ferner durch partielles Auftauen, besonders bei starker Sonneneinstrahlung, aus dem Sproß bzw. aus den Nadelblättern u. a. ständig Wasser abgegeben wird. Der herbstliche Laubabfall der mitteleuropäischen Gehölze ist unter anderem auch als eine Maßnahme zur Verhinderung der F. zu sehen, denn durch den Blattverlust wird die transpirierende Oberfläche stark verkleinert. Verhältnismäßig wenig Wasser geben die immergrünen Nadelbäume ab, die deshalb die F. auch ohne herbstlichen Laubfall überstehen.

Frostwiderstandsfähigkeit, svw. Frostresistenz.

Frucht

Frucht (Tafeln 34 und 35), Organ der höheren Pflanzen, das den Samen bis zur Reife umschließt und dann oft zu dessen Verbreitung beiträgt. In der Fruchtbildung, die gleichzeitig mit der Samenentwicklung erfolgt, wird die Blüte in ihrer Gesamtheit einbezogen. Daher wird die F. auch mitunter als eine Blüte im Zustand der Samenreife bezeichnet, von der die Staubblätter und häufig auch die Kronblätter sowie Griffel und Narbe abgefallen sind.

An dem Aufbau der F. ist auf alle Fälle der *Fruchtknoten* beteiligt (→ Blüte). Aber auch andere Teile der Blüte, wie die Blütenachse, das Perianth, Hochblätter und bisweilen auch der Griffel, der dann zu einem der Verbreitung der F. dienenden Organ ausgebildet wird, können in die Fruchtbildung einbezogen werden. Aus der Fruchtknotenwandung und somit aus Teilen der Fruchtblätter entsteht die *Fruchtwand* (*Fruchtgehäuse, Perikarp*), die in ein einschichtiges äußeres *Exokarp*, ein ebenfalls einschichtiges *Endokarp* und ein dazwischenliegendes, mehrschichtiges *Mesokarp* unterteilt ist. An der Fruchtwand sitzen im Innern an bestimmten Stellen ein oder mehrere Samen. Die Fruchtwand kann fest oder fleischig sein, verschiedene Hafteinrichtungen zum Anheften an Tiere besitzen, mit Flügeln oder Flughaaren ausgestattet sein, wenn die F. vorwiegend durch den Wind verbreitet werden, oder bestimmte Öffnungsmechanismen zum Ausstreuen der Samen haben. Aus geschlossenen Fruchtblättern, dem Fruchtknoten, gebildete F. gibt es nur bei den Bedecktsamern. Fruchtähnliche Bildungen kommen jedoch bereits bei den Armleuchteralgen vor. Auch die Zapfen der Nacktsamer kann man als F. bezeichnen, da sie die Samen enthalten und zu deren Verbreitung dienen.

Fruchtbildung. Nach erfolgter Befruchtung welkt meist der Griffel unter Hinterlassung einer verkorkten Narbe, und auch die übrigen Blütenorgane gehen in der Regel bald verloren. Demgegenüber setzt ein mit Zellvermehrung verbundenes Wachstum der Fruchtknotenwandung ein, und diese entwickelt sich zum Perikarp. In dieser Periode des intensiven *Fruchtwachstums* reichern sich die Zellen oft mit Kohlenhydraten und organischen Säuren (→ Karbonsäuren) an. Die Atmung ist in der Regel gesteigert. Die sich entwickelnden F. zeigen ein starkes Attraktionsvermögen für Nahrungs- und Baustoffe, d. h., sie ziehen diese Stoffe aus der gesamten Pflanze an sich. Das letzte Stadium der *Fruchtreife* ist, besonders bei fleischigen F., oft durch Verfärbungen gekennzeichnet. Das Chlorophyll wird abgebaut, und an seine Stelle treten gelbe oder rote Farbstoffe, wie das ähnlich bei der Verfärbung der Laubblätter im Herbst geschieht. Darüber hinaus wird in dem sich zunächst stark verlängernden *Fruchtstiel* ein Trennungsgewebe ausgebildet, das schließlich zum Ablösen der F. von der Mutterpflanze führt.

Die Fruchtbildung wird durch Phytohormone korrelativ gesteuert. Den ersten Entwicklungsanstoß hierfür gibt das Auxin aus den Pollenkörnern. Bei vielen Pflanzen verläuft daher das Fruchtwachstum um so intensiver, je mehr Pollenkörner eine Narbe bestäubt haben. Darüber hinaus wird das Griffelgewebe durch den Pollenschlauch zur Auxinbildung angeregt. Nach der Befruchtung wird in der sich zum Samen entwickelnden Samenanlage sowohl im Embryo als auch im Endosperm aus Tryptophan Auxin gebildet, das zur raschen Entwicklung des Perikarps beiträgt. Der Einfluß des in Entwicklung begriffenen Samens auf das Perikarp ist bei vielen Pflanzen durch Auxin, bei anderen durch Gibberellin ersetzbar. Selbst die Entwicklung samenloser F. (→ Parthenokarpie) kann ohne Bestäubung bei einigen Pflanzen, z. B. bei Tomate, Tabak, Feige oder Gurke, durch Auxingaben, bei anderen, z. B. bei Kirsche, Apfel oder Wein, durch Gibberellingaben erreicht werden. Häufig findet man dennoch zwischen dem Auxin- oder Gibberellingehalt der wachsenden F. und der Intensität des Fruchtwachstums keine quantitative Korrelation. Der Grund hierfür dürfte sein, daß noch andere Faktoren, besonders Zytokinine, an der Steuerung des Fruchtwachstums beteiligt sind.

Einteilung der F. Nach ihrem Bau unterscheidet man bei den Bedecktsamern folgende *Fruchttypen* (Abb.):

A. Einzelfrüchte. Sie entstehen aus einem einzigen Fruchtknoten. Nach der Art der Samenverbreitung kann man unterscheiden:

1) *Spring-* oder *Streufrüchte*. Die Samen sind von einer derben Schale umgeben, die sich bei der Reife öffnet, so daß die Samen herausfallen. Dazu gehören:

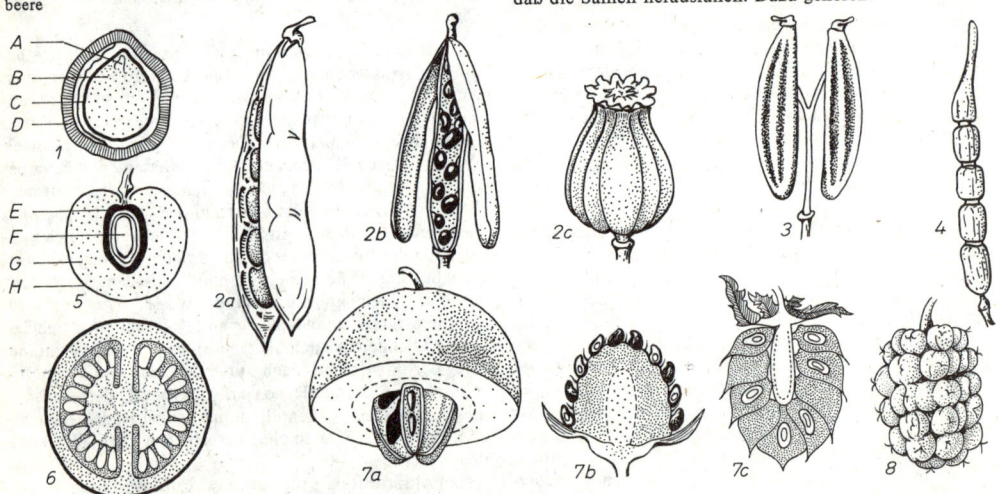

---

1 Schließfrucht: Haselnuß (schematischer Längsschnitt); *A* Keimwurzel, *B* Keimblatt, *C* Samenschale, *D* Fruchtwand. *2a* bis *2c* Springfrucht: *2a* Hülse der Feuerbohne, *2b* Schote des Kohls, *2c* Porenkapsel vom Mohn. *3* Spaltfrucht: Doppelachäne vom Kümmel. *4* Bruchfrucht: Gliederschote vom Hederich. *5* Steinfrucht: Kirsche (schematischer Längsschnitt); *E* Endokarp, *F* Same mit Keimling, *G* Mesokarp, *H* Exokarp. *6* Beere: Tomate (schematischer Querschnitt). *7a* bis *7c* Sammelfrucht: *7a* Sammelbalgfrucht: Apfel; die Bälge (Kerngehäuse) zur Hälfte freigelegt, *7b* Sammelnußfrucht: Erdbeere (schematischer Längsschnitt), *7c* Sammelsteinfrucht: Himbeere (schematischer Längsschnitt). *8* Nußfruchtstand: Maulbeere

a) *Balgfrüchte*. Sie bestehen aus einem Fruchtblatt, das bei der Reife allein längs der Verwachsungsnaht auseinanderweicht (z. B. Pfingstrose, Rittersporn, Hahnenfuß).

b) *Hülsen*. Sie bestehen ebenfalls nur aus einem Fruchtblatt, das sich aber längs der Verwachsungsnaht (Bauchnaht) und der Mittelrippe (Rückennaht) öffnet (Schmetterlingsblütler).

c) *Schoten*. Sie bestehen aus zwei Fruchtblättern und sind in manchen Fällen durch eine Längsscheidewand in zwei Fächer geteilt (viele Kreuzblütler). Bei der Fruchtreife lösen sich die beiden Fruchtblätter voneinander und geben den Samen frei.

d) *Kapseln*. Sie bestehen aus mehreren verwachsenen Fruchtblättern, an deren Nähten die Samen sitzen (Mohn, Tabak, Tulpe). Die Öffnung erfolgt entweder durch Auseinanderweichen der Fruchtblätter an den Fruchtnähten (*septizide Kapseln*) oder längs der Mittelrippe der Fruchtblätter (*lokulizide Kapseln*). Öffnet sich die Kapsel, indem sich in eng begrenzten Bezirken Löcher bilden, spricht man von *Loch-* oder *Porenkapseln*. Die *Deckelkapsel* springt durch Abhebung eines Deckels auf (Bilsenkraut).

2) *Schließfrüchte*. Hier sind die Samen von einer Fruchtwand umschlossen, die sich bei ihrer Reife nicht öffnet. Trockene Schließfrüchte sind z. B.

a) *Nüsse*. Ihre meist in der Einzahl vorhandenen Samen sind von einer holzigen, ledrigen oder harten Fruchtwand umschlossen (Haselnuß, Eichel, Buchecker u. a.). Sehr kleine Nüsse bezeichnet man als *Nüßchen* (Hahnenfuß, Birke, Erle). Nüsse, bei denen Samenschale und Fruchtwand verwachsen sind, heißen *Karyopse*, wenn es sich um oberständige Grasfrüchte, und *Achäne*, wenn es sich um die unterständigen Früchte der Korbblütler handelt. Bei der Achäne bleibt häufig der Kelch erhalten, der zu einem als *Pappus* bezeichneten Flugorgan umgebildet wird.

b) *Spaltfrüchte* und *Bruchfrüchte* sind mehrsamige Schließfrüchte, die in einsamige Teilfrüchte zerfallen, indem bei der Fruchtreife die einzelnen Fruchtblätter längs ihrer Verwachsungsnähte auseinander weichen (*Spaltfrüchte*; z. B. Ahorn und Doldengewächse) oder durch Septierung bzw. Einschnürung in einzelne, nur Teile der Fruchtblätter umfassende Glieder zerfallen (*Bruchfrüchte*; z. B. Gliederschoten der Kreuzblütler).

Saftige Schließfrüchte mit einer fleischigen, saftigen Fruchtwand sind z. B.

a) *Beeren*. Hier umschließt das in seiner Gesamtheit saftige Fruchtfleisch die meist zahlreichen Samen (z. B. Weinbeere, Tomate, Paprika, Gurke, Kürbis).

b) *Steinfrüchte*. Bei ihnen ist nur der äußere Teil der Fruchtwand fleischig, der innere dagegen hart (z. B. Kirsche, Pfirsich, Walnuß). Bei den Apfelfrüchten werden die Samen von einem kapselartigen Hohlraum umschlossen.

B) *Zusammengesetzte F.* Sie gehen aus mehreren Fruchtknoten hervor, die ihre Fruchtwände oder durch besondere Achsengewebe zu einer Verbreitungseinheit verbunden sind. Wenn bei ihnen die Blütenstandsachse und andere außerhalb der Fruchtknoten liegende Blütenteile verdickt und fleischig sind, wie bei Erdbeere, Apfel, Feige, Ananas, bezeichnet man sie auch als *Scheinfrüchte*.

1) *Sammelfrüchte*. Hier sind stets mehrere jeweils aus einem apokarpen Gynöceum hervorgegangene F. durch ihre Fruchtwände oder durch Gewebe der Blütenachse untereinander verwachsen. *Sammelsteinfrüchte* haben Himbeere, Brombeere. Die einzelnen Steinfrüchtchen sind hier auf einer kegelförmigen Achse vereinigt. Bei den *Sammelnußfrüchten* der Erdbeere und Hagebutte vereinigt die fleischige Blütenachse zahlreiche Nüßchen. *Sammelbalgfrüchte* haben z. B. Apfel und Birne. Die pergamentartige Fruchtwand der Einzelfrüchtchen bildet hier ein »Gehäuse«, das mit der dickfleischigen Blütenachse verwachsen ist.

2) *Fruchtstände* sind F., die aus einem Blütenstand hervorgegangen sind. Diese werden durch fleischiges Achsengewebe oder durch Blütenteile miteinander verbunden, so daß sie teilweise wie eine F. aussehen.

Beerenfruchtstand: Ananas (fleischige Achse und Deckblätter).

Nüßchenfruchtstand: Maulbeere (fleischige Blütenblätter).

Steinfruchtstand: Feige (fleischige Blütenachsenhöhle).

Pflanzen, die Früchte von mehrerlei Gestalt ausbilden, nennt man *heterokarp* (→ Heterokarpie).

Fruchtauge. → Knospe.

Fruchtbarkeit, *Fertilität,* 1) die Fähigkeit der Pflanzen und Tiere, Nachkommen zu erzeugen. Ist diese nicht vorhanden, so spricht man von → Sterilität.

2) ein Maßstab für die Vermehrungsleistung, ausgedrückt in der Zahl der hervorgebrachten Keime. Bei Pflanzen hängt die F. von Lebensdauer und Alter, der Größe der erzeugten Samen und Früchte, der Art der Bestäubung, der Ernährung und anderen Umwelteinflüssen ab. Bei niederen Tieren, insbesondere Parasiten, ist die F. entsprechend der ungünstigen Entwicklungsaussichten oft sehr groß. Bei höheren Formen, die Brutpflege treiben, ist die F. geringer. Die F. ist erblich bedingt. Eine hohe F. ist die Voraussetzung jeder Zuchtwahl. Fortwährende Verringerung der F. kann die Ursache des Aussterbens von Arten sein.

Fruchtbarkeitsziffer, Geburtenzahl eines Jahres, die auf die Anzahl der gebärfähigen – in der Regel 15 bis 45 Jahre alten – Frauen bezogen wird. Für spezielle Untersuchungen wird die F. nach dem Alter, dem Familienstand, der Ehedauer oder auch nach den sozialen Verhältnissen der Frauen differenziert.

Fruchtblatt, → Blüte.

Fruchtboden, svw. Hypothezium.

Früchteverbreitung, → Samenverbreitung.

Fruchtfall, → Abszission.

Fruchtfliegen, svw. Bohrfliegen.

Fruchthalter, svw. Uterus.

Fruchtholz, am Obstbaum die Zweige, die Blüten und Früchte bilden. Bei den Steinobstgewächsen (*Prunoideae*) und Kernobstgewächsen (*Maloideae*) besteht die F. ausschließlich aus Kurztrieben. Man unterscheidet: 1) *Fruchtkuchen,* beim Kernobst der verdickte Teil des F., an dem sich die Früchte befinden; 2) *Bukettzweige,* beim Steinobst die kurzen Zweige, an deren Spitze rosettenartig gehäuft die Blütenknospen sitzen; 3) *Ringelspieße,* gestauchte, mehrjährige Triebe, die ungefähr 5 cm lang werden und am Ende eine Fruchtknospe bilden; 4) *Fruchtspieße,* kurze, etwa 6 bis 12 cm lange Triebe; 5) *Fruchtruten,* bis etwa 25 cm lange Triebe mit endständigen Blütenknospen.

Fruchthüllen, svw. Embryonalhüllen.

Fruchtknoten, → Blüte.

Fruchtkörper, aus Flechtgewebe (Plektenchym) bestehende Gebilde der Pilze, die in inneren oder auf äußeren Oberflächen das Sporenlager (Hymenium) tragen. Die F. der Holobasidiomyzeten werden im allgemeinen Sprachgebrauch als Pilze bezeichnet. Nach der Form der F. unterscheidet man unter anderem Hutpilze, Scheibenpilze, Kugelpilze.

Fruchtkuchen, → Fruchtholz.

Fruchtreifung, bei Pflanzen die letzte Phase der Fruchtentwicklung, die sich an das Fruchtwachstum anschließt. Die F. ist ein Seneszenzprozeß (Alterungsvorgang), der an der Mutterpflanze beginnt, sich in der abgeworfenen oder geernteten Frucht fortsetzt und Farb-, Geschmacks- sowie Konsistenzänderungen (Weichwerden) umfaßt. Für die F.

Fruchtreifungshormon

ist nach überwiegend an fleischigen Früchten durchgeführten Untersuchungen RNS- sowie Proteinsynthese erforderlich. Initiator für die F. ist das früher als *Fruchtreifungshormon* bezeichnete Phytohormon → Ethylen, dessen in wachsenden Früchten vorliegende geringe Konzentration mit Beginn der Reifeprozesse rasch ansteigt. Gleichzeitig erhöht sich die Empfindlichkeit des Fruchtgewebes für Ethylen. Nach Beginn des Anstiegs der Ethylenbildung ist ein vorübergehender, heftiger, als *Klimakterium* bezeichneter Atmungsanstieg zu verzeichnen, der je nach Erntetermin vor oder nach der Ernte auftritt und mit einer Umschaltung vom Pentosephosphatzyklus auf die Glykolyse verbunden ist. Das Klimakterium ist eine Folge der ablaufenden, energiebedürftigen Reifungsprozesse. Erhöhte ATP-Bildung ist meßbar. Atmungsinhibitoren hemmen mit dem Klimakterium auch die F.

Die bei der F. ablaufenden chemischen Prozesse sind artspezifisch. In der Regel wird Stärke rasch abgebaut, während die Konzentration der Zucker konstant bleibt oder zunimmt. Gleichzeitig nehmen die organischen Säuren in der Regel ab. *Die Früchte werden süß.* Eine der Ausnahmen stellt die Zitrone dar, bei der die organischen Säuren mit der Reife zunehmen. Die Zellwände werden im Verlauf der F. in der Regel stark verändert. Protopektin nimmt ab, wasserlösliches Pektin zunächst zu und dann wieder ab. Die einzelnen Zellen des Fruchtfleisches sind nunmehr leichter aus dem Gewebezusammenhang herauslösbar. *Die Früchte werden weich.* Vielfach werden im Verlauf der F. auch Proteine synthetisiert. Auch die *Synthese von Duftstoffen, Wachsen* u. a. ist häufig zu beobachten. Die chemischen Prozesse gehen oft mit beträchtlichen Änderungen der Permeabilität der Zellen und Zellorganellen einher.

In der reifenden Frucht ablaufende *Farbänderungen* sind nicht mit den angeführten chemischen Prozessen korreliert. Sie werden vielmehr getrennt gesteuert. Häufig, z. B. bei der Tomate, wird das Chlorophyll abgebaut, während Karotinoide synthetisiert werden. Die im Verlauf der F. nicht selten auftretende Anthozyansynthese ist oft, z. B. bei Erdbeere und Apfel, über → Phytochrom lichtgesteuert.

Unerwünschte vorzeitige F. bei der Lagerung kann durch Herabsetzung des Sauerstoffgehaltes der Luft auf 3 bis 5 %, die zur Unterdrückung der Ethylenproduktion führt, oder durch Erhöhung des CO_2-Gehalts der Luft, die offenbar zu einer Konkurrenz des CO_2 mit Ethylen am Wirkort führt, vermieden werden.

Fruchtreifungshormon, die ältere Bezeichnung für das Phytohormon → Ethylen, die geprägt wurde, als die Ethylenwirkungen noch nicht im einzelnen bekannt waren.

Fruchtruten, → Fruchtholz.
Fruchtspieße, → Fruchtholz.
Fruchtstände, → Frucht.
Fruchtwasserpunktion, svw. Amniozentese.
Fruchtwassersack, svw. Amnion.
Fruchtzucker, svw. D-Fruktose.
frühe Proteine, → Viren.
Frühholz, die im Frühjahr gebildeten, weitlumigen Zellelemente, besonders Gefäße, in Holzkörpern der Bäume und Sträucher.
Frühjahrswaldpflanzen, mehr oder weniger lichtliebende Bodenpflanzen der Buchen- und Eichenwälder, die sich frühzeitig im Jahr entwickeln und meist noch vor Ausbildung der vollen Belaubung der Bäume zum Blühen kommen.

Die rasche Entwicklung der F. wird durch Nährstoffspeicherung in unterirdischen Sproßorganen und Erwärmung der obersten Streuschichten in der Vorfrühlingsphase ermöglicht. Eine Reihe von F. haben bereits Samen gebildet, wenn das Laub der Bäume sich zu entfalten beginnt. Samen dieser Arten werden häufig durch Ameisen verbreitet. → Samenverbreitung.

Frühjahrszirkulation, → See.
Frühlingsfliegen, → Köcherfliegen.
Fruktifikation, allgemein Fruchtbildung, in der Mykologie die Bildung von Sporen oder von Fruchtkörpern bei Pilzen, z. B. die Konidienbildung beim Pinselschimmel *Penicillium* oder die Entwicklung von Sporenschläuchen bei Hefen.
Fruktivore, → Ernährungsweisen.
β-Fruktofuranosidase, svw. Saccharase.
D-Fruktose, *Fruchtzucker, Lävulose,* eine zu den Monosacchariden gehörende Ketohexose, die süßer als alle Kohlenhydrate schmeckt. In freier Form liegt sie als β-Pyranose, in gebundener Form als β-Furanose vor. D-Fruktose kommt in den meisten süßen Früchten, in manchen Pollen und Wurzeln vor. Gemeinsam mit Glukose ist sie Bestandteil des Honigs. In der Natur findet man D-Fruktose in vielen Di- und Oligosacchariden, z. B. der Saccharose, der Raffinose oder dem Insulin.

β-D-Fruktofuranose

β-D-Fruktopyranose

Da D-Fruktose den Blutzuckerspiegel nur unwesentlich erhöht, dient sie Diabetikern als Süßstoff.
Als Zwischenprodukte der alkoholischen Gärung und der Glykolyse besitzen das Fruktose-6-phosphat (Neuberg-Ester) und das Fruktose-1,6-diphosphat (Harden-Young-Ester) besondere Bedeutung.

Frusteln, → Fortpflanzung.
F-Schicht, svw. Vermoderungsschicht.
FSH, Abk. für Follikel-stimulierendes Hormon, → Follitropin.
Fuchs, Bezeichnung für zwei rotbraune, schwarzgefleckte Tagfalter aus der Familie der Fleckenfalter. Man unterscheidet den *Kleinen F.* (*Aglais urticae* L.) und den *Großen F.* (*Nymphalis polychloros* L.). Während der Kleine F., dessen Raupen gesellig auf Brennessel leben, im noch recht häufig vorkommt, ist der Große F., dessen Raupen an Obstbäumen und anderen Laubbäumen fressen und früher zu den Schädlingen zählten, heute sehr selten geworden. Er steht unter Naturschutz!
Füchse, eine systematisch uneinheitliche Gruppe zu den Hunden gehörender Raubtiere. Am bekanntesten ist der über die ganze nördliche Halbkugel verbreitete *Rotfuchs, Vulpes vulpes.* Er ist ein Einzelgänger, der sich einen unterirdischen, mit mehreren Öffnungen versehenen Bau anlegt. Seine Nahrung besteht aus Wirbeltieren und Insekten, gelegentlich frißt er aber auch Obst und Pilze. Eine besonders in Nordamerika auftretende Farbvariante des Rotfuchses ist der auch als Farmtier gehaltene *Silberfuchs.* Kleinere, hellere Verwandte des Rotfuchses sind der afrikanische *Sandfuchs* oder *Wüstenfuchs, Vulpes rüppelli,* und der asiatische *Steppenfuchs* oder *Korsak, Vulpes corsac.* In den Gebieten am Nördlichen Eismeer lebt der kurzohrige *Weiß-, Polar-* oder *Eisfuchs, Alopex lagopus,* eine Farbvariante ist der *Blaufuchs.* Zu den F. gehört ferner der in Nordafrika verbreitete *Fen-*

nek, *Fennecus zerda,* der ebenfalls als *Wüstenfuchs* bezeichnet wird; er ist cremegelb bis fast weiß, hat besonders große Ohren und Augen und ist das kleinste Raubtier aus der Familie der Hunde.

Lit.: F. Koenen: Der Rotfuchs (2. Aufl. Leipzig 1952); A. Pedersen: Der Eisfuchs (Wittenberg 1959).

Fuchsie, → Nachtkerzengewächse.

Fuchskusu, *Trichosurus vulpecula,* ein fuchsgroßer Kletterbeutler Australiens mit buschigem Greifschwanz. Obwohl eigentlich ein Baumbewohner, kann er auch in baumlosen Gegenden leben und nutzt dort z. B. alte Kaninchenbaue als Unterschlupf. Tafel 38.

Fühler, *Antennen,* erstes gegliedertes Extremitätenpaar der Insekten, das Sinnesorgane trägt. → Antennula.

Fühlerfische, svw. Anglerfische.

Fühlerlose, *Chelizeraten, Chelicerata,* ein zu den Gliederfüßern gehörender Unterstamm der *Amandibulata.* Die F. sind eine sehr vielgestaltige Tiergruppe, deren Rumpf sich aber immer in einen Vorderkörper oder Prosoma und einen Hinterkörper oder Opisthosoma gliedert. Das Prosoma setzt sich stets aus sechs Segmenten zusammen, die immer Beine tragen; dazu kommt der Kopflappen (Acron). Oft ist das Prosoma von einer einheitlichen Rückenplatte bedeckt. Manchmal ist aber auch noch eine andersartige Gliederung zu erkennen, indem das Acron lediglich mit den vier vorderen Segmenten einen Körperabschnitt, das Proterosoma, bildet; dieser Abschnitt trat bereits bei den Trilobitomorpha auf. Die Segmentzahl des Opisthosoma ist nicht konstant, da sein Hinterende meist eine Rückbildungszone aufweist. Bei den F. treten niemals Antennen oder Kaukiefer auf. Das vorderste Gliedmaßenpaar sind die Chelizeren, die zum Ergreifen und Zerzupfen der Beute dienen und oft mit Scheren ausgerüstet sind. Die folgenden fünf Extremitäten sind Laufbeine, von denen das vorderste Paar jedoch zu Pedipalpen umgebildet sein kann und ebenfalls oft Scheren trägt. Am Opisthosoma haben nur die Schwertschwänze Gliedmaßen in Gestalt von Blattbeinen. Bei den Spinnentieren treten am Hinterleib nur noch Rudimente von Extremitäten als Kämme oder Spinnwarzen auf. Oft hat das Opisthosoma einen langen Anhang (Telson) in Gestalt eines Schwanzstachels, einer Giftblase oder eines gegliederten Flagellums. Als Sinnesorgane sind besonders die Augen zu erwähnen, die als Mittel- und Seitenaugen auftreten; meist sind es einfache Ozellen, nur selten Facettenaugen. Der Mitteldarm besitzt umfangreiche Divertikel mit dimorphem Epithel (Drüsen- und Nährzellen). Der Exkretion dienen umgebildete Nephridien, die Koxaldrüsen sowie Malpighische Gefäße. Als Atmungsorgane fungieren bei den Schwertschwänzen Kiemen an den Blattbeinen, bei den Spinnentieren dagegen Röhren- oder Fächertracheen. Es sind etwa 38 000 Arten bekannt. Sie leben größtenteils auf dem Land, nur wenige Formen besiedeln das Meer. Einige Arten sind sekundär wieder zu Wasserbewohnern geworden (z. B. Wassermilben).

System. Zu den F. gehören die drei Klassen → *Merostomata* mit den Schwertschwänzen, *Arachnida* (→ Spinnentiere) und *Pantopoda* (→ Asselspinnen).

Geologische Verbreitung und Bedeutung. Kambrium bis Gegenwart. Im Gegensatz zu der großen rezenten Verbreitung ist ihre fossile Bedeutung gering.

Fühlhaare, → Pflanzenhaare.

L—Fukose, eine zu den Desoxyzuckern gehörende Hexose, die Bestandteil der Blutgruppensubstanzen (A, B, 0) ist.

Fukosterin, *Fukosterol,* ein Phytosterin, das unter anderem aus Algen, vor allem aus Braunalgen, isoliert wurde (Abb.).

Fukosterol, svw. Fukosterin.

Fukoxanthin, zur Gruppe der → Karotinoide gehörender,

Fukosterin

tiefroter Pflanzenfarbstoff, kommt in vielen Braun- und Süßwasseralgen vor.

Füllungsphase, → Aktionsphasen des Herzens.

Fulvosäuren, → Humus.

Fumarase, zu den → Lyasen gehörendes Enzym, das in allen lebenden Zellen vorkommt und im Zitronensäurezyklus die reversible Anlagerung von Wasser an die Doppelbindung der Fumarsäure unter Bildung von Äpfelsäure katalysiert. F. ist aus 1784 Aminosäuren aufgebaut, seine Molekülmasse beträgt 194 000. Sie besteht aus 4 Untereinheiten.

Fumarsäure, eine in der trans-Form vorliegende ungesättigte Dikarbonsäure (→ Karbonsäuren), die frei in vielen Pflanzen vorkommt, z. B. im Erdrauch, *Fumaria officinalis,* im Isländischen Moos, *Cetraria islandica,* im Pfifferling, im Champignon. F. tritt weiterhin → Zitronensäurezyklus als Zwischenprodukt auf.

Funariales, → Laubmoose.

Fundort, geographischer Ort, an dem eine Pflanze gefunden wird, im Gegensatz zum → Standort.

Fundus, → Verdauungssystem.

Fünffaden, → Braunwurzgewächse.

Fungi imperfecti, → Unvollständige Pilze.

Fungistatikum, Substanz, die das Wachstum und die Vermehrung von Pilzen hemmt, ohne diese zu töten. Auch Fungizide können in entsprechender Verdünnung fungistatisch wirken.

Fungizide, Pflanzenschutzmittel zur Bekämpfung von Pilzen. Wichtige fungizide Wirkstoffgruppen sind neben anorganischen Schwefel-, Kupfer und Quecksilberverbindungen vor allem organische Verbindungen, besonders organische Quecksilber-, Zinn-, Phosphorverbindungen, ferner Dithiokarbamate, Chlorbenzole, Phtalimidderivate, Chinomethionat, Benzimidazol, Thioharnstoffderivate, Oxathiinderivate, Pyrimidinderivate, Tridemorph u. a. F. werden angewandt als Spritz-, Sprüh-, Stäube- und Beizmittel.

Fungizidin, *Mykostatin, Nystatin,* ein von *Streptomyces noursei* gebildetes Antibiotikum. Chemisch gehört F. zur Gruppe der Polyen-Antibiotika. Es ist gegen Pilze wirksam.

Fungizidresistenz, Widerstandsfähigkeit bestimmter Herkünfte, Rassen, Stämme von Pilzen gegen → Fungizide.

Funikulus, → Blüte, Abschnitt Fruchtblätter und Samenanlagen, → Samen.

Funkie, → Liliengewächse.

Funktionalis, → Uterus.

funktionelles Regulationszentrum. → Temperaturregulation.

Funktionsähnlichkeit, svw. Analogie.

Funktionserweiterung, innerhalb einer Stammesreihe zu beobachtende Erscheinung, daß ein Organ neben seiner Hauptfunktion eine oder mehrere Nebenfunktionen übernimmt. Zum Beispiel können Fischflossen neben der Funktion als Bewegungsorgan auch als Stützorgane, Kopulationsorgane oder Brutpflegeorgane dienen.

Funktionskreis des Verhaltens, Modalitäten der Verhaltensinteraktion mit der Umwelt, prinzipiell durch die Klassen der → Umweltansprüche vorgegeben: Raumansprüche (topische Ansprüche), Zeitansprüche (temporale Ansprüche), Stoffwechselansprüche (trophische Ansprüche), Schutzansprüche (protektive Ansprüche), Sexualpartner-Ansprüche (Sexual-Ansprüche), Pflegepartner-Ansprüche (etepimeletische Ansprüche), Biosozialpartner-Ansprüche. Dabei sind weitere Unterteilungen möglich.

Funktionsübertragung, elementarer Vorgang der Biokommunikation, bei dem der funktionelle Vollzug eines Verhaltens unter »übertreibenden« Begleitsignalen angezeigt wird und damit auf andere Artgenossen übertragen werden kann. Es besteht eine Beziehung zum → allelomimetischen Verhalten, das jedoch diese Signalkomponente nicht erfordert. Die Grenzen sind fließend.

Funktionswechsel, innerhalb einer Stammesreihe zu beobachtende Erscheinung, daß ein Organ nach Verlust seiner ursprünglichen Funktion neue, andere Aufgaben übernehmen kann. So verlieren z. B. die Kiefergelenkknochen der niederen Wirbeltiere bei den Säugern ihre ursprüngliche Funktion und werden zu Teilen des schalleitenden Apparats (Hammer, Amboß und Steigbügel) im Innenohr.

FUN-Test, → Datierungsmethoden.

Furanosen, → Kohlenhydrate.

Furca, → Springschwänze.

Furchenfüßer, *Solenogastres,* Unterklasse der → Wurmmollusken mit etwa 180 Arten, die keine echten Kiemen aufweisen.

Furchenmolch, *Necturus maculosus,* etwa 40 cm langer, dunkel gefleckter nordamerikanischer Vertreter der → Olme, im Gegensatz zum europäischen → Grottenolm aber in verkrauteten oberirdischen Gewässern lebend. Der F. verbleibt als larventragende »Dauerlarve« ständig im Zustand der → Neotenie. Die Paarung erfolgt im Herbst, erst im Frühjahr werden die Eier einzeln ins Wasser abgelegt. Die Larven sind nach 5 Jahren geschlechtsreif.

Furchenwale, → Bartenwale.

Furchung, *Blastogenese,* erster Abschnitt der Embryogenese (→ Ontogenese), die gesetzmäßige, meist geometrische Folge mitotischer Teilungen der befruchteten oder unbefruchteten Eizelle in einen Komplex stets kleiner werdender, zunächst nicht wachsender Furchungszellen oder *Blastomeren.* Der Furchungsverlauf richtet sich nach der Menge und Verteilung des Deutoplasmas, das der Teilung einen mehr oder weniger großen Widerstand entgegensetzt. Mit zunehmender Dottermenge vollzieht sich das Furchungsgeschehen immer mehr allein am Bildungsplasma. So werden zwei Gruppen von Furchungstypen unterscheidbar: die totalen Teilungen der holoblastischen (alezithalen, oligo-isolezithalen und meso-telolezithalen) Eier und die partielle F. der meroblastischen (poly-telolezithalen und zentrolezithalen) Eier. Der regelmäßigste, total-äquale Furchungstyp (Abb. 1), der bei den iso-oligolezithalen Eizellen mancher Schwämme, zahlreicher Hohltiere, einiger Stachelhäuter und Krebse, bei Säugern sowie ausnahmsweise auch bei dotterarmen zentrolezithalen Eiern einiger Insekten (z. B. Kollembolen) vorliegt, teilt das Ei in gleich große Blastomeren, zunächst durch zwei Meridional- und eine Äquatorialfurche, sodann durch weitere Meridionalfurchen und solche, die parallel zur Äquatorialfurche in gleichen Abständen zum animalen und vegetativen Pol hin liegen. So entsteht ein massiver Zellhaufen, die Maulbeerkeim oder die *Morula,* oder eine Hohlkugel, der Blasenkeim oder die *Blastula* mit dem einschichtigen *Blastoderm* und dem *Blastozöl,* der Furchungs- oder primären Leibeshöhle. Letztere wird bei gut entwickeltem Zustand *Zöloblastula,* bei reduzierter Höhle *Sterroblastula* genannt. Dieser Typus tritt in mehreren Abwandlungen auf. Als Radiärtyp zeigt er die Blastomeren in den ersten Teilungsfolgen ohne erhebliche Verlagerung genau übereinanderliegend, eine Folge davon, daß die Teilungsspindeln für die senkrecht zur Eiachse verlaufenden Teilungen parallel zu dieser Achse stehen (z. B. Hohltiere, Rundwürmer. Beim Spiraltyp der marinen Strudelwürmer, Vielborster, einiger Rundwürmer sowie der Schnecken erscheinen die Blastomerenschichten zueinander jeweils um 45° gedreht, so daß die Blastomeren »auf Lücke« liegen. Dies kommt durch eine meist alternierende Rechts- und Linksneigung der Spindel- zur Eiachse zustande (dexio- bzw. leiotrope Teilungen). Rädertierchen, Manteltiere, Lanzettfischchen und Wirbeltiere sowie einige Rundwürmer sind Vertreter des Bilateraltypus mit symmetrisch zur Medianachse des späteren Embryos orientierten Blastomeren. Die Rippenquallen zeigen den sehr seltenen disymmetrischen Typus mit 2 aufeinanderstehenden Symmetrieebenen der Morula. Die Zelltrennungs- oder Mosaikfurchung (auch determinierte F. genannt) oder die Blastomerenanarchie tritt bei den zellkonstanten Rädertieren, bei Rundwürmern, Weichtieren, Manteltieren u. a. auf. Schon geringfügige Dotterzunahme, wie sie beim Lanzettfischchen und bei Stachelhäutern gegeben ist, führt zur total-inäqualen F., d. h., die äquatoriale Teilungsebene verschiebt sich immer mehr nach dem animalen Pol hin. Solche aus Mikro- und Makromeren bestehende Keime, die schließlich in eine entsprechend gebaute ein- oder mehrschichtige Blastula übergehen, liegen vor bei einigen Hohltieren, Stachelhäutern, Manteltieren, Lungenfischen und Lurchen (Abb. 2).

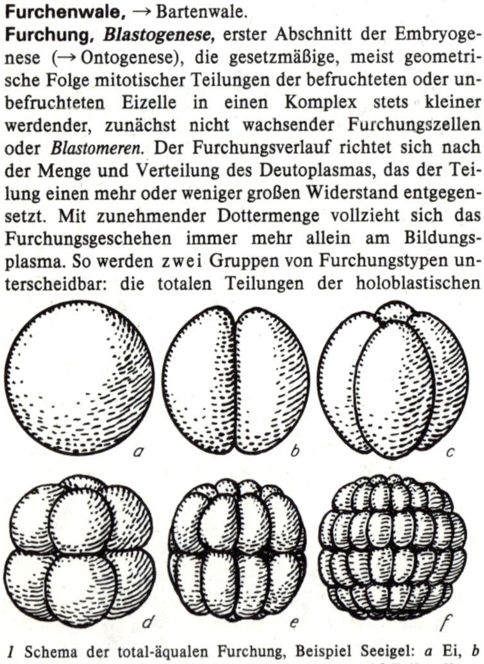

1 Schema der total-äqualen Furchung, Beispiel Seeigel: *a* Ei, *b* 2-Zellstadium, *c* 4-Zellstadium, *d* 8-Zellstadium, *e* 16-Zellstadium, *f* Morula

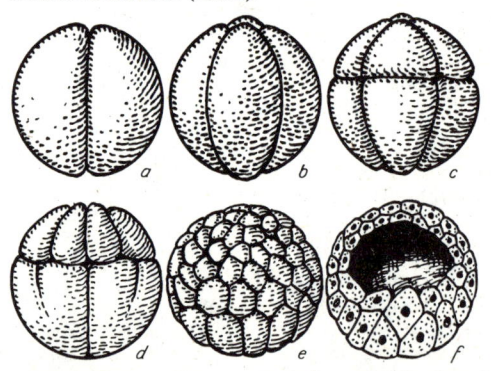

2 Total-inäquale Furchung eines Froscheies: *a* 2-Zellstadium, *b* 4-Zellstadium, *c* 8-Zellstadium, *d* Mehrzellenstadium, *e* Morula, *f* Blastula im Längsschnitt

Auch dieser Typus kann in den oben genannten Untertypen auftreten. Einen Sonderfall der Totalfurchung repräsentieren die Eier der Säugetiere und des Menschen (Abb. 3). Sie furchen sich mit Ausnahme der Kloakentiere

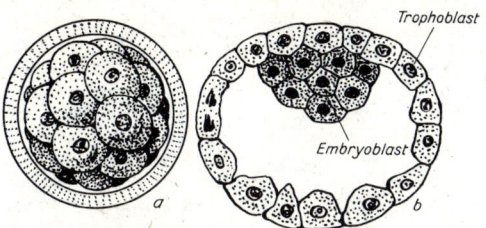

3 Morula (*a*) und Medianschnitt durch die Blastozyste (*b*) eines Säugetiers (Mensch)

asynchron total-äqual. An der Morula hebt sich das epitheliale Nährblatt oder der *Trophoblast* vom zentralen *Embryoblasten* ab (*Trophoblastfurchung*). Eine Hohlraumbildung zwischen beiden führt zur flüssigkeitserfüllten *Blastozyste* (Keimblase) aller Säuger, an deren Innenwand der aus dem Embryoblasten hervorgegangene Embryonalknoten hängt (→ Gastrulation).
Schmelzschupper und Lungenfische leiten von der totalen zur *partiellen F.* über, die in zwei Typen auftritt. Die extrem telolezithalen Eier der Kopffüßer, Haie, Rochen, Knochenfische (Abb. 4), Kloakentiere, Kriechtiere und Vögel furchen nur die am animalen Pol liegende Keimscheibe (*Blastodiskus*), die in eine 3- oder mehrschichtige Zellkappe zerlegt wird (*Diskoblastula, diskoidale F.*). Unter derselben bleibt eine dünne Plasmaschicht zurück, der *Periblast,* der nicht am Aufbau des späteren Embryos teilnimmt, sondern nach Einwandern von Kernen aus den Randzellen der Diskoblastula der Aufbereitung des Dottermaterials dient. Diskoblastula und Periblast heben sich voneinander ab und bilden zwischen sich die Furchungshöhle. Durch Verflüssigung des Dotters erweitert sie sich bei Vögeln zur Subgerminalhöhle. Diskoidal furchen sich auch die Eier einiger Krebse und Spinnen.
Manche Urinsekten und einzelne Spinnen zeigen in ihrem Furchungsablauf Übergänge vom totalen zum superfiziellen Typus, der für die zentrolezithalen Eier der Gliederfüßer (Spinnen, Krebse, Tausendfüßer, Insekten) charakteristisch ist. Der im Dotterzentrum gelegene, von Hofplasma umgebene Kern teilt sich hier vielfach, die Tochterkerne wandern zur Eiperipherie, wo sich ihre Plas-

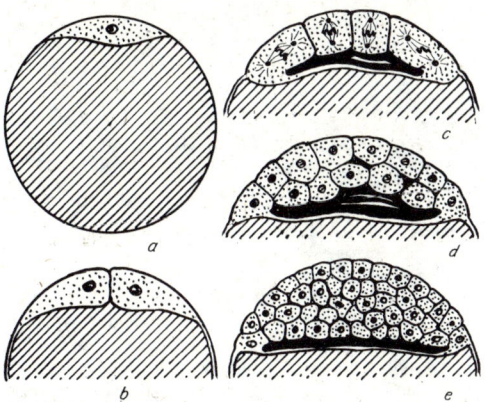

4 Diskoidale Furchung eines Knochenfischeies: *a* befruchtete Eizelle, *b* bis *e* fortschreitende, auf die Keimscheibe beschränkte Furchung

mahöfe mit dem Periplasma oder Keimhautblastem unter gegenseitiger Abgrenzung der Zellen zum Blastoderm (Oberflächenepithel) vereinigen (Abb. 5). Dadurch entsteht eine *Periblastula,* deren Innenraum mit Dotter angefüllt ist.

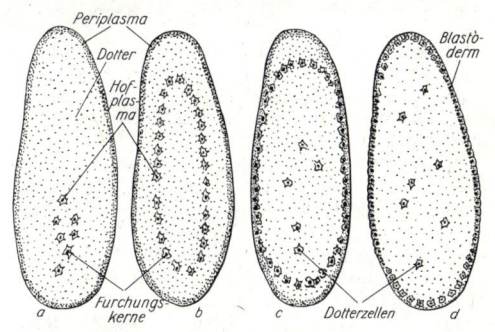

5 Superfizielle Furchung mit Blastodermbildung bei Insekten (*Hydrophilus piceus*)

Zurückgebliebene Furchungskerne samt ihren Plasmahöfen oder nachträglich aus dem Blastoderm austretende Zellen werden zu primären bzw. sekundären Dotterkernen oder -zellen, die als *Vitellophagen* den Dotter aufbereiten helfen.
Furchungshöhle, svw. Blastozöl.
Furka, 1) paariger, manchmal vielgliedriger Anhang am Telson vieler Krebse. 2) Sprunggabel, → Springschwänze.
Fusarinsäure, *Fusarsäure, 5-n-Butylpyridin-2-karbonsäure,* eine von Pilzen der Gattungen *Fusarium* und *Gibberella* gebildete Säure, die als → Welketoxin bei Pflanzenkrankheiten eine Rolle spielt, z. B. bei der durch *Fusarium lycopersici* verursachten Tomatenwelke. F. zeigt starke fungistatische Wirkung gegen Brandpilze und senkt beim Menschen den Blutdruck.

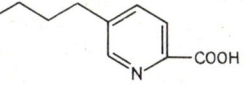

Fusarsäure, svw. Fusarinsäure.
Fuselöl, ein öliges, unangenehm riechendes Nebenprodukt der alkoholischen Gärung, das vor allem aus Amyl-, Isoamyl-, Isobutyl- und n-Propylalkohol besteht. F. entsteht bei der Gärung aus Eiweißstoffen der Hefe und pflanzlicher Produkte, insbesondere durch Desaminierung und Dekarboxylierung von Aminosäuren.
Fusion, physiologischer Prozeß, bei dem zwei Membranen unter Vereinigung des von ihnen eingeschlossenen Inhaltes verschmelzen. Beispiele dafür sind die Vereinigung Spermium – Eizelle, die Exozytose, die Verschmelzung der synaptischen Vesikel mit der präsynaptischen Membran. Der Prozeß der F. ist in seinen biophysikalischen Grundlagen noch weitgehend ungeklärt. Voraussetzung für die F. ist eine gesteuerte lokale Destabilisierung der Membran. Hierzu sind ein enger Kontakt, ein proteinfreies Areal im Kontaktbereich und anscheinend eine Ca^{++}-Phosphatidylserin- oder Ca^{++}-Phosphatidsäurewechselwirkung, die einen Phasenübergang in der Lipidphase induziert, notwendig.
Neben **physiologischen** F. werden zur Untersuchung des Vorganges und für praktische Zwecke **künstliche** F. durchgeführt. Es werden drei verschiedene Methoden benutzt: Virusinduzierte F., chemische F. und Elektrofusionen. Bei der **virusinduzierten** F. verwendet man hämagglutinierende Viren, z. B. Sendai-Virus, die nach Aggregation der Partikeln im Laufe von einigen Minuten den Fusionsprozeß auslösen. Für die **chemische** F. benutzt man *Fusogene,* das sind

Fusionsfrequenz

Makromoleküle, z. B. Polyethylenglykol, die Aggregation auslösen und nach Entfernung der Fusogene durch Waschung die F. induzieren. Bei der *Elektrofusion* wird nach Aggregation der zu fusionierenden Partikeln die F. durch einen kurzen Feldstärkeimpuls von etwa 1 kV/cm ausgelöst.

Die künstliche F. hat sehr große praktische Bedeutung. Durch F. von Eizellen scheint im Prinzip eine vegetative Vermehrung von Säugetieren möglich. Sogenannte Pflanzenmonster sind bereits durch F. von Pflanzenzellen und anschließende Gewebekultur erzielt worden.

Für medizinische Zwecke ist die Erzeugung von monoklonalen Antikörpern durch F. von Lymphozyten und Krebszellen bereits eine standardisierte Forschungsmethode.

Fusionsfrequenz, → Muskelkontraktion.
Fusionstranslokation, → zentrische Fusion.
Fuß, → Extremitäten.
Fußdrüse, wichtige Schleimdrüse im Fuß der Schnecken, die den Tieren das Kriechen ermöglicht. Aus der vorn liegenden Mündung wird ein Schleimfilm abgeschieden, auf dem die Schnecke sich bewegt.
Fusulinen [lat. fusus 'Spindel'], Ordnung der Großforaminiferen mit spindelförmigem Gehäuse, das eine Größe von 0,5 bis einige Zentimeter erreicht. Die zahlreichen Kammern sind planspiral um die Achse aufgerollt, sie werden durch Septen weiter unterteilt.

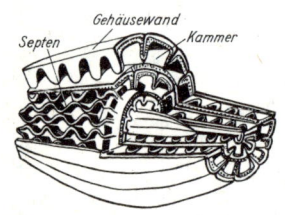

Schematischer Gehäuseaufbau der Gattung *Fusulina*; Vergr. 10:1

Verbreitung: Karbon bis Perm; weltweit, aber vorwiegend in der Tethys. Wichtige Leitform im Oberkarbon ist *Fusulina*, oft gesteinsbildend (Fusulinenkalk).

Futterhefen, Eiweißhefen, durch Massenzüchtung bestimmter Hefearten oder hefeartiger Pilze, z. B. *Torulopsis utilis, Candida tropicalis,* gewonnenes eiweiß- und vitaminreiches Futtermittel. F. kommen getrocknet mit 50 bis 60% Eiweißgehalt in den Handel. Da zur Vermehrung von F. außer Kohlenhydraten nur mineralische Nährstoffe benötigt werden, können auf diese Weise überschüssige Kohlenhydrate zur Schließung der Eiweißlücke umgesetzt werden. Außer Melasse, Molke, Hydrolysaten von Getreide u. a. können zur Futterhefegewinnung auch Sulfitablaugen als Rohstoff Verwendung finden. Damit wird zugleich dieses Abprodukt der Zelluloseindustrie in wirtschaftlicher Weise beseitigt. Ein weiteres billiges Verfahren zur Futterhefeherstellung ist die Verhefung von Holzhydrolysaten.

Sollen die Hefen als *Nährhefen,* d. h. für die menschliche Ernährung genutzt werden, geht man von ausgewählten Rohstoffen aus und bereitet die produzierten Hefen noch auf, z. B. durch Reinigungsverfahren.

F-Verteilung, → Biostatistik.
F-Zellen, → Konjugation.

G

Gabelbein, → Schultergürtel.
Gabelbock, → Gabelhorntiere.
Gabelhorntiere, *Antilocapridae,* eine nordamerikanische Familie der Paarhufer, die rezent nur noch durch den *Gabelbock, Antilocapra americana,* vertreten ist. Dieses etwa rehgroße Tier besitzt in beiden Geschlechtern einfach gegabelte Hörner, deren Hornscheiden jährlich abgeworfen und neu gebildet werden.

Gabelbock

Gabeltang, → Braunalgen.
Gabelweihe, → Habichtartige.
Gabelzahnmoos, → Laubmoose.
Gabunviper, → Puffottern.
Gadiformes, → Dorschartige.
Gagelgewächse, *Myricaceae,* eine Familie der Zweikeimblättrigen Pflanzen mit 56 Arten, die in den Subtropen und gemäßigten Breiten beider Erdhälften vorkommen. Es sind ausschließlich Bäume oder Sträucher, die mehr oder weniger dicht mit Harzdrüsen besetzt sind und dadurch aroma-

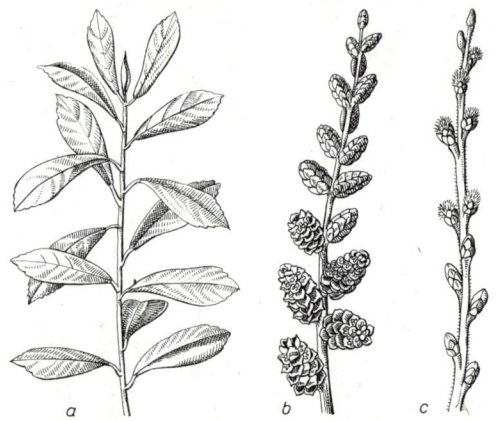

Gagelstrauch: Laubsproß (*a*), Zweig mit männlichen (*b*) und mit weiblichen (*c*) Blütenständen

tisch duften. Sie haben meist einfache, wechselständige Blätter und zweihäusig stehende, eingeschlechtige Blüten ohne Blütenhülle, die in Ähren angeordnet sind. Als Früchte werden fleischige Steinfrüchte ausgebildet. Chemisch sind sie durch das reichliche Vorkommen von Polyphenolen und Triterpenen gekennzeichnet. Einzige einheimische Art ist der in Mooren und Heiden entlang der Ostseeküste vorkommende *Gagelstrauch, Myrica gale,* der außerdem auch noch im atlantischen Europa und Nordamerika Verbreitungsgebiete hat. Seine Rinde wurde früher zum Gerben genutzt, Blätter und Früchte dienten zur Herstellung von Magenlikören.

Galagos, *Galagidae,* eine Familie der Halbaffen. Die maus- bis eichhörnchengroßen G. besitzen sehr große reflektierende Augen und große nackte Ohren, die beim Schlaf zusammengefaltet werden. Wegen ihrer in der Dämmerung und nachts geäußerten und wie Kinderweinen klingenden Kontaktrufe werden sie auch *Buschbabys* genannt. G. sind auf Afrika beschränkt.

Galaktane, zu den Hemizellulosen zählende Polysaccharide, die vorwiegend aus D-Galaktose aufgebaut sind. Zu ihnen zählen z. B. Agar-Agar und Carrageenan.

D-Galaktosamin, *Chondrosamin,* ein Aminozucker, der sich von Galaktose durch Ersatz der Hydroxylgruppe am C-Atom 2 durch eine Aminogruppe ableitet. D-Galaktosamin ist Bestandteil natürlicher Polysaccharide und Mukoproteine, wobei es als N-Acetyl-Derivat vorliegt.

Galaktose, ein zu den Aldohexosen zählendes Monosaccharid. G. kommt sowohl in der D-Form als auch in der L-Form vor. Sie ist Bestandteil vieler Oligosaccharide, z. B. der Laktose und der Raffinose, der Zerebroside und Ganglioside tierischer Nervengewebe, einiger Glykoside, z. B. Tomatin und Digitonin, sowie der Galaktane. G. ist durch obergärige Hefe nicht vergärbar.

β-D-Galaktose

β-Galaktosidase, *Laktase,* ein in der Natur weit verbreitetes, zu den Glykosidasen gehörendes Enzym, das Laktose in D-Glukose und D-Galaktose spaltet.

D-Galakturonsäure, eine Uronsäure, die von der D-Galaktose abgeleitet ist. In methylierter Form ist sie als Baustein der Pektine und einiger Polysaccharide anzutreffen.

β-D-Galakturonsäure

Galapagosfinken, *Geospizinae,* Unterfamilie der → Finkenvögel. Sie leben auf den vulkanisch entstandenen Galapagosinseln, die sie von Mittelamerika aus besiedelten. In Anpassung an die unterschiedlichen Existenzbedingungen auf den Inseln wandelten sich die Finken derart, daß es dort heute 14 nahe miteinander verwandte Arten gibt, die je nach der aufzunehmenden Nahrung ganz unterschiedlich ausgebildete Schnäbel haben. So gibt es G. mit einem Kernbeißer-Schnabel und solche mit einem Laubsänger-Schnabel. Der → Spechtfink benutzt einen Stachel zur Nahrungsgewinnung. Die G. werden zu Ehren von Charles Darwin auch als *Darwinfinken* bezeichnet, da diese Finken bei der Entwicklung der Vorstellung von der Artumwandlung, also der Evolutionstheorie, eine bedeutende Rolle spielten.

Gallen (Tafeln 12 und 13), *Pflanzengallen, Zezidien,* lokalisierte Wachstumsanomalien an pflanzlichen Organen, die durch Anwachsen der Zellenzahl (Hyperplasie) oder Vergrößerung der Zellen (Hypertrophie), welche oft mit Endopolyploidisierung einhergeht, sowie durch Zellfusionen und häufig auch durch Differenzierungen in ungewöhnlichen zeitlichen und räumlichen Mustern bedingt sind. G. stellen Tumoren mit begrenztem Wachstum dar, die spezifische Größe und oft auch Organpolarität und Symmetrie aufweisen. G. entstehen unter der Einwirkung tierischer (*Zezidozoen*) oder pflanzlicher Parasiten (*Zezidophyten*). Durch Tiere hervorgerufene G. werden als *Zoozezidien* bezeichnet. Zu den sehr zahlreichen tierischen Gallenerregern gehören Älchen, Milben, Blasenfüße, Wanzen, Zikaden, Blattflöhe, Blattläuse, Schildläuse, Schmetterlinge, Käfer, Blattwespen, Gallwespen, Zehrwespen, Gallmücken und Fliegen. Die G. dienen den Gallenerzeugern oder ihren Nachkommen als Nahrung, oft auch als Schutz. Die Gallenbewohner sind meist durch reduzierte Extremitäten und Sinnesorgane gekennzeichnet, oft liegt eine Spezialisierung auf bestimmte Pflanzenarten vor. Durch pflanzliche Parasiten, vorwiegend Bakterien und Pilze, verursachte G. nennt man *Phytozezidien*. Zu den pflanzlichen Gallenbildnern zählen *Agrobacterium tumefaciens,* der Erreger des Wurzelkropfes von Rübe und Obstbäumen, *Rhizobium*arten, die die Wurzelknöllchen der Leguminosen hervorrufen, Aktinomyzetenarten, die bei Pflanzen sehr vieler Familien, aber nicht bei Leguminosen, Wurzelknöllchen verursachen, und der Erreger der Kohlhernie (*Plasmodiophora brassicae*).

Form und Aufbau der G. sind außerordentlich verschiedenartig. Im Inneren von Organen oder Geweben entstehende G., die äußerlich nicht in Erscheinung treten, nennt man *Kryptozezidien,* z. B. die durch den Kartoffelnematoden verursachten »inneren Vergallungen« von Wurzeln. »Physiologische G.« sind morphologisch kaum auffallende Bildungen mit abnormal ablaufenden Stoffwechselleistungen. Die äußerlich deutlich erkennbaren G. lassen sich nach morphologisch-anatomischen Gesichtspunkten in folgende Gruppen einteilen: 1) *Organoide G.* bestehen aus den stark veränderten, jedoch mehr oder weniger deutlich erkennbaren Grundorganen der Wirtspflanzen. In diesem Zusammenhang sind abnorme Verzweigungen (→ Hexenbesen), Häufung von oft vereinfachten oder zumindest verkleinerten Blättern, bevorzugt an Sproßspitzen, wie sie z. B. in den Rosenäpfeln vorliegen, die durch die Rosengallenwespe hervorgerufen werden, ferner Blütenfüllung oder -vergrünung, Durchwachsungen u. a. anzuführen. Ist nur ein Pflanzenorgan an der Gallbildung beteiligt, spricht man von *einfachen G.* Sind mehrere Organe an der Gallbildung beteiligt, entstehen *zusammengesetzte G.* z. B. die Ananasgallen, die durch Fichtengallläuse hervorgerufen werden. 2) *Histoide G.* lassen keine organoiden Gliederungen erkennen. Sie entstehen als Wucherungen an Teilen von Sproßachse, Blatt oder Wurzel. Durch Förderung des Streckungswachstums an begrenzten Zonen der Zellwand von Epidermiszellen, z. B. infolge des Befalls der Blätter verschiedener Pflanzen mit dem Pilz *Synchytrium papillatum* oder Gallmilben, entstehen keulenförmige oder langgestreckte, dichtstehende Haare, die *Haar-* oder *Filzgallen.* Durch Wellung oder Faltung der Blattspreite kommt es zur Bildung von *Falten-* oder *Mantelgallen.* Durch Einrollung oder beutelförmige Aussackung werden *Roll-* oder *Beutelgallen* gebildet. Durch lokales Dickenwachstum entstandene Gewebewülste, die den Erreger allmählich umschließen, werden als *Umwallungsgallen* bezeichnet. *Markgallen* sind Wucherungen des

Gallenblase

Markgewebes. Hierzu gehören die Galläpfel. Oft sind die histoiden G. in auffallender und komplizierter Weise den Bedürfnissen des gallenerregenden Tieres angepaßt. Durch Ausbildung von sklerenchymatischen Zellelementen entsteht häufig ein widerstandsfähiges Gehäuse. Haarbildungen und nährstoffreiche, dünnwandige Zellen im Inneren der Gehäuse dienen der Ernährung des Gallentiers.

Gallbildungen sind nur in pflanzlichem Gewebe möglich, das noch zur Zellteilung befähigt ist oder wieder hierzu befähigt werden kann. Sie kommen durch erregerspezifische, räumlich und zeitlich gezielte stoffliche Einwirkung der gallbildenden Organismen zustande. Dabei spielen Phytohormone offenbar eine maßgebliche Rolle. So bildet *Corynebacterium fascians* ein Zytokinin, das bei der Auslösung von Verbänderungserscheinungen beteiligt sein dürfte. *Rhizobium* bildet IES, die für die Entstehung der Wurzelknöllchen wichtig ist. Im Speicheldrüsensekret vieler Gallinsekten kommt ebenfalls IES vor, die neben Aminosäuren, Enzymen und proliferationsfördernden Faktoren unbekannter chemischer Natur in räumlich und zeitlich programmierter Beeinflussung die G. zur Entwicklung bringt.

Lit.: R. Beiderbeck u. I. Koevoet: Pflanzengallen am Wegesrand. Entstehung und Bestimmung (Stuttgart 1979); H. Buhr: Bestimmungstabellen der G. (Zoo- und Phytocecidien) an Pflanzen Mittel- und Nordeuropas (Jena 1964); G. Fröhlich: Gallmücken – Schädlinge unserer Kulturpflanzen (Leipzig 1960); H. Ross: Praktikum der Gallenkunde (Berlin 1932); M. Skuhrava u. V. Skuhravy: Gallmücken und ihre G. auf Wildpflanzen (Leipzig 1963).

Gallenblase, *Vesica fellea,* dünnwandiger Schleimhautsack der Wirbeltiere, der als Reservoir für die von der → Leber gebildete Galle dient. Manche Vögel (Tauben, Papageien, Kolibris und Strauß) und einige Säuger (Pferd, Hirsch, Ratte und Wal) haben keine G. Die Lebergalle fließt über den *Ductus hepaticus* und *Ductus choledochus* in den Zwölffingerdarm oder vom *Ductus hepaticus* über den *Ductus cysticus* in die G. Die Blasengalle verläßt durch denselben Gang die G., der in den *Ductus choledochus* einmündet.

Gallenfarbstoffe, eine Gruppe von Farbstoffen, die beim Abbau des roten Blutfarbstoffs Hämoglobin aus zerfallenden roten Blutkörperchen entstehen. Hierbei wird der Porphyrinring des Hämoglobins zwischen zwei Pyrrolkernen aufgesprengt, so daß in den G. eine kettenartige Anordnung der 4 Pyrrolringe vorliegt. Über das grüne, noch Globin und Eisen enthaltende *Verdoglobin* (*Choleglobin*) entsteht zu-

Bilirubin

nächst das blaugrüne *Biliverdin,* das durch Reduktion in orangerotes *Bilirubin* übergeht. Dieser Farbstoff wird normalerweise in der Leber, deren gelbbraune Farbe er mit verursacht, abgefangen, mit Glukuronsäure zu einem Glukuronid gepaart und gelangt über die Gallenflüssigkeit in den Darm. Bei Gelbsucht kommt es jedoch zu erhöhtem Bilirubingehalt im Blut, wodurch Gelbfärbung der Haut eintritt. Im Darm wird Bilirubin weiter reduziert: Durch Reduktion entsteht über das gelbe *Mesobilirubin* farbloses *Urobilinogen* (*Mesobilirubinogen*) und *Sterkobilinogen.* Beide G. werden zum orangegelben *Urobilin* und goldgelben *Sterkobilin* oxidiert, die die normale braune Farbe des Kots be-

dingen. Die letztgenannten Umwandlungen werden größtenteils durch die Darmflora verursacht. G. sind auch im Tierreich verschiedentlich gefunden worden, z. B. in den Eierschalen von Vögeln, in Flügeln und Hautpigmenten von Insekten und in Meeresalgen. G. mit Ethylidengruppe kommen in zahlreichen Pflanzen als *Phykobiliproteine* vor. Sie sind Bestandteil der Photosynthesemembran, z. B. der Rot- und Blaualgen.

Gallenröhrling, → Ständerpilze.

Gallensäuren, zu den Steroiden gehörende Karbonsäuren, die, an Taurin oder Glykokoll gebunden (*gepaarte G.*), in Form der Natriumsalze die verdauungsfördernden Inhaltsstoffe der Galle darstellen. Die G. haben seifenähnliche Eigenschaften, setzen die Oberflächenspannung herab und

Cholsäure

wirken emulgierend auf Fette, was wichtig für deren Verdauung im Darm ist. Für die Resorption der Fettsäuren durch den Darm sind G. unbedingt erforderlich. Weiterhin aktivieren die G. die Lipasen. Die Gewinnung erfolgt z. B. aus Rinder- oder Schweinegalle. Die wichtigsten G. sind die *Cholsäure* (3α-, 7α-, 12α-Trihydroxycholansäure), die *Desoxycholsäure* (3α-, 12α-Dihydroxycholansäure) und die *Lithocholsäure* (3α-Hydroxycholansäure). Je nach der säureamidartigen Bindung an Glykokoll oder Taurin spricht man von *Glykocholsäuren* bzw. *Taurocholsäuren*; erstere überwiegend in Menschen- und Rindergalle, *Chenodesoxycholsäure* (3α-, 7α-Dihydroxycholansäure), letztere in Hundegalle. Die G. werden in der Leber aus Cholesterin aufgebaut. 90% der abgeschiedenen Menge werden im Darm wieder resorbiert.

G. sind Ausgangsmaterial für die Herstellung von Nebennierenrindenhormonen und ähnlich aufgebauten, pharmazeutisch wichtigen Steroiden.

Gallertdrüsen, Drüsen der weiblichen Geschlechtsausführgänge, die die tertiären Eihüllen liefern, z. B. bei Amphibien.

Galliformes, → Hühnervögel.

Gallionella, eine Gattung gramnegativer Bakterien, die in eisenhaltigen Wässern vorkommen und deren Zellen durch Stoffausscheidung lange, gedrehte Stiele ausbilden (→ Eisenbakterien).

Gallmilben, *Tetrapodili,* eine Unterordnung der zu den Spinnentieren gehörenden Milben. Die Tiere werden im Durchschnitt nur 0,15 bis 0,2 mm lang und zählen mit zu den kleinsten Gliederfüßern. Sie saugen an Pflanzen, indem sie mit den Chelizeren deren Zellen anstechen und sie durch ausgeschiedene Enzyme verflüssigen. Dadurch werden die Pflanzen zur Abwehrreaktion veranlaßt; es entstehen filzartige Haare, kugel- oder beutelförmige Gallen, oder es kommt zum Austrieb von Seitenknospen, Verdrehung von Achsen u. a. G. sind daher besonders im Obst- und Weinbau schädlich, z. B. die → Johannisbeergallmilbe und die → Rebenpockenmilbe.

Gallmücken, *Cecidomyiidae,* eine Familie der Zweiflügler mit etwa 4000 Arten von 2 bis 5 mm Körperlänge. Ihre Larven leben in faulenden Stoffen, saugen in Pflanzen oder erzeugen Gallen. Einige Arten werden an Kultur- und Zierpflanzen schädlich, z. B. die Weizengallmücke (*Contarinia tritici* Kby., *Sitodiplosis mosellana* Géh.), deren Larven durch

Gallenerzeugung die Kornbildung verhindern, oder die Kohlschotengallmücke (*Perrissia brassicae* Winn.), deren Larven die Samen von Raps, Rübsen und Gemüsekohl zerstören.

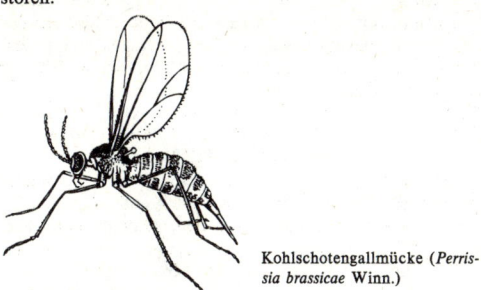

Kohlschotengallmücke (*Perrissia brassicae* Winn.)

Gallotannine, → Gerbstoffe.
Gallusgerbsäure, svw. Tannine.
Gallussäure, eine weit verbreitete aromatische Karbonsäure, die besonders in Eichenrinde, Galläpfeln und im Tee vorkommt. Sie ist Baustein der Tannine, aus der sie durch saure Hydrolyse gewonnen werden kann.

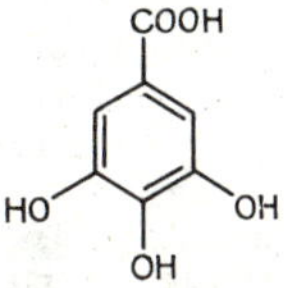

Gallwespen, *Cynipidae*, eine Familie der Hautflügler mit etwa 300 Arten in Mitteleuropa. Die meist nur 1 bis 5 mm großen Vollkerfe entwickeln sich in Pflanzengallen, einige auch als Parasiten oder Hyperparasiten. Die Larven der meisten heimischen G. erzeugen Gallen an Blättern, Stengeln oder Blüten von Eichen, Ahorn oder Wildrosen. Viele G. haben einen Generationswechsel zwischen zweigeschlechtlichen und eingeschlechtlichen (→ Parthenogenese) Generationen. Einige entwickeln sich als Einmieter in den Gallen anderer G.
Galvanonastie, svw. Elektronastie.
Galvanotaxis, durch elektrischen Strom gerichtete Ortsbewegung frei beweglicher Organismen (→ Taxis). Die G. ist entweder *negativ*, katodisch, wenn die aktive Bewegung zum negativen Pol (Katode) erfolgt, oder *positiv*, anodisch, wenn die aktive Bewegung zur Anode erfolgt. Bei freischwimmenden niederen Pflanzen kommen beide Formen vor. Häufig wechselt sogar das Verhalten einer Art, je nach Versuchsbedingungen und Vorbehandlung der Organismen. Die sich amöboid bewegenden Schleimpilze reagieren katodisch galvanotaktisch.
Galvanotropismus, svw. Elektrotropismus.
Gambohanf, → Malvengewächse.
Gametangiogamie, → Fortpflanzung.
Gametangium, → Fortpflanzung.
Gameten, *Geschlechtszellen*, haploide Eukaryotenzellen, die der geschlechtlichen Fortpflanzung dienen und von denen je eine ♀ und eine ♂ durch Zytoplasma- und Kernschmelzung die diploide Zygote bilden. Die geschlechtliche Differenzierung der G. kommt in ihren biochemischen und funktionellen Eigenschaften und meist auch morphologisch (*Anisogameten*) zum Ausdruck. Die Zelloberfläche der G. spielt bei der Erkennung und Kontaktherstellung zwischen den ♀ und ♂ Partnern eine besondere Rolle. Insbesondere weist die Glykokalyx (→ Plasmamembran) geschlechts- und artspezifische Unterschiede hinsichtlich ihrer chemischen Struktur auf, so daß in der Regel nur Zellfusionen zwischen ♀ und ♂ G. der gleichen Organismenart erfolgen

können. Die ♂ G. sind meist kleiner und beweglicher als die ♀ G. Die kleineren G. werden als *Mikrogameten* (♂), die größeren als *Makrogameten* (♀) bezeichnet, wenn beide Gametensorten Geißeln (→ Zilien) aufweisen. Fehlen morphologische Unterschiede (*Isogameten*), werden die nach ihren Eigenschaften zu unterscheidenden G. als + und − gekennzeichnet. Bei den Metazoen bzw. bei Farnen und Moosen werden kleine, begeißelte ♂ G., die *Spermien* bzw. *Spermatozoide* und große, unbewegliche ♀ G., die *Eier*, ausgebildet. Eizellen entstehen bei den meisten Metazoen in *Ovarien* (Eierstöcke), Spermien (Samenzellen) in *Testes* (Hoden). Die Entwicklung der G. (*Gametogenese*) geht bei Metazoen von Urkeimzellen (Urgeschlechtszellen) aus. Aus ihnen entstehen durch → Mitose kleine diploide, sexuell undifferenzierte Zellen (Gonien), bis diese in die Spermienentwicklung (→ Spermatogenese) oder Eientwicklung

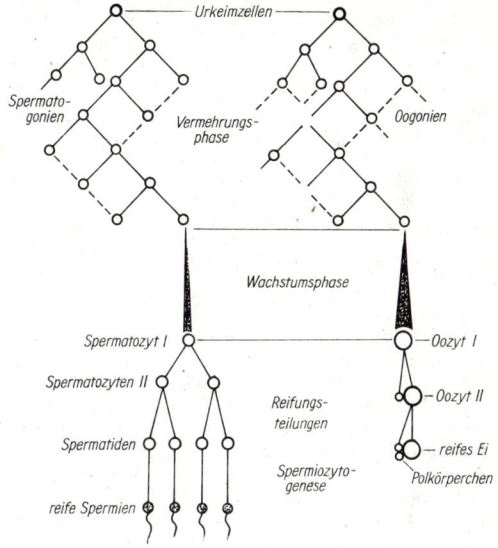

Schema der Oogenese und Spermiogenese bei Tieren

(→ Oogenese) eintreten (Abb.). Die *Spermatogonien* wachsen nach ihrer Vermehrungsphase nur wenig und werden nach Erreichen ihrer Endgröße als *Spermatozyten I* (Spermatozyten I. Ordnung) bezeichnet. Diese durchlaufen die → Meiose, dabei entstehen zunächst zwei *Spermatozyten II* und anschließend vier haploide *Spermatiden*. Diese differenzieren sich in der folgenden *Spermiozytogenese* zum funktionsfähigen *Spermium* (Tafel 22, 23). Im Spermienkopf liegt das → Akrosom dem Zellkern vorn kappenartig auf. Die akrosomalen Enzyme bahnen den Spermien den Weg zur Plasmamembran des Eies (*Oolemm, Oolemma*) und ermöglichen damit die Fusion der G. Die *Oogonien* wachsen nach Abschluß ihrer Vermehrung intensiv und lagern Reservestoffe (*Dotter*) ein. Der Zellkern befindet sich während dieser meist langen Wachstumsphase in der Prophase der Meiose. Nach Abschluß des Wachstums treten die nun sehr zytoplasmareichen Oozyten I (Eizellen) in die zwei meiotischen Teilungen ein. Dabei wird nur e i n e r der entstehenden 3 bis 4 haploiden Zellen fast das gesamte Zytoplasma (*Ooplasma*) zugeteilt, diese Zelle ist das o h n e weitere Differenzierung befruchtungsfähige *Ei*. Die 2 bis 3 anderen Zellen kennzeichnen die Lage des animalen Pols des Eies (*Pol-* oder *Richtungskörper*). Der Oozyt II (1. Richtungskörper) teilt sich gewöhnlich nicht mehr, so daß meist nur 2 Richtungskörper entstehen. Während der Oogenese er-

Gametogamie

wirbt die Eizelle eine Polarität. Sie kommt insbesondere in einer ganz bestimmten Verteilung von Reservestoffen und Zellorganellen im Zytoplasma zum Ausdruck und ist für den Verlauf der Furchung entscheidend.

Gametogamie, → Fortpflanzung.

Gametogenese, *Keimzellenbildung,* die Bildung funktionsfähiger Gameten. Die G. umfaßt alle Vorgänge der Gametenvermehrung, des Wachstums, der Reservestoffbildung, der Reifung (→ Meiose), Hüllenbildung und Ausstattung mit besonderen Organellen (Mikropylen, Bewegungsorganellen) und wird zuweilen als *Progenese* der nach der Befruchtung einsetzenden Entwicklung vorangestellt. Sie vollzieht sich bei den meisten Vielzellern, mit Ausnahme einiger Wirbelloser, in besonderen Organen, den Keimdrüsen oder Gonaden. Die männlichen oder weiblichen Gonaden sind entweder auf 2 Individuen verteilt (Gonochorismus, Getrenntgeschlechtlichkeit), oder sie treten zusammen in einem Individuum auf (Hermaphroditismus, Zwittrigkeit, Zweigeschlechtigkeit). Zwittrig sind auch die Lungenschnecken mit echten Zwitterdrüsen oder Ovariotestes.

Gametogonie, svw. Gamogonie.

Gametophyt, → Generationswechsel, → Sporen.

Gametozyt, → Gamont.

Gammaeule, *Autographa gamma* L., ein Eulenfalter mit γ-förmigen Zeichen auf den Vorderflügeln. Er wandert jährlich in unterschiedlichen Mengen aus südlichen Gebieten nach Mitteleuropa ein (→ Wanderfalter). Die Falter sind Tag- und Nachtflieger. Durch starke Vermehrung (ein Weibchen kann bis 1 000 Eier ablegen) verursachen die Raupen durch Blattfraß an Hackfrüchten, Gemüse, Klee und anderen Pflanzen gelegentlich starke Schäden.

Gammaglobulin, nach ihrer Wanderung in der Elektrophorese abgegrenzte Gruppe von Globulinen des Blutserums. Zu den G. gehören die meisten Immunglobuline.

Gammaridae, → Flohkrebse.

Gamogonie, *Gametogonie,* bei Protozoen die Bildung der Gameten aus Gamonten. Aus einem weiblichen Gamonten geht in der Regel nur ein Makrogamet hervor, während männliche Gamonten zahlreiche Mikrogameten bilden. Bei Metazoen → Fortpflanzung.

Gamone, *Befruchtungsstoffe,* Substanzen, die in geringen Mengen von den männlichen und weiblichen Geschlechtszellen abgeschieden werden und die Aktivität der männlichen Keimzellen steigern sowie das Anlocken (→ Chemotaxis) bewirken. Ihre Anzahl ist noch unbekannt. Es heben sich aber eindeutig sowohl beim Ei als auch beim Samenfaden je zwei Stoffkomplexe ab. Der *Gynogamon-Komplex I* (Echinochrom A der Seeigel, ein Chinonderivat, Astaxanthin der Regenbogenforelle, Vanillin in *Psammechinus*) hat eine dreifache Wirkung: chemotaktische Anlockung der Spermatozoen, Aktivierung der Spermienbewegung unter Verstärkung der Atmung, Antagonismus zu Androgamon I. Er ist noch in stärksten Verdünnungen wirksam, wird jedoch durch Lichteinwirkung vernichtet. Der *Gynogamon-Komplex II* (Fertilizin oder Agglutinin) löst Spermienagglutination aus und ist sehr hitzeempfindlich. Der *Androgamon-Komplex I* bewirkt teilweise oder vollständige Spermalähmung, Verflüssigung der Kortikalschicht der Eioberfläche, Neutralisierung des Gynogamon I. Der *Androgamon-Komplex II* löst die Eigallerte auf und neutralisiert die Agglutinationswirkung der Gynogamone II. Zwischen Gyno- und Androgamonen besteht also ein Wirkungsantagonismus.

Neben diesen Stoffkomplexen ist eine Reihe von Enzymen in den Geschlechtszellen nachgewiesen worden: Dehydrogenase, Oxygenase u. a., im Säugerspermienkopf die *Hyaluronidase,* die die aus Hyaluronsäure bestehende Zwischensubstanz der Corona radiata auflöst.

Auch im Pflanzenreich, bei verschiedenen Algen und Pilzen, hat man eine Reihe solcher geschlechtsspezifischer Wirk- und Befruchtungsstoffe gefunden. Die G. der isogamen Algenart, *Chlamydomonas eugametos,* gehören zu den Glykoproteiden. Von den Eiern der Braunalgengattung *Fucus* wird das Ethylenpolymerisat Fucoserraten abgegeben. Die weiblichen Gameten des Pilzes *Allomyces* bilden das Sesquiterpendiol Sirenin.

Gamont, *Gametozyt,* im Entwicklungszyklus der Protozoen die Zelle, die Gameten bildet. → Fortpflanzung.

Gamontogamie, → Fortpflanzung.

Gandrysche Körperchen, → Tastsinn.

Gangarten, Formen der Fortbewegung mittels Extremitäten im terrestrischen Lebensraum bei Bodenkontakt. Der Begriff wird vorrangig bei Säugetieren angewandt, gilt aber auch für andere Tiergruppen, die über »Laufbeine« verfügen. Die G. stehen vor allem im Dienst der Geschwindigkeitsregulation; sie weisen im allgemeinen keine Übergänge auf, sondern beruhen auf einer prinzipiellen Veränderung der motorischen Koordination, wie etwa in der Reihe Gehen – Trab – Galopp.

Gangesgavial, *Gavialis gangeticus,* einziger Vertreter der → Gaviale. Der G. bewohnt die großen Flüsse Vorderindiens, soll bis 7 m Länge erreichen und ernährt sich ausschließlich von Fischen, worauf auch die extrem verlängerte, stark bezahnte Schnauze hinweist. Er ist heute vom Aussterben bedroht und steht unter Schutz.

Ganglienblocker, *Gangloplegika,* Substanzen, die die Erregungs-, d. h. die cholinerge Übertragung (→ Azetylcholin) der vegetativen Ganglien (→ vegetatives Nervensystem) spezifisch blockieren.

Ganglienzelle, Nervenzelle in einem Ganglion.

Ganglion, *Nervenknoten,* Teil des Nervensystems, in dem die Zellkörper von Neuronen konzentriert sind. Im Wirbeltiergehirn werden die G. als »Kerne« (Nuclei) oder Schichten (Laminae) bezeichnet, im letzteren Falle liegen die Nervenzellkörper oft sehr eng beieinander, so daß im histologischen Bild eine Körnerschicht sichtbar wird, während sich die Dendriten als filzige Struktur außerhalb befinden. Die G. sind untereinander durch die *Axone* verbunden, die, zu Strängen angesammelt, *Nerven* heißen. Gliazellen sind Bestandteile von G. Zahlreiche G. befinden sich in der Peripherie, z. B. in Sinnesorganen und im vegetativen Nervensystem. In vielen G. beeinflussen die Nervenzellen wechselseitig ihre Informationsverarbeitung und stellen Integrationszentren für einlaufende Erregungen dar. Die phylogenetisch ersten G. besitzen manche Zoelenteraten, das Prinzip der Konzentrierung von Nervenzellkörpern zu G. wird in der Phylogenese ausgebaut und führt zu den zentralisierten Nervensystemen vieler Organismengruppen.

Ganglioplegika, svw. Ganglienblocker.

Ganglioside, stark saure und kohlenhydratreiche Verbindungen, die aus Sphingosin, Fettsäuren, Hexosen und Sialinsäuren aufgebaut sind. G. kommen besonders in der Hirnsubstanz, aber auch in der Milz, in Leukozyten, den Nieren und anderen Organen vor. Sie sind Bestandteil einiger neuronaler Membranen des Zentralnervensystems und wahrscheinlich an der Erregungsleitung der Neuronen beteiligt.

Gänseblümchen, → Korbblütler.

Gänsefußgewächse, *Chenopodiaceae,* eine Familie der Zweikeimblättrigen Pflanzen mit etwa 1 500 Arten, die über die ganze Erde verbreitet sind, überwiegend jedoch an salz- und stickstoffhaltigen Stellen, als Meeresstrandbewohner bzw. Ruderalpflanzen wachsen. Es sind Kräuter, selten Sträucher, mit wechselständigen Blättern, die bei sukkulenten Formen zurückgebildet sind. Die meist zwittrigen Blüten sind klein und unscheinbar, haben eine grünliche oder rötliche, einfache Blütenhülle und stehen zu knäueligen, trugdoldigen oder traubigen Blütenständen vereint. Sie werden durch den Wind oder durch Insekten bestäubt; der oberständige Fruchtknoten entwickelt sich zu einer einsamigen Nuß. Chemisch ist die Familie unter anderem durch das reichliche Vorkommen von Betain gekennzeichnet.

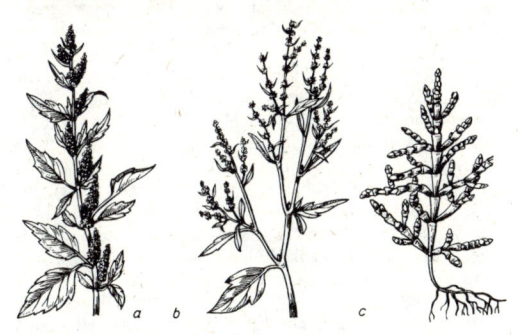

Gänsefußgewächse: *a* Weißer Gänsefuß, *b* Gemeine Melde, *c* Queller

Die wichtigste Gemüse- und Futterpflanze der G. ist die zweijährige **Rübe**, *Beta vulgaris*, deren verschiedene Kulturformen als **Mangold**, **Zuckerrübe**, **Futterrübe** und **Rote Rübe** angebaut werden. Als Gemüsepflanze wichtig ist der trotz seines hohen Oxalsäuregehaltes auch viel gegessene **Spinat**, *Spinacia oleracea*, mit langgestielten Blättern und zwittrigen Blüten. Viele Ruderalpflanzen und Ackerunkräuter gehören zu den Gattungen **Gänsefuß**, *Chenopodium*, und **Melde**, *Atriplex*. Die **Gartenmelde**, *Atriplex hortensis*, ist eine alte indogermanische Nutzpflanze, die bis zur Renaissance in Europa als Spinat- und Zierpflanze kultiviert wurde.
Die **Reismelde**, *Chenopodium quinoa*, wird in den südamerikanischen Anden als Mehl- und Futterpflanze kultiviert und ist ein wichtiges Nahrungsmittel der indianischen Bevölkerung. Als Zierpflanze in Park- und Gartenanlagen häufig angepflanzt wird die **Sommerzypresse**, *Kochia scoparia*, deren Blätter sich im Laufe der Vegetationsperiode von hellgrün über dunkelrot verfärben. Pionierpflanze an Standorten mit starkem Salzgehalt, wie verlandende Wattenmeere, ist der **Queller**, *Salicornia europaea*, eine sukkulente Art.
Als »Bäume der Wüste« sind die verschiedenen Arten der Gattung **Saksaul**, *Haloxylon*, bekannt. Sie kommen in den Wüstengebieten von Nordafrika bis Zentralasien vor und werden vielfältig genutzt, vor allem als Brennholz.
Gänsevögel, *Anseriformes*, Ordnung der Vögel mit den Familien Wehrvögel, *Anhimidae*, und Entenvögel, *Anatidae*, mit nahezu 150 Arten. Die in Südamerika vorkommenden *Wehrvögel* haben keine Schwimmhäute, können aber gut schwimmen. Sie haben nach vorn gerichtete Flügelsporen, mit denen sie sich zur Wehr setzen. Die *Entenvögel* haben Hornlamellen am Schnabel, sie dienen als Reuse bei den Enten, zum Festhalten der Beute bei den Sägern und zum Greifen und Abschneiden von Pflanzenteilen bei den Gänsen. Die Entenvögel sind Boden- oder Höhlenbrüter. Ihre Jungen sind Nestflüchter, die sofort schwimmen können und ihre Nahrung selbst suchen. Vertreter sind die *Schwäne, Cygnus, Spaltfußgans, Anseranas, Baumenten, Dendrocygnus, Gänse, Anser* (mit Grau-, Bläß-, Saat-, Zwerggans), *Schwanengans, Cygnopsis* (Hausform: Höckergans), *Schwimmenten, Anas* (mit Stock- einschließlich Haus-, Pfeif-, Schnatter-, Krick-, Knäkente), *Tauchenten, Melanitta, Aythya* u. a. Gattungen, *Eiderenten, Somateria, Säger, Mergus* u. a. Die *Kuk-*

1 Höckerschwan (*Cygnus olor*)

kucksente, Heteronetta atricapilla, läßt ihre Eier von Greifvögeln, Reihern, Bläßhühnern und anderen Enten ausbrüten. Die *Riesendampfschiffente, Tachyeres pteneres*, ist flugunfähig.

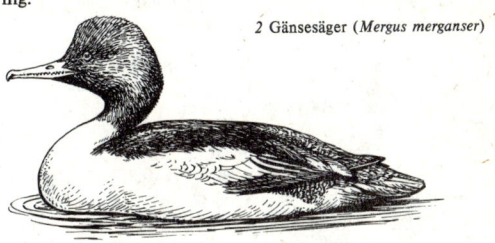

2 Gänsesäger (*Mergus merganser*)

gap junction, → Plasmamembran.
Garigue, *f*, von Zwergsträuchern, Geophyten und Gräsern aufgebaute Formation flachgründiger Böden des Mittelmeergebietes. Sie ist aus der Degradierung der Hartlaubwälder oder Hartlaubgebüsche (Macchie) hervorgegangen, → Hartlaubvegetation.
Garnelen, *Natantia*, zur Ordnung der Zehnfüßer gehörende Krebse mit langgestrecktem, seitlich zusammengedrücktem Körper und kräftigem Hinterleib. Sie können dauernd oder zeitweise schwimmen. Die meisten Arten sind marin und haben als Fischnahrung sowie für die Fischereiwirtschaft große Bedeutung (die G. sind wertvolle Speisekrebse). Die bekanntesten G. sind die in großen Schwärmen in der Nordsee vorkommende *Nordseegarnele* oder *Granat, Crangon crangon*, und die im größten Teil der Ostsee lebende *Ostseegarnele, Palaemon squilla*.
Gärröhrchen, ein Glasgerät für den Nachweis und die Untersuchung der Gasbildung bei Gärprozessen. G. werden vor allem zum Nachweis der Vergärbarkeit von Zuckern als Merkmal für die Identifizierung von Hefen und Bakterien verwendet. Es gibt verschiedene Typen von G., z. B. Einhornröhrchen und → Durhamröhrchen.
Gärtank, → Fermenter.
Gartenkerbel, → Doldengewächse.
Gartenkresse, → Kreuzblütler.
Gartenrotschwanz, → Drosseln.
Gärung, eine bei Mikroorganismen verbreitete Art des katabolen Stoffwechsels, bei dem organisches Substrat, insbesondere Kohlenhydrat, ohne Luftsauerstoff abgebaut wird. Der im Verlauf der G. aus dem Substrat abgespaltene Wasserstoff wird im Gegensatz zur Atmung nicht auf Sauerstoff, sondern auf organische Verbindungen übertragen, die ebenfalls beim Abbau des Substrates entstehen. Wesentliche Endprodukte der G. sind deshalb stets bestimmte organische Verbindungen, nach denen die einzelnen Gärungs-

typen unterschieden werden. Entstehen bei einer G. mehrere organische Endprodukte nebeneinander, so handelt es sich um eine **heterofermentative G.**; entsteht im wesentlichen nur ein solches Produkt, wird die G. als **homofermentativ** bezeichnet. Die G. dient den Gärungsorganismen zur Gewinnung der Energie, die zur Aufrechterhaltung ihrer Lebensprozesse erforderlich ist.

Zur → **alkoholischen Gärung**, bei der aus Zuckern Ethylalkohol und Kohlendioxid gebildet werden, sind überwiegend Hefen, aber auch Bakterien befähigt. Wirtschaftlich ebenfalls von großer Bedeutung ist die **Milchsäuregärung**, die von den Milchsäurebakterien, z. B. *Lactobacillus*-Arten, bewirkt wird. Dabei werden Hexosen, Pentosen und verwandte Disaccharide in Milchsäure umgewandelt, bei heterofermentativen Milchsäuregärungen entstehen neben Milchsäure noch Ethylalkohol oder Essigsäure:

$C_6H_{12}O_6 \rightarrow 2\,CH_3-CHOH-COOH$ bzw.
Glukose   Milchsäure

$C_6H_{12}O_6 \rightarrow CH_3-CHOH-COOH + C_2H_5OH + CO_2$ oder
Glukose   Milchsäure   Ethanol

$2\,C_6H_{12}O_6 \rightarrow 2\,CH_3-CHOH-COOH + 3\,CH_3-COOH$.
Glukose   Milchsäure   Essigsäure

Die Milchsäuregärung hat praktische Bedeutung für die Erzeugung von Sauermilch und verwandten Produkten, für die Bereitung von Silage sowie von eingesäuertem Gemüse. Beim Aufgehen des Brotteiges verläuft neben der alkoholischen G. auch die Milchsäuregärung.

Eine meist heterofermentative G. ist die **Buttersäuregärung** durch Buttersäurebakterien, überwiegend der Gattung *Clostridium*, bei der Hexosen in Buttersäure, daneben z. T. auch in Azeton und Isopropylalkohol umgewandelt werden. Die Buttersäuregärung hat praktische Bedeutung bei der Gewinnung von Buttersäure durch die Vergärung von Kalziumlaktat und bei der Flachsröste. Bei der Herstellung von Silage und bei der Naßfäule von Kartoffeln kann sie ungewollt auftreten. Wie die Buttersäuregärung verläuft auch die **Butanol-Azeton-G.**, bei der jedoch die Buttersäure weiter reduziert wird zu Butylalkohol. Zum Beispiel wandelt *Clostridium acetobutylicum* auf diese Weise Kohlenhydrate in Butylalkohol, Azeton, Kohlendioxid und Wasser um. Die Butanol-Azeton-G. hat große praktische Bedeutung für die industrielle Gewinnung von Azeton und Butylalkohol, die vor allem als Lösungsmittel benötigt werden. Als Rohstoffe werden geringwertiger Mais und Sulfitablaugen verwendet.

Die **Propionsäuregärung**, bei der Glukose oder andere Substrate in Propionsäure umgewandelt werden, erfolgt überwiegend durch Propionsäurebakterien. Als Nebenprodukte entstehen Essigsäure und Kohlendioxid. Die Propionsäuregärung hat für das Reifen bestimmter Käsearten, z. B. Emmentaler Käse, Bedeutung. Technisch wird sie zur Gewinnung von Propionsäure genutzt.

Die sogenannten **aeroben** oder **oxidativen G.** sind, da sie nur unter Einbeziehung von Luftsauerstoff ablaufen können, keine G. So ist die → **Essigsäuregärung** eine im Vergleich zur Atmung unvollständige Oxidation, d. h., der Abbau des Substrates erfolgt nicht bis zu den Endprodukten der Atmung (Kohlendioxid und Wasser), sondern bis zur Bildung eines unvollständig oxidierten Produktes, der Essigsäure. Andere aerobe »Gärungen« werden zur Produktion verschiedener organischer Säuren genutzt. Darunter ist am wichtigsten die Erzeugung von Zitronensäure durch den Gießkannenschimmel, *Aspergillus niger*. Technisch werden damit große Mengen Zitronensäure gewonnen, die billiger als die aus Zitrusfrüchten hergestellte ist. Als Rohstoffe werden gewöhnlich Saccharose oder die billigere Melasse verwendet, wobei die Ausbeute an Zitronensäure etwa 60% der eingesetzten Kohlenhydratmenge beträgt.

Außer Kohlenhydraten können auch verschiedene andere organische Substrate den Gärungsorganismen als Nährstoffe dienen. Wichtig ist die **Vergärung von Eiweißstoffen**, die als → **Fäulnis** bezeichnet wird. Bei diesem für den Stoffkreislauf in der Natur außerordentlich wesentlichen Prozeß entstehen Ammoniak, Schwefelwasserstoff und andere Verbindungen.

Gasaustausch, der Austausch der Atemgase zwischen dem Inneren der Organismen und ihrer Umgebung.

Bei allen Tieren mit Blutkreislauf, bei denen das Blut die Atemgase transportiert, findet ein zweifacher G. statt: in den Atmungsorganen und in den Geweben.

1) Der G. in der Lunge. In der Lunge findet der Übertritt des Luftsauerstoffs ins Blut statt, während umgekehrt das Kohlendioxid des Blutes an die Lungenluft abgegeben wird. Der Austausch beruht nur auf Diffusionsvorgängen.

Durch das Ein- und Ausatmen wird nicht die gesamte Luft der Lunge ausgewechselt. Bei Ruheatmung beträgt das Atemzugvolumen des erwachsenen Menschen etwa 500 ml. Davon verbleibt eine Luftmenge von durchschnittlich 150 ml in den Zuleitungswegen zum Alveolarraum und nimmt am G. nicht teil. Die restlichen 350 ml Frischluft vermischen sich mit dem exspiratorischen Reservevolumen (2000 ml) und der Residualluft (1500 ml). Das Verhältnis des für den G. genutzten Inspirationsvolumens zum Volumen der in der Lunge verbliebenen Luft wird als *Ventilationskoeffizient* bezeichnet. Unter Bedingungen der Ruheatmung beträgt er etwa 0,1 (350 ml/2000 ml + 1500 ml). Bei Atmungssteigerung wächst diese Größe, weil sich das Atemzugvolumen erhöht, während gleichzeitig das Reservevolumen abnimmt. Der Ventilationskoeffizient ist damit ein Maß für die »Auffrischung« der Lungenluft. Der Umstand, daß immer nur ein Teil der Lungenluft erneuert wird, hat große Bedeutung für die chemische Atmungsregulation. Schwankungen des Kohlendioxid- und Sauerstoffgehaltes in der Alveolarluft und damit im Blut treiben die Regulationsmechanismen an. Durch die Luftmischung in der Lunge sind diese Schwankungen bei Ruheatmung auf ein Minimum herabgesetzt. Beim Ansteigen des Ventilationskoeffizienten werden sie größer, wodurch die Regulation der Atmung verstärkt wird.

Die durch die Lungenwand diffundierende Gasmenge hängt mit vom Druckgefälle des betreffenden Gases zwischen Alveolarluft und Blut ab (Abb. s. S. 307). Je größer das Druckgefälle ist, um so intensiver ist der G. Die Größe des Druckgefälles wird durch die Differenz des → *Partialdruckes* der Atemgase in der Alveolarluft und des Partialdruckes im Blut dargestellt. In der Inspirationsluft sind 21 Vol% Sauerstoff enthalten, was einem Partialdruck von 21,3 kPa entspricht. Durch die Mischung der Luft in der Lunge sinkt der Partialdruck auf etwas über 13 kPa ab. Demgegenüber beträgt der Sauerstoffpartialdruck des venösen Blutes, das in der Lungenarterie den Lungenkapillaren zugeführt wird, rund 5 kPa. Nach dem Passieren der Lungenkapillaren ist der Sauerstoffpartialdruck des Blutes auf etwa 13 kPa angestiegen. Da das gesamte in der Lunge vorhandene Sauerstoffvolumen groß ist gegenüber der ins Blut diffundierenden Menge, fällt der Sauerstoffpartialdruck der Alveolarluft nur sehr wenig ab. In der zum Herzen führenden Lungenvene vermindert sich der Sauerstoffgehalt etwas, weil dem arteriellen Blut venöses »Kurzschlußblut«, das zwar durch die Lunge strömte, aber am G. nicht teilnahm, beigemischt wird. Das arterielle Blut weist schließlich einen Sauerstoffpartialdruck von etwa 12 kPa auf. Die Diffusionsrichtung des Kohlendioxids ist der des Sauerstoffs entgegengesetzt. Der Kohlendioxidpartialdruck in der Inspirationsluft erhöht sich durch die Luftmischung in der Lunge von 0,03 auf 5,3 kPa. Durch den G. sinkt der Kohlendioxidgehalt des Blutes während der Durchströmung der Lungenkapillaren von 6 auf 5 kPa. Der Kohlendioxidaustausch ist eher abgeschlossen als der Sauerstoffaustausch, weil das Kohlendioxid wesentlich schneller diffundiert.

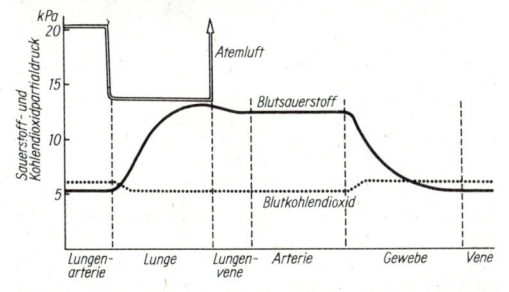

Gasaustauschkurven für Sauerstoff und Kohlendioxid beim Menschen

Die *Diffusion* der Atemgase ist im wesentlichen von drei Faktoren abhängig: a) vom *Druckgefälle* der Atemgase zwischen Alveolarluft und Blut. Es kann durch zwei Mechanismen verändert werden. Die Partialdrücke von Sauerstoff und Kohlendioxid in der Alveolarluft hängen ab von dem jeweiligen Atemzugvolumen und der Atemfrequenz. Steigerung der Atmung bewirkt Erhöhung des Sauerstoffpartialdruckes und Senkung des Kohlendioxidanteils in der Alveolarluft: bei gesteigerter Atmung erhöht sich das Druckgefälle, wodurch der G. intensiviert wird. Andererseits sind auch die Partialdrücke der Atemgase im Blut variierbar. Beispielsweise ruft eine Stoffwechselintensivierung mit erhöhtem Sauerstoffverbrauch und vermehrter Kohlendioxidproduktion eine Senkung des Sauerstoffgehaltes und eine Steigerung des Kohlendioxidpartialdruckes im Venenblut hervor. Auch dadurch wird das Druckgefälle größer und der G. intensiver. b) vom *Diffusionsfaktor* oder der *Diffusionskapazität*, d. h. dem Gasvolumen, das in einer Minute bei einem Druckgefälle von 0,1 kPa aus der Alveolarluft ins Blut oder umgekehrt diffundiert. Der Diffusionsfaktor ist ebenfalls variierbar. Er ist abhängig von der Größe der für den G. zur Verfügung stehenden Fläche. Beim ruhenden Organismus nimmt ein Teil der Alveolen nicht am G. teil. Es sind jene Alveolen, die entweder nicht mit frischer Atemluft beschickt, oder deren anliegende Lungenkapillaren nicht durchblutet werden. Durch Muskeltätigkeit wird dieser Prozentsatz vermindert. Der Diffusionsfaktor und damit die Diffusion der Atemgase steigt an. Beim gesunden erwachsenen Menschen beträgt der Diffusionsfaktor unter Ruhebedingungen für Sauerstoff 2 bis 2,7 ml/Minute/kPa. Da die mittlere Sauerstoffdruckdifferenz zwischen Alveolarluft und Kapillarblut zu etwa 3,3 bis 4,7 kPa angesetzt werden muß, ergibt sich für die Sauerstoffmenge, die in einer Minute aus dem gesamten Lungenraum ins Blut diffundiert, ein Wert von 375 bis 700 ml. Für Kohlendioxid ist der Diffusionsfaktor etwa 20mal größer. Der Kohlendioxidaustausch erfolgt daher wesentlich rascher. c) von der *Kontaktzeit*, während der die Alveolarluft mit dem strömenden Blut in Verbindung steht. Normalerweise ist die Strömungsgeschwindigkeit des Blutes in den Lungenkapillaren so eingestellt, daß ein nahezu vollständiger Druckausgleich erfolgen kann. Die Partialdruckdifferenz für Sauerstoff zwischen der Alveolarluft und dem arteriellen Blut beträgt beispielsweise unter Ruhebedingungen nur 0,7 bis 1,2 kPa.

2) Auch der G. im Gewebe erfolgt nur durch Diffusion. Es gelten daher dieselben Gesetzmäßigkeiten wie beim G. in der Lunge. Die Diffusionsrichtungen sind für beide Atemgase umgekehrt. Der Partialdruck des Sauerstoffs in den Zellen der Gewebe kann zwischen 0 und 4 kPa, der des Kohlendioxids zwischen 6,7 und 8 kPa schwanken. Für die Größe des G. sind zwei Faktoren von Bedeutung. Durch eine Veränderung der Stoffwechselaktivität verändern sich der Sauerstoff- und Kohlendioxidgehalt der Gewebe und damit das Druckgefälle der Gase zwischen Blut und Gewebe. Andererseits bewirkt eine Erhöhung der Durchblutung des Gewebes durch die Vergrößerung der Austauschflächen ein Ansteigen der diffundierenden Gasmengen.

Bei den Pflanzen bedeutet G. 1) Kohlendioxidaufnahme und Sauerstoffabgabe bei der → Photosynthese, 2) Sauerstoffaufnahme und Kohlendioxidabgabe bei der → Atmung sowie 3) Wasserdampfabgabe durch → Transpiration.

Der Umfang der Kohlendioxidaufnahme und der Wasserdampfabgabe ist in stärkerem Maße vom Öffnungsgrad der Spaltöffnungen abhängig als der Sauerstoffaustausch, denn Sauerstoff kann wesentlich besser durch die Kutikula diffundieren. Für den Umfang des G. sind ferner die Beschaffenheit der Pflanzenoberfläche und des Interzellularensystems von großer Bedeutung.

Gaster, → Verdauungssystem.
Gasteria, → Liliengewächse.
Gastraea-Theorie, von Ernst Haeckel (1874) begründete Hypothese über die Stammform der vielzelligen Tiere. Diese soll der embryonalen Gastrula heutiger Metazoen geglichen, also Ekto- und Entoderm sowie Urmund und Urdarm besessen haben. Unter den rezenten Tieren entsprechen die Polypen der Hohltiere noch weitgehend der hypothetischen urtümlichen Gastraea.
Gastralfilamente, die fingerförmigen Faltungen des Gastralraumes der Skyphomedusen, die Enzyme für die Außenverdauung abscheiden. Die G. entsprechen den Mesenterialfilamenten der Korallentiere.
Gastralhöhle, → Gastrulation.
Gastrallager, → Schwämme, → Verdauungssystem.
Gastralraum, → Verdauungssystem.
Gastralsepten, → Verdauungssystem, → Korallentiere.
Gastraltaschen, → Verdauungssystem.
Gastrin, ein zu den Polypeptidhormonen zählendes Gewebshormon, das aus 17 Aminosäuren aufgebaut ist und dessen C-terminales Ende mit dem des Pankreozymins identisch ist: Pyr-Gly-Pro-Trp-Leu-Glu-Glu-Glu-Glu-Ala-Tyr-Gly-Trp-Met-Asp-Phe-NH_2. G. wird in den G-Zellen im Antrum des Magens gebildet und stimuliert auf dem Weg über die Blutbahn die Magenschleimhaut zur Bildung und Sekretion von Salzsäure. Die Produktion von G. wird durch den pH-Wert des Magensaftes sowie durch die Hormone Sekretin und das gastritische Inhibitorpolypeptid reguliert. Überproduktion von G. führt zu Magenübersäuerung und Ulkus.
Gastrioceras [griech. gaster 'Bauch', keras 'Horn'], ein leitender Goniatit (Kopffüßer) des Oberkarbons (Westfal); sein Gehäuse ist planspiral eingerollt, eng genabelt mit einem bauchigem Querschnitt. An der Nabelkante befinden sich Knoten. Die Lobenlinie ist einfach verfaltet mit einem bezeichnenden Außensattel.
gastritisches Inhibitorpolypeptid, Abk. *GIP*, ein zu den Polypeptidhormonen gehörendes Gewebshormon, das im Dünndarm gebildet wird und aus 28 Aminosäuren aufgebaut ist. Es bewirkt als Gegenspieler von Gastrin die Hemmung der Säuresekretion im Magen und stimuliert die Insulinsekretion.
Gastrizsin, ein zu den Proteinasen (→ Proteasen) gehörendes Enzym, das im Magen des Menschen vorkommt und

Gastrolithen

für die Milchgerinnung verantwortlich ist, indem es lösliches Kasein der Milch durch Spaltung einer spezifischen Peptidbindung in unlösliches Kasein (Parakasein) überführt. G. entspricht dem → Rennin.

Gastrolithen, svw. Krebssteine.
Gastroma, → Verdauungssystem.
Gastromycetales, → Ständerpilze.
Gastroneuralia, → Protostomier.
Gastrophilidae, → Zweiflügler.
Gastropoden, svw. Schnecken.
Gastrotricha, → Bauchhärlinge.
Gastrovaskularraum, → Verdauungssystem.
Gastrozöl, → Verdauungssystem.
Gastrulation, die erste Phase der Keimblätterbildung. Sie folgt auf die → Furchung, als deren Ergebnis die Blastula entsteht. Durch Zellbewegungen und -verlagerungen kommt es zur Herausbildung eines zweischichtigen, aus den beiden primären Keimblättern (Ekto- und Entoderm) bestehenden Keimzustandes, der *Gastrula* oder des Becherkeimes. Sie wird ausgelöst durch neue, örtlich unterschiedlich lebhafte Zellvermehrungen. Ihr Verlauf ist sehr verschieden und bei den meisten Tiergruppen abhängig vom Dottergehalt und von der Form der Blastula. Sie kann erfolgen: 1) durch *Invagination* oder *embolische* G., der Zöloblastula und verläuft unter Einstülpung des Blastoderms am vegetativen Pol in das Innere des Blastozöls, das entweder zu einem Teil als primäre Leibeshöhle erhalten bleiben kann (z. B. bei Stachelhäutern) oder gänzlich verdrängt wird (*Branchiostoma*). Die eingestülpte Zellage stellt das innere Keimblatt (→ Entoderm) dar, das an dieser Bewegung nicht beteiligte Zellmaterial bildet das äußere Keimblatt (→ Ektoderm). Die Umschlagstelle zwischen Ekto- und Entoderm wird als *Urmund, Blastoporus* oder *Prostoma*, ihre Ränder werden als *Urmundlippen* bezeichnet. Der Urmund bleibt bei den Protostomiern als definitive Mundöffnung erhalten, während er bei den übrigen *Bilateria* geschlossen und ein neuer Mund sekundär in Form eines Ektodermdurchbruches gebildet wird (Deuterostomier). Der Urmund führt hinein in die *Urdarmhöhle* oder das *Gastralhöhle* oder das *Archenteron*, das später zur definitiven Darmhöhle wird; 2) durch *Epibolie* oder Umwachsung (z. B. bei vielen Weichtieren und Ringelwürmern, Abb. 1), indem die Mikromeren

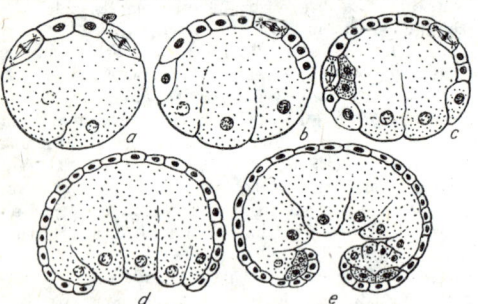

1a bis *1e* Entodermbildung bei der marinen Pantoffelschnecke *Crepidula* durch Epibolie: Bildung der epibolischen Gastrula durch Umwachsen der Makromeren durch die Mikromeren

durch lebhafte Zellteilungen sich über die sich wesentlich langsamer vermehrenden Makromeren ausbreiten und sie schließlich umwachsen. Eine Urdarmhöhle kann infolge der relativ großen Makromeren nicht zustande kommen. Die Darmhöhle wird später durch Auseinanderweichen der inzwischen durch den Dotterverbrauch auf die normale Zellgröße reduzierten Entodermzellen gebildet; 3) durch *Immigration* oder Einwanderung, z. B. bei Hydrozoen (Abb. 2), indem Blastodermzellen entweder ausschließlich

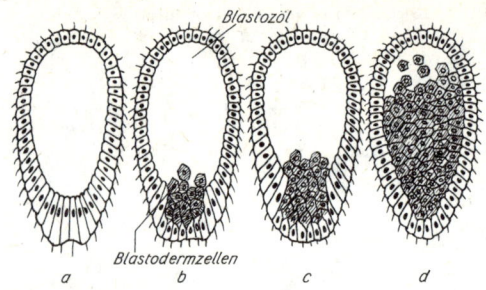

2 Entodermbildung bei der Larve der Hydromeduse *Aequorea* durch Immigration: *a* Zöloblastula, *b* bis *d* Einwanderung von Blastodermzellen in das Blastozöl

am vegetativen Pol oder an verschiedenen Stellen der bewimperten Zöloblastula in das Blastozöl eintreten (uni- oder multipolare Immigration), dasselbe zunächst in unregelmäßiger Anordnung füllen, sehr bald aber zwischen sich einen mittleren Spalt freigeben und sich zum epithelialen Entoderm zusammenschließen; 4) als *Delamination* oder Abblätterung, womit man die durch tangentiale Teilungen der Blastodermzellen der Zöloblastula sich vollziehende Entodermbildung bei einigen Hydrozoen (Abb. 3) und den Skyphozoen bezeichnet.

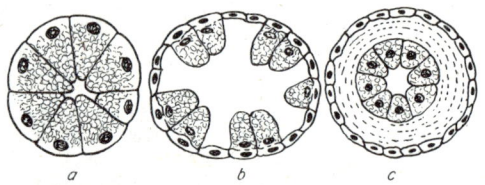

3a bis *3c* Entodermbildung bei der Hydromeduse *Geryonia* durch Delamination

Relativ deutliche Beziehungen zur Invaginationsgastrula der holoblastischen Eier verrät der zu einem kleinen Säckchen sich umbildende umgeschlagene Hinterrand der Keimscheibe von Haien und Rochen. Das Säckchen ist homolog der Urdarmhöhle, seine Zellauskleidung wird primäres Entoderm oder *Protentoderm* genannt, das aber nur wenig Anteil an der späteren Darmbildung hat. Die Hauptmasse der Darmzellen geht aus dem durch Zellproliferation vom Keimscheibenrand zunächst unregelmäßig in die Subgerminalhöhle abgeschiedenen, später epithelial angeordneten sekundären Entoderm oder *Deuterentoderm* hervor. Die Vorgänge bei den Kriechtieren ähneln durch eine sächenförmige Einstülpung mit querliegendem Spalt, die sich aus einer am Hinterrand der 2- bis 3schichtigen Diskoblastula durch Zellbewegungen entstandenen Primitivplatte entwickelt, durchaus noch den Verhältnissen bei Fischen. Das Säckchen entspricht der Urdarm, der Spalt dem Blastoporus, die Zellwand dem primären Entoderm oder Protentoderm. Auch hier wird der Hauptanteil des späteren Darmes durch ein sekundäres Entoderm gestellt, das aus der untersten Zellschicht der Diskoblastula hervorgeht.

Die bei den Fischen und Reptilien eben noch angedeutete Invagination fehlt den extrem telolezithalen Vogeleiern vollständig. Hier liegt nach der Eiablage und bei Bebrütungsbeginn eine zweischichtige Diskoblastula der Dotteroberfläche, dem Dotterfeld oder der *Area vitellina* am animalen Eipol auf. Sie zeigt den zentralen Fruchthof oder die *Area pellucida*, die durch die darunterliegende durchschimmernde und mit verflüssigtem Dotter angefüllte Subgerminalhöhle hell erscheint und vom dunklen, dem Dotter aufliegenden Fruchthof oder der *Area opaca*, also der Randzone der Diskoblastula, umgeben ist. Im Bereich der Area pellucida entsteht die Entodermplatte durch Delamination aus der untersten Blastodermlage und wird wahrscheinlich durch Zellen aus dem Randwulst am Hinterrand der Keimscheibe ergänzt.

Sehr kompliziert ist der Entodermbildungsprozeß bei In sekten, dem nach neuerer Auffassung eine mehrphasige Gastrulation zugrunde liegt. In der ersten Phase gliedert sich das Blastoderm bei ursprünglichen hemimetabolen Insekten (z. B. Heuschrecken und Grillen) sehr früh in die großzellige Hüllanlage und in die zuerst paarige, aus zahlreichen und kleineren Zellen aufgebaute Vorkeimanlage, die sehr bald ventralwärts zur schild- und herzförmigen, dem Dotter aufliegenden Keimanlage vereinigt wird und am Vorderende die beiden Kopflappen hervortreten läßt. Die zweite *Gastrulationsphase* setzt ein, wenn an der Vereinigungsstelle der beiden Vorkeimanlagen, dem Differenzierungszentrum, eine Mittelplatte sich von zwei Seitenplatten abhebt; sie ist beendet, wenn aus diesen entweder mittels Embolie oder durch Epibolie eine Primitivrinne gebildet wird und sich die Seitenplatten darüber zum Ektoderm schließen, das nunmehr die Mittelplatte als unteres Blatt bedeckt. In einzelnen Fällen kann dieses untere Blatt auch durch Immigration oder Delamination aus dem Blastoderm hervorgehen. Die dritte Phase endlich beginnt mit der Gliederung des unteren Blattes in 3 Schichten: den zu äußerst gelegenen Mittelstrang und den beiden tiefer liegenden Seitenstreifen, die sofort auf dem Dotterspiegel seitlich abgleiten (laterale Unterlagerung des Ektoderms) und zu Mesoderm werden. Die Bildung des definitiven oder sekundären Entoderms nimmt sodann ihren Ausgang von je einem polaren Zellhaufen am Vorder- und Hinterende des in seiner alten Lage verharrenden Mittelstranges, die aufeinander zuwachsen, sich vereinigen und so das Mitteldarmepithel liefern.

Bei den plazentalen Säugern (Abb. 4) laufen die ersten Stadien bis zur Blastozystenbildung mit der einschichtigen Trophoblastwand und dem Embryonalknoten (→ Furchung) übereinstimmend ab (außer beim Menschen). Auch die nunmehr einsetzende Entodermdelamination aus den basalen Embryonalknotenzellen sowie die fortschreitende Entodermauskleidung der Trophoblastinnenwand zur doppelwandigen Blastozyste sind nahezu identisch. Alle weiteren Vorgänge jedoch vollziehen sich trotz mancher Gemeinsamkeiten unterschiedlich.

Bei Raubtieren und Kaninchen tritt der Verband der Trophoblastzellen oberhalb des Embryonalknotens auseinander, dessen Zellen als Ektoderm in den epithelialen Verband der geöffneten Blastozyste eingefügt und vom Entoderm unterlagert werden. Der zentrale Abschnitt der an dieser Stelle jetzt doppelschichtigen Blastozyste bildet als *Keimschild* oder *Keimscheibe* die alleinige Grundlage für die spätere Entwicklung des Embryos.

Huftiere und Halbaffen weichen von diesem Typus nur insofern ab, als der Embryonalknoten erst durch eine Hohlraumbildung in eine *Embryozyste* umgewandelt wird, die danach durch apikales Aufreißen und Einbau in die ebenfalls auseinandergetretene Blastozystenwand zum Keimschildektoderm wird, unter dem das delaminierte Entoderm liegt.

4 Typen der Frühentwicklung bei Säugetieren: *a* Embryoblast gliedert sich in den Trophoblasten ein (Raubtiere); *b* vorübergehende Bildung einer Embryozyste, die sich sekundär in den Trophoblasten einschaltet (Huftiere, Halbaffen); *c* Embryozyste und primäre Amnionhöhle (Insektenfresser, Primaten); *d* wie *c* zusätzlich primäre Dottersackzyste (Mensch)

Embryozystenbildung liegt auch bei Affen vor. Die Embryozystenwand reißt jedoch nicht auf, sondern die Zystenhöhle wird zur Amnionhöhle (→ Embryonalhüllen) und die Basis der Blastozystenwand zum Keimschildektoderm, das dem Entoderm wiederum aufliegt (Spaltamnionbildung).

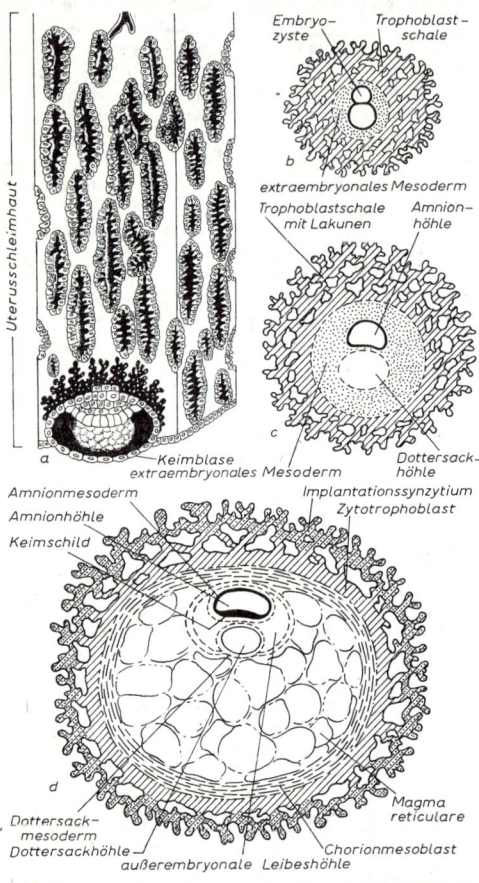

5 Schematische Darstellung von Schnitten durch menschliche Keime im Alter von 6 bis 18 Tagen: *a* Einnistung der Keimblase in die Uterusschleimhaut; *b* weitere Wucherung des Trophoblasten, Auflockerung des extraembryonalen Mesoderms, Amnionhöhle gebildet, Sonderung des Keimschildes in Ektoderm und Entoderm, Alter etwa 12 bis 13 Tage; *c* Schnitt durch etwa 15 Tage alten Keim; *d* Schnitt durch etwa 17 bis 18 Tage alten Keim

Noch stärker weichen die Entwicklungsprozesse beim Menschen ab. Bei ihm ist die Gliederung des Keimes in Trophoblast und Embryoblast bei der Einnistung in den Uterus (6. Tag nach Eisprung) bereits vollzogen. Der (äußere) Trophoblast dient auch hier der Ernährung des Keims, aus dem *Embryoblasten* (*Embryonalknoten*) wird der Keimling. Der Trophoblast bildet ein Netzwerk von Zellen, mit denen er sich in der Uteruswand festsetzt. Dieses netzartige Mesoderm führt die von Trophoblastenzymen durch Auflösen der Uterusschleimhaut gebildete Keimlingsnahrung oder *Embryotrophe* dem Keimling so lange zu, bis die fetale Plazenta funktionsfähig ist (→ Plazenta). Der Embryoblast bildet zunächst an seiner in die Keimblasenhöhle hineinreichenden Seite eine Schicht von Entodermzellen, dann entsteht zwischen ihm und dem Trophoblasten ein Spalt (*Embryozyste*), der zur Amnionhöhle wird. Dadurch bleibt am Boden dieser Höhle eine Lage prismatischer Zellen, die das Ektoderm darstellen. Damit ist der zweiblättrige *Keimschild* als Grundlage für die Entwicklung des Embryos gebildet. Unter diesem Keimschild wird durch eine vom Mesoderm abstammende (Heusersche) Membran ein primärer Dottersack gebildet. Diese Membran wird nachfolgend von Endodermzellen ersetzt. Dadurch entsteht der sekundäre Dottersack, während der primäre als kleine Blase abgestoßen wird. Gleichzeitig entstehen im extraembryonalen Mesoderm rechts und links von der Keimanlage je eine oder mehrere weitere Höhlen, die später zur außerembryonalen Leibeshöhle; dem *Exozölom* zusammenfließen.

Gate, svw. Tor.

Gattendorfia [Gattendorf, ein Dorf bei Hof in Bayern], im Unterkarbon (Gattendorfia-Stufe) verbreitete Goniatitengattung. Das Gehäuse ist planspiral eingerollt, meist dickscheibenförmig und glatt. Die Lobenlinie ist gewellt ohne den für die karbonischen Formen typischen Außensattel.

Gattung, *Genus*, systematische Kategorie oberhalb der Art, → Taxonomie.

Gattungsbastarde, Kreuzungsprodukte zwischen zwei, verschiedenen Gattungen zugehörigen Individuen. Bekannte G. aus dem Pflanzenreich sind die Weizen-Quekken-Bastarde, ferner der Bastard aus der Kreuzung Rettich × Kohl. In besonders großer Menge sind G. auch von Orchideen bekannt. Im Tierreich man G. in großer Zahl bei Enten (Stockente × Türkenente) und Fasanen (Jagdfasan × Goldfasan).

Gauklerblume, → Braunwurzgewächse.

Gaur, *Bos gaurus*, ein herdenweise in Hinterindien lebendes, großes und kräftiges Wildrind von dunkelbrauner Farbe, mit weißen Beinen und Spiegel. Zwischen den Hörnern entwickelt sich beim Männchen ein hoher, wulstartiger Stirnkamm. Die domestizierte Form des G. ist der → Gayal.

Gause-Volterrasches-Gesetz, svw. Konkurrenz-Ausschluß-Prinzip.

Gaußsche Glockenkurve, → Biostatistik.

Gaußsche Verteilung, svw. Normalverteilung.

Gaviale, *Gavialidae*, extrem an spezielle Ernährungsbedingungen angepaßte Familie der Krokodile mit langer, sehr schmaler Schnauze, die pinzettenartig zum Herausholen von Nahrungstieren (Fischen) aus Felsspalten eingesetzt und auch zum Durchschaufeln des Wassers gebraucht wird. Der 4. Unterkieferzahn greift im Gegensatz zu den → Echten Krokodilen nicht in eine Grube des Oberkiefers. Rücken- und Seitenschilder weisen Hautverknöcherungen auf. Die einzige Art ist der → Gangesgavial.

Gaviiformes, → Seetaucher.

Gayal, *Stirnrind*, *Bos gaurus f. frontalis*, ein dunkelbraunes bis schwarzes Rind mit weißen Beinen. Es wird in Vorder- und Hinterindien in halbwildem Zustand seines wohlschmeckenden Fleisches wegen gehalten. Als Stammform des G. wird der → Gaur angesehen.

Gazellen, eine formenreiche Gruppe kleinerer, zierlicher Antilopen, die in Herden die Steppen und Wüsten Afrikas und Asiens bewohnen. Ihr Gehörn ist meist lang und spitz, geringelt oder leierförmig.

Lit.: H. W. Schomber: Die Giraffen- und Lamagazelle (Wittenberg 1966); F. Walther: Das Verhalten der G. (Wittenberg 1968).

Gebärmutter, svw. Uterus.

Gebirgsmolche, *Euproctus*, in Gebirgen Südeuropas beheimatete → Salamander mit plattem Kopf und seitlich zusammengedrücktem Greifschwanz, die zur Fortpflanzung eiskalte Gebirgsbäche aufsuchen. Die Männchen bilden keinen Rückenkamm aus. Bei der Paarung erfolgt unter Umklammern eine direkte Übertragung des Spermas in die weibliche Kloake.

Gebirgssalamander, *Olymp-Querzahnmolch, Rhyacotriton olympicus,* 10 cm langer, brauner, weißgepunkteter, bergbachbewohnender → Querzahnmolch der Küstenwälder Oregons und Carolinas. Der G. schwimmt gewandt unter seitlichem Körperschlängeln. Die Lungen sind rückgebildet, aber noch funktionsfähig.
Gebirgsstelze, → Stelzen.
Gebirgsstufe, → Höhenstufung.
Gebirgswaldstufe, → Höhenstufung.
Gebiß, die Gesamtheit der zum Beißen und Kauen dienenden Zähne. Während primär fast alle die Mundhöhle umstehenden Knochen Zähne tragen, z. B. bei Fischen, sind es bei Säugern nur noch Ober-, Zwischen- und Unterkiefer. Ursprünglich diente bei Wirbeltieren das G. nur zum Ergreifen und zum Zerkleinern der Nahrung, aber auch als Waffe, als Werkzeug oder zur Fortbewegung, z. B. beim Walroß.

Das G. der Nichtsäuger setzt sich aus gleichgestalteten Zähnen zusammen (*homodontes G.*), das der Säuger weist in Schneide-, Eck-, Vormahl- und Mahlzähne differenzierte Zähne auf (*heterodontes G.*). Beißen die Schneidezähne aufeinander, spricht man von *Geradbiß (Orthodontie);* von *Schrägbiß (Klinodontie),* wenn sie schräg aufeinandertreffen; von *Ungleichbiß (Psalidontie),* wenn die oberen Schneidezähne über die unteren oder umgekehrt beißen. Sind die Zahnreihen von Ober- und Unterkiefer gleich weit, so nennt man ein solches G. *isognath;* ist dagegen die obere Zahnreihe weiter als die untere, ist das G. *anisognath.*

Das Säugergebiß weist ursprünglich 44 Zähne auf. In eine *Gebißformel (Zahnformel)* gebracht, kann man das G. wie folgt darstellen:

$$\frac{I\ C\ P\ M}{3\ 1\ 4\ 3} = 44$$
$$\overline{3\ 1\ 4\ 3}$$

dabei bedeutet I die Incisivi (Schneidezähne), C die Canini (Eckzähne), P die Praemolares (Vormahlzähne), M die Molares (Mahlzähne). Man bringt nur die linke Seite des symmetrischen G. in die Formel, oberhalb des Bruchstriches ist die obere, unterhalb die untere Zahnreihe des G. wiedergegeben. Die Gesamtzahl der Zähne eines G. ergibt sich also aus der Verdoppelung der in der Formel enthaltenen Zahlenangaben. Nachstehend folgen einige Gebißformeln von Säugern:

Igel $\frac{3\ 1\ 3\ 3}{2\ 1\ 3\ 3} = 38$ Seehund $\frac{3\ 1\ 4\ 1}{2\ 1\ 4\ 1} = 34$

Ratte $\frac{1\ 0\ 0\ 3}{1\ 0\ 0\ 3} = 16$ Rind $\frac{0\ 0\ 3\ 3}{3\ 1\ 3\ 3} = 32$

Hund $\frac{3\ 1\ 4\ 2}{3\ 1\ 4\ 3} = 42$ Schimpanse $\frac{2\ 1\ 2\ 3}{2\ 1\ 2\ 3} = 32$

Mensch $\frac{2\ (2)\ 1\ (1)\ 2\ (2)\ 3\ (0)}{2\ (2)\ 1\ (1)\ 2\ (2)\ 3\ (0)} = 32\ (20)$ (in Klammern Milchgebiß).

Hinsichtlich der Funktion unterscheidet man im wesentlichen: *Greifgebiß* bei Zahnwalen und Robben, *Rupfgebiß* bei Pferden und Kühen, *Nagegebiß* bei Hasenartigen und Nagern, *Kaugebiß* bei Schweinen und Affen, *Quetschgebiß* bei Flußpferden, *Scherengebiß* bei Insektenfressern und *Brechscherengebiß* bei Raubtieren.

Gebrauchsverhalten, Verhaltensweisen, die keine an Artgenossen adressierten Signale enthalten und diese daher auch nicht in den Verhaltenskontext als notwendige Mitakteure einbeziehen. Das G. dient ausschließlich der Interaktion des Einzelindividuums mit dem Ökosystem oder auch dem eigenen Körper, wie im Falle der Körperpflege. Es hat ausschließlich »Gebrauchswert«, keinen Signalwert (→ Si-

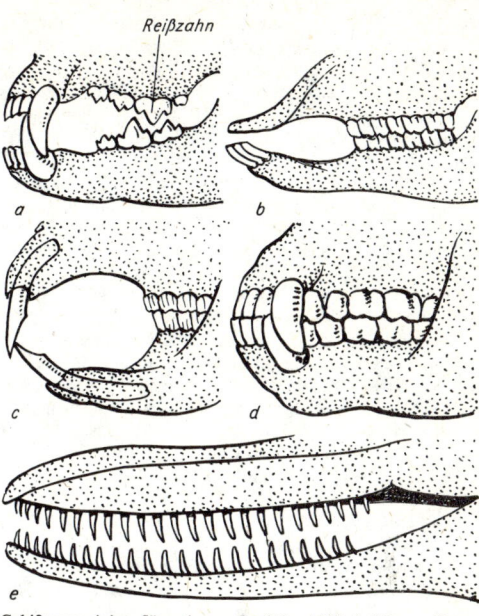

gnalverhalten). Über das G. können alle Umweltansprüche umgesetzt werden. Mit zunehmender Gesellung (→ Biosozialverhalten) wächst der Grad der Abhängigkeit von anderen Individuen, die dann über ein Signalverhalten gesteuert und geregelt wird. Beispiel: Die Nahrungsaufnahme ist ein G., das »Futterlocken« des Hahnes dagegen ein Signalverhalten.

Gebißtypen einiger Säugetiere: *a* Raubtier, *b* Wiederkäuer, *c* Nager, *d* Menschenaffe, *e* Zahnwal

Geburt, die Ausstoßung der Leibesfrucht aus dem mütterlichen Körper nach vollendeter Entwicklung. Die G. erfolgt normalerweise, wenn die Frucht imstande ist, außerhalb des mütterlichen Körpers zu leben oder wenn die Fruchtgröße den ihr zur Verfügung stehenden Wuchsraum überschreitet. Als *Frühgeburt* bezeichnet man die vorzeitige G. einer noch nicht ausgetragenen, aber, im Unterschied zur *Fehlgeburt,* schon lebensfähigen Frucht. Die Tiere werden in sehr unterschiedlichem Zustand geboren. Manche sind bei der Geburt noch nackt und blind, z. B. Maus, Kaninchen, andere wiederum, z. B. Meerschweinchen, Kälber und Fohlen, schon voll behaart, sehend und lauffähig. Man unterscheidet eingebärende (*unipare*) Tiere (Pferd, Rind) und mehrgebärende (*multipare*) Tiere (Schwein, Hund, Katze). Die meisten Tiere gebären im Liegen oder Sitzen. Die Geburtsvorgänge werden hormonal gesteuert. Eine wichtige Rolle spielt dabei das Oxytozin, ein Hormon des Hypophysenhinterlappens. Es setzt im Zusammenwirken mit seinem Gegenspieler, dem Progesteron, die Wehentätigkeit in Gang und bewirkt die Kontraktion des Uterus, wodurch es unter Mitwirkung der Bauchpresse zur Austreibung der Frucht kommt. Der Geburtsvorgang läßt sich in 3 Phasen einteilen: 1) die Eröffnungsperiode, die durch die Erweiterung des Uterus gekennzeichnet ist, 2) die Austreibungsperiode, in der der Durchtritt der Frucht durch die Geburtswege erfolgt und 3) die Abstoßung der Nachgeburt, der Eihäute. Die Dauer der G. ist sehr unterschiedlich. Bei der Stute dauert das Eröffnungsstadium 10 Stunden, das Austreibungsstadium ½ Stunde, bei der Kuh dauern die Eröffnungswehen 4 bis 6 Stunden, die Austreibung etwa 3 bis 4 Stunden. Schaf und Ziege verhalten sich ähnlich. Die G. selbst ist in kurzer Zeit beendet, beim Pferd in 5 bis 30, bei

Geburtenrate

der Kuh in 15 bis 60 und bei Schaf und Schwein in 15 bis 30 Minuten, von der Öffnung des Muttermundes an gerechnet.

Die G. des Menschen verläuft ähnlich. Sie wird auch als *Entbindung* oder *Niederkunft* bezeichnet.

Geburtenrate, *Geburtsziffer*, Zahl der neugeborenen Individuen einer Bevölkerung in der Zeiteinheit, bezogen auf eine bestimmte Durchschnittsgröße der Population; in der Regel Geburtenzahl eines Jahres, bezogen auf 1 000 Köpfe der Bevölkerung in der Mitte des Zählzeitraumes. In den Ländern der Erde schwanken die G. etwa von 10 bis 60‰, in der DDR z. B. im Zeitraum von 1948 bis 1981 zwischen 10,7‰ und 17,6‰.

Geburtshelferkröte, *Alytes obstetricans*, krötenartiger, nachtaktiver kleiner → Scheibenzüngler Westeuropas (bei uns bis nach Thüringen verbreitet) mit glockenartigen Rufen zur Paarungszeit (»Glockenfrosch«). Das Männchen schlingt sich während der Paarung die vom Weibchen abgesetzten und von ihm sofort befruchteten 2 Laichschnüre um die Hinterbeine und trägt sie mit sich herum. Nach 3 bis 4 Wochen (in dieser Zeit bleibt es stumm) sucht das Männchen das Wasser auf und streicht den Laich ab, aus dem dann die Kaulquappen schlüpfen. – Tafel 3.

Geburtsziffer, → Geburtenrate, → Natalität.

Gebüschgesellschaften, → Charakterartenlehre.

Geckos, *Haftzeher*, Gekkonidae, in den Tropen und Subtropen aller Erdteile verbreitete, stammesgeschichtlich alte Familie der → Echsen. Die G. sind kleine Kriechtiere mit breitem, flachem Kopf und winzigen, körnchenartigen Schuppen. Die meisten G. sind – mit Ausnahme der → Taggeckos – unscheinbar gefärbte Nachttiere mit senkrechter Schlitzpupille; ihre Augenlider sind nicht wie bei anderen Echsen beweglich, sondern miteinander verwachsen und durchsichtig geworden. Die G. besitzen mit wenigen Ausnahmen lamellenartige Haftvorrichtungen an der Unterseite der Zehen, die ihnen ein Klettern an senkrechten Wänden und an Decken ermöglichen. Im Gegensatz zu früheren Auffassungen beruht die Haftfähigkeit der Zehen nicht auf einem Ansaug- oder Klebemechanismus, sondern das Festhalten wird durch Millionen winziger Kletterhäkchen auf der Unterseite der Lamellen bewirkt. Der Schwanz ist oft abgeflacht und verbreitert, er dient als Speicher für Reservestoffe und bei einigen Formen als zusätzliches Haftorgan. Viele G. verfügen – im Gegensatz zu den anderen Echsen – über eine charakteristische Stimme. Sie sind Insektenfresser und legen mit ganz wenigen Ausnahmen meist 2 rundliche, pergamentschalige Eier, die in vielen Fällen durch ihre klebrige Oberfläche an Mauer- und Deckenwinkeln oder Baumrinde haften. Viele der etwa 700 bekannten Arten (in etwa 80 Gattungen) sind zu Kulturfolgern geworden und bewohnen in den Tropen menschliche Behausungen, manche wurden durch Schiffe weltweit verbreitet. In Süd-, Südwest- und Südosteuropa leben 6 Arten. Zu den G. gehören unter anderem → Mauergecko, → Blattfinger, → Halbzeher, → Tokeh, → Taggeckos.

Gedächtnis, bei lebenden Systemen bestehende Fähigkeit, Informationen auch durch Lernen zu speichern, mit der Möglichkeit, Speicherinhalte abzurufen. Gewisse *Gedächtnisleistungen* sind bei Protozoen wahrscheinlich und ausgeprägter bei allen anderen Tierstämmen vorhanden. Umfangreichere und systematische Untersuchungen sind besonders an Planarien, verschiedenen Mollusken, z. B. *Aplysia*, *Octopus*, zahlreichen Insekten und vielen Wirbeltieren, insbesondere Säugern, einschließlich des Menschen, durchgeführt worden. Die allgemeinen Schlußfolgerungen über Gedächtnisprozesse gehen auf Untersuchungen an Säugern zurück. Es werden mehrere Speichertypen unterschieden: *Sofortgedächtnis*, das Anteile des jeweiligen Inputs umfaßt, beim Menschen etwa werden einige Glockenschläge der Turmuhr erinnert; *Kurzzeitgedächtnis*, das wenige Speicherinhalte im Stundenbereich bewahrt, und *Langzeitgedächtnis*, in dem lebenslang gespeichert werden kann. Den Speichertypen liegen offenbar unterschiedliche Speichermechanismen zugrunde. Für den Sofort- und den Kurzzeitspeicher sind Erregungen in kreisförmig verschalteten Neuronen (→ Schaltung) wahrscheinlich, da die Speicherinhalte verlorengehen, wenn elektrophysiologische Vorgänge im Gehirn weitgehend, etwa durch Narkose, unterbunden werden. Die Langzeitspeicherung wird gegenwärtig vielfach auf eine Verbesserung der synaptischen Effizienz in bestimmten Schaltungen zurückgeführt, die sich z. B. in einer Vermehrung oder Vergrößerung synaptischer Kontakte ausdrücken kann. Grundlagen für die synaptische Effizienz könnten erhöhte Stoffwechselleistungen, z. B. erhöhter Protein- und Glykoproteinstoffwechsel, sein. Vorstellungen über eine Speicherung in Molekülen, den »Gedächtnismolekülen«, sind unwahrscheinlich geworden. Hingegen sind verschiedene, in Organismen vorkommende Substanzen bekannt, nach deren Verabreichung bestimmte Lern- und Gedächtnisprozesse begünstigt verlaufen, z. B. Peptide wie Vasopressin oder ACTH.

Informationsspeicherung kann durch verschiedene Klassen von Lernvorgängen erreicht werden. Dazu gehören z. B. 1) Die *Prägung* (Lorenz) als in kritischen Perioden schnell ablaufender Lernvorgang. 2) Die »klassische Konditionierung« (*bedingter Reflex*), bei der die Informationsspeicherung durch gleichzeitige Darbietung von zwei Auslösern erreicht wird. In einem bekannten Beispiel bot der Entdecker dieser Lernform, Pawlow, einem Hund Nahrung und gleichzeitig einen akustischen Reiz. Die Nahrung löst, unbedingt reflektorisch, die Freisetzung von Verdauungssekreten aus. Durch den akustischen Reiz bewirkt dies zunächst nicht, wohl aber, wenn unbedingter Auslöser und das akustische, bedingte Signal wiederholt zusammen geboten werden. Dann fließen auch Verdauungssekrete, wenn lediglich das bedingte Signal ertönt. 3) Lernen durch *Versuch und Irrtum* (Lernen am Erfolg oder instrumentelles bzw. operantes Konditionieren). Bei diesem Lernvorgang wird Erfolg des Verhaltens gespeichert. Der Lernvorgang wird oft in besonderen Vorrichtungen, z. B. Labyrinthe, in die die Versuchstiere gebracht werden, Kammern oder Kästen u. a. untersucht. In der durch Skinner eingeführten »Box« lernen Versuchsratten nach einigen zufälligen Erfolgen schnell, daß ein durch sie ausführbarer Hebeldruck nur dann zur Freigabe von Futter führt, wenn eine Lampe aufleuchtet. 4) Lernen durch *Beobachtung und Nachahmung*. 5) Lernen durch »*Einsicht*«.

Lit.: R. Sinz: Lernen und G. (Berlin 1980); F. Vester: Denken, Lernen, Vergessen (München 1981); F. Klix u. H. Sydow: Zur Psychologie des G. (Berlin 1977); H.-J. Flechtner: Das G. (Stuttgart 1979).

Gedächtniskapazität, Speicherkapazität von Nervensystemen. Die G. kann ausgedrückt werden in Anzahl von Mustern, die lernbar sind. Knochenfischarten beherrschten nach Dressur 2 bis 6 optische Musterpaare gleichzeitig, Mäuse lernen 6 bis 7, Ratten 8, ein Pferd bis 20. Hunde können bis 53 akustische Befehle speichern. Schimpansen wenden über 130 Zeichen einer Taubstummensprache richtig an. Vielfach werden Werte für die G. bei Menschen in Bit angegeben. Die Grundlagen für die Bestimmung solcher Werte sind bisher so umstritten, daß die Daten nur Bedeutung als Hochrechnungen unter Annahme bestimmter Voraussetzungen haben. So wurden für die Kapazität des Langzeitgedächtnisses bei Menschen sowohl 10^8 als auch 10^{14} Bit angegeben.

Gedächtnisleistungen, → Gedächtnis.

Gedenkemein, → Borretschgewächse.
Gedrängefaktor, → Massenwechsel.
GEE, Abk. für geoelektrischer Effekt, → Geotropismus.
Gefäßbündel, → Leitgewebe.
Gefäßleitung, → Wasserhaushalt, Abschnitt Wasserleitung.
Gefäßtonus, die ständige Wandspannung der Blutgefäße. Bei einer Spannungsabnahme erweitern sich die Gefäße (*Dilatation*), so daß der Blutdruck sinkt und die Durchblutung steigt. Eine Spannungszunahme verengt die Gefäße (*Konstriktion*), weshalb der Blutdruck gehoben und die Durchblutung gedrosselt wird. Die Verstellung der Gefäßweite kann lokal erfolgen oder durch Nervenwirkung geschehen (Abb.). Wärme, Sauerstoffmangel, Kohlendioxidüberschuß oder Säuren, wie die Milchsäure, erweitern lokal die Gefäße. Vom Kreislaufzentrum her werden die verengend wirkenden Katecholamine Adrenalin und Noradrenalin entweder aus dem sympathischen Nervensystem oder dem Nebennierenmark ausgeschüttet. Von den körpereigenen Stoffen verengen Angiotensin und Serotonin; Bradykinin, Histamin und die Prostaglandine erweitern Gefäße.

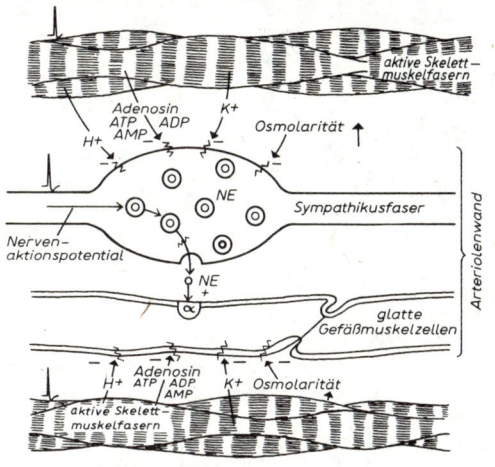

Nervale und lokale Steuerung der Arteriolenweite

Der nervale G. wird über die Gefäßnerven des Nervus sympathikus, die *Vasokonstriktoren*, vorrangig an den Arteriolen eingestellt. Die Zunahme der Sympathikusaktivität führt zur vermehrten Ausschüttung von Adrenalin und Noradrenalin an den Nervenendigungen, und die dadurch eingeleitete Ca^{2+}-Freisetzung zur Kontraktion der Ringmuskulatur. Die Arteriolen werden verengt, ihr Widerstand wächst; der Blutdruck steigt an, die Durchblutung nimmt ab. Gefäßerweiterungen entstehen durch Nachlassen des Sympathikotonus und damit auch des G. Der Druck der Blutsäule dehnt die Arteriolen. Eine nervös ausgelöste Gefäßverengung drosselt im Innervationsgebiet die Durchblutung. Die Minderdurchblutung führt dort zum Sauerstoffmangel und zur Anreicherung von Kohlendioxid und Milchsäure. Sie beseitigen ihrerseits an Ort und Stelle vermittels ihrer erweiternden Wirkung die ursprüngliche Gefäßenge.
Gefieder, → Federn.
Gefleckter Schierling, → Doldengewächse.
Gefrierätzverfahren (Tafel 18), *Gefrierätztechnik*, Methode, die besonders der elektronenmikroskopischen Darstellung von Membranflächen dient. Bei dem 1961 entwickelten Verfahren werden die zu untersuchenden, noch lebenden Zellen oder kleine Gewebestücke sehr rasch tief gefroren (etwa $-150\,°C$, *Kryofixation*) und dann im Hochvakuum mit einem Mikrotom-Messer angebrochen. Bei diesem Gefrierbruch werden die Membranen meist gespalten. Die Bruchebene verläuft daher im allgemeinen entlang der Membraninnenflächen, da die dort vorherrschenden Lipide kaum Eis enthalten. Sollen Membranoberflächen dargestellt werden, läßt man nach dem Bruch etwas Eis absublimieren (Ätzen). Dabei entsteht entsprechend den angebrochenen Zellstrukturen und ihrem jeweiligen Eisgehalt eine reliefartige Oberfläche: Das Grundplasma wird durch das Absublimieren rauh, und auf den im allgemeinen glatt bleibenden Membranflächen ragen Membranproteine als kleine Erhebungen (Partikel) hervor (Abb.). Diesem Relief

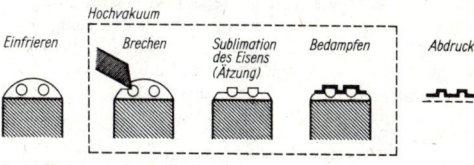

Gefrierätzung, schematisch

wird ein sehr dünner Kohle-Metall-Film aufgedampft, dann das Präparat aufgetaut, der Film (Abdruck) schwimmt auf und kann nach Schrägbedampfung mit Metall oder Kohle elektronenmikroskopisch untersucht werden. Er stellt ein wirklichkeitsgetreues, dreidimensionales Abbild der Bruchfläche von Zellen dar, die bis zum Einfrieren am Leben waren. Im Gegensatz zur chemischen Fixation werden beim G. die Zellen physikalisch (durch tiefe Temperaturen) fixiert. Beide Methoden ergänzen einander.
Gefrieren → Frostschäden.
Gefrierschnittechnik, Methode zur Vorbereitung unfixierter Gewebe für die Mikroskopie. Aus Zeitgründen oder zur Vermeidung von Fixierungsartefakten muß in bestimmten Fällen auf die zeitaufwendige Fixierung und Einbettung von Geweben verzichtet werden. Stattdessen werden die Gewebe eingefroren, in gefrorenem Zustand mit gekühlten Messern geschnitten und sofort mikroskopisch untersucht.
Gefrierschutzproteine, zu den Glykoproteinen zählende Verbindungen, die als Bestandteil des Blutes antarktischer Fische in Verbindung mit Natriumchlorid einen Aufenthalt der Fische bis zu einer Wassertemperatur von $-1,85\,°C$ ermöglichen.
Gefriersubstitution, → Kryomethoden.
Gefriertrocknung, *1)* → Kryomethoden.
2) Lyophilisation, ein schonendes Entwässerungsverfahren, das z. B. zur langfristigen Konservierung lebender Mikroorganismen Verwendung findet. Die G. erfolgt im Hochvakuum bei Temperaturen zwischen -25 und $-70\,°C$ unter ständigem Entfernen des Wasserdampfes. Um eine hohe Überlebensrate zu erreichen, wird den zu trocknenden Mikroorganismen meist eine Schutzlösung, z. B. Serum oder Milch, zugesetzt. Lyophil getrocknete Bakterien können in Glasampullen, die unter Vakuum in Stickstoff zugeschmolzen wurden, jahrelang aufbewahrt werden. Um sie wieder zur Vermehrung zu bringen, genügt die Zugabe einer geeigneten Nährlösung.
Gegengift, svw. Antidot.
gegenständige Blattstellung, → Blatt.
Gehirn (Tafeln 24 und 25), *Hirn, Zerebrum,* bei den Wirbellosen auch *Zerebralganglion, Supraösophagalganglion, Oberschlundganglion* genannt, die Zentralstelle des Nervensystems.
Als das primitivste G. der Wirbellosen gilt das zerebrale Ganglion der ursprünglichen Strudelwürmer, das sich als verdichteter Teil des Hauptnervengeflechts aus diesem absonderte und, der Statozyste folgend, in den Körper hin-

Gehirn

ein verlagert hat (*Endon*). Das G. wird dadurch zum zentralen Ganglion, da sowohl Nerven der Hautsinneszellen des vorderen Körperendes als auch die paarigen Nerven der Sinnesorgane (Augen und Riechgruben) in ihm zusammenlaufen. Über radiale Längsstränge, die *Konnektive*, gewinnt das G. Verbindung zum ursprünglichen Nervennetz (*Orthogon*). Während das G. der Saugwürmer, der Bandwürmer, Kratzer, Rädertierchen und Bauchhärlinge dem G. (Endon) der Strudelwürmer entspricht, stellt das G. der Fadenwürmer, Kinorhynchen, Priapuliden und Schnurwürmer eine Verdickung der vorderen Ringkommissur des Nervennetzes (Orthogon) dar. Den Käferschnecken fehlt ein eigentliches G., es wird durch eine ganglienzellenreiche *Zerebralkommissur* vertreten. Bei allen anderen Weichtieren ist ein gut ausgebildetes G. (Zerebralganglion) entwickelt, an dem der Nervus opticus, der Nervus olfactorius und der Nervus staticus entspringen. Die Tendenz, sämtliche Ganglien um das G. zu konzentrieren, erreicht bei den Kopffüßern und bei den Hinterkiemern ihren Gipfel.

Das G. oder Oberhirn der meisten Ringelwürmer bildet ein einheitliches Ganzes; bei einigen ist es unterteilt in ein Vorderhirn, das die Palpen innerviert, ein Mittelhirn, das die Augen und Tentakel innerviert und ein Hinterhirn, das die Nuchalorgane versorgt.

Das G. der Insekten, der Hauptvertreter der Gliederfüßer, besteht aus drei verschiedenen Anteilen:

1) Das *Protozerebrum* enthält als primäre Sinneszentren die lateral in den Augenlappen gelegenen Sehmassen der Komplexaugen, die Lamina ganglionaris, Medulla externa und Medulla interna, die durch zwei Chiasmen voneinander getrennt werden, und die median gelegenen Sehzentren der Stirnaugen (Ozellen). Assoziationszentren des Protozerebrums sind die Protozerebralbrücke, die → Pilzkörper und der Zentralkörper, der mitten im Neuropilem liegt und keine abgegrenzte Ganglienzellschicht aufweist.

2) Das *Deutozerebrum* enthält als sensible Zentren die Geruchszentren (Antennalglomeruli), als motorische die Zentren der motorischen Antennennerven. Es fehlt den meisten Fühlerlosen.

3) Das *Tritozerebrum* ist als das erste postorale Ganglion der Bauchganglienkette erst später mit dem Primär- oder Urhirn, dem Proto- und Deutozerebrum, zum Sekundärhirn verschmolzen. Es ist der Ursprungsort des Nervus tegumentarius, des Lippennerven und des sympathischen Nervensystems (stomatogastrisches Nervensystem) der Gliederfüßer.

Bei den zu den Hemichordaten gehörenden Eichelwürmern kommt es zu einer Gehirnbildung im Bereich des Kragens, dabei entsteht aus dem dorsalen Nervenstrang ein unter die Haut verlagertes Neuralrohr. Die Nervenzellen kleiden das Innere des Rohres aus, das damit etwas an das Rückenmark der Wirbeltiere erinnert. Auch bei den Larven der Seescheiden ist ein Neuralrohr (*Medullarrohr*) entwickelt, das an seinem Vorderende eine Anschwellung bildet, die wahrscheinlich dem G. der Wirbeltiere entspricht. Bei der Metamorphose bleibt von dem ganzen vorderen Neuralrohr aber nur ein kleines Ganglion erhalten.

Das G. der Wirbeltiere wird vom Hirnschädel geschützt und deshalb auch als *Kopfhirn* (*Enzephalon*) bezeichnet.

Es entsteht durch Erweiterung des kranialen Abschnittes des Neuralrohres. Schon frühzeitig lassen sich während der Embryogenese zwei primäre Hirnblasen unterscheiden, das Vorderhirn (*Prosenzephalon*) und das Rautenhirn (*Rhombenzephalon*). Ein 3-Blasen-Stadium ist nicht bei allen Wirbeltieren nachzuweisen und speziell den Vögeln vorbehalten. Durch weitere Aufgliederung von Vorder- und Rautenhirn entsteht schließlich ein 5-Blasen-Stadium, das aus folgenden Abschnitten besteht: *Groß*- oder *Endhirn* (*Telenzephalon*), *Zwischenhirn* (*Dienzephalon*), *Mittelhirn* (*Mesenzephalon*), *Hinterhirn* (*Metenzephalon*) mit *Kleinhirn* (*Cerebellum*) und *Brücke* (*Pons*) und das *Nachhirn* (*Myelenzephalon*), das auch als *verlängertes Mark* (*Medulla oblongata*) bezeichnet wird, da hier das Rückenmark in das Rautenhirn übergeht. Im Innern der einzelnen Hirnabschnitte befinden sich die → Ventrikel.

Im Nachhirn erweitert sich der Zentralkanal des Rückenmarks zur *Rautengrube*. Ihr Dach ist frei von nervösen Elementen und wird von der Tela chorioidea mit einem Adergeflecht eingenommen. In der Wandung der Rautengrube befinden sich dorsal sensible, ventral motorische Kerngebiete. Vom Nachhirn entspringt der größte Teil der Hirn-

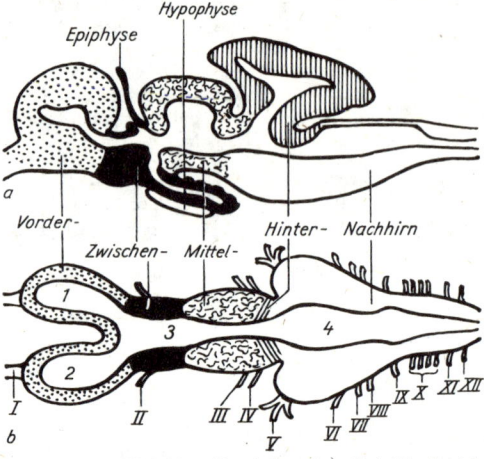

1 Schemata von Wirbeltiergehirnschnitten: *a* sagittal, *b* horizontal. *I* bis *XII* Gehirnnerven, *1* bis *4* Hirnventrikel

nerven. Es ist außerdem Sitz wichtiger Zentren für die Atem-, Herz- und Kreislauftätigkeit sowie für Stoffwechselprozesse. Vor dem Nachhirn befindet sich das Hinterhirn mit seinem dorsalen Anteil, dem Kleinhirn, einem als Dachbildung über dem vorderen Abschnitt des IV. Ventrikels gelegenen übergeordneten Koordinationsgebiet für Tiefen- und allgemeine Hautsensibilität, Tonusregulierung, Motorik und Regulation des Gleichgewichtes. Bei Säugern bildet sich ventral die Brücke aus, in deren Bereich sich der Wurzeleintritt des V. Hirnnerven befindet. Sie ist die bedeutendste Schaltstelle für aus dem Vorderhirn absteigende Fasern zur Kleinhirnrinde. Dem Mittelhirn kommt in erster Linie ein topographisch-deskriptiver Wert zu, da seine dorsalen Abschnitte funktionell und ontogenetisch dem Zwischenhirn und sein ventraler Anteil dem Hinterhirn zuzuordnen sind. Der dorsale Abschnitt, das Dach (Tectum opticum), setzt sich bei den Säugetieren aus den vorderen Zweihügeln (Colliculus rostralis) und den hinteren Zweihügeln (Colliculus caudalis) zusammen, denen wichtige Funktionen bei der Regulierung und Koordinierung visuell und akustisch gesteuerten Verhaltens zukommen. Der ventrale Abschnitt, die Haube (Tegmentum), bildet den am weitesten vorgeschobenen Anteil des Hinterhirns. Das Zwischenhirn steht in enger Beziehung zum rezeptorischen Anteil des Auges und zum endokrinen System. Seine Seitenwände bilden den *Thalamus*, bestehend aus *Epithalamus*, dorsalem Thalamus, ventralem Thalamus und *Hypothalamus*. Der letztgenannte Anteil enthält die höchsten Zentren des vegetativen Nervensystems, z. B. die Zentren für die Regulation von Wasserhaushalt und Temperatur, und ist Steuerungszentrum des gesamten endokrinen Systems. Seine Kernge-

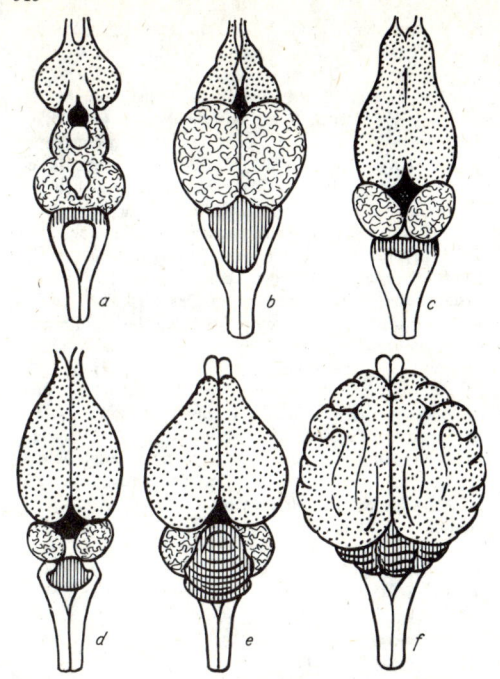

2 Gehirntypen verschiedener Wirbeltiere: *a* Neunauge, *b* Barsch, *c* Frosch, *d* Alligator, *e* Taube, *f* Katze

biete zeigen das Phänomen der *Neurosekretion*, d. h., sie sind gleichzeitig Neuron und Drüsenzelle, deren tröpfchenförmig nachweisbaren Sekrete in die Neurohypophyse wandern. Bei Säugetieren enden mit Ausnahme des olfaktorischen Fasersystems im dorsalen Thalamus alle sensorischen Fasersysteme einschließlich der retinalen Fasern (Nervus opticus), wo sie auf die Großhirnrinde umgeschaltet werden. Dorsal befinden sich am Zwischenhirn mehrere Ausstülpungen, und zwar *Parietal-* und *Pinealorgan* und z. T. eine *Paraphyse*, ventral das *Infundibulum*, das als übergeordnetes Zentrum des Hormonsystems die → Hypophyse trägt. Das Großhirn mit seinen paarigen Hemisphären ist ursprünglich reines → Riechhirn. Bei den Lurchen zeigt das Endhirn eine Verdickung der Hirnwand und eine Vorwölbung. Hier liegt auch die graue Substanz noch ventrikelnah, läßt sich aber in ein olfaktorisches Zentrum, das *Paläo-*

pallium, und ein dorsomedianes *Archipallium*, das bei Säugetieren zur Hippocampus-Formation wird, aufteilen. Ventral liegen die *Basalganglien*. Diese beherrschen bis zu den Vögeln die Großhirnhemisphären. Kriechtiere zeigen die erste Anlage einer Neurinde zwischen Archi- und Paläopallium. Dieser Abschnitt wird auch als *Neopallium* bezeichnet; er wird bei Säugetieren zum beherrschenden Anteil, drängt dabei Archi- und Paläopallium nach basal ab und umhüllt die übrigen Hemisphärenteile (»Hirnmantel«). Bei manchen Säugern legt sich das Neopallium in Falten, die aus Windungen (Gyri) und Furchen (Sulci) bestehen.

Lit.: M. Clara: Das Nervensystem des Menschen (Leipzig 1965); D. Starck: Vergleichende Anatomie der Wirbeltiere, Bd. 3 (Berlin, Heidelberg, New York, Tokyo 1982).

Gehirnanhangsdrüse, → Hypophyse.
Gehirnrückenmarksflüssigkeit, svw. Liquor cerebrospinalis.
Gehölzkunde, svw. Dendrologie.
Gehörn, *Hörner,* Stirnwaffe bei Paarhufern. Das G. ist eine Hornscheide, die einem Knochenzapfen des Stirnbeines aufsitzt und im Gegensatz zum Geweih zeitlebens nicht abgeworfen wird. Das Wachstum erfolgt durch Bildung von Hornringen von der Basis aus. Ein G. ist meistens bei beiden Geschlechtern ausgebildet, z. B. bei Rindern, Antilopen, Ziegen, Schafen und Gemsen.
Gehörorgan, *Hörorgan,* der Wahrnehmung von Schallwellen dienendes Sinnesorgan der Tiere. Bei Wirbellosen treten G. in Form von Hörzellen auf, die unter Mitwirkung von Hilfseinrichtungen entweder den Schalldruck (Trommelfell bei Insekten) oder die Schallschnelle (Hörhaare bei verschiedenen Gliederfüßern) aufnehmen. Bisher ist echter Gehörsinn nur bei Gliederfüßern, vor allem Insekten, und bei Wirbeltieren nachgewiesen.

Bei Gliederfüßern ist meistens das Auftreten von Lautäußerungen, die häufig eine Rolle im Geschlechtsleben spielen, ein sicherer Hinweis auf das Vorhandensein eines Gehörsinns. Als Übermittler des Schalldrucks dient in diesen Fällen fast stets ein Trommelfell. So ist bei Insekten ein echtes G. als → Tympanalorgan vorhanden. Im Sinne einer Wahrnehmung der Schallschnelle dürfte auch den Hörhaaren (→ Trichobothrium) der Spinnen und mancher Insekten, denen Tympanalorgane fehlen, eine gewisse Hörfunktion zukommen. Schreckreaktionen, die Raupen auf Schallreize hin zeigen. sind kein Beweis für ein echtes Hören.

Bei den Wirbeltieren steht das als *Ohr* bezeichnete G. im Dienste der Wahrnehmung von Schallwellen und fun-

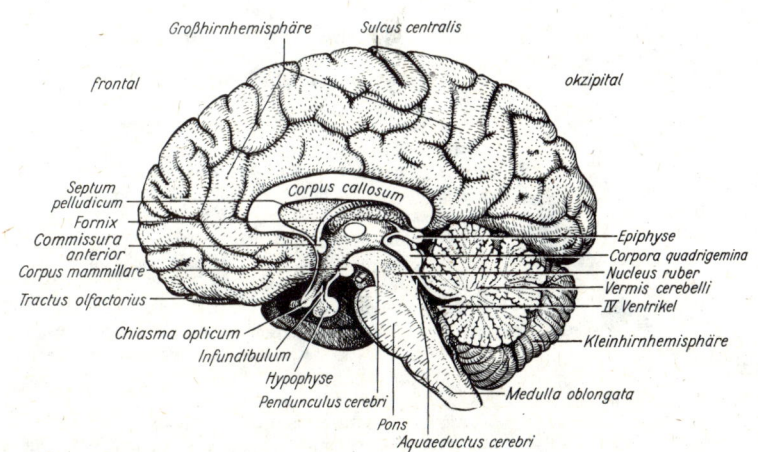

3 Medianschnitt durch das Gehirn des Menschen

Gehörsäckchen

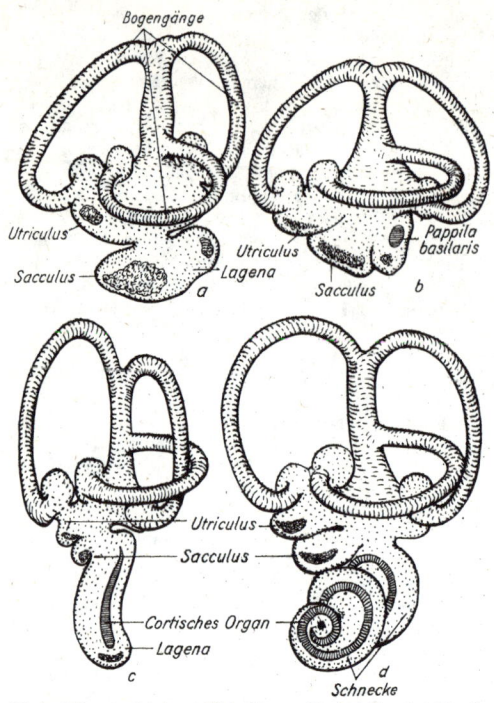

1 Labyrinthe verschiedener Wirbeltiere: a Fisch, b Frosch, c Vogel, d Säuger

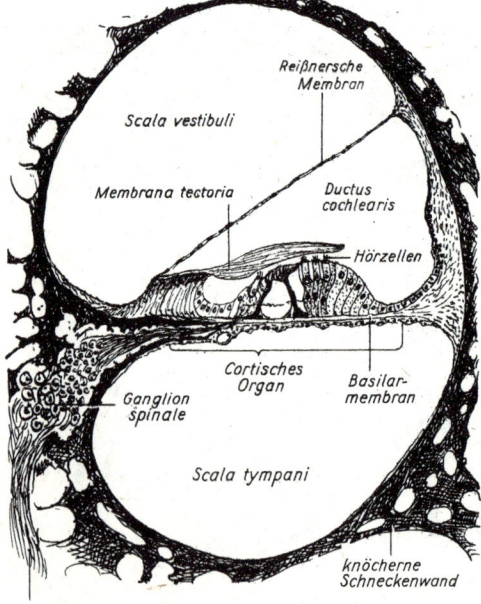

2 Schnitt durch die Cochlea eines Säugers

kenhöhle mit den Gehörknöchelchen (*Hammer, Amboß* und *Steigbügel* bei den Säugern; *Columella* bei den Reptilien und Vögeln) und die *Ohrtrompete* (*Eustachische Röhre*), die eine Verbindung zur Mundhöhle herstellt. Äußeres Ohr und Mittelohr werden durch das *Trommelfell* geschieden. Das *Innenohr* wird durch das *Labyrinth* repräsentiert (häutiges und knöchernes Labyrinth), das sich aus folgenden Teilen zusammensetzt: Der *Gehörschlauch* ist ein häutiges Säckchen, das in ein System untereinander zusammenhängender Kammern und Gänge gegliedert ist. Zunächst teilt es sich in einen *Sacculus* und einen *Utriculus*, von dem die in verschiedenen Ebenen des Raumes senkrecht aufeinanderstehenden *Bogengänge* ausgehen. Das *Gehörsäckchen* enthält ein flächiges Sinnesepithel (*Macula*), das auf Progressivbeschleunigungen anspricht. Es setzt sich bei niederen Wirbeltieren in die *Lagena* fort, d. i. ein kurzer und flaschenförmiger Blindsack, der sich bei höheren Wirbeltieren zur *Schnecke* (*Cochlea*) umbildet. Die Schnecke tritt bereits bei den Krokodilen auf. In ihr ist das eigentliche G. der höheren Wirbeltiere, das *Cortische Organ*, aufgehängt. Mittel- und Innenohr sind über das ovale Fenster, das durch die Fußplatte des Steigbügels ausgefüllt wird, miteinander verbunden. Der Raum zwischen knöchernem und häutigem Labyrinth enthält *Perilymphe*, die eine wichtige Funktion bei der Übertragung der Schallwellen auf das Cortische Organ ausübt. Der Binnenraum des häutigen Labyrinths ist dagegen von *Endolymphe* erfüllt.

Gehörsäckchen, → Gehörorgan.

Gehörschlauch, → Gehörorgan.

Geier, Greifvögel verschiedener Verwandtschaftsgruppen. Als Aasfresser müssen sie Suchflüge unternehmen und Futter für die Jungen von weit her heranschaffen. Deshalb bringen sie im Kropfe. Ihre Zehen sind auch nicht so kräftig wie die anderer Greifvögel. *Kondor, Kalifornien-Kondor, Raben-, Truthahn-, Gelbkopf-* und *Königsgeier* bilden die Familie der *Neuweltgeier, Cathartidae*. Die anderen Geierarten, z. B. Gänse-, Kutten- oder Mönchs-, Bart- oder Lämmer-, Aas- oder Schmutzgeier, sind *Altweltgeier* und gehören zur Gruppe der → Habichtartigen. Sie sind in Afrika, Europa und Asien verbreitet. Sie haben in Anpassung an die Art ihres Nahrungserwerbs meistens einen wenig befiederten Kopf und Hals (Ausnahmen: *Palm-* und *Bartgeier*).

Geierschildkröte, *Macroclemys temminckii,* zu den → Alligatorschildkröten gehörende, räuberische, bis zu 1 m Panzerlänge erreichende und damit größte Süßwasserschildkröte der Erde. Der dreikielige Rückenpanzer ist meist dicht mit Algen bewachsen. Die G. bewohnt das Mississippigebiet und wird bis 100 kg schwer. Sie lauert mit geöffnetem Maul am Gewässergrund auf Beute, wobei ein roter, wurmartig beweglicher Zungenfortsatz als Köder die Fische anlockt.

Geißblattgewächse, *Caprifoliaceae,* eine Familie der Zweikeimblättrigen Pflanzen mit etwa 450 Arten, deren Hauptverbreitung sich auf die gemäßigte Zone der nördlichen Erdhalbkugel erstreckt. Es sind holzige Lianen, selten kleine Bäume oder Sträucher, mit gegenständigen, häufig gezähnten, gelappten oder gefiederten Blättern, meist ohne Nebenblätter. Die zwittrigen, 5zähligen Blüten können sowohl strahlig als auch zweiseitig symmetrisch sein. Der oberständige Fruchtknoten entwickelt sich zu Beeren, Steinfrüchten, Kapseln oder Nüssen.

Bekanntester Vertreter ist der in Europa weit verbreitete **Schwarze Holunder,** *Sambucus nigra,* dessen schwarze Steinfrüchte gegessen werden können, ebenso wie die roten Steinfrüchte des im Gebirge vorkommenden *Berg-* oder *Traubenholunders, Sambucus racemosa.*

Als Ziersträucher in Garten- und Parkanlagen werden die in Europa, Nordamerika und Asien beheimateten Arten des

Geißblattgewächse: *a* Schwarzer Holunder, *b* Gemeiner Schneeball, *c* Gartenschneeball, *d* Schneebeere, *e* Weigelie

Schneeballs, *Viburnum*, angepflanzt. Die Randblüten der Trugdolde vom heimischen *Gemeinen Schneeball*, *Viburnum opulus*, sind unfruchtbar und zu einem Schauapparat vergrößert, die Früchte sind leuchtend rot. Bei der gefüllten Gartenform sind nur sterile Blüten ausgebildet. Als Heckenpflanze wird die aus Nordamerika stammende **Schneebeere**, *Symphoricarpus albus*, häufig gezogen, ebenso verschiedene Arten der **Heckenkirsche**, *Lonicera*. Auffällige, trichterförmige, weiße bis rote Blüten haben die aus Ostasien stammenden **Weigelien**, *Weigela*, die deshalb ebenfalls häufig als Ziersträucher angepflanzt werden. Ein niederliegender Halbstrauch nördlicher Nadelwälder ist das ebenfalls zu dieser Familie gehörende **Moosglöckchen**, *Linnaea borealis*.

Geißelalgen, *Phytoflagellaten*, eine 4 Klassen umfassende Gruppe der Algen, deren Vertreter auf der niedrigsten Organisationsstufe des Thallus stehen, d. h. in der Regel Einzeller sind, die sich mittels Geißeln fortbewegen. Sie sind in allen Gewässern der Erde verbreitet. Meist sind ihre entweder einzeln lebenden oder zu Kolonien verbundenen Zellen von einer Zellulose- oder Pektinmembran umgeben. Sie haben verschieden gefärbte Chromatophoren; Assimilationsprodukte sind verschiedene Kohlenhydrate und fette Öle. Die Vermehrung erfolgt meist ungeschlechtlich durch Längsteilung der Zellen. Geschlechtliche Fortpflanzung wurde nur selten und nur bei wenigen Arten beobachtet, sie erfolgt durch Iso- oder Anisogamie. Unter ungünstigen Außenbedingungen können Dauerstadien in Form von Zysten gebildet werden. Diese sind von gallert- oder andersartigen

Geißelalgen: *1 Euglena gracilis*; c Chloroplast, g_1 Bewegungsgeißel, g_2 zweite Geißel, k Zellkern, p freies Paramylum, py Pyrenoid mit Paramylumdecke, s Augenfleck, v kontraktile Vakuole. *2 Colacium mucronatum*; a Augenfleck, k Zellkern, p freies Paramylum, py Pyrenoid mit Paramylumdecke, st Gallertstiel. *3 Phacus triqueter*; c Chloroplast, g_1 Bewegungsgeißel, p freies Paramylum, s Augenfleck. *4 Cryptomonas*; c Chromatophor, k Kern, s Schlund, v Vakuole. *5 Peridinum tabulatum*. *6 Ceratium hirundinella* (nach der Teilung). 5 und 6 Feueralgen

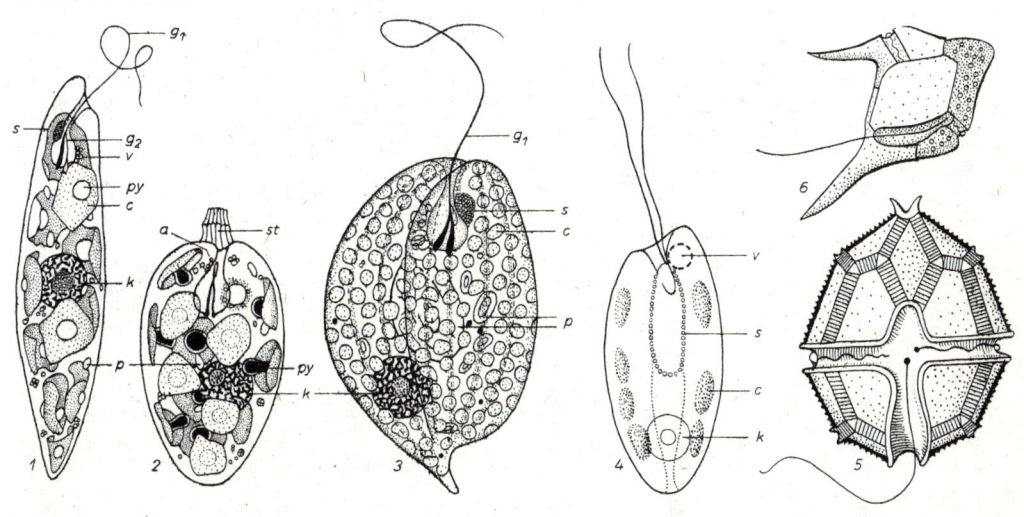

Membranen umgeben, die sie vor Austrocknung schützen.

1. Klasse *Euglenophyceae, Schönaugengeißler:* Es sind relativ große G. mit zwei in einer kanalartigen Einsenkung der Pellikula entspringenden Geißeln, einer längeren und einer sehr kurzen. Sie haben einen durch Karotinoide rot gefärbten Augenfleck, mit dessen Hilfe der Lichteinfall ermittelt wird. Die Chromatophoren sind grün und führen einen ähnlichen Farbstoffbestand wie die Grünalgen, nämlich Chlorophyll a und b, enthalten aber außerdem ein sonst im Pflanzenreich nicht bekanntes Xanthophyll. Reservestoffe sind fette Öle und das Kohlenhydrat Paramylum. Der Körper der *Euglenophyceae* ist entweder veränderlich oder starr. Die wichtigsten Gattungen sind *Euglena,* deren Vertreter in nährstoffreichen Gewässern oft massenweise vorkommen, *Phacus,* die nur in sauberen Gewässern zu finden sind, und *Colacium,* deren Arten sich mittels eines Gallertstieles an andere Organismen anheften.

2. Klasse *Cryptophyceae, Schlundgeißler:* Die hierher gehörenden Vertreter haben ebenfalls 2 fast stets nach vorn gerichtete Geißeln. Ihre Chromatophoren enthalten Chlorophyll a und c, verschiedene Karotinoide, Xanthophylle und Phycobiline. Bekannt sind verschiedene *Cryptomonas*-Arten, die mesotrophe Gewässer bewohnen.

3. Klasse *Pyrrhophyceae, Dinoflagellatae,* **Feueralgen:** Hierher gehören viele Arten, die überwiegend im Meer leben und dort mit anderen Mikroorganismen die Hauptmasse des Planktons bilden. Ihre Zellen sind von einem Zellulosepanzer umgeben, der aus einzelnen, von zahlreichen Poren durchlöcherten Platten zusammengesetzt ist. In der Mitte des Panzers sind meist eine Quer- und eine Längsfurche ausgespart; darin entspringen die beiden Geißeln. Viele Arten haben Fortsätze oder Flügelbildungen, die das Schweben im Wasser begünstigen. Einige Arten, so besonders *Noctiluca miliaris,* bewirken das Meeresleuchten. Andere, vor allem ozeanische Arten, können giftige Stoffe enthalten oder absondern, die zu Fischsterben führen.

4. Klasse *Haptophyceae,* **Kalkalgen,** überwiegend im Meer lebende Algen, die den gleichen Farbstoffbestand wie die → Goldalgen haben, von diesen aber durch einen dritten, geißelähnlichen Faden unterschieden sind. Hierher gehören Algen, deren Zellen von Zelluloseplättchen, in die Kalzit abgelagert wird, umgeben sind und die als *Kokkolithen* bezeichnet werden. Solche Kokkolithen haben großen Anteil an der Bildung von Kalksedimenten.

Geißelantenne, typischer Fühler der ektognathen Insekten, gegliedert in ein Muskeln enthaltendes Schaftglied (*Scapus*), ein das Johnstonsche Sinnesorgan tragendes Wendeglied (*Pedicellus*) und eine muskelfreie, mehrgliedrige Geißel:

Geißelinfusorien, svw. Flagellaten.

Geißeln, → Bakteriengeißeln, → Flagellaten, → Zilien.

Geißelskorpione, *Uropygi,* eine Unterordnung der zu den Spinnentieren gehörenden *Pedipalpi,* die aus etwa 130 Arten besteht und in vielen Merkmalen den Skorpionen gleicht. Der Körper setzt sich zusammen aus einem kürzeren Prosoma und einem längeren gegliederten Opisthosoma, das einen geißelförmigen Telsonanhang trägt. Die Pedipalpen (→ Mundwerkzeuge) sind an der Basis zu einem Trog verwachsen, in dem die Nahrung vorverdaut werden kann; an der Spitze sind sie oft mit Scheren versehen. Das erste Laufbein dient als Taster. Das Hinterleibsende trägt eine Giftdrüse, deren Sekret sehr zielsicher auf Feinde, jedoch nicht auf Beute, gespritzt wird. Als Atmungsorgane sind Fächertracheen vorhanden.

Die G. besiedeln hauptsächlich die Tropengebiete. Sie leben unter Steinen, Fallaub, loser Borke u. ä. und führen eine nächtliche Lebensweise. Viele Arten können im Sand Gänge graben. Die Weibchen tragen die Eier in einem Sekretbeutel an der Geschlechtsöffnung mit sich herum.

Geißelspinnen, *Amblypygi,* eine Unterordnung der zu den Spinnentieren gehörenden *Pedipalpi,* die aus nur 60 Arten besteht und in vielen Merkmalen den Spinnen gleicht. Der Körper setzt sich zusammen aus dem Prosoma und dem sackförmigen Opisthosoma, das weder einen Telsonanhang noch Giftdrüsen oder Spinnwarzen trägt. Die großen Pedipalpen werden waagerecht vor dem Körper getragen und sind entweder mit Scheren versehen oder bilden einen Fangkorb. An der Basis sind sie nicht zu einem Trog verwachsen. Das erste Laufbein dient als Taster und ist oft ganz ungewöhnlich lang. Als Atmungsorgane sind zwei Paar Fächertracheen vorhanden.

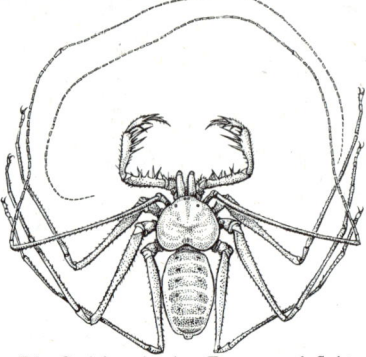

Geißelspinne

Die G. leben in den Tropen und Subtropen. Sie sind Nachttiere und verbergen sich am Tage unter Steinen, Blättern oder Borke. Sie laufen mit den hinteren drei Beinpaaren und halten dabei die Tastbeine weit seitlich. Die Weibchen tragen die Eier bis zum Schlüpfen in einem Sekretbeutel an der Geschlechtsöffnung.

Geißeltierchen, svw. Flagellaten.

Geistchen, → Schmetterlinge (System).

Geitonogamie, → Bestäubung.

Geiztriebe, *Geize,* aus den Blattachseln bei Weinreben, Brombeeren, Tabak und Tomaten entspringende, zumeist unfruchtbare Seitentriebe. Diese werden oft mechanisch oder durch Anwendung von Chemikalien (besonders bei Tabak) entfernt, damit der Haupttrieb zur besseren Entwicklung gelangen kann (*Ausgeizen*).

Gekröse, svw. Mesenterium.

Geländeklima, svw. Topoklima.

Gelatine, → Kollagen.

Gelatineverflüssigung, die Fähigkeit bestimmter Mikroorganismenarten, insbesondere Bakterien, gelartige Gelatinenährböden durch enzymatischen Abbau der Gelatine in den flüssigen Zustand zu überführen. Die G. dient als ein Merkmal bei der Kennzeichnung und Bestimmung von Bakterienarten.

gelbe Fermente, svw. Flavoproteine.

Gelbgrünalgen, *Xanthophyceae,* eine Klasse der Algen, früher als *Heterocontae* bezeichnet, da die begeißelten Schwärmer und Gameten zwei ungleich lange Geißeln tragen. Bei den G. kommen alle Thallusorganisationsstufen von Einzellern über fädige bis zu schlauchförmigen Formen vor; dabei sind die Zellen meist zweiteilig gebaut. Sie führen als Farbstoffe Chlorophyll a, Karotine und verschiedene, nur von dieser Algengruppe bekannte Xanthophylle. Als Reservestoffe werden Öl und das Polysaccharid Chrysolaminarin gebildet.

Die G. sind überwiegend auf Schlamm und im Süßwasser verbreitete Algen, z. T. gibt es auch marine Formen.

Die systematische Einteilung erfolgt nach der Organisationshöhe des Thallus. Im Süßwasser sind die fädigen Vertreter der Gattung *Tribonema* relativ häufig, deren Zellwandhälften je zwei benachbarter Zellen wie ein H aussehen. Schlauchförmige Vertreter sind die weitverbreiteten *Vaucheria*-Arten mit fädigen, vielkernigen Schläuchen und die auf Schlamm wachsenden *Botrydium*-Arten mit blasenförmigen Schläuchen. Beide sitzen mittels Rhizoiden fest.

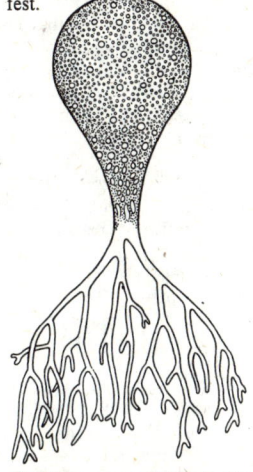

Gelbgrünalgen: *Botrydium*

Gelbkörper, → Follikelzellen, → Plazenta.
Gelbkörperhormon, svw. Progesteron.
Gelbkörperreifungshormon, svw. Lutropin.
Gelbsucht, svw. Chlorose.
Gelbwurzel, → Ingwergewächse.
Gele, → kolloide Lösungen.
Gelegenheitswirt, *Zufallswirt,* eine vom Parasiten nur selten befallene Art, die – außerhalb des Hauptwirtskreises liegend – die Parasitenentwicklung nur in eingeschränktem Maße zuläßt.
Gelenk, *Articulatio, Diarthrosis,* 1) bewegliche Verbindung zweier oder mehrerer mit überknorpelten Flächen aneinanderstoßender Knochen. Zu jedem G. gehören die artikulierenden *Gelenkflächen,* die entweder Ebenen, Oberflächenausschnitte von Rotationskörperchen oder weit kompliziertere Flächen sind, die *Gelenkkapsel,* die eine Innenhaut und eine äußere fasrige Haut aufweist, die *Gelenkhöhle,* ein spaltförmiger, kapillärer Raum, die *Gelenkflüssigkeit* sowie Verstärkungsbänder, Zwischenscheiben, Schleimbeutel u. a. Nach der Form werden beim Menschen folgende G. unterschieden: 1) K u g e l g e l e n k mit kugelschalenähnlichen Gelenkflächen, deren positive Fläche, der *Gelenkkopf,* in eine entsprechende Vertiefung, die *Gelenkpfanne,* eingepaßt ist, z. B. Hüft- und Schultergelenk; 2) S c h a r n i e r g e l e n k mit Walze und Führungsrinne und entsprechender Führungsleiste, z. B. Fingergelenk; 3) E l l i p s o i d g e l e n k mit ellipsoiden Gelenkflächen, z. B. Speichen-Handwurzel-Gelenk; 4) S a t t e l g e l e n k mit sattelförmig ineinandergreifenden Gelenkflächen, z. B. Grundgelenk des Daumens; 5) P l a n g e l e n k mit ebenen Gelenkflächen, z. B. zwischen den Halswirbeln.

2) bei Pflanzen eine bestimmte, stark krümmungsfähige Region mit besonderer anatomischer Struktur. Die *Wachstumsgelenke,* z. B. die »Knoten« der Grashalme, sind zu raschen Wachstums- oder Nutationsbewegungen befähigt. Sie sind aus Gewebe aufgebaut, die relativ lange Zeit wachstumsfähig bleiben. So beginnen bei aus ihrer Ruhelage gebrachten Grashalmen die Knoten auf ihrer Unterseite verstärkt zu wachsen, so daß sich die Halme wieder aufrichten.

Demgegenüber funktionieren die *Gelenkpolster* aufgrund von Turgorschwankungen (→ Variationsbewegungen). Sie kommen bei Mimosen u. a. seismonastisch reagierenden Pflanzen (→ Seismonastie) sowie bei Pflanzen vor, die nyktinastische Bewegungen (→ Nyktinastien) oder andere autonome Turgorbewegungen ausführen können, wie *Desmodium gyrans* u. a. Da Gelenkpolster vorwiegend an Blättern auftreten, werden sie gelegentlich auch *Blattpolster* oder *Blattkissen* genannt. Sie erscheinen äußerlich als Verdickungen, z. B. am Grunde des Blattstieles oder der Fiederblättchen. Im Innern der Gelenkpolster sind die Leitbündel zu einem zentralen Strang verschmolzen (→ Biegungsfestigkeit) und von zartwandigen parenchymatischen Zellen umgeben, die sich auf der Gelenkoberseite durch hohe Wandelastizität auszeichnen.
Gelenkschildkröten, *Kinixys,* in 3 Arten über Mittel- und Südafrika verbreitete → Landschildkröten, deren hinteres Drittel des Rückenpanzers durch ein Gelenk zum Schutz nach unten geklappt werden kann. Die 20 bis 30 cm langen G. suchen im Gegensatz zu anderen Landschildkröten häufig das Wasser auf.
gemäßigte Phagen, svw. temperente Phagen.
Gemeinschaft, → Lebensstätte.
Gemeinschaftsstreue, → Biotopbindung.
gemischtgeschlechtig, → Blüte.
Gemmen, ungeschlechtlich durch Verdickung der Zellwände aus Hyphen hervorgehende, mehrzellige Überdauerungsorgane (Dauersporen) einiger Pilzarten. Die G. keimen nach Wiederherstellung günstigerer Lebensbedingungen meist mit mehreren Keimschläuchen aus.
Gemmula, *Dauerknospe, Brutkapsel, Brutknospe,* Überdauerungskörper der Süßwasserschwämme zur Überbrückung ungünstiger Jahreszeiten. In den unteren Schichten eines Schwammkörpers wandern in tropischen Arten vor der Trockenzeit, bei mitteleuropäischen Arten im Herbst zahlreiche *Archäozyten* genannte Zellen zu kleinen Klumpen zusammen und reichern durch Phagozytose anderer Schwammzellen Nährstoffe an. Um jeden Zellklumpen scheiden Skleroblasten zwei Sponginschichten ab, zwischen denen Amphidisken oder andere Sklerite eingelagert sind. Im Frühjahr oder zu Beginn der Regenzeit wandern die Archäozyten aus den G. aus, besiedeln das Skelett des alten Schwammes oder bilden einen Jungschwamm, wobei alle nötigen Zellarten aus den Archäozyten hervorgehen.
Gemsbüffel, → Büffel.
Gemsen, mittelgroße Paarhufer aus der Familie der → Hornträger. Beide Geschlechter haben kurze, steil aufgerichtete, hakig nach hinten gebogene Hörner. Die G. sind äußerst geschickt kletternde Hochgebirgstiere. Die europäische Gemse, *Rupicapra rupicapra,* wurde auch im Schwarzwald und im Elbsandsteingebirge ausgesetzt. Im nordamerikanischen Felsengebirge ist die weiße *Schneeziege, Oreamnos americanus,* beheimatet.
Lit.: L. Briedermann u. V. Still: Die Gemse des Elbsandsteingebirges (Wittenberg 1976).
Gen, *Cistron,* ein aus einer bestimmten Anzahl von Nukleotiden bestehender Teilabschnitt der Nukleinsäuren (im Normalfall DNS, bei einigen Viren auch RNS), der die genetische Information zur Steuerung einer bestimmten biochemischen Reaktion enthält und eine funktionelle Einheit darstellt. Die im G. enthaltene Information führt im Falle von Strukturgenen über die Vorgänge der → Transkription und → Translation zur Synthese von Eiweißmolekülen oder zur Entstehung von spezifischer RNS (z. B. Transfer- und ribosomaler RNS). Andere Genabschnitte haben funktionelle Bedeutung und dienen der Steuerung der Transkription bzw. Translation. Die Gene der Eukaryoten sind im Gegensatz zu denen der Prokaryoten meist diskontinuier-

lich. Dabei werden die die Information übertragenden Abschnitte eines eukaryotischen G. (»Exonen«) in der Regel in der linearen Anordnung von nichtkoordinierenden Abschnitten, den »Intronen«, unterbrochen. Im Verlauf der Transkription werden zunächst RNS-Moleküle (»PrämRNS«) gebildet, welche die sowohl Exonen als auch Intronen entsprechenden komplementären Sequenzen enthalten. Die PrämRNS-Moleküle werden dann modifiziert, wobei unter anderem die Intron-Sequenzen herausgeschnitten und die Exonen zur »reifen mRNS« gespliest werden.

G., die die molekulare Feinstruktur und Spezifität eines Enzyms festlegen, wurden früher als *Strukturgene* bezeichnet und den *Regulatorgenen* gegenübergestellt, deren Funktion darin besteht, die zeitgerechte Transkription der im Strukturgen enthaltenen Information zu kontrollieren (→ Operon). Inzwischen weiß man, daß auch manche Strukturgene Produkte kodieren, die auch regulatorische Funktionen haben können. Der experimentelle Nachweis der Existenz eines bestimmten G. ist daran gebunden, daß das in Frage stehende G. in mindestens 2 alternativen Zustandsformen vorliegt. Derartige Allele eines G. entstehen durch molekulare Umbauten innerhalb des G., die als → Genmutationen bezeichnet werden. Die Wirkung der verschiedenen Allele eines G. betrifft die gleiche biochemische Reaktion und damit das gleiche phänotypische Merkmal.

Alle G. eines Organismus (→ Plasmid) sind in der Regel in linearer Folge und bestimmter Lokalisation zu Koppelungsgruppen vereinigt; jedes Chromosom ist Träger einer Koppelungsgruppe. Inhomologe Chromosomen besitzen verschiedene Koppelungsgruppen, homologe Chromosomen führen identische G. in gleicher Aufeinanderfolge, wobei die jeweiligen Allele gleich (Homozygotie) oder ungleich (Heterozygotie) sein können. Die Entfernung zweier der gleichen Koppelungsgruppe zugehöriger G. wird *Genabstand* genannt. Der Abstand zwischen zwei bestimmten G. entspricht der Summe der Abstände aller zwischen ihnen lokalisierten G. Das Maß für den Abstand gekoppelter G. ist die Häufigkeit der zwischen ihnen erfolgenden Rekombination durch Crossing-over, mit dessen Hilfe sich schematische, lineare Genanordnungen (*Genkarten*) für jede Koppelungsgruppe aufstellen lassen. In den → Geschlechtschromosomen lokalisierte G. werden als geschlechtsgekoppelt, alle übrigen als autosomal bezeichnet.

Jedes Funktionsgen oder Cistron ist durch → Rekombination unterteilbar und kann durch Mutationen an vielen Orten (sites) seiner molekularen Struktur verändert werden. Die kleinste, durch Rekombination bestimmbare genetische Einheit innerhalb des Funktionsgens ist das → Recon, die kleinste Mutationseinheit das → Muton. Die Minimalgröße dieser Einheiten ist das Einzelnukleotid des Nukleinsäuremoleküls.

Zur Gensymbolisierung in Erbformeln wird ein Standardtyp innerhalb der Art nach Übereinkunft festgelegt, und dessen G. werden durch ein + gekennzeichnet. Häufig werden zur Genbezeichnung auch Namen und Symbole benutzt, die im Falle des Standard- oder Wildtyps aber auch mit + gekennzeichnet sein sollten (etwa a⁺ oder +a). Sämtliche vom Standardtyp abgeleiteten, mutierten G. sind mit Buchstabensymbolen entsprechend der möglichst lateinischen Merkmalsbezeichnung zu versehen. Symbole für dominante G. beginnen grundsätzlich mit einem Großbuchstaben, solche für rezessive mit Kleinbuchstaben.

Genaktivierung, das zeitgerecht gesteuerte Wirksamwerden individueller Gene während der Individualentwicklung, das für einen ordnungsgemäßen Ablauf der Entwicklungsprozesse Voraussetzung ist. → Operon.

Genamplifikation, die spezifische Vermehrung von Genkopien an bestimmten Stellen der Chromosomen. G. tritt z. B. in Chromosomen unterschiedlicher Organe bestimmter Insekten und im Verlauf der Oogenese vieler Organismen auf, so z. B. die selektive Replikation der für ribosomale RNS kodierenden Gene in Amphibienoozyten.

Genbank, 1) eine Sammlung von Vektoren (→ Gentechnologie), die Sequenzen klonierter DNS damit relativ leicht identifizierbare Gene enthalten (*Genbibliothek*).

2) eine Sammlung von Samen pflanzlicher Arten und Varietäten mit dem Ziel, genetisches Material zu erhalten und gegebenenfalls zur Züchtung wieder zur Verfügung zu stellen. Beispiele: Kulturpflanzenweltsortimente in Leningrad und Gatersleben.

Generation, 1) diejenigen Individuen einer Population, die von einem gemeinsamen Ahnen abstammungsmäßig gleich weit entfernt sind.

2) im Falle des Vorliegens eines Generationswechsels die Entwicklungsphase, die sich von einem Fortpflanzungsakt bis zum nächsten erstreckt und von zwei verschiedenen, obligat gestalteten Bauformen eingefaßt ist.

Generationswechsel, der meist regelmäßige Wechsel zwischen einer sich geschlechtlich fortpflanzenden Generation und einer oder mehreren sich ungeschlechtlich vermehrenden Generationen bei einer Tier- oder Pflanzenart.

Bei den Pflanzen wird die sich ungeschlechtlich durch Sporen fortpflanzende Generation als *Sporophyt*, die sich geschlechtlich durch Gameten fortpflanzende Generation als *Gametophyt* bezeichnet. Sporophyt und Gametophyt können einander gleichen oder auch morphologisch sehr verschieden sein. Bei allen höheren Pflanzen ist der G. stets mit einem *Kernphasenwechsel* verbunden, d. h., der Sporophyt ist fast ausnahmslos diploid (→ Diplonten, → Diplophase), der Gametophyt haploid (→ Haplonten, → Haplophase), *heterophasischer* (antithetischer) G. Bei den Moosen ist die grüne Pflanze der haploide Gametophyt, die Sporenkapsel der diploide Sporophyt, der stets mit dem Gametophyten verbunden bleibt. Bei den Farnpflanzen stellt die grüne Pflanze den diploiden Sporophyten dar, der ungeschlechtliche Sporen erzeugt. Die Sporen keimen zu einem Prothallium aus, das die Sexualorgane ausbildet und somit als Gametophyt kenntlich ist. Die nach der Befruchtung der Eizelle entstehende Zygote keimt wieder zum diploiden Sporophyten, der Farnpflanze, aus. Bei den Nacktsamen und Bedecktsamern wird der Gametophyt immer mehr reduziert und besteht schließlich nur noch aus den männlichen und weiblichen Geschlechtszellen und wenigen sie umgebenden Zellen. Nie ist der Gametophyt eine selbständige Pflanze. Die eigentliche Pflanze ist hier immer der diploide Sporophyt.

Bei den Tieren kommt ein heterophasischer G. nur bei Einzellern, z. B. bei Foraminiferen, vor. Der *homophasische* G., bei dem die Chromosomenzahl stets gleich bleibt, tritt als → Heterogonie auf. Bei den höheren Tieren gibt es keinen G.

Generationszeit, in der Mikrobiologie der Zeitraum, den ein Einzeller von einer Zellteilung bis zur nächsten benötigt, oder der Zeitraum, in dem sich in einer Kultur von Einzellern deren Anzahl verdoppelt. Die G. hängt von der Art des Organismus und den Bedingungen ab. Bakterien haben z. T. sehr kurze G., z. B. liegt die G. des Kolibakteriums unter günstigen Verhältnissen bei etwa 15 min.

Generatorpotential, → Rezeptor.

Generatorregion, → Neuron.

Genetik, *Vererbungslehre, Erbbiologie, Erbkunde,* die Wissenschaft von den Gesetzen und den materiellen Grundlagen des Vererbungsgeschehens und der Variabilität im Organismenreich (Luers, 1963). Die G. ist ein Teilgebiet der Biologie. Sie stellt die *Erblichkeit (Heredität)* bestimmter Merkmale und Eigenschaften fest, untersucht die an ihrer Ausprägung mitwirkenden stofflichen Zellbestandteile, ihre Struktur und ihr Verhalten im Erbgang unter Berücksichtigung der Umweltbedingungen. Sie bedient sich hierzu der Variationsanalyse, des Kreuzungsexperimentes, der Zellforschung, der Erbanalyse, der → Molekularbiologie und der → Gentechnologie. Besondere Beiträge leistet die → Molekulargenetik. Aufgabe der *Variationsanalyse* ist es, die durch Umwelteinflüsse bedingten nicht erblichen Abänderungen der Lebewesen, die → Modifikationen, festzustellen und mit Hilfe statistischer Methoden (→ Biometrie) den Grad der Veränderlichkeit oder die → Variabilität der verschiedenen Merkmale oder Eigenschaften zu ermitteln. Das *Kreuzungsexperiment* gibt Aufschluß über das Verhalten bestimmter Merkmals- und Eigenschaftsanlagen von Lebewesen nach Bastardierung. Die *Zellforschung* untersucht die Beziehungen, die zwischen dem erblichen Verhalten und der Struktur und Funktion der Zellen, besonders der Chromosomen, bestehen. Die *Erbanalyse* versucht auf dem Weg über das Kreuzungsexperiment und durch Stammbaumforschung, die Anzahl und Wirkungsweise der an der Vererbung eines Merkmales oder einer Eigenschaft beteiligten Gene zu ermitteln und den Erbgang festzustellen. Nach den verschiedenen Arbeitsrichtungen der G. ist eine Gliederung in theoretische G. und angewandte G. möglich. Zu der *theoretischen G.* gehören die → Zytogenetik, die → Molekulargenetik, die → Gentechnologie und die → Populationsgenetik, während die *angewandte G.* die botanische G., die zoologische G., die → Mikrobengenetik, die Strahlengenetik und die → Humangenetik umfaßt. Zu der angewandten G. gehören auch Pflanzenzüchtung und Tierzüchtung. Gentechnische Methoden werden zunehmend auch in der angewandten G. benutzt.

Geschichtliches. Die G. entstand als selbständige Wissenschaft erst um die Jahrhundertwende, Hypothesen über das Wesen der Vererbung gibt es dagegen schon seit dem Altertum. Nach Stubbe (1953) lassen sich zwei Perioden in der Entwicklung der G. unterscheiden: 1) Die klassische Periode der Vererbungsforschung. Sie umfaßt die beiden ersten Jahrzehnte unseres Jahrhunderts und ist gekennzeichnet durch die Wiederentdeckung der Mendelschen Gesetze, den Nachweis der Chromosomenindividualität, der Koppelung, des Austausches und der linearen Anordnung der Gene in den Chromosomen. Gegenüber den spekulativen Vererbungshypothesen der vormendelistischen Ära erbrachte sie den Nachweis, daß die stofflichen Grundlagen der Vererbung in den Genen der Chromosomen zu suchen sind (Chromosomentheorie der Vererbung). 2) Die dynamische Periode der Vererbungsforschung. Sie reicht bis in die Gegenwart und ist mit der klassischen Periode durch vielfache Übergänge verbunden. Im Mittelpunkt der Forschung stehen in dieser Epoche die extranukleäre Vererbung, die Mutationsforschung, die biochemische Natur der Gene, entwicklungsphysiologisch-genetische Fragen und Probleme der Evolutionsgenetik. Mikrobengenetik und Molekulargenetik werden zu bedeutenden Spezialgebieten experimenteller genetischer Forschung. Die stürmische Entwicklung des vergangenen Jahrzehnts auf dem Gebiet der G. führte zur Entwicklung der → Gentechnologie. Der weitere Ausbau der mathematischen Methoden in der G. schuf die Grundlagen für ein neues Spezialgebiet, die Populationsgenetik. Die engen Beziehungen der G. zu anderen Wissenschaftszweigen, z. B. der Virusforschung, der Biophysik und Biochemie, treten immer deutlicher hervor.

Lit.: E. Günther: Grundriss der G. (Jena 1983); R. Hagemann u. Mitarb.: Allgemeine G. (Jena 1984).

genetische Assimilation, → Waddington-Effekt.

genetische Balance, Bezeichnung für das ausgeglichene Zusammenwirken der Einzelgene eines → Genoms. Individuelle Einzelgene werden nie losgelöst von den anderen Genen des Genoms aufgrund der ihnen innewohnenden Fähigkeiten wirksam, sondern stets in Wechselwirkung mit diesen, d. h., sie zeigen nur eine relative Wirksamkeit. Der Aufbau und die Erhaltung balancierter Genotypen erfolgen unter der Kontrolle der natürlichen Selektionsprozesse.

genetische Blockierung, durch Eintritt einer Mutation erfolgende Unterbrechung einer genetisch gesteuerten chemischen Reaktionskette (→ Genwirkung), die bei ordnungsgemäßem Ablauf zur Entstehung eines bestimmten biochemischen Merkmals führt. Je nachdem, ob durch die Mutation die Normalfunktion des betreffenden Gens vollkommen erlischt, eingeschränkt oder verändert wird, kann eine g. B. vollständig oder partiell sein. → Mangelmutante.

genetische Bürde, Gesamtheit aller nachteiligen Erbfaktoren in einer Population. Mathematisch ist die g. B. definiert als relative Reduktion der durchschnittlichen Fitness einer Population, bezogen auf den optimalen Genotyp. $L = \frac{W_{max} - \bar{W}}{W_{max}}$. Hierbei bedeuten L die g. B., W_{max} die maximale und $\bar{W}$ die durchschnittliche Fitness der Population. Jede Population mit Individuen unterschiedlicher Fitness trägt eine g. B. Sie setzt sich aus schwachnachteiligen Faktoren, die zur normalen Variabilität beitragen, aus Anlagen für Erbkrankheiten und aus Letalfaktoren zusammen.

In Populationen diploider Organismen mit Zufallspaarung prägt sich ein geringer Teil der *Gesamtbürde* als *manifestierte Bürde* an den Individuen aus. Dubinin entdeckte in den Jahren 1933 bis 1935 unter 2175 Wildfliegen der Art *Drosophila melanogaster* 614 abnorme Tiere, d. s. 2,8%. Unter 1 Mill. neugeborener Kinder befanden sich 11212 mit genetisch verursachten Krankheiten, d. s. 1,1%.

Die *verborgene Bürde* läßt sich bei Tieren und Pflanzen durch Inzucht aufdecken. Beim Menschen ist sie aus der gegenüber der Gesamtbevölkerung größeren Häufigkeit von Defekten bei Kindern in Verwandtenehen zu erschließen. Besonders leistungsfähige Methoden zum Auffinden verborgener nachteiliger Erbfaktoren gibt es für die Taufliege *Drosophila*. Die Untersuchung von 1063 Chromosomen aus einer *Drosophila*-Population mit der Muller-Methode ergab, daß 278 Chromosomen, d. s. etwa 25%, im homozygoten Zustand letal oder semiletal waren. Das diploide menschliche Genom enthält im Durchschnitt etwa 4 rezessive Letalfaktoren. Da sich diese Faktoren über alle Chromosomen verteilen, gelangen nur sehr selten einmal zwei identische Letalgene in ein Individuum und werden deshalb nur ausnahmsweise wirksam. Mit Hilfe elektrophoretischer Methoden findet man in den meisten natürlichen Populationen eine hohe genetische Variabilität der verschiedensten Proteine, deren Bedeutung für die Fitness noch unklar ist.

Einige Forscher glauben, daß die g. B. vor allem durch Mututations-Selektions-Gleichgewichte erhalten bleibt. In diesem Fall würde es sich um eine *Mutationsbürde* handeln. Gewöhnlich nimmt man an, daß rezessive nachteilige Faktoren deshalb nicht verschwinden, weil sie dem heterozygoten Zustand eine größere Lebenstüchtigkeit verleihen als die homozygoten Normalallele. Bei den selektiv bevorteilten heterozygoten Individuen bleiben die nachteiligen Erbfaktoren in der Population erhalten. In ihrer Nachkommenschaft spalten oder segregieren entsprechend der 2. Mendelregel Individuen heraus, die für den nachteiligen Faktor reinerbig sind. Deshalb spricht man von einer *Segregationsbürde*. Ein Beispiel für diesen Mechanismus ist die Erhaltung der Erbanlage für → Sichelzellanämie.

genetische Drift

Versuche, durch Ermittlung des →B/A-Quotienten zu erkennen, ob die g. B. natürlicher Populationen vorwiegend eine Mutations- oder eine Segregationsbürde ist, führten zu keiner eindeutigen Entscheidung.

In jeder sich entwickelnden Population gibt es eine *Substitutionsbürde*; denn Selektion erfolgt durch den genetischen Tod der benachteiligten Individuen. Verdrängt ein bevorteiltes Allel von anfänglich sehr geringer Häufigkeit das benachteiligte vollkommen, so müssen nach einer Berechnung von Haldane etwa 30mal so viele Individuen von der Fortpflanzung ausgeschaltet werden, wie zu einem bestimmten Zeitpunkt in der Population leben. Wegen dieser hohen Substitutionsbürde können nicht beliebig viele Erbfaktoren gleichzeitig ausgelesen werden, weil sonst das Vermehrungspotential der Population überfordert würde. Die Substitutionsbürde beschränkt also die Evolutionsgeschwindigkeit. Da man verschiedene ungewöhnlich rasche Evolutionsvorgänge kennt, die nach dieser Berechnung gar nicht möglich sein sollten, spricht man von *Haldanes Dilemma*.

Das bisherige Bürdenkonzept sowie die Berechnungen bestimmter Bürden führen zu einigen widersinnigen Ergebnissen und Scheinproblemen. Beispielsweise erzeugt eine neu auftretende vorteilhafte Erbanlage definitionsgemäß eine g. B., weil jetzt alle Individuen der Population gegenüber den Trägern des vorteilhaften Allels relativ benachteiligt sind. Bürdenberechnungen sind nach Wallace nur bei harter Selektion sinnvoll, bei der die Überlebenschance ausschließlich durch den Genotyp bestimmt ist. Gewöhnlich dominiert aber weiche Selektion, bei der sich die Fitness aus der Anwesenheit anderer Genotypen und aus bestimmten Umwelteigenschaften ergibt. Bei weicher Selektion ist die berechenbare Bürde kein Maßstab für die Lebenstüchtigkeit einer Population.

Lit.: B. Wallace: Die g. B. (Jena 1974).

genetische Drift, zufällige Änderung der Häufigkeit von Erbfaktoren. Die g. D. entsteht, weil jede neue Generation nur aus einer »Stichprobe« von Keimzellen der Elterngeneration hervorgeht. In dieser Stichprobe ist die Häufigkeit der Erbfaktoren gegenüber der Elterngeneration statistisch verschoben. Einige Faktoren gelangen überhaupt nicht in die neue Generation. Setzt sich dieser Prozeß lange fort, kann er zu drastischen Änderungen und zur Verarmung des →Genpools führen.

Drift wirkt vor allem in kleinen Populationen. In großen Fortpflanzungsgemeinschaften entscheidet g. D. mit darüber, ob seltene Erbfaktoren verlorengehen oder erhaltenbleiben und sich ausbreiten. Der g. D. unterliegen nicht nur selektiv neutrale, sondern auch selektiv benachteiligte oder begünstigte Faktoren. In extrem kleinen Populationen setzt sich die g. D. oft selbst über starke Selektionswirkungen hinweg und verringert so die Anpassung.

Theoretische Verteilungen von Genhäufigkeiten als Folge g. D. bei verschiedenen Anfangsfrequenzen und unterschiedlichen Populationsgrößen hat Kimura berechnet (Abb.).

Der Einfluß der g. D. auf die Evolution ist umstritten. Nach der Hypothese von der →nicht-Darwinschen Evolution erfolgt die Mehrheit evolutionärer Wandlungen auf molekularer Ebene, also der Ersatz von Nukleotiden und Aminosäuren allein durch g. D. und Mutationsdruck. Nach Mayr spielt g. D. bei der genetischen Revolution eine wichtige Rolle. G. D. ermöglicht das Erreichen neuer Fitnessgipfel (→Fitnessdiagramm). Große Populationen, die zeitweilig stark zusammenschrumpfen, ändern ihren Genpool durch Drift. Dieser Vorgang heißt *Flaschenhalseffekt*.

Drift kann man in Experimentalpopulationen nachweisen (Abb.). Verschiedene natürliche Populationen zeigen

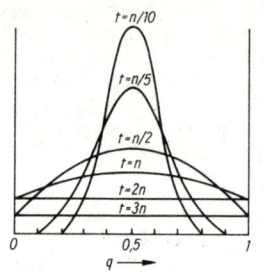

1 Änderung der Genhäufigkeit durch Drift; die Anfangshäufigkeit des Erbfaktors A = q ist 0,5. Die Zahl der Generationen ist als Verhältnis zur Populationsstärke angegeben. Mit zunehmender Generationenzahl werden immer mehr Häufigkeiten des Faktors A möglich; zum Schluß sind alle Häufigkeiten gleich wahrscheinlich. Die zunehmende Zahl von Populationen, die monomorph für den Faktor A oder für das alternative Allel a sind, ist nicht dargestellt.

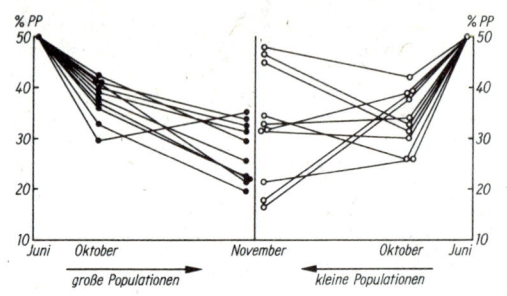

2 In Experimentalpopulationen von *Drosophila pseudoobscura* verringert Selektion die anfängliche Häufigkeit des PP-Chromosoms. Während in den 10 großen Populationen, die mit 4000 Fliegen gestartet wurden, relativ ähnliche Häufigkeiten erreicht werden, streuen infolge von Drift die Häufigkeiten in den 10 kleinen Populationen, die anfänglich nur aus 20 Tieren bestanden, erheblich

durch ihre genetische Verarmung, daß sie einen Flaschenhals durchquert haben. Der Nördliche See-Elefant, *Mirounga angustirostris*, wurde im vergangenen Jahrhundert bis auf etwa 20 Individuen vernichtet. Eine elektrophoretische Untersuchung heutiger Tiere zeigte, daß sie genetisch stark verarmt sind. Alle 24 untersuchten Protein-Loci erwiesen sich als monomorph (→Polymorphismus).

Lit.: D. Sperlich: Populationsgenetik (Jena 1973).

genetische Flexibilität, das Vermögen eines beliebigen Genotyps oder einer Mendelpopulation (→Population), sich wechselnden Lebensbedingungen dadurch anzupassen, daß Teile der potentiellen, genetischen →Variabilität realisiert werden.

genetische Information, das in Form eines genetischen Kodes in der DNS (bei vielen pflanzen- und tierpathogenen Viren auch in der RNS) chemisch verschlüsselte Vermögen, das die Zelle und den Organismus in die Lage versetzt, in der geeigneten Entwicklungsphase eine charakteristische, genetisch gesteuerte biochemische Reaktion (Syntheseleistung) als Grundlage der Manifestierung eines Erbmerkmals zu vollbringen. Die Speicherung der g. I. in der DNS oder RNS ist in deren chemischem Aufbau begründet. Zur Realisierung der g. I. werden entlang von Nukleinsäure-Teilstücken (Genen oder Cistronen) Messenger-RNS-Moleküle synthetisiert, die ihrerseits die g. I. von Polypeptiden (Enzyme und andere Proteine) übernehmen und ins Zytoplasma an die Orte der Proteinsynthese (→Adaptorhypothese) übertragen.

genetische Manipulation, gezielte Veränderung der Erbinformation; bei Mikroorganismen, Pflanzen und Tieren, ein Weg zur Erzielung angestrebter Eigenschaften. Beim

Menschen ist eine g. M. als Gentherapie bei bestimmten Erbkrankheiten in Zukunft denkbar. Auf lange Sicht wird die → humangenetische Beratung die effektivste Möglichkeit der Verhinderung von Erbkrankheiten in der Folgegeneration sein.

genetische Revolution, Hypothese von E. Mayr über die genetischen Vorgänge zu Beginn der → Artbildung. Wird eine zahlenmäßig kleine Population vom Hauptareal der Art geographisch isoliert, soll es zu einer durchgreifenden Umgestaltung ihres Genpools kommen, in deren Folge ein neues genetisches Gleichgewicht angestrebt wird.

In die isolierte Population gelangt nur ein begrenzter Teil der Erbfaktoren aus dem Hauptareal. Wegen der Kleinheit der Population werden nach der Isolation durch → genetische Drift zufallsgemäß weitere Allele eliminiert. Viele Genorte werden homozygot. Während im Hauptareal Allele selektiv bevorzugt sind, die mit den verschiedensten anderen Erbfaktoren eine hohe Fitness herbeiführen, reichern sich im Isolat solche Allele durch Selektion an, die mit den wenigen dort vorhandenen Erbfaktoren gut zusammenwirken. Diese Vorgänge führen zusammen mit den Neukombinationen und gegebenenfalls durch abweichende Umweltverhältnisse dazu, daß die isolierte Population ein neues Gleichgewicht anstrebt. Während der g. R. gelangt die Population an den Fuß eines neuen Fitnessgipfels. → Fitnessdiagramm.

genetischer Kode, svw. Aminosäurekode.

genetischer Tod, die Ausmerzung eines Gens aus dem Genbestand einer Population aufgrund seiner ungünstigen Allgemeineffekte für den Trägerorganismus, der entweder vor der Weitergabe des Gens an seine Nachkommen stirbt oder in seiner Reproduktionsfähigkeit (Fertilität) eingeschränkt ist.

genetisches Syndrom, ein genetisch kontrollierter, aus mehreren bis vielen gemeinsam auftretenden Merkmalen bestehender Merkmalskomplex als Folge von Pleiotropie oder Aneuploidie.

Genetta, → Ginsterkatzen.

Genfluß, Austausch von Erbfaktoren zwischen Populationen. G. erfolgt durch wandernde Tiere, Verbreitung von Pollen, Samen u. a. G. verringert die Unterschiede zwischen verschiedenen → Genpools. Differenzierung von Populationen durch → genetische Drift wird schon durch den Austausch von wenigen Individuen je Generation unterbunden. Ständige Unterschiede zwischen unvollständig isolierten Populationen können daher nur durch unterschiedliche Selektionswirkungen erhalten werden.

Genfrequenz, der proportionale Anteil eines Allels an der Gesamtheit der Allele eines bestimmten Genortes in einer Population.

Genfusion, das Verbinden der DNS-Moleküle eines Gens mit denen anderer Gene oder Teilen von diesen durch Methoden der → Gentechnologie. Mit Hilfe der G. ist es möglich, Prokaryoten-Gene mit Eukaryoten-Genen oder die Regulationseinheiten eines Gens (z. B. ein Operon) mit einem anderen Gen zu verbinden. Das Zusammenfügen zweier Gene kann zur Bildung hybrider Proteinmoleküle und damit zu neuen Genprodukten führen.

Genhäufigkeit, das zahlenmäßige Verhältnis, in dem die Allele bestimmter Gene innerhalb einer Population vorliegen. Die G. ergibt sich aus der in der Population auftretenden Gesamtzahl von Chromosomen, die ein bestimmtes Allel eines in Betracht gezogenen Allelenpaares führen.

Genin, svw. Aglykon.

Genitalorgane, svw. Fortpflanzungsorgane.

Genitalpapille, zapfenförmiger Auswuchs vieler Krebse, der die männliche Geschlechtsöffnung trägt.

Genkarten, → Gen, → Koppelung.

Gen-Klonierung, → Gentechnologie.

Genlocus, die Region der → Koppelungsgruppe des Chromosoms, auf der ein Gen lokalisiert ist.

Genmanifestierung, die sich in der Ausprägung eines bestimmten Merkmals ausdrückende Wirkung eines Gens, das in Wechselwirkung mit dem genotypischen Milieu und der wirksamen Umwelt die Merkmalsbildung steuert.

Genmanipulation, svw. genetische Manipulation.

Genmutationen, den → Genommutationen und → Chromosomenmutationen gegenübergestellte, spontan eintretende oder experimentell induzierte (→ Mutagene) Veränderungen im Molekulargefüge des → Gens, die den chemisch verschlüsselten genetischen Informationsgehalt (→ Aminosäurekode, → genetische Information) abändern und zur Entstehung neuer Allele führen. G. sind sehr häufig als *Punktmutationen* die Folge von Veränderungen eines einzigen Nukleotidpaares innerhalb der Nukleinsäureabschnitte, die das Gen darstellen. Dabei wird entweder eine Purin- oder Pyrimidinbase durch das andere Purin bzw. Pyrimidin ersetzt (*Transitionen*), oder eine Purinbase wird gegen eine Pyrimidinbase (und umgekehrt) ausgetauscht (*Transversionen*). In beiden Fällen wird die Nukleotidfolge bei Aufrechterhaltung der ursprünglichen Nukleotidzahl abgeändert. Der Verlust (−) oder die zusätzliche Einschiebung (+) von Nukleotiden im Bereich eines Gens liegt den »rasterverschiebenden« Mutationen zugrunde, die dazu führen, daß das an einem festen Anfangspunkt beginnende Ableseschema des → Aminosäurekodes verändert wird.

G. können dazu führen, daß ein spezifischer, genetisch gesteuerter, biochemischer Reaktionsverlauf in charakteristischer Weise modifiziert und blockiert wird. Das ist speziell die Folge von *Rastermutationen* oder von »verbotenen *Fehlsinn-*« sowie von »*Unsinnmutationen*«. Die Existenz synonymer Kodonen (→ Aminosäurekode) erlaubt aber auch das Stattfinden von *Gleichsinnmutationen*. Dabei werden synonyme Kodonen gegeneinander ausgetauscht, und es wird unverändert das gleiche Genprodukt gebildet. Die kleinste Einheit innerhalb des Gens, deren Veränderung Anlaß zur Entstehung der Genmutation gibt, wurde früher als *Muton* bezeichnet und stellt das Einzelnukleotid dar. Jedes Gen besteht somit aus zahlreichen Mutationseinheiten, deren mutative Veränderung zu abgeänderten Phänotypen (Mutanten) führen kann. Das durch Mutation aus einem Gen entstehende neue Allel ist stabil und wird ebenso wie das Ausgangsallel identisch reproduziert und von Zelle zu Zelle übertragen, solange keine Mutationen zu weiteren Allelen oder → Rückmutationen eintreten. G. können sowohl im somatischen wie generativen Gewebe eintreten, die meisten sind den Wildtypallelen gegenüber rezessiv.

Die Mutationsbereitschaft verschiedener Gene bzw. verschiedener Allele eines Gens kann sehr unterschiedlich sein und hängt unter anderem auch vom mutativen Agens ab. Es sind sowohl hochgradig stabile wie stark labile Gene und Allele und viele Zwischenformen bekannt geworden. Die Häufigkeit, mit der ein Gen je Generation in eine andere Allelform mutiert, wird als → Mutationsrate bezeichnet. Ob zwei G. im gleichen Gen eingetreten sind, wird im allgemeinen danach entschieden, ob zwischen ihnen eine → Komplementierung erfolgen kann oder nicht. Erfolgt immer Komplementierung, d. h., können die Mutationen ihre Defekte gegenseitig ausgleichen, und entsteht ein normaler Phänotyp, wenn beide (heterozygot) im gleichen Grundtyp vorliegen, dann wird dies als Hinweis dafür gewertet, daß die betreffenden Mutationen in verschiedenen Genen erfolgten.

Genoelemente, → Florenelement.

Genokopie, die Erscheinung, daß verschiedene Gene bzw.

Genom

Mutationen zur Entstehung des gleichen Merkmals (Phäns) führen. → Phänokopie.

Genom, die Gesamtheit der im haploiden Chromosomensatz eines Zellkerns enthaltenen Gene.

Genomallopolyploidie, die Erscheinung, daß in einem Bastard untereinander in der Meiose I nicht paarungsfähige Chromosomensätze verschiedener Arten kombiniert werden und anschließend eine Polyploidisierung erfolgt. Nach der Polyploidisierung und Anhebung der Ploidiestufe von der Diploidie auf die Tetraploidie findet jedes Chromosom einen vollständig homologen Paarungspartner, und in der Meiose I werden regelmäßig → Bivalente gebildet (Abb.).

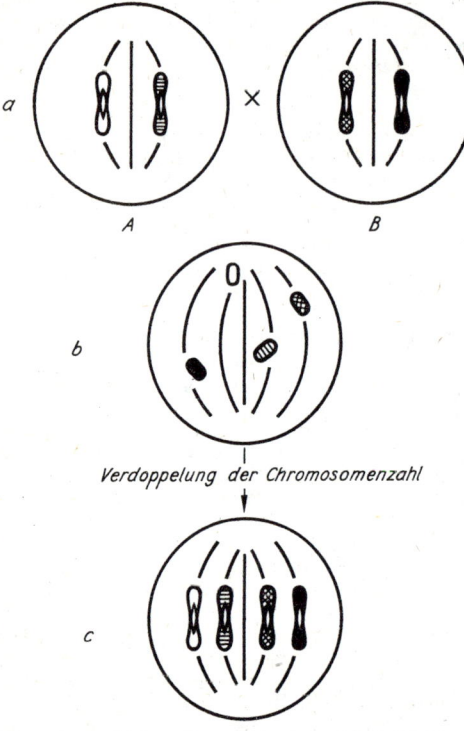

Genomallopolyploidie: *a* Kreuzung der Arten *A* und *B*; *b* Entstehung eines sterilen, diploiden Artbastards; *c* spontane oder induzierte Verdoppelung der Chromosomenzahl und Entstehung einer fertilen, allopolyploiden (allotetraploiden) Form

Im Gegensatz zu dem hochgradig sterilen, diploiden Bastard ist die allotetraploide Form voll fertil. → Segmentallopolyploidie.

Genommutationen, zur → Polyploidie oder → Aneuploidie führende Veränderungen der Chromosomenzahl einer Zelle oder eines Individuums, die den Gen- und Chromosomenmutationen als dritte Mutationskategorie des in den Chromosomen lokalisierten genetischen Materials gegenübergestellt werden. Im Falle der Polyploidie wird die Zahl ganzer Chromosomensätze verändert, im Falle der Aneuploidie wird die normale Chromosomenzahl um einzelne Chromosomen vermehrt oder vermindert.

Genomsondierung, während der Mitose möglicher Vorgang, daß je nach dem vorliegenden Ploidiegrad zwei oder mehrere ganze Chromosomensätze voneinander getrennt werden und eine Art mitotische Reduktion der Chromosomenzahl eintritt. Vielfach wird die bei polyploiden Formen beobachtete somatische Rückregulierung der Chromosomenzahl auf die diploide Stufe mit G. erklärt.

Genopathie, erblich bedingte Fehlbildung im Unterschied zu der umweltbedingten → Phänopathie. Eine G. kann durch krankmachende Gene, genbedingte Unverträglichkeitsreaktionen oder durch strukturelle oder zahlenmäßige Veränderungen der Chromosomen verursacht werden.

Genophoren, erfolglos eingeführte Bezeichnung für die Nukleinsäuremoleküle von Bakterien (Prokaryoten) und Viren, die funktionell den echten → Chromosomen der Eukaryoten entsprechen und die die Gene in linearer Aufeinanderfolge enthalten. Sie sind erheblich weniger komplex aufgebaut als Eukaryotenchromosomen, erfahren weder eine typische Mitose noch Meiose und sind nicht in einem membranumschlossenen Zellkern enthalten. Bakterien enthalten – in Abhängigkeit vom Wachstumszustand – ein bis vier G., Viren oft ein, aber gelegentlich bis zu zehn G. Bei Bakterien sind sie immer, bei Viren nicht selten ringförmig.

Genotyp, die Gesamtheit der in den Chromosomen liegenden Erbanlagen (Gene) eines Individuums als Grundlage seiner → Reaktionsnorm. Der G. gut angepaßter Individuen ist eine auf dem Wege der natürlichen Selektion zusammengefügte Genkombination, die den Organismus in die Lage versetzt, die Umweltverhältnisse zu nutzen, zu ertragen oder zu kompensieren. → Plasmotyp, → Plastidotyp.

genotypisches Milieu, die durch das Zusammenspiel und die Wechselwirkung aller Gene des Genotyps geschaffenen Bedingungen innerhalb der Zelle, die ihrerseits das Einzelgen in seiner Wirkung beeinflussen. Für ein bestimmtes Allel stellt jeweils der Restgenotyp das g. M. dar.

Genpool, Gesamtheit der Erbanlagen einer Population von Organismen mit geschlechtlicher Fortpflanzung. Da die Erbanlagen in jeder Generation neu miteinander kombiniert werden, betrachtet man sie als zu einem gemeinsamen Genbestand gehörend, der alle Gene der Population in sich vereinigt und aus dem die Erbanlagen der nächsten Generation entnommen werden. Diese Vorstellung ist eine nützliche, aber stark vereinfachende Abstraktion. Unter anderem werden Erbanlagen, die in einem Chromosom vereinigt sind, öfter gemeinsam vererbt als solche aus verschiedenen Chromosomen. Man kann sie daher nicht als vollkommen unabhängige Bestandteile des Pools ansehen. Außerdem erhält die Selektion in jeder Population zahlreiche Koppelungsgleichgewichte (→ Koppelungsgleichgewicht), wodurch sich die Tendenz zur gemeinsamen Vererbung von Allelen noch verstärkt.

Gentechnologie, eine Kombination von Verfahren, die es ermöglichen, pro- und eukaryotische DNS-Sequenzen (Gene) zu isolieren, zu rekombinieren, durch Klonierung (*Gen-Klonierung*) zu vermehren und in andere, auch phylogenetisch weit entfernte Organismen zu übertragen (*Gentransfer*). Die G. umfaßt eine Reihe von Verfahren, die schrittweise zum Gentransfer führen: 1) Gewinnung von DNS-Fragmenten aus isolierter DNS eines Donor-Organismus mit Hilfe von → Restriktionsenzymen oder Neusynthese von DNS-Abschnitten aus Nukleotiden. 2) Verbindung (Ligation) der erhaltenen Fragmente mit Plasmid- oder Virus-DNS eines geeigneten Vektors (Herstellung rekombinanter DNS-Moleküle). 3) Vermehrung des Vektors in dessen Wirtsorganismus und damit Klonierung des DNS-Fragments (*molekulare Klonierung*). 4) Selektion geeigneter DNS-Klone in einem Selektionssystem. 5) Übertragung der selektierten DNS mit Hilfe geeigneter Methoden (Virus-, Liposomen- oder Injektionstechnik) in Rezeptorzellen des Empfängerorganismus.

Gentianaceae, → Enziangewächse.

Gentianose, ein nicht reduzierendes Trisaccharid, das aus zwei Molekülen D-Glukose und einem Molekül D-Fruktose besteht. Es dient als Reserve- und Speicherkohlenhydrat, insbesondere in Enzianwurzeln.

Gentiobiose, ein reduzierendes Disaccharid, das durch β-1,6-glykosidische Verknüpfung zweier Moleküle D-Glukopyranose entsteht. G. ist Bestandteil vieler Glykoside, z. B. Amygdalin und Gentiopikrin.

β-Gentiobiose

Gentiopikrin, ein im Enzian, *Gentiana lutea,* vorkommender Bitterstoff, ein Glykosid der Zusammensetzung $C_{16}H_{20}O_9$.

Gentransfer, → Gentechnologie.

Genus, svw. Gattung.

Genwirkung, die in der Individualentwicklung zeitlich und räumlich geregelt erfolgende Realisierung der in der DNS eines Gens verschlüsselten genetischen Information durch Synthese einer in der Nukleotidsequenz komplementären Messenger-RNS, den Aufbau spezifischer Polypeptide mit enzymatischer Funktion und die Manifestierung entsprechender biochemischer, physiologischer oder morphologischer Erbmerkmale.

Genzentren, *Mannigfaltigkeitszentren, Ursprungszentren,* durch starke Klimagegensätze und unterschiedliche Bodenverhältnisse gekennzeichnete geographische Gebiete, in denen bestimmte Kulturpflanzenarten oder deren Wildformen in der größten genetischen Formenfülle vorliegen und die als Ursprungsgebiete unserer Kulturpflanzen angesehen werden. G. decken sich oft mit eiszeitlichen Refugialgebieten. Für die Pflanzenzüchtung sind die G. von sehr großer Bedeutung, da ihr Formenreichtum dem Züchter wertvolles Ausgangsmaterial bietet.

Geobotanik, svw. Pflanzengeographie.

Geocarcinidae, → Landkrabben.

Geocorisae, → Wanzen.

Geodorsiventralität, durch die Schwerkraft der Erde bedingte bzw. mitbestimmte Dorsiventralität von Pflanzenorganen. G. ist die wichtigste → Geomorphose. So kommt z. B. die Dorsiventralität in der Benadelung von Eiben- und Tannenzweigen sowie im Blütenbau von Gladiolen, Weidenröschen u. a. durch den Einfluß der Schwerkraft zustande. Meist ist dorsiventraler Blütenbau allerdings autonom bedingt. G. kommt weiterhin vor bei den Rhizomen von Kalmus und Schwertlilien sowie bei den plagiotropen Seitenästen der Bäume, von denen Laubhölzer meist Epitonie und Nadelhölzer Hypotonie aufweisen.

geoelektrischer Effekt, → Geotropismus.

geoelektrisches Phänomen, → Geotropismus.

Geoelement, → Florenelement.

Geofaktoren, → Landschaft.

geographische Isolation, → Isolation.

geographische Rasse, svw. Unterart.

geographische Zoologie, → Tiergeographie.

Geohelminthen, parasitische Würmer, deren Eier oder Larven ohne Einschaltung eines Zwischenwirtes von Erdboden oder ähnlichen Substraten direkt in den Wirtsorganismus gelangen. Ist ein Zwischenwirt erforderlich, der auch den Übergang in den Endwirt vermittelt, spricht man von *Biohelminthen.*

Geometridae, → Spanner.

Geomorphosen, durch die Erdbeschleunigung (Schwerkraft) induzierte Gestaltbildung oder -veränderung bei Pflanzen. G. bestehen vielfach in einer Induktion von Dorsiventralität (→ Geodorsiventralität) und Polarität. Der Kausalablauf der G. ist unbekannt. Neben der Schwerkraft wirkt unter natürlichen Bedingungen meist gleichzeitig das Licht als formbildender Faktor.

Geophilomorpha, → Hundertfüßer.

Geophyten, *Kryptophyten, Erdpflanzen,* ausdauernde, krautige Pflanzen, die ungünstige Lebensbedingungen mittels unterirdischer Organe, meist Metamorphosen des Sprosses, aber auch der Wurzel überdauern. Nach Art der beteiligten Organe werden *Rhizom-, Knollen-, Zwiebel-* und *Rübengeophyten* unterschieden. Diese unterirdischen Organe sind Nährstoffspeicher und tragen meist Erneuerungsknospen, die die Nutzung einer kurzen Vegetationsperiode, wie in den Halbwüsten, Steppen, aber auch in den Laubwäldern (→ Frühjahrswaldpflanzen) ermöglichen.

Geosaurus, ausgestorbener Vertreter der Krokodile, der im Meer lebte. Der langgestreckte, ungepanzerte Körper besaß einen kräftigen Ruderschwanz mit fischähnlicher Flosse. Die Gliedmaßen waren zu paddelartigen Schwimmorganen umgebildet. Der G. war ein Raubtier und hatte in der lang vorgezogenen, hinten breiten Schnauze ein gewaltiges Gebiß.

Verbreitung: Malm bis Unterkreide von Europa.

Geotaxis, durch die Schwerkraft bedingte Taxis. Sie ist unter anderem von bestimmten Bakterien, Flagellaten sowie Grünalgen bekannt. Bei *Volvox* wird z. B. durch eine rhythmisch erfolgende negative G. das passive Absinken wieder ausgeglichen. Auch von Tieren, z. B. Honigbienen und Hummeln, ist G. bekannt. Es sind dafür besondere »Schweresinnesorgane« erforderlich.

Geotorsion, die Drehung von Pflanzenorganen unter dem Einfluß der Schwerkraft der Erde (→ Geotropismus), die dazu beiträgt, daß Pflanzenorgane, z. B. dorsiventral gebaute Blätter und Blüten, nach Lageveränderungen ihre Normalstellung durch Drehung der Stiele wieder einregulieren können. Auch die Fruchtknotendrehungen vieler Orchideenblüten sind G.

Geotropismus, *Erdwendigkeit,* das Vermögen pflanzlicher Organe, Einwirkungen der Schwerkraft (geische Reize) mit Krümmungsbewegungen zu beantworten. Der G. bildet neben dem Phototropismus die wichtigste Grundlage für die Orientierung der Pflanzen im Raum. Er ermöglicht es z. B. Baumstämmen, Getreidehalmen auch auf einem Steilhang lotrecht zu wachsen. Aus ihrer senkrechten Lage gebracht, kehren die Sproßachsen stets in diese zurück. Entsprechend der Reaktionsweise der verschiedenen Organe unterscheidet man: 1) *negativen G.,* d. h. vom Erdmittelpunkt abgewendetes, lotrecht aufrechtes Wachstum, z. B. der meisten Sproßachsen; 2) *positiven G.,* d. h. auf den Erdmittelpunkt hin gerichtetes Wachstum der Hauptwurzel. Positiven und negativen G. faßt man gelegentlich als *Orthogeotropismus* zusammen; 3) *Transversal-* oder *Plagiogeotropismus, Horizontalgeotropismus,* d. i. mehr oder weniger horizontales Wachstum, z. B. von Seitenwurzeln erster Ordnung, Erdsprossen, vielen Seitenzweigen und Blättern. Die transversalgeotropisch wachsenden Organe bilden mit der Lotlinie einen Winkel, der kleiner oder größer als 90° ist. Wenn ein Organ genau rechtwinklig zur Lotlinie, also genau horizontal wächst, spricht man von *Diageotropismus.* 4) → *Lateralgeotropismus.* Bei bestimmten Pflanzenorganen ist die Art der geotropischen Reaktion in Abhängigkeit von inneren und/oder äußeren Bedingungen wandelbar. So verhält sich z. B. bei Mohnpflanzen die Spitze des Blütenstieles anfangs positiv geotropisch, d. h., die junge Knospe hängt nach unten, später zur Blütezeit wird sie negativ geotropisch, die Blüte richtet sich auf. Bei manchen Arten erfolgt nach der Befruchtung eine Änderung des geotropischen Verhaltens von Blütenstielen. Bei der Erdnuß

(*Arachis hypogaea*) werden z. B. die zunächst negativ geotropischen Blütenstiele nach der Befruchtung positiv geotropisch. Die Frucht wird unter die Erde geschoben und kann unterirdisch reifen. Bei Fichten und Tannen richten sich die transversal geotropischen oberen Seitenäste negativ geotropisch auf, wenn der Gipfeltrieb dekapitiert wird (→ Apikaldominanz). Außenfaktoren, die bei bestimmten Pflanzen ähnliche Umstimmungen auslösen können, sind vor allem Temperatur und Licht.

Der Beweis dafür, daß die genannten Orientierungsbewegungen durch die Schwerkraft der Erde induziert werden, läßt sich mit dem von Pfeffer entwickelten *Klinostaten* erbringen. Dieser ermöglicht es, eine Pflanze in horizontaler Lage langsam (etwa 2 bis 20 Umdrehungen/h) um ihre Längsachse zu drehen. Dadurch wird die einseitige Schwerewirkung (nicht der Schwerereiz an sich) ausgeschaltet, und die Pflanze zeigt keinerlei Krümmungsbewegungen. In einer schnell laufenden Zentrifuge krümmen sich die Wurzeln nach außen, die Sprosse dagegen nach dem Mittelpunkt. Dies ist der Beweis dafür, daß der G. tatsächlich eine Reaktion der Pflanzen auf eine Massenbeschleunigung darstellt. Läuft die Zentrifuge bei Drehzahlen, bei denen die Zentrifugalbeschleunigung gleich der Erdbeschleunigung ist, so krümmen sich Wurzeln bzw. Sprosse nach dem Resultantengesetz um 45° nach außen abwärts bzw. innen aufwärts.

Die geotropischen Krümmungen beruhen auf unterschiedlich starkem Wachstum verschiedener Organseiten (→ Nutationsbewegungen). Reaktionsfähig sind deshalb vor allem die Hauptwachstumszonen unmittelbar hinter der Sproß- bzw. Wurzelspitze. Bei den Grashalmen kann eine Krümmung außerdem in den Knoten eintreten (→ Gelenk 2). Auch verholzte Äste und dünne Baumstämme zeigen mitunter geotropische Wachstumsbewegungen, die allerdings sehr langsam verlaufen. Häufig erfolgt bei geotropischer Reizung nach anfänglicher Überkrümmung eine allmähliche, pendelförmige Einstellung der Pflanzenorgane in die Lotrechte (→ Autotropismus).

Die geotropische Empfindlichkeit der Pflanzen ist im allgemeinen außerordentlich groß. Das drückt sich in der meist sehr kurzen → Präsentationszeit aus. Diese beträgt bei der Massenbeschleunigung $g = 9,81 \, m \cdot s^{-2}$ in den meisten Fällen etwa 2 Minuten. Die → Reaktionszeit beläuft sich auf 10 bis 90 Minuten, bei Wiederaufnahme von Wachstumsvorgängen, z. B. beim Aufrichten von Getreidehalmen, auf mehrere Stunden. Orte der Aufnahme des geotropischen Reizes sind bei Koleoptilen die Spitzen in einer Länge von etwa 3 mm und bei Sprossen offenbar alle Streckungszonen. Von Wurzeln wird der Schwerereiz mittels der Wurzelhaube aufgenommen. Nach Entfernung der Wurzelhaube reagieren Wurzeln nicht mehr geotropisch, bis eine neue Wurzelhaube regeneriert wurde. Die Suszeption des Schwerereizes erfolgt nach der *Statolithentheorie* dadurch, daß in reizempfindlichen Zellen als Statolithen bezeichnete, schwerere Partikeln, z. B. große Stärkekörner in der Wurzelhaube bzw. in der Stärkescheide (Statolithenstärke) der Sprosse, je nach der Orientierung des Organs auf unterschiedliche Teile des Protoplasten der Zelle einen Druck ausüben und auf diese Weise Erregungen auslösen können. Wird der Stärkegehalt durch Verdunkelung, Kälte oder anderweitige Maßnahmen reduziert, so verlieren verschiedene Pflanzen die Fähigkeit zur geotropen Reaktion. Sie gewinnen diese erst zurück, wenn neue Stärke gebildet worden ist. Andererseits können bei einer Anzahl von Pflanzen auch Zellen den Schwerereiz aufnehmen, die keine Statolithenstärke besitzen. Deshalb gilt der *geoelektrische Effekt* (Abk. *GEE, geoelektrisches Phänomen*), d. h. die Erscheinung, daß infolge unterschiedlicher Diffusion von Kationen und Anionen im Schwerefeld der Erde die Unterseite eines Pflanzenorgans gegenüber der Oberseite um einige Millivolt positiv aufgeladen werden soll, als Alternativhypothese zur Erklärung der Suszeption des Schwerereizes. Seit sich herausgestellt hat, daß der GEE offensichtlich ein Effekt in den zur Messung der Potentiale verwendeten Flüssigkeitselektroden ist und mit Vibrationselektroden, die die Pflanzen nicht berühren, nicht festgestellt werden kann, sind bezüglich der Suszeption des Schwerereizes jedoch wieder zahlreiche Fragen offen. Unmittelbar an die Aufnahme des Schwerereizes schließt sich eine energiebedürftige Veränderung der Zellpolarität an, die als *Querpolarisierung* bezeichnet wird, weil sie zu einem verstärkten Quertransport von Substanzen führt. Es kommt zu einer einseitigen Veränderung der Zuckerkonzentration, der Katalaseaktivität, der Azidität und insbesondere der Auxinkonzentration, darüber hinaus offensichtlich auch der Aktionspotentiale und der Erregungsleitung. Bezüglich des Auxintransports ist bei Koleoptilen sicher nachgewiesen, daß dieser nicht nur in der Spitze, also am Ort der Reizaufnahme, stattfindet, sondern auch noch mindestens 2 cm unterhalb der Spitze. Durch den Quertransport bedingt, kommt es zu einer Verstärkung des basipetalen Auxinstroms an der Unterseite der Sproßachse. Die Unterseite wächst daher stärker, und der Sproß richtet sich auf. Durch eine Hemmung des Auxintransports auf der Oberseite werden die Asymmetrie des Auxintransports und somit das Auxingefälle und die Geschwindigkeit der Aufrichtungsbewegung noch verstärkt. In einigen Fällen, z. B. beim Grasknoten, ist an der Entstehung der Auxinsymmetrie auch eine lokale, unterseitige Auxinbiosynthese beteiligt. Für Wurzeln, bei denen der Ort der Aufnahme des Schwerereizes, die Wurzelhaube, als Auxinproduzent ohne Bedeutung ist, gibt es bezüglich der Reizleitung andere Hypothesen. Einmal wird angenommen, daß sich die Erregung im Sinne eines Aktionspotentials ausbreitet. Nach anderen experimentell begründeten Vorstellungen wird die Krümmung durch eine geoinduzierte Freisetzung eines Hemmstoffes an der Unterseite der Wurzel hervorgerufen. Die transversalgeotropische Einstellung von Seitenzweigen und auch von Blättern kommt zustande, indem einer negativ geotropen Reaktion eine → Epinastie entgegenwirkt.

Gepard, *Acinonyx jubatus,* eine besonders hochbeinige, große Katze. Der G. lauert Antilopen und andere Tiere auf, holt sie dann im Spurt über kurze Strecken, wobei Geschwindigkeiten bis zu 110 km/h erreicht werden, ein und überwältigt sie. Ursprünglich von Afrika bis Vorderindien verbreitet, ist der G. jetzt an den meisten Stellen ausgerottet.

Gephyrostegus, Gattung der *Gephyrostegoidea,* morphologisches Modell eines Reptilvorfahren (Mosaiktyp) mit amphibischem Fortpflanzungsmodus und eidechsenähnlichem Habitus.

Verbreitung: Oberkarbon bis Perm Amerikas und Mitteleuropas.

Geradbiß, → Gebiß.

Geradflügler, *Orthopteren,* unterschiedlich gebrauchte Bezeichnung für eine größere Insektengruppe. Im weiteren Sinne gehören hierzu die Überordnungen *Schabenartige G.* (*Blattopteria*) und *Heuschreckenartige G.* (*Orthopteria*). Hauptmerkmal für die Unterscheidung der beiden Überordnungen ist die Lage der weiblichen Geschlechtsöffnung: bei ersteren hinter dem 7. Segment (ohne Legrohr), bei letzteren hinter dem 8. Segment (Legrohr ausgebildet). Zur Überordnung der Schabenartigen G. zählen die *Notoptera,* Ohrwürmer, Fangschrecken, Schaben und Termiten. Die Überordnung der Heuschreckenartigen G. umfaßt die Gespenstheuschrecken und Springheuschrecken. Im engeren

Sinne werden oft auch nur die beiden zuletzt genannten Ordnungen als G. bezeichnet.

Lit.: K. Harz: Die G. Mitteleuropas (Jena 1957); K. Harz: G. oder Orthopteren (Blattodea, Mantodea, Saltatoria, Dermaptera). Die Tierwelt Deutschlands, Tl 46 (Jena 1960).

Geraniaceae, → Storchschnabelgewächse.
Geranial, svw. Zitral.
Geraniol, ein offenkettiger, zweifach ungesättigter Monoterpenalkohol von angenehmem rosenartigem Geruch, der frei oder verestert als Hauptbestandteil ätherischer Öle auftritt. G. ist z. B. im Rosenöl bis zu 75%, im Geranienöl bis zu 50% und im Zitronenöl bis zu 40% enthalten. Als Geranylpyrophosphat ist es Ausgangsprodukt der Biosynthese von Tetraterpenen. G. findet in der Parfüm- und Genußmittelindustrie Verwendung.

Gerbera, → Korbblütler.
Gerbersumach, → Sumachgewächse.
Gerbillinae, → Rennmäuse.
Gerbstoffe, eine weit verbreitete, chemisch uneinheitlich und kompliziert zusammengesetzte Gruppe von Pflanzenstoffen, die herb schmecken und auf die Schleimhäute zusammenziehend wirken, gegen Fäulnis wirken, Eiweiße und Alkaloide aus ihren Lösungen fällen und mit Eisensalzen grüne bis schwarze Fällungen liefern. Die wichtigste Eigenschaft der G. ist die Fähigkeit, tierische Haut zu gerben, d. h. in Leder zu verwandeln. Bei der Gerbung findet eine Umwandlung der teils löslichen, teils quellbaren Hautproteine in unlösliche und unquellbare Eiweißstoffe statt, was durch Vernetzung der Eiweißpeptidketten mit Hilfe phenolischer Hydroxylgruppen der G. geschieht.

Die G. können in zwei Hauptgruppen eingeteilt werden.

1) *Hydrolysierbare G.* oder *Gallotannine.* Sie sind von esterartiger Beschaffenheit und enthalten als Hauptbestandteil Gallussäure in depsidartiger Bindung. Sie finden sich unter anderem in Edelkastanienholz und -rinde (5 bis 10%), in den Früchten von griechischen Eichenarten (25 bis 30%) und in Galläpfeln. Die bestuntersuchten Vertreter dieser Gruppe sind die → Tannine. Der einfachste G., der bisher isoliert wurde, ist das β-Glukogallin, das im Chinesischen Rhabarber, *Rheum officinale,* auftritt.

Glukogallin

2) *Nichthydrolysierbare G.* oder *Katechin-Gerbstoffe.* In ihnen liegen keine Esterbindungen, sondern Kohlenstoffbindungen vor. Grundsubstanz dieser Gruppe sind die Katechine, die durch Erhitzen, Säuren oder Enzyme in nichthydrolysierbare G. übergehen. Zu diesem Typ gehören z. B. die G. aus Eichenrinde (10%), Roßkastanie und Fichtenrinde (10 bis 18%). Die Strukturuntersuchungen bei dieser Substanzklasse stehen erst am Anfang.

gerichtliche Anthropologie, eine Arbeitsrichtung der Anthropologie, die sich in erster Linie mit Vaterschaftsfragen und mit den Problemen der Identifizierung von Leichen und Leichenteilen beschäftigt.

In den Fällen einer unsicheren oder unbekannten Vaterschaft werden Analysen der Blut- und Serummerkmale herangezogen und vergleichend morphologische Untersuchungen der beteiligten oder fraglichen Personen vorgenommen. Die *Vaterschaftsbegutachtung* auf der Basis der Blutfaktoren beruht auf deren strenger Vererbung. In der Praxis lassen sich auf Grund dieser Untersuchungen nur Ausschlußentscheidungen treffen, weil lediglich nachgewiesen werden kann, daß bestimmte Personen als Erzeuger eines Kindes nicht in Betracht kommen.

Zur Ergänzung oder in den Fällen, in denen ein Rechtsfall mit Hilfe der Untersuchungen der Blutfaktoren nicht geklärt werden kann, wird eine *anthropologisch-morphologisches Ähnlichkeitsgutachten* bzw. eine *polysymptomatische Ähnlichkeitsanalyse* angefertigt. Diese beruht auf der alten Erkenntnis, daß Blutsverwandte einander ähnlicher sind als beliebige andere Personen. Zum Vergleich werden Merkmale bevorzugt, deren Erblichkeit bekannt ist und die möglichst genetisch voneinander unabhängig sind. Außerdem sollen die Merkmale keinen nicht abschätzbaren Altersveränderungen unterliegen, wie auch die geschlechtsunterschiedlichen Ausprägungen beurteilbar sein müssen. Je nach Notwendigkeit werden etwa 100 bis 200 deutlich bestimmbare Einzelmerkmale herangezogen, die vor allem Kopf- und Gesichtsbildung, besonders Augenregion, Irisstruktur, Mund- und Ohrregion und Extremitätenbildung, Hautleistensystem, Haarmerkmale und Pigmentierungsverhältnisse von Haut, Haar und Augen betreffen. Hinzu kommen noch physiologische Merkmale und eine Reihe von Kopf- und Körpermaßen. Kommt bei der Mehrzahl der Blutmerkmale jedem für sich ein Beweiswert für einen Vaterschaftsausschluß zu, so gestattet der *morphologische Ähnlichkeitsvergleich* Wahrscheinlichkeitsaussagen folgender Abstufung: unentscheidbar; Vaterschaft wahrscheinlich oder unwahrscheinlich; Vaterschaft sehr wahrscheinlich oder sehr unwahrscheinlich; Vaterschaft offenbar, d. h. mit an Sicherheit grenzender Wahrscheinlichkeit anzunehmen oder offenbar unmöglich, d. h. mit an Sicherheit grenzender Wahrscheinlichkeit auszuschließen. Gleichartige Untersuchungen sind gelegentlich auch bei Kindesvertauschungen notwendig.

Die zur *Identifizierung von Leichen* oder Leichenteilen angewandten anthropologischen Methoden beziehen sich vor allem auf die Feststellung von Alter (→ Altersdiagnose), Geschlecht (→ Geschlechtsunterschiede) und → Körperhöhe. In besonderen Fällen ist zur Identifizierung von Skelettfunden eine Rekonstruktion der Weichteile, insbesondere des Gesichts, erforderlich, bei der nach empirisch gewonnenen Normen unter Berücksichtigung des individuellen Knochenreliefs die Gesichtszüge nachgebildet werden.

Gerippe, → Knochen.
GERL-Region, → Golgi-Apparat.
Germarium, svw. Eierstock.
germizid, *mikrobizid,* keimabtötend. Eine Substanz, Strahlung o. ä. wirkt g., wenn nach Einwirkung alle vegetativen Keime, d. h. Mikroorganismen, abgetötet werden. Widerstandsfähige Dauerformen, die Sporen, können dabei überleben. G. wirkt z. B. die ultraviolette Strahlung.
Gerontologie, *Altersforschung,* Lehre von den Alterungsvorgängen, insbesondere der Abhängigkeit der Krankheitsprozesse vom Lebensalter.
Gerontoplasten, → Plastiden.
Gerste, → Süßgräser.

Gerstengelbverzwergungsvirusgruppe, → Virusgruppen.

Gerstenstreifenmosaikvirusgruppe, → Virusgruppen.

Geruchsorgan, *Riechorgan, olfaktorisches Organ,* tierisches Sinnesorgan zur Wahrnehmung von gasförmigen oder im Wasser gelösten Stoffen. Die G. gehören wie die Geschmacksorgane zu den chemischen Sinnesorganen. Ihre Lage im Körper ist sehr unterschiedlich. Die die Geruchsreize aufnehmenden Sinneszellen sind meistens in der Umgebung des Mundes konzentriert, bei manchen Tieren aber auch über den ganzen Körper verteilt. Oft sind die Riechzellen in Gruppen zu Sinnesknospen vereinigt.

Bei niederen Tieren sind oft dieselben Sinneszellen sowohl zur Geruchs- als auch Geschmackswahrnehmung befähigt, z. B. bei Strudel- und Borstenwürmern und den Egeln. Bei Spinnen- und Krebstieren finden sich G. oft an den Beinen. Bei Zecken liegt z. B. das mit Geruchsfunktionen ausgestattete *Hallersche Organ* am 1. Fußglied. Insekten haben Haarsensillen in Gestalt mannigfach umgebildeter echter Haare, die mit primären häufig Riechstäbchen besitzenden Sinneszellen zusammentreten und G. bilden. Die Wandungen dieser G. sind an bestimmten Stellen für Geruchsstoffe durchlässig. Nach Art ihrer Bildung werden unterschieden: Riechhaare, -kegel, -hohlkegel und -platten. Diese Gebilde liegen bei den Insekten entweder einzeln an den Gliedern der Fühlergeißel, an den Kiefertastern und der Unterlippe oder an letzterer zu vielen in Riechgruben vereinigt. Schmetterlinge haben entsprechende Einrichtungen an den Fußgliedern aller oder nur bestimmter Beinpaare. Die Wahrnehmungsfähigkeit für unterschiedliche Duftstoffe ist bei manchen Insekten beträchtlich entwickelt. Die Lage der Reizschwelle für einzelne Geruchsqualitäten ist dabei sehr unterschiedlich. Für besonders lebenswichtige Reize wie Nahrungs- und Geschlechtsduftstoffe liegt der Schwellenwert niedrig.

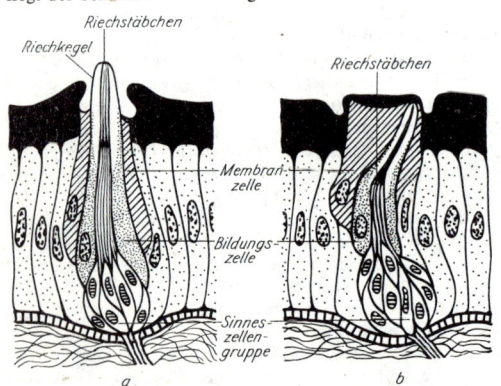

Riechorgane der Insekten: *a* Riechkegel, *b* Riechplatte

Bei Weichtieren treten G. gehäuft auf den großen Fühlern auf. Ferner werden bei ihnen das → Osphradium und bedingt das → Rhinophor als G. gedeutet.

Bei Wirbeltieren sind die geruchsempfindlichen Sinneszellen in einer Riechschleimhaut in der *Nase* konzentriert. Die Riechschleimhaut, in deren Schleim die Riechhärchen der Sinneszellen eingebettet sind, ist zur Oberflächenvergrößerung oft stark gefaltet (beim Menschen 2,5 cm², beim Hund 85 cm²). Das Riechepithel wird vom Nervus olfactorius (Riechnerv) innerviert. Bei Rundmäulern ist das G. wahrscheinlich sekundär unpaarig, Fische besitzen dagegen paarige rundliche bis ovale Riechgruben, die keine Verbindung zur Mundhöhle aufweisen, nur bei den *Choanichthyes* kommen innere Nasenöffnungen (Choanen) vor, die dann typisch für lungenatmende Tetrapoden sind, bei denen die Nase in einen Riech- (olfaktorischen) und in einen Atem- (respiratorischen) Teil unterteilt ist. Bei Reptilien ist zwischen Riechteil und Atemteil eine Scheidewand (Grenzmuschel) ausgebildet. Die Vergrößerung des Riechteiles erfolgt bei Krokodilen durch einen Schleimhautwulst, bei Vögeln und Säugern durch eine wechselnde Zahl von Nasenmuscheln, die auch verzweigt sein können (Hund, Reh).

Gesamtbürde, → genetische Bürde.
Gesamtlungenkapazität, → Lungenvolumen.
Gesamtwassermenge, → Wasserhaushalt.
Gesang, eine auch für tierische Lautäußerungen verwendete Bezeichnungsweise komplexer Lautfolgen, denen Regelhaftigkeiten zugrundeliegen, die gewöhnlich zu einer strophigen Gliederung der Folge führen. Daher wird im biologischen Bereich »Gesang« meist als Strophenfolge bezeichnet. Der Begriff wird vor allem bei den danach benannten → Singvögeln verwendet.

Gesäuge, → Milchdrüsen.

Geschlechterverhältnis, *Sexualindex,* Zahlenverhältnis von Männchen und Weibchen in Populationen getrenntgeschlechtlicher Arten. Grundlage für das G. bildet die Form der Geschlechtsbestimmung. So entwickeln sich bei der Honigbiene aus befruchteten Eiern Weibchen (Königinnen und Arbeiterinnen), aus unbefruchteten Eiern Männchen (Drohnen). Einigen hundert Männchen stehen Tausende Weibchen gegenüber, von denen aber in der Regel nur eine Königin sexuell aktiv ist.

Die weitverbreitete Form der genotypischen Geschlechtsbestimmung (x/y-, x/o-Typ) läßt ein statistisch ausgeglichenes Verhältnis von Männchen und Weibchen erwarten. Infolge unterschiedlicher Aktivität und Sterblichkeit der einzelnen Gameten kann das *primäre* G. bei der Befruchtung bereits vom Erwartungswert abweichen. Bis zum Zeitpunkt der Geschlechtsreife der Nachkommen (*sekundäres G.*) sind weitere Veränderungen des G. durch unterschiedliche Überlebenschancen der sich entwickelnden Geschlechtsträger möglich. Bei Fischen und Vögeln überwiegt häufig die Zahl der Männchen, Weibchenüberschuß haben dagegen die Hausmaus, das Schaf und das Pferd. Das G. des Menschen beträgt bei Geburt 105 ♂:100 ♀. Aufgrund der höheren Lebenserwartung der Frau verschiebt sich das G. im Alter zugunsten des Frauenanteils. Daneben existieren erhebliche regionale Unterschiede im G.

Für tierische Populationen ist das G. ein wichtiges ökologisches Charakteristikum. Häufig orientieren sich die Weibchen als Träger der Nachkommenschaft ihres Optimum, so daß unter pessimalen Bedingungen der Anteil der Männchen überwiegt. Diese Verschiebung des G. läßt sich auch im jahreszeitlichen Auftreten beider Geschlechter bestätigen.

geschlechtsbegrenzte Vererbung, die Erscheinung, daß gewisse erbliche Eigenschaften nur oder vorwiegend in einem Geschlecht phänotypisch manifest werden, die Anlagen zu diesen Eigenschaften aber auch vom anderen Geschlecht übertragen werden.

Geschlechtsbestimmung, *Geschlechtsdeterminierung,* bei getrenntgeschlechtlichen Organismen während der frühen Entwicklung erfolgende Entscheidung, ob sich bei einem Individuum später vorwiegend weibliche oder männliche Geschlechtsmerkmale entwickeln werden. Diese G. ist gewöhnlich endgültig (irreversibel). Erst längere oder kürzere Zeit nach der G. erfolgt die *Geschlechtsdifferenzierung.* Während dieser Differenzierung bilden sich die ♂ und ♀ Geschlechtsmerkmale entsprechend den genetischen Informationen aus. Die Gesamtheit der Erbfaktoren (Gene), die

die Informationen für die Ausbildung der ♂ Geschlechtsmerkmale enthalten, werden als *A-Komplex* bezeichnet, die entsprechenden Faktoren für die Ausbildung der ♀ Geschlechtsmerkmale als *G-Komplex.* Wahrscheinlich ist bei allen getrenntgeschlechtlichen Arten noch eine gewisse Möglichkeit vorhanden, Merkmale beider Geschlechter auszubilden (*bisexuelle Potenz*). Gewöhnlich treten jedoch im Erscheinungsbild (phänotypisch) nur Merkmale eines Geschlechts auf. Eine bisexuelle Potenz ist bei vielen Organismen festgestellt worden, z. B. beim Krallenfrosch *Xenopus.* Wurden männliche Larven mit dem weiblichen Sexualhormon Östradiol behandelt, entwickelten sie sich zu Weibchen, die auch normale Eier bildeten. Wahrscheinlich sind bei getrenntgeschlechtlichen Organismen sowohl Gene des A- als auch des G-Komplexes vorhanden, aber durch die G. werden nur die Gene des einen Komplexes (A oder G) aktiviert und die anderen inaktiviert. Die G. wird durch Faktoren bewirkt, die erst zum Teil bekannt sind und als *Geschlechtsrealisatoren* bezeichnet werden (*M-Realisatoren* für ♂, *F-Realisatoren* für ♀). Beide Realisatoren können bei der G. auch zusammenwirken, dann ist ihre relative Stärke entscheidend (F > M = ♀, M > F = ♂). Meist sind die Geschlechtsrealisatoren Gene (*genotypische G.*), in Ausnahmefällen sind es Umweltfaktoren (*modifikatorische* oder *phänotypische G.,* sie ist vom Genom unabhängig). Die Geschlechtsrealisatoren sind meist in → Geschlechtschromosomen enthalten, können in Ausnahmefällen aber auch in Autosomen vorkommen (z. B. die Drosophila der M-Realisator). Die G. kann bei Vorhandensein von zytologisch unterscheidbaren Geschlechtschromosomen als Vererbung dieser Chromosomen dargestellt werden. Bei ♀ Homogametie sind XX ♀-bestimmt, XY oder X ♂-bestimmend. Bei ♂ Homogametie liegen umgekehrte Verhältnisse vor.

Bei Metazoen und Blütenpflanzen sind die Diplo- und die Haplophase geschlechtlich differenziert. Die Diplophase wird durch die im diploiden Chromosomensatz enthaltenen Geschlechtsrealisatoren (M- bzw. F-Realisatoren) bestimmt (*diplogenotypische G.*). Die Haplophase übernimmt das Geschlecht der Diplophase (*Prädetermination*). Dabei spielen die während der → Meiose zugeteilten Realisatorgene keine Rolle, z. B. entwickeln sich in einem ♀ stets Eier, in einem ♂ stets Spermien, obwohl in beiden Fällen die Gameten ein X-Chromosom, also den F-Realisator enthalten können.

Bei den Blütenpflanzen, den meisten Metazoen und beim Menschen ist das ♀ das homogametische Geschlecht, d. h., es ist für den Geschlechtsrealisator homozygot (FF), das ♂ heterozygot (FM, dabei ist M relativ stärker als F). Während der Meiose werden daher nur F-Eier gebildet, aber 50% der Spermien sind F-Spermien, die andere Hälfte M-Spermien. Die G. findet bei dieser ♀ Homogametie im Moment der Verschmelzung der Gameten statt: F + F = ♀, M + F = ♂ (da M relativ stärker als F ist). Bei Schmetterlingen, Vögeln, Köcherfliegen u. a. ist das ♀ heterogametisch (MM = ♂, FM = ♀, dabei ist F stärker als M). Die G. erfolgt bei dieser ♀ Heterogametie schon während der Meiose. Die reifen Eier besitzen F oder M. Das Zahlenverhältnis der Geschlechter ist sowohl bei der ♀ Homogametie als auch bei der ♀ Heterogametie etwa 1:1. Abweichungen vom 1:1-Verhältnis treten bei manchen Tieren (z. B. bei verschiedenen Insekten) durch Besonderheiten in der Geschlechtschromosomenvererbung oder durch Verknüpfung der G. mit der fakultativen Parthenogenese auf (bei Bienen und anderen Hymenopteren). Die Honigbiene besitzt ein geschlechtsbestimmendes Gen x, von dem es viele Allele gibt. Heterozygotie des Gens (z. B. x_ax_b) läßt ♀♀ entstehen, Homozygotie des Gens (z. B. x_ax_a) ♂♂, diese werden als Larven von den Pflegebienen gefressen. Bei Hemizygotie des Gens x (z. B. x_a; unbefruchtete Eier entstehen ♂♂, die Drohnen. Die Bienenkönigin übernimmt die G. dadurch, daß sie entweder aus ihrem Spermienvorrat im Rezeptaculum seminis Spermien zur Eibesamung entläßt und somit ♀♀ entstehen oder den Schließmuskel am Rezeptakulum nicht betätigt und sich aus den befruchteten Eiern ♂♂ (Drohnen) entwickeln. In der Regel erfolgt die G. durch das Vorhandensein eines Realisatorgens oder einer eng gekoppelten Gruppe mehrerer dieser Gene (*monofaktorielle genotypische G.*). In manchen Fällen ist die Realisatorfunktion auf mehrere verschiedene oder sogar alle Chromosomen eines Genoms verteilt (*polyfaktorielle genotypische G.*). Dabei bestimmt die Anzahl der Allele mit ♀ oder ♂ Realisatorwirkung das Geschlecht. Das Zahlenverhältnis der Geschlechter ist in diesen Fällen meist unterschiedlich, da die Anzahl der Allele mit ♀ oder ♂ Tendenz in verschiedenen Stämmen variabel sein kann.

Bei einigen Arten besteht ein Gleichgewicht zwischen den Genen mit ♀ und ♂ Realisatorwirkung; eine genotypische G. ist daher nicht möglich. In diesen Fällen erfolgt die G. durch bestimmte äußere Entwicklungsfaktoren. Diese Faktoren üben unter den Bedingungen der genetischen Gleichheit die Funktion von geschlechtsentscheidenden Realisatoren aus, d. h., sie modifizieren in ♀ oder ♂ Richtung. Die Geschlechter unterscheiden sich nur phänotypisch. Da die Erbgleichheit nur bei den Angehörigen eines Klons gesichert ist, liegt nur in derartigen Fällen eine rein phänotypische G. vor, z. B. beim Sporozoon *Eucoccidium.* Die mitotisch aus dem Makrogameten entstehenden Sporozoiten sind erbgleich, entwickeln sich jedoch unter geeigneten Bedingungen teilweise zu ♀ und teilweise zu ♂ Gamonten.

Beim Igelwurm *Bonellia viridis* ist ein polyfaktoriell-genetischer Einfluß bei der phänotypischen G. nicht auszuschließen, da ♀♀ und ♂♂ wegen der zweigeschlechtlichen Fortpflanzung nicht erbgleich sein können. Die geschlechtlich meist noch indifferenten Larven dieser Art entstehen durch das 4 Tage währende Festsetzen auf dem Rüssel (Prostomium) eines erwachsenen ♀ zum ♂. Die G. erfolgt in diesem Fall durch Wirkstoffe des ♀ (Termone), die im Rüssel enthalten sind. Larven entwickeln sich zu ♀♀, wenn sie keinen Kontakt zu adulten ♀♀ haben. Behandelt man Larven 4 Tage lang mit Rüsselextrakt aus erwachsenen ♀♀, entwickeln sie sich zu ♂♂. Bei kürzerer Behandlungsdauer entstehen Intersexe.

Geschlechtschromatin, svw. Sexchromatin.

Geschlechtschromosomen, *Heterochromosomen, Heterosomen, Gonosomen, Allosomen,* Chromosomen, die unter anderem Geschlechtsrealisatoren enthalten und die genotypische → Geschlechtsbestimmung bedingen. Von den übrigen Chromosomen, den *Autosomen,* unterscheiden sich die G. strukturell, funktionell und insbesondere durch die Abweichung von der Regel der Gleichheit homologer Chromosomen: Die meisten Pflanzen- und Tierarten und der Mensch besitzen im ♀ Geschlecht 2 strukturell gleiche G. (X-Chromosomen), aber im ♂ Geschlecht 1 X- und 1 Y-Chromosom (♂Heterogametie). Bei Vögeln, Schmetterlingen, Köcherfliegen u. a. ist dagegen das weibliche Geschlecht heterogametisch (♀ XY, ♂ XX).

Als *X-Chromosom* wird die G. bezeichnet, das im homogametischen Geschlecht zweimal, aber im heterogametischen nur einmal vorkommt. Das Partnerchromosom im heterogametischen Geschlecht unterscheidet sich strukturell vom X-Chromosom und wird als *Y-Chromosom* bezeichnet (*XY-Typ*). Ein Partner kann auch fehlen (*XO-Typ,* z. B. bei der Wanze *Protenor belfragei*). Bisher sind durch Untersuchung von Individuen mit abnormen Geschlechtschro-

Geschlechtsdeterminierung

mosomenbeständen 2 unterschiedliche Fälle der Lokalisation der Geschlechtsrealisatoren bekannt geworden: Säugetiere und der Mensch haben im Y-Chromosom einen dominanten M-Realisator, Individuen ohne Y (XO, XXX, XXX, XXXXX) sind phänotypisch ♀. Die Taufliege Drosophila besitzt im ♀ Geschlecht 2 X-Chromosomen, im ♂ 1 X- und 1 Y-Chromosom. Jedoch ist bei Drosophila der M-Realisator nicht im Y-Chromosom enthalten, sondern in den Autosomen. Das Y-Chromosom von Drosophila hat daher für die Geschlechtsbestimmung keine Bedeutung. XO-Individuen von Drosophila sind ♂♂ (nicht ♀♀, wie bei Säugern). Der aus mehreren Genen bestehende F-Realisator liegt bei Drosophila im X-Chromosom. Bei Drosophila enthalten daher ♀ und auch ♂ Tiere Realisatoren für beide Geschlechter. Für die Geschlechtsbestimmung ist bei Drosophila das Zahlenverhältnis X:A (A = Autosomensätze) im Genom entscheidend. 2A + 1X = MMF = ♂, 2A + 2X = MMFF = ♀. Das bedeutet, daß F relativ stärker ist als M.

Bei ♀ Personen und Säugetieren ist in der Interphase nur 1 X-Chromosom transkriptionsaktiv. Das andere X-Chromosom wird heterochromatisch, es ist als Barr-Körper (→ Sex-Chromatin) sichtbar. Im Y-Chromosom fluoresziert bei ♂ Personen ein Teil des Chromatins nach Behandlung mit einem Fluorochrom.

In G. wurden auch Gene nachgewiesen, die keine direkte Beziehung zur sexuellen Differenzierung haben. Zum Beispiel enthalten die X-Chromosomen von Mensch, Pferd, Hase und Hausmaus einen Genort für Glukose-6-Phosphatdehydrogenase. Die Taufliege Drosophila besitzt im X-Chromosom einen Genort für Augenfärbung. Beim Menschen sind auf dem X-Chromosom Gene für die normale Blutgerinnung und für einen Teil des Farbsehsystems festgestellt worden. Diese Merkmale unterliegen entsprechend ihrem Vorkommen auf dem X-Chromosom der geschlechtschromosomengebundenen Vererbung. Bei → Mutation an diesen Genen können Bluterkrankheit bzw. Rot-Grün-Farbenblindheit entstehen. Aneuploidie der G. beim Menschen führt zum *Ulrich-Turner-* bzw. zum *Klinefelter-Syndrom*. Im ersten Fall fehlt eines der beiden X-Chromosomen. Diese XO-Trägerinnen (22 Autosomenpaare + XO) weisen gedrungenen Wuchs auf, und ihre Geschlechtsorgane sind stark reduziert. Die am Klinefelter-Syndrom erkrankten ♂ Personen haben ein X-Chromosom zuviel (22 Autosomenpaare + XXY). Das führt zur starken Reduktion der ♂ Geschlechtsorgane und oft zur Ausbildung eines mehr weiblichen Habitus.

Auch bei niederen Organismen (Thallophyten, Archegoniaten) sind X- und Y-Chromosomen ausgebildet. Sie sind z. T. morphologisch unterscheidbar und enthalten die Geschlechtsrealisatoren.

Geschlechtsdeterminierung, svw. Geschlechtsbestimmung.

Geschlechtsdiagnose, die Feststellung der Geschlechtszugehörigkeit besonders bei Feten, gestörter Geschlechtsentwicklung, bei Leichenteilen und vollständigen und unvollständigen Skelettfunden. → Geschlechtsunterschiede.

Geschlechtsdifferenzierung, → Geschlechtsbestimmung.

Geschlechtsdimorphismus, svw. Geschlechtsunterschiede.

Geschlechtsdrüse, svw. Keimdrüse.

geschlechtsgekoppelte Vererbung, *allosomale Vererbung,* eine Form der Vererbung, die vorliegt, wenn die betreffenden Gene nicht in den Autosomen, sondern in den Geschlechtschromosomen (Allosomen) lokalisiert sind.

Geschlechtshöcker, → Penis.

Geschlechtshormone, svw. Keimdrüsenhormone.

geschlechtskontrollierte Vererbung, die Erscheinung, daß sich bestimmte Merkmale und Eigenschaften im männlichen und weiblichen Geschlecht in unterschiedlicher Weise äußern.

Geschlechtskoppelung, Erscheinung, daß die Gene der Koppelungsgruppen, die in den Geschlechtschromosomen enthalten sind, den Verteilungsgesetzmäßigkeiten dieser Chromosomen folgen. Die G. tritt in Form der geschlechtsgebundenen Vererbung in Erscheinung. → holandrisch, → hologyn.

Geschlechtsmerkmale, → Geschlechtsunterschiede.

Geschlechtsorgane, svw. Fortpflanzungsorgane.

Geschlechtsrealisatoren, → Geschlechtsbestimmung.

Geschlechtsreife, das Entwicklungsstadium und Lebensalter, in dem die Geschlechtsdrüsen funktionsfähig werden, der Geschlechtstrieb und die Paarungsfähigkeit einsetzen und sich die sekundären Geschlechtsmerkmale ausbilden; beim Menschen *Pubertät* genannt. Die G. ist Voraussetzung für eine normale Geschlechtstätigkeit. Der Zeitpunkt ihres Eintritts unterliegt nach Art, Rasse und Individuum großen Schwankungen, ist erblich bedingt und durch günstige oder ungünstige Umweltverhältnisse beeinflußbar.

Geschlechtstentakel, svw. Hektokotylus.

Geschlechtstypen, → Konstitutionstypen.

Geschlechtsunterschiede, *Geschlechtsdimorphismus, Sexualdimorphismus,* die Verschiedenartigkeit der Geschlechter in bezug auf ihre sekundären Geschlechtsmerkmale. Wie beim Tier beruhen die G. auch beim Menschen primär auf unterschiedlichen Geschlechtschromosomen; normalerweise befinden sich in den Körperzellen der Frau zwei X-Chromosomen, in denen des Mannes ein X- und ein Y-Chromosom. Schon während der Embryonal- und Kindheitszeit entwickelt sich außer den Zeugungsorganen eine Anzahl weiterer Merkmale, z. B. das zeitliche Auftreten der Knochenkerne, der Zahndurchbruch, die Kopf- und Beckenform, die Körperproportionen in geschlechtsspezifischer Weise. Man unterscheidet zwischen primären, sekundären und tertiären *Geschlechtsmerkmalen*. Zu den primären gehören die Geschlechtsorgane und ihre Anhangdrüsen, die sekundären betreffen Behaarung, Stimme, Ausbildung der Milchdrüsen bei Säugetieren u. a., die tertiären umfassen Körpergröße, Knochenbau, Herz- und Atemtätigkeit u. a. Unter dem Einfluß vor allem der Hormone der Hypophyse und der Keimdrüsen erfolgt während der Pubertät die endgültige Geschlechtsdifferenzierung, die sich außer im körperlichen auch im psychischen Bereich äußert; dabei werden die psychischen G. in hohem Maße von kulturellen Verhältnissen mitbestimmt.

Die G. sind bei verschiedenen Bevölkerungen verschieden ausgeprägt, liegen aber alle in der gleichen Richtung. Überall betragen die Maße der Frau im Durchschnitt etwa 90 bis 96% der Maße des Mannes. Die Frau weist dabei etwas andere Körperproportionen auf, die sich hauptsächlich in einer relativ schmalen Schulterbreite bei absolut gleicher Beckenbreite, einem relativ langen Rumpf, relativ kurzen Extremitäten mit kleinen Händen und Füßen und besonders kurzen Unterarmen äußern. Das Skelett der Frau ist graziler und zeigt ein schwächer ausgeprägtes Muskelrelief, wobei die Muskulatur dementsprechend schwächer entwickelt ist; dafür sind stärkere Fettpolster vorhanden. Fallen beim Mann auf den Bewegungsapparat etwa 60% und auf das Fettgewebe 20% des Körpervolumens, so beträgt der Anteil des Skelettes und der Muskulatur bei der Frau rund 50% und das des Fettgewebes 30% der Gesamtkörpermasse. Besonders deutliche G. bestehen in der Beckenregion. Die Hüftbeine der Frau sind weiter ausladend, die Beckenöffnung ist größer und von querovaler Form, während sie beim Mann eher kartenherzförmig ist; der Winkel zwischen den beiden unteren Schambeinästen ist bei der Frau größer und das Kreuzbein breiter als beim Mann. In der Regel werden die im Bau des Rumpfskeletts bestehenden G. durch die Weichteilbedeckung noch verstärkt. Der weibliche Hirnschädel weist im Durchschnitt ein um etwa 100 cm^3 geringeres Volumen auf, das Stirnbein steigt über der Nasenwurzel steil an, die Scheitelpartie ist abgeflacht, und Stirn- und Scheitelbeinhöcker sind in der Regel deutlich ausgeprägt. Beim Mann ist hingegen normalerweise auch am Schädel das Muskelrelief kräftig entwickelt, die Stirn leicht fliehend, die Scheitelpartie gut ausgewölbt, und Stirn- und Scheitelbeinhöcker sind kaum tastbar. Die am Schädel und Skelett vorhandenen G. sind in der Paläanthropologie und der Gerichtsmedizin für die Geschlechtsdiagnose menschlicher Skelette oder Skeletteile von Bedeutung.

Nicht bei allen Menschen sind die G. in typischer Weise vorhanden; es kommen alle möglichen Ausprägungen im Sexualisationsgrad bei den Geschlechtern vor. In extremen Fällen handelt es sich um Zwischenformen, die als → Intersexe bezeichnet werden. Ihr Anteil an der Erdbevölkerung beträgt mit 1 bis 2‰ mehrere Millionen Individuen. Abb.

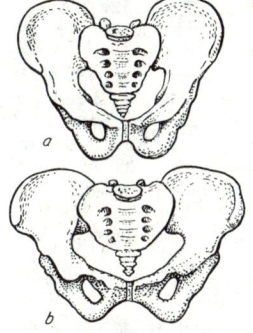

Menschliche Becken: *a* Becken eines Mannes, *b* Becken einer Frau (nach Bach)

Geschlechtsverhältnis → Geschlechterverhältnis.
Geschlechtszellen, svw. Gameten.
Geschmacksorgane, der Wahrnehmung von chemischen Stoffen in gelöster Form dienende Organe. Die dafür empfindlichen Sinneszellen sind in *Geschmacksknospen* konzentriert, die an die wall-, blatt- und pilzförmigen Papillen der Zunge gebunden sein können, bei vielen Fischen und Amphibien aber auch an anderen Stellen der Mundhöhle und z. T. sogar über die gesamte Körperoberfläche verstreut vorkommen. Die G. ermöglichen gemeinsam mit den Geruchsorganen die Prüfung der Nahrung. Es werden 4 Geschmacksqualitäten unterschieden: süß, sauer, salzig und bitter.
geschützte Gehölze, → Naturschutz.
geschützte Pflanzen, → Naturschutz.
geschützter Park, → Naturschutz.
geschützte Tiere, → Naturschutz.
Geselligkeit, svw. Soziabilität.
Gesellschaftskreis, höchste Vegetationseinheit des pflanzensoziologischen Systems nach Braun-Blanquet (→ Charakterartenlehre). Der G. wird gekennzeichnet durch Pflanzensippen (Arten, Gattungen u. a.) und Pflanzengesellschaften hoher Wertigkeit (meist Klassen und Ordnungen), die ihm eigen sind oder die ihren Entfaltungsschwerpunkt dort haben. Die G. umfassen große Gebiete und sind teils durch großklimatische Sonderung, teils florengeschichtlich begründet. Für Europa werden unterschieden: der *eurosibirisch-nordamerikanische,* der *alpin-hochnordische,* der *mediterrane* und der *irano-kaspische* G. Ihrem Umfang und Inhalt nach entsprechen die G. weitestgehend den Florenregionen der Pflanzengeographie. → Florenreich.

Gesellschaftssystematik, → Soziologie der Pflanzen.
Gesellschaftstreue, → Charakterartenlehre.
Gesellung, → Soziologie der Tiere.
Gesetz der homologen Reihen, → Parallelmutationen.
Gesetz des Minimums, svw. Minimumgesetz.
Gesetz vom abnehmenden Ertragszuwachs, svw. Wirkungsgesetz der Wachstumsfaktoren.
Gesichtsformen, die Arten der Gestaltung des Gesichts beim Menschen. Zur Beurteilung der G. in der Ansicht von vorn werden in der Anthropologie 10 Umrißtypen unterschieden. Abb.

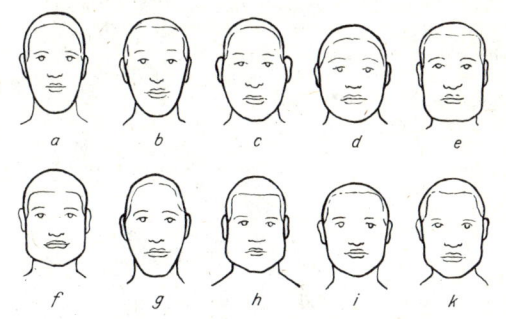

Gesichtsformen in der Frontalansicht (nach Pöch): *a* elliptisch, *b* oval, *c* verkehrt oval, *d* rund, *e* rechteckig, *f* quadratisch, *g* rhombisch, *h* trapezförmig, *i* verkehrt trapezförmig, *k* fünfeckig

Gesichtsmuskeln, *mimische Muskulatur,* Muskeln, die im Gesicht durch Bildung von Falten oder Grübchen Ausdrucksbewegungen für Freude, Lachen, Trauer oder Zorn hervorrufen.
Gesichtsnerv, *Nervus facialis, Branchialnerv,* ein Nerv, der für das Hyalbogengebiet verantwortlich ist, → Hirnnerven.
Gespenstfrösche, *Heleophryne,* artenarme Gattung seltener südafrikanischer → Südfrösche (oft als eigene Familie betrachtet), die sich hauptsächlich durch Bezahnungsmerkmale und senkrechte Pupille von anderen Gattungen unterscheidet. Die Haut der 6 cm langen Tiere trägt kleine Häkchen und Höcker, die wahrscheinlich das Klettern der bachrandbewohnenden Frösche auf Steinen erleichtern. Die Kaulquappen haben am Mund große Saugscheiben. Der *Kap-Gespenstfrosch, Heleophryne rosei,* bewohnt den Tafelberg bei Kapstadt.
Gespenstheuschrecken, *Cheleutoptera, Phasmida,* eine Insektenordnung mit etwa 2000 vorwiegend in den Tropen

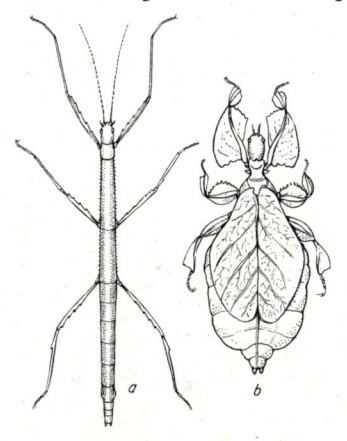

Gespenstheuschrecken: *a* Stabheuschrecke (*Argosarchus* spec.), *b* Wandelndes Blatt (*Phyllium* spec.)

Gespenstkrebse

verbreiteten Arten. In Mitteleuropa ist keine Art heimisch, G. werden hier aber häufig in Terrarien und Insektarien gehalten.

Vollkerfe. Der Körper ist entweder stabförmig gestreckt (*Stabheuschrecken*) oder blattartig abgeflacht (*Blattschrecken*, z. B. *Wandelndes Blatt*). Die Körperlänge beträgt 5 bis 35 cm. Die G. sind reine Pflanzenfresser, die in Form und Farbe ihrem Lebensraum meist gut angepaßt sind (Mimese). Zwei Paar Flügel sind vorhanden oder mehr oder weniger zurückgebildet. Die Entwicklung ist eine Form der unvollkommenen Verwandlung (Paurometabolie).

Eier. Der Eiablage geht nicht immer eine Paarung voraus, d. h., die Fortpflanzung kann auch durch Jungfernzeugung erfolgen. Die Eier werden einzeln an der Fraßpflanze der Larven abgelegt.

Larven. Sie sind den Vollkerfen in Gestalt und Lebensweise äußerst ähnlich und nach fünf bis acht Häutungen erwachsen.

System. Die G. gehören zur Gruppe der heuschreckenartigen Geradflügler. Die bekanntesten Familien sind Stabheuschrecken (*Bacillidae* und *Bacteriidae*) und Blattschrekken (*Phyllidae*).

Lit.: M. Beier: Cheleutoptera. In H. Bronn: Klassen und Ordnungen des Tierreichs, Bd 5, Abt. III, Buch 6, Lief. 2 (Leipzig 1957).

Gespenstkrebse, *Caprellidae*, Familie der Flohkrebse mit langgestrecktem, stabförmigem Körper. Sie leben im Meer an Pflanzen und Tierstöcken angeklammert, können aber auch schwimmen. Sie lauern ihrer Beute auf.

Gespinstmotten, *Yponomeutidae*, eine Familie mottenartiger Schmetterlinge, zu der eine Reihe von Gartenbau- und Forstschädlingen gehören, z. B. die → Obstbaumgespinstmotten und die Nadelholzgespinstmotten der Gattungen *Cedestes* und *Ocnerostoma*.

Gestagene, weibliche Keimdrüsenhormone mit Steroidstruktur, deren wichtigster Vertreter das → Progesteron ist. Natürliche und vor allem synthetische G. mit progesteronähnlicher Wirkung, z. B. Norgestrel und Chlormadinonazetat, werden bei Zyklusstörungen und als Bestandteil von Ovulationshemmern (→ hormonale Konzeptionsverhütung) oral angewandt und zunehmend als Tierarzneimittel zur Brunstauslösung und Zyklussynchronisation eingesetzt.

Gestaltlehre, svw. Morphologie.

Gestaltwandel, → Konstitutionstypus, → Metamorphose.

Gesundheitslage, Gebiet, in dem aufgrund bestimmter biologischer bzw. ökologischer Gegebenheiten (klimatische Bedingungen, geringes Vorkommen von Krankheitsüberträgern u. a.) die Verseuchung bestimmter Kulturpflanzenarten (z. B. Pflanzkartoffeln) durch einen Schaderreger (z. B. virusübertragende Blattläuse) seltener vorkommt. Dieses Gebiet ist besonders geeignet zur Erzeugung krankheitsfreien bzw. wenig befallenen Pflanzgutes.

Getreide, → Süßgräser.
Getreidehalmwespe, → Halmwespen.
Getreidewanze, → Wanzen.
getrenntgeschlechtig, → Blüte.
Gewächshausfrosch, → Antillenfrösche.

Gewässer, in der Natur fließendes (→ Fließgewässer) oder stehendes (→ stehende Gewässer) Wasser des Festlandes. G., die nur periodisch Wasser führen, bezeichnet man als → temporäre Gewässer. Zu den unterirdischen G. gehört das → Grundwasser. Nach dem Salzgehalt unterscheidet man → Süßwasser, → Brackwasser und → Salzgewässer. Einen sehr hohen Säuregrad des Wassers weisen die → Moorgewässer auf. Vulkanischen Ursprungs sind die → Thermalgewässer.

Gewässerpflege, → Landschaft.

Gewebe, Verbände von annähernd gleichartig differenzierten Zellen einschließlich der von ihnen abgeschiedenen → Interzellularsubstanz. 1) Bei Mensch und Tier lassen sich folgende Haupttypen von G. unterscheiden: → Epithelgewebe, → Bindegewebe, → Stützgewebe, → Muskelgewebe und → Nervengewebe.

2) Bei den niederen Pflanzen unterscheidet man zwischen → Bildungsgeweben, Grundgeweben (→ Parenchym) und reproduktiven G. Eine besondere Gewebeform stellen die → Flechtgewebe dar. Bei den höheren Pflanzen haben sich besonders mit dem Übergang zum Landleben, dem Prinzip der fortschreitenden Arbeitsteilung entsprechend, zusätzlich weitere Gewebearten entwickelt, und zwar → Abschlußgewebe, → Absorptionsgewebe, besonders wasseraufnehmende G., → Speichergewebe, → Ausscheidungsgewebe, → Dauergewebe, → Leitgewebe und → Festigungsgewebe.

Gewebeflüssigkeit, → Lymphe.
Gewebekultur, → Zellzüchtung.
Gewebelehre, svw. Histologie.

Gewebespannung, übergeordnetes Festigungsprinzip, das auf der unterschiedlichen Ausdehnungsfähigkeit der inneren und äußeren Gewebe eines pflanzlichen Organs beruht. Es werden die voll turgeszenten, dehnungsfähigen Zellen des zentralen Gewebes gegen die weniger elastischen äußeren Gewebeteile, z. B. die Epidermis, gepreßt. G. ist unter anderem daran zu erkennen, daß sich die einzelnen Gewebearten eines pflanzlichen Organs unterschiedlich ausdehnen, wenn man sie aus dem natürlichen Verband löst. Werden z. B. abgeschnittene Blütenschäfte des Löwenzahns oder Rhabarberstengel kreuzweise eingeschnitten und in Wasser gelegt, dann rollen sich die Spaltstücke nach außen. Zur Aufrechterhaltung der G. ist ausreichende Wasserversorgung notwendig.

Gewebetiere, *Eumetazoa*, *Histozoa*, Bezeichnung für die Gesamtheit der Vielzeller mit Ausnahme der Schwämme, Placozoa und Mesozoa. Die Zellen der G. sind zu Zellverbänden (Gewebe) vereinigt, die jeweils gleichartige Zellen enthalten, voneinander jedoch durch Struktur und Funktion verschieden sind. Bei den Hohltieren treten zwei einander aufliegende Epithelien auf (Ektoderm und Entoderm), die auch Keimblätter genannt werden. Bei allen anderen G. tritt ein weiteres Keimblatt (Mesoderm) hinzu. Damit schreitet auch die weitere Differenzierung der Gewebe (Muskelgewebe, Nervengewebe, Bindegewebe, Knorpel- und Knochengewebe u. a.) und die Bildung von Organen fort. Für alle G. ist charakteristisch, daß sie in ihrer Keimesentwicklung mindestens das Gastrulastadium erreichen.

Gewebezüchtung, → Zellzüchtung.

Gewebshormone, eine Gruppe von Hormonen, die als aglanduläre Hormone in spezialisierten Zellen mit parakriner Funktion entstehen (Gegensatz zu den in Drüsen gebildeten Drüsenhormonen). Die G. produzierenden Zellen liegen vereinzelt oder zu wenigen vereint im Gewebe. Das Zielgewebe (Target) der G. wird über die Blutbahn oder durch Diffusion im Gewebe erreicht.

Die Zuordnung der G. ist nicht ganz eindeutig und überschneidet sich vielfach. Im allgemeinen gehören zu den G. Glukagon, Gastrin, Sekretin, Pankreozymin, Bradykinin, Melatonin u. a.

Lokal wirkende G., deren Nahtransport ausschließlich durch Diffusion in benachbarte Zellen erfolgt, werden neuerdings als *Mediatoren* bezeichnet. Sie weisen enge Beziehungen sowohl zu den Hormonen als auch zu den Neurotransmittern auf. Zu ihnen gehören die Prostaglandine, Serotonin, Histamin und weitere Verbindungen.

Geweih, Stirnwaffe der Hirsche. Das G. wächst als paari-

Geweihe: a Rothirsch, b Reh

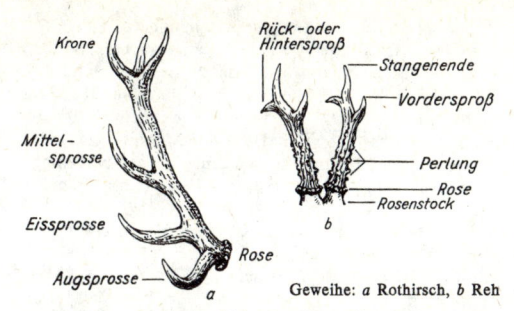

ger, von einer stark durchbluteten Haut (Bast) überzogener und für jede Art sich charakteristisch verzweigender Auswuchs des Knochenzapfens aus der Stirn hervor. Nach beendetem Wachstum zu Beginn der Brunst wird es gefegt, d. h. durch Schlagen und Stoßen im Gebüsch vom Bast befreit. Beim Abklingen der Brunst wird es durch Steuerung der Geschlechtshormone abgeworfen und wächst durch Einwirkung der Schilddrüsenhormone alljährlich neu, häufig reicher verzweigt, heran. Das G. ist vorwiegend beim männlichen Geschlecht ausgebildet, ausgenommen beim Rentier. Es ist stangenförmig mit Sprossen (Hirsch, Reh, Ren) oder schaufelförmig (Elch, Damhirsch). Das G. des Rehs wird in der Jägersprache oft fälschlich als Gehörn bezeichnet.

Gewöhnung, *Habituation,* gekennzeichnet durch Abklingen einer Reaktion auf bestimmte Reize bei deren Wiederholung. Die Habituation wird daher auch als *Dekrement der Reizantwort* bezeichnet. Eine Wiederherstellung der Reaktionsbereitschaft wird *Dishabituation* genannt.

Gezeitenwald, svw. Mangrove.

Gibb, → Gibberelline.

Gibberellensäure, → Gibberelline.

Gibberellinantagonisten, Stoffe, die den Gibberellinen in Pflanzen entgegenwirken und deren Einfluß zumindest teilweise durch zusätzliche Gibberellingaben aufgehoben werden kann. Kompetitiv hemmende G., die also mit Gibberellinen um denselben Wirkungsort konkurrieren, nennt man → Antigibberelline. Zu den *natürlichen* G. zählen z. B. das Phytohormon Abszisinsäure sowie Tannine. Praktische Bedeutung als *synthetische* G. besitzen verschiedene quaternäre und einige andersartige Verbindungen; die wichtigsten von ihnen sind unter folgenden Trivialnamen bekannt: CCC (Chlorcholinchlorid), AMO 1618 (2-Isopropyl-5-methyl-4-trimethylammoniumchlorid), Phosgen D (2,4-Dichlorbenzyltri-n-butylphosphoniumchlorid), EL-531 (α-Cyclopropyl-α-(4-methoxy-phenyl)-5-pyrimidinmethanol und Bernsteinsäuremono-N-dimethylhydrazid. Diese Substanzen verursachen in erster Linie eine starke Stengelverkürzung (»Stauchemittel«), die unter anderem bei manchen Zierpflanzen-Topfkulturen (z. B. Poinsettien, Chrysanthemen u. a.) sowie bei Getreide zur Verminderung der Lagergefahr erwünscht ist. Daneben können bei den behandelten Pflanzen weitere Effekte auftreten. In bestimmten Fällen ist eine Beeinflussung der Blütenbildung und gewisser Korrelationen möglich. Als Ursache für die angeführten Effekte ist bei einer Anzahl von Verbindungen, z. B. bei den beiden an erster Stelle angeführten, eine Blockierung der Gibberellinbiosynthese nachgewiesen. Für andere ist dies wahrscheinlich, obwohl der sichere Nachweis noch aussteht.

Gibberelline, umfangreiche Gruppe von Phytohormonen, die in niederen und höheren Pflanzen vorkommen und erstmals im Kulturfiltrat des phytopathogenen Pilzes *Gibberella fujikuroi* aufgefunden wurden. G. sind Diterpene und haben das tetrazyklische ent-Gibberellan-Skelett als Grundgerüst. Die einzelnen G. werden in der Reihenfolge ihrer Entdeckung als GA_1, GA_2, GA_3 usw. bezeichnet. *GA_3 (Gibberellinsäure)* ist wegen seines ubiquitären Vorkommens und seiner hohen biologischen Aktivität der wichtigste Vertreter. Gegenwärtig sind mehr als 60 G. isoliert und in ihrer chemischen Struktur aufgeklärt. Man unterscheidet G. mit 20 Kohlenstoffatomen (C_{20}-G.) und G. mit 19 Kohlenstoffatomen (C_{19}-G.). Die Vielzahl der G. ergibt sich im wesentlichen aus der Position, Anzahl und stereochemischen Anordnung von Hydroxygruppen sowie bei den C_{20}-G. durch den Oxidationsgrad des Kohlenstoffatoms 20.

Neben den freien G. finden sich im Pflanzengewebe auch Gibberellinkonjugate, und zwar Gibberellin-O-glukoside und Gibberellinglukoseester. Diese gut wasserlöslichen G. werden als Transport- und Reserveformen diskutiert und sind als reversible Desaktivierungsprodukte von Bedeutung. G. kommen in höheren Pflanzen in außerordentlich geringer Konzentration vor (µg je kg Pflanzenmaterial). Ihr Nachweis und ihre Bestimmung erfolgen durch hochempfindliche Tests, z. B. durch die dosisabhängige Wachstumsförderung bei Zwergformen von Mais, Reis und Erbse, durch chemisch-physikalische Verfahren, z. B. kombinierte Gaschromatographie/Massenspektroskopie, und durch immunologische Methoden. Die Biosynthese der G. verläuft in Pilz und Pflanze weitgehend einheitlich durch Verknüpfung von 4 Isoprenresten, wobei Geranyl-, Farnesyl- und Geranylgeranylpyrophosphat als Zwischenstufen durchlaufen werden. Ringbildung führt zu Kauren, dessen stufenweise Oxidation und Ringverengung des B-Ringes den GA_{12}-Aldehyd ergibt, von dem sich alle weiteren G. ableiten. Hauptbildungsort sind die meristematischen Gewebe der Sproß- und Wurzelspitze. Der Transport erfolgt im Xylem und Phloem.

G. sind in engem Zusammenspiel mit anderen Phytohormonen an der Steuerung der pflanzlichen Wachstums- und Entwicklungsprozesse beteiligt. Sie beeinflussen vor allem das Streckungswachstum sowie die Keimung, die Blühinduktion und die Fruchtentwicklung. Dabei unterscheiden sich die einzelnen G. stark in ihrer wachstumsregulatorischen Aktivität.

Gibberellinsäure wird technisch mittels *Gibberella fujikuroi* hergestellt und dient in der Brauerei zur Förderung der Keimung von Gerste zur Malzgewinnung, im Zierpflanzenanbau zur Auslösung der Blütenbildung und im Weinbau zur Gewinnung samenloser Früchte.

Gibberellinsäure, → Gibberelline.

Gibbons, *Hylobates,* in mehreren Arten in Südostasien beheimatete → Langarmaffen. Sie leben in kleineren Trupps und ernähren sich von Blättern, Früchten, Insekten, Schnecken und kleinen Wirbeltieren.

Giebel, → Karausche.

Gießbeckenknorpel, → Kehlkopf.

Gießkannenschimmel, → Schlauchpilze.

Giftfische, mit Giftdrüsen ausgestattete Fische. Die Aus-

Giftigkeit

mündung der Giftdrüsen liegt in der Regel an stachelartigen Flossenstrahlen. Bei Verletzungen durch solche Stacheln gelangt das Gift direkt in die Wunde. Beispiele: Petermännchen, Steinfisch, Rotfeuerfische. Als »giftige Fische« werden dagegen Arten bezeichnet, die in den eßbaren Körperteilen ständig oder zeitweise Giftstoffe enthalten, z. B. einige Kugelfische.

Giftigkeit, svw. Toxizität.

Giftnattern, *Elapidae,* in mehr als 180 Arten (etwa 40 Gattungen) in Amerika, Afrika, Asien und Australien verbreitete, in Europa und auf Madagaskar fehlende Familie meist schlanker, sehr beweglicher → Schlangen, deren Vertreter in äußeren Merkmalen, vor allem in Kopfform und Beschuppung, teilweise sehr den → Nattern ähneln, jedoch ein proteroglyphes Gebiß (→ Schlangen) haben und ausnahmslos sehr giftig sind. Die tief gefurchten Giftzähne stehen aufrecht vorn im Oberkiefer; ursprünglichere Arten wiesen hinter dem funktionstüchtigen Giftzahnpaar noch mehrere Furchenzähne auf; bei den höchstentwickelten G., zu denen die Kobras gehören, sind im ganzen Maul nur 2 Zähne als »Gifthaken« erhalten. Das Gift der G. hat eine hauptsächlich neurotoxische Wirkung (→ Schlangengifte). Zu den G. gehören die gefährlichsten Giftschlangen der Erde. Die Färbung reicht vom düsteren Grau einiger Wüstenbewohner bis zum leuchtenden Blattgrün baumlebender Formen und einer auffallenden Warnfärbung mit schwarzen, gelben und roten Querbändern bei den Korallenschlangen. Die G. sind eierlegend oder lebendgebärend (viviovipar). Neben kleinen Nagetieren werden von vielen Arten auch Schlangen verzehrt. Ihre größte Formenfülle erreicht die Familie der G. in Australien, wo etwa 80 % aller dort vorkommenden Schlangen G. sind. Zu den G. gehören unter anderem → Korallenschlangen, → Kobras, → Königskobra, → Kraits, → Taipan, → Mambas und → Bauchdrüsenottern.

Giftpflanzen, Pflanzen, deren Inhaltsstoffe, meist Alkaloide oder Glykoside, bei Menschen und Tieren zu Vergiftungen und unter Umständen zum Tod führen können. In geringen Dosen dienen diese Stoffe z. T. auch als Arzneimittel.

Giftschnecken, Sammelbezeichnung für verschiedene Arten und Gattungen mariner Schnecken, unter anderem Kegelschnecken, Tonnenschnecken und Tritonshörner, die ihre Beutetiere mit Hilfe toxisch wirkender Drüsensekrete lähmen oder töten. Diese Sekrete bestehen vielfach aus anorganischen Säuren, z. B. 2- bis 4%ige Schwefelsäure. Die G. können auch dem Menschen gefährlich werden.

Gifttiere, Tiere, die zu Verteidigungszwecken oder zum Nahrungserwerb Gifte erzeugen. G. genießen damit einen individuellen Schutz, sofern sie Gegner abwehren oder erreichen, als Nahrung verschmäht zu werden. Wird das Gift erst nach dem Gefressenwerden wirksam (passive Wirkung), liegt kein individueller Schutz vor, wohl aber ein Schutzeffekt für die Art, wenn die Räuber in der Lage sind, Erfahrungen zu sammeln. Die chemische Wirkung zeigt alle Übergänge von einer ekelerregenden und abweisenden bis zu einer echten Giftwirkung. So wenden sich Hunde von Kröten nach Beschnuppern ab, der Tauwurm wird wegen seiner schlecht schmeckenden Leibeshöhlenflüssigkeit von erfahrenen Hühnern nicht verzehrt, und die Tintenflüssigkeit der Tintenschnecken scheint die Geruchsorgane ihres Hauptfeindes, des Seeaales, zu lähmen. Iltisse verfügen über wirksame Stinkdrüsen.

Die aktive Verwendung von Ekel- und Giftstoffen liegt unter anderem bei Insekten vor, die zur Verteidigung Drüsenausscheidungen oder übelschmeckendes Blut austreten lassen. Solche Stoffe können dem Gegner auch entgegengeschleudert werden, z. B. wird beim Stinktier Sekret aus Analdrüsen bis 2 m weit abgespritzt. In anderen Fällen wird das Gift in den Körper des Feindes eingebracht, z. B. durch Explodieren der Nesselkapseln der Nesseltiere, durch Injizieren des Giftes mit Hilfe eines Stachelapparates bei Skorpionen und bei Stechimmen, wie Biene und Wespe, durch Einbringen des Giftes mit Hilfe der Mundwerkzeuge bei den Spinnen und den Giftschlangen. Ameisen beißen eine Wunde und spritzen das Gift aus Hinterleibsdrüsen hinein.

Lit.: E. N. Pawlowsky: Gifttiere und ihre Giftigkeit (Jena 1927).

Gigantismus, svw. Riesenwuchs.
Gigantopteris-Flora, → Paläophytikum.
Gigantostraken, *Riesenkrebse, Seeskorpione,* ausgestorbene Gruppe der Gliederfüßer mit einem langgestreckten Körper. Dieser besteht aus dem Kopf, der mit dem Rumpf verschmolzen ist (Zephalothorax), sowie dem Hinterleib (Abdomen). Der große Zephalothorax trägt ein Paar dreigliedrige Scheren, drei Paar Laufbeine und ein weiteres Beinpaar, das teilweise zu Schwimmbeinen umgewandelt ist. Das Abdomen besteht aus zwölf frei gegeneinander beweglichen Segmenten und endet mit einem Stachel oder einer Platte. Die G. lebten vor allem im Süß- und Brackwasser. Sie waren vom Ordovizium bis zum Perm verbreitet.
Gigaswuchs, → Hypertrophie.
Gilatier, → Krustenechsen.
Gilbweiderich, → Primelgewächse.
Gimpel, → Finkenvögel.
Gingiva, → Zähne.
Ginkgogewächse, *Ginkgoaceae,* eine Familie der Gabel- und Nadelblättrigen Nacktsamer mit nur noch einer heute lebenden Art, dem als lebendes Fossil bezeichneten **Ginkgobaum,** *Ginkgo biloba.* Dieser aus Asien stammende Baum wird bis 30 m hoch, ist zweihäusig und wirft im Herbst seine gestielten, fächerförmigen, dichotom-gabeladrigen Blätter ab, die an Langtrieben wechselständig, an Kurztrieben büschelig angeordnet sind. Die männlichen Blüten tragen an einer Achse eine große Zahl von Staubblättern; die langgestielten weiblichen Blüten bestehen jeweils aus zwei von einem ringförmigen Wulst umgebenen Samenanlagen. Die Befruchtung erfolgt noch durch Spermatozoide, die Samen sind eßbar. Der Ginkgobaum ist in Europa ein beliebter Parkbaum. Andere G. sind nur fossil bekannt; ihre Hauptentfaltung hatte diese Pflanzengruppe im Mesozoikum.

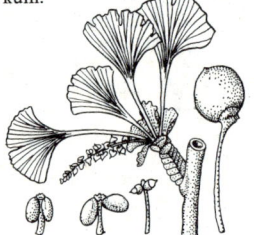

Ginkgobaum: Kurztrieb mit ♂ Blüte und jungen Blättern

Ginseng, → Efeugewächse.
Ginsterkatzen, *Genetta,* dunkel gefleckte → Schleichkatzen aus Afrika und Südwesteuropa.
GIP, Abk. für gastritisches Inhibitorpolypeptid.
Giraffen (Tafel 39), *Giraffidae,* eine Familie der Paarhufer. Die G. sind große, sehr langbeinige und langhalsige Säugetiere, die auf der Stirn mit Fell überzogene Knochenzapfen tragen. Die *Giraffe, Giraffa camelopardalis,* wird bis 6 m hoch. Das Fell ist hell mit dunklen Flecken. Sie bewohnt in kleinen Rudeln die Savannen Afrikas und ernährt sich von Blättern und Zweigen, die sie aus den Baumkronen abzupft. Das *Okapi, Okapia johnstoni,* hat einen kürzeren Hals

als die Giraffe. Das Fell ist kastanienbraun, an den Beinen und am Kopf hellgrau gezeichnet. Mit der über 40 cm langen Zunge zupft es sich Blätter und Früchte ab. Das Okapi lebt einzeln oder paarweise in den Wäldern des Kongogebietes; es wurde erst 1901 entdeckt.

Lit.: A. Gijzen: Das Okapi (Wittenberg 1959); I. Krumbiegel: Die Giraffe (Wittenberg 1971).

Girlitze, Finkenvögel.
Gitoxigenin, → Digitalisglykoside.
Gitoxin, → Digitalisglykoside.
Gitterfasern, svw. Retikulinfasern.
G-Komplex, → Geschlechtsbestimmung.
Glabella, von allen Seiten durch Furchen begrenzter mittlerer Teil des Kopfschildes der Trilobiten.
Gladiole, → Schwertliliengewächse.
glandotrope Hormone, Peptid- bzw. Proteohormone, die in übergeordneten Drüsen, z. B. der Hypophyse, gebildet werden und in untergeordneten hormonbildenden Drüsen, wie Schilddrüse, Nebennierenrinde oder Gonaden, die Bildung und Ausschüttung der dort gebildeten Hormone bewirken. Zu den g. H. gehören z. B. Kortikotropin, Thyreotropin, Follitropin, Lutropin und Prolaktin. Die g. H. sind für die Regulation des Gesamthormonstoffwechsels außerordentlich wichtig. Ihre Sekretion wird durch die Konzentration des durch sie gebildeten und peripher kreisenden Drüsenhormons im Sinne einer negativen Rückkopplungsregulation und durch übergeordnete Regulationshormone (→ Liberine) gesteuert.
Glandulae, → Drüsen.
Glandula parathyreoidea, → Nebenschilddrüse.
glanduläre Hormone, *Drüsenhormone*, in endokrinen Drüsen des Menschen und der Tiere gebildete Hormone. Beim Menschen sind die wichtigsten hormonbildenden Drüsen Hypophyse, Schilddrüse, Nebenschilddrüse, Nebennieren, Keimdrüsen und die Langerhansschen Inseln des Pankreas. Ausfall der Drüsen sowie deren Über- oder Unterfunktion führen zu schweren Stoffwechselstörungen und charakteristischen Krankheitsbildern, z. B. *Diabetes mellitus* bei Insulinmangel.
Glandula suprarenalis, → Nebenniere.
Glandula thyreoidea, → Schilddrüse.
Glans penis, → Penis.
Glanzkäfer, → Käfer.
Glanzstreifen, → Muskelzelle.
Glanzvögel, → Spechtvögel.
Glasflügler, → Schmetterlinge.
Glasfrösche, *Centrolenidae*, artenarme Familie kleiner, baumbewohnender → Froschlurche Mittel- und Südamerikas, die anatomische Merkmale mehrerer Froschfamilien vereinigen. Der Brustschultergürtel ist beweglich, vor dem letzten Finger- und Zehenglied sitzt ein Zwischenknorpel. Haftscheiben sind vorhanden. Die meist grünlich oder gelblich gefärbten Tiere haben eine dünne, durchscheinende Bauchhaut. Die Eier werden auf über dem Wasser hängenden Blättern abgelegt, so daß die schlüpfenden Kaulquappen unmittelbar ins Wasser fallen.
Glashafte, → Eintagsfliegen.
Glaskörper, → Lichtsinnesorgane.
Glasschwämme, *Hexactinellida*, eine Klasse der Schwämme. Das Skelett besteht aus sechsstrahligen Kieselnadeln oder davon ableitbaren Nadelformen. Die weißlichen oder graugelben G. sind ausgesprochene Tiefseebewohner. Die G. werden in die Unterklassen *Hexasterophorida* und *Amphidiscophorida* gegliedert.
Glattechsen, *Skinke, Scincidae*, mit über 600 Arten (in etwa 50 Gattungen) über alle tropischen und viele subtropische Gebiete aller Erdteile (Schwerpunkt Südostasien) verbreitete Familie der Echsen mit meist spitzem Kopf, walzenförmigem Körper und glatten, glänzenden Schuppen, die häufig von kleinen Knochenplättchen (Osteodermen) unterlegt sind. Die G. sind mit wenigen Ausnahmen Bodentiere; viele Arten wühlen unterirdische Gänge. Augen und Ohröffnungen sind oft rückgebildet. Es gibt viele Übergänge zwischen Formen mit 4 wohlausgebildeten, wenn auch wenig kräftigen Gliedmaßen über Arten mit nur noch einem winzigen Beinpaar bis zu völlig schlangenähnlichen Tieren. Die G. sind überwiegend Insektenfresser, große Arten nehmen auch pflanzliche Nahrung. Sie legen überwiegend Eier, eine Reihe von Arten ist lebendgebärend (vivipar), wenige sind »echt« lebendgebärend mit Plazentabildung (vivipar). Zu den G. gehören unter anderem → Blauzungenskinke, → Apothekerskink, → Walzenskinken, → Mabuyen, → Johannisechse, → Stachelskinke, → Blindskinke.
Glattkopfleguane, *Leiocephalus,* auf den Antilleninseln verbreitete, etwa 20 cm lange, insektenfressende Leguane der offenen Landschaften und Felsgebiete mit glatten Kopf- und stachligen Körper- und Schwanzschuppen. Der kubanische *Rollschwanzleguan, Leiocephalus carinatus,* rollt seinen Schwanz in Erregung spiralig über den Rücken.
Glattnasen, *Vespertilionidae*, eine Familie der Fledermäuse (Kleinfledermäuse), die mit fast 400 Arten weltweit verbreitet ist. Zu den G. gehören die meisten einheimischen Arten, darunter Wasserfledermaus, *Myotis daubentoni,* Teichfledermaus, *Myotis dasycneme*, Großmausohr, *Myotis myotis,* Braunes Langohr, *Plecotus auritus,* die häufiger in Städten vorkommende Zwergfledermaus, *Pipistrellus pipistrellus*, und der → Abendsegler.
Glattnatter, svw. Schlingnatter.
Glattstielmoos, → Laubmoose.
Glättungsverfahren, → Biometrie.
Glattwale, → Bartenwale.
Glazialrefugien, klimatisch begünstigte Räume, in denen im Tertiär oder in Zwischeneiszeiten weit verbreitete Tiere und Pflanzen die Eiszeit, namentlich deren letzte Vereisungsperiode überdauerten. G. sind in der Regel durch großen Artenreichtum gekennzeichnet. Die Vorstellung, daß es sich um Gebiete handelte, in die sich die Tiere wandernd zurückzogen, ist weitgehend falsch. G. sind eher Erhaltungs- als eigentliche Rückzugsgebiete. Die Erhaltung einer Art in mehreren getrennten G. führte oft zur Differenzierung von Unterarten oder Arten. Nacheiszeitlich wurden die G. zu den für die rezente Fauna und Flora der Holarktis maßgeblichen → Ausbreitungszentren. In der Paläarktis waren der Mittelmeerraum und die Kaspische Senke, in der Nearktis Alaska, Mittelamerika und der äußerste Südosten Nordamerikas bedeutende G. Waldbewohner und Arten der Steppen und Wüsten überdauerten in unterschiedlichen G. Für Kleintiere genügten oft Nunatakker (die Eiskappe überragende Bergspitzen) als G.
Glazialzeit, svw. Eiszeit.
Gleba, → Ständerpilze.
Gleditschie, → Johannisbrotbaumgewächse.
Gleichflügler, *Pflanzensauger, Homoptera,* eine Ordnung der Insekten mit etwa 1760 Arten in Mitteleuropa (Weltfauna: 38 200). Fossile Arten sind seit dem Perm nachgewiesen.

Vollkerfe. Die Körperlänge beträgt 0,5 bis 80 mm, die Flügelspanne bei einheimischen Arten (Zikaden) bis 8,5 cm, bei tropischen Arten bis 18 cm. Sie haben stechendsaugende Mundwerkzeuge (→ Schnabelkerfe), die z. T. weit nach hinten zwischen die Hüften der Vorderbeine verlagert sind (Pflanzenläuse). Die Vorderflügel sind größer als die Hinterflügel und wie diese häutig, bei einigen Gruppen teilweise oder vollständig zurückgebildet. Die Beine, die z. T. ebenfalls zurückgebildet sein können, sind entweder nor-

Gleichflügler

male Schreitbeine oder Sprungbeine; bei letzteren liegt die Muskulatur jedoch nicht in den Schenkeln wie bei anderen springenden Insekten, sondern in den Hinterhüften; die Tarsen sind ein- bis dreigliedrig. Alle Arten sind Landbewohner und saugen Pflanzensäfte, einige Arten sind Gallenerzeuger. Die Pflanzenläuse leben meist gesellig und treten oft in großer Anzahl auf. Die Fortpflanzung ist entweder eine zweigeschlechtliche, oder sie erfolgt durch Jungfernzeugung (Parthenogenese). Ihre Entwicklung ist eine unvollkommene Verwandlung, doch verläuft sie bei den einzelnen Gruppen recht unterschiedlich.

Eier. Die Zikaden, Blattflöhe und Mottenläuse sind eierlegend, Blatt- und Schildläuse dagegen vielfach lebendgebärend.

Larven. Bei Zikaden, Blattflöhen und Blattläusen werden die Flügel frühzeitig angelegt (Entwicklung paurometabol), bei den übrigen Gruppen dagegen erst im letzten oder vorletzten Larvenstadium (Entwicklung neometabol). Zwischen den einzelnen Larvenstadien werden bei den Schildläusen, bei denen die Entwicklung im männlichen und weiblichen Geschlecht unterschiedlich verläuft, Ruhepausen eingeschoben. Die Entwicklung der Blattläuse ist durch einen z. T. komplizierten Generationswechsel gekennzeichnet (Wechsel zwischen sich geschlechtlich und ungeschlechtlich vermehrenden Generationen, oft mit einem Wirtspflanzenwechsel verbunden).

Wirtschaftliche Bedeutung. Einige Schildläuse erzeugen Wachs, Lack oder Farbstoffe, die technisch verwertet werden (Pelawachs, Schellack, Kochenille, Karminsäure). Einige Zikaden und Blattflöhe, besonders aber Blatt- und Schildläuse, sind Pflanzenschädlinge. Verschiedene Blattläuse sind Überträger von pflanzlichen Viruskrankheiten.

System. Man unterscheidet meist zwei Unterordnungen, die neuerdings von einigen Autoren als selbständige Ordnungen angesehen werden.

1. Unterordnung: *Zikaden, Auchenorrhynchi, Cicadina,* Stechrüssel an der Unterseite des Kopfes, Fühler sehr kurz, Tarsen dreigliedrig. Zwei Paar Flügel stets vorhanden, reich geadert, in Ruhe dachförmig über den Hinterleib zusammengelegt. Männchen mit Trommelorgan, Weibchen stumm; Gehörorgane in beiden Geschlechtern vorhanden. In Mitteleuropa 10 Familien, z. B. Singzikaden (*Cicadidae*), Schaumzikaden (*Cercopidae*)

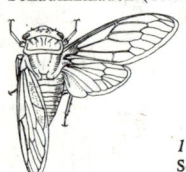

1 Singzikade (*Lyristes plebejus* Scop.)

2. Unterordnung: *Pflanzenläuse, Sternorrhynchi* Stechrüssel, entspringt in der Kehlregion, z. T. sogar zwischen den Hüften der Vorderbeine, Tarsen ein- bis zweigliedrig. Flügel nicht immer ausgebildet, Ruhehaltung teilweise wie bei Zikaden, bei Mottenläusen und Schildläusen (bei letzteren nur Männchen geflügelt) liegen sie waagerecht auf dem Körper auf, das Geäder ist in einigen Gruppen stark reduziert. Trommel- und Gehörorgane fehlen. Es werden 4 Überfamilien unterschieden, die in Mitteleuropa durch 19 Familien vertreten sind:

1. Überfamilie: *Blattflöhe, Psylloidea*
Springende, 1 bis 5 mm große Arten; zwei Paar Flügel vorhanden und noch verhältnismäßig reich geädert, z. B. Apfelblattfloh, *Psylla mali* Schmidberger.

2. Überfamilie: *Mottenläuse, Mottenschildläuse, Aleurodoidea*

2 Blattfloh (*Psylla* spec.)

Höchstens 2 mm große, springende, mottenähnliche Insekten; Vorderflügel mit drei Adern, Hinterflügel mit einer Ader; Körper mit weißem Wachsstaub bepudert, z. B. »Weiße Fliege« (*Trialeurodes vaporariorum* Westw.).

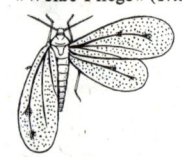

3 Mottenlaus (*Aleurodes* spec.)

3. Überfamilie: *Blattläuse, Aphidoidea*
Bis 5 mm große Insekten, nicht springend. Die Männchen sind meist geflügelt, die Weibchen, besonders die sich unbefruchtet vermehrenden Jungfern, überwiegend flügellos. Am Hinterleib befinden sich oft zwei Sekretröhrchen; z. B. Pfirsichblattlaus (*Mycodes persicae* Sulz.), Bohnenblattlaus (*Doralis fabae* Scop.), Blutlaus (*Eriosoma lanigerum* Hausm.), Reblaus (*Viteus vitifolii* Fitch.)

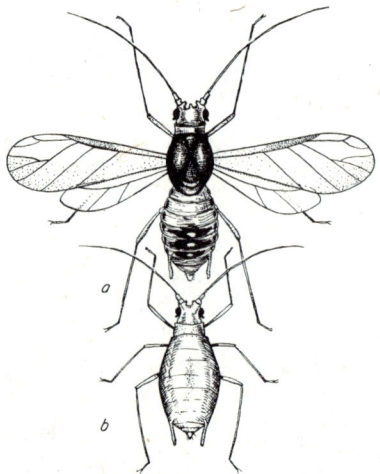

4 Grüne Pfirsichblattlaus (*Myzus persicae* Sulzer): *a* geflügelte Jungfer, *b* ungeflügelte Jungfer

4. Überfamilie: *Schildläuse, Coccoidea*
1 bis 6 mm (in den Tropen bis 3 cm) große Insekten mit stark ausgeprägtem Geschlechtsdimorphismus. Weibchen

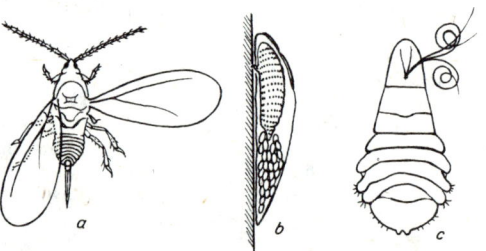

5 Kommaschildlaus (*Lepidosaphes ulmi* L.): *a* ♂, *b* Längsschnitt durch einen Schild mit ♀ und Eiern, *c* ♀ von unten, stärker vergrößert

ungeflügelt, augen- und beinlos, die Männchen besitzen ein Paar Flügel (Vorderflügel) mit nur einer gegabelten Ader. Tarsen nur eingliedrig und mit nur einer Kralle versehen; z. B. San-José-Schildlaus (*Quadraspidiotus perniciosus* Comst.), Kommaschildlaus (*Lepidosaphes ulmi* L.).

Lit.: H. Haupt: G., Homoptera, Die Tierwelt Mitteleuropas, Bd IV, Lieferung 3 (Leipzig 1935), Neubearbeitung der Mottenläuse durch J. Zahradnik (ebenda 1963); G. Lampel: Die Biologie des Blattlaus-Generationswechsels (Jena 1968); F. P. Müller: Blattläuse (Wittenberg 1955); H. Schmutterer: Schildläuse oder Coccoidea, Die Tierwelt Deutschlands, Tl 45 (Jena 1959).

Gleichgewichtsdichte, der Zustand, der erreicht wird, wenn die das Wachstum einer Population fördernden und hemmenden Faktoren sich in ihrer Wirkung ausgleichen. Die G. repräsentiert für die jeweiligen Bedingungen einen langfristig stabilen Zustand mittlerer → Abundanz einer Population.

Gleichhandlung, svw. allelomimetisches Verhalten.

Gleichsinnmutationen, → Genmutationen.

gleitendes Wachstum, svw. Interpositionswachstum.

Gleitfallen, → fleischfressende Pflanzen.

Gleitfasermodell, → Zilien.

Gleitkriecher, → Bewegung.

Gletscherfloh, Sammelname für kaltstenotherme Springschwanzarten, vorrangig für *Isotoma saltans*; kommt im Hochgebirge, besonders am Rande der Gebiete des ewigen Schnees, vor. Die Vorzugstemperatur beträgt −5 bis +5°C, die Wärmeschreckschwelle liegt bei +12°C. Die Nahrung besteht vorwiegend aus angewehten Pollen.

Glia, → Nervengewebe.

Gliascheide, → Nervenfasern.

Gliazellen, → Neuron.

Gliederantenne, bei entognathen Urinsekten und anderen Arthropoden weit verbreiteter Fühlertyp, der aus vielen gleichartigen, mit Ausnahme des letzten, mit Muskeln versehenen Gliedern besteht.

Gliederfüßer, *Arthropoden, Arthropoda,* der weitaus artenreichste, ca. 1 Million Arten umfassende Tierstamm der Protostomier. Der Körper ist gegliedert (segmentiert), wobei die Gliederung von Zölomhöhlen ausgeht, die schon während der Embryonalentwicklung wieder verschwinden, indem sich ihre Wände zu Muskulatur, Bindegewebe und anderen Organen umwandeln. Jedes Körpersegment setzt sich ursprünglich zusammen aus einer Rückenplatte (Tergit), einer Bauchplatte (Sternit) und zwei biegsamen Seitenwänden (Pleuren). Durch Intersegmentalhäute sind die einzelnen Segmente gelenkig miteinander verbunden. Der gesamte Körper ist von einer Chitinkutikula überzogen, die gleichzeitig als Schutz und als Stützorgan (Außenskelett) dient. Ursprünglich besitzt jedes Segment ein Paar seitliche Gliedmaßen, die an den Pleuren sitzen und aus röhrenförmigen und gelenkig miteinander verbundenen Gliedern bestehen. Der Körper gliedert sich meist in 3 Abschnitte: Kopf (Prosoma oder Cephalothorax), Brust (Thorax) und Hinterleib (Abdomen, Pleon), die sich durch die Ausbildung ihrer Gliedmaßen unterscheiden. Die einzelnen Segmente der betreffenden Abschnitte können dabei fest miteinander verschmelzen, die Kopfsegmente sind stets verwachsen. Die Gliedmaßen des Kopfes sind zu Fühlern, Kaukiefern, Greifzangen oder Stechorganen umgewandelt. Der Thorax trägt in der Regel die der Fortbewegung dienenden Gliedmaßen (Lauf-, Schwimm-, Springbeine), bei den Insekten auch Flügel. Am Abdomen können die Gliedmaßen verkümmert sein oder ganz fehlen.

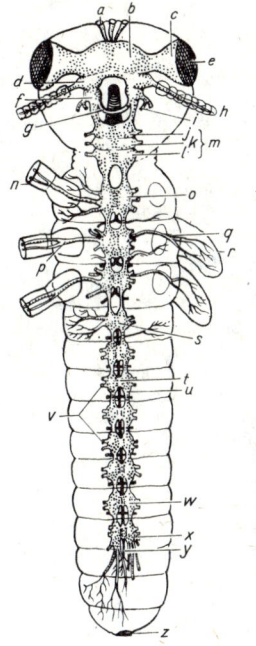

2 Bauplan des Nervensystems der Insekten: *a* Ozellen, *b* Protozerebrum, *c* Lobus opticus, *d* Deutozerebrum, *e* Facettenauge, *f* Tritozerebrum, *g* Kommissur des Tritozerebrums, *h* Antenne, *i* Oberlippennerv des Tritozerebrums, *j* Mandibelganglion, *k* Maxillarganglion, *l* Labialganglion, *m* Subösophagealganglion (Verschmelzungsprodukt der Neuromeren der drei Mundgliedmaßen), *n* 1. Laufbein, *o* 1. Thorakalganglion, *p* Nerv des 2. Beines, *q* Flügelnerv, *r* Vorderflügel, *s* 1. Abdominalganglion, *t* Kommissur, *u* Konnektiv, *v* abdominale Ganglienkette, *w* 7. Abdominalganglion, *x* 8. Abdominalganglion, *y* kaudaler sympathischer Nervenstrang, *z* After

Das Zentralnervensystem besteht aus einem Gehirn (Oberschlundganglion) und einer unter dem Darm verlaufenden Bauchganglienkette, die in jedem Segment ein Paar Nervenknoten (Ganglien) aufweist. Die Ganglien der hinteren Segmente können jedoch weit nach vorn verlagert sein. Als Sinnesorgane dienen Mittel- und Seitenaugen, letztere sind oft komplizierte Facettenaugen. Außerdem kommen Sinneshaare vor, die mechanische oder chemische Reize aufnehmen. Vorder- und Enddarm sind mit einer dünnen Chitinlage ausgekleidet, der Mitteldarm kann umfangreiche Blindschläuche (Mitteldarmdrüsen) haben. Der Exkretion dienen entweder Nephridien, die aber immer nur an zwei Segmenten des Vorderkörpers auftreten, oder schlauchförmige Darmdivertikel (Malpighische Gefäße). Atemorgane sind bei Wasserbewohnern Kiemen in Form von Ausstülpungen der Gliedmaßen, bei Landbewohnern Einstülpungen der Körperwand, die Tracheen. Die G. sind bis auf wenige Ausnahmen getrenntgeschlechtlich. Die Eier furchen sich superfiziell. Meist werden schon im Ei alle Körpersegmente gebildet, nur bei vielen Krebsen und Tausendfüßern

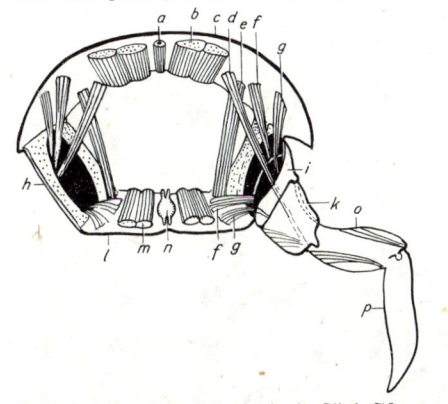

1 Schematischer Querschnitt durch ein Gliederfüßersegment: *a* Herzschlauch, *b* dorsaler Längsmuskel, *c* Tergit, *d* Trochantermuskel, *e* Dorsoventralmuskel, *f* Promotoren, *g* Remotor, *h* Pleura, *i* Subcoxa, *k* Coxa, *l* Sternit, *m* ventraler Längsmuskel, *n* Ganglion, *o* Trochanterofemur, *p* Tibiotarsus

schlüpfen wegliedrige Larven. Die G. besiedeln heute alle Lebensräume.

System. Die Gliederung innerhalb der G. wird unterschiedlich gehandhabt. Oft werden auch die Stummelfüßer in die G. eingeordnet. Man unterscheidet Gruppen und Unterstämme. Hier soll folgende Gliederung vorgenommen werden:
1. Gruppe: *Amandibulata*
1. Unterstamm: *Trilobitomorpha*
   einzige Klasse: *Trilobita* (ausgestorben)
2. Unterstamm: *Chelicerata* (Fühlerlose)
   1. Klasse: *Merostomata*
   2. Klasse: *Arachnida* (Spinnentiere)
   3. Klasse: *Pantopoda* (Asselspinnen)
2. Gruppe: *Mandibulata*
3. Unterstamm: *Branchiata*
   einzige Klasse: *Crustacea* (Krebse)
4. Unterstamm: *Tracheata*
   1. Klasse: *Myriapoda* (Tausendfüßer)
   2. Klasse: *Insecta* (Insekten).

Gliederschote, → Frucht.

Gliedersporen, → Arthrosporen.

Gliedertiere, *Articulata*, eine Gruppe von Tierstämmen der Protostomier, deren Angehörige einen segmentierten Körper haben, wobei die Gliederung von Zölomhöhlen ausgeht. Die Zölomhöhlen verschwinden allerdings meist im Laufe der Entwicklung wieder, indem sich ihre Wände in Muskulatur und andere Organe umwandeln. Zu den G. gehören die Stämme Ringelwürmer (*Annelida*), Stummelfüßer (*Onychophora*), Bärtierchen (*Tardigrada*), Zungenwürmer (*Pentastomida*) und Gliederfüßer (*Arthropoda*).

Geologische Verbreitung und Bedeutung. Kambrium bis zur Gegenwart, wobei das Maximum der stammesgeschichtlichen Entwicklung innerhalb der heute lebenden Formenwelt liegt. Vor allem die Insekten spielen rezent eine große Rolle. In der paläontologischen Überlieferung sind dagegen nur die Trilobiten und die Ostrakoden (Muschelkrebse) von wesentlicher Bedeutung. Unter ihnen finden sich zahlreiche Leitfossilien.

Lit.: B. Klausnitzer u. K. Richter: Stammesgeschichte der G. (Wittenberg 1981).

Gliederwürmer, svw. Ringelwürmer.

Gliedmaßen, svw. Extremitäten.

Gliedsporen, → Arthrosporen.

Gliridae, → Bilche.

Gln, Abk. für L-Glutamin.

Globigerinen [lat. *globus* 'Kugel', *gerere* 'tragen'], weltweit verbreitete Gattung der planktischen Foraminiferen, deren kugeliges oder abgeflachtes Gehäuse einen Durchmesser von 2 mm erreicht. Die traubenartig angeordneten Kammern sind ebenfalls kugelig, grob perforiert mit langen Schwebestacheln.

Verbreitung: Kreide bis Gegenwart, vorwiegend in offenen warmen Meeren. Sie besitzen große Bedeutung als Leitfossilien und können ganze Ablagerungen bilden. So entsteht in der Gegenwart in 2000 bis 5000 m Tiefe der Globigerinenschlamm, ein kalkreiches Meeressediment, das sich überwiegend aus Schalentrümmern der G. zusammensetzt.

Globin, Proteinkomponente des Hämoglobins und anderer Chromoproteine, die einen hohen Hystidin- und Lysinanteil aufweisen. G. zählt zu den Albuminen.

Globoid, ein kleiner kugelförmiger Körper aus amorphem Phytin in Aleuronkörnern pflanzlicher Speichergewebe, → Reservestoffe.

Globuline, einfache Proteine, die in allen tierischen und pflanzlichen Zellen und Körperflüssigkeiten vorkommen. So befinden sich G. unter anderem im Eiklar und Eigelb (z. B. Livetin), im Serum, in der Milch, in Hanfsamen (z. B. Edestin) und in der Kartoffel (z. B. Tuberin). Als Proteinkomponente sind sie Bestandteil zahlreicher Enzyme und Hormone. Umfangreiche Untersuchungen liegen an **Plasmaglobulinen** vor, die sich leicht elektrophoretisch trennen lassen. Sie sind in Wasser praktisch unlöslich, in verdünnten Salzlösungen aber leicht löslich.

Glochidium, ektoparasitische Larve der Fluß- und Teichmuscheln, deren dreieckige Schalen mit je einem beweglichen Schalenhaken versehen sind. Mit diesem heftet sich das G. am Wirt (Fisch) fest, bildet innerhalb einiger Wochen Darmkanal, Kiemen, Fuß und endgültige Schale mit Schließmuskeln und verläßt als Muschel das Wirtstier.

Glockenblumengewächse, *Campanulaceae*, eine Familie der Zweikeimblättrigen Pflanzen, die mit etwa 1200 Arten über die ganze Erde verbreitet sind. Es sind meist milchsaftführende, krautige bis halbstrauchige Pflanzen mit spiralig gestellten Blättern und fast stets strahligen, glockenförmigen Blüten. Die Staubblätter liegen frei oder vereint und haben Staubbeutel, die sich nach innen öffnen. Die Frucht ist eine mehrfächerige Kapsel mit verschiedenartigsten Öffnungsmechanismen.

Umfangreichste Gattung ist die **Glockenblume**, *Campanula*, mit über 300 Arten. Die wichtigsten davon sind die **Rundblättrige Glockenblume**, *Campanula rotundifolia*, die auf trockenen Wiesen, Heiden und in Felsspalten vorkommt, die **Pfirsichblättrige Glockenblume**, *Campanula persicifolia*, die in warmen, trockenen Wäldern zu finden ist, die **Zwergglockenblume**, *Campanula pusilla*, eine Alpen- und Voralpenpflanze; Gartenzierpflanzen sind die **Marienglockenblume**, *Campanula medium*, und die aus China stammende **Edle Glockenblume**, *Campanula nobilis*; aufrecht stehende, violette Blüten hat die **Wiesenglockenblume**, *Campanula patula*; als Salat verwendet werden die Wurzeln der in Wäldern anzutreffenden **Rapunzelglockenblume**, *Campanula rapunculus*.

Zu den G. gehören auch die auf Bergwiesen und in Wäldern vorkommende weißblühende **Ährenteufelskralle**, *Phyteuma spicatum*, die auch als **Rapunzel** bezeichnet wird, und die ihr sehr ähnliche **Teufelskralle**, *Phyteuma nigrum*, mit dunkelblauen bis violetten Blütenköpfen sowie das zier-

Glockenblumengewächse: *a* Pfirsichblättrige Glockenblume, *b* Marienglockenblume, *c* Ährige Teufelskralle

liche, blaublühende *Bergsandglöckchen, Jasione montana,* das auf sandigen Böden in sonniger Lage wächst. Verschiedene G. sind Ackerunkräuter.

Glockentierchen, → Ziliaten.
Glockenvögel, → Schmuckvögel.
Gloeocapsa, → Chroococcales.
Glogersche Regel, → Klimaregeln.
Glossa, → Zunge, → Mundwerkzeuge.
Glossopteris-Flora, → Paläophytikum.
Glottis, → Kehlkopf.
Glu, Abk. für L-Glutaminsäure.
Glucken, → Schmetterlinge (System).
Glukagon, ein Polypeptidhormon, das gemeinsam mit Insulin den Nährstofffluß im Organismus steuert. G. ist einsträngig aus 29 Aminosäureresten aufgebaut, wobei alle Aminosäuren für die Rezeptorbindung und damit für die biologische Aktivität notwendig sind. G. zeigt strukturelle Verwandtschaft zum Sekretin.

G. wird im Pankreas in den A-Zellen der Langerhansschen Inseln aus dem sehr viel größeren Prohormon Proglukagon durch proteolytische Spaltung gebildet und in Sekretgranula gespeichert. Die Sekretion wird durch den Blutzuckerspiegel reguliert. Der Transport im Blut erfolgt in freier Form.

G. ist ein hyperglykämisch-glykogenolytisches Hormon und ein Gegenspieler des Hormons Insulin. Es wirkt über Stimulierung des Adenylat-Zyklase-Systems (→ Hormone) und ist für die Mobilisierung gespeicherter Nährstoffe verantwortlich. G. bewirkt Blutzuckersteigerung durch erhöhte Glukosefreisetzung in der Leber, und zwar durch Glykogenabbau und durch Gluconeogenese. Außerdem steigert es die Kontraktilität des Herzmuskels und die Herzfrequenz.

Die Inaktivierung erfolgt in der Leber durch Proteolyse.

Glukane, Polysaccharide, die aus D-Glukose aufgebaut sind und zu denen z. B. Zellulose und Amylose zählen.
Glukokortikoide, eine Gruppe von Nebennierenrindenhormonen mit Steroidstruktur und stark ausgeprägter glukokortikoider Wirkung, d. h., die G. steuern vor allem den Glukosehaushalt im Organismus. Zu ihnen gehören → Kortisol, → Kortikosteron und → Kortison.

Die G. fördern die Glykogenbildung in der Leber und hemmen die periphere Glukoseverwertung. Außerdem wird der Proteinstoffwechsel durch Hemmung der Proteinsynthese und Förderung des Proteinabbaues in Muskeln, Knochen und lymphatischen Organen kontrolliert.

D-Glukonsäure, eine Karbonsäure, die bei milder Oxidation von D-Glukose entsteht und als Intermediärprodukt im Kohlenhydratstoffwechsel auftritt.
D-Glukosamin, *Chitosamin,* ein Aminozucker, der sich durch Ersatz der Hydroxylgruppe am C-Atom 2 durch eine Aminogruppe von Glukose unterscheidet. Er ist als N-Azetyl-Verbindung Bestandteil des Chitins, anderer Lipide, der Blutgruppensubstanzen und einiger komplex gebauter Polysaccharide.
D-Glukose, *Dextrose, Traubenzucker,* ein zu den Aldohexosen zählendes Monosaccharid, das in der pyranosiden stabilen Sesselkonfiguration in der Natur frei oder gebunden weit verbreitet ist. In freier Form kommt D-Glukose z. B. im Honig, in süßen Früchten oder im Nektar vor. Im

α-D-Glukose   β-D-Glukose

Blut des Menschen sind bis 0,1 % D-Glukose, der Blutzucker, gelöst. Überschreitung dieses Wertes führt zur Hyperglykämie (Zuckerkrankheit). D-Glukose ist weiterhin am Aufbau vieler Oligo- und Polysaccharide, z. B. Stärke, Maltose, Saccharose, Zellulose, Laktose und Glykogen, sowie zahlreicher anderer Glykoside beteiligt. Aus diesen Verbindungen ist D-Glukose durch Säurespaltung oder Fermentation darstellbar. Großtechnisch erfolgt die Gewinnung vor allem aus Stärke und Zellulose. D-Glukose ist vom Körper direkt verwertbar und wird ihm als Nähr- und Kräftigungsmittel zugeführt. Je Gramm Glukose werden dabei 17,2 kJ Energie freigesetzt. Im Stoffwechsel sind vor allem Phosphorsäureester, z. B. Glukose-1,6-diphosphat, Glukose-1-phosphat (Cori-Ester) und Glukose-6-phosphat (Robinson-Ester), von Bedeutung, bei der Synthese von Stärke das Nukleosiddiphosphat ADP-D-Glukose. D-Glukose ist sowohl anaerob als auch aerob vergärbar, z. B. zu Alkohol, Essigsäure, Zitronensäure und Milchsäure.

Glukoseresorption, → Nierentätigkeit.
Glukosidasen, zu den Glykosidasen gehörende Enzyme, die α- und β-glukosidische Bindungen spalten und entsprechend als *α-Glukosidasen* oder *β-Glukosidasen* bezeichnet werden. α-G. hydrolysieren Maltose (→ Maltase), Saccharose und Turanose, während β-G. Zellobiose und Gentiobiose spalten.
Glukoside, Glykoside der Glukose.
Glukuronide, → D-Glukuronsäure.
D-Glukuronsäure, eine Uronsäure, die bei der Oxidation der primären Alkoholgruppe von Glukose entsteht. D-G. wird in der Leber gebildet und verbindet sich dort mit zahlreichen Phenolen, Alkoholen und Karbonsäuren leicht zu *Glukuroniden,* die mit dem Harn ausgeschieden werden.

Dieser Mechanismus spielt als Entgiftungsreaktion im Säugetierorganismus eine wichtige Rolle. Bei den meisten Tierarten, nicht aber beim Menschen und Affen, ist D-G. Ausgangspunkt für die Synthese von Askorbinsäure.
Glu-NH₂, Abk. für L-Glutamin.
L-Glutamate, → L-Glutaminsäure.
L-Glutamin, Abk. *Glu-NH₂* oder *Gln,* H₂N—CO—CH₂—CH₂—CH(NH₂)COOH, das γ-Halbamid der L-Glutaminsäure, eine proteinogene Aminosäure, die einen zentralen Platz im Stickstoffmetabolismus einnimmt. L-G. fungiert als Stickstoffspeichersubstanz von Pflanzen und als N-Donator der Purin- und Karbamylphosphatsynthesen. Unter Ammoniakabspaltung wird L-G. in L-Glutaminsäure übergeführt.
Glutaminase, ein zu den Hydrolasen gehörendes Enzym, das die hydrolytische Spaltung von Glutamin in Glutaminsäure und Ammoniak katalysiert und in der Natur weit verbreitet ist.
L-Glutaminsäure, Abk. *Glu,* eine proteinogene, glukoplastisch wirkende Aminosäure, die als Baustein in fast allen pflanzlichen und tierischen Eiweißstoffen auftritt und besonders reichlich in Weizen- und Maiskleber, Kasein, Sojabohnen, Blutalbumin (→ Albumine) und Eiklar vorkommt. L-G. nimmt eine Schlüsselstellung im Stoffwechsel der

HOOC—CH₂—CH₂—CH—COOH
                                    |
                                    NH₂

Glutathion

Aminosäuren ein. L-G. entsteht bei der Ammoniakassimilation, fungiert als Aminogruppendonator bei der Transaminierung, tritt als Zwischenstufe des Proteinabbaus, als Ausgangsverbindung der Biosynthese der zur α-Ketoglutarsäurefamilie gehörenden Aminosäuren und als Transportverbindung von Kaliumionen auf. L-G. bindet das nervenschädigende Ammoniak unter Ausbildung von L-Glutamin und bewirkt so eine Entgiftung. Es ist Bestandteil vieler γ-Glutamylpeptide und des Glutathions. Die neutralen Salze der L-G. heißen *L-Glutamate,* das Mononatriumsalz dient zur Geschmacksverbesserung von Lebensmitteln (Suppen, Soßen u. a.).

Glutathion, ein natürlich vorkommendes Tripeptid aus Glutaminsäure, Zystein und Glykokoll, das Bestandteil tierischer Gewebe, z. B. der Muskeln und des Blutes, ist. Im Organismus gehört G. zu den wichtigsten Redoxsystemen, es schützt Lipide vor Oxidation und tritt als Kofaktor und Koenzym auf.

Gluteline, in Wasser und Alkohol schwerlösliche Proteine mit einem hohen Glutaminsäure- und Prolinanteil. Sie sind Haupteiweißkomponenten des Getreides. Die bekanntesten Vertreter sind das *Glutenin* des Weizens, das *Oryzenin* von Mais und Reis sowie das *Hordenin* der Gerste.

Gluten, *Klebereiweiß,* aus etwa gleichen Teilen Glutelinen und Prolaminen bestehendes Eiweißgemisch, das durch seinen kolloidalen Charakter in hohem Maß die Backfähigkeit des Getreidemehls, vor allem des Weizens und der Gerste, bedingt. Da Prolamine im Hafer- und Reiskorn fehlen, sind ihre Mehle nicht zum Backen geeignet.

Glutenin, ein → Glutelin.

Glutinanten, → Nesselkapseln.

Gly, Abk. für Glyzin.

Glykocholsäuren, → Gallensäuren.

Glykogen, ein Polysaccharid, das durch α-1,4-glykosidische Verknüpfung aus D-Glukose entsteht und gleichzeitig durch α-1,6-glykosidische Verknüpfung stark verzweigt ist. G. ist dem Amylopektin vergleichbar. Die Molekülmasse liegt zwischen 1 Million und 16 Millionen. G. ist zu 10 % Bestandteil der Leber und mit einem Prozent in Muskeln enthalten. Hydrolytische Spaltung mit verdünnten Säuren führt zu D-Glukose, fermentative Spaltung mit Amylase zu Maltose.

Glykokalyx, → Plasmamembran.

Glykokoll, svw. Glyzin.

1,2-Glykol, svw. Ethylenglykol.

Glykolsäure, *Hydroxyessigsäure,* $HO-CH_2-COOH$, die einfachste Hydroxykarbonsäure (→ Karbonsäuren), die in unreifen Früchten, z. B. Weintrauben, vorkommt und deren sauren Geschmack mit verursacht. Die G. wurde auch im Zuckerrohr, Rübensaft und in den Blättern des wilden Weins gefunden.

Glykolyse, der bedeutendste Abbauweg der Kohlenhydrate, der in der Atmung und den meisten Gärungen benutzt wird und in 11 enzymatisch katalysierten Schritten von der Glukose zum Pyruvat (Salz der Brenztraubensäure) führt (Abb.). Er läuft wie die sich eventuell anschließenden Gärungsschritte im Zytoplasma der Zelle ab. Die Kohlenhydrate, im pflanzlichen Organismus zumeist Stärke, im tierischen Organismus vielfach Glykogen, werden in Vorbereitung ihres Abbaus zunächst phosphorolytisch bzw. hydrolytisch in die monomeren Bausteine Glukose-1-phosphat bzw. Glukose gespalten und anschließend unter Beteiligung von ATP in Fruktose-1,6-diphosphat umgewandelt und auf diese Weise energiereich und somit reaktionsfähig gemacht. Nach Spaltung in Dihydroxyazetonphosphat und Glyzerinaldehydphosphat folgen zwei identische Oxidationsschritte, in denen unter Mitwirkung einer Dehydrase Wasserstoff auf das Koenzym Nikotinsäureamid-Adenin-Dinukleotid (NAD^+) übertragen wird. Das hierbei entstehende reduzierte NAD^+, das $NADH + H^+$, ist einer der universellsten Wasserstoffüberträger der Zelle. Die durch intermediäre Phosphorylierung anfallende 1,3-Diphosphoglyzerinsäure, die eine zusätzliche, mit Hilfe der Oxidationsenergie gebundene Phosphatgruppe enthält, wird in 4 weiteren Reduktionsschritten zur Brenztraubensäure (Pyruvat) umgewandelt. Dabei wird zweimal ATP gebildet, mit dessen Hilfe die bei der G. freiwerdende Oxidationsenergie gewissermaßen konserviert und für anderweitige energiebedürftige Umsetzungen zur Verfügung gestellt werden kann. Die Produkte der G. sind demnach Wasserstoff in Form von $NADH + H^+$, Energie in Form von ATP und Brenztraubensäure. Letztere ist eine der wichtigsten Schaltstellen im Stoffwechsel, in der sich verschiedene Stoffwechselwege begegnen. Im tierischen Muskel entsteht z. B. durch Hydrierung der Brenztraubensäure Milchsäure (Milchsäuregärung des Muskels), in der Hefe unter Dekar-

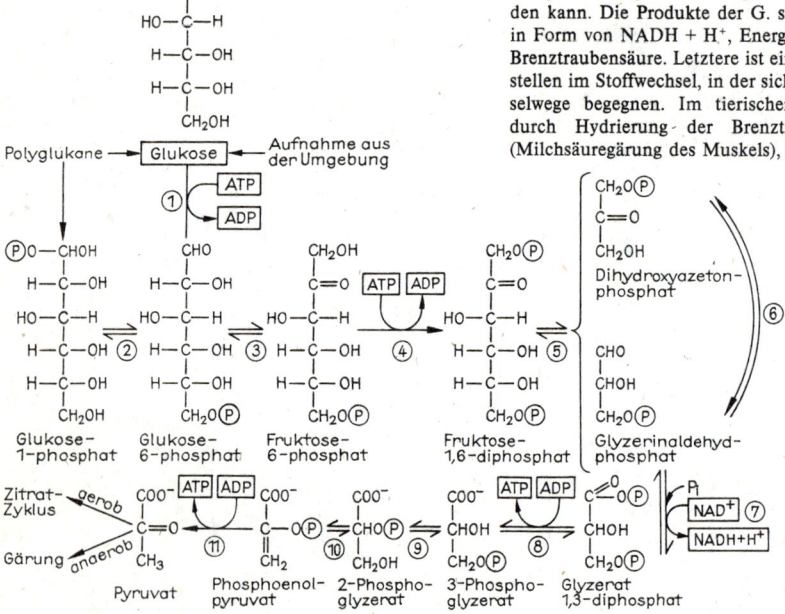

Reaktionsfolge bei der Glykolyse. Beteiligte Enzyme: *1* Hexokinase, *2* Phosphoglukomutase, *3* Hexosephosphatisomerase, *4* Phosphofruktokinase, *5* Aldolase, *6* Triosephosphatisomerase, *7* Glyzerinaldehydphosphatdehydrogenase, *8* Phosphoglyzeratkinase, *9* Phosphoglyzeratmutase, *10* Enolase, *11* Pyruvatkinase

boxylierung Ethanol (→ alkoholische Gärung). Bei der Atmung wird Brenztraubensäure über aktivierte Essigsäure in den → Zitronensäurezyklus überführt.

Glykophyten, Pflanzen, die nur nichtsalzige Böden besiedeln. → Salzpflanzen.

Glykoproteine, → Mukoproteine.

Glykosidasen, zu den Hydrolasen zählende gruppenspezifische Enzyme, die die glykosidischen Bindungen von Kohlenhydraten, Glykoproteinen und Glykolipiden hydrolytisch spalten. Spaltprodukte sind Mono- oder Oligosaccharide bzw. Kohlenhydratanteil und Aglykon. G. sind mehr oder weniger spezifisch auf die Art des Zuckers (Glukose, Galaktose u. dgl.) und die Art der Bindung (O- oder N-Glykoside, α- oder β-Bindung) eingestellt. Bekannte G. sind → Amylasen, → Zellulasen, → Chitinasen, → Glukosidasen, z. B. → Maltase, → β-Galaktosidase, → Emulsin, → Saccharase, → Pektinase u. a.

Glykoside, umfangreiche Klasse von Naturstoffen, die unter Azetalbildung aus Mono- und Oligosacchariden einerseits mit Alkoholen und Phenolen als *O-Glykoside* oder andererseits mit Aminen als *N-Glykoside* entstehen. Saure Hydrolyse führt zur Spaltung in den Zucker und eine zuckerfreie Komponente, die als *Aglykon* oder *Genin* bezeichnet wird.

Zu den O-Glykosiden zählen → Saponine und → herzwirksame Glykoside, zu den N-Glykosiden die → Nukleinsäuren und → Nukleoside.

Glyoxylsäure, OHC—COOH, eine kristalline Karbonsäure, die in unreifen Früchten, z. B. Stachelbeeren, in Rhabarber sowie in den jungen grünen Blättern mancher Pflanzen gefunden wurde. G. kann im Stoffwechsel der Aminosäuren aus Glyzin, Serin und Sarkosin (N-Methylglyzin) entstehen und nimmt im Glyoxylsäurezyklus der Mikroorganismen eine zentrale Stellung ein.

Glyoxylsäurezyklus, ein Nebenweg des → Zitronensäurezyklus in Mikroorganismen und Pflanzen, der hauptsächlich der Umwandlung von Fetten in Kohlenhydrate dient. Er ermöglicht das Wachstum von Mikroorganismen auf Fettsäuren oder Essigsäure. Pflanzensämlingen ermöglicht er die Verwertung ihrer Fettreserven. Im Säugetierorganismus kommt er jedoch nicht vor. Wie im Zitronensäurezyklus stellt die Synthese von Zitronensäure aus Oxalessigsäure und dem Azetylrest des bei der β-Oxidation der Fettsäuren anfallenden Azetyl-Koenzym-A die Startreaktion dar (vgl. Abb.). Die anschließend entstehende Isozitronensäure wird aber nicht wie im Zitronensäurezyklus oxidiert, sondern durch Isozitrat-Lyase, das erste Schlüsselenzym des G. (3 in der Abb.), in Bernsteinsäure und Glyoxylsäure gespalten. Die Bernsteinsäure verläßt den Zyklus und kann über Fumar- und Äpfelsäure zu Oxalessigsäure umgewandelt werden, aus der → Glykolyse bekannte Reaktionsschritte, die in diesem Fall in umgekehrter Richtung vollzogen werden; schließlich können Fruktose, Glukose und andere Kohlenhydrate entstehen. Hierin liegt die Hauptbedeutung des G. In die im G. verbleibende Glyoxylsäure wird durch das zweite Schlüsselenzym des G., die Malatsynthase (4), ein zweiter Azetylrest eingeführt. Dadurch entsteht Äpfelsäure, die wie im Zitronensäurezyklus zu Oxalessigsäure oxidiert wird. Hierdurch wird der Zyklus geschlossen.

In den höheren Pflanzen läuft der G. ebenso wie ein großer Teil des Abbaus der Fettsäuren bis zum Azetyl-Koenzym-A in den *Glyoxysomen* ab. Diese finden sich jedoch nicht in allen Geweben, sondern bei fettspeichernden Samen beispielsweise nur in den Kotyledonen im Samenkorn. Bakterien, Algen und Pilze besitzen keine Glyoxysomen.

Glyoxysome, → Glyoxylsäurezyklus, → Peroxysomen.

Glyzerate, → Glyzerinsäure.

Glyzeride, → Fette und fette Öle.

Glyzerin, *Propantriol-1,2,3*, $HOH_2C—CHOH—CH_2OH$, der einfachste dreiwertige Alkohol. G. stellt eine farb- und geruchlose, hygroskopische, sirupartige Flüssigkeit dar. Es ist Bestandteil aller Fette und fetten Öle und aus ihnen durch Verseifung zugänglich. G. entsteht mit 3 % als Nebenprodukt der alkoholischen Gärung. Es wird zur Herstellung von Sprengstoff (Nitroglyzerin), Farben, Seifen und kosmetischen Artikeln verwendet.

Glyzerinaldehyd, einfachste Aldotriose, die durch vorsichtige Oxidation aus Glyzerin entsteht. Das Glyzerinaldehyd-3-phosphat ist wichtiges Zwischenprodukt der alkoholischen Gärung, der Photosynthese und der Glykolyse. Der D-(+)-Glyzerinaldehyd dient als Bezugssubstanz für optisch aktive Verbindungen.

$$\begin{array}{c} H \\ | \\ C=O \\ | \\ H—C—OH \\ | \\ CH_2OH \end{array}$$

D-(+)-Glyzerinaldehyd

Glyzerinsäure, $HOCH_2—CHOH—COOH$, Oxidationsprodukt des Glyzerins. Die Phosphorsäureester der G., 1-Phospho-, 2-Phospho-, 3-Phospho- und 1,3-Diphosphoglyzerinsäure, spielen als Zwischenprodukte der alkoholischen Gärung, der Glykolyse und der Photosynthese eine wichtige Rolle. Salze der G., die *Glyzerate,* entstehen bei der Verwertung von Glyoxylat.

Glyzin, Abk. **Gly, Glykokoll, Aminoessigsäure,** $NH_2—CH_2—COOH$, optisch inaktive, proteinogene, glukoplastisch wirkende Aminosäure, deren α-C-Atom zur Synthese aktiver Einkohlenstoffkörper verwendet wird. Dabei ist die Bildung von aktivem Formaldehyd durch direkte Glyzinspaltung sowie die Bildung aktiver Ameisensäure möglich. Die Darstellung von G. kann sowohl aus Glyoxylat durch Transaminierung als auch aus L-Serin erfolgen. Im Stoffwechsel hat G. große Bedeutung, da das α-C-Atom und der Aminostickstoff in der Biosynthese der Porphyrine und somit der Hämbildung genutzt werden. Methylierung von G. führt zu Sarkosin und Betain.

Glyzine, → Schmetterlingsblütler.

Gnathiidea, → Asseln.

Gnathobdellae, → Egel.

Gnathochilarium, *Mundklappe,* unpaares Organ bei Di-

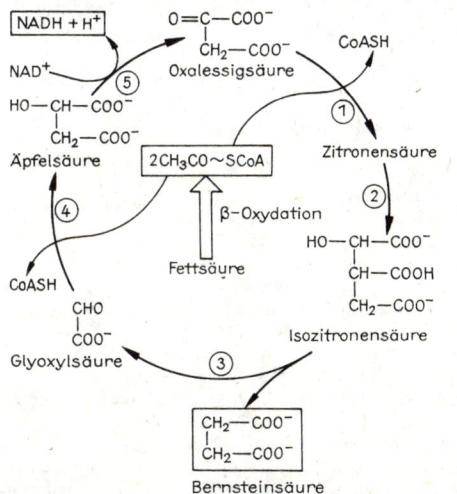

Glyoxylsäurezyklus. Beteiligte Fermente: *1* Zitratsynthase; *2* Akonitase; *3, 4* vgl. Text; *5* Malatsynthase

Gnathopoden

plopoden, das durch Verwachsung des Labiums mit den ersten Maxillen entsteht, → Mundwerkzeuge.
Gnathopoden, → Mundwerkzeuge.
Gnathosoma, → Milben.
Gnathozephalon, → Mesoblast.
Gnetatae, eine Klasse der Fiederblättrigen Nacktsamer. Sie umfaßt Pflanzen, deren stammesgeschichtliche Beziehungen untereinander und deren Verwandtschaft zu den anderen Nacktsamern zweifelhaft sind. Von manchen Systematikern werden sie als Nachkommen der ausgestorbenen Nacktsamerordnung *Bennettitales* angesehen. Sie nähern sich aber morphologisch-anatomisch schon stark den Decksamern. So weist ihr Holz neben den bei allen übrigen Nacktsamern allein vorkommenden Tracheiden schon Tracheen auf. Manche Vertreter haben netznervige Laubblätter, die stark reduzierten Blüten haben meist eine Blütenhülle und werden z. T. durch Insekten bestäubt.

Die merkwürdigste Art der drei isoliert stehenden Gattungen der G. ist die *Welwitschie, Welwitschia bainesii,* die in den nebelreichen Küstenwüsten Südwestafrikas und Angolas wächst. Diese Pflanze besteht nur aus einem kurzen, rübenförmigen, oben bis zu einem Meter breiten Stamm mit tiefer Pfahlwurzel und zwei bandförmigen, mehrere Meter lang werdenden Laubblättern. Die Blüten stehen in zapfenartigen Blütenständen auf der Stammkrone. Die männlichen Blüten enthalten neben 6 zu einer Röhre verwachsenen Staubblättern in der Mitte eine rudimentäre Samenanlage, die auf Zwittrigkeit hindeutet. Die weiblichen Blüten haben in einer zweiblättrigen, verwachsenen Blütenhülle nur eine Samenanlage. Die Bestäubung erfolgt durch eine Hemiptere (Schnabelkerfe).

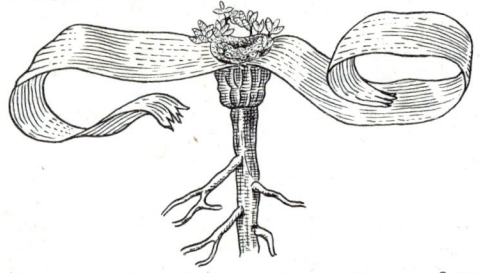

Gnetatae: Welwitschia, Habitus einer jüngeren Pflanze mit ♀ Blütenständen

Die Vertreter der Gattung *Ephedra,* auch als **Meerträubel** bezeichnet, sind Rutensträucher mit stark verzweigtem Sproß und schuppenförmigen Laubblättern. Sie kommen im Mittelmeergebiet, in Asien und Amerika vor. Zwei in China wachsende Arten liefern das medizinisch verwendete Protoalkaloid Ephedrin.

Die Arten der Gattung *Gnetum* sind Kletterpflanzen oder Bäume mit großen netznervigen Laubblättern und ährenförmigen Blütenständen. Ihre Heimat sind die tropischen Regenwälder.
Gnitzen, → Zweiflügler.
Gnotobiose, das Leben von Tieren oder Pflanzen ohne oder nur mit bekannten Mikroorganismen. Keimfreie Tiere werden durch operative Entnahme aus dem Muttertier, äußerliches Sterilisieren von Eiern oder ähnliche Verfahren gewonnen. Sie werden in sterilen Isolatoren gehalten, in die nur sterilisierte Nahrungsmittel und Luft eingebracht werden. Mit der G. ist es möglich, den Einfluß von Mikroorganismen auf Tiere zu untersuchen. Bei keimfreien Tieren tritt z. B. keine Zahnfäule auf, die Wundheilung ist verzögert, bei Ratten die gesamte Entwicklung behindert.
Gnus, *Connochaetes,* Antilopen mit eigenartig breiter Muffel, pferdeartigem Schweif und stark gebogenen Hörnern. Die G. bewohnen in zwei Arten die Savannen und Steppen Ost- und Südafrikas.
Godetien, → Nachtkerzengewächse.
Goettesche Larve, → Müllersche Larve.
Goldafter, *Euproctis chrysorrhoea,* ein zu den → Trägspinnern gehörender weißer Falter mit brauner Behaarung. Die Raupen überwintern in einem festen, weißen Gespinst. Der G. ist ein Obstbaumschädling; bevorzugt befallen werden von ihm Birnen-, Apfel-, Pflaumen- und Kirschbäume.
Goldalgen, *Chrysophyceae,* eine Klasse der Algen, zu der noch überwiegend einzellige, braun bis goldbraun gefärbte Arten gehören. Ihr Farbstoffbestand, der Chlorophyll a und c, β-Karotin und verschiedene Xanthophylle umfaßt, ist auch für die Kieselalgen und die zu den Geißelalgen gestellten Klassen *Haptophyceae* und *Pyrrhophyceae* kennzeichnend. Als Reservestoffe werden Chrysolaminarin und Öl abgelagert.

Bekannte Süßwassergattungen der G. sind *Synura* und *Uroglena,* von denen mehrere je ein kugelförmiges Gallertzänobium bilden, sowie *Mallomonas,* das Kieselsäureplättchen mit langen Fortsätzen an seiner Oberfläche trägt.

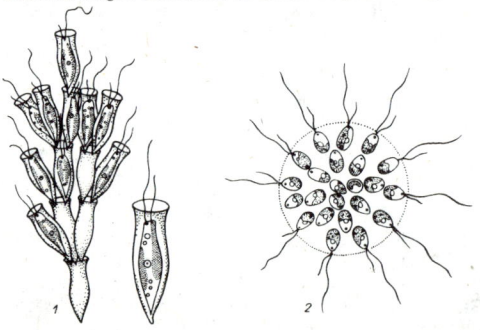

Goldalgen: 1 Uroglena, 2 Dinobryon

Arten der Gattung *Dinobryon,* die sowohl im Süßwasser als auch im Meer vorkommen, bilden tütenartige Zellulosegehäuse, an deren Rändern sich die jeweiligen Tochterzellen festsetzen, so daß bäumchenartige Gebilde entstehen.

Wenige Vertreter dieser Klasse haben schon einen fädigen Thallus.
Goldaugen, → Landhafte.
Goldbutt, → Scholle.
Goldfisch, *Carassius auratus auratus,* in China seit über 1 000 Jahren gezüchtete Unterart der Karausche, die in vielen Formen in Aquarien gepflegt wird. Der G. kann außer goldrot auch gefleckt, braun oder silberweiß sein. Besondere Zuchtformen sind z. B. Schleierschwanz, Teleskopfisch und Eierfisch.

Lit.: R. Piechocki: Der G. und seine Varietäten (Wittenberg 1973).
Goldfröschchen, *Mantella aurantiaca,* leuchtend rotorange gefärbter, pfenniggroßer Vertreter der → Echten Frösche, der auf Madagaskar vorkommt.
Goldhähnchen, → Grasmücken.
Goldhamster, *Mesocricetus auratus,* ein zur Familie der Wühler gehörendes Nagetier, das aus Syrien und dem Iran stammt und viel als Labor- und Haustier gehalten wird. Die Tragzeit währt nur 16 Tage.

Lit.: R. Kittel: Der G. (9. Aufl. Wittenberg 1979).
Goldlack, → Kreuzblütler.
Goldlaubfrosch, *Litoria aurea,* häufiger australischer Vertreter der → Laubfrösche. Der G. ist überwiegend wasserlebend, die Haftscheiben sind wenig entwickelt, der Laich wird in Klümpchen abgesetzt.
Goldmakrele, *Dorade, Coryphaena hippuris,* zu den Makre-

lenartigen gehörender, schlanker, bis 150 cm langer und 30 kg schwerer Raubfisch mit langer Rückenflosse und tief eingeschnittener Schwanzflosse. Die G. kommt in allen wärmeren Meeren vor. Ihr Fleisch ist sehr geschätzt, guter Sportfisch.

Goldmannsche Gleichung, → Erregung.

Goldmulle, *Chrysochloridae,* eine Familie der Insektenfresser. Die G. sind maulwurfsartige, unterirdisch lebende, mit den Borstenigeln verwandte Säugetiere mit grünlich-golden glänzendem Fell. Die verkümmerten Augen sind von Haut überwachsen. Zum Graben dienen je zwei große Hornklauen an den Vorderfüßen. Die G. kommen in Süd- und Äquatorialafrika vor.

Goldregen, → Schmetterlingsblütler.

Goldrute, → Korbblütler.

Goldschakal, → Schakale.

Goldwespen, → Hautflügler.

Golgi-Apparat, *Golgi-System, Golgi-Komplex,* System membranumgrenzter, in Stapeln angeordneter flacher Hohlräume (Zisternen) und Bläschen (Vesikeln), das vorwiegend der Vorbereitung von Sekreten zur Exozytose und der Synthese von Sekretpolysacchariden dient. Dieses im Zytoplasma fast aller Zellen der Eukaryoten ausgebildete Organell wurde von C. Golgi 1898 in Nervenzellen beschrieben. Lichtmikroskopisch ist der G. der tierischen und menschlichen Zellen im Phasenkontrastmikroskop erkennbar, in günstigen Fällen auch in der lebenden Zelle. Nach Osmierung oder Silberimprägnation ist er in tierischen und menschlichen Zellen auch im gewöhnlichen Lichtmikroskop als ein Netzwerk von fädigen Strukturen und Granula sichtbar, besonders gut in Drüsenzellen.

Elektronenmikroskopisch wird der Aufbau des G. aus Stapeln von parallel angeordneten Zisternen sowie aus den Vesikeln und Vakuolen erkennbar. Die Zisternen erscheinen im Querschnitt als Doppelmembranen. Meist bilden 4 bis 10 scheibenförmige Golgi-Zisternen einen solchen Stapel *(Dictyosom)* von durchschnittlich 1 µm Durchmesser. Die Dictyosomen sind polar aufgebaut. Aus Zellhomogenaten lassen sich solche Stapel isolieren. Die *Golgi-Zisternen* eines Stapels sind daher untereinander verbunden, möglicherweise sind dabei Filamente beteiligt, die zwischen den Zisternen festgestellt wurden. Zahlreiche Dictyosomen sind in den meisten Pflanzenzellen über das gesamte Zytoplasma verteilt, ein solcher *disperser G.* ist lichtmikroskopisch nicht sichtbar.

Im typischen G. der tierischen und menschlichen Zellen liegen mehrere Dictyosomen dicht beieinander, und zwar häufig in Zellkernnähe. Die Golgi-Zisternen blähen sich gewöhnlich am Rand auf und schnüren *Golgi-Vesikel* (mittlerer Durchmesser 1 bis 1,5 nm) ab. Diese Vesikel enthalten gewöhnlich Sekrete und transportieren sie zur Zelloberfläche. Aus dem granulären endoplasmatischen Retikulum (ER) gelangen Proteine und aus dem agranulären ER Lipide für die Bildung von Sekreten und Membranen meist über kleine Vesikel, seltener über direkte Verbindungen des agranulären ER zur Bildungsseite der Dictyosomen. In den Golgi-Zisternen werden diese Stoffe kondensiert bzw. chemisch verändert und in Golgi-Vesikel eingeschlossen. Glykoproteine entstehen in den Golgi-Zisternen durch Anbau von Oligosaccharidketten. Die Synthese von Oligo- und Polysacchariden aus Glukose für Sekrete und für den zelleigenen Bedarf erfolgt in den Golgi-Zisternen selbst, die Enzyme dafür (Glykosyltransferasen) stammen aus dem granulären ER. Weitere Leitenzyme des G. sind Thiaminpyrophosphatase und saure Phosphatase (Tafel 21, Abb. 5). Auch die sauren Kohlenhydrate der äußeren Plasmamembranschicht, der Glykokalyx der tierischen und menschlichen Zellen, die Grundsubstanz der pflanzlichen Zellwand (Protopektin und Hemizellulosen), der von Wurzelhaubenzellen sezernierte Polysaccharidschleim werden im G. synthetisiert. Auch ganz speziell geformte Strukturen entstehen im G., z. B. die Zellwandschuppen bestimmter Algen (Planktonflagellaten der Gattung *Chrysochromulina*), die ein kompliziertes Fibrillenmuster aufweisen.

Bei der Sekretabgabe verschmelzen Golgi-Vesikelmembran und → Plasmamembran (Membranfluß), und der Golgi-Vesikel-Inhalt wird durch Exozytose nach außen entleert. Voraussetzung für diese Verschmelzung von Golgi-Membranen mit der Plasmamembran ist der Membranumbau im G.: Vom → endoplasmatischen Retikulum abgeschnürte, besonders Proteine oder Lipide enthaltende Vesikel (Übergangsvesikel, mittlerer Durchmesser 0,5 nm), gelangen zu benachbarten Dictyosomen, verschmelzen mit Golgi-Zisternen und werden Bestandteile des G. An dieser oft konvexen Bildungs- oder Regenerationsseite (Regenerationspol) der Dictyosomen weisen die Vesikelmembranen noch die für ER-Membranen typische Dicke (5 nm) auf. Auf der meist konkaven Sekretionsseite (Sekretionspol) der Dictyosomen werden von den stellenweise aufgeblähten Golgi-Zisternen am Rand Golgi-Vesikel abgeschnürt, die je nach Zelltyp unterschiedliches Material für die Sekretion oder für den zelleigenen Bedarf enthalten. Die Membranen der Golgi-Vesikel entsprechen in Dicke (9 bis 10 nm) und Kontrastierbarkeit bereits der Plasmamembran. Durch diese ständigen Vesikelströme vom ER her am Bildungsrand der Dictyosomen und die ständige Abgabe von Golgi-Vesikeln am Sekretionspol erneuern sich die Golgi-Zisternen und die Dictyosomen laufend. In Zellen, die eine intensive Sekretionstätigkeit aufweisen, können sich die Golgi-Zisternen in wenigen Minuten neu bilden. Die im granulären ER der exokrinen Pankreaszelle innerhalb weniger Minuten synthetisierten Proteine sind etwa 10 Minuten später im G. festzustellen und etwa 30 Minuten danach in Golgi-Vesikeln, den Sekretgranula. Golgi-Zisternen können stellenweise durch Ansammlung von Sekretmaterial vakuolenartig aufgetrieben sein.

Primäre → Lysosomen entstehen durch Abschnürung vom ER oder von Golgi-Zisternen (Tafel 21. Abb. 5). Direkte, saure Phosphatase enthaltende Verbindungen zwischen ER und Dictyosomen existieren besonders in Drüsen- und anderen sezernierenden Zellen an der Sekretionsseite der Dictyosomen (GERL-Region, mit dem *G.* verbundenes ER, der *L*ysosomenbildung dienend).

Bei der Zellteilung pflanzlicher Zellen verschmelzen Golgi-Vesikel zur Bildung der Zellplatte, der ersten Zellwandanlage: Die Vesikelinhalte liefern das Zellplattenmaterial (saures Polysaccharid), und die Vesikelmembranen werden zu den neuen Plasmamembranen. Auch Lipoproteine werden im G. für die Sekretion vorbereitet, z. B. die Lipoproteine des Blutplasmas, deren Proteinanteil im granulären und deren Lipidanteil im agranulären ER der Leberzelle gebildet werden. Die eine besondere Oberflächenstruktur aufweisenden Akanthosomen (→ Endozytose) entstehen oft an Golgi- und ER-Membranen und dienen u. a. dem intrazellulären Transport.

Goliathfrosch, *Rana (Gigantorana) goliath,* westafrikanischer, die tiefen Flüsse bewohnender größter Vertreter aller Froschlurche. Er erreicht bis 40 cm Kopfrumpflänge.

Gonade, svw. Keimdrüse.

Gonadotropine, *gonadotrope Hormone,* im Hypophysenvorderlappen oder in der Plazenta gebildete Hormone, die geschlechtsunspezifisch auf die Entwicklung und Funktion der Gonaden wirken und diese zur Produktion der geschlechtsspezifischen Keimdrüsenhormone anregen. Zu den G. gehören → Follitropin, → Choriongonadotropin und → Prolaktin.

Gondwana [bedeutet 'Land der Gond'; Gonden, vorderindischer Volksstamm, heute Landschaft Madhya Pradesh], *Gondwanaland,* ehemaliger ausgedehnter Südkontinent, der Teile Südamerikas, Afrikas, Madagaskar, Vorderindien, Australien und Antarktis umfaßte mit charakteristischen Faunen- und Florenprovinzen. Am Ende des Meso- und im Känozoikum zerfällt G. als Folge des Auseinanderweichens der Ozeanböden zu den heutigen Landmassen der Südhalbkugel. Im Oberkarbon ist auf G. die *Glossopteris*-Flora oder antarktokarbonische Flora typisch (*Glossopteris, Gangamopteris, Noeggerathiopsis*). Weitere Belege für einen einheitlichen Südkontinent in Perm und Trias ist die Verbreitung des Reptils *Mesosaurus* und das Vorkommen terrestrischer, herbivorer dicynodonter Reptilien, wie *Lystrosaurus* und *Kannemeyeria* in Südamerika, Indien und der Antarktis während der Untertrias. Spuren mehrerer permokarboner Vereisungen (Tillite, Gletscherschrammen) sind charakteristisch. → Kontinentalverschiebungshypothese.
Gondwana-Flora, → Paläophytikum.
Gonen, → Meiose.
Goniatiten [griech. gonia 'Winkel'], *Goniatitina,* eine Ordnung der Ammoniten mit planspiral eingerollten, glatten oder einfach berippten Gehäusen. Die Lobenlinie ist einfach verfaltet (goniatitisch) und besitzt bei den primitiven G. drei Loben. Durch eine Sattelspaltung an der Gehäuseinnen- oder -außenseite kann zu diesen drei Loben eine größere Zahl von Loben hinzutreten.

Steinkern eines kugelig geblähten *Goniatites* mit Lobenlinien aus dem oberen Unterkarbon; nat. Gr.

Verbreitung: Mitteldevon bis Oberperm. Die einzelnen Goniatitengattungen und -arten stellen wichtige Leitfossilien des jüngeren Paläozoikums dar.
Gonidien, ein in der Botanik in unterschiedlicher Bedeutung gebrauchter Begriff: *1)* Sporen, die nicht durch eine Reduktionsteilung entstanden sind; *2)* ältere Bezeichnung für die im Thallus von Flechten als Symbiosepartner befindlichen Algen.
Gonien, → Gameten.
Gonioclymenia [griech. gonia 'Winkel', Klymene, Tochter des Meeresgottes Okeanos], eine im höheren Oberdevon leitende Gattung der Altammoniten. Ihr Gehäuse ist planspiral eingerollt, weit genabelt und scheibenförmig. Auf der Mitte der Außenseite befindet sich gewöhnlich eine Furche. Die Oberfläche trägt einfache Rippen. Die Lobenlinie ist einfach verfaltet.
Gonochorismus, → Fortpflanzung.
Gonodukt, der Ableitung der Geschlechtszellen dienender Gang, bei Weibchen → Eileiter, beim Männchen Samenleiter (→ Hoden).
Gonokokken, → Neisseria.
Gonomerie, → Befruchtung.
Gonopoden, *Kopulationsfüße,* bei Krebsen und Doppelfüßern zu Paarungsorganen umgebildete Extremitäten.
Gonopodium, *Mixopterygium,* Paarungsorgan der Knorpelfische und lebendgebärenden Zahnkarpfen. Das G. entwickelt sich z. B. bei den *Poeciliidae* aus Strahlen und Afterflossen, die nach Umwandlungsprozessen schließlich in der Brustregion lokalisiert sind.

Gonosomen, svw. Geschlechtschromosomen.
Gonosporen, → Meiose.
Gonozöl, → Leibeshöhle, → Eierstock.
Gonozooid, → Moostierchen.
Gonozoosporen, → Meiose.
Goral, *Nemorhaedus goral,* ein gemsenähnlicher Paarhufer der asiatischen Hochgebirge.
Gordioidea, → Saitenwürmer.
Gorgonaria, → Hornkorallen.
Gorgonocephalus, → Medusenhaupt.
Gorilla, *Gorilla gorilla,* der größte → Menschenaffe, lebt in drei Formen in den Wäldern von Kamerun bis zum Kongo in kleinen Gruppen. Er ist vorwiegend ein Bodenbewohner, der nur zur Nahrungsaufnahme und zum Schlafen auf die Bäume steigt. Abb. → Menschenaffen.
Gottesanbeterin, → Fangschrecken.
Gotteslachs, *Lampris regius,* bis 180 cm langer und 400 kg schwerer, farbenprächtig schillernder, in Seitenansicht querovaler Fisch, der vorwiegend in den wärmeren Meeren vorkommt, jedoch zu den Seltenheiten zählt. Das rote Fleisch gilt als Delikatesse.
G-Phase, → Zellzyklus.
Graafscher Follikel, → Follikelzellen, → Oogenese.
Graafsches Bläschen, → Oogenese.
Grabfüßer, *Röhrenschaler, Kahnfüßer, Scaphopoda, Solenoconcha,* Klasse der Weichtiere (Unterstamm Konchiferen) mit etwa 350 rezenten, bis 13,5 cm langen Arten, die morphologisch zwischen den Schnecken und den Muscheln stehen.
Morphologie. Alle Arten haben einen langgestreckten Körper, der von einem leicht gekrümmten, röhrenförmigen (einem Elefantenzahn ähnlichen) oder mehr spindelförmigen Gehäuse umgeben wird. Die vordere und die hintere Öffnung der Schalenröhre ist durch die Ringmuskulatur des Mantels verschließbar. Kopf und Fuß können aus dem Vorderteil der Schale herausgestreckt werden; an der Basis des mit einem dorsalen Kiefer und einer Radula versehenen Mundkegels sitzen die zum Nahrungserwerb notwendigen Captaculae (→ Fangfäden). Augen fehlen immer.

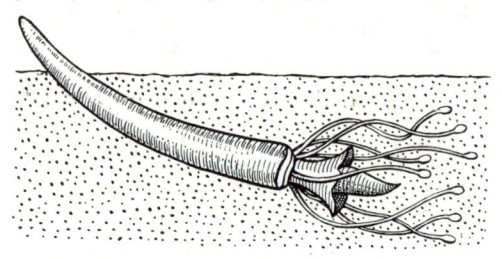

Grabfüßer (*Dentalium dentale* L.)

Biologie. Die G. sind getrenntgeschlechtlich, die Entwicklung erfolgt immer über eine freischwimmende Larvenform. Die Nieren sind im Gegensatz zu allen anderen Weichtieren nicht mit dem Perikard verbunden. Besondere Atmungsorgane fehlen, die Atmung erfolgt mit Hilfe der inneren Manteloberfläche.
Alle G. leben im Meer in sandigem oder schlammigem Boden, viele Arten auch in der Tiefsee. Die G. graben sich schräg in den Untergrund, nur das Schalenende ragt 1 bis 2 mm über die Oberfläche. Sie ernähren sich von Mikroorganismen, z. B. Foraminiferen, die von den Captaculae aufgespürt werden, an ihnen festkleben und von ihnen zur Mundöffnung gebracht werden.
Geologische Verbreitung und Bedeutung: Ordovizium bis Gegenwart. Im Paläozoikum und unteren Mesozoikum sind die G. nur lokal in bestimmten Schichten häu-

figer; sie nehmen in Kreide und Tertiär zu, erreichen aber nicht die Bedeutung ausgesprochener Leitfossilien.

Grabwespen, *Sphecidae,* eine zu den Stechwespen gehörende Familie der Hautflügler mit etwa 200 Arten in Mitteleuropa. Die Vollkerfe ähneln den Faltenwespen (z. B. Bienenwolf, Kreiselwespe), oder es sind schlanke Tiere mit langgestieltem Hinterleib (Sandwespen, *Ammophila*). Die Weibchen graben für ihre Nachkommen Gänge in sandigen Boden oder in morsches Holz und tragen durch Stiche gelähmte Insekten als Nahrung für ihre Brut in die Nestkammern ein, die hintereinander oder am Ende von Nebengängen liegen.

Gradation, → Massenwechsel; → Populationsökologie.

Gradozön-Theorie, → Populationsökologie.

Gramfärbung, eine von dem dänischen Bakteriologen H. C. J. Gram entwickelte Färbemethode zur Differenzierung der Bakterien in zwei Gruppen, die sich in verschiedenen Eigenschaften, vor allem aber in der Zellwandstruktur, unterscheiden. Für die G. werden Ausstrichpräparate nacheinander mit einer Farbstofflösung (meist Kristallviolett), Jod-Kaliumjodid-lösung und Ethanol behandelt, woran sich eine Gegenfärbung mit Fuchsinlösung anschließt. In den Zellen bildet sich ein Jod-Kristallviolett-Komplex, der aus *gramnegativen* Bakterien durch den Alkohol ausgewaschen wird, so daß diese durch die abschließende Fuchsinbehandlung eine Rotfärbung annehmen. In diese Gruppe gehören z. B. Kolibakterien und Salmonellen. Aus *grampositiven* Bakterien, z. B. Streptokokken, Bazillen, Aktinomyzeten, kann aufgrund eines anderen Zellwandbaus der Jod-Farbstoff-Komplex nicht ausgewaschen werden, weshalb diese Bakterien nach der G. dunkelviolett gefärbt erscheinen. Bei Bakterien weniger Arten fällt die G. unterschiedlich aus; sie werden als *gramvariabel* bezeichnet.

Gramineae, → Süßgräser.

Gramineentyp, → Spaltöffnungen.

Graminizide, Pflanzenschutzmittel zur Vernichtung unerwünschter Gräser.

Gramizidin, ein von bestimmten Stämmen von *Bacillus brevis* gebildetes Polypeptid-Antibiotikum, das in etwa 20%iger Konzentration im → Tyrothrizin enthalten ist. Chemisch wird zwischen den eng verwandten Komponenten Gramizidin A, B, C, D, I_1, I_2 und S. unterschieden. Gramizidin S. wurde 1942 erstmalig in der UdSSR isoliert. Es ist ein zyklisches Dekapeptid. Bemerkenswert ist das Auftreten von D-Phenylalanin im Molekül. G. wirkt besonders gegen grampositive Mikroorganismen und wird daher bei Wundinfektionen angewandt.

```
  Pro—Val—Orn—Leu—D-Phe
  |                    |
  D-Phe—Leu—Orn—Val—Pro
```

Grana, → Plastiden.

Granat, → Garnelen.

Granatapfelgewächse, *Punicacea,* eine Familie der Zweikeimblättrigen Pflanzen mit 2 Arten, die in den subtropischen Gebieten der Erde vorkommen. Es sind Holzpflanzen mit einfachen, an Kurztrieben gebüschelt stehenden Blättern und regelmäßigen, 5- bis 7zähligen Blüten. Der Fruchtknoten, in dem die Fruchtblätter in 2 bis 3 Stockwerken übereinanderstehen, entwickelt sich zu einer beerenartigen Scheinfrucht, die bei dem seit alter Zeit kultivierten **Granatapfelbaum,** *Punica granatum,* lebhaft rot gefärbt und eßbar ist. Granatäpfel gehören im Orient zu den beliebtesten Früchten und werden heute auch überall in den Tropen angebaut. Auch als Zierpflanze wird dieser Baum, häufig mit gefüllten Blüten, verwendet. Außerdem wird die Rinde der Sprosse und Wurzeln wegen ihres Alkaloidgehaltes als Bandwurmmittel genutzt. Die zweite Art der Familie, *Punica protopunica,* ist nur wild bekannt.

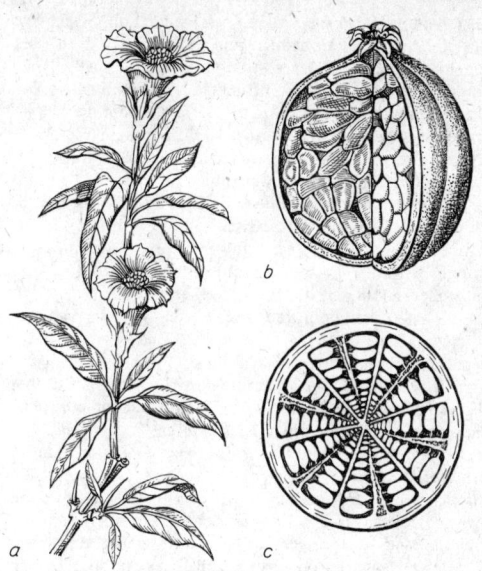

Granatapfel: *a* Blütenzweig, *b* Frucht, *c* Fruchtquerschnitt

Granne, borstiges Gebilde an den Spelzen der Gräser und den Früchten der Storchschnabelgewächse. Die G. kann glatt, gezahnt, gekniet oder gedreht sein und am Grunde, auf dem Rücken oder an der Spitze der Spelzfrucht sitzen. Die meisten Getreidearten haben glatte G. Die Länge der G. ist verschieden. Sie übersteigt oft die der Grasfrucht oder der Spelzen. Manche G. nehmen Feuchtigkeit auf und entrollen sich dabei. Sie bohren dadurch die Frucht in die feuchte, für die Keimung geeignete Erde.

Granula, → Zellkern.

Granulosaepithel, → Oogenese.

Granulozyten, → Hämozyten.

Graptolithen [griech. graptos 'geschrieben', lithos 'Stein'], *Graptolithina,* ausgestorbene Klasse der Wirbellosen, deren systematisch zoologische Zugehörigkeit lange Zeit fraglich war. Neuere Untersuchungen ergaben verwandtschaftliche Beziehungen zum Stamm der *Branchiotremata* (*Stomochordata*). Die G. sind marine, koloniebildende Organismen mit einem aus Aminosäureverbindungen bestehendem Außenskelett (Periderm), das sich aus zwei Lagen aufbaut. Die innere Lage besteht aus halbkreisförmigen Segmenten, die beiderseits zickzackförmig ineinandergreifen. Die Graptolithenkolonie (Rhabdosom) umfaßt einzelne Kammern (Theken), die durch Knospung aus einer Embryonalzelle (Sicula) entstanden. Die Theken sind vielgestaltig: Röhren-, Stachel-, Sigmoide-, Pfeifenkopf-, Kragen-, Vogelkopfzellen. Die Rhabdosome sind baumförmig bis netzartig verzweigt, sägeblattartig ein- oder zweiseitig mit Theken besetzt, gebogen, spiral- bis kreisförmig eingerollt, mitunter mit Nebenästen versehen oder blattförmig. Zum Teil werden die Rhabdosome von der Achse (Virgula) durchzogen. Zu den G. gehören 6 Ordnungen, von denen die *Dendroidea* und *Graptoloidea* für die zeitlichen Gliederungen geologischer Schichten von Bedeutung sind. Bei den *Graptoloidea* gibt es im Gegensatz zu den *Dendroidea* nur einen Thekentyp.

Verbreitung: Die G. sind vom Mittelkambrium bis zum Unterkarbon verbreitet. Das Maximum der Entwicklung lag im Ordovizium. Für eine stratigraphische Gliederung finden die G. im Ordovizium, Silur und tieferen Devon Verwendung.

Gräser, → Süßgräser, → Riedgräser.

Grasfrosch, *Rana temporaria,* noch häufiger, bis 10 cm großer Vertreter der einheimischen → Frösche. Der G. hat einen gedrungenen Körper, stumpfe Schnauze, mäßig lange Beine und nur schwach entwickelte Schwimmhäute. Der Rücken ist rot- bis dunkelbraun, einfarbig oder dunkel getüpfelt, selten mit hellem Längsstrich. Der Bauch ist weißlich, meist graubraun gefleckt. Die Männchen haben innere, nicht ausstülpbare Schallblasen. Der G. bewohnt feuchtes Gelände in der Ebene und im Gebirge der nördlichen und gemäßigen paläarktischen Region bis zum Nordkap. Paarung und Eiablage erfolgen Februar (am frühesten laichender einheimischer Frosch) bis April; der Laich wird in großen Klumpen, die bis 4000 Eier enthalten, abgelegt. Der G. ist sehr standorttreu, auch in der Wahl der Laichgewässer.
Grasläufer, → Schnepfen.
Grasmücken, *Sylviidae,* Familie der → Singvögel mit über 400 Arten. Außerhalb der Alten Welt kommen nur *Goldhähnchen, Regulinae,* und *Mückenfänger, Polioptilinae,* vor. Zur Familie gehören *Borstenschwanz, Stipiturus, Staffelschwanz, Malurus, Rohrsänger, Acrocephalus, Cistensänger, Cisticola, Spötter, Hippolais,* Schwirle, *Locustella,* Grasmücken, *Sylvia,* Laubsänger, *Phylloscopus,* der → Schneidervogel u. a. Sie alle sind gute Sänger. Ihr Nest ist festgefügt und meist ein tiefer Napf. Hauptnahrung sind Insekten, doch fressen manche Arten auch Beeren.
Graubär, → Braunbär.
Graue Baumnatter, *Thelotornis kirtlandii,* bis 1,50 m lange → Trugnatter aus dem tropischen Afrika, deren Biß für den Menschen tödlich sein kann.
graue Substanz, → Rückenmark.
Graugans, → Hausgans.
Grauhuminsäure, → Humus.
Grauschimmel, → Schlauchpilze.
Grauwale, → Bartenwale.
Gravidität, svw. Trächtigkeit.
Gregarinen, → Telosporidien.
Gregarinida, → Sporozoen, → Telosporidien.
Greifantenne, svw. Klammerantenne.
Greife, → Greifvögel.
Greiffrösche, svw. Makifrösche.
Greifschwanzlanzenotter, → Lanzenschlangen.
Greifstachler, → Baumstachler.
Greifvögel, *Greife, Falconiformes,* Ordnung der Vögel mit mehr als 260 Arten. Wie die Eulen fassen sie ihre Beute mit den Füßen, den *Fängen.* Sie haben lange, gebogene, spitze Krallen. Eine Ausnahme bilden die → Geier. Der Oberschnabel ist abwärts gekrümmt. Mit dem Schnabel säubern sie die Beute von Federn bzw. Haaren. Diese bleiben als *Rupfung* zurück. Zur Gruppe gehören kleine (→ Falken) bis große (→ Geier) Vögel. Die kleineren und mittleren Arten legen 3 bis 4 Eier, große 1 bis 2. Viele Arten sind infolge direkter Verfolgung durch den Menschen und als Endglied von Nahrungsketten infolge erhöhter Konzentration von Schädlingsbekämpfungsmitteln vom Aussterben bedroht. Die Arten mit langen, breiten Flügeln können im Aufwind segeln (*Adler, Bussarde, Geier*), kurze Flügel und ein langer Schwanz erlauben einen wendigen Flug (*Habicht, Sperber*). Einige Arten haben sich auf eine bestimmte Nahrung spezialisiert, so z. B. der *Fischadler, Pandion,* auf Fische, der *Wanderfalke* auf Vögel, die *Schneckenweihe* auf Gehäuseschnecken, auf Aas neben den Geiern auch die *Milane.*
Greisenalter, → Konstitutionstypus.
Grenadierfische, *Macruridae,* zu den Dorschartigen gehörende, bis 1 m lange Tiefseefische von keulenförmiger Gestalt.
Grenzlamelle, → Kutikula.
Grenzplasmolyse, → Osmose.
Grenzwahrscheinlichkeit, → Biostatistik.
Griechische Landschildkröte, *Testudo hermanni,* bis 25 cm lange südeuropäische → Landschildkröte mit hochgewölbtem, gelbbraunem, schwarz geflecktem Panzer. Das letzte Randschild des Rückenpanzers über dem Schwanz ist geteilt, die Oberschenkel tragen im Gegensatz zur → Maurischen Landschildkröte keine kegelförmigen Höckerschuppen. Die G. L. bewohnt trockene, sonnige Stellen und Gebüsche der Ebene und des Hügellandes von Ostspanien über Südfrankreich, die Mittelmeerinseln und Süditalien bis zur Balkanhalbinsel südlich der Donau. Sie gräbt sich zur Winterruhe im Erdboden ein. Vor der Paarung verfolgt das an seinem eingedellten Bauchpanzer erkennbare Männchen das Weibchen, das einen glatten Bauchpanzer hat, und führt Rammstöße gegen dessen Panzer aus. Die 10 bis 12 Eier werden im Boden vergraben, die schlüpfenden Jungen sind etwa walnußgroß. Die G. L. frißt hauptsächlich Pflanzen, ferner Würmer und Schnecken; in Gefangenschaft bevorzugt Salat, Löwenzahn, Endivie, Kohl und sehr gern weiches Obst, dazu rohes Hackfleisch, Leber, gekochten Reis und in Milch eingeweichtes Weißbrot.
Griffel, → Blüte.
Grillen, → Springheuschrecken.
Grillenfrösche, *Acris,* kleine nordamerikanische → Laubfrösche ohne Haftscheiben. Die G. sind wasser- oder bodenlebend, haben ein großes Sprungvermögen und schrille Stimmen, die sich oft zu Chören vereinigen. Der grünbraune *Nördliche G., Acris crepitans,* springt das 36fache seiner Körperlänge.
Grisein, ein von *Streptomyces griseus* gebildetes Antibiotikum. G. hemmt das Wachstum bestimmter Bakterien und Rickettsien.
Griseoflavin, ein von *Streptomyces griseoflavus* gebildetes Antibiotikum, das gegen grampositive Bakterien wirksam ist.
Griseofulvin, *Curling Factor,* ein von einigen *Penicillium*-Arten (z. B. *Penicillium griseofulvum, P. patulum, P. nigricans*) gebildetes Antibiotikum. G. ist hochwirksam gegenüber zahlreichen phyto- und humanpathogenen Dermatophyten. Es wird großtechnisch produziert und besonders bei Hautpilzerkrankungen (Dermatomykosen) und in der Veterinärmedizin angewandt.

Grizzly, → Braunbär.
Grönlandwal, *Balaena mysticeta,* ein riesiger, bis über 20 m Länge erreichender Glattwal (→ Bartenwale), der in den arktischen Gewässern vorkommt. Sein Kopf ist besonders groß, er macht ein Drittel der Körperlänge aus. Die starke Verfolgung durch den Menschen hat fast zur Ausrottung des G. geführt.

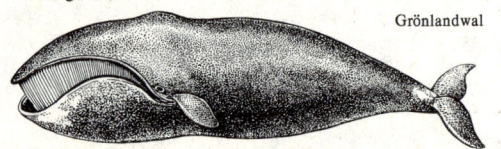

Grönlandwal

Groppen, *Dickköpfe, Cottidae,* zu den Drachenkopfartigen (früher Panzerwangen) gehörende Grundfische mit breitem Kopf und weitem Maul. Kiemendeckel und Flossen sind mit Stacheln bewehrt. Schuppen und Schwimmblase fehlen. In klaren Bächen und im Brackwasser der östlichen

Ostsee kommt die *Groppe, Cottus gobio,* vor, an steinigen Küsten des Nordatlantiks und ebenfalls in der Ostsee der *Seeskorpion, Cottus scorpius.*

Größenregel, → Klimaregeln.
Großer Drachenkopf, svw. Meersau.
Großer Fuchs, → Fuchs.
Großer Tümmler, → Delphine.
Großflügler, Schlammfliegen, *Megaloptera,* eine Ordnung der Insekten (→ Netzflügler) mit nur 3 Arten in Mitteleuropa (Weltfauna: etwa 100 Arten). Die G. sind fossil seit dem Perm nachgewiesen.

V o l l k e r f e. Die Körperlänge der heimischen Arten beträgt etwa 1,5 cm, in den Tropen bis 13 cm. Der Kopf ist prognath, d. h., die kauenden Mundwerkzeuge sind nach vorn gerichtet. Zwei Paar große, netzartig geäderte, bräunlich getrübte Flügel sind vorhanden. Die G. halten sich vorwiegend in der Nähe von Gewässern auf, wo sie meist auf Pflanzen sitzen. Ihre Entwicklung ist eine vollkommene Verwandlung (Holometabolie) und dauert zwei bis drei Jahre.

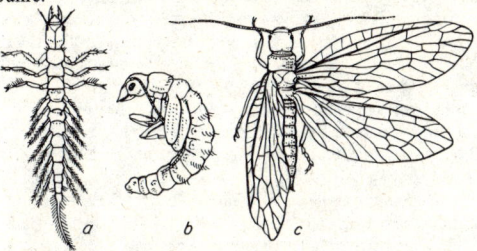

Wasserflorfliege (*Sialis* spec.): *a* Larve, *b* Puppe, *c* Vollkerf

E i e r. Die mehr als 1 cm breiten, braunen, samtartigen Gelege findet man an Pflanzen, Steinen oder Pfählen, die aus dem Wasser herausragen. Sie enthalten mehrere hundert bis 2 000 Eier. Die ausschlüpfenden Larven lassen sich ins Wasser fallen.

L a r v e n. Sie leben räuberisch im Süßwasser (besonders am Grund) und atmen durch Tracheenkiemen, die sich an den ersten sieben Hinterleibssegmenten befinden. Sie häuten sich bis zu zehnmal. Zur Verpuppung geht die Larve an Land.

P u p p e n. Sie gehören zum Typ der Freien Puppe (Pupa libera) und liegen ohne Kokon oder Gespinst in feuchter Erde.

S y s t e m. Den G. gehören nur zwei rezente Familien an.
Familie Wasserflorfliegen (*Sialidae*) (hierzu gehören die heimischen Arten)
Familie *Corydalidae*
Lit.: → Netzflügler.

Großfußhühner, → Hühnervögel.
Großhirn, → Gehirn.
Großhirnrinde, Kortex, Cortex palii, die oberflächliche relativ dünne graue Schicht des Großhirns, die vorwiegend aus Ganglienzellen und Zellen des Stützgewebes besteht. Sowohl ihre äußere Gestalt als auch die inneren Strukturen sind sehr mannigfaltig. Sie besteht aus einzelnen Schichten, die sich durch Form und Anzahl der Ganglienzellen sowie durch die Richtung und Anzahl der Nervenfasern unterscheiden.
Großkopfschildkröten, *Platysternidae,* etwa 20 cm Panzerlänge und die gleiche Schwanzlänge erreichende Schildkröten mit ungewöhnlich massigem Kopf, der sich nicht unter den Panzer zurückziehen läßt. Die einzige Art der Familie, *Platysternon megacephalum,* bewohnt kühle, steinige Gebirgsflüsse Südchinas, Burmas und Thailands und frißt hauptsächlich Wasserschnecken, die mit den kräftigen Hakenkiefern zerbissen werden.

Großmäuler, *Stomiatoidei,* Tiefseebartelfischverwandte, tiefseebewohnende, monströse Knochenfische mit z. T. sehr großen Mäulern und Leuchtorganen. Bei einigen Arten kommen Zwergmännchen vor. Manche G. haben Larvenstadien mit gestielten Augen.
Großmausohr, → Glattnasen.
Großmutation, svw. Makromutation.
Großschmetterlinge, *Macrolepidoptera,* in Sammlerkreisen eingebürgerte, aber wissenschaftlich nicht haltbare Bezeichnung für eine Gruppe der Schmetterlinge, zu der man die größeren Arten stellt. Auch die Unterteilung der G. in Tagfalter, Schwärmer, Spinner, Eulenfalter und Spanner ist systematisch nicht haltbar. → Kleinschmetterlinge.
Grossulariaceae, → Stachelbeergewächse.
Großwiesel, svw. Hermelin.
Grottenolm, *Proteus anguineus,* bis 30 cm langer, milchweißer, → Olm mit weit auseinandergerückten, schwachen Beinen die vorn nur 3, hinten nur 2 Zehen tragen, und seitlich zusammengedrücktem Schwanz. Der G. bewegt sich aalartig schlängelnd vorwärts. Die rückgebildeten Augen sind von der Körperhaut überzogen. Am Hals befinden sich 3 äußere, blutrote Kiemen. Der G. ist wie der → Furchenmolch und die Wasserform des → Axolotl eine ständig im Zustand der → Neotenie verharrende »Dauerlarve«, die die Kiemen nie verliert, daneben aber auch auf Lungenatmung angewiesen ist. Er bewohnt kalte unterirdische Höhlengewässer der jugoslawischen Küsten, bekanntester, heute streng geschützter Fundort ist das Karsthöhlensystem von Postojna. Der G. kann kurzfristig das Wasser verlassen. Im Freileben bringt er wahrscheinlich lebende Junge zur Welt, im Aquarium kommt es zu Eiablagen, was auf die höhere Wassertemperatur zurückgeführt wird. Das Weibchen bewacht den Laichplatz.
Grubenauge. → Lichtsinnesorgane.
Grubenkopf, svw. Fischbandwurm.
Grubenottern, *Crotalidae,* mit etwa 130 Arten (6 Gattungen) in Nord- und Südamerika sowie Süd- und Ostasien verbreitete, den → Vipern nahe verwandte Giftschlangen mit einer tiefen Grube zwischen Auge und Nase. Diese von einer versenkten, reich innervierten Membran überspannten Grubenorgane dienen als »Infrarot-Detektoren« dem Temperatursinn und sprechen sogar auf die geringe Wärmeausstrahlung der hauptsächlich aus Nagetieren bestehenden Beute an, deren nächtliches Aufspüren sie ermöglichen. Die G. sind die stammesgeschichtlich jüngste und am höchsten entwickelte Schlangenfamilie. Im Mechanismus der Aufrichtung des in Ruhe zurückgeschlagenen Giftzahns sowie in der Wirkung des hauptsächlich hämotoxischen Giftes entsprechen die G. den → Vipern, sie sind ebenfalls solenoglyph (→ Schlangen). Die meist bodenbewohnenden G. sind die häufigsten und gefährlichsten Giftschlangen Nord- und Südamerikas. Sie bringen mit wenigen Ausnahmen lebende Junge zur Welt, die bereits während oder kurz nach der Geburt die gallertige Eihülle verlassen. Zu den G. gehören → Klapperschlangen, → Wassermokassinschlange, → Halysschlange, → Lanzenschlangen und → Buschmeister.
Gruiformes, → Kranichvögel.
Grünalgen, *Chlorophycea,* eine umfangreiche, phylogenetisch bedeutsame Klasse der Algen mit etwa 10 000 Arten, die überwiegend im Süßwasser (nur wenige im Meer nahe der Küste), aber auch an Felsen, Baumrinde und in feuchtem Boden vorkommen. Manche leben mit Pflanzen oder Tieren in Symbiose. Es sind stets grün gefärbte, entweder einzellig lebende Kolonien oder fädige bzw. flächige Thalli bildende Pflanzen, die in ihren Inhaltsstoffen mit den höheren grünen Pflanzen übereinstimmen, so daß man für die

Grünalgen

G. und die höheren Pflanzen eine gemeinsame Ausgangsbasis annehmen kann. Ihr Farbstoffbestand umfaßt demnach Chlorophyll a und b, außerdem Karotine, Lutein und andere Xanthophylle. Ihr Assimilationsprodukt ist Stärke, und auch die Zellwand besteht wie bei den höheren Pflanzen meist aus Zellulose.

Die ungeschlechtliche Fortpflanzung erfolgt entweder durch Bildung beweglicher oder unbeweglicher Sporen oder durch Zerfall des Vegetationskörpers. Die geschlechtliche Vermehrung geschieht durch Iso-, Aniso- oder Oogamie. Die gebildeten Gameten und auch die Zoosporen haben eine für die gesamte Gruppe (bis auf wenige Ausnahmen) typische Gestalt. Sie sind in der Regel birnenförmig und haben zwei oder vier gleichlange, gleichgerichtete Geißeln, zwei kontraktile Vakuolen, meist einen roten Augenfleck und einen wandständigen Chloroplasten. Viele G. haben einen Generationswechsel; dabei können Gametophyt und Sporophyt gleich- oder ungleich gestaltet sein.

Zum Überdauern ungünstiger Außenbedingungen können Zysten gebildet werden.

Fossile Formen der G. sind schon aus dem unteren Paläozoikum bekannt. Einige davon, mit gegliedertem, durch Kalkabscheidungen widerstandsfähigem Thallus, sind bis ins Kambrium zurück nachgewiesen worden.

Die systematische Gliederung dieser umfangreichen Klasse wird unterschiedlich gehandhabt. Meist werden nach ihrer Organisationshöhe mehrere Ordnungen unterschieden, nach Strasburger (1978) 9 Ordnungen:

1. Ordnung *Volvocales:* Es sind kugelartige G., die im vegetativen Zustand stets begeißelt sind und meist einen becher- oder topfförmigen Chloroplasten haben. Sie leben teils als Einzeller (z. B. *Chlamydomonas*), teils als koloniebildende Organismen mit meist konstanter Anzahl von Einzelzellen (z. B. *Oltmannsiella* 4, *Gonium* 4 bis 16, *Pandorina* 16, *Eudorina* 32 Zellen). Zum Teil differenzierten sich aus den koloniebildenden Organismen durch Arbeitsteilung ihrer Zellen Gebilde heraus, die schon als mehrzellige Individuen angesehen werden müssen. Dies ist bei der **Kugelalge,** *Volvox,* der Fall. Hier bilden bis zu 20 000 Zellen ein hohlkugelartiges Individuum, dessen Zellen nur bestimmte Aufgaben erfüllen können und die durch Plasmabrücken alle untereinander in Verbindung stehen. Die *Volvox*-Arten können sich durch Einstülpung und Abschnürung von Tochterkugeln in das Innere der Mutterkugel vegetativ vermehren. Erst beim Absterben der Mutterkugel werden die Tochterkugeln frei. Die geschlechtliche Vermehrungsart ist die Oogamie. Nur bestimmte Zellen bilden Spermatozoide und Eizellen aus.

Kugelalgen kommen im sauberen Süßwasser vor.

2. Ordnung *Chlorococcales:* Die Vertreter dieser Ordnung sind einzellige, teils zu Aggregationsverbänden zusammengelagerte G., die im vegetativen Zustand unbeweglich sind. Sie kommen überwiegend im Süßwasserplankton, teils auf feuchtem Boden vor. Ihre Zellen oder Zellverbände haben stets eine charakteristische Form. So bestehen die im Süßwasser weitverbreiteten *Scenedesmus*-Arten aus hörnchenartigen, untereinander verbundenen Zellen, während die im Süß- und Brackwasser vorkommenden *Pediastrum*-Arten immer aus 16 flächig angeordneten Zellen bestehen, von denen die Randzellen sternartige Fortsätze haben. Eine weitere charakteristische G. dieser Ordnung ist das im Süßwasser frei schwebend vorkommende **Wassernetz,** *Hydrodictyon reticulatum,* dessen Zellen netzartig aneinanderliegen und ein bis zu $1/2$ m langes, hohles Netz bilden. Hierher gehört auch *Chlorella vulgaris,* eine einzellig lebende G., die leicht in Reinkulturen gezogen werden kann und die bereits in größerem Umfang zu Nahrungs- und Futterzwecken gezüchtet wurde.

3. Ordnung *Ulotrichales:* Diese G. haben einen fädigen oder flächigen Thallus, der meist mittels Rhizoidzelle am Untergrund festsitzt. Viele Arten kommen nahe der Küste im Meerwasser vor, manche bewohnen Süß- oder Brackwasser. Überwiegend marine Vertreter sind der **Meersalat,** *Ulva lactuca,* mit flächigem Thallus, und die **Darmalge,** *Enteromorpha* div. spec., mit fädigem Thallus, die beide in verschiedenen Küstenländern als Nahrungs- und Düngemittel verwendet werden, da sie einen hohen Gehalt an Kohlenhydraten, Vitaminen und Stickstoff aufweisen.

4. Ordnung *Cladophorales,* auch **Astalgen** genannt, da die Vertreter aus büschelförmig verzweigten Zellfäden bestehen, die sich rauh anfassen. Sie kommen im Benthos der Meere und des Süßwassers vor. Die wichtigste Gattung ist *Cladophora*.

5. Ordnung *Chaetophorales,* auch als **Schopfalgen** bezeichnet: Ihr Thallus besteht in der Regel aus zwei Teilen, einer kriechenden Sohle und aufrechten, z. T. büschelartig verzweigten Fäden, deren Habitus z. T. an höhere Pflanzen erinnert. Hierher gehören häufige Süßwasseralgen, wie Vertreter der Gattungen *Stigeoclonium* und *Coleochaete,* aber auch Luftalgen, wie die Vertreter der Gattungen *Trentepohlia* und *Pleurococcus,* die z. B. an Baumstämmen und Felsen auch bei uns häufiger zu finden sind, und die in Afrika und Indien vorkommende Gattung *Fritschiella*. Bei einigen Arten wird die nach der Befruchtung der Eizelle entstandene Zygote von sterilen Fäden umwachsen, es entsteht eine sogenannte Zygotenfrucht.

6. Ordnung *Oedogoniales,* auch **Knotenfadenalgen** genannt, da ihre fädigen, unverzweigten Thalli durch die Ausbildung von bauchigen Oogonien knotig aufgetrieben aussehen können.

Sie sind durch gitterartig durchbrochene Chloroplasten und Schwärmsporen mit einem Wimpernkranz unterhalb ihrer Spitze gekennzeichnet, außerdem haben ihre Zellen an den oberen Enden aufklappbare Zellkappen. Die antheridienbildenden Stadien sitzen oft als sogenannte Zwergmännchen an den Oogonien. Wichtigste Gattung ist das im Süß- und Brackwasser weltweit verbreitete *Oedogonium*.

7. Ordnung *Siphonales,* **Schlauchalgen:** Sie haben einen Thallus, der ein vielkerniges, vielgestaltiges Gebilde ohne Querwände ist. Sie leben meist in wärmeren Meeren. Bis auf wenige Ausnahmen ist nur geschlechtliche Fortpflanzung bekannt, meist durch Anisogamie. Die Geschlechtsorgane werden von dem übrigen Vegetationskörper durch Membranen abgetrennt. Der Habitus der im Mittelmeer heimischen *Acetabularia mediterranea,* die aus einem fingerlangen Stiel und einem schirmförmigen Hut besteht, erin-

---

Grünalgen: *1 Chlamydomonas angulosa;* c Chloroplast, g Geißel, k Zellkern, p Pyrenoid, s Augenfleck, v kontraktile Vakuole. *2* Kolonie von *Pandorina morum*. *3 Volvox* mit Tochterkugeln. *4.1 Pediastrum granulatum;* scheibenförmiger Zellverband. *4.2 Chlorella vulgaris;* vegetative Zelle. *4.3 Scenedesmus acutus;* vierzelliger Zellverband. *5* bis *7* Jochalgen: *5 Closterium moniliferum*. *6 Micrasterias rotata*. *7* Zelle von *Spirogyra jugalis*. *8.1 Ulva lactuca* auf einem Stein; Randzellen farblos durch Austritt von Zoosporen. *8.2 Ulothrix zonata;* junger Faden mit Rhizoidzelle r. *9.1 Oedogonium*. Oogonium (o) mit »Zwergmännchen« (z). *9.2 Oedogonium;* Zoospore. *10 Fritschiella tuberosa;* b Bodenoberfläche, pa aufrechte Zellfäden, pr unterirdische, kriechende Fäden, r Rhizoid, sf sekundäre Fadenbüschel. *11 Cladophora;* Habitus. *12.1* Teil einer Armleuchteralge (*Chara fragilis*); Seitenansicht mit Antheridienstand (a) und Oogonium (o) mit Hüllschläuchen und Krönchen (c). *12.2 Chara fragilis;* Spermatozoid; g Geißeln, k schraubig gewundener langer Kern, p Plasma. *12.3 Nitella flexilis;* Griffzelle mit Köpfchen und spermatogenen Fäden. *12.4 Nitella flexilis;* Zelle der spermatogenen Fäden mit je 1 Spermatozoid. *12.5 Nitella flexilis;* Längsschnitt durch einen jungen Antheridienstand; k Köpfchenzelle, m Griffzelle, w Wand. *13 Acetabularia mediterranea*

Grünalgen

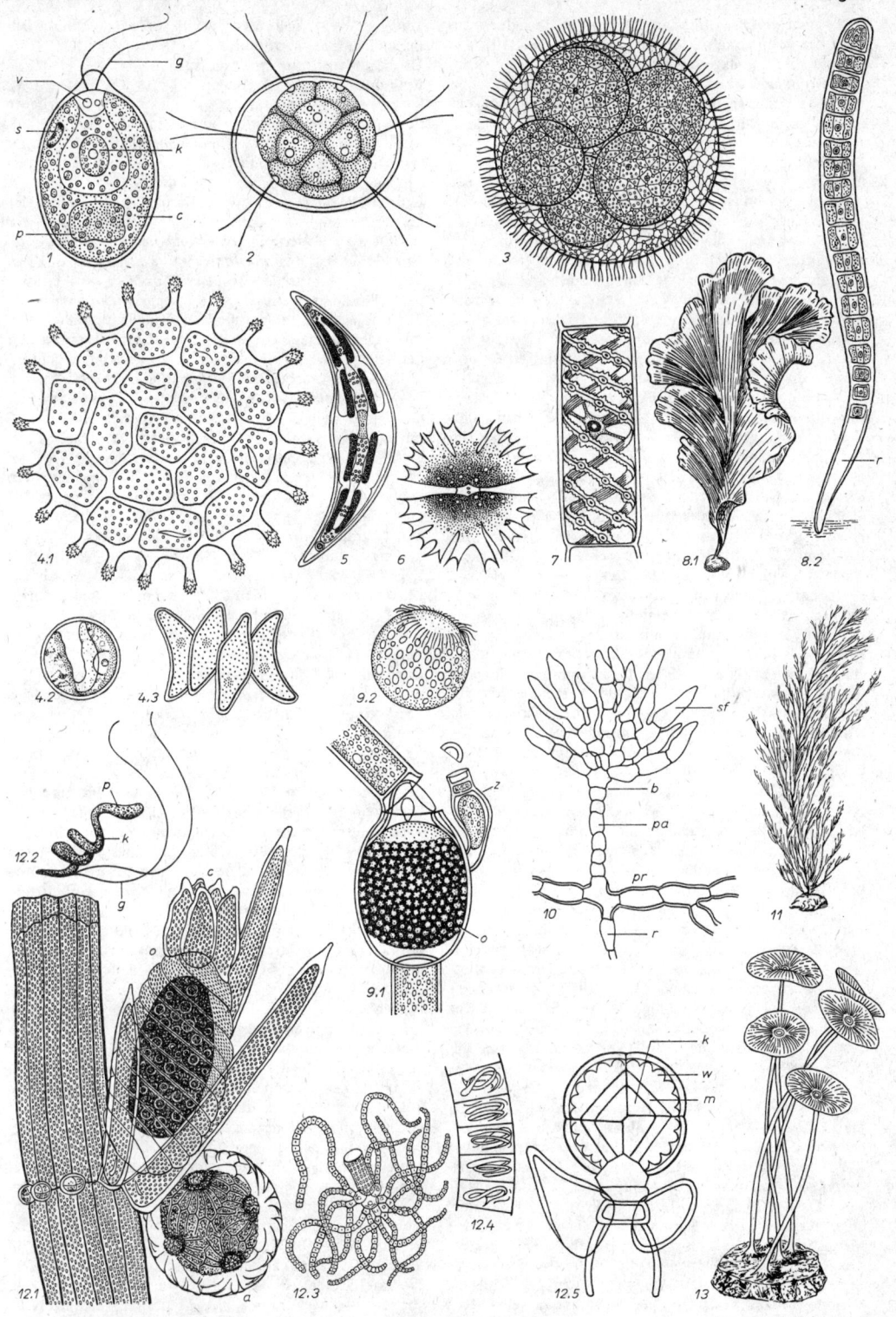

nert an höhere Pilze. Ihre Zellwände sowie die anderer verwandter Arten verkalken leicht. Fossile Formen sind am Aufbau alpiner Kalkgesteine beteiligt.

8. Ordnung *Conjugales,* **Jochalgen:** Eine formen- und artenreiche Ordnung der G., die kosmopolitisch fast ausschließlich im Süßwasser verbreitet sind. Sie nehmen innerhalb der G. eine Sonderstellung ein, da bei ihnen niemals begeißelte Zellen auftreten. Bei der geschlechtlichen Vermehrung verschmelzen zwei unbegeißelte Gameten, die sich aus dem Protoplasma vegetativer Zellen gebildet haben, zu einer Zygote, die nach einer gewissen Ruheperiode wieder auskeimt. Die ungeschlechtliche Vermehrung erfolgt durch Teilung. Die einzelligen Jochalgen haben meist eine zierliche Gestalt, sie werden auch als *Zieralgen* bezeichnet. So sind die Arten der Gattung *Closterium* halbmondförmig, die der Gattung *Micrasterias* sternförmig. Bekanntester Vertreter der fadenförmigen Jochalgen ist die **Schraubenalge,** *Spirogyra,* mit schraubenförmigen Chloroplasten, die im Frühjahr im Süßwasser »Watten« bildet.

9. Ordnung *Charales,* **Armleuchteralgen:** Eine isoliert stehende kleine Gruppe von G., die überwiegend im Süßwasser, aber auch im Brackwasser verbreitet sind und wiesenartige Bestände bilden. Ihr Thallus ist charakterisiert durch seine Gliederung in lange Internodial- und kurze Knotenzellen, an deren Basis quirlförmig angeordnete, ebenfalls wieder in Internodien und Knoten gegliederte Kurztriebe mit begrenztem Wachstum entspringen. Am Untergrund, meist auf Sand oder Schlamm, haften diese Algen mit Hilfe von Rhizoiden fest. Die geschlechtliche Fortpflanzung erfolgt durch Oogamie. Der Bau der makroskopisch sichtbaren, knotenständigen Sexualorgane ist typisch für diese Algengruppe. Die eiförmigen Oogonien sind von grünen Hüllfäden umgeben, die schraubig gewunden sind, die gelbroten Antheridienstände sind hohle Kugeln, in deren Innerem sich die zu Fäden aneinandergereihten Antheridien befinden. Die befruchtete Eizelle wird meist von einer dicken, farblosen Haut umgeben; außerdem werden die Hüllzellen verdickt und durch Kalkeinlagerung hartschalig.

Durch die häufige Verkalkung ihrer Zellwände sind viele Armleuchteralgen mit an der Bildung von Kalktuff beteiligt. Fossile Arten sind schon aus dem Silur bekannt.

Die Gattung *Chara,* **Armleuchter,** ist mit etwa 80 Arten über die ganze Erde verbreitet.

Grünblindheit, → Farbsinnstörungen.
Grundeln, *Gobiidae,* in vielen Arten weltweit verbreitete Familie der Barschartigen. Die G. sind kleine bis mittelgroße Grundfische mit abgerundetem, mehr als körperbreitem, beschupptem Kopf und großem Maul. Die Bauchflossen sind zu einer zwischen den Brustflossen stehenden länglichen Saugscheibe vereinigt. An den europäischen Küsten kommen verschiedene **Strandgrundeln,** sogenannte *Kulinge,* vor. Besonders interessante Vertreter der G. sind die **Schlammspringer** tropischer Meeresküsten. Sie können mit ihren muskulösen Brustflossen springend flüchten.

Gründelwale, *Monodontidae,* eine Familie der Zahnwale. Die G. sind mäßig große Wale, die in den Küstengewässern des hohen Nordens beheimatet sind und stellenweise in die Flüsse eindringen. Zu ihnen gehören der Weißwal oder *Beluga, Delphinapterus leucas,* der völlig weiß ist, und der Narwal, *Monodon monoceros,* ein hell gefärbter G. des nördlichen Eismeeres, bei dem sich ein Schneidezahn des Männchens zu einem bis 3 m langen schraubenförmig gedrehten Stoßzahn entwickelt.

Lit.: W. Gewalt: Der Weißwal (Wittenberg 1976).
Gründerprinzip, *Gründereffekt,* Neugründung einer geographisch isolierten Population durch wenige Individuen, im Extremfall durch ein einziges begattetes Weibchen, die zur → genetischen Revolution und gegebenenfalls zur Bildung einer neuen Art führt.

Grundgesamtheit, → Biostatistik.
Grundgewebe, → Parenchym.
Grundkoordination, Bewegungsmuster frei beweglicher tierischer Organismen, das die Gesamtmotorik erfaßt und damit keine gleichzeitige Alternative zuläßt. Variable motorische Muster, die damit gekoppelt auftreten können, werden als *Rahmenkoordinationen* bezeichnet.

Gründling, *Gobio gobio,* zu den Karpfenfischen gehörender kleiner, Barteln tragender Grundfisch klarer Gewässer, der vor allem als Köderfisch verwendet wird.

Grundplasma, *Grundzytoplasma, Plasmamatrix, Zytosol, zytoplasmatische Grundsubstanz,* der auch elektronenmikroskopisch strukturlos (amorph) erscheinende Teil des Zytoplasmas, in dem die Zellorganellen und die anderen Zellbestandteile eingebettet sind, der sie verbindet und der wesentliche Bedeutung für den intrazellulären Stofftransport, für biochemische Prozesse und für die Dynamik des Zytoplasmas hat. Das G. weist die Fähigkeit zur Sol-Gel-Transformation auf. Das Plasma-Sol hat eine 2 bis 10 mal höhere Viskosität als Wasser, während das Plasma-Gel eine hochviskose Struktur und Elastizität besitzt. Die Viskosität läßt sich mit bestimmten Verfahren messen, z. B. können winzige Stahlpartikeln mit Hilfe von Magneten durch das G. gezogen werden. In der Nähe der Plasmamembran liegt das G. gewöhnlich im Gelzustand vor, im Zellinneren gewöhnlich als Plasma-Sol.

Das G. von Pflanzenzellen ist meist »flüssiger« als das der tierischen und menschlichen Zellen. Während pflanzliche Zellen im wesentlichen durch die → Zellwand stabilisiert werden, ist besonders in tierischen und menschlichen Zellen ein *zytoplasmatisches Skelett* ausgebildet. Es trägt dazu bei, daß sich das G. dieser Zellen meist im Gel-Zustand befindet. Das zytoplasmatische Skelett besteht aus → Mikrotubuli, intermediären Filamenten (→ Neuron) und kontraktilen Filamenten (→ Aktin).

Das G. bleibt nach Ultrazentrifugation und Abtrennung der verschiedenen Fraktionen als löslicher Überstand (Zytosol) zurück. Es enthält 60 bis 80% Wasser, Proteine (insbesondere Enzyme), Lipide, Glykogen u. a. Reservestoffe, Aminosäuren, Zucker, tRNS, Nukleotide und verschiedene Ionen. Das G. stellt ein wäßriges Lösungssystem dar, in dem verschiedene biochemische Prozesse ablaufen und zahlreiche Stoffwechselzwischenprodukte transportiert werden. Die Makromoleküle verleihen dem G. Eigenschaften eines Kolloids. Innerhalb und zwischen den Makromolekülen (besonders Enzyme und andere Proteine) sind Bindungen wirksam (z. B. Wasserstoffbindungen, Ionenbeziehungen). Die Sol-Gel-Umwandlungen beruhen auf der Veränderlichkeit kolloidaler Lösungen, d. h., durch veränderte Milieubedingungen werden einige der zwischen den Makromolekülen bestehenden Bindungen gelöst und wieder hergestellt. Durch diese Wechselbeziehungen zwischen reaktionsfähigen Gruppen entsteht eine Art dynamisches 3-dimensionales Netzwerk. Für die Viskosität des G. spielt auch der Hydratationsgrad der Proteine eine Rolle.

Der Gehalt an bestimmten Enzymen und Stoffwechselzwischenprodukten kennzeichnet das G. als stoffwechselaktive, die Leistungen der Zellorganellen koordinierende Matrix. Unter anderem sind Enzyme des glykolytischen Abbauweges und Enzyme für Teilstrecken der Lipid- und Proteinsynthese im G. vorhanden.

Das G. enthält auch einen Vorrat an Stoffen (besonders Proteine, Lipide) für den Aufbau von Zellstrukturen, z. B. von Membranen, Filamenten, Mikrotubuli. Andererseits gehen beim Abbau dieser und anderer Strukturen die Bauelemente (Moleküle) wieder in das G. ein. Das monomere

G-Aktin der Nichtmuskelzellen und Tubulin-Dimere gehören zu diesem Grundplasmareservoir.

Bei der *Plasmaströmung* (z. B. in Schleimpilzen oder Amöben) und bei der Verlagerung von Organellen in allen Zellen spielen kontraktile Mikrofilamente eine wesentliche Rolle. Sie bestehen im wesentlichen aus F-Aktin und bilden sich durch Polymerisation aus G-Aktin unter ATP-Bindung. Die Umwandlung von G-Aktin in F-Aktin ist reversibel.

Der grundplasmatische Anteil des Nukleoplasmas (→ Zellkern) spielt eine ähnliche Rolle wie das G.

Grundspirale, → Blatt, Abschnitt Blattstellung.

Grundumsatz, ein Teil des → Energieumsatzes eines Tieres oder Menschen. Gemessen wird der G. mittels der → Kalorimetrie.

Alle Körperzellen befinden sich in einem dynamischen Gleichgewicht: ihr natürlicher Zerfall wird über einen ständigen Abbau und eine stetige Neubildung der Eiweiße verhindert. Der Stoffwechsel, der dieses Fließgleichgewicht aufrechterhält, wird G. genannt. Er umfaßt neben dem Erhaltungsumsatz dauernd tätiger Organe wie Herz, Leber, Zentralnervensystem und Niere auch den Anteil für die Leistungsbereitschaft von Muskulatur und Haut. Da die Höhe des G. von vielen Faktoren wie Körpergröße, Alter, Geschlecht, Tages- und Jahreszeit, Ernährungsweise, Beleuchtung, Umgebungstemperatur, Funktionszustand des Nerven- und Hormonsystems beeinflußt wird, müssen bei seiner Messung Standardbedingungen eingehalten werden. Sie beinhalten Nüchternheit, d. h. Nahrungsentzug seit 16 Stunden, Muskelruhe, Vermeidung von Temperaturbelastungen und Erregungen sowie Messung zur gleichen Tageszeit.

Der Sollwert des G. für einen erwachsenen Menschen je Tag läßt sich nach der Beziehung: Körpermasse in kg mal 120 berechnen. Das sind rund 8400 kJ für einen Mann von 70 kg. Der G. einer gleich schweren Frau ist etwa 10% niedriger.

Der G. von Mensch und Tier steht unter dauernder hormonaler und nervaler Kontrolle. Der Einfluß der zur Skelettmuskulatur ziehenden Nerven ist gering, der des sympathischen Nervensystems sehr groß. Seine Wirkstoffe Adrenalin und Noradrenalin steigern den Leberstoffwechsel, stellen Blutzucker bereit und greifen unmittelbar in den Zellstoffwechsel ein. Sämtliche Hormondrüsen, vor allem die Schilddrüse und die Nebennieren, beeinflussen den G.: die Entfernung der Schilddrüse senkt ihn um 30%, die der Nebennieren um 15%. Auch die Sexualfunktionen verändern den G.: Entfernung der Hoden und Ovarien senken ihn; während der Trächtigkeit fällt, in der Säugeperiode steigt er.

Da erstens jede Zelle Energie umsetzt, steigt der G. eines Tieres mit seiner Zellmasse, d. h. der Körpergröße. Da zweitens die im Innern entstandene Wärme nach außen abgegeben werden muß, nimmt der G. je Volumeneinheit mit steigender Körpergröße ab. Warmblüter können nicht kleiner als ein Kolibri oder eine Spitzmaus sein – sonst sind die Wärmeverluste über die relativ große Oberfläche zu hoch. Größere Säugetiere als der Elefant sind nicht existenzfähig, weil dann über eine relativ zu kleine Oberfläche nicht genügend Wärme abgeführt werden kann. Für alle warm- und kaltblütigen Wirbeltiere besteht eine lineare Beziehung zwischen dem Logarithmus des G. und dem Logarithmus der Körpermasse; allerdings ist die Steigung jener Geraden für Fische, Kriechtiere, Vögel und Säuger etwas verschieden. Die Abhängigkeit des G. von der Körpermasse der Vögel und Säugetiere zeigt die Abb.

Grundwasser, Wasser, das als zusammenhängender Wasserkörper Klüfte, Spalten und Porenräume in Fest- und Lockergestein ausfüllt und nur der Schwerkraft unterliegt.

Grundwasserfauna, Tierwelt des →Grundwassers. Am Grund des oberirdischen Gewässer, in Quellen und Brunnen hat das Grundwasser direkten Kontakt mit Oberflächengewässern. Von diesen Kontaktstellen her erfolgt seine Besiedlung. Alle echten Grundwasserorganismen (*Stygobionten*) leiten sich von oberirdischen Formen ab. Faktoren, die ihre Verbreitung begrenzen, sind die Dunkelheit, der Mangel an Nahrung und die gleichbleibende, etwa der Jahresdurchschnittstemperatur der Umgebung entsprechende niedrige Wassertemperatur. Infolge der Dunkelheit fehlen autotrophe Pflanzen im Grundwasser. Ernährungsphysiologisch ist das Grundwasser abhängig von der Erdoberfläche. Die Tiere sind Detritusfresser, Pilzfresser oder Räuber. Der Nichtgebrauch der Lichtsinnesorgane führt zu deren Verkümmerung; der überwiegende Teil der Grundwasserorganismen ist deshalb blind. Die Orientierung erfolgt über gut entwickelte Tastorgane oder über chemische Sinne. Eine weitere Folge der Dunkelheit ist die Pigmentlosigkeit der echten Stygobionten. Weiße oder fleischfarbene Formen herrschen vor. Sind die Arten schon vor langer Zeit ins Grundwasser vorgedrungen, ist die Pigmentlosigkeit irreversibel. Jüngere Stygobionten dagegen erlangen ihre ursprüngliche Farbigkeit wieder, wenn sie bei Tageslicht gezüchtet werden, z. B. der Grottenolm, *Proteus anguinus*. Weitere Besonderheiten der G. sind höhere Lebensdauer gegenüber oberirdischen Verwandten und niedrigere Fortpflanzungsrate; da die angebotene Nahrung beschränkt ist, müssen die Individuenzahlen klein gehalten werden. Die meisten Grundwasserarten gibt es in Karstgebieten, deren Reichtum an Höhlen das direkte Studium der G. ermöglicht. Gut bekannte Grundwassertiere sind der Strudelwurm *Planaria montenegrina*, der Höhlenkrebs *Niphargus puteanus*, die Höhlenassel *Asellus cavaticus*, die Schnecke *Lartetia*, der Flohkrebs *Stygodytes balcanicus*, die blinden Höhlenfische *Chologaster agassizii* und *Amblyopsis spelaeus*, der Grottenolm *Proteus anguinus*. Einige Stygobionten kommen regelmäßig in der Tiefe oligotropher Seen, in Quellen und Brunnen vor, z. B. *Niphargus puteanus* und *Asellus cavaticus*.

Lit.: Chappius, P. A.: Die Tierwelt der unterirdischen Gewässer. In: Die Binnengewässer (Stuttgart 1927).

Grundzahl, *Basiszahl*, die kleinste haploide Chromosomenzahl eines bestimmten Verwandtschaftskreises, die mit dem Symbol x gekennzeichnet wird ($x = 4$ bedeutet eine G. von 4 Chromosomen).

Grundzytoplasma, → Grundplasma.

Grüne Bakterien, svw. Chlorobakterien.

Grüner Leguan, *Iguana iguana*, bis 2,20 m Gesamtlänge bei etwa 45 cm Kopfrumpflänge erreichender, hauptsächlich pflanzenfressender, größter Vertreter der Leguane mit vor allem beim Männchen stark entwickeltem hohen

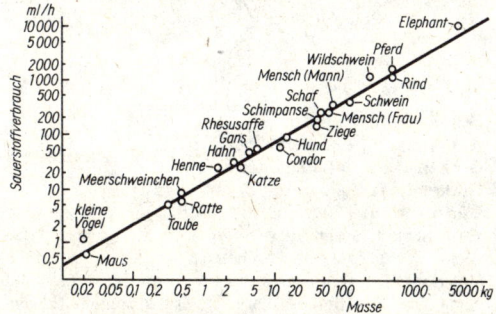

Steigerung des Stoffwechsels mit der Körpermasse

Grünlandgesellschaft

Schuppenkamm und großem Kehlsack. Er bewohnt Urwaldbäume und -gebüsche (bis in 20 m Höhe) entlang der Flüsse des tropischen Mittel- und Südamerikas, kann meterweit springen und mit Hilfe des kräftigen Schlagschwanzes schwimmen. Das Weibchen vergräbt das etwa 30 Eier umfassende Gelege im Boden.

Grünlandgesellschaft, → Ersatzgesellschaft.
Grünling, → Finkenvögel.
Grunzochse, svw. Yak.
Gruppeneffekt, → allelomimetisches Verhalten, → Stimmungsübertragung.
Gruppenresistenz, Widerstandsfähigkeit von Herkünften, Rassen und Stämmen bestimmter Schaderreger gegenüber mehreren chemisch nahe verwandten Wirkstoffen einer Gruppe von Pflanzenschutz- bzw. Schädlingsbekämpfungsmitteln.
Gruppenselektion, 1) in der Populationsgenetik die Auslese zwischen Gruppen von Individuen. G. erfolgt zwischen räumlich voneinander getrennten Populationen derselben Art oder zwischen verschiedenen reproduktiv voneinander isolierten Arten. Ohne das Verdrängen unterlegener Arten im Laufe der Erdgeschichte, wodurch immer wieder Platz für neue überlegene Formen geschaffen wurde, wäre die Entwicklung des Lebens, wie wir sie aus der paläontologischen Überlieferung erschließen, nicht möglich gewesen.

Im Vergleich zur Individualselektion sind die Auswirkungen von G. auf den Gang der Evolution unbedeutend; denn es gibt viel weniger Gruppen als Individuen. Da Gruppen auch viel länger überleben als Individuen, ist die Intensität der G. gering. G. ist ein Mechanismus, der Eigenschaften entstehen läßt, die der Gruppe nutzen, für das Individuum aber unwesentlich oder gar nachteilig sind.

Selektiv bedeutsame Unterschiede zwischen Individuen entstehen durch Mutation und Rekombination. Analoge Mechanismen, die einer Population oder größeren Gruppe eine selektive Überlegenheit verleihen könnten, gibt es nicht. Unterschiede zwischen Gruppen sind im wesentlichen eine Folge unterschiedlicher Individualselektion innerhalb dieser Gruppen. Genetische Drift allein verhilft keiner Gruppe zu einer Überlegenheit, die auf die Anwesenheit einer größeren Zahl genetischer Faktoren beruht. G. ist nicht identisch mit kin selection (→ Sippenselektion).

2) in der Verhaltensforschung die auswählende Unterscheidung zwischen biosozialen Gruppen. Die These der G. geht von der Vorstellung aus, daß in diesem Fall die Selektionsmechanismen nicht beim Individuum, sondern bei Gruppeneinheiten ansetzen, unabhängig von dem Verwandtschaftsgrad der Mitglieder der Gruppe. Die Selektion wirkt hier durch den unterschiedlichen Beitrag einzelner Gruppen zum Genpool der Population in nachfolgenden Generationen.

Gruppensterilität, svw. Intersterilität.
Grylloblattoidea, → Notoptera.
Gryphaea, Gattung der Austern, deren linke Schale hochgewölbt und einen stark einwärts gekrümmten Wirbel besitzt. Mit diesem ist das Tier meistens auf dem Meeresboden festgewachsen. Die rechte Klappe ist flach und deckelförmig.

Gryphaea (Liogryphaea) arcuata Lam. aus dem unteren Lias; Vergr. 0,5:1

Geologische Verbreitung: Jura bis Gegenwart; manche Arten, besonders in der Kreide, sind Leitfossilien.

Guajaharz, ein dunkelgrünes bis grauschwarzes Harz, das aus dem westindischen Baum *Guajacum officinale* gewonnen und in der Medizin z. B. bei Gicht, Rheuma und Hautleiden angewendet wird.
Guajakol, **Brenzkatechinmonomethylether**, eine ölige Flüssigkeit von stark würzigem Geruch, die im Buchenholzteer vorkommt und erstmalig durch Destillation von Guajaharz gewonnen wurde. G. dient als Ausgangsmaterial zur Darstellung von Vanillin.

Guanako, *Lama guanicoë*, ein Schafkamel mit rotbraunem Fell, das in den Steppen- und Hochgebirgsgebieten Südamerikas beheimatet ist. Von ihm stammen als Haustierformen Lama und Alpaka ab.
Guanin, → Harn.
Guano-Fledermaus, → Bulldoggfledermäuse.
Guayule, → Korbblütler.
Guerezas, **Stummelaffen**, *Colobus*, mit langen, seidigen Fellumhängen versehene → Schlankaffen der äquatorialen Urwaldgebiete Afrikas. Bei den G. ist der Daumen, wenn überhaupt, nur als Stummel ausgebildet.
Guineawurm, → Medinawurm.
Gummiarabikum, *arabischer Gummi*, ein → Pflanzengummi, ein erstarrter gummiartiger Schleimstoff aus verwundeten sudanesischen Akazienarten, der ähnlich wie die Pektine aufgebaut ist und bei Hydrolyse Galaktose, Arabinose, Rhamnose und Glukuronsäure liefert. G. bildet rundliche Stücke von muschelartigem Bruch und wurde schon in alten Zeiten über Arabien gehandelt. Es findet als Klebstoff und Appreturmittel, in der Medizin als Emulgens und Bindemittel Verwendung.
Gummibaum, → Maulbeergewächse.
Guppy, *Poecilia reticulata*, **Millionenfisch**, kleiner, bunter, lebendgebärender Zahnkarpfen Süd- und Mittelamerikas, der sich vor allem von Mückenlarven ernährt. Der G. ist ein beliebter Aquarienfisch. Aus der Wildform wurden durch Linienzucht zahlreiche Farb- und Formspielarten entwickelt.
Guramis, aquaristische Bezeichnung für Kletterfischverwandte mit fadenartig ausgezogenen Bauchflossen, nicht zu verwechseln mit dem Gurami (→ Fadenfische). Die meisten so benannten Arten gehören zur Familie *Bettas*, *Belontiidae*, z. B. Blauer Gurami, *Trichogaster trichopterus sumatranus*; Makropode, *Macropodus opercularis*; Kampffisch, *Betta splendens*.

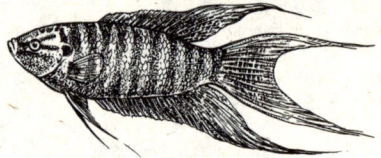

Makropode (*Macropodus opercularis*)

Gurke, → Kürbisgewächse.
Gurkenbaum, → Sauerkleegewächse.
Gurkenkraut, → Borretschgewächse.
Gurkenmosaikvirusgruppe, → Virusgruppen.
Gürtelechsen, *Cordylidae*, in Südafrika und auf Madagaskar beheimatete Familie der → Echsen mit großen, bestachelten, wirtelförmig angeordneten Schwanzschuppen, breitem Kopf, abgeplattetem Körper und von meist unscheinbar grauer oder brauner Färbung. Die gekielten Rückenschuppen sind von Knochenplättchen (Osteodermen)

unterlegt. Bei einigen Arten, den *Schlangengürtelechsen, Chamaesaura*, sind die Gliedmaßen rückgebildet. Die meisten G. sind Felsbewohner, die sich in Gesteinsspalten verbergen. Sie fressen alle Arten von Gliederfüßern, daneben Schnecken und auch Blüten und Früchte. Die Vertreter der Unterfamilie *Gürtelschweife, Cordylinae*, sind lebendgebärend (vivi-ovipar) und tragen meist kräftige Nackendornen. Die größte Art ist der bis 40 cm lange *Riesengürtelschweif, Cordylus giganteus*. Die *Schildechsen*, Unterfamilie *Gerrhosaurinae*, kommen außer in Afrika auch auf Madagaskar vor. Sie besitzen größere Knochenplatten unter dem Schuppenkleid und eine Hautfalte an den Körperseiten. Bei einigen Arten ist die Zehenzahl reduziert. Die schwarze, gelbgefleckte *Sudan-Schildechse, Gerrhosaurus major*, wird bis 45 cm lang.

Gürtelschweife, → Gürtelechsen.

Gürteltiere, *Dasypodidae*, eine Familie der → Zahnarmen. Die Körperoberfläche der G. ist mit kleinen, gegeneinander beweglichen und mit einer Hornschicht bedeckten Knochenplatten gepanzert. Die G. sind Allesfresser und führen eine nächtliche, meist unterirdisch grabende Lebensweise. Sie sind von Argentinien bis zum Süden der USA verbreitet.

Gürtelwürmer, *Clitellata*, eine Klasse der Ringelwürmer, in der die → Wenigborster und Egel zusammengefaßt werden. Bei ihnen schwellen die die Geschlechtsorgane enthaltenden Segmente zumindest während der Fortpflanzungszeit zu einem drüsigen Gürtel (Clitellum) an, der die zur Aufnahme der Eier bestimmten Kokons abscheidet.

Über das Sammeln und Konservieren von G. → Ringelwürmer.

Güster, *Blicca bjoerkna*, hochrückiger, bodenorientierter, bis 30 cm langer Karpfenfisch der Seen und Flüsse Mittel- und Nordeuropas. Der G. hat Ähnlichkeit mit dem Blei. Fleisch sehr grätenreich.

Gutta, ein kautschukähnlicher Stoff, gewonnen aus dem Milchsaft tropischer *Palaquium*-Arten, die in Indonesien und im südlichen Ostindien heimisch sind. G. ist wie Kautschuk ein Polyterpen aus zahlreichen Isopreneinheiten $(C_5H_8)_n$ (→ Terpene). An allen Doppelbindungen besteht trans-Konfiguration. Die Mischung von G. mit Harzen heißt *Guttapercha*. Die in der Kälte unelastische und harte Masse wird unter anderem zur Isolierung von Kabeln, für Zahnfüllung und zum Schienen von Knochenbrüchen verwendet.

Guttapercha, → Gutta.

Guttation, die Ausscheidung von Wasser in flüssiger Form aus speziellen *Wasserspalten* (Hydathoden, → Ausscheidungsgewebe) der Pflanzen. Wenn bei hoher Luftfeuchtigkeit die Transpiration aussetzt, z. B. in feuchtwarmen Nächten oder im tropischen Regenwald, tritt G. an ihre Stelle und übernimmt auch in begrenztem Umfang deren Funktion, einen blattwärts gerichteten Wasserstrom zum Transport von Nährsalzen aufrechtzuerhalten. An Blatträndern und -spitzen von Frauenmantel, Fuchsie, Kapuzinerkresse, Gräsern u. a. sieht man dann große Tropfen, die Tautropfen ähneln, jedoch *Guttationswasser* darstellen. Untergetauchte Wasserpflanzen können Wasser nur in flüssiger Form durch ihre Blätter u. a. abgeben. Bei Steinbrech-Arten enthält das Guttationswasser Kalk ($CaCO_3$), der bei der Verdunstung des Wassers in Form von feinen Krusten u. dgl. auf den Blättern zurückbleibt. Besonders stark ausgeprägt ist die G. bei einigen Pflanzen tropischer Urwälder; bestimmte Arten können in einer Nacht bis zu 100 ml je Blatt ausscheiden. Die Triebkraft für die Abscheidung der Guttationsflüssigkeit ist bei *passiven Hydathoden*, d. h. Blätter von Gräsern, der Wurzeldruck, der den Xyleminhalt durch Porensysteme nach außen preßt. Die *aktiven Hydatho-* den, z. B. von Kapuzinerkresse, Steinbrech oder Bohne, stellen *Wasserdrüsen* dar, die unabhängig vom Wurzeldruck arbeiten. Dieser Abscheidungsmechanismus ist noch nicht im einzelnen geklärt.

gymnokarp, Bezeichnung für Fruchtkörper der Schlauchpilze (*Ascomycetes*), bei denen die sporenbildende, fertile Schicht, das Askohymenium oder Thecium, von Beginn an frei liegt.

Gymnolaemata, → Kreiswirbler.
Gymnophiona, → Blindwühlen.
Gymnosomata, → Flügelschnecken.
Gymnospermae, → Nacktsamer.
Gymnospermenzeit, svw. Mesophytikum.
Gymnotoidei, → Messeraalverwandte.

Gynandromorphismus, die Erscheinung, daß ein Individuum mosaikartig aus männlichen und weiblichen Teilen besteht und die Geschlechtschromosomen-Konstitution der Mosaikbildung entspricht. Echter G. ist nur bei Organismen möglich, denen Geschlechtshormone fehlen und deren Geschlechtsmerkmale entsprechend der genetischen Konstitution der Zellen, die sie aufbauen, festgelegt werden. Bei Individuen mit Geschlechtshormonen kann eine an sich gynandromorphe Gestaltung nicht zu klaren Geschlechtsmosaiken führen, da das Vorliegen männlicher und weiblicher Geschlechtshormone eine intersexuelle Entwicklung bewirkt. → Geschlechtsbestimmung, → Intersexe.

Gynogamet, → Fortpflanzung.
Gynogamone, → Gamone.

Gynogenese, Bezeichnung für die Erscheinung, daß die Eizelle nur mit ihrem eigenen Kern entwickelt. Im Verlauf der Befruchtung dringt zwar der männliche Gamet in die Eizelle ein und aktiviert sie, aber der spontan oder experimentell inaktivierte Kern des Spermiums nimmt keinen Anteil an ihrer Entwicklung. Gegensatz: → Androgenese.

Gynomerogon, → Merogonie.
Gynözeum, → Blüte.

Gyttja [schwed., sprich Jüttja], graues bis grauschwarzes Sediment in Gewässern mit belüfteten Böden. Die G. besteht in der Hauptsache aus abgestorbenem und sedimentiertem Plankton. Sie ist reich an organischen Stoffen. Da Sauerstoff bis in die oberen Schichten des Sediments eindringt, ist eine reiche Bodentierwelt entwickelt. → Dy, → Sapropel.

H

Haare, 1) Oberhautbildungen der Säugetiere, die mit Reptilschuppen und Vogelfedern nicht homolog sind. Es sind unverzweigte, zylindrische Hornfäden, die vom Grunde einer in der Unterhaut versenkten Anlage, dem *Haarbalg*, hervorgehen. Das aufgetriebene Ende der Haaranlage, die *Haarzwiebel*, enthält eine Bindegewebepapille, in die Gefäße und Nerven zur Ernährung der H. eintreten. Ein definitives Haar besteht aus dem über die Haut hinausragenden, stark verhornten *Haarschaft* und der in den Haarbalg eingelassenen *Haarwurzel*. Am freien Teil der H. unterscheidet man von innen nach außen folgende Schichten: Mark, Rinde und Oberflächenhäutchen (Kutikula). Verstärkte Rindenbildung bedingt ein weiches Haar (Schafwolle), stärkere Markentwicklung ein straffes Haar (Grannenhaar des Hirsches). In sehr dünnen H. (Flausch des Menschen, Wollhaar von Schafrassen, Seehund) fehlt das Mark. Mehrfach

Haarfarbe

sind unabhängig voneinander in verschiedenen Stammeslinien der Säugetiere (Schnabeligel, Tenrec, Erdstachelschwein u. a.) der Feindabwehr dienende *Stacheln* entstanden. In den Haarbalg münden Talgdrüsen, deren Sekret die H. einfettet. Glatte Muskeln, die am Haarbalg ansetzen, können ein Aufrichten der H. (Haarsträuben, Gänsehaut) veranlassen. Bei den Spür- und Tasthaaren ist der Haarbalg von Bluträumen umgeben sowie von zahlreichen Nervenfasern umsponnen.

Die Anordnung der H. in *Haarströmen* ist für die einzelnen Tierarten charakteristisch. Die → Haarfarbe ist an das Vorhandensein von Pigmenten gebunden. Während bei Tieren mit verschiedenem Sommer- und Winterkleid, z. B. beim Hermelin, ein zweimaliger *Haarwechsel* auftritt, findet er bei höheren Affen und dem Menschen dauernd unauffällig statt.

2) → Pflanzenhaare.

Haarfarbe, die auf der unterschiedlichen Pigmentkonzentration (meistens Melanin) in Rinden- und Marksubstanz des Haarschafts beruhende Färbung des Haares. Beim Menschen können die einzelnen Abstufungen der H. in zwei Farbreihen eingeordnet werden, von denen die eine alle braunschwarzen Tönungen, die andere die hellsten Gelbtöne bis zum Tizianrot umfaßt. Das bei roter H. (*Rutilismus, Rothaarigkeit*) auftretende Pigment stellt offenbar eine erbliche Hemmungsstufe des normalen braunen Pigments dar. In den weißen Haaren der Albinos sind farblose Pigmentkörperchen enthalten. Das Ergrauen und Weißwerden des Haares im Alter beruht einerseits auf der Bildung von Luftbläschen, andererseits auf einer Pigmentabnahme in neugebildeten Haaren. Störungen des innersekretorischen Systems können frühzeitiges Ergrauen, Haarausfall oder auch übermäßige Körperbehaarung zur Folge haben. Zur Bestimmung der H. werden in der Anthropologie spezielle *Haarfarbentafeln* verwendet. Diese enthalten 30 standardisierte Strähnen künstlicher Haare, die den natürlichen Farbabstufungen des menschlichen Haares entsprechend gefärbt sind.

Haarformen, die verschiedenen Formen des menschlichen und tierischen → Haares. Es lassen sich Kontur- oder Deckhaare, Wollhaare und Tasthaare *(Vibrissae)* unterscheiden. Zu den Konturhaaren gehören die besonders langen und kräftigen Leithaare und die Grannenhaare. Beim Menschen werden im allgemeinen 11 verschiedene H. unterschieden (Abb.). Die glatthaarigen (lisotrichen) Formen sind im wesentlichen auf die Mongoliden, die wellhaarigen (kymatotrichen) auf die Europiden und die kraushaarigen (ulotrichen) auf die Negriden beschränkt.

Die H. steht in einer gewissen Beziehung zu Einpflanzungsrichtung des Haares in der Kopfhaut. Der Haarbalg des krausen Haares ist säbelförmig gekrümmt, der des welligen und schlichten Haares dagegen nur wenig gebogen und der des straffen Haares geradlinig. Dabei stecken die Haarbälge mehr oder weniger schräg in der Kopfhaut. Der Austrittswinkel des schlichten Haares schwankt zwischen 20 und 70°, der des straffen kann bis 90° betragen.

Haarfrosch, *Trichobatrachus robustus,* westafrikanischer, eigenartiger Vertreter der → Echten Frösche, dessen Männchen zur Fortpflanzungszeit mit haarähnlichen, »lockigen« Hautwucherungen bedeckt ist, die durchblutet sind und entweder als zusätzliches Atmungsorgan oder – nach neueren Forschungen – als Geschlechtssignal dienen. Die Kaulquappen haben einen großen Saugmund.

Haargefäß, svw. Kapillare.

Haarlinge, → Tierläuse.

Haarnadelgegenstromprinzip, Stoffkonzentrierung in haarnadelförmig gebogenen Strukturen eines Organs, in denen sich eine Flüssigkeit im Gegenstrom, erst hin, dann zurück, bewegt.

1) Das H. der Niere (Abb.) Die Henleschen Schleifen sind haarnadelförmig angeordnet; der Harnfluß erfolgt im Gegenstrom: im proximalen Tubulus markwärts, im distalen rindenwärts. Das Nebennierenrindenhormon Aldosteron treibt im distalen Tubulus Pumpen an, die Na^+-Ionen von dort in das Interstitium befördern. Den positiven Na^+-Ionen folgen zwar die elektrisch gebundenen negativen Cl^--Ionen, aber Wassermoleküle können nicht osmotisch mitwandern, da der aufsteigende Teil des distalen Tubulus wasserundurchlässig ist. Das in die interstitielle Flüssigkeit gelangte NaCl diffundiert in den absteigenden Teil der Henleschen Schleife, da jene Zellen des proximalen Tubulus für NaCl besonders durchlässig sind. Dieser Prozeß findet gleichzeitig, in stets gleicher Stärke und in verschiedenen Ebenen der Henleschen Schleife statt. Die für den Einzeltransport zu leistende Arbeit ist relativ gering, da aber viele Schritte hintereinander geschaltet sind, multiplizieren sie sich, so daß die Konzentration zum Scheitel der Henleschen Schleife zu-, aber dahinter auch wieder abnimmt. Die NaCl-Konzentration teilt sich auch dem interstitiellen Gewebe mit. Als Folge des Konzentrationsanstieges zur Haarnadelspitze kann Wasser aus den Sammelrohren herausgeholt werden, welches dann von den die Henleschen Schleifen begleitenden Nierengefäßen, den *Vasa recta,* aufgenommen wird. In den haarnadelartigen Schleifen der *Vasa recta* existiert noch ein zweiter Gegenstrommechanismus. Er verhindert den Abtransport der osmotisch wirksamen Stoffe aus dem Nierenmark und funk-

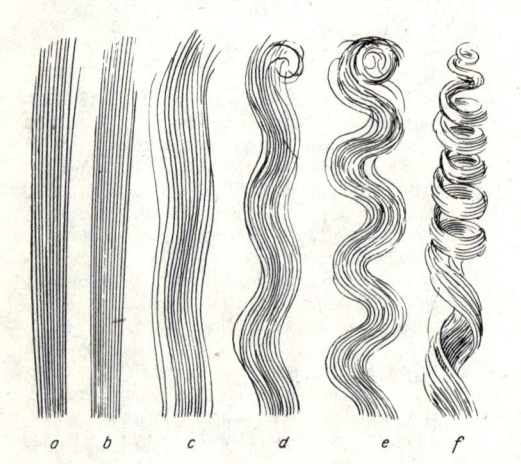

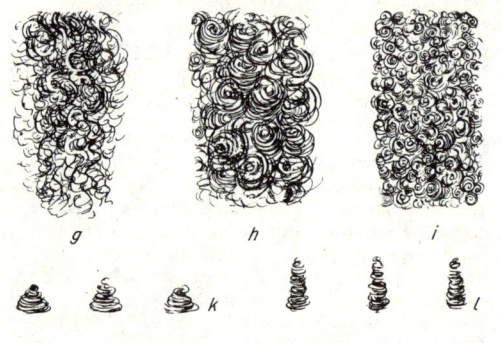

Haarformen des Menschen (nach Martin): *a* straff, *b* schlicht, *c* flachwellig, *d* weitwellig, *e* engwellig, *f* lockig, *g* gekräuselt, *h* locker kraus, *i* dicht kraus, *k* fil-fil, *l* spiralig; *a* und *b* lisotrich, *c* bis *f* kymatotrich, *g* bis *l* ulotrich

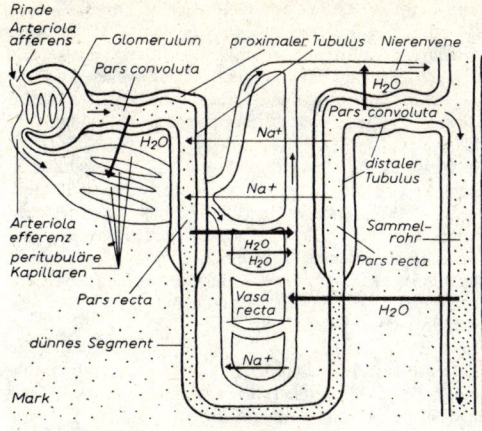

Haarnadel-Gegenstromsysteme der Niere

tioniert auf folgende Weise: Die bis zum Scheitel angereicherten Na⁺-Ionen diffundieren aus dem aufsteigenden Schenkel der Blutgefäße in den absteigenden zurück. Umgekehrt diffundiert Wasser aus den absteigenden in die aufsteigenden Gefäße. Dadurch wird erreicht, daß im abführenden Blutgefäß nahezu gleichbleibende osmotische Verhältnisse herrschen und die gelösten Stoffe, vor allem NaCl, im Mark verbleiben. Bei einem Blutdruckanstieg im Körper werden die *Vasa recta* stärker durchblutet, die Rückdiffusion von Wasser in ihnen gedrosselt, die Harnkonzentrierung in den Henleschen Schleifen verschlechtert und deshalb letztlich eine größere Harnmenge abgegeben. So entsteht eine Druckdiurese.

2) Das H. der Schwimmblase. Die vordere Kammer einer Schwimmblase dient der Gassekretion, die hintere der Gasspeicherung und -entnahme. Auf der vorderen liegt die Gasdrüse mit dem »Wundernetz«; dessen Kapillaren sind haarnadelartig angeordnet, das Blut bewegt sich im Gegenstrom aneinander vorbei. Die Kapillarwände besitzen eine einseitige Durchlässigkeit für Blutgase. Diese diffundieren entgegengesetzt zur Blutstromrichtung von der abgehenden zur zuführenden Kapillare. Dadurch erfolgt eine ständige Zunahme der Gaskonzentration zur Haarnadelspitze hin. An ihr befindet sich die Gasdrüse, die aktiv Gase aus dem Blut in die Schwimmblase abscheidet, indem die Glykolyse gesteigert wird und die produzierte Milch- und Kohlensäure über den → Bohr-Effekt gasförmigen Sauerstoff austreiben. Gleichzeitig abgesonderte Salze vermindern die Löslichkeit von Blutgasen und unterstützen den Säureeffekt. Das »Wundernetz« eines Aales besitzt 500 000 Kapillaren/cm² und eine Gassekretionsleistung bis zu 130 ml/Minute/bar.

Rezeptoren des Gleichgewichtssinnes stellen die Raumlage fest und erregen das Dienzephalon. Von dort aktiviert der *Nervus vagus* die Gassekretion, zum einen durch Steigerung der Glykolyse in der Gasdrüse und zum anderen durch Steuerung der Durchblutung beider Kammern einer Schwimmblase. In der Sekretionsphase werden die Gefäße der vorderen Kammer geöffnet, die der hinteren verschlossen. Bei der Gasentnahme aus der Schwimmblase kehren sich die Verhältnisse um. Beide Kammern werden außerdem von einem beweglichen Ringmuskel getrennt. Er wandert in der Sekretionsphase nach hinten und in der Resorptionsphase nach vorn.

Haarregel, → Klimaregeln.

Haarsensillen, → Tastsinn.

Haarsterne, Crinoidea, [griech. krinos 'Lilie'], **Seelilien,** Klasse des Unterstammes der *Crinozoa* (Seelilienartige) der Stachelhäuter, deren Angehörige zeitlebens oder wenigstens in der Jugend mit einem Stiel auf dem Meeresboden festsitzen. Der Körper besteht aus einem Kelch mit Kelchdecke, dem fünf lange, gabelige oder verzweigte Arme aufsitzen (Abb.). Kelch und Arme bilden die Krone. Die Krone verlängert sich in einen Stiel, der wirtelförmig angeordnete Zirren tragen kann. Die meisten Arten werfen den Stiel aber schon in früher Jugend ab und klammern sich mit am Kelch stehenden Zirren an festen Gegenständen an; eine geringe Ortsbewegung ist dann möglich. Kelch, Arme, Stiel und Zirren sind von Skelettplatten oder -ringen, die in der Unterhaut liegen, eingehüllt. Die Arme werden bis 1,2 m lang, während der Stiel bei manchen Arten mehrere Meter, bis zu 18 m bei *Seirocrinus,* Länge erreichen kann. Die Nahrung besteht aus Plankton, das von seitlichen Fortsätzen der Arme (*Pinnulae* und *Tentakel*) abgefangen und in einer Nahrungsrinne zum Mund geleitet wird. Die Larvenform wird als *Doliolaria* bezeichnet. Es sind etwa 650 lebende Arten bekannt.

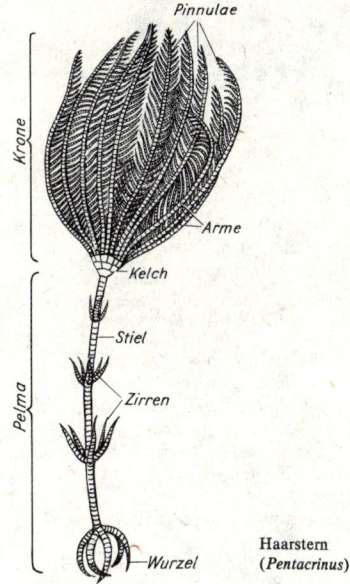

Haarstern (*Pentacrinus*)

Geologische Verbreitung und Bedeutung: Kambrium bis zur Gegenwart. Die H. bilden mit etwa 5 000 Arten die formenreichste und am höchsten entwickelte Gruppe der Stachelhäuter. Den etwa 650 rezenten Arten stehen über 4 300 fossile Vertreter gegenüber, von denen im Ordovizium bereits alle Hauptgruppen vorhanden sind. An der Grenze Perm/Trias macht sich ein Entwicklungseinschnitt bemerkbar, jedoch stehen die H. im Mesozoikum weiter in voller Blüte. Die fossilen H. waren zumeist sessil und Bewohner des Flachwassers. Erst vom Tertiär an macht sich eine zunehmende Verlagerung ihres Lebensraumes in größere Tiefen bemerkbar. Vollständig erhaltene Seelilien bilden Ausnahmen, z. B. Posidonienschiefer (Lias) von Holzminden, Muschelkalk von Freyburg/U. Zumeist sind Kelch und Stiel in ihre Einzelteile (Trochiten) zerfallen, wobei diese zuweilen gesteinsbildend werden können.

Sammeln und Konservieren: Festsitzende H. erbeutet man mit der Dredge oder einem Bodengreifer. Frei schwimmende H. werden in seichtem Wasser mit einem feinen Wassernetz gesammelt. Zur Narkotisierung wird dem Meerwasser tropfenweise 30%iges Magnesiumchlorid zugesetzt. Nach dem Ausrichten der Arme werden die H. mit

Haarvögel

70%igem Alkohol fixiert und nach einigen Stunden in 85%igem Alkohol zum Aufbewahren gebracht.

Haarvögel, → Bülbüls.

Habichtartige, *Accipitridae,* eine Familie der → Greifvögel. Hierher gehören die *Altweltgeier* (→ Geier), Milane (*Gabelweihen*), *Milvus, Habichte* und *Sperber, Accipiter, Weihen, Circus, Adler, Steinadler, Aquila, Seeadler, Haliaëtus, Bussarde, Buteo, Wespenbussarde, Pernis* u. a.

Seeadler (*Haliaëtus albicilla*)

Habitat, svw. Biotop.
Habituation, svw. Gewöhnung.
Habitus, äußere Erscheinung, Haltung, Gesamtaussehen von Menschen, Tieren und Pflanzen.
Habu-Schlange, → Lanzenschlangen.
Hacken, svw. Ferse.
Hackordnung, älterer Begriff für → Rangordnung zwischen Organismen, die in biosozialen Einheiten leben, speziell aus Beobachtungen an Hühnern abgeleitet. Die H. ist ein Sonderfall der Rollenverteilung innerhalb biologischer Gruppen und daher wertfrei; die in der H. abgestuften Ränge sind durch die individuell verschiedenen Grade der Dominanz gekennzeichnet, auch Dominanzwert genannt, die sich durch »Hierarchie-Formeln« quantifizieren lassen.
Hadrom, → Leitgewebe.
Haemophilus, eine Gattung kleiner, zuweilen Fäden bildender und vielgestaltiger, unbeweglicher, gramnegativer Bakterien, die im Blut des Menschen und verschiedener Wirbeltiere parasitieren. *H. influenzae* tritt in Zusammenhang mit grippeartigen Erkrankungen auf, andere Arten rufen Bindehautentzündungen und Krankheiten beim Schwein und bei Geflügel hervor.
Hafer, → Süßgräser.
Haftfrüchte, *Klettfrüchte,* Früchte, die Haftorgane, z. B. gekrümmte, nach rückwärts gerichtete Stacheln, ausgebildet haben. Mit diesen bleiben sie an Tieren und Menschen haften (z. B. Große Klette) und können so über große Entfernungen transportiert werden.
Haftkiefer, *Plectognathi,* alte Bezeichnung für → Kugelfischartige.
Haftkletterer, → Bewegung.
Haftmittel, Zusatzmittel zu chemischen → Pflanzenschutzmitteln, die deren Haftfähigkeit auf der Pflanzenoberfläche erhöhen sollen. Sie werden sowohl Stäube- als auch Spritz- und Sprühmitteln zugesetzt.
Haftplatten, → Plasmamembran.
Haftscheibe, → Rhizoide 2).
Haftstiel, → Dottersack.
Haftzeher, svw. Geckos.
Haftzone, → Epithelgewebe, → Plasmamembran.
Hagebutten, die Früchte der Rosen, → Rosengewächse.
Hagen-Poiseuillesche Gesetz, → Strömungsgesetze im Blutkreislauf.
Häher, → Rabenvögel.
Häherlinge, → Timalien.
Hahnenfußgewächse, *Ranunculaceae,* eine Familie der Zweikeimblättrigen Pflanzen mit etwa 2 000 Arten, die überwiegend auf der nördlichen Erdhälfte vorkommen. Es sind Kräuter, seltener Holzpflanzen, mit wechselständigen, meist mehr oder weniger geteilten Blättern ohne Nebenblätter. Die regelmäßigen oder unregelmäßigen Blüten sind sehr unterschiedlich gestaltet, gemeinsam sind ihnen eine Vielzahl von Staubblättern und meist mehrere bis viele apokarpe, aus einzelnen getrennten Fruchtblättern bestehende Fruchtknoten. Auf dem erhöhten Blütenboden sind die einzelnen Blütenglieder entweder schraubig oder wirtlig gestellt. Die Blütenhülle ist teilweise einfach, kann aber

Hahnenfußgewächse: *a* Akelei, *b* Blauer Eisenhut, *c* Gartenklematis, *d* Scharbockskraut, *e* Schneerose

auch in Kelch und Krone unterteilt sein. Häufig kommen Honigblätter vor, das sind Nektarien, die sich aus Staubblättern entwickelt haben. Die H. werden überwiegend durch Insekten bestäubt, Vogel- und Windbestäubung ist selten. Als Früchte sind Bälge, Kapseln, Nüßchen oder (seltener) Beeren ausgebildet.

Viele Arten dieser Familie sind aufgrund der ansehnlichen Blüten Zierpflanzen. Auch Zuchtformen sind beliebt, so z. B. von den Gattungen **Rittersporn**, *Delphinium*, **Akelei**, *Aquilegia*, **Eisenhut**, *Aconitum*, **Windröschen**, *Anemone*, und **Waldrebe (Klematis)**, *Clematis*, die die Wildarten in der Größe bei weitem übertreffen. Einige Arten sind bekannte Gift- und Arzneipflanzen, die bestimmte Alkaloide oder Glykoside enthalten, z. B. **Frühlingsadonisröschen**, *Adonis vernalis*, **Blauer Eisenhut**, *Aconitum napellus*, **Gemeine Kuhschelle**, *Pulsatilla vulgaris*, und **Schneerose**, *Helleborus niger*.

Einige H. gehören zu unseren verbreitetsten Wiesenpflanzen und Ackerunkräutern. Am bekanntesten sind der giftige **Scharfe Hahnenfuß**, *Ranunculus acris*, und der besonders feuchte Äcker und Wiesen besiedelnde **Kriechende Hahnenfuß**, *Ranunculus repens*. An sumpfigen Stellen wächst die **Sumpfdotterblume**, *Caltha palustris*, mit nierenförmigen Blättern und dottergelben Blüten. Ackerunkräuter kalkreicher Böden sind das **Sommeradonisröschen**, *Adonis aestivalis*, der **Feldrittersporn**, *Delphinium consolida*, und der **Ackerhahnenfuß**, *Ranunculus arvensis*.

Auf sauren Böden hingegen wächst das durch seine lange Fruchtähre auffallende **Mäuseschwänzchen**, *Myosurus minimus*.

Einige der heimischen H. stehen unter Naturschutz. Es sind dies die auf Gebirgswiesen vorkommende **Trollblume**, *Tróllius europaeus*, die in Bergwäldern, besonders an feuchten Stellen wachsenden Eisenhutarten, das auf kalkreichen Waldböden gedeihende **Leberblümchen**, *Hepatica nobilis*, alle vorkommenden Arten der Kuhschelle, das Frühlingsadonisröschen und das **Waldwindröschen**, *Anemone sylvestris*.

Der **Schwarzkümmel**, *Nigella sativa*, wird im Orient und Mittelmeergebiet als Gewürzpflanze kultiviert.

Haiartige, alte Bezeichnung für → Elasmobranchier.

Haie, Sammelbegriff für verschiedene Ordnungen der Elasmobranchier. Der Körper der H. ist meist spindel- bis torpedoförmig, die Schnauze überragt das unterständige zahnbewehrte Maul. Oberer Schwanzflossenlappen verlängert. Der kurze Darm hat zur Vergrößerung seiner Oberfläche eine Spiralfalte. Die H. kommen hauptsächlich in wärmeren Meeren vor. Viele Vertreter sind lebendgebärend, z. B. Hundshai, *Mustelus mustelus*, Hammerhai, *Sphyrna zygaena*, Gemeiner Dornhai, *Squalus acanthias*. Dem Menschen gefährlich werden fast nur Vertreter der Blauhaie und Hammerhaie. Die wirtschaftliche Bedeutung der H. ist relativ gering. Aus den Lebern gewinnt man einen vitaminreichen Tran, die in Streifen geschnittene und geräucherte Bauchfleisch des Dornhaies wird als »Schillerlocken«, sein Rückenfleisch in Aspik als »Seeaal« verkauft.

Hainbuche, → Haselgewächse.

Hakenlarve, → Bandwürmer, → Kratzer.

Hakennattern, *Heterodon*, nordamerikanische → Nattern mit vergrößerten hinteren Oberkieferzähnen und schaufelartig aufgeworfener Schnauze, die gern im Boden wühlen, Kröten und Frösche fressen und eierlegend sind. Der Vorderleib kann in Erregung auf das Doppelte seines Umfanges aufgebläht werden.

Hakenwurm, *Ancyclostoma duodenale*, ein zu den Fadenwürmern gehörender Schmarotzer, der eine der häufigsten Wurmerkrankungen des Menschen in wärmeren Gebieten hervorruft. Die Embryonalentwicklung findet im Freien statt. Die ersten Larvenstadien ernähren sich von Bakterien und organischem Detritus. Ein späteres Larvenstadium bohrt sich aktiv durch die Haut in den Menschen ein und gelangt mit dem Blutstrom zum Dünndarm. Der H. hat eine große, mit Zähnen bewaffnete Mundhöhle und ernährt sich von Blut.

Halbaffen (Tafel 40), *Prosimii*, *Lemuroidea*, eine Unterordnung der Primaten. Die H. sind affenähnliche Säugetiere. Finger und Zehen sind meist mit flachen Nägeln versehen, die zweite Zehe weist eine lange Kralle auf. Die H. sind nächtlich lebende Baumbewohner, die in der Mehrzahl auf Madagaskar beheimatet sind. Zu ihnen gehören die Familien der → Spitzhörnchen, → Lemuren, → Fingertiere, → Loris, → Galagos und → Koboldmakis.

Über die geologische Verbreitung → Primaten.

Lit.: H. v. Boetticher: Die H. und Koboldmakis (Wittenberg 1958).

Halbdurchlässigkeit, svw. Semipermeabilität.

Halbesel, *Equus hemionus*, fahlgelbe bis rötlichbraune → Einhufer mit Quastenschwanz wie bei den Eseln. Sie bewohnen in Herden die Steppen und Halbwüsten Asiens. Zu den H. gehören *Onager*, *Equus hemionus onager* (iranische Unterart), *Kulan*, *Equus hemionus kulan* (turkmenische Unterart), *Dschiggetai*, *Equus hemionus hemionus* (mongolische Unterart), und *Kiang*, *Equus hemionus kiang* (eine besonders große Unterart aus China). Die H. vereinen Esel- und Pferdemerkmale und geben mit Esel und Pferd unfruchtbare Bastarde.

Halbschmarotzer, → Saprophyten.

Halbschnabelhechte, *Hemirhamphinae*, schlanke Knochenfische mit verlängertem Unterkiefer, die zusammen mit den fliegenden Fischen der Familie *Exocoetidae* bilden. Die meisten H. leben im Meer, einige im Süßwasser. In der Aquaristik wird der lebendgebärende **Hechtköpfige Halbschnäbler**, *Dermogenys pusillus*, gepflegt.

Halbseitenzwitter, Individuen, deren eine Körperhälfte männlich und deren andere weiblich in bezug auf die Geschlechtschromosomen-Konstitution und die phänotypische Geschlechtsausprägung ist. → Gynandromorphismus.

Halbstrauch, *Hemiphanerophyt*, eine Pflanze, bei der nur der Stengelgrund verholzt und ausdauernd ist, während der obere krautige Teil alljährlich abstirbt und im Frühjahr durch junge Triebe aus dem verholzten unteren Teil des Stengels wieder ersetzt wird. Der H. bildet eine Zwischenform zwischen Strauch und Staude. Ein H. ist z. B. der Gartensalbei, *Salvia officinalis*.

Halbzeher, *Hemidactylus*, in den Tropen verbreitete artenreiche Gattung kleiner → Geckos mit je 2 Querreihen von Haftlamellen an den Zehen. Im tropischen Asien gehören sie zu den häufigsten »Hausgeckos«; manche Arten wurden passiv durch Schiffe in andere Erdteile verschleppt, z. B. der südosteuropäisch-afrikanische **Türkische Scheibenfinger**, *Hemidactylus turcicus*, bis Mittelamerika.

Haldane-Effekt, → Blutgase.

Haldanes Dilemma, → genetische Bürde.

Hallersches Organ, → Geruchsorgan.

Hallimasch, → Ständerpilze.

Hallstromhund, → Dingo.

Halm, der meist hohle, an den verdickten Knoten durch quergestelltes Gewebe (Diaphragmen) gegliederte Sproßachse der Gräser.

Halmfliegen, *Chloropidae*, eine Familie der Zweiflügler mit etwa 1 200 kleinen schwarz, gelb oder grün gezeichneten Arten. Hierzu gehört die **Gelbe Weizenhalmfliege** (*Chlorops pumilionis* Bjerk.), deren Larven in den Halmen von Weizen und anderen Getreidearten fressen, wodurch die Ähren in der Blattscheide steckenbleiben und verkümmern, und die *Fritfliege* (*Oscinella frit* L.), deren Larven in der 1. Generation die Herztriebe (Gelbherzigkeit), in der 2. Generation die Blütenstände oder milchigen Körner (Weißährigkeit) zerfressen (Abb.).

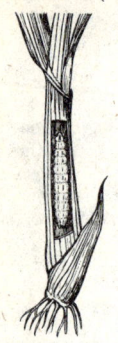

Fritfliege (*Oscinella frit* L.): Larve im geöffneten Trieb

Halmophagie, svw. Chylophagie.
Halmwespen, *Cephidae,* eine Familie der Hautflügler aus der Unterordnung der Pflanzenwespen. Die Vollkerfe sind 6 bis 15 mm lang, meist schwarz und gelb gezeichnet. Die Larven leben in Grashalmen, Stengeln oder Zweigen von Stauden oder Bäumen. Die Larven der Getreidehalmwespe (*Cephus pygmaeus* L.) befallen besonders Roggen und Weizen.
Halobakterien, → Archaebakterien.
halobiont, Bezeichnung für Organismen, die nur im Salzwasser oder auf Salzstellen anzutreffen sind. Im Gegensatz dazu haben *halophile* Organismen nur eine hohe → Präferenz für den Salzgehalt, können aber auch außerhalb von Salzstellen existieren. Ursache für die Bindung von Organismen an den Salzgehalt der Umgebung sind die osmotischen Verhältnisse. Halobionte Organismen sind gegenüber dem Substrat *isosmotisch,* d. h., der osmotische Wert ihres Zellsaftes ist gleich dem der Umgebung. *Poikilosmotische* Organismen sind in der Lage, sich den Schwankungen des osmotischen Wertes der Umgebung anzupassen, dagegen halten *homoiosmotische* Organismen in gewissen Grenzen einen stabilen osmotischen Wert im Inneren aufrecht.
Halobionte, → Salzgewässer.
Halomachilis, → Küstenspringer.
halophil, → Biotopbindung, → halobiont.
Halophile, → Salzgewässer.
Halophyten, svw. Salzpflanzen.
Halorites [griech. halos 'Meer', 'Salz'], eine in der oberen alpinen Trias leitende Ammonitengattung. Gehäuse planspiral eingerollt und sehr genabelt. Schwache einfache radiale Rippen, die mit zarten Knotenreihen bedeckt sind. Beim letzten Umgang Breitenzunahme des Gehäuses. Lobenlinie vollkommen gezackt.
Haloxene, → Salzgewässer.
Halsbandeidechsen, *Lacerta,* in vielen Arten und Unterarten in Europa, Westasien und Nordafrika verbreitete umfangreichste Gattung der → Eidechsen. Vor allem im Mittelmeerraum kommt eine Vielzahl von Formen vor, deren systematische Beziehungen z. T. noch umstritten sind; ähnliches gilt für die kaukasischen Vertreter. Vor der Brust der H. verläuft eine Hautquerfalte, die von einer Reihe größerer Schildchen bedeckt ist. Männliche Tiere sind oft auffallender gefärbt als weibliche, ein Farbwechsel findet jedoch kaum statt. Mit Ausnahme der am weitesten nördlich vordringenden → Bergeidechse legen die H. Eier. Weitere Vertreter sind → Zauneidechse, Mauereidechse, → Felseidechse, → Smaragdeidechse und → Perleidechse. Die Großgattung *Lacerta* wird in mehrere Untergattungen bzw. neuerdings selbständige Gattungen gegliedert.
Halsberger, → Schildkröten.

Halswender, → Schildkröten.
Halteren, Schwingkölbchen der → Zweiflügler.
Haltungstypen, die Typen der Körperhaltung des Menschen. Individuelle Unterschiede in der aufrechten Körperhaltung werden durch ererbte Anlagen im Bereich von Skelett und Muskulatur sowie durch Lebensweise und Beruf bedingt. Die Beurteilung erfolgt nach einem Schema. Es werden vier H. unterschieden:

Typus A. Beste Körperhaltung. Kopf-, Rumpf- und Beinachse liegen in einer Geraden. Bei mäßig ausgeprägten Rückenkurven ist der hochgezogene Brustkorb gut gewölbt, der Unterleib hingegen eingezogen oder flach.

Typus B. Kopf- und Beinachse sind etwas nach vorn geneigt, die Rumpfachse ist leicht geknickt, der Kopf nach vorn gezogen. Die Rückenkurven sind etwas betont, und der Brustkorb ist nicht so gut gewölbt.

Typus C. Die Merkmale des Typus B sind in gesteigerter Form vorhanden.

Typus D. Durch eine stark nach vorn geneigte Beinachse und extrem ausgebildete Rückenkurven ist die Rumpfachse betont geknickt. Die flache Brust ist weit zurückgezogen, der schlaffe Unterleib dagegen vorgewölbt.

Eine entsprechende sportliche Betätigung kann Körperhaltungsschäden vermeiden oder weitgehend beseitigen. Abb.

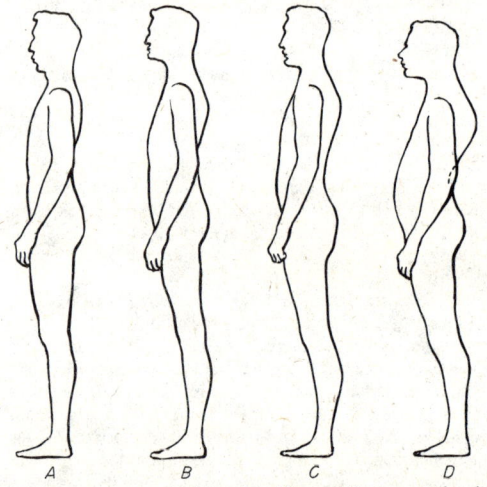

Körperhaltungstypen des Menschen. Nähere Erläuterungen der einzelnen Typen (*A, B, C, D*) im Text

Halysschlange, *Agkistrodon halys,* in mehreren Unterarten über ein riesiges Gebiet von Vorderasien bis Japan verbreitete → Grubenotter mit dunkel gerandeten Rückenquerflecken. Eine Unterart, *Agkistrodon halys caraganus,* erreicht als einzige Grubenotter im Wolgagebiet europäischen Boden. Die H. bringt 3 bis 12 lebende Junge zur Welt und frißt neben kleinen Wirbeltieren auch Insekten.
Häm, → Hämoglobin.
Hämagglutination, die Verklumpung von roten Blutzellen, z. B. durch Antikörper oder Viren.
Hämagglutinine, → Blutgruppen.
Hämalbogen, → Achsenskelett.
Hämatokrit, → Blut.
Hämatopoese, *Blutbildung,* die Bildung roter und weißer Blutkörperchen. Die H. der Erythrozyten und der Granulozyten erfolgt im roten Knochenmark. Die anderen Leukozytenformen werden in Lymphknoten und in der Milz gebildet.

Erythrozyten des Menschen leben rund 120 Tage, die

meisten Leukozyten etwa 2 Tage. Danach werden sie in Knochenmark, Leber und Milz abgebaut. Die geringe Lebensdauer erfordert eine hohe Neubildungsrate. Normalerweise produziert der Mensch täglich 15 Mrd. Leukozyten und 250 Mrd. Erythrozyten. Nach starken Blutverlusten kann die *Erythropoese* versiebenfacht werden. Innerhalb einer knappen Woche reifen die Vorstufen der Erythrozyten im roten Knochenmark heran, werden als Retikulozyten ins Blut abgegeben und wandeln sich dort in 1 bis 2 Tagen zu Erythrozyten um.

Die H. wird humoral gesteuert. Auslösender Reiz einer Erythropoese ist ein Sauerstoffmangel im Blut, der beim Erythrozytenzerfall normal auftritt und sich bei Blutverlusten oder beim Aufenthalt in sauerstoffarmer Luft (Hochgebirge) verstärkt. Der Sauerstoffmangel erregt Zentren im Hypothalamus, die eine Bildung von Erythropoitin, vorwiegend in der Niere, veranlassen, und das Erythropoitin gelangt mit dem Blut ins rote Knochenmark und regt dort die Zellteilung an. Normalerweise werden täglich nicht einmal 1% der im roten Knochenmark produzierten Zellen an das Blut abgegeben. Bei Blutverlusten werden über eine massive Erregung des sympathischen Nervensystems die großen Speicherreserven des roten Knochenmarks in den Blutkreislauf entleert. Im Anschluß wird vermehrt Erythropoitin produziert, so daß über die erhöhte Neubildungsrate in 2 bis 3 Wochen der Blutverlust vollständig ausgeglichen ist.

Hämerythrin, → Blut.
Häm-Häm-Effekt, → Sauerstoffbindung des Blutes.
Hämin, → Porphyrine.
Hammer, → Schädel und → Gehörorgan.
Hammerhaie, → Haie.
Hämmerling, → Schmuckvögel.
Hämodynamik, → Strömungsgesetze im Blutkreislauf.
Hämoglobin, Abk. *Hb*, zu den Chromoproteinen bzw. Metallproteinen gehörender roter Farbstoff des Blutes, der aus dem Protein Globin besteht und als prosthetische Gruppe das *Häm* enthält. Wirbeltier-H. hat eine Molekülmasse von 64 500 und besteht aus 4 Peptidketten, von denen jede eine Hämgruppe aufweist. Das Häm ist ein Abkömmling des

Porphyrins (Protoporphyrin), dessen 4 Stickstoffatome z. T. koordinativ an zweiwertiges Eisen als Zentralatom gebunden sind. Im H. ist eine weitere komplexe Bindung zwischen dem Eisen und einem Histidinrest des Globins ausgebildet. Die Raumstruktur des H. ist besonders gut untersucht. Bei einer Gesamtmenge von etwa 950 g H. je Mensch sind im H. 3,5 g oder 80% des Gesamtkörpereisens enthalten. Durch Behandlung mit Säuren kann die prosthetische Gruppe leicht vom Protein abgespalten werden, und man erhält z. B. in Gegenwart von Chlorionen gut kristallisiertes *Chlorhämin* (mit dreiwertigem Eisen), das als *Teichmannsche Kristalle* seit langem zur Bluterkennung verwendet wird. Im H. kann das Eisen unter Ausbildung einer sechsten (koordinativen) Bindung in Abhängigkeit vom Sauerstoffdruck reversibel 1 Molekül Sauerstoff anlagern, wobei hellrotes *Oxyhämoglobin* entsteht; das Eisen ändert dabei seine Wertigkeit nicht. Jedes H.-Molekül kann also 4 Moleküle Sauerstoff aufnehmen. Aufgrund dieser Eigenschaft besorgt H. im Organismus den Sauerstofftransport. Die physikalische Löslichkeit des O_2 ist nämlich sehr gering; sie reicht nicht aus, um die verschiedenen Gewebe des Organismus mit O_2 zu versorgen. Bei hohem Sauerstoffdruck belädt es sich in den Atmungsorganen, z. B. der Lunge oder den Kiemen, mit Sauerstoff, der dann in die Gewebe mit niedrigem Sauerstoffdruck transportiert und dort für die Zellatmung (→ Atmungskette) verwendet wird. Wichtig ist auch die Mitbeteiligung des H. beim CO_2-Transport in die Lunge. Kohlenmonoxid ist ein sehr effektiver Hemmstoff des O_2-Transportes. Es bindet etwa 320 mal stärker als O_2 ans H. Die beste Therapie bei CO-Vergiftung (z. B. durch Stadtgas) ist Beatmung mit 98% O_2 + 2% CO_2: Durch Erhöhung des O_2-Partialdruckes wird das Gleichgewicht zuungunsten des CO-Hämoglobin-Komplexes verschoben. Die CO-Vergiftung ist daher auf eine Hemmung des O_2-Transportes und nicht auf eine Hemmung der Zellatmung zurückzuführen. Im Gegensatz dazu liegt der Zyanid-Vergiftung eine Hemmung der Zytochromoxidase und nicht des O_2-Transportes zugrunde. Durch Oxidation des Fe(II) zu Fe(III) geht das H. in braunes *Methämoglobin* über, das ebenfalls für den Sauerstofftransport nicht mehr geeignet ist.

Das H. ist bei Wirbeltieren und einigen Wirbellosen (z. B. bei Schnurwürmern und Seeigeln) in den roten Blutkörperchen (Erythrozyten) lokalisiert oder bei Wirbellosen im Blutplasma gelöst. Der Globinanteil ist bei den einzelnen Tierarten unterschiedlich aufgebaut. Das Häm der H. zeigt stets gleichen Aufbau. H. ist bei allen Menschenrassen und selbst mit dem des Schimpansen identisch. Anomalien sind pathologisch und entstehen durch Mutation. Die häufigste Form ist das Sichelzellen-H. als Verursacher der Sichelzellenanämie. Die einkettigen hämoglobinähnlichen Atmungspigmente bei Wirbellosen (Molekülmasse etwa 16 000) können wahrscheinlich als biogenetische Vorläufer des tetrameren H. angesehen werden.

Gegenwärtig wird der Entwicklung von synthetischen Sauerstoffträgern (z. B. stark fluorierte Kohlenwasserstoffe) als Blutersatzstoffe große Aufmerksamkeit geschenkt.

Lit.: Hermann u. Herrmann: Das H. des Menschen (Berlin 1979).

Hämoglobin-S-Krankheit, svw. Sichelzellenanämie.
Hämogramm, svw. Blutbild.
Hämolymphe, bei wirbellosen Tieren mit offenem Blutgefäßsystem (Weichtiere, Gliederfüßer) die Körperflüssigkeit, die alle Zellen, Gewebe und Organe umgibt und durch die Körperbewegung oder das Herz in Zirkulation versetzt wird. Sie entspricht dem Blut der Wirbeltiere. In der H. befinden sich freie, meist farblose und amöboid bewegliche Zellen (Amöbozyten, Leukozyten), die die Aufgabe der Blutzellen (Hämozyten) übernehmen. Die H. reagiert im allgemeinen schwach sauer und hat einen verhältnismäßig hohen osmotischen Druck. Sie enthält in wäßriger Lösung bzw. in kolloidaler Form anorganische Salze und zahlreiche organische Stoffe, vor allem Eiweiße und Zucker. Pigmente (Blutfarbstoffe) können der H. eine gelbliche, rötliche oder grünliche Färbung geben. Hämoglobin kommt nur ausnahmsweise vor, z. B. bei Regenwürmern, einigen niederen Krebsen und Zuckmückenlarven. Die Aufgabe der H. besteht im Transport der Nährstoffe, Hormone, Stoffwechselschlacken und besonders bei tracheenlosen Tieren (Weichtiere, Krebse) im Gastransport. Eine wichtige Funktion übernimmt die H. – besonders bei Weichtieren – bei der Körperbewegung durch Übertragung des Binnendruckes der Leibeshöhle von einer Körperregion zur anderen. Bei den Insekten werden auf diese Weise z. B. die Atmungstätigkeit, die Häutung und die Flügelentfaltung unterstützt.

Hämolyse

Hämolyse, die Zerstörung von roten Blutzellen. Ursache der H. können z. B. osmotischer Schock oder auch Antikörper (Immunhämolyse) sein.

Hämophage, → Ernährungsweisen.

Hämophilie, svw. Bluterkrankheit.

Hämoproteine, Chromoproteine, die als prosthetische Gruppe das Eisenporphyrin IX oder Häm haben und im menschlichen Organismus z. B. für Sauerstofftransport und -speicherung, Elektronentransport und Peroxidreduktion verantwortlich sind.

Hämorheologie (Tafel 28), Teilgebiet der Biomechanik, das die Gesetzmäßigkeiten der Blutströmung in den Gefäßen untersucht. Während die Physiologie des Blutkreislaufes solche Parameter wie Blutdruckverhältnisse, Durchflußmengen, Regelung des Kreislaufes u. ä. untersucht, betrachtet die H. auch die mechanischen Eigenschaften der Erythrozyten. Besonders in Kapillaren ist der größte Anteil des Druckabfalles auf die Wirkung der Zellen zurückzuführen. Bei den in den Kapillaren auftretenden niedrigen Schergeschwindigkeiten führt das Nicht-Newtonsche Verhalten des Blutes zu einem erheblichen Anstieg der Viskosität. In kritischen Fällen kann es zum Stillstand der Blutströmung kommen. Beim Durchgang der Erythrozyten durch enge Kapillaren sind die roten Blutkörperchen extremen Verformungen ausgesetzt. Ein günstiges Oberflächen-Volumen-Verhältnis garantiert die Möglichkeit der Verformung. Zusätzlich existiert an der Innenseite der Erythrozytenmembran ein *Spektrin-Aktin-Proteinkomplex,* der aktiv den Verformungsprozeß begünstigt. Im Zuge der Alterung der Erythrozyten geht zunehmend Membranmaterial verloren. Da die Membran nicht dehnbar ist, führt das zu einer verminderten Verformbarkeit der Zellen und somit zu einer Beeinträchtigung der Mikrozirkulation. Diese Zellen müssen ausgesondert werden. Der Vorgang der Erkennung der gealterten Zellen ist noch ungeklärt. Bestimmte Krankheiten, z. B. Sichelzellenanämie, führen zu einer Erhöhung der Viskosität des Zellinneren. Damit ist ebenfalls die Verformung in Kapillaren stark beeinträchtigt. Auch Änderungen der Membranstabilität treten bei vielen Krankheitsbildern auf.

Hämosporidien, → Telosporidien.

Hämocyanin, → Blut.

Hämozyten, *Blutzellen, Blutkörperchen,* freie Zellen, die die geformten Bestandteile der Hämolymphe und des Blutes bilden.

Von den Wirbellosen weisen Hohltiere und Plattwürmer in der die Gewebespalten füllenden Körperflüssigkeit noch keine eigentlichen H. auf. Es sind nur Wanderzellen (*Amöbozyten*) vorhanden. Die übrigen wirbellosen Tiere sowie die Manteltiere und das Lanzettfischchen haben in der Blut- und Körperflüssigkeit frei bewegliche, farblose Zellen (Amöbozyten bzw. Leukozyten), die in mesodermalen Bildungsherden entstehen. Sie fungieren in der Hauptsache als → Phagozyten oder als exkretspeichernde und -transportierende Zellen (Exkretophoren). Bei Insekten werden außerdem in der Hämolymphe besondere, als Önozytoide bezeichnete Zellen nachgewiesen (→ Önozyten), die aber ektodermaler Herkunft sind. Bei nur wenigen wirbellosen Tieren, z. B. Schnurwürmern, Seeigeln, Serpuliden und Sternwürmern, hat auch der Blutfarbstoff seinen Sitz in den H. (→ Blut).

Die Wirbeltiere haben 3 Hauptgruppen von H., die roten Blutkörperchen oder Erythrozyten, die weißen Blutkörperchen oder Leukozyten und die *Blutplättchen* oder Thrombozyten. Die *Erythrozyten* werden z. B. bei den erwachsenen Säugetieren im roten Knochenmark gebildet und in der Leber und Milz abgebaut. Sie sind die Träger des respiratorisch tätigen roten Blutfarbstoffes Hämoglobin, der 95 % ihrer Trockensubstanz ausmacht. Außerdem enthalten sie eine Reihe von Enzymen, z. B. Karboanhydrase, die bei der Abgabe von Kohlendioxid in der Lunge eine Rolle spielt. Die Erythrozyten sind ovale oder runde flache Scheiben, die auf Grund ihrer Elastizität feinste Kapillaren passieren können. Den Erythrozyten der Säugetiere fehlt sekundär der Kern. Sie sind in der Regel rund und an beiden Flachseiten napfförmig eingedellt. Alle Nichtsäuger haben ovale, kernhaltige Erythrozyten. Die Größe der Erythrozyten schwankt zwischen $78 \cdot 45\,\mu m$ bei Blindwühlen und $2,5 \cdot 2,5\,\mu m$ beim Moschustier. Ihre Zahl je mm^3 Blut hängt von der Größe der Zellen und von der Organisationshöhe der Tiere ab (Tab.). Während wechselwarme Tiere im allgemeinen weniger, aber große Zellen besitzen, steigt bei Warmblütern die Erythrozytenzahl bei geringerer Größe enorm an. Auf diese Weise werden die gasaustauschende Gesamtoberfläche stark erhöht und der Stoffwechsel der Warmblüter garantiert. Bei neugeborenen Säugetieren ist die Erythrozytenzahl höher als bei erwachsenen Tieren, da die weniger günstigen Atmungsbedingungen im Mutterkörper durch höheren Erythrozytengehalt ausgeglichen werden. Bei Aufenthalt im Gebirge wird die Zahl der roten Blutkörperchen ebenfalls vermehrt. Beim Menschen steigt ihre Zahl bei 1800 m um 2 Millionen je mm^3. Der Massenanteil der Erythrozyten beträgt im Durchschnitt 40 bis 50 % der Gesamtblutmenge.

Größe und Zahl der roten Blutkörperchen

	Größe in μm	Anzahl in Mio/mm^3
Rochen	27 · 20	0,23
Neunauge	15 · 15	0,13
Aal	15 · 12	1,10
Scholle	12 · 9	2,00
Olm	58 · 34	0,036
Feuersalamander	43 · 25	0,095
Grasfrosch	23 · 16	0,40
Gemeine Kröte	22 · 16	0,39
Ringelnatter	17,6 · 11,1	0,97
Mauereidechse	15,4 · 10,3	0,96
Zauneidechse	15,9 · 9,9	1,42
Strauß	14,3 · 9,1	1,62
Taube	13,7 · 6,8	2,40
Buchfink	12,4 · 7,5	3,66
Elefant	9,4	2,02
Mensch	6,6 ... 9,2	4,05 ... 5,5
Rind	6,0	6,28
Hauskatze	4,5 ... 7,1	8,22
Schaf	3,9 ... 5,9	9,13
Lama	7,6 ... 4,4	13,19
Ziege	3,2 ... 5,4	18,50

Die *Leukozyten* der Wirbeltiere werden in 3 Hauptgruppen unterteilt, und zwar in die körnchenhaltigen, im roten Knochenmark aus Vorstufen gebildeten eigentlichen Leukozyten oder *Granulozyten* (67 bis 80 %), die in den lymphatischen Organen gebildeten und hauptsächlich dem Fett- und Kohlenhydrattransport dienenden körnchenlosen *Lymphozyten* (20 bis 30 %) und die wesentlich selteneren *Monozyten* (6 bis 8 %). Die Granulozyten lassen sich auf Grund ihrer unterschiedlichen Färbbarkeit in neutrophile (65 bis 75 %), eosinophile (2 bis 4 %) und basophile (0,5 %) Leukozyten aufteilen und haben vorwiegend Schutzfunkion. Alle Leukozyten sind amöboid beweglich und nur im Zustand der Ruhe abgerundet. Ihre Größe schwankt beträchtlich. Sie beträgt z. B. 7 µm bei Lymphozyten, 20 µm bei Monozyten. Das Blut des Menschen enthält in 1 mm³ 5000 bis 10000 Leukozyten, eine Zahl, die bei vielen Krankheiten wesentlich erhöht sein kann, wobei sich das Verhältnis der einzelnen Leukozytenarten stark verschieben kann. Das Blutbild wird zur Krankheitsdiagnose verwendet. Die Hauptaufgabe der Leukozyten liegt in der Abwehr von Krankheitserregern (Giftstoffe, Bakterien u. a.) und in der Beseitigung von Zell- und Gewebetrümmern, die sie in sich aufnehmen und durch Verdauen unschädlich machen (→ Phagozyten). Auf Grund ihrer amöboiden Beweglichkeit sind sie in der Lage, die Blut- und Lymphgefäßwandungen zu durchwandern (*Blutwanderzellen*) und sich in großen Mengen an Infektionsherden und Wunden des Körpers anzusammeln, wo die oft massenweise zugrunde gehenden Leukozyten zusammen mit anderen Zersetzungsstoffen den Eiter bilden.

Die *Thrombozyten* sind die kleinsten kernhaltigen H., die amöboid beweglich sind und viele geißelartige Anhänge besitzen, die ein Anheften an Wundrändern oder rauhen Gefäßwänden ermöglichen. Sie sind Träger der Thrombokinase, eines für die Blutgerinnung wichtigen Enzyms. Die Thrombozyten werden in besonderen Zellen des Knochenmarks gebildet und in der Milz nach etwa einer Woche Lebensdauer abgebaut.

Hamster, *Cricetus cricetus,* ein zur Familie der Wühler gehörendes kurzschwänziges Nagetier von oberseits gelbbrauner und unterseits schwarzer Färbung. Der H. bewohnt Acker- und Steppengebiete von Mitteleuropa bis Kleinasien. Er legt einen unterirdischen Bau an, in den er mittels seiner Backentaschen einen Vorrat an Körnern einträgt. Der H. ist ein Winterschläfer.

Lit.: H. Petzsch: Der H. (2. Aufl. Leipzig, Wittenberg 1952).

Hand, → Extremitäten.

Händigkeit, die Bevorzugung der linken oder der rechten Hand als Arbeitshand. Nur etwa 3 bis 5 % der erwachsenen Menschen und etwa 10 % der Kinder weisen eine Linkshändigkeit auf; sie ist wahrscheinlich meist angeboren, oft aber durch entsprechende Übung zu überwinden.

handling, aus dem Englischen stammender Begriff für Handkontakte mit Versuchstieren. Er hat sich in letzter Zeit eingebürgert, nachdem erkannt wurde, welche Bedeutung das »handling« für die Tiere haben kann, besonders während der Jugendentwicklung. Die Reaktionsbereitschaft, das biosoziale Verhalten, aber auch physiologische Funktionen können dadurch systematisch beeinflußt werden. Handling kann auch den Eintritt der Geschlechtsreife beschleunigen.

Handlungsangleichung, Sonderform der Beeinflussung des individuellen Verhaltens durch Vorbilder: Übernahme bestimmter individueller Bewegungsausführungen oder Haltungen von »Vorbildern«. Das gilt auch für Gangarten etwa in bezug auf die Schrittweite. Dies kann bei rhythmischen Bewegungsfolgen zur Synchronisation führen. In diesem Falle liegt eine *aktuelle H.* vor, während bei der *latenten H.* das Vorbild auch in Abwesenheit wirksam bleibt. Dann handelt es sich um einen Spezialfall motorischer Tradition.

Handtier, → Chirotherium.

Handwühlen, → Doppelschleichen.

Hanfgewächse, *Cannabaceae,* eine Familie der Zweikeimblättrigen Pflanzen mit nur 4 Arten, die in Europa bzw. Asien beheimatet sind. Die ausschließlich krautigen Pflanzen haben gelappte oder handförmig geteilte Blätter und eingeschlechtige, zweihäusige, 5zählige, durch den Wind bestäubte Blüten. Die männlichen Blüten sind zu einem

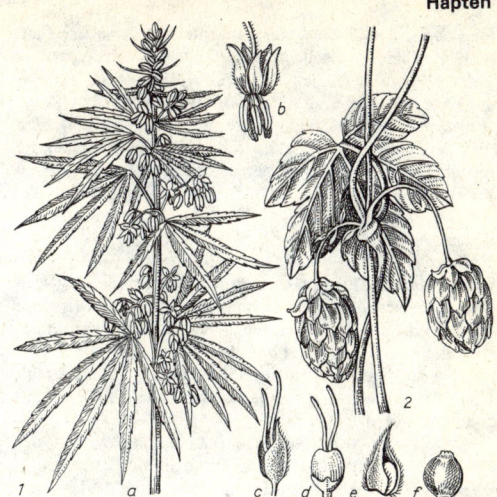

Hanfgewächse: *1* Hanf: *a* Zweig mit ♂ Blüten, *b* ♂ Blüte, *c* ♀ Blüte, *d* Fruchtknoten, *e* geöffnete Frucht, *f* Same. *2* Hopfen; Sproßabschnitt einer weiblichen Pflanze

rispigen Blütenstand vereint, die weiblichen wachsen als kätzchenförmige Ähren oder gebüschelt.

Der **Hopfen,** *Humulus lupulus,* ist eine sich mehrere Meter hoch windende Staude, die als Braugewürz kultiviert wird. Der **Hanf,** *Cannabis sativa,* ist eine alte Faser- und Ölpflanze. Seine sehr langen, festen Fasern werden zu Tauen, Säcken und Teppichen verarbeitet. Stengel und Blätter des Hanfes scheiden in mehrzelligen Drüsenhaaren ein Harz ab, das rauscherzeugende Wirkstoffe enthält. Das daraus gewonnene Rauschgift wird Haschisch genannt, während als Marihuana die getrockneten und zerkleinerten Spitzen der weiblichen Pflanzen bezeichnet werden.

Hänfling, → Finkenvögel.

Hanströmsches X-Organ, → X-Organ.

hapaxanthe Pflanzen, *kurzlebige Pflanzen,* nur einmal blühende Pflanzen, die ihre Individualentwicklung mit der Frucht- und Samenbildung beenden. Zu ihnen zählen die → annuellen Pflanzen, → biennen Pflanzen und → plurienen Pflanzen.

haplodiözisch, svw. heterothallisch.

Haploidie, der Zustand, daß Zellen, Gewebe oder Individuen einen einfachen, kompletten Chromosomensatz führen oder im weiteren Sinne die gametische Chromosomenzahl aufweisen. Im ersten Falle liegt echte *Monohaploidie* vor, im zweiten kann der Chromosomenbestand aus mehr als einem Chromosomensatz bestehen, wenn die Ausgangsform polyploid (→ Polyploidie) war. *Haploid* sind normalerweise die Gameten und die aus ihnen parthenogenetisch oder androgenetisch entstehenden Individuen sowie Teile des Lebenszyklus von Haplonten und Diplohaplonten. → Diploidie.

haplomonözisch, svw. homothallisch.

Haplonten, Organismen, die ihr ganzes Leben in der Haplophase zubringen. Nur die Zygote selbst ist diploid.

Haplophase, Teilabschnitt des Lebenszyklus eines Individuums, in dem die Zellen nur die haploide Chromosomenzahl aufweisen. Die H. kann objektgebunden mehr oder weniger ausgeprägt in Erscheinung treten. → Kernphasenwechsel, → Generationswechsel.

Haplosclerida, → Demospongiae.

Hapten, niedermolekularer Bestandteil eines Antigens. Das H. allein kann keine Antikörper induzieren; die durch das Antigen induzierten Antikörper reagieren aber mit dem H.

Hapteren

Hapteren, den Sporen von Schachtelhalmgewächsen anhaftende Bänder, die im feuchten Zustand eng schraubig um die Spore gewunden sind, bei Austrocknung sich jedoch abrollen und strecken. Diese hygroskopischen Bewegungen dienen der Sporenverbreitung. Außerdem werden die Sporen durch die H. gruppenweise verkettet, was für die Befruchtung der aus ihnen hervorgehenden Prothallien besonders dann von Nutzen ist, wenn diese getrenntgeschlechtlich sind.

haptische Reize, svw. Berührungsreize.

Haptomorphosen, → Mechanomorphosen.

Haptonastie, *Thigmonastie,* durch Berührungsreize ausgelöste → Nastie. Als Berührungsreize werden, wie beim Haptotropismus, nur Tast- oder Kitzelreize wahrgenommen, die durch Berührung bwz. Reibung mit festen Gegenständen zustande kommen. Durch einen Wasserstrahl, feuchte Gelatine u. a. erzeugte mechanische Einflüsse bleiben wirkungslos.

H. treten bei den Ranken der Zaunrübe, *Bryonia,* der Gurke u. a. Kürbisgewächsen in Erscheinung. Diese krümmen sich im Gegensatz zu den tropisch reagierenden Ranken (→ Haptotropismus) stets nach ihrer Unterseite hin, auch wenn sie oberseits gereizt werden. Diese haptonastische Reaktion der Ranken stellt zuerst eine Turgorbewegung mit Kontraktion der konkav werdenden Flanke dar. An diese Turgorbewegung schließen sich dann Wachstumsbewegungen an.

Auffallende H. zeigen gewisse fleischfressende Pflanzen, vor allem die Tentakel vom Sonnentau, *Drosera.* Berührungsempfindlich sind lediglich die das klebrige Sekret ausscheidenden Drüsenköpfchen, von denen der Reiz mit relativ hoher Geschwindigkeit (etwa 8 mm/min) zum Grunde des Tentakelstiels geleitet wird. Dort setzt starkes einseitiges Wachstum ein, so daß sich der Tentakel nach der Blattmitte einkrümmt. Der Reiz pflanzt sich auch auf andere Tentakel fort, die schließlich ein hängengebliebenes Insekt von mehreren Seiten umfassen, wobei die Folgereaktionen, z. T. auch tropistische, d. h. gerichtete Krümmungen darstellen. Außer auf Berührungsreize reagieren die Tentakel des Sonnentaus auch sehr empfindlich auf verschiedene chemische Agenzien. → Chemonastie.

Haptophyceae, → Geißelalgen.

Haptoreaktionen, *haptische Reaktionen, Thigmoreaktionen,* Reaktionen auf Berührungsreize. Bei Pflanzen ist Berührungsempfindlichkeit weit verbreitet und kann zu sehr verschiedenartigen Reaktionen führen: 1) morphogenetische Effekte, z. B. Bildung von Haftscheiben (Wilder Wein), Wurzelhaaren, Haustorien (Pilze). 2) Beeinflussung der Gewebedifferenzierung, z. B. verstärkte Ausbildung von Festigungsgewebe. 3) Auslösung von Bewegungserscheinungen, → Haptotropismus, → Haptonastie.

Haptotropismus, *Thigmotropismus,* durch Berührungsreize induzierte Wachstumsbewegung von Pflanzenorganen, die entweder auf die Reizquelle, z. B. eine Stütze, hin (*positiver H.*) oder, seltener, von dieser weggerichtet ist (*negativer H.*). H. wird ebenso wie Haptonastie nur durch die von festen Körpern verursachten Tast- bzw. Kitzelreize ausgelöst, nicht jedoch durch statischen Druck oder Erschütterungsreize. H. ist von verschiedenen Organen und Pflanzenteilen vieler Pflanzenarten, besonders von Ranken bekannt. Diese reagieren auf eine lokale Berührung mit einer deutlichen positiven Krümmung nach der gereizten Stelle hin. Die Krümmungsbewegung kommt durch ein plötzliches starkes Wachstum auf der dem Berührungspunkt gegenüberliegenden Seite zustande. Die gereizte Stelle selbst wächst nicht. Die Geschwindigkeit der Reizleitung durch das Organ von der berührten zur wachsenden Stelle kann bis zu 4 mm/min betragen. Wenn nur eine einmalige kurze Reizung stattgefunden hat, wird die erfolgte Krümmung durch eine Gegenbewegung infolge Autotropismus wieder ausgeglichen. Als weitere Beispiele für H. sind die Blattstiele der Kapuzinerkresse und *Clematis*-Arten, Blattspitzen von *Gloriosa* sp. und die Luftwurzeln bestimmter Orchideen anzuführen. Die Haustorien bildenden Teile von Seide-(*Cuscuta*-) Sprossen pressen sich ihrem Wirt durch positiven H. an.

Hardun, *Agama stellio,* von Jugoslawien über Griechenland bis Ägypten verbreitete → Agame mit kurzem, breitem Kopf und mit wirteligen Dornschuppen besetztem Schwanz.

Hardy-Weinberg-Regel, *Hardy-Weinberg-Verteilung,* Regel, die das Zahlenverhältnis der Genotypen in einer Population diploider Organismen bei verschiedenen relativen Häufigkeiten der Erbfaktoren an einem Genort angibt. Existieren an einem Genort 2 Allele A und a mit den relativen Häufigkeiten p und q, wobei $p + q = 1$ ist, dann ergibt sich die Frequenz der 3 Genotypen aus $(p + q)^2 = p^2 : 2pq : q^2$. Bei $p = 0{,}6$ und $q = 0{,}4$ ist das Verhältnis der Genotypen also $0{,}36$ AA : $0{,}48$ Aa : $0{,}16$ aa. Folgendes Schema macht das deutlich:

	♂♂ Keimzellen	
	0,6 A	0,4 a
♀♀ Keimzellen 0,6 A	0,36 AA	0,24 Aa
0,4 a	0,24 Aa	0,16 aa

Man erkennt, daß die H.-W.-R. zutrifft, wenn man bedenkt, daß die beiden Keimzellentypen in beiden Geschlechtern ebenfalls im Verhältnis $0{,}6 : 0{,}4$ gebildet und bei der Paarung zufallsgemäß kombiniert werden.

In dieser Form gilt die Regel für autosomale Genorte mit 2 Allelen. Bei 3 und mehr Allelen wird die Genotypenfrequenz in analoger Weise errechnet $(p + q + r ... + z)^2$.

Wirkt ein starker Selektionsdruck auf den Genort, erfolgt keine Zufallspaarung; ist die Population nicht vollkommen isoliert, dann weichen die Genotypen von der H.-W.-R. ab.

Harlekinfrösche, *Pseudidae,* Familie wasserlebender südamerikanischer → Froschlurche mit gelb und schwarz gestreiften Gliedmaßen (Name!), beweglichem Brustschultergürtel, großen Schwimmhäuten und einem überzähligen Glied an Fingern und Zehen (Anpassung ans Schwimmen). Die Kaulquappen des 6 bis 8 cm großen *Amazonas-Harlekinfrosches, Pseudis paradoxus,* können über 25 cm lang werden und schrumpfen bei der Umwandlung zum fertigen Frosch wieder ein (»Schrumpfmetamorphose«).

Harn, *Urin,* die von der Niere abgesonderte (→ Nierentätigkeit) und in der Harnblase vorübergehend gespeicherte Flüssigkeit. Bei den Säugern ist der H. durch Harnfarbstoffe gelblich bis braun gefärbt.

Die *Harnzusammensetzung* schwankt von Art zu Art und ist weitgehend von der Ernährung abhängig. Bei den meisten Organismen ist der *Harnstoff* Hauptbestandteil des H. Die Vögel jedoch scheiden hauptsächlich *Harnsäure* in kristalliner Form ab. Von Fischen, Lurchen und Kriechtieren werden die Exkrete des Purinstoffwechsels als *Guanin* in den Guanophoren der Haut abgelagert und rufen dort den Silberglanz hervor. Der Hippursäure- und Kaliumanteil ist bei Pflanzenfressern höher als bei Fleischfressern.

Der H. des Menschen enthält als zellige Bestandteile Epi-

Guanin

thelien der Harnwege. Bei krankhaften Prozessen ändert sich seine Zusammensetzung oft in charakteristischer Weise, so daß die Harnuntersuchung eine der für die Krankheitsdiagnose wichtigsten Erhebungen darstellt.

Harnbildung, → Nierentätigkeit.

Harnblase, *Vesica urinaria,* Sammelbehälter für den über die Nieren ausgeschiedenen Harn, der hier gespeichert und in bestimmten Intervallen über die Harnröhre abgegeben wird. Bei Knorpelfischen und einigen ursprünglichen Knochenfischen entsteht die H. durch Erweiterung der Vereinigungsstelle der Urnierengänge. Sonst ist die H. immer eine Abgliederung der embryonalen Kloake. Die H. der Frösche und Schildkröten dient als Wasserreservoir. Manche Eidechsen, alle Schlangen, Krokodile und Vögel mit Ausnahme des Straußes haben im erwachsenen Zustand keine H. mehr.

Harnfarbstoffe, Bestandteile des Harns, die seine gelbliche bis braune Färbung bewirken. Die wichtigsten H. sind Urochrom, Uroerythrin, Sterkobilin, Harnindikan und Urobilin. Der Harn der Nichtsäuger ist in der Regel farblos.

Harnorgane, svw. Exkretionsorgane.

Harnröhre, *Urethra,* Ableitungsweg für die Ausscheidung des Harns. Bei Knochenfischen mündet die H. meist auf einer gesonderten Papille aus, bei den meisten übrigen Wirbeltieren mündet sie in die Kloake, bei weiblichen Säugern in den Scheidenvorhof. Bei männlichen Säugern wird das gesamte Rohr von der Harnblase bis zur Spitze des Penis als H. bezeichnet; der Teil nach Einmündung der Samenleiter ist der → Harnsamenleiter.

Harnsack, svw. Allantois.

Harnsamenleiter, der Ableitung des Harns und des Spermas dienender Kanal der männlichen Säuger, der aus der Vereinigung von harn- und samenableitenden Gängen entsteht.

Harnsäure, Derivat des Purins, das eine farblose, schwach saure, geruch- und geschmacklose Substanz darstellt. H. ist ein Endprodukt des menschlichen und tierischen Eiweißstoffwechsels, wo sie beim Abbau der Nukleoproteide entsteht. Während die H. bei den Säugetieren durch das Enzym Urikase weiter zu Allantoin abgebaut wird, erfolgt beim Menschen und Menschenaffen die Ausscheidung im Harn. Bei Vögeln und Reptilien tritt H. als einziges stickstoffhaltiges Endprodukt des Stoffwechsels auf; Vogelexkremente, z. B. Guano, bestehen deshalb bis zu 90 % aus dem Ammoniumsalz der H. Im menschlichen Organismus kommt es bei Gicht zur Abscheidung von H. in den Gelenkkapseln; auch Blasen- und Nierensteine bestehen oft aus H.

Harnstoff, wichtigstes Endprodukt des Eiweißstoffwechsels der Säugetiere und des Menschen, das in der Leber im Harnstoffzyklus gebildet und im Harn ausgeschieden wird. H. bildet farb- und geruchlose Kristalle. Der Mensch scheidet etwa 80 bis 90 % der mit der Nahrung aufgenommenen Eiweißstickstoffs als H. (täglich 25 bis 35 g) aus. Durch das Enzym Urease erfolgt seine hydrolytische Spaltung in Ammoniak und Kohlensäure. Diese Zerlegung ist im Kreislauf des Stickstoffs von großer Bedeutung, da hierbei der im H. organisch gebundene Stickstoff als Ammoniak freigesetzt und damit der Verwertung durch die Pflanze zugänglich gemacht wird.

Harnstoffzyklus, *Ornithinzyklus,* in der Leber der Säugetiere ablaufende zyklische Reaktionsfolge, in deren Verlauf die Synthese von Harnstoff aus Ammoniak und Kohlendioxid stattfindet. Durch diesen Prozeß wird der aus dem Stoffwechsel der Aminosäuren stammende Stickstoff in eine ausscheidbare Form übergeführt. Der H. dient dem Organismus zur Beseitigung von Ammoniak, das schon in geringer Konzentration als starkes Zellgift wirkt.

Harpacticus, → Ruderfußkrebse.

Harpyie, → Greifvögel.

Hartigsches Netz, → Mykorrhiza.

Hartlaubvegetation, Vegetationsform, die den Etesienklimaten (Klimate mit trocken-heißem Sommer und Regenmaximum im milden Winter) entspricht. Die H. ist deshalb im Mittelmeergebiet (*mediterrane Vegetation*), in Südwestkapland, Kalifornien, Mittelchile und Südwestaustralien verbreitet. Immergrüne Holzarten herrschen vor, häufig sind in diesen Gebieten Rutensträucher, Zwergsträucher, Geophyten und Einjährige. Kennzeichnende Arten der mediterranen *Hartlaubwälder* sind Steineiche (*Quercus ilex*), Korkeiche (*Quercus suber*), Ölbaum (*Olea europaea*), Baumheide (*Erica arborea*), Johannisbrotbaum (*Ceratonia siliqua*), Erdbeerbaum (*Arbutus unedo*), Pinie (*Pinus pinea*), verschiedene andere Kiefern (*Pinus halepensis, P. maritima*), Zypresse (*Cupressus sempervirens*) u. a. Der immergrüne Hartlaubwald ist im Mittelmeergebiet vielfach zu einem Hartlaubgebüsch, der *Macchie,* umgewandelt worden. Auflichtungen innerhalb der Macchie tragen auf flachgründigen Böden oder nach weiterer Degradierung zwergstrauchreiche Formationen, die in Italien und Frankreich als *Garigue,* in Spanien als *Tormillares,* auf dem Balkan als *Phrygana* bezeichnet werden. Sie sind durch immergrüne Sträucher der Gattungen *Erica, Cistus, Pistacia, Arbutus, Juniperus,* durch immergrüne Rutensträucher der Gattungen *Ulex, Calicotome,* durch Lippenblütler, Liliengewächse und Orchideen gekennzeichnet.

Hartschaligkeit, → Samen.

Harze, feste oder zähflüssige, meist gelbe bis braune Exkrete. Chemisch stellen die H. komplizierte Gemische aus Harzsäuren, -alkoholen, -estern, Kohlenwasserstoffen, Phenolen (Resinolen) u. a. dar, die vielfach zu den Di- und Triterpenen gehören. Die H. sind in der Hauptsache pflanzlichen Ursprungs und besonders bei Nadelhölzern, Wolfsmilchgewächsen, Doldengewächsen und Sumachgewächsen verbreitet (*Pflanzenharze, Baumharze*). Die Absonderung der H. erfolgt in besondere, im Holz verlaufende Harzgänge, aus denen bei Verletzung das H. austritt (primärer Harzfluß). Die Verwundung stimuliert die Harzbildung, so daß nach einiger Zeit der ergiebige, oft jahrelange sekundäre Harzfluß einsetzt.

Wichtige H. sind die Kiefernharze, z. B. → Kolophonium, die vorwiegend aus Abietinsäure und weiteren isomeren Diterpensäuren bestehen. Ein fossiles Harz ist der → Bernstein. Lösungen von H. in ätherischen Ölen sind die → Balsame.

Das wichtigste der *tierischen H.* ist der → Schellack.

H. werden vielfältig angewandt, z. B. bei der Herstellung von Lacken, Kosmetika, Pharmazeutika.

Harzgänge, → Ausscheidungsgewebe.

Harzsäuren, ungesättigte, zyklische Karbonsäuren, die zur Gruppe der Diterpene gehören und wesentliche Bestandteile der Harze bilden. Hauptbestandteil des Kiefernharzes ist z. B. Abietinsäure.

Haschisch, ein Harz aus mikroskopisch kleinen Drüsenköpfchen der oberen Laubblätter von *Cannabis sativa.* Besonders reich daran ist die Varietät *indica.* Das Gemisch aus den getrockneten Blättern und Blüten wird als *Marihuana* bezeichnet. Die psychoaktiven Cannabis-Wirkstoffe gehören zur stickstofffreien Gruppe der Tetrahydrokannabinole. H. zählt zu den weltweit verbreiteten Rauschgiften.

Haselgewächse, *Corylaceae,* eine Familie der Zweikeimblättrigen Pflanzen mit 48 Arten, die überwiegend in der nördlichen gemäßigten Zone vorkommen. Es sind sommergrüne Holzpflanzen mit wechselständigen, ungeteilten Blättern und meist zeitig abfallenden Nebenblättern. Die getrenntgeschlechtigen Blüten stehen einhäusig in kätzchen-

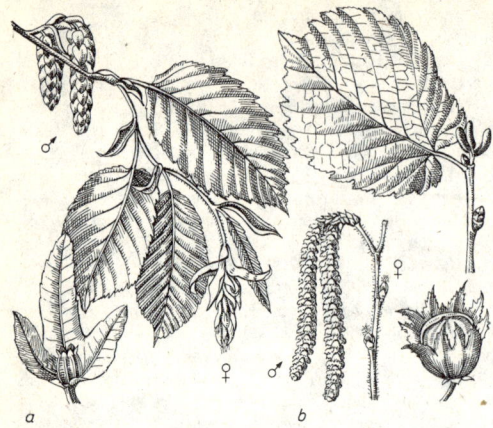

Haselgewächse: *a* Hainbuche, Zweig mit männlichen und weiblichen Blütenständen, *links:* flügelartig verwachsene Vorblätter mit Frucht; *b* Haselnuß, Zweig mit Blütenknospen, *links:* Zweig mit männlichen und weiblichen Blütenständen, *rechts:* Frucht

oder knospenförmigen Blütenständen. Die Staubbeutel sind an der Spitze mit einem Haarbüschel versehen. Die Bestäubung der Blüten erfolgt durch den Wind. Der zweifächerige Fruchtknoten entwickelt sich zu einer einsamigen Nuß, die von verwachsenen Vorblättern umhüllt ist.

Wichtiger mitteleuropäischer Laubbaum, auch häufig als Forst- oder Parkbaum angepflanzt, ist die **Weiß-** oder **Hainbuche,** *Carpinus betulus,* mit glatter Rinde und offener, dreilappiger Fruchthülle. Sie kann bis 20 m hoch werden, wird wegen ihres großen Ausschlagvermögens aber auch vielfach als Heckenpflanzung verwendet. Die **Hasel,** *Corylus avellana,* wird ein bis 5 m hoher Strauch, dessen Früchte, die eßbaren Haselnüsse, von einer becherförmigen, meist zerschlitzten Hülle umgeben sind. Sie enthalten neben Vitamin C und B_1 bis zu 60% fettes Öl, das als Speiseöl, technisches Öl und in der Ölmalerei verwendet wird. Die Hasel ist in Europa verbreitet, sie wird besonders in Süd- und Osteuropa kultiviert. Die **Lambertsnuß,** *Corylus maxima,* und die **Baumhasel,** *Corylus colurna,* beide in Südosteuropa und Westasien zu Hause, werden als Ziergehölze bzw. auch wegen ihrer fettreichen Nüsse angepflanzt.

Haselhuhn, → Fasanenvögel.
Haselmaus, *Muscardinus avellanarius,* ein mausgroßer, gelbbrauner → Bilch, der im Sommer Kugelnester im Gebüsch in 1 bis 2 m Höhe anlegt. Die H. steht bei uns unter Naturschutz.
Haselnatter, svw. Schlingnatter.
Hasen, *Leporidae,* eine Familie der Hasentiere. Die H. sind langohrige, kurzschwänzige Säugetiere mit etwas verlängerten Hinterextremitäten. Sie sind meist gewandte Läufer und ernähren sich fast ausschließlich von Pflanzenteilen. Die *Echten H., Lepus,* sind in zahlreichen Arten mit Ausnahme von Australien fast weltweit verbreitet. Zu ihnen gehört auch der einheimische *Feldhase, Lepus europaeus,* dessen Verbreitungsgebiet bis nach Nordwestafrika und Vorderasien reicht. Der im Norden von Europa, Asien und Nordamerika sowie in den Alpen vorkommende *Schneehase, Lepus timidus,* hat in den meisten Gebieten im Sommer ein graubraunes, im Winter ein weißes Fell. Das *Wildkaninchen, Oryctolagus cuniculus,* das ursprünglich nur in Spanien und Nordwestafrika heimisch war, wurde vom Menschen an vielen Stellen Europas, Nordamerikas sowie in Chile, auf verschiedenen Inseln und in Australien, wo es zur Plage wurde, eingebürgert. Gegenüber Echten H. sind beim Wildkaninchen Ohren, Extremitäten und Schwanz kürzer, auch gräbt das Wildkaninchen im Gegensatz zu den Echten H. unterirdische Baue. Das Wildkaninchen ist die Stammform aller Hauskaninchenrassen.

Lit.: W. Boback: Das Wildkaninchen (Wittenberg 1970); H. Zörner: Der Feldhase (Wittenberg 1981).
Hasentiere, *Lagomorpha,* eine Ordnung der Säugetiere. Die H. haben im Oberkiefer zwei hintereinanderliegende Schneidezahnpaare. Auf Grund dieses und einiger anderer Merkmale werden sie von den Nagetieren als besondere Gruppe abgetrennt. Zu den H. gehören die Familien der → Pfeifhasen und der Hasen.
Haubentaucher, → Lappentaucher.
häufigkeitsabhängige Selektion, Auslese, bei der die → Fitness von der relativen Häufigkeit der Genotypen abhängt. Verändert sich die Fitness zweier Genotypen umgekehrt zu ihren relativen Häufigkeiten in einem solchen Maße, daß der jeweils bei geringerer Häufigkeit tauglichere Genotyp bei großer Häufigkeit der weniger tauglichere ist, dann stellt sich zwischen beiden ein stabiles Gleichgewicht ein. Unter diesen Umständen geht keiner der beiden Genotypen der Population verloren. Daher ist h. S. ein wirksamer Mechanismus zum Erhalten von Polymorphismen. Die Populationsfitness im Gleichgewicht, bei dem beide Genotypen die gleiche Fitness haben, liegt unterhalb der optimal möglichen Populationsfitness.

H. S. kommt unter anderem dadurch zustande, daß Verfolger gewöhnlich die häufigere Morphe erbeuten. Ist diese soweit dezimiert, daß sie seltener ist als die vorher weniger häufige, dann wird sie weniger beachtet, und ihre Häufigkeit nimmt wieder zu. *Drosophila*-Weibchen bevorzugen, wie man experimentell nachweisen konnte, oft den jeweils selteneren Männchentyp. Deshalb stirbt auch ein selten gewordener Genotyp nicht aus, denn mit seiner sinkenden Häufigkeit steigt seine Erfolgschance bei der Paarung.
Häufigkeitspolygon, → Biostatistik.
Häufigkeitsverteilung, → Biostatistik.
Hauptgene, die eine bestimmte Merkmalsbildung hauptsächlich bedingenden Gene, deren Wirkung durch die Umwelt und durch → Nebengene modifizierbar ist.
Hauptnährelemente, → Pflanzennährelemente.
Hauptwirt, bei Vorhandensein mehrerer Wirtsarten derjenige Wirt, der die Hauptrolle im parasitären Zyklus spielt und in dem der Parasit vorwiegend anzutreffen ist. Als H. kann der Zwischenwirt oder der → Endwirt fungieren. Gegensatz: → Nebenwirt.
Hausbock, → Bockkäfer.
Hausen, → Störe.
Hausente, Zuchtform der paläarktisch weit verbreiteten *Stockente, Anas platyrhynchos.* Domestiziert wurde auch die in Süd- und Mittelamerika beheimatete *Moschus-* oder *Warzenente, Cairina moschata.* Ferner hat die Haltung von Wildenten als Ziergeflügel stark zugenommen.
Hausesel, → Einhufer.
Hausgans, Zuchtform der in Eurasien beheimateten *Graugans, Anser anser.* Nur die *Höckergans* ist die Zuchtform der *Schwanengans, Cygnopsis cygnoides,* die vom Altai bis Nordchina und Sachalin vorkommt.
Haushuhn, Zuchtform des von Hinterindien bis Polynesien vorkommenden Bankivahuhns, *Gallus gallus.*
Haushund, → Hunde.
Hauskaninchen, → Hasen.
Hauskatze, → Wildkatze.
Hausmaus, *Mus musculus,* ein auf der ganzen Erde in menschlichen Siedlungen sowie auf Feldern und an Waldrändern vorkommendes Nagetier. Für Labor- und Heimtierhaltung wurde sie in verschiedenen Farbschlägen gezüchtet.

Lit.: H.-A. u. H. Freye: Die H. (Wittenberg 1960).

Hauspferd, → Einhufer.
Hausratte, *Rattus rattus,* ein zu den Mäusen gehörendes, weltweit verbreitetes Nagetier. Ohren und Schwanz sind länger als bei der Wanderratte. Die H. hält sich fast ausschließlich im menschlichen Siedlungsbereich auf und bevorzugt höher gelegene Räumlichkeiten.
Hausrotschwanz, → Drosseln.
Hausschwamm, → Ständerpilze.
Haustaube, domestizierte Form der *Felsentaube, Columba livia.* Viele andere Arten werden als Ziergeflügel gehalten.
Haustiere, über eine größere Zahl von Generationen unter besonderen, vom Menschen gestalteten Bedingungen gehaltene Tiere. H. gibt es seit mindestens 10 000 Jahren; die ältesten sind Schaf, Ziege, Rind und Hund (→ Domestikation), die zunächst als Lieferanten von Nahrungsmitteln und Rohstoffen genutzt wurden; auch der Hund war anfangs Fleischtier. Die Nutzung der tierischen Kraftleistung, d. h. die Verwendung als Trag- oder Zugtier, kam erst später auf, ebenso der Gebrauch des Hundes als Jagdhelfer oder Hütehund.

Die Zahl der Haustierformen ist verhältnismäßig gering; von den 6000 bekannten Säugetierarten sind nur etwa 20 – Schaf, Ziege, Rind, Gayal, Balirind, Büffel, Yak, Dromedar, Trampeltier, Lama, Alpaka, Schwein, Pferd, Esel, Rentier, Kaninchen, Meerschweinchen, Hund, Katze, Frettchen – zu H. geworden, und von diesen hat wieder nur ein Teil weltweite Verbreitung und nennenswerte wirtschaftliche Bedeutung erlangt. Hinzu kommen einige jüngere Haustiererwerbungen, wie Maus, Weiße Ratte und Goldhamster, die als Laboratoriumstiere von Bedeutung sind. Außerdem werden einige Formen als Pelzlieferanten (Silberfuchs, Waschbär, Nerz, Sumpfbiber, Chinchilla) oder aus anderen Gründen (Hirsche, aus deren Bastgeweihen pharmazeutische Präparate gewonnen werden) in Gehegen gehalten und gezüchtet. Gemessen an der Artenzahl der Vögel ist auch die Zahl der aus dieser Gruppe stammenden Haustiere (Huhn, Perlhuhn, Truthuhn, Pfau, Gans, Höckergans, Ente, Moschusente, Wellensittich, Kanarienvogel und einige weitere Ziervögel) gering. Der Karpfen und einige wirbellose Tiere, wie Honigbiene und Seidenspinner, sind gemäß der oben gegebenen Definition ebenfalls als H. zu bezeichnen.

Die Mehrzahl der H. stammt aus Eurasien. Afrika hat an domestizierten Nutztieren nur Esel, Katze und Perlhuhn geliefert. In Amerika wurden in vorkolumbischer Zeit Guanako (als Lama und Alpaka), Meerschweinchen, Truthuhn und Moschusente domestiziert. In Australien wurden keine H. gewonnen.

Für die Aufklärung von Abstammung und Geschichte der einzelnen Haustierformen haben neben naturwissenschaftlichen Disziplinen auch Ur- und Frühgeschichtsforschung, Völkerkunde und die Sprachwissenschaft wertvolle Angaben geliefert. Die starken Formwandlungen, denen H. unterliegen, und die oft erheblichen Rassenunterschiede führten dazu, daß meist mehrere Wildarten als Ahnen einer Haustierform angenommen wurden (*polyphyletische H.*); heute ist jedoch erwiesen, daß die meisten Haustierformen jeweils von nur einer Wildform abstammen (*monophyletische H.*).

H. unterscheiden sich von ihren Stammformen gestaltlich, funktionell und im Verhalten. Ihre Züchtung wird nach wissenschaftlichen Grundsätzen betrieben.
Haustierwerdung, svw. Domestikation.
Haustorien, *Saugfortsätze,* Saugorgane parasitisch oder halbparasitisch lebender Pflanzen. Sie entwickeln sich aus papillären Wucherungen des Parasiten und dringen mehr oder weniger tief in das Gewebe der Wirtspflanzen ein.

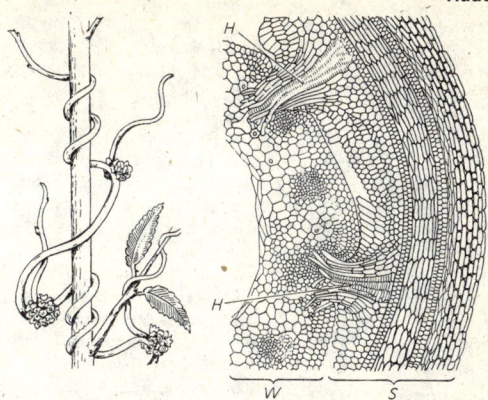

Haustorien. *Links* Weidenzweig von Hopfenseide (*Cuscuta europaea*) umwunden; *rechts* Querschnitt durch den umwundenen Stengel des Wirtes (*W*) mit einem kurzen, längsdurchschnittenen Stengelstück des Schmarotzers (*S*). H Haustorien

Treffen sie auf Leitgewebe des Wirtes, werden in den H. ebenfalls Siebröhren und Wasserleitungsgefäße ausgebildet, mit deren Hilfe der Wirtspflanze sowohl Wasser als auch Nährstoffe entzogen und in die Schmarotzerpflanze geleitet werden. Auch die Ausstülpungen der Hyphen von Schmarotzerpilzen, die in das Gewebe der Wirtspflanze eindringen, werden als H. bezeichnet. Ferner werden saugorganartige Keimblattabschnitte, z. B. in Karyopsen des Getreides, und zu Saugmechanismen umgewandelte Embryosack- oder Endospermzellen H. genannt.
Hauswurz, → Dickblattgewächse.
Haut, *Integument,* die äußere Körperbedeckung der vielzelligen Tiere. Als Grenzfläche des Organismus gegen die Umwelt hat die H. mit ihren Anhangsgebilden vielfältige Funktionen. Sie schützt die inneren Organe vor mechanischen Verletzungen, verhindert das Eindringen von Mikroorganismen in den Körper und dient der Abwehr physi-

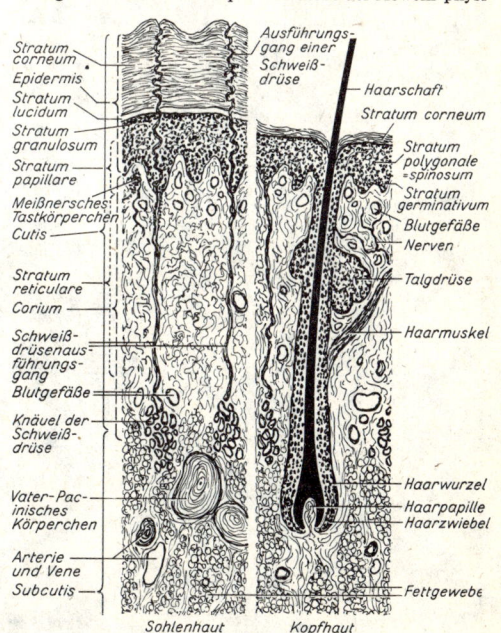

Schnitt durch die Haut des Menschen

Haut

kalischer und chemischer Umwelteinflüsse. Die Funktion der H. erschöpft sich jedoch nicht in passiven Wirkungen. Die H. ist an der Atmung und Stoffausscheidung beteiligt und übt regulierende Funktionen im Rahmen des Wasser- und Salzhaushaltes aus. Wie sie einerseits den Organismus abgrenzt, vermittelt sie andererseits auch dessen Verbindung mit der Umwelt. Dies geschieht über die in die H. eingelagerten Sinneszellen, die je nach ihrer speziellen Funktion dem Organismus Temperatur, Tast- und Schmerzempfindungen vermitteln. Bei den warmblütigen Wirbeltieren spielt die H. eine wichtige Rolle für die Regelung der Körpertemperatur.

Bei den Wirbellosen besteht die H. aus einer einzigen, meist ektodermalen Zellschicht, der Epidermis, die nach außen eine mehr oder weniger dicke Schutzschicht, die → Kutikula, abscheidet. Bei den Wirbeltieren besteht die H. aus 2 deutlich voneinander abgegrenzten Anteilen, und zwar aus der mehrschichtigen *Oberhaut,* der *Epidermis,* und der bindegewebigen *Lederhaut,* dem *Korium* (Corium). Oberhaut und Lederhaut können auch zusammenfassend als *Kutis* (Cutis) bezeichnet werden. Das darunterliegende Unterhautbindegewebe, die *Subkutis* (Subcutis), das durch seine Fähigkeit, Fett zu speichern, im Dienste des Wärmeschutzes steht und außerdem ein Fett- und Nahrungsdepot darstellt, vermittelt als Verschiebeschicht zwischen H. und Muskulatur. An der Epidermis unterscheidet man allgemein eine basale Keimschicht und eine äußere Hornschicht. Die Keimschicht hat die Aufgabe, neue Zellen zu bilden, die nach außen geschoben werden, wobei sie unter Kern- und Plasmaverlust und Einlagerung von Hornsubstanz (Keratin) in verhornte, platte Zellen übergehen. Während die H. der Wasserwirbeltiere nur spärliche Verhornung aufweist, ist diese Zone bei den Landtieren stark entwickelt. Da eine derartige Hornschicht das Wachstum behindert, muß sie immer wieder abgestoßen werden, was durch Abschilferung kleiner Schuppen oder auch als Ganzes (z. B. Natternhemd der Schlangen) erfolgt. In die H. eingelagert sind Hautdrüsen, z. B. Milch-, Schweiß- und Talgdrüsen sowie Pigmente. Anhangsorgane der H. sind z. B. Haare, Federn, Nägel, Krallen, Hufe, Gehörn, Geweih und Zähne.

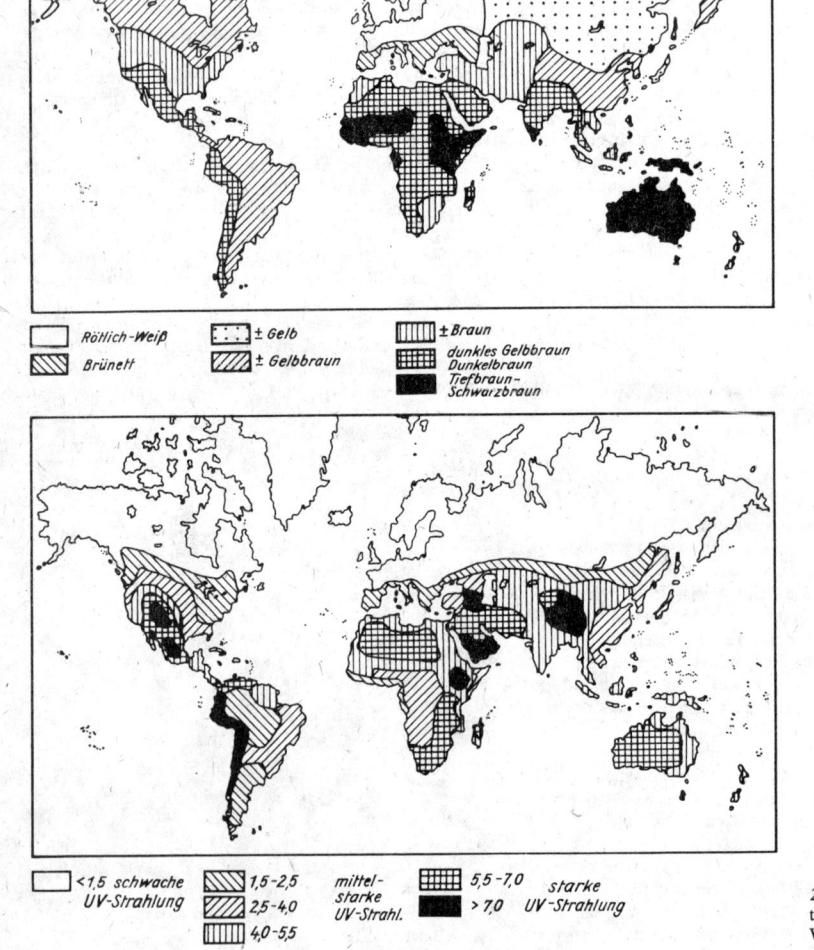

1 Verteilung der Hautfarbe auf der Erde (nach Walter)

2 Verteilung der ultravioletten Strahlungsintensität (nach Walter)

Hautatmung, → Atmungsorgane.
Hautblatt, → Ektoderm.
Häutchen, → Kutikula.
Hautfarbe, Farbton der Haut. Die Abstufungen einer Braunreihe der H. des Menschen beruhen hauptsächlich auf quantitativen Unterschieden der Pigmentkörper in der Keimschicht der Oberhaut und in den Bindegewebszellen der Lederhaut. Wesentlichen Anteil an der H. haben aber auch der durch die Hautkapillaren und die teilweise sehr dünne Epidermis hindurchschimmernde rote Blutfarbstoff und die Eigenfarbe der Hautsubstanz, die durch das in den Epidermiszellen und im Unterhautgewebe vorhandene Karotin gegeben ist.

Der *Hautfarbstoff* beginnt sich beim Menschen in der zweiten Hälfte der Embryonalentwicklung zu bilden; die rassenspezifische H. stellt sich jedoch erst einige Zeit nach der Geburt ein. Der Grad der *Pigmentierung* ist in den einzelnen Körperregionen, besonders bei den Europiden, sehr unterschiedlich. So bildet sich in der Haut des Europäers vor allem am Nacken, am Oberrücken, an den Streckseiten der Extremitäten und im Gesicht mehr Pigment als am Bauch und an den Beugeseiten der Extremitäten. Am wenigsten Pigment befindet sich in der Epidermis der Hand- und Fußflächen. Das trifft auch für dunkelhäutige Rassen zu, die sonst eine relativ einheitliche Pigmentierung der Körperoberfläche aufweisen und z. T. sogar in der Lippenschleimhaut Pigment bilden, so daß diese braun, bräunlichrot bis violett getönt ist. Bei den am stärksten pigmentierten Gruppen greift der Hautfarbstoff auch auf die Wangenschleimhaut und das Zahnfleisch über. Brustwarzen, Warzenhöfe und Genitalien sind allgemein schon bei der Geburt am meisten pigmentiert. Zur Bestimmung der H. werden in der Anthropologie spezielle Hautfarbentafeln verwendet.

Die *Pigmentbildung* der Haut stellt eine wichtige Schutzfunktion vor allem gegenüber kurzwelligen, insbesondere ultravioletten Strahlen dar, die sonst bei intensiver Einwirkung zu Verbrennungen führen. Die unterschiedliche Verteilung der H. bei der Erdbevölkerung muß primär als eine Anpassung an die regional verschiedenen Strahlungsbedingungen aufgefaßt werden.

Hautfarbentafel, in der Anthropologie gebräuchliches Hilfsmittel zur genaueren Bestimmung der Hautfarbe. Die H. besteht aus 36 kleinen, verschieden gefärbten Glasquadern, die in bestimmter Reihenfolge angeordnet sind und direkt mit der Hautfarbe verglichen werden.

Hautflügler, *Hymenoptera,* eine Ordnung der Insekten mit etwa 10000 Arten in Mitteleuropa (Weltfauna über 100000); fossil seit dem Jura nachgewiesen.

Vollkerfe. Die Körperlänge beträgt 0,2 bis 50 mm; die größte heimische Art ist die Hornisse mit maximal 35 mm. Der Kopf hat große Facettenaugen und drei Punktaugen. Die Fühler sind meist fadenförmig mit verlängertem Schaft, bei einigen Gruppen gekniet oder am Ende keulenartig verdickt; die Zahl der Fühlerglieder schwankt zwischen drei und sechsunddreißig. Die Mundwerkzeuge sind zum Kauen und Lecken eingerichtet, bei Grabwespen und Bienen sind sie zu einem Saugrüssel umgebildet. Die vier häutig-durchsichtigen Flügel, die in der Ruhe über dem Körper liegen, geben der Ordnung den Namen. Sie weisen bei den meisten Gruppen ein hochspezialisiertes Geäder auf, bei Erzwespen und verwandten Familien ist dieses stark vereinfacht und besteht im Vorderflügel z. T. nur noch aus einem Aderstamm. Einige Formen sind nur zeitweise geflügelt, z. B. Ameisenköniginnen, oder sie haben überhaupt keine Flügel, z. B. Ameisenarbeiterinnen, Weibchen der Spinnenameisen sowie einige parasitische Legwespen. Die Beine sind normale Schreitbeine mit fünfgliedrigem Fuß. Unterschiedlich und für die beiden Unterordnungen charakteristisch ist die Verbindung zwischen Brust und Hinterleib. Bei Pflanzenwespen (*Symphyta*) sind beide Körperteile breit miteinander verbunden, die Leg- und Stechwespen (*Apocrita*) haben eine Wespentaille. Diese Einschnürung besteht jedoch nicht zwischen dem 3. Brustring und dem 1. Hinterleibsring, sondern zwischen dem 1. und 2. Hinterleibsring; der 1. Hinterleibsring ist mit in den Bau des Brustabschnittes einbezogen und schließt diesen nach hinten ab. Der bewegliche Hinterleib ist ebenfalls fest gepanzert, die Gelenkmembranen der einzelnen Segmente (vom 9. Segment an stark reduziert bzw. umgebildet) sind von den Panzerschildchen der Körperringe verdeckt. Die Weibchen besitzen am Hinterleibsende einen Stachelapparat, der bei den Pflanzenwespen und den Legwespen ähnlich gebaut ist wie bei den Heuschreckenartigen und als Legestachel dient; bei den Stechwespen ist dieser zu einem Wehrstachel umgebildet. Alle H. sind ausgesprochen wärmeliebende Tagtiere, die sich von Pollen, Blütensäften oder räuberisch von anderen Insekten ernähren. Neben den größtenteils einzeln (solitär) lebenden Arten haben sich bei Ameisen, Bienen und Faltenwespen spezielle Tendenzen zur Staatenbildung entwickelt. Die Entwicklung der H. ist eine vollkommene Verwandlung (Holometabolie).

Eier. Alle H. sind eierlegend. Die Zahl der von einem Weibchen abgelegten Eier liegt zwischen einigen wenigen und mehreren Millionen (Königinnen mancher Ameisen und Bienen). Die Ablage erfolgt bei den einzelnen Gruppen sehr unterschiedlich, z. B. an oder in pflanzliches Gewebe (Pflanzenwespen), an oder in ein Wirtstier (parasitische H.: Schlupf-, Brack- und viele Erzwespen) oder in speziell angelegte Brutzellen bzw. Brutkammern (bei staatenbildenden Arten und Arten mit Brutfürsorge). Interessant ist, daß sich z. B. in den nur Bruchteile eines Millimeters großen Eiern mancher Parasiten durch Zerfall des Embryos in einem Ei mehrere Larven entwickeln können (Polyembryonie).

Larven. Die Larven der Pflanzenwespen ähneln meist Schmetterlingsraupen; diese Afterraupen besitzen jedoch mehr Bauchfüße (sechs bis acht Paar) als die echten Raupen. Dagegen sind die Larven der anderen H. im allgemeinen madenförmig. Während sich die Larven der Pflanzenwespen selbständig von Pflanzenteilen ernähren, leben die Larven der Legwespen und Stechwespen überwiegend parasitisch von tierischen Geweben oder Säften ihrer Wirte oder von eingetragenem Nahrungsvorrat (Pollen, Honig, gelähmte oder getötete Insektenlarven und Spinnen) in ihren Brutzellen (Brutfürsorge) oder werden vom Muttertier bzw. von Artgenossen (Arbeiterinnen bei Ameisen, staatenbildende Bienen und Faltenwespen) im Nest mit Nahrung versorgt (Brutpflege). Einige Arten legen ihre Eier auch in die Nester anderer H. (Brutparasitismus), z. B. Goldwespen, Spinnenameisen, Kuckucksbienen.

Puppen. Das letzte Larvenstadium spinnt meist einen Kokon, in dem die Verpuppung erfolgt. Die Larven der Parasiten verpuppen sich entweder im oder außerhalb vom Wirtskörper. Alle Puppen gehören zum Typ der Freien Puppe (Pupa libera), sie sind meist weich und farblos.

Wirtschaftliche Bedeutung. Abgesehen von dem allseits bekannten Nutzen der Honigbiene sind die H. insbesondere als Blütenbestäuber und weiterhin als Vertilger von Schadinsekten äußerst nützlich. Zu letzteren gehören einerseits die räuberisch lebenden Ameisen und Grabwespen, andererseits die große Gruppe der sich parasitisch entwickelnden Arten, besonders Schlupf-, Brack- und Erzwespen. Als Schädlinge haben nur einige Pflanzenwespen größere Bedeutung, z. B. Blattwespen, Buschhornblattwespen, Halmwespen.

Hautgewebe

System. Man unterscheidet etwa 80 Familien.
1. Unterordnung: *Symphyta* (Pflanzenwespen; ohne »Wespentaille«)
    Familie Blattwespen (*Tenthredinidae*)
    Familie Buschhornblattwespen (*Diprionidae*)
    Familie Knopfhornblattwespen (*Cimbicidae*)
    Holzwespen (*Siricidae*)
    Halmwespen (*Cephidae*)
2. Unterordnung *Apocrita* (mit »Wespentaille«)
    Sektion: Legwespen (*Terebrantes*)
    Familie Schlupfwespen (*Ichneumonidae*)
    Familie Brackwespen (*Braconidae*)
    Familie Gallwespen (*Cynipidae*)
    Familie Erzwespen (*Chalcididae*)
    Sektion: Stechwespen (*Aculeata*)
    Familie Goldwespen (*Chrysididae*)
    Familie Spinnenameisen (*Mutillidae*)
    Familie Ameisen (*Formicidae*)
    Familie Bienen (*Apidae*)
    Familie Grabwespen (*Sphecidae*)
    Familie Wegwespen (*Pompilidae*)
    Familie Faltenwespen (*Vespidae*)

Lit.: H. Bischoff: Biologie der Hymenopteren (Berlin 1927); O. Schmiedeknecht: Die Hymenopteren Nord- und Mitteleuropas (2. Aufl. Jena 1930); U. Sedlag: Hautflügler I, II, III (Leipzig und Wittenberg 1951-59).

Hautgewebe, → Abschlußgewebe.

Hautknochen, → Knochenbildung.

Hautleisten, → Fingerbeerenmuster.

Hautmuskeln, zur Haut gehörende Muskeln, die keine Gelenke überbrücken. Bei Kriechtieren sind sie Aufrichter der Schuppen und verhindern somit das Rückwärtsgleiten beim Kriechen, bei Vögeln Spanner der Flughaut. Bei Säugern ermöglichen sie das Zusammenrollen des Körpers, z. B. beim Igel, oder bewegen einzelne Hautpartien, z. B. beim Pferd. Beim Menschen sind sie besonders als → Gesichtsmuskeln ausgeprägt.

Hautmuskelschlauch, → Muskulatur.

Hautnervengeflecht, → Nervensystem, → Gehirn.

Häutung, *Ekdysis,* das periodisch erfolgende Abwerfen und Erneuern der obersten Schicht der Körperbedeckung bei Krebsen, Skorpionen, Insekten, Spinnen, Schlangen, Eidechsen, Fröschen und Molchen im Zusammenhang mit dem Wachstum. Während sich fast alle Insekten nur bis zur Geschlechtsreife häuten, erfolgen bei einigen Insekten (Springschwänze) und bei einigen Krebsen (z. B. Asseln) auch über die erlangte Geschlechtsreife hinaus mehrere H. Die Häutungsvorgänge werden innersekretorisch gelenkt, z. B. bei Reptilien durch Ausschüttung von Thyroxin aus der Schilddrüse. Die H. der Gliederfüßer wird vom Hormonsystem gesteuert. Einige Tage vor Beginn der H. löst sich das alte chitinige Außenskelett (einschließlich der chitinigen Auskleidung der Tracheen, des Vorder- und des Enddarms) von der Epidermis unter dem Einfluß einer Häutungsflüssigkeit, die von der Epidermis und der speziellen → Häutungsdrüsen abgegeben wird. Zur gleichen Zeit bildet die Epidermis eine neue Kutikula, die zunächst noch weich und dehnbar ist und erst einige Tage nach der H. ihre endgültige Festigkeit erhält. Die alte Kutikula wird entweder als Ganzes innerhalb einer kurzen Zeit oder in zwei Teilen innerhalb einer längeren Zeit (etwa 2 Tage) abgestoßen und ergibt dann die Exuvie. Schlangen streifen ihre alte Oberhaut als Ganzes ab (Natternhemd), bei Eidechsen löst sich die alte Haut in Fetzen vom Körper ab.

Bei den Insekten unterscheidet man nach dem Stadium, das mit der betreffenden Häutung erreicht wird, eine Larven-, Nymphen-, Puppen- oder Imaginalhäutung.

Lit.: M. Gersch: Vergleichende Endokrinologie der wirbellosen Tiere (Leipzig 1964). O. Pflugfelder: Entwicklungsphysiologie der Insekten (2. Aufl. Leipzig 1958); H. Weber: Grundriß der Insektenkunde (5. Aufl. Stuttgart 1974).

Häutungsdrüsen, *Exuvialdrüsen, Versonsche Drüsen,* kleine ein- bis dreizellige Hautdrüsen, die bei vielen Insektenlarven und bei Springschwänzen entweder unregelmäßig über die ganze Oberfläche verteilt oder streng segmental und symmetrisch angeordnet sind. Die H. sollen während der → Häutung ein Sekret, die Häutungsflüssigkeit, zwischen die alte Kutikula und die Epidermis abgeben, um damit das Ablösen und Abstreifen der Kutikula überhaupt zu ermöglichen. Da aber alle Epidermiszellen Häutungsflüssigkeit bilden können, vielen Insekten die H. fehlen, wird die Funktion der H. in Frage gestellt. Heute versteht man unter H. die das Häutungshormon bildenden → Prothorakaldrüsen und Ventraldrüsen der Insekten oder das → Y-Organ der Krebse.

Lit.: H. Eidmann: Lehrbuch der Entomologie (2. Aufl. Hamburg u. Berlin 1970); O. Pflugfelder: Entwicklungsphysiologie der Insekten (2. Aufl. Leipzig 1958).

Hautzähne, → Schuppen 2a).

Haverssche Lamellensysteme, → Knochen.

Haworthia, → Liliengewächse.

Hb, Abk. für Hämoglobin.

HBV, Abk. für Hepatitis-B-Virus, → Tumorviren.

HCG, → Choriongonadotropin.

Hcy, Abk. für Homozystein.

Hecht, *Esox lucius,* torpedoförmiger räuberischer Knochenfisch der Binnengewässer der nördlichen Halbkugel. Maul mit langen spitzen, rückwärts gerichteten Fangzähnen. Der H. ist ein wertvoller Nutzfisch, der besonders im Angelsport geschätzt wird. Er ist ein wertvoller Speisefisch.

Lit.: M. Hegemann: Der H. (Wittenberg 1964).

Hechtalligator, svw. Mississippialligator.

Hechtfinne, → Riemenwurm.

Heckenkirsche, → Geißblattgewächse.

Heckenzwiebel, → Liliengewächse.

Hederich, → Kreuzblütler.

Hefe, → Backhefe, → Weinhefen.

Hefegummi, → Pflanzengummi.

Hefepilze, → Schlauchpilze.

Heide, baumfreie oder baumarme Vegetationsformation, aufgebaut von niedrigen, immergrünen Sträuchern, Zwergsträuchern oder derbblättrigen Gräsern, z. B. azidophile, atlantische, baumarme Zwergstrauchheiden nährstoffarmer Böden, aber auch trockene Wälder, besonders auf Sand, z. B. die Rostocker H. In Süddeutschland gehören trockenwarme Wälder, Gras- und Felsfluren zur H.

Heidekorn, → Knöterichgewächse.

Heidekrautgewächse, *Ericaceae,* eine Familie der Zweikeimblättrigen Pflanzen mit etwa 25000 Arten, die überwiegend auf sauren, rohhumusreichen Böden in Zwergstrauchheiden, Mooren und Nadelwäldern vorkommen. Sie sind über die ganze Erde verbreitet, fehlen jedoch zumeist in den Tropen. Hauptsächlich werden die subarktischen Tundren, die Zone der Baumgrenze in den Gebirgen und die ozeanisch beeinflußten Gebiete Europas, Südafrikas, Asiens und Amerikas besiedelt. Die H. sind Holzpflanzen, die mit Pilzen in Symbiose leben (→ Mykorrhiza), und zwar überwiegend niedrige Sträucher mit meist immergrünen, einfachen, oft nadel- oder schuppenförmigen Blättern. Ihre 4- bis 5zählige, regelmäßige, meist verwachsene Blütenkrone trägt zwei Kreise von Staubblättern, deren Staubbeutel sich mit Poren öffnen. Der Fruchtknoten ist ober- oder unterständig, er wird nach Insektenbestäubung zur Kapsel, Steinfrucht oder Beere. Chemisch sind die

Heidekrautgewächse: *a* Heidelbeere, fruchtender Zweig; *b* Bärentraube, blühender Zweig; *c* Heidekraut, blühende Pflanze; *d* Sumpfporst, blühende Pflanze

H. durch verschiedene Polyphenolverbindungen charakterisiert.

Nutzpflanzen sind unsere einheimischen **Heidel- (Blau-) Beeren** und **Preiselbeeren**, *Vaccinium myrtillus* bzw. *Vaccinium vitis-idaea*, deren Beerenfrüchte gesammelt werden. Eßbare Früchte haben auch einige Arten der mediterranen und nordamerikanischen Gattung **Erdbeerbaum**, *Arbutus*. Die Blätter der **Bärentraube**, *Arctostaphylos uva-ursi*, werden wegen ihres relativ hohen Gehalts an Arbutin, eines Phenolheterosids, als harndesinfizierende Droge bei Nieren- und Blasenerkrankungen angewandt. Eine Anzahl der H. dient auch als Zierpflanzen, so verschiedene Arten der großen Gattungen *Rhododendron* und *Erica*. Besonders beliebt sind die blütenreichen Zuchtformen der **Azalee**, deren Stammform, *Rhododendron simsii*, in Ostasien beheimatet ist. Unter Naturschutz steht der giftige **Sumpfporst**, *Ledum palustre*, der in Mooren und in feuchten Kiefernwäldern vorkommt.

Heidelbeere, → Heidekrautgewächse.
Heilbutt, → Butte.
Heilpflanzen, svw. Arzneipflanzen.
Heimbereich, *Aktionsraum*, der Raumausschnitt eines Individuums oder einer Tierfamilie, in dem diese vorzugsweise agieren (Ernährung, Fortpflanzung und Jungenaufzucht betreiben). Oft ist ein Bau oder Nest das Aktionszentrum. Meist ist Heim- oder Ortstreue gut ausgeprägt. Die H. schaffen eine zweckmäßige Aufgliederung des Raumes unter den Angehörigen einer Population. Sie können sich überschneiden, und Artgenossen werden im Gegensatz zum → Heimrevier geduldet.
Heimchen, → Springheuschrecken.
Heimfindungsvermögen, → Orientierung.
Heimrevier, *Revier, Territorium*, ein Raum innerhalb der für die betreffende Tierart typischen Lebensstätte, von dem ein Einzeltier (Individuen – Territorium), eine Familie (Familien – Territorium) oder eine Sippe (Sippen – Territorium) Besitz ergriffen hat. Das H. wird gegenüber Eindringlingen verteidigt. Die biologische Bedeutung liegt in der Sicherung des benötigten Raumes, oft auch in einer größeren Sicherheit im H., die auf einer im Verhalten bedingten Überlegenheit des Revierbesitzers dem Angreifer gegenüber beruht. Die Bindung an ein Revier kann vorübergehend sein, wie bei vielen Vögeln während der Brutzeit oder beim Aufsuchen von Schlaf- und Überwinterungsplätzen bei Insekten oder Fledermäusen. Eine ständige Bindung an das Revier findet man bei einigen Fischen, der Feldmaus, der Wanderratte oder dem Murmeltier.

Der Wahl und Inbesitznahme des H. folgt bei höheren Tieren meist die *Markierung* des Territoriums, z. B. durch Duftstoffe bei Säugetieren, durch Lautäußerungen bei Vögeln und Brüllaffen, durch optische Markierungen, etwa durch Winkbewegungen mit der großen Schere bei den Winkerkrabben und durch die Vielfalt des Imponier- und Drohgehabes bei den Wirbeltieren.

Mit der festen Bindung an das H., der *Ortstreue*, ist häufig ein hochentwickeltes Heimkehrvermögen verbunden. Besonders groß ist diese Fähigkeit bei der Heimkehr zum Brutrevier, z. B. bei Brieftauben und Möwenartigen, Lachsen und Amphibien. Optische und chemische Orientierungsmechanismen haben daran den Hauptanteil. → Heimbereich.
Heiratskreis, → Isolate.
Heiratsradius, durchschnittliche Entfernung zwischen den Geburtsorten der Ehepartner. → Isolate.
Hektokotylus, *Geschlechtstentakel*, ein (oder zwei) zu einem Hilfsorgan für die Begattung umgewandelte Arme bei den Männchen vieler Kopffüßer. Dieser besitzt Saugnäpfe und dient zur Aufnahme und Übertragung der Spermatophoren auf das Weibchen. Er kann sich bei einigen Arten ablösen.

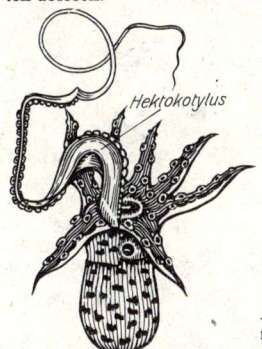

Argonauta argo (♂) mit ablösbarem Hektokotylus

Helferphagen, → temperente Phagen.
Helfervirus, → defiziente Viren, → defekte Viren.
Helferzellen, → defiziente Viren.
helikal, → Viren.
Heliophyten, svw. Starklichtpflanzen.
Helioporida, → Blaue Koralle.
Heliotropismus, svw. Phototropismus.
Heliozoen, *Sonnentierchen*, Ordnung der Wurzelfüßer, kugelige bis eiförmige Urtierchen vorwiegend des Süßwassers, die durch Besitz radiär angeordneter Axopodien ein sonnenartiges Aussehen erhalten. Dieses wird bei vielen Formen durch radiär gestellte Skelettelemente (Kieselnadeln) verstärkt. Daneben kommen tangential in Gallerte eingelagerte Scheiben, Plättchen oder Kugeln vor. Das Skelett kann auch fehlen. Die H. haben meist eine freilebende, manche durch Stielbildungen eine festsitzende Lebensweise. Oft ist im Zentrum ein zentralkornähnliches Körperchen vorhanden (Zentroplast), aus dem die Axopodien entspringen. Fehlt es, so nehmen die Axopodien von den Kernen oder frei im Endoplasma ihren Ursprung. Das Ektoplasma ist bei vielen H. stark vakuolisiert. (Abb. S. 370).
Helixstruktur, schraubenförmige Anordnung der Nukleotide eines DNS-Moleküls. Auf der Grundlage des Strukturmodells von Watson und Crick beträgt der Abstand zweier

Heliziden

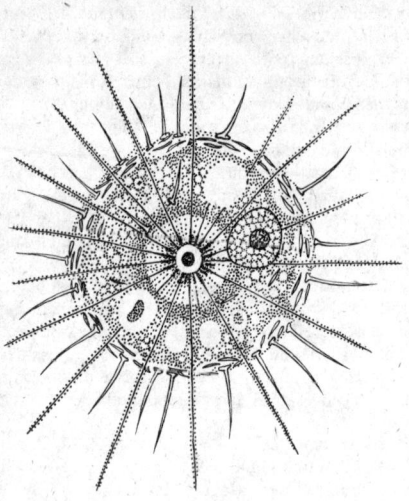

Acanthocystis aculeata; in der Mitte der Zentroplast, davon ausgehend die Axopodien, rechts der Zellkern

Nukleotide in Faserrichtung 0,34 nm, der zwischen zwei Helixwindungen 3,64 nm. Auf eine Helixwindung entfallen demnach 10 Nukleotide. Der Durchmesser des DNS-Moleküls beträgt etwa 2 nm.

Heliziden, svw. Schnirkelschnecken.

Hellbender, svw. Schlammteufel.

Hell-Dunkel-Adaptation, Fähigkeit des Auges, sich an den Wechsel der Lichtintensität anzupassen. Der Arbeitsbereich des menschlichen Auges beträgt 12 Zehnerpotenzen der Lichtintensität. Bei Dunkelanpassung erlischt zunächst das photopische, viel später das skotopische System. Die *Helladaptation* besteht aus einer raschen Alpha-Adaptation, die neurophysiologisch (→ rezeptives Feld) begründet ist, und einer langsamen Beta-Adaptation, der biochemische Reaktionen von Sehsubstanzen unterliegen. Beide Komponenten sind gegensinnig auch an der *Dunkeladaptation* beteiligt.

Hellerkraut, → Kreuzblütler.

Hellrot-Dunkelrot-System, svw. Phytochrom.

Helminthen, Sammelbezeichnung für Würmer unterschiedlicher systematischer Zuordnung (Saugwürmer, Bandwürmer, Rundwürmer, Kratzer, Egel), denen parasitische Lebensweise an oder in Menschen und Tieren (und Pflanzen) gemeinsam ist.

Lit.: R. Wigand und O. Mattes: H. und Helminthiasen des Menschen (Jena 1958).

Helminthologie, Lehre von den parasitischen Würmern, ein Teilgebiet der → Parasitologie.

Helokrene, → Quelle.

Helophyten, *Sumpfpflanzen,* Pflanzen sumpfiger Standorte. Sie stehen wenigstens zeitweise mit ihren Wurzeln und unteren Sproßteilen im Wasser, so daß diese Wasserpflanzenteile in ihrem inneren und äußeren Bau den Wasserpflanzen sehr nahe stehen. Die oberen Sproßteile sind aber den Landpflanzen gleich gestaltet. Die H. stellen also einen Übergangstypus zwischen Wasser- und Landpflanzen dar.

Helotiales, → Schlauchpilze.

Helotismus, → Symbiose.

hemerophile Arten, svw. Kulturfolger.

hemerophob, kulturmeidend. → Kulturflüchter.

Hemerophyten, Pflanzen, die bevorzugt in der Kulturlandschaft siedeln.

Hemichordaten, *Hemichordata, Branchiotremata,* ein Stamm der Deuterostomier, dessen Angehörige nur im Meer vorkommen und entweder einzeln (Eichelwürmer) leben oder aber in Tierstöcken oder -kolonien (Flügelkiemer). Der Körper kann bei den Eichelwürmern bis 2,5 m lang werden, bei den Flügelkiemern ist er winzig klein. Er setzt sich aus drei Abschnitten (Protosoma, Mesosoma, Metasoma) zusammen, von denen der hinterste bei weitem der längste ist. Jeder Abschnitt enthält eine Zölomhöhle, die durch Abfaltung vom Urdarm entsteht. Der Vorderdarm ist zu einem Kiemendarm umgebildet und sendet in das Protosoma einen unpaaren Blindsack (→ Stomochord). Im Mesosoma liegt auf der Rückenseite ein hohles Nervenrohr. Das Mesosoma der Flügelkiemer trägt Tentakel. Bei den Eichelwürmern tritt eine frei schwimmende Larve (Tornaria, Abb. 2) auf, die große Ähnlichkeit mit den Larven mancher Stachelhäuter hat. Die H. zeigen enge Beziehungen zu den Stachelhäutern und den Chordatieren.

Zu den H. gehören zwei Klassen: *Enteropneusta* (→ Eichelwürmer) und *Pterobranchia* (→ Flügelkiemer).

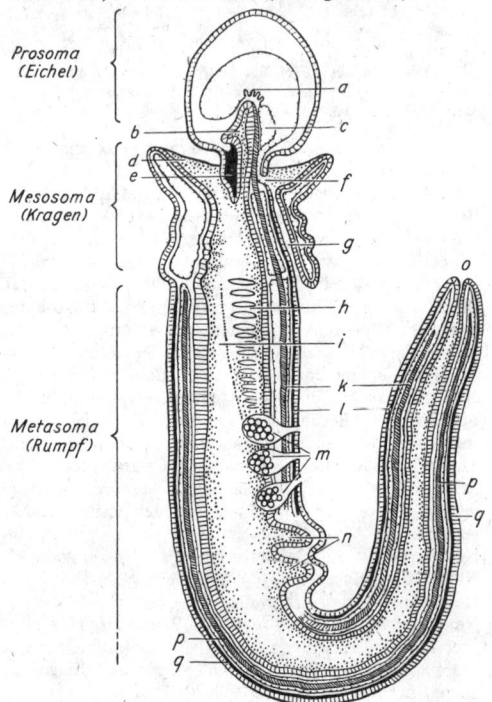

1 Organisationsschema eines Eichelwurms: *a* Glomerulus, *b* Eicheldarm, *c* Herzblase, *d* Mund, *e* Eichelskelett, *f* Eichelporus, *g* röhrenförmiges Kragenmark, *h* Kiemendarm mit Kiemenspalten, *i* Nahrungsdarm, *k* dorsales Blutgefäß, *l* Dorsalnerv, *m* Gonaden, *n* Lebersäckchen, *o* After, *p* ventrales Blutgefäß, *q* Ventralnerv

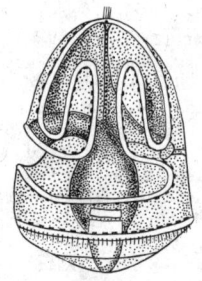

2 Tornarialarve eines Eichelwurms

hemiedaphisch, Bezeichnung für die in den luftnahen Grenzschichten des Bodens lebenden → Bodenorganismen.
Hemielytren, → Wanzen.
Hemikryptophyten, *Erdschürfepflanzen,* wurzelnde, mehrjährige Pflanzen, deren Erneuerungsknospen unmittelbar an der Erdoberfläche liegen. Die Knospen sind während der ungünstigen Jahreszeit durch lebende oder abgestorbene Schuppen, Blätter oder Blattscheiden geschützt.
Hemimetabolie, → Metamorphose.
Hemiparasiten, pflanzliche Teilschmarotzer, die selbst noch Photosynthese betreiben und dem Wirt nur bestimmte Stoffe, wie Wasser und Mineralsalze, entziehen, z. B. die Mistel.
Hemiphanerophyt, svw Halbstrauch.
Hemipneustier, → Stigmen.
Hemiptera, svw. Schnabelkerfe.
Hemizellulose, Polysaccharide, die aus β-1,4-glykosidisch verknüpften Pentose- und Hexoseresten bestehen. H. sind am Aufbau der Zellwände als Gerüstsubstanzen beteiligt und dienen teilweise als Reservestoffe. Wichtige H. sind Mannane, Galaktane, Xylane und Arabane.
Hemizygotie, die Erscheinung, daß ein oder mehrere Gene oder ganze Koppelungsgruppen in somatischen Zellen nicht in Form von Allelenpaaren, sondern nur in der Einzahl auftreten. H. trifft z. B. für alle auf dem X-Chromosom lokalisierten Gene in Zellen männlicher Organismen vom XY-Typ zu. Funktionelle H. kann außerdem durch → Lyonisierung auch die X-chromosomalen Gene weiblicher Zellen betreffen.
hemizyklisch, Bezeichnung für Blüten mit teils quirlig, teils spiralig angeordneten Blattorganen.
Hemlocktanne, → Kieferngewächse.
Hemmfeld, → Sperreffekt.
Hemmstoffe, *Inhibitoren, Verzögerer, Passivatoren,* Stoffe, die, im Gegensatz zu den reaktionsbeschleunigenden Katalysatoren, chemische bzw. biochemische Reaktionen hemmen oder verhindern. Insbesondere kennt man in der Enzymologie zahlreiche H., die bestimmte Fermentreaktionen spezifisch blockieren. Man unterscheidet zwischen *reversibler* und *irreversibler* Hemmung. Erstere unterteilt man weiter in z. B.: *kompetitive Hemmung,* wenn ein Hemmer mit dem Substrat um einen bestimmten Platz am Enzymmolekül (dem aktiven Zentrum) konkurriert. Der H. verdrängt das Substrat nach dem Massenwirkungsgesetz vom Enzym und blockiert es damit. Die Geschwindigkeit der Reaktion ist abhängig vom Verhältnis Substrat/Hemmstoff. *Nichtkompetitive Hemmung* liegt dann vor, wenn sich der H. mit einem weiteren Zentrum am Enzym verbindet und damit die Affinität des Enzyms für das Substrat verringert. Eine Erhöhung der Substratkonzentration beeinflußt die Reaktionsgeschwindigkeit nicht. Dies ist ein Spezialfall *allosterischer Effekte,* die dadurch charakterisiert sind, daß sich die Affinität eines Enzyms für sein Substrat durch Verbindung mit anderen Substraten ändert, → Stoffwechselregulation. H. besonderer Art sind → Antibiotika.

Bei *Pflanzen* sind H. vor allem an der Regulierung der Wachstums- und Entwicklungsprozesse als Gegenspieler der → Phytohormone beteiligte, mehr oder weniger spezifische Stoffe. Die Wechselbeziehungen sind sehr kompliziert, um so mehr, als einzelne Wachstumsregulatoren in Abhängigkeit von der Konzentration sowohl fördernde als auch hemmende Wirkungen hervorrufen können. Neben natürlich vorkommenden *biogenen H.*, die praktisch in allen pflanzlichen Organen biologisch nachgewiesen, aber chemisch häufig noch unbekannt sind, kennt man eine Reihe verschiedenartig gebauter *synthetischer H.* Die Mehrzahl der bisher aus Blättern, Stengeln, Knollen, Knospen, Wurzeln, Pollen, Samen und Früchten isolierten H. ist vorwiegend auf Grund der verwendeten Bioteste als Auxin-Antagonist bzw. Antiauxin zu bezeichnen. Dennoch dürften sie in der Pflanze nicht nur speziell als H. des Streckungswachstums wirken, sondern ebenfalls bestimmte Entwicklungsvorgänge beeinflussen, z. B. Samenkeimung, Knospenruhe, Wurzelbildung u. a. Umgekehrt können *Keimungshemmstoffe (Blastokoline)* auch Wachstumsprozesse hemmen.

Die bisher chemisch näher untersuchten biogenen H. gehören verschiedenen Stoffklassen an. Mehreren ist eine ungesättigte Lakton-Gruppierung eigen. Bekannte Beispiele sind Kumarin, Skopoletin u. a. Auch Zimtsäure kann als Hemmstoff fungieren. An korrelativen Hemmungen (→ Korrelationen) ist ein Korrelationshemmstoff maßgeblich beteiligt.

Synthetische H. mit praktischer Bedeutung sind einige Gibberellin-Antagonisten und insbesondere die → Herbizide, die sehr verschiedenen Stoffklassen angehören.
Hemmsubstanzen, allgemeine, unscharf gebrauchte Bezeichnung für Substanzen, die → Hemmung auslösen, insbesondere sind → Blocker gemeint, manchmal auch → Transmitter, die inhibitorische postsynaptische Potentiale auslösen.
Hemmung, *Inhibition,* 1) in der Neurophysiologie herabgesetzte Erregbarkeit, der unterschiedliche elementare Ereignisse zugrunde liegen können. Dazu gehören H. infolge → Refraktärstadium, durch Hyperpolarisation, durch → Hemmsubstanzen, die Rezeptoren blockieren, durch → Schaltungen von Neuronen. H. sind für die Leistungen des Nervensystems von grundsätzlicher Bedeutung, beispielsweise können plötzlich auftretende Erregungen oft dadurch erklärt werden, daß die H. bestimmter neuronaler Zentren aufgehoben wurde; in der Perzeption unterstützen Hemmprozesse die kontrastreiche Wiedergabe der Außenwelt. Bei Eigenreflexen, wie dem Patellarreflex, erfolgt ein Wechselspiel von Erregung und H. Beim genannten Beispiel erfolgt durch einen Schlag auf das Knie eine reflektorische Zuckung des Streckungsmuskels, und gleichzeitig werden die Beuger gehemmt.

2) in der Verhaltensforschung wird die Blockierung von Verhaltensprogrammen als H. bezeichnet.
Hennigsches Prinzip, → Taxonomie.
Hepar, → Leber.
Hepaticae, → Lebermoose.
Hepatitis-B-Virus, → Tumorviren.
Heptaen-Antibiotika, eine besonders von Aktinomyzeten gebildete Gruppe von Antibiotika (Polyen-Antibiotika), die chemisch durch 7 Doppelbindungen gekennzeichnet sind. H.-A. hemmen das Wachstum von Pilzen. → Polyen-Antibiotika.
Heptosen, Monosaccharide der allgemeinen Zusammensetzung $C_7H_{14}O_7$, deren wichtigster Vertreter die D-Sedoheptulose ist.
Herbivoren, → Ernährungsweisen.
Herbizide, chemische Unkrautbekämpfungsmittel. Man unterscheidet total und selektiv wirkende H. 1) *Totalherbizide* vernichten den gesamten Pflanzenbestand der behandelten Fläche. Man setzt sie insbesondere ein gegen Unkräuter auf Wegen, Plätzen, Ödland und Gewässern. Bei Anwendung auf landwirtschaftlichen Nutzflächen muß vor der weiteren Bestellung eine längere Wartezeit eingelegt werden. 2) *Selektivherbizide* vernichten nur bestimmte Pflanzen und sind dadurch geeignet zur chemischen Unkrautbekämpfung in Kulturpflanzenbeständen. Hierbei unterscheidet man zwischen einer physiologisch bedingten echten Selektivität und einer vom Entwicklungszustand der Pflanzen abhängigen Selektivität. Bei letzterer unterscheidet

man zwischen drei Anwendungsterminen: vor der Aussaat; nach der Aussaat, aber vor dem Auflaufen der Kulturpflanze; nach dem Auflaufen. Nach dem Ort der Aufnahme kann man zwischen *Boden-(Wurzel-)* und *Blattherbiziden* unterscheiden. H. wirken entweder lokal als *Kontaktherbizide*, indem sie das Pflanzengewebe nur an den betroffenen Stellen zerstören, oder als *translokale H.* (→ Wuchsstoffherbizide), die vom Leitungsgewebe der Pflanze aufgenommen werden und durch übermäßige Versorgung der wachstumsfähigen Gewebe ein unregelmäßiges Wachstum verursachen, das schließlich zum Absterben der ganzen Pflanze führt. Als Wirkungsform der translokalen H. treten z. B. eine Hemmung bzw. Störung der Zellatmung, Keimhemmung, Störung der Photosynthese, Hemmung der Chlorophyllsynthese, der Wurzelentwicklung oder eine Beeinflussung der Mitose ein. Es existiert eine Vielzahl von H., die unterschiedlichen Substanzklassen angehören, z. B. Chlorate (Totalherbizide), Harnstoffe, Phenole, Karbamate, Triazine, Phenoxyessigsäuren.

Lit.: Arlt u. Feyerabend: H. und Kulturpflanzen (Berlin 1973). Wegler (Hrsg.): Chemie der Pflanzenschutz- und Schädlingsbekämpfungsmittel, Bd. 5 (Berlin, Heidelberg, 1977).

Herbstsche Körperchen, → Tastsinn.
Herbstzeitlose, → Liliengewächse.
Herbstzirkulation, → See.
Heredität, → Genetik.
Hering, *Clupea harengus,* große Schwärme bildender, blausilbriger Meeresfisch, der hauptsächlich Plankton frißt, bis 50 cm lang und 20 Jahre alt wird. Noch nicht geschlechtsreife H. werden als Matjesheringe bezeichnet, geschlechtsreife H. vor der Ablage des Laiches als Vollheringe. Eine Ostseerasse des H. ist der *Strömling.* Der H. wird mit Treib-, Stell-, Beutel-, Zugnetzen und Trawl gefangen. Er ist der wirtschaftlich wichtigste Fisch.

Lit.: D. Riedel: Der H. (Wittenberg 1957).
Hering-Breuer-Reflex, → physikalische Atmungsregulation.
Heringsartige, *Clupeiformes,* relativ ursprüngliche, oft in großen Schwärmen auftretende Meeresfische, einzelne Arten im Süßwasser. Verschiedene H. gehören zu den wichtigsten Nutzfischen Europas und Nordamerikas. Bekannte Familien: Heringe, → Sardellen.
Heringshaie, *Lamnidae,* Familie der Elasmobranchier, zu der einige gefährliche Menschenhaie gehören, z. B. der 6 bis 7 m lange Weißhai, *Carcharodon carcharias,* und der Heringshai, *Lamna nasus.* Die meisten Vertreter bevorzugen wärmere Meere. H. sind typische Haie mit großer halbmondförmiger Schwanzflosse.
Heringskönig, *Zeus faber,* bis 70 cm langer mariner Knochenfisch mit hohem, seitlich abgeflachtem Körper, großem Kopf und vorstreckbarem Maul. Er hat auf beiden Seiten einen runden, schwarzen Fleck. Die vordere Rückenflosse wird von Stacheln gestützt, die in Fäden auslaufen. Der H. frißt kleine Fische. Er wird im Mittelmeer und im Atlantik ziemlich häufig gefangen.
Heritabilität, *Erblichkeitsgrad,* das Ausmaß, in dem eine bestimmte Merkmalsbildung durch genotypische und Umwelteinflüsse kontrolliert wird. Die H. eines Merkmals ist ein Maß dafür, mit welcher Sicherheit an Hand des Phänotyps einem Individuum Rückschlüsse auf seinen Genotyp gezogen werden können.
herkogam, → Bestäubung.
Hermaphroditismus, *Hermaphrodismus, Androgynie, Zwittrigkeit, Zwittertum, Zwitterbildung,* 1) in der Zoologie die Ausbildung von männlichen und weiblichen Geschlechtsorganen an einem Individuum, dem Zwitter (Hermaphrodit). Ist die Zwitterbildung genetisch bedingt, spricht man von *echtem* oder *primärem H.,* stammen die Zwitter von genetisch getrenntgeschlechtlichen Formen ab, dann liegt *sekundärer H.* vor. Die zwittrigen Tiere haben entweder sowohl männliche als auch weibliche Keimdrüsen in jedem Einzeltier, oder sie besitzen eine Zwitterdrüse, die Samen- und auch Eizellen bildet. Die dadurch gegebene Möglichkeit der Selbstbefruchtung wird auf verschiedene Weise ausgeschaltet: Meistens werden die männlichen Keimzellen eher reif als die weiblichen (Proterandrie), z. B. bei Bandwürmern, Protogynie (frühere Reifung der weiblichen Gonaden) findet sich unter anderem bei Seescheiden. In anderen Fällen tauschen zwittrige Tiere bei der Paarung regelmäßig Geschlechtsprodukte aus und begatten sich gegenseitig, z. B. Regenwürmer und viele Schnecken. In wenigen Fällen ist auch eine Selbststerilität beobachtet worden.

Bei Schmetterlingen und anderen Insekten kommt es manchmal zu einer Sonderform des H. Dabei bildet die eine Hälfte des Tieres nur männliche, die andere Hälfte nur weibliche Geschlechtsdrüsen aus. Auch äußerlich hat das Tier dann zur Hälfte männliche, zur anderen Hälfte weibliche Geschlechtsmerkmale. Solche Fälle werden als *Halbseitenzwittrigkeit* bezeichnet.

H. ist besonders bei Parasiten und ortsgebundenen Tieren häufig, kommt aber auch bei freilebenden Formen vor. Manchmal ist der H. unvollkommen, indem nur eine Art von Keimdrüsen funktioniert, wie bei manchen Insekten.

2) in der Botanik → Blüte.
Hermelin, *Großwiesel, Mustela erminea,* ein zu den Mardern gehörendes Raubtier, das im Sommer oberseits braun und unterseits weiß bis gelblich, im Winter hingegen bis auf die schwarze Schwanzspitze völlig weiß ist. Das H. ist über Eurasien verbreitet. Es besiedelt Hecken und Waldränder, im Winter dringt es auch in Gebäude vor. Das H. ernährt sich fast ausschließlich von Mäusen, aber auch von Vögeln (Hühner!).
Herpesviren, → Virusfamilien.
Herpesviridae, → Virusfamilien.
Herrentiere, svw. Primaten.
Herz, *Cor, Cardia,* zentrales Organ im Blutgefäßsystem verschiedener Tiergruppen, das durch rhythmische Kontraktionen seiner Muskelfasern eine in stets gleicher oder (nur bei Mantieren) wechselnder Richtung verlaufende kontinuierliche Strömung des Blutes bewirkt.

Das H. der Borstenwürmer wird von einem dorsal vom Darm liegenden, sich fast über die ganze Körperlänge erstreckenden, kontraktilen Rückengefäß gebildet. Auch einige zum Bauchgefäß verlaufende Gefäßschlingen können sich kontrahieren. Bei den Krebstieren ist das H. gleichfalls dorsal gelegen und von sackförmiger (Blattfüßer), langgestreckt röhrenförmiger (Dekapoden) oder kugelförmiger (z. B. Flußkrebs) Gestalt. Das H. der höheren Spinnentiere liegt in einem Herzbeutel, wie er auch bei den Weichtieren auftritt. Bei letzteren ist das H. in eine Hauptkammer und eine oder zwei Vorkammern gegliedert. Bei den Kopffüßern sind *Kiemenherzen* als Nebenherzen ausgebildet; sie treiben das venöse Blut in die Kiemengefäße. Das H. der Insekten besteht aus dem meist blind geschlossenen kontraktilen hinteren Abschnitt des Rückengefäßes. Zur Blutversorgung der Antennen, Beine und Flügel dienen unter anderem zusätzliche pulsierende Organe, die auch als *Nebenherzen* bezeichnet werden.

Das H. der Wirbeltiere ist ein einer Saug- und Druckpumpe vergleichbarer Hohlmuskel, der den wesentlichsten Anteil an der Regulierung, Verteilung und Bewegung des Blutstromes (→ Blutkreislauf) hat. Die Lage des H. an der ventralen Körperseite ist ein Charakteristikum sämtlicher Wirbeltiere.

Bei Fischen ist das H. in vier aufeinanderfolgende Abschnitte gegliedert: kaudal liegt der Venensinus, der die Körpervenen aufnimmt. Die sich anschließende *Vorkammer (Vorhof, Atrium)* treibt das Blut in die *Herzkammer (Ventrikel)*, die das Blut über den folgenden *Herzbulbus* in die Kiemenarterien pumpt. Das H. der meisten Fische wird ausschließlich von venösem Blut durchflossen.

Bei den Lurchen bahnt sich mit der Ausbildung des Lungenkreislaufes ein Umbau des H. an, der in der aufsteigenden Wirbeltierreihe dazu führt, daß sich eine immer mehr vollkommnende Trennung der Herzvorhöfe und Herzkammern herausbildet. Das H. der Lurche hat zwei getrennte Vorhöfe, der rechte nimmt das sauerstoffarme Blut aus dem Körper auf, der linke das sauerstoffreiche Blut aus den Lungen. In der einheitlichen Kammer erfolgt eine Blutmischung, die allerdings durch die Ausbildung von Falten unvollständig bleibt, so daß das stärker venöse Blut durch die Lungenarterien abfließt, während das sauerstoffreiche Blut dem Kopf und dem Körper zugeführt wird.

Das H. der Kriechtiere weist vollständig getrennte Vorkammern auf. In der Kammer entwickelt sich eine Scheidewand, die jedoch nur unvollständig trennt. Aus der linken, arteriellen Kammer entspringt der nach rechts umbiegende Aortenbogen. Da von ihm die Karotiden abgehen, wird dem Kopf immer Frischblut zugeführt. Der linke Aortenbogen leitet gemischtes Blut, die am weitesten rechts entspringende Lungenarterie führt sauerstoffarmes Blut zur Lunge.

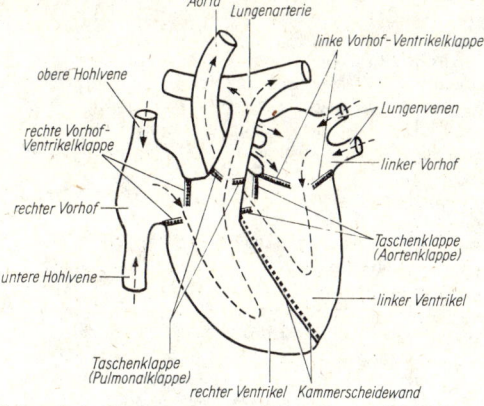

Schematische Gliederung des menschlichen Herzens. Die Pfeile geben die Strömungsrichtung des Blutes an

Bei Vögeln und Säugern (Abb.) ist sowohl die Vorkammer als auch die Kammer in je zwei abgeschlossene Hohlräume getrennt. Jetzt erst kann man von zwei voneinander unabhängigen Kreisläufen (*Lungen-* und *Körperkreislauf*) sprechen. Das sauerstoffarme Körperblut gelangt durch die Hohlvenen in den rechten Vorhof, von dem es in die rechte Kammer fließt. Von hier wird das venöse Blut durch die Lungenarterien in die Lungen gedrückt. Von dort fließt das sauerstoffreiche Blut über Lungenvenen in die linke Vorkammer und dann in die linke Kammer. Von hier wird es in die Aorta getrieben. Die Blutströmung durch das H. und die abgehenden Gefäße wird von → Herzklappen reguliert. Bei einigen Säugern, z. B. Pferd, Schwein, Hund, bildet sich an den Gefäßabgängen ein knorpeliges, bei Wiederkäuern und Dickhäutern ein knöchernes Herzskelett aus.

Speziell bei Vögeln und Säugern ist ein besonderes Erregungsleitungssystem entwickelt, das aus modifizierten Muskelfasern besteht und ein organeigenes Nervensystem darstellt (→ Herzerregung).

Herzarbeit, das Produkt von Druckentfaltung und Blutauswurf während einer Systole. Ein Herz leistet Arbeit, indem es Kraft entwickelt und seine Muskelfasern verkürzt. In der Austreibungsphase der Systole wird zur Überwindung des Strömungswiderstandes im Kreislauf ein bestimmter Druck entwickelt sowie das Schlagvolumen ausgeworfen. Dabei wird das Blutvolumen beschleunigt. Somit leistet jedes Herz zunächst eine Druckvolumen- und dann eine Beschleunigungsarbeit. Ihre Summe ist die eigentliche H. Die linke Kammer eines ruhenden Menschen wirft je Systole etwa 70 ml Blut aus. Um den mittleren Aortendruck von rund 13 kPa überwinden zu können, muß sie eine *Druckvolumenarbeit* von 0,9 Joule leisten. Soll das Schlagvolumen auf die Mindestgeschwindigkeit von 40 cm/s gebracht werden, ist noch die *Beschleunigungsarbeit* von 0,006 Joule zu addieren. Normalerweise ist also die Beschleunigungsarbeit gegenüber der Druckvolumenarbeit zu vernachlässigen. Erst bei Elastizitätsverlust der Arterien, z. B. im Alter, können beide Anteile gleich hoch werden. Die rechte Kammer leistet beim gleichen Herzschlag ein Zehntel der Arbeit, die die linke vollbringt. Wird die Arbeit beider Kammern addiert, erhält man für die gesamte H. rund 1 Joule. Bei den üblichen 70 Herzschlägen in der Minute wäre das eine Tagesleistung von annähernd 100 kJoule. Trotz des beachtlichen Wertes ergibt sich eine Sekundenleistung von etwa 60 Watt. Verglichen mit einem technischen Motor ist das menschliche Herz ein Kleinstmotor mit einer enormen Betriebsdauer.

Herzbeutel, svw. Perikard.

Herzbeutelhöhle, → Leibeshöhle, → Perikard, → Perikardialhöhle.

Herzerregung, die von Ionenströmen verursachte Änderung des elektrischen Ruhepotentials. Die H. ist Auslöser der → Herzkontraktion.

Das Herz der Wirbeltiere besitzt je nach seiner Organisationshöhe bis zu drei Automatiezentren. Ein *Automatiezentrum* besteht aus einer Gruppe von Herzmuskelzellen, die zur spontanen Erregungsbildung befähigt sind. Sind mehrere Zentren vorhanden, führt stets das Zentrum mit der höchsten Automatiefrequenz, das erste Automatie- oder das *Schrittmacherzentrum*, indem es die Automatiefähigkeit der anderen Zentren unterdrückt. Bei Säugern hat das dritte Automatiezentrum (*Hissches Bündel* der Kammer) die niedrigste Automatiefrequenz, höher ist die des zweiten (*Aschoff-Tawara-Knoten* an der Grenze zwischen rechtem Vorhof und Kammer) und am höchsten die des ersten Automatiezentrums (*Sinusknoten* im rechten Vorhof). Fällt das erste Zentrum als Schrittmacher aus, setzt die Automatietätigkeit des zweiten und bei dessen Versagen die des dritten ein. Wegen der dann veränderten Erregungsausbreitung im Herzen ist der normale Kontraktionsablauf von den Vorhöfen zu den Kammern gestört.

Beim Säugetier startet die H. im Sinusknoten des rechten Vorhofs, breitet sich rasch auf beide Vorhöfe aus und wird im Aschoff-Tawara-Knoten verzögert, so daß die Vorhofkontraktion vor der Kammererregung ablaufen kann. Die H. breitet sich dann wieder schnell über das Reizleitungssystem in der Kammerscheidewand aus und schreitet von der Kammerspitze zur -basis fort, so daß bei der nachfolgenden Kontraktion ein gerichteter Blutauswurf von den Spitzen der Kammern in die Aorta bzw. in die *Aorta pulmonalis* gewährleistet ist.

Da sich die Erregung im Herzen mit unterschiedlicher Geschwindigkeit und in verschiedene Richtungen ausbreitet, werden viele Herzmuskelzellen gleichzeitig depolarisiert. Das Bild der H. ist das Elektrokardiogramm. Bei den Säugetieren spiegelt sich die Vorhoferregung in der P-Zacke wider. Die Verzögerung der Erregungsausbreitung

Herzfrequenzsenkung

zwischen Vorhof und Kammer ist aus dem P-Q-Intervall ersichtlich. Das Kammer-EKG, mit den Zacken Q, R, S und T, entsteht durch die Überlagerung der Aktionspotentiale aller erregten Kammermuskelfasern, wobei der Beginn der Q-Zacke den Einsatz der Kammererregung, die Zacken Q, R, S den Wechsel der Ausbreitungsrichtung und die T-Zacke den Erregungsrückgang wiedergeben. (→ Elektrokardiographie).

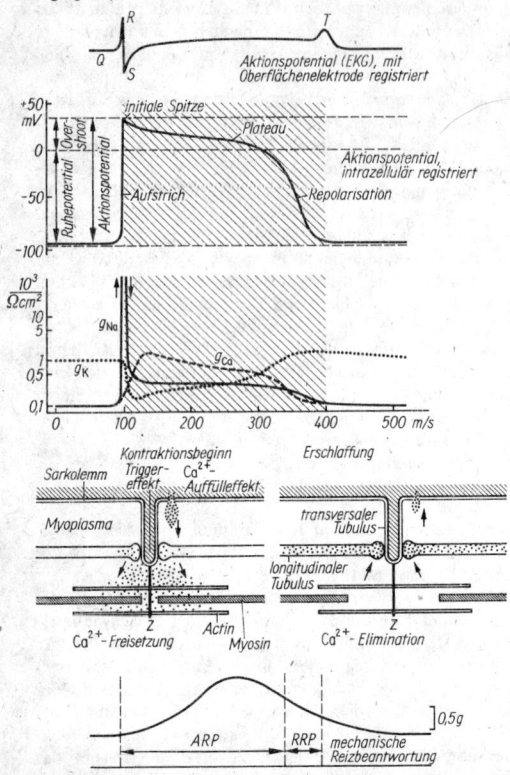

Entstehung der Herzerregung und der Herzkontraktion. ARP absolute Refraktärphase, RRP relative Refraktärphase

Im Herzmuskel laufen Erregung und Kontraktion gleichzeitig ab. Eine aktive Herzmuskelfaser ist während ihrer Depolarisation stets unerregbar oder refraktär. Am Herzen kann folglich während der Kontraktion keine zweite Erregung und damit auch keine zusätzliche Systole ausgelöst werden. Wegen dieses Schutzmechanismus wird jede Kontraktion normal beendet, und es entstehen Schläge von gleicher Stärke. Die H. ist somit die Ursache für das »Alles oder Nichts Gesetz« der Herzkontraktion. Es besagt, daß die Kontraktion entweder gar nicht, oder falls ausgelöst, dann maximal erfolgt.

Herzfrequenzsenkung, → Herznervenwirkung.

Herzgewichtsregel, → Klimaregeln.

Herzigel, *Echinocardium cordatum*, in der Nordsee und der westlichen Ostsee lebender Seeigel von herzförmiger Gestalt, der sich im Sand eingräbt.

Herzinnenhaut, → Herzklappen.

Herzkammer, → Herzklappen.

Herzklappen, Falten der *Herzinnenhaut* (*Endokard*) bzw. der Arterien, die als Ventile die Strömungsrichtung des Blutes im Herzen bestimmen. Das Herz des Menschen (Abb.) und der höheren Wirbeltiere weist 4 Klappen auf. Zwischen rechtem Vorhof und rechter *Herzkammer* befindet sich die *dreizipfelige Segelklappe*, zwischen linkem Vorhof und linker Kammer die *zweizipfelige Segelklappe* (*Atrioventrikularklappen*). Der Anfangsabschnitt der Aorta und der Lungenarterie kann durch *Taschenklappen* (*Semilunarklappen*), die *Aortenklappe* bzw. *Pulmonalklappe*, verschlossen werden.

Während der Kammersystole sind die Segelklappen geschlossen, die Taschenklappen geöffnet, so daß das Blut aus den Kammern in die Lungenarterie bzw. in die Aorta gedrückt wird. In der diastolischen Phase der Kammern öffnen sich dagegen die Segelklappen, während die Taschenklappen verschlossen sind. Das Blut strömt aus den Vorhöfen in die Kammern. Durch den Taschenklappenverschluß wird ein Zurückströmen des Blutes in die Herzkammern verhindert.

Die Ränder der Segelklappen sind über Sehnenfäden mit Papillarmuskeln der Kammerinnenwand verbunden. Während der Kammerkontraktion sind die Papillarmuskeln angespannt, wodurch die Segelklappenränder festgehalten werden. Die Klappen können trotz des hohen *Kammerinnendruckes* nicht in den Vorhof zurückschlagen. Taschenklappen in der Aorta und Lungenarterie bestehen aus je 3 schwalbennestähnlichen Taschen, deren Hohlraum in Richtung des Blutstromes weist. Übertrifft der Kammerinnendruck den Druck in den Schlagadern, dann werden die Ränder der Taschenklappen auseinandergedrängt, und das Blut kann aus dem Herzen ausfließen. In der diastolischen Phase strömt das Blut zurück, fängt sich jedoch in den Taschen, wodurch deren Ränder fest aneinandergepreßt werden.

Herzkontraktion, die Systole eines Herzens. In ihr wird entweder ohne Längenänderung nur Spannung entwickelt (*isometrische H.* in der Anspannungsphase), oder es tritt eine Verkürzung ohne Spannungszunahme auf (*isotonische H.* in der Austreibungsphase). In den Übergangsphasen treten beide Kontraktionsformen gleichzeitig auf.

Die → Herzerregung löst die H. aus. Dabei läuft der Prozeß der »elektromechanischen Ankopplung« in folgenden Schritten ab: Im Ruhezustand bestehen wegen der eingelagerten Tropomyosinfäden zwischen den Aktin- und Myosinfäden der Sarkomere keine brückenartigen Verbindungen. Mit der Erregung werden Kalziumionen aus dem Extrazellulärraum eingeschleust, die eine zusätzliche Kalziumfreisetzung aus intrazellulären Speichern einleiten. Troponinmoleküle in den Aktinfäden binden Kalziumionen, verdrängen die Tropomyosinfäden, so daß sich die Aktinfäden über »Myosinköpfchen« mit den Myosinfäden locker verbinden können. Die H. erfolgt dadurch, daß ATP gespalten wird, und die dabei freigesetzte Energie führt zu ruderähnlichen Bewegungen der »Myosinköpfchen«, so daß die Aktinfäden an den Myosinfäden entlanggleiten und sich das I-Band (Aktinfäden) eines Sarkomers in das A-

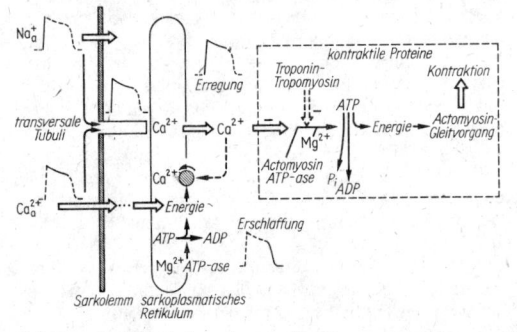

Elektromechanische Ankoppelung am Herzen

Band (Myosinfäden) hineinschiebt. Die Erschlaffung wird durch den Erregungsrückgang eingeleitet. Pumpen entfernen die Kalziumionen aus dem Muskelplasma und beenden dadurch die H. Ungespaltenes ATP entwickelt eine »Weichmacherwirkung«, indem es die lockere Bindung zwischen Aktin- und Myosinfäden löst. Einströmendes Blut schiebt beide Fäden auseinander, so daß die Herzmuskelfasern ihre Ruhelänge wiedererlangen.

Herzminutenvolumen, das in einer Minute vom Herzen ausgestoßene Blutvolumen, das Produkt aus Herzfrequenz und → Schlagvolumen. Für den erwachsenen Menschen errechnet sich in Ruhe bei 70 Herzschlägen je Minute und einem Schlagvolumen von 70 ml ein H. von 4900 ml oder rund 5 l.

Herzmuschel, *Cardium,* Gattung der heterodonten Muscheln mit herzförmigen, meist radial gerippten, gleichklappigen Schalen, deren Ränder gekerbt sind. In jeder Klappe befinden sich zwei Seitenzähne.

Geologische Verbreitung: Trias bis Gegenwart, marin und im Brackwasser.

Herznerven, Nerven des vegetativen Nervensystems der Wirbeltiere und des Menschen, die das Herz innervieren und dessen autonome Tätigkeit steuern. Sie sind an der Erregungsbildung in den Automatiegeweben des Herzens (→ Herzerregung) nicht beteiligt, sondern modifizieren nur die Aktivität dieser Gewebe und erhöhen dadurch die Variationsbreite der Herztätigkeit.

Das Herz wird sowohl von den parasympathischen Vagusnerven als auch von sympathischen Nerven innerviert. Die Nervenfaserverteilung auf die einzelnen Herzbereiche ist unterschiedlich. Durch Erregungssteigerungen in den parasympathischen oder sympathischen Nerven werden mehrere Funktionsgrößen des Herzens in antagonistischer Weise verändert:

Funktionsgröße	Erregungssteigerung des *Sympathikus*	des *Vagus*
Herzfrequenz	erhöht	vermindert
Herzleistung (Kraft der einzelnen Herzkontraktionen)	gesteigert	herabgesetzt (nur in den Vorhöfen)
Überleitungszeit zwischen den Vorhöfen und Kammern	verkürzt	verlängert
Erregbarkeit	erhöht	vermindert (nur im Vorhof)

Bei Aktivitätsverminderungen in den parasympathischen oder sympathischen Nerven ergeben sich umgekehrte Effekte. Zum Beispiel sinkt die Herzfrequenz, wenn die Erregung des Sympathikus vermindert ist. Sie steigt an bei Aktivitätssenkungen im Vagus. Unter physiologischen Bedingungen fließen dem Herzen dauernd Erregungen über Vagus und Sympathikus zu, d. h., die vegetativen H. befinden sich auf einem mittleren Aktivitätsniveau, und die Funktionsgrößen des Herzens werden sowohl durch Aktivitätssenkungen als auch durch Erregungssteigerungen der H. gesteuert. Bei gleichzeitiger Erregungssteigerung im Vagus und im Sympathikus ändern sich Herzfrequenz und Überleitungszeit wegen der antagonistischen Wirkung der beiden vegetativen Nervensysteme nicht. Die Kraft der Herzkontraktion wird jedoch erhöht, weil die Kammermuskulatur nur vom Sympathikus innerviert wird.

Die nervöse Beeinflussung der Herzfunktion erfolgt durch chemische Überträgerstoffe. An den Nervenendungen des Vagus wird durch einlaufende Erregungen Azetylcholin freigesetzt, das auf die Herztätigkeit einen hemmenden Einfluß ausübt. Stimulierend wirkt dagegen der Überträgerstoff des Sympathikus, ein Gemisch von Adrenalin und Noradrenalin.

Herznervenwirkung, die Steuerung der Herztätigkeit über den *Nervus vagus* und den *Nervus sympathicus.* Während der Vagus am Säugerherzen eine hemmende Wirkung ausübt, hat der Sympathikus eine antreibende. Wenn die Herznerven laufend tätig sind, sprechen wir von *Tonus,* bei Überwiegen des Vagus von *Vagotonus,* bei Vorherrschen des Sympathikus von *Sympathikotonus.* Erregungen der Herznerven setzen im Herzen an den Nervenendigungen des Vagus Azetylcholin und an den Sympathikusendigungen ein Gemisch aus Adrenalin und Noradrenalin frei. Die Nervenwirkstoffe verbinden sich mit Rezeptormolekülen der Herzmuskelzellen, wodurch die Ionenpermeabilität ihrer Membran verändert wird und über Folgeprozesse spezifische Wirkungen ausgeübt werden. Die H. klingt entweder durch fermentativen Abbau des Azetylcholins, wie im Falle der Nervus vagus, oder durch Oxidation der beiden Katecholamine Adrenalin und Noradrenalin, wie im Falle des Nervus sympathicus, ab.

Aus der Fülle der vorhandenen H. sollen die auf die Schlagfrequenz und die Kontraktionskraft herausgegriffen werden. Der Vagus senkt die Frequenz und die Kontraktionsstärke des Herzens, der Sympathikus steigert beide. Die *Herzfrequenzsenkung* kommt dadurch zustande, daß das Azetylcholin ganz selektiv nur Kaliumionen aus dem Zellinnern strömen läßt. Dadurch erhöht sich das Ruhepotential der Schrittmacherzellen, und weil gleichzeitig deren lokale Depolarisation verlangsamt wird, setzt im Sinusknoten die → Herzerregung später ein. – Die Wirkstoffe des Sympathikus versteilern dagegen das Schrittmacherpotential, und sie lösen deshalb eine frühere Erregung aus. Die Kontraktionskraft wird bei Vaguswirkung vermindert, indem Azetylcholin das Aktionspotential verkürzt, da wegen der gesteigerten Kaliumleitfähigkeit die Repolarisation schneller erfolgt, so daß weniger Kalziumionen einströmen und sich auch weniger Myosin- mit Aktinfäden verbinden können. Die Katecholamine des Sympathikus steigern dagegen den Kalziumeinstrom, so daß mehr Verbindungen auftreten und die → Herzkontraktion verstärkt wird.

Herzreflexe, die von Herzrezeptoren ausgelösten Reflexwirkungen am Herzen und am Kreislauf. Das Säugetierherz besitzt *Mechanorezeptoren,* die über Fasern des Nervus vagus und Nervus sympathicus mit dem Kreislaufzentrum in der Medulla oblongata verbunden sind. Beide Vorhöfe sind mit mehr Sinnesendigungen versehen als die Kammern. Aus den Vorhöfen melden mit jedem Herzschlag vagale A-Rezeptoren die Wandspannung und vagale B-Rezeptoren die Füllung. Jene Erregungen verändern die bereits bestehende → Herznervenwirkung sowie den herrschenden → Gefäßtonus meist in hemmender, gelegentlich auch in aktivierender Weise. Die *Kammerrezeptoren,* die nur unter extremen Bedingungen, wie bei kräftigen Kontraktionen oder bei starken Dehnungen, erregt werden, rufen stets hemmende Reflexe hervor, die sich in einer Herzverlangsamung und einem Blutdruckabfall äußern.

Herzsteuerung, die funktionsgerechte Einstellung der Herztätigkeit über nervale und lokale Prozesse. Über die Vielzahl und die damit verbundene Komplexität der Steuervorgänge informiert die Abb. .

Herzsteuerungszentrum, → Kreislaufregulation.

Herztöne, → Aktionsphasen des Herzens.

Herz- und Trockenfäule, → Bor.

herzwirksame Glykoside, eine Gruppe von pflanzlichen Glykosiden, die in der Systole die Kontraktion der Herzkammer des insuffizienten Herzens steigern und dadurch

Hesperioidea

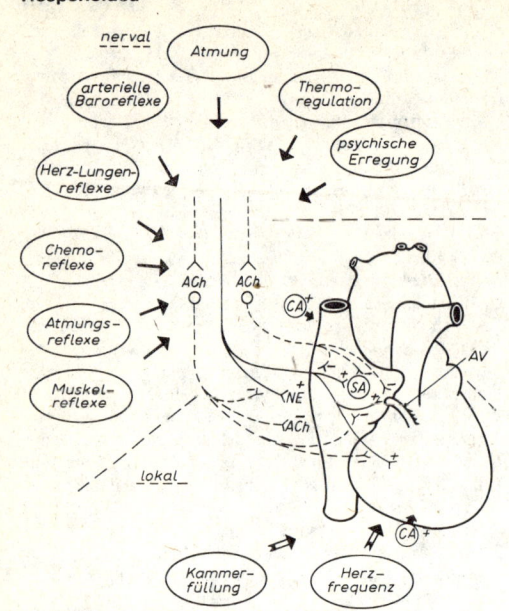

Lokale und nervale Mechanismen der Herzsteuerung. *NE* Noradrenalin, *SA* Sinusknoten, *AV* Atrioventrikularknoten, *CA* Katecholamine, *ACh* Azetylcholin

eine Verringerung der Restblutmenge bewirken. Es kommt zu einer Verkleinerung des Herzens bei gleichbleibendem Schlagvolumen und dadurch zu einer Entlastung. In höherer Dosis sind die h.G. toxisch. Chemischer Aufbau: *Aglyka* treten als Steroide mit 17β-ständigem ungesättigtem Laktonring, C/D-cis-Ringverknüpfung und einer 14β-Hydroxylgruppe auf. Am Steroidgerüst können sich weitere Sauerstoffsubstituenten in Position 1, 11, 12, 16 und 19 befinden. Die Zuckerkomponente ist über die 3β-Hydroxylgruppe gebunden. Neben D-Glukose ist das Vorkommen von 2-Desoxyzucker (z. B. D-Digitoxose) bemerkenswert. Der Laktonring ist bei den *Kardenoliden* 5gliedrig, bei den *Bufadienoliden* 6gliedrig. Zu den letzteren gehören auch einige Krötengifte.

H. G. kommen in Hundsgiftgewächsen (*Apocynaceae*), Liliengewächsen (*Liliaceae*), Hahnenfußgewächsen (*Ranunculaceae*), Rachenblütlern (*Scrophulariaceae*) und anderen Pflanzenfamilien vor. Daneben wurden sie auch in Insekten und Schmetterlingen nachgewiesen. Die Hauptquelle bilden die Vorkommen in Fingerhut- (*Digitalis-*)Arten, → Digitalisglykoside.

Hesperioidea, → Tagfalter.
Hesperornis [griech. hespera 'Westen', ornis 'Vogel'], etwa taubengroße ausgestorbene Gattung der Wasservögel mit rudimentären Flügeln. Die Hinterextremitäten waren kräftige Schwimmfüße. Die Kiefer trugen konische, in einer Rinne stehende Zähne; die Unterkiefer waren nicht verwachsen.

Verbreitung: Oberkreide Nordamerikas (Kansas).
Hessesche Regel, → Klimaregeln.
Heteroallele, Allele eines Funktionsgens (→ Cistron), die auf mutative Veränderungen (Genmutationen) an verschiedenen Mutationsorten (Mutonen) innerhalb des Gens zurückzuführen sind und zwischen denen eine Rekombination erfolgen kann. Die H. werden den *Homoallelen* gegenübergestellt, die durch Mutation an identischen Orten des Gens entstehen und zwischen denen keine Rekombination eintreten kann.
Heterobasidie, svw. Phragmobasidie.

Heterobathmie, → Taxonomie.
heteroblastische Entwicklung, bei Pflanzen die Ausbildung von auffallend verschiedenen *Jugend-* und *Folge(Alters-)formen* im Verlauf der Entwicklung eines Individuums; Gegensatz: homoblastische Entwicklung. Der Begriff wird im allgemeinen nur auf den vegetativen Abschnitt angewendet; strenggenommen könnte aber auch die Blütenbildung als ein Aspekt der h. E. betrachtet werden. H. E. kommt bei niederen und höheren Pflanzen vor. Bei Samenpflanzen betreffen die Unterschiede zwischen Jugend- und Folgeformen in der Hauptsache die Blattgestalt, den anatomischen Aufbau und gewisse physiologische Merkmale. Bekannte Beispiele sind verschiedene Wasserpflanzen, z. B. Wasserhahnenfuß, mit unterschiedlich geformten Wasser(Jugend-)blättern und Schwimm(Folge-)blättern sowie heterophylle Akazien, bei denen auf gefiederte Primärblätter einfache Blattstielblätter (Phyllodien) folgen. Dauer der Jugendphase und Übergang zur Folgeform hängen entscheidend von Umweltbedingungen ab; wichtig sind vor allem Ernährungsbedingungen, Licht- und Temperaturfaktor. In physiologischer Beziehung bestehen enge Beziehungen zu den Problemen der Alterung von Pflanzen. Neuere Untersuchungen haben gezeigt, daß Phytohormone an der h. E. kausal beteiligt sein können. Durch Anwendung von Gibberellinen z. B. treten bei bestimmten Objekten »Rückschläge« vom Folge- in das Jugendstadium auf.
heterochlamydeisch, Bezeichnung für eine Blüte, deren äußere und innere Blütenhüllblätter verschieden gestaltet sind und einen in der Regel unscheinbaren grünen Kelch und eine meist auffallend gefärbte Krone besitzen. H. sind die Blüten der meisten Dikotylen. Gegensatz: *homochlamydeisch*, → Blüte.
Heterochromatin, Chromatin, das sich durch hohen Schraubungsgrad vom → Euchromatin ständig (*konstitutives H.*) bzw. in bestimmten Phasen des Zellzyklus (*fakultatives H.*) unterscheidet und sich deshalb intensiv mit basischen Farbstoffen anfärbt. Heterochromatisch können bestimmte Chromosomenabschnitte oder auch ganze Chromosomen sein (z. B. ist ein X-Chromosom weiblicher Säugetiere in der Interphase als → Sexchromatin erkennbar, auch beim Menschen). Im Interphasekern ist H. im Gegensatz zum Euchromatin kondensiert, z. B. meist die Satelliten der → SAT-Chromosomen und Nachbarregionen der Zentromeren. H. kann zu Komplexen zusammengelagert sein (*Chromozentren*). An H. ist wegen der dichten Schraubung keine Transkription möglich. Es wird in der Interphase erst nach dem Euchromatin repliziert. Zum konstitutiven H. gehören die repetitiven Sequenzen (vielfache Wiederholungen bestimmter Nukleotidsequenzen), an denen die Eukaryoten-DNS im allgemeinen reich ist.
Heterochromosomen, svw. Geschlechtschromosomen.
Heterochronie, → biometabolische Modi.
Heterocoela, → Kalkschwämme.
heterodont, → Gebiß.
heterofermentativ, → Gärung.
Heterogamie, → Fortpflanzung.
heterogene Kern-RNS, → Messenger-RNS.
Heterogenie, die Erscheinung, daß ein gleiches Merkmal von zwei oder mehreren nicht allelen Genen determiniert werden kann.
Heterogenote, eine partiell diploide Bakterienzelle, eine → Syngenote, die ein komplettes Bakteriengenom und zusätzlich ein genetisches Fragment enthält. Das Genom und das Fragment können verschiedene Allele eines oder mehrerer Gene aufweisen, und die Zelle kann somit für diese Gene heterozygot sein. Liegt unter gleichen Umständen für alle Gene des Genoms und des Fragments Homozygotie vor, d. h., führen sie gleiche Allele, wird die Zelle als *Homo-*

genote bezeichnet. Homo- und Heterogenoten, die sog. Merozygoten darstellen, können unter anderem durch Konjugation zwischen Bakterienzellen, durch → Transduktion und F-Duktion (→ F-Plasmid) entstehen.

Heterogonie, eine Form des homophasischen → Generationswechsels im Tierreich, bei der ein Wechsel zwischen zweigeschlechtlicher und eingeschlechtlicher (parthenogenetischer) Fortpflanzung stattfindet. Vielfach folgen auch mehrere parthenogenetisch entstehende Generationen aufeinander. Bei der H. treten auch als *Ammen* bezeichnete Weibchen auf, die unbefruchtete Eier zur Entwicklung bringen. Die Ammen können den Weibchen der zweigeschlechtlichen Generation in der Gestalt gleichen, vielfach sind sie jedoch verschieden.

H. ist z. B. bei Rädertierchen, Wasserflöhen, Blattläusen und Gallwespen verbreitet.

Heterokarpie, Vorkommen verschiedener Fruchtformen mit zumeist verschiedenem Verbreitungsmodus an der gleichen Pflanze. So finden sich z. B. im Köpfchen verschiedener *Taraxacum*-(Löwenzahn-)Arten Achänen mit und ohne Pappus.

Heterokaryon, → Zellfusion.

Heterokaryose, die Koexistenz genetisch verschiedener Kerne innerhalb einer Zelle. Das System wird als Heterokaryon bezeichnet. Sind die gemeinsam vorliegenden Kerne genetisch identisch, liegt *Homokaryose* vor, und das System ist ein Homokaryon.

Heterokaryozyte, durch → Zellfusion entstandene Zelle, deren Fusionspartner unterschiedliche Genotypen besitzen.

Heterolysosom, → Lysosom.

Heteromerie, → Polygenie.

Heterometabolie, → Metamorphose.

Heteromorphose, → Regeneration.

Heteromyota, → Igelwürmer.

Heteronomie, → Metamerie.

Heterophyllie, → Blatt.

heteroplasmonisch, im Gegensatz zu den homoplasmonischen diejenigen Zellen, die verschiedene Typen plasmatischer Erbträger führen. → Zytoplasmon.

Heteroploidie, Zustand, daß die Chromosomenzahl von Zellen, Geweben oder ganzen Individuen von der normalen Chromosomenzahl (Homoploidie) der Diplophase (Diploidie) oder Haplophase (Haploidie) abweicht. Die H. tritt in Form von → Aneuploidie, → Polyploidie oder abnormer Haploidie in der Diplophase auf.

Heteropneustes, → Kiemensackwelse.

Heteropoden, → Kielfüßer.

Heteroptera, → Wanzen.

Heteropyknose, die Erscheinung, daß bestimmte Chromosomen oder Chromosomensegmente ein besonderes Spiralisationsverhalten zeigen und sich vom übrigen Chromosomenbestand durch besondere Kompaktheit (*positive H.*) oder durch besonders weitgehende Entspiralisierung (*negative H.*) unterscheiden. Positive H. ist vor allem für das → Heterochromatin, das unter anderem im Interphasekern in Form dicht spiralisierter Körper vorliegt, kennzeichnend. Die der H. zugrunde liegende Abweichung im Spiralisationszyklus wird als *Allozyklie* bezeichnet.

Heterorhizie, → Wurzelbildung.

Heterosis, *Bastardwüchsigkeit,* nach Kreuzung bestimmter Inzuchtlinien, Rassen oder Sorten in der ersten Nachkommenschaftsgeneration (F_1) auftretende besondere Wüchsigkeit, die die leistungsstärkeren Eltern oder das Elternmittel übertrifft. Man spricht in solchen Fällen auch von einem *Luxurieren des Bastardes.* Neben der Wüchsigkeit sind bei Pflanzen meist Frucht- und Samenzahl je Pflanze sowie Resistenz, bei Tieren Frühreife, Mastfähigkeit, Lege-

leistung u. a. gesteigert. Charakteristisch für derartige *Heterosiseffekte* ist, daß sie in maximaler Ausprägung nur in der F_1 auftreten und sich nicht fixieren lassen. Von der H. können die einzelnen Teile des Organismus in unterschiedlichem Ausmaß betroffen werden. Als mögliche Ursachen der H. werden das Zusammentreffen dominanter leistungssteigernder Gene in der F_1, der heterozygote Zustand der Hybriden, Wechselwirkungen zwischen Genen u. a. angesehen.

Praktische Bedeutung hat die H. in der Pflanzen- und Tierzüchtung. Züchtungsvorhaben, denen die planmäßige Nutzung von Heterosiseffekten zugrunde liegt, werden als *Heterosiszüchtung* oder, da die in die Kreuzungen verwendeten Elternformen in der Regel erst mehrere Generationen einer → Inzucht unterworfen und auf ihre Kombinationseignung überprüft werden, als *Inzucht-Heterosis-Züchtung* bezeichnet. Inzucht-Heterosis-Züchtung wird in großem Umfange heute angewendet bei Mais, Zuckerrübe, Sonnenblume u. a. Kulturpflanzen. In der Tierzucht hat die H. bei der Gebrauchskreuzung zur Erzeugung von Mastschweinen und beim Geflügel in der Hybridhuhnzüchtung besondere Bedeutung.

Lit.: H. Fischer: Heterosis (Jena 1978).

Heterosomata, veraltete Bezeichnung für die Ordnung der → Schollenartigen.

Heterosomen, svw. Geschlechtschromosomen.

Heterosporie, → Sporen.

heterostyl, → Bestäubung.

heterothallisch, *haplodiözisch,* Bezeichnung für Farne mit getrenntgeschlechtigen Prothallien (Mikro- und Makroprothallien).

Heterotricha, → Ziliaten.

Heterotrophie, Ernährungsweise der Tiere, der meisten nichtgrünen Pflanzen und Mikroorganismen, unter diesen die Mehrzahl der Bakterien und viele Pilze, die auf Zufuhr organischer Substanz angewiesen sind. Heterotrophe Organismen sind im Gegensatz zu autotrophen Pflanzen (→ Autotrophie) nicht zur Assimilation durch Photosynthese oder Chemosynthese befähigt. Sie besitzen häufig Einrichtungen zum Erwerb, zur Aufnahme und, falls es sich um Substanzen handelt, die im »normalen« Grundstoffwechsel nicht vorkommen, zur enzymatischen Verarbeitung der organischen Nährstoffe. Besonders häufig treten *Exoenzyme* auf, d. h. Enzyme, die vom Organismus nach außen abgeschieden werden und dort hochmolekulare Verbindungen, z. B. Proteine, Zellulose, Lignin oder Humusstoffe abbauen, deren Spaltprodukte dann aufgenommen werden.

H. kann in sehr verschiedenen Abstufungen und Formen auftreten. *Vollständig heterotrophe* Organismen benötigen sowohl organische Kohlenstoff-(C-) als auch Stickstoff-(N-)quellen. *C-heterotrophe* Pflanzen vermögen anorganischen Stickstoff zu assimilieren, z. B. Hefen und einige Schimmelpilze. *Auxotrophe* Organismen benötigen neben allgemeinen organischen C- und N-Quellen zusätzlich ganz bestimmte organische Stoffe, z. B. Vitamine, die für diese dann essentielle Aminosäuren oder Wirkstoffe, die bei Mikroorganismen als Wachstumsfaktoren und bei Tieren und dem Menschen als Vitamine bezeichnet werden. Auxotroph sind z. B. Mangelmutanten von Bakterien, die die Fähigkeit zur Synthese einer Aminosäure verloren haben und diese dann von außen zugeführt erhalten müssen. Den Wildtyp dieser Bakterien mit den ursprünglichen Nährstoffansprüchen nennt man *prototroph.*

Hinsichtlich der Art der zur heterotrophen Ernährung genutzten organischen Substrate gibt es gleichfalls mehr oder weniger stark ausgeprägte Spezialisierungen (→ Saprophyten, → Parasiten). Weitere Besonderheiten der Ernährungsweise kommen bei den verschiedenen Formen von → Sym-

biose vor. Die →fleischfressenden Pflanzen können bis zu einem gewissen Grad als *fakultativ heterotroph* bezüglich Stickstoff- und Phosphorernährung gelten.
heterotypische Beziehungen, → Beziehungen der Organismen untereinander.
Heteroxenie, → Wirtswechsel.
heterözisch, → Blüte.
Heterozygotentest, ein Verfahren zur Erkennung heterozygoter Träger rezessiver Allele für Erbleiden. *Heterozygotennachweise* beruhen bei genetisch bedingten Stoffwechseldefekten auf dem Nachweis der verminderten Aktivität des betroffenen Enzyms oder einer durch den Stoffwechselblock angesammelten Vorstufe, bzw. dem Mangel eines entsprechenden Metaboliten. In manchen Fällen können Heterozygote auch durch klinisch unbedeutende, geringfügige Veränderungen morphologischer oder physiologischer Merkmale, zytologischer Strukturen u. ä. erkannt werden. Die *Heterozygotenerkennung* dient vor allem der Konkretisierung der → Erbprognose und ist deshalb für die → humangenetische Beratung von großer Bedeutung.
Heterozygotie, *Ungleicherbigkeit,* im Gegensatz zur Homozygotie die Erscheinung, daß sich eine befruchtete Eizelle (Zygote) oder ein Individuum aus der Vereinigung von Gameten herleitet, die sich in der Qualität, Quantität oder Anordnung ihrer Gene unterscheiden, d. h. genische, numerische oder strukturelle Bastarde (Hybriden) darstellen. Im engeren Sinne werden Allelenpaare, Genotypen oder Individuen als heterozygot bezeichnet, die für das betreffende Gen ungleiche Allele (z. B. +a) aufweisen und den Mendelgesetzen entsprechend spalten.
Heterozygotiegrad, wenig benutztes Maß für die Anzahl heterozygot vorhandener chromosomaler Strukturtypen in einer Population. Der H. ist die durchschnittliche Anzahl der je Individuum vorhandenen Chromosomenpaare, die sich durch eine oder mehrere Inversionen unterscheiden.
Heterozysten, → Blaualgen.
Heubazillus, *Bacillus subtilis,* ein aerober, sporenbildender, bis 3 μm langer, stäbchenförmiger Bazillus, der in der Natur weit verbreitet ist und vor allem im Boden vorkommt. Der H. läßt sich leicht aus einem Heuaufguß isolieren.
Heupferd, → Springheuschrecken.
Heuschrecken, allgemeine Bezeichnung für → Springheuschrecken (mit Ausnahme der Grillen), besonders aber für die Feldheuschrecken.
Heuschreckenkrebse, svw. Fangschreckenkrebse.
Heusersche Membran, → Dottersack.
Heuwurm, → Traubenwickler.
Hexacorallia, Unterklasse der →Korallentiere mit ursprünglich sechsstrahligem Bau des Gastralraumes. Es treten sechs Septen (Mesenterien) oder ein Vielfaches davon auf. Der Entstehungsmodus neuer Septen ist bei den einzelnen Gruppen unterschiedlich. Es sind rund 4000 Arten bekannt, die alle im Meer leben. Die Tiere treten einzeln oder in Stöcken auf. Viele Formen scheiden ein Skelett ab. Zu den H. gehören die Ordnungen Seerosen oder →Aktinien (*Actiniaria*), →Steinkorallen (*Madreporaria*), →Dörnchenkorallen (*Antipatharia*), →Zylinderrosen (*Ceriantharia*) und Krustenanemonen (*Zoantharia*).
Hexactinellida, →Glasschwämme.
n-Hexadekanol, svw. Palmitylalkohol.
Hexaen-Antibiotika, → Polyen-Antibiotika.
Hexaploidie, Form der → Polyploidie, wobei Zellen, Gewebe oder Individuen 6 Chromosomensätze aufweisen, d. h. hexaploid sind.
Hexapoda, → Insekten.
Hexasterophorida, → Glasschwämme.
Hexenbesen, *Donnerbusch, Donnerbesen, Zweigsucht,* pflanzliche Mißbildung (→ Gallen), die durch das Auftreten dichtgedrängter, schwacher Zweige mit oft verkleinerten Blättern, insbesondere verschmälerten Blattspreiten, in sonst normal ausgebildeten Baumkronen gekennzeichnet ist. Im Bereich der Befallstelle kommt es zu einem übermäßigen Austrieb von Knospen, der zu einer regellosen Häufung sich gegenseitig in ihrer Entwicklung hemmender Sprosse führt, die dem Sproßsystem ein besenariges Aussehen verleihen. Die Ursachen können parasitärer oder nichtparasitärer Art sein. Wirtschaftlich bedeutungsvoll sind der *Kirschenhexenbesen* und der *Pflaumenhexenbesen,* die beide durch Pilzarten der Gattung *Taphrina* hervorgerufen werden. Zur Blütezeit sind beide Formen daran zu erkennen, daß die betreffenden Zweige keine Blüten tragen; die Äste wirken wie ein grüner Busch in einem blühenden Baum. Auch an Forstpflanzen, z. B. der Weißtanne, treten derartige Mißbildungen auf. Erreger ist hier ein Rostpilz, *Melampsorella caryophyllacearum.*
Hexenei, → Ständerpilze.
Hexenringe, in konzentrischen Ringen angeordnete Fruchtkörper von Pilzen. H. kommen dadurch zustande, daß das Myzel der im Boden wachsenden Ständerpilze von der Spore aus zentrifugal wächst und nach innen zu abstirbt.
Hexite, Zuckeralkohole mit 6 Kohlenstoffatomen, z. B. D-Sorbit, D-Mannit und Allit.
Hexokinasen, zu den Transferasen zählende Enzyme, die einen Phosphatrest von ATP auf eine Hexose übertragen und die im Stoffwechsel der Kohlenhydrate eine wichtige Rolle spielen, besonders bei der → Glykolyse und → alkoholischen Gärung.
Hexosen, Monosaccharide mit 6 C-Atomen, die in der Natur in freier und gebundener Form weit verbreitet vorkommen. Die wichtigsten Aldohexosen sind D-Glukose, D-Mannose und D-Galaktose, die wichtigsten Ketohexosen (Hexulosen) D-Fruktose und L-Sorbose. Auch die 6-Desoxyzucker L-Rhamnose und L-Fruktose zählen zu den H.
Heydemannsche Regel, →ökologische Regeln, Prinzipien und Gesetze.
Hfr-Zelle, → Konjugation.
Hibernakeln, *Turionen,* bei Wasserpflanzen zur ungeschlechtlichen Fortpflanzung dienende Winterknospen. Sie werden im Herbst gebildet und sinken nach Ablösung von der Mutterpflanze auf den Grund der Gewässer. Im Frühjahr steigen sie wieder an die Oberfläche und bilden neue Pflanzen. Morphologisch gleichen die H. den *Winterknospen* vieler Landpflanzen. In ihren niederblattartigen Organen speichern sie Reservestoffe. Nährstoffmangel, Dunkelheit und sinkende Temperaturen begünstigen die Bildung von H.
Hibernation, svw. Überwinterung.
Hibiscus, → Malvengewächse.
Hickorynuß, → Walnußgewächse.
hierarchisches System, → Taxonomie.
Hilum, 1) Ansatzstelle einer Pilzspore an ihrem Sporenträger (Sterigma). Das H. ist bei abgefallenen Sporen meist deutlich als Narbe oder kleine Nase erkennbar. 2) → Samen.
Himbeere, → Rosengewächse.
Himmelsgucker, *Uranoscopus scaber, Sterngucker,* träger, dickköpfiger, bis 30 cm langer Grundfisch mit hochstehenden Augen und großer senkrechter Maulspalte. Mit einem bäumchenförmigen Fortsatz der Unterlippe lockt er Beutefische an. Der H. ist im Ostatlantik, Mittel- und Schwarzen Meer verbreitet; Nutzfisch.
Himmelsleitergewächse, *Polemoniaceae,* eine Familie der Zweikeimblättrigen Pflanzen mit etwa 300 Arten, die ihr Hauptverbreitungsgebiet im pazifischen Nordamerika und den südamerikanischen Anden haben. Es sind Kräuter,

selten Sträucher, mit wechsel- oder gegenständigen Blättern ohne Nebenblätter und regelmäßigen 5zähligen Blüten, deren Kronblätter verwachsen sind. Der meist dreiblättrige Fruchtknoten entwickelt sich nach Tierbestäubung zu einer Kapsel. Außer Insekten kommen auch Vögel und Fledermäuse bei einigen Arten als Bestäuber in Betracht. Einziger einheimischer Vertreter ist die **Blaue Himmelsleiter**, *Polemonium caeruleum*, von der nur noch wenige Fundorte bekannt sind. Wegen ihrer farbenfrohen Blüten werden die verschiedenen Arten bzw. Hybriden der nordamerikanischen Gattung *Phlox* häufig als Gartenpflanzen kultiviert.

Himmelsziege, → Schnepfen.
Hinterhauptshöcker, → Schädel.
Hinterhirn, → Gehirn.
Hinterkiemer, *Opisthobranchier*, Unterklasse der Schnecken (→ *Euthyneura*) von großer Mannigfaltigkeit mit Beziehungen zu den Vorderkiemern (z. B. Familie *Acteonidae* mit streptoneurem Nervensystem und vorn gelegener Vorkammer) und zu den Lungenschnecken (euthyneures Nervensystem oder Zwittrigkeit). Der Formenreichtum der H. reicht von zarten, vielfach bizarren Planktern bis zu großen, plumpen Tieren wie dem Seehasen. Die Mehrzahl der H. hat eine nacktschneckenartigen Habitus, da die Schale sehr dünn oder völlig reduziert ist. Die Kiemen und der Vorhof liegen gewöhnlich hinter der Herzkammer. Die Kiemen sind jedoch meist zurückgebildet und durch sekundäre adaptive Kiemen ersetzt, die um den After und auf dem Rücken stehen; sie sind oftmals prächtig gefärbt.

Die Lebensweise und die Nahrung sind unterschiedlich. Außer einigen Brack- und Süßwasserarten sind alle H. marin. Sie leben auf Algen und Schwämmen (an diese dann nach Form und Färbung angepaßt), auf Hohltieren oder auf und im Schlamm. Die H. sind Pflanzen-, Fleisch- und Detritusfresser. Einige Arten können schwimmen oder leben planktonisch. Riesige Schwärme planktonischer Arten (→ Flügelschnecken) sind wichtig als Fisch- und Walfutter.

System: Man kennt heute etwa 13 000 rezente Arten. Die H. werden in noch unsicherem System in 8 Ordnungen gegliedert: *Cephalaspidea, Thecosomata, Anaspidea, Gymnosomata, Saccoglossa, Acochlidiacea, Notaspidea* und *Nudibranchia*.

Hinterleib, svw. Pleon.
Hinterstrangbahnen, → Rückenmark.
Hipparion [griech. hippos 'Pferd'], ausgestorbene Gattung pony- bis zebragroßer Unpaarhufer. Von den 3 entwickelten Zehen berührte nur noch die Mittelzehe den Erdboden; die Schmelzlamellen der hochkronigen Zähne waren kompliziert gefaltet. Die Gattung H. ist ein wichtiges Glied in der Entwicklungsreihe der Pferde.

Verbreitung: Pliozän bis Pleistozän besonders Eurasiens.
Hippocastanaceae, → Roßkastaniengewächse.
Hippopotamidae, → Flußpferde.
Hipposideridae, → Hufeisennasen.
Hippotragus, → Pferdeböcke.
Hippurites [griech. hippos 'Pferd', ura 'Schwanz, Roßschweif'], eine fossile Gattung der Muschelgruppe der *Hippuritoida*, deren rechts kegelförmige Klappe längsberippt oder glatt ist und drei typische Furchen aufweist. Sie kann bis zu 1 m Länge erreichen. Das eigentliche Weichtier bewohnte immer nur den oberen Schalenteil, und die tiefer gelegenen Abschnitte sind durch Querböden abgetrennt. Die linke Klappe ist deckelförmig und durch Zahnzapfen in die rechte eingefügt.

Verbreitung: Oberkreide, besonders des alpinen Raumes (Hippuritenriffe der Gosau).

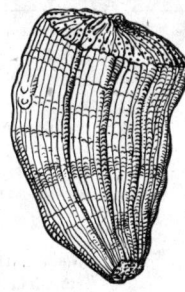

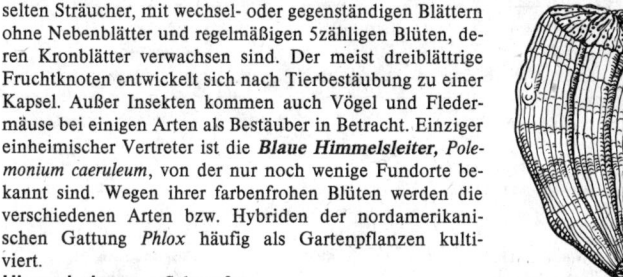

Hippurites gosaviensis aus der oberen alpinen Kreide; Vergr. 0,3:1

Hippursäure, *Benzoylglykokoll,* C_6H_5—CO—NH—CH_2—COOH, entsteht in der Niere von Pflanzenfressern und wird im Harn ausgeschieden. Diese Bildung von H. dient der Entgiftung von Benzoesäure, die mit der Nahrung (z. B. in Pflaumen, Birnen) aufgenommen oder aus anderen Stoffen gebildet wird. Die erste Darstellung von H. erfolgte 1829 durch Liebig aus Pferdeharn, in dem sie besonders reichlich vorkommt.

Hirn, svw. Gehirn.
Hirnanhangsdrüse, svw. Hypophyse.
Hirnnerven, *Kopfnerven, Nervi craniales*, Nerven der Wirbeltiere und des Menschen, die von verschiedenen Bereichen des Gehirns, hauptsächlich vom Hirnstamm, ausgehen. Sie sind entweder rein sensible, rein motorische oder gemischte Nerven. Man unterscheidet von kranial nach kaudal 12 H.: *Riechnerv* (Nervus olfactorius); *Sehnerv* (Nervus opticus); *Augenmuskelnerv* (Nervus oculomotorius); *Rollnerv* (Nervus trochlearis); *Drillingsnerv* (Nervus trigeminus), der 3 Äste abgibt: Nervus ophthalmicus, Nervus maxillaris und Nervus mandibularis; seitlicher Augenmuskelnerv (Nervus abducens); *Gesichtsnerv* (Nervus facialis); *Hör- und Gleichgewichtsnerv* (Nervus statoacusticus); *Zungenschlundnerv* (Nervus glossopharyngicus); *Eingeweidenerv* (Nervus vagus); *Beinerv* (Nervus accessorius) und *Zungenmuskelnerv* (Nervus hypoglossus). Niedere Wirbeltiere haben nur 10 H.

Die beiden ersten Nerven sind spezifische Bahnen des Riech- bzw. Sehorgans, ähnliches gilt für den Nervus statoacusticus. Aber auch die übrigen H. sind nicht gleichwertig. Nur der Nervus hypoglossus ist ventralen Spinalnervenwurzeln homolog.

Die wichtigsten peripheren Innervationsgebiete sowie die hauptsächlichsten funktionellen Bedeutungen der H. beim Menschen gibt die nachfolgende Zusammenstellung auf Seite 380 an.

Fische und Amphibien haben nur 10 H. (I bis X). Bei den Amnioten tritt der Accessorius- und Hypoglossusnerv hinzu. Der Opticus zieht bei den Fischen ausschließlich zum Mittelhirn. Die Seitenorgane der Fische und Amphibien werden vom Facialis innerviert.

Hirnstammzentren, im Hirnstamm gelegene zentrale Schalteinheiten, die den Ablauf vieler lebenswichtiger Körperfunktionen, wie die Atmung (→ Atmungsregulation, → Atemzentrum) und die Anpassung des Blutkreislaufes an die jeweilige physiologische Situation (→ Blutdruck, → Blutkreislauf) steuern.

Hirsche, *Cervidae,* eine Familie der Paarhufer. Die H. sind schlank gebaute Huftiere, bei denen meist die Männchen ein → Geweih tragen. Während zwei urtümliche H. kein Geweih haben, dafür aber beim männlichen Geschlecht verlängerte obere Eckzähne, bilden beim Ren beide Geschlechter Geweihe aus. Die H. sind in Europa, Asien, Nordafrika und Amerika verbreitet. Zu ihnen gehören unter anderem → Moschustier, → Muntjak, → Damhirsch, → Axishirsch, → Pferdehirsch → Barasingha, → Sikahirsch, → Rothirsch, → Davidshirsch, → Wasserreh,

Hirscheber

Bezeichnung	Mündungsgebiet im Gehirn	Periphere Innervation afferent	Periphere Innervation effektorisch	Funktionelle Bedeutung
I Olfactorius	Großhirn	Riechschleimhaut	–	Geruch
II Opticus	Zwischenhirn	Netzhaut des Auges	–	Sehen
III Oculomotorius	Mittelhirn	Augenmuskeln	Augenmuskeln	Augenbewegungen
			Pupillenmuskel	Pupillenverengung
			Ciliarmuskel	Akkomodation
IV Trochlearis	Mittelhirn	Augenmuskeln	Augenmuskeln	Augenbewegungen
V Trigeminus	Medulla oblongata	Gesichtshaut		Hautsensibilität
		Kaumuskeln	Kaumuskeln	Kauen
		Nasen- und Mundschleimhaut	bestimmte Kehlkopfmuskeln	Husten, Schlucken, Niesen
		Horn- und Bindehaut, Auge		Lidschlußreflex
VI Abducens	Medulla oblongata	–	Augenmuskeln	Augenbewegungen
			Gesichtsmuskulatur	Tiefensensibilität
VII Facialis	Medulla oblongata	Gesichtsmuskulatur		Mimik
		Zunge (Vorderteil)		Geschmack
			Speicheldrüsen	Speichelsekretion
			Tränendrüsen	Tränensekretion
			Kehlkopfmuskeln	Husten, Schlucken, Niesen
VIII Statoacusticus	Medulla oblongata			
a) Vestibularnerv		Innenohr (Bogengänge, Utriculus und Sacculus)	–	Augenstellung, Körper- und Kopfhaltung
b) Cochlearnerv		Innenohr (Schnecke)	–	Hören
IX Glossopharyngicus	Medulla oblongata	Kehlkopf	Kehlkopfmuskeln	Schlucken, Husten, Niesen
		Zunge (Hinterteil)		Geschmack
			Ohrspeicheldrüse	Speichelsekretion
X Vagus	Medulla oblongata	Kehlkopf-, Luftröhrenschleimhaut, Speiseröhre, Eingeweide der Brusthöhle	Kehlkopfmuskeln	Schlucken, Husten, Niesen, Erbrechen
			Eingeweide der Brust- und Bauchhöhle	Regulation der Tätigkeit der Eingeweide (→ vegetatives Nervensystem)
XI Accessorius	Medulla oblongata	–	Kehlkopfmuskeln	Schlucken, Husten, Niesen
XII Hypoglossus		–	Zungenmuskeln	Zungenbewegung, Saugen

→ Reh, → Weißwedelhirsch, → Maultierhirsch, → Pudu, → Elch und → Ren.
Hirscheber, *Babirussa babirussa,* eine etwa 80 cm hohe Schweineart mit aschgrauer, wenig behaarter Haut. Die vier Eckzähne des Männchens wachsen bogenförmig nach oben aus der Schnauze heraus und werden oft so lang, daß sie die Stirn erreichen. Der H. ist auf Sulawesi und Buru beheimatet.

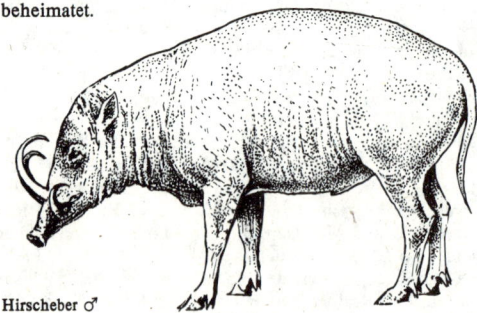

Hirschkäfer, → Blatthornkäfer.
Hirschziegenantilope, *Antilope cervicapra,* mit den Gazellen verwandte vorderindische Antilope. Das ungehörnte Weibchen ist sandfarben, das Männchen besitzt lange, schraubig gedrehte Hörner und eine schwarze Rückendecke.
Hirschzunge, → Farne.
Hirse, → Süßgräser.
Hirtentäschel, → Kreuzblütler.
Hirudin, ein hochmolekulares Protein, das im medizinischen Blutegel vorkommt. Es wirkt hemmend auf die Blutgerinnung und wird in der Medizin bei Thrombose angewendet.
Hirudinea, → Egel.
Hirudo, bekannte Gattung der Egel, zu der unter anderem der → medizinische Blutegel gehört.
His, Abk. für Histidin.
Hissches Bündel, → Herzerregung.
Histamin, β-Imidazol-4(5)ethylamin, ein biogenes Amin, wird durch enzymatische Dekarboxylierung aus L-Histidin gebildet. Es ist im Pflanzen- und Tierreich weit verbreitet,

Hirscheber ♂

z. B. in Brennesseln, Mutterkorn, Bienengift und im Speicheldrüsensekret von stechenden Insekten. Als Gewebshormon ist H. in Leber, Lunge, Milz, quergestreifter Muskulatur, Schleimhaut von Magen und Darm sowie gespeichert mit Heparin in Mastzellen zu finden. H. regt die Magenfundusdrüsen zur Magensaftsekretion an, erweitert die Blutkapillaren, erhöht die Permeabilität und führt zur Kontraktion der glatten Muskulatur des Magen-Darm-Kanals, des Uterus und der Atemwege. Der Abbau des H. erfolgt durch Diaminoxidasen und Aldehydoxidasen zu Imidazolylessigsäure.

Histidin, Abk. *His*, *Imidazolylalanin*, eine heterozyklische Aminosäure, die reichlich in Globin, aber auch in vielen anderen Eiweißstoffen, z. B. Kasein, Fibrin, Keratin, vorkommt. H. geht bei der Fäulnis des Eiweißes in das biogene Amin Histamin über.

$$\text{N}\underset{\underset{\text{H}}{\text{N}}}{\overset{}{\diagup}}\text{CH}_2\text{—CH(NH}_2\text{)—COOH}$$

Histiozyten, → Phagozyten.

Histochemie, *Zytochemie*, Nachweis von Bestandteilen der lebenden Zelle im Licht- oder Elektronenmikroskop durch chemische Reaktionen an Geweben oder mikroskopischen Schnitten. In der Regel werden Farb- oder Fällungsreaktionen benutzt, um die nachzuweisenden Substanzen sichtbar zu machen. Die Lokalisation bestimmter Enzyme, Ionen oder Stoffwechselprodukte schafft eine Verbindung zwischen der Morphologie und der Biochemie und gestattet Einblicke in die stoffliche Zusammensetzung subzellulärer Strukturen.

Histogene, Meristemschichten (→ Bildungsgewebe), aus denen bestimmte Gewebe entstehen. Die H. sind, von innen nach außen: 1) das *Plerom*, das Zentralzylinder bildet; 2) das *Periblem*, das die primäre Rinde bildet; aus der innersten Periblemschicht entsteht die Endodermis. 3) das *Dermatogen* (*Protoderm*), aus dem die Epi- und Rhizodermis entstehen; 4) das *Kalyptrogen*, das die Kalyptra bildet.

Histogenese, → Ontogenese, → Entwicklung.

Histogen-Theorie, eine von Hanstein entwickelte Vorstellung, nach der zwischen den einzelnen Initialzellen bzw. Initialzellgruppen der Vegetationskegel von Sproß und Wurzel und den Geweberegionen der entsprechenden Organe deutliche Beziehungen bestehen. So liefert z. B. die vordere Initialzellgruppe des Wurzelvegetationskegels vieler Dikotylen die Wurzelhaube und das Dermatogen, das später zur Rhizodermis wird. Die darunter liegende zweite Reihe von Initialzellen liefert die Wurzelrinde mit ihrem inneren Abschlußgewebe, der Endodermis. Aus dem dritten Initialzellenstockwerk entstehen der Zentralzylinder und der Perizykel. Nicht immer bleiben jedoch derartige Initialzellreihen, die echte *Histogene* darstellen, zeitlebens erhalten. Bei vielen Pflanzenarten wird vielmehr die ursprüngliche Abgrenzung der Histogene durch einen ungeordnet wuchernden Initialzellenkomplex gesprengt. Besonders gilt das für Sproßvegetationskegel, bei denen nur der äußersten Tunikaschicht, dem Dermatogen, Histogencharakter zukommt.

Histogramm, → Biostatistik.

Histokompatibilität, Gewebsverträglichkeit. Die H. kennzeichnet den Grad der Übereinstimmung zwischen Spender und Empfänger bei der Organtransplantation. → Transplantation.

Histologie, *Gewebelehre*, eine morphologische Disziplin der Biologie und Medizin, die neben der eigentlichen Lehre von den Geweben im weiteren Sinne auch die Zytologie und die mikroskopische Anatomie umfaßt. Gegenstand der H. ist die Erforschung pflanzlicher und tierischer Strukturen im mikroskopischen Bereich. Bis um die Jahrhundertwende war die H. überwiegend morphologisch-beschreibend ausgerichtet; die moderne H. versucht, durch eine mehr funktionelle Betrachtungsweise den Organismus und seine Teile in der Einheit von Bau und Leistung zu erfassen. In der Medizin bildet die H. die Grundlage für die Beurteilung gesunder und krankhaft veränderter Organe, dementsprechend wird zwischen der *normalen H.* und der *pathologischen H.* unterschieden.

Lit.: G. Geyer: H. und mikroskopische Anatomie (Leipzig 1980); G. Hoffmann: Histologischer Kurs, Teil I und II (Jena 1959, 1961); H. Hoffmann: Leitfaden für histologische Untersuchungen an Wirbellosen und Wirbeltieren (Jena 1931); H. Lüdtke: Praktikum der vergleichenden Zoohistologie (Jena 1963); H. Luppa: Grundlagen der Histochemie, Teil I und II (Berlin 1977); H. v. Mayersbach u. E. Reale: Grundriß der H. des Menschen, 3 Bde (Stuttgart, New York 1973–1976); P. Stöhr, W. v. Möllendorff u. K. Goerttler: Lehrbuch der H. und der mikroskopischen Anatomie des Menschen (Jena 1963); H. Voss: Grundriß der normalen H. und der mikroskopischen Anatomie (Leipzig 1963); U. Welsch u. V. Storch: Einführung in die Cytologie und H. der Tiere (Jena 1972).

Histolyse, Auflösung des Gewebes; 1) allgemeiner Gewebezerfall nach dem Tod des Individuums durch enzymatische und bakterielle Zersetzung. 2) Einschmelzung von Organen und Körperteilen während der Metamorphose von Insekten und Amphibien. 3) lokale Gewebezerstörung beim lebenden Organismus durch schädigende Einflüsse.

Histone, einfache, basische Proteine, die sich durch einen großen Gehalt an Diaminomonokarbonsäuren auszeichnen. Sie bilden reversibel Komplexe mit der DNS, und es werden ihnen Funktionen als nichtspezifische Genrepressoren zugeschrieben.

Histozoa, → Gewebetiere.

Hitzekollaps, Kreislaufversagen bei mäßiger Hitzebelastung. Der H. ist eher eine Störung des Kreislauf- als der Temperaturregulation. Deshalb tritt er häufig im Stehen auf. Eine extreme Gefäßerweiterung senkt drastisch den Blutdruck, so daß das Bewußtsein schwindet und der Betroffene umfällt.

Hitzeresistenz, Widerstandsfähigkeit gegen hohe Temperaturen. Die Pflanzenarten sind in Abhängigkeit von ihrem natürlichen Standort und den damit zusammenhängenden Anpassungen in sehr unterschiedlichem Maße gegen Temperaturerhöhung empfindlich bzw. resistent. Auch die einzelnen Organe einer Pflanze reagieren verschieden, und selbst in einem Gewebe ist die H. der Zellen physiologischen Schwankungen unterworfen. Entscheidenden Einfluß auf die H. besitzt der Wasserhaushalt. Wasserreiche Pflanzenteile erleiden besonders leicht Hitzeschäden. Demgegenüber vertragen Samen und andere wasserarme Ruheorgane relativ hohe Erwärmung. Extrem hitzeresistente Pflanzenarten zeichnen sich durch Resistenz ihres Protoplasmas gegen Hitzedenaturierung aus. Oft erhöhen auch Kinine die H., indem sie die Proteinsynthese stimulieren. Andere Pflanzenarten vermeiden Hitzeschäden, indem sie einen Teil der Strahlung reflektieren oder sich in anderer Weise gegen die Strahlung abschirmen (*avoidance*, »Vermeidung«), z. B. durch Profil- oder Vertikalstellung der Blätter, wie das unter anderem bei Kompaßpflanzen (z. B. Stachellattich, *Lactuca serriola*), ferner bei Akazien oder *Eucalyptus* (schattenlose Wälder!) oder durch Isolierung vermittels abgestorbener Blätter (Folienisierung, z. B. bei *Mesembryanthemum*-Arten) bzw. durch Borkenschichten (z. B. bei »feuerfesten« Savannenbäumen) zu verzeichnen ist. Viele Pflanzen feuchterer Standorte sind auch durch die mit der

Hitzeschäden

Transpiration verbundene Kühlung vor Überhitzung geschützt.

Hitzeschäden, durch zu starke Wärmeeinwirkung, insbesondere häufig durch zu starke Sonneneinstrahlung hervorgerufene Pflanzenschäden. Im allgemeinen wirken sich Temperaturen über 40 °C störend auf die Lebensvorgänge von Pflanzen aus. Das trifft auch für lokale Überhitzungen zu, die infolge der bekannten Brennglaswirkung z. B. häufig auftreten, wenn starkes Sonnenlicht auf tropfnasse Pflanzenteile trifft. Zusätzlich kann dabei auch das Chlorophyll durch übermäßige Belichtung zerstört werden. Bei trockenheißer Witterung sind Landpflanzen vielfach neben der Hitze starker Trockenheit ausgesetzt (→ Dürreschäden). H. äußern sich bei Getreide in einer Notreife der Körner, bei Blättern in Farbänderungen, Verbrennungen, Welke- und Vertrocknungserscheinungen, bei Früchten, z. B. Stachelbeeren, Äpfel und Tomaten, in Korkbildungen, Verfärbungen und Schrumpfungen.

H. können verschiedene Ursachen haben. So werden die einzelnen Stoffwechselprozesse durch Temperaturerhöhung unterschiedlich stark beeinflußt. Z. B. liegt das Temperaturoptimum für die Atmung im allgemeinen höher als für die Photosynthese oder das Wachstum, so daß eine Pflanze bei hohen Temperaturen meist stärker atmet als assimiliert. Im supraoptimalen Temperaturbereich zwischen Optimum und Maximum überwiegen ausschließlich hemmende Prozesse; dadurch sinkt z. B. die Wachstumsgeschwindigkeit allmählich, bis beim Temperaturmaximum der Nullpunkt erreicht ist. Noch höhere, supramaximale Temperaturen führen schließlich zum Absterben der Zellen. Den irreversiblen Schädigungen geht meist eine → Hitzestarre voraus. Der *Hitzetod* hängt von mehreren variablen Faktoren ab, die untereinander in Beziehung stehen, wie z. B. Tötungstemperatur und Erhitzungsdauer. So ist die Tötungstemperatur für eine bestimmte Pflanze bzw. ein Pflanzenorgan nicht absolut, sondern stets nur in Abhängigkeit von der Erhitzungsdauer feststellbar. Z. B. kann man bei Weizenkörnern gleiche Keimfähigkeitsverminderung von 90% auf 50% durch folgende unterschiedliche Temperaturbehandlungen erzielen: 9 Minuten bei 55°C oder 2 Stunden bei 50°C oder 15 Stunden bei 45°C.

Der Hitzetod ist oft durch eine z. T. von Koagulation begleitete Denaturierung der Eiweißkörper des Protoplasmas bedingt. Bei Pflanzen, die bereits unterhalb der Koagulationstemperatur des Protoplasmas absterben, wird er häufig bereits durch geringfügigere Zerstörungen bei plasmatischen Strukturen, z. B. durch Änderungen in den Eiweiß-Lipoid-Bindungen (*Vitaidtheorie*) oder Mizellarstrukturen (*Strukturtheorie*), bedingt. Darüber hinaus führt langsames Erhitzen zu starkem Proteinabbau. Bei dem gleichzeitig einsetzenden verstärkten Abbau der Kohlenhydrate ist die Atmung von der Phosphorylierung entkoppelt, so daß statt ATP noch zusätzliche Wärme geliefert wird.

Hitzestarre, *Wärmestarre,* bei Pflanzen durch überhöhte, supramaximale Temperaturen bewirkter Stillstand von Stoffwechselprozessen. Die Pflanzen sind auch nicht mehr reizbar und stellen die autonomen Bewegungen ein. In den Zellen hört die Protoplasmaströmung auf, und bald erfolgen Veränderungen, die zu irreversiblen → Hitzeschäden führen.

Hitzetod, → Hitzeschäden.

Hitzschlag, eine Form der → Hyperthermie beim Menschen; im Volksmund auch als »Sonnenstich« bezeichnet. H. tritt auf, wenn die Körpertemperatur lange Zeit 40 bis 41°C beträgt. Das auftretende Gehirnödem zerstört Nervenzellen, und die Folgen sind Versiegen der Schweißsekretion, Desorientiertheit, Halluzinationen und Krämpfe.

HLA-System, → Transplantation.

HMM, → Myosinfilamente.
Hoatzin, → Schopfhühner.
Hochblätter, → Blatt, Abschn. Blattfolge.
Hochdruckkrankheit, → Blutdruck.
Hochdrucksystem, → Blutkreislauf.
Hochenergiesystem, ein bei Wellenlängen unter 500 nm (Blau) bzw. über 700 nm (Dunkelrot) aktives Pigmentsystem (Abb.), das Lichteinflüsse auf die Gestalt der Pflanze

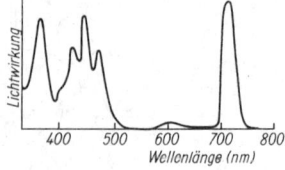

Aktionsspektrum der durch das Hochenergiesystem gesteuerten Hemmung des Streckungswachstums des Hypokotyls von Salat (*Lactuca sativa*)

bzw. auf chemische Umsetzungen vermittelt. Im Gegensatz zum Phytochromsystem wird das H. jedoch erst bei mehrstündiger Belichtung, besonders mit großen Lichtmengen, morphogenetisch wirksam. Es ist möglich, daß die Hochenergieeffekte über ein unbekanntes Pigment vermittelt werden. Dabei wird erwogen, daß es sich um ein Xanthophyll handelt. Andererseits könnte zumindest der Dunkelrotgipfel der Hochenergieeffekte durch Absorption im Phytochromsystem entstehen. In manchen Fällen erfolgt die Lichtsteuerung ausschließlich über das H. Das trifft z. B. für die Hemmung des Hypokotylwachstums bei *Lactuca sativa* (Salat) zu. In anderen Fällen ist daneben auch das Hellrot-Dunkelrot-System (→ Phytochrom) wirksam. So wird beispielsweise das Vergeilen von *Sinapis alba* (Weißer Senf) je nach Dauer der Belichtung durch Hellrot oder durch Blau bzw. Dunkelrot verhindert.

Hochgebirgsstufe, → Höhenstufung.
Hochmoor, Gebiet mit einer torfbildenden Vegetation, in der meist Torfmoose, *Sphagnum*-Arten, vorherrschen, → Moor.
hochprismatisches Epithel, → Deckepithel, → Epithelgewebe.
Hochsee, → Meer.
Höchstspannungselektronenmikroskop, → Elektronenmikroskop.
Hochzeitskleid, → Färbung 2).
Höckerechsen, *Xenosauridae,* artenarme Familie der → Echsen mit 2 weit getrennten Verbreitungsgebieten. Die H. sind 25 bis 40 cm lange, gedrungene, stark höckrig beschuppte Kriechtiere mit wohlausgebildeten Gliedmaßen. Die *Krokodilschwanz-Höckerechse, Shinisaurus crocodilurus,* kommt in Südwestchina in Gewässernähe vor und frißt Kaulquappen und Fische, die 3 *Xenosaurus*-Arten bewohnen Guatemala bis Mexiko. Die H. sind lebendgebärend (vivi-ovipar), über ihre Biologie ist noch wenig bekannt.
Hoden, *Testikel, Testiculus, Testis, Didymis, Didymus, Orchis, Spermarium,* bei Tieren die männlichen Keimdrüsen, in denen die Fortpflanzungszellen (Spermatozoen, Spermien, Samenzellen) gebildet werden.

Die Schwämme besitzen noch keine H., sondern nur im Dermallager verteilte samenbildende Zellen.

Bei den Hohltieren treten lokalisierte männliche Keimdrüsen in den verschiedensten Körperabschnitten auf. So besitzen die Süßwasserpolypen (z. B. *Hydra*) warzenartige Erhebungen in Mundpolnähe, die Korallentiere flächig in der Wand des Gastrovaskularraumes angeordnete H. und die Rippenquallen sackartige Anhänge an den Rippengefäßen.

Der paarige H. der Plattwürmer besteht aus verzweigten traubigen Schläuchen oder aus kleinen, hohlen Bläschen, die in großer Zahl im Körperparenchym verteilt liegen. Die Ausführgänge der H. (Vasa efferentia) vereinigen sich zu einem *Samenleiter* (Vas deferens), der zusammen mit dem weiblichen Fortpflanzungsorgan in den Geschlechtsvorhof (Genitalatrium) einmündet. Der Samenleiter kann an seinem Ende zu einer Samenblase erweitert und mit den verschiedensten Anhangsdrüsen versehen sein. Fadenwürmer haben einen meist unpaaren schlauchförmigen H.

Die H. der Weichtiere sind ursprünglich paarig, werden aber bei höheren Formen (Schnecken, Kopffüßer) unpaar. Es sind hohle Organe, die mit einem Rest der sekundären Leibeshöhle, dem Gonozöl, in Verbindung stehen. Bei den zweigeschlechtigen Schnecken können die H. mit dem Eierstock zur Zwitterdrüse vereinigt sein.

Die H. der Gliederfüßer sind ursprünglich paarig angelegt, können aber sekundär zu mehr oder weniger einheitlichen Gebilden verschmelzen. Sie bestehen aus einer unterschiedlichen Zahl von blindgeschlossenen Samenschläuchen (Hodenfollikel), die in einen gemeinsamen Samenleiter (Vas deferens) einmünden.

Bei den Insekten bestehen die paarigen H. meist aus einer Gruppe kurzer Samenschläuche (multifollikulärer H.) oder selten aus einem gewundenen Schlauch (unifollikulärer H.). Nach der Anordnung der Hodenfollikel werden kamm-, trauben- oder büschelförmige H. unterschieden. Die Hodenfollikel sind bei den höheren Insekten häufig von einer gemeinsamen Hülle (Peritonealhülle) umgeben und dadurch äußerlich glattwandig. Im Innern der Hodenfollikel erfolgt die Bildung der Spermien aus den Urgeschlechtszellen. Im Verlauf der Spermienbildung rücken die Geschlechtszellen von der Spitze des Follikels allmählich nach seinem Ausgang hin, wo sie als reife Spermien ankommen. Die Abkömmlinge der Urgeschlechtszellen bilden dabei Samenherde (Spermiozysten), die von epithelartig angeordneten Zystenzellen umschlossen werden. Die Samenherde lösen sich erst im Stadium des reifen, befruchtungsfähigen Spermiums mehr oder weniger auf. Die Samenleiter der H. vereinigen sich zum unpaaren ektodermalen Samengang (Ductus ejaculatorius), dessen Öffnung in der Regel an der Spitze eines röhrenförmigen Begattungsgliedes (Penis, Phallus) liegt. Mehr oder weniger regelmäßig treten besondere Anhangsdrüsen und eine Samenblase als Erweiterung des Samenleiters auf.

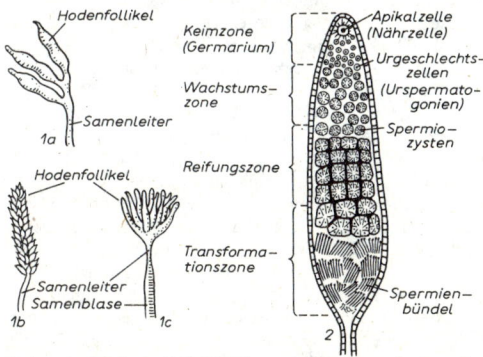

Hoden der Insekten: *1* Multifollikuläre Hodentypen: *1a* kammförmiger Hoden einer Mallophage (*Tetrophthalmus* spec.), *1b* traubenförmiger Hoden einer Feldheuschrecke (*Tetrix* spec.), *1c* büschelförmiger Hoden einer Eintagsfliege (*Leuctra* spec.). *2* Schematischer Längsschnitt durch einen Hodenfollikel

Die strahlig gebauten Stachelhäuter besitzen 5 Paar radiär angeordnete H. an der Körperwand. Bei den meisten Wirbeltieren verbleiben die H. an ihrem Entstehungsort zeitlebens in der Bauchhöhle, bei der Mehrzahl der Säuger jedoch wandern sie durch den Leistenkanal nach außen in den *Hodensack* (Scrotum). Aus dem H. entspringen mehrere *Ductuli efferentes*, die sich zum Nebenhodengang vereinigen, der vielfach aufgewunden den *Nebenhoden* (Epididymis) bildet und sich in den *Samenleiter* (Ductus deferens) fortsetzt. Der Samenleiter mündet in die Harnröhre oder in die Kloake.

Hofmeistersche Ionenreihe, svw. lyotrope Reihe.
Hoftüpfel, → Tüpfel.
Höhenläufer, → Regenpfeifervögel.
Höhenstufen, → Höhenstufung.
Höhenstufung, *Etagierung,* Ausbildung charakteristischer Vegetation und Tierwelt in Abhängigkeit von der Höhenlage. Temperaturabnahme, Niederschlagsveränderungen, Verkürzung der Vegetationszeit, höhere Strahlungsintensität u. a. bewirken mit zunehmender Höhenlage mehrfache Veränderungen der Vegetation und die Ausbildung von *Höhenstufen* (Vegetationsstufen, Etagen). Im allgemeinen werden unterschieden: 1) *Ebenenstufe* (planare Stufe), 2) *Hügellandstufe* (kolline Stufe), in Mitteleuropa werden beide vornehmlich aus Buchen- und Eichenmischwäldern, im Nordosten z. T. auch aus Kiefernwäldern gebildet. Sie umfassen den überwiegenden Teil des Kulturlandes. 3) *Mittelgebirgsstufe* (montane Stufe, mittlere Bergwaldstufe) mit Buchen- und Buchen-Tannen-Fichten-Wäldern. Der untere Teil der *Gebirgswaldstufen* wird als submontan (untere Bergwaldstufe) bezeichnet. Ackerbau und Grünlandnutzung wechseln nach Standortlage. 4) *Gebirgsstufe* (altimontane, oreale oder hochmontane Stufe, obere Bergwaldstufe) mit Fichten-, Fichten-Lärchen- und Arven-Lärchen-Wäldern und durch Rodung entstandene Bergwiesen und -weiden. Die hochmontane Fichtenstufe ist beispielsweise in den höchsten Teilen des Harzes, Thüringer Waldes und Erzgebirges ausgebildet. Die altimontane Waldstufe schließt mit der oberen Waldgrenze ab. 5) *Hochgebirgsstufe* (alpine Stufe). Der untere Teil (subalpine Stufe oder *Krummholzstufe*) reicht etwa bis zur oberen Baumgrenze. Die eigentliche alpine Stufe umfaßt die natürlichen Hochgebirgszwergstrauchheiden, -rasen und -felsfluren (*Matten*). 6) *Schneestufe* (nivale Stufe oder Stufe des ewigen Schnees). Sie beginnt mit der subnivalen Stufe bei langzeitlicher Schnee- und Eisbedeckung mit Rasenflecken und einzelnen Polsterpflanzen-Teppichen, Moos- und Flechtenbesatz. Die eigentliche nivale Stufe liegt oberhalb der klimatischen Schneegrenze, wo nur auf kleinen schneefreien Flächen ein Pflanzenleben möglich ist.

Höherentwicklung, *Anagenese, Aromorphose,* verbreitete Entwicklungstendenz im Organismenreich. Schon vor der allgemeinen Anerkennung der Abstammungslehre sprach man von höheren und niederen Organismen. Dieses spontane Werturteil bezieht sich auf reale Unterschiede und läßt sich daher durch verschiedene Kriterien für Organisationshöhe mehr oder weniger gut objektivieren. Höhere Organismen sind im allgemeinen differenzierter, haben weniger gleichartige Organe, viele Organsysteme sind zentralisierter. Im Tierreich sind bei höheren Formen verschiedene Strukturen, die bei niederen Arten an der Körperoberfläche liegen, nach innen verlagert. Höhere Organismen zeigen ein stärkeres Maß an → Synorganisation als niedere. Diese morphologischen Kriterien für H. deuten auf eine hohe Koordination und Leistungsfähigkeit der verschiedenen Organsysteme hin. Die während der Stammesgeschichte wiederholt eingetretene Leistungssteigerung führte zu einer relativen Unabhängigkeit der Individuen höherer Arten gegenüber ihrer Umwelt. Letztlich ist es diese Eigenschaft, die mit dem Werturteil »hochentwickelt« erfaßt wird.

Höhlenbewohner, *Trogloblonten,* wasser- oder luftlebende Tiere, die ständig in Höhlen oder anderen unterirdischen Hohlräumen leben. Sie sind an die gleichmäßig nied-

Höhlenbrüter

rige Temperatur und die gleichmäßig hohe Luftfeuchtigkeit ohne einen täglichen und jahreszeitlichen Wechsel angepaßt. Luftbewegungen und Lichteinfluß fehlen außer im Bereich der Höhlenzugänge völlig. Daher unterscheidet sich die Tierwelt der Eingangsregion von der der eigentlichen Höhle. Die Grundnahrung muß den H. von außen zugeführt werden.

Echte H. (Eutroglobionten) sind weitgehend oder völlig unpigmentiert (z. B. Höhlenfische, Grottenolme), haben oft zurückgebildete Augen und/oder Flugorgane, aber die Tastorgane sind stark entwickelt, z. B. die Fühler bei Arthropoden (Kavernikolenhabitus). Infolge der gleichmäßigen Wirkung der abiotischen Faktoren ist die Aktivitäts- und Fortpflanzungsrhythmik oft völlig verlorengegangen. Durch die niedrigen Höhlentemperaturen ist eine Anzahl von Eiszeitrelikten bis zur Gegenwart erhalten geblieben. Die geringe Konkurrenz in den Höhlen kann bisweilen zu einer großen Individuendichte der H. führen.

Beispiele typischer H. sind das Urinsekt *Schaefferia emucronata*, der Käfer *Duvalis hungaricus*, der Amphipode *Niphargus aquilex* und unter den Amphibien der Grottenolm.

Die Eingangsregion der Höhlen wird häufig durch Nicht-Höhlenbewohner zur Überwinterung benutzt.

Lit.: Hamann: Europäische Höhlenfauna (Jena 1896); Lengersdorf: Von Höhlen und Höhlentieren (Leipzig 1952); Spandl: Die Tierwelt der unterirdischen Gewässer (Wien 1926); Riedl: Biologie der Meereshöhlen (Hamburg, Berlin 1966).

Höhlenbrüter, Bezeichnung für in Höhlen brütende Vögel, im wesentlichen → Baumbrüter, aber auch Erdhöhlenbrüter. Die H. sind besonders zahlreich (bis zu 50%) in älteren Laubwäldern, weil hier die günstigsten Brutmöglichkeiten bestehen. Die wichtigsten H. der heimischen Fauna sind neben der Specht-Meisen-Kleiber-Gruppe Fliegenschnäpper, Rotschwänzchen und die Hohltauben. Nur die Spechte bauen ihre Bruthöhlen selbst. Sie schaffen damit günstige Voraussetzungen auch für andere H. Durch Anbringen künstlicher Bruthöhlen (Nistkästen) kann der Mensch die Brutdichte der wirtschaftlich wichtigen H. erheblich steigern; → biologische Bekämpfung.

Lit.: Makatsch: Der Vogel und sein Nest (Wittenberg 1965).

Höhlenkrebs, *Brunnenkrebs*, *Niphargus*, europäische Gattung im Grundwasser lebender Flohkrebse (Unterordnung Gammaridae) mit etwa 35 Arten, die oft auch in Höhlen und Brunnen zu finden sind.

Höhlensalamander, → Schleuderzungensalamander.

Höhlenschwalm, → Nachtschwalben.

Hohltiere, *Zölenteraten*, *Coelenterata*, Subdivision der Gewebetiere, deren Angehörige einen radiärsymmetrischen Bau haben (im Gegensatz zu den *Bilateria*). Die H. können in zwei Habitusformen auftreten, als → Polypen und als → Medusen. Die Symmetrieachse geht stets durch den Mund und zum gegenüberliegenden Pol. Um die Achse ordnen sich mindestens viermal gleichartige Organe an, wie Tentakel, Gonaden oder Gastraltaschen. Die sehr beweglichen Tentakel stehen ringförmig um die Mundscheibe der Polypen oder am Schirmrand der Medusen und dienen dem Nahrungsfang und der Abwehr von Feinden. Als Wehrorgane treten (außer bei *Ctenophora*) → Nesselkapseln auf. Der Körper wird nur aus zwei Schichten aufgebaut, dem Ektoderm und dem Entoderm. Zwischen beiden liegt eine gallertartige Stützlamelle, in die aber sekundär Zellen einwandern können; sie wird dann Mesogloea genannt. Ein echtes drittes Keimblatt (Mesoderm) tritt niemals auf. Die Tiere enthalten nur einen einzigen Hohlraum, den Gastralraum, der einfach sackförmig sein kann, oft aber durch vorspringende Septen in einzelne Fächer (Gastraltaschen) geteilt ist; er mündet nur durch eine einzige Öffnung, den Mund, nach außen, es fehlt also stets ein After. Sehr ursprünglich sind Muskel- und Nervensystem gebaut. Es treten in beiden Körperschichten lediglich Epithelmuskelzellen auf. Epithelsinneszellen stehen mit einem einfachen Nervennetz in Verbindung.

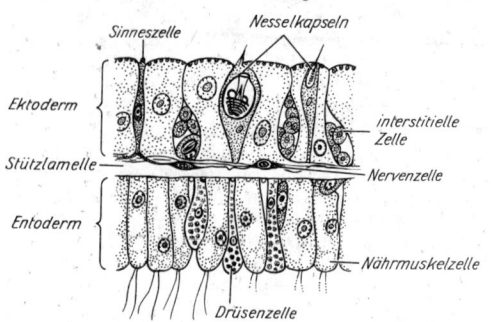

Schematischer Längsschnitt durch die Rumpfwand von Hydra

Die H. umfassen reichlich 10 000 Arten. Es werden zwei Stämme unterschieden: → Nesseltiere, *Cnidaria*, und → Rippenquallen oder Kammquallen, *Ctenophora*.

Hokkos, → Hühnervögel.

holandrisch, Bezeichnung für Gene, die bei männlicher Heterogametie im Y-Chromosom (→ Geschlechtschromosomen) lokalisiert sind und stets vom Vater auf den Sohn weitergegeben werden, d. h. sich absolut geschlechtsgekoppelt manifestieren. → Geschlechtskoppelung.

Fälle holandrischer Vererbung sind bis jetzt nur in ganz geringer Zahl bekanntgeworden. Im Tierreich wurde sie bei einer Zahnkarpfenart (*Lebistes reticulatus*) beobachtet. Beim Menschen ist sie nicht sicher erwiesen.

Holarktis, 1) aus den um die Arktis gelagerten Kontinenten Europa, Asien und Nordamerika gebildetes biogeographisches Reich.

2) pflanzengeographische Bezeichnung für das größte Florenreich der Erde, das die gesamten gemäßigten und kalten Gebiete der Nordhemisphäre umfaßt. Kennzeichnende Familien sind die Birkengewächse, Weidengewächse, Hahnenfußgewächse, Kreuzblütler, Primelgewächse, Glockenblumengewächse. Die H. läßt sich in die arktische, boreale, temperate, submeridionale und meridionale Florenzone gliedern, die der Klimaabwandlung vom kalten Norden zum warmen Süden und einer demgemäßen Änderung in der Florenzusammensetzung entsprechen. Die *Florenzonen* werden in Florenregionen, Florenprovinzen u. a. unterteilt. An die H. schließen sich Neo- und Paläotropis der Neuen und Alten Welt im Bereich der boreosubtropischen, tropischen und austrosubtropischen Florenzonen, die Capensis und Australis im Bereich der australen (südlichen) Florenzone und schließlich die antarktische Florenzone der Antarktis an. Die *arktische Florenzone* umfaßt die baumfreie *zirkumarktische Region* jenseits der nördlichen Baumgrenze mit einer Vegetationsperiode von nur 2 bis 3 Monaten. Während dieser Zeit herrscht ein extremer Langtag (Mitternachtssonne!). Die vorherrschende Vegetationsform ist die Tundra, deren Ausbildung von den Temperatur- und Feuchtigkeitsverhältnissen abhängt. Der südliche Teil mit lichten Birkenkrüppelwäldern und Strauchfluren wird als subarktisch bezeichnet. Die *boreale Florenzone* schließt die gesamte nördliche gemäßigte Zone Eurasiens und Nordamerikas (*zirkumboreale Region*) ein und reicht als geschlossenes Nadelwaldgebiet von der nördlichen Waldgrenze in den ozeanischen Gebieten südlich bis an die

Laubwaldzone und in den kontinentalen Gebieten bis an die Gebiete, wo Nadelwälder am Nordhang mit Steppen am Südhang wechseln. Vorherrschende Vegetationsform ist der Nadelwald (Taiga), von Fichten, Kiefern, Tannen, Arven und Lärchen aufgebaut. Florenelemente der borealen Florenzone kommen in südlichen Breiten, z. B. in Mitteleuropa in den Gebirgsstufen (→ Höhenstufung), vor. Die *temperate Florenzone* umfaßt die gemäßigten Gebiete Eurasiens und Nordamerikas und wird in mehrere Florenregionen, z. B. die Mitteleuropäische Region von der Atlantik-Küste bis zum Ural, die Mittelsibirische Region, gegliedert. In der *Mitteleuropäischen Region* herrschen bei nicht zu warmen, niederschlagsreichen Sommern und weniger extrem kalten Wintern sommergrüne Laubwälder mit Buchen, Hainbuchen, Eichen und Winterlinden vor, wobei Buchenwälder mit immergrünen Holzarten (Stechpalme, *Ilex aquifolium*) und immergrünen *Erica*- und *Ulex*-reichen Zwergstrauchheiden und Mooren im ozeanischen westlichen Teil (*Atlantische Provinz*) vorkommen, während im subkontinentalen östlichen Teil (*Sarmatische Provinz*) Buche, Hainbuche und Traubeneiche fehlen und Stieleichen-Winterlinden-Wälder bezeichnend sind. Die *Submeridionale Florenzone*. Diese warmgemäßigte Übergangszone zur meridionalen Florenzone reicht von der nördlichen Iberischen Halbinsel über die Südalpen, Norditalien, den nördlichen Balkan, den Kaukasus über die Ukraine nach Südsibirien und geht in ozeanisch-kontinentaler Abfolge von West nach Ost von mit immergrünen Florenelementen durchsetzten sommergrünen Laubwäldern in der *Pontisch-Südsibirischen Region* in die Waldsteppen, Steppen und Wüstensteppen im Innern des Kontinents über. Südsibirisch-pontische Florenelemente und von ihnen aufgebaute Vegetationsformationen reichen auf geeigneten Lokalstandorten als extrazonale Vegetation (→ zonale Vegetation) bis Mitteleuropa; sie sind hier Bestandteil der → Xerothermrasen. Die *meridionale Florenzone* als die südlichste holarktische Florenzone umfaßt in ihrem westlichen europäischen Teil die *Makaronesisch-Mediterrane Region*, die atlantischen Inseln und das Mittelmeergebiet, mit einem frostarmen Klima, regenreichem Winter und sommerlicher Trockenheit (Etesienklima), die von einer immergrünen Hartlaubvegetation geprägt wird. In den warm-feuchten Gebieten, z. B. auf den Kanarischen Inseln, kommen reliktäre immergrüne Lorbeerwälder vor, die für weite meridionale Gebiete Ostasiens charakteristisch sind. Nach Walddegradation entwickeln sich Strauchformationen, z. B. die Macchie, → Hartlaubvegetation. In den niederschlagsärmeren kontinentalen Gebieten der meridionalen Florenzone schließt sich östlich die *Orientalisch-Turanische Region* an, in der ein Übergang von sommergrünen Laubwäldern in den orientalischen Gebirgen über Steppen, Wüstensteppen zu ausgedehnten Wermut- und Saxaulwüsten in den weiten Ebenen verzeichnet werden kann. Im monsunregenfeuchten Ostasien wird im Anschluß an die Wüsten, Steppen und sommergrünen Laubwälder die meridionale Florenzone durch die immergrüne Laubwaldvegetation der *Sino-Japonischen Region* charakterisiert. Auf dem nordamerikanischen Kontinent ist in der H. eine entsprechende nordsüdliche Florenzonenfolge und eine ozeanisch-kontinentale Vegetationsabwandlung zu verzeichnen. → tiergeographische Regionengliederung.

3) holarktische Region, größte tiergeographische Region, die die Arktis, Nordamerika, Europa und einen großen Teil Asiens einschließt. Nach Süden ist die H. unscharf begrenzt; sowohl im karibischen Gebiet wie im Wüstengürtel der Alten Welt und in China gibt es → Übergangsgebiete. Die Unterteilung der H. wird sehr unterschiedlich vorgenommen. Meist wird sie in 2 Subregionen

Die Florengebiete im westlichen Eurasien und in Nordafrika (nach Meusel, Jäger, Weinert 1965, verändert); die Namen der Florenregionen sind in Großbuchstaben, die Namen der Florenprovinzen sind in Kleinbuchstaben angegeben. —— Region, ---- Unterregion. Für die Mitteleuropäische Region sind die Florenprovinzen abgegrenzt: atlantisch, subatlantisch, zentraleuropäisch, sarmatisch

Höllenottern

untergliedert, die →Paläarktis und die →Nearktis (die manchmal auch als selbständige Regionen angesehen werden). Teilweise wird der größeren Einheitlichkeit der Fauna im Norden dadurch Rechnung getragen, daß die →Arktis als 3. Unterregion abgetrennt wird.

Die Geschichte der H. war sehr wechselvoll. Zum Beispiel waren Europa und Asien bis ins Oligozän durch eine Überflutung östlich des Urals, die Turanstraße, voneinander getrennt. Vor allem ist die H. durch die Eiszeit in viel stärkerem Maße beeinflußt worden als die anderen Regionen und letzten Endes in ihrer (des Klimas wegen ohnehin unterdurchschnittlichen) Artenzahl verarmt. In Europa war unter anderem die Verringerung der die Wälder zusammensetzenden Baum- und Straucharten maßgeblich; außerdem erschwerten hier in Ost-West-Richtung streichende Gebirge Rückzugs- und Wiederausbreitungsbewegungen. Durch Abdrängung vieler Arten in zwei oder mehr →Glazialrefugien wurde andererseits eine Differenzierung eingeleitet, die in manchen Fällen Artniveau erreichte. Die Kenntnis der Refugialgebiete ist für das Verständnis der Fauna der H. von großer Bedeutung. Manche nicht anders erklärte Arealerweiterungen der Gegenwart könnten noch Spätphasen der nacheiszeitlichen Wiederbesiedlung sein.

Abgesehen von der Arktis zeigen Nearktis und Paläarktis im Bereich der Taiga die größte Übereinstimmung und zahlreiche gemeinsame Arten. Bei den Wirbeltieren sind es vor allem Vögel, unter den Säugetieren z. B. Braunbär, Wolf, Elch und Rothirsch. Insgesamt wird die Anzahl der gemeinsamen Arten einschließlich der arktischen mit etwa 5 000 angegeben. Man findet – auch weiter im Süden – ähnliche Lebensgemeinschaften, doch setzen sich diese aus vikariierenden Arten zusammen. Das gilt nicht zuletzt für die Invertebraten, namentlich die Insekten.

Inwieweit ältere transatlantische Beziehungen auf eine ehemalige Landverbindung zurückgehen, ist nicht geklärt. Dagegen ist es sicher, daß mehrfach und noch nacheiszeitlich eine die Beringstraße überbrückende Landbrücke den Austausch von Landtieren ermöglichte.

Aufgrund des Fehlens wirksamer Ausbreitungsschranken im Süden ist der →Endemismus in der H. relativ gering. Bei den Säugetieren sind folgende Familien (fast) auf die H., die Paläarktis (P.) oder die Nearktis (N.) beschränkt: Maulwürfe (*Talpidae*, H.), Biber (*Castoridae*, H.), Pfeifhasen (*Ochotonidae*, H.), Hüpfmäuse (*Zapodidae*, H.), Blindmäuse (*Spalacidae*, P.), Springmäuse (*Dipodidae*, P.), Salzkrautbilche (*Seleviniidae*, P.), Biberhörnchen (*Aplodontidae*, N.), Taschenratten und -mäuse (*Geomyidae* u. *Heteromyidae*, N.), Gabelböcke (*Antilocapridae*, N.). Auffallend ist das Fehlen der in der Alten Welt dominierenden Langschwanzmäuse (*Muridae*) in der Nearktis.

Bei den Vögeln sind nur Alken (*Alcidae*, H.), Seetaucher (*Gaviidae*, H.) Braunellen (*Prunellidae*, P.), Truthühner (*Meleagridae*, N.) und Wassertreter (*Phalaropidae*, H.), von den Unterfamilien auch die Rauhfußhühner (*Tetraoninae*, H.) endemisch oder fast endemisch. Die Reptilien der beiden Subregionen haben wenig Beziehungen miteinander und keine gemeinsame endemische Familie; hier sind die Gemeinsamkeiten mit den südlichen Nachbarregionen größer. In der artenreicheren Nearktis sind 3 kleine Eidechsenfamilien, darunter die giftigen Krustenechsen (*Helodermatidae*) (fast) endemisch. Für die H. charakteristisch ist die Schwanzlurche, wenn sie auch in Orientalis und Neotropis vorgedrungen sind.

Die Süßwasserfische der Nearktis sind wesentlich formenreicher als die der Paläarktis. Folgende Familien sind für die H. endemisch: Hechte (*Esocidae*), Hundsfische (*Umbridae*), Barsche (*Percidae*), Lachse (*Salmonidae*) und Störe (*Acipenseridae*); daneben gibt es einige kleinere endemische Familien in der Nearktis. Aufgrund einer 16 000 Insektengattungen umfassenden Analyse stellte Holdhaus für die beiden getrennt berücksichtigten Subregionen eine geringere Endemitenrate als für alle anderen Regionen fest.

Höllenottern, → Kreuzotter.

Holobasidie, *Autobasidie, Homobasidie,* unseptierte (ungekammerte), einzellige Basidie der → Ständerpilze, die die Basidiosporen an ihrem Scheitel trägt. H. sind für die → *Holobasidiomycetes* typisch.

Holocephali, → Seedrachen.

Holoenzym, → Enzyme.

Hologamie, → Befruchtung, → Fortpflanzung.

hologyn, Bezeichnung für Gene, die im X-Chromosom lokalisiert sind und stets von der Mutter auf die Töchter weitergegeben werden. → holandrisch.

Holometabola, →Insekten mit vollkommener Verwandlung.

Holometabolie, → Metamorphose.

holomiktisch, → See.

Holopneustier, → Stigmen.

Holostei, → Knochenfische, → Schmelzschupper.

Holothurine, → Stachelhäutergifte.

Holothuroidea, → Seewalzen.

Holotricha, → Ziliaten.

Holozän [griech. *holos* 'ganz', *kainos* 'neu', 'ungewöhnlich'], *Alluvium, Nacheiszeit, Postglazial,* jüngere Abteilung des Quartärs (→ Erdzeitalter, Tab.), die die geologische Gegenwart einschließt. In Nordamerika, Mittel- und Nordeuropa ist das H. gekennzeichnet durch den Rückkehr der durch die eiszeitliche Klimaverschlechterung verdrängten Tierarten und durch die Wiederbesiedlung der eisfreien oder von Tundren bedeckten Gebiete mit den vom Eis verdrängten Pflanzengesellschaften sowie durch die allmähliche Entwicklung der heutigen Vegetationsverhältnisse. → Pollenanalyse.

Holozön, *Biogeozönose,* Zusammenfassung aller unbelebten (→ Biotop) und belebten (→ Biozönose) Ökoelemente eines Gebietes in einer Funktionseinheit (→ Ökosystem).

Holozygote, im Gegensatz zur Merozygote eine Zygote, in der zwei komplette Genome vereinigt sind.

Holozyklie, → Anholozyklie.

Holunder, → Geißblattgewächse.

Holz, die vom Kambium nach innen abgegebenen sekundären Dauergewebe. Sie bestehen aus mehreren Gewebearten, und zwar aus → Leitgewebe (Gefäße) → Festigungsgewebe (Sklerenchymfasern) und → Parenchym (Speicher- und Leitparenchymzellen). H. dient den Pflanzen zur Wasserleitung, zur Erhöhung der Festigkeit ihres Sproß- und Wurzelsystems und zur Speicherung organischer Substanzen.

Bei den meisten Gymnospermen ist das H. noch verhältnismäßig einfach gebaut. Das Nadelholz besteht vorwiegend aus Tracheiden, deren Wände je nach der Jahreszeit, in der sie gebildet werden, verschieden stark verdickt sind. Im Frühjahr werden weitlumige Tracheiden angelegt, die ausschließlich der Wasserleitung dienen (*Frühholz*), während im Spätsommer zunehmend englumigere Zellen mit dickeren Zellwänden gebildet werden, die vorwiegend als Festigungselemente dienen (*Spätholz*). Zwischen den Tracheiden befinden sich Harzgänge, die von Holzparenchymzellen umgeben sind, das H. längs durchziehen und mit benachbarten Harzgängen durch Querverbindungen netzartig verbunden sind. Die *Markstrahlen* (→ Sproßachse) dagegen, die im Nadelholz meist nur aus einer Zellschicht bestehen, verlaufen vorwiegend radial.

Beim Laubholz (Dikotylenholz) läßt sich im Vergleich zum Nadelholz eine fortschreitende Differenzierung der

Zell- bzw. Gewebselemente erkennen. Insbesondere ist eine Differenzierung zwischen den der Wasserleitung und den der Festigung dienenden Elementen zu verzeichnen. Die auffälligsten Elemente des Laubholzes sind die *Tracheen* mit ihren weiten Lumina, die bei manchen Bäumen in gleicher Größe über das ganze H. verteilt sind, bei anderen nur im Frühjahr vorherrschen, während im Spätholz englumigere *Tracheiden* angelegt werden. Die besondere Weite der Tracheen kommt durch → Interpositionswachstum zustande. Als Festigungselemente sind im Laubholz außerdem Holzfaserzellen vorhanden. Schießlich ist im Laubholz immer mehr Parenchym zu finden, das die längsverlaufenden Gefäße als *Holzparenchym* umgibt, während das *Markstrahlparenchym* in einer oder mehreren Schichten genau wie beim Nadelholz radial verläuft. Es bildet mit dem Holzparenchym ein zusammenhängendes System lebender Zellen.

Zwischen dem Spätholz des einen und dem Frühholz des nächsten Jahres besteht meist eine scharfe Grenze. Man kann deshalb fast immer sehr gut den Zuwachs des Baumes innerhalb eines Jahres – den *Jahresring* – erkennen und am Stammquerschnitt durch Auszählen der Jahresringe das Alter des betreffenden Baumes feststellen. Nur bei tropischen Holzgewächsen mit kontinuierlicher Entwicklung während des ganzen Jahres fehlen die Jahresringe.

Die jüngsten, peripheren Jahresringe bilden bei den meisten Bäumen den *Splint*, das *Weichholz*, dessen lebende Zellen wasserleitend und stoffspeichernd sind, während die älteren, zentralen Jahresringe den aus toten Zellen bestehenden Kern, das *Kernholz* (*Hartholz*) bilden, das allein der Festigung dient. Die Fähigkeit zum Wassertransport ist verloren gegangen. Das Kernholz ist oft wirtschaftlich wertvoller, da es bei vielen Baumarten durch bestimmte Stoffeinlagerungen, z. B. Gerbstoffe, vor der Zersetzung geschützt ist. Unterbleibt diese Einlagerung, zerfällt der Holzkörper im Innern. Der Stamm wird hohl, z. B. bei Weide und Pappel. Außerdem sind in das Kernholz oft Farbstoffe eingelagert. Je dunkler das Kernholz gefärbt ist, desto wertvoller ist es, z. B. Teakholz, Ebenholz. Die Gefäße des Kernholzes können durch *Thyllen* – blasenförmige Ausstülpungen der Tüpfelschließhäute – verstopft sein.

Holzapfel, → Rosengewächse.
Holzbirne, → Rosengewächse.
Holzbock, → Zecken.
Holzbohrer, → Schmetterlinge.
Holzessig, → Essigsäure.
Holzläuse, svw. Staubläuse.
Holzstoff, svw. Lignin.
Holzwespen, → Hautflügler.
Holzzucker, svw. D-Xylose.
Homaridae, → Hummern.
home range, → Streifgebiet.
Hominiden, *Hominidae*, zoologisch systematische Bezeichnung für alle fossilen und rezenten Menschenformen einschließlich ihrer Vorläufer. → Hominoiden, → Anthropogenese.
Homininen, *Homininae*, echte Menschen, Unterfamilie der Hominiden mit der einzigen Gattung *Homo*. → Anthropogenese, → Homo.
Hominoiden, *Hominoidea*, **Menschenartige,** Überfamilie der Schmalnasenaffen, die in 4 Familien alle fossilen und rezenten Menschenaffen und Menschen umfaßt.

1) **Hylobatiden,** *Hylobatidae* (Gibbons) mit den fossilen Gattungen *Aelopithecus* aus dem Oligozän, *Limnopithecus* aus dem Miozän, *Pliopithecus* und *Epipliopithecus* aus dem Pliozän und den rezenten Gattungen *Hylobates* und *Symphalangus*, zu denen verschiedene Gibbonarten und der Siamang gehören. Fossilfunde sind aus Europa und Afrika bekannt, die rezenten Formen sind in Südostasien verbreitet.

2) **Pongiden,** *Pongidae* (Menschenaffen im engeren Sinne) mit den Unterfamilien a) Dryopithezinen mit den fossilen Gattungen *Proconsul* (Miozän), *Dryopithecus*, *Sivapithecus*, (?) *Ramapithecus* (Mio-Pliozän) und *Gigantopithecus* (Pliozän); b) Ponginen, den rezenten Menschenaffen mit den Gattungen *Pongo* (Orang-Utan), *Pan* (Schimpanse und Zwergschimpanse), *Gorilla* (Flachland- und Berggorilla). Die Verbreitung der Pongiden erstreckt sich auf Europa (fossil), Afrika und Ostasien (fossil und rezent).

3) **Oreopithezidien,** *Oreopithecidae*, mit der fossilen Gattung *Oreopithecus bamboli* (Mio-Pliozän) aus Braunkohlenlagern der Toskana (Italien).

4) **Hominiden,** *Hominidae*, mit den Unterfamilien (?) Ramapithezinen, Australopithezinen sowie den Homininen mit der einzigen Gattung → *Homo*. → Anthropogenese.

Homo, die einzige Gattung der Homininen mit den Arten *Homo sapiens*, *Homo erectus* und *Homo habilis* (?). Wie in der Gegenwart existierte während des Pleistozäns auf dem gleichen Zeithorizont offenbar jeweils nur eine Art. Die gebräuchlichen Abgrenzungen der fossilen »Arten« sind deshalb fragwürdig.

Zur Art *Homo sapiens* gehören alle Menschen, die seit dem Jungpleistozän die Erde bewohnt haben bzw. bewohnen (*Homo sapiens sapiens*). Ihre unmittelbaren Vorfahren werden als *Homo sapiens praesapiens* bezeichnet (z. B. Funde von Steinheim in der BRD, Swanscombe in Südengland, Fontéchevade in Mittelfrankreich). Beide Gruppen werden auch unter den Bezeichnungen *Neanthropinen* bzw. *Neumenschen* oder *Jetztmenschen* zusammengefaßt. Zum *Homo sapiens* zählen außerdem die *Paläanthropinen* bzw. *Neandertaler* oder *Altmenschen* (*Homo sapiens neanderthalensis* und *Homo sapiens praeneanderthalensis*), die vor allem durch die im Neandertal bei Düsseldorf gefundenen Skelettreste bekannt geworden sind.

Zur Art *Homo erectus* gehören die auch unter den Bezeichnungen *Archanthropinen* oder *Urmenschen* bekannten mittel- bis jungpleistozänen Funde des Pithecanthropus (*Homo erectus erectus*) von Djawa, des Sinanthropus (*Homo erectus pekinensis*) aus China, aber auch Funde aus Europa (*Homo erectus heidelbergensis*, *Homo erectus bilzingslebenensis*, *Homo erectus palaeohungaricus*) und Afrika (*Homo erectus mauritanicus*, *Homo erectus leakeyi* u. a.).

Von manchen Autoren wird auch der *Australopithecus habilis* unter der Bezeichnung *Homo habilis* der Gattung H. zugeordnet. → Anthropogenese.
Homoallele, → Heteroallele.
Homobasidie, svw. Holobasidie.
homoblastische Entwicklung, bei Pflanzen eine Form der Individualentwicklung, in der Jugend- und Folgestadien nicht wesentlich voneinander abweichen bzw. kontinuierlich ineinander übergehen. Gegensatz: → heteroblastische Entwicklung.
homochlamydeisch, → Blüte.
Homochromie, → Schutzanpassungen.
Homocoela, → Kalkschwämme.
homodont, → Gebiß.
homofermentativ, → Gärung.
Homogenität, Ausdruck für die Gleichmäßigkeit der tierischen Besiedlung in einem Biotop. Die H. wird von Präsenz, Konstanz und Frequenz der Arten bestimmt.
Homogenote, → Heterogenote.
Homogentisinsäure, eine Phenolkarbonsäure, die im Organismus beim Aminosäurestoffwechsel aus Tyrosin entsteht und normalerweise zu Fumarsäure und Azetissigsäure weiteroxidiert wird. Bei *Alkaptonurie*, einer angeborenen Stoffwechselanomalie, wird H. im Harn ausgeschieden

homoiogenetische Induktion

und durch Luftoxidation zum p-Chinon umgewandelt, das zu einem dunklen Farbstoff polymerisiert.
homoiogenetische Induktion, → Determination.
homoiohalin, → Brackwasser.
homoiohydrisch, *eigenfeucht,* Bezeichnung für Gefäßpflanzen, die ihre Wasserbilanz regulieren können. Gegensatz: → poikilohydrisch.
Homoiologie, ein Sonderfall der → Homologie. Von L. Plate 1922 geprägter Begriff für strukturelle Ähnlichkeiten, die gelegentlich an homologen Organen durch Parallelentwicklung, phylogenetisch unabhängig voneinander auftreten, z. B. Flügel (Flughäute) der Fledermäuse und der Flugsaurier.
homoiosmotisch, → halobiont.
Homoiostase, → Nierentätigkeit.
homoiotherm, gleichwarm, oft als »warmblütig« bezeichnet, → Temperaturfaktor.
Homokaryon, → Zellfusion.
Homokaryose, → Heterokaryose.
Homokaryozyte, durch → Zellfusion entstandene Zelle, deren Fusionspartner gleiche Genotypen besitzen.
Homologie, durch gemeinsame stammesgeschichtliche Herkunft verursachte Ähnlichkeit von Strukturen oder Organen verschiedener Organismen. H. lassen sich durch bestimmte Kriterien ermitteln. Die Hauptkriterien sind 1) gleiche Lagebeziehungen von Organen; 2) die gleiche besondere Qualität der Struktur; 3) die Verknüpfung dieser Strukturen durch ontogenetische oder vollentwickelte Übergangsformen an fossilen oder an heute lebenden Organismen.

Homologe Organe können trotz des 2. Hauptkriteriums sehr verschiedene Form und Struktur haben. Zum Beispiel sind die Grabbeine des Maulwurfs, die Flossen der Robben und die Flügel der Fledermaus homolog. Die Feststellung von H. ist die wichtigste Voraussetzung zum Ermitteln stammesgeschichtlicher Zusammenhänge.
Homologie 2. Ordnung, svw. Traditionshomologie.
Homomerie, → Polygenie.
Homomorphie, entwicklungsgesetzliche Analogie, die nicht auf gleicher Funktion beruht. Dieser Begriff erfordert eine erweiterte Analogiedefinition, die neben nichthomologen, durch gleiche Anpassungen verursachten Ähnlichkeiten auch durch hypothetische allgemeine Gesetze der phylogenetischen Formbildung hervorgerufene Gemeinsamkeiten erfaßt.
Homonomie, Ähnlichkeit von Strukturen am selben Individuum, z.B. der Blätter einer Pflanze oder der Haare eines Tieres. Bei der Kiefer sind die weiblichen Blütenzapfen den vegetativen Langtrieben und die männlichen Blüten den Kurztrieben homonom.

Homöostase, → biomathematische Modellierung.
homoplasmonisch, Bezeichnung für Zellen mit genetisch übereinstimmenden Plasmonen. Gegensatz: → heteroplasmonisch.
Homoploidie, im Gegensatz zur → Heteroploidie das Vorhandensein des normalen Chromosomenbestandes (Diploidie in der Diplophase; Monoploidie in der Haplophase) in Zellen, Geweben oder Individuen.
Homoptera, → Gleichflügler.
Homorhizie, → Wurzelbildung.
Homosporie, → Sporen.
homothallisch, *haplomonözisch,* Bezeichnung für Farne mit gemischtgeschlechtigen (zwittrigen) Prothallien.
Homotransplantat, → Transplantation.
homotypische Beziehungen, → Beziehungen der Organismen untereinander.
Homoxenie, → Wirtswechsel.
Homozygotie, → Heterozygotie.
Homozystein, Abk. *Hcy,* HS—CH_2—CH_2—$CH(NH_2)$—COOH, eine Aminosäure, die im Organismus als Zwischenstufe der Umwandlung von Methionin in Zystein auftritt.
homozytotrope Antikörper, Antikörper mit Bindungseigenschaften für bestimmte Zellen des eigenen Körpers. Sie rufen z.B. die atopische Allergie hervor.
Honiganzeiger, → Spechtvögel.
Honigbiene, *Apis mellifica* L., als Blütenbestäuber sowie als Lieferant von Honig und Wachs das wichtigste Nutzinsekt. Die wilde H. legt ihre Nester in hohlen Bäumen oder anderen natürlichen Höhlungen an. Ihre Nutzung wird als Waldbienenzucht oder Zeidlerei bezeichnet. Schon im Altertum wurde die H. domestiziert und in Holzklötzen, Körben und anderen Beuten gehalten; heute verwendet der Imker genormte und zerlegbare Zuchtkästen aus Holz. Ein Bienenvolk (*Bien*) besteht aus 10000 bis 70000 Tieren. Die Masse des Bienenvolkes stellen die *Arbeiterinnen,* Weibchen mit verkümmerten Geschlechtsorganen. Die Arbeiterinnen besitzen spezielle Einrichtungen für die Aufnahme und den Transport von Pollen und Nektar. Zu ihren Hauptaufgaben gehören das Eintragen von Nahrung und Baustoffen, die Errichtung der aus sechseckigen Zellen bestehenden Waben und die Aufzucht der Brut. Das einzige fruchtbare Weibchen wird als *Königin* oder *Weisel* bezeichnet. Es wird während des Hochzeitsfluges begattet und legt in den Sommermonaten täglich 500 bis maximal 2000 Eier. Aus den befruchteten Eiern entwickeln sich normalerweise Arbeiterinnen, nur zu einer bestimmten Zeit im Frühjahr werden in den zapfenförmigen Weiselwiegen infolge spezieller Fütterung einige Jungköniginnen aufgezogen. Aus den unbefruchtet abgelegten Eiern gehen Männchen, die *Drohnen,* hervor, die jedoch bald nach dem Hochzeitsflug aus dem Stock vertrieben werden und absterben. Bei starker Vermehrung eines Volkes schwärmt die alte Königin kurz vor dem Ausschlüpfen der Jungköniginnen mit einem Teil der Arbeiterinnen aus, um eine neue Behausung zu suchen.

Lit.: O. Hüsing: Die H. (4.Aufl. Wittenberg 1971).

Honigbiene (*Apis mellifica* L.): *a* Ei, *b* Larve, *c* Puppe, *d* Arbeiterin, *e* Königin, *f* Drohne

Honigblätter, → Hahnenfußgewächse.
Honigfresser, *Meliphagidae,* Familie der → Singvögel mit 160 Arten. Mit ihrer speziell ausgebildeten Zunge vermögen sie Nektar und Pollen aufzunehmen. Außerdem fressen sie Insekten. Beim Besuch der Blüten übertragen sie Pollen (Blütenbestäubung). Zu dieser Familie gehört der neuseeländische *Pastorvogel* oder *Tui, Prosthemadera novaeseelandiae.*
Honig-Pollenanalyse, svw. Melitopalynologie.
Honigtau, 1) von Pflanzen ausgeschiedene zuckerhaltige Flüssigkeit. Die Ursachen und Orte dieser Ausscheidung sind verschieden. Bekannt ist z. B. die Bildung von H. in Getreideblüten unter dem Einfluß des Mutterkornpilzes, *Claviceps purpurea.* Die von diesem H. angelockten Insekten tragen zur Verbreitung der Pilzsporen bei. Unter bestimmten Bedingungen, insbesondere unter dem Einfluß pathologischer Stoffwechselstörungen, werden auch durch Guttation aus Blättern Flüssigkeiten ausgeschieden, die Zucker u. a. organische Substanzen enthalten (*Blatthonig*).
2) zuckerhaltige Exkremente der Blattläuse und anderer Pflanzensauger, die vielen Insekten, z. B. Ameisen, Bienen und Fliegen, als Nahrung dienen. Der H. gibt einen guten Nährboden für Rußtaupilze.
Hopfe, → Rackenvögel.
Hopfen, → Hanfgewächse.
Hopfenseide, → Seidengewächse.
Hoplocarida, → Malacostraca.
Hordeivirusgruppe, → Virusgruppen.
Hordenin, *Anhalin,* **N-Dimethyltyramin,** ein zu den biogenen Aminen zählender Naturstoff, der z. B. in Gerstenkeimlingen vorkommt. H. wirkt ähnlich wie Ephedrin und Adrenalin blutdrucksteigernd.

$HO-C_6H_4-CH_2-CH_2-N(CH_3)_2$

Hörhaare, → Tastsinn.
Horizont, svw. Stratum.
horizontale Resistenz, bei Pflanzen pathotypenunspezifische → Resistenz mit vorwiegend polygener Vererbung; weitgehend identisch mit → Feldresistenz.
Hormogonales, *Oscillatoriales,* eine Ordnung der Blaualgen. Ihre Zellen sind zu Fäden, den Trichomen, vereinigt. Diese sind oft von Scheiden aus Schleimstoffen umgeben und werden dann als Filamente bezeichnet. Die meist unverzweigten Fäden können Heterozysten, d. s. dickwandige Zellen, enthalten und auf Oberflächen Gleitbewegungen ausführen. Die *Oscillatoria*-Arten sind weitverbreitet und kommen auf feuchtem Untergrund oder im Wasser vor. Ihre Zellfäden bestehen aus flachen, gleichartigen Zellen. Perlschnurartige Fäden mit Heterozysten finden sich in der Gattung *Nostoc.* Diese Blaualgen bilden auf feuchtem Boden oft kugelförmige, durch Schleim zusammengehaltene Kolonien. *Rivularia* umfaßt festsitzende Formen mit deutlicher Polarität der Zellfäden, ihre freien Enden sind spitz zulaufend. Planktische oder symbiontisch in Wasserpflanzen lebende Arten, bei denen ebenfalls Heterozysten vorkommen, sind in der Gattung *Anabaena* vereinigt.
Hormogonien, → Blaualgen.
hormonale Konzeptionsverhütung, Methode zur Schwangerschaftsverhütung durch *Ovulationshemmer.* Die h. K. beruht auf der Hemmung der Sekretion von Gonadotropinen aus dem Hypophysenvorderlappen durch orale Verabreichung von gestagen- bzw. östrogenwirksamen Steroiden. Dabei wird vor allem die Sekretion des Hormons Lutropin unterdrückt, so daß keine Ovulation stattfindet (Gestagenwirkung). Außerdem werden die Uterusschleimhaut, der Eitransport sowie das Zervikal-, Tuben- und Uterussekret beeinflußt. Der Östrogenzusatz dient vor allem der Verhinderung von Durchbruchsblutungen. Als Kombinationspräparate werden *Einphasenpräparate* (während des ganzen Zyklus wird eine Gestagen/Östrogen-Kombination, wie Chlormadinonazetat/Mestranol, eingenommen), *Zweiphasenpräparate* (1. Zyklushälfte Östrogen plus niedrige Gestagendosis; 2. Zyklushälfte Östrogen plus höhere Gestagendosis) oder entsprechende *Dreiphasenpräparate* eingesetzt. Die verabreichte Wirkstoffmenge beträgt 0,5 bis 5 mg Gestagen und 0,05 bis 0,1 mg Östrogen je Tablette. Durch die verabreichten Östrogen- und Gestagendosen wird der biologische Rhythmus des Menstruationszyklus nachgeahmt. Daneben werden Gestagenpräparate (Minipille) und Depotpräparate verwandt. Bei der postkoitalen Konzeptionsverhütung setzt man hohe Östrogendosen ein, die zum Abort des befruchteten Eies führen.
Hormone, organisch-chemische Verbindungen, die als körpereigene Regulatoren von Tier und Pflanze für deren Lebensvorgänge von essentieller Bedeutung sind. Die H. bewirken die Regulation und Koordination des Stoffwechselgeschehens und sind damit auch für morphologische Veränderungen verantwortlich. Sie induzieren die Synthese bestimmter Enzyme und beeinflussen die Membranpermeabilität. H. wirken dabei als chemische Signalstoffe und nehmen als solche an den Reaktionen, die sie anregen, selbst nicht teil.

H. stellen ihrer chemischen Natur nach eine heterogen zusammengesetzte Stoffklasse dar. Bezüglich Biosynthese, Speicherung, Ausschüttung, Transport, Wirkungsmechanismus und Abbau zeigen die H. charakteristische Unterschiede, aber auch grundsätzliche Gemeinsamkeiten. Allen H. ist gemeinsam, daß sie in äußerst niedriger Konzentration wirken und daß im allgemeinen ihr Bildungsort vom Wirkort entfernt ist, so daß sie einem Transport unterliegen. Außerdem sind H. meistens funktionsspezifisch und nicht artspezifisch.

Die Einteilung der H. erfolgt nach unterschiedlichen Kriterien, wie Vorkommen, Bildungsort, chemische Stoffklasse oder physiologische Wirkung, da es schwierig ist, für alle derzeitig bekannten pflanzlichen und tierischen H. den Hormonbegriff allgemeingültig zu definieren.

Nach ihrem Vorkommen unterscheidet man → Phytohormone und tierische H. Bei den tierischen H. ist über die H. der wirbellosen Tiere (*Avertebratenhormone*) noch wenig bekannt. Nur der Häutungshormone der Insekten, die → Ekdysteron und die → Juvenilhormone, sind gut untersucht. Die H. der Wirbeltiere (*Vertebratenhormone*), von denen vor allem die H. des Menschen erforscht sind, gehören chemisch entweder zu den Steroiden (→ Steroidhormone) oder den Peptiden (→ Peptidhormone) bzw. Proteinen (→ Proteohormone). Daneben gibt es als Ausnahmen die von Aminosäuren abgeleiteten H. → Thyroxin und → Adrenalin.

Nach dem Bildungsort werden die in endokrinen Drüsen gebildeten H. als *glanduläre Hormone* bezeichnet; ihre Bildung und Sekretion wird vielfach durch übergeordnete Regulationshormone gesteuert (→ glandotrope Hormone). Aglanduläre H. entstehen in Zellen mit parakriner Sekretion (→ Gewebshormone). Die neurosekretorischen H., wie → Oxytozin, → Vasotozin oder die → Liberine, werden in neurosekretorischen Nervenzellen synthetisiert.

Biosynthese. Sie erfolgt in spezialisierten sekretorischen Zellen oder speziellen Drüsen (Abb. 1, S. 390).

Sekretion und Transport. Bei physiologischem Bedarf werden die H. sezerniert in freier Form (Peptidhormone) oder an ein Trägerprotein gebunden (Steroidhormone) meist in Blut, aber auch in Lymphe oder

Hormonsystem

interzellulärer Flüssigkeit zu bestimmten, meist peripheren Zielorganen transportiert. Dort erfolgt die Bindung an ein hormonspezifisches Rezeptorprotein.

Wirkungsmechanismen. Es sind zwei Wirkungsmechanismen der H. bekannt, die sich aus der unterschiedlichen zellularen Lokalisierung der Hormonrezeptoren ableiten. Für die Peptidhormone befindet sich der jeweilige hormonspezifische Rezeptor membrangebunden an der Oberfläche der Targetzelle. Dieser »erkennt« das H., und nach dem Schlüssel-Schloß-Prinzip kommt es zur Komplexbildung des H. mit dem Rezeptor. Das H. dringt also nicht in die Targetzelle ein. Die sich ergebende Konformationsänderung des Rezeptors und des H. bewirkt die Weitergabe eines Signals, was im Zellinneren eine allosterische Aktivierung des Enzyms Adenylat-Zyklase auslöst und zur Bildung von zyklischem Adenosin-3′,5′-monophosphat (cAMP) aus Adenosintriphosphat (ATP) führt. cAMP ist der eigentliche intrazelluläre Vermittler (*second messenger*) der Hormonwirkung, durch den es letztlich zur spezifischen Beeinflussung des Zellstoffwechsels kommt. Die hormonspezifischen Rezeptoren der Steroidhormone und der Schilddrüsenhormone sind intrazellulär im Zytosol lokalisiert, so daß die betreffenden H. die Zellmembran durchdringen müssen. Es bildet sich ein Hormon-Rezeptor-Komplex aus, der zum Zellkern transportiert wird und dort intrazellulär die Aktivierung bestimmter Genorte auslöst. Dadurch kommt es zur Stimulierung der Biosynthese spezifischer Enzyme, die ihrerseits bestimmte Stoffwechselwege beeinflussen.

Abbau und Inaktivierung. Um eine Überschüttung des Organismus mit peripher kreisenden H. zu verhindern, werden sie nach relativ kurzer Zeit aus der Blutbahn entfernt und durch Abbau inaktiviert. Bei den Peptid- und Proteohormonen erfolgt die Inaktivierung durch Spaltung mittels proteolytischer Enzyme oder durch Reduktion der Disulfidbrücken. Die Steroidhormone werden im allgemeinen im Ring A unter Entstehung einer 3-Hydroxygruppe reduziert. Die Abbauprodukte werden entweder direkt oder nach Kupplung an Glukuronsäure als Glukuronide im Harn ausgeschieden.

Regulation des Hormonstoffwechsels. Bei Tier und Pflanze unterliegt der gesamte Stoffwechsel der H. einer gut abgestimmten und fest abgesicherten Regulation, wobei durch entsprechende Rückkoppelungsmechanismen (positive und negative Regulation) hormonale Regelkreise entstehen. Durch jede Störung im Hormonhaushalt, z. B. Ausfall sowie Unter- oder Überproduktion der hormonbildenden Drüse, kommt es zu schweren Störungen im Gesamtstoffwechsel des Organismus und ergibt meist charakteristische Krankheitsbilder.

Bei den Säugetieren wird der Hormonstoffwechsel in hierarchischer Weise kontrolliert. Durch Nervenerregung kommt es im Hypothalamus zur Ausschüttung der Liberine, die in der Adenophyse spezifisch die Freisetzung der glandotropen H. induzieren. Diese führen ihrerseits in der Zieldrüse zur Sekretion spezieller H.

Hormonsystem, Kommunikationssystem, dessen Signale, die Hormone, von Sendern, den hormonbildenden Zellen, in ein Verbreitungssystem, d. h. in Körperflüssigkeiten wie Blut, Lymphe, Hämolymphe, Leibeshöhlenflüssigkeit u. a., freigesetzt werden und mit diesem die entfernt vom Sender liegenden Empfänger, Rezeptoren an oder in Zellpopulationen, erreichen, wodurch Verwertungen (zelluläre Reaktionen) ausgelöst werden (→ Kommunikation). Die Signale des H. sind somit populationsadressiert, während die Signale des Nervensystems, die Transmitter, durch den synaptischen Kontakt zwischen Sender und Empfänger als individuell adressiert gelten. Dem H. häufig zugeordnet wird das *Paramonsystem*, in diesem Falle erreichen Signale, *Paramone* (Karlson) oder *Gewebshormone* aus dem Sendern in der nahen Umgebung mehrere Empfängerzellen. Eine allgemein gültige Definition des H. gibt es bisher nicht. In der vorgestellten Definition kann das chemisch gleiche Signal sowohl Hormon als auch Paramon als auch Transmitter sein, abhängig von der Zuordnung des Signales durch den Transportweg (Übertragungsstrecke, Kanal). Beispielsweise ist das Peptid Somatostatin ein solches Hormon, wenn es von neurosekretorischen Zellen (→ Gehirn) in das hypophysäre Pfortadergefäßsystem freigesetzt wird, Empfängerzellen der Adenohypophyse erreicht und die Freisetzung von Somatotropin hemmt. Somatostatin hat als Transmitter zu gelten, wenn es, im Nervensystem präsynaptisch freigesetzt, postsynaptische Reaktionen auslöst. Im Intestinalbereich wird Somatostatin aus den D-Zellen der Langerhansschen Inseln freigesetzt und erreicht benachbarte Zellen. Hier kann Somatostatin als Paramon betrachtet werden, das die Freisetzung von Sekreten aus anderen endokrinen Zellen hemmt.

Die Signale des H. können nach chemischen Merkmalen in drei Gruppen unterteilt werden: Peptide, Aminosäureabkömmlinge, Steroide. Unsicher ist, ob bestimmte Metabolite hochungesättigter Fettsäuren, die Prostaglandine, nur als Paramone oder auch als Hormone zu gelten haben.

Chemische Signale sind phylogenetisch sehr alt. Bei Ziliaten (*Tetrahymena*) wurden bisher mindestens vier Peptide charakterisiert: Insulin, Somatostatin, ACTH, Beta-Endorphin, die alle auch als Signale, z. B. im H. von Vertebraten, vorkommen. Weiterhin wird die Steroidsynthese als Eigenschaft aller eukariotischen und von prokariotischen Zellen diskutiert.

Der phylogenetische Ursprung des H. wird in neurosekretorischen Zellen gesehen, wie sie z. B. bei Zölenteraten vor-

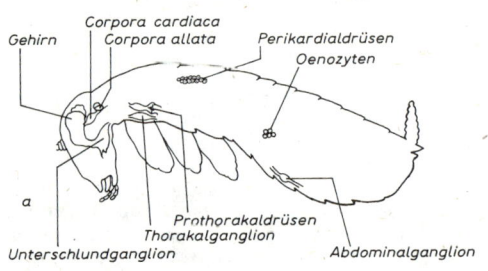

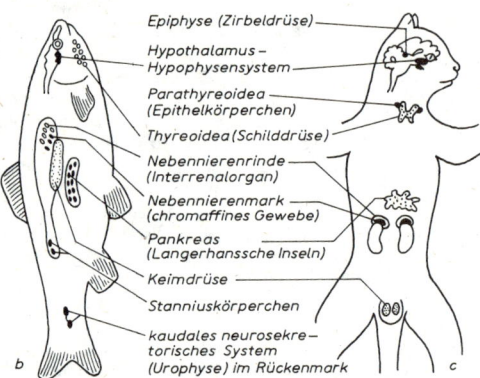

1 Hormondrüsen: *a* bei einem Insekt, *b* bei einem Knochenfisch, *c* bei einer männlichen Katze. Die hormonbildenden Zellpopulationen der Insekten sind z. T. noch fraglich, bei den Wirbeltieren sind Hormondrüsen im Darmbereich nur z. T. berücksichtigt (nach Penzlin, 1980)

kommen. Die Nervenzellen setzen Peptide frei, die vermutlich Empfängerzellen in der unmittelbaren Nachbarschaft erreichen. Im gesamten Tierreich wurden bisher mehr als 50 Hormontypen, die aus Nervenzellen oder von diesen ableitbaren Zellen freigesetzt werden, chemisch charakterisiert. Zu den ontogenetisch aus Nervenzellen ableitbaren Zellen werden z. B. die Zellpopulationen der Adenohypophyse oder der Hormondrüsen im Intestinum (z. B. Langerhanssche Inseln) gezählt, obwohl diese Ableitung unter anderem wegen des Nachweises von Signalpeptiden bei Protozoen nicht als gesichert gelten kann. Die Hormone aus Nervenzellen und aus von diesen ableitbaren Zellen sind zumeist Peptide. Ihre Struktur ist innerhalb der Wirbeltiere z. T. identisch oder differiert in wenigen Positionen mit der Aminosäuresequenz. Zahlreiche zunächst bei Wirbeltieren nachgewiesene Peptidhormone kommen bei Wirbellosen, unter Umständen geringgradig strukturell verschieden, vor. Weitere Hormone aus Nervenzellen sind Aminosäureabkömmlinge, z. B. Katechin- und Indolamine von Wirbellosen und Wirbeltieren, etwa vom Typ des Adrenalin und 5-Hydroxytryptamin.

Steroidhormone der Invertebraten werden bei Insekten in der Prothoraxdrüse gebildet, so das Ekdyson; bei Wirbeltieren sind die Keimdrüsen (Sexualsteroide) und die Nebennierenrinde (Kortikosteroide) die Bildungsorte. Jede einzelne Kommunikationskette mit einem Hormon als Signal löst eine Reaktion aus. Beispielsweise bedingt Vasopressin eine Rückresorption des Wassers, wenn es in einer Kommunikationskette an Rezeptoren von Zellen des distalen Nierentubulus verankert wird. In anderen Kommunikationsketten, d. h. verankert an Rezeptoren anderer Zelltypen, z. B. Leberzellen, können durch das gleiche Signal andere Reaktionen ausgelöst werden, wenn der Signal-Rezeptorkontakt in andere biochemische Mechanismen eingreift.

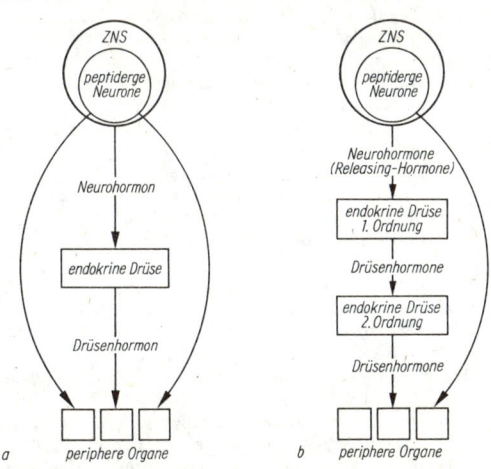

2 Hierarchische Ordnung des Hormonsystems. In *a* sind die Verhältnisse wiedergegeben, die bei Wirbellosen mit Hormondrüsen (Mollusken, Arthropoden) bestehen, in *b* das mehrstufige System der Vertebraten (nach Gersch und Richter, 1981, verändert). Weitere Erläuterungen im Text

Viele Hormone beeinflussen die Freisetzung anderer Hormone. Dies wird auch in der hierarchischen Ordnung des H. kenntlich (Abb. 2). Danach kommt dem Nervensystem eine zentrale Stellung in der Steuerung des H. zu. Neuronen im Zentralnervensystem erregen andere Neuronen, letztere setzen jedoch Signale aus ihren Terminalen in das Blut frei, d. h. sie stellen im klassischen Sinne neurosekretorische Zellen dar. Die Signale erreichen Rezeptoren an endokrinen Zellen und bewirken die Freisetzung der Hormone dieser Zellen. Dieses Prinzip setzt sich über mehrere Stufen fort, so daß dann von »Achsen«, z. B. der Hypothalamus-Hypophysen-Nebennierenrinde-Achse, gesprochen wird. Es bestehen unter Umständen Rückkopplungen.

Wie an der hierarchischen Ordnung kenntlich, sind die Beziehungen von Nervensystem und H. sehr eng. Nur deren abgestimmte Tätigkeit ermöglicht komplexe Leistungen von Organen oder der gesamten Individuen.

Hörnchen, *Sciuridae,* eine Familie der → Nagetiere. Die H. sind mittelgroße bis kleinere Säugetiere mit behaartem, z. T. langbehaartem Schwanz. Sie sind meist am Tage aktiv. Zu den H. gehören → Eichhörnchen, → Murmeltiere, → Streifenhörnchen, → Ziesel, → Präriehund und → Flughörnchen.

Hörner, svw. Gehörn.

Hornfrösche, *Ceratophrys,* großköpfige, meist sehr bunte südamerikanische Vertreter der → Südfrösche mit zu weichen Hautzipfeln ausgezogenen oberen Augenlidern, breitem Maul und verknöcherten Rückenschildern. Die H. graben sich gern bis zum Kopf in den Boden ein. Sie suchen nur zur Fortpflanzung das Wasser auf. Der bis 12 cm lange *Schmuckhornfrosch, Ceratophrys ornata,* ist leuchtend grün mit rot-schwarzen, gelbgesäumten Flecken.

Hornhaut, → Lichtsinnesorgane.

Hornhecht, *Belone,* sehr schlanker Meeresfisch mit schnabelartig ausgezogenem Maul und durch eingelagerte Eisenverbindungen grünem Skelett (Gräten); guter Speisefisch.

Hornisse, → Wespen.

Hornkorallen, *Gorgonaria,* zu den → Octocorallia gehörende Ordnung der Korallentiere mit verzweigten Stöcken. Außer Einzelskleriten ist eine feste Achse im Inneren vorhanden, die bisweilen als Schmuckgegenstand verwendet wird. In diese Gruppe gehören auch der *Venusfächer* (*Rhipidogorgia*) und die → Edelkoralle (*Corallium rubrum*).

Hornmilben, *Moosmilben, Oribatiden, Oribatei,* gelegentlich auch als Panzermilben bezeichnet, zu den *Sarcoptiformes* gehörende, im erwachsenen Zustand meist stark gepanzerte und oft kräftig pigmentierte, sehr kleine (0,1 bis 1,5 mm) Milben. Als sehr häufig und zahlreich auftretende Zersetzer abgestorbener pflanzlicher Substanzen gewinnen sie große bodenbiologische Bedeutung.

Die Haut der Jugendstadien ist weichhäutig oder ledern, auch bei Erwachsenen einiger Gruppen (*Palaeacaridae*). Die kräftige Panzerung der meisten Arten im Reifestadium bietet Schutz vor Austrocknung und vor Feinden. Die Beine können in Vertiefungen eng an den Körper angelegt (viele *Apterogasterina*) oder durch seitliche flügelartige Chitinanhänge (→ *Pterogasterina,* Flügelmilben) bedeckt sein. Eine Kugelgestalt kann auch so erreicht werden, daß der beintragende Körperabschnitt in eine Vertiefung des Hinterkörpers (Hysterosoma) eingezogen und die Öffnung durch den Schild des Vorderkörpers (Aspis) verdeckt wird (*Ptyctima*).

Weichhäutige Jugend- und Reifestadien haben oft keine Tracheen. Die Körpertracheen gepanzerter Formen entspringen meist an der ins Körperinnere einbezogenen Basis

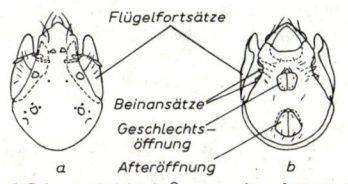

1 Galumna virginiensis ♀: *a* von oben, *b* von unten

Hornrabe

der Beine, sind also kaum sichtbar (Cryptostigmata). Charakteristische Sinnesorgane sind ein Paar pseudostigmatischer oder prostigmatischer Organe, d. s. große Bothriotrichen, die meist beiderseits dorsal frei stehen und eine sichere Erkennung auch der ungepanzerten Formen ermöglichen. Sie dienen wahrscheinlich der Wahrnehmung von (Luft-) Erschütterungen. Bei Wasserbewohnern fehlen sie. Die H. sind blind, sehr selten sind einfache Augen auf dem Rücken (Propodosoma) vorhanden, z. B. bei *Heterochthonius gibbus*. Ein Lichtsinn ist jedoch verbreitet.

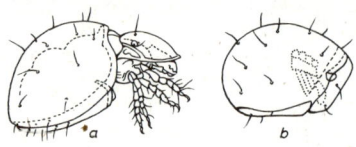

2 a *Pseudotritia ardua*, laufend; b *Phthiracarus setosellum*, abgekugelt

Die weichhäutigen Formen verlangen fast feuchtigkeitsgesättigte Luft, die meisten gepanzerten Arten haben ähnliche Ansprüche. Nymphen fressen oft im Inneren von Koniferennadeln oder Blattstielen und verlassen diese erst nach der Reifehäutung. Allgemein wird die Streu feuchter Nadelwälder mit Moosdecke am stärksten besiedelt, trockene Böden werden am schwächsten besiedelt. Die oberen 5 cm des Bodens werden bevorzugt. Langbeinige Gruppen (*Belbidae* u. a.) tragen häufig wenigstens in den Jugendstadien mit Erde inkrustierte Larven- und Nymphenhäute als Schutz auf dem Rücken. Einige Arten (*Zetorchestidae*) können mit dem langen vierten Beinpaar springen. Die Hauptmenge der H. bewohnt Landböden, wenige Arten leben in der Gezeitenzone, *Hydrozetes* im Süßwasser auf Wasserpflanzen und Moosen; *Heterozetes* läuft auf der Wasseroberfläche.

Die H. sind ovipar, ovovivipar oder selten vivipar. Die Larve schlüpft mit drei Beinpaaren und erreicht über drei vierbeinige Nymphenstadien die Geschlechtsreife. Die Entwicklung dauert ein bis sechs Monate, teils werden eine, teils zwei Generationen im Jahr hervorgebracht. Die Lebensdauer beträgt wenigstens ein Jahr.

Als Nahrung dienen meist Pilze, Algen, Moos, Teile der Laub- und Nadelstreu oder sich zersetzendes Holz, selten abgestorbene weichhäutige Tiere, Eier und Puppen von Insekten. An günstigen Standorten können 200000 bis 300000 H. je m² Bodenoberfläche auftreten. Ihr Beitrag zur Humusbildung ist bedeutend.

Den H. kommt aber noch eine negative Bedeutung zu, indem sie Zwischenwirte von Bandwürmern sein können (z. B. *Moniezia, Anoplocephala* u. a.), die in Schafen, Pferden, Rindern, Nagern u. a. parasitieren.

Die H. sind weltweit verbreitet. In Mitteleuropa leben wenigstens 300 Arten.

Lit.: M. Sellnick: Oribatei. In Brohmer, Ehrmann, Ulmer: Die Tierwelt Mitteleuropas, Bd. III, 4. Lief., Ergänzung (Leipzig 1960).

Hornrabe, → Rackenvögel.
Hornschwämme, *Dictyoceratida*, eine Ordnung der Schwämme (Klasse *Demospongiae*), deren Skelett ausschließlich von Sponginfasern gebildet wird. Zu den H. gehört der → Badeschwamm.
Hornträger, *Bovidae*, eine artenreiche, vielgestaltige Familie wiederkäuender Paarhufer. Die H. haben in der Regel Hörner, die beim Weibchen meist schwächer ausgebildet sind oder ganz fehlen. Den Tieren fehlen im Oberkiefer Schneide- und Eckzähne. Die Hauptnahrung besteht aus Pflanzen. Die H. stellen eine Reihe wichtiger Nutztiere. Zu den H. gehören → Rinder, → Antilopen, → Böcke, → Gemsen, → Goral, → Takin und → Moschusochse.

Hornvipern, *Cerastes*, in den nordafrikanischen Wüsten beheimatete 60 bis 75 cm lange, gedrungene Giftschlangen mit einem spitzen Schuppendorn über jedem Auge. Die H. bewegen sich in Anpassung an das Leben im Sand durch »Seitenwinden« fort, d. h. durch Heben und Niedersetzen des Körpers bei gleichzeitiger Biegung der entsprechenden Körperabschnitte; die Tiere rollen so nach Art einer Drahtspirale seitlich fort und können sich auf diese Weise auch schnell im Sand eingraben.
Hörorgan, svw. Gehörorgan.
Horotelie, → Evolutionsgeschwindigkeit.
Hör- und Gleichgewichtsnerv, *Nervus stato-acusticus*, Sinnesnerv, einheitlicher Strang von Nerven aus dem Labyrinthorgan, der Fasern verschiedener funktioneller Wertigkeit enthält, → Hirnnerven.
Hottentottenschürze, bei den Frauen der Hottentotten und Buschmänner häufig erbliche Verlängerung der kleinen Schamlippen, die in extremen Fällen bis zu 20 cm betragen kann.
Hottentottensteiß, svw. Steatopygie.
HPV5, Abk. für Papillom-Virus Typ 5, → Tumorviren.
H-Schicht, svw. Humusstoffschicht.
H-Substanz, Blutgruppensubstanz der Blutgruppe 0.
Huchen, *Salmo hucho*, zu den Lachsartigen gehörender, großer Raubfisch, der im Flußsystem der Donau den Lachs vertritt. Das Fleisch ist weiß und wohlschmeckend.

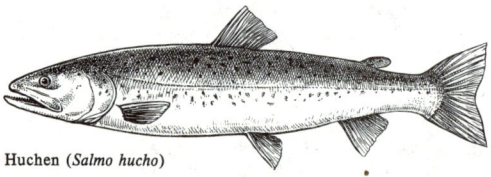

Huchen (*Salmo hucho*)

Huf, *Ungula*, sehr kräftiger, quergewölbter schuhartiger Hornüberzug der Zehenglieder bei den Paarhufern und Unpaarhufern, der nach oben ein Stück über das letzte Zehenglied und dessen Gelenk, das *Hufgelenk*, hinausreicht. Der H. besteht aus einer *Hornkapsel* und den darunterliegenden Weich- und Skeletteilen, d. s. *Hufederhaut, Hufbein* und *Strahlbein*. Die Hornkapsel schließt nach unten mit dem festen Tragrand ab, der allein die Erde berührt und die *Hufunterfläche*, das *Sohlenhorn*, einfaßt. Zwischen Wand und Sohle, in der weißen Linie, werden die Hufnägel eingetrieben. Die Hufenden der Paarhufer werden *Klauen* genannt. Abb. → Nagel.
Hufeisennasen, zwei Familien der Fledermäuse (*Rhinolophidae* und *Hipposideridae*). Die H. haben hufeisenförmige und lanzettartige Nasenaufsätze. Sie sind in den tropischen und gemäßigten Zonen der Alten Welt verbreitet.
Hufeisenwürmer, *Phoronida*, eine nur einige Arten umfassende, einheitliche Klasse der Kranzfühler.

Morphologie. Der wurmförmige Körper ist kaudal meist kolbig verdickt. Die von einem Deckel (Epistom) halbverdeckte Mundöffnung wird von einem Tentakelkranz umgeben, der auf einem hufeisenförmigen oder spiralig eingerollten Träger (Lophophor) sitzt. Der U-förmige, bis an das Hinterende reichende Darm mündet neben dem Tentakelkranz. Die H. sitzen zeitlebens in einer von der Epidermis abgeschiedenen Chitinröhre.

Biologie. Einige H. sind Zwitter. Die Geschlechtsprodukte gelangen durch die Nephridialkanäle nach außen, die Eier verbleiben innerhalb des Tentakelkranzes. Dort verläuft die Entwicklung über die Actinotrocha-Larve mit Kopffirn, postoralem bewimpertem Tentakelkranz und zirkumanalem Wimperkranz. Die definitiven Tentakeln der H. sind Neubildungen.

Alle H. sind Strudler; die so herangeführte Nahrung (Mikroorganismen und Detritus) gelangt auf einem Schleimfilm in den Mund. Die H. leben ausschließlich im Meer in 1 mm bis 45 cm langen Röhren, die oft mit Fremdkörpern besetzt sind, einzeln oder in Kolonien im Untergrund eingebohrt.

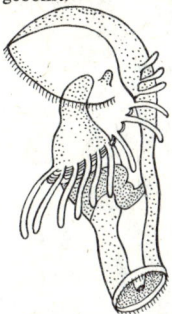

Actinotrocha-Larve der Hufeisenwürmer

System. Die bisher bekannten 18 rezenten Arten gehören zu der einzigen Familie *Phoronidae*.
Sammeln und Konservieren: → Kranzfühler.
Huflattich, → Korbblütler.
Hüftbein, → Beckengürtel.
Hüftgelenkpfanne, → Beckengürtel.
Hüftgriffel, *Stylus*, ungegliederte Anhänge der Hüften einiger oder aller Beinpaare bei einigen Urinsekten (Doppelschwänze, Felsenspringer, Fischchen) und den Larven einiger pterygoter Insekten.
Huftiere, *Ungulata*, zusammenfassende Bezeichnung für die Säugetierordnungen der Urhuftiere sowie der rezenten Unpaarhufer und Paarhufer. Geologische Verbreitung: Tertiär bis zur Gegenwart. Die paläontologische Entwicklung der H. ist im Tertiär durch folgende wichtige Umwandlungen charakterisiert: Zunahme der Größe, Reduktion der Zehenzahl, Verlängerung des Mittelfußknochens, Umbildung der Zähne zum Zermahlen der Pflanzennahrung. Die ältesten primitiven H. sind heute ausgestorben, dafür stehen seit dem Eozän die → Paarhufer und die → Unpaarhufer in voller Blüte.
Hügellandsstufe, → Höhenstufung.
Hühnervögel, *Galliformes*, Ordnung der Vögel mit über 250 Arten. Die meisten H. sind Bodenvögel, zur Nacht baumen sie auf. Die Nahrung scharren sie aus dem Boden, lesen sie auf oder zupfen sie ab (Beeren, grüne Pflanzenteile). Die *Großfußhühner*, Familie *Megapodiidae*, brüten nicht selbst, sondern nutzen hierfür Gärungs-, Sonnen- und Bodenwärme. Die Jungen sind sofort flugfähig und selbständig. Die *Hokkos*, Familie *Cracidae*, leben in den Wäldern des tropischen Amerika. Sie bauen ein hochstehendes Reisignest. Ihr Gelege besteht aus 2 bis 3 Eiern. Die Jungen sind wie bei allen Hühnern Nestflüchter und springen, sobald die Dunen trocken sind, auf den Erdboden. Hier werden sie von den Altvögeln betreut. Die größte Gruppe bilden die → *Fasanenvögel*. Oftmals werden auch die *Hoatzins* (→ Schopfhühner) zu den Hühnern gestellt. Sie sind aber eine eigene Verwandtschaftsgruppe.
Hulebaum, → Maulbeergewächse.
Hulman, *Presbytis entellus*, ein großer → Schlankaffe, der in seiner indischen Heimat als heilig gilt.
Hülsen, → Frucht.
Hülsenfrüchtler, → Leguminosen.
Humanbiologie, die Biologie des Menschen. → Anthropologie.
Humangenetik (Tafel 27), *Anthropogenetik*, Erblehre des Menschen. Sie befaßt sich mit den Erscheinungen der Erblichkeit beim Menschen, d. h. mit den molekularen und den zytogenetischen Grundlagen der Erbinformation, deren Realisierung im Verlaufe der Ontogenese und deren Weitergabe von Generation zu Generation sowie mit der Erbzusammensetzung von Populationen mit dem Ziel, den erblichen Anteil an der individuellen und gruppenspezifisch körperlichen und psychischen Variabilität des Menschen im Bereich des Normalen und Krankhaften zu erkennen und zu analysieren.

Die H. gliedert sich mit vielfachen Überschneidungen in zahlreiche Teildisziplinen und Forschungsgebiete wie biochemische Genetik, Zytogenetik, Serogenetik, Immunogenetik, Pharmakogenetik, Entwicklungsgenetik, Mutationsforschung, Zwillingsforschung, Populationsgenetik, medizinische Genetik (Erbpathologie). Die H. hat unter anderem für das Verständnis zahlreicher Krankheitsursachen, die → Erbprognose in der → humangenetischen Beratung, den Vaterschaftsnachweis bei fraglicher oder unbekannter Vaterschaft (→ gerichtliche Anthropologie) und die → Eiigkeitsdiagnose von Zwillingen eine wesentliche praktische Bedeutung erlangt.

Lit.: A. Bach u. H. Bach: Der Mensch. Vererbung und Formenvielfalt (Leipzig, Jena, Berlin 1965); P. E. Becker: Humangenetik. Ein kurzes Handb. in fünf Bänden (Stuttgart 1964–1976); K. H. Degenhardt: Humangenetik (Köln 1973); H.-A. Freye: Humangenetik. Eine Einführung in die Erblehre des Menschen (2. Aufl. Berlin 1978), Spur der Gene – Humangenetik (Leipzig 1980); W. Fuhrmann: Taschenb. der allgemeinen und klinischen H. (Stuttgart 1965); W. Fuhrmann u. F. Vogel: Genetische Familienberatung (2. Aufl. Berlin, Heidelberg, New York 1975); H. Harris: Biochemische Grundlagen der H. (Berlin 1974); A. Knapp: Genetische Stoffwechselstörungen (2. Aufl. Jena 1976); V. A. McKusick: Humangenetik (Jena 1968); W. Lenz: Medizinische Genetik (3. Aufl. Stuttgart 1976); D. Orywall: Vorgeburtliche Diagnostik von Erbkrankheiten (München 1973); O. Prokop u. W. Göhler: Die menschlichen Blutgruppen (4. Aufl. Jena 1976); C. Stern: Grundlagen der H. (Jena 1968); F. Vogel: Erbgefüge. In: Handb. der allgemeinen Pathologie, Bd. 9 (Berlin, Heidelberg, New York 1974); B. Wallace: Die genetische Bürde (Jena 1974); G. G. Wendt: Erbkrankheiten, Risiko und Verhütung (Marburg 1975); G. G. Wendt u. U. Theile: Genetische Beratung für die Praxis (Stuttgart 1975); R. Witkowski u. F. H. Herrmann: Einführung in die klinische Genetik (Berlin 1976); R. Witkowski u. O. Prokop: Genetik erblicher Syndrome und Mißbildungen. Wörterbuch für die Familienberatung (2. Aufl. Berlin 1976).

humangenetische Beratung, Arbeitsgebiet der Humangenetik. Die h. B. hat die Aufgabe, Personen, die an einer Erbkrankheit leiden, oder in deren Familie entsprechende Krankheiten vorkommen, hinsichtlich des Risikos des Auftretens dieser Krankheiten bei den Nachkommen zu beraten. Aber auch Personen, die verstärkt mutationsauslösenden Agenzien ausgesetzt waren oder die eine Verwandtenehe eingegangen sind, sowie ältere Ehepaare bedürfen der h. B., da in solchen Fällen mit einem erhöhten genetischen Risiko bei den Kindern zu rechnen ist.

Das Ziel der h. B. besteht darin, dafür zu sorgen, daß genetisch belastete Eltern ein Kind bekommen können, das nicht an einer genetisch bedingten Krankheit oder Fehlbildung leidet. Die h. B. stützt sich dabei auf ausführliche Familienanamnesen und je nach der Belastungssituation auf → Heterozygotentests, → Chromosomenanalysen, Mikrosymptome, → pränatale Diagnose und andere Verfahren zur Erkennung von Anlageträgern. Die h. B. ist somit in der Lage, für die Familienplanung eine echte Entscheidungshilfe auf freiwilliger Grundlage zu geben.

Humanökologie, Wissenschaft von den Wechselbeziehungen zwischen dem Menschen und der Struktur und Funktion seiner von ihm selbst in zunehmendem Maße veränderten abiotischen und biotischen Umwelt. Die H. untersucht die Systemeigenschaften der für den Menschen relevanten Elemente der Biosphäre, deren Interaktionen untereinander und mit dem Menschen. Dabei wird davon ausgegangen, daß der Mensch in ein gesellschaftliches Bedingungsgefüge einbezogen ist und in einem Umwelt-Komplex lebt, der sich aus Arbeitsumwelt, Wohnumwelt, Erholungsumwelt, der bebauten und Resten der natürlichen Umwelt zusammensetzt. Dementsprechend ist die H. eine interdisziplinäre Wissenschaft, die sich unter anderem mit biologischen, physiologischen, humangenetischen, ethologischen, demographischen, anthropologischen, soziologischen Fragen und mit Problemen des Umweltschutzes und des Städtebaues beschäftigt. Das Ziel der H. ist eine optimale Umweltgestaltung, da Gesundheit, Leistungsfähigkeit und Wohlbehagen von einer den körperlichen und psychischen Anlagen des Menschen adäquaten Umwelt entscheidend abhängen. Wissenschaftlich fundierte, planmäßige Bemühungen um ein humanökologisches Gleichgewicht werden zunehmend zu einer existentiellen Notwendigkeit.

humid, feucht, Bezeichnung für einen Klimatyp, in dem die jährliche Niederschlagsmenge größer als die jährliche Verdunstung ist. Die in diesem Gebiet vorhandenen humiden Böden sind durch Auswaschungen und vor allem in kälteren Zonen durch Rohhumusbildung gekennzeichnet. Gegensatz: → arid.

Huminsäuren, → Humus.
Huminstoffe, → Humus.
Humiphage, → Dekomposition.
Humivore, → Dekomposition.
Hummeln, Bombinae, eine Unterfamilie der → Bienen mit etwa 30 Arten in Mitteleuropa. Die Vollkerfe sind etwas plumper und stärker behaart als andere Bienen und haben längere Rüssel. Die H. leben ähnlich der Honigbiene sozial, d. h., in gemeinsamen Nestern (meist in Erdhöhlungen) und mit Arbeitsteilung; ein Volk umfaßt jedoch höchstens 400 bis 500 Tiere. Im Unterschied zur Honigbiene besteht der Hummelstaat nur ein Jahr, da im Herbst mit Ausnahme der befruchteten Königinnen alle Tiere absterben.

Hummern, Homaridae, zur Ordnung der Zehnfüßer gehörende Krebsfamilie, deren Angehörige oft eine beträchtliche Größe erreichen und wertvolle Speisekrebse sind. Alle H. sind Meeresbewohner und zeichnen sich (im Gegensatz zu den Langusten) durch große Scheren aus, von denen die Knackschere dicker und mit Höckern versehen ist. Der europäische Hummer, Homarus gammarus, mit mächtigen dicken Scheren kann bis zu 90 cm lang werden; er lebt in Felsspalten und unter Steinen, wo er sich tagsüber und während der Häutung versteckt hält. Er ernährt sich vorwiegend von Muscheln, z. T. auch von Aas. Der norwegische Hummer oder Kaiserhummer, Nephrops norvegicus, hat schlanke Scheren, wird bis 22 cm lang und bevorzugt Weichböden. Verwandt mit den H. sind die Flußkrebse.

humorale Immunreaktion, Immunantwort, bei der Antikörper gebildet werden.
Humulon, → Lupulon.
Humus, Gesamtheit der toten organischen Substanz im Boden. Als Humifizierung werden im weiteren Sinn alle Umwandlungsprozesse bezeichnet, denen abgestorbene Pflanzen, Tiere oder Mikroorganismen im Boden unterworfen werden; im engeren Sinn wird hierunter die biochemische Resynthese hochpolymerer dunkler Huminstoffe verstanden, deren Stabilität auf dem Grad ihrer Bindung an Tonminerale und ihrer strukturellen Unregelmäßigkeit beruht.

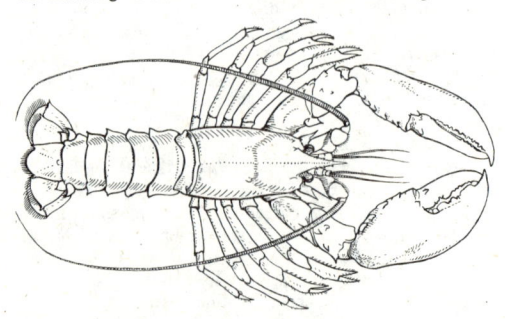

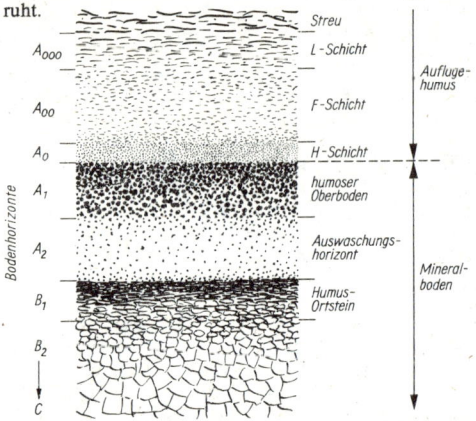

Europäischer Hummer (*Homarus gammarus*)

Humus- und Bodenprofil eines Waldbodens mit Rohhumus

Humusformen. Nach Morphologie und Entstehung unterscheidet man terrestrische, semiterrestrische und Unterwasserhumusformen. Unter den terrestrischen Humusformen bildet der → Rohhumus das ausgeprägteste Humusprofil (Abb.). Unter dem frischen Bestandesabfall (Streu) folgen schwach veränderte Pflanzenabfälle (→ Förna), dann stärker zersetzter H. mit noch erkennbarer Pflanzenstruktur (→ Vermoderungsschicht) und schließlich strukturloser H. (→ Humusstoffschicht). Für Rohhumus charakteristisch sind diese scharfe Abgrenzung dieses Auflagehumus vom Mineralboden infolge Fehlens durchmischender Bodentiere, die langsame Humifizierung mit mächtiger L- und geringer H-Schicht, die saure Reaktion und die Entstehung unter schwer zersetzbarem Bestandesabfall, z. B. unter Nadelwäldern, Heide und z. T. unter Buche und Eiche. Den Abbau leisten vor allem Pilze (eumyzetischer H. oder Pilzhumus). Bei weniger saurer Reaktion und stärkerer Beteiligung der Fauna, besonders der Arthropoden, entsteht Moderhumus (Pilzmoder, Arthropodenmoder), der sich durch raschere Zersetzung, stärkere Ausprägung der F- und H-Schicht und beginnende Einmischung in den Mineralboden auszeichnet. Rascher Abbau der Streu, vorrangig durch Bakterien und Aktinomyzeten unter bestimmender Beteiligung von Regenwürmern führt zur Bildung von Mullhumus (Lumbrizidenhumus, Wurmmull), der bei annähernd neutraler Reaktion nur vorübergehend eine Humusauflage entstehen läßt, die bald völlig in den Mineralboden eingearbeitet ist. Zu den semiterrestrischen Humusformen zählen Zwischenmoortorf, Hochmoortorf und Anmoor. Einer Wasserüberflutung sind sie nur noch zeitweilig oder überhaupt nicht mehr ausgesetzt und entwickeln sich vorwiegend unter dem Einfluß von Staunässe und Grundwasser.

Zu den Unterwasserhumusformen gehören Dy,

Gyttja, Sapropel und Flachmoortorf. Es handelt sich um ständig von Wasser überstaute, primitive, nur wenig differenzierte Humusformen.

Humusbestandteile. Man unterscheidet chemisch *Nichthuminstoffe*, d. h. Pflanzen- und Tierrückstände und deren unmittelbare Zersetzungsprodukte, und *Huminstoffe*, die sich sekundär aus diesen im Boden bilden. Bei letzteren nehmen in der Reihenfolge von den *Fulvosäuren* (Kren-, Apokrensäuren) zu den *Huminsäuren* (Hymatomelan-, Braunhumin-, Grauhuminsäuren) die Farbtiefe, der Polymerisationsgrad und das Teilchengewicht zu, die Löslichkeit und der Säure- und Gerbstoffcharakter dagegen ab. Als Ausgangsprodukte für den Aufbau von Huminsäuren werden z. T. schwer zersetzliche Stoffe wie Lignine (*Lignohuminsäure*) angesehen, häufiger aber Stoffwechselprodukte von Mikroorganismen u. a. Verbindungen im Boden. Die *Huminstoffbildung* wird meist biologisch eingeleitet oder ermöglicht, indem Bodentiere die abgestorbene Substanz durch mehrfache Darmpassage zerkleinern, mit Mineralien vermischen und so die mikrobielle Tätigkeit aktivieren. Diese führt zur Bildung von Stoffen, die z. B. durch Autoxidation oder Polymerisation die Eigenschaft hochkomplizierter Huminstoffe annehmen können. Selten erfolgt die Huminstoffbildung vorwiegend abiologisch (Torf, Rohhumus). Die Huminstoffe unterliegen ihrerseits einem mehr oder weniger raschen mikrobiotischen oder anorganischen Abbau (*Humusdynamik*). Saure, nicht an Mineralien gebundene Huminstoffe werden leicht aus dem Oberboden ausgewaschen und können im Einwaschungs-(B-)Horizont eine Humusortsteinschicht bilden. Die stabilste, für die Bodenstruktur günstigste (Gare) Ausbildung entsteht bei Bindung an Tonminerale (*Ton-Humus-Komplex*).

Humusarten. Nach der praktischen Funktion im Boden unterscheidet die Bodenkunde den *Nährhumus*, d. h. rasch mineralisierbare, pflanzenaufnehmbare Stoffe (meist Nichthuminstoffe), von dem *Dauerhumus* (*Reservehumus*), der schwer zersetzbar, strukturbildend (Krümel) und durch das hohe Bindungsvermögen von Mineralstoffen als Nährstoffträger bedeutsam ist.

Der Humusgehalt eines Bodens ist in Annäherung gleich dem Glühverlust einer lufttrockenen Bodenprobe (Gehalt an organischer Substanz). Die chemischen Humusbestandteile lassen sich z. B. nach der Löslichkeit in Azetylbromid u. a. Stoffen bzw. nach dem kolorimetrischen Verhalten von Bodenproben bestimmen.

Humusstoffschicht, *H-Schicht,* untere, strukturlose Schicht des Auflagehumus.

Hunde, *Canidae,* eine Familie der Landraubtiere. Die H. sind langschnäuzige, auf den Zehen laufende Säugetiere, deren Krallen nicht einziehbar sind. Die Reißzähne sind kräftig ausgebildet. Zu den H. gehören unter anderem → Wolf, → Kojote, → Schakale, → Füchse, → Hyänenhund, → Marderhund und → Mähnenwolf sowie der Haushund, *Canis lupus f. familiaris,* der aus den wilden Stammformen des Wolfes domestiziert wurde. Eine verwilderte Form des Haushundes ist der → Dingo.

Lit.: K. Senglaub: Wildhunde – Haushunde (Leipzig, Jena, Berlin 1978).

Hundebandwurm, *Blasenwurm,* Echinococcus granulosus, ein im Darm von Hunden und Katzen oder anderen Raubtieren schmarotzender, 3 bis 6 mm langer Bandwurm, dessen Gliederkette nur aus drei ovalen Gliedern besteht. Seine Finne, der *Echinokokkus,* lebt in der Leber vor allem von Huftieren, selten auch des Menschen. Die Finne ist eine bis kindskopfgroße, flüssigkeitserfüllte Blase, die in mehreren Tochterblasen viele eingestülpte Bandwurmköpfe enthält. Wegen ihrer Größe ist sie ein gefährlicher Krankheitserreger.

Hundehaarling, → Tierläuse.
Hundertfüßer, *Chilopoden,* Chilopoda, Opisthogoneata, eine Unterklasse der Tausendfüßer mit terminal gelegener Geschlechtsöffnung. Bekannt sind etwa 2800 durchweg räuberische Arten. Die ältesten H. wurden im Oberkarbon gefunden. Der Körper besteht aus wenigstens 19 (bis 181) Segmenten, die außer dem ersten und den drei letzten Segmenten je ein Laufbeinpaar tragen. Das erste Segment besitzt Kieferfüße, an deren Spitze eine Giftdrüse mündet. Die Beute, meist Insekten und Regenwürmer, wird damit gelähmt und nach extraoraler Verdauung ausgesaugt. Die Antennen sind vielgliedrig. Das Tracheensystem mündet mit paarigen Stigmen an den Seiten der Segmente (*Pleurostigmophora*), nur bei den Spinnenasseln mit unpaaren dorsalen Stigmen an den Hinterrändern der Tergite (*Notostigmophora*). Das letzte Beinpaar besonders der Männchen ist zu langen Tast- und Greifbeinen umgeformt, die oft als Waffe benutzt werden.

Alle Arten sind Bodentiere und leben unter Steinen, Rinde u. dgl. oder im Boden. Wenige H. dringen in den marinen Bereich (an steinigen Küsten) vor. Obwohl viele Vertreter in Mitteleuropa vorkommen, lebt die überwiegende Anzahl der Arten in wärmeren Ländern. Ihre Länge schwankt zwischen 3 mm und 27 cm.

System. *Pleurostigmophora:*
1. Überordnung: *Epimorpha.* Die Jungtiere schlüpfen mit voller Segment- und Beinzahl. Die Weibchen betreiben Brutpflege.

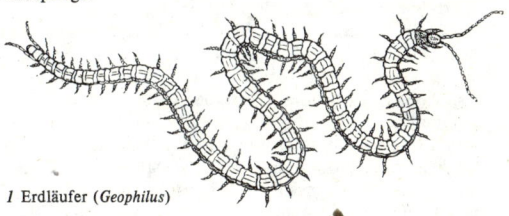

1 Erdläufer (*Geophilus*)

Ordnung: *Geophilomorpha,* Erdläufer. Der Körper ist wurmförmig mit sehr kurzen Beinen, 9 bis 200 mm lang mit 35 bis 175 Segmenten. Es sind blinde, weißliche bis gelbliche Tiere, die sich wurmartig durch den Boden zwängen und fast ausschließlich Regenwürmer erbeuten. Bei Gefahr ringeln sie sich mit der Bauchseite nach außen auf und verteidigen sich mit dem Wehrsaft der Bauchdrüsen. Von den zehn bekannten, vorwiegend in der Holarktis verbreiteten Familien sind vier einheimisch; bekannt ist der Gemeine Erdläufer, *Geophilus longicornis,* der eine Länge von 20 bis 40 mm hat.

Ordnung: *Scolopendromorpha.* Der Körper ist wurmförmig, 15 bis 265 mm lang und hat 25 bis 27 Segmente mit 21 oder 23 Beinpaaren. Die vorwiegend tropischen Riesenläufer (*Scolopendridae*) jagen nachts Gliedertiere und kleine Wirbeltiere. Der Biß großer Arten (*Scolopendra gigantea,* Südamerika) ist auch für den Menschen gefährlich. In Mitteleuropa kommen nur wenige, blinde, 1 bis 2 cm lange, im Erdboden lebende Arten der Familie Cryptopidae vor.

2. Überordnung: *Anamorpha,* mit hemianamorphotischer Entwicklung. Die Jungtiere schlüpfen mit sieben Beinpaaren und erreichen erst nach vier bis fünf Häutungen die volle Segment- und Beinzahl. Sie haben stets siebzehn beintragende Segmente und betreiben keine Brutpflege.

Ordnung: *Lithobiomorpha.* Von vier vorwiegend paläarktischen Familien kommen nur die Steinläufer, *Lithobiidae,* und die *Henicopidae* in Mitteleuropa vor. Es sind rasch laufende, abgeflachte Tiere, die vorwiegend in der Streu von Waldboden nach Insekten jagen. Die Hüften der vier bis fünf letzten Beinpaare sind mit auffälligen Drüsen verse-

Hundsfische

2 Steinläufer (Lithobius)

3 Gemeiner Steinläufer (Lithobius forficatus), Kieferfüße in Bauchansicht

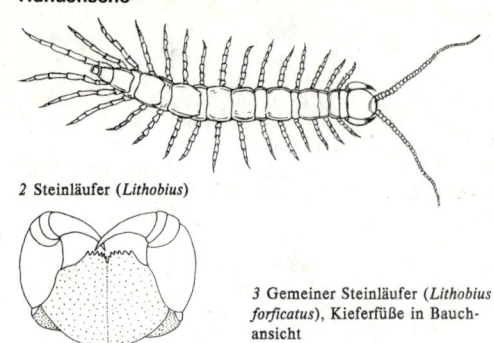

hen. Der Gemeine Steinläufer, *Lithobius forficatus*, kann 30 mm lang werden.
Notostigmophora:
Ordnung: *Scutigeromorpha*, Spinnenasseln. Nur eine Familie *(Scutigeridae)*, die vorwiegend tropisch und subtropisch verbreitet ist. Der Körper ist mit 15 sehr langen, dünnen Beinpaaren nur etwa 30 cm lang. Die Tiere jagen blitzschnell an Felsen und Bäumen nach Fluginsekten, die sie mit den Beinen lassoartig umwickeln. *Scutigera coleoptrata* dringt vom Mittelmeergebiet bis nach der Südslowakei und Südmähren vor.
Lit.: L. J. Dobroruka: Hundertfüßler (Wittenberg 1961).

Hundsfische, *Umbridae*, kleine, Brutpflege treibende Knochenfische Südosteuropas und Nordamerikas, die den Hechten nahe stehen. Durch zusätzliche Schwimmblasenatmung können die H. auch in sauerstoffarmen Gewässern überleben. Einige Vertreter vergraben sich zeitweise im Bodengrund.

Hundsgiftgewächse, *Apocynaceae*, eine Familie der Zweikeimblättrigen Pflanzen mit etwa 2 000 Arten, die überwiegend in den Tropen vorkommen. Es sind krautige oder holzige Pflanzen, oft Lianen, teilweise auch sukkulente Formen, mit ungegliederten Milchröhren, gegenständigen, einfachen Blättern und zwittrigen, regelmäßigen, 4- bis 5zähligen Blüten, die einzeln oder in Blütenständen den Blattachseln entspringen und von Insekten bestäubt werden. Der meist oberständige Fruchtknoten entwickelt sich zu mehrsamigen, balg- oder kapselartigen Früchten.

Chemisch ist die Familie durch das Vorkommen von Indol-Alkaloiden bzw. Cardenoliden charakterisiert. Zu den H. gehören viele Gift- und Arzneipflanzen, z. B. die afrikanischen Arten der Gattung *Strophanthus*, aus deren Samen das Herzmittel Strophanthin gewonnen wird. Giftig ist auch der aus dem östlichen Mittelmeergebiet stammende *Oleander*, *Nerium oleander*, der als Zierpflanze in Kübeln wegen seines schönen Laubes und der weißen, gelben oder roten Blüten schon seit dem 15. Jh. beliebt ist. Einzige einheimische Art ist das blaublühende *Immergrün*, *Vinca minor*, das schattige Standorte bevorzugt und deshalb eine häufige Zierpflanze in Friedhofsanlagen ist.

Einige afrikanische Arten der H. liefern mit ihrem Milchsaft Kautschuk.

Hundskopfschlinger, *Corallus caninus*, ausschließlich baumbewohnende, bis 2 m lange → Riesenschlange der Regenwälder des nördlichen Südamerikas. Der H. ist leuchtend grün mit hellen Querbändern und hat einen dreieckigen Kopf. In Ruhe liegt er um einen Ast gerollt. Der Schwanz ist als Greifschwanz ausgebildet, eine weitere Anpassung an das Baumleben. Hauptnahrung sind Vögel, die mit den langen Vorderzähnen gepackt werden. Der H. gehört innerhalb der Riesenschlangen zu den Boaschlangen und bringt lebende Junge zur Welt.

Hundskusu, *Trichosurus caninus*, ein baumbewohnender Kletterbeutler im Osten Australiens. Der buschige Schwanz wird als Greiforgan benutzt.
Hundspetersilie, → Doldengewächse.
Hunger, das Gefühl des Nahrungsbedürfnisses, ein komplexes Gefühl beim Menschen bzw. triebhaftes Nahrungssuchverhalten bei Tieren. H. hat nervale und hormonale Ursachen. Ein leerer Magen führt rhythmische Kontraktionen durch, wodurch Fasern des vegetativen Nervensystems erregt werden und ein nagendes Hungergefühl auslösen. Die Magenfüllung ruft über Dehnungsrezeptoren des Nervus vagus Sättigung hervor; eine Durchtrennung des Vagus führt zu übermäßiger Nahrungsaufnahme. Injektionen von Insulin und Schilddrüsenhormonen bewirken Heißhunger, Adrenalininjektionen dagegen Sättigung, weil über den erhöhten Blutzuckergehalt hypothalamische Glukorezeptoren erregt werden, die Sattheit hervorrufen.

Der Hypothalamus enthält die Regelzentren der Nahrungsaufnahme. Eine Zerstörung des Hungerzentrums (Nucleus ventralis lateralis) ist von Nahrungsverweigerung und starker Abmagerung begleitet, seine Reizung äußert sich in Freßgier. Eine Ausschaltung des Sättigungszentrums (Nucleus ventralis medialis) führt über eine gesteigerte Nahrungsaufnahme zum schnellen Anstieg der Körpermasse, seine Reizung dagegen zur Futterverweigerung.
Hungerlymphe, → Chylus.
Hüpferlinge, svw. Ruderfußkrebse.
Hüpfmäuse, *Zapodidae*, eine Familie der → Nagetiere. Die H. sind mäuseartige Säugetiere mit sehr langem Schwanz und verhältnismäßig langen Hinterbeinen. Sie halten Winterschlaf. Zu den H. gehört die *Birkenmaus*, *Sicista betulina*, die auch in Mitteleuropa vorkommt.
Husten, → Atemschutzreflexe.
Hutpilze, → Ständerpilze.
Hutschlangen, svw. Kobras.
Hyale, → Schädel.
Hyaloplasma, → Zytoplasma.
Hyänen, *Hyaenidae*, eine Familie der Landraubtiere. Die H. sind große, hochbeinige Säugetiere mit nach hinten abschüssigem Rücken, die eine aufrichtbare Mähne trägt. Sie leben nächtlich und ernähren sich vorwiegend von Aas. Die afrikanische *Tüpfelhyäne*, *Crocuta crocuta*, macht auch in Rudeln Jagd auf Säugetiere und greift zuweilen auch den Menschen an. Mit ihrem gewaltigen Gebiß können H. selbst starke Knochen zerbeißen. Die etwas kleinere, langhaarigere *Streifenhyäne*, *Hyaena hyaena*, ist von Afrika bis Vorderindien verbreitet. Der ihr ähnelnde *Erdwolf*, *Proteles cristatus*, weist hinsichtlich Gebiß und Zehenzahl Verwandtschaftsbeziehungen zu den Schleichkatzen auf. Er bewohnt Steppen und Savannen Ost- und Südafrikas und ernährt sich bevorzugt von Termiten.
Hyänenhund, *Lycaon pictus*, eine sehr unterschiedlich gefleckte Raubtier aus der Familie der Hunde. Der H. bewohnt in Rudeln die afrikanischen Steppengebiete und erbeutet in gemeinsamen Hetzjagden selbst erwachsene Antilopen und Zebras.
Hyazinthe, → Liliengewächse.
Hybride, svw. Bastard.
Hybridisierung, svw. Bastardierung.
Hybridogenesis, *Hybridogenese*, Fortpflanzungssystem von Bastardformen in der Zahnkarpfengattung *Poeciliopsis*. In Mexiko leben 3 Bastardformen, die alle je einen Chromosomensatz der Art *Poeciliopsis monacha* und dazu einen weiteren enthalten, der entweder von *Poeciliopsis lucida*, *Poeciliopsis occidentalis* oder *Poeciliopsis latidens* stammt. Alle Bastarde sind Weibchen. Bei den Reifeteilungen gelangt immer nur das reine *monacha*-Genom in die Eizelle. Diese Eier werden von Männchen der mit den Bastardpopulatio-

nen zusammenlebenden bisexuellen Arten *Poeciliopsis lucida, Poeciliopsis occidentalis* oder *Poeciliopsis latidens* befruchtet. Da die väterlichen und mütterlichen Genome in den Bastardweibchen nicht miteinander rekombinieren, wird der mütterliche *monacha*-Chromosomensatz stets unverändert weitergegeben.

H. ist offenbar auch an dem wesentlich komplizierteren und örtlich unterschiedlichen Fortpflanzungssystem unserer Wasserfrösche beteiligt. Hierzu gehören 3 Formen, die echten Arten *Rana lessonae* und *Rana ridibunda* sowie ihr Bastard *Rana »esculenta«*. In einigen Populationen leben nur Weibchen des Bastards *Rana »esculenta«* mit Männchen und Weibchen von *Rana lessonae* zusammen. Die weibliche Bastardform erhält sich hier durch die Männchen von *Rana lessonae*, ohne daß sich die Phänotypen vermischen.

Hybridoma, eine Zellhybride aus einer Antikörper produzierenden spezifischen Körperzelle und einer Tumorzelle (*Myelomazelle*). Hybridoma-Zellkulturen sind wichtige Produzenten von monoklonalen Antikörpern.

Hybridomtechnik, modernes Gebiet der Biotechnologie, das vorwiegend der Herstellung → monoklonaler Antikörper dient. Mittels Zellfusion werden aus Maus-Myelomzellen (permanent in vitro kultivierbaren Lymphkrebszellen) und Lymphzellen immunisierter Mäusehybridzellen hergestellt. Diese bezeichnet man als *Hybridome*, falls sie Antikörper produzieren. In letzter Zeit ist auch über menschliche Hybridome berichtet worden. Hybridome vereinigen die Eigenschaften beider Ausgangszellen in sich. Die von den Hybridomen gebildeten monoklonalen Antikörper erhalten zunehmende Bedeutung für die klinische Diagnostik und die biologisch-medizinische Forschung, in der Zukunft wahrscheinlich auch für die Therapie.

Hybridzellen, → Zellfusion.

Hydathoden, → Ausscheidungsgewebe, → Guttation.

Hydra, zur Ordnung *Hydroida* gehörender Polyp, der im Süßwasser lebt und weder Polypenstöcke bildet noch Medusen sprossen läßt. H. tritt in klaren, stehenden und langsam fließenden Gewässern an Wasserpflanzen auf. Der Polyp sitzt mit der Fußscheibe fest, kann sich aber auch wie eine Spannerraupe vorwärtsbewegen. Als Nahrung dienen vor allem Wasserflöhe, die mit Hilfe der Tentakeln gefangen werden. Die Nesselkapseln halten die Beute fest und lähmen sie. Manche Arten sind durch Zoochlorellen grün gefärbt. Die Tiere können einige Zentimeter lang werden. Sie vermehren sich durch Längsteilung und durch Geschlechtszellen, die in der Rumpfwand entstehen.

Hydracarina, → Wassermilben.

Hydrachnella, → Wassermilben.

Hydranth, 1) das Köpfchen der Hydropolypen, das die Tentakeln unregelmäßig um den Mundstiel herum verteilt oder in Form von Tentakelkränzen trägt. 2) einzelnes Polypenköpfchen einer Hydroidpolypenkolonie.

Hydratasen, → Lyasen.

Hydratation, Wasserein- oder -anlagerung in bzw. an Plasmakolloide, Makromoleküle u. a. sowie Ausbildung einer Wasserhülle um Ionen in wäßriger Lösung. Das Ausmaß der H. hängt bei Ionen von deren Größe und Ladung ab. Die H. spielt besonders bei kolloiden Lösungen eine große Rolle und ist z. B. für die Beständigkeit von Eiweißlösungen wichtig. Auch am Zustandekommen der Quellung sind Hydratationserscheinungen beteiligt.

Hydratisierungshüllen, → Quellung.

Hydrierung, katalytische oder enzymatische Anlagerung von Wasserstoff an C—C-Mehrfachbindungen oder andere ungesättigte Systeme, z. B. Nitrile, Nitroso- oder Nitroverbindungen u. a.

hydroaktive Bewegung, → Spaltöffnungen.

Hydrobiologie, Lehre von den im Wasser lebenden Organismen und ihren Umweltbeziehungen. Die *Hydrozoologie* beschäftigt sich speziell mit den tierischen, die *Hydrobotanik* mit den pflanzlichen Wasserorganismen. Eine besondere Arbeitsrichtung der H. ist die *technische H.*

Lit.: J. Schwoerbel: Einführung in die Limnologie (Jena 1980); D. Uhlmann: Hydrobiologie (2. Aufl. Jena 1981).

Hydrobotanik, Zweig der → Hydrobiologie.

Hydrocaulus, der stielförmige Rumpf der Hydropolypen.

Hydrochoeridae, → Riesennager.

Hydrochorie, → Samenverbreitung.

Hydrocorisae, → Wanzen.

Hydrogamie, → Bestäubung.

Hydroidea, Ordnung der Klasse *Hydrozoa* mit meist ausgeprägtem Generationswechsel. Die Polypen bilden meist Stöcke. Sie lassen Medusen sprossen, die aber oft am Polypenstock verbleiben. Die Medusen pflanzen sich dann geschlechtlich fort. Die Medusengeneration fehlt nur selten, z. B. bei → *Hydra*. Die Tiere leben im Meer, nur wenige Arten im Süßwasser.

Zu den H. gehören zwei Unterordnungen.

1) *Athekaten (Anthomedusen)*. Bei den Polypen bildet das Periderm keine Schutzhülle um die Hydranthen, und ihre freischwimmenden Medusen haben keine statischen Organe und entwickeln ihre Gonaden am Mundrohr. Zu den Athekaten gehören z. B. als Polypen → *Hydra*, → Feuerkorallen und → Keulenpolyp und als Meduse *Sarsia*.

2) *Thekaphoren (Leptomedusen)*. Bei den Polypen bildet das Periderm auch um die Hydranthen eine Schutzhülle, die Hydrothek. Ihre ebenfalls frei schwimmenden Medusen haben meist statische Organe und entwickeln ihre Gonaden an den Radiärkanälen. Zu den Thekaphoren gehören z. B. als Polypen *Campanularia, Laomedea* und das Seemoos *Sertularia*, als Meduse *Obelia*.

Hydrokultur, → Wasserkultur.

hydrolabile Arten, → Wasserhaushalt, Abschnitt Wasserbilanz.

Hydrolasen, Hauptklasse von Enzymen, die die Hydrolyse von Ester-, Glykosid-, Ether-, Peptid-, Amid- oder Säureanhydridbindungen katalysieren und Kohlenstoff-Kohlenstoff-, Kohlenstoff-Stickstoff- sowie Phosphor-Stickstoff-Bindungen spalten. Wichtige Unterklassen sind die → Esterasen, → Glykosidasen und → Proteasen.

Hydrolyse, Reaktion, bei der eine chemische Verbindung AB, z. B. Ester, Peptide, Amide, Glykoside durch Wasser nach dem Schema $AB + H_2O \rightarrow AOH + HB$ zerlegt wird. Solche Spaltungen sind in der Biochemie von großer Bedeutung und werden durch hydrolysierende Enzyme (→ Hydrolasen) katalysiert. Wichtig ist besonders die hydrolytische Spaltung von Fetten, Eiweißen und Kohlenhydraten.

Hydromeduse, → Hydrozoen.

hydropassive Bewegung, → Spaltöffnungen.

Hydroperoxidasen, zu den Oxidoreduktasen gehörende Enzyme, die wie die → Peroxidasen organische Substrate unter Verwendung von Wasserstoffperoxid oxidieren oder wie die → Katalase die Zersetzung von Wasserstoffperoxid in Wasser und Sauerstoff katalysieren. Prosthetische Gruppe der P. ist Hämin.

Hydrophyten, *Wasserpflanzen*, alle nicht zum Plankton zählenden ausdauernden Wasserpflanzen, deren Überdauerungsorgane in der ungünstigen Jahreszeit im Wasser untergetaucht sind. Da sie ihre Nährstoffe, CO_2, O_2 und Nährsalze direkt dem Wasser entnehmen, besitzen ihre untergetauchten Sprosse dünne Epidermisaußenwände und eine schwach entwickelte Kutikula. Die Epidermis enthält Chlorophyll und besitzt meist keine Spaltöffnungen. Das

Blattparenchym ist meist nicht in Palisaden- und Schwammparenchym gegliedert, sondern besteht aus großen Parenchymzellen mit einem reichhaltigen System von Interzellularen. Dieses Durchlüftungsgewebe wird *Aerenchym* genannt und dient dem Auftrieb und der Gasdiffusion in der Pflanze. Die wasserleitenden Gefäße fehlen häufig, ebenso ist das Festigungsgewebe weitgehend überflüssig. Zur langsamen Gasdiffusion im Wasser und zu der Nährsalzarmut steht die Oberflächenvergrößerung der meist sehr zarten, dünnen, saftreichen, oft fädig zerschlitzten, untergetauchten Wasserblattspreiten in Beziehung, z. B. beim Tausendblatt, Hornblatt, Wasserschlauch, Wasserhahnenfuß. In stark bewegtem Wasser ist die Blattspreite oft bandartig entwickelt, z. B. Seegras, Wasserschraube, Flußhahnenfuß.

Die Wasserpflanzen können unterteilt werden in 1) die *Wasserschwimmer*, wurzellose, untergetaucht im Wasser schwimmende Pflanzen, wie Hornblatt, Wasserschlauch, Tausendblatt, und wurzeltragende, an der Wasseroberfläche schwimmende Pflanzen, wie Wasserlinse, Froschbiß, und 2) die *Wasserwurzler*, wurzelnde, untergetaucht lebende Pflanzen (*submerse Pflanzen*), wie Seegras, bestimmte Laichkrautarten, und wurzelnde Pflanzen mit Schwimmblättern, wie Seerose, Teichrose, Wasserhahnenfuß, sowie wurzelnde, amphibisch lebende Pflanzen mit Wasser- und Landformen, die zu den Sumpfpflanzen überleiten, wie der Sumpfknöterich.

Hydropodien, svw. Ambulakralfüßchen.
Hydropolyp, → Hydrozoen.
Hydroponik, → Wasserkultur.
Hydropoten, → Absorptionsgewebe.
Hydropterides, → Farne.
hydrostabile Arten, → Wasserhaushalt, Abschnitt Wasserbilanz.
hydrostatischer Druck, Druck in einer ruhenden Flüssigkeit, der stets senkrecht auf die Gefäßwände bzw. die Oberfläche eingetauchter Körper wirkt. Er wird in bar (früher at) angegeben. Der osmotische Druck (→ Osmose) ist ein h. D. und folgt dessen Gesetzen.
Hydrotaxis, durch Feuchtigkeitsdifferenzen gerichtete Ortsbewegung (→ Taxis) frei beweglicher Organismen, z. B. der Plasmodien der Schleimpilze.
Hydrothek, die Schutzhülle um die Hydranthen der Thekaphorenpolypen, → Theka.
hydrothermisches Regime, Ausdruck für das spezifische Zusammenwirken von Temperatur und Feuchte an der Bodenoberfläche und im Boden. Das h. R. ist von entscheidender Bedeutung für die Existenz und Verteilung tierischer Organismen.
Hydrotropismus, eine Sonderform des Chemotropismus, die Einstellung der Wachstumsrichtung eines Pflanzenteils auf ein Gefälle des Wasserdampfdrucks. H. findet sich nur in wachsenden Pflanzenorganen. *Positiver H.* ist vor allem von Wurzeln bekannt, die dadurch Orte höherer Feuchtigkeit erreichen können, sowie bei Rhizoiden von Moosen und Farnprothallien ausgeprägt. Die Reizaufnahme erfolgt an der äußeren Wurzelspitze. *Negativer H.* ist relativ selten, er kommt z. B. bei den Sporangienträgern gewisser Schimmelpilze, unter anderem von *Phycomyces,* sowie bei Thalli von Lebermoosen vor.
Hydroxyessigsäure, svw. Glykolsäure.
Hydroxylamin, → Stickstoff.
Hydroxylasen, → Oxygenasen.
Hydroxyprolin, Abk. *Hyp,* eine natürlich vorkommende heterozyklische Aminosäure.

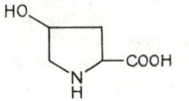

Hydrozoen, *Hydrozoa,* Klasse des Stammes *Cnidaria* (Nesseltiere). Die H. treten in zwei Habitusformen auf, als Polyp und als Meduse.

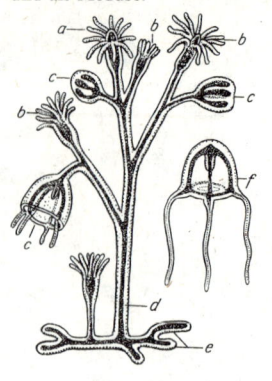

1 Schema eines Polypenstockes: *a* ältester Polyp, *b* Tochterpolypen, *c* Medusenknospen, *d* Stielabschnitt, *e* Wurzelausläufer, *f* abgelöste Meduse

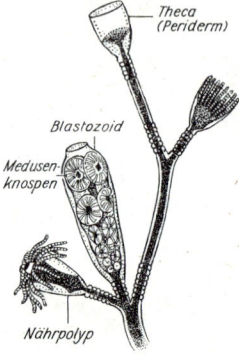

2 Zweigstück eines Polypen mit drei Nährpolypen und einem Blastozoid

Der *Hydropolyp* läßt einen stielförmigen Rumpf oder Hydrocaulus und ein Köpfchen oder Hydranthen unterscheiden. Der Hydranth trägt den Mund und einen oder mehrere Tentakelkränze. Der Gastralraum ist einheitlich, also nicht durch Septen aufgeteilt; selten setzt er sich auch in die Tentakel fort. Die Polypen vermehren sich ungeschlechtlich durch Knospung, indem sich die Körperwand mit allen Körperschichten beulenartig ausstülpt. Auch der Gastralraum dringt in die Ausstülpung ein, die schließlich zu einem Tochterpolyp heranwächst. Dieser löst sich nur bei wenigen Arten regelmäßig ab. Meist bleiben die Tochterpolypen im Zusammenhang mit der Mutter und bilden einen *Polypenstock,* in dem alle Individuen durch röhrenförmige Fortsätze der Gastralräume in Verbindung stehen. Oft sind viele tausend Individuen in einem Stock vereinigt. Die Polypen können aber auch durch Knospung Medusen hervorbringen, die sich regelmäßig ablösen und als Geschlechtsgeneration fungieren. Die Außenwand des Stockes scheidet ein festes und elastisches Periderm ab, das bei vielen Arten auch den Hydranth umschließt. In vielen Fällen tritt an den Polypenstöcken eine Arbeitsteilung ein, die mit gestaltlichen Veränderungen der Einzelpolypen verbunden ist (Polymorphismus). Die ursprüngliche Gestalt behalten die Nährpolypen, die der Ernährung des gesamten Stockes dienen; die spezialisierten Typen bilden Mund und Tentakel zurück. Man kann unterscheiden zwischen Wehrpolypen mit zahlreichen Nesselkapseln zur Verteidigung und Blastozoiden zur Erzeugung der Medusengeneration. Die Polypenstöcke sitzen bei den *Hydroida* auf einer Unterlage, bei den *Siphonophora* schweben sie frei im Wasser, wobei eine Meduse als Schwimmglocke dient. Den *Trachylina* fehlt die Polypengeneration.

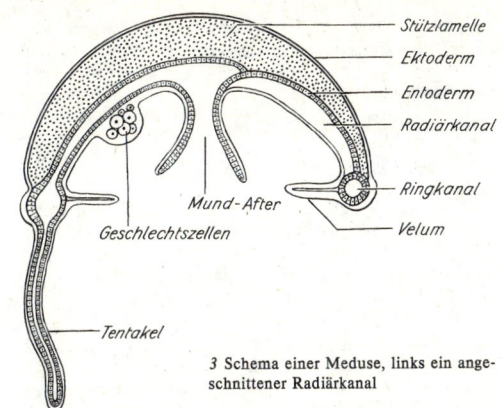

3 Schema einer Meduse, links ein angeschnittener Radiärkanal

Die stockbildenden Hydropolypen sind meist nicht länger als 1 mm, der größte Polyp erreicht eine Länge von 2 m. Die *Hydromeduse* zeichnet sich aus durch eine zellfreie Stützlamelle zwischen Ektoderm und Entoderm und durch eine am Schirmrand nach innen vorspringende Ektodermlamelle, das Velum. Das Velum kann sich durch eigene Muskulatur zusammenziehen und wie eine Blende die Höhlung an der Schirmunterseite verengen. Bei der Kontraktion des Schirmes wird der Druck des ausgestoßenen Wassers erhöht. Der Wasserstrahl erzeugt einen Rückstoß und treibt die Meduse mit der Schirmoberseite voran durchs Wasser. Der Gastralraum besteht aus dem Zentralraum im Mundrohr und ursprünglich vier Radiärkanälen, die meist durch einen Ringkanal am Schirmrand verbunden sind. Im Laufe des Wachstums kann die Zahl der Radiärkanäle beträchtlich vermehrt werden. Auch die Zahl der Tentakel, die am Schirmrand stehen, kann von ursprünglich vier auf viele Hundert anwachsen. Am Schirmrand befinden sich außerdem viele Sinneszellen, die der Rezeption von Licht- oder Schwerereizen dienen. Die Geschlechtszellen der meist getrenntgeschlechtlichen Hydromedusen entstehen stets im Ektoderm, und zwar am Mundrohr oder unter den Radiärkanälen.

Sehr viele frei schwimmende Hydromedusen haben einen Durchmesser von 2 bis 6 mm, die größte Form 40 cm.

Die Fortpflanzung erfolgt in der Regel durch einen Generationswechsel. Aus dem befruchteten Ei entsteht über eine Planulalarve ein Polyp. Dieser vermehrt sich ungeschlechtlich durch Knospung und bringt auf diese Weise auch Medusen hervor, die sich dann wieder auf geschlechtlichem Wege fortpflanzen. Die Medusengeneration wird aber oft unterdrückt, indem die Medusenknospen am Polypenstock verbleiben. Bei → *Hydra* ist diese Generation ganz weggefallen, hier entstehen die Geschlechtszellen in der Rumpfwand des Polypen. Einige Formen existieren dagegen nur in der Medusengeneration (z. B. *Trachylina*), indem aus der Larve sofort wieder eine Meduse hervorgeht.

Zu den H. gehören die 3 Ordnungen → *Hydroidea*, *Trachylina* und → *Siphonophora* (→ Staatsquallen) mit insgesamt etwa 2700 Arten.

Hydrozöl, der mittlere der drei Zölomabschnitte der Stachelhäuter; es entwickelt sich aus dem mittleren Abschnitt der paarigen Anlage der sekundären Leibeshöhle. Das linke H. wird zum Wassergefäßsystem, das rechte wird völlig zurückgebildet. → Mesoblast.

Hydrozoologie, Zweig der → Hydrobiologie.

Hyeniales [Name geht zurück auf eine norwegische Landschaft], nur fossil bekannte Ordnung primitiver Vorläufer der Farne (Primofilices). Hierzu werden die primitivsten Formen dieser Klasse gerechnet, die noch deutliche Beziehungen zu den Psilophyten aufweisen. Aus diesen haben sich die H. auch entwickelt. Die älteste und psilophytenähnlichste Form ist *Protohyenia*, die vor kurzem im Unterdevon Westsibiriens gefunden wurde. Sie klingt noch stark an die Rhynien an und scheint ziemlich genau an der Abzweigstelle von den Psilophyten zu den Sphenopsiden zu stehen. Habituell ähnlich ist die Gattung *Hyenia*, die bisher aus dem Mitteldevon bekannt ist. Bei *Hyenia elegans* stehen die dichotomen »Kleinblätter« noch gegenständig und in ± deutlichen Wirteln angeordnet. Am oberen Ende der Sprosse befanden sich Sporophylle und neigten zu lockerer Ährenbildung. Eine Sproßquergliederung fehlt allen *Hyenia*-Formen. Diese tritt zuerst bei der ebenfalls mitteldevonischen Gattung *Calamophyton* auf. Die H. werden z. T. den Protopteridiales gerechnet.

Hygrochasie, Öffnungsbewegung von Früchten und Fruchtständen nach Befeuchtung, → hygroskopische Bewegungen.

Hygrokinese, → Wasser.

Hygromorphosen, durch ein Überangebot oder Fehlen von Wasser bedingte Abwandlungen der Pflanzengestalt, die in feuchter Luft zu Internodienstreckung, unter trockenen Bedingungen zu Zwergwuchs und zu Veränderungen im anatomischen Bau, z. B. stärkere Kutikula, sowie zu vermehrter Bildung von Haaren und Festigungsgeweben u. a. führen können. Manche Xerophyten, die an ihren normalen trockenen Standorten Sproßdornen in den Blattachseln entwickeln, bilden in feuchter Atmosphäre stattdessen beblätterte Sprosse. Allerdings ist bei diesen Morphosen vielfach nicht der Wasserfaktor allein, sondern gemeinsam mit dem Licht, der Nährsalzversorgung und weiteren Umweltbedingungen wirksam. Auch für die auffallenden morphologischen und anatomischen Unterschiede zwischen den »Wasser-« und »Landformen« der → amphibischen Pflanzen ist ein Komplex von Faktoren verantwortlich.

Ausgeprägte H. kommen bei verschiedenen niederen Pflanzen, z. B. Lebermoosen, Algen und Pilzen, vor.

Hygronastie, eine durch Schwankungen im Feuchtigkeitsgehalt der Luft bzw. durch ein Wasserdefizit des Blattes induzierte → Nastie. Hygronastische Reaktionen sind z. B. an Spaltöffnungsbewegungen wesentlich beteiligt.

Hygrophilie, → Wasser.

Hygrophyten, Pflanzen, die bei ständig reichlicher Wasserversorgung aus feuchtem Boden in sehr feuchter Luft leben. H. weisen im Bau Anpassungen an den feuchten Standort zur Förderung der Transpiration auf. Sie besitzen große, dünne, zarte und saftreiche Blattspreiten, die entweder kahl oder mit zahlreichen, lebenden Haaren oder Papillen bedeckt sind. Dadurch wird die Oberfläche bedeutend vergrößert. Die chlorophyllhaltige Epidermis ist dünnwandig und von einer zarten Kutikula überzogen. Die Spaltöffnungen sind nicht eingesenkt, manchmal über die Epidermis emporgehoben. Viele H. haben aktiv tätige Wasserspalten (Hydathoden). Große Blattspreiten erlauben auch bei schwachem Licht der Schattenstandorte die Photosynthese. Entsprechend der geringen Transpiration sind Wurzelsystem und wasserleitende Gefäße meist nur schwach ausgebildet.

Die H. wachsen vor allem in den tropischen Regenwäldern in der Krautschicht, z. B. Farne, Aronstabgewächse, Begonien. In der temperaten Zone kommen sie als Schattenpflanzen feuchter Wälder, z. B. Echtes Springkraut, vor.

hygroskopische Bewegungen, bei Pflanzen eine Gruppe von passiven Bewegungen, die durch Quellung bzw. Entquellung (*Quellungsbewegungen*) und Austrocknung meist toter Zellen oder Membranteile bewirkt werden, häufig beliebig oft wiederholbar sind und vor allem im Dienst der Samen-, Sporen- und Pollenverbreitung stehen. Die h. B. kommen dadurch zustande, daß Zellwände bzw. einzelne Schichten der Zellwände infolge ihrer submikroskopischen Struktur in den verschiedenen Richtungen ungleich stark, d. h. anisotrop, quellbar sind. Die Richtung der stärksten Quellung liegt senkrecht zur Richtung der Zellulose-Mikrofibrillen. Wenn Zellwände oder Zellwandschichten mit unterschiedlicher Hauptquellungsrichtung fest aufeinandergelagert sind, müssen zwangsläufig Krümmungen oder schraubenartige Einrollungen eintreten, sobald sich der Quellungszustand ändert.

Nach diesem Prinzip erfolgen an den Fruchtkapseln vieler höherer Pflanzen, den Sporen von Schachtelhalmgewächsen (Hapteren) und den Sporenkapseln von Moosen in Abhängigkeit von der Feuchtigkeit *Öffnungs-* und *Schließbewegungen.* So öffnen sich z. B. die Fruchtkapseln des Seifenkrautes, *Saponaria,* durch Auswärtskrümmung der Kapselzähne bei Austrocknung der Membranen. Nach Benetzung kann bei bestimmten Arten erneutes Schließen eintreten. Bei anderen Pflanzen, z. B. Ehrenpreis, *Veronica,* Mauerpfeffer, *Sedum,* u. a. erfolgt umgekehrt die Öffnung durch Aufquellen der Membranen nach Befeuchtung durch Regen oder Tau (Hygrochasie). Bei der »Rose von Jericho«, einem in Nordafrika heimischen Kreuzblütler, sind die ganzen Fruchtäste im trockenen Zustand bogenförmig über den Früchten zusammengekrümmt, befeuchtet jedoch weit ausgebreitet. Die Teilfrüchte des Reiherschnabels, *Erodium,* besitzen einen langen grannenförmigen Fruchtschwanz, der sich bei der Austrocknung schraubenartig aufrollt. Bei Benetzung streckt sich die Granne wieder und bohrt dabei die Samenkapsel in den Boden, wenn ihre Spitze auf ein Widerlager stößt. Auch die schraubigen Einrollungen der Fruchthülsen verschiedener Hülsenfrüchte sind ähnliche h. B.

Hygrotaxis, → Wasser.
Hyläa, → Regenwald.
Hylobates, → Gibbons.
Hylobatiden, → Hominoiden, → Langarmaffen.
Hymatomelansäure, → Humus.
Hymen, → Vagina.
Hymenium, *Sporenlager,* Schicht der Fruchtkörper höherer Pilze, die neben sterilen Hyphen, den Paraphysen, bei den Schlauchpilzen die Sporenschläuche (Asci), bei den Ständerpilzen die Sporenständer (Basidien) enthält. → Perithezium.
Hymenophor, Hyphenschicht der Pilze, die das Sporenlager (Hymenium) trägt.
Hymenoptera, → Hautflügler.
Hyoidbogen, → Schädel.
Hyomandibulare, → Schädel.
Hyoszin, svw. Skopolamin.
Hyoszyamin, → Atropin.
Hyp, Abk. für Hydroxyprolin.
hyperhalin, → Brackwasser.
hyperhaliner See, svw. hypersaliner See.
Hyperiidea, → Flohkrebse.
Hyperimmunisierung, eine mehrfach wiederholte Immunisierung, die zur Bildung größerer Mengen von Antikörpern führt. Die H. dient insbesondere der Gewinnung von wirksamen Antiseren.
Hypermastie, das Vorhandensein überzähliger Brustdrüsen beim Menschen.
Hypermetabolie, → Metamorphose.
hypermorph, Bezeichnung für durch Mutation entstehende Allele, die die gleiche Wirkung wie das Standard- oder Normalallel, aber einen verstärkten phänotypischen Effekt aufweisen. Ist der phänotypische Effekt einer Mutation im Vergleich mit dem Normalallel bei gleicher Wirkungsrichtung kleiner, wird das mutativ entstandene Allel als *hypomorph* bezeichnet. → amorph, → antimorph, → neomorph.
Hyperparasiten, *Parasiten 2. Grades, Sekundärparasiten,* die in oder an anderen Parasiten wiederum parasitisch leben, z. B. kleine Schlupfwespen, die die Eier anderer Schlupfwespen parasitieren.
Hyperplasie, Vergrößerung eines Gewebeabschnittes oder eines Organs (z. B. bei Pflanzen) durch abnorm verstärkte Zellteilung.
Hyperploidie, die Erscheinung, daß die Chromosomenzahl ursprünglich haploider (Hyperhaploidie), diploider (Hyperdiploidie) oder polyploider (Hyperpolyploidie) Zellen, Gewebe oder Individuen um einzelne Chromosomen und im weiteren Sinne auch um einzelne Chromosomensegmente erhöht ist; erniedrigt ist sie bei *Hypoploidie.* H. und Hypoploidie sind Formen der → Aneuploidie.
Hyperpolarisation, → Ruhepotential, → Erregung.
hypersaliner See, *hyperhaliner See,* ein See mit einem Salzgehalt >40%. 80 bis 90% der Primärproduktion dieser Gewässer können durch photoautotrophe Bakterien erbracht werden.
Hypersaprobität, → Saprobiensysteme.
Hypersensibilität, *Hypersensitivität,* Überempfindlichkeit pflanzlichen Gewebes gegenüber einem eingedrungenen Parasiten. H. ist ein aktiver Resistenzmechanismus, bei dem schnelles Absterben der Wirtszellen am Infektionsort die Ausbreitung des Pathogens im Wirt verhindert. Es entstehen Nekrosen. Mit dem Wirtsgewebe wird der Parasit gleichermaßen abgetötet. H. ist eine Erscheinung von → Resistenz.
Hypersensitivität, svw. Hypersensibilität.
Hypertension, → Blutdruck.
Hyperthelie, das Vorhandensein überzähliger Brustwarzen beim Menschen.
Hyperthermie, Anstieg der Körpertemperatur von Warmblütern durch Hitzeeinwirkung. Eine H. entsteht durch Überlastung der → Wärmeabgabe bei erhalten gebliebenem Sollwert der Körpertemperatur. Auch beim → Fieber wird die Körpertemperatur erhöht, allerdings wegen des angehobenen Sollwerts. Daher sind bei einer H. die Wärmeabgabeprozesse maximal belastet, beim Fieber nicht. Beim Menschen tritt in beiden Fällen der Tod ein, wenn die Körpertemperatur 42 °C erreicht.
Hypertonie, → Blutdruck.
hypertonisch, → Osmose.
Hypertrophie, Wachstums- oder Entwicklungssteigerung. Bei Mensch und Tier ist H. meist die Folge von Hypophysenerkrankungen. Bei Pflanzen zeigen polyploide Formen häufig H. Der Wachstumssteigerung liegen dann erbliche Ursachen zugrunde. H. kann aber auch auf übermäßige Zufuhr von Nährstoffen oder Parasitenbefall (→ Gallen) beruhen. H. ganzer Pflanzen führt zu *Gigaswuchs* oder *Riesenwuchs.* Hypertrophische Veränderungen von Organen und Geweben können als geformte oder formlose Wucherungen in Erscheinung treten. Hypertrophierte Zellen zeigen verstärktes Wachstum ohne zusätzliche Zellteilung.
Hyphen, → Myzel, → Pilze, → Scheingewebe.
Hyphomicrobium, ein Bodenbakterium mit eigenartiger Vermehrungsweise. Die Zellen bilden langgestreckte Fortsätze, an deren Ende durch Anschwellen sogenannte Knospen entstehen. Sie trennen sich als Tochterzellen ab, Geißeln tragen und frei beweglich sind. Die Zellen setzen sich später fest und können wieder Fortsätze bilden.
Hyphosphäre, die unmittelare Umgebung einer Hyphe, insbesondere im Erdboden.

Hypnobryales, → Laubmoose.
Hypobasidie, svw. Probasidie.
Hypoblast, → Entoderm.
Hypobranchialrinne, svw. Endostyl.
hypogäische Keimung, → Samenkeimung.
Hypognathie, bei Insekten Richtung der Mundöffnung und Mundwerkzeuge im rechten oder spitzen Winkel zur Körperlängsachse nach unten oder hinten.
hypogyn, → Blüte.
Hypokotyl, → Samen.
Hypokotylknollen, → Sproßachse.
Hypolimnion, → See.
hypomorph, → hypermorph.
Hyponastie, eine Entfaltungsbewegung bei Pflanzen, die durch verstärktes Wachstum der Unterseite, z. B. von Blättern, verursacht wird, wobei es zum Aufrichten des betreffenden Pflanzenteiles kommt.
Hyponeuston, → Neuston.
Hypophyse, 1) Botanik: 1) eine mehr oder weniger starke Anschwellung am oberen Ende des Stieles einer Mooskapsel, die deutlich von der eigentlichen Kapsel abgesetzt ist; 2) die dem Embryo zugekehrte Endzelle des Embryoträgers, die sich nach weiteren Teilungen an der Bildung der Wurzelhaube oder Wurzelspitze beteiligen kann.

2) Anatomie: *Hirnanhangsdrüse,* aus zwei verschiedenen Teilen bestehendes, an der Schädelbasis gelegenes, innersekretorisches Organ der Wirbeltiere. Der kleinere Teil, der *Hinterlappen* (*Neurohypophyse*), entwickelt sich aus dem Boden des Zwischenhirns und bleibt mit ihm durch den Trichter in Verbindung. Der größere Teil, der *Vorderlappen* (*Adeno-* oder *Drüsenhypophyse*), geht aus dem Mundhöhlendach hervor. An der Grenze zwischen beiden ist der Zwischenlappen eingeschaltet, der ebenso wie der Trichterlappen einen Abschnitt der Drüsenhypophyse darstellt. Er fehlt z. B. Vögeln und Walen. Im Vorderlappen können verschiedene Zelltypen unterschieden werden, die spezifische Funktionen ausüben. Die H. steht mit den übrigen endokrinen Drüsen in inniger Wechselbeziehung, ihre wirksamen Produkte, die *Hypophysenhormone,* regen andere Hormondrüsen wie Schilddrüse, Nebennierenrinde und Keimdrüsen zur Hormonproduktion an, deren Hormone ihrerseits nach dem Prinzip der Rückkopplung die Produktion und Ausschüttung der Hypophysenhormone hemmen oder aktivieren können.

Im Hypophysenvorderlappen werden sechs Hormone gebildet: das somatotrope Hormon (Somatotropin, STH oder Wachstumshormon) fördert z. B. Längenwachstum und Vermehrung der Muskelmasse. Das adrenokortikotrope Hormon (ACTH) regt die Nebennierenrinde zur Produktion von Kortikoiden an. Das thyreotrope Hormon (TSH) reguliert die Produktion der Schilddrüsenhormone. Als gonadotrope Hormone werden die Follikelreifung und die Spermatogenese aktivierende follikelstimulierende Hormon (FSH), das die Ovulation und den Aufbau des Gelbkörpers fördernde Luteinisierungshormon (LH, Luteotropin) sowie das auf die Milchdrüse und die Progesteronbildung wirkende luteotrope Hormon (LTH, Prolaktin) zusammengefaßt.

Vom Hypophysenhinterlappen werden zwei Neurohormone, das blutdrucksteigernde Adiuretin (Vasopressin) und das die Kontraktion der glatten Muskulatur, besonders der Gebärmutter, auslösende Oxytozin ausgeschieden.

Der Zwischenlappen produziert das Melanotropin.
Hypopneustier, → Stigmen.
Hyporheon, Lückensystem unter dem Flußbett. Es bildet den Lebensraum für Arten, die keine ausreichende Anpassung an große Strömungsgeschwindigkeiten haben, da es noch ausreichend mit Sauerstoff und organischen Stoffen versorgt ist.
Hypostase, die durch ein anderes, gleichzeitig im Genotyp vorliegendes und als epistatisch bezeichnetes Gen bewirkte Verhinderung der Manifestierung eines (hypostatischen) Gens. → Epistasis.
hypostomatisch, → Blatt.
Hypotension, → Blutdruck.
Hypothalamus, → Gehirn.
Hypothermie, das Absinken der Körpertemperatur bei Warmblütern unter das normale Niveau. Bei beginnender H. löst die Kältebelastung eine Drosselung der → Wärmeabgabe und eine Steigerung der → Wärmebildung aus. Die maximale Gegenregulation tritt bei Körpertemperaturen zwischen 26 und 28 °C auf. Unter 26 °C kann der Tod durch Kammerflimmern des Herzens auftreten. In der Chirurgie wird gelegentlich durch die Kombination von Narkose und spezifischer Hemmung der Temperaturregulation eine H. herbeigeführt. Mit fallender Körpertemperatur sinkt die Stoffwechselaktivität, und deshalb erhöht sich die Wiederbelebungszeit.

Beim Menschen ist im Alter eine normale H. zu beobachten. Greise besitzen oft eine Körpertemperatur um 35 °C. Auf dem niedrigeren Niveau erfolgt eine reguläre Temperaturregulation. Ursache ist eine Senkung des Sollwertes. Somit ist jene H. das thermoregulatorische Gegenstück zum Fieber.
Hypothesenlernen, → Lernformen.
Hypothezium, *Fruchtboden,* Hyphenschicht in bestimmten Fruchtkörpern von Schlauchpilzen, besonders in Apothezien. Das H. befindet sich unmittelbar unter dem Sporenlager, dem Hymenium, und bildet die Sporenschläuche (Asci) und sterilen Hyphen (Paraphysen).
Hypotonie, 1) *Hypotrophie,* verstärktes Wachstum der Unterseite dorsiventraler Pflanzenorgane, z. B. bei Ästen von Nadelbäumen. 2) → Blutdruck.
hypotonisch, → Osmose.
Hypotricha, → Ziliaten.
Hypotrophie, → Hypotonie.
Hypoxanthin, ein Derivat des Purins, das als Baustein von Nukleinsäuren auftritt und in geringen Mengen in Pflanzen und Tieren nachgewiesen wurde. Das Nukleosid des H. ist das → Inosin.

hypselodont, → Zähne.
Hyracoidea, → Schliefer.
Hyracotherium, → Urpferd.
Hystricidae, → Stachelschweine.

I

IAA, → Auxine.
Iatrochemie, → Biologie, Abschn. Geschichtliches.
Iatrophysik, → Biologie, Abschn. Geschichtliches.
Ibisse, → Schreitvögel.
Ichneumonidae, → Schlupfwespen.
Ichthyornis [griech. ichthys 'Fisch', ornis 'Vogel'] *Fischvogel,* etwa taubengroße Gattung der Vögel. Die Kiefer waren

noch mit konischen, in Höhlen steckenden Zähnen besetzt. Die Wirbel sind noch primitiv, die Gelenkflächen konkav. Die Flügel zeigten jedoch bereits eine höhere Entwicklungsstufe, ebenso das große, gekielte Brustbein.

Verbreitung: Oberkreide Nordamerikas (Kansas).

Ichthyosaurier [griech. ichthys 'Fisch', sauros 'Eidechse'], *Ichthyosauria*, **Fischsaurier**, ausgestorbene Ordnung fischförmiger Kriechtiere, sekundär an marine Lebensweise angepaßt. Die bis zu 12 m langen torpedoförmigen Tiere besaßen einen großen Kopf mit langer, zugespitzter Schnauze, großen Augenhöhlen mit Knochenring und spitz-konischen, in gemeinsamer Rinne stehenden Zähnen sowie eine lange zweilappige, große, propellerartige, heterozerke Schwanzflosse. Die Gliedmaßen waren zu Flossen umgeformt, zusätzlich war eine hohe, dreieckige Rückenflosse vorhanden. Die I. waren lebendgebärend (ovovivipar).

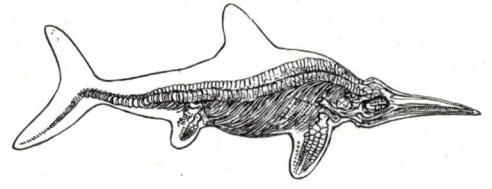

Ichthyosaurus aus dem Lias ε von Holzmaden in Württemberg; Vergr. etwa 0,03:1

Verbreitung: Trias bis Oberkreide, häufig im unteren Jura (Lias ε von Holzmaden).

Ichthyostega [griech. ichthys 'Fisch', stegos 'Dach, Decke'], Ordnung der Labyrinthodontier, ein etwa 1 m langer Dachschädler aus dem Oberdevon Ostgrönlands. Dieser älteste Tetrapode ist das Bindeglied (→ connecting link) zwischen Fischen und Amphibien. I. besaß vier fünfzehige Landextremitäten, einen mit Flossensaum versehenen Fischschwanz, ein festes aus Knochenplatten bestehendes Schädeldach und große kegelförmige Zähne.

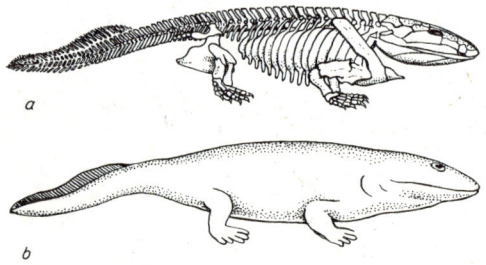

a

b

Ichthyostega (nach Jarvik): *a* Skelett, *b* Rekonstruktion

ICSH, Abk. für interstitial cell stimulating hormone, svw. Lutropin.

ICTV, → Virustaxonomie.

Identifikation, → angeborener gestaltbildender Mechanismus.

identische Reduplikation, svw. Autoreduplikation.

Idioblasten, Einzelzellen mit besonderen Aufgaben innerhalb eines andersartigen pflanzlichen Gewebeverbandes, z. B. innere Haare im Durchlüftungsgewebe von Wasserpflanzen oder Zellen mit Kristalldrusen.

Idiobotanik, die Lehre von den einzelnen Pflanzen. Gegensatz: → Synbotanik.

Idiogramm, → Chromosomensatz.

idiothetische Orientierung, → Kinästhetik.

Idiotyp, *Erbgut*, die Gesamtheit der im Zellkern (Genom, Genotyp) und extrachromosomal (Plasmon, Plasmotyp), d. h. in den Mitochondrien (Chondriom) und bei grünen Pflanzen in den Plastiden (Plastom) lokalisierten Erbanlagen.

IES, → Auxine.

Ig, Abk. für → Immunglobuline.

Igapo-Wald, → Regenwald.

Igel, *Erinaceidae*, eine Familie der Insektenfresser. Die I. sind Säugetiere mit einem Stachelkleid, die sich bei Gefahr zusammenkugeln können. Sie halten Winterschlaf. Ihre Heimat ist Europa, Asien und Afrika; auf Japan und Neuseeland wurden sie eingebürgert. Einige südostasiatische Verwandte sind normal behaart und langschwänzig.

Lit.: H. Herter: Igel, 2. Aufl. (Leipzig 1963).

Igelfische, → Kugelfische.

Igelwürmer, *Echiurida*, ein Tierstamm der Protostomier mit etwa 140 Arten.

Morphologie. Die I. sind 2 bis 20 cm, selten 40 cm lang und in einen zylindrischen oder mehr sackförmigen, vorn mit zwei starken Haken bewehrten Rumpf und einen am Ende manchmal zweigeteilten, nicht einziehbaren Rüssel gegliedert, dessen Länge oft das Vielfache der Rumpflänge beträgt. An seiner Basis liegt die Mundöffnung in einer trichterförmigen Vertiefung. Das Hinterende des Rumpfes ist manchmal ringförmig gestachelt. Die Leibeshöhle ist ein echtes, epithelial ausgekleidetes Zölom. Das Blutgefäßsystem ist geschlossen und nur einfach gebaut. Alle I. sind getrenntgeschlechtlich. Die Samen oder Eier, die von den der Zölomwand innen anliegenden Hoden bzw. Eierstöcken gebildet werden, gelangen durch die Ausführgänge der meist ein bis vier Paar Metanephridien nach außen.

Biologie. Die I. leben auf dem Meeresgrunde in selbstgegrabenen Höhlen, Felsspalten oder in Gehäusen anderer Tiere. Sie ernähren sich von Mikroorganismen, die sie mit dem Rüssel vom Untergrund abweiden. In der Entwicklung tritt ein schwimmendes Larvenstadium auf, das der Trochophoralarve der Vielborster ähnlich ist. Die Männchen einiger Arten sind sehr klein und leben in den Exkretionsgängen der Weibchen. Bei der Meerquappe, *Bonellia viridis*, wird das Geschlecht des aus einer Larve entstehenden Tieres von äußeren Faktoren bestimmt.

System. Es werden drei Ordnungen unterschieden: *Echiuroinea*, *Xenopneusta* und *Heteromyota*. *Xenopneusta* enthält nur eine Gattung und ist durch die Rückbildung des Rüssels gekennzeichnet. Aus der Ordnung *Heteromyota* ist nur die Art *Ikeda taenioides* bekannt. Der Rumpf beträgt bei ihr etwa 40 cm, der Rüssel kann 100 cm Länge erreichen.

Sammeln und Konservieren. Da die meisten Vertreter in großen Tiefen leben, ist ein gezieltes Sammeln sehr zeitraubend. Meist findet man sie zufällig bei Scharrnetzfängen. Ausgestreckte I. werden mit kochendem Wasser abgetötet und in 2%igem Formaldehyd-Seewasser konserviert. Falls dieses Verfahren nicht gelingt, betäubt man die im Meerwasser liegenden I. durch tropfenweisen Zusatz von 70%igem Alkohol.

Lit.: Lehrb. der Speziellen Zoologie. Begr. von A. Kaestner. Hrsg. von H.-E. Gruner. Bd I Wirbellose Tiere, Tl 3, 4. Aufl. (Jena 1982).

Iguanodon [indian. iguan 'Eidechse', griech. odontes 'Zähne'], zu den Ornithischiern gehörende Gattung der Dinosaurier. Sie wurden bis zu 10 m lang und 6 m hoch. In halbaufrechter Stellung liefen sie auf den Hinterbeinen. Das I. war ein Pflanzenfresser. An den erheblich kleineren Vordergliedmaßen saß ein dolchartiger Knochenstachel, der vermutlich der Verteidigung diente. Der Schädel war verhältnismäßig klein und in eine etwas verlängerte Schnauze ausgezogen.

Verbreitung: Wealden (brackisch-limnische Unterkreideablagerungen) Europas. Nicht selten sind die dreizehigen, 20 cm langen Fährten; besonders bedeutsam war der Fund von mehr als 29 vollständigen Skeletten im Kohlenkalk von Bernissart/Belgien.

Ilarvirusgruppe, → Virusgruppen.

Ile, Abk. für L-Isoleuzin.

Ileum, → Verdauungssystem.

Illaenus, Trilobitengattung mit halbkreisförmigem Kopf- und Schwanzschild von etwa gleicher Größe. Das Kopfschild trägt eine sanduhrförmige Glabella, die nach vorn nicht scharf begrenzt ist. Die mittelgroßen Augen sitzen in den Ecken des Kopfschildes. Der Rumpf besteht aus zehn deutlich gegeneinander abgesetzten Segmenten. Das Schwanzschild zeigt eine kaum hervortretende unsegmentierte Achse.

Verbreitung: Ordovizium bis Untersilur.

Iltis, *Mustela putorius*, ein zu den Mardern gehörendes Raubtier mit dunkelbraunem Fell und heller Gesichtszeichnung. Der I. erbeutet kleine Wirbeltiere. Den Tag verbringt er schlafend in Höhlen und Verstecken. Der I. ist über weite Teile Europas verbreitet. Die domestizierte Form des I. ist das *Frettchen*; häufig wird es als Albino gezüchtet.

Lit.: H. Herter: Iltisse und Frettchen (Wittenberg 1969).

Imago, Vollkerf, Vollinsekt, → Metamorphose.

Imitation, Nachahmung, das Lernen nach Vorbildern, die Übernahme von Verhaltensweisen von Vorbildern. Man kann unterscheiden die *obligatorische I.*, bei der Verhaltensweisen oder Laute übernommen werden müssen, weil nur so das arttypische Verhalten vollzogen werden kann, sowie die *fakultative I.*, bei welcher Verhaltensweisen oder Laute nachgeahmt werden, ohne daß eine lebenserhaltende oder die Fortpflanzung sichernde Notwendigkeit dazu besteht. Der Buchfink kann den arteigenen Gesang nur durch Übernahme von Vorbildern erwerben, wenn sich jedoch ein Wellensittich menschliche Laute und Worte aneignet, ist dies für seine Umweltbeziehungen nicht lebensnotwendig. Beim Menschen hat sich auf dieser Grundlage das bewußte Nachahmen entwickelt, die erhöhte Bereitschaft dazu in einem bestimmten Alter weist auf biologische Grundlagen hin. I. ist eine Voraussetzung für → Tradition.

Immergrün, → Hundsgiftgewächse.

immergrüne Gewächse, → Blatt.

Immigration, → Gastrulation.

Immobilisation, → Dekomposition.

Immobilität, Starre, »Einfrieren«, freezing behaviour, Einstellen aller Bewegungen, meist durch Reize ausgelöst, die »Gefahr« bedeuten. Bei verschiedenen Tierarten gehört dieses Verhalten in das normale arteigene Repertoire und stellt eine spezielle Form des Schutzverhaltens dar. Ein bekanntes Beispiel dafür sind die Meerschweinchen.

Immunbiologie, svw. Immunologie.

Immunchemie, ein Teilgebiet der → Immunologie. Die I. befaßt sich mit den biochemischen Grundlagen von Immunreaktionen. Sie analysiert die Vorgänge bei der Bildung von Antikörpern und deren Struktur sowie die Funktion und Struktur von Lymphozytenrezeptoren. Auch die Untersuchung der bei Antigen-Antikörper-Reaktionen ablaufenden Vorgänge ist Gegenstand der I. Die immunchemischen Techniken gehören zu den empfindlichsten und spezifischsten Nachweismethoden für Substanzen, die als Antigene wirken können. Sie sind wichtige Arbeitsmethoden in Biologie und Medizin, z. B. in der klinischen Diagnostik und in der Gerichtsmedizin.

Immunfluoreszenztechnik, eine empfindliche immunologische Methode zum Nachweis von Antigenen oder Antikörpern. Durch Ankopplung eines Fluoreszenzfarbstoffes an Antikörper können letztere auch in sehr geringer Menge im Fluoreszenzmikroskop nachgewiesen werden. Inkubiert man ein Gewebestück, das das entsprechende Antigen enthält, mit den markierten Antikörpern, so kommt es zur Antigen-Antikörper-Bindung. Danach ist die genaue Lokalisation des Antigens durch die fluoreszierenden Antikörper möglich. Die I. dient z. B. dem Nachweis des Bildungsortes von Hormonen. Außerdem spielt sie in der klinischen Diagnostik eine wichtige Rolle.

Immungenetik, ein Teilgebiet der → Immunologie. Die I. befaßt sich mit den genetischen Grundlagen von Immunreaktionen sowie mit den Erbgängen von immunologisch wichtigen Substanzen, z. B. Blutgruppensubstanzen.

Immunglobuline, Abk. *Ig*, vielfach gebrauchte Bezeichnung für Antikörper. Alle I. bestehen aus zwei Sorten von Polypeptidketten, die wegen ihrer unterschiedlichen Größe als leichte (L-) und schwere (H-) Ketten bezeichnet werden. Jede Kette ist aus einem variablen (V-) und einem konstanten (C-) Teil zusammengesetzt. Während der C-Teil immer die gleiche Aminosäuresequenz aufweist, wird der V-Teil vom Organismus in großer Vielfalt synthetisiert. Die V-Teile von L- und H-Kette bilden gemeinsam die Bindungsstelle des Antikörpers (Paratop) für das Antigen.

Der Mensch bildet fünf Klassen von I.: IgG, IgM, IgA, IgD und IgE. Mengenmäßig überwiegt das Immunglobulin G (IgG), das als → Antitoxin oder antibakterieller Antikörper wichtige Schutzfunktionen ausübt. Das hochmolekulare Immunglobulin M (IgM) ist als Antikörper gegen Viren von Bedeutung und kann über die Bindung und Aktivierung des → Komplementsystems die Zerstörung eingedrungener Fremdzellen bewirken. Antikörper aus der Klasse des Immunglobulins A (IgA) stellen den wichtigsten immunologischen Abwehrmechanismus außerhalb von Blut und Lymphe dar. Sie treten als sekretorisches IgA in nahezu allen Sekreten auf und bilden eine Schutzbarriere gegen Krankheitserreger auf den Schleimhäuten. Das Immunglobulin D (IgD) ist zusammen mit dem IgM ein wichtiger antigenspezifischer Rezeptor der Lymphozyten. Vermutlich spielt es als freier Antikörper keine Rolle. Das Immunglobulin E (IgE) dient als Antikörper der Abwehr vielzelliger Parasiten, vor allem von Darmparasiten. Außerdem sind die IgE-Antikörper bei allergischen Reaktionen beteiligt (→ Anaphylaxie).

Immunhistochemie (Tafel 18), *Immunzytochemie*, Methoden zum Nachweis von biologischen Verbindungen durch Immunreaktionen. Tiere bilden gegen körperfremde Substanzen – *Antigene* – spezifische Proteine – *Antikörper* –, die diese Fremdstoffe binden und dadurch unschädlich machen. Die Bindung von Antikörpern an Antigene nutzt die I. für den spezifischen Nachweis beliebiger Antigene aus. Dazu werden mit dem gereinigten Antigen in Kaninchen, Ziegen u. ä. spezifische Antikörper erzeugt. Diese Antikörper werden in entsprechenden Versuchsobjekten, die auch Pflanzen sein können, benutzt, um in einer Bindungsreaktion mit dem entsprechenden Antigen dessen Lokalisation nachzuweisen. Den Ort der Bindung macht man durch eine Markierung des Antikörpers sichtbar. Für

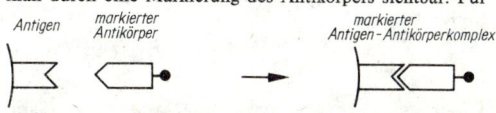

Nachweis eines Antigens durch einen markierten Antikörper, schematisch

das Lichtmikroskop werden dazu Fluoreszenzfarbstoffe oder Enzyme benutzt, die in einer anschließenden histochemischen Reaktion sichtbar gemacht werden. Im Elektronenmikroskop benutzt man Schwermetalle wie Gold, Eisen (in Form von Ferritin), die an die Antikörper gebunden werden (Tafel 18).

Immunisierung, → Immunität.

Immunität, 1) erworbene spezifische Widerstandskraft des Körpers gegen Krankheitserreger oder Gifte. Sie beruht auf den durch das Antigen ausgelösten Immunreaktionen. Hierbei werden entweder Antikörper gebildet (humorale Immunreaktion), oder es entstehen aktivierte Lymphzellen (zellvermittelte Immunreaktion). Beide sind Grundlage der I.

Die I. kann passiv oder aktiv erworben sein. *Passive Immunisierung* ist z. B. die Übertragung der Antikörper von der Mutter auf den Fötus, die zur I. des Neugeborenen führt. Auch die Injektion von therapeutischen Antiseren, z. B. gegen Toxine, führt zur passiven I. Eine *aktive Immunisierung* kann sowohl durch Infektion als auch durch *Schutzimpfung* mit abgeschwächten, abgetöteten Erregern oder ihren Bestandteilen erreicht werden. Die Entwicklung der aktiven I. dauert wenigstens eine Woche, wogegen passive I. sofort nach Injektion des Antiserums erreicht wird. Andererseits hält nur die aktive I. längere Zeit, unter Umständen viele Jahre, an. Außerdem besteht bei passiver Immunisierung die Gefahr der → Serumkrankheit.

2) in der Phytopathologie die absolute Nichtanfälligkeit einer Wirtspflanze; d. h. eine immune Pflanze ist kein Wirt für das betreffende → Pathogen. Über *infektionsgebundene I.* → Präimmunität.

immunkompetente Zelle, Bezeichnung für den ausgebildeten Lymphozyt, der zur Immunreaktion befähigt ist. Er besitzt antigenspezifische Rezeptoren und reagiert nach Bindung des Antigens mit der Immunantwort.

Immunkrankheiten, durch Immunreaktionen hervorgerufene Erkrankungen. Hierzu rechnen z. B. → Allergie und → Autoimmunkrankheiten.

Immunologie, *Immunbiologie,* Wissenschaft von den Immunreaktionen. Zu ihr gehören neben der → Immunchemie die → Serologie, die → Immungenetik, die → Tumorimmunologie und die *Immunpathologie,* die sich mit den für den Organismus ungünstigen Immunreaktionen befaßt.

Lit.: H. Ambrosius u. W. Rudolph: Grundriß der Immunbiologie (Jena 1978); H. Brandis: Einführung in die Immunbiologie (Stuttgart 1973); G. Bundschuh u. B. Schneeweiß: Immunologie (Berlin 1976); D. G. R. Findeisen: Allergie (Berlin 1976); H. Friemel: Immunologische Arbeitsmethoden (Jena 1980); L. Jäger: Klinische I. und Allergologie (Jena 1976); R. Keller: Immunologie und Immunpathologie (Stuttgart 1977); R. S. Nezlin: Struktur und Biosynthese der Antikörper (Jena 1977); G. Pasternak u. K. Schneeweiß: Transplantations- und Tumorimmunologie (Jena 1973); I. M. Roitt: Leitfaden der I. (Darmstadt 1977); S. Sell: Immunologie, Immunpathologie und Immunität (Weinheim u. New York 1977); M. W. Steward: Immunchemie (Stuttgart 1975); R. A. Thompson: Praxis der klinischen I. (Jena 1978).

Immunpathologie, → Immunologie.
immunsuppressive Therapie, → Transplantation.
Immuntoleranz, → Transplantation.
Immunzytochemie, svw. Immunhistochemie.
Imperforata, Gruppe der → Foraminiferen.
Impfnadel, ein in mikrobiologischen Laboratorien zur Übertragung von Mikroorganismen verwendetes Instrument. Es besteht aus einem nadelförmigen Draht, der in einem Metallhalter (Kollehalter) oder Glasstab befestigt ist. Ist das Drahtende zu einer Öse gebogen, wird das Gerät als *Impföse* bezeichnet. Durch Ausglühen in der Flamme wird die I. vor und nach jedem Gebrauch sterilisiert.
Impföse, → Impfnadel.
Impfung, 1) in der Mikrobiologie das Übertragen lebender Mikroorganismen zum Zwecke der Kultivierung auf oder in Nährmedien. Das Beimpfen von Nährböden erfolgt meist mit Hilfe der Impföse.

2) ein Verfahren zur Erzeugung von Immunität. Bei der aktiven Schutzimpfung werden Impfstoffe, *Vakzine,* eingesetzt. Man unterscheidet Lebend- und Totimpfstoffe. *Lebendimpfstoffe* enthalten abgeschwächte Erreger, die keine krankmachende Wirkung besitzen dürfen, z. B. bei der Schluckimpfung gegen Kinderlähmung. In *Totimpfstoffen* befinden sich abgetötete Erreger oder ihre Bestandteile, z. B. im Impfstoff gegen Starrkrampf.

Implantation, → Plazenta, → Transplantation.
Imponieren, → Imponierverhalten.
Imponiergehaben, → Imponierverhalten.
Imponierverhalten, früher auch *Imponieren* oder *Imponiergehaben* genannt, Bezeichnung für Verhaltensweisen in einem agonistischen Nahfeld (→ agonistisches Verhalten). Entsprechend der Kennzeichnung des Nahfeldes ist das Verhalten orientiert. Als agonistisches Verhalten ist es auf einen Konkurrenten oder Rivalen bezogen, eine Form der »Selbstdarstellung«, die einen Kontakt (Angriff) überflüssig machen kann. Ursprünglich wurde davon ausgegangen, daß es zugleich auch einem Geschlechtspartner den Status der Überlegenheit anzeigt. Funktionell dient dieses Verhalten als *Drohen* (*Drohverhalten*), kann sich mit Vergrößerung der Konturen, Farbänderungen und anderen Besonderheiten verbinden und wird so auf den Konkurrenten orientiert, daß die visuellen (und gegebenenfalls auch akustischen) Signale voll zur Wirkung kommen, etwa als *Breitseit-Imponierverhalten* oder *Frontal-Imponierverhalten*.

Imponierverhalten bei Säugetieren: *a* Katze, *b* Rotfuchs, *c* Hartmannzebra, *d* Pferd, *e* Lama, *f* Nilgauantilope, *g* Gayal, *h* Gaur (nach Tembrock)

Impuls, → Aktionspotential.
impulsgenerierende Zone, → Neuron.
Impulszytophotometrie, Methode zur quantitativen Bestimmung von Substanzen (Nukleinsäuren, Proteinen) in Einzelzellen.

Die I. stellt eine Weiterentwicklung und Automatisierung der *Zytophotometrie* dar. Zur Messung werden Suspensionen von Einzelzellen benutzt, in denen nach einer Fixierung die nachzuweisenden Zellbestandteile mit Fluoreszenzfarbstoffen markiert werden. Das Fluoreszenzlicht jeder durch die Meßkammer strömenden Zelle wird in ein elektrisches Signal umgewandelt und in einem Vielkanalanalysator klassifiziert. Nach entsprechender elektronischer Verarbeitung erhält man die Häufigkeitsverteilung der gemessenen Verbindung, die Aufschluß über die Differenzierungsgrad, das Wachstum und die Vermehrung der Zellen gibt. Die I. wird in der Diagnostik zur Krebsfrüherkennung und in der Therapie verwendet.

Inäqualteilung, → Fortpflanzung.

Inarticulata, *Ecardines,* Unterklasse der Armfüßer, die die primitiveren Arten umfaßt und bei denen die Schalenklappen kaum unterschiedlich und nicht durch ein Schloß miteinander verbunden sind. Ein Armgerüst ist nicht ausgebildet. Alle I. leben in den Weltmeeren und sind meist mit einem Stiel (in den sich das Zölom ausstülpt) am Untergrund befestigt. Hierher gehört die Gattung → *Lingula,* die sich seit dem Kambrium unverändert erhalten hat.

Incisivi, → Gebiß.

Index-Person, svw. Propositus.

Indifferenztemperatur, derjenige Temperaturbereich der Umgebung, bei dem eine → Temperaturregulation nicht erforderlich ist, d. h. die → Körpertemperatur konstant bleibt. Die I. beträgt für den unbekleideten Menschen etwa 30 °C.

Indigenae, Tiere, die sich in einem Biotop durch Vermehrung halten und damit bodenständig sind. Sie werden auch als biotopeigene Arten bezeichnet (→ Biotopbindung). Den I. stehen mit abnehmendem Grad der Biotopzugehörigkeit die Besucher (*Hospites*), die Nachbarn (*Vicini*) sowie die *Irrgäste* und Durchzügler (*Alieni*) gegenüber.

Indigo, ein dunkelblauer Farbstoff, ein Abkömmling des Indols. I. wurde früher aus dem tropischen, in Indien beheimateten, in Südasien, Nordost-, Ost-, Südafrika und Lateinamerika angebauten → Schmetterlingsblütler *Indigofera tinctoria* gewonnen, seltener aus dem in Mitteleuropa heimischen Färberwaid, *Isatis tinctoria.* In der Pflanze kommt I. nicht frei vor, sondern als farbloses Indikan, ein Glukosid des Indoxyls. Bei der Extraktion der zerkleinerten Blätter erfolgt unter dem Einfluß einer Glukosidase enzymatische Spaltung in Glukose und Indoxyl. Letzteres bildet dann unter Einwirkung des Luftsauerstoffs den blauen Farbstoff.

Indikan : R = Glukose
Indoxyl : R = H   Indigo

    I. gehört zu den ältesten Textilfarbstoffen und wurde seit Jahrtausenden als Küpenfarbstoff verwendet. Zum Färben wird der unlösliche I. in einer reduzierenden alkalischen Flüssigkeit zu Indigoweiß gelöst. Die mit dieser Küpe getränkten Stoffe wurden an der Luft »verhängt«, wobei unter Mitwirkung von Luftsauerstoff auf der Faser der I. zurückgebildet wird. Der natürliche, aus Pflanzen gewonnene Farbstoff wurde durch den reineren und billigeren synthetischen I. abgelöst, der eine Zeitlang große weltwirtschaftliche Bedeutung hatte. In geringem Umfang wird I. auch heute noch als Farbstoff verwendet.

Indikan, → Indigo.

Indikatororganismen, Organismen, die bestimmte Umweltbedingungen anzeigen, → biologische Wasseranalyse.

Indikatorpflanzen, *Standortzeiger, Bodenzeiger, Leitpflanzen,* Pflanzen, die durch gehäuftes Auftreten Rückschlüsse auf die Standorteigenschaften zulassen. Auf die I. wirken stets mehrere Umweltfaktoren ein, so daß ihr Vorkommen nur die Wirkung der Summe aller Faktoren, möglicherweise auch die Wirkung oder Änderung der Wirkung weniger überwiegender Faktoren zum Ausdruck bringen kann (→ Bioindikatoren). Daraus ergeben sich gewisse Rückschlüsse auf das Lokalklima bzw. auf den Stickstoffgehalt, den Kalkgehalt, den Versalzungsgrad, den Versauerungsgrad des Bodens oder Wassers, deren Mengenaussage durch physikalisch-chemische Analysen geeicht werden kann. → Kalkpflanzen, → Kieselpflanzen, → Salzpflanzen.

indirekte Kernteilung, svw. Mitose.

indirekte Orientierung, → Zielfinden.

Indischer Ochsenfrosch, *Kaloula pulchra,* 8 cm großer, markant ockerfarben und dunkelbraun gezeichneter → Engmaulfrosch Südasiens mit grabender Lebensweise, der nur zur Fortpflanzung ins Wasser geht, wobei die Männchen lautstark rufen. Bei Belästigung bläht sich der I. O., der in vielen Gebieten als Kulturfolger in Gärten und Häuser eindringt, ballonartig auf.

Individualdistanz, Mindestabstand zwischen freibeweglichen Tieren als Kriterium der Distanzregulation in Populations- und Gruppenstrukturen. Im einzelnen hängt diese Distanz von verschiedenen Funktionsbezügen zwischen den Individuen ab. Es lassen sich jedoch generelle Typen unterscheiden, die als Kontakttyp und als Distanztyp bezeichnet werden. Beim → Kontakttyp werden auch Verhaltensweisen, die einen physischen Kontakt funktionell nicht erfordern, im Kontaktfeld vollzogen, während die → Distanztypen unter solchen Bedingungen einen körperlichen Abstand aufrechterhalten.

Individualselektion, in der Verhaltensforschung die auswählende Unterscheidung zwischen einzelnen Individuen. Im Gegensatz zur → Gruppenselektion bildet hier das Individuum die Einheit, an welcher die Auslese ansetzt. Damit wird die individuelle Fitness wirksam, der Durchsatz des individuellen Genotyps im Genpool der Population.

Individuendichte, → Abundanz.

Individuum, Einzellebewesen, das durch räumlich-zeitliche Selbständigkeit im Auftreten und Einmaligkeit der speziellen Form der Merkmalsausprägung gekennzeichnet ist. Es vereint auf sich alle wesentlichen Merkmale des Lebens wie Bauplan, Stoff- und Energiewechsel, Reizbarkeit, Entwicklung, Anpassung und Fortpflanzung in der jeweilig für die Art typischen Form. Die Besonderheit des I. ergibt sich sowohl aus der spezifischen Kombination seines genetischen Materials als auch aus der Abfolge der seine Entwicklung beeinflussenden Umweltbedingungen.
    Die Abgrenzung der Einzellebewesen ist nicht bei allen Arten möglich (Kormus, → Organismenkollektiv).

indoaustralisches Zwischengebiet, *Wallacea,* Übergangsgebiet, das die orientalische und australische tiergeographische Region trennt, mit starker Verarmung der Fauna und in den einzelnen Taxa sehr unterschiedlicher Durchmischung orientalischer und australischer Tiere. Die Inseln des i. Z. (Abb. S. 406) hatten während der eiszeitlichen Absenkung des Meeresspiegels weder an den vergrößerten asiatischen noch an den australisch-neuguineischen Kontinent Anschluß gefunden. Für die Säugetiere ist die Balistraße eine schärfere Grenze als die *Wallace-Linie,* z.T. hängt die stark verringerte Zahl von orientalischen Säugetieren auf Bali aber wohl mit der geringeren Größe der Insel zusammen. Lombok hat noch 3 Affen- und 3 Karnivorenarten, Sumbawa je 2, Flores je 1 Art. Verhältnismäßig reich an orientalischen Säugern ist Sulawesi (z. B. 4 Schleichkatzenarten, 3 Primaten, Hirscheber, Anoa). Die natürliche Verbreitung der Säuger läßt sich aber schwer rekonstruieren, da

Indol

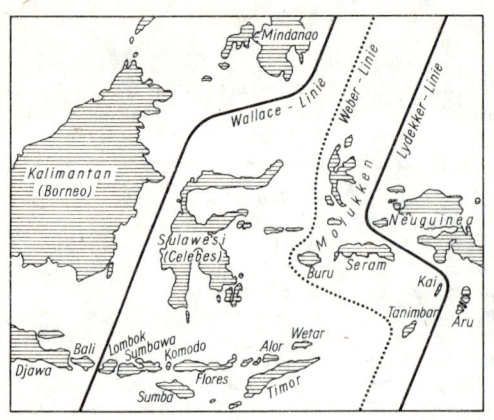

Das durch Wallace- und Lydekkerlinie begrenzte indoaustralische Zwischengebiet

gerade hier mit starker Verfälschung durch Einbürgerungen zu rechnen ist. Wegen des starken Artenschwundes von West nach Ost und nur geringem Vordringen der australischen Säugetiere ist es nur zu einer geringen Durchmischung der Faunen gekommen, am ehesten auf Sulawesi, wo 2 Kletterbeutler leben. Sehr viel stärker ist die Durchmischung bei Vögeln, Reptilien und Amphibien. Bei Vögeln und Reptilien haben orientalische Arten das i. Z. ebenso wie bei den Säugern wesentlich stärker besiedelt als australische. Ein bemerkenswertes Reptil ist der Komodowaran. Relativ hoch ist der australische Anteil bei den gut vertretenen Amphibien. Der Verlauf der *Weber-Linie*, die das Gleichgewicht zwischen orientalischer und australischer Wirbeltierfauna anzeigen soll, spiegelt die erfolgreichere Besiedlung des i. Z. durch orientalische Tiere deutlich wider.

Indol, *Benzopyrrol,* eine heterozyklische, aromatische Base, die frei oder in vielen Derivaten in der Natur auftritt. I. riecht verdünnt und rein angenehm jasminartig, konzentrierter und verunreinigt jedoch fäkalienartig. Es ist in freier Form geruchsbestimmender Bestandteil zahlreicher ätherischer Öle, z. B. des Jasmin-, Orangen- und Goldlackblütenöls. I. entsteht ferner bei der Fäulnis von Eiweißstoffen aus der Aminosäure Tryptophan und ist am Geruch der Fäkalien beteiligt. Wichtige in Pflanzen vorkommende Abkömmlinge des I. sind die → Auxine, → Mutterkornalkaloide, → Tryptophan, → Skatol und → Indigo.

Indolylessigsäure, wichtigstes natürlich vorkommendes → Auxin.

Indukt, in der Entwicklungsphysiologie die durch die auslösende Wirkung eines Induktors hervorgerufene Bildung, → Induktion.

Induktion, 1) »die Auslösung eines Entwicklungsvorganges an einem Teil eines Organismus durch einen anderen Teil« (A. Kühn). Die Teile eines Keimes führen die Entwicklung nicht isoliert voneinander durch, sondern stehen dabei in vielfältigen Beziehungen. Neben den Hemmwirkungen (Inhibitionen) sind es insbesondere Induktionsvorgänge, die die Enwicklung des Keimes zur harmonischen Ganzheit garantieren.

Am bekanntesten ist die von Spemann entdeckte Induktionswirkung, die beim Amphibienkeim von dem im Bereich der dorsalen Urmundlippe gelegenen »Organisationszentrum« ausgeht und durch die das übergelagerte Ektoderm veranlaßt wird, Rückenmark und Gehirn zu bilden, während der Induktor selbst zur Chorda und den Somiten wird (→ Organisator).

Die allgemeinen Gesetzmäßigkeiten beim Induktionsvorgang sollen am Beispiel der Linsenbildung demonstriert werden. Bei den meisten Amphibien erfolgt die Abschnürung der Linse vom Ektoderm auf einen Reiz hin, der von der vom Gehirn (genauer: Dienzephalon) in Richtung zur Epidermis vordringenden Augenblase ausgeht. Entfernt man z. B. beim Grasfrosch *Rana fusca* oder bei der Erdkröte *Bufo bufo* die Augenblase, bevor sie die Epidermis erreicht hat, so entwickelt sich keine Linse. Andererseits kann man bei diesen Tieren ein Stückchen Bauchhaut oder Kopfhaut in die Linsenbildungsregion transplantieren und erhält trotzdem eine Linse. Offenbar haben in diesem Fall die ortsfremden Epidermisstücke ebenfalls die Fähigkeit (*Kompetenz*), den Induktionsreiz aufzunehmen und mit einer entsprechenden Formbildung zu beantworten. Bei anderen Amphibienarten (z. B. *Bombinator pachypus*) hat nicht mehr die gesamte, sondern nur noch die Kopfepidermis die Linsenkompetenz. Bei einigen Arten fällt der Bereich der Linsenkompetenz mit dem präsumptiven Linsenbildungsort zusammen.

Die Kompetenz des Reaktionsblastems gegenüber dem Induktionsreiz ist nur innerhalb einer bestimmten Zeitspanne (*sensible Periode*) vorhanden. Sie tritt erst auf dem Neurulastadium auf, wenn sich die Epidermis aus dem allgemeinen Ektoderm herausdifferenziert hat. Bei den Arten mit weit verbreiteter Linsenkompetenz kann man beobachten, daß die Kompetenz zuerst in denjenigen Epidermisbereichen wieder verschwindet, die am weitesten von dem präsumptiven Linsenbildungsort entfernt sind, zuletzt (auf dem Schwanzknospenstadium) erlischt sie an diesem Orte selbst.

Die I. beruht auf einer stofflichen Wirkung des Induktors auf das Reaktionsblastem. Durch sie wird lediglich die Formbildung ausgelöst. Die spezielle Ausgestaltung der Struktur hängt vom Reaktionsgewebe ab. Transplantiert man z. B. Epidermis vom Axolotl in das präsumptive Linsenbildungsgebiet der zierlicheren Molchart *Triturus vulgaris,* so ist zwar der gattungsfremde Induktionsreiz ebenfalls wirksam, die Linse fällt aber im Verhältnis zum induzierenden *Triton taeniatus*-Augenbecher viel zu groß aus, da sie herkunftsgemäß Axolotl-Ausmaße annimmt.

Bezeichnet man die Neuralinduktion als primären Induktionsvorgang, so kann man die von dem aus dem Indukt hervorgegangenen Augenbecher ausgehende Linseninduktion als sekundär bezeichnen. Von dem Augenbecher und der Linse wird dann tertiär die Bildung der Hornhaut aus der übergelagerten Epidermis induziert. Es ergibt sich also folgende Induktionskette:

Chordamesoderm der Kopfregion —— primäre Induktion ——→ Gehirn →

Zwischenhirn (Dienzephalon) → Augenblase —— sekundäre Induktion ——→ Linse

—— tertiäre Induktion ——→ Cornea

Eine ähnliche Hierarchie der Induktoren ist bei der Entwicklung des Ohres wirksam:

Chordamesoderm der Kopfregion —— primäre Induktion ——→ Gehirn → Nachhirn sekundäre Induktion ――→ Hörblase → häutiges Labyrinth →

tertiäre Induktion ――→ knorpeliges Labyrinth →

quartäre Induktion ――→ Trommelfell

Von einer synergistischen I. spricht man, wenn zwei verschiedene Gewebe sich gegenseitig so beeinflussen, daß beide sich unter dem Einfluß des anderen anders weiterentwickeln als für sich allein. Ein solches Verhalten liegt bei der Entwicklung der Säugerniere vor. Dieses Organ entsteht embryonal aus zwei verschiedenen Komponenten. Der kaudale Abschnitt des nephrogenen Gewebes, ein lockerer mesodermaler Zellstrang, liefert die Nephrone. Die vom Urnierengang her dorsal- und kranialwärts hervorwachsende Ureterknospe verdickt an ihrem Ende und bildet das Nierenbecken und die vielen Sammelkanälchen, die sich mit den Tubuli der Nephrone später vereinigen. Entfernt man eine der beiden Komponenten, so wird die weitere Differenzierung der anderen gestoppt. In Gewebekultur zeigt sich dasselbe: Normal verläuft die Entwicklung nur, wenn beide Gewebe in Kontakt miteinander gezüchtet werden.

Die I. gehört zu den Grunderscheinungen während der Entwicklung organischer Strukturen. Sie ist auch während der Entwicklung niederer Tiere und Pflanzen wirksam. Bei der Insektenentwicklung (*Chrysopa*) werden beispielsweise die Differenzierungen des Mesoderms, wie Muskulatur, Fettkörper und Herzbildungszellen, durch das übergelagerte Ektoderm induziert. Es ist hier also umgekehrt wie bei der Organisatorwirkung, bei der das Chordamesoderm der Induktor und das Ektoderm das Reaktionsblastem waren.

2) in der Reizphysiologie der Pflanzen Teilvorgang der Reizaufnahme. → Perzeption.

induktive Resonanz, → Photosynthese.

Induktoren, 1) niedrigmolekulare Stoffe (wahrscheinlich Substrate von Enzymreaktionen oder sterisch damit verwandte Verbindungen), die als Effektoren wirken, durch Inaktivierung eines Repressors eine genetisch gesteuerte Enzymsynthese in Gang setzen (→ Operon) und damit die Realisierung einer bestimmten genetischen Information regulieren.

2) der einen Entwicklungsvorgang auslösende Teil eines Organismus. → Induktion.

Indusium, *Schleier,* 1) die zarte Hülle, die bei den → Farnen die Sporangienhaufen (Sori) vollständig umgibt; 2) die zarte Haut, die im jugendlichen Zustand die Unterseite der Hüte verschiedener Pilze umschließt. Das I. wird später zerrissen und bildet einen kragenförmigen Ring (→ Anulus) um den Stiel.

Industrieanthropologie, → Anthropologie.

industrielle Mikrobiologie, svw. technische Mikrobiologie.

Industriemelanismus, Zunahme der Häufigkeit schwarzer oder dunkler Schmetterlinge bei Nachtfalterarten im Zuge der Industrialisierung. In mehr als 100 der etwa 780 Großschmetterlingsarten Großbritanniens nahmen seit 1850 melanistische Falter deutlich zu. In der durch Rauch und Abgase verdunkelten Landschaft werden die früher seltenen dunklen Mutanten von jagenden Vögeln nur schwer erkannt und haben daher einen Selektionsvorteil. Das Verdrängen der hellen Form des Birkenspanners, *Biston betularia,* durch die dunklen Formen gehört zu den am besten dokumentierten Selektionsvorgängen in natürlichen Populationen.

induzierte Resistenz, in der Phytopathologie Bezeichnung für eine Form der Resistenz, die dadurch charakterisiert ist, daß eine Pflanze durch vorhergehende Infektion mit anderen Organismen oder Behandlung mit bestimmten Substanzen widerstandsfähig gegen Parasiten wird. Resistenz kann induziert werden durch vorherige → Inokulation bzw. Behandlung mit anderen Pathogenen, weniger virulenten Rassen des Erregers, Saprophyten, hitzeinaktivierten Erregern, Zellextrakten oder auch Substanzen des Pathogens bzw. Metaboliten infizierter Pflanzen. Ausgeschlossen sind Vorgänge, die auf eine direkte Einwirkung des Wirkfaktors auf das Pathogen zurückgehen. Zwischen Vorbehandlung und Infektion ist immer ein bestimmtes Zeitintervall notwendig.

infantile Altersstufe, beim Menschen die Altersstufe von der Geburt bis zum 14. Lebensjahr. → Altersdiagnose.

Infektion, 1) Ansteckung, Übertragung und Eindringen krankheitserregender Mikroorganismen in den Körper. Dabei kommt es durch die Vermehrung und die Lebenstätigkeit des Krankheitserregers (*Infektionserreger*) gewöhnlich zum Ausbruch einer *Infektionskrankheit.* Als *Infektionsquelle* treten lebende Organismen (Mensch, Tier und Pflanze), pflanzliche und tierische Produkte, z. B. Lebensmittel, aber auch Wasser, Erde u. a. unbelebte Substanzen auf. Die Übertragung der Infektionserreger kann indirekt, z. B. durch Insekten, oder durch unmittelbare Berührung (*Kontaktinfektion*), etwa von Mensch zu Mensch, erfolgen.

2) In der Mikrobiologie die Verunreinigung einer Reinkultur mit anderen, unerwünschten Mikroorganismen (Fremdorganismen).

infektionsgebundene Immunität, svw. Prämunität.

Infektionskrankheiten, durch bestimmte Krankheitserreger (meist Mikroorganismen) hervorgerufene Krankheiten bei Mensch, Tier und Pflanze. I. werden durch Infektion (Ansteckung) erworben und verbreitet.

Infektionspotential, in der Phytopathologie die von der Schaderregerdichte und von Umweltfaktoren abhängige Fähigkeit eines Pathogens, die Infektion herbeizuführen.

Infektionsresistenz, → Resistenz.

Infektionsschwelle, *numerische I.,* in der Phytopathologie das zahlenmäßige Minimum der Individuen (z. B. Sporen) eines zur Infektion einer Pflanze geeigneten Parasiten, welches notwendig ist, um unter optimalen Infektionsbedingungen bzw. Umweltbedingungen eine → Infektion herbeizuführen.

infektiös, ansteckend; mit Krankheitserregern behaftet.

Infektiosität, die Fähigkeit von Parasiten, einen Wirt zu infizieren, ein parasitisches Verhältnis herzustellen, den Wirt krank zu machen.

Infektkette, in der Phytopathologie die fortgesetzte Übertragung von Pathogenen oder ihrer Infektionsorgane von einer Wirtsgeneration zur anderen und von Vegetationsperiode zu Vegetationsperiode. In Gebieten ohne Vegetationsunterbrechung handelt es sich um *kontinuierliche I.,* in Gebieten mit Vegetationsruhe um *diskontinuierliche I.* Bei *homogenen I.* werden stets Wirtspflanzen ein und derselben Art infiziert, bei *heterogenen I.* findet ein Wirtswechsel statt (z. B. Rostkrankheiten des Getreides).

Infloreszenz, → Blüte.

Influenzavirus, → Virusfamilien.

Influx, zumeist aktive Aufnahme von Substanzen, besonders Ionen, durch Zellen.

Information, 1) strukturelles Charakteristikum von Ökosystemen (→ Diversität). Bestände im → Klimax weisen eine hohe I. im Sinne des strukturellen Organisierungsgrades ihrer Elemente und maximale → Entropie hinsichtlich der Relation von Arten- und Individuenzahl auf. 2) → genetische Information.

Informationsansprüche

Informationsansprüche, Klasse oder Modalität der Umweltansprüche, gerichtet auf die Informationsaufnahme. I. 1. Ordnung gewährleisten die Körperbeherrschung, die elementare Orientierung der Körperfunktionen in Raum und Zeit, die Sicherung der grundlegenden Lebensfunktionen. I. 2. Ordnung sichern die Einpassung in die ökologische Nische und damit das Beziehungsgefüge zur Biogeozönose. I. 3. Ordnung gewährleisten die Integration des Individuums in die Population und setzen sich vorrangig als biokommunikative Ansprüche um, fordern also »Nachrichten« von Artgenossen an.

Informationsaufnahme, → Informationswechsel.
Informationsspeicherung, → Gedächtnis.
Informationstheorie, Grundlage zur Beschreibung der Gesetzmäßigkeiten bei der Nachrichtenübertragung. Die Maßeinheit des *Informationsgehaltes* ist das *bit*. Ein bit entspricht einer Nachricht mit einem Wahrscheinlichkeitsgehalt von ½. Der Informationsgehalt I_i berechnet sich aus der Wahrscheinlichkeit des Auftretens einer Nachricht, z. B. der Häufigkeit eines Symbols x_i, nach $I_i = -ld(x_i)$. Der mittlere Informationsgehalt einer Nachrichtenquelle mit einem Vorrat an Nachrichtensymbolen von N wird als *Entropie* bezeichnet, da er formal der thermodynamischen Entropie entspricht. Je differenzierter die Verteilung der Nachrichtensymbole ist, desto geringer ist die Entropie. Hängt bei einer Nachrichtenfolge, z. B. der Sequenz der Buchstaben im Text, die Wahrscheinlichkeit des Auftretens eines bestimmten Buchstabens von den vorhergehenden Buchstaben ab, so müssen zur Berechnung der Entropie sehr lange Ketten betrachtet werden.

Die I. beschäftigt sich im Gegensatz zur Kommunikationstheorie mit der einseitigen Nachrichtenübertragung. Der Empfänger beeinflußt nicht die Quelle. Eine wichtige Aufgabe der I. ist es, den Einfluß von Störungen, die Irrelevanz, auf den übertragenen Nachrichtengehalt zu untersuchen. Shannon konnte beweisen, daß es möglich ist, durch geeignete Kodierung eine gegebene Informationsmenge mit einer gegen Null strebenden Fehlerwahrscheinlichkeit zu übertragen. Eine wichtige Größe der I. ist die *Kanalkapazität*, die den maximal möglichen Nachrichtenfluß darstellt. Die Kanalkapazität der technischen Nachrichtenübertragungsverfahren ist unseren Sinnesorganen angepaßt. Einer Kanalkapazität des Fernsehens von $7 \cdot 10^7$ bit/s entspricht eine Aufnahmekanalkapazität des Auges von etwa $3 \cdot 10^6$ bit/s. Der Telefonkanalkapazität von etwa $5 \cdot 10^4$ bit/s stehen $4 \cdot 10^4$ bit/s des Ohres gegenüber. Allerdings kann der Mensch bewußt weit weniger Information verarbeiten, so z. B. beim Lesen etwa 40 bit/s. Die dazu notwendige Reduktion der aufgenommenen Informationsmenge erfolgt unbewußt schon in den Sinnesorganen und im Zentralnervensystem.

Aufgabe der **Kommunikationstheorie** ist es, die Kopplung zwischen Sender und Empfänger zu untersuchen. Störungen und Kodierungen beeinflussen die Kopplung. Man unterscheidet zwischen *einseitiger Kopplung* – nur die eigene Nachrichtenvergangenheit beeinflußt den Sender –, der *determinierten Kopplung* – der Empfänger bestimmt vollkommen die Nachrichten des Senders – und dem allgemeinen Fall einer *wechselseitigen Kopplung*. Auf den Menschen übertragen wären diese Kopplungsarten sinngemäß als *Monolog*, *Suggestion* und *Dialog* zu bezeichnen. Die Kommunikationstheorie bildet die quantitative Grundlage der Untersuchung der Kommunikation in der Verhaltensforschung.

Lit.: Hoppe, Lohmann, Markl, Ziegler (Hrsg.): Biophysik (Berlin, Heidelberg, New York 1982).
Informationsverarbeitung, → Informationswechsel.
Informationswechsel, Begriff zur Kennzeichnung des organismischen Informationsaustausches mit der Umwelt, analog zum Begriff »Stoffwechsel«. Damit ist ein Grundphänomen des Lebewesens bezeichnet, das früher als Reizbarkeit oder Irritabilität beschrieben wurde. Die *Informationsaufnahme* vollzieht sich bei den Mehrzellern über Sinnesorgane (Exterorezeptoren) und schließt eine Vorverarbeitung der Information mit ein. Dann folgt die *Informationsverarbeitung*, verbunden mit Umwandlung, Transport (Leiten) und Speicherung, was Zuordnung zu bereits gespeicherten Informationen einschließt. Daran sind stets biochemische und bioelektrische Vorgänge beteiligt. Bewegungen und komplexere Verhaltensweisen können diesen Vorgang optimieren (→ Gebrauchsverhalten); sekundär können Bewegungen und andere Efferenzen auch Informationen als Signale abgeben (→ Signalverhalten).
Informoferen, → Zellkern.
Informosomen, → Zellkern.
Infrarotspektroskopie, Untersuchungsverfahren der Absorption von Stoffen im Bereich des infraroten Lichtes. Es wird der Absorptionsbereich untersucht, der der Anregung von Schwingungszuständen der Moleküle entspricht. Man unterscheidet zwischen *Valenzschwingungen*, die entlang der Bindungsachse erfolgen, und *Deformationsschwingungen*, bei denen senkrecht dazu eine Bewegung der Atome erkennbar ist. Die I. ist besonders dazu geeignet, Wasserstoffbrückenbindungen zu untersuchen. Man bekommt wertvolle Aussa-

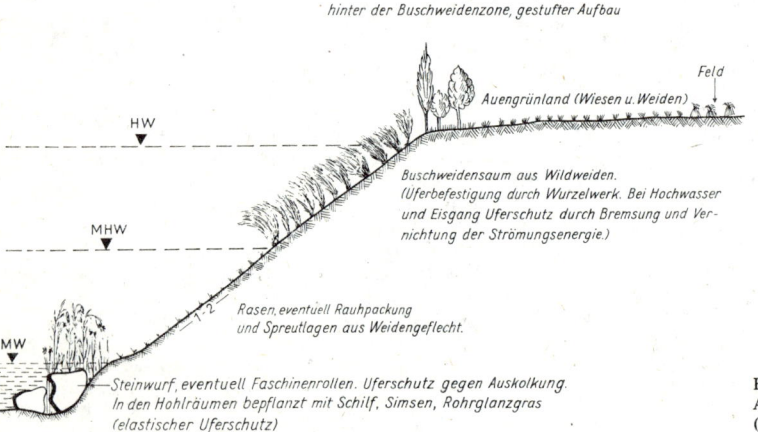

Hochwaldsaum (Esche, Erle, Weide, Pappel etc) hinter der Buschweidenzone, gestufter Aufbau

Auengrünland (Wiesen u. Weiden)

Feld

HW

Buschweidensaum aus Wildweiden. (Uferbefestigung durch Wurzelwerk. Bei Hochwasser und Eisgang Uferschutz durch Bremsung und Vernichtung der Strömungsenergie.)

MHW

Rasen, eventuell Rauhpackung und Spreutlagen aus Weidengeflecht.

MW

Steinwurf, eventuell Faschinenrollen. Uferschutz gegen Auskolkung. In den Hohlräumen bepflanzt mit Schilf, Simsen, Rohrglanzgras (elastischer Uferschutz)

Flußregulierung mit naturnahem Ausbau: Biologischer Uferschutz (nach L. Bauer)

gen über den Konformationszustand von Proteinen und Polynukleotiden. Zur I. werden nur sehr geringe Substanzmengen benötigt.

Infundibulum, → Gehirn.

Infusorien, *Aufgußtierchen,* alte Bezeichnung für → Ziliaten und z.T. auch → Flagellaten (*Geißelinfusorien*), die darauf zurückgeht, daß diese Protozoen in faulenden Pflanzenaufgüssen nach gewisser Zeit auftreten, d. h. aus ihren Zysten schlüpfen und sich vermehren.

Ingenieurbiologie, im weiteren Sinne die Lehre von den biologischen Auswirkungen baulicher Eingriffe in das Landschaftsgefüge und/oder die Anwendung biologischer Methoden bei bestimmten landschaftsgestalterischen Maßnahmen.

Das Wesen der I. besteht darin, mit Hilfe geeigneter Pflanzen, vor allem Gehölzen und Gräsern, Gewässerufer, Böschungen und Dünen zu befestigen, um dadurch Schäden infolge von Rutschungen, Verwehungen und Erosion zu verhindern. In breitem Maße werden diese Methoden vor allem im Wasserbau und bei der Gestaltung von Böschungen im Bergbau angewandt. Sie sind zwar in der Regel am Anfang bedeutend aufwendiger als rein bauliche Maßnahmen, bieten aber einen stärkeren und dauerhafteren Schutz, sind leichter zu erhalten und fügen sich besser in das Landschaftsbild ein. Abb. S. 408.

Inger, *Myxine glutinosa,* wurmförmiger, insgesamt rosaroter, bis 50 cm langer Vertreter der Rundmäuler, der die Schlammböden der nordeuropäischen Festlandsockel besiedelt und sich vor allem von Aas und Wirbellosen ernährt. I. sondern bei Gefahr große Mengen eines zähen Hautschleims ab.

Ingolfiellidea, → Flohkrebse.

Ingwergewächse, *Zingiberaceae,* eine Familie der Einkeimblättrigen Pflanzen mit etwa 1500 Arten, die überwiegend in den Tropen, selten in den Subtropen verbreitet sind. Es sind Kräuter mit asymmetrischen Blättern und häufig fleischigen Wurzelstöcken. Die Blüten sind unregelmäßig, meist zwittrig und in einen 6teiligen Kelch und eine Blumenkrone geschieden. Sie enthalten nur ein fruchtbares Staubblatt, die übrigen 4 sind meist kronblattartig entwickelt. Die Bestäubung erfolgt durch Insekten oder Vögel, als Früchte werden Kapseln oder Beeren ausgebildet.

Ingwer: Wurzelstock mit vegetativem und blütentragendem Trieb

Da die I. ätherische Öle und Scharfstoffe, sogenannte gelbe Pigmente enthalten, gehören hierher bekannte Arznei- und Gewürzpflanzen. Die wichtigsten sind der *Ingwer, Zingiber officinale,* dessen Rhizom geschält oder ungeschält gehandelt wird, aus dem tropischen Asien und die Gattung *Gelbwurzel, Curcuma,* aus Hinterindien, die als Arznei, zur Färberei und zur Bereitung des Curry-Gewürzes verwendet wird. Das vor allem für Backwaren und zur Likörherstellung benutzte Gewürz Kardamom entstammt den Früchten von *Elettaria cardamomum* aus Indien oder *Elettaria major* aus Ceylon.

inhibitatorisches postsynaptisches Potential, → synaptisches Potential.

Inhibition, svw. Hemmung.

Inhibitoren, svw. Hemmstoffe.

Initialwirkung, Anfangswirkung eines → Pflanzenschutzmittels unmittelbar nach der Anwendung zur Bekämpfung eines Schaderregers.

Initialzelle, → Bildungsgewebe, → Pflanzenhaare, → Wurzel.

Initialzone, → Sproßachse.

Inkabein, *Os incae,* ein durch eine quer verlaufende Knochennaht (Sutura occipitalis transversa) vom oberen Teil der Hinterhauptsschuppe abgeteilter Knochen des menschlichen Schädels, der durch eine oder zwei senkrechte Nähte auch zwei- oder dreigeteilt sein kann. Die sonst relativ seltene Variante kommt bei peruanischen Schädeln verhältnismäßig oft vor und hat dem Knochen den Namen gegeben.

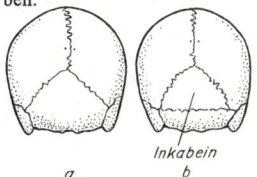

Inkabein
a *b*

Menschenschädel in Hinterhauptansicht (nach H. Bach): *a* ohne, *b* mit Inkabein

Inkohlung, der unter Luftabschluß und unter Druck vor sich gehende Umwandlungsprozeß der fossilen Pflanzensubstanz in Kohle, → Fossilien. Man gliedert in *biochemische* (*strukturelle*) und *geochemische I.* Dabei reichert sich Kohlenstoff gegenüber Wasserstoff, Sauerstoff und Stickstoff relativ an. Die Druck- und Temperaturbedingungen sind maßgeblich für das entstehende kohlige Endprodukt.

Inkoinzidenz, → Scheinresistenz.

Inkompatibilität, eine Unverträglichkeit, durch die trotz Vorhandenseins funktionstüchtiger Gameten keine Nachkommen entstehen. Bei Unverträglichkeit innerhalb einer Art oder Rasse spricht man von *intraspezifischer I.*, bei Unverträglichkeit zwischen verschiedenen Arten von *interspezifischer I.* Die I. ist vielfach genetisch bedingt, und zwar häufig durch multiple Allele. Diese werden auch als *Inkompatibilitätsfaktoren* bezeichnet. *Protoplasmatische I.* beruht auf einer Unverträglichkeit des Protoplasmas. Auf I. kann die Selbststerilität vieler Samenpflanzen, ferner die häufig zu beobachtende Unfruchtbarkeit bei der Kreuzung genetisch entfernter Arten zurückgeführt werden. In diesen Fällen werden die Pollenschläuche gehemmt, den Griffel zu durchwachsen. Bei physiologisch heterothallischen Pilzen beruht die Unfähigkeit, sich in Einzel- oder Paarkultur fortzupfanzen, ebenfalls auf I. Esser unterscheidet hier zwischen homogenischer und heterogenischer I. Bei *homogenischer I.* erfolgt keine Zygotenbildung, da die Paarungspartner die gleichen Inkompatibilitätsgene besitzen. Tragen jedoch zwei sexuell unverträgliche Individuen an ihren Inkompatibilitätsloci verschiedene Allele, so liegt *heterogenische I.* vor. Im Obstbau wird das Unvermögen bestimmter

Edelreiser, mit der Unterlage zu verwachsen, als I. bezeichnet.

inkretorische Drüsen, → Drüsen.

Inkrustation, eine Form der Versteinerung, äußerliche Überkrustung von Fossilien, Geröllen oder anderen auf oder im Boden befindlichen Körpern mit Mineralstoffen: SiO_2-Einkieselung; $CaCO_3$-Einkalkung/Sinterung; FeS_2-Einkieselung; Braun- oder Roteisen-Limonitisierung. Es können auch knollenförmige Bildungen, Konkretionen oder Geoden entstehen, die innen ein Fossil enthalten, das als Niederschlagszentrum diente, und als Klappersteine bezeichnet werden.

Inkrustierung, Behandlung des Saatgutes mit einem pulverförmigen → Pflanzenschutzmittel nach vorherigem Anfeuchten mit Wasser zwecks Bildung eines dünnen Schutzfilms um die Samen, um den Befall mit bestimmten Schaderregern zu verhindern bzw. zu senken.

Inkubation, in der Mikrobiologie soviel wie Bebrütung, d. h. die Aufbewahrung von Mikroorganismen unter Bedingungen, die zu ihrer Vermehrung erforderlich sind, z. B. im Brutschrank.

Inkubationszeit, die Zeitspanne vom Eindringen eines Erregers in einen Organismus bis zur ersten, von ihm bewirkten Krankheitserscheinung.

Innenblatt, → Entoderm.

Innenohr, → Gehörorgan.

Innenskelett, → Außenskelett.

innerartliches Konkurrenzverhalten, → Kompetition.

innere Haare, → Pflanzenhaare.

innere Komplexe, svw. Chelate.

innere Ruhe, → Ruheperioden.

innere Uhr, svw. physiologische Uhr.

innertherapeutische Mittel, svw. systemische Mittel.

innertherapeutische Wirkung, → systemische Verteilung.

Innidation, → Nische.

Ino, Abk. für Inosin.

Inoceramus [griech. is, inos, 'Muskel, Stärke', keramis 'Ziegel'], Muschelgattung der *Monomyaria* (Perniden) mit ungleichklappigen, einen Muskelabdruck tragenden Schalen. Der Schloßrand trägt zahlreiche Bandgruben für das Ligament (Band). Die Schalen sind konzentrisch berippt. Sie bestehen aus einer äußeren, dicken Prismenschicht und einer dünnen, inneren Perlmutterschicht.

Verbreitung: Jura bis Tertiär; wichtige Leitfossilien der oberen Kreide.

Inokulation, Einbringen eines → Pathogens in einen Wirtsorganismus. I. muß nicht zwangsläufig zur → Infektion führen.

Inokulum, eine bestimmte Menge lebender Zellen eines Mikroorganismenstammes, die zum Beimpfen eines Nährmediums verwendet wird. Die Größe des I. richtet sich insbesondere nach der Menge des zu beimpfenden Nährmediums.

Inosin, Abk. *Ino,* ein Nukleosid, das in der Hefe und im Fleisch vorkommt. Es wird durch β-glykosidische Verknüpfung von D-Ribose und Hypoxanthin gebildet.

Inosit, → myo-Inosit.

Input, Eingangsgrößen für informationsverarbeitende Systeme, z. B. Signale für Rezeptoren.

Insecta, svw. Insekten.

Insectivora, → Insektenfresser.

Insekten (Tafel 1 und 2), *Kerbtiere, Kerfe, Insecta, Hexapoda,* die artenreichste Klasse des Tierreichs aus dem Stamm der Gliedertiere, die fast drei Viertel aller bekannten Tierarten umfaßt. Während wir aus Mitteleuropa etwa 32 000 Arten kennen, beträgt die Zahl der bis heute beschriebenen Arten etwa 850 000. Fossile I. sind seit dem mittleren Devon nachgewiesen, ihre Hauptentfaltung fällt in die Kreideformation.

Vollkerfe. Kennzeichnend für alle I. sind das aus Chitin bestehende Außenskelett und der durch Einschnitte oder Kerben gegliederte Körper. An den Einschnitten und Gelenken ist der Hautpanzer dünn und biegsam und er-

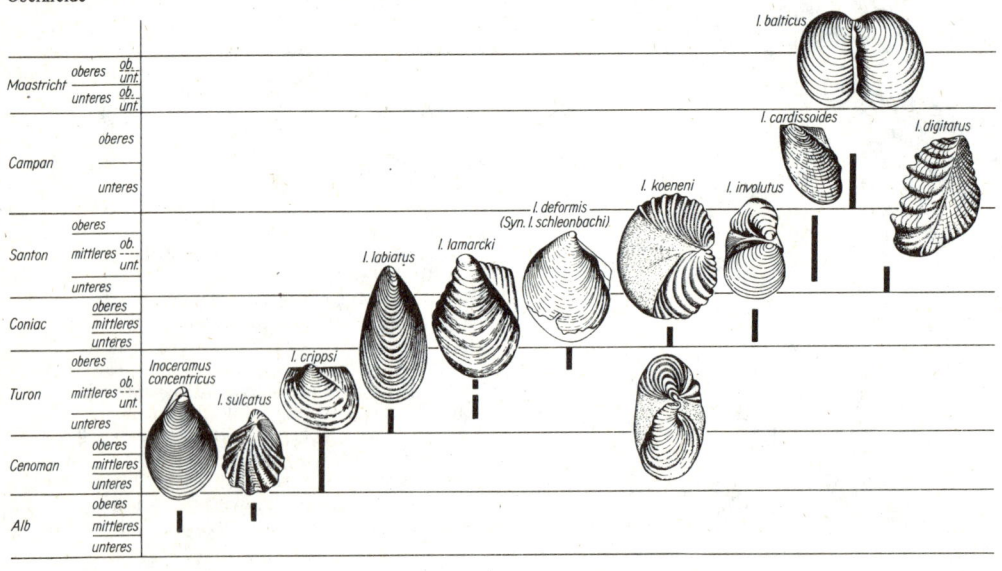

Leitformen der Inoceramen von der obersten Unterkreide bis zur Oberkreide

möglicht so eine Beweglichkeit. Die Muskulatur liegt im Gegensatz zu den Wirbeltieren (mit Innenskelett) unter dem Außenskelett. Der Körper der Vollkerfe ist meist deutlich in Kopf, Brust und Hinterleib gegliedert, die Körperlänge schwankt zwischen 0,2 und 330 mm. Der Kopf ist Träger der wichtigsten Sinnesorgane (Facettenaugen, Punktaugen, Fühler, Gehirn oder besser Oberschlundganglion) und der Mundwerkzeuge, die je nach Lebensweise der Tiere zum Kauen (ursprünglicher Typ), Lecken, Saugen oder Stechen eingerichtet sind. Der Brustabschnitt besteht aus drei Segmenten. Jedes Segment trägt ein Paar gegliederte Beine, das mittlere und letzte Segment außerdem je ein Paar mehr oder weniger geäderte Flügel (Ausnahme → Urinsekten). Der Hinterleib besteht im Grundschema aus zwölf Segmenten, von denen die letzten aber meist nicht mehr als solche erkennbar sind; sie sind an der Bildung der Genitalorgane beteiligt. Zu den wichtigsten inneren Organen gehören neben dem Gehirn – dem Zentrum des bauchständigen Nervensystems (Bauchmark) – das rückenständige Herz, der Darmtrakt, das Tracheensystem (Atmungssystem) und die inneren Geschlechtsorgane (Abb.). I. ernähren sich von lebenden, toten, abgestorbenen oder verwesenden Stoffen pflanzlicher oder tierischer Herkunft. Die Fortpflanzung ist in der Regel zweigeschlechtlich, jedoch ist Jungfernzeugung bei einigen Gruppen nicht selten. Brutfürsorge, Brutpflege, Parasitismus und Staatenleben treten in verschiedenen Gruppen auf. Die Entwicklung (Metamorphose) ist entweder eine unvollkommene Verwandlung (Ei, Larve, Vollkerf) oder eine vollkommene Verwandlung (Ei, Larve, Puppe, Vollkerf).

Eier. Sie sind von unterschiedlichster Form, Oberflächenstruktur und Farbe. Die Größe liegt zwischen Bruchteilen eines Millimeters und 8 mm. Die Zahl der von einem Weibchen abgelegten Eier schwankt zwischen eins und mehreren Millionen. Die Eier werden einzeln oder in Gruppen (Reihen, Häufchen, Teller) abgelegt, und zwar frei an eine Unterlage geklebt, in Pflanzenteile, Kot, auch in ein Wirtstier versenkt, in die Erde oder ins Wasser gegeben. Manchmal werden auch bereits lebende Larven geboren, d. h., die Junglarven haben die Eihülle schon im Mutterleib verlassen.

Larven. Die Larvenphase beginnt mit dem Ausschlüpfen der Eilarve und endet bei I. mit unvollkommener Verwandlung mit der Imaginalhäutung (letzte Häutung zum Vollkerf), bei I. mit vollkommener Verwandlung mit der Verpuppung. Dazwischen liegen mehrere durch Häutung abgegrenzte Larvenstadien. Die Larven der I. mit unvollkommener Verwandlung sind im allgemeinen den Vollkerfen recht ähnlich, oder sie werden ihnen durch die allmähliche Ausbildung von Flügelscheiden immer ähnlicher. Dagegen sind die Larven der I. mit vollkommener Verwandlung ihren Vollkerfen sehr unähnlich, z. B. Raupe – Schmetterling, Made – Fliege, Engerling – Maikäfer. Ein Vergleich schon dieser drei genannten und jedem bekannten Larvenformen zeigt, daß sie von Ordnung zu Ordnung (und auch innerhalb derselben) ein sehr unterschiedliches Aussehen haben. In der Regel sind alle Larvenstadien zur selbständigen Fortbewegung und Ernährung befähigt. Die Ernährungsweise von Larven und Vollkerfen stimmt nicht immer überein. Zur Verpuppung suchen die Larven meist einen geschützten Ort auf; viele verfertigen dazu eine Puppenwiege, ein Gespinst oder einen mehr oder weniger festen Kokon.

Puppen. Die Puppe ist ein zwischen Larve und Vollkerf eingeschaltetes Ruhestadium der höher entwickelten I. (*Holometabola*), das keine Nahrung mehr aufnimmt und in dem sich tiefgreifende Umwandlungen, besonders der inneren Organe, vollziehen. Nach der Beweglichkeit der Körperanhänge und der Segmente unterscheidet man die Freie Puppe (Pupa libera), die Mumienpuppe (Pupa obtecta) und die Tönnchenpuppe (Pupa coarctata); → Käfer, → Schmetterlinge, → Fliegen, → Puppe.

Wirtschaftliche Bedeutung. Der Schaden, den die I. unserer Wirtschaft zufügen, ist beträchtlich; er geht alljährlich in die Millionen. Hervorgerufen wird er hauptsächlich durch Schadfraß an Kulturpflanzen, Lebensmittelvorräten, Textilien, Pelzwaren, verbautem Holz und anderen Materialien, durch Übertragen von Pflanzenkrankheiten sowie von Krankheiten des Menschen und der Haustiere. Andererseits wird jedoch der Nutzen der I. meist unterschätzt. Wenn es auch nur wenige Arten gibt, die wie die Honigbiene oder der Seidenspinner direkt als Nutztiere angesprochen werden können, so gibt es doch zahlreiche Nützlinge, deren Dasein zwar von indirektem, aber nicht weniger großem Nutzen ist. Hier sind vor allem die Blütenbestäuber (Bienen, Hummeln, Fliegen, Schmetterlinge) und die Bodeninsekten (besonders die Urinsekten) zu nennen; ersteren verdanken wir beispielsweise die Obstträge, letzteren durch die mechanische Zersetzung der Erde eine erhöhte Bodenfruchtbarkeit. Weiterhin haben die I. als Nahrungsmittel für nützliche Tiere (Vögel, Fische), als Parasiten oder Feinde von Schadinsekten, als Rohstofflieferanten

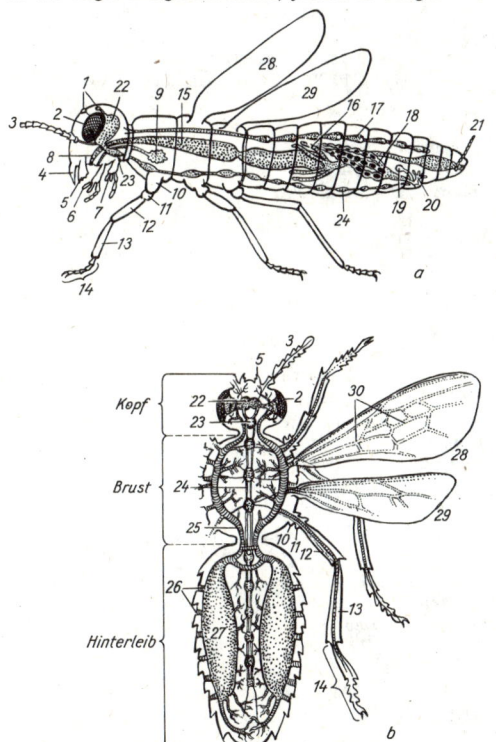

Bauplan eines geflügelten Insekts: *a* von der Seite, *b* von oben. *1* Punktaugen (Ozellen), *2* Facettenauge, *3* Antenne, *4* Oberlippe (Labrum), *5* Oberkiefer (Mandibel), *6* Unterkiefer (erste Maxille), *7* Unterlippe (zweite Maxille), *8* Mundöffnung, *9* Speicheldrüse, *10* Hüfte (Coxa), *11* Schenkelring (Trochanter), *12* Schenkel (Femur), *13* Schiene (Tibia), *14* Fuß (Tarsus) mit fünf Tarsengliedern, *15* Darm, *16* Malpighische Gefäße, *17* Herz, *18* Eierstock (Ovarium), *19* Samentasche, *20* Anhangdrüse, *21* Schwanzborste, *22* Oberschlundganglion, *23* Unterschlundganglion, *24* Bauchmark, *25* Haupttracheenstamm, *26* Atemöffnungen (Stigmen), *27* Luftsack, *28* Vorderflügel, *29* Hinterflügel, *30* Flügelgeäder (Körperanhänge in beiden Figuren nur von einer Körperhälfte gekennzeichnet)

Insekten

(Wachse, Schellack, Seide, Farbstoffe) und als Heilmittellieferanten (Kantharidin, Bienengift) sowie für die Umsetzung toter Organismen eine nicht zu unterschätzende Bedeutung.

System. Die Großsystematik der I. ist teilweise noch umstritten. Der nachfolgende Stammbaum basiert auf Hennigs phylogenetisch begründetem Systementwurf. In Angleichung der vereinheitlichten Endungen der lateinischen Namen von Tribus (-ini), Unterfamilien (-inae) und Familien (-idae) ist man in neuester Zeit bestrebt, auch die Namen der höheren systematischen Kategorien mit gleichen Endungen zu versehen; z. B. sollen alle Ordnungsnamen der geflügelten Insekten (*Pterygota*) auf -*ptera*, die der Überordnungen auf -*pteria* enden. Für letztere wurde bisher meist die Endung -*oidea* benutzt, doch sollte diese Endung den Namen der Überfamilien vorbehalten bleiben.

Geologische Verbreitung und Bedeutung: Mittleres Devon bis Gegenwart. Es sind verhältnismäßig viele fossile Insektenarten (etwa 12 000) bekannt. Die ältesten Formen aus dem Devon waren primär flügellos. Im Karbon hatten vor allem altertümliche räuberische Libellen mit beißenden Mundwerkzeugen Bedeutung. Unter ihnen traten die größten bisher bekannten Insekten mit einer Flügelspanne von 75 cm auf. Die eigentliche Blütezeit der I. begann jedoch erst in der oberen Kreide und reicht über das Tertiär in die Gegenwart. Wahrscheinlich steht diese Entwicklung im Zusammenhang mit dem Aufkommen der Blütenpflanzen. Tertiäre I. (Schmetterlinge, Käfer, Ameisen u. a.) wurden recht zahlreich in der eozänen Braunkohle des Geiseltales bei Halle und im oligozänen Bernstein der Ostsee gefunden.

Sammeln und Konservieren. I. werden in der Regel mit Luft- oder Wassernetz gefangen. Außerdem lassen sie sich ködern oder mit Licht anlocken. Ferner gibt es verschiedene Ausleseapparate und Fallentypen, die zur Erfassung quantitativer Vorkommen dienen. Zum Töten der I. verwendet man ein weithalsiges, verkorktes Glas, als Tötungsmittel Zyankali (in Gips eingeschlossen) oder Essigether (am besten in ein in den Korken eingelassenes Glasröhrchen mit Zellstoffüllung getropft). Libellen tötet man mit Azeton. Soweit man die I. nicht in Alkohol aufbewahrt, werden sie in der für einzelne Ordnungen typischen Weise genadelt oder auf Kartonplättchen geklebt und präpariert. Beim Präparieren richtet man die Extremitäten und Fühler symmetrisch.

Lit.: G. Friese: I., Taschenlexikon der Entomologie (3. Aufl. Leipzig 1979); W. Hennig: Stammesgeschichte

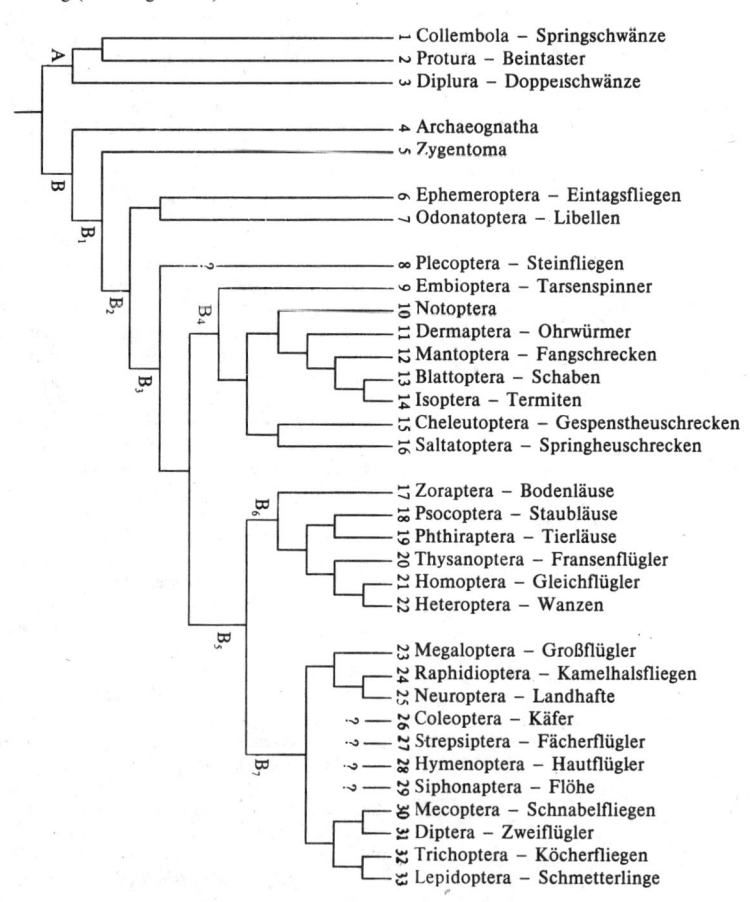

Stammbaum der Insekten mit Angabe aller Ordnungen und einiger höherer phylogenetischer Einheiten.
A Unterklasse Entognatha (Ordnung 1–3), B Unterklasse Ectognatha (Ordnung 4–33), B_1 Dicondylia (Ordnung 5–33), B_2 Pterygota, geflügelte Insekten (Ordnung 6–33), B_3 Neoptera (Ordnung 8–33), B_4 Paurometabola (Ordnung 9–16), B_5 Eumetabola (Ordnung 17–33), B_6 Parametabola (Ordnung 17–22), B_7 Holometabola, Insekten mit vollkommener Verwandlung (Ordnung 23–33)

1 Collembola – Springschwänze
2 Protura – Beintaster
3 Diplura – Doppelschwänze
4 Archaeognatha
5 Zygentoma
6 Ephemeroptera – Eintagsfliegen
7 Odonatoptera – Libellen
8 Plecoptera – Steinfliegen
9 Embioptera – Tarsenspinner
10 Notoptera
11 Dermaptera – Ohrwürmer
12 Mantoptera – Fangschrecken
13 Blattoptera – Schaben
14 Isoptera – Termiten
15 Cheleutoptera – Gespensheuschrecken
16 Saltatoptera – Springheuschrecken
17 Zoraptera – Bodenläuse
18 Psocoptera – Staubläuse
19 Phthiraptera – Tierläuse
20 Thysanoptera – Fransenflügler
21 Homoptera – Gleichflügler
22 Heteroptera – Wanzen
23 Megaloptera – Großflügler
24 Raphidioptera – Kamelhalsfliegen
25 Neuroptera – Landhafte
26 Coleoptera – Käfer
27 Strepsiptera – Fächerflügler
28 Hymenoptera – Hautflügler
29 Siphonaptera – Flöhe
30 Mecoptera – Schnabelfliegen
31 Diptera – Zweiflügler
32 Trichoptera – Köcherfliegen
33 Lepidoptera – Schmetterlinge

der I. (Frankfurt/M. 1969); W. Jacobs u. M. Renner: Taschenlexikon zur Biologie der I. (Stuttgart 1974); W. Jacobs u. F. Seidel: Wörterbücher der Biologie – Systematische Zoologie: I. (Jena 1975); K. H. G. Jordan: I., unsere Freunde – I., unsere Feinde (Berlin 1963); St. von Kéler: Entomologisches Wörterbuch (3. Aufl. Berlin 1963); M. Koch: Präparation von I. (Radebeul u. Berlin 1956); H. Weber: Grundriß der Insektenkunde (5. Aufl. Stuttgart 1974).

Insektenblütigkeit, → Bestäubung.

Insektenfresser, *Insectivora,* eine Ordnung der Säugetiere. Die I. sind urtümliche, kleine bis kleinste Tiere von unterschiedlichem Körperbau. Die Kiefer sind mit vielen (bei manchen Arten 44) sehr spitzen Zähnen besetzt, die zum Ergreifen der vorwiegend aus Insekten, Würmern und kleinen Wirbeltieren bestehenden Nahrung dienen. Die I. kommen mit Ausnahme der Polargebiete und Australiens in allen Erdteilen vor. Zu den I. gehören die Familien der → Schlitzrüßler, → Borstenigel, → Otterspitzmäuse, → Goldmulle, → Igel, → Rüsselspringer, → Spitzmäuse und → Maulwürfe. Geologische Verbreitung: Obere Kreide bis zur Gegenwart.

Die I. bilden die eigentliche Stammgruppe der höheren Säugetiere. Fossile Vertreter kennt man nur von Nordamerika und Europa, und zwar Maulwürfe und Spitzmäuse seit dem Eozän, Igel seit dem Miozän.

Insektengifte, → Insektizide.

Insektenhormone, eine Gruppe von Hormonen, die bei Insekten die postembryonale Entwicklung, d. h. vom Ei zum geschlechtsreifen Insekt, steuern. Die I. sind damit für die Metamorphose der Insekten verantwortlich.

Wichtige I. sind das in den Prothoraxdrüsen gebildete Steroid → Ekdyson, sein 20-Hydroxyderivat → Ekdysteron und die → Juvenilhormone. Die Bildung dieser beiden Hormontypen wird durch spezifische Steuerhormone aus den neurosekretorischen Gehirnzellen reguliert.

Insektenkunde, svw. Entomologie.

insektenpathogene Viren, svw. Insektenviren.

Insektenstaaten, → Staatenbildung.

Insektenviren, *insektenpathogene Viren,* Viren, die bei Insekten Krankheiten hervorrufen. Vorwiegend werden Insekten mit vollständiger Verwandlung, besonders Schmetterlinge, Hautflügler, Zweiflügler und Käfer, befallen. Dabei sind die Larvenstadien besonders der Erkrankung ausgesetzt. Wir unterscheiden zwischen I., in Zellen befallener Insekten lichtmikroskopisch sichtbare, vieleckige bis ellipsoide, parakristalline, vielfach stark lichtbrechende Einschlußkörper bilden, in denen die Viren viele Jahre lang, oft auch nach dem Tod und Verfall des Wirts, infektiös bleiben können, und einer zweiten Gruppe, bei der derartige *Einschlußkörper* fehlen. Bei der ersten unterscheidet man nach der Form der Einschlußkörper überdies zwischen den *Polyederviren,* zu denen der Erreger der Gelbsucht der Seidenraupe zählt, und den *Kapselviren,* die unter anderem beim Kohlweißling, bei der Wintersaateule und beim Grauen Lärchenwickler zu Erkrankungen führen. Als Beispiel für eine einschlußkörperfreie Viruserkrankung sei die Sackbrut der Biene angeführt, eine vom Imker gefürchtete Krankheit, die vorwiegend die Larven der Honigbiene zum Absterben bringt. I., besonders Polyederviren, werden zur biologischen Schädlingsbekämpfung herangezogen, z. B. zur Bekämpfung der Rotgelben Kiefernbuschhornblattwespe oder der Fichtenblattwespe.

Insektivoren, → fleischfressende Pflanzen, → Ernährungsweisen.

Insektizide, Pflanzenschutzmittel zur Bekämpfung von Insekten (*Insektengifte*). I. wirken als Fraß-, Atem-, Kontaktgift bzw. als System-Insektizide. Neben I. pflanzlicher Herkunft sowie anorganischen I. besitzen die organisch-synthetischen I. heute die größte wirtschaftliche Bedeutung. Wichtige Wirkstoffgruppen sind die chlorierten Kohlenwasserstoffverbindungen, organische Phosphorverbindungen sowie Karbamate. Sie werden angewandt als Spritz-, Sprüh-, Stäube-, Nebelmittel bzw. als Granulat ausgestreut.

Insektizidresistenz, Widerstandsfähigkeit bestimmter Herkünfte, Rassen und Stämme von Insektenarten gegen → Insektizide.

Inselbiogeographie, → Inseltheorie.

Inselbrücken, Inselketten, die das etappenweise Vordringen von Tier- und Pflanzenarten ermöglichen. I. gestatten fast ausschließlich das Überwinden von Flachmeeren. Ein »Inselspringen« (island hopping) wurde in einer Zeit, in der die → Kontinentalverschiebungshypothese vielfach noch auf Ablehnung stieß, vor allem von amerikanischen Tiergeographen als Gegenargument gegen hypothetische → Landbrücken vertreten.

Inselorgan, → Bauchspeicheldrüse.

Inseltheorie, die von den nordamerikanischen Biogeographen MacArthur und Wilson gegebene statistische Erklärung der Besiedlung von Inseln, die es ermöglicht, das sich zwischen Zuwandern und Aussterben von Tier- und Pflanzenarten einstellende Gleichgewicht zu errechnen. Die I. geht davon aus, daß Inselpopulationen relativ kurzlebig sind (geringe Individuenzahl, beschränkte genetische Reserven, Fehlen von Refugien bei extremen Witterungsbedingungen, Raummangel u. a.), um so mehr, je kleiner die Inseln sind. Die Zuwanderungsmöglichkeit, die nicht nur für die Neubegründung, sondern oft auch für die Erhaltung von Populationen Bedeutung hat, nimmt mit zunehmender Entfernung vom Festland ab. Sie ist bei kleinen Inseln geringer als bei großen und um so niedriger, je weitgehender die ökologischen Nischen besetzt und für die Immigration in Frage kommende Arten schon vorhanden sind. Umgekehrt steigt die Aussterberate zwangsläufig mit der Zahl vorhandener Arten an (Abb.). Die errechneten statistischen Wahrscheinlichkeiten entsprachen in einer Reihe von Untersuchungen gut den tatsächlichen Verhältnissen.

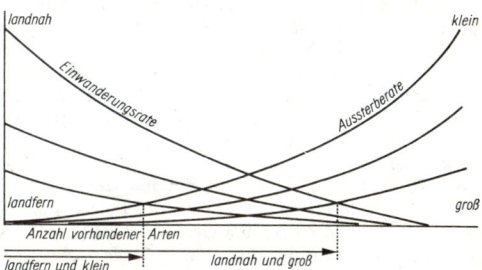

Gleichgewichtsmodell für Fauna und Flora verschieden großer und verschieden weit vom Festland entfernter Inseln (Nach MacArthur u. Wilson, verändert)

Ursprünglich für eigentliche Inseln entwickelt, erwies sich die I. auch für Erklärung und Prognose des Artenbestandes isolierter Festlandsgebiete (Hochgebirge, Moore u. a.) als anwendbar. Besondere Bedeutung hat sie für Probleme des → Artenschutzes erlangt. So kann man z. B. den Rückgang der Artenzahl in Reservaten prognostizieren, in denen noch keine unmittelbare Gefahr für die zu schützenden Tiere und Pflanzen zu erkennen ist. Die I. macht auch das vielleicht rätselhafte Verschwinden einer Art im unveränderten Habitat X dadurch verständlich, daß ein Habitat Y verloren ging, das die Population in X bisher verstärkte oder nach Extremsituationen auch neu begründete.

Insertion

Die I. gilt namentlich für ozeanische Inseln, die nie Verbindung mit dem Festland hatten. Kontinentale Inseln, die sich davon ablösen, haben zunächst einen Artenbestand, den ozeanische Inseln nicht erreichen, da viele Biota sich überhaupt nicht über das Meer ausbreiten können. Ihre Artenzahl geht erst allmählich auf ein »insuläres Niveau« zurück. Entsprechendes gilt für Festlandsbiotope, die durch Umweltveränderung in Isolation geraten.

Lit.: R. H. MacArthur u. E. O. Wilson: Biogeographie der Inseln (München o. J.).

Insertion, *1)* eine Chromosomenmutation (Abb.), bei der ein Segment, z. B. die Kopie eines »springenden Gens«, in ein Chromosom eingebaut wird.

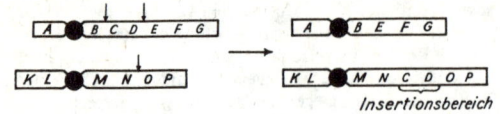

Insertion eines Chromosomensegments in ein nichthomologes Chromosom des gleichen Chromosomensatzes

2) → Blatt.

Insertionselemente, spezielle DNS-Moleküle (*Insertionssequenzen*), die für die Übertragung »springender Gene« (→ Transposon) und für deren Einbau in neuer Position verantwortlich sind.

Inspiration, → Atemmechanik.

Inspirationszentrum, → Atemzentrum.

Instinkt, heute nicht mehr gebräuchlicher Begriff zur Kennzeichnung umweltbezogenen und angepaßten Verhaltens ohne individuelle Einsicht in seine Funktion: »Zielstrebig ohne Bewußtsein des Zieles« (K. E. v. Baer).

Instinktbewegungen, Bewegungseinheiten, die → Instinkte umsetzen. Der Begriff wird etwa im gleichen Sinne wie *Erbkoordination* oder *Verhaltensnormen* gebraucht. Es handelt sich um artspezifische Verhaltensweisen, deren Eigenschaften erfahrungsunabhängig realisiert werden können. Solche Bewegungen werden durch spezifische, oder, wie man auch sagt, adäquate Reize ausgelöst. Alle Begriffe, die sich mit dem Wort »Instinkt« verbinden, sind in den letzten Jahren in der beschreibenden und analytischen Verhaltensbiologie ungebräuchlich geworden.

Instinktlehre, → Ethologie.

Instinktverhalten, Verhalten auf der Grundlage von → Instinkten. Der Begriff wird heute in der Verhaltensforschung nicht mehr verwendet. Er bezog sich auf arttypische komplexe Verhaltensmuster, die auch Lernkomponenten einschließen konnten.

Instruktionshypothese, die von den dreißiger Jahren bis Ende der fünfziger Jahre herrschende Theorie der Antikörperbildung. Nach der I. kommt die Spezifität der Antikörper dadurch zustande, daß das Antigen wie ein Stempel auf den neu gebildeten Antikörper wirkt und einen »Abdruck« hinterläßt, der später bei der Antigen-Antikörper-Reaktion als Antigenbindungsstelle wirkt. Die I. ist heute widerlegt und durch die → Klon-Selektionstheorie ersetzt.

instrumentelles Lernen, svw. operantes Lernen.

Insulin, wichtiges Proteohormon, das bei höheren Wirbeltieren bei Nahrungsaufnahme den Nährstofffluß reguliert. I. wird in den B-Zellen der Langerhansschen Inseln im Pankreas gebildet und an das Blut abgegeben. Das insgesamt aus 17 verschiedenen Aminosäuren aufgebaute I. besteht aus einer A-Kette mit 21 Aminosäureresten und der B-Kette mit 30 Aminosäureresten; beide Ketten sind durch zwei Disulfidbrücken miteinander verbunden (Molekülmasse beim Rind 5780). Der Sequenzbereich 8 bis 10 der A-Kette ist speziesspezifisch. Die Biosynthese des I. geht von einem einzigen Polypeptid aus und verläuft über Präproinsulin mit 104 bis 109 Aminosäuren und Proinsulin mit 81 bis 86 Aminosäuren.

Für die Sekretion von I. sind Kalziumionen notwendig. Die Freisetzung von I. im Pankreas wird durch die Glukosekonzentration in den Extrazellulärräumen sowie durch weitere Stimulatoren reguliert. Die Wirkung von I. erfolgt über eine Hemmung des Adenylat-Zyklase-Systems (→ Hormone). Die biologische Halbwertszeit des I. beträgt etwa 5 Minuten. Die Inaktivierung von I. erfolgt vor allem in der Leber durch enzymatische Spaltung der Disulfidbrücken.

I. greift entscheidend in die Regulation des Kohlenhydrat-, Aminosäuren- und Fettstoffwechsels ein. Wesentliche Erfolgsorgane der Insulinwirkung sind Leber, Muskel- und Fettgewebe. Von den vielseitigen physiologischen Wirkungen sind die Speicherung von Glukose als Glykogen in der Leber und von Fettsäuren im Fettgewebe sowie von Aminosäuren in Proteinen des Muskelgewebes von besonderer Bedeutung. Wichtig ist vor allem die blutzuckersenkende Wirkung des I. I. ist ein Antagonist des Hormons Glukagon; die entgegengesetzte Wirkung beider Hormone bestimmt den Nährstofffluß im Organismus.

Insulinmangel durch gestörte Synthese oder verstärkten Abbau oder Inaktivierung führt zu der Stoffwechselerkrankung *Diabetes mellitus*.

I. ist als erstes Polypeptidhormon Anfang der 50er Jahre von Sanger in England in seiner Struktur aufgeklärt worden. Die Totalsynthese gelang 1963.

integrierter Pflanzenschutz, Verfahren des Pflanzenschutzes, bei dem alle wirtschaftlich, ökologisch und toxikologisch vertretbaren Methoden verwendet werden, um Schadorganismen unter der wirtschaftlichen Schadensschwelle zu halten, wobei die bewußte Ausnutzung natürlicher Begrenzungsfaktoren im Vordergrund steht. Er erfordert in jedem Falle eine Kette flexibler Einzelmaßnahmen, deren letztes Glied der gezielte Einsatz selektiv wirkender chemischer Pflanzenschutzmittel ist. Bis zu seiner Realisierung ist noch zielstrebige Forschungsarbeit zu leisten.

Lit.: Seidel, Wetzel, Schumann: Grundlagen der Phytopathologie und des Pflanzenschutzes (Berlin 1981).

Integument, *1)* → Blüte; *2)* → Haut.

Intentionsbewegung, Bewegung, die ein spezielles Verhalten einleitet. Gewöhnlich werden solche Verhaltenssätze dann so bezeichnet, wenn sie sich »verselbständigt« und damit Signalcharakter erhalten haben. So ist das Vornniedergehen beim Hund – eigentlich eine Absprungeinleitung – zur »Spielaufforderung« geworden. Man hat die Signalausführungen solcher Einleitungen von Bewegungsfolgen auch als »mimische Übertreibung« bezeichnet.

Ritualisierte Intentionsbewegungen beim Haussperling (nach Daanje 1951)

interfaszikuläres Kambium, → Sproßachse.

Interferenz, *1)* die gegenseitige Beeinflussung zweier Rekombinationsvorgänge, wobei sich entweder ein Rekombinationsvorgang auf einen zweiten im gleichen Paarungsverband hindernd oder fördernd auswirkt (*Crossing-over-Interferenz*) oder die Chromatiden an einem Doppel-Crossing-over nicht zufallsgemäß beteiligt werden. I. bewirkt in beiden Fällen in der Regel eine Veränderung des Rekombinations-Prozentsatzes im Vergleich mit dem Zufallswert. Als *Interferenzabstand* wird die Entfernung vom Zentromer bezeichnet, in der das erste Crossing-over und die zugehörige Chiasmabildung im jeweiligen Chromosomenarm erfolgen. Die Größe des Interferenzabstandes wird durch das Zentromer kontrolliert. Die *Interferenzreichweite* schließlich charakterisiert diejenige Chromosomenlänge, über die hinweg sich zwei Crossing-over im gleichen Paarungsverband gegenseitig im Sinne einer I. beeinflussen können.

2) die gegenseitige negative Beeinflussung zweier Organismen (z. B. psychische Unverträglichkeit), ohne daß → Konkurrenz nachweisbar ist. Die I. ist ein wichtiger dichteabhängiger Faktor.

Interferenzmikroskopie, mikroskopisches Verfahren, mit dem Phasendifferenzen sichtbar gemacht und für quantitative Untersuchungen ausgenutzt werden. In modernen Geräten werden *Interferometer* benutzt, in denen durch Spiegel oder Prismen der Lichtstrahl geteilt und nach Durchgang durch das Objekt bzw. einen Meßkeil wieder vereinigt wird. Der im Objekt hervorgerufene Gangunterschied kann im Vergleichsstrahl durch den Meßkeil kompensiert und gemessen werden. Bei Verwendung von weißem Licht erscheint der Untergrund farbig. Durch Verschiebung des Meßkeils kann jede beliebige Farbe eingestellt werden. Das Objekt erscheint in einer vom Untergrund verschiedenen Farbe. Die I. kann außer der Abbildung kontrastarmer Objekte für quantitative Untersuchungen, wie Schichtdickenmessungen, Bestimmung der Trockenmasse und Proteinkonzentration von Zellen oder Zellorganellen und mikrorefraktometrische Messungen benutzt werden.

Interferoid, → Interferone.

Interferone, in virusinfizierten tierischen Zellen gebildete Proteine, die die Vermehrung von DNS- oder RNS-Viren hemmen und dabei – im Gegensatz zu Antikörpern – nicht *virus*spezifisch, wohl aber *wirts*spezifisch hemmen: Virusinfektionen menschlicher Zellen können nur durch Human-Interferone gehemmt werden. Im menschlichen Genom gibt es 14 nichtallele und 9 allele Gene für α-Interferone (Leukozyten-Interferone), sowie je ein Gen für β-Interferone (Fibroblasten-Interferone) und γ-Interferone. Ihre Synthese wird durch doppelsträngige virale und synthetische Nukleinsäuren sowie durch weitere Interferoninduktoren ausgelöst. Nach ihrer Bildung induzieren α- und β-Interferone ihrerseits die Bildung weiterer Proteine, vor allem des sog. »2′-5′-A-Systems«. Dieses besteht aus der 2′-5′-A-Synthetase, die 2′-5′-Oligoadenylsäure synthetisiert, welche die sonst nicht vorkommenden 2′-5′-Phosphodiesterbindungen aufweisen. 2′-5′-A aktiviert seinerseits eine für I. spezifische RNase (Endonuklease), die virale, aber auch zelluläre Messenger-RNS spaltet. Darüber hinaus wird durch α- und β-Interferone eine spezifische Phosphodiesterase aktiviert, die 2′-5′-A spaltet. Dieses 2′-5′-A-System ist für die Hemmung der Virusvermehrung verantwortlich, scheint aber auch bei der normalen Regulation der Zellteilung eine Rolle zu spielen. Darauf könnte die gelegentlich beobachtete Hemmung bösartiger Geschwülste durch I. zurückzuführen sein. Mit Methoden der Gentechnik (→ Molekulargenetik) gelang es, die Interferongene zu isolieren und sie in Mikroorganismen bzw. in in vitro kultivierte tierische Zellen einzuführen und dort zur Ausprägung zu bringen. Mit dem auf diese Weise gentechnisch produzierten I. wird geklärt werden können, ob I. zur Therapie von Viruserkrankungen sowie gegebenenfalls bestimmter bösartiger Geschwülste eingesetzt werden können.

Interglazialzeiten, → Pleistozän.

interkalares Wachstum, bei Pflanzen Bezeichnung für das Wachstum, das mit Hilfe von in Dauergewebe eingeschlossenem Bildungsgewebe erfolgt. I. W. tritt z. B. in den Internodien der Grashalme dicht über jedem Knoten sowie häufig bei Blättern und Blattstielen in Erscheinung. In diesen *interkalaren*, d. h. *eingeschobenen Wachstumszonen* bleibt über längere Zeit undifferenziertes, meristematisches Gewebe erhalten (→ Bildungsgewebe).

interkalare Vegetationspunkte, → Sproßachse.

Interkinese, → Meiose.

intermediäre Filamente, → Neuron.

Intermediärwirt, svw. Zwischenwirt.

Intermenstruum, → Plazenta.

Internationales Komitee zur Taxonomie der Viren, → Virustaxonomie.

Internationale Union für den Schutz der Natur und der natürlichen Ressourcen, → Naturschutz.

International union for the conservation of nature and natural resources, → IUCN.

Interneuron, Nervenzelle, die im Zentralnervensystem Verbindungen zwischen anderen Neuronen herstellt. Der vom I. oder *Schaltneuron* freigesetzte → Transmitter kann postsynaptisch (→ Synapse) erregend oder auch hemmend (Beispiel Renshaw-Zelle, → Schaltung) wirken.

Internodium, 1) → Neuron. 2) → Sproßachse.

Interorezeptoren, svw. Propriorezeptoren.

Interphase, → Meiose, → Zellkern.

Interpositionswachstum, *gleitendes Wachstum*, sekundäres pflanzliches Streckungswachstum, bei dem sich die spitzen Enden pflanzlicher Faserzellen unter Auflösen der Mittellamellen und unter Ausbildung neuer Wandsubstanz zwischen ihre Nachbarzellen schieben.

Interrelation, spezifische Form der Verknüpfung von Elementen einer → Biozönose, die oft Anlaß zu Fehldeutungen gibt. Das Element C beeinflußt die Elemente A und B, fälschlich wird oft aus den gleichlaufenden Veränderungen von A und B auf eine direkte Abhängigkeit zwischen den beiden Elementen geschlossen. So kann infolge Urbanisierung die Zahl der Geburten in einer Stadt gleichlaufend mit der Zahl der dort brütenden Störche abnehmen, ohne daß zwischen beiden Größen ein direkter Zusammenhang besteht.

Interrenalorgan, bei den Fischen zwischen den Nieren und längs der vorderen Abschnitte der Kardinalvenen gelegenes, der Nebennierenrinde der höheren Wirbeltiere entsprechendes Organ.

Intersegmentalbahnen, → Rückenmark.

Intersexe, alle abnormen Geschlechtszwischenstufen, die keine Mosaiktypen darstellen (→ Gynandromorphismus), d. h. nicht aus sexuell verschieden determinierten Sektoren bestehen. → Geschlechtsbestimmung.

In neuerer Zeit ist es Drews an Mäusen gelungen, durch Kombination zweier Mutationen, a) weibliches Erscheinungsbild, aber mit Hoden und XY-Geschlechtschromosomen, »testikulär feminisiert«, b) XX-Männchen mit »Sex reversed«-Faktor auf den Autosomen, der vielleicht auf einem an die Autosomen abgegebenen Y-Bruchstück beruht und männliches Erscheinungsbild hervorruft I. zu erzielen, bei denen viele Zwischenformen in einem intersexuellen Genitale mit fließenden Übergängen vorhanden waren, z. B. an einem Tier Vagina und Prostata.

Intersterilität, *Gruppensterilität*, Ausweitung der → Selbststerilität auf verschiedene Sorten der gleichen Art. So können sich beispielsweise beim Apfel viele Sorten der gleichen Intersterilitätsgruppen nicht gegenseitig befruchten. Beim Anlegen von Apfelplantagen muß daher in diesen Fällen neben derartigen reinen Muttersorten auch minde-

Interstitialwasser, Porenwasser im Bodensediment von Gewässern.
interstitielle Lamellen, → Knochen.
interstitielle Zellen, → Regeneration.
Intervallskale, → Biometrie.
Interzellularbrücken, gegeneinandergerichtete Zytoplasmafortsätze benachbarter Zellen, welche die zwischen den Zellmembranen benachbarter Zellen befindlichen Interzellularspalten durchziehen. An den Berührungsstellen der Zytoplasmafortsätze ist das Plasmalemm verdickt. Es kommt zur Ausbildung von modifizierten Strukturen, den Haftplatten (→ Epithelgewebe).
interzellulare Eisbildung, → Frostschäden.
Interzellularhaare, → Pflanzenhaare.
Interzellularspalt, → Plasmamembran.
Interzellularsubstanz, in die Zwischenzellräume der vielzelligen Tiere und des Menschen eingelagerte Stoffe, die besonders für das Stützgewebe von großer Bedeutung sind. I. sind während der Entwicklung flüssig und verfestigen sich später. Sie bestehen aus einer lichtmikroskopisch strukturlos erscheinenden Masse, der Grundsubstanz, und einer faserigen Masse, den Bindegewebsfasern. Die Grundsubstanz enthält vor allem Proteoglykangemische und Glykoproteine, die Fasern bestehen hauptsächlich aus fadenförmigen Eiweißmolekülen. I. wird von den Fibroblasten mit Hilfe ihres granulären endoplasmatischen Retikulums und des Golgi-Apparates gebildet und in die Interzellularräume hinein abgegeben. Sie ist mit den benachbarten Zellen funktionell eng verknüpft.
Interzellularsystem, das Durchlüftungssystem der Pflanzen. Es besteht aus einem Netz feiner Kanäle, die bei der Umbildung von Bildungsgewebe in Dauergewebe durch die Trennung der Zellwände an einzelnen Stellen entstehen. Das I. steht mit den Spaltöffnungen oder Lentizellen der primären bzw. sekundären Abschlußgewebe in Verbindung und vermittelt den Gasaustausch.
Intestinum, → Verdauungssystem.
Intine, innere, zarte Schicht der Zellwand von Bakteriensporen. Bei der Sporenkeimung bildet die I. die Zellwand des neuen Keimstäbchens. Auch die innere Schicht der Sporenwandung der Moose und Farne sowie der Pollenkörner (→ Blüte) wird als I. bezeichnet. Gegensatz: Exine.
intraspezifische Evolution, svw. Mikroevolution.
intrazelluläre Verdauung, eine Form der Verdauung, bei der die Nahrungspartikeln durch Phagozytose ins Zellinnere aufgenommen und in Nahrungsvakuolen enzymatisch abgebaut werden.
intrinsic factor, in der Magenschleimhaut des Menschen gebildetes neuraminsäurehaltiges Glykoprotein mit einer Molekülmasse von 60000, das mit Vitamin B_{12} einen pepsinresistenten Komplex bildet und in dieser Form im Darm resorbiert wird. Patienten mit perniziöser Anämie fehlt dieser Faktor.
Intron, → Exon, → Gen.
Introvert, → Spritzwürmer.
Intumeszenz, 1) bei Pflanzen kleine, pustelförmige Wucherung an Stengeln, Blättern, Blüten oder Früchten, die besonders unter dem Einfluß zu hoher Luftfeuchtigkeit vom Grundgewebe gebildet wird und hypertrophierte (stark vergrößerte), dünnwandige Zellen umfaßt.
2) → Rückenmark.
Intussuszeption, Substanzeinlagerung besonders in pflanzliche Zellwände. Hier ist die I. ein Teilvorgang des *Flächenwachstums,* d. h. der Flächenvergrößerung junger wachstumsfähiger Pflanzenzellen. Nach Wandlockerung durch plastische Dehnung der Primordialwände werden vor allem Substanzen der Matrix der Zellwand durch I. eingelagert, während die I. von Substanzen in vorhandene Wandlamellen untergeordnet ist (→ Streckungswachstum).
Inulin, ein zur Gruppe der Fruktane zählendes Reservekohlenhydrat, das bei β-1,2-glykosidischer Verknüpfung aus etwa 30 Fruktofuranoseeinheiten besteht. I. ist in den Knollen und Wurzeln zahlreicher Kompositenarten, wie Dahlien- und Topinamburknollen, angereichert. Durch saure oder enzymatische Hydrolyse wird es in Fruktose gespalten. I. wird in Diabetikernahrung verwendet.
Invagination, → Gastrulation.
Invasion, 1) das Eindringen eines Parasiten in den Wirt, ohne daß dort eine Vermehrung stattfindet, so daß die Schadwirkung allein von der Invasionsstärke bestimmt wird; der Wirt kann im Falle temporärer I. wieder frei von Parasiten werden (z. B. Dasselfliegenbefall). 2) das Einfallen von Organismen in für sie sonst unbewohnbare Gebiete, meist infolge von kurzzeitigen Änderungen der Umweltbedingungen (Ressourcenknappheit, Übervölkerung, klimatische Veränderungen). Bekannt sind die unregelmäßigen Massenwanderungen der Lemminge oder die I. des Steppenhuhnes, das 1863, 1888 und 1908 in großen Invasionswellen von Mittelasien bis nach Westeuropa vordrang, ohne daß eine dauerhafte Ansiedlung gelang. Von großer ökonomischer Bedeutung sind vor allem die I. der Wanderheuschrecken. Ein Schwarm von *Schistocerca paranensis* in Südamerika war 120 km lang, 20 km breit und wurde auf 10 Mrd. Tiere geschätzt. Ähnliche Schwärme von Wanderheuschrecken wurden 2000 km von der nächsten Küste entfernt über dem Atlantik beobachtet und veranschaulichen das Ausmaß solcher I.
Invasivität, → Krebszelle.
Inventar, Artenbestand eines bestimmten Gebietes.
inverse Schichtung, → See.
Inversionen, auf das Einzelchromosom beschränkte (intrachromosomale) Chromosomenmutationen, die dadurch gekennzeichnet sind, daß ein Chromosomensegment durch Brüche und Reunionen der Bruchflächen im Chromosom um 180° gedreht wird. I. können sowohl heterozygot als auch homozygot vorliegen (*Inversionsheterozygotie* bzw. *Inversionshomozygotie*). Je nachdem, ob das invertierte Segment die Zentromerregion des Chromosoms einschließt oder nicht, wird die I. als perizentrisch (auch als symmetrisch oder euzentrisch) bzw. als parazentrisch (auch als asymmetrisch oder dyszentrisch) bezeichnet. Je Chromosom können eine oder mehrere I. auftreten. Im letzten Fall wird nach der Lage der Bruchpunkte zwischen unabhängigen, eingeschlossenen und übergreifenden I. unterschieden.
Inversionsheterozygote Formen zeichnen sich durch eine Reihe genetischer und zytologischer Besonderheiten aus, die sich im wesentlichen aus der besonderen Paarungsform und den Crossing-over-Vorgängen im Inversionsbereich ergeben. Die Paarung in der Prophase der Meiose zwischen dem invertierten Segment des einen und dem nichtinvertierten Segment des anderen Partners eines Paares homologer Chromosomen erfolgt in der Regel in Form einer charakteristischen Schleife. Crossing-over im Inversionsbereich führt zur Entstehung von Meioseprodukten mit verschiedenen Formen von Duplikationen und Deletionen und zieht vielfach Sterilitätseffekte nach sich.
Invertase, → Saccharase.
Invertzucker, ein Gemisch aus D-Glukose und D-Fruktose, das durch saure hydrolytische Spaltung unter Umkehr der Drehrichtung aus → Saccharose entsteht. Bienen vollziehen diesen Vorgang mittels Invertase enzymatisch, so daß I. bis zu 80% Bestandteil des Honigs ist.

Involutionsformen, anormale Zellformen bei Mikroorganismen, insbesondere Bakterien. I. treten unter ungewöhnlichen Lebensbedingungen auf, z. B. bei Einwirkung bestimmter chemischer Verbindungen. Für die I. der Bakterien, z. B. der Knöllchenbakterien in den Wurzelknöllchen, wird heute der Begriff → Bakterioide bevorzugt.

Inzidenz, Maß für die Häufigkeit des Auftretens eines Merkmals in einer Population, bezogen auf eine Zeiteinheit bzw. Altersklasse.

Inzisur, → Pulse.

Inzucht, Paarung und Fortpflanzung zwischen Individuen, die näher verwandt sind als ein zufallsgemäß aus einer Population entnommenes Individuenpaar. Die engste Form der I. ist die *Selbstung*; lockerere Formen sind Verwandtschaftspaarungen verschiedenen Grades bei allogamen Individuen. Die I. führt zu einer Zunahme der Homozygotie auf Kosten der Heterozygotie (bei Selbstung um $\frac{1}{2}$ je Generation, bei Verwandtschaftspaarung entsprechend langsamer), zu einer genotypischen Differenzierung des Ausgangsmaterials und ist fast immer mit einer als *Inzuchtdepression* bezeichneten Schwächung der vegetativen und generativen Leistungsfähigkeit des ingezüchteten Materials verbunden. Die Inzuchtdepression tritt im allgemeinen besonders stark in den ersten Inzuchtgenerationen auf und nimmt in den folgenden allmählich ab, bis ein stabiles Inzuchtminimum erreicht wird. Die Ursache dieser Vitalitätsminderung ist im Homozygotwerden vitalitätsherabsetzender und letal wirkender rezessiver Gene, im Auftreten nicht oder schlecht angepaßter Genotypen und im Aufbrechen balancierter Polygensysteme zu suchen. Kreuzung von Linien, die ihr Inzuchtminimum erreicht haben, zieht oft Heterosiseffekte nach sich und ist das Prinzip der Heterosiszüchtung.

Das Ausmaß der I. wird durch den → Inzuchtkoeffizienten angegeben.

Die Häufigkeiten der Genotypen in einer Population mit I. weichen von der Hardy-Weinberg-Verteilung ab und folgen der → Wright-Verteilung.

Inzuchtkoeffizient, Wahrscheinlichkeit, daß die beiden Erbfaktoren eines Genorts in einem Individuum Kopien desselben Gens, d. h. identisch homozygot sind. Bei Kindern aus Vetternehen ist der I. $f = \frac{1}{16}$. Bei Kindern aus Geschwisterehen wäre $f = \frac{1}{4}$. Der I. ergänzt sich mit dem Panmixieindex P zu 1, also $f = 1 - P$.

Inzuchtlinie, eine weitgehend homozygote, durch wiederholte Selbstung eines allogamen Individuums und seiner Nachkommen oder durch Verwandtschaftspaarung entstandene Linie. → Inzucht.

Iod, I, ein Halogen. Der Iodgehalt pflanzlicher Substanz ist gering, er liegt zwischen 0,07 und 1,2 mg/kg Trockensubstanz. Bei Pflanzen kann I. die Aktivität einiger abbauender Enzymsysteme steigern und die Atmung erhöhen. Große Iodgaben führen zu Schäden, die sich in Chlorosen und Nekrosen äußern. I. hat für die tierische Ernährung mehr Bedeutung als für die pflanzliche.

Ionen, elektrisch geladene Atome bzw. Moleküle. Die positiven, durch Abgabe von Elektronen entstehenden I. heißen *Kationen,* die negativen, durch Aufnahme von Elektronen entstehenden *Anionen.* Salze, Säuren und Basen sind in wäßrigen Lösungen mehr oder weniger vollständig in I. zerfallen, d. h., sie sind dissoziiert; z. B. Kochsalz, NaCl → Na$^+$ und Cl$^-$.

Ionenaufnahme, → Mineralstoffwechsel 1).

Ionenpumpe, Mechanismus, der Na$^+$ innerhalb von Zellen durch die Zellaußenmembran und K$^+$ außerhalb von Zellen durch die Membran in das Zellinnere transportiert. Nach einem gegenwärtigen Arbeitsmodell repräsentiert durch das Enzym Na$^+$-/K$^+$-ATPase, das die Zellmembran durchzieht und auf beiden Membranoberflächen funktionelle Stellen besitzt, läuft folgender Zyklus ab (s. Abb.). Die Bindung der Ionen führt zur Umorientierung des Enzyms innerhalb der Membran, so daß Na$^+$ und K$^+$ auf die gegenüberliegende Seite transportiert werden, → Erregung. Für den Transport von Ionen, z. B. Ca^{++}-/Mg^{++} sind weitere Pumpen (z. B. Ca^{++}-/Mg^{++}-ATPase) bekannt, auch wurde ein Natrium-abhängiger Aminosäure- und Zuckertransport in rote Blutkörperchen und Darmzellen nachgewiesen.

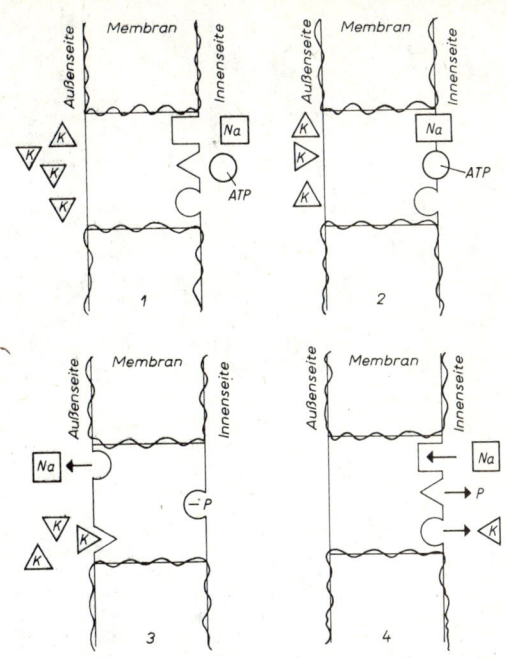

Na$^+$-K$^+$-Adenosin-5'-triphosphatase-Pumpe. *1* Na$^+$ und ATP nähern sich Bindungsstellen des Adenosin-5'-triphosphatase-Komplexes. *2* Sie werden gebunden. *3* Phosphorylierung der Adenosin-5'-triphosphatase führt zur Umorientierung der Bindungsstellen, Na$^+$ gelangt zur Außenseite. *4* Dabei wird K$^+$ auf der Außenseite gebunden, wodurch gleichzeitig die Dephosphorylierung eingeleitet wird, den Adenosin-5'-triphosphatase-Komplex in die ursprüngliche Konformation zurückführt und K$^+$ auf der Membraninnenseite freisetzt. Der Zyklus kann erneut beginnen

Ionenumtausch, → Sorption.

ionisierende Strahlung, Strahlung mit genügend großer Quantenenergie, um Elektronen aus dem Molekülverband herauszulösen. Die Strahlungsenergie wird in der Regel in Elektronenvolt (eV) gemessen. Für die Umrechnung in die SI-Einheit gilt: $1 eV = 1,602 \cdot 10^{-19}$ J. Man unterscheidet zwischen **direkt i. S.**, die aus geladenen Partikeln besteht, und **indirekt i. S.**, wie Neutronenstrahlung, Röntgenstrahlung und Gammastrahlung. Künstlich erzeugte Strahlung hat oft eine sehr hohe Energie, so daß eine Vielzahl von Ionisationsprozessen ausgelöst wird.

Röntgen- und Gammastrahlung geben die Energie durch den Photoeffekt, den Comptoneffekt und durch Paarbildungsprozesse bei der Wechselwirkung mit biologischer Materie ab. Welcher dieser Mechanismen realisiert wird, hängt von der Energie der Strahlung und der Ordnungszahl des absorbierenden Atoms ab. Neutronen werden durch Streuung bzw. Neutroneneinfang unter Bildung eines radioaktiven Isotops wirksam. Nachfolgend werden Gammaquanten frei.

IPSP, Abk. für inhibitorisches postsynaptisches Potential, → synaptisches Potential.
Irbis, svw. Schneeleopard.
Iridaceae, → Schwertliliengewächse.
Iridoide, Gruppe von monoterpenoiden Naturstoffen. I. sind in Pflanzen weit verbreitet. Viele I. sind Bitterstoffe: Loganin im Bitterklee (*Menyanthes trifoliata*), Gentiopikrosid in Wurzeln des Enzians (*Gentiana* spec.).
Iris, 1) → Lichtsinnesorgane. 2) → Schwertliliengewächse.
Irländisches Moos, → Rotalgen.
Iron, ein Keton aus der Stoffklasse der Terpene, das in Veilchen vorkommt und den typischen Veilchengeruch bedingt. Es findet sich ferner als Ketongemisch (α-, β-, γ-I.) in Schneeglöckchen, Levkojen, Seidelbast, Goldlack und verschiedenen Schwertlilien. Synthetisches I. wird zur Herstellung von Parfümen verwendet.

α-Iron

irreversible Hemmung, → Hemmstoffe.
irreversible Thermodynamik, *Thermodynamik irreversibler Prozesse*, Gebiet der Thermodynamik, das Vorgänge außerhalb des thermodynamischen Gleichgewichtes untersucht. Die i. T. betrachtet Systemänderungen mit Hilfe von Flüssen und verallgemeinerten Kräften. Die Flüsse werden durch Kräfte hervorgerufen, die ihrerseits von Masse- und Energieverteilungen herrühren, die vom Gleichgewicht abweichen. Beispiele für Flüsse in biologischen Systemen sind Masseflüsse für gelöste Substanz und Lösungsmittel, Wärmefluß und Fluß der elektrischen Ladung. Die entsprechenden Kräfte sind Konzentrationsgradienten, Druckgradienten, Temperaturgradienten und elektrische Felder. Aber auch eine chemische Reaktion wird als Fluß betrachtet, wobei die zugehörige verallgemeinerte Kraft, die Differenz der chemischen Potentiale, hier einen skalaren Charakter hat.

Eine wichtige Größe der i. T. ist die → Entropie.

Die lineare i. T. wird mit Erfolg auf Transportvorgänge an Membranen, wie Osmose, Diffusion, Diffusionspotential, elektrokinetischer Transport, angewendet. Die weitaus meisten Vorgänge in biologischen Systemen verlaufen jedoch unter Bedingungen → Weitab-Vom-Gleichgewicht und erfüllen nicht die Voraussetzungen der linearen i. T.

Lit.: W. Hoppe, W. Lohmann, H. Markl, H. Ziegler (Hrsg.): Biophysik (Berlin, Heidelberg, New York 1982).

Irrgäste, → Indigenae.
Irritabilität, svw. Erregbarkeit.
Irrtumswahrscheinlichkeit, → Biostatistik.
Isaura, → Estheria.
Ischnochitonida, → Käferschnecken.
Isländisches Moos, → Flechten.
Isoallele, Allele, die so kleine phänotypische Unterschiede beim Vergleich mit der Wirkung eines Standard- oder Wildtypallels bedingen, daß ihr Nachweis stark erschwert ist und nur in Experimenten gelingt, in denen die phänotypischen Effekte durch Einbau der Allele in ein ungewöhnliches genotypisches Milieu oder durch Einwirkung extremer Umweltbedingungen verstärkt werden. → Mutationsisoallele. I. können jedoch mit Methoden der → Molekulargenetik exakt charakterisiert werden.
Isobryales, → Laubmoose.
Isobuttersäure, → Buttersäure.
Isochinolin, eine starke, im Steinkohlenteer vorkommende Base, Grundgerüst zahlreicher I.-Alkaloide.

Isochromosomen, durch Zentromermißteilung entstehende, monozentrische Chromosomen mit zwei strukturell und genetisch (gleiche Gene in gleicher Aufeinanderfolge) übereinstimmenden Schenkeln. Die beiden Schenkel eines I. sind in der Prophase der Meiose miteinander paarungsfähig, so daß eine In-sich-Paarung eintreten kann.
Isodynamie der Nahrungsstoffe, die energetische Austauschbarkeit der Nährstoffe. Ersetzbar sind 1 g Eiweiß gegen 1 g Kohlenhydrate, 1 g Fett gegen 2,27 g Kohlenhydrate und 2,227 g Eiweiß. Die Austauschbarkeit besteht nur bezüglich des → Brennwertes der Nahrungsstoffe jedoch nicht hinsichtlich der Qualität der Nahrungsstoffe, wie dem Gehalt an → essentiellen Stoffen und der → biologischen Wertigkeit der Eiweiße.
Isoenzym, Bezeichnung für Enzyme, die die gleiche Reaktion katalysieren und gleiche Substratspezifität haben, jedoch eine unterschiedliche Primärstruktur aufweisen. Sie lassen sich auf Grund ihrer anderen chemisch-physikalischen Eigenschaften voneinander trennen, z. B. durch Elektrophorese. I. sind in der Natur bei Tieren und Pflanzen weit verbreitet. Von der Laktatdehydrogenase des Menschen sind 5 I. bekannt.
Isoëtales, → Bärlappartige.
Isofitnesslinie, → Fitnessdiagramm.
Isoflavane, → Flavonoide.
Isogamie, → Befruchtung, → Fortpflanzung.
Isogamontie, → Fortpflanzung.
Isogenie, die genetische Identität aller Individuen einer Gruppe (Linie). Inzucht und vegetative Vermehrung sind die wichtigsten Wege zum Aufbau isogener Linien.
isognath, → Gebiß.
Isolate, in der Humangenetik *Heiratskreise*, mehr oder weniger große Bevölkerungsgruppen, innerhalb derer bevorzugt Ehen geschlossen werden. Die I. stellen im genetischen Sinn Mendelpopulationen dar, die sich in den relativen Häufigkeiten bestimmter Gene unterscheiden. Die Menschheit ist in ein System von I. gegliedert. Die Grenzen der I. sind gewöhnlich in Raum und Zeit fließend, und nur im Extremfall bilden sich längere Zeit bestehende ausgesprochene Engzuchtpopulationen. Isolatbildungen haben unter anderem geographische, historisch-politische, religiöse, soziologische oder rassische Ursachen. Im Verlauf der künftigen Menschheitsentwicklung ist mit einer zunehmenden Auflösung noch bestehender I. zu rechnen.
Isolation, 1) Unterbindung des Genaustauschs zwischen Populationen durch geographische Barrieren. Diese *geographische I.* ist ein wichtiger Evolutionsfaktor. Sie ist eine notwendige Voraussetzung für die allopatrische Artbildung. Grundsätzlich anderer Natur ist die 2) *reproduktive I.*, die auf genetischen Unterschieden beruht und sich im Verlauf von Artbildungsprozessen meist als Folge geographischer I. entwickelt. Folgende reproduktive Isolationsmechanismen verhindern den Genaustausch zwischen verschiedenen Arten:

a) *ökologische I.* verhindert durch die Bevorzugung unterschiedlicher Lebensräume, daß sich potentielle Paarungspartner begegnen.

b) *ethologische I.* verhindert durch unterschiedliches Verhalten die Paarung.

c) *mechanische I.* verhindert die Paarung durch strukturelle Unterschiede der Kopulationsorgane.

d) *Gametensterblichkeit* unterbindet trotz übertragenen Spermas die Befruchtung der Eizelle.

e) *Zygotensterblichkeit* vereitelt den Erfolg einer eingetretenen Befruchtung.

f) *Bastardinferiorität* bewirkt, daß Bastarde frühzeitig sterben oder keinen Kopulationspartner finden und verhindert damit den Genfluß zwischen den Arten.

g) *Bastardsterilität* kann in der F_1- oder F_2-Generation von Artkreuzungen den Genfluß hemmen.

Bei a) – d) handelt es sich um präzygote, bei e) – g) um postzygote Isolationsmechanismen. Besteht ein *postzygoter* Isolationsmechanismus, dann herrscht, falls die betreffenden Arten im gleichen Territorium leben, die Neigung zur selektiven Herausbildung *präzygoter* Isolationsmechanismen vor, weil durch sie unfruchtbare Paarungsversuche oder Paarungen verhindert werden.

L-Isoleuzin, Abk. *Ile*, $CH_3-CH_2-CH(CH_3)-CH(NH_2)-COOH$, eine proteinogene, essentielle, gluko- und ketoplastisch wirkende Aminosäure. L-I. ist Bestandteil von Serumproteinen und z. B. Hämoglobin, Edestin und Kasein. Die Biosynthese geht von α-Ketobuttersäure und Pyruvat aus.

isolezithale Eier, → Ei.

Isolierung, die Abtrennung einer bestimmten Mikroorganismenart als → Reinkultur oder eines Virusstammes, z. B. die Gewinnung einer Bakterien-Reinkultur aus Abwasser. Ein durch I. gewonnener Stamm wird auch als *Isolat* bezeichnet.

Isomerasen, Hauptklasse von Enzymen, die auf ihr Substrat isomerisierend wirken und innerhalb des Substratmoleküls Umlagerungen katalysieren. Dazu gehören unter anderem die *Razemasen* und *Epimerasen*, die z. B. bei den Aminosäuren die Razemisierung der L-Form in die D-Form oder bei Zuckern die Epimerisierung von Xylulose-5-phosphat in Ribulose-5-phosphat katalysieren, die *I. für cis-trans-Isomerisierungen* und die *Phosphohexose-Isomerase* für die Umlagerung von Glukose-6-phosphat in Fruktose-6-phosphat.

isometrische Erschlaffung, → Aktionsphasen des Herzens.

isometrische Kontraktion, → Aktionsphasen des Herzens.

Isometrisches labiles Ringfleckenvirus, → Virusgruppen.

Isopentenyladenin, → Zytokinine.

Isophäne, → Cline.

Isopoda, → Asseln.

Isoprene, svw. Terpene.

Isoprenoide, svw. Terpene.

isoprismatisches Epithel, → Deckepithel, → Epithelgewebe.

Isoptera, → Termiten.

Isosaprobität, → Saprobiensysteme.

isosmotisch, → halobiont, → isotonisch, → Osmose.

Isospore, → Sporen.

isotonisch, *isosmotisch,* Bezeichnung für Lösungen mit gleichen osmotischen Werten, → Osmose.

Isotopenaustauschmessung, Methode der Untersuchung von Systemen im Fließgleichgewicht mit Hilfe radioaktiver Isotope. Befindet sich das System im Fließgleichgewicht, so sind die Reaktionsgeschwindigkeiten zeitlich unverändert. Durch Zugeben eines *radioaktiven Markers* in eines der zu untersuchenden → Kompartiments können anhand der Änderungen der Radioaktivität in den anderen Kompartimenten die Reaktionsgeschwindigkeiten bestimmt werden. Die Methode der I. setzt voraus, daß keine Isotopieeffekte auftreten, d. h., daß sich der radioaktive Marker genauso wie der untersuchte Stoff in bezug auf den Austausch verhält.

I. werden bei Untersuchungen von Transportvorgängen an Membranen und beim Studium von biochemischen Reaktionsnetzen eingesetzt.

Isotransplantat, → Transplantation.

isotrop, nach allen Seiten gleichförmig. Gegensatz: → anisotrop.

Isovaleriansäure, $(CH_3)_2CH-CH_2-COOH$, eine verzweigte Fettsäure, eine farblose, baldrianartig riechende Flüssigkeit, die frei oder verestert unter anderem in den Wurzeln von Baldrian, *Valeriana officinalis*, Angelika, *Angelica archangelica*, und in den Beeren des Schneeballs, *Viburnum opulus*, vorkommt.

Isozitronensäure, eine mit Zitronensäure isomere Trikarbonsäure, die in manchen Pflanzen gefunden wurde. I. tritt im → Zitronensäurezyklus als Zwischenprodukt auf.

$$HOOC-CH-CH-CH_2-COOH$$
$$||$$
$$OHCOOH$$

Isozönosen, Lebensgemeinschaften, die aufgrund ähnlicher Umweltbedingungen strukturell weitgehend übereinstimmen, deren »Planstellen« (→ Nische) aber durch andere Arten besetzt sind, z. B. Steppen in Nordamerika und Mittelasien, → Stellenäquivalenz, → biozönotischer Konnex (Abb.).

Itakonsäure, eine ungesättigte zweibasische Karbonsäure, die als Stoffwechselprodukt bestimmter Schimmelpilze, z. B. *Aspergillus itaconicus*, auftritt. I. entsteht als Nebenprodukt des Zitronensäurezyklus durch Dekarboxylierung aus Akonitsäure und dient als Speicherstoff, der leicht wieder als Kohlenstoffquelle in den Pilzstoffwechsel einbezogen werden kann.

$$HOOC-CH_2-C-COOH$$
$$\|$$
$$CH_2$$

IUCN, *International union for the conservation of nature and natural resources, Internationale Union für den Schutz der Natur und der natürlichen Ressourcen,* 1948 gegründete internationale Naturschutzorganisation (→ Naturschutz) mit Sitz in Gland (Schweiz), die auch unter der Abkürzung ihres französischen Namens UICN zitiert wird. Zu den vielfältigen Aktivitäten der I. gehört die Erarbeitung und ständige Aktualisierung des erstmals 1970 erschienenen → Roten Buches der vom Aussterben bedrohten Wirbeltiere und Pflanzen.

Ixodides, → Zecken.

J

Jaccardsche Zahl, *Artenidentität,* strukturelles biozönologisches Charakteristikum, Relation zwischen der Anzahl der in zwei Beständen gemeinsam vorkommenden Arten zur Summe der jeweils nur in einem Bestand vorkommenden Arten [Jaccardsche Zahl %]. Bereits 1912 für pflanzensoziologische Vergleiche entwickelt, hat sich die J. Z. auch in der Tierökologie bewährt.

Jackfruchtbaum, → Maulbeergewächse.

Jacobsonsches Organ, *Organon vomeronasale,* spezialisierter Abschnitt der vorderen Nasenhöhle, der der Perzeption von Geruchsstoffen aus der Mundhöhle dient, mit der dieses Organ über den Stensonschen Gang in Verbindung steht. Bei Eidechsen und Schlangen ist es vollständig von der Nasenhöhle abgeschnürt; die gespaltene Zunge dieser Kriechtiere kann in seine Taschen eingeführt werden. Auch bei einer Reihe von Säugetieren ist es noch in Funktion, besonders bei den Makrosmaten (Tiere mit gutem Geruchsvermögen); rückgebildet ist es bei den Walen, Schmalnasenaffen und beim Menschen, außerdem bei vielen Fledermäusen. Bei Säugern spielt das Organ eine Rolle als Rezeptor für Sexualgeruchsstoffe. Die Verhaltensweise des »Flehmens« soll mit dieser Funktion in Zusammenhang stehen.

Jagdgesellschaften, → Soziologie der Tiere.
Jäger, → Ernährungsweisen.
Jaguar, *Panthera onca,* eine Großkatze, die dem Leoparden ähnelt, bei der sich aber im Innern der schwarzen Ringflekken ein oder mehrere schwarze Punkte finden. Es gibt auch völlig schwarze Exemplare. Der J. ist ein sehr geschickter Kletterer, seine Heimat reicht vom südlichen Nordamerika bis nach Patagonien.
Jahresrhythmik, → Biorhythmen, → Periodizität.
Jahresring, → Holz.
Jahresringanalyse, → Datierungsmethoden.
Jahreszeitenkonstitution, → Konstitution.
Jahreszyklen, jahresperiodisch (jahreszeitlich) bedingte Schwankungen in den Lebensvorgängen besonders mehrjähriger Tiere, die auf Änderungen in den Stoffwechselvorgängen und dem Hormongefüge beruhen. Die Aktivität eines Tieres kann sich im J. quantitativ und qualitativ (als Tagesmuster) ändern. So unterliegt die Fortpflanzung bei vielen mehrjährigen Arten einem J.; als Zeitgeber sind vor allem Änderungen in der Belichtungsdauer wesentlich (zunehmende oder abnehmende Taglänge). Über die Evolution sind die Fortpflanzungsperioden der monöstrischen Arten (eine Periode im Jahr) so abgestimmt, daß die Aufzucht oder Entwicklung der Jungen in die dafür günstigste Jahreszeit fällt. Gelegentlich wird diese Beziehung auch über verlängerte Tragzeiten hergestellt. Auch das Territorialverhalten unterliegt (besonders bei regelmäßig wandernden Arten) einem Jahresrhythmus. Bei soziallebenden Arten kann es im J. zu einem Dominanzwechsel zwischen den Geschlechtern kommen. Bei manchen Arten sind die J. endogen so stark fixiert, daß sie auch in anderen geographischen Breiten den Heimatrhythmus beibehalten; der australische Trauerschwan z. B. brütet daher in Europa im Winter.
Jak, svw. Yak.
Japanischer Krallenfingermolch, *Krallensalamander, Onychodactylus japonicus,* in schnellfließenden, kalten Gebirgsbächen Koreas und Japans beheimateter, bis 16 cm langer → Winkelzahnmolch. Seine Zehen tragen scharfe Hornkrallen. Die Krallenfingermolche sind lungenlos und atmen nur durch die Haut.
Japanischer Ruderfrosch, *Rhacophorus schlegeli,* brutpflegender ostasiatischer → Ruderfrosch. Das wie beim → Flugfrosch hergestellte Schaumnest wird am Ufer in einer Erdhöhle angelegt, in der sich die Larven ohne Wasserstadium entwickeln und umwandeln.
Japanische Zierkirsche, → Rosengewächse.
Japanische Zierquitte, → Rosengewächse.
Japanmakak, *Rotgesichtsmakak, Macaca fuscata,* ein stummelschwänziger → Makak mit roter Gesichts- und Gesäßfärbung. Er steht in seiner japanischen Heimat unter Schutz. Der J. hat in manchen Horden die Angewohnheit entwickelt, das Futter zu waschen.
Japygidae, Familie der → Doppelschwänze.
Jararaka, → Lanzenschlangen.
Jarowisation, svw. Vernalisation.
Jasmin, → Ölbaumgewächse.
Jassana, → Regenpfeifervögel.
Javaneraffe, *Macaca irus,* ein langschwänziger, dem Rhesusaffen ähnlicher → Makak, der in Hinterindien und Indonesien vorkommt.
Jejunum, → Verdauungssystem.
Jetztmenschen, → Homo, → Anthropogenese.

Jochalgen, → Grünalgen.
Johannisbeere, → Stachelbeergewächse.
Johannisbeergallmilbe, *Eriophyes ribis,* eine besonders an Schwarzen Johannisbeeren auftretende → Gallmilbe. Die befallenen Knospen schwellen kugelig an und trocknen ein. Man bekämpft die J. durch Absammeln der Gallen oder durch entsprechende Präparate.
Johannisbrotbaumgewächse, *Caesalpiniaceae,* eine Familie der Zweikeimblättrigen Pflanzen mit etwa 2 000 Arten, die überwiegend in den Tropen und Subtropen vorkommen. Es sind meist Bäume, seltener Sträucher, mit einfach oder doppelt paarig gefiederten, wechselständigen Blättern und zwittrigen, unregelmäßigen, 5zähligen Blüten, die von Insekten oder Vögeln bestäubt werden. Der oberständige Fruchtknoten entwickelt sich zu einer Hülse.

Als Zierbaum in Europa öfter angebaut wird die aus Nordamerika stammende **Gleditschie,** *Gleditsia triacanthos,* die glänzend rotbraune, in Büscheln stehende Dornen hat. Die einzige in Südeuropa beheimatete Art ist der **Johannisbrotbaum,** *Ceratonia siliqua,* dessen unreife, getrocknete, süße Früchte gegessen werden, in der Tabakindustrie zum Aromatisieren dienen oder als Kraftfutter für Vieh, z. T. auch als Kaffee-Ersatz, verwendet werden.

Johannisbrotbaum: Zweig mit Blüten und Früchten (Hülsen)

Die Blätter von *Cassia angustifolia* und *Cassia acutifolia* enthalten abführend wirkende Anthraglykoside und werden als Sennesblätter pharmazeutisch genutzt. Die Früchte der in vielen tropischen Ländern angepflanzten **Röhrenkassie,** *Cassia fistula,* liefern ein schwarzes, ebenfalls abführend wirkendes Mus. In den Tropen häufig angepflanzt wird auch der aus Afrika bzw. Indien stammende **Tamarindenbaum,** *Tamarindus indica,* dessen süßsäuerliches Fruchtmus vor allem für Getränke verwertet wird. Viele Arten der Gattung *Copaifera* sind Heilpflanzen und liefern Kopalharz, das zur Lack-, Firnis- und Linoleumherstellung, in der chemischen Industrie und der Medizin verwendet wird. Da es rasch erhärtet und dann wie Bernstein aussieht, wird es auch zu Schmuckgegenständen verarbeitet.
Johannisechse, *Ablepharus kitaibelii,* kleine, braunglänzende → Glattechse mit schwachen Beinen. Das Unterlid

ist zu einem durchsichtigen Fenster umgebildet und mit dem oberen verwachsen. In der 10 bis 12 cm großen Unterart *Ablepharus kitaibeli fitzingeri* erreicht die J. als einziger Vertreter der Glattechsen Mitteleuropa (Balkan bis ČSSR). Sie legt Eier.

Johnstonsches Organ, ein im 2. Fühlerglied der Insekten liegendes stiftführendes Sinnesorgan. Es liegt als ein Hohlzylinder von Sinneszellen der Wand des Fühlergliedes an und dient der Wahrnehmung von Bewegungen der Fühlergeißel, von Erschütterungen und vielleicht auch von Schallwellen. Das J. O. ist ein abgewandeltes Chordotonalorgan. Die beste Ausbildung hat es bei den Taumelkäfern, Stech- und Zuckmücken.

Jonon, ein zu den Terpenen gehörendes Keton von intensivem Veilchengeruch, das je nach Lage der Doppelbindung in zwei isomeren Formen auftritt. β-Jonon wurde z. B. in der Himbeere nachgewiesen. Der Geruch des Veilchens selbst ist jedoch nicht auf J., sondern auf das chemisch nahe verwandte Iron zurückzuführen. Synthetisches J. ist wichtiges Ausgangsmaterial zur Herstellung von Parfümen.

β-Jonon

Die J. haben als Bausteine der Karotine und der Vitamine A_1 und A_2 besondere Bedeutung.

Joule, J, SI-Einheit für Arbeit, Energie und Wärme; wird verwendet bei Angaben des → Brennwertes der Nahrungsstoffe und des → Grundumsatzes. Früher erfolgten diese Angaben in Kalorien. 1 Joule = 0,24 cal.

Judenfisch, → Zackenbarsche.
Jugendform, → heteroblastische Entwicklung.
Jugendphase, → Lebensdauer.
Juglandaceae, → Walnußgewächse.
Juglon, ein braunroter, chinoider Pflanzenfarbstoff, der als Glukosid des Dihydroderivats in den Blättern der Walnußgewächse – besonders reichlich in den grünen Nußschalen des Walnußbaumes, *Juglans regia* – sowie in den Blütenständen der Birken- und Weidengewächse vorkommt. Bei der Aufarbeitung des Pflanzenmaterials entsteht durch Hydrolyse und Oxidation das freie J., das früher in »Nußölen« und Haarfärbemitteln zur Färbung verwendet wurde.

Julidae, → Doppelfüßer.
Juncaceae, → Binsengewächse.
Jungfernfrüchtigkeit, svw. Parthenokarpie.
Jungfernhäutchen, → Vagina.
Jungfernzeugung, svw. Parthenogenese.
Junikäfer, → Käfer.
Jura [nach dem Schweizer Juragebirge], das mittlere System des Mesozoikums, das in *Schwarzen, Braunen* und *Weißen* J. gegliedert wird. Die Dreigliederung legt die Verhältnisse in der südlichen BRD zugrunde, wo dunkle Tone, eisenführende braune Sandsteine und helle Kalke aufeinanderfolgen; die entsprechenden Ausdrücke *Lias, Dogger, Malm* stammen aus England. Der J. umfaßt einen Zeitraum von 55 Mill. Jahren. Die Ammoniten erlebten im J. eine Blütezeit; sie sind die wichtigsten Leitfossilien und liefern die Grundlage für die zeitliche biostratigraphische Gliederung in Zonen und Stufen sowie die Abgrenzung paläobiostratigraphischer Provinzen. Im Lias treten neben den ersten glatten Formen vor allem Einfach- und Sichelripper auf. Der Dogger wird durch Gabelripper gekennzeichnet. Im Malm haben die Spaltripper die größte Bedeutung. Diese Formen leiten bereits zu den Abbaurippern und aberranten Formen der Kreide über. Die Foraminiferen, Belemniten und Ostrakoden dienen ebenfalls der Feingliederung. Die Brachiopoden verarmen hinsichtlich ihrer Gattungen, sind aber gelegentlich individuenreich. Die Muscheln entfalten sich zu großer Blüte und können z. T. zur Gliederung herangezogen werden. Die Reptilien entwickelten sich im J. zu ungeheurer Blüte innerhalb ihrer stammesgeschichtlichen Entwicklung und erlebten einen zweiten Höhepunkt. Am Ende des Systems gingen aus ihnen die gewaltigsten Landwirbeltiere aller Zeiten, die Riesensaurier oder Dinosaurier, hervor. Die Ichthyopterygier und Sauropterygier erreichten die stärkste Entfaltung. Neben den rein marinen Sauriern, z. B. den Ichthyosauriern, traten bereits im Lias unter den Landsauriern, den Dinosauriern, die ersten Flugsaurier auf, die zwischen den Fingern Flughäute trugen. Von großer stammesgeschichtlicher Bedeutung sind die Funde des Urvogels *Archaeopteryx* im Malm von Solnhofen, der sowohl Vogelmerkmale (Federn) als auch Reptilmerkmale (bezahnte Kiefer, Wirbelschwanz) besitzt und somit ein Bindeglied zwischen Reptilien und Vögeln darstellt. Die Säugetiere sind zu Beginn des J. in ihren Stammlinien durch Zahn- und Kieferfunde belegt. Es waren maus- bis rattengroße Formen, meist Dämmerungs- und Nachttiere.

Die Pflanzenwelt besteht im J. vor allem aus Nacktsamern (Nadelhölzern, Zykadeen, Bennettiteen und Ginkgogewächsen) und aus Farnpflanzen. Die jurassischen Floren zeigen weltweit eine beachtliche Einheitlichkeit. → Mesophytikum, → Erdzeitalter.

Jute, → Lindengewächse.
juvenile Altersstufe, beim Menschen die Altersstufe vom 14. bis etwa 20. Lebensjahr. → Altersdiagnose.
Juvenilhormone, für die Larvenhäutung und Regulation der Metamorphose der Insekten verantwortliche Hormone (→ Insektenhormone). J. werden in den *Corpora allata,* den Anhangdrüsen des Insektengehirns, gebildet und bewirken gemeinsam mit dem Steroidhormon Ekdysteron die Larvenhäutung (Häutung von Raupe zu Raupe). Außerdem sind die J. für die Ausbildung larvaler Merkmale und die Erhaltung des Raupenstadiums nach der Häutung verantwortlich.

Juvenilhormon I

Die drei bisher in ihrer Struktur bekannten J. (J. I, J. II und J. III) gehören zu den Sesquiterpenen.

Es gibt weitere Naturstoffe mit Juvenilhormonaktivität, z. B. das Juvabion aus dem Holz verschiedener Bäume. Aus Pflanzen sind auch Antijuvenilhormone isoliert worden, z. B. Precocen, deren Wirkung in einer Blockierung der insekteneigenen J. besteht, wodurch es zu einer Fehlentwicklung der Insekten kommt.

K

Kabeljau, *Gadus morrhua,* zu den Dorschartigen gehörender, bis 150 cm langer Raubfisch des Nordatlantik und seiner Nebenmeere. Der Oberkiefer springt etwas vor, der Unterkiefer ist mit einer langen Bartel versehen. Die helle Seitenlinie verläuft über der Brustflosse in flachem Bogen abwärts. Der K. ist einer der wichtigsten Nutzfische. Als *Dorsch* bezeichnet man kleinere in der Ostsee vorkommende Formen des K.

Kabeltheorie der Erregungsfortleitung, theoretisches Modell zur Beschreibung der Ausbreitung eines Aktionspotentials. In der K.d.E. wird der Membran ein Widerstand r_m und parallel dazu eine Kapazität c_m zugeordnet. Widerstand der Innenlösung und des äußeren Mediums werden mit r_i bzw. r_e bezeichnet. Alle Größen sind bezogen auf eine Einheitslänge. Aufgrund des hohen Membranwiderstandes berücksichtigt man nur Ströme senkrecht zur Membran. Der Membranstrom besteht aus einer kapazitiven Komponente und aus dem Ionenstrom. Die kapazitive Komponente bewirkt eine abklingende Fortleitung der Depolarisation, wenn der Membranwiderstand konstant bleibt. Das Abklingen des → Elektrotonus wird durch die *Membranlängskonstante* $\lambda = \sqrt{r_m(r_e + r_i)^{-1}}$ beschrieben. Die Zeitkonstante berechnet sich als Produkt $r_m \cdot c_m$. Es bedeuten r_m den Membranwiderstand, r_e und r_i die Widerstände des Außen- bzw. Innenmediums, c_m die Membrankapazität. Elektrotonische Potentiale werden nur wenige Zentimeter weitergeleitet. Gilt dagegen für den Membranwiderstand durch das Zustandekommen eines Aktionspotentials die Bedingung der Unveränderlichkeit in der Zeit nicht mehr, so hängt die Erregungsfortleitung zusätzlich von der Größe des Natriumstromes ab. Dicke Nerven erreichen dabei höhere Leitungsgeschwindigkeiten als dünnere. So beträgt die Geschwindigkeit im Riesenaxon von Kopffüßern etwa 20 m/s. Nur deshalb wird Erregungsfortleitungsgeschwindigkeit auf Grund millimeterdicker Nervenfasern ermöglichte diesen großen Weichtieren eine erfolgreiche Konkurrenz. Wirbeltiere erreichen den gleichen Effekt mit Leitungsgeschwindigkeiten bis zu 100 m/s durch Isolation der Nervenfasern in Abschnitten mit Myelin.

Die nach der K. d. E. berechneten Geschwindigkeiten stimmen ausgezeichnet mit experimentellen Werten überein, so daß man diese Methode umgekehrt zur Bestimmung von Membrankapazität und Membranwiderstand einsetzt.

Kadaverin, *Pentamethylendiamin,* $H_2N—(CH_2)_5—NH_2$, ein → biogenes Amin, das bei der enzymatischen Dekarboxylierung der Aminosäure Lysin entsteht. Das übelriechende K. tritt bei der Fäulnis von Eiweißstoffen auf und wurde früher zusammen mit Putreszin zu den Leichengiften gerechnet, ist nach neueren Untersuchungen jedoch relativ harmlos. K. kommt unter anderem in Bakterien, Schweinepankreas, Mutterkorn, Sojabohnen, Kartoffeln und Erbsen vor.

Käfer, *Coleoptera,* eine Ordnung der Insekten mit etwa 7 000 Arten in Mitteleuropa (Weltfauna 350 000). Fossile K. sind seit dem Perm nachgewiesen.

Vollkerfe. Die Körperlänge beträgt 0,3 bis 155 mm, die der heimischen K. bis 85 mm (Hirschkäfer). Der Kopf ist meist kleiner und schmaler als der 1. Brustring und teilweise in diesen zurückgezogen. Die unterschiedlich gestalteten Fühler sind meist aus elf Gliedern zusammengesetzt, die Mundwerkzeuge sind zum Kauen eingerichtet. Von den drei Brustsegmenten ist oberseits das erste meist zu einem mehr oder weniger großen Halsschild ausgebildet, vom zweiten Brustsegment ist nur ein kleines dreieckiges Schildchen (Scutellum) zwischen den Innenwinkeln der Flügeldecken erkennbar, das dritte Brustsegment ist völlig von den Flügeln verdeckt. Die aderlosen, derben Vorderflügel (Flügeldecken oder Elytren), die größtenteils den oben weichen Hinterleib bedecken, sind stärker chitinisiert als bei jeder anderen Insektenordnung; die darunterliegenden Hinterflügel sind häutig und geädert. Zum Fliegen dienen allein die Hinterflügel. Nur wenige Arten sind gute Flieger. Bemerkenswert ist auch die Vielgestaltigkeit der Beine, die je nach den Lebensgewohnheiten zu Lauf-, Grab-, Sprung- oder Schwimmbeinen umgebildet sind. Vom Hinterleib sind äußerlich acht Segmente sichtbar. Die kurzlebigen Vollkerfe ernähren sich von den verschiedensten pflanzlichen und tierischen Substraten. Brutfürsorge und Brutpflege sind von einer ganzen Reihe von K. bekannt. Zahlreiche Arten leben als Einmieter, Gäste oder Parasiten bei Ameisen (Myrmekophilie), andere leben in den Nestern von Säugetieren und Vögeln (Nidikolie). Die meisten K. haben nur eine Generation im Jahr. Ihre Entwicklung ist eine vollkommene Verwandlung (Holometabolie).

Eier. Sie sind meist länglich-walzenförmig, bei manchen Familien auch rundlich. Die Ablage erfolgt meist in mehreren Etappen, wobei die Eier entweder einzeln, in Reihen, Platten (auch Eiteller genannt) oder Häufchen abgesetzt werden. Während die versteckt abgelegten Eier meist weißlich sind, zeichnen sich die frei abgelegten Eier oft durch eine gelbe, orangerote oder rote Färbung aus. Die Anzahl der Eier ist wie bei allen Insektenordnungen sehr von der Größe der Art, von der Größe der Eier und von den Gefahrenmomenten für ihre Weiterentwicklung abhängig; sie liegt z. B. beim Maikäfer zwischen 60 und 80 (versteckte Ablage im Boden), beim Kartoffelkäfer dagegen zwischen 500 und 2 500 (freie Ablage an Blättern).

Larven. Sie sind äußerlich unterschiedlich gestaltet, z. B. länglich-abgeflacht mit großen Laufbeinen (z. B. Laufkäfer, Kurzflügler), drahtrund und gleichmäßig segmentiert (z. B. Schnellkäfer), engerlingsförmig (z. B. Blatthornkäfer) oder madenförmig (z. B. Rüsselkäfer und Borkenkäfer). Charakteristische Merkmale sind stark chitinisierte Kopfkapsel, drei Brustsegmente mit je einem Paar Beine (die allerdings mehr oder weniger zurückgebildet sein können, besonders bei den endophag lebenden Arten), neun fußlose Hinterleibsringe. Die Larven der meisten K. häuten sich zweimal, z. B. Lauf-, Schwimm-, Rüsselkäfer, Kurzflügler.

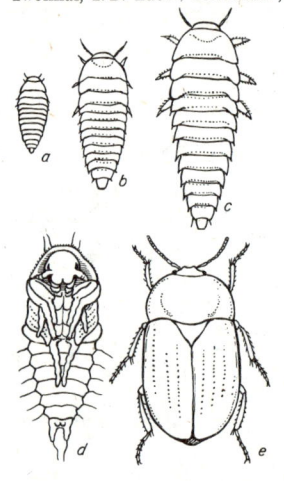

Rübenaaskäfer (*Blitophaga undata* Müller): *a* bis *c* erstes bis drittes Larvenstadium, *d* Puppe, *e* Käfer

Bei einigen Arten sind bis sechzehn Häutungen bekannt geworden (z. B. Mehlkäfer). In der Regel sind die einzelnen Stadien einander sehr ähnlich. Die Larven ernähren sich von pflanzlichen Stoffen (z. B. Schnell-, Blatt-, Rüssel-, Bockkäfer), von Aas (Aaskäfer) oder Kot (Mistkäfer) bzw. räuberisch von anderen Insekten oder Kleintieren (Laufkäfer, Schwimmkäfer). In der Regel stimmt die Ernährungsweise bei Larven und Vollkerfen überein.

Puppen. Zur Verpuppung verfertigen viele Larven eine *Puppenwiege*, d. i. eine mit Speichelsekret oder Kot geglättete Mulde oder eine kokonähnliche Umhüllung in Holz, Mulm oder Erde. Die Puppen der meisten K. gehören zum Typ der freien Puppe (Pupa libera) mit frei beweglichen Extremitäten. Die Verpuppung erfolgt in der Regel im geschützten Versteck, zum Beispiel in Rindenspalten, Bohrgängen, unter Steinen oder in der Erde. Meistens ist die Puppe das Überwinterungsstadium der K.

Wirtschaftliche Bedeutung. Infolge des Artenreichtums dieser Ordnung gibt es unter den K. auch zahlreiche Schädlinge, z. B. in der Landwirtschaft viele Blatthorn-, Schnell-, Glanz-, Rüssel- und Blattkäfer, in der Forstwirtschaft dagegen besonders Bock- und Borkenkäfer. Bekannte Vorrats- und Materialschädlinge finden sich in den Familien der Klopf-, Speck-, Samen-, Bock- und Rüsselkäfer. Andererseits spielen die räuberisch lebenden Laufkäfer (z. B. Puppenräuber), Buntkäfer (als Borkenkäferfeinde) oder Marienkäfer (als Blattlausfeinde) eine nicht zu unterschätzende Rolle in der Vertilgung von anderen Schadinsekten oder deren Brut. Einige Vertreter machen sich auch als Blütenbestäuber nützlich. Von medizinischer Bedeutung ist das ätzende und blasenziehende Kantharidin der Öl- und Weichkäfer.

System. Die Großsystematik, besonders die Gruppierung der etwa 150 Familien in Überfamilien und Unterordnungen, ist noch umstritten.

1. Unterordnung: *Adephaga*
   Familie Sandlaufkäfer (*Cicindelidae*)
   Familie Laufkäfer (*Carabidae*)
   Familie Schwimmkäfer (*Dytiscidae*)
2. Unterordnung: *Polyphaga*
   1. Sektion: *Hologastra*
   Familie Weichkäfer (*Canthariddae*)
   Familie Leuchtkäfer (*Lampyridae*)
   2. Sektion: *Haplogastra*
   Familie Aaskäfer (*Silphidae*)
   Familie Kurzflügler (*Staphylinidae*)
   Familie Schröter (*Lucanidae*)
   Familie Mistkäfer (*Geotrupidae*)
   Familie Blatthornkäfer (*Scarabaeidae*)
   3. Sektion: *Cryptogastra*
   Familie Ölkäfer (*Meloidae*)
   Familie Schwarzkäfer (*Tenebrionidae*)
   Familie Klopfkäfer (*Anobiidae*)
   Familie Schnellkäfer (*Elateridae*)
   Familie Prachtkäfer (*Buprestidae*)
   Familie Buntkäfer (*Cleridae*)
   Familie Speckkäfer (*Dermestidae*)
   Familie Glanzkäfer (*Nitidulidae*)
   Familie Marienkäfer (*Coccinellidae*)
   Familie Bockkäfer (*Cerambycidae*)
   Familie Blattkäfer (*Chrysomelidae*)
   Familie Rüsselkäfer (*Curculionidae*)
   Familie Borkenkäfer (*Scolytidae*)

Lit.: C. G. Calwer: Käferbuch (6. Aufl. Stuttgart 1916); H. Freude, K. W. Harde, G. A. Lohse: Die K. Mitteleuropas, 11 Bde (Krefeld 1964–1983); A. Horion: Verzeichnis der K. Mitteleuropas, 2 Bde (Stuttgart 1951–1952); E. Reitter: Fauna Germanica, 5 Bde (Stuttgart 1908–1916), Nachtrag dazu von A. Horion (Krefeld 1935).

Käfermilben, *Parasitidae*, goldbraune Milben, die sich in einem bestimmten Entwicklungsstadium an Insekten (besonders *Geotrupes*-Arten) anklammern und sich von ihnen zu anderen Fraßplätzen transportieren lassen. Die K. sind keine Parasiten!

Käferschnecken, *Polyplacophora*, *Placophora*, Klasse der Weichtiere (Unterstamm Stachel-Weichtiere) mit etwa 1 000 Arten.

Morphologie. Bilaterale, bis 33 cm lange Tiere mit breiter Kriechsohle und den Kopf sowie den Rumpf überdeckender Schale aus 8 miteinander beweglich verbundenen Platten. Diese bestehen aus 4 Schichten: dem Periostrakum, der obersten Kalkschicht (Tegmentum), dem folgenden Artikulatum (kommt nur bei den K. vor und verbindet mit Apophysen die einzelnen Schalenplatten) und dem innenliegenden Hypostrakum. Ventral wird die Schale von einer Kutikula (!) mit Kalkschuppen oder -stacheln umgeben (Perinotum oder Gürtel); zwischen dieser und dem Fuß sind in einer Furche zahlreiche Kiemen regelmäßig angeordnet. Typische Sinnesorgane sind die → Ästheten.

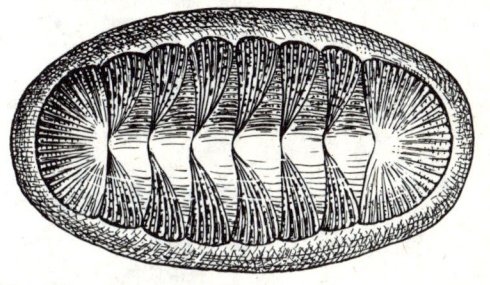

Schale einer Käferschnecke (*Chiton*)

Biologie. Die Entwicklung ist eine Metamorphose, einige Arten treiben Brutpflege, eine Art ist lebendgebärend.

K. leben in der Gezeiten- und Brandungszone der Meere an Felsen und Steinen und weiden die Algenrasen ab. In der Brandung sind sie am Untergrund festgesaugt. Abgelöst können sich die K. durch eine besondere Gürtelmuskulatur asselähnlich einrollen und sind dadurch bei Ebbe gegen Austrocknung und Regenwasser geschützt.

System. Die K. werden in 3 Ordnungen gegliedert, die man hauptsächlich nach dem Bau der Schale unterscheidet: *Lepidopleurida*, *Ischnochitonida* und *Acanthochitonida*.

Kaffeesäure, eine aromatische Karbonsäure, die frei oder als Bestandteil der Chlorogensäure im Pflanzenreich weit verbreitet auftritt. K. wurde z. B. in Kaffee, Mohn, Melisse, Löwenzahn und Schierling nachgewiesen.

$$HO-C_6H_3(OH)-CH=CH-COOH$$

Kaffeestrauch, → Rötegewächse.

Kaffein, svw. Koffein.

Kaffernbüffel, *Bubalus caffer*, ein kräftiger, wehrhafter Büffel, der Afrika südlich der Sahara bewohnt. Die stellenweise noch in größeren Herden auftretende Steppenform sieht schwärzlich aus und besitzt weit geschwungene Hörner. Die als *Rotbüffel*, *Bubalus caffer nanus*, bezeichnete braune Waldform hat enger gestellte, kürzere Hörner; sie lebt nur in kleinen Trupps.

Kagu, → Kranichvögel.

Kahnfüßer, svw. Grabfüßer.

Kahnschnabel

Kahnschnabel. → Reiher.
Kairomone, → Allelochemicals.
Kaiserkrone, → Liliengewächse.
Kakadus, → Papageien.
Kakaobaumgewächse, *Sterculiaceae,* eine Familie der Zweikeimblättrigen Pflanzen mit etwa 1 000 ausschließlich in den Tropen verbreiteten Arten. Es sind überwiegend Holzpflanzen, Bäume und Sträucher, selten Kräuter, mit einfachen, gelappten oder gefingerten Blättern und meist regelmäßigen, zwittrigen, 5zähligen Blüten, deren zahlreiche Staubgefäße röhrenförmig verwachsen sind. Der in der Regel 5fächerige Fruchtknoten entwickelt sich zu einer beerenartigen Kapsel, die vielfach in Teilfrüchte zerfällt.

Der wichtigste Vertreter ist der **Kakaobaum,** *Theobroma cacao,* mit stammbürtigen Blüten und großen, gurkenförmigen Früchten, deren eiweiß- und ölreiche Samen – die Kakaobohnen – Kakaobutter und Kakaopulver liefern. Sie enthalten unter anderem das anregend wirkende Alkaloid Theobromin. Der ursprünglich aus Mittel- bzw. Südamerika stammende Kakaobaum wird heute überall in den Tropen kultiviert. Wirtschaftlich wichtig sind auch die im tropischen Westafrika beheimateten **Kolabäume,** *Cola acuminata* und *Cola nitida,* deren Samen, die Kolanüsse, vor allem das Alkaloid Koffein bis zu einer Menge von 1,5 bis 2,5 % enthalten. Sie werden medizinisch, überwiegend aber zur Herstellung von Erfrischungsgetränken genutzt.

Kakaobutter, ein bei Raumtemperatur festes Fett, das in den Samen des Kakaobaumes, *Theobroma cacao,* zu 40 bis 50 % enthalten ist. Es wird für Genußmittel und medizinische Präparate verwendet.

Kakerlaken, → Albinismus.

Kakteengewächse, *Cactaceae,* eine Familie der Zweikeimblättrigen Pflanzen mit etwa 2 000 Arten. Das ursprüngliche Verbreitungsgebiet ist das tropische und subtropische Amerika, wo Kakteen besonders die Wüsten- und Halbwüstengebiete besiedeln. Einige Arten sind auch in die außeramerikanischen Tropen und Subtropen eingeführt worden und haben sich dort, z. B. im Mittelmeergebiet und in Südafrika, eingebürgert.

Es handelt sich in der Mehrzahl um ausgesprochen xeromorphe Pflanzen mit abgeplatteten, säulen- oder kegelförmigen, fleischigen Sprossen (Stammsukkulente), die entweder glatt, längsgerippt oder warzig gegliedert sein können. Die Oberfläche ist bedeutend verkleinert, da die Blätter zu Dornen umgewandelt sind (Ausnahme die primitive Gattung *Peireskia*), in deren Achseln sich häufig Haar- oder Stachelbüschel befinden, die neben der oft starken Kutikula als Verdunstungsschutz fungieren. Die auffälligen, großen Blüten sind meist sitzend. Sie haben eine vielzäh-

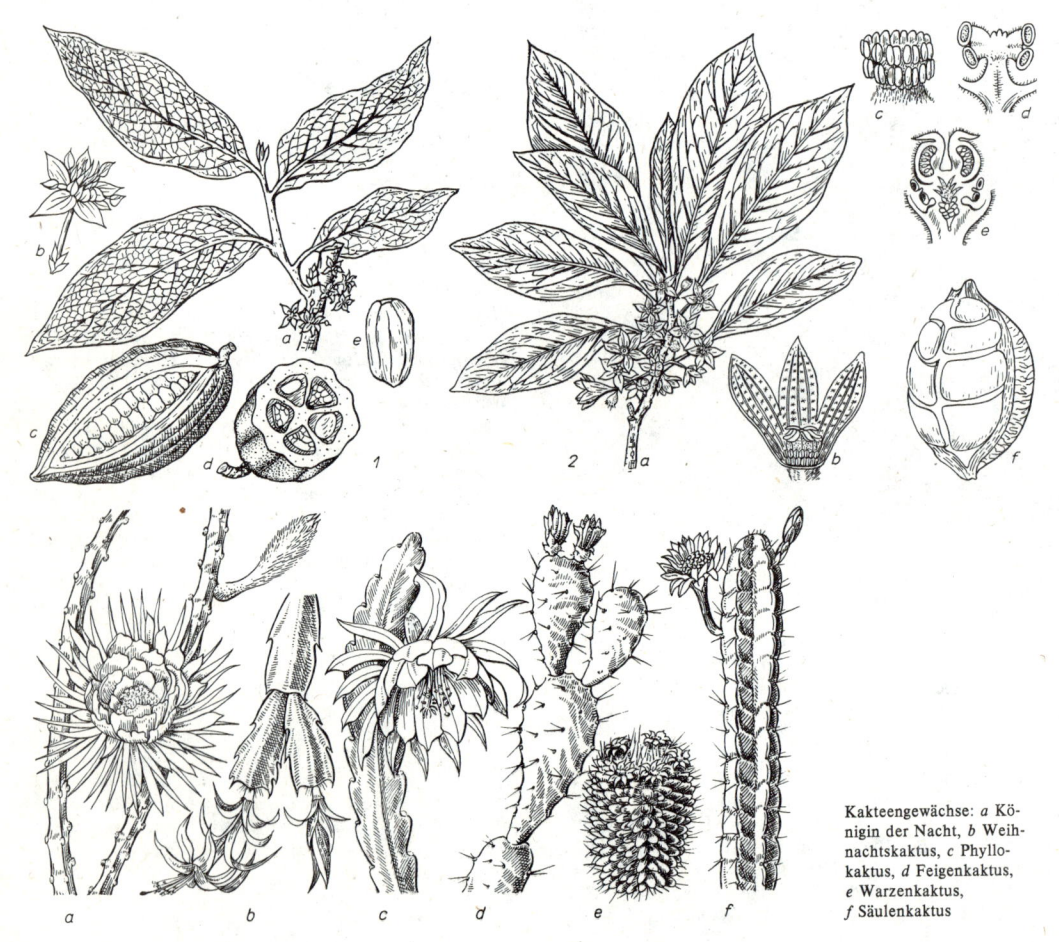

Kakaobaumgewächse: *1* Kakao: *a* blühender Sproßabschnitt, *b* Blüte, *c* geöffnete Frucht, *d* Fruchtquerschnitt, *e* Same; *2* Kolabaum: *a* blühender Zweig, *b* ♀ Blüte, *c* Staubblattsäule einer ♂ Blüte, *d* ♂ Blüte Längsschnitt, *e* Längsschnitt durch *b*, *f* Frucht mit Samen (Kolanuß)

Kakteengewächse: *a* Königin der Nacht, *b* Weihnachtskaktus, *c* Phyllokaktus, *d* Feigenkaktus, *e* Warzenkaktus, *f* Säulenkaktus

lige, außen kelch- und innen kronenartige schraubige Blütenhülle und zahlreiche Staub- und Fruchtblätter. Der Fruchtknoten ist unterständig und entwickelt sich zu einer Beere.

Viele Kakteen werden als Zierpflanzen gezogen. Bekannt sind z. B. die **Königin der Nacht,** *Selenicereus grandiflorus,* die **Phyllokakteen,** *Nopalxochia*-Hybriden, der **Weihnachtskaktus,** *Zygocactus truncatus,* die **Bischofsmütze,** *Astrophytum myriostigma,* und verschiedene *Opuntia-, Cereus-, Echinocactus-* und *Mammillaria-*Arten. Der **Feigenkaktus,** *Opuntia ficus-indica,* der im Mittelmeergebiet verwildert ist, liefert eßbare Früchte. Einige Arten enthalten Alkaloide, wie die mexikanischen *Lophophora*-Arten, deren getrocknete Sproßabschnitte die als Peyotl bekannte, Wahnvorstellungen verursachende Droge liefern, deren Hauptwirkstoff das Protoalkaloid Meskalin ist.

Kalamität, → Massenwechsel.
Kalan, svw. Seeotter.
Kalanchoë, → Dickblattgewächse.
Kalium, ein Alkalimetall, für Pflanze, Tier und Mensch ein lebensnotwendiger und in großer Menge erforderlicher Nährstoff.

Im Boden ist K. vorwiegend in verschiedenen Tonmineralen (Glimmer, Feldspat u. a.) enthalten. Außer Tonböden sind auch Schwarzerdeböden reich, Lateritböden dagegen arm an K. Entscheidend für die Pflanzenverfügbarkeit ist wie bei allen Nährstoffen die Bindungsform. Das in der Bodenlösung vorliegende und das sorptiv gebundene K. ist der Pflanze direkt zugänglich; das in Mineralen eingebaute K. wird erst nach langdauernden Verwitterungsvorgängen verfügbar. Von großer Bedeutung für die Aufnehmbarkeit ist die Durchfeuchtung des Bodens. Bei trockener Witterung findet eine Kaliumfixierung statt, so daß unter Umständen eine Kaliumdüngung unwirksam bleibt und erst von der nachfolgenden Kultur verwertet wird.

Von der Pflanzenwurzel wird K. als Kation, K^+, aktiv und in weit größeren Mengen als die übrigen Kationen aufgenommen (→ Carrier, → Ionenpumpen). Stark behindert wird die (aktive) Kaliumaufnahme durch eine ungenügende Sauerstoffversorgung der Wurzeln, z. B. infolge schlechter Bodenstruktur. Die Beweglichkeit des K. in der Pflanze ist gut. Aus der Wurzel wird K. rasch mit dem Transpirationsstrom in den Sproß transportiert. Aber auch Phloemtransport vom Sproß in die Wurzel ist möglich. K. soll auf diese Weise wie Phosphat täglich mehrere Kreisläufe über Xylem und Phloem durchmachen können. Bei seiner Verteilung gelangt K. bevorzugt zu den stoffwechselaktiven jüngeren Blättern und den meristematischen Geweben. In den jüngeren Blättern werden daher höhere Kaliumkonzentrationen als in älteren vorgefunden. Die entsprechenden Kaliumgehalte schwanken zwischen 20 und 60 mg je g Trockensubstanz.

K. liegt in der Zelle vorwiegend in Form freier oder adsorptiv gebundener Ionen vor. Diese wirken im Wechselspiel mit Mg^{2+} und Ca^{2+} vor allem auf die Hydratation der Plasmakolloide und somit auf die Quellung, und zwar im Sinne einer Erhöhung der Quellung. Die besonders auch in den Vakuolen in größerem Umfang vorliegenden K^+-Ionen bestimmen ferner die Höhe des osmotischen Wertes mit. Dementsprechend beeinflußt K. den Wasserhaushalt der Pflanzen in starkem Maße. Es wirkt wassersparend. Bei ungenügender Kaliumversorgung sind demgegenüber die Pflanzen schlaff, die Wasserabgabe durch Transpiration ist erhöht und der Turgordruck der Zellen vermindert.

Neben der Wirkung auf den Wasserhaushalt ist der Einfluß des K. auf Photosynthese und Atmung von Bedeutung. Das K^+-Ion stellt einen unentbehrlichen Faktor der Photosynthese dar. Es besteht Grund zur Annahme, das K^+-Ionen durch ihre sorptive Bindung an organische Oberflächen die einzelnen Strukturen der Chloroplasten stabilisieren und für den Ablauf der enzymatischen Reaktionen in einem optimalen Zustand halten. Ebenso beeinflußt K. Quellung und Struktur der Mitochondrien. Es ist für die sich in den Mitochondrien abspielenden Phosphorylierungsprozesse notwendig. Daneben wirken K^+-Ionen aktivierend auf die Zytochromsysteme. Ferner beeinflussen K^+-Ionen die Eiweißbildung, und zwar offensichtlich um so stärker, je weniger Stickstoff zur Verfügung steht. Es sind heute über 40 Enzyme bekannt, die mehr oder weniger spezifisch durch K^+ aktiviert werden, darunter zahlreiche Kinasen und Dehydrogenasen. Der Wirkungsmechanismus dieser K^+-Aktivierung ist noch weitgehend ungeklärt. Es wird unter anderem angenommen, daß K^+ locker, aber selektiv an das Enzymprotein gebunden wird und auf diese Weise die Enzymkonfrontation verändert.

Die hohe Kaliumentnahme aus dem Boden durch die Kulturpflanzen macht eine regelmäßige Düngung notwendig. Bei der Anwendung der Mineraldünger, die K. entweder als KCl (Kaliumchlorid) oder als K_2SO_4 (Kaliumsulfat) enthalten, muß darauf geachtet werden, daß verschiedene Kulturen gegenüber großen Chloridmengen empfindlich sind (→ Chlor). Besonders hohe Anforderungen an die Kaliumversorgung stellen Kohlarten, Rote Rübe, Sellerie, Gurken, Tomaten, Möhren, Obstbäume und Wein sowie Hackfrüchte, Rotklee und Luzerne.

Kaliummangelsymptome, die häufig durch einen ungeregelten Wasserhaushalt ausgelöst werden (s. o!), äußern sich in einer »Welketracht« der Pflanzen. Sie sind welk und schlaff; an älteren Blättern zeigen sich vom Rand her Aufhellungen und schließlich braune Nekrosen. In ungenügend mit K. versorgten Pflanzen reichern sich Zucker an, und die Bildung von höhermolekularen Kohlenhydraten, z. B. Zellulose, ist herabgesetzt. Dadurch leiden die Standfestigkeit des Getreides und die Qualität von Faserpflanzen. Ferner werden nur kleine, festsitzende Blätter gebildet. Beim Wein sind die Kaliummangelblätter mitunter blau gefärbt und die Blütenstände abgestorben.

Kaliumionen sind für die Aktivität vieler Enzyme sowie die Erregungsleitung in Nervenzellen unentbehrlich. Durch die Nahrung nimmt der Mensch täglich etwa 4 g K. auf. Kaliummangel führt zu Muskelschwäche und Lethargie.

Kalium-Argon-Test, → Datierungsmethoden.
Kaliumpumpe, → Ionenpumpen, → Erregung.
Kalkalgen, → Geißelalgen.
Kalkdrüsen, Drüsen der weiblichen Geschlechtsausführgänge der Sauropsiden, die die tertiären Eihüllen liefern.
Kalk-Kali-Gesetz, eine in der Ernährungsphysiologie der Pflanzen schon frühzeitig empirisch formulierte Regel, nach der bei einem verstärkten Angebot an K^+-Ionen die Ca^{++}-Aufnahme zurückgedrängt wird und umgekehrt. Entsprechend dem gegenwärtigen Kenntnisstand stellt das K.-K.-G. nur einen Sonderfall der Ionenkonkurrenz bei der Stoffaufnahme dar.

Kalkpflanzen, *Basiphyten, Alkaliphlanzen,* Pflanzen, die vorzugsweise oder ausschließlich auf Böden mit hohem Kalziumkarbonatgehalt siedeln, z. B. Flammen-Adonisröschen, *Adonis flammea,* Rundblättriges Hasenohr, *Bupleurum rotundifolium,* Gelber Günsel, *Ajuga chamaepitys,* Scheidenkronwicke, *Coronilla vaginalis.* Der Kalkgehalt begünstigt die Krümelstruktur, Wasserdurchlässigkeit, Erwärmung und durch hydrolytische Spaltung des Karbonates die leicht alkalische Reaktion und die Bindung der Humussäuren des Bodens, die sich indirekt auf die K. auswirken.

Kalkschwämme, *Calcarea,* eine Klasse der Schwämme mit kleinen Formen, deren Skelett aus Kalknadeln besteht, die fest isoliert sind und von ein-, drei- oder vierstrahligem

Kallidin, → Bradykinin.
Kallus, → Wundheilung.
Kalluskultur, → Zellzüchtung.
Kalmare, schlanke, räuberische zehnarmige Kopffüßer (allgemein der Gattung *Loligo*) in allen Weltmeeren. Die K. sind meist Dauerschwimmer und folgen mit großer Schnelligkeit den Fischschwärmen, aus denen sie ihre Nahrung erjagen. Mit den Fischschwärmen kommen sie auch öfters in die Nordsee. In vielen Ländern sind die K. ein begehrtes Nahrungsmittel.
Kalorie, alte Maßeinheit der Energie. Früher häufig verwendet bei Angaben der Brennwerte und des Energieumsatzes. Die gültige Maßeinheit ist Joule. 1 cal = 4,2 J.
Kalorimetrie, in der Physiologie Verfahren zur Bestimmung des Energieumsatzes. Bei der *direkten K.* wird in einer thermisch isolierten Kammer die Menge der vom Organismus abgegebenen Wärme bestimmt. Die *indirekte K.* beruht darauf, daß aus der Produktion von Kohlendioxid und dem Verbrauch von Sauerstoff die erzeugte Wärme berechnet wird. Die Energie, die je Liter Sauerstoff gewonnen wurde, ist je nach veratmeter Substanz unterschiedlich. Daher muß zu ihrer Berechnung zuerst der → respiratorische Quotient ermittelt werden, dessen Wert dann die Höhe des *kalorischen Äquivalents* bestimmt.
Kalotte, Bezeichnung für das Schädeldach.
Kaltbrüter, Bezeichnung für Tiere, deren Fortpflanzung in der kalten Jahreszeit erfolgt, z. B. Rapserdfloh, Birnenblütenstecher und Frostspanner unter den Insekten, Bär unter den Säugetieren.

Den K. werden die *Warmbrüter* gegenübergestellt; ihre Vermehrung setzt im Frühjahr ein und erlischt mit Eintritt kühler Witterung. Hierher gehören die meisten heimischen Insekten, die Amphibien, Reptilien sowie die Mehrzahl der Vögel und Säugetiere der gemäßigten Klimazonen. Ähnlich unterscheidet man für Fische Warm- und Kaltlaicher.

Als *Dauerbrüter* werden Arten bezeichnet, deren Fortpflanzung zu allen Jahreszeiten möglich ist, z. B. Ackerschnecke und Fichtenkreuzschnabel.
Kältebedürfnis, → Vernalisation.
Kältelethargie, → Überwinterung.
Kältepflanzen, → Temperaturfaktor.
Kälteschäden, *Erkältungsschäden,* bei Pflanzen durch Temperaturen oberhalb des Gefrierpunktes verursachte Veränderungen, die zu reversibler Schädigung oder zum Tod durch Erkältung führen. Derartige K. treten bei tropischen Pflanzen, Algen warmer Meere und manchen Pilzen bereits bei verhältnismäßig hohen Temperaturen auf. Sie beruhen unter anderem darauf, daß bei Verminderung der Temperatur die Intensität der verschiedenen Stoffwechselvorgänge, aber auch ganzer Stoffwechselfolgen, innerhalb ein und derselben Pflanze in unterschiedlichem Maße beeinflußt wird. Z. B. hat die Atmung im allgemeinen ein höheres Temperaturoptimum als die Photosynthese. Der Chlorophyllbiosynthese kommt bei manchen Pflanzen ein wesentlich höheres Temperaturoptimum zu als dem Wachstum. Daher äußern sich K. unter anderem darin, daß die Pflanzen eine gelblich-bleiche Farbe annehmen. Weitere Symptome sind allgemeine Wachstumsstockungen, Mißbildungen, Blüten- und Fruchtabfall, Taubährigkeit sowie reversibles oder irreversibles Welken. K., die auf einem gestörten Enzymstoffwechsel beruhen, sind das Süßwerden von Kartoffelknollen und Wintergemüse.

Schäden, die durch Temperaturen unter dem Gefrierpunkt verursacht werden, nennt man → Frostschäden.
Kältestarre, 1) Bei Pflanzen durch Abkühlung bewirkte Aufhebung der Reizbarkeit und Verlangsamung oder Stillstand von Stoffwechsel- und Wachstumsprozessen. Der K. können irreversible Kälteschäden folgen.

2) bei Tieren durch niedrige Umgebungstemperaturen bewirkte Bewegungsunfähigkeit (Torpor). Sie ist mit deutlicher Herabsetzung des Stoffwechsels verbunden und daher ein wesentliches Mittel zur → Überwinterung wechselwarmer Tiere. Der Eintritt der K. ist artspezifisch und vom Entwicklungszustand abhängig und zum Teil auch an bestimmte Außentemperaturen gebunden: Die Winterfliege *Chionea araneoides* ist noch bei −6 °C aktiv, die Eiraupe der Nonne fällt bei etwa 0 °C in K., während die untere Aktivitätsgrenze für die Grille +16 °C beträgt. Die K. ist im allgemeinen reversibel, weitere Abkühlung führt jedoch zum → Kältetod.

Auf der oberen Aktivitätsgrenze folgt der Wärmestarre der wechselwarmen Tiere, meist zwischen +40 und 50 °C. Sie bleibt nur auf einen engen Temperaturbereich beschränkt und geht bei weiterer Steigerung schnell in den Wärmetod über. Bewohner von heißen Quellen oder Dünengebieten zeichnen sich durch relativ hohe Lage des Wärmetodpunktes aus (z. B. einige Protozoen, Nematoden, Insekten).
Kältetod, durch irreversible Schädigung lebenswichtiger Funktionen infolge niedriger Temperaturen eintretender Tod. Ähnlich wie bei der → Kältestarre ist der Eintritt des K. artspezifisch, vom Entwicklungsstadium, Geschlecht und physiologischen Zustand (z. B. vorausgegangene Kälteadaption) abhängig. Frühjahrsfröste werden von Insekten weniger gut überstanden als Minustemperaturen während der Überwinterung. Unvermitteltes Eintreten tiefer Temperaturen führt schneller zum K., auch die Dauer der Einwirkung ist wesentlich.

Eigenwarme Tiere erleiden den K., wenn die Körpertemperatur um 15 bis 20 °C absinkt. Gutes Regulationsvermögen und Wärmeisolation (Federn, Haare, Fetteinlagerungen) sowie ein günstiges Verhältnis von Körpervolumen zu Körperoberfläche die bei großen Tieren ermöglichen das Ertragen von Unterschieden bis 100 °C zwischen Außen- und Körpertemperatur. Arktische bzw. antarktische Warmblüter (Robben, Pinguine) verfügen über besonders große Kältetoleranz.

Dem K. steht im oberen Letalbereich der Temperatur der *Wärmetod* gegenüber.
Kältezittern, unregelmäßige Muskelbewegungen der Säugetiere zur Verstärkung der → Wärmebildung. Das K. entsteht durch Erregungen im → Erwärmungszentrum des hinteren Hypothalamus, die über zentrale motorische Bahnen und periphere motorische Nerven zur Skelettmuskulatur geleitet werden. Dort lösen sie an- und abschwellende, deutlich sichtbare, Kontraktionen aus. Kurare und andere an der motorischen Endplatte angreifende Pharmaka (Muskelrelaxantien) beseitigen das K.
Kaltrezeptoren, → Thermorezeptoren.
Kaltwasserformen, Bakterienformen, die im Temperaturbereich zwischen 0 und 10 °C ihr Optimum haben. Sie zeigen im allgemeinen niedrige Wachstums- und Umsatzraten. Im Winter sind sie in allen Gewässern, im Sommer nur im unteren Stockwerk der thermisch geschichteten Seen und in vielen Grundwasserleitern für den Abbau und Umbau von Stoffen verantwortlich.
Kaltzeit, → Eiszeit.
Kalyptra, 1) → Bildungsgewebe. **2)** → Moospflanzen.
Kalyptrogen, → Histogene.
Kalziferol, svw. Vitamin D, → Vitamine.
Kalzitonin, *Thyreokalzitonin,* ein in den C-Zellen der Schilddrüse gebildetes Polypeptidhormon, das aus 32 Aminosäureresten mit einer endständigen Disulfidbrücke aufgebaut ist (Molekülmasse beim Menschen 3420). Die Aminosäuresequenz ist speziesabhängig. Für die biologische Wirkung ist die Gesamtstruktur notwendig. K. ist ein direk-

ter Gegenspieler des Hormons Parathyrin und ist mit diesem für die Konstanz des Serumkalziumspiegels verantwortlich. K. bewirkt eine rasche, kurz andauernde Senkung des Kalziumspiegels durch eine vermehrte Einlagerung von Kalzium in die Knochen und verhindert eine Hyperkalzämie nach Nahrungsaufnahme. Die Produktion von K. wird durch den Gehalt an ionisiertem Kalzium im Blut reguliert.

Kalzium, Ca, ein Erdalkalimetall, für die Pflanze ein lebensnotwendiger und in größeren Mengen erforderlicher Nährstoff (→ Pflanzennährstoffe).

Im Boden ist der Kalziumgehalt im Vergleich zu anderen Pflanzennährstoffen im allgemeinen hoch. Allerdings ist ein großer Teil als Gitterbaustein in basischen Gesteinen festgelegt bzw. in Form schwerlöslicher Salze vorhanden, z. B. Karbonate (kohlensaurer Kalk, Kalkspat, Dolomit) und Phosphate (→ Phosphor, Apatite). Aus Kalziumkarbonat $CaCO_3$ entsteht durch Einwirkung von Wasser und dem von Mikroorganismen im Boden gebildeten Kohlendioxid CO_2 lösliches Hydrogenkarbonat $Ca(HCO_3)_2$, das gut beweglich, aber auch leicht auswaschbar ist. Für die Bodenfruchtbarkeit ist wesentlich, daß die Sorptionskomplexe des Bodens weitgehend mit Ca^{2+} abgesättigt sind, denn auf diese Weise wird eine stabile Krümelstruktur erhalten. Das sorptiv gebundene K. und die freien Kalziumionen in der Bodenlösung sind für die Pflanze leicht zugänglich.

Von der Pflanzenwurzel wird K. als Kation, Ca^{2+}, aufgenommen. Bestimmte Kationen, besonders Strontium, aber auch NH_4^+ (→ Stickstoff), K^+ (→ Kalium), Na^+ (→ Natrium) und Mg^{2+} (→ Magnesium) vermögen die Kalziumaufnahme zu behindern, und umgekehrt kann auch durch Ca^{2+} die Aufnahme anderer Ionen beeinträchtigt werden. Besonders der Ionenantagonismus des Ca^{2+} gegenüber K^+ und auch Mg^{2+} kann die Versorgung der Pflanzen mit einem der angeführten Nährstoffe gefährden. So wurde bei Nadelbäumen auf kalkreichen Standorten Kalimangel festgestellt.

Durch die Pflanzenwurzel aufgenommene Ca^{2+}-Ionen werden nur spitzenwärts (akropetal) geleitet. Über das Blatt zugeführte Ca^{2+}-Ionen dringen zwar in das Blattgewebe ein, werden aber ebenfalls nur spitzenwärts transportiert. Ein Rücktransport zu den Zweigen oder Wurzeln erfolgt kaum. Dadurch kommt es in den Blättern, aber auch in der Borke u. a. zu einer gewissen Ca^{2+}-Akkumulation, die in älteren Blättern oder Borkenteilen besonders hoch sein kann. Häufig ist Ca^{2+} in Form schwerlöslicher Ca^{2+}-Salze organischer Säuren, z. B. als Kalziumoxalat, abgelagert. Daneben treten im Zellsaft oder als Inkrustation in der Zellwand weitere Salze auf, wie Kalziumphosphate und Kalziumkarbonat. Auch in freier Form und sorptiv gebunden kommt K. in der Pflanze vor. Der Gesamtgehalt beträgt bei zweikeimblättrigen Pflanzen im allgemeinen etwa 10 bis 30 mg/kg Trockensubstanz. Gräser enthalten vielfach weniger als 10 mg/kg Trockensubstanz.

Im Stoffwechsel der Pflanze hat K., ebenso wie Kalium, wichtige kolloidchemische Funktionen zu erfüllen. Während K^+-Ionen quellend auf die negativ geladenen Plasmakolloide wirken, haben Ca^{2+}-Ionen eine entquellende Wirkung. Durch das wechselnde Verhältnis beider Ionen zueinander wird daher der Quellungszustand des Plasmas stark beeinflußt. Darüber hinaus sind die chelatbildenden Eigenschaften des Ca^{2+} von physiologischer Bedeutung. Als Baustoff spielt K. vor allem in einer Kalziumverbindung des Pektins beim Aufbau der Mittellamellen der Zellwände eine Rolle. Dementsprechend werden die Zellvermehrung in den meristematischen Geweben und das Zellstreckungswachstum durch K. gefördert. Auch auf das Wurzelwachstum wirkt K. günstig. Das chemisch verwandte Strontium kann K. physiologisch nicht ersetzen.

Kalkdüngung, also die Zufuhr von K., fördert den Pflanzenwuchs nicht nur durch die Zufuhr des Pflanzennährstoffes K., sondern auch indirekt, indem das Mikroorganismenleben, die Krümelstabilität des Bodens (s. o.) und die Aufbau- und Abbauprozesse im Boden günstig gestaltet werden, nicht zuletzt durch Erhöhung des *p*H-Wertes im Boden. Hierfür sind erheblich höhere Kalziummengen erforderlich als die Pflanze für ihre Lebenstätigkeit braucht. Die Kalkung ist also in erster Linie eine *Bodendüngung*. Basisch wirkende Düngekalke sind z. B. der für vorwiegend leichte Böden geeignete kohlensaure Kalk mit langsamer, aber anhaltender Wirkung sowie der sich rasch umsetzende, meist auf schweren Böden angewendete Branntkalk. Wenn wohl eine Ca-Zufuhr, aber keine *p*H-Wert-Erhöhung erwünscht ist, wie das z. B. bei der Melioration von Alkaliböden der Fall sein kann, wird mit Gips $CaSO_4 \cdot 2H_2O$, einem neutral wirkenden Kalziumsalz, gedüngt.

Absoluter Kalziummangel bei Pflanzen ist selten. Die Symptome sind nicht immer äußerlich erkennbar bzw. wenig spezifisch. Es zeigen sich allgemeine Wachstumsdepressionen, Hemmung des Wurzelwachstums und Absterben der Spitzenmeristeme. Häufiger sind auf stark versauerten, d. h. kalkarmen Böden regelrechte Säureschäden oder toxische Schäden durch Aluminium bzw. Mangan infolge einer erhöhten Pflanzenverfügbarkeit dieser Elemente.

Kambium, → Sproßachse.

Kambrium [nach cambria, der römischen Bezeichnung für Nordwales], ältestes System des Paläozoikums mit einer Dauer von 70 Mill. Jahren. Die Fauna des K. umfaßt 11 Stämme der Wirbellosen. Das setzt eine lange Entwicklungszeit der Lebewesen vor dem K. voraus. Das Erscheinen von hochkomplexen Organisationsformen in der Lebewelt stellt an dieser Zeitgrenze einen bedeutenden qualitativen Sprung in der biologischen Entwicklung dar: das »Fossilienzeitalter« beginnt. Der Erwerb der Fähigkeit, erhaltungsfähige Skelette bzw. andere Hartteile zu bilden, ist die Ursache. Die wichtigsten Leitfossilien sind die Trilobiten. Mit ihrer Hilfe wird das K. in *Oberkambrium* (*Olenus*-Stufe), *Mittelkambrium* (*Paradoxides*-Stufe) und *Unterkambrium* (*Olenellus*-Stufe) untergliedert.

In dieser Gliederung spiegelt sich die Entwicklung der Trilobiten von primitiven Formen mit einer langen, zylindrischen und segmentierten Glabella und mit ihr fest verwachsenen halbmondförmigen Augen zu Formen mit einer kürzeren und keulenförmig verbreiterten, weniger segmentierten Glabella und kleineren Augen wider. Parallel dazu verläuft eine Reduktion der Anzahl der Rumpfsegmente und die Umbildung des Schwanzschildes von einer kleinen Platte zu einem halbkreisförmigen, gegliederten Element.

Als weitere geologische Zeitmarken in den Schelfmeergebieten und auch in den Geosyklinalräumen sind die Brachiopoden von Bedeutung. Aus dem K. sind vor allem primitive, schloßlose Formen ohne Armgerüst mit chitinigphosphatischen Schalen bekannt. Daneben treten die ersten schloßtragenden kalkschaligen Brachiopoden auf. Die Archaeozyatiden oder Urbecher, systematisch zwischen Schwämmen und Hohltieren stehend, bilden die ältesten Riffgemeinschaften und haben gleichfalls Bedeutung für die Feingliederung. Älteste Nautiloideen gruppieren sich um die oberkambrische Gattung *Plectronoceras*. In der Pflanzenwelt dominieren die wohl noch marine Thallophyten und Schizophyten. Als Gesteinsbildner spielen kalkabscheidende Blau- und Grünalgen eine wichtige Rolle.

Kamele, *Camelidae*, die einzige Familie der Schwielensohler. Die K. sind langhalsige, hochbeinige → Paarhufer, die unter den beiden Zehen schwielige Sohlenpolster tragen. Die Hufe selbst sind klein und nagelartig. Obwohl die K. wiederkäuen, werden sie wegen des etwas abweichend ge-

Kamelhalsfliegen

bauten, mehrteiligen Magens als eigene Unterordnung von den eigentlichen Wiederkäuern abgegrenzt. Alle K. spukken, wenn sie gereizt werden, wobei sie dem Widersacher zunächst Speichel und anschließend Mageninhalt entgegenschleudern. Zu den K. gehören → Trampeltier, → Dromedar und die → Schafkamele.

Lit.: I. Krumbiegel: Kamele (Leipzig 1952); ders.: Lamas (Leipzig 1952).

Kamelhalsfliegen, *Raphidioptera, Raphidides,* eine Ordnung der Insekten (→ Netzflügler) mit 12 Arten in Mitteleuropa (Weltfauna etwa 120 Arten). Die K. sind fossil erst aus dem Jura nachgewiesen.

Vollkerfe. Die Körperlänge beträgt 1 bis 2 cm. Der Kopf ist länglich herzförmig mit vorn gerichteten kauenden Mundwerkzeugen. Besonders auffallend ist das halsartig verlängerte erste Brustsegment. Die zwei Paar etwa gleich großen, durchsichtigen und netzartig geäderten Flügel haben einen länglichen dunklen Fleck am Vorderrand. Die Weibchen besitzen am Hinterleibsende eine lange, dünne Legeröhre. K. leben räuberisch und finden sich besonders an schattigen Stellen. Ihre Entwicklung ist eine vollkommene Verwandlung (Holometabolie).

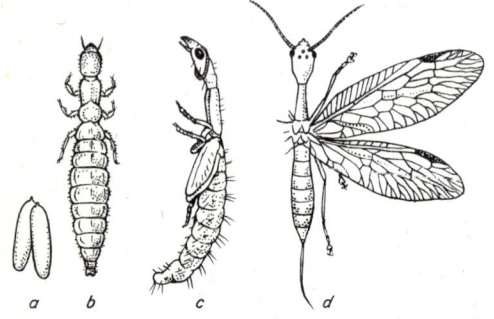

Kamelhalsfliege (*Raphidia notata* F.): *a* Eier, *b* Larve, *c* Puppe (♂), *d* Vollkerf (♀)

Eier. Alle Arten sind eierlegend. Die Ablage erfolgt in Baumrinden, besonders unter abstehenden Rindenstückchen.

Larven. Die länglichen Larven leben in Rindenspalten oder in den Fraßgängen anderer Holzinsekten, deren Larven sie nachstellen. Die Larven der K. laufen flink vor- und rückwärts und machen drei bis vier Häutungen durch.

Puppen. Die Puppe gehört zum Typ der freien Puppe (Pupa libera). Sie ruht zunächst in einer Rindenspalte in einer ausgenagten Höhlung (Puppenwiege); vor dem Ausschlüpfen des Vollkerfs wird sie beweglich und verläßt die Puppenwiege.

Wirtschaftliche Bedeutung. Die K. sind als Vertilger von Blattläusen, Borkenkäfern und Raupen nützlich, doch ist ihre Bedeutung als Schädlingsvertilger nicht sehr groß, da sie nirgends häufig vorkommen.

System. Alle Arten gehören zu der einzigen Familie *Raphidiidae*.

Lit.: R. Metzger: Die K. (Wittenberg 1960); → Netzflügler.

Kamelie, → Teestrauchgewächse.
Kameraauge, → Lichtsinnesorgane.
Kamille, → Korbblütler.
Kammeisbildung, → Frostschäden.
Kammerinnendruck, → Herzklappen.
Kammerrezeptoren, → Herzreflexe.
Kammhyphe, Pilzhyphe mit vorwiegend nach einer Seite gerichteten Verzweigungen. K. sind bei bestimmten Hautpilzen verbreitet.

Kammkiemen, *Ktenidien,* ursprüngliche, echte Kiemen der Weichtiere, aus denen sich alle Kiemenformen entwickelt haben. Es sind paarige Fortsätze der Leibeswand, die frei in die Mantelhöhle ragen; sie sind (z. B. bei niederen Schnecken, bei niederen Muscheln und Kopffüßern) zweizeilig gefiedert. Durch Verwachsen des Kiemenschaftes mit der Leibeswand gehen aus den K. die eigentlichen einzeilig gefiederten K. hervor. Bei den asymmetrischen Schnecken sind die K. nur linksseitig mit einer Reihe von Seitenblättern angelegt.

Kammkiemer, *Fiederkiemer, Protobranchiata,* Ordnung der Muscheln mit etwa 550 Arten und einer Schalenlänge von 0,1 bis 10 cm. Im Gegensatz zu allen anderen Muscheln sind die Kammkiemer echte freie Ktenidien.

Kammolch, *Triturus cristatus,* von Westeuropa bis zum Ural verbreiteter größter einheimischer → Echter Wassermolch. Das Männchen wird bis 15 cm, das Weibchen 18 cm lang. Der Bauch ist gelborange mit schwarzen Flecken. Das Männchen trägt zur Fortpflanzungszeit (März bis Juni) einen hohen Zackenkamm, der nach einem tiefen Einschnitt in den hohen Schwanzsaum übergeht. Der K. lebt von Februar/März bis August in größeren pflanzenreichen Gewässern, die übrige Zeit verborgen an Land.

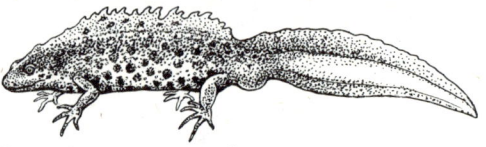

Kammolch (*Triturus cristatus*), ♂ im Hochzeitskleid

Kammquallen, svw. Rippenquallen.
Kammuscheln, *Pectiniden, Pecten,* Meeresmuscheln mit breiten, fächerförmigen, tief gerieften ungleichklappigen, aber meist gleichseitigen Schalen, am Mantelrand mit vielen Tentakeln und Augen. Die K. können durch wiederholtes Auf- und Zuklappen ihrer Schalen nach dem Rückstoßprinzip schwimmen und dadurch, im Gegensatz zu den meisten Muscheln, ihren Feinden entkommen. Zu den K. gehören unter anderem die Pilgermuschel und die Jakobsmuschel. Manche Arten werden gegessen.

Geologische Verbreitung: Kreide bis Gegenwart, von stratigraphischer Bedeutung vor allem im Tertiär.

Kampesterin, *Kampesterol,* (24-R)-Ergost-5-en-3β-ol, ein Phytosterin, das im Samenöl von Rübsen, Soja- und Weizenkeimöl sowiein Mollusken gefunden wurde.

Kampfer, ein zur Gruppe der bizyklischen Monoterpene zählendes kristallines Keton von charakteristischem Geruch. In der rechtsdrehenden Form wird es als *Japankampfer* in großen Mengen aus dem Holz des ostasiatischen Kampferbaumes, *Cinnamomum camphora,* durch Wasserdampfdestillation gewonnen. Die linksdrehende Form wird als *Matrikariakampfer* in einigen ätherischen Ölen gefunden. K. kommt in geringer Menge auch in zahlreichen ätherischen Ölen einheimischer Pflanzen vor, z. B. Baldrian, Salbei oder Pfefferminze; er wird in der Medizin als Herzanregungsmittel sowie äußerlich verwendet. Große Mengen synthetischen K. werden als Ausgangsmaterial für die Zelluloidherstellung benötigt.

Kampferbaum, → Lorbeergewächse.
Kampffisch, → Guramis.
Kampfläufer, → Schnepfen.
Kampf ums Dasein, [engl. struggle for life], von Ch. Darwin (1809–1882) benutzter Ausdruck für die Tatsache, daß von vielen jugendlichen Organismen unter natürlichen Bedingungen gewöhnlich nur wenige überleben können. Jedes Individuum muß daher um sein Dasein ringen. Der K. u. D. führt zur natürlichen → Selektion.
Kampfwachteln, → Kranichvögel.
Kamphen, ein zur Gruppe der Monoterpene gehörender ungesättigter, zyklischer Kohlenwasserstoff, der in vielen ätherischen Ölen, z. B. Zitronellöl, enthalten ist.

Kamptozoa, → Kelchwürmer.
kampylotrop, → Blüte.
Kamtschatkakrabbe, *Paralithodes camtschatica,* zu den Zehnfüßern gehörender Krebs (Familie *Lithodidae*), der im nördlichen Pazifik lebt. Er wird in großen Massen gefangen und zu Konserven verarbeitet. Die K. ist keine echte Krabbe, sondern ein Verwandter der Einsiedlerkrebse.
Kanalkapazität, → Informationstheorie.
Kanamyzin, ein von *Streptomyces kanamyceticus* gebildetes Aminoglykosid-Antibiotikum. K. ist gegen bestimmte Bakterien aktiv und dient zur Bekämpfung schwer beeinflußbarer *Proteus*-Infektionen.
Kanarienvogel, *Serinus canaria,* ein auf den Kanaren beheimateter → Finkenvogel. Er wurde in der zweiten Hälfte des 15. Jh. zuerst nach Spanien eingeführt und ist dann vor allem in Holland, Deutschland und England des Gesanges wegen gezüchtet worden. Man unterscheidet heute Gesangs- und Gestaltkanarien und viele Farbschläge.
L-Kanavanin,

$$H_2N-C-NH-O-CH_2-CH_2-CH(NH_2)-COOH$$
$$\|$$
$$NH$$

eine nichtproteinogene Aminosäure, die nur in verschiedenen Schmetterlingsblütlern vorkommt und zu deren Unterteilung in kanavaninhaltige und -freie führte. L-K. dient als lösliche Stickstoffreservesubstanz, es ist dem L-Arginin strukturanalog und dadurch ein kompetitiver Inhibitor von Reaktionen des Argininstoffwechsels.
Känguruhs, *Macropodidae,* eine Familie der Beuteltiere. Die K. sind mehr oder weniger große, langschwänzige, flinke Säugetiere, die sich mit ihren verlängerten Hinterbeinen hüpfend fortbewegen; einige Arten können auch Bäume erklimmen. Als Nahrung dienen Gras, Laub und Früchte. Die K. sind in Australien und auf den Nachbarinseln verbreitet. Bemerkenswerte Vertreter sind Baumkänguruhs, Filander, Wallabys und Riesenkänguruhs. Die *Baumkänguruhs, Dendrolagus,* sind durch kräftige Hände und lange Krallen sowie relativ kürzere Hinterbeine an das Baumleben angepaßt. Sie bewohnen Urwälder im nördlichen Australien und auf Irian. Die *Filander, Thylogale,* sind kleine, z. T. hübsch gezeichnete Känguruharten, die bevorzugt zwischen Gebüsch und hohen Gräsern leben und sich dort tunnelartige Gänge anlegen. Die *Wallabys, Wallabia,* sind mittelgroße K. Zu ihnen gehören auch das *Bennettkänguruh, Wallabia rufogrisea,* das außerhalb seiner australischen Heimat auf Neuseeland und zeitweilig auch an verschiedenen Stellen in Europa mit Erfolg angesiedelt werden konnte. Die *Riesenkänguruhs, Macropus,* sind die größten Vertreter der K. Starke Männchen erreichen aufgerichtet Mannesgröße. Auf der Flucht können Riesenkänguruhs Sprünge von mehr als 10 m Weite und über 3 m Höhe ausführen.
Kaninchen, → Hasen.
Kanker, → Weberknechte.
Kannenblätter, → Blatt.
Kannenfalle, → fleischfressende Pflanzen.
Kannibalismus, besondere Form der Ernährung bei Tieren, die eigene Artgenossen oder deren Entwicklungsstadien als Nahrung aufnehmen. K. tritt häufig im Gefolge von Überbevölkerung oder Nahrungsmangel auf und dient dann der Regulierung der Populationsdichte. K. zeigen viele Gliederfüßer, z. B. Ofenfischchen, Maikäferenglinge, Gottesanbeterinnen, Tausendfüßer, Spinnen, einige Krebse und viele Wirbeltiere, wie Hechte, Forellen, Mauereidechsen, Greifvögel, Störche, Feldmäuse, Ratten und Wölfe.
Känophytikum [griech. kainos 'neu'], *Neophytikum, Angiospermenzeit, Florenneuzeit,* jüngster großer Zeitabschnitt der Florengeschichte, der auf das Mesophytikum folgt. Das K. reicht vom Apt bzw. Gault (obere Unterkreide) bis zur Gegenwart. Der Beginn des K. ist charakterisiert durch das scheinbar plötzliche Auftreten und Vorherrschen der Bedecktsamer auf der Erde.

In der Oberkreide (→ Erdzeitalter) ist die pflanzengeographische Differenzierung noch gering; in Europa und Nordamerika herrscht eine Vegetation subtropischen Gepräges. Während des folgenden Tertiärs verlief die Vegetationsentwicklung im europäischen Gebiet unterschiedlich. Während die Paläozänflora sich noch sehr eng an die Oberkreide anschließt, bestehen im Eozän tropische bis subtropische Verhältnisse. Vom Oligozän an ist auf der Nordhalbkugel eine zunehmende Abkühlung bemerkbar, in deren Folge die tropischen Formen nach Süden auszuweichen beginnen. Diese Entwicklung setzt sich im Miozän fort. Im Pliozän finden sich in Mitteleuropa keine tropischen Formen mehr, auch subtropische treten immer mehr zurück, die arktotertiären Vertreter gelangen zur Vorherrschaft. Das Klima dürfte sich vom Klima der Gegenwart nicht allzusehr unterschieden haben. In der Oberpliozänflora macht sich in Europa die Abkühlung noch deutlicher bemerkbar; diese Zeit leitet schon eindeutig zur Eiszeit über. Das Pleistozän ist charakterisiert durch mehrfache Vereisungszeiten (Kaltzeiten), zwischen denen z. T. lange Zwischenwarmzeiten (Interglaziale) bestanden. Am stärksten wirkten sich die Kaltzeiten auf die Vegetation in Europa aus; sie führten hier zum Verschwinden vieler Pflanzengruppen. Geringer waren die Auswirkungen in Nordamerika, da dort durch das Fehlen von in Ostwestrichtung verlaufenden Gebirgszügen die Vegetation ziemlich ungehindert nach Süden ausweichen konnte. Am geringsten wirkten sich die Vereisungszeiten in Ostasien aus.

Nach dem letzten Rückzug des Eises, der in unserem Gebiet vor etwa 10 000 bis 12 500 Jahren erfolgte, setzte in Mitteleuropa eine allmählich zu den heutigen Verhältnissen führende Vegetationsentwicklung ein, die mit Hilfe der → Pollenanalyse genau erforscht worden ist.
Känozoikum *Neozoikum, Erdneuzeit,* jüngster Zeitabschnitt der Entwicklung der tierischen Lebewelt. Das K. dauerte etwa 65 Mill. Jahre und wird in *Tertiär* und *Quartär* gegliedert. Die untere Begrenzung des K. wird gekennzeichnet durch das Aussterben der Saurier, der Masse der Ammoniten und Belemniten; Brachiopoden und Crinoiden wurden seltener. Es erfolgte aber eine reiche Entfaltung der Schnecken und Muscheln mit zahlreichen neuen Formen. Von besonderer Bedeutung ist die explosive und mannigfaltige Entwicklung der Säuger, die schließlich mit der Menschheitsentwicklung endet. Die Vogelwelt erhielt im Alttertiär ein modernes Gepräge.

Kantharidin, ein giftiges, blasenziehendes und örtliche Entzündungen verursachendes Derivat einer zyklischen Dikarbonsäure (→ Karbonsäuren), das in Spanischen Fliegen, *Lytta vesicatoria*, zu etwa 0,4 % enthalten ist. K. wirkt anlockend auf Insekten. Seine Verwendung als Aphrodisiakum führt leicht zu Vergiftungen.

kanzerogene Stoffe, *karzinogene Stoffe*, Chemikalien, die im Tierversuch oder beim Menschen Krebs hervorrufen können, z. B. Arsenverbindungen, Benzidin, Benzen, β-Naphthylamin, Vinylchlorid. Hierbei geht die krebserzeugende Wirkung mit der Allgemeingiftigkeit der betreffenden Stoffe nicht parallel.

Kaperngewächse, *Capparidaceae*, eine Familie der Zweikeimblättrigen Pflanzen mit etwa 800 Arten, die überwiegend in tropischen und subtropischen Gebieten beheimatet sind. Es sind Kräuter oder Sträucher mit wechselständigen, einfachen oder gefingerten Blättern. Die häufig großen, wohlriechenden Blüten sind strahlig oder symmetrisch, 4zählig und haben einen oberständigen Fruchtknoten. Als Besonderheit kann hier eine stielartige Verlängerung der Blütenachse vorkommen (Gynophor, Androgynophor), wodurch die Fruchtknoten, seltener die Staubgefäße, über die Blütenhülle emporgehoben werden. Die Bestäubung erfolgt durch Insekten oder Vögel; die Früchte sind Kapseln oder Beeren.

Kapernstrauch: Zweig mit Blüte und Blütenknospen

Der bekannteste Vertreter ist der **Kapernstrauch**, *Capparis spinosa*, der im Mittelmeergebiet, in Westasien und Vorderindien wild, z. T. auch kultiviert vorkommt und dessen Blütenknospen als echte Kapern zum Würzen verwendet werden. Der ihnen eigene Geschmack beruht auf dem Vorhandensein des Alkaloids Capparidin, des Glykosids Kutin sowie der Caprinsäure und eines Öls. Die Wurzelrinde wird in Indien auch medizinisch genutzt.

Kapillare, *Haargefäß*, die feinste Aufzweigung der Blut- und Lymphgefäße und Mittler zwischen Arterien und Venen. Die Wandung der K. besteht aus einem flachen Endothel, das außen von einem dünnen Bindegewebsfasernetz umgeben ist. Die Durchblutung der Organe kann durch Kapillarenerweiterung und -verengung geregelt werden. Im Bereich der K. erfolgen der Stoff- und Gasaustausch sowie das Auswandern freier Blutzellen in das Gewebe.

Kapillartranssudat, → Lymphe.
Kapländische Region, svw. Capensis.
Kapokbaum, → Wollbaumgewächse.
Kapsaizin, *Kapsizin*, der scharfschmeckende Inhaltsstoff einiger Paprika-(*Capsicum*-)Arten, in denen es ausschließlich in den Früchten vorkommt.

Kapsanthin, Polyenalkohol aus der Gruppe der zu den Xanthophyllen gehörenden Karotinoide. K. ist der rote Farbstoff der Früchte der Paprikapflanze, *Capsicum annuum*.

Kapsel, 1) Frucht. 2) eine aus Polysacchariden oder Polypeptiden oder aus beiden bestehende Schleimhülle verschiedener Bakterien. K. sind nicht notwendige Zellbestandteile, es gibt von diesen Bakterien auch kapselfreie Stämme. Die Bakterien mit K. wachsen in Form glatter Kolonien, d. i. die *S-Form* (von englisch smooth 'glatt'). Ohne Kapseln bilden sie rauhe Kolonien, d. i. die *R-Form* (von englisch rough 'rauh'). Parasitischen Bakterien bietet die K. Schutz vor Abwehrmechanismen des Wirtes. Die K. kann man mikroskopisch z. B. im *Tuschepräparat* nachweisen, in dem sie sich als helle Höfe um die Bakterien vom dunklen Tuscheuntergrund abheben (Abb.).

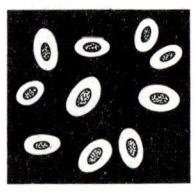

Bakterien mit Kapseln (Darstellung im Tuschepräparat)

Die **Mikrokapsel** ist im Lichtmikroskop nicht sichtbar, sie ist eine sehr dünne Polysaccharidschicht auf der Bakterienzellwand und läßt sich mit serologischen Methoden nachweisen.

Kapselviren, → Insektenviren.
Kapsid, → Viren.
Kapsidproteine, → Phagen.
Kapsizin, svw. Kapsaizin.
Kapsomer, → Viren.
Kapuzenspinnen, *Ricinulei*, eine Ordnung der zu den Gliederfüßern gehörenden Spinnentiere mit nur 15 in den Tropen lebenden Arten. Sie unterscheiden sich von allen anderen Spinnentieren durch eine als Kapuze bezeichnete Klappe am Vorderrand des Prosomas, die über die Mundwerkzeuge geklappt werden kann. Über die Lebensweise dieser kleinen Tiere ist fast nichts bekannt.

Kapuziner, *Cebus*, eine artenreiche Gruppe kleinerer → Neuweltaffen. Die K. tragen ihren Schwanz häufig nach unten eingerollt. Auf dem Kopf haben sie z. T. eine haubenförmige Haartracht. Die K. verzehren Blätter, Früchte, Insekten und Schnecken. Ihre Heimat ist Mittel- und Südamerika.

Kapuzinerartige, *Cebidae*, eine Familie der → Neuweltaffen, vertreten durch → Nachtaffe, → Kapuziner, → Brüllaffen, → Wollaffen, → Klammeraffen u. a.

Karambole, → Sauerkleegewächse.
Karausche, *Carassius carassius*, **Moorkarpfen**, bis 50 cm langer, hochrückiger, wohlschmeckender Karpfenfisch mit gerader Seitenlinie. Die K. kommt in stehenden und langsam fließenden Gewässern vor. Eine nahe verwandte Art ist

der die Uferzonen schwach fließender Gewässer bewohnende *Giebel, Carassius auratus gibelio.*

Karbinol, svw. Methanol.

Karbon, *Steinkohlenformation,* auf das Devon folgendes System des Paläozoikums, in dem über 50% der Weltkohlenvorräte gespeichert sind. Das K. dauerte 65 Mill. Jahre. Es wird unterteilt in das *Unterkarbon* mit den Stufen Tournai und Visé und das *Oberkarbon* mit den Stufen Namur, Westfal, Stephan. → Erdzeitalter.

Die relative zeitliche Gliederung fußt in den terrestrischen Folgen vor allem auf der Entwicklung der höheren Gefäßsporenpflanzen (Pteridophyten): Bärlappgewächse (Sigillarien, Lepidodendren), Farne und Farnsamer, Schachtelhalmgewächse (Calamiten) und älteste Nadelhölzer (Walchien), sowie die zu den Nacktsamern gehörigen baumförmigen Cordaiten.

In den Binnengewässern lebten die Stegozephalen oder Panzerlurche (Labyrinthodontier, Lepospondylen). Als erste Stammreptilien gelten die 2,5 m langen Cotylosaurier.

Die Gliederung der marinen Folgen vollzieht sich vor allem nach der Entwicklung der Foraminiferen, Korallen, Brachiopoden, Goniatiten, Ostrakoden und Konodonten. Die Foraminiferen erleben im K. den ersten Höhepunkt ihrer Entwicklung. Im Unterkarbon traten kleine gewundene bis spirale, zopfförmige, schraubenförmige und planspirale Formen auf. Im Oberkarbon erscheinen spindelförmig aufgerollte Formen. Neben einer Spezialisierung des Aufbaues der Kammerscheidewände trat eine Formvergrößerung auf. Foraminiferen und Brachiopoden sind vorwiegend in kalkigen Schichten zu finden. Von Brachiopoden sind besonders die Produktiden und Spiriferen stratigraphisch von Bedeutung. Die Zonenstratigraphie des K. fußt auf Goniatiten. Zum Unterschied von jenen des höheren Oberdevons besitzen die karbonischen Goniatiten überwiegend einen Außensattel. Am Ende des K. gab es über 1300 Arten von Insekten, davon allein etwa 170 Urinsektenarten. Von den Fischen herrschen im K. die Knochenfische, z. B. Elasmobranchier, Ganoidfische und Lungenfische vor.

Karbonsäuren, organische Verbindungen, die ein oder mehrere Karboxygruppen —COOH als charakteristisches Strukturmerkmal enthalten. Das mit einem Kohlenwasserstoffrest verbundene Kohlenstoffatom besitzt den höchstmöglichen Oxidationszustand. Die Karboxygruppe stellt formal eine Kombination von Karboxy- und Alkoholfunktion dar. Der Wasserstoff dieser Gruppierung kann z. B. durch Metalle (Salzbildung) oder organische Reste (Veresterung) ersetzt werden. Je nach Anzahl der Karboxygruppen werden einbasische *Monokarbonsäuren* (z. B. Ameisensäure), zweibasische *Dikarbonsäuren* (z. B. Oxalsäure), dreibasische *Trikarbonsäuren* (z. B. Zitronensäure) usw. unterschieden. Abhängig von der Natur des organischen Restes gibt es gesättigte und ungesättigte, aliphatische und aromatische K. Meist handelt es sich um schwache Säuren. Die K. sind in freier Form, als Ester oder Salze in der Natur verbreitet.

Karbonylverbindungen, organische Substanzen, welche die Karbonylgruppe C=O enthalten, z. B. Aldehyde und Ketone.

Karboxylierungsphase, → Photosynthese, Abschnitt Calvin-Zyklus.

Karboxypeptidasen, zu den Proteasen gehörende Enzyme, die als Exopeptidasen wirken und die Proteine oder Polypeptide vom Karboxylende einer Peptidkette her abbauen. Die tierischen K. kommen vor allem im Verdauungssekret vor und sind für die Eiweißverdauung im Dünndarm wichtig. Sie werden in der Bauchspeicheldrüse als enzymatisch unwirksame Prokarboxypeptidasen gebildet und im Zwölffingerdarm durch Trypsin in das aktive Enzym überführt. Nach ihrer Substratspezifität unterscheidet man die *K. A* (Molekülmasse 34409; 307 Aminosäuren), die bevorzugt aromatische und verzweigte aliphatische Aminosäuren abspaltet, und die *K. B,* die vor allem basische Aminosäuren abspaltet. Beide K. enthalten Zink und sind Metalloproteasen.

Kardamom, → Ingwergewächse.

Kardenolide, → herzwirksame Glykoside, z. B. → Digitalisglykoside und → Strophanthine.

Kardinäle, → Finkenvögel.

Kardinalpunkte, für die Wirkung der Umweltfaktoren auf den Organismus entscheidende Grenzpunkte: Pessimum, Minimum, Optimum, Maximum.

Kardone, Kardy, → Korbblütler.

Karenzzeit, Zeitraum, der bei der Anwendung von → Pflanzenschutzmitteln zwischen Ausbringung und Ernte oder Futternutzung liegen soll, um Vergiftungen durch Rückstände des jeweiligen Präparates auf den Pflanzen zu vermeiden. Die K. ist in den meisten Fällen gesetzlich festgelegt.

Karettschildkröten, große räuberische → Seeschildkröten mit durchsichtigen Hornschilden über den Knochenplatten des flachen, breiten Rückenpanzers. Aus den sich geschindelt nach hinten überdachenden Hornschilden der bis 90 cm langen *Echten K., Eretmochelys imbricata,* wurde das Schildpatt gewonnen, das vor der Einführung von Plasten für Kämme u. ä. verwendet wurde. Die bis 1 m lange und 150 kg schwere *Unechte K., Caretta caretta,* deren Rückenschilde glatt sind und sich nicht überdachen, dringt von allen Seeschildkröten am häufigsten von den tropischen und subtropischen Meeren bis ins Mittelmeer und die Adria vor. Die K. leben bevorzugt in flacherem Wasser. Sie vergraben ihre 50 bis 150 Eier im Sand oberhalb der Gezeitenzone. Die Jungen schlüpfen nach 2 bis 3 Monaten und gehen sofort ins Wasser. Wie alle Seeschildkröten sind die K. vom Aussterben bedroht.

Karnivoren, *Fleischfresser,* von tierischer Nahrung lebende Tiere sowie Pflanzen, die sich zusätzliche Nährstoffe durch Tierfang verschaffen. → Ernährungsweisen, → fleischfressende Pflanzen.

Karolina-Engmaulfrosch, *Microhyla carolinensis,* im südlichen Nordamerika heimischer, 3 cm großer → Engmaulfrosch, der am Tag in selbstgegrabenen Erdhöhlen verborgen lebt. Der Laich wird ins Wasser abgelegt. Die Kaulquappen haben Haftorgane an der Kopfunterseite.

Karotiden, → Blutkreislauf.

Karotine, gelbrote, konjugiert-ungesättigte Kohlenwasserstoffe der Bruttoformel $C_{40}H_{56}$, die zur Gruppe der → Karotinoide gehören. Sie sind als Pflanzenfarbstoffe weit verbreitet, z. B. zusammen mit Chlorophyll und Xanthophyll in den grünen Blättern, in vielen Blüten, Früchten und Algen (etwa 0,02 bis 0,15% der Frischmasse). Durch Verzehr gelangen die K. in den tierischen und menschlichen Organismus und finden sich deshalb regelmäßig in Serum, Milch und Fett.

β-Karotin

K. kommen in drei isomeren Formen als α-, β- und γ-Karotin im Verhältnis 15 : 85 : 0,1 vor. α-Karotin unterschei-

Karotinoide

det sich vom β-Karotin (Provitamin A) durch die Lage einer Doppelbindung; im γ-Karotin ist einer der beiden Sechsringe (β-Jononringe) des β-Karotins geöffnet. K. sind als Vorstufen (Provitamine) für Vitamin A (→ Vitamine) von großer physiologischer Bedeutung. K. sind z. B. Lykopin, Karotin, Neurosporin, Phytofluen, Phytoen.

Karotinoide, wegen ihrer Fettlöslichkeit früher auch als *Lipochrome* bezeichnet, zu den Lipoiden zählende, gelbe bis rote Farbstoffe, die chemisch zur Gruppe der Tetraterpene gehören. Das Kohlenstoffgerüst ist aus acht Isoprenmolekülen aufgebaut. Man unterteilt die K. in die → Karotine, d. s. reine Kohlenwasserstoffe, und in die sauerstoffhaltigen → Xanthophylle. Aufgrund der an Doppelbindungen möglichen cis-trans-Isomerie sind zahlreiche Substanzen denkbar; meist liegen die K. in der bei der Bildung bevorzugten all-trans-Form vor.

Die K. sind im Tier- und Pflanzenreich weit verbreitet, jedoch stets pflanzlichen oder bakteriellen Ursprungs. Sie finden sich als Farbstoffe (*Polyenfarbstoffe*) in Blüten, im Blattgrün, in Früchten, der Butter, in Vogelfedern, im Hummerpanzer u. a.

K. spielen bei der Photosynthese eine Rolle; sie sind zusammen mit Chlorophyll am Aufbau der Chloroplasten beteiligt und in Form der Karotine für die Säugetiere als Provitamin A von großer Bedeutung. Bisher sind weit über 200 K. strukturell aufgeklärt.

Karpell, → Blüte.

Karpfen, *Cyprinus carpio*, wichtigster Vertreter der Karpfenfische. Die ursprüngliche Heimat des bis 120 cm langen K. ist das Gebiet um das Schwarze, Asowsche und Kaspische Meer. Heute wird er vor allem in Eurasien als wichtiger Nutzfisch fast überall kultiviert. Nach der Beschuppung der Zuchtformen werden Schuppen-, Zeilen-, Spiegel- und Lederkarpfen unterschieden.

Lit.: W. Steffens: Der K. (Wittenberg 1969).

Karpfenfischartige, *Cypriniformes*, umfangreiche Ordnung der Fische mit etwa 5000 Arten. Die K. leben überwiegend im Süßwasser. Ein charakteristisches Merkmal der meisten K. ist eine Reihe kleiner Knochen (Webersche Knöchelchen) zwischen Schwimmblase und häutigem Labyrinth. Viele Arten sind fischereiwirtschaftlich wichtige Nutzfische. Zu den K. gehören die Unterordnungen: Salmlerverwandte, Messerfischverwandte, Karpfenfischverwandte.

Karpfenfische, *Cyprinidae*, artenreiche Familie der Karpfenfischartigen. Die K. sind Friedfische mit zahnlosem Maul, aber bezahnten Schlundknochen, die die Binnengewässer Nordamerikas, Europas, Asiens und Afrikas bewohnen. Zu den K. gehören z. B. Karpfen, Nase, Barbe und Blei. Einige K. werden auf Grund ihrer silberglänzenden Körperseiten als *Weißfische* bezeichnet, z. B. Plötze, Döbel, Hasel, Rotfeder, Elritze und Ukelei. Ihr Fleisch ist meist wohlschmeckend, aber grätenreich.

Karpfenläuse, *Kiemenschwänze*, *Branchiura*, eine Unterklasse der Krebse. Ihr Körper ist stark abgeflacht und von einem schildförmigen Carapax bedeckt, der Hinterleib ist klein und ungegliedert. Die Kopfgliedmaßen sind zu Haken und Saugnäpfen umgebildet, die am Mittelleib stehenden Spaltbeine dagegen dienen zum Schwimmen. Die Tiere leben im Meer und Süßwasser auf der Haut von Fischen, können diese aber auch verlassen und frei umherschwimmen (temporäre Parasiten). Die Eier werden – eine große Seltenheit unter den Krebsen – frei an Steine oder Pflanzen abgelegt, es findet also keine Brutpflege statt. Es sind etwa 75 Arten bekannt. Die wichtigste Gattung ist *Argulus* mit der *Karpfenlaus, Argulus foliaceus*, die nicht nur auf Karpfen, sondern auch auf mehreren anderen Fischarten Mitteleuropas parasitiert.

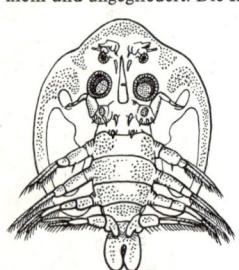

Lit.: → Blattfußkrebse.

Karpogon, das weibliche Gametangium der → Rotalgen.

Karpose, Karpox, → Beziehungen der Organismen untereinander.

Kartoffel, → Nachtschattengewächse.

Kartoffelälchen, → Kartoffelnematode.

Kartoffelbovist, → Ständerpilze.

Kartoffelkäfer, → Blattkäfer.

Kartoffelnematode, *Kartoffelälchen*, *Heterodera rostochiensis*, ein zu den Älchen gehörender Fadenwurm. Seine Larven dringen in die Wurzeln von Jungpflanzen ein, schmarotzen in ihnen, entwickeln sich weiter und verursachen Minderwachstum (Ertragsrückgang bis zu 70%), was fälschlicherweise als Kartoffelmüdigkeit bezeichnet wird. Die geschlechtsreifen Weibchen sterben ab. Ihre Haut umhüllt die zitronenförmigen, später gelbbraunen Zysten, die zur Erntezeit an den Wurzeln zu finden sind. Eine solche Dauerzyste enthält bis zu 300 Eier und kann sich bis zu 12 Jahren im Boden lebensfähig erhalten. Das Auftreten des K. ist meldepflichtig, eine Vorbeugung durch Anbau- und Hygienemaßnahmen ist möglich.

Lit.: L. Kämpfe: Rüben- und Kartoffelälchen (Wittenberg 1952).

Kartoffel-X-Virusgruppe, → Virusgruppen.

Kartoffel-Y-Virusgruppe, → Virusgruppen.

Karunkula, → Samen.

Karven, svw. Limonen.

Karvon, ein zu den Monoterpenen zählendes zyklisch-ungesättigtes Keton von kümmelartigem Geruch, das in manchen ätherischen Ölen vorkommt. Rechtsdrehendes K. findet sich z. B. im Öl von Kümmel, *Carum carvi*, und Dill, *Anethum graveolens;* die linksdrehende Form ist bis zu 70% im ätherischen Öl von Krauseminze-Arten enthalten.

Karyogamie, → Befruchtung.

Karyokinese, svw. Mitose.

Karyolymphe, → Zellkern.

Karyon, → Zellkern.

Karyophyllene, zyklisch-ungesättigte Kohlenwasserstoffe aus der Gruppe der Sesquiterpene, die in mehreren isomeren Formen Bestandteil zahlreicher ätherischer Öle sind.

Karyoplasma, → Zellkern.

Karyopse, → Frucht.

Karyotyp, svw. Chromosomensatz.

karzinogene Stoffe, svw. kanzerogene Stoffe.

Kaschubaum, → Sumachgewächse.

Kaseine, zu den Phosphoproteinen gehörendes Gemisch wichtigster Proteine der Milch. Das Gemisch besteht aus

Karpfenlaus
(*Argulus foliaceus*) ♀

α-, β- und Kappakaseinen. Sie liegen als Mizellen, bestehend aus Kalzium-Proteinat-Phosphat-Partikeln, vor.

K., vor allem *Kappakaseine,* stabilisieren die Mizellen und verhindern ein Ausflocken in Gegenwart von Kalziumionen oder in der Hitze. Da Labfermente und Säuren das Kappakasein zerstören, führt ihre Gegenwart zur Gerinnung der Milch.

Kastanie, 1) *Edelkastanie,* → Buchengewächse. 2) *Roßkastanie,* → Roßkastaniengewächse.

Kaste, im engeren Sinne Morphotyp bei eubiosozialen Insekten, wie Ameisen oder Termiten, der bestimmte Funktionen in der Gruppe ausführt (»Arbeiter«, »Soldaten«, »Geschlechtstiere«). Im weiteren Sinne werden heute alle Morphotypen innerhalb einer Art als K. bezeichnet, beispielsweise Weibchen, Männchen, Altersklassen wie Infantile und Juvenile. K. sind demnach Individuenklassen innerhalb einer Art, die sich konstitutionell und in ihrem Verhalten von einander unterscheiden. Dabei sind im Begriff »Konstitution« der Bau des Körpers und seine Funktionen erfaßt.

Kasuarvögel, *Casuariiformes,* Ordnung der Vögel, zu der die Emus mit einer rezenten Art, dem Emu, *Dromaius novaehollandiae,* und die Kasuare mit 3 rezenten Arten, *Casuarius,* gehören. Der *Emu* bewohnt die offenen Gras- und Baumsteppen Australiens und Tasmaniens, die *Kasuare* die Regenwälder Nordaustraliens und des Neuguinea-Gebietes. Sie alle sind Fruchtfresser. Es sind flugunfähige Laufvögel. Die Emus werden bis 55 kg, die Kasuare bis 80 kg schwer. Nur das Männchen brütet und betreut die Jungen.

Katabolismus, → Dissimilation, → Stoffwechsel.

Kataklysmentheorie [griech. kataklysmos 'Überschwemmung', 'Sintflut'], *Katastrophentheorie,* von G. Cuvier (1769–1832) vertretene Lehre, nach der im Verlauf der Erdgeschichte alles Lebende mehrfach durch katastrophenartige Umwälzungen vernichtet wurde und danach neu entstand. Diese neue Lebewelt sollte entweder von außen zugewandert oder, wie Cuviers Nachfolger meinten, durch einen Schöpfungsakt entstanden sein. Die Vertreter der Abstammungslehre (Lamarck, Darwin) widersprachen dieser Theorie, und der → Aktualismus konnte sie schließlich vollkommen verdrängen.

Katalase, zu den Oxidoreduktasen gehörendes Enzym, das als Hydroperoxidase wirkt und die Zersetzung des giftigen Wasserstoffperoxids in der Zelle katalysiert: $H_2O_2 \rightarrow H_2O + \frac{1}{2} O_2$. K. ist ein tetrameres Enzym, wobei jede Untereinheit ein Häm als prosthetische Gruppe enthält. Die Molekülmasse beträgt 245000. K. ist in pflanzlichen und tierischen Zellen weit verbreitet. Hohe Konzentrationen zeigen vor allem die Leber, dort besonders in den Peroxisomen, und die Erythrozyten. K. zeichnet sich durch eine besonders hohe katalytische Aktivität aus. Die Wechselzahl je Molekül K. beträgt $5 \cdot 10^6$ Moleküle H_2O_2 je Minute.

Katalepsie, → Schutzanpassungen.

Katalysatoren, Stoffe, die thermodynamisch mögliche chemische Reaktionen auslösen oder beschleunigen, ohne daß sie selbst dabei bleibend verändert oder verbraucht werden. Das Wesen der *Katalyse* besteht in einer Herabsetzung der Aktivierungsenergie der betreffenden chemischen Umsetzung und damit in einer beschleunigten Gleichgewichtseinstellung. Oft handelt es sich hierbei um reversible Reaktionen, wobei K. sowohl die Bildung als auch die Zerlegung der betreffenden Stoffe bis zur Gleichgewichtseinstellung beschleunigen können. K. besitzen in der Synthesechemie, z. B. für zahlreiche katalytische Hydrierungen, und für den Ablauf der Lebensvorgänge entscheidende Bedeutung. → Biokatalysatoren, → Enzyme.

katalysierte Diffusion, → Carrier.

katalysierte Permeation, → Carrier, → Membran.

Katastrophentheorie, svw. Kataklysmentheorie.

Katechine, eine weit verbreitete Gruppe von Pflanzeninhaltsstoffen, die als phenolische Derivate des Flavons bzw. als hydrierte Anthozyane aufzufassen sind und Bausteine der natürlichen, kondensierten Katechin-Gerbstoffe (→ Gerbstoffe) darstellen. Das gewöhnliche Katechin ist ein 5, 7, 3', 4'-Tetrahydroxyflavon-3-ol. Die K. und ihre Oxidationsprodukte, die → Phlobaphene, verursachen die braune Herbstfärbung der Blätter.

Katechu, → Mimosengewächse.

Katfisch, *Anarrhichas lupus,* **Atlantischer Seewolf,** zu den Schleimfischverwandten gehörender, gestreckter, bis 125 cm langer Meeresgrundfisch mit dickem Kopf, sehr großem Maul und raubtierartigem Gebiß. Rücken- und Afterflosse sind sehr lang. Die K. wird im Nordatlantik mit Grundschleppnetzen gefangen und ohne Kopf als Fischkarbonade oder Austernfisch gehandelt.

Katharinenmoos, → Laubmoose.

Katharobionte, Bewohner des reinen, nicht mit organischen Stoffen belasteten Wassers, z. B. der Gebirgsbäche.

Katharobität, → Saprobiensysteme.

Kathepsine, zu den Proteasen gehörende Enzyme, die als Endopeptidasen wirken und intrazellulär in den Lysosomen lokalisiert sind. K. sind aus tierischen Organen, wie Leber, Milz und Niere, isoliert worden und werden in die K. A, B, C, D und E (Wirkungsoptimum bei pH 2,5 bis 6) sowie K. L. unterteilt. Die Molekülmassen liegen zwischen 25000 (K. B) und 100000 (K. E). Ihre Funktionen sind noch nicht genau bekannt.

Kation, durch Abgabe von Elektronen positiv geladenes Atom bzw. Molekül. → Ionen.

Kationenumtausch, → Sorption.

Katta, *Lemur catta,* ein zur Familie der Lemuren gehörender Halbaffe mit dichtem, weichem, grauem Fell, schwarzer Gesichtszeichnung und langem, schwarz-weiß geringeltem Schwanz. Der K. bewohnt in kleinen Trupps Trockengebiete Madagaskars und ernährt sich vorwiegend von Früchten und Wurzelknollen. Der Schwanz dient, mit dem Sekret von Unterarmdrüsen versehen, zur optischen und geruchlichen Reviermarkierung.

Kätzchen, → Blüte, Abschnitt Blütenstände.

Katzen, *Felidae,* eine Familie der → Landraubtiere. Die K. sind schlanke Säugetiere mit gutem Sprungvermögen, verhältnismäßig kurzer Schnauze und kräftig ausgebildeten Eck- und Reißzähnen. Sie sind Zehengänger, deren Krallen bei Nichtgebrauch zurückgezogen und dadurch vor Abnutzung bewahrt werden; nur der Gepard hat keine einziehbaren Krallen. Zu den K. gehören unter anderem → Wildkatze, → Rohrkatze, → Manul, → Serval, → Luchse, → Ozelot, → Puma, → Nebelparder, → Schneeleopard, → Gepard, → Jaguar, → Tiger und → Löwe. Die Wildkatze ist die Stammform der Hauskatze.

Lit.: H. Petzsch: Die K. (2. Aufl. Leipzig, Jena, Berlin 1971).

Katzenbär, *Kleiner Panda, Ailurus fulgens,* ein oberseits rostroter, unterseits schwarzer Kleinbär, der im Gebiet von Nepal bis Sichuan vorkommt. Der K. ist ein Baumbewohner und ernährt sich von Vögeln, Eiern, vor allem aber von Bambusschößlingen und Früchten.

Katzenfrette, *Bassariscus,* zierliche Kleinbären, die in zwei Arten in Nord- und Mittelamerika vorkommen.

Kaufalter, → Schmetterlinge.
Kaukasusagame, → Siedleragame.
Kauladen, 1) Anhänge der Enditen an den mundnahen → Spaltbeinen der Krebse. 2) Bestandteil des Unterkiefers bei Insekten mit beißend-kauenden → Mundwerkzeugen.
Kaulbarsch, *Acerina cernua,* bis 25 cm langer Vertreter der Barsche, der im Süß- und Brackwasser Nordeurasiens verbreitet ist. Der K. zeigt auf grauer Haut schwarze Punkte und Flecke.
Kaulbarsch-Flunder-Region, → Fließgewässer.
Kauliflorie, svw. Stammblütigkeit.
Kaulquappe, die wasserlebende, kiemenatmende Larvenform der meisten Lurche. Die K. haben einen stromlinienförmigen Rumpf mit Ruderschwanz und bei den Froschlurchen Hornkiefer mit kleinen Raspelzähnchen zum Abweiden von Algen. Das Blutgefäßsystem ähnelt noch dem der Fische. Im Verlauf der als Metamorphose bezeichneten Umwandlung der äußeren Gestalt und der inneren Organe (Rückbildung der Kiemen und des Kiemenkreislaufs, Entstehung von Lungen und Lungenkreislauf, Abfallen der Hornkiefer, Abbau des Schwanzes bei Froschlurchen und des Flossensaums bei Schwanzlurchen) entwickelt sich aus der K. der erwachsene Lurch. Bei den K. der Schwanzlurche entstehen zuerst die Vorder-, bei denen der Froschlurche zuerst die Hintergliedmaßen. Viele Kaulquappen haben besondere Hafteinrichtungen, die einen Aufenthalt in schnellfließenden Gewässern ermöglichen.
Kaumagen, → Verdauungssystem.
Kaumuskeln, auf das Kiefergelenk wirkende und Beiß- sowie Kaubewegungen veranlassende Muskeln. In ursprünglicher Form ist der *Mundschließmuskel* der Haie erhalten geblieben. Dieser einheitliche Muskel gliedert sich bei Knochenfischen in Einzelmuskeln auf, die von der seitlichen Schädelwand verdeckt sind. Die K. der Vierfüßer erscheinen an der Oberfläche in zwei Gruppen. Aus dem äußeren Anteil gehen der *Schläfenmuskel* und der nur den Säugern eigene K. im engeren Sinne (*Musculus masseter*) hervor. Die innere Muskellage entwickelt sich zu den *Flügelmuskeln*. Schläfenmuskel, Masseter und innerer Flügelmuskel wirken als Schließer des Mundes, als Öffner des äußere Flügelmuskel. Abwechselnde Kontraktion dieser beiden führt zu Mahlbewegungen.
Kauplatte, → Mundwerkzeuge.
Kaureflexe, die nervös gesteuerte Zerkleinerung der Nahrung im Mundraum. Wird auf die Schneidezähne ein Druck ausgeübt, lösen schnelle Bewegungen der Kaumuskulatur im Abbeißen oder Abknabbern, den *Nagerreflex,* aus. Die Berührung der Mundschleimhaut an den vorderen Backenzähnen ruft rhythmische vertikale Unterkieferbewegungen, den *senkrechten K.,* hervor, wodurch die Nahrung zerkleinert wird. Wird dagegen die Schleimhaut an den hinteren Backenzähnen berührt, treten seitliche Unterkieferbewegungen, der *Wiederkäuerreflex,* auf, und die Nahrung wird zerrieben. Das Zentrum der K. liegt in der Medulla oblongata; es sorgt für den koordinierten Einsatz der drei Teilreflexe.
Kaurifichte, → Araukariengewächse.
Kaurischnecken, *Porzellanschnecken, Cypraea,* Meeresschnecken der Ordnung *Monotocardia* mit glänzenden, meist prachtvoll gefärbten Schalen, deren Mündungen schlitzförmig und gezähnt sind. Die Arten *Cypraea moneta* und *Cypraea annulus* bildeten in Teilen Afrikas und der Südsee das Hauptzahlungsmittel. K. werden vielfach für Schmuckwaren benutzt und verarbeitet.
kausale Morphologie, svw. Entwicklungsphysiologie.
Kautschuk, ein Polyterpen aus 3000 bis 6000 kettenförmig vorliegenden Isopreneinheiten $(C_5H_8)_n$ mit einer Molekularmasse von 300000 bis 700000. An den Kohlenstoff-Doppelbindungen besteht cis-Konfiguration. K. wird vorwiegend aus dem weißen Milchsaft (Latex) von *Hevea brasiliensis* (ein Wolfsmilchgewächs) gewonnen, einem im Amazonasgebiet heimischen und bereits in fast allen Tropengebieten in Plantagen angebauten Baum. Anritzen der Stammrinde läßt den Latex austreten, der, nach verschiedenen Methoden zur Gerinnung gebracht, den Rohkautschuk als leichte, elastische und sehr dehnbare Masse zur weiteren Verarbeitung (z. B. durch Vulkanisieren zu Gummi) liefert. K. findet sich auch in den Milchsäften zahlreicher weiterer Pflanzen, vor allem der Familien *Moraceae, Asclepiadaceae,* Wolfsmilchgewächse und Kompositen, darunter auch einheimischer Pflanzen, z. B. der Gänsedistel. Sogar im Milchsaft mancher höheren Pilze (Reizker-Arten) kommt K. vor.

Kok-Saghys ist ein K. aus den Wurzeln der seit 1935 in der UdSSR kultivierten Löwenzahnart *Taraxacum kok-saghys.*

Die dem K. isomere trans-Verbindung ist → Gutta.
Kautschukbaum, → Wolfsmilchgewächse.
Käuze, → Eulen.
Kawapfeffer, → Pfeffergewächse.
Kegelmoose, → Laubmoose.
Kegelrobbe, → Seehunde.
Kehlatmung, → Atemmechanik.
Kehlkopf, *Larynx,* Organ zur Stimmerzeugung am Eingang der Luftröhre. Der K. kann gegen den Schlund durch den *Kehldeckel* (*Epiglottis*) abgeschirmt werden. Das Kehlkopfskelett eines Säugers setzt sich aus *Schild-, Ring-* und *Kehldeckelknorpel* sowie den paarigen *Gießbecken-* oder *Stellknorpeln* zusammen. Beim Mann ist der Schildknorpel äußerlich als *Adamsapfel* erkennbar. Die einzelnen Knorpel sind durch Bänder miteinander verbunden und durch eine komplizierte Kehlkopfmuskulatur, die ein Erweitern oder Verengen der *Stimmritze* (*Glottis*) ermöglicht, gegeneinander beweglich. In der Mitte des aus 3 Etagen bestehenden K. springen 2 Faltenpaare vor, oben die *Taschenfalten,* unten die *Stimmfalten,* deren freie Ränder als *Stimmbänder* bezeichnet werden. Die Stimmerzeugung erfolgt durch die bei der Ausatmung vorbeistreichende Luft, die die Stimmbänder in Schwingungen versetzt. Als Resonanzverstärker wirken bei Säugetieren, z. B. Orang-Utang, *Kehlsäcke,* das sind seitliche Ausstülpungen der Kehlkopfwandung. Ring- und Stellknorpel sind schon bei Anuren nachzuweisen, der Schildknorpel ist jedoch erst eine Erwerbung der Säuger. Bei Vögeln ist der eigentliche K. reduziert, sie besitzen dafür einen unteren K., die *Syrinx,* die sich an der Gabelungsstelle der Trachea befindet und durch Funktionswechsel von Trachealknorpeln, Ausbildung von Stimmlippen und z. T. von Resonanzverstärkern entstanden ist.
Kehlsäcke, → Kehlkopf.
Keilblattgewächse, → Schachtelhalmartige.
Keim, 1) → Embryo. 2) in der Mikrobiologie gebräuchliche Bezeichnung für einen lebenden Mikroorganismus, z. B. Krankheitserreger.
Keimachse, → Samen.
Keimbahn, die Zellfolge bei vielzelligen Tieren, die von den in ihrer Funktion auf die Fähigkeit zur Fortpflanzung ausgerichteten, spezifischen Zellen (Keimzellen) gebildet wird. Sie erstreckt sich von der befruchteten Eizelle bis zu den funktionsfähigen Gameten; die an ihr beteiligten generativen Zellen werden der Masse der somatischen Zellen (Körperzellen) gegenübergestellt, die früher oder später auf eine bestimmte Leistung festgelegt und in spezifischer Weise differenziert werden. Die Trennung der Entwicklungswege von Keim- und Somazellen erfolgt in der frühen Ontogenese.

Keimblätter, 1) → Blatt, Abschn. Blattfolge, → Samen. 2) → Ektoderm, → Entoderm, → Mesoblast.
Keimblätterbildung, → Entwicklung.
Keimdrüse, *Geschlechtsdrüse, Gonade,* Organ, in dem Geschlechtszellen (Ei- oder Samenzellen) gebildet werden. Im weiblichen Geschlecht als → Eierstock, im männlichen als → Hoden und bei zwittrigen Lungenschnecken als Zwitterdrüse ausgebildet. Die K. differenzieren sich embryonal später als alle anderen Organsysteme. Bei Wirbeltieren entstehen die K. medial von der Urniere aus längsverlaufenden Genitalleisten, in welche die vermutlich aus dem Entoderm stammenden Urkeimzellen einwandern. Im männlichen Geschlecht werden im Verlauf der Spermatogenese Spermien gebildet, wobei dieser Vorgang häufig zyklisch geschieht (Brunstzeiten). Im weiblichen Geschlecht dagegen gehen die primären Keimstränge zugrunde, es wachsen sekundär Keimstränge (Pflügersche Schläuche) mitsamt den Ureizellen ein, aus denen die reifen Eizellen entstehen (Oogenese). Die Eizellen werden über das Follikelepithel ernährt. Bei Säugern unterscheidet man je nach Ausbildungsgrad Primärfollikel (Epithel einschichtig), Sekundärfollikel (Epithel mehrschichtig) und Tertiär- oder Graafsche Follikel, die im Innern eine Höhle aufweisen, in die der Eihügel mit dem Reifei vorspringt.

Keimdrüsenhormone, *Sexagene, Geschlechtshormone,* in den männlichen und weiblichen Keimdrüsen (Hoden bzw. Ovarien) sowie in der Nebennierenrinde von Mann und Frau gebildete Steroidhormone. Sie unterteilen sich nach ihrer biologischen Wirkung in die männlichen K. (→ Androgene) und die weiblichen K. (→ Östrogene und → Gestagene). K. werden von beiden Geschlechtern gebildet, allerdings in unterschiedlicher Menge. Die Ovarien sezernieren mehr Östrogene als Androgene, während die Testes höhere Mengen an Androgenen und geringere Mengen an Östrogenen produzieren. Die Biosynthese und Sekretion der K. in den Hoden und Ovarien werden durch die Hypophysenhormone Follitropin und Lutropin gesteuert.

Die K. sind für Wachstum und Funktion der Geschlechtsorgane verantwortlich und bewirken die Ausprägung und Aufrechterhaltung der sekundären männlichen und weiblichen Geschlechtsmerkmale.

Keimesgeschichte, → Ontogenie.
Keimfähigkeit, → Samen.
Keimhöhle, → Blastozöl.
Keimhüllen, svw. Embryonalhüllen.
Keimknospe, → Samen.
Keimling, → Embryo, → Samen.
Keimmund, → Embryo, → Samen.
Keimorgane, svw. Embryonalorgane.
Keimpflanze, die aus dem → Embryo hervorgehende junge Pflanze, die den Übergang zur eigentlichen Pflanze darstellt. Bei den Farnpflanzen entsteht aus dem Embryo ohne Ruheperiode sofort eine K., während bei den Samenpflanzen der Embryo meist längere Zeit in den Samen ruht. Die Entwicklung der K. beginnt hier mit der Keimung des Samens, wobei zuerst die Wurzel der K. aus dem Samen austritt, Wasser und Nährstoffe aufnimmt und die Pflanze im Boden verankert. → Keimung, → Samenkeimung.
Keimplasmatheorie, 1885 von A. Weismann aufgestellte, aus seinen Untersuchungen über die Entstehung der Sexualzellen bei Hydromedusen abgeleitete Hypothese von der »Kontinuität des Keimplasmas«, nach der eine in den Keimzellen vorhandene Vererbungssubstanz, das »Keimplasma«, Träger der Vererbung ist und den gesamten Anlagenkomplex für die Erhaltung der Art von Generation zu Generation überträgt. Von der Keimsubstanz, aus der sich ein neues Individuum entwickelt, bleibt jeweils ein Teil unverändert und unverbraucht erhalten und wird zur Grundlage für die nächste und alle folgenden Generationen. Dabei ist die »Keimbahn« der angenommene Weg, auf dem das Keimplasma von Zelle zu Zelle übertragen wird, bis es sich wieder vom »Soma«, von den Körperzellen, löst.

Keimporen, → Blüte.
Keimruhe, → Samenruhe.
Keimscheibe, Keimschild, → Gastrulation.
Keimstreif, → Mesoblast.
Keimung, erste Entwicklungsvorgänge bei Pflanzen, bei Samenpflanzen speziell die Wiederaufnahme der bei der Samenreife unterbrochenen Entwicklung des Embryos. → Samenkeimung.
Keimungshemmstoffe, → Samenruhe.
Keimwurzel, → Samen, → Wurzelbildung.
Keimzahl, die Anzahl der in einer bestimmten Substratmenge, z. B. in 1 ml Wasser oder 1 g lufttrockenem Boden, enthaltenen Mikroorganismen. Die K. ermöglicht in vielen Fällen Rückschlüsse auf die Qualität und den Grad der Verunreinigung, z. B. bei Wasseruntersuchungen. Auch in der mikrobiologischen Forschung ist die K. meist eine sehr wesentliche Größe. Deshalb werden Keimzahlbestimmungen in mikrobiologischen Labors serienmäßig durchgeführt.

Großstadtluft enthält z. B. durch den mitgeführten Staub etwa bis zu 10000, Seeluft dagegen meist weniger als 50 Keime je m^3. In Trinkwasser sollen möglichst keine, aber nicht mehr als 100 Keime je ml vorkommen. In 1 g gutem Erdboden sind bis zu 10 Mrd. Mikroorganismen enthalten.

Zur Keimzahlbestimmung werden direkte oder indirekte Methoden angewandt. Die direkte Keimzählung erfolgt durch Auszählen unter dem Mikroskop in einer Zählkammer, durch Bestimmung mittels elektronischer Zellzählgeräte oder nach dem Kochschen Plattenverfahren, wobei nur lebende Keime erfaßt werden. Die indirekten Methoden zur Bestimmung der K. beruhen auf der photoelektronischen Messung der Trübung von Zellaufschwemmungen oder auf der Messung bestimmter Stoffwechselleistungen, z. B. der Milchsäurebildung bei den Laktobazillen.

Bei den verschiedenen Verfahren werden entweder nur die lebenden oder die lebenden und toten Mikroorganismen erfaßt.

Keimzellen, → Fortpflanzung.
Keimzellenbildung, svw. Gametogenese.
Kelch, 1) → Blüte, 2) → Pilzkörper.
Kelchwürmer, *Entoprocta, Kamptozoa,* ein Tierstamm der Protostomier mit etwa 100 im Wasser lebenden Arten.

Morphologie. Die höchstens 5 mm langen K. sind in einen kelchartigen, am freien Ende von einem Kranz aus 8 bis 30 Tentakeln umgebenen Rumpf (*Calyx*) und einen

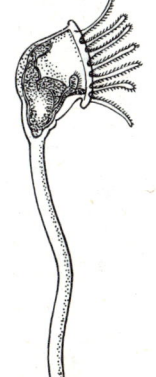

Kelchwurm in Seitenansicht

schlanken Stiel geteilt. Der Rumpf enthält alle inneren Organe, Mund- und Afteröffnung liegen innerhalb des Tentakelkranzes. Der Stiel dient der Befestigung der Tiere am Substrat mittels einer drüsigen Haftscheibe oder eines Wurzelgeflechtes. Die K. sind meist getrenntgeschlechtlich, seltener Zwitter mit je einem Paar einfacher Hoden oder Eierstöcke.

Biologie. Die K. leben an den Meeresküsten einzeln oder in Kolonien auf anderen Wassertieren oder an Pflanzen. Sie ernähren sich von Detritus, Mikroorganismen oder kleinen Wassertieren, die in den Mund eingestrudelt werden. Die Entwicklung erfolgt über ein schwimmendes, der Trochophoralarve der Vielborster ähnliches Larvenstadium. Alle K. können sich ungeschlechtlich durch Knospung fortpflanzen.

Die K. wurden früher wegen der weitgehenden äußeren Übereinstimmung mit den Moostierchen in einem Stamm vereinigt, sind aber nach neueren Erkenntnissen nicht mit diesen verwandt.

Sammeln und Konservieren. Die K. sind nur mit dem Binokular erkennbar. Eingetragenes Substrat wird mit Blockschälchen beobachtet und dabei mit 0,5%igem Kokain betäubt. Die Fixierung erfolgt mit Bouins Gemisch, die Aufbewahrung in 80%igem Alkohol.

Kellerschnecken, → Egelschnecken.
Kenaf, → Malvengewächse.
Kennart, eine für eine Vegetationseinheit der Braun-Blanquet-Schule kennzeichnende Art. Der Begriff ist praktisch synonym mit Charakterart. → Charakterartenlehre.
Kennreiz, ein Signal oder eine Signalkombination (*Signalreiz*), auf die ein → angeborener Auslösemechanismus anspricht. Für ein Stichlingsmännchen mit Nest ist »Rot« ein K. für Kampfverhalten, da unter natürlichen Bedingungen Rot nur als Bauchfärbung eines anderen Stichlingsmännchens auftritt. K. Lorenz spricht vom »*Schlüsselreiz*«, weil der Reiz und das ausgelöste Verhalten mit dem »Schlüssel-Schloß-Prinzip« verglichen werden können. Komplizierte Verhaltensreaktionen, z. B. Balzhandlungen, entstehen oft durch eine Kette aufeinander folgender K. K. können variieren. Von *übernormalen K.* wird gesprochen, falls der angeborene Auslösemechanismus dann leichter anspricht, wenn Signale angeboten werden, die die natürlichen übertreffen. Sandregenpfeifer z. B. führen Eirollbewegungen eher mit übergroßen Attrappen aus. Hormone, z. B. Sexualsteroide, können die Schwelle für K. verstellen. Stichlingsmännchen, denen Testosteron injiziert wird, umbalzen dann auch unreife Weibchen.
Kennzeit, svw. Chronaxie.
Kenozooide, → Moostierchen.
Kephaline, → Phosphatide.
Kerabau, → Büffel.
Keratine, unlösliche, zystinreiche Strukturproteine, die die mechanische Widerstandsfähigkeit der Haut und Hautgebilde bewirken. Aus K. bestehen Haare, Schuppen, Wolle, Federn, Nägel, Klauen, Hufe, Hörner u. a. Charakteristisch für K. ist die Ausbildung von Wasserstoff- und Disulfidbrücken, die die mechanischen Eigenschaften wesentlich beeinflussen. Je nach Zusammensetzung und strukturellem Aufbau werden α-K. mit großer Dehnbarkeit und β-K. mit geringerer Dehnbarkeit, aber größerer Geschmeidigkeit unterschieden. Wichtigster Vertreter der β-K. ist das **Seidenfibroin** des Seidenfadens, das zu etwa 60 % aus Glykokoll, Alanin und Tyrosin besteht.
Kerbtiere, svw. Insekten.
Kerfe, svw. Insekten.
Kern, → Zellkern.
Kernäquivalent, → Zellkern.
Kernbeißer, → Finkenvögel.
Kerndimorphismus, → Zellkern.
Kernfragmentation, svw. Amitose.
Kerngeschlechtsbestimmung, *chromosomale Geschlechtsbestimmung,* spezifischer mikroskopischer Nachweis von zu X- oder Y-Chromosomen gehörenden Zellstrukturen (X-Chromatin, Barr-Körper bzw. Y-Chromatin). Die K. ermöglicht eine Aussage, ob die betreffende Zelle von einem genetisch männlich oder weiblich determinierten Organismus stammt.
Kernhülle, → Zellkern.
Kernkörperchen, → Zellkern.
Kernmembran, → Zellkern.
Kernphasenwechsel, für die meisten Eukaryoten typischer und regelmäßiger Wechsel zwischen dem haploiden und dem diploiden Zustand. Die Haplophase wird durch die → Meiose eingeleitet, die Diplophase kommt durch die Befruchtung zustande. Die beiden Zellprozesse Meiose und Befruchtung, die sich gegenseitig bedingen, haben im Entwicklungszyklus der verschiedenen Eukaryoten eine unterschiedliche Lage (Abb.). Bei den **Diplonten** (alle Metazoen, Ziliaten sowie einige Pilze, Algen, Heliozoen und Flagellaten) findet die Meiose unmittelbar vor der Befruchtung statt, nur die reifen Gameten sind haploid. Bei den **Haplonten** (Gregarinen, Kokzidien sowie einigen Algen, Pilzen und Flagellaten) erfolgt die Meiose unmittelbar nach der Befruchtung, nur die Zygote ist diploid. Bei den **Diplohaplonten** (die meisten Pflanzen und die Foraminiferen) sind Meiose und Befruchtung auf zwei Generationen (eine haploide und eine diploide) verteilt.

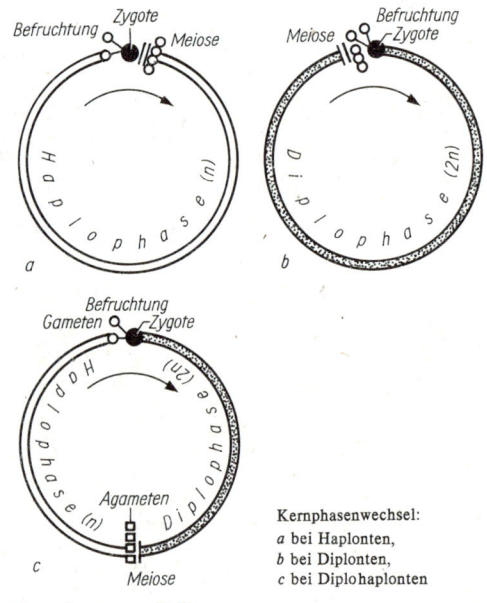

Kernphasenwechsel:
a bei Haplonten,
b bei Diplonten,
c bei Diplohaplonten

Kernplasma, → Zellkern.
Kern-Plasma-Relation, → Zellkern.
Kernporen, → Zellkern.
Kernproteinmatrix, → Zellkern.
Kernresonanzspektroskopie, svw. NMR-Spektroskopie.
Kernsaft, → Zellkern.
Kernspaltungsspurenmethode, → Datierungsmethoden.
Kerntapete, → Samen.
Kernteilung, → Mitose.
Kerntemperatur, → Körpertemperatur.
Kernverschmelzung, → Zellfusion.
Keta, → Lachs.

β-Ketobuttersäure, svw. Azetessigsäure.

α-Ketoglutarsäure, *2-Oxoglutarsäure,* HOOC—CO—CH$_2$—CH$_2$—COOH, eine Ketosäure, die als wichtiges Zwischenprodukt im Zitronensäurezyklus auftritt und im Stoffwechsel weiterhin durch Transaminierung in Glutaminsäure übergehen kann.

Ketonkörper, *Azetonkörper,* Sammelbegriff für die bei der Ketogenese anfallenden Stoffwechselintermediärprodukte Azetoazetat, Azeton und β-Hydroxybutyrat. K. treten vor allem bei der Zuckerkrankheit, *Diabetes mellitus,* auf und werden mit dem Harn ausgeschieden. Ihre Anwesenheit führt zu einer Schädigung des Zentralnervensystems.

Ketosäuren, *Ketonsäuren, Oxosäuren,* organische Verbindungen, die die Ketogruppe >C=O und die Karboxygruppe —COOH im Molekül enthalten. Je nachdem, ob beide funktionelle Gruppen benachbart stehen oder durch eine —CH$_2$-Gruppe getrennt sind, spricht man von α- und β-Ketosäuren. Brenztraubensäure ist die einfachste α-Ketonsäure, Azetessigsäure die einfachste β-Ketosäure. Beide spielen als Intermediärprodukt im Stoffwechsel eine wichtige Rolle.

Ketosen, Monosaccharide, die eine charakteristische, nichtterminale —C=C-Gruppe besitzen, die sich bei allen natürlich vorkommenden K. in 2-Stellung befindet. Nach der Anzahl der C-Atome unterscheidet man Tetrulosen, Pentulosen usw.

Kettennatter, → Königsnattern.

Kettenreaktion, in der Biologie eine Folge von (meist nachteiligen) Erscheinungen, die durch schwerwiegende Eingriffe in das natürliche Gefüge entstehen. Eine K. kann durch Naturereignisse, wie Überschwemmungen, Erdbeben oder Waldbrände, ausgelöst werden; meist aber sind menschliche Eingriffe Ursache einer K. Zum Beispiel wurden Ausgang des 19. Jh. in den südamerikanischen La-Plata-Ländern riesige Grünlandflächen in Ackerland verwandelt; dadurch gingen die natürlichen Feinde der Heuschrecken zurück, so daß dieser Schädling nun in Massen auftrat und die Getreidefelder vernichtete. Heute läßt großräumige Waldzerstörung gefährliche K. befürchten. Auch unsachgemäßer Einsatz von Insektiziden kann unerwünschte K. auslösen. Biologisch sinnvolle Maßnahmen sind daher die Hauptforderungen des Umweltschutzes, um negative K. zu verhindern.

Kettenviper, *Vipera russelli,* sehr giftige südostasiatische Viper mit lebhaftem Farbmuster aus rotbraunen, weiß und schwarz umrandeten ovalen Flecken. Die K. wird bis 1,50 m lang, frißt neben Nagetieren auch Frösche, Vögel und Eidechsen und bringt bis 60 lebende Junge zur Welt. In Indien ist sie neben der Kobra die gefürchtetste Giftschlange, der jährlich viele Menschen zum Opfer fallen.

Keulenpilze, → Ständerpilze.

Keulenpolyp, *Cordylophora caspia,* zur Ordnung *Hydroida* gehörende, im Süßwasser (z. B. bei Berlin) und Brackwasser (Ostsee, Elbe- und Wesermündung) auftretende Art der Nesseltiere, die bis 8 cm hohe Polypenstöcke bildet. Die Medusengeneration ist stark vereinfacht und verbleibt am Stock.

Keuper [fränkisch ›Kipper‹ bzw. ›Keiper‹, ›Köper‹ = bunter Baumwollstoff; nach der Bezeichnung des Buntmergelsandsteins in der Umgebung von Coburg], die obere Abteilung der Trias im Germanischen Becken.

Khellin, eine grüngelbe, bitter schmeckende, kristalline Verbindung aus *Ammi visnaga,* einem Doldenblütler aus dem Mittelmeergebiet. K. wirkt erweiternd auf die Koronargefäße und wird in der Medizin gegen Angina pectoris und Asthma angewendet. Das ebenfalls in *Ammi visnaga* vorkommende koronarwirksame *Visnadin* ist dagegen ein Kumarin-Derivat.

Kiang, → Halbesel.

Kichererbse, → Schmetterlingsblütler.

Kiebitz, → Regenpfeifervögel.

Kieferbogen, → Schädel.

Kieferdrüse, svw. Maxillardrüse.

Kieferfüße, → Mundwerkzeuge.

Kieferläuse, → Tierläuse.

Kieferlose, 1) *Agnatha,* sehr ursprüngliche Wirbeltiere, deren Schädel nur aus einem Hirnschädel besteht, ein Kieferschädel und damit Kiefer fehlen. Der Mund wird nach Art einer Irisblende geschlossen. K. haben keine paarigen Flossen. Die Blütezeit der K. lag im Erdaltertum, die rezenten Familien, Neunaugen und Inger, werden als → Rundmäuler zusammengefaßt.

2) → Amandibulata.

Kieferngewächse, *Pinaceae,* eine Familie der Nadelhölzer mit etwa 250 Arten, die fast nur auf der nördlichen Erdhalbkugel verbreitet sind. Sie sind waldbildend, oft landschaftsbestimmend, beschließen in den höheren Gebirgen die Waldverbreitung und bilden die Grenze zur arktischen Tundra. Es sind bis auf wenige Ausnahmen immergrüne Bäume mit spiralig gestellten Nadeln und holzigen Zapfen. Die männlichen Blüten bestehen aus zahlreichen Staubblättern, die unterseits je zwei angewachsene Pollensäcke tragen. Die Pollenkörner der meisten Arten (außer Lärche und Douglasie) haben zwei Luftsäcke, die ihre Flugfähigkeit erheblich erhöhen. Diese Luftsäcke entstehen durch blasenförmiges Abheben der äußeren Membranschicht. Die Zeitspanne zwischen Bestäubung und Befruchtung kann hier sehr groß sein und beträgt z. B. bei der Waldkiefer ein Jahr. Die weiblichen Blüten sind vor der Befruchtung stets aufwärts gerichtet, bei der Samenreife ändert sich diese Stellung meist. Die einseitig geflügelten Samen werden vom Wind verbreitet. Das Holz der K. wird in vielfältiger Weise genutzt, außerdem sind die K. meist reich an ätherischen Ölen und Balsamen. Aus den vor allem im Holz vorhandenen Balsamen (Öl-Harz-Gemische) wird Terpentin gewonnen, der Rückstand ergibt Kolophonium.

Man unterscheidet bei den K. nach der Stellung ihrer Nadeln an Kurz- oder Langtrieben drei Gruppen: 1) Einzeln stehende Nadeln nur an Langtrieben haben die Vertre-

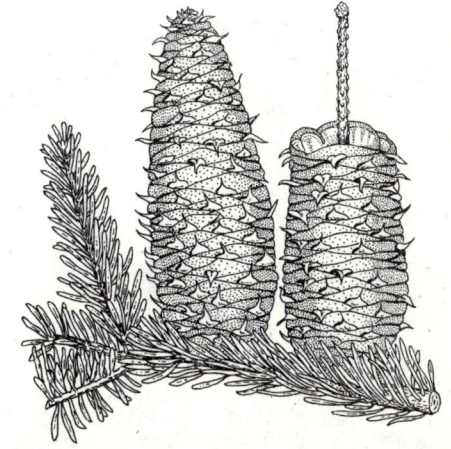

1 Kieferngewächse: Tanne: Sproß mit reifen, z. T. schon zerfallenen Zapfen

Kieferngewächse

ter der Gattungen *Abies, Picea, Tsuga* und *Pseudotsuga*. Die **Tanne, Edeltanne** oder **Weißtanne,** *Abies alba,* deren Nadeln auf der Unterseite mit zwei hellen Wachsstreifen versehen sind, wird in Mittel- und Südeuropa forstlich kultiviert. Sie hat dauerhaftes, leicht zu bearbeitendes Holz, die reifen Zapfen stehen aufrecht, wie bei allen Arten der Gattung *Abies*. Die **Balsamtanne,** *Abies balsamea,* ist im nördlichen Nordamerika beheimatet, ihr Holz wird zur Papierherstellung verwendet, außerdem wird aus der Rinde der z. B. in der mikroskopischen Technik viel verwendete Kanadabalsam gewonnen.

2 Kieferngewächse: Gemeine Fichte: *a* Sproß mit Zapfen, *b* Samen

Die **Gemeine Fichte,** *Picea abies,* ist in Nord- und Mitteleuropa der mit am weitesten verbreitete Nadelbaum. Das Holz ist ziemlich weich und leicht zu bearbeiten, es wird unter anderem als Bau- und Grubenholz, für Telegraphenstangen, als Kistenholz und zu Resonanzböden im Klavier- und Orgelbau verwendet.

Die **Sitkafichte,** *Picea sitchensis,* wird in den USA und verschiedenen europäischen Ländern forstlich angebaut. Sie ist an der Westküste Nordamerikas beheimatet. Ihr leichtes Holz wird ebenfalls vielfältig genutzt. Ein beliebtes Ziergehölz ist die **Stech-** oder **Blaufichte,** *Picea pungens,* mit graugrünen bis silberweißen, harten, stechenden Nadeln. Aus Nordamerika stammen auch die **Douglasie, Douglasfichte, Douglastanne,** *Pseudotsuga menziesii,* die wegen ihres wertvollen Holzes auch bei uns forstlich kultiviert wird, und die **Schierlings-** oder **Hemlocktanne,** *Tsuga canadensis,* die Kanadisches Pech sowie Hemlockrinde zum Gerben liefert. Fichte, Douglasie und Schierlingstanne haben hängende reife Zapfen.

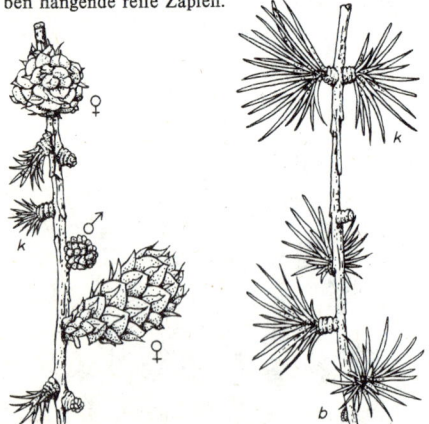

2) Gebüschelt stehende Nadeln an Kurz- und Langtrieben haben die Gattungen *Larix* und *Cedrus*. Hierzu gehören die im Herbst ihre Nadeln abwerfenden Lärchenarten, so die **Europäische Lärche,** *Larix decidua,* die ihr Hauptverbreitungsgebiet in Nord- und Mitteleuropa hat, sie wird auch in Nordamerika, Neuseeland und vielen europäischen Ländern forstlich angebaut. Das weiche, dauerhafte Holz wird als Bau- und Grubenholz, für Schwellen und zur Möbelherstellung benutzt. Auch die **Japanische Lärche,** *Larix kaempferi,* und die **Sibirische Lärche,** *Larix sibirica,* werden forstlich kultiviert. Vor allem die letztgenannte Art gilt als ziemlich resistent gegen Luftverschmutzung. Immergrüne Bäume sind die den Lärchen im Habitus ähnlichen Arten der Gattung **Zeder,** *Cedrus,* die in den Gebirgen des Mittelmeergebietes und im westlichen Himalaja beheimatet sind. Die bekannteste Art ist die **Libanonzeder,** *Cedrus libani,* mit sehr wertvollem Holz, deren Vorkommen im Libanongebirge stark zurückgegangen ist.

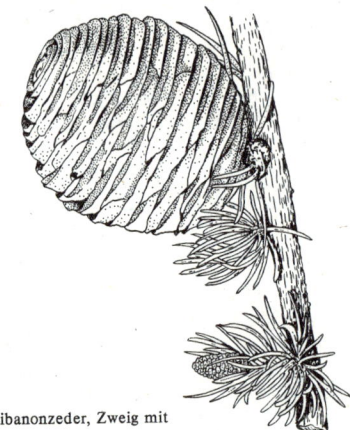

4 Kieferngewächse: Libanonzeder, Zweig mit Zapfen

3) Zu 2 bis 5 gebüschelt stehende Nadeln, nur an Kurztrieben, haben die Vertreter der Gattung **Kiefer,** *Pinus,* von der allein 105 Arten bekannt sind. Die **Gemeine Kiefer, Waldkiefer** oder **Föhre,** *Pinus sylvestris,* hat ihr natürliches Verbreitungsgebiet im nördlichen gemäßigten Eurasien. Sie wird darüber hinaus vielfach forstlich kultiviert. Sie liefert Terpentin, Teer und Pech; ihr weiches Holz ist sehr dauerhaft und wird vielfältig verwendet. Im Mittelmeergebiet sind die **Aleppokiefer,** *Pinus halepensis,* und die **Pinie,** *Pinus pinea,* beheimatet. Die nordamerikanische **Weymouthskiefer,** *Pinus strobus,* ist seit dem 18. Jh. in Europa bekannt

3 Kieferngewächse: Europäische Lärche: *a* Langtrieb mit ♂ Blüten, ♀ Blütenständen und austreibenden Kurztrieben (k) im Frühjahr; *b* Langtrieb mit benadelten Kurztrieben (k) im Sommer

5 Kieferngewächse: Waldkiefer *a* blühender und fruchtender Sproß, *b* Pollenkorn mit 2 Luftsäcken, *c* Samen

und wird häufig angepflanzt, ebenso wie die auf kalkreichen Verwitterungsböden in Südeuropa und Kleinasien heimische **Schwarzkiefer,** *Pinus nigra.* Die **Zirbelkiefer,** *Pinus cembra,* hat eßbare Samen, die Zirbelnüsse, und kommt vor allem in den Alpen und Karpaten vor. Zu den ältesten Bäumen der Erde gehören Vertreter der **Borstenkiefer,** *Pinus aristata,* von der man in Kalifornien ein Exemplar mit einem Alter von etwa 4900 Jahren gefunden hat.

Kiefernsaateule, *Agrotis vestigialis* Hfn., ein Eulenfalter, dessen überwinternde Raupen (→ Erdraupen) in leichten Sandböden an den Wurzeln, nachts auch an oberirdischen Teilen verschiedener Pflanzen fressen; besonders in jungen Kiefernkulturen zuweilen schädlich.

Kiefernspanner, *Bupalus piniarius* L., eine zur Massenvermehrung neigende und deshalb oft sehr schädlich auftretende Art der Spanner. Die K. sind Falter mit Geschlechtsdimorphismus: Männchen schwarzbraun mit heller Zeichnung, Weibchen hell rotbraun mit verwaschener Zeichnung. Die Flügelspanne beträgt 30 bis 40 mm. Die Raupen sind grün und tragen drei weiße Rückenstreifen und einen gelben Seitenstreifen; sie fressen besonders im Spätsommer an Kiefern.

Kielfüßer, Kielschnecken, *Heteropoden,* nackte oder nur sehr dünn beschalte Meeresschnecken der Ordnung *Monotocardia,* deren Fuß (Propodium) zu einer senkrecht stehenden Schwimmflosse umgebildet ist. Die K. schwimmen mit der Bauchseite nach oben und sind bei mitunter bedeutender Größe (Gattung *Carinaria* bis 53 cm lang) vielfach gefräßige Räuber. Als Nahrung dienen Quallen, Krebse und kleine Fische.

Kiemen, Branchien, Atmungsorgane der im Wasser lebenden Tiere. K. besitzen z. B. Borstenwürmer, Weichtiere, Krebstiere und Stachelhäuter sowie unter den Chordaten die Lanzettfischchen, die Manteltiere, Rundmäuler, Fische und die Larven der Lurche. Die K. sind gewöhnlich dünnwandige Ausstülpungen der Körperwand (*äußere K.*) oder der Schleimhaut des Kiemendarmes (*innere K.*), die reichlich mit Blutgefäßen versorgt werden (*Blutkiemen*), so daß der Sauerstoff aus dem Wasser in das Blut übertreten kann.

Zur Vergrößerung der Oberfläche sind die K. in der verschiedensten Weise in zahlreiche nebeneinanderstehende Fäden oder Einzelblättchen aufgeteilt (*Fadenkiemen* zahlreicher Muscheln und Krebse, *Kiemenblätter* der Knochenfische), reich gefiedert (*Kammkiemen* vieler Meeresschnecken, äußere K. der Frosch- und Molchlarven) oder gitterartig durchbrochen (*Blattkiemen* vieler Muscheln, *Kiemenkorb* der Manteltiere). In vielen Fällen bewirken besondere Vorrichtungen ein Vorbeiströmen des Atemwassers an den K., wodurch der Gasaustausch zwischen Wasser und Blut begünstigt wird. Im einfachsten Falle sind die K. wirbelloser Tiere frei auf der Körperoberfläche angeordnet, z. B. äußere K. der Borstenwürmer, Seesterne und Seeigel. Die K. der Weichtiere sind zumeist in einer mehr oder weniger geschlossenen Mantelhöhle untergebracht, in der durch Wimpertätigkeit des Mantel- und Kiemenepithels ein Wasserstrom erzeugt wird, der gleichzeitig auch dem Nahrungserwerb dienen kann. Die ursprünglichen K. der Weichtiere sind Kammkiemen, während Muscheln in Anpassung an ihre festsitzende Lebensweise häufig besonders gestaltete Faden- oder durchbrochene Blattkiemen besitzen, die neben der Atmung vor allem auch als Fangreuse für die im Wasserstrom suspendierten Nahrungsteilchen arbeiten.

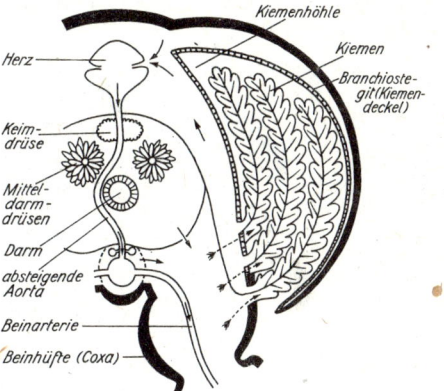

2 Querschnitt durch die hintere Brustregion eines Flußkrebses (schematisch)

Die Krebstiere haben K. in enger Verbindung mit den Spaltfüßen entwickelt, indem sich, besonders an den Laufbeinen, basale Anhänge (Epipodite) zu blattförmigen, fächerförmigen oder baumförmig verästelten Kiemenanhängen umgebildet haben. Die K. sind besonders bei den höheren Krebsen in einer *Kiemenhöhle* untergebracht, die von einer seitlichen Hautduplikatur (Branchiostegit) des Carapax gebildet wird. Besonders gestaltete Anhänge (Scaphognathite) der Kieferfüße erzeugen in der Kiemenhöhle einen von hinten nach vorn verlaufenden Atemwasserstrom. Nicht selten treten bei Krebstieren sekundäre K. an verschiedenen Körperstellen auf. So können z. B. bei den Asseln die Hinterleibsbeine oder Teile von ihnen als Atmungsorgane entwickelt sein und von einem deckelartig umgebildeten Beinpaar als *Kiemendeckel* überdacht werden. Bei Landkrabben und Einsiedlerkrebsen werden die Kiemenhöhlen zu Lungen, indem die K. reduziert werden und das Wandepithel respiratorisch tätig wird. Bei den Landasseln entstehen an den ersten, als K. dienenden Hinterleibsbeinen durch Einstülpung Luftsäcke, die als → Tracheenlungen arbeiten.

1 Kiemenformen der Muscheln: *a* Fadenkiemen; *b* Blattkiemen; *c* Bauschema einer Kieme, die äußere als Blattkieme, die innere als Federkieme dargestellt

Kiemenatmung

Bei den sekundär zum Wasserleben übergegangenen Insektenlarven sind neben →Tracheenkiemen mit Blut versorgte Körperausstülpungen als echte K. (Blutkiemen) entwickelt, z. B. bei Fliegenlarven.

Bei den Wirbeltieren stehen die K. in Doppelreihen auf der Außenseite der *Kiemenbögen.* Bei Haifischen sind sie durch ein interbranchiales Septum verstärkt, das die Körperoberfläche erreicht und einzelne Kiemenräume abgliedert, die separat nach außen münden. Diese Septen sind bei Knochenfischen reduziert, so daß die K. in einer gemeinsamen *Kiemenhöhle* liegen, die sich am Hinterrand des sie schützenden *Kiemendeckels* nach außen öffnet.

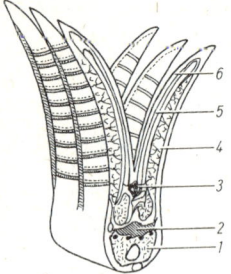

Ausschnitt aus einem Kiemenbogen mit 6 ansitzenden Kiemenblättern. *1* knöcherner Kiemenbogen, *2* Kiemenbogenvene, *3* Kiemenbogenarterie, *4* Kiemenblattvene, *5* knorpeliger Kiemenstrahl, *6* Kiemenblattarterie

An den Kiemenbögen ist eine Art *Kiemensieb* ausgebildet, das größere Partikel fernhält, die zu einem Verstopfen der Kiemenhöhle führen könnten. Bei Rundmäulern kommen bis zu 14 *Kiemensäckchen* vor, Haifische haben 5 bis 7 K., Knochenfische grundsätzlich nur 4. Die Entwicklung der *Kiemenspalten* verläuft so, daß sich vom *Kiemendarm* ausgehende Taschen mit Einsenkungen der Epidermis vereinigen.

Kiemenatmung, Gaswechsel über Kiemen, den Atmungsorganen der Knochenfische. Gelöster Sauerstoff kommt im Wasser nur in einer Konzentration von weniger als 1 Vol% vor. Daher muß das Atmungsvolumen der Wassertiere größer als das der Landtiere sein. Bei Fischen beträgt das Verhältnis zum gleichzeitig geförderten Blutvolumen 16 : 1, beim Menschen 1 : 1. Die Sauerstoffausnutzung beträgt 50 bis 80 %. Bei der K. wird das Atemwasser durch eine Erweiterung des Mundraumes bei geöffnetem Maul zunächst in die Mundhöhle, dann über eine Auswärtsbewegung des Kiemendeckels an den Kiemen vorbei in den Kiemenraum gesaugt. Nach dem Verschluß der Mundöffnung wird das Wasser unter den sich öffnenden Kiemenklappen nach außen gedrückt. (Abb.).

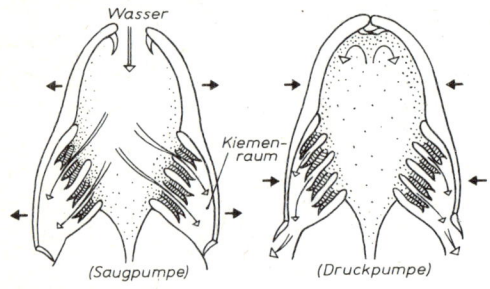

Kiemenatmung eines Knochenfisches

Kiemenbögen, →Kiemenskelett, →Schädel.

Kiemendarm, *Branchiogaster, Pneumogaster, Pneustenteron,* Tractus respiratorius, der vordere Teil des Darmrohres von Eichelwürmern und Chordaten, der von seitlichen Spalten, den *Kiemendarmspalten,* durchbrochen wird.

Die Manteltiere und Lanzettfischchen besitzen einen K., der neben der Atmung vor allem dem Nahrungserwerb dient und für diesen Zweck hochspezialisiert ist. Das Wasser wird mit Hilfe von Flimmerhaaren durch die Mundöffnung in den K. eingestrudelt und gelangt durch die Kiemendarmspalten in den Peribranchialraum, der mit einem Atemporus nach außen mündet. An den Kiemendarmspalten werden die Nahrungsteilchen zurückgehalten. Zusammen mit einem zähen Schleim, der in einer ventralen Drüsenrinne (→Endostyl) des K. sezerniert wird, werden sie durch Flimmertätigkeit des Kiemendarmepithels nach dorsal befördert. Hier werden die Nahrungsteilchen in der *Epibranchialrinne* auf einer Schleimstraße nach hinten in den

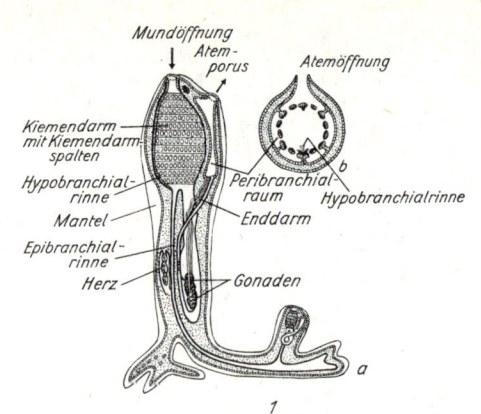

1 Kiemendarm der Manteltiere: *a* schematischer Längsschnitt durch eine stockbildende Seescheide: *b* Querschnitt durch die Kiemenkorbregion

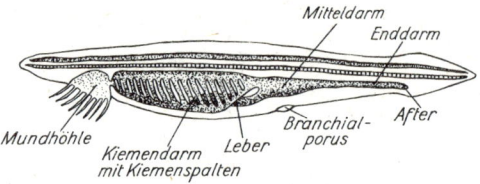

2 Schema des Darmkanals vom Lanzettfischchen

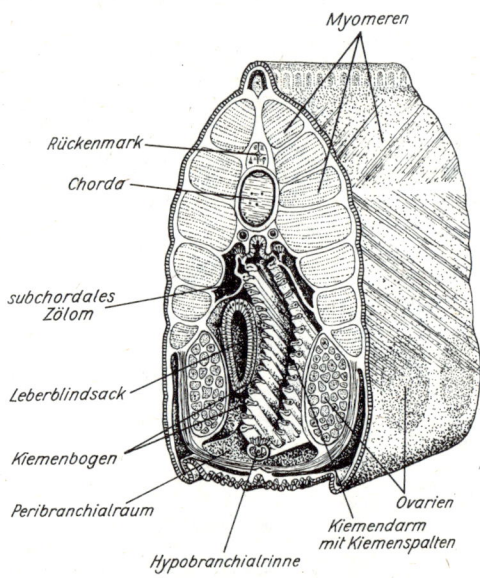

3 Blockdiagramm der Kiemendarmregion vom Lanzettfischchen

Mitteldarm transportiert. Entsprechend diesen Aufgaben sind bei den Lanzettfischchen 50 und mehr primäre Kiemendarmspalten angelegt, die sekundär verdoppelt werden können. In jedem die Kiemendarmspalten begrenzenden Kiemenbogen verläuft bei den Lanzettfischchen von unten nach oben ein Kiemenbogengefäß.

Bei den primär im Wasser lebenden Wirbeltieren wird der K. im wesentlichen zum Atmungsorgan, indem an den Wandungen der *Kiemenspalten* Kiemen entwickelt werden. Bei den Rundmäulern können bis zu 14 Kiemenspalten auftreten, während bei Fischen im allgemeinen 6 entwickelt sind, von denen bei den Knorpelfischen die erste Kiemenspalte zum → Spritzloch umgebildet ist. Bei Lurchen werden die im Larvenstadium angelegten Kiemenspalten beim Übergang zum Landleben während der Metamorphose geschlossen, bei den Amnioten ihre Anlagen bereits im Verlauf der Embryonalentwicklung zurückgebildet.

Der embryonale K. der Landwirbeltiere spielt als Bildungsstätte von Drüsen mit innerer Sekretion eine wichtige Rolle (→ Thymus, → Nebenschilddrüse, → Schilddrüse). Die Lungenanlage entwickelt sich ebenfalls im Bereich des K.

Kiemendeckel, → Kiemenskelett.
Kiemenfußkrebse, *Anostraca,* eine Unterklasse der Krebse mit etwa 175 Arten, die im Durchschnitt 10 bis 20 mm lang werden. Der langgestreckte Körper setzt sich aus vielen ungefähr gleichartigen Segmenten zusammen;

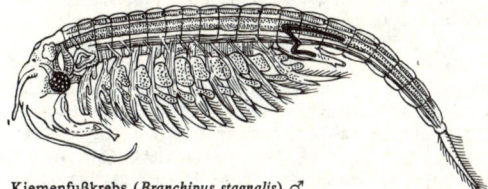

Kiemenfußkrebs (*Branchipus stagnalis*) ♂

der Kopf ist frei; ein Carapax fehlt (Abb.). Nur der vordere Rumpfabschnitt (meist elf Segmente) trägt Gliedmaßen (Blattbeine). Am Telson sitzt eine Furka. Die Blattbeine dienen gleichzeitig der Fortbewegung, der Atmung und dem Nahrungserwerb. Zwei aufeinanderfolgende Beine bilden eine Kammer, in die Wasser von einer medianen Bauchrinne her eingesaugt und nach lateral und ventral wieder ausgestoßen werden kann. An den Beinborsten bleiben dabei Nahrungsteilchen hängen, die in der Medianrinne zum Mund befördert werden. Die Tiere sind also Filtrierer (Tafel 44); sie schwimmen dauernd und mit der Bauchseite nach oben. Die K. leben ausschließlich im Süßwasser, vorzugsweise in periodisch austrocknenden Kleingewässern. Die bekanntesten Gattungen sind *Artemia* (Salinenkrebs), *Branchipus* und *Chirocephalus. Artemia* lebt in Salzteichen oder Lagunen (aber nie im Meer); sie erträgt einen Salzgehalt von 4 bis 23 %.
Kiemenherz, → Blutkreislauf.
Kiemenhöhle, → Kiemen, → Atmungsorgane.
Kiemenkammer, *Atemhöhle, Branchialraum,* der bei vielen Krebsen von den Seitenteilen des Carapax überdachte Raum, in dem die Kiemen liegen.
Kiemenkorb, bei Manteltieren und Schädellosen spezialisierter Kiemendarm, der Nahrungswasser abfiltriert; bei Rundmäulern die Kiemensäckchen umschließender Teil des Viszeralskeletts.
Kiemenlamellen, svw. Blattkiemen.
Kiemenlungen, → Wasserlungen.
Kiemensackwelse, *Clariidae,* langgestreckte plumpe, in Afrika und Südasien verbreitete Welse mit zusätzlichem Luftatmungsorgan in Form einer Aussackung des Kiemenraumes, in die blumenkohlartige Fortsätze hineinragen. Bei der manchmal als eigene Familie betrachteten Gattung *Heteropneustes* sind die Aussackungen besonders lang, andererseits fehlen hier die Fortsätze.
Kiemensaurier, → Branchiosaurus.
Kiemenschlitzaalartige, svw. Kurzschwanzaale.
Kiemenschwänze, svw. Karpfenläuse.
Kiemenskelett, *Branchialskelett,* die Kiemen stützendes, aus knorpeligen oder knöchernen Spangen, den *Kiemen-* oder *Branchialbögen,* bestehendes Skelettsystem im Bereich des Pharynx, das einen Teil des → Viszeralskeletts darstellt. Obwohl das K. eine seriale Anordnung (Branchiomerie) zeigt, entspricht diese nicht der Metamerie des übrigen Körpers. Jeder Kiemenbogen besteht primär aus den vier Anteilen Pharyngo-, Epi-, Kerato- und Hypobranchiale, die medioventral durch eine unpaare Kupula miteinander verbunden sind. Zum Schutz der in der Kiemenhöhle liegenden Kiemen kommt bei den Knochenfischen als Hautverknöcherung ein *Kiemendeckel* hinzu. Das K. der Rundmäuler, auch als → Kiemenkorb bezeichnet, enthält 8 Kiemenbögen und ein Kardiobranchiale zum Schutz des Herzens. Fische haben manchmal 5 Kiemenbögen, der letzte ist bei Knochenfischen meist reduziert. Nach Verlust der Kiemenatmung nimmt das K. formgestaltend an der Bildung der an das Landleben angepaßten Organe des viszeralen Kopfgebietes teil. So entwickeln sich aus den beiden ersten Kiemenbögen der Kiefer- und Zungenbeinapparat sowie die Gehörknöchelchen, während aus den folgenden Bögen vor allem das knorpelige Kehlkopfskelett hervorgeht (→ Viszeralskelett).

Kiemenspalten, → Kiemendarm, → Kiemen.
Kiementaschen, → Kiemen.
Kieselalgen, *Bacillariophyceae, Diatomeae,* eine sehr umfangreiche Klasse der Algen mit mehr als 10000 Arten, die meist in großer Individuenzahl im Süß- und Salzwasser verbreitet sind, einige kommen auch auf feuchtem Boden und anderem feuchten Substrat vor. Es handelt sich um einzeln oder in Kolonien lebende, braungefärbte Einzeller, ihr Farbstoffbestand gleicht dem der → Goldalgen, mit denen sie früher in eine Klasse gestellt wurden. Sie sind aber von den Goldalgen durch das Vorhandensein eines **Kieselsäurepanzers** unterschieden, der ihr charakteristischstes Merkmal ist. Er liegt in oder auf einer Pektinmembran und besteht aus zwei **Schalen,** die wie Deckel und Boden einer Schachtel ineinandergreifen. Die Seitenwände der beiden Schalen werden **Gürtelbänder** genannt. Die Oberfläche des Kieselsäurepanzers ist mit bestimmten Strukturen, wie Poren, Leisten oder Knötchen, versehen. Diese Strukturen sind nach elektronenmikroskopischen Untersuchungen Systeme von Kammern, die mit dem Zellinhalt in Verbindung stehen. Bei den Arten, die sich aktiv fortbewegen, hat der Kieselsäurepanzer in der Symmetrielinie einen Längsspalt, die **Raphe.** Hier tritt wahrscheinlich Protoplasma nach außen, strömt den Kanal entlang und bewegt durch die Reibung mit der Unterlage die Zelle vorwärts. Als Assimilationsprodukte treten das Polysaccharid Chrysolaminarin und Öl auf.

Die ungeschlechtliche Vermehrung der K. erfolgt durch Längsteilung der Zelle. Dabei werden die beiden Schalen an den Gürtelbändern auseinandergeschoben. Jede Tochterzelle bildet wieder eine neue Schalenhälfte aus, und zwar jeweils die untere, so daß nach und nach die Individuen immer kleiner werden. Wenn eine bestimmte Minimalgröße erreicht ist, setzt die geschlechtliche Fortpflanzung ein, die nach der Befruchtung entstandene Zygote wächst wieder zur ursprünglichen Größe heran und bildet zwei neue Schalenhälften aus. Die sich vergrößernde Zygote wird **Auxozygote** genannt.

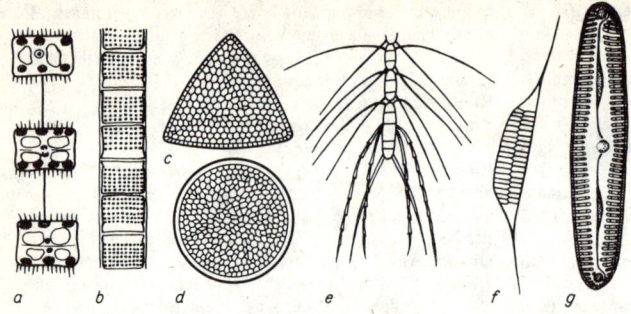

Kieselalgen: *a Coscinodiscus polychordus* (Schwebekolonie mit Gallertfäden), *b Melosira varians*, *c Triceratium favus*, *d Coscinodiscus spec.* (Schalenansicht), *e Chaetoceros coarctatus* (Habitusbild einer Kette), *f Rhizosolenia eriensis*, *g Pinnularia viridis* (Schalenansicht)

Nach der Art der geschlechtlichen Fortpflanzung und dem Schalenbau unterscheidet man bei den K. zwei Ordnungen:

1. Ordnung *Centrales:* Hierher gehören K. mit radiärer Symmetrie; sie haben fast immer runde oder dreieckige Schalen, z. T. mit bizarren Fortsätzen, da viele von ihnen zum Meeresplankton gehören, und sind unbeweglich. Die Form ihrer sexuellen Fortpflanzung ist die Oogamie, bei der Eizellen und Spermatozoiden mit Flimmergeißel ausgebildet werden. Die Auxozygote bildet dann das neue Individuum, das diploid ist.

Bekannte Gattungen sind *Biddulphia* und *Melosira,* deren Vertreter z. T. lange Ketten bilden.

2. Ordnung *Pennales:* Hierher gehören langgestreckte, stab- oder schiffchenförmig gebaute K. mit bilateraler Symmetrie, die zu einer Kriechbewegung befähigt sind. Die Form ihrer geschlechtlichen Fortpflanzung ist Isogamie durch unbegeißelte Gameten; nach der Befruchtung entsteht ebenfalls eine Auxozygote. Die *Pennales* leben überwiegend am Grunde von Gewässern, z. T. auf Wasserpflanzen oder im Schlamm. Einige Arten legen sich zu langen Ketten zusammen oder bilden z. B. sternförmige Kolonien. Die häufigsten Gattungen sind *Navicula, Pinnularia, Pleurosigma, Tabellaria, Asterionella, Synedra.*

Fossile K. sind schon aus dem Jura bekannt. Im Diluvium bildeten sie mächtige Lager (Kieselgur), die abgebaut und zu technischen Zwecken verwendet werden.

K. werden in der Hydrobiologie als Indikatoren benutzt und spielen auch in der biologischen Abwasserreinigung eine Rolle.

Kieselpflanzen, *Azidophyten,* Pflanzen, die vorzugsweise oder ausschließlich auf kalkarmen Silikatböden, die sich durch eine schwach saure Reaktion auszeichnen, siedeln. (→ Kalkpflanzen). Als K. werden auch Pflanzen bezeichnet, die in ihre Zellwände reichlich Kieselsäure einlagern, z. B. *Diatomeae,* Schachtelhalme.

Kieskultur, → Wasserkultur.

Killerzelle, → zellvermittelte Immunität.

Kinasen, zu den Transferasen gehörende Enzyme, die die Übertragung eines Phosphatrestes von Adenosintriphosphat auf geeignete Substrate katalysieren, z. B. auf Hydroxygruppen von Hexosen unter Bildung von Hexose-6-phosphat.

Kinästhesie, die Wahrnehmung körperlicher Bewegungen. Durch Bewegungsfolgen entstehen propriorezeptive Reiz- und Erregungsmuster, die wahrgenommen werden. Die zentralnervale Integration erlaubt Informationen über die Lage und Bewegung der Gliedmaßen, z. B. beim Radfahren. Offenbar werden von Tieren, z. B. manchen Nagern, Bewegungsabfolgen so gut gespeichert, daß einmal aufgesuchte Ziele oder auch im Rückweg auf Grund der gespeicherten kinästhetischen Muster erneut gefunden werden. Dann wird vom »kinästhetischen Sinn« gesprochen.

Kinästhetik, *Bewegungssinn,* Erfassen körpereigener Bewegungsabläufe. Heute wird dieser Begriff auf Grund der Analyse des inneren Ursachengefüges durch die Bezeichnung *idiothetische Orientierung* ersetzt. Das bezeichnet eine Orientierung über Eigeninformation. Dabei können Propriorezeptoren die Muskelbewegungen registrieren und diese Informationen danach genutzt werden. Auch die »Bewegungskommandos« können abgespeichert werden und damit Informationen über einen früheren Bewegungsablauf liefern. Eidechsen registrieren auf diese Weise den Weg von ihrem Schlupfloch zu einem Sonnenplatz. Bei Gefahr nutzen sie diese Information und vollziehen in Bruchteilen von Sekunden die rückläufige Bewegung zum Loch, ohne dazu einer äußeren Orientierung zu bedürfen.

Kindchen-Schema, auslösender Verhaltensmechanismus für das menschliche Pflegeverhalten. Im ursprünglichen Sinne auf optische Signale bezogen, die als Kennreize den »Auslöser« liefern. Dazu gehören rundliche Konturen, der relativ kleine Gesichtsschädel, gewölbte Wangenpartie, relativ große Augen. Auch bestimmte Frequenzanteile in der Kinderstimme haben eine solche Wirkung. In der Puppenherstellung werden die genannten Eigenschaften oft übertrieben angeboten und lösen Handkontakte (Streicheln), Andrücken an den eigenen Körper sowie eine spezifische Form des »Ansprechens« aus.

Kindchenschema: *a* Wirksame Kopfproportionen: Kind, Wüstenspringmaus, Pekineser, Rotkehlchen. *b* Nicht auslösende Proportionstypen: Mann, Hase, Jagdhund, Pirol (nach Lorenz 1943)

Kindelbildung, → Knollenbildung.
Kinesis, 1) ungerichtete Fortbewegung freibeweglicher Tiere, die Bezug zur Intensität von Reizen hat. *Orthokinesen* sind ungerichtete Bewegungen, die sich mit der Reizintensität verstärken oder vermindern. Dadurch erreicht ein Individuum einen optimalen Lebensbereich. Bei *Klinokinesen* wird die Bewegungsrichtung geändert, wenn sich negative Reizeinwirkung verstärkt. Beispielsweise ändert eine Amöbe die Fließrichtung, wenn das führende Pseudopodium beleuchtet wird. **2)** → Mitose.
Kinetin, → Zytokinine.
Kinetochor, svw. Zentromer.
Kinetoplast, bei Trypanosomen (Flagellaten) an der Geißelbasis liegender Mitochondrienteil. Die Mitochondrien der Trypanosomen sind stark abgewandelt. Der K. enthält ein umfangreiches DNS-Netzwerk, das aus unterschiedlich großen, ringförmigen Molekülen besteht. Die sehr zahlreichen DNS-Ringe sind ineinander verkettet.
In der deutschsprachigen Literatur wurde der K. früher unrichtig als *Blepharoplast* bezeichnet.
Kinetosom, → Zentriol, → Zilien.
Kinine, svw. Zytokinine.
Kinkaju, svw. Wickelbär.
Kinorhyncha, eine Klasse der Rundwürmer mit etwa 100 im Meer lebenden Arten, von denen etwa 15 in der Nord- und Ostsee vorkommen.
Morphologie. Die K. sind 0,2 bis 1 mm lange, fast zylindrische, bauchseits abgeflachte Tiere. Ihr Körper ist äußerlich in 13 oder 14 Segmente (Zonite) gegliedert, die mit Kutikularplatten besetzt sind. Das erste Zonit trägt um die Mundöffnung herum 10 bis 20 große Haken und ist in die folgenden Zonite einziehbar, deren Platten dann einen Verschluß bilden. Der Rücken und beide Körperseiten sind mit je einer Längsreihe von Stacheln und Zacken versehen, die Bauchseite von Zonit 4 ferner mit einem Paar Haftröhrchen, in denen je eine Klebdrüse ausmündet. Das Hinterende trägt ein oder zwei lange Endstacheln. Die Leibeshöhle ist als Pseudozöl ausgebildet. Alle K. sind getrenntgeschlechtlich; sie haben ein Paar Hoden oder Eierstöcke, deren Ausführgänge im letzten Zonit getrennt münden.

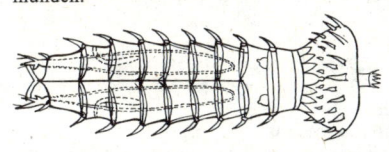

Kinorhynche

Biologie. Die K. leben am Meeresboden in Tiefen bis zu 400 m. Ihre Nahrung besteht aus Detritus oder einzelligen Algen, besonders Kieselalgen. Die K. bewegen sich kriechend fort, indem sie den Körper abwechselnd kontrahieren und strecken und gleichzeitig die Vorderende ein- und ausstülpen, dessen Haken dabei als Stemmorgane wirken. Die Tiere entwickeln sich über ein tonnenförmiges Larvenstadium mit fünfmaliger Häutung.
Ein System fehlt, da sich bisher nur wenige Wissenschaftler mit dieser Klasse beschäftigt haben.
Kinozilien, svw. Zilien.
kin selection, → Sippenselektion.
Kirsche, → Rosengewächse.
Kirschfruchtfliege, → Bohrfliegen.
Kirschgummi, → Pflanzengummi.
Kittas, → Rabenvögel.
Kiwis, *Apterygiformes,* Ordnung der Vögel mit noch 3 rezenten Arten auf Neuseeland. K. suchen nachts oder in der Dämmerung nach dem Geruch Würmer und Kerbtiere. Sie fressen auch Beeren. Ihre nächsten Verwandten waren die ebenfalls flugunfähigen → Moas. Nur das Männchen brütet und führt die Jungen.
Kladodien, → Sproßachse, Abschnitt Metamorphosen.
Kladogenese, von B. Rensch (1947) geprägter Begriff für die Stammbaumverzweigung, also die Entstehung neuer Arten, Gattungen, Familien usw. im Verlauf der Evolution.
Klaffmuschel, *Mya,* Gattung der Muscheln, die eine etwas ungleichklappige nach hinten klaffende Schale ohne Schloß mit einem inneren Ligament besitzt.
Geologische Verbreitung: Tertiär bis Gegenwart, besonders zahlreich in der Myazeit, einem nacheiszeitlichen Bildungsstadium der Ostsee, in dem diese ihre heutige Gestalt gewann.
Klaffschnabel, → Störche.
Klammeraffen, *Ateles,* schlanke → Neuweltaffen aus der Familie der Kapuzinerartigen mit langen, dünnen Gliedmaßen und langem Greifschwanz. Sie sind streng an das Baumleben angepaßte Bewohner Mittel- und Südamerikas.
Klammerantenne, *Greifantenne,* zum Anklammern an den Geschlechtspartner dienende Umbildung der Fühler von Insekten, z. B. bei den Männchen einiger Kugelspringer (→ Springschwänze).
Klammerkletterer, → Bewegung.
Klappbewegungen, → Seismonastie.
Klappbrustschildkröten, *Pelusios,* in Afrika und auf Madagaskar verbreitete, bis 40 cm lange → Pelomedusenschildkröten mit tiefbraunem oder schwarzem Rückenpanzer und einem Quergelenk hinter dem vorderen Bauchpanzerdrittel. Die fast ausschließlich wasserbewohnenden Tiere leben räuberisch von Fischen und kleineren Wassertieren. Die *Schwarze K., Pelusios niger,* gehört zu den häufigen Schildkröten westafrikanischer Gewässer.
Klappenfalle, → fleischfressende Pflanzen.
Klapperschlangen, *Crotalus,* in Nord- und Mittelamerika verbreitete, in einer Unterart auch weit nach Südamerika vordringende artenreiche Gattung der → Grubenottern, ausgezeichnet durch eine »Klapper« (Rassel) am Schwanzende. Die Rassel besteht aus mehreren, in Scharnieren lose miteinander verbundenen Segmenten, die verhornte Häutungsreste darstellen. Die letzten Schwanzschuppen werden beim Häutungsvorgang nicht mit abgestreift, sondern lösen sich von der übrigen Haut, haften aneinander und verhornen. Aus der Zahl der Rasselglieder läßt sich also nicht auf das Alter der Schlange schließen. In Erregung erzeugen die K. mit dieser Rassel ein durchdringendes, schwirrendes Geräusch, das als Warnreaktion zum Abschrecken von Gegnern zu deuten ist.
Die meist bräunlich oder grau gefärbten K. haben große, gelbe Augen mit senkrechter Pupille und überstehenden Augenbrauenschildchen, die dem Gesicht einen scheinbar »drohenden« Ausdruck verleihen. Sie tragen oft eine charakteristische helle Rauten- oder Winkelzeichnung auf dem Rücken. K. leben bevorzugt in verstrüppten, steinigen Trok-

Texasklapperschlange (*Crotalus atrox*)

kengebieten, doch auch in Wäldern. Sie fressen hauptsächlich kleine Nagetiere, überwintern meist gesellig und bringen lebende Junge zur Welt. Wegen ihres stark wirkenden Giftes gehören sie zu den gefürchtetsten Schlangen der Erde. – Die größte Art ist die bis 2,50 m lange *Diamantklapperschlange, Crotalus adamanteus,* aus den südöstlichen USA. Die *Texasklapperschlange, Crotalus atrox,* zeichnet sich durch einen schwarz-weiß geringelten Schwanz aus. Am weitesten nordwärts, bis Kanada, dringt die grünlicholive, braungefleckte *Prärieklapperschlange* in der Unterart *Crotalus viridis oreganus* vor. Die wüstenbewohnende *Gehörnte K., Crotalus cerastes,* engl. »sidewinder«, hat spitze Augenbrauenschildchen und bewegt sich seitenwindend wie die altweltliche → Sandrasselotter fort. Eine Unterart der mittelamerikanischen *Schauerklapperschlange, Crotalus durissus terrificus,* geht südwärts bis Nordargentinien; ihr Gift enthält sowohl hämotoxische als auch neurotoxische Bestandteile (→ Schlangengifte), ist deshalb besonders gefährlich und muß durch ein monovalentes Spezialserum neutralisiert werden, wenn ein Biß erfolgte.

K. werden in Amerika als Nahrungsmittel zu Konserven verarbeitet.

Klappmütze, → Seehunde.
Klappschildkröten, → Schlammschildkröten.
Klarwasserseen, → Seetypen.
Klarwasserstadium, Zustand eines Gewässers, in dem durch das Überhandnehmen der filtrierenden Zooplankter das Phytoplankton fast vollständig verschwunden ist.
Klasse, 1) systematische Einheit. 2) höchste Vegetationseinheit des pflanzensoziologischen Systems von Braun-Blanquet, die durch den floristisch-statistischen Vergleich ermittelt wird. K. werden durch *Klassen-Charakterarten* gekennzeichnet und stellen eine Zusammenfassung von floristisch nahestehenden Ordnungen dar. → Charakterartenlehre.
klassisches Modell der Populationsstruktur, Annahme über den Einfluß der Selektion auf die Zusammensetzung des Genpools natürlicher Populationen. Nach dem k. M. d. P. soll die Auslese dahin wirken, daß alle Genorte für das jeweils optimale Allel monomorph werden. Die dennoch vorhandenen → Polymorphismen erklären sich durch das ständige Neuentstehen nachteiliger Faktoren durch Mutation → Balance-Modell der Populationsstruktur).
Klatschpräparat, svw. Kontaktpräparat.
Klaue, → Huf.
Klavine, → Mutterkornalkaloide.
Klavizepsalkaloide, svw. Mutterkornalkaloide.
Klebereiweiß, svw. Gluten.
Klebfallen, → fleischfressende Pflanzen.
Klebhyphen, → fleischfressende Pflanzen.
Klebkraut, → Rötegewächse.
Klebsiella, eine Gattung unbeweglicher, einzeln, in Paaren oder kurzen Ketten liegender Bakterien. Die Art *K. pneumoniae* ist in der Natur weit verbreitet im Boden und Wasser, auch im Darmtrakt von Mensch und Tier. Kapseln bildende Stämme können Lungenentzündung hervorrufen.
Klee, → Schmetterlingsblütler.
Kleesalz, → Oxalsäure.
Kleesäure, svw. Oxalsäure.
Kleiber, *Sittidae,* Familie der → Singvögel mit 16 Arten. Sie vermögen an Baumstämmen und Felsen zu klettern, an der Rinde auch kopfabwärts. Der kurze Schwanz dient nicht als Stütze beim Klettern. Die meisten Arten verengen mit Lehm das zu weite Flugloch ihrer Bruthöhlen. Wie Spechte bearbeiten sie die Rinde und erbeuten Insekten und deren Larven und Puppen oder hämmern ölhaltige Samen auf. Das Hämmern des K., *Sitta europaea,* führte zum Namen *Spechtmeise.*

Kleideraffe, *Pygathrix nemaeus,* ein bunter → Schlankaffe mit schrägstehenden Schlitzaugen. Er ist in Hinterindien beheimatet.
Kleiderlaus, → Tierläuse.
Kleidermotte, *Tineola bisselliella,* Hummel, ein Schmetterling aus der Familie der → Echten Motten. Die Falter sind strohgelb und haben eine Spannweite von 8 bis 15 mm. Die K. ist ein Textilschädling, ihre Raupen zerfressen Kleider, Wollstoffe, Federn oder Pelze.
Kleidervögel, *Drepanidae,* Familie der → Singvögel mit etwa 20 Arten. Ihre Federn wurden zu Kleidungsstücken verarbeitet, daher der Name. Viele Arten dieser auf den Hawaii-Inseln verbreiteten Vogelgruppe sind bereits ausgerottet. Der sehr verschieden gestaltete Schnabel – papageiähnlich, kurz und spitz, lang und gebogen – ist das Ergebnis der Anpassung an eine bevorzugte Nahrung – Insekten, Früchte, Samen, Nektar.
Kleinarthropoden, *Mikroarthropoden,* in der Bodenzoologie übliche Bezeichnung für kleine Gliederfüßer, die im Kleinhöhlensystem des Bodens leben; besonders Milben, Springschwänze, andere Urinsekten und kleine Vielfüßer.
Kleinbären, *Procyonidae,* eine Familie der Landraubtiere. Die K. sind mittelgroße, langschwänzige Säugetiere mit schwach ausgebildeten Reißzähnen. Zu ihnen gehören → Katzenfrette, → Waschbär, → Nasenbären, → Wickelbär und → Katzenbär.
Kleiner Fuchs, → Fuchs.
Kleiner Panda, svw. Katzenbär.
Kleiner Tümmler, → Schweinswale.
Kleinhirn, → Gehirn.
Kleinhirnseitenstrangbahnen, → Rückenmark.
Kleinhöhlenbewohner, in der Bodenbiologie übliche Bezeichnung für → Bodenorganismen, die im Kleinhöhlensystem der Böden leben.
Kleinkindtypus, → Konstitutionstypus.
Kleinkern, → Zellkern.
Kleinlebewesen, svw. Mikroorganismen.
Kleinschmetterlinge, *Microlepidoptera,* in Sammlerkreisen eingebürgerte, aber wissenschaftlich nicht haltbare Bezeichnung für eine Gruppe der Schmetterlinge, die die kleineren und kleinsten Arten umfaßt. Hierzu zählt man die unter → Schmetterlinge (System) bis einschließlich *Pyraloidea* aufgeführten Familien, mit Ausnahme der Wurzelbohrer, Holzbohrer, Glasflügler und Widderchen, die man bisher den → Großschmetterlingen (und zwar den → Spinnern) zuordnete.
Kleinschmidtsche Regel, → Klimaregeln.
Kleinwinkelstreuung, Streuung von Röntgen- und Neutronenstrahlen in homodispersen Lösungen von Makromolekülen. Bei biologischen Molekülen, bei denen Methoden der Röntgeninterferenz nicht anwendbar sind, kann man aus den Streukurven Informationen über Moleküleigenschaften gewinnen. Da eine makroskopische Ordnung in Lösungen fehlt und die Moleküle im Verhältnis zur Wellenlänge sehr groß sind, findet nur eine Streuung unter kleinen Winkeln statt. Man mißt die Abhängigkeit der Intensität der Streustrahlung vom Streuwinkel, die *Streukurve.* Aus der Modellierung der Streukurve können Aussagen über Konformationsänderungen, Reaktionen mit kleinen Molekülen, Wechselwirkungen mit dem Lösungsmittel u. a. gewonnen werden.
Kleistogamie, → Bestäubung.
Kleistokarp, svw. Angiokarp.
Kleistokarpie, die Fruchtbildung an Blüten, die in geschlossenem Zustand sich selbst bestäuben (kleistogame Blüten). → Bestäubung.
Kleistothezium, svw. Angiokarp.
Klematis, → Hahnenfußgewächse.

Klemmherzigkeit, → Molybdän.
Klette, → Korbblütler.
Kletterbeutler, *Phalangeridae,* eine Familie der Beuteltiere. Die K. sind maus- bis katzengroße Säugetiere, die beim Klettern an Felsen und im Geäst ihre meist langen, oft nackten Schwänze häufig als Greiforgan benutzen können. Ihre Nahrung besteht aus Insekten, Blättern, Früchten und Nektar. Die K. kommen in Australien vor. Zu ihnen gehören die Beutelflughörnchen (→ Flugbeutler) sowie → Fuchskusu, → Hundskusu, → Tüpfelkuskus, → Koala u. a.
Kletterfisch, *Anabas testudineus,* kleiner Fisch der Binnengewässer Südostasiens, der durch sein zusätzliches Luftatmungsorgan, das Labyrinthorgan, auch in sauerstoffarmen Gewässern überleben kann und bei hoher Luftfeuchtigkeit robbend über Land kriechen soll.
Kletterhaare, → Pflanzenhaare.
Kletternattern, *Elaphe,* artenreiche, in Amerika, Europa und Asien verbreitete Familie eierlegender → Nattern, häufig mit Sonderanpassungen an das Baumleben, doch auch viele bodenbewohnende Formen umfassend. Zu den K. gehören → Äskulapnatter und → Vierstreifennatter.
Kletterpflanzen, *Lianen,* im Boden wurzelnde, krautige, strauchige, seltener baumförmige Pflanzen, die mit dünnen Sprossen klimmend an Gewächsen und anderen Stützen ihre Blatttriebe aus dem Schatten zum Sonnenlicht emporbringen. Die K. kennzeichnen ein intensives Längenwachstum der Sprosse, die wenig oder gar nicht sekundär verdickt werden, und sehr lange (bis 5 m) und weite Gefäße im Sproß, mit denen Wasser bis max. 300 m geleitet werden kann. K. bilden keine selbsttragenden Stämme.

Nach der Art des Festhaltens an der Unterlage werden unterschieden: 1) *Spreizklimmer* mit spreizenden, widerhakenähnlichen Seitensprossen, z. B. Bittersüßer Nachtschatten; mit starren Klimmhaaren, z. B. Kletten-Labkraut; mit Stacheln, z. B. Brombeere, Kletterrose, oder mit Dornen, z. B. Bocksdorn. 2) *Wurzelkletterer* mit sproßbürtigen Haftwurzeln, z. B. Efeu. 3) *Rankenkletterer* mit Ranken aus umgebildeten Blatt- oder Sproßteilen, z. B. Zaunrübe, Wein. 4) *Winde-* oder *Schlingpflanzen* mit sehr langen Internodien ausgestatteten, Stützen umwindenden Sprossen, z. B. Feuerbohne, Hopfen.

Anpassungen bei Kletterpflanzen: *1* und *2* Spreizklimmern: *1* Hakenhaare (Klettenlabkraut), *2* Blattfiederdornen (Rotangpalme); *3* windende Sproßachse (Feuerbohne); *4* Rankenbildung (Zaunrübe); *5* Haftwurzelbildung (Efeu); *6* Haft- und Nährwurzeln (Würgefeige)

Klettfrüchte, svw. Haftfrüchte.
Kliesche, *Limanda limanda, Scharbe,* kleinerer Plattfisch mit sehr rauher Oberseite, der an der europäischen Atlantikküste und auch in der Nord- und Ostsee gefangen wird.
Klima, aus langfristigen (30jährigen) Untersuchungen ermittelter durchschnittlicher jährlicher Witterungsverlauf eines Gebietes. Das K. wird durch das Zusammenspiel der *Klimafaktoren:* Strahlungsintensität der Sonne, Temperatur, Niederschlags- und Verdunstungsmenge, Luftfeuchte,

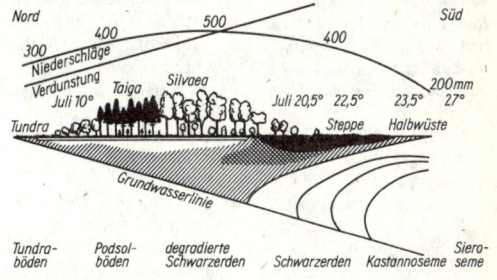

1 Wechselbeziehung zwischen Biomen, Klima- und Bodenverhältnissen

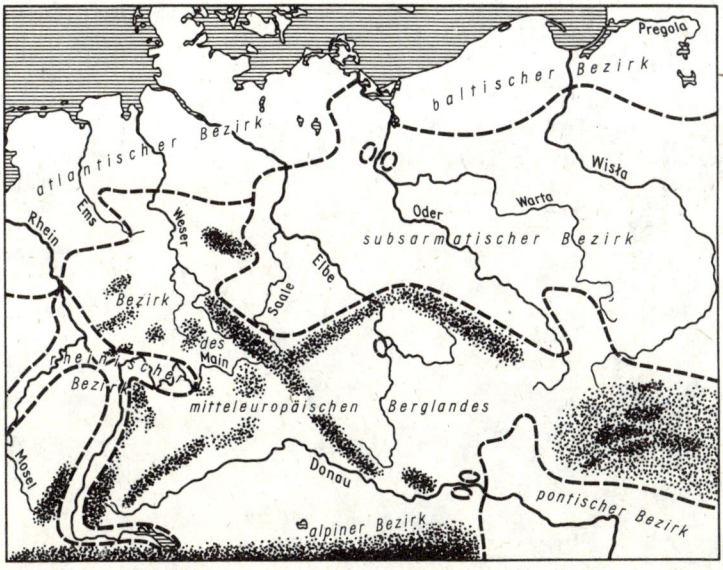

2 Klimabezirke Mitteleuropas

Klimakammer

-druck, -bewegung u. a. bestimmt und gilt als wichtiger Komplex abiotischer Faktoren. Die wechselseitige Abhängigkeit von Biomen, Klima- und Bodenverhältnissen zeigt die Abb. Hinsichtlich der Lage zum Äquator werden *tropisches, subtropisches, gemäßigtes* und *polares K.* unterschieden. Dieser horizontalen Klimazonierung entspricht die vertikale Zonierung des K. in den Gebirgen (→ Höhenstufung). Das *maritime (ozeanische) K.* zeichnet sich durch hohe relative Luftfeuchte und geringe jährliche Temperaturschwankungen aus, während das *kontinentale (Land-) K.* durch Extremwerte der periodischen Witterungsschwankungen gekennzeichnet ist. Innerhalb der Großklimate lassen sich bestimmte *Klimabezirke* (Abb.) unterscheiden. Die auf konkrete Ökosysteme bezogene Ausprägungsform des K. wird als *Standort-* oder *Ökoklima* bezeichnet. Von großer Bedeutung für die dort lebenden Organismen ist das jeweilige *Mikroklima,* das z. B. in Säugetierbauten, Vogelnestern oder an windgeschützten, sonnenexponierten Stellen erheblich vom K. der Umgebung abweichen kann.

Klimakammer, Raum, der zur Regulierung eines speziellen Mikroklimas geeignet ist; in der Regel werden nur Temperatur, Licht und relative Luftfeuchte reguliert. Mit entsprechenden Relais lassen sich auch die täglichen Schwankungen der oben genannten Faktoren simulieren. Untereinander verbundene K., in denen ein Intensitätsgradient eingeregelt wird, werden als *Klimaorgeln* bezeichnet und dienen vor allem der Austestung der Vorzugsbereiche von Tieren (→ Präferenz).

Klimakterium, → Fruchtreifung.
Klimaorgeln, → Klimakammer.
Klimaregeln, Regeln für das Auftreten gleichgerichteter morphologisch-physiologischer Unterschiede zwischen nahe verwandten Tierrassen oder -arten als Ausdruck der modifizierenden Wirkung klimatischer Faktoren. Im Sinne der *Schwarzschen Regel* sind diese Unterschiede zwischen spezialisierten Arten jeweils größer als zwischen den verschiedenen spezialisierten Rassen einer Art, da die Rassenbildung gegenüber der Artbildung eine niedrigere Evolutionsetappe ist.

Im folgenden werden einige wichtige Regeln in Kurzform genannt; alle Angaben beziehen sich auf durchschnittliche oder häufig zu beobachtende Tendenzen, von denen, bedingt durch andere konkrete Evolutionsbedingungen, auch extreme Abweichungen möglich sind. Auf die teilweise lamarckistische Ausdeutung der »Ursachen« dieser Anpassungen wird hier weitgehend verzichtet.

1) *Größenregel (Bergmannsche Regel):* Warmblüter sind in kälteren Klimaten größer, die Oberfläche gleichgestalteter Körper wächst im Verhältnis zum Volumen (3. Potenz) nur in der 2. Potenz, so daß größere Organismen bei gleicher Gestalt eine relativ kleinere Oberfläche und damit geringere Wärmeverluste haben.

2) *Proportionalitätsregel (Allensche Regel):* Warmblüter in kälteren Klimaten haben kürzere vorspringende Körperteile (Ohren, Schwanz).

3) *Haarregel (Renschsche Haarregel):* Reduktion der Dichte und Länge des Haarkleides von Säugern zu Gebieten wärmeren Klimas hin.

4) *Herzgewichtsregel (Hessesche Regel):* Bei Warmblütern nimmt zum kalten Klima hin das relative Herzgewicht zu. Dies erklärt sich aus den erhöhten Anforderungen an Stoffwechsel und Blutkreislauf.

5) *Eizahlregel (Renschsche Eiregel):* Singvögel legen unter Langtagsbedingungen (gemäßigte Zone) mehr Eier je Gelege als unter Kurztagsbedingungen (Tropen); dies wird begründet mit der längeren Zeit zur Futtersuche für die Nachkommen.

6) *Färbungsregel (Glogersche Regel):* Tiere sind im feuchtwarmen Milieu dunkler gefärbt, da hier die Eumelaninbildung begünstigt wird, dem entspricht auch die *Kleinschmidtsche Regel,* wonach die Rassen von Vögeln im Norden relativ groß und licht gefärbt, im Süden kleiner und dunkler sind.

Klimax *m,* hypothetisches Endstadium der Boden- und Vegetationsentwicklung. Unter natürlichen Verhältnissen und bei genügender Zeit soll die Entwicklung der Vegetation und des Bodens zu einem lediglich vom Großklima abhängigen Endstadium führen, wobei dieses als eine ziemlich eng begrenzte pflanzensoziologische Einheit aufgefaßt wird. Sofern der Klimaxbegriff jetzt noch angewendet wird, wird er der → zonalen Vegetation gleichgesetzt.

Klimaxstadium, → Sukzession.
Kline, → Cline.
Klinefelter-Syndrom, → Chromosomenaberrationen, → Geschlechtschromosomen.
Klinodontie, → Gebiß.
Klinotaxis, taxische Körpereinstellung, die durch pendelndes Abtasten der Umgebung mit Sinnesorganen erreicht

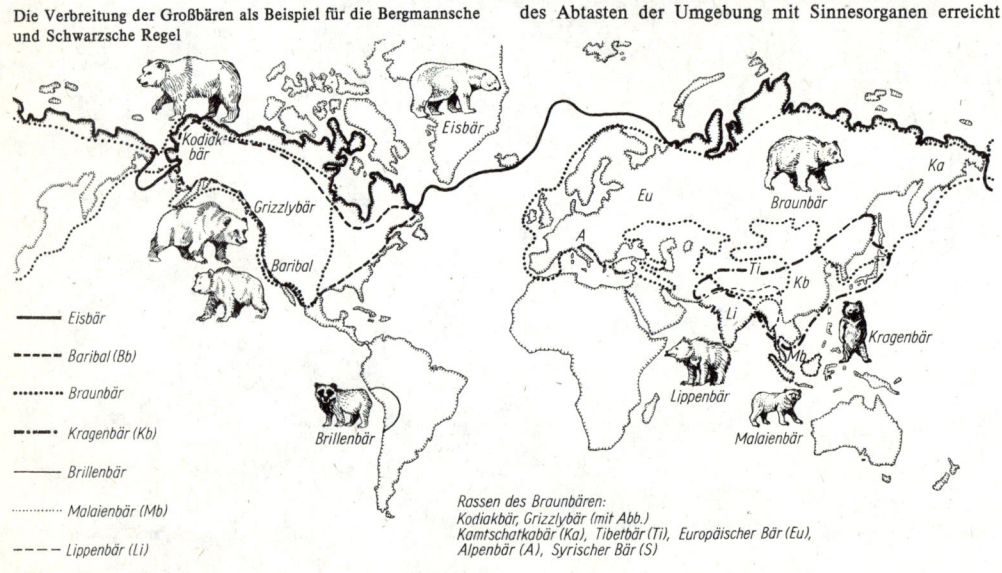

Die Verbreitung der Großbären als Beispiel für die Bergmannsche und Schwarzsche Regel

— Eisbär
---- Baribal (Bb)
······ Braunbär
—·—· Kragenbär (Kb)
— Brillenbär
—··— Malaienbär (Mb)
— — — Lippenbär (Li)

Rassen des Braunbären:
Kodiakbär, Grizzlybär (mit Abb.)
Kamtschatkabär (Ka), Tibetbär (Ti), Europäischer Bär (Eu),
Alpenbär (A), Syrischer Bär (S)

wird. Beispielsweise bewegen Fliegenmaden ihr lichtempfindliches Körperende hin und her, ermitteln so die Einfallsrichtung des Lichtes, von der sie sich fortbewegen: negative Photoklinotaxis.

Klinozephalus, ein menschlicher Schädel mit sattelartig vertiefter Scheitelregion.

Klippenbarsch, → Lippfische.

Klippschliefer, → Schliefer.

Klippspringer, *Oreotragus oreotragus,* eine kleine, sehr klettergewandte Antilope Afrikas.

Klivie, → Amaryllisgewächse.

Kloake, Endabschnitt des Darmkanals einiger Wirbelloser, z. B. der Rundwürmer, und der meisten Wirbeltiere, in die Ausführungsgänge der Genital- und Exkretionsorgane einmünden. Unter den Säugetieren haben nur noch die Kloakentiere eine K. Bei allen übrigen Säugetieren dagegen wird die embryonale K. durch eine Scheidewand in einen dorsalen Abschnitt, der das Ende des Rektums bildet, und einen ventralen Abschnitt aufgeteilt. Aus dem dorsokranialen Abschnitt des letzteren geht die Harnblase hervor, die über die Harnröhre mit ihm in Verbindung bleibt.

Kloakentiere, *Monotremata,* eine Ordnung urtümlicher, eierlegender Säugetiere. Die K. gebären keine lebenden Jungen, sondern legen weichschalige, mit lederartiger Haut überzogene Eier ab und brüten sie aus. Die Jungen werden mit dem Sekret von Milchdrüsen aufgezogen. Die Ausführungsgänge von Harn- und Geschlechtsorganen münden bei den K. in den erweiterten Endteil des Mastdarms. Diese als Kloake bezeichnete Bildung birgt ferner beim Männchen in einer besonderen Tasche das Begattungsorgan.

Die zu einer Art Schnabel umgebildeten Kiefer sind unbezahnt. Das Vermögen, die Körpertemperatur auf einer bestimmten Höhe zu halten, ist nur unvollkommen ausgeprägt. Die Verbreitung der K. ist auf Australien, Tasmanien und Irian beschränkt. Zu den K. gehören → Ameisenigel und → Schnabeltiere.

Klon, durch ungeschlechtliche Vermehrung entstandene Nachkommenschaft. Alle Individuen eines K. sind erbmäßig gleich, d. h., sie besitzen den gleichen Genotypus. Man kann einen K. auch als vegetativ entstandene reine Linie bezeichnen. *Verklonung* ist in der Pflanzenzüchtung oft von großer Bedeutung; so ist z. B. jede Kartoffelsorte ein K. Tierische Organismen können durch Kerntransplantation kloniert werden. Auch die Vervielfältigung von Genen und anderen DNS-Sequenzen mit Methoden der Gentechnik wird als »Klonieren« bezeichnet.

klonale Reproduktion, Erzeugung von Nachkommen, die sich genetisch nicht von ihren Eltern unterscheiden. K. R. erfolgt unter anderem durch Zweiteilung von Prokaryoten und Einzellern, bei Mehrzellern durch Bilden von Ablegern und Brutknospen, durch ameiotische Parthenogenese oder in seltenen Fällen durch → Hybridogenesis.

Klon-Selektionstheorie, die am besten fundierte Theorie der Antikörperbildung, die erstmals 1959 von dem australischen Biologen Burnet vertreten wurde. Sie baut auf der von Paul Ehrlich bereits 1898 veröffentlichten Seitenkettentheorie, ebenfalls einer Selektionstheorie, auf und steht im Gegensatz zu den Instruktionshypothesen. Nach der K.-S. besitzt der Organismus eine sehr große Zahl von Lymphozyten, die sich durch die Spezifität ihrer antigenbindenden Rezeptoren unterscheiden. Das in den Organismus eindringende Antigen wird von den Rezeptoren einzelner Lymphozyten gebunden und wirkt auf diese als Vermehrungs- und Differenzierungsreiz. Jeder dieser Lymphozyten bildet einen Klon antikörperbildender Zellen. Die produzierten Antikörper besitzen dieselbe Spezifität wie die Rezeptoren derjenigen Lymphozyten, die das Antigen gebunden haben, sie sind daher auch zur Antigenbindung befähigt.

Klopfkäfer, → Käfer.

Klostridiumform, → Sporenbildner.

KLTP, → Kurzlangtagpflanzen.

Knabenkrautgewächse, → Orchideen.

Knallgasbakterien, verschiedene Bodenbakterien, die molekularen Wasserstoff mit Hilfe von Enzymen, den Hydrogenasen, aktivieren und in der Knallgasreaktion zu Wasser umsetzen: $2H_2 + O_2 \rightarrow 2H_2O$. Die K. können einen Teil der dabei freiwerdenden Energie zur Chemosynthese ausnutzen, vermögen aber auch durch normale Zuckerveratmung heterotroph zu leben. K. finden sich z. B. in der Gattung → *Pseudomonas.*

Knäuelverdauung, svw. Tolypophagie.

Kniden, svw. Nesselkapseln.

Knidosporidien, *Cnidosporidia,* Parasiten, die in ihrer Organisationsstufe etwa den Mesozoen entsprechen, jedoch meist zu den → Sporozoen gestellt werden. Die K. sind Hohlraum- und Gewebeparasiten vor allem von Fischen. Sie meiden den Darmkanal, obwohl die Infektion über diesen erfolgt. Charakteristisch sind die in den Sporen vorkommenden Polkapseln, die in ihrem Bau an die Nesselkapseln der Zölenteraten erinnern.

Knidozil, → Nesselkapseln.

Knoblauch, → Liliengewächse.

Knoblauchkröte, *Pelobates fuscus,* europäischer Vertreter der → Krötenfrösche. Die bis 8 cm lange K. ist graubraun mit dunkelbraunen Flecken und ziegelroten Pünktchen. Sie lebt nächtlich, am Tag hält sie sich in selbstgegrabenen Löchern, bevorzugt in sandigem Boden, verborgen. Der Laich wird in 2 kurzen, dicken Schnüren abgelegt, die Kaulquappen können bis 17 cm Länge erreichen, ein Teil überwintert als Larve.

Knochen, *Ossa,* feste, harte, elastische, aus Stützgewebe, dem Knochengewebe, bestehende Organe der Wirbeltiere, die in ihrer Gesamtheit das *Gerippe* oder *Skelett* darstellen.

1) Die K. werden nach ihrer Entstehung (→ Knochenbildung) in *Bindegewebsknochen* und in *Ersatzknochen* (*Primordialknochen*) eingeteilt. Bei den höheren Wirbeltieren überwiegen die Ersatzknochen, beim Menschen gehören lediglich verschiedene K. des Kopfskeletts und das Schlüsselbein zu den Bindegewebsknochen.

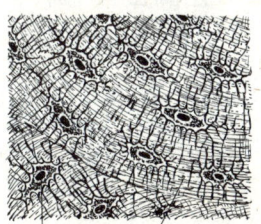

Knochenzelle *Knochenlamellen* *1* Knochengewebe

Die besondere Festigkeit und Härte des *Knochengewebes* beruht auf der chemischen Zusammensetzung und der komplizierten Architektur der reich ausgebildeten Interzellularsubstanz. Diese setzt sich zusammen aus der mit der anorganischen *Knochenasche* oder -*erde* (85 % Kalziumphosphat) gehärteten Grundsubstanz, dem *Ossein,* und darin eingekitteten Kollagenfibrillen, die sich bündelartig zum *Knochenleim* vereinigen. Die Knochenasche bedingt die Stabilität, der Knochenleim die Elastizität der K. In der Interzellularsubstanz liegen die *Knochenzellen* (*Osteozyten*) eingeschlossen. Sie haben einen pflaumenkernförmigen Zelleib mit zahlreichen verzweigten Fortsätzen, mit denen benachbarte Knochenzellen in Verbindung stehen. Die den Zelleibern und den Plasmafortsätzen entsprechenden Aus-

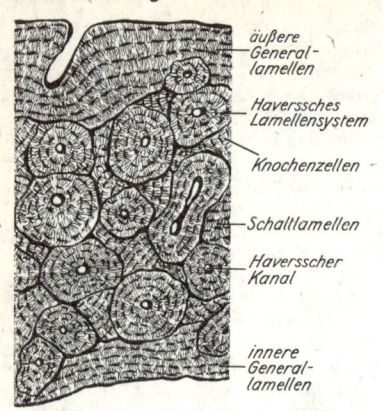

Knochenbildung

2 Aufbau eines Schalenknochens (Ausschnitt aus der kompakten Substanz eines Röhrenknochens)

Knochengewebes führenden komplizierten Prozesse, die stets in einer Mineralisation von Bindegewebe bestehen. Vom embryonalen Bindegewebe abstammende Zellen, die *Knochenbildner* (*Osteoblasten*), erzeugen eine aus Grund- oder Kittsubstanz und aus Kollagenfibrillen bestehende Interzellularsubstanz, scheiden in die Grundsubstanz der Knochenhärtung dienende Kalksalze ab, mauern sich dabei selbst in die Interzellularsubstanz ein und werden dadurch zu *Knochenzellen* (*Osteozyten*). Die K. kann auf zwei verschiedenen Wegen erfolgen. 1) Desmale K.: Das Knochengewebe entsteht unmittelbar aus Bindegewebe, indem innerhalb des Bindegewebes von den Knochenbildnern Kalkbänkchen aufgebaut und zu einem räumlichen Gitterwerk verbunden werden. Die auf diese Weise gebildeten Knochen werden als *Bindegewebs-, Haut-, Deck-* oder *Belegknochen* bezeichnet. 2) Chondrale K.: Die meisten Skeletteile des Innenskeletts der Wirbeltiere sind bereits embryonal vor der Ossifikation knorplig angelegt. Die Skelettstücke werden zu *Ersatzknochen* (*Primordialknochen*)

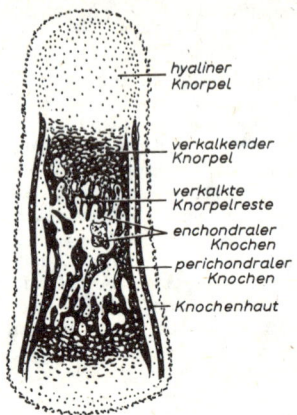

sparungen in der Interzellularsubstanz werden als *Knochenhöhlen* bzw. *-kanälchen* bezeichnet.

2) Nach der Anordnung der Interzellularsubstanz werden zwei Typen von K. unterschieden: a) *Faserknochen, Geflechtknochen*. Die Kollagenfasern bilden ein unregelmäßiges Flechtwerk, in dessen Lücken die Knochenzellen eingelassen sind. b) *Schalenknochen, Lamellenknochen*. Die Interzellularsubstanz ist zu einem System von Schalen oder Lamellen angeordnet, die sich um die Blutgefäße ablagern (Haverssche Lamellensysteme).

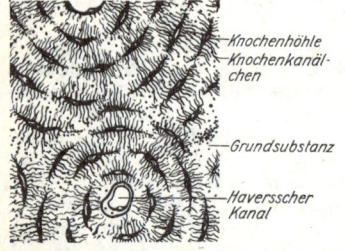

3 Querschnitt durch einen Lamellenknochen (Knochenschliff)

Alle knöchernen Skelettelemente bestehen zunächst aus Faserknochen. Bei einigen niederen Gruppen bleiben sie in dieser Form zeitlebens erhalten, bei den übrigen Wirbeltieren wandeln sich die meisten durch komplizierte Umbauprozesse zu Schalenknochen um. In den Röhrenknochen der Vögel sind die Kollagenfibrillen vielfach ohne lamelläre Schichtung parallel zur Längsachse angeordnet (parallelfaseriges Knochengewebe). Beim erwachsenen Menschen bleibt der Faserknochen nur an wenigen Stellen, z. B. in den Schädelnähten und in der knöchernen Labyrinthkapsel, bestehen. Die Oberfläche des K. bedeckt eine gefäß- und nervenreiche *Knochenhaut* (*Periost*). Die Versorgung des K. erfolgt über die Gefäße der Knochenhaut, die sich auch in die Haversschen Kanäle fortsetzen, und von diesen zu den einzelnen Knochenzellen über deren Plasmafortsätze. Im Innenraum der langen, im Schaft hohlen Röhrenknochen, der *Markhöhle*, ist *Knochenmark* enthalten. Auch der fertig ausgebildete K. stellt keine starre und tote, sondern eine sehr stoffwechselaktive Struktur dar, die als lebendes Gewebe einem ständigen Umbau unterliegt und bei Belastungsänderungen zu Umkonstruktionen und zur Ausheilung von Knochenbrüchen befähigt ist. → Knochenbildung.

Knochenbildung, *Verknöcherung, Ossifikation, Knochenentwicklung, Osteogenese,* die zur Ausbildung des

1 Ersatzknochenbildung bei einem Röhrenknochen im Längsschnitt

umgewandelt und dabei vergrößert. Diese K. vollzieht sich auf der Oberfläche und im Innern des Knorpels, dementsprechend unterscheidet man zwischen *perichondraler K.* und *enchondraler K.* Die Röhrenknochen werden in folgender Weise ausgebildet: Zunächst wird durch perichondrale K. eine sich allmählich verdickende Knochenmanschette um das Mittelstück des Knorpels gelegt. Inzwischen setzt

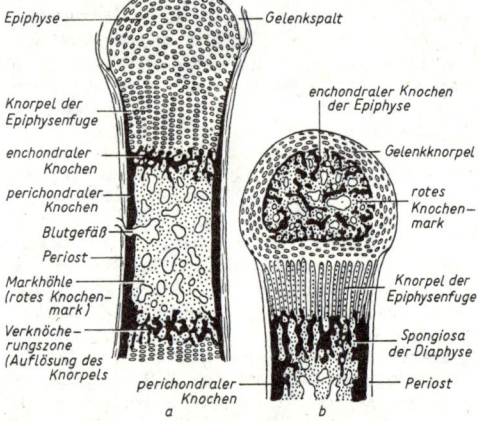

2 Verknöcherung eines Röhrenknochens vom Säuger: a enchondrale Verknöcherung und Entstehung der Markhöhle mit den zu- und abführenden Blutgefäßen, b Verknöcherung der Epiphyse und Wachstumszone (Epiphysenfuge)

im Innern des Mittelstücks die enchondrale K. ein. Der hyaline Knorpel verkalkt hier und wird dann von *Knorpelzerstörern* (*Chondroklasten*) aufgelöst. In den dadurch entstandenen Hohlraum ragen verkalkte Knorpelreste zackenförmig hinein, und an ihnen scheiden die Knochenbildner Knochensubstanz ab. Bei den Säugetieren bilden sich später auch in den Gelenkenden des Knorpels Verknöcherungszonen aus. Der zwischen dem Mittelstück und den Gelenkenden gelegene Knorpel wächst zunächst noch weiter, erst am Ende der Jugendentwicklung findet die K. ihren Abschluß, und damit wird auch das Längenwachstum des Skeletts eingestellt. Der so angelegte Knochen bleibt nicht in seiner ursprünglichen Struktur erhalten, sondern durch das wechselseitige Wirken von abbauenden *Knochenzerstörern* (*Osteoklasten*) und den aufbauenden Knochenbildnern kommt es zu mannigfachen Umbauvorgängen, besonders zur Umwandlung des Geflechtknochens in den Schalenknochen. → Knochen.

Knochenentwicklung, svw. Knochenbildung.

Knochenfische, *Osteichthyes,* Klasse der Fische mit den beiden Unterklassen Strahlenflosser, *Actinopterygia,* und Muskelflosser, *Sarcopterygia.* Fast alle K. gehören zu den Strahlenflossern, d. h. → Knorpelganoiden, Knochenganoiden (→ Schmelzschupper) oder Höheren Knochenfischen, *Teleostei* (größte Gruppe). Die Muskelflosser werden in → Lungenfische und → Quastenflosser gegliedert.

Geologische Verbreitung: Unterdevon bis Gegenwart. Die ersten Vertreter waren Süßwasserbewohner, erst am Ende des Paläozoikums wurden die langsam entstehenden Seewassermeere besiedelt. Die Teleostei entwickelten sich in der Trias.

Knochenganoiden, svw. Schmelzschupper.

Knochengewebe, → Knochen.

Knochenhechtartige, *Lepisosteiformes,* zu den Knochenganoiden gehörende, hechtähnliche Raubfische mit langer, zugespitzter Schnauze und tiefer Maulspalte. Die größte Art erreicht eine Länge von 3 m. Das Verbreitungsgebiet umfaßt das südliche Nordamerika und Mittelamerika, einschließlich Westindische Inseln. Regional Nutzfische, beliebte Sportfische.

Knochenkunde, svw. Osteologie.

Knochenlehre, svw. Osteologie.

Knochenzellen, → Knochenbildung.

Knochenzerstörer, → Knochenbildung.

Knochenzüngler, *Osteoglossidae,* relativ ursprüngliche Knochenfische tropischer Binnengewässer mit auffallend großen Schuppen. Zu den K. gehört z.B. der Arapaima, *Arapaima gigas,* ein wichtiger Nutzfisch südamerikanischer Flüsse, der bis 3 m lang und bis 200 kg schwer werden kann.

Knöllchenbakterien, in der Gattung *Rhizobium* zusammengefaßte, stäbchenförmige, bewegliche, gramnegative Bodenbakterien, die mit Hülsenfrüchtlern in Symbiose leben und dabei Luftstickstoff binden können. Die K. dringen in die Pflanzenwurzeln ein und bewirken die Bildung von → Wurzelknöllchen, in denen sie sich vermehren und z. T. zu vielgestaltigen → Bakterioiden umwandeln. Es gibt mehrere Arten von K., sie unterscheiden sich nach den Hülsenfrüchtlern, mit denen sie die Symbiose eingehen können. *Rhizobium leguminosarum* z. B. bildet Knöllchen an der Erbse, *Rhizobium lupini* an der Lupine, *Rhizobium trifolii* an Rot- und Weißklee.

Knollen, metamorphosierte pflanzliche Organe zur vegetativen → Fortpflanzung und Nährstoffspeicherung. Man unterscheidet Sproßknollen und Wurzelknollen. *Sproßknollen* sind z.B. die orthotrope Sproßknolle des Kohlrabis oder die unterirdisch wachsenden Seitensprosse der Kartoffel. Sproßknollen zeichnen sich durch den Besitz von Knospen (Augen) aus, die in den Achseln von Niederblattschuppen entstehen. *Wurzelknollen* finden sich z.B. bei den Erdorchideen und der Dahlie. Wurzelknollen haben keine Seitenknospen und Blattanlagen.

Über die Entstehung der K. → Knollenbildung.

Knollenbildung, bei Pflanzen die Anlage und Ausbildung der der vegetativen Fortpflanzung oder der Überdauerung bzw. Stoffspeicherung dienenden Organe durch Verdickung und Umgestaltung von bestimmten Sproßabschnitten oder Wurzeln. Die *Sproßknollen* entstehen aus einem Abschnitt des oberhalb der Keimblätter gelegenen Epikotyls, z. B. beim Kohlrabi, oder aus dem unterhalb der Keimblätter gelegenen Sproßteil, dem Hypokotyl, z. B. beim Radieschen, oder an Enden unterirdischer Ausläufer, z. B. bei Kartoffel und Topinambur.

Die *Wurzelknollen* entstehen in der Regel aus sproßbürtigen Wurzeln (Adventivwurzeln), die in eng umgrenzten Abschnitten stark anschwellen, wie bei der Dahlie, dem Scharbockskraut und vielen Orchideen, selten aus Primärwurzeln, wie bei der knolligen Platterbse.

Bei der K. kann man drei Phasen unterscheiden: 1) die Induktion der K.; 2) das Knollenwachstum und 3) die Knollenreife, d. h. den Übergang in den Ruhezustand.

Mit der *Induktion der K.* gehen eine Umdifferenzierung des Meristems, Polaritätsverlust und apolares Plasma- und Streckungswachstum einher. Diese Veränderungen werden bei vielen Kartoffelsorten, bei Topinambur, Dahlien und Begonien im Kurztag induziert. Der Kurztagseinfluß wird durch das → Phytochrom vermittelt. Wie die Blütenbildung wird auch die K. bei manchen Pflanzen vollständig durch die Photoperiode kontrolliert. Bei anderen wirkt Kurztag nur beschleunigend oder auch verzögernd. Ähnlich wie der Blühstimulus wird der photoperiodische Einfluß vom Laubblatt zum Wirkort transportiert und ist auch durch Pfropfung übertragbar. Es gibt Hinweise darauf, daß die Übertragung des Stimulus für die K. durch eine spezifische Konstellation unspezifischer Substanzen erfolgt. Bei einigen Arten scheint die K. durch Abszisinsäure induziert zu werden, die im Kurztag verstärkt gebildet wird. Darüber hinaus können Zytokinine K. auslösen. Die Induktion der K. ist sehr beständig. So bilden Gewebekulturen aus zur K. induzierten Kartoffelpflanzen sehr gute Knollen, während solche aus nichtinduzierten Pflanzen kaum Knollen bilden.

Für das *Knollenwachstum* ist vor allem die photosynthetische Leistung der Pflanze ausschlaggebend (→ Photosynthese). Begünstigend wirken solche Umweltbedingungen, die eine hohe Stärkeproduktion und -akkumulation ermöglichen. Anomale K. bei der Kartoffelpflanze kann in folgender Weise auftreten: a) Bildung von *Luftknollen* in den oberirdischen Blattachseln, z. B. durch mechanisch oder parasitär bedingte Störungen im Leitungssystem; b) *Kindelbildung* oder *Zwiewuchs,* z. B. durch vorübergehende Unterbrechung der Knollenwachstumsphase bzw. Verlangsamung der Knollenverdickung infolge ungünstiger Umweltbedingungen oder Krankheitsbefalls; c) vorzeitige K. infolge *Knöllchensucht,* einer Krankheit an Pflanzkartoffeln, die stark vorgekeimt in ungünstige Wachstumsbedingungen gebracht werden.

Auch die *Knollenreife* wird offensichtlich durch das Zusammenspiel von Wachstumsregulatoren kontrolliert. Offensichtlich sind Veränderungen im Abszisinsäure- und Gibberellingehalt hierbei maßgeblich beteiligt.

Knollenblätterpilze, → Ständerpilze.

Knollenreife, → Knollenbildung.

Knollenwachstum, → Knollenbildung.

Knopfhornblattwespen, → Hautflügler.

Knorpel, *Knorpelgewebe, Cartilago, Chondros,* tierisches Stützgewebe, das bei den Wirbellosen nur ausnahmsweise

Knorpelfische

(Radulastützpolster von Schnecken, Kopfkapsel der Kopffüßer) vorkommt und bei den Wirbeltieren gemeinsam mit dem Knochengewebe die Gruppe der Skelettsubstanzen bildet. Aus dem embryonalen Bindegewebe hervorgehend, formt der K. bei den Wirbeltierembryonen deren *Knorpelskelett*, das bei den höheren Wirbeltieren durch den Prozeß der Knochenbildung zum Knochenskelett des Erwachsenenstadiums umgewandelt wird; lediglich wenige Skelettelemente bleiben als K. erhalten. Der K. besteht aus den *Knorpelzellen* und der sie umgebenden → Interzellularsubstanz, die sich aus einer gallertartigen Grundsubstanz, gekennzeichnet durch einen hohen Gehalt an Chondroitinschwefelsäure, und darin eingekitteten → Kollagenfasern zusammensetzt. Die Knorpelzellen liegen in Ein- oder Mehrzahl in Aussparungen der Interzellularsubstanz, den *Knorpelhöhlen*, die sie im lebenden und unveränderten Zustand ganz ausfüllen und deren Wandung als *Knorpelkapsel* bezeichnet wird. Alle Knorpelstücke werden mit Ausnahme der Gelenkknorpel von einer bindegewebigen *Knorpelhaut* (*Perichondrium*) umhüllt. Der K. hat nur eine geringe Zugfestigkeit, aber eine große Druckfestigkeit und Elastizität, die seine hohe Druckelastizität bedingen.

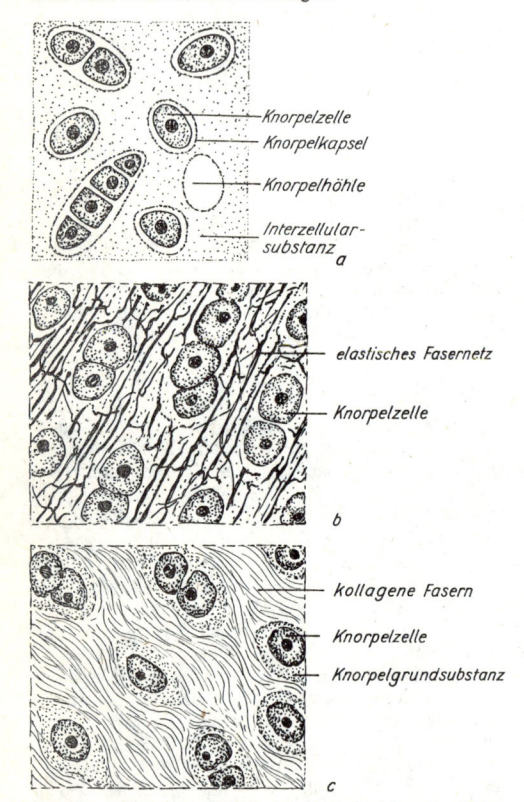

Knorpelgewebe: *a* hyaliner Knorpel, *b* elastischer Knorpel, *c* Faser- oder Bindegewebsknorpel

Bei den Wirbeltieren tritt der K. in 3 Formen auf: 1) *Hyaliner K.*, *Glasknorpel*, die am weitesten verbreitete Form des K., im lebensfrischen Zustand glasig und homogen erscheinend. In der Grundsubstanz liegen ohne besondere Vorbehandlung nicht sichtbare »maskierte« Kollagenfibrillen. Bei den niederen Wirbeltieren besteht das Skelett zeitlebens, bei den höheren Wirbeltieren nur während der Embryonalentwicklung aus hyalinem K., bei den erwachsenen Säugern tritt er nur noch an den Rippen, im Skelett der Luftwege und als Überzug an den Gelenkflächen auf. 2) *Elastischer K.*, *Netzknorpel*, eine durch den Einbau von elastischen Fasernetzen und damit durch seine besonders hohe Elastizität gekennzeichnete Form des K., die z. B. in der Ohrmuschel der Säuger auftritt. 3) *Faserknorpel*, *Bindegewebsknorpel*, eine seltene, z. B. in den Zwischenwirbelscheiben und in der Schambeinfuge vorkommende Form, die eine Mittelstellung zwischen dem Sehnengewebe und dem hyalinen K. einnimmt. In eine gallertige Grundsubstanz sind Bündel von Kollagenfasern eingelagert, zwischen denen sich nur wenige Knorpelzellen befinden.

Knorpelfische, *Chondrichthyes*, primitive, unterschiedlich organisierte Fische mit mehr oder weniger verkalktem Knorpelskelett, deren Haut mit zahnartigen Plakoidschuppen bedeckt ist. Die Kiemenspalten münden getrennt nach außen, Kiemendeckel fehlen. Die 1. Kiemenspalte ist in der Regel als Spritzloch ausgebildet. Die K. kommen vorwiegend im Meer vor. Rezente K. sind die Haie, Rochen und Seedrachen.
Geologische Verbreitung. Unterdevon bis Gegenwart.

Knorpelganoiden, *Chondrostei*, Knochenfische mit zahlreichen ursprünglichen Merkmalen. Die rezenten K. werden durch die Ordnungen Flösselhechtartige und Störartige repräsentiert.

Knorpelgewebe, → Knorpel.

Knorpeltang, → Rotalgen.

Knorpelzerstörer, → Knochenbildung.

Knospe, 1) in der Botanik der von Blattanlagen und oft auch von jugendlichen Blättern eingehüllte Vegetationspunkt eines Sprosses. Es kommt zur Bildung von K., indem die Blattanlagen in ihrem Wachstum der Stengelspitze vorauseilen. Dabei wachsen die Unterseiten besonders stark, so daß sich die älteren Blätter über dem Vegetationspunkt zusammenschließen, gleichzeitig auch die jüngeren Blattanlagen überdecken und diese sowie den Vegetationskegel gegen Austrocknung, Beschädigung u. a. schützen. K., die sich am Ende einer Sproßachse befinden, heißen *End-* oder *Gipfelknospen*. Normalerweise sind diese wenige Millimeter groß. Beim Rot- und Weißkraut können sie jedoch einen Durchmesser von 40 bis 50 cm erreichen (Kraut»kopf«). K., die seitliche Ausgliederungen der → Sproßachse darstellen, werden *Seiten-* oder *Achselknospen* genannt, da sie sich stets in der Achsel eines Blattes bilden, das als *Trag-* oder *Deckblatt* bezeichnet wird. Seitenknospen spielen als Überwinterungsorgane ausdauernder Pflanzen eine wichtige Rolle. Besonders große Seitenknospen, die im zweiten Jahr zu Blütenständen austreiben können, aber meist als Gemüse genutzt werden, besitzt der Rosenkohl. Stehen in einer Blattachse mehrere K. (*Beiknospen* oder *akzessorische K.*), so können sie nebeneinander (kollateral) oder übereinander (serial) liegen. Seitenknospen können als *schlafende Augen* oft jahrelang ruhen. Durch Verletzung, Einwirkung von Licht, Trockenheit, bestimmten Chemikalien u. ä. kann die Ruhe unterbrochen, die Blattbildung während des ganzen Jahres erzwungen werden. Während des Knospenwachstums nehmen Wassergehalt, Fermentgehalt und Atmung zu. Normalerweise wird die Reihenfolge der *Entfaltung der K.* durch korrelative, vorwiegend hormonbedingte Beziehungen der K. zueinander geregelt (→ Apikaldominanz, → Korrelationen). K., aus denen Laubsprosse hervorgehen, heißen *Blattknospen*, solche, aus denen blütentragende Sprosse entstehen, *Tragknospen* oder *Fruchtaugen*. K., aus denen Blüten mit Laub gebildet werden, bezeichnet man als *gemischte K.* Die noch geschlossene Einzelblüte heißt *Blütenknospe*. K., die nicht an Sproßspitzen oder in Blattachseln, sondern an anderen Stellen der Sproßachse, aus

Blättern oder Wurzeln spontan oder (häufiger) erst nach Verletzung der Pflanze gebildet werden, nennt man *Adventivknospen*. Bei periodisch wachsenden Gehölzen sind die Winterknospen in *Knospenschuppen* eingeschlossen, d. s. am Grunde der Knospenachse sitzende Niederblätter, die zum Schutz gegen Verdunstung Gummi oder Harz abscheiden. Sie fehlen den *nackten K*. Manche Wasserpflanzen bilden im Herbst sich ablösende Überwinterungsknospen, → Hibernakeln. In den Laubknospen haben die Blattanlagen eine bestimmte Lage (*Knospenlage* oder *Vernation*); sie sind entweder gefaltet oder gerollt. Liegen bei **gefalteten** Blättern die beiden Spreitenhälften eines Blattes aufeinander, spricht man von *konduplikativer* Knospenlage (z. B. Ulme, Hasel); findet eine mehrfache Faltung des Blattes statt, liegt *plikative* Knospenlage vor (z. B. Buche). Die Faltung kann quer, fächerförmig oder der Länge nach erfolgen. Bei **gerollten** Blättern kann entweder jede Blatthälfte für sich gerollt sein (*involutive* Knospenlage), oder die Blatthälften sind umeinandergerollt (*konvolutive* Knospenlage).

2) in der Mikrobiologie die im Anfangsstadium der Sprossung (Knospung) gebildete blasige Ausstülpung einer Mikroorganismenzelle. Gewöhnlich wächst die an einer Mutterzelle entstehende K. bis zur normalen Zellgröße heran und löst sich dann als selbständige Zelle ab. K. treten z. B. regelmäßig bei der Vermehrung der Sproßhefen auf.

Knospenfall, → Abszission.
Knospenhemmung, → Apikaldominanz.
Knospenmutation, → Chimäre.
Knospenruhe, → Ruheperioden.
Knospenstrahler [griech. blastos 'Knospe', eidos 'Gestalt'], *Blastoidea*, ausgestorbene Klasse der Stachelhäuter, meist gestielt, mit einem melonen- oder knospen-, mitunter sternförmigen Kelch, der eine deutliche fünfseitige Symmetrie besitzt. Der Kelch besteht aus 13 bis 14 fest miteinander verbundenen Platten und 5 Lanzettstücken, die aber meist durch zahlreiche Deckplatten (Ambulakralfelder) verhüllt sind. Außerdem besitzt der Kelch einen kleinen Stielansatz.

Verbreitung: ausschließlich marin vom mittleren Ordovizium bis zum Perm. Der Höhepunkt der stammesgeschichtlichen Entwicklung der K. liegt im Unterkarbon (Nordamerika) und Perm (Insel Timor).

Knospenwickler, zwei Schmetterlingsarten aus der Familie der Wickler: *Grauer K.* (*Hedya nubiferana* Haw.) und *Roter K.* (*Spilonota ocellana* D. u. S.). Ihre Raupen richten durch Fraß in den Knospen der Obstbäume starke Schäden an.

Knospung, → Fortpflanzung.
Knotenfadenalgen, → Grünalgen.
Knöterichgewächse, *Polygonaceae*, eine Familie der Zweikeimblättrigen Pflanzen mit etwa 800 Arten, die ihr Hauptverbreitungsgebiet auf der nördlichen Erdhalbkugel haben. Es sind meist Kräuter, selten Sträucher, mit einem knotig gegliederten Stengel, wechselständigen Blättern und zu stengelumfassenden Blattscheiden verwachsenen Nebenblättern (Ochrea). Die eingeschlechtigen oder zwittrigen Blüten sind in der Regel klein und stehen meist in großer Zahl zu Blütenständen vereint. Wind-, Insekten- und Selbstbestäubung kommen vor. Der oberständige Fruchtknoten entwickelt sich zu einer einsamigen Nuß. Chemisch ist die Familie durch das Vorkommen verschiedener Polyphenole und Anthraglykoside sowie reichlich Kalziumoxalat gekennzeichnet.

Mehrere Arten der umfangreichen Gattung **Knöterich**, *Polygonum*, werden als Zierpflanzen gezogen, so z. B. der *Japanische Knöterich*, *Polygonum cuspidatum*, der 2 bis 3 m hoch wird. Viele unserer einheimischen Knöterricharten sind Ruderalpflanzen oder Ackerunkräuter, z. B. der **Flohknöterich**, *Polygonum persicaria*, oder der **Ampferknöterich**, *Polygonum lapathifolium*. Eine durch ihre walzenförmigen, rosagefärbten Blütenstände auffallende häufige Wiesenpflanze ist der **Wiesenknöterich**, *Polygonum bistorta*. Ebenfalls viele Acker-, Wiesen- und Wegrandpflanzen enthält die Gattung **Ampfer**, *Rumex*. Die sauer schmeckenden Blätter des **Sauerampfers**, *Rumex acetosa*, werden in manchen Gegenden als Salat gegessen. Als Gemüse-, Arznei- und Zierpflanzen werden die verschiedenen Arten des in Mittelasien beheimateten **Rhabarbers**, *Rheum*, verwendet. Aus Ostasien stammt der in sandigen Gebieten stellenweise kultivierte **Buchweizen** (**Heidekorn**), *Fagopyrum esculen-*

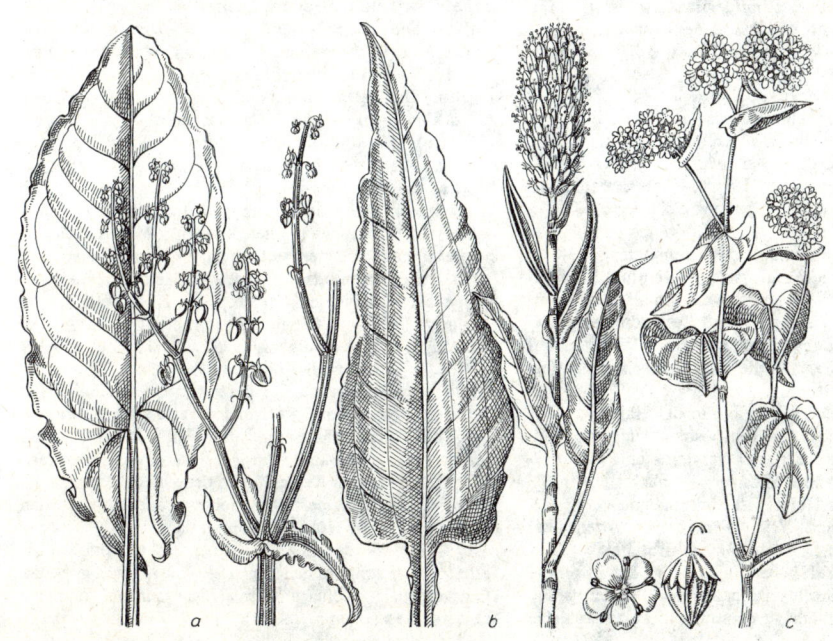

Knöterichgewächse: *a* Sauerampfer, Blatt und Blüten; *b* Wiesenknöterich, Blatt und Blüte; *c* Buchweizen blühend, Einzelblüte und Frucht

tum, dessen Früchte zu Grütze und Graupen verarbeitet werden. Außerdem ist er eine gute Bienenfutterpflanze und eignet sich zur Gründüngung, aber nicht zur Verfütterung an hellfarbene Säugetiere, da er Fagopyrin und andere photosensibilisierend wirkende Stoffe enthält, die zu Hautreizungen führen.

Knurrhähne, *Triglidae,* zu den Drachenkopfartigen gehörende Grundfische mit großem, gepanzertem Kopf und breitem, vorgezogenem Maul. Der schlanke Rumpf ist mit kleinen Schuppen bedeckt. Vor den vergrößerten Brustflossen befinden sich 2 bis 3 freie Flossenstrahlen, mit denen sich die Tiere auf dem Bodengrund stelzend fortbewegen können. Das Verbreitungsareal umfaßt kalte und warme Meere, viele Arten sind vorzügliche Speisefische.

KoA, Abk. für Koenzym A.

Koadaptation, → koadaptives Gensystem.

koadaptives Gensystem, Konzentration genetischer Faktoren in einer Population, deren Zusammenwirken den Individuen eine hohe Fitness verleiht. In natürlichen Populationen verschiedener Organismen konzentrieren sich solche Erbfaktoren, die mit den anderen in der Population vorhandenen gut harmonieren, obwohl manche von ihnen, wenn sie in fremde Populationen gelangen, die Lebenstauglichkeit ihrer Träger herabsetzen. Daher entstehen bei Kreuzungen zwischen Individuen verschiedener Populationen oft Organismen mit herabgesetzter Lebenstauglichkeit.

Beim Menschen haben gründliche Untersuchungen von Rassenkreuzungen keinen Hinweis darauf ergeben, daß Populationen oder Rassen verschiedene k. G. bilden, die durch Rassenkreuzungen zerstört würden; denn die Lebenstauglichkeit von Mischlingen oder deren Nachkommen ist in keiner Weise herabgesetzt.

Koagulation, → Zusammenlagerung von Kolloidteilchen zu größeren, lockeren Aggregaten.

Koagulationsvitamin, svw. Vitamin K, → Vitamine.

Koala, *Beutelbär, Phascolarctos cinereus,* ein schwanzloser Kletterbeutler, der 60 bis 80 cm groß wird und wie ein grauer Teddybär aussieht. Er ist in Ostaustralien beheimatet. Der K. klettert langsam im Geäst umher und benötigt zur Ernährung das Laub bestimmter Eukalyptusarten. Ein junger K. wird während der Phase des Entwöhnens mit halbverdautem Kot ernährt, den das Jungtier direkt vom After der Mutter abnimmt.

KoA-SH, Abk. für Koenzym A.

Koazervat, durch spontane »Entmischung« aus einer kolloidalen Lösung entstandenes Kolloidkonglomerat, das flüssige Konsistenz behält. Dabei entstehen Koazervattröpfchen hoher Stoffkonzentration. Verschiedene K. werden als Modell für die Entstehung des Lebens diskutiert.

Kobalamin, svw. Vitamin B_{12}, → Vitamine.

Kobalt, Co, ein Schwermetall, das in höheren Pflanzen (0,01 bis 0,4 mg/kg Trockensubstanz), Tieren und Mikroorganismen in Spuren weitverbreitet. K. ist als Metallkomponente in Vitamin B_{12} enthalten und Bestandteil verschiedener Komplexverbindungen mit Zuckern. Als Bestandteil einiger Koenzyme ist es für die symbiontische Luftstickstoffbindung verantwortlich.

Koboldmakis, *Tarsiidae,* eine Familie der Halbaffen. Die K. sind rattengroße Säugetiere mit riesigen Augen und langem Schwanz. Infolge ihrer stark verlängerten Fußwurzelknochen sind sie gewandte Springer, die nachts auf Insekten Jagd machen. Ihre Heimat ist Südostasien.

Kobras, *Hutschlangen, Naja,* in mehreren Arten über Afrika und das ganze tropische Asien verbreitete → Giftnattern, die die Fähigkeit haben, in Erregung bei aufgerichtetem Vorderkörper ihre Nackenhaut mit Hilfe der verlängerten Halsrippen seitlich auseinanderzuspreizen, so daß eine tellerartige Scheibe entsteht, deren Durchmesser die Dicke des Tieres um ein Mehrfaches übertreffen kann. Bei einigen asiatischen Formen, den *Brillenschlangen* (*Naja naja* mit Unterarten), tritt dabei zwischen den auseinanderweichenden Rückenschuppen eine helle Zeichnung hervor, die bei der *Vorderindischen K., Naja naja naja,* einer der häufigsten Giftschlangen Indiens, brillenartig und bei der *Hinterindischen K., Naja naja kaouthia,* monokelartig ist. Das neurotoxisch wirkende Gift der K. (→ Schlangengifte) führt heute noch in Indien zu jährlich mehr als 10000 Todesfällen bei Menschen. Von indischen »Schlangenbeschwörern« wird die Vorderindische K., von ägyptischen die *Uräusschlange, Naja haje,* vorgeführt. Dabei hat das »Tanzen« der K. keine Beziehung zur vorgeführten Musik (Schlangen sind taub), sondern das Tier folgt lediglich den Bewegungen des Gauklers, um ihn im Auge zu behalten. Die großen afrikanischen Arten kommen in vielen Lebensräumen vor, sie tragen keine Brillenzeichnung. Die zentralafrikanische *Speikobra, Naja nigricollis,* wird 2 m lang und kann zur Verteidigung (nicht zum Beuteerwerb!) das aus den Giftzähnen austretende Gift dem Angreifer ins Gesicht spucken, wobei schwere Augenverätzungen eintreten. Die Hauptbeute der K. bilden Nagetiere. Sämtliche Arten legen Eier (vgl. auch → Königskobra).

Köcherfliegen, *Trichoptera,* eine Ordnung der Insekten mit etwa 300 Arten in Mitteleuropa (Weltfauna: rund 5500 Arten). Die K. sind fossil seit dem Lias nachgewiesen.

Vollkerfe. Die Körperlänge der heimischen Arten beträgt 0,5 bis 3 cm, die Spannweite bis 6 cm. Der Kopf hat große, meist vorstehende Facettenaugen; die ursprünglich beißenden Mundwerkzeuge sind zu einem Leckrüssel (mit Saugrohr) zur Aufnahme flüssiger Nahrung umgebildet. Die Fühler sind lang und überwiegend borsten- oder fadenförmig. Die zwei Paar unscheinbar grau, braun oder gelblich gefärbten Flügel sind auf der Oberfläche behaart oder seltener mit schuppenartigen Bildungen versehen. Am schlanken Hinterleib sind zehn Segmente erkennbar. Die K. leben in Wassernähe; man findet sie tagsüber meist ruhig auf Uferpflanzen sitzend, wobei die Flügel dachförmig über dem Körper liegen. Die Entwicklung ist eine vollkommene Verwandlung (Holometabolie).

Eier. Die in eine gallert- oder kittartige Masse eingehüllten Eier (Laich) werden entweder ins Wasser oder oberhalb des Wasserspiegels an Pflanzen, Pfählen oder Steinen abgelegt. Die Laichformen sind artspezifisch verschieden, z. B. schlauch-, ring-, spiral-, kugelförmig.

Larven. Die fünf bis sechs Stadien ähneln den Raupen der Schmetterlinge. Sie leben mit wenigen Ausnahmen im Wasser, und zwar überwiegend in aus Pflanzenteilen, kleinen Schneckengehäusen, Steinchen und ähnlichen Materialien zusammengesponnenen Köchern. Während die köcherbewohnenden Arten sich vor allem von frischen oder faulenden Pflanzenteilen (besonders Algen) ernähren, verzehren die freilebenden Larven, die vielfach Wohn- und Fangnetze bauen, auch kleine Wassertiere. Die Larven werden von den Anglern als »Sprock«, oder »Sprockwürmer« bezeichnet und gern als Köder benutzt.

Puppen. Die Verpuppung der gehäusetragenden Larven findet im Köcher statt, die anderen verfertigen zu diesem Zweck ein Puppengehäuse; in jedem Fall wird das Gehäuse vor der Verpuppung an einem Gegenstand im Wasser festgesponnen. Vor dem Ausschlüpfen des Vollkerfs verläßt die Freie Puppe (Pupa libera) das Gehäuse und schwimmt an die Wasseroberfläche oder kriecht ans Ufer.

System. Zu den artenreichsten der 19 in Mitteleuropa vertretenen Familien gehören z. B. die Frühlingsfliegen (*Phryganeidae*), Köcherjungfern (*Limnophilidae*) und die Wassermotten (*Hydropsychidae*).

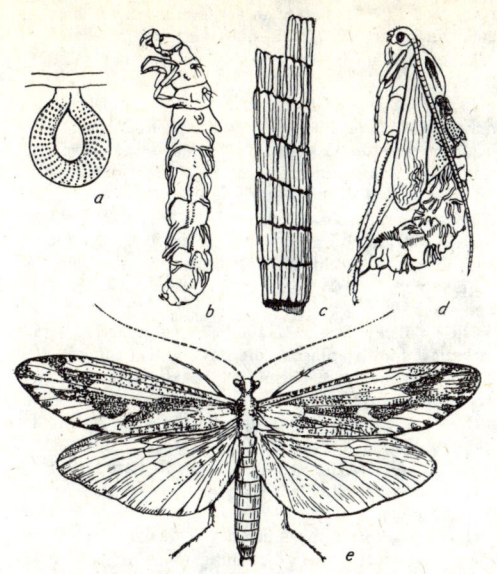

Entwicklungsstadien von Frühlingsfliegen (*Phryganeidae*): *a* Laichkranz, *b* Larve, *c* Larvenköcher, *d* Puppe, *e* Vollkerf (*a, b, c, e Phryganea grandis* L., *d Neuronia ruficrus* Scop.)

Lit.: G. Ulmer: K., Frühlingsfliegen, Trichoptera, Die Tierwelt Mitteleuropas, Bd. VI, Lieferung 1 (Leipzig 1927); W. u. D. Tobias: Trichoptera Germanica, Tl I (Frankfurt a. M. 1981).

Köcherjungfern, → Köcherfliegen.
Kochsches Plattenverfahren, svw. Plattengußverfahren.
Kode, → Aminosäurekode.
Kodehydrase I, svw. Nikotinsäureamid-adenin-dinukleotid.
Kodehydrase II, svw. Nikotinsäureamid-adenin-dinukleotidphosphat.
Kodein, *Codeinum, Methylmorphin*, ein Opiumalkaloid, das zu etwa 0,3 % im Opium enthalten ist. K. leitet sich vom Morphin durch Ersatz der phenolischen Hydroxygruppe durch eine Methoxygruppe ab und wird aus diesem durch Methylierung hergestellt. K. ist im Vergleich zum Morphin in seiner Wirkung viel milder und weniger suchterregend. Es wird in der Medizin in Form des Phosphats als wirksames, das Hustenzentrum dämpfendes Mittel verwendet.
Ködermittel, Pflanzenschutzmittel, welche außer dem für tierische Schaderreger giftigen Wirkstoff noch einen Lockstoff enthalten, welcher die Schaderreger zur Aufnahme des begifteten Produktes anregen soll.
Köderwurm, svw. Pierwurm.
Kode-Verhältnis, die mittlere Anzahl von Nukleotiden, die zur Festlegung von einer Aminosäure benötigt wird und die größer als 2 sein muß, wenn 4 Nukleotide 20 Aminosäuren zu determinieren haben, → Aminosäurekode.
Kodierung, Verschlüsselung, → Kommunikation.
Kodominanz, Bezeichnung für Allele einer multiplen Serie, die gegenseitig nicht im Dominanz-Rezessivitäts-Verhältnis stehen, sondern im heterozygoten Zustand beide voll ausgeprägt zur Wirkung kommen. (→ Dominanz I).
Kodon, Kodierungseinheit, eine charakteristische Gruppe von Nukleotiden der DNS bzw. Messenger-RNS, die die Information zur Determinierung einer bestimmten Aminosäure enthält. Ein K. besteht aus einem Nukleotid-Triplett. → Antikodon, → Aminosäurekode.
Koenzym, → Enzyme.

Koenzym I, svw. Nikotinsäureamid-adenin-dinukleotid.
Koenzym II, svw. Nikotinsäureamid-adenin-dinukleotidphosphat.
Koenzym A, Abk. *KoA*, auch *KoA-SH*, wichtiges gruppenübertragendes Koenzym des Kohlenstoff-Stoffwechsels, das sich in allen lebenden Zellen befindet und an zahlreichen Enzymreaktionen des Intermediärstoffwechsels beteiligt ist. Chemisch ist Koenzym A aus den Grundbausteinen Adenosin, Pantothensäure (→ Vitamine), Zysteamin und drei Molekülen Phosphorsäure aufgebaut. Für die biologische Wirkung des Koenzyms A ist die freie Thiolgruppe (—CH$_2$—SH) des Zysteamins verantwortlich. Diese kann Essigsäure oder andere Karbonsäuren in einer energiereichen Thioesterbindung binden, wobei die Karboxygruppe der gebundenen Säure und die α-Position aktiviert werden und verschiedenartige biochemische Reaktionen, z. B. Reduktion, Transazylierung, Karboxylierung und Kondensation, eingehen können. Bei der hydrolytischen Spaltung der Thioesterbindung wird ein relativ hoher Energiebetrag frei.

Die wichtigste Koenzym A-Verbindung ist das *Azetyl-Koenzym A* (*aktivierte Essigsäure*), das den Azetylrest CH$_3$CO— an die Thiolgruppierung gebunden enthält (CH$_3$CO~S—KoA). Azetyl-KoA hat eine äußerst wichtige Schlüsselstellung im Intermediärstoffwechsel und stellt einerseits ein Endprodukt des Kohlenhydrat-, Fett- und Aminosäurestoffwechsels dar und dient andererseits als Baustein für zahlreiche Synthesen und Azetylierungsreaktionen. Besonders wichtig ist die Kondensation von Azetyl-KoA mit Oxalazetat zu Zitrat, wodurch Azetyl-KoA in den Trikarbonsäurezyklus eingeschleust wird. Azylderivate des Koenzyms A treten als Zwischenprodukte bei der β-Oxidation von Fettsäuren auf.
Koenzym F, svw. 5,6,7,8-Tetrahydrofolsäure.
Koenzym Q, svw. Ubichinon.
Koenzym R, svw. Vitamin H, → Vitamine.
Koferment, → Enzyme.
Koffein, *Kaffein, Thein*, ein Alkaloid der Puringruppe (→ Purin), das weiße, bitter schmeckende Nadeln bildet und in Kaffeebohnen (1 bis 1,5 %), in den Blättern des Teestrauches (bis zu 5 % der getrockneten Blätter) sowie in einigen anderen tropischen Pflanzen (Kolanüsse) vorkommt. K. wirkt leistungssteigernd, leicht euphorisierend sowie anregend auf Herz, Stoffwechsel und Atmung und ist die wirksame Substanz des Kaffees u. a. Genußmittel. Übermäßiger Genuß führt zu Erregung, Herzklopfen und Schlaflosigkeit.

Kofferfische

Kofferfische, *Ostraciontidae,* zu den Kugelfischartigen gehörende Bewohner von Korallenriffen, deren Körper von einem unbeweglichen Hautknochenpanzer umgeben wird, Bauchflossen fehlen.

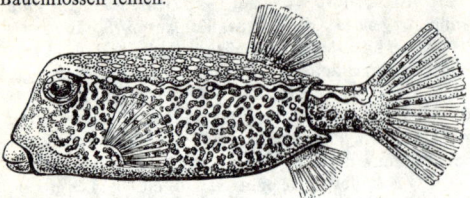

Kofferfisch (*Ostracion lentiginosus*)

Kohäsionsbewegungen, svw. Kohäsionsmechanismen.

Kohäsionsmechanismen, *Kohäsionsbewegungen,* bei Pflanzen eine Gruppe von passiven Bewegungsformen, die durch Austrocknung von meist toten Geweben infolge der hohen Kohäsionskräfte des Wassers entstehen.

Sehr bekannt ist die auf einem K. beruhende Öffnungsbewegung bestimmter Farnsporangien. Diese Sporenbehälter besitzen einen *Anulus,* d. i. eine bogenförmig angeordnete Reihe von Zellen, deren Zwischen- und Innenwände starke Verdickungen aufweisen, während die Außenwände unverdickt sind. Bei der allmählichen Austrocknung während der Reife werden die dünnen Außenwände infolge der großen Kohäsionskraft des Wassers in die Zellen eingedellt. Dadurch kommt es im Zellring zu einem tangentialen Zug, und das Sporangium reißt an einer vorgebildeten Stelle, dem *Stomium,* auf. Nach einem ähnlichen Mechanismus erfolgt bei den Staubgefäßen der höheren Pflanzen die Öffnung der Antheren. Auch bei den Fangbläschen des Wasserschlauchs, einer fleischfressenden Pflanze, ist eine Kohäsionsspannung wirksam.

Kohäsionstheorie, → Wasserhaushalt, Abschnitt Wasserleitung.

Kohl, → Kreuzblütler.

Kohlendioxid, farbloses, schwach säuerlich riechendes und schmeckendes Gas, das zu 0,03% frei in der Luft und als Kalzium- und Magnesiumkarbonat gebunden vorkommt. K. ist ungiftig, 4 bis 5% in der Luft wirken allerdings betäubend, 8% führen zum Erstickungstod.

K. ist das Endprodukt der biologischen Oxidation. Es entsteht durch Dekarboxylierung aus Ketosäuren bei der Glykolyse bzw. im Zitronensäurezyklus. Jährlich werden $6 \cdot 10^{10}$ t durch Land- und $46 \cdot 10^{10}$ t durch Meerespflanzen assimiliert.

Kohlendioxidrezeptoren, → Chemorezeptoren.

Kohlenhydrate, eine Klasse von Naturstoffen vorwiegend pflanzlichen Ursprungs, die formal der Zusammensetzung $C_n(H_2O)_n$ entsprechen und ursprünglich als »Hydrate des Kohlenstoffs« ihren Namen erhielten. Strukturchemisch handelt es sich um Polyhydroxykarbonylverbindungen. Heute werden auch modifizierte Verbindungen mit abweichender Zusammensetzung, z.B. Desoxyzucker, Aminozukker oder Zuckersäuren, zu den K. gezählt.

K. stellen mengenmäßig den größten Teil der organischen Substanzen auf der Erde. Sie werden im Verlauf der Photosynthese aufgebaut und in Form von Polysacchariden in den Wurzeln und Knollen gespeichert. K. gehören für Mensch und Tier zu den Hauptnahrungsbestandteilen und wichtigen Energieträgern. Je nach der Molekülgröße unterteilt man K. in Mono-, Oligo- und Polysaccharide.

1) *Monosaccharide* sind einfache K., die sich hydrolytisch nicht weiter spalten lassen und entsprechend der Sauerstoffanzahl in Triosen, Tetrosen, Pentosen usw. unterteilt werden. K. entstehen als primäre Oxidationsprodukte fast ausschließlich geradkettiger Alkohole (Zuckeralkohole), wobei die Oxidation an der terminalen primären Alkoholgruppe zu → Aldosen, die Oxidation an sekundären Alkoholgruppen, meist am C-Atom 2, zu → Ketosen führt.

Es werden D- und L-Zucker unterschieden. Der Zuordnung der Monosaccharide zur D- bzw. L-Reihe der Zucker liegt der strukturelle Vergleich des am weitesten von der Karbonylfunktion entfernten Asymmetriezentrums mit der Struktur des willkürlich festgelegten D- bzw. L-Glyzerinaldehyds zugrunde. Das Drehvermögen der optisch aktiven Zucker wird durch (+) und (−) ausgedrückt. Die theoretisch mögliche Anzahl von Stereoisomeren eines Monosaccharides beträgt 2^n, wobei n die Anzahl der Asymmetriezentren angibt.

Die bildliche Darstellung der Monosaccharide erfuhr mehrere Modifizierungen, die sowohl den strukturellen Aufbau als auch die chemische Reaktionsfähigkeit stets besser erklärten. Die ursprüngliche geradkettige Fischerprojektion wurde durch Tollens dem tatsächlichen Aufbau der Monosaccharide angepaßt. Die Monosaccharide liegen durch intramolekulare Verknüpfung als Halbazetale vor. Im Falle eines dabei gebildeten fünfgliedrigen Ringes zwischen den C-Atomen 1 und 4 spricht man von *Furanosen,* im Falle sechsgliedriger Ringe zwischen den C-Atomen 1 und 5 von *Pyranosen,* wobei letztere die häufiger anzutreffende Form sind.

Die räumliche Struktur der Monosaccharide kommt noch besser durch die Hawortsche Projektion zum Ausdruck. Tatsächlich liegen Pyranosen aufgrund des Tetraederwinkels am sp^3-hybridisierten C-Atom sowie einem C-O-C-Winkel von 111° in der Sessel- bzw. Wannenform vor, wobei die energetisch günstigere Sesselform bei Pyranosen bevorzugt ist.

Schreibweise der Kohlenhydrate am Beispiel der D-Glukose nach Fischer (*a*) sowie der β-D-Glukose nach Tollens (*b*) und Haworth (*c*) dargestellt

Die Ringbildung der Monosaccharide führt zur Ausbildung eines neuen Asymmetriezentrums. Die dabei entstehenden Isomeren, die als α- bzw. β-Form gekennzeichnet werden, gehen in Lösung über die offenkettige Form (Oxyzyklo-Tautomerie) ineinander über. Dabei stellt sich, ausgehend z. B. von α-D-Glukose mit einem Drehwert von +113°, ein Enddrehwert von 52° ein, der einer Gleichgewichtskonzentration von 37% α-D-Glukose entspricht. Dieser Vorgang wird als *Mutarotation* bezeichnet.

2) *Oligosaccharide.* Die α- oder β-glykosidische Verknüpfung von 2 bis 10 Monosaccharideinheiten führt zu Oligosacchariden, die je nach Anzahl der verknüpften Monosaccharideinheiten in Di-, Tri-, Tetrasaccharide usw. unterteilt werden. Besondere Bedeutung besitzen dabei die Disaccharide. Erfolgt hierbei die Verknüpfung unter Wasseraustritt zwischen den Hydroxylgruppen am C-Atom 1, so spricht man vom *Trehalosetyp.* Dadurch liegen beide Monosaccharide als Vollazetale vor, und typische Zuckerreaktionen, wie Reduktion, Osazonbildung usw., bleiben aus. Dies ist z.B. im Falle der → Saccharose und der → Trehalose zu beobachten.

Oligosaccharide, die durch andere Verknüpfungen, z. B.

1,4- oder 1,6-glykosidisch, gebildet werden, besitzen dagegen noch eine freie, reduzierte Hydroxylgruppe und zeigen deshalb die typischen Zuckerreaktionen. Sie werden dem *Maltosetyp* zugeordnet. Typische Vertreter sind → Maltose und → Zellobiose.

Alle Mono- und Oligosaccharide sind wasserlösliche, kristalline und süßschmeckende Verbindungen.

3) **Polysaccharide** sind Verbindungen, die bei α- oder β-glykosidischer Verknüpfung von 10 oder mehr Monosaccharideinheiten gebildet werden. Sie unterscheiden sich aufgrund der unterschiedlichen Polykondensationsgrades der beteiligten Grundbausteine sowie der Bindungsweise in wesentlichen chemischen und physikalischen Eigenschaften (Löslichkeit, Reduktionsvermögen). Zu ihnen zählen z. B. die Gerüstkohlenhydrate → Zellulose und → Chitin sowie die Reservekohlenhydrate → Stärke, → Lichenin und → Glykogen. Sie werden durch Hefe nicht vergoren.

Kohlenstoff, C, das in der organischen Natur wichtigste chemische Element. K. ist nur zu etwa 0,2% in der festen Erdrinde enthalten. Aber alle organischen Substanzen, d.h. die Stoffe, aus denen sich der Pflanzen- und Tierkörper aufbaut, bestehen im wesentlichen aus Kohlenstoffverbindungen. Ihre unendliche Mannigfaltigkeit beruht auf der Fähigkeit der Kohlenstoffatome, sich nicht nur mit anderen Elementen, sondern auch untereinander zu verbinden, wobei kettenförmige, verästelte und ringförmige Moleküle entstehen. Anhäufungen von K., die aus Resten früheren organischen Lebens bestehen, sind die Kohle sowie die festen, flüssigen und gasförmigen Kohlenwasserstoffe wie Erdwachs, Asphalt, Erdöl.

Verbreitete anorganische Verbindungen des K. sind → Kohlendioxid und Karbonate wie Marmor, Kalkstein.

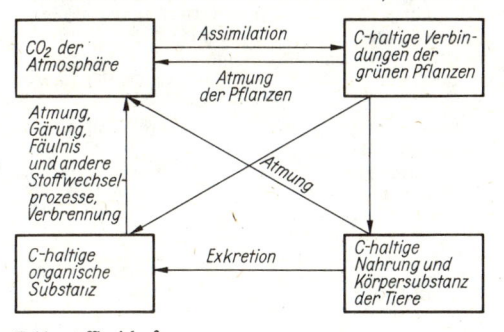

Kohlenstoffkreislauf

Kohlenstoffkreislauf. Das in der Luft enthaltene Kohlendioxid dient den grünen Pflanzen unter Energiezufuhr und Sauerstoffabspaltung als Kohlenstoffquelle beim Aufbau organischer Kohlenstoffverbindungen (→ Photosynthese). Diese werden im Baustoffwechsel zu Bestandteilen des Pflanzenkörpers, mit dem sie z. T. von Tieren aufgenommen und in Bestandteile des Tierkörpers verwandelt werden. Aus den organischen Kohlenstoffverbindungen wird der K. wieder frei unter Sauerstoffzufuhr und Energiegewinnung in Form von Kohlendioxid und bei unvollständig abgebauten Gärungsprodukten entweder bei der Atmung des lebenden Organismus oder bei der Zersetzung des toten Organismus durch die Tätigkeit der Kleinlebewesen (→ Dissimilation). K. kann auch in Form von Kohle, Holz u. a. dem Kreislauf auf längere Zeit entzogen werden, jedoch später durch Verbrennung oder Zersetzung wieder in Form von CO_2 in die Atmosphäre gelangen.

Aus Vulkanen und Kohlensäurequellen strömen laufend große Mengen von K. in Form von Kohlendioxid in die Atmosphäre, andererseits gehen aber ebenfalls große Mengen von K. durch Bildung von oft ganze Gebirge aufbauenden Karbonaten dem Kreislauf verloren.

Köhler, *Pollachius virens,* zu den Dorschartigen gehörender, bis 120 cm langer, pelagisch lebender Raubfisch des Nordatlantik mit schwarzem Fleck nahe der Brustflosse. Sein Fleisch wird unter der Bezeichnung *Seelachs* verkauft.

Kohlfliegen, → Blumenfliegen.

Kohlrabi, → Kreuzblütler.

Kohlrübe, → Kreuzblütler.

Kohlschotengallmücke, → Gallmücken.

Kohlwanze, Wanzen.

Kohlweißling, Großer K., *Pieris brassicae* L., ein Tagfalter aus der Familie der Weißlinge, ein Wanderfalter. Die grüngelben Raupen (Tafel 45) richten durch Fraß an Kohlgewächsen sehr starke Schäden an.

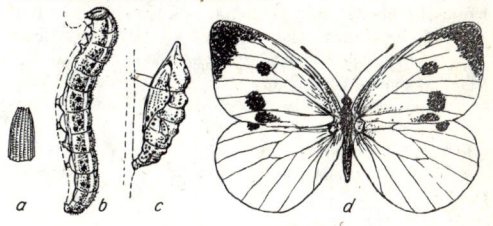

Kohlweißling (*Pieris brassicae* L.): *a* Ei, *b* Raupe, *c* Puppe, *d* Schmetterling (♀)

Koinzidenz, das räumliche und zeitliche Zusammentreffen zweier Partner, z. B. Geschlechtspartner. Die K. ist wichtig im Räuber-Beute-Verhältnis, in der Parasit-Wirt-Beziehung oder für das Zusammenleben symbiontischer Partner. Die genaue Kenntnis der *Koinzidenzphasen* hat große Bedeutung für den integrierten Pflanzenschutz.

Koinzidenz-Index, das Maß für die Crossing-over-Interferenz (→ Interferenz), das sich aus der Anzahl nachgewiesener, dividiert durch die Anzahl erwarteter Doppel-Crossingover in einem Paarungsverband der Meiose ergibt. Beträgt der K.-I. 1, dann liegt keine Interferenz vor; ist er größer als 1, liegt negative, ist er kleiner als 1, liegt positive Crossingover-Interferenz vor.

Kojisäure [jap. koji, 'Reisschimmel'], von verschiedenen Pilzarten der Gattungen *Aspergillus* und *Penicillium* sowie von Essigsäurebakterien gebildetes Stoffwechselprodukt. K. hat schwach antibiotische Wirkung.

Kojote, *Präriewolf, Canis latrans,* ein kleiner Verwandter des Wolfes. Der K. ist von Alaska bis Kostarika verbreitet und dank seiner guten Anpassungsfähigkeit stellenweise recht häufig. Er lebt paarweise oder in kleinen Rudeln und ernährt sich von Kleintieren und Aas.

Kokain, ein bitter schmeckendes Alkaloid mit Tropangrundgerüst, das als Methylester des Benzoylekgonins (Ekgonin) aufzufassen ist. K. kommt zu 1 bis 2% in den Blättern des Kokastrauches, *Erythroxylum coca,* vor. Es wirkt anästhesierend, gefäßkontrahierend und pupillenerweiternd, ist jedoch heute durch weniger giftige, synthetische Lokalanästhetika verdrängt worden. Die euphorisierende und stimulierende Wirkung des K. führt zur Sucht (*Kokainismus*); es gehört deshalb zu den dem Suchtmittelgesetz unterworfenen Rauschgiften. Der Gebrauch des K. läßt sich bei den Inka bis zum Jahre 1000 u. Z. zurückverfolgen.

Kokardenblume, → Korbblütler.

Kokastrauchgewächse, *Erythroxylaceae,* eine Familie der Zweikeimblättrigen Pflanzen mit etwa 200 Arten, die ausschließlich in den Tropen, vor allem in Amerika, vorkommen. Es sind Sträucher mit wechselständigen, einfachen Blättern mit Nebenblättern und regelmäßigen, 5zähligen, unscheinbaren Blüten. Der Fruchtknoten entwickelt sich zu einer einsamigen Steinfrucht. Der in Peru und Bolivien einheimische, aber auch in anderen tropischen Gebieten kultivierte *Kokastrauch, Erythroxylum coca,* liefert wie auch einige andere *Erythroxylum*-Arten das Alkaloid Kokain, ein suchterregendes Betäubungsmittel, das heute aber in der Medizin kaum noch verwendet wird. Die Blätter des Kokastrauches werden von den Bergindianern der südamerikanischen Anden als Anregungs- und Genußmittel zusammen mit Kalk oder Pflanzenasche gekaut, z. T. bereiten sie aus den Blättern Tee.

Kokastrauch: *a* blühender Zweig, *b* Blüte, *c* Knospe, *d* Frucht (Längsschnitt)

Kokken, *Kugelbakterien,* kugelförmige, verschiedenen systematischen Gruppen angehörende Bakterien. K. sind meist unbeweglich und zum größten Teil nicht zur Sporenbildung befähigt. Nach der Teilung bleiben die Zellen der K. oft in charakteristischen Gruppen verbunden: in Paaren (*Diplokokken*), in Ketten (→ Streptokokken), paketförmig (→ Sarzinen) oder in unregelmäßigen Trauben (→ Staphylokokken), seltener in Tetraden. → Mikrokokken.

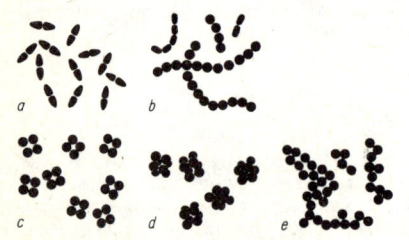

Kokken: *a* Diplokokken, *b* Streptokokken, *c* Tetraden, *d* Sarzinen, *e* Staphylokokken

Kokkolithen, → Geißelalgen.

Kokkolithophoriden, *Coccolithophorida,* im Meere lebende, planktische Flagellaten von kugelartiger Körpergestalt. Dem gallertigen Körper sitzen kleine Kalkplättchen auf, die einen wesentlichen Bestandteil der Kreide bilden.

Geologische Verbreitung und Bedeutung: Jura bis Gegenwart. Sie sind als Gesteinsbildner in den Meeren der Kreide, des Tertiärs und der Gegenwart von großer Bedeutung. In jüngster Zeit werden ihre Vergesellschaftungen auch als geologische Leitmarken benutzt.

Kokkulin, svw. Pikrotoxin.
Kokosräuber, → Palmendieb.
Kok-saghys, → Kautschuk.
Kokzidien, → Telosporidien.
Kolabaum, → Kakaobaumgewächse.
Kolamin, *Ethanolamin, Aminoethanol,* $H_2N-CH_2-CH_2-OH$, ein → biogenes Amin, das durch Dekarboxylierung von Serin entsteht. K. tritt als Baustein in den Kephalinen und Plasmalogenen auf.
Kolben, → Blüte, Abschn. Blütenstände.
Kolbenfuß, *Schmied, Hyla faber,* baumbewohnender südamerikanischer → Laubfrosch, der Schlammnester von 30 cm Durchmesser und 10 cm Höhe baut, die in der Mitte kraterartig vertieft sind. In diesen wassergefüllten Krater werden die Eier gelegt. Die Männchen haben eine laute, metallische Stimme.
Kolchizin, ein sehr giftiges Alkaloid, das in der Herbstzeitlose, *Colchicum autumnale,* vorkommt. K. wirkt in sehr geringen Mengen schmerzstillend und entzündungshemmend, jedoch führen bereits 20 mg (5 Herbstzeitlosensamen) beim Menschen unter Lähmungserscheinungen des Zentralnervensystems und Atemstillstand zum Tod. K. ist ein Mitosegift und stört die Teilung der pflanzlichen Geschlechtszellen, so daß durch Kolchizinbehandlung Pflanzen mit erhöhter Chromosomenzahl (→ Polyploidie) und oftmals Riesenwuchs erhalten werden können. Außer bei Gicht wird K. auch aufgrund seiner zellteilungshemmenden Wirkung angewandt.

Koleoptile, → Samenkeimung.
Koleorhiza, → Samenkeimung.
Kolibakterium, *Escherichia coli,* Kurzbezeichnung *Coli,* zu den Enterobakterien gehörendes, peritrich begeißeltes oder seltener unbewegliches, bis 6 μm langes, stäbchenförmiges Bakterium. Das K. kann Pili aufweisen und ist zur → Konjugation fähig. K. sind die vorherrschenden ständigen Bewohner des Dickdarmes. Bei der Wasseruntersuchung gilt deshalb ihr Vorkommen als Anzeichen fäkaler Verunreinigung (Kolititer). Bestimmte Stämme des K. können auch als Erreger von Entzündungen oder Septikämie (Blutvergiftung) auftreten.

Das K. spielt als Versuchsobjekt in der bakteriologischen, genetischen und biochemischen Forschung eine bedeutende Rolle; es ist der am intensivsten untersuchte Mikroorganismus.

Kolibris, *Trochilidae,* Familie der Seglerartigen mit über 300 Arten. Der Schnabel ist zu einem langen, schmalen Rohr umgebildet, in dem die lange Zunge Pumpfunktion hat. K. saugen Nektar. Dabei bestäuben sie die Blüten. Sie fressen auch Spinnen und Insekten. Das Nest ist ein fester Napf. Das Gelege besteht aus 2 Eiern. *Prachtelfe, Rubinkehl-, Topas-, Sonnenstrahlkolibri, Schleppensylphe* u. a. Namen deuten auf die Farbenpracht und Schönheit dieser Vögel hin. Die kleinsten K. wiegen weniger als 2 g, ihre Eier 0,2 g. Beim Schwirrflug schlagen sie 50mal je Sekunde mit den Flügeln.

Schwertschnabelkolibri
(*Docimastes ensifer*)

Koline, älterer Sammelbegriff für alle Stoffwechselprodukte höherer Pflanzen, die hemmende Wirkungen auf andere höhere Pflanzen ausüben, → Allelopathie.
Kolizine, → Bakteriozine.
kolizinogene Faktoren, → Bakteriozine.
Kolkrabe, → Rabenvögel.
Kollagen, ein Strukturprotein, das das verbreitetste tierische Protein ist. K. zählt zu den wichtigsten Bestandteilen des Stütz- und Bindegewebes, vor allem der Haut und der Knochensubstanz. Es zeichnet sich durch Steifheit und geringe Dehnbarkeit aus. Sein Anteil an Prolin und Hydroxyprolin ist ungewöhnlich hoch. Denaturierung des K. durch Erwärmung oder Salze führt zu **Gelatine.**
Kollagenfasern, aus Kollagenen bestehende, zu leicht gewellten oder spiralig gewundenen Bündeln vereinte Fasern, die die Hauptmenge der geformten Interzellularsubstanz im tierischen Stützgewebe bilden. Die einzelnen Fasern bestehen aus feinen *Kollagenfibrillen,* die durch eine organische Kittsubstanz zusammengeschlossen sind. Die Fibrillen lassen eine regelmäßige Querstreifung erkennen, die auf die Anordnung und den chemischen Aufbau ihrer makromolekularen Bausteine (Tropokollagenmoleküle) zurückzuführen ist. Die K. sind äußerst zugfest, aber nicht zugelastisch. Durch Kochen und bei Zusatz von Säuren werden die K. aufgelöst (Weichwerden des Fleisches beim Kochen und Braten; Verdauung durch Pepsin-Salzsäure). Dabei wird aus den Kollagenen Leim gebildet. Bei Behandlung mit Gerbsäure schrumpfen die K. und werden gegen Fäulnis widerstandsfähig (Ledergerberei).
kollaterale Leitbündel, → Leitgewebe, → Sproßachse.
Kollektivtypen, Formen, die Merkmale von zwei oder mehreren sonst scharf geschiedenen systematischen Gruppen in sich vereinigen; z. B. der aus dem Jura fossil bekannte »Urvogel«, *Archaeopteryx lithographica,* der Reptilien- und Vogelmerkmale in sich vereinigt.
Kollenchym, → Festigungsgewebe.
kolline Stufe, → Höhenstufung.
Kollisionsfaktor, → Massenwechsel.
Kolloblasten, die Klebzellen auf den Tentakeln der → Rippenquallen.
kolloide Lösungen, ein flüssiges kolloiddisperses System, bei dem feste, flüssige oder gasförmige Teilchen in einem flüssigen Dispersionsmittel frei beweglich und dispers verteilt sind. Je nach Aggregatzustand des dispersen Stoffes unterscheidet man *Suspensionen* (fest–flüssig), *Emulsionen* (flüssig–flüssig) und *Schaum* (gasförmig–flüssig). In k. L. beträgt der Durchmesser der Teilchen 1 bis 500 nm. Die Teilchen sind nur im Elektronenmikroskop nachweisbar;

sie sind durch Beugung seitlich eingestrahlten sichtbaren Lichts als leuchtende Trübung wahrzunehmen (*Tyndall-Effekt*) und können durch Ultrafilter (tierische, pflanzliche oder künstliche Membranen) abgetrennt werden. Je nach den Beziehungen zwischen den dispersen Teilchen und Wasser als Dispersionsmittel unterscheidet man zwischen hydrophilen und hydrophoben Kolloiden. Flüssige Kolloide werden als *Sole* bezeichnet. Durch Wassereinlagerung in vernetzten fadenförmigen Teilchen entstehen *Gele.*

In der Biochemie sind k. L. von Makromolekülen, insbesondere von Proteinen, Nukleinsäuren und Polysacchariden von vielseitiger Bedeutung, wobei die Biomoleküle molekulardispers verteilt sind, d. h., sie liegen als Einzelmoleküle und nicht als Molekülaggregate vor.

Kolmation, biogene Abdichtung des Flußbetts gegen den Grundwasserleiter bei der Uferfiltration, hervorgerufen durch Bakterien und Phytoplankton.
Kolonie, *1)* über den Familienverband hinausgehende Form der Vergesellschaftung von Individuen einer Tierart unter Beibehaltung gewisser familiärer Strukturen, oft zeitlich begrenzt (temporär), meist einem bestimmten gemeinsamen Zweck dienend (Brutpflege: *Brutkolonie,* Wohnungsbau: *Siedlungskolonie*).

2) eine Ansammlung von Mikroorganismen, die durch intensive Zellvermehrung unter günstigen Bedingungen entsteht. K. sind meist mit bloßem Auge sichtbar und können einen Durchmesser von mehreren Zentimetern erreichen (→ Riesenkolonie), obwohl sie aus wenigen, oft sogar aus einzelnen Zellen hervorgehen. K. sind das typische Erscheinungsbild von Mikroorganismen unter Laborbedingungen, z. B. auf Agarnährböden (Tafel 16), können sich jedoch auch unter anderen Verhältnissen entwickeln. Bekannt sind z. B. Pilzkolonien auf verschimmeltem Brot

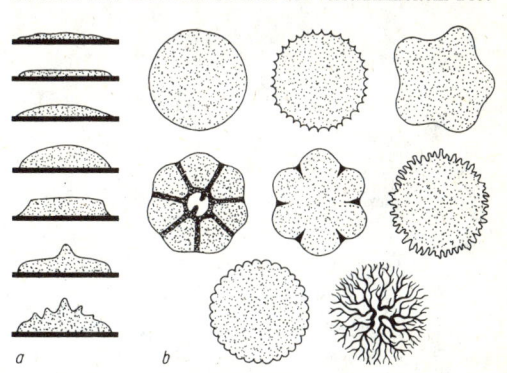

a   *b*

Bakterienkolonien: *a* im Schnitt, *b* in der Aufsicht

oder anderen Lebensmitteln. Die verschiedenen Mikroorganismenarten bilden charakteristische K. aus, die sich voneinander durch Farbe und Gestalt unterscheiden können. S-Kolonien der Bakterien haben glänzende, glatte (engl. *smooth*) Oberflächen, R-Kolonien matte, rauhe (engl. *rough*) Oberflächen. Beide Typen können bei der gleichen Bakterienart auftreten, wenn die S-Form durch Mutation in die R-Form übergeht.
Kolonisten, → Adventivpflanze.
Kolophonium, der nicht destillierbare Rückstand bei der Wasserdampfdestillation des Harzsaftes verschiedener *Pinus*-Arten. K. besteht hauptsächlich aus Abietinsäure und verwandten Harzsäuren. Es findet technische Verwendung zur Herstellung von Lacken, Farben, Seifen, Sikkativen, Geigenharz und Linoleum. → Balsam.
Kolostrum, Erstmilch, die vom Muttertier an das Neugeborene abgegeben wird. Das K. vieler Säugetiere enthält

große Mengen von Antikörpern, die das Neugeborene durch die Darmwand in die Blutbahn aufnimmt. Dies führt zur Immunität des Jungtieres.

Kolumella, → Laubmoose.

Kometabolismus, der durch die Stoffwechseltätigkeit von Mikroorganismen bewirkte Abbau von bestimmten organischen Verbindungen, die allein nicht als Kohlenstoff- oder Energiequelle für diese Mikroorganismen ausreichen. Das bedeutet, der Abbau solcher Verbindungen ist nur möglich, wenn zugleich echte Nährstoffe für die Mikroorganismen vorhanden sind. Der K. hat insbesondere Bedeutung für die Beseitigung von organischen Fremdstoffen, die durch den Menschen hergestellt und in die Natur eingebracht werden, z. B. Agrochemikalien und Industrieabfälle.

Komfortverhalten, Verhalten der Körperpflege. *K. 1. Ordnung* vollzieht sich unter Einsatz körpereigener Organe, die in diesem Zusammenhang auch »Putzorgane« genannt werden, während die gepflegten Körperregionen »Putzbereiche« heißen. Oft treten dabei *Putzsequenzen* auf, das sind regelhafte Abfolgen von Putzbewegungen, unterschieden durch die Putzbereiche und die eingesetzten Putzorgane, aber auch durch die speziellen Bewegungsmuster, beispielsweise als »Kopfkratzen« oder »Kopfwischen«, ausgeführt durch die Vorderfüße. *K. 2. Ordnung* ist durch den Einbezug von Umgebungseigenschaften gekennzeichnet. Beispiele sind das Sichwälzen, das Sandbaden, Staubbaden, Wasserbaden, das Sichreiben an vertikalen Gegenständen, aber auch der Einsatz beweglicher Hilfsmittel (»Putzwerkzeuge«). Beim *K. 3. Ordnung* handelt es sich um eine biosoziale Körperpflege, ausgeführt durch einen Partner. Dabei gibt es zwei Möglichkeiten, das einseitige und das wechselseitige *Putzen* (unilaterales und mutuelles *Allopreening* = Fremdputzen).

Komfrey, → Borretschgewächse.

Kommabazillus, → Vibrionen.

Kommensalismus, »Mitessertum«, Form des Zusammenlebens zweier Organismenarten, wobei der eine sich vom Nahrungsüberschuß des anderen miternährt, ohne diesen dadurch direkt zu schädigen. So beteiligen sich oft kleinere Fische an der Mahlzeit großer Raubfische, indem die beim Verzehr abgerissenen und nach unten sinkenden Teile der Beute aufgenommen werden. Zwischen besonders stark ausgeprägten Formen des K. und echter Schädigung gibt es gleitende Übergänge.

Kommissuren, → Nervensystem, → Gehirn.

Kommunikation, allgemein Austausch von Nachrichten zwischen dynamischen Teilsystemen. Teilprozesse der K. werden in einer *Kommunikationskette* (Abb.) dargestellt, die als Mindestglieder Sender, Kanal (Übertragungsstrecke)

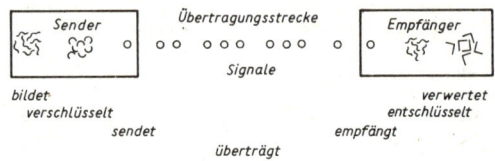

Kommunikationskette

und Empfänger enthält. Ein *Sender* bildet, verschlüsselt und sendet *Signale*, die im *Kanal* transportiert, vom *Empfänger* empfangen, entschlüsselt und verwertet werden. Signale sind von einer materiellen Größe getragene Strukturen (z. B. räumliche Anordnungen, Impulsfrequenzen). K. unterliegt im Bereich der Physiologie Vorgängen, die insbesondere die Gebiete Endokrinologie, Neurophysiologie und Ethologie (→ Biokommunikation) untersuchen. Die Zellen der endokrinen Drüsen sind als Sender aufzufassen, die chemische Substanzen mit Signalwert (Hormone) bilden und freisetzen. Der Kanal für diese Signale sind Verteilungssysteme, insbesondere der Blutstrom, den die Signale nach der Freisetzung erreichen. Die Signale (Hormone) erreichen Zellpopulationen, die → Rezeptoren, z. B. in der Zellaußenmembran, besitzen, die die Signale empfangen. Durch den Signalempfang (Hormon-Rezeptorkontakt) werden Verwertungen (Reaktionen) ausgelöst. In der Neurophysiologie können Neuronen oder Neuronenanteile als Sender betrachtet werden. Die Signale sind entweder → Transmitter oder elektrische Impulse. Die postsynaptische Membran ist Empfänger der Transmittersignale, und die ausgelöste Potentialdifferenz hat als Verwertung zu gelten. Falls Transmitter durch Impulse freigesetzt werden (chemische → Synapse), ist der Sender der Impulse der axonale Hügel (→ Rezeptor) und der Empfänger dieser Signale die präsynaptische Endigung, die Transmitterfreisetzung die Verwertung. Als Kanal der freigesetzten Transmittermoleküle hat der synaptische Spalt zu gelten. Die Ethologie untersucht besonders *interorganismische K*. Dabei werden Signale von einem Organismus gebildet und freigesetzt, von einem anderen Organismus mit Hilfe der Sinnesorgane empfangen und verwertet, in dem Verhaltensreaktionen eintreten. Interorganismische K. findet bei der Realisierung aller Grundansprüche, Ernährung, Schutz und Fortpflanzung, z. B. im Balzverhalten, statt (→ Auslöser).

In allen Fällen haben Tatbestände nur dann die Bedeu-

Verschiedene Formen des Komfortverhaltens bei der Feldlerche (*Alauda arvensis*): *a* Sonnenbaden, *b* Schütteln, *c* Flügelputzen, *d* Schnabel- und Kopfwischen am Boden, *e* Regenbaden, *f* Flügel- und Beinstrecken (Rekelsyndrom), *g* Staubbaden, *h* Kopfkratzen, *i* simultanes Flügelstrecken (Rekelsyndrom)

tung von Signalen, wenn der Empfänger durch sie über den Tatbestand informiert wird. Die Zuordnung eines Signalvorrates zu Tatbeständen wird *Kodierung (Verschlüsselung)* genannt, beispielsweise ist in der Frequenz von Impulsen (Signalvorrat) von konduktilen Nervenmembranen der Erregungszustand des Neurons (Tatbestand) verschlüsselt.

Kommunikationstheorie, → Informationstheorie.

Komodowaran, *Varanus komodoensis,* bis 3 m Gesamtlänge (davon die Hälfte auf den Schwanz entfallend) und 135 kg Masse erreichender größter Waran, gleichzeitig die größte rezente Echse (Tafel 5). Der K. bewohnt nur die Insel Komodo und einige benachbarte winzige Inseln des Sundaarchipels. Er steht heute unter strengem Naturschutz. Der K. schlägt Beutetiere bis zur Größe eines Hirschkalbs und jungen Wildschweins. Das Weibchen legt seine bis 12 cm großen Eier in Erdgruben.

Kompartimente, 1) → Ökosystem. 2) → Membran.

Kompartimentierung, Aufteilung der Zelle, z. B. durch Biomembranen, in strukturell oder biochemisch abgegrenzte Reaktionsräume. Durch K. können erst nebeneinander und im geordneten Nacheinander die vielfältigen Stoffwechselprozesse ablaufen, die das Leben in kompliziertem Wechselspiel ermöglichen. Ein Beispiel für Umsetzungen, die plasmatische und nichtplasmatische Kompartimente einbeziehen, stellt z. B. der → diurnale Säurerhythmus dar.

Kompartment, ein Elementarbaustein eines Austauschsystems, der im Hinblick auf den untersuchten Stoff durch einen definierten Prozeß abgegrenzt und in sich gradientenlos ist. Die Abgrenzung eines K. kann räumlich durch eine Membran oder auch durch einen chemischen Prozeß erfolgen. Ein K. muß homogen sein. Diese Voraussetzung bedeutet für eine einfache Diffusion durch eine Zellmembran, daß die Diffusionsgeschwindigkeit im Plasma wesentlich größer ist als in der Membran. Besteht ein Austauschsystem aus mehreren K., so spricht man von einem *Multikompartmentsystem.*

Die zeitliche Änderung der Konzentration des untersuchten Stoffes wird durch lineare Differentialgleichungen 1. Ordnung mit Hilfe der Elementarflüsse beschrieben. Als zeitabhängige Lösung erhält man Exponentialausdrücke, in denen die Zeitkonstanten Kombinationen der Austauschkonstanten sind. Analog zur Elektrotechnik unterscheidet man auch hier zwischen Reihen- und Parallelschaltung von K. Der Endzustand eines Austauschsystems ist durch Kompensation aller Elementarflüsse ausgezeichnet. Dieser Endzustand ist unabhängig vom vorgegebenen Anfangszustand eines Austauschsystems. Diese Eigenschaft von Fließgleichgewichtssystemen wird als *Äquifinalität* bezeichnet. Der Endzustand hängt nur von den Austauschkonstanten ab. Damit ist es möglich, durch die Änderung der Reaktionsgeschwindigkeiten die Stoffkonzentrationen im Fließgleichgewicht zu regeln. Reale biologische Systeme sind häufig durch nichtlineare Regelmechanismen ausgezeichnet. Deshalb sind Aussagen der *Kompartmentanalyse* oft nur begrenzt auf biologische Systeme übertragbar. Experimentelle Anordnungen können aber so aufgebaut werden, daß eine solche Analyse möglich ist.

Kompaßpflanzen, *Meridianpflanzen,* bestimmte Pflanzenarten, bei denen in Anpassung an stark besonnte Standorte die Laubblätter infolge Torsion am Blattgrunde vertikal aufgerichtet und außerdem in Nord-Süd-Richtung gedreht sind. Dadurch sehen die Pflanzen wie gepreßt aus. Durch diese Blattstellung wird erreicht, daß die Blätter zur Zeit der höchsten Strahlungsintensität, d. h. mittags, mit ihren Kanten genau in Strahlungsrichtung stehen und die Blattflächen nur von dem schwächeren Morgen- und Abendlicht getroffen werden. Die Blattbewegungen werden durch Licht- und Wärmeeinflüsse gesteuert (→ Phototropismus, → Thermotropismus). Eine bekannte K. ist der Stachellattich, *Lactuca serriola,* häufig »Kompaßdistel« genannt (Abb.).

Kompaßpflanzen: Stachellattich (*Lactuca scariola*): *a* Ansicht in Nord-Süd-Richtung, *b* Ansicht von Osten oder Westen

Kompensationspunkt der Lichtintensität, → Lichtkompensationspunkt.

kompensierende Mutation, svw. Suppressormutation.

Kompetenz, → Induktion.

Kompetition, *Konkurrenzverhalten,* Verhalten, bei dem mehrere Individuen den speziellen Umweltanspruch auf dasselbe Verhaltensobjekt richten oder auf dieselben Ressourcen Anspruch erheben. Hier lassen sich *inner-* und *zwischenartliche* K. unterscheiden.

kompetitive Hemmung, → Hemmstoffe.

Komplementärgene, nichtallele Gene, die gemeinsam im Genotyp vorliegen müssen, um ein bestimmtes Merkmal zur Manifestierung zu bringen. → Mendelspaltung.

Komplementierung, funktionelle Ergänzung zwischen zwei Mutanten, die dann vorliegt, wenn beim Vergleich heterozygoter, heterokaryotischer oder heterogenoter Zellen, in deren Genotyp beide kombiniert vorliegen, mit Zellen, die jeweils nur eine Mutation enthalten, im ersten Fall die mutativ partiell oder vollständig blockierten biochemischen Funktionen restauriert werden bzw. die Enzymproduktion hier größer als die Summe der Produktion in den Zellen mit nur je einer Mutation ist. Zu unterscheiden sind zwei grundsätzlich verschiedene Komplementierungstypen: a) *Inter-Cistron-Komplementierung* (Inter-Gen-Komplementierung) liegt vor, wenn die beiden Mutationen in verschiedenen Funktionsgenen (Cistronen) eintreten. In diesem Fall erfolgt bei Kombination der Mutation in einer Zelle stets K.; das Phänomen wird damit erklärt, daß jedes Cistron die Struktur einer Polypeptidkette determiniert. Die Zelle ist unter diesen Umständen dann voll funktionsfähig, wenn jede Polypeptidkette in normaler Konfiguration durch wenigstens ein Funktionsgen hergestellt wird. Vollständige K. ist dabei dann zu erwarten, wenn die verschiedenen Polypeptidketten Teile eines Enzyms sind oder verschiedene Enzyme die gleiche Stoffwechselkette steuern.

b) *Intra-Cistron-Komplementierung* (Intra-Gen-Komplementierung oder Inter-Allele-Komplementierung) liegt vor, wenn die beiden Mutationen im gleichen Cistron eingetreten sind, in Transposition (→ Cis-Trans-Test) vorliegen und die gleiche Polypeptidkette beeinflussen. In diesem Fall tritt die Wiederherstellung der Enzymaktivität nur zwischen einigen Mutantenpaaren des Cistrons ein, und die Menge aktiven Enzyms (in der Regel sehr viel niedriger als

Komplementsystem

im Falle der Inter-Cistron-Komplementierung) ist vom jeweiligen kombinierten Mutantenpaar abhängig.

Unter der Voraussetzung, daß mutierte Allele, die einander nicht komplementieren, auf mutative, sich überlappende Defekte im gleichen Genbereich, solche, die einander komplementieren, auf Defekte in verschiedenen Bereichen zurückzuführen sind, lassen sich diese Beziehungen durch eine in der Regel lineare *Komplementierungskarte* darstellen, in der komplementäre Allelenpaare durch nichtüberlappende, nicht komplementäre durch überlappende Segmente bezeichnet werden. Die Komplementierungskarten lassen sich häufig mit der linearen Feinstruktur des Cistrons, die sich mit Hilfe der Rekombinationsanalyse erfassen läßt, korrelieren, obwohl keineswegs volle Übereinstimmung beider Karten existieren muß. Der Komplementierungsvorgang erfolgt im Bereich der primären Genwirkung und spielt sich aller Wahrscheinlichkeit nach zwischen den Produkten (defekten Polypeptiden) der mutierten Funktionsgene ab. Mit Hilfe gereinigter Enzympräparate konnte auch eine in-vitro-Komplementierung nachgewiesen werden. Besteht etwa ein funktionsfähiges Enzym aus zwei mit $\alpha\alpha$ bezeichneten Polypeptidketten, und führen zwei Mutationen im betreffenden Funktionsgen zu den modifizierten, inaktiven Polypeptidketten $\alpha_1\alpha_1$ und $\alpha_2\alpha_2$, dann können sich die defekten Untereinheiten α_1 und α_2, wenn beide Mutanten im Genotyp in Translage vorliegen, zu einem Enzym ($\alpha_1\alpha_2$) mit normaler oder herabgesetzter Aktivität ergänzen, wobei der Ergänzungsprozeß auf der Ebene der Proteine erfolgt. Ausfall der K. zwischen zwei Allelen wäre nach dieser Vorstellung unter anderem dann zu erwarten, wenn $\alpha_1\alpha_2$ nicht funktionsfähig sind.

Komplementsystem, ein unspezifisches Abwehrsystem des Körpers. Es besteht aus neun Faktoren, die nacheinander aktiviert werden und Entzündungsreaktionen sowie Zellzerstörungen auslösen können. Die Aktivierung des K. erfolgt bei entzündlichen Prozessen oder durch Antikörper. Aktivierung des K. kann die Effektivität von Phagozyten erheblich steigern.

Komplexauge, → Lichtsinnesorgane.

Komplexheterozygotie, Heterozygotie für zahlreiche Allelenpaare, die aufgrund besonderer genetischer und zytologischer Verhältnisse konstant erhalten bleibt. Die heterozygoten Allelenpaare sind durch reziproke, ebenfalls heterozygote Translokationen zu Komplexen vereinigt, und jeder komplexheterozygote Bastard enthält zwei, im Extremfall alle Chromosomen der den haploiden Chromosomensatz umfassenden Komplexe. Die Größe der Komplexe ist objektgebunden und hängt von der Zahl der eingetretenen Translokationen ab. Die K. bleibt dadurch erhalten, daß Letalfaktoren die Entstehung homozygoter Komplexe verhindern.

Komplexion, in der Anthropologie den Zusammenhang des Pigmentierungsgrades von Haut, Haar und Augen kennzeichnender Begriff. Die K. ist beim Menschen deutlich zu beobachten und als Anpassungserscheinung an verschiedene klimatische Verhältnisse aufzufassen. Die K. zeigt großräumige Übereinstimmungen und steht oft in keiner festen Beziehung zu sonstigen Rassenmerkmalen. Sie verändert sich z. B. in Europa von Nord nach Süd von hellen zu immer dunkleren Werten, eine Erscheinung, die auch in anderen Erdteilen beobachtet werden kann.

Komplon, eine Komplementierungseinheit, d. h. eine dem gleichen Cistron zugehörige Gruppe von Mutanten, die bei paarweisem Vorliegen im Genotyp in Translage nicht zur funktionellen Komplementierung ihrer mutativen Defekte führen.

Konchiferen, *Conchifera*, *Schalen-Weichtiere*, ein etwa 129000 Arten umfassender Unterstamm der Weichtiere, zu dem 5 Klassen mit einheitlicher oder zweiteiliger Schale gehören: Monoplacophoren, Schnecken, Grabfüßer, Muscheln, Kopffüßer.

Konchylie, svw. Concha.

Konchyliologie, → Malakozoologie.

konditionierte Reaktion, → bedingter Reflex.

konditionierter Reiz, → bedingter Reflex.

Kondor, → Geier.

konduktile Membran, zur Erregungsleitung befähigte Membran, → Rezeptor.

Konduktorin, in der Humangenetik eine Frau, die auf einem ihrer X-Chromosomen ein verändertes rezessives Gen besitzt, das bei ihr nicht oder nur zu einer sehr abgeschwächten Merkmalsausprägung führt. Bei Weitergabe dieses Gens an einen Sohn tritt jedoch das Merkmal (Krankheit) voll in Erscheinung. → Bluterkrankheit.

Kondylarthren, svw. Urhufer.

Konfidenzbereich, → Biostatistik.

Konfidenzintervall, → Biostatistik.

Konfusionsmethode, → biotechnische Bekämpfungs- und Überwachungsverfahren.

Konglobationen, → Organismenkollektiv.

Konidien, *Außen-, Ekto-, Exosporen,* asexuelle Sporen, die am Pilzmyzel durch Abschnürung entstehen.

Koniferen, → Nadelhölzer.

Koniferin, → Lignin.

Koniferylalkohol, → Lignin.

Königin der Nacht, → Kakteengewächse.

Königshuhn, → Fasanenvögel.

Königskerze, → Braunwurzgewächse.

Königskobra, *Riesenhutschlange, Ophiophagus hannah,* mit einer Höchstlänge von 5,50 m größte Giftschlange der Erde. Die K. ist von Vorder- und Hinterindien sowie Südchina bis zu den Sundainseln, dem Malayischen Archipel und den Philippinen verbreitet. Sie ist braun bis schwarz gefärbt und trägt schmale helle Rückenquerbinden. Der in Erregung gespreizte »Hut« (→ Kobras) ist länglich und nicht tellerförmig wie bei den echten Kobras. Die Hauptbeute der K. bilden Schlangen. Als Ausnahme unter den Giftnattern treibt das Weibchen Brutpflege, indem es sich um die in einem mit dem Vorderkörper zusammengerafften Laubhaufen abgelegten Eier ringelt. Die K. gehört zu den gefährlichsten Giftnattern der Erde, ihr Biß kann einen Elefanten töten.

Königslaubfrosch, *Hyla regilla,* über ganz Nordamerika verbreiteter → Laubfrosch mit sehr stark ausgeprägtem Farbwechselvermögen (grün – braun). Die bis 5 cm großen Weibchen legen den Laich in Klümpchen frei ins Wasser ab.

Königsnattern, *Lampropeltis,* bodenbewohnende nord- und mittelamerikanische → Nattern mit wenig vom Hals abgesetztem Kopf und glatten Schuppen. Die K. sind oft sehr auffallend gefärbt und gezeichnet. Die bis 2 m lange *Kettennatter, Lampropeltis getulus,* mit kontrastreicher Rauten- oder Kettenzeichnung bewohnt in mehreren Unterarten Mexiko und die südlichen USA. Andere Arten der K. sind rot-gelb-schwarz geringelt, sie werden *Falsche Korallenschlangen* genannt. Man nimmt an, daß diese Nachahmung der Warnfärbung der giftigen → Korallenschlangen auch den K. Schutz verleiht. Viele Vertreter der K. fressen neben kleinen Nagetieren auch Schlangen, die sie durch Umschlingen töten. Die K. sind eierlegend.

Königsschlange, svw. Abgottschlange.

Koniin, ein sehr giftiges Alkaloid mit Piperidingrundgerüst (→ Piperidin), das im Gefleckten Schierling, *Conium macu-*

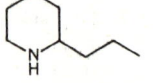

latum, vorkommt. K. lähmt das Rückenmark und die motorischen Nervenendungen der glatten Muskulatur; der Tod erfolgt durch Lähmung der Brustkorbmuskulatur bei vollem Bewußtsein. Mit K. wurden im antiken Griechenland die Todesurteile vollstreckt (Schierlingsbecher).
Konjugation, 1) → Befruchtung, → Fortpflanzung, → Ziliaten.

2) mit der Übertragung von Erbfaktoren verbundene Zusammenlagerung bei manchen Bakterien, z. B. dem Kolibakterium. Als *Spender-, Donor-* oder *F^+-Zellen* bezeichnete Zellen bilden F-Pili (→ Pili) aus, mit denen sie sich an *Empfänger-* oder *F^--Zellen* anheften. Die Spendereigenschaft wird bestimmt durch ein → Plasmid, den *F-Faktor* (F = Fertilität). Bei der K. wird der F-Faktor nach Verdopplung in der Spenderzelle in die Empfängerzelle übertragen. Diese wird dadurch ebenfalls zu einer Spenderzelle.

In manchen Zellen ist der F-Faktor mit dem Bakterienchromosom verbunden. In diesen Fällen können bei der K. auch Teile des Bakterienchromosoms in die Empfängerzelle übertragen werden, so daß es zu einer Rekombination der Erbeigenschaften von Spender und Empfänger kommt. Diese Spenderzellen werden deshalb als Hfr-Zellen bezeichnet (Hfr ist die Abk. von high frequency of recombination, d. h. hohe Rekombinationsrate). Mit Hilfe der K. konnte die Lage und Reihenfolge verschiedener Erbfaktoren auf dem Bakterienchromosom bestimmt werden.
Konkauleszenz, → Sproßachse.
Konkordanz, in der Genetik die Übereinstimmung in bezug auf ein Merkmal, z. B. eine Krankheit bei Zwillingen.
Konkurrenz, Wettbewerb von Organismen um den Anteil an einer begrenzten Ressource (z. B. Nahrung, geeigneter Wohnraum, Geschlechtspartner u. a.). Diese Form der Beziehung zwischen Organismen gilt als wichtiger dichteabhängiger Faktor (→ Umweltfaktoren). Da sich mit zunehmender Populationsdichte (→ Abundanz) der Konkurrenten die Ressource in steigendem Maße verknappt, wird durch K. das Wachstum von Populationen reguliert. Die K. zwischen Angehörigen einer Art (*intraspezifische K.*) ist ein wichtiger Faktor für die Auslese geeigneter Genotypen (→ Selektion), senkt aber gleichzeitig die duchschnittliche Überlebenschance insgesamt. Die Minderung der intraspezifischen K. durch Nischentrennung (→ Nische) ist daher eine wichtige ökologische Strategie, die zur Entwicklung neuer Arten führt. Während sich die intraspezifische K. auf alle entsprechenden Nischendimensionen erstreckt, ist die *interspezifische K.* (K. zwischen Angehörigen verschiedener Arten) meist auf eine oder wenige Dimensionen beschränkt. So können Räuber bei Auftreten eines überlegenen Konkurrenten (→ K-Stratege) die »Vorzugsbeute« durch eine »Ausweichbeute« ersetzen bzw. in Gebiete ausweichen, die für den Konkurrenten nicht nutzbar sind.
Konkurrenz-Ausschluß-Prinzip, *Gause-Volterrasches Gesetz*, eine Regel, die besagt, daß je ähnlicher die Umweltansprüche zweier konkurrierender Arten sind, um so geringer die Möglichkeit ist, daß beide dauerhaft miteinander den gleichen Lebensraum besiedeln. Es wird sich immer eine Art als stärkerer → K-Stratege erweisen und die andere verdrängen.
Konkurrenzverhalten, svw. Kompetition.
konnektionistisches Lernen, → Lernformen.
Konnektiv, 1) → Gehirn, → Nervensystem. 2) → Blüte.
Konnex, → biozönotischer Konnex.
Konodonten [lat. conus 'Kegel', griech. odon 'Zahn'], *Conodontochordata*, 0,2 bis 4 mm große, gelbe bis dunkelbraune, aus phosphor- und kohlensaurem Kalk bestehende Fossilien. Ihre systematische Stellung ist bis heute noch nicht völlig geklärt. Es werden drei Typen unterschieden: Einzelzähne (Oberkambrium bis Silur), Plattform-Konodonten (Ordovizium bis Trias), Zahnreihen-Konodonten (Ordovizium bis Trias). Im Gestein treten sie meist isoliert oder selten paarweise in eigenartigen Apparaten auf. Nach der Innenstruktur werden lamellar und faserig aufgebaute K. unterschieden. Die K. gehören zu einem nektonischen oder pseudoplanktischen, bilateral organisierten Tier. Sie werden als Stützelemente in Greif- und Filterorganen wurmartiger Tiere gedeutet.
Verbreitung: weltweit vom Oberkambrium bis Trias. Die K. sind wichtige Leitfossilien für eine stratigraphische Feingliederung des Paläozoikums, da sie weltweit einem raschen Formenwandel in der Erdgeschichte unterlagen.

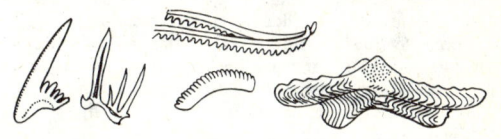

Einige morphologisch bedeutende Konodonten, z. T. Leitformen

Konsoziation, eine besonders von skandinavischen Pflanzensoziologen verwendete Vegetationseinheit, die sich auf einen mehrschichtigen Pflanzenbestand bezieht, der nur in einer Schicht eine Dominante (herrschende Art) hat, durch deren Vorherrschen er sich von ähnlichen Pflanzenbeständen unterscheidet. → Soziation.
Konstanz, → Präsenz.
Konstitution, die jedem Organismus eigene, in der Anlage ererbte, durch Umwelteinwirkung beeinflußbare Körperverfassung. Nach der körperlichen und psychischen Beschaffenheit eines Menschen werden verschiedene → Konstitutionstypen unterschieden.

Unter *Jahreszeitenkonstitution* wird die menschliche jahreszeitliche Rhythmik (zirkannuale Rhythmik) verstanden, die von geophysikalischen Periodizitäten gesteuert wird, also von Wetter und Klima, jahreszeitlich bedingten Ernährungsgegebenheiten, Sonnenrhythmik, Mondphasen u. a. abhängig ist. Auf das mögliche Vorhandensein endogener zirkannualer Rhythmen weisen unter anderem folgende Gegebenheiten hin: jahreszeitliche Schwankungen im Gewichtsansatz, Wachstum, Blutdruck, in der Intensität des Schlafes, der Magensaftsekretion, der geistigen Leistungsfähigkeit, im Auftreten innersekretorischer Störungen und periodischer Involutionsdepressionen. Über die von der tageszeitlichen Rhythmik abhängige Körperverfassung → Tageszeitenkonstitution.
Konstitutionstypus, *Körperbautypus*, durch die Summe aller anatomischen und physiologischen Eigenschaften geprägte Erscheinungsform des menschlichen Organismus, die auf dem Zusammenwirken von Erbanlagen und Umwelteinflüssen beruht, ohne daß dabei nur flüchtig auftretende Modifikationen berücksichtigt werden. Die einen bestimmten K. auszeichnenden Merkmale sind nicht gleichbedeutend mit Rassenmerkmalen. Den zahlreichen Systemen von K. liegen vor allem Korrelationen zwischen morphologischen, physiologischen, funktionellen, psychischen und pathologischen Merkmalen zugrunde. Im Bereich der normalen Biologie des Menschen sind in erster Linie die einzelnen ontogenetischen *Entwicklungstypen* von Interesse, zu denen auch die Geschlechtstypen und die K. der Erwachsenenform gehören.

Die nachgeburtliche Entwicklung des Menschen verläuft in körperlicher und psychischer Hinsicht in einer Anzahl mehr oder weniger ausgeprägter Phasen, die eine gewisse Altersabhängigkeit aufweisen. Im einzelnen können folgende Hauptphasen unterschieden werden: Säuglings-,

Konstitutionstypus

Kleinkind-, Schulkind-, Reifungs-, Leistungs-, Rückbildungs- und Greisenalter. Beim *Säuglingstypus* sind im Vergleich zu den Proportionen des Erwachsenen die Arme und Beine relativ kurz, während Kopf und Rumpf relativ groß sind. Das während der vorgeburtlichen Entwicklung sehr rasch verlaufende Wachstum von Körperlänge und Masse setzt sich auch im Säuglingsalter (1. Lebensjahr) bis zu einem gewissen Grade fort und verlangsamt sich erst deutlich gegen Ende dieser Periode. Auch der *Kleinkindtypus* ist im wesentlichen noch durch einen übergroßen Kopf, einen relativ langen, walzenförmigen Rumpf, noch schwache Wirbelsäulenkrümmungen, einen kurzen Hals und kurze Extremitäten mit wenig abgesetzten Gelenken und ausgeprägten Fettpolstern ausgezeichnet (Abb. 1). Zwischen dem 5. und 7. Lebensjahr erfolgt ein deutlicher *Gestaltwandel*, aus dem der *Schulkindtypus* hervorgeht. Bei diesem wirkt der Kopf im Verhältnis zum übrigen Körper schon wesentlich kleiner, das Gesicht, besonders im Zusammenhang mit dem eintretenden Zahnwechsel das Untergesicht, kräftiger und profilierter, der Brustkorb ist abgeflachter, die Wirbelsäulenkrümmungen sind ausgeprägter und die Extremitäten relativ länger und schlanker (Abb. 1).

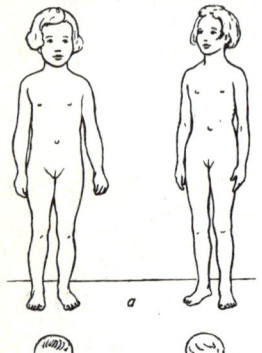

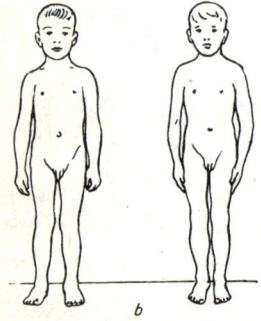

1 Kleinkind- und Schulkindtypus: a gleichaltrige Mädchen von 5 ¾ Jahren: *links* Kleinkindtypus, *rechts* Schulkindtypus; *b* Knabe im Alter von 3 und 7 Jahren. Alle auf gleiche Größe gebracht

Etwa zwischen dem 11. und 12. Lebensjahr kommen die Mädchen und zwischen dem 12. und 13. Lebensjahr die Knaben in das *Reifungsalter*. Es ist durch einen auffälligen Längenwachstumsschub, von dem vor allem die Extremitäten betroffen sind, und durch das Auftreten der sekundären Geschlechtsmerkmale gekennzeichnet. Die einzelnen *Reifezeichen* erscheinen normalerweise in einer gewissen Reihenfolge; bei den **Mädchen**: Breiterwerden des Beckens, Entwicklung der Brüste, Auftreten der Schambehaarung, Auftreten der Achselbehaarung, Menarche; bei den **Knaben**: Vergrößerung der Hoden und des Geschlechtsgliedes, Behaarung der Schamgegend und der Oberlippe, Beginn des Stimmwechsels, Schwellung des Brustwarzenhofes, Hervortreten des Schildknorpels und Beendigung des Stimmwechsels, Ausbildung der Achselbehaarung, erste Pollutionen. Im Verlauf eines zweiten Gestaltwandels verändern sich dabei die Körperproportionen vom *Pubeszenztypus* in Richtung auf den *Maturitätstypus*, der nach dem Abschluß des Körperwachstums (Frauen etwa im 18. und Männer im 20. Lebensjahr) erreicht wird (Abb. 2).

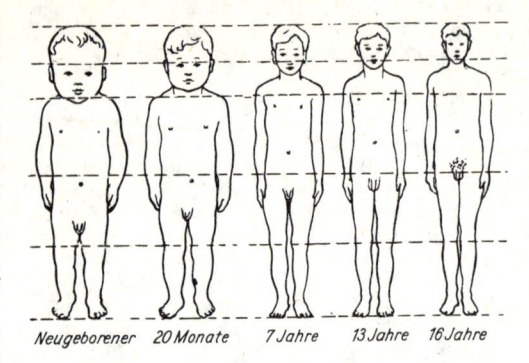

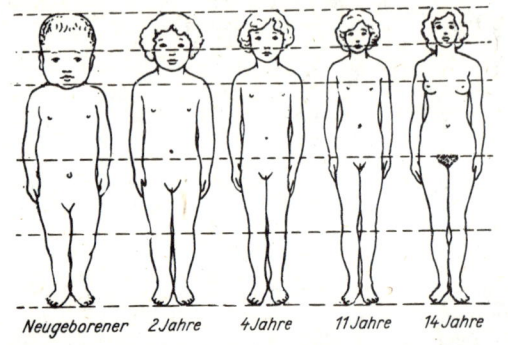

2 Die Veränderungen der Körperproportionen während des Wachstums (nach Conrad 1963)

Die Entwicklungsvorgänge werden in erster Linie durch ein kompliziertes Zusammenspiel von Hormonen der Schilddrüse, der Thymusdrüse und des Hypophysenvorderlappens sowie durch die Tätigkeit der Keimdrüsen und des Zwischenhirns reguliert. In gewisser Wechselwirkung mit den biologischen Veränderungen vollziehen sich dabei altersspezifische Wandlungs- und Reifevorgänge auch im psychischen Bereich.

Der Lebensabschnitt mit optimaler Leistungsfähigkeit wird als *Leistungsalter* bezeichnet. Der diese Phase kennzeichnende Maturitätstypus ist einerseits durch die voll ausgeprägten Geschlechtsunterschiede (*Geschlechtstypen*) und andererseits durch eine große individuelle Vielfalt des Erscheinungsbildes gekennzeichnet.

Die Konstitutionsforschung am erwachsenen Menschen hat zur Aufstellung verschiedener Typensysteme geführt, von denen das von Kretschmer entwickelte das bekannteste ist, nicht zuletzt deswegen, weil er enge Zusammenhänge zwischen seinen Körperbautypen und den Temperamenten sowie bestimmten Formen geistig seelischer Erkrankungen aufzeigen konnte.

Kretschmer unterscheidet drei K.: den Leptosomen, den Pykniker und den Athletiker (Abb. 3). Die *Leptosomen* weisen überdurchschnittlich häufig ein schizothymes (empfindlich, feinsinnig) Temperament und eine Disposition zur Schizophrenie auf. Bei den *Pyknikern* überwiegt das zyklotyme (Wechsel der Stimmungslage vom Heiteren zum Traurigen) Temperament und die Neigung zum manisch-depressiven Irresein, während bei den *Athletikern* oftmals ein visköses Temperament, mangelnde Wendigkeit und genuine (erbliche) Epilepsie auftreten. Der Nachteil des Ty-

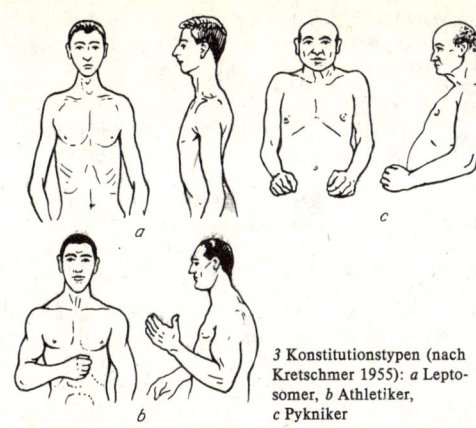

3 Konstitutionstypen (nach Kretschmer 1955): *a* Leptosomer, *b* Athletiker, *c* Pykniker

pensystems von Kretschmer und auch von verschiedenen anderen Autoren besteht darin, daß nur annähernd reine Typen gut klassifizierbar sind. Diese machen aber höchstens 10% der Bevölkerung aus. Einen Fortschritt stellen daher z. B. die Typensysteme von Sheldon und Conrad dar, die auch eine Diagnose von Zwischen- oder Kombinationstypen erlauben. Sheldon unterscheidet ebenfalls drei Grundtypen, den *endomorphen*, den *mesomorphen* und den *ektomorphen K.*, die er – nicht ganz berechtigt – mit den drei Keimblättern in Verbindung bringt (Abb. 4). Nach seiner Vorstellung sind die endomorphe, die mesomorphe und die ektomorphe Komponente in wechselndem Anteil am Aufbau des Individuums beteiligt. Eine genauere Charakterisierung des Individuums wird durch die Unterscheidung von jeweils 7 verschiedenen Ausprägungsgraden der Einzelkomponenten möglich. Conrad sieht im K. den Schnittpunkt von zwei weitestgehend unabhängigen Variantenreihen, den zwischen den Polen leptosom und pyknisch variierenden Primärvarianten und den sich zwischen hypoplastisch und hyperplastisch erstreckenden Sekundärvarian-

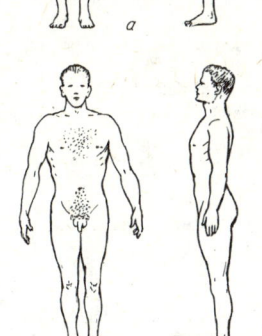

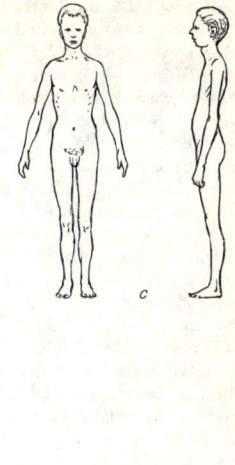

4 Konstitutionstypen (nach Sheldon): *a* Endomorpher, *b* Mesomorpher, *c* Ektomorpher

ten. Dabei wird ein enger Zusammenhang zwischen den Primärvarianten und den ontogenetischen Entwicklungstypen angenommen. »In seinen morphologischen Proportionen verhält sich der pyknomorphe zum leptomorphen Körperbau wie eine ontogenetisch frühere zu einer ontogenetisch späteren Proportionsstufe.« Gleichartige Beziehungen lassen sich auch in physiologischer Hinsicht nachweisen. Die Individualdiagnose ist – wie auch bei Sheldon – auf metrischem Wege möglich, wobei jede Person letztlich durch eine einfache Formel charakterisierbar ist.

Hauptmerkmale der Körperbautypen nach Kretschmer

	Leptosomer	Pykniker	Athletiker
Rumpfproportionen	Flacher, langer Brustkorb. Spitzer Rippenwinkel. Relativ breites Becken.	Kurzer, tiefer gewölbter Brustkorb. Stumpfer Rippenwinkel.	Breite, starke Schultern. Trapezförmiger Rumpf mit relativ schmalem Becken.
Oberflächenrelief	Hager oder sehnig mit wenig Unterhautfettgewebe.	Runde, weiche Formen infolge gut ausgebildeten Fettgewebes.	Kräftiges, plastisches Muskelrelief auf derbem Knochenbau.
Extremitäten	Lange, dünne Extremitäten mit langen, schmalen Händen und Füßen.	Weiche, relativ kurze Extremitäten. Zartknochige, kurzbreite Hände und Füße.	Kräftige, derbe Arme und Beine. Große Hände und Füße. Eventuell Akrozyanose.
Kopf und Hals	Relativ kleiner Kopf. Langer, dünner Hals.	Relativ großer, abgerundeter Kopf. Flache Scheitelkontur. Kurzer, massiver Hals.	Derber Hochkopf. Freier, kräftiger Hals mit schrägem, straff gespanntem Trapezius.
Gesicht	Blasses, schmales Gesicht, verkürzte Eiform. Spitze, schmale Nase. Eventuell Winkelprofil.	Weichplastisches, breites, gerötetes Gesicht. Schwache Profilbiegung.	Derbes knochenplastisches Gesicht mit Betonung der Akren. Steile Eiform.
Behaarung	Derbes Haupthaar. Eventuell Pelzmützenhaar. Schwache Terminalbehaarung.	Zartes Haupthaar. Neigung zu Glatzenbildung. Mittlere bis kräftige Terminalbehaarung.	Kräftiges Haupthaar. Indifferente Terminalbehaarung.

Konstriktion

Der im Leistungsalter realisierte K. erfährt in den folgenden Lebensabschnitten in der Regel nur geringfügige Modifikationen, welche die Grundform nicht verändern. Im *Rückbildungsalter* kommt es jedoch zu ersten sichtbaren körperlichen Rückbildungserscheinungen und Leistungsminderungen, ohne daß dadurch die Arbeitsfähigkeit wesentlich beeinträchtigt wird. Überwiegen die körperlichen Abbauerscheinungen und tritt ein erheblicher Rückgang der Arbeitsfähigkeit ein, dann ist das biologische *Greisenalter* erreicht. Die Grenzen zwischen dem Leistungsalter und dem Rückbildungsalter sowie zwischen diesem und dem Greisenalter sind mehr oder weniger fließend und können in Abhängigkeit von der individuellen Veranlagung und der Beanspruchung in sehr verschiedenen Lebensaltern erreicht werden. Tab. auf S. 463.

Konstriktion, → Gefäßtonus, → Kreislaufregulation.

Konsumenten, → Nahrungsbeziehungen.

Kontaktfeld, Ereignisfeld des Verhaltens, das nach Eintreffen auslösender Reize (→ Kennreiz) gegeben ist und durch den physischen Kontakt mit dem Bezugsobjekt gekennzeichnet wird. Das dabei vollzogene Verhalten wird → Endhandlung genannt, weil damit eine Verhaltensbereitschaft aufgehoben wird. Ein typisches Beispiel wäre die Nahrungsaufnahme, die Kontakt mit den Nahrungsobjekten voraussetzt.

Kontaktgesellschaft, an eine Pflanzengesellschaft räumlich unmittelbar angrenzende Gesellschaft, oftmals eine → Ersatzgesellschaft. Das Studium der K. kann Angaben über standörtliche Beziehungen zwischen verschiedenen Pflanzengesellschaften ergeben und oft auch Schlüsse auf Entstehung oder Herkunft von Pflanzengesellschaften ermöglichen.

Kontaktkommunikation, → Telekommunikation.

Kontaktpräparat, *Klatschpräparat,* ein zur mikroskopischen Untersuchung von Mikroorganismen oder mikroorganismenhaltigen festen Substraten dienendes Präparat. K. werden durch unmittelbaren Kontakt eines Objektträgers, eines Deckglases oder einer Folie mit dem Untersuchungsmaterial erhalten, z. B. durch Aufdrücken auf Lebensmittel, wie Fleisch, Butter u. dgl. Die K. können, meist fixiert und gefärbt, direkt im Mikroskop untersucht werden.

Kontaktreize, svw. Berührungsreize.

Kontakttyp, Tierarten, die auch ohne funktionelle Erfordernisse ihre Individualdistanz bis zum körperlichen Kontakt verringern. Oft sind das Ruheverhalten und die Anordnung der Individuen dabei ein guter Indikator für den K. oder den → Distanztyp.

Kontaktüberempfindlichkeit, eine Form der → Allergie. Sie wird durch Allergene ausgelöst, die meist durch die Haut eindringen. Diese niedermolekularen Substanzen, z. B. Chromate, Nickel, Pikrylchlorid, verbinden sich mit Hautproteinen und werden so zum Antigen, das die Sensibilisierung (Immunisierung) des Körpers auslöst. Bei erneutem Kontakt mit dem Antigen kommt es infolge der zahlreichen aktivierten Lymphozyten, die mit dem Antigen reagieren und verschiedene Stoffe, die *Lymphokine,* abgeben, zu Hautrötungen bis hin zu Zerstörungen ganzer Hautbezirke. K. spielt als Berufserkrankung in einigen Industriezweigen, z. B. Leder- und Farbenindustrie, eine Rolle.

Kontaktzone, → Plasmamembran.

Kontamination, Verunreinigung, z. B. mit radioaktiven Stoffen oder mit Mikroorganismen. Letzteres liegt z. B. vor, wenn sterile Geräte duch Bakterien infiziert wurden oder wenn in eine Reinkultur Fremdkeime, d. h. Keime eines anderen Stammes, geraten.

Kontinentalverschiebungshypothese, *Drifthypothese,* Hypothese zur Erklärung der gegenwärtigen Verteilung der Kontinente und Ozeane und verschiedener Befunde der Erd- und Lebensgeschichte. Alfred Wegener ging bei der 1915 in der Erstfassung veröffentlichten Hypothese von der Tatsache aus, daß die Westküsten der Alten Welt mit den Ostküsten der Neuen Welt in ihrem Verlauf eine auffallende Kongruenz aufweisen (Abb.). Die Landmassen der Erde waren nach Wegener nicht immer so verteilt wie gegenwärtig, sondern bildeten ursprünglich einen geschlossenen Urkontinent (Pangäa). Die Kontinentalscholle blieb während des Paläozoikums und des größten Teils des Mesozoikums (→ Erdzeitalter) im Zusammenhang. Erst im jüngeren Mesozoikum vor rund 250 Mill. Jahren in der Jurazeit begann sich dieser Block allmählich und unterschiedlich stark aufzuspalten. Zuerst trennten sich Australien und die Antarktis von Afrika/Asien ab, blieben aber mit Südamerika noch verbunden. Später bildete sich ein von Nord nach Süd verlaufender Spalt zwischen Afrika und Südamerika, der etwa in der mittleren Kreide zur Trennung dieser Kontinente und zur Entstehung des Atlantiks führte. Zu jener Zeit trennten sich auch Indien von Afrika und Australien von der Antarktis. Ein besonders intensives Auseinanderweichen der Kontinente erfolgte vor allem im Alttertiär. Die Antarktis trennte sich von Südamerika erst im Pleistozän, ebenso Nordamerika von Grönland und dieses von

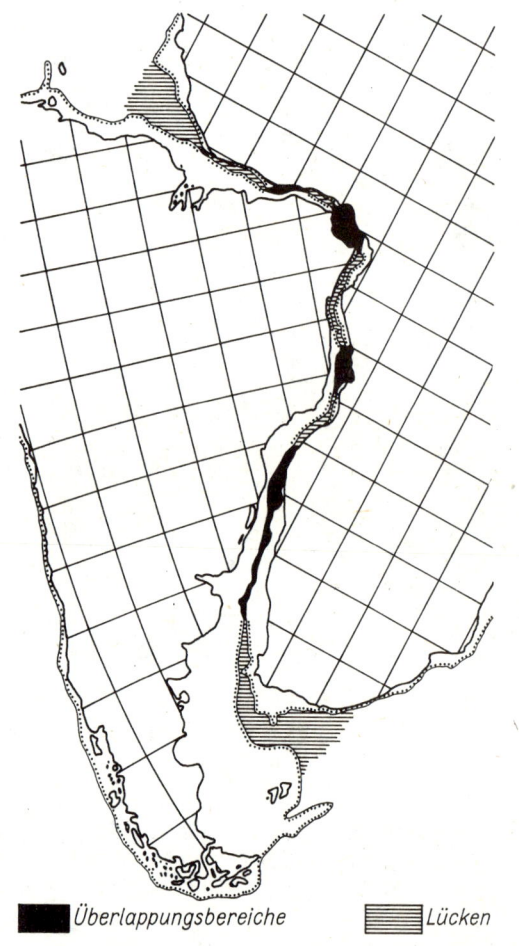

■ Überlappungsbereiche   ≡ Lücken

1 Nach Computerberechnungen mögliche Anordnung der Kontinente vor der Öffnung des Atlantiks

Kontinentalverschiebungshypothese

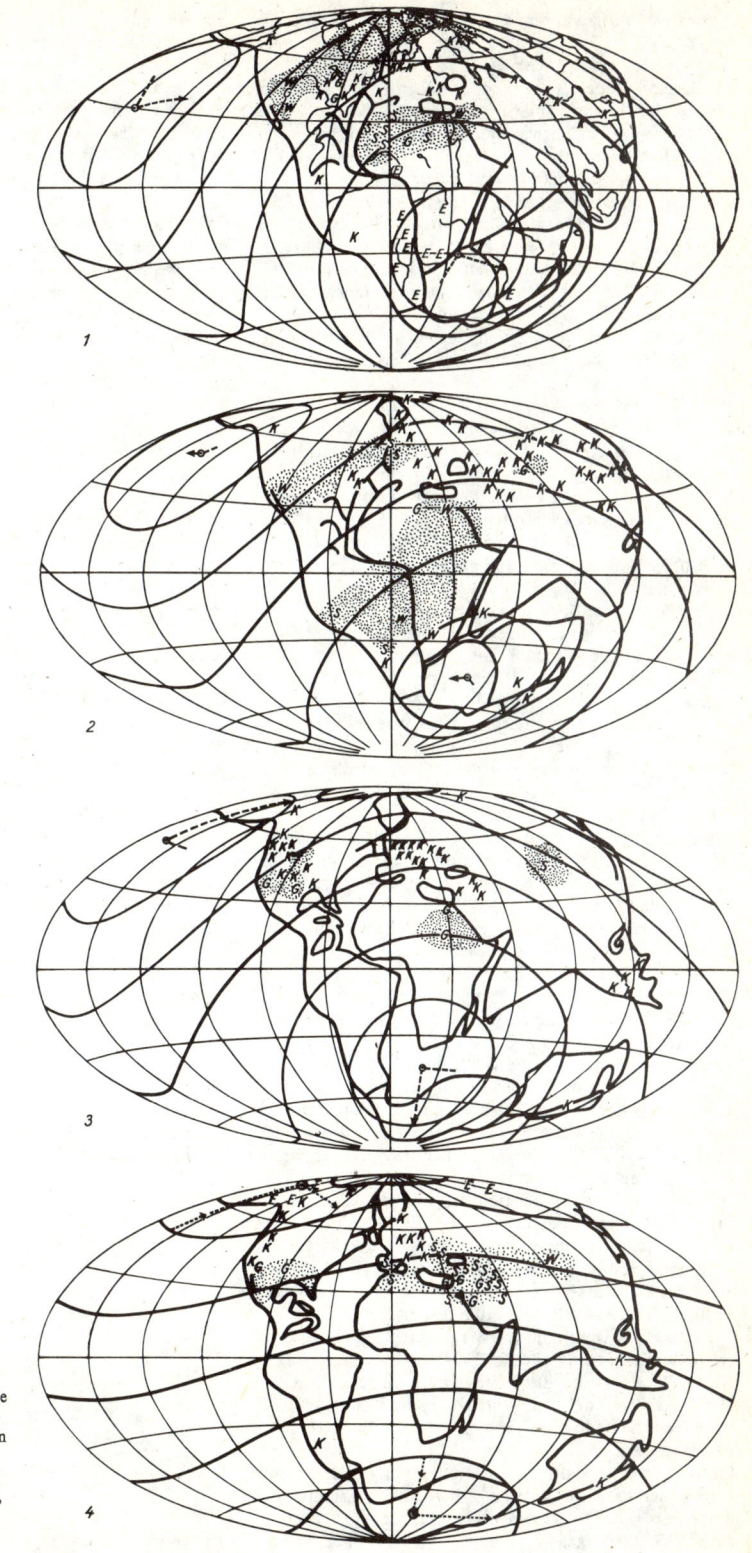

2 Kontinentalverschiebungshypothese: Lage der Kontinente und Pole zu verschiedenen Zeiten der Erdgeschichte nach Wegener (aus Köppen und Wegener): *1* im Karbon, *2* im Jura, *3* im Eozän, *4* im Miozän. *E* Vereisungsspuren, *G* Gips, *K* Kohle, *S* Salz, *W* Wüstensandstein; punktierte Räume = Trockengebiete

Europa (Abb.). Es entstanden dabei neue Ozeane, wie Atlantik und Indik. Wie Entfernungsmessungen zeigten, scheint dieses Auseinanderweichen der Kontinente auch in der Gegenwart noch anzuhalten. Zwischen Washington und Paris wird eine Entfernungszunahme von 0,32 ±0,08 m je Jahr und zwischen Europa und Grönland sogar eine von 36 m je Jahr angegeben.

Die Auffassung vom früheren Zusammenhang der Kontinente und von einem späteren horizontal-tangentialen Auseinanderdriften vermag ohne weitere Hilfshypothesen einige geologische Tatsachen zu erklären, z. B. daß die alten Faltengebirge der Alten Welt sich in der Neuen Welt gerade dort fortsetzen, wo es bei Annahme einer einheitlichen Landmasse zur Zeit ihrer Bildung zu erwarten ist (Kap- und Kamerungebirge und entsprechende Fortsetzungen in Südamerika; die karbonischen Falten von West- und Mitteleuropa setzen sich in den Appalachen fort; die geologischen Verhältnisse Norwegens entsprechen denen Ostkanadas.). Das tertiäre Atlasgebirge findet dagegen in Amerika keine Fortsetzung, da hier die Verbindung schon vor der Entstehung abgebrochen war.

Ganz entsprechende Belege für die K. liefert die gegenwärtige Verbreitung vieler Pflanzen- und Tiersippen. Viele der bekannten Disjunktionen finden durch die K. die bisher einzige und ungezwungene Erklärung.

Nach der K. stellen die Kontinente Schollen von etwa 100 km Mächtigkeit dar, die aus leichteren, kieselsäurereichen, gneis- und granitartigen Gesteinen bestehen, deren Hauptbestandteile Silizium und Aluminium sind; diese Schollen werden danach als Sial bezeichnet. Sie schwimmen auf dem schweren Sima (Hauptbestandteile Silizium und Magnesium) »wie Eisschollen im Wasser«. Die Sialschollen ragen nur etwa 4,8 km aus dem Sima heraus. Damit in Übereinstimmung steht die Höhenstatistik der Erdrinde, die ein Maximum bei +100 m und ein zweites bei −4700 m aufweist.

Wegener nimmt außerdem noch Polarverlagerungen an; sie bilden einen integralen Bestandteil der K. So soll sich der Südpol während des Karbons nahe der Südspitze Afrikas befunden haben; der Nordpol lag dementsprechend tief im Pazifischen Ozean. Diese Pollage gibt zusammen mit der von Wegener postulierten Kontinentverteilung eine ungezwungene Erklärung für die Verbreitung der Steinkohlenvorkommen, die sich nur unter tropischen Klimaverhältnissen gebildet haben können, wie auch für die permischen Vereisungsspuren in Südafrika u. a. Der Nordpol wanderte nach dem Karbon zuerst nach Osten, bog dann nach Norden um und kam nach Überquerung des Nord-Ost-Teiles des amerikanischen Kontinents etwa im Miozän, dann im Spättertiär über das nördliche Eismeer in die gegenwärtige Lage (Abb.). Diese Polwanderung bedingte den spättertiären Florenwechsel, der aus vielen Funden bekannt ist.

Gegen die K. wurden besonders von geologischer und geophysikalischer Seite mannigfache Einwände vorgetragen. Sie ist jedoch die einzige Hypothese, die bisher für viele arealkundliche und paläobotanische Tatsachen eine einfache Erklärung zu geben vermochte, auch wenn sich nicht alle Befunde mit ihrer Hilfe deuten lassen.

Lit.: W. Köppen u. A. Wegener: Die Klimate der geologischen Vorzeit (Berlin 1924); M. Schwarzbach: Alfred Wegener und die Drift der Kontinente (Stuttgart 1980); A. Wegener: Die Entstehung der Kontinente und Ozeane (5. Aufl. Braunschweig 1936); E. Wegener: Alfred Wegener (Wiesbaden 1960).

kontinuierliche Kultur, eine Kultur von Mikroorganismen, in der die Zellen über lange Zeit unter konstanten Bedingungen gehalten werden und somit in der logarithmischen Phase der Wachstumskurve verbleiben. Die k. K. sind notwendig für viele physiologische Untersuchungen und für Produktionsverfahren in der technischen Mikrobiologie. Eine k. K. wird erreicht, wenn z. B. einer Bakterienkultur ständig neue Nährlösung zugeführt und gleichzeitig Bakteriensuspension mit verbrauchter Nährlösung abgelassen wird. Der *Chemostat* ist ein Kulturgefäß, dem die Nährlösung mit konstanter Rate zufließt. Sie reguliert durch die Konzentration eines Nährstoffes das Wachstum der Kultur. Der *Turbidostat* ist ein selbstregulierendes System; über einen Trübungsmesser wird der Nährlösungszulauf im Kulturgefäß geregelt und damit die Zelldichte (Trübung) ständig konstant gehalten.

kontraktile Mikrofilamente, → Aktin, → Endozytose.

kontraktile Vakuole, *pulsierende Vakuole,* Zellorganell aller wandlosen Süßwasserprotisten, das vermutlich überwiegend der Osmoregulation dient. Das aufgrund des höheren osmotischen Wertes der Zellen ständig eintretende Wasser wird durch die k. V. aus den Zellen herausgepumpt. Diese Vakuole saugt Wasser aus dem Zytoplasma an (Diastole); dabei ist sie mit Zisternen des agranulären endoplasmatischen Retikulums und mit kleineren Vakuolen verbunden. In der folgenden Systole wird das Wasser durch ein kontraktiles System nach außen gedrückt, und dabei sind die Verbindungen zum zuleitenden endoplasmatischen Retikulum bzw. zum Vakuolensystem unterbrochen.

Kontrastierung, Methode zur Steigerung des Kontrastes elektronenmikroskopischer Präparate durch Anlagerung von Schwermetallen an biologische Strukturen. Die K. erfolgt während der Fixierung durch Osmiumtetroxid oder Kaliumpermanganat, während der Entwässerung durch Uransalze oder am Ultradünnschnitt mit Uran- oder Bleisalzen.

Kontrollgruppe, → Biostatistik.

Kontrollversuch, → Biostatistik.

Konvallatoxin, ein herzwirksames Glykosid aus den Blüten und Blättern des Maiglöckchens, *Convallaria majalis,* deren Giftigkeit es zusammen mit anderen Glykosiden bedingt. K. enthält als Aglykon k-Strophanthidin (→ Strophanthine), das an L-Rhamnose als Zuckerkomponente gebunden ist.

Konvektion, Transportvorgang durch Strömung in Flüssigkeiten und Gasen. Durch größere Konzentrations- und Temperaturunterschiede bildet sich eine Strömung aus, die zum Transport einer gelösten Substanz genutzt werden kann. Für große Entfernungen ist die K. effektiver als die → Diffusion. K. ist für den Transport auf zellulärer Ebene im Axon und in Gestalt der Protoplasmaströmung sowie in allen aquatischen und terrestrischen Ökosystemen von großer Bedeutung.

Konvergenz, *1)* Formähnlichkeit ursprünglich ganz verschieden gestalteter Organe oder Organismen als Ergebnis

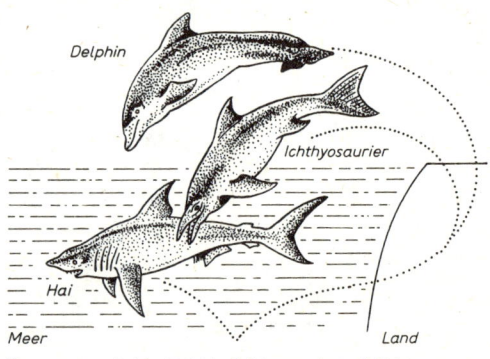

Konvergenz zwischen Delphin, Ichthyosaurier und Hai

stammesgeschichtlicher Entwicklung unter gleichartigen Umweltbedingungen, z. B. Ähnlichkeit der Körperform bei Fischen und wasserlebenden Säugern (Walen).
2) → Schaltung.

Konvergenz-Divergenz-Prinzip, → Neuron.

Konversion, 1) *Genkonversion,* die bei Vorliegen eines heterozygoten Allelenpaares (+a) unter dem Einfluß des einen Allels erfolgende Veränderung (Mutation) des anderen in gerichteter (von +a nach aa oder ++) oder ungerichteter Form (von +a nach etwa a'a oder a"a). Zu unterscheiden sind meiotische und somatische K. Auf den Eintritt *meiotischer K.* darf geschlossen werden, wenn nach normalem Meioseablauf bei Heterozygotie für das betreffende Allelenpaar vom 2:2-Verhältnis (+,+,a,a) abweichende Gonenverhältnisse (4:0; 3:1; 1:3; 0:4) in einer Häufigkeit auftreten, die größer als die spontane Mutationsrate des konvertierenden Allels ist. Zum Nachweis *somatischer K.* sind Gene erforderlich, deren Allele sich in leicht nachweisbarer Form in den Körperzellen manifestieren und wobei die heterozygote und jene homozygote Konfiguration, in deren Richtung die K. erfolgt, an ihrer Wirkung unschwer zu unterscheiden sind. Genkonversion wird durch DNS-Reparatur-Enzyme katalysiert.

2) *lysogene K., virusinduzierte K.,* unter dem Einfluß des Genoms eines Bakteriophagen oder eines anderen Virus erfolgende Ausbildung typischer Merkmale durch die infizierten Zellen. Beispielsweise erfolgt die Bildung des Diphtherie-Toxins nur unter Kontrolle eines Bakteriophagen-Genes.

Konzentrationseffekt, → Donnan-Prinzip.

konzentrische Leitbündel, → Leitgewebe, → Sproßachse.

Konzeptakeln, bei der Braunalgengattung *Fucus* krugförmige Einsenkungen an den etwas angeschwollenen Enden der Thalluszweige, in denen zwischen sterilen Haaren, den Paraphysen, die Antheridien und Oogonien stehen.

Kooperation, im evolutionsbiologischen Verhaltenskonzept auf Verhaltensweisen bezogen, bei denen das kooperierende Individuum die eigene Fitness und jene des Empfängers (Akzeptors) erhöht.

Kopale, Sammelbezeichnung für sehr harte, bernsteinähnlich aussehende Harze verschiedener pflanzlicher Herkunft (Leguminosen-, *Agathis-*Arten u. a.). Die echten K. stammen meist von fossilen, die unechten K. von rezenten Bäumen. Die wichtigsten K. sind *Kongokopal, Manilakopal* und *Kaurikopal.* K. werden in der Kabel-, Linoleum- und chemischen Industrie verwendet.

Kopepoden, svw. Ruderfußkrebse.

Kopepodit-Stadium, die typische Larvenform der Ruderfußkrebse (Kopepoden), die auch von den stark abgewandelten Parasiten durchlaufen wird. Das K.-S. geht aus dem Metanauplius hervor.

Kopfbruststück, svw. Zephalothorax.

Köpfchen, → Blüte, Abschn. Blütenstände.

Köpfchenschimmel, → Niedere Pilze.

Kopfdarm, → Verdauungssystem.

Kopfeibengewächse, *Cephalotaxaceae,* eine Familie der Nadelhölzer, zu der nur eine Gattung und 6 Arten gehören, die in Ostasien und im Himalaja beheimatet sind. Es handelt sich um immergrüne Bäume oder Sträucher mit spiralig angeordneten Nadeln und zweihäusig verteilten Blüten, wobei die weiblichen in wenigblütigen, seitenständigen Zapfen vereint sind. Aus den großen Samen von *Cephalotaxus harringtonia* var. *drupacea* wird Öl gewonnen. Sonst ist die wirtschaftliche Bedeutung dieser Familie gering. Systematisch wurden die K. früher häufig zu den ihnen äußerlich ähnelnden Eibengewächsen gestellt.

Kopffüßer, Tintenfische, Zephalopoden, *Cephalopoda,* höchstentwickelte Klasse der Weichtiere (Unterstamm Konchiferen), zu der die größten rezenten Wirbellosen gehören. Mit etwa 750 Arten von wenigen Zentimetern Länge bis zu teilweise riesigen Formen (der größte bisher gefundene K. hatte eine Gesamtlänge von beinahe 22 m) bewohnen sie die verschiedenen Meere.

Morphologie. Der symmetrische Körper, je nach Lebensweise plump beutelförmig (*Octopus*), länglich flachgedrückt (*Sepia*) oder langgestreckt (*Loligo*), besteht aus dem Rumpfteil (Eingeweidesack), dem Kopfteil und dem auf der Bauchseite gelegenen taschenförmigen Mantel, dessen Hohlraum (Mantelhöhle) durch ein Rohr (Trichter) kopfwärts nach außen mündet. In der Höhle liegen die Kiemen (bei *Nautilus* vier, bei allen anderen Gattungen zwei).

Um den Mund stehen ausstreckbare, glatte, mit Saugnäpfen oder Haken bewehrte Fangarme (Tentakel, bei *Nautilus* etwa 90, bei den anderen K. 8 oder 10), die dem Beutefang oder der Bewegung dienen. Bei den Männchen ist vielfach ein Fangarm zur Übertragung der Geschlechtsprodukte umgebildet (Hektokotylus).

An den Seiten des Kopfes liegen die Grubenaugen (bei *Nautilus*) oder Blasenaugen (bei den anderen K.) mit Linse und hochentwickelter Retina. In Pottwalmägen gefundene Linsenaugen von K. sind mit bis zu 40 cm Durchmesser die bisher größten bekannten Sehorgane des Tierreichs.

Die Schale der K. ist bei heute lebenden Arten stets innerlich (Schulp oder Gladius) oder reduziert, nur bei *Nautilus* äußerlich als ein das Tier umschließendes Gehäuse. Fossile K. besitzen gekammerte Schalen (wie *Nautilus*), gerade Schalen (z. B. Belemniten) oder spiralig aufgerollte Schalen (z. B. Ammoniten), die als Leitfossilien bedeutend sind.

Biologie. Die K. sind getrenntgeschlechtlich, die Übertragung der in einer Spermatophore befindlichen Spermien erfolgt mit Hilfe der Arme, die für diesen Zweck mehr oder weniger stark umgebildet werden (Hektokotylus).

Die Lebensweise ist schwimmend oder auf dem Boden kriechend. Die teilweise äußerst schnellen Schwimmbewegungen erfolgen mit Hilfe der Arme, des Trichters, der Flossen und der Flossensäume. Durch den Trichter wird durch starkes Zusammenziehen des Mantels das in die Mantelhöhle aufgenommene Wasser kräftig ausgestoßen (Rückstoßschwimmen). Allgemein erfolgt die Schwimmbewegung mit dem Rumpf nach vorn, durch Drehung des Trichters kann aber jede andere Richtung eingeschlagen werden. Bei manchen Arten erfolgt bei der Flucht die Entleerung des Tintenbeutels, dessen Sekret im Wasser eine das Tier verdeckende, dichte braune Farbwolke erzeugt. Auf dem Boden lebende Arten (wie *Octopus*) sind meist Einzelgänger, die schwimmenden Arten (viele Dekapoden) leben gesellig in teilweise riesigen Schwärmen. Die hochentwickelten Sinnesorgane befähigen sie zu einer bedeutenden Reaktionsgeschwindigkeit.

Die wirtschaftliche Bedeutung liegt in der umfangreichen Nutzung der K. als Nahrungsmittel.

Geologische Bedeutung und Verbreitung. Zu

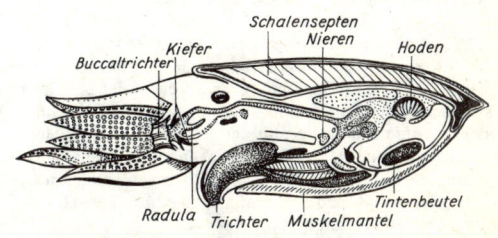

Bauplan eines Kopffüßers (*Dibranchiata*)

den K. gehören die meisten und wichtigsten Leitfossilien. Die bis auf *Nautilus* ausgestorbenen *Nautiloidea* sind seit dem Kambrium bekannt, die völlig ausgestorbenen *Ammonoidea* lebten vom Devon bis zur Kreide. Die *Belemnoidea* sind von Karbon bis Kreide nachgewiesen, die *Sepioidea* leben seit dem Jura, die Oktopoden seit der Kreide. Alle letztgenannten Gruppen gehören zu den *Dibranchiata*. Die Gliederung des marinen höheren Paläozoikums und Mesozoikums stützt sich nicht zuletzt auf die K.

Das System umfaßt die beiden Unterklassen → Vierkiemer (*Tetrabranchiata*) mit der einzigen rezenten Gattung *Nautilus* und → Zweikiemer (*Dibranchiata*) mit den drei Ordnungen *Octopoda, Decapoda* und *Vampyromorpha*.

Lit.: S. G. A. Jaeckel: Cephalopoden, in: Die Tierwelt der Nord- und Ostsee, Tl 9 (b_3) (Leipzig 1958).

Kopfhirn, → Gehirn.
Kopflaus, → Tierläuse.
Kopfnerven, → Hirnnerven.
Kopfscheide, → Embryonalhüllen.
Kopfsteher, zu den Salmlerverwandten gehörende schlanke Fische der Binnengewässer Südamerikas, die meist schräg, kopfabwärts gerichtet, schwimmen und am Boden nach Nahrung suchen. Einige Arten sind beliebte Aquarienfische.
Kopfverrundung, svw. Brachyzephalisation.
Koppelung, Erscheinung, daß Gene im gleichen Chromosom lokalisiert sind, also der gleichen Koppelungsgruppe angehören und in der Meiose nicht frei rekombinierbar sind (→ Rekombination), sondern vorzugsweise gemeinsam auf die Gameten verteilt werden. Im Gegensatz zu diesen gekoppelten sind frei rekombinierbare Gene in verschiedenen Chromosomen des Chromosomensatzes lokalisiert. Bei freier Rekombinierbarkeit zweier heterozygoter Allelenpaare (a^+b und ab^+) entstehen in der Meiose 50 % Rekombinationsgameten mit der genetischen Konstitution ab und a^+b^+. Im Falle von K. ist der Prozentsatz an Rekombinationsgameten stets kleiner als 50 % (*partielle K.*), oder derartige Gameten fehlen in Sonderfällen vollständig (*totale K.*). Die Rekombination gekoppelter Gene erfolgt durch Crossing-over. Der Prozentsatz der durch Crossing-over im Hinblick auf 2 gekoppelte Allelenpaare entstehenden Rekombinations- oder Austauschgameten ist Maßstab für den Grad der jeweiligen K. und für den gegenseitigen Abstand der betreffenden im gleichen Chromosom lokalisierten Gene (→ Rekombinationswert). Er kann zur Aufstellung von Genkarten für eine bestimmte Koppelungsgruppe Verwendung finden.

Zur Darstellung der K. in Erbformeln werden die gekoppelten Gene entsprechend ihrer Aufeinanderfolge in der Koppelungsgruppe geschrieben und unterstrichen. Die Allele gekoppelter Gene in Bastarden werden in der Regel als Bruch symbolisiert, wobei die Genformel der Mutter als Zähler, die des Vaters als Nenner auftritt: $\frac{+ b + d}{a + c +}$ für 4 gekoppelte, in einem homologen Chromosomenpaar lokalisierte Allelenpaare.

Koppelungsgleichgewicht, zufallsmäßige Häufigkeiten der möglichen Gameten- und Genotypen in einer Population, die an zwei oder mehr Genorten polymorph ist. Trägt ein Ei oder Spermium an einem Genort das Allel a_1, so kann es an einem anderen entweder das Allel b_1 oder b_2 oder auch irgendein weiteres b-Allel tragen. Im K. entscheiden über die Häufigkeit, mit der die verschiedenen Gametentypen entstehen, nur die Häufigkeiten der Allele an den einzelnen Genorten. Betrachten wir zwei Genorte mit je zwei Allelen, a_1a_2 und b_1b_2. Dann werden die Gameten a_1b_1, a_2b_2, a_1b_2 und a_2b_1 mit den Häufigkeiten f_{11}, f_{22}, f_{12} und f_{21} gebildet. Im K. ist $f_{11} \cdot f_{22} = f_{12} \cdot f_{21}$. Haben die Gameten und die daraus resultierenden Genotypen eine andere Häufigkeit, dann besteht ein relatives *Koppelungsgleichgewicht* D. Dieses ist definiert als

$$D = (f_{11} \cdot f_{22}) - (f_{12} \cdot f_{21}).$$

Koppelungsgleichgewichte entstehen durch Auslese, wenn die Individuen, die aus bestimmten Gametentypen hervorgehen, benachteiligt sind. Außerdem kann es vorkommen, daß sich die Genotypen mit ungleicher Häufigkeit paaren. Paaren sich beispielsweise a_1b_1-Individuen bevorzugt miteinander, dann entstehen in der Population relativ viele a_1b_1-Chromosomen. Außerdem können bestimmte Genotypen relativ oft aus- oder abwandern.

Während sich das Hardy-Weinberg-Gleichgewicht unabhängig von der anfänglichen Genotypenhäufigkeit schon nach einer Generation einstellt, werden K. viel langsamer erreicht, besonders, wenn die betreffenden Faktoren im Chromosom dicht benachbart sind, so daß die Allele nur sehr selten einmal durch Faktorenaustausch voneinander getrennt werden. Ein K. zwischen Genorten auf verschiedenen Chromosomen wird in jeder Generation um die Hälfte reduziert, falls dem nicht irgendein Einfluß entgegenwirkt. K. zwischen mehreren Genorten werden wesentlich langsamer erreicht.

Koppelungsgruppe gemeinsam in einem Chromosom lokalisierte Gene. Bei der Verteilung des elterlichen Erbgutes werden nicht einzelne Gene, sondern K. verteilt. Diese bleiben jedoch nicht geschlossene Einheiten, sondern zwischen den homologen, bei der Befruchtung sowie bei Parasexualprozessen von beiden Eltern beigesteuerten K. wie auch den Chromosomen verschiedener Viren in mischinfizierten Zellen können reziproke Austauschvorgänge (→ Crossingover) stattfinden, die zur → Rekombination einer K. zugehöriger Gene führen. Mit Hilfe der *Rekombinationsanalyse* lassen sich die Gene jeder K. widerspruchsfrei in eindimensionaler Ordnung und definitiver, linearer Aufeinanderfolge in Form von koppelungsgruppen-spezifischen Genkarten anordnen. Jedes Genom ist in K. aufteilbar, und deren Zahl entspricht jeweils der Chromosomenzahl eines Chromosomensatzes des betreffenden Objektes.

Koppelungswert, die prozentuale Angabe der Zahl der Individuen, bei denen gekoppelte Gene (→ Koppelung) keine Rekombination durch Crossing-over in der Meiose erfuhren. Der Quotient aus K. und → Austauschwert wird als *Koppelungszahl* bezeichnet und stellt ein Maß für die relative Häufigkeit der Rekombination zwischen den betreffenden Genen und dem Stärkegrad ihrer Koppelung dar.

Kopra, → Palmen.
Koprolithen [griech. kopros 'Kot', lithos 'Stein'], *Kotsteine*, Bezeichnung für fossile Exkremente von Lebewesen, deren Erhaltung gelegentlich Rückschlüsse auf die Nahrung und Verdauung ihrer Erzeuger erlauben. Besonders häufig sind Fisch-, Saurier- und Echinodermen-Koprolithen, selten von Säugetieren. Fossile Kotmassen können am Aufbau von Sedimenten beteiligt sein, z. B. der Vogelguano der Inseln vor der Westküste Chiles und Perus, Chiropterit (Fledermauskot) der Drachenhöhle von Mixnitz (Steiermark).

Koprophagen, *Kotfresser*, zeitweise oder dauernd sich von Kot, bevorzugt von Pflanzenfresserkot, ernährende Tiere, z. B. Käfer, Milben, Rundwürmer. Für kleine K. (Rundwürmer) sind Mikroorganismen im Kot die eigentliche Nahrung. → Ernährungsweisen.

Von der Koprophagie ist die *Coecotrophie* zu unterscheiden, bei der eigener Blinddarminhalt wegen der darin enthaltenen Wirkstoffe (z. B. Vitamin B) von Hasenartigen und Nagetieren gefressen wird.

Koprosterin, *Koprosterol*, 5β-Cholestan-3β-ol, ein Zoo-

sterin, das im Darm durch mikrobielle Reduktion aus Cholesterin entsteht. Es wird mit dem Kot ausgeschieden.
Kopulation, Vereinigung zweier geschlechtlich differenzierter Gameten, → Begattung.
Kopulationsfüße, svw. Gonopoden.
Kopulationsorgane, svw. Paarungsorgane.
Korakan, → Süßgräser.
Korallen, Bezeichnung für koloniebildende → Korallentiere, deren Weichkörper von einem kalkigen oder hornigen Außen- oder Innenskelett gestützt wird.
Korallenbänke, → Korallenriffe.
Korallenbarsche, *Pomacentridae,* zu den Barschartigen gehörende Familie mariner Kleinfische, die in der Regel Riffbewohner sind. Viele Arten haben prächtige Farben, einige leben in Gemeinschaft mit Seeanemonen. K. gehören zu den beliebtesten Pflegeobjekten der Meeresaquaristik.
Korallenfische, in den Korallenriffen lebende Knochenfische unterschiedlicher systematischer Zugehörigkeit. Die K. sind meist sehr farbenprächtig. Viele Arten zeichnen sich durch einen Farbwechsel aus, auch können die Farbtrachten bei Jungtieren und Geschlechtstieren sehr unterschiedlich sein. Aufgrund ihres im allgemeinen schmalen oder kleinen Körpers vermögen sie sich bei Gefahr in Spalten oder Löcher zurückzuziehen; andere K. sind gepanzert, haben Stacheln, können sich aufblähen oder verfügen über giftige Sekrete. Kräftige, schnabelartige Mäuler gestatten einigen das Abweiden der Korallenpolypen, andere haben pinzettenartig verlängerte Mäuler und können damit Würmer und andere Kleintiere in ihren Schlupfwinkeln erreichen. Viele K. gehören zu den besonderen Attraktionen der Meeresaquaristik, z. B. Borstenzähner, Anemonenfische, Rotfeuerfische.
Korallenpilze, → Ständerpilze.
Korallenriffe, ungeschichtete, bis an oder über den Meeresspiegel aufragende Kalkablagerungen, die durch skelettbildende kolonienlebige Tierstöcke entstehen. Hauptsächlich beteiligen sich am Aufbau der K. → Steinkorallen. Die Wachstumsgeschwindigkeit verschiedener Steinkorallen ist sehr unterschiedlich. Besonders schnell wachsen z. B. die Gattungen *Acropora* und *Pocillopora,* die heute einen beträchtlichen Teil der tropischen K. aufbauen. K. kommen in allen Meeren vor. Am Schelfabfall Nord- und Westeuropas bilden die Kolonien von *Lophelia* und *Amphihelia* umfangreiche Riffe in Tiefen von 60 bis 2000 m. Das Hauptverbreitungsgebiet stellen jedoch die lichtdurchfluteten küstennahen Zonen der Tropen und Subtropen dar.
 Man kann verschiedene Formen von K. unterscheiden. *Korallenbänke* sind breitere, von Riffkorallen bewachsene Untiefen. *Saumriffe* treten in Nähe der Küste auf und sind von dieser durch flache Lagunen getrennt. *Barriereriffe* sind weiter von der Küste entfernt. *Atolle* sind ringförmige K. und umschließen eine zentrale Lagune.
 Enorm ist die Riffbildung in früheren Erdepochen gewesen. So sind z. B. die Dolomiten Reste paläozoischer und mesozoischer Riffe.
Korallenschlangen, *Micrurus, Micruroides,* artenreiche Gattungen mittel- und südamerikanischer, meist im Boden wühlender → Giftnattern, die eine auffallende, den Gegner abschreckende Warntracht mit roten, schwarzen und gelben (weißen) Querringen um den Körper tragen. Ihre Hauptnahrung bilden Eidechsen und Frösche. Die größte Art ist die bis 1,50 m lange *Riesenkorallenschlange, Micrurus spixii.* 3 Arten, darunter die *Harlekinkorallenschlange, Micrurus fulvius,* dringen über Mexiko bis in die südwestlichen USA vor. Der Biß der K. kann – trotz sehr kleiner Giftzähne – auch für den Menschen tödlich sein.
Korallentiere, *Blumentiere, Anthozoen, Anthozoa,* Klasse des Stammes *Cnidaria* (Nesseltiere). Die K. treten nur als Polypen auf, eine Medusengeneration kommt bei ihnen niemals vor. Die Polypen leben einzeln oder in Stöcken. Sie haben zylindrische Gestalt und sind oft prächtig gefärbt (daher der Name Blumentiere). Im Zentrum der Mundscheibe liegt der quer zusammengedrückte Mund, der sich in ein ektodermales Schlundrohr fortsetzt. Mindestens ein Winkel des Schlundrohres ist mit einem Flimmersaum ausgestattet. Am Rande der Mundscheibe stehen ein oder mehrere Tentakelkränze. Der Gastralraum ist durch mindestens sechs Gastralsepten oder Mesenterien in einzelne Gastraltaschen unterteilt und setzt sich auch in die Tentakel fort. Die Mesenterien sind an der Fuß- und Mundscheibe und oft auch am Schlundrohr festgewachsen. Sie haben einen kräftigen, entodermalen Längsmuskel und der Verdauung dienende Anhänge (→ Mesenterialfilamente) ausgebildet und enthalten die ebenfalls aus dem Entoderm entstehenden Geschlechtszellen. Zwischen Ektoderm und Entoderm liegt eine zellhaltige Stützlamelle (Mesogloea).

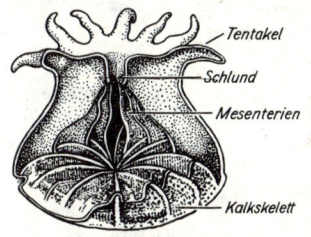

Bau eines Korallentieres (*Astroides calycularis*)

 Die Fortpflanzung geschieht auf geschlechtlichem Wege oder durch Knospung und Teilung.
 Es sind etwa 6000 Arten bekannt, die in allen Weltmeeren bis 1000 und mehr Meter Tiefe leben. Viele Arten scheiden ein Skelett ab, z. B. die die Korallenriffe bildenden Steinkorallen.
 System: Man unterteilt die K. in die beiden rezenten Unterklassen → *Hexacorallia* und → *Octocorallia* und in die beiden ausgestorbenen Unterklassen → *Tabulata* (Bodenkorallen) und *Tetracorallia.*
 Sammeln und Konservieren. In der Küstenzone werden K. unter Benutzung des Tauchergerätes mit der Hand gesammelt, aus tieferen Lagen mit Dredge oder Bodenschleppnetz. Die Betäubung der Tiere erfolgt in Seewasser durch Zusatz von 10%iger Magnesiumsulfatlösung, die Fixierung und Aufbewahrung in 5%iger Formaldehydlösung.
Korazidium, → Bandwürmer.
Korbblütler, *Asteraceae, Compositae,* artenreichste Familie der Zweikeimblättrigen Pflanzen mit etwa 20000 Arten, die über die gesamte Erde verbreitet sind. Es handelt sich überwiegend um krautige Pflanzen, jedoch gibt es auch Sträucher oder kleine Bäume und Sukkulenten, besonders in tropischen Gebieten. Die Blätter sind meist wechselständig. Die Blüten sind 5zählig, die Kronblätter verwachsen, entwe-

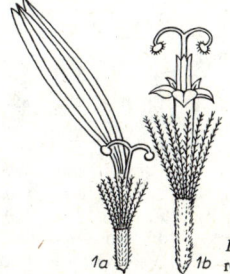

1 Korbblütler: *a* Zungenblüte, *b* Röhrenblüte

Korbblütler

der regelmäßig und 5spaltig (Röhrenblüten) oder unregelmäßig und zungenförmig nach einer Seite verlängert (Zungenblüten). Diese Blüten (Abb.) sind zu charakteristischen Blütenständen, den Körbchen, vereinigt, die aus Zungenblüten, aus Röhrenblüten oder aus beiden Formen bestehen können. Die Blüten sind meist zwittrig, die Randblüten weiblich oder steril. Der Kelch ist oft vollständig zurückgebildet, manchmal ist er in einen Haar- oder Schuppenkranz (Pappus) umgewandelt, der als Flug- oder Klettapparat der Verbreitung der Früchte dient. Typisch ist auch die Vereinigung der Staubbeutel zu einer Röhre. Der Griffel ist im oberen Teil gespalten und trägt zwei Narben. Die Bestäubung geschieht überwiegend durch Insekten, seltener durch den Wind, häufig kommt auch Selbstbestäubung vor. Der unterständige, einfächerige Fruchtknoten entwickelt sich zu einer Nuß, deren Fruchtwand mit dem Samen verwachsen ist (Achäne). Die K. enthalten vor allem in den Wurzeln und Knollen als Reservestoff Inulin. Ein Teil führt in gegliederten Röhren Milchsaft.

Die systematische Einteilung der K. ist schwierig und wird in der Literatur sehr unterschiedlich gehandhabt. Neben den Blütenmerkmalen und anderen morphologischen Charakteristika geben z. T. auch chemische Merkmale wichtige Hinweise auf die Verwandtschaftsverhältnisse. Man unterscheidet meist 3 große Gruppen: 1) K. mit Zungenblüten und gegliederten Milchsaftröhren, 2) K. mit Röhrenblüten und 3) K. mit Röhren- und Zungenblüten. Gruppe 2 und 3 sind außerdem durch schizogene Harz- oder Ölgänge und typische Drüsenhaare gekennzeichnet. (In der Aufzählung der Arten ist die Zugehörigkeit zu einer der 3 Gruppen durch die entsprechende Zahl vermerkt.) Die erste Gruppe, die *liguliflören K.*, wird neuerdings auch als eigene Familie, Cichoriaceae, den beiden anderen Gruppen, den *tubuliflören K.*, den Asteraceae im engeren Sinne, gegenübergestellt.

2 Korbblütler: Saflor: *a* Blütenkopf, *b* Einzelblüte, *c* Frucht (Achäne)

Zu den K. gehören viele Nutz- und Zierpflanzen. Ölreiche Früchte hat die aus dem nördlichen Mittelamerika stammende, vielfach angebaute **Sonnenblume** (3), *Helianthus annuus*, die auch als Zierpflanze verbreitet ist. Sie ist eine der wichtigsten Ölpflanzen der Erde, dagegen ist der Anbau der ebenfalls als Ölpflanze genutzten **Madi** (3), *Madia sativa*, fast ausschließlich auf Chile beschränkt. Der in Vorderasien beheimatete, distelartige **Saflor** (2), *Carthamus tinctorius*, wurde früher zur Farb- und Ölgewinnung angebaut, spielt aber heute fast nur noch als Ölpflanze eine Rolle. Die Früchte des ostafrikanischen **Ramtils** (3), *Guizotia abyssinica*, liefern das als Speise- und Brennöl, aber auch zur Farbenherstellung genutzte Nigeröl. Als Gemüse- und Futterpflanze wird der **Topinambur** (3), *Helianthus tuberosus*, angebaut. Er wird auch als **Erdbirne** oder **Erdartischocke** bezeichnet und stammt aus Nordamerika. Die an Inulin reichen Wurzeln der in Europa heimischen **Schwarzwurzel** (1), *Scorconera hispanica*, werden ebenfalls als Gemüse genossen.

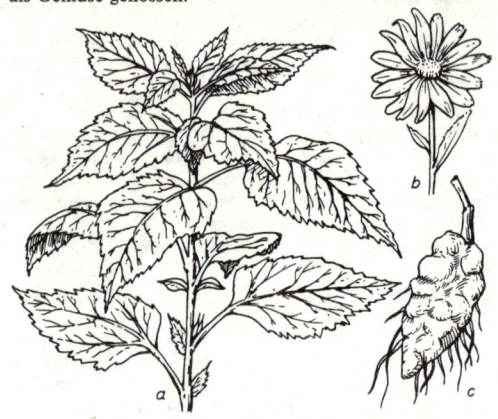

3 Korbblütler: Topinambur: *a* Sproßstück, *b* Blütenkopf, *c* Knolle

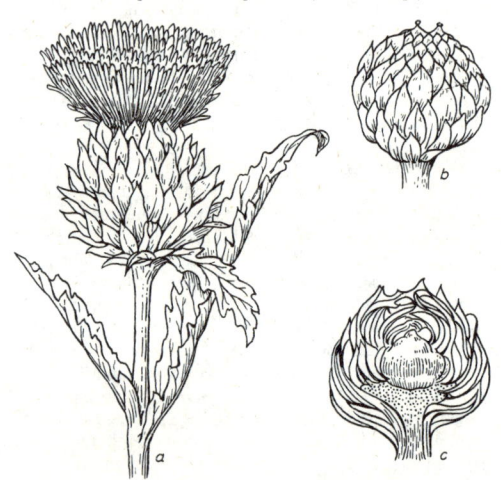

4 Korbblütler: Artischocke: *a* blühendes Köpfchen, *b* junges erntereifes Köpfchen, *c* Längsschnitt durch *b*

Von der zur Verwandtschaft der Disteln gehörenden, nur in Kultur bekannten **Artischocke** (2), *Cynara scolymus*, ißt man die fleischigen Teile des Blütenstandes, während von der besonders in Spanien und auf Korsika angebauten **Spanischen Artischocke, Kardy** oder **Kardone** (2), *Cynara cardunculus*, die gebleichten Blattstiele und Rippen als Gemüse verwendet werden. Salatpflanzen sind der **Garten-** oder **Grüne Salat** (1), *Lactuca sativa*, die **Endivie** (1), *Cichorium endivia*, beide nur als Kulturpflanzen bekannt, deren Blätter verwendet werden, und **Zichorie** oder **Chicorée** (1), *Cichorium intybus*, von der die gebleichten, getriebenen Blattknospen als Wintersalat gegessen werden bzw. die Wurzel als Kaffeezusatz genutzt wird. Ihre Wildform, die **Wegwarte**, ist eine häufige, blaublühende Wegrandpflanze.

Wegen ihres Gehalts an ätherischen Ölen bzw. Bitterstoffen, hier vor allem verschiedene, für die K. typische Sesquiterpenlaktone, werden einige Vertreter als Arzneipflanzen verwendet. So die in Mittel- und Südosteuropa beheimatete, als Ackerunkraut wachsende **Echte Kamille** (3), *Matricaria chamomilla,* der an warme Ruderalstellen gebundene **Wermut** (2), *Artemisia absinthium,* der an lehmig-tonigen Standorten auftretende **Huflattich** (3), *Tussilago farfara,* die im Gebirge auf Wiesen und Matten wachsende **Arnika** (3), *Arnica montana,* und der mittelasiatische **Zitwer-** oder **Wurmsamen** (2), *Artemisia cina,* Gewürzpflanzen sind der **Beifuß** (2), *Artemisia vulgaris,* eine häufige Ruderalpflanze, und der **Estragon** (2), *Artemisia dracunculus,* aus Südosteuropa und Westasien.

Aus der Fülle der zu den K. gehörenden Zierpflanzen kann nur eine geringe Auswahl genannt werden.

So die einjährigen **Gartenastern** (3), *Callistephus chinensis,* aus China, die **Zinnien** (3), *Zinnia elegans,* **Kosmeen** (3), *Cosmos bipinnatus,* und **Studentenblumen** (3), *Tagetes,* aus Mexiko sowie **Ringelblumen** (3), *Calendula officinalis,* aus dem Mittelmeergebiet. Beispiele einiger perennierender Zierpflanzen sind die **Goldrute** (3), *Solidago canadensis,* heute vielfach ruderal wachsend, **Herbstastern** (3), *Aster,* **Rudbeckien** (3), *Rudbeckia,* **Dahlien** (3), *Dahlia variabilis,* **Sonnenbraut** (3), *Helenium,* **Kokardenblume** (3), *Gaillardia,*

5 Korbblütler: *a* Huflattich, *b* Arnika, *c* Gartenaster, *d* Kosmee, *e* Akkerkratzdistel, *f* Neuenglische Aster, *g* Gemeine Schafgarbe, *h* Sonnenbraut, *i* Löwenzahn, *k* Kleine Klette, *l* Edelweiß

aus Nordamerika, **Chrysanthemen** (3), *Chrysanthemum morifolium* und *Chrysanthemum indicum,* aus Ostasien und die **Gerbera** (3), *Gerbera jamesonii,* aus Südafrika.

Verbreitete heimische K. sind die auf Wiesen vorkommenden **Gänseblümchen** (3), *Bellis perennis,* die **Wucherblume** (3), *Chrysanthemum leucanthemum,* **Schafgarbe** (3), *Achillea millefolium,* und **Löwenzahn** (1), *Taraxacum officinale.* Häufige Unkrautpflanzen sind die **Disteln** (2), *Carduus,* **Kratzdisteln** (2), *Cirsium,* **Kletten** (2), *Arctium,* und die **Kornblume** (3), *Centaurea cyanus.*

Unter Naturschutz stehen in der DDR Arnika und **Silberdistel** (2), *Carlina acaulis.* In der BRD kommt noch die bekannte Alpenpflanze **Edelweiß** (2), *Leontopodium alpinum,* hinzu.

Die im nördlichen Mittelamerika vorkommende **Guayule** (3), *Parthenium argentatum,* und die Wurzeln vom mittelasiatischen **Kok-saghyz** (1), *Taraxacum bicorne,* liefern Kautschuk. Die Blüten der **Dalmatinischen Insektenblume** (3), *Chrysanthemum cinerariifolium,* werden zur Herstellung von Insektiziden verwendet, die als wirksame Verbindungen Pyrethrin bzw. Cinerine enthalten.

Körbchen, → Blüte, Abschn. Blütenstände.

Korbzellen, → Drüsen.

Koregonen, *Coregonus,* zu den Lachsartigen gehörende

Koremien

Gattung von Friedfischen, die vor allem in tieferen Seen der nördlichen Hemisphäre vorkommen und sich hier von Plankton ernähren. Die K. sind wichtige Nutzfische. In Europa: Blaufelchen, Schnäpel, Renke und Maräne.

Koremien, stachelartige, aufrechte Gebilde bei bestimmten Schlauchpilzen, die aus parallel vereinigten Hyphen bestehen und gewöhnlich Sporen tragen.

Koriander, → Doldengewächse.

Korium, → Haut.

Kork, → Abschlußgewebe.

Korkgewebe, → Abschlußgewebe, → Sproßachse.

Korkkambium, → Abschlußgewebe, → Sproßachse.

Korksäure, Suberinsäure, HOOC—(CH$_2$)$_6$—COOH, eine Dikarbonsäure (→ Karbonsäuren), die z. B. bei der Oxidation von Kork oder Rizinusöl entsteht.

Korkwarzen, → Abschlußgewebe.

Kormo-Epiphyten, → Lebensform.

Kormophyten, → Sproßpflanzen.

Kormorane, Scharben, *Phalacrocoracidae,* zur Familie der → Ruderfüßer gehörende Vögel. Sie sind nahezu weltweit verbreitet. Sie ernähren sich von Fischen und Krebsen, nach denen sie tauchen. K. brüten in Kolonien auf Bäumen oder Felsen und bewohnen Meere und Binnenseen. Eine Art, die *Stummelscharbe, Nannopterum harrisi,* von den Galapagosinseln ist flugunfähig.

Kormoran (*Phalacrocorax carbo*)

Kormus, 1) ein in Sproßachse, Blätter und echte Wurzeln gegliederter Pflanzenkörper. Der K. zeichnet sich durch starke Gewebedifferenzierung, z. B. in Abschlußgewebe, Leitgewebe, Festigungsgewebe, Absorptionsgewebe oder Ausscheidungsgewebe aus.

2) → Organismenkollektiv.

Korn, 1) Samenkorn, besonders die Früchte der Getreidearten; **2)** umgangssprachliche Bezeichnung für die Hauptgetreideart in einem Land.

Kornblume, → Korbblütler.

Kornkäfer, → Rüsselkäfer.

Kornmotte, *Nemapogon granellus* L., ein Schmetterling aus der Familie der Echten Motten. Die K. ist ein Vorratsschädling. Die Raupen fressen besonders Getreidekörner und Hülsenfrüchte, die sie zu kleinen Klumpen zusammenspinnen. An den Gespinsten ist sehr deutlich der gelbe Kot sichtbar.

Kornrade, → Nelkengewächse.

Korolle, → Blüte.

Körperbautypus, svw. Konstitutionstypus.

Körperflüssigkeiten, in tierischen Organismen auftretende Flüssigkeiten, die der funktionellen Einheit der Lebewesen dienen, den Stoffaustausch zwischen Zellen und Organen vermitteln und eine wichtige Rolle bei der Verbindung des Organismus mit der Außenwelt spielen. K. sind das Blut, die Lymphe, der Liquor cerebrospinalis sowie bei Wirbellosen die Hämolymphe.

Ihrer Funktion entsprechend enthalten die K. eine große Anzahl sehr verschiedenartiger Stoffe.

1) Organische Bestandteile. Regelmäßig werden in K. organische Nährstoffe, wie Traubenzucker, Fette und Aminosäuren, gefunden. Hormone, Enzyme u. a. Eiweißkörper sind weitere wichtige Bestandteile, ohne die ein Organismus nicht lebensfähig ist.

2) Anorganische Bestandteile. Sie sind vorwiegend für die osmotischen Verhältnisse im Organismus verantwortlich. Zwischen den Zellen und den K. herrscht Isotonie. Störungen dieses Verhältnisses führen zu strukturellen Veränderungen der betroffenen Zellen und damit zu einer Einschränkung ihrer Funktionsfähigkeit. Die wichtigsten anorganischen Salze sind Natriumchlorid, Kaliumchlorid, Kalziumchlorid und Magnesiumchlorid. Großen Einfluß auf den Stoffwechsel hat auch der Gehalt der K. an Wasserstoffionen (→ pH-Wert). Enzymreaktionen, aber auch viele andere Stoffwechselprozesse hängen von einem bestimmten pH-Wert ab. Normalerweise haben die K. eine neutrale Reaktion. Verschiebungen zur sauren oder alkalischen Seite werden bis zu einem gewissen Grade durch Puffer abgefangen, die die neutrale Reaktion wiederherstellen. Geringe Unterschiede bei verschiedenen Tiergruppen ergeben sich aus der Ernährungsweise. So zeigen die K. reiner Pflanzenfresser eine schwach saure Reaktion.

3) Atemgase. Für den Transport der Atemgase sind ebenfalls die K., bei Wirbeltieren vorwiegend das Blut, verantwortlich. Die Gase können frei in der Flüssigkeit gelöst oder in leicht abspaltbarer Form an Blutfarbstoffe gebunden sein.

Neben den bereits genannten gibt es im weiteren Sinne noch andere K. von begrenzter physiologischer Funktion. Dazu gehören Speichel, Magensaft, Gallensaft, der Harn, das Kammerwasser der Augen, die Tränenflüssigkeit, Hoden- und Scheidensekrete, die Milch u. a.

Körperfossil, erhaltungsfähige Hartteile eines Organismus, z. B. Knochen, Zähne, Schalen. → Fossilisation.

Körperfülle-Index, Rohrer-Index, ein zahlenmäßiger Ausdruck für die Massenentwicklung des menschlichen Körpers im Verhältnis zu seiner Längenausdehnung. Der K.-I. wird nach der Formel $\frac{\text{Körpermasse} \cdot 100}{\text{Körpergröße}}$ berechnet. Der Index ist im Durchschnitt bei Frauen etwas größer als bei Männern und läßt den Unterschied in der Entwicklung der Körperfülle gut erkennen.

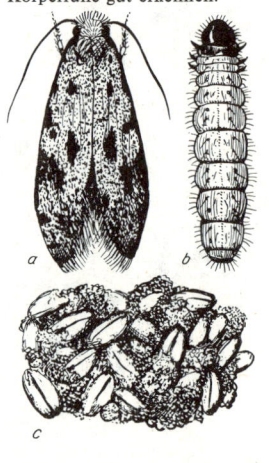

Kornmotte (*Nemapogon granellus* L.): *a* Schmetterling, *b* Raupe, *c* befallene Körner (vergr.)

Körpergewicht, svw. Körpermasse.
Körpergröße, svw. Körperhöhe.
Körperhöhe, *Körpergröße,* die geradlinige Entfernung von der Standfläche bis zum Scheitel des Menschen bei natürlicher Körperhaltung. Die K. wird mit dem Anthropometer gemessen. Die K. der heutigen Menschen variiert zwischen 120 und 200 cm; bei darunter oder darüber liegenden Werten (Zwerg- oder Riesenwuchs) muß an eine pathologische Beeinflussung gedacht werden. Das Weltmittel der K. beträgt bei Männern gegenwärtig etwa 168 bis 170 cm. Die Frau ist bei allen Rassen im Durchschnitt um etwa 7% kleiner.

Körperhöheneinteilung (nach Brugsch)

	Männer	Frauen
Kleinwuchs	unter 169 cm	unter 155 cm
Mittelwuchs	169 bis 173 cm	155 bis 161 cm
Hochwuchs	über 173 cm	über 161 cm

Der weibliche Körper wächst im wesentlichen bis etwa zum 16. bis 18., der männliche bis zum 20. Lebensjahr. Nach dem allgemeinen Wachstumsabschluß folgt eine Periode von 2 bis 3 Jahrzehnten, in der sich die K. kaum verändert. Im höheren Lebensalter ist dann eine deutliche Abnahme um etwa 3% zu beobachten. Innerhalb aller Rassen bestehen beträchtliche individuelle Körperhöhenunterschiede, und in allen Erdteilen sind die Gruppenmittelwerte sehr verschieden. Die Mehrheit der Menschen ist jedoch mittel- und untermittelgroß. Große Menschen leben im Norden Europas, im Norden Indiens, im zentralen und südlichen Afrika, im mittleren Nord- und südlichen Südamerika und z. T. auch in der Südsee. Kleinwüchsige Rassen sind im Norden Europas, Asiens und Amerikas, in Südostasien, Mittelamerika und Mittel- und Südafrika anzutreffen. Das Verbreitungsgebiet der Pygmäen, zu denen die Gruppen gerechnet werden, deren Männer im Durchschnitt unter 150 cm groß sind, ist auf Zentralafrika, die Andamaneninseln im Indischen Ozean, die Philippinen, Neuguinea und die Admiralitätsinseln beschränkt.

Im Verlauf der Geschichte des *Homo sapiens* scheint es mehrfach Perioden gegeben zu haben, in denen in großen Räumen die K. allgemein zu- oder abgenommen hat, ohne daß eine Änderung der rassenmäßigen Zusammensetzung erfolgt ist. Besonders auffällig ist die jüngste Zunahme der K., die in vielen Ländern Europas, aber auch in anderen Erdteilen beobachtet wird. → Akzeleration.

Körperkreislauf, → Blutkreislauf, → Herz.
Körpermasse, *Körpergewicht,* die von Alter, Größe, Geschlecht, Ernährungszustand, endogenen Drüsenfaktoren und Erbanlagen abhängige Masse des Körpers. Für wissenschaftliche Zwecke sind beim Menschen nur Wägungen des unbekleideten Körpers unter bekannten Bedingungen (Tageszeit, Nahrungsaufnahme u. a.) brauchbar. Die mittlere K. des erwachsenen Europäers beträgt etwa 65 kg (Frauen 52 kg), die individuelle Schwankungsbreite ist jedoch erheblich. Auch unterliegt die K. einer deutlichen Tagesschwankung (Mittel 2 kg) mit dem Minimum am frühen Morgen und dem Maximum am späten Abend. In den ersten zwei Lebenstagen nimmt beim Menschen die K. gegenüber der Geburtsmasse um 5% ab; diese wird im Durchschnitt erst nach dem 10. Lebenstag wieder erreicht. Am Ende des 1. Lebensjahres ist ungefähr die dreifache Geburtsmasse erreicht. Im 2. Lebensjahr verlangsamt sich die Massenzunahme deutlich und ist auch in späterer Zeit in Abhängigkeit von der Körperhöhen- und Reifeentwicklung bis zum Wachstumsabschluß mehrmaligen gesetzmäßigen Schwankungen. Etwa im 50. Lebensjahr erreicht die K. ihr Maximum.

Körperschlagader, → Blutkreislauf.
Körpertemperatur, die Temperatur im Körperinnern des tierischen und menschlichen Organismus. Da bei den gleichwarmen Tieren und beim Menschen meist ein Temperaturgefälle zwischen dem Körperinneren und den äußeren Bereichen des Organismus besteht, gibt es keine einheitliche K. Man muß zwischen einer konstant gehaltenen Temperatur des Körperkerns (*Kerntemperatur*) und einer mit der Umgebungstemperatur schwankenden Temperatur der Körperschale (*Schalentemperatur*) unterscheiden. Zur physiologischen Charakterisierung eignet sich nur die Kerntemperatur. Sie wird annähernd richtig durch die Rektaltemperatur wiedergegeben.

Sowohl beim Menschen als auch bei Tieren läßt sich eine tageszeitliche Schwankung der K. feststellen. Diese Tagesperiodik ist von Tierart zu Tierart verschieden. Bei Nachttieren ist die K. während der Nacht, bei Tagtieren tagsüber am höchsten (Abb.). Die Tagesperiodik bleibt auch bestehen, wenn die Außentemperaturen konstant gehalten werden.

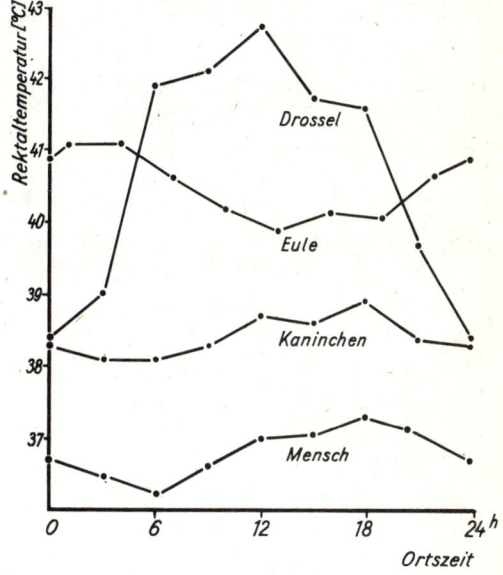

Tageszeitliche Schwankungen der Körpertemperatur

Auch im Ovarialzyklus der Frau treten charakteristische Veränderungen der K. auf. Während der Menstruation erfolgt ein langsames Absinken. Die K. bleibt niedrig bis zum Follikelsprung. Zu diesem Zeitpunkt steigt sie sprunghaft um etwa 0,5 °C an und bleibt dann bis zum Eintritt der Menstruation nahezu unverändert. Diese Erscheinung wird zur Bestimmung der fruchtbaren Tage während des weiblichen Sexualzyklus und zur Früherkennung einer Schwangerschaft genutzt.

Bei körperlicher Tätigkeit erhöht sich die K. je nach dem Schweregrad der Arbeit. Die Temperaturerhöhung kann beim Menschen bis zu 2 °C betragen.

Korpus, → Bildungsgewebe, → Sproßachse.
Korrelationen, 1) Wechselbeziehungen zwischen den Zellen, Geweben und Organen eines Lebewesens, die eine harmonische Abstimmung aller ablaufenden Einzelprozesse bewirken. So werden z. B. oft von den zahlreichen Potenzen der Zellen eines Pflanzenteils durch K. nur die im Bauplan

korrelative Knospenhemmung

vorgesehenen entfaltet, während die anderen gehemmt werden. Wird diese *korrelative Hemmung* durch Entfernung der sie bedingenden Faktoren beseitigt, so gewinnen die bis dahin unterdrückten Anlagen z. T. die Totipotenz des embryonalen Zustandes zurück. Auch die nach Verletzung eintretenden Restitutionen sind durch K. gesteuert. Der wichtigste und bekannteste Fall korrelativer Hemmung ist die → Apikaldominanz. Ebenso werden der Übergang von der juvenilen zur adulten Stufe der pflanzlichen Entwicklung sowie das Einsetzen der Seneszenz korrelativ beeinflußt. Die aktivsten, seneszenzauslösenden Hemmungszentren sind die Fortpflanzungsorgane. Werden beispielsweise annuelle und bienne Pflanzen, die erst nach einem Kälteschock blühen, im Warmhaus oder in den Tropen angezogen, so daß sie nicht zur Blütenbildung kommen, dann werden sie mehrjährig. Agaven, die in der Regel 8 bis 10 Jahre vegetativ leben und dann blühen, fruchten und im gleichen Jahr absterben, können bis zu 100 Jahre alt werden, wenn sie dauernd im vegetativen Zustand gehalten werden. Auch die → Abszission ist ein korrelativer Prozeß. Ebenso ist die Fruchtreife ein korrelativ gesteuerter Prozeß.

Die stofflichen Grundlagen der K. sind z. T. in den Ernährungsverhältnissen der betreffenden Zellbezirke, also in ihrer Versorgung mit Wasser, Salzen und Assimilaten zu suchen (*Ernährungskorrelation*). Besonders aber sind die → Phytohormone an der Ausbildung von K. beteiligt (*hormonale K.*). So bewirkt Auxin, das in der Sproßspitze gebildet wird, Streckung basalwärts gelegener Zellen, Bewurzelung und vor allem Apikaldominanz. Wahrscheinlich bildet sich durch Auxinwirkung ein *Korrelationshemmstoff*, der auch apolar transportiert wird und daher die Knospen von ihrer Basis her besser erreicht als Auxin. Die chemische Natur des Korrelationshemmstoffs ist unbekannt, trotz einiger Hinweise auf die Identität dieses Hemmstoffs mit Abszisinsäure und trotz der Annahme, daß Auxin durch Stimulation der Ethylenproduktion korrelativ hemmen soll. Auch Gibberelline und Kinine sind an der Ausbildung von K. beteiligt, indem sie Zellteilung, Zellstreckung und Blütenbildung bzw. Zellteilung und Aktivität von Samen und Knospen beeinflussen. Deshalb wirken Gibberelline und Zytokinine auch seneszenzverhindernd. Der seneszenzauslösende Effekt der Fortpflanzungsorgane soll auf transportablen *Seneszenzfaktoren* beruhen, über deren Natur noch wenig bekannt ist.

2) → Biostatistik.

korrelative Knospenhemmung, svw. Apikaldominanz.
Korsak, → Füchse.
Kortex, svw. Großhirnrinde.
Kortexon, *11-Desoxykortikosteron,* 21-Hydroxypregn-4-en-3,20-on, ein Nebennierenrindenhormon aus der Gruppe der Mineralokortikoide; F. 142 °C. K wird aus Progesteron gebildet und stellt ein wichtiges Schlüsselprodukt im Biosyntheseweg von Aldosteron und Kortikosteron dar.

Kortikoide, svw. Nebennierenrindenhormone.
Kortikosteroide, svw. Nebennierenrindenhormone.
Kortikosteron, 11β,21-Dihydroxy-pregn-4-en-3,20-dion, ein Nebennierenrindenhormon aus der Gruppe der Glukokortikoide; F. 182 °C. K. entsteht biosynthetisch aus Progesteron über Kortexon und wird in der Leber durch enzymatische Reduktion unter Bildung von 3α,5β-Tetrahydrokortikosteron inaktiviert. Die Ausscheidung erfolgt als Glukuronid im Harn.

Kortikotropin, *Adrenokortikotropin, adrenokortikotropes Hormon,* Abk. *ACTH,* ein glandotropes basisches Polypeptidhormon des Hypophysenvorderlappens. K. ist unverzweigt aus 39 Aminosäureresten aufgebaut (Molekülmasse 4541 beim Menschen). Der Sequenzbereich 1 bis 24 ist für die biologische Wirkung verantwortlich und bei allen bisher untersuchten Spezies identisch, während die Aminosäurefolge 25 bis 33 speziesspezifisch geringe Unterschiede aufweist. Die Sequenz 1 bis 13 ist mit der des α-Melanotropins identisch. K. wird unter Wirkung des K.-freisetzenden Hormons Kortikoliberin in den basophilen Zellen des Hypophysenvorderlappens gebildet und in Sekretgranula gespeichert. K. stimuliert über das Adenylat-Zyklase-System (→ Hormone) die Bildung und Sekretion der in der Nebennierenrinde produzierten Steroidhormone, vor allem der Glukokortikoide Kortisol und Kortikosteron.

Kortine, svw. Nebennierenrindenhormone.
Kortisol, 17α-Hydroxykortikosteron, ein wichtiges Nebennierenrindenhormon aus der Gruppe der Glukokortikoide; F. 220 °C. Das in der Nebennierenrinde produzierte K. wird direkt, d. h. ohne Speicherung, an das Blut abgegeben, an ein als Trägerprotein fungierendes α-Globulin zu Transkortin gebunden und zur Zielzelle transportiert. Nach Aufnahme erfolgt dort Bindung an ein Rezeptorprotein und Transport in den Zellkern. Die Biosynthese von K. führt von Cholesterin über Pregnenolon, 17α-Hydroxyprogesteron und 11-Desoxykortisol. Die Produktion von K. wird durch das Hypophysenhormon Kortikotropin gesteuert. Vom erwachsenen Menschen werden täglich 10 bis 20 mg K. produziert, wobei der Hormonspiegel einem Tag-Nacht-Rhythmus unterliegt (Minimum nachts, Maximum vormittags). Die Inaktivierung von K. erfolgt in der Leber, das Abbauprodukt Urokortisol wird mit Glukuronsäure gekuppelt und im Harn ausgeschieden.

Als glukokortikotropes Hormon stimuliert K. die Kohlenhydratbildung durch Proteinabbau zu Aminosäuren, die in der Leber zur Glukoneogenese verwertet werden, und fördert die Glykogenspeicherung in der Leber. Außerdem wird durch K. der Blutzuckerspiegel erhöht.

Kortison, 17α,21-Dihydroxypregn-4-en-3,11,20-trion, ein Nebennierenrindenhormon aus der Gruppe der Glukokortikoide; F. 215 °C. K. unterscheidet sich durch eine Ketogruppe am C-Atom 11 vom Kortisol, aus dem es biosynthetisch entsteht. Abbauprodukt von K. ist Allokortolon, das als Glukuronid im Harn ausgeschieden wird. Von therapeutischer Bedeutung sind einige Abwandlungsprodukte des K., z. B. Prednisolon, die sich durch hohe entzündungshemmende Wirkung auszeichnen.

Kosmeen, → Korbblütler.

Kosmopolit, in geeigneten Habitaten weltweit, d. h. auf allen bewohnbaren Kontinenten bzw. in allen Meeren verbreitete Tier- oder Pflanzensippe. Ursprüngliche K. gibt es vor allem unter passiv ausgebreiteten Kleintieren und Pflanzen. Viele andere Arten oder Gattungen sind durch Einbürgerung oder Verschleppung zusammen mit dem Menschen zu K. geworden. → Ubiquist.

Kostmaß, erwünschte Zusammensetzung der Grundnahrung. Für den erwachsenen Menschen wird folgendes K. empfohlen: Eiweißgehalt 12 bis 15%, Fettanteil 20 bis 30%, Kohlenhydratmenge über 50%.

Kosubstrat, → Enzyme.

Kot, → Exkremente.

Köte, → Fessel.

Kotfresser, svw. Koprophagen.

Kotingas, svw. Schmuckvögel.

Kotsteine, svw. Koprolithen.

Kotyledonen, 1) → Blatt. 2) → Plazenta.

Kotylosaurier [griech. kotyle 'Schälchen, Hüftpfanne, Gefäß', sauros 'Eidechse'], *Cotylosauria,* ausgestorbene Ordnung der Kriechtiere, die als Wurzel- bzw. Stammgruppe dieser Tierklasse gilt. Die primitiven, plumpen, bis 3 m langen Formen besaßen wie die ältesten Lurche ein vollkommen geschlossenes, massives Schädeldach. Von den Lurchen unterschied sie das Vorhandensein von nur einem Hinterhauptgelenk und ein fünfter Finger (Daumen) an den vorderen Extremitäten. Das Gebiß deutet auf Pflanzennahrung hin, doch traten auch Formen mit Fangzähnen auf.

Verbreitung: Karbon bis Trias; ihre Blütezeit lag im Perm. Bedeutende Fundstellen liegen in Südafrika, Texas und im Norden der Sowjetunion.

Koviren, *Multikomponentenviren, multikomponente Viren,* Viren, deren genetisches Material auf mehrere, oft unterschiedlich große Partikeln verteilt ist. So umfaßt beispielsweise das isodiametrische *Kundebohnenmosaikvirus* zwei unterschiedlich große, isodiametrische Nukleokapseln, die nur bei gleichzeitiger Anwesenheit einen Wirt zu infizieren vermögen. Das *Luzernemosaikvirus* bildet nichthelikale (bazillenförmige) Stäbchen unterschiedlicher Länge aus. Entsprechend ihrer Lage bei der Auftrennung, die oft im Wege der Dichtegradientenzentrifugation erfolgt, wird zwischen unteren (*bottom*-), mittleren (*middle*-) und oberen (*top*-) Komponenten unterschieden. Davon sind zumindest jeweils zwei Komponenten für Neuinfektionen erforderlich. Beim *Influenzavirus* sind mehrere Nukleokapseln unterschiedlicher Länge, die nur für sich allein infektiös sind, in einer gemeinsamen Hülle (Peplos) zusammengefaßt. Die Rekombinationshäufigkeit, die zur Bildung immer neuer Stämme des Influenzavirus mit z. T. unterschiedlicher Aggressivität sowie Pathogenität und unterschiedlichen serologischen Eigenschaften führt, ist auf Grund der Vielzahl der RNS-Komponenten zu erklären. Bei anderen Viren, z. B. beim *Trespenmosaikvirus* und beim *Gurkenmosaikvirus,* sind 4 Haupt-RNS-Stränge mit Molekülmassen von 1,1, 1,0, 0,8 und 0,3 × 10⁶ Dalton auf drei Partikeln gleicher Größe verteilt. Bei anderen Viren, z. B. bei Viren aus der Gruppe der Reoviren, sind mehrere Doppelstrang-RNS-Ketten unterschiedlicher Länge in der gleichen Nukleokapsel vorhanden. Es liegt auch hier ein geteiltes Genom vor. Dieses ist aber nicht wie bei den K. auf verschiedene Partikeln verteilt. Man spricht daher in diesen Fällen von *Viren mit geteiltem Genom.*

Koxaldrüsen, die primären, segmental angeordneten Ausscheidungsorgane der Gliederfüßer, die auf die Nephridien der Ringelwürmer zurückgeführt werden können. Funktionstüchtige K. besitzen die Spinnentiere und in abgewandelter Form als → Antennendrüsen und → Maxillardrüsen die Krebstiere. Die K. beginnen mit einem aus einem sekundären Zölomrest hervorgegangenen Endbläschen (Sacculus) und münden mit einem gewundenen Ausführgang an den Beinhüften aus.

Kozymase, svw. Nikotinsäureamid-adenin-dinukleotid.

Krabben, *Brachyura,* zur Ordnung der Zehnfüßer gehörende Krebse mit über 4400 Arten, die vorwiegend im Meer leben. Sie haben einen kurzen, drei- oder viereckigen Körper, da der stark verkleinerte Hinterleib völlig unter dem Vorderkörper (Zephalothorax) verborgen liegt. Das vorderste Beinpaar trägt stets Scheren, die übrigen Beine dienen der Fortbewegung, wobei der Gang oft seitlich erfolgt. Zu den K. gehören Seespinnen, Schamkrabben, Schwimmkrabben, Taschenkrebse, Süßwasserkrabben, Winkerkrabben, Wollhandkrabben und Landkrabben.

Kragen, der mittl. Körperabschnitt der → Eichelwürmer.

Kragenbär, *Selenarctos thibetanus,* ein schwarzer, am Hals besonders stark behaarter Bär mit heller, V-förmiger Zeichnung auf der Brust. Er kommt im südlichen und mittleren Asien vor, im Himalaja bis in 4000 m Höhe.

Kragenechse, *Chlamydosaurus kingii,* in Australien und Irian beheimatete baumbewohnende, feuchtigkeitsliebende → Agame, die 90 cm Länge erreicht und am Hals eine stark beschuppte, große, durch Knorpelstäbe gestützte Hautfalte besitzt, die in Erregung kragenartig hochgestellt wird. Auf der Flucht kann die K. hoch aufgerichtet nur auf den Hinterbeinen laufen. Sie frißt große Insekten, kleine Nagetiere und auch Vogeleier.

Kragenechse (*Chlamydosaurus kingii*)

Kragengeißelzellen, → Verdauungssystem.

Krähen, → Rabenvögel.

Kraits, *Bungarus,* von Indien bis Südchina verbreitete, 1 bis 2 m lange → Giftnattern, die schwarzweiß oder schwarzgelb geringelt sind und ein nächtliches Leben führen. Die K. ernähren sich hauptsächlich von anderen Schlangen. Sie legen 5 bis 12 Eier.

Krake, *Octopus,* ein achtarmiger Kopffüßer mit kurzem,

Gemeiner Krake (*Octopus vulgaris*)

sackartigem Körper und sehr beweglichen Armen. Die K. sind weltweit verbreitet. Sie schwimmen selten, sondern sitzen in selbsterrichteten Steinwällen oder bewohnen Felshöhlen. Die bekannteste Art ist der Gemeine K., *Octopus vulgaris,* der in der Nordsee bis 70 cm, im Mittelmeer bis 3 m lang wird. K. werden am Mittelmeer als Delikatesse sehr geschätzt.

Kralle, *Falcula,* am Ende der Zehen aus Hautverdickungen hervorgegangene gebogene, spitze hornige Hülse einiger Lurche, der meisten Kriechtiere, Vögel und Säugetiere. K. können in mannigfaltiger Weise als Werkzeug, Putzorgan oder Waffen spezialisiert oder an bestimmte Lokomotionsweisen angepaßt sein. Entsprechend dem Nagel unterscheidet man *Krallenbett, Krallensohle* und *Krallenplatte.* Bei katzenartigen Raubtieren können die K. in Hauttaschen zurückgezogen werden. Abb. → Nagel.

Krallenäffchen, *Callithricidae,* eine Familie der → Neuweltaffen. Die K. sind kleine Säugetiere, deren Finger und Zehen mit Ausnahme der Großzehe Krallen statt der sonst bei Affen üblichen Nägel tragen. Zu den K. gehören → Pinseläffchen, → Löwenäffchen u. a.

Krallenfrosch, *Xenopus laevis,* mittel- und südafrikanischer Vertreter der → Zungenlosen Frösche mit sehr glatter, schlüpfriger Haut. Das Männchen wird 6 cm, das Weibchen 12 cm lang. Die 3 Innenzehen tragen kurze, schwarze Krallen. Der K. ist ein gewandter Schwimmer. An ihm wurde die medizinische Verwendbarkeit der Froschlurche für Schwangerschaftstests entdeckt (heute durch moderne chemische Methoden ersetzt). Die Weibchen legen jährlich etwa 10000 Eier an Wasserpflanzen. Die verwandten, nur 3 bis 4 cm großen *Zwergkrallenfrösche* (*Hymenochirus, Pseudohymenochirus*), gleichfalls aus Afrika, werden oft in Aquarien gepflegt. Zum Ablaichen legt sich das Paar an der Wasseroberfläche auf den Rücken.

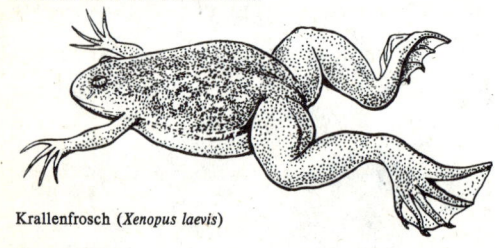

Krallenfrosch (*Xenopus laevis*)

Krallensalamander, svw. Japanischer Krallenfingermolch.

Krammetsvögel, Begriff für die jagdbaren Wacholder- und Rotdrosseln, → Drosseln.

Kraniche, *Gruidae,* weltweit verbreitete Familie der → Kranichvögel mit langen Beinen und langem Hals. Es gibt 14 Arten. Bei einigen Arten durchzieht die Luftröhre schleifenförmig den Brustbeinkamm (Lautverstärkung). Die Jungen sind Nestflüchter. Außerhalb der Brutzeit bilden sie große Schwärme. Alle Arten der Gattung *Grus* sind vom Aussterben bedroht. Deshalb werden nicht nur die Vögel selbst streng geschützt, sondern auch ihre Brut-, Rast- und Überwinterungsplätze. Spezielle internationale Programme sollen die Bestände retten und vergrößern helfen.

Kranichvögel, *Gruiformes,* Ordnung der Vögel, zu der oft auch Arten gestellt werden, deren Verwandtschaft und damit systematische Stellung noch nicht geklärt werden konnte. Zur Ordnung gehören die → Rallen, die Stelzenrallen, *Mesoenatidae* (3 Arten, Madagaskar), Sonnenrallen, *Eurypygidae* (1 Art, Mittel- und Südamerika), Binsenhühner, *Heliornithidae* (3 Arten, je 1 in Südamerika, Afrika, Indien), Kagus, *Rhynochetidae* (1 Art, Neukaledonien), → Kraniche, Rallenkraniche, *Aramidae* (1 Art, Amerika), Trompetervögel, *Psophiidae* (3 Arten, Südamerika), → Trappen, Seriemas, *Cariamidae* (Schlangenstörche, 2 Arten, Südamerika), *Kampfwachteln* (auch Laufhühnchen), *Turnicidae* (16 Arten, Afrika, Südeuropa bis Australien).

Kranich (*Grus grus*)

Kraniologie, die Lehre von der Morphologie des menschlichen und tierischen Schädels.

Kraniometrie, die Messung am menschlichen oder tierischen Schädel. → Anthropometrie.

Kranioten, svw. Wirbeltiere.

Kranium, svw. Schädel.

Krankheit, jede Abweichung vom normalen Verlauf der Lebensvorgänge bei Pflanze, Tier und Mensch, die mit einer Schwächung des betreffenden Organismus oder seiner Teile verbunden ist und unter Umständen zum Tode führen kann.

Krankheitsanfälligkeit, svw. Anfälligkeit.

Krankheitsbereitschaft, → Disposition.

Krankheitsbild, svw. Schadbild.

Krankheitserreger, → Pathogen.

Kranzfühler, *Tentaculata,* ein etwa 4300 Arten umfassender Stamm von wasserbewohnenden, meist festsitzenden Bodentieren, deren Körper aus drei Abschnitten – Protosoma, Mesosoma und Metasoma – besteht; die hinteren Abschnitte mit paarigen Zölomsäcken. Das Mesosoma trägt bei allen K. einen die Mundöffnung umstehenden Tentakelapparat (-kranz). Auf den unterschiedlichen Bauplan innerhalb des Stammes wird bei den Klassen näher eingegangen. Die drei Klassen der K. sind Hufeisenwürmer (*Phoronida*), Moostierchen (*Bryozoa*) und Armfüßer (*Brachiopoda*).

Sammeln und Konservieren. 1) *Hufeisenwürmer.* Die im Sand oder im Schlamm, aber auch in Gestein oder Muschelschalen eingebohrt lebenden Hufeisenwürmer sind in der Regel selten und schwer zu entdecken. Sie lassen sich nur im betäubten Zustand unbeschädigt aus der Röhre ziehen. Man tropft dazu mit einer Pipette 10%iges Alkohol-Seewasser oder 1%ige Kokainlösung in die Röhren. Dann werden sie in 2%iger Formaldehydlösung fixiert und in 70%igem Alkohol konserviert.

2) *Moostierchen.* Man bringt die Stöcke mittels Rechen an die Oberfläche und trocknet sie ohne weitere Maßnahmen. Als Feuchtpräparate bewahrt man Moostierchenkolonien, die auf Substrat leben, am besten in 70%igem Alkohol auf.

Für mikroskopische Zwecke müssen die im Wasser behaltenen Einzeltiere im ausgestreckten Zustand durch Zugabe von Chloralhydrat oder Metholkristallen narkotisiert werden. Wenn die Tiere nach 1 bis 3 Stunden nicht mehr reagieren, übergießt man die Kolonie mit konzentrierter Formaldehydlösung. 2%ige Formaldehydlösung oder 70%iger Alkohol sind geeignete Aufbewahrungsmedien.

3) Armfüßer. Sie können nur mit der Sackdredge gesammelt werden. Da sie sich infolge starker Muskulatur fest schließen, muß man sie vor dem Fixieren betäuben. In das Wasser wird langsam so viel Alkohol getropft, daß eine 5%ige Lösung entsteht. Die Schildchen werden dann vorsichtig aufgeklemmt und die Tiere in 70%igem Alkohol konserviert. Größere Arten lassen sich auch trocken aufbewahren.

Krappgewächse, → Rötegewächse.

Kratzer, *Acanthocephala,* eine Klasse der Rundwürmer mit etwa 500 Arten, die erwachsen ausschließlich im Darm von Wirbeltieren leben.

Morphologie. Die K. sind 1,5 mm bis 5 cm, manchmal bis 50 cm lange, walzen- bis gestreckt schlauchförmige Tiere, die am Vorderende einen einziehbaren, fingerförmigen bis kugeligen, mit vielen Haken besetzten Haftrüssel tragen. Die K. sind weißlich, seltener gelblich oder orange gefärbt. Ein Darmkanal fehlt den K. völlig.

Ihre geräumige Leibeshöhle ist ein flüssigkeitsgefülltes Pseudozöl. Es enthält im wesentlichen die Geschlechtsorgane, bei den Männchen ein Paar Hoden und mehrere »Zementdrüsen«, bei den Weibchen keine eigentlichen Eierstöcke, sondern zahlreiche Ovarialballen, von denen die Eier zur Reifung in das Pseudozöl abgestoßen werden. Ein komplizierter Auswahlmechanismus im Eileiter sorgt dafür, daß nur reife Eier abgelegt werden.

Biologie. Im erwachsenen Zustand leben die K. parasitisch im Darm von Wirbeltieren aller Klassen, wo sie sich mit dem Hakenrüssel in der Schleimhaut verankern. Ihre Nahrung besteht aus dem Darmsaft der Wirtstiere, der osmotisch aufgenommen wird. Die K. entwickeln sich über mehrere Larvenstadien. Aus dem Ei entwickelt sich der längliche, mit drei Hakenpaaren versehene *Acanthor* (Hakenlarve), der die Darmwand des wirbellosen Zwischenwirtes durchbohrt und in die Leibeshöhle gelangt. Als Zwischenwirt dient fast ausnahmslos ein Arthropode, und zwar besonders Krebse und Insekten. Dort bildet der Acanthor die Haken und deren Muskulatur zurück und wandelt sich zur *Acanthella* um, die sich zur infektionsreifen *Cystacantha* weiterentwickelt. Diese ist den erwachsenen K. sehr ähnlich, kapselt sich in dem wirbellosen Zwischenwirt ein und wird erst im Darm des Wirbeltierwirtes frei, wenn dieser den Zwischenwirt aufgenommen hat. Oft ist jedoch ein zweiter Zwischenwirt vorhanden. Dieser ist entweder ein Fisch, ein Amphibium oder ein Reptil.

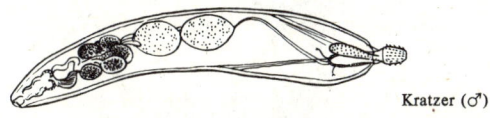

Kratzer (♂)

Wirtschaftliche Bedeutung. Die von den K. hervorgerufenen Schäden sind gering, da nur wenige Arten beim Menschen oder bei Haus- und Nutztieren vorkommen, z. B. der → Riesenkratzer, und Krankheitserscheinungen erst bei Massenbefall auftreten.

System. Die zahlreichen Arten werden meist in zwei Ordnungen gruppiert, in die *Palaeacanthocephala* und die *Archiacanthocephala.*

Sammeln und Konservieren. Die K. findet man in Därmen von Wirbeltieren, insbesondere von Fischen. Mit dem Rüssel noch in der Darmwand haftende K. fixiert man am besten mit einem kleinen Darmstück. Andernfalls muß darauf geachtet werden, daß der Rüssel beim Fixieren ausgestülpt ist, denn er stellt ein wichtiges Bestimmungsmerkmal dar. K. fixiert man mit etwa 60°C heißem 70%igen Alkohol. Nach zehn Minuten werden sie in frischen 70%igen Alkohol zur Aufbewahrung überführt.

Krätzmilbe, *Sarcoptes scabiei,* ein zu den Milben gehörender Parasit des Menschen und verschiedener Haustiere. Die K. bohrt sich an dünnen Stellen, besonders zwischen den Fingern, in die Haut ein und treibt dann bis zu 5 cm lange Gänge vorwärts, in die der Kot und die Eier abgelegt werden. Die Larven bohren sich aus, werden auf einen anderen Wirt übertragen (beim Menschen vor allem beim Händegeben) oder legen auf dem alten Wirt einen neuen Gang an. Durch die Bohrtätigkeit entsteht ein unerträglicher Juckreiz, daneben oft auch allgemeines Unwohlsein.

Verwandte der K. verursachen bei Haustieren die verschiedenartigen Räuden.

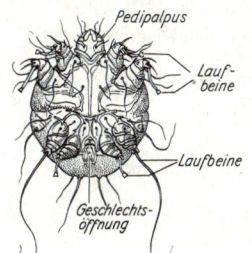

♂ der Krätzmilbe von der Bauchseite

Kräuter, Pflanzen mit oberirdischen, meist saftigen, weichen, nur wenig verholzten Sprossen, die nach jeder Vegetationsperiode ganz oder bis auf ihre unterirdischen Teile absterben.

Krebse, *Crustacea,* die einzige Klasse des Unterstammes *Branchiata* (Stamm *Arthropoda*) mit etwa 35000 Arten. Die K. sind fast ausschließlich im Wasser wohnende Tiere und haben zwei Paar Antennen, drei Paar ursprünglich kauende Mundgliedmaßen und Kiemenatmung. Der Körper kann von unter 1 mm bis 60 cm lang sein. Er ist in einzelne Segmente gegliedert und setzt sich aus Kopf, Thorax und Abdomen oder Pleon (Hinterleib) zusammen. Jedes Segment kann Extremitäten tragen. Der Kopf besteht aus dem Kopflappen (Akron), zwei Antennensegmenten (Antennula und Antenne) und drei Mundgliedmaßensegmenten (Mandibel,

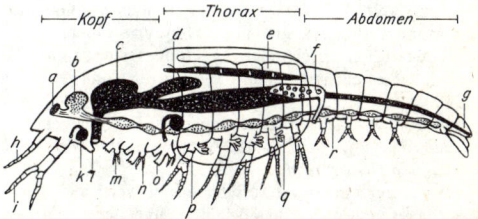

1 Organisationsschema eines Krebses: *a* Auge, *b* Gehirn, *c* Vorderdarm, *d* Mitteldarmdrüse, *e* Herz, *f* Gonade, *g* Telson, *h* Antennula, *i* Antenne, *k* Nephridium, *l* Oberlippe, *m* Mandibel, *n* Maxillula, *o* Maxille, *p* Carapax, *q* Kieme, *r* Bauchmark

Maxillula und Maxille). Alle Kopfsegmente sind jedoch nahtlos miteinander verwachsen, meist sind auch ein oder mehrere thorakale Segmente (Thorakomere) in den Kopf einbezogen, so daß ein Zephalothorax entsteht. Die restlichen, freien Thorakomere werden dann als Peraeon zusammengefaßt. Das Pleon unterscheidet sich vom Thorax durch die Gestalt der Gliedmaßen. Die Pleomere sind bei man-

Krebse

chen Gruppen miteinander verwachsen. Am Körperende steht das Telson, das ein Paar gegliederte Anhänge, die Furka, tragen kann. Sehr viele K. besitzen einen Carapax, eine vom Hinterkopf ausgehende Hautduplikatur, die sich mehr oder weniger weit nach hinten erstreckt und als Schild dem Rücken lose aufliegt oder aber mit den bedeckten Segmenten verwächst. Im Extrem hüllt der Carapax als zweiklappige Schale den gesamten Körper ein. Die typische

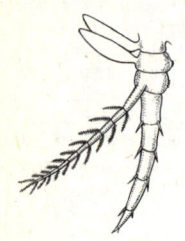

2 Schema eines Spaltbeins

Extremität der K. ist das Spaltbein, das sich aus einem Protopoditen und zwei gegliederten Spaltästen, dem Exopodit und dem Endopodit, zusammensetzt. Die Ausbildung der einzelnen Teile ist sehr verschieden. Je nach Lebensweise und Ernährungsweise können die Beine und auch die Mundgliedmaßen verschiedenartig spezialisiert sein. Bei einigen Ordnungen treten Blattbeine auf, die keine echte Gliederung haben. Die Körperbedeckung besteht aus Chi-

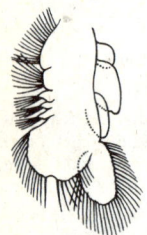

3 Blattbein eines Kiemenfußkrebses

tin, das durch eingelagerten Kalk verfestigt sein kann. Es dient dem Schutz und der Anheftung von Muskulatur (Außenskelett). Da das Chitin eine starre Hülle bildet, muß es in gewissen Abständen gehäutet werden, damit das Tier wachsen kann.

Das Nervensystem setzt sich aus dem Gehirn (Oberschlundganglion) und dem Bauchmark (Bauchganglienkette) zusammen. In jedem Segment liegt ursprünglich ein Ganglienpaar, meist sind aber die hintersten Paare verschieden weit nach vorn gerückt, und auch die Ganglien der Mundgliedmaßen sind in der Regel zu einem Unterschlundganglion verschmolzen. Als Sinnesorgane treten das unpaare Naupliusauge und die paarigen, oft gestielten Komplexaugen auf, daneben können Statozysten als Schweresinnesorgane vorkommen. Als Chemorezeptoren dienen die Ästhetasken an den Antennulae und Sinneszellen an den Gliedmaßen.

Der Mitteldarm stülpt verschiedene Divertikel aus, die der Sekretion von Verdauungssäften und der Resorption der Nahrung dienen, und von denen die große Mitteldarmdrüse (Hepatopankreas) die wichtigste ist. Bei den → *Malacostraca* ist der Endabschnitt des Vorderdarmes zu einem kauenden und filtrierenden Magen umgebildet. Das Blutgefäßsystem ist offen. Das Herz stellt ursprünglich ein langgestrecktes, hohles Rohr dar, meist ist es jedoch verkürzt und auf den Körperabschnitt beschränkt, in dem auch die Atmungsorgane liegen. Bei den *Malacostraca* sendet das Herz eine Anzahl echter Gefäße aus, die dann im Sinus münden. Durch Klappenventile (Ostien) strömt das Blut in das Herz zurück. Als Atmungsorgane dienen Kiemen, d. h. dünnhäu-

tige Ausstülpungen der Extremitäten, oder bestimmte Gliedmaßenteile selbst. Daneben hat auch meist die Innenfläche des Carapax Atemfunktion. Bei vielen Kleinformen, denen spezifische Atmungsorgane fehlen, atmet die gesamte Hautoberfläche. Tracheenartige Organe, die der Luftatmung dienen, kommen bei vielen Landasseln vor. Exkretionsorgane sind Nephridien, die im Segment der Antenne (Antennendrüse) oder der Maxille (Maxillendrüse, Schalendrüse) liegen. Außerdem können Teile des Mitteldarmes und die Kiemen exkretorisch wirken; daneben treten Nephrozyten und Nephrophagozyten auf.

Die Geschlechter sind getrennt. Zwitter kommen selten vor (manche Rankenfüßer und Asseln). Vereinzelt tritt Parthenogenese auf. Die Gonaden sind primär paarig und haben beim Weibchen oft drüsige Abschnitte, in denen sekundäre Eihüllen und Kittsubstanzen sezerniert werden. Beim Männchen sind oft die in der Nähe der Geschlechtsöffnung stehenden Gliedmaßen zu Hilfsorganen der Begattung (Gonopoden) umgebildet. Nur wenige Arten legen die Eier frei ab, die meisten Formen treiben vielmehr eine oft weitgehende Brutfürsorge, indem sie die Eier an Gliedmaßen ankleben oder in besondere Bruträume ablegen. Die Furchung ist superfiziell. Es schlüpft eine Larvenform, die erst im Laufe weiterer Larvenstadien zum adulten Tier umgebildet wird. Einige Gruppen entwickeln sich jedoch direkt. Die bekanntesten Larvenformen sind der *Nauplius,* der *Metanauplius,* die *Cyprislarve* und die *Zoëa.*

Viele K. sind zur parasitischen Lebensweise übergegangen und so stark umgewandelt, daß sie nicht mehr als solche erkannt werden können. Immer aber behalten ihre Larven die ursprüngliche, typische Form bei.

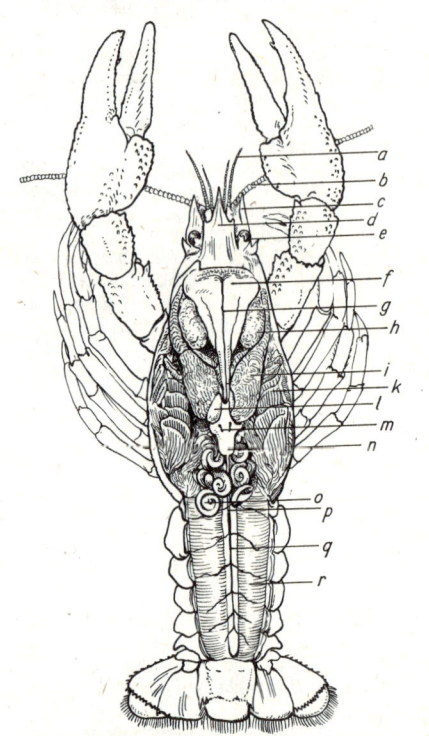

4 Anatomie eines Flußkrebses ♂: a erste Antenne, *b* zweite Antenne, *c* Schuppe, *d* Rostrum, *e* Auge, *f* Magen, *g* Augenarterie, *h* Mandibelmuskel, *i* Mitteldarmdrüse (Leber), *k* Kiemen, *l* Hoden, *m* Herzspalten, *n* Herz, *o* Vas deferens, *p* Abdominalarterie, *q* Enddarm, *r* Muskulatur des Schwanzes

Die rund 35000 bekannten Arten leben überwiegend im Meer, daneben treten Süßwasser- und Landbewohner auf. Völlig unabhängig vom Wasser sind nur die Landasseln. Man kann Dauerschwimmer, auf dem Boden laufende Formen, Sandlückenbewohner, halbsessile Röhrenbauer und ständig festsitzende Arten unterscheiden. Nach der Ernährungsweise gibt es Räuber, Filtrierer, Schlamm-, Pflanzen- und Aasfresser sowie saugende Parasiten. Die Verbreitung erfolgt in der Regel durch die frei schwimmenden Larven. Eine große wirtschaftliche Bedeutung haben die planktischen Kleinformen als Nahrung von Fischen und Walen. Vom Menschen unmittelbar verzehrt werden Garnelen, Hummern, Langusten, Flußkrebse und Krabben.

Geologische Verbreitung und Bedeutung. Algonkium, Kambrium bis Gegenwart. Durch Aufnahme von Kalziumkarbonat in den Chitinpanzer sind die K. fossilisierbar, daher sind ihre Reste aus vielen Ablagerungen bekannt. Die Formenmannigfaltigkeit steigert sich allmählich vom Beginn ihrer Entwicklung an und erreicht in der Oberkreide eine noch heute anhaltende Blütezeit. Von biostratigraphischer Bedeutung sind jedoch nur die → Muschelkrebse.

System.
1. Unterklasse: *Cephalocarida*
2. Unterklasse: *Anostraca* (Kiemenfußkrebse)
3. Unterklasse: *Phyllopoda* (Blattfußkrebse)
4. Unterklasse: *Ostracoda* (Muschelkrebse)
5. Unterklasse: *Mystacocarida*
6. Unterklasse: *Copepoda* (Ruderfußkrebse)
7. Unterklasse: *Branchiura* (→ Karpfenläuse)
8. Unterklasse: *Ascothoracida*
9. Unterklasse: *Cirripedia* (Rankenfüßer)
10. Unterklasse: *Malacostraca*

Sammeln und Konservieren. Kleine Formen werden mit Planktonnetzen gefangen oder aus dem Sediment ausgesiebt. Größere Krebse fängt man am besten in der Dunkelheit mit Licht oder in einer mit Fischresten beköderten Reuse. Marine K. fangen sich in Bodenschleppnetzen. Die zehnfüßigen Krebse werden durch Chloroformdämpfe getötet. Die Konservierung erfolgt in 75%igem Alkohol mit 5% Glyzerinzusatz oder in neutralisierter 2%iger Formaldehydlösung.

Krebsentstehung, → Tumorviren.

Krebs-Mehrschritt-Therapie, → Lysosom.

Krebspest, Krankheit der Flußkrebse, die sich etwa ab 1875 über ganz Europa verbreitete und dabei die einheimischen Krebsbestände (*Astacus*) weitgehend vernichtete. Erreger ist ein Pilz, der die Tiere schon wenige Tage nach dem Befall absterben läßt. Die aus Amerika nach Europa eingeführten Flußkrebse (*Cambarus*) sind gegen die K. nicht anfällig.

Krebssteine, *Magensteine, Gastrolithen,* in der Magenwand der Hummern und Flußkrebse auftretende Hartgebilde, die vor allem aus Kalziumkarbonat bestehen.

Krebsviren, svw. Tumorviren.

Krebszelle, *transformierte Zelle, entartete Zelle, maligne Zelle,* Zelle, die sich graduell von ihrer Ausgangszelle in morphologischen, biochemischen und/oder physiologischen Eigenschaften unterscheiden kann.

Entstehung. Besonders unter dem Einfluß von Tumorviren, zahlreichen Chemikalien und ionisierender Strahlung, aber auch durch Störungen im Zusammenwirken der Gene können sich normale, teilungsfähige Zellen von höheren Pflanzen, von Wirbellosen und Wirbeltieren in K. umwandeln (*Transformation*). Das gilt mit einer Einschränkung auch für den Menschen: Bisher sind nur ganz wenige Fälle für die Mitwirkung von Viren bei der Entstehung von K. des Menschen bekannt geworden. Manche krebserregenden Chemikalien erhöhen gleichzeitig die Mutationsrate wesentlich. Vermutlich können in verschiedenen Fällen somatische Mutationen zur Zellentartung führen. Die molekularen Grundlagen der Umwandlung einer Normalzelle in eine K. sind kaum bekannt. Bei K., die unter dem Einfluß von Viren entstehen, wird das Virusgenom in den betreffenden Wirtszellen repliziert. Vermutlich verursacht es die Fehlregulation. Viele Befunde deuten an, daß K. durch Änderungen im Genom und besonders durch Störung der Genom-Zytoplasma-Wechselbeziehungen entstehen können. Damit stimmt auch überein, daß aus K. bei der Zellteilung stets nur K. hervorgehen und daß einmal entstandene K. sich nicht in normale Zellen zurückverwandeln können. Manche experimentelle Befunde widersprechen diesen Feststellungen.

Biologische Eigenschaften. Bei vielen K. ist die Zelloberfläche gegenüber der Ausgangszelle (Stammzelle) verändert und damit die Wechselwirkung zwischen den Zellen. Durch Viren transformierte Zellen weisen eine Anzahl neuer Oberflächenantigene auf. Der Cholesterin- und Phospholipidgehalt der Plasmamembran kann erhöht, der Gehalt an manchen Proteinen vermindert oder vermehrt sein. Die Aktivität der extrazellulären Glykosyltransferasen ist bei K. meist höher. Dadurch werden die Zusammensetzung der Glykokalyx-Kohlenhydrate und damit die Antigeneigenschaften und die Adhäsionseigenschaften der Zelloberfläche verändert. In tierischen K. ist der Gehalt an einem Glykoprotein mit der Molekülmasse 250000 vermindert. Es wird als Komponente I oder Z, als *CSP*, als *Galaktoprotein* oder *LETS P* (*l*arge *e*xternal *t*ransformation *s*ensitive *p*rotein) bezeichnet. Oft weisen K. erhöhte proteolytische Aktivität und geringeres Adhäsionsvermögen auf (geringere Adhäsion untereinander und an einer Unterlage), bedingt insbesondere durch veränderte Anordnung kontraktiler Eiweiße (→ Aktin, → Myosin). Die Mitoseaktivität vieler K. ist erhöht. Transformierte Zellen lassen sich durch Lektine (Stoffe, die bestimmte Zuckerreste spezifisch binden) leichter agglutinieren als Normalzellen; die Lektinrezeptoren sind auf der Oberfläche von K. ungleichmäßig verteilt. Normale Fibroblasten weisen die Zellform beeinflussende Mikrofilamentbündel (Streßfasern) auf, die aus Aktin, Myosin, α-Aktinin, Tropomyosin und anderen Eiweißen bestehen. Nach Transformation der Zellen durch Viren ist dagegen das Aktin diffus verteilt, die Zellen sind mehr oder weniger abgerundet und haben an ihrer Peripherie einige pseudopodienartige, aktinhaltige Bereiche ausgebildet, die der amöboiden Bewegung dienen. Alle diese Veränderungen der Zelloberfläche und der geringere Bedarf der K. an teilungsfördernden Stoffen (Mitogenen) und anderen Wachstumsfaktoren – die sie teilweise auch selbst bilden – führen zur weitgehenden Aufhebung der Kontakthemmung (-inhibition), einer zelldichteabhängigen Regulation. In Zellkulturen beträgt die Zelldichte bei Normalzellen maximal 10^4 je cm², aber bei K. maximal 10^6 je cm². Dabei wachsen differenzierte Normalzellen in einfacher Schicht nebeneinander (*Monolayer*), K. dagegen unregelmäßig in mehreren Schichten übereinander (*Multilayer*). Der → Zellzyklus wird meist rascher durchlaufen als bei Normalzellen. Manche K. können jedoch auch länger leben als ihre Ausgangszellen. Die veränderten Eigenschaften zahlreicher tierischer und menschlicher K. können zur Einwanderung der Zellen in andere Gewebe und Organe (Eindringvermögen, Invasivität) führen. Einzelne K. oder Krebszellengruppen können durch amöboide Bewegung und mit dem Lymph- oder Blutstrom in benachbarte oder entfernt gelegene Organe gelangen und die Entstehung von *Tochtergeschwülsten* (*Metastasen*) verursachen.

K. behalten, mehr oder weniger ausgeprägt, noch einige

Differenzierungsmerkmale der Ausgangszellen. Viele K. können sich nicht über eine frühe Entwicklungsstufe hinaus differenzieren (*Differenzierungsblock*). Damit ist ein entsprechender Verlust der spezifischen Zellfunktion verbunden. Bei manchen K. entstehen Differenzierungsblocks durch Veränderungen an den Chromosomen oder unter dem Einfluß von Tumorviren. Die blockierten Zellen können sich langsam anhäufen wegen fehlender Ausdifferenzierung und damit verbundener Eliminierung. Viele K. weisen einen niedrigeren cAMP-Spiegel auf als ihre ausdifferenzierten Ausgangszellen. Der Stoffwechsel von K. kann gegenüber der Ausgangszelle verändert und gesteigert sein. Die für viele Tumoren typische Herabsetzung der Zellatmung drückt sich morphologisch durch die verringerte Anzahl der → Mitochondrien in diesen K. aus. Die Glykolyserate ist dagegen sehr hoch. Der Verlust spezifischer Enzyme kann unter anderem eine Ansammlung von Stoffwechselzwischenprodukten und damit strukturelle Änderungen verursachen. Die Kern-Plasma-Relation kann bei K. zugunsten des → Zellkerns verändert und der Anteil an Heterochromatin erhöht sein. Viele K. haben mehr → Mikrovilli als ihre Ausgangszellen.

Krebszyklus, svw. Zitronensäurezyklus.

Kreide, 1) Gestein; feinkörniges, biogenes, weißes, abfärbendes Kalksediment (98%), aus Kokkolithen (74%), Foraminiferen (1%), Bryozoen (2%), Ostrakoden (0,1%), Resten von Kalk- und Kieselalgen und anderen eingelagerten Meerestieren (Radiolarien, Schwämme, Korallen, Seeigel, Belemniten u. a.).

2) jüngstes System des Mesozoikums. Sein Name bezieht sich vor allem auf die in der Oberkreide verbreiteten Fazies weißer bis hellgrauer, mürber Kalke und Kalkmergel, die ›Schreibkreide‹. Die K. umfaßt einen Zeitraum von 75 Mill. Jahren und wird in *Unter*- und *Oberkreide* untergliedert. Die Gliederung der marinen Bereiche beruht vor allem auf der Entwicklung der Foraminiferen, Ammoniten, Belemniten, einzelner Muschelgattungen, z. B. der Gattung *Inoceramus*, und Echinodermaten. Bei den Ammoniten treten in der Unterkreide Spaltripper und Abbauformen der Gehäusegestalt, Berippung und Lobenlinie auf. Die Unterkreide und die höhere Oberkreide werden vor allem nach Belemniten gegliedert. Die Gliederung der unteren und mittleren Oberkreide fußt im wesentlichen auf der Entwicklung der Muschelgattung *Inoceramus*. Die Gliederung der terrestrischen Ablagerungen vollzieht sich vorwiegend nach der sehr mannigfaltigen Entwicklung der Reptilien. Die extrem großen Land- oder Dinosaurier, z. B. der 13 m hohe und 28 m lange, 80 t schwere *Brachiosaurus* und der 20 bis 30 m lange *Brontosaurus* treten in der K. auf. Die Säuger sind sehr klein. An der Wende Kreide/Tertiär starben die Riesen- und Flugsaurier, Ammoniten, Belemniten, die Rudisten, Inoceramen und eine Reihe Foraminiferen aus.

Die K. ist hinsichtlich der Entwicklung der Pflanzenwelt eine Zeit vieler entscheidender evolutiver Änderungen. Während die Unterkreide noch zum → Mesophytikum gerechnet wird und eine wenig veränderte Juraflora mit vorherrschend Nacktsamern aufweist, treten in der Oberkreide in größerem Ausmaße die bereits für das → Känophytikum charakteristischen Bedecktsamer auf.

Kreislauf, 1), *K. der Stoffe:* Die durch Assimilation in die Pflanze eingebauten Stoffe werden beim Abbau durch Atmung, Ausscheidung oder beim Absterben der Pflanzen durch Mineralisation wieder frei und können dann erneut verarbeitet werden. Wichtig sind der K. des Kohlenstoffes, der K. des → Stickstoffs und der K. des → Schwefels. **2)** K. des Blutes, → Blutkreislauf. **3)** K. des Wassers, → Wasserhaushalt.

Kreislaufreflexe, → Kreislaufregulation.

Kreislaufregulation, die Anpassung der Herztätigkeit, des Blutdrucks und der Durchblutung an die verschiedensten Funktionszustände der Organe.

K. ist vorrangig eine Gefäßweitenregulation. Bei Erweiterung der Gefäße (*Dilatation*) sinkt der Blutdruck und steigt die Durchblutung; die entgegengesetzte Wirkung hat eine Gefäßverengung (*Konstriktion*). Daneben wirkt noch die Tätigkeit des Herzens: eine gesteigerte Herzkontraktion erhöht den Blutdruck und verstärkt die Durchblutung.

1) Die Auslöser einer K. können entweder lokale Faktoren oder die Reizverarbeitung in peripheren Rezeptorsystemen sein. a) Von den lokal wirkenden Faktoren drosseln die Blutzufuhr: mechanische Reize wie Schnitt oder Stich, kurzzeitige Abkühlung, körpereigene Wirkstoffe wie Adrenalin, Noradrenalin, Angiotensin, Serotonin und Vasopressin. Eine Steigerung der Durchblutung bewirken Kohlendioxid, Säuren (z. B. Milchsäure), Sauerstoffmangel, Erwärmung sowie die körpereigenen Stoffe Histamin, Azetylcholin, Bradykinin und die Prostaglandine. b) Der K. dient eine Reihe von Rezeptorsystemen, z. B. → Barorezeptoren, arterielle → Chemorezeptoren und Herzrezeptoren (→ Herzreflex).

2) Die Zentren der K. sind selten anatomisch eng umgrenzte Strukturen, sondern weitverzweigte Funktionskreise. Sie finden sich in mehreren Bereichen des Zentralnervensystems. Die Rückenmarkszentren erstrecken sich im Halsmark. In der Medulla oblongata des Hirnstammes liegt das eigentliche *Kreislaufzentrum,* das → Vasomotorenzentrum, das über die Steuerung des Gefäßtonus der Blutdruck und die Durchblutung im Kreislauf einstellt. Daß es für eine ganz gezielte K. sorgt, die je nach Bedarf und Kreislaufabschnitt drosselnd oder verstärkend wirkt, zeigt die Abb. 1. Dicht neben dem Vasomotorenzentrum ist ein *Herzsteuerungszentrum* nachgewiesen worden. Auch in höhergelegenen Gehirnbereichen, im Hypothalamus und der Großhirnrinde, existieren kreislaufaktive Zonen.

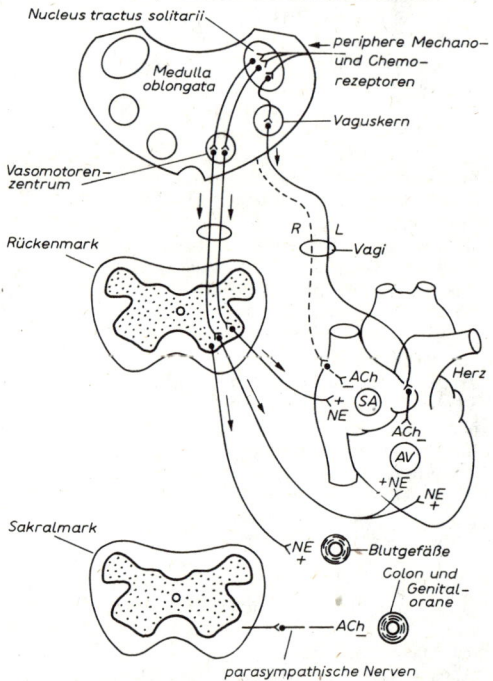

1 Nervale Steuerung der Herztätigkeit und der Gefäßweite. NE Noradrenalin, *SA* Sinusknoten, *AV* Atrioventrikularknoten, *ACh* Azetylcholin

3) Die Steuerprozesse der K. können lokalen, nervalen oder hormonalen Ursprungs sein. a) Lokale Veränderungen an den Blutgefäßen verstellen den → Gefäßtonus. b) Die *Kreislaufreflexe*. Der Hauptmechanismus der nervösen K. ist die Arteriolenweitenverstellung über die sympathischen Gefäßnerven, die *Vasokonstriktoren*. Zunahme des Vasokonstriktorentonus verengt Arteriolen und Venolen, seine Abnahme erweitert sie (Abb. 2). Regional können an

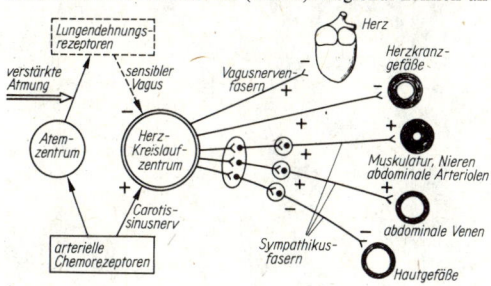

2 Einfluß der Atmung auf die Herztätigkeit und die Durchblutung wichtiger Kreislaufgebiete

der nervösen K. auch *Axonreflexe* beteiligt sein. Ein Axon ist der lange Fortsatz, der Neurit, eines Neurons. Chemische Reize wie die Stoffwechselendprodukte im Blut erregen Sinnesendigungen der Gefäßwand. Deren Aktionspotentiale werden nicht – wie sonst üblich – über die Ganglienzelle und über Synapsen auf ein anderes Neuron übertragen, sondern gelangen im gleichen Axon, über eine Kollaterale, zurück zum Gefäß. Axonreflexe laufen wegen ihrer kurzen Leitungsstrecke sehr rasch und wegen der fehlenden synaptischen Übertragung mit einem geringen Energieaufwand ab. Sie sind jedoch nicht über Kreislaufzentren zu beeinflussen. Beispiel eines Axonreflexes ist der *Dermographismus*: nach kräftigem Bestreichen der Haut mit einem stumpfen Gegenstand, der Schmerzfasern reizt, bildet sich eine lokale Rötung der Haut aus, die auf einem vermehrten Blutstrom beruht. c) Die wichtigsten im Dienst der K. stehenden Hormone sind die Katecholamine Adrenalin und Noradrenalin. Sie verengen die Arteriolen und Venolen. Über ihre dosierte Abgabe kann die Gefäßweite gleitend verstellt werden.

Kreislaufzeit, die Zeit, die verstreicht, bis das Blut einmal die Bahn des Kreislaufs passiert hat. Bevorzugt werden Messungen der K. mit den verschiedensten Stoffen auf leicht zugänglichen Teilstrecken. Beim Menschen beträgt die K. rund 20 Sekunden.
Kreislaufzentrum, → Kreislaufregulation.
kreisrelationales Lernen, → Lernformen.
Kreiswirbler, *Gymnolaemata,* eine Ordnung vorwiegend im Meer lebender Moostierchen, die einen einfachen Tentakelkranz aus freien Tentakeln haben. Bei den K. sind die Einzeltiere (Zoözien) zumindest durch Scheidewände voneinander getrennt. Infolge Arbeitsteilung können verschiedene Zoözien stark spezialisiert sein, wie Avikularien oder Vibrakularien. Nach der Form des Zystidverschlusses werden die K. in drei Untergruppen geteilt: → *Ctenostomata,* → *Cheilostomata* und → *Cyclostomata.*
Kremaster, Afterhäkchen oder Hakenkranz am Hinterleibsende der Puppen von Schmetterlingen.
Krempling, → Ständerpilze.
Krenal, Quellbereich eines Fließgewässers.
Krenobionte, → Quelle.
Krensäure, → Humus.
Kreodontier, svw. Urraubtiere.
krepuskular, → Aktivitätsrhythmus.
Kresse, → Kreuzblütler.

kretazisch, zum Kreidesystem gehörend.
Kreuzbein, → Achsenskelett, → Beckengürtel.
Kreuzblütler, *Brassicaceae, Cruciferae,* Familie der Zweikeimblättrigen Pflanzen mit etwa 3000 Arten, die hauptsächlich in den außertropischen Gebieten verbreitet sind, in den Hochgebirgen und der Arktis bis an die Grenzen der Vegetation vordringen. Es sind krautige Pflanzen mit wechselständigen, ganzrandigen, gefiederten, gefingerten, fiederspaltigen oder tief eingeschnittenen Blättern ohne Nebenblätter. Die Blüten der K. sind meist zu traubigen, deckblattlosen Blütenständen vereint. Sie bestehen in der Regel aus 4 Kelch- und 4 Blütenblättern, die sich kreuzförmig gegenüberstehen, 6 Staubblättern (davon sind 4 innen angeordnet und haben längere Filamente, 2 stehen außen und sind kürzer) und 1 oberständigen, aus 2 Fruchtblättern verwachsenen Fruchtknoten. Dieser ist durch eine »falsche« Scheidewand, die durch randliche Gewebewucherungen der Fruchtblätter entstanden ist, in 2 Fächer geteilt. An der Verwachsungsnaht der Fruchtblätter sitzen die Samenanlagen. Die Frucht ist eine Schote, die als Schötchen bezeichnet wird, wenn sie nicht dreimal so lang wie breit ist. Selten kommen auch ein- oder mehrsamige Schließfrüchte vor. In den Samen befindet sich ein ölhaltiger Keimling und nur wenig oder kein Nährgewebe. Bei wenigen Gattungen weicht der typische Blütenbau etwas ab: ungleich große Blütenblätter, mehr oder weniger als 6 Staubblätter und mehr als 2 Fruchtblätter können vorkommen. Morphologische Besonderheiten sind außerdem die Honigdrüsen der Blüten, die an der Basis der Staubblätter meist als wulstige Ringe angeordnet sind. Sie deuten auf Insektenbestäubung hin, die bei den meisten Arten auch vorliegt.

Charakteristisch sind die fast stets vorhandenen Senfölglukoside, Ausgangsstoffe der scharf schmeckenden und stechend riechenden Senföle, die als Produkt einer Spaltungsreaktion entstehen, zu der das in den »Myrosinzellen« befindliche Enzym Myrosinase die Voraussetzung ist.

Einige der morphologischen Merkmale, wie die Lage des Keimlings in den Samen, das Vorhandensein von Honigdrüsen und Myrosinzellen werden mit zur systematischen, durch die Einförmigkeit des Blütenbaues sehr erschwerten Gliederung dieser umfangreichen Familie herangezogen.

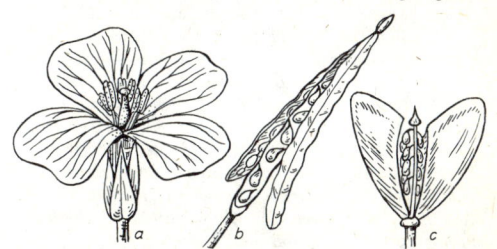

1 Kreuzblütler: *a* Blüte vom Wiesenschaumkraut, *b* Schote vom Goldlack, *c* Schötchen vom Hirtentäschel

Zu den K. gehören viele Nutzpflanzen. Gewürzpflanzen wegen ihrer reichlich vorhandenen Senföle sind der ursprünglich aus Südosteuropa oder Asien stammende *Meerrettich, Armoracia rusticana,* dessen Wurzel verwendet wird, die verschiedenen Senfarten, wie der vorwiegend in Mitteleuropa angebaute *Schwarze Senf, Brassica nigra,* der vom mediterranen Bereich bis Ostindien kultivierte *Weiße Senf, Sinapis alba,* und der in Ost- und Südasien angebaute *Sareptasenf, Brassica juncea.* Von allen werden die Samen zur Senfherstellung verwendet, z. T. gewinnt man auch Öl aus ihnen. Auch *Brunnenkresse, Nasturtium officinale,* und *Gartenkresse, Lepidium sativum,* werden als Gewürz- oder Salatpflanzen verwendet. Wichtige Gemüse- oder Futter-

kreuzgegenständige Blattstellung

2 Kreuzblütler: a Hirtentäschel, b Hellerkraut, c Ackersenf, d Hederich, e Leindotter, a.1 bis e.1 Früchte der abgebildeten Pflanzen

pflanzen sind die verschiedenen Kulturvarietäten des **Kohls**, *Brassica oleracea*, der als Wildart an den atlantischen Küsten Europas und den Mittelmeerküsten z. T. auch heute noch vorkommt. Als Kochgemüse dienen **Wirsing**, var. *sabauda*, **Weißer** oder **Roter Kopfkohl**, var. *capitata*, von denen die Blätter verwendet werden. Vom **Markstammkohl**, var. *medullosa*, und vom **Kohlrabi**, var. *gongylodes*, werden die fleischig verdickten Achsen genutzt, vom **Rosenkohl**, var. *gemmifera*, die gestauchten Achselknospen, von **Brokkoli** und **Blumenkohl**, var. *botrytis*, die fleischig verdickten, mehr oder weniger deformierten Blütenstände. Andere Gemüse- bzw. Futterpflanzen sind der aus Ostasien stammende **Chinakohl**, *Brassica pekinensis*, die **Kohlrübe**, *Brassica napus* var. *napobrassica*, die **Wasserrübe**, *Brassica rapa* var. *rapa*, der **Meerkohl**, *Crambe maritima*, dessen Wildvorkommen bei uns unter Naturschutz stehen, sowie **Rettich** und **Radieschen**, *Raphanus sativus*. Bekannte und viel angebaute Ölpflanzen sind der **Raps**, *Brassica napus* var. *napus*, und der **Rübsen**, *Brassica rapa* var. *silvestris*. Der **Leindotter**, *Camelina sativa*, wird nur noch in geringem Umfang als Ölpflanze kultiviert, genau wie die **Ölrauke**, *Eruca vesiceria sativa*, die früher außerdem als Salat- und Gewürzpflanze verwendet wurde. Als Farbstoff liefernde Pflanze hatte der **Färberwaid**, *Isatis tinctoria*, bis in das 18. Jh. große Bedeutung, wurde jedoch später durch Indigo und synthetische Farbstoffe ersetzt. Zahlreiche Arten der Familie sind weit verbreitete Ackerunkräuter, so z. B. das während der ganzen Vegetationsperiode blühende **Hirtentäschel**, *Capsella bursa-pastoris*, das durch seine runden Schötchen auffallende **Hellerkraut**, *Thlaspi arvense*, der **Ackersenf**, *Sinapis arvensis*, und der **Hederich**, *Raphanus raphanistrum*. Als Zierpflanzen haben z. B. der wohlriechende **Goldlack**, *Cheiranthus cheiri*, aus Süd- und Westeuropa, die im Mittelmeergebiet beheimatete, in zarten Farben blühende **Levkoje**, *Matthiola incana*, das vielfach zu Beeteinfassungen verwendete südosteuropäische **Blaukissen**, *Aubrieta deltoidea*, und verschiedene Arten der im Mittelmeergebiet verbreiteten **Schleifenblume**, *Iberis* spec., gärtnerische Bedeutung. Eine eigenartige Wüstenpflanze Nordafrikas ist die »**Rose von Jericho**«, *Anastatica hierochuntica*, deren Äste zu hygroskopischen Bewegungen fähig sind.

kreuzgegenständige Blattstellung, → Blatt.

Kreuzkröte, *Bufo calamita*, 6 bis 8 cm lange, gedrungene → Eigentliche Kröte Europas, die mit Vorliebe trockenere Gebiete bewohnt und gern in Sandboden gräbt. Die K. ist grauoliv, die Rückenmitte trägt einen schwefelgelben Längsstrich. Sie hat kurze Hinterbeine, läuft mäuseartig flink, springt nicht und gräbt sich zum Überwintern metertief ein. Das Männchen hat eine innere Schallblase. Die Paarung erfolgt in pflanzenreichen Kleingewässern von Februar bis Mai; es werden kurze Laichschnüre mit 3000 bis 4000 Eiern abgelegt.

Kreuzkümmel, Doldengewächse.

Kreuzotter, *Vipera berus*, eine der am weitesten verbreiteten altweltlichen Schlangenarten, die bis 67°C nördlicher Breite vordringt und deren Areal von Westeuropa über das gemäßigte Asien bis Sachalin reicht. Die K. ist 50 bis 60 (Weibchen selten auch bis 80) cm lang, die Oberseite ist bei den Männchen überwiegend grau, bei den Weibchen braun gefärbt, mit schwarzem oder dunkelbraunem Zickzackband; der Kopf weist eine kreuzförmige, dunkle Zeichnung auf. In feuchten Biotopen (Gebirge, Moore) kommen völlig schwarze Exemplare vor, die *Höllenottern* genannt werden; rotbraune Varietäten bezeichnet man als *Kupferottern*. Die K. bewohnt Tiefländer und Gebirge bis 3000 m. Sie ist die einzige bei uns anzutreffende Giftschlange und steht (auch wegen ihrer Nützlichkeit als Schädlingsvertilgerin) unter Naturschutz (!). Die einheimischen K. sind häufig in den Mittelgebirgen und an der Ostseeküste, sie fehlen auf weiträumigen Kulturflächen und in der Industrielandschaft. Die Paarung erfolgt von April bis Mai; sie wird durch Balzkämpfe der Männchen eingeleitet, wobei diese den Vorderkörper gegeneinander aufrichten und nach dem Kopf des Rivalen stoßen, ohne zu beißen. Die K. ist lebendgebärend (vivi-vipar), im August oder September werden 5 bis 18 Junge geboren, die 15 bis 20 cm lang sind und bereits funktionsfähige Giftzähne besitzen. Die K. überwintert gesellig in Erdhöhlen. Die Hauptnahrung bilden Mäuse; Jungtiere fressen kleine Eidechsen und Frösche. Der Biß der K. kann auch für den Menschen, besonders für Kinder, gefährlich werden, doch wird die Giftwirkung meist stark übertrieben. Ungereizt greift eine K. nicht an. In Jahrzehnten sind in Mitteleuropa nur wenige Todesfälle bekannt geworden.

Kreuzreaktivität, eine Erscheinung aus dem Bereich der Immunbiologie. Antikörper reagieren nicht immer nur mit demjenigen Antigen, das ihre Bildung ausgelöst hat, sie zeigen vielmehr K. mit verwandten Antigenen. Die K. spielt z. B. beim Erregernachweis mittels spezifischer Antikörper eine Rolle.

Kreuzresistenz, *Cross-Resistenz,* Widerstandsfähigkeit von Herkünften, Rassen und Stämmen bestimmter Schaderreger gegenüber einem Wirkstoff eines → Pflanzenschutzmittels, welche mit der Widerstandsfähigkeit gegen einen oder mehrere andere Wirkstoffe verbunden ist, mit denen der betreffende Erreger bisher noch nicht in Berührung gekommen ist.

Kreuzschnäbel, → Finkenvögel.

Kreuzspinnen, *Araneidae,* eine Familie der Spinnen, die aus über 2500 Arten besteht. Die Tiere bauen meist Radnetze, die zwischen Ästen u. ä. aufgespannt werden. In der Nabe des Netzes lauern sie auf Beute. Außerdem ist ein Schlupfwinkel vorhanden, in dem sich die Spinne aufhält, wenn sie nicht aktiv ist, und der mit dem Netz durch Signalfäden verbunden ist. Eine im Netz hängenbleibende Beute wird eingesponnen, nach dem Biß durch Gift getötet, dann zum Schlupfwinkel gebracht und verzehrt.

Kreuzung, *Bastardierung, Hybridisation,* in der Genetik die natürliche oder experimentell herbeigeführte Vereinigung zweier genotypisch verschiedener Gameten bei der Befruchtung bzw. verschiedener Genome bei Parasexualprozessen. Die aus einer K. hervorgehenden Individuen werden als → Bastarde oder Hybriden bezeichnet. Sie sind spalterbig, heterozygot (→ Heterozygotie). Bei ihnen können Merkmale auftreten, die den Eltern fehlen (*Kreuzungsnova*), oder sie können ihre Eltern in bestimmten Eigenschaften übertreffen (→ Transgression, → Heterosis). K. ist fast stets möglich zwischen Angehörigen einer Art, z. B. Tieren verschiedener Rasse. Schwerer durchführbar ist die K. verschiedener Arten, z. B. Löwe × Tiger. Die entstehenden *Artbastarde* sind vielfach noch fruchtbar, selten dagegen die *Gattungsbastarde,* z. B. der aus der K. von Pferdehengst × Eselstute hervorgehende Maulesel. Bei manchen Pflanzen, z. B. Mais, Roggen, Hirse, kann neben dem Samen auch das Endosperm Bastardcharakter tragen. Der eine Kern des Pollenschlauches verschmilzt hier bei der Befruchtung mit dem Kern der Eizelle zur Zygote, der andere mit dem sekundären Embryosackkern zum Endospermkern (→ Xenien). Die Entdeckung, daß auch bei Prokaryoten und ihren Viren, den Bakteriophagen, K. stattfinden, trug wesentlich zur Entwicklung von → Mikrobengenetik und → Molekulargenetik bei.

Kreuzungssterilität, *Kreuzungsunverträglichkeit,* die Erscheinung, daß sich Kreuzungspartner trotz Vorhandenseins funktionsfähiger Gameten nicht fruchtbar kreuzen lassen.

Kriebelmücken, → Zweiflügler.

Kriechbewegungen, Formen der freien Ortsbewegung niederer Organismen. Besitzen diese keine feste Zellwand, treten *amöboide Bewegungen* auf. Bestimmte Grünalgen, Zieralgen (*Desmidiaceae*), scheiden durch Poren ihrer starren Zellmembran Schleimfäden aus und schieben sich damit langsam fort. Auch viele K. von Blaualgen lassen sich mit der Absonderung von Kohlenhydratschleim in Verbindung bringen. Bei Kieselalgen der Unterordnung *Pennatae* soll durch die Raphe das rotierende Protoplasma mit der Unterlage Kontakt haben und hierdurch die Zelle nach dem Prinzip der Kette eines Raupenschleppers bewegen.

Kriecher, → Bewegung.

Kriechtiere (Tafel 5), *Reptilien, Reptilia,* Klasse der Wirbeltiere. Die K. sind wechselwarme, geschwänzte Tiere mit beschuppter und beschilderter, verhornter Haut und in der Regel 2 mit Krallen ausgestatteten Gliedmaßenpaaren, die (bei Schlangen bis zum völligen Verschwinden) rückgebildet sein können. Die Atmung erfolgt nur durch Lungen. Das Herz besteht aus 2 Vorkammern und 2 mit Ausnahme der Krokodile nicht völlig getrennten Herzkammern. Die K. sind in ihrer Entwicklung vom Wasser unabhängig geworden. Sie legen – nach innerer Befruchtung – Eier oder bringen lebende Junge zur Welt; die Embryonen entwickeln sich unter Bildung von Amnion, Serosa und Allantois und durchlaufen keine Metamorphose. Brutpflege ist nur bei den Krokodilen, einigen Schlangen und ganz wenigen Eidechsen ausgebildet, doch verscharren die meisten K. ihre Eier im Boden und legen sie an mikroklimatisch begünstigten Orten ab.

Unter den K. gibt es sowohl reine Pflanzen- als auch Gemischtkostfresser und ausschließlich räuberisch lebende Arten (alle Schlangen z. B.). Von den Sinnesorganen spielen das Auge sowie der chemische Sinn (→ Jacobsonsches Organ) die Hauptrolle.

Die K. sind heute in allen Erdteilen mit Ausnahme der Polargebiete vertreten, die Formenfülle nimmt in Richtung auf den Äquator zu. Sie haben sich an fast alle Lebensräume angepaßt, einige Gruppen (Seeschildkröten, Seeschlangen) sind sekundär zum Leben im Meerwasser übergegangen.

Aus der großen Formenfülle der K. im Erdmittelalter haben sich bis heute 4 Ordnungen erhalten bzw. entwickelt, und zwar → Schildkröten, → Brückenechsen (mit nur einer rezenten Art), → Krokodile und → Schuppenkriechtiere (d. s. → Echsen und → Schlangen) (Tafel 5). Dabei haben die Schildkröten mit Entwicklungsbeginn im Karbon ein so hohes stammesgeschichtliches Alter, daß allen anderen, erst viel später aus anderen Entwicklungszweigen entstandenen rezenten Kriechtierordnungen als »Schwestergruppe« gegenüberstehen.

Lit.: W. Böhme: Handb. der Reptilien und Amphibien Europas, Bd 1: Echsen (Sauria) I (Wiesbaden 1981); W.-E. Engelmann u. F. J. Obst: Mit gespaltener Zunge (Leipzig 1981); J. Fritzsche: Das praktische Terrarienbuch (Leipzig u. Radebeul 1981); E. Frommhold: Wir bestimmen Lurche und K. Mitteleuropas (Radebeul 1959); Heimische Lurche u. K. (3. Aufl. Wittenberg 1965); Die Kreuzotter (Vipera berus Linnaeus) (2. Aufl. Wittenberg 1969); H. Gläß u. W. Meusel: Die Süßwasserschildkröten Europas (2. Aufl. Wittenberg 1972); W. Hellmich: Handb. der Biologie, Lieferung 150/151, Klasse Amphibia, Lurche, Klasse Reptilia, K. (Konstanz 1963); K. Kabisch: Die Ringelnatter (2. Aufl. Wittenberg 1978); Ch. Scherpner u. W. Klingelhöffer: Terarienkunde, 3. Teil: Echsen (2. Aufl. Stuttgart 1957); 4. Teil: Schildkröten, Panzerechsen, Schlangen, Reptilienzucht und ausführliches Sachregister (2. Aufl. Stuttgart 1959); G. Nitzke: Die Terrarientiere, Bd 1: Schwanzlurche, Froschlurche, Schildkröten (2. Aufl. Stuttgart 1977); Bd 2: Krokodile, Echsen, Schlangen (2. Aufl. Stuttgart 1978); F. J. Obst: Schildkröten (Leipzig, Jena, Berlin 1980); Schmuckschildkröten (Wittenberg, im Druck); F. J. Obst u. W. Meusel: Die Landschildkröten Europas und der Mittelmeerländer (6. Aufl. Wittenberg 1978); H.-G. Petzold: Die Blindschleiche und Scheltopusik (Wittenberg 1971); Die Anakondas (Wittenberg 1983); J. Rotter: Die Warane (Wittenberg 1963); D. Schmidt: Schlangen in Terrarien (Leipzig, Jena, Berlin 1979), Echsen in Terrarien (Leipzig u. Radebeul 1981); P. H. Stettler: Handb. der Terrarienkunde (2. Aufl. Stuttgart 1981); L. Trutnau: Schlangen im Terrarium, Bd 1: Ungiftige Schlangen (Stuttgart 1979), Bd 2: Giftschlangen (Stuttgart 1981); H. Wermuth: Die Europäische Sumpfschildkröte (Leipzig 1952), Taschenb. der heimischen Amphibien und Reptilien (Leipzig u. Jena 1957); H. Wermuth u. R. Mertens: Schildkröten, Krokodile, Brückenechsen (Jena 1961); Z. Vogel: Riesenschlangen aus aller Welt (2. Aufl. Wittenberg 1973); Grzimeks Tierleben, Bd VI (Zürich 1971); Urania Tierreich, Bd 4 (4. Aufl. Leipzig, Jena, Berlin 1976, Thun, Frankfurt/M. 1976).

Krill, die aus planktischen Krebsen bestehende Nahrung von Fischen und Bartenwalen. In den nördlichen Meeren sind es vor allem → Ruderfußkrebse (Gattung *Calanus*), in der Antarktis → Leuchtkrebse (Gattung *Euphausia*).

Kristallkegel, → Lichtsinnesorgane.

Kristallstiel, ein bei vielen Muscheln vorhandener Gallertstab, der kohlenhydratspaltende Enzyme (Amylase, Zellulase) enthält. Der K. wird von Drüsenzellen eines am Magenausgang röhrenförmig gestalteten Magenteiles (Magenstiel) abgeschieden. Durch den Flimmerbesatz des Magenstieles wird der K. in drehende Bewegung versetzt und in den eigentlichen Magenraum vorgeschoben. Im Magen werden die in Schleim eingehüllten Nahrungsteilchen durch Flimmertätigkeit und bestimmte Septen der Magenwand auf den K. geleitet, so daß seine Enzyme auf die Nahrung einwirken können.

kritische Phase, *Phase der Prägung,* Reizbildung der Nachfolgereaktion an ein Bezugsobjekt. Zeitlich eng begrenzte k. P. für diesen Prägungsvorgang weisen die Nestflüchter auf.

kritische Tageslänge, → Photoperiodismus.

Krokodile, *Panzerechsen, Crocodylia,* sehr große (einige Arten annähernd 7 m), räuberische, wasserbewohnende Kriechtiere von eidechsenähnlicher Gestalt mit einem körperlangen, seitlich zusammengedrückten Ruderschwanz, der oben 2 Längskiele trägt, die sich hinter der Schwanzmitte vereinigen. Die 4 Gliedmaßen sind kräftig entwickelt, sie haben vorn 5, hinten 4 Zehen. Die Kopfhaut ist fest mit dem Schädel verwachsen. Rumpf und Schwanz tragen gekielte Schuppen, unter denen sich vor allem in der Rückenregion, bei einigen Arten auch am Bauch, Knochenplatten (Hautverknöcherungen) eingelagert finden. Die Anordnung der großen Kielschuppen auf Hinterkopf und Nacken ist ein wichtiges systematisches Merkmal. Die Augen haben eine senkrechte Pupille, 2 Lider und eine Nickhaut. Die Nasenlöcher sind aufwärts gerichtet und durch Hautklappen verschließbar, auch das Trommelfell liegt hinter einer verschließbaren Hautfalte. Die kegelförmigen, kräftigen Zähne sind in Alveolen eingekeilt. Die Choanen münden weit hinten. Durch die fleischige Zunge und ein Gaumensegel kann auch bei geöffnetem Rachen der Schlund verschlossen werden. Neben Hals- und Brustrippen sind 7 bis 8 Querreihen von nicht mit der Wirbelsäule verbundenen Bauchrippen vorhanden. Der Magen ist sehr muskulös und ähnelt in seiner Funktion (Gewöllbildung!) dem Greifvogelmagen. Als Nahrung dienen Fische, Wasservögel und kleinere zur Tränke kommende Säugetiere; auch Überfälle auf Menschen wurden bekannt. Der Kloakenspalt ist längsgerichtet, der Penis unpaar. Nicht nur durch den Bau der Zähne, das vierkammerige Herz und das Vorhandensein eines Zwerchfells, sondern auch in der Ausbildung der Sinnesorgane erweisen sich die K. als anatomisch höchststehenden Kriechtiere. Sie verfügen über eine bei Jungtieren quäkende, bei Alttieren laut brüllende Stimme. Die K. vermehren sich durch weiße, hartschalige Eier von Gänseeigröße. Sie treiben Brutpflege durch Anlegen von Sandgruben- oder Pflanzenhaufennestern.

Die K. bewohnen in 22 Arten ufernahes Süßwasser in tropischen und subtropischen Gebieten, eine Art, das → Leistenkrokodil, bevorzugt Brack- und Seewasser. Fast alle Arten sind durch die Jagd nach »Krokodilleder« heute vom Aussterben bedroht; in den meisten Vorkommensländern existieren Schutzgesetze. Nach Schädelmerkmalen und der Ausbildung der Hautverknöcherungen werden die 3 Familien → Alligatoren, → Echte Krokodile und → Gaviale unterschieden. Tafel 5.

Krokodilwächter, *Pluvianus aegyptius,* zur Familie der Brachschwalben (→ Regenpfeifer) gehörende Vogelart. Früher nahm man an, er würde die Krokodile vor Feinden warnen.

Krokus, → Schwertliliengewächse.

Krone, → Zähne.

Kronenwurzeln, die sich bei der → Bestockung der Gräser aus Bestockungsknoten bildenden Wurzeln.

Kropf, → Verdauungssystem.

Krossopterygier, → Quastenflosser.

Kröten, *Echte K., Bufonidae,* gattungs- und artenreiche Familie der Froschlurche, die mit Ausnahme Australiens und Madagaskars in den gemäßigten, subtropischen und tropischen Gebieten der ganzen Erde, in Gebirgen bis 4000 m verbreitet ist. K. sind meist plump gebaute Tiere mit etwas abgeflachtem Körper, breiter Schnauze und relativ kurzen Beinen, mit denen nur kleine, hoppelnde Sprünge oder Schritte ausgeführt werden können. Rippen fehlen, der Brustschultergürtel ist beweglich. Die Männchen besitzen in dem »Bidderschen Organ« einen verkümmerten, funktionslosen Eierstock. Die K. leben versteckt, manche besitzen hornige Grabschwielen an den Hinterbeinen. Sie können nicht schnell fliehen, besitzen aber ein wirksames Verteidigungsmittel in ihrem ätzend scharfen, giftigen Hautsekret (→ Krötengifte). Die meisten K. suchen das Wasser nur zur Fortpflanzung auf, der Laich wird bei der Paarung (sehr starke Umklammerung des Weibchens durch das Männchen) in 2 langen Schnüren abgesetzt. Wenige Vertreter sind in ihrer Larvenentwicklung vom Wasser unabhängig geworden, eine Gattung ist lebendgebärend. Viele Arten, darunter sämtliche europäische, sind nützliche Schädlingsvertilger, deren Laichgewässer leider durch Umwelteinflüsse gefährdet sind. Zu den K. gehören unter anderem → Eigentliche Kröten, → Schwimmkröten, → Baumkröten und → Falsche Baumkröten. Tafel 5.

Krötenechsen, *Phrynosoma,* plattgedrückte, 6 bis 12 cm große, wüsten- und steppenbewohnende, ameisenfressende kurzschwänzige → Leguane Mexikos und der westlichen USA mit großen Dornen am kurzen breiten Kopf und bestacheltem Körper. Die K. vergraben sich durch seitliche Schaufelbewegungen im Sand. Zu den eierlegenden Arten gehört die *Texas-Krötenechse, Phrynosoma coronatum,* zu den lebendgebärenden die am weitesten nördlich (bis Südkanada) vordringende *Kurzhornkrötenechse, Phrynosoma douglassi.*

Krötenfrösche, *Pelobatidae,* in Europa, Nordwestafrika, Südasien und Nordamerika verbreitete Familie der → Froschlurche, deren Vertreter krötenartige Gestalt mit Froschmerkmalen (Schwimmhäute) vereinigen. Freie Rippen sind nicht mehr vorhanden. Die K. sind Nachttiere mit senkrechter Pupille. Am Unterschenkel tragen sie eine als Grabschaufel dienende scharfkantige Leiste. Schallblasen sind nicht entwickelt. Der Laich wird in kurzen, dicken Schnüren abgelegt. Einheimischer Vertreter ist die → Knoblauchkröte, nordamerikanische Arten sind die → Schaufelfüße.

Krötengifte, Hautsekrete der Kröten, die für Säugetiere und Frösche äußerst giftig sind und in ihrer Wirkung den herzwirksamen Glykosiden sehr ähneln. Bestandteile der K. sind Bufadienolide, verschiedene Sterole, Adrenalin und Indolylalkylamine. Die Bufadienolide liegen in freier Form vor (*Bufogenine*) oder als Konjugate (*Bufotoxine*). Sie verstärken die Herztätigkeit und wirken stark lokalanästhetisch. Cinobufagin findet sich z. B. in der ostasiatischen Kröte *Bufo bufo gargarizans,* deren Haut in China zur Behandlung der Wassersucht eingesetzt wird.

Krötenköpfe, *Phrynocephalus,* kleine, meist nur um 10 cm lange → Agamen mit rundem Kopf und plattem Körper, die Steppen und Halbwüsten Mittelasiens bewohnen und sich im Sand vergraben. Der *Bärtige K., Phrynocephalus mystaceus,* hat gefranste Hautlappen an den Mundwinkeln, die in Erregung aufgestellt werden und dem kleinen Tier ein »drachenähnliches«, den Gegner abschreckendes Aussehen verleihen. Einige Hochgebirgsformen der K. sind lebendgebärend.

Krotonöl, ein fettes Öl, das aus den Samen von *Croton tiglium,* einem ostasiatischen Wolfsmilchgewächs, gewonnen wird. Man verwendet K. als drastisches Abführmittel.

Krozetin, zur Gruppe der → Karotinoide gehörende rotgefärbte C_{20}-Dikarbonsäure (→ Karbonsäuren), die verestert mit 2 Molekülen → Gentiobiose als gelber Pflanzenfarbstoff *Krozin* in Krokusarten vorkommt.

HOOC~~~~~~COOH

Krozin, → Krozetin.
Krummholzstufe, → Höhenstufung.
Krümmungsbewegungen, bei Pflanzen auf ungleichmäßigem Wachstum beruhende Bewegungen von Organen oder Organteilen (→ Nutationsbewegungen), die durch verschiedene äußere Reize induziert werden bzw. teilweise autonom bedingt sein können. Durch Reize ausgelöste K., bei denen die Krümmungsrichtung durch ein örtliches Reizgefälle bzw. die Richtung der Reizquelle bestimmt wird, sind die → Tropismen. Induzierte K., die in keiner direkten Richtungsbeziehung zum auslösenden Reiz stehen, weisen als → Nastien bezeichnet. Die unterschiedlichen → Rankenbewegungen sind überwiegend → Haptoreaktionen. K., bei denen autonome Faktoren eine Rolle spielen, sind das → Winden und bestimmte → Blütenbewegungen.
Krustekdyson, → Ekdysteron.
Krustenanemonen, → Hexacorallia.
Krustenechsen, *Helodermatidae,* erdgeschichtlich alte Familie 50 bis 80 cm langer, plumper → Echsen mit breitem Kopf, kurzen, kräftigen Beinen und dickem, als Fettspeicher dienendem Schwanz. Die kleinen, perlenähnlichen Rundschuppen der Oberseite sind schwarzgrau und weisen rote oder gelbe Querbinden bzw. -flecken auf. Die beiden Arten dieser Familie sind die einzigen giftigen Echsen der Erde. Ihre Giftdrüsen liegen – im Gegensatz zu den Schlangen – am Hinterrand des Unterkiefers und sind nicht mit den Zähnen verbunden, sondern entleeren sich beim »kauenden« Biß in der Mundhöhle. Durch Furchen in den Unterkieferzähnen gelangt das Gift in die Wunde. Der Biß kann auch für den Menschen durch Lähmung des Atemzentrums lebensgefährlich sein, mehrere Todesfälle wurden bekannt.

Gilatier (*Heloderma suspectum*)

K. sind Dämmerungstiere aus den heißen Gebieten Mexikos und dem südwestlichen Teil der USA. Sie überdauern die Trockenperiode in Erdhöhlen und fressen Kleinsäuger und Vogeleier. Beide Arten sind eierlegend. Das rot gezeichnete *Gilatier, Heloderma suspectum,* lebt in Südnevada, Südwestutah und Nordwestmexiko, der größere, gelbgezeichnete *Ebcorpion, Heloderma horridum,* im südlichen Mexiko.
Kryal, Gletscherbach.
Kryobionte, Bewohner von Schnee und Eis. Echte K. gibt es vor allem unter den Geißel-, Grün- und Blaualgen. Insgesamt sind etwa 70 schneebewohnende Algenarten bekannt. Treten sie in großen Mengen auf, wird die Schneefläche gefärbt, z. B. rot durch *Chlamydomonas nivalis,* bräunlich durch *Ancylonema nordenskiöldii* und grün durch verschiedene Grünalgen. Die Algen verbringen den größten Teil des Jahres in gefrorenem Zustand. Wenn im Frühjahr die Oberflächenschichten des Schnees tauen, leben sie tags im Eiswasser und frieren nachts wieder ein. Die Zahl der tierischen K. ist gering. Neben je einer Fadenwurm-, Rädertier- und Fliegenart finden sich vor allem Springschwänze, wie der Gletscherfloh, *Isotoma saltans,* und von den Schnabelfliegen der Schneefloh, *Boreus hiemalis.* K. sind vor allem den Schnee- und Eisflächen der niederen Breiten und der Hochgebirge verbreitet.
Kryofixation, → Gefrierätzverfahren.
Kryomethoden, Präparationsmethoden für die Licht- und Elektronenmikroskopie, bei denen die Objekte durch Einfrieren fixiert werden. Dabei muß durch Gefrierschutzmittel und möglichst hohe Einfriergeschwindigkeit die Bildung von Eiskristallen, die das Gewebe zerstören würden, verhindert werden. Das gefrorene Gewebe kann direkt geschnitten werden (→ Gefrierschnittechnik), oder das Eis wird durch Lösungsmittel oder Einbettungsmittel ersetzt. Danach unterscheidet man zwischen: 1) *Gefriersubstitution:* Bei dieser Methode wird das Eis bei etwa 190 K durch ein organisches Lösungsmittel ersetzt (Ether, Azeton), und danach werden die Gewebe in Paraffin oder Kunstharz eingebettet. 2) *Gefriertrocknung:* Bei dieser Methode sublimiert das Eis bei einem Druck von 0,13 bis 0,00013 Pa und das dann trockene Gewebe wird in gewohnter Weise eingebettet.
kryoskopische Methode, in der Pflanzenphysiologie ein Verfahren zur Ermittlung des osmotischen Wertes und damit der molaren Konzentration pflanzlicher Zellsäfte (→ Osmose) durch Bestimmung der Gefrierpunkterniedrigung.
Kryptogamen, *blütenlose Pflanzen, Sporenpflanzen,* veraltete Bezeichnung für alle niederen Pflanzen, die keine Blüten bilden und deren Vermehrung im allgemeinen durch Sporen erfolgt. Gegensatz: Phanerogamen, → Samenpflanzen.
Kryptomerie, *Latenz,* von Tschermak geprägter Begriff für die Erscheinung, daß ein Erbfaktor latent vorhanden ist und erst dann phänotypisch zur Wirkung kommt, wenn er mit einem bestimmten anderen Faktor (Komplementärgen) bei der Kreuzung zusammentrifft. Es können auf diese Weise völlig unerwartet neue Eigenschaften auftreten, die bei keinem der Vorfahren ausgebildet waren.
Kryptophyten, svw. Geophyten.
Kryptozezidien, → Gallen.
Kryptozoen, Arten der → epedaphisch lebenden Bodenfauna, die sich meist tagsüber unter Steinen, Rinde oder in Bodenhohlräumen schützen.
K-Selektion, Auslese, die die Trägerkapazität *K* (→ Populationswachstum) erhöht. Lebt eine Population von Tieren oder Pflanzen ständig unter optimalen Bedingungen, dann ist ihre Individuendichte hoch und erreicht annähernd die Trägerkapazität. Bei diesen Verhältnissen ist es unvorteilhaft, zahlreiche Nachkommen zu produzieren, die ja doch zugrunde gehen müßten; vielmehr sind diejenigen Genotypen bevorteilt, die die spärlich vorhandenen Ressourcen am ökonomischsten verwerten, also mit einem Minimum an Nahrung auskommen. K.-S. führt dazu, daß die größtmögliche Bevölkerungsdichte zunimmt.
K-Stratege, Organismenart, deren evolutionäre Strategie auf die größtmögliche Ausnutzung der Umweltkapazität gerichtet ist. Diese Strategie ist typisch für Organismen, die keinen großen Umweltveränderungen ausgesetzt sind. K. sind konkurrenzstark, haben eine geringe spezifische Vermehrungsrate und regeln ihre Populationsgröße stabil in der Nähe der Kapazitätsgrenze der Umwelt. Im Gegensatz dazu haben *r-Strategen* (*Reproduktionsstrategen*) eine hohe Vermehrungsrate, sind konkurrenzunterlegen und neigen zu Massenvermehrungen und Populationsschwankungen; falls überhaupt stabile Populationsgrößen erreicht werden, liegen diese weit unter der Kapazitätsgrenze der Umwelt. r-Strategen sind meist kleine, einfach organisierte Lebewesen, deren Lebensstätte unausgeglichen ist.
Beide Strategien sind Extreme des *r-K-Kontinuums;* Vi-

Ktenidien

ren, Bakterien, Protisten sind r-Strategen gegenüber höheren Pflanzen oder Säugetieren. Doch innerhalb der Säuger selbst tendieren einige Kleinsäuger (Hausmaus, Rötelmaus) mehr zur r-Strategie als die typischen K. wie Elefant, Braunbär und Blauwal. Räuber sind in Relation zur Beute mehr auf der K-Seite des Spektrums zu suchen. r-Strategen sind in der Lage, einen neuen Lebensraum sehr schnell zu besiedeln, in kurzer Zeit relativ hohe Individuenzahlen zu entwickeln und werden dann von dem sich langsam durchsetzenden K. verdrängt.

Auch Populationen einer Art können hinsichtlich der Ausprägung von r- bzw. K-Selektion Unterschiede aufweisen.

Ktenidien, svw. Kammkiemen.

KTP, → Kurztagpflanzen, → Photoperiodismus.

kubisches Epithel, → Deckepithel, → Epithelgewebe.

Kuckucksvögel, *Cuculiformes,* eine Ordnung der Vögel, zu der die in Afrika beheimateten Turakos, *Musophagidae,* und die weltweit verbreiteten Kuckucke, *Cuculidae,* gehören. Die *Turakos, Bananenfresser,* 17 Arten, fressen vorwiegend Früchte. Die *Lärmvögel, Crinifer,* sehen braun und grau aus, die Turakos grün oder violett. Ihre purpurroten Handschwingen leuchten beim Fliegen und bei der Balz auf. Farbstoff ist das Turacin, das der grünen Federn das Turacoverdin. Beide Farbstoffe kommen nur in dieser Gruppe vor. Von den *Kuckucken,* 130 Arten, sind nur 50 Arten Brutparasiten, die anderen brüten selbst, die → Anis in Gesellschaften. Die Kuckucke ernähren sich von Insekten und anderen Tieren. Tafel 6.

Kuckucksweber, → Webervögel.

Kudus, *Tragelaphus,* zwei afrikanische Antilopenarten (Großer Kudu und Kleiner Kudu), deren Männchen große, schraubig gedrehte Hörner besitzen.

Kugelalge, → Grünalgen.

Kugelasseln, svw. Rollasseln.

Kugelbakterien, svw. Kokken.

Kugeldoppelfüßer, → Doppelfüßer.

Kugelfischartige, *Tetraodontiformes,* unterschiedlich gestaltete marine Knochenfische mit relativ kleinem Maul und meist lochförmigem Kiemendeckelspalt. Die Zähne stehen einzeln oder sind zu Zahnleisten verschmolzen, die vogelschnabelartig gruppiert sind. Bekannte Familien: → Drückerfische, → Kofferfische, → Kugelfische.

Kugelfische, *Tetraodontidae,* zu den Kugelfischartigen gehörende tropische und subtropische Meeres-, z. T. auch Süßwasserfische, die sich bei Gefahr durch Aufnahme von Wasser oder Luft in den Magen aufblähen können. Einige Arten enthalten das starke Nervengift Tetraodontoxin. Viele K. sind beliebte Objekte der Aquaristik. Mit den K. sind die *Igelfische* näher verwandt. Sie haben in der Haut spitze aufrichtbare Stacheln.

Kugelmyzel, jetzt weniger gebräuchliche Bezeichnung für Zellketten der Pilze aus mehr oder weniger runden Sproßzellen (→ Sprossung). K. wird z. B. von verschiedenen *Mucor*-Arten unter anaeroben Verhältnissen gebildet.

Kugelpilze, → Ständerpilze.

Kugelspringer, → Springschwänze.

Kühlzentrum, ein im vorderen Hypothalamus der Säugetiere gelegenes Gebiet, das durch Steuerung der → Wärmeabgabe an der Regulation der Körpertemperatur mitwirkt. Es sind dies Nervenzellen im Nucleus supraopticus und Nucleus praeopticus (Abb.). Wenn das K. lokal erwärmt wird, werden die Blutgefäße der Haut erweitert, beginnt ein Hund zu hecheln und ein Mensch zu schwitzen.

Kuhschelle, → Hahnenfußgewächse.

Kulan, → Halbesel.

Kulinge, → Grundeln.

Kulm [Culm, alter engl. Name für unreine Kohle], Faziesbegriff, die Biofazies kennzeichnend, für stark heterogene, überwiegend klastische (sandig-tonige) Ausbildungen des marinen Unterkarbons.

Kultur, 1) der angebaute Bestand einer Kulturpflanzenart.

2) Mikroorganismen, die in oder auf einem → Nährmedium vermehrt oder gehalten werden. Nach dem verwendeten Nährmedium unterscheidet man z. B. zwischen Flüssigkeits-, Agar- und Gelatinekulturen.

In *Flüssigkeitskulturen* können die Mikroorganismen als *Oberflächenkultur* gehalten werden, wobei sie eine zusammenhängende Schicht bilden. Der Pilz *Aspergillus niger* z. B. wird zur Gewinnung von Zitronensäure als dichter Rasen auf der Oberfläche von melassehaltigem Medium kultiviert. In der *Submerskultur* vermehren sich die Mikroorganismen innerhalb der Nährlösung, wobei diese meist in ständiger Bewegung gehalten wird. Das kann erfolgen durch Rühren, Einblasen steriler Luft oder im Fall der *Schüttelkultur* durch Bewegen auf einem → Schütteltisch.

K. auf festen Medien unterscheiden sich nach der Art der Beimpfung des Nährbodens. Die *Plattenkultur* besteht aus einer dünnen Nährbodenschicht und den sich darauf vermehrenden Mikroorganismen in einer Petrischale. Die Bezeichnung geht auf R. Koch zurück, der die Nährbodenschichten anfänglich auf Glasplatten aufgegossen hatte. Bei der *Strichkultur* werden die Mikroorganismen linienförmig mit der Impföse auf die Nährbodenoberfläche aufgeimpft, so daß wieder linienförmige Kolonien entstehen. Strichkulturen werden z. B. zur Aufbewahrung lebender Mikroorganismen in → Schrägröhrchen angelegt. Eine *Stichkultur* wird durch Einstechen einer Impfnadel in einen Nährboden angelegt, der sich in hoher Schicht in einem Kulturröhrchen befindet. Beim Bebrüten entwickeln sich die eingeimpften Mikroorganismen entlang des Stichkanals. Stichkulturen werden vor allem zur Prüfung der Beweglichkeit und des Sauerstoffbedürfnisses von Bakterien verwendet.

Im Gegensatz zu einer Mischkultur enthält eine → Reinkultur nur zu einer Art oder zu einem Stamm gehörende Mikroorganismen. → Synchronkultur, → kontinuierliche Kultur, → Einzellkultur.

Kulturbiozönosen, Lebensgemeinschaften, die durch Einwirkung des Menschen aus natürlichen Lebensgemeinschaften entstanden sind und nur durch stetige Einflußnahme des Menschen erhalten werden. Unterbleibt diese Einwirkung, kommt es zu gerichteten Veränderungen (→ Sukzession), in deren Folge sich wieder natürliche Bestände ausbilden. Es werden unterschieden: → Anthropozönosen, → Ruderalzönosen, → Agrozönosen, Forste und Feldgehölze. Der Grad der Einflußnahme des Menschen auf die einzelnen K. ist unterschiedlich. Am stärksten beeinflußt sind zweifelsohne die Anthropozönosen, während ein Teil der Forste weitgehend naturnahe Bestände aufweist.

Kulturensammlung, *Stammsammlung,* für wissenschaftliche und industrielle Zwecke angelegte Sammlung von le-

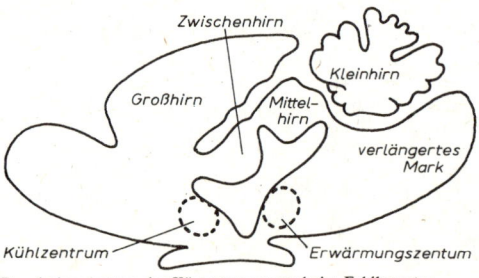

Regulationszentren der Körpertemperatur beim Feldhamster

benden Reinkulturen verschiedener Mikroorganismenarten und -stämme. Die Aufbewahrung erfolgt bei niederen Temperaturen als Schrägagarkulturen in Kulturröhrchen mit einer schrägen Nähragarschicht, z. T. unter Paraffinöl, um das Austrocknen zu vermeiden, als Flüssigkeitskulturen, als Sporenkonserven, in Ampullen bei sehr tiefen Temperaturen über flüssigem Stickstoff (−196°C) oder als lyophil getrocknete (→ Gefriertrocknung) Kulturen. Bei Aufbewahrung als Agar- oder Flüssigkeitskultur müssen die verschiedenen Mikroorganismen in bestimmten Zeiträumen, imallgemeinen nach zwei bis sechs Monaten, auf ein neues Nährmedium überimpft werden, um das Absterben zu verhindern.

Kulturflüchter, *hemerophobe Arten,* Tier- und Pflanzenarten, die durch anthropogene Veränderungen der Landschaft verdrängt wurden und sich in wenig berührte Gebiete zurückziehen, soweit dies möglich ist. Häufige Störungen durch menschliche Aktivitäten oder das Fehlen bestimmter Requisiten sind wesentliche Ursachen. K. sind damit besonders vom Aussterben bedroht, wie Schwarzstorch, Seeadler und Luchs.

Arten, die weder durch die menschlichen Einflüsse gefördert noch ernsthaft benachteiligt wurden, sind *kulturindifferent.*

Kulturfolger, *hemerophile Arten,* Tier- und Pflanzenarten, die günstige Existenzbedingungen in anthropogen beeinflußten Lebensstätten finden. Ist die Bindung an den Menschen besonders eng, spricht man von → Synanthropie. Solche Tierarten bilden mit dem Menschen und seinen Haustieren eine → Anthropozönose. K. finden bei Veränderungen ihres ursprünglichen Lebensraumes die benötigten Requisiten im Wirkfeld des Menschen; sie nutzen das günstigere und gleichmäßige Nahrungsangebot; sie vermögen fortpflanzungsökologische Vorteile zu verwerten oder profitieren vom verstärkten Schutz vor natürlichen Feinden durch die enge Nachbarschaft zum Menschen. Das Eindringen von Tierarten in städtische Siedlungen wird als *Urbanisierung* bezeichnet.

Typische K. sind Haussperling, Hausrotschwanz, Rauch- und Mehlschwalbe, Hausmaus, Haus- und Wanderratte, die Parasiten und Lästlinge des Menschen und seiner Haustiere (Schaben, Bettwanzen, Flöhe, Fliegen). K. der Felder und Wiesen sind Rebhuhn, Feldlerche, Feldspitzmaus und Hamster. Verstädterung zeigen seit längerem Amsel und Ringeltaube, nun auch Eichelhäher.

Pflanzliche K. sind vor allem Ruderalpflanzen und Unkräuter.

Kulturforste, → Wald.

Kulturhefen (Tafel 17), für industrielle Zwecke verwendete Hefen. K. sind überwiegend durch Auslese oder Züchtungsverfahren gewonnene Rassen, die durch ihre Eigenschaften, z. B. kräftiges Gärvermögen, große Vermehrungsrate oder hohen Proteingehalt, für die Produktion besonders geeignet sind. Alle K. stammen ursprünglich von den in der Natur vorkommenden und zu den Schlauchpilzen gehörenden Wildhefen ab. Als K. haben die → Weinhefen und → Bierhefen sowie die Brennereihefen große Bedeutung bei der Herstellung von alkoholischen Getränken und von Ethylalkohol, die → Backhefen werden zur Herstellung von Hefebackwaren und → Futterhefen zur Gewinnung von Eiweißfutter eingesetzt, Nährhefen dienen in Form verschiedener Produkte der menschlichen Ernährung.

kulturindifferent, Bezeichnung für Pflanzen- und Tierarten, die im Gegensatz zu → Kulturflüchtern und → Kulturfolgern auf Veränderungen des Landschaftsgefüges durch den Menschen nicht mit einer Einengung ihres Verbreitungsgebietes reagieren. Eine k. Pflanze ist z. B. die Brennessel.

Kulturlandschaft, → Landschaft.
Kulturmedium, svw. Nährmedium.
Kulturpflanzen, vom Menschen in Kultur genommene, planmäßig angebaute und der Züchtung unterworfene Pflanzen, die in Nutzpflanzen und Zierpflanzen unterschieden werden.
Kulturröhrchen, ein dickwandiges Reagenzglas ohne umgebogenen Rand, das in der Mikrobiologie zum Kultivieren und Aufbewahren von Mikroorganismen unter sterilen Bedingungen verwendet wird. Die K. werden mit Zellstoff- oder Wattestopfen oder mit Kappenverschlüssen aus Metall, seltener aus Glas, verschlossen. Ein mattierter Streifen am oberen Rand des K. dient zur Beschriftung.

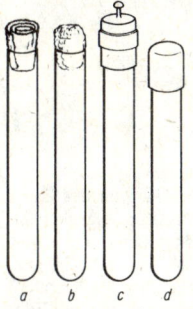

Kulturröhrchen mit unterschiedlichen Verschlüssen: *a* Zellstoff, *b* Watte, *c* Metallkappe, *d* Glasschliffkappe

Kumarin, *o-Hydroxyzimtsäurelakton,* eine angenehm nach Waldmeister riechende Verbindung, die in Waldmeister, Gras- und Kleearten, Tonkabohnen und vielen anderen Pflanzen vorkommt. K. wird als Aromastoff und zur Geruchsverbesserung verwendet. Heute ist der Einsatz von K. wegen toxikologischer Bedenken stark eingeschränkt. Vom K. leitet sich eine Gruppe sekundärer Pflanzenstoffe ab, zu denen unter anderem Skopoletin und Äskuletin (→ Äskulin) gehören.

Kümmel, → Doldengewächse.
Kümmerwuchs, → Zwergwuchs.
Kumquat, → Rautengewächse.
Kundebohnenmosaikvirusgruppe, → Virusgruppen.
künstliches System, → Taxonomie.
Kupfer, Cu, ein Bioelement, das in pflanzlichen und tierischen Organismen lebensnotwendig ist. Pflanzen enthalten durchschnittlich 2 bis 20 mg/kg Trockensubstanz. Der tägliche Bedarf des Menschen an K. liegt bei 2 mg, die Menge im Körper bei 100 bis 150 mg. K. ist Bestandteil verschiedener Enzyme, z. B. der Zytochromoxidase, der Askorbinsäureoxidase und der Tyrosinase. K. ist an Elektronenübertragungsprozessen, der Chlorophyll- und Hämoglobinsynthese beteiligt, obwohl es selbst nicht im Hämoglobin vorkommt. *Kupfermangel* führt bei Tieren zu Lecksuchterscheinungen. Bei Pflanzen äußert er sich am Getreide durch schmale, gedrehte Blätter mit weißen Spitzen, gestauchten, buschigen Wuchs sowie taube Ähren bzw. Rispen. Besonders empfindlich sind Hafer, Gerste, Weizen und Obstgehölze, ziemlich unempfindlich sind Kartoffeln.

Kupferottern, → Kreuzotter.
Kupferproteine, Metallproteine, die meist ein Gemisch von Cu^{1+}- und Cu^{2+}-Ionen im Molekül enthalten und als Oxidoreduktasen wirken. Wichtige Vertreter sind Galaktoseoxidase, Tyrosinase und Askorbinsäureoxidase, die 1, 4 oder 6 Kupferionen je Molekül enthalten.
Kurare, ein Blocker von nikotinartigen Rezeptortypen (→ Azetylcholin) der neuromuskulären Synapse; er wird daher zu den → Muskelrelaxantien gerechnet.

Kürbisgewächse: *a* Spritzgurke, Zweig mit Blüten und Früchten; *b* Flaschenkürbis, blühender Zweig, Frucht

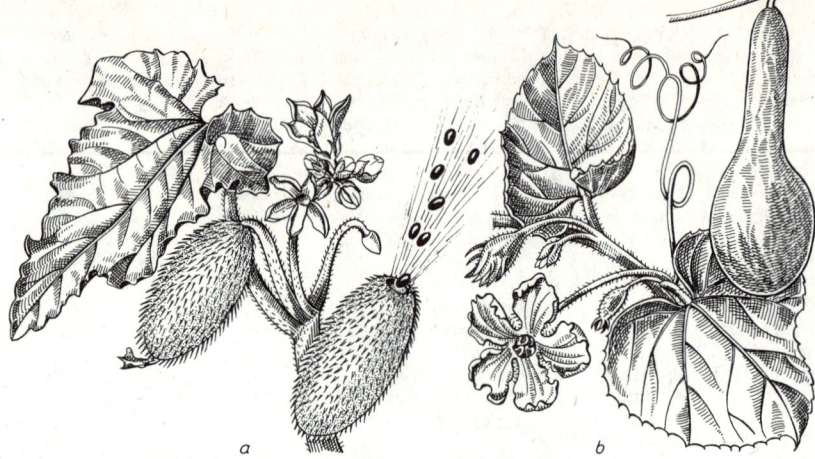

Kürbisgewächse, *Cucurbitaceae,* eine Familie der Zweikeimblättrigen Pflanzen mit etwa 850 Arten, die überwiegend in tropischen Gebieten beheimatet sind. Es sind mit Sproßranken klimmende Kräuter mit wechselständigen, meist gelappten Blättern. Die eingeschlechtigen, regelmäßigen, 5zähligen Blüten werden von Insekten bestäubt, der unterständige Fruchtknoten entwickelt sich zu einer meist sehr großen, vielsamigen, hartschaligen und wasserreichen Beere, die – außer bei den durch Züchtung gewonnenen Kultursorten –, durch die Anwesenheit von Triterpen-Bitterstoffen einen bitteren Geschmack hat.

Die aus Mittel- und Südamerika stammenden Kürbisarten *Cucurbita pepo,* der **Gartenkürbis,** und *Cucurbita maxima,* der **Riesenkürbis,** haben die größten Früchte und werden als Öl-, Gemüse- und Zierpflanzen angebaut. Bekannte Vertreter sind weiterhin die im tropischen Asien beheimatet **Gurke,** *Cucumis sativus,* und die **Garten-** oder **Zuckermelone,** *Cucumis melo.* Das Leitbündelnetz der Früchte von **Luffa,** *Luffa cylindrica,* liefert die Luffaschwämme. Giftig sind die als Arznei- und Zierpflanzen kultivierten Arten der einheimischen **Zaunrübe,** *Bryonia.* Die Früchte der im gesamten Mittelmeergebiet verbreiteten **Spritzgurke,** *Ecballium elaterium,* können die in einer Flüssigkeit befindlichen Samen weit fortschleudern, wenn die Früchte von der Pflanze getrennt werden. Vom **Flaschenkürbis,** *Lagenaria siceraria,* können die ausgereiften Früchte als Gefäße genutzt werden. Die wasserreichen Früchte der **Wassermelone** oder **Arbuse,** *Citrullus lanatus* sind ein erfrischendes Obst.

Kurol, → Rackenvögel.
Kurzfingrigkeit, svw. Brachydaktylie.
Kurzflügler, → Käfer.
Kurzkopf, → Längen-Breiten-Index.
Kurzlangtagpflanzen, Abk. *KLTP,* photoperiodisch empfindliche Pflanzen (→ Photoperiodismus), die zur Blütenbildung zuerst Kurztag- und später Langtagbedingungen benötigen (→ Kurztagpflanzen, → Langtagpflanzen). Beispiele für K. sind *Campanula media, Echeveria harmsii, Sucisa pratensis* (*Scabiosa succisa*) und *Trifolium repens.* K. blühen unter natürlichen Bedingungen im späten Frühjahr bzw. im Frühsommer.
kurzlebige Pflanzen, svw. hapaxanthe Pflanzen.
Kurzschwanzaale, *Synbranchiformes,* **Sumpfaalartige, Kiemenschlitzaalartige,** aalförmige Knochenfische Südamerikas, Afrikas und Südostasiens, die verschiedene zusätzliche Luftatmungsorgane entwickelt haben. Paarige Flossen fehlen.

Kurzspeicher, → Gedächtnis.
Kurztagkeimer, → Samenkeimung.
Kurztagpflanzen, photoperiodisch empfindliche Pflanzen (→ Photoperiodismus), die unter natürlichen Verhältnissen nur im Kurztag blühen, d. h. in täglichen Hell-Dunkel-Zyklen, bei denen die Lichtperiode eine kritische Zeitspanne (kritische Tageslänge) nicht überschreitet, bzw. eine minimale, ununterbrochene Dunkelperiode gewährleistet ist. Beispiele für typische K., die oftmals in den Tropen beheimatet sind, sind Chrysanthemen, Poinsettien, bestimmte Sojabohnen- und Tabaksorten, *Amaranthus caudatus, Kalanchoe blossfeldiana, Perilla frutescens, Salvia occidentalis* und *Xanthium pensylvanicum.* Pflanzen, die in ihrer Blütenbildung durch Kurztag stark gefördert werden, sind z. B. Ananas, Baumwolle. Kaffee, Reis, Zuckerrohr, *Cosmos bipinnatus, Primula malacoides* und *Salvia splendens.*
Kurztrieb, → Sproßachse.
Kurzzeitgedächtnis, → Gedächtnis.
Küstenschutz, → Landeskultur.
Küstenspringer, an der Küste besonders unter Tanghaufen lebende Arten der Felsenspringer (→ Borstenschwänze), insbesondere der Gattung *Halomachilis.*
Kutikula, bei vielen Tieren und bei oberirdischen Pflanzenorganen (→ Abschlußgewebe) von den Epidermiszellen nach außen abgeschiedene, mehr oder weniger gegliederte Masse, die für Wasser und Gase schwer durchlässig ist und dadurch als Verdunstungsschutz wirkt. Die K. kann bei den einzelnen Tierstämmen verschieden ausgebildet sein: bei manchen Hohltieren als elastische, chitinartige Hülle (Periderm); bei vielen Plattwürmern und Schlauchwürmern als ein elastisches, nichtchitiniges Häutchen, das aus schwer löslichen Proteinen besteht; bei den meisten Weichtieren und Armfüßern als kalkiges Außenskelett und bei den Gliederfüßern als chitiniges Außenskelett. Kutikulare Bildun-

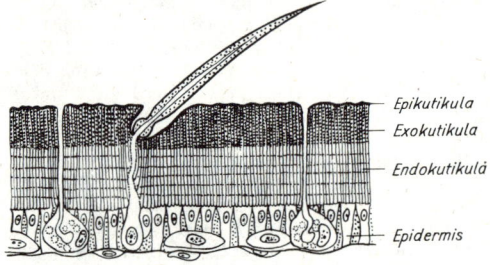

Längsschnitt durch die Kutikula der Insekten

gen sind bei Wirbeltieren das Oolemm (Membrana pellucida), die Capsula lentis (Linsenkapsel) und der Zahnschmelz. Bei den Gliederfüßern kann die K. eine außerordentlich dünne Haut sein (Tracheenendaufzweigungen u. a.), oder sie kann einen harten Panzer bilden. Im typischen Falle besteht die K. hier aus drei Hautschichten: 1) Der *Epikutikula, Grenzlamelle,* die die oberste Schicht darstellt, nur wenige μm dick ist und aus einer unteren Kutikulin-(Liprotein-), einer Wachs- und einer äußeren Zementschicht besteht. 2) Der *Exokutikula, primäre K., Pigmentschicht,* sie ist eine zähe, bernsteinfarbene bis schwarze Schicht, die $1/12$ bis etwa die Hälfte der Gesamtdicke der K. ausmachen kann. 3) Der *Endokutikula, sekundäre K., Haupt* oder *Innenlage,* elastisch und farblos, sie umfaßt den größten Teil der ganzen K. Sowohl die Exo- als auch die Endokutikula enthalten Chitin, das der Epikutikula vollkommen fehlt.

Kutin, eine aus gesättigten und ungesättigten Fettsäureestern zusammengesetzte wachsartige Substanz, die den Hauptbestandteil der pflanzlichen Kutikula darstellt und deren Wasserdurchlässigkeit bedingt. Reines K. wurde aus *Agave americana* dargestellt.

Kutis, 1) → Haut, 2) *Kutisgewebe,* → Abschlußgewebe, → Wurzel.

Kuttelfisch, svw. Sepia.

Kybernetik, → Biokybernetik.

Kybernine, → Endorphine.

Kynurenin, ein Stoffwechselprodukt der Aminosäure Tryptophan. K. wird in 3-Hydroxyanthranilsäure (und weiter zu Nikotinsäure) und Alanin umgewandelt. Nebenwege führen vom K. zu → Kynurensäure und Xanthommatin, einem Vertreter der → Ommochrome.

Kynurensäure, eine vom Chinolin abgeleitete Karbonsäure, die im Stoffwechsel aus der Aminosäure Tryptophan über Kynurenin entsteht und vor allem beim Hund im Urin ausgeschieden wird.

L

Label, *Sonde, Marker,* spektroskopisch nachweisbarer Stoff, der das Umgebungsmilieu möglichst wenig beeinflußt und aus dessen Verhalten Informationen über die molekularen Eigenschaften der Umgebung gewonnen werden können. Wichtige Beispiele für L. sind Fluoreszenz- und Spinlabel. Bei der Untersuchung von Membranen können Fluoreszenzspektroskopie und ESR-Spektroskopie häufig nicht verwendet werden, da fluoreszierende bzw. paramagnetische Moleküle fehlen. Durch gezielte Synthese werden L. erzeugt, die ihre molekulare Umgebung möglichst wenig beeinflussen und deren spektroskopische Eigenschaften Informationen über das molekulare Umgebungsmilieu liefern.

Labferment, svw. Rennin.

Labialganglion, → Nervensystem.

Labialniere, *Maxillarnephridium,* paarige, an der Unterlippe einiger niederer Gliedertiere (z. B. Doppelfüßer, Felsenspringer) mündende Drüsen, die nach Funktion und wohl auch Herkunft mit Segmentalnieren (Nephridien) vergleichbar sind.

Labiatae, → Lippenblütler.

Labkrautgewächse, → Rötegewächse.

Laborratte, → Wanderratte.

Labyrinth, 1) Gehörorgan. 2) Atmungsorgan bei Labyrinthfischen; von Schleimhaut überzogene knöcherne Lamellen am ersten Kiemenbogen dienen der Luftatmung.

Labyrinthfische, veralteter, vor allem in der Aquaristik verwendeter Begriff für die Kletterfischverwandten. Die L. kommen in pflanzenreichen Binnengewässern Afrikas und Südostasiens vor. Ein zusätzliches Atmungsorgan ermöglicht ihnen die Luftatmung. Dieses Labyrinthorgan liegt unter dem Kiemendeckel, ist oft salatkopfartig gestaltet und sichert das Überleben bei Sauerstoffmangel. Zu den L. gehören der Kletterfisch und die Guramis. Viele Arten der L. sind beliebte Aquarienfische.

Labyrinthodonten [griech. labyrinthos 'Irrgarten', odontes 'Zähne'], *Labyrinthodontia,* ausgestorbene Unterklasse der Lurche von salamanderartiger Gestalt. Der Name nimmt Bezug auf die Zahnstruktur; das Dentin ihrer Zähne war labyrinthisch verfaltet. Die L. besaßen einen Schädel mit völlig geschlossener Schläfenregion. Diese Eigenschaft verbindet sie mit ihren unmittelbaren Vorfahren, den devonischen Süßwasser-Krossopterygiern (→ Quastenflosser). Zu den L. gehören alle größeren Lurche des Paläozoikums und der Trias, sowohl die ältesten Amphibien als auch die Übergangsformen zu den Kriechtieren.

Verbreitung: Oberdevon bis Obertrias, Blütezeit in Perm und Trias.

Labyrinthreflexe, von den Bogengängen aus gesteuerte Reaktionen zur Regulation des Gleichgewichtes und der Körperhaltung. Die bei vielen Wirbeltiergruppen auf Sinneshügeln angeordneten Rezeptorzellen reagieren auf rotatorische Reizungen, lineare Beschleunigungen und auf die Schwerkraft. Die Erregungen aus dem Labyrinth erreichen den VIII. Hirnnerven und werden von diesem im Hirnstamm auf verschiedene Bahnen umgeschaltet. Unter anderem ist das Kleinhirn in die Verarbeitung von Informationen aus dem Labyrinth eingeschaltet. Wirbeltiere mit hoher Beweglichkeit um alle Körperachsen haben ein stark entwickeltes Kleinhirn, so verschiedene Knorpel- und Knochenfische, Vögel, Säuger. Effektoren der L. sind Gliedmaßen-, Rumpf-, Hals- und Augenmuskeln. Durch sie kommt es zu Stellungs- und Haltungsänderungen sowie zu Bewegungen. Die deutlichste Auswirkung einer passiven Drehung, die als *Bogengangreizung* wirkt, sind Änderungen der Augenstellung, die als → Nystagmus bezeichnet werden. Diese erfolgen bei gering-gleichmäßigen Bogengangreizungen zunächst langsam entgegengesetzt zur Drehrichtung (langsame Phase). Bei Fortbestehen der Reizung werden die Augen ruckartig in Drehrichtung nachgezogen (schnelle Phase des Nystagmus). Nach plötzlichem Stop der Körperrotation erfolgen die Augenbewegungen in umgekehrter Richtung. Nystagmus tritt auch bei geschlossenen Augen ein. Dieser Rotationssinn ist analog bei Krebsarten nachweisbar und am Nystagmus der Augenstiele kenntlich. Als Sinnesorgane wirken, völlig anders als bei Wirbeltieren, Statozysten im Basalglied der 1. Antenne. Bei Wirbeltieren sind L. nicht auf der Basis einfacher Reflexbögen erklärbar, sondern als kompliziertes System zur Aufrechterhaltung der Normallage des Körpers (→ Reafferenzprinzip).

Labyrinthversuch, Versuchsanordnung, bei welcher Tiere ein Wegelabyrinth mit nach einem bestimmten System angeordneten Blindgängen zu durchlaufen haben; sie errei-

Labyrinth für Ratten und für Ameisen

Lernkurve einer Ameise

Lernkurve einer Ratte

Labyrinthlernen (nach Scott)

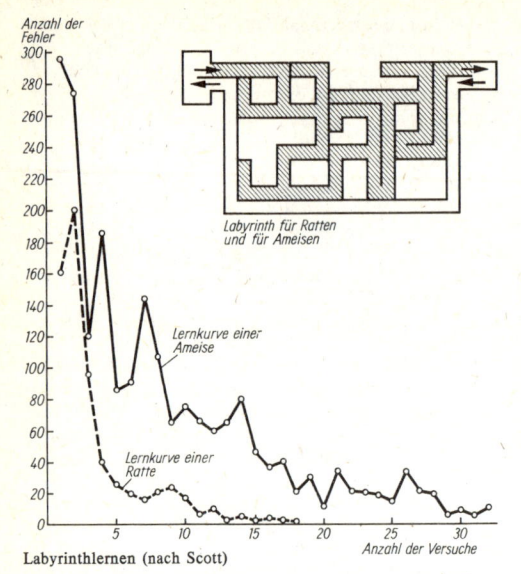

chen am Ausgang ein ihr Verhalten bekräftigendes Ziel. Der Lernvorgang wird durch die Struktur des Labyrinthes gekennzeichnet und über die Anzahl der »Fehler« (falsche Wahlentscheidung bei Gangalternativen) quantitativ erfaßt. Je nach Fragestellung wurden verschiedene Labyrinthformen entwickelt, vom einfachen T-Labyrinth bis zu komplexen Formen, auch dreidimensionalen. Damit werden Fragen des Lernens, der Lernvorgänge oder auch der Art der Informationsaufnahme und -verarbeitung untersucht, aber auch andere Problemstellungen, wie etwa Motivationsstrukturen, oder genetische und Umwelt-Einflüsse auf das Labyrinthlernen.

Lacertilia, → Echsen.

Lachs, *Salmo salar,* Raubfisch aus der Gruppe der Lachsartigen. Der L. kann 1,5 m lang werden. Sein Fleisch ist vor dem Laichen rosa, nach dem Laichen grauweiß gefärbt. Die Männchen bekommen ein prächtiges Hochzeitskleid, das durch eine purpurrote Bauchseite und am Kopf durch rote Zickzacklinien auf blauem Grunde gekennzeichnet ist. Der L. kommt im Nordatlantik vor. Zum Laichen steigt er bis in die Quellgebiete der Flüsse auf und überwindet dabei Wehre und Hindernisse durch hohe und weite Sprünge. Die Jungfische wachsen im Süßwasser heran und wandern dann ins Meer ab. Der L. ist einer der geschätztesten Speisefische.

Der Gattung *Salmo* nahe verwandt ist die ebenfalls fischereiwirtschaftlich wichtige Gattung *Oncorhynchus*. Die Vertreter dieser Gattung kommen an den Küsten des Pazifiks vor und steigen dort zum Laichen flußaufwärts. Hierher gehören z. B. *Keta, Oncorhynchus keta,* und *Blaurücken, Oncorhynchus nerka*.

Lachsfischartige, *Salmoniformes,* Knochenfische mit einer Fettflosse zwischen Rücken- und Schwanzflosse, oft ausgezeichnete Schwimmer. Die L. sind im Meer und im Süßwasser über die ganze Erde verbreitet, hauptsächlich aber im arktischen und borealen Gebiet. Einige Arten sind Tiefseebewohner. Zu den L. zählen sowohl Raubfische als auch Friedfische. Raubfische sind Lachs, Huchen, Stint, Forellen und Saiblinge, Friedfische die Koregonen.

Lackmus, kompliziert aufgebauter Flechtenfarbstoff, der aus den an den Küsten Skandinaviens, Englands und Frankreichs sowie an der Mittelmeerküste verbreiteten Lackmusflechten, *Roccella fuciformis* und *Roccella tinctoria,* gewonnen wird. L. entsteht hierbei aus Derivaten des → Orzins. Das Handelsprodukt ist chemisch nicht einheitlich. Der in alkalischem Milieu blaue, in saurem Milieu rote Farbstoff wird heute nur noch als Indikatorfarbstoff (in Lösung oder als Lackmuspapier) verwendet.

Lackmusmilch, in der Bakteriologie zur Bestimmung und Charakterisierung von Bakterien verwendete Milch mit 7 % Lackmuslösung als Indikator. Die L. wird mit den zu prüfenden Bakterien beimpft und im Brutschrank gehalten. Rotfärbung der L. zeigt Säurebildung durch die sich in der Milch vermehrenden Bakterien an, Entfärbung der Milch Reduktionsvorgänge. Gerinnung ohne Säurebildung entsteht durch Bildung eines Labenzyms, und die Zersetzung des Milcheiweißes, die Peptonisierung, ist ein Anzeichen für Proteinasen.

Laemodipodea, → Flohkrebse.

Lagena, → Gehörorgan.

Lagerpflanzen, *Thallophyten,* kein systematischer Begriff, sondern Bezeichnung für Pflanzen einer bestimmten Organisationsstufe, die im Gegensatz zu den → Sproßpflanzen nicht in Wurzel und Sproß gegliedert sind, sondern die als Vegetationskörper einen Thallus (Lager) besitzen. In den meisten Fällen trifft dies auf die Vertreter der 3 Abteilungen des Pflanzenreiches *Phycophyta,* → Algen, *Mycophyta,* → Pilze, und *Lichenes,* → Flechten, zu.

Die *Bryophyta,* → Moospflanzen, sind eine Übergangsgruppe zu den Sproßpflanzen, man bezeichnet sie als **thallose Pflanzen,** da sie zwar häufig schon einen in Achse und Blätter gegliederten Sproß, aber noch keine Wurzeln, sondern nur Rhizoide haben.

Lagomorpha, → Hasentiere.

Lagothrix, → Wollaffen.

lag-Phase, → Wachstumskurve.

Lakkasen, zu den Oxidasen gehörende Enzyme, die im Tier- und Pflanzenreich weit verbreitet sind und p-Hydrochinone in p-Chinone oxidieren.

Laktase, svw. β-Galaktosidase.

Laktobazillen, stäbchenförmige, meist Ketten bildende, unbewegliche, keine Sporen bildende, anaerobe, grampositive Milchsäurebakterien. Sie kommen in Milch und Milchprodukten, in Fruchtsäften und auf sich zersetzenden Pflanzen oder auch im Mund und Darm von Warmblütern vor. Die L. haben Bedeutung für die Gewinnung von Milchsäure und für die Herstellung von Nahrungsmitteln, wie Sauerkraut, Käse und Sauermilcharten. Joghurt z. B. wird unter Verwendung von *Lactobacillus bulgaricus* hergestellt. Auch im Sauerteig sind L. enthalten. Für die Landwirtschaft sind sie bedeutsam wegen ihrer Mitwirkung beim Entstehen von → Silage.

Laktoferrin, → Siderophiline.

Laktoflavin, ein → Vitamin des Vitamin-B_2-Komplexes.

Laktose, *Milchzucker,* ein Disaccharid, das bei β-1,4-glykosidischer Verknüpfung aus einem Molekül D-Galaktose und D-Glukose entsteht und nur durch spezielle Hefen vergärbar ist (z. B. Kefir). L. wird von Milchsäurebakterien in Milchsäure umgewandelt. L. ist das wichtigste Kohlenhydrat der Milch aller Säugetiere und mit 6 bis 8 % in der Mutter- und 4 bis 5 % in der Kuhmilch enthalten. Sie kommt auch in Früchten und Pollen vor.

L. findet als Nährsubstrat bei mikrobiellen Prozessen, z. B. der Penizillinproduktion, Anwendung.

β-Laktose

laktotropes Hormon, svw. Prolaktin.
Laktotropin, svw. Prolaktin.
Lakunen, → Blutkreislauf.
Lama, 1) *Lama guanacoë* f. *glama*, ein vom Guanako abstammendes Schafkamel, das in Südamerika als Lasttier sowie als Fleisch- und Wollieferant gehalten wird. Das L. ist etwas größer als das Guanako und hat ein längeres Fell. Es wird in verschiedenen Farbschlägen gezüchtet.
2) Gattungsname für → Schafkamele.
Lamarckismus, evolutionistische Vorstellungen von Jean Baptiste de Lamarck (1744–1829). Lamarck nahm an, daß Änderungen der Umwelt bei den Tieren neue Gewohnheiten und Bedürfnisse herbeiführen. Diese sollten mittels eines »Nervenfluidums« Veränderungen erzeugen, die den Bedürfnissen entsprechen, z. B. verursachte nach Lamarck das in den Kopf strömende Fluidum das Hervorwachsen der Hirschgeweihe. Solche Veränderungen, wie auch die Kräftigung von Organen durch ihren ständigen Gebrauch oder ihr Verkümmern durch ihren Nichtgebrauch, sollten sich vererben. Diese Mechanismen führten zu einer allmählichen Entwicklung vom Niederen zum Höheren.

Oft benutzt man den Ausdruck L. als Synonym für die Hypothese von der → Vererbung erworbener Eigenschaften.
Lambertsnuß, → Haselgewächse.
Lamellibranchiata, → Muscheln.
Lamiaceae, → Lippenblütler.
laminäre Strömung, → Strömungsgesetze im Blutkreislauf.
Laminaria, → Braunalgen.
Lamnidae, → Heringshaie.
Lampenbürstenchromosomen, bis über 1 mm lange Chromosomen im verlängerten Diplotän der Meiose I bei Oozyten vieler Vögel, Amphibien, Reptilien, Knorpelfischen und auch bei Oozyten und Spermatozyten mancher Wirbelloser, ebenfalls bei manchen Pflanzen (z. B. bei der Grünalge *Acetabularia*). Die L. sind entschraubte, daher langgestreckte, gepaarte Chromosomen (Bivalente). Sie weisen zahlreiche seitliche Schleifen bestimmter Größe und Lage auf (Name), die durch Entfaltung vieler Chromomeren entstehen. Diese Schleifen sind daher außergewöhnlich transkriptionsaktive Orte wie die Balbiani-Ringe und 'puffs' der Riesenchromosomen. Sie sind mit Genprodukten (RNS und nach Anlagerung von Protein Ribonukleoproteine) beladen, daher lichtmikroskopisch sichtbar. Die Schleifen bilden sich mit dem Abschluß der Oozytenwachstumsphase zurück, und die betreffenden Chromosomen wandeln sich in typische Metaphasechromosomen um.
Lamprete, → Neunaugen.
Lanatoside, → Digitalisglykoside.
Landasseln, → Asseln.
Landbrücken, vermutete Verbindungen zwischen Kontinenten (*Landverbindungen*), deren Fauna weitgehende Ähnlichkeiten aufweist. Maßgeblich die Evolution der tertiären Säuger beeinflussender paläobiogeographischer Faktor. Paläogeographische L. wie zwischen Nord- und Südamerika (*Mittelamerikanische L.*) und zwischen Nordamerika und Osteuropa/Asien (*Bering L.*) wurden von den Säugetieren als Wanderwege genutzt. So entstanden eigenständige Faunen in isolierten Landbereichen, z. B. Australien und Tasmanien (eierlegende Kloakentiere/Monotremata; Beuteltiere/Marsupialia). → Kontinentalverschiebungshypothese.
Landeskultur, System zur sinnvollen Gestaltung der natürlichen Umwelt des Menschen und zum wirksamen Schutz der Natur und der natürlichen Ressourcen mit dem Ziel der Erhaltung, Verbesserung und effektiven Nutzung der natürlichen Lebens- und Produktionsbedingungen der Gesellschaft – Boden, Wasser, Luft sowie Pflanzen- und Tierwelt in ihrer Gesamtheit – und zur Verschönerung der Umwelt. In diesem Sinne kann L. als Synonym für **Umweltschutz** betrachtet werden. Aus der Definition geht hervor, daß es die hauptsächliche Aufgabe der L. ist, für den Menschen optimale Umweltbedingungen zu schaffen. Daraus ergibt sich die Beziehung der L. zum jeweiligen Stand der Entwicklung der menschlichen Gesellschaft.

Eine der wesentlichen landeskulturellen Maßnahmen ist die *Flurgestaltung*; sie umfaßt den gesamten Komplex der biologisch-technischen Maßnahmen zur planmäßigen Erhöhung der Produktivität und Qualität landwirtschaftlicher Nutzflächen. Das Ziel besteht in erster Linie darin, eine hohe Produktivität durch den effektiven Einsatz der landwirtschaftlichen Technik zu sichern. Voraussetzung dafür sind große Schläge, auf denen sich keine Hindernisse für den Einsatz von großen Maschinen und Maschinensystemen befinden. Dabei unterscheidet man zwischen naturbedingten und anthropogenen Hindernissen oder Flurelementen. *Naturbedingte Flurelemente* sind z. B. Einzelbäume, Baumreihen, kleine Gehölze, Gebüsche, Gräben, Bäche und andere kleinere Gewässer, Hügel und Senken sowie Böschungen. Zu den *anthropogenen Hindernissen* gehören Verkehrstrassen, wie Wege, Straßen und Eisenbahnlinien, Bauten, Masten für Leitungen, Pegel u. a. Da die Vergrößerung der Schläge die Gefahr der Erosion erhöht, weil insbesondere dem Wind eine größere Angriffsfläche geboten wird, ist die Erhaltung oder Neuanlage von Gehölzen, Baumgruppen oder Baumreihen eine wesentliche Aufgabe der Flurgestaltung. Zu einer modernen Flurgestaltung gehört auch die sinnvolle Anlage des Wegenetzes, bei dem ökonomische Erfordernisse, landschaftliche Verhältnisse und landeskulturelle Gesichtspunkte im Sinne einer Mehrfachnutzung miteinander zu kombinieren sind.

Eine bedeutende Aufgabe bei der Verbesserung der Bodennutzung hat die *Melioration*. Verstand man früher darunter nur eine Veränderung des Wasserhaushaltes im Boden, so wird dieser Begriff heute weitaus umfassender angewandt. Zur Melioration gehören alle Maßnahmen für eine positive Veränderung des natürlichen Leistungsvermögens land- und forstwirtschaftlich genutzter Flächen. Als Voraussetzung dafür sind die verschiedenen auf einen Standort einwirkenden Faktoren in ihrer engen Verflechtung festzustellen. Das sind Gestein, Topographie, Klima, Wasserhaushalt, Boden, Pflanzendecke, Tierwelt und menschliche Einflüsse. Dabei dient die *Agromelioration* der nachhaltigen Verbesserung von fruchtbarkeitsbestimmenden Bodeneigenschaften für die Pflanzenproduktion durch mechanische, chemische oder biologische Eingriffe in das Bodengefüge. Größere Bedeutung für die L. hat die *Flurme-*

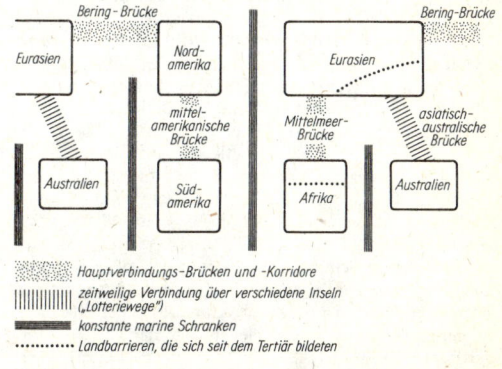

Die Erde im Zeitalter der Säugetiere (Känozoikum); Barrieren und Landbrücken beeinflussen die Verbreitung der Lebewelt

lioration, die in einem engen Zusammenhang mit der Flurgestaltung steht. Zu ihr gehören die Maßnahmen und Verfahren für die Verbesserung der technologischen und landeskulturellen Qualität der agrarisch genutzten Gebiete. Einzelne dieser Maßnahmen sind z. B. die Verlegung, Begradigung oder Verrohrung von Gewässern, die den Einsatz der landwirtschaftlichen Technik behindern, die Entfernung oder auch Neuanpflanzung von Gehölzen, Baumreihen, Hecken und Gebüschen, das Verfüllen von Senken oder der Abtrag von kleineren Erhebungen, die Entsteinung des Bodens sowie vor allem die Kultivierung von Ödlandflächen zur landwirtschaftlichen oder forstwirtschaftlichen Nutzung.

Große landeskulturelle Bedeutung hat die Gestaltung von *Bergbaufolgelandschaften*. Durch den Braunkohlenbergbau, insbesondere Tagebau, werden größere Teile des Bodens der land- und forstwirtschaftlichen Nutzung entzogen. Dieser Flächenentzug erstreckt sich jedoch nur über einen bestimmten, im voraus abschätzbaren Zeitraum, denn nach dem Abbau der Kohle können diese Flächen wieder einer anderen gesellschaftlichen Nutzung zugeführt werden.

Die Gestaltung dieser Flächen geschieht im Sinne einer effektiven und rationellen Mehrfachnutzung der Landschaft, wobei die einzelnen Nutzungsarten im räumlichen Nebeneinander und Miteinander sowie im zeitlichen Nacheinander kombiniert werden. Hauptnutzer der Rückgabeflächen sind die Land- und Forstwirtschaft, daneben aber auch Wasserwirtschaft, Binnenfischerei, Erholungswesen, Deponie und Naturschutz. Ein Beispiel für die Kombination verschiedener Nutzungsarten ist das abgestimmte Miteinander von Wasserwirtschaft, Binnenfischerei und Erholungswesen in einem bestimmten Gebiet. Eine ähnliche Kombinationsmöglichkeit ergibt sich auch bei der gemeinsamen Nutzung einer wiederaufgeforsteten Rückgabefläche durch Forstwirtschaft und Erholungswesen.

Den Komplex aller Maßnahmen, die im wirtschaftlichen und territorialen Interesse notwendig sind, um zeitweilig ungenutzte oder durch den Bergbau beanspruchte Flächen wieder in den volkswirtschaftlichen Reproduktionsprozeß einzugliedern, bezeichnet man als *Wiedernutzbarmachung*, die sich in Wiederurbarmachung und Rekultivierung gliedert.

Bei der großen Bedeutung, die die Landwirtschaft im gesamtgesellschaftlichen Rahmen besitzt, und unter Berücksichtigung der Tatsache, daß der Boden das Hauptproduktionsmittel der Landwirtschaft ist, kommt es darauf an, möglichst große Teile der Rückgabeflächen für eine landwirtschaftliche Folgenutzung zu gewinnen und sie im Zuge einer gezielten Wiedernutzbarmachung entsprechend vorzubereiten.

Dabei haben die Betriebe des Bergbaus für die *Wiederurbarmachung* zu sorgen. Dazu gehören alle Maßnahmen, die notwendig sind, um die von ihnen nicht mehr genutzten Flächen so herzurichten, daß sie rekultivierbar sind. Im einzelnen sind das die Verkippung von kulturfähigem Boden, das Planieren der Rückgabeflächen, um eine ungehinderte Bearbeitung zu gewährleisten, Vorflutregelung, der Bau von Zufahrten und Hauptwirtschaftswegen, die Gestaltung von standsicheren Böschungen, erste Maßnahmen zum Erosionsschutz und zur Bodenverbesserung, wie die Grundbodenbearbeitung, das Entfernen größerer Steine und das erste Einbringen von Dünger. Als Ergebnis der Wiederurbarmachung wird die Garantie einer Mindestfruchtbarkeit der Rückgabeflächen gefordert. Diese Mindestfruchtbarkeit besteht darin, daß die Erstkultur angewachsen und die landwirtschaftliche Folgenutzung gesichert ist. Ähnliche Forderungen an die Wiederurbarmachung werden auch bei einer forstwirtschaftlichen Folgenutzung gestellt.

Die *Rekultivierung* ist die Aufgabe der Folgenutzer. Die landwirtschaftliche Rekultivierung umfaßt alle Maßnahmen, die Voraussetzung dafür sind, um auf den vom Bergbau wieder urbargemachten Flächen eine steigende Bodenfruchtbarkeit und damit stabile und hohe Ernteerträge zu erzielen. Dazu gehören vor allem die Bodenentwicklung durch Versorgung der Rohböden mit mineralischem und organischem Dünger sowie die Kalkung, eine den Anforderungen entsprechende Bearbeitung des Bodens, die Auswahl der geeigneten landwirtschaftlichen Kulturarten, die Festlegung der Fruchtfolge, der Bau der Wege für eine sinnvolle Schlaggestaltung und rationelle Bewirtschaftung, die weitere Regulierung des Wasserhaushaltes durch Be- und Entwässerung sowie die Anlage von Flurgehölzen. Das Ergebnis der landwirtschaftlichen Rekultivierung müssen Nutzflächen sein, die sich durch eine optimale Bodenfruchtbarkeit auszeichnen, d. h. ertragssicher sind und über gute biologische und technologische Eigenschaften verfügen.

Ein wichtiges Anliegen der L. ist schließlich der *Küstenschutz*. Seine Aufgabe besteht darin, die Küste mit ihrem Strand, den Dünen und Steilufern sowie abbruchgefährdeten Flächen durch biologische (→ Ingenieurbiologie) und technische Maßnahmen gegen die sich in der Küstenlandschaft durch natürliche Prozesse vollziehenden Veränderungen, insbesondere gegen Landverluste, weitestgehend zu schützen.

Je nach den örtlichen Gegebenheiten besteht der Küstenschutz im Aufbau von Steinwällen oder zusammenhängenden Verkleidungsmauern aus Natursteinen oder Beton, aus der Verbreiterung des Strandes, dem Bau von Buhnen, Längswerken oder Deichen sowie deren Bepflanzung mit ausdauernden, das lockere Bodenmaterial festigenden Gewächsen. Dem Küstenschutz dienen weiterhin das Bepflanzen der sich im Küstenbereich befindlichen Dünen sowie spezielle Küstenschutzwälder. Alle diese Küstenschutzanlagen genießen einen besonderen Schutz sowohl gegen Beschädigungen als auch gegenüber einer dem Schutzziel widersprechenden Nutzung.

Landhafte, *Echte Netzflügler,* Neuroptera, Planipennia, eine Ordnung der Insekten (→ Netzflügler) mit 113 Arten in Mitteleuropa (Weltfauna: etwa 4500 Arten). Die L. sind fossil seit dem Perm nachgewiesen.

Vollkerfe. Die Körperlänge beträgt 2 bis 70 mm. Der Kopf ist orthognath, d. h., die kauenden Mundwerkzeuge sind nach unten gerichtet. Zwei Paar etwa gleich große, netzartig geäderte Flügel sind vorhanden, grünlich durchscheinend (Florfliegen), grau oder bräunlich getrübt (Taghafte), glasklar (Ameisenjungfern) oder bunt (Schmetterlingshafte) gefärbt. Alle L. leben räuberisch von anderen Insekten. Ihre Entwicklung ist eine vollkommene Verwandlung (Holometabolie).

Eier. Sie sind bei vielen Arten gestielt (Florfliegen, Taghafte). Die Ablage erfolgt einzeln oder in Gruppen (bei Florfliegen bis zu 30) an Pflanzenteilen, nur die Ameisenjungfern streuen ihre Eier über trockenem Sand aus.

Larven. Sie sind fast ausnahmslos räuberische Landbewohner, die die Beutetiere mit langen, zangenartigen Mundwerkzeugen ergreifen und aussaugen. Am bekanntesten sind die Larven der Ameisenjungfern, die *Ameisenlöwen,* die im sandigen, trockenen Boden am Grund ihrer Fangtrichter auf Beute (insbesondere Ameisen) lauern. Die Larven der anderen Gruppen haben ähnliche Gestalt. Die Larven der Florfliegen, die *Blattlauslöwen,* und die der Taghaften ernähren sich vorzugsweise von Blattläusen. Interessant ist, daß alle Larven keinen Kot abgeben (Mitteldarm verschlossen); die Verdauungsreste, soweit sie nicht ausgewürgt werden, scheidet erst das geschlüpfte Vollinsekt aus.

Puppen. Alle Larven stellen zur Verpuppung einen seidenartigen Kokon her, dessen Material aus den Malpighischen Gefäßen stammt und durch den Enddarm ausgeschieden wird. Die Puppen gehören zum Typ der Freien Puppe (Pupa libera).

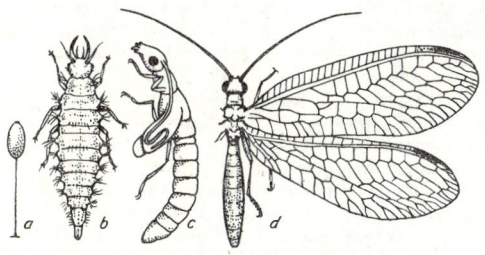

Florfliege (*Chrysopa* spec.): *a* Ei, *b* Larve, *c* Puppe, *d* Vollkerf

Wirtschaftliche Bedeutung. Während die Larven der Ameisenjungfern den nützlichen Ameisen nachstellen, sind die Larven und Vollkerfe der Florfliegen und Taghaften eifrige Blattlausvertilger und infolgedessen sehr nützlich.

System. In Mitteleuropa gibt es acht Familien, z. B.
Florfliegen oder Goldaugen (*Chrysopidae*)
Taghafte (*Hemerobiidae*)
Ameisenjungfern (*Myrmeleonidae*)
Schmetterlingshafte (*Ascalaphidae*)
Lit.: → Netzflügler.

Landkrabben, *Geocarcinidae,* zur Ordnung der Zehnfüßer gehörende, in den tropischen Ländern lebende Krebse, die nur zur Fortpflanzung das Meer aufsuchen. Da sie auf dem Land Gänge graben, werden die L. der Landwirtschaft oft schädlich.

Landraubtiere, *Fissipedia,* eine Unterordnung der Raubtiere. Die L. sind gewandte, kräftige Säugetiere mit Raubtiergebiß, die hinteren Vorbackenzähne des Oberkiefers und die vorderen Backenzähne des Unterkiefers sind zu Reißzähnen umgebildet. Die Zehen sind mit scharfen Krallen versehen. Die meisten L. besitzen am After Analdrüsen, deren stark riechende Absonderungen unter anderem zum Markieren des Reviers dienen. Mit Ausnahme von Australien, wohin sie erst durch den Menschen gebracht wurden, sind die L. über die ganze Erde verbreitet. Zu den L. gehören die Familien der → Marder, → Kleinbären, → Bären, → Schleichkatzen, → Hyänen, → Hunde und → Katzen.

Landröste, → Flachsröste.

Landschaft (Tafel 47), durch einheitliche Struktur und gleiches Wirkungsgefüge seiner natürlichen und anthropogenen Komponenten geprägter konkreter Teil der Erdoberfläche. Die für die Bildung der L. verantwortlichen Faktoren sind die *Geofaktoren,* die drei unterschiedlichen Bereichen angehören. Zum anorganischen Bereich rechnet man Oberflächenform, Gestein, Boden, Atmosphäre und Hydrosphäre. Den organischen Bereich bilden die Pflanzen- und die Tierwelt, während der gesellschaftliche Bereich die menschliche Gesellschaft einschließlich ihrer Tätigkeit und ihrer Werke umfaßt.

Jede L. setzt sich mosaikartig aus *Landschaftszellen* oder *Ökotopen* zusammen. Das sind landschaftliche Grundeinheiten von sich weitgehender Gleichförmigkeit. Sie treten in einer für jede L. typischen, ganz bestimmten Auswahl, Anordnung und charakteristischen Vergesellschaftung (*Landschaftskomplex*) auf. In angrenzenden, benachbarten L. sind entweder die Zellen oder ihr Zellengefüge und ihre Vergesellschaftung andersartig und für die jeweilige L. spezifisch. In jedem Ökotop wirken alle Geländefaktoren, wie Gesteinsart und Schichtlagerung, Oberflächenform, Klima, Oberflächen- und Grundwasserhaushalt und Boden, sowie die menschlichen Wirtschaftsmaßnahmen einschließlich ihrer Folgen, wie Grundwasserabsenkung und Beregnung, formend auf die Natur ein und bewirken die dortigen Standortverhältnisse. Die möglichst genaue Kenntnis der landschaftlichen Gliederung ist die wichtigste Voraussetzung für Maßnahmen der → Landeskultur, Landespflege, der Landschaftsgestaltung und der standörtlichen Anbauplanung in der Land- und Forstwirtschaft.

In den Ökotopen besitzen die *Landschaftselemente* weitaus komplexeren Charakter als die einzelnen Geländefaktoren. Unter einem Landschaftselement versteht man einen Bestandteil der L., der auf Grund bestimmter Merkmale spezielle landeskulturelle Funktionen erfüllt. Sie sind oft schon weitestgehend durch den Menschen geprägt. Zu ihnen gehören sowohl die wichtigsten Nutzungsformen der Natur, wie Acker, Grünland, Wald, Gewässer, Gehölze, aber auch technische Einrichtungen wie Verkehrsstrassen, Energieleitungen, Bauten u. a.

Die Einteilung der L. kann unter verschiedenen Gesichtspunkten erfolgen. Als Folgeerscheinung des Großklimas im Zusammenhang mit der geographischen Lage unterscheidet man die *Landschaftsgürtel,* zu denen beispielsweise die L. der tropischen, subtropischen oder gemäßigten Zone gehören.

Ein anderes Prinzip ist die Einteilung nach *Landschaftstypen,* das auf den hervorstechenden Merkmalen der Erdoberfläche beruht. Diese Merkmale können dabei abiotisch, biotisch, aber auch anthropogen bedingt sein. Nach diesem Prinzip unterscheidet man z. B. Gebirgs-, Moränen-, Küsten-, Wald-, Steppen-, Wüsten-, Stadt- und Industrielandschaften.

Weit verbreitet ist die Betrachtung der L. nach dem Grad ihrer Beeinflussung durch die Tätigkeit des Menschen. In der ursprünglichen oder *Naturlandschaft* wirken nur die Geofaktoren aus dem anorganischen und organischen Bereich. Echte, vom Menschen unbeeinflußte Naturlandschaften gibt es auf der Erde nur noch in wenigen, sehr schwer zugänglichen Teilgebieten, etwa in Teilen des tropischen Regenwaldes, in den Kernzonen der großen Wüstengebiete, in der Fels- und Gletscherstufe der Hochgebirge sowie in den Polargebieten.

In den *naturnahen* L. ist der Einfluß des Menschen insbesondere durch Ackerbau und Viehhaltung zwar bereits vorhanden, auf Grund der extensiven Wirtschaftsweise wirken die Geofaktoren jedoch noch weitgehend in ihrer ursprünglichen Form zusammen. Diese L. bestanden z. B. in Mitteleuropa im späten Mittelalter und zu Beginn der Neuzeit.

Mit der weiteren Entwicklung der Produktion entstanden die *Kulturlandschaften.* In ihnen bildet die Landesnatur mit ihren nur schwer veränderbaren anorganischen Geofaktoren wie Gesteinsaufbau, Oberflächenform und Großklima das räumliche Großgerüst. Die weniger stabilen natürlichen Geofaktoren Pflanzendecke, Tierwelt, Mikroklima, Boden und Wasserhaushalt wurden in den intensiv bewirtschafteten, dichtbesiedelten Kulturlandschaften weitestgehend vom Menschen umgestaltet.

Die Mehrzahl der Kulturlandschaften Mitteleuropas sollte besser als *Zivilisationslandschaften* bezeichnet werden, weil die bisher durch den Menschen vorgenommenen Landschaftsveränderungen weitgehend spontanen Charakter hatten und vorwiegend unter lokalen Gesichtspunkten durchgeführt wurden. Neben- und Fernwirkungen blieben dagegen unberücksichtigt, weil die landschaftsverändernden Maßnahmen in der Regel auf schnell wirksame, die

Langzeitwirkungen jedoch nicht beachtende Erhöhungen der Produktivität gerichtet waren.

Die Gestaltung echter Kulturlandschaften, nicht nur im Interesse der gegenwärtigen, sondern auch der zukünftigen Generationen, ist die Aufgabe der *Landschaftsplanung*. Darunter versteht man die Koordinierung aller gesellschaftlichen Nutzungsformen und Maßnahmen für die Sicherung einer optimalen Mehrfachnutzung der L. unter Berücksichtigung der ökologischen Bedingungen. Die sich daraus ergebenden Einzelmaßnahmen zur Schaffung einer der gesellschaftlichen Zielstellung entsprechenden produktiven und landeskulturell wertvollen L. gehören zur *Landschaftsgestaltung*. Oft wird der Begriff Landschaftsgestaltung auch wesentlich enger gefaßt, indem man ihr nur die Gestaltung von Park- und Gartenanlagen sowie städtischer Grünanlagen zuordnet.

Unter den gegenwärtigen Bedingungen ist es kaum mehr möglich, daß eine L. oder ein Landschaftsteil von nur einem wirtschaftlichen oder gesellschaftlichen Bereich ausschließlich genutzt wird. Deshalb besteht eine wesentliche Forderung in der Mehrfachnutzung der L., bei der die gleichzeitige Erfüllung unterschiedlicher gesellschaftlicher Anforderungen durch Nutzungskoordinierung sinnvoll gesteuert wird. Ein typisches Beispiel für die Mehrfachnutzung der L. sind die *Waldlandschaften*. Neben der wirtschaftlichen Nutzung zur Holzerzeugung, Harzgewinnung, Jagd u. a. sowie der Nutzung für die Erholung der Bevölkerung hat der Wald einen hohen landeskulturellen Stellenwert. Er dient dem Schutz gegen Bodenerosion durch Wasser und Wind, regelt den Wasserhaushalt der L. in der Nah- und Fernwirkung, beeinflußt positiv das Lokalklima, reinigt die Luft und bildet ein Refugium für viele Tier- und Pflanzenarten. Die Art der Wechselwirkung zwischen Wald und L. ist sehr kompliziert. Sie ist insbesondere von den großklimatischen Verhältnissen, der Waldstruktur und der Waldverteilung im Gelände abhängig.

Die landeskulturelle Bedeutung des Waldes wird besonders in seinen Auswirkungen auf den Wasserhaushalt der L. und damit für die Wasserwirtschaft und alle von ihr abhängigen Bereiche der Volkswirtschaft und der Gesellschaft deutlich. Im kühlgemäßigten Klimagürtel können die folgenden Grundtendenzen für die Wirkungen des Waldes als gesichert angesehen werden:

Die Niederschlagshöhe wird durch den Wald nicht oder nur unwesentlich erhöht. Der Wasserverbrauch des Waldes selbst ist in den meisten Fällen größer als der anderer Pflanzenformationen und -kulturen, der Abfluß ist geringer; durch die großen Waldrodungen des Mittelalters ist das frei verfügbare Wasser insgesamt gesehen vermehrt worden. Es sind aber nicht die Gesamtmengen an verfügbarem Wasser entscheidend, sondern ihre Nutzbarkeit, die von der Verteilung des Abflusses abhängt, und die Verminderung von Hochwasserschäden. Da die Waldbedeckung Extreme der Bodentemperatur mildert, ist das Gefrieren des Bodens von kürzerer Dauer, die Aufnahmefähigkeit und der Anteil der Versickerung sind größer, und der Abflußgang insgesamt ist ausgeglichener als auf waldfreier Fläche. Es handelt sich hierbei um eine über die Flüsse vermittelte Fernwirkung auf die gesamte L., daher muß im Abflußausgleich, im verminderten Schwebstoff- und Geschiebetransport und in der Verbesserung der Wasserqualität die hydrologische Hauptwirkung des Waldes und in Mitteleuropa seine wichtigste landeskulturelle Wirkung überhaupt gesehen werden. Demgegenüber ist die Wirkung auf das Klima gering. Ein Einfluß auf das Großklima läßt sich kaum nachweisen. Lokalklimatisch kann der Wind in waldarmen L. besser abgefangen werden, wenn die Waldflächenverteilung günstig ist. Dies vermindert die unproduktive Verdunstung und fördert in gewissen Grenzen die Assimilation. Mikroklimatisch ist eine starke, von der jeweiligen Waldstruktur abhängige Wirkung nachweisbar, die landeskulturell der nächsten Umgebung und dem erholungsuchenden Menschen zugute kommt. Hiermit im engsten Zusammenhang steht der Einfluß auf die Luftreinheit durch Filterwirkung und Sauerstoffabgabe, die gegenwärtig stark an Bedeutung gewinnt.

In ihrem Ausmaß sind alle Funktionen des Waldes von seiner Vertikalstruktur abhängig. Der stufig aufgebaute Mischwald ist am vorteilhaftesten, wenn auch in Sonderfällen reiner Nadelwald durchaus günstig sein kann. Voraussetzung für eine gesunde L. ist daneben auch die horizontale Flächenstruktur, d. h. die Waldverteilung in der Kulturlandschaft. Bei günstiger Verteilung können auch Hecken und Waldreste wesentliche Bedeutung erlangen, besonders als Windschirm.

In Mitteleuropa ist die Erhaltung und Förderung der Wälder wesentliche Aufgabe bei der Landschaftsgestaltung. Vor seiner Besiedlung durch den Menschen war Mitteleuropa zu über 90 % von Wald bedeckt. Heute sind es 28 %, wobei sich die Verhältnisse in den einzelnen L. mit 5 bis 75 % recht unterschiedlich gestalten. Außerdem ist die gegenwärtige Struktur des Waldes gegenüber seiner ursprünglichen stark abgewandelt.

Landschaftselemente, → Landschaft.

Landschaftsgestaltung, → Landschaft.

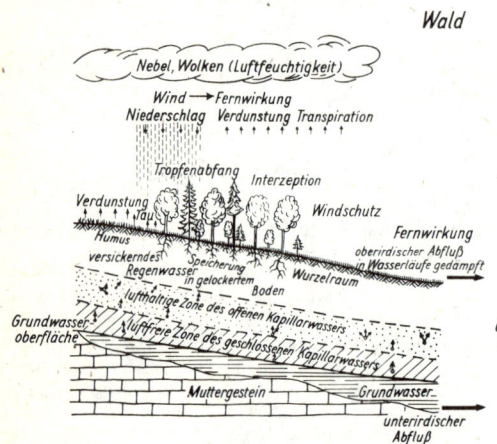

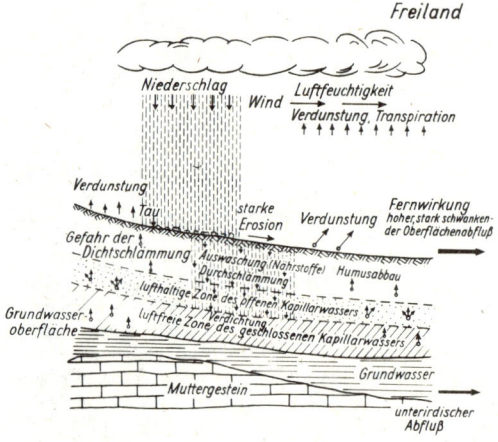

Der Wasserhaushalt eines Gebietes vor und nach der Entwaldung (nach L. Bauer)

Landschaftsschutzgebiet, →Naturschutz.
Landschaftstypen, →Landschaft.
Landschildkröten, *Testudinidae,* landbewohnende, meist trockenheitsliebende Schildkröten mit bis auf wenige Ausnahmen hochgewölbtem, schweren Panzer und Klumpfüßen, deren Zehen bis auf die Krallen miteinander verwachsen sind. Die plumpen Tiere bewegen sich langsamer fort als die Vertreter anderer Familien. Der Kopf kann völlig unter den Panzer zurückgezogen werden, die Vordergliedmaßen werden bei Bedrohung so eingewinkelt, daß nur die mit kräftigen vergrößerten Schuppen besetzten Außenseiten der Beine sichtbar sind. Fast alle L. fressen im Gegensatz zu den meisten →Sumpfschildkröten bevorzugt Pflanzen. Die Eier werden in selbstgegrabene Gruben abgelegt. Die etwa 40 Arten der L. vertreten 7 Gattungen, wobei die große Gattung *Testudo* neuerdings in mehrere Unter- oder selbständige Gattungen aufgeteilt wird. Die L. bewohnen tropische und subtropische Gebiete in allen Erdteilen außer Australien. Die Bestände sämtlicher Arten in Freiheit sind in den letzten Jahrzehnten rapid zurückgegangen, viele Arten sind vom Aussterben bedroht. Zu den L. gehören unter anderem →Griechische L., →Maurische L., →Vierzehenschildkröte, →Strahlenschildkröte, →Elefantenschildkröte, →Riesenschildkröte, →Waldschildkröte, →Gelenkschildkröte, Spaltenschildkröte.
Landverbindungen, →Landbrücken.
Landwanzen, →Wanzen.
Langarmaffen, *Hylobatidae,* eine Familie der →Altweltaffen. Die L. sind schwanzlose, schlanke, ausgesprochen langarmige, mittelgroße Affen, die als geschickte Hängler sich in weiten Sätzen von Ast zu Ast schwingen. Laute Gesänge dienen der Territorialmarkierung. Die L. stehen den Menschenaffen sehr nahe. Ihre Heimat ist Südostasien. Zu den L. gehören →Gibbons und →Siamang.
Längen-Breiten-Index, eine in der Anthropologie übliche Bezeichnung für das Verhältnis der maximalen Schädellänge (Stirn bis Hinterhaupt) zur maximalen Schädelbreite.

Der L.-B.-I. ergibt sich aus der Formel $\frac{\text{Schädelbreite} \cdot 100}{\text{Schädellänge}}$.

Ist der L.-B.-I. > 75, werden die männlichen Schädel als *Langschädel* oder *Dolichokrane* (bzw. *Langkopf* oder *Dolichozephale*) bezeichnet, liegt er zwischen 75 und 79,9, werden sie als *Mittellangschädel* oder *Mesokrane* (bzw. *Mittellangkopf* oder *Mesozephale*) und von 80 an als *Kurzschädel* oder *Brachykrane* (bzw. *Rundkopf, Kurzkopf* oder *Brachyzephale*) bezeichnet. Beim weiblichen Schädel liegen die Grenzen der Indexklassen um eine Einheit höher. Abb.

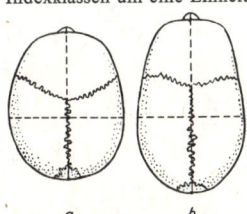

Menschenschädel (nach Bach): *a* mit hohem, *b* mit niedrigem Längen-Breiten-Index

Langerhanssche Inseln, →Bauchspeicheldrüse.
Langfühlerschrecken, →Springheuschrecken.
Langhornmotten, →Schmetterlinge (System).
Langkopf, →Längen-Breiten-Index.
Langkurztagpflanzen, Abk. **LKTP,** photoperiodisch empfindliche Pflanzen (→Photoperiodismus), die zur Blütenbildung zuerst Langtag- und später Kurztagbedingungen benötigen (→Langtagpflanzen, →Kurztagpflanzen). Beispiele für L. sind *Aloe bulbifera,* verschiedene Brutblatt- (*Bryophyllum-*)Arten, der Hammerstrauch, *Cestrum nocturnum.* L. werden nicht im Frühlings-Kurztag zur Blüte induziert. Sie blühen unter natürlichen Bedingungen erst im Spätsommer oder Herbst.
Langtagkeimer, →Samenkeimung.
Langtagpflanzen, photoperiodisch empfindliche Pflanzen (→Photoperiodismus), die unter natürlichen Verhältnissen nur unter Langtagbedingungen blühen, d. h. in täglichen Hell-Dunkel-Zyklen, bei denen die Dunkelperiode kürzer als eine bestimmte kritische Zeitspanne ist. Diese kritische Tageslänge ist bei den einzelnen L. verschieden. Beispiele für typische L. sind manche unserer Getreidearten, wie Roggen, Weizen, Gerste und Hafer, ferner Zuckerrübe, Dill, Spinat, Senf, Mohn, Schwarzes Bilsenkraut. Daneben gibt es eine Reihe von Pflanzen, bei denen die Blütenbildung durch Langtag gefördert wird, aber nicht unbedingt davon abhängig ist, z. B. Küchenzwiebel, Salat, Lein. Viele L. wachsen unter nicht induktiven Bedingungen als Rosettenpflanzen, und das Schossen ist zeitlich mit der Blühinduktion gekoppelt.
Langtrieb, →Sproßachse.
Langusten, *Palinuridae,* eine zur Ordnung der Zehnfüßer gehörende Krebsfamilie. Die L. leben im Meer und sind wertvolle Speisekrebse. Im Mittelmeer und im Ostatlantik fängt man *Palinurus elephas,* die *Gemeine Languste* (bis 45 cm lang und bis 8 kg schwer), in Südafrika und Australien vor allem *Jasus lalandei,* die *Kaplanguste.* Allen L. fehlen im Gegensatz zu den Hummern die Scheren.

Die Larve der L., die *Phyllosoma,* lebt pelagisch.

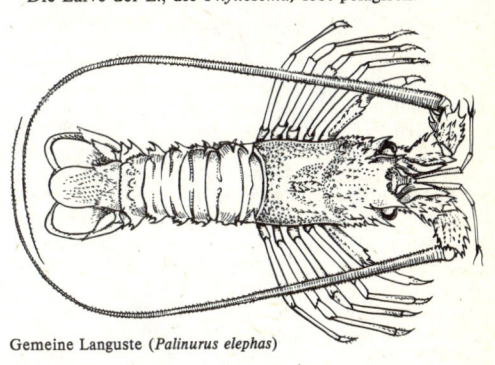

Gemeine Languste (*Palinurus elephas*)

Langzeitgedächtnis, →Gedächtnis.
Lanosterin, *Lanosterol,* ein zu den Zoosterinen zählender Alkohol aus der Gruppe der tetrazyklischen Triterpene. L. ist das Primärprodukt der Biosynthese aller weiteren tetrazyklischen Triterpenole vom Lanostantyp sowie einiger Steroide. Es kommt im Wollfett der Schafe vor.

Lanzenschlangen, von Mexiko über ganz Südamerika (*Bothrops*) sowie über weite Gebiete Südostasiens (*Trimeresurus*) verbreitete, häufige, meist urwaldbewohnende →Grubenottern mit dunkler Rückenfleckung auf bräunlichem Grund oder – bei baumlebenden Vertretern – grünem Schuppenkleid. Das Gift, vor allem der amerikanischen Arten, wirkt außerordentlich stark und fordert noch heute viele Menschenleben, die Giftwirkung der asiatischen Vertreter ist im allgemeinen etwas geringer. Das Weibchen der *Schwarzen L., Bothrops atrox,* bringt bis 70 lebende Junge zur Welt. Die lebhaft braun, rötlich und gelb gezeich-

Lanzettegel

nete *Jararaka, Bothrops jajaraca,* wird bis 1,60 m lang. Einige Arten, wie die sehr variabel gelbe oder braungefleckte *Greifschwanzlanzenotter, Bothrops schlegeli,* halten sich mit ihrem einrollbaren Schwanzende im Gezweig fest. – Die größte asiatische L. ist die bis 1,60 m lange *Habu-Schlange (Trimeresurus flavoviridis)* Japans. Die nur 70 cm lange *Bambusotter, Trimeresurus albolabris,* ist eine blaugrüne Baumschlange des indischen Tieflandes. Die *Berglanzenotter, Trimeresurus monticola,* vom Himalayagebiet bis Malaysia verbreitet, legt als einzige L. Eier.

Lanzettegel, → Leberegel.

Lanzettfischchen, *Branchiostoma lanceolatum (Amphioxus),* ein den Weichgrund der Meere bewohnendes Chordatier (kein Fisch!). Das L. wird etwa 6 cm lang. Der durchscheinende Körper hat einen unpaaren Flossensaum, viele Kiemenspalten und eine von Tentakeln umgebene, unterständige Mundöffnung. Der Kopf ist nicht deutlich abgesetzt. Knochen, paarige Augen, ein echtes Herz und Blutkörperchen fehlen. Die segmentierte Muskulatur ähnelt der der Fische.

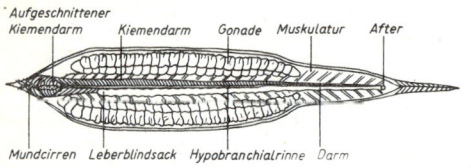

Branchiostoma lanceolatum, von der Unterseite geöffnet

Lappenhopf, → Lappenvögel.
Lappenkrähen, svw. Lappenvögel.
Lappenstar, → Lappenvögel.
Lappentaucher, *Podicipediformes,* weit verbreitete Ordnung der Vögel mit 19 Arten. L. brüten an Binnengewässern, meiden jedoch auch Salzwasser nicht. Ihre Nahrung besteht aus Fischen und anderen Wassertieren. An den Zehen haben sie Schwimmlappen. Sie bauen Schwimmnester. Verlassen sie das Nest, decken sie es mit Pflanzenstoffen zu. Einheimische Vertreter sind *Hauben-, Rothals-, Schwarzhals-, Ohren-* und *Zwergtaucher.* Eine Art, nämlich der am Titicacasee in Bolivien anzutreffende *Stummeltaucher, Centropelma micropterum,* ist flugunfähig. Tafel 6.

Lappenvögel, *Lappenkrähen, Callaeidae,* Familie der → Singvögel. Ihre Heimat ist Neuseeland. Heute gibt es nur noch drei Arten: *Lappenkrähe, Lappenstar* und *Piopio.* Der *Lappenhopf, Heterolocha acutirostris,* ist ausgestorben. Das Weibchen hatte einen langen, gebogenen Schnabel, das Männchen einen kürzeren, starenähnlichen Schnabel. Das Weibchen war in der Lage, Insekten aus Rindenspalten zu erbeuten.

Lärche, → Kieferngewächse.
Laridae, → Möwen.
Lärmvögel, → Kuckucksvögel.
Laro-Limicolae, → Regenpfeifervögel.
Larve, frühes Entwicklungsstadium bei den Tieren, die keine direkte Entwicklung vom Ei zum geschlechtsreifen Tier durchmachen, sondern bei denen ein Formwandel (Metamorphose) erfolgt. Neben ganz spezifischen Organen (Larvalorganen), z. B. Wimpernkränze, Klebdrüsen, Außenkiemen, besitzt die L. meist eine andere Gestalt und Lebensweise als das vollentwickelte Tier. Behalten geschlechtsreife Tiere noch einige Larvalorgane, so spricht man von Neotenie. In den verschiedenen Tiergruppen werden folgende Larvenformen unterschieden:

Mesozoen	Wimperlarve
Schwämme	Amphiblastula, Parenchymula
Hohltiere	→ Planula, → Actinula, → (Ephyra)
Strudelwürmer	→ Müllersche Larve
Saugwürmer	Mirazidium, Sporozyste, Redie, Zerkarie (→ Leberegel)
Bandwürmer	Korazidium, Prozerkoid, Plerozerkoid, Onkosphäre, Zystizerkus und Zystizerkoid (→ Bandwürmer), Zönurus (→ Quesenbandwurm)
Kelchwürmer	Schwimmlarve
Schnurwürmer	Pilidium, Desorsche L. (→ Schnurwürmer), Schmidtsche L.
Saitenwürmer	wurmförmige L. mit Bohrrüssel
Kratzer	Acanthor, Acanthella und Cystacantha (→ Kratzer)
Priapulida	Primärlarve (wimperlose L.), Sekundärlarve
Weichtiere	→ Trochophora, → Veligerlarve, → Glochidium
Igelwürmer	trochophoraähnliche Schwimmlarve
Ringelwürmer	→ Trochophora, Mitraria (→ Ringelwürmer)
Zungenwürmer	Primärlarve mit 2 großen Hakenpaaren und einem Bohrapparat
Krebse	→ Nauplius, Metanauplius (→ Nauplius), Zoëa, → Cyprislarve, Mysisstadium
Insekten	→ Raupe, → Made und eine Vielzahl anderer Larvenformen (→ Metamorphose)
Hufeisenwürmer	Actinotrocha (→ Hufeisenwürmer)
Moostiere	Cyphonauteslarve (→ Moostierchen)
Armfüßer	Schwimmlarve
Eichelwürmer	Tornaria (→ Eichelwürmer)
Flügelkiemer	Wimperlarve
Seewalze	Auricularia, Doliolaria-Stadium, Pentactula-Stadium
Seesterne	Bipinnaria, Brachiolaria
Seeigel	Pluteus (Echonopluteus)
Schlangenstern	Pluteus (Ophiopluteus), Tonnenlarve
Seescheiden	freischwimmende, geschwänzte L.
Fische	Querder (Neunaugen), Leptocephalus (Aale), Larven mit Außenkiemen (Flösselhechte und Lungenfische) u. a.
Lurche:	→ Kaulquappe.

Die höheren Wirbeltiere (Kriechtiere, Vögel und Säugetiere) besitzen keine Larven, sondern nur bestimmte Larvenorgane (Eizahn, Eischwiele, Saugmund u. a.).

Lit.: A. Kaestner u. H. E. Gruner: Lehrbuch der Speziellen Zoologie, Wirbellose Tiere (Jena 1980).

Larvenroller, *Paguma larvata,* südostasiatische große → Schleichkatze mit kontrastreicher schwarzweißer Gesichtszeichnung; der L. ist ein guter Kletterer.

Larvizide, Pflanzenschutzmittel zur Bekämpfung von Insekten- bzw. Milbenlarven.

Larynx, svw. Kehlkopf.

latenter Befall, ein ohne typische Merkmale erfolgter Befall der Kulturpflanzen mit Pflanzenkrankheiten oder -schädlingen.

latentes Leben, → Ruheperioden.

latentes Lernen, belohnungsfreie Verknüpfung indifferenter Reize oder Situationen. Es besteht eine Beziehung zum Erkundungsverhalten. Auch Spielverhalten kann l. L. fördern. Ferner gibt es Zusammenhänge zwischen dieser Lernform und dem → Einsichtlernen.

latentes Nelkenvirus, → Virusgruppen.

Latenz, svw. Kryptomerie.

Latenzeier, Dauereier, → Ei.

Latenzzeit, 1) in der Physiologie Zeitdifferenz zwischen Beginn eines gesetzten Reizes und der beobachteten Antwortreaktion. Der Begriff ist berechtigt, wenn → Erregung einer gereizten Struktur als Reaktion gemessen wird. Liegen zwischen Reiz und Reaktion mehrere Prozesse, z. B.

Erregung, Erregungsleitung, Erregungsverarbeitung, wird besser von *Reaktionszeit* gesprochen.

2) in der Virologie der Zeitraum zwischen der Infektion einer Zelle mit einem Virus und dem ersten Auftreten von Virusnachkommen in der Zelle. Die L. z. B. des Bakteriophagen T 2 in seinem Wirt, dem Kolibakterium, beträgt 25 Minuten.

lateral, seitlich, an der Seite gelegen; eine Lagebezeichnung.

Lateralblüten, → Blüte, Abschnitt Blütenstände.

Lateralgeotropismus, bei vielen Windepflanzen (→ Winden) auftretende Form des → Geotropismus, bei der die horizontale oder schräge Lage des windenden Teils der Sproßachse nicht die nach unten gerichtete Seite des Sprosses, sondern eine Flanke zu verstärktem Wachstum anregt. Hierdurch kommt es zum Umwinden senkrechter Stützen.

Lateralität, *Lateralisation,* in der Neurophysiologie Bezeichnung für ungleiche Leistungen paariger Hirnbereiche, insbesondere der Hemisphären des menschlichen Großhirns. Die L. wurde nach klinisch notwendigen operativen Durchtrennungen von Verbindungen zwischen den Hirnhälften, d. h. des Balkens im menschlichen Gehirn, erklärbar. Beim Menschen drückt sich L. z. B. in der Dominanz einer Hirnhälfte für bestimmte Leistungen etwa in der Händigkeit aus. Bei Rechtshändern führt die linke Großhirnhälfte diese Bewegungen. Auch in der Sprachmotorik und abstraktrationellen Leistungen dominiert die linke Hemisphäre des Rechtshänders, während die rechte eher gestaltorientiert anschauliche und kontemplativ-formativ-musische Leistungen führend veranlaßt. Nach *Spalt-Hirn-Operationen* (»split-brain«) an Versuchstieren können in jede Hirnhälfte, unabhängig von der anderen, bedingte Reflexe eingelernt werden.

Laterne des Aristoteles, → Seeigel.

Latex, → Kautschuk.

Latimeria chalumnae, → Quastenflosser.

Laubenvögel, *Ptilonorhynchidae,* Familie der → Singvögel mit knapp 20 Arten. Australien und Neuguinea sind ihre Heimat. Die Männchen errichten aus Pflanzen eine Laube, die sie mit Blüten u. a. schmücken. Sie dient dem Anlocken des Weibchens und der Balz.

Laubfall, → Abszission.

Laubfärbung, bei sommergrünen Holzpflanzen vor dem herbstlichen Laubfall eintretende Farbänderungen der Laubblätter, → Pflanzenfarbstoffe.

Laubfrösche, *Hylidae,* sehr formenreiche, über die ganze Erde mit Ausnahme Afrikas südlich der Sahara verbreitete Familie der → Froschlurche. Die L. sind vorwiegend Baum- und Strauchbewohner mit Haftscheiben. Der Oberkiefer ist bezahnt. Der Brustschultergürtel ist beweglich, vor den Fingerendgliedern ist wie bei den → Ruderfröschen in Anpassung ans Baumleben ein Zwischenknorpel eingeschaltet. Die einzelnen Arten haben meist eine charakteristische Stimme und oft ein ausgeprägtes Farbwechselvermögen. Der Laich wird im allgemeinen in Klümpchen abgesetzt, doch es gibt unter den L. auch Arten mit hochspezialisierter Brutpflege bis zum Nestbau bis zum Austragen der Jungen auf dem Rücken. Die größte Gattung, *Hyla,* enthält über 250 Arten. Zu den L. gehören unter anderem → Europäischer L., → Kolbenfuß, → Schüsselrückenfrosch, → Goldlaubfrosch, → Königslaubfrosch, → Grillenfrösche, → Chorfrösche, → Panzerkopffrösche, → Beutelfrösche und → Makifrösche.

Laubheuschrecken, → Springheuschrecken.

Laubhölzer (Tafel 34), *Laubgehölze,* verschiedene Familien der den Bedecktsamern angehörenden Bäume (Laubbäume), Sträucher und Halbsträucher, deren Blätter im Gegensatz zu denen der → Nadelhölzer eine flächige Spreite entwickeln.

In einigen Familien, z. B. den Hahnenfußgewächsen und Kreuzblütlern, kommen nur wenige oder gar keine L. vor, bei anderen dagegen gehören alle Vertreter zu den L., z. B. bei den Ulmen-, Birken-, Buchengewächsen.

Laubmoose, *Musci,* eine Klasse der Moospflanzen. Bei den L. hat der Gametophyt stets einen Stengel mit Blättern, die überwiegend schraubig oder radiär angeordnet sind und eine Mittelrippe haben. Die Rhizoide sind mehrzellig. Der obere Teil des Sporogons, die Kapsel, wird meist von einer Haube, der Kalyptra, bedeckt, die ein Teil des gesprengten Archegoniumgewebes und demzufolge haploid ist. Der Kapselstiel wird als **Seta** bezeichnet; er bleibt mit dem Fuß immer der Gametophyten, der eigentlichen Moospflanze, verbunden. Die Kapsel selbst enthält in ihrem Inneren eine zentrale **Kolumella**, die als Nährstoffzuleiter und Wasserspeicher für die sich bildenden Sporen dient.

Man untergliedert die L. in mehrere Unterklassen, die sich wahrscheinlich schon frühzeitig selbständig entwickelt haben:

1. Unterklasse *Sphagnidae,* **Torfmoose.** Hierher gehört nur eine Gattung, *Sphagnum,* die mit etwa 300 schwer zu unterscheidenden Arten überwiegend in den gemäßigten und kalten Zonen beheimatet ist. Der Stengel der Torfmoose ist regelmäßig mit büscheligen Ästchen versehen, die an der Spitze der Pflanze einen dichten Schopf bilden. Die Blätter bestehen aus netzförmig angeordneten chloroplastenreichen Zellen. Diese umgeben jeweils mehrere leere Zellen, die zur Wasseraufnahme befähigt sind. Torfmoose können große Mengen Wasser speichern. Die Torfmoose kennzeichnen vor allem saure Böden und sind in unseren Hochmooren die wichtigsten Torfbildner, da sie an der Oberfläche immer weiter zu wachsen vermögen, in tieferen Schichten aber absterben und schließlich zu Torf werden. Torf wird unter anderem in der Medizin und in Gärtnereien verwendet. Torfmoose sind die einzigen Moose mit direkter wirtschaftlicher Bedeutung.

2. Unterklasse *Bryidae:* Hierher gehört die Mehrzahl der charakteristischen L. Typisch ist für sie die Gestaltung der Kapsel. Der obere Teil ist als Deckel ausgebildet, der bei

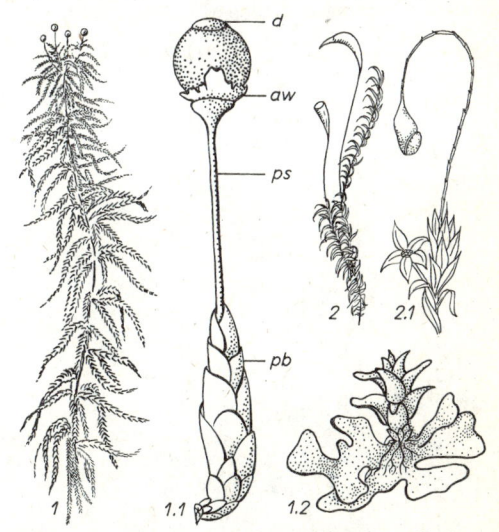

1 u. 2 Laubmoose: Torfmoos (*Sphagnum*): *1* Habitus; *1.1* reifes Sporogon am Ende eines Zweiges. *pb* Perichaetialblätter, *ps* Pseudopodium, *aw* Embryotheca, *d* Deckel; *1.2* Protonema mit jungen Pflänzchen; Unterklasse *Bryidae*: *2* Dicranum, *2.1* Funaria

der Reife der Sporen ringförmig abgehoben wird. Unter dem Deckel befindet sich ein Ring von hygroskopischen Zellen, das *Peristom*, das die allmähliche Ausstreuung der Sporen unter günstigen Wetterbedingungen reguliert.

Nach ihrer Wuchsform lassen sich die *Bryidae* in 2 Gruppen einteilen: Die orthotrop wachsenden haben das Sporogon am Ende des Hauptstengels, man nennt sie **Gipfelfrüchtler** oder **akrokarpe Moose**. Bei den plagiotrop wachsenden L. stehen die Sporogone dagegen auf kurzen Seitenzweigen, man spricht dann von **Seitenfrüchtlern** oder *pleurokarpen Moosen.*

Die wichtigsten Ordnungen der L. sind:

1) *Dicranales*, Moose, deren Peristom aus 16 zweischenkeligen Zähnen besteht. Hierher gehören unter anderem das **Gabelzahnmoos**, *Dicranum*, das besonders auf sauren Waldböden, Heiden und in der Tundra vorkommt, und das **Weißmoos**, *Leucobryum glaucum*, das in Nadelwäldern kugelartige Polster bildet und in der Blumenbinderei meist zu Grabschmuck verarbeitet wird.

2) *Funariales*, gipfelfrüchtige Moose mit großen, glatten Blattzellen. Bekanntester Vertreter ist das kosmopolitisch verbreitete, wetteranzeigende **Drehmoos**, *Funaria hygrometrica*, das meist auf Brandstellen oder Ruderalstandorten vorkommt.

3) *Schistostegales* mit nur einer Art, **Leuchtmoos**, *Schistostega pennata*, das sich durch das Fehlen eines Peristoms und durch ein ausdauerndes Protonema auszeichnet. Es kann noch in Höhlen, in die nur wenig Tageslicht dringt, wachsen, da durch einen entsprechenden Bau der Zellwand das Licht wie in einer Linse gesammelt und auf die Chloroplasten konzentriert wird.

4) *Eubryales*, gipfelfrüchtige Moose mit doppeltem Peristom. Diese Ordnung enthält mit den **Birnmoosen**, *Bryum*, zu der über 800 Arten gehören, eine der artenreichsten Gattungen der L. Am bekanntesten ist das kosmopolitisch verbreitete **Silber-Birnmoos**, *Bryum argenteum*, das sogar noch zwischen Straßenpflaster und auf Dächern gut gedeiht.

In feuchten Wäldern finden sich verbreitet Vertreter der Gattung **Sternmoos**, *Mnium*, mit parenchymatischen Blattzellen.

5) *Isobryales*, seitenfrüchtige Moose mit doppeltem Peristom, wobei das Innere meist stark reduziert ist. Hierher gehört unter anderem das submers in Bächen und Gräben vorkommende **Brunnenmoos**, *Fontinalis antipyretica*.

6) *Hypnobryales*, Moose mit meist geneigter, langgestielter Kapsel und doppeltem Peristom. Diese Ordnung enthält viele weit verbreitete Leitmoose, so z. B. das **Thujamoos**, *Thuidium tamariscinum*, die **Kegelmoose**, *Brachythecium*, das **Glattstielmoos**, *Scleropodium purum*, das **Rotstengelmoos**, *Pleurocium schreberi*, die **Plattenmoose**, *Plagiothecium*, und die **Schlafmoose**, *Hypnum*.

7) *Polytrichales*. Diese Ordnung wird auch z. T. wegen des abweichenden Peristombaues ihrer Vertreter als eigene Unterklasse aufgefaßt. Außerdem weichen sie auch durch die behaarte Kapselhaube von den anderen L. ab. Bekannte Vertreter sind die vor allem an feuchten Standorten wachsenden **Widertonmoose**, *Polytrichum*, und das in Wäldern auf nährstoffreichem Boden vorkommende **Katharinenmoos**, *Atrichum undulatum*.

Laubsänger, → Grasmücken.

Laubwaldgesellschaften, → Charakterartenlehre.

Lauchöle, schwefelhaltige Pflanzenstoffe, die den typischen Geruch und Geschmack der Laucharten bedingen. Chemisch handelt es sich vor allem um Alkylsulfide (Merkaptane) und Dialkylsulfide (Thioether), z. B. n-Propylmerkaptan und Dialkylsulfid aus der Sommerzwiebel, *Allium cepa*. Divinylsulfid ist der Hauptbestandteil der L. Die Biosynthese der L. erfolgt hauptsächlich aus schwefelhaltigen Aminosäuren.

Laudanosin, ein giftiges Opiumalkaloid, das strukturell dem → Papaverin nahe verwandt ist. L. kommt nur in geringen Mengen im Opium vor. Es ruft in größeren Mengen Starrkrampf hervor.

Lauerjäger, → Ernährungsweisen.

Laufhühnchen, → Kranichvögel.

Laufkäfer, *Carabidae*, eine der artenreichen Familien der → Käfer, von denen etwa 600 Arten in Mitteleuropa vorkommen. Es sind überwiegend schwarze oder schwarzbraune, zuweilen metallisch grün, blau oder rötlich glänzende Arten, die sich tagsüber meist unter Steinen, in der Bodenstreu oder in der Erde aufhalten und besonders nachts Jagd auf andere Insekten und deren Larven machen (Tafel 1). Der *Puppenräuber* (*Calosoma sycophanta* L.) ist ein bekannter Vertilger von Forstschädlingen. Nur wenige Ar-

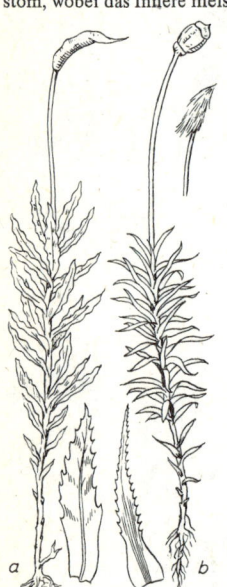

3 Laubmoose: *a* Wellenblättriges Katharinenmoos, *b* Gemeines Widertonmoos

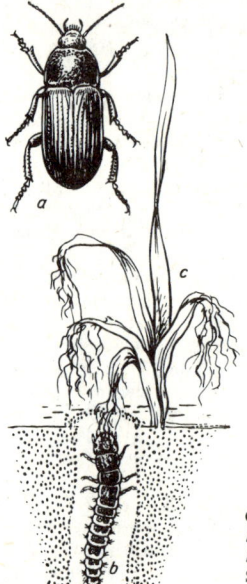

Getreidelaufkäfer (*Zabrus tenebrioides* Goeze): *a* Käfer (vergr.), *b* Larve in der Erdröhre, *c* Schadbild am Wintergetreide

ten leben von Pflanzen, wie der Getreidelaufkäfer (*Zabrus tenebrioides* Goeze, Abb.).

Laufschlängler, → Bewegung.

Laufvögel, Sammelbegriff für → Strauße, Kasuare, Emus (→ Kasuarvögel).

Lauraceae, → Lorbeergewächse.

Läuse, → Tierläuse.

Läusekraut, → Braunwurzgewächse.

Läuslinge, → Tierläuse.

Lautgebung, Sendung von Schallereignissen im Dienst der Biokommunikation. Es handelt sich um eine Sonderform des → Signalverhaltens, heute Forschungsgebiet der → Bioakustik.

Lautmuster, → Bioakustik.

Lavendel, → Lippenblütler.

Lavendelöl, ein ätherisches Öl von süßlich-blumigem Geruch, gewonnen aus den Blüten der in Südeuropa heimischen Varietäten des echten Lavendels, *Lavandula angustifolia*. Hauptbestandteile sind freies und mit Essigsäure verestertes Linalool, Geraniol, Borneol, weitere Terpene und Kumarin. L. wirkt narkotisch und antiseptisch und wird für Körperpflegemittel und Arzneibäder verwendet.

Lävulose, svw. D-Fruktose.

Lazeration, → Fortpflanzung.

Lc, Abk. für → letale Konzentration.

LD, Abk. für → letale Dosis.

learning sets, → Lernen – Lernen.

Leben, als spezifische Existenz- und Bewegungsform (→ Bewegung) der Materie, die Daseinsweise der Organismen. Zu den Lebenserscheinungen gehören Stoff- und Energiewechsel, die Fähigkeit zu Wachstum und Fortpflanzung, Reizbarkeit, aktive Bewegung. Durch das Bestehen eines hochorganisierten Gefüges teils einfacher, teils überaus komplizierter molekularer Strukturen (Biomoleküle), deren Reaktionsweisen die Lebenserscheinungen bewirken, unterscheiden sich Lebewesen prinzipiell von anderen Naturkörpern. Dabei gelten für das L. die Gesetze von Physik und Chemie, auch wenn es in der Vielfalt seiner Erscheinungen nicht einfach auf diese zurückgeführt werden kann. Vor allem der molekularbiologischen Forschung ist die Erkenntnis zu danken, daß alle Organismen Proteine und Nukleinsäuren (Ribonukleinsäure und Desoxyribonukleinsäure) besitzen und fähig sind, diese Substanzen in ihren vielfältigen Variationen selbst zu synthetisieren. L. unterscheidet sich von allen anderen bekannten Naturerscheinungen durch die Fähigkeit der lebenden Systeme, sich fortlaufend zu reproduzieren, was letztlich auf die Fähigkeit des genetischen Materials (DNS sowie Virus-RNS) zur identischen Reduplikation zurückzuführen ist. L. ist an zelluläre Strukturen gebunden, die Zelle kann als strukturelle und funktionelle Einheit des L. bezeichnet werden, sie besitzt alle die L. kennzeichnenden Eigenschaften. Organismen bestehen aus einer einzigen (Einzeller) Zelle oder aus zahlreichen Zellen, die in bestimmter Weise organisiert sind (Organe). Erst auf der Integrationsstufe des Organismus selbst können die Lebenserscheinungen, die strukturellen und funktionellen Beziehungen seiner Elemente verstanden werden. Es gehört aber auch zur Charakteristik des L., daß es nicht nur an Organismen gebunden ist, sondern daß Organismen in vielfältigen Beziehungen zueinander und mit der nicht belebten Umwelt stehen. So besteht ein hierarchisches, in seinen Wirkungskreisen auf den unterschiedlichsten Ebenen vernetztes System, dessen Glieder (Organismen, Populationen, Biozönosen, Biosphäre) sich insgesamt in einem ähnlichen Zustand eines Fließgleichgewichts befinden wie der einzelne Organismus. Nicht die isolierten Lebenserscheinungen, sondern L. in diesem umfassenden Sinne ist Gegenstand der biologischen Forschung (→ Biologie), deren zu einem Bild vom Ganzen integrierte Teilergebnisse immer größere theoretische und praktische Bedeutung erlangen.

L. als Gegenstand der Biologie ist L. auf dem Planeten Erde. So wahrscheinlich die Existenz außerirdischer Lebensformen sein mag, sind Aussagen über deren Zusammensetzung, Gestalt und Funktion bisher Spekulation. Inwieweit die Kenntnis irdischen L. es gestattet, auf verwandte Erscheinungen zu schließen, kann derzeit nicht beantwortet werden.

Mit der Frage nach dem Wesen des L. ist die nach seiner Herkunft eng verbunden (Biogenese). An seiner stofflichen Grundlage wie an seiner Entstehung aus unbelebter Materie besteht kein Zweifel; wie diese Prozesse abgelaufen sein können, ist in verschiedenen Theorien erörtert worden. In jüngster Zeit wird von einigen Wissenschaftlern sogar eine extraterrestrische Lebensentstehung angenommen; beweisbar ist auch diese Auffassung nicht, ganz abgesehen davon, daß sich die Problemstellung dadurch nicht prinzipiell ändert.

Lit.: M. Eigen: Das Urgen (Halle 1980); R. W. Kaplan: Der Ursprung des L. (Stuttgart 1972); H. Reinbothe u. G.-J. Krauss: Entstehung und molekulare Evolution des L. (Jena 1982).

lebende Haare, → Pflanzenhaare.

Lebende Steine, → Mittagsblumengewächse.

Lebendgebären, svw. Viviparie.

Lebendgebärende Kröten, svw. Falsche Baumkröten.

Lebendverbauung, die Verfestigung und Stabilisierung von physikalisch entstandenen Bodenaggregaten und von Bodentieren ausgeschiedenen Krümeln (Regenwurmkrümeln) durch gallertige Ausscheidungen von Bakterien und Durchflechtung mit Myzelien von Bodenpilzen. Die L. verhindert die rasche Auflösung und Auswaschung dieser Aggregate durch das Bodenwasser und stabilisiert die zur Bindung der Pflanzennährstoffe und für das Wurzelwachstum günstige Krümelstruktur (»Gare«) des Bodens.

Lebensansprüche, Gesamtheit der von einer Tier- oder Pflanzenart an ihre Umwelt gestellten Forderungen, die eine dauerhafte Existenz dieser Art ermöglichen. Als *Spezialisten* werden Arten bezeichnet, die, bezogen auf die Valenz der verschiedenen Faktoren, ganz spezielle (hohe) Ansprüche stellen, im Gegensatz dazu haben → Ubiquisten eine breitere ökologische Potenz. Die Höhe der Anforderungen kann sich sowohl auf die Beanspruchung spezieller hoher, aber auch niedriger Intensitäten der betreffenden Faktoren beziehen.

Lebensbaum, → Zypressengewächse.

Lebensdauer, die von der Entstehung eines Individuums bis zu seinem Tod reichende Zeitspanne. Sie kann bei den einzelnen Organismenarten sehr verschieden sein und wird im Prinzip durch ihr Erbgut bestimmt. Man unterscheidet eine *durchschnittliche* oder *mittlere* L., aus einer bestimmten Anzahl von Individuen errechnet, und eine *potentielle* oder *höchstmögliche* L., die unter günstigen Verhältnissen erreicht wird.

Ein die L. bei allen Organismen begrenzender Faktor ist das *Altern*, worunter alle Vorgänge physiologischer und pathologischer Art zu verstehen sind, die durch den Ablauf des Lebens selbst bedingt sind und nicht rückgängig gemacht werden können. Im Prinzip führen diese bei vielzelligen Organismen zum irreversiblen Verlust wesentlicher Komponenten. Dabei kann es sich um den Verlust ganzer Zellen, von Zellorganellen oder z. B. wichtiger Proteine handeln. Wenn ein bestimmter lebenswichtiger Zelltyp nur in einer progressiven Phase des Individualzyklus gebildet wird, wie das z. B. beim Menschen bezüglich der Nervenzellen des Gehirns der Fall ist, so ist die L. des Gesamtorganismus von der maximalen L. dieser Zellen abhängig. Die wichtigsten Merkmale für die *Alterung (Seneszenz)* von Zellen sind verminderte Fähigkeit zur RNS- und Proteinsynthese. Oft zeigen alternde Zellen auch morphologisch erkennbare Veränderungen subzellulärer Strukturen, z. B. des endoplasmatischen Retikulums, der Mitochondrien oder des Zellkerns. Das Zytoplasma mancher Zellarten wird durch Ablagerung bestimmter Alterspigmente verändert. Bei diesen handelt es sich um Oxidationsprodukte von Lipoproteinen, die wahrscheinlich aus dem Abbau von Membranstrukturen der Zelle hervorgehen. Für bestimmte Zelltypen der Pflanze bedeutet bereits die normale Differenzierung Alterung und Absterben, z. B. bei Korkzellen, Steinzellen, Sklerenchymfasern und Gefäßen. In anderen Fällen führt die allmähliche Anhäufung oder unvollständige Entfernung von Stoffwechselendprodukten, z. B. von Gerbstoffen, zum Altern. Die Alterungsvorgänge verlaufen bei Pflanzen und Tieren verschieden. Ein wesentlicher Unterschied gegenüber dem Tier besteht darin, daß bei der Pflanze die Alterung nicht den ganzen Körper erfaßt, sondern nur die Basis von Sproß und Wurzel, während in apikalen Pflanzenteilen oft die *Jugendphase* erhalten bleibt. Praktisch unbegrenzt lebensfähig sind bei Pflanzen die dauernd teilungs- und wachstumsfähigen Zellen der Vegetationspunkte. Allerdings erfahren auch diese im Verlauf langer Zeiträume eine gewisse Alterung. Bei den Pflanzen von der Basis nach der Spitze fortschreitende Seneszenz führt zur Verminderung der Auxinbiosynthese und zur Bildung transportabler *Seneszenzfaktoren,* zu denen die → Abszisinsäure gehört. Diese Faktoren wirken seneszenzauslösend und können dadurch andere Organe zum Altern bringen. Seneszenzverzögernd wirken dagegen alle Faktoren, die RNS- und Proteinsynthese steigern, vor allem → Zytokinine.

Wichtige Zentren der Bildung von Seneszenzfaktoren sind die Fortpflanzungsorgane, die auf diese Weise das Altern anderer Organe oder ganzer Pflanzen auslösen können. Werden bei ein- oder zweijährigen Pflanzen Blüten und Früchte entfernt, so erhöht sich die L. der Blätter. Wenn die Blütenbildung ein- oder zweijähriger Pflanzen gänzlich verhindert wird, z. B. indem vernalisationsbedürftige Pflanzen in den Tropen angezogen werden, so können diese viele Jahre alt werden. Bei Agaven verlängert sich die L. von 8 bis 10 Jahren auf 100 Jahre, wenn diese dauernd in vegetativem Zustand gehalten werden.

Bei einer Reihe von Pflanzen ist der Übergang zur *Altersphase* mit auffallenden morphologischen Veränderungen verbunden. Häufig unterscheiden sich Jugend- und Altersform äußerlich vor allem in der Blattgestalt (z. B. Efeu, Akazien). Daneben bestehen erhebliche Differenzen im physiologischen Verhalten; so ist z. B. Blütenbildung im allgemeinen nicht in der Jugendphase möglich. Dagegen zeigt sich in der Altersphase eine verminderte vegetative Reproduktionsfähigkeit, wie schlechte Stecklingsbewurzelung u. a.

Die durchschnittliche L. der somatischen Teile höherer Pflanzen und Tiere ist von Art zu Art außerordentlich unterschiedlich und außerdem durch verschiedene Faktoren beeinflußbar. Unter den Blütenpflanzen unterscheidet man *einjährige,* die ihre gesamte Entwicklung während einer Vegetationsperiode oder sogar in wenigen Wochen durchlaufen, sowie *zweijährige* und *ausdauernde* Gewächse (→ Mehrjährigkeit). Ein besonders hohes Alter können verschiedene Bäume erreichen: Pappeln und Ulmen 300 bis 600 Jahre, Eichen 500 bis 1000 Jahre, Linden 800 bis 1000 Jahre, Eiben 900 bis 3000 Jahre und Mammutbäume, *Sequoiadendron giganteum,* sogar bis 4000 Jahre. Diese langlebigen Pflanzen enthalten in ihrem Körper in mehr oder weniger großem Umfang tote Gewebe bzw. Organteile, und in den lebenden Teilen erfolgt eine dauernde Zellerneuerung durch Teilung und Wachstum, z. B. in den Kambien. Die L. der einzelnen Pflanzenzelle ist normalerweise viel kürzer als die des gesamten Organismus. Auch im Zustand der Ruhe, z. B. in trockenen Samen, Sporen u. a., bleiben die Zellen nur eine begrenzte Zeit lebensfähig, wahrscheinlich infolge allmählicher Alterung. Die L. der Samen ist artlich und in Abhängigkeit von den Lagerungsbedingungen sehr verschieden; bei Tropenpflanzen beträgt sie oft nur wenige Wochen, bei Hülsenfrüchtlern, Malvengewächsen u. a. dagegen viele Jahre. Die Samen der Lotosblume sollen bis zu 1000 Jahren lebensfähig sein. Die häufig zitierten Angaben über die Keimfähigkeit von sog. »Mumienweizen« beruhen jedoch auf einem Irrtum.

Bei Tier und Mensch ist das Altern mit tiefgreifenden physiologischen Veränderungen für den gesamten Organismus verbunden. Bei nicht domestizierten Tieren dauert dieser Zustand meist nur kurze Zeit, da das Einzeltier ausgemerzt wird, wenn es der Nahrungssuche nicht mehr nachgehen und vor Feinden nicht schnell genug fliehen kann. Dagegen erreichen wildlebende Tiere in Gefangenschaft oft ein beträchtliches Lebensalter. Die Alterungsvorgänge bei den Tieren, wenigstens soweit es sich um Wirbeltiere handelt, sind denen des Menschen weitgehend ähnlich. Auch im alternden Körper der Wirbellosen zeigen sich ähnliche Symptome wie bei den Wirbeltieren. Jedoch weiß man über die dort stattfindenden Alterungsprozesse im einzelnen nur wenig. Bei Käfern hat man beobachtet, daß mit zunehmendem Alter ihr Chitinpanzer immer brüchiger wird, an Mundwerkzeugen, Fühlern und Beinen besonders die peripheren Teile häufig abbrechen und die Thoraxmuskulatur in ihrer Leistungsfähigkeit nachläßt. Die Bewegungen der Tiere werden immer träger, bis sie ganz zum Stillstand kommen und das Tier stirbt, da es keine Nahrung mehr aufnehmen kann. Auch am Hirn verschiedener wirbelloser Tiere, z. B. der *Cyclopidae,* hat man Altersveränderungen festgestellt. Starken Veränderungen mit zunehmendem Alter ist bei diesen Tieren auch das Darmepithel ausgesetzt. Charakteristische Kennzeichen des beginnenden Alterns sind ein Nachlassen der körperlichen und geistigen Fähigkeiten als Folge von im Körper vor sich gehenden Um- und Anlagerungsprozessen sowie eine verminderte Widerstandsfähigkeit gegenüber schädigenden Umwelteinflüssen. Äußerlich kommen die Alterungsvorgänge darin zum Ausdruck, daß die Knochen brüchig werden, die Haut an Spannung verliert und Falten bekommt, sich Verkalkungs- und Verfettungsherde bilden, der Stoffwechsel herabgesetzt ist und die einzelnen Gewebe und Organe nicht mehr richtig ernährt werden. Beim Menschen bezeichnet man diese sich mit zunehmendem Alter einstellenden Erscheinungen als *Altersschwäche.* Das Altern der einzelnen Organe erfolgt nicht gleichzeitig, und sein Beginn ist individuell verschieden. Neben vollkommen ausgereiften Organen gibt es solche, die sich noch in der jugendlichen Entwicklungsphase befinden, und wieder andere, die schon erhebliche Rückbildungserscheinungen zeigen. Ebenso gibt es Menschen, die schon sehr frühzeitig Alterserscheinungen zeigen, während andere selbst im vorgerückten Lebensalter keinerlei Anzeichen von »Altwerden« erkennen lassen. Das Altern verläuft disharmonisch. Die Alterungsvorgänge sind von erblichen und Umweltfaktoren abhängig. Sie beginnen beim Menschen bereits unmittelbar nach der Befruchtung. Am deutlichsten können sie am Nervensystem und den zugehörigen Sinnesorganen beobachtet werden. Die Zellen des Nervensystems büßen von allen somatischen Zellen des Körpers als erste ihre Regenerationsfähigkeit ein. Abhängig und unabhängig davon zeigen sich auch an anderen Organen und Organsystemen, wie Herz, Skelett, Muskeln, innersekretorischen Drüsen, Alterserscheinungen, die im Zusammenwirken früher oder später den Tod des Individuums herbeiführen. Einzeller, die sich durch einfache Zweiteilung des Körpers vermehren, sind potentiell unsterblich. Nach der Teilung wachsen beide Tochterzellen zur alten Größe heran und teilen sich erneut. Somit gibt es bei einzelligen Pflanzen und Tieren keine Leiche und theoretisch überhaupt keinen Tod, wenn die Zellen nicht durch äußere Ursachen oder infolge Selbstvergiftung mit Stoffwechselendprodukten zugrunde gehen. Alle mehrzelligen Tiere durchlaufen in ihrem Leben eine *progressive Phase,* eine *Reifephase* und eine *regressive Phase.* Eine Reihe von Tieren, z. B. Insekten und Rundwürmer, beschließen ihr Leben mit der Reifephase, d. h., sie sterben unmittelbar nach der Fortpflanzung. Bei höheren Pflanzen und Tieren tritt als Folge der Differenzierung und Arbeitsteilung der Zellen am Ende der Entwicklung des Organismus der normale Tod der Körperzellen ein. Potentiell unsterblich sind bei höheren Pflanzen und Tieren die Fortpflanzungszellen, die zum Ausgangspunkt eines neuen Entwicklungsablaufes werden.

Durchschnittliche L. des Menschen und wahrscheinliches Höchstalter einiger Tierarten (in Jahren)

Mensch	60
Elefant	über 100
Pferd, Kamel, Bär	50
Flußpferd, Nashorn	40 bis 50
Rind, Hirsch	30
Löwe, Gemse, Biber	25
Schaf, Ziege, Reh, Wolf, Hund	15
Fuchs, Katze, Eichhörnchen	10
Adler, Gans	80
Storch, Uhu, Kolkrabe	70
Kranich, Taube, Papagei	50
Strauß, Kuckuck	40
Amsel und kleinere Singvögel	bis 25
Schildkröten	über 100
Krokodile	über 40
Kröten	40
Alpenmolch	20
Karpfen, Wels, Hecht	über 100
Perlmuschel	über 100
Flußkrebs, Regenwurm, Blutegel	20
Ameisen	10 bis 15
Bienenkönigin	5

Die L. hängt nicht von der Höhe der Organisation eines Lebewesens ab, vielmehr scheinen dabei nach Korschelt die Lebensbedingungen, insbesondere die Art des Nahrungserwerbs, das Schutzbedürfnis, die Fortpflanzungsverhältnisse, die Vorsorge für die Erhaltung der Art, die günstigen oder weniger günstigen Entwicklungsmöglichkeiten u. a. Faktoren die entscheidende Rolle zu spielen. Niedere Tiere, z. B. die Regenwürmer, haben eine relativ hohe L. Auffallend ist die relativ hohe L. der Vögel im Vergleich zu den Säugern. Haustiere erreichen nur selten das unter den gegebenen Verhältnissen mögliche Alter. Meist endet ihr Leben aus wirtschaftlichen Gründen früher. Der Tod aus Altersschwäche, der *physiologische Tod,* kommt fast nur bei Luxustieren vor. Auch in anderer Weise, durch die gegenüber der freien Wildbahn veränderten Ernährungs- und Haltungsverhältnisse, arbeitet der Mensch oft unbewußt einem hohen Lebensalter bei den meisten Haustieren entgegen. Innerhalb eines Verwandtschaftskreises nimmt die L. bei den Tieren in der Regel mit der Körpergröße zu. Für Wildtiere läßt sich die L. selten genau angeben.

Lit.: M. Bürger: Altern und Krankheit als Problem der Biomorphose (Leipzig 1960); E. Korschelt: L., Altern und Tod (Jena 1924); P. Matzdorff: Grundlagen zur Erforschung des Alterns (Frankfurt/Main 1948); H. Molisch: Die L. der Pflanze (Jena 1929); K. A. Rosenbauer: Entwicklung, Wachstum, Mißbildungen und Altern bei Mensch und Tier (Stuttgart 1969).

Lebenserwartung, → Bevölkerungskunde.

Lebensform, 1) nach der Lebensdauer der Sprosse, der Lage und dem Schutz der überdauernden Erneuerungsknospen während der ungünstigen Jahreszeiten (kältebedingte Winterruhe, hitzebedingte Dürreperiode) infolge ähnlicher Lebensweise ausgeprägter Gesamtbau der Pflanzen verschiedener verwandtschaftlicher Herkunft, die gleichartige Anpassungserscheinungen an die Umwelt in der Wuchsweise erkennen lassen. Kaum verschieden ist der Begriff → Wuchsform.

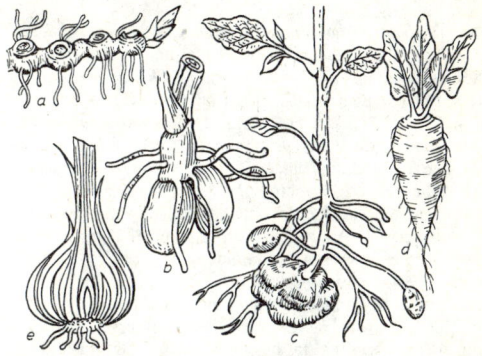

1 Lebensformen: Überdauerungsorgane bei: *a* Rhizom (Salomonsiegel); *b* Wurzelknolle (Knabenkraut); *c* Sproßknolle (Kartoffel); *d* Rüben (Zuckerrübe); *e* Zwiebel (Küchenzwiebel)

Die Pflanzen werden nach dem *Lebensformensystem* von Raunkiaer im Hinblick auf die Lage der Erneuerungsknospen zur Erdoberfläche während der ungünstigen Jahreszeit verschiedenen Gruppen zugeordnet: 1) *Radikante,* wurzelnde Pflanzen. a) *Makrophanerophyten:* baumartige Pflanzen mit Überdauerungsorganen in mehr als 2 m Höhe, wie die eigentlichen Bäume, Baumgräser (Bambus), Schopfbäume (Palmen, Baumfarne) u. a. b) *Nanophanerophyten:* strauchartige Pflanzen, bei denen sich die Knospen in einer Höhe zwischen 25 bis 30 cm und etwa 2 m befinden. c) *Chamaephyten:* bodennah-knospende Pflanzen oder Oberflächenpflanzen, deren Erneuerungsknospen sich nahe (10 bis 50 cm) über dem Erdboden befinden, z. B. Zwerg-, Spalier-, Halbsträucher, Polsterstauden, Kriechstauden, aufrechte Blattstauden u. a. d) *Hemikryptophyten:* ausdauernde oder zweijährige Erdschürfepflanzen mit oberirdischem Sproß, deren Knospen unmittelbar an der Erdoberfläche liegen und durch andere Organe, wie abgestorbene oder lebende Blätter, während der ungünstigen Jahreszeit geschützt sind, z. B. Horst-, Kriech-, Rosetten- und Halbrosetten-Hemikryptophyten. e) *Geophyten, Kryptophyten:* ausdauernde Erdpflanzen, deren Knospen sich im Boden an unterirdischen Speicherorganen befinden und dadurch geschützt sind, z. B. Knollen-, Zwiebel-, Rhizom-, Wurzelknospen-Geophyten. f) *Therophyten:* Einjährige, kurzlebige Pflanzen, die die ungünstige Jahreszeit meist in Form von Samen, selten den Winter als Rosettenpflanze (einjährig überwinternd), überdauern. 2) *Adnate,* haftende Pflanzen. Sie wurzeln nicht im Erdboden, sondern haften an Steinen, Rinde u. a. a) *Kormo-Epiphyten, Gefäß-Epiphyten:* oberirdisch auf anderen Pflanzen haftende Gefäßpflanzen. b) *Thallo-Epiphyten:* haftende niedere Pflanzen, z. B. Moose, Flechten, Pilze, Al-

Lebensgemeinschaft

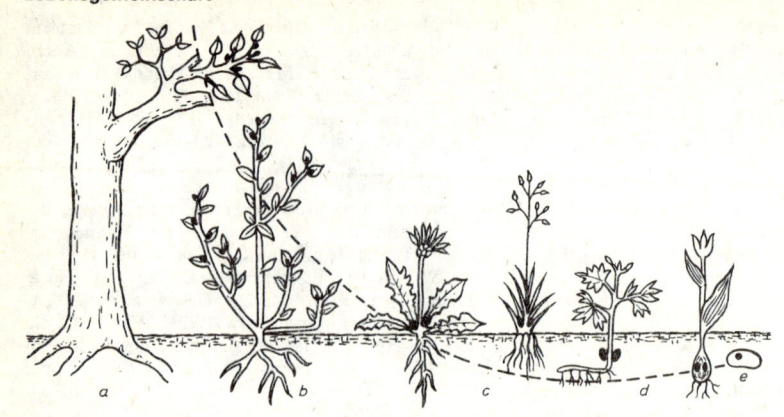

2 Lebensformen: a Phanerophyt, *b* Chamaephyt, *c* Hemikryptophyten, *d* Kryptophyten, *e* Therophyt

gen. c) *Thallo-Chamaephyten:* bodennah-knospende, niedere Pflanzen, z. B. Deckenmoose, Polstermoose, Bültenmoose, Strauchflechten. d) *Thallo-Hemikryptophyten:* Erdschürfepflanzen wie dem Boden direkt anliegende Moose, Laub- und Krustenflechten, Haftalgen. e) *Thallo-Geophyten:* Erdpflanzen wie die bodenbewohnenden Pilze, in Gestein eindringende Flechten, Pilze, Algen. f) *Thallo-Therophyten:* kurzlebige Moose, Flechten und Pilze. 3) *Errante,* bewegliche Pflanzen. Passiv oder aktiv bewegliche Pflanzen in verschiedenen Medien, z. B. Schwimmpflanzen, Wasserschweber, Bodenbewohner, (→ Edaphophyten).

Die → Formation und die → Synusie sind die wichtigsten auf L. begründeten Vegetationseinheiten.

2) Bei Tieren spiegeln die L. die strukturelle und funktionelle Einpassung in bestimmte Umweltgegebenheiten wider. Gleiche äußere Bedingungen führen dabei zu übereinstimmenden Merkmalen, unabhängig von der systematischen Zugehörigkeit ihrer Träger, zu → Konvergenzen. Ein Komplex sehr ähnlicher Anpassungen bei verschiedenen Arten läßt ihre Zusammenfassung als Lebensformentyp zu. Umgekehrt läßt das Vorliegen eines bestimmten Lebensformentypes Rückschlüsse auf die Lebensweise und die sie bedingenden Umweltbedingungen zu. Die morphologischen Übereinstimmungen werden oft als *Strukturtyp* bezeichnet.

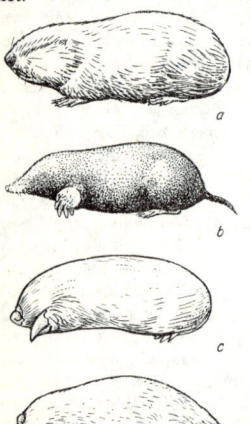

3 Lebensformtyp der Schaufelgräber: *a* Nagetier (*Spalax*), *b* Insektenfresser (Maulwurf), *c* Insektenfresser (*Chrysochloris*), *d* Beuteltier (*Notoryctes*); nach Tischler

Die L. werden meist nach Hauptfunktionen gegliedert: nach der Bewegungsweise (Schwimmer, Graber, Läufer, Kletterer, Flieger u. a.), nach dem Nahrungserwerb (→ Ernährungsweisen), der Atmung (Hautatmer, Kiemenatmer, Tracheenatmer u. a.) oder der Bindung an unterschiedlich beschaffene Substrate (Planktonformen, Substratwühler, Aufwuchsorganismen u. a.). Mit Hilfe der L. ist eine ökologische Gliederung der Tiere möglich. Das Vorhandensein unterschiedlicher L. in einem Lebensraum läßt die volle Ausnutzung der gebotenen Möglichkeiten bei geringer Konkurrenz zu.

Lit.: H.-W. Koepcke: Die L. (Krefeld 1973).

Lebensgemeinschaft, svw. Biozönose.

Lebensraum, → Biotop, → Lebensstätte.

Lebensstätte, der die Existenz von Organismen oder Organismenkollektiven gewährende Lebensraum, im umfassenden Sinne die *Ökosphäre* (→ Biosphäre). Neben der Unterscheidung von Lebensbereichen: Meer, Süßwasser und Festland läßt sich die Ökosphäre in Abhängigkeit vom Wirken physiographischer Faktoren in *Bioregionen* gliedern. Diese sind die L. der *Biome,* der größten ökologischen Einheit (→ Biozönologie). Innerhalb der Biome sind konkrete → Biozönosen abgrenzbar, deren L. ist der → Biotop. Biotop und Biozönose bilden eine funktionelle Einheit, die *Biogeozönose* (→ Holozön). Diese ist ein durch Selbstregulation im Fließgleichgewicht gehaltenes offenes System hoher Stabilität (z. B. Seen, Hochmoore, Urwälder). Doch auch innerhalb eines Biotops existieren durch besondere Faktorenkombination ausgezeichnete kleinräumliche L., die zwar nicht selbstregulativ sind, sich aber oft als deutliche Konzentrationsstellen der Artdichte erweisen und sich deutlich vom umgebenden Bestand abheben. Diese werden als *Biochorion,* (ihre Lebensgemeinschaft als *Choriozönose* (→ Biozönose) bezeichnet. Regelmäßig wiederkehrende Strukturteile eines Biotops sind die *Merotope* (Blüten, Blätter, Früchte), die oft zu horizontalen Schichten (Strata) zusammentreten (Kraut-, Strauch-, Stamm-, Kronenschicht). Allgemein ist der *Zönotop* die L. der *Zönose* (*Gemeinschaft*), ohne deren Ranghöhe dabei festzulegen. Die charakteristische L. einer Art ist das *Habitat,* dieser Begriff wird aber zunehmend synökologisch für charakteristische Lebensorte gebraucht.

Leber, *Hepar,* Anhangsdrüse des Mitteldarms und größtes Stoffwechselorgan des Wirbeltierorganismus. Sie ist braunrot gefärbt, gelappt, von weicher Konsistenz und wiegt beim Menschen etwa 1 500 g. An der Eingeweidefläche liegt die *Leberpforte,* in welche die Leberarterie und die das nährstoffreiche Blut bringende *Pfortader* eintreten und die Gallengänge austreten. Die Lebervene tritt an der Zwerchfellfläche aus. Neben der Produktion von Galle speichert die L. Glykogen, synthetisiert Eiweiß, entgiftet das Blut, baut überalterte rote Blutkörperchen ab und überführt Stickstoffabbauprodukte in Harnstoff und Harnsäure.

Leberblümchen, → Hahnenfußgewächse.

sten Fällen besitzen die Kameraaugen aber eine Linse und wirken wie eine photographische Kamera. Diese *Linsenaugen* haben höherentwickelte Vertreter sehr verschiedener Tiergruppen unabhängig voneinander erworben, z. B. Borstenwürmer, Weichtiere und Wirbeltiere. Bereits bei manchen Borstenwürmern tritt zu den Elementen des Grubenauges ein *dioptrischer Apparat* in Gestalt einer bikonvexen *Augenlinse* und – bei den Wirbeltieren – eines Glaskörpers. Durch die Linse werden die Lichtstrahlen gesammelt und fallen nach dem Durchtritt durch den Linsenkörper auf das meist aus vielen Sehzellen aufgebaute Sinnesepithel, die *Netzhaut* oder *Retina*. Da viele, von je einem Punkt des Objektes kommende Lichtstrahlen auf je einer Stelle der Retina vereinigt werden, sind die Bilder der Kameraaugen bedeutend lichtstärker als die der Grubenaugen. Die Bildschärfe ist dagegen namentlich bei kleinen Linsenaugen, wie den *Punktaugen* (*Nebenaugen, Stirnaugen, Ozellen, Ommatidien* oder *Stemmata*) der Gliedertiere, sehr gering. Einfache Linsenaugen befähigen nicht zum Bildsehen, sondern nehmen höchstens die Lichtrichtung wahr.

Neben den Ringelwürmern zeigen auch die Weichtiere und Gliederfüßer Entwicklungsreihen von sehr einfach gebauten L. bis zu den Linsenaugen (7, 8).

Einen Sonderfall stellt das zusammengesetzte, als *Komplex-* oder *Facettenauge* bezeichnete Sehorgan der Gliederfüßer dar (9). Während bei Spinnen und anderen Gliederfüßern eine Leistungssteigerung der L. nur durch Vermehrung der Sehzellen in den Ozellen erreicht wird,

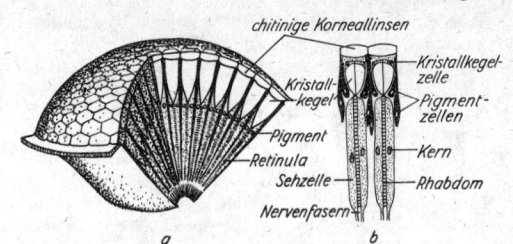

9a Bau des Komplexauges, 9b einzelne Ommatidien

rücken im Komplexauge eine oft große Anzahl einzelner Richtungsaugen zusammen. Das einzelne Element des Komplexauges wird *Augenkeil, Sehkeil* oder *Ommatidium* genannt. Jeder Augenkeil hat eine eigene, als *Retinula* bezeichnete Sehzellengruppe. Die langgestreckten Sehzellen haben an ihrer nach dem Inneren des Augenkeils gerichteten Seite einen Stäbchensaum. Die Gesamtheit der Stäbchen eines Augenkeils bildet das *Rhabdom*, ein starker lichtbrechender axialer Stab. Als lichtbrechender Apparat wirkt eine aus Chitin gebildete Korneallinse, die in der Aufsicht meist sechseckig ist und im Komplex der gesamten Ommatidien der Augenoberfläche ein facettiertes Aussehen gibt. Unter der Linse liegt ein aus vier Anteilen gebildeter *Kristallkegel*, der von besonderen Zellen abgeschieden wird. Er wirkt wie ein Linsenzylinder, weil sein Brechungsindex von außen nach der Achse hin zunimmt. Die einzelnen Au-

7 Entwicklungsreihe der Augen bei Borsten- und Ringelwürmern: a Ranzania, b Syllis, c Nereis, d Alciope

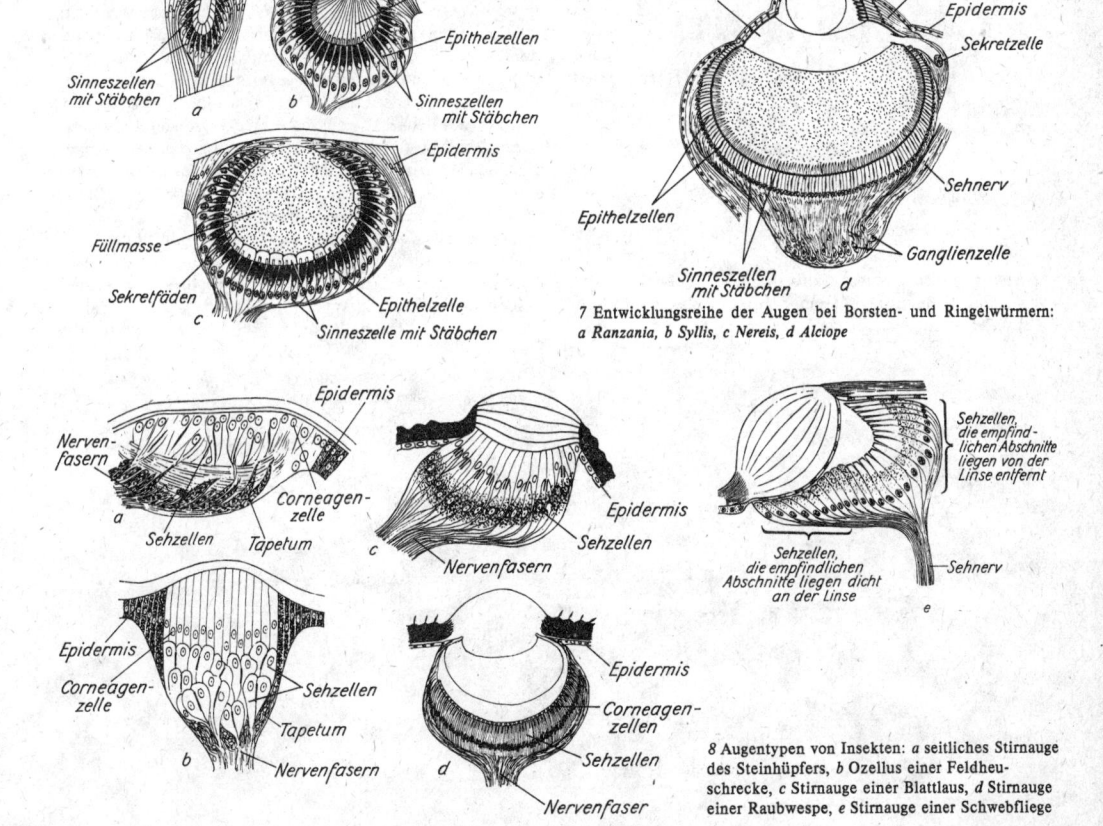

8 Augentypen von Insekten: a seitliches Stirnauge des Steinhüpfers, b Ozellus einer Feldheuschrecke, c Stirnauge einer Blattlaus, d Stirnauge einer Raubwespe, e Stirnauge einer Schwebfliege

Lichtsinnesorgane

genkeile können durch einen oft vielzelligen Pigmentmantel voneinander isoliert sein. Diesen Typ des Komplexauges nennt man *Appositionsauge*. Die Anordnung des Pigments bewirkt im Zusammenhang mit der kugelartigen Krümmung der Augenoberfläche, daß nur Licht aus einem eng umgrenzten Teil des Gesichtsfeldes in einen Augenkeil fallen kann (10a). Deshalb setzt sich das Bild des wahrgenommenen Objektes mosaikartig aus zahlreichen Punkten zusammen (*musivisches Sehen*). Viele Dämmerungstiere unter den Insekten haben mit dem *Superpositionsauge* ein abgewandeltes Komplexauge erworben, welches das Bildsehen auch unter ungünstigen Tageslichtbedingungen ermöglicht. Hier wird bei geringer Lichtintensität die Isolierung der einzelnen Augenkeile durch Pigmentwanderung aufgehoben. Es fallen nun mehrere, von verschiedenen Kristallkegeln entworfene Bilder eines bestimmten Objektpunktes auf ein und dasselbe Rhabdom (10b). Dadurch wird die Lichtausnutzung wesentlich gesteigert, die Bildschärfe aber verringert. Das Komplexauge ist unter den L. der Wirbellosen eines der leistungsfähigsten. Bei Insekten und Krebsen ist auch die Fähigkeit der Farbwahrnehmung nachgewiesen.

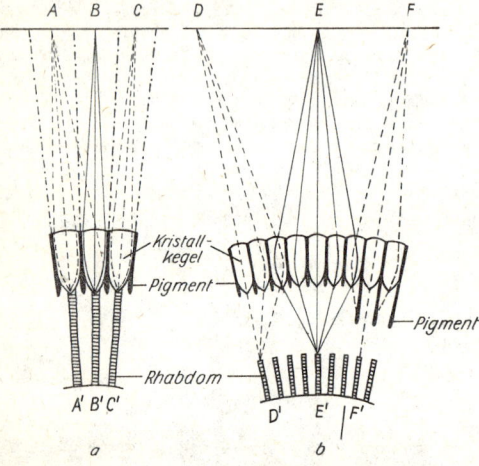

10 Schema des Strahlenganges im Appositionsauge (*a*) und im Superpositionsauge (*b*)

So erstreckt sich z. B. das Sehvermögen der Bienen bis in den Bereich des ultravioletten Lichtes. Neben den Komplexaugen besitzen manche Insektengruppen noch Punktaugen, die z. B. bei Ameisen und anderen Hautflüglern in Dreizahl zwischen den Facettenaugen stehen.

Unter den Weichtieren erreichen die L. der Kopffüßer den höchsten Entwicklungsgrad. Das Linsenauge der Kopffüßer entspricht in seinen funktionellen Teilen völlig dem Linsenauge der Wirbeltiere, obwohl die Teile entwicklungsgeschichtlich ganz verschieden entstehen. Es treten wie beim Wirbeltierauge mannigfache Hilfseinrichtungen zum Sinnes- und Pigmentepithel und zum Linsenkörper hinzu. So dient eine als *Iris* oder *Regenbogenhaut* bezeichnete, mit Muskulatur versehene Hautfalte der Erweiterung oder Verengung des Sehlochs, z. B. als Lichtschutz und zur Erhöhung der Bildschärfe. Auch finden sich bereits Augenlider und eine Hornhaut als äußere Schutzeinrichtungen gegen das Eindringen von Fremdkörpern.

Die paarigen *Augen* der Wirbeltiere entstehen aus dem ventrolateralen Bereich des Zwischenhirnes und sind anfänglich als *Augenblasen* kenntlich, die über einem Augenblasenstiel mit der Hirnwand in kontinuierlicher Verbindung stehen. In der Folge stülpt sich deren vordere Wand ein, was zu einem zweischichtigen *Augenbecher* führt. Die spezifischen Rezeptoren des Lichtsinnes, die sich aus der inneren Wandschicht des Augenbechers differenzieren, sind somit Abkömmlinge des Gehirns. An der Kontaktstelle des Augenbechers mit der Epidermis schnürt sich als weiteres ektodermales Gebilde die Linsenanlage ab. Am typischen Wirbeltierauge lassen sich folgende Schichten unterscheiden: außen die *harte Augenhaut (Sklera)*, die vorn in die *Hornhaut* übergeht. An die Augenhaut schließt sich innen die *Aderhaut (Chorioidea)* an, die sich in die *Regenbogenhaut (Iris)* hinein fortsetzt. Letztere umschließt die *Pupille* und bedingt die typische Augenfarbe. Senkrechte, spaltförmige Pupillen finden sich bei Krokodilen und Gekkos, horizontale schlitzförmige Pupillen bei vielen Kröten und Fröschen; bei vielen Huftieren sind sie queroval. Die innerste Lage bildet die *Netzhaut (Retina)* mit den sensiblen Neuronen und den hell-dunkelempfindlichen *Stäbchen* und den farbempfindlichen *Zapfen*, auf der durch die eindringenden Lichtstrahlen ein umgekehrtes Bild entsteht. Die Stelle des schärfsten Sehens wird als gelber Fleck, die des Eintritts des Sehnervs als blinder Fleck bezeichnet. Das Augeninnere wird durch den *Glaskörper* und die *Linse* eingenommen. Im Auge der Reptilien und Vögel dringt in den Glaskörper ein gefäßreicher Zapfen vor, der, bei Vögeln als Pecten bezeichnet, ein Hilfsorgan für Stoffwechsel und Atmung der Netzhaut ist. Der flüssigkeitserfüllte Raum zwischen Hornhaut und Linse wird als vordere, der zwischen Iris, Linse und Glaskörper als hintere *Augenkammer* bezeichnet. Niedere im Wasser lebende Wirbeltiere haben fast kreisrunde Linsen, die durch eine spezielle Muskulatur

Vertikalschnitte durch verschiedene Wirbeltieraugen: *a* Fischauge, *b* Vogelauge, *c* Auge des Menschen

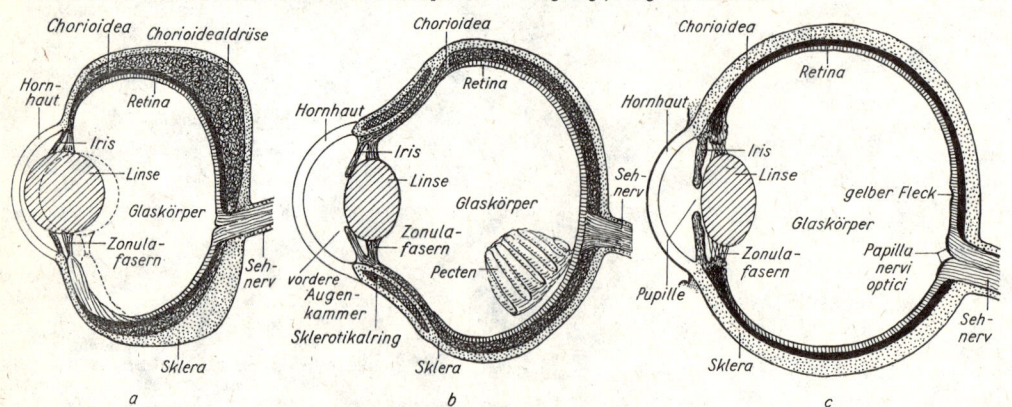

Leberegel, (Tafel 42), Saugwürmer aus der Ordnung *Digenea,* die in der Leber, besonders aber in den Gallengängen und der Gallenblase von pflanzenfressenden Säugetieren schmarotzen. Man unterscheidet zwischem dem Großen L. und dem Kleinen L.

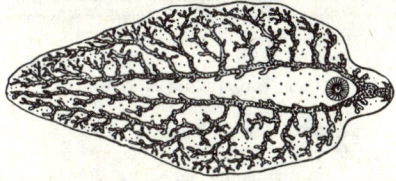

1 Großer Leberegel (*Fasciola hepatica*)

1) Der *Große L., Fasciola hepatica,* ist der Erreger der Leberegelkrankheit (Fasziolose) der Wiederkäuer. Er wird bis 4 cm lang und ist blattförmig, hat einen Generationswechsel, der mit einem Wirtswechsel verbunden ist. Aus dem Ei entwickelt sich eine eiförmige, bewimperte und mit einem Bohrrüssel und Augen versehene Larve, die Wimperlarve oder Mirazidium, die frei im Wasser schwimmt. Trifft sie

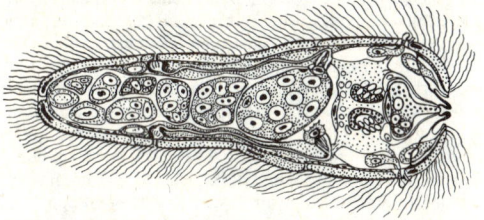

2 Längsschnitt durch das Mirazidium des Großen Leberegels

auf eine Leberegelschnecke, bohrt sie sich durch deren Haut, gelangt in die Leibeshöhle und bildet sich zur Sporozyste um, dem ersten Stadium der ungeschlechtlichen (Partheniten-) Generation. Die Sporozyste ist ein sackförmiges Gebilde und enthält außer zarten Muskeln und Protonephridien nur Keimzellen, aus denen Redien entstehen, die zweite ungeschlechtliche Generation. Die wurmförmigen Redien, die schon einen einfachen Darmkanal haben, verlassen die Sporozysten und dringen in den Mitteldarm der Schnecke ein. Aus den Redien entwickeln sich die Zerkarien (Schwanzlarven), die Larven der geschlechtlichen (Mariten-) Generation. Diese haben einen kugeligen bis länglich-eiförmigen Körper, der bis auf das Fehlen der Geschlechtsorgane im inneren Bau weitgehend den erwachsenen Tieren gleicht, und einen langen, schmalen gegabelten Ruderschwanz. Die Zerkarien verlassen die Schnecke, kapseln sich an Uferpflanzen ein und werden mit diesen von den Wiederkäuern gefressen.

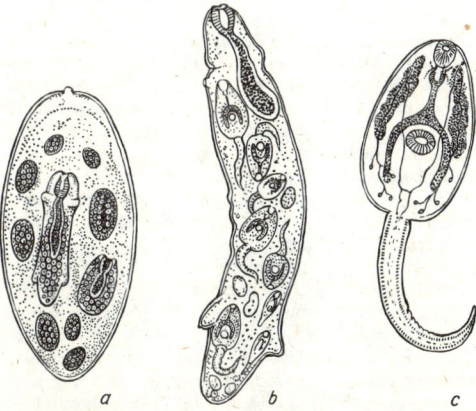

2) Der *Kleine L.* oder *Lanzettegel, Dicrocoelium dendriticum,* tritt vorwiegend bei Schafen auf und hat zwei Zwischenwirte. Er wird bis zu 1,5 cm lang und ist lanzettförmig. Das Larvenstadium Mirazidium schlüpft erst in einer Landschnecke (z. B. *Helicella*), die die Eier beim Fressen aufgenommen hat. In ihrer Atemhöhle sammeln sich später von ihrem eigenen Sekret und dem Sekret der Schnecke umhüllte Zerkarien an. Diese werden zu Ballen vereinigt von der Schnecke abgestoßen, bleiben an Pflanzen hängen und werden von Ameisen aufgenommen, die mit der Nahrung in den Wiederkäuer gelangen und so die Infektion vermitteln.

Leberegelkrankheit, *Leberegelseuche, Leberfäule, Fasziolose,* überwiegend durch Saugwürmer der Gattung *Fasciola* verursachte Erkrankung pflanzenfressender Huftiere, die mit chronischer Reizung der Gallengangepithelien und Leberentzündung einhergeht. Leberschwellungen und Verdauungsstörungen können auftreten. Diagnose erfolgt durch Kotuntersuchung auf vorhandene Eier, die Therapie mit Salizylaniliden, Nitro- und Chlorphenolen. – Durch Aufnahme von Metazerkarien mit Fallobst von verseuchten Weideflächen, Kauen von Grashalmen oder Brunnenkresse kann auch der Mensch gelegentlich erkranken.

Leberegelschnecke, *Galba truncatula,* Art der Schlammschnecken, in Mitteleuropa einer der wichtigsten Zwischenwirte für die Entwicklungsstadien des großen Leberegels, *Fasciola hepatica.*

Leberfäule, svw. Leberegelkrankheit.

Lebermoose, *Hepaticae,* eine Klasse der Moospflanzen. Die L. sind Pflanzen mit einem flächigen, gelappten Thallus oder einem in dorsiventral beblätterte Stengel gegliederten Vegetationskörper. Die Blätter weisen keine Mittelrippe

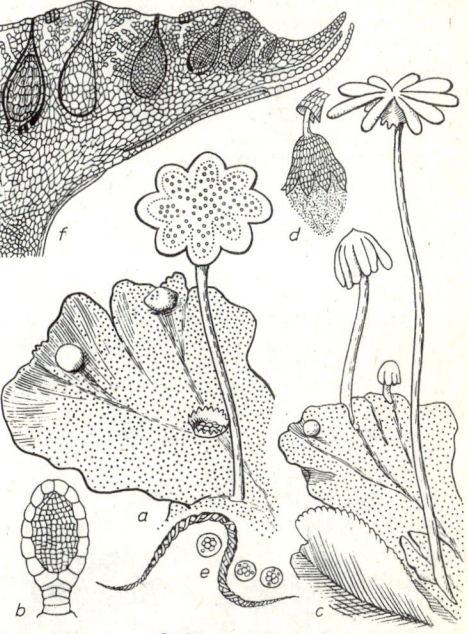

3 Entwicklungsstadien des Großen Leberegels: *a* Sporozyste, *b* Redie, *c* Zerkarie

Brunnenlebermoos: *a* ♂ Pflanze mit Brutbecher und Antheridienstand, *b* Antheridium im Längsschnitt, *c* ♀ Pflanze mit Archegonienstand, *d* aufgesprungene Kapsel, aus der Sporen und Elateren austreten, *e* Sporen und Elater, *f* Längsschnitt durch Antheridienstand

Lecithoepitheliata

auf. Oft sind im Thallus charakteristische Ölkörper vorhanden, die schwer flüchtige ätherische Öle enthalten. Die Rhizoide sind immer einzellig. Die den Sporophyten darstellende Kapsel bleibt lange von der Archegonienwandung bedeckt und sprengt diese erst kurz vor der Reife. Neben den Sporen werden in der Kapsel auch die nur bei L. vorkommenden Elateren ausgebildet. Folgende wichtige Ordnungen der L. sind zu nennen:

1) *Sphaerocarpales,* L. mit einfachem Thallus, der auf der Erde kleine Rosetten bildet. Die Gametangien haben eine birnenförmige Hülle, die oben offen ist. Bei Vertretern der Gattung *Sphaerocarpus* wurde zum ersten Mal im Pflanzenreich ein Geschlechtschromosom gefunden.

2) *Marchantiales,* L. mit flächigem Thallus, der eine auffallende histologische Differenzierung in Assimilations- und Speichergewebe zeigt. Außerdem sind charakteristische Atemöffnungen und Ölkörper vorhanden. Die bekannteste Art ist das an feuchten Orten wachsende, kosmopolitisch verbreitete **Brunnenlebermoos,** *Marchantia polymorpha.* Es ist leicht kenntlich an den becherförmigen Brutkörbchen, die in ihrem Innern mehrere flache Brutkörper ausbilden. Die Archegonien und Antheridien werden an besonderen, gestielten, schirmartigen Gametangienständen gebildet. Das Brunnenlebermoos und das an Bachufern und Felsen häufige *Conocephalum conicum* wurden früher als Mittel gegen Leberleiden verwendet. Auf feuchter Blumentopferde kommt in Gewächshäusern häufig die aus dem Mittelmeergebiet stammende *Lunulasia cruciata* mit halbmondförmigen Brutkörbchen vor. Ein schwimmend lebendes Wassermoos ist *Riccia fluitans.* Es hat einen bandartigen, gegabelten Thallus. Andere Vertreter dieser Gattung sind auf feuchten Ackerböden anzutreffen.

Lecithoepitheliata, → Strudelwürmer.
Lecithoma, svw. Dottersack.
Lecithus, svw. Dotter.
Lecker, → Ernährungsweisen.
Lederkorallen, *Alcyonaria,* zu den → Octocorallia gehörende Ordnung der Korallentiere mit etwa 800 Arten, die selten als Einzelpolyp leben, sondern meist Stöcke bilden. Die Stöcke sind durch kleine Kalksklerite versteift.
Lederschildkröten, *Dermochelyidae,* riesige meeresbewohnende Schildkröten des Stillen, Indischen und Atlantischen Ozeans, selten auch im Mittelmeer. Die Familie enthält nur eine, bis 2,20 m lange und 600 kg schwere Art, *Dermochelys coriacea,* die größte und schwerste unter allen rezenten Schildkröten. Der ursprüngliche Knochenpanzer ist bis auf geringe Reste rückgebildet und durch einen neuen Panzer aus mosaikartigen Knochenplättchen ersetzt, die in eine dicke Lederhaut eingebettet sind. Über den Rücken verlaufen 7, über die Bauchseite 5 Längskiele. Die als Flossen dienenden Vorderextremitäten sind flügelartig verbreitert und spreizen bis 3 m auseinander. Die L. suchen nur zur Eiablage das Ufer auf, sie unternehmen aber keine Massenwanderungen wie die → Seeschildkröten. Ihre Brutplätze auf tropischen Inseln sind noch wenig bekannt. Die Art ist vom Aussterben bedroht.

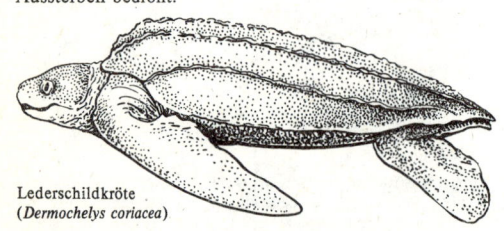

Lederschildkröte
(*Dermochelys coriacea*)

Leerlaufverhalten, Durchbruch eines arttypischen Verhaltens ohne die angemessenen äußeren Reize.

Legewespen, → Hautflügler.
Leguane, *Iguanidae,* gattungs- und formenreichste Familie der → Echsen. Die L. sind verwandt mit den → Agamen, obwohl sich die Verbreitungsgebiete beider Gruppen ausschließen: Die L. sind eine neuweltliche Echsenfamilie, deren Vertreter von Südkanada bis zum südlichsten Südamerika als die häufigsten amerikanischen Kriechtiere verbreitet sind. In der Alten Welt gibt es L. nur auf Madagaskar sowie den Fidschi- und Tongainseln. Dort kommen bezeichnenderweise keine Agamen vor; vermutlich haben in erdgeschichtlich früherer Zeit die Agamen die L. als Konkurrenten aus deren ursprünglich größerem Areal verdrängt. Die meisten L. sind normal gestaltete, 20 bis 30 cm lange, langschwänzige Echsen, doch gibt es auch Riesenformen von 1 bis 2 m Länge. Ganz ähnlich den Agamen haben auch die L. in ihrem Areal fast alle Lebensräume erobert und entsprechende Anpassungen entwickelt. Es gibt neben Bodentieren baumlebende, oft grün gefärbte Arten, häufig mit Haftzehen, daneben plattgedrückte, bestachelte Wüstenbewohner und urwaldheimische, wasserliebende Riesenformen. Die Konvergenzen in Gestalt und Lebensweise (vielleicht aber auch Erbgut gemeinsamer Vorfahren) zwischen Agamen und L. sind mitunter so groß, daß eine Entscheidung über die Familienzugehörigkeit nach rein äußerlichen Merkmalen ohne Kenntnis des Herkunftsortes schwierig ist. Der anatomische Hauptunterschied zwischen beiden Familien ist die Stellung der Zähne, die bei den Agamen auf den Rändern der Kieferknochen stehen (akrodont) und nicht nachwachsen, bei den L. dagegen auf deren Innenseite (pleurodont) und nachwachsen. Sehr häufig sind bei den L. Stachelschuppen, Kopf-, Nacken- und Schwanzkämme, Kehlsäcke, die im Rahmen des Balz- und Imponierverhaltens als Signalorgane aufgerichtet bzw. aufgebläht werden können, und seltener auch Greif- oder Rollschwänze ausgebildet. Oft sind charakteristische »Nickbewegungen« als Signale entwickelt. Manche Arten können sich genau wie einige Agamen im Sand vergraben. Viele L. verfügen über ein ausgeprägtes Farbwechselvermögen. Die L. sind meist Insektenfresser, die größten Vertreter bevorzugen dagegen Pflanzennahrung wie bei den Agamen. Sie legen Eier, nur wenige Gebirgs- und Wüstenformen sind lebendgebärend. Man kennt über 700 Arten in mehr als 50 Gattungen; die umfangreichste Gattung, *Anolis,* hat etwa 300 Vertreter. Zu den L. gehören unter anderem → Grüner Leguan, → Wirbelschwanzleguane, → Basilisken, → Anolis, → Glattkopfleguane, → Stachelleguane, → Krötenechsen, → Meerechse und → Drusenkopf.

Legumen, lat. Bezeichnung für Hülse, → Frucht, → Leguminosen.
Leguminosen, *Hülsenfrüchtler,* eine Gruppe der Zweikeimblättrigen Pflanzen, die die Familien → Mimosengewächse, → Johannisbrotbaumgewächse und → Schmetterlingsblütler umfaßt. Sie sind gekennzeichnet durch die für alle Vertreter charakteristische Frucht, die aus einem Fruchtblatt bestehende Hülse (Legumen). Die L. sind mit etwa 15 000 bis 17 000 Arten über die gesamte Erde verbreitet. Früher wurden sie unter dem Namen *Leguminosae* als Familie eingestuft und die obengenannten Familien als Unterfamilien aufgefaßt.

Leibeshöhle, ein im Körper der Tiere befindlicher, embryonal durch die ganze Länge des Rumpfes sich erstreckender, mehr oder weniger unterteilter Hohlraum, der die meisten inneren Organe beherbergt. Die L. kann eine *primäre* oder *falsche* L. (*Protozöl, Pseudozöl*) oder eine *sekundäre* oder *echte* L. (*Zölom, Deuterozöl*) sein.

Die primäre L. ist entweder eine aus dem Blastozöl hervorgegangene Höhle ohne epitheliale Auskleidung, oder sie ist aus Spalträumen im Mesenchym entstanden (*Schizozöl*).

Eine primäre L. besitzen z. B. alle Platt- und Schlauchwürmer.

Die sekundäre L. besteht aus epithelial begrenzten Hohlräumen, die durch Kanäle nach außen münden oder mit den Ausscheidungsorganen in Verbindung stehen. Bei den **Weichtieren** beschränkt sich die sekundäre L. auf den Keimdrüsen-, Nieren- und Herzbereich (*Gonozöl, Nephrozöl, Perikardialhöhle*). Die sekundäre L. der Gliedertiere besteht aus einzelnen segmentalen Abschnitten (Zölomkammern), die als paarige Zölomsäcke über und unter dem Darmrohr zusammenstoßen und so die *Mesenterien* bilden. Die hintereinanderliegenden Zölomkammern werden durch senkrechte, doppelwandige Scheidewände (*Dissepimente*) voneinander getrennt. Bei den **Gliederfüßern** werden die Anlagen der Zölomsäcke bereits während der Embryonalentwicklung wieder aufgelöst, so daß die sekundäre und primäre L. einen einheitlichen Körperhohlraum, die *tertiäre L.* oder das *Mixozöl*, bilden. Die sekundäre L. der Eichelwürmer und Stachelhäuter besteht aus 3 paarigen, hintereinanderliegenden Abschnitten, dem *Hydrozöl, Axozöl* und *Somatozöl*. Sie entstehen einzeln oder als gemeinsame Anlage durch Urdarmdivertikelbildung (Enterozölbildung). Die sekundäre L. der **Wirbeltiere** besteht aus einem epithelial begrenzten Hohlraum, der bei niederen Vertebraten durch Poren oder Kanäle nach außen mündet oder mit den Ausscheidungsorganen in Verbindung stehen kann. Der Ursprung des Zöloms soll auf seriale Darmaussackungen zurückzuführen sein (Enterozöl-Theorie). Bei den meisten Wirbeltieren geht das Zölom durch Spaltbildung aus Mesodermmaterial hervor, das sich aus dem Urdarm abgegliedert hat. Vom kranialen Abschnitt der ursprünglich einheitlichen L. sondert sich zuerst die Herzbeutelhöhle ab, der übrige Teil gliedert sich später in *Pleura-* und *Peritonealhöhle*. In alle diese vom Epithel ausgekleideten Räume wölben sich Organe vor, so daß es zur Näherung der Epithelien kommt, wodurch kapilläre Spalträume entstehen. So sind die Lungen von der Pleurahöhle, die außen vom Rippen-, innen vom Lungenfell begrenzt ist, umgeben, und im Bauchraum umhüllt das *Peritoneum* (*Bauchfell*) die meisten Organe, insbesondere den Darm und seine Anhangsdrüsen.

Leichenbrand, menschliche Skelettreste, die nach der Verbrennung der Leiche übrigbleiben. Die Sitte der Leichenverbrennung ist in Europa seit der Jungsteinzeit neben der Körperbestattung in allen Kulturperioden nachweisbar. Der L. wurde in Einzel- oder Kollektivgräbern, in Urnen oder auch ohne Gefäß in bloßer Erde beigesetzt.

Leichengifte, Ptomaine, giftige Zersetzungsprodukte aus faulendem Eiweiß. Dazu zählt z. B. das → Neurin.

Leierschwänze, *Menuridae*, Familie der → Sperlingsvögel mit 2 Arten in den Küstenwäldern Australiens. Bei der Balz schlägt das Männchen den gefächerten Schwanz mit den beiden Leierfedern nach vorn über den Kopf. Der Anblick erinnert an Wedel des Baumfarns. Sie fressen Würmer, Insekten und Schnecken.

Leimspindelfallen, → fleischfressende Pflanzen.

Leindotter, → Kreuzblütler.

Leingewächse, *Linaceae*, eine Familie der Zweikeimblättrigen Pflanzen mit etwa 500 Arten, die überwiegend in den außertropischen Gebieten der nördlichen Erdhalbkugel vorkommen. Es sind Kräuter, seltener Sträucher, mit einfachen, wechselständigen Blättern und regelmäßigen, meist 5zähligen Blüten, die von Insekten bestäubt werden. Der Fruchtknoten entwickelt sich zu einer 5fächerigen Kapsel. Eine der ältesten Kulturpflanzen überhaupt ist der hellblau blühende **Lein** oder *Flachs, Linum usitatissimum*. In den nördlichen Breiten der gemäßigten Zone Europas wird er überwiegend als kleinsamiger, schwach verzweigter *Faserlein* zur Gewinnung seiner Stengelfasern angebaut, im Mittelmeergebiet, Indien und Argentinien dagegen werden *Ölleine* mit relativ großen Samen zur Leinölgewinnung bevorzugt. Leinöl wird als Speiseöl, zur Herstellung von Ölfarben, Firnissen und Linoleum verwendet.

Lein: *a* blühende Pflanze, *b* Frucht im Querschnitt

Leinkraut, → Braunwurzgewächse.
Leinölsäure, svw. Linolsäure.
Leistenkrokodil, *Crocodylus porosus*, etwa 6 m Länge erreichendes, von Vorderindien über die Küsten ganz Südostasiens bis Nordaustralien und zu den Fidschi-Inseln verbreitetes → Echtes Krokodil mit 2 nach vorn konvergierenden Schnauzenleisten. Das L. ist ein ausgezeichneter Schwimmer, das Hunderte von Kilometern ins Meer hinausschwimmt und bevorzugt in Seewasser lebt (»Salzwasserkrokodil«). Es ist als »Menschenfresser« berüchtigt, und tatsächlich werden die meisten tödlichen Unfälle durch Krokodile dieser Art verursacht.
Leistenmolch, svw. Fadenmolch.
Leistungsalter, → Konstitutionstypus.
Leistungstoleranz, svw. Toleranz.
Leistungsumsatz, → Energieumsatz.
Leitbündel, → Leitgewebe, → Sproßachse, → Wurzel.
Leitbündelscheide, → C_4-Pflanzen.
Leitformen, Arten mit hoher Stetigkeit (→ Präsenz) und Konstanz, also mit großer Regelmäßigkeit des Auftretens in den Beständen eines Biotops. Sie dienen mit den → Charakterarten zur Kennzeichnung von Biozönosen. L. werden bisweilen auch mit → Differentialarten gleichgesetzt.
Leitfossilien, → Datierungsmethoden, → Fossilien.
Leitgewebe, pflanzliche Dauergewebe, deren Zellen dem Stofftransport und der Wasserleitung dienen. Eine Ausbildung besonderer L. wurde im Laufe der Entwicklung erforderlich, als Landpflanzen entstanden, die weit in den Luftraum hineinragten. Wesentliche Zellelemente der L. sind in der Regel langgestreckte Röhren, deren schräggestellte Endwände dicht aneinander liegen und vielfach noch Löcher zum besseren Stoffaustausch besitzen. Man unterscheidet Siebröhren und Gefäße. 1) **Siebröhren** dienen dem Transport organischer Substanzen. Sie bestehen stets aus lebenden Zellen. Ihr Protoplasma, das zahlreiche Mitochondrien und zumeist stärkeführende Plastiden in Form von Leukoplasten enthält, erfüllt das gesamte Zellumen in Form eines sehr wasserreichen, hochaufgelockerten Maschenwerks aus röhrenförmigen Eiweißfibrillen. Zellkern und Tonoplast werden frühzeitig aufgelöst. Ihren Namen haben die Siebröhren von den lokalen, siebartigen Durchbrechungen ihrer stets unverholzten Zellulosewände erhalten, durch

die die Protoplasten benachbarter Siebröhren miteinander in offener Verbindung stehen. Diese meist sehr feinen Poren sind häufig in Gruppen zu größeren *Siebfeldern* vereinigt. Oft ist auch die gesamte Querwand als eine einzige *Siebplatte* ausgebildet. Bei einigen Pflanzenarten sind auch die Längswände der Siebröhren mit Siebfeldern versehen. Gegen Ende der Vegetationsperiode werden die Siebporen in der Regel mit einem wasserunlöslichen Polysaccharid, der Kallose, die schon vorher die Wände der Poren in dünner Schicht auskleidet, verstopft. Hierdurch wird der Stoffaustausch zwischen den Siebröhrengliedern unterbrochen. Bei den Bedecktsamern treten neben den Siebröhren im Siebteil der Leitbündel »*Geleitzellen*« auf, die durch Plasmodesmen mit den Siebröhren eng verbunden sind und aus derselben Mutterzelle gebildet werden. 2) **Gefäße** sind stets tote Zellelemente, die hauptsächlich dem Ferntransport des Wassers und der darin gelösten Nährsalze aus der Wurzel in den Sproß dienen. Ursprünglich treten bei den Farnpflanzen, den Nacktsamern und den primitiven Bedecktsamern als Gefäßtyp die *Tracheiden* auf, röhrenförmige, verhältnismäßig englumige, kurze, dickwandige, verholzte Einzelzellen, deren Querwände genau wie die Längswände reichlich mit *Hoftüpfeln* (→ Tüpfel) versehen sind. Tracheiden dienen bei den Farnpflanzen und den Nacktsamern sowohl der Wasserleitung als auch der Festigung. Erst bei den Bedecktsamern ist ein spezielles Festigungsgewebe ausgebildet. Hier sind die wasserleitenden Gefäße bis auf wenige Ausnahmen *Tracheen*, weitlumige, zu einem Röhrensystem verbundene Zellen, deren Querwände aufgelöst wurden. Allerdings bleibt in gewissen Abständen jeweils eine Querwand erhalten, so daß die Länge des Röhrensystems für die einzelnen Pflanzenarten typisch begrenzt ist. Bei Kletterpflanzen kommen 5 m lange und längere Tracheen vor; meist haben sie jedoch eine Länge von 10 cm bis 1 m.

Tracheiden und Tracheen sind durch verholzte Wandverdickungen so gefestigt, daß sie auch bei Unterdruck durch starke Wasserabgabe nicht zusammengedrückt werden können. Je nachdem, ob die Wandverdickungen ring-, schrauben- oder netzartig sind, spricht man von Ring-, Schrauben- oder Netzgefäßen. Bei den Tüpfelgefäßen erstreckt sich die Verholzung auf den größten Teil der Zellwand, nur die Tüpfel mit ihren Schließhäuten bleiben unverholzt und sind zum Wasserdurchtritt befähigt, so daß sie an die sie umgebenden Zellen Wasser abgeben können.

Bei den höheren Pflanzen sind in den primären Geweben beide Leitgewebearten zu 3) **Leitbündeln (Gefäßbündel)** zusammengefaßt, deren *Siebteil* (Phloem, Leptom) und *Gefäßteil* (Xylem, Hadrom) für die einzelnen Pflanzen charakteristisch angeordnet sind. Man unterscheidet kollaterale, radiale und konzentrische Bündel.

Am häufigsten sind im Pflanzenreich die k o l l a t e r a l e n Leitbündel, die bei den meisten Nackt- und Bedecktsamern im Sproß zu finden sind. Siebteil und Gefäßteil liegen sich hierbei gegenüber, und zwar ist der Siebteil der Peripherie des Stengels und der Gefäßteil dem Zentrum zugekehrt. Grenzen beide Leitgewebsarten direkt aneinander, wie das bei den meisten einkeimblättrigen Pflanzen der Fall ist, so nennt man die Bündel g e s c h l o s s e n kollateral. Im Gegensatz dazu besitzen die o f f e n kollateralen Bündel der Nacktsamer und zweikeimblättrigen Pflanzen zwischen Sieb- und Gefäßteil eine Schicht von Bildungsgewebe, das *faszikuläre Kambium* (*Bündelkambium*).

R a d i a l e Bündel, deren Sieb- und Gefäßteile im Querschnitt wie die Radien eines Kreises angeordnet sind, kommen in den Wurzeln und bei den Bärlappgewächsen auch in den Stengeln vor.

Bei den k o n z e n t r i s c h e n Bündeln, die einen sehr ursprünglichen Leitbündeltyp verkörpern, wird entweder der Siebteil vom Gefäßteil oder der Gefäßteil vom Siebteil vollständig umschlossen. Konzentrische Leitbündel mit Innenxylem besitzen die meisten Farne, solche mit Außenxylem kommen bei verschiedenen einkeimblättrigen Pflanzen vor.

Siebröhren und Gefäße sind bei allen Bündeltypen in Parenchymzellen eingebettet; außerdem sind die Bündel stets von einer Bündelscheide umgeben, die zum Teil aus dicht aneinanderliegenden Grundgewebezellen und zum Teil, besonders oft innen und außen, aus Festigungsgewebe besteht. Einzelne unverdickte bzw. nur wenig verdickte Zellen der Scheide ermöglichen dabei den Austausch des Wassers und der Nährstoffe zwischen Bündel und dem umgebenden Gewebe. Man nennt sie *Durchlaßzellen* oder *Durchlaßstreifen*.

Von unvollständigen Bündeln spricht man, wenn Gefäßteil und Siebteil völlig getrennt voneinander vorkommen.

Leitpflanze, 1) → Indikatorpflanzen.

2) ein bestimmtes Gebiet oder eine Pflanzengesellschaft kennzeichnende Pflanzenart. Soweit die Bezeichnung L. auf ein bestimmtes Gebiet bezogen wird (z. B. brandenburgische L.), handelt es sich im allgemeinen um ein → Florenelement. Auf Pflanzengesellschaften bezogen, bedeutet der Begriff L. meist etwas Ähnliches wie diagnostisch wichtige Art, nur ist die Fassung weniger scharf und auch oft unabhängig von einer vegetationsstatistischen Ermittlung.

Leitungsgeschwindigkeit, → Erregungsleitung.

Lektine, *Phytohämagglutinine,* Glykoproteine, die sich durch ein spezifisches Bindungsvermögen für Kohlenhydrate und kohlenhydrathaltige Zelloberflächen auszeichnen. Sie sind in der Lage, z. T. sehr selektiv Erythrozyten verschiedener Tiere zu agglutinieren und eignen sich deshalb sehr gut zur Blutgruppenbestimmung.

L. üben vielfältige Funktionen aus, z. B. einen Schutz gegen Insektenfraß und Infektionen, eine Störung der Chitinbildung oder die Fixierung von Bakterien.

Sie werden vor allem in vielen Samen von Hülsenfrüchten, in den Fruchtkörpern einiger Pilze und neuerdings auch bei Tieren gefunden, aus denen sie auch isoliert werden. Zu den L. zählen unter anderem Konkanavalin A aus der Jackbohne und verschiedene Agglutinine aus verschiedenen Weizenkeimlingen.

Lemminge, plumpe, besonders kurzschwänzige → Wühlmäuse der nördlichen Gebiete von Eurasien und Amerika. In manchen Jahren kommt es zu Massenvermehrungen, die Wanderungen zur Folge haben. Die L. wandern dabei jedoch meist einzeln in verschiedenen Richtungen und nur selten in großen Zügen. Man unterscheidet mehrere Gattungen, z. B. *Lemmus*.

Lit.: K. Curry-Lindahl: Der Berglemming (Wittenberg 1980).

Lemnaceae, → Wasserlinsengewächse.

Lemongrasöl, ein ätherisches Öl mit hohem Gehalt an Zitral (70 bis 75%), das aus in Indien heimischen Gräsern – *Cymbopogon flescuosus* (Ostind. L.) und *Cymbopogon citratus* (Westind. L.) – gewonnen wird. Man verwendet L. in der Parfüm- und Seifenindustrie sowie als Aromastoff in der Genußmittelindustrie.

Lemuren, *Lemuridae,* eine Familie der Halbaffen. Die L. sind langschwänzige, vorwiegend laubfressende Säugetiere, die auf Madagaskar vorkommen. Zu ihnen gehört der → Katta.

Lemurfrosch, → Makifrösche.

Lemuroidea, → Halbaffen.

lenitisch, svw. stagnikol.

Lentivirinae, → Virusfamilien.
Lentizelle, → Abschlußgewebe.
Leopard, *Panther, Panthera pardus,* eine Großkatze mit gelblicher bis rostbrauner Grundfärbung und schwarzen Ringflecken; häufig kommen auch völlig schwarze Exemplare vor. Der L. ist ein äußerst gewandtes und gut kletterndes Raubtier, er bewohnt die verschiedenen Landschaften Afrikas und Asiens von der Mongolei bis nach Djawa.
Lepadogaster, *Ansauger,* kleine, flache Meeresgrundfische mit einer Saugscheibe am Bauch.
Lepas, → Entenmuschel.
Lepidodendrales, → Bärlappartige.
Lepidopleurida, → Käferschnecken.
Lepidoptera, → Schmetterlinge.
Lepidosaurier, *Lepidosauria, Schuppenechsen,* Unterklasse der Kriechtiere, welche die Brückenechsen, Eidechsen und Schlangen sowie die ausgestorbenen Eosuchier und Rhynchocephalen umfaßt.
Verbreitung: Unterperm bis Gegenwart.
Lepidospermae, → Bärlappartige.
Lepisma, → Fischchen.
Lepisosteiformes, → Knochenhechtartige.
Leporidae, → Hasen.
Leptolepis [griech. leptos 'fein, dünn', lepis 'Schuppe'], ausgestorbene Gattung zu den ältesten primitiven Teleostei (→ Knochenfische) gehörig. Die schlanken, sprotten- bis heringsgroßen, gesellig lebenden Formen hatten rundliche Zykloidschuppen, deren dünner Ganoidbelag (zahnschmelzartige Substanz) auf primitiver gebaute Vorfahren weist.
Verbreitung: Lias bis Unterkreide; im Solnhofener Plattenkalk (Württemberg) ist *Anaethalion sprattiformis* sehr häufig.
Leptom, → Leitgewebe.
Leptomedusen, → Hydroidea.
Leptosome, → Konstitutionstypus.
Leptospiren, zu den Spirochäten gehörende Bakterien. Sie sind Blutparasiten oder freilebende Saprophyten. Bei Mensch und Tier können L. fieberhafte Erkrankungen, die *Leptospirosen,* hervorrufen. Abb. → Spirochäten.
Leptosporangiatae, → Farne.
Leptostraca, eine Ordnung der Krebse (Unterklasse *Malacostraca*) mit nur neun Arten, die alle im Meer leben. Ihr Körper ist langgestreckt, der vordere Teil aber von einem großen, zweiklappigen Carapax eingehüllt. Vom Thorax gehen acht Paar zweiästige Blattbeine ab, die zum Filtrieren dienen. Zwischen den Beinen werden auch die sich direkt entwickelnden Eier längere Zeit getragen. Die Tiere leben fast alle auf dem Meeresboden, wo sie Schlamm aufwirbeln und durchfiltrieren. Die bekannteste Gattung ist *Nebalia.*

Nebalia extrema, ♀ mit Eiern zwischen den Blattbeinen

Leptotän, → Meiose.
Leptozephalus, die durchsichtigen Larven der Aale.
Lerchen, *Alaudidae,* Familie der → Singvögel der Alten Welt mit 70 Arten. Sie brüten am Boden. Die Männchen singen auf einer hohen Warte oder im Fluge, z. T. recht hoch über ihrem Revier. Sie fressen Sämereien, grüne Pflanzenteile, Schnecken und Insekten. *Haubenlerche, Galerida, Feldlerche, Alauda, Heidelerche, Lullula, Ohrenlerche, Eremohila* sind Gattungen der Familie.

Lernaeocera, → Ruderfußkrebse.
Lernarten, Unterscheidung von Lernprozessen nach der Art der Lerninhalte, also nach dem, was gelernt wird. Beispiele für L. sind: die bedingte Reaktion als Verknüpfung bedingter Reize mit unbedingten Reaktionen; die bedingte Aktion als Verknüpfung neuer Aktionen oder Aktionsmuster mit unbedingten Reaktionen; die bedingte Aufmerksamkeit als Aneignung rationeller Einstellungsgewohnheiten bei der Problemlösung.
Lernen, Vervollkommnung des umweltbezogenen Verhaltens auf der Grundlage individueller Informationsaufnahme und -verarbeitung, Speicherung eingeschlossen. Beim *sensorischen L.* werden Reize oder Reizkonstellationen auf ihre jeweilige Verhaltensrelevanz geprüft; beim *motorischen L.* vollzieht sich dieser Vorgang in Hinblick auf die Einwirkung auf die Umwelt, während beim *L. im Zustandsvektor* die Lernfähigkeit als solche vervollkommnet wird. L. erweist sich allgemein phänomenologisch als eine relativ dauerhafte Verhaltensänderung auf der Grundlage individueller Erfahrung. Sie ist bei verhaltensfähigen Organismen allgemein verbreitet, wenn auch in unterschiedlicher Form. Wir können heute davon ausgehen, daß es verschiedene genetisch verankerte Bereitschaften zum L. gibt, die über bestimmte Verhaltensdispositionen ihre spezielle Qualität gewinnen.
Lit.: R. Sinz: L. und Gedächtnis (Berlin 1980); R. M. Tarpy: Lernen (Berlin 1979).
Lernen-Lernen, *learning sets,* Versuchsanordnung zur Prüfung des Lernvermögens, also der Fähigkeit zum Lernen. Dabei werden meist Diskriminationsaufgaben gestellt und in aufeinanderfolgenden Aufgaben ermittelt, ob und in welcher Weise der Lernvorgang sich verändert. Ein konkreter Versuch kann folgendermaßen angelegt sein: Das Versuchstier lernt, einen Kreis gegenüber einem Quadrat als positiv zu bewerten (Futterbelohnung). Im Folgeversuch wird der Kreis gegenüber einem Stern als negatives Signal geboten, dann Balken als positives Signal gegen den Stern usw. Man spricht in diesem Fall von »Umkehrungen«. Im allgemeinen erlauben diese und ähnliche Versuchsanordnungen Aufschlüsse, die mit der Leistungshöhe des Gehirns und der Lernpotenz überhaupt zusammenhängen, daher auch stammesgeschichtlich-vergleichende Betrachtungen zwischen Tiergruppen und -arten ermöglichen.

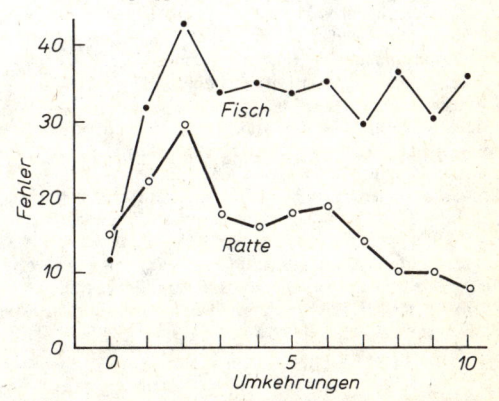

Folgen von Unterscheidungsaufgaben mit Wechsel eines Zeichens und Umkehr der Wertigkeit des verbliebenen Zeichens in der jeweils nachfolgenden Aufgabe

Lernformen, Unterscheidung von Lernprozessen nach dem »Wie« ihres Vollzuges. Hiernach können folgende Typen aufgestellt werden: Das *konnektionistische Lernen* als zeitweise Verknüpfung zwischen Informationen und be-

Lernvorgang

stimmten Bewegungsmustern unter Herstellung sensorischer und motorischer Assoziationen (*assoziatives Lernen*); dieser Vorgang wird auch als *lineares Lernen* bezeichnet, da raum-zeitliche Nähe und nicht eine »Rückkopplung« die entscheidende Voraussetzung für diese L. bilden. Anders ist es beim *Hypothesenlernen*, das auch als *kreisrelationales Lernen* bezeichnet wird, weil hier der Ausführungserfolg auf Grund eines vom Organismus als »Hypothese« vorgegebenen Lösungsweges für den Prozeß des Lernens entscheidend ist. Diese L. ist auch »*Versuchs- und Irrtumslernen*« genannt worden. Eine dritte L. ist das *Einsichtlernen*, bei dem sich plötzlich angepaßte Verhaltensweisen herausbilden, Erfahrungen reorganisiert werden.
Lernvorgang, → Gedächtnis.
letale Dosis, Abk. *LD*, die in einer bestimmten Zeiteinheit zum Tode führende Menge eines Wirkstoffes (z. B. → Pflanzenschutzmittels). LD 50 bedeutet, daß mit dieser Wirkstoff- bzw. Pflanzenschutzmitteldosis 50% der Versuchstiere in der Zeiteinheit abgetötet werden.
letale Konzentration, Abk. *Lc*, die in einer bestimmten Zeiteinheit zum Tode führende Konzentration eines Wirkstoffes (z. B. Pflanzenschutzmittels). Lc 50 bedeutet, daß mit dieser Mittelkonzentration 50% der Versuchstiere in der Zeiteinheit abgetötet werden.
Letalfaktoren, dominante oder rezessive Gene, die den Tod des Trägerindividuums in einer jeweils charakteristischen Entwicklungsphase (effektive Letalphase) vor Erreichen des fortpflanzungsfähigen Alters bewirken. L. lassen sich nach verschiedenen Gesichtspunkten klassifizieren: a) nach dem Grade ihrer → Penetranz in L. im engeren Sinne, die in jedem Fall zum Tod des Trägers führen, in Semilateralfaktoren, die mehr als 50%, und in Subvitalfaktoren, die höchstens 50% der Träger zum Absterben bringen; b) nach ihrer Wirkungsphase in gametische, gonische oder haplophasische L. und zygotische L.; c) nach ihrer chromosomalen Lokalisation in autosomale, wenn sie in den Autosomen und in geschlechtsgekoppelte L., wenn sie in den Geschlechtschromosomen lokalisiert sind.
Leu, Abk. für L-Leuzin.
Leuchtbakterien, → Biolumineszenz.
Leuchtkäfer, → Käfer.
Leuchtkrebse, *Euphausiacea,* eine Ordnung der Krebse (Unterklasse *Malacostraca*) von der Gestalt einer Garnele. Die L. haben einen kräftigen Hinterleib, dessen Gliedmaßen (Pleopoden) als Schwimmbeine dienen. Alle Segmente des Thorax sind mit dem Kopf zu einem Zephalothorax verschmolzen und von einem Carapax überdeckt. Fast alle Arten haben Leuchtorgane, die in den Augenstielen, an den Hüften der spaltbeinigen Thoraxgliedmaßen und zwischen den vorderen Pleopoden liegen. Es sind 90 Arten bekannt, die alle im Meer als Plankter leben und oftmals große Schwärme bilden, zu deren Zusammenhalt offenbar das Leuchten dient. Es gibt räuberische und filtrierende Formen. Als Nahrung von Fischen und Bartenwalen haben die L. große wirtschaftliche Bedeutung (→ Krill). Als Entwicklungsstadien treten der Nauplius und verschiedene andere Larvenstadien auf. Die bekanntesten Gattungen sind *Thysanopoda, Meganyctiphanes* und *Euphausia.*

Leuchtkrebs
(*Thysanopoda tricuspidata*)

Leuchtmoose, → Laubmoose.
Leuchtorgane, *Photophoren,* auf modifizierte Schleimdrüsen zurückzuführende Organe in der Haut von Tiefseefischen, die z. T. mit Hilfseinrichtungen, wie Linse, Reflektor und Pigment, ausgestattet sind. Das Leuchtvermögen beruht auf der Anwesenheit von Leuchtbakterien oder auf Oxidationsprozessen der Sekretzellen (→ Biolumineszenz). L. dienen der Abschreckung von Feinden, der Anlockung von Beutetieren und dem Auffinden des Partner.
Leuchtsardinen, Laternenträgerverwandte, *Myctophoidei,* zu den Lachsfischartigen gehörende, z. T. monströse Tiefseefische mit Leuchtorganen.
Leuconostoc, → Froschlaichbakterium.
Leukoplasten, → Plastiden.
Leukopterin, → Pterine.
Leukotriene, Abkömmlinge der Arachidonsäure. Es besteht eine enge strukturelle Verwandtschaft zu den → Prostaglandinen. L. spielen bei allergischen Reaktionen (Anaphylaxien, Bronchialasthma) eine Rolle.
Leukoviren, → Virusfamilien.
Leukovorin, *Zitrovorumfaktor,* Derivat der 5,6,7,8-Tetrahydrofolsäure mit einer Formylgruppe am Stickstoffatom N^5. L. stellt für das Bakterium *Leuconostoc citrovorum* einen Wachstumsfaktor dar.
Leukozyten, → Blut, → Hämozyten.
L-Leuzin, Abk. *Leu*, $(CH_3)_2CH$—CH_2—$CH(NH_2)$—COOH, eine proteinogene, essentielle und ketoplastisch wirkende Aminosäure. L-L. ist Bestandteil von Serumalbuminen und -globulinen und kommt in der Hornsubstanz, in Milch und Käse vor.
Levator, *Aufheber,* Muskel, der etwas hebt.
Levkoje, → Kreuzblütler.
Lezithine, → Phosphatide.
L-Form, eine atypische Wuchsform bei Bakterien, gekennzeichnet durch ungeregeltes Längen- und Dickenwachstum. Sie wurden benannt nach dem Lister-Institut in London, wo sie zuerst untersucht wurden. L-F. haben keine oder stark reduzierte Zellwände. Auf festen Nährböden wachsen sie als »Spiegelei«-Kolonie, d. h. als Kolonie mit verdickter Mitte. L-F. entstehen spontan nach längerer Kultivierung mancher Bakterien im Labor oder unter Einfluß bestimmter Faktoren, z. B. Penizillin. Nach der vorhandenen oder nicht vorhandenen Fähigkeit zur Rückbildung in die normale Form mit Zellwand unterscheidet man zwischen *instabilen* bzw. *stabilen* L-F.

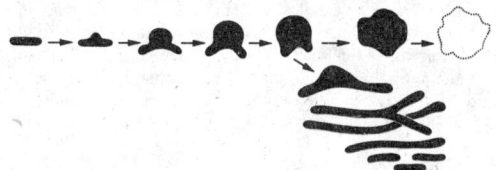

Entstehung von L-Formen und Rückbildung zur Stäbchenform

LH, Abk. für Lutropin.
Lianen, svw. Kletterpflanzen.
Lias [aus der Steinbrechersprache in England: layers 'Schichten'; gallisch: leac 'Steinplatte'; franz. liais], Schwarzer Jura, die untere Abteilung des → Jura.
Libellen, *Odonatoptera, Odonata,* eine Insektenordnung mit 80 Arten in Mitteleuropa (Weltfauna: etwa 4500). Fossil sind sie bereits aus dem Oberkarbon nachgewiesen.

Vollkerfe. Die Körperlänge beträgt bis zu 13 cm. Der Kopf ist mit auffallend großen Facettenaugen, kauenden Mundwerkzeugen und kurzen, unscheinbaren Fühlern versehen. Der langgestreckte und meist schlanke Hinterleib ist in der Regel deutlich von dem etwas breiteren Brustabschnitt abgesetzt und oft bunt. Die vier großen und überwiegend durchsichtigen Flügel besitzen ein dichtes netzartiges Geäder. Besonders die Großlibellen sind gute und ausdauernde Flieger und erbeuten ihre Nahrung (andere Insekten) mit Hilfe der langen Beine größtenteils im Fluge. Interessant ist die Art der Paarung (»Rad«), die durch die Vorpaarung (»Kette«) eingeleitet wird (Abb. 1). Ein bemerkenswertes Phänomen sind die Wanderschwärme der L., über deren Ursachen noch Unklarheit herrscht. Die Entwicklung der L. ist eine Form der unvollkommenen Verwandlung (Hemimetabolie).

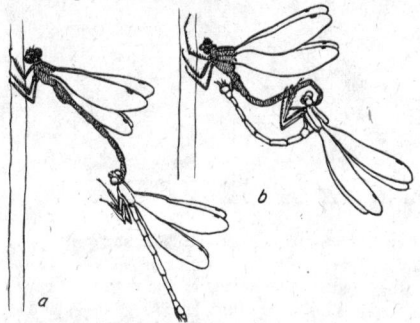

1 Paarung der Libellen (Binsenjungfer *Lestes dryas* Kirby): *a* »Kette«, das ♂ hält das ♀ mit seinen Hinterleibsanhängern fest; *b* »Rad«, Phase der Samenübertragung. ♂ jeweils dunkel getönt

Eier. Unmittelbar nach der Paarung beginnt das Weibchen mit der Eiablage, wobei die Eier einfach über dem Wasser fallen gelassen oder (sitzend) an bzw. in Wasserpflanzen oder auf dem feuchten Uferboden abgelegt werden, insgesamt 200 bis 1600. Ihre Größe schwankt zwischen 0,5 und 2 mm.

Larven. Sofern die Eier nicht überwintern, schlüpfen nach zwei bis fünf Wochen die Vorlarven, aus denen nach wenigen Sekunden oder Minuten erst die eigentlichen Larven schlüpfen. Man erkennt sie an den großen Augen und an der vorschnellbaren Fangmaske, mit deren Hilfe sie kleine Wassertiere erbeuten. Die sonst recht trägen Larven leben sowohl in stehenden als auch in fließenden Gewässern. Nach 10 bis 15 Häutungen schlüpfen die Vollkerfe außerhalb des Wassers. Die Entwicklungsdauer beträgt bei den meisten Arten 1 bis 3 Jahre.

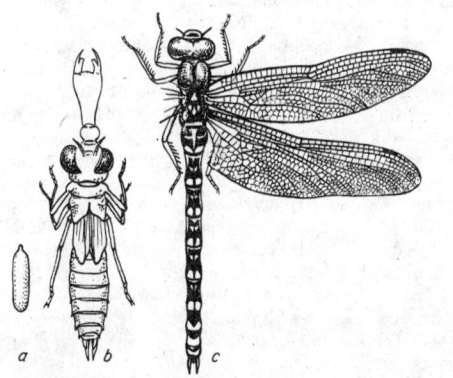

2 Mosaikjungfer (*Aeschna* spec.): *a* Ei, *b* Larve mit vorgestreckter Fangmaske, *c* Vollkerf

Wirtschaftliche Bedeutung. Die L. sind weder schädlich noch nützlich. Lediglich die Larven einiger Arten sind Zwischenwirt eines parasitären Saugwurms (*Prosthogonimus pellucidus* v. Linst), der Eileitererkrankungen bei Geflügel, besonders bei Hühnern, hervorruft.

System.
1. Unterordnung: *Kleinlibellen* (*Zygoptera*) Form der Vorder- und Hinterflügel annähernd gleich, in der Ruhe meist über dem Rücken zusammengeklappt; überwiegend kleine Arten.
Familie Seejungfern (*Calopterygidae*)
Familie Schlankjungfern (*Agrionidae*)
Familie Teichjungfern (*Lestidae*)
2. Unterordnung: *Großlibellen* (*Anisoptera*) Hinterflügel breiter als die Vorderflügel, in der Ruhe waagerecht ausgebreitet; überwiegend mittelgroße bis große Augen.
Familie Edellibellen (*Aeschnidae*)
Familie Kurzlibellen (*Libellulidae*)

Lit.: H. Naumann: Wasserjungfern oder L. (*Leipzig 1952*); H. Schiemenz: Die L. unserer Heimat (*Jena 1953*).

Liberine, *Releasinghormone*, neurosekretorische Peptidhormone, die die Freisetzung der Hormone der Hypophyse steuern. L. werden im Hypothalamus gebildet, auf dem Blutweg zum Hypophysenvorderlappen transportiert und lösen dort die Bildung und Sekretion der hypophysären Hormone aus. Die bisher strukturbekannten L. sind Peptide mit 3 bis 10 Aminosäuren. Folgende derartige Regulationshormone sind bekannt: 1) Kortikotropin-freisetzendes Hormon (Abk. CRH, Kortikoliberin); 2) Follitropin-freisetzendes Hormon (Abk. FSH-RH, Folliberin); 3) Lutropin-freisetzendes Hormon (Abk. LH-RH, Luliberin); 4) Thyreotropin-freisetzendes Hormon (Abk. TRH, Thyroliberin); 5) Melanotropin-freisetzendes Hormon (Abk. MRH, Melanoliberin); 6) Prolaktin-freisetzendes Hormon (Abk. PRH, Prolaktoliberin); 7) Somatotropin-freisetzendes Hormon (Abk. GR-RH, Somatoliberin).

Für die drei letztgenannten L. ist zusätzlich jeweils ein Freisetzung-inhibierendes Hormon vorhanden, die als Melanostatin, Prolaktostatin bzw. Somatostatin bezeichnet werden. Die Produktion z. B. von Somatotropin wird durch das sekretionsfördernde Somatoliberin und das sekretionshemmende Somatostatin gesteuert.

Die L. sind für eine kontrollierte Regulation des Hormonstoffwechsels außerordentlich wichtig.

Lichenes, → Flechten.
Lichenin, ein Polysaccharid, das durch α-1,4-glykosidische Verknüpfung und 1,3-glykosidische Verzweigung von Glukose gebildet wird. L. ist Bestandteil vieler Flechten und dient als Gerüst- und Reservestoff.
Lichtabsorption, → Photosynthese.
Lichtatmung, *Photorespiration*, Sauerstoffverbrauch und Kohlendioxidbildung durch photosynthetisierende Pflanzenzellen im Licht. Die Bezeichnung L. rührt von der formellen Ähnlichkeit dieses Gaswechsels mit der Atmung her. Die L. unterscheidet sich jedoch sowohl hinsichtlich ihrer Reaktionsfolge als auch bezüglich der beteiligten Zellorganellen grundsätzlich von der normalen Atmung, wie sie auch in grünen Pflanzenzellen im Dunkeln und bei allen nichtgrünen Zellen aerober Organismen im Licht und im Dunkeln abläuft.

Die Abb. S. 510 gibt einen Überblick über die bei der L. beteiligten Reaktionen und deren Verteilung auf verschiedene Zellkompartimente. Sie zeigt, daß das in Chloroplasten im Calvin-Zyklus (→ Photosynthese) entstehende Ribulosediphosphat (RuDP) das eigentliche Substrat der L. ist. Während bei hohem CO_2-Partialdruck der Einbau von CO_2 in RuDP begünstigt ist, wobei jeweils 2 Moleküle Glyzerinphosphat entstehen, die im weiteren Verlauf der Photosynthese zu Glyzerinaldehydphosphat und schließlich zu Glukose umgewandelt werden, bildet sich bei hohem O_2-Partialdruck, wie er in Zellen von C_3-Pflanzen bei leb-

Lichtblätter

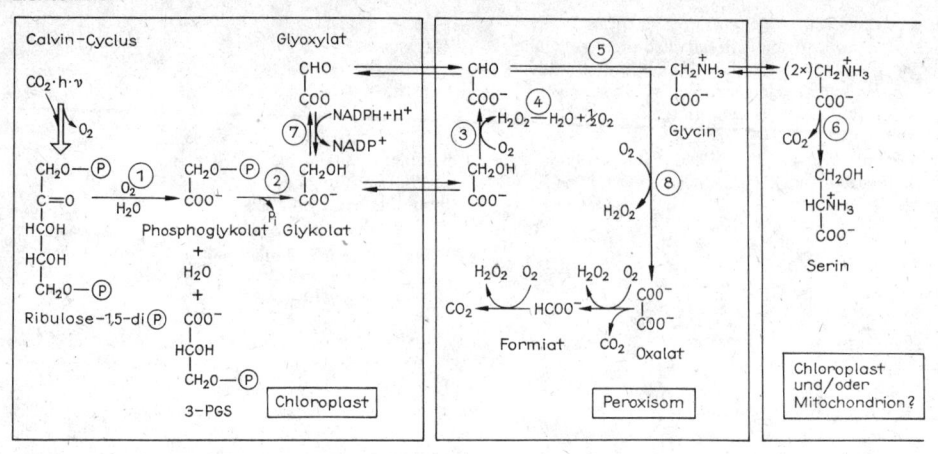

Die an der Lichtatmung beteiligten Reaktionen und deren Verteilung auf verschiedene Zellkompartimente

hafter Tätigkeit des Photosystems II (→ Photosynthese) sehr rasch zustandekommen kann, unter Mitwirkung des Enzyms Ribulosediphosphatoxidase (① in der Abb.) unter O_2- und H_2O-Aufnahme Phosphoglykolat und Phosphoglyzerinsäure (PGS). Wird der natürliche O_2-Partialdruck der Luft verringert, sinkt auch bei C_3-Pflanzen die L., und die → Nettophotosynthese steigt an. Das gebildete Glykolat wird durch Phosphoglykolat-Phosphatase ② dephosphoryliert und gelangt aus den Chloroplasten in *Peroxisomen,* die in den Blättern meist eng mit Chloroplasten vergesellschaftet sind. Dort wird es unter Mitwirkung von Glykolat-Oxidase ③ zu Glyoxylat oxidiert. Dabei entsteht Wasserstoffsuperoxid (H_2O_2), das durch Katalase ④, das Leitenzym der Peroxisomen, in Wasserstoff und Sauerstoff gespalten wird. Das Glyoxylat kann über Oxalat zu Formiat (Salz der Ameisensäure) und CO_2 abgebaut werden ⑧. Es kann aber auch in die Chloroplasten übertreten, wo es unter Mitwirkung von in der Lichtreaktion der → Photosynthese gebildetem NADPH + H⁺ durch Glyoxylat-Reduktase ⑦ wieder zu Glykolat reduziert wird. Dieses tritt erneut in den geschilderten Kreislauf ein, der im Endeffekt zu einer »Vernichtung«, d. h. zu einer biologisch nutzlosen Oxidation eines beachtlichen Teils des in der Lichtreaktion gebildeten NADPH + H⁺ führt. Auf das Glyoxylat kann jedoch auch unter Mitwirkung der Glyoxylat-Glycin-Transaminase ⑤ im Wege der Transaminierung eine Aminogruppe übertragen werden. Hierdurch kommt es zur Bildung der Aminosäure Glycin. Diese verläßt ebenfalls die Peroxisomen. Aus zwei Molekülen Glycin entsteht dann unter Mitwirkung des Enzyms Serin-Synthase ⑥ unter CO_2-Freisetzung ein Molekül Serin. Dabei ist noch unklar, ob dies in Mitochondrien, Chloroplasten oder in beiden Organellen erfolgt. Vielleicht ist in der Bildung der Aminosäuren Glycin und Serin die biologische Bedeutung der L. zu sehen, die ja insgesamt einen beachtlichen Stoffverlust bringt. In → C_4-Pflanzen ist eine L. nicht nachweisbar. Der Grund hierfür ist vor allem darin zu sehen, daß in Zellen entsprechender Pflanzen der O_2-Partialdruck wesentlich geringer als in C_3-Pflanzen ist.

Lichtblätter, *Sonnenblätter,* äußere Laubblätter der sonnigen Südseite eines Baumes, z. B. der Rotbuche. L. sind im allgemeinen wesentlich dicker als die → Schattenblätter derselben Pflanze und besitzen ein stark ausgebildetes Palisadenparenchym.

Lichtfaktor, *1)* die Gesamtheit der den Pflanzen und Tieren am Wuchsort oder in ihrem Lebensbereich zur Verfügung stehenden Strahlung unterschiedlicher Wellenlänge. Bei Pflanzen liefert dabei das Licht einerseits die für die Photosynthese notwendige Energie. Darüber hinaus wirkt Licht als wachstums- und entwicklungsregulierender Faktor. Dabei ist die *Lichtwirkung* ähnlich vielfältig wie die Wirkung der Phytohormone. So wirkt Licht auf die Atmung und Keimung von Samen (Licht- und Dunkelkeimer → Samen) und die Bildung von Rhizomen und Knollen. Die Blütenbildung wird oft von der Länge des täglichen Lichtgenusses, der Photoperiode, beeinflußt (→ Photoperiodismus). Ähnliches gilt oft für die Herausbildung der Knospenruhe. Darüber hinaus beeinflußt Licht die gestaltbildenden Prozesse (→ Photomorphogenese), was unter anderem daran erkenntlich ist, daß Pflanzen bei fehlendem oder sehr schwachem Licht stark verlängerte Sproßachsen und kleine, oft rudimentäre Blätter ausbilden (→ Vergeilen). Der L. ist ferner wirksam bei der Orientierung von Pflanzen bzw. Pflanzenorganen im Raum (→ Phototropismus, → Photonastie, → Phototaxis). In welcher Weise Licht die gestaltbildenden Prozesse beeinflußt, ist vielfach vom Genmuster der Empfängerzelle abhängig. So wird beispielsweise im Hypokotyl der Senfpflanze durch Licht in einigen Zellen der Epidermis, in den Trichoplasten, Haarbildung ausgelöst, in allen Zellen der darunter liegenden Zellschicht dagegen Anthozyanbildung. Der Einfluß des Lichtes auf Wachstum und Entwicklung macht sich in der Regel in langen Reaktionsketten geltend, die nur z. T. aufgeklärt sind. Diese beginnen häufig damit, daß Licht durch ein im langwelligen Spektralbereich absorbierendes Pigmentsystem, das → *Phytochrom,* wirksam absorbiert wird. Dabei ist die Beleuchtungsstärke von geringer Bedeutung. Sehr kleine Lichtmengen lösen bereits die volle, nicht mehr durch Erhöhung der Lichtmenge zu verstärkende Reaktion aus. In einer Anzahl von Fällen erfolgt die *Lichtsteuerung* nach Absorption durch ein Pigmentsystem, dessen Absorptionsmaxima im Blau und Dunkelrot liegen. Dieses Reaktionssystem, das z. B. das Hypokotylwachstum des Lattichs (*Lactuca*) hemmt, bedarf im Gegensatz zu dem sehr empfindlichen Phytochrom hoher Energieeinstrahlung. Es wird deshalb als → Hochenergiesystem bezeichnet.

Über die Wirkungen des ultravioletten Lichtes (UV) bestehen noch Unklarheiten. Vielfach kann UV Ionisierung verursachen. Der *UV-Effekt* bei höheren Pflanzen hängt sehr stark von der Temperatur ab. Bei Temperaturen unter dem Optimum tritt im allgemeinen eine Wachstumshemmung durch UV ein; im supra-optimalen Bereich kann dagegen eine Förderung erfolgen, während bei optimalen Wachstumstemperaturen meist keine ausgeprägte UV-Wirkung in Erscheinung tritt. Untersuchungen über den Zwergwuchs vieler Hochgebirgspflanzen ergaben, daß die erhöhte UV-Bestrahlung niemals allein die Wachstumshemmung bedingt, wie häufig angenommen wird.

Phylogenetische Anpassungen an den L. des Standortes, und zwar an die jeweilige Lichtstärke, zeigen die Licht- und Schattenpflanzen (→ Starklichtpflanzen). Auch die *chromatische Adaption,* d. h. Anpassung an die vorwiegende Lichtfarbe des Standorts durch Verschiebung der Mengenverhältnisse der assimilatorischen Farbstoffe und z. T. durch Ausbildung → akzessorischer Pigmente, ist in diesem Zusammenhang zu nennen. Schließlich sind im Zusammenhang mit dem L. auch mittelbare Lichtwirkungen zu berücksichtigen, die z. B. dadurch zustande kommen, daß die langwelligen Lichtanteile, verbunden mit der Ultrarotstrahlung, Wasser und Wärmehaushalt der Pflanzen beeinflussen können. Hierdurch ist es oft schwierig und bisweilen unmöglich, Licht- und Temperatureffekte klar zu trennen.

2) Alle Tiere sind mittelbar, nämlich über die pflanzlichen Primärproduzenten, die meisten auch unmittelbar vom L. abhängig. Dabei ist sowohl die Intensität (Helligkeit) als auch die Qualität (Wellenlänge, Farbe) von Bedeutung. Ein breiter Bereich wird von *euryphoten,* ein engerer von *stenophoten* Tieren toleriert. Im *Lichtpräferendum* (Behaglichkeitsbereich) finden die Tiere ihren bevorzugten Helligkeitsbereich. Die *Lichttoleranz* repräsentiert das jeweils tragbare Ausmaß von Intensität und Qualität. Sie wird durch Schutzanpassungen erhöht (z. B. durch Pigmente, verdickte Körperflächen, Verhaltensweisen). Ungeschützte Tiere (Protozoen, Regenwürmer, manche Insekten und ihre Larven) sterben bei Überschreiten ihrer geringen Toleranz den *Lichttod.* Beziehungen zwischen Lichtangebot und körperlicher Beschaffenheit äußern sich z. B. in der Augenausbildung: große Augen mit hoher Lichtausnutzung bei Dämmerungstieren, Augenrückbildungen bei → Höhlentieren, Endoparasiten oder Tiefseefischen (Abb.).

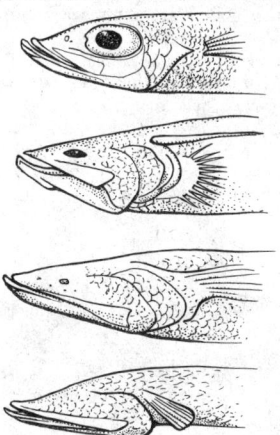

1 Augenrückbildung bei Skopelidenarten aus der Tiefsee: aus 575 m, aus 800–1000 m, aus 3000 m und aus 5000 m (nach Hesse-Doflein 1943)

Die Gestalt und Farbe von morphologischen Strukturen, Körpergröße, physiologische und ethologische Merkmale werden durch die Photoperiode, die Anteile der Hell- bzw. Dunkelphase im 24-Stunden-Rhythmus, beeinflußt. Der *Saisondimorphismus* der heimischen Zikade *Euscelis plebejus* äußert sich in einer Kurztagsform mit kleinerem Penis und einer Langtagsform mit geringer Pigmentierung, längeren Flügeln und größerem Penis. Bei Blattläusen kann die Photoperiode das Auftreten parthenogenetischer bzw. zweigeschlechtiger Generationen steuern, bei Zugvögeln den Fettansatz und die Zugbereitschaft. Direkt lichtbedingt ist der Farbwechsel vieler Tiere durch chemische Veränderung der Pigmente (Ausbleichen), Neubildung (Bräunung bei Menschen) oder Wanderung und Expansion vorhandener Chromatophoren (Garnelen, Tintenschnecken).

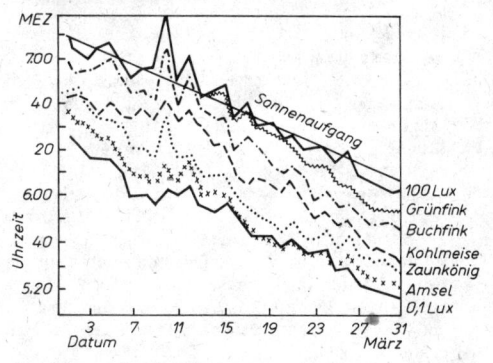

2 Beziehung zwischen Helligkeit in Lux und Singbeginn einiger Vögel im März (nach Scheer 1952)

Der Lichteinfluß auf die Aktivität kommt durch die Begriffe tag-, dämmerungs- und nachtaktiv zum Ausdruck. Tagaktive Vögel erwachen bei einer bestimmten Weckhelligkeit, die Rufhelligkeit läßt die Lautäußerungen beginnen (Abb.). Als *Photokinese* bezeichnet man die *Lichtwirkung* auf die Stärke von Bewegungen, z. B. auf die Laufgeschwindigkeit von Insekten. Da der Lichtwechsel periodisch abläuft, zeigen durch ihn beeinflußte Tiere bezüglich ihrer Aktivität eine entsprechende Photoperiodizität, die sich in einer Tagesrhythmik (monophasisch mit einer Aktivitäts- und einer Ruhepause oder polyphasisch mit wiederholtem Phasenwechsel), Monatsrhythmik (durch die Mondphasen z. B. bei Meerestieren) oder Jahresrhythmik äußern kann. Letztere ist besonders als Fortpflanzungsrhythmik ausgeprägt. So wird die Keimdrüsenentwicklung bei Vögeln und Säugetieren durch die Dauer der Hellphase beeinflußt, die Entwicklungsgeschwindigkeit und Diapause bei vielen Wirbellosen ebenso wie der Schlupf durch Lichteinwirkung gefördert, gehemmt oder synchronisiert (→ Periodizität).

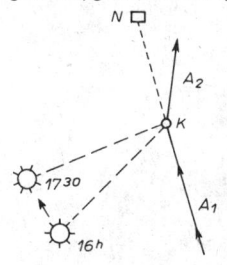

3 Weg einer bei A_1 zum Nest N laufenden Ameise (*Lasius niger*), die bei K für 1½ Stunden im Dunkeln festgehalten wurde. Die weitere Richtung ist um denselben Winkel verändert, den die Sonne inzwischen gewandert ist (nach Schwerdtfeger 1978)

Als Orientierungsfaktor ist das Licht von besonderer Bedeutung. Die physiologischen Reaktionen sind Phototropismus (Einstellbewegungen sessiler Tiere), Phototaxis (geradlinige Bewegung zur oder von der Lichtquelle weg), *Lichtkompaß-Bewegungen* (Beibehaltung eines bestimmten Winkels zur Lichtquelle bei der Bewegung, Abb.). Letztere kann durch Verrechnung der Zeit zur astronomischen Orientierung entwickelt werden, wie dies für Bienen, Krebse und Vögel nachgewiesen ist. Höchstleistungen werden unter Ausnutzung von Lichtquellen bei der Fernorientierung (Navigation) der Zugvögel erreicht. Die Orientierung kann schließlich auch anhand der Wellenlänge (Farbe) bei blütenbesuchenden Insekten oder des Erkennens von Kontrasten und Formen erfolgen. Der Maikäfer fliegt dunkle Waldsilhouetten an, Bienen lassen sich sowohl auf Farben

Lichtgenuß

als auch auf Muster dressieren. Mustererkennung erreicht ihre Perfektion in der Sternen- und Landschaftsorientierung der Vögel und Säugetiere.

Lit.: F. Schwerdtfeger: Lehrb. der Tierökologie (Hamburg u. Berlin 1978).

Lichtgenuß, Relativwert, der die Lichtmenge an einem Pflanzenstandort kennzeichnet. Es ist der Quotient aus der mittels Photometer gemessenen Beleuchtungsstärke am Wuchsort der Pflanze und dem gleichzeitig ermittelten Wert am unbeschatteten Freistandort.

Lichtkeimer, → Samenkeimung, → Samenruhe.

Lichtkompaß-Bewegungen, → Lichtfaktor.

Lichtkompensationspunkt, *Kompensationspunkt der Lichtintensität,* die Beleuchtungsstärke, bei der die Intensität der Photosynthese gleich derjenigen der Atmung ist, bei der also weder CO_2 noch O_2 aufgenommen oder abgegeben werden. Starklichtpflanzen atmen ebenso wie Lichtblätter stärker als Schwachlichtpflanzen bzw. Schattenblätter und haben dementsprechend den L. bei höheren Beleuchtungsstärken.

Lichtperzeption, → Chloroplastenbewegungen.

Lichtpflanzen, svw. Starklichtpflanzen.

Lichtpräferendum, → Lichtfaktor.

Lichtreaktion, → Photosynthese.

Lichtsinnesorgane, *Sehorgane, Augen* im allgemeinen Sinne, optische Sinneseindrücke vermittelnde Organe tierischer Vielzeller, mit deren Hilfe sich das Tier in seiner Umwelt orientiert. Die Sehzellen der L. sind stets primäre Sinneszellen.

Bei Urtierchen, Schwämmen und Nesseltieren, mit Ausnahme vieler Quallen, ist das gesamte Plasma der Körperoberfläche lichtempfindlich, spezielle L. fehlen jedoch. Nur vereinzelt kommt es bei Urtierchen zur Ausbildung lichtempfindlicher Organellen im Zelleib (*Augenfleck* oder *Stigma* der Flagellaten).

Die eigentlichen L. der Vielzeller weisen im Bau und in der Entstehung eine außerordentliche Vielfalt auf. Aber bei allen Tiergruppen zeigen sich gleiche Entwicklungsstufen hinsichtlich der Anpassung an die Funktion der L. Man unterscheidet nach dem Grad der Vervollkommnung in der Regel diffuse L., Augenflecke oder Flachaugen, Pigmentbecherozellen, Grubenaugen, Bläschenaugen, Linsenaugen und zusammengesetzte Augen.

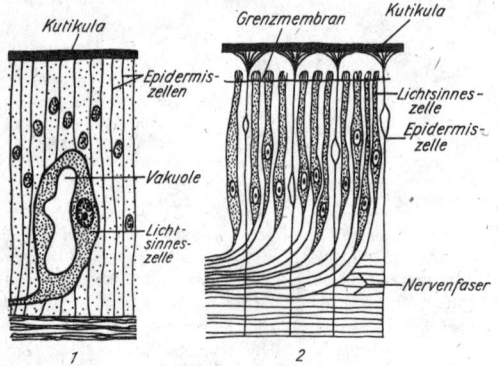

Einfache Lichtsinnesorgane: *1* Lichtsinneszelle in der Haut des Regenwurmes (diffuses Lichtsinnesorgan), *2* Flachauge (Augenfleck) eines Seesternes

Diffuse L. finden sich z. B. bei Regenwürmern, Muscheln, Seeigeln und Seescheiden in Form von Lichtsinneszellen, die in der Epidermis verstreut liegen (1). Sie ermöglichen kaum mehr als die bloße Lichtwahrnehmung, d. h. ein Hell-Dunkel-Sehen. Werden solche L. an bestimmten Stellen zu Gruppen vereinigt, wobei manchmal eine einseitige Pigmentabschirmung hinzutritt, so entsteht ein *Flachauge* oder *Augenfleck* (2). Dieses Sehorgan ermöglicht dem Tier bereits die Feststellung der Lage und Bewegung einer Lichtquelle, d. h. ein Richtungs- und Bewegungssehen. Flachaugen treten z. B. bei Quallen, Strudelwürmern, Ringelwürmern und Seesternen auf.

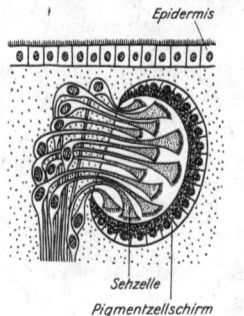

3 Pigmentbecherozelle einer Planarie

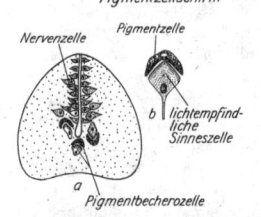

4 Pigmentbecherozellen eines Lanzettfischchens: *a* Querschnitt durch das Rückenmark, *b* einzelne Pigmentbecherozelle

Eine Vervollkommnung stellen die in vielen Tiergruppen verbreiteten *Pigmentbecherozellen* dar. Sie bestehen im Prinzip aus einer etwa halbkugelförmigen Hülle, die aus einer oder mehreren Pigmentzellen besteht und die Sehzellen umgibt (3, 4). Da Lichtstrahlen nur von der dem Pigmentbecher abgewandten Seite auf die Sehzellen treffen können, gestattet dieses Organ ein genaues Richtungssehen und die Lageorientierung des Körpers zum Licht. Aus L. dieses Typs werden *Grubenaugen,* wenn sich das Epithel grubenförmig einsenkt und die Sehzellen am Grund oder an den Wänden der Grube stehen (5). Sie kommen z. B. bei Quallen und Weichtieren vor.

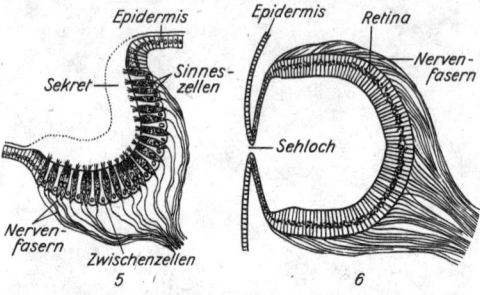

5 Grubenauge einer Schnecke, *6* Bläschenauge des Kopffüßers *Nautilus*

Aus Grubenaugen oder aus Pigmentbecherozellen können sich *Kameraaugen* entwickeln, die ein Bildsehen ermöglichen. Das geschieht bereits, wenn die grubenförmige Einsenkung der Körperoberfläche sich zu einer Blase (*Augenblase*) umbildet, die am Vorderpol lediglich ein enges Sehloch behält. Solche *Bläschenaugen* oder *Blasenaugen* können nach dem Prinzip der Lochkamera ein umgekehrtes und sehr lichtschwaches Bild der Lichtquelle auf dem Augenhintergrund entstehen lassen, z. B. bei den meisten Schnecken und beim Kopffüßer *Nautilus* (6). In den mei-

(Ziliarmuskel oder Zonulafasern) Lageveränderungen erfahren; die Linsen der Amnioten sind dagegen flacher und formveränderlich, wodurch sich die Brechkraft verändern kann (→ Akkommodation).

Lidbildungen kommen zwar schon bei Haifischen (als Unterlid) vor, sind aber erst typisch nach dem Übergang der Wirbeltiere vom Wasser- zum Landleben, der zugleich die Ausbildung von *Augendrüsen* zur Feuchthaltung des Augapfels bedingt. Die *Augenfarbe* ist von der Menge des in der Iris eingelagerten Pigments abhängig; je mehr Pigment in den Zellen vorhanden ist, um so dunkler ist sie. Man unterscheidet beim Menschen die Haupttöne Schwarzbraun, Dunkelbraun, Braun, Hellbraun, Grünlich, Dunkelgrau, Hellgrau, Blau, Hellblau und Albinotisch. Normalerweise besteht ein enger Zusammenhang zwischen Augen-, Haut- und Haarfarbe (→ Komplexion). Die Augenfarbe wird in der Anthropologie mit Hilfe einer speziellen Augenfarbentafel bestimmt, die aus einer Serie naturgetreu nachgebildeter Glasaugen besteht.

Lichtsteuerung, → Lichtfaktor.

Lichtstreuung, die Ablenkung des Lichtes aus seiner ursprünglichen Ausbreitungsrichtung durch kleine Teilchen. Mittels L. können Eigenschaften biologischer Makromoleküle durch Messung der Intensität und des Spektrums des gestreuten Lichtes bestimmt werden. Hat das gestreute Licht dieselbe Frequenz wie das eingestrahlte Licht, so liegt elastische L. vor. Tritt eine Frequenzverschiebung ein, erfolgt die Streuung inelastisch. Dabei muß das Molekül einen Teil der Lichtenergie in Translationsenergie oder Schwingungsenergie umgesetzt haben.

Elastische L. Ist die Größe des Moleküls wesentlich kleiner als die Wellenlänge des eingestrahlten Lichtes, so wird das Molekül als Ganzes als ein oszillierender Dipol angeregt. Dabei sind Phasenunterschiede zu vernachlässigen. Das Licht wird senkrecht zum Vektor der Feldstärke des einfallenden Strahles emittiert. Die Intensität ist dabei der vierten Potenz der Wellenlänge proportional. Es liegt Rayleigh-Streuung vor. In verdünnten Lösungen ist die Streulichtintensität dem Quadrat der relativen Molekülmasse proportional. Deshalb können Streulichtmessungen zur Molekülmassebestimmung benutzt werden.

Bei großen Teilchen treten dagegen Interferenzen auf, die eine Winkelabhängigkeit des Streulichtes bedingen. Die Rückwärtsstreuung kann wesentlich geschwächt sein. Aus der Winkelabhängigkeit erfolgt die Bestimmung der Molekülgröße.

Quasielastische L. Bedingt durch die Bewegung der Moleküle tritt eine Doppler-Verschiebung des Streulichtes auf, aus der man Diffusions- und Rotationsdiffusionskoeffizienten bestimmen kann. Dazu werden Methoden mit extrem hoher spektraler Auflösung benötigt.

Inelastische L. Hierbei treten neben der Rayleigh-Streuung frequenzverschobene Linien auf, deren Existenz sich dadurch erklärt, daß ein Teil der Energie an eine Molekülschwingung abgegeben wurde. Diese Linien bilden das *Raman-Spektrum* des Moleküls. Man kann daraus in wäßrigen Lösungen im nativen Zustand des Moleküls Strukturveränderungen an Makromolekülen bestimmen.

Lichttoleranz, → Lichtfaktor.
Lichtwirkung, → Lichtfaktor.
Lidschlußreflex, → Schutzreflexe.
Liebespfeil, pfeilförmiges Kalkgebilde bei höheren Landlungenschnecken (z. B. Weinbergschnecke), das in einer Anhangsdrüse des weiblichen Geschlechtsapparates (→ Liebespfeilsack) gebildet und als Reizmittel beim Vorspiel zur Begattung vielfach in die Haut des Partners gestoßen wird.
Liebespfeilsack, dickwandiger Blindsack der Vagina der Landlungenschnecken. Er enthält zur Fortpflanzungszeit in seinem Inneren meist den → Liebespfeil.
Liebstöckel, → Doldengewächse.
Lien, ↔ Milz.
Liest, → Rackenvögel.
Ligament, Schalenband bei Muscheln, das die beiden Schalenklappen fest miteinander verbindet und durch seine Elastizität das Öffnen der Schalen bewirkt. Das L. wirkt antagonistisch zu den Schließmuskeln der Schalenklappen.
Ligane, geschlechtsspezifische, nicht-steroide phenolische Verbindungen, die im Urin von geschlechtsreifen Primatenweibchen während der Maxima der Luteinisierungsphase im Ovulationszyklus und den Frühstadien der Schwangerschaft ausgeschieden werden. Ob es sich bei den L. um eine neue Klasse weiblicher Hormone handelt, ist bisher nicht geklärt.
Ligasen, Hauptklasse von Enzymen, die unter Spaltung von Adenosintriphosphat oder einer anderen energiereichen Verbindung die Vereinigung von zwei Substratmolekülen katalysieren, und zwar durch Knüpfung einer C—O—, C—N—, C—C— oder C—S-Bindung. Zu den L. gehören z. B. die → Aminosäuredekarboxylasen und die Glutaminsynthetase, die die Bildung von Glutamin aus Glutamat bewirkt. Entstehen dabei Verbindungen mit hohem Gruppenübertragungspotential, werden die L. auch als *Synthetasen* bezeichnet.
Lignifizierung, → Verholzung.
Lignin [lat. lignum, 'Holz'], *Holzstoff,* ein hochpolymerer aromatischer Pflanzenstoff, der neben Zellulose den Hauptbestandteil des Holzes darstellt. L. entsteht in der Pflanze

1 Koniferylalkohol

aus *Koniferylalkohol,* der in Form des Glykosids *Koniferin* aus Holz isoliert wurde. Koniferylalkohol (überwiegende Komponente im Nadelholz) wird unter dem Einfluß von Dehydrogenasen (»Phenolhydratasen«) in Radikale überführt, die spontan – ohne Mitwirkung von Enzymen – zu einem dreidimensionalen Netzwerk ohne Vorzugsrichtungen zusammentreten. Die Verzweigungen schieben sich dabei in die Lücken zwischen den Zellulosemizellen ein und führen eine Versteifung (→ Verholzung) herbei. Das L. wirkt somit als Stützsubstanz und erhöht die Festigkeit des Holzes gegenüber Nässe. Außer Koniferylalkohol sind auch *Vanillylalkohol, Syringylalkohol* (bis zu 50% im Laubholz), *Sinapylalkohol* und *P-Kumaralkohol* beim Aufbau des L. beteiligt. Charakteristisch ist das Vorliegen von Phenylpropan-Bausteinen C_6-C_3 (in der Formel fettgedruckt) und zahlreicher Sauerstoffbrücken im Molekül. L. treten erstmals bei Moosen auf, sind hier aber sehr arm an Methoxy-Gruppen.

2 Lignin (Formelausschnitt)

Lignohuminsäure

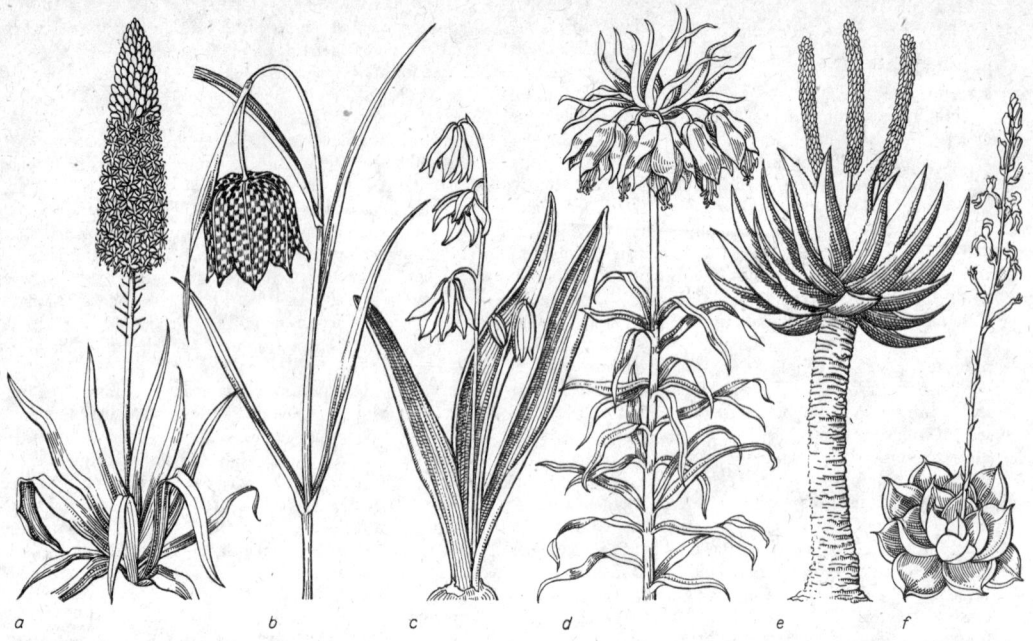

1 Liliengewächse: *a* Steppenkerze, *b* Schachblume, *c* Sibirischer Blaustern, *d* Kaiserkrone, *e* Aloë ferox, *f* Haworthia planifolia

Der Gehalt an L. in Pflanzen beträgt bis zu 35%; am ligninreichsten ist das Holz von Koniferen. Durch Erhitzen des Holzes mit geeigneten Verbindungen, z. B. Natronlauge oder Kalziumhydrogensulfit, kann das L. herausgelöst werden, wobei Zellstoff als Rückstand verbleibt. Dieses löslich gemachte L. bildet den Hauptbestandteil der *Sulfitablaugen,* die bei der Herstellung von *Sulfitzellstoff* in großen Mengen anfallen. Bei Hydrolyse des Holzes mit konzentrierter Salzsäure bleibt reines L. zurück, das als gelbliches, amorphes Pulver gewonnen werden kann. Die Molekülmasse beträgt etwa 10000. Die Struktur des L. ist noch nicht in allen Einzelheiten geklärt. Aus den Methoxygruppen des L. entsteht bei trockener Destillation des Holzes Methylalkohol, ein Bestandteil des Holzessigs. Beim Abbau des Laubholz-L. fällt Vanillin an. Diese Verbindung wird auch durch Alkohol aus Faßhölzern herausgelöst und bestimmt mit das Aroma z. B. alten Kognaks. L. stellt auch einen wesentlichen Teil des → Humus.

Lignohuminsäure, → Humus.

Ligula, Blatthäutchen, 1) bei den Süßgräsern ein kleiner häutiger Auswuchs, der an der Grenze zwischen Blattscheide und -spreite entspringt. Die L. stellt eine Verlängerung der inneren Epidermis der Blattscheide dar und schützt das Halmglied vor Verletzungen.

2) bei einigen fossilen Bärlappartigen ein am Blattgrund ausgebildeter, an der Basis vielzelliger Gewebekörper. Die L. kann sogar durch besondere Leitungsbahnen an das allgemeine Leitbündelsystem angeschlossen sein.

Liguster, → Ölbaumgewächse.

Liliatae, → Einkeimblättrige Pflanzen.

Liliengewächse, *Liliaceae,* eine Familie der Einkeimblättrigen Pflanzen mit etwa 3 500 Arten, die in allen Vegetationszonen der Erde verbreitet sind. Es sind krautige Pflanzen mit meist linealischen Blättern und unterirdischen Speicherorganen wie Zwiebeln, Knollen und Wurzelstöcken. Die Blüten sind regelmäßig, meist mit 6 gleichartigen, freien oder verwachsenen Perigonblättern; sie sind zwittrig, enthalten 6 Staubblätter und einen dreifächerigen oberständigen Fruchtknoten. Die Bestäubung erfolgt überwiegend durch Insekten. Als Früchte werden Kapseln oder Beeren ausgebildet. Chemisch sind die meisten Sippen der Familie durch das Vorkommen von Stereoid-Saponinen und Chelidonsäure charakterisiert.

Diese umfangreiche Familie wird systematisch meist in mehrere Unterfamilien gegliedert, die z. T. in der Literatur auch als eigene Familien aufgefaßt werden. Die bekanntesten Zierpflanzen finden sich in den Unterfamilien *Lilioideae* und *Scilloideae,* die meist wegen ihrer großen, schön gefärbten Blüten gezogen werden. Häufige Arten sind aus der Gattung *Lilium* die **Madonnenlilie,** *Lilium candidum,* aus Südeuropa mit weißen Blüten, die **Königslilie,** *Lilium regale,* aus Westchina mit weißrosa Trichterblüten, die **Tigerlilie,** *Lilium lancifolium (tigrinum),* aus Japan mit orangefarbenen, gefleckten Turbanblüten und die **Feuerlilie,** *Lilium bulbiferum (umbellatum),* eine Kreuzung aus verschiedenen Arten mit roten bis gelben, aufrechten Blüten; eine einheimische Art ist die in Laubwäldern auf Kalkboden vorkommende **Türkenbundlilie,** *Lilium martagon,* die unter Naturschutz steht. Aus anderen Gattungen kommen hinzu z. B. die vielen Sorten der **Gartentulpe,** *Tulipa gesneriana,* aus Kleinasien, die **Kaiserkrone,** *Fritillaria imperialis,* aus dem westlichen Himalaja, die **Schachbrettblume,** *Fritillaria meleagris,* aus Europa, **Taglilien,** *Hemerocallis,* aus Europa und Asien, **Funkien,** *Hosta,* aus Ostasien, die **Steppenkerze,** *Eremurus robustus,* aus Turkestan, der **Blaustern,** *Scilla sibirica,* aus Südosteuropa, die **Hyazinthe,** *Hyacinthus orientalis,* aus dem östlichen Mittelmeergebiet und die **Traubenhyazinthen,** *Muscari,* ebenfalls aus dem Mittelmeergebiet. Zu den *Scilloideae* gehört auch die überwiegend an den Küsten Afrikas und des Mittelmeerraumes vorkommende **Meerzwiebel,** *Urginea maritima,* die unter anderem das offizinelle Herzglykosid Scillaren enthält.

Ebenfalls herzwirksame Glykoside kommen auch bei dem zur Unterfamilie *Asparagoideae* gehörenden, einheimischen **Maiglöckchen,** *Convallaria majalis,* vor, das unter Naturschutz steht. Die größte Gattung dieser Unterfamilie ist **Spargel,** *Asparagus,* wovon der **Gemüsespargel,** *Asparagus* *officinalis,* aus Europa, Nordafrika und Westasien schon seit alter Zeit eine beliebte Kulturpflanze ist. Von ihm werden die jungen Sproßachsen als Bleichtriebe oder als Grüntriebe (Grünspargel) gegessen. Einige Arten dienen auch zur Gewinnung von Schnittgrün, so besonders *Asparagus setaceus* und *Asparagus densiflorus* aus Südafrika. Eine interessante Pflanze ist der im Mittelmeergebiet und Westeuropa heimische **Mäusedorn**, *Ruscus aculeatus,* dessen Blüten und Früchte direkt der Oberseite der eiförmigen Phyllokladien entspringen. In den Laubwäldern Europas und Asiens wächst die **Vierblättrige Einbeere**, *Paris quadrifolia,* eine durch das in ihren Blättern und Rhizomen vorhandene Glykosid Paris-Typhnin sehr giftige Art.

2 Liliengewächse: Mäusedorn: *a* blühender Zweig, *b* Phyllokladium mit Beere

Größte und wichtigste Gattung der Unterfamilie *Allioideae* ist mit etwa 300 Arten **Lauch**, *Allium,* deren Vertreter meist die schwefelhaltigen, antibiotisch wirksamen Lauchöle enthalten, die den typischen Lauchgeruch und -geschmack verursachen. Wichtige Gemüse-, Gewürz- und Arzneipflanzen sind unter anderem die aus Westasien stammende **Zwiebel** oder **Küchenzwiebel**, *Allium cepa,* der ursprünglich aus Zentralasien kommende **Knoblauch**, *Allium sativum,* der **Porree**, *Allium porrum,* die mildeste aller Laucharten, deren Wildvorkommen nicht bekannt ist, der in Europa, Nord- und Mittelasien sowie Nordamerika auch wild vorkommende **Schnittlauch**, *Allium schoenoprasum,* die als feinste *Allium*-Art geltende **Schalotte**, **Eschlauch** oder **Aschlauch**, *Allium ascalonicum,* die nur aus Kulturen bekannt ist, und die ebenfalls wild unbekannte **Hecken-** oder **Winterzwiebel**, *Allium fistulosum,* die überwiegend in China, Japan und tropischen Ländern angebaut wird.

Zur Unterfamilie *Wurmbaeoideae* gehört die Gattung **Zeitlose**, *Colchicum,* deren Vertreter das Alkaloid Kolchizin enthalten, das Kernteilungen verhindert und deshalb zur künstlichen Ausbildung von Genommutationen in der Pflanzenzüchtung verwendet wird. Einheimisch ist die auf feuchten Wiesen wachsende, als Arzneipflanze genutzte **Herbstzeitlose**, *Colchicum autumnale.* Zur umfangreichen Unterfamilie der *Asphodeloideae* gehören unter anderem neben der aus dem Mittelmeergebiet stammenden, gelb blühenden **Junkerlilie**, *Asphodeline,* die als Gartenpflanze gezogen wird, die fast ausschließlich in Südafrika beheimateten Arten der Gattungen *Aloë, Haworthia* und *Gasteria,* die häufig als Zierpflanzen gehalten werden. Der eingedickte Saft einiger *Aloë*-Arten, das den Bitterstoff Aloin enthaltende Aloëharz, findet z. B. auch als Abführmittel Verwendung.

Ebenfalls aus Südafrika stammt die beliebte Zimmerpflanze *Chlorophytum comosum* mit weißbunten, linealischlanzettlichen Blättern.

limitierende Wirkungen, → Umweltfaktoren.

Limnaea, Gattung der Lungenschnecken mit turmförmigem, rechtsgewundenen Gehäuse, das sehr dünnschalig ist und eine sehr große Endwindung besitzt.

Geologische Verbreitung: In stehenden Gewässern vom Malm bis zur Gegenwart, sehr häufig im Tertiär. Im Quartär charakterisiert L. die Ablagerung der Limnaeazeit, ein nacheiszeitliches Entwicklungsstadium der Ostsee, das sich durch Verbrackung aus dem Littorinameer entwickelte.

limnisch, das Süßwasser betreffend, im Süßwasser lebend oder entstanden (z. B. Sedimente).

Gegensätze: → terrestrisch und → marin.

Limnobakteriologie, *Limnomikrobiologie,* Bakteriologie der Süßgewässer, untersucht in enger Verbindung zur Biochemie den Abbau der organischen Stoffe sowie den mikrobiellen Stoffumsatz im Gewässer.

Lit.: G. Rheinheimer: Mikrobiologie der Gewässer (Jena 1981).

Limnokinetik, Gesamtheit aller im Stagnationszustand eines Sees auftretenden Wasserbewegungen.

Limnokrene, → Quelle.

Limnologie, *Seenkunde,* Wissenschaft von den Binnengewässern, ihren chemischen und physikalischen Eigenschaften und ihren Organismen. Die L. ist aus der Hydrobiologie hervorgegangen. Zur angewandten L. gehören die Fischereibiologie und die Trink-, Brauch- und Abwasserbiologie. Eine besondere Arbeitsrichtung der L. ist die → Paläolimnologie.

Lit.: F. Ruttner: Grundriß der L. (Berlin 1962); J. Schwoerbel: Einführung in die L. (Jena 1980).

Limnomikrobiologie, svw. Limnobakteriologie.

Limnoriidae, → Bohrasseln.

Limnosaprobität, → Saprobiensysteme.

Limonen, *Karven, Dipenten,* ein ungesättigter, zyklischer Kohlenwasserstoff aus der Gruppe der Monoterpene, eine angenehm zitronenartig riechende Flüssigkeit. L. tritt in der rechtsdrehenden, der linksdrehenden oder in der razemischen Form als wesentlicher Bestandteil in vielen ätherischen Ölen auf. Pomeranzenschalenöl enthält bis 90%, Kümmelöl bis 40% rechtsdrehendes L.; linksdrehendes L. findet sich z. B. im Edeltannen- und Pfefferminzöl; optisch inaktives L. kommt unter anderem im Muskatnuß-, Kampfer- und Kienöl vor.

Limulus [griech. limus 'dünner Schlamm'], Gattung aus der Ordnung der *Xiphosura* (Schwertschwänze); 'lebendes Fossil', auch als »Pfeilschwanzkrebs« oder »Hufeisenkrebs« bezeichnet, großer zweiteiliger, gewölbter Rückenpanzer mehr oder weniger verschmolzen, vorderer Teil hufeisenförmig; hinterer Teil dreieckig aus neun bestachelten Segmenten, schwertförmiges bewegliches Telson (Schwanzstachel). Bewohner schlammiger Küstengebiete. Vielgenannte fossile Gattung ist *Mesolimulus.*

Verbreitung: Paläozoikum. Vorkommen sind bekannt aus dem Jura und dem europäischen Tertiär.

Linaceae, → Leingewächse.

Linalool, ein offenkettiger, zweifach ungesättigter optisch aktiver Monoterpenalkohol. L. ist ein stark nach Maiglöckchen duftendes Öl und Bestandteil des Linaloe- und Lavendelöles.

Lincoln-Index, svw. Rückfangmethode.

Lindengewächse, *Tiliaceae,* eine kosmopolitisch verbreitete Familie der Zweikeimblättrigen Pflanzen mit etwa 450 Arten; ihr Hauptvorkommen haben sie allerdings in den Tropen. Es sind fast ausschließlich Bäume oder Sträucher mit wechselständigen, einfachen, gezähnten oder gelappten Blättern und früh abfallenden Nebenblättern. Die regelmäßigen, zwittrigen, 5zähligen Blüten werden von Insekten bestäubt. Sie haben meist zahlreiche Staubgefäße und einen mehrfächerigen Fruchtknoten, der sich zu einer einsamigen Schließfrucht entwickelt. Die Blüten stehen in trugdoldigen Blütenständen, die bei manchen Arten mit einem auffälligen Hochblatt verwachsen sind, das später dem Fruchtstand als Flugorgan dient.

Einheimisch sind die ***Winterlinde,*** *Tilia cordata,* mit 3 bis 6 cm großen, herzförmigen Blättern, die auf der Unterseite rostfarbene Haarbüschel in den Achseln der Nerven haben, und die ***Sommerlinde,*** *Tilia platyphyllos,* mit 8 bis 12 cm großen Blättern, die auf der Unterseite weißbärtig sind. Beide kommen in Laubmischwäldern auf besseren Böden vor und sind geschätzte Allee- und Parkbäume; die stets reich blühende Winterlinde ist ein wertvoller Bienenfutterbaum.

Lindengewächse: *a* Winterlinde, *b* Sommerlinde, *c* Jute

Die ***Zimmerlinde,*** *Sparmannia africana,* ist mit ihren großen, hellgrünen, weichhaarigen Blättern und ihren Blüten mit gelben, reizbaren Staubgefäßen als Zimmerpflanze sehr bekannt und weit verbreitet. In ihrer südafrikanischen Heimat ist sie ein großer Strauch. Wichtige Faserpflanzen aus der Familie ist die in Südasien beheimatete ***Jute,*** *Corchorus capsularis und Corchorus olitorius,* deren Bastfasern überwiegend zur Herstellung von Säcken verwendet werden.

lineares Lernen, → Lernformen.

Lingua, → Zunge.

Linguatulida, → Zungenwürmer.

Lingula, eine Gattung schloßloser Armfüßer ohne Armgerüst. Die zwei chitinig-phosphatischen Schalen werden durch sechs Muskelpaare zusammengehalten. Die Schalen besitzen eine längliche, vierseitige bis ovale Form und verschmälern sich zu einem spitzen Wirbel. Meist sind die Schalen konzentrisch gestreift. Mit zahlreichen Arten ist die Gattung L. vom Ordovizium bis heute verbreitet.

Linolensäure, $CH_3-(CH_2-CH=CH)_3-(CH_2)_7-COOH$, eine dreifach ungesättigte höhere Fettsäure, die in Form von Glyzeriden in vielen pflanzlichen Ölen (→ Fette und fette Öle) vorkommt, z. B. im Lein-, Hanf-, Mohn- und Linsenöl zu etwa 50% des Gesamtfettsäureanteils. L. ist wie Linolsäure und Arachidonsäure für manche Säugetiere essentieller Nahrungsbestandteil und wird deshalb zu den Vitaminen der F-Gruppe gerechnet.

Linolsäure, Leinölsäure, $CH_3-(CH_2)_3-(CH_2-CH=CH)_2-(CH_2)_7-COOH$, eine zweifach ungesättigte höhere Fettsäure, die an Glyzerin gebunden in vielen pflanzlichen Ölen (→ Fette und fette Öle) vorkommt, z. B. im Leinöl (30 bis 40%), Mohnöl (66%) und Sojaöl (bis zu 60%). L. ist wie Linolensäure und Arachidonsäure für manche Säugetiere essentiell und zählt deshalb zu den Vitaminen der F-Gruppe.

Linse, → Lichtsinnesorgane. → Schmetterlingsblütler.

Linsenauge, → Lichtsinnesorgane.

Lipasen, zu den Hydrolasen gehörende Enzyme, die als Karbonsäureesterasen wirken und Fette stufenweise in freie Fettsäuren und Glyzerin spalten. Je nach Substratspezifität unterteilt man in **Triacyl-, Diacyl-** und **Monoacylglycerinlipasen.** Ihr *p*H-Optimum liegt bei 7. L. sind vor allem im Tierreich verbreitet; besonders reich an L. sind Bauchspeicheldrüse, Darmwand und Leber. Nahrungsfette werden im Dünndarm durch die Pankreaslipase (Molekülmasse 35 000) gespalten, die ihrerseits durch Gallensäuren, z. B. Taurocholat, aktiviert wird und auf emulgierte Fette eingestellt ist. Sie spaltet die Esterbindung am Kohlstoffatom 1 und 3; das entstehende 2-Monoazylglyzerin wird entweder direkt resorbiert oder weiter zu Glyzerin und Fettsäuren hydrolysiert.

Lipiddoppelschicht, lamellare Anordnung der Lipide in biologischen und künstlichen Membranen (Abb.). Die Dicke der Lipiddoppelschicht beträgt etwa 5 mm. Die Lipide weisen eine sehr hohe laterale Beweglichkeit auf. Die transversale Bewegung ist aus physikochemischen Gründen in reinen Lipidphasen praktisch aufgehoben, künstlich werden L. als → BLM oder → Liposomen für experimentelle Untersuchungen hergestellt.

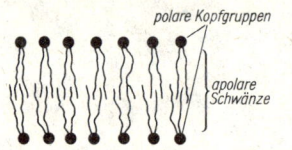

Modell einer lamellaren Lipidanordnung. Die »Schwänze« weisen eine hohe thermische Beweglichkeit auf

Lipide, wasserunlösliche Naturstoffe, bei denen es sich meist um Ester langkettiger Fettsäuren mit Alkoholen oder Alkoholderivaten handelt. Man unterteilt in einfache L., zu denen Fette und Wachse zählen, und komplexe L. oder *Lipoide,* zu denen phosphorfreie Glykolipide und phosphorhaltige Phosphatide zählen. Zuweilen werden auch Sterine und Karotinoide zu den L. gezählt.

Lipochrome, → Karotinoide.

Lipoide, → Lipide.

Lipoidfiltertheorie der Permeabilität, eine Vorstellung in der Pflanzenphysiologie, die die gute und somit z. T. selektive Aufnahme größerer, lipoidlöslicher Moleküle darauf zurückführt, daß sich diese in der Lipidphase von Membranen lösen und somit durch letztere hindurchdiffundieren können.

Liponsäure, *Thioktansäure,* 6,8-Dithiooktansäure, im Tier- und Pflanzenreich zyklisches Disulfid mit einer Seitenkette mit endständiger Karboxylgruppe; F. 48°C. L. ist

Liponsäure

Dihydroliponsäure

Bestandteil des Pyruvat-Dehydrogenase-Komplexes und ist als Koenzym säureamidartig mit einem Lysylrest (ε-Aminogruppe) des Proteinteils verbunden. Dieser Multienzymkomplex katalysiert die Dekarboxylierung von 2-Oxosäuren, wie Brenztraubensäure, bei gleichzeitiger Übertragung von Wasserstoff und Azylresten. Dabei wird der schwefelhaltige Ring der L. unter Ausbildung von zwei Thiolgruppen geöffnet. Die entstehende **Dihydroliponsäure** wird durch die Dihydrolipoatdehydrogenase wieder zu L. oxidiert. Der reversible Übergang L. – Dihydroliponsäure stellt ein wirksames Redoxsystem dar.

L. fungiert bei verschiedenen Mikroorganismen als Wuchsstoff und ist als solcher 1950 entdeckt worden.

Lipoproteine, zusammengesetzte Proteine, die als prosthetische Gruppe Lipide, z. B. Lezithine, Kephaline oder andere Phosphatide, enthalten und vor allem im Blut- und Zellplasma, in den Zell- und Zellorganellmembranen sowie im Eidotter vorkommen. Sie sind für den Transport und die Verteilung von Fetten und fettähnlichen Stoffen, wie freies oder verestertes Cholesterin, Fettsäuren oder fettlösliche Vitamine, verantwortlich.

Liposom, aus einer oder mehreren Lipiddoppelschichten bestehendes bläschenartiges Teilchen (Abb.). L. werden aus Lipidsuspensionen durch Ultraschallbehandlung oder andere Techniken hergestellt. Sie sind gute Modelle für biologisch relevante Vesikel, z. B. für synaptische Vesikel, Pinozytosevesikel und Lysosomen. Außerdem hat die Liposomentechnik praktische Bedeutung in der zielgerichteten Applikation von Pharmaka. L. werden dazu mit Rezeptoren für die Zielorgane versehen. Der Pharmakainhalt wird erst am Zielort durch → Fusion freigesetzt.

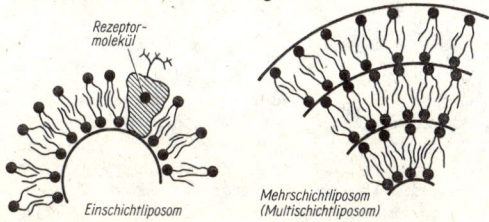

Einschicht- und Multischichtliposomen. Einschichtliposom mit eingebautem Rezeptormolekül

Lipotropine, aus den Hypophysen isolierte Polypeptidhormone, die über das Adenylat-Zyklase-System auf das Fettgewebe wirken und dort Fettsäuren freisetzen. Man unterscheidet α- und β-L., wobei die β-Form aus 91 Aminosäureresten besteht. Der Sequenzbereich 41 bis 58 ist mit dem Hormon β-Melanotropin identisch. Beim Menschen zeigen L. keine Hormonwirkung und können deshalb als Prohormon des β-Endorphins betrachtet werden.

Lipozyten, → Bindegewebe.

Lippe, 1) Botanik: *Labellum,* vorragender Teil der Blumenkrone, z. B. bei Lippenblütlern und Orchideen.

2) Anatomie: *Labium, Labrum,* a) wulstartig erhabener Knochenrand, z. B. an der Gelenkkapsel des Hüftgelenks, b) im engeren Sinne die Umrandung der Mundspalte. Die Grundlage der L. des Mundes bildet ein Ringmuskel, der das Öffnen und Schließen der Mundspalte ermöglicht. Infolge fehlender Hautverhornung scheint das Blut der Kapillaren hindurch (Lippenrot), c) im weiteren Sinne die Umrandung von Körperöffnungen, z. B. Schamlippe.

Lippenbär, *Melursus ursinus,* ein zottig schwarz behaarter Bär mit stark vorgezogener grauweißer Schnauze und weißer Brustzeichnung. Er ernährt sich vorwiegend von Insekten und Früchten. Mit seinen starken Sichelkrallen öffnet der L. Termitenbaue und saugt Insekten durch weithin hörbares Einziehen von Luft ins Maul. Der L. ist in Vorderindien und Sri Lanka beheimatet.

Lippenblütler, *Lamiaceae, Labiatae,* eine Familie der Zweikeimblättrigen Pflanzen mit etwa 3 500 Arten, die über die ganze Erde verbreitet sind, besonders häufig jedoch im Mittelmeergebiet vorkommen. Es sind Kräuter oder Sträucher, die leicht zu erkennen sind an ihrem in der Regel vierkantigen Stengel, den kreuzgegenständigen Zweigen und Blättern und ihrem meist starken Duft, der von Drüsen herrührt, die ätherische Öle enthalten. Auch Bitterstoffe, Polyphenole und Gerbstoffe sind bei den L. weit verbreitet. Die Blüten sind 2seitig symmetrisch und bestehen aus einem oft 2lippig verwachsenen Kelch, einer langen 2lippigen Kronröhre, 2 längeren und 2 kürzeren Staubblättern und einem Griffel mit 2teiliger Narbe. Sie sind häufig in verschieden gestalteten Blütenständen angeordnet und werden von Insekten bestäubt. Der oberständige Fruchtknoten ist tief 4teilig und entwickelt sich zu 4 einsamigen Teilfrüchten, den sogenannten Klausen.

Die systematische Einteilung dieser artenreichen Familie ist wegen ihrer Einheitlichkeit in vielen Merkmalen schwierig.

Überwiegend wegen ihres Gehalts an ätherischen Ölen werden viele L. als Heil- und Küchenkräuter verwendet, z. T. gewinnt man die Öle zur weiteren Verwendung in der Medizin, für Kosmetika u. a.

Lippenblütler: *a* Weiße Taubnessel, blühend, *rechts*: Einzelblüte; *b* Garten-Salbei, blühend

Die wichtigsten Vertreter sind die aus dem Mittelmeergebiet stammenden Arten **Echter Salbei,** *Salvia officinalis,* **Bohnen-** oder **Pfefferkraut,** *Satureja hortensis,* **Majoran,** *Majorana hortensis,* **Thymian,** *Thymus vulgaris,* **Basilienkraut,** *Ocimum basilicum,* und **Ysop,** *Hyssopus officinalis.* Alle werden in mehr oder weniger großem Umfang in Europa und Nordamerika kultiviert. Die Blätter der beson-

Lippfische

ders im Orient verbreiteten *Melisse, Melissa officinalis,* dienen als Tee und zur Herstellung des Melissenspiritus. Zur Gewinnung ätherischer Öle für die Parfüm- und Seifenindustrie werden besonders in Frankreich der *Lavendel, Lavandula angustifolia,* und der *Rosmarin, Rosmarinus officinalis,* angebaut. Beide zieht man auch als Zierpflanzen.
Von der Gattung *Minze, Mentha,* werden verschiedene Arten zur Verwendung als Tee bzw. zur Gewinnung der vielfach in Medizin, für Kaugummi, Zahnpasta, Konfekt u. a. genutzten Öle angebaut.

Die wichtigsten sind *Pfefferminze, Mentha piperita,* **Krause Minze,** *Mentha spicata,* und **Japanische Minze,** *Mentha arvensis* var. piperascens.

In Südasien und Westindien wird *Patschouli, Pogostemon cablin,* angebaut. Das Öl wird vor allem für Parfüme mit »orientalischer Note« gebraucht. Eine weitere Ölpflanze ist die von Vorderindien bis Japan verbreitete *Perilla, Perilla frutescens,* deren Öl aber überwiegend in der Lackindustrie und zur Herstellung von Ölpapier, Kunstleder, Linoleum u. a. verwendet wird.

Lippfische, *Labridae,* zu den Barschartigen gehörende, oft lebhaft gefärbte, Brutpflege treibende Fische mit wulstigen Lippen, die vorwiegend wärmere Meere bewohnen. Viele Arten bauen Nester. Im westlichen Teil der Ostsee kommen der *Klippenbarsch, Ctenolabrus rupestris,* und der *Schwarzäugige Lippfisch, Crenilabrus melops,* vor.

Liquor cerebrospinalis, *Zerebrospinalflüssigkeit,* **Gehirnrückenmarksflüssigkeit,** farblose lymphartige klare Flüssigkeit, die nur kleine weiße Blutkörperchen (Lymphozyten) und geringe Zucker- und Eiweißmengen enthält. Der L. c. wird in den Adergeflechten (Plexus chorioidei), die die Hirnkammern auskleiden, gebildet. Über besondere, in den L. c. hineinragende Zotten steht er mit dem Blutgefäßsystem in Verbindung.

Die Hauptaufgabe des L. c. besteht im Schutz des Gehirnes und der Rückenmarksnerven vor mechanischen Einflüssen; neben dem Blutgefäßsystem dient er der Versorgung der Nervenzellen des Gehirns, da er ähnlich der Lymphe in die Zwischenzellräume eindringen kann. Untersuchungen des L. c. bei Erkrankungen des Nervensystems können Aufschluß über die Art der Krankheit geben.

Lithobiomorpha, → Hundertfüßer.
Lithocholsäure, → Gallensäuren.
Lithodidae, → Zehnfüßer.
Lithodomus, zu den Miesmuscheln gehörende Muschelart mit einer gleichklappigen, langgestreckt-walzenförmigen und beiderseits abgerundeten Schale. Der Schloßrand ist zahnlos. L., eine Bohrmuschel, findet sich vor allem in härteren, kalkigen Medien, wobei der Kalk besonders durch Kohlendioxid aufgelöst wird, das bei der Atmung an der Manteloberfläche ausgeschieden wird.

Geologische Verbreitung: Karbon bis Gegenwart, vor allem in küstennahen Ablagerungen.

Litoral, der durchlichtete Bereich des → Benthals bis zur Tiefengrenze der Netto-Primärproduktion (Kompensationstiefe). Im See mit Algen und höheren Pflanzen ist das L. die Uferzone. Das L. läßt sich in der Abfolge vom Land zum Wasser in folgende Zonen gliedern: *Epilitoral* (wassereinflußfreie Zone, Landzone), *Supralitoral* (Uferzone, Spritzwasserzone), *Eulitoral* (Gezeitenzone, im Süßwasser Zone der höheren Wasserpflanzen) und *Sublitoral* (Schelf).

Littorina, *Strandschnecken,* dickschalige, rundliche bis kreisförmige Schnecken der Ordnung *Monotocardia,* deren Gehäuseoberfläche glatt oder spiralig gestreift und deren Innenseite porzellanartig ausgebildet ist.

Geologische Verbreitung: Eozän (Tertiär) bis zur Gegenwart. Zahlreiche Arten finden sich heute in der

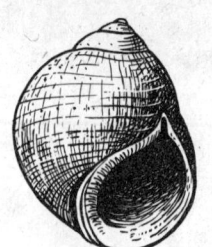

Schale von *Littorina littorea* L. aus dem Postglazial; nat. Gr.

Strandzone aller Meere. *L. littorea* ist typisch für die Ablagerungen des Littorinameeres (Alter etwa 6000 Jahre), eines nacheiszeitlichen Entwicklungsstadiums der Ostsee, dem die Ancylussee vorausgegangen war.

Lituites [lat. lituus 'Krummstab, Bischofsstab'], im Ordovizium verbreitete Nautilidengattung. Das Gehäuse ist anfangs planspiral eingerollt und von scheibenförmiger Gestalt. Der letzte Umgang ist geradlinig und verlängert. Der zylindrische Sipho liegt zur Innenseite genähert. Gesteinsbildend im *Lituites*-Kalk der Insel Öland (Schweden).

Lizenz, Stellenplanangebot einer Zönose, das von den → Semaphoronten einer Art in Form ihrer speziellen ökologischen → Nische genutzt wird.

L-Kolonie, Bakterienkolonie, die aus Zellen der → L-Form besteht.

LKTP, → Langkurztagpflanzen.

Llano [span. 'Ebene'], Ebene Südamerikas, besonders des Orinokogebietes, aus tertiärem Meeresbecken durch Auffüllung mit alluvialen Flußablagerungen entstanden, die von grasreichen Savannen eingenommen wird.

Lloyd-Ghelardi-Index, → Diversität.
LMM, → Myosinfilamente.
Lobelin, Hauptalkaloid aus dem krautartigen, in Nordamerika heimischen Glockenblumengewächs *Lobelia inflata.* L. ist ein Alkaloid vom Piperidin-Typ. Die Verbindung wirkt stark erregend auf das Atemzentrum und wird deshalb therapeutisch bei zentraler Atemlähmung angewendet. Gewisse Bedeutung hat es als Hilfsmittel zur Raucherentwöhnung.

Lobenlinie, *Sutur, Nahtlinie,* die Anwachslinie der inneren Kammerscheidewände an der äußeren Gehäusewand bei den Nautiliden und Ammoniten. Die L. hat meist einen welligen Verlauf. Die zur Gehäusemündung gebogenen Teile werden *Sättel,* die entgegengesetzt verlaufenden Elemente *Loben* genannt. Die L. der Nautiliden ist einfach wellig, die der Ammoniten kann durch mehrfache Verfaltung (Zerschlitzung) eine Zähnelung und Kerbung verursachen. Ontogenetisch und phylogenetisch nimmt die Komplikation der L. zu.

Lobopodien, → Pseudopodien.
Lochplattentest, → Diffusionsplattentest.
Lockstoffe, svw. Attraktants.
Loculomycetidae, → Schlauchpilze.
Locus, der Ort, den ein bestimmtes Gen im Chromosom einnimmt. Jeder L. erstreckt sich über einen bestimmten, unterschiedlich großen Chromosomenabschnitt.

Löffler, → Schreitvögel.
logarithmische Normalverteilung, svw. Lognormalverteilung.

logarithmische Phase, *log-Phase,* → Wachstumskurve.
logistische Wachstumskurve, graphisch dargestellte Form des Populationswachstums, das durch allmähliche

Anlaufphase, steilen Anstieg und mit Sättigung des Lebensraumes durch zunehmende Verlangsamung gekennzeichnet ist. Die l. W. verläuft etwa S-förmig (sigmoidal). Ihr steht die exponentielle Kurve mit progredierender Steilheit gegenüber.

Lognormalverteilung, *logarithmische Normalverteilung,* theoretischer Verteilungstyp, dessen Dichtefunktion, von der Abszissenachse ausgehend, linkssteil ist. Viele biologisch relevante Merkmale, die einen bestimmten Schrankenwert nicht unterschreiten können, z. B. Pulsfrequenz, Blutdruck, sind angenähert lognormalverteilt. Derartige → Zufallsgrößen lassen sich durch eine Logarithmustransformation in normalverteilte überführen.

Lohblüte, → Schleimpilze.

lokales Potential, → Erregung.

Lokalfauna, Gesamtheit der Tierarten eines Beobachtungsgebietes; auch ihre listenmäßige Zusammenstellung.

Lokalinfektion, örtlich begrenzte Infektion eines Organismus, im Gegensatz zur Allgemeininfektion. So ruft unter den Brandkrankheiten der Erreger des Maisbrandes, *Ustilago zeae,* solange das Gewebe noch jung ist, nur eine L. an jeder beliebigen Stelle der Maispflanze hervor.

Lokalläsionen, → Tabakmosaikvirus.

lokomotorische Aktivität, ein Aktivitätstyp (→ Aktivität), der alle Bewegungsvorgänge bei Organismen, die mit einem Ortswechsel verbunden sind, umfaßt. Der Begriff wird vor allem im Zusammenhang mit chronobiologischen Fragestellungen verwendet, die auf eine Analyse des Zeitmusters solcher Aktivitätsverläufe gerichtet sind. Bei der qualitativen Analyse wird die l. A. über die Erfassung der allgemeinen Bewegungsformen (Bewegung hier als Ortswechsel gemeint) in ihren Eigenschaften gekennzeichnet.

Loligo, → Zehnfüßer, → Kalmare.

London-Kräfte, svw. Van-der-Waals-Kräfte.

Lophiiformes, → Seeteufelartige.

Lophiodon [griech. lophos 'Hügel', odontes 'Zähne'], ausgestorbene Gattung der Tapirverwandten (*Perissodactyla*). Die Vorderfüße hatten 4, die Hinterfüße 3 Zehen.

Verbreitung: Eozän Europas und Amerikas, Leitfossil in der Braunkohle des Geiseltales bei Halle.

lophodont, → Zähne.

Lophophor, hufeisenförmiger bis spiralig gedrehter oder armartiger Fortsatz des mittleren Körperabschnittes (Mesosoma) bei den Tentakulaten. Auf dem L. stehen bewimperte Tentakelreihen. Die gesamte Einrichtung dient dem Nahrungserwerb.

Lophophora, → Kakteengewächse.

Lophopoda, → Armwirbler.

lophotrich, → Bakteriengeißeln.

Loquate, → Rosengewächse.

Loranthaceae, → Mistelgewächse.

Lorbeergewächse, *Lauraceae,* eine Familie der Zweikeimblättrigen Pflanzen mit etwa 2 200 Arten, die überwiegend in den tropischen und subtropischen Gebieten, oft waldbildend, verbreitet sind. Es handelt sich um Holzpflanzen mit ungeteilten, derben Blättern und zwittrigen, teils auch eingeschlechtigen, regelmäßigen Blüten, deren Glieder meist in 3zähligen Wirteln angeordnet sind und von Insekten bestäubt werden. Ihre Staubblätter entlassen den Pollen durch Klappen. Der meist einfächerige Fruchtknoten entwickelt sich zu einer Beere oder Steinfrucht.

Der in Ostasien beheimatete **Kampferbaum,** *Cinnamomum camphora,* wird bis zu 40 m hoch. Aus seinem Holz, den Wurzeln und Blättern wird der überwiegend offizinell verwendete Kampfer gewonnen. Die Rinde der jungen Zweige des in Sri Lanka wild vorkommenden, in anderen Tropenländern vielfach kultivierten **Echten** oder **Ceylon-**

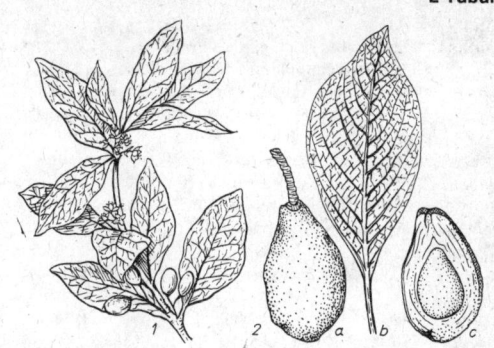

Lorbeergewächse: *1* Lorbeer, *2* Avocado-Birne: *a* Blatt, *b* Frucht, *c* Fruchtlängsschnitt

Zimtbaumes, *Cinnamomum ceylanicum,* liefert, wie auch *Cinnamomum aromaticum* aus Südchina, den Zimt, der als Gewürz oder zur Gewinnung des pharmazeutisch bzw. kosmetisch verwerteten Zimtöls dient. Die Blätter des im Mittelmeergebiet heimischen **Lorbeerbaumes,** *Laurus nobilis,* werden vor allem als Gewürz verwendet. Das sehr ölhaltige Fruchtfleisch der **Avocado-Birne,** *Persea americana,* ist ein wertvolles Nahrungsmittel; der Baum wird deshalb in vielen tropischen Ländern angebaut.

Lorchel, → Schlauchpilze.

Loris, 1) *Lorisidae,* eine Familie der Halbaffen. Die L. sind plumpe, kurzschwänzige Säugetiere. Zu ihnen gehört z. B. der *Plumplori, Nycticebus coucang,* ein nächtlich lebendes, träge auf Bäumen umherkletterndes Tier, das Blätter, Früchte und Insekten frißt, aber auch Vögel durch blitzschnelles Zupacken erbeutet. Der Plumplori ist in Südostasien beheimatet.

2) → Papageien.

lösliche RNS, svw. Transfer-RNS.

Lösungsströmung, → Blutung 2).

lotisch, svw. torrentikol.

Lotosblume, → Seerosengewächse.

Lotsenfisch, *Naucrates ductor,* **Pilotfisch,** zu den Barschartigen gehörender Knochenfisch, der fast nur in wärmeren Meeren vorkommt. Der bis 60 cm lange, auf bläulichem Grund dunkel geringelte L. begleitet Großfische, vor allem Haie, aber auch Schiffe, ein Verhalten, das den Seefahrern schon im Altertum bekannt war.

Louisianamoos, → Bromeliengewächse.

Löwe, *Panthera leo,* eine gelbbraun gefärbte Großkatze, deren Männchen meist eine mehr oder weniger dunkle, dichte Halsmähne trägt, die sich bei manchen Unterarten in eine Bauchmähne fortsetzt. Der L. lebt als einzige Katze in Rudeln. Er bewohnt die Savannen und Steppen Afrikas und schlägt Zebras und Antilopen. Ein kleiner Bestand findet sich auch auf der Halbinsel Kathiawar in Indien.

Lit.: I. Krumbiegel: Der L. (2. Aufl. Leipzig, Wittenberg 1952).

Löwenäffchen, *Leontocebus,* zu den Krallenäffchen gehörende Neuweltaffen mit langer Kopf- und Schultermähne und orange-goldigem Fell. Ihre Heimat ist das östliche Brasilien.

Löwenmaul, → Braunwurzgewächse.

Löwenzahn, Korbblütler.

L-Schicht, svw. Förna.

LSD, Abk. für Lysergsäurediethylamid.

LSG, → Naturschutz.

L-System, → endoplasmatisches Retikulum.

LTH, Abk. für luteotropes Hormon, → Prolaktin.

LTP, → Photoperiodismus.

L-Tubuli, → Muskelgewebe.

Luch, svw. Moor.

Luchse, mittelgroße, hochbeinige → Katzen mit langen Ohrpinseln und kurzem Schwanz. Der *Nordluchs, Lynx lynx*, war ursprünglich über ganz Europa, das nördliche Asien und das nördliche Nordamerika verbreitet. In Europa ist sein Vorkommen gegenwärtig auf Skandinavien, Finnland, Ost- und Südosteuropa sowie auf das östliche Mitteleuropa (Polen, ČSSR) beschränkt. Weitere Vertreter der L. sind der im südlichen Nordamerika verbreitete *Rotluchs, Lynx rufus*, und der in Afrika und Vorderasien heimische *Wüstenluchs, Caracal caracal*.

Lit.: E. N. Matjuschkin: Der Luchs (Wittenberg 1979).

Ludlow [nach dem Ort L. in Wales-Shropshire]. Stufe des Oberen → Silur.

Ludwig-Effekt, *Einnischung, Annidation,* Hypothese über die Koexistenz von Mutanten oder von Arten. Wird die Individuenzahl einer Art innerhalb eines Areals durch einen Minimumfaktor (z. B. die Nahrung) begrenzt, so kann eine Mutante, die eine weitere Existenzgrundlage (ökologische Nische, z. B. eine neue Nahrungsquelle) nutzt, nicht wieder verdrängt werden, auch wenn sie dem ursprünglichen Genotyp anderweitig stark unterlegen ist. Zwischen beiden stellt sich ein Gleichgewicht ein (falls der neue Genotyp den alten nicht völlig verdrängt). Entsprechende Gleichgewichte ermöglichen die Koexistenz von nahe miteinander verwandten Arten.

Lufthyphe, Hyphe, die sich über das Nährsubstrat erhebt. Gegensatz: → Substrathyphe.

Luftkammern, → Tracheenblasen.

Luftknollen, → Knollenbildung.

Luftkultur, → Wasserkultur.

Luftmyzel, aus aufrecht stehenden Hyphen (→ Lufthyphen) bestehender Pilzrasen. Häufig werden vom L. massenhaft ungeschlechtliche Sporen, Konidien, gebildet, die teilweise auf besonderen Sporenträgern sitzen. Aus diesem Grunde wird das L. auch als *Reproduktionsmyzel* bezeichnet.

Luftpflanzen, svw. Epiphyten.

Luftplankton, → Windfaktor.

Luftröhre, *Trachea,* bei den luftatmenden Wirbeltieren das mit einem Flimmerepithel ausgekleidete und von Knorpelspangen gestützte Verbindungsrohr zwischen Kehlkopf und Lunge.

Luftsäcke, → Lunge.

Luftschlucken, → Atemmechanik.

Luftstickstoffbindung, → Knöllchenbakterien, → Stickstoff, → Wurzelknöllchen.

Luftwurzeln, → Epiphyten.

lumbal, die Lende betreffend, zur Lendengegend gehörig.

Lumbricidae, → Regenwürmer.

Lumineszenz, Sammelbezeichnung für alle Leuchterscheinungen an festen, flüssigen oder gasförmigen Stoffen bei normaler Temperatur; kaltes Leuchten im Gegensatz zur Temperaturstrahlung. Die Anregung der Lumineszenzstrahler zur Lichtemission kann auf verschiedene Weise erfolgen. → Biolumineszenz.

Lumisterin, neben Ergokalziferol Bestandteil von Vitamin D_1 (→ Vitamine).

Lummen, → Regenpfeifervögel.

Lumpfisch, → Seehase 1).

Lunarrhythmen, auf die Mondphasen bezogene → Biorhythmen.

Lund, zu den → Alken gehörende Vogelart.

Lunge, *Pulmo,* das paarige Atmungsorgan des Menschen und der luftatmenden Wirbeltiere. Ihrem Feinbau nach sind die L. zusammengesetzte alveoläre Drüsen, die aus einer ventralen Ausstülpung des Vorderdarms (→ Atmungsorgane) hervorgehen. Ihnen homologe Organe sind die → Schwimmblasen der Fische. Eine Lungenbildung tritt erstmals unpaar bei Lungenfischen auf.

Die Luft wird durch die → Luftröhre, die sich in die beiden *Bronchien* gabelt und sich weiter in *Bronchioli* verzweigt, der L. zugeführt. Die Wandung der Bronchien ist wie die der Luftröhre durch Knorpelspangen verstärkt. Die Luft wird durch den Schleim der Nase sowie durch den Wimperschlag des Bronchialepithels von Staub weitgehend gereinigt.

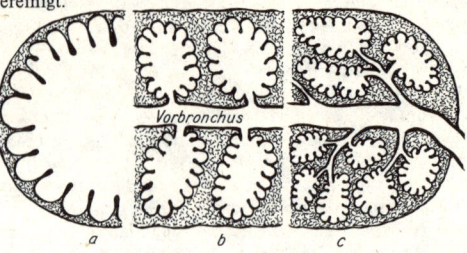

Vergrößerung der respiratorischen Oberfläche mit zunehmender Höherentwicklung der Tetrapodenlunge: *a* Wandleisten (Lurche), *b* Septen mit Alveolen und Vorbronchus (Kriechtiere), *c* Bronchialbaum (Säuger)

Am einfachsten sind die L. bei den Lurchen (Abb.) gebaut. Sie stellen hier sackförmige, glattwandige (z. B. Molche) oder schwach gekammerte Gebilde dar, deren Innenflächen mit respiratorischem Epithel ausgekleidet sind. Kriechtiere haben bereits stark gekammerte L. Bei Schlangen ist nur der rechte Lungenflügel entwickelt, der linke ist zurückgebildet. Nur Eidechsen und Schildkröten sind in der Lage, die L. durch Eigenmuskeln rhythmisch zu verengen und zu erweitern. Die äußerlich sehr kleinen L. der Vögel weisen einen recht komplizierten Bau auf. Die am unteren Ende der Syrinx entspringenden beiden Bronchien geben dorsale und ventrale Nebenbronchien ab, die untereinander durch ein System dünner Luftröhren, die *Parabronchien (Lungenpfeifen)* in Verbindung stehen. Sie stellen die eigentlichen Respirationsorte der Vogellunge dar. Die Bronchien enden in blasenartigen *Luftsäcken*, die im ganzen Körper verbreitet sind und sich sogar bis in die Knochen erstrecken. Während des Fluges füllen sie sich beim Einatmen mit Luft, beim Ausatmen entleeren sie sich, so daß die Luft zweimal durch die Parabronchien strömt und genutzt wird. Die L. der Säuger ähnelt in ihrem Bau der der Kriechtiere. Sie besteht beim Menschen aus zwei völlig voneinander getrennten Teilen, den *Lungenflügeln*. Diese sind von zwei zarten Häuten umgeben, dem *Brust-* oder *Rippenfell* außen und dem *Lungenfell* innen, die zwischen sich die *Brustfell-* oder *Pleurahöhle* einschließen. Beim Menschen und den meisten Säugern ist die L. durch mehrere tiefe Einschnitte in *Lungenlappen* geteilt. Die rechte L. des Menschen besteht aus 3, die linke aus 2 Lappen. Das Lungengewebe ist schwammig, elastisch, rosafarben. Die in die beiden L. eintretenden Bronchien verzweigen sich baumartig (*Bronchialbaum*) in Bronchiolen und enden blind in den *Lungenbläschen* oder *Lungenalveolen*, in denen auch der Gasaustausch stattfindet. Die Kapillaren der Lungenarterie führen das sauerstoffarme Blut an die Alveolen heran, wo es durch Abgabe von CO_2 und Aufnahme von O_2 arteriell wird, um anschließend über Lungenvenen dem Herzen zugeführt zu werden. Das Einatmen erfolgt durch Erweiterung des Brustkorbes unter Mitwirkung der Rippenmuskulatur und des Zwerchfells, das Ausatmen durch Zusammenziehen der L. und Auspressen der Luft. Je nachdem, ob bei der Atmung vorwiegend die Rippenmuskeln oder das

Zwerchfell betätigt werden, unterscheidet man Brust- und Zwerchfellatmung. → Atemmechanik.

Lungenfische, *Dipnoi,* zu den Muskelflossern gehörende, in Südamerika, Afrika und Australien lebende, gestreckte bis aalförmige Knochenfische, deren Brust- und Bauchflossen die Form konischer Anhänge haben, die wechselseitig bewegt werden oder als Paddelflosse mit muskulösem Stumpf ausgebildet sind. Die Schwimmblase dient als Lunge, sie ist mit dem Darm durch einen Luftgang verbunden, der bauchseitig in den Schlund einmündet. Die südamerikanischen und afrikanischen L. überleben die Trockenzeiten, in Bodengrund vergraben, in Schleimkokons. Aus den großen Eiern der L. schlüpfen Larven, die äußere Kiemen aufweisen.

Geologische Verbreitung. Mittleres Devon bis Gegenwart. Die Blütezeit dieser nur wenige Gattungen umfassenden Ordnung lag im Oberdevon. Zu dieser Zeit lebten ihre Vertreter im Süßwasser und im Meer, während ihre heutigen Nachfahren auf das Süßwasser beschränkt sind.

Lungenkraut, → Borretschgewächse.

Lungenkreislauf, → Blutkreislauf, → Herz.

Lungenlose Molche, Lungenlose Salamander, *Plethodontidae,* in fast 200 Arten vor allem in Nord- und Mittelamerika verbreitete, umfangreichste Familie der → Schwanzlurche, deren Vertreter, soweit sie nicht als Larvenstadien kiemenatmend sind, ausschließlich durch die Körperhaut und Mundschleimhaut atmen. Kennzeichnend ist weiterhin eine Drüsenfurche (Nasolabialfurche) jederseits vom Lippenrand zum Nasenloch. Die L. M., ursprünglich Bergbachbewohner, haben sich an die verschiedensten Lebensräume, auch hoch im Gebirge, angepaßt; einige wurden zu Baumbewohnern (→ Baumsalamander), andere leben mit rückgebildeten Augen in Brunnen und unterirdischen Gewässern (→ Texanischer Brunnenmolch), viele bewohnen feuchten Waldboden (→ Waldsalamander), bei manchen sind die Gliedmaßen rückgebildet und die Bewegungen wurmförmig-schlängelnd (→ Wurmsalamander). Die meisten L. M. zeigen Liebesspiele mit Kopfreiben und Umeinanderkriechen; in der Fortpflanzung gibt es alle Übergänge von Balz und Ablaichen im Wasser mit Kiemenlarven bis zu vollständiger Entwicklung der Eier an Land, aus denen dann bereits umgewandelte Jungtiere schlüpfen. Einige L. M. (Pilzzungensalamander der Gattung *Bolitoglossa*) kommen in Südamerika weit südlich des Äquators vor. Das isolierte Verbreitungsgebiet von 2 Arten der → Schleuderzungensalamander in Südeuropa weist auf eine erdgeschichtlich früher viel größere Verbreitung der L. M. hin.

Lungenlose Salamander, svw. Lungenlose Molche.

Lungenschnecken, *Pulmonata,* Unterklasse der Schnecken (→ Euthyneura) mit zurückgebildeten Kiemen, die funktionell durch ein Gefäßnetz im oberen Teil der Mantelhöhle ('Lunge') ersetzt werden. Die Mantelhöhle ist bis auf das Atemloch (Pneumostom) nach außen verschlossen. Nur einige Süßwasserarten haben sekundäre Kiemen. Eine Schale ist allgemein vorhanden (außer bei Nacktschnecken), sie ist spiralig gewunden und besitzt keinen Verschlußdeckel für die Schalenmündung.

Die meisten L. leben auf dem Lande, andere im Süßwasser und im Brackwasser. Alle L. sind Zwitter; sie begatten sich gegenseitig oder einseitig (funktionelle Weibchen oder Männchen). Die Entwicklung erfolgt in der Regel direkt aus den Eiern ohne freies Larvenstadium. Die Nahrung besteht vorwiegend aus Pflanzen.

Es sind ungefähr 35 000 rezente Arten bekannt. Sie werden in 2 Ordnungen zusammengefaßt, die in der Regel Land- und Süßwasserarten trennen: → *Basommatophora* (Süßwasserarten) und → *Stylommatophora* (Landarten).

Lungenvolumen, Fassungsvermögen der Lunge. Das gesamte L. kann nur nach langer Atmung in einem geschlossenen System ermittelt werden, in dem sich ein Gas wie Helium befindet, das nicht ins Blut übertritt. Aus der Verdünnung des Testgases läßt sich die Größe des angeschlossenen Lungenraumes ermitteln. Diese *Gesamtlungenkapazität* genannte Luftmenge beträgt beim erwachsenen Menschen rund 5,5 l. Ein Teil des L. verbleibt selbst bei tiefster Ausatmung, und auch bei der Leiche, in der Lunge. Seine etwa 1,5 l werden als Residualvolumen bezeichnet. An der Leiche lassen sich noch seine Teilvolumina bestimmen: Bei Eröffnung des Brustraumes entweicht die Kollapsluft von etwa 1,2 l, aber in den Gewebszwischenräumen verbleiben noch 0,3 l der Minimalluft.

Bei Atmung über einen Gasvolumenmesser (Spirometer) gewinnt man bei ruhiger Ein- und Ausatmung das *Atemzugvolumen* von annähernd 0,5 l. Über diese Menge hinaus können zusätzlich etwa 2 l als *inspiratorisches Reservevolumen* und 1,5 l als *exspiratorisches Reservevolumen* geatmet werden. Die Summe der drei Teilvolumina ist das maximal atembare L., die → Vitalkapazität (Abb.). Sie ist bei Männern größer als bei Frauen, hängt von der Körpergröße und besonders vom Trainingszustand ab.

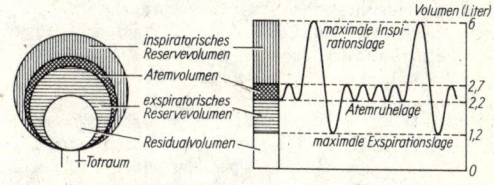

Lungenvolumina des Menschen

Die Sollvitalkapazität kann beim Mann nach der Faustregel: Körpermasse in kg mal 65 und bei der Frau: Körpermasse in kg mal 55 berechnet werden. Da die Atemfrequenz beim Erwachsenen zwischen 10 und 20 Zügen je Minute liegt, beträgt das *Atemminutenvolumen* bei normaler Atmung mit einem Atemzugvolumen von 0,5 l entsprechend 5 bis 10 l. Bei starker körperlicher Belastung können Werte von über 100 l/Minute erreicht werden.

Lupeol, ein Alkohol aus der Gruppe der pentazyklischen Triterpene.

Lupine, → Schmetterlingsblütler.

Lupulon, in den Blütenständen des Hopfens, *Humulus lupulus,* vorkommender Hopfenbitterstoff. L. und weitere Verbindungen dieses Typs (z. B. *Humulon*) besitzen sedative, antibiotische und östrogene Eigenschaften.

Lurche (Tafel 5), **Amphibien,** *Amphibia,* Klasse der Wirbeltiere. Wechselwarm, mit meist nackter, schlüpfriger, drüsenreicher Haut, in der Regel mit 2 Gliedmaßenpaaren, die selten rückgebildet oder auch ganz verschwunden sind. Krallen sind nur ausnahmsweise vorhanden. Von den Schuppenpanzern der ausgestorbenen riesigen Vorfahren der L., der Stegozephalen, sind nur noch Hautverknöcherungen auf dem Rücken einiger Froscharten sowie winzige Kalkschuppen bei → Blindwühlen erhalten. Die Unterhaut enthält verschiebbare Farbzellen, die vielen Arten einen Farbwechsel ermöglichen. Die Atmung erfolgt bei erwachsenen L. im allgemeinen durch Lungen, nur einige wasserlebende Formen behalten daneben noch die Kiemenatmung bei. Viele atmen zusätzlich durch die äußere Haut und die Mundhöhlenschleimhaut. Das Herz hat 2 getrennte Vorkammern und eine einheitliche Herzkammer. In der Kloake münden außer dem Darm auch die Harn- und Geschlechtsorgane. Mit Ausnahme der Froschlurchkaulquappen verschlingen alle L. lebende Beutetiere. Unter den Sinnesorganen spielen der Tastsinn und das Auge die größte Rolle. Tastsinnesorgane liegen als freie Nervenendigungen in der Haut. Aus dem Spritzloch der Haifische ist bei den Froschlurchen das Mittelohr entstanden. Es fehlt den Schwanzlurchen und Blindwühlen. Das Geruchsorgan ist paarig und steht durch Choanen mit der Mundhöhle in Verbindung. Amphibienaugen sind auf Weitsicht eingestellt, die Akkomodation auf Naheinstellung erfolgt durch Kontraktion der Ziliarmuskeln. Die meisten L. haben ein oberes, unbewegliches und ein unteres, bewegliches Augenlid, das sich in eine Nickhaut fortsetzt.

Fast alle L. legen Eier, wenige Arten sind lebendgebärend. Embryonalhüllen (Amnion, Allantois) wie bei höheren Wirbeltieren sind nicht ausgebildet. Es findet innere (die meisten → Schwanzlurche) oder äußere Befruchtung (die meisten → Froschlurche) statt. Die Entwicklung erfolgt im allgemeinen über ein wasserlebendes, kiemenatmendes Larvenstadium (→ Kaulquappe), das beim Übergang zum Landleben komplizierte Umwandlungen vor allem des Kreislauf- und Atmungssystems durchmacht. Sehr viele L. treiben Brutpflege (Schaumnester u. a.), wobei sich mit zunehmendem Ausbildungsgrad des Pflegeverhaltens die Zahl der Eier verringert, ihre Größe aber zunimmt. Die L. sind mit Ausnahme der Antarktis in allen Erdteilen verbreitet und bewohnen abgesehen von den Gletscherregionen und echten Wüsten fast alle Lebensräume. Es werden 3 in ihrer Gestalt stark voneinander abweichende rezente Ordnungen (→ Blindwühlen, → Schwanzlurche, → Froschlurche) unterschieden.

Lit.: W. v. Filek: Frösche im Aquarium (Stuttgart 1967); G. E. Freytag: Der Teichmolch (Wittenberg 1954), Feuersalamander und Alpensalamander (Wittenberg 1955); E. Frommhold: Wir bestimmen L. und Kriechtiere Mitteleuropas (Radebeul 1959); Heimische L. und Kriechtiere (3. Aufl., Wittenberg 1965); A. Heilborn: Der Frosch (Leipzig u. Wittenberg 1949); W. Hellmich: Handb. der Biologie, Lieferung 150/151, Klasse Amphibia, L. Klasse Reptilia, Kriechtiere (Konstanz 1963); W. Junger: Die einheimischen Kröten (Wittenberg 1954); Ch. Scherpner u. W. Klingelhöffer: Terrarienkunde, 2. Teil: L. (2. Aufl., Stuttgart 1956); G. Nietzke: Die Terrarientiere, Bd. 1. Schwanzlurche, Froschlurche, Schildkröten (2. Aufl., Stuttgart 1977); K. Rimpp: Salamander und Molche (Stuttgart 1979); R. Schulte: Frösche und Kröten (Stuttgart 1980); H. Wermuth: Taschenb. der heimischen Amphibien und Reptilien (Leipzig u. Jena 1957); Grzimeks Tierleben, Bd V (Zürich 1970); Urania Tierreich, Bd 4 (4. Aufl., Leipzig, Jena, Berlin 1976).

Lutein, *Xanthophyll, 3,3'-Dihydroxy-α-karotin,* ein zur Gruppe der Xanthophylle gehörendes → Karotinoid. L. ist nach den Karotinen das in der Natur am weitesten verbreitete Karotinoid. Es findet sich als gelber Farbstoff in allen grünen Pflanzenteilen, ferner frei oder verestert in vielen gelben und roten Blüten und Früchten, z. B. im Löwenzahn, in der Sumpfdotterblume, in Arnika, in der Gelben Narzisse und der Sonnenblume. L. ist neben Zeaxanthin der Hauptfarbstoff des gelben Eidotters der Vögel. An der Herbstfärbung der Blätter ist L. ebenfalls beteiligt, wobei es hier zum größten Teil verestert vorliegt. Von L. leitet sich noch eine Reihe anderer Pflanzenfarbstoffe ab, z. B. *Eloxanthin* und *Flavoxanthin.*

luteinisierendes Hormon, svw. Lutropin.

Luteolin, ein zur Gruppe der Flavone zählender gelber Blütenfarbstoff. L. kommt in der bis zur Mitte des 19. Jh. in Deutschland viel angebauten Färberreseda, *Reseda luteola,* vor, die zur Wollfärbung verwendet wurde. L. findet sich auch im Gelben Löwenmaul, *Antirrhinum majus,* und als 7-Glukosid im Gelben Fingerhut, *Digitalis lutea.*

luteotropes Hormon, svw. Prolaktin.

Luteovirusgruppe, → Virusgruppen.

Lutropin, *luteinisierendes Hormon, Zwischenzell-stimulierendes Hormon, Gelbkörperreifungshormon,* Abk. *LH, ICSH,* ein zu den Gonadotropinen gehörendes Proteohormon der Hypophyse zur Kontrolle der Produktion der männlichen und weiblichen Keimdrüsenhormone. L. ist ein Glykoprotein mit etwa 20% Kohlenhydratanteil. Der Peptidteil besteht aus einer α- und einer β-Kette mit 96 bzw. 119 Aminosäureresten (Molekülmasse 28 500). Die α-Peptidkette ist mit der des Follitropins, Choriongonadotropins und Thyreotropins identisch. Die β-Kette ist hormonspezifisch. L. wird in den basophilen Zellen des Hypophysenvorderlappens gebildet. Die Sekretion wird durch das übergeordnete Regulationshormon Gonadoliberin (→ Liberine) sowie durch unterschiedliche Konzentrationen an Östrogen und Progesteron reguliert und abgesichert. L. wirkt nicht geschlechtsspezifisch und entfaltet seine Wirkung über das Adenylat-Zyklase-System (→ Hormone). Es steuert beim Mann die Testosteronbildung im Hoden, und bei der Frau bewirkt es die Ovulation des reifen Follikels und die Ausbildung des *Corpus luteum* und stimuliert außerdem die Progesteronbildung. Die hormonale Regulation des Genitalzyklus der Frau erfolgt durch ein enges Zusammenwirken von L. mit Follitropin sowie Östradiol und Progesteron.

Die zur Geburtenregelung angewandte → hormonale Konzeptionsverhütung beruht im wesentlichen auf einer Unterdrückung der Lutropinbildung durch meist oral verabreichte Ovulationshemmer (Östrogen plus Gestagen).

Luzerne, → Schmetterlingsblütler.

Luziferase, ein zu den Oxidoreduktasen zählendes niedermolekulares Enzym → Luziferin.

Luziferin, reduzierte Form einer Verbindung, die in Gegenwart des Enzyms *Luziferase,* Sauerstoff, Adenosintriphosphat (ATP) und (meist) Mg-Ionen zu einem aktivierten Oxyluziferin oxidiert wird, das in ein *Oxyluziferin* übergeht.

Dabei wird die freiwerdende Energie fast vollständig als sichtbares Licht abgegeben.

L. $\xrightarrow{\frac{O_2}{Luziferase}}$ Oxyluziferin → Oxyluziferin + hν.

L. sind die für die → Biolumineszenz vieler niederer Organismen (Bakterien, Pilze, Hohltiere, Würmer, Insekten, Salzwassertiere) verantwortlichen Substanzen. Bei dem L. des Leuchtkäfers *Photinus pyralis* handelt es sich um ein Benzothiazolderivat.

Lyasen, Hauptklasse von Enzymen, die die Spaltung einer Substratverbindung in zwei Bruchstücke unter Ausbildung einer Doppelbindung katalysieren oder in Umkehrung als *Synthasen* die Addition an Doppelbindungen unter Zusammentritt von zwei Verbindungen zu einer dritten bewirken. Bei den Synthasen fungieren Koenzym A, Biotin oder Thiamin (→ Vitamine) oft als Koenzym.

Je nach Bindungsart, die gespalten oder aufgebaut wird, unterscheidet man 1) *C-C-Lyasen.* Dazu gehören die im Tier- und Pflanzenreich weit verbreiteten *Dekarboxylasen,* die die irreversible Abspaltung von Kohlendioxid aus der Karboxygruppe von Karbonsäuren bewirken. Bei den Aminosäuredekarboxylasen wirkt Pyridoxalphosphat (→ Vitamine) als prosthetische Gruppe, während die Dekarboxylierung von Brenztraubensäure zu Azetaldehyd durch Thiaminpyrophosphat (→ Vitamine) als Koenzym katalysiert wird. Zu den C-C-Lyasen gehört auch die **Aldolase**, die bei der Glykolyse bzw. alkoholischen Gärung reversibel die Spaltung von Fruktose-1,6-diphosphat in Dihydroxyazetonphosphat und Glyzerinaldehydphosphat katalysiert.

2) *C-O-Lyasen*. Wichtigste Vertreter sind die **Dehydratasen**, z. B. die → Akonitase und → Enolase, die die Wasserabspaltung einer organischen Verbindung bewirken. Wasseranlagernde Enzyme werden als **Hydratasen** bezeichnet. Zu ihnen gehört z. B. die → Fumarase.

3) *C-N-Lyasen*. Hierzu gehört die Aspartase, die aus Asparaginsäure Fumarsäure und Ammoniak bildet. Dieser Prozeß ist bei Bakterien und höheren Pflanzen realisiert.

4) *C-S-Lyasen* und *C-Halogen-Lyasen*, die von untergeordneter Bedeutung sind.

Lycopodiales, → Bärlappartige.
Lycopodiatae, → Bärlappartige.
Lycopsida, → Bärlappartige.
Lycosidae, → Wolfsspinnen.
Lyginopteridatae, → Samenfarne.
Lykomarasmin, *Aspergillomarasmin B*, ein von dem pilzlichen Erreger der Tomatenwelke, *Fusarium lycopersici*, gebildetes → Welketoxin.

$$CH_2-NH-\underset{\underset{CH_3}{|}}{\overset{\overset{OH}{|}}{C}}-COOH$$
$$CO-NH-CH-CH_2-CO-NH_2$$
$$COOH$$

Lykophora, → Bandwürmer.
Lykopin, ein zu den → Karotinoiden gehörender ungesättigter, aliphatischer gelbroter Kohlenwasserstoff aus der Gruppe der Tetraterpene. L. ist der Farbstoff der reifen Tomate sowie der Hagebutte und kommt weiterhin in Möhren, gelben Pfirsichen, Preiselbeeren und vielen anderen Früchten vor.

Lymantriidae, → Trägspinner.
Lymnaeidae, → Schlammschnecken.
Lymphdrüsen, → Lymphgefäßsystem.
Lymphe, bei Tieren mit geschlossenem Blutgefäßsystem eine neben dem Blut vorhandene und mit diesem in enger Verbindung stehende, gelbliche bis farblose Körperflüssigkeit, die in einem gesonderten *Lymphgefäßsystem* fließt. Außerhalb des Tierkörpers gerinnt sie. Die L. ist von ähnlicher Zusammensetzung wie das Blutplasma. Sie enthält freie, farblose Zellen, besonders *Lymphozyten* (→ Hämozyten) in wechselnder Zahl: In 1 mm³ L. lassen sich 300 bis 10000 Zellen nachweisen, wovon 88 bis 97% Lymphozyten sind.

An den Berührungsstellen von Lymphgefäß- und Blutkapillarsystem erfolgt ein lebhafter Stoffaustausch, wobei von der L. aus dem Blut die zur Ernährung der Gewebe benötigten Stoffe aufgenommen und in den Geweben gegen Stoffwechselprodukte ausgetauscht werden.

Bei Wirbeltieren werden drei L y m p h a r t e n unterschieden, und zwar die aus den Blutkapillaren austretende L., die als *Kapillartranssudat* oder *Blutlymphe* bezeichnet wird, die in den Interzellularräumen der Gewebe enthaltene L., die *Gewebeflüssigkeit*, und die in den Lymphgefäßen fließende L., z. B. die *Darmlymphe* (→ Chylus). Die Darmlymphe enthält nach der Nahrungsaufnahme emulgiertes Fett (*Verdauungslymphe*) und hat deshalb ein milchiges Aussehen. Das Fett wird über die Darmlymphgefäße dem *Milchbrustgang* zugeführt, der in die große Körperhohlvene dicht vor dem Herzen mündet.

Außer der Transportfunktion hat die L. noch einen weitgehende Schutzfunktion. In den Körper eingedrungene Fremdstoffe, Bakterien u. a. werden von der L. aufgenommen. Die bei Säugetieren und Vögeln in die Lymphgefäße geschalteten *Lymphknoten* (fälschlich als *Lymphdrüsen* bezeichnet) stellen ein Filter dar, das die L. von Fremdstoffen und Bakterien reinigt.

Im Gegensatz zum Blut, das in festen Bahnen zirkuliert, bewegt sich die L. in den Zwischenzellräumen und versorgt so jede einzelne Zelle mit den notwendigen Stoffen. Die L. wird in wenigen *Lymphgefäßen* gesammelt. Hier wird sie durch die Tätigkeit der Körpermuskulatur in Zirkulation gehalten, wobei Klappen in den Gefäßen ein Zurückfließen verhindern. Bei niederen Wirbeltieren existieren besondere *Lymphherzen*, die für die Bewegung der L. sorgen. Die Frösche haben unter der Haut ausgedehnte *Lymphsäcke*. Die Innenräume des Gehirnes sowie der Rückenmarkskanal sind mit einer lymphatischen Flüssigkeit, dem Liquor cerebrospinalis, erfüllt. Lymphähnliche Flüssigkeiten enthalten außerdem die Zölomhohlräume, Hautblasen und Ödeme, die Finnenblasen der Bandwürmer und die Gelenkkapseln (*Synovialflüssigkeit*).

Lymphgefäßsystem, aus Gewebsspalten hervorgehende Kanälchen, die eine Ergänzung des Venensystems darstellen und eine Flüssigkeit, die *Lymphe*, aus dem Gewebe in herznahe Venen leiten. Der größte Lymphstamm ist der *Milchbrustgang* (*Ductus thoracicus*). In das L. sind *Lymphknoten* (fälschlich *Lymphdrüsen* genannt) eingeschaltet, die bei Säugern Lymphozytenbildungsstätten sind und im Dienst der Abwehr stehen.

Lymphknoten, im Körper verteilte kleine Lymphorgane. Die L. kommen nur bei Säugetieren vor. Sie sind Bestandteil des Immunsystems, des spezifischen Abwehrsystems des Organismus.

Lymphokine, → Kontaktüberempfindlichkeit, → zellvermittelte Immunität.

Lymphozyten, svw. Lymphzellen.

Lymphozyten-Transformationstest, → Phythämagglutinin.

Lymphzellen, *Lymphozyten*, zu den weißen Blutzellen gehörende bewegliche Zellen. Neben Blut und Lymphe durchwandern sie die Gewebelücken im Körper und sind deshalb überall im Organismus anzutreffen. Die L. tragen spezifische Rezeptoren für Antigene und sind die für die Immunreaktion wichtigsten Zellen.

Lyochrome, → Flavine.

Lyonisierung, *Einzel-X-Chromosom-Inaktivierung*, erstmals von M. Lyon beschriebene, unter bestimmten Bedingungen reversible Inaktivierung eines der beiden X-Chromosomen in Zellen früher weiblicher (XX-)Embryonen durch fakultative Heterochromatisierung. Welches der beiden X-Chromosomen inaktiviert wird, ist in jeder Zelle offenbar völlig zufallsbedingt, so daß sich weibliche Organismen praktisch zu »Mosaiken« entwickeln, in deren Zellen je zur Hälfte das eine oder das andere X-Chromosom inaktiv ist. Die L. spielt in der medizinischen Genetik eine bedeutende Rolle, weil sie Heterozygotentests zum Nachweis X-chromosomal lokalisierter rezessiver Mutantenallele ermöglicht, da die L. eine funktionelle → Hemizygotie bedingt.

Lyophilisation, svw. Gefriertrocknung.

lyotrope Reihe, *Hofmeistersche Ionenreihe*, *Quellungsreihe*, eine nach ihrer Quellungswirkung geordnete Ionenfolge. Die Alkalikationen lassen sich z. B. in der Reihenfolge $Li^+ > Na^+ > K^+ > Rb^+ > Cs^+$ anordnen. Entscheidend für das Ausmaß der quellungsfördernden oder entquellenden Wirkung sind Ladung bzw. Ladungsdichte und, hierdurch bedingt, Durchmesser und Hydratation der Ionen. Unter den Alkalimetallen z. B. wirkt das große Zäsiumkation Cs^+ infolge seiner geringen Hydratation auf Substanzen mit negativer Eigenladung, z. B. Eiweiße, stark entquellend, das kleine und mit einer großen Wasserhülle umgebene Lithiumkation Li^+ demgegenüber quellungsfördernd.

Lys, Abk. für L-Lysin.
Lyse, svw. Lysis.
Lysergsäure, → Mutterkornalkaloide.
Lysergsäurediethylamid, Abk. *LSD* (*LSD-25*), ein nicht natürlich vorkommendes, stark wirksames Halluzinogen, eng verwandt mit den → Mutterkornalkaloiden. 1938 wurde L. erstmals synthetisiert und 1943 seine überragende psychotrope Wirkung durch A. Hofmann festgestellt. L. unterliegt dem Suchtmittelgesetz.
lysigen, durch Auflösung entstanden. Viele Sekretbehälter von Pflanzen, wie die mit ätherischen Ölen gefüllten bei Orangen und Zitronen, entstehen beispielsweise durch Auflösung von Zellwänden bzw. ganzen Zellen.
lysigene Sekretbehälter, → Ausscheidungsgewebe.
L-Lysin, Abk. *Lys*, $H_2N-(CH_2)_4-CH(NH_2)_4-COOH$, eine basische, proteinogene und essentielle Aminosäure, die als Bestandteil in Proteinen, wie Albuminen, Fibrin und Globin, vorkommt und speziell bei der Knochenbildung von Kind und Jungtieren bedeutsam ist. Die Biosynthese erfolgt im Brotschimmel und in Bäckerhefe nach dem α-Aminoadipinsäureweg, in Bakterien, Braun- und Grünalgen, höheren Pflanzen und Pilzen nach dem Diaminopimelinsäureweg.
Lysine, Gruppe von Antikörpern. Die L. binden und aktivieren nach Bildung des Antigen-Antikörper-Komplexes Komplement, das zelluläre Antigene zu zerstören (lysieren) vermag.
Lysis, *Lyse*, Auflösung, Zerstörung von Zellen. Die L. kann durch komplementbindende Antikörper (→ Lysine) hervorgerufen werden. Oft resultiert sie nach Virusinfektion als Folge der Wirkung virus-kodierter Enzyme.
lysogene Bakterien, → temperente Phagen.
lysogene Konversion, → temperente Phagen.
Lysogenie, → temperente Phagen.
Lysosom, Bestandteil des intrazellulären Verdauungssystems der Eukaryotenzellen, in dem exo- und endogenes Material abgebaut wird. Bildungsort der L. ist das endoplasmatische Retikulum, der Golgi-Apparat ist bei der Bildung mit beteiligt: Kleine Vesikel, die *primären L.* (Durchmesser etwa 0,5 μm) werden von ER- oder Golgi-Zisternen abgeschnürt. Sie sind von einer Membran umgrenzt und enthalten saure Hydrolasen. Leitenzym ist saure Phosphatase, ferner sind vorhanden: Proteinasen, Phospholipasen, Nukleasen, die den Abbau fast aller Nahrungs- und Zellbestandteile bei *p*H 5 bis 6 ermöglichen. Die Lysosomenmembran verhindert den Austritt dieser lytischen Enzyme in das umgebende Zytoplasma und damit die Autolyse der Zelle.

Primäre L. verschmelzen mit den durch Endozytose entstandenen Nahrungsvakuolen (Phagosomen) bzw. Pinozytose-Vesikeln, auch mit Akanthosomen (→ Endozytose) zu *sekundären L.* (*Heterolysosomen*), in denen der Abbau erfolgt. Außerdem treten primäre L. in Kontakt mit zelleigenem Material. Nicht mehr funktionsfähige Zellorganellen bzw. überschüssige Prosekrete werden durch eine Membran vom übrigen Zytoplasma abgegrenzt. Mit diesem membranumschlossenen Bereich (*Autophagosom*) verschmilzt ein primäres L. zum sekundären L. (*Zytolysosom*), in dem der Abbau erfolgt. Die Abbauprodukte der sekundären L. können dann durch die Lysosomenmembran in das übrige Zytoplasma übertreten. Unverdauliche, besonders kohlenwasserstoffhaltige Stoffe werden als *Residualkörper* durch → Exozytose ausgeschieden. Die Abbauvorgänge laufen meist rasch ab. Zum Beispiel werden strahlengeschädigte Mitochondrien des Pantoffeltierchens (*Paramecium*) sofort von primären L. umgeben und in Zytolysosomen abgebaut. Die unverdaulichen Reste sind nach wenigen Minuten durch Exozytose ausgeschieden. Anzahl, Form, Größe und Innenstruktur der L. sind je nach physiologischem Zustand der Zelle und je nach Zelltyp unterschiedlich. Nur die primären L. weisen homogenen Enzyminhalt auf. Die sekundären L. enthalten außerdem in Abbau befindliche Stoffe.

In Pflanzenzellen hat gewöhnlich die Zentralvakuole Lysosomenfunktion. Zytoplasmatisches Material wird durch Einstülpen der Vakuolenmembran (Tonoplast) und Abschnürung in die Vakuole gebracht. In ihr sind unter anderem in Auflösung befindliche Membranbruchstücke festzustellen.

Die lipidreichen *Sphärosomen* der Pflanzenzellen enthalten unter anderem auch saure Phosphatase, daher wird vermutet, daß sie L. teilweise funktionell ähneln.

Lysosomale Enzyme (insbesondere das Leitenzym saure Phosphatase) sind außer in den Lysosombildungsorten ER, Golgi-Apparat und in den L. selbst auch nachzuweisen: In Akanthosomen (→ Endozytose) der Nervenzelle, in manchen Bläschenkörpern (multivesikulären Körpern, multivesicular bodies) und im Akrosom der Spermien von Säugetieren. Akanthosomen haben in Nervenzellen die Funktion von primären L. Mikropinozytosevesikel können mit einem Bläschenkörper verschmelzen und anschließend mit einem primären L. Das Akrosom ist auf Grund seiner Ausstattung mit hydrolytischen Enzymen ein L., das den Spermien durch lokale Auflösung der Eihüllen den Weg zur Eizelle bahnt.

L. beteiligen sich in Zellen der Schilddrüse an der Freisetzung des Thyroxins aus dem Thyreoglobulin. L. erfüllen auch wesentliche Funktionen im Verlauf der Embryonalentwicklung. Zum Beispiel wird die Rückbildung des Kaulquappenschwanzes durch lysosomale Enzyme bewirkt (Autophagie dieser Zellen).

Im Hungerzustand können von den L. auch intakte Zellorganellen in Membranen eingeschlossen und in sekundären L. abgebaut werden. Dadurch kann die Zelle auch eine Zeitlang dann überleben, wenn keine Nahrungszufuhr von außen erfolgt, indem die aus dem Abbau freigewordenen Stoffe zum Aufbau lebenswichtiger Moleküle verwendet werden. Durch Zellschädigung können L. zerstört werden, die freigesetzten Enzyme bauen alle wesentlichen Zellbestandteile ab und führen dadurch zum Zelltod.

Die *Krebs-Mehrschritt-Therapie* von M. v. Ardenne verfolgt unter anderem das Ziel, selektiv die Krebszellen in einem Organismus zu vernichten, indem durch verschiedene Faktoren die Lysosomenmembranen der Krebszellen beschädigt werden und sich daher diese Zellen mit Hilfe der freigesetzten Enzyme selbst verdauen.

Lysotypen, → Lysotypie.
Lysotypie, Unterscheidung von weder serologisch noch bezüglich ihrer biochemischen Leistungen differenten Bakterienstämmen der gleichen Art mit Hilfe von → Phagen mit sehr engem Wirtsbereich, die jeweils nur bestimmte Stämme der betreffenden Bakterienart, die Lysotypen, lysieren. Mit Hilfe der L. kann, besonders bei *Salmonella*, *Shigella* und Staphylokokken, oft festgestellt werden, welcher Bakterienstamm für eine auftretende Epidemie verantwortlich ist.
Lysozyme, *Muramidasen*, zu den Hydrolasen gehörende bakteriolytische Enzyme, die die 1,4-β-Bindung zwischen Azetylglukosamin und N-Azetylmuraminsäure hydrolysie-

ren und damit die Muraminstruktur von Bakterienzellwänden auflösen. L. schützen dadurch den Organismus vor dem Eindringen von Bakterien. Sie sind in der Natur weit verbreitet und wurden in zahlreichen tierischen Geweben und Körpersekreten, z. B. Tränen, Nasenschleim, Speichel und Darmschleim, sowie in Phagen, Bakterien und Pflanzen nachgewiesen. Das aus Eiereiweiß isolierte L. hat eine Molekülmasse von 15000, ist einkettig aus 129 Aminosäuren aufgebaut und in seiner Tertiärstruktur bekannt. L. sind für die Abwehr von Infektionskrankheiten von großer Bedeutung.

lytische Phagen, → Phagen.

M

Mabuyen, *Mabuya,* am weitesten verbreitete Gattung der → Glattechsen mit Vertretern in Indonesien, Südostasien, Afrika, Mittel- und Südamerika. Die M. sind 15 bis 25 cm lange, bodenbewohnende, meist lebendgebärende Kriechtiere von normaler Eidechsengestalt.

Macchie, mediterranes Hartlaubgebüsch. → Hartlaubvegetation.

Mach-Mit-Verhalten, svw. allelomimetisches Verhalten.

Macis, → Muskatnußgewächse.

Macrodasyoidea, → Bauchhärlinge.

Macrolepidoptera, svw. Großschmetterlinge.

Macropodidae, → Känguruhs.

Macropus, → Känguruhs.

Macroscelidae, → Rüsselspringer.

Macrostomida, → Strudelwürmer.

Macula, → Gehörorgan.

Maculae adhaerentes, → Plasmamembran.

Madagaskarstrauße, *Aepyornithidae,* bis zu 3 m hohe flugunfähige Laufvögel, die erst vor mehreren hundert Jahren ausstarben. Sie erreichten eine Körpermasse von 450 kg, ihre Eier (340 mm × 245 mm) wogen bis zu 10 kg.

Made, Trivialname für Insektenlarven ohne sichtbare Extremitätenbildungen, z. B. für die Larve der höheren Fliegen, deren Kopfkapsel weitgehend oder ganz zurückgebildet ist.

Madenhacker, → Stare.

Madenwurm, *Enterobius vermicularis,* ein im Dickdarm und Enddarm des Menschen, besonders der Kinder, schmarotzender kleiner, weißlicher Fadenwurm. Das etwa 1 cm lange Weibchen legt seine Eier in der Aftergegend des Wirtes ab, wodurch besonders nachts ein starker Juckreiz entsteht. Die Infektion geschieht durch Verschlucken der an den Fingern haftenden oder mit Staub aufgewirbelten Eier.

Mädesüß, → Rosengewächse.

Madi, → Korbblütler.

Madreporaria, → Steinkorallen.

Madreporenplatte, Kalkplatte an der aboralen Fläche des Skeletts der Stachelhäuter. Sie ist mit feinen Öffnungen siebartig durchbrochen und schließt den Steinkanal nach außen ab.

Magen, → Verdauungssystem.

Magenentleerung, Übertritt des Nahrungsbreies aus dem Magen in den Dünndarm. Nach erfolgter Verdauung im Magen wird der Mageninhalt durch kräftige peristaltische Wellen schubweise in den Dünndarm entleert. Unmittelbar nach der M. wird die → Magenmotorik stillgelegt. Diese Steuerung geschieht durch das → Darmhormon Enterogastron, das mit dem Blut in die Magenwandung gelangt und sowohl die Peristaltik als auch die Magensaftsekretion stillegt. Das Ausmaß dieser Hemmung ist abhängig von der Zusammensetzung der Nahrung. Im Magen verweilen Kohlenhydrate 1 bis 2 Stunden, gemischte Nahrung bis zu 4 Stunden, sehr fette Nahrung 5 und mehr Stunden.

Magenfliegen, → Zweiflügler.

Magenmotorik, Eigenbewegungen des Magens, die durch Kontraktionen seiner glatten Muskulatur entstehen. Bald nach der Nahrungsaufnahme bilden sich ringförmige Kontraktionen der Magenwand, die den breiigen Mageninhalt unvollkommen einschnüren. Diese Kontraktionsringe wandern mit geringer Geschwindigkeit in Richtung des Magenausgangs, der zunächst fest verschlossen bleibt. Alle 10 bis 20 Sekunden entsteht im oberen Teil des Magens eine neue *peristaltische Welle.* Es laufen gleichzeitig mehrere Kontraktionswellen über den Magen.

Durch die M. werden die oberflächlich gelegenen Anteile des Mageninhalts, die bereits mit Magensaft durchtränkt sind, abgestreift und der Nahrungsbrei durchmischt.

Obwohl die peristaltischen Wellen autonom in der Magenwandmuskulatur entstehen, kann die M. vom vegetativen Nervensystem, und damit auch von seinen Wirk- und Hemmstoffen, beeinflußt werden. Parasympathische Nervenfasern sowie Azetylcholin steigern die M., sympathische Nervenfasern sowie Adrenalin hemmen sie. Eine Hemmung ist auch über die Vergiftung des Parasympathikus mit Atropin möglich.

Magensaftsekretion, die nervös und hormonal gesteuerte Produktion von Magensaft. Die M. läuft in drei Phasen ab. 1) In der zephalischen Phase sorgen unbedingte Reflexe (Geschmacksreize) und bedingte Reflexe (Geruch, Anblick, begleitende Geräusche) für eine Erregung von Vagusfasern, die die Absonderung von viel Pepsin und wenig Salzsäure veranlassen. 2) Die gastrische Phase wird mechanisch über eine Magendehnung im Pylorusgebiet und chemisch durch die Anwesenheit von Eiweißen, ihrer Spaltprodukte und Alkohol ausgelöst. Jener Magensaft enthält mehr Salzsäure als Pepsin. Seine Sekretion bewirkt nicht der Nervus vagus, sondern das im Pylorusgebiet gebildete Hormon Gastrin. 3) In der intestinalen Phase rufen die Dehnung des Darmes und die Zusammensetzung des Chymus eine zusätzliche Produktion von Gastrin hervor, das die gastrische M. verstärkt.

Magensteine, → Krebssteine.

Magma reticulare, → Embryonalhüllen.

Magnesium, Mg, ein Erdalkalimetall. Für die Pflanzen ist M. lebensnotwendiger und in relativ großer Menge erforderlicher Nährstoff (→ Pflanzennährstoffe).

Im Boden kommt M. in zahlreichen Mineralien, z. B. Biotit, Augit, Serpentin und Olivin, sowie außerdem als Karbonat im Magnesit und Dolomit vor. Aus Mineralien kann M. durch Verwitterung nur ziemlich langsam freigesetzt werden. Trotzdem enthält der Boden oft für den Bedarf der Pflanzen ausreichende Mengen an Mg^{2+}. Da Mg^{2+}-Ionen sehr gut wasserlöslich sind, kann es allerdings bei starken Niederschlägen vor allem auf leichten, sauren Böden zu Magnesiummangel kommen; zumal die Aufnahme von Mg^{2+} durch die Pflanzenwurzel bei niedrigen pH-Werten sowie hohen Konzentrationen an Kationen, z. B. Kaliumionen K^+, behindert wird. Der Transport des Mg^{2+} erfolgt in der Pflanze vorwiegend spitzenwärts. Der Magnesiumgehalt der pflanzlichen Gewebe liegt meist zwischen 0,1 und 0,5%, bezogen auf die Trockenmasse. Verhältnismäßig hoch ist der Gehalt der pflanzlichen Gewebe an M. in Kartoffel-, Tabak- und Zuckerrübenblättern, jedoch übersteigt er auch hier kaum 1% der Trockenmasse.

Magnetfeld-Orientierung

Mg^{2+} übt, in reiner Lösung geboten, eine schädigende Wirkung auf Zellkolloide aus. Kalziumionen schalten diese Giftwirkung aus, wenn diese in einem bestimmten Verhältnis zu den Mg^{2+}-Ionen stehen (Ionenantagonismus). M. stellt einen wichtigen Baustoff für die Zellen dar. So enthält Protopektin neben Kalzium stets auch M. In Getreidekörnern liegt M. vornehmlich als Salz der Inositolhexaphosphorsäure vor. Besondere Bedeutung kommt M. als Baustein des Chlorophylls zu, das erst zur Lichtabsorption befähigt ist, wenn M. als Zentralatom in dieses eingebaut ist. M. kann dabei auch durch kein anderes Element ersetzt werden. Weiterhin wirkt M. aktivierend auf Phosphorylierungsprozesse, und zwar sowohl auf die Bildung von ATP im Wege der *reduktiven Phosphorylierung*, die in den Chloroplasten stattfindet, als auch auf die ATP-Bildung durch *oxidative Phosphorylierung*, die im Zusammenhang mit der Atmung in den Mitochondrien erfolgt. Auch auf weitere Enzyme des Energiestoffwechsels, z. B. Karboxylasen und Enolasen, scheint M. aktivierend zu wirken. Ferner wird M. bei der Proteinsynthese an den Ribosomen benötigt. So wird unter anderem die Ablösung der neu gebildeten Polypeptidketten vom Ribosom durch Mg^{2+} aktiviert. Derartige Funktionen des M. machen es verständlich, daß auch nichtgrüne Pflanzenzellen M. benötigen.

Infolge der vielseitigen physiologischen Funktionen des M. kann Magnesiummangel zu vielfältigen Symptomen führen. Magnesiummangelsymptome, die zunehmend auf Sandböden beobachtet werden, treten zuerst an älteren Blättern auf. In der Mitte zwischen den Hauptadern erscheinen Aufhellungen, die größer und im Zentrum nekrotisch werden. Die Blattränder rollen sich ein und vertrocknen. Die einzelnen Blätter wirken steif und spröde, während die gesamte Pflanze eher einen welken, schlaffen Eindruck macht. Bei Getreide und anderen Gramineen werden auf den aufgehellten Blattflächen dunkelgrüne, häufig perlschnurartig angeordnete Chlorophyllinseln sichtbar, bei Maisblättern gestreifte oder »getigerte« Muster.

Eine rechtzeitige Düngung mit magnesiumhaltigen Düngemitteln verhindert nicht nur derartige offensichtliche Mangelerscheinungen, die stets mit erheblichen Ertragseinbußen verbunden sind. Sie gleicht auch den Magnesiumentzug durch die Kulturpflanzen aus, der bei den in den letzten Jahren z. T. beträchtlich angestiegenen Hektarerträgen durchschnittlich etwa 20 kg/ha Magnesiumoxid beträgt, bei Beta-Rüben, Kartoffeln, Klee, Spinat u. a. aber bedeutend höher ist. Häufig verwendet man magnesiumhaltige Mischdünger, die neben den Kernnährstoffen Kali, Phosphorsäure oder Kalk M. enthalten, zum Beispiel Magnesiumphosphat.

Im tierischen Organismus ist M. im Blut und in den Körpersäften enthalten. Es dient als Aktivator der Phosphorylierungsvorgänge beim Zuckerabbau. Erhöhung des Magnesiumspiegels im Blut bewirkt eine Herabsetzung der Erregbarkeit von Muskeln und Nerven.

Magnetfeld-Orientierung, Orientierung nach dem Magnetfeld der Erde als raumkonstante Bezugsgröße, dessen Achse um 20° gegenüber der Erdachse geneigt ist, wobei die Feldlinien parallel zur Oberfläche verlaufen. Die magnetische Feldstärke wird in Ampere je Meter gemessen (1 A/m = $1 m^{-1} \cdot A$). Bei einer Anzahl von Tierarten konnte ein Einfluß magnetischer Felder auf das Verhalten und die Raumlage nachgewiesen werden; das gilt für Plattwürmer, Schnecken, Gliederfüßer, besonders Insekten, aber auch für Wirbeltiere, Zugvögel eingeschlossen. Bei Termiten und Honigbienen liefern magnetische Felder wichtige Orientierungshilfen beim Nestbau. Im weitgehend noch unbekannten Ursachengefüge ist zu berücksichtigen, daß Magnetfelder elektrische Felder induzieren können.

Magnoliatae, → Zweikeimblättrige Pflanzen.

Magnoliengewächse, *Magnoliaceae,* eine Familie der Zweikeimblättrigen Pflanzen mit etwa 200 Arten, die überwiegend in Asien und Amerika verbreitet sind. Es handelt sich um Holzpflanzen mit ungeteilten, einfachen oder gelappten Blättern und großen, einzeln stehenden, meist lebhaft gefärbten Blüten. Die M. zählt man heute zu den ursprünglichsten Bedecktsamern, und viele ihrer Merkmale werden als primitiv angesehen, so z. B. der Bau ihrer Blüte, die an einer langkegelig ausgezogenen Blütenachse zahlreiche spiralig angeordnete Staub- und Fruchtblätter trägt und als Frucht eine zapfenartige Sammelfrucht ausbildet.

Magnoliengewächse: *a* Blütenlängsschnitt (Magnolie), *b* Tulpenbaum

Bekannt ist die oft in Gärten als Zierstrauch angepflanzte *Magnolie, Magnolia* spec., die mit etwa 75 Arten ursprünglich in Südostasien und Nordamerika beheimatet ist. Als Parkbaum beliebt ist der durch seine eigenartig gelappten Blätter ausgezeichnete *Tulpenbaum, Liriodendron tulipifera,* der ebenfalls aus Nordamerika stammt.

Magnoliophytina, → Decksamer.

Magot, *Berberaffe, Macaca sylvana,* ein schwanzloser → Makak mit ziemlich dichtem Fell, der in Nordafrika und auf Gibraltar vorkommt.

Mahlzähne, → Gebiß.

Mähnenschaf, *Ammotragus lervia,* ein hellbrauner, kräftiger Paarhufer mit langem mähnenartigem Behang an Unterhals, Brust und Vorderbeinen. Er steht der systematischen Stellung nach zwischen Schafen und Ziegen. Das M. bewohnt die Gebirge Nordafrikas.

Mähnenschaf

Mähnenwolf, *Chrysocyon brachyurus,* ein besonders hochbeiniges, rotbraunes Raubtier aus der Familie der Hunde. Der M. kommt in den südamerikanischen Pampasgebieten vor. Als Einzelgänger stellt er Meerschweinchen und anderen Kleintieren nach und verzehrt verschiedene Früchte.

Mahonie, → Berberitzengewächse.

Maifisch, *Alosa alosa,* wohlschmeckender, bis 70 cm langer Heringsfisch europäischer Meere. Er laicht in Flußmündungen, heute vielerorts ausgerottet.
Maiglöckchen, → Liliengewächse.
Maikäfer, → Blatthornkäfer.
Mais, → Süßgräser.
Maiszünsler, *Ostrinia nubilalis* Hb., ein Schmetterling aus der Familie der Zünsler. Der M. ist im weiblichen Geschlecht strohgelb, im männlichen zimtbraun, die Spannweite beträgt 28 bis 30 mm. Die Raupen fressen in den Stengeln von Hirse, Hopfen, Hanf und anderen Pflanzen, besonders aber an Mais oft sehr schädlich (Abknicken der Blütenstände).
Majidae, → Seespinnen.
Majoran, → Lippenblütler.
Makaken, *Macaca,* mittelgroße → Altweltaffen mit etwas vorspringender Schnauze und kräftigem Gebiß. Die bekanntesten Vertreter sind → Rhesusaffe, → Javaneraffe, → Japanmakak, → Magot und → Wanderu.
Makaronesisch-Mediterrane Region, → Holarktis.
Makifrösche, *Greiffrösche, Phyllomedusa,* von Mexiko bis Südamerika verbreitete Gattung der → Laubfrösche, deren Vertreter die jeweils ersten 2 Finger den übrigen gegenüberstellen können (Greifhand). Die M. sind auf Bäumen kletternde Nachttiere mit langsamen Bewegungen, sehr großen Augen und senkrechter Pupille. Die Eier werden zwischen Blätter abgelegt, die über Wasser hängen. Der *Lemurfrosch, Phyllomedusa lemur,* bewohnt Mittelamerika. Die Paarungsumklammerung währt tagelang, bis ein geeigneter Eiablageort (Unterseite von Blättern) gefunden wird, die schlüpfenden Kaulquappen fallen ins Wasser.
Makis, → Riesengleitflieger, → Koboldmakis.
Makrele, *Scomber scombrus,* 30 bis 60 cm langer Raubfisch, der in Schwärmen in den europäischen Meeren und im Atlantik vor Nordamerika verbreitet ist. Die M. ist auf dem Rücken mit zahlreichen, nicht über die Seitenlinie hinabreichenden Querbinden versehen. Sie ist einer der wichtigsten und besten Nutzfische.
Makrelenverwandte, *Scombroidei,* Knochenfische der offenen See mit spindelförmigem Körper und kräftiger, tief eingeschnittener Schwanzflosse, viele Vertreter mit mehreren kleinen Flösseln hinter der Rücken- und Afterflosse. Die M. leben räuberisch und haben große wirtschaftliche Bedeutung. Zu den M. gehören z. B. Makrele, Thunfisch, Schwertfisch und Goldmakrele.
Makroevolution, *transspezifische Evolution,* Entstehung der höheren systematischen Einheiten des Tier- und Pflanzenreichs. Für die M. nahm man häufig einen besonderen Evolutionsmodus an; Makromutationen sollten sprunghaft zum Entstehen neuer Organisationstypen führen, die dann durch kleine Mutationsschritte adaptiv umgestaltet werden sollten. Während man in den letzten Jahrzehnten überzeugt davon war, daß auch die Entstehung neuer Organisationsformen auf mikroevolutionärem Wege vor sich geht, geben mittels der Gentechnik gewonnene Erkenntnisse immer mehr Hinweise auf das Stattfinden von → Makromutationen, ausgelöst z. B. durch »springende Gene« (→ Molekulargenetik).
Makrofauna, → Bodenorganismen.
Makrogamet, → Fortpflanzung.
Makroglobulin-Antikörper, eine Klasse von Immunglobulinen (IgM) mit einer Molekülmasse von etwa 900 000. Im Gegensatz zu anderen Antikörpern haben sie 5 oder 10 Bindungsstellen für das Antigen.
Makroklima, → Klima.
Makromeren, → Mesoblast.
Makromutation, *Systemmutation,* vom Paläontologen O. H. Schindewolf sowie vom Genetiker R. Goldschmidt um 1940 zum Verständnis der Makroevolution postulierter Mutationstyp. Die M., »von kleinen Inversionen oder Umlagerungen in einem Chromosom bis zu einer vollständigen Umbildung des Musters aller Chromosomen, können zu einer großen Gesamtwirkung führen, wenn die betreffenden Formen lebensfähig sind« (Goldschmidt 1955). Die Existenz von M. war bis in die jüngste Zeit umstritten, da die stürmische Entwicklung der → Molekulargenetik eine Fülle von Detailinformationen über Mikromutationen erbrachte, die man auch für letztlich makroevolutionäre Prozesse verantwortlich machte. Neuerdings zeigte sich aber, daß M. trotzdem stattfinden und unter anderem durch »springende Gene« ausgelöst werden.
Lit.: E. Geißler, W. Scheler: Darwin today (Berlin 1983).
Makronährelemente, → Pflanzennährelemente.
Makronukleus, → Zellkern.
Makrophagen, bewegliche Zellen mit der Fähigkeit zur Phagozytose. Die M. nehmen in den Organismus eingedrungene Keime auf und vernichten sie. Damit sind sie ein wichtiges Glied des Abwehrsystems. Auch bei Immunreaktionen spielen M. eine Rolle. Sie nehmen Antigene auf und präsentieren sie den Lymphozyten, das führt zur Verstärkung der Immunantwort. Andererseits fördern spezifische Antikörper die Phagozytosefähigkeit der M.
Makrophanerophyten, *Megaphanerophyten,* baumartige Pflanzen, deren Erneuerungsknospen höher als 2 m über der Erdoberfläche ausgebildet sind. → Lebensform.
Makropode, → Guramis.
Makroskelie, beim Menschen das Auftreten von im Verhältnis zur Stammlänge langen Extremitäten. Gegensatz: → Brachyskelie.
Makrosomie, svw. Riesenwuchs.
Makrosporangium, *Megasporangium,* ein Sporangium, in dem Makrosporen entstehen, → Sporen. Bei den Samenpflanzen entspricht es dem Nuzellusgewebe der Samenanlagen.
Makrosporogenese, *Megasporogenese,* die Bildung des weiblichen Gametophyten (Embryosack) der Bedecktsamer im Verlauf der Meiose und einer Reihe postmeiotischer

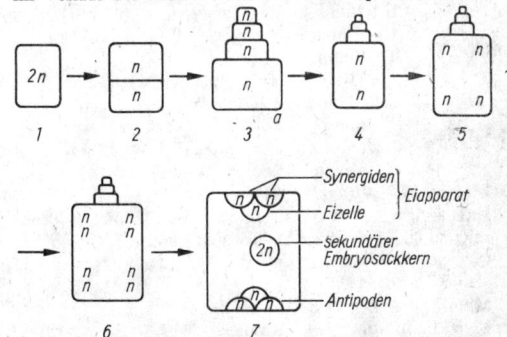

Schema der Makrosporogenese: *1* Embryosackmutterzelle, *2* erste meiotische Teilung, *3* zweite meiotische Teilung (a Makrospore mit dem primären Embryosackkern), *4* bis *6* postmeiotische Teilungen, *7* Embryosack

Zellteilungsvorgänge (Abb.). Aus einer (in der Regel subepidermalen) Zelle des Nuzellus der Samenanlage, der *Embryosackmutterzelle,* bilden sich im Verlauf der Meiose vier zumeist hintereinander angeordnete haploide Zellen, die nicht aus dem Zellverband ausgegliedert werden (→ Mikrosporogenese). Drei von diesen vier Gonenzellen sterben ab, und nur eine, meist die unterste, der Chalaza zugewendete Zelle bleibt erhalten. Sie vergrößert sich und entspricht nunmehr der Makro-(meio)spore der Farnpflanzen. Aus ihr geht der weibliche Gametophyt, der *Embryosack,* hervor, indem aus ihrem Kern, dem primären Embryosackkern, in drei Teilungsschritten 8 Kerne gebildet werden. Bereits nach der ersten Teilung wandern die beiden Tochterkerne an die Zellpole. Dort erfolgen zwei weitere Teilungen. Drei der acht auf diese Weise an jedem Pol entstandenen Kerne werden durch Wandbildung in Zellen eingeschlossen. An dem der Mikropyle der Samenanlage zugekehrten Pol entstehen der *Eiapparat,* d. h. die eigentliche Eizelle, und zwei *Synergiden.* An dem gegenüberliegenden, der Chalaza zugewendeten Pol bildet sich eine Gruppe von drei Zellen, die entsprechend ihrer Lage zum Eiapparat als *Antipoden* (Gegenfüßler) bezeichnet werden. Die beiden übrigen, nicht in Zellwände eingeschlossenen Kerne (*Polkerne*) wandern in die Mitte des Embryosackes und bilden dort nach Verschmelzung den diploiden *sekundären Embryosackkern.*

MAK-Werte, **m**aximaler **A**rbeitsplatz**k**onzentrationswert von Schadstoffen, der auf den achtstündigen Arbeitstag bezogene Mittelwert eines Schadstoffes, der in einem Kubikmeter Luft (bei 20°C und 101 325 Pa) enthalten sein darf, ohne den Gesundheitszustand eines Werktätigen negativ zu beeinflussen; die arbeitshygienische Norm.

Malacostraca, die artenreichste Unterklasse der Krebse. Sie haben stets acht Thoraxsegmente (Thorakomere) und ursprünglich sieben Hinterleibssegmente (Pleomere). Die Augen stehen oft auf beweglichen Stielen. Es sind etwa 17000 Arten bekannt.

System.1. Überordnung: *Phyllocarida*
  Ordnung: *Leptostraca*
 2. Überordnung: *Hoplocarida*
  Ordnung: *Stomatopoda* (Fangschreckenkrebse)
 3. Überordnung: *Syncarida*
  1. Ordnung: *Anaspidacea*
  2. Ordnung: *Bathynellacea*
 4. Überordnung: *Eucarida*
  1. Ordnung: *Euphausiacea* (Leuchtkrebse)
  2. Ordnung: *Decapoda* (Zehnfüßer)
 5. Überordnung: *Pancarida*
  Ordnung: *Thermosbaenacea*
 6. Überordnung: *Peracarida*
  1. Ordnung: *Mysidacea*
  2. Ordnung: *Amphipoda* (Flohkrebse)
  3. Ordnung: *Spelaeogriphacea*
  4. Ordnung: *Cumacea*
  5. Ordnung: *Tanaidacea* (Scherenasseln)
  6. Ordnung: *Isopoda* (Asseln)

Malaienbär, *Helarctos malayanus,* ein verhältnismäßig kurzhaariger, schwarzbrauner Bär mit gelblicher Brustzeichnung. Er bewohnt Südostasien und ernährt sich vorwiegend von Pflanzenteilen, nimmt aber auch Insekten und kleine Wirbeltiere.

Malakophylle, → Trockenpflanzen.

Malakozoologie, *Malakologie,* **Weichtierkunde,** die Lehre von den Weichtieren, alle praktischen und theoretischen Disziplinen umfassend, die dem Verständnis dieser Tiergruppe dienen. Früher wurde die M. mit der *Konchyliologie* gleichgesetzt, die sich aber vorwiegend mit den Schalen der Weichtiere (und auch anderer Tiergruppen) befaßt.

Maleinsäurehydrazid, *N,N′-Maleinylhydrazin,* Abk. *MH,* ein zur Gruppe der → Retardantien gehörender, synthetischer Wachstumsregulator. Durch eine ein- oder zweimalige Ausbringung kurz vor dem Austreiben bzw. Schossen der Gräser, also Ende April bis Anfang Mai, läßt sich deren Wachstum so stark hemmen, daß z. B. die Schnitte von Zierrasenflächen von 12 auf 3 verringert werden können. Dabei nehmen die behandelten Flächen oft eine tiefgrüne Farbe an. Bei Tabak und Tomaten unterbindet MH die Ausbildung von Geiztrieben. Bei Kartoffelknollen, Rüben und Zwiebeln hemmt MH die Keimung und vermindert somit Lagerverluste. Die Wirkung von MH beruht unter anderem auf der Blockierung von Atmungsfermenten.

maligne Transformation, → Tumorviren.

maligne Zelle, svw. Krebszelle.

Mallophaga, → Tierläuse.

Malm [in der engl. Umgangssprache Bezeichnung für einen kalk- und phosphorreichen Lehmboden], Weißer Jura, die obere Abteilung des → Jura.

Malpighische Gefäße, → Exkretionsorgane.

Maltase, α-*1,4-Glukosidase,* ein zu den Glykosidasen zählendes Enzym, das das Disaccharid Maltose in zwei Moleküle D-Glukose spaltet. M. kommt oft mit der stärkespaltenden Amylase vor, z. B. in Gerstenmalz, Hefe, Darmsaft und Pankreas.

Malthus-Parameter, absolutes Maß für das Populationswachstum, auch relatives Maß für die Fitness von Genotypen: $m = \dfrac{\ln N_0 - \ln N_t}{t}$. Hier bedeuten N_0 die Anzahl der Individuen zur Zeit 0 und N_t die Anzahl der Individuen nach der Zeit t. Die Zeit t kann willkürlich gewählt werden (z. B. Woche, Monat oder Jahr).

Im Gegensatz zum Fitnessmaß W, das man für Populationen mit diskreten Generationen benutzt, verwendet man den M. für Populationen, in denen Geburten und Todesfälle kontinuierlich erfolgen.

Maltol, eine vom γ-Pyron abgeleitete heterozyklische Verbindung, die in Tannennadeln und Lärchenrinde gefunden wurde. Sie entsteht ferner bei der trockenen Destillation von Holz, Zellulose und Stärke.

Maltose, *Malzzucker,* ein natürlich vorkommendes, reduzierendes Disaccharid, das durch α-1,4-glykosidische Verknüpfung aus zwei Molekülen Glukose entsteht. M. ist der Grundbaustein von Stärke und Glykogen. Spaltung der M. mittels verdünnter Säuren oder α-Glukosidase führt zu D-Glukose. M. ist Ausgangsprodukt für Sprit, Bier bzw. Branntwein und findet als Bienenfutter bzw. Nährbodensubstrat Verwendung.

α–Maltose

Malvengewächse, *Malvaceae,* eine Familie der Zweikeimblättrigen Pflanzen mit etwa 1200 Arten, die hauptsächlich in den Tropen vorkommen, nur einige sind Kosmopoliten. Es sind Bäume, Sträucher oder Kräuter mit einfachen oder gelappten, handnervigen, wechselständigen Blättern und regelmäßigen, zwittrigen, meist 5zähligen Blüten, die in der Regel groß und lebhaft gefärbt sind und unter dem Kelch oft noch einen Außenkelch haben. Die zahlreichen Staubblätter sind fast immer zu einer Röhre verwachsen und außerdem mit den Blütenblättern verbunden. Der oberständige, 3- bis vielfächerige Fruchtknoten entwickelt sich zu einer Kapsel oder einer in Teilfrüchte zerfallenden Frucht. Die Samen sind häufig behaart.

Die bekannteste und am meisten – überwiegend in subtropischen Gebieten – angebaute Kulturpflanze dieser Fa-

1 Malvengewächse: Baumwolle: *a* Sproß mit Blüten und Früchten, *b* Same mit Samenhaaren, *c* Samenhaare vergrößert

milie ist der **Baumwollstrauch**, *Gossypium herbaceum.* Seine mehrere Zentimeter langen, einzelligen Samenhaare liefern die wichtigste Pflanzenfaser des Weltmarktes, die Baumwolle. Aus den entharrten Samen gewinnt man außerdem Öl für technische Zwecke und zur Margarineherstellung. Eine schon seit dem 16. Jh. bekannte, aus dem Mittelmeergebiet stammende Gartenpflanze ist die **Stockmalve** oder **Stockrose,** *Althaea rosea.* Verschiedene Vertreter der M. haben wegen der in ihnen enthaltenen Schleime medizinisches Interesse, so der **Echte Eibisch,** *Althaea officinalis.*

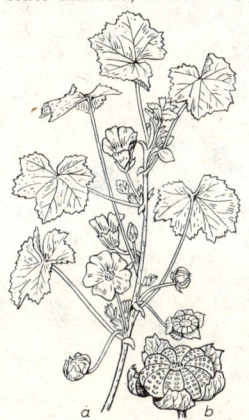

2 Malvengewächse: *a* Stockmalve, *b* Frucht der wilden Malve

Der im tropischen Afrika bzw. in Vorderindien beheimatete **Kenaf,** *Hibiscus cannabinus,* liefert die als Gambohanf bekannte Textilfaser. Von der in tropischen Gebieten häufig kultivierten **Okra,** *Hibiscus esculentus,* dienen die unreifen Früchte als Gemüse, und von **Rama,** *Hibiscus sabdariffa,* wird der fleischige Blütenkelch zur Herstellung von Erfrischungsgetränken genutzt. Die verschiedenen Arten der Gattung **Malve,** *Malva,* wegen ihrer kreisrunden, flachen, käseförmigen, in nierenförmige einsamige Teilfrüchtchen zerfallenden Früchte auch **Käsepappel** genannt, wachsen bei uns meist als Schutt- oder Wegrandpflanzen.

Malzzucker, svw. Maltose.
Mambas, *Dendroaspis,* bis 3,50 m lange, schlanke, baumlebende → Giftnattern des tropischen Afrikas mit langem schmalem Kopf, großen Augen mit runder Pupille und schrägen Schuppenreihen. Sie ähneln äußerlich harmlosen großen → Nattern, werden aber wegen ihrer Schnelligkeit und des stark wirkenden Giftes sehr gefürchtet. Neben den großen Oberkiefergiftzähnen sind auch die Vorderzähne des Unterkiefers lang und kräftig, sie dienen zum Festhalten der aus Vögeln und Baumeidechsen bestehenden Beute. Die M. legen 10 bis 15 ovale weiße Eier. Die *Grüne M., Dendroaspis viridis,* ist die gefährlichste Baumschlange Westafrikas, die noch gefürchtetere *Schwarze M., Dendroaspis polylepis,* bewohnt als größte afrikanische Giftschlange weite Gebiete Afrikas.

Mammae, svw. Milchdrüsen.
Mammalia, → Säugetiere.
Mammarorgane, → Milchdrüsen.
Mammillaria, → Kakteengewächse.
Mammut, *Mammuthus primigenius,* eine elefantenähnliche ausgestorbene Art der → Rüsseltiere, die durch das Auffinden vollständiger Kadaver im sibirischen Eis gut bekannt wurde. Im Oberkiefer befanden sich zwei Stoßzähne, die bis 5 m lang wurden und nach außen und oben gekrümmt waren. Die nacheinander in die Kaufläche einrückenden Backenzähne waren groß und hatten bis zu siebenundzwanzig lamellenartige Querjoche. Als Kälteschutz diente ein dichter Wollhaarpelz. Verbreitung: Pleistozän. In Sibirien überlebte das M. vermutlich die letzte Eiszeit.

Lit.: W. E. Garutt: Das M. (Wittenberg 1964).
Mammutbaum, → Sumpfzypressengewächse.
Manatis, *Trichechus,* → Seekühe mit abgerundeter Schwanzflosse. Eine Art lebt in der Karibik, eine zweite in den Flüssen des Amazonas-Orinoko-Gebietes und eine dritte an der westafrikanischen Küste sowie im Tschad-See und Schari-Strom.
Mandarine, → Rautengewächse.
Mandel, → Rosengewächse.
Mandelbäumchen, → Rosengewächse.
Mandeln, Tonsillen, als paarige Gaumenmandeln beiderseits der Rachenenge oder als unpaare *Rachenmandel* am Dach des Pharynx liegende lymphatische Organe der Säugetiere und des Menschen, die im Dienst der Infektionsabwehr stehen.
Mandibeln, → Mundwerkzeuge.
Mandibulare, → Schädel.
Mandibulata, eine Gruppe der Gliederfüßer (*Arthropoda*) mit den beiden Unterstämmen → *Branchiata* oder *Diantennata* und → *Tracheata.* Die Angehörigen der M. haben im Gegensatz zu den *Amandibulata* beiderseits des Mundes ein Gliedmaßenpaar zu Kaukiefern (Mandibeln) umgewandelt. Auch die beiden folgenden Beine sind in der Regel zu Kiefern (Maxillen) umgebildet. Es sind ein oder zwei Antennenpaare vorhanden.
Mandrill, → Paviane.
Mangaben, *Cercocebus,* ziemlich langbeinige und langschwänzige → Altweltaffen, die in Waldgebieten Afrikas leben.
Mangan, Mn, ein Metall. Für die Pflanze ist M. ein lebensnotwendiger Mikronährstoff, der als zweiwertiges Kation Mn^{2+} von den Wurzeln aufgenommen wird. Die entweder an Sorptionskomplexe gebundenen oder frei in der Bodenlösung vorkommenden Mangan(II)-verbindungen sind der Pflanze direkt zugänglich, die außerdem im Boden vorhandenen Mangan(III)- bzw. Mangan(IV)-verbindungen erst nach Reduktion. In humosen, kalkhaltigen Böden mit neutraler Reaktion und reichem Mikroorganismenleben ist die Aufnahmefähigkeit durch das Vorherrschen der höherwertigen Manganformen stark herabgesetzt. Umgekehrt kann auf nassen, schlecht durchlüfteten, sauren Böden die

Mangelkrankheiten

Mn^{2+}-Konzentration bis zu einer toxischen Höhe ansteigen. Bei der Aufnahme selbst konkurrieren Kalzium-, Magnesium-, Eisen- und andere Schwermetallionen mit M.

Gleich dem Eisen kommt M. in Metall-Flavin-Enzymen und anderen Enzymen vor. Es beeinflußt die Aktivität der Atmungskette. Weiterhin ist es bei der Dekarboxylierung der Oxalbernsteinsäure im Zitronensäurezyklus, in der Photosynthese bei der O$_2$-Entwicklung sowie bei der Nitratreduktion beteiligt. Bei verschiedenen Gemüsearten konnte eine Erhöhung des Vitamin-C-Gehaltes durch M. nachgewiesen werden. Durch Oxidation von β-Indolylessigsäure infolge Manganaktivierung der Peroxidase bestehen auch Beziehungen zu Wachstumsprozessen (→ Phytohormone).

Die meisten Böden enthalten ausreichend M. in pflanzenverfügbarer Form. Auf Moorböden sowie extremen Sandböden kann jedoch auch Manganmangel auftreten. Dieser äußert sich bei den Pflanzen in Form hellgelber Flecken zwischen den Blattadern. Die Symptome erscheinen häufig zuerst an den jüngsten Blättern. Bei Hafer tritt Manganmangel in Form grauer bis braungrüner, bald vertrocknender und dann dunkel umrandeter Flecken als *Dörrfleckenkrankheit* in Erscheinung. Die Schäden können durch Düngung mit Mangansulfat (50 bis 150 kg/ha) oder durch Blattdüngung (7 bis 8 %ige Mangansulfatlösung, 800 l/ha) behoben werden. Vorbeugend sollten moderne, manganhaltige Mineraldünger zur Anwendung kommen. Durch Düngung mit sauer wirkenden Düngern wird das in Böden mit alkalischer Reaktion vielfach in einer für Pflanzen nicht aufnehmbaren Form vorliegende M. freigesetzt.

Im tierischen Organismus hat M. wichtige Aufgaben bei der Synthese von Vitaminen (Vitamin-C-Aufbau), bei der Aktivierung von Enzymen und bei der Erhaltung der Fortpflanzungsfähigkeit zu erfüllen. Der Bedarf der Tiere an M. ist gering.

Mangelkrankheiten, durch ungenügende Versorgung mit lebensnotwendigen Nährstoffen oder einseitige, falsche Ernährung bedingte Erkrankungen pflanzlicher und tierischer Organismen.

M. bei Pflanzen werden verursacht, wenn einzelne Nährstoffe nur in begrenzter Menge in pflanzenaufnehmbarer Form im Boden vorhanden sind oder eine Verarmung des Bodens an diesen Nährstoffen eingetreten ist.

M. können als Wachstums- und Entwicklungsstörungen, Verfärbungen, z. B. Chlorosen, lokale Absterbeprozesse (Nekrosen), Welken u. a. in Erscheinung treten. Die bekanntesten M. der Pflanzen sind Herz- und Trockenfäule, Dörrfleckenkrankheit, Heidemoorkrankheit.

M. bei Tieren sind meist die Folge falsch zusammengesetzter Nährstoffrationen oder nicht vollwertigen Futters. Besonders empfindlich sind junge, wachsende Tiere. Bei Mineralstoffmangel treten Lecksucht, Rachitis, Knochenweiche, Blutarmut u. a. auf; bei Vitaminmangel kommt es zu Avitaminosen (→ Vitamine). Oft besteht bei M. ein Mangel an mehreren Stoffen; dann zeigen sich allgemeine Störungen der Lebensfunktionen, z. B. mangelhaftes Wachstum, Körperschwäche, Knochenveränderungen, Brunststörungen, Sterilität, Leistungsminderungen. Typische M. bei Tieren sind das Wolle- und Federnfressen, Festliegen, Kannibalismus u. a.

M. beim Menschen haben im wesentlichen die gleichen Ursachen wie bei Tieren. Sie äußern sich in Unterernährung, Anfälligkeit gegenüber bestimmten Infektionskrankheiten sowie spezifischen Vitaminmangelerscheinungen, z. B. Beriberi, Skorbut, Pellagra, Rachitis u. a. Anzeichen von M. sind ferner Abmagerung, Müdigkeit, Nachlassen der körperlichen Leistungsfähigkeit.

Mangelmutante, durch Genmutation entstandene Form, bei der die Mutation zu einem Defekt in einer Synthesekette des Stoffwechsels und damit zum Ausfall lebenswichtiger Teilprodukte der Synthese geführt hat, → genetische Blockierung.

Mangobaum, → Sumachgewächse.

Mangold, → Gänsefußgewächse.

Mangrove, *Gezeitenwald*, von salzresistenten Holzarten gebildetes Küstengehölz der flachen, ruhigen, von Gezeiten beeinflußten Küsten und Flußmündungen der Tropen, deren sandig-tonige, versalzte Schlickböden bei Ebbe trockenfallen und bei Flut überschwemmt werden. Die besonderen Standortbedingungen lassen nur wenige Pflanzenarten mit speziellen biologischen Einrichtungen, wie Viviparie, Stütz-, Luft-, Atemwurzeln u. a. gedeihen. Wichtige *Mangrovepflanzen* sind *Rhizophora, Bruguiera, Laguncularia, Avicennia, Sonneratia*.

Manifestation, in der Genetik das Sichtbarwerden der Wirkung eines Gens als Merkmal im Erscheinungsbild.

Manifestationsalter, das Lebensalter, in dem eine Krankheit auftritt (manifest wird), obwohl die Anlage für die Krankheit seit Lebensbeginn vorhanden war. Vom M. spricht man insbesondere bei erblichen Krankheiten.

Manifestationsmuster, die Gesamtheit der feststellbaren physiologischen und morphologischen Merkmale (Phäne), die der Wirkung eines Erbfaktors zugeordnet werden können. → Differenzmuster.

Manifestationsschwankungen, Unterschiede in der genkontrollierten Merkmalsausbildung in Abhängigkeit von der Expressivität und Penetranz des betreffenden Gens sowie den Umweltverhältnissen.

manifestierte Bürde, → genetische Bürde.

Manilahanf, → Bananengewächse.

Maniok, → Wolfsmilchgewächse.

Mannaesche, → Ölbaumgewächse.

Mannane, zu den Hemizellulosen zählende Polysaccharide, die durch vorwiegend β-1,4-glykosidische Verknüpfung von D-Mannose entstehen. M. kommen in den Samenschalen der Steinnuß, im Schleim von Orchideenknollen, im Samen von Johannisbrot und Luzerne sowie in Gräsern und Nadelhölzern vor.

Mannigfaltigkeitsindex, svw. Diversität.

Mannigfaltigkeitszentren, svw. Genzentren.

D-Mannit, von D-Mannose abgeleiteter Zuckeralkohol, der im Saft der Manna-Esche, in anderen höheren Pflanzen, Pilzen und Algen gefunden wird. D-Mannit findet als Abführmittel sowie als Süßstoff für Diabetiker Verwendung.

D-Mannose, zu den Aldohexosen zählendes Monosaccharid, das selten frei, meist als Bestandteil hochpolymerer Polysaccharide vorkommt. D-Mannose wird zu Glukose-6-phosphat abgebaut.

Mannsschild, → Primelgewächse.

Manta, → Rochenähnliche.

Mantel, 1) den Körper umgebende Hautfalte der Weichtiere und Armfüßer, die nach außen eine Schale abscheiden kann; 2) Carapax der Rankenfußkrebse und *Ascothoracida*; 3) die Körperumhüllung der Manteltiere, die aus einer zelluloseartigen Substanz besteht; 4) bei den Wirbeltieren das dorsale Dach der Großhirnhemisphären.

Mantelblätter, → Epiphyten.

Mantelgesellschaft, an Waldrändern (*Bestandesmäntel*) ausgebildete Pflanzengesellschaft, die von derjenigen des

Bestandesinneren mehr oder minder erheblich abweicht. M. bestehen vor allem aus gebüschbildenden Arten und haben infolge des reichlicheren Niederschlages und des stärkeren Lichteinfalles besondere ökologische Bedingungen. Da auch bei Hecken und schmaleren Windschutzstreifen ähnliche Verhältnisse vorliegen, ist für deren erfolgreiche Begründung das Studium der M. von Bedeutung. Der äußerste Rand von M. zeichnet sich meist durch besonderen Nährstoffreichtum aus. Pflanzengesellschaften, die saumartig die Bestandesmäntel umgeben, bezeichnet man als *Saumgesellschaften*.

Mantelhöhle, bei Weichtieren zwischen Fuß und Mantel ausgebildete Höhle, in der die Atmungsorgane liegen.

Mantelpavian, → Paviane.

Manteltiere, Tunikaten, Tunicata, etwa 2100 Arten umfassender Unterstamm der Chordatiere, dessen Vertreter zumindest in ihrer Larvenform eine Chorda und ein Neuralrohr angelegt haben. Charakteristisch für die M. ist die Körperumhüllung durch einen Mantel aus zelluloseähnlichem Tunizin.

Morphologie. Der sack- oder tonnenförmige Körper, bei der einen Klasse mit einem eine Chorda enthaltenden Schwanzanhang, wird von einer oft sehr festen Kutikularhülle (Mantel) umgeben. Nach innen folgen Körperepithel und gallertiges Bindegewebe, das alle Organe einbettet. Der für die Chordatiere typische → Kiemendarm nimmt einen großen Teil des Körpers ein. Die M. sind unsegmentiert, ein echtes Zölom (vielleicht mit Ausnahme des Perikards) und Nieren fehlen. Das als Neuralrohr angelegte Nervensystem wird nach der Metamorphose auf ein oberhalb des Vorderdarms gelegenes Ganglion (Gehirn) reduziert; von hier werden durch Nervenstränge die Organe versorgt. Unter dem Ganglion liegt eine der Hypophyse der Wirbeltiere homologe Neuraldrüse. Das Blutgefäßsystem ist lakunär, ein röhrenförmiges Herz kann die Schlagrichtung ändern.

Biologie. Die M. leben ausschließlich im Meer, am Untergrund festsitzend (Seescheiden) oder freischwimmend. Sie kommen vielfach in riesigen Mengen vor. Fast alle Arten sind zwittrig; die Entwicklung ist direkt (bei *Appendiculariae*) oder läuft über eine geschwänzte Schwimmlarve. Daneben ist ungeschlechtliche Fortpflanzung durch Knospung häufig. Die Nahrungsaufnahme erfolgt durch einen oralen Wimpernring am Kiemendarm; die ausgefilterten Nahrungspartikeln gelangen über das Endostyl in den vielfach U-förmigen Darm.

System. Es gibt drei Klassen: → *Appendiculariae*, → Salpen (*Thaliaceae*) mit den → Feuerwalzen (*Pyrosomida*) und → Seescheiden (*Ascidiaceae*).

Sammeln und Konservieren: Die festsitzenden Seescheiden werden mit der Dredge oder mit einem Rechen von ihrer Unterlage gelöst. Zur Vermeidung einer Kontraktion der Tiere muß man dem Meerwasser langsam 5% Kokain oder 7% Magnesiumchlorid zusetzen. Letzteres bringt vor allem bei solitären Seescheiden von mittlerer bis großer Gestalt günstige Resultate. Die Aufbewahrung erfolgt am besten in einem Gemisch von 40%iger Formaldehydlösung und Alkohol.

Die freischwimmenden Salpen und Feuerwalzen fischt man mit einem Netz aus dem Wasser. Die Konservierung erfolgt in neutraler 2%iger Formaldehydlösung.

Mantodea, → Fangschrecken.

Manubrium, der Basalteil der Sprunggabel bei Springschwänzen.

Manul, *Otocolobus manul,* eine gedrungene, dicht behaarte Kleinkatze Mittelasiens.

MAP-Proteine, → Mikrotubuli.

Mara, → Meerschweinchen.

Marabu, → Störche.

Maral, → Rothirsch.

Maräne, → Koregonen.

Marasmine, svw. Welketoxine.

Marattiales, → Farne.

Marchantiales, → Lebermoose.

Marder, *Mustelidae,* eine artenreiche Familie der Landraubtiere. Die M. sind kleine bis mittelgroße, meist schlanke, langgestreckte, langschwänzige Säugetiere. Zu ihnen gehören → Edelmarder, → Steinmarder, → Zobel, → Iltis, → Hermelin, → Mauswiesel, → Nerz, → Vielfraß, → Dachs, → Silberdachs, → Skunk, → Fischotter und → Seeotter.

Marderhund, *Nyctereutes procyonoides,* ein einem Waschbären ähnelndes Raubtier aus der Familie der Hunde. Ursprünglich nur in Ostasien beheimatet, wurde der M. als Pelztier im östlichen Europa stellenweise angesiedelt und breitet sich jetzt zunehmend weiter nach Westen aus. Der M. ernährt sich von Kleintieren (unter anderem auch Kröten), Vogeleiern und Früchten. Zuweilen richtet er in Vogelkolonien Schaden an. In kalten Gegenden hält er eine Winterruhe.

Marderhund

Marienkäfer, → Käfer.

Marihuana, → Haschisch.

Marille, → Rosengewächse.

marin, auf das Meer bezüglich, im Meer lebend oder entstanden (z. B. Sedimente). Gegensätze: → limnisch und → terrestrisch.

Mariten, die erwachsenen Individuen der Geschlechtsgeneration der Saugwürmer, → Leberegel.

Mark, → Sproßachse.

Marken, svw. Markierungsgene.

marker, engl. Bezeichnung für → Markierungsgene.

Marker, *1)* svw. Label. *2)* → Serologie.

Markhirn, → Gehirn.

Markhöhle, → Knochen.

Markhor, svw. Schraubenziege.

Markierungen, → Heimrevier.

Markierungsgene, Marken, engl. *marker,* meistens Gene, deren Lokalisation und Wirkung bekannt ist, und mit deren Hilfe die Lage und Verteilung anderer Gene bestimmt bzw. das Vorhandensein bestimmter Chromosomen nachgewiesen werden kann.

Markscheide, → Nervenfasern, → Neuron.

Markstrahlen, → Holz, → Sproßachse.

Markstrang, → Nervensystem.

Marlins, → Fächerfische 1).

Marmormolch, *Triturus marmoratus,* bis 16 cm langer, breitköpfiger → Echter Wassermolch Südwesteuropas mit olivgrünem, schwarz marmoriertem Rücken. Das Männchen trägt zur Fortpflanzungszeit (März bis April) einen hohen, geraden Kamm.

Marmota, → Murmeltiere.

Marone, → Buchengewächse.
Maronenpilz, → Ständerpilze.
Marsileales, → Farne.
Marsupialia, → Beuteltiere.
Marsupium, 1) Brutbeutel der → Beuteltiere.
2) zur Aufnahme der Eier bestimmter Raum auf der Bauchseite mancher weiblicher Krebse (z. B. Flohkrebse, Asseln). Es wird gebildet von einigen *Brutlamellen*, den → Oostegiten, die von den Beinhüften ausgehen und sich dachziegelförmig übereinanderlegen.
Märzenbecher, → Amaryllisgewächse.
Masernvirus, → Virusfamilien.
Maskieren, → Schutzanpassungen.
Massenhafte, → Eintagsfliegen.
Massenströmungstheorie, svw. Druckströmungstheorie.
Massenwechsel, *Fluktuation*, die Dichteschwankungen einer Population in einem bestimmten Raum im Laufe mehrerer Generationen. Die jährlichen Schwankungen der Dichte werden als *Oszillationen* (Abb.) bezeichnet und bestimmen das Ausmaß des M. durch die Größe der jährlichen Zu- und Abgänge. Diese werden durch die unterschiedlich kombinierte Wirkung endogener und exogener Faktoren beeinflußt.

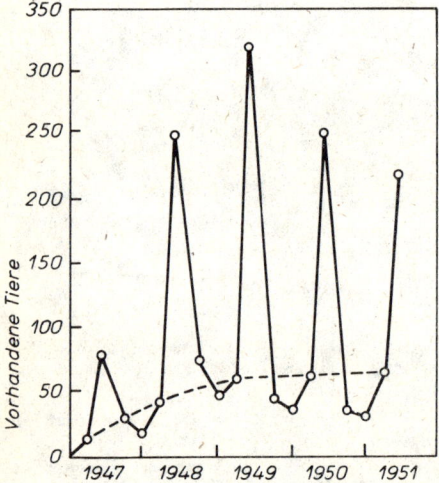

1 Oszillation (ausgezogen) und Fluktuation (gestrichelt) einer Population der Kohlmeise in einem Waldgebiet (aus Schwerdtfeger 1978)

Kommt es innerhalb weniger Jahre zu einem auffallenden Anstieg der Massenwechselkurve, z. B. bei Forstschädlingen, so spricht man von einer *Massenvermehrung* (*Gradation*, Abb.). Die Massenvermehrung von tierischen Schädlingen führt oft zu ernstem wirtschaftlichem Schaden, zu einer *Kalamität* (Kiefernspanner, Forleule, Feldmaus). Vor einer Massenvermehrung ist die Populationsdichte unauffällig, in Latenz. Den Anstieg bis zum Kulminationspunkt bezeichnet man als *Progradation*, den Abfall bis zu neuerlicher Latenz als *Retrogradation*. Der Höhepunkt einer Gradation löst Übervölkerungseffekte aus; so wird z. B. durch fortgesetzte Störung und Behinderung der Artgenossen untereinander bei Nahrungsaufnahme, Fortpflanzung u. a. der *Gedrängefaktor* oder *Kollisionsfaktor* immer größer. Es kann bei Feldmäusen zu Schockwirkungen und Männchenelimination kommen. Am Zusammenbruch einer Massenvermehrung und am M. generell sind die Räuber, Parasiten, Krankheitserreger sowie die klimatischen Bedingungen maßgeblich beteiligt. *Zyklischer M.* liegt vor, wenn die zeitlichen Abstände zwischen Latenz und Kulmination etwa gleich sind. Dabei sind Zykluslängen von 3 bis 4 Jahren

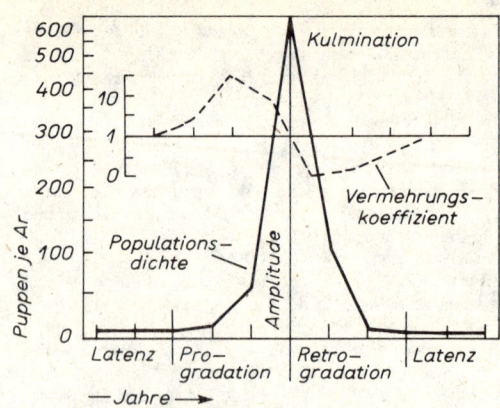

2 Gradationstyp der Kiefereule (*Panolis flammea*) in einem Kiefernforst (nach Schwerdtfeger 1933)

(Feldmaus, Greifvögel) oder 9 bis 10 Jahren (*Lepus americanus*, nordamerikanisches Waldhuhn) häufig.
Die Kontrolle des M. ist für die Prognose und Bekämpfung tierischer Schädlinge von großer wirtschaftlicher Bedeutung.
Masseter, → Kaumuskeln.
Mastacembeloidei, → Stachelaalverwandte.
Mastax, der mit Zähnen ausgestattete, als Greif- und Kauorgan dienende Schlundsack der Rädertiere.
Mastdarm, → Verdauungssystem.
Mastigont, bei Flagellaten (→ Polymastiginen) die Gesamtheit der von einer Basalkörpergruppe gebildeten Organellen: Geißeln, undulierende Membran, Basalfibrille, Axostyl, Parabasalapparat.
Mastigophoren, svw. Flagellaten.
Mastikationsbewegung, → Mimik.
Mastixstrauch, → Sumachgewächse.
Mastodon [griech. mastos 'Zitze', odontes 'Zähne'], ausgestorbene Gattung der Rüsseltiere, durch zwei Paare, äußerst auffallend großer Stoßzähne (Schneidezähne) gekennzeichnet. In jeder Kieferhälfte des hohen, kurzen Kopfes saßen jeweils drei große, länglich vierseitige niedrige Backenzähne, die mit zahlreichen, warzenartigen Höckern versehen waren, welche sich bei einigen Arten in Querleisten vereinigten und Joche bildeten. (Abb. → Rüsseltiere).
Verbreitung: Miozän bis Pleistozän, in Südamerika bis in die Nacheiszeit.
Mastomys, → Vielzitzenmäuse.
Mastzelle, in verschiedenen Geweben des Körpers verteilt vorkommender Zelltyp. Die M. enthält große Mengen von Histamin und anderen pharmakologisch aktiven Substanzen. Sie hat Rezeptoren für Immunglobulin E (IgE) und spielt deshalb bei der → Anaphylaxie eine wesentliche Rolle, → Allergie.
Matamata, *Fransenschildkröte*, *Chelus fimbriatus*, bis 40 cm lange, wasserlebende brasilianische → Schlangenhalsschildkröte von bizarrer Gestalt. Der flache Panzer trägt 3 höckerige Längskiele; der breite, wie auch der Kopf mit fransigen Hautlappen bedeckte Hals ist länger als der Panzer; der flache, breite, dreieckige Kopf endet in einer Rüsselnase, die das bewegungslos im Bodenschlamm der Gewässer liegende Tier zur Atmung über den Wasserspiegel streckt. Die durch die Bewegungen der Hautfransen angelockten Beutefische werden durch plötzliches Aufreißen des großen Maules angesogen und verschlungen.
mathematisches Modell, → biomathematische Modellierung.
matrokline Bastarde, → Prädetermination.

Matte, natürliches Grünland der alpinen Stufe. → Höhenstufung.

mature Altersstufe, beim Menschen die Altersstufe vom etwa 40. bis zum 60. Lebensjahr. → Altersdiagnose.

Maturitätstypus, → Konstitutionstypus.

Mauer, südöstlich von Heidelberg (BRD) gelegener Fundort eines Unterkiefers des Homo *erectus.* → Anthropogenese, → Homo.

Mauerassel, → Asseln.

Mauerblatt, der Rumpf der Polypen.

Mauereidechse, *Lacerta* (*Podarcis*) *muralis,* bis 20 cm lange, schlanke, spitzköpfige → Halsbandeidechse. Der Rücken ist grau bis rötlichbraun mit dunkler Netzzeichnung, die Rückenmitte meist gefleckt. Die M. bewohnt als sehr wärmebedürftiges Tagtier in vielen Unterarten trockenes steiniges Gelände Südeuropas (Kulturfolger). Sie klettert gewandt auch an glattem Gemäuer. Die Eier werden im Sand vergraben.

Mauergecko, *Tarentola mauritanica,* von den westlichen Mittelmeerinseln bis Ägypten verbreiteter, 6 bis 8 cm langer Gecko, bei dem die ganze Zehenunterseite zu einer ovalen Haftscheibe verbreitert ist. Der M. hält sich bevorzugt an Mauern und Außenwänden von Gebäuden auf.

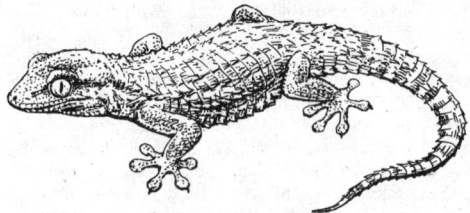

Mauergecko (*Tarentola mauritanica*)

Mauerkrone, der aus den Kalkplatten des Mantels (Carapax) zusammengesetzte Plattenring der Seepocken.

Mauerpfeffer, → Dickblattgewächse.

Mauerraute, → Farne.

Mauersegler, → Seglerartige.

Maulbeergewächse, *Moraceae,* eine Familie der Zweikeimblättrigen Pflanzen mit etwa 1500 Arten, die überwiegend in den wärmeren Zonen der Erde vorkommen. Es sind milchsaftführende Holzpflanzen mit einfachen oder gelappten Blättern mit Nebenblättern. Die kleinen eingeschlechtigen Blüten stehen in becherartigen, köpfchenförmigen oder trugdoldigen Blütenständen. Sie sind meist 4zählig und werden durch Wind oder Insekten bestäubt. Fruchtformen sind einsamige Nüsse, Steinfrüchte oder fleischige Sammelfruchtstände. Viele Vertreter der M. sind wegen der in ihrem Milchsaft enthaltenen Inhaltsstoffe, wie Kautschuk, Harze, Wachse oder auch Gifte (Kardenolide), Nutzpflanzen, oder es werden ihr als Futter dienendes Laub, ihre eßbaren Früchte oder ihr meist sehr widerstandsfähiges Holz verwertet.

Wichtigste Gattung der Familie ist der **Maulbeerbaum**, *Morus.* Vor allem die Blätter des **Weißen Maulbeerbaumes**, *Morus alba,* sind schon seit fast 5000 Jahren als Futter der Seidenraupen bekannt, während der **Schwarze Maulbeerbaum**, *Morus nigra,* überwiegend wegen seiner eßbaren, brombeerähnlichen, schwarzroten Früchte kultiviert wird.

Zu den M. gehört auch die Gattung *Ficus,* **Feige.** Sie ist mit etwa 700 Arten eine der umfangreichsten unter den höheren Pflanzen. Die bekanntesten Arten sind der im Mittelmeergebiet heimische **Feigenbaum**, *Ficus carica,* dessen fleischige, süße Fruchtstände, die Eßfeigen, im Orient ein wichtiges Nahrungsmittel sind, und der **Gummibaum**, *Ficus elastica,* der in seiner Heimat, dem tropischen Asien, ein 20 bis 25 m hoher Baum wird, aus dessen Milchsaft man Kautschuk gewinnt. In Europa ist der Gummibaum eine beliebte Zimmerpflanze. Unter den *Ficus*-Arten gibt es verschiedene Lianen, die ihre Tragbäume so umschlingen, daß diese absterben.

Neben dem Gummibaum liefert auch der Milchsaft von *Castilloa elastica* Kautschuk. Ihrer eßbaren Fruchtstände wegen werden in den Tropen der **Brotfruchtbaum**, *Artocarpus incisa,* und der **Jackfruchtbaum**, *Artocarpus heterophyllus,* kultiviert. Die bis zu 20 kg schweren Fruchtstände werden roh oder gekocht gegessen, die Samen geröstet genossen. Das Holz ist wertvolles Nutzholz.

Die Rinde des ostasiatischen **Papiermaulbeerbaumes**, *Broussonetia papyrifera,* wird zur Papierherstellung verwendet. Der südasiatische **Upasbaum**, *Antiaris toxicaria,* liefert das Ipo-Pfeilgift. Die Vertreter der im tropischen Südamerika und Afrika beheimateten Gattung *Dorstenia* haben scheibenförmige Blütenstände. Die Wurzeln der Art *Dorstenia brasiliensis* werden als Bezoarwurzeln gegen Wundvergiftungen und Schlangenbisse genutzt.

Maulbrüter, Fischarten, die die abgelegten Eier in das Maul nehmen und dort erbrüten. Die geschlüpften Jungfische werden bei einigen Arten zunächst nur zeitweise aus dem Maul entlassen. Meist betreibt das Weibchen Maulbrutpflege, seltener das Männchen, nur bei wenigen Arten lösen sich beide Partner ab. Die Männchen einiger maul-

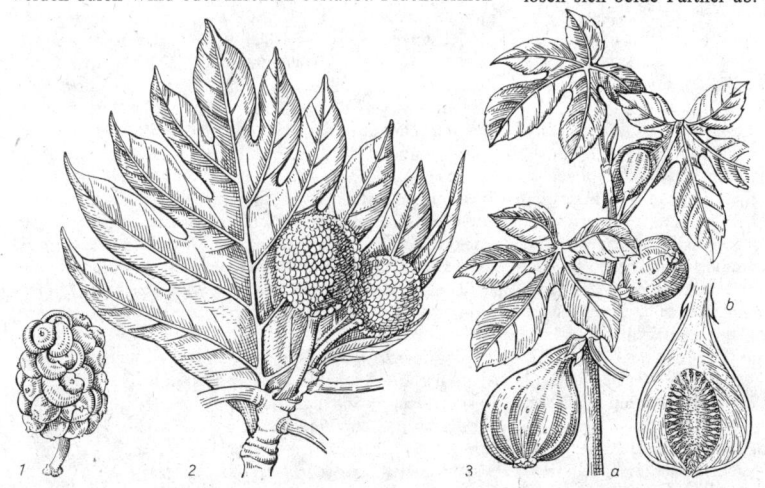

Maulbeergewächse: *1* Fruchtstand von *Morus nigra, 2* Brotfruchtbaum; Zweig mit Früchten, *3* Feige: *a* Zweig mit Früchten, *b* Frucht (Längsschnitt)

Maulesel

brütender → Buntbarsche zeigen in der Afterflosse Zeichnungen, die Eier imitieren (Eiflecke oder Eiattrappen). Maulbrutpflege hat sich unabhängig in verschiedenen Fischgruppen entwickelt. Die Eizahl ist bei M. in der Regel geringer, das Eivolumen jedoch größer als bei verwandten Arten, die nicht M. sind (Tafel 3).

Maulesel, ein Artkreuzungsprodukt aus Pferdehengst und Eselstute.

Maultier, ein Artkreuzungsprodukt aus Eselhengst und Pferdestute.

Maultierhirsch, Schwarzwedelhirsch, *Odocoileus hemionus,* ein großohriger, ziemlich großer Hirsch mit schwarzer Schwanzspitze, der im westlichen Nordamerika vorkommt.

Maulwürfe, *Talpidae,* eine Familie der Insektenfresser. Die M. sind unterirdisch lebende Säugetiere, die ein großes Gangsystem anlegen. Ihre Vorderbeine sind zu mächtigen Grabschaufeln umgebildet. Die M. verzehren große Mengen von Insektenlarven und Regenwürmern. Ihre Heimat ist Eurasien und Nordamerika. Zu den M. gehören auch → Desman und → Sternmull.

Maulwurfsgrille, → Springheuschrecken.

Maurische Landschildkröte, *Testudo graeca,* bis 30 cm lange → Landschildkröte, die in mehreren Unterarten von Südspanien über Nordafrika und Südosteuropa bis Vorderasien verbreitet ist. Die M. L. ähnelt in Körperbau und Lebensweise der → Griechischen Landschildkröte, doch ist das abschließende Randschild des Rückenpanzers nicht geteilt, und die Oberschenkel tragen je eine hohe, kegelförmige Höckerschuppe. In Gefangenschaft ist sie wärmebedürftiger als die Griechische L.

Maurische Netzwühle, → Doppelschleichen.

Mauritiushanf, → Agavengewächse.

Mäuse (Tafel 7), *Echte Mäuse, Muridae,* eine artenreiche Familie der → Nagetiere. Die M. sind langschwänzige, spitzschnäuzige Säugetiere. Zu ihnen gehören unter anderen → Hausratte, → Wanderratte, → Hausmaus, → Brandmaus, → Waldmaus, → Zwergmaus, → Stachelmäuse und → Vielzitzenmäuse.

Mäusedorn, → Liliengewächse.

Mäuseeinheit, → Oogenese.

Mauser, *Ekdysis,* Vorgang des Federwechsels bei Vögeln: Vollmauser ist der gemeinsame Wechsel von Klein- und Großgefieder, der auch zeitlich voneinander getrennt als Teilmauser vor sich gehen kann. → Feder.

Mausvögel, *Coliiformes,* Ordnung der Vögel mit 6 Arten. Diese etwa finkengroßen Vögel leben gesellig in der offenen Landschaft Afrikas. Sie fressen Samen und Knospen. Die 1. und 4. Zehe können nach vorn und nach hinten gewendet werden. Ihr wie Fell wirkendes graues Gefieder verhalf ihnen zu ihrem Namen. Wie die Meisen turnen sie im Gezweig. Ihr Gelege besteht aus 2 bis 3 Eiern.

Mauswiesel, *Mustela nivalis,* die kleinste heimische Marderart. Das M. gleicht im Aussehen einem verkleinerten Hermelin mit kürzerem Schwanz ohne schwarze Spitze. In den kälteren Gebieten seines über weite Teile Eurasiens reichenden Areals ist es im Winter weiß gefärbt.

Mauthnersche Zellen, Neuronenpaar in der Medulla oblongata von Teleostiern und Urodelen, bestehend jeweils aus einem Zellkörper mit je einem lateralen und ventralen Dendriten von etwa 20 µm Durchmesser und 0,5 cm Länge sowie einem Axon von 40 µm Durchmesser, das das Rückenmark durchzieht. Der laterale Dendrit erhält Input aus dem akustischen Kerngebiet, der ventrale aus dem Kleinhirn, Mittelhirndach und dem Trigeminusgebiet. Erregung löst bei Fischen Schnellbewegungen aus. M. Z. sind ein wichtiges Objekt neurophysiologischer Untersuchungen wegen der überdurchschnittlich großen Abmessungen.

Geometrie des synaptischen Inputs und der Verschiedenheit der synaptischen Kontakte. Neben exzitatorischen und inhibitorischen postsynaptischen Anteilen sind elektrische Synapsen vorhanden, so daß von einem »Miniatur-Nervensystem« gesprochen wird.

Maxillardrüse, Schalendrüse, Kieferdrüse, neben der Antennendrüse das paarige Ausscheidungsorgan der Krebstiere. Die M. münden an der Basis der II. Maxillen nach außen und stellen umgewandelte Nephridien dar. Die M. sind die alleinigen Exkretionsorgane aller erwachsenen niederen Krebse (Nicht-*Malacostraca*), finden sich aber auch bei einigen höheren Krebsen, z. B. bei *Cumacea* und *Isopoda*. Besondere Bedeutung besitzen die M. bei den Süßwasserbewohnern als Regulationsorgane des Wasserhaushaltes und Salzstoffwechsels (Osmoregulation).

Maxillarnephridium, svw. Labialniere.

Maxillen, → Mundwerkzeuge.

Maxillipeden, → Mundwerkzeuge.

maximales Atemvolumen, svw. Vitalkapazität.

Maximalfrequenz, → Frequenzmodulation der Erregung.

Mechanomorphosen, bei Pflanzen durch mechanische Einflüsse bedingte Abwandlungen der Pflanzengestalt. Häufig wirkt mechanische Reizung, ähnlich wie Licht, hemmend auf das Längenwachstum. Im Zusammenhang mit formativen Wirkungen oder unabhängig davon ist eine mechanische Beeinflussung des anatomischen Aufbaus möglich, z. B. Förderung des mechanischen Gewebes bei Ranken. Bei Bäumen kann die Windwirkung zu verstärktem Dickenwachstum führen. Als *Thigmomorphosen* oder *Haptomorphosen* werden vielfach die Gestaltänderungen zusammengefaßt, die durch Berührung induziert werden. So bilden gewisse Algen bei der Berührung mit der Unterlage Rhizoide, manche Pilze Hüte. Verschiedene Ranken, beispielsweise die des Wilden Weins (*Parthenocissus hederacea*) bilden bei Berührung Haftscheiben. Bei Kleeseide, *Cuscuta epithymum,* kommt es nach Berührung zur Sproßbildung.

Mechanorezeption, Erzeugung einer primären elektrischen Antwort als Folge einer Deformation in einer Sinneszelle. M. findet man bei Einzellern, Pflanzen und Tieren. Mechanische Empfindlichkeit ist ein Grundphänomen lebender Organismen. Die Latenzzeit zwischen Beginn des Reizes und Änderung der Membranleitfähigkeit liegt im Bereich von 15 bis 100 µs. Diese kurze Latenzzeit läßt analog zur Steuerung des NA^+-Kanales eine enge Bindung des mechanisch empfindlichen Sensors an ein → Tor vermuten. Bis heute ist allerdings für keinen Mechanorezeptor die Existenz eines spezifischen Moleküls bewiesen worden. Es wird deshalb auch angenommen, daß eine unspezifische Dehnung der Membran M. auslösen kann. Allerdings sind die notwendigen Energiebeiträge für die Auslösung einer elektrischen Antwort sehr gering, so daß nur wenige Moleküle beeinflußt zu werden brauchen, um den Steuerungsvorgang auszulösen.

Häufig sind Rezeptoren zur M. duch Anhänge der Sinneszellen sehr stark untersetzt, so daß nur Bruchteile der Energie des primären mechanischen Reizes für die sensorische Transduktion genutzt werden. Beispiele für M. sind Schallrezeption, Mechanorezeptoren in Muskeln, Sinnesborsten bei Insekten, schwerkraftempfindliche Organe u. dgl.

Mechanorezeptoren, → Herzreflexe.

Meckelscher Divertikel, → Dottersack.

Mecoptera, → Schnabelfliegen.

Medianauge, svw. Naupliusauge.

Median-Sagittal-Ebene, → Schädelebenen.

Mediatoren, → Gewebshormone.